Anorganische und allgemeine Chemie
in Einzeldarstellungen · Band II
Herausgegeben von Margot Becke-Goehring

Reaktionen in und an festen Stoffen

Dr. Karl Hauffe
Professor am Institut für Physikalische Chemie
der Universität Göttingen

unter teilweiser Mitarbeit von

Dr. Carl Seyferth
Institut für Angewandte Mathematik
der Technischen Hochschule Karlsruhe

Zweite, erweiterte Auflage

Mit 525 Abbildungen

Springer-Verlag Berlin · Heidelberg · New York 1966

 · Library of Congress Catalog Card Number 65-25422

Softcover reprint of the hardcover 1st edition 1966

ISBN-13: 978-3-642-88043-8 e-ISBN-13: 978-3-642-88042-1

DOI: 10.1007/978-3-642-88042-1

Titel Nr. 4269

Vorwort zur zweiten Auflage

Nachdem die 1. Auflage des Buches eine wohlwollende Aufnahme gefunden hat, und nachdem in den vergangenen 10 Jahren weitere interessante Beiträge auf dem Gebiet der Fehlordnungserscheinungen in Ionenkristallen und der Festkörperreaktionen geliefert wurden, erschien es lohnend, sich noch einmal dieser Aufgabe zu unterziehen und einen Überblick über den gegenwärtigen Stand der Forschung zu geben.

Dank der entscheidenden Mitarbeit von Dr. CARL SEYFERTH, der den theoretischen Teil des Diffusionskapitels neu bearbeitete, konnte nunmehr das gesamte Diffusionskapitel auf den neuesten Stand gebracht werden. Die erstmals eingearbeiteten Kapitel über die Elektrochemie der Ionenkristalle werden helfen, das Verständnis der quantitativen Zusammenhänge zwischen der Abweichung von der Stöchiometrie und der Ionen- und Elektronenfehlordnung im Kristall zu fördern. Die auf dem Gebiet der Gas-Halbleiterwechselwirkung publizierten neuen Ergebnisse wurden ebenfalls ausführlich diskutiert, da diese zum Verständnis der heterogenen Katalyse an Halbleiterkontakten und der Erzreduktion beitragen.

Es erwies sich ferner natürlich als unumgänglich, die Fortschritte auf dem Gebiet der Metalloxydation und der Erzreduktion zu berücksichtigen. Abgesehen von neuen Versuchsergebnissen über die Oxydation der verschiedensten Metalle und insbesondere des Zirkons, Niobs und Tantals und ihrer Legierungen wurden neue grundsätzliche Beiträge aufgenommen, wie z. B. das Zusammenwirken der inneren und äußeren Oxydation und das Auftreten einer Art Passivität bei der Hochtemperaturoxydation. Ähnlich wie bei der Metalloxydation haben sich die Autoren auch auf dem Gebiet der Erzreduktion bemüht, den Elementarschritten in ihren Untersuchungen den Vorrang zu geben, was ebenfalls in der vorliegenden Auflage weitgehend berücksichtigt wurde.

Nach eingehender Korrespondenz und Diskussion des Verfassers mit Herrn Prof. Dr. WALTER SCHOTTKY wurde die in der 1. Auflage verwendete Symbolik der Fehlordnungsstellen zugunsten einer von SCHOTTKY entwickelten Minimalsymbolik aufgegeben. Diese Symbolik birgt in der thermodynamischen Behandlung wesentliche Vorteile gegenüber der bisherigen. Bedauerlicherweise konnte keine Einigung mit der Gruppe der holländischen Kollegen in der Frage der Symbolik erreicht werden, so daß gegenwärtig die holländische und die deutsche Schreibweise nebeneinander verwandt wird.

Abschließend möchte der Verfasser auch hier wieder verschiedenen Kollegen für Ratschläge und anregende Diskussionen danken. So hat

Herr Dr. H. RICKERT aus seinem eigenen Arbeitsgebiet das Kapitel „Zur Thermodynamik und Kinetik der Zersetzung einfacher Kristallverbindungen" beigesteuert, das nach unwesentlicher Überarbeitung aufgenommen wurde. Insbesondere gilt der Dank den Herren Professoren JOST, SCHOTTKY und WAGNER. Auch bei der 2. Auflage war die Zusammenarbeit mit dem Springer-Verlag dank seiner Großzügigkeit erfreulich, was mit verbindlichstem Dank anerkannt wird.

Göttingen, im Sommer 1966

KARL HAUFFE

Aus dem Vorwort zur ersten Auflage

Schon zehn Jahre nach Erscheinen des Buches von W. JOST über „Diffusion und chemische Reaktion in festen Stoffen" beim Steinkopff-Verlag 1937, das neben einem kritischen Überblick über den damaligen Stand der Reaktionen mit festen Stoffen erstmalig eine geschlossene Darstellung der diesen Reaktionen zugrunde liegenden Elementarvorgänge vom Standpunkt der SCHOTTKY-WAGNERschen Fehlordnungstheorie und der Diffusionserscheinungen in festen Stoffen brachte, entstand der Wunsch, die große Zahl neuer Ergebnisse und Erkenntnisse auf dem in verschiedenen Ländern bearbeiteten Gebiet der Reaktionen in und an festen Stoffen unter erweiterten Gesichtspunkten darzustellen. Der Verfasser unterzog sich der nicht leichten Aufgabe, auf einem in vollem Flusse befindlichen Arbeitsgebiet über den gegenwärtigen Stand zusammenfassend zu berichten.

Chronologisch und sachlich erschien es sinnvoll, mit der WAGNER-SCHOTTKYschen Fehlordnungstheorie zu beginnen und diese durch die vorliegenden modellmäßig energetischen Berechnungen fehlgeordneter Ionenkristalle von JOST, MOTT und anderen zu erweitern. Die sich hieran anschließende Darstellung über den Mechanismus der Fehlordnung in ionen- und elektronenleitenden Kristallen in Abhängigkeit von Temperatur und äußerer Gasatmosphäre verwendet die allgemeinen Aussagen der „μ-Thermodynamik" und der hierauf fußenden Anwendung des Massenwirkungsgesetzes der Ionen- und Elektronenfehlordnungsstellen, was für die spätere Betrachtung der maßgeblichen Mitwirkung dieser Fehlordnungsstellen beim Reaktionsablauf in und an festen Stoffen sich als nützlich erwiesen hat.

In dem Kapitel über Diffusion durfte auch die Metalldiffusion nicht fehlen, da bei Oxydationsvorgängen an Metallegierungen und bei der Reduktion von Erzen die Diffusion in der Legierungsphase des öfteren von ausschlaggebender Bedeutung ist. Die stellenweise relativ breite Darstellung der mathematischen Lösung der für die verschiedensten Diffusionsprobleme erforderlichen Gleichungen soll dem mathematisch weniger geübten Chemiker die Anwendung der verschiedenen Diffusionsgleichungen nahebringen und ihn zu weiteren sinnvollen Versuchen anregen.

Nach Erarbeitung dieses für Festkörperreaktionen notwendigen Rüstzeuges wird nun als einfacher Typ einer solchen Reaktion die Metalloxydation bei höheren und niederen Temperaturen behandelt. Zur Beschreibung des Hochtemperaturmechanismus wurde die WAGNERsche Oxydationstheorie angewandt, die jedoch bei Auftreten dünner Oxidfilme im Bereich mittlerer und niedriger Temperaturen ihre Gültigkeit verliert. Für diese Erscheinungen, die durch eine wesentliche Mitwirkung von Feldtransportvorgängen gekennzeichnet sind, wurde sowohl von MOTT und CABRERA als auch vom Verfasser mit seinen Mitarbeitern eine andere Theorie entwickelt, mittels der diese Vorgänge häufig gedeutet werden können. Neben der homogenen Halbleitertheorie wurden zur Deutung der Chemisorption die besonderen Verhältnisse in Randschichten im Sinne der Randschichttheorie der Kristallgleichrichter von SCHOTTKY hinzugezogen. Auf Grund dieser Darstellung ist man heute in der Lage, die Bedeutung der Chemisorption und Desorption in der heterogenen Katalyse vertiefter zu verstehen. Desgleichen erschließen sich sinnvolle Fragestellungen über den Reaktionsmechanismus der Erzreduktion.

Trotz Vorliegens einer großen Zahl von Einzelbeobachtungen von HEDVALL, HÜTTIG, JANDER und anderen ist zur Zeit das eigentliche Gebiet der Festkörperreaktionen, wie z. B. die Spinellbildung oder allgemeiner die keramischen Reaktionen, noch am unübersichtlichsten. Hier wird man aber in den nächsten Jahren dank der immer mehr in den Vordergrund tretenden Diffusionstechnik unter Anwendung radioaktiver Indikatoren die heute noch offenen Fragen weitgehend beantworten.

Trotz des — am Anfang allerdings nicht vorgesehenen — relativ großen Umfangs der vorliegenden Monographie sind in den Kapiteln der Metalloxydation, der Festkörperreaktionen und der Reduktions- und Röstprozesse zahlreiche insbesondere technisch interessante Systeme weggelassen worden. Dies ist durch den Entschluß des Verfassers bedingt, die Vollständigkeit des Versuchsmaterials zugunsten einer ausführlichen Darstellung weniger Beispiele zu opfern. Da ferner der überwiegende Teil der Reaktionen unter dem Gesichtspunkt der WAGNER-SCHOTTKYschen Fehlordnungstheorie, die sich als roter Faden durch die Darstellung zieht, ausgewählt wurde, ist es auch verständlich, wenn bevorzugt solche Reaktionen behandelt wurden, die zumindest unter diesem Gesichtspunkt auswertbar erscheinen.

Der Plan, eine solche Monographie zu schreiben, entstand im Sommersemester 1948 in Greifswald, als Kollege G. JANDER, Professor für Chemie, mich aufforderte, in der von ihm gemeinsam mit Prof. Dr. W. KLEMM herausgegebenen Reihe „Anorganische und allgemeine Chemie in Einzeldarstellungen“ über das vorliegende Thema zu schreiben. Anfangs war an eine kürzere Einführung in diesen Problemkreis gedacht. Jedoch bald trat auf Grund neuer Arbeiten aus anderen Instituten und aus dem eigenen

Arbeitskreis der Wunsch auf, den Elementarvorgängen der Kinetik der elektronischen und materiellen Ladungsträger in Ionenkristallen, wie sie beispielsweise bei Chemisorptions- und Oxydationsvorgängen auftreten, einen breiteren Raum zu widmen. Hieraus ergab sich dann zwangsläufig auch eine ausführlichere Darstellung der anderen Kapitel. Die in meinem Institut durchgeführten Untersuchungen und Diskussionen wurden durch einen regen Gedankenaustausch mit den Herren Prof. Dr. WALTER SCHOTTKY und Prof. Dr. CARL WAGNER sehr gefördert, wofür der Verfasser beiden Herren zu besonderem Dank verpflichtet ist. Nur dank der seinerzeit großzügigen finanziellen und materiellen Unterstützung seiner Forschungsaufgaben, vor allem durch einen Stab wissenschaftlicher Mitarbeiter sowohl in Greifswald wie auch später in Berlin, konnte der Verfasser in einem relativ kurzen Zeitraum von fünf Jahren die ihm vorschwebenden experimentellen Ergebnisse sammeln, die in Verbindung mit den Ergebnissen fremder Arbeiten die Basis einzelner Kapitel der nachfolgenden Darstellung bilden.

Einige meiner früheren Mitarbeiter haben sich bei der Niederschrift der Monographie beteiligt. So haben u. a. die Herren Dr. C. SEYFERTH und Dr. B. ILSCHNER bei der Abfassung des Kapitels über Diffusion und über die innere Oxydation mitgearbeitet. Das Kapitel „Kinetik der Oxydation von Metallen unter Berücksichtigung des Auftretens elektrischer Felder in Anlaufschichten" wurde gemeinsam mit Herrn Dr. B. ILSCHNER verfaßt. Ferner hat Herr Dr. H. J. ENGELL das Kapitel der Chemisorption gelesen und durch ergänzende Hinweise bereichert. Desgleichen haben die Herren Dr. J. BLOCK, Dr. H. PFEIFFER und Dr. A. RAHMEL sowie Frau Dr. I. PFEIFFER die Kapitel über die elektrischen Eigenschaften der Ionen- und Valenzkristalle und ferner die Kapitel über Oxydationsvorgänge, Erzreduktion und Röstprozesse mitgelesen und zahlreiche Anregungen gegeben. Herr Prof. KLEMM gab einige wertvolle Hinweise aus seinem eigenen Arbeitsgebiet und Herr Prof. JANDER überwachte die Drucklegung und Korrektur. Ihnen allen möchte der Verfasser herzlich danken.

Nicht zuletzt ist der Verfasser dem Springer-Verlag für sein Entgegenkommen und die Berücksichtigung aller Wünsche des Verfassers bei der Drucklegung zu großem Dank verbunden.

Oslo, im Dezember 1954

KARL HAUFFE

Inhaltsverzeichnis

Seite

1 Einleitung

Noch vor vierzig Jahren standen der Chemiker wie der Metallurge und Metallkundler vor unlösbaren Problemen, wenn es galt, einen Reaktionsmechanismus zu klären, wo die entscheidenden Vorgänge sich in oder an einem festen Körper abspielen, wie z. B. bei Zundervorgängen an Metallen und Legierungen, bei Reduktionsvorgängen an Erzen, bei Ausscheidungs- und Aushärtungsvorgängen in Metallegierungen und bei keramischen Reaktionen. Nicht nur fehlte es häufig an den notwendigen thermodynamischen Daten, sondern auch an den kinetischen Größen — wie Diffusionskoeffizienten gittereigener Bausteine und Fremdatome bzw. -ionen. Eine brauchbare Arbeitshypothese zur Deutung dieser Festkörperreaktionen und Platzwechselvorgänge in festen Stoffen war noch nicht vorhanden. Aus diesem Grunde ist es auch nicht verwunderlich, daß praktisch alle Arbeiten der damaligen Zeit, die sich mit der Reaktionsfähigkeit fester Stoffe befassen, rein empirischer Natur sind und infolgedessen auch keine Gesetzmäßigkeiten über den Reaktionsmechanismus erkennen lassen. Obwohl die Reaktionsfähigkeit fester Stoffe meistens erheblich kleiner ist als die der Flüssigkeiten und Gase, so ist sie doch häufig größer als man vermutet. In einzelnen Systemen sogar, wie z. B. bei der Reaktion des Kupfers und Silbers mit Schwefel und Selen, ist die Reaktionsgeschwindigkeit von derselben Größenordnung wie die flüssiger Reaktionssysteme. Andere Reaktionen wiederum verlaufen selbst bei Temperaturen von 1000 bis 1500 °C so langsam, daß man Versuche über Tage und Wochen ansetzen muß, um zu meßbaren Effekten zu gelangen. Im letzteren Fall half und hilft man sich auch heute noch dadurch, daß man das Reaktionsgemenge während der Brenndauer mehrmals von neuem pulvert und gut durchmischt.

Vor einer ähnlichen Situation stand man bei der Oxydation von Metallen und Legierungen bei höheren Temperaturen. Auch hier konnte man keine überzeugende Erklärung geben, warum gewisse Legierungszusätze die Oxydationsbeständigkeit heraufsetzen und andere wiederum verschlechtern. — Die damals und zum Teil auch noch bis in die jüngste Zeit zur Diskussion gestellten Deutungsmöglichkeiten treffen häufig nicht den Kern der Dinge. Gewisse erfolgversprechende Ansätze zur Deutung des Mechanismus der Röst- und Reduktionsprozesse sowie der Chemisorption und heterogenen Katalyse an Oxiden und Sulfiden konnten sogar erst in neuester Zeit durchgeführt werden, nachdem man den Versuch unternommen hatte, sich mit den Elementarvorgängen in den grenzflächennahen Bezirken der Kristalle zu beschäftigen und die Erkenntnisse aus der Randschichttheorie der Kristallgleichrichter für die genannten Probleme nutzbar zu machen. Unabhängig von den Arbeiten über Festkörperreaktionen und den Problemen der Reaktionsfähigkeit fester Stoffe unter den verschiedensten experimentellen Bedingungen wurden die elektrischen Eigenschaften der Ionen- und Valenzkristalle — ausgehend von einer anderen Zielsetzung — untersucht und durch Diffusionsversuche unter Verwendung radioaktiver Isotope erweitert. In Übereinstimmung mit den Meßergebnissen aus Diffusionsversuchen ergab sich aus Leitfähigkeits- und Überführungsmessungen in verschiedenen Kristallen eine überwiegende Beteiligung der Ionen am Stromtransport und in anderen Fällen wiederum eine bevorzugte Elektronenleitung. Während die Methode der Isotopendiffusion zur Ermittlung von Selbstdiffusionskoeffizienten erstmalig von VON HEVESY und Mitarbeitern[1] angewandt wurde, konnte von TUBANDT und Mitarbeitern[2] die experimentell relativ einfach durchzuführende Überführungsmethode zur Bestimmung von Überführungszahlen von Ionen in festen Stoffen eingeführt werden. Hier wird die Beweglichkeit der Ionen in einem elektrischen Feld beobachtet und durch Messung der Masseänderung im Anoden- und Kathodenraum der prozentuale Anteil der im festen Stoff vorhandenen Ionen am Stromtransport bestimmt. In den letzten Jahren konnte insbesondere WAGNER[3] an Hand von Stromdichte-Spannungskurven an geeigneten elektrochemischen Ketten zeigen, wie man die Überführungszahl der ionischen und elektronischen Ladungsträger getrennt durch Wahl von festen Hilfselektrolyten vor der Kathode bzw. Anode zuverlässig ermittelt. Wie später noch gezeigt werden wird, lassen sich aus den Ergebnissen der elektrischen Messungen die Diffusionskoeffizienten der betreffenden Ionen bei Fehlen eines elektrischen Feldes bestimmen. Hierbei wurde gefunden, daß bei höheren Temperaturen in gewissen Stoffen, wie z. B. AgJ, AgBr, AgCl, α-CuJ, α-CuBr usw., praktisch nur die Kationen beweglich sind. Diese Stoffe bezeichnet man daher als Kationenleiter. An einer anderen Gruppe fester Stoffe hingegen wurde praktisch ausschließlich nur eine Anionenbeweglichkeit beobachtet. Hierhin gehören die als Anionenleiter bekannten Blei- und Bariumhalogenide, wie z. B. BaF_2, $BaCl_2$, $PbCl_2$ und $PbBr_2$. Zwischen der reinen Kationen- und Anionenbeweglichkeit sind Übergänge mit beiderseitiger Ionenbeweglichkeit möglich, wie dies z. B. an PbJ_2 und den Alkalihalogeniden beobachtet wurde. Ferner gibt es eine große Gruppe fester Stoffe, wie z. B. die der Metalloxide, Doppeloxide, Spinelle, Metallsulfide, die praktisch reine Elektronenleiter — auch Halbleiter genannt — sind und nur eine sehr kleine Beteiligung der Kationen und Anionen am Stromtransport aufweisen.

Aus diesen interessanten experimentellen Ergebnissen allein, die wohl erstmalig exakt an einer größeren Zahl von Festkörpern von TUBANDT

[1] Vgl. u. a. G. VON HEVESY u. A. OBRUTSCHEWA: Nature [London] **115**, 674 (1925). — G. VON HEVESY, W. SEITH u. A. KEIL: Z. Phys. **79**, 197 (1932).
[2] Vgl. u. a. C. TUBANDT: Hdb. exp. Physik. Bd. XII, 1. Teil (1932).
[3] WAGNER, C.: Z. Elektrochem. Ber. Bunsenges. phys. Chem. **60**, 4 (1956). — Proc. Intern. Committee of Electrochem. Thermodynamics and Kinetics London 1957.

und seinen Mitarbeitern in den Jahren 1915 bis 1930 herausgearbeitet wurden, ist eine Deutung des Wanderungsmechanismus allerdings noch nicht möglich. Auch schon vor Bekanntwerden der TUBANDTschen Ergebnisse war man sich wohl qualitativ im klaren, daß bei Reaktionen vom Typus

$$A_{\text{fest}} + B_{\text{fest}} = C_{\text{fest}}$$

das Reaktionsprodukt C die Ausgangsstoffe räumlich voneinander trennen kann, so daß ein weiterer Fortgang der Reaktion häufig nur dadurch möglich ist, daß der eine oder der andere oder beide Ausgangsstoffe durch das Reaktionsprodukt diffundieren müssen. Die ersten eingehenden Arbeiten über Reaktionen mit festen Stoffen stammen von SPRING[1] aus den Jahren 1885 bis 1890, der u. a. das Salzpaar $Na_2CO_3 + BaSO_4$ untersuchte. Sowohl SPRING wie auch in späterer Zeit anderen Autoren bereitete immer wieder die Deutung des Antransportes der Reaktionspartner durch das Reaktionsprodukt zur Reaktionszone große Schwierigkeiten. Und so hat es auch nicht an Vorschlägen gefehlt, um einen wahren Reaktionsablauf im festen Zustand zu verneinen und das Reagieren der Stoffe über einen hypothetisch angenommenen Gaszustand oder durch Annahme einer partiellen Verflüssigung der Reaktionszone für wahrscheinlicher zu halten. Noch 1927 wurde eine Reaktion im festen Zustand von BALAREW[2] prinzipiell abgelehnt. Wenn auch experimentell nicht immer eine Mitwirkung von Feuchtigkeit — besonders bei technischen Reaktionen — und ein Reagieren über die Dampfphase auszuschließen ist[3] und mit dem Auftreten von Schmelzen auf jeden Fall gelegentlich gerechnet werden muß, so dürfte wohl heute als gesichert gelten, daß häufig der Reaktionsablauf durch Diffusionsvorgänge im festen Körper entscheidend bestimmt wird. Auf diesen Sachverhalt hat schon früher eindringlichst TAMMANN[4] hingewiesen.

Bereits 1920 konnte TAMMANN[5] in seiner grundlegenden Arbeit über den Mechanismus der Metalloxydation erstmalig zeigen, daß hier der Antransport einer der Ausgangsstoffe durch die Oxidphase zeitbestimmend ist und somit ein parabolisches Zeitgesetz herrscht. Der eigentliche Diffusionsmechanismus blieb jedoch auch TAMMANN verschlossen. Die von ihm vertretene Ansicht einer bevorzugten Diffusion von Sauerstoff durch die Oxidschicht konnte später an einigen Oxydationssystemen mit Oxiddeckschichten bestätigt werden. Eine Sauerstoffdiffusion ist an solchen Oxiden zu erwarten, die eine Sauerstoffionen-Fehlordnung aufweisen. Für die von TAMMANN untersuchten Reaktionssysteme ist jedoch dieser Mechanismus nicht aufrechtzuerhalten. Unabhängig von TAMMANN kamen PILLING und BEDWORTH[6] in einer längeren Abhandlung über Zundervorgänge an Metallen und Metallegierungen praktisch zu dem gleichen Ergebnis und fanden eine Gesetzmäßigkeit, die in der

1 SPRING, W.: Bull. Soc. Chim. France **44**, 167 (1885); **46**, 299 (1886).
2 BALAREW, D.: Z. anorg. allg. Chem. **160**, 92 (1927).
3 Vgl. z. B. K. HAUFFE u. K. PSCHERA: Z. anorg. allg. Chem. **262**, 147 (1950).
4 TAMMANN, G.: Z. anorg. allg. Chem. **160**, 101 (1927).
5 TAMMANN, G.: Z. anorg. allg. Chem. **111**, 78 (1920).
6 PILLING, N. B., u. R. E. BEDWORTH: J. Inst. Metals **29**, 529 (1923).

Literatur unter dem Namen „TAMMANN-PILLING-BEDWORTHsches Oxydationsgesetz“ bekannt geworden ist. Allgemein werden immer dann Diffusionsvorgänge von entscheidender Bedeutung für den Reaktionsablauf sein, wenn feste kompakte Phasen auftreten, die die Ausgangsstoffe räumlich voneinander trennen. Diese Erscheinung tritt bei der Oxydation der Metalle und Legierungen durch Sauerstoff, Schwefeldampf und Halogene in besonders ausgeprägter Weise auf. Zu den ebenfalls durch Diffusionsvorgänge gesteuerten Reaktionen zählen die Spinell-, Silicat- und Doppelsalzbildung bei höheren Temperaturen, während häufig gasaufnehmende und -abgebende Festkörperreaktionen porige und lockere Reaktionsschichten verursachen, so daß der Antransport der Reaktionspartner durch die Poren erfolgt und Phasengrenzreaktionen zeitbestimmend werden. Eine größere Zahl solcher Reaktionen wurde u. a. von HEDVALL und Mitarbeitern[1] untersucht. Das Auftreten kompakter bzw. lockerer und poriger Reaktionsprodukte wird weitgehend durch die Verhältnisse der Kristallstruktur des Reaktionsproduktes und der Ausgangsstoffe und durch deren Molvolumina bestimmt. Wie die Erfahrung lehrt, sind im allgemeinen sehr dünne Deckschichten, die sich während der Oxydation auf dem Metall ausbilden, kompakt, festhaftend und porenfrei. Dieser Tatbestand wird auch dann beobachtet, wenn entgegen der von PILLING und BEDWORTH herrührenden Regel, daß nur dann kompakte Deckschichten zu erwarten sind, wenn das Verhältnis der Molvolumina von Deckschicht- und Metallphase größer als 1 ist, Reaktionsproduktschichten auftreten, deren Molvolumen kleiner ist als das Atomvolumen der Metallphase. Wie SCHOTTKY[2] an Hand einer genaueren Betrachtung zeigen konnte, spielt bei größeren Deckschichtdicken der Volumenquotient wohl eine Rolle, aber nicht die entscheidende. Eine wesentliche Voraussetzung für die Ausbildung einer kompakten, festhaftenden Deckschicht ist die Bereitschaft zum „plastischen Fließen“ sowohl des Metalls als auch des Oxids. Während der Schrumpfungsmechanismus in der Metallphase durch eine Lückenausscheidung an Versetzungen keine gedanklichen Schwierigkeiten bereitet, ist das Auftreten einer Schrumpfung in der Oxidphase nur dann verständlich, wenn neben den Metallionen auch die Sauerstoffionen diffundieren, wobei nach SCHOTTKY der Sauerstoffionentransport um Größenordnungen geringer sein kann als der zum Wachstum der Schicht erforderliche Metallionentransport.

Da diese Festkörperreaktionen zu stark nur vom rein stofflichen — d. h. chemischen — Standpunkt aus betrachtet und die physikalisch-chemischen Fragestellungen bedauerlicherweise zu wenig berücksichtigt wurden, ist es nicht verwunderlich, daß in den meisten Fällen die eigentlichen Elementarvorgänge nicht erkannt wurden. Ohne auch nur andeutungsweise auf die Vielzahl der Arbeiten einzugehen, die technische Reaktionen, wie die der Oxydationserscheinungen an Metallegierungen, der Hüttenprozesse, der Reduktionsvorgänge und Rekristallisations-

[1] Vgl. u. a. J. A. HEDVALL: Reaktionsfähigkeit fester Stoffe. Leipzig 1938.

[2] SCHOTTKY, W.: Z. Elektrochem. Ber. Bunsenges. phys. Chem. **63**, 784 (1959).

erscheinungen behandeln, seien hier drei Forscher genannt, deren Arbeiten eine gewisse erste Ordnung in die Vielzahl der Reaktionserscheinungen brachten. Es sind dies TAMMANN[1], HEDVALL[2] und JANDER[3] mit ihren Mitarbeitern. So entstanden eingehende Arbeiten von JANDER und HEDVALL über den „Säureplatzwechsel" von SiO_2 bei der Bildung von Silicaten und von WO_3 bzw. MoO_3 bei der Bildung von Wolframaten bzw. Molybdaten im festen Zustand. Wenn auch die hierbei gewonnenen Ergebnisse mehr qualitativer Art sind und in manchen Punkten der heutigen Kenntnis nicht standhalten, so bilden sie doch eine wertvolle Basis für weitere Forschungen auf diesem Gebiet. Da der zeitliche Fortgang der Reaktion fester Stoffe häufig in Pulvermischungen untersucht wurde, ist eine klare Entscheidung zwischen Phasengrenzreaktion und Diffusion meist nicht möglich.

Der Schlüssel zum Verständnis derartiger Festkörperreaktionen wurde 1930 durch WALTER SCHOTTKY und CARL WAGNER gegeben[4], die sich in einer gemeinsamen Arbeit erstmalig mit der statistisch-thermodynamischen Theorie der festen Körper mit geringem Fremdstoffgehalt und geringen Abweichungen von der stöchiometrischen Zusammensetzung beschäftigten. Diese Theorie basiert auf der experimentellen Beobachtung einer Ionenbeweglichkeit in Kristallen und auf der Feststellung der Abweichung von der stöchiometrischen Zusammensetzung zahlreicher Kristalle. Diese Theorie, genannt die „Fehlordnungstheorie" der Kristalle, führte später WAGNER[5] zur Theorie der Oxydationsvorgänge an Metallen bei höheren Temperaturen, wodurch ein tieferer Einblick in den Reaktionsablauf einfacher und auch teilweise komplizierter Festkörperreaktionen erstmalig gegeben wurde. In allen diesen Fällen wird angenommen, daß ein gewisser Prozentsatz von Ionen sich nicht auf Gitterplätzen befindet, sondern entweder auf Zwischengitterplätzen fehlgeordnet ist oder durch Abdiffusion an die Oberfläche des Kristalls eine äquivalente Zahl von Kationen- und Anionenplätzen im Gitter unbesetzt zurückgelassen hat. Ferner ist aus Elektroneutralitätsgründen mit dem Auftreten einer Elektronenfehlordnung zu rechnen, die für die später noch zu behandelnden Festkörperreaktionen stets zu berücksichtigen ist. Erst durch das Auftreten derartiger Fehlordnungserscheinungen wird ganz allgemein eine Diffusion durch Platzwechselvorgänge einzelner Ionen in Oxid- und Salzkristallen verständlich. Hiernach hat man sich den Wanderungsmechanismus in der Weise vorzustellen, daß einzelne Ionen auf Gitterplätzen in die Gitterlücken, sog. Leerstellen, springen oder sich Ionen auf Zwischengitterplätzen in

[1] TAMMANN, G.: Z. anorg. allg. Chem. **39**, 869 (1926).

[2] HEDVALL, J. A.: Chem. Rev. **15**, 139 (1934); Z. angew. Chem. **49**, 875 (1936); Rev. Mat. Construct., Paris, Nr. 409 (1949).

[3] JANDER, W.: Z. angew. Chem. **47**, 235 (1934); **49**, 879 (1936).

[4] WAGNER, C., u. W. SCHOTTKY: Z. phys. Chem. (B) **11**, 163 (1930). — C. WAGNER: Z. phys. Chem., Bodenstein-Festband, 177 (1931); (B) **22**, 181 (1933). — W. SCHOTTKY: Z. Elektrochem. angew. phys. Chem. **45**, 33 (1939).

[5] WAGNER, C.: Z. phys. Chem. (B) **21**, 25 (1933); (B) **32**, 447 (1936). — Diffusion and High Temperature Oxidation of Metals, in Atom Movements, S. 153. Cleveland 1951.

die nächst benachbarten Zwischengitterplätze bewegen. In Abwesenheit eines elektrischen Feldes oder eines chemischen Potentialgefälles erfolgen diese Platzwechselvorgänge ohne eine bevorzugte Richtung, also ungeordnet nach Art der BROWNschen Molekularbewegung in kolloiden Lösungen. In Mischkristallen führt gerade diese statistisch ungeordnete Schwankungsbewegung zu einem allmählichen Konzentrationsausgleich.

Bereits vor WAGNER und SCHOTTKY stellte 1926 FRENKEL[1] die Arbeitshypothese auf, daß auch in stöchiometrisch zusammengesetzten Kristallen, wie z. B. dem Silberbromid, eine Fehlordnung dadurch möglich ist, daß ein Teil der Silberionen seine Gitterplätze verläßt und auf Zwischengitterplätze geht unter Hinterlassung einer gleich großen Zahl von Leerstellen. Dieses Fehlordnungsmodell hat bis heute allen experimentellen Beobachtungen standgehalten und die Deutung der experimentellen Befunde erheblich erleichtert. In der Erkenntnis, daß eine bestimmte Fehlordnungsart — Leerstelle oder Ion auf Zwischengitterplatz — nur dann in bemerkenswertem Ausmaß auftreten kann, wenn die energetischen Verhältnisse dies gestatten, wird man auch die Bemühungen einer thermodynamischen Betrachtung verstehen, die, sich den realen Verhältnissen des Kristallbaus anpassend, sowohl von JOST[2] wie auch von SCHOTTKY[3] durchgeführt wurde. Auf Grund solcher Überlegungen wurde von SCHOTTKY[3] ein weiteres Fehlordnungsmodell vorgeschlagen, das für stöchiometrisch zusammengesetzte Ionenkristalle, wie beispielsweise NaCl, eine gleich große Zahl von Kationen- und Anionenleerstellen fordert. In der Schaffung des SCHOTTKYschen Fehlordnungsmodells erfahren die an Alkalihalogeniden von POHL und seinen Mitarbeitern[4] ausgeführten elektrischen Untersuchungen eine vertiefte Deutung. Gleichzeitig werden erstmalig 1935 von SCHOTTKY[5] die POHLschen F-Zentren in Alkalihalogenidkristallen durch die Annahme des „Einfangens“ quasi-freier Elektronen in Halogenionenleerstellen gedeutet.

Für das Verständnis der in diesem Buch diskutierten Fehlordnungserscheinungen und Festkörperreaktionen sind schon hier noch die folgenden Arbeiten von SCHOTTKY wegen ihrer grundsätzlichen Bedeutung zu erwähnen. Die erste dieser Arbeiten, gemeinsam mit KREBS[6], beschäftigt sich mit der chemischen Bindung in halbleitenden Verbindungen, um die Bevorzugung gewisser Strukturen und Farben von Kristallen zu verstehen. Weshalb ist PbS schwarz und ZnS weiß? In einer weiteren Arbeit, gemeinsam mit STÖCKMANN[7], wird durch vergleichende Betrachtungen die Natur der Störstellen (Fehlordnungsstellen) weiter aufgeklärt.

---

[1] FRENKEL, J.: Z. Phys. **35**, 652 (1926).

[2] JOST, W.: J. chem. Phys. **1**, 466 (1933). — W. JOST u. G. NEHLEP: Z. phys. Chem. (B) **32**, 1 (1936).

[3] SCHOTTKY, W.: Z. phys. Chem. (B) **29**, 335 (1935).

[4] Vgl. u. a. R. W. POHL: Phys. Z. **39**, 36 (1938).

[5] SCHOTTKY, W.: Wiss. Veröff. Siemens-Werken **14**, 2. Heft, S. 4 (1935).

[6] KREBS, H., u. W. SCHOTTKY: in: Halbleiterprobleme, Bd. 1, S. 25. Braunschweig: Vieweg 1954.

[7] SCHOTTKY, W., u. F. STÖCKMANN: in: Halbleiterprobleme, Bd. 1, S. 80. Braunschweig: Vieweg 1954.

In seinem Artikel[1] über „statistische Halbleiterprobleme" wird in einer exakten Beweisführung das dem Chemiker „unbehagliche" FERMI-Potential auf das elektrochemische Potential der Elektronen zurückgeführt, eine Beziehung, die in der elektrochemischen Thermodynamik bekannt ist.

WAGNER und Mitarbeiter[2] prüfen die sich aus der Fehlordnungstheorie ergebenden Fehlordnungsmodelle an nichtstöchiometrisch zusammengesetzten Kristallen (Oxide und Sulfide) und kommen auf Grund von Leitfähigkeits- und Thermokraftmessungen zu den ersten quantitativen Zusammenhängen zwischen Fehlordnungsgrad, Nichtmetallpartialdruck und elektrischen Eigenschaften. Diese Arbeiten sind insofern von Bedeutung, als sie das verbindende Glied zwischen den reinen Halbleiterarbeiten und den Arbeiten über Festkörperreaktionen bilden. Im Anschluß hieran wurden die Fehlordnungsmodelle sowohl von WAGNER[3] und VERWEY[4] als auch von HAUFFE[5], KRÖGER und VINK und ihren Mitarbeitern auf oxidische und sulfidische Mischphasen erweitert.[8]

Kürzlich wurden von HAUFFE und SCHOTTKY[6] in einer allgemeinen Darstellung die Elementarvorgänge basierend auf der Sattelsprungtheorie während der Deckschichtbildung behandelt, die für das Verständnis der Transportvorgänge in den während der Metalloxydation sich ausbildenden Deckschichten von Bedeutung sind. Hier werden u. a. die dem Experiment zugänglichen „Transportkoeffizienten" an Stelle der Diffusionskonstanten als Grundgrößen eingeführt und die WAGNERsche Oxydationstheorie reiner Metalle[7] auf Vorgänge mit innerem Gitterumbau der Schicht erweitert.

Unter Berücksichtigung aller möglichen Fehlordnungserscheinungen im Kristall konnten KRÖGER, VINK und VAN DEN BOOMGAARD[8] die Fehlordnungstheorie weiter ausbauen, wodurch bisher noch ungenügend verstandene experimentelle Ergebnisse in binären Kristallen aufgeklärt werden konnten. Von SCHMALZRIED und WAGNER[9] wurde die Fehlordnungstheorie auf ternäre Ionenkristalle erweitert und damit die allgemeinen Voraussetzungen zur Auswertung von Diffusions- und Leitfähigkeitsmessungen in Spinellphasen geschaffen.

In der weiteren Entwicklung der modellmäßigen Deutung einfacher Festkörperreaktionen wurde von WAGNER[10] die Bildung von Ionen-

---

[1] SCHOTTKY, W.: in: Halbleiterprobleme, Bd. 1, S. 139. Braunschweig: Vieweg 1954.

[2] Vgl. u. a. K. HAUFFE: Fehlordnungserscheinungen und Leitungsvorgänge in ionen- und elektronenleitenden festen Stoffen, in: Ergebn. exakt. Naturwiss. **25**, 193 (1951).

[3] WAGNER, C.: J. chem. Phys. **18**, 62 (1950).

[4] VERWEY, E. J. W., et al.: Chem. Weekblad **44**, 705 (1948).

[5] HAUFFE, K.: Ann. Phys. (6) **8**, 201 (1950).

[6] HAUFFE, K., u. W. SCHOTTKY: Deckschichtbildung auf Metallen, in: Halbleiterprobleme, Bd. 5, S. 203. Braunschweig: Vieweg 1960.

[7] WAGNER, C.: Z. phys. Chem. (B) **21**, 25 (1933).

[8] KRÖGER, F. A., H. J. VINK u. J. VAN DEN BOOMGAARD: Z. phys. Chem. **203**, 1 (1954).

[9] SCHMALZRIED, H., u. C. WAGNER: Z. phys. Chem. (NF), **31**, 198 (1962).

[10] KOCH, E., u. C. WAGNER: Z. phys. Chem. (B) **34**, 317 (1936). — H. RICKERT u. C. WAGNER: Z. Elektrochem. Ber. Bunsenges. phys. Chem. **64**, 793 (1960).

verbindungen höherer Ordnung aus einfachen Verbindungen untersucht und gedeutet, wie z. B. die Bildung von Doppelsalzen, Spinellen und Silicaten. Als Beispiele seien genannt:

$$2\,AgJ + HgJ_2 = Ag_2HgJ_4$$
$$MgO + Al_2O_3 = MgAl_2O_4 .$$

Hier erfolgt nach Auftreten der die Ausgangsstoffe trennenden Reaktionsschicht der weitere Reaktionsablauf durch eine gegenseitige Diffusion von Ag^+- und Hg^{2+}-Ionen bzw. Mg^{2+}- und Al^{3+}-Ionen durch die Ag_2HgJ_4- bzw. Spinellphase. Weiterhin wurde von WAGNER[1] unter Verwendung der stichwortmäßig als „Kurzschlußmodell" benannten Versuchsanordnung der Reaktionsablauf von doppelten Umsetzungen gedeutet, bei denen zwei feste Reaktionsprodukte entstehen entsprechend der allgemeinen Gleichung

$$A_{\text{fest}} + B_{\text{fest}} = C_{\text{fest}} + D_{\text{fest}},$$

die durch Ausbildung einer kompakten Phase die Ausgangsstoffe räumlich voneinander trennen. Dieses Modell ist auch in etwas abgeänderter Form zur Deutung des Reaktionsablaufs von Pulvergemischen geeignet.

Neben der Fehlordnungstheorie wurde in neuerer Zeit eine weitere Theorie, die den Halbleiter-Physikern hinlänglich bekannte „Randschichttheorie" der Kristallgleichrichter nach SCHOTTKY und SPENKE[2], zur Deutung von Platzwechselvorgängen in oberflächennahen Bezirken fester Stoffe hinzugezogen. Durch Anpassung und Erweiterung der Randschichttheorie der Kristallgleichrichter konnten sowohl AIGRAIN und DUGAS[3] als auch ENGELL und HAUFFE[3] und auch WEISZ[4] den Vorgang der Chemisorption sowie die Abhängigkeit des Ionentransportes in dünnen Schichten vom Nichtmetallpartialdruck plausibel deuten. Besonders eingehende Untersuchungen liegen von WOLKENSTEIN[5] vor. Diese Ergebnisse dürften für das Verständnis der Wirkungsweise einfacher heterogener Katalysatoren von Bedeutung sein. Wie durch Versuche belegt werden konnte, bestimmen häufig Art und Ausmaß der Elektronenfehlordnung die Aktivität des Katalysators. Durch Untersuchungen über die Ladungs- und Potentialverteilung in der Nähe der Phasengrenze Halbleiter/Elektrolyt wurde die Kenntnis über die Wirkungsweise solcher Oberflächenerscheinungen an Halbleitern erweitert[6,7].

[1] WAGNER, C.: Z. anorg. allg. Chem. **236**, 320 (1938).

[2] SCHOTTKY, W.: Naturwiss. **26**, 843 (1938); Z. Phys. **113**, 367 (1939). — W. SCHOTTKY u. E. SPENKE: Wiss. Veröff. Siemens-Werken **18**, 225 (1939). — E. SPENKE: Z. Phys. **226**, 67 (1947). — Vgl. auch N. F. MOTT: Proc. Roy. Soc. [London] (A) **171**, 944 (1939). — B. DAVIDOV: J. Phys. UdSSR **1**, H. 2 (1939).

[3] AIGRAIN, P., u. C. DUGAS: Z. Elektrochem. Ber. Bunsenges. physik. Chem. **56**, 363 (1952). — K. HAUFFE u. H.-J. ENGELL: Z. Elektrochem. Ber. Bunsenges. physik. Chem. **56**, 366 (1952); **57**, 762 (1953). — H.-J. ENGELL u. K. HAUFFE: Metall **6**, 285 (1952).

[4] WEISZ, P. B.: J. chem. Phys. **20**, 1483 (1952); **21**, 1531 (1953).

[5] WOLKENSTEIN, TH.: Elektronentheorie der Katalyse an Halbleitern, Berlin 1964.

[6] z. B. J. F. DEWALD: in Semiconductors, herausgeg. von N. B. HANNAY, S. 727, New York 1960. — M. GREEN: Electrochemistry of the Semiconductor — Electrolyte Interface, in Modern Aspects of Electrochemistry S. 343, New York 1959.

[7] HARTEN, H. U.: Die Grenzfläche Halbleiter — Electrolyt, in Festkörperprobleme Bd. 3, S. 81, Braunschweig 1964.

Wenn wir auch später zahlreiche physikalische Erscheinungen an Festkörpern, wie z. B. Photoleitfähigkeit, Kristallgleichrichter- und Transistoreffekt, im einzelnen nicht behandeln werden, so werden wir jedoch stets davon Gebrauch machen und darauf hinweisen, wo das Ergebnis der einen oder anderen physikalischen Erscheinung zur Klärung des Reaktionsmechanismus von Nutzen ist.

Zum Schluß sei noch einiges grundsätzlich zu den Reaktionen mit festen Stoffen bemerkt. In dieser Monographie werden im wesentlichen folgende Reaktionstypen behandelt:

$$A_{\text{fest}} + B_{\text{fest}} = C_{\text{fest}}, \tag{1.1}$$

$$A_{\text{flüssig}} + B_{\text{fest}} = C_{\text{fest}}, \tag{1.2}$$

$$A_{\text{gas}} + B_{\text{fest}} = C_{\text{fest}}, \tag{1.3}$$

$$A_{\text{fest}} + B_{\text{fest}} = C_{\text{fest}} + D_{\text{fest}}, \tag{1.4}$$

$$A_{\text{fest}} + B_{\text{fest}} = C_{\text{fest}} + D_{\text{gas}}, \tag{1.5}$$

$$A_{\text{gas}} + B_{\text{fest}} = C_{\text{fest}} + D_{\text{gas}}, \tag{1.6}$$

$$A_{\text{fest}} = C_{\text{fest}} + D_{\text{gas}}. \tag{1.7}$$

Während die Reaktionen (1.1) bis (1.5) einen durch Diffusion, d.h. durch Platzwechselvorgänge im kompakten Reaktionsprodukt, gesteuerten Reaktionsverlauf zeigen können, werden die Reaktionen (1.6) und (1.7) überwiegend durch Phasengrenzreaktionen bestimmt und fallen damit nicht unter die durch Diffusion gesteuerten Festkörperreaktionen. Gleich hier sei erwähnt, daß ein hoher Prozentsatz der von HEDVALL, JANDER, TAMMANN und von anderen untersuchten Reaktionen nicht in die Gruppe der durch Diffusion gesteuerten Reaktionen fällt.

Als allgemeine Voraussetzung für den Reaktionsablauf aller aufgeführten Reaktionen (1.1) bis (1.7) von links nach rechts gilt, daß die Änderung des thermodynamischen Potentials ΔG einen negativen Wert besitzt[1]. Da jedoch bei Reaktionen ausschließlich zwischen festen Phasen, (1.1) bis (1.4), die Volumenarbeit praktisch zu vernachlässigen ist, wird die Änderung des thermodynamischen Potentials im allgemeinen nur wenig verschieden von der Änderung der freien Energie ΔA (T und V const) sein. Weiterhin kann das Entropieglied in erster Näherung ebenfalls vernachlässigt werden, so daß häufig die Kenntnis der Reaktionswärme ΔH bereits genügt, um die Richtung des Reaktionsablaufs festzulegen. Wir werden daher im folgenden die drei Größen ΔG, ΔA und ΔH je nach Bedarf verwenden. In den wenigsten Fällen werden bei Reaktionen mit festen Stoffen meßbare Gleichgewichte auftreten. Vielmehr wird im allgemeinen die Reaktion erst dann zum Stillstand kommen, wenn ein Reaktionspartner, der in kleinerer Menge vorliegt, „aufgezehrt" ist. Als Beispiel einer solchen Reaktion ist die Oxydation eines Metalls mit beliebig großer Sauerstoffmenge zu nennen.

Wie sich später zeigen wird, ist jede Festkörperreaktion in Diffusionsvorgänge und Phasengrenzreaktionen zu unterteilen. Durch geeignete Wahl kann man jedoch häufig die Versuchsbedingungen so wählen, daß

[1] Über das Vorzeichen thermodynamischer Größen sowie deren Funktionen s. z. B. W. SCHOTTKY, H. ULICH u. C. WAGNER: Thermodynamik. Berlin 1929.

die Reaktionen an den Phasengrenzen genügend rasch verlaufen und damit auf den Ablauf der Gesamtreaktion ohne Einfluß sind. Häufig wird man aber auch Phasengrenzreaktionen berücksichtigen müssen, wenn z. B. die Diffusionsvorgänge der Ausgangsstoffe durch das Reaktionsprodukt infolge hoher Fehlordnung sehr rasch ablaufen oder wenn durch Poren im Reaktionsprodukt der Diffusionswiderstand relativ klein

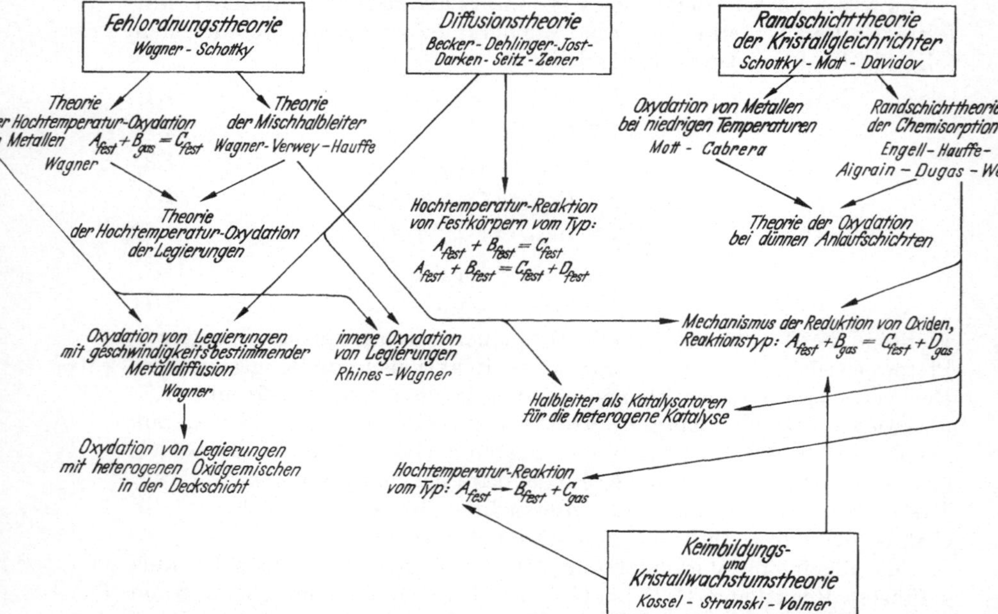

Schematische Darstellung einer Arbeitsanweisung zur Erforschung der Reaktionen mit festen Stoffen.

ist. In solchen Fällen können dann noch zusätzliche Komplikationen insofern auftreten, als Keimbildung und Kristallwachstum geschwindigkeitsbestimmend werden. Die Aufklärung derartiger Erscheinungen verdanken wir den Arbeiten von KOSSEL, STRANSKI und VOLMER und ihren Mitarbeitern.[1]

In dem obigen Schaubild ist grob schematisch gezeigt, wie man heute sinnvoll an die Bearbeitung der in (1.1) bis (1.7) aufgestellten Festkörperreaktionen zweckmäßig herangeht. Die beim Reaktionsablauf der oben genannten Reaktionen auftretenden geschwindigkeitsbestimmenden Teilvorgänge lassen sich durch geeignete Kombination der Fehlordnungs-, Diffusions-, Keimbildungs- und Kristallwachstumtheorie und der auf der Randschichttheorie der Kristallgleichrichter fußenden Randschichttheorie der Chemisorption erfassen. Bei der späteren Betrachtung der einzelnen Reaktionssysteme wird — soweit als möglich — nach dem im obigen Schema angegebenen Arbeitsweg verfahren.

[1] Vgl. u. a. M. VOLMER: Die Kinetik der Phasenbildung. Leipzig 1939. — O. KNACKE u. I. N. STRANSKI: Die Theorie des Kristallwachstums. Ergebn. exakt. Naturwiss. 26, 383 (1952).

2 Fehlordnungserscheinungen in ionen- und elektronenhalbleitenden Kristallen

2.1 Das Auftreten von Fehlordnungserscheinungen in Kristallen als Voraussetzung für den Reaktionsablauf in festen Stoffen

Die für zahlreiche Festkörperreaktionen bekannte Tatsache, daß ein Reaktionsablauf auch dann stattfindet, wenn die Ausgangsstoffe durch einen festen Endstoff in Form eines Ionenkristalls räumlich voneinander getrennt sind, dürfte heute kaum mehr prinzipielle gedankliche Schwierigkeiten bereiten, wenn auch der Mechanismus im einzelnen häufig noch nicht genügend geklärt ist. Obwohl die Diffusions- und Transportvorgänge von Ionen und Elektronen im Ionenkristall weitgehend erforscht sind, hat es jedoch an Einsprüchen und Bedenken aller Art gegen diese Deutung nicht gefehlt.

Während im Bereich tiefer Temperaturen der stöchiometrisch zusammengesetzte Kristall den Zustand idealer Ordnung anstrebt, ihn aber aus kinetischen Gründen häufig nicht erreichen kann, treten mit steigender Temperatur zunehmende Abweichungen von der geordneten Struktur auf. Ein gewisser Prozentsatz der Gitterbausteine (Ionen oder Atome) hat seine regulären Gitterplätze verlassen und befindet sich auf Zwischenlagen, die wir im folgenden mit „Zwischengitterplätze" bezeichnen. Die verlassenen Gitterplätze nennt man „Leerstellen". Das Auftreten solcher Fehlordnungserscheinungen ist auch vom energetischen Standpunkt verständlich, wenn man berücksichtigt, daß fehlgeordnete Kristalle gegenüber geordneten eine höhere Entropie besitzen. Wie wir später noch sehen werden, kann u. a. die Tatsache der Existenz nichtstöchiometrisch aufgebauter Kristalle nur durch Annahme einer Fehlordnung im Kristall plausibel gedeutet werden. Zusammenfassend wurde u. a. von ANDERSON[1] auf den Zusammenhang zwischen Fehlordnung und Nichtstöchiometrie der Kristalle an einer größeren Zahl von Beispielen hingewiesen.

Während man sich mit einer Diffusion fester Körper ineinander unter Annahme einer Ionendiffusion durch den Kristall nur zögernd einverstanden erklärte, bereitete offenbar die Diffusion von beispielsweise *Wasserstoff* durch Palladium oder Sauerstoff durch Silber der Deutung keine Schwierigkeiten, obwohl hier eine Gasaufnahme von H- und O-Atomen bzw. Ionen *zwischen* den Gitterplätzen der Metallatome angenommen werden muß[2], wie u. a. Löslichkeitsversuche und deren Druckabhängigkeit und röntgenographische Untersuchungen ergeben haben.[3] In ähnlicher Weise hat man die Aufnahme und Diffusion von Stickstoff

---

[1] ANDERSON, J. S.: Ann. Rep. chem. Soc. **43,** 104 (1947).

[2] Vgl. u. a. G. B. ROSENHALL: Ann. Phys. (5) **18,** 150 (1933); dort weitere Literatur.

[3] COEHN, A.: Z. Elektrochem. angew. phys. Chem. **35,** 676 (1929). — A. COEHN u. W. SPECHT: Z. Phys. **62,** 1 (1930). — A. COEHN u. H. JÜRGENS: Z. Phys. **71,** 179 (1931). — A. COEHN u. K. SPERLING: Z. Phys. **83,** 291 (1933).

und Kohlenstoff in γ-Eisen deuten können.[1] In allen diesen Fällen findet eine Einlagerung von Gasatomen oder Kohlenstoffatomen auf Zwischengitterplätzen des Metallgitters statt, wobei eine mehr oder minder starke Aufweitung des Gitters beobachtet wird. Wie besonders magnetische Messungen eindrucksvoll erkennen lassen, treten des öfteren starke Wechselwirkungen der Valenzelektronen des eingebauten Stoffes mit denen seines Wirtsmetalls auf. So bewirkt z. B. die Aufnahme von Wasserstoff im Palladium eine starke Abnahme des Paramagnetismus des Palladiums mit steigendem Wasserstoffgehalt.[2] Das Einbringen von Metallatomen, wie z. B. Gold, ruft den gleichen Effekt hervor.[3] Während man beim Einbau von Wasserstoff in Palladium mit großer Wahrscheinlichkeit eine Zwischengitterplatzbesetzung überwiegend mit Protonen annehmen kann, ist der Einbau- und Wanderungsmechanismus von Gold in Palladium keineswegs eindeutig geklärt. Ebenso wie in Ionenkristallen ist auch in Metallen mit einer Leerstellendiffusion zu rechnen, wie noch später an einzelnen Beispielen gezeigt werden soll. Jedoch bliebe ein Konzentrationsausgleich z. B. zweier verschieden zusammengesetzter Mischkristalle, die sich mit glatten Flächen in gutem Kontakt berühren, ohne Hinzuziehung spezieller molekulartheoretischer Überlegungen unverständlich. Aus diesem Grund wollen wir im folgenden die zwingenden Gründe aufzeigen, die die Realität von Fehlordnungsmodellen in Ionengittern wahrscheinlich und die Schaffung einer Fehlordnungstheorie erforderlich machen.

Die Bildung von Mischkristallen mit ungestörten idealen Gittern aus ebenfalls ungestörten Ionenkristallen, z. B. A_1B und A_2B, wäre infolge Fehlens von unbesetzten Gitterplätzen oder Ionen auf Zwischengitterplätzen durch Platzwechsel zweier benachbarter Ionen bzw. Atome nur dadurch möglich, daß zwei Ionen bzw. Atome im wechselseitigen Sprung in einem Elementarakt ihre Plätze vertauschen, wie dies in Abb. 2.1 im Sinne von BERNAL angedeutet ist.[4] Diese Diffusionserscheinung wurde durch ZENER[5] unter Einführung der Hypothese einer „Ringdiffusion" schärfer formuliert und erweitert. ZENER konnte zeigen, daß die Platzwechselenergie je Atom im Falle einer kooperativen Ringbewegung von n Atomen wesentlich günstiger liegt als im speziellen Fall von BERNAL, bei dem $n = 2$ ist. Dieser Platzwechselmechanismus, der wohl in metallischen Mischphasen auftreten kann, muß jedoch sowohl in metallischen Phasen mit KIRKENDALL-Diffusionseffekt (wandernde Phasengrenz-

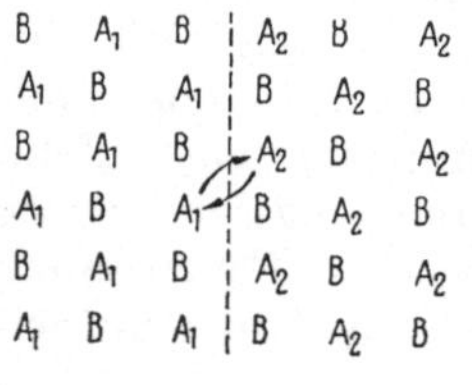

$B \quad A_1 \quad B \quad A_2 \quad B \quad A_2$
$A_1 \quad B \quad A_1 \quad B \quad A_2 \quad B$
$B \quad A_1 \quad B \quad A_2 \quad B \quad A_2$
$A_1 \quad B \quad A_1 \quad B \quad A_2 \quad B$
$B \quad A_1 \quad B \quad A_2 \quad B \quad A_2$
$A_1 \quad B \quad A_1 \quad B \quad A_2 \quad B$

Abb. 2.1. Platzwechsel eines Kations A_1 eines Salzes A_1B mit einem Kation A_2 eines Salzes A_2B unter Annahme eines idealen Gitters mit stöchiometrischer Zusammensetzung. (Hier erfolgt direkter Platzwechsel in einem Elementarakt nach BERNAL.)

[1] Vgl. u. a. J. D. FAST: Chem. Weekblad **38**, 2, 19 (1941). — F. E. HARRIS: Metals Technol. **14**, Techn. Publ. Nr. 2216 (1947). — A. CORNELIUS: Arch. Eisenhüttenwes. **16**, 147 (1942).

[2] VOGT, E.: Ergebn. exakt. Naturwiss. **11**, 321 (1932).

[3] VOGT, E.: Angew. Chem. **48**, 734 (1935).

[4] BERNAL, J. D.: Trans. Faraday Soc. **34**, 837 (1938).

[5] ZENER, C.: Acta Cryst. **3**, 346 (1950).

flächen und ungleiche partielle Diffusionskoeffizienten; s. S. 483ff) als auch in Ionenkristallen aus geometrischen bzw. energetischen Gründen als unwahrscheinlich angesehen werden. Außerdem wäre durch einen solchen Platzwechselvorgang in Ionenkristallen eine elektrolytische Leitung und ein Transport elektrischer Ladungen nicht möglich. Ganz im Gegenteil konnte gezeigt werden, daß innerhalb der Fehlergrenzen die Ionenbeweglichkeit aus der Diffusion und umgekehrt berechnet werden kann, so daß Diffusion und Ionenleitung auf dem gleichen Elementarvorgang basieren müssen.[1] Dies ist aber nur dann möglich, wenn wir Störstellen im Gitter haben, d. h. wenn einzelne Gitterpunkte des Kationen- bzw. Anionenteilgitters nicht vollständig besetzt sind, oder wenn sich Kationen bzw. Anionen zwischen den regulären Gitterplätzen, also auf sog. Zwischengitterplätzen, befinden. Schon VON HEVESY[2] versuchte, die Diffusionsvorgänge in Ionenkristallen und Metallen durch Annahme einer Störung im Gitter zu deuten, die er als „Auflockerung" bezeichnete. Aber erst durch WAGNER und SCHOTTKY[3] wurde die entscheidende Grundlage für das Verständnis derartiger Diffusionsvorgänge geschaffen. Hier wird diese Gitterstörung als *Fehlordnung* und der gesamte Vorgang als *Fehlordnungserscheinung* bezeichnet.

Im Gegensatz zu den VON HEVESYschen Auflockerungen des Ionenkristalls, die irreversibler Natur und zur Deutung zahlreicher Beobachtungen ungeeignet sind, handelt es sich bei den WAGNER-SCHOTTKYschen Fehlordnungserscheinungen um reversible Fehlordnungsvorgänge, die mit den üblichen Zustandsgrößen, wie Druck, Temperatur und Gaszusammensetzung, der den Festkörper umgebenden Atmosphäre im thermodynamischen Gleichgewicht stehen. Aber nicht nur aus kinetischen Beobachtungen, wie Diffusion, elektrische Leitfähigkeit und Ionenbeweglichkeit, muß man mit der Existenz von Fehlordnungserscheinungen rechnen, sondern auch auf Grund von Gleichgewichtsbetrachtungen. Für eine Anzahl von Verbindungen, wie z. B. FeO, Cu_2O, ZnO, PbS und anderen, insbesondere von intermediären Kristallarten metallischer Zweistoffsysteme, ist bekannt, daß diese nicht immer eine exakt stöchiometrische Zusammensetzung besitzen, sondern in einem mehr oder weniger hohen Maße einen Kationen- oder Anionenüberschuß bzw. einen Überschuß des einen oder anderen Legierungspartners in der intermediären Kristallart aufweisen. Diese intermediären Kristallarten, deren Zusammensetzung sich nicht durch eine der üblichen chemischen Formeln ausdrücken läßt, sondern die ein Existenzgebiet von endlicher Breite aufweisen, bezeichnen WAGNER und SCHOTTKY[3] als geordnete Mischphasen. Abweichungen von dem durch kleine Zahlen ausdrückbaren Atomverhältnis, wie sie z. B. einer „idealen" Besetzung des betreffenden Gitters entsprechen würden, sind aber wieder nur durch

[1] Vgl. C. WAGNER: Z. phys. Chem. (B) **11**, 139 (1930). — W. JOST: Diffusion und chem. Reaktion in festen Stoffen, S. 39ff., Dresden 1937. — C. TUBANDT, H. REINHOLD u. W. JOST: Z. phys. Chem. **129**, 69 (1927); Z. anorg. allg. Chem. **177**, 253 (1928).

[2] HEVESY, G. VON: Z. phys. Chem. **101**, 337 (1922).

[3] WAGNER, C., u. W. SCHOTTKY: Z. phys. Chem. (B) **11**, 163 (1930).

Annahme von Fehlordnungserscheinungen verständlich. Geeignete Fehlordnungsmodelle sind insbesondere von FRENKEL[1] und SCHOTTKY[2] beschrieben worden. Ferner verdanken wir JOST[3] eine Berechnung der energetischen Verhältnisse für die Bildung von Fehlordnungsstellen, die unter vereinfachenden Bedingungen durchgeführt wurde, worauf wir noch im einzelnen später zurückkommen.

2.2 Die Fehlordnungsmodelle nach Frenkel und Schottky

In einem stöchiometrisch aufgebauten Ionenkristall der allgemeinen Form K^+A^- hat man grundsätzlich vier verschiedene Arten von Fehlordnungsstellen, die mit dem Kristallganzen im thermodynamischen Gleichgewicht stehen.[2,4]

Symbole nach	HAUFFE-SCHOTTKY alt	SCHOTTKY[5] neu
1. Kationen auf Zwischengitterplätzen	$K\bigcirc^{\cdot}$	$K^{\cdot}$
2. Leerstellen im Kationenteilgitter	$K\square'$	$\vert K\vert'$
3. Anionen auf Zwischengitterplätzen	$A\bigcirc'$	A'
4. Leerstellen im Anionenteilgitter	$A\square^{\cdot}$	$\vert A\vert^{\cdot}$

Die Möglichkeit einer Substitution von Kationen durch Anionen und umgekehrt fällt im Ionenkristall fort, da solche Vorgänge aus elektrostatisch-energetischen Gründen unwahrscheinlich sind. Des weiteren müssen wir Fehlordnungszustände in einfachen Ionenkristallen mit ganzzahliger stöchiometrischer Zusammensetzung von solchen in Ionenkristallen mit einem Überschuß der einen oder anderen Komponente

[1] FRENKEL, J.: Z. Phys. **35**, 652 (1926).

[2] SCHOTTKY, W.: Z. phys. Chem. (B) **29**, 335 (1935).

[3] JOST, W.: J. chem. Phys. **1**, 466 (1933); Z. phys. Chem. (A) **169**, 129 (1934); vgl. auch die verfeinerten Berechnungen von N. F. MOTT u. J. M. LITTLETON: Trans. Faraday Soc. **34**, 485 (1938).

[4] Hierbei sei zunächst die Elektronenfehlordnung nicht berücksichtigt, wenn diese auch in zahlreichen Ionenkristallen eine entscheidende Rolle spielt.

[5] In dem Gitter sind mit K die Kationen und mit A die Anionen bezeichnet. Für die Zusammensetzung des geordneten Gitters bestimmend ist die Formel $K_k A_a$ der „Gittermolekel", in dem k und a im allgemeinen kleine ganze Zahlen sind, z. B. $k = 1$ und $a = 1$ in ZnO, $k = 2$ und $a = 1$ in Cu_2O. In der Bezeichnung der Fehlordnungsstellen (Störstellen) wird im Gegensatz zu früheren Veröffentlichungen, wo eine Überschußstörstelle, d. h. ein Ion auf Zwischengitterplatz, z. B. in ZnO, mit $Zn\bigcirc^{\cdot}$ und eine Lückenstörstelle (Leerstelle), z. B. in Cu_2O, mit $Cu\square'$ gekennzeichnet wurde, im vorliegenden Buch die Minimalsymbolik nach SCHOTTKY (Zur Frage der rationalen Störstellenbezeichnung, in: Halbleiterprobleme, Bd. **4**, S. 235. Braunschweig: Vieweg **1958**) angewandt, bei der Überschußteilchen durch ihr chemisches Symbol ohne besonderen Index, fehlende Gitterteilchen durch das betreffende zwischen senkrechte Striche eingefügte Symbol gekennzeichnet werden. Zur Ladungskennzeichnung der betreffenden Störstelle wird, wie früher, für die Effektivladung O ein liegendes Kreuz als oberer Index, für positive und negative Effektivladungen Punkt- und Strichkennzeichnung benutzt. So erhalten in einem $K_k A_a$-Gitter einfache Überschußstörstellen K, je nach ihrem Ladungs-

unterscheiden. Aus Elektroneutralitätsgründen sind im ersten Fall mindestens zwei verschiedene Arten von Fehlordnungsstellen anzunehmen, während man im zweiten Fall im allgemeinen überwiegend mit nur einer Art von Fehlordnungsstellen zu rechnen haben wird, da die erforderliche Elektroneutralität durch Elektronenfehlordnung hergestellt wird. In Anlehnung an SCHOTTKY[1] wollen wir die Fehlordnungsgrenztypen für den ersten Fall eines einfachen ganzzahlig stöchiometrisch zusammengesetzten Ionenkristalls aufstellen.[2]

Grenztypus I: **Kationen auf Zwischengitterplätzen und Leerstellen im Kationenteilgitter (FRENKEL-Typ).**
Grenztypus II: **Anionen auf Zwischengitterplätzen und Leerstellen im Anionenteilgitter (Anti-FRENKEL-Typ).**
Grenztypus III: **Kationen und Anionen auf Zwischengitterplätzen (Anti-SCHOTTKY-Typ).**
Grenztypus IV: **Leerstellen im Kationen- und Anionenteilgitter (SCHOTTKY-Typ).**

Diese vier Grenztypen umfassen alle Möglichkeiten in einem binären Kristall und schließen auch die Fälle nichtstöchiometrisch zusammengesetzter Ionenkristalle mit ein. So wird beispielsweise bei Vorliegen des Grenztypus I für einen Kristall mit Anionenüberschuß die Konzentration der Kationen auf Zwischengitterplätzen $x_{K^{\cdot}}$ gegenüber der Leerstellenkonzentration $x_{|K|'}$ sehr klein gemäß

$$x_{K^{\cdot}} \ll x_{|K|'} \tag{2.1}$$

bzw.

$$x_{K^{\cdot}} + x_{+} = x_{|K|'}, \tag{2.1a}$$

so daß wir praktisch nur mit der Leerstellenkonzentration zu rechnen haben, wie dies an zahlreichen Systemen beobachtet wurde, da hier die Elektroneutralität durch die Konzentration der Elektronendefektstellen (= Defektelektronen) x_{+} besorgt wird, d. h. da hier $x_{+} \approx x_{|K|'}$ ist.

Das Fehlordnungsmodell für den Grenztyp I und II hat bereits FRENKEL im Jahre 1926 angegeben. In Abb. 2.2 ist am Beispiel des Silberbromids der Grenztyp I des FRENKELschen Fehlordnungsmodells wiedergegeben (in ganz analoger Weise ist der Grenztyp II zu behandeln, den wir als Anti-FRENKEL-Typ bezeichnen wollen). Hier sitzt der größte Teil der Ag^{+}-Ionen auf normalen Gitterplätzen. Eine Fehlordnung nach FRENKEL wird symbolisch in der Weise angedeutet, daß ein Teil der Ag^{+}-Ionen, der seine regulären Gitterplätze verlassen hat, durch $|Ag|'$ bzw. $Ag^{\cdot}$ angedeutet ist. Die auf Zwischengitterplätze gewanderten

zustand, die Symbole $K^{\times}$, $K^{\cdot}$, $K^{\cdot\cdot}$ usw., K-Leerstellen die Symbole $|K|^{\times}$, $|K|'$, $|K|''$, entsprechend für A-Teilchen. Durch diese neue Symbolik wird bewußt die Frage der Position eines Überschußteilchens, ob auf Zwischengitterplatz oder als Anlagerung an ein Gitterion, unbeantwortet gelassen. Desgleichen brauchen fehlende Gitterbausteine nicht genau die ihrem Besetzungsbereich entsprechenden Gitterlücken zu erzeugen. Vielmehr können durch das fehlende Gitterteilchen die Teilchen der Umgebung aus ihrer Gleichgewichtslage etwas, aber unter Umständen auch drastisch verschoben sein. Für die Gleichgewichtsbeziehungen sind aber solche Verschiebungseffekte formal ohne Bedeutung; nur die Energetik und innere Statistik und demzufolge auch die Teilchenbeweglichkeit würde betroffen.

[1] SCHOTTKY, W.: Z. phys. Chem. (B) **29**, 335 (1935).

[2] Vgl. auch E. KOCH u. C. WAGNER: Z. phys. Chem. (B) **38**, 295 (1937).

Ag^+-Ionen haben also zur Ausbildung einer gleichen Zahl von Leerstellen im Ag^+-Ionenteilgitter geführt:

$$x_{Ag^{\bullet}} = x_{|Ag|'}. \tag{2.2}$$

Das Br^--Ionenteilgitter bleibt praktisch ungestört. Vorübergehend glaubte MITCHELL[1] eine merkliche SCHOTTKY-Fehlordnung annehmen zu müssen, die das Auftreten von Br-Ionenleerstellen $|Br|^{\bullet}$ zur Folge hat. TELTOW[2] hält ebenfalls in Silberhalogenidkristallen eine geringe SCHOTTKY-Fehlordnung für wahrscheinlich. Auf eine überwiegende FRENKEL-Fehlordnung im AgBr konnte bereits aus den Überführungsmessungen von TUBANDT geschlossen werden, da die Stromleitung praktisch allein durch Silberionen übernommen wird[3], was auf überwiegende Ag^+-Ionenfehlordnung schließen läßt. Insbesondere konnten WAGNER und BEYER[4] dieses Fehlordnungsschema durch Kombination von röntgenographischer Bestimmung der Gitterkonstanten und von makroskopischer Dichtemessung bestätigen. Ionenbewegung und Stromleitung sind hier in der Weise möglich, daß auf Zwischengitterplätzen befindliche Ionen auf die nächstbenachbarten Zwischengitterplätze springen. Nach KOCH und WAGNER existiert aber noch eine weitere Möglichkeit eines Platzwechsels, als ein Ag^+-Ion auf Zwischengitterplatz ein nächstbenachbartes Ag^+-Ion von seinem Gitterplatz verdrängt, so daß letzteres auf den nächsten Zwischengitterplatz springt[5] (Doppelsprünge). Infolge Vorliegens einer gewissen Zahl unbesetzter Ag^+-Ionengitterplätze wird ebenfalls eine Ag^+-Wanderung ermöglicht (Leerstellenwanderung). Hier springt ein Ag-Ion von seinem Gitterplatz in die benachbarte Leerstelle, wobei an der Stelle des bewegten Ions eine Leerstelle neu entsteht, usw.

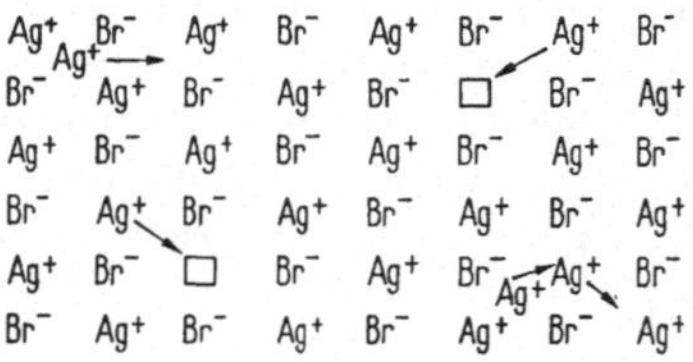

Abb. 2.2. Fehlordnungsmodell nach FRENKEL (Grenztypus I) am Beispiel des Silberbromids erläutert. Hier können sich nur Ag-Ionen über Zwischengitterplätze oder über Ag-Ionenleerstellen bewegen.

Der Grenztyp III, den wir als Anti-SCHOTTKY-Typ bezeichnen, wo überwiegend Kationen und Anionen auf Zwischengitterplätzen sitzen und praktisch keine Leerstellen auftreten, ist zunächst nur als rein formale Kombinationsmöglichkeit hingeschrieben. Bisher konnte für diesen Grenztypus noch kein eindeutiges Beispiel gefunden werden. In neuerer Zeit konnte jedoch URE[6] den von WAGNER für CaF_2 vermuteten Grenztypus II experimentell nachweisen. Ferner kann man nach Untersuchungen von CROATTO[7] im SrF_2 eine Fehlordnung der Fluorionen

---

[1] MITCHELL, J. W.: Phil. Mag. (7) **40**, 249 (1949).
[2] TELTOW, J.: Z. Elektrochem. Ber. Bunsenges. phys. Chem. **56**, 767 (1952).
[3] Vgl. u. a. C. TUBANDT, H. REINHOLD u. W. JOST: Z. anorg. allg. Chem. **177**, 253 (1928).
[4] WAGNER, C., u. J. BEYER: Z. phys. Chem. (B) **22**, 113 (1936).
[5] Vgl. auch E. KOCH u. C. WAGNER: Z. phys. Chem. (B) **38**, 295 (1937).
[6] URE, R. W. JR.: J. chem. Phys. **26**, 1363 (1957).
[7] CROATTO, U., u. M. BRUNO: Gazz. chim. ital. **78**, 95 (1948).

(Anti-FRENKEL-Typ) vermuten, während das Strontiumionenteilgitter ungestört bleibt.

An Hand energetischer Betrachtungen können SCHOTTKY und JOST[1] den Nachweis führen, daß die Alkalihalogenide im Sinne des Grenztypus IV fehlgeordnet sind. Hier wird im Falle eines NaCl-Kristalls Fehlordnung durch Ausbildung einer äquivalenten Zahl von Cl^-- und Na^+-Leerstellen angenommen, ohne daß eine nennenswerte Zahl von Ionen im Zwischengitterraum auftritt. In analoger Weise erfolgt, wie früher beschrieben, der Platzwechsel sowohl der Na^+- wie der Cl^--Ionen dadurch, daß die Ionen ihre normalen Gitterplätze verlassen und in die Leerstellen springen, die ihnen zustehen. Es wird also ein Na^+-Ion von seinem regulären Gitterplatz nur in eine Na^+-Leerstelle springen. Hingegen wird die Besetzung einer Na^+-Leerstelle durch ein Cl^--Ion und umgekehrt aus elektrostatisch-energetischen Gründen unwahrscheinlich sein (Abb. 2.3). Entsprechend Bedingung (2.2) gilt hier

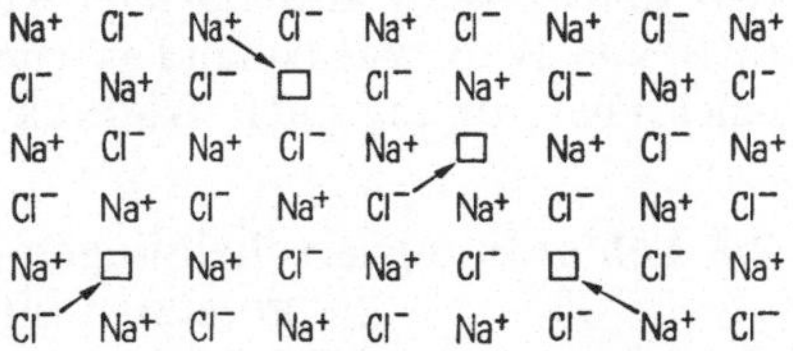

Na⁺ Cl⁻ Na⁺ Cl⁻ Na⁺ Cl⁻ Na⁺ Cl⁻ Na⁺
Cl⁻ Na⁺ Cl⁻ □ Cl⁻ Na⁺ Cl⁻ Na⁺ Cl⁻
Na⁺ Cl⁻ Na⁺ Cl⁻ Na⁺ □ Na⁺ Cl⁻ Na⁺
Cl⁻ Na⁺ Cl⁻ Na⁺ Cl⁻ Na⁺ Cl⁻ Na⁺ Cl⁻
Na⁺ □ Na⁺ Cl⁻ Na⁺ Cl⁻ □ Cl⁻ Na⁺
Cl⁻ Na⁺ Cl⁻ Na⁺ Cl⁻ Na⁺ Cl⁻ Na⁺ Cl⁻

Abb. 2.3. Fehlordnungsmodell nach SCHOTTKY (Grenztypus IV) am Beispiel des NaCl mit äquivalenter Zahl an Na^+- und Cl^--Leerstellen erläutert. (Hier erfolgt eine Wanderung der Kationen und Anionen über Leerstellen □.)

$$x_{|\mathrm{Na}|'} = x_{|\mathrm{Cl}|^{\cdot}}. \qquad (2.2\,a)$$

Über SCHOTTKY-Fehlordnung in festen Mischphasen berichten WALLACE und FLINN[2].

Während im Kationenteilgitter sowohl Leerstellen wie Zwischengitterplatzbesetzung auftreten können, wird man im Anionenteilgitter überwiegend mit Leerstellenfehlordnung zu rechnen haben. Diese Tatsache wird verständlich, wenn man berücksichtigt, daß die Anionen häufig erheblich größer sind als die Kationen, so daß eine Zwischengitterplatzbesetzung energetisch auf Schwierigkeiten stößt. Wenn überhaupt Anionen fehlgeordnet sind, scheint Grenztypus IV bevorzugt zu werden. An Hand sowohl des FRENKELschen wie des SCHOTTKY-JOSTschen Fehlordnungsmodells haben wir die wichtigsten Grenzfälle der Fehlordnungserscheinungen in Ionenkristallen diskutiert, deren Existenz, wie wir später noch im einzelnen zeigen werden, an zahlreichen stöchiometrisch zusammengesetzten Salzen nachgewiesen wurde. In Oxiden und Salzen hingegen, die einen gewissen Überschuß an Kationen + Elektronen oder Anionen + Defektelektronen haben, ist im allgemeinen immer nur eine Ionenart fehlgeordnet, während die Fehlordnung der anderen Ionenart meistens zu vernachlässigen ist. Selbstverständlich muß auch mit dem Auftreten einer gemischten Fehlordnung gerechnet werden, die zu komplizierteren Gesetzmäßigkeiten führt.

Wenn auch die oben aufgezählten vier Grenztypen der Fehlordnungserscheinungen an stöchiometrisch zusammengesetzten Ionenkristallen

[1] JOST, W.: J. chem. Phys. **1**, 466 (1933); Phys. Z. **36**, 757 (1935). — W. JOST u. G. NEHLEP: Z. phys. Chem. (B) **32**, 1 (1936).

[2] WALLACE, W. E., u. R. A. FLINN: Nature [London] **172**, 681 (1953).

ebenfalls zur Aufstellung der Fehlordnungserscheinungen an nichtstöchiometrisch zusammengesetzten Ionenkristallen als Vorbild dienten, so tritt doch hier im zweiten Fall eine grundsätzlich neue Tatsache auf, als hier neben den fehlgeordneten Ionen die aus Elektroneutralitätsgründen in gleicher bzw. mehrfacher Zahl vorhandenen fehlgeordneten Elektronen ebenfalls zu berücksichtigen sind. Da die Fehlordnungserscheinungen an Ionenkristallen mit Überschuß bzw. Unterschuß der einen oder anderen den Ionenkristall aufbauenden Komponente erstmalig klar und quantitativ von WAGNER[1] behandelt wurden, sollten wir in solchen Fällen von einer Fehlordnung nach WAGNER sprechen.

2.3 Fehlordnungserscheinungen in nichtstöchiometrisch zusammengesetzten binären Kristallen

Während im vorigen Abschnitt die möglichen Fehlordnungserscheinungen an stöchiometrisch zusammengesetzten Ionenkristallen behandelt wurden, werden hier die Fehlordnungserscheinungen auf nichtstöchiometrisch zusammengesetzte Ionenkristalle erweitert. Wie wir bereits oben erwähnten, müssen wir grundsätzlich Ionenkristalle unterscheiden, die stöchiometrisch bzw. mit einer von der Stöchiometrie vernachlässigbaren Abweichung zusammengesetzt sind, wie z. B. AgCl, AgBr mit FRENKEL-Fehlordnung und NaCl, KCl mit SCHOTTKY-Fehlordnung, und solche, die von Natur aus stets einen Überschuß bzw. einen Unterschuß der einen oder anderen den Kristall aufbauenden Komponente aufweisen. Hierhin gehören beispielsweise die Oxide Cu_2O, CoO, ZnO, CdO, FeO, TiO_2 usw. und die Sulfide FeS, Ag_2S, PbS usw. Während für die stöchiometrisch zusammengesetzten Kristalle die in Kap. 2.2 mitgeteilten Fehlordnungsmöglichkeiten gelten — d. h. Kationen- und Anionenfehlordnung — haben wir es in der zweiten Gruppe der nichtstöchiometrisch aufgebauten Ionenkristalle mit Metallunterschuß stets mit einer überwiegenden Kationenfehlordnung zu tun. In Ionenkristallen mit Nichtmetallunterschuß wird jedoch auch mit dem Auftreten von Anionenfehlordnung, d. h. also mit der Ausbildung von Anionenleerstellen, zu rechnen sein. So hat man z. B. in der TiO-Phase nach EHRLICH[2] je nach der Zusammensetzung entweder überwiegend Kationen- oder Anionenleerstellen; bei der Zusammensetzung TiO bestehen beide Arten von Leerstellen in beträchtlichem Umfang (etwa 16%). Ferner konnten in Mischoxiden, wie z. B. CdO + Bi_2O_3 usw.[3], Sauerstoffionenleerstellen im Gitter röntgenographisch nachgewiesen werden. Auch durch andere Beobachtungen, wie die der Stromtransportversuche an NERNST-Stiften (85% ZrO_2 + 15% Y_2O_3) und die der EMK-Messungen an geeigneten elektrochemischen Ketten mit 85% ZrO_2 + 15% CaO bzw. 85% ThO_2 + 15% CaO bzw. La_2O_3, liegt die Annahme einer überwiegenden Sauer-

[1] WAGNER, C.: Z. phys. Chem. (B) **22**, 181 (1933). — Vgl. auch W. SCHOTTKY: Z. Elektrochem. angew. phys. Chem. **45**, 33 (1939).

[2] EHRLICH, P.: Z. Elektrochem. angew. phys. Chem. **45**, 362 (1939).

[3] Vgl. u. a. E. ZINTL u. U. CROATTO: Z. anorg. allg. Chem. **242**, 79 (1939). — L. G. SILLEN u. B. AURIVILLIUS: Naturwiss. **27**, 388 (1939).

stoffionenbeteiligung am Stromtransport und damit einer Anionenfehlordnung nahe.[1] KLEMM und Mitarbeiter haben sowohl an Hand von röntgenographischen und Dichtemessungen als auch durch magnetische Messungen eine Anzahl von anorganischen Verbindungen mit Fehlordnungsstruktur untersucht, die für weitere Untersuchungen — insbesondere der Platzwechselvorgänge und des Ionentransports — geeignet erscheinen. So besitzt beispielsweise LaOF die Eigenschaft sowohl Sauerstoff als auch Fluor im Überschuß aufzunehmen[2]. Ferner zeigen die Alkaliselenide und -sulfide Elektronenfehlordnungserscheinungen[3]. Weiterhin konnte eine Anionenleerstellen-Fehlordnung im VSe_2 bzw. $VSe_{1,97}$ sichergestellt werden.[4] Es liegen hier offenbar die gleichen Fehlordnungsverhältnisse wie am VO_2 bzw. $VO_{1,9}$[5] vor.

Im Falle der Gültigkeit einer praktisch alleinigen Kationenfehlordnung sitzen in einem Oxid mit Metallüberschuß nur Metallionen auf Zwischengitterplätzen, während bei Vorhandensein eines Metallunterschusses, der des öfteren auch in nicht zweckmäßiger Weise als Sauerstoff- bzw. Anionenüberschuß bezeichnet wird, wie z. B. beim Cu_2O, nur Leerstellen im Kationenteilgitter auftreten. In diesen Ionenkristallen ist das Anionenteilgitter praktisch vollständig besetzt. Dies ist jedoch nur unter besonderen Versuchsbedingungen, wie z. B. hoher Sauerstoffdruck, erfüllt. Im allgemeinen wird man stets die Möglichkeit einer Anionenfehlordnung im Auge behalten müssen, wie insbesondere am Beispiel des Cu_2O an Hand neuerer Messungen von BLOEM[6] noch später gezeigt werden soll, wo erst durch die Berücksichtigung auch von Sauerstoffionenlücken die Versuchsergebnisse verständlich werden. Wie noch später im einzelnen gezeigt wird, kann man ganz allgemein in nichtstöchiometrisch aufgebauten Ionenkristallen wegen der äquivalenten Mengen an Ionen- und Elektronenfehlordnungsstellen und der größeren Beweglichkeit der letzteren eine Elektronenleitung erwarten, während in stöchiometrisch zusammengesetzten Ionenkristallen häufig — keinesfalls immer — eine Ionenleitung zu erwarten ist. Ein typisches Beispiel eines stöchiometrisch aufgebauten Ionenkristalls mit reiner Elektronenleitung ist CuO.

Abb. 2.4 stellt das Fehlordnungsmodell eines Ionengitters mit einem Metallunterschuß dar. Nach energetischen Abschätzungen scheint das Fehlordnungsmodell 2.4a häufig das wahrscheinliche zu sein. Im Falle der Erdalkalioxide scheinen jedoch umgeladene Anionen die Repräsentanten der Elektronendefektstellen zu sein (s. hierüber S. 250). Bei Vorliegen einer Fehlordnung im Sinne 2.4a wird in einem 1wertigen Ionengitter K^+A^-

---

[1] WAGNER, C.: Naturwiss. **31**, 265 (1943). — K. KIUKKOLA u. C. WAGNER: J. electrochem. Soc. **104**, 379 (1957).

[2] KLEMM, W., u. H.-A. KLEIN: Z. anorg. allg. Chem. **248**, 167 (1941).

[3] KLEMM, W., H. SODOMANN u. P. LANGMESSER: Z. anorg. allg. Chem. **241**, 281 (1939).

[4] HOSCHEK, E., u. W. KLEMM: Z. anorg. allg. Chem. **242**, 49 (1939).

[5] HOSCHEK, E., u. W. KLEMM: Z. anorg. allg. Chem. **242**, 63 (1939). — W. KLEMM u. P. PIRSCHER: Optik **3**, 75 (1948).

[6] BLOEM, J.: Philips Res. Rep. **13**, 167 (1958).

je Kationenleerstelle $|K|'$ ein 2fach positiv geladenes Kation K^{2+} vorhanden sein. Dieses 2fach positiv geladene Kation ist identisch mit einem Defektelektron $|e|^{\bullet}$, das auch als positiv geladenes „Loch" bezeichnet werden kann. Ein Wandern von Defektelektronen ist in der Weise möglich, daß ein dem Defektelektron nächstbenachbartes Kation ein Elektron abgibt. Hierdurch verschwindet das ursprünglich vorhandene Defektelektron, während das vor dem „Elektronenakt" vorhandene Kation K^+ um eine positive Ladung erhöht und damit zum Ort des neuen Defektelektrons wird, also im Sinne eines Staffettenmechanismus

$$K_1^+ + K_2^{2+} \rightleftharpoons K_1^{2+} + K_2^+ .$$

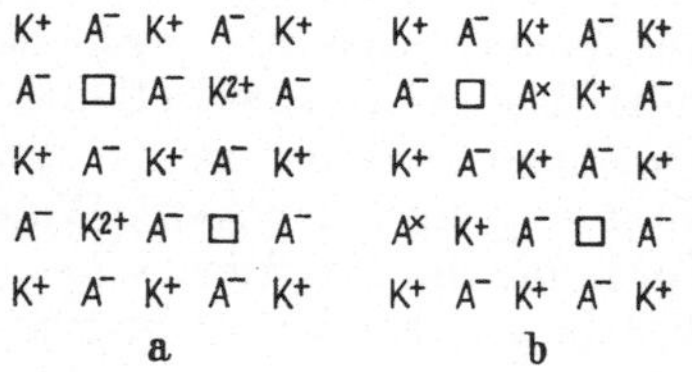

a						b				
K^+	A^-	K^+	A^-	K^+		K^+	A^-	K^+	A^-	K^+
A^-	□	A^-	K^{2+}	A^-		A^-	□	$A^\times$	K^+	A^-
K^+	A^-	K^+	A^-	K^+		K^+	A^-	K^+	A^-	K^+
A^-	K^{2+}	A^-	□	A^-		$A^\times$	K^+	A^-	□	A^-
K^+	A^-	K^+	A^-	K^+		K^+	A^-	K^+	A^-	K^+

Abb. 2.4. a u. b. Fehlordnung in einem Ionengitter mit Metallunterschuß. a) Hier werden die aus Elektroneutralitätsgründen erforderlichen Elektronendefektstellen von den Kationen geliefert, die durch Abgabe eines Elektrons 2fach positiv geladen sind (C. WAGNER). b) Hier werden die Elektronendefektstellen dadurch geschaffen, daß ein Anion ein Elektron abgibt und hierbei eine niedere negative Ladung annimmt bzw. bei 1wertigen Anionen in einen elektrisch neutralen Zustand $A^\times$ übergeht.

Im Falle eines Metallüberschusses im Ionenkristall liegen die Verhältnisse nicht so eindeutig. Wenn auch die Annahme von Kationen auf Zwischengitterplätzen mit der äquivalenten Zahl von freien Elektronen bzw. Leitungselektronen auf Grund der experimentellen Beobachtungen häufig berechtigt zu sein scheint, so ist aber auch des öfteren mit überwiegendem Auftreten von Anionenleerstellen zu rechnen. Abb. 2.5 stellt das Fehlordnungsmodell

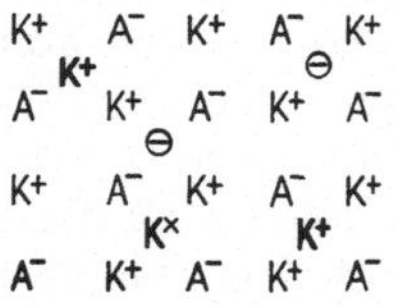

K^+ A^- K^+ A^- K^+
K^+ ⊖
A^- K^+ A^- K^+ A^-
⊖
K^+ A^- K^+ A^- K^+
$K^\times$ K^+
A^- K^+ A^- K^+ A^-

Abb. 2.5. Fehlordnung in einem Ionengitter mit Metallüberschuß (WAGNER). Hier sind K-Ionen und Elektronen e′ und auch neutrale Metallatome auf Zwischengitterplätze eingebaut. (K^+ und $K^\times$ bedeuten hier nur die möglichen Grenzfälle der Ladung der auf Zwischengitterplatz sitzenden Kationen.)

K^+ A^- K^+ A^- K^+
A^- K^+ □ K^+ A^-
$K^\times$ A^- K^+ A^- K^+
⊖
A^- K^+ A^- K^+ □

Abb. 2.6. Fehlordnung in einem Ionengitter mit Metallüberschuß. Hier wird der scheinbare Metallüberschuß durch einen Anionenunterschuß in Form von Anionenleerstellen und neutralen Atomen auf Gitterplätzen bzw. quasi-freien Elektronen dargestellt.

eines Ionengitters mit einem Metallüberschuß dar, wobei eine äquivalente Zahl von Kationen und freien Elektronen auf Zwischengitterplätzen eingebaut ist. Durch die besondere Art der Darstellung von K-Atomen $K^\times$ und K-Ionen K^+ und Elektronen e' soll zunächst eine Festlegung des Ladungszustandes der Ionen auf Zwischengitterplätzen vermieden werden. Bei Vorliegen dieses Fehlordnungsmodells soll eine Bewegung von Kationen im wesentlichen nur über Zwischengitterplätzen erfolgen. Abb. 2.6 stellt den anderen Fall einer Fehlordnung bei Metallüberschuß bzw. Anionenunterschuß dar. Bei Vorliegen von Anionenleerstellen mit praktisch vollständig besetztem Kationenteilgitter wird man modellmäßig korrekter von einem Anionengitter mit Anionenunterschuß sprechen. Da Anionenleerstellen positiv geladene Ionenlöcher $|A|^{\bullet}$ darstellen, muß auch hier aus Elektroneutralitätsgründen eine äquivalente Zahl von freien Elektronen e' im Gitter vorhanden sein. Auch hier ist eine räumliche Fixierung der freien Elektronen an irgendwelche Kationen auf Gitterplätzen durchaus möglich. Ferner tritt hier als weitere Möglichkeit das Einfangen von freien Elektronen in Anionenleerstellen (*F*-Zentren) auf. Die Häufigkeit solcher „Assoziationsvorgänge" wird mit fallender Temperatur größer werden. Für die folgenden Betrachtungen ist jedoch die Frage der gebundenen oder freien überschüssigen Elektronen ohne Bedeutung.

Das Fehlordnungsmodell eines stöchiometrisch zusammengesetzten, elektronenleitenden Ionenkristalls ist vollkommen identisch dem von FRENKEL oder SCHOTTKY. Jedoch wird hier die Fehlordnungskonzentration der Elektronen annähernd gleich oder größer sein als die Ionenfehlordnungskonzentration. Dieser Fehlordnungstyp wird besonders an solchen Ionenkristallen auftreten, deren Kationen in einer mittleren Wertigkeitsstufe vorhanden sind und unter quasi „Disproportionierung" nieder- und höherwertige Ionen bilden können, gemäß der formalen Gleichung:

$$2K^{2+} \rightleftharpoons K^{+} + K^{3+}$$

bzw.

$$\text{Ungestörtes Gitter} \rightleftharpoons e' + |e|^{\bullet}.$$

Diese Fehlordnungsmöglichkeit scheint im CuO in Frage zu kommen, wie noch später gezeigt werden soll.

2.4 Irreversible Kristallstörung im Sinne von Smekal

Die Fehlordnungserscheinungen und die aus ihnen resultierenden Gesetzmäßigkeiten sollen aus reversiblen Fehlordnungsgleichgewichten hergeleitet werden. Unter Annahme der Gültigkeit der Reversibilität und der Anwendbarkeit der statistisch-thermodynamischen Gesetze auf diese Fehlordnungserscheinungen werden nur solche Fehlordnungserscheinungen behandelt, bei denen die Zahl der Fehlordnungsstellen mit dem Kristallganzen im thermodynamischen Gleichgewicht steht. Dieser Fall wird im Gebiet höherer Temperaturen weitgehend verwirklicht sein, wo die Beweglichkeit der Fehlordnungsstellen genügend groß ist, so daß sich das Gleichgewicht in jedem Fall rasch einstellen kann. Durch eine geeignete Versuchsanordnung kann man im allgemeinen den wahren thermodynamischen Gleichgewichtsverhältnissen sehr nahe kommen, wenn man die Temperatur nur hoch genug wählt. Während offenbar beim β-AgJ schon eine Temperatur von 100 °C genügt, um eine eindeutige und reversible Einstellung des Fehlordnungsgleichgewichtes zu erhalten, sind bei den Oxiden, wie z.B. Cu_2O, NiO usw., Temperaturen zwischen 700 und 1000 °C erforderlich. Es ist leicht einzusehen, daß wir mit abnehmender Temperatur in ein Gebiet kommen, in welchem eine reversible Einstellung des Fehlordnungsgleichgewichtes im gesamten Kristall in vernünftigen Versuchszeiten nicht mehr möglich ist. In einem solchen Temperaturgebiet, das wir als *Tieftemperaturgebiet* im folgenden bezeichnen wollen, können bisher neben den berücksichtigten reversiblen Abweichungen vom idealen Gitterbau auch irreversible Störungen im Gitter eine Rolle spielen. Auf diese Möglichkeit hat besonders von Hevesy[1] hingewiesen und den Vorgang als „Auflockerung" des Kristallgitters bezeichnet, der eine Ionenleitung und Diffusion im Bereich solcher Auflockerungen erst möglich macht. Smekal hat nun in einer Reihe von Arbeiten dieses „Kristall-Störstellenmodell" erweitert.[2] Hiernach ist ein realer Kristall aus ideal gebauten Gitterbereichen und aus *Lockerstellen* oder *Lockerbausteinen* zusammengesetzt. Als einfachstes Modell einer Lockerstelle wird das Freibleiben einiger Gitterplätze angesehen. Die Lockerbausteine bilden dann die Begrenzungen solcher kleinster Hohlräume, die je nach Gestalt und Größe innere Oberflächen, Kanten und Ecken von verschiedenem Ausmaß bilden können. Die Platzwechselmöglichkeit auf Grund der Ausbildung von Lockerstellen erfolgt nun an den inneren Oberflächen und Kanten bzw. Versetzungen.

Wenn auch insbesondere für Pulverreaktionen Platzwechselvorgänge im Sinne nach Smekal an inneren Grenzflächen des Kristalls stattfinden können, wollen wir doch diese irreversiblen Fehlordnungserscheinungen nicht in die folgenden Betrachtungen mit einbeziehen, jedoch stets auf sie hinweisen, wo sie auftreten. Wie wir bereits oben erwähnt haben, können wir im allgemeinen ein Temperaturgebiet wählen, wo Ionenleitung und Diffusion von diesen zufälligen Störungen des Kristallgitters unabhängig sind und ausschließlich durch reversible Größen mit eindeutiger Temperaturfunktion bestimmt sind. Wenn auch ein umfangreiches Versuchsmaterial über diese Erscheinungen mit hauptsächlich irreversiblen Störungen im Kristall vorliegt[2], wie z. B. die Leitfähigkeitszunahme von gepreßten Pulvern gegenüber Einkristallen, so ist doch erst in einem einzigen Fall von Jost und Blüh[3] eine experimentelle Prüfung der Oberflächenleitfähigkeit an AgJ-Kristallen ausgeführt worden. Es wurde gefunden, daß hier die Oberfläche nicht merklich zur elektrischen Leitfähigkeit beiträgt. Dieser Befund ist jedoch keineswegs von allgemeiner Bedeutung, sondern wird im wesentlichen auf Kristalle mit reiner Ionenfehlordnung und auf solche Kristalle beschränkt bleiben, die von Hause aus eine hohe Fehlordnung aufweisen. Wie wir noch später zeigen werden (s. S. 764ff.), überwiegen Leitungs- und Transportvorgänge in oberflächennahen Bezirken elektronenleitender Kristalle bereits im Bereich mittlerer Temperaturen (100 bis 400 °C), während die Vorgänge im Kristallinneren auf den Gesamtvorgang, z. B. der Stromleitung, häufig ohne Einfluß sind. Desgleichen werden Gitterstörungen, die durch Versetzungen und Zwillingskorngrenzen verursacht sind, ebenfalls nicht behandelt.

Nach diesem Hinweis auf den Unterschied zwischen reversibler und irreversibler Fehlordnung wollen wir uns zunächst wieder mit der Ionen-

---

[1] Hevesy, G. v.: Z. phys. Chem. **101**, 337 (1922); vgl. auch Hdb. d. Physik, Bd. XIII. Berlin 1928.

[2] Smekal, A.: Phys. Z. **26**, 707 (1925); Z. angew. Chem. **42**, 489 (1929); Hdb. d. Physik, Bd. XXIV, S. 2. Berlin 1933.

[3] Jost, W., u. O. Blüh: Z. phys. Chem. (B) **1**, 270 (1928).

fehlordnung beschäftigen und die Elektronenfehlordnung als vernachlässigbar klein ansehen. Im nächsten Kapitel werden wir die im thermodynamischen Gleichgewicht befindlichen Fehlordnungsstellen nach der WAGNER-SCHOTTKYschen Fehlordnungstheorie behandeln und an Beispielen erläutern.

2.5 Die allgemeine Theorie der Fehlordnungserscheinungen nach Wagner und Schottky

In den grundlegenden Arbeiten über die „Theorie der geordneten Mischphasen" haben WAGNER und SCHOTTKY[1] nach statistisch thermodynamischen Methoden allgemeine Beziehungen über die Fehlordnungserscheinungen in geordneten Mischphasen entwickelt, die dann später durch weitere Arbeiten, insbesondere von JOST[2-4] und SCHOTTKY[5] sowie WAGNER[6] und MOTT[7] auf spezielle Ionenkristalle angewandt und vertieft wurden.

Wie wir in den vorigen Kapiteln sahen, ist der Fall eines festen Stoffes mit einem ideal ausgebildeten Kristallgitter, in dem alle Gitterpunkte voll besetzt sind, relativ selten.[8] Wir wissen heute, daß ein großer Teil der anorganischen Verbindungen, wie der intermediären Kristallarten bei Legierungssystemen, eine bestimmte Aufnahmefähigkeit der einen oder anderen Komponente im Überschuß besitzt. Das heißt, das Gesetz der konstanten und multiplen Proportionen kann in zahlreichen Fällen nur als Grenzfall betrachtet werden und hat nur strenge Gültigkeit für $T \to 0$, worauf schon vor längerer Zeit HÜTTIG hingewiesen hat.[9] Ein fester Stoff mit idealer Gitteranordnung, der nach WAGNER und SCHOTTKY auch als geordnete Mischphase bezeichnet wird, ist selbst bei $T = 0\,°\mathrm{K}$ naturgemäß nur bei streng stöchiometrischer Zusammensetzung denkbar. Hierbei wollen wir zunächst Kristalle, die wohl als Ganzes gittermäßig aufgebaut sind, aber deren Komponenten nach Zufallsgesetzen unregelmäßig verteilt sind, außerhalb unserer Betrachtung stellen.

Entsprechend der notwendigen Voraussetzung der Elektroneutralität ist nach WAGNER und SCHOTTY mit den folgenden Fehlordnungsmöglichkeiten zu rechnen[1]:

---

[1] WAGNER, C., u. W. SCHOTTKY: Z. phys. Chem. (B) **11**, 163 (1930). — C. WAGNER: Z. phys. Chem., Bodenstein-Festband 177 (1931); (B) **22**, 181 (1933).

[2] JOST, W.: J. chem. Phys. **1**, 466 (1933). — W. JOST u. G. NEHLEP: Z. phys. Chem. (B) **32**, 1 (1936).

[3] JOST, W.: Phys. Z. **36**, 757 (1935).

[4] JOST, W.: Vgl. u. a. Diffusion u. chem. Reaktion in festen Stoffen, S. 50ff. Dresden 1937.

[5] SCHOTTKY, W.: Z. phys. Chem. (B) **29**, 335 (1935); Z. Elektrochem. angew. phys. Chem. **45**, 33 (1939).

[6] KOCH, E., u. C. WAGNER: Z. phys. Chem. (B) **38**, 295 (1937). — C. WAGNER: Trans. Faraday Soc. **34**, 851 (1938).

[7] MOTT, N. F., u. M. J. LITTLETON: Trans. Faraday Soc. **34**, 485 (1938). — N. F. MOTT u. R. W. GURNEY: Electronic Processes in Ionic Crystals, S. 26ff. Oxford 1948.

[8] An Hand von Leitfähigkeitsmessungen scheint $CdCl_2$ dem Grenzfall idealer Besetzung der Teilgitter nahezukommen.

[9] HÜTTIG, G. F.: Hochschulwissen **4**, 261, 317, 365 (1927).

1. Ein Überschuß an Metall gegenüber der stöchiometrischen Zusammensetzung ist als Überschuß von Kationen + freien Elektronen aufzufassen, wobei im einzelnen noch folgende Unterteilung möglich ist:

a) Der Kationenüberschuß kommt dadurch zustande, daß einzelne Plätze des Anionenteilgitters unbesetzt sind.

b) Der Kationenüberschuß ist auf Zwischengitterplätzen untergebracht.

2. Ein Überschuß an Anionen gegenüber der stöchiometrischen Zusammensetzung ist als Überschuß an Anionen + Defektelektronen aufzufassen, wobei noch folgende Unterteilung möglich ist:

a) Der Anionenüberschuß ist auf Zwischengitterplätzen untergebracht.

b) Der Anionenüberschuß kommt dadurch zustande, daß einzelne Plätze des Kationenteilgitters unbesetzt bleiben, d. h. Kationenleerstellen + Defektelektronen vorhanden sind.

3. Als weitere Möglichkeit, insbesondere an metallischen Mischphasen, tritt eine Besetzung einzelner Plätze des Teilgitters der Legierungskomponente A durch die überschüssig vorhandenen Atome der Legierungskomponente B auf. Wir bezeichnen diesen Fehlordnungstyp als Substitutionstyp und die substituierenden Atome als auf „falschen" Plätzen sitzend.

Die auf Zwischengitterplätzen eingebauten Teilchen, die Leerstellen und die auf falschen Plätzen nach dem Substitutionstyp eingebauten Teilchen werden allgemein als fehlgeordnet bezeichnet. Des weiteren werden wir mit Anionenüberschuß bzw. mit Kationenunterschuß immer dann zu rechnen haben, wenn verhältnismäßig leicht Elektronen von Kationen und prinzipiell auch von Anionen abgegeben werden, die hierbei in eine höhere positive bzw. geringere negative Wertigkeitsstufe übergehen unter Erzeugung einer Elektronendefektstelle. Ferner tritt nach den bisherigen Befunden Fehlordnung vorzugsweise in demjenigen Teilgitter auf, dessen Ionen den kleineren Radius, die niedrigere Wertigkeit und die kleinere Deformierbarkeit aufweisen. So haben wir praktisch reine Kationenfehlordnung und damit Kationenleitung beim AgCl, AgBr, AgJ, CuCl usw. Ausgesprochene Anionenfehlordnung mit Anionenleitung wird beobachtet an $BaCl_2$, $BaBr_2$, BaF_2, $PbCl_2$, $PbBr_2$. Mit einer gemischten Fehlordnung und mit der Temperatur variierenden Anteilen einer Kationen- und Anionenteilleitfähigkeit haben wir immer dann zu rechnen, wenn der betreffende Kristall eine SCHOTTKY-Fehlordnung aufweist. Diese Verhältnisse wurden bei den Alkalihalogeniden beobachtet. Wie wir später noch sehen werden, können unter Umständen die Fehlordnungen mit steigender bzw. fallender Temperatur ineinander übergehen, wie dies u. a. beim PbJ_2 festgestellt wurde[1], wo infolge der hohen Polarisierbarkeit der J^--Ionen der Leitfähigkeitsanteil der J^--Ionen erst im höheren Temperaturgebiet beträchtlich wird und J^--Ionen diffundieren, während im niederen Temperaturgebiet die höherwertigen Pb^{2+}-Ionen den Stromtransport zu einem wesentlichen Teil übernehmen.

[1] HEVESY, G. v., u. W. SEITH: Z. Phys. **56**, 790 (1929).

Hingegen spielt beim $PbCl_2$ und $PbBr_2$ mit wesentlich weniger polarisierbaren Anionen nur der Ladungsunterschied der Ionen eine Rolle, und es wurde im gesamten Temperaturbereich eine Anionenleitung beobachtet.

Im allgemeinen läßt sich voraussehen, daß Kristalle mit Zwischengitterplatzbesetzung eine größere und Kristalle mit Ausbildung von Leerstellen eine kleinere mittlere Gitterkonstante gegenüber einem Kristall mit idealer Gitterbesetzung erwarten lassen. Die röntgenographische Bestimmung der Änderung der Gitterkonstanten mit der Zusammensetzung innerhalb des homogenen Existenzbereichs einer Phase ist daher ein wertvolles Kriterium zur Entscheidung zwischen Leerstellenbildung oder Zwischengitterplatzbesetzung. Durch gleichzeitige Bestimmung der jeweiligen Dichte werden die Schlußfolgerungen völlig eindeutig, wie dies u. a. von JETTE und FOOTE[1] an FeO, sowie von WAGNER und BEYER[2] an AgBr und von ZINTL und CROATTO[3] sowie SILLEN und AURIVILLIUS[4] an Mischkristallen der Systeme $CeO_2 + La_2O_3$ und $PbO + Bi_2O_3$ gefunden wurde.

Die in Kap. 2.2 erwähnten Fehlordnungstypen und ihre Gleichgewichte basieren also auf der thermodynamisch verständlichen Tatsache, daß auch bei streng stöchiometrischer Zusammensetzung eine ideale Ordnung im Gitter ohne jede Störung oberhalb 0 °K nicht möglich ist.

Nach diesen allgemeinen vorbereitenden Betrachtungen schreiten wir nun zur *Ableitung der Fehlordnungstheorie* nach WAGNER und SCHOTTKY. Als wesentliche Aufgabe wird die Ableitung der Konzentrationsfunktionen der Aktivitäten und chemischen Potentiale bzw. des GIBBSchen thermodynamischen Potentials G eines Gitters mit allgemeinster Fehlordnung angesehen.

$$G = U - T S + p V. \tag{2.3}$$

Unter Vernachlässigung benachbarter Fehlordnungsstellen ist im Falle kleiner Fehlordnungskonzentrationen die Gesamtenergie U in hinreichender Näherung als Summe der Energiebeträge der einzelnen geordneten und fehlgeordneten Gitterbausteine zu berechnen. Ferner muß zur Berechnung von G die Entropie S aus der Zahl Z der Realisierungsmöglichkeiten des Systems, d. h. aus der Zahl der unterscheidbaren Konfigurationen, die durch Vertauschung der Teilchen und durch Fehlordnung derselben entstehen, abgezählt werden. Mit dem daraus gewonnenen Glied $k \ln Z$, wobei k die BOLTZMANN-Konstante bedeutet, und dem aus der Verteilung der Oszillationsenergie sowie der Energie innerer Freiheitsgrade gewonnenen Anteil S_{osz} erhält man die Entropie S. Da man in den meisten Fällen bei festen Körpern das Glied pV vernachlässigen kann, geht Beziehung (2.3) über in

$$G \approx U - T S = A, \tag{2.4}$$

---

[1] JETTE, E. R., u. F. FOOTE: J. chem. Phys. **1**, 29 (1933). — Vgl. auch C. WAGNER: Z. angew. Chem. **49**, 735 (1936).
[2] WAGNER, C., u. J. BEYER: Z. phys. Chem. (B) **32**, 113 (1936).
[3] ZINTL, E., u. U. CROATTO: Z. anorg. allg. Chem. **242**, 79 (1939).
[4] SILLEN, L. G., u. B. AURIVILLIUS: Naturwiss. **27**, 388 (1939).

d. h., das thermodynamische Potential kann in guter Näherung gleich der freien Energie A gesetzt werden.[1]

Für die folgende Ableitung benutzen wir die Symbole nach WAGNER und SCHOTTKY mit nur unwesentlichen Abänderungen.

N_L LOSCHMIDTsche Zahl
N_1^G Zahl der Teilchen der Sorte 1 auf Gitterplätzen
N_1 Zahl der Teilchen der Sorte 1 auf Zwischengitterplätzen
$N_{|1|}$ Zahl der Leerstellen im Teilgitter der Teilchen der Sorte 1
$N_{1|2|}$ Zahl der Teilchen der Sorte 1 auf Gitterplätzen der Sorte 2

$$\sum N_1 = N_1^G + N_1 + N_{1|2|} = \underset{.}{N}_1^G + N_1 + N_{1|2|} - N_{|1|}.$$

Gesamtzahl der Teilchen der Sorte 1, wobei $\underset{.}{N}_1^G$ die im ungestörten Teilgitter der Teilchen 1 zu besetzenden Gitterplätze bedeutet.

N_2^G Zahl der Teilchen der Sorte 2 auf Gitterplätzen
N_2 Zahl der Teilchen der Sorte 2 auf Zwischengitterplätzen
$N_{|2|}$ Zahl der Leerstellen im Teilgitter der Teilchen der Sorte 2
$N_{2|1|}$ Zahl der Teilchen der Sorte 2 auf Gitterplätzen der Sorte 1

$$\sum N_2 = N_2^G + N_2 + N_{2|1|} = \underset{.}{N}_2^G + N_2 + N_{2|1|} - N_{|2|}$$

Gesamtzahl der Teilchen der Sorte 2, wobei $\underset{.}{N}_2^G$ die im ungestörten Teilgitter der Teilchen 2 maximal zu besetzenden Gitterplätze bedeuten.

R Gaskonstante
$k = R/N_L$ BOLTZMANNsche Konstante
T absolute Temperatur
p Druck
V Volumen
U Gesamtenergie
S Entropie
$G = U - TS + pV$ thermodynamisches Potential
μ chemisches Potential
$N^G = N_1^G + N_2^G$

Da es sich zunächst um eine molekularstatistische Ableitung handelt, werden wir neben den in der Thermodynamik üblichen unabhängigen Variablen p und T an Stelle der sonst verwendeten Molzahlen die Teilchenzahlen N^G, N, $N_{|I|}$ und N_S benutzen, wo N^G, N, $N_{|I|}$ und N_S die Zahl aller Gitterplätze, aller Zwischengitterplätze, aller Leerstellen und aller Substitutionsstellen kennzeichnet. Die Zahl der fehlgeordneten Teilchen soll klein gegenüber der Zahl der Teilchen auf Gitterplätzen sein, eine Bedingung, die nur näherungsweise erfüllt ist.

$$\left.\begin{aligned} N_1 &\ll N_1^G & N_2 &\ll N_2^G \\ N_{|1|} &\ll N_1^G & N_{|2|} &\ll N_2^G \\ N_{1|2|} &\ll N_2^G & N_{2|1|} &\ll N_1^G \end{aligned}\right\} \tag{2.5}$$

Demzufolge sind auch die Fehlordnungsstellen der Teilchen der Sorte 1 gegenüber den Teilchen der Sorte 2 auf normalen Gitterplätzen sehr klein. Das gleiche gilt für die Teilchen der Sorte 2. Da ferner die Anzahl der Fehlordnungsstellen im Vergleich zur Gesamtzahl der Gitterstellen voraussetzungsgemäß klein ist, wird eine unmittelbare Nachbarschaft von Fehlordnungsstellen untereinander selten sein. Unter dieser Annahme können wir die Gesamtenergie U in hinreichender Näherung als lineare

[1] SCHOTTKY, W., H. ULICH u. C. WAGNER: Thermodynamik, S. 357ff. Berlin 1929. Formelzeichen allerdings nach IUPAC (1961).

Funktion der Teilchenzahlen in den verschiedenen Zuständen schreiben

$$U = \frac{1}{N_L}\{N^G \underset{\cdot}{u} + N_1 \underset{\cdot}{u}_1 + N_2 \underset{\cdot}{u}_2 + N_{|1|} \underset{\cdot}{u}_{|1|} + N_{|2|} \underset{\cdot}{u}_{|2|} + N_{1|2|} \underset{\cdot}{u}_{1|2|} + N_{2|1|} \underset{\cdot}{u}_{2|1|}\}. \tag{2.6}$$

Hierin bedeutet u (= Gitterenergie) den Energiezuwachs, wenn 1 Mol der Teilchen 1 und 2 im Verhältnis $\nu_1 : \nu_2$ aus dem Unendlichen kommend, wo ihre Energie gleich 0 angenommen wird, zu einem ideal geordneten Gitter zusammentreten. Ferner bedeutet $\underset{\cdot}{u}_1$ den Energiezuwachs je Mol beim Einbau von Teilchen 1 aus dem Unendlichen auf Zwischengitterplatz; $\underset{\cdot}{u}_{|1|}$ ist die Energieänderung beim Abwandern eines Mols Teilchen 1 von Gitterplätzen ins Unendliche. Weiterhin ist $\underset{\cdot}{u}_{1|2|}$ die Energieänderung je Mol für die Entfernung von Teilchen 2 von normalen Gitterplätzen ins Unendliche und Ersatz von Teilchen 1 aus dem Unendlichen. Die Bedeutung der übrigen Größen ist ganz analog. Durch den unter u gesetzten Punkt soll auf den idealisierten Grundzustand hingewiesen werden.

Zur Entropie können neben der Vertauschung der Teilchen die Verteilung der Schwingungsenergie sowie die Energien innerer Freiheitsgrade auf die einzelnen Teilchen beitragen. Unter idealen Voraussetzungen (s. oben) herrscht auch hier eine lineare Funktion wie für die Gesamtenergie:

$$S_{\text{osc}} = \frac{1}{N_L}\{N^G \underset{\cdot}{s} + N_1 \underset{\cdot}{s}_1 + N_2 \underset{\cdot}{s}_2 + N_{|1|} \underset{\cdot}{s}_{|1|} + N_{|2|} \underset{\cdot}{s}_{|2|} + N_{1|2|} \underset{\cdot}{s}_{1|2|} + N_{2|1|} \underset{\cdot}{s}_{2|1|}\}. \tag{2.7}$$

Die Bedeutung der einzelnen Größen ist ohne weiteres aus dem oben für die Energie Mitgeteilten zu erkennen. Auf die besonderen Schwierigkeiten, die bei der Auswertung der Oszillations-Entropieanteil bereitet, hat JOST[1] hingewiesen. Jedoch kann im allgemeinen in G das Glied $T\,S_{\text{osz}}$ neben den übrigen Gliedern in erster Näherung vernachlässigt werden. Das gleiche gilt, wie schon oben erwähnt, für pV, das analog als lineare Funktion geschrieben werden kann:

$$V = \frac{1}{N_L}\{N^G \underset{\cdot}{v} + N_1 \underset{\cdot}{v}_1 + N_2 \underset{\cdot}{v}_2 + N_{|1|} \underset{\cdot}{v}_{|1|} + N_{|2|} \underset{\cdot}{v}_{|2|} + N_{1|2|} \underset{\cdot}{v}_{1|2|} + N_{2|1|} \underset{\cdot}{v}_{2|1|}\}. \tag{2.8}$$

Hingegen ist der Entropieanteil, der durch Vertauschung der Teilchen auftritt, von Wichtigkeit. Er lautet:

$$S\ (\text{Vertauschung}) = k \ln Z. \tag{2.9}$$

Hier ist Z die Zahl der unterscheidbaren Realisierungsmöglichkeiten desselben Makrozustandes. Die Zahl Z ist gleich dem Produkt aus den Permutationen der Zahlen der gleichartigen Plätze, dividiert durch das Produkt aus den Permutationen der einzelnen Besetzungszahlen. Das heißt die Zahl Z ist gleich dem Produkt aller verfügbaren Plätze, also gleich dem Produkt der Permutationen $N_1^G!\ N_2^G!$ und $N!$ jeder einzelnen Art unter sich. Alle Permutationen jedoch, bei denen gleiche Teilchen auf gleichartigen Plätzen miteinander vertauscht wurden, sind zuviel gezählt, da sie nicht unterscheidbar sind. Durch deren Zahlen ist also noch

[1] JOST, W.: Diffusion u. chem. Reaktion in festen Stoffen, S. 54. Dresden u. Leipzig 1937.

das Ergebnis zu dividieren. Wir erhalten (N = Zahl aller Zwischengitterplätze):

$$Z = \frac{N_1^G!}{N_{|1|}!\, N_{2|1|}!\, (N_1^G - N_{|1|} - N_{2|1|})!}\; \frac{N_2^G!}{N_{|2|}!\, N_{1|2|}!\, (N_2^G - N_{|2|} - N_{1|2|})!} \times$$

$$\times \frac{N!}{N_1!\, N_2!\, (N - N_1 - N_2)!}. \tag{2.10}$$

Unter Einführung der STIRLINGschen Formel (gültig für große N)

$$\ln N! = N \ln N - N \tag{2.11}$$

erhält man nach Umordnung für den Vertauschungsanteil der Entropie:

$$k \ln Z = -k \Big\{ N_1 \ln \frac{N_1}{N} + N_2 \ln \frac{N_2}{N} + N_{|1|} \ln \frac{N_{|1|}}{N_1^G} + N_{|2|} \ln \frac{N_{|2|}}{N_2^G} +$$

$$+ N_{1|2|} \ln \frac{N_{1|2|}}{N_2^G} + N_{2|1|} \ln \frac{N_{2|1|}}{N_1^G} +$$

$$+ (N_1^G - N_{|1|} - N_{2|1|}) \ln \frac{N_1^G - N_{|1|} - N_{2|1|}}{N_1^G} +$$

$$+ (N_2^G - N_{|2|} - N_{1|2|}) \ln \frac{N_2^G - N_{|2|} - N_{1|2|}}{N_2^G} +$$

$$+ (N - N_1 - N_2) \ln \frac{N - N_1 - N_2}{N} \Big\}. \tag{2.12}$$

Für das thermodynamische Potential $G = U - T\,S + p\,V$ erhalten wir nun unmittelbar das Ergebnis. Zur Abkürzung verwenden wir die Einzelausdrücke für die chemischen Potentiale μ, also z. B.

$$\begin{aligned} \mu &= u - T\,s + p\,v \\ \mu_1 &= u_1 - T\,s_1 + p\,v_1 \quad \text{usw.,} \end{aligned} \tag{2.13}$$

wobei nach dem Vorgang von SCHOTTKY[1] z. B.

$$\mu_1 = \left(N_L \frac{\partial G}{\partial N_1} \right)_{N,\, N_2,\, N_{|1|},\, N_{|2|},\, N_{1|2|},\, N_{2|1|},\, p,\, T} \tag{2.14}$$

ist. Entsprechenden Formulierungen unterliegen die anderen μ-Werte. Aus (2.8) und (2.13) unter Beachtung von (2.14) sowie (2.6), (2.7) und (2.12) ergibt sich:

$$G = \frac{1}{N_L} \{ N^G \mu + N_1 \mu_1 + N_2 \mu_2 + N_{|1|} \mu_{|1|} + N_{|2|} \mu_{|2|} + N_{1|2|} \mu_{1|2|} +$$

$$+ N_{2|1|} \mu_{2|1|} \} + \frac{RT}{N_L} \Big\{ N_1 \ln \frac{N_1}{N} + N_2 \ln \frac{N_2}{N} +$$

$$+ N_{|1|} \ln \frac{N_{|1|}}{N_1^G} + N_{|2|} \ln \frac{N_{|2|}}{N_2^G} + N_{1|2|} \ln \frac{N_{1|2|}}{N_2^G} +$$

$$+ N_{2|1|} \ln \frac{N_{2|1|}}{N_1^G} + (N_1^G - N_{|1|} - N_{2|1|}) \ln \frac{N_1^G - N_{|1|} - N_{2|1|}}{N_1^G} +$$

$$+ (N_2^G - N_{|2|} - N_{1|2|}) \ln \frac{N_2^G - N_{|2|} - N_{1|2|}}{N_2^G} +$$

$$+ (N - N_1 - N_2) \ln \frac{N - N_1 - N_2}{N} \Big\}. \tag{2.15}$$

---

[1] Vgl. W. SCHOTTKY, H. ULICH u. C. WAGNER: Thermodynamik, S. 357ff. Berlin 1929.

Um nun die Variablen der molekularstatistischen Ableitung N^G, N_1, N_2, $N_{|1|}$, $N_{|2|}$, $N_{1|2|}$ und $N_{2|1|}$ durch die Gesamtteilchenzahlen zu ersetzen und somit das thermodynamische Potential G als Funktion von N_1^G und N_2^G bzw. den entsprechenden Molenbrüchen x_1 und x_2 zu schreiben, muß das betreffende System im inneren Gleichgewicht stehen, gemäß

$$(\partial G)_{p, T, N_1^G, N_2^G} = 0, \tag{2.16}$$

wobei p, T, N_1^G und N_2^G bei der Variation konstant zu halten sind. Von einer allgemeinen Weiterentwicklung wird hier abgesehen, da im allgemeinen einfache und übersichtliche Lösungen nur unter speziellen Annahmen möglich sind und auch für die Auswertung experimenteller Daten in den meisten Fällen genügen.

2.6 Besprechung spezieller Fehlordnungstypen

Unter den sechs möglichen Fehlordnungserscheinungen seien hier nur zwei besprochen, die auch in zahlreichen Untersuchungen bisher bevorzugt realisiert werden konnten. Das ist einmal die Fehlordnung nach dem Zwischengitter-Leerstellen-Typus und zum anderen nach dem Substitutionstypus. So haben wir z. B. im ersten Falle beim Fe_4N praktisch ein ungestörtes Fe-Teilgitter (Bestandteil 1) und überschüssigen Stickstoff (Bestandteil 2) auf Zwischengitterplätzen eingebaut, sowie Ausbildung von Leerstellen im Teilgitter des Bestandteils 2 bei Unterschuß von Komponente 2. Der Substitutionstypus ist ebenfalls häufig realisiert und besonders in den Fällen, wo die beiden Bestandteile praktisch gleichberechtigt sind, wie in den meisten geordneten Mischphasen der Metallegierungen, wie z. B. in β'-Messing CuZn, AuCu, $AuCu_3$ usw. Der Einfachheit halber wollen wir bei Überschuß einer Komponente nur mit einer Fehlordnungserscheinung rechnen. Dann wäre für das Gleichgewicht das Minimum des thermodynamischen Potentials G unter den angenommenen Fehlordnungsbedingungen zu bestimmen. Wir wollen im folgenden nur den Gang der Rechnung andeuten. Im übrigen sei auf die ausführliche Abhandlung von WAGNER und SCHOTTKY verwiesen. Der folgenden Darstellung haben wir die Formulierungen von WAGNER[1] zugrunde gelegt (vgl. auch JOST[2]).

2.61 Fehlordnung nach dem Zwischengitter-Leerstellen-Typus

Überschüssige Teilchen 2 befinden sich auf Zwischengitterplätzen, während Teilgitter 1 ungestört ist; hingegen treten bei Überschuß von Teilchen 1 Leerstellen im Teilgitter 2 auf. Auf Grund der Gleichungsentwicklung des vorigen Kapitels folgt für den Fehlordnungsgrad α als Funktion der fehlgeordneten Teilchen:

$$\frac{N_2}{N^G} \frac{N_{|2|}}{N^G} \approx \alpha^2. \tag{2.17}$$

---

[1] WAGNER, C.: Thermodynamik metallischer Mehrstoffsysteme, in: Hdb. Metallphysik, Bd. 2, 1, S. 46; Thermodynamics of Alloys, S. 54ff. Cambridge 1952.

[2] JOST, W.: Diffusion u. chem. Reaktion in festen Stoffen, S. 54. Dresden u. Leipzig 1937.

Entspricht die Zusammensetzung gerade der Ordnungskonzentration, so ist der Fehlordnungsgrad α, d.h. der Bruchteil der auf Zwischengitterplätzen vorhandenen Teilchen 2, gleich dem Bruchteil der Leerstellen im Teilgitter 2 zur Gesamtmenge der vorhandenen Gitterplätze:

$$\alpha = \left(\frac{N_2}{N^G}\right)_{\Delta x_2 = 0} = \left(\frac{N_{|2|}}{N^G}\right)_{\Delta x_2 = 0}. \tag{2.18}$$

Ohne auf die Ableitung im folgenden einzugehen, bringen wir die Ausdrücke der chemischen Potentiale μ_1 und μ_2 der fehlgeordneten Ionen sowie deren Aktivitäten a_1 und a_2 als Funktion der Konzentrationsdifferenz $\Delta x_2 = x_2 - \underline{x}_2$ und des Fehlordnungsgrades α, wobei Δx_2 die Abweichung des Molenbruches x_2 gegenüber der Ordnungskonzentration $\underline{x}_2$ ist. Ferner ist der Zahlenwert aus der Beziehung $\nu_1 : \nu_2 = N_1^G : N_2^G$ = Verhältnis der Teilchenzahlen in der ideal geordneten Mischphase, also bei stöchiometrischem Verbindungsverhältnis ohne weiteres verständlich. Hieraus folgt für das chemische Potential der fehlgeordneten Teilchen 1:

$$\mu_1 = \underline{\mu}_1 + RT \ln \left\{ \sqrt{1 + \left(\frac{\nu_1 + \nu_2}{\nu_1} \frac{\Delta x_2}{2\alpha}\right)^2} - \frac{\nu_1 + \nu_2}{\nu_1} \frac{\Delta x_2}{2\alpha} \right\}^{\nu_2/\nu_1}. \tag{2.19}$$

Hier bedeutet $\underline{\mu}_1$ das chemische Potential der Teilchen 1 bei der Ordnungskonzentration

$$\underline{\mu}_1 = \frac{\nu_1 + \nu_2}{\nu_1} \mu - \frac{1}{2} \frac{\nu_2}{\nu_1} \left\{ \mathring{\mu}_2 - \mathring{\mu}_{|2|} + RT \ln \frac{N_2}{N_{|2|}} \right\}. \tag{2.20}$$

Entsprechend erhalten wir für μ_2:

$$\mu_2 = \underline{\mu}_2 + RT \ln \left\{ \sqrt{1 + \left(\frac{\nu_1 + \nu_2}{\nu_1} \frac{\Delta x_2}{2\alpha}\right)^2} + \frac{\nu_1 + \nu_2}{\nu_1} \frac{\Delta x_2}{2\alpha} \right\}. \tag{2.21}$$

$\underline{\mu}_2$ ist das chemische Potential der Teilchen 2 bei der Ordnungskonzentration und ist:

$$\underline{\mu}_2 = \frac{1}{2} \left(\mathring{\mu}_2 - \mathring{\mu}_{|2|} + RT \ln \frac{N_2}{N_{|2|}} \right). \tag{2.22}$$

Aus den Gln. (2.19) und (2.21) ergibt sich aus den bekannten Beziehungen der Thermodynamik[1]

$$\left.\begin{aligned} RT \ln \underline{a}_1 &= \mu_1 - \underline{\mu}_1 \\ RT \ln \underline{a}_2 &= \mu_2 - \underline{\mu}_2 \end{aligned}\right\} \tag{2.23}$$

wobei $\underline{a}_1 = \frac{a_1}{a_1(\Delta x_2 = 0)}$ und $\underline{a}_2 = \frac{a_2}{a_2(\Delta x_2 = 0)}$ ist, also

$$\underline{a}_1 = \left(\frac{1}{\alpha} \frac{N_{|2|}}{N^G}\right)^{\nu_2/\nu_1} = \left\{ \sqrt{1 + \left(\frac{\nu_1 + \nu_2}{1} \frac{\Delta x_2}{2\alpha}\right)^2} - \frac{\nu_1 + \nu_2}{\nu_1} \frac{\Delta x_2}{2\alpha} \right\}^{\nu_2/\nu_1} \tag{2.24}$$

$$\underline{a}_2 = \frac{1}{\alpha} \frac{N_2}{N^G} = \sqrt{1 + \left(\frac{\nu_1 + \nu_2}{\nu_1} \frac{\Delta x_2}{2\alpha}\right)^2} + \frac{\nu_1 + \nu_2}{\nu_1} \frac{\Delta x_2}{2\alpha}. \tag{2.25}$$

Folgende zwei Grenzfälle können nun auftreten: Bei großem Überschuß des Bestandteils 2 wächst dessen Aktivität proportional der Überschuß-

[1] Vgl. W. Schottky, H. Ulich u. C. Wagner: Thermodynamik, S. 372. Berlin 1929.

konzentration Δx_2; also folgt aus (2.25) für $\Delta x_2 \gg \alpha$:

$$\underline{a}_2 = \frac{a_2}{a_2(\Delta x_2 = 0)} = \frac{\nu_1 + \nu_2}{\nu_1} \frac{\Delta x_2}{\alpha}. \tag{2.26}$$

Bei großem Unterschuß des Bestandteils 2 bzw. großem Überschuß des Bestandteils 1 ist dessen Aktivität umgekehrt proportional der Überschußkonzentration[1]; also folgt aus (2.24) für $-\Delta x_2 \gg \alpha$:

$$\underline{a}_2 = \frac{a_2}{a_2(\Delta x_2 = 0)} = \frac{\nu_1}{\nu_1 + \nu_2} \frac{\alpha}{|\Delta x_2|}. \tag{2.27}$$

Für die Aktivität des Bestandteils, in dessen Teilgitter keine Störungen auftreten, gelten komplizierte Zusammenhänge, die man am besten aus den Grenzbeziehungen (2.26) und (2.27) mit Hilfe der DUHEM-MARGULESschen Gleichung

$$x_1 \frac{\partial \ln a_1}{\partial x_2} + x_2 \frac{\partial \ln a_2}{\partial x_2} = 0 \tag{2.28}$$

ableitet. Wie aus Abb. 2.7 zu erkennen ist, zeigen die Hyperbelkurven bei $\Delta x_2 = 0$ einen um so steileren Anstieg, je kleiner α, d. h. je größer der Ordnungszustand ist. Die Kurve für a_1 liegt genau spiegelsymmetrisch

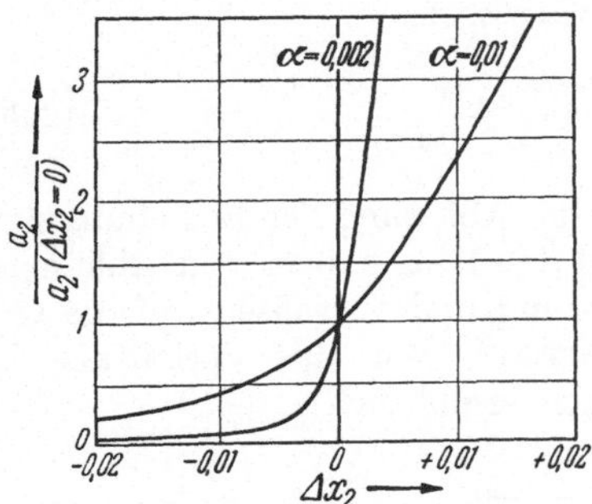

Abb. 2.7. Konzentrationsabhängigkeit der Aktivität a_2 des Bestandteils 2 einer geordneten Mischphase mit Fehlordnung nach dem Zwischengitter-Leerstellen-Typus (nach WAGNER und SCHOTTKY).

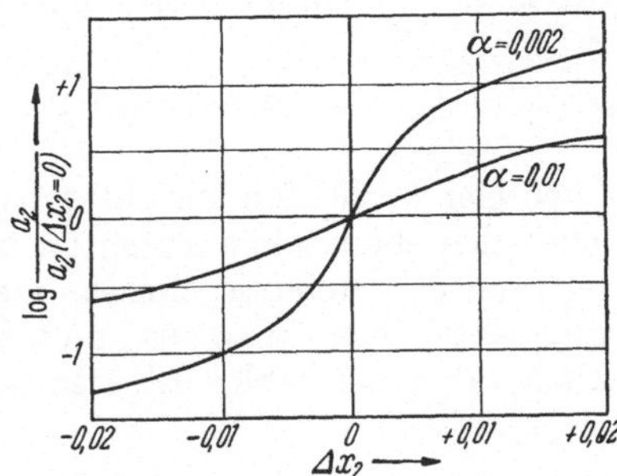

Abb. 2.8. Konzentrationsabhängigkeit des Verhältnisses der Aktivität $\underline{a}_2$ einer geordneten Mischphase mit Fehlordnung nach dem Zwischengitter-Leerstellen-Typus (nach WAGNER).

zu a_2. Gleichzeitig geben diese Kurven auch ein Bild vom Verlauf der Gleichgewichtspartialdrucke der jeweiligen Komponenten, da bei idealem Verhalten in der Dampfphase $a_1 \sim p_1$ gilt.

Noch deutlicher werden die Verhältnisse, wenn wir die durch RT reduzierten chemischen Potentiale μ_2, also $\log a_2$ gegen die Konzentration Δx_2 auftragen.

Je kleiner α bzw. je größer der Ordnungszustand ist, um so charakteristischer tritt bei $\Delta x_2 = 0$ ein Steilanstieg mit Wendepunkt auf. Ein gleiches Verhalten wird auch an metallischen Mischphasen mit vorwiegender Substitutionsfehlordnung beobachtet. Der Kurvenduktus ist

[1] Das ist in diesem Fall $a_2 = \left[\frac{1}{\alpha} \frac{N_{|2|}}{N^G}\right]^{-1}$.

vollkommen wesensgemäß dem Steilanstieg bei z. B. Säure-Basen-Titrationskurven am Neutralitätspunkt. Die Funktionsdarstellung der Abb. 2.7 und 2.8 kann in gewissen Fällen als Kriterium zur Erkennung eines Ordnungszustandes dienen, wenn aus versuchstechnischen Gründen die röntgenographische Untersuchung der Überstrukturlinien nicht möglich ist[1].

2.62 Fehlordnungszustände nach dem Substitutionstypus

Diesen Typus finden wir besonders bei den metallischen Mischphasen, wie er z. B. beim β'-Messing CuZn auftritt, wo Fehlordnung durch Anwesenheit von Cu im Zn-Teilgitter auftritt. Cu auf Zwischengitterplätzen oder Zn-Leerstellen werden nicht beobachtet.

In Analogie zum vorangehenden Abschnitt gilt für den Fehlordnungsgrad

$$\frac{N_{1|2|}}{N^G}\,\frac{N_{2|1|}}{N^G} = \alpha^2. \tag{2.29}$$

Im Falle der stöchiometrischen Ordnungskonzentration im Gitter wird der Fehlordnungsgrad α, der gleich dem Bruchteil von Atomen 1 im Teilgitter 2 ist, gleich dem Bruchteil von Atomen 2 im Teilgitter 1, bezogen auf die Gesamtzahl der Gitterplätze; also

$$\alpha = \left(\frac{N_{1|2|}}{N^G}\right)_{\Delta x_2 = 0} = \left(\frac{N_{2|1|}}{N^G}\right)_{\Delta x_2 = 0}. \tag{2.30}$$

Auch hier verzichten wir ebenfalls auf die Ableitung der Beziehung zwischen den chemischen Potentialen und den Aktivitäten a in Abhängigkeit von der Molenbruchzusammensetzung und verweisen auf die Originalarbeit von WAGNER und SCHOTTKY[2]. Für das Verhältnis der Aktivitäten der fehlgeordneten Teilchen ergibt sich:

$$\frac{a_1}{a_1(\Delta x_2 = 0)} = \left(\frac{1}{\alpha}\,\frac{N_{1|2|}}{N^G}\right)^{\frac{\nu_2}{\nu_1+\nu_2}} = \left\{\sqrt{1 + \left(\frac{\Delta x_2}{2\alpha}\right)^2} - \frac{\Delta x_2}{2\alpha}\right\}^{\frac{\nu_2}{\nu_1+\nu_2}} \tag{2.31}$$

$$\frac{a_2}{a_2(\Delta x_2 = 0)} = \left(\frac{1}{\alpha}\,\frac{N_{2|1|}}{N^G}\right)^{\frac{\nu_1}{\nu_1+\nu_2}} = \left\{\sqrt{1 + \left(\frac{\Delta x_2}{2\alpha}\right)^2} + \frac{\Delta x_2}{2\alpha}\right\}^{\frac{\nu_1}{\nu_1+\nu_2}}. \tag{2.32}$$

Bei großem Überschuß an Bestandteil 2 wächst dessen Aktivität mit einer gebrochenen Potenz der Konzentration Δx_2; also gilt für $\Delta x_2 \gg \alpha$ gemäß (2.32):

$$\frac{a_2}{a_2(\Delta x_2 = 0)} = \left(\frac{\Delta x_2}{\alpha}\right)^{\frac{\nu_1}{\nu_1+\nu_2}}. \tag{2.33}$$

Entsprechend ist bei großem Überschuß an Bestandteil 2 dessen Aktivität umgekehrt proportional der gleichen Potenz der Unterschußkonzentra-

---

[1] Vgl. auch K. HAUFFE u. C. WAGNER: Z. Elektrochem. angew. phys. Chem. **46**, 160 (1940).

[2] WAGNER, C., u. W. SCHOTTKY: Z. phys. Chem. (B) **11**, 163 (1930).

tion[1]; also gilt für $-\Delta x_2 \gg \alpha$ gemäß (2.31):

$$\frac{a_2}{a_2(\Delta x_2 = 0)} = 1 \Big/ \left(\frac{|\Delta x_2|}{\alpha}\right)^{\frac{\nu_1}{\nu_1+\nu_2}}. \tag{2.34}$$

Der Verlauf der Konzentrationsabhängigkeit der chemischen Potentiale und der Aktivitäten ist identisch mit dem in Abb. 2.7 und 2.8 dargestellten Verlauf. Auch hier treten charakteristische Sprünge und Wendepunkte bei $\Delta x_2 = 0$ auf, wobei der Sprung um so schärfer erfolgt, je kleiner α bzw. je besser der Ordnungszustand ist.

2.7 Der weitere Ausbau der Theorie der Fehlordnungserscheinungen

2.71 Thermodynamische Behandlung der Fehlordnung in Ionenkristallen nach Schottky

Das Verständnis für die Art der Fehlordnungserscheinungen und der hierdurch ermöglichten Platzwechselvorgänge in Ionenkristallen, wie NaCl, KCl usw., ist durch energetische Modellbetrachtungen von Jost[2] und Schottky[3] sowie Mott und Littleton[4] wesentlich gefördert worden. Übereinstimmend wurde von den Autoren gezeigt, daß im Falle des NaCl-Kristalls das Frenkelsche Fehlordnungsmodell aus energetischen Gründen wenig wahrscheinlich ist (s. S. 36). Im Gegenteil hierzu dürften AgCl und AgBr Ionenkristalle mit vorwiegender Kationenfehlordnung nach dem Frenkelschen Fehlordnungsmodell darstellen. Für beide Fehlordnungskristalltypen gilt ganz allgemein die Beziehung (2.15). Wendet man die bekannte Beziehung aus der Thermodynamik für das totale Differential des thermodynamischen Potentials G bei konstantem Druck p und konstanter Temperatur T an, dann ergibt sich für die möglichen Fehlordnungserscheinungen der Ausdruck:

$$\left.\begin{aligned} N_L\, dG = {} & \left(\frac{\partial G}{\partial N^G}\right)_{N_1, N_2, N_{|1|}, N_{|2|}} dN^G + \left(\frac{\partial G}{\partial N_1}\right)_{N, N_2, N_{|1|}, N_{|2|},} dN_1 \\ & + \left(\frac{\partial G}{\partial N_2}\right)_{N, N_1, N_{|1|}, N_{|2|},} dN_2 + \left(\frac{\partial G}{\partial N_{|1|}}\right)_{N, N_1, N_2, N_{|2|},} dN_{|1|} \\ & + \left(\frac{\partial G}{N_{|2|}}\right)_{N, N_1, N_2, N_{|1|},} dN_{|2|} \end{aligned}\right\} \tag{2.35}$$

oder unter Einführung der chemischen Potentiale μ mit der Definition

$$\frac{\partial G}{\partial N} = \mu \tag{2.36}$$

aus (2.35) die Beziehung

$$N_L\, dG = \mu\, dN^G + \mu_1\, dN_1 + \mu_2\, dN_2 + \mu_{|1|}\, dN_{|1|} + \mu_{|2|}\, dN_{|2|}. \tag{2.37}$$

---

[1] Das ist $\left(\frac{1}{\alpha}\,\frac{N_{1\,|2|}}{N^G}\right)$.

[2] Jost, W.: J. chem. Phys. **1**, 466 (1933); Phys. Z. **36**, 757 (1935). — W. Jost u. G. Nehlep: Z. phys. Chem. (B) **32**, 1 (1936). — W. Jost: Z. phys. Chem. (NF) **21**, 202 (1959).

[3] Schottky, W.: Z. phys. Chem. (B) **29**, 335 (1935).

[4] Mott, N. F., u. M. J. Littleton: Trans. Faraday Soc. **34**, 485 (1938).

Mittels (2.37) erhalten wir aus der allgemeinen Beziehung (2.15) für die einzelnen Differentialquotienten die folgenden Ausdrücke[1]:

$$\frac{\partial G}{\partial N^G} = \frac{1}{N_L}\,\mu \tag{2.38a}$$

$$\frac{\partial G}{\partial N_1} = \frac{1}{N_L}\left\{\mu_1 + RT\ln\frac{N_1}{N - N_1 - N_2}\right\} \approx \frac{1}{N_L}\left\{\mu_1 + RT\ln\frac{N_1}{N}\right\}, \tag{2.38b}$$

$$\frac{\partial G}{\partial N_2} = \frac{1}{N_L}\left\{\mu_2 + RT\ln\frac{N_2}{N - N_1 - N_2}\right\} \approx \frac{1}{N_L}\left\{\mu_2 + RT\ln\frac{N_2}{N}\right\}, \tag{2.38c}$$

$$\frac{\partial G}{\partial N_{|1|}} = \frac{1}{N_L}\left\{\mu_{|1|} + RT\ln\frac{N_{|1|}}{N_1^G - N_{|1|}}\right\} \approx \frac{1}{N_L}\left\{\mu_{|1|} + RT\ln\frac{N_{|1|}}{N_1^G}\right\}, \tag{2.38d}$$

$$\frac{\partial G}{\partial N_{|2|}} = \frac{1}{N_L}\left\{\mu_{|2|} + RT\ln\frac{N_{|2|}}{N_2^G - N_{|2|}}\right\} \approx \frac{1}{N_L}\left\{\mu_{|2|} + RT\ln\frac{N_{|2|}}{N_2^G}\right\}. \tag{2.38e}$$

Durch Einführung der Gitterkonzentration nach SCHOTTKY

$$\frac{N_1}{N^G} = x_1; \quad \frac{N_2}{N^G} = x_2; \quad \frac{N_{|1|}}{N^G} = x_{|1|}; \quad \frac{N_{|2|}}{N^G} = x_{|2|}$$

und unter Berücksichtigung, daß bei Vorliegen eines NaCl-Kristalltyps die Zahl der Zwischengitterplätze N gerade so groß ist wie die Zahl der gesamten Gitterplätze N^G, wobei $N_1^G = N_2^G = N^G/2$ ist, erhalten wir unter Verwendung der chemischen Potentiale je Mol gegenüber den Größen μ je Teilchenzahl in den Gln. (2.38b) bis (2.38e):

$$\begin{aligned} \mu_1 &= \underset{\cdot}{\mu}_1 + RT\ln x_1 + RT\ln 2 &&(2.39\text{a})\\ &\approx \underset{\cdot}{\mu}_1 + RT\ln x_1 \\ \mu_2 &= \underset{\cdot}{\mu}_2 + RT\ln x_2 + RT\ln 2 &&(2.39\text{b})\\ &\approx \underset{\cdot}{\mu}_2 + RT\ln x_2 \\ \mu_{|1|} &= \underset{\cdot}{\mu}_{|1|} - RT\ln x_{|1|} &&(2.40\text{a})\\ \mu_{|2|} &= \underset{\cdot}{\mu}_{|2|} - RT\ln x_{|2|}. &&(2.40\text{b}) \end{aligned}$$

Im allgemeinen können wir das Glied $RT\ln 2$ vernachlässigen. Sämtliche Beziehungen haben jedoch nur dann volle Gültigkeit, wenn keine Wechselwirkungen zwischen den Fehlstellen untereinander auftreten (s. hierüber S. 133 ff.).

Entsprechend der allgemeinen Formulierung aus der μ-Thermodynamik

$$\underset{\cdot}{\mu} = \underset{\cdot}{u} - T\,\underset{\cdot}{s} + p\,\underset{\cdot}{v} \tag{2.41}$$

können wir das Glied $p\,\underset{\cdot}{v}$ im normalen Druckbereich vernachlässigen. Unter Verwendung der freien Energie, nach Ausschluß des Unordnungsanteils der Entropie, erhalten wir in erster Näherung z. B. für $\underset{\cdot}{\mu}_1$:

$$\underset{\cdot}{\mu}_1 = E_1, \tag{2.42}$$

wobei E_1 die beim absoluten Nullpunkt bestimmte Energiedifferenz ist, die beim Einbringen eines Mols der Ionensorte 1 auf Zwischengitterplätze entsteht. Entsprechendes gilt für alle anderen Größen. Ferner muß im Gleichgewicht gelten:

$$\mu_1 = \mu_{|1|}, \tag{2.43}$$

[1] In Ionenkristallen fällt die Vertauschungsfehlordnung aus energetischen Gründen fort.

wobei im Falle des AgCl-Kristalls der Index 1 ein Ag^+-Ion bedeutet. Aus den Gln. (2.39a) und (2.40a) ergibt sich unter Beachtung von (2.43):

$$RT \ln (x_1\, x_{|1|}) = E_{|1|} - E_{\text{i}} = -\Delta E. \tag{2.44}$$

Hierbei fallen die Absolutwerte der Energie heraus, und ΔE hat die Bedeutung des Energieaufwandes, der nötig ist, um 1 Mol Ag^+-Ionen von normalen Gitterplätzen unter Bildung einer äquivalenten Zahl von Leerstellen an entfernten Ort auf Zwischengitterplätze zu bringen. Unter der speziellen Annahme beim AgCl-Kristall, wo $x_{Ag^\cdot} = x_{|Ag|'}$ gesetzt werden kann, erhalten wir die Beziehung

$$x_{Ag^\cdot} = x_{|Ag|'} = \exp(-\Delta E/2RT). \tag{2.45}$$

Analoge Gleichungen gelten auch für das Cl^--Ion, wenn überhaupt eine Fehlordnung im Anionen-Teilgitter auftritt.

Ohne jedoch im einzelnen das spezielle Schema des AgCl-Kristalls auf die weitere Betrachtung anzuwenden, lassen wir die Bedingung $x_1 = x_{|1|}$ fallen. Aus Gründen der Elektroneutralität ergibt sich ganz allgemein:

$$x_1 - x_{|1|} = x_2 - x_{|2|}. \tag{2.46}$$

Nach (2.46) brauchen jetzt nicht mehr die Fehlstellenkonzentrationen der einen Ionenart gleich zu sein ($x_1 \neq x_{|1|}$); in jedem Falle aber muß die Überschußkonzentration der einen Fehlstellenart, wie z. B. Zwischengitterplatzbesetzung oder Leerstellen der Ionen 1, gleich sein der Überschußkonzentration derselben Fehlstellenart der Ionen 2.

Eine letzte Beziehung wird dadurch geliefert, daß sowohl Ionen der Ionenart 1 wie 2 auch auf normale Gitterplätze eingebaut werden können, wobei sich die Zahl der Gitterpunkte erhöht. Bezeichnet μ_{12} das chemische Potential dieser normalen Gitterionen, dann gilt:

$$\mu_{12} = \mu_1 + \mu_2$$

bzw.

$$\mu_{12} = \mu_{|1|} + \mu_{|2|}. \tag{2.47}$$

Da die Fehlordnungskonzentrationen hierbei vernachlässigt werden können, wird μ_{12} identisch mit der freien Energie und am absoluten Nullpunkt mit der Energie E

$$\mu_{12} \approx E \qquad (\text{bei } T \to 0\ {}^\circ\text{K}). \tag{2.48}$$

Es folgen nun aus (2.44), (2.46) und (2.47) die Beziehungen

$$x_1\, x_{|1|} = \exp\left(-\frac{E_1 - E_{|1|}}{RT}\right) \tag{2.49}$$

$$x_2\, x_{|2|} = \exp\left(-\frac{E_2 - E_{|2|}}{RT}\right) \tag{2.50}$$

$$x_1\, x_2 = \exp\left(-\frac{E_1 + E_2 - E}{RT}\right). \tag{2.51}$$

Analog, jedoch nicht mehr unabhängig, ergibt sich

$$x_{|1|}\, x_{|2|} = \exp\left(-\frac{E - E_{|1|} - E_{|2|}}{RT}\right). \tag{2.52}$$

Schließlich folgt die zu (2.46) identische Beziehung:

$$x_1 - x_{|1|} = x_2 - x_{|2|}.$$

Als Lösungen erhalten wir hieraus mit den von SCHOTTKY eingeführten Abkürzungen:

$$\left.\begin{aligned} K &= \exp\{-(E - E_{|1|} - E_{|2|})/RT\} \\ k_1 &= \exp\{-[(E_1 + E_{|2|}) - E]/RT\} \\ k_2 &= \exp\{-[(E_2 + E_{|1|}) - E]/RT\} \end{aligned}\right\} \tag{2.53}$$

die folgenden Ausdrücke:

$$\left.\begin{aligned} x_{|1|} &= K^{1/2}\left[\frac{1+k_1}{1+k_2}\right]^{1/2} \\ x_{|2|} &= K^{1/2}\left[\frac{1+k_2}{1+k_1}\right]^{1/2} \\ x_1 &= K^{1/2}\,k_1\left[\frac{1+k_2}{1+k_1}\right]^{1/2} \\ x_2 &= K^{1/2}\,k_2\left[\frac{1+k_1}{1+k_2}\right]^{1/2} \end{aligned}\right\}. \tag{2.54}$$

Aus (2.53) und (2.54) ergeben sich die unmittelbaren Zusammenhänge zwischen der Fehlordnungskonzentration und den Energiegrößen, die man wenigstens größenordnungsmäßig abschätzen kann.

2.72 Modellmäßige Abschätzung der Energiegrößen in fehlgeordneten Ionenkristallen nach Jost und Mott

Um einfache modellmäßige Abschätzungen der Platzwechselenergie zu erhalten, entnehmen wir der WAGNER-SCHOTTKYschen Theorie einige Teilergebnisse für die folgenden Überlegungen. Bedeutet N_F die Zahl der fehlgeordneten Ionen, N^G die Gesamtzahl der Ionen und N die Zahl der gesamten Zwischengitterplätze, dann bestehen zwischen diesen Größen und der aufzuwendenden Energie $\Delta E_{|I|}$ bzw. ΔE, um eine Ionenleerstelle zu schaffen bzw. um ein Ion auf Zwischengitterplatz zu bringen unter gleichzeitiger Erzeugung einer Leerstelle, die folgenden Beziehungen:

$$N_F = N_{|I|} = N^G e^{-\Delta E_{|I|}/kT} \quad \text{(SCHOTTKY-Fehlordnung)}[1] \tag{2.55}$$

und

$$N_F = \sqrt{N^G N}\, e^{-\frac{1}{2}\Delta E/kT} \quad \text{(FRENKEL-Fehlordnung).} \tag{2.56}$$

Diese Beziehungen gelten aber nur dann, wenn man die Volumenänderung und die Änderung der Schwingungsfrequenz der fehlgeordneten Ionen vernachlässigen kann, d. h. $\Delta A \approx \Delta G$ setzen kann.

JOST und MOTT nehmen nun unter Zugrundelegung des Kochsalzgitters die Schwingungsfrequenz der eine SCHOTTKY-Leerstelle umgebenden Ionen in Richtung zur Leerstelle schwingend mit ν an und bezeichnen die kleinere Schwingungsfrequenz der parallel dazu schwingenden Ionen mit ν'. Hierdurch wird (2.55) durch den Ausdruck

$$\left(\frac{\nu}{\nu'}\right)^x = \gamma \tag{2.57}$$

---

[1] An Stelle der speziellen Formulierung (2.55) sollte man allgemein setzen:

$$N_{|K|'} = N_{|A|.} = N \exp\{-(E_{|K|'} + E_{|A|.})/2kT\}. \tag{2.55a}$$

erweitert, wobei an Stelle $\Delta E_{|I|}$ die Größe $(\Delta E_{|I|})_v$ bei konstantem Volumen gesetzt wird, also[1]:

$$N_{|I|} = \gamma N^G e^{-(\Delta E_{|I|})_v/kT}. \tag{2.58}$$

Um nun auch die Volumenabhängigkeit der Energie zu berücksichtigen, erhält man aus dem Differential der freien Energie nach dem Volumen und der Tatsache, daß bei herrschendem Gleichgewicht

$$\left(\frac{\partial A}{\partial V}\right)_T = 0 \tag{2.59}$$

ist, den thermischen Ausdehnungskoeffizienten α $\left[\text{definiert zu} \frac{V-V_0}{V_0 T} = \alpha\right]$:

$$\alpha = -3k \frac{d \log \nu}{V_0 dV} \Big/ \frac{d^2 E}{dV^2}, \tag{2.60}$$

wobei im Falle eines festen Körpers die Gitterenergie E und der Schwingungsanteil mit der freien Energie A in folgendem Zusammenhang stehen:

$$A = N_L \left(E(V) + 3kT \ln \frac{h\nu}{kT}\right) \tag{2.60a}$$

und höhere Potenzen von $(V - V_0)$ vernachlässigt werden; d.h., wir betrachten nur geringe Abweichungen vom idealen Kristall. V_0 bedeutet das Volumen des idealen Kristalls, so daß $E(V_0)$ ein Minimum sein muß.[2]

Weiterhin folgt aus der Thermodynamik die bekannte Verknüpfungsgleichung:

$$E_{|I|} = E^0_{|I|} + \alpha V_0 T \frac{d E_{|I|}}{dV}, \tag{2.61}$$

---

[1] MOTT, N. F., u. R. W. GURNEY: Electronic Processes in Ionic Crystals, S. 29ff. Oxford 1948. — N. F. MOTT u. H. JONES: The Theory of the Properties of Metals and Alloys. Oxford 1936.

[2] Herleitung von (2.60): Aus (2.59) folgt mit dem Wert für A aus (2.60a)

$$\frac{\partial A}{\partial V} = N_L \left(\frac{dE}{dV} + 3kT \frac{d \ln \nu}{dV}\right) = 0$$

und wegen $N \neq 0$

$$\frac{dE}{dV} = -3kT \frac{d \ln \nu}{dV}. \tag{2.60b}$$

Entwickelt man $\frac{dE}{dV}$ an der Stelle $V = V_0$ nach der TAYLORschen Formel, so erhält man

$$\frac{dE}{dV} = \left(\frac{dE}{dV}\right)_{V=V_0} + \frac{V-V_0}{1!}\left(\frac{d^2E}{dV^2}\right)_{V=V_0} + \frac{(V-V_0)^2}{2!}\left(\frac{d^3E}{dV^3}\right)_{V=V_0} + \cdots$$

Das erste Glied der rechten Seite verschwindet, da $E(V_0)$ ein Minimum ist. Wenn man höhere Potenzen von $(V - V_0)$ vernachlässigen kann, ergibt sich

$$\frac{dE}{dV} = (V - V_0)\left(\frac{d^2E}{dV^2}\right)_{V=V_0}.$$

Einsetzen dieses Wertes in (2.60b) liefert

$$V - V_0 = -3kT \frac{d \ln \nu}{dV} \Big/ \left(\frac{d^2E}{dV^2}\right)_{V=V_0}$$

und hiermit erhält man

$$\alpha + \frac{V-V_0}{V_0 T} = -3k \frac{d \ln \nu}{V_0 dV} \Big/ \frac{d^2E}{dV^2}. \tag{2.60}$$

wo $E^0_{|I|}$ die aufzuwendende Energie darstellt, um eine Ionenleerstelle am absoluten Nullpunkt zu bilden. Durch Kombination der Gln. (2.58), (2.60) und (2.61) erhalten wir schließlich für die Zahl der SCHOTTKY-Leerstellen:

$$N_{|I|} = \gamma\, N^G \exp\left\{-\left(\frac{E^0_{|I|}}{kT} + \frac{\alpha V_0}{k}\frac{d E_{|I|}}{dV}\right)\right\}. \tag{2.62}$$

Setzt man an Stelle von

$$\exp\left(-\frac{\alpha V_0}{k}\frac{d E_{|I|}}{dV}\right) = B \approx \exp\left(-\frac{\alpha E_{|I|}}{k}\frac{d \ln E_{|I|}}{d \ln V}\right), \tag{2.63}$$

so ergibt sich aus (2.62):

$$N_{|I|} = \gamma\, B\, N \exp\left(-\frac{E^0_{|I|}}{kT}\right). \tag{2.64}$$

Um einen Überblick über die Größenordnung von γ und B zu bekommen, berechnet MOTT für Steinsalz mit $\alpha = 1{,}2 \cdot 10^{-4}$ und $E_{|I|} \approx 40$ kcal sowie $d \log E_{|I|}/d \log V \approx 2$

$$B \approx e^{4,8} \approx 100$$

und γ unter der Annahme $\nu/\nu' \approx 2$, sowie $x = 6$, zu

$$\gamma \approx 64.$$

Hieraus ergibt sich für die Anwendung der Formel (2.64), daß man in erster Näherung zur Abschätzung der Leerstellenkonzentration $\gamma B \approx 10^3$ bis 10^4 setzen kann.

Für FRENKEL-Fehlordnung kommt man zu ganz analogen Ansätzen

$$N_F = \sqrt{N^G N}\,\gamma \exp\left(-\frac{1}{2}\frac{E}{kT}\right). \tag{2.65}$$

Die ersten Versuche, um $E_{|I|}$, die Fehlordnungsenergie zur Erzeugung einer Ionenleerstelle, abzuschätzen, stammen von JOST[1,2]. Unter Zugrundelegung eines Kristalls mit Kochsalzstruktur beträgt die Gitterenergie E_g, die aufgewendet werden muß, um 1 Mol Ionen aus dem Kristallgitter zu entfernen:

$$E_g = -k_M N_L \frac{e^2}{a}\left(1 - \frac{1}{p}\right), \tag{2.66}$$

wo $k_M = 1{,}746$ den MADELUNGschen Faktor, e die Elementarladung (in elektrostatischen Einheiten) und a den Gitterabstand bedeuten. p trägt dem Anteil der Abstoßungsenergie Rechnung und ist nach BORN[3] für Alkalihalogenide gleich 9. Ohne Berücksichtigung der Deformation, die in einem fehlgeordneten Ionenkristall stets vorhanden ist, aber des öfteren vernachlässigbar wird, kann man das Entfernen eines Ions aus dem Gitterverband energiemäßig mit dem Verstopfen einer Leerstelle gleichsetzen, so daß in erster Näherung gilt:

$$E_{|I|} \approx E_g. \tag{2.67}$$

---

[1] JOST, W.: J. chem. Phys. **1**, 466 (1933); Z. phys. Chem. (A) **169**, 129 (1934). — Vgl. auch die verfeinerten Berechnungen von N. F. MOTT u. J. M. LITTLETON: Trans. Faraday Soc. **34**, 485 (1938). — W. JOST: Z. phys. Chem. (NF) **21**, 202 (1959).

[2] JOST, W.: Trans Faraday Soc. **34**, 860 (1938).

[3] BORN, M.: Z. Phys. **1**, 45 (1920). — W. KLEMM: Z. Phys. **82**, 529 (1933).

Wie jedoch überschlagsmäßige Berechnungen zeigten, ist die Berücksichtigung der Polarisationsenergie häufig von entscheidender Bedeutung für die Abschätzung der richtigen Größenordnung der Fehlordnungskonzentration. Aus diesem Grunde führte JOST die Polarisationsenergie bzw. das entsprechende elektrostatische Potential Φ ein, dem eine Leerstelle infolge Polarisation des sie umgebenden Ionenkollektivs ausgesetzt ist. An Stelle von (2.67) erhält man nun für die aufzuwendende Energie $E_{|I|}$, um ein Ion aus dem Gitterverband zu entfernen:

$$E_{|I|} = E_g - \tfrac{1}{2} e \Phi. \tag{2.68}$$

Die Berechnung der Polarisationsenergie hat die gleichen Überlegungen zur Grundlage, wie man sie schon früher für die Berechnung der Hydrationsenergie von NaCl in Wasser angewandt hat.[1]

Bezeichnen wir mit r den Radius der Leerstelle, die man sich der Einfachheit halber als Hohlkugel vorstellt, ferner mit ε die Dielektrizitätskonstante und mit σ die dielektrische Verschiebung, dann gilt für die Polarisation P, wenn $\boldsymbol{E}$ das elektrische Feld bedeutet,

$$P = \frac{\sigma - \boldsymbol{E}}{4\pi} = \frac{1}{4\pi}\left(1 - \frac{1}{\varepsilon}\right)\frac{e}{r^2}. \tag{2.69}$$

Für das durch die Polarisation in der Mitte einer kugelförmig gedachten Leerstelle verursachte Potential Φ ergibt sich:

$$\Phi = \int_{\xi}^{\infty} \frac{P}{r^2} 4\pi r^2 \, dr = \left(1 - \frac{1}{\varepsilon}\right)\frac{e}{\xi}. \tag{2.70}$$

Die Genauigkeit des Wertes von Φ hängt von einer genügend genauen Abschätzung von ξ ab.

MOTT und LITTLETON[2] verfeinerten die Rechnung der Φ-Werte, wobei sie in zwei Teilschritten vorgingen:

1. Im ersten Rechengang wird Φ bestimmt, wenn alle Ionen des Kristalls in ihren mittleren Lagen verbleiben, so daß nur die Dielektrizitätskonstante zu berücksichtigen ist.

2. Im zweiten Rechengang wird als weitere Näherung die Tatsache berücksichtigt, daß die Ionen sich in ihre neuen Gleichgewichtslagen bewegen.

Im ersten Rechengang ist die Polarisation P durch (2.69) definiert. Bezeichnet man die Polarisierbarkeit der Ionen mit α_1 und α_2 und die entsprechenden Massen mit M_1 und M_2, dann sind die Ausdrücke für die dazugehörigen Dipole:

$$M_1 a^3 e/r^2 \quad \text{und} \quad M_2 a^3 e/r^2, \tag{2.71}$$

wo

$$M_1 = \frac{2\alpha_1}{\alpha_1 + \alpha_2} \frac{1}{4\pi}\left(1 - \frac{1}{\varepsilon}\right)$$

ist. Der Ausdruck für M_2 ist identisch. Für die Näherung nullter Ordnung ergibt sich nach MOTT und LITTLETON bei Gültigkeit der Beziehung

[1] BORN, M.: Z. Phys. **1**, 45 (1920). — W. KLEMM: Z. Phys. **82**, 529 (1933).
[2] MOTT, N. F., u. J. M. LITTLETON: Trans. Faraday Soc. **34**, 485 (1938).

(2.71) für alle Ionen das durch den Dipol μ verursachte Potential $\Phi = \mu/r^2$ an einer beliebigen Leerstelle im Gitter durch Summation zu:

$$\Phi = -e\,a^3 \left\{ M_1 \sum_1 \frac{1}{r^4} + M_2 \sum_2 \frac{1}{r^4} \right\}. \qquad (2.72)$$

Hier kennzeichnet der Index 1 das Kation und der Index 2 das Anion.

Unter gesonderter Behandlung des Dipols bzw. des dadurch verursachten Potentials Φ der die Kationenleerstelle unmittelbar umgebenden sechs Ionen ergibt sich die Näherung 1. Ordnung zu[1]:

$$\Phi = -\frac{e}{a}(4{,}1977\,M_1 + 6{,}3346\,M_2) - \frac{6\mu}{a^2}. \qquad (2.73)$$

In der folgenden Tabelle sind die nach diesem Rechenverfahren erhaltenen Ergebnisse für einen idealen Kristall $\alpha_1 = \alpha_2$ und $\varepsilon_0 = 4$ und für drei Alkalihalogenide zusammengestellt. Die Ergebnisse sind durch das Verhältnis der Potentiale Φ zu Φ_0 ausgedrückt, wo

$$\Phi_0 = \frac{e}{4\pi a}\left(1 - \frac{1}{\varepsilon_0}\right)$$

ist.

Tabelle 2.1. *Durch Dipol induziertes Potential, verursacht durch Kationenleerstellen*

Kristall			NaCl	KCl	KBr
ε_0		4	2,33	2,17	2,18
α_1/α_2		1	20,3	4,4	2,6
	Ordnung der Näherung				
	0	16,53	20,03	18,96	18,25
	1	18,57	21,88	20,61	19,82
$-\Phi/\Phi_0$	2	18,15	21,83	20,44	19,59
	3	18,03	21,62	20,27	19,46
	4	18,5	21,69	—	—

Die entsprechenden Näherungswerte für ein Gitter mit Anionenleerstellen sind

	NaCl	KCl	KBr
$-\Phi/\Phi_0$	13,21	14,69	14,35

Anschließend haben HUTNER, RITTNER und DU PRÉ[2] die Polarisationsarbeiten A_p einer größeren Zahl von Ionenkristallen mit NaCl-Struktur berechnet. Hierbei verwandten sie eine Methode, die auf der von MOTT und LITTLETON basiert. Die Polarisationsarbeit ist hierbei definiert als Änderung der elektrostatischen Energie, die durch den Entzug einer positiven oder negativen Ladung von einem Gitterplatz verursacht wird. Zur Berechnung dieser Daten wurden von den obengenannten Autoren

[1] MOTT, N. F., u. R. W. GURNEY: Electronic Processes in Ionic Crystals. Oxford 1948.

[2] HUTNER, R. A., E. S. RITTNER u. F. K. DU PRÉ: J. chem. Phys. 17, 198 u. 204 (1949); 18, 379 (1950).

die Gitterkonstanten a von WYCKOFF[1], die Dielektrizitätskonstanten ε_0 von HØJENDAHL[2], SPANGENBERG[3] und HAASE[4] und die Molrefraktionen der Kationen R_+ und Anionen R_- von PAULING[5] verwandt, während die Werte der Polarisierbarkeiten der Ionen α_+ und α_- aus den beiden Formeln

$$\alpha_+/\alpha_- = R_+/R_-$$

$$\alpha_+ + \alpha_- = \frac{3a^3}{2\pi} \frac{\varepsilon_0 - 1}{\varepsilon_0 + 2}$$

berechnet wurden. In der Tab. 2.2 sind die Werte zusammengestellt.

Tabelle 2.2. *Zusammenstellung der Polarisationsarbeiten von Ionenkristallen mit NaCl-Struktur nach du Pré, Hutner und Rittner*

Substanz	Benutzte Daten				Berechnete Werte				
	a in Å	ε_0	R_+ cm³	R_- cm³	α_+ 10^{-24} cm³	α_- 10^{-24} cm³	A_{p+} eV	A_{p+} eV	$A_p + A_{p-}$ eV
LiF	2,009	1,92	0,074	2,65	0,025	0,884	2,92	1,81	4,73
LiCl	2,565	2,75	0,074	9,30	0,023	2,95	3,14	1,89	5,03
LiBr	2,745	3,16	0,074	12,14	0,025	4,11	3,18	1,91	5,09
LiJ	3,000	3,80	0,074	18,07	0,025	6,20	3,17	1,89	5,06
NaF	2,310	1,74	0,457	2,65	0,171	0,993	2,13	1,50	3,63
NaCl	2,814	2,25	0,457	9,30	0,147	2,98	2,43	1,53	3,96
NaBr	2,980	2,62	0,457	12,14	0,161	4,27	2,60	1,61	4,21
NaJ	3,231	2,91	0,457	18,07	0,155	6,11	2,57	1,57	4,14
KF	2,670	1,85	2,12	2,65	0,892	1,12	1,75	1,66	3,41
KCl	3,139	2,13	2,12	9,30	0,750	3,29	1,96	1,42	3,38
KBr	3,293	2,33	2,12	12,14	0,779	4,46	2,06	1,43	3,49
KJ	3,526	2,69	2,12	18,07	0,792	6,75	2,18	1,44	3,62
RbF	2,820	1,93	3,57	2,65	1,45	1,08	1,64	1,76	3,40
RbCl	3,270	2,19	3,57	9,30	1,32	3,43	1,86	1,48	3,34
RbBr	3,427	2,33	3,57	12,14	1,34	4,56	1,91	1,44	3,35
RbJ	3,663	2,63	3,57	18,07	1,36	6,90	2,02	1,42	3,44
AgCl	2,773	4,01	4,33	9,30	1,62	3,48	3,12	2,55	5,67
AgBr	2,884	4,62	4,33	12,14	1,65	4,62	3,24	2,49	5,73
MgO	2,101	2,95	0,238	9,88	0,041	1,70	3,98	2,43	6,41
MgS	2,595	5,11	0,238	26,0	0,044	4,78	4,05	2,41	6,46
MgSe	2,725	5,95	0,238	26,8	0,053	5,96	4,02	2,38	6,40
CaO	2,398	3,28	1,19	9,88	0,306	2,54	3,59	2,37	5,96
CaS	2,840	4,49	1,19	26,0	0,257	5,62	3,52	2,17	5,69
CaSe	2,955	5,04	1,19	26,8	0,301	6,77	3,51	2,15	5,66
CaTe	3,172	6,79	1,19	35,6	0,325	9,71	3,53	2,14	5,67
SrO	2,572	3,45	2,18	9,88	0,660	2,99	3,33	2,37	5,70
SrS	2,935	4,36	2,18	26,0	0,493	5,88	3,34	2,12	5,46
SrSe	3,115	4,80	2,18	26,8	0,607	7,46	3,25	2,06	5,31
SrTe	3,235	5,60	2,18	35,6	0,565	9,22	3,29	2,04	5,33
BaO	2,761	3,83	3,94	9,88	1,39	3,49	3,12	2,47	5,59
BaS	3,175	4,64	3,94	26,0	1,10	7,28	3,10	2,07	5,17
BaSe	3,310	4,97	3,94	26,8	1,26	8,60	3,04	2,03	5,07
BaTe	3,493	5,66	3,94	35,6	1,23	11,1	3,02	1,95	4,97

[1] WYCKOFF, R. W. G.: Crystal Structure. New York 1948.
[2] HØJENDAHL, K.: Kgl. Danske Vid. Sels. **16**, 59 (1938).
[3] SPANGENBERG, E.: Naturwiss. **15**, 206, 266 (1927).
[4] HAASE, M.: Z. Kristallogr. **65**, 510 (1927).
[5] PAULING, L.: Proc. Roy. Soc. [London] (A) **114**, 191 (1927).

Ergänzend muß zur Tabelle erwähnt werden, daß nicht alle hier aufgeführten Substanzen reine Ionenkristalle sind. Aus diesem Grunde sind auch die für reine Ionenkristalle entwickelten Formeln ab AgCl nicht mehr exakt gültig, und die hieraus gewonnenen Polarisationsarbeiten sind mehr als Näherungswerte zu betrachten. Eine bessere Methode zur Berechnung der Polarisationsarbeiten von Ionenkristallen mit homöopolarem Bindungsanteil ist jedoch zur Zeit nicht bekannt.

2.73 Fehlordnungserscheinungen in ternären Ionenkristallen

Auf Grund der häufig in der Literatur anzutreffenden Tatsache, daß Diffusions- und Leitfähigkeitsmessungen an ternären Ionenkristallen, wie z. B. den Spinellen, wohl bei konstanter Temperatur und Gesamtdruck, nicht aber bei gleichzeitig vorgegebener thermodynamischer Aktivität eines der den ternären Ionenkristall aufbauenden Einzeloxide ausgeführt wurden, erweiterten Schmalzried und Wagner[1] die bisher für binäre Ionenkristalle aufgestellten Fehlordnungsbeziehungen auf ternäre Ionenkristalle.

Wenn man berücksichtigt, daß schon bei binären Verbindungen die experimentelle Bestimmung der überwiegend auftretenden Fehlordnungsstellen mit der nicht unerheblichen Zahl an Massenwirkungsgleichungen häufig einen beachtlichen Aufwand erfordert, wie noch später an den Beispielen Cu_2O und PbS gezeigt wird, so wird man sich bei den erheblich größeren Fehlordnungsmöglichkeiten in ternären Verbindungen mit gewissen tragbaren Vereinfachungen abfinden müssen, um zu übersichtlichen und experimentell auswertbaren Beziehungen zu kommen. Unter Berücksichtigung dieses Sachverhalts haben Schmalzried und Wagner die folgenden Grundgleichungen zunächst für ternäre Verbindungen des Spinelltyps abgeleitet und auch hier zunächst nur die Ionenfehlordnung betrachtet, während die elektronische Fehlordnung erst zum Schluß berücksichtigt wird. Trotz der Grenzen experimenteller Möglichkeiten wurden die Beziehungen so formuliert, als ob die Aktivitäten der den Spinell aufbauenden Komponenten AO und B_2O_3 vorgebbar bzw. bestimmbar seien.

Wie im Kap. 3.16 erläutert, sind im Spinellgitter die Sauerstoffionen in dichtester Kugelpackung angeordnet, wobei im normalen 2—3-Spinell die 2wertigen A-Ionen sich auf Tetraederplätzen und die 3wertigen B-Ionen sich auf Oktaederplätzen befinden. Die Elementarzelle enthält 32 Sauerstoffionen und demgemäß 64 Tetraeder- und 32 Oktaederplätze, von denen 8 Tetraederplätze mit A-Ionen und 16 Oktaederplätze mit B-Ionen besetzt sind. Im Falle eines Inversspinells, wie z. B. Fe_3O_4, befindet sich die Hälfte der B-Ionen auf Tetraederplätzen und die andere Hälfte gemeinsam mit den A-Ionen auf Oktaederplätzen. Die im folgenden verwandten Symbole berücksichtigen die Fehlordnungsarten im nor-

---

[1] Schmalzried, H., u. C. Wagner: Z. phys. Chem. (NF) **31**, 198 (1962).

malen Spinell, jedoch ohne Kennzeichnung der Überschußladung und der strukturellen Art (Tetraeder- oder Oktaederplatz):

A|A| Kation A auf normalem Gitterplatz der Kationen A
B|B| Kation B auf normalem Gitterplatz der Kationen B
A Kation A auf Zwischengitterplatz
B Kation B auf Zwischengitterplatz
|A| Leerstelle im Teilgitter der Kationen A
|B| Leerstelle im Teilgitter der Kationen B
A|B| Kation A auf Gitterplatz der B-Kationen
B|A| Kation B auf Gitterplatz der A-Kationen
O Anion (Sauerstoff) auf Zwischengitterplatz
|O| Anionenleerstelle
O|O| Anion O auf normalem Gitterplatz

Da jede ternäre Verbindung, wie z. B. auch der Spinell, eine gewisse Existenzbreite besitzt, d. h. AO bzw. B_2O_3 im Über- oder Unterschuß enthalten kann, formulieren wir daher die „Gittermolekel" des Spinells in $\frac{1}{8}$ Elementarzelle

$$(1 + \alpha)\, AO\, (1 + \beta)\, B_2O_3 = A_{1+\alpha}\, B_{2(1+\beta)}\, O_{4+\alpha+3\beta}\,. \qquad (2.74)$$

Führt man nun z als Bruchteil der Anionenlücken abzüglich der Anionen auf Zwischengitterplätzen ein, so ergibt sich für die mittlere Zahl der Anionen pro $\frac{1}{8}$ Elementarzelle:

$$4 + \alpha + 3\beta = 4(1 - z)\,. \qquad (2.75)$$

Ferner wird das analytisch bestimmbare Verhältnis der Molzahlen $(1 + \beta)/(1 + \alpha)$ der Oxide B_2O_3 und AO eingeführt und gleich $(1 + y)$ gesetzt:

$$1 + y = \frac{1 + \beta}{1 + \alpha} \approx 1 + \beta - \alpha\,, \qquad (2.76)$$

wobei y den Überschuß an B_2O_3 gegenüber dem stöchiometrischen Spinell AB_2O_4 angibt. Da im allgemeinen $\alpha \ll 1$ und $\beta \ll 1$ ist, gilt für $1 + y$ der rechts stehende Ausdruck in Gl. (2.76), und aus Gl. (2.75) folgt:

$$\alpha = -\tfrac{3}{4}y - z \qquad (2.77)$$

$$\beta = \tfrac{1}{4}y - z\,. \qquad (2.78)$$

Die Bilanzgleichungen für die drei Ionenarten lauten dann:

$$[A|A|] + [A|B|] + [A] = 1 + \alpha = 1 - \tfrac{3}{4}y - z \qquad (2.79)$$

$$[B|B|] + [B|A|] + [B] = 2(1 + \beta) = 2 + \tfrac{1}{2}y - 2z \qquad (2.80)$$

$$[O] + [O|O|] = 4 + \alpha + 3\beta = 4 - 4z\,. \qquad (2.81)$$

Ferner ergeben sich die folgenden Bilanzgleichungen für die regulären Gitterplätze

$$[A|A|] + [A|B|] + [A] = 1 \qquad (2.82)$$

$$[B|B|] + [B|A|] + [B] = 2 \qquad (2.83)$$

$$[O|O|] + [|O|] = 4\,. \qquad (2.84)$$

Aus Gl. (2.81) und (2.84) ergibt sich:

$$[|O|] - [O] = 4z\,. \qquad (2.85)$$

Aus den Gln. (2.79), (2.82) und (2.85) sowie aus den Gln. (2.80), (2.83) und (2.85) folgen die beiden Ausdrücke:

$$[B|A|] + [|A|] - [A|B|] - [A] - \tfrac{1}{4}\{[|O|] - [O]\} = \tfrac{3}{4}y \qquad (2.86)$$

$$[B|A|] + [B] - [A|B|] - [|B|] + \tfrac{1}{2}\{[|O|] - [O]\} = \tfrac{1}{2}y \qquad (2.87)$$

und durch Subtraktion der Gl. (2.87) von (2.86):

$$[|A|] + [|B|] - [A] - [B] - \tfrac{3}{4}\{[|O|] - [O]\} = \tfrac{1}{4}y. \qquad (2.88)$$

Die letzten drei Gleichungen stellen wichtige Beziehungen zwischen der Zusammensetzung bzw. dem Überschuß y an B_2O_3 eines Spinells und den Fehlordnungskonzentrationen dar.

In Analogie zu den Ansätzen für binäre Mischphasen in Kap. 2.6 und 2.71 können wir die folgenden voneinander unabhängigen Reaktionsgleichungen und Massenwirkungsansätze hinschreiben:

$$A|A| = A + |A| \qquad \frac{[A]\cdot[|A|]}{[A|A|]} = K_1 \qquad (2.89)$$

$$B|B| = B + |B| \qquad \frac{[B]\cdot[|B|]}{[B|B|]} = K_2 \qquad (2.90)$$

$$A|B| = A + |B| \qquad \frac{[A]\cdot[|B|]}{[A|B|]} = K_3 \qquad (2.91)$$

$$B|A| = B + |A| \qquad \frac{[B]\cdot[|A|]}{[B|A|]} = K_4 \qquad (2.92)$$

$$O|O| = O + |O| \qquad \frac{[O]\cdot[|O|]}{[O|O|]} = K_5. \qquad (2.93)$$

Aus diesen unabhängigen Gleichungen können alle gewünschten Fehlordnungsgleichungen durch Kombinieren erhalten werden. So erhalten wir z. B. für die Substitutionsfehlordnungsgleichung:

$$A|A| + B|B| = A|B| + B|A| \qquad (2.94)$$

den folgenden Massenwirkungsansatz:

$$\frac{[A|B|]\cdot[B|A|]}{[A|A|]\cdot[B|B|]} = \frac{K_1\cdot K_2}{K_3\cdot K_4} = K_6. \qquad (2.95)$$

Für Normalspinelle mit $[A|A|] \approx 1$ und $[B|B|] \approx 2$ ist $K_6 \ll 1$, während für Inversspinelle mit $[A|B|] \approx [B|A|] \approx [B|B|] \approx 1$ und $[A|A|] < 1$ hier $K_6 \gg 1$ ist.

In Analogie zur Leerstellenbildung in Alkalihalogeniden nach Schottky formulieren wir nun die weitere unabhängige Fehlordnungsgleichung für die Leerstellenerzeugung im Spinellgitter infolge Abwanderns von Kationen und Anionen zur Oberfläche unter Erweiterung des Gitters um $\frac{1}{8}$ Elementarzelle:

$$(1+\alpha)\,A|A| + 2(1+\beta)\,B|B| + (4+\alpha+3\beta)\,O|O|$$
$$= (1+\alpha)\,|A| + 2(1+\beta)\,|B| + (4+\alpha+3\beta)\,|O| + A_{1+\alpha}B_{2(1+\beta)}O_{4(1-z)}. \qquad (2.96)$$

Die entsprechende Massenwirkungsgleichung lautet:

$$\left[\frac{[|A|]}{[A|A|]}\right]^{1+\alpha}\left[\frac{[|B|]}{[B|B|]}\right]^{2(1+\beta)}\left[\frac{[|O|]}{[O|O|]}\right]^{4+\alpha+3\beta} = K_7 \qquad (2.97)$$

oder näherungsweise für $\alpha \ll 1$ und $\beta \ll 1$:

$$\left[\frac{[|A|]}{[A|A|]}\right]\left[\frac{[|B|]}{[B|B|]}\right]^2\left[\frac{[|O|]}{[O|O|]}\right]^4 \approx K_7. \tag{2.98}$$

Aus den Gln. (2.89) bis (2.98) können alle für die Kationenverteilung im Spinell maßgebenden Fehlordnungskonzentrationen berechnet werden, sofern die Konstanten K_1 bis K_5 und K_7 bekannt sind und y definiert vorgegeben werden kann.

Für die weiteren Betrachtungen ist es nun von Interesse, Beziehungen zwischen den Fehlordnungskonzentrationen und der thermodynamischen Aktivität a_{AO} und $a_{B_2O_3}$ aufzustellen, wie z. B. bei folgender Austauschreaktion zwischen den Störstellen im Spinell und der umgebenden Gasphase, wobei AO und B_2O_3 ein definierter Dampfdruck beigemessen wird:

$$AO\,(gas) + \tfrac{2}{3}B = \tfrac{1}{3}B_2O_3\,(gas) + A. \tag{2.99}$$

Der entsprechende Massenwirkungsansatz lautet:

$$\frac{a_{B_2O_3}^{1/3}\,[A]}{a_{AO}\,[B]^{2/3}} = K_8. \tag{2.100}$$

Kombiniert man nun die Beziehung für den Standardwert ΔG^0 der freien Bildungsenthalpie der Spinellphase aus den Einzeloxiden:

$$a_{AO}\,a_{B_2O_3} = \exp(\Delta G^0/RT) \tag{2.101}$$

mit Gl. (2.100), so ergibt sich die folgende Beziehung:

$$\frac{[A]}{a_{AO}^{4/3}\,[B]^{2/3}} = K_8 \exp\left(-\frac{1}{3}\,\Delta G^0/RT\right), \tag{2.102}$$

die eine Berechnung der Abhängigkeit der Aktivität a_{AO} als Funktion der Zusammensetzung des Spinells und umgekehrt gestattet.

Um zu übersichtlichen Aussagen zu gelangen, wurden von SCHMALZRIED und WAGNER entsprechend den Erfahrungen an binären Ionenkristallen wohl alle möglichen Fehlordnungstypen, aber jeweils nur mit zwei Arten von Fehlordnungsstellen gewählt. Physikalisch sind nur solche Kombinationen von Fehlordnungsstellen sinnvoll, die mit positiven Werten der Konzentrationen die Gln. (2.86) und (2.87) für $y = 0$ (AB_2O_4) oder $y < 0$ (Überschuß an AO) oder $y > 0$ (Überschuß an B_2O_3) befriedigen. Unter der berechtigten Annahme, daß die Anionenfehlordnung im allgemeinen gegenüber der Kationenfehlordnung zu vernachlässigen ist, sind die verbleibenden Fehlordnungstypen in Tab. 2.3 zusammengestellt.

Tabelle 2.3. *Beziehungen zwischen Fehlordnungskonzentrationen verschiedener Fehlordnungstypen nach Schmalzried und Wagner*

$y < 0$	$[A] \approx \frac{3}{2}[\|B\|]$	$[A] \approx \frac{1}{2}[A\|B\|]$	$[B] \approx \frac{1}{3}[A\|B\|]$
$y = 0$	$[A] \approx [\|A\|]$	$[B] \approx [\|B\|]$	$[A\|B\|] \approx [B\|A\|]$
$y > 0$	$[B] \approx \frac{2}{3}[\|A\|]$	$[B\|A\|] \approx 3[\|B\|]$	$[B\|A\|] \approx 2[\|A\|]$

Um nun zu linearen Abhängigkeiten zwischen den Logarithmen der einzelnen Fehlordnungskonzentrationen und der Aktivität von AO bzw. B_2O_3 zu gelangen, muß man die Bilanzgleichungen (2.84), (2.86) und (2.87) mit den logarithmierten und für konstantes p und T nach $\ln a_{AO}$ differenzierten Gln. (2.89) bis (2.93) sowie (2.98) und (2.101) kombinieren. In Spinellen mit Kationendefizit ($y > 0$) wie in solchen mit Kationenüberschuß fällt mit wachsendem y die Konzentration der A-Teilchen auf Zwischengitterplätzen, während die Konzentration der A-Leerstellen ansteigt. Dagegen ist der Verlauf der Konzentration der B- und |B|-Teilchen nicht eindeutig. Dieser Sachverhalt ist bei der Durchführung von Selbstdiffusionsmessungen in Abhängigkeit von a_{AO} bzw. $a_{B_2O_3}$ zu berücksichtigen. Ferner ist bemerkenswert, daß für Spinelle mit Kationendefizit und genügend hoher Aktivität $a_{B_2O_3}$ stets die |A|- und B|A|-Störstellen auch selbst dann noch überwiegen, wenn für $y = 0$ weder |A|- noch B|A|-Störstellen vorkommen. In Abb. 2.9 ist ein beliebiges Diagramm aus den zwölf von SCHMALZRIED und WAGNER aufgestellten als Beispiel herausgegriffen. Wie man erkennt, dominieren bei kleinem $a_{B_2O_3}$ die A|B|- und B|A|-Störstellen, während bei höheren Werten von $a_{B_2O_3}$ die B|A|- und |A|-Störstellen überwiegen.

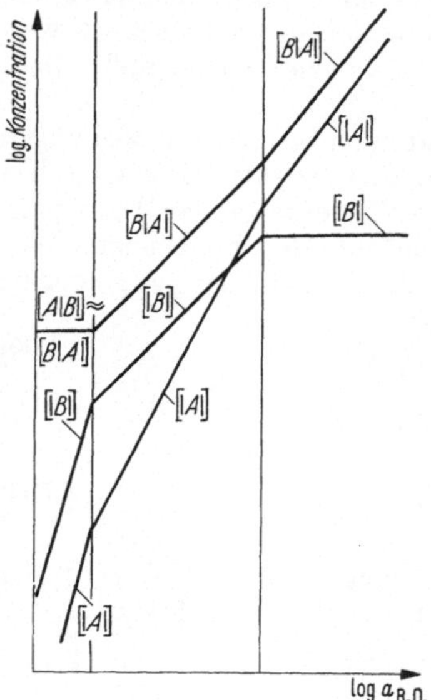

Abb. 2.9. Konzentrationen der Fehlordnungszentren in einem Normalspinell mit [A|B|] ≈ [B|A|], [|B|] > [|A|] für $y = 0$, bei Überschuß an B_2O_3 nach SCHMALZRIED und WAGNER.

Bei den 2—3-Inversspinellen und den 2—4-Inversspinellen liegen die Verhältnisse etwas einfacher. Die Beziehungen, auf deren Wiedergabe hier verzichtet wird, sind in der Arbeit von SCHMALZRIED und WAGNER explizit dargestellt.

Drei Möglichkeiten bieten sich zur experimentellen Bestimmung von Fehlordnungstypen an. Durch Ermittlung der pyknometrischen Dichte ϱ, der Gitterkonstanten a und von y kann man aus der Formel:

$$\varrho\, a^3 = \frac{8}{N_L}\left\{\left(1 - \frac{3}{4}\,y - z\right) A_A + \left(2 + \frac{1}{2}y - 2z\right) A_B + 4(1 - z)\, A_O\right\} \tag{2.102}$$

die Größe z ermitteln. Um zuverlässige Dichtewerte zu erhalten, läßt sich diese Methode allerdings nur auf perfekte Einkristalle anwenden.

Weisen die Kationen hingegen genügende Unterschiede in den Ordnungszahlen und damit im Streuvermögen für Röntgenstrahlen auf, so kann die Fehlordnung in den Kationenteilgittern durch Ermittlung der Änderung der Röntgenintensität gegenüber dem ungestörten Gitter bestimmt werden. Besonders geeignet erscheint diese Methode zur Bestimmung der Vertauschungsfehlordnungsstellen A|B| und B|A|. Über die Anwendungsmöglichkeit der Röntgenbeugung berichtete JAGODZINSKI[1].

Bezeichnet x_i die Konzentration der Fehlordnungssorte i, dann läßt sich allgemein die folgende Beziehung aufstellen:

$$d \ln x_i = n_i \, d \ln a_{\mathrm{AO}}, \tag{2.103}$$

wobei die n_i für den jeweiligen Fehlordnungstypus gegeben sind. In Tab. 2.4 sind die $n_i = n_{\mathrm{A}}$ bzw. n_{B} für die verschiedenen Fehlordnungstypen angegeben. Zur Ermittlung der Fehlordnungskonzentrationen wird man an Stelle der Ionenteilleitfähigkeit die Selbstdiffusionskoeffizienten als Funktion von a_{AO} ermitteln, allerdings nur dann, wenn im wesentlichen die Selbstdiffusionskoeffizienten entweder der Leerstellen- oder der Zwischengitterionenkonzentration proportional sind. An Stelle von Gl. (2.103) erhält man z. B. für A-Ionen:

$$d \ln D_A = n_A \, d \ln a_{\mathrm{AO}}. \tag{2.104}$$

Hierbei wird man den Spinell ins Gleichgewicht einmal mit AO und zum anderen mit B_2O_3 bringen. Solange n_i über die Breite des Existenzgebietes konstant bleibt, kann man Gl. (2.104) einfach integrieren und erhält unter Beachtung von (2.101) die folgende Beziehung:

$$\frac{D_{\mathrm{A}}(\mathrm{AO})}{D_{\mathrm{A}}(\mathrm{B_2O_3})} = \exp(-n_{\mathrm{A}} \Delta G^0/RT). \tag{2.105}$$

Hier bedeutet $D_{\mathrm{A}}(\mathrm{AO})$ den Selbstdiffusionskoeffizienten der A-Teilchen im Spinell, der sich im Gleichgewicht mit AO befindet. In der Schreibweise der Gl. (2.105) ist n_{A} positiv für Zwischengitterdiffusion und negativ für Leerstellendiffusion. Für die B-Ionen ist eine derartig allgemeine Festsetzung nicht möglich.

Tabelle 2.4. *Abhängigkeit der Konzentrationen von Ionen auf Zwischengitterplätzen und Überschußelektronen von a_{AO} für verschiedene Fehlordnungstypen nach Schmalzried und Wagner*

Fehlordnungstyp	$\frac{\partial \ln[\mathrm{A}]}{\partial \ln a_{\mathrm{AO}}} = n_{\mathrm{A}}$	$\frac{\partial \ln[\mathrm{B}]}{\partial \ln a_{\mathrm{AO}}} = n_{\mathrm{B}}$	$\left(\frac{\partial \ln x_-}{\partial \ln a_{\mathrm{AO}}}\right)_{p_{\mathrm{O_2}}} = \frac{1}{4} - \frac{n_{\mathrm{A}}}{2}$
$[\mathrm{A}] \approx \frac{3}{2}[|\mathrm{B}|]$	4/5	−4/5	−3/20
$[\mathrm{A}] \approx \frac{1}{2}[\mathrm{A}|\mathrm{B}|]$	4/3	0	−5/12
$[\mathrm{B}] \approx \frac{1}{3}[\mathrm{A}|\mathrm{B}|]$	2	1	−3/4
$[\mathrm{B}] \approx \frac{2}{3}[|\mathrm{A}|]$	4/5	−4/5	−3/20
$[\mathrm{B}|\mathrm{A}|] = 3[|\mathrm{B}|]$	2	1	−3/4
$[\mathrm{B}|\mathrm{A}|] = 2[|\mathrm{A}|]$	4/3	0	−5/12

[1] JAGODZINSKI, H., u. H. SAALFELD: Z. Kristallogr. 110, 3 (1958).

In den bisherigen Betrachtungen wurden Abweichungen von der normalen Elektronenverteilung als klein angesehen und daher unberücksichtigt gelassen. Dies kann jedoch nicht aufrecht erhalten werden, wenn man sich mit elektrischen Leitungsvorgängen in Spinellen befaßt. Unter der Annahme, daß die Konzentration der freien Elektronen die der Defektelektronen überwiegt, folgt für das Gleichgewicht der Einwirkung von AO(gas) auf Spinell:

$$\mathrm{AO(gas)} = \mathrm{A}^{\cdot\cdot} + 2\mathrm{e}' + \tfrac{1}{2}\mathrm{O_2(gas)}. \quad (2.106)$$

Der entsprechende Massenwirkungsansatz lautet:

$$\frac{x_{\mathrm{A}^{\cdot\cdot}}\, x_-^2\, p_{\mathrm{O_2}}^{1/2}}{a_{\mathrm{AO}}} = K_9, \quad (2.107)$$

wo x die Gitterkonzentration der Störstellen und der freien Elektronen bedeutet. Ferner gilt die allgemeine Beziehung:

$$x_-\, x_+ = K_{10} \quad (2.108)$$

(x_+ = Gitterkonzentration der Defektelektronen). Durch Kombination ergeben sich die unmittelbar prüfbaren Beziehungen:

$$\left(\frac{\partial \ln x_-}{\partial \ln a_{\mathrm{AO}}}\right)_{p_{\mathrm{O_2}}} = \frac{1}{4} - \frac{n_{\mathrm{A}}}{2} \quad (2.109)$$

$$\left(\frac{\partial \ln x_-}{\partial \ln p_{\mathrm{O_2}}}\right)_{a_{\mathrm{AO}}} = -\frac{1}{4}. \quad (2.110)$$

Wegen Gl. (2.108) ist für Defektelektronen das Steigungsmaß der Gln. (2.109) und (2.110) mit —1 zu multiplizieren. Die Größe n_{A} hat die in Tab. 2.4 angegebene Bedeutung und ist aus Tab. 2.4 für die verschiedenen Fehlordnungstypen zu entnehmen.

Über die experimentelle Bestimmung von Selbstdiffusionskoeffizienten in Spinellphasen als Funktion der Aktivität der den Spinell aufbauenden Einzeloxide und des Sauerstoffpartialdrucks wird in Kap. 5.43 berichtet.

3 Fehlordnung und elektrisches Verhalten der Ionen- und Valenzkristalle

3.1 Elektrische Leitfähigkeit und Fehlordnung in Ionenkristallen

Wie wir heute an Hand eines großen Versuchsmaterials über die physikalischen Eigenschaften fester Körper — insbesondere von Ionenkristallen mit mehr oder minder starkem homöopolarem Bindungsanteil — schließen müssen, ist ein ideales Kristallgitter, wie bereits erwähnt, nur ein idealer Grenzfall, der selbst bei stöchiometrisch zusammengesetzten Kristallen oberhalb 0 °K nicht realisierbar ist. Schon bei Zimmertemperatur und Atmosphärendruck wird eine mehr oder minder große Zahl von Ionen bzw. Elektronen ihre normalen Gitterplätze verlassen bzw. verschoben haben. Weiterhin ist bekannt, wie bereits auf S. 8 ausführlicher berichtet wurde, daß es Ionenkristalle mit stöchiometrischer Zusammensetzung gibt und solche, die einen Überschuß an Kationen bzw. Anionen aufweisen. Da aber ein Überschuß an Kationen bzw. ein Unterschuß an Anionen aus Elektroneutralitätsgründen mit dem Vorhandensein einer äquivalenten Menge an freien Elektronen bzw. Leitungselektronen gekoppelt ist, und da ferner die Beweglichkeit der Leitungselektronen gegenüber der der Kationen auf Zwischengitterplätzen bzw. der der Anionenleerstellen um etwa 3 bis 5 Zehnerpotenzen größer ist, wird in solchen Ionenkristallen die elektrische Leitfähigkeit praktisch allein durch die freien Elektronen bzw. Leitungselektronen besorgt. Im anderen Fall mit Kationenunterschuß bzw. Anionenüberschuß muß aus Gründen der Elektroneutralität eine äquivalente Zahl von Elektronen von den Kationen bzw. Anionen (wie z. B. beim CaO) zur Verfügung gestellt werden, die dadurch eine höhere positive Ladung annehmen. Die hierdurch geschaffenen „Elektronenlöcher" bezeichnet man als Defektelektronen, die hier im Zusammenwirken mit den Gitterelektronen der benachbarten Kationen im Austausch die elektrische Leitfähigkeit verursachen, wobei sich im elektrischen Feld die Defektelektronen gerade in entgegengesetzter Richtung (zum —-Pol) wie die Elektronen bewegen. Hieraus ergibt sich die wichtige Feststellung, daß alle nichtstöchiometrisch zusammengesetzten Ionenkristalle praktisch reine Elektronenleiter sind, während die stöchiometrisch zusammengesetzten Kristalle sowohl Ionen- wie Elektronenleiter sein können, wie noch im folgenden an speziellen Beispielen erläutert werden soll. Aus diesen Überlegungen folgt ferner ganz allgemein, daß die Tatsache einer Ionenleitung in einem einfachen Ionenkristall stets auf einen stöchiometrisch zusammengesetzten Kristall hinweist. In Mischphasen treten andere Verhältnisse auf, über die später gesondert berichtet wird.

Da wir aus der Fehlordnungstheorie nach WAGNER-SCHOTTKY und aus der Halbleitertheorie nach GUDDEN-WILSON und anderen die fehlgeordneten Ionen und Elektronen aus energetischen Gründen als wesentlich beweglicher ansehen können als die auf Gitterplätzen fixierten, steht die elektrische Leitfähigkeit in unmittelbarem Zusammenhang mit der Art und der Zahl der Ionen- und Elektronenfehlordnungsstellen im Gitter, durch die erst eine Bewegung der Ionen und ein Ladungsaustausch durch Elektronen möglich wird. Zur Deutung der experimentellen Ergebnisse war es daher naheliegend, auf die bewährten klassischen Theorien der Ionenwanderung in wäßrigen Elektrolyten einerseits und der Elektrizitätsleitung in Metallen andererseits zurückzugreifen, die in der DRUDE-LORENZschen Theorie manifestiert ist. Da jedoch die elektrische Leitfähigkeit eine Trennung des Produktes Konzentration der fehlgeordneten Ionen bzw. Elektronen und deren Beweglichkeit im allgemeinen nicht gestattet, müssen weitere experimentelle Methoden herangezogen werden. In zahlreichen Fällen konnte durch HALL-Effekt- und Thermokraftmessungen in Kombination mit elektrischen Leitfähigkeitsmessungen eine getrennte Bestimmung der Fehlordnungskonzentration und der Beweglichkeit der fehlgeordneten Elektronen (Defektelektronen und freie Elektronen) erzielt werden, während die Konzentration der Ionenfehlordnungsstellen durch anderswertige Zusätze (z. B. AgBr mit $CdBr_2$) und deren Beweglichkeit durch Diffusions- und Leitfähigkeitsmessungen ermittelt werden konnte. Durch Überführungsmessungen kann im allgemeinen die prozentuale Beteiligung der Kationen, Anionen und Elektronen am Stromtransport durch einen Ionenkristall beim Anlegen eines elektrischen Feldes bestimmt werden. Unter Zusammenwirken dieser experimentellen Methoden erhalten wir häufig Auskunft über die Größe der Konzentration der fehlgeordneten elektronischen und materiellen Ladungsträger und deren Beweglichkeit. Gerade aber diese Größen sind im allgemeinen für den Reaktionsablauf und den Mechanismus der Reaktionen mit festen Stoffen von entscheidender Bedeutung, da bei zahlreichen Reaktionssystemen die Diffusion von Ionen und Elektronen durch die Reaktionsschicht, wie noch später im einzelnen gezeigt werden soll, als zeitbestimmender und für den Reaktionsablauf maßgebender Vorgang angesehen werden muß. Auf Grund der hier nur kurz gestreiften Zusammenhänge erscheint es also nützlich, sich mit den experimentellen Methoden zur Ermittlung der Beweglichkeit und Konzentration der fehlgeordneten Ionen und Elektronen zu befassen.

Der bisher wohl größte Anteil an Versuchsergebnissen zur Erforschung des Fehlordnungszustandes und seiner Beeinflussung durch äußere Faktoren, wie Gaszusammensetzung und Temperatur sowie Fremdionenzusätze, wurde durch elektrische Leitfähigkeitsmessungen erhalten. Zwecks Aufklärung der Fehlordnungsverhältnisse wurde die Messung der Leitfähigkeit als Funktion der Temperatur und des Partialdrucks einer der Komponenten, die den zu untersuchenden Kristall aufbauen, mit Erfolg angewandt.

Abgesehen von solchen Festkörperreaktionen, bei denen ausschließlich Metalle und intermediäre Kristallarten wie Mischkristallreihen zur Reaktion vorliegen, wollen wir uns im allgemeinen mit Reaktionen von nichtmetallischen Körpern und mit ihren elektrischen Eigenschaften befassen. Diese nichtmetallischen Substanzen — in der Regel Stoffe mit Valenz- oder Ionengittern — unterscheiden sich z. B. im elektrischen Verhalten grundsätzlich von den Metallen. Während die Metalle im allgemeinen gute Leiter sind und einen negativen Temperaturkoeffizienten der elektrischen Leitfähigkeit zeigen, stellen die festen Salze und Oxide bei niedrigen Temperaturen häufig annähernd ideale Isolatoren dar und beginnen erst mit steigender Temperatur in mehr oder minder hohem Maße den elektrischen Strom zu leiten. Wie TUBANDT und Mitarbeiter[1] an einer größeren Zahl von Substanzen zeigen konnten, gibt es anorganische feste Stoffe, die im wesentlichen eine Ionen- und solche, die praktisch eine Elektronenleitung zeigen. Hierbei kann im Falle einer fast reinen Ionenleitung der Strom überwiegend durch Kationen bzw. Anionen oder durch beide gleichzeitig transportiert werden. Ferner wurde beobachtet, daß diese elektronenleitenden sog. „Halbleiter", wie sie im Sprachgebrauch des Physikers bezeichnet werden, bei genau stöchio-

---

[1] Vgl. u. a. C. TUBANDT: Hdb. d. Exp.-Physik, Bd. XII, 1, S. 384ff. Leipzig 1932.

metrischer Zusammensetzung häufig nur sehr schlecht leiten bzw. als Isolatoren wirken, während bei einem geringen Über- bzw. Unterschuß der einen Komponente, d.h. bei Abweichungen von der stöchiometrischen Zusammensetzung, die durch chemische Analyse häufig nicht faßbar sind, eine Leitfähigkeitserhöhung bis zu mehreren Zehnerpotenzen verursacht wird. Diese Leitfähigkeit bezeichnet man als „Störleitung", da sie durch Störstellen bzw. Fehlordnungsstellen bedingt ist. Insbesondere hat sich für Halbleiter mit praktisch reiner Elektronenleitung bei den Physikern folgende Nomenklatur bei der prinzipiell möglichen Dreiteilung der Halbleiter eingebürgert. Wird die Störleitung durch Überwiegen der positiven Komponente (Kationen) hervorgerufen, was man u.a. durch eine reduzierende Behandlung verursachen kann, so spricht man von „*Überschuß- oder Reduktionshalbleitung*" (auch n-Leitung), wird sie durch Überwiegen der negativen Komponente hervorgerufen, also durch oxydierende Behandlung, so spricht man von „*Defekt-* oder *Oxydationshalbleitung*" (auch p-Leitung). Metallverbindungen der höheren Wertigkeitsstufen sind meistens Überschußhalbleiter, Verbindungen der niedrigen Wertigkeitsstufen Defekthalbleiter. Kommt das Metallion in einer mittleren Wertigkeitsstufe vor, so daß es höher- und niederwertige Ionen bilden kann, so ist im Falle einer Elektronenfehlordnung mit dem Vorhandensein einer gleichen Zahl von freien Elektronen und Defektelektronen zu rechnen, die sich prozentual im gleichen Maße am Stromtransport beteiligen können. Man spricht hier von einer *Eigenhalbleitung* (i-Leitung = intrinsic-Leitung). Ferner gibt es Oxide und Sulfide, die je nach Behandlung, ob oxydierend oder reduzierend, eine Defekt- oder Überschußhalbleitung annehmen. Solche Salze und Oxide (z. B. PbS und CaO) bezeichnet man als „*amphotere Halbleiter*".

Bevor wir zur Behandlung der Einzelvorgänge der Stromleitung bzw. des Feldtransportes der elektronischen und materiellen Ladungsträger im elektrischen Feld schreiten, seien einige grundsätzliche Bemerkungen vorausgeschickt, die für das Verständnis der Art der elektrischen Leitfähigkeit und der Aufgliederung in den folgenden Kapiteln von Bedeutung sind.

Für den Vorgang der Stromleitung und den Einfluß des Nichtmetallpartialdrucks auf die Fehlordnung und elektrische Leitfähigkeit der Ionen- und Valenzkristalle muß man grundsätzlich zwei Temperaturgebiete unterscheiden. Während bei hohen Temperaturen im allgemeinen mit einer genügend hohen Beweglichkeit der Ionenfehlordnungsstellen zu rechnen ist, ist dies bei mittleren und niedrigen Temperaturen häufig nicht mehr der Fall. Hier ist die Beweglichkeit der Ionenfehlordnungsstellen des öfteren so klein gegenüber der der Elektronen, daß es bei Veränderung des Nichtmetallpartialdrucks in der Gasatmosphäre nicht zu einem thermodynamischen Gleichgewicht zwischen dem Nichtmetall und den Fehlordnungsstellen — sowohl den elektronischen wie den ionischen — im gesamten Kristall kommt. Wie noch weiter unten gezeigt wird (S. 301), kommt es infolge der anfänglichen Unbeweglichkeit der Ionenfehlordnungsstellen nur zu einer Verschiebung der elektronischen Ladungsträger und damit zu einer Raumladung in einer schmalen Zone des Kristallits — einer sog. Randschicht —, während die Fehlordnung des Kristallinneren unverändert bleibt. Charakteristisch für diesen Vorgang ist das Auftreten einer Chemisorption des Nichtmetalls, die mit der Elektronenfehlordnung des Kristalls ursächlich verknüpft ist.

Eine wellenmechanische Behandlung der Elektronenfehlordnung wurde in Anlehnung an die von PEIERLS für Metalle gültigen Überlegungen sowie an grundlegende Störleitungsüberlegungen von GUDDEN[1] durch WILSON[2] gegeben. Die hierfür entwickelten Bändermodelle wurden von WILSON und anderen behandelt. Eine zusammenfassende Diskussion dieser Ionen- und Elektronen-Fehlordnungsgleichgewichte, in der diese Ergebnisse in adäquater Weise in ein corpuscular-chemisches Behandlungsschema mit gitterabhängigen Elektronenmassen einbezogen wurden, ist 1939 von SCHOTTKY[3] gegeben worden. Als wesentliche Ergänzung wurde von dem gleichen Autor[4] über statistische Halbleiterprobleme und ihre Beziehung zur chemischen Thermodynamik berichtet.

Im Anschluß an diese Betrachtungen folgt die Beschreibung der Fehlordnungsverhältnisse, die durch Chemisorptionsrandschichten verursacht sind. Die quantitativen Zusammenhänge wurden in gemeinsamer Arbeit mit SCHOTTKY von ENGELL und HAUFFE[5] entwickelt und haben sich für zahlreiche Probleme auf dem Halb- und Heißleitergebiet sowie für das Verständnis der Einwirkung von Gasen auf festen Stoffen und der heterogenen Katalyse als recht fruchtbar erwiesen. Weiterführende Betrachtungen über die Chemisorption stammen von KRUSEMEYER und THOMAS[6].

3.2 Überführungsmessungen an ionen- und elektronenleitenden Kristallen

3.21 Überführungsmessungen an Salzen und Oxiden mit überwiegender Ionenleitung

Während die elektrische Leitfähigkeit von festen Salzen im wesentlichen die Verhältnisse der Stromleitung (Ionen + Elektronen) in Abhängigkeit von der Temperatur und dem Partialdruck einer der den festen Stoff aufbauenden Komponente angibt und hierdurch unter Anwendung der SCHOTTKY-WAGNERschen Theorie gewisse Modellvorstellungen über die Fehlordnung des Ionengitters und der Elektronen eines

[1] GUDDEN, B.: Ergebn. exakt. Naturwiss. **3**, 223 (1934); Ber. Phys. Math. Soc. Erlangen **62**, 269 (1930).

[2] WILSON, A. R.: Proc. Roy. Soc. [London] (A) **133**, 458 (1931); **134**, 277 (1932); **136**, 487 (1933).

[3] SCHOTTKY, W.: Z. Elektrochem. angew. physik. Chem. **45**, 33 (1939). — B. GUDDEN u. W. SCHOTTKY: Phys. Z. **36**, 717 (1935).

[4] SCHOTTKY, W.: Statistische Halbleiterprobleme, in Halbleiterprobleme Bd. 1 S. 139 ff., herausgeg. von W. SCHOTTKY. Braunschweig 1954.

[5] Vgl. u. a. H. J. ENGELL: Randschichteffekte an der Grenzfläche Halbleiter/Vakuum und Halbleiter/Gasraum, in: Halbleiterprobleme, Bd. 1, S. 249 ff., herausgeg. von W. SCHOTTKY. Braunschweig 1954.

[6] KRUSEMEYER, H. J., u. D. G. THOMAS: J. Phys. Chem. Solids **4**, 78 (1958).

festen Stoffes möglich sind, kann aber durch Messung der Leitfähigkeit allein keine Analyse der Stromleitungsanteile der Kationen und Anionen sowie der Elektronen vorgenommen werden. Eine Trennung der Stromtransportanteile der Ionen und Elektronen ist durch Überführungsmessungen möglich. Hierbei stehen die Stromleitungsanteile der Kationen und Anionen, wie auf S. 50 angedeutet wurde, in unmittelbarem Zusammenhang mit ihren Fehlordnungskonzentrationen und Beweglichkeiten, deren Kenntnis wiederum für die Abschätzung und die Deutung eines Reaktionsablaufs mit festen Stoffen erforderlich ist. Das Verdienst ist TUBANDT und seinen Mitarbeitern zuzuschreiben, eine brauchbare, auf dem FARADAYschen Gesetz fußende Untersuchungsmethode für die Überführung von Ionen und Elektronen geschaffen zu haben.

Bringt man in ein elektrisches Feld mit einem bestimmten Potentialgefälle und metallischen Elektroden einen festen Elektrolyten, so beobachtet man einen Stromfluß, der zu einem gewissen Teil durch die Kationen und zum anderen Teil durch die Anionen verursacht ist. Die prozentuale Beteiligung der einzelnen Ionen am Stromtransport drückt man durch die Überführungszahl t_i aus.

Bezeichnen wir die Teilchenströme der Ionen $1, 2, \ldots, i$ und der Elektronen e^- im elektrischen Feld mit dn_1/dt, dn_2/dt usw., so ergibt sich z. B. für die Überführungszahl t_1 der Ionen der Sorte 1:

$$t_1 = \frac{dn_1/dt}{\sum_1^i dn_i/dt + dn_{e^-}/dt} \tag{3.1}$$

mit $\sum_1^i$ als der Summation über alle ionischen Teilchen. Einen zu Gl. (3.1) identischen Ausdruck erhält man, wenn man an Stelle der Teilchenströme die Teilleitfähigkeiten der am Stromtransport beteiligten Teilchensorten i als

$$\varkappa_i = z_i \, c_i \, \mathfrak{F} \, u_i \tag{3.2}$$

schreibt, wobei z_i die absolute Wertigkeit, c_i die Konzentration in Mol/cm³, $\mathfrak{F}$ die FARADAY-Zahl und u_i die Feldbeweglichkeit der betreffenden Teilchen der Sorte i bedeuten:

$$t_1 = \frac{z_1 \, c_1 \, u_1}{\sum_1^i z_i \, c_i \, u_i + c_{e^-} \, u_{e^-}} . \tag{3.3}$$

Während in Lösungen die Überführungszahlen der Ionen von annähernd gleicher Größenordnung sind und nur maximal zwischen den Grenzen 0,2 bis 0,8 schwanken, ergibt sich aus den Überführungsversuchen an festen Stoffen ein recht verschiedenartiges Bild. In manchen Fällen treten bei guter Stromleitung hohe Überführungseffekte auf, während in anderen Fällen sowohl die Überführungsanteile der Kationen wie die der Anionen vernachlässigbar klein sind. Der gesamte Stromtransport wird hier im wesentlichen durch die Elektronen übernommen. Inwieweit in solchen Fällen die Überschuß- oder die Defektelektronen an der Stromleitung beteiligt sind, entscheiden dann andere Messungen, wie z. B. elektrische Leitfähigkeits- und Thermokraftmessungen einer geeigneten

Kette mit dem betreffenden Halbleiter oder Ermittlung der HALL-Konstanten. An zahlreichen Salzen wiederum konnte man praktisch 100%ige Kationen- bzw. Anionenleitung feststellen, wobei die Elektronenteilleitfähigkeit vernachlässigbar klein war. Ferner sind Beispiele bekannt geworden, wo eine gemischte Leitung, d. h. Kationen und Anionen einerseits und Kationen, Anionen und Elektronen andererseits, für den Stromtransport verantwortlich ist.

Eine quantitative Analyse der Leitfähigkeits- bzw. Wanderungsanteile der Kationen, Anionen und Elektronen wurde erst durch die im weiten Umfange anwendbare Überführungsmethode von TUBANDT[1] ermöglicht. Nach dieser Methode werden Kristalle oder Preßkörper der zu untersuchenden Substanz mit ihren geschliffenen Flächen aufeinandergepreßt und durch Anlegen einer definierten Spannung ein Stromfluß erzeugt. Die Strombeteiligung der Ionen machte sich an den jeweiligen Gewichtsänderungen der Preßkörper (meistens wurden Pastillen bzw. Zylinder aus der gepreßten Substanz verwandt) bemerkbar und konnte bei Kenntnis der gesamten durch die Zylinder geflossenen Strommenge, was z. B. mittels eines Silbercoulometers möglich ist, berechnet werden (Abb. 3.1). Die praktische Durchführung dieser Methode läßt sich, wie insbesondere TUBANDT und Mitarbeiter nachweisen konnten[1], in den meisten Fällen überraschend gut realisieren. Selbst bei höheren Temperaturen, die weit über der Rekristallisationstemperatur der zu untersuchenden Substanzen liegen, ließen sich die Zylinder in der Regel nach dem Versuch einwandfrei trennen und zeigten ihre ursprünglich spiegelglatten Kontaktoberflächen. In einigen Salzen, wie z. B. Ag_2S und AgBr, wird während der Elektrolyse eine Metallfadenbildung beobachtet, die häufig zu einem elektrischen Kurzschluß führt. Zu diesem Zweck wendet man geeignete Hilfs- bzw. Schutzsalzzylinder an. Im Falle des Ag_2S hat sich beispielsweise AgJ gut bewährt, das eine Metallfadenbildung von der Kathode in den Ag_2S-Zylinder verhindert*. Auch an der Anode hat sich die Verwendung geeigneter Hilfssalzzylinder zur Vermeidung störender Einflüsse der Anodenprodukte als nützlich erwiesen. Es ist bei den verschiedenen Eigenschaften fester Elektrolyte nicht immer leicht, den vielgestaltigen Anforderungen durch eine zweckmäßige Versuchsanordnung zu genügen. TUBANDT und Mitarbeiter aber haben die Wege zur Überwindung einiger dieser Schwierigkeiten gewiesen.

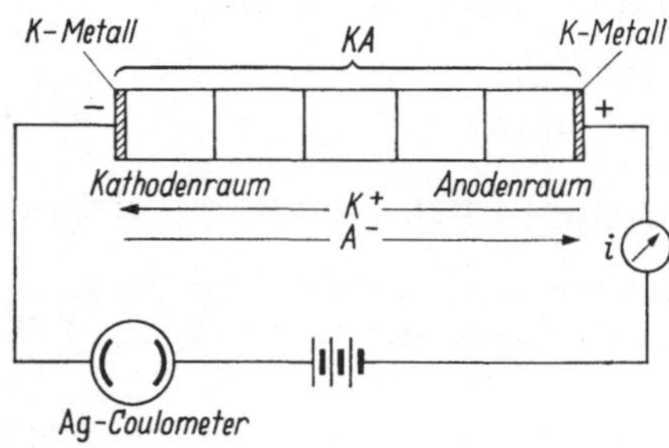

Abb. 3.1. Schematische Versuchsanordnung zur elektrischen Überführung von Ionen in festen Stoffen nach TUBANDT.

[1] TUBANDT, C.: Hdb. d. Exp.-Physik, Bd. XII, 1, S. 394ff. Leipzig 1932.

* Hierdurch wird allerdings die Elektronenleitung unterdrückt, was im Ag_2S anfänglich zu falschen Werten für t_{Ag^+} führte.

Da die Ermittlung der überführten Ionenmengen nicht durch Analyse, sondern durch die sehr genau durchführbare Wägung der einzelnen Zylinder erfolgt, kann man aus den Überführungsmessungen recht genaue Werte für die Überführungsanteile der Ionen erzielen. Wenn jedoch gelegentlich an Salzpaaren Verwachsungen der Zylinderflächen infolge Rekristallisationserscheinungen nicht zu vermeiden sind, versagt die Wägungsmethode. In einem solchen Fall ist nach JOST und SCHWEITZER[1] an Stelle der Gewichtsänderungen unter Umständen auch die Längenänderung des Anodenzylinders zur näherungsweisen Bestimmung der Überführungszahlen heranzuziehen. Während die Ermittlung der Überführungszahlen der Elektronen und der gesamten Ionen (Kationen und Anionen) in jedem Fall, auch bei Verwachsungen mit willkürlicher Trennungsfläche, möglich ist, bildet die Bestimmung der Anteile der Kationen- und Anionenleitfähigkeit ein grundsätzlich gesondertes Problem, das an das Vorhandensein von „Marken" oder geeigneten Bezugsflächen (Trennungsflächen der Zylinder) geknüpft ist (s. S. 57).

Zum Nachweis der Gültigkeit des FARADAYschen Gesetzes unter Anwendung der in Abb. 3.1 beschriebenen Versuchsanordnung wurde im einfachsten Fall durch drei α-AgJ-Zylinder zwischen 150 und 550 °C bei einer Gesamtleitfähigkeit $\varkappa$ von etwa 1 $\text{Ohm}^{-1}\,\text{cm}^{-1}$ eine Strommenge von 96,5 coul $= 10^{-3}$ $\mathfrak{F}$ hindurchgeschickt. Aus den hierbei auftretenden Gewichtsänderungen und Elektrodenreaktionen gemäß dem Schema:

+	Ag	AgJ	AgJ	AgJ	Ag	−
$\Delta m =$	−108	±0	±0	+108 mg		
	← e^-		Ag⁺ →		← e^-	
	I			II		

$$\left.\begin{array}{l}\text{I: } Ag = Ag^+(\rightarrow) + e^-(\leftarrow)\\ \text{II: } Ag^+(\rightarrow) + e^-(\leftarrow) = Ag\end{array}\right\}\ \text{Elektrodenreaktionen}$$

wurde der Stromtransport ausschließlich durch Silberionen (relativ zum ungestörten Gitter) übernommen, während eine Teilnahme der Jodionen und Elektronen an der Stromleitung nach dieser Methode nicht festzustellen war:

$$t_{Ag^+} = 1 \quad \text{und} \quad t_{J^-} = 0, \quad t_e = 0.$$

Dieses Ergebnis gilt jedoch nur für AgJ im Gleichgewicht mit Ag. In Joddampf befindliches AgJ zeigt eine nachweisbare Defektelektronenleitung[2].

Analoge Ergebnisse wurden für AgCl und AgBr erhalten. Hier ist der Elektronenleitungsanteil in Gegenwart von Chlor bzw. Brom erheblich größer, worauf noch später zurückgekommen wird.

Im folgenden Beispiel wurde $PbCl_2$ als Vertreter eines überwiegenden Anionenleiters untersucht. In einer ähnlichen Versuchsanordnung wurde durch $PbCl_2$ bei 225 °C mit einer Gesamtleitfähigkeit $\varkappa$ von $2 \cdot 10^{-5}$

---

[1] JOST, W., u. H. SCHWEITZER: Z. phys. Chem. (B) **10**, 159 (1930).

[2] WAGENER, K.: Z. phys. Chem. (NF) **25**, 135 (1960). — K. WEISS u. P. A. VERMAAS: Z. phys. Chem. (NF) **44**, 372 (1965).

Ohm^{-1} cm^{-1} eine Strommenge von 96,5 coul = 10^{-3} $\mathfrak{F}$ hindurchgeschickt und hierbei die folgende Anordnung mit Hilfselektrolyten aus AgCl und AgJ verwandt:

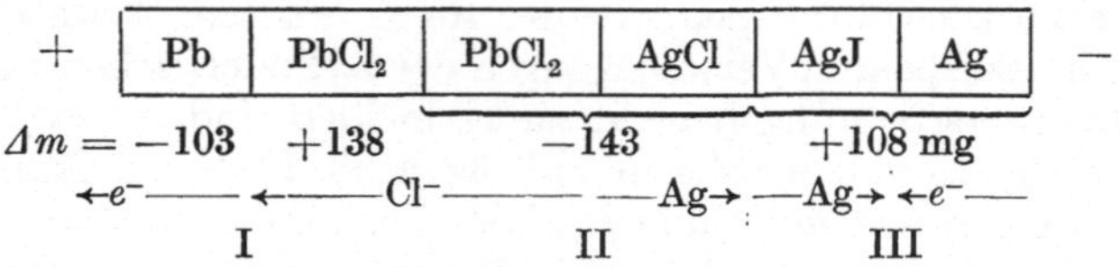

+	Pb	$PbCl_2$	$PbCl_2$	AgCl	AgJ	Ag	−

$\Delta m = -103$ $+138$ -143 $+108$ mg

← e^- —— ← —— Cl^- —— —— Ag → —— Ag → ← e^- ——

I   II   III

$$\text{I: } \tfrac{1}{2}Pb + Cl^-(\leftarrow) = \tfrac{1}{2}PbCl_2 + e^-(\leftarrow)$$
$$\text{II: } AgCl = Ag^+(\rightarrow) + Cl^-(\leftarrow)$$
$$\text{III: } Ag^+(\rightarrow) + e^-(\leftarrow) = Ag.$$

Aus der Gewichtsänderung und der verwandten Strommenge ergibt sich für die Überführungszahlen:

$$t_{Cl^-} = 1 \quad \text{und} \quad t_{Pb^{2+}} = 0, \quad t_e = 0.$$

Wie man aus Phasengrenzreaktion II erkennt, wird AgCl zersetzt und liefert die Cl^--Ionen, die zur Pb-Anode abwandern, während die äquivalente Menge an Ag^+-Ionen zur Ag-Kathode transportiert wird. Für $PbBr_2$ und $BaCl_2$ werden ähnliche Ergebnisse erhalten.

Analoge Untersuchungen an PbJ_2 bei 270 °C ergaben, daß hier beide Ionenarten mit den Überführungszahlen $t_{Pb^{2+}} = 0{,}45$ und $t_{J^-} = 0{,}55$ an der Stromleitung teilnehmen. Eine ähnlich gemischte Ionenleitung konnte von Tubandt und Reinhold[1] in KCl bei 600 °C nachgewiesen werden. Eine Strommenge von 96,5 coul = 10^{-3} $\mathfrak{F}$ verursacht hier an der folgenden Kette die unten mitgeteilten Gewichtsänderungen:

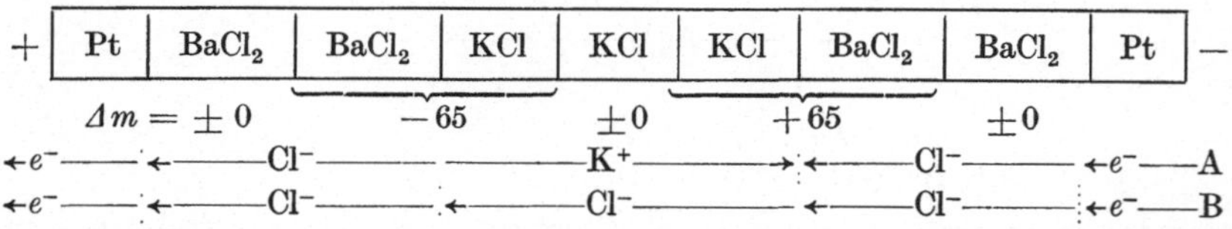

+	Pt	$BaCl_2$	$BaCl_2$	KCl	KCl	KCl	$BaCl_2$	$BaCl_2$	Pt	−

$\Delta m = \pm 0$ -65 ± 0 $+65$ ± 0

← e^- —— ← —— Cl^- —— —— K^+ —— → ← —— Cl^- —— ← e^- —— A

← e^- —— ← —— Cl^- —— ← —— Cl^- —— ← —— Cl^- —— ← e^- —— B

Bei reiner K^+-Ionenleitung in KCl sollte Transportschema A gelten mit einer entsprechenden Gewichtsänderung von $\Delta m = -74$ bzw. $+74$ mg. Im Falle einer reinen Anionenleitung sollte gemäß Transportschema B keine Gewichtsänderung auftreten. Demzufolge ergeben sich aus den Versuchsergebnissen die folgenden Überführungszahlen:

$$t_{K^+} = 0{,}88 \quad \text{und} \quad t_{Cl^-} = 0{,}12.$$

Wie bereits auf S. 55 erwähnt, kann neben der gewichtsmäßigen Ermittlung der Überführungszahl dieselbe auch aus der Verschiebung der Phasengrenze unter Zuhilfenahme von inerten Markierungen, z. B. in Form sehr dünner Pt-Drähte, ermittelt werden. Eine solche Methode wurde von Schmalzried[2] für die Bestimmung der Überführungszahlen der Kalium- und Chlorionen in KCl angewandt. Durch Einführung von Pt-Markers an der kathodischen Phasengrenze KCl/Graphitelektrode konnte die Überführungszahl der K^+- und Cl^--Ionen zu 0,9 und 0,1 bei

[1] Tubandt, C.: Hdb. d. Exp.-Phys. Bd XII, S. 404ff. Berlin 1932.
[2] Schmalzried, H.: Z. phys. Chem. (NF) **33**, 129 (1962).

600 °C in Übereinstimmung mit den Versuchsergebnissen von TUBANDT und REINHOLD ermittelt werden. Zu beiden Seiten der Elektrode war eine definierte H_2-HCl-Atmosphäre vorgegeben. Die Lage der Pt-Markers vor und nach dem Versuch ist aus dem folgenden Schema zu entnehmen:

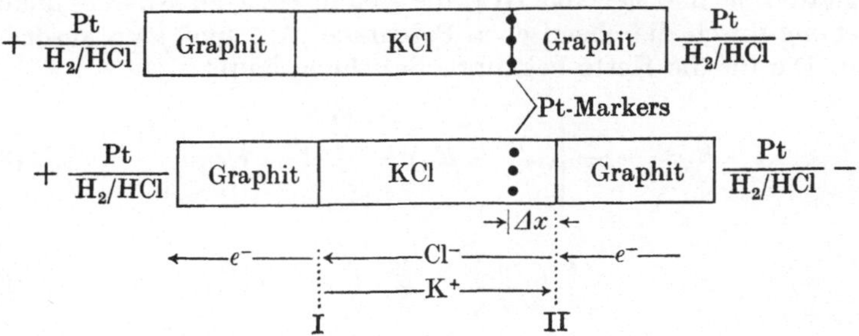

Die entsprechenden Phasengrenzreaktionen lauten:

$$\left.\begin{array}{rl}\text{I:} & \text{KCl} + \tfrac{1}{2}\text{H}_2(\text{gas}) = \text{K}^+(\rightarrow) + e^-(\leftarrow) + \text{HCl}(\text{gas}) \\ \text{II:} & \text{K}^+(\rightarrow) + e^-(\leftarrow) + \text{HCl}(\text{gas}) = \text{KCl} + \tfrac{1}{2}\text{H}_2(\text{gas})\end{array}\right\} \text{K}^+\text{-Wanderung}$$

$$\left.\begin{array}{rl}\text{II:} & \text{HCl}(\text{gas}) + e^-(\leftarrow) = \text{Cl}^-(\leftarrow) + \tfrac{1}{2}\text{H}_2(\text{gas}) \\ \text{I:} & \text{Cl}^-(\leftarrow) + \tfrac{1}{2}\text{H}_2(\text{gas}) = \text{HCl}(\text{gas}) + e^-(\leftarrow)\end{array}\right\} \text{Cl}^-\text{-Wanderung}$$

Auf Grund der größeren Beweglichkeit der K^+-Ionen wird auf der linken Seite der KCl-Kristall abgebaut und auf der rechten angebaut, so daß die Markers eingebettet werden. Die Auswertung der Versuchsergebnisse erfolgte mittels der folgenden Beziehung:

$$t_{\text{K}} = \frac{q\,\Delta x/V}{i\,t/\mathfrak{F}}, \tag{3.4}$$

wo q den Transportquerschnitt, Δx die Verminderung des Abstandes zwischen Pt-Markers und Anode, V das Molvolumen von KCl, i die Stromstärke und t die Dauer des Stromflusses bedeutet.

Als weitere Methode zur Ermittlung von Überführungszahlen sowohl von Kationen und Anionen als auch von Kationen und Elektronen bzw. Anionen und Elektronen in Ionenkristallen kommt die EMK-Messung an geeigneten elektrochemischen Festkörperketten in Betracht. Diese Methode wurde von WAGNER[1] eingeführt, mit den Methoden der elektrochemischen Thermodynamik abgeleitet[2] und ihre Anwendbarkeit an einer Zahl von Beispielen experimentell bestätigt. Zum Verständnis der folgenden Betrachtungen wenden wir die von WAGNER[2] allgemein abgeleitete Beziehung zwischen der Überführungszahl einer im Elektrolyten wanderungsfähigen Ladungsträgersorte und der an der Kette gemessenen EMK unter Einführung der chemischen Potentiale der an der Reaktion beteiligten Komponenten auf ein einfaches Beispiel an. Wir betrachten die folgende Konzentrationskette (HCl gelöst in Wasser):

$$\begin{array}{c|c|c|c}\text{Pt} & & & \text{Pt} \\ & m'\ \text{HCl(aq)} & m''\ \text{HCl(aq)} & \\ \text{H}_2,\ p'_{\text{H}_2} & & & \text{H}_2,\ p''_{\text{H}_2}\end{array}$$

[1] WAGNER, C.: Z. phys. Chem. (B) **21**, 25 (1933).

[2] WAGNER, C.: Advances in Electrochemistry and Electrical Engineering, herausgeg. von P. DELAHAY u. C. D. TOBIAS, Bd. 4 (1966).

mit den H_2-Partialdrucken p'_{H_2} und p''_{H_2}, die über die folgende Beziehung

$$\mu_H = \text{const} + \tfrac{1}{2} RT \ln p_{H_2} \tag{3.5}$$

mit den chemischen Potentialen μ'_H und μ''_H verknüpft sind, und den Molalitäten m' und m'' von HCl, die sich in einer zu Gl. (3.5) analogen Beziehung durch die chemischen Potentiale μ'_{HCl} und μ''_{HCl} ausdrücken lassen. Die für die Kette bekannte Beziehung lautet:

$$E = -\frac{1}{\mathfrak{F}} \left\{ (\mu''_H - \mu'_H) - \int_{\mu'_{HCl}}^{\mu''_{HCl}} t_{Cl^-} \, d\mu_{HCl} \right\} \tag{3.6a}$$

$$E = -\frac{RT}{2\mathfrak{F}} \ln \frac{p''_{H_2}}{p'_{H_2}} + \frac{1}{\mathfrak{F}} \int_{\mu'_{HCl}}^{\mu''_{HCl}} t_{Cl^-} \, d\mu_{HCl} \tag{3.6b}$$

Beziehung (3.6) ist unmittelbar zur Bestimmung der Überführungszahl t_e der Elektronen und der Ag-Ionen t_{Ag^+} in festem AgBr in der Anlaufkette

Graphit | Ag | AgBr | Graphit, Br_2 (gas)

verwendbar, wenn man voraussetzen darf, daß die Beteiligung der Bromionen am Stromtransport zu vernachlässigen ist, was experimentell bewiesen ist. Aus der EMK der von REINHOLD[1] untersuchten Kette läßt sich die Überführungszahl t_e der Elektronen in AgBr nach der folgenden Formel berechnen:

$$E = \frac{\mu^0_{Ag} - \mu^{(a)}_{Ag}}{\mathfrak{F}} - \frac{1}{\mathfrak{F}} \int_{\mu^{(a)}_{Ag}}^{\mu^0_{Ag}} t_e \, d\mu_{Ag}, \tag{3.7}$$

wo μ^0_{Ag} und $\mu^{(a)}_{Ag}$ das chemische Potential des Silbers im reinen Silber und im AgBr an der Phasengrenze $AgBr/Br_2$ ist. Entsprechend der allgemeinen Beziehung

$$t_e = 1 - (t_{Ag^+} + t_{Br^-}) \tag{3.8}$$

ergibt sich mit $t_{Br^-} \ll t_{Ag^+}$ und $t_{Br^-} \ll t_e$:

$$E = \frac{1}{\mathfrak{F}} \int_{\mu^{(a)}_{Ag}}^{\mu^0_{Ag}} t_{Ag^+} \, d\mu_{Ag}. \tag{3.9}$$

Nach WAGNER[2] ist der durch Überschußelektronen bedingte Leitfähigkeitsanteil $\varkappa_-$ proportional a_{Ag} und der durch Defektelektronen bedingte Leitfähigkeitsanteil $\varkappa_+$ umgekehrt proportional a_{Ag}. Mit $\varkappa_{Ag^+} = \text{const}$ ergibt sich:

$$\varkappa_- = \varkappa^0_- \exp\{(\mu_{Ag} - \mu^0_{Ag})/RT\} = \varkappa^0_- a_{Ag} \tag{3.10a}$$

$$\varkappa_+ = \varkappa^0_+ \exp\{-(\mu_{Ag} - \mu^0_{Ag})/RT\} = \varkappa^0_+ / a_{Ag}. \tag{3.10b}$$

[1] REINHOLD, H.: Z. anorg. allg. Chem. **171**, 181 (1928).
[2] WAGNER, C.: Z. Elektrochem. Ber. Bunsenges. phys. Chem. **60**, 4 (1956).

Zur Berechnung der Teilleitfähigkeiten der Ag-Ionen, $\varkappa_{Ag^+}$, und der der Elektronen und Defektelektronen bei 25 °C wurden die auf diese Temperatur extrapolierten Werte von $\varkappa_+^0$ und $\varkappa_-^0$ für vorgegebenem Brompartialdruck verwandt und der Wert für a_{Ag}

$$\log a_{Ag} = -16{,}8 \quad \text{für} \quad AgBr(s),\ Br_2(l) \text{ bei } 25\ °C$$

eingesetzt, der aus dem Wert

$$\Delta G^0 = -22930 \text{ cal}$$

für die Bildung von AgBr aus Ag und flüssigem Brom[1] bei 25 °C berechnet wurde. Das Ergebnis dieser Rechnung ist in Abb. 3.2 dargestellt.[2]

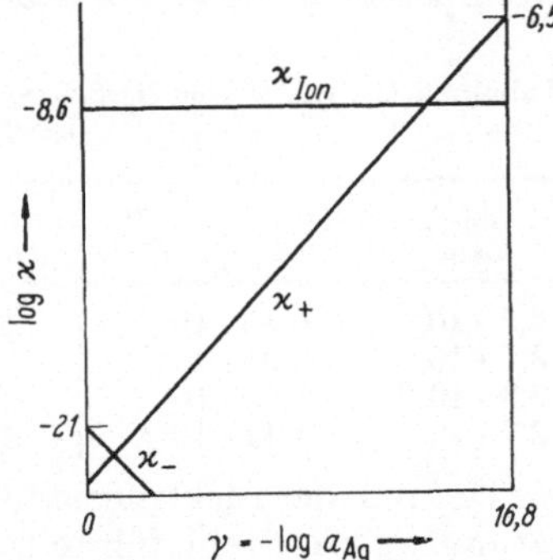

Abb. 3.2. Teilleitfähigkeiten von Ionen, Elektronen und Defektelektronen in AgBr als Funktion der Ag-Ionenaktivität bei 25 °C nach WAGNER.

Zur Ermittlung der Stromleitungsanteile der Silberionen und Elektronen in AgBr-Einkristallen bei Zimmertemperatur wurde einmal an Hand von EMK-Messungen an einer Kette mit einem AgBr-Einkristall im Redox-Elektrolyten mit einer Pt-Gegenelektrode[3]

$$Ag \mid AgBr\text{-Einkristall} \mid 1m\,KBr + 0{,}01m\,Br_2(aq) \mid Pt \qquad (I)$$

eine überwiegende Elektronenleitung nachgewiesen mit einer Überführungszahl der Silberionen $t_{Ag^+} \approx 1{,}5 \cdot 10^{-2}$ und zum anderen durch Überführungsmessungen in der Kette[4]:

$$Ag \mid \text{Elektrolyt} \mid AgBr\text{-Einkristall} \mid \text{Elektrolyt} \mid Ag \qquad (II)$$

eine reine Ionenleitung im AgBr beobachtet. Infolge Fehlens eines Redox-Elektrolyten in der zweiten Kette und Vorhandenseins einer Elektronensperre durch die Elektrolyte zu beiden Seiten des Einkristalls wird an der Kette II in jedem Fall eine reine Ionenleitung erzwungen.

Kürzlich wurden von JAENICKE[5] erweiterte Untersuchungen zur Ermittlung der Überführungszahl der Defektelektronen in AgBr bei 25 °C durchgeführt. An der folgenden Kette:

$$\begin{array}{c} \qquad\qquad \text{I} \qquad\qquad\qquad\qquad \text{II} \\ Ag \mid AgBr,\ 0{,}01m\,KBr \mid AgBr\text{-Einkristall} \mid 0{,}1m\,KBr + Br_2 \mid \\ \text{III} \\ Pt \quad \text{ges. } KNO_3\text{-Lösung} \quad 0{,}01m\,KBr,\ AgBr \mid Ag \end{array}$$

wurden Strom-Spannungsmessungen bei verschiedenen Bromkonzentrationen im Elektrolyten II ausgeführt. Die linke Seite der Kette mit Elektrolyt I war gleich der rechten Seite mit Elektrolyt III. Als

---

[1] U.S. National Bureau of Standards Circular 500. Washington 1952.

[2] WAGNER, C.: Z. Elektrochem. Ber. Bunsenges. phys. Chem. **63**, 1027 (1959).

[3] PFEIFFER, I., K. HAUFFE u. W. JAENICKE: Z. Elektrochem. Ber. Bunsenges. physik. Chem. **56**, 401 (1952).

[4] KLEIN, E., u. R. MATEJEK: Z. Elektrochem. Ber. Bunsenges. phys. Chem. **61**, 1127 (1957).

[5] JAENICKE, W.: Phys. stat. sol. **3**, 31 (1963).

Diaphragma diente eine gesättigte KNO_3-Lösung. Das Ergebnis der Messungen ist in Tab. 3.1 zusammengestellt. In Übereinstimmung mit früheren Messungen[1] ergibt sich die Überführungszahl beim höchsten Brompartialdruck $t_{Ag^+} \approx 2,5 \cdot 10^{-2}$.

Tabelle 3.1. *Aus Strom-Spannungskurven berechnete Überführungszahlen in AgBr bei 25 °C nach Jaenicke*

p_{Br_2} Atm	$\left(\frac{\partial i}{\partial E}\right)$ in Sperrrichtung	$\left(\frac{\partial i}{\partial E}\right)$ in Durchlaßrichtung	t_{Ag^+} (gem.)	t_{Ag^+} (ber. nach WAGNER[2])
$2,2 \cdot 10^{-4}$	$0,85 \cdot 10^{-7}$	$1,50 \cdot 10^{-7}$	$0,57 \pm 0,2$	0,35
$3,1 \cdot 10^{-3}$	$0,91 \cdot 10^{-7}$	$6,4 \cdot 10^{-7}$	0,14	0,13
$2,3 \cdot 10^{-2}$	$1,03 \cdot 10^{-7}$	$1,9 \cdot 10^{-6}$	0,053	0,050
$2,7 \cdot 10^{-1}$	$1,14 \cdot 10^{-7}$	$4,25 \cdot 10^{-6}$	0,027	0,020

Um nur die Elektronenteilleitfähigkeit im AgBr bei höheren Temperaturen zu ermitteln, führte ILSCHNER[3] Polarisationsmessungen zwischen 310 und 372 °C an der Kette

$$+ \text{ Graphit} \mid \text{AgBr} \mid \text{Ag} -$$

aus. In dieser Kette ist die Stromleitung durch Ionen infolge Verwendung von Graphit als Anode unterdrückt. Über ähnliche Untersuchungen wurde auch an Kupferhalogeniden zwischen 250 und 450 °C berichtet[4], wo zur Ermittlung der Gesamtleitfähigkeit die Kette

$$+ \text{ Cu} \mid \text{CuX} \mid \text{Cu} -$$

und für den alleinigen Anteil der Defektelektronen die Kette

$$+ \text{ Graphit} \mid \text{CuX} \mid \text{Cu} -$$

verwandt wurde (X = Cl, Br oder J). Beispielsweise beträgt bei 400 °C die Überführungszahl der Defektelektronen in CuBr im Gleichgewicht mit Cu, $t_+ = \varkappa_+/\varkappa_{\text{ges}} = 1,6 \cdot 10^{-6}/0,08 = 2 \cdot 10^{-5}$.

Ausgehend von Formel (3.9), die für Oxide mit gemischter Leitung (Ionen und Elektronen) folgendermaßen lautet:

$$E = \frac{1}{4\mathfrak{F}} \int_{\mu'_{O_2}}^{\mu''_{O_2}} t_{\text{Ion}}\, d\mu_{O_2}, \tag{3.11}$$

und von Beziehung (3.3) wird von SCHMALZRIED[5] die für binäre Oxide gültige Beziehung abgeleitet:

$$t_{\text{Ion}} = \left\{1 + \left(\frac{p_{O_2}}{p_+}\right)^{1/n} + \left(\frac{p_{O_2}}{p_-}\right)^{-1/n}\right\}^{-1}, \tag{3.12}$$

wobei die für das Leitfähigkeitsverhalten wesentlichen Parameter p_+ und p_-

$$p_+^{1/n} = \frac{V\varkappa_{\text{Ion}}}{K_+ \mathfrak{F} u_+} \quad \text{und} \quad p_-^{-1/n} = \frac{V\varkappa_{\text{Ion}}}{K_- \mathfrak{F} u_-} \tag{3.13}$$

[1] PFEIFFER, I., K. HAUFFE u. W. JAENICKE: Z. Elektrochem. Ber. Bunsenges. phys. Chem. **56**, 401 (1952).
[2] WAGNER, C.: Z. Elektrochem. Ber. Bunsenges. phys. Chem. **63**, 1027 (1959).
[3] ILSCHNER, B.: J. chem. Phys. **28**, 1109 (1958).
[4] WAGNER, J. B., u. C. WAGNER: J. chem. Phys. **26**, 1597 (1957).
[5] SCHMALZRIED, H.: Z. phys. Chem. (NF) **38**, 87 (1963).

sind. Anschaulich gesprochen sind p_+ und p_- diejenigen Sauerstoffpartialdrucke, bei denen $\varkappa_+ = \varkappa_{\mathrm{Ion}}$ bzw. $\varkappa_- = \varkappa_{\mathrm{Ion}}$ wird. Gl. (3.12) in Gl. (3.11) eingesetzt, ergibt:

$$E = \frac{RT}{4\mathfrak{F}} \int_{p'_{O_2}}^{p''_{O_2}} \{1 + (p_{O_2}/p_+)^{1/n} + (p_{O_2}/p_-)^{-1/n}\}^{-1} \, dp_{O_2}/p_{O_2} \tag{3.14}$$

bzw. nach geschlossener Lösung des Integrals:

$$E = \frac{nRT}{4\mathfrak{F}} w \left\{ \ln \frac{1 + w + 2(p'_{O_2}/p_+)^{1/n}}{1 + w + 2(p''_{O_2}/p_+)^{1/n}} + \ln \frac{1 - w + 2(p''_{O_2}/p_+)^{1/n}}{1 - w + 2(p'_{O_2}/p_+)^{1/n}} \right\}$$

mit

$$w = \{1 - 4(p_-/p_+)^{1/n}\}^{1/2}. \tag{3.15}$$

Da im allgemeinen p_+ und p_- genügend voneinander verschieden sind und die zur Auflösung von w angewandte Reihenentwicklung nach dem 2. Gliede bereits abgebrochen werden kann, d.h. also $w \approx 1 - 2(p_-/p_+)^{1/n}$ ist, und schließlich $1 - w \ll 1$ gesetzt werden kann, folgt aus Gl. (3.15) eine Beziehung:

$$E = \frac{nRT}{4\mathfrak{F}} \left\{ \ln \frac{p_+^{1/n} + p'^{1/n}_{O_2}}{p_+^{1/n} + p''^{1/n}_{O_2}} + \ln \frac{p_-^{1/n} + p''^{1/n}_{O_2}}{p_-^{1/n} + p'^{1/n}_{O_2}} \right\}, \tag{3.16}$$

mittels der sich die EMK-Messungen quantitativ interpretieren lassen.

Entsprechend der Versuchsmethodik, p'_{O_2} oder p''_{O_2} konstant zu halten, ist in Abb. 3.3 E als Funktion von p'_{O_2} bei konstantem p''_{O_2} aufgetragen. Im Stabilitätsbereich der betreffenden Oxide lassen sich drei Gebiete unterscheiden:

1. $p_- \ll p_+ \ll p'_{O_2} \ll p''_{O_2}$ mit $E = 0$ (3.17a)
2. $p_- \ll p'_{O_2} \ll p_+ \ll p''_{O_2}$ mit $E = \frac{2{,}3\,RT}{4\mathfrak{F}} \log(p_+/p'_{O_2})$ (3.17b)
3. $p'_{O_2} \ll p_- \ll p_+ \ll p''_{O_2}$ mit $E = \frac{2{,}3\,RT}{4\mathfrak{F}} \log(p_+/p_-)$. (3.17c)

Zur Bestimmung von p_- und p_+ als den für das Leitfähigkeitsverhalten wesentlichen Parametern genügt jeweils eine Messung im Ge-

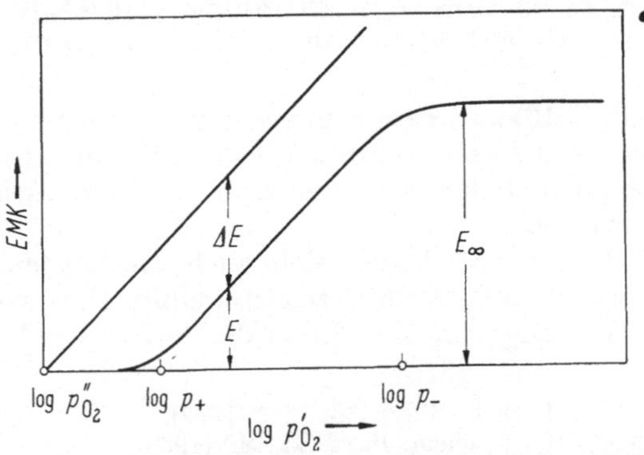

Abb. 3.3. EMK als Funktion von $\log p'_{O_2}$ bei konstantem $\log p''_{O_2}$ nach SCHMALZRIED. Gebiet 2 [Gl. (3.17b)]: $\Delta E = 2{,}3\,RT/4\mathfrak{F} \cdot \log(p''_{O_2}/p_+)$, Abweichung von der NERNSTschen Formel Gebiet 1 [Gl. (3.17a)]: $E = 2{,}3\,RT/4\mathfrak{F} \log(p_+/p'_{O_2})$, Gebiet 3 [Gl. (3.17c)]: $E_\infty = 2{,}3\,RT/4\mathfrak{F} \cdot \log(p_+/p_-)$.

biet 2 und 3, um diese nach Gl. (3.17b) und (3.17c) zu berechnen. Hat man p_- und p_+ ermittelt, so können die Überführungszahlen von Ionen, Elektronen und Defektelektronen über den gesamten Sauerstoffdruckbereich nach Gl. (3.12) berechnet und hieraus der elektrische Leitfähigkeitsverlauf nach Messung einer einzigen Leitfähigkeit bei bekanntem Sauerstoffpartialdruck angegeben werden.

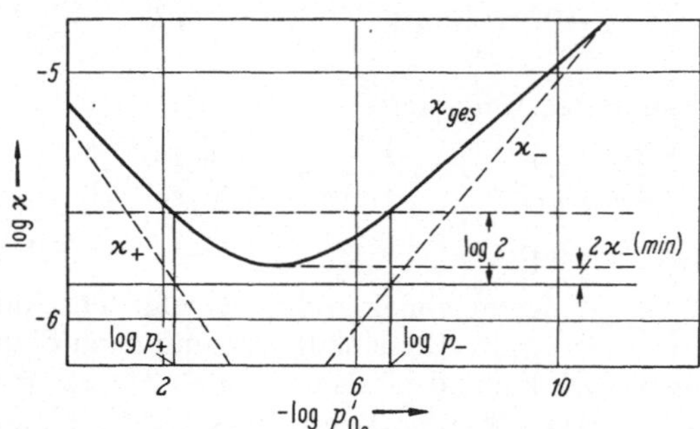

Abb. 3.4. Analyse der Gesamtleitfähigkeit von MgO bei 1300 °C nach MITOFF und SCHMALZRIED.

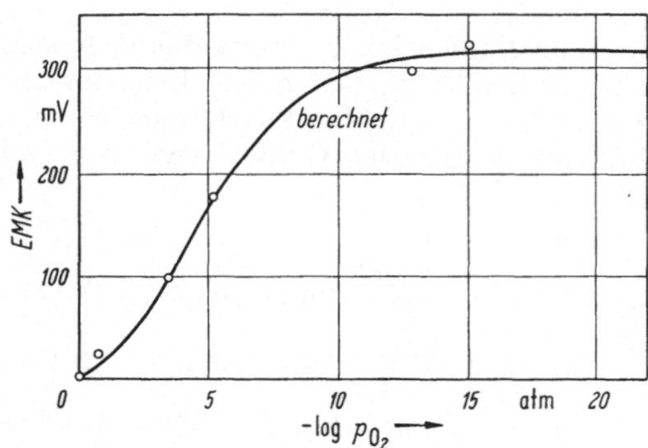

Abb. 3.5. Berechnete und gemessene EMK als Funktion von $\log p'_{O_2}$ bei 1300 °C für die Kette: $O_2(p'_{O_2})$, Pt|MgO|Pt, $O_2(p''_{O_2}) = 1$ atm nach SCHMALZRIED.

Umgekehrt lassen sich aus bekanntem Verlauf von elektrischen Teilleitfähigkeiten p_- und p_+ bestimmen, wie dies in Abb. 3.4 am MgO auf Grund von EMK- und Leitfähigkeitsmessungen[1,2] zu entnehmen ist. Mittels dieser Größen läßt sich dann die EMK als Funktion des Sauerstoffpartialdrucks nach Gl. (3.15) und (3.16) berechnen. Analysiert man entsprechend dem in Abb. 3.3 angegebenen Verfahren die vom Sauerstoffpartialdruck abhängige Leitfähigkeit des MgO[3], so kann man für $T = 1300$ °C, p_+ zu $10^{-2,2}$ und p_- zu $10^{-6,5}$ atm bestimmen. Diese Daten reichen aus, um die EMK-$\log p_{O_2}$-Kurve nach Gl. (3.16) zu berechnen, wenn man an einer Elektrode einen Sauerstoffdruck von 1 atm vorgibt. Abb. 3.5 zeigt die gute Übereinstimmung zwischen den Meßpunkten und dem aus MITOFFschen Daten[3] berechneten Kurvenzug.

Ähnliche Rechnungen lassen sich auch am System $ZrO_2 + CaO$ durchführen, wie SCHMALZRIED[4,5] zeigen konnte. Hier wurde für 730 °C $\log p_- = -35$ gefunden. In Abb. 3.6 ist der Aufbau der Kette für EMK-

---

[1] MITOFF, S. P.: J. chem. Phys. **36**, 1383 (1962).
[2] SCHMALZRIED, H.: J. chem. Phys. **33**, 940 (1960).
[3] MITOFF, S. P.: J. chem. Phys. **31**, 1261 (1959).
[4] SCHMALZRIED, H.: Z. Elektrochem. Ber. Bunsenges. phys. Chem. **66**, 572 (1962).
[5] WAGNER, J. B., u. C. WAGNER: J. chem. Phys. **26**, 1597 (1957).

Messungen an derartigen Oxiden dargestellt. Sollte jedoch die Herstellung der erforderlichen Oxidrohre, die absolut gasdicht sein müssen, nicht möglich sein, so kann man auch die Sauerstoffpartialdrucke durch geeignete Metall-Oxid-Gemische einstellen und z. B. die folgende Versuchsanordnung wählen:

$$\mathrm{Pt}\,|\,\mathrm{Fe, FeO}\,|\,\mathrm{MgO}\,|\,\mathrm{Ni, NiO}\,|\,\mathrm{Pt}.$$

Weitere experimentelle Angaben über derartige Ketten findet man bei WAGNER[1], SCHMALZRIED[2] und RICKERT[3].

In normalen Mischkristallen übernehmen ganz allgemein dieselben Ionen den Stromtransport wie in den reinen Komponenten, wie TUBANDT und Mitarbeiter[4] im einzelnen besonders an den Systemen AgCl/NaCl, $PbCl_2/PbBr_2$, AgJ/CuJ zeigen konnten. Die Temperaturabhängigkeit der

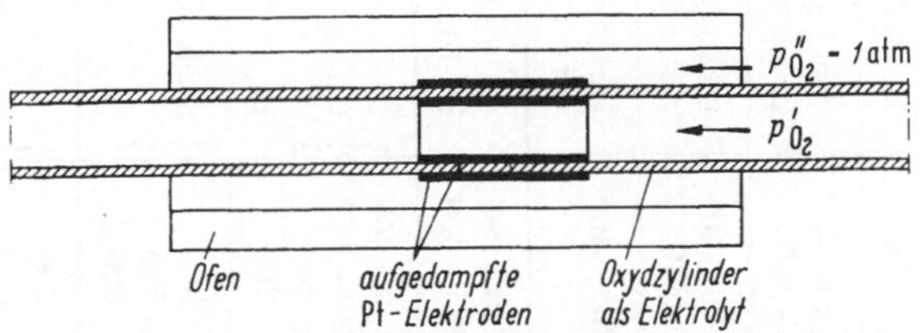

Abb. 3.6. Aufbau einer Kette $O_2(p'_{O_2})$, Me | Oxyd | Me, $O_2(p''_{O_2})$ mit gasdichtem Oxidzylinder und Pt-Elektroden.

Überführungszahlen in Mischkristallen wurde bisher nur in wenigen Fällen untersucht. So fanden z. B. TUBANDT, RINDTORFF und JOST[5] an AgJ/CuJ-Mischkristallen in der α-Phase im Temperaturgebiet zwischen 200 und 400 °C konstante (temperaturunabhängige) Überführungszahlen, während in der γ-Phase die Überführungszahlen temperaturabhängig waren. Wie insbesondere REINHOLD an verschiedenen Mischkristallsystemen zeigen konnte[6], stehen die Überführungszahlen der wanderungsfähigen Ionen mit der thermolytischen Wanderung (LUDWIG-SORET-Effekt; s. S. 137) an nichtisothermen Mischkristallen in unmittelbarem Zusammenhang.

FITZGERALD berichtet über Überführungsversuche an verschiedenen Gläsern.[7] Im Gegensatz zu den ionenleitenden Salzen, wo die aus Ionendiffusionsversuchen und aus Leitfähigkeitsmessungen berechneten Überführungszahlen übereinstimmen, beträgt die aus Diffusionsversuchen ermittelte Überführungszahl der Na^+-Ionen in gewissen Gläsern nur 30 bis 50% der aus Leitfähigkeitsmessungen erhaltenen. Zwecks Aufklärung des Ionentransports in Gläsern wären weitere Untersuchungen wünschenswert.

---

1 KIUKKOLA, K., u. C. WAGNER: J. electrochem. Soc. **104**, 379 (1957).
2 SCHMALZRIED, H.: Z. Elektrochem. Ber. Bunsenges. phys. Chem. **66**, 572 (1962).
3 RICKERT, H.: Z. phys. Chem. (NF) **23** 355 (1960).
4 Vgl. u. a. C. TUBANDT: Hdb. d. Exp.-Phys, Bd. XII, 1, S. 407 ff.
5 TUBANDT, C., E. RINDTORFF u. W. JOST: Z. anorg. allg. Chem. **165**, 195 (1927).
6 Vgl. u. a. H. REINHOLD: Z. Elektrochem. Ber. Bunsenges. phys. Chem. **39**, 555 (1953). — H. REINHOLD u. A. BLACHNY: Z. Elektrochem. angew. phys. Chem. **39**, 290 (1933); dort weitere Literatur.
7 FITZGERALD, J. V.: J. chem. Phys. **20**, 922 (1952).

Tabelle 3.2. *Zusammenstellung der Überführungszahlen von Ionenkristallen mit überwiegender Ionenleitung*

Verbindung	t_{K^+}	t_{A^-}	t_- bzw. t_+	T °C	Bemerkungen	Lit.
AgCl	1	—	—	300—400	in Kontakt mit Ag und in Argon	1
	0,98	—	$t_+ = 0{,}02$	300	in $Cl_2 = 1$ atm (s. Tab. 6.3 auf S. 635)	2
AgBr	1	—	—	100—400	$Ag\vert AgBr\vert Ag$ in Argon	1
	0,5—0,02		$t_+ = 0{,}5$—$0{,}98$	25	in Gegenwart von Br_2	3, 4, 5
AgJ	1	—	—	100—400	in Argon	1
β-AgJ	0,85	—	$t_+ = 0{,}15$	140	$p_{J_2} = 0{,}24$ atm	14
CuCl	1	—	$t_+ \approx 10^{-5}$	250—400	$Cu\vert CuCl\vert Cu$ in Argon; in Cl_2 wird $t_+ \gg 10^{-5}$	6
γ-CuBr	1	—	$t_+ \approx 2{,}5 \cdot 10^{-4}$—$3{,}5 \cdot 10^{-5}$	250—385	$Cu\vert CuBr\vert Cu$ in Argon	6
β-CuBr	1	—	$t_+ \approx 6 \cdot 10^{-6}$—$1{,}5 \cdot 10^{-5}$	385—469	in Br_2 wird $t_+ \gg 10^{-5}$	
γ-CuJ	0,915—0,99	—	$t_+ = 8{,}5 \cdot 10^{-2}$—$1 \cdot 10^{-2}$	250—369	$Cu\vert CuJ\vert Cu$ in Argon (250—369, 369—407, >407)	6
β-CuJ	1	—	$t_+ \approx 5 \cdot 10^{-4}$	369—407		
α-CuJ	1	—	$t_+ \approx 2 \cdot 10^{-3}$	>407		
CuJ	$2{,}7 \cdot 10^{-6}$	—	$t_+ = 1$	200	$p_{J_2} = 46$ Torr	
NaF	1	—	—	500	nach der TUBANDTschen Methode	1
	0,943	0,057	—	585		
	0,861	0,139	—	625		
NaCl	1	—	—	400	nach der TUBANDTschen Methode (400—620)	1
	0,983	0,017	—	500		
	0,905	0,095	—	600		
	0,883	0,117	—	620		
	0,52	0,48	—	610	nach JOST	7
NaBr	$t_{Na^+} = 1;\quad t_{Br^-} = 1 - 11{,}5 \exp\left(-\frac{4120}{T}\right)$				aus Leitfähigkeits- und Diffusionsmessungen berechnet	8, 9

KCl	0,96	0,04	—	450	aus Überführungsmessungen	10
	0,93	0,07	—	500		
	0,84	0,16	—	600		
	(0,88)	(0,12)	—	600		
	0,85	0,15	—	650	aus Leitfähigkeits- und Diffusionsmessungen berechnet	1, 12
	0,83	0,17	—	700		11
	0,77	0,23	—	725		
KCl + 0,4 Mol-% $SrCl_2$	0,975	0,025	—	600	aus Leitfähigkeitsmessungen	13
KCl + K_2O	0,56—0,60	0,44—0,40	—	600		
KCl + 0,11 Mol-% Na_2S	0,69	0,31	—	600		
KBr	~0,5	~0,5	—	605		7
KJ	~0,9	~0,1	—	610		7
	~0,4	~0,6	—	660		
LiCl LiBr LiJ	~1	—	—	227—827	aus Leitfähigkeitsmessungen abgeschätzt	15
TlBr	>0,95	<0,05	$t_- = 0,07$	200—260	aus EMK-Messungen und Versuchen mit Markers	16
TlCl	—	—	—	—	aus Leitfähigkeitsmessungen	17, 18
BaF_2	—	1,0	—	500	aus Überführungsmessungen	1
$BaCl_2$	—	1,0	—	400—700		
$BaBr_2$	—	1,0	—	350—450		
CaF_2	—	1,0	—	200—1000	aus Leitfähigkeitsmessungen	19
SrF_2	—	1,0	—	500—700		20
$PbCl_2$	—	1,0	—	200—450	aus Überführungsmessungen	1
$PbBr_2$	—	1,0	—	250—365		
PbJ_2	0,39	0,61	—	255		
	0,45	0,55	—	270		
	0,67	0,33	—	290		
MgO	~1,0	—	<0,01	1300	Leitfähigkeits- und EMK-Messungen, $p_{O_2} = 10^{-4}$ atm	21, 22
	—	—	$t_+ > t_{ion}$	1300	$p_{O_2} > 10^{-1}$ atm	
	—	—	$t_- > t_{ion}$	1300	$p_{O_2} < 10^{-10}$ atm	

Tabelle 3.2 (Fortsetzung)

Verbindung	t_{K^+}	t_{A^-}	t_- bzw. t_+	T °C	Bemerkungen	Lit.
ZrO_2 ZrO_2 + CaO	— —	1,0 1,0	$t_- < 0{,}01$ $t_- < 10^{-3}$	800–1000	wenn $p_{O_2} > 10^{-10}$ atm	23
Ag_2HgJ_4	$t_{Ag^{2+}} = 0{,}94$; $t_{Hg^{2+}} = 0{,}06-60$				aus EMK- und Leitfähigkeitsmessungen	24

1 TUBANDT, C.: Hdb. d. Exp.-Phys. XII, S. 404ff.
2 WAGNER, C.: Z. phys. Chem. (B) **32**, 447 (1936).
3 PFEIFFER, I., K. HAUFFE u. W. JAENICKE: Z. Elektrochem. Ber. Bunsenges. phys. Chem. **56**, 728 (1952).
4 WAGNER, C.: Z. Elektrochem. Ber. Bunsenges. phys. Chem. **63**, 1027 (1959).
5 JAENICKE, W.: Phys. stat. sol. **3**, 31 (1963).
6 WAGNER, J. B., u. C. WAGNER: J. chem. Phys. **26**, 1597 (1957).
7 JOST, W., u. H. SCHWEITZER: Z. phys. Chem. (B) **20**, 118 (1933).
8 MAPOTHER, D., H. N. CROOKS u. R. J. MAURER: J. chem. Phys. **18**, 1234 (1950).
9 JOST, W., K. WEISS u. H. G. WAGNER: Landoldt-Börnstein II, 6., S. 244, Berlin/Göttingen/Heidelberg: Springer 1959.
10 KERKHOFF, F.: Z. Phys. **130**, **449** (1951).
11 WAGNER, C., u. P. HANTELMANN: J. chem. Phys. **18**, 72 (1950).
12 SCHMALZRIED, H.: Z. phys. Chem. (NF) **33**, 129 (1962)
13 RONGE, G., u. C. WAGNER: J. chem. Phys. **18**, 74 (1950).
14 JOST, W., u. K. WEISS: Z. phys. Chem. (NF) **2**, 112 (1954). – K. WEISS u. P. A. VERMAAS: Z. phys. Chem. (NF) **44**, 372 (1965).
15 HAVEN, Y.: Recueil Trav. chim. Pays-Bas **69**, 1471 (1951).
16 MORKEL, A., u. H. SCHMALZRIED: J. chem. Phys. **36**, 3101 (1962).
17 HAUFFE, K., u. A. L. GRIESSBACH-VIERK: Z. Elektrochem. Ber. Bunsenges. phys. Chem. **57**, 248 (1953).
18 FRIAUF, R. J.: J. phys. Chem. Solids **18**, 203 (1961).
19 URE, jr., R. W.: J. chem. Phys. **26**, 1363 (1957).
20 CROATTO, U., u. A. MAYER: Gazz. chim. ital. **73**, 199 (1943).
21 SCHMALZRIED, H.: Z. phys. Chem. (NF) **38**, 87 (1963). – J. chem. Phys. **33**, 940 (1960).
22 MITOFF, S. P.: J. chem. Phys. **31**, 1261 (1959); **36**, 1383 (1962).
23 SCHMALZRIED, H.: Z. Elektrochem. Ber. Bunsenges. phys. Chem. **66**, 572 (1962).
24 KOCH, E., u. C. WAGNER: Z. phys. Chem. (B) **34**, 317 (1936).

Über Überführungszahlen in Mischphasen und mehrkomponentigen Ionenverbindungen s. Lit.-Zit. 9. Nd_2O_3, Sm_2O_3, Sc_2O_3 und Yb_2O_3 sollen ebenfalls reine Ionenleiter sein.[21]

3.22 Überführungsmessungen an überwiegend elektronenleitenden Kristallen

Während an den vorwiegend ionenleitenden Salzen die TUBANDTsche Zylindermethode sich im allgemeinen zu Überführungsmessungen recht gut bewährt hat, ist sie an Oxiden, Sulfiden und solchen festen Stoffen, die eine überwiegende Elektronenleitung zeigen, nicht ohne weiteres anwendbar. Hier haben WAGNER und Mitarbeiter[1] insbesondere an Oxiden eine Methodik zur Überführungsmessung ausgearbeitet, die sich für Cu_2O und CuJ gut bewährt hat. Hiernach wird beispielsweise ein Cu Blech (0,05 mm Dicke) zusammengefaltet und ein Streifen von 4 mm Breite herausgeschnitten. Nach dem Auseinanderfalten sind diesseits und jenseits der Faltlinie zwei genau symmetrische Hälften vorhanden. Die Versuchsanordnung und die Elektrodenreaktionen lassen sich folgendermaßen beschreiben:

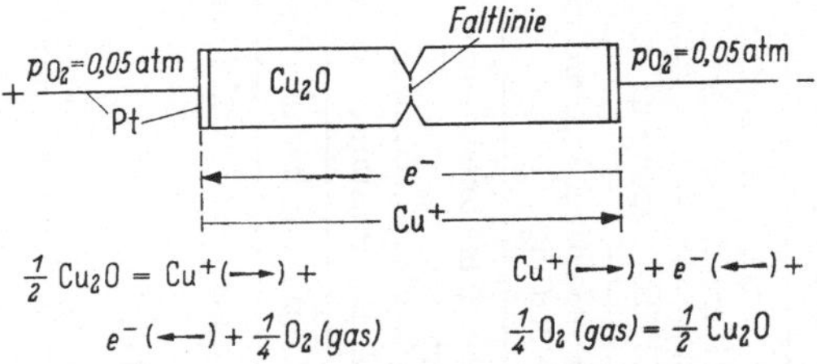

Hierbei hat es sich als zweckmäßig herausgestellt, die Faltlinie des Präparates parallel zur Walzrichtung des Metalls zu wählen, da durch Beachtung dieses experimentellen Kunstgriffes die oxydierten Proben nach den Versuchen glatter in die beiden Hälften zu zerlegen sind. Ferner kann man noch beiderseits in der Faltlinie Einschnitte anbringen. Um eine genügende Genauigkeit zu erhalten, wurde so viel Strom hindurchgeschickt, daß zwischen Kathode und Anode eine Gewichtsdifferenz von etwa 20 mg auftrat. Ferner wurden die Pt-Zuleitungsdrähte unterteilt, da besonders bei kleinen Gasdrücken beobachtet wurde, daß die Pt-Zuleitungsdrähte an der Kontaktstelle der Folie entsprechend der Reaktion $2Cu_2O \rightleftharpoons 4Cu$ (gelöst in Pt) + O_2(gas) Kupfer aufnehmen. Aus diesem Grunde wurde zunächst ein kurzes Stück mit der Cu-Folie verbunden und dann an dieses der eigentliche Pt-Zuleitungsdraht durch Verdrillen angeschlossen. Durch diese Anordnung war die Möglichkeit gegeben, die bis zu 20% auftretende Gewichtszunahme der kurzen Pt-Zuleitungsdrähte zu eliminieren und wesentliche Verfälschungen der Versuchsergebnisse zu vermeiden. Nach Durchgang genügender Strommengen wird das Präparat (Cu_2O, CuJ usw.) in der Faltlinie gebrochen. Aus den Gewichtsdifferenzen der beiden Folienhälften und der im Ag-Coulometer erhaltenen Gesamtstrommenge i wird die Überführungszahl der Ionen t_{Ion} aus (3.3) berechnet.

So ergab sich beispielsweise für CuJ bei 200 °C und einem Joddampfdruck von 46 Torr die Überführungszahl der Cu^+-Ionen zu $t_{Cu^+} = 2{,}7 \cdot 10^{-6}$. Für Cu_2O wurde die Überführungszahl der Cu^+-Ionen

[1] DÜNWALD, H., u. C. WAGNER: Z. phys. Chem. (B) **22**, 212 (1933). — K. NAGEL u. C. WAGNER: Z. phys. Chem. (B) **25**, 71 (1934). — J. GUNDERMANN u. C. WAGNER: Z. phys. Chem. (B) **37**, 155 (1937).

Tabelle 3.3. *Zusammenstellung der Überführungszahlen von Ionenkristallen mit überwiegender Elektronenleitung*

Verbindung	t_-	t_+	t_{ion}	T °C	Bemerkungen	Lit.
Cu_2O	—	1	$t_{Cu^+} = 2{,}2 \cdot 10^{-4}$	800	$p_{O_2} = 0{,}55$ Torr	1, 2
	—	1	$= 3{,}5 \cdot 10^{-4}$	900	$p_{O_2} = 4$ Torr } Überführungsmessungen s. S. 67	
	—	1	$= 5 \cdot 10^{-4}$	1000	$p_{O_2} = 0{,}65$—43 Torr	
FeO	—	1	$t_{Fe^{2+}} = 1{,}1 \cdot 10^{-3}$	1000	$p_{O_2} = Fe_3O_4$-Zersetzungsdruck, aus Anlaufkonstante und Leitfähigkeit berechnet	3
α-Ag_2S	1	—	$t_{Ag^+} \approx 10^{-2}$	220	aus EMK-Messungen: $Ag\|Ag_2S\|Pt$, S(l)	4, 5
α-Ag_2Se	1	—	$t_{Ag^+} < 10^{-2}$	200—300	die TUBANDTsche Anordnung unterdrückt die Elektronenleitung	6
α-Ag_2Te	1	—				7
Cu_2S	—	0,55	$t_{Cu^+} = 0{,}45$	400	aus Leitfähigkeitsmessungen am kubischen Cu_2S extrapoliert	8, 9 10
FeS	—	1	$t_{Fe^{2+}} = 10^{-3}$	670	aus Anlaufkonstante und Leitfähigkeit berechnet	11
Ag_3SbS_2	—	$\geqq 0{,}7$	$t_{Ag} \leqq 0{,}3$	400	aus Leitfähigkeitsdaten berechnet	12
Al_2O_3	<1600 °C gemischte Leitung von Kationen und Elektronen, >1600 °C überwiegende Elektronenleitung					13

[1] DÜNWALD, H., u. C. WAGNER: Z. phys. Chem. (B) **22**, 215 (1933).
[2] GUNDERMANN, J., u. C. WAGNER: Z. phys. Chem. (B) **37**, 155 (1937).
[3] HAUFFE, K., u. H. PFEIFFER: Z. Metallkde **44**, 27 (1953).
[4] JOST, W.: Z. phys. Chem. (B) **16**, 129 (1932). — H. REINHOLD u. H. MOEHRING: Z. phys. Chem. (B) **28**, 178 (1935).
[5] WAGNER, C.: Z. phys. Chem. (B) **21**, 42 (1933).
[6] TUBANDT, C., u. H. REINHOLD: Z. phys. Chem. (B) **24**, 22 (1934).
[7] TUBANDT, C.: Z. Elektrochem. angew. phys. Chem. **39**, 505 (1933). — C. WAGNER: Z. phys. Chem. (B) **21**, 25, 42 (1933); **23**, 469 (1933).
[8] HIRAHARA, E.: J. Phys. Soc. (Japan) **6**, 422 (1951).
[9] WAGNER, J. B., u. C. WAGNER: J. chem. Phys. **26**, 1602 (1957).
[10] WEHEFRITZ, V.: Z. phys. Chem. (NF) **26**, 339 (1960).
[11] HAUFFE, K., u. A. RAHMEL: Z. phys. Chem. **199**, 152 (1952).
[12] RICKERT, H., u. C. WAGNER: Z. Elektrochem. Ber. Bunsenges. phys. Chem. **64**, 793 (1960).
[13] SCHMALZRIED, H.: Z. phys. Chem. (NF) **38**, 87 (1963).

bei 1000 °C unabhängig vom Sauerstoffdruck zu $5 \cdot 10^{-4}$ gefunden. Weiterhin wurde die auf Grund der Modellvorstellungen (S. 180ff.) gemachte Annahme bestätigt, daß die Kupferionen-Teilleitfähigkeit ebenso wie die Elektronen-Teilleitfähigkeit ungefähr proportional der 7. Wurzel des Sauerstoffdruckes ist. In Tab. 3.3 sind einige Versuchsergebnisse über Ionenüberführungszahlen an Halbleitern zusammengestellt.

Bei Überführungs- und EMK-Messungen spielen die Elektroden und Hilfselektrolyte einen entscheidenden Einfluß, wie am Beispiel von Untersuchungen am α-Ag_2S demonstriert werden soll (s. Kap. 3.12). Zwecks Vermeidung der Silbernadelbildung an der Ag-Kathode durch den Ag_2S-Elektrolyten verwandte TUBANDT an der Kathodenseite AgJ als Hilfselektrolyt. Die Überführungskette hatte den folgenden Aufbau:

$$- \text{Ag} \mid \text{AgJ} \mid \text{AgJ} \mid \text{Ag}_2\text{S} \mid \text{Ag}_2\text{S} \mid \text{Ag} + . \qquad \text{(I)}$$

Auf Grund des Einbaus von AgJ, das ja ein reiner Ionenleiter ist und demzufolge eine Elektronensperre darstellt, wurde eine reine Ionenleitung von Ag^+-Ionen von rechts nach links erzwungen. TUBANDT fand daher die Überführungszahl der Ag^+-Ionen gleich 1, ein Befund, der mit den elektrischen Messungen nicht in Einklang zu bringen war. Der aus der hohen elektrischen Leitfähigkeit von 500 bis 800 $\text{Ohm}^{-1}\,\text{cm}^{-1}$ errechnete Selbstdiffusionskoeffizient der Silberionen ist um den Faktor 100 größer als der durch das Experiment erhaltene, also von der Größenordnung $10^{-3}\,\text{cm}^2/\text{sec}$ bei 220 °C ($D^*_{(\text{gem})} \approx 1 \cdot 10^{-5}\,\text{cm}^2/\text{sec}$).[1] Ferner deutet der von KLAIBER[2] gefundene HALL-Effekt auf eine überwiegende Elektronenleitung hin.

Als unmittelbaren Beweis für die Richtigkeit der Annahme, daß bei Fehlen der als Elektronensperre wirkenden AgJ-Zylinder in der Kette nur höchstens eine 1%ige Beteiligung der Ag^+-Ionen am Stromtransport auftritt, kann man die von WAGNER[3] ausgeführten EMK-Messungen an der Kette

$$\text{Ag} \mid \text{Ag}_2\text{S} \mid \text{Pt, S(l)} \qquad \text{(II)}$$

ansehen (s. Abb. 3.7). Die EMK dieser Kette, deren Versuchsanordnung in Abb. 3.7 wiedergegeben ist, betrug bei 220 °C etwa 0,002 bis 0,005 Volt. Dieser Wert ist aber um etwa 2 Zehnerpotenzen kleiner als er bei reiner Ag^+-Ionenleitung im Elektrolyten entsprechend der folgenden Kette

$$\text{Ag} \mid \text{AgJ} \mid \text{Ag}_2\text{S} \mid \text{Pt, S(l)} \qquad \text{(III)}$$

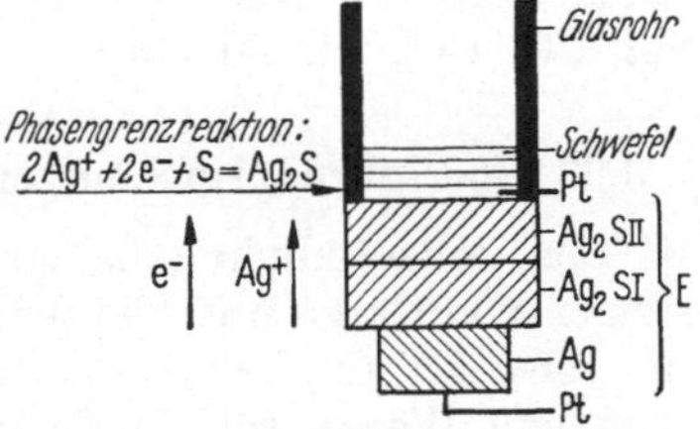

Abb. 3.7. Versuchsanordnung zur Ermittlung der elektromotorischen Kraft E der Kette: Pt (Schwefel) | Ag_2S | Ag nach WAGNER.

erhalten wird. Auf Grund der freien Bildungsenthalpie $\Delta G^0 = -10{,}6$ kcal/Mol Ag_2S für 220 °C resultiert eine Gleichgewichts-EMK von $E^0 = 0{,}23$ Volt. Hieraus ergibt sich die Überführungszahl der Ag^+-Ionen zu:

$$t_{\text{Ag}^+} = \frac{E\,(\text{Kette II})}{E^0\,(\text{Kette III})} = \frac{0{,}002}{0{,}23} \approx 10^{-2}.$$

---

[1] JOST, W., u. H. RÜTER: Z. phys. Chem. (B) **21**, 48 (1933).
[2] KLAIBER, F.: Ann. Phys. (5) **3**, 229 (1929).
[3] WAGNER, C.: Z. phys. Chem. (B) **21**, 42 (1933).

Dieser Befund ist auch mit anderen Untersuchungen im Einklang. Für die Transportgeschwindigkeit der Ag^+-Ionen bei 220 °C wurde während der Schwefelung von Silber ohne AgJ-Hilfszylinder ein Wert von etwa $1{,}6 \cdot 10^{-6}$ val cm^{-1} sec^{-1} bei 1 cm Schichtdicke des α-Ag_2S-Zylinders erhalten.[1] Die sich hieraus ergebende Stromdichte beträgt 0,16 A/cm². Bis zu dieser Grenzstromdichte wird man also nach der TUBANDTschen Versuchsanordnung mit AgJ-Zwischenelektrolyten die scheinbare Überführungszahl der Ag-Ionen gleich 1 finden. Bei Überschreiten dieser Grenzstromstärke jedoch wird die Gewichtsabnahme der Ag-Anode stets kleiner sein, als nach dem FARADAYschen Gesetz erwartet, da nun die an den AgJ-Zylinder abgegebene Silbermenge nur noch zum Teil durch Nachlieferung von der Ag-Anode durch den Ag_2S-Zylinder ergänzt werden kann. Gleichzeitig nehmen die Ag_2S-Zylinder an Gewicht ab unter Bildung von freiem Schwefel, wie JOST und RÜTER[2] zeigen konnten.

Weitere Angaben über die Methodik und die theoretischen Zusammenhänge findet man im Kap. 3.12.

Auf Grund von Schwefelungsversuchen von Eisen bei 670 °C in Schwefeldampf konnten HAUFFE und RAHMEL[3] die Eisenionen-Teilleitfähigkeit aus der WAGNERschen Zunderformel (s. S. 693) zu $2{,}9 \cdot 10^{-2}$ Ohm^{-1} cm^{-1} berechnen. Sieht man die von SAVELSBERG[4] mitgeteilte Leitfähigkeit von FeS bei der gleichen Temperatur mit $\varkappa \approx 29$ Ohm^{-1} cm^{-1} als verbindlich an, so ergibt sich für die Überführungszahl der Eisenionen im FeS:

$$t_{Fe^{2+}} = \frac{\varkappa_{Fe^{2+}}}{\varkappa_{ges}} \approx \frac{2{,}9 \cdot 10^{-2}}{29} \approx 1 \cdot 10^{-3}.$$

Wir haben also unter den oben mitgeteilten Versuchsbedingungen mit einem Stromtransport der Eisenionen im FeS von etwa 0,1% zu rechnen.

Nach einem ähnlichen Verfahren konnten HAUFFE und PFEIFFER[5] die Überführungszahl der Eisenionen im FeO bei 1000 °C und einem Sauerstoffpartialdruck von $p_{O_2} = 1{,}6 \cdot 10^{-13}$ Torr (Mischungsverhältnis von $CO : CO_2$ wie 20 : 80 Vol.-%) zu etwa $1{,}1 \cdot 10^{-4}$ errechnen.

3.23 Überführungsmessungen von Gasen und Metallen in Metallen

Der Vollständigkeit halber sei hier einiges über Überführungsmessungen von Gasen und Metallen in Metallen und Legierungen mitgeteilt. Als eines der zur Zeit bestuntersuchten Systeme ist wohl die Überführung von Wasserstoff in Palladium bekannt. COEHN und Mitarbeiter[6] haben gezeigt, daß Wasserstoff in Palladiumdrähten im elektrischen Feld

[1] WAGNER, C.: Z. phys. Chem. (B) **21**, 42 (1933). (1 val = 1 Äquivalent.)

[2] JOST, W., u. H. RÜTER: Z. phys. Chem. (B) **21**, 48 (1933).

[3] HAUFFE, K., u. A. RAHMEL: Z. phys. Chem. **199**, 152 (1952).

[4] SAVELSBERG, W.: Z. Elektrochem. angew. phys. Chem. **46**, 379 (1940).

[5] HAUFFE, K., u. H. PFEIFFER: Z. Metallkde **44**, 27 (1953).

[6] COEHN, A.: Naturwiss. **16**, 183 (1928); Z. Elektrochem. angew. phys. Chem. **35**, 676 (1929). — A. COEHN u. W. SPECHT: Z. Phys. **62**, 1 (1930). — A. COEHN u. H. JÜRGENS: Z. Phys. **71**, 179 (1931). — A. COEHN u. K. SPERLING: Z. Phys. **83**, 291 (1933). Dieses kann man auch aus magnetischen Messungen von E. VOGT schließen [vgl. u. a. E. VOGT: Ergebn. exakt. Naturwiss. **11**, 321 (1932)]; hier nimmt die Suszeptibilität des paramagnetischen Palladiums mit steigendem Gehalt an Wasserstoff stark ab.

in entgegengesetzter Richtung wie die Elektronen wandert, was auf eine mindestens teilweise Dissoziation des Wasserstoffs in Protonen + Elektronen im Palladium hinweist. DUHM[1] fand bei der Auswertung der Versuche von COEHN und Mitarbeitern unter Hinzuziehung eigener Diffusionsmessungen, daß die experimentell gefundene Wanderungsgeschwindigkeit im elektrischen Feld ungefähr 25 mal kleiner ist, als die aus der Diffusion berechnete. Diesen Befund versuchte man durch die Annahme zu deuten, daß infolge einer in unmittelbarer Nachbarschaft des Protons vorhandenen Elektronenwolke die effektive Ladung, die für die Beweglichkeit des einzelnen Protons verantwortlich ist, auf etwa $^1/_{25}$ der Elementarladung herabgesetzt wird. Theoretische Ansätze konnten mit den experimentellen Ergebnissen nicht in Einklang gebracht werden.[2]

Zwecks Klärung verschiedener Unsicherheiten in den Meßergebnissen untersuchten WAGNER und HELLER[3] das System von neuem. Die Versuchsanordnung ist aus Abb. 3.8 mit allen näheren Einzelheiten zu erkennen. Ofen- wie Raumtemperatur müssen während der Versuche konstant bleiben. Die Überführungszahl von Wasserstoff in Palladium (α-Phase im Gleichgewicht mit Wasserstoff von 1 atm) wurde bei 182 °C zu $0{,}79 \cdot 10^{-6}$ und bei 240 °C zu $1{,}19 \cdot 10^{-6}$ gefunden, woraus sich die Protonenbeweglichkeit zu $1{,}46 \cdot 10^{-4}$ bzw. $2{,}80 \cdot 10^{-4}$ cm^2 Volt^{-1} sec^{-1} ergibt. Die Protonenbeweglichkeit u_{H^+} wurde aus der Gesamtleitfähigkeit $\varkappa$, der räumlichen Konzentration c_{Pd} an Pd in g-Atom cm^{-3} (= Dichte d_{Pd} : Atomgewicht A_{Pd} = 12,0 : 106,7) und dem Wasserstoffgehalt x_H, in g-Atom H auf 1 g-Atom Pd nach folgender Formel berechnet:

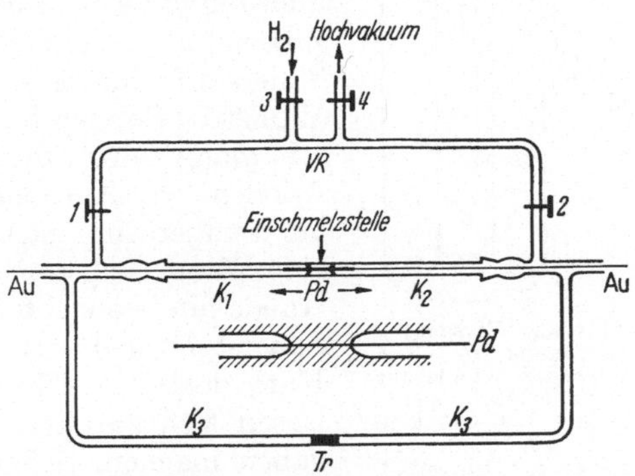

Abb. 3.8. Versuchsanordnung zur Messung der Überführungszahl von Wasserstoff in Palladium nach WAGNER und HELLER. Pd = Palladiumdraht von 0,1 mm mit Einschmelzstelle, Au = Golddraht von 0,3 mm, K_1, K_2 und K_3 sind Kapillarräume mit der Bedingung $K_1 + K_3 \approx K_2 + K_3$; Tr = ein als Manometer dienender Tropfen aus α-Bromnaphthalin; *1, 2, 3, 4* sind Vakuumhähne.

$$u_{H^+} = \frac{t_{H^+}\,\varkappa}{96500\, x_H\, d_{Pd}/A_{Pd}}.$$

Bei Annahme einer im wesentlichen unabhängigen Bewegung von H^+-Ionen und Elektronen müßte aus dem Diffusionskoeffizienten D_{H^+} (cm^2 sec^{-1}) sich u_{H^+} ergeben zu:

$$u_{H^+} = \frac{z_{H^+}\, e\, N_L}{300\, RT}\, D_{H^+}.$$

[1] DUHM, B.: Z. Phys. **94**, 434 (1935); **95**, 801 (1935).

[2] FRANCK, J.: Nachr. Ges. Wiss. Göttingen, Math.-phys. Kl., Fachgruppe II, Nr. 44. — K. F. HERZFELD u. M. GOEPPERT-MAYER: Z. phys. Chem. (B) **26**, 203 (1934).

[3] WAGNER, C., u. G. HELLER: Z. phys. Chem. (B) **46**, 242 (1940). — Vgl. auch R. G. STASFIELD: Proc. Cambridge philos. Soc. **34**, 120 (1938).

Hier bedeutet z_{H^+} die Wertigkeit des Protons, e die Elementarladung und N_L die LOSCHMIDTsche Zahl. Unter Verwendung der von JOST und WIDMANN[1] erhaltenen Diffusionskoeffizienten wurde die Protonenwanderungsgeschwindigkeit etwa doppelt so groß gefunden. Der Unterschied kann durch Abschirmung der Protonenladung durch Elektronen sowie auch durch Elektrophorese (Elektronenreibung) gemäß den Überlegungen von SKAUPY[2] gedeutet werden. Eine quantitative Behandlung dieser Effekte ist zur Zeit noch nicht möglich.

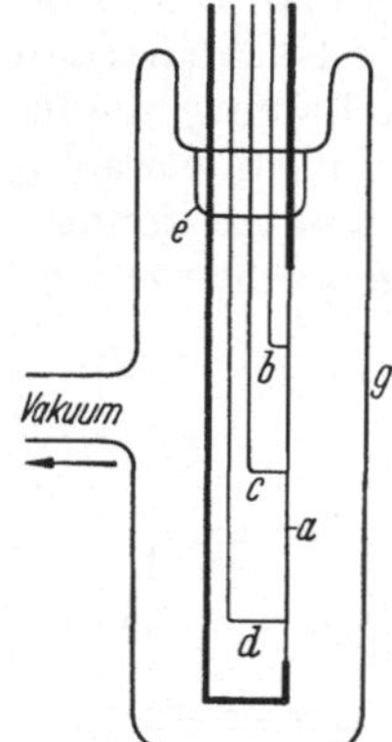

Abb. 3.9. Versuchsanordnung zur Messung der Wanderung von Sauerstoffionen in Zirkon bei 1732 °C nach DE BOER und FAST. g = Glasgefäß, e = Fünfpolbrücke mit Durchführungen der Stromableitungen und Potentialsonden, a = Zirkondraht von 1,1 mm ⌀, b, c und d sind die WOLFRAM-Sonden zur Messung der Wanderung der Sauerstoffionen im elektrischen Feld mittels Widerstandsmessungen.

Als weiteres Beispiel wählen wir die Überführung von Sauerstoff in Zirkon, das Sauerstoff in größeren Mengen lösen kann.[3] In einer geeigneten Versuchsanordnung (Abb. 3.9)[4] wurde nach Beladung eines Zirkondrahtes mit Sauerstoff die Wanderung des Sauerstoffs im elektrischen Feld mittels mehrerer WOLFRAM-Sonden b, c und d beobachtet. Durch Bestimmung des Stromspannungsverhältnisses im Anoden- wie Kathodenteil des Zirkondrahtes wurde im Temperaturgebiet zwischen 1000 und 1600 °K eine Wanderung von negativen Sauerstoffionen zur Anode hin beobachtet. Bei Feldumkehr wandert der Sauerstoff nach der neuen Anodenseite (ehemalige Kathodenseite). Über den Wanderungsmechanismus lassen sich zur Zeit noch keine quantitativen Angaben machen. Schon früher konnten SEITH und DAUR[5] nachweisen, daß in mit Stickstoff beladenen Eisendrähten der Stickstoff eindeutig zur Anode wandert. Die Analyse erfolgte auf Grund von Schliffbildern. Die Beweglichkeit betrug etwa $0{,}3 \cdot 10^{-5}\,\text{cm}^2\,\text{sec}^{-1}\,\text{Volt}^{-1}$. In ähnlicher Weise wurde an gekohlten Eisendrähten bei 1060 bis 1070 °C die Überführungszahl von Kohlenstoff (1% C in Fe) zu $1{,}6 \cdot 10^{-6}$ und dessen Beweglichkeit zu $2{,}2 \cdot 10^{-5}$ bzw. $1{,}6 \cdot 10^{-5}\,\text{cm}^2\,\text{sec}^{-1}\,\text{Volt}^{-1}$ gefunden.[6] Ferner sei als weiteres Beispiel noch das System Eisen/Bor genannt, wo die Beweglichkeit des Bors in Eisen bei 1000 °C zu $1 \cdot 10^{-5}\,\text{cm}^2\,\text{sec}^{-1}\,\text{Volt}^{-1}$ geschätzt wurde.[5]

Auch für Metallegierungen konnte ein Materietransport im elektrischen Feld beobachtet werden, obwohl hier die Verhältnisse noch recht unklar und auch Experimente nicht ganz einfach durchführbar sind.[7]

---

[1] JOST, W., u. A. WIDMANN: Z. phys. Chem. (B) **29**. 247 (1935); **45**, 285 (1940).
[2] SKAUPY, F.: Verh. dtsch. phys. Ges. **16**, 156 (1914).
[3] BOER, J. H. DE, u. J. D. FAST: Recueil Trav. chim. Pays-Bas **55**, 459 (1936).
[4] BOER, J. H. DE, u. J. D. FAST: Recueil Trav. chim. Pays-Bas **59**, 161 (1940).
[5] SEITH, W., u. TH. DAUR: Z. Elektrochem. angew. phys. Chem. **44**, 256 (1938).
[6] SEITH, W., u. O. KUBASCHEWSKI: Z. Elektrochem. angew. phys. Chem. **41**, 551 (1935). — Vgl. auch W. SEITH u. H. SCHMEKEN: Z. Elektrochem. angew. phys. Chem. **54**, 222 (1950).
[7] Vgl. u. a. K. E. SCHWARZ: Elektrolytische Wanderung in festen u. flüssigen Metallen. Leipzig 1940.

So wurden u. a. Überführungsversuche an den Systemen Au-Pb[1], Au-Pd[2] und Au-Sn[3] ausgeführt. In allen drei Systemen wandert Gold zur Anode und der andere Legierungspartner zur Kathode. Eine Deutung des bemerkenswerten Befundes steht noch aus. Ferner fand SCHWARZ am System Ag-Po[4], daß Polonium eindeutig zur Anode wandert. Jedoch wird der Befund gelegentlich durch eine Anreicherung des Poloniums gestört, das auch nach längerer Elektrolyse hartnäckig festsitzt und nicht mehr weiter wandert. In einer ähnlichen Versuchsanordnung bestimmte JOHNSON die Wanderung der Thoratome bzw. Thorionen zur Kathode.[5]

Angeregt durch die Untersuchungen von ZINTL[6] über den zunehmenden heteropolaren Bindungscharakter intermetallischer Verbindungen ermittelten KUBASCHEWSKI und REINARTZ[7] die Überführungszahlen der Metallionen in Mg_3Bi_2. Die höchsten Überführungszahlen der Ionen wurden bei exakt stöchiometrischer Zusammensetzung bei 590 °C zu $t_{Mg^{2+}} = 6{,}0 \cdot 10^{-4} \pm 1 \cdot 10^{-4}$ und bei 700 °C zu $1{,}08 \cdot 10^{-3} \pm 0{,}15 \cdot 10^{-3}$ gefunden. Dieser Befund deutet auf einen bemerkenswerten Anteil der Metallionen am Stromtransport hin und läßt darauf schließen, daß unter der Voraussetzung einer Abgabe von zwei Elektronen je Mg-Atom vom Bi-Atom im Mittel nur 2,5 bis 2,8 Elektronen eingebaut werden, woraus geschlossen wird, daß dieser Anteil der heteropolaren Bindung, der Rest dem Elektronengas zuzuordnen ist.

In intermetallischen Verbindungen kann Heteropolarität einmal dadurch auftreten, daß die Legierungspartner eine verschiedene Anzahl von Elektronen zum Elektronengas beisteuern oder daß eine echte Umladung auftritt, wobei die Metallatome der einen Sorte Elektronen abgeben und die der anderen Sorte aufnehmen. Der letzte Mechanismus scheint bei den ZINTL-Phasen vorzuliegen, wie neuere Untersuchungen von WEVER[8] zeigen. Infolge der Erscheinung, daß in metallisch leitenden Stoffen zu der von einer elektrischen Ladung der Metallatome herrührenden Feldkraft eine zweite Kraft hinzutritt, welche durch die Wechselwirkung der Elektronen mit den Metallatomen verursacht ist, wird bei Feldtransport beider Komponenten in einer Richtung eine Entscheidung über die wirkende Kraft erschwert. Ist dagegen die Überführungsrichtung für beide Komponenten entgegengesetzt, so kann nur die verschiedene Ladung der Komponenten hierfür verantwortlich gemacht werden. Dies

---

[1] SEITH, W., u. H. ETZOLD: Z. Elektrochem. angew. phys. Chem. **40**, 829 (1934). — K. E. SCHWARZ u. E. STOCKERT: Z. Elektrochem. angew. phys. Chem. **45**, 464 (1939).

[2] JOST, W., u. R. LINKE: Z. phys. Chem. (B) **29**, 127 (1935).

[3] NEHLEP, G., W. JOST u. R. LINKE: Z. Elektrochem. angew. phys. Chem. **42**, 150 (1936).

[4] SCHWARZ, K. E.: Z. Elektrochem. angew. phys. Chem. **45**, 712 (1939).

[5] JOHNSON, R. P.: Phys. Rev. **53**, 766 (1938).

[6] ZINTL, E.: Angew. Chem. **52**, 1 (1939).

[7] KUBASCHEWSKI, O., u. K. REINARTZ: Z. Elektrochem. angew. phys. Chem. **52**, 75 (1948).

[8] WEVER, H.: Z. Elektrochem. Ber. Bunsenges. phys. Chem. **60**, 1170 (1956); **63**, 921 (1959). — H. WEVER u. G. WINTERMANN: Z. Elektrochem. Ber. Bunsenges. phys. Chem. **64**, 1112 (1960).

konnte sowohl an der NiAs-Phase im System Ni/Sn als auch an der entsprechenden Phase im System Cu/Sn beobachtet werden, wo in beiden Fällen Sn der anionische Partner ist. Aus Überführungs- und Diffusionsmessungen ergibt sich für die Ni/Sn-Legierung eine mittlere Ladung der Komponenten in der Größenordnung von 1.

3.3 Fehlordnung und Leitungsvorgänge in Silberhalogeniden[1]

Wie bereits auf S. 16 mitgeteilt wurde, sind in den Silberhalogeniden überwiegend die Silberionen im Sinne des Fehlordnungsmodells von FRENKEL fehlgeordnet. Hier hat eine von der Temperatur abhängige Zahl an Silberionen ihre normalen Gitterplätze verlassen und befindet sich auf Zwischengitterplätzen. Dabei entsteht eine gleich große Zahl von unbesetzten Gitterplätzen im Silberionenteilgitter, sog. Leerstellen $|Ag|'$ und Silberionen auf Zwischengitterplätzen $Ag^{\bullet}$, also

$$x^0_{|Ag|'} = x^0_{Ag^{\bullet}}. \qquad (3.18\,a)$$

(Der Index 0 kennzeichnet die reine Silberhalogenidphase.) Diese Erscheinung der Eigenfehlordnung ist direkt vergleichbar mit der Eigendissoziation des Wassers. Entsprechend erhalten wir für das Ionenfehlordnungsprodukt im Silberhalogenid:

$$x^0_{|Ag|'} \cdot x^0_{Ag^{\bullet}} = K. \qquad (3.18\,b)$$

Gl. (3.18b) gilt exakt für einen stöchiometrisch zusammengesetzten Silberhalogenidkristall, z. B. AgBr. Eine Elektronenfehlordnung kann bei höheren Meßtemperaturen in indifferenter Atmosphäre nicht beobachtet werden. Jedoch kann man, wie WAGNER[2] zeigen konnte, in einem AgBr-Kristall eine Elektronenfehlordnung dadurch hervorrufen, indem man den Kristall z. B. bei 300 bis 400 °C einer Bromatmosphäre aussetzt. Entsprechend den thermodynamischen Verhältnissen wird unter diesen Bedingungen Brom an AgBr chemisorbiert, d. h., ein Brommolekül wird beim Auftreffen auf die AgBr Oberfläche in Atome gespalten unter gleichzeitiger Aufnahme von zwei Elektronen aus dem Gitter, so daß es als einfach negativ geladenes Bromion vorliegt, was man durch die folgende symbolische Gleichung andeuten kann:

$$\tfrac{1}{2}\,Br_2(gas) \rightleftharpoons Br^-(ads) + |e|^{\bullet}. \qquad (3.19\,a)$$

Hierbei bedeutet $|e|^{\bullet}$ ein fehlendes Elektron irgendwo in nicht zu weiter Entfernung (<100 Å) vom chemisorbierten Bromion. Man nennt $|e|^{\bullet}$ ein Defektelektron bzw. eine Elektronendefektstelle. Nach WAGNER[3] kann man sich eine Elektronendefektstelle durch ein Ag^{2+} repräsentiert denken. Als unmittelbare Folgereaktion von (3.19a) wird ein dem chemisorbierten Brom nächstbenachbartes Silberion seinen Gitterplatz verlassen und zum chemisorbierten Bromion springen, wodurch eine neue

---

[1] Hier sei besonders auf die im Springer-Verlag Berlin 1959 erschienene Monographie von O. STASIW: Elektronen-Ionenprozesse in Ionenkristallen hingewiesen, wo ein erheblicher Teil der Darstellung den Ag-Halogeniden gewidmet ist.

[2] WAGNER, C.: Z. phys. Chem. (B) **21**, 25 (1933); **32**, 447 (1936).
WAGNER, C.: J. Corrosion and Materials Protection **5**, Nr. 5 (1948).

Silberionenleerstelle im Gitter und ein neues „AgBr-Molekül" an der Oberfläche entsteht, was man in folgender Weise andeuten kann:

$$Br^-(ads) \rightleftharpoons AgBr + |Ag|'. \tag{3.19b}$$

Bei niedrigen Temperaturen erfolgt die Einwirkung von Brom auf AgBr überwiegend in oberflächennahen Bereichen des AgBr-Kristalls. Folgereaktion (3.19b) ist nur möglich, solange das durch die Ionosorption verursachte elektrische Feld genügend groß ist, um einen Transport von Silberionen zur Oberfläche zu bewirken, da durch das mittlere kT bei Zimmertemperatur eine Diffusion der Ag-Ionen nur außerordentlich langsam erfolgt (s. S. 584). Bei höheren Temperaturen laufen die beiden Teilvorgänge (3.19a) und (3.19b) genügend rasch ab, so daß der gesamte Kristall eine *homogene* Verteilung der Silberionenleerstellen und Elektronendefektstellen aufweist. Unter diesen Verhältnissen können die Gln. (3.19a) und (3.19b) zu einer Reaktionsgleichung zusammengefaßt werden:

$$\tfrac{1}{2} Br_2(\text{gas}) \rightleftharpoons AgBr + |Ag|' + |e|^{\cdot}. \tag{3.20}$$

Aus (3.20) folgt nunmehr aus dem Massenwirkungsgesetz:

$$\frac{x_{|Ag|'} \cdot x_+}{p_{Br_2}^{1/2}} = K. \tag{3.21}$$

Da die durch Einbau von überschüssigem Brom in das AgBr-Gitter erzeugte zusätzliche Silberionen-Leerstellenkonzentration sehr klein ist gegenüber der schon durch Eigenfehlordnung gemäß (3.18) vorhandenen Silberionen-Leerstellenkonzentration im stöchiometrischen AgBr-Gitter $x^0_{|Ag|'}$, also

$$x_{|Ag|'\,(\text{bromierter Kristall})} \approx x^0_{|Ag|'}, \tag{3.22}$$

muß die elektrische Leitfähigkeit von AgBr praktisch unabhängig vom Brompartialdruck sein. Dieses Ergebnis konnte von WAGNER[1] bestätigt werden. Bei Gültigkeit von (3.22) bzw. bei Unabhängigkeit der Gesamtleitfähigkeit ($\approx$ Silberionenleitfähigkeit) vom Brompartialdruck kann man neben den Konzentrationen der Ag^+- und Br^--Ionen und Elektronen auf Gitterplätzen auch die Konzentration der Silberionenleerstellen $x_{|Ag|'}$ als konstant ansehen. Somit folgt aus (3.21) im Gegensatz zur Gesamtleitfähigkeit für die Elektronenteilleitfähigkeit $\varkappa_+$, die proportional der Defektelektronenkonzentration ist:

$$\varkappa_+ \sim x_+ \sim p_{Br_2}^{1/2}. \tag{3.23}$$

Die Richtigkeit der zu (3.23) führenden Überlegungen wird durch die gefundene Abhängigkeit der Bromierungsgeschwindigkeit des Silbers vom Brompartialdruck bestätigt, wie später noch im einzelnen diskutiert werden soll (s. S. 634). In neuerer Zeit konnte auch LUCKEY[2] an Hand von Leitfähigkeitsmessungen an AgCl-Kristallen zwischen 25 und 200 °C zeigen, daß im Cl_2-Druckbereich zwischen 10 und 600 Torr $\varkappa \sim p_{Cl_2}^{1/2}$ ist. Ein im Prinzip gleiches Verhalten zeigten auch AgBr-Kristalle sowohl

[1] WAGNER, C.: Z. phys. Chem. (B) **21**, 25 (1933); **32**, 447 (1936).
[2] LUCKEY, G. W.: Faraday Soc. Disc. **28**, 113 (1959).

in Cl_2- als auch in Br_2-Atmosphäre. Beim Erhitzen in Br_2 entstehen im AgBr-Gitter Defektelektronen, die zusammen mit den leeren Kationenplätzen *V*-Zentren bilden (s. Farbzentrenbildung bei den Alkalihalogeniden Kap. 3.6). Hierbei stieg die Absorption von AgBr mit einem Maximum bei 420 nm an.[1]

Zum gleichen Ergebnis kommt man, wenn der Einbau von Brom ins AgBr-Gitter nicht durch Erzeugung von Silberionenleerstellen, sondern durch Verbrauch von Silberionen auf Zwischengitterplätzen $Ag^{\bullet}$ formuliert wird, also in folgender Weise:

$$\tfrac{1}{2}\,\mathrm{Br_2\,(gas)} + \mathrm{Ag}^{\bullet} \rightleftharpoons \mathrm{AgBr} + |e|^{\bullet}. \qquad (3.20\,a)$$

Denn auch hier ist die Bedingung

$$x_{\mathrm{Ag}^{\bullet}\ (\text{bromierter Kristall})} \approx x^{0}_{\mathrm{Ag}^{\bullet}} \qquad (3.22\,a)$$

hinreichend erfüllt.

Während bei Temperaturen $> 300\,°C$ AgBr und AgCl praktisch reine Silberionenleiter sind, tritt mit fallender Temperatur die Ionenleitung zugunsten der Elektronenleitung immer mehr zurück. So konnte beispielsweise Wagner[2] bereits bei 200 °C einen Elektronenleitfähigkeitsanteil von etwa 17% bei einem Brompartialdruck von 0,23 atm nachweisen. Ohne Zweifel wird mit fallender Temperatur der Anteil der Elektronen an der Leitfähigkeit größer. Dieser Befund wird verständlich, wenn man sich den Verlauf der potentiellen Energie eines Ag-Ions beim Sprung in eine Leerstelle bzw. auf einen benachbarten Zwischengitterplatz klarmacht (Abb. 3.10). Es folgt nämlich, daß die Wahrscheinlichkeit für einen Platzwechsel eines Ag-Ions von einem normalen Gitterplatz auf seinen benachbarten Zwischengitterplatz proportional

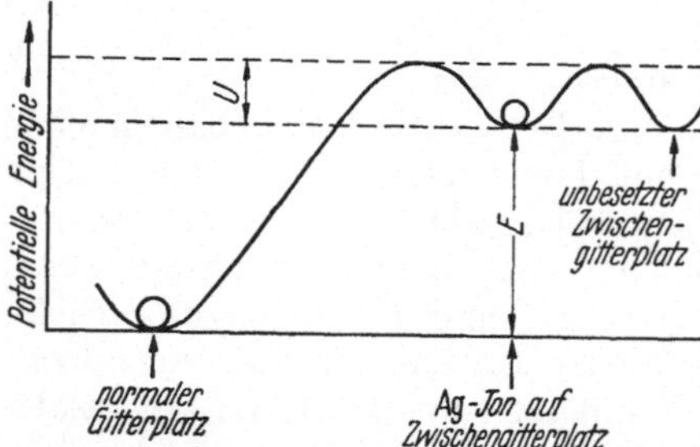

Abb. 3.10. Änderung der potentiellen Energie beim Übergang eines Ag-Ions auf Gitterplatz auf einen seiner nächsten Zwischengitterplätze. ($U + E$ = Energieaufwand zur Beförderung von Ionen auf Gitterplätzen in Zwischengitterplätze; U = Energieaufwand zur Zwischengitterplatzwanderung.)

$$\exp\{-(E + U)/RT\} \qquad (3.24)$$

ist. E ist der Energieunterschied, der erforderlich ist, um ein Mol Ag-Ionen von ihren Gitterplätzen auf Zwischengitterplätze zu befördern. U ist die zusätzliche Energie je Mol, die zur Überwindung der Sattelsprünge bei Zwischengitterplatzwanderung erforderlich ist. Bedeutet $\dot{x}$ den Molenbruch an Ag-Ionen, die je Zeiteinheit von normalen Gitterplätzen auf Zwischengitterplätze gehen, so gilt:

$$\dot{x} \sim N_L \exp\{-(E + U)/RT\}, \qquad (3.25)$$

wo N_L die Loschmidtsche Zahl bedeutet.

[1] Schamowski, L. M., A. A. Dunina u. M. I. Gosstewa: Ber. Akad. Wiss. UdSSR **106**, 830 (1956).

[2] Wagner, C.: Z. phys. Chem. (B) **32**, 447 (1936).

Bei Fehlen eines Konzentrationsgefälles der Fehlordnungsstellen, also hier z. B. der Ag-Ionen auf Zwischengitterplätzen, und eines elektrischen Feldes wandern die Ag-Ionen über Zwischengitterplätze im Sinne einer statistisch ungeordneten Bewegung, wobei Sattelsprünge von einem Zwischengitterplatz zum anderen erfolgen (s. Kap. 6.2). Beim Anlegen eines elektrischen Feldes tritt jedoch ein gerichteter Stofftransport auf, wobei die Energieberge U in Feldrichtung „gekippt" werden, wie dies in Abb. 3.11 schematisch angedeutet ist. Nehmen wir an, daß die Wahrscheinlichkeit eines Zwischengitterplatzwechsels je Gitterschwingung $\exp(-U/RT)$ ist, dann erfolgen je Sekunde

$$\nu \exp(-U/kT) \tag{3.26}$$

Sattelsprünge. Bei Vorhandensein eines elektrischen Feldes $\mathfrak{E}$ ist wohl senkrecht zum Feld der Energieberg U unverändert, aber in Richtung zum Feld und in entgegengesetzter Richtung tritt eine Änderung der Höhe des Energiebergs um den Betrag $\pm\frac{1}{2} a\, e\, \mathfrak{E}$ auf, wo a den Abstand zwischen zwei benachbarten Zwischengitterplatzlagen bedeutet. Hieraus läßt sich in ähnlicher Weise wie in der Elektrochemie die mittlere Überführungsgeschwindigkeit der Ag-Ionen auf Zwischengitterplätzen angeben zu[1]:

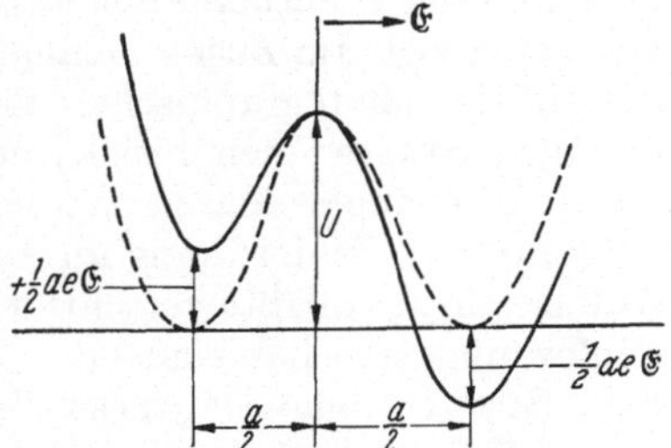

Abb. 3.11. Senken und Heben der Potentialmulden um den Betrag $\pm\frac{1}{2} a\, e\, \mathfrak{E}$ bei Anlegen eines elektrischen Feldes. (In Richtung des elektrischen Feldes ist demnach die Ionenwanderung auch ohne Konzentrationsgefälle begünstigt.)

$$u = \nu\, a \exp(-U/kT)\, 2 \sinh(\tfrac{1}{2} a\, e\, \mathfrak{E}/kT). \tag{3.27}$$

Da häufig $a\, e\, \mathfrak{E} \gg kT$ ist, ist das zweite Glied des in zwei Glieder aufspaltbaren sinh-Ausdrucks in (3.27) zu vernachlässigen, und wir erhalten schließlich für die elektrische Leitfähigkeit $\varkappa$ nach Mott und Gurney[1] den Ausdruck

$$\varkappa = \varkappa_0 \exp\{-(\tfrac{1}{2} E_0 + U_0)/kT\} \tag{3.28}$$

mit

$$\varkappa_0 = (\gamma\, B\, C)\, N\, e^2\, a^2\, \nu/kT, \tag{3.29}$$

wo N die Zahl der Ionenpaare je cm^3 und γ, B und C numerische Faktoren sind, die bereits auf den Seiten 37 und 38 näher diskutiert wurden. An Hand von Meßdaten von Teltow[2] berechnet sich die Reaktionsenthalpie ΔH für das Fehlordnungsgleichgewicht:

$$\text{Ungestörtes AgBr-Gitter} \rightleftharpoons Ag^{\bullet} + |Ag|'$$

zu:

$$\Delta H = -R \frac{d \ln K}{d(1/T)} = 29{,}2\,\text{kcal}.$$

---

[1] Mott, N. F., u. R. W. Gurney: Electronic Processes in Ionic Crystals, S. 40ff. Oxford 1948.

[2] Teltow, J.: Ann. Phys. (6) 5, 63, 71 (1949).

Die Schwellenenergie für Zwischengitterwanderung beträgt 3,4 kcal und für Leerstellenwanderung 8,3 kcal. Für AgCl und AgJ fehlen noch genaue Daten. In neuerer Zeit wurden auch die Fehlordnungsverhältnisse an α-AgJ und deren Anomalien studiert.[1] Über die thermische Ausdehnung von AgJ berichten BIENENSTOCK und BURLEY[2].

Bisher wurde nur die Ausbildung einer FRENKEL-Fehlordnung diskutiert und der eventuell auftretende Anteil einer SCHOTTKY-Fehlordnung vernachlässigt. Im Zusammenhang mit der Aufklärung des latenten Bildes auf der photographischen Platte glauben jedoch sowohl MITCHELL[3] als auch STASIW[4] den hierbei erforderlichen Platzwechselmechanismus nur dann zwanglos klären zu können, wenn man einen merklichen Anteil an SCHOTTKY-Fehlordnung im AgCl- bzw. AgBr-Kristall annimmt. Diese Auffassung veranlaßte verschiedene Autoren, neue Experimente über den Fehlordnungsmechanismus der Silberhalogenide durchzuführen. Während BERRY[5] keine SCHOTTKY-Fehlordnung in AgBr feststellen konnte, deutet KOBAYASHI[6] auf Grund von Wärmekapazitätsmessungen in AgCl bei 724 °K 20% der gesamten Fehlordnung als SCHOTTKY-Fehlordnung. Wie im folgenden noch gezeigt werden soll, gibt es noch weitere Methoden, um den Fehlordnungstyp in einem Ionenkristall zu bestimmen.[7] Ohne uns jetzt und auch in der weiteren Darstellung auf eine zahlenmäßige Angabe des Auftretens von SCHOTTKY-Fehlordnung in den Silberhalogeniden festzulegen, darf man auf Grund des bisher vorliegenden Versuchsmaterials die Vermutung aussprechen, daß offenbar oberhalb 700 °K eine merkliche SCHOTTKY-Fehlordnung nicht auszuschließen ist. In einer neueren Untersuchung wird von SCHMALZRIED[8] gezeigt, daß der überexponentielle Anstieg der elektrischen Leitfähigkeit und die Ausdehnung des AgBr-Kristalls in der Nähe des Schmelzpunktes[9] auch mit Hilfe des FRENKELschen Fehlordnungsmodells gedeutet werden kann.

In diesem Zusammenhang ist eine ausführliche Abhandlung von SEITZ[10] über die Fehlordnungserscheinungen und Leitungsvorgänge in Silberhalogenidkristallen sehr interessant. Neben einer kritischen Betrachtung der Photoleitfähigkeit und dem Einfangvorgang von Elektronen an Versetzungen (dislocations) durch Ag-Ionen auf Zwischengitterplätzen wird der Einfluß der Fremdionen (2wertig) auf die Dunkel- und Photoleitfähigkeit diskutiert. Hierbei wird insbesondere eine Arbeit

[1] JOST, W., u. J. NÖLTING: Z. phys. Chem. (NF) **7**, 383 (1956). — K. WAGENER: Z. phys. Chem. (NF) **21**, 74 (1959); **25**, 135 (1960).

[2] BIENENSTOCK, A., u. G. BURLEY: J. Phys. Chem. Solids **24**, 1271 (1963).

[3] MITCHELL, J. W.: Phil. Mag. **40**, 667 (1949); Fundamental Mechanisms of Photographic Sensitivity, S. 242. New York 1951.

[4] STASIW, O.: Ann. Phys. (6) **5**, 151 (1949); Forsch. u. Fortschr. **26**, 3. Sonderheft, 1 (1950); Fundamental Mechanisms of Photographic Sensitivity, S. 24. New York 1951; Elektronen- und Ionenprozesse in Ionenkristallen, S. 45. Berlin/Göttingen/Heidelberg: Springer 1959.

[5] BERRY, C. R.: Phys. Rev. **82**, 422 (1951); s. auch T. E. POCHAPSKY: J. chem. Phys. **21**, 1539 (1953).

[6] KOBAYASHI, K.: Phys. Rev. **85**, 150 (1952).

[7] Vgl. auch F. SEITZ: Imperfections in Nearly Perfect Crystals: A Synthesis, in Imperfections in Nearly Perfect Crystals, S. 31 ff. New York 1952.

[8] SCHMALZRIED, H.: Z. phys. Chem. (NF) **22**, 199 (1959).

[9] ZIETEN, W.: Z. Phys. **145**, 125 (1956).

[10] SEITZ, F.: Speculations on the Properties of the Silver Halide Crystals, Rev. Modern Phys. **23**, 348 (1951).

von WEST[1] ausgewertet, der ebenso wie MITCHELL seinem Einfangmechanismus eine SCHOTTKY-Fehlordnung zugrunde legt. Die sich hieran anschließende Diskussion von SEITZ[2] ist insofern bemerkenswert, als SEITZ ebenso wie andere Autoren[3] eine SCHOTTKY-Fehlordnung in Silberhalogenidkristallen bei Zimmertemperatur für schwer vorstellbar hält. Auf Grund der überwiegenden FRENKEL-Fehlordnung ist daher die Annahme naheliegend, die Ag^+-Ionen auf Zwischengitterplätzen als Einfangstellen für Photoelektronen zu betrachten oder die an Kationenleerstellen assoziierten 2wertigen Kationen. Die letzten beiden Möglichkeiten sind durchaus einer experimentellen Prüfung wert. Ferner wird man — worauf in diesem Zusammenhang nicht näher eingegangen werden kann — bei der Theorie über die Entstehung des latenten Bildes die durch Elektronenanhäufung an der Oberfläche des Kristalls, verursacht durch Belichtung, erzeugten örtlichen elektrischen Randschichtfelder mit berücksichtigen müssen. In diesen Randschichtfeldern werden dann diejenigen Ionen transportiert, die am leichtesten zu transportieren sind, eben die Ag-Ionen auf Zwischengitterplätzen, die unter Zerstörung der örtlichen Felder gemeinsam mit den Photoelektronen zu Ag-Keimen assoziieren. Ohne Zweifel ist diese Hypothese gegenüber der bisher bestehenden von MITCHELL-PICK[4] ebenfalls diskutabel, obwohl sie an sich nur die „alte" MOTTsche Hypothese durch Einführung örtlicher elektrischer Randschichtfelder erweitert.

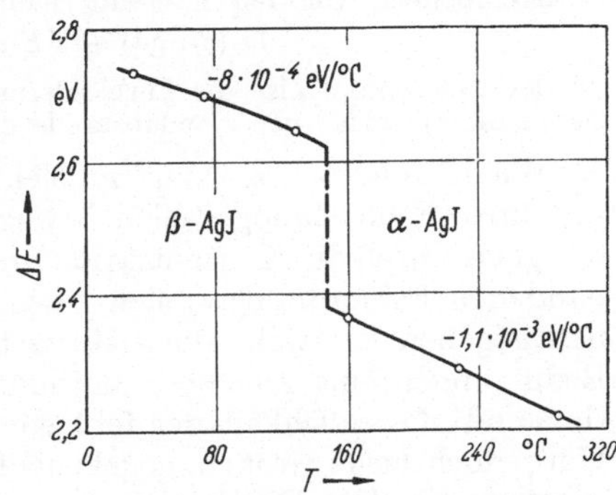

Abb. 3.12. Bandabstand von AgJ als Funktion der Temperatur, erhalten aus Remissionsmessungen in N_2-Atmosphäre von GROTH und WEISS. (Temperaturkoeffizienten der Bandkanten sind angegeben.)

Silberjodid zeigt eine besonders ausgeprägte Ionenleitung und wird daher beim Aufbau elektrochemischer Festkörperketten als Zwischenelektrolyt verwandt, um eine Elektronenleitung in der Kette zu unterdrücken (s. Kap. 3.21). Wie jedoch neuere Untersuchungen ergeben haben, wird in Anwesenheit von Joddampf bei 170 °C in α-AgJ eine deutliche Leitfähigkeitserhöhung verursacht.[5] Auf Grund dieser Ergebnisse und Thermokraftmessungen kann der Leitfähigkeitsanstieg auf eine Defektelektronenleitung zurückgeführt werden, da durch die Anwesenheit von Jod gemäß der Einbaugleichung:

$$\tfrac{1}{2}J_2(\text{gas}) = \text{AgJ} + |\text{Ag}|' + |\text{e}|^{\bullet}$$

Defektelektronen erzeugt werden. WAGENER[6] hingegen versucht aus thermodynamischen Rechnungen den Leitfähigkeitsanstieg auf eine Erhöhung der Beweglichkeit der Ag-Ionen auf Zwischengitterplatz zurückzuführen.

Die Phasenumwandlung β-AgJ $\rightarrow$ α-AgJ bei etwa 145 °C ist mit einer beträchtlichen Erhöhung der Ionenleitung verbunden.[7] Verantwortlich dafür sind die

[1] WEST, W.: Fundamental Mechanisms of Photographic Sensitivity, S. 99. New York 1951.

[2] SEITZ, F.: Speculations on the Properties of the Silver Halide Crystals, Rev. Modern Phys. **23**, 348 (1951).

[3] Vgl. u. a. K. HAUFFE: Fehlordnungserscheinungen und Leitungsvorgänge in ionen- und elektronenleitenden festen Stoffen, in: Ergebn. exakt. Naturwiss. **25**, 193 (1951).

[4] Vgl. u. a. H. PICK: Naturwiss. **38**, 323 (1951).

[5] WEISS, K.: Z. phys. Chem. (NF) **32**, 256 (1962). — K. WEISS u. P. A. VERMAAS: Z. phys. Chem. (NF) **44**, 372 (1965). — L. SIEG: Naturwiss. **40**, 439 (1953).

[6] WAGENER, K.: Z. phys. Chem. (NF) **21**, 75 (1959).

[7] JOST, W., H. J. OEL u. G. SCHNIEDERMANN: Z. phys. Chem. (NF) **17**, 175 (1958).

Ag-Ionen, die beim α-AgJ weitgehend statistisch über das kubisch-raumzentrierte J^--Teilgitter verteilt sind.[1] Die bei der Phasenumwandlung auftretende Farbänderung von Gelb nach Hellorange (α-AgJ) konnte auf die Änderung des Bandabstandes am Umwandlungspunkt zurückgeführt werden.[2] In Abb. 3.12 ist an Hand von Remissionsmessungen der Bandabstand ΔE als Funktion der Temperatur aufgetragen. Durch Extrapolation beider Kurven auf eine mittlere Umwandlungstemperatur von 145 °C erhält man für die Änderung des Bandabstandes:

$$\Delta E(\beta\text{-AgJ}) - \Delta E(\alpha\text{-AgJ}) = 0{,}24\ \text{eV}.$$

In der Tat kommt also die Farbänderung des AgJ bei der Phasenumwandlung durch die verschiedenen Bandabstände der beiden Phasen zustande.

Wie man heute weiß, sind im elektrischen Feld Ionen und Elektronen nur über Fehlordnungsstellen beweglich. Da aber die elektrische Leitfähigkeit durch die Konzentration und die Beweglichkeit der jeweils vorhandenen Fehlordnungsstellen bzw. fehlgeordneten Ionen und Elektronen gegeben ist, stellt die elektrische Leitfähigkeit unter bestimmten Bedingungen eine geeignete Methode zur Bestimmung der Konzentration und Beweglichkeit der fehlgeordneten Ionen und Elektronen dar. Um jedoch beide Größen, gegebenenfalls in Abhängigkeit von der Temperatur und dem Druck, getrennt zu ermitteln, reichen Leitfähigkeitsmessungen an reinen Salzen und Oxiden nicht aus. Diese Schwierigkeit wurde von Koch und Wagner[3] überwunden, indem sie z. B. im Falle der Silberhalogenide, insbesondere AgCl und AgBr, durch Einbau höherwertiger Kationen — z. B. durch „Auflösen" von $CdCl_2$ bzw. $CdBr_2$ — die Kationenleerstellenkonzentration definiert änderten. Die folgenden Überlegungen und Folgerungen sind unter Zugrundelegung der Frenkel-Fehlordnung für Silberhalogenide dargestellt.

Löst man Halogenide mit 2wertigen Kationen, wie z. B. $PbCl_2$, $PbBr_2$, $CdCl_2$ und $CdBr_2$, in AgCl bzw. AgBr, so werden die 2wertigen Pb- bzw. Cd-Ionen auf normale Ag-Ionengitterplätze eingebaut. Das heißt je in das AgBr-Gitter eintretendes Cd^{2+}-Ion wird ein Ag-Ion aus seinem Gitterplatz verdrängt. Ein merklicher Einbau der Fremdkationen auf Zwischengitterplätzen kommt aus energetischen Gründen kaum in Frage.

Die auf diesem Wege erhaltenen Mischkristalle bezeichnen wir nach einem Vorschlag von Wagner als heterotype Mischphasen im Sinne von Laves[4]. Häufig werden sie auch noch in der Literatur als anomale Mischkristalle bezeichnet. Da aber nun an Stelle von 1wertigen Ag-Ionen 2wertige Cd-Ionen im Gitter auftreten, wird eine positive Überschußladung ins AgBr-Gitter gebracht, was durch das Symbol $Cd|Ag|^{\bullet}$ angedeutet wird. Aus Elektroneutralitätsgründen muß aber entsprechend der Eigenfehlordnung des AgBr unter Erfüllung der Massenwirkungsbeziehung (3.18b) eine äquivalente Zahl von positiven Störstellen, also Silberionen auf Zwischengitterplätzen $Ag^{\bullet}$, verschwinden und eine entsprechende von negativen Störstellen, also Silberionenleerstellen $|Ag|'$, neu auftreten. Abb. 3.13 zeigt den Fall, wo die Ag-Ionen auf Zwischen-

[1] Strock, L. W.: Z. phys. Chem. (B) **25**, 441 (1934).
[2] Groth, K., u. K. Weiss: Z. Naturforsch. **17a**, 536 (1962).
[3] Koch, E., u. C. Wagner: Z. phys. Chem. (B) **38**, 295 (1937).
[4] Laves, F.: Chemie **57**, 30 (1944).

gitterplätzen weitgehend vernichtet sind und praktisch nur noch Silberionenleerstellen — allerdings jetzt in erheblich großer Zahl — vorhanden sind. Entsprechend formulieren wir die symbolischen Einbaugleichungen:

$$Ag^{\cdot} + CdBr_2 = Cd\,|Ag|^{\cdot} + 2\,AgBr \qquad (3.30\,a)$$

(Vernichtung von Ag-Ionen auf Zwischengitterplätzen)

$$CdBr_2 = Cd\,|Ag|^{\cdot} + |Ag|' + 2\,AgBr. \qquad (3.30\,b)$$

(Erzeugung von Ag-Ionenleerstellen)

Hieraus ergibt sich unter Beachtung der Elektroneutralitätsbedingung die effektive Ag-Ionenleerstellenkonzentration $x_{|Ag|'}$ in der Mischphase zu:

$$x_{|Ag|'} = x_{Ag^{\cdot}} + x_{Cd|Ag|^{\cdot}}. \qquad (3.31)$$

Beachtet man ferner die für reines, stöchiometrisch zusammengesetztes AgBr (Index 0) gültige Beziehung:

$$x^0_{|Ag|'} = x^0_{Ag^{\cdot}} = \sqrt{K}, \qquad (3.32)$$

die sich aus (3.18a) und (3.18b) ergibt, dann erhält man aus (3.18b) und (3.31) nach Division durch $x^0_{|Ag|'}$ mit $x_{Cd\,|Ag|^{\cdot}} = x_{CdBr_2}$

$$\frac{x_{|Ag|'}}{x^0_{|Ag|'}} = \frac{x_{CdBr_2}}{2x^0_{|Ag|'}} + \sqrt{\left(\frac{x_{CdBr_2}}{2x^0_{|Ag|'}}\right)^2 + 1}\,. \qquad (3.33)$$

Ag+ Br− Ag+ Br− Ag+
Br− □ Br− Ag+ Br−
Ag+ Br− Cd2+ Br− Ag+
Br− Ag+ Br− □ Br−
Cd2+ Br− Ag+ Br− Ag+

Abb. 3.13. Fehlordnungsmodell der heterotypen Mischphase AgBr–$CdBr_2$ nach WAGNER. (Ausschnitt aus einem Mischkristall, wo $x_{|Ag|'} = x_{CdBr_2} \equiv x_{Cd|Ag|^{\cdot}}$.)

Entsprechend erhält man für das Verhältnis der Konzentrationen der Silberionen auf Zwischengitterplätzen:

$$\frac{x_{Ag^{\cdot}}}{x^0_{Ag^{\cdot}}} = -\frac{x_{CdBr_2}}{2x^0_{Ag^{\cdot}}} + \sqrt{\left(\frac{x_{CdBr_2}}{2x^0_{Ag^{\cdot}}}\right)^2 + 1}\,. \qquad (3.34)$$

Im Falle der Gleichheit der Beweglichkeiten der Silberionenfehlordnungsstellen

$$u_{|Ag|'} \approx u_{Ag^{\cdot}}$$

folgt für das Leitfähigkeitsverhältnis $\varkappa/\varkappa^0$:

$$\frac{\varkappa}{\varkappa^0} = \frac{x_{|Ag|'}}{2x^0_{|Ag|'}} + \frac{x_{Ag^{\cdot}}}{2x^0_{Ag^{\cdot}}} = \left[\left(\frac{x_{CdBr_2}}{2x^0_{|Ag|'}}\right)^2 + 1\right]^{1/2}. \qquad (3.35)$$

Wie jedoch aus Leitfähigkeitsmessungen von TELTOW[1] an AgBr-$CdBr_2$-Mischkristallen hervorgeht, ist die Teilleitfähigkeit der Ag-Ionen über Zwischengitterplätze $\varkappa_{Ag^{\cdot}}$ um den Faktor 4 bis 8 größer als die über Leerstellen $\varkappa_{|Ag|'}$. Das gleiche gilt demzufolge auch für die Beweglichkeiten. Aus diesem Grunde müssen wir Gl. (3.35) durch Einführung der Beweglichkeitsglieder erweitern und erhalten:

$$\frac{\varkappa}{\varkappa^0} = \left[\left(\frac{x_{CdBr_2}}{2x^0_{|Ag|'}}\right)^2 + 1\right]^{1/2} - \frac{u_{Ag^{\cdot}} - u_{|Ag|'}}{u_{Ag^{\cdot}} + u_{|Ag|'}}\,\frac{x_{CdBr_2}}{2x^0_{|Ag|'}}. \qquad (3.36)$$

Hieraus wird der in den Abb. 3.14 und 3.15 erhaltene Verlauf des Leitfähigkeitsverhältnisses von AgCl und AgBr mit steigenden Zusätzen an $CdCl_2$ und $CdBr_2$ und insbesondere die zu Beginn bei kleinen Zusätzen beobachtete Abnahme mit Minimum verständlich. Dem später ansteigen-

[1] TELTOW, J.: Ann. Phys. (6) 5, 63, 71 (1949).

den Ast der Kurve entspricht praktisch eine reine Ag-Ionenleerstellenleitfähigkeit. In einer weiteren Arbeit wurde von EBERT und TELTOW[1] u. a. der Leitfähigkeitsverlauf von AgCl bei kleinen $CdCl_2$-Zusätzen ($<$ 0,2 Mol-%) im Temperaturbereich von 225 bis 400 °C genauer untersucht. Ferner untersuchte ZIETEN[2] die Ausdehnung als Funktion der Fehlordnung in AgCl mit und ohne höherwertige Fremdzusätze, wie

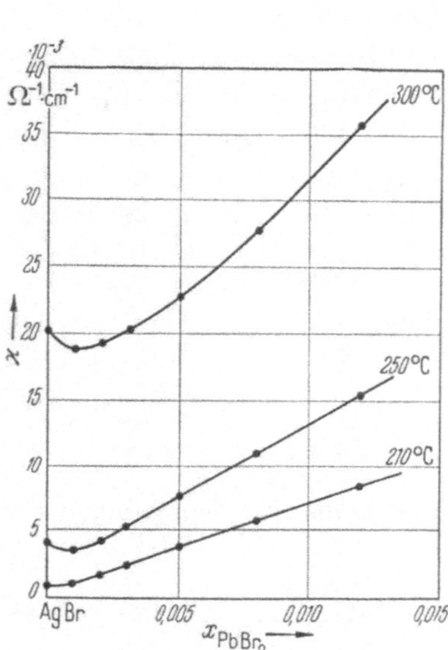

Abb. 3.14
Die elektrische Leitfähigkeit von $AgBr$-$PbBr_2$-Mischkristallen in Abhängigkeit vom $PbBr_2$-Gehalt nach KOCH und WAGNER.

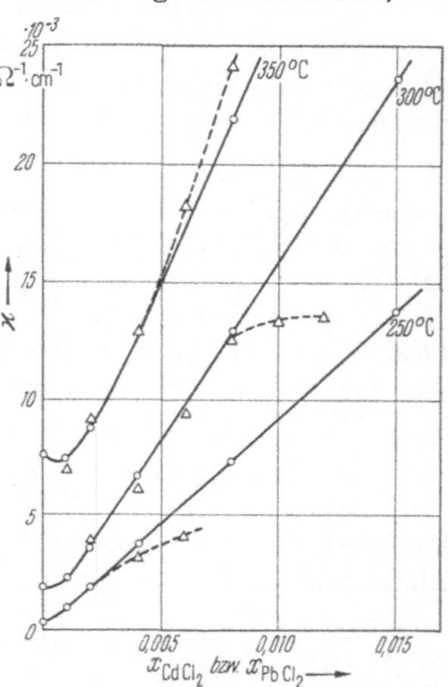

Abb. 3.15
Die elektrische Leitfähigkeit von $AgCl$-$CdCl_2$- bzw. $AgCl$-$PbCl_2$-Mischkristallen in Abhängigkeit vom $CdCl_2$- bzw. $PbCl_2$-Gehalt nach KOCH und WAGNER. (○-Meßpunkte für $CdCl_2$-Zusatz und △-Meßpunkte für $PbCl_2$-Zusatz.)

z. B. $CdCl_2$. Über die elektrischen und photoelektrischen Eigenschaften der Silberhalogenide an reinen und mit Cd-Halogenid dotierten Einkristallen berichtete MATEJEK[3].

Während beim Einbau 2wertiger Kationen die Zahl der Ag-Ionenleerstellen auf Kosten der der Ag-Ionen auf Zwischengitterplätzen erhöht wird, wird beim Einbau 2wertiger Anionen, z. B. in Form von Ag_2S, gerade die Zahl der Ag-Ionen auf Zwischengitterplätzen erhöht, was sich an Hand der symbolischen Einbaugleichung folgendermaßen darstellen läßt:

$$Ag_2S = S|Br|' + Ag^{\cdot} + AgBr. \tag{3.37}$$

Durch Substitution von Bromionen durch 2wertige Schwefelionen treten negative Überschußladungen im Gitter auf, die aus Gründen der

[1] EBERT, I., u. J. TELTOW: Ann. Phys. (6) **15**, 268 (1955).
[2] ZIETEN, W.: Z. Phys. **146**, 451 (1956); s. hier auch die ältere Arbeit von J. TELTOW: Ann. Phys. (6) **12**, 111 (1953).
[3] MATEJEK, R.: Z. Phys. **148**, 454 (1957).

Elektroneutralität entweder durch zusätzlich auftretende positive Überschußladungen, also $\mathrm{Ag}^{\cdot}$, oder durch verschwindende negative Überschußladungen, also $|\mathrm{Ag}|'$, kompensiert werden. Durch völlig analoge Ansätze, wie sie in (3.31) und (3.36) dargestellt sind, erhält man für das Leitfähigkeitsverhältnis der AgBr-Ag_2S-Mischphase und des reinen AgBr unter Beachtung von $x_{S|Br|'} = x_{Ag_2S}$:

$$\frac{\varkappa}{\varkappa^0} = \left[\left(\frac{x_{Ag_2S}}{2x^0_{Ag}}\right)^2 + 1\right]^{1/2} + \frac{u_{Ag^\cdot} - u_{|Ag|'}}{u_{Ag^\cdot} + u_{|Ag|'}} \, \frac{x_{Ag_2S}}{2x^0_{Ag^\cdot}}. \qquad (3.38)$$

Auch in diesem Fall nimmt die elektrische Leitfähigkeit mit steigendem Ag_2S-Gehalt zu.

Nimmt man hingegen eine reine SCHOTTKY-Fehlordnung im AgBr-Kristall an, dann muß man neben der Beweglichkeit der Ag-Ionenleerstellen $u_{|Ag|'}$ auch die der Bromionenleerstellen $u_{|Br|^\cdot}$ berücksichtigen und erhält im Falle einer AgBr-$CdBr_2$-Mischphase für das Leitfähigkeitsverhältnis einen zu (3.36) analogen Ausdruck:

$$\frac{\varkappa}{\varkappa^0} = \left[\left(\frac{x_{CdBr_2}}{2x^0_{|Ag|'}}\right)^2 + 1\right]^{1/2} + \frac{u_{|Ag|'} - u_{|Br|^\cdot}}{u_{|Ag|'} + u_{|Br|^\cdot}} \, \frac{x_{CdBr_2}}{2x^0_{|Ag|'}}. \qquad (3.39)$$

Wie man aus (3.36) und (3.39) erkennt, erhält man bei Vorliegen von FRENKEL- bzw. SCHOTTKY-Fehlordnung beim Zusatz von $CdBr_2$ zu AgBr[1] für höhere Fremdmetallbromidzusätze, also für $x_{CdBr_2} \gg x^0_{|Ag|'}$

$$\frac{\varkappa}{\varkappa^0} \approx \frac{1}{2} \, \frac{x_{CdBr_2}}{x^0_{|Ag|'}} \, \frac{2u_{|Ag|'}}{u_{Ag^\cdot} + u_{|Ag|'}} \qquad \text{(FRENKEL-Fehlordnung)} \qquad (3.40\,a)$$

bzw.

$$\frac{\varkappa}{\varkappa^0} \approx \frac{1}{2} \, \frac{x_{CdBr_2}}{x^0_{|Ag|'}} \, \frac{2u_{|Ag|'}}{u_{|Ag|'} + u_{|Br|^\cdot}}. \qquad \text{(SCHOTTKY-Fehlordnung)} \qquad (3.40\,b)$$

Da nun nach TELTOW $u_{Ag^\cdot}$ mehrfach größer als $u_{|Ag|'}$ und $u_{|Br|^\cdot}$ wesentlich kleiner als $u_{Ag^\cdot}$ ist, müßte im Falle einer SCHOTTKY-Fehlordnung im AgBr-Gitter das Steigungsmaß der Kurven $\varkappa/\varkappa^0$ gegen x_{CdBr_2} mindestens um den Faktor 2 größer sein (Abb. 3.16). Wie die Versuchsergebnisse sowohl an AgBr wie an AgCl mit Zusätzen bei 300 und 350 °C ergeben, sprechen sowohl die Meßergebnisse von KOCH-WAGNER als auch die von TELTOW für eine überwiegende FRENKEL-Fehlordnung.

Eine weitere Möglichkeit der Entscheidung zwischen FRENKEL- und SCHOTTKY-Fehlordnung müßte der Verlauf der

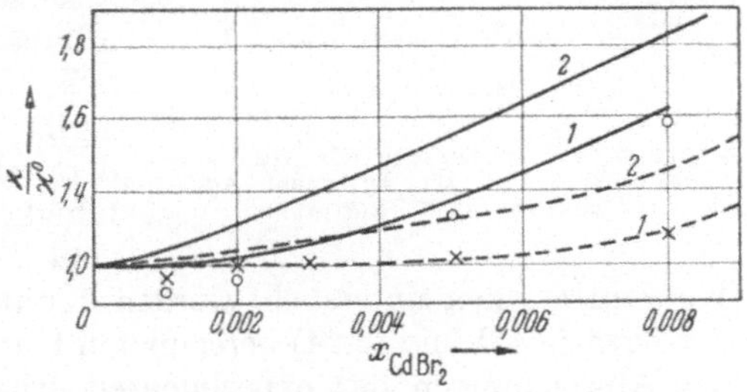

Abb. 3.16. Abhängigkeit des Leitfähigkeitsverhältnisses $\varkappa/\varkappa^0$ vom $CdBr_2$-Gehalt nach Meßdaten von KOCH und WAGNER. Die Kurven *1* erhält man bei 300 bzw. 350 °C für FRENKEL-Fehlordnung, während die Kurven *2* mit den entsprechenden Temperaturen für SCHOTTKY-Fehlordnung Gültigkeit haben. Wie man sieht, ist FRENKEL-Fehlordnung bevorzugt.

[1] HAUFFE, K.: Fehlordnungserscheinungen und Leitungsvorgänge in ionen- und elektronenleitenden festen Stoffen, Ergebn. exakt. Naturwiss. **25**, 214ff. (1951).

elektrischen Leitfähigkeit von AgBr bzw. AgCl in Abhängigkeit vom zugesetzten Gehalt an Ag_2S bzw. Ag_2Se bringen. Bei Vorliegen von SCHOTTKY-Fehlordnung läßt sich der Einbau durch die folgenden symbolischen Einbaugleichungen:

$$Ag_2S + |Ag|' = S|Br|' + AgBr \tag{3.41 a}$$

bzw.

$$Ag_2S = S|Br|' + |Br|^{\bullet} + 2\,AgBr \tag{3.41 b}$$

darstellen.

Hieraus ergibt sich auf Grund ähnlicher Überlegungen wie oben für das Leitfähigkeitsverhältnis mit der experimentell begründeten Bedingung $u_{|Br|^{\bullet}} \ll u_{|Ag|'}$

$$\frac{\varkappa}{\varkappa^0} = \frac{1}{\dfrac{x_{Ag_2S}}{2x^0_{|Ag|'}} + \left[\left(\dfrac{x_{Ag_2S}}{2x^0_{|Ag|'}}\right)^2 + 1\right]^{1/2}} \tag{3.42}$$

und für $x_{Ag_2S} \gg x^0_{|Ag|'}$, was leider infolge der geringen Löslichkeit von Ag_2S in AgBr experimentell nicht realisiert werden kann:

$$\frac{\varkappa}{\varkappa^0} \approx \frac{x^0_{|Ag|'}}{x_{Ag_2S}}. \tag{3.43}$$

(SCHOTTKY-Fehlordnung)

Gl. (3.43) ist aber grundsätzlich verschieden von der für FRENKEL-Fehlordnung aus (3.38) hergeleiteten Beziehung

$$\frac{\varkappa}{\varkappa^0} \approx \frac{1}{2}\,\frac{x_{Ag_2S}}{x^0_{Ag^{\bullet}}}\,\frac{2\,u_{Ag^{\bullet}}}{u_{Ag^{\bullet}} + u_{|Ag|'}}. \tag{3.44}$$

(FRENKEL-Fehlordnung)

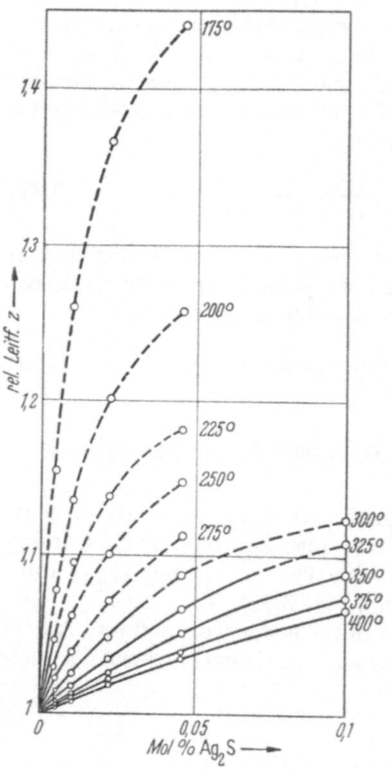

Abb. 3.17. Isothermen der relativen Leitfähigkeit, $z = \varkappa/\varkappa^0$, für AgBr mit Ag_2S-Zusätzen nach TELTOW.

Wie Untersuchungen von TELTOW[1] über die Fehlordnung und Ionenleitung von Silberbromid mit Zusätzen von Silber-, Blei- und Cadmiumsulfid ergeben haben, beträgt z. B. die Löslichkeit von Ag_2S in AgBr bei 400 °C nur einige hundertstel Mol-%, so daß der Leitfähigkeitsverlauf in Abhängigkeit vom Ag_2S-Gehalt nicht bis zu den Konzentrationen untersucht werden konnte, wo die Abweichungen von der nach (3.43) und (3.44) berechneten Kurve eindeutig werden und aus den Abweichungen der experimentell erhaltenen Kurve von den aus (3.43) und (3.44) berechneten sich der Anteil an SCHOTTKY-Fehlordnung abschätzen ließe (Abb. 3.17).

[1] TELTOW, J.: Z. phys. Chem. **195**, 213 (1950).

Gerade aus dem letzten Teil der Darstellung wird ersichtlich, daß sich nur so lange Fehlordnungskonzentration und Leitfähigkeit ändern können, wie Fremdmetallsalze in den Silberhalogeniden gelöst werden. In diesem Zusammenhang sind die von TELTOW[1] mitgeteilten Löslichkeitskurven in Abb. 3.18 aufschlußreich. Wie man aus Abb. 3.18 entnehmen kann, beträgt beispielsweise bei 330 °C die Löslichkeit von $CdBr_2$ in AgBr etwa 25 Mol-%, während die von $PbBr_2$ nur 10 Mol-% und die von $ZnBr_2$ sogar nur etwa 0,7 Mol-% beträgt. Ähnliche Überlegungen

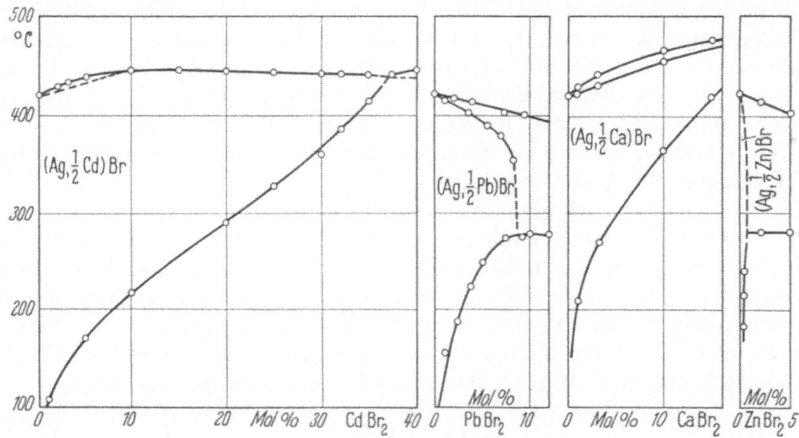

Abb. 3.18. AgBr-Seite der Zustandsdiagramme AgBr-$CdBr_2$, AgBr–$PbBr_2$, AgBr–$CaBr_2$ und AgBr–$ZnBr_2$ nach TELTOW.

gelten auch für die heterotypen Mischphasen mit AgCl als Wirtskristall. Auch hier muß die Löslichkeit von $CdCl_2$ am größten sein, was schon aus den Leitfähigkeitsmessungen hervorgeht. So fanden u. a. KOCH und WAGNER[2], daß die elektrische Leitfähigkeit in einem AgCl-$CdCl_2$-Mischkristall mit 10 Mol-% $CdCl_2$ bei 210 °C etwa 600mal größer ist als die von reinem AgCl bei der gleichen Temperatur. Ferner erkennt man aus den Meßergebnissen, daß bei gleich großen Fremdsalzzusätzen die Leitfähigkeitszunahme bzw. das Verhältnis $\varkappa/\varkappa^0$ mit fallender Temperatur größer wird.

In normalen Mischkristallen mit Zusätzen von Ionen gleicher Wertigkeit sind, wie aus der Fehlordnungstheorie zu erwarten ist und durch TELTOW[3] experimentell belegt wurde, die Leitfähigkeitsänderungen im allgemeinen klein, denn entsprechend der Einbaugleichung für NaCl in AgCl:

$$\mathrm{NaCl} = \mathrm{Na}\,|\mathrm{Ag}|^{\times} + \mathrm{AgCl} \tag{3.45}$$

wird das 1wertige Natrium als elektrisch-neutrales Kation gegenüber den Ag-Ionen im AgCl-Gitter substituieren, was man rechts oben durch ein liegendes Kreuz kennzeichnet. Die geringen Leitfähigkeitsänderungen können daher nur auf Änderungen der Beweglichkeiten der Ag-Ionen-

[1] TELTOW, J.: Ann. Phys. (6) **5**, 63, 71 (1949).
[2] KOCH, E., u. C. WAGNER: Z. phys. Chem. (B) **38**, 295 (1937).
[3] TELTOW, J.: Z. phys. Chem. **195**, 197 (1950).

Fehlordnungsstellen zurückgeführt werden. Hierüber können zur Zeit keine Aussagen gemacht werden.

Ohne Zweifel können die bisher mitgeteilten Formeln unter Berücksichtigung der Wechselwirkung der Fehlordnungsstellen im Sinne der DEBYE-HÜCKELschen Theorie und unter Beachtung einer besonders bei höheren Fremdsalzzusätzen und niedrigeren Temperaturen auftretenden Assoziation der Fehlordnungsstellen erweitert werden, wie dies insbesondere von TELTOW[1] ausgeführt wurde. Über Wechselwirkung und Assoziationserscheinungen der Fehlordnungsstellen wird in Kap. 3.10 näher eingegangen. Es wird sich häufig als nützlich erweisen, die Konzentrationsgrößen durch die allgemeingültigen chemischen Potentiale der Fehlordnungsstellen zu ersetzen, was für die Behandlung von Diffusionserscheinungen in solchen Kristallen häufig von Vorteil ist. In diesem Zusammenhang sei auf die Einführung der μ-Größen in die Diffusionsgleichungen auf S. 480 verwiesen.

An Hand der bisherigen Versuchsergebnisse und des Fehlordnungsmodells der Silberhalogenide wird die von WAGNER und ZIMENS[2] gefundene Abnahme der Löslichkeit von Bleichlorid in Silberchlorid mit steigenden Zusätzen an Cadmiumchlorid verständlich. In Gegenwart überschüssigen Bleichlorids in mit $PbCl_2$ gesättigtem Silberchlorid herrscht in Analogie zu einer gesättigten AgCl-Lösung mit AgCl als Bodenkörper bei Gültigkeit des idealen Massenwirkungsgesetzes:

$$x_{PbCl_2} \cdot x_{|Ag|'} = K. \tag{3.46}$$

Im Falle eines mit $CdCl_2$ gesättigten AgCl-$CdCl_2$-Mischkristalls gilt eine völlig analoge Beziehung. Entsprechend gilt aus Gründen der Elektroneutralität für eine ternäre Mischphase für die gesamte Konzentration der Silberionenleerstellen:

$$x_{|Ag|'} = x_{PbCl_2} + x_{CdCl_2}. \tag{3.47}$$

Der Anteil $x_{Ag^\cdot}$, der noch auf der rechten Seite von (3.47) angeführt werden müßte, kann vernachlässigt werden, da $x_{Ag^\cdot} \ll x_{PbCl_2}$ und x_{CdCl_2} ist. Kennzeichnet man den binären Mischkristall AgCl–$PbCl_2$ mit dem Index 0, so folgt aus (3.46):

$$x^0_{PbCl_2} = x^0_{|Ag|'} = \sqrt{K}. \tag{3.48}$$

Aus (3.46), (3.47) und (3.48) ergibt sich dann für das Verhältnis der $PbCl_2$-Konzentration in der ternären und binären Mischphase:

$$\frac{x_{PbCl_2}}{x^0_{PbCl_2}} = \frac{1}{\frac{x_{CdCl_2}}{2x^0_{PbCl_2}} + \left[\left(\frac{x_{CdCl_2}}{2x^0_{PbCl_2}}\right)^2 + 1\right]^{1/2}}. \tag{3.49}$$

Hieraus folgt, daß die Löslichkeit von $PbCl_2$ in Silberchlorid in Gegenwart von $CdCl_2$ abnehmen muß, was der in Abb. 3.19 dargestellte Verlauf der Leitfähigkeitskurve mit steigendem $CdCl_2$-Gehalt bestätigt. Dieser Befund ist mit der Löslichkeitsabnahme von AgCl in Wasser in Gegenwart von löslichen Chloriden vergleichbar. Die in Abb. 3.19 ober-

[1] TELTOW, J.: Ann. Phys. (6) 5, 63, 71 (1949); s. auch Fußnote 1 auf S. 82.
[2] WAGNER, C., u. K. E. ZIMENS: Acta chem. scand. 1, 539 (1947).

halb $x_{CdCl_2} = 0{,}01$ gefundene Zunahme von $PbCl_2$ wird, wenn auch nicht quantitativ deutbar, so doch qualitativ verständlich, wenn man bedenkt, daß die eine elektrische Überschußladung tragenden Fremdionen $[Pb|Ag|^{\cdot}$ und $Cd|Ag|^{\cdot}]$ infolge der niedrigen Dielektrizitätskonstante des „Lösungsmittels" von AgCl erhebliche Wechselwirkungskräfte im Sinne der DEBYE-HÜCKELschen Theorie[1] erwarten lassen. Eine nähere Diskussion dieses experimentellen Befundes scheitert daran, daß keine Aussagen über die energetischen Wechselwirkungen der Fremdionen mit den Ionenfehlordnungsstellen und den Gitterionen im Wirtsgitter gemacht werden können.

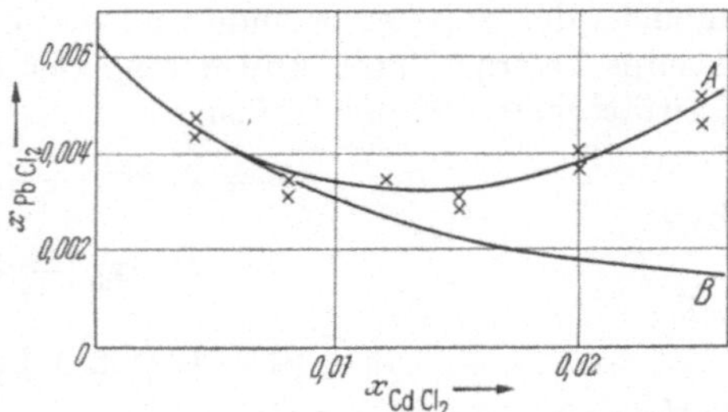

Abb. 3.19. Löslichkeit von Bleichlorid in Silberchlorid-Cadmiumchlorid-Mischkristallen als Funktion des $CdCl_2$-Gehaltes bei 270 °C nach WAGNER und ZIEMENS. [Kurve *A*: beobachtete Werte; Kurve *B*: nach Gl. (3.49) berechnete Werte.]

In gleicher Weise, wie wir die „Aussalzung" von $PbCl_2$ im „Lösungsmittel" AgCl behandelt haben, wäre das „Einsalzen" von Fremdionen in AgCl zu studieren. Dies wäre dadurch möglich, daß man entweder niederwertige Kationen oder höherwertige Anionen ins AgCl-Gitter einbaut. Da die Ag-Ionen jedoch 1wertig sind, entfällt die erste Möglichkeit, so daß nur noch der Einbau von S-, O- oder Se-Ionen übrigbleibt. Da aber Ag_2S in AgCl, worauf wir schon früher aufmerksam machten, nur außerordentlich wenig löslich ist, wäre der umgekehrte Fall, d. h., die Erhöhung der Löslichkeit von Ag_2S in AgCl durch $PbCl_2$ oder $CdCl_2$, von Interesse. Untersuchungen hierüber liegen noch nicht vor, obwohl sie für die Deutung des Mechanismus der Entstehung des latenten Bildes von Interesse wären.[2]

Das elektrische Verhalten von Silberfluorid, Ag_2F, unterscheidet sich von dem der anderen Silberhalogenide insofern, als es ein Schichtgitter besitzt, das aus je zwei Lagen Ag-Ionen und je einer Lage F-Ionen aufgebaut ist. Das gemessene spezifische Gewicht von 8,64 stimmt mit dem aus der Struktur berechneten von 8,78 g/cm³ befriedigend überein. Im Gegensatz zu der Mehrzahl von Verbindungen mit Schichtgitter, wo immer eine Doppellage von Anionen die Einzellagen der Kationen trennt, müßte das Ag_2F nach seiner Struktur metallische Leitfähigkeit zeigen. Die Ag-Ionen sind gegeneinander metallisch, gegen die stark polarisierenden F-Ionen koordinativ gebunden. Auch das messingglänzende, metallische Aussehen läßt metallische Leitfähigkeit erwarten. Von HILSCH und Mitarbeitern[3] wurden Leitfähigkeitsmessungen ausgeführt, die die Voraussagen bestätigten.

---

[1] DEBYE, P., u. E. HÜCKEL: Phys. Z. **24**, 185 (1923). — Vgl. auch O. SCHAERER: Phys. Z. **25**, 145 (1924).

[2] Vgl. u. a. O. STASIW: Sci. & Ind. phot. **20**, 334 (1949). — H. PICK: Naturwiss. **38**, 323 (1951).

[3] HILSCH, R., G. v. MINNIGERODE u. H. v. WARTENBERG: Naturwiss. **44**, 17, 463 (1957).

3.4 Über die Temperatur- und Druckabhängigkeit der Ionenleitung in Silberhalogeniden und deren Mischphasen

Durch Messung der Temperatur- und Druckabhängigkeit der Ionenleitung in reinen Silberhalogeniden und Silberhalogeniden mit Zusätzen höherwertiger Kationen in Form von $PbCl_2$ und $PbBr_2$ konnten JOST und Mitarbeiter[1,2] weitere Beiträge zur Aufklärung des Fehlordnungsmodells der Silberhalogenide und des Leitungs- bzw. Diffusionsmechanismus liefern. Unter Anwendung der einfachen Theorie folgt für die Leitfähigkeit und die Diffusion:

$$\varkappa = \varkappa_0 \exp(-\Delta E/RT) \tag{3.50a}$$

bzw.

$$D = D_0 \exp(-\Delta E/RT) \tag{3.50b}$$

mit

$$\varkappa_0 \approx 10^2 \text{ Ohm}^{-1} \text{ cm}^{-1}$$

bzw.

$$D_0 \approx 10^{-3} \text{ cm}^2 \text{ sec}^{-1}.$$

In einer Zahl von Fällen wird D_0 und entsprechend $\varkappa_0$ in dieser Größenordnung gefunden. Jedoch werden des öfteren erhebliche Abweichungen beobachtet. Auf Grund dieses Sachverhaltes schlossen JOST und NEHLEP[3], daß die in den Gln. (3.50) anfänglich gemachte Annahme, daß der Exponentialausdruck für sich allein den Bruchteil der wanderungsfähigen Ionen darstellt, keineswegs immer zutreffend ist. Ganz im Gegenteil setzt sich nach JOST sowohl $\varkappa_0$ wie auch D_0 aus $\varkappa_0^0$ bzw. D_0^0 und einem Zusatzfaktor A zusammen. Die physikalische Bedeutung dieses Zusatzfaktors wird erhalten, wenn man z. B. in (3.50a) für ΔE setzt:

$$\Delta E = \Delta E_0 (1 - \beta T). \tag{3.51}$$

Hieraus folgt:

$$\varkappa = \varkappa_0 \exp(\Delta E_0 (1 - \beta T)/RT) = \varkappa_0 \exp\left(\frac{\beta \Delta E_0}{R}\right) \exp\left(-\frac{\Delta E_0}{RT}\right). \tag{3.52}$$

A ist also das temperaturunabhängige Exponentialglied $\exp(\beta \Delta E_0/R)$, dessen Zahlenwert mehrere Zehnerpotenzen betragen kann.

Unter Verwendung der einfachen energetischen Abschätzungen im Kristallgitter gelingt JOST[4] sowohl die physikalische Deutung von β als auch die zahlenmäßige Abschätzung des Zusatzfaktors A. Das Ergebnis lautet:

$$A = \exp\left(\frac{\beta \Delta E_0}{R}\right) \approx \exp\left(\frac{n \alpha \Delta E_0'}{R}\right) \approx \exp(5) > 10^2, \tag{3.53}$$

wo $n \approx 10$, der thermische Ausdehnungskoeffizient $\alpha \approx 4 \cdot 10^{-5}$ und $\Delta E_0' \approx 25000$ cal/Mol gesetzt wurde. Wenn wir uns im folgenden immer mit der elektrischen Leitfähigkeit an Stelle der für Festkörperreaktionen

---

[1] JOST, W.: Z. phys. Chem. (A) **169**, 129 (1934). — W. JOST u. G. NEHLEP: Z. phys. Chem. (B) **32**, 1 (1936); (B) **34**, 348 (1936). — W. JOST, S. MENNENÖH u. F. H. MÜLLER: Z. Naturforsch. **4a**, 227 (1949).

[2] JOST, W., u. S. MENNENÖH: Z. phys. Chem. **196**, 188 (1950).

[3] JOST, W., u. G. NEHLEP: Z. phys. Chem. (B) **34**, 348 (1936).

[4] JOST, W.: Diffusion in Solids, Liquids and Gases, S. 149ff. New York 1952.

unmittelbar interessanten Diffusion befassen, so liegt der Grund einfach in der höheren Genauigkeit der Meßmethode der Leitfähigkeit. Da aber die Elementarvorgänge der Ionenleitung identisch mit denen der Diffusion sind, sofern Korrelationseffekte (s. S. 510) zu vernachlässigen sind, ist die Beschränkung auf die Ergebnisse aus Leitfähigkeitsmessungen ohne Nachteil für die noch später zu ziehenden Folgerungen.

Wie bereits früher erwähnt, setzt sich das in (3.50) auftretende ΔE aus der Fehlordnungsenergie E und der Platzwechselenergie bzw. der Schwellenenergie U zusammen. Um nun den Druckeinfluß auf die elektrische Leitfähigkeit und sinngemäß auch auf die Diffusion zu untersuchen, wollen wir nach JOST den Druckkoeffizienten des Energiebetrags $\partial(\Delta E)/\partial p$ mit dem Gitterabstand r im Kristall in Beziehung bringen. Da sich $\varkappa_0$ nur mit r^2 ändert, während die Abhängigkeit von ΔE von r exponentiell in das Ergebnis eingeht, kann man bei der Berechnung der Druckabhängigkeit von $\varkappa$ die Variation von $\varkappa_0$ mit r in erster Näherung vernachlässigen und erhält aus (3.50a)

$$-\frac{1}{\varkappa}\frac{\partial\varkappa}{\partial p} \approx \frac{1}{RT}\frac{\partial(\Delta E)}{\partial p} = \frac{1}{RT}\frac{d(\Delta E)}{dr}\frac{\partial r}{\partial p}. \tag{3.54}$$

Hierin ist $\partial r/\partial p$ aus dem linearen Kompressibilitätskoeffizienten χ bekannt:

$$\chi = -\frac{1}{r}\frac{\partial r}{\partial p}. \tag{3.55}$$

JOST und MENNENÖH[1] gelangen zu einem Näherungswert für den Ausdruck $\partial(\Delta E)/\partial p$, der, wie bereits an anderer Stelle erwähnt[2], etwas einfacher auf folgende Weise abgeleitet werden kann:

Da ΔE nur über r von T und p abhängt, gilt:

$$\frac{\partial(\Delta E)}{\partial T} = \frac{d(\Delta E)}{dr}\frac{\partial r}{\partial T}. \tag{3.56}$$

Es wird also:

$$\frac{\partial(\Delta E)}{\partial p} = \frac{d(\Delta E)}{dr}\frac{\partial r}{\partial p} = \frac{\partial(\Delta E)}{\partial T}\frac{\partial T}{\partial r}\frac{\partial r}{\partial p}. \tag{3.57}$$

Unter Verwendung der Beziehung zwischen $\partial r/\partial T$ und dem linearen Ausdehnungskoeffizienten α,

$$\alpha = \frac{1}{r}\frac{\partial r}{\partial T}, \tag{3.58}$$

folgt aus (3.55) und (3.57):

$$\frac{\partial(\Delta E)}{\partial p} = -\frac{\chi}{\alpha}\frac{\partial(\Delta E)}{\partial T}, \tag{3.59}$$

also nach (3.54):

$$-\frac{1}{\varkappa}\frac{\partial\varkappa}{\partial p} \approx \frac{\partial(\Delta E)}{\partial T}\frac{1}{RT}\frac{\chi}{\alpha}. \tag{3.60}$$

Hier ist χ und α meßbar, während sich $\frac{1}{R}\left(\partial(\Delta E)/\partial T\right)$ nach (3.50a) aus

[1] JOST, W., u. S. MENNENÖH: Z. phys. Chem. **196**, 188 (1950).

[2] HAUFFE, K.: Fehlordnungserscheinungen und Leitungsvorgänge in ionen- und elektronenleitenden festen Stoffen, in: Ergebn. exakt. Naturwiss. **25**, 220ff. (1951).

dem meßbaren Temperaturgang der elektrischen Leitfähigkeit zu

$$\frac{1}{R}\frac{\partial(\Delta E)}{\partial T} = -\frac{\partial}{\partial T}\left(T \ln \frac{\varkappa}{\varkappa_0}\right) \tag{3.61}$$

ergibt. Es sind also in (3.60) beide Seiten getrennt meßbar und können miteinander verglichen werden.

Da für die Ionenkristalle mit FRENKEL-Fehlordnung, wie z.B. für AgBr,

$$\Delta E = \tfrac{1}{2}E + U \tag{3.62}$$

gesetzt werden kann, wird für die Druckabhängigkeit der elektrischen Leitfähigkeit der Ausdruck

$$\frac{\partial(\Delta E)}{\partial p} = \frac{\partial}{\partial p}\left(\frac{1}{2}E + U\right) \tag{3.63}$$

maßgebend. Dieser Ausdruck bezieht sich zunächst nur auf fremdsalzfreie Silberhalogenidkristalle. Wie aus (3.63) hervorgeht, ist sowohl die Fehlordnungsenergie $\frac{1}{2}E$, die für das Ausmaß der Konzentration an $|Ag|'$ und $Ag^{\bullet}$ verantwortlich ist, als auch die Platzwechselenergie, die die mittlere Höhe des Sattelsprungs eines Ag-Ions von einem normalen Gitterplatz in eine Leerstelle und eines Ag-Ions auf Zwischengitterplatz auf seinen nächstbenachbarten angibt — diese sind keineswegs gleich, was bei einer verfeinerten Auswertung zu berücksichtigen ist — sowohl von der Temperatur als auch vom Druck abhängig.

JOST und NEHLEP[1] haben die zu (3.60) völlig identische Beziehung

$$\frac{1}{\varkappa}\frac{\partial \varkappa}{\partial p} \approx -\frac{\log A}{T}\frac{\chi}{\alpha} \tag{3.64}$$

für AgCl und AgBr ausgewertet. In der folgenden Tabelle sind die Druckkoeffizienten der elektrischen Leitfähigkeit und die zu ihrer Berechnung verwandten Hilfsgrößen zusammengestellt. Hiernach sollte bei einem Druckanstieg von 100 atm eine Leitfähigkeitsänderung von etwa 4 bis 5% auftreten. Wie man erkennt, zeigen die aus den Experimenten erhaltenen Werte die erwartete Leitfähigkeitsänderung.

Tabelle 3.4. *Zusammenstellung der von Jost und Nehlep an AgCl und AgBr für 300 °C berechneten und experimentell erhaltenen Druckkoeffizienten*

	AgCl	AgBr
$\varkappa_{0(\text{beob})}$	$5 \cdot 10^5$	$1{,}5 \cdot 10^6\ \text{Ohm}^{-1}\ \text{cm}^{-1}$
$A = \varkappa_{0(\text{beob})}/\varkappa_{0(\text{ber})}$	10^4	$3 \cdot 10^4$
χ	$8 \cdot 10^{-7}$	$9 \cdot 10^{-7}\ \text{cm}^2\ \text{kg}^{-1}$
α	$3{,}3 \cdot 10^{-5}$	$3{,}5 \cdot 10^{-5}\ \text{grad}^{-1}$
$\left(\frac{1}{\varkappa}\frac{\partial\varkappa}{\partial p}\right)_{\text{aus (3.64) ber}}$	$-3{,}9 \cdot 10^{-4}$	$-4{,}5 \cdot 10^{-4}\ \text{cm}^2\ \text{kg}^{-1}$
$\left(\frac{1}{\varkappa}\frac{\partial\varkappa}{\partial p}\right)_{\text{beob}}$	$-2{,}5 \cdot 10^{-4}$	$-3{,}5 \cdot 10^{-4}\ \text{cm}^2\ \text{kg}^{-1}$

[1] JOST, W., u. G. NEHLEP: Z. phys. Chem. (B) **34**, 348 (1936).

Wenn man berücksichtigt, daß bereits ein Temperaturabfall von 1 °C den Druckeffekt von 100 atm auf die Leitfähigkeit aufhebt, so wird man bei der Durchführung der Versuche besondere Sorgfalt der Temperaturkonstanz und der Temperaturmessung widmen müssen. Während die zweite Forderung durch Verwendung eines Platin-Widerstandsthermometers mit einer Genauigkeit von $\pm 1 \cdot 10^{-3}$ °C realisiert werden kann, ist die erste Forderung bei länger dauernden Versuchsreihen nicht immer einfach zu erfüllen. An Hand dieser Überlegungen ist es verständlich, daß ein Druckeinfluß auf die Diffusionsgeschwindigkeit, wie er beispielsweise von OSTRAND und DEWEY[1], SEITH und ETZOLD[2] und RADAVICH und SMOLUCHOWSKI[3] untersucht wurde, infolge der erheblich geringeren Meßgenauigkeit und Reproduzierbarkeit erst oberhalb 1000 atm reproduzierbar ermittelt werden kann.

Abb. 3.20 Abhängigkeit des Druckkoeffizienten $DK = -\frac{1}{\varkappa}\frac{\partial \varkappa}{\partial p}$ für die Mischkristalle $AgCl + PbCl_2$ (● im Temperaturintervall von 256 bis 313° C; Kurve 1) und $AgBr + PbBr_2$ (○ bei 243 °C; Kurve 2) als Funktion des $PbCl_2$- bzw. $PbBr_2$-Gehaltes in Mol-% nach JOST und MENNENÖH.

Gibt man nun 2wertige Kationen, z.B. Pb^{2+}-Ionen in genügend hoher Konzentration zu, so ist die Konzentration der Ag-Ionen auf Zwischengitterplätzen praktisch zu vernachlässigen. Die erheblich erhöhte Konzentration der Ag-Ionenleerstellen hingegen ist dann praktisch allein durch die ins Gitter eingebauten Pb^{2+}-Ionen gegeben:

$$x_{|Ag|'} \approx x_{PbCl_2} = x_{Pb|Ag|^\bullet} \gg x^0_{|Ag|'}.$$

In diesem Falle wird die Konzentration der Fehlstellen, also hier $x_{|Ag|'}$, von Druck und Temperatur praktisch unabhängig. Demzufolge bleibt für den Druckeffekt allein der Ausdruck

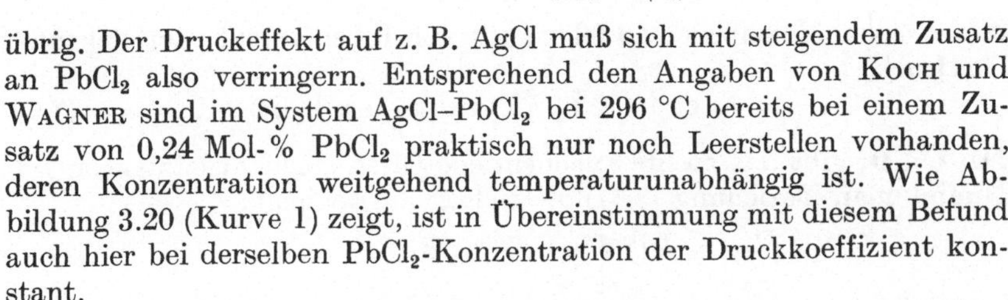

$$\frac{\partial(\Delta E)}{\partial p} \approx \left(\frac{\partial U}{\partial p}\right)_{x_{PbCl_2} \gg x^0_{|Ag|'}}$$

übrig. Der Druckeffekt auf z. B. AgCl muß sich mit steigendem Zusatz an $PbCl_2$ also verringern. Entsprechend den Angaben von KOCH und WAGNER sind im System $AgCl–PbCl_2$ bei 296 °C bereits bei einem Zusatz von 0,24 Mol-% $PbCl_2$ praktisch nur noch Leerstellen vorhanden, deren Konzentration weitgehend temperaturunabhängig ist. Wie Abbildung 3.20 (Kurve 1) zeigt, ist in Übereinstimmung mit diesem Befund auch hier bei derselben $PbCl_2$-Konzentration der Druckkoeffizient konstant.

Im System $AgBr–PbBr_2$ liegen die Verhältnisse offenbar verwickelter. Man erkennt aus Abb. 3.20 (Kurve 2), daß für kleine Zusätze an $PbBr_2$ der Druckkoeffizient anfänglich zunimmt und nach Durchlaufen eines Maximums, das gerade an der Stelle des Leitfähigkeitsminimums liegt,

---

[1] OSTRAND, C. E. VAN, u. F. P. DEWEY: U.S. Geol. Survey Prof. Pap. **95**, G 83 (1915).

[2] SEITH, W., u. H. ETZOLD: Z. Elektrochem. angew. phys. Chem. **40**, 829 (1934); **41**, 122 (1935).

[3] RADAVICH, F., u. R. SMOLUCHOWSKI: Phys. Rev. **65**, 62 (1944).

wieder abnimmt. Eine Deutung dieses experimentellen Befundes kann zur Zeit noch nicht gegeben werden.

Im Anschluß an die hier diskutierten Versuchsergebnisse und späteren Untersuchungen aus dem JOSTschen Arbeitskreis[1] werden im folgenden die Überlegungen von JOST[2] zur Frage der Druckabhängigkeit von Fehlordnung und Aktivierungsenergie für den Platzwechsel in Kristallen wiedergegeben. Hierbei wird gezeigt, daß die freie Enthalpie $\bar{G}^0_{12}$ in den Zuständen 1 und 2 in erster Näherung durch den folgenden Ausdruck wiedergegeben wird:

$$\bar{G}^0_{12} = \bar{E}^0_{12} - \beta T \quad \text{mit} \quad \beta > 0 \tag{3.65}$$

und die Temperatur nicht über die spezifische Wärme in die freie Enthalpie eingeht, wie dies im allgemeinen der Fall ist, sondern explizit wie ein äußerer Parameter. Der mit $\bar{E}_{12}$ gekennzeichnete Energieunterschied $1 \to 2$, der vom Volumen (d. h. von der Gitterkonstanten) abhängig angenommen wird:

$$\bar{E}_{12} = \bar{E}^0_{12} + a(\bar{V} - \bar{V}_0), \tag{3.66a}$$

wobei $a = \partial \bar{E}_{12}/\partial \bar{V}$ ist, ist damit — wenn auch indirekt — temperaturabhängig. Mit den üblichen Beziehungen

$$\alpha = \frac{1}{\bar{V}}\left(\frac{\partial \bar{V}}{\partial T}\right)_p; \qquad \varkappa = -\frac{1}{\bar{V}}\left(\frac{\partial \bar{V}}{\partial p}\right)_T$$

und unter Beschränkung auf den linearen Bereich

$$\bar{V} - \bar{V}_0 \approx \bar{V}_0 \alpha T \qquad p = \text{const} \tag{3.66b}$$

$$\bar{V} - \bar{V}_0 \approx \varkappa \bar{V}_0 (p - p_0) \tag{3.66c}$$

erhalten wir durch Substitution von Gl. (3.66b) in Gl. (3.66a) mit der Beziehung

$$x \approx \exp(-\bar{E}_{12}/RT),$$

in der x den Molenbruch an fehlgeordneten Ionen angibt, den folgenden Ausdruck:

$$x \approx \exp(-\bar{E}^0_{12}/RT) \exp(-a\,\alpha\,\bar{V}_0/R). \tag{3.67}$$

Da $a < 0$, gibt das zweite exponentielle Glied einen Zusatzfaktor >1. Nimmt man Beziehung (3.67) als richtig an, so folgt:

$$\bar{H}_{12} = RT^2\, d\ln x/dT = \bar{E}_{12}$$

$$\bar{S}^0_{12} = -\partial \bar{G}^0_{12}/\partial T = -a\,\alpha\,\bar{V}_0$$

$$\frac{\partial \bar{E}_{12}}{\partial T} = c_{12} = 0.$$

Wie man erkennt, ist, wie erwartet, kein Unterschied in der spezifischen Wärme c_{12} in den Zuständen 1 und 2 vorhanden.

---

[1] WAGENER, K.: Diplomarbeit Göttingen 1956. — W. BIERMANN u. H. J. OEL: Z. phys. Chem. (NF) **17**, 163 (1958). — W. BIERMANN: Z. phys. Chem. (NF) **20**, 246 (1959).

[2] JOST, W.: Z. phys. Chem. (NF) **21**, 202 (1959).

Bezeichnet man den Ausdruck $(\partial \bar{G}^0_{12}/\partial p)_T = \bar{V}^0_{12}$ als Aktivierungsvolumen und setzt für die Fehlordnungsentropie

$$\bar{S}^0_{12} = -a\,\alpha\,\bar{V}_0 = -a(\partial\bar{V}/\partial T)_p \tag{3.68a}$$

mit Ausnahme des Temperaturbereiches am absoluten Nullpunkt, so ergibt sich aus Gl. (3.68a) und der Beziehung

$$\bar{V}^0_{12} = a\left(\frac{\partial\bar{V}}{\partial p}\right)_T = -a\,\varkappa\,\bar{V}_0$$

der folgende Ausdruck:

$$\bar{S}^0_{12} = \bar{V}^0_{12}\,\alpha/\varkappa, \tag{3.68b}$$

der verallgemeinert folgendermaßen lautet:

$$\left(\frac{\partial S}{\partial V}\right)_T = \frac{\alpha}{\varkappa}. \tag{3.68b}$$

Die Fehlordnungsentropie $\bar{S}^0_{12}$ ist also nach Gl. (3.68b) die Entropieänderung des Kristalls bei einer Vermehrung des Volumens um das Aktivierungsvolumen $\bar{V}^0_{12}$. Dieses Ergebnis läßt sich nach JOST so verstehen, daß bei reversibler und isothermer Bildung eines Mols fehlgeordneter oder aktivierter Teilchen die Wärmemenge $T\,\bar{S}^0_{12} = T\,\bar{V}^0_{12}\,\alpha/\varkappa$ zuzuführen ist, welcher die Entropiezunahme $\bar{S}^0_{12} = \bar{V}^0_{12}\,\alpha/\varkappa$ unabhängig von T entspricht.

Für die allgemein gültige Beziehung

$$\bar{G}^0_{12} = \bar{H}^0_{12} - T\,\bar{S}^0_{12}$$

ergibt sich der folgende Ausdruck:

$$\bar{G}^0_{12} = \bar{E}^0_{12} - a\,\varkappa\,\bar{V}_0\,p + 2a\,\alpha\,\bar{V}_0\,T, \tag{3.69a}$$

wenn man

$$\bar{H}^0_{12} = \bar{E}^0_{12} + a\,\alpha\,\bar{V}_0\,T - a\,\varkappa\,\bar{V}_0\,p$$

und

$$T\,\bar{S}^0_{12} = T\,\bar{V}^0_{12}\,\alpha/\varkappa = -T\,a\,\alpha\,\bar{V}_0$$

setzt. Bezieht sich $\bar{E}^0_{12}$ auf $T = 0$ und $p = 0$ und kann man α und $\varkappa$ als unabhängig von T und p ansehen, dann ergibt sich:

$$\varkappa\,\bar{V}_0 = -\left(\frac{\partial\bar{V}}{\partial p}\right)_T = \frac{(\partial\bar{V}/\partial T)_p}{(\partial p/\partial T)_V} = \alpha\,\bar{V}_0\,T/p$$

und demzufolge wird:

$$\bar{G}^0_{12} = \bar{E}^0_{12} + a\,\alpha\,\bar{V}_0\,T. \tag{3.69b}$$

Durch Vergleich mit Gl. (3.65) ergibt sich das als Aktivierungsentropie β zu verstehende Glied

$$-\beta = a\,\alpha\,\bar{V}_0$$

als temperaturunabhängig.

Die Effekte, die durch Änderung der Schwingungsfrequenzen (spezifische Wärmen) in den Zuständen 1 und 2 hervorgerufen werden, sind in den Ausführungen von JOST wohl vernachlässigt, da sie häufig klein sind, können aber ohne Schwierigkeiten von Fall zu Fall eingearbeitet werden. Desgleichen bereitet es keine Schwierigkeiten, ein weiteres Aktivierungsvolumen bei Vorliegen von SCHOTTKY-Fehlordnung in Betracht zu ziehen.

Unter Berücksichtigung dieser Berechnungen konnte SCHMALZRIED[1] zeigen, daß der überexponentielle Anstieg von elektrischer Leitfähigkeit und Ausdehnung in der Nähe des Schmelzpunktes von Silberbromid mit Hilfe des FRENKELschen Fehlordnungsmodells gedeutet werden kann.

3.5 Einige Bemerkungen zur Photochemie der Silberhalogenide

Bestrahlt man Silberhalogenide, insbesondere AgBr, allein oder in einer geeigneten Umgebung (photographische Emulsion) mit Licht geeigneter Wellenlänge, z. B. 436 nm, so beobachtet man je nach Dauer der Belichtung eine mehr oder minder starke Verfärbung der Kristalloberfläche. Dieses photochemische Phänomen bildet den entscheidenden Elementarprozeß der Photographie. Das Reaktionsprodukt bezeichnet man als latentes Bild, das durch einen chemischen Entwicklungsprozeß sichtbar wird. Ohne auf den Mechanismus des latenten Bildes im Rahmen dieser Monographie einzugehen, möchten wir hier nur auf eine zusammenfassende kritische Abhandlung von FRIESER und KLEIN[2] hinweisen und uns im übrigen mit der Beschreibung einiger photochemischer Erscheinungen an reinen und mit Ag_2S dotierten AgBr-Kristallen begnügen.

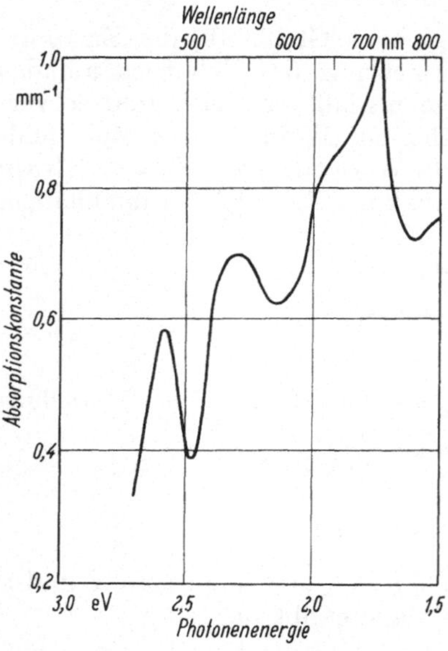

Abb. 3.21. Der Absorptionsverlauf eines Ag_2S-haltigen AgBr-Kristalls nach Bestrahlung mit Licht von 436 nm nach STASIW.

Während in Alkalihalogeniden bei Belichtung nur die Elektronenprozesse zu berücksichtigen sind (Kap. 3.7) und die Ionenprozesse als Sekundärerscheinung im Zusammenhang mit den inneren Oberflächen auftreten, ist in Silberhalogeniden mit Zusätzen auch noch unterhalb -150 °C mit Ionenvorgängen zu rechnen.[3] Wie von STASIW und Mitarbeitern[4] gefunden wurde, verursachen 2wertige Sauerstoff-, Schwefel-, Selen- und Tellurionen in Silberhalogeniden eine Sensibilisierung. In Abb. 3.21 ist die Absorption der photochemischen Reaktionsprodukte, die nach der Bestrahlung mit

[1] SCHMALZRIED, H.: Z. phys. Chem. (NF) **22**, 199 (1959).

[2] FRIESER, H., u. E. KLEIN: Neuere Anschauungen über den photographischen Elementarprozeß. Mitt. Forsch.-Lab. Agfa, Bd. 1, S. 1. Berlin/Göttingen/Heidelberg: Springer 1955.

[3] STASIW, O.: Z. Elektrochem. angew. phys. Chem. **54**, 749 (1950).

[4] SEIFERT, G., O. STASIW u. CH. VOLKE: Naturwiss. **41**, 58 (1954). — CH. VOLKE: Z. Phys. **138**, 623 (1954); Ann. Phys. **19**, 203 (1956).

436 nm-Licht in einem AgBr-Kristall mit 0,02 Mol-% Ag_2S bei der Temperatur von —120 °C erzielt wurde, dargestellt. Die Absorptionsmessung erfolgte bei —185 °C. Um reproduzierbare Ergebnisse zu erhalten, ist die Einhaltung eines definierten Versuchszyklus von Bedeutung. Dem Maximum bei 640 nm entspricht die Absorption der $S|Br|'|Br|^{\times}$-Komplexe, dem von 560 nm die der $Ag^{\bullet}[S|Br|'|Br|^{\times}]$-Komplexe. Nach STASIW soll die Bildung photochemischer Reaktionsprodukte, an denen Silberionen auf Zwischengitterplätzen beteiligt sind, bis zu etwa —160 °C möglich sein. In AgCl ist auf Grund der größeren Beweglichkeit der $Ag^{\bullet}$-Stellen auch noch bei tieferen Temperaturen mit einer $Ag^{\bullet}$-Reaktion zu rechnen (s. auch die Bemerkungen auf S. 78 u. 79).

Über die Elementarprozesse bei der Lichteinwirkung auf reine und dotierte Silberhalogenidkristalle existiert eine Monographie von STASIW[1].

3.6 Fehlordnung und Leitungsvorgänge in Alkalihalogeniden

Ebenso wie die Silberhalogenide sind auch die Alkalihalogenide bei höheren Temperaturen Ionenleiter, allerdings mit einer mehr oder minder starken Beteiligung der Halogenionen am Stromtransport. Dieser Befund ist nur dann verständlich, wenn man in den Alkalihalogeniden eine SCHOTTKY-Fehlordnung annimmt.[2] Eine FRENKEL-Fehlordnung kommt hier auf Grund energetischer Abschätzung — wie bereits auf S. 38 diskutiert wurde — nicht in Betracht. Im Falle des NaCl konnten beispielsweise MOTT und LITTLETON[3] zeigen, daß die erforderliche Energie, um ein Natriumion von seinem normalen Gitterplatz auf einen Zwischengitterplatz zu bringen, mit 2,9 eV wesentlich größer ist als die Erzeugung eines Leerstellenpaars $|Na|'$ und $|Cl|^{\bullet}$, das für sein Entstehen nur einen Energieaufwand von 1,86 eV benötigt, ein Wert, von dem — ebenso wie von E in Gl. (2.56) auf S. 36 — nur der halbe Betrag in die in Gl. (2.55) mit $E_{|I|}$ bezeichnete Größe eingeht. Daraus ergibt sich, daß die Zahl der Ionen auf Zwischengitterplätzen gegenüber der Zahl der Leerstellen auch noch in unmittelbarer Nähe des Schmelzpunktes kleiner als 1% ist. Dieses Ergebnis ist u. a. zur Deutung der Entstehung der sog. Farbzentren, die bei UV-Bestrahlung der Alkalihalogenide entstehen, insofern von Bedeutung, als es eindeutig die Möglichkeit ausschließt, daß ein Farb- oder F-Zentrum ein auf Zwischengitterplatz befindliches Atom ist bzw. daß die im Falle einer Alkalimetallbedampfung entstehenden F-Zentren auf ins Gitter überschüssig eingebaute Alkaliatome zurückzuführen sind. Über die Herstellung hochreiner Alkalihalogenidkristalle berichten GRÜNDIG und WASSERMANN[4].

Die Annahme einer SCHOTTKY-Fehlordnung fordert die Gleichheit von Kationen- und Anionenleerstellen, was für den Einbau anders-

[1] STASIW, O.: Elektronen- und Ionenprozesse in Ionenkristallen. Berlin/Göttingen/Heidelberg: Springer 1959.
[2] SCHOTTKY, W.: Z. phys. Chem. (B) **29**, 335 (1935).
[3] MOTT, N. F., u. M. J. LITTLETON: Trans. Faraday Soc. **34**, 485 (1938).
[4] GRÜNDIG, H., u. E. WASSERMANN: Z. Phys. **176**, 293 (1963).

wertiger Ionen und den Diffusionsmechanismus von Bedeutung ist. Entsprechend der symbolischen Einbaugleichung erhält man beim Einbau von 2wertigen Kationen in Form von z. B. $SrCl_2$ in KCl:

$$SrCl_2 = Sr|K|^{\cdot} + |K|' + 2\,KCl \qquad (3.70\,a)$$

bzw.

$$|Cl|^{\cdot} + SrCl_2 = Sr|K|^{\cdot} + KCl \qquad (3.70\,b)$$

eine Zunahme der Konzentration der Kaliumionenleerstellen und eine Abnahme der Konzentration der Chlorionenleerstellen (Abb. 3.22). Umgekehrte Verhältnisse treten auf, wenn man K_2O oder K_2S ins KCl-Gitter einbaut:

$$K_2S = S|Cl|' + |Cl|^{\cdot} + 2\,KCl. \qquad (3.71)$$

Wie man hieraus erkennt, kann man die gemischte Leitfähigkeit bzw. die gemischte Diffusion der Kationen und Anionen durch Zusatz 2wertiger Kationen zugunsten einer über-

K+ Cl− K+ Cl− K+ Cl− K+
Cl− □ Cl− Sr2+ Cl− K+ Cl−
K+ Cl− K+ Cl− K+ Cl− Sr2+
Cl− K+ Cl− □ Cl− K+ Cl−
K+ □ K+ Cl− K+ Cl− K+
Cl− K+ Cl− K+ Cl− □ Cl−

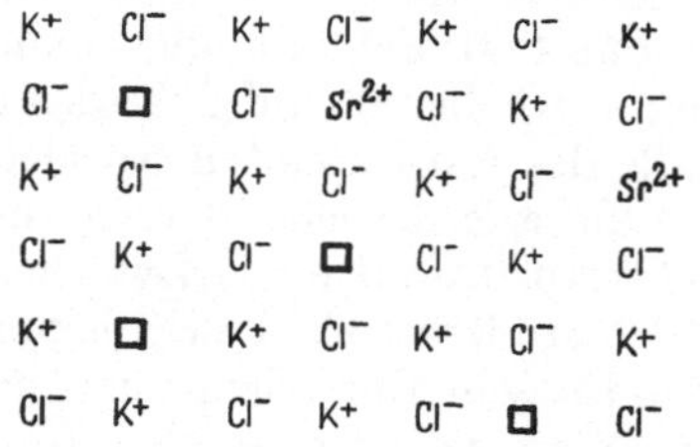

Abb. 3.22. Fehlordnungserscheinungen in einem KCl-$SrCl_2$-Mischkristall. (Die Zahl der $|K|'$ ist größer als die der $|Cl|^{\cdot}$.)

·10⁻³
10
Ω⁻¹·cm⁻¹
8
6
4
2
0
κ
700°C
725°C
650°C
600°C
KCl
0,002
0,004
0,006
0,008
SrCl2 →

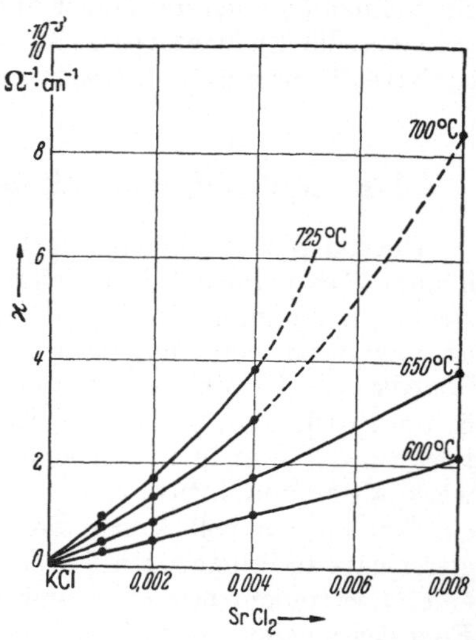

Abb. 3.23. Die elektrische Leitfähigkeit von KCl-$SrCl_2$-Mischkristallen in Abhängigkeit vom $SrCl_2$-Gehalt bei Temperaturen von 600, 650, 700 und 725 °C nach WAGNER und HANTELMANN.

wiegenden Kationenwanderung und durch Zusatz 2wertiger Anionen zugunsten einer überwiegenden Anionenwanderung verschieben. Außerdem muß die elektrische Leitfähigkeit bzw. der Transport der Ionen sowohl im elektrischen Feld als auch im Konzentrationsgefälle zunehmen. Dies konnte durch Leitfähigkeitsmessungen sowohl an KCl-$SrCl_2$-Mischkristallen von WAGNER und HANTELMANN[1] (Abb. 3.23) als auch an KCl-Mischkristallen durch Einbau von Ca-, Sr- und Ba-Ionen von KELTING und WITT[2] (Abb. 3.24) gezeigt werden. Im gleichen Sinne beobachteten ETZEL und MAURER[3], daß die elektrische Leitfähigkeit von KCl mit steigendem Gehalt sowohl an $CdCl_2$ als auch an $MnCl_2$ und $PbCl_2$ zunimmt (Abb. 3.25).

---

[1] WAGNER, C., u. P. HANTELMANN: J. chem. Phys. **18**, 72 (1950).
[2] KELTING, H., u. H. WITT: Z. Phys. **126**, 697 (1949).
[3] ETZEL, H., u. R. J. MAURER: J. chem. Phys. **18**, 1003 (1950).

Aus der Leitfähigkeitszunahme des KCl durch Zusatz von $SrCl_2$ berechneten WAGNER und HANTELMANN unter Berücksichtigung der Über-

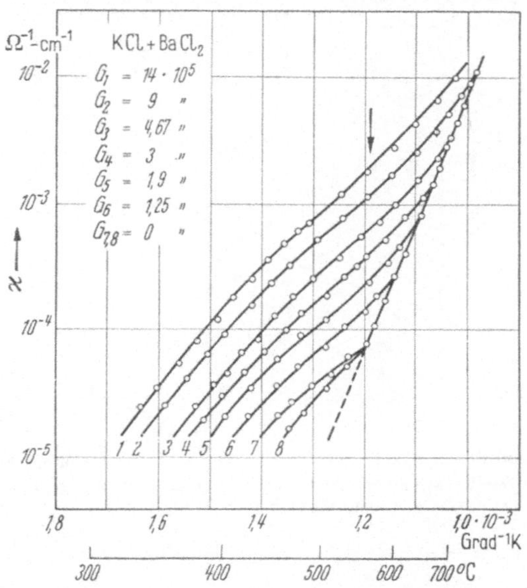

Abb. 3.24. Temperaturabhängigkeit der elektrischen Leitfähigkeit von KCl-$BaCl_2$-Mischkristallen mit verschiedenen $BaCl_2$-Gehalten G_1, G_2 (Molenbruch) nach KELTING und WITT. (Mit steigendem $BaCl_2$-Gehalt verschiebt sich der Punkt der Einmündung in die $\log \varkappa - 1/T$-Gerade zu höheren Temperaturen.)

führungszahl der K-Ionen t_{K^+} die Ionenleerstellenkonzentration des reinen KCl-Kristalls $x^0_{|K|'} = x^0_{|Cl|^\cdot}$ und die Beweglichkeit der Kationenleerstellen $u_{|K|'}$ (cm^2 $Volt^{-1}$ sec^{-1}) nach der bekannten Beziehung

$$\varkappa\, t_{K^\cdot} = 96500\, c\, x_{|K|}\, u_{|K|}\,. \qquad (3.72)$$

Hier bedeutet c die Gesamtkonzentration der Kationen (Mol cm^{-3}). Darf man auch hier in der aus der Elektroneutralitätsbedingung sich ergebenden Gleichung

$$x_{|K|} = x_{|Cl|^\cdot} + x_{Sr|K|^\cdot} \qquad (3.73)$$

$x_{Sr|K|^\cdot} = x_{SrCl_2} \approx x_{|K|'}$ wegen $x_{|Cl|^\cdot} \ll x_{SrCl_2}$ setzen, dann berechnet sich die Kationenleerstellenbeweglichkeit zu

$$u_{|K|'} = \frac{\varkappa}{96500 \cdot c \cdot x_{SrCl_2}}, \qquad (3.74)$$

wobei man nach RONGE und WAGNER[1] die Überführungszahl der K-Ionen in der

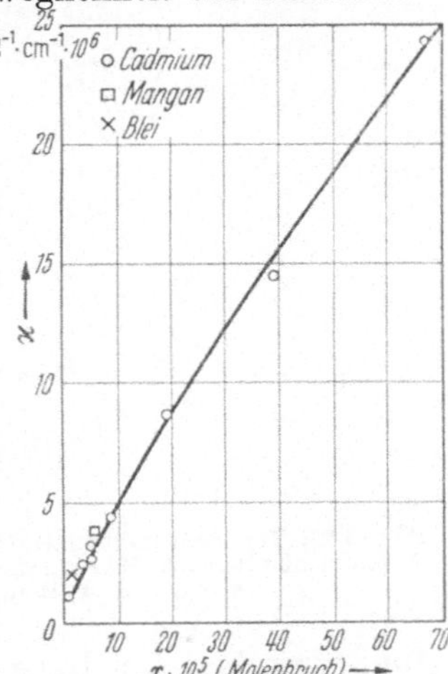

Abb. 3.25. Abhängigkeit der elektrischen Leitfähigkeit von KCl vom Gehalt an $CdCl_2$, $MnCl_2$ und $PbCl_2$ bei 403 °C nach ETZEL und MAURER.

[1] RONGE, G., u. C. WAGNER: J. chem. Phys. 18, 74 (1950).

heterotypen Mischphase gleich 1 setzen darf. Das Ergebnis der Rechnung ist in Abb. 3.26 dargestellt. Die unmittelbare Verknüp-

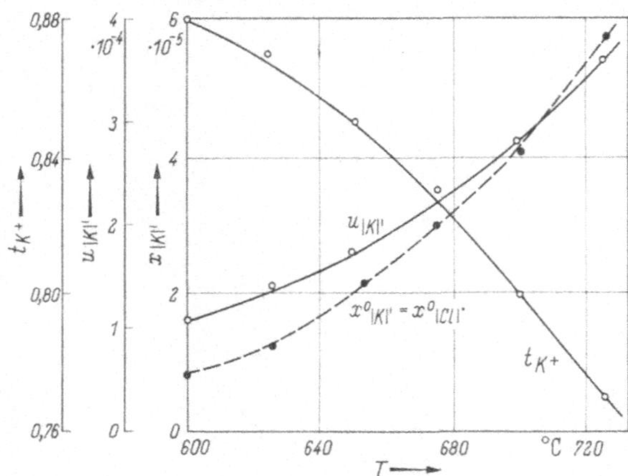

Abb. 3.26. Temperaturabhängigkeit der Überführungszahl der Kaliumionen t_{K^+}, der Beweglichkeit der K^+-Leerstellen $u_{|K|'}$ und der Fehlordnungskonzentration $x^0_{|K|'} = x^0_{|Cl|^{\cdot}}$ in KCl nach WAGNER, HANTELMANN und RONGE.

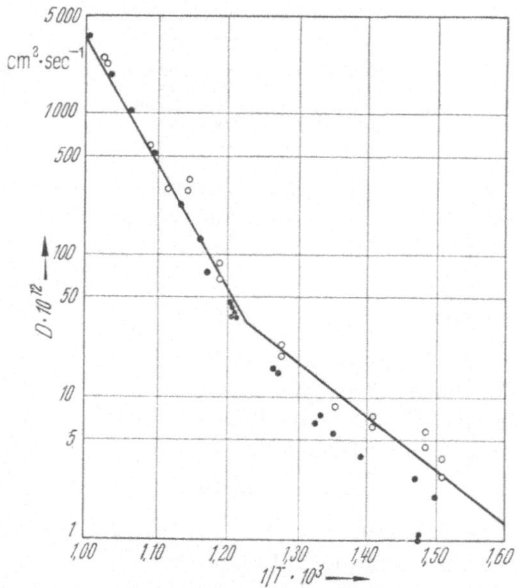

Abb. 3.27. Temperaturabhängigkeit der Diffusionskoeffizienten von radioaktivem Natrium in Natriumchlorid nach MAPOTHER, CROOKS und MAURER; ○-Meßpunkte aus Diffusionsversuchen und ●-Meßpunkte aus Leitfähigkeitsmessungen berechnet.

fung zwischen der Ionenleitfähigkeit und der Diffusion in Natriumchlorid konnte von MAPOTHER, CROOKS und MAURER[1] nachgewiesen

[1] MAPOTHER, D. E. H. N. CROOKS u. R. J. MAURER: J. chem. Phys. 18, 1231 (1950).

werden. In Abb. 3.27 ist die Temperaturabhängigkeit der Diffusionskoeffizienten aufgetragen, die einmal aus direkten Diffusionsmessungen mittels radioaktiver Natriumionen und zum anderen aus den Leitfähigkeitsmessungen berechnet wurden. Die Übereinstimmung ist besonders zwischen 750 und 450 °C recht befriedigend. Ferner konnte von MAURER und Mitarbeitern[1] gefunden werden, daß die 2wertigen Fremdionen rascher als die Natriumionen wandern, was man durch die Vermutung zu klären versucht, daß die Aufenthaltswahrscheinlichkeit der Leerstellen an diesen 2wertigen Fremdionen größer ist als an normalen Na-Ionen. Die Annahme solcher assoziierten Paare aus Kationenleerstelle und 2wertigem Fremdkation steht im Einklang mit den Untersuchungen von BRECKENRIDGE[1] über den dielektrischen Verlust in Alkalihalogeniden, worauf wir noch später zu sprechen kommen.

Aus den extrapolierten Werten von WAGNER und HANTELMANN[2] und den Meßergebnissen von KELTING und WITT[3] sowie ETZEL und MAURER[4] läßt sich die Konzentration der Leerstellen im reinen KCl in der Nähe des Schmelzpunktes zu etwa 10^{18} Leerstellen/cm³ abschätzen. Aus der Temperaturabhängigkeit von $K = x^0_{|K|} \cdot x^0_{|Cl|}$ (der Index 0 kennzeichnet reines KCl) ergibt sich der Wert von ΔH für die Bildung von 1 Mol K^+-Leerstellen und 1 Mol Cl^--Leerstellen zu 48 kcal (= 2,1 eV). Die Schwellenenergie für die Kationenleerstellenwanderung beträgt 18 kcal. Eine SCHOTTKY-Fehlordnung zeigen auch die Lithiumhalogenide, worauf HAVEN[5] hingewiesen hat. Auch hier wird die Zahl der Kationenleerstellen mit steigenden Zusätzen an Mg-Halogeniden größer, was aus den Leitfähigkeitsmessungen geschlossen werden konnte. In den Tab. 3.5 und 3.6 sind die Werte der Beweglichkeit der Li-Ionenleerstellen und deren Konzentration bei verschiedenen Temperaturen zusammengestellt.

Tabelle 3.5. *Li-Ionenleerstellenbeweglichkeit (10^{-5} cm² Volt^{-1} sec^{-1}) nach Haven*

T °K	400	500	600	700	800	900	1000
LiF	$4{,}1 \cdot 10^{-4}$	$1{,}76 \cdot 10^{-2}$	0,216	1,30	5,0	14,2	33
LiCl	0,223	2,40	11,6	36	84	162	
LiBr	0,57	5,4	24,3	71	160		
LiJ	1,15	10,3	44	125			

Tabelle 3.6
Kationenleerstellenkonzentration in Lithiumhalogeniden in Mol-% nach Haven

T °K	600	700	800	900	1000
LiF				0,0015	0,0087
LiCl		0,004	0,036		
LiBr		0,013	0,20		
LiJ	0,13	0,82			

[1] BRECKENRIDGE, R. G.: J. chem. Phys. **16**, 959 (1948); **18**, 913 (1950).
[2] WAGNER, C., u. P. HANTELMANN: J. chem. Phys. **18**, 72 (1950).
[3] KELTING, H., u. H. WITT: Z. Phys. **126**, 697 (1949).
[4] ETZEL, H., u. R. J. MAURER: J. chem. Phys. **18**, 1003 (1950).
[5] HAVEN, I.: Recueil Trav. chim. Pays-Bas **69**, 1259, 1476 u. 1505 (1950).

Wie man aus Tab. 3.5 entnehmen kann, ist die Ionenbeweglichkeit über Li-Ionenleerstellen ziemlich groß. Im Gegensatz zu den anderen Alkalihalogeniden ist die Beweglichkeit der Anionenleerstellen vernachlässigbar klein, was — abgesehen vom Fluorion — offenbar zu einem erheblichen Teil auf den kleinen Ionenradius des Lithium von 0,78 Å zurückzuführen ist.

Auf Grund von Polarisationsmessungen im Sinne von WAGNER[1] konnten MORKEL und SCHMALZRIED[2] an der Kette Tl|TlBr|C zwischen 180 und 280 °C mit dem +-Pol auf der rechten Seite in reinem N_2 zwischen 0 und 0,7 Volt eine überwiegende Elektronenleitung durch freie Elektronen nachweisen. Für die Elektronenleitung ergibt sich in dem genannten Temperaturintervall

$$\varkappa^0 = 40 \exp(-16000/RT).$$

Offenbar kommt die n-Leitung dadurch zustande, daß Tl-Ionen im Überschuß auf Zwischengitterplätzen sitzen und eine äquivalente Zahl freier Elektronen abgegeben haben. Wie Überführungsversuche zeigen, wenn man eine TlBr-Tablette zwischen zwei Tl-Elektroden bringt und an der anodenseitigen Phasengrenze TlBr/Tl Quarz-Marken anbringt, wird der Stromtransport überwiegend durch Tl-Ionen übernommen und nur zu einem geringen Teil durch Elektronen $t_- = 0{,}07 \pm 0{,}01$ zwischen 200 und 260 °C. Der Anteil der Bromionen am Stromtransport wird $< 5\%$ geschätzt.

Die Temperaturabhängigkeit der Elektronenleitung von TlCl wurde von verschiedenen Autoren gemessen[3,4] und von FRIAUF an Einkristallen wiederholt und erweitert.[5] Die Ergebnisse lassen sich in annähernder Übereinstimmung zwischen 160 und 370 °C bzw. zwischen 370 und 420 °C durch die folgenden beiden Formeln wiedergeben:

$$\varkappa = 8{,}9 \cdot 10^2 \exp(-16560/RT) \quad \text{und} \quad \varkappa = 5{,}3 \cdot 10^3 \exp(-19060/RT).$$

Bemerkenswert ist die Tatsache, daß die aus dem Selbstdiffusionskoeffizienten von Thallium in TlCl berechnete Leitfähigkeit um etwa 1,5 Zehnerpotenzen kleiner ist als die von allen Autoren gemessene. Wenn in TlCl die gleichen Fehlordnungsverhältnisse herrschen wie im TlBr, dann sollte sogar die Tl-Ionenleitfähigkeit erheblich größer sein als die gemessene Elektronenleitung. Im Sinne einer n-Leitung wurde bei Zugabe von $PbCl_2$ eine Abnahme der Leitfähigkeit beobachtet.[4]

Unter Berücksichtigung der Fehlordnungserscheinungen kann WAGNER[6] die Verteilung der Fremdionen in einem in zwei Phasen vorliegenden „Lösungsmittel"

---

[1] WAGNER, C.: Intern. Com. Electrochem. Thermodynamics & Kinetics, S. 361. London 1957.

[2] MORKEL, A., u. H. SCHMALZRIED: J. chem. Phys. **36**, 3101 (1962).

[3] LEHFELDT, W.: Z. Phys. **85**, 717 (1933).

[4] HAUFFE, K., u. A. L. GRIESSBACH-VIERK: Z. Elektrochem. Ber. Bunsenges. phys. Chem. **57**, 248 (1953). (Die hier angenommene Cl^--Leitung ist somit hinfällig).

[5] FRIAUF, R. J.: J. Phys. Chem. Solids **18**, 203 (1961).

[6] WAGNER, C.: J. phys. Chem. **57**, 738 (1953).

beschreiben. Im Anschluß an die Gl. (3.70a) unter Verwendung des Systems $SrCl_2$ (gelöst in KCl-Schmelze) — $SrCl_2$ (gelöst in KCl fest) erhalten wir für das Lösungsgleichgewicht:

$$SrCl_{2(l)} \rightleftharpoons [Sr|K|^{\cdot} + |K|' + 2\,KCl]_{(s)}, \tag{3.70c}$$

wo (l) die Schmelze und (s) die feste Phase bedeutet [der Index (s) wird im folgenden weggelassen]. Hieraus folgt der Massenwirkungsansatz:

$$x_{Sr|K|^{\cdot}} \cdot x_{|K|'} / x_{SrCl_2(l)} = K_1. \tag{3.70d}$$

Unter Verwendung der Gleichgewichtsbedingung für SCHOTTKY-Fehlordnung

$$x_{|K|'}\, x_{|Cl|^{\cdot}} = K_2,$$

mit der Beziehung für reines KCl: $x^0_{|K|'} = x^0_{|Cl|^{\cdot}} = \sqrt{K_2}$, wird für die Verteilung der Strontiumionen in der Schmelze und im Kristall die übliche Form des HENRYschen Gesetzes erhalten:

$$\frac{x_{Sr|K|^{\cdot}}}{x_{SrCl_2(l)}} = \frac{K_1}{x^0_{|K|'}} = C, \quad \text{wenn} \quad x_{Sr|K|^{\cdot}} \ll x^0_{|K|'}. \tag{3.70e}$$

Durch Kombination mit der Elektroneutralitätsbeziehung

$$x_{Sr|K|^{\cdot}} + x_{|Cl|^{\cdot}} = x_{|K|'}$$

erhalten wir die bereits von KELTING und WITT[1] angewandte Beziehung:

$$\frac{x_{Sr|K|^{\cdot}}}{x_{SrCl_2(l)}} = \frac{C}{(1 + C\, x_{SrCl_2(l)}/x^0_{|K|'})^{1/2}}. \tag{3.70f}$$

Setzt man nach WAGNER[2] die Konzentration der K-Ionenleerstellen im reinen KCl-Kristall am Schmelzpunkt $x_{|K|'} = 1{,}2 \cdot 10^{-4}$, dann nimmt auf Grund (3.70f) das Verteilungsverhältnis vom Grenzwert 0,15 für $x_{SrCl_2(l)} = 0$ bis 0,09 für $x_{SrCl_2(l)} = 13 \cdot 10^{-4}$ ab entsprechend einem Wert von $x_{Sr|K|^{\cdot}} = 1{,}2 \cdot 10^{-4}$. Die Abweichung vom HENRYschen Gesetz ist nicht auf das übliche nichtideale Verhalten auf Grund der Wechselwirkung der Störstellen mit den Nachbarn zurückzuführen, sondern beruht vielmehr auf der Tatsache, daß $SrCl_2$ in KCl zwei unabhängige Störzentren, $Sr|K|^{\cdot}$ und $|K|'$, bildet.

Bezeichnen wir mit E_0 die temperaturunabhängige Aktivierungsenergie, die benötigt wird, um ein Kation-Anionen-Leerstellenpaar durch Entfernen eines Kations und Anions zu erhalten und mit U_0 die Aktivierungsenergie für die Diffusion der Ladungsträger, so ergibt sich unter Benutzung der Beziehung mit $z = 1$:

$$\varkappa = e^2\, c\, D/kT \tag{3.75}$$

und der Temperaturfunktion des Diffusionskoeffizienten D

$$D = D_0 \exp(-U_0/kT) \tag{3.76}$$

sowie der aus der einfachen Theorie sich ergebenden Beziehung

$$c = N\, k \exp(-E_0/2\,kT) \tag{3.77}$$

die einfache Verknüpfungsgleichung für die Aktivierungsenergie ΔE $(= E_0/2 + U_0)$ von $\varkappa$:

$$\varkappa = \varkappa^0 \exp(-\Delta E).$$

Zur Abschätzung der Beweglichkeitsverhältnisse der Ladungsträger in KCl bei 560 °C gibt LEHFELDT[3] für $E_0 = 2{,}56$ und für $U_0 = 0{,}82$ eV an.

[1] KELTING, H., u. H. WITT: Z. Phys. **126**, 697 (1949).
[2] WAGNER, C.: J. phys. Chem. **54**, 738 (1953).
[3] LEHFELDT, W.: Z. Phys. **85**, 717 (1935).

Unter Verwendung der in der Theorie der Ionenwanderung in Kristallen auftretenden Beziehung für die Sprunghäufigkeit der Ionen ν

$$\nu = \nu_0 \exp(-U_0/kT) \tag{3.78}$$

mit $\nu_0 \approx 10^{13}\ \text{sec}^{-1}$ ergibt sich für die Sprunghäufigkeit der Kationen ν_+ bei 300 °K $\nu_+ \approx 10^{-0,6} \approx 1\ \text{sec}^{-1}$. Ferner läßt sich auf Grund der aus

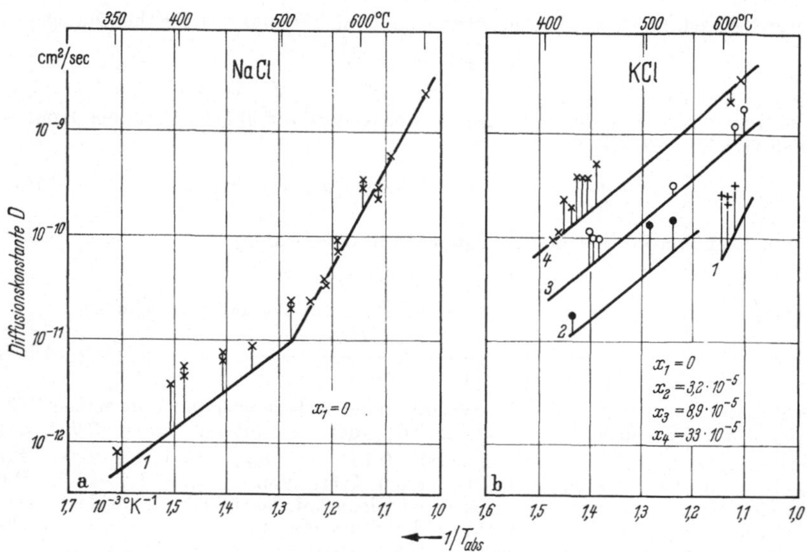

Abb. 3.28. a) Die Selbstdiffusionskoeffizienten des Na^+-Ions in NaCl in Abhängigkeit von der Temperatur. Die ausgezogene Kurve gibt die aus der Leitfähigkeit berechneten Diffusionskonstanten an, die Kreuze die gemessenen Diffusionskonstanten. In der Störleitung, die von unbekannten Fremdionen verursacht ist, ist die gemessene Diffusionskonstante um den Faktor 2 größer. In der Eigenleitung findet man Übereinstimmung. [Messungen nach MAPOTHER, CROOKS und MAURER (Abb. 3.27).]; b) Selbstdiffusionskoeffizienten des K^+-Ions in KCl in Abhängigkeit von der Temperatur und vom Gehalt an Sr^{2+}-Ionen (x_2, x_3 usw. in Molenbruch) nach WITT. Die Kreise und Kreuze geben die gemessenen Diffusionskonstanten, die ausgezogenen Geraden die berechneten an.

TUBANDTschen Überführungsversuchen[1] extrapolierten Daten für das Verhältnis der Sprunghäufigkeit von Kationen und Anionen bei Zimmertemperatur der Zahlenwert

$$\frac{\nu_+}{\nu_-} \approx 10^{-5}$$

abschätzen. Hieraus folgt für ν_- (300 °K) $\approx 10^{-5}\ \text{sec}^{-1}$; d.h. unter diesen Bedingungen ist nur mit einer Leerstellenwanderung der Kationen zu rechnen.

Während MAURER und Mitarbeiter[2] gleichzeitig den Selbstdiffusionskoeffizienten von radioaktivem Na in NaCl-Einkristallen und die elektrische Leitfähigkeit bestimmten, wobei allerdings das Auftreten der

---

[1] TUBANDT, C.: Hdb. d. Exp.-Physik, Bd. XII, 1, S. 394ff. Leipzig 1932.

[2] MAPOTHER, D. E., H. N. CROOKS u. R. J. MAURER: J. chem. Phys. 18, 1231 (1950).

Störleitung von unbekannten Zusätzen herrührt, führte WITT[1] die entsprechenden Messungen an KCl durch, wobei allerdings hier der die Störleitung verursachende Zusatz nach Art und Gehalt genau bekannt war.[2] Die zwischen 400 und 600 °C ausgeführten Messungen ergaben Selbstdiffusionskoeffizienten des K^+ von 10^{-11} bis 10^{-8} (Abb. 3.28a und b). (Vgl. auch KERKHOFF; s. Fußnote 10 auf S. 66.) Der Unterschied zwischen den gemessenen und berechneten Diffusionskoeffizienten zeigt weder eine Abhängigkeit von der Temperatur noch vom Gehalt an $SrCl_2$. Für diesen Unterschied kann man weder die Doppelleerstellen (|K|′|Cl|˙) noch die Assoziate (|K|′Sr|K|˙) verantwortlich machen (Korrelationseffekt, s. S. 509).

SEITZ[3] verfeinerte die Überlegungen durch Berücksichtigung der Beeinflußbarkeit der Sprungzeit einer Kationenleerstelle bei Annäherung an eine Anionenleerstelle infolge elektrostatischer Anziehung beider Leerstellen. An Hand seiner rechnerischen Ansätze kann SEITZ verständlich machen, daß bei Zimmertemperatur die Wahrscheinlichkeit eines „Aufeinanderwanderns" zweier entgegengesetzt geladener Leerstellen 10mal größer ist als ein Wegwandern. Auf Grund solcher Abschätzungen über die Sprunghäufigkeit kann beim Abkühlen des Kristalls eine Zusammenlagerung der isolierten Leerstellen erwartet werden. Unter diesem Gesichtspunkt führte DIENES[4] auf SEITZsche Anregung Berechnungen über die Aktivierungsenergie für die Diffusion solcher neutraler Leerstellenpaare (|K|′|Cl|˙) unter Beachtung der Energieverteilung durch, die sich aus COULOMBschen und Rückstoßkräften unter Einbeziehung der Polarisationsenergie abschätzen läßt. In einem fehlgeordneten KCl-Kristall wird für die Aktivierungsenergie der Diffusion eines solchen Leerstellenpaares ein Wert von 0,375 eV mit einer Genauigkeit von +10 und −25% gefunden. REITZ und GAMMEL[5] konnten durch Abschätzung der Paarbildungsenergie zu 0,9 eV ebenfalls die Existenz solcher Leerstellenpaare sicherstellen. An Hand von dielektrischen Verlustmessungen wird BRECKENRIDGE[6] ebenfalls zu der Annahme einer Paarbildung geführt.

Diese Leerstellenpaarbildung, die besonders in mechanisch beanspruchten Kristallen nicht nur zu einer einfachen (|K|′|Cl|˙), sondern auch zu einer mehrfachen Paarbildung führen kann, ist für die plastische Verformung und für Gleitvorgänge an Ionenkristallen von Bedeutung.[7]

---

[1] WITT, H.: Z. Phys. **134**, 117 (1952).
[2] KELTING, H., u. H. WITT: Z. Phys. **126**, 697 (1949).
[3] SEITZ, F.: Rev. mod. Phys. **18**, 384 (1946).
[4] DIENES, G. J.: J. chem. Phys. **16**, 620 (1948).
[5] REITZ, J. R., u. J. L. GAMMEL: J. chem. Phys. **19**, 894 (1951).
[6] BRECKENRIDGE, R. G.: J. chem. Phys. **16**, 959 (1948); **18**, 913 (1950).
[7] Siehe Artikel „Imperfections in Nearly Perfect Crystals: A Synthesis" von FREDERICK SEITZ im Buche „Imperfections in Nearly Perfect Crystals", S. 3ff. New York 1952. — Vgl. weiterhin: L. PRANDTL: Z. angew. Math. Mech. 8, 85 (1928). — U. DEHLINGER: Ann. Phys. **2**, 749 (1929). — E. OROWAN: Z. Phys. **89**, 634 (1934). — G. I. TAYLOR: Proc. Roy. Soc. [London] **145**, 362 (1934). — J. M. BURGERS: Proc. Kon. nederl. Akad. Wetensch. **42**, 294, 378 (1939). — F. SEITZ u. T. A. READ: J. appl. Phys. **10**, 275 (1942). — J. S. KOEHLER u. F. SEITZ: J. appl. Mech. **14**, 217 (1947). — N. F. MOTT: Research **2**, 162 (1949). — Über frühere Beiträge und weitere Literaturhinweise s. auch: Carnegie Institute of Technology

In umgekehrter Weise hält SEITZ[1] eine Bildung von Leerstellen in Ionenkristallen aus Versetzungen (dislocations) für möglich (vgl. auch SEEGER[2]).

3.7 Über Farbzentrenbildung in Alkalihalogenidkristallen

Während bei höheren Temperaturen die stöchiometrisch zusammengesetzten Alkalihalogenide typische Ionenleiter sind, verschwindet die Ionenleitung zugunsten einer Elektronenleitung, wenn man den Alkalihalogenidkristall in eine Alkalimetalldampf-Atmosphäre bringt oder ihn mit Röntgenstrahlen belichtet. Neben einer starken Zunahme der elektrischen Leitfähigkeit, die jetzt praktisch allein von den im Gitter erzeugten Elektronenfehlordnungsstellen übernommen wird, treten charakteristische Farberscheinungen auf. So konnte u. a. von POHL und Mitarbeitern beobachtet werden, daß beim Bedampfen eines Alkalihalogenidkristalls mit Alkalimetalldampf bei höheren Temperaturen eine Blau- bis Violettfärbung auftritt. Die gleiche Erscheinung konnte auch dadurch erzielt werden, daß ein farbloser durchsichtiger KBr-Kristall zwischen zwei Platinelektroden auf etwa 600 °C erhitzt wurde. Nach Anlegen einer genügend hohen Spannung (= Zersetzungsspannung) tritt eine blaue Wolke von der Kathode aus in den Kristall ein und wandert zur Anode[3] (Abb. 3.29). Beim Umpolen wandert die blaue Wolke zur neuen Anode. Die Wanderungsgeschwindigkeit der Wolkenfront läßt sich hierbei in einfacher Weise mit der Stoppuhr ermitteln. Diese Farbzentrenbeweglichkeit ist ein Maß für die Elektronenbeweglichkeit unter den speziellen Bedingungen der gewählten Temperatur und der Größe des elektrischen Feldes.

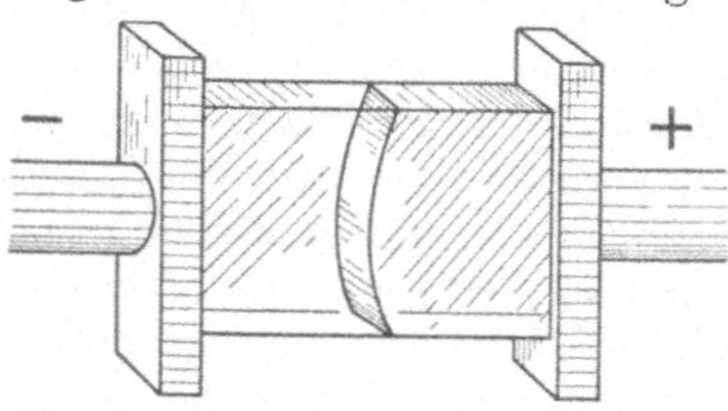

Abb. 3.29. Sichtbare Wanderung der F-Zentren von links nach rechts nach POHL und HILSCH. Hierbei ist die Wanderung von F-Zentren, die eine Blaufärbung des Kristalls verursachen, nur als eine Elektronenbewegung über Anionenleerstellen von der Kathode zur Anode zu verstehen.

Gemäß dem Vorschlage von POHL[4] bezeichnen wir das Farbzentrum als F-Zentrum. Da in Alkalihalogenidkristallen aus energetischen Gründen Ionen keine Zwischengitterplätze einnehmen, kann der Einbau von „überschüssigem“ Natrium in NaCl nur dadurch gedeutet werden, daß

Fortsetzung der Fußnote 7 von Seite 103
Symposium on the Plastic Deformation of Crystalline Solids (Office of Naval Research) (1950); Report of a Conference on the Strength of Solids, University of Bristol, England (Physical Society, London 1948). — A. H. COTTRELL: Progress in Metal Physics (Interscience Press, New York 1949). — A. H. COTTRELL u. B. A. BILBY: Phil. Mag. **42**, 573 (1951). — F. C. FRANK: Phil. Mag. **43**, 809 (1951).

[1] SEITZ, F.: Phys. Rev. **79**, 1002 (1950); Rev. mod. Phys. **26**, 7 (1954).

[2] SEEGER, A., in: Handb. d. Physik, Bd. 7, Teil 1, S. 383. Berlin/Göttingen/Heidelberg: Springer 1955.

[3] GUDDEN, B., u. R. W. POHL: Z. Phys. **35**, 243 (1925).

[4] Vgl. u. a. die zusammenfassenden Berichte von R. W. POHL: Proc. Roy. Soc. [London] **49**, 3 (1937); Phys. Z. **39**, 36 (1938). — R. HILSCH u. R. W. POHL: Z. Phys. **108**, 55 (1938).

das an der Oberfläche chemisorbierte Natriumatom ein Chlorion veranlaßt, unter Zurücklassung einer Lücke $|Cl|^{\bullet}$ aus dem Innern zur Oberfläche zu wandern, wobei das Na-Atom ein Elektron an den Kristall abgegeben hat und somit als Gitterion von den anderen nicht mehr unterscheidbar ist. Diese Deutung wurde von SCHOTTKY[1] bereits 1935 als die wahrscheinlichste bezeichnet und 1937 von DE BOER[2] übernommen. Dieser Einbau läßt sich symbolisch folgendermaßen formulieren:

$$\begin{aligned} \mathrm{Na\,(gas)} &\rightleftharpoons \mathrm{Na^+\,(ads)} + e' \\ \mathrm{Na^+\,(ads)} &\rightleftharpoons \mathrm{NaCl} + |\mathrm{Cl}|^{\bullet}. \end{aligned} \tag{3.79}$$

Die im NaCl vorhandenen Anionenleerstellen dienen im Sinne von SCHOTTKY als Elektronenfallen für die von den Alkaliatomen stammenden Elektronen, die im Kristall vagabundieren und von den Anionenleerstellen in einem mehr oder minder hohen Maße, je nach der herrschenden Temperatur, eingefangen werden[3]. Das Einfangen der Elektronen kann man in folgender Weise darstellen:

$$|\mathrm{Cl}|^{\bullet} + e' \rightleftharpoons \underbrace{|\mathrm{Cl}|^{\times};\ (\text{umgeben von } 6\,\mathrm{Na^+})}_{F\text{-Zentrum}}. \tag{3.80}$$

Neben diesem SCHOTTKYschen Modellbild wurde insbesondere von LANDAU[4] und MOTT[5] vorübergehend der „Self-trapped"-Mechanismus diskutiert, der durch folgende symbolische Umsetzungsgleichung dargestellt werden kann:

$$\mathrm{Na\,(gas)} = (\mathrm{Na^+} + \text{self-trapped Elektron})_{\mathrm{NaCl}}. \tag{3.81}$$

Wie aber bereits oben erwähnt, führen energetische Betrachtungen eindeutig zu einer Bevorzugung der SCHOTTKY-Fehlordnung gegenüber der FRENKEL-Fehlordnung im Gitter. In dieselbe Richtung weisen die im vorigen Kapitel besprochenen Beobachtungen von WAGNER und Mitarbeitern über die Beeinflussung der Ionenleitfähigkeit von NaCl bzw. KCl durch Fremdsalzzusätze. Man kann also schließen, daß in der Reaktion

$$\mathrm{NaCl} + |\mathrm{Cl}|^{\bullet} \rightleftharpoons \mathrm{Na}^{\bullet} \tag{3.82}$$

das Gleichgewicht ganz nach links verschoben ist. Die SCHOTTKYsche Farbzentrendeutung würde allerdings verlangen, daß dasselbe auch für das Gleichgewicht

$$\mathrm{NaCl} + |\mathrm{Cl}|^{\times} \rightleftharpoons \mathrm{Na}^{\times} \tag{3.83}$$

gilt, was noch die zusätzliche Voraussetzung erfordert, daß die Bindung des Leitungselektrons e' an $|Cl|^{\bullet}$ nicht schwächer ist als am $Na^{\bullet}$. Das ist

---

[1] SCHOTTKY, W.: Z. phys. Chem. (B) **29**, 335 (1935); Wiss. Veröff. Siemens-Werken **14**, 2. Heft, S. 4 unten. In der erstgenannten Arbeit sind neben den Anionenleerstellen mit eingefangenem Elektron auch die erst später beobachteten Kationenleerstellen mit eingefangenem Defektelektron diskutiert.

[2] BOER, J. H. DE: Recueil Trav. chim. Pays-Bas **56**, 301 (1937).

[3] SEITZ, F.: Rev. mod. Phys. **18**, 384 (1946).

[4] LANDAU, L.: Phys. Z. UdSSR **3**, 664 (1933).

[5] MOTT, N. F., u. R. W. GURNEY: Electronic Processes in Ionic Crystals. Oxford 1948.

zwar elektronentheoretisch nicht unwahrscheinlich, aber bisher unseres Wissens noch nicht quantitativ diskutiert worden. Man wird daher auch heute noch die ($|Cl|^{\bullet}$ + e′)-Deutung der Farbzentren nur als die wahrscheinlichste bezeichnen können. Jedenfalls wird, da empirisch die Abtrennung eines Elektrons von der durch Na-Überschuß hervorgerufenen positiven Störstelle ($|Cl|^{\bullet}$) keinen extrem großen Wert (etwa 2 eV) erfordert, aus dem ionenleitenden Alkalihalogenid bei Belichtung oder Bedampfung mit Alkalimetall bei höheren Temperaturen ein gemischter Leiter und bei Belichtung im niedrigen Temperaturbereich ein praktisch reiner Elektronenleiter.[1] Abb. 3.30 zeigt die Lage der durch *F*-Zentren verursachten Absorptionsbänder verschiedener Alkalihalogenide. Wie man erkennt, tritt von LiCl → CsCl eine Verschiebung der Maxima der

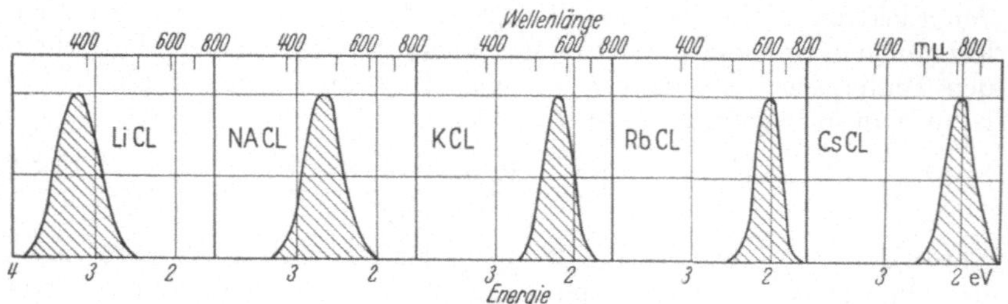

Abb. 3.30. Absorptionsbande der *F*-Zentren einiger Alkalihalogenide bei 20 °C nach POHL.

Absorptionsbänder der *F*-Zentren ins langwelligere Gebiet auf. Aus dem Nachweis einer vom Kalium- und Natriumdampf unabhängigen stets gleichen Verfärbung eines KCl-Kristalls darf geschlossen werden, daß das Auftreten der Blaufärbung eine charakteristische Eigenschaft der im Kristall auftretenden Assoziation eines e′ mit einem $|Cl|^{\bullet}$ ist und nicht des verwendeten Alkalimetalldampfes.

Bei langsamem Abkühlen eines bei höheren Temperaturen getemperten *F*-Zentren-haltigen Kristalls treten neben dem *F*-Band weitere Absorptionsbänder auf, die aller Wahrscheinlichkeit nach auf verwickelte Assoziationserscheinungen zurückzuführen sind. Ferner können die durch Bestrahlung erzeugten *F*-Zentren nicht durch ein alleiniges Erhitzen des Kristalls beseitigt werden. Eine Vernichtung der *F*-Zentren ist neben Elektrolyse ganz besonders durch eine Behandlung des Kristalls bei höheren Temperaturen im Halogendampf möglich. Wie aus Abb. 3.31 ersichtlich[2], verschiebt sich die Lage des Maximums der Absorptionsbande mit steigender Temperatur zu höheren Wellenlängen unter gleichzeitiger Abnahme der Absorptionskonstanten und Verbreiterung des Absorptionsbereichs. KLEINSCHROD[3] konnte nachweisen, daß der Absorptionskoeffizient verfärbter KCl-Kristalle proportional dem Über-

[1] MOLLWO, E.: Nachr. Ges. Wiss. Göttingen, a. d. Phys. Astron. Geophys. Techn. **3**, 149 (1939).

[2] POHL, R. W.: Proc. Roy. Soc. [London] **49**, 3 (1937). — Siehe auch die Abhandlung von M. SAVOSTIANOVA: Z. Phys. **64**, 262 (1930).

[3] KLEINSCHROD, F. G.: Ann. Phys. [5] **27**, 97 (1936).

schußgehalt an Kalium ist. Der Überschußgehalt an Kalium wurde durch den beim Auflösen des KCl-Kristalls in Wasser auftretenden KOH-Gehalt ermittelt.

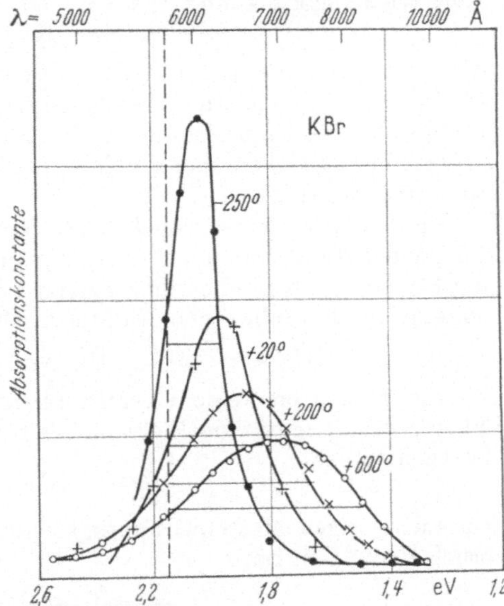

Abb. 3.31. Einfluß der Temperatur auf die Erniedrigung und Verschiebung des Absorptionsmaximums der F-Zentren in KBr nach POHL.

Nach ergänzenden Untersuchungen von WITT[1] über die Verminderung der Kristalldichte durch Farbzentren wird die für ein F-Zentrum oben diskutierte Annahme eines eingefangenen Elektrons in einer Anionenlücke gestützt. Zu diesem Zwecke wurde ein KCl- bzw. KBr-Kristall von 1 cm Länge zur Hälfte mit F-Zentren verfärbt und anschließend in eine Flüssigkeit aus einem Gemisch von Acetylentetrabromid und Benzol getaucht, die annähernd die gleiche Dichte wie der Kristall aufwies. Wie aus Abb. 3.32 zu erkennen, richtet sich der Kristall jeweils mit seinem verfärbten Teil nach oben, während der F-Zentren-freie Teil des Kristalls nach unten gekehrt ist. Nach diesen Versuchen dürfte die Verminderung der Kristalldichte durch F-Zentren eine experimentell gesicherte Tatsache sein. Zur quantitativen Abschätzung der Dichteabnahme wurde die Winkelgeschwindigkeit gemessen, mit der sich der verfärbte Teil des Kristalls nach oben dreht. Zwischen Dichteabnahme $\Delta\varrho$ und Winkelgeschwindigkeit ω besteht nach WITT folgender Zusammenhang:

$$\omega = 4\alpha\,\Delta\varrho\, g\, V/\pi\, l.$$

Hierbei wird α empirisch durch die Messung der Winkelgeschwindigkeit bei bekanntem zusätzlichem Drehmoment bestimmt. Ferner bedeuten g die Fallbeschleunigung, V das Volumen und l die Länge des Kristalls.

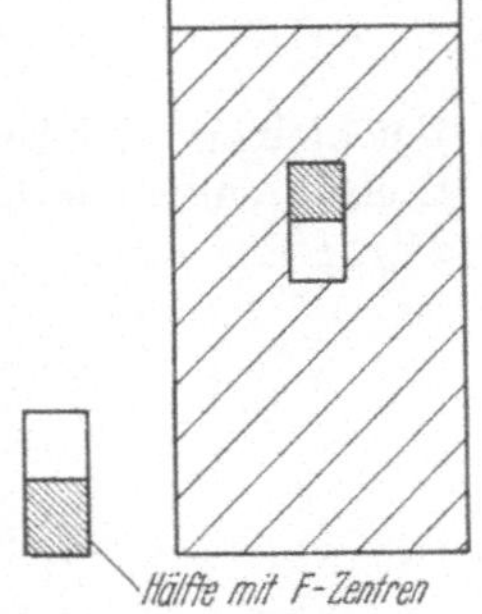

Abb. 3.32. Standzylinder gefüllt mit einem Gemisch von Azetylentetrabromid und Benzol: darin schwebend ein KBr-Kristall von etwa 1 cm Länge nach WITT. Der Kristall wurde in die Flüssigkeit mit dem verfärbten Teil nach unten eingetaucht (wie links angegeben). Infolge der geringeren Dichte des F-Zentren-haltigen Teiles des Kristalls drehte sich die verfärbte Hälfte nach oben.

RÖGENER[2] fand eine Proportionalität zwischen der Zahl der im Kubikzentimeter eines Alkalihalo-

[1] WITT, H.: Nachr. Akad. Wiss. Göttingen, math.-physik. Kl. IIa, Math.-phys.-chem. Abt. Nr. 4, S. 17 (1952).

[2] RÖGENER, H.: Ann. Phys. [5] 29, 386 (1937).

genidkristalls vorhandenen F-Zentren c_F und der Konzentration der Alkalimetallatome im Gasraum c_g, was man durch die folgende Beziehung wiedergeben kann:

$$c_F = \mathrm{K}\, c_g. \tag{3.84}$$

Abb. 3.33 zeigt die experimentelle Bestätigung am KCl bei 530 und 720 °C. Das Ergebnis der Messungen berechtigt zur Annahme, daß der Bildungsmechanismus zumindest bei höheren Temperaturen nicht von irreversiblen Erscheinungen abhängt, sondern im thermodynamischen Sinne reversibel ist.

Durch das Auftreten von F-Zentren in Alkalihalogenidkristallen wird die Ionenleitung durch eine Elektronenleitung überdeckt. Außerdem werden solche Kristalle photoleitend. Betrachten wir die F-Zentrenbildung durch Einbau von Kalium ins KCl-Gitter:

$$\mathrm{K(gas)} + |\mathrm{K}|' + |\mathrm{Cl}|^{\cdot} = F\text{-Zentrum } (|\mathrm{Cl}|^{\times}). \tag{3.85}$$

Da die F-Zentren keine Überschußladung gegenüber dem Gitter bedingen, erhält man eine Elektronenleitung erst durch Dissoziation des Farbzentrums:

$$|\mathrm{Cl}|^{\times} = |\mathrm{Cl}|^{\cdot} + \mathrm{e}'.$$

Die zugehörigen Massenwirkungsgleichungen lauten mit x_F als Molenbruch der F-Zentren:

$$\frac{x_F}{p_{\mathrm{K}}\, x_{|\mathrm{K}|'}\, x_{|\mathrm{Cl}|^{\cdot}}} = K_1 \tag{3.86a}$$

und

$$\frac{x_-\, x_{|\mathrm{Cl}|^{\cdot}}}{x_F} = K_2. \tag{3.86b}$$

Da aber wegen der SCHOTTKY-Fehlordnung $x_{|\mathrm{K}|'} = x_{|\mathrm{Cl}|^{\cdot}}$ bzw. $x_{|\mathrm{K}|'}\, x_{|\mathrm{Cl}|^{\cdot}}$ eine Konstante ist, folgt für Gl. (3.86a):

$$x_F / p_{\mathrm{K}} = K_1'. \tag{3.87}$$

Bei kleinem K-Überschuß, wo die Konzentration der Leerstellen praktisch dieselbe wie im reinen KCl-Kristall ist, kann man die Feldstärke $dV/d\xi$ der Kette

–	Pt	KCl	KCl+K	KCl	Pt	+
		←K⁺ / —Cl⁻→	←K⁺— / —Cl⁻→ / ⊢—e'—→	←K⁺— / —Cl⁻→		

(ξ^* an der Grenze KCl+K / KCl)

an allen Stellen als gleich betrachten und schreiben:

$$c_F\, d\xi^*/dt = u_-\, c_-\, dV/d\xi,$$

worin ξ^* den Ort zwischen gefärbtem und farblosem KCl angibt und c_F bzw. c_- die Konzentration der Farbzentren bzw. die der Überschußelektronen in Mol/cm³ sowie u_- die Feldbeweglichkeit in cm² Volt⁻¹ sec⁻¹ derselben ist.

Wertet man die 600°-Versuche von RÖGENER aus, so ergibt sich unter Vernachlässigung von Diffusionserscheinungen für die *scheinbare*

Feldbeweglichkeit u_F der Farbzentren:

$$u_- c_-/c_F = u_F = (d\xi^*/dt)/(dV/d\xi) = 2 \cdot 10^{-4}\ \text{cm}^2\ \text{Volt}^{-1}\ \text{sec}^{-1}.$$

Für die Temperaturabhängigkeit

$$u_F \sim \exp(-\Delta E/RT)$$

erhält man für $\Delta E \approx 23$ kcal ($= 1$ eV).

Aus HALL-Effektmessungen bei tieferen Temperaturen wurde u_- ermittelt, das durch Extrapolation auf 600 °C $u_- \approx 5\ \text{cm}^2\ \text{Volt}^{-1}\ \text{sec}^{-1}$ ergibt. Hieraus folgt für das Verhältnis:

$$c_-/c_F = u_F/u_- = 2 \cdot 10^{-4}/5 = 4 \cdot 10^{-5}.$$

Mit $c_F = x_F/v$ (v = Molvolumen) ergibt sich aus den Gl. (3.86) und (3.87) für die Überschußelektronenleitfähigkeit im KCl als Funktion des K-Partialdrucks:

$$\varkappa_- = u_- c_- \mathfrak{F} = u_F p_K \mathfrak{F} K_1/v. \tag{3.88}$$

Hieraus läßt sich die Leitfähigkeit $\varkappa = \varkappa_- + \varkappa_{\text{Ion}}$ als Funktion der Aktivität $a_K = p_K/p_K^0$ des Kaliums darstellen, wo p_K^0 den K-Partial-

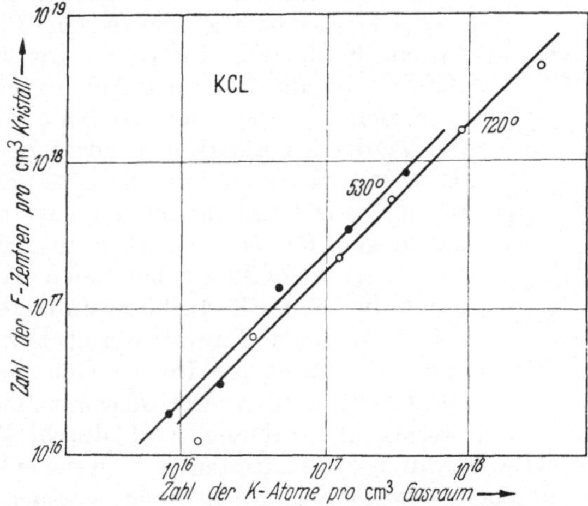

Abb. 3.33. Die Abhängigkeit der Zahl der F-Zentren im KCl-Kristall von der Dichte (K-Atome/cm³) der Kaliumdampfphase nach RÖGENER.

druck über flüssigem Kalium darstellt. Wie die Rechnung für 600 °C ergab, überwiegt mit $p_K/p_K^0 > 7{,}5 \cdot 10^{-3}$ die Elektronenleitung, während die Ionenleitung mit $\varkappa_{\text{Ion}} = 2.3 \cdot 10^{-6}\ \text{Ohm}^{-1}\ \text{cm}^{-1}$ annähernd konstant ist. Ferner lassen sich aus den Gl. (3.86b) und (3.88) die Konzentrationen x_F und x_- in Abhängigkeit von p_K/p_K^0 berechnen.

SMAKULA[1] hat eine Gleichung über den Zusammenhang zwischen der Konzentration der Farbzentren und der linearen Absorption entwickelt. Unter Verwendung der Messungen der Photoleitfähigkeit von GLASER[2]

[1] SMAKULA, A.: Z. Phys. **59**, 603 (1930).
[2] GLASER, G.: Nachr. Akad. Wiss. Göttingen, Math.-physik. Kl. **3**, 31 (1937).

und der theoretischen Ansätze von MOTT und GURNEY können wir nach MARKHAM[1] das folgende Energiediagramm zeichnen (Abb. 3.34). Hier ist die Energie aufgetragen, die von einem Photon aufgebracht werden muß, um ein F-Zentrum anzuregen. In Abb. 3.34 ist die Bandbreite des angeregten Zustandes angegeben, die durch die jeweilige spezifische Wärmeschwingung verursacht ist. Aus dem noch aufzubringenden Wert von $E = 0{,}15$ eV für einen F-Zentren-haltigen KBr-Kristall ist die Mindesttemperatur festlegbar, um die im angeregten F-Band befindlichen Elektronen ins Leitungsband zu heben.

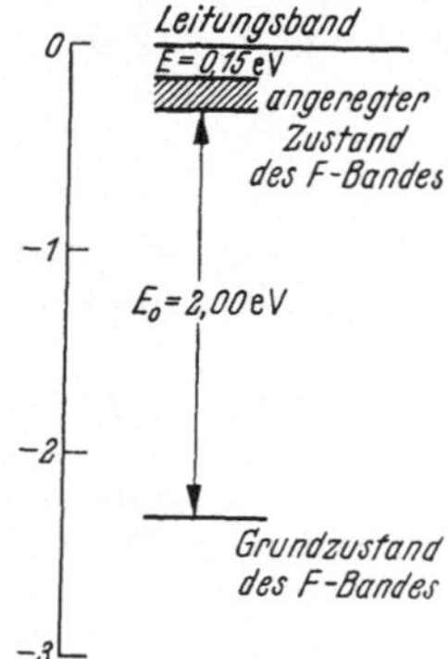

Abb. 3.34. Energie-Termschema eines F-Zentrums in KBr nach MARKHAM. Der Wert von E_0 wurde aus optischen Messungen bei 5 °K erhalten. Der Grundzustand wird ohne Breite angenommen, während die Ausdehnung des angeregten F-Bandes gleich der halben Breite zum Leitungsband ist. E ist die thermische Ionisationsenergie, wie sie aus der Theorie von MOTT-GURNEY und aus optischen Messungen von GLASER erhalten wird.

Eine immer noch ungeklärte Frage ist die Entstehung der Leerstellen während der Bestrahlung bei niedrigen Temperaturen. Die früher gemachte Annahme, daß die Leerstellen während der Bestrahlung entstehen und in den Kristall vermittels der normalen thermischen Energie diffundieren, ist heute kaum aufrechtzuerhalten, wenn man bedenkt, daß die Aktivierungsenergie für die Diffusion eines Leerstellenpaares in KCl mindestens 0,4 eV beträgt und für ein $|\mathrm{Cl}|^{\bullet}$ 1,1 eV bzw. für ein $|\mathrm{K}|'$ 0,8 eV.[2] In einem normalen farblosen Kristall ist die Zahl der Anionenleerstellen bei 5 °K sicher zu klein, um die bei der Bestrahlung frei werdenden Elektronen einzufangen.[3] Es wird daher von MARKHAM[4] der NABARRO-SEITZ-Mechanismus[5] zur Leerstellenbildung als möglich vorgeschlagen. Es wäre natürlich zu diskutieren, ob eine Leerstellenbildung bei tiefen Temperaturen durch die bei der Bestrahlung auftretenden räumlich begrenzten Raumladungsbezirke auftreten kann, die durch die frei gemachten Elektronen verursacht werden. Der Mechanismus der Farbzentrenbildung durch Röntgenbestrahlung wird durch Experimente von MARKHAM bei 4 °K durch das Auftreten von „weichen“ und „harten“ Farbzentren noch verwickelter. Nach diesen Versuchen scheinen zwei Zentrensorten zu existieren, die das gleiche Absorptionsspektrum der F-Bande besitzen, von denen die weichen Zentren schon unterhalb 80 °K abgebaut werden, während die harten Zentren erst bei Zimmertemperatur dissoziieren. Dieses Phänomen und die von HAVEN[6] und

---

[1] MARKHAM, J. J.: J. phys. Chem. **57**, 762 (1953). — J. J. MARKHAM, R. T. PLATT JR. u. I. L. MADOR: Phys. Rev. **92**, 597 (1953).

[2] DIENES, G. J.: J. chem. Phys. **16**, 620 (1948). — F. SEITZ: Phys. Rev. **89**, 1299 (1953).

[3] DUTTON, D., W. HELLER u. R. J. MAURER: Phys. Rev. **84**, 363 (1951).

[4] MARKHAM, J. J.: J. phys. Chem. **57**, 762 (1953).

[5] SEITZ, F.: Phys. Rev. **80**, 239 (1950), hat die Theorie von F. R. N. NABARRO, Conference of the Strength of Solids, S. 75ff., London 1948, auf die Farbzentrenbildung angewandt. Siehe besonders F. SEITZ: Rev. mod. Phys. **26**, 7 (1954).

[6] DORN, C. Z., u. J. HAVEN: Phys. Rev. **100**, 753 (1955).

Shmit[1] durch Bestrahlung mit polarisiertem Licht im Bereich der Farbzentrenabsorption beobachtete Anisotropie der F-Zentrenlöschung werden von Stasiw[2] durch in Doppellücken, wie z. B. $|K|\,|Cl|^{\times}$, eingefangene Elektronen gedeutet.

In neuerer Zeit wurden umfangreiche Untersuchungen über den Bildungsmechanismus von Fehlstellen in Alkalihalogenidkristallen, verursacht durch intensive Röntgenbestrahlung bei niedrigen Temperaturen, ausgeführt.[3] Die Erzeugung der Fehlstellen wurde mittels optischer Absorptionsmessungen und Ermittlung der Ausdehnung des bestrahlten Kristalls nachgewiesen. Es ergab sich, daß der Erzeugungsmechanismus der Fehlstellen in verschiedenen Alkalihalogenidkristallen (LiF, NaCl, KCl) nicht einheitlich sein kann. Während Berry[4] an Hand ähnlicher Untersuchungen auf eine überwiegende Schottky-Fehlordnung schließt, schlagen Smoluchowski und Wiegand[5] auf Grund des Ansteigens der Gitterparameter eine überwiegende Anti-Frenkel-Fehlordnung bei Raumtemperatur vor. Durch die Einstrahlung werden gemäß:

$$\text{Null} \xrightarrow{X\text{-Strahl}} |Cl|^{\cdot} + Cl'$$

oder unter Dissoziation von freien Elektronen:

$$\text{Null} \xrightarrow{X\text{-Strahl}} |Cl|^{\cdot} + Cl^{\times} + e',$$

wo $Cl^{\times}$ ein neutrales Cl-Atom auf Zwischengitterplatz kennzeichnet, neben Cl-Ionenleerstellen Cl-Ionen auf Zwischengitterplätzen erzeugt. Wenn dieser Mechanismus in der Tat überwiegt, dann werden die V-Zentren nicht mehr eindeutig durch den auf S. 116 vorgeschlagenen Mechanismus beschrieben.

Wie Scott und Mitarbeiter[6] zeigen konnten, wird im Gegensatz zu einem F-Zentren-haltigen Kristall, der nur mit einem eingestrahlten Licht photoleitend wird, das von den F-Zentren absorbiert wird, ein Kristall, der kolloidales Alkalimetall enthält, auch dann photoleitend, wenn die Wellenlänge des einstrahlenden Lichtes deutlich entfernt vom Absorptionsgebiet liegt. Die Lage der Bandmaxima von NaCl (518 mμ), KCl (730 mμ), KBr (760 mμ) und KJ (800 mμ) konnte aus den optischen Eigenschaften der Metallionen berechnet werden.

Ohne zunächst näher auf den Leitungsmechanismus einzugehen, kann man folgendes Bild entwerfen: In einem F-Zentren-haltigen Kristall setzen die absorbierten Lichtquanten eine definierte Zahl Elektronen quasi in Freiheit, die dann im elektrischen Feld eine gewisse Strecke wandern, um dann an irgendeiner Stelle — entweder in einem F-Zen-

---

[1] Shmit, O. A.: Optika i Spektrosk. **2**, 759 (1957).

[2] Stasiw, O.: Elektronen- und Ionenprozesse in Ionenkristallen, S. 71. Berlin/Göttingen/Heidelberg: Springer 1959.

[3] Wiegand, D. A., u. R. Smoluchowski: Phys. Rev. **116**, 1069 (1959). — M. F. Merriam, R. Smoluchowski u. D. A. Wiegand: Phys. Rev. **125**, 52, 65 (1962).

[4] Berry, C. R.: Phys. Rev. **98**, 934 (1954).

[5] Smoluchowski, R., u. D. A. Wiegand: Disc. Faraday Soc. 151 (1961). — D. A. Wiegand: Phys. Rev. Letters **9**, 201 (1962).

[6] Scott, A. B., W. A. Smith u. M. A. Thompson: J. phys. Chem. **57**, 757 (1953).

trum, wenn $T < 180\,°K$ ist, oder in einer $|Cl|^{\bullet}$-Stelle — im Gitter eingefangen zu werden. Auf den Elektroneneinfang der F-Zentren kommen wir noch später zurück. Bezeichnet d die mittlere Flugstrecke, die ein freies Elektron in einer Zeitspanne τ in Richtung des elektrischen Feldes zurücklegen kann, bis es wieder eingefangen wird, so gilt:

$$d = u_{-}\tau \boldsymbol{E} \tag{3.89}$$

Wesentlich tiefer führende Überlegungen, die aber in diesem Rahmen nicht behandelt werden können, wurden von SPENKE[1] durchgeführt. Entsprechend Abb. 3.35 strahlen wir senkrecht zur elektrischen Feldrichtung Licht auf einen Halogenidkristall, das mit einer Effektivität von Q Quanten je cm^2 je sec absorbiert wird. Bedeutet w die Wahrscheinlichkeit des Freigebens eines Elektrons aus einem F-Zentrum beim Absorbieren eines Lichtquants und a die Dicke der Kristallprobe senkrecht zum einstrahlenden Licht in Richtung des Feldes, dann ergibt sich für den Strom i durch einen senkrecht zur Feldrichtung liegenden Querschnitt:

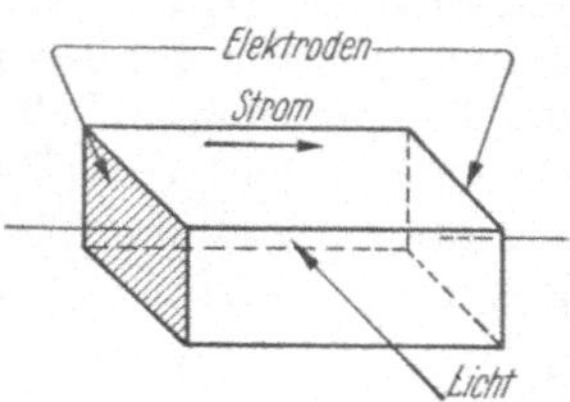

Abb. 3.35. Versuchsanordnung zur Ermittlung der Abhängigkeit der Photoleitfähigkeit von der Intensität des senkrecht zum Stromfluß einfallenden Lichtes.

$$i = Q\,e\,d\,w\,a. \tag{3.90}$$

d soll klein gegenüber dem Elektrodenabstand sein. Aus (3.89) und (3.90) folgt:

$$i = Q\,e\,u_{-}\,w\,\tau\,\boldsymbol{E}\,a.$$

Ferner ist die Größe

$$\frac{i}{Q\boldsymbol{E}\,a\,e} = w\,u_{-}\tau = \frac{w\,d}{\boldsymbol{E}} \tag{3.90a}$$

unabhängig von der Feldstärke und den je cm^2 und Zeiteinheit absorbierten Lichtquanten, d. h. also unabhängig von Q.

Ferner untersuchten POHL und GLASER[2] die Temperaturabhängigkeit dieser Größe ($w\,u_{-}\tau$), die sich durch keine einfache Funktion darstellen läßt. Der Verlauf der Kurven in Abb. 3.36 läßt den primären und sekundären Photostrom erkennen. Beide Ströme unterscheiden sich grundsätzlich in ihrem Mechanismus. Im Bereich des primären Photostroms legen die durch Bestrahlung freigemachten Elektronen nur einen bestimmten Weg zurück und werden dann in eine sog. „Elektronenfalle“, einem Trap, eingefangen, wo sie verbleiben. Die Zeit der Bewegung der freigemachten Elektronen ist aber kurz zur normalen Einstellzeit eines Meßinstrumentes. Im höheren Temperaturgebiet hingegen, wo wir uns im Bereich des sekundären Photostroms befinden, reicht die Wärmebewegung aus, um ein Einfangen der einmal durch Photonen befreiten Elektronen in die Elektronenfallen zu verzögern, so daß sich diese Elektronen eine längere Zeit am Photostrom beteiligen können.

[1] SPENKE, E.: Elektronische Halbleiter, S. 231ff. Berlin/Göttingen/Heidelberg: Springer 1955.
[2] POHL, R. W., u. G. GLASER: Ann. Phys. [5] **29**, 239 (1937).

Wird jedoch hierbei d vergleichbar mit dem Elektrodenabstand, so versagen die Beziehungen (3.89) und (3.90), und der Strom i nimmt einen Sättigungswert an.

Bei Belichtungsversuchen im Maximum der Absorptionskante des F-Bandes eines KCl-Kristalls beobachtete PICK[1] ein weiteres Absorp-

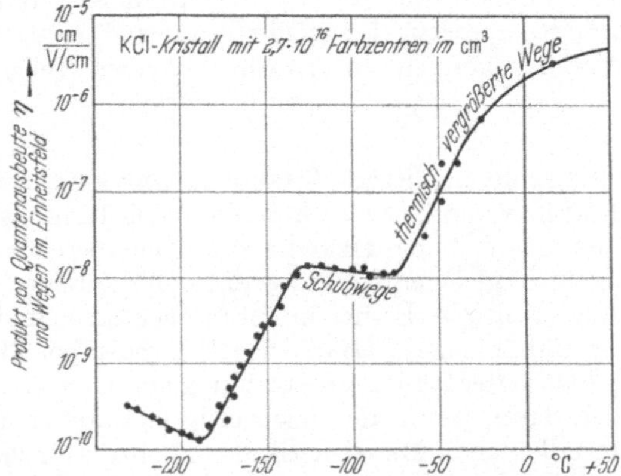

Abb. 3.36. Die Abhängigkeit des Photostroms in KCl von der Temperatur je Feldstärkeeinheit und Einheit der Intensität des eingestrahlten Lichtes nach POHL und GLASER

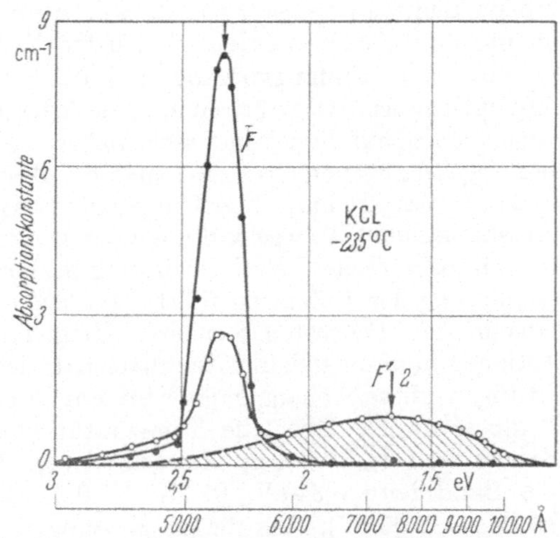

Abb. 3.37. Das F- und F'-Absorptionsband nach Versuchen von PICK. Das F'-Band konnte durch Bestrahlung eines KCl-Kristalls bei -235 °C mit Licht, dessen Wellenlänge im Absorptionsmaximum des F-Bandes liegt, erhalten werden.

tionsband mit weitem Absorptionsbereich und kleinem Maximum (Abb. 3.37), das auf ein neues Farbzentrum, das man mit F'-Zentrum bezeichnet, schließen läßt. Durch eingehende Untersuchungen der Quantenausbeute für die Reaktion F-Zentrum $\rightarrow$ F'-Zentrum von PICK

[1] PICK, H.: Ann. Phys. [5] **31**, 365 (1938).

und auf Grund photoelektrischer Messungen von GLASER[1] und DOMANIC[2] können wir schließen, daß ein F'-Zentrum durch Einfangen eines weiteren Elektrons aus einem F-Zentrum entsteht:

$$\underset{F\text{-Zentrum}}{|\mathrm{Cl}|^{\times}} + e' \rightleftharpoons \underset{F'\text{-Zentrum}}{|\mathrm{Cl}|'}. \qquad (3.91)$$

Während nach PICK bei -90 °C die F'-Zentren beständig sind, wird bereits bei Zimmertemperatur der größte Teil der F'-Zentren wieder zerstört. Diesen Vorgang können wir etwa in folgender Weise formulieren:

$$\underset{F'\text{-Zentrum}}{|\mathrm{Cl}|'} + |\mathrm{Cl}|^{\cdot} \rightleftharpoons \underset{F\text{-Zentrum}}{2\,|\mathrm{Cl}|^{\times}}. \qquad (3.92)$$

Von Bedeutung sind in diesem Zusammenhang ergänzende Untersuchungen von MARKHAM und DUERIG[3] über die Wachstumsgeschwindigkeit des F- und F'-Bandes in Abhängigkeit von der Temperatur und den Einstrahlbedingungen. In gleicher Weise wurde auch die Kinetik der V- und R-Zentrenbildung ermittelt. Ferner konnten MARKHAM und Mitarbeiter zeigen[4], daß der allmähliche „Zerfall" des F-Bandes bei Zimmertemperatur nach Abschalten der Röntgenbestrahlung erst nach einigen Minuten einsetzt, nämlich dann, wenn die gleichzeitig entstandenen F'-Zentren gemäß (3.92) zerfallen sind. Die Kinetik des Farbzentrenzerfalls scheint jedoch recht verwickelt zu sein, was auch daraus hervorgeht, daß kein einfaches Exponentialgesetz gültig ist. Inwieweit die von ALGER[5] diskutierte Möglichkeit des Wiedereinfangens der aus den Anionenleerstellen befreiten Elektronen den wahren Sachverhalt wiedergibt, muß durch weitere Experimente entschieden werden. Auf jeden Fall sind weitere Untersuchungen über den Einfangvorgang und über die Natur der Fängerstellen empfehlenswert. Hier dürften u. a. die Arbeiten von BUBE[6] manche Anregungen geben, auf die wir hier nicht näher eingehen können.

Alle diese hier angeschnittenen Probleme sind zur Beschreibung der Wechselwirkung der Farbzentren mit ihrer Umgebung von großem Wert. Neben der „makroskopischen" Wechselwirkung über größere Bezirke des Kristalls ist die „mikroskopische" Wechselwirkung zu berücksichtigen, die zu einer Veränderung der F-Zentren führt. Das heißt, die Lage des Elektronenniveaus in den F-Zentren gleichen „Umgebungseinflusses" wird von den Störionen in unmittelbarer Nachbarschaft des F-Zentrums entscheidend abhängen; diese Abhängigkeit wird um so größer sein, je niedriger die Temperatur ist. Über die Temperaturabhängigkeit der Breite des F-Bandes von NaCl liegen Messungen von MOLLWO[7] vor (20 °K — Halbe Bandbreite 0,34 eV, 87 °K — 0,34 eV, 293 °K — 0,47 eV und 973 °K — 0,96 eV). Aus diesen Messungen erkennt man

[1] GLASER, G.: Göttinger Nachr. **3**, 31 (1937).
[2] DOMANIC, F.: Ann. Phys. [5] **43**, 187 (1943).
[3] DUERIG, W. H., u. J. J. MARKHAM: Phys. Rev. 88, 1043 (1953). — MARKHAM, J. J.: J. phys. Chem. **57**, 762 (1953).
[4] MARKHAM, J. J., R. T. PLATT JR. u. I. L. MADOR: Abstracts, Durham Meeting 1953; Phys. Rev. **92**, 597 (1953).
[5] ALGER, R. S.: J. appl. Phys. **21**, 30 (1950).
[6] BUBE, R. H.: J. phys. Chem. **57**, 785 (1953), Photoconductivity of Solids, New York 1960.
[7] MOLLWO, E.: Z. Phys. **85**, 56 (1933).

die Wechselwirkung der in einer Anionenleerstelle eingefangenen Elektronen mit den schwingenden Nachbarionen.

HILSCH und POHL[1] beobachteten eine neuartige Absorptionsbande am KBr bzw. RbBr, als sie eine kleine Menge (10^{-6} Teile) KH in KBr bzw. RbBr lösten. Hier können negativ geladene Wasserstoffionen des Kaliumhydrids bzw. Rubidiumhydrids negative Bromionen ersetzen:

$$KH = H|Br|^{\times} + KBr. \quad (3.93)$$

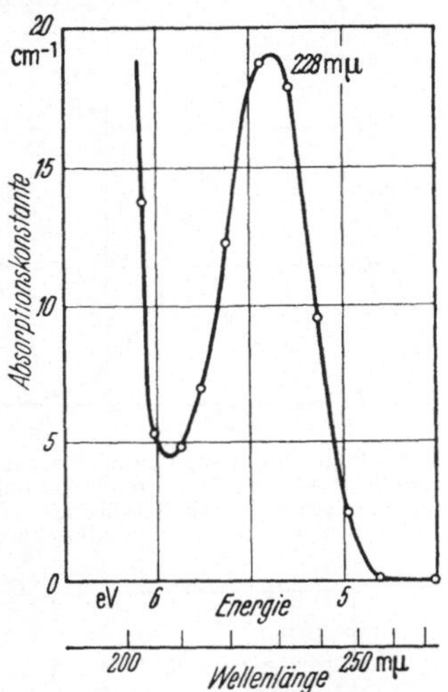

Abb. 3.38. Absorptionsspektrum eines KH-haltigen KBr-Kristalls nach HILSCH und POHL.

Wie Abb. 3.38 zeigt, liegt das erste Maximum der Absorptionsbande im System KBr/KH bei 5,4 eV, während das zweite Maximum der charakteristischen Absorption von reinem KBr bei 6,7 eV auftritt. Hierbei werden im ersten Maximum des Absorptionsbandes Elektronen von den H^--Ionen abgespalten, während im zweiten Maximum mit einem höheren Energieaufwand die an den Halogenionen (z. B. Br^-) sitzenden Elektronen in Freiheit gesetzt werden. Nach MOTT[2] kann der Unterschied von 1,3 eV auf die unterschiedliche Elektronenaffinität von Br (3,52 eV im Vakuum) und von H (2,2 eV) zurückgeführt werden. Lichtabsorption im neuen Absorptionsband, das nach POHL U-Band bezeichnet wird, ergibt im Gegensatz zum F- und F'-Band keinen meßbaren Photostrom. Die Abreaktion der U-Zentren wird besonders erfolgreich sein, wenn die Temperatur genügend hoch ist, so daß das von seinem Elektron durch Bestrahlung befreite Wasserstoffatom mit genügend hoher Geschwindigkeit abdiffundieren kann, bevor das Elektron zurückgekehrt ist und den Ausgangszustand herstellen kann. An der Stelle des verschwundenen H^--Ions tritt eine Anionenleerstelle auf, in die das Elektron eingefangen wird und ein F-Zentrum bildet. Dieser Reaktionsablauf läßt sich in folgender Weise darstellen:

$$h\nu + H|Br|^{\times} \rightarrow H|Br|^{\bullet} + e' \quad \text{(Bestrahlung)} \quad (3.94)$$

$$H|Br|^{\bullet} \rightleftharpoons |Br|^{\bullet} + \tfrac{1}{2} H_2 \,(\text{gas}) \quad \text{(Abdiffusion des H)} \quad (3.95)$$

$$|Br|^{\bullet} + e' \rightleftharpoons |Br|^{\times} \quad \text{(Bildung des } F\text{-Zentrums).} \quad (3.96)$$

Hier bedeuten $H|Br|^{\times}$ ein negatives H-Ion auf einem Br^--Gitterplatz und $H|Br|^{\bullet}$ ein H-Atom auf einem Br^--Gitterplatz, das gegenüber dem Br^--Ion einfach positiv aufgeladen ist. Die im Anschluß hieran von MOTT

[1] HILSCH, R., u. R. W. POHL: Trans. Faraday Soc. **34**, 883 (1938). — Über U-Zentren in Mischkristallen (z. B. KBr + 40 Mol-% KCl) berichten G. MIESSNER u. R. W. POHL: Z. angew. Phys. **6**, 218 (1954).

[2] MOTT, N. F., u. R. W. GURNEY: Electronic Processes in Ionic Crystals, S. 147. Oxford 1940.

und GURNEY angestellten Betrachtungen schaffen wohl ein tieferes Verständnis für den Bildungsmechanismus von F-Zentren aus U-Zentren, lassen aber noch wesentliche Fragen, wie beispielsweise den Mechanismus der Abdiffusion von Wasserstoffatomen im Alkalihalogenidgitter, unbeantwortet. Die Entscheidung, ob ein überwiegender Leerstellen- oder Zwischengitterplatz-Diffusionsmechanismus für das Verschwinden der U-Zentren verantwortlich zu machen ist, ließe sich durch Vergleich der Bildungsgeschwindigkeit der F-Zentren in einem U-Zentren-haltigen reinen KCl und in einem solchen mit $CaCl_2$-Zusätzen (Verringerung der Zahl an $|Br|^{\cdot}$) herbeiführen.

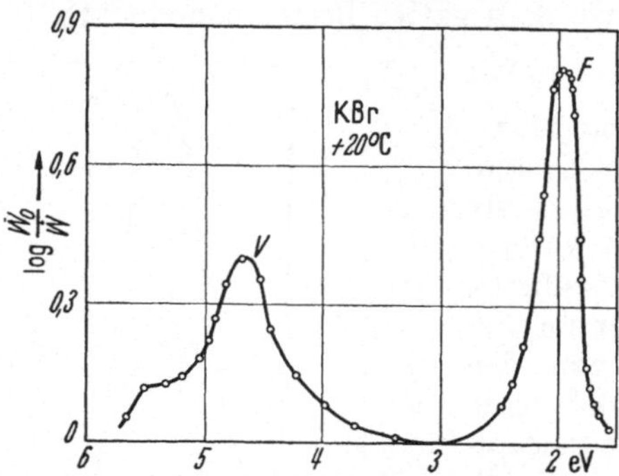

Abb. 3.39. Die V- und die F-Bande in NaCl nach DORENDORF und PICK, gemessen bei 20 °C nach Bestrahlung mit CuK-Strahlung, 30000 V, 18 mA, 2 Std. bei 20 °C. Kristalldicke etwa 1 mm.

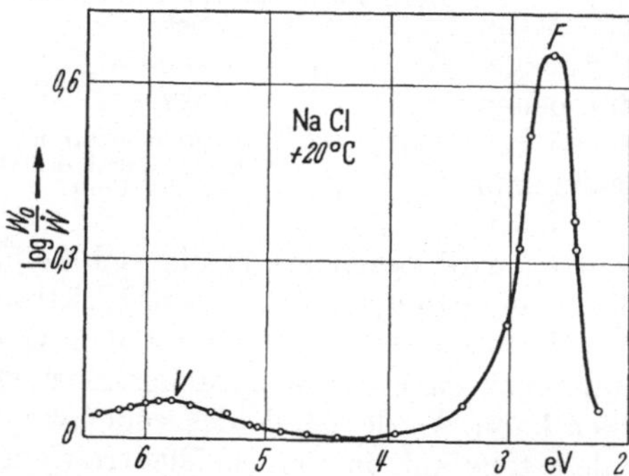

Abb. 3.40. Die V-Bande und die F-Bande in KBr nach DORENDORF und PICK, gemessen bei 20 °C, nach Bestrahlung mit 160 000 V Brennspektrum, 4 mA, 2,5 Std. bei −180°C. Kristalldicke etwa 10 mm.

MOLLWO[1] konnte wohl als erster eine weitere Farbzentrenart finden, als er Alkalihalogenidkristalle, insbesondere KBr und KJ, mit Halogendampf behandelte und dadurch einen Halogenüberschuß bzw. Kationenunterschuß im Gitter erhielt. Wie optische Untersuchungen ergaben, schließt sich im kurzwelligen Bereich an den Ausläufer des F-Bandes ein weiteres Band, das sog. V-Band, an. Nach ergänzenden Versuchen von DORENDORF und PICK[2] erscheint der Schluß berechtigt, daß neben dem F-Band stets ein V-Band auftritt (Abb. 3.39 und 3.40). Hierbei hängt die Intensität des V-Bandes vom Mechanismus der Entstehung ab, wenn man berücksichtigt, daß nach SCHOTTKY[3] ein V-Band durch in Kationenleerstellen eingefangene Defektelektronen verursacht wird. Wie man leicht einsieht, wird durch ein überschüssig eingebautes Chloratom gemäß

$$\tfrac{1}{2}Cl_2(\text{gas}) \rightleftharpoons NaCl + |Na|' + |e|^{\cdot} \qquad (3.97)$$

[1] MOLLWO, E.: Ann. Phys. [5] **29**, 394 (1937).

[2] DORENDORF, H., u. H. PICK: Z. Phys. **128**, 166 (1950).

[3] SCHOTTKY, W.: Z. phys. Chem. (B) **29**, 335 (1935); Wiss. Veröff. Siemens-Werken **14**, 2. Heft, S. 4 unten. In der erstgenannten Arbeit sind neben den Anionenleerstellen mit eingefangenem Elektron auch die später beobachteten Kationenleerstellen mit eingefangenem Defektelektron diskutiert.

eine Na-Ionenleerstelle $|Na|'$ und ein Defektelektron $|e|^{\bullet}$ erzeugt, die bei niedrigen Temperaturen zu einem V-Zentrum assoziieren entsprechend der symbolischen Gleichung:

$$|Na|' + |e|^{\bullet} \rightleftharpoons |Na|^{\times}. \quad (3.98$$

In anderen Worten, ein V-Zentrum ist eine Kationenleerstelle, die von sechs Halogenionen umgeben ist, die aber *nur* fünf negative Ladungen tragen[1] und laufend ihre Ladungen austauschen. Die Elektronendefektstelle ist also als ein über die sechs Chlorionen um die Kationenleerstelle „karusselartig" drehendes Verschmierungszentrum zu betrachten. An Hand dieser Überlegung wird verständlich, daß die bei höheren Temperaturen durch Alkalimetalldampfbehandlung erzeugten F-Zentren nur durch eine kleine Zahl von V-Zentren begleitet sind. Im Gegensatz hierzu wird durch energiereiche Strahlung bei tiefer Temperatur, wo mit einer geringeren Zunahme der Halogenionenleerstellenkonzentration wohl gerechnet werden kann, die infolge F-Zentrenbildung im Gitter entstehende Konzentration der Halogenatome, d. h. also Defektelektronen, besonders groß sein, so daß nach Vorgang (3.98) die Konzentration der V-Zentren beachtlich zunehmen kann.

Durch Spin-Resonanzmessungen ließ sich allerdings der in Gl. (3.98) vorgeschlagene V-Zentrenmechanismus nicht nachweisen.[2] Ferner wurde beobachtet, daß durch Einstrahlen von Protonen hoher Energie und von γ-Strahlen einer Kobaltquelle keine Änderung der Kationenleitung zu beobachten war.[3,4] Hieraus muß man schließen, daß entweder die Konzentration der Kationenleerstellen durch die Bestrahlung nicht verändert wird oder daß die während der Bestrahlung zusätzlich entstehenden Leerstellen infolge Trap-Vorgänge oder Cluster-Bildung unbeweglich sind.

ALEXANDER und SCHNEIDER[5] beobachteten an NaCl, KCl und KBr stets Gleichgewicht der Zahl der F- und V-Zentren. Durch Einstrahlen von F-Licht (Licht mit der Wellenlänge des Maximums des F-Bandes) nahm sowohl die Konzentration der F- als auch der V-Zentren ab. Bestrahlt man hingegen den Kristall mit V-Licht, so nimmt die Konzentration der V-Zentren wohl temporär ab, erreicht aber nach einigen Tagen wieder ihren Ausgangswert. Ein wesentlicher Unterschied zwischen dem F- und V-Band besteht in der Beweglichkeit seiner eingefangenen Ladungsträger (e' und $|e|^{\bullet}$). Während die F-Zentren in Gegenwart eines starken elektrostatischen Feldes bei Einstrahlung von F-Licht aus dem Kristall herauswandern, sind die V-Zentren unter diesen Versuchsbedingungen praktisch unbeweglich.

---

[1] Vgl. auch F. SEITZ: Rev. mod Phys. **18**, 384 (1946); **26**, 7 (1954).

[2] CASTNER, T. G., u. W. KÄNZIG: J. Phys. Chem. Solids **3**, 178 (1957). — W. KÄNZIG u. T. O. WOODRUFF: Phys. Rev. **109**, 220 (1958).

[3] INGHAM, H. S. JR., u. R. SMOLUCHOWSKI: Bull. Amer. Phys. Soc. **3**, 143 (1958).

[4] KOBAYASHI, K.: Phys. Rev. **102**, 348 (1956).

[5] ALEXANDER, J., u. E. E. SCHNEIDER: Nature **164**, 653 (1949).

Untersuchungen von CASLER, PRINGSHEIM und YUSTER[1] an KCl, KBr und KJ ergaben drei V-Bänder (V_1 beobachtet bei -200 °C, V_2 und V_3 beobachtet bei 20 °C). SEITZ[2] gelingt es, die verschiedenen V-Zentren zu interpretieren. Ferner konnte MOLLWO[3] zeigen, daß die Gesamtkonzentration der V-Zentren in KBr und KJ proportional dem Halogenpartialdruck ist. [Über das von DUERIG und MARKHAM beobachtete H-Zentrum ($|Na|'|Cl|^{\bullet}|e|^{\bullet}$) besteht noch Unklarheit.[2]]

Als beste Bestimmungsmethode zur Ermittlung von Art und Konzentration der Farbzentren in additiv oder durch Elektronenbeschuß verfärbten Alkalihalogeniden hat sich die H_2-Entwicklung beim Lösen von Kristallen mit Überschußelektronen enthaltenden Zentren sowie die spektralphotometrische Bestimmung der Oxydation von J-Ionen zu freiem Jod, die z. B. durch das „freie Chlor" in Halogenidkristallen mit Defektelektronen hervorgerufen wird. Auf diese Weise wurden an KCl-Kristallen, die während des Elektronenbeschusses luftgekühlt wurden, Sättigungskonzentrationen an Zentren von $7 \cdot 10^{17}$ je cm^3 ermittelt. Neben F-Zentren wurden auch M-Zentren beobachtet. Bei nicht gekühlten Kristallen riefen Elektronenbestrahlungen gleicher Intensität etwa $2 \cdot 10^{19}$ Zentren je cm^3 hervor. Diese Kristalle wiesen im wesentlichen eine Kolloidzentren zuzuschreibende Bande auf. Mit diesen hohen Farbzentrenkonzentrationen versehene KCl-Kristalle vermögen zum Unterschied von additiv verfärbten Kristallen die Polymerisation von Acrylnitril auszulösen.[4]

Wie bereits diskutiert, bilden H^--Ionen im Alkalihalogenidgitter U-Zentren. Bestrahlt man nun diese U-Zentren bei tiefen Temperaturen, so geht das auf einem Aniongitterplatz befindliche H^--Ion auf Zwischengitterplatz (U_1-Zentrum) und hinterläßt eine Gitterlücke (α-Zentrum).[5,6,7] Die durch die Gitterlücke und dem auf Zwischengitterplatz befindlichen H^--Ion verursachte „Fremd-FRENKEL-Fehlordnung" verschwindet beim Erwärmen infolge Rekombination dieser FRENKEL-Defekte; d. h., die U_1- und α-Bande verschwinden unter Rückbildung der U-Bande. Nach FRITZ[8] erfolgt die Rückbildung in mehreren Temperaturstufen.

TIMUSK und MARTIENSSEN[9] betrachten die α-Bande als eine unter dem Einfluß der Ladung der Gitterlücke verschobene Excitonenbande. Befindet sich in der Nachbarschaft der Gitterlücke ein negativ geladenes H-Ion, so wird der Einfluß der Lückenladung auf die Excitonenabsorption zum Teil aufgehoben. Die gemessene α-Bande liegt daher um so

---

[1] CASLER, R., P. PRINGSHEIM u. PH. YUSTER: J. chem. Phys. **18**, 1564 (1950). — CH. J. DELBECQ, P. PRINGSHEIM u. PH. YUSTER: J. chem. Phys. **19**, 574 (1951).

[2] SEITZ, F.: Rev. mod. Phys. **26**, 7 (1954). — Vgl. auch R. T. PLATT JR. u. J. J. MARKHAM: Phys. Rev. **92**, 40 (1953).

[3] MOLLWO, E.: Ann. Phys. [5] **29**, 394 (1937).

[4] BURNS, W. G., u. T. F. WILLIAMS: Nature [London] **175**, 1043 (1955).

[5] THOMAS, H.: Ann. Phys. [5] **38**, 601 (1940).

[6] DELBECQ, C. J., P. PRINGSHEIM u. PH. YUSTER: J. chem. Phys. **19**. 574 (1951).

[7] MARTIENSSEN, W.: Z. Phys. **131**, 488 (1952).

[8] FRITZ, B.: J. Phys. Chem. Solids **23**, 375 (1962).

[9] TIMUSK, T., u. W. MARTIENSSEN: Z. Phys. **176**, 305 (1963).

näher an der Excitonenbande, je kleiner der Abstand zwischen Lücke und H^--Ion ist.

In KCl, das mit Röntgenlicht bestrahlt wird, beobachtet man neben der F- und V_2-Zentrenabsorption eine V_3-Bande, die durch OH^--Ionen auf Gitterplatz bei 2040 Å auftritt. Messungen an OH^--freien Kristallen und an Kristallen, die OH^- oder H^- enthalten, zeigen deutlich, daß das V_3-Zentrum kein Defektelektronenzentrum ist, sondern mit dem U-Zentrum identisch ist und aus dem OH^- bei Bestrahlung gebildet wird.[1] Die optische Absorption von OH^--Zentren in Alkalihalogeniden ist des öfteren untersucht worden.[2, 3, 4] Diese Zentren werden besonders leicht bei den Alkalifluoriden während der Kristallzüchtung eingebaut und haben wesentlichen Anteil an der F-Zentrenausbeute bei Röntgenbestrahlung der Kristalle.[5] Die OH^--Bande zeigt z. B. im NaF bei 8,3 eV ein Maximum.[6] Die bei Einstrahlung in die OH^--Bande ablaufenden Prozesse können durch die folgenden Gleichungen dargestellt werden:

$$OH|F|^{\times} + h\nu \rightarrow O|F|^{\times} + H^{\times},$$

wobei ein $OH|F|^{\times}$ bzw. ein $O|F|^{\times}$ ein OH^--Ion bzw. ein einfach negativ geladenes Sauerstoffion auf einem F-Iongitterplatz und ein $H^{\times}$ ein Wasserstoffatom auf Zwischengitterplatz kennzeichnet. Hierdurch soll die U_2-Bande verursacht werden. Die O^--Ionen auf Gitterplatz werden ebenfalls beweglich und assoziieren zu neutralen O_2-Molekülen auf Gitterplatz nach dem folgenden Mechanismus

$$2O|F|^{\times} \rightarrow O_2|F|^{\cdot} + |F|^{\cdot} + 2e'.$$

Weitere Untersuchungen werden zeigen, ob die O_2-Molekülbildung nur nach diesem Mechanismus abläuft.

3.8 Über Farbzentren in Alkalihalogeniden mit Fremdsalzzusätzen

Im Anschluß an die von PICK[7] ausgeführten und von HEILAND und KELTING[8] sowie KELTING und WITT[9] erweiterten Untersuchungen über Farbzentren in Kaliumchloridkristallen mit kleinen Zusätzen von Erdalkalichloriden beschäftigt sich SEITZ[10] mit der Aufklärung der hierbei gefundenen neuen Farbzentren.[11] Abb. 3.41 stellt das Ergebnis der optischen Untersuchung an einem KCl-$CaCl_2$-Mischkristall dar. Bestrahlt man einen solchen Mischkristall mit F-Licht bei Zimmertemperatur, so wird ein Teil der F-Zentren in neue Zentren, sog. Z_1-Zentren umgewandelt. Diese Z_1-Zentren entstehen durch Einfangen von Elektronen an ein

[1] LÜTY, F.: J. Phys. Chem. Solids **23**, 677 (1962).
[2] ETZEL, H. W., u. D. A. PATTERSON: Phys. Rev. **112**, 1112 (1958).
[3] ROLFE, J.: Phys. Rev. Letters **1**, 56 (1958).
[4] KERKHOFF, F.: Z. Phys. **158**, 595 (1960).
[5] ETZEL, H. W., u. J. G. ALLARD: Phys. Rev. Letters **2**, 452 (1959).
[6] FREYTAG, E.: Naturwiss. **48**, 298 (1961); Z. Phys. **177**, 206 (1964).
[7] PICK, H.: Ann. Phys. [5] **35**. 73 (1939); Z. Phys. **114**, 127 (1939).
[8] HEILAND, G., u. H. KELTING: Z. Phys. **126**, 689 (1949).
[9] KELTING, H., u. H. WITT: Z. Phys. **126**, 697 (1949).
[10] SEITZ, F.: Phys. Rev. **83**, 134 (1951).
[11] SCHULMAN, J. H.: J. phys. Chem. **57**, 749 (1953).

2wertiges Erdalkaliion. Der Prozeß kann in folgender Weise symbolisch dargestellt werden:

$$\underset{F\text{-Zentrum}}{|\mathrm{Cl}|^{\times}} + \mathrm{Ca}\,|\mathrm{K}|^{\cdot} + h\,\nu\,(F\text{-Licht}) = \underset{Z_1\text{-Zentrum}}{|\mathrm{Cl}|^{\cdot} + \mathrm{Ca}\,|\mathrm{K}|^{\times}}. \tag{3.99}$$

Durch die Lichteinstrahlung werden also nur Elektronen von den F-Zentren zu den im Gitter befindlichen 2wertigen Ca-Ionen transportiert,

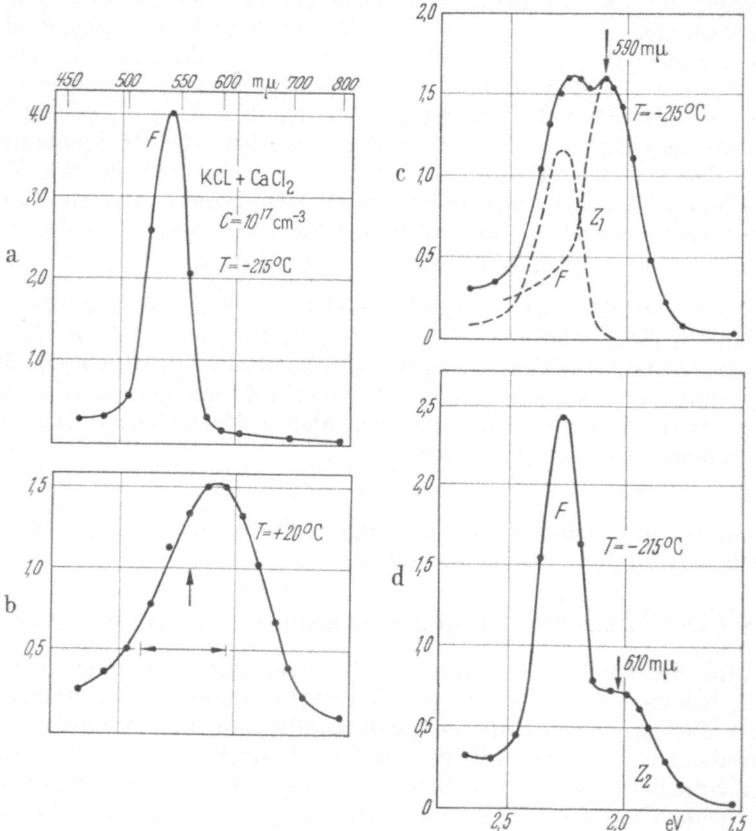

Abb. 3.41a – d. Absorptionsbänder von KCl-$CaCl_2$-Mischkristallen unter verschiedenen experimentellen Bedingungen nach PICK.
a) Das Absorptionsspektrum wurde bei – 215 °C aufgenommen. b) Das breite Absorptionsband, das durch Einstrahlung von F-Licht bei 20 °C erhalten wurde, enthält das F- und Z_1-Band, allerdings noch nicht aufgelöst. c) Beim Abkühlen von Raumtemperatur auf – 215 °C tritt eine Auflösung der beiden Bänder ein; d) Das Z_2-Band bildet sich aus dem Z_1-Band, wenn man den im Zustand b) erhaltenen Kristall auf 110 °C erwärmt. Die Messungen sind jedoch bei – 215 °C durchgeführt worden.

die dadurch ihre positive Überschußladung verlieren und sich elektrisch wie K-Ionen verhalten. (Kennzeichnung durch ein Kreuz.)

Erhitzt man hingegen einen Mischkristall, der sowohl F- wie Z_1-Zentren enthält, auf etwa 110 °C, dann beobachtet man das Auftreten eines neuen Bandes, eines sog. Z_2-Bandes. Durch das Tempern wird die Intensität des Z_1-Bandes kleiner und die des F-Bandes größer unter gleichzeitiger Erzeugung dieser neuen Z_2-Zentren. Durch mehrmalige Lichteinstrahlung bei Zimmertemperatur unter den oben mitgeteilten Bedingungen und durch Wiederholung des Temperns kann die Konzentration der Z_2-Zentren erhöht werden, da diese bei Zimmertemperatur und Lichteinwirkung relativ beständig sind. Erst durch Erhitzen oberhalb 200 °C werden die Z_2-Zentren zerstört. Ein Z_2-Zentrum ist nach SEITZ

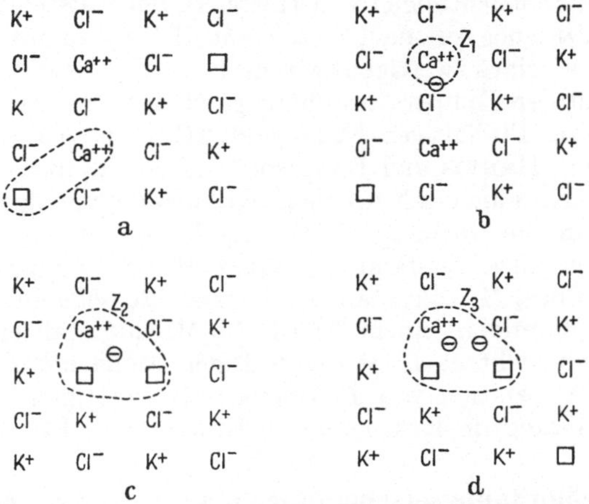

K^+ Cl^- K^+ Cl^- — K^+ Cl^- K^+ Cl^-
Cl^- Ca^{++} Cl^- □ — Cl^- Ca^{++} (Z_1) Cl^- K^+
K Cl^- K^+ Cl^- — K^+ ⊖ Cl^- K^+ Cl^-
Cl^- Ca^{++} Cl^- K^+ — Cl^- Ca^{++} Cl^- K^+
□ Cl^- K^+ Cl^- — □ Cl^- K^+ Cl^-
a — b

K^+ Cl^- K^+ Cl^- — K^+ Cl^- K^+ Cl^-
Cl^- Ca^{++} (Z_2) Cl^- K^+ — Cl^- Ca^{++} (Z_3) Cl^- K^+
⊖ — ⊖ ⊖
K^+ □ □ Cl^- — K^+ □ □ Cl^-
Cl^- K^+ Cl^- K^+ — Cl^- K^+ Cl^- K^+
K^+ Cl^- K^+ Cl^- — K^+ Cl^- K^+ □
c — d

Abb. 3.42. Darstellung der möglichen Fehlordnungsstellenassoziate der Ca-Ionen, der Ionenleerstellen und der Leitungselektronen in einem KCl-$CaCl_2$-Mischkristall im Sinne von SEITZ a) stellt ein Assoziat $[Ca|K|^{\cdot}|K|']$ dar; b) stellt ein Z_1-Zentrum $[Ca|K|^{\cdot}e' \equiv Ca|K|^{\times}]$ dar; c) stellt ein Z_2-Zentrum $[Ca|K|^{\cdot}e'|K|'|Cl|^{\cdot}]$ dar; d) stellt ein Z_3-Zentrum $(Ca|K|^{\cdot}\,2e'|K|'|Cl|^{\cdot})$ dar.

ein Assoziat aus einem 2wertigen Ca-Ion, einem Leerstellenpaar $(|K|'|Cl|^{\cdot})$ und einem Elektron, dessen Bildung man folgendermaßen schreiben kann:

$$|K|' + |Cl|^{\cdot} + Ca|K|^{\cdot} + e' \rightleftharpoons \left[\frac{|K|'}{|Cl|^{\cdot}} Ca|K|^{\cdot}\, e'\right]^{\times} \tag{3.100}$$

(s. auch Abb. 3.42). Wie man erkennt, ist das Z_2-Zentrum in seiner Gesamtheit elektrisch neutral.

Durch Aufnahme eines weiteren Elektrons eines Z_2-Zentrums gemäß:

$$Z_2 + e' \rightleftharpoons Z_3 \tag{3.101}$$

entsteht ein Z_3-Zentrum, dessen Elektron selbst bei tiefen Temperaturen nur locker gebunden ist. Auf Grund dieser Tatsache ist einzusehen, daß ein Kristall mit Z_3-Zentren auch noch bei tiefen Temperaturen < 100 °K ein guter Photoleiter ist.

Als weitere Stütze für die Existenz solcher Z_1- und Z_2-Zentren können neben den Absorptionsmessungen die Assoziationsenergien eines 2wertigen Kations mit einer Kationenleerstelle (0,3 eV) und eines Leerstellenpaars mit entgegengesetzter Ladung (0,9 eV) herangezogen werden. Auf Grund dieser Energiebeträge wird der Mechanismus der Zerstörung der Z_2-Zentren durch Bestrahlung bei Raumtemperatur verständlich. Sobald nämlich das am Z_2-Zentrum befindliche Elektron infolge der Bestrahlung sich von diesem entfernt, wird auf Grund der größeren Bindungsenergie einer Kationenleerstelle mit einer Anionenleerstelle (0,9 eV) das Leerstellenpaar aus der Nähe des 2wertigen Fremdkations abwandern. Hierbei wird das durch Bestrahlung zum „Vagabundieren" veranlaßte Elektron an einer „Fangstelle", Anionenleerstelle oder 2wertiges Fremdkation, eingefangen, wobei es zur Bildung von F- und Z_1-Zentren kommt. Jedoch ist die Bildung der F-Zentren bevorzugt. Dieser Befund steht im Einklang mit Beobachtungen von HARTEN[1], der feststellt, daß der Einfangquerschnitt einer Anionenleerstelle für Elektronen mit etwa 10^{-15} cm^2 größer ist als der eines 2wertigen Störions (Ca^{2+}, Sr^{2+} usw.) mit $<10^{-16}$ cm^2.

Auf Grund der Temperaturabhängigkeit der Änderung der Absorptionsbänder von Pb-haltigen NaCl- und KCl-Kristallen schließen BURSTEIN, OBERLY, HENVIS und DAVISSON[2] auf eine größere Beweglichkeit der 2wertigen Kationen in NaCl als in KCl und demzufolge auch auf eine größere Bildungsgeschwindigkeit der Z_2-Zentren in NaCl als in KCl. Hiernach ist es auch verständlich, daß z. B. bei Zimmertemperatur in einem NaCl-$PbCl_2$-Mischkristall noch eine Ausscheidung von $PbCl_2$ stattfindet, während in einem KCl-$PbCl_2$-Mischkristall eine solche Erscheinung auch nicht nach mehreren Tagen beobachtbar ist.

Über die Assoziation von F-Zentren mit 1wertigen Fremdkationen (F_A-Zentrenbildung) in KCl berichten HÄRTEL und LÜTY[3].

3.9 Über Fehlordnungserscheinungen an weiteren Ionenkristallen

Die elektrische Leitfähigkeit der Kupferhalogenide wurde insbesondere von JOST, TUBANDT und WAGNER untersucht.[4, 5, 6] Es wurde gefunden, daß Ausmaß und Art der Leitfähigkeit stark von kleinen Abweichungen von der stöchiometrischen Zusammensetzung abhängen. Während an weitgehend halogenüberschußfreien Proben eine überwiegende Ionenleitung durch Cu-Ionen existiert, ist im Falle eines Halogenüberschusses neben der Ionenleitung auch eine Defektelektronenleitung beobachtbar. An Hand neuer elektrochemischer Methoden gelang eine quantitative Bestimmung der einzelnen Leitungsanteile.[6]

An besonders reinen Präparaten (aus 99,999% Cu hergestellten Halogeniden) wurde die elektrische Leitfähigkeit zwischen 150 und 450 °C in Argon gemessen. Um das niedrigste chemische Potential an Halogen im Cu-Halogenid zu erreichen, wurden zu beiden Seiten der Preßlinge Cu-Elektroden verwandt. Das Ergebnis dieser Messungen ist in Abb. 3.43 dargestellt. Wie man erkennt, sind die $\varkappa^0$-Werte der drei Halogenide praktisch gleich groß. Zur Ermittlung des elektronischen Leitungsanteils wurde das in Kap. 3.12.1 beschriebene Verfahren der Stromdichte-

---

[1] HARTEN, H. U.: Nachr. Ges. Wiss. Göttingen, a. d. Phys. Astron. Geophys. Techn. **14**, 15 (1950); Z. Phys. **126**, 619 (1949).

[2] BURSTEIN, E., J. J. OBERLY, B. W. HENVIS u. J. W. DAVISSON: Phys. Rev. **81**, 459 (1951).

[3] HÄRTEL, H., u. F. LÜTY: Z. Phys. **177**, 369 (1964).

[4] TUBANDT, C., RINDTORFF u. W. JOST: Z. anorg. allg. Chem. **165**, 195 (1927).

[5] NAGEL, K., u. C. WAGNER: Z. phys. Chem. (B) **25**, 71 (1934); dort frühere Literatur.

[6] WAGNER, J. B., u. C. WAGNER: J. chem. Phys. **26**, 1597 (1957).

Spannungs-Kurven nach WAGNER[1] an der folgenden Kette:

$$-\ \mathrm{Cu}\ |\ \mathrm{CuX}\ |\ \mathrm{Graphit}\ + \qquad \text{(I)}$$

angewandt, wo für Cl, Br und J das Symbol X verwandt wird. Wie noch später im einzelnen beschrieben (Kap. 3.12.1), wandern beim Anlegen eines elektrischen Feldes mit dem positiven Pol rechts anfangs die Cu-Ionen von rechts nach links und die Elektronen in umgekehrter Richtung. Da aber eine Nachlieferung von Cu-Ionen infolge der Graphitelektrode nicht erfolgen kann, stellt sich schließlich ein stationärer Zu-

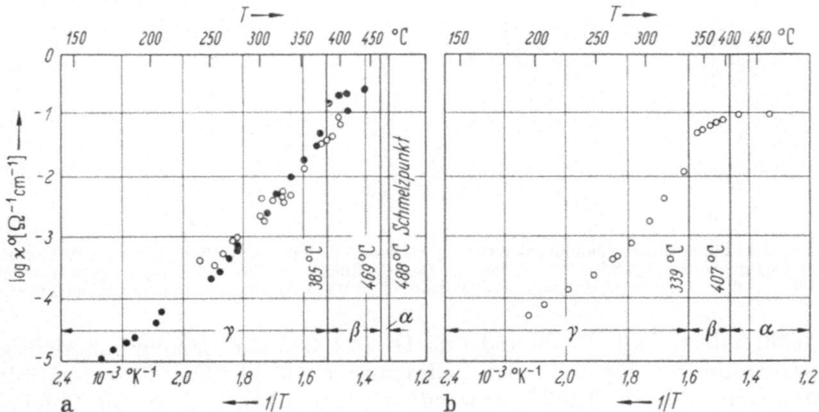

Abb. 3.43 a u. b. Gesamtleitfähigkeit $\varkappa^0$ von CuCl (offene Kreise) und CuBr (volle Kreise) in a) und von CuJ in b) als Funktion der Temperatur nach J. B. WAGNER und C. WAGNER. (Die Angabe der α-, β- und γ-Phase in a) bezieht sich auf CuBr.)

stand ein, wo die Wanderung der Cu-Ionen im elektrischen Feld kompensiert wird durch die Rückdiffusion derselben infolge des sich ausbildenden Konzentrationsgradienten der Cu-Ionen bzw. der Cu-Ionenleerstellen, so daß schließlich nur Elektronen bzw. Defektelektronen den Stromtransport bestreiten.

Zwecks Einstellung einer definierten Cu-Aktivität in der jeweiligen CuX-Probe wurde vor der Messung ein positives Potential von 0,1 bzw. 0,2 Volt 8 Std. angelegt. Anschließend wurde die Stromdichte i/q variiert und die sich einstellende Spannung E abgelesen oder umgekehrt. Unter der Annahme der Gültigkeit der Gesetze der ideal verdünnten Lösungen von Elektronen und Defektelektronen in CuX folgt:

$$i/q = \frac{RT}{\mathfrak{F} L}\{\varkappa^0_-[1 - \exp(-E\mathfrak{F}/RT)] + \varkappa^0_+[\exp(E\mathfrak{F}/RT) - 1]\}, \qquad (3.102)$$

wo L die Dicke der Meßprobe und $\varkappa^0_-$ bzw. $\varkappa^0_+$ die Elektronen- bzw. die Defektelektronenleitfähigkeit in CuX im Gleichgewicht mit Cu bedeutet. Es wurde gefunden, daß allein eine Defektelektronenleitung neben der Ionenleitung vorliegt. Bis zu Spannungen von 0,4 Volt war der CuX-Zerfall zu vernachlässigen. Demzufolge kann das $\varkappa^0_-$-Glied in Gl. (3.102)

---

[1] WAGNER, C.: Z. Elektrochem. Ber. Bunsenges. phys. Chem. **60**, 4 (1956).

gestrichen werden, und wir erhalten:

$$\log i = \log \frac{q \varkappa_+^0 RT}{\mathfrak{F} L} + \log[\exp(E \mathfrak{F}/RT) - 1] \tag{3.103a}$$

bzw.

$$\log i \approx \log \frac{q \varkappa_+^0 RT}{\mathfrak{F} L} + E \mathfrak{F}/2{,}30 RT \quad \text{mit} \quad E \mathfrak{F}/2{,}30 RT \gg 1. \tag{3.103b}$$

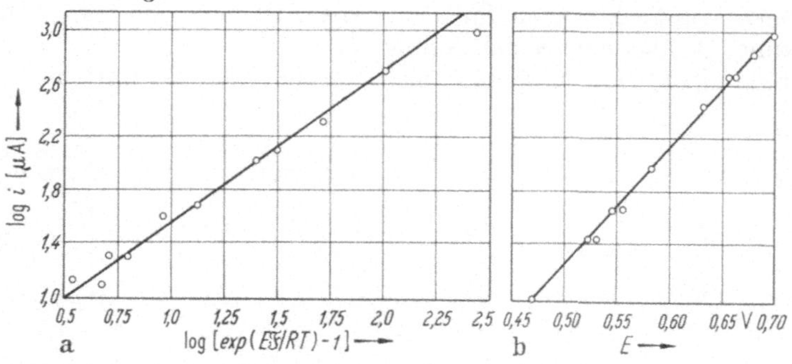

Abb. 3.44a u. b. Strom-Spannungskurven an CuJ und $CuCl$ nach J. B. WAGNER und C. WAGNER. a) $\log i$ gegen $\log \exp(E\mathfrak{F}/RT) - 1$ für eine CuJ-Pastille ($L = 0{,}754$ cm und $q = 0{,}316$ cm²) bei 433 °C; b) $\log i$ gegen E für eine $CuCl$-Pastille ($L = 0{,}412$ cm und $q = 0{,}316$ cm²) bei 348 °C.

Während im Falle $CuBr$ und CuJ Gl. (3.103a) den Sachverhalt richtig wiedergibt, ist für $CuCl$ die Bedingung $E\mathfrak{F}/2{,}30\, RT \gg 1$ gut erfüllt und somit die Gl. (3.103b) anwendbar (Abb. 3.44a und b). Die Defektelektronen-Teilleitfähigkeit $\varkappa_+^0$ wurde mittels der Gl. (3.103) berechnet.

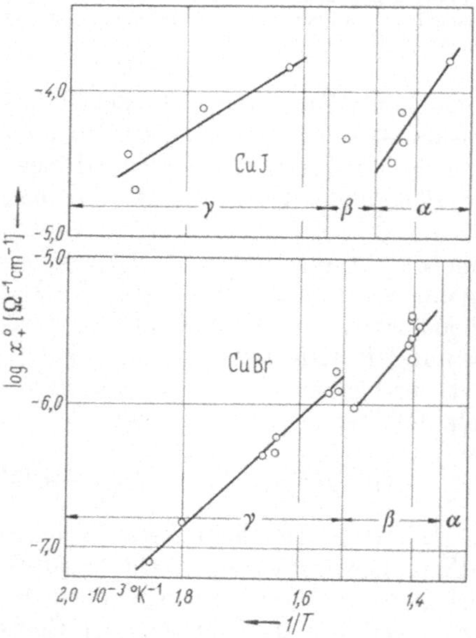

Für CuJ und $CuBr$ sind diese Werte in Abb. 3.45 dargestellt. Wie man erkennt, ist $\varkappa_+^0$ ($CuBr$) in der γ-Phase um etwa 2,5 Zehnerpotenzen kleiner als $\varkappa_+^0$ (CuJ). Ferner weisen die Leitfähigkeiten an den Phasengrenzen Sprünge auf. $\varkappa_+^0$ für $CuCl$ hat die niedrigsten Werte ($\log \varkappa_+^0$ für 250 °C $= -8{,}5$ und für 350 °C $= -6{,}6$; $\varkappa_+^0$ in $\mathrm{Ohm}^{-1}\,\mathrm{cm}^{-1}$). Im Gegensatz zu $AgBr$ konnte bei den Kupferhalogeniden also keine Elektronenüberschußleitung nachgewiesen werden.

Abb. 3.45. Temperaturabhängigkeit der Defektelektronen-Teilleitfähigkeit $\varkappa_+^0$ in CuJ und $CuBr$ im Gleichgewicht mit Kupfer nach J. B. WAGNER und C. WAGNER.

Wie in Tab. 3.2 auf S. 65 mitgeteilt wurde, sind Bleichlorid und Bleibromid nach Überführungsmessungen von TUBANDT überwiegende Anionenleiter, denen man eine bevorzugte SCHOTTKY-Fehlordnung zuschreiben muß. Neben ersten Untersuchungen von GYULAI[1] und SEITH[2] über die Temperaturabhängigkeit der elektrischen Leitfähigkeit von $PbCl_2$ und $PbCl_2 + 0{,}005\,KCl$ wurden kürzlich von SIMKOVICH und WAGNER[3] zusätzliche Messungen durchgeführt an $PbCl_2$. An Hand der Beeinflussung der elektrischen Leitfähigkeit von $PbCl_2$ durch Zusätze von KCl und $LaCl_3$, wie diese aus Abb. 3.46 zu entnehmen ist, lassen sich die Versuchsergebnisse bei Annahme einer klassischen SCHOTTKY-Fehlordnung gemäß:

$$\mathrm{Null} = |\mathrm{Pb}|'' + 2\,|\mathrm{Cl}|^{\bullet} \tag{3.104}$$

nicht deuten. Eine zwanglose Übereinstimmung zwischen Experiment und Fehlordnungsmodell wird erst dann erreicht, wenn man annimmt, daß jede Kationenlücke virtuell mit einer Anionenlücke assoziiert ist:

$$\mathrm{Null} = |\mathrm{Pb}|\,|\mathrm{Cl}|' + |\mathrm{Cl}|^{\bullet}, \tag{3.104a}$$

woraus sich der folgende Massenwirkungsansatz ergibt:

$$\mathrm{K} = x_{\mathrm{A}'}\, x_{|\mathrm{Cl}|^{\bullet}}, \tag{3.104b}$$

wo an Stelle des Symbols $|\mathrm{Pb}|\,|\mathrm{Cl}|'$ das Symbol A' als Abkürzung des Lückenassoziats verwendet wird.

Beim Einbau von $LaCl_3$ bzw. KCl ins $PbCl_2$-Gitter ergeben sich die folgenden Fehlordnungsgleichungen:

$$2\,\mathrm{LaCl_3} = 2\,\mathrm{La}\,|\mathrm{Pb}|^{\bullet} + |\mathrm{Pb}|'' + 3\,\mathrm{PbCl_2}$$

und

$$2\,|\mathrm{Cl}|^{\bullet} + 2\,\mathrm{LaCl_3} = 2\,\mathrm{La}\,|\mathrm{Pb}|^{\bullet} + 2\,\mathrm{PbCl_2}$$

bzw.

$$\mathrm{KCl} = \mathrm{K}\,|\mathrm{Pb}|' + |\mathrm{Cl}|^{\bullet} + \mathrm{PbCl_2}$$

und

$$|\mathrm{Pb}|'' + 2\,\mathrm{KCl} = 2\,\mathrm{K}\,|\mathrm{Pb}|' + \mathrm{PbCl_2}.$$

Wie man erkennt, wird durch Einbau von $LaCl_3$ die Konzentration der Pb-Lücken $|\mathrm{Pb}|''$ erhöht und die der Cl-Lücken $|\mathrm{Cl}|^{\bullet}$ erniedrigt. Ein Einbau von KCl bewirkt einen umgekehrten Konzentrationsverlauf.

Entsprechend dem aus Gl. (3.104) und (3.104a) folgendem Assoziationsgleichgewicht:

$$|\mathrm{Pb}|'' + 2\,|\mathrm{Cl}|^{\bullet} = |\mathrm{Pb}|\,|\mathrm{Cl}|' + |\mathrm{Cl}|^{\bullet} \tag{3.105}$$

werden bei annähernd gleichen Zusätzen von $LaCl_3$ und KCl bzw. bei KCl-Überschuß nicht $|\mathrm{Pb}|''$-Lücken vorliegen, sondern überwiegend $|\mathrm{Pb}|\mathrm{Cl}|'$-Stellen, woraus sich für die Elektroneutralitätsbedingung ergibt:

$$x_{|\mathrm{Cl}|^{\bullet}} + x_{\mathrm{La}\,|\mathrm{Pb}|^{\bullet}} = x_{\mathrm{A}'} + x_{\mathrm{K}\,|\mathrm{Pb}|'}, \tag{3.106}$$

wo $x_{\mathrm{La}\,|\mathrm{Pb}|^{\bullet}}$ und $x_{\mathrm{K}\,|\mathrm{Pb}|'}$ die Molenbrüche von La^{3+}- und K^{+}-Ionen in $PbCl_2$ bedeuten, die ihrerseits mit den Molenbrüchen $y_{\mathrm{LaCl_3}}$ und y_{KCl} von $LaCl_3$ und KCl identisch sind. Befindet sich aber $LaCl_3$ gegenüber KCl im Überschuß, so haben wir die folgende Elektroneutralitätsbedingung

---

[1] GYULAI, Z.: Z. Phys. **67**, 812 (1931).
[2] SEITH, W.: Z. Phys. **56**, 802 (1929); **57**, 869 (1929).
[3] SIMKOVICH, G.: J. Phys. Chem. Solids **24**, 213 (1963).

zu berücksichtigen:

$$x_{|Cl|^{\cdot}} + x_{La|Pb|^{\cdot}} = 2x_{|Pb|''} + x_{A'} + x_{K|Pb|'}$$

oder, da $x_{|Pb|''} > x_{A'}$ ist:

$$x_{|Cl|^{\cdot}} + x_{La|Pb|^{\cdot}} \approx 2x_{|Pb|''} + x_{K|Pb|'}. \qquad (3.107)$$

Durch Einführung des Ausdrucks:

$$\Delta y = y_{KCl} - y_{LaCl_3} = x_{K|Pb|'} - x_{La|Pb|^{\cdot}}$$

erhalten wir aus Gl. (3.106):

$$x_{|Cl|^{\cdot}} = x_{A'} + \Delta y \qquad (3.108)$$

oder aus Gl. (3.107)

$$x_{|Cl|^{\cdot}} = 2x_{|Pb|''} + \Delta y. \qquad (3.109)$$

Da entsprechend Gl. (3.104b) für die reine $PbCl_2$-Phase (Index 0):

$$x^0_{|Cl|^{\cdot}} = x^0_{A'}$$

gilt, folgt für das Verhältnis der Cl-Lückenkonzentration:

$$\frac{x_{|Cl|^{\cdot}}}{x^0_{|Cl|^{\cdot}}} = \frac{x_{A'}}{x^0_{A'}} + \frac{\Delta y}{x^0_{|Cl|^{\cdot}}}. \qquad (3.110)$$

Da die elektrische Leitfähigkeit allein von den Cl^--Ionen übernommen wird, erhalten wir für das Leitfähigkeitsverhältnis:

$$\frac{\varkappa}{\varkappa^0} = \frac{x_{|Cl|^{\cdot}}}{x^0_{|Cl|^{\cdot}}}$$

und damit aus Gl. (3.108), wenn man noch $x_{A'}/x^0_{A'} = 1/(x_{|Cl|^{\cdot}}/x^0_{|Cl|^{\cdot}})$ berücksichtigt:

$$\frac{\varkappa}{\varkappa^0} - \frac{1}{\varkappa/\varkappa^0} = \frac{\Delta y}{x^0_{|Cl|^{\cdot}}}. \qquad (3.111)$$

Wertet man die Versuchsergebnisse aus Abb. 3.46 nach Gl. (3.109) aus, so liegen in der Tat die Meßpunkte besonders zwischen $\Delta y = -10^{-3}$ bis $+5 \cdot 10^{-3}$ auf einer Geraden (Abb. 3.46a). Deutliche Abweichungen treten jedoch bei $\Delta y > -2 \cdot 10^{-3}$ auf. Die Ursache dieser Abweichung ist vielleicht darin zu suchen, daß bei größerem $LaCl_3$-Überschuß, wie bereits oben erläutert, die Elektroneutralitätsgleichung (3.108) nicht mehr gültig ist, sondern nunmehr Gl. (3.109) benützt werden muß, aus der sich die zu Gl. (3.111) entsprechende Beziehung ergibt:

$$\frac{\varkappa}{\varkappa^0} - \frac{1}{(\varkappa/\varkappa^0)^2} = \frac{\Delta y}{x^0_{|Cl|^{\cdot}}}.$$

Aus dem Steigungsmaß der Geraden konnte die Fehlordnungskonzentration der Cl-Ionen in reinem $PbCl_2$ und deren Beweglichkeit u für 250 und 300 °C aus der Leitfähigkeitsformel

$$u_{|Cl|^{\cdot}} = \varkappa^0 V/(\mathfrak{F}\, x_{|Cl|^{\cdot}})$$

berechnet werden. Die Ergebnisse sind in Tab. 3.7 zusammengestellt.

Das nach Gl. (3.104a) herrschende Fehlordnungsmodell hat für den Mechanismus der Selbstdiffusion von Blei Konsequenzen, da ein Pb-

Tabelle 3.7. *Molenbruch der Fehlordnungsstellen in reinem $PbCl_2$ und Feldbeweglichkeit der Cl-Ionenlücken nach Simkovich*

Temp. °C	$x^0_{\|Cl\|^\cdot} = x^0_{A'}$	$u_{\|Cl\|^\cdot}$ cm² Volt⁻¹ sec⁻¹
250	$2{,}6 \cdot 10^{-4}$	$2{,}50 \cdot 10^{-4}$
300	$3{,}6 \cdot 10^{-4}$	$3{,}86 \cdot 10^{-4}$

Ion entweder nur im Verband mit einem Chlorion wandern kann oder nur über freie Pb-Ionenlücken. Beide Möglichkeiten werden von WAGNER[1] diskutiert. Bei Vorliegen des ersten Mechanismus ergibt sich das Verhältnis der Selbstdiffusionskoeffizienten von Blei zu:

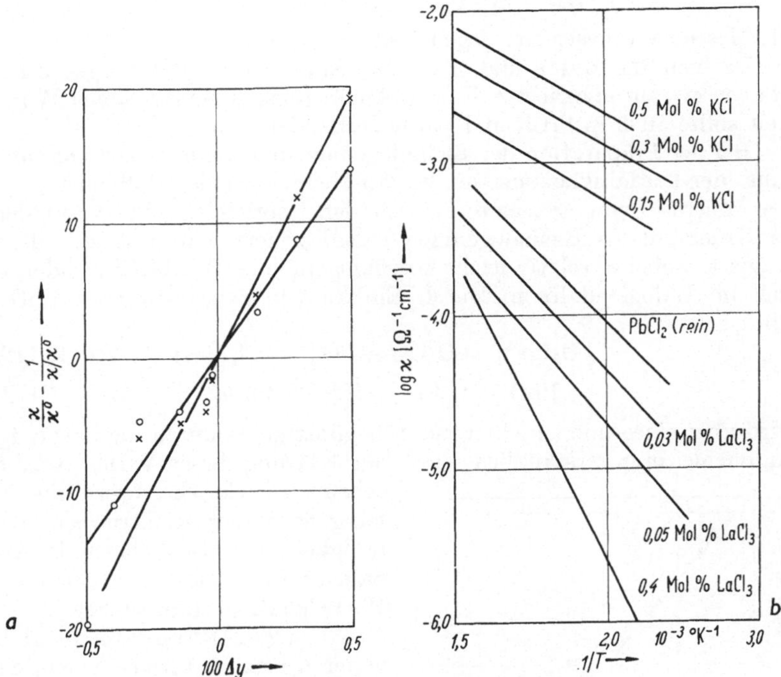

Abb. 3.46 a u. b. Temperaturabhängigkeit der elektrischen Leitfähigkeit von $PbCl_2$ mit verschiedenen Gehalten an KCl und $LaCl_3$ nach SIMKOVICH.
a) Darstellung von $\varkappa/\varkappa^0 - 1/(\varkappa/\varkappa^0)$ gegen Δy bei 250 °C (×) und 300 °C (○) nach SIMKOVICH.

$$\frac{D^*_{Pb}}{D^{*0}_{Pb}} = \frac{x^0_{A'}}{\Delta y} \quad \text{wenn} \quad \Delta y \gg x^0_{A'}$$

bzw.

$$\frac{D^*_{Pb}}{D^{*0}_{Pb}} = \frac{|\Delta y|}{x^0_{A'}} \quad \text{wenn} \quad -\Delta y \gg x^0_{A'}$$

[1] WAGNER, C.: Memorandum vom August 1962.

ist. Hiernach sollte dann auch sein:

$$\frac{D^*_{\mathrm{Pb}}}{D^{*0}_{\mathrm{Pb}}} = \frac{\varkappa^0}{\varkappa}.$$

Liegt jedoch der zweite Mechanismus vor, so ergibt sich für das Verhältnis der Selbstdiffusionskoeffizienten

$$\frac{D^*_{\mathrm{Pb}}}{D^{*0}_{\mathrm{Pb}}} = \left(\frac{x^0_{\mathrm{A}'}}{\Delta y}\right)^2 \quad \text{wenn} \quad \Delta y \gg x^0_{\mathrm{A}'}$$

und

$$\frac{D^*_{\mathrm{Pb}}}{D^{*0}_{\mathrm{Pb}}} = \left(\frac{\Delta y}{x^0_{\mathrm{A}'}}\right)^2 \quad \text{wenn} \quad -\Delta y \gg x^0_{\mathrm{A}'}$$

ist. Messungen dieser Art liegen noch nicht vor.

Der von SIMKOVICH und WAGNER diskutierte Fehlordnungstyp nach SCHOTTKY mit assoziierten Kation-Anion-Lücken verschiedener Wertigkeit sollte auch in $SrCl_2$ und $CaCl_2$ vorhanden sein.

Bei der Präparation der Bleihalogenide und während der Durchführung der Leitfähigkeitsmessungen an Bleihalogenidkristallen ist jedoch der Zutritt von Sauerstoff besonders sorgfältig zu verhindern, da Sauerstoff an Bleihalogeniden chemisorbiert wird und mit diesen reagiert, wobei er relativ leicht Oxyhalogenide (z. B. $PbOCl_2$) bildet, die sich im Halogenid lösen. Durch Einbau von Sauerstoff bzw. PbO in $PbCl_2$:

$$\tfrac{1}{2}\,\mathrm{O_2(gas)} \rightleftharpoons \mathrm{O}|\mathrm{Cl}|' + |\mathrm{Cl}|^{\bullet} + \mathrm{Cl_2(gas)} \tag{3.112a}$$

$$\mathrm{PbO} \rightleftharpoons \mathrm{O}|\mathrm{Cl}|' + |\mathrm{Cl}|^{\bullet} + \mathrm{PbCl_2} \tag{3.112b}$$

wird aber eine Anionenfehlordnung begünstigt, wodurch die bevorzugte Anionenleitung verständlich wird. Zur Klärung dieser Verhältnisse erscheint es wünschenswert, die Abhängigkeit der elektrischen Leitfähigkeit der Bleihalogenide vom Sauerstoffpartialdruck und vom PbO-Gehalt zu untersuchen.

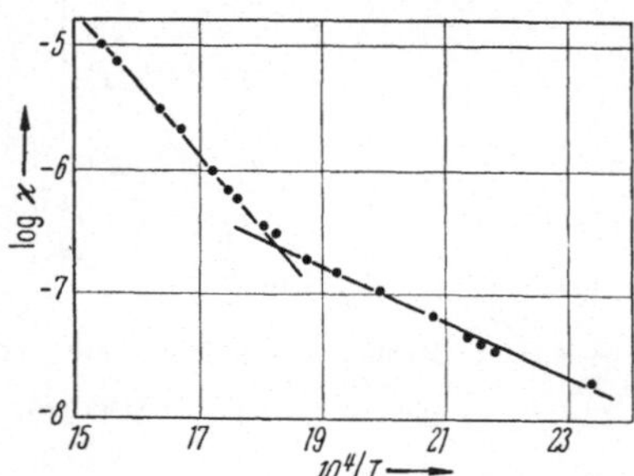

Abb. 3.47. Temperaturabhängigkeit der elektrischen Leitfähigkeit von Bleijodid nach SEITH.

Nach TUBANDT ist Bleijodid bei höheren Temperaturen ein gemischtleitender Ionenkristall, wo die positiven und negativen Ionen annähernd gleich beweglich sind. Wie man aus der Temperaturabhängigkeit der elektrischen Leitfähigkeit nach SEITH[1] (Abb. 3.47) entnehmen kann, setzt sich der Ausdruck der Gesamtleitfähigkeit aus zwei Exponentialausdrücken zusammen:

$$\varkappa = \varkappa^0_{\mathrm{J}} \exp(\mathrm{H_J}/RT) + \varkappa^0_{\mathrm{Pb}} \exp(\mathrm{H_{Pb}}/RT) \tag{3.113}$$

bzw.

$$\varkappa = 9{,}78 \cdot 10^{-4} \exp(-9360/RT) + 1{,}15 \cdot 10^{+5} \exp(-30000/RT). \tag{3.113a}$$

[1] SEITH, W.: Z. Phys. **56**, 802 (1929); **57**, 869 (1929).

Während der erste Term nach JOST[1] durch die Pb-Ionenleitung verursacht sein soll, bezieht sich der zweite Term auf die J-Ionenleitung. MOTT und GURNEY[2] kamen auf Grund von Diffusionsmessungen von HEVESY und SEITH[3] zu einer andersartigen Deutung. Während das erste Glied von (3.113) bzw. (3.113a) die Temperaturabhängigkeit der elektrischen Leitfähigkeit bei niedrigeren Temperaturen (150 bis 300 °C) wiedergibt, tritt das zweite Glied bei Temperaturen oberhalb von 300 °C auf. Das legt die Vermutung nahe, daß im niedrigen Temperaturgebiet eine bevorzugte Oberflächen- und Korngrenzenleitfähigkeit herrschen muß, die bei weiter fallender Temperatur in einem noch höheren Maße überwiegen wird (Kurve wird noch weiter abflachen!). Auf Grund des bisher vorliegenden Versuchsmaterials müßte in Übereinstimmung mit MOTT und GURNEY das erste Glied in (3.113a) besonders unterhalb 200 °C durch eine überwiegende J-Ionenoberflächenleitung bedingt sein, die aber mit steigender Temperatur — auch schon im flachen Ast der Kurve — zugunsten einer zunehmenden Pb-Ionenoberflächen- und Volumenleitung kleiner wird, um dann oberhalb 300 °C in eine überwiegende Pb-Ionenleitung durch den Kristall überzugehen.

Die allgemeine Form der Beziehung (3.113) für die Temperaturabhängigkeit der Leitfähigkeit wurde erstmalig von SMEKAL[4] aufgestellt und interpretiert. Wenn man auch vor einer kritiklosen Anwendung der Formel warnen muß, so ist sie doch von allgemeiner Bedeutung insofern, als sie prinzipiell mindestens auf zwei Temperaturbereiche der Leitfähigkeit aufmerksam macht, die besonders an polykristallinem Material, aber auch an Einkristallen stets vorhanden sind. In jedem Fall wird man aber die Ursache der Temperaturbereiche gesondert prüfen müssen, ob nämlich der untere Kurvenast auf eine überwiegende Korngrenzen- und Oberflächenleitfähigkeit (besonders bei niedrigen Temperaturen und polykristallinem Material) oder auf eine bei fallender Temperatur sich mehr und mehr bemerkbar machende Leitfähigkeit infolge Fremdionen im Kristall oder gar auf zunehmende Elektronenleitung zurückzuführen ist.

Wie KETELAAR[5] durch röntgenographische Untersuchungen und Leitfähigkeitsmessungen zeigen konnte, ist die unterhalb 50 °C stabile tetragonale Modifikation von Ag_2HgJ_4 nur sehr schlecht leitend, während die oberhalb 50 °C beständige kubische Phase, die sog. α-Phase, eine hohe elektrolytische Leitfähigkeit aufweist in Übereinstimmung mit der aus der Kristallstruktur verständlichen Fehlordnung. In Übereinstimmung mit diesem Befund wurde eine Beteiligung sowohl der Ag- wie der Hg-Ionen am Stromtransport beobachtet. ($t_{Ag^+} = 0{,}94$, $t_{Hg^{2+}} = 0{,}06$ mit $\varkappa_{ges} = 1{,}44 \cdot 10^{-3}$ Ohm^{-1} cm^{-1} bei 65 °C; s. S. 66.)

[1] JOST, W.: Diffusion in Solids, Liquids and Gases, S. 186ff. New York 1952.
[2] MOTT, N. F., u. R. W. GURNEY: Electronic Processes in Ionic Crystals, S. 53ff. Oxford 1948.
[3] HEVESY, H. v., u. W. SEITH: Z. Phys. **56**, 790 (1929).
[4] SMEKAL, A.: Z. techn. Phys. **8**, 561 (1927); Phys. Z. **26**, 707 (1925).
[5] KETELAAR, J. A. A.: Z. phys. Chem. (B) **26**, 327 (1934); (B) **30**, 53 (1935); Z. Kristallogr. **87**, 436 (1934); Trans. Faraday Soc. **34**, 874 (1938).

CROATTO und Mitarbeiter[1] führten in ähnlicher Weise wie KOCH und WAGNER Leitfähigkeitsmessungen an den heterotypen Mischphasen $SrF_2 + LaF_3$ und $CeO_2 + La_2O_3$ aus. Das Strontiumfluorid ist insofern bemerkenswert, als es der erste Ionenkristall ist, bei dem eine Anti-FRENKEL-Fehlordnung gefunden wurde. Das heißt, im Gegensatz zum AgBr sind hier nur die Anionen fehlgeordnet gemäß der symbolischen Gleichung:

$$\text{Null} \equiv SrF_{2\,(\text{ungestört})} \rightleftharpoons F' + |F|^{\bullet}. \qquad (3.114)$$

Durch Einbau von LaF_3

$$LaF_3 = La\,|Sr|^{\bullet} + F' + SrF_2 \qquad (3.115)$$

wird die Zahl der Fluorionen auf Zwischengitterplätzen F' erhöht und die der Fluorionenleerstellen $|F|^{\bullet}$ erniedrigt. Die aus den Leitfähigkeitsmessungen errechneten Werte für das Fehlordnungsprodukt:

$$K = x_{|F|^{\bullet}} \cdot x_{F'} \qquad (3.116)$$

und die Beweglichkeit $u_{|F|^{\bullet}} \approx u_{F'}$ sind in Tab. 3.8 zusammengestellt.

Tabelle 3.8. *Temperaturabhängigkeit von K und von $u_{F'}$ nach Croatto*

T °K	$K \cdot 10^7$	$u_{F'}$ cm² Volt⁻¹ sec⁻¹	Formel
973	6,9	$1{,}3 \cdot 10^{-4}$	$\log K = -\frac{14900}{4{,}57 \cdot T} - 2{,}82$
923	4,9	$7{,}9 \cdot 10^{-5}$	
873	2,4	$3{,}5 \cdot 10^{-5}$	
823	1,2	$1{,}6 \cdot 10^{-5}$	$\log u_{F'} = -\frac{23900}{4{,}57 \cdot T} + 1{,}55$
773	1,2	$6{,}2 \cdot 10^{-6}$	
723	0,5	$2 \cdot 10^{-6}$	

Von Interesse ist in diesem Zusammenhang auch das System $PbF_2 + BiF_3$, das ebenfalls nach dem Anti-FRENKEL-Typ fehlgeordnet zu sein scheint.[2] Jedoch fehlen zu seiner Auswertung die elektrischen Messungen.

Während das Verhältnis der elektrischen Leitfähigkeit der Mischphase und des reinen SrF_2 $\varkappa/\varkappa^0$ mit steigendem Gehalt an LaF_3 zwischen 450 und 700 °C zunimmt (Abb. 3.48), wird am System $CeO_2 + La_2O_3$ nur bei kleinen Zusätzen ein ähnlicher Verlauf beobachtet. Bei höheren La_2O_3-Zusätzen wird nach Durchlaufen eines Maximums eine Abnahme der Leitfähigkeit gefunden, was nicht durch eine „Löslichkeitsbegrenzung" von La_2O_3 gedeutet werden kann, da ZINTL und CROATTO[3] an Hand röntgenographischer Untersuchungen und Dichtemessungen eine Mischkristallbildung mit Leerstellen im Sauerstoffionenteilgitter auch noch bei höheren La_2O_3-Konzentrationen sicherstellen konnten. CROATTO deutet die Leitfähigkeitsabnahme durch eine Abnahme der Beweglichkeit der Sauerstoffionenleerstellen mit steigendem Fremdionengehalt.

---

[1] CROATTO, U., u. A. MAYER: Gazz. chim. ital. **73**, 199 (1943). — U. CROATTO u. M. BRUNO: Gazz. chim. ital. **78**, 95 (1948).

[2] CROATTO, U.: Gazz. chim. ital. **74**, 20 (1944).

[3] ZINTL, E., u. U. CROATTO: Z. anorg. allg. Chem. **242**, 79 (1939).

Nach UREᅟ[1] ist CaF_2 ebenfalls ein nach dem Anti-FRENKEL-Typ fehlgeordneter Kristall. Dies geht aus Leitfähigkeits-, Überführungs- und Selbstdiffusionsmessungen an reinem und mit NaF- bzw. YF_3-dotierten CaF_2-Kristallen hervor. Schon ZINTL und UDGARD[2] konnten an Hand von Dichtemessungen und röntgenographischer Gitterkonstantenbestimmung die Existenz von Fluorionen auf Zwischengitterplätzen im CaF_2-Gitter nahelegen. Die Tatsache, daß die Überführungszahl der Ca-Ionen im reinen CaF_2 selbst bei 1000 °C etwa $8 \cdot 10^{-7}$ (berechnet aus Diffusionsversuchen mit Ca^{45}) beträgt, schließt eine merkliche Existenz von SCHOTTKY-Fehlordnung und damit auch von Ca-Ionenfehlordnung aus. Die Aktivierungsenergie für die F^--Leerstellenbeweglichkeit beträgt bei 200 °C etwa $20 \pm 1{,}5$ kcal/Mol und bei 600 °C 12 ± 1 kcal/Mol. Für die Beweglichkeit der F^--Ionen auf Zwischengitterplätzen im Temperaturbereich von 690 bis 920 °C wurde der folgende Ausdruck erhalten:

$$u_{F'} = 1{,}34 \cdot 10^7/T \times$$
$$\times \exp\{-(19 \pm 4)\, 10^3/T\}\ \mathrm{cm^2\,Volt^{-1}\,sec^{-1}}$$

und für die Zahl der Anti-FRENKEL-Störstellen n_F je cm^3 $(n_{F'} + n_{|F|^\cdot})$ im reinen CaF_2-Kristall im gleichen Temperaturbereich:

$$n_F = 2{,}96 \cdot 10^{25} \exp(-16300/T)\ \mathrm{cm^{-3}}.$$

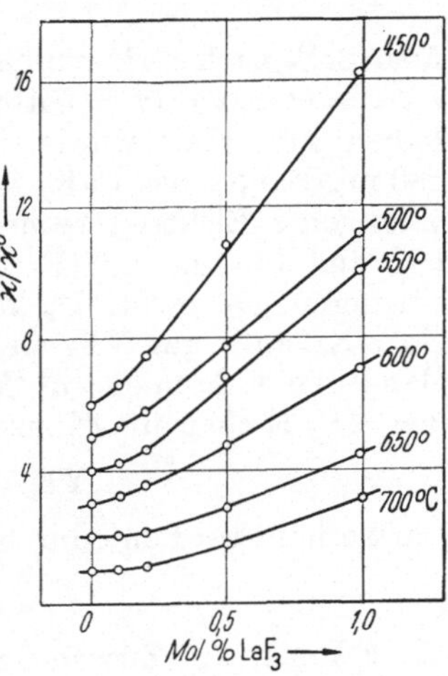

Abb. 3.48. Verlauf des Leitfähigkeitsverhältnisses $\varkappa/\varkappa^0$ von SrF_2-LaF_3-Mischkristallen in Abhängigkeit vom LaF_3-Gehalt nach CROATTO. (Die Anfangspunkte der Kurven wurden der Übersichtlichkeit halber stets um eine Einheit nach oben verschoben; $\varkappa^0$ ist die Leitfähigkeit des reinen SrF_2.)

Entsprechend dem Fehlordnungsmodell bewirkt sowohl ein Zusatz von NaF als auch ein solcher von YF_3 zu CaF_2 eine Leitfähigkeitszunahme.

Weitere Information über die Fehlordnungsverhältnisse in den nach dem Anti-FRENKEL-Typ fehlgeordneten Erdalkalifluoriden erhält man aus den Untersuchungen über die Lage der Absorptionsbande der Farbzentren, wie sie von MESSNER und SMAKULA[3] durchgeführt wurden. Nach Bestrahlung von Einkristallen aus CaF_2, SrF_2 und BaF_2 mit Röntgen- (150 keV) und Elektronenstrahlen (2,5 MeV) wurden je fünf Farbzentrenbanden in CaF_2 und SrF_2 und neun in BaF_2 im Spektralbereich zwischen 175 und 800 nm gefunden. In Tab. 3.9 sind die Meßergebnisse zusammengestellt.

In Analogie zu den Alkalihalogeniden ist auch hier eine Verschiebung der ausgeprägtesten Farbzentrenbande ins langwellige Gebiet von CaF_2

---

[1] URE, R. W. JR.: J. chem. Phys. **26**, 1363 (1957).
[2] ZINTL, E., u. A. UDGARD: Z. anorg. Chem. **240**, 150 (1939).
[3] MESSNER, D., u. A. SMAKULA: Phys. Rev. **120**, 1162 (1960). — A. SMAKULA: Phys. Rev. **77**, 408 (1950); **91**, 1570 (1953).

Tabelle 3.9. *Absorptionszentren-Maxima verfärbter CaF_2-, SrF_2- und BaF_2-Kristalle nach Messner und Smakula*

CaF_2	nm		186		194	220	265		285	332		400	580
	eV		6,66		6,38	5,63	4,68		4,35	3,73		3,10	2,12
SrF_2	nm			198		290				419		505	602
	eV			6,25		4,28				2,96		2,45	2,06
BaF_2	nm	198		220	255	411		490		565	618	662	735
	eV	6,26		5,63	4,86	3,02		2,53		2,19	2,03	1,872	1,685

über SrF_2 nach BaF_2 vorhanden im Sinne der Beziehung von MOLLWO[1], $\lambda_{Max} = \text{const}\, a^n$ (a = Gitterkonstante), wo n etwa den Wert von 2 haben soll. Hier wurde allerdings ein Wert $n \approx 3{,}9$ gefunden. Die 580 nm-Bande des CaF_2 soll durch ein in einer F-Ionenlücke $|F|^{\cdot}$ eingefangenes Elektron verursacht sein. Die entsprechenden Bänder von 602 und 735 nm in SrF_2 und BaF_2 sind entweder sehr schwach oder existieren gar nicht. Da das 400 nm-Band durch eine Dotierung des CaF_2-Kristalls mit YF_3 an Intensität stark zunimmt, kann man dieses Band den F-Atomen auf Zwischengitterplätzen zuschreiben[2], da durch den YF_3-Einbau die Konzentration der F′-Störstellen gemäß:

$$YF_3 = Y|Ca|^{\cdot} + F' + CaF_2$$

stark erhöht wird und durch Einfangen von Defektelektronen $|e|^{\cdot}$ gemäß:

$$F' + |e|^{\cdot} = F^{\times}$$

die F-Ionen auf Zwischengitterplätzen zu Atomen umgeladen werden.

Auf Grund der Untersuchungen von URE bereitet die Annahme von in Ca-Ionenlücken eingefangenen Defektelektronen, die für das Auftreten der Bande bei 220 nm in CaF_2, bei 290 nm in SrF_2 und 410 nm in BaF_2 verantwortlich sein sollen, insofern Schwierigkeiten, als nach Selbstdiffusionsmessungen eine nennenswerte Ca-Ionenfehlordnung nicht vorhanden sein kann. Das gleiche gilt für die Annahme von Ca-Ionen auf Zwischengitterplätzen, die mit eingefangenen Elektronen für das Auftreten der Bänder bei 325, 425 und 565 nm in CaF_2, SrF_2 und BaF_2 verantwortlich sein sollen.

Nach röntgenographischen Untersuchungen von SILLÉN, SILLÉN und AURIVILLIUS[3] sowie HUND und Mitarbeitern[4] gibt es eine größere Zahl von Mischoxiden, insbesondere mit seltenen Erden, wie z.B. $Bi_2O_3 + PbO$, $Bi_2O_3 + SrO$, $Bi_2O_3 + CdO$[3], $ZrO_2 + Y_2O_3$, $ThO_2 + Y_2O_3$ bzw. La_2O_3, $CeO_2 + Y_2O_3$ bzw. La_2O_3, die eine relativ hohe Sauerstoffionenfehl-

[1] MOLLWO, E.: Nachr. Ges. Wiss. Göttingen, Math.-phys. Kl. 93 (1931).
[2] SCOULER, W. J., u. A. SMAKULA: Bull. Amer. Phys. Soc. **5**, 185 (1960).
[3] SILLÉN, L. G., u. B. AURIVILLIUS: Z. Kristallogr. **101**, 483 (1939). — L. G. SILLÉN u. B. SILLÉN: Z. phys. Chem. (B) **49**, 27 (1941).
[4] HUND, F.: Z. anorg. allg. Chem. **263**, 102 (1950); Z. Elektrochem. angew. phys. Chem. **55**, 363 (1951); Z. phys. Chem. **199**, 142 (1952). — F. HUND u. W. DÜRRWÄCHTER: Z. anorg. allg. Chem. **265**, 67 (1951). — F. HUND u. R. MEZGER: Z. phys. Chem. **201**, 268 (1952). — F. HUND: Z. phys. Chem. **199**, 142 (1952) ($ZrO_2 + CaO$). — F. HUND u. G. NIESSEN: Z. Elektrochem. angew. phys. Chem. **56**, 972 (1952) ($ThO_2 + UO_2$ bzw. U_3O_8).

ordnung (Leerstellen) aufweisen. PETERS und Mitarbeiter[1] konnten an Hand geeigneter elektrochemischer Ketten unter Verwendung einfacher Reaktionen mit bekannten Reaktionsarbeiten zeigen (Näheres s. Kapitel 3.12), daß sowohl ein Mischoxid aus ThO_2 mit 10 Mol-% La_2O_3 als auch ein solches aus ZrO_2 und Y_2O_3 ab 700 °C reine Sauerstoffionenleitung zeigen, wenn der Sauerstoffdruck $>10^{-2}$ atm ist. AVGUSTINIK und ANTSELEVICH[2] konnten ebenfalls an Hand von röntgenographischen Untersuchungen und elektrischen Leitfähigkeitsmessungen an den Systemen $ZrO_2 + MgO$ und $ZrO_2 + CaO$ eine hohe Anionenleerstellenkonzentration nachweisen. Wie noch in Kap. 3.12 näher diskutiert, sind Mischoxide mit hoher Sauerstoffionenleerstellen-Konzentration als feste Elektrolyte für Brennstoffketten von Interesse.

3.10 Assoziation und Wechselwirkung von Störstellen in Ionenkristallen

Wenn man auch häufig für die Auswertung von Konzentrations- und Diffusionsmessungen von Störstellen die Gesetze ideal verdünnter Elektrolyte anwendet, so wird doch immer wieder beobachtet, daß diese Voraussetzungen oftmals nicht erfüllt sind. Insbesondere bei höheren Konzentrationen der Leerstellen und Ionen auf Zwischengitterplätzen sowie eingebauten anderswertigen Fremdionen können starke Wechselwirkungskräfte auftreten, die im Grenzfall zu recht stabilen Assoziaten führen. So ist ohne Zweifel die Assoziation von *F*-Zentren in den Alkalihalogeniden die Vorstufe für die Bildung von kolloidalem Alkalimetall im Halogenidkristall. Ferner wird durch Assoziation der sog. print-out-Effekt in Silberhalogeniden und die Entmischung übersättigter Mischphasen eingeleitet. Das gleiche gilt für die Kondensation und Anreicherung von gittereigenen Fehlstellen an Versetzungen und Korngrenzen.[3,4] Derartige Assoziate sind in Kap. 3.8 erwähnt. Ferner ist auch mit solchen Assoziaten von Metallücken in Metallen und Legierungen zu rechnen, die einen wesentlichen Einfluß auf die Diffusion ausüben.[5] Ein kritischer Bericht mit weiterführenden Betrachtungen wurde von TELTOW und SCHOTTKY gegeben, dem wir einige wesentliche Ergebnisse entnehmen.

Ohne auf die formelmäßigen Zusammenhänge einzugehen, die in der unter [6] zitierten Arbeit zu finden sind, sollen im folgenden nur einige Probleme aufgezeigt werden, die bei allen Störstellenreaktionen im Auge zu behalten und gegebenenfalls am speziellen Beispiel zu lösen sind. Die

---

[1] PETERS, H., u. G. MANN: Naturwiss. **45**, 209 (1958); Z. Elektrochem. Ber. Bunsenges. phys. Chem. **63**, 244 (1959). — H. PETERS u. H. H. MÖBIUS: Naturwiss. **45**, 309 (1958); Z. phys. Chem. **209**, 298 (1958).

[2] AVGUSTINIK, A. I., u. N. S. ANTSELEVICH: Zhur. Fiz. Khim. **27**, 973 (1953).

[3] SCHOTTKY, W.: Z. Elektrochem. angew. phys. Chem. **45**, 33 (1939).

[4] SEITZ, F.: Imperfections in Nearly Perfect Crystals. New York: Wiley 1952.

[5] SEEGER, A.: in: Handb. d. Physik, Bd. 7, Teil 1, S. 383ff. Berlin/Göttingen/Heidelberg: Springer 1955.

[6] TELTOW, J.: Assoziation und Wechselwirkung von Störstellen in Ionenkristallen und Halbleitern, in: Halbleiterprobleme, Bd. 3, S. 26, herausgeg. v. W. SCHOTTKY. Braunschweig: Vieweg 1956.

zwischen Störstellen wirkenden Kräfte sind in erster Linie die elektrostatischen Kräfte, die zwischen geladenen Störstellen immer eine Rolle spielen, sofern nicht elektronische Ladungsträger deren Ladung kompensieren. Neben diesen COULOMB-Kräften treten auch Polarisierbarkeitskräfte auf, die auch an ungeladenen Störstellen erhöhter Polarisierbarkeit Wechselwirkungen verursachen. Im Kontinuumsmodell, wo die geladenen Störstellen durch Punktladungen dargestellt werden können und die Polarisation des umgebenden Gitters durch eine einheitliche Dielektrizitätskonstante ε in erster Näherung berücksichtigt werden kann, gilt nach TELTOW[1] die folgende Beziehung für die Störstellen A, B im Kristall:

$$\Delta E_{\mathrm{AB}} = \frac{z_{\mathrm{A}} z_{\mathrm{B}} e_{\mathrm{el}}^2}{\varepsilon r_{\mathrm{AB}}} [\mathrm{erg}] = \frac{1}{4\pi \varepsilon_0} \frac{z_{\mathrm{A}} z_{\mathrm{B}} e_{\mathrm{Clb}}^2}{\varepsilon r_{\mathrm{AB}}} [\mathrm{Watt/sec}] \tag{3.117}$$

mit $\varepsilon_0 = 8{,}855 \cdot 10^{-14}$ Farad cm^{-1} und der Wertigkeit z sowie dem Abstand r_{AB} zweier benachbarter Störstellen. Als Beispiel sei die Assoziation zweier Störstellen, $|\mathrm{Na}|'$ und $\mathrm{Sr}|\mathrm{Na}|^{\cdot}$, im NaCl-Gitter genannt. Mit $\varepsilon = 6$ und $r_{\mathrm{AB}}^{\min} = a\sqrt{2}$ ($a = 5{,}6$ Å) erhält man für ΔE_{AB}:

$$-\Delta E_{\mathrm{AB}} = \frac{\sqrt{2}\, e_{\mathrm{Clb}}^2}{4\pi \varepsilon_0 \varepsilon a} [\mathrm{Watt/sec}] \approx 0{,}6 \text{ eV}.$$

Wechselwirkungskräfte werden auch durch elastische Kräfte verursacht. Derartige Kräfte beruhen auf der Deformation der Gitterumgebung durch den anomalen Platzbedarf einer Störstelle. Da sich die Deformationen durch die einzelnen Störstellen im Gitter summieren, lassen sie sich röntgenographisch nachweisen, z. B. als mittlere Aufweitung des gesamten Gitters. Sowohl von FRENKEL[2] als auch von TELTOW[1] ist die elastische Wechselwirkungsenergie an vereinfachten Modellen berechnet worden. Hiernach können die elastischen Kräfte immer dann vernachlässigt werden, wenn noch andere Wechselwirkungskräfte zwischen den Störstellen im Spiel sind.

Neben diesen beiden Arten von Wechselwirkungsenergien müssen wir unsere Aufmerksamkeit auf weitere Wechselwirkungsenergien richten, die einen stärkeren Gang mit der Entfernung beider Teilchen als $1/r_{\mathrm{AB}}$ aufweisen, und die hier unter der Sammelbezeichnung „chemische Kräfte" oder auch „Nahkräfte" zusammengefaßt werden und von recht komplexer Natur sind. Als wesentliche Effekte dieser Wechselwirkungskräfte sind sterische Effekte und „Valenzkräfte" neben der Mitwirkung von Elektronen und Defektelektronen zu nennen. So kann aus sterischen Gründen eine besondere Bevorzugung des Zustandes unmittelbarer Nachbarschaft gegeben sein, wie z. B. die LiF-Assoziation in NaCl oder die $|\mathrm{Na}|'|\mathrm{Cl}|^{\cdot}$-Bildung in NaCl, die zu energetisch günstigen Strukturanomalien führt. Ferner können Valenzkräfte durch besondere innere Elektronengruppierungen wirksam werden. Neben homöopolaren Bindungsanteilen, wie sie z. B. bei der Assoziation von $\mathrm{Ca}|\mathrm{Na}|^{\cdot}$ und $\mathrm{S}|\mathrm{Cl}|'$

---

[1] TELTOW, J.: Assoziation und Wechselwirkung von Störstellen in Ionenkristallen und Halbleitern, in: Halbleiterprobleme, Bd. 3, S. 26, herausgeg. v. W. SCHOTTKY. Braunschweig: Vieweg 1956.

[2] FRENKEL, J.: Kinetic Theory of Liquids. Oxford 1946.

auftreten, sind auch metallische Elektronenbindungen von Interesse, wie man sie z. B. bei der Zusammenlagerung mehrerer Br-Leerstellen bei der Ag-Keimbildung in AgBr zu erwarten hat. Nach SCHOTTKY[1] ist auch das Phänomen einer metallischen Bindung bei Anionenlückenbildung in einem Gitter mit großen Anionen und kleinen Kationen zu diskutieren. So könnte man beispielsweise den anomalen Verlauf der Leitfähigkeit in Cu_2O bei kleinen O_2-Drucken dadurch verstehen, daß man die Besetzungsmöglichkeit einer Cu-Lücke durch zwei Cu^+-Ionen ins Auge faßt gemäß:

$$|\mathrm{O}|^{\cdot\cdot} = \mathrm{Cu_2}|\mathrm{O}|^{\cdot\cdot} + 2|\mathrm{e}|^{\cdot} + 2|\mathrm{Cu}|',$$

wo mit den beiden Cu-Ionen gleichzeitig zwei Elektronen in die Lücke eintreten.

Ohne Zweifel haben diese Wechselwirkungskräfte auf das thermodynamisch-statistische Gleichgewicht Einfluß. Zur Beschreibung von Assoziationsgleichgewichten bedient man sich der Assoziationsstatistik, die nur benachbarte Störstellen berücksichtigt, während die entfernteren durch die normale, wechselwirkungsfreie Statistik behandelt werden, was des öfteren zu mangelhaften Ergebnissen führen kann. Der Fernkraftwirkung muß dann noch gesondert Rechnung getragen werden. Zur Erläuterung dieses Sachverhalts wählen wir das Assoziationsgleichgewicht von $|\mathrm{K}|'$- und $\mathrm{Sr}|\mathrm{K}|^{\cdot}$-Störstellen in KCl bei zu vernachlässigender Eigenfehlordnung:

$$|\mathrm{K}|' + \mathrm{Sr}|\mathrm{K}|^{\cdot} \rightleftharpoons [|\mathrm{K}|'\mathrm{Sr}|\mathrm{K}|^{\cdot}]. \quad (3.118)$$

Bedeutet ΔG_λ die Änderung der freien GIBBSschen Energie und $x_{|\mathrm{K}|'}$, x_{Sr} und x_{K} die Gitterkonzentration der drei Störstellensorten, so ergibt sich der Massenwirkungsansatz mit $x_{|\mathrm{K}|} = x_{\mathrm{Sr}}$:

$$\frac{x_{\mathrm{K}}}{x^2_{|\mathrm{K}|}} = \exp(-\Delta G_\lambda/RT). \quad (3.119)$$

Bei Berücksichtigung der statistischen Gewichte der Nullzustände, $g_{|\mathrm{K}|} = 1$, $g_{\mathrm{Sr}} = 1$ und $g_{\mathrm{K}} = p$ (Zahl der gleichwertigen Nachbarpositionen der Lücke am Fremdion), und Substitution von $-\Delta G_\lambda$ durch ΔE_{AB} bei Beschränkung auf die Energiebeträge des niedrigsten Energiezustandes der Reaktionspartner ergibt sich Gl. (3.119) zu:

$$\frac{x_{\mathrm{K}}}{x^2_{|\mathrm{K}|}} = p\exp(\Delta E_{\mathrm{AB}}/RT). \quad (3.120)$$

Ist die Eigenfehlordnung nicht zu vernachlässigen, so muß man $x^2_{|\mathrm{K}|}$ durch $(x_{\mathrm{Sr}} - x_{\mathrm{K}})\, x_{|\mathrm{K}|}$ ersetzen.[2]

Um den weiterreichenden elektrostatischen Kräften wenigstens in erster Näherung Rechnung zu tragen, wurde die DEBYE-HÜCKEL-Theorie für starke flüssige Elektrolyte eingeführt und für das vorliegende

---

[1] Siehe Bemerkung von W. SCHOTTKY in: J. TELTOW: Assoziation und Wechselwirkung von Störstellen in Ionenkristallen und Halbleiterprobleme, Bd. 3, S. 26, herausgeg. v. W. SCHOTTKY. Braunschweig: Vieweg 1956.

[2] STASIW, O., u. J. TELTOW: Ann. Phys. [6] 1, 261 (1947).

Problem modifiziert. Ähnliche Ansätze wurden bereits viel früher von BJERRUM[1] für wäßrige starke Elektrolyte aufgestellt, die allerdings damals nur eine gewisse Korrektur darstellten, heute aber als grundlegend für eine angemessene Theorie der elektrostatischen Störstellenwechselwirkungen in Ionenkristallen und Halbleitern angesehen werden können.

Im Anschluß an die Theorien von DEBYE-HÜCKEL und BJERRUM wurde von LIDIARD[2] eine kombinierte Theorie entwickelt, die die Wechselwirkung der Störstellen in einem Ionenkristall besser wiedergibt als bei reiner COULOMB-Betrachtung mit idealer Assoziation gemäß Gl. (3.120). Unter Berücksichtigung aller dieser Fakten ergibt sich der den experimentellen Ergebnissen besser gerecht werdende Ausdruck:

$$\frac{x_{\mathrm{K}}}{x_{|\mathrm{K}|}^{2}} = p \exp \frac{1}{k T} \left(\Delta E_{\mathrm{AB}} - \frac{e_{\mathrm{Clb}}^{2}}{4 \pi \varepsilon \varepsilon_0} \left(\frac{e_{\mathrm{Clb}} \mathfrak{N}}{\varepsilon \varepsilon_0 \mathfrak{V}_{\mathrm{Volt}}} \right)^{1/2} \frac{(2 x_{|\mathrm{K}|})^{1/2}}{1 + \varkappa r_{\mathrm{Min}}} \right), \qquad (3.121)$$

wo $r_{\mathrm{Min}} = a$ und $1/\varkappa$ den Radius der statistischen „Störstellenwolke", die jede Störstelle umgibt, bedeutet

$$\varkappa = \left[\frac{e_{\mathrm{Clb}} \sum z_{\mathrm{i}}^{2} c_{\mathrm{i}}}{\varepsilon \varepsilon_0 \mathfrak{V}_{\mathrm{Volt}}} \right]^{1/2}.$$

Ferner ist $\mathfrak{V} = kT/e$ und c_i die Volumenkonzentration der i-Teilchen sowie $\mathfrak{N} = c_i/x_i$.

An Hand der nach der kombinierten Theorie erhaltenen Gl. (3.121) analysierte LIDIARD[2] die Leitfähigkeitsmessungen von ETZEL und MAURER[3] an mit $CdCl_2$ versetzten NaCl-Kristallen und erhielt einen Wert für $-\Delta E_{\mathrm{AB}}$, der nur halb so groß war wie der nach Gl. (3.117) berechnete, was nur auf eine schwache Assoziation zurückgeführt werden kann.[4] Dagegen sprechen Leitfähigkeitsmessungen an NaCl mit $CaCl_2$-Zusatz überhaupt gegen eine Assoziation.[5] Desgleichen wird der Doppellückenassoziation, z. B. $|\mathrm{Na}|'|\mathrm{Cl}|^{\bullet}$, nicht so große Bedeutung für Leitfähigkeits- und Diffusionsmessungen beigemessen, da Doppellücken relativ schnell zur Lücken-Cluster-Bildung führen und damit für Transportvorgänge ausscheiden.

In einer ergänzenden Arbeit berichtete SCHOLZ[6] über die Bewegung von Fehlstellen in Silberhalogeniden bei teilweiser Berücksichtigung der elektrostatischen Wechselwirkung.

Als experimentelle Nachweismethoden kommen die Leitfähigkeit, die Diffusion und besonders die Ermittlung des Verlustfaktors[7] sowie die optische Absorption und magnetische Methoden — letztere allerdings eingeschränkt — in Frage.

---

[1] BJERRUM, N.: Ergebn. exakt. Naturwiss. **6**, 125 (1926).
[2] LIDIARD, A. B.: Phys. Rev. **94**, 29 (1954).
[3] ETZEL, H., u. R. J. MAURER: J. chem. Phys. **18**, 1003 (1950).
[4] LIDIARD, A. B.: Phil. Mag. **46**, 1218 (1955).
[5] BEAN, C.: Thesis 1952, Univ. of Illinois.
[6] SCHOLZ, A.: Z. Phys. **161**, 267 (1961).
[7] BRECKENRIDGE, R. G.: J. chem. Phys. **16**, 959 (1948); **18**, 913 (1950); ferner A. B. LIDIARD: Conf. on Defects in Crystalline Solids, S. 283. London 1955.

3.11 Transportvorgänge und Thermokraft in Ionenkristallen im Temperaturgefälle

3.111 Thermolytische Ionenwanderung und Thermokraftmessungen an halbleitenden Kristallen

Bringt man einen Mischkristall eines Salzpaares mit praktisch ausschließlicher Ionenleitung, z. B. CuBr-AgBr, in ein Temperaturfeld $T_2 - T_1 = \Delta T$ mit $T_2 > T_1$, dann beobachtet man nach einer gewissen Versuchszeit, daß der anfangs homogene Mischkristall sich entmischt hat. In diesem Mischkristallsystem findet mit mehr als 50 Mol-% AgBr in einem Temperaturgebiet oberhalb 200 °C eine Anreicherung an AgBr in den auf tieferen Temperaturen befindlichen Teilen des ursprünglich homogenen Mischkristalls statt, während an demselben Mischkristallsystem mit weniger als 50% AgBr bzw. mehr als 50 Mol-% CuBr eine Anreicherung von AgBr in den auf höheren Temperaturen befindlichen Mischkristallteilen beobachtet wird.[1] Diese Erscheinung bezeichnet man als LUDWIG-SORET-Effekt in Mischkristallen. Dieser wurde erstmalig durch die genannten Autoren an Mischkristallen im nichtisothermen Temperaturfeld entdeckt und kann durch den Verlauf der Entmischung quantitativ verfolgt werden. In unmittelbarer Beziehung hiermit stehen die beobachteten thermoelektrischen Kräfte, die im stromlosen Zustand auftreten müssen, um die Diffusionsbewegungen der positiven und negativen Störionen einander anzugleichen und somit, ebenso wie die beobachteten resultierenden Diffusionseffekte („thermolytische Ionenwanderung"), aus den Einzeldiffusionstendenzen der beteiligten Partner berechenbar werden (Abb. 3.49).

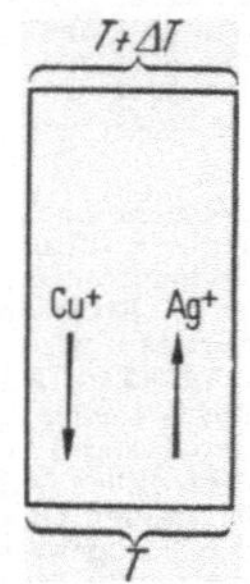

Abb. 3.49. Entmischung eines anfänglich homogenen Mischkristalls CuBr-AgBr (AgBr < 50 Mol-%) im Temperaturgefälle. Während die Ag-Ionen zur heißen Zone wandern, tritt in der kühleren Zone eine Anreicherung von CuBr auf.

Wie man schon qualitativ aus den eben erwähnten Zusammenhängen erkennt, kann eine unmittelbare Verknüpfung zwischen diesen Größen und den bisher behandelten, wie Ionenbeweglichkeit und Überführungszahl, herbeigeführt werden. Ganz allgemein kann man schon jetzt vorhersehen, daß eine thermolytische Ionenwanderung und damit ein LUDWIG-SORET-Effekt nur dann zu erwarten ist, wenn die relative Beweglichkeit der Ionen, d. h. ihre Überführungszahlen, in dem Temperaturgebiet erstens genügend groß und zweitens merklich von der Temperatur abhängig ist. Hier bieten sich also weitere theoretische wie experimentelle Methoden, um die Kenntnis über den Fehlordnungszustand und den Platzwechselmechanismus in Ionenkristallen zu erweitern.

---

[1] REINHOLD, H.: Z. Elektrochem. angew. phys. Chem. **39**, 555 (1933); Z. anorg. allg. Chem. **171**, 181 (1928); Z. phys. Chem. (A) **141**, 137 (1929); (B) **11**, 321 (1931); Z. Elektrochem. angew. phys. Chem. **35**, 617 (1929). — H. REINHOLD u. R. SCHULZ: Z. phys. Chem. (A) **164**, 241 (1933).

Unter diesem Gesichtspunkt untersuchten REINHOLD und Mitarbeiter die Thermokraft und den LUDWIG-SORET-Effekt einer Anzahl von festen Salzen und Mischkristallen.[1] Ähnlich wie in gelösten Elektrolyten läßt sich auch in festen Stoffen eine Beziehung zwischen Temperatur- und Konzentrationseinfluß nicht nur für die elektrolytische Leitfähigkeit, sondern auch für die Erzeugung elektromotorischer Kräfte herleiten. Ebenso wie homogene Metalle bei Kombination mit anderen Metallen in inhomogenen Temperaturfeldern einen Thermoeffekt zeigen, wird von REINHOLD und Mitarbeitern an festen Elektrolyten, die über eine Metallverbindung geschlossen sind, bei nichtisothermer Versuchsanordnung auch in homogener Phase eine Potentialdifferenz erwartet, die als thermoelektrolytischer „Homogeneffekt" bezeichnet wird. Wie insbesondere von WAGNER[2] in einer grundlegenden Arbeit zur thermodynamischen Behandlung stationärer Zustände in nichtisothermen Systemen u. a. theoretisch entwickelt werden konnte, steht dieser Effekt in naher Beziehung zum Temperaturkoeffizienten der elektrolytischen Leitfähigkeit. Diese Beziehung wurde anschließend von REINHOLD zur Auswertung seiner Experimente verwandt.[3]

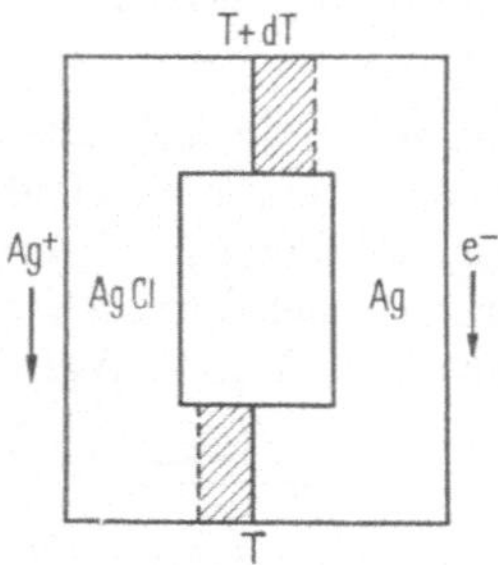

Abb. 3.50. Schematische Darstellung des Stoffumsatzes in der Thermokette Ag/AgCl/Ag. Bei einem Elektronenstrom von 1 Faraday wird am kälteren Teil T 1 Äquivalent Silber abgeschieden, während am heißeren Teil $T + dT$ ein Äquivalent Silber von der Ag-Komponente der Thermokette durch AgCl abgewandert ist. Es tritt also nur eine mechanische Verschiebung der Grenzflächen Ag/AgCl auf. (Oben von links nach rechts und unten umgekehrt.)

Wir behandeln nach REINHOLD zunächst den einfachen Fall eines festen homogenen Elektrolyten mit reiner Kationenleitung, z. B. AgCl (Abb. 3.50), in der Kette:

$$\begin{array}{ccc} \mathrm{Ag} \mid \mathrm{AgCl} \mid \mathrm{Ag}. \\ T+dT \quad T \end{array}$$

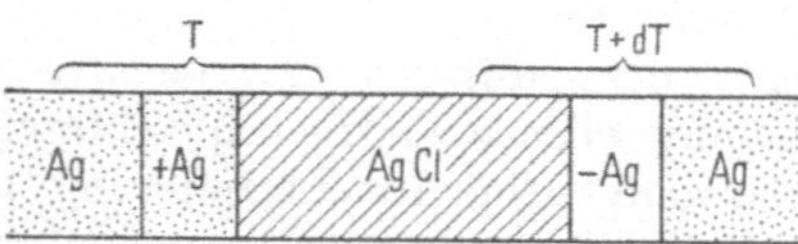

Abb. 3.51
Stoffumsatz in der Thermokette Ag/AgCl/Ag je 1 𝔉 (Faraday) nach REINHOLD und BLACHNY. $Ag_{T+dT} \rightarrow Ag_T$

Hier wandern die Ag^+-Ionen innerhalb des festen Elektrolyten AgCl vom heißen zum kalten Teil. Um die durch den Stoffumsatz verursachte Energieänderung zu berechnen, ist die Wahl eines Bezugssystems erforderlich. Bei AgCl ist es zweckmäßig, die im Gitter unbeweglichen Cl^--Ionen als Bezugssystem anzusehen. Wie aus Abb. 3.51 zu er-

[1] REINHOLD, H.: Z. anorg. allg. Chem. **171**, 181 (1928); Z. phys. Chem. (A) **141**, 137 (1929); Z. phys. Chem. (B) **11**, 321 (1931); Z. Elektrochem. angew. phys. Chem. **35**, 617 (1929). — H. REINHOLD u. R. SCHULZ: Z. phys. Chem. (A) **164**, 241 (1933). — H. REINHOLD u. A. BLACHNY: Z. Elektrochem. angew. phys. Chem. **39**, 290 (1933). — H. REINHOLD: Z. Elektrochem. angew. phys. Chem. **39**, 555 (1933). — Vgl. auch E. RASCH u. F. W. HINRICHSEN: Z. Elektrochem. angew. phys. Chem. **14**, 41 (1908).

[2] WAGNER, C.: Ann. Phys. [5] **3**, 629 (1929); **6**, 370 (1930). — E. D. EASTMAN: J. Amer. chem. Soc. **48**, 1482 (1926); **50**, 283 (1928).

[3] REINHOLD, H.: Z. phys. Chem. (B) **11**, 321 (1931).

kennen ist, findet in der Kette Ag|AgCl|Ag je 1 Faraday ein thermoelektrischer Transport von 1-g-Atom Silber von der heißen zur kalten Kontaktstelle durch das AgCl hindurch statt, das selbst keinerlei Änderung erfährt. Gleichzeitig verschiebt sich infolge Abscheidung von Ag an der kalten Kontaktstelle und der äquivalenten Auflösung von Ag an der heißen Kontaktstelle das den äußeren Schließungskreis bildende Silber in umgekehrter Richtung von der kalten zur heißen Kontaktstelle. Ähnliche Verhältnisse wurden an einem Anionenleiter, z. B. $PbCl_2$, beobachtet (Abb. 3.52). Hier wandern nur die Cl^--Ionen, während das Pb^{2+}-Gitter als Bezugssystem dient. Auch für Ketten mit bipolarer Leitung, z. B. Pb|PbJ_2|Pb, kann das Ionengitter des festen Elektrolyten als Bezugssystem gewählt werden, obwohl beide Ionen sich entsprechend ihrer Überführungszahlen $t_{Pb^{2+}}$ bzw. t_{J^-} an der Wanderung beteiligen. Hierbei betrachten wir zunächst nur die Wanderung der Pb^{2+}-Ionen je 1 Faraday, also $t_{Pb^{2+}}\,\mathfrak{F}$ und wählen das Jodionengitter als Bezugssystem. Wie das Experiment ergab, wandern die Pb^{2+}-Ionen von der kalten zur heißen Kontaktstelle, so daß wir als Stoffumsatz je 1 Faraday erhalten:

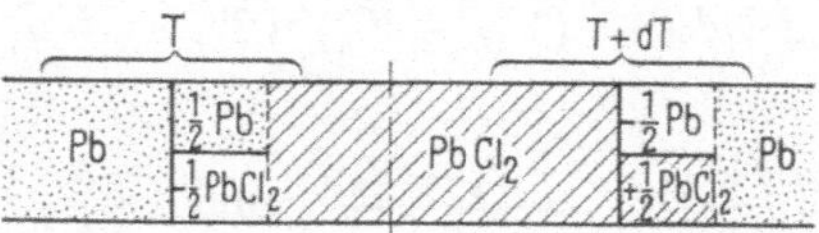

Abb. 3.52. Stoffumsatz in der Thermokette $Pb/PbCl_2/Pb$ je 1 $\mathfrak{F}$ nach REINHOLD und BLACHNY. $\frac{1}{2}\,Pb_{(T+dT)} + \frac{1}{2}\,PbCl_{2(T)} \rightarrow \frac{1}{2}\,PbCl_{2(T+dT)} + \frac{1}{2}\,Pb_{(T)}$.

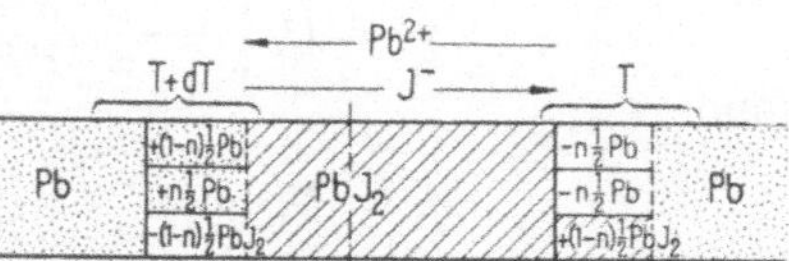

Abb. 3.53. Stoffumsatz in der Thermokette Pb|PbJ_2|Pb je 1 $\mathfrak{F}$ mit Kationen- und Anionenwanderung nach REINHOLD und BLACHNY. [Der stoffliche Umsatz ist aus Gl. (3.123) zu entnehmen.]

$$t_{Pb^{2+}}\,\tfrac{1}{2}\,Pb_T \rightarrow t_{Pb^{2+}}\,\tfrac{1}{2}\,Pb_{T+dT}. \tag{3.122}$$

Betrachtet man sodann die Strommenge $(1 - t_{Pb^{2+}})\,\mathfrak{F}$, die in Form von Jodionen hindurchfließt, wobei das Pb^{2+}-Ionengitter als Bezugssystem dient, so ergibt sich für den Stoffumsatz in der REINHOLDschen Schreibweise:

$$\begin{aligned}(1 - t_{Pb^{2+}})\,\tfrac{1}{2}\,Pb_T + (1 - t_{Pb^{2+}})\,\tfrac{1}{2}\,PbJ_{2_{T+dT}} \rightarrow\\ (1 - t_{Pb^{2+}})\,\tfrac{1}{2}\,PbJ_{2_T} + (1 - t_{Pb^{2+}})\,\tfrac{1}{2}\,Pb_{T+dT}.\end{aligned} \tag{3.122a}$$

Aus (3.122) und (3.122a) folgt schließlich für den gesamten Stoffumsatz je 1 Faraday (Abb. 3.53):

$$\begin{aligned}\tfrac{1}{2}\,Pb_T + (1 - t_{Pb^{2+}})\,\tfrac{1}{2}\,PbJ_{2_{T+dT}} \rightarrow (1 - t_{Pb^{2+}})\\ \tfrac{1}{2}\,PbJ_{2_T} + \tfrac{1}{2}\,Pb_{T+dT}.\end{aligned} \tag{3.123}$$

Zur Interpretation der Thermokraft dE/dT, die an einem Ionenleiter z. B. in der Kombination Ag|AgX|Ag auftritt, benutzen wir Abb. 3.50 in etwas abgeänderter Form (s. Abb. 3.54). Entsprechend Abb. 3.54 setzt sich die Thermokraft $dE/dT = V_B - V_A$ aus den folgenden Potentialdifferenzen zusammen:

1. aus den homogenen Potentialdifferenzen, $V_1 - V_A$ und $V_B - V_4$, die aber im allgemeinen sehr klein sind und vernachlässigt werden können,
2. aus der homogenen Potentialdifferenz $V_3 - V_2$ im Ionenkristall,
3. aus den beiden Kontaktpotentialdifferenzen:

$$V_2 - V_1 = -\Delta V(T) \quad \text{und} \quad V_4 - V_3 = \Delta V(T + \Delta T),$$

die den heterogenen Anteil der Thermokraft wiedergeben. Demzufolge ist die totale Thermokraft einer Kette Ag | AgX | Ag folgendermaßen definiert:

$$dE/dT = (V_B - V_A)/\Delta T = \frac{V_3 - V_2}{\Delta T} + \frac{\Delta V(T + \Delta T) - \Delta V(T)}{\Delta T} \tag{3.124}$$

mit

$$\left(\frac{dE}{dT}\right)_{\text{hom}} = \frac{V_3 - V_2}{\Delta T} \quad \text{und} \quad \left(\frac{dE}{dT}\right)_{\text{het}} = \frac{\Delta V}{\Delta T} = \frac{\Delta V(T + \Delta T) - \Delta V(T)}{\Delta T}.$$

Unter Verwendung der Ansätze von DE GROOT ergeben sich für den Strom der Ag-Ionen auf Zwischengitterplatz, j_i, und für den der Ag-Ionenlücken, j_v, die folgenden Ausdrücke:

$$j_i = D_i \left\{ -\frac{\partial c_i}{\partial x} \frac{\mathfrak{F} c_i}{RT} \mathfrak{E} - \frac{H_i^* c_i}{RT^2} \frac{\partial T}{\partial x} \right\} \tag{3.125}$$

und

$$j_v = D_v \left\{ -\frac{\partial c_v}{\partial x} \frac{\mathfrak{F} c_v}{RT} \mathfrak{E} - \frac{H_v^* c_v}{RT^2} \frac{\partial T}{\partial x} \right\}. \tag{3.126}$$

c_i und c_v bedeuten die Volumenkonzentrationen an Ag-Ionen auf Zwischengitterplätzen und Ag-Ionenlücken. $\mathfrak{E}$ kennzeichnet die elektrische Feldstärke und H_i^* bzw. H_v^* die Überführungswärme der Ag-Ionen auf Zwischengitterplatz bzw. die der Ag-Ionenlücken.

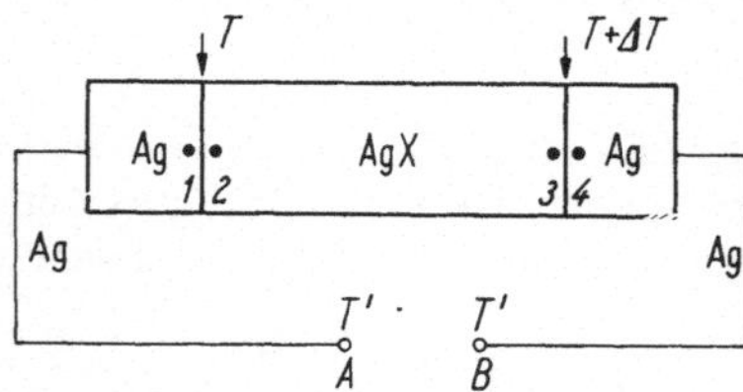

Abb. 3.54. Schema einer Thermokette Ag | AgX | Ag mit isothermen Punktepaaren 1—2 und 3—4; T' kann z. B. 25 °C betragen.

Bei Fehlen eines äußeren elektrischen Feldes ist

$$c_i = c_v \tag{3.127}$$

und somit fließt auch kein gerichteter Strom:

$$j_i = j_v. \tag{3.128}$$

Unter Zuhilfenahme der Beziehung (2.56) auf S. 36 und der Gln. (3.125) bis (3.128) ergibt sich für das Wärmediffusionsfeld nach HOWARD und LIDIARD[1]:

$$-\frac{E}{dT/dx} = -\frac{1}{\mathfrak{F} T} \left\{ \frac{\Phi(H_i^* + \frac{1}{2} H_F) - (H_v^* + \frac{1}{2} H_F)}{\Phi + 1} \right\} \tag{3.129}$$

mit

$$\Phi = D_i/D_v \quad \text{und} \quad H_F = G_F - T\left(\frac{\partial G_F}{\partial T}\right)_p \tag{3.130}$$

der Bildungsenthalpie je Mol FRENKEL-Defekte.

---

[1] HOWARD, R. E., u. A. B. LIDIARD: Disc. Faraday Soc. **23**, 113 (1957).

Für kleine ΔT-Werte liefert Gl. (3.129) die homogene Thermokraft $(dE/dT)_{\text{hom}}$ in einem Ionenkristall mit FRENKEL-Defekten. Der Klammerausdruck in Gl. (3.129) ist nach DE GROOT die totale Transport- oder Überführungswärme.

In dem untersuchten Temperaturgebiet zwischen 200 und 400 °C wurde aus Gl. (3.129) mit $H_F = 1{,}27$ eV für AgBr[2]

$$H_v^* = -0{,}385\,\text{eV} \quad \text{und} \quad H_i^* = 0{,}017\,\text{eV}$$

berechnet.[1]

Für den Heterogenanteil der Thermokraft gehen wir von dem obigen Ausdruck (3.124) aus:

$$\left(\frac{dE}{dT}\right)_{\text{het}} = \frac{\Delta V(T + \Delta T) - \Delta V(T)}{\Delta T}$$

und erhalten:

$$\left(\frac{dE}{dT}\right)_{\text{het}} = \frac{1}{\mathfrak{F}} \frac{\partial}{\partial T} \{\eta_{\text{Ag}^+}(\text{AgX}) - \eta_{\text{Ag}^+}(\text{Ag})\}$$

$$= -\frac{1}{\mathfrak{F}} \{\bar{s}_{\text{Ag}^+}(\text{AgX}) - \bar{s}_{\text{Ag}^+}(\text{Ag})\}, \tag{3.131}$$

wo η_{Ag^+} das elektrochemische Potential und $\bar{s}_{\text{Ag}^+}$ die partielle molare Entropie der Ag-Ionen bedeutet. Diese von WAGNER[2] bereits hergeleitete Beziehung wird durch Einführung der FRENKEL-Defekte durch zwei zusätzliche Glieder erweitert, die der Abhängigkeit des Heterogenanteils der Thermokraft von der Fehlordnung Rechnung tragen. Zu diesem Zweck wird Gl. (3.131) wie folgt umgeschrieben:

$$(dE/dT)_{\text{het}} = \frac{1}{\mathfrak{F}} \left\{\frac{\partial \mu_i}{\partial T} + \bar{s}_{\text{Ag}^+}(\text{Ag})\right\} \tag{3.132}$$

mit

$$\mu_i = g_i + RT \ln c_i$$

und für das Intrinsic-Gebiet:

$$c_i = c_v = (N^G N)^{1/2} \exp\{-(g_i + g_v)/2RT\}.$$

Daraus ergibt sich für Gl. (3.132) der folgende Ausdruck:

$$\left(\frac{dE}{dT}\right)_{\text{het}} = \frac{1}{\mathfrak{F}} \left\{\frac{s_v - s_i}{2} + \tfrac{1}{2} R \ln(N^G/N) + \bar{s}_{\text{Ag}^+}(\text{Ag})\right\}. \tag{3.133}$$

Hier bedeutet s_i bzw. s_v:

$$s_i = -\,\partial g_i/\partial T \quad \text{und} \quad s_v = -\,\partial g_v/\partial T.$$

Ferner kennzeichnet N^G die Zahl der Ag-Ionengitterplätze und N die aller Zwischengitterplätze je Mol AgX. Durch Verknüpfen der Entropiegrößen der Ag-Ionen auf Zwischengitterplatz, s_i, und der Ag-Ionenlücken, s_v, mit den partiellen Entropien der Ag-Ionen, also:

$$s_i = s_i' + \bar{s}_{\text{Ag}^+}(\text{AgX}) \quad \text{und} \quad s_v = s_v' - \bar{s}_{\text{Ag}^+}(\text{AgX}),$$

---

[1] TELTOW, J.: Ann. Phys. [6] **5**, 63, 71 (1949).

[2] WAGNER, C.: Ann. Phys. [5] **3**, 629 (1929); **6**, 370 (1930).

erhält man aus Gl. (3.133):

$$\left(\frac{dE}{dT}\right)_{\text{het}} = \frac{1}{2\mathfrak{F}}\{s'_v - s'_i + R\ln(N^G/N)\} + \frac{1}{\mathfrak{F}}\{\bar{s}_{\text{Ag}^+}(\text{Ag}) - \bar{s}_{\text{Ag}^+}(\text{AgX})\}. \tag{3.134}$$

Für reines AgBr ohne die die Fehlordnung verändernden Fremdsalzzusätze geht Gl. (3.134) in Gl. (3.131) über. Die mittels der in Abb. 3.54 wiedergegebenen Thermokette gemessene Thermokraft setzt sich gemäß Gl. (3.124) aus $(dE/dT)_{\text{hom}}$ und $(dE/dT)_{\text{het}}$ zusammen.

Kürzlich berichteten RICKERT und WAGNER[1] über einen Silberionentransport in α-Ag_2S, das in Gegenwart von Schwefeldampf einem Temperaturgefälle ausgesetzt war. Während hierbei Ag^+-Ionen und Elektronen durch Silbersulfid vom heißen zum kalten Ende wandern, erfolgt der Schwefeltransport über die Gasphase (s. Abb. 3.55). Da diese Erscheinungen von allgemeinerer Bedeutung sind, seien im folgenden die gesetzmäßigen Zusammenhänge wiedergegeben. Insbesondere soll am Beispiel Ag_2S gezeigt werden, wie man die Transportgeschwindigkeit einerseits aus der Differenz des beim Transport vorliegenden Gefälles der Aktivität a_{Ag} des Silbers gegenüber dem ohne Transport gemessenen stationären Aktivitätsgradienten und andererseits auch aus den Enthalpiewerten der beim Transport ablaufenden Reaktionen an den Phasengrenzen und der Überführungswärme der in Ag_2S wandernden Teilchen berechnen kann.

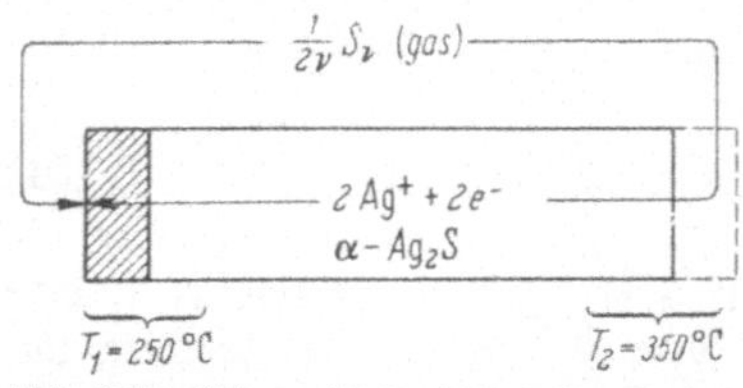

Abb. 3.55. Schematische Darstellung des Silbertransportes durch die Ag_2S-Schicht von der heißen zur kälteren Stelle und des Schwefeltransportes über die Gasphase.

Für den Fluß der Silberionen und Elektronen, J_1 und J_2, in Mol je Flächen- und Zeiteinheit sowie für den Energiefluß J_3 in Richtung des Temperaturgradienten (x-Koordinate) lauten die Transportgleichungen der irreversiblen Thermodynamik[2,3]:

$$J_1 = L_{11}X_1 + L_{12}X_2 + L_{13}X_3 \tag{3.135}$$

$$J_2 = L_{21}X_1 + L_{22}X_2 + L_{23}X_3 \tag{3.136}$$

$$J_3 = L_{31}X_1 + L_{32}X_2 + L_{33}X_3, \tag{3.137}$$

worin die Symbole X_1, X_2 und X_3 verallgemeinerte Kräfte darstellen mit den zugehörigen Symbolen L_{11} usw. als Leitwerte. Die Kräfte seien derart definiert, daß die Entropiezunahme je Volumen- und Zeiteinheit gleich $\sum J_i X_i/T$ ist und somit die ONSAGERschen Reziprozitätsbeziehun-

[1] RICKERT, H., u. C. WAGNER: Z. Elektrochem. Ber. Bunsenges. phys. Chem. **67**, 621 (1963).
[2] DENBIGH, K. G.: The Thermodynamics of the Steady State. London 1951.
[3] GROOT, S. R.: Thermodynamics of Irreversible Processes. Amsterdam 1951.

gen gelten. Daher ist[1,2]:

$$X_1 = -T \frac{d}{dx}\left(\frac{\eta_{Ag^+}}{T}\right) \tag{3.138}$$

$$X_2 = -T \frac{d}{dx}\left(\frac{\eta_-}{T}\right) \tag{3.139}$$

$$X_3 = T \frac{d}{dx}\left(\frac{1}{T}\right). \tag{3.140}$$

Auf Grund der unabhängigen Wanderung von Ionen und Elektronen (s. S. 619)[3] gilt:

$$L_{12} = L_{21} = 0. \tag{3.141}$$

Ferner ist die Silbertransportgeschwindigkeit j in Mol je Flächen- und Zeiteinheit:

$$j = J_1 = J_2. \tag{3.142}$$

Einsetzen von Gln. (3.138) bis (3.142) in Gl. (3.135) und (3.136), Division durch L_{11} bzw. L_{22} und Addition der entsprechenden Seiten unter Benutzung der allgemeinen Beziehung

$$\eta_{Ag^+} + \eta_- = \mu^0_{Ag} + RT \ln a_{Ag} \tag{3.143}$$

mit μ^0_{Ag} als chemisches Potential des reinen Silbers und a_{Ag} als Aktivität des Silbers in Ag_2S ergibt:

$$j = \frac{L_{11} L_{22}}{L_{11} + L_{22}} \left\{ -T \frac{d}{dx}\left(\frac{\mu^0_{Ag}}{T}\right) - RT \frac{d \ln a_{Ag}}{dx} + \right.$$

$$\left. + \left(\frac{L_{13}}{L_{11}} + \frac{L_{23}}{L_{22}}\right) T \frac{d}{dx}\left(\frac{1}{T}\right) \right\}. \tag{3.144}$$

Die Koeffizienten L_{11} und L_{22} können aus den Flüssen von Ag^+-Ionen und Elektronen unter isothermen Bedingungen erhalten werden:

$$L_{11} = \frac{\varkappa_1}{\mathfrak{F}^2} \qquad L_{22} = \frac{\varkappa_2}{\mathfrak{F}^2} \tag{3.145}$$

mit $\varkappa_1$ bzw. $\varkappa_2$ als Ionen- bzw. Elektronenteilleitfähigkeit.

Aus Gl. (3.145) ergibt sich der erste Faktor auf der rechten Seite von Gl. (3.144) zu:

$$\frac{L_{11} L_{22}}{L_{11} + L_{22}} = \frac{1}{\mathfrak{F}^2} \frac{\varkappa_1 \varkappa_2}{\varkappa_1 + \varkappa_2}. \tag{3.146}$$

Da im Falle des Ag_2S oberhalb 180 °C $\varkappa_2 \gg \varkappa_1$ ist, folgt:

$$\frac{L_{11} L_{22}}{L_{11} + L_{22}} \approx \frac{\varkappa_1}{\mathfrak{F}^2}. \tag{3.147}$$

Verhindert man den Schwefeltransport in der Gasphase (durch Einschmelzen von Ag_2S in eine Glasröhre und damit getrennte Räume an den Enden), so wird auch der Silbertransport gleich Null ($j = 0$). Hierdurch tritt allein das SORET-Phänomen wie in binären Lösungen auf.

---

[1] DENBIGH, K. G.: The Thermodynamics of the Steady State. London 1951.
[2] GROOT, S. R.: Thermodynamics of Irreversible Processes. Amsterdam 1951.
[3] WAGNER, C.: Z. phys. Chem. (B) **21**, 25 (1933).

Hiernach folgt aus Gl. (3.144):

$$j = -\frac{\varkappa_1 RT}{\mathfrak{F}^2}\left\{\frac{d\ln a_{Ag}}{dx} - \left(\frac{d\ln a_{Ag}}{dT}\right)_{j=0}\frac{dT}{dx}\right\}. \tag{3.148}$$

Mit Hilfe von Gl. (3.148) ist die stationäre Transportgeschwindigkeit j des Silbers berechenbar, wenn das aufgezwungene Gefälle von $\ln a_{Ag}$ im Transportversuch und der Gradient von $\ln a_{Ag}$ für $j = 0$ nach der Temperatur bekannt sind. Im nichtisothermen System ergibt die Differenz beider Größen die für den Transport maßgebende treibende Kraft.

Für ein System mit endlicher Temperaturdifferenz $\Delta T = T_2 - T_1$ über die Strecke Δx erhält man mit der mittleren Temperatur $T_m = \Delta T/2$

$$j \approx \frac{\varkappa_1 RT_m}{\Delta x\,\mathfrak{F}^2}\left\{\ln\frac{a_{Ag}(T_2)}{a_{Ag}(T_1)} - \Delta T\left(\frac{d\ln a_{Ag}}{dT}\right)_{j=0,T_m}\right\}, \tag{3.149}$$

wobei $\varkappa_1$ bei dem Wert T_m einzusetzen ist.

Zur Bestimmung des Gradienten von $\ln a_{Ag}$ in einer in einem Temperaturgradienten befindlichen Ag_2S-Probe für $j = 0$ wird die in Abbildung 3.56 dargestellte Versuchsanordnung verwandt. Auf Grund der geeigneten Elektrodenwahl, hier Ag/AgJ, kann man entweder mit Hilfe eines Potentiometers eine bestimmte Potentialdifferenz $\Delta E(T_1)$ bzw. $\Delta E(T_2)$ zwischen den Ableitungselektroden 1 und 2 bzw. 3 und 4 vorgeben, wodurch ein gewünschter Wert für $\ln a_{Ag}$ an der linken bzw. rechten Seite der Kette erhalten wird, oder man kann auch durch eine coulometrische Titration (s. S. 145) das chemische Potential des Silbers bzw. a_{Ag} vorgeben.

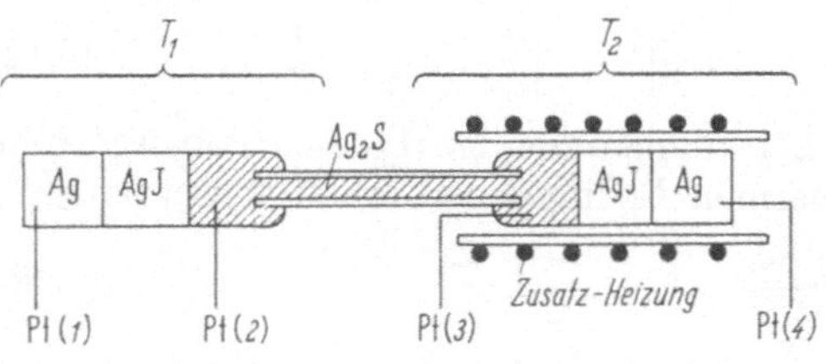

Abb. 3.56. Kombinierte elektrochemische Kette zur Bestimmung der Aktivitäten $a_{Ag}(T_1)$ und $a_{Ag}(T_2)$ in Ag_2S im Temperaturgefälle unter stationären Bedingungen nach RICKERT und WAGNER.

Die in Gl. (3.144) auftretenden Größen können auch durch kalorische Größen beschrieben werden. So läßt sich z. B. nach GIBBS-HELMHOLTZ μ^0_{Ag} durch die Standardenthalpie H^0_{Ag} ausdrücken:

$$\frac{d}{dT}\left(\frac{\mu^0_{Ag}}{T}\right) = -\frac{H^0_{Ag}}{T^2}. \tag{3.150}$$

Das letzte Glied in Gl. (3.144) kann mit Hilfe der ONSAGERschen Reziprozitätsbeziehungen berechnet werden, indem man die Gln. (3.135), (3.136), (3.141) und (3.142) kombiniert und dann Gl. (3.137) für $X_3 = 0$ verwendet:

$$J_3/j = \frac{L_{31}}{L_{11}} + \frac{L_{32}}{L_{22}}. \tag{3.151}$$

Der Quotient von Energie und Silberfluß ist gleich der bei konstantem Druck p resultierenden Zunahme der inneren Energie eines Teilsystems zusätzlich der nach außen geleisteten Volumarbeit $(= p\bar{V}_{Ag})$, wenn in dieses Teilsystem 1 Mol Silber aus einem anderen Teilsystem von gleicher Temperatur, gleichem Druck und differentiell höherer Silberaktivität einwandert. Dann gilt

$$J_3/j = \bar{E}_{Ag} + H^*_{Ag} + p\,\bar{V}_{Ag} = \bar{H}_{Ag} + H^*_{Ag} \tag{3.152}$$

mit $\bar{E}_{Ag}$ und $\bar{H}_{Ag}$ als partielle molare Energie und Enthalpie des Silbers in der Ag_2S-Phase. H^*_{Ag} ist die Überführungswärme des Silbers in Ag_2S, die sich aus den Überführungswärmen von Ag-Ionen und Elektronen zusammensetzt. Da nach ONSAGER gilt:

$$L_{31} = L_{13} \quad \text{und} \quad L_{32} = L_{23} \tag{3.153}$$

folgt aus Gl. (3.151) und (3.152):

$$\frac{L_{13}}{L_{11}} + \frac{L_{23}}{L_{22}} = \bar{H}_{Ag} + H^*_{Ag}. \tag{3.154}$$

Einsetzen von Gl. (3.150) und (3.154) in Gl. (3.148) bei örtlich konstantem Wert von a_{Ag}, d. h. $d \ln a_{Ag}/dx = 0$, ergibt:

$$j = -\frac{\varkappa_1}{T\,\mathfrak{F}^2}(\bar{H}_{Ag} - H^0_{Ag} + H^*_{Ag})\,\frac{dT}{dx}. \tag{3.155}$$

$\bar{H}_{Ag} - H^0_{Ag}$ ist die Enthalpieänderung beim Auflösen von 1 Mol metallischem Silber in der mit Silber im Gleichgewicht stehenden Ag_2S-Phase. $\bar{H}_{Ag} - H^0_{Ag}$ kann aus EMK-Messungen der isothermen Kette bei konstantem δ:

$$\mathrm{Pt} \mid \mathrm{Ag} \mid \mathrm{AgJ} \mid \mathrm{Ag}_{2+\delta}\mathrm{S} \mid \mathrm{Pt}$$

als Funktion der Temperatur bestimmt werden:

$$\bar{H}_{Ag} - H^0_{Ag} = -RT^2\left(\frac{\partial \ln a_{Ag}}{\partial T}\right)_\delta = T^2\,\mathfrak{F}\left(\frac{\partial}{\partial T}\frac{E}{T}\right)_\delta, \tag{3.156}$$

wobei die folgende indirekte Auswertung empfohlen wird[1]:

$$d \ln a_{Ag} = \left(\frac{\partial \ln a_{Ag}}{\partial T}\right)_\delta dT + \left(\frac{\partial \ln a_{Ag}}{\partial \delta}\right)_T d\delta. \tag{3.157}$$

Unter Benutzung der aus coulometrischen Titrationen bei 200 und 300 °C erhaltenen Werte für Ag_2S[2] mit $a_{Ag} = 1$, also $d \ln a_{Ag} = 0$, ergibt sich aus Gl. (3.157):

$$\left(\frac{\partial \ln a_{Ag}}{\partial T}\right)_\delta = -\left(\frac{\partial \ln a_{Ag}}{\partial \delta}\right)_T \left(\frac{\partial \delta}{\partial T}\right)_{a_{Ag}=1}$$

$$= -1{,}45 \cdot 10^3 \cdot 5 \cdot 10^{-6} = 7{,}2 \cdot 10^{-3}\,(^\circ\mathrm{K})^{-1} \quad \text{für} \quad 250\ ^\circ\mathrm{C}. \tag{3.158}$$

Hieraus folgt aus Gl. (3.156):

$$\bar{H}_{Ag} - H^0_{Ag} = 3900\ \mathrm{cal} \quad \text{für} \quad 250\ ^\circ\mathrm{C} \quad \text{und} \quad a_{Ag} = 1.$$

Im Hinblick auf die kleinen Temperaturkoeffizienten der Silberionen- und Elektronenteilleitfähigkeiten kann H^*_{Ag} nur von der Größenordnung RT sein, d. h., gegenüber $\bar{H}_{Ag} - H^0_{Ag}$ ist es zu vernachlässigen. Aus diesem Grunde vereinfacht sich Gl. (3.155) zu:

$$j \approx -\frac{\varkappa_1}{T\,\mathfrak{F}^2}(\bar{H}_{Ag} - H^0_{Ag})\,\frac{dT}{dx} = \frac{\varkappa_1 RT}{\mathfrak{F}^2}\left(\frac{\partial \ln a_{Ag}}{\partial T}\right)_\delta \frac{dT}{dx}. \tag{3.159}$$

---

[1] RICKERT, H. u. C. WAGNER: Z. Elektrochem. Ber. Bunsenges. phys. Chem. **67**, 621 (1963),

[2] WAGNER, C.: J. chem. Phys. **21**, 1819 (1953).

Bei Anwesenheit von Schwefeldampf ist auch das Glied $d \ln a_{Ag}/dx$ in Gl. (3.148) zu berücksichtigen. Hier ergibt sich eine zu Gl. (3.155) analoge Beziehung:

$$j = -\frac{\varkappa_1}{T\mathfrak{F}^2}[-\Delta H + (\overline{H}_{Ag} - H^0_{Ag}) + H^*_{Ag}]\frac{dT}{dx} \qquad (3.160)$$

mit ΔH als Differenz der Reaktionsenthalpie der Bildung von $\frac{1}{2}Ag_2S$ aus Ag und flüssigem Schwefel und der Verdampfungswärme von $\frac{1}{2}$ g-Atom flüssigem Schwefel ($\Delta H_{300\,°C} = -4675$ cal). Im Gegensatz zu Gl. (3.155) ist hier $\overline{H}_{Ag} - H^0_{Ag}$ die Änderung der Enthalpie beim Auflösen von 1 g-Atom Silber in Ag_2S, das sich im Gleichgewicht mit Schwefeldampf befindet.

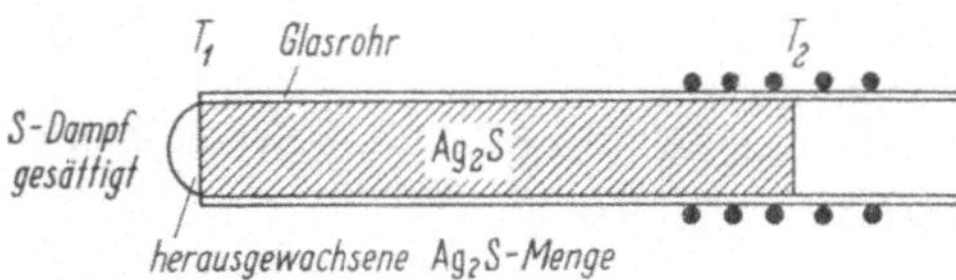

Abb. 3.57. Versuchsanordnung zur Bestimmung der Transportgeschwindigkeit des Silbers in Ag_2S in Schwefeldampf (mit Zusatzheizung auf der rechten Seite) nach RICKERT und WAGNER.

Es wurde der Silbertransport in Ag_2S sowohl mit konstantem Wert $a_{Ag} = 1$ als auch in Schwefeldampf gemessen. Die Versuchsanordnung für den thermolytischen Transport in Anwesenheit von Schwefeldampf ist in Abb. 3.57 dargestellt. Einige Versuchsergebnisse sind in Tab. 3.10 wiedergegeben. Wie die Versuche ergaben, ist praktisch allein das erste Glied im Klammerausdruck der Gl. (3.149) maßgebend.

Tabelle 3.10. *Silbertransport in Ag_2S in gesättigtem Schwefeldampf nach Rickert und Wagner*

T_1 °C	T_2 °C	q_{Ag_2S} cm²	Δx cm	t sec	Δm_{Ag_2S} g beob.	Δm_{Ag_2S} g ber.
250	350	0,11	3,50	64200	0,43	0,44
258	347	0,11	3,85	66000	0,41	0,38

Neben den Transportkoeffizienten ist die Thermospannung eine charakteristische Größe für einen Halbleiter in einem Temperaturgefälle. Je nach der Natur des Übergangs zwischen dem Halbleiter, z. B. Ag_2S, und Platin als Bezugselektrode, ob im direkten Kontakt wie in der nichtisothermen Kette

$$\begin{array}{llll} Pt \mid Ag_{2+\delta(T_1)}S & - \; Ag_{2+\delta(T_2)}S \mid & Pt & - \; Pt \\ T_1 & & T_2 & \quad T_1 \end{array} \qquad (II)$$

oder über eine ionenleitende Brücke

$$\begin{array}{lllllll} Pt \mid & Ag \mid & AgJ \mid Ag_{2+\delta(T_1)}S - Ag_{2+\delta(T_2)}S \mid & AgJ \mid & Ag \mid & Pt - & Pt \\ T_1 & T_1 & T_1 & T_2 & T_2 & T_2 & T_1 \end{array} \qquad (III)$$

hat man mit zwei verschiedenen Arten von Thermospannungen zu rechnen.

In der in Abb. 3.56 wiedergegebenen Versuchsanordnung kann man nun die EMK E_{II} der Kette II aus der Differenz der Potentiale V_2 und V_3 [gemessen zwischen Pt(2) und Pt(3)] und die EMK E_{III} der Kette III aus der Differenz der Potentiale V_1 und V_4 [gemessen zwischen Pt(1) und Pt(4)] ermitteln:

$$E_{II} = V_3 - V_2; \quad E_{III} = V_4 - V_1. \tag{3.161}$$

Die entsprechenden Thermokräfte dE/dT lauten:

$$\left(\frac{dE}{dT}\right)_{II} \approx \frac{E_{II}}{T_2 - T_1}; \quad \left(\frac{dE}{dT}\right)_{III} \approx \frac{E_{III}}{T_2 - T_1}. \tag{3.162}$$

Andererseits kann man gemäß Abb. 3.56 die EMK der isothermen Ketten messen:

$$E_I(T_1) = V_2 - V_1; \quad E_I(T_2) = V_3 - V_4. \tag{3.163}$$

Durch Kombination der Gln. (3.161) bis (3.163) folgt:

$$[E_I(T_2) - E_I(T_1)]_{j=0} = E_{II} - E_{III} \approx \left[\left(\frac{dE}{dT}\right)_{II} - \left(\frac{dE}{dT}\right)_{III}\right](T_2 - T_1). \tag{3.164}$$

Die Thermokräfte in Gl. (3.162) kann man auch durch die Quotienten von PELTIER-Wärmen und Temperatur ersetzen, worauf wir auf S. 149 zurückkommen. Unter den hier in Kette II und III vorliegenden Bedingungen erhält man die folgenden Beziehungen zwischen Thermokraft und den partiellen molaren Entropien der wanderungsfähigen Teilchen $\bar{s}_{Ag^+}$ und $\bar{s}_e$ in Ag_2S und $\bar{s}_e^{Pt}$ in Platin:

$$\left(\frac{dE}{dT}\right)_{II} = \frac{1}{\mathfrak{F}}\{(\bar{s}_e - \bar{s}_e^{Pt}) + H_e^* - H_e^{*Pt}\} \tag{3.165}$$

$$\left(\frac{dE}{dT}\right)_{III} = \frac{1}{\mathfrak{F}}\{(s_{Ag}^0 - \bar{s}_{Ag^+} - \bar{s}_e^{Pt}) - H_{Ag^+}^* - H_e^{*Pt}\}, \tag{3.166}$$

worin s_{Ag}^0 die molare Entropie von Silbermetall und H_e^* bzw. H_e^{*Pt} die Überführungswärme der Elektronen im Ag_2S bzw. im Pt bedeuten.

Da in Gl. (3.166) die Größen s_{Ag}^0, $\bar{s}_e^{Pt}$ und H_e^{*Pt} von der Zusammensetzung der Ag_2S-Phase unabhängig sind und da ferner $\bar{s}_{Ag^+}$ und $H_{Ag^+}^*$ wegen der hohen Fehlordnung der Ag^+-Ionen im Ag_2S unabhängig von δ ist, muß auch die Thermokraft $(dE/dT)_{III}$ unabhängig von δ sein, was durch das Experiment bestätigt wurde. Messungen an der Kette III mit Lötstellentemperaturen von 250 und 350 °C ergaben bei einer Variation von δ entsprechend einer Variation von $E_I(T_m)$ zwischen 0,014 und 0,159 Volt eine konstante Thermokraft $(dE/dT)_{III} = -195\,\mu V/$grad. Die leichte Abhängigkeit der Thermokraft $(dE/dT)_{II}$ der Kette II von δ (von 75 bis 175 μV/grad) ist im wesentlichen durch die Abhängigkeit der partiellen molaren Entropie der Elektronen in Ag_2S von δ bestimmt. Auch diese Abhängigkeit ist gering wegen der nicht unerheblichen Entartung des Elektronengases im Ag_2S.

Der auf $E_I(T_m) = 0$, entsprechend $a_{Ag} = 1$, extrapolierte Wert $(dE/dT)_{II} = 70\,\mu V/$grad ist gleich dem von REINHOLD und BLACHNY[1]

[1] REINHOLD, H., u. A. BLACHNY: Z. Elektrochem. angew. phys. Chem. **39**, 290 (1935).

gefundenen Wert von 70 μV/grad für die Kette:

$$\underset{T_1}{Ag} \mid \underset{T_2}{Ag_2S} \mid \underset{T_1}{Ag - Ag}.$$

Die Temperaturabhängigkeit der EMK einiger von REINHOLD gemessener Thermoketten ist in Abb. 3.58 dargestellt.

Auf Grund eingehender Messungen an CuBr-AgBr-Mischkristallen verschiedener Zusammensetzung im Temperaturbereich zwischen 170

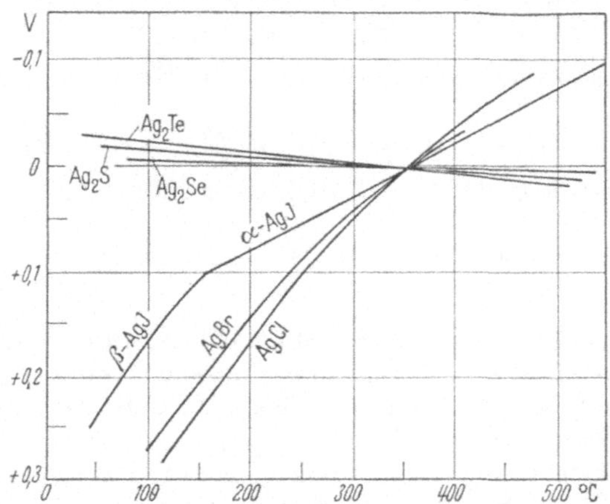

Abb. 3.58. Temperaturabhängigkeit der EMK einiger Thermoketten Ag | AgX | Ag nach REINHOLD. (Bezugstemperatur ist 350 °C.)

und 320 °C gelang REINHOLD der Nachweis, daß die Größe des Temperaturkoeffizienten der relativen Ionenbeweglichkeit und die der Thermokraft das Ausmaß der Entmischung bestimmen.

3.112 Thermokraftmessungen an ionenleitenden heterotypen Mischphasen

Nachdem wir im Abschn. 3.111 im wesentlichen die allgemeinen Zusammenhänge zwischen den Überführungswärmen, der Thermokraft und dem LUDWIG-SORET-Effekt an Hand der experimentellen Beobachtungen beschrieben haben, müssen wir nun noch einige gesetzmäßige Verknüpfungen zwischen der Thermokraft dE/dT, der Fehlordnungsentropie S und der Überführungswärme H an ionenleitenden heterotypen Mischphasen behandeln.

Für die Thermokraft dE/dT einer Kette aus zwei Leitern I und II gilt allgemein:

$$\frac{dE}{dT} = \frac{\Pi^{\mathrm{I/II}}}{T}. \tag{3.167}$$

$\Pi^{\mathrm{I/II}}$ bedeutet die PELTIER-Wärme, d. h. die je Coulomb erzeugte Wärme, wenn ein positiver Strom, z. B. von Kationen, vom Leiter I durch die Lötstelle I/II zum Leiter II fließt. Unter Zugrundelegung der Formulierung von WAGNER[1,2] erhalten wir folgenden allgemeingültigen Ausdruck für die PELTIER-Wärme:

$$\Pi^{\mathrm{I/II}} = -\frac{1}{\mathfrak{F}}\left\{n_i^{\mathrm{I/II}}\, T\left(s_i^{\mathrm{II}} - s_i^{\mathrm{I}}\right) + t_i^{\mathrm{II}}\, H_i^{\mathrm{II}} - t_i^{\mathrm{I}}\, H_i^{\mathrm{I}}\right\}. \tag{3.168}$$

Hier bedeuten s_i^{I} bzw. s_i^{II} die partiellen molaren Entropien der Komponente i im Leiter I bzw. II, H_i^{I} die Überführungswärme der Komponente i im Leiter I, $n_i^{\mathrm{I/II}}$ die Molzahl der Komponente i, die vom Leiter I nach II als positiver Strom je Faraday transportiert wird, und t_i^{I} bzw. t_i^{II} die Überführungszahlen der Komponente i im Leiter I bzw. II.

Für den hier interessierenden speziellen Fall der Verwendung derselben heterotypen Mischphase, z.B. $AgBr + CdBr_2$, sowohl für Leiter I wie für Leiter II, d.h. also mit AgBr als Lösungsmittel, soll sich Leiter I von II nur durch einen verschiedenen $CdBr_2$-Gehalt und damit durch eine verschiedene Ag^+-Leerstellenkonzentration unterscheiden. Unter diesen speziellen Voraussetzungen kann man in guter Näherung sowohl die Überführungszahlen t_i wie auch die Überführungswärmen H_i in Leiter I und II als gleich annehmen. Deshalb sind die beiden letzten Glieder auf der rechten Seite in (3.168) zu streichen, wodurch die PELTIER-Wärme allein durch die Entropiedifferenz bestimmt ist, oder

$$\frac{dE}{dT} = -n_{\mathrm{Ag}}^{\mathrm{I/II}}\,\frac{s_i^{\mathrm{II}} - s_i^{\mathrm{I}}}{\mathfrak{F}}. \tag{3.169}$$

Unter Annahme der Gültigkeit des idealen Massenwirkungsgesetzes können wir nun im Falle einer Thermoelementkombination:

$$\begin{array}{ccccccc} \mathrm{Ag} \mid & \mathrm{AgBr} + \mathrm{CdBr_2} & \mid \mathrm{AgBr} + \mathrm{CdBr_2} & \mid & \mathrm{AgBr} + \mathrm{CdBr_2} & \mid \mathrm{Ag} \\ T_1 & c^{\mathrm{I}}_{\mathrm{CdBr_2}} & T_2 \quad c^{\mathrm{II}}_{\mathrm{CdBr_2}} & T_1 & c^{\mathrm{I}}_{\mathrm{CdBr_2}} & T_1 \end{array} \tag{3.I}$$

die partielle molare Entropie s_i durch die Ag^+-Leerstellenkonzentration in Mol je cm³ $c_{|\mathrm{Ag}|} \approx c_{\mathrm{CdBr_2}}$ ausdrücken.

Wählen wir ferner $c^{\mathrm{I}}_{\mathrm{CdBr_2}} > c^{\mathrm{II}}_{\mathrm{CdBr_2}}$, so folgt für die Entropiedifferenz:

$$s_i^{\mathrm{II}} - s_i^{\mathrm{I}} = R \ln \frac{c^{\mathrm{II}}_{\mathrm{CdBr_2}}}{c^{\mathrm{I}}_{\mathrm{CdBr_2}}}. \tag{3.170}$$

Beim Transport von 1 Mol Ag^+-Ionen über Leerstellen wird $n_{\mathrm{Ag^+}}^{\mathrm{I/II}} = 1$, und es folgt aus (3.169) und (3.170)[3]:

$$\frac{dE}{dT} = -\frac{R}{\mathfrak{F}} \ln \frac{c^{\mathrm{II}}_{\mathrm{CdBr_2}}}{c^{\mathrm{I}}_{\mathrm{CdBr_2}}}. \tag{3.171}$$

Könnten wir z. B. durch Einbau von Ag_2S in AgBr (die Löslichkeit in AgBr ist leider außerordentlich gering, so daß dieser Fall am System AgBr nicht realisiert werden kann) die Konzentration der Ag^+-Ionen

---

[1] WAGNER, C.: Ann. Phys. [5] **3**, 629 (1929); **6**, 370 (1930). — E. D. EASTMAN: J. Amer. chem. Soc. **48**, 1482 (1926); **50**, 283 (1928).

[2] Der Verfasser dankt Herrn Prof. Dr. CARL WAGNER, Cambridge (USA), für die Einsichtnahme eines unveröffentlichten Manuskriptes zu diesem Thema; vgl. auch K. HAUFFE: in: Ergebn. exakt. Naturwiss. **25**, 222ff. (1951).

[3] Bei Konzentration von $CdBr_2 > 1$ Mol-% ist die Konzentration der Ag^+-Ionen auf Zwischengitterplätzen zu vernachlässigen.

auf Zwischengitterplätzen unter Vernichtung von Ag^+-Leerstellen erhöhen, so daß gilt:

$$c_{Ag^\cdot} \gg c_{|Ag|'},$$

dann würden wir Vorzeichenwechsel und für den Fall $c_{Ag^\cdot} \approx c_{Ag_2S}$ den folgenden Ausdruck erhalten:

$$\frac{dE}{dT} = \frac{R}{\mathfrak{F}} \ln \frac{c^{\mathrm{II}}_{Ag_2S}}{c^{\mathrm{I}}_{Ag_2S}}. \tag{3.172}$$

Wesentlich andere Verhältnisse ergeben sich aus (3.168), wenn man eine Thermokette, wie oben angegeben, nicht mit einem einzigen „Lösungsmittel" AgBr aufbaut, sondern wenn man als Lösungsmittel in Leiter I AgBr und in Leiter II AgCl wählt. Im Falle gleicher Konzentration von Ag^+-Leerstellen erzeugenden 2wertigen Kationen in Form von $CdBr_2$ und $CdCl_2$ (z. B. infolge Zusatz von 0,5 Mol-% $CdCl_2$ bzw. $CdBr_2$) kann man in (3.168) die Entropiedifferenz gleich Null setzen, so daß die Thermokraft hier allein durch die Differenz der Überführungswärmen der Ag^+-Ionen in AgCl und AgBr, die gleiche Ag^+-Leerstellenkonzentrationen aufweisen, bestimmt ist:

$$\frac{dE}{dT} \approx - \frac{H^{AgBr}_{Ag^+} - H^{AgCl}_{Ag^+}}{T\mathfrak{F}}. \tag{3.173}$$

Zur praktischen Auswertung ist jedoch (3.173) nur mit größter Vorsicht zu verwenden, da sehr häufig der Ausdruck auf der rechten Seite von (3.173) nur eine kleine Differenz großer Absolutwerte sein wird, die in der Größenordnung der von uns hier vernachlässigten Entropiedifferenz liegen kann.

Durch ganz analoge Überlegungen erhalten wir für die Thermokraft einer Kette

$$\begin{array}{c} \mathrm{Ag} \mid \mathrm{AgBr} \mid \mathrm{AgBr} + \mathrm{CdBr_2} \mid \mathrm{AgBr} \mid \mathrm{Ag} \\ T_1 \quad\; T_2 \qquad\qquad\qquad T_1 \quad\; T_1 \end{array} \tag{3.II}$$

mit einem Temperaturgefälle sowohl in der reinen als auch in der mit $CdBr_2$ versetzten AgBr-Phase unter Beachtung von Beziehung (3.33) auf S. 81 den folgenden Ausdruck:

$$\frac{dE}{dT} = - \frac{R}{\mathfrak{F}} \ln \left\{ \frac{x_{CdBr_2}}{2x^0_{|Ag|'}} + \sqrt{\left(\frac{x_{CdBr_2}}{2x^0_{|Ag|'}}\right)^2 + 1} \right\}. \tag{3.174}$$

Hieraus ergibt sich für $x_{CdBr_2} \gg x^0_{|Ag|'}$ ein zu (3.171) identischer Ausdruck:

$$\frac{dE}{dT} \approx - \frac{R}{\mathfrak{F}} \ln \frac{x_{CdBr_2}}{x^0_{|Ag|'}}. \tag{3.175}$$

Substituiert man das Konzentrationsverhältnis in (3.175) durch das Leitfähigkeitsverhältnis der Mischphase $\varkappa$ und der reinen AgBr-Phase $\varkappa^0$, so folgt:

$$\frac{dE}{dT} = - \frac{R}{\mathfrak{F}} \ln \frac{\varkappa}{\varkappa^0}, \tag{3.176}$$

eine Beziehung von allgemeiner Gültigkeit, aus der die Thermokraft an binären Salzkombinationen wie in (3.I) und (3.II) aus den jeweiligen Leitfähigkeitswerten der Salzzylinder berechenbar wird.

Um die Überführungswärme der Ag^+-Ionen in einer Mischphase $H_{Ag^+}(AgBr + CdBr_2)$ zu bestimmen, wählt man die Thermoelementkombination:

$$\underset{T_2}{Ag \mid AgBr + CdBr_2} \mid \underset{T_1}{Ag}.$$

Wenn man die partielle molare Entropie der Elektronen im Ag sowie deren Überführungswärme in erster Näherung außer Betracht läßt, erhält man durch Kombination von (3.168) mit (3.167) und Beachtung des Ausdrucks für die Entropiedifferenz,

$$s_{|Ag|'}^{AgBr+CdBr_2} - s_{|Ag|'}^{AgBr} = R \ln c_{CdBr_2}, \tag{3.177}$$

den folgenden Ausdruck:

$$\frac{dE}{dT} = -\frac{1}{\mathfrak{F}}\left\{s_{|Ag|'}^{AgBr} - s_{Ag}^{Ag} + R \ln c_{CdBr_2} + \frac{H_{Ag^+}^{AgBr+CdBr_2}}{T}\right\}. \tag{3.178}$$

Während im reinen AgBr ohne Zusätze

$$s_{AgBr} \approx s_{Ag^\cdot}^{AgBr} + s_{|Ag|'}^{AgBr} \tag{3.179}$$

ist, wird s_{AgBr} im Falle einer heterotypen Mischphase $AgBr + CdBr_2$

$$s_{AgBr} = 2 s_{|Ag|'}, \tag{3.180}$$

woraus aus (3.178) folgt:

$$\frac{dE}{dT} \approx -\frac{1}{\mathfrak{F}}\left\{\frac{1}{2} s_{AgBr} - s_{Ag}^{Ag} + R \ln c_{CdBr_2} + \frac{H_{Ag^+}^{AgBr+CdBr_2}}{T}\right\}. \tag{3.181}$$

Bei Vorhandensein genügend genauer Werte der partiellen molaren Entropie von AgBr, s_{AgBr}, und Ag-Metall, s_{Ag}^{Ag}, sind wir in der Lage, aus Thermokraftmessungen die Überführungswärme der Ag^+-Ionen in der Mischphase $AgBr + CdBr_2$ in Abhängigkeit vom $CdBr_2$-Gehalt zu bestimmen.

Durch Kombination von (3.181) mit (3.179) ergibt sich unter Berücksichtigung von $t_{Ag^\cdot}^{AgBr} + t_{|Ag|'}^{AgBr} = 1$ für die reine AgBr-Phase:

$$\frac{dE}{dT} = \frac{1}{\mathfrak{F}}\left\{s_{Ag}^{Ag} - s_{AgBr} - \frac{H_{Ag^+}^{AgBr}}{T}\right\}. \tag{3.182}$$

Dieser Ausdruck ist identisch mit der bereits 1929 von WAGNER entwickelten Gl. (2.46).[1] Mittels dieser Gleichung wurden einige Silber-Silberhalogenid-Thermoketten für $T = 623$ °K nach Meßdaten von REINHOLD[2] berechnet (s. Tab. 3.11).

Teilweise sind die hier mitgeteilten Zahlenwerte noch großen Unsicherheiten unterworfen — insbesondere der letzte Wert der Überführungswärme von Ag^+-Ionen in AgJ, $H_{Ag^+}^{AgJ}$, ist im Vergleich zur Temperaturabhängigkeit der elektrischen Leitfähigkeit zu hoch.

---

1 WAGNER, C.: Ann. Phys. [5] **3**, 675 (1929).
2 REINHOLD, H.: Z. anorg. allg. Chem. **171**, 181 (1928).

Tabelle 3.11. *Berechnung der partiellen molaren Entropie der Ag-Ionen und deren Überführungswärmen nach Wagner aus Thermokraftmessungen nach Reinhold*

Kette	dE/dT beobachtet mV/grad	$s_{Ag}^{Ag}/\mathfrak{F}$ mV/grad	$s_{Ag}^{AgX}/2\mathfrak{F}$ mV/grad	$H_{Ag^+}^{Ag}/T\mathfrak{F}$ mV/grad	$H_{Ag^+}^{AgX}$ cal
Ag/AgCl	−0,95	0,63	0,73	0,85	12000
Ag/AgBr	−0,72	0,63	0,73	0,62	8900
Ag/α-AgJ	−0,56	0,63	0,89	0,30	4300

Messungen der Thermokraft an dotierten Silberhalogeniden zwischen 100 und 400 °C wurden von CHRISTY und Mitarbeitern[1,2] ausgeführt. Der Verlauf der Thermokraft von AgCl und von AgCl dotiert mit 0,01 bis 1,0 Mol-% $CdCl_2$ als Funktion der Temperatur, wie in Abb. 3.59 dargestellt, ist völlig identisch dem der Thermokraft am System AgBr + $CdBr_2$. Ein Zusatz von 1 Mol-% Ag_2S in AgBr bei 400 °C ergab keinen Effekt in der Thermokraft in Übereinstimmung mit der geringen Leitfähigkeitsänderung (s. S. 84). Um den Einfluß der S^{2-}-Ionen im AgBr-Gitter auf die Thermokraft auch auf eine andere Weise zu prüfen, wurde CdS in AgBr gelöst. Wenn die Schwefelionen auch hier nicht zur Wirkung kommen infolge Ausscheidung als Ag_2S:

$$\mathrm{CdS} = \mathrm{Cd}|\mathrm{Ag}|^{\cdot} + |\mathrm{Ag}|' + \mathrm{Ag_2S},$$

dann müßte ein Zusatz von CdS dieselbe Wirkung haben wie ein $CdBr_2$-Zusatz, was auch in der Tat beobachtet wurde.

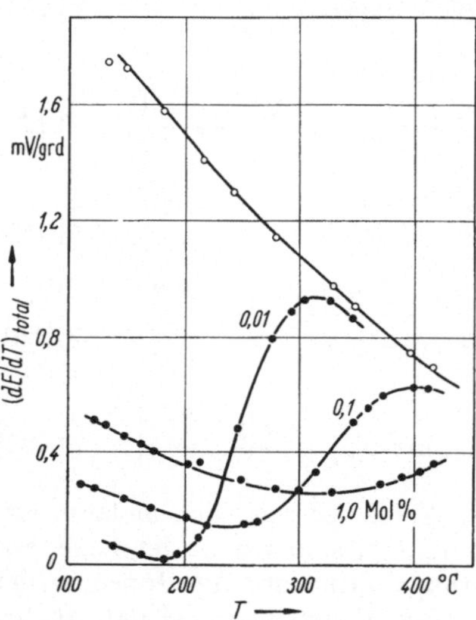

Abb. 3.59. Totale Thermokraft von reinem AgCl (○) und mit $CdCl_2$ dotiertem AgCl (●) in der Kette: Ag|AgCl|Ag als Funktion der Temperatur nach CHRISTY.

Anknüpfend an die Formulierungen von (3.141) bis (3.151) wurde von HOWARD und LIDIARD[3] für die Differenz der Thermokraft $\Delta\dot{E} = (dE/dT)_{AgX+CdX_2} - (dE/dT)_{AgX}$ zwischen einer dotierten und einer reinen AgX-Probe der folgende Ausdruck abgeleitet:

$$\Delta\dot{E} = \frac{1}{\mathfrak{F}}\left\{\frac{\xi^2 - 1}{\xi^2 + \Phi}\,\frac{\Phi(H_i^* + H_v^* + H_F)}{(\Phi + 1)\,T} - R\ln\xi\right\}. \qquad (3.183)$$

Hier ist $\xi = c_{|Ag|'}/c^0_{Ag'}$ und $\Phi = u_{Ag^{\cdot}}/u_{|Ag'|}$ das Beweglichkeitsverhältnis der FRENKEL-Defektstellen. Alle anderen Größen wurden bereits auf S. 140 definiert.

[1] CHRISTY, R. W., E. FUKUSHIMA u. H. T. LI: J. chem. Phys. **30**, 136 (1959).
[2] CHRISTY, R. W.: J. chem. Phys. **34**, 1148 (1961).
[3] HOWARD, R. E., u. A. B. LIDIARD: Phil. Mag. [8] **2**, 1462 (1957).

Auf Grund von Thermokraftmessungen an dotierten Silberhalogeniden konnte CHRISTY[1] den Verlauf der Überführungswärme $\Delta H^* = H_i^* + H_v^*$ als Funktion der Temperatur recht genau ermitteln (Abb. 3.60). Ferner wurde nachgewiesen, daß im Gegensatz zu der Annahme von HOWARD und LIDIARD oberhalb 100 °C keine merkliche Assoziation im Sinne der Gleichung

$$\text{Cd}\,|\text{Ag}|^{\bullet} + |\text{Ag}|' = \text{Cd}\,|\text{Ag}|\;|\text{Ag}|^{\times}$$

auftritt. Jedoch tritt eine beachtliche Assoziation zwischen S^{2-}-Ionen und Ag^+- bzw. Cd^{2+}-Ionen noch bei 400 °C auf.

Ähnliche Zusammenhänge können auch an anionenleitenden Ionenkristallen und heterotypen Mischphasen mit überwiegender Anionenleitung durchgeführt werden. Jedoch ist hier das experimentelle Material noch spärlicher und unsicherer, so daß eine Diskussion der Versuchsergebnisse entfällt.

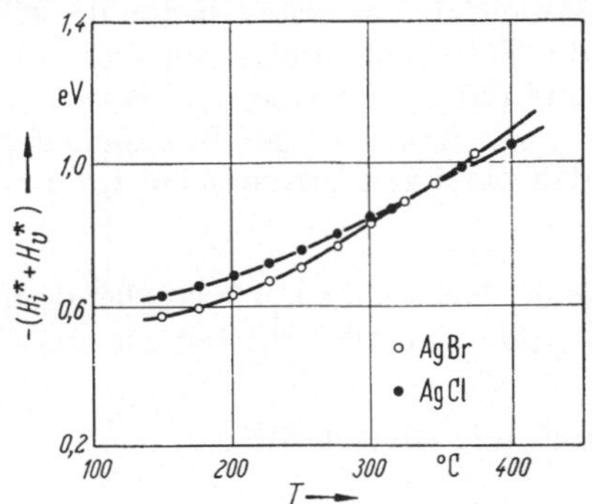

Abb. 3.60. Summe der Überführungswärmen für Silberionenlücken und Silberionen auf Zwischengitterplätzen in AgBr und AgCl als Funktion der Temperatur nach CHRISTY.

3.12 Ionenkristalle als feste Elektrolyte in elektrochemischen Ketten

Wie bereits mehrfach erwähnt wurde, können Ionenkristalle je nach den Versuchsbedingungen eine mehr oder minder große Ionen- oder Elektronenleitung zeigen; wir haben also häufig eine gemischte Leitung. Es war daher wünschenswert, durch Auffinden neuer Methoden das Ausmaß und die Beeinflussung der Leitungsanteile besser kennenzulernen. Von HEBB[2] wurde mit dem Vorschlag, durch geeignete Wahl von Elektroden den Ionen- oder Elektronentransport in solchen Kristallen in einer geeigneten elektrochemischen Kette bzw. Zelle zu unterdrücken, eine wertvolle Methode zum Studium der Leitungsanteile aufgezeigt, die von WAGNER[3] aufgegriffen und erweitert wurde. Bevor wir auf die Beschreibung der einzelnen Kettenanordnungen eingehen, müssen wir für die spätere quantitative Auswertung einige allgemeine Beziehungen vorausschicken.

Bezeichnen wir die in einem Ionenkristall wanderungsfähigen Metallionen mit 1, die Anionen mit 2 und die Elektronen mit 3, so gilt bei unabhängiger Wanderung der einzelnen Teilchensorten in einem Gitter mit kleiner Abweichung von der Stöchiometrie in der x-Richtung für die Transportgeschwindigkeit j_i der Teilchensorte i mit $i = 1, 2, 3$ in Mol je Querschnitts- und Zeiteinheit:

$$j_i = -c_i\, u_i \left\{\frac{1}{N_L}\,\partial\mu_i/\partial x + z_i\, e\,\partial V/\partial x\right\}, \tag{3.184}$$

---

[1] CHRISTY, R. W.: J. chem. Physics **34**, 1148 (1961).
[2] HEBB, M. H.: J. chem. Phys. **20**, 185 (1952).
[3] WAGNER, C.: Intern. Comm. Electrochem. Thermodyn. and Kinetics, S. 361. London 1957.

wo x die Entfernung oder den Weg der Wanderung, μ_i das chemische Potential der Teilchensorte i, u_i seine absolute Beweglichkeit (≡ Driftgeschwindigkeit bei Wirkung der Einheitskraft auf ein Teilchen der Sorte i) und z_i die elektrochemische Wertigkeit bedeutet. N_L ist die Avogadro-Zahl, e die Elementarladung und V das örtliche elektrische Potential. Das erste Glied in der Klammer von Gl. (3.184) berücksichtigt die Diffusion infolge eines chemischen Potentialgradienten ohne Feld und das zweite Glied die Wanderung im elektrischen Feld.

Die Transportgeschwindigkeit j_i ist verknüpft mit der entsprechenden partiellen Stromdichte i_i durch

$$i_i = z_i \mathfrak{F} j_i. \tag{3.185}$$

Bei Abwesenheit eines chemischen Potentialgradienten, also wenn $\partial \mu_i/\partial x = 0$ ist, erhalten wir aus Gl. (3.184):

$$j_i = -c_i u_i z_i e \, \partial V/\partial x \tag{3.186}$$

und mit Gl. (3.185):

$$i_i = -\varkappa_i \, \partial V/\partial x \tag{3.187}$$

mit

$$\varkappa_i = z_i^2 e \mathfrak{F} u_i c_i \tag{3.188}$$

der partiellen elektrischen Leitfähigkeit der Teilchensorte i. Setzt man nun Gl. (3.184) und (3.188) in Gl. (3.185) ein, wobei $e N_L = \mathfrak{F}$ und für

$$\mu_i + z_i \mathfrak{F} V = \eta_i, \tag{3.189}$$

das elektrochemische Potential, gesetzt wird, dann erhält man für die partielle Stromdichte:

$$i_i = -\frac{\varkappa_i}{z_i \mathfrak{F}} \partial \eta_i/\partial x. \tag{3.190}$$

Unter Berücksichtigung der Gleichungen:

$$Me^{z_1(+)} + z_1 \quad \text{Elektronen} = Me \tag{3.191}$$

$$X + |z_2| \text{ Elektronen} = X^{z_2(-)} \tag{3.192}$$

stehen die elektrochemischen Potentiale η_1, η_2 und η_3 in folgender Beziehung zu den chemischen des Metalls μ_{Me} und des Nichtmetalls μ_X:

$$\eta_1 + z_1 \eta_3 = \mu_{Me} \tag{3.193}$$

$$\mu_X + |z_2| \eta_3 = \eta_2. \tag{3.194}$$

Ferner sind die chemischen Potentiale μ_{Me} und μ_X durch die Gibbs-Duhem-Beziehung verknüpft, woraus für kleine Abweichungen vom idealen Metall-Nichtmetall-Verhältnis $|z_2| : z_1$ gilt:

$$d\mu_X = -\frac{|z_2|}{z_1} d\mu_{Me}. \tag{3.195}$$

Aus den Gln. (3.193) bis (3.195) folgt dann:

$$\partial \eta_1/\partial x = \partial \mu_{Me}/\partial x - z_1 \, \partial \eta_3/\partial x \tag{3.196}$$

und

$$\partial \eta_2/\partial x = -\frac{|z_2|}{z_1} \partial \mu_{Me}/\partial x - |z_2| \, \partial \eta_3/\partial x. \tag{3.197}$$

Durch Substitution der Gl. (3.196) und (3.197) in Gl. (3.190) für $i = 1$ und 2 erhalten wir:

$$i_1 + i_2 = i_{\text{Ion}} = -\frac{\varkappa_{\text{Ion}}}{z_1 \mathfrak{F}} \left\{ \partial \mu_{\text{Me}}/\partial x - z_1 \, \partial \eta_3/\partial x - \frac{|z_2|}{z_1} \partial \mu_{\text{Me}}/\partial x - |z_2| \, \partial \eta_3/\partial x \right\}$$

bzw.

$$i_{\text{Ion}} = -\frac{\varkappa_{\text{Ion}}}{z_1 \mathfrak{F}} \{ \partial \mu_{\text{Me}}/\partial x - z_1 \, \partial \eta_3/\partial x \}. \tag{3.198}$$

Mit $\varkappa_{\text{Ion}} = \varkappa_1 + \varkappa_2$. Entsprechend erhalten wir aus Gl. (3.190) für den Elektronenstrom ($i = 3$ und $z_i = -1$):

$$i_3 = \frac{\varkappa_3}{\mathfrak{F}} \, \partial \eta_3/\partial x. \tag{3.199}$$

Im folgenden behandeln wir nun die wichtigsten Elektrodenkombinationen an festen elektrochemischen Ketten, wobei wir uns den WAGNERschen Ausführungen anschließen. Wir beginnen mit einer Kettenanordnung, wo sich der *Mischhalbleiter zwischen identischen virtuell reversiblen Elektroden* befindet, wie z. B.:

$$\text{Ag} \mid \text{AgJ} \mid \text{AgJ} \mid \text{Ag} \tag{I}$$

$$\text{Pt, } O_2\,(0{,}05 \text{ atm}) \mid Cu_2O \mid Cu_2O \mid \text{Pt, } O_2\,(0{,}05 \text{ atm}). \tag{II}$$

Hier ist das Metall-Nichtmetall-Verhältnis durch den gesamten festen Elektrolyten konstant und bei Stromlosigkeit der Potentialgradient $\partial V/\partial x = 0$. Bei Anlegen einer Spannung an diese Kette erfolgt bei reversiblen Elektroden der gesamte Potentialabfall im festen Elektrolyten und ist daher berechenbar. Da kein chemischer Potentialgradient vorhanden ist, wird die Wanderung der Ionen und Elektronen ausschließlich durch den elektrischen Potentialgradienten bestimmt. Im allgemeinen sind jedoch Elektroden niemals ideal reversibel, so daß es zu Polarisationserscheinungen kommt auf Grund gehemmter Elektrodenvorgänge. Durch Erhöhung der Probendicke oder durch Verwendung eines geeigneten Spannungsabgriffverfahrens lassen sich diese „Störungen" ermitteln und eliminieren.

Wie bereits im Kap. 3.21 erwähnt, ist das Verhältnis von ionischer Leitfähigkeit zur Gesamtleitfähigkeit gleich dem Verhältnis der abgeschiedenen oder entwickelten Äquivalente des Metalls oder Nichtmetalls zu den die Kette passierten FARADAY-Zahlen. Für Kette I beträgt die Ag-Ionenleitung 99,9% der gesamten Stromleitung, während für Kette II bei 1000 °C der Anteil der Cu-Ionenleitung nur $5 \cdot 10^{-4}$ beträgt.

Erheblich anders liegen die Verhältnisse in einem *Mischhalbleiter zwischen ungleichen virtuell reversiblen Elektroden*, wie z. B.:

$$\underset{i}{\text{Ag} \mid} \text{AgBr} \underset{a}{\mid} \text{Graphit, } Br_2\,(\text{gas}). \tag{III}$$

Wie man aus Bromierungsversuchen von Silber (s. S. 635) berechnen konnte, nimmt AgBr als Ionenleiter in Gegenwart einer Bromatmosphäre beachtliche elektronische Leitung an; bei 220 °C und $p_{Br_2} = 0{,}23$ atm etwa 15% der Gesamtleitfähigkeit. Hier steigt das chemische Potential von Brom wie das von Silber mit wachsendem Abstand von der Ag/AgBr-Phasengrenze abnimmt. Auf Grund der chemischen Potentialgradienten wandern die Ag-Ionen in der Kette III von links nach rechts und die Br-Ionen bzw. die Elektronen entgegengesetzt. Die Wanderungsgeschwindigkeit und die EMK der offenen Kette ist aus der Theorie der Metalloxydation (s. S. 621) und der Brennstoffketten[1] berechenbar. Unter Vernachlässigung der Polarisation ergibt sich die EMK der Kette III zu:

$$\Delta E = \frac{1}{\mathfrak{F}} \int\limits_{\mu_{\mathrm{Me}}^{(a)}}^{\mu_{\mathrm{Me}}^{(i)}} (t_1 + t_2)\, d\mu_{\mathrm{Me}}/z_1 \tag{3.200}$$

bzw.

$$\Delta E = \frac{1}{\mathfrak{F}} \int\limits_{\mu_{\mathrm{X}}^{(i)}}^{\mu_{\mathrm{X}}^{(a)}} (t_1 + t_2)\, d\mu_{\mathrm{X}}/|z_2|. \tag{3.200a}$$

t_1 und t_2 bedeuten wieder die Überführungszahlen der Kationen und Anionen, und der Index (a) bzw. (i) kennzeichnet die äußere bzw. innere Phasengrenze. Auf Grund von EMK-Messungen an Kette III kann der Anteil der ionischen und elektronischen Leitfähigkeit als Funktion des chemischen Potentials der Nichtmetallkomponente erhalten werden. Haben die verwendeten festen Elektrolyte virtuell nur Ionenleitung, wie z. B. AgCl, AgBr, AgJ, $PbCl_2$ und $PbBr_2$, dann ergeben Ketten vom Typus III meist direkt die freie Bildungsenthalpie des Reaktionsablaufs an den Phasengrenzen bzw. Elektroden.

Als weitere Möglichkeit kann man einen *Mischhalbleiter zwischen eine reversible Elektrode und einen Elektronenleiter* bringen, wie z. B.:

$$- \mathrm{Ag} \mid \underset{\mathrm{I}}{} \mathrm{Ag_2S} \underset{\mathrm{II}}{\mid} \mathrm{Pt} +. \tag{IV}$$

In der Hochtemperaturmodifikation von Ag_2S (α-Ag_2S > 178 °C und β-Ag_2S < 178 °C) überwiegt die Elektronenleitung[2], während bei Zimmertemperatur Kationen- und Elektronenleitung von derselben Größenordnung sind.[3,4] Beim Anlegen eines Feldes an die Kette IV mit dem —-Pol auf der linken Seite wandern anfangs Ag-Ionen solange von rechts nach links, bis infolge Ag-Ionenverarmung in der Nähe der Ag_2S/Pt-Phasengrenze (II) das chemische Potential $\mu_{\mathrm{Ag}}^{\mathrm{II}}$ der Ag-Ionen gegenüber dem an der Phasengrenze (I), $\mu_{\mathrm{Ag}}^{\mathrm{I}}$, so klein geworden ist, daß sich der Feldstrom der Ag-Ionen und der entgegengesetzt gerichtete Diffusionsstrom die Waage halten, d. h. $\vec{j}_{\mathrm{Ag}} = \overleftarrow{j}_{\mathrm{Ag}}$. Dieser stationäre Zustand — kein Ionenstrom — wird allerdings nur solange aufrechterhalten, solange die angelegte Spannung nicht die Zersetzungsspannung

---

[1] SCHOTTKY, W.: Wiss. Veröff. Siemens-Werken **14**, Heft 2, S. 1 (1935).
[2] WAGNER, C.: Z. phys. Chem. (B) **21**, 42 (1933); **23**, 469 (1933).
[3] TUBANDT, C., J. EGGERT u. S. SCHIBBE: Z. anorg. allg. Chem. **117**, 1 (1921).
[4] REINHOLD, H., u. H. MÖHRING: Z. phys. Chem. (B) **28**, 178 (1935).

(0,2 Volt bei 400 °C) von Ag_2S erreicht. Wie man aus diesem Beispiel erkennt, wird durch eine derartige Elektrodenanordnung die Ionenleitung unterdrückt, so daß allein eine Elektronenleitung möglich ist.

Selbst an typisch ionenleitenden Kristallen, wie z. B. den Silberhalogeniden oder CuCl bzw. CuBr wird in der Anordnung:

$$- \mathrm{Ag} \mid \mathrm{AgX} \mid \mathrm{Pt} + \qquad \text{(V)}$$

$$\mathrm{I} \qquad \mathrm{II}$$

$$- \mathrm{Cu} \mid \mathrm{CuBr} \mid \mathrm{Graphit} + \qquad \text{(VI)}$$

nur Elektronenleitung beobachtet, wenn die angelegte Spannung unterhalb der Zersetzungsspannung bleibt.

In einem elektronischen Leiter, wie Platin, im Kontakt mit dem Halbleiter ist das chemische Potential der Elektronen konstant, und wir erhalten mit $i = 3$, $z_3 = -1$ für die Potentialdifferenz zwischen den beiden Phasengrenzen:

$$\Delta E = -[\eta_3(\mathrm{II}) - \eta_3(\mathrm{I})]/\mathfrak{F}. \tag{3.201}$$

Da $i_{\mathrm{Ion}} = 0$ ist, folgt aus Gl. (3.198):

$$\partial \mu_{\mathrm{Me}}/\partial x = z_1 \, \partial \eta_3/\partial x. \tag{3.202}$$

Durch Einführen von Gl. (3.201) in (3.202) erhalten wir:

$$\mu_{\mathrm{Me}}(\mathrm{II}) = \mu_{\mathrm{Me}}^0 - z_1 \, \mathfrak{F} \Delta E, \tag{3.203}$$

wo μ_{Me}^0 das chemische Potential des reinen Metalls ist, also an der Phasengrenze I. Durch Einsetzen der nach x differenzierten Gl. (3.201) in (3.199) ergibt sich mit $i_3 = i$:

$$\varkappa_3(x) = |i|/(d\Delta E/dx). \tag{3.204}$$

Mit Hilfe der Gl. (3.203) und (3.204) kann man die elektronische Leitfähigkeit eines Ionenkristalls bzw. Halbleiters als Funktion von μ_{Me} aus Sonden-Potentialmessungen an verschiedenen Orten bei gegebener Stromdichte nach HEBB[1] ermitteln. Die Messungen von HEBB selbst sind nicht auswertbar, da die an die Zelle angelegte Spannung größer als die Zersetzungsspannung von Ag_2S war.

Für einen Elektrolyten mit konstantem Querschnitt ist die Stromdichte $i_3 = i$ auf seiner Länge l unabhängig von x. Aus den Gln. (3.199) und (3.202) ergibt sich die auswertbare Beziehung:

$$i = \frac{1}{z_1 \mathfrak{F} l} \int_{\mu_{\mathrm{Me}}^0}^{\mu_{\mathrm{Me}}(x=l)} \varkappa_3 \, d\mu_{\mathrm{Me}} \tag{3.205}$$

oder in differenzierter Form:

$$\varkappa_3(\mu_{\mathrm{Me}}) = l(d|i|/dE) \quad \text{für} \quad \mu_{\mathrm{Me}} = \mu_{\mathrm{Me}}^0 - z_1 \, \mathfrak{F} \Delta E. \tag{3.206}$$

Demzufolge können wir die elektronische Leitfähigkeit eines Halbleiters als Funktion von μ_{Me} durch Aufnahme von Stromdichte-Spannungs-Kurven an der betreffenden Zelle ermitteln.

---

[1] HEBB, M. H.: J. chem. Phys. **20**, 185 (1952).

Da die Konzentrationen c_- und c_+ der freien Elektronen und Defektelektronen mit dem chemischen Potential μ_{Me} durch die folgenden Beziehungen verknüpft sind:

$$c_- = c_-^0 \exp\{(\mu_{Me} - \mu_{Me}^0)/z_1 RT\} \tag{3.207a}$$

$$c_+ = c_+^0 \exp\{-(\mu_{Me} - \mu_{Me}^0)/z_1 RT\}, \tag{3.207b}$$

wo c_-^0 und c_+^0 die entsprechenden Konzentrationen im Halbleiter sind, der mit der reinen Metallphase im Gleichgewicht steht, und wenn man die Beweglichkeiten der e' und $|e|^{\cdot}$ als konstant und annähernd gleich ansieht, dann ergibt sich für die Leitfähigkeit $\varkappa_3 = \varkappa_- + \varkappa_+$:

$$\varkappa_3 = \varkappa_-^0 \exp\{(\mu_{Me} - \mu_{Me}^0)/z_1 RT\} + \varkappa_+^0 \exp\{-(\mu_{Me} - \mu_{Me}^0)/z_1 RT\}, \tag{3.208}$$

wo $\varkappa_-^0$ und $\varkappa_+^0$ die entsprechenden partiellen Leitfähigkeiten im Halbleiter sind, der mit der reinen Metallphase im Gleichgewicht steht.

Durch Einführen von Gl. (3.208) in (3.205) unter Verwendung von Gl. (3.203) ergibt sich die zur Auswertung von Stromdichte-Spannungs-Messungen geeignete Beziehung:

$$|i| = \frac{RT}{\mathfrak{F} l} \{\varkappa_-^0 [1 - \exp(-\Delta E\, \mathfrak{F}/RT)] + \varkappa_+^0 [\exp(\Delta E\, \mathfrak{F}/RT) - 1]\}. \tag{3.209}$$

Mittels dieser Gleichung wurden die Stromdichte-Spannungs-Kurven der Zelle VI auf S. 160 ausgewertet. Allerdings ergab sich hier, daß das zweite Glied in der Klammer wegfiel wegen Fehlens einer Defektelektronenleitung.

Im folgenden betrachten wir nun einen *Mischhalbleiter zwischen einer virtuell reversiblen Elektrode und einem Ionenleiter*, wie z. B.:

$$+\, \mathrm{Ag} \mid \mathrm{Ag_2S} \mid \mathrm{AgJ} \mid \mathrm{Ag}\, -. \tag{VII}$$

In dieser Anordnung wird die Elektronenleitung unterdrückt, so daß im Gegensatz zur vorigen Zellenanordnung im stationären Zustand der Konzentrationsgradient dem Gradienten des elektrischen Potentials die Waage hält und der elektrische Strom nur durch Ag-Ionen transportiert wird, d. h. 1 g-Atom Silber ist von der Anode abgewandert, wenn 1 Faraday die Kette passiert hat. Eine eventuelle Beteiligung von Schwefelionen am Stromtransport läßt sich feststellen, wenn die Gewichtsabnahme der Ag-Anode nicht exakt dem FARADAYschen Gesetz gehorcht. Unter ähnlichen Betrachtungen wie oben erhalten wir eine zu Gl. (3.205) analoge Beziehung für den Ionenstrom $i_1 = i$:

$$i = -\frac{1}{z_1 \mathfrak{F} l} \int_{\mu_{Me}^0}^{\mu_{Me}(x=l)} \varkappa_{Ion}\, d\mu_{Me} \tag{3.210}$$

oder in differenzierter Form:

$$\varkappa_{Ion}(\mu_{Me}) = l[di/d\,|\Delta E(x=l)|] \quad \text{für} \quad \mu_{Me} = \mu_{Me}^0 - z_1 \mathfrak{F}\,|\Delta E(x=l)|. \tag{3.211}$$

Wenn man Polarisationserscheinungen an den Phasengrenzen vernachlässigen kann, dann ist $|\Delta E(x = l)|$ gleich dem absoluten Wert des angewandten Potentials an der Kette minus dem iR-Abfall in dem als Stromzuführung benutzten Ionenleiter, z. B. AgJ in der Kette VII. Den Polarisationseffekt und den Kontaktwiderstand kann man eliminieren, wenn man Proben verschiedener Dicke nimmt. Im übrigen kann man aus Polarisationsmessungen an Ketten vom Typ VII den ionischen Leitungsanteil von überwiegend elektronisch leitenden Halbleitern ermitteln.

Als weitere Kombination wählen wir nun einen *Mischhalbleiter zwischen Elektronenleitern*, wie z. B.:

$$\mathrm{Pt} \mid \mathrm{Ag_2S} \mid \mathrm{Pt}. \qquad \text{(VIII)}$$

In dieser Anordnung können nur Elektronen an den Phasengrenzen ausgetauscht werden, sofern man nicht die Zersetzungsspannung erreicht. Potentialmessungen ergeben aus den Elektronenströmen gemäß Gl. (3.204) die Leitfähigkeit der Elektronen. Im Gegensatz zu den Zellen I bis VII ist hier das örtliche chemische Potential μ_{Me} aus den Potentialen der Probe nicht bestimmbar. Demzufolge erhalten wir hier Leitfähigkeitswerte, die vom Ausgangswert des Metall-Nichtmetall-Verhältnisses abhängen. Diese Zellenanordnung benutzt man schlechthin zur Leitfähigkeitsmessung an Oxiden und Sulfiden.

Ferner ist noch die Kette zu erwähnen, bei der sich ein *Mischhalbleiter zwischen zwei Ionenleitern* befindet, wie z. B.:

$$\mathrm{Ag} \mid \mathrm{AgJ} \mid \mathrm{Ag_2S} \mid \mathrm{AgJ} \mid \mathrm{Ag}. \qquad \text{(IX)}$$

Hier wird die elektronische Leitfähigkeit unterdrückt. Wie HEBB[1] und WAGNER[2] zeigen konnten, ist die Ag-Ionenleitung im Ag_2S unabhängig vom Metall-Nichtmetall-Verhältnis. Aus diesem Grunde benutzt man zur Auswertung Gl. (3.204) und (3.211). Im CuJ hingegen, wo eine Abhängigkeit der Ionenleitung vom Metall-Nichtmetall-Verhältnis gefunden wurde[3], muß man die Kettenanordnung IV bzw. V und die entsprechenden Beziehungen verwenden.

Als letzten Zellentyp wählen wir einen *Mischhalbleiter zwischen einem Ionen- und einem Elektronenleiter*, wie z. B.:

$$+\,\mathrm{Ag} \mid \mathrm{AgJ} \mid \mathrm{Ag_2S} \mid \mathrm{Pt}\,-.$$

Beim Einschalten eines Stromes mit dem positiven Pol auf der linken Seite wandern Ag-Ionen und Elektronen ins Ag_2S. Es wird also Silber vom Metall ins Ag_2S überführt. Aus der EMK der offenen Kette läßt sich aus der Beziehung:

$$E = -(\mu_{\mathrm{Me}} - \mu_{\mathrm{Me}}^0)/z_1\,\mathfrak{F}$$

das chemische Potential μ_{Me} im Halbleiter, also hier Ag_2S, ermitteln. Durch definierte Stromdichten läßt sich das Metall-Nichtmetall-Verhältnis definiert schrittweise ändern und in der offenen Kette dann aus der

---

[1] HEBB, M. H.: J. chem. Phys. **20**, 185 (1952).
[2] WAGNER, C.: J. chem. Phys. **21**, 1819 (1953).
[3] NAGEL, K., u. C. WAGNER: Z. phys. Chem. (B) **25**, 71 (1934).

EMK der entsprechende Wert μ_{Me} bestimmen. Auf diese Weise konnte WAGNER die Beziehung zwischen μ_{Me} und dem Metall-Nichtmetall-Verhältnis in Silbersulfid[1] und Kupfer(I)-sulfid[2] mit hoher Genauigkeit ermitteln. In Silbersulfid variiert die Abweichung von der Stöchiometrie bei 200 °C zwischen $Ag_{2,0010}S$ und $Ag_{2,0000}S$.

3.121 Bestimmung der Elektronen- bzw. Ionenleitung und Fehlordnung in überwiegend ionen- bzw. elektronenleitenden Kristallen mittels elektrochemischer Festkörperketten

Zur Erläuterung der allgemeinen Darstellung in Kap. 3.12 soll nun an einigen Beispielen die Nützlichkeit der Festkörperketten-Methode nach WAGNER-HEBB für die Aufklärung der Fehlordnungs- und Leitungsverhältnisse demonstriert werden. Als erstes Beispiel wählen wir die von ILSCHNER[3] ausgeführten Stromdichte-Spannungs-Messungen an der Kette:

−	Ag	AgBr	Graphit	Ag	+

zwecks Ermittlung der Elektronenleitung in Silberbromid. Solange die angelegte Spannung deutlich kleiner als die Zersetzungsspannung ist, übernehmen in dieser Kette ausschließlich die Elektronen den Stromtransport, da keine Ag-Ionenquelle an der Phasengrenze AgBr/Graphit vorhanden ist. Aus diesem Grunde wurde bis maximal 0,5 Volt gemessen und ein Temperaturbereich gewählt (254 bis 372 °C), wo die Stromstärke $i > 10^{-9}$ aber $< 10^{-6}$ A war. Aus den Versuchsergebnissen in Abb. 3.61 folgt, daß wir bei kleineren Spannungen eine überwiegende Elektronenleitung haben und demzufolge in Gl. (3.209) nur der erste Klammerausdruck zu verwenden ist:

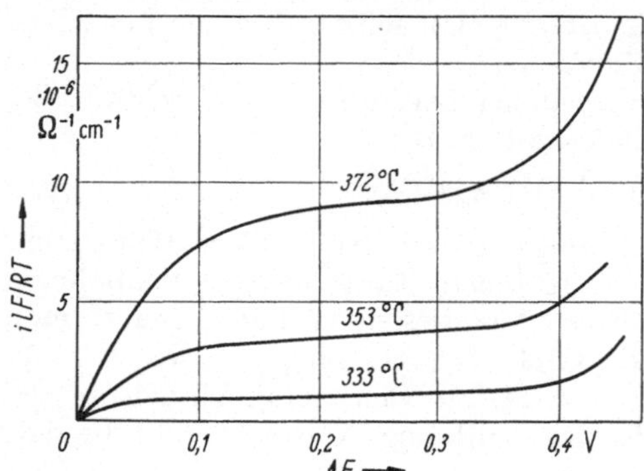

Abb. 3.61. Stromdichte-Spannungskurven an AgBr in der Kette − Ag|AgBr|Graphit − nach ILSCHNER.

$$i = \frac{RT}{\mathfrak{F} l} \varkappa_-^0 [1 - \exp(-\Delta E\, \mathfrak{F}/RT)], \tag{3.212}$$

wo für $\varkappa_-^0$:

$$\varkappa_-^0 = 4{,}35 \cdot 10^8 \exp(-40300/RT) \text{ Ohm}^{-1}\text{ cm}^{-1}$$

gefunden wurde. Im waagerechten Teil der Kurven in Abb. 3.61 ist

$$i = \frac{\varkappa_-^0 RT}{\mathfrak{F} l},$$

[1] WAGNER, C.: J. chem. Phys. **21**, 1819 (1953).
[2] WAGNER, J. B., u. C. WAGNER: J. chem. Phys. **26**, 1602 (1957).
[3] ILSCHNER, B.: J. chem. Phys. **28**, 1109 (1958).

falls $\Delta E\, \mathfrak{F}/RT \gg 1$ ist. Da die Temperaturabhängigkeit der Beweglichkeit der freien Elektronen in diesem engen Temperaturbereich klein ist, kann man in erster Näherung den Wert von $-40{,}3$ kcal/Mol als die Bildungsenergie der freien Elektronen in AgBr ansehen. Der in Abb. 3.61 bei höheren ΔE-Werten zu erkennende exponentielle Anstieg — insbesondere der 372°-Kurve — läßt die Defektelektronenbeteiligung am Stromtransport in diesem Bereich erkennen. Eine Auswertung ist unsicher, da sich leider hier schon im steigenden Maße die Zersetzung von AgBr bemerkbar macht.

Aus diesen Meßergebnissen lassen sich die Teilleitfähigkeiten von Ionen und Elektronen bei verschiedenen Silberaktivitäten a_{Ag} und Temperaturen berechnen. In Abb. 3.62 ist dies für 277 °C dargestellt. Die Ergebnisse über die Teilleitfähigkeiten in AgBr bei 25 °C sind bereits auf S. 59 in Abb. 3.2 wiedergegeben.

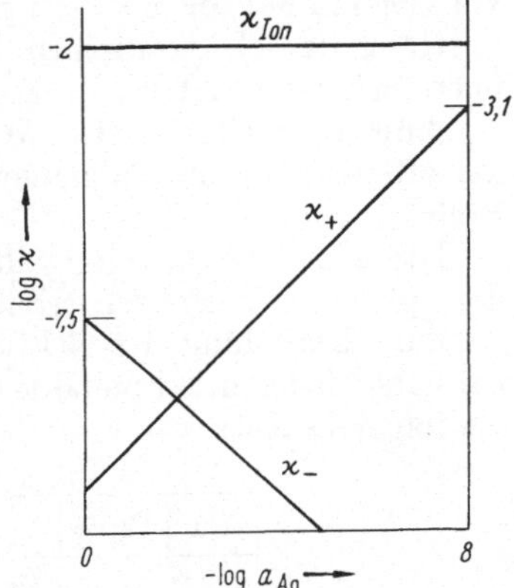

Abb. 3.62. Teilleitfähigkeiten der Ionen und Elektronen in AgBr bei 277 °C als Funktion der Aktvität des Silbers, berechnet von WAGNER[1].

Die Elektronenkonzentration x_-^0 in AgBr im Gleichgewicht mit Silber kann nach der Formel

$$x_-^0 = \varkappa_-^0/(c\, \mathfrak{F}\, u_-)$$

berechnet werden, da die Feldbeweglichkeit u_- aus Messungen bei 77 °K ($u_- = 210$ bzw. 240 cm² Volt⁻¹ sec⁻¹)[2,3] bekannt ist und zu 15 cm² · Volt⁻¹ sec⁻¹ für 277 °C abgeschätzt werden kann. Mit $\varkappa_-^0$ (277 °C) $= 10^{-7,5}$ Ohm⁻¹ cm⁻¹ ergibt sich x_-^0 zu 10^{-12}. Demnach wäre das Verhältnis der Ag- und Br-Ionen

$$\mathrm{Ag/Br} = 1 + 10^{-12}$$

in AgBr im Gleichgewicht mit Ag bei 277 °C. Durch eine ähnliche rechnerische Abschätzung ergab sich x_+^0 zu 10^{-7} in AgBr im Gleichgewicht mit Bromdampf von 1 atm bei derselben Temperatur und demzufolge gilt für das Verhältnis

$$\mathrm{Ag/Br} = 1 - 10^{-7}.$$

Wie man sieht, ist die Veränderung der Fehlordnungskonzentration bei starker Änderung von a_{Ag} verschwindend klein gegenüber der Konzentration der Ioneneigenfehlordnung, die von der Größenordnung 10^{-3} ist.

Wie ähnliche Messungen an AgJ ergaben, ist hier auf Grund der exponentiellen Abhängigkeit der Stromdichte von der Spannung

$$i = \frac{RT}{\mathfrak{F}\, l}\, \varkappa_+^0 [\exp(\Delta E\, \mathfrak{F}/RT) - 1] \tag{3.213}$$

---

1 WAGNER, C.: Z. Elektrochem. Ber. Bunsenges. phys. Chem. **63**, 1027 (1959).
2 YAKAMAWA, K. A.: Phys. Rev. **82**, 522 (1951).
3 ALLMAND, CH., u. J. ROSSEL: Helv. phys. Acta **27**, 519 (1954).

nur mit einer Defektelektronenleitung zu rechnen, während eine Elektronenleitung nicht nachweisbar war. Die Temperaturabhängigkeit von $\varkappa_+^0$ ist:

$$\varkappa_+^0 = 3{,}5 \cdot 10^3 \exp(32000/RT)\ \text{Ohm}^{-1}\,\text{cm}^{-1}.$$

Auch hier ist der Wert von 32,0 kcal/Mol wegen der geringen Temperaturabhängigkeit der Defektelektronen-Beweglichkeit der Bildungsenergie der Defektelektronen in AgJ zuzuordnen.

Wie die Auswertung der Versuchsergebnisse ergab, muß in Gl. (3.213) vor ΔE ein Faktor $\alpha = 1{,}2$ gesetzt werden. Am AgCl bereitete die Ermittlung der elektronischen Leitfähigkeit nach dieser Methode erhebliche Schwierigkeiten. Es konnte keine Reproduzierbarkeit der Meßergebnisse erreicht werden. Wegen der geringen Elektronenleitung spielen offenbar Verunreinigungen selbst in geringsten Mengen eine große Rolle.

Die auf S. 123ff. mitgeteilten Teilleitfähigkeiten von CuBr sind nach dem gleichen Verfahren erhalten worden.

Zur Ermittlung des elektronischen Anteils der Leitfähigkeit in Cu_2S bei verschiedenen Kupferaktivitäten wählten WAGNER und Mitarbeiter[1,2] die folgende Kette[3]:

Cu	CuBr	Cu_2S	Graphit
		Pt(1) | Pt(2) | Pt(3)	

Nach der coulometrischen Titration (Vorgabe einer Stromdichte und Messung der Spannung im stromlosen Zustand) ergibt sich für Kupfer(I)-sulfid bei 400 °C ein Homogenitätsbereich von Cu/S = 1,9996 ± 0,0002 für Proben im Gleichgewicht mit Kupfer bis Cu/S = 1,930 für Proben im Gleichgewicht mit Digenit ($Cu_{1,8}S$). Ähnlich wie im Ag_2S sind im Cu_2S die Cu-Ionen stark fehlgeordnet. Aus diesem Grunde sind auch die hohen Werte des Selbstdiffusionskoeffizienten $D_{Cu}^* = 9 \cdot 10^{-6}\,\text{cm}^2 \cdot \text{sec}^{-1}$ [4] und der Ionenleitung $\varkappa_{Cu^+} = 0{,}2\ \text{Ohm}^{-1}\,\text{cm}^{-1}$ bei 400 °C verständlich.[5]

Im Anschluß hieran untersuchte WEHEFRITZ[2] das Zustandsdiagramm des Systems Cu-S mittels Röntgenstrukturuntersuchungen, coulometrischer Titration, EMK-Messungen und Messungen der elektrischen Leitfähigkeit zwischen 300 und 450 °C. Die bei tieferen Temperaturen beobachtete kubische Phase Digenit mit der Zusammensetzung $Cu_{1,8}S$ und die kubische Hochtemperaturmodifikation von Cu_2S sind identisch. Die Gleichgewichtstemperatur von hexagonalem Cu_2S, kubischem Cu_2S und Kupfer wurde zu 430 ± 8 °C und die Umwandlungsenthalpie zu 110 ± 40 cal/Mol gefunden. Während das Cu-Defizit in der kubischen

---

[1] WAGNER, J. B., u. C. WAGNER: J. chem. Phys. **26**, 1602 (1957).
[2] WEHEFRITZ, V.: Z. phys. Chem. (NF) **26**, 339 (1960).
[3] MIYATANI, S.: J. phys. Soc. Japan **10**, 786 (1955).
[4] TUBANDT, C., H. REINHOLD u. W. JOST: Z. anorg. allg. Chem. **177**, 253 (1933).
[5] HIRAHARA, E.: J. phys. Soc. (Japan) **6**, 422 (1951).

Phase im Gleichgewicht mit Kupfer bei 443 °C zu 10^{-3} g-Atom Cu/Mol Cu_2S ermittelt wurde, konnte im hexagonalen Cu_2S unter den gleichen Versuchsbedingungen kein Kupferdefizit nachgewiesen werden.

Durch geeignete Messungen an der obigen Kette konnte auch die Defektelektronenbeweglichkeit ermittelt werden. Durch Anlegen einer definierten Spannung wurde ein definierter μ_{Cu}-Wert bzw. eine definierte Cu-Leerstellen- bzw. Defektelektronenkonzentration vorgegeben und nach Gleichgewichtseinstellung nun mittels der am Cu_2S angebrachten drei Platinsonden Pt(1), Pt(2) und Pt(3) die Leitfähigkeit in der folgenden Weise gemessen: Die Graphitelektrode und die Platinsonde Pt(1) dienten zur Stromzuführung (hierdurch Unterdrückung des Ionenstroms), während die Platinsonden Pt(2) und Pt(3) zur Messung des

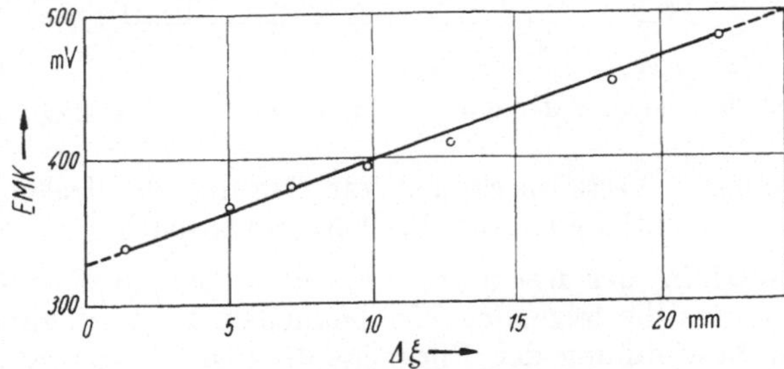

Abb. 3.63. Chemisches Potential des Kupfers in einer 24 mm dicken Cu_2S-Zunderschicht in Abhängigkeit vom Abstand $\Delta\xi$ vom Kupfer, gemessen als EMK der Kette Cu|CuBr|Cu_2S|C, nach WEHEFRITZ.

Spannungsabfalls ($5 \cdot 10^{-2}$ bis 5 mV) dienten. Zur Eliminierung von Thermospannungen mußte wegen der kleinen Spannungsabfälle stets sofort umgepolt werden. Die sich aus diesen Messungen ergebende Beweglichkeit der Defektelektronen betrug bei 400 °C in der hexagonalen Phase 0,9 cm^2 $Volt^{-1}$ sec^{-1} und in der kubischen Phase 1,7 cm^2 $Volt^{-1}$ sec^{-1}.

In gleicher Weise kann man die Kettenanordnung verwenden, um in einer kompakten und porenfreien Cu_2S-Zunderschicht[1] den Verlauf der Fehlordnungskonzentration in der Cu_2S-Schicht zu ermitteln. Abb. 3.63 stellt das Ergebnis dar. Wie man hieraus weiterhin entnehmen kann, muß die Schicht aus dem kubischen Digenit bestehen, da bei Vorhandensein von hexagonalem Sulfid keine Änderung der Fehlordnungskonzentration auftreten sollte.

In völlig analogen Kettenanordnungen wurden durch coulometrische Titration die Homogenitätsbereiche in Cu_2Se und Cu_2Te studiert.[2] Abb. 3.64 zeigt die Titrationskurve für das System Cu-Te bei 400 °C ($\Delta x = x^0_{Cu} - x_{Cu}$ ist die Differenz des Atombruchs von Kupfer im $Cu_{2-\Delta x}S$, das im Gleichgewicht mit Cu steht und des durch Stromfluß vorgegebenen Atombruchs x_{Cu}). Wie man erkennt, existieren die fol-

[1] Über die Herstellung kompakter Cu_2S-Schichten berichtet H. RICKERT: Z. phys. Chem. (NF) **23**, 355 (1960).

[2] LORENZ, G., u. C. WAGNER: J. chem. Phys. **26**, 1607 (1957).

genden Homogenitätsbereiche: 2 bis 1,9, 1,43 bis 1,39 und 1,32 bis 1,30. Auf der rechten Seite der Ordinate sind die logarithmischen Werte der Kupferaktivität a_{Cu} aufgetragen.

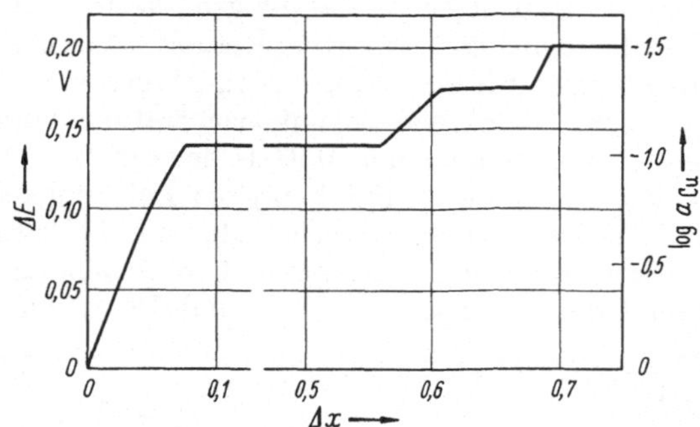

Abb. 3.64. Titrationskurve für das System Cu–Te bei 400 °C nach LORENZ und WAGNER.

3.122 Galvanische Festkörperketten zur Messung der freien Bildungsenthalpien von Festkörperreaktionen

Zur Ermittlung der freien Bildungsenthalpie von Festkörperreaktionen stehen uns die folgenden vier Methoden zur Verfügung:

1. durch Bestimmung der Bildungsenthalpie (Bildungswärme) und der molaren Entropie und hieraus Berechnung der freien Bildungsenthalpie,
2. durch Messung der Dissoziationsgleichgewichte, wie z. B.:

$$2\,CuO\,(s) \rightleftharpoons Cu_2O\,(s) + \tfrac{1}{2}\,O_2\,(gas),$$

3. durch Messung von Reduktionsgleichgewichten, wie z. B.:

$$PbS\,(s) + H_2\,(gas) \rightleftharpoons Pb\,(Schmelze) + H_2S\,(gas),$$

und hieraus Berechnung der freien Bildungsenthalpie;

4. Berechnung der freien Bildungsenthalpie aus EMK-Messungen an geeigneten galvanischen Festkörperketten.

Während die 2. Methode wegen der häufig zu geringen Drucke des abdissoziierenden Gases nur selten angewandt werden kann, sind die Methoden 1 und 3 die am häufigsten angewandten. Im folgenden soll nun an einigen Beispielen demonstriert werden, daß man zur Ermittlung der freien Bildungsenthalpie von zahlreichen Festkörperreaktionen, wie sie bei metallurgischen und keramischen Prozessen auftreten, mit Erfolg die 4. Methode anwenden kann, die des öfteren auch wesentlich bequemer zu handhaben ist.

Wenn wir uns erinnern, daß die freie Bildungsenthalpie ΔG mit der EMK ΔE einer galvanischen Kette bei virtuellem Fluß von ν Faradays in folgender Beziehung steht:

$$\Delta G = -\nu \Delta E\, F, \qquad (3.214)$$

dann ergibt sich z. B. für die Reaktion

$$Me + X = MeX$$

die freie Bildungsenthalpie direkt aus der EMK der galvanischen Kette

$$\mathrm{Me} \mid \mathrm{MeX} \mid \mathrm{Pt, X} \tag{I}$$

unter der Voraussetzung, daß MeX ein reiner Ionenleiter ist. Die Begründung dieser Bedingung ist in Kap. 3.12 erläutert worden. Im allgemeinen wird man aber in einem festen Elektrolyten, wie in den Kap. 3.12 und 3.121 gezeigt wurde, immer mit einer mehr oder minder starken Beteiligung von Elektronen oder Defektelektronen am Stromtransport rechnen müssen, so daß wir von vornherein Beziehungen von allgemeiner Gültigkeit aufstellen müssen. Aus diesem Grunde ist Beziehung (3.214) durch eine den wahren Sachverhalt besser beschreibende Formel zu ersetzen. Dies ist durch Verwendung von Gl. (3.200) erfüllt:

$$\Delta E = \frac{1}{z_{\mathrm{X}} \mathfrak{F}} \int_{\bar{G}'_{\mathrm{X}}}^{\bar{G}''_{\mathrm{X}}} (t_{\mathrm{Me}} + t_{\mathrm{X}})\, d\bar{G}_{\mathrm{X}} = \frac{1}{z_{\mathrm{X}} \mathfrak{F}} \int_{\bar{G}'_{\mathrm{X}}}^{\bar{G}''_{\mathrm{X}}} (1 - t_e)\, d\bar{G}_{\mathrm{X}}, \tag{3.215}$$

wo t_{Me}, t_{X} und t_e die Überführungszahlen des Metalls Me, des Nichtmetalls X und der Elektronen sind und $\bar{G}'_{\mathrm{X}}$ bzw. $\bar{G}''_{\mathrm{X}}$ die partielle molare freie Enthalpie von X auf der linken bzw. rechten Seite der Kette I ist. Die freie Enthalpie ΔG_{MeX} für die Bildung des Reaktionsproduktes MeX in Kette I für ein g-Atom Metall Me von der Wertigkeit z_{Me} ist:

$$\Delta G_{\mathrm{MeX}} = G^0_{\mathrm{MeX}} - G^0_{\mathrm{Me}} - (z_{\mathrm{Me}}/z_{\mathrm{X}})\, \bar{G}''_{\mathrm{X}}, \tag{3.216}$$

wo G^0_{MeX} und G^0_{Me} die molaren freien Standardenthalpien der Komponente MeX und des Metalls Me sind. Der Wert von $\bar{G}'_{\mathrm{X}}$ ist durch die Gleichgewichtsbedingung zwischen Me, X und MeX auf der linken Seite der Kette I gegeben:

$$G^0_{\mathrm{Me}} + (z_{\mathrm{Me}}/z_{\mathrm{X}})\, \bar{G}'_{\mathrm{X}} = G^0_{\mathrm{MeX}}. \tag{3.217}$$

Durch Kombination von Gl. (3.216) und (3.217) folgt:

$$\bar{G}'_{\mathrm{X}} = \bar{G}''_{\mathrm{X}} + (z_{\mathrm{X}}/z_{\mathrm{Me}})\Delta G_{\mathrm{MeX}}, \tag{3.218}$$

und demzufolge erhalten wir aus Gl. (3.215):

$$\Delta G_{\mathrm{MeX}} = -z_{\mathrm{Me}}\, \Delta E\, \mathfrak{F} - \frac{z_{\mathrm{Me}}}{z_{\mathrm{X}}} \int_{\bar{G}'_{\mathrm{X}}}^{\bar{G}''_{\mathrm{X}}} t_e\, d\bar{G}_{\mathrm{X}}, \tag{2.319}$$

wo das 2. Glied auf der rechten Seite nur als Korrekturglied zu betrachten ist und bei reiner Ionenleitung im Elekrolyten fortfällt.

Wie man die Überführungszahl der elektronischen Ladungsträger ermittelt, wurde im vorangehenden Kapitel ausgeführt, so daß wir hier nicht mehr darauf einzugehen brauchen.

Ein übersichtliches und gut untersuchtes Beispiel zur Ermittlung der freien Bildungsenthalpie aus der EMK einer geeigneten Kette ist die Schwefelung von Silber:

$$2\,\mathrm{Ag(s)} + \mathrm{S(l)} = \mathrm{Ag_2S(s)} \tag{3.220}$$

mit der entsprechenden Kette:

$$\mathrm{Ag(s)} \mid \mathrm{AgJ(s)} \mid \mathrm{Ag_2S(s),\ S(l),\ Graphit.} \tag{II}$$

In dieser Anordnung konnten von KIUKKOLA und WAGNER[1] die bereits früher von REINHOLD[2] ausgeführten Messungen mit höherer Genauigkeit wiederholt werden. Die von den erstgenannten Autoren verwandte Kette ist in Abb. 3.65 dargestellt. AgJ wurde in einem unten verschlossenen Pyrexrohr geschmolzen und die Glasrohre *a* und *b* sowie der mit einem Ag-Draht versehene Graphitstab eingetaucht. Dann wurde das Pyrexrohr in einen anderen Ofen gebracht, dessen Temperatur oberhalb des Umwandlungspunktes von AgJ bei 146 °C lag. Nach Erstarren des AgJ wurde in das Glasrohr *a* Schwefel eingefüllt und nach Schmelzen desselben die Graphitelektrode eingetaucht, die in guten Kontakt mit AgJ gebracht wurde. Das zur EMK-Messung erforderliche Ag_2S wurde durch einen $\frac{1}{2}$ stündigen Stromfluß von 5 bis 20 mA mit dem + Pol am Graphitstab erzeugt. Während des Aufbaus der Zelle und der anschließenden Messung war das Gefäßinnere mit Argon gefüllt. Die zwischen 150 und 425 °C durchgeführten EMK-Messungen zeichneten sich durch eine hohe Genauigkeit und Reproduzierbarkeit von $\pm 0{,}0001$ Volt entsprechend einer Unsicherheit in ΔG^0 von $\pm 0{,}05$ kcal/Mol Ag_2S aus. Wegen der guten Ionenleitung mit einer um Zehnerpotenzen geringeren Elektronenleitung in AgJ konnte zur Auswertung das 2. Glied in Gl. (3.219) vernachlässigt werden und für das vorliegende System die einfache Formel zur Auswertung verwandt werden:

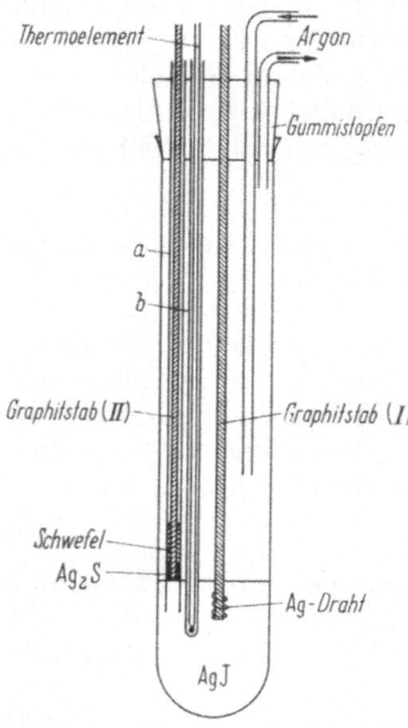

Abb. 3.65. Anordnung der galvanischen Kette: Graphit, Ag | AgJ | Ag_2S, S(l), Graphit in einem Pyrexrohr mit Graphitelektroden in Argon-Atmosphäre zur Messung der EMK bei höheren Temperaturen nach KIUKKOLA und WAGNER.

$$\Delta G^0 = -2 \Delta E\, \mathfrak{F}. \qquad (3.221)$$

Die Meßergebnisse, die im übrigen mit den extrapolierten, bei höheren Temperaturen nach einer anderen Methode erhaltenen Werten von ROSENQVIST[3] innerhalb $\pm 0{,}2$ kcal/Mol Ag_2S übereinstimmen, sind in Tab. 3.12 zusammengestellt.

Ähnliche Messungen wurden für die Reaktionen:

$$2\,Ag(s) + Se(s, l) = Ag_2Se(s)$$

und

$$Pb(s) + Se(l) = PbSe(s)$$

ausgeführt. Für letztere Reaktion wählten FINCH und WAGNER[4] die folgende Versuchsanordnung: In einen aus $PbCl_2$ + 1% KCl gepreßten

[1] KIUKKOLA, K., u. C. WAGNER: J. elektrochem. Soc. **104**, 308, 379 (1957).
[2] REINHOLD, H.: Z. Elektrochem. angew. phys. Chem. **40**, 361 (1934).
[3] ROSENQVIST, T.: Trans. AIME **185**, 451 (1949).
[4] FINCH, C. B., u. J. B. WAGNER: J. electrochem. Soc. **107**, 932 (1960).

Tiegel wurde eine aus einem Gemenge von PbSe und Se gepreßte Pastille eingeführt, die mit einem Graphitstab als Elektrode verbunden war. Diese Anordnung wurde auf einen Bleizylinder gesetzt, der sich in einem kleinen Graphittiegel befand, der gleichzeitig als Gegenelektrode diente. Um einen Zutritt von verdampfendem Selen zu verhindern, wurde zwischen der Wand des Graphit- und des $PbCl_2$-Tiegels Glaswolle eingeführt und die gesamte Anordnung in ein Glasgefäß unter Argonatmosphäre gebracht. Die zwischen 200 und 300 °C durchgeführten EMK-Messungen ergaben für ΔG^0:

$$\Delta G^0 = -2\mathfrak{F}\Delta E = -23350 + + 3{,}8(T - 523)\ \text{cal/Mol PbSe},$$

wobei T die Temperatur in °K bedeutet.

Tabelle 3.12. *EMK-Werte der Kette $Ag\,|\,AgJ\,|\,Ag_2S$, S, Graphit und die hieraus berechneten ΔG^0-Werte der Reaktion $2Ag + S = Ag_2S$ nach Kiukkola und Wagner*

Temp. °C	ΔE mV	ΔG^0 kcal/Mol Ag_2S
150 ± 1	220	−10,15
178 ± 1	224	−10,35
200 ± 1	228	−10,52
250 ± 1	236	−10,89
300 ± 1	244	−11,24
350 ± 1	252	−11,62
400 ± 1	260	−11,99
425 ± 1	264	−12,18

Jedoch treten an Ketten mit $PbCl_2$ als Elektrolyt von Fall zu Fall insofern Schwierigkeiten auf, als die Plastizität von $PbCl_2$ unzureichend ist, was bei Temperaturänderungen zu Rissen führt, durch die der Schwefel bzw. das Selen zur linken Elektrode diffundieren und dadurch die EMK-Messung verfälschen kann. Wie man diese Schwierigkeit umgeht, werden wir noch weiter unten am Beispiel der PbS-Bildung in einem erweiterten Zusammenhang erläutern.

Die einfache Kettenanordnung I bzw. II läßt sich zur Bestimmung der freien Bildungsenthalpie an solchen Oxiden und Sulfiden nicht anwenden, die auch höherwertige Oxide und Sulfide bilden, wie z.B Cu_2O, CoO, Cu_2S und FeS. Für derartige Verbindungen muß man geeignete Austauschreaktionen finden, wo die freie Bildungsenthalpie einer Verbindung bereits bekannt ist, wie z. B.:

$$\text{Pb(s)} + 2\,\text{AgCl(s)} = 2\,\text{Ag(s)} + \text{PbCl}_2\text{(s)} \tag{3.222}$$

mit der entsprechenden Kette:

$$\text{Pb(s)}\,|\,\text{PbCl}_2\text{(s)}\,|\,\text{AgCl(s)}\,|\,\text{Ag(s)} \tag{III}$$

oder die Reaktion:

$$\text{Fe(s)} + \text{Cu}_2\text{O(s)} = 2\,\text{Cu(s)} + \text{FeO(s)} \tag{3.223}$$

mit der entsprechenden Kette:

$$\text{Fe, FeO}\,|\,\text{ZrO}_2 + \text{CaO}\,|\,\text{Cu}_2\text{O, Cu} \tag{IV}$$

oder die Reaktion:

$$\text{Pb(s, l)} + \text{Ag}_2\text{S(s)} = \text{PbS(s)} + 2\,\text{Ag(s)} \tag{3.224}$$

mit der entsprechenden Kette:

$$\text{Pb(s, l)}\,|\,\text{PbCl}_2 + \text{KCl}\,|\,\text{PbS(s), Ag}_2\text{S(s), Ag(s)}. \tag{V}$$

Die Verwendung solcher Austauschreaktionen mit den entsprechenden galvanischen Ketten hat allerdings zur Voraussetzung, wie bereits oben erwähnt, daß der ΔG^0-Wert einer Komponente, wie z. B. Ag_2S in Reaktion (3.224) oder Cu_2O in Reaktion (3.223), bereits auf anderem Wege bestimmt wurde und bekannt ist, was aber im allgemeinen der Fall ist. Als Beispiel wählen wir die Reaktion (3.224) mit der Kette V.

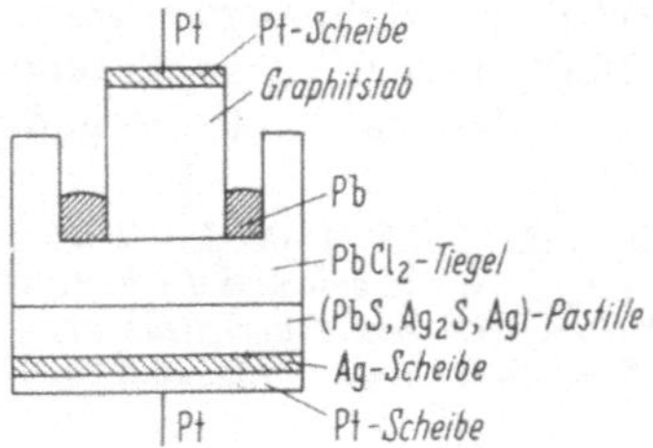

Abb. 3.66. Aufbau der galvanischen Kette $Pb | PbCl_2 + KCl | PbS, Ag_2S, Ag$ nach KIUKKOLA und WAGNER.

Um auch oberhalb des Schmelzpunktes von Blei messen zu können, wurde die in Abb. 3.66 wiedergegebene Versuchsanordnung gewählt. In einem aus $PbCl_2$ + 0,5 Gew.-% KCl gepreßten und bei 400 °C unter Argon gesinterten Tiegel wurde ein Graphitstab mit einer Pt-Scheibe oben und flüssiges Blei eingeführt und dieser Tiegel in gutem Kontakt auf eine Pastille aufgesetzt, die aus einem Gemenge von PbS, Ag_2S und Ag-Pulver bestand. Auf der unteren Seite dieser Pastille wurde eine Ag- mit einer Pt-Scheibe angepreßt. Das Ergebnis der EMK-Messungen mit den aus den ΔG^0-Werten der Reaktionen (3.220) und (3.224) berechneten ΔG^0-Werten für PbS ist in Tabelle 3.13 zusammengestellt.

Tabelle 3.13. *EMK-Messungen an der Kette $Pb | PbCl_2 + KCl | PbS, Ag_2S, Ag$ und die hieraus berechneten ΔG^0-Werte der Reaktion $Pb + S = PbS$ nach Kiukkola und Wagner*

Temp. °C	ΔE mV	ΔG^0 kcal/Mol PbS
250	254 ± 3	$-22{,}60$
300	240 ± 3	$-22{,}33$
350	226 ± 3	$-22{,}05$
400	211 ± 2	$-21{,}73$
427	203 ± 1	$-21{,}54$

In ähnlicher Weise konnte WAGNER[1] die freie Bildungsenthalpie von Cu_2S aus der Reaktion

$$2\,Cu + PbS = Pb + Cu_2S \quad (3.225)$$

mit der entsprechenden galvanischen Kette

$$Cu \,|\, CuBr \,|\, Cu_XS \,|\, (Cu_XS, PbS) \,|\, (PbCl_2 + 1\%\ KCl) \,|\, Pb \quad (VI)$$

ermitteln, da ΔG^0 für PbS gemessen war. Kette VI kann hier als eine Doppelkette betrachtet werden, die aus den folgenden beiden Ketten zusammengesetzt ist:

$$Cu \,|\, CuBr \,|\, Cu_XS \,|\, Graphit \quad (VII\,a)$$

und

$$Graphit \,|\, (Cu_XS, PbS) \,|\, (PbCl_2 + 1\%\ KCl) \,|\, Pb, \quad (VII\,b)$$

wo die partielle molare freie Enthalpie von Schwefel an den Graphitelektroden durch das Cu-S-Verhältnis x bestimmt ist. Unter Berücksichtigung der thermodynamischen Konsequenzen auf Grund der beachtlichen Fehlordnung in Cu_XS (s. S. 162) konnte aus den EMK-Messungen ΔG^0 für die Reaktion $2\,Cu + S = Cu_2S$ bei 300 °C zu -22607 cal/Mol Cu_2S ermittelt werden.

[1] WAGNER, J. B., u. C. WAGNER: J. electrochem. Soc. **104**, 509 (1957).

Für zahlreiche metallurgische Reaktionen ist die Kenntnis der freien molaren Bildungsenthalpie ΔG^0 von Metalloxiden von großer Bedeutung. Ferner interessieren in hohem Maße die Enthalpiewerte von Metallverdrängungsreaktionen, wie z. B. $FeO + Ni = Fe + NiO$, von Spinellreaktionen, wie z. B. $NiO + Al_2O_3 = NiAl_2O_4$ und von Silikatbildungsreaktionen, wie z. B. $PbO + SiO_2 = PbSiO_3$. Um geeignete galvanische Hochtemperaturketten auch für diese Reaktionen verwenden zu können, ist das Auffinden eines festen Elektrolyten mit überwiegender Sauerstoffionen-Fehlordnung und -Leitung erforderlich. Wie Strukturuntersuchungen[1,2] und EMK-Messungen zur Bestimmung bekannter Sauerstoffaktivitäten von Oxiden bzw. Oxydationsreaktionen[2,3,4,5] ergeben haben, erfüllen diese Forderung die oxidischen Mischphasen aus ThO_2 mit La_2O_3 und aus ZrO_2 mit CaO, insbesondere mit 15 Mol-% CaO. Letztere Mischphase wurde kürzlich besonders eingehend von SCHMALZRIED[2] untersucht. An Hand der integralen Röntgenintensitäten wurde gefunden, daß die Zr- und Ca-Ionen statistisch über die (0 0 0)+flz-Lagen der CaF_2-Struktur verteilt sind, während in den $(\frac{1}{4}\,\frac{1}{4}\,\frac{1}{4})$+flz- und $(\bar{\frac{1}{4}}\,\bar{\frac{1}{4}}\,\bar{\frac{1}{4}})$flz-Lagen der Sauerstoffionen je Ca-Ion eine Leerstelle auftritt, die sich insgesamt ebenfalls statistisch über das Sauerstoffionenteilgitter verteilen.

Entsprechend den Einsatzmöglichkeiten von ZrO_2 + 15 Mol-% CaO als sauerstoffionenleitender Elektrolyt z. B. in der Kette:

$$Fe, Fe_xO \mid ZrO_2 + CaO \mid Fe_yO, Fe_3O_4 \tag{VIII}$$

für die Reaktion

$$Fe + Fe_3O_4 = 4\,FeO \tag{3.226}$$

oder in der Kette:

$$Fe, FeO \mid ZrO_2 + CaO \mid CoO, Co \tag{IX}$$

für die Reaktion

$$Co + FeO = Fe + CoO \tag{3.227}$$

wird die EMK in den Ketten VIII und IX durch den Unterschied der Sauerstoffpartialdrucke zu beiden Seiten des Elektrolyten verursacht. Oberhalb 900 °C wurden für die Kette IX EMK-Werte von hoher Genauigkeit und Reproduzierbarkeit ($< \pm 0{,}002$ Volt) erhalten, aus denen sich die ΔG^0-Werte für die Reaktion $Co + \frac{1}{2}\,O_2 = CoO$ nach Abzug von ΔG^0(FeO) ergeben. Die erhaltenen Resultate sind zum Vergleich mit Werten anderer Autoren in Abb. 3.67 eingetragen.

Mit Hilfe der galvanischen Festkörperkette

$$Ir \mid Pb + PbO \mid ZrO_2 + CaO \mid PbO{-}SiO_2 + Pb \mid Ir, \tag{X}$$

wobei PbO-SiO_2 eins der Zweiphasengemische Pb_4SiO_6-Pb_2SiO_4, Pb_2SiO_4-$PbSiO_3$ und $PbSiO_3$-SiO_2 bedeutet, konnten BENZ und SCHMALZRIED[5]

[1] HUND, F.: Z. phys. Chem. **199**, 142 (1952). — F. HUND u. W. DÜRRWÄCHTER: Z. anorg. allg. Chem. **265**, 67 (1951).

[2] SCHMALZRIED, H.: Z. Elektrochem. Ber. Bunsenges. phys. Chem. **66**, 527 (1962).

[3] KIUKKOLA, K., u. C. WAGNER: J. elektrochem. Soc. **104**, 308, 379 (1957).

[4] PETERS, H., u. H. H. MÖBIUS: Z. phys. Chem. **209**, 298 (1958).

[5] SCHMALZRIED, H.: Z. phys. Chem. (NF) **25**, 178 (1960). — R. BENZ u. H. SCHMALZRIED: Z. phys. Chem. (NF) **29**, 77 (1961).

im quasi-binären System PbO-SiO_2 die Änderungen der freien Enthalpie der folgenden Reaktionen bei 640 °C bestimmen zu:

$$PbO + SiO_2 = PbSiO_3 \quad \Delta G^0 = -5{,}2\ \text{kcal/Mol}$$
$$2\,PbO + SiO_2 = Pb_2SiO_4 \quad \Delta G^0 = -7{,}5\ \text{kcal/Mol}$$
$$4\,PbO + SiO_2 = Pb_4SiO_6 \quad \Delta G^0 = -8{,}5\ \text{kcal/Mol.}$$

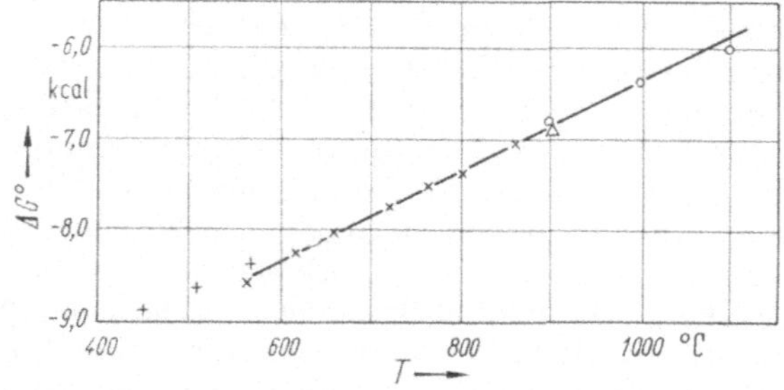

Abb. 3.67. Freie Bildungsenthalpien ΔG^0 bei verschiedenen Temperaturen der Reaktion $CoO + CO = Co + CO_2$ aus Gasgleichgewichts- und EMK-Messungen, zusammengestellt von KIUKKOLA und WAGNER. + nach EMMETT und SHULTZ[1], × nach WATANABE[2], △ nach SCHENCK und WESSELKOCK[3] und aus den umgerechneten EMK-Messungen ○ der Kette IX.

Auch hier bewährte sich der Elektrolyt $ZrO_2 + CaO$. Abb. 3.68 zeigt den Aufbau der Zelle. In die beiden 1 mm-Bohrungen der 6 mm hohen Zylinder aus gesintertem ZrO_2-CaO, die einen Durchmesser von 5 mm besaßen, wurden jeweils die Oxid-Metall-Gemische zur Messung eingefüllt, die nach oben durch einen Tropfen Blei abgeschlossen wurden.

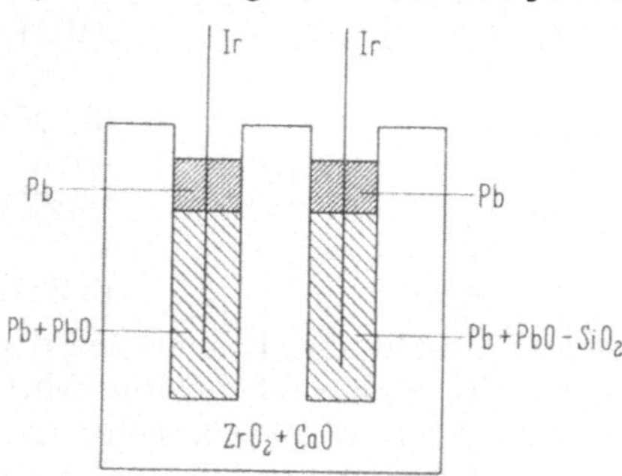

Abb. 3.68. Aufbau der Festkörperkette: $Ir|Pb + PbO|ZrO_2 +$ 15Atom-% $CaO|PbO-SiO_2, Pb|Pt$ nach BENZ und SCHMALZRIED[4].

Ergänzend wurde die Differenz des chemischen Potentials von PbO zwischen den obigen Phasengemischen bei 325 °C gemessen, wobei als fester Elektrolyt PbF_2 diente:

$$Pt, O_2 \mid Pb_4SiO_6 + Pb_2SiO_4 \mid PbF_2 \mid Pb_2SiO_4 + PbSiO_3 \mid Pt, O_2. \qquad \text{(XI)}$$

In gleicher Weise wurden von BENZ und WAGNER[5] an Hand von EMK-Messungen am System CaO-SiO_2 die freien Bildungsenthalpien von $CaSiO_3$ (−10,6 kcal/Mol), $Ca_3Si_2O_7$ (−12,4 kcal/Mol) und Ca_2SiO_4 (−10,8 kcal/Mol) für 700 °C ermittelt. Kürzlich wurde auch über Messungen der freien Bildungsenthalpien von Titanaten berichtet[6].

[1] EMMETT, P. H., u. J. F. SHULTZ: J. Amer. chem. Soc. **52**, 1782 (1930).
[2] WATANABE, M.: Sci. Rep. Tohoku Imp. Univ. I, **22**, 892 (1933).
[3] SCHENCK, R., u. H. WESSELKOCK: Z. anorg. allg. Chem. **184**, 39 (1929).
[4] BENZ, R. u. H. SCHMALZRIED: Z. phys. Chem. (NF) **29**, 77 (1961).
[5] BENZ, R., u. C. WAGNER: J. phys. Chem. **65**, 1308 (1961).
[6] TAYLOR, R. W., u. H. SCHMALZRIED: J. phys. Chem. **68**, 2444 (1964).

Ebenfalls konnten VERDUCH und WAGNER[1] die Thermodynamik der Ag-Sb-Legierungen und des Systems Ag_2S-Sb_2S_3 bei höheren Temperaturen mittels der folgenden galvanischen Ketten aufklären:

$$Ag \mid AgJ \mid \text{Ag-Sb-Legierung} \quad T = 200 \text{ bis } 300\ °C$$

$$Pt, S_x(gas) \mid Ag_2S \mid AgJ \mid Ag_2S, Sb_2S_3 \mid Pt, S_x(gas) \quad T = 275\ °C$$

$$Ag \mid AgJ \mid Ag_2S, Sb_2S_3 \mid Pt, S_x$$

$$Ag \mid AgJ \mid AgSbS_2, Sb_2S_3 \mid Sb \quad T = 300\ °C.$$

Feste Elektrolyte in geeigneten galvanischen Ketten zur Ermittlung der thermodynamischen Liquiduskurven von flüssigen Alkalilegierungen (Na-Hg, K-Hg, Na-Tl, Na-Cd), wie z. B.

$$Na(l) \mid Glas \mid Na\text{-}Hg(l),$$

wurden schon früher von HAUFFE und Mitarbeiter[2] angewandt.

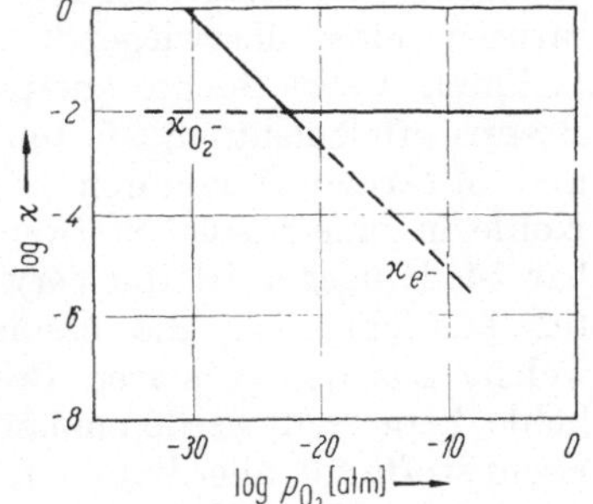

Abb. 3.69. Gesamt- und Teilleitfähigkeiten von ZrO_2 + 15 Atom-% CaO (Hersteller DEGUSSA) als Funktion des Sauerstoffpartialdruckes bei 1000 °C nach SCHMALZRIED.

Wegen des häufigen Einsatzes von ZrO_2-CaO als sauerstoffionenleitender Elektrolyt ist die Frage von Bedeutung, unter welchen Versuchsbedingungen die Ionenleitung durch eine nennenswerte Elektronenbeteiligung am Stromtransport gestört wird. Diese Frage wurde kürzlich von SCHMALZRIED durch das Experiment beantwortet.[3] Bezeichnen wir mit $p^*_{O_2}$ denjenigen Sauerstoffpartialdruck, bei dem die Überführungszahl der Sauerstoffionen $t_{O^{2-}} = \frac{1}{2}$ wird, d. h. $t_e = \frac{1}{2}$, und kennzeichnet man p_{O_2} an den beiden Phasengrenzen einer Kette mit den Indizes und $''$, dann läßt sich die EMK ΔE wie folgt formulieren:

$$\Delta E = \frac{RT}{4\mathfrak{F}} \ln \frac{(p^*_{O_2})^{1/4} + (p''_{O_2})^{1/4}}{(p^*_{O_2})^{1/4} + (p'_{O_2})^{1/4}}.$$

Nach Auflösen dieser Gleichung nach $p^*_{O_2}$ mit der berechtigten Vereinfachung $p'_{O_2} \ll p''_{O_2}$ und $\exp(\Delta E\ \mathfrak{F}/RT) \gg 1$ folgt für $p^*_{O_2}$

$$p^*_{O_2}(t_{O^{2-}} = \tfrac{1}{2}) \approx p''_{O_2} \exp(-4\Delta E\ \mathfrak{F}/RT). \tag{3.228}$$

Abb. 3.69 zeigt das Ergebnis der Auswertung an Hand experimenteller Ergebnisse. Wie man erkennt, erreicht bei 1000 °C die Elektronenleitung die der Sauerstoffionen, wenn der Sauerstoffpartialdruck den Wert von 10^{-20} atm aufweist. Auf Grund dieses Befundes kann man ohne Bedenken in diesem Temperaturbereich Gleichgewichtssauerstoffdrucke von den Oxiden des Eisens, Kobalts, Nickels, Kupfers und Bleis

[1] VERDUCH, A. G., u. C. WAGNER: J. phys. Chem. **61**, 558 (1957).

[2] HAUFFE, K.: Z. Elektrochem. angew. phys. Chem. **46**, 348 (1940). — K. HAUFFE u. A. L. VIERK: Z. Elektrochem. angew. phys. Chem. **53**, 151 (1949). — A. L. VIERK: Z. Elektrochem. angew. phys. Chem. **54**, 436 (1950).

[3] SCHMALZRIED, H.: Z. Elektrochem. Ber. Bunsenges. phys. Chem. **66**. 527 (1962).

messen, dagegen nicht von solchen Oxiden, wie z. B. MnO, Cr_2O_3 usw., deren freie Bildungsenthalpien negativer sind als die von Wüstit.

3.123 Das Brennstoffelement mit festem Elektrolyt

Schon frühzeitig erkannte OSTWALD[1] hinsichtlich der Energieausbeute bei Verbrennungsvorgängen den Vorteil der Überführung der chemischen Energie direkt in elektrische Energie unter Umgehung der Wärmeenergie. Eine Vorrichtung, in der die bei der Oxydation eines Brennstoffs frei werdende Energie direkt in elektrische umgewandelt wird, heißt *Brennstoffelement*. Neben den überwiegend mit flüssigen und schmelzflüssigen Elektrolyten arbeitenden Brennstoffelementen[2,3] gibt es auch solche mit festen Elektrolyten, die bei genügend hohen Temperaturen eine überwiegende Sauerstoffionenleitung zeigen.[4,5,6] Dem Rahmen dieses Buches entsprechend betrachten wir im folgenden nur Brennstoffelemente mit festen Elektrolyten, wie z. B. $ZrO_2 + CaO$. JUSTI und Mitarbeiter[7] konnten zeigen, daß eine reversible Oxydation von Kohle in einem solchen Brennstoffelement praktisch nicht durchführbar ist. Hingegen ist die Verwendung von indirekten Brennstoffelementen aussichtsreich, die besonders geeignete Brennstoffe verarbeiten, welche aus den primären Brennstoffen, wie z. B. Kohle oder Braunkohle, hergestellt werden müssen. Durch Verwendung solcher gasförmiger Brennstoffe ist allerdings ein Energieverlust in Kauf zu nehmen, der durch den Herstellungsprozeß verursacht ist. Gasförmige Brennstoffe, wie z. B. H_2 und CO, sind wegen ihrer leichten Ionisierbarkeit und ihrer großen Reaktionsgeschwindigkeit besonders geeignet. WEISSBART und RUKA[8] berichteten kürzlich über ein Brennstoffelement, das mit 85% ZrO_2 + 15% CaO als festem Elektrolyten Wasserstoff und auch Methan mit gutem Wirkungsgrad verbrennt. Eine solche Zelle arbeitete zwei Monate lang mit 0,85 bis 0,80 Volt bei 10 mA/cm^2 Strombelastung ohne merkliche Veränderung. Über weitere Eigenschaften solcher Brennstoffzellen berichteten ROBERTS[9], LIEBHAFSKY[10] und DE BETHUNE[11].

Trotz großer Anstrengungen in der Erforschung und Verbesserung der Reaktionsbedingungen in einem mit festem Elektrolyten arbeitenden Brennstoffelement ist auch leider heute noch eine praktische Anwendung nicht möglich. Da jedoch die hierbei auftretenden Probleme von Inter-

[1] OSTWALD, W.: Z. Elektrochem. angew. phys. Chem. **1**, 122 (1894).

[2] JUSTI, E.: Die zukünftige Energieversorgung der Menschheit. Jahrb. Akad. Wiss. u. Lit., S. 200ff. Mainz 1955. — E. JUSTI u. A. WINSEL: Naturwiss. **47**, 289 (1960).

[3] BACON, F. T.: in: Fuel Cells, S. 71ff., herausgeg. v. J. G. YOUNG. New York 1960.

[4] BAUR, E., u. H. PREISS: Z. Elektrochem. angew. phys. Chem. **43**, 727 (1937). — E. BAUR: Brennstoffchem. **20**, 385 (1939).

[5] KIUKKOLA, K., u. C. WAGNER: J. electrochem. Soc. **104**, 308, 379 (1957).

[6] PETERS, H., u. H. H. MÖBIUS: Z. phys. Chem. **209**, 298 (1958).

[7] BISCHOFF, K., E. JUSTI u. H. SPENGLER: Abh. math.-nat. Kl. Akad. Wiss. u. Lit., Nr. 1. Mainz 1956.

[8] WEISSBART, J., u. R. RUKA: J. electrochem. Soc. **109**, 723 (1962).

[9] ROBERTS, R.: J. electrochem. Soc. **105**, 428 (1958).

[10] LIEBHAFSKY, H. A.: J. electrochem. Soc. **106**, 1068 (1959).

[11] BETHUNE, A. J. DE: J. electrochem. Soc. **107**, 937 (1960).

esse sind, wollen wir im folgenden zunächst ganz allgemein im Anschluß an eine grundlegende Abhandlung von SCHOTTKY[1] die Vor- und Nachteile der Verwendung flüssiger und fester Elektrolyte für Brennstoffelemente vom allgemeinen elektrochemischen Standpunkt aus diskutieren ohne Rücksichtnahme auf eine konstruktive Verwirklichung.

Zwei wesentliche Punkte der technischen Durchführung des elektrochemischen Umsatzes in Brennstoffelementen mit festen Elektrolyten sind die Ergiebigkeit und der Wirkungsgrad. Zuvor jedoch möchten wir an einigen Eigenschaften der bereits untersuchten Schmelzelektrolyte den prinzipiellen Vorteil der Verwendung fester Elektrolyte aufzeigen. Wenn auch die Zahl der festen Elektrolyte mit alleiniger Sauerstoffionenwanderung sich zur Zeit nur auf einige wenige beschränkt, da meistens mit einer Wanderung der Metallkomponente zu rechnen ist, ein Umstand, der bei den schmelzflüssigen Elektrolyten keine Schwierigkeiten bereitet, so bietet die Verwendung fester Elektrolyte zur Vermeidung eines etwaigen inneren Kurzschlusses durch *neutrale* Diffusion große Vorteile. Da in Schmelzelektrolyten teils durch reine Diffusion und teils durch Badbewegung viel eher ein neutraler Konzentrationsausgleich einer Überschußkomponente zwischen den beiden Elektroden zu erwarten ist, besonders bei kleinen Elektrodenabständen, werden ganz allgemein elektrochemische Ketten mit festen Elektrolyten bessere Wirkungsgrade erwarten lassen. Eine innere neutrale Diffusion ist besonders dann schädlich, wenn, was kaum zu vermeiden ist, an den Elektroden endliche Diffusionshemmungen auftreten. Hierdurch kommt es im Elektrolyten zu einem beachtlichen Konzentrationsausgleich, so daß man quasi eine Anordnung mit großem chemischem Vorschaltwiderstand und kleinem innerem chemischem Widerstand vor sich hat, so daß der Abfall des chemischen Potentials zum größten Teil vor den Elektrodengrenzen liegt und nur ein verhältnismäßig kleiner Bruchteil für die Stromerzeugung übrigbleibt. Auf Grund dieser Tatsache liegt auch eindeutig der günstigere Raumbedarf je kW abgebbarer Leistung bei Verwendung fester Elektrolyte vor. Außerdem ist man heute durchaus in der Lage, durch Verwendung von Mischhalbleitern als feste Elektrolyte die spezifische elektrolytische Leitfähigkeit um einige Zehnerpotenzen zu erhöhen, so daß man die gute elektrolytische Leitfähigkeit der Schmelzelektrolyte bei genügend hohen Temperaturen erreichen kann. Ferner läßt sich schon weitgehend konstruktiv der innere Widerstand des festen Elektrolyten dadurch verringern, daß man die Elektrodenabstände sehr klein wählt (etwa 1 mm), was bei Verwendung schmelzflüssiger Elektrolyte praktisch ausgeschlossen ist.

Ein weiterer erschwerender Punkt, der der Verwendung schmelzflüssiger Elektrolyte entgegensteht, ist die Tatsache, daß bei höheren Temperaturen — zwischen 500 und 1200 °C — die Schmelze sehr viele Metalle — auch Edelmetalle — in mehr oder minder hohem Maße löst, wodurch, abgesehen von der allmählichen Zerstörung der Elektroden, die elektrochemischen Eigenschaften des Elektrolyten häufig beachtlich

[1] SCHOTTKY, W.: Wiss. Veröff. Siemens-Werken **14**, Heft 2, S. 1 (1935).

verändert werden. Bei noch weitergehender Gegenüberstellung der schmelzflüssigen und festen Elektrolyte ließe sich die Zahl der physikalischen und chemischen Eigenschaften vermehren, die für eine bevorzugte Verwendung fester Elektrolyte sprechen. Aus diesem Grunde bleiben die folgenden Betrachtungen auf Brennstoffelemente mit festen Elektrolyten beschränkt.

Wir behandeln zunächst nach SCHOTTKY den Fall eines Elektrolyten mit beidseitigen Edelmetallelektroden. Durch Einführung zusätzlicher Größen in die von WAGNER[1] stammende allgemein gültige Formel zur Berechnung der elektromotorischen Kraft E einer solchen Kette mit den gleichen Elektroden 1 und 2:

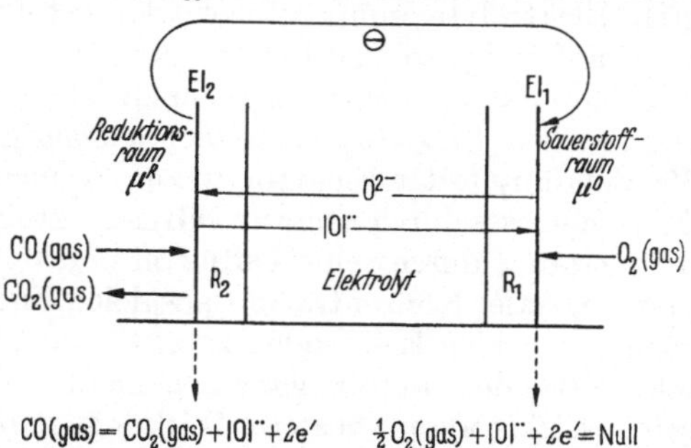

Abb. 3.70. Reaktionsschema eines Brennstoffelementes mit einem sauerstoffionenleitenden festen Elektrolyten nach SCHOTTKY. El_1 und El_2 unangreifbare, porige Elektroden, R_1 und R_2 die an den Elektroden auftretenden Randschichten, μ^O chemisches Potential des Sauerstoffs im Sauerstoffraum und μ^R chemisches Potential des Sauerstoffs im Reduktionsraum (z. B. mit einem CO/CO_2-Gemisch).

$$E = -\frac{1}{\mathfrak{F}} \int_1^2 \frac{\varkappa_A}{\varkappa_A + \varkappa_K} \frac{\partial \mu}{\partial \xi} d\xi \qquad (3.229)$$

kann der fließende Materiestrom und die Leistung eines Elementes berechnet werden. In (3.229) bedeuten $\mathfrak{F}$ die FARADAY-Zahl, $\varkappa_K$ bzw. $\varkappa_A$ die Teilleitfähigkeit der positiven (Kationen bzw. Defektelektronen) bzw. die der negativen (Anionen bzw. Elektronen) Ladungsträger, μ das chemische Potential des im Über- bzw. Unterschuß im Elektrolyten vorhandenen Sauerstoffs und ξ die Ortskoordinate.

Abb. 3.70 zeigt schematisch einen festen Elektrolyten im chemischen Potentialgefälle mit der zusätzlichen Annahme, daß im stationären Zustand ein konstantes Gefälle des chemischen Potentials des Sauerstoffs aufrechterhalten werden soll. Hieraus folgt für einen 1wertigen Elektrolyten ohne irgendwelche Diffusions- und Reaktionshemmungen im Elektrolyten und an der Elektrode der galvanische Potentialsprung E_0:

$$E_0 = -\frac{1}{\mathfrak{F}} (\mu^R - \mu^O) = -\frac{j_0 r}{\mathfrak{F}}. \qquad (3.230)$$

Durch dieses chemische Potentialgefälle wird es zu einem Diffusionsstrom j_0 der im Überschuß bzw. im Unterschuß vorhandenen Sauerstoffionen kommen. Da eine Wanderung neutraler Teilchen bei höheren Temperaturen in Ionenkristallen zu vernachlässigen ist, bleibt allein eine ambipolare Diffusion übrig, wo aus Elektroneutralitätsgründen gleich viel positive und negative Ladungsträger von Stellen höherer zu Stellen niedrigerer Konzentration wandern. Die Größe dieses Diffusionsstroms wird jedoch im allgemeinen nicht nur von der Differenz $\mu^R - \mu^O$, der Elektrolytdicke und dessen Diffusionswiderstand abhängen, sondern wird

[1] WAGNER, C.: Z. phys. Chem. (B) **21**, 36 (1933), Gl. (44).

unter Umständen durch den Diffusionswiderstand in den Randschichten R_1 und R_2 (Abb. 3.70) und den Reaktionshemmungen an den Grenzflächen Randschicht/Reaktionsraum wesentlich bestimmt sein. Die hier auftretenden Randschichten sollen nicht näher diskutiert werden. Außerdem haben sie auch mit den durch Chemisorption bei niedrigeren Temperaturen verursachten Randschichten (S. 301 ff.) nicht unmittelbar etwas zu tun. Der Ausdruck „Randschicht" soll hier nur lediglich eine schmale Zone kennzeichnen, in der erhebliche Diffusionswiderstände und Reaktionshemmungen auftreten können.

Für die folgende Betrachtung führen wir nach SCHOTTKY den Diffusionswiderstand je cm² ein und bezeichnen ihn mit r. Ist r_1 der Diffusionswiderstand der Randschicht 1 und r_2 der der Randschicht 2, dann sei r_a

$$r_a = r_1 + r_2 \tag{3.231}$$

der gesamte Randschichtwiderstand. Ferner sei r_{12} der Diffusionswiderstand des festen Elektrolyten und

$$r = r_{12} + r_a \tag{3.232}$$

der gesamte innere Widerstand des Brennstoffelementes.

Weiterhin führen wir nach SCHOTTKY das Diffusionswiderstandsverhältnis

$$\frac{r_a}{r} = r^* \tag{3.233}$$

und den reduzierten Leitfähigkeitswert

$$\frac{\varkappa_A}{\varkappa_A + \varkappa_K} = \zeta \tag{3.234}$$

ein. Als letzte Hilfsgröße verwenden wir den Parameter

$$\gamma = r^* + \zeta - r^* \zeta. \tag{3.235}$$

Mit diesen Gleichungen können wir nun die abgebbare Leistung und den Wirkungsgrad eines brauchbaren Brennstoffelementes berechnen zu:

$$L_{\text{ideal}} = \frac{E_0^2}{W_0} \frac{\zeta(1-\zeta)}{1-r^*} \{1 + (1-\gamma)\, y\}. \tag{3.236}$$

Hier folgt als Ergebnis die für den Wirkungsgrad $\eta = \frac{L_{12}}{L_{\text{ideal}}}$ in Abhängigkeit von der reduzierten Strombelastung $y = i/(\mathfrak{F} j_0)$ wichtige Beziehung:

$$\eta = \frac{y}{1/\gamma} \frac{1/\gamma - y}{\frac{1}{1-\gamma} + y}. \tag{3.237}$$

Wie man aus (3.237) entnehmen kann, wird mit $y = 0$ und $y = \frac{1}{\gamma}$ der Wirkungsgrad gleich Null. Im ersten Fall nämlich — für $y = 0$ — wird laufend Materie von Orten höheren chemischen Potentials auf Orte niederen chemischen Potentials transportiert ohne einen Gewinn an elektrischer Energie. Im zweiten Fall — $y = \frac{1}{\gamma}$ — ist die Stromentnahme so stark, daß die Spannung an den Elektroden auf 0 absinkt. Zwischen diesen beiden Grenzwerten von y liegt ein flaches Maximum

$$y(L_{12}^{\text{Max}}) = \frac{1}{2\gamma}. \tag{3.238}$$

Hieraus folgt für die maximale Leistung L_{12}^{Max}:

$$L_{12}^{\text{Max}} = \frac{E_0^2}{4W_0} \frac{\zeta(1-\zeta)^2}{\gamma} \tag{3.239}$$

und für den maximalen Wirkungsgrad:

$$\eta(L_{12}^{\text{Max}}) = \frac{1}{2} \frac{1-\gamma}{1+\gamma}. \tag{3.240}$$

Während Formel (3.240) unter dem Gesichtspunkt der größten Ergiebigkeit (= abgebbare Leistung je cm³) entwickelt ist, sieht man jedoch leicht ein, daß unter diesen Voraussetzungen der Wirkungsgrad im günstigsten Falle für $\gamma \ll 1$ nur 50% betragen kann. Um einen einigermaßen idealen Wirkungsgrad von 90% zu erhalten, muß

$$y = \frac{1}{10\gamma}$$

werden, woraus aus (3.237) folgt:

$$\eta(90\%) = 90\% \frac{1}{1 + \frac{10\gamma}{1+\gamma}}. \tag{3.241}$$

Erzielt man aber gemäß (3.241) einen Wirkungsgrad von 90%, so erreicht die abgebbare Leistung = Ergiebigkeit, wie aus der folgenden Formel hervorgeht,

$$L_{12}(\eta = 90\%) = \frac{9}{100} \frac{E_0^2}{W_0} \frac{\zeta(1-\zeta)^2}{\gamma} = 0{,}36\, L_{12}^{\text{Max}}, \tag{3.242}$$

aber nur ein Drittel ihres maximalen Wertes und der entnommene Strom sogar nur ein Fünftel des Stromes bei maximaler Ergiebigkeit.

In der folgenden Betrachtung ist nun zu prüfen, inwieweit überhaupt ein Wirkungsgrad von 90% durch die übrigen elektrochemischen Daten realisierbar ist. Aus diesem Grunde müssen wir uns zunächst Klarheit darüber verschaffen, ob der Absolutbetrag der Größe

$$\frac{9}{100} \frac{E_0^2}{W_0} \frac{\zeta(1-\zeta)^2}{\gamma}$$

in brauchbaren Grenzen liegt. Mit der für Brennstoffketten üblichen EMK von 1 bis 2 Volt sind also W_0 und die Faktoren ζ und γ zu ermitteln. Unter Berücksichtigung von (3.235) folgt für das letzte Glied in (3.242)

$$\frac{\zeta(1-\zeta)^2}{\gamma} = \frac{(1-\zeta)^2}{1 + \frac{r^*}{\zeta} - r^*}. \tag{3.243}$$

Um ein Optimum zu erhalten, muß der Ausdruck (3.243) gleich 1 werden, d.h. $\zeta \ll 1$ bzw. $\varkappa_A \gg \varkappa_K$ bzw. $\varkappa_-$ oder $\varkappa_+$. Das heißt, es muß eine praktisch reine Anionenleitung mit einer nur unwesentlichen Beteiligung von Elektronen oder Defektelektronen am Stromtransport vorliegen, was eine selbstverständliche Forderung ist, da Elektronenstrom im Elektrolyt „Kurzschluß" des Elementes bedeutet. Ferner muß $r^* \ll 1$ sein, d.h., in (3.232) muß r_a gegenüber r_{12} zu vernachlässigen sein oder mit anderen Worten, es muß der gesamte Randschichtwiderstand gegenüber dem Diffusionswiderstand r_{12} des festen Elektrolyten sehr klein sein. Eine wesentlich schwieriger zu erfüllende Bedingung ist

$$\frac{r^*}{\zeta} < 1.$$

In diesem Fall muß das Verhältnis r_a/r_{12} klein gegen das Verhältnis $\varkappa_A/(\varkappa_K + \varkappa_A)$ sein. Gemäß den äquivalenten Formulierungen

$$r_a < \frac{\varkappa_K}{\varkappa_A} r_{12} \tag{3.244}$$

und

$$r_a < \frac{\mathfrak{F}^2 h}{\varkappa_A}\left(1 - \frac{\varkappa_K}{\varkappa_A}\right) \tag{3.245}$$

muß nach (3.245) im Falle rein elektrolytischer Leitfähigkeit (durch Sauerstoffionen) der gesamte Randschichtwiderstand r_a kleiner sein als der mit dem Faktor $\mathfrak{F}^2$ (FARADAY-Zahl ins Quadrat) multiplizierte innere Ohmsche Widerstand des Elementes $h/\varkappa_A$, wo h die Schichtdicke des festen Elektrolyten bedeutet. Diese Bedingung, die von entscheidender Bedeutung werden kann, wäre experimentell in einer noch festzulegenden Versuchsanordnung zu überprüfen.

Bei Erfüllung all dieser Forderungen wird bei einem Wirkungsgrad von 90% schließlich die abgebbare Leistung

$$L_{12} \approx \frac{1}{10} \frac{E_0^2}{W_0} = \frac{1}{10} \frac{E_0^2}{h} \varkappa, \tag{3.246}$$

wobei die Gesamtleitfähigkeit $\varkappa$ gleich der Sauerstoffionen- bzw. Anionenteilleitfähigkeit ist. Nehmen wir nun weiter nach SCHOTTKY Elektrolytplatten von der Dicke h an, die parallel mit wechselseitigen Sauerstoff- und Reduktionsräumen (z. B. CO oder poröse Kohleplatten mit Gasabzugskanälen) mit der Weite H angeordnet sind, dann ergibt sich für die in 1 dm³ vorhandene wirksame Schichtfläche:

$$100 \frac{10}{h + H} \text{cm}^2.$$

Also wird nach (3.246) die abgebbare Leistung je dm³:

$$L_{12} \approx \frac{1}{10} \frac{10^3}{h(h+H)} E_0^2 \varkappa \,\text{Watt} \approx \frac{1}{10} \frac{E_0^2 \varkappa}{h(h+H)} \text{Kilowatt}.$$

Bei einer Ergiebigkeit von mindestens 0,1 kW je 1 dm³ schätzt SCHOTTKY in einem Brennstoffelement-Aggregat von $10 \cdot 10 \cdot 10$ m³ eine Leistung von 100000 kW, die der Leistung eines mittleren Dampfelektrizitätswerks gleichkommt.

Bei einer mittleren EMK des Brennstoffelementes von 1 Volt muß

$$\frac{\varkappa}{h(h+H)} \approx 1 \text{ Ohm}^{-1} \text{cm}^{-3}$$

sein. Unter der Annahme, daß sowohl h als auch H nur einige Millimeter betragen, kann man $h(h+H)$ ungefähr 0,3 cm² setzen und erhält damit als Forderung, daß bei der Betriebstemperatur von 800 bis 1200 °C die elektrische Leitfähigkeit $\varkappa$ des festen Elektrolyten

$$\varkappa = 0{,}3\ \mathrm{Ohm}^{-1}\ \mathrm{cm}^{-1}$$

betragen muß. Die Verwirklichung dieser experimentellen Forderung ist nach dem heutigen Stande der Festkörperforschung durchaus möglich, wenn man bedenkt, daß die elektrische Leitfähigkeit der heterotypen Mischphasen um Zehnerpotenzen erhöht werden kann.

Hingegen ist es eine entscheidende Frage, ob es gelingt, einen festen Elektrolyten zu finden, der praktisch keine Elektronen- und Kationenleitung zeigt, sondern den Strom allein durch Anionen und hier im speziellen durch Sauerstoffionen transportiert. Soweit man heute schon eine allgemeine Aussage machen kann, dürften reine Metalloxide hierfür nicht in Frage kommen. Hingegen gibt es Mischoxide, wie z. B. die Nernststiftmasse (85% ZrO_2 + 15% Y_2O_3 bzw. CaO), $ThO_2 + Y_2O_3$ bzw. La_2O_3 (CeO_2 als Basisoxid kommt wegen seines leichten Wertigkeitswechsels nicht in Frage), die bei 1000 °C eine praktisch reine Sauerstoffionenleitung aufweisen, worauf WAGNER[1] aufmerksam machte.

3.13 Fehlordnungserscheinungen und Leitungsvorgänge in nichtstöchiometrisch zusammengesetzten Ionenkristallen und solchen mit überwiegend homöopolarem Bindungscharakter

Während Ionenleitung im wesentlichen nur in heteropolaren Ionenkristallen mit stöchiometrischer Zusammensetzung (s. Kap. 3.3) und in Gläsern[2,3] auftritt, ist eine Elektronenleitung immer dann beobachtbar — z. B. auch in typisch heteropolaren Ionenkristallen wie den Alkalihalogeniden —, wenn im Ionenkristall ein Einbau von überschüssigem Metall oder Nichtmetall möglich ist oder ein Unterschuß einer den Ionenkristall aufbauenden Komponente herbeigeführt werden kann. Wie noch im einzelnen diskutiert wird, werden hierbei aus Elektroneutralitätsgründen beim Einbau von zusätzlichen Metallionen im Gitter quasi-freie Elektronen bzw. Leitungselektronen und beim Ausbau von Metallionen infolge Anbau von Nichtmetallionen Defektelektronen, sog. Elektronendefektstellen, entstehen. Diese Elektronenfehlordnungsstellen schaffen die Voraussetzung für einen „Elektronenplatzwechsel" oder eine Elektronenleitung bei Anlegen eines elektrischen Feldes. Wenn man außerdem die 10^3- bis 10^5mal höhere Beweglichkeit sowohl der überschüssigen Elektronen wie der Defektelektronen berücksichtigt, wird der experi-

---

[1] WAGNER, C.: Naturwiss. **31**, 265 (1943). — Der experimentelle Beweis wurde geliefert von J. L. WEININGER u. P. D. ZEMANY: J. chem. Phys. **22**, 1469 (1954).

[2] Vgl. u. a. E. WARBURG: Wiedem. Ann. **21**, 622 (1884). — B. VON LENGYEL: Glastechn. Ber. **18**, 177 (1940). — G. GEHLHOFF u. M. THOMAS: Z. techn. Phys. **6**, 544 (1925). — Vgl. auch W. A. WEYL: J. phys. Chem. **57**, 753 (1953).

[3] HAUFFE, K.: Z. Elektrochem. angew. phys. Chem. **46**, 348 (1940). — K. HAUFFE u. A. L. VIERK: Z. Elektrochem. angew. phys. Chem. **53**, 151 (1949); **54**, 383 (1950). — A. L. VIERK: Z. Elektrochem. angew. phys. Chem. **54**, 436 (1950). Hier konnte durch EMK-Messung an geeigneten elektrochemischen Ketten unter Verwendung von entsprechenden Gläsern als feste Elektrolyte eine reine Na^+- bzw. K^+- bzw. Tl^+-Ionenleitung beobachtet werden.

mentelle Befund einer überwiegenden Elektronenleitung auch in solchen Kristallen, wie den Oxiden, Sulfiden usw., verständlich, deren Abweichungen von der Stöchiometrie analytisch häufig nicht nachweisbar sind. Ausgenommen die Metalle, bezeichnet man solche elektronenleitenden Kristalle als *Halbleiter*. Neben zahlreichen nichtstöchiometrisch zusammengesetzten heteropolaren Kristallen sind vor allen Dingen alle festen anorganischen Körper mit homöopolarer Bindung, wie z. B. Ge, Si, SiC, 3—5-Verbindungen, und mit gemischten Bindungsverhältnissen, wie sie z. B. bei den Oxiden, Sulfiden, Seleniden, Telluriden und Salzen der Sauerstoffsäuren auftreten, typische Elektronenleiter[1], allerdings häufig nicht in reinem Zustand, sondern, wie neuere Untersuchungen gezeigt haben, fast durchweg als Folge von stöchiometrischen Abweichungen oder Fremdzusätzen. Im Gegensatz zu den Metallen zeigen alle diese Halbleiter einschließlich der Ionenleiter einen positiven Temperaturkoeffizienten der Leitfähigkeit und werden bei $T = 0$ °K zu Isolatoren. Auf Grund dieser Tatsache kann man die heute als Halbmetalle bekannten Elemente Silicium, Germanium und Tellur, da sie bei tiefen Temperaturen isolieren, ebenfalls in die Gruppe der Halbleiter aufnehmen.

Während die Behandlung der Ionenfehlordnung und -bewegung in Kristallen sich durch eine korpuskulare Betrachtungsweise befriedigend beschreiben läßt, bereitet die Behandlung der Elektronenfehlordnung und die Deutung der durch sie verursachten Erscheinungen insofern gewisse Schwierigkeiten, als man hier allein mit einer korpuskularen Betrachtungsweise nicht auskommt. Neben dem korpuskularen Bild, das den chemischen Standpunkt vertritt (chemische Theorie), wo die örtliche Fixierung und die Konzentration der Elektronenfehlordnung betrachtet wird, ist die wellenmechanische Betrachtungsweise (Bandtheorie), die ein weiteres Bild für den Mechanismus der Elektronenleitung entwickelt, immer dann hinzuzuziehen, wenn energetische Zustände und Beweglichkeitsfragen der Elektronenfehlordnungsstellen im Mittelpunkt des Interesses stehen. Chemische Theorie und Bandtheorie, die einzeln allein angewandt nur als Näherungen zu betrachten sind, ergänzen sich sinnvoll. Erst ihre gemeinsame Anwendung vermittelt ein geschlossenes Bild über die Elektronenfehlordnung, worauf insbesondere SCHOTTKY[2], WAGNER[3], STÖCKMANN[4] und HAUFFE[5] hingewiesen haben.

---

[1] Vgl. u. a. A. R. WILSON: Semi-Conductors and Metals. Cambridge 1939. — F. SEITZ: The Modern Theory of Solids. New York 1940. — N. F. MOTT u. R. W. GURNEY: Electronic Processes in Ionic Crystals. Oxford 1948. — W. SHOCKLEY: Electrons and Holes in Semi-Conductors. New York 1950. — K. HAUFFE: Fehlordnungserscheinungen und Leitungsvorgänge in ionen- und elektronenleitenden festen Stoffen, in: Ergebn. exakt. Naturwiss. **25**, 193 (1951); einen guten und leicht verständlichen Einblick findet man bei C. WAGNER: The Electro-Chemistry of Ionic Crystals, J. electrochem. Soc. **99**, 346 (1952).

[2] SCHOTTKY, W.: Z. Elektrochem. angew. phys. Chem. **45**, 33 (1939); besonders ausführlich in „Statistische Halbleiterprobleme", in: Halbleiterprobleme, Bd. 1, S. 139ff., herausgeg. von W. SCHOTTKY. Braunschweig 1954.

[3] WAGNER, C.: Phys. Z. **36**, 721 (1935). — H. H. v. BAUMBACH, H. DÜNWALD u. C. WAGNER: Z. phys. Chem. (B) **22**, 226 (1933).

[4] STÖCKMANN, F.: Z. phys. Chem. **198**, 215 (1951).

[5] HAUFFE, K.: Ergebn. exakt. Naturwiss. **25**, 226ff. (1951).

Im folgenden werden wir die Elektronenfehlordnungserscheinungen bevorzugt im Sinne der chemischen Theorie behandeln und nur von Fall zu Fall die Ergebnisse aus der Bandtheorie bzw. des Energiebändermodells hinzuziehen. Trotz dieser infolge weitgehender Vernachlässigung der Bandtheorie verursachten Einschränkung des wahren Elektronenfehlordnungsbildes sind doch die sich aus dem corpuscularen Fehlordnungsbild ergebenden Folgerungen für Festkörperreaktionen von großem Wert und führen zu unmittelbar durch das Experiment prüfbaren Ergebnissen, wie noch im einzelnen später gezeigt werden soll.

3.131 Halbleiter mit Metallunterschuß oder Nichtmetallüberschuß

Wir beginnen mit der Beschreibung solcher Verbindungen, die einen von der Temperatur und vom Nichtmetallpartialdruck abhängigen Metallunterschuß aufweisen, wie beispielsweise Cu_2O, NiO, FeO und Bi_2O_3. Ein Metallunterschuß bzw. Nichtmetallüberschuß kann dadurch auftreten, daß z. B. ein Metalloxid wie Cu_2O unter Bildung eines ungestörten Kationenteilgitters Sauerstoff auf Zwischengitterplätzen einbaut. Dieser Fall dürfte jedoch aus räumlich energetischen Gründen wenig wahrscheinlich sein. Die andere Fehlordnungsmöglichkeit, mit der wir es im allgemeinen zu tun haben, besteht in der Ausbildung von Kationenleerstellen, so daß es modellmäßig korrekt nicht zu einem Sauerstoffüberschuß, sondern zu einem Metallunterschuß, also im Falle des Cu_2O zur Ausbildung von Kupferionenleerstellen $|Cu|'$ mit einer äquivalenten Zahl von Defektelektronen $|e|^{\bullet}$ kommt. Bei Anlegen eines elektrischen Feldes an eine Cu_2O-Probe wird auf Grund der wesentlich größeren Beweglichkeit der Defektelektronen der Strom überwiegend durch Defektelektronen transportiert. Primär wird eine derartige Defektleitung durch Feststellung des positiven Vorzeichens von HALL-Effekt und Thermospannung (s. S. 267ff.) erkannt. Über Ionenfehlordnung und deren Beweglichkeit geben Diffusionsmessungen mit Tracers unter geeigneten Versuchsbedingungen Auskunft, worüber später berichtet wird.

WAGNER und Mitarbeiter[1] fanden zwischen 800 und 1000 °C, daß die elektrische Leitfähigkeit von Cu_2O bei nicht zu niedrigen Sauerstoffdrucken proportional der 7. Wurzel aus dem Sauerstoffdruck ist:

$$\varkappa = \text{const}\; p_{O_2}^{1/7}. \tag{3.247}$$

Bemerkenswert und an Hand des einfachen Fehlordnungsmodells nach WAGNER überraschend war jedoch der Befund, daß unterhalb von 10^{-2} Torr O_2 die Leitfähigkeit erheblich stärker abnahm (s. Abb. 3.71). Dieser Tatbestand veranlaßte TOTH, KILKSON und TRIVICH[2] die Leitfähigkeitsmessungen auf niedrigere Drucke weiter auszudehnen (Abbildung 3.72) und an Hand des erweiterten Fehlordnungsmodells von

[1] DÜNWALD, H., u. C. WAGNER: Z. phys. Chem. (B) **17**, 467 (1932). — J. GUNDERMANN, K. HAUFFE u. C. WAGNER: Z. phys. Chem. (B) **37**, 148 (1937). — Vgl. auch A. I. ANDRIEVSKI, V. I. VOLOSCHENKO u. M. T. MISCHENKO: Ber. Akad. Wiss. UdSSR **90**, 521 (1953).

[2] TOTH, R. S., R. KILKSON u. D. TRIVICH: Phys. Rev. **122**, 482 (1961); J. appl. Phys. **31**, 1117 (1960).

BLOEM[1] zu interpretieren. Da die hier auftretenden Erscheinungen auch für andere Defekt- bzw. p-Typ-Halbleiter von Bedeutung sind, sollen diese hier ausführlicher diskutiert werden.

Durch HALL-Effekt- und Thermokraftmessungen[2] konnte sichergestellt werden, daß die Abhängigkeit der elektrischen Leitfähigkeit vom

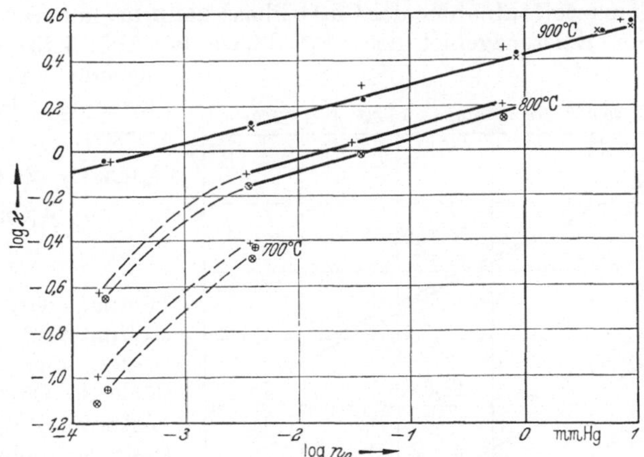

Abb. 3.71. Abhängigkeit der elektrischen Leitfähigkeit einer Cu_2O-Folie vom Sauerstoffdruck zwischen 700 und 900 °C nach GUNDERMANN, HAUFFE und WAGNER. (⊕ Folie I, × Folie II, + Folie III.)

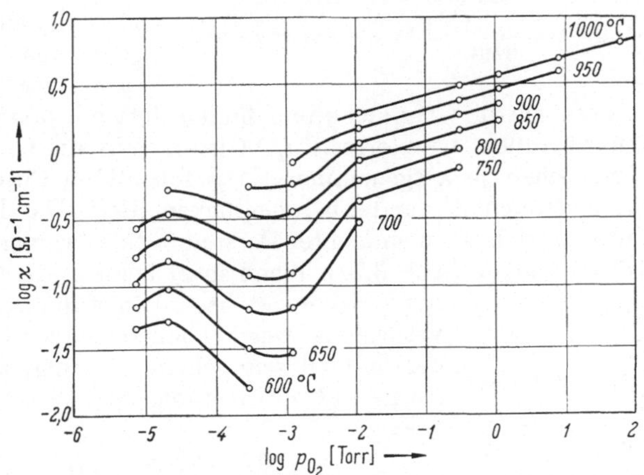

Abb. 3.72. Sauerstoffdruckabhängigkeit der elektrischen Leitfähigkeit von Cu_2O-Einkristallen bei verschiedenen Temperaturen nach TOTH, KILKSON und TRIVICH.

Sauerstoffdruck bzw. vom Kupferunterschuß im Cu_2O durch Elektronendefekt- bzw. p-Leitung zu deuten ist. WAGNER und HAMMEN[3] bestimm-

[1] BLOEM, J.: Philips Res. Rep. **13**, 167 (1958).

[2] ENGELHARD, E.: Ann. Phys. [5] **17**, 501 (1933). — C. A. HOGARTH: Nature [London] **161**, 60 (1948). — M. H. ZIRIN u. D. TRIVICH: J. chem. Phys. **39**, 870 (1963).

[3] WAGNER, C., u. H. HAMMEN: Z. phys. Chem. (B) **40**, 197 (1938).

ten auf maßanalytischem Wege den Sauerstoffüberschußgehalt bzw. das Cu-Defizit z. B. bei 1000 °C und $p_{O_2} = 33$ Torr zu etwa $1{,}1 \cdot 10^{-3}$ g-Atome O je Mol Cu_2O. Sie fanden weiter, daß das Cu-Defizit bzw. die Cu-Ionenlückenkonzentration bei 1000 °C ungefähr proportional der 5. Wurzel aus dem Sauerstoffdruck ist.

Die Sauerstoffaufnahme der Cu_2O-Phase kann für höhere Sauerstoffdrucke im Existenzgebiet der Cu_2O-Phase (s. Abb. 3.73) durch die folgende Fehlordnungsgleichung beschrieben werden:

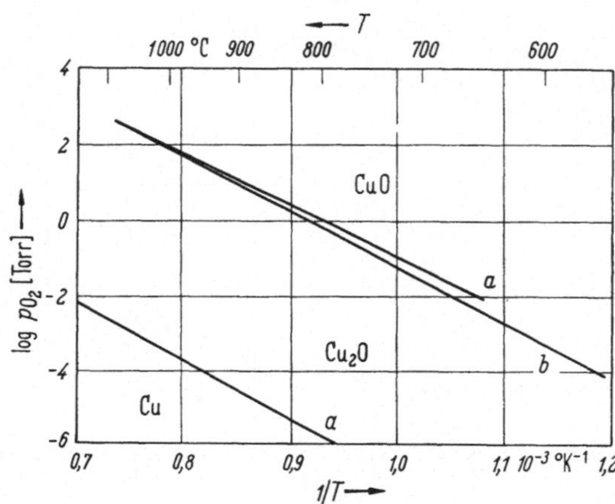

Abb. 3.73. Temperaturabhängigkeit des Sauerstoff-Gleichgewichtsdruckes im System $Cu/Cu_2O/CuO$. Geraden *a* nach GUNDERMANN, HAUFFE und WAGNER und Gerade *b* nach HAUFFE.

$$O_2(\text{gas}) \rightleftharpoons 2\,Cu_2O + 4\,|Cu|' + 4\,|e|^{\bullet}. \qquad (3.248)$$

Hiernach wird ein Sauerstoffmolekül beim Auftreffen auf die Oberfläche des Cu_2O mit zwei Elektronen unter Aufspaltung chemisorbieren. Bei höheren Temperaturen wandern gleichzeitig unter Übertritt von zwei weiteren Elektronen aus der Cu_2O-Phase vier Cu^+-Ionen aus dem Innern an die Oberfläche und bilden dort mit den Sauerstoffionen ein nach außen erweitertes Cu_2O-Gitter. Wie aus Gl. (3.248) zu erkennen, entstehen je aufgenommenes O_2-Molekül im Cu_2O-Gitter je vier Defektelektronen $|e^{\bullet}|$ und Cu-Ionenlücken $|Cu|'$. Die Defektelektronen kann man sich in vereinfachter Darstellung als 2wertige Cu-Ionen im Cu_2O-Gitter denken (Abb. 3.74). Wenn sonst keine anderen Fehlordnungsgleichgewichte mit merklichen Beiträgen vorliegen — was bei höheren Sauerstoffdrucken der Fall zu sein scheint —, folgt aus Gleichgewicht (3.248) der folgende Massenwirkungsansatz:

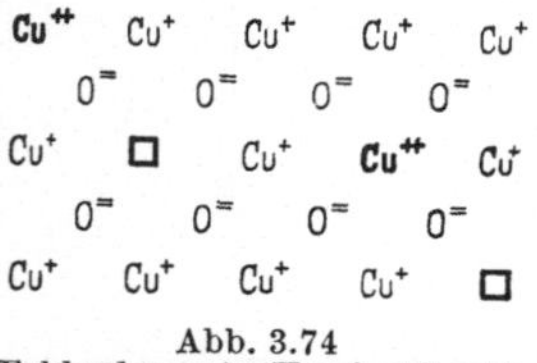

Cu^{++} Cu^+ Cu^+ Cu^+ Cu^+
$O^=$ $O^=$ $O^=$ $O^=$
Cu^+ □ Cu^+ Cu^{++} Cu^+
$O^=$ $O^=$ $O^=$ $O^=$
Cu^+ Cu^+ Cu^+ Cu^+ □

Abb. 3.74
Fehlordnung im Kupfer(I)oxid nach WAGNER. (Defektelektronen werden durch 2wertige Cu-Ionen repräsentiert.)

$$x_{|Cu|'}^4\, x_+^4 = K\, p_{O_2}, \qquad (3.249)$$

und da hier die einfache Elektroneutralitätsbedingung $x_{|Cu|'} = x_+$ besteht, folgt:

$$x_+ = x_{|Cu|'} = \text{const}\, p_{O_2}^{1/8}. \qquad (3.250)$$

Da man in guter Näherung die Elektronen- und Kupferionenleitfähigkeit proportional der jeweiligen Konzentration an $|e|^{\bullet}$ und $|Cu|'$ setzen kann, folgt für die Leitfähigkeit:

$$\varkappa = \text{const}\, p_{O_2}^{1/8} \qquad (3.251)$$

in guter Übereinstimmung mit dem experimentellen Befund Gl. (3.247). Weiterhin wurde gefunden, daß das Verhältnis von Ionen- und Elektronenleitung unabhängig vom Sauerstoffdruck ist.[1]

Der nach dem vereinfachten Fehlordnungsmodell von WAGNER zunächst unverständliche Befund der Sauerstoffdruckabhängigkeit der Leitfähigkeit unterhalb 10^{-3} Torr Sauerstoff, der auch von BÖTTGER[2] beobachtet wurde, läßt sich nach dem erweiterten Fehlordnungsmodell von BLOEM[3] zwanglos deuten. Bei niedrigen Sauerstoffdrucken und hohen Temperaturen sind neben dem Fehlordnungsgleichgewicht (3.248) noch die folgenden zu berücksichtigen:

$$\text{Null} \rightleftharpoons e' + |e|^{\bullet} \tag{3.252}$$

mit dem Massenwirkungsansatz:

$$x_- \, x_+ = K_\iota \tag{3.253}$$

und

$$\text{Null} \rightleftharpoons |O|^{\bullet} + |Cu|' + |Cu|^{\times} + Cu_2O \tag{3.254}$$

bzw.

$$\text{Null} \rightleftharpoons |O|\,|Cu|^{\bullet} + |Cu|' + Cu_2O \tag{3.255}$$

mit den folgenden Massenwirkungsansätzen:

$$x_{|O|^{\bullet}} \, x_{|Cu|'} \, x_{|Cu|^{\times}} = K_1 \tag{3.256}$$

bzw.

$$x_{A^{\bullet}} \, x_{|Cu|'} = K_2, \tag{3.257}$$

wo x_- die Konzentration der freien Elektronen e′, $x_{A^{\bullet}}$ die des Assoziats $|O|\,|Cu|^{\bullet} = A^{\bullet}$ und $x_{|Cu|^{\times}}$ die der neutralen Cu-Lücken kennzeichnet.

Neben diesen Fehlordnungsgleichgewichten spielen zusätzlich die folgenden eine Rolle:

$$\frac{x_{|O|^{\bullet}} \, x_+}{x_{|O|^{\bullet\bullet}}} = K_a \tag{3.258}$$

$$\frac{x_{|O|^{\bullet}} \, x_-}{x_{|O|^{\times}}} = K_b \tag{3.259}$$

$$\frac{x_{|Cu|'} \, x_+}{x_{|Cu|^{\times}}} = K_c. \tag{3.260}$$

Hier kennzeichnet das liegende Kreuz die neutrale Lücke. Da aus Gründen der Elektroneutralität die Summe aller positiven Ladungen gleich sein muß der Summe aller negativen Ladungen, ergibt sich die folgende Elektroneutralitätsgleichung:

$$x_- + x_{|Cu|'} = x_+ + x_{|O|^{\bullet}} + 2x_{|O|^{\bullet\bullet}}. \tag{3.261}$$

An Hand neuer Meßwerte und erweiterter Fehlordnungsansätze konnten TOTH, KILKSON und TRIVICH[4] einmal die 7. Wurzelbeziehung der Leitfähigkeit bestätigen[5] und die Konzentration der Fehlord-

---

[1] GUNDERMANN, J., u. C. WAGNER: Z. phys. Chem. (B) **37**, 155 (1937).
[2] BÖTTGER, O.: Ann. Phys. [6] **10**, 232 (1952).
[3] BLOEM, J.: Philips Res. Rep. **13**, 167 (1958).
[4] TOTH, R. S., R. KILKSON u. D. TRIVICH: Phys. Rev. **122**, 482 (1961); J. appl. Phys. **31**, 1117 (1960).
[5] STECKER, K.: Ann. Phys. [7] **3**, 55 (1959) fand hingegen $\varkappa \sim p_{O_2}^{1/8.3}$.

nungsstellen im Cu_2O unter Verwendung der Gleichgewichtskonstanten von BLOEM aus Tab. 3.14 bei 1000 °C und verschiedenen Sauerstoffdrucken berechnen. Die Ergebnisse sind in Tab. 3.15 zusammengestellt. Wie man erkennt, wird die Konzentration der $|O|^{\bullet}$-Lücken zwischen 0,1 und 0,01 Torr Sauerstoff größer als die Konzentration der Defektelektronen; d. h., bei Sauerstoffdrucken $< 0{,}01$ Torr vereinfacht sich die Elektroneutralitätsgleichung (3.261) zu:

$$x_{|Cu|'} = x_{|O|^{\bullet}}. \tag{3.262}$$

Da die Beweglichkeiten der Elektronen und Defektelektronen bei hohen Temperaturen noch nicht bestimmt wurden, sind die in Tab. 3.15 be-

Tabelle 3.14. *Von Bloem berechnete Gleichgewichtskonstanten für Cu_2O*

T °C	$\log c^0_-$	$\log K_i$	$\log K_1$	$\log K_a$	$\log K_e$
1000	20,34	34,7	54,2	19,4	18,2
700	20,18	32,1	50,9	19,0	17,5

rechneten Konzentrationen noch nicht genügend gesichert. Von WAGNER und HAMMEN[1] wurde die Beweglichkeit $u_{|Cu|'}$ der Cu-Ionenlücken bei 1000 °C und $p_{O_2} = 6{,}5$ Torr zu $4{,}7 \cdot 10^{-5}$ und die der Defektelektronen u_+ zu 0,91 cm^2 $Volt^{-1}$ sec^{-1} berechnet.

Tabelle 3.15. *Berechnete Fehlordnungskonzentrationen in Cu_2O bei 1000 °C nach Toth, Kilkson und Trivich (c bedeutet die Konzentration in Teilchen/cm³)*

p_{O_2} Torr	$\varkappa$ $Ohm^{-1}\,cm^{-1}$	$K\,p_{O_2}$ nach Gl. (3)	$c_+\,10^{-18}$ cm^{-3}	$c_-\,10^{-16}$ cm^{-3}	$c_{|Cu|'}\,10^{-18}$ cm^{-3}	$c_{|O|^{\bullet}}$ cm^{-3}	$c_{|O|^{\bullet\bullet}}$ cm^{-3}
50	4,82	$6{,}56 \cdot 10^{147}$	3,0	1,67	3,08	$9{,}5 \cdot 10^{16}$	$1{,}14 \cdot 10^{14}$
10	3,81	$1{,}31 \cdot 10^{147}$	2,45	2,02	2,60	$1{,}74 \cdot 10^{17}$	$1{,}71 \cdot 10^{14}$
1	2,77	$1{,}3 \cdot 10^{146}$	1,84	2,72	2,22	$4{,}12 \cdot 10^{17}$	$3{,}0 \cdot 10^{14}$
0,1	1,99	$1{,}3 \cdot 10^{145}$	1,38	3,62	2,31	$9{,}73 \cdot 10^{17}$	$5{,}4 \cdot 10^{14}$
0,01	1,42	$1{,}3 \cdot 10^{144}$	1,03	4,85	3,31	$2{,}33 \cdot 10^{18}$	$9{,}8 \cdot 10^{14}$

Wie man aus Abb. 3.72 erkennt, ist im Intrinsic-Gebiet die Leitfähigkeit unabhängig von p_{O_2} und nimmt dann mit weiter fallendem Sauerstoffdruck im Sinne eines n-Typ-Halbleiters (s. S. 200ff.) sogar zu, da nunmehr offenbar das Produkt aus Konzentration und Beweglichkeit der freien Elektronen dasjenige der Defektelektronen überwiegt. Das steilere Einmünden der Leitfähigkeitskurven vom p-Gebiet in das i (intrinsic)-Gebiet läßt sich durch die Sauerstoffdruckabhängigkeit der Defektelektronenkonzentration in dem Übergangsgebiet, wo die O-Lückenkonzentration merklich wird, deuten:

$$x_+ = \frac{(K_1\,p_{O_2})^{3/8}}{(K_1\,K_e)^{1/2}}. \tag{3.263}$$

Auch der Befund von WAGNER und HAMMEN[1] ($x_{|Cu|'} \sim p_{O_2}^{1/5}$) wird nach dem erweiterten Fehlordnungsmodell erwartet.

[1] WAGNER, C., u. H. HAMMEN: Z. phys. Chem. (B) **40**, **197** (**1938**).

Ein Intrinsic-Gebiet mit Eigenhalbleitung in Cu_2O ist schon von SCHOTTKY und WAIBEL[1] und von JUSÉ und KURTSCHATOW[2] aus einem anderen Zusammenhang heraus in Erwägung gezogen worden. Durch Thermokraftmessungen an einer sich während der Oxydation von Kupfer bei hohen Temperaturen bildenden Cu_2O-Schicht konnten MÜSER und SCHILLING[3] bei vorsichtiger Dosierung des Sauerstoffs in dem dem Kupfer benachbarten Cu_2O-Bereich sogar eine Elektronenüberschußleitung (= n-Leitung) nachweisen.

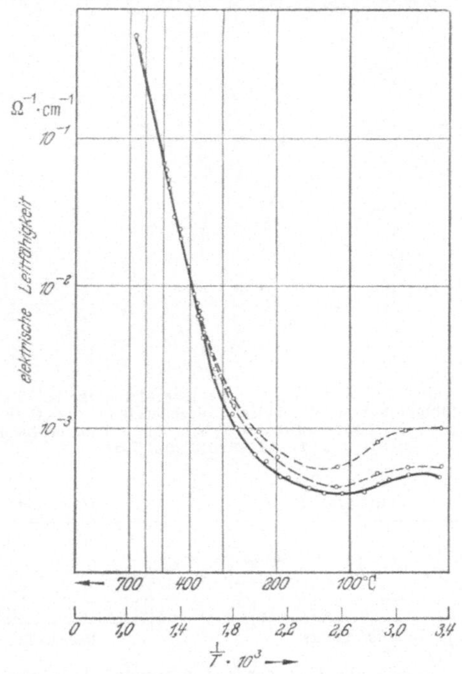

Abb. 3.75. Die Temperaturabhängigkeit der elektrischen Leitfähigkeit von Kupfer(I)oxid nach FELDMANN.

Neben der Sauerstoffdruckabhängigkeit wurde von ANGELLO[4] und FELDMANN[5] die Temperaturabhängigkeit der elektrischen Leitfähigkeit bis herab zu 50 °C studiert. In Abb. 3.75 ist zu erkennen, daß bis 400 °C herab Linearität der $\log \varkappa - 1/T$-Kurve herrscht. Unterhalb dieser Temperatur durchläuft die Leitfähigkeit ein Minimum, um dann bei 100 °C wieder anzusteigen. Ohne Zweifel werden neben einer verzögerten Änderung der Störstellenkonzentration mit der Temperatur auch Assoziationserscheinungen von Defektelektronen und Lücken, wie dies schon frühzeitig von SEITZ[6] zur Diskussion gestellt wurde, für den Leitfähigkeitsverlauf in Abb. 3.75 verantwortlich sein. Diese Erscheinungen spielen für abgeschreckte Proben, die bei hohen Temperaturen und definierten Sauerstoffdrucken getempert wurden, eine maßgebende Rolle, worauf wir noch zurückkommen müssen. Zunächst aber seien noch einige ergänzende Bemerkungen über die aus der Temperaturabhängigkeit der elektrischen Leitfähigkeit bei verschiedenen Sauerstoffdrucken ermittelten Aktivierungsenergien eingefügt. Nach Abb. 3.76 fällt die bei kleinen Sauerstoffdrucken ermittelte Aktivierungsenergie $\Delta E_A = 1{,}05$ eV im Sauerstoffdruckbereich von $5 \cdot 10^{-3}$ bis 10^{-2} Torr auf $\Delta E_A = 0{,}65$ eV, um

[1] SCHOTTKY, W., u. F. WAIBEL: Phys. Z. **34**, 858 (1933); **36**, 912 (1935).
[2] JUSÉ, W. P., u. B. W. KURTSCHATOW: Phys. Z. UdSSR **2**, 453 (1932).
[3] MÜSER, H., u. H. SCHILLING: Z. Naturforsch. **7a**, 211 (1952).
[4] ANGELLO, S.: Phys. Rev. **62**, 371 (1942).
[5] FELDMANN, W.: Phys. Rev. **64**, 113 (1943).
[6] SEITZ, F.: J. appl. Phys. **16**, 553 (1945).

dann mit steigendem Sauerstoffdruck wieder langsam anzusteigen. Diese Ergebnisse sind sowohl mit denen von BÖTTGER[1] und STECKER[2] als auch mit denen von ANDERSON und GREENWOOD[3] in Übereinstimmung. Die physikalische Bedeutung dieser Aktivierungsenergien ist gegenwärtig noch unbekannt.

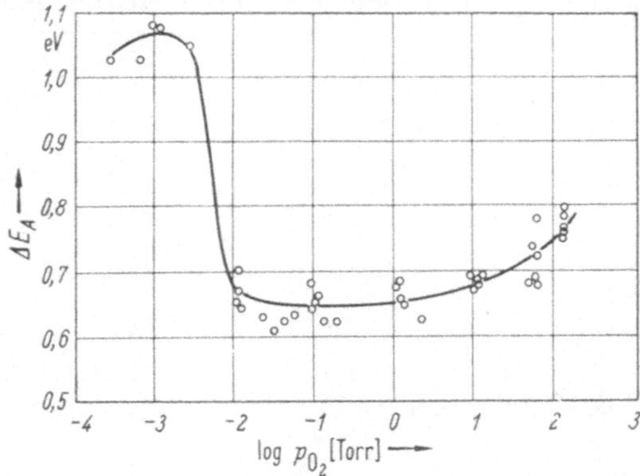

Abb. 3.76. Aus den Temperaturabhängigkeiten der Leitfähigkeit ermittelte Aktivierungsenergien für Cu_2O als Funktion des Sauerstoffdruckes bei hohen Temperaturen nach TOTH, KILKSON und TRIVICH.

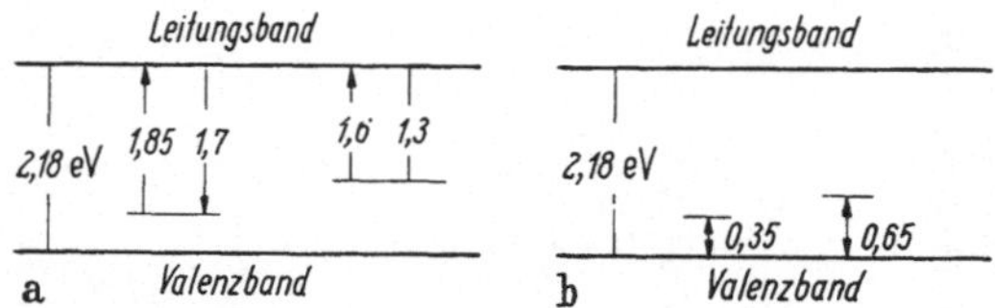

Abb. 3.77. Die Lage der Energieniveaus der Störstellen im Bändermodell von Cu_2O nach BLOEM; a: auf Grund optischer und b: auf Grund thermischer Anregung.

Auf Grund von Messungen der optischen Absorption, der Photoleitung, der Lumineszenz und deren Abhängigkeit von der Wellenlänge und dem Sauerstoffdruck[4,5,6,7] läßt sich das in Abb. 3.77 dargestellte Bändermodell als das wahrscheinlichste annehmen. Hier liegt ein Akzeptorniveau bei 0,35 eV und ein zweites bei 0,65 eV über der Valenzbandkante. Die gleichen Niveaus werden auch aus optischen Messungen erhalten. Der Bandkantenabstand wurde zu 2,18 eV ermittelt.[8]

Sowohl BLANKENBURG und Mitarbeiter[9] als auch BLOEM[4] haben sich mit der elektrischen Leitfähigkeit, der Beweglichkeit und der Ladungsträgerkonzentration bei tiefen Temperaturen in Abhängigkeit vom Sauerstoffdruck während der Temperungsperiode bei hohen Temperaturen beschäftigt. Durch Annahme geeigneter Assoziationsvorgänge zwischen den Störstellen ist eine Abschätzung des Ausmaßes der Oberflächen- und Volumleitfähig-

---

[1] BÖTTGER, O.: Ann. Phys. [6] **10**, 232 (1952).

[2] STECKER, K.: Ann. Phys. [7] **3**, 55 (1959) fand hingegen $\varkappa \sim p_{O_2}^{1/8,3}$

[3] ANDERSON, J. S., u. N. N. GREENWOOD: Proc. Roy. Soc. [London] A **215**, 353 (1952).

[4] BLOEM, J.: Philips Res. Rep. **13**, 167 (1958).

[5] GARLICK, G. F. J.: Handb. d. Physik, Bd. XIX, S. 388. Berlin/Göttingen/Heidelberg: Springer 1956.

[6] SCHÖNWALD, B.: Ann. Phys. **15**, 395 (1932).

[7] KARKHANIN, J. J.: Ber. Akad. Wiss. UdSSR **97**, 1007 (1954).

[8] GROSS, E. F., u. I. PASTRNYAK: Soviet. Phys. Solid State **1**, 758 (1959).

[9] BLANKENBURG, G., u. O. BÖTTGER: Ann. Phys. [6] **10**, 241 (1952). — G. BLANKENBURG u. K. KASSEL: Ann. Phys. [6] **10**, 201 (1952). — G. BLANKENBURG, C. FRITZSCHE u. G. SCHUBART: Ann. Phys. [6] **10**, 217 (1952).

keit möglich. Das Übergangsgebiet zwischen Volumen- und Oberflächenleitung zeichnet sich durch eine geringe effektive Defektelektronenbeweglichkeit aus. Hohe Sauerstoffdrucke bei der Temperung verursachen eine überwiegende Volumenleitfähigkeit bei tiefen Temperaturen, während bei kleinen Sauerstoffdrucken in der Temperungsperiode Oberflächenleitfähigkeit überwiegt. An Hand von magnetischen Suszeptibilitätsmessungen konnte eine Assoziation der bei hohen Temperaturen erzeugten Lücken nach dem Abschrecken der Cu_2O-Proben nachgewiesen werden.[1] Bei HALL-Effektmessungen muß man bei hohen Sauerstoffdrucken stets die Chemisorption von Sauerstoff und die hiermit verbundene Oberflächenreaktion während der Abschreckperiode berücksichtigen.

Auf Grund der von BAUMBACH und WAGNER[2] beobachteten Sauerstoffdruckabhängigkeit der elektrischen Leitfähigkeit von NiO und der Chemisorptions- und Leitfähigkeitsmessungen von ENGELL und HAUFFE[3] kann der Einbau des zusätzlichen Sauerstoffs durch die folgenden zwei Teilschritte wiedergegeben werden:

$$\tfrac{1}{2}\,O_2(\text{gas}) \rightleftharpoons O^-(\text{ads}) + |e|^{\bullet} \quad (\text{Chemisorption}) \qquad (3.264\,a)$$

$$O^-(\text{ads}) \rightleftharpoons \text{NiO} + |\text{Ni}|'' + |e|^{\bullet} \quad (\text{Einbau}). \qquad (3.264\,b)$$

Bei genügend hohen Temperaturen folgt der Einbau unmittelbar der Chemisorption des Sauerstoffs, so daß man hier bruttomäßig die Umsetzungsgleichung wie folgt schreiben kann:

$$\tfrac{1}{2}\,O_2(\text{gas}) \rightleftharpoons \text{NiO} + |\text{Ni}|'' + 2\,|e|^{\bullet}. \qquad (3.265)$$

Mit dem aus (3.265) folgenden Massenwirkungsansatz

$$x_{|\text{Ni}|''}\,x_+^2 = K\,p_{O_2}^{1/2}, \qquad (3.266)$$

sowie der Gleichheit $x_+ = 2x_{|\text{Ni}|''}$ und der Proportionalität der elektrischen Leitfähigkeit mit der Defektelektronenkonzentration x_+ ergibt sich $\varkappa$ zu:

$$\varkappa = \text{const}\,p_{O_2}^{1/6}. \qquad (3.267)$$

BAUMBACH und WAGNER[2] fanden $\varkappa$ proportional $p_{O_2}^{1/4,5}$ (Abb. 3.78). MITOFF[4] ergänzte die WAGNERschen Messungen bis zu 1350 °C. Im Temperaturbereich oberhalb von 1000 °C, insbesondere bei 1300 °C, wurde die elektrische Leitfähigkeit in Übereinstimmung mit Gl. (3.267) proportional $p_{O_2}^{1/6}$ gefunden. Die Gleichgewichtskonzentration der Ni-Ionenleerstellen $x_{|\text{Ni}|''}$, ausgedrückt in Leerstellen je Ionenpaar NiO, als Funktion des Sauerstoffdrucks (in atm) und der Temperatur wird durch die folgende Beziehung wiedergegeben:

$$x_{|\text{Ni}|''} = 0{,}11\,p_{O_2}^{1/6}\exp(-17\,800/RT). \qquad (3.268)$$

---

[1] O'KEEFFE, M., u. F. S. STONE: Proc. Roy. Soc. [London] A **267**, 501 (1962).

[2] BAUMBACH, H. H. v., u. C. WAGNER: Z. phys. Chem. (B) **24**, 59 (1934). — Vgl. auch F. J. MORIN: Phys. Rev. **93**, 1199 (1954).

[3] ENGELL, H. J., u. K. HAUFFE: Z. Elektrochem. Ber. Bunsenges. phys. Chem. **57**, 762 (1953).

[4] MITOFF, S. P.: J. chem. Phys. **35**, 882 (1961).

Die durch den Sauerstoffeinbau nach (3.265) dem Gitter entzogenen Elektronen entstammen dem Valenzband der 2wertigen Nickelionen. Im Sinne der chemischen Theorie bedeutet ein Elektronenentzug das Auf-

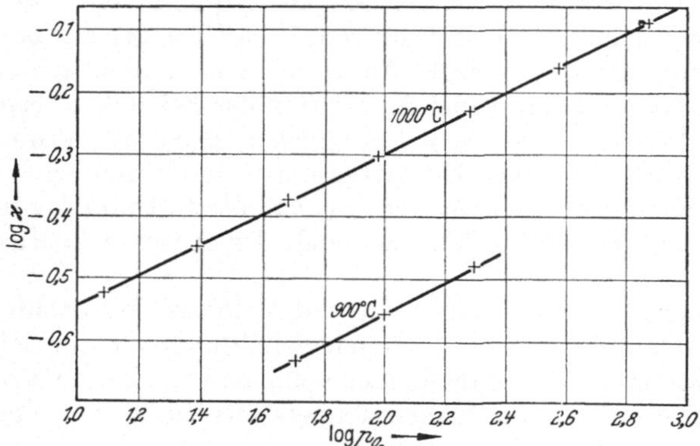

Abb. 3.78. Sauerstoffdruckabhängigkeit der elektrischen Leitfähigkeit von Nickeloxid nach VON BAUMBACH und WAGNER.

treten von statistisch im Gitter verteilten 3wertigen Nickelionen Ni^{3+}, die also die Orte der Defektelektronen repräsentieren.

VERWEY und Mitarbeiter[1] konnten zeigen, daß die elektrische Leitfähigkeit von Nickeloxid durch Einbau von Li_2O je nach Menge erheblich erhöht werden kann. Dies steht im Einklang mit der Fehlordnungstheorie oxidischer Mischphasen. Unter Zugrundelegung des Fehlordnungsmodells des reinen NiO mit Ni^{2+}-Leerstellen und Elektronendefektstellen müssen aus Elektroneutralitätsgründen beim Einbau von Li_2O in das NiO-Gitter an Stelle eines 2wertigen Ni-Ions zwei 1wertige Li-Ionen in das Gitter eintreten, die als $\mathrm{Li}|\mathrm{Ni}|'$ eine einfach negative Überschußladung tragen. Um hier die beim Einsetzen in die Elektroneutralitätsbedingung maßgebende Einbaugleichung zu erhalten, muß man die Neigung des NiO, Defektelektronen zu bilden bzw. Sauerstoff aufzunehmen, als die durch die energetischen Verhältnisse bevorzugte Reaktionsmöglichkeit betrachten. Im Endergebnis wird es demnach nur zur Bildung von Defektelektronen $|e|^{\bullet}$ kommen, deren Zahl durch die Anzahl der eingebauten $\mathrm{Li}|\mathrm{Ni}|'$ im NiO-Li_2O-Mischoxid bestimmt ist.[2] Den Bruttovorgang des Einbaus von Li_2O in NiO können wir daher in folgender Weise schreiben:

Ni^{2+}	O^{2-}	Li^{+}	O^{2-}	Ni^{2+}	O^{2-}
O^{2-}	Ni^{3+}	O^{2-}	Ni^{3+}	O^{2-}	Ni^{2+}
Ni^{2+}	O^{2-}	Ni^{2+}	O^{2-}	Li^{+}	O^{2-}
O^{2-}	Li^{+}	O^{2-}	□	O^{2-}	Ni^{3+}
Ni^{3+}	O^{2-}	Ni^{3+}	O^{2-}	Ni^{3+}	O^{2-}

Abb. 3.79. Ionen- und Elektronenfehlordnung in der heterotypen Mischphase NiO-Li_2O. Die im Gitter auftretenden 3wertigen Ni-Ionen sind mit den Orten der Defektelektronen identisch.

$$Li_2O + \tfrac{1}{2}\,O_2(\text{gas}) \rightleftharpoons 2\,\mathrm{Li}|\mathrm{Ni}|' + 2\,|e|^{\bullet} + 2\,\mathrm{NiO}. \qquad (3.269)$$

[1] VERWEY, E. J. W., P. W. HAAYMAN u. F. C. ROMEYN: Chem. Weekblad **44**, 705 (1948).

[2] FENSHAM, P. J.: J. Amer. chem. Soc. **76**, 969 (1954), Löslichkeit von Li_2O.

Abb. 3.79 zeigt das Fehlordnungsmodell eines NiO-Li_2O-Mischoxids, wobei die Defektelektronen durch Ni^{3+} auf Gitterplätzen symbolisiert sind.

Unter Zugrundelegung des Massenwirkungsansatzes (3.266) für konstanten Sauerstoffdruck folgt, daß mit steigender Defektelektronenkonzentration die Zahl der Ni^{2+}-Leerstellen abnehmen muß, was sich aus Oxydationsversuchen an Nickel mit Li_2O-Dampfbehandlung (S. 654) nachweisen läßt. Aus dem zu (3.266) identischen Massenwirkungsansatz

$$x_{|\mathrm{Ni}|''}\, x_+^2 = K \quad (p_{O_2} = \text{const}) \tag{3.270}$$

und der Elektroneutralitätsbedingung

$$x_+ = 2x_{|\mathrm{Ni}|''} + x_{\mathrm{Li}\,|\mathrm{Ni}|'} \tag{3.271}$$

folgt für das Verhältnis der Leitfähigkeit der Mischphase $\varkappa$ zu der der reinen NiO-Phase $\varkappa^0$ für den Fall $x_{\mathrm{Li}|\mathrm{Ni}|'} \gg x_+^0$:

$$\frac{\varkappa}{\varkappa^0} \approx \frac{x_{\mathrm{Li}\,|\mathrm{Ni}|'}}{x_+^0}. \tag{3.272}$$

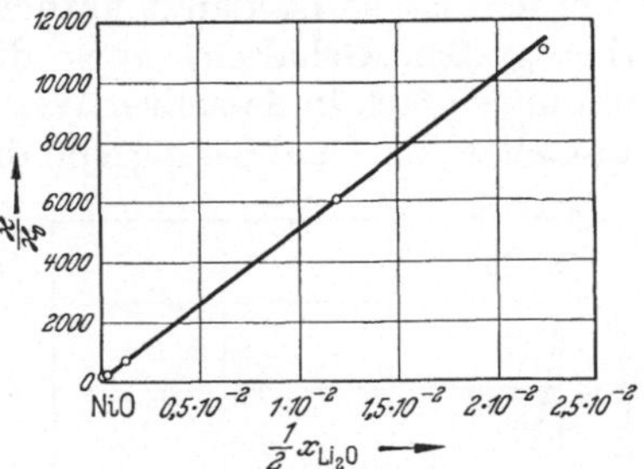

Abb. 3.80. Leitfähigkeitszunahme des NiO-Li_2O-Mischoxids mit steigendem Gehalt an Li_2O, berechnet aus Versuchsdaten von VERWEY, HAAYMAN und ROMEYN. (Meßtemperatur etwa 20 °C.)

Im Gegensatz zu elektronenüberschußleitenden Oxiden tritt hier eine Leitfähigkeitszunahme auf. Wie man außerdem aus Abb. 3.80 erkennt, liegen die von VERWEY und Mitarbeitern am System NiO-Li_2O erhaltenen Meßpunkte mit beachtlicher Genauigkeit auf einer Geraden, wenn man gemäß (3.272) $\varkappa/\varkappa^0$ gegen $\frac{1}{2}\, x_{\mathrm{Li_2O}}$ aufträgt. Aus dem Steigungsmaß der Geraden in Abb. 3.80 berechnet sich die Defektelektronenkonzentration für die reine NiO-Phase zu $x_+^0 \approx 5 \cdot 10^{-6}$.

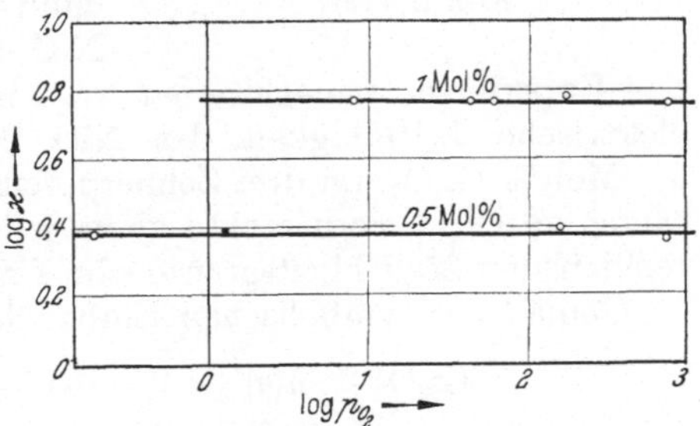

Abb. 3.81. Die Sauerstoffdruckunabhängigkeit der elektrischen Leitfähigkeit von NiO-Li_2O-Mischoxiden mit 0,5 und 1 Mol-% Li_2O bei 800 °C nach HAUFFE und BLOCK.

Während sowohl am reinen Nickeloxid als auch an NiO-Cr_2O_3-Mischoxiden die elektrische Leitfähigkeit proportional der vierten bis fünften Wurzel aus dem Sauerstoffdruck ist, wird die elektrische Leitfähigkeit von NiO-Li_2O-Mischoxiden unabhängig vom Sauerstoffdruck, wie HAUFFE und BLOCK zeigen konnten[1] (Abb. 3.81). Diese Sauerstoffdruckunabhängigkeit kann man dadurch verstehen[2], daß man beachtet, daß in (3.268) das Symbol Li_2O der linken Seite beim Übergang zur Gleichgewichts-

[1] HAUFFE, K., u. J. BLOCK: Z. phys. Chem. **196**, 438 (1950).

[2] HAUFFE, K.: Fehlordnungserscheinungen und Leitungsvorgänge in ionen- und elektronenleitenden festen Stoffen, in: Ergebn. exakt. Naturwiss. **25**, 271 ff. (1951).

bedingung $\sum \nu_i \mu_i = 0$ das chemische Potential des Li_2O oder in bekannter Umrechnung dessen chemische Aktivität bedeutet. Dieses ist aber gemäß den bei definiertem Stoffzusatz auftretenden Mischungsbedingungen gar nicht als gegebene unabhängige Variable zu betrachten; gegeben ist vielmehr die tatsächliche in NiO gelöste Li_2O-Menge. Kann man nun annehmen, daß alles Li in NiO in Form von Li|Ni|′ untergebracht ist, so ist damit automatisch durch die Neutralitätsbedingung (bei großen Gehalten) auch die $|e|^{\bullet}$-Konzentration gegeben, und x_+ nimmt einfach in derselben Weise wie Li|Ni|′, d. h. wie der tatsächliche Li-Gehalt, zu. Unabhängig von diesem tatsächlichen Li-Gehalt stellt sich dann die Li_2O-Aktivität der Phase — oder einer Nachbarphase, die mit ihr im Gleichgewicht wäre — so ein, daß $\mu_{Li_2O} + \frac{1}{2}\mu_{O_2}^{(g)}$ einen durch den tatsächlichen Li-Gehalt bestimmten Wert annimmt; d. h., durch variablen Sauerstoffdruck ändert sich nur μ_{Li_2O}, ohne daß das auf die fest vorgegebene Menge des als Li|Ni|′ gelösten Li und damit auf die Defektelektronenkonzentration x_+ einen Einfluß hätte.

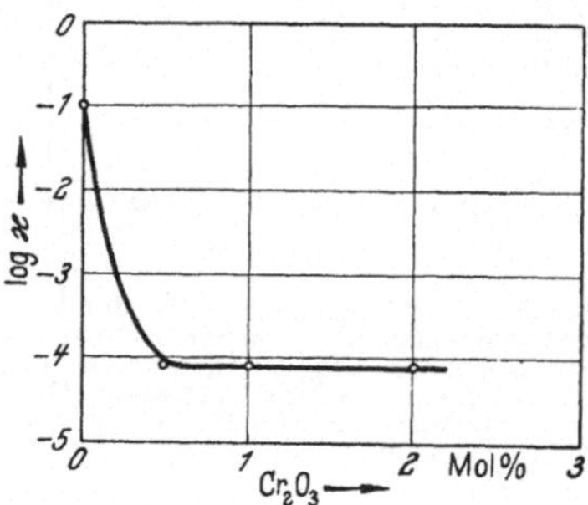

Abb. 3.82. Leitfähigkeitsverlauf des NiO-Cr_2O_3-Mischoxids mit steigendem Gehalt an Cr_2O_3 bei 400 °C in 1 atm Luft nach HAUFFE.

Durch Zusatz höherwertiger Kationen in Form von Cr_2O_3 oder Ga_2O_3 muß die elektrische Leitfähigkeit des NiO abnehmen. Dies konnte durch das Experiment nachgewiesen werden.[1] Wie Abb. 3.82 zeigt, wird die elektrische Leitfähigkeit des NiO bereits durch einen Zusatz von 0,5 Mol-% Cr_2O_3 um drei Zehnerpotenzen erniedrigt. Erhöhung des Zusatzes an Cr_2O_3 verursachte keine weitere Leitfähigkeitsabnahme. (Erreichen der Löslichkeitsgrenze von Cr_2O_3 in NiO?)

Gemäß der symbolischen Einbaugleichung

$$Cr_2O_3 + 2|e|^{\bullet} \rightleftharpoons 2Cr|Ni|^{\bullet} + 2NiO + \tfrac{1}{2}O_2(\text{gas}) \qquad (3.273)$$

werden unter Sauerstoffabgabe Defektelektronen vernichtet. In Konkurrenz mit der Verminderung der Defektelektronenkonzentration tritt jedoch als Folge der „Aussalzung“ von Defektelektronen durch die positiv geladenen $Cr|Ni|^{\bullet}$-Stellen in der Neutralitätsbilanz eine Vermehrung der in NiO vorhandenen doppelt negativ geladenen Ni-Leerstellen |Ni|″ auf. Diese Leerstellenbildung wird durch eine andere — stets gültige, aber hier maßgebend hervortretende — Einbaugleichung erfaßt, nämlich

$$Cr_2O_3 \rightleftharpoons 2Cr|Ni|^{\bullet} + |Ni|'' + 3NiO, \qquad (3.274)$$

eine Gleichung, die vom Sauerstoffdruck und der Elektronenkonzentration unabhängig ist und in der wir eine vollkommene Analogie zu (3.30b) und damit zum $AgBr$-$CdBr_2$-System wiedererkennen (s. auch Abb. 3.83).

[1] HAUFFE, K.: Ann. Phys. [6] 8, 201 (1950). — E. G. SCHLOSSER: Z. Elektrochem. Ber. Bunsenges. phys. Chem. 65, 453 (1961).

Daß durch Cr_2O_3-Zusatz nach (3.274) zusätzlich Ni-Leerstellen geschaffen werden, findet seine Bestätigung in der Zunahme der Oxydationsgeschwindigkeit von Nickel-Chrom-Legierungen mit steigendem Gehalt von Chrom.[1]

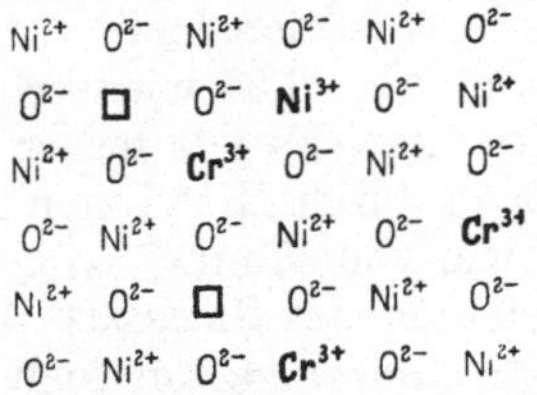

Ni^{2+} O^{2-} Ni^{2+} O^{2-} Ni^{2+} O^{2-}
O^{2-} □ O^{2-} Ni^{3+} O^{2-} Ni^{2+}
Ni^{2+} O^{2-} Cr^{3+} O^{2-} Ni^{2+} O^{2-}
O^{2-} Ni^{2+} O^{2-} Ni^{2+} O^{2-} Cr^{3+}
Ni^{2+} O^{2-} □ O^{2-} Ni^{2+} O^{2-}
O^{2-} Ni^{2+} O^{2-} Cr^{3+} O^{2-} Ni^{2+}

Abb. 3.83. Ionen- und Elektronenfehlordnung in der heterotypen Mischphase NiO-Cr_2O_3 nach WAGNER. (Durch den Einbau von 3wertigen Cr-Ionen werden zusätzlich Ni-Ionenleerstellen geschaffen.)

Durch Kombination der Elektroneutralitätsbedingung

$$x_{|Ni|''} = \tfrac{1}{2} x_+ + \tfrac{1}{2} x_{Cr|Ni|^{\cdot}} \qquad (3.275)$$

mit dem Massenwirkungsansatz (3.270) unter Beachtung von $x_{|Ni|''} \approx \frac{1}{2} x_{Cr|Ni|^{\cdot}}$ erhalten wir schließlich für die Mischphase den neuen Massenwirkungsansatz

$$\tfrac{1}{2} x_{Cr|Ni|^{\cdot}} \cdot x_+^2 = K \text{ (für } p_{O_2} = \text{const und } x_{Cr|Ni|^{\cdot}} \gg x_+^0), \qquad (3.276)$$

woraus sich das Verhältnis der elektronischen Leitfähigkeit der Mischphase $\varkappa$ zu der der reinen NiO-Phase $\varkappa^0$ ergibt:

$$\frac{\varkappa}{\varkappa^0} \approx \sqrt{\frac{2 x^0_{|Ni|''}}{x_{Cr|Ni|^{\cdot}}}}. \qquad (3.277)$$

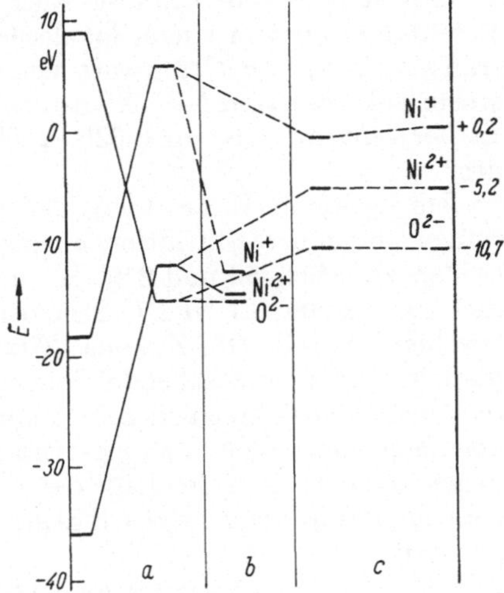

Abb. 3.84. Berechnung des Energieniveau-Schemas von NiO nach VAN HOUTEN. a) Die Ionisationspotentiale der freien Ionen sind mit dem MADELUNG-Potential kombiniert. b) Das Resultat von a) ist dividiert durch die Dielektrizitätskonstante; c) Das Resultat von a) ist korrigiert durch die Polarisationsenergie und die Kristallfeld-Stabilisierung. Die Lage des FERMI-Potentials, das hier nicht eingezeichnet ist, hängt von der Temperatur ab.

Durch Untersuchungen der elektrischen Leitfähigkeit[2, 3, 4], der Thermokraft bzw. des SEEBECK-Effektes[3, 4] und der Wärmeleitfähigkeit[5] an mit Li_2O dotierten Nickeloxiden wurden wertvolle zusätzliche Informationen gewonnen, die zu einem überwiegend quantitativen Bild des Leitungsmechanismus führten. Nach diesen Untersuchungen ist die Deutung der elektrischen Leitfähigkeit mit frei beweglichen Defektelektronen im Valenzband nicht erlaubt. Vielmehr ist der Leitungsvorgang nach HEIKES und JOHNSTON[2] vergleichbar mit einem thermisch aktivierten Diffusionsprozeß von Defektelektronen (Hopping-Modell). Die Aktivierungsenergie

---

[1] WAGNER, C., u. K. E. ZIMENS: Acta chem. scand. **1**, 547 (1947).
[2] HEIKES, R. R., u. W. D. JOHNSTON: J. chem. Phys. **26**, 582 (1957).
[3] SCHLOSSER, E. G.: Z. Elektrochem. Ber. Bunsenges. phys. Chem. **65**, 453 (1961).
[4] HOUTEN, S. VAN: J. Phys. Chem. Solids **17**, 7 (1960).
[5] HOUTEN, S. VAN: Philips Res. Rep. **15**, 433 (1960).

für die Defektelektronenleitung ist im wesentlichen eine Konsequenz des Selbsteinfangs (self-trapping) des wandernden Defektelektrons durch sein eigenes Polarisationsfeld.

Das in Abb. 3.84 wiedergegebene Energieniveauschema stammt von VAN HOUTEN[1]. Es gilt ferner als recht wahrscheinlich, daß die Defektelektronen durch Ni^{3+}-Ionen repräsentiert werden und nicht durch O^--Ionen, wie von MORIN[2] vorgeschlagen. Aus neuen Messungen der Leitfähigkeit und des SEEBECK-Effektes als Funktion der Temperatur und der Li_2O-Konzentration folgt, daß die effektive Zahl der erhältlichen Zustände gleich ist der Zahl der Ni-Ionenplätze, also $5{,}5 \cdot 10^{22}$ cm^{-3}. Dies veranschaulicht besonders eindringlich, daß eine Leitung im Band indiskutabel ist. Man nimmt daher lokalisierte Energieniveaus an, in welchen die Wellenfunktionen der Ni-Ionen sich nur schwach überlappen, so daß stets ein bestimmter Energieaufwand erforderlich ist, um ein Defektelektron von einem lokalisierten Energieniveau zum anderen zu transportieren.[3] In Gegenwart von Li-Ionen erfolgt ein Übergang von einem voll besetzten Ni^{2+}-Niveau zu dem als Akzeptorniveau wirkenden Li^+Ni^{2+}-Niveau, das nur 0,035 eV über den voll besetzten Ni^{2+}-Niveaus liegt.

Zur weiteren Erforschung des Leitungsmechanismus wurden Messungen der inneren Friktion an mit Li_2O (5 Mol-%) dotierten Nickeloxiden zwischen 50 und 250 °K durchgeführt.[4] Zu diesem Zwecke wurden zwei dünne $Li_xNi_{1-x}O$-Scheiben auf beide Seiten eines piezoelektrischen Kristalls (Pb-Zirkonat-Titanat) aufzementiert. Das als mechanischer Dipol anzusehende Ionenpaar Li^+-Ni^{3+} wird nun alternierenden Feldern verschiedener Frequenz ausgesetzt, wobei der Dipol — abhängig von seinem Ladungszustand — dem sich ändernden Feld zu folgen versucht. Aus der Lage des Verlustfaktors als Funktion der Temperatur wurde die Aktivierungsenergie $E_A = 0{,}20$ eV und die Relaxationszeit

$$1/\tau_R = 6\,\nu_0 \exp(\Delta S/k) = 5 \cdot 10^{12}\,\mathrm{sec}^{-1},$$

bestimmt. Hieraus kann nach der Formel

$$u = \frac{e\,a^2\,\alpha\,z\,\nu_0 \exp(\Delta S/k)\exp(-E_A/kT)}{kT}$$

die Beweglichkeit u berechnet werden, wenn man den Gitterparameter $a = 4{,}176$ Å und $\alpha = \frac{1}{12}$ setzt. z ist die Zahl der Ionengitterplätze, auf die ein Defektelektron springen kann.

Auf Grund von Thermokraftmessungen an mit Ga_2O_3 dotiertem polykristallinem NiO zwischen 50 und 200 °C konnte SCHLOSSER[5] oberhalb 0,5 Mol-% Ga_2O_3 eine überwiegende n-Leitung nachweisen. Nach diesen Untersuchungen soll die Breite des verbotenen Bandes nur 1,95 eV be-

[1] HOUTEN, S. VAN: J. Phys. Chem. Solids **17**, 7 (1960).
[2] MORIN, F. J.: Bell System Techn. J. **37**, 1047 (1958).
[3] JONKER, G. H.: J. Phys. Chem. Solids **9**, 165 (1959).
[4] HOUTEN, S. VAN: J. Phys. Chem. Solids **23**, 1045 (1962).
[5] SCHLOSSER, E. G.: Z. Elektrochem. Ber. Bunsenges. phys. Chem. **65**, 453 (1961).

tragen. Ferner wird auf eine sehr kleine Entartungskonzentration der Defektelektronen von $1{,}7 \cdot 10^{15}\ \text{cm}^{-3}$ hingewiesen, was auf ein sehr breites Valenzband schließen läßt. Im Gegensatz zu den anderen Autoren wird die Beweglichkeit der Defektelektronen als sehr hoch angegeben ($10^3\ \text{cm}^2\ \text{Volt}^{-1}\ \text{sec}^{-1}$) und unabhängig von der Dotierung gefunden. Die Entartungskonzentration der Elektronen hingegen ist gleich der Konzentration der NiO-Paare ($5{,}5 \cdot 10^{22}\ \text{cm}^{-3}$). Dies deutet auf ein nicht zu einem Band aufgespaltenes Leitungsniveau hin. Die Beweglichkeit der Elektronen mit $50\ \text{cm}^2\ \text{Volt}^{-1}\ \text{sec}^{-1}$ ist klein gegenüber der der Defektelektronen. Ein Teil dieser Ergebnisse steht mit denen von MORIN annähernd in Übereinstimmung. Zur Klärung der Diskrepanz der anderen Ergebnisse sind jedoch weitere Untersuchungen erforderlich.

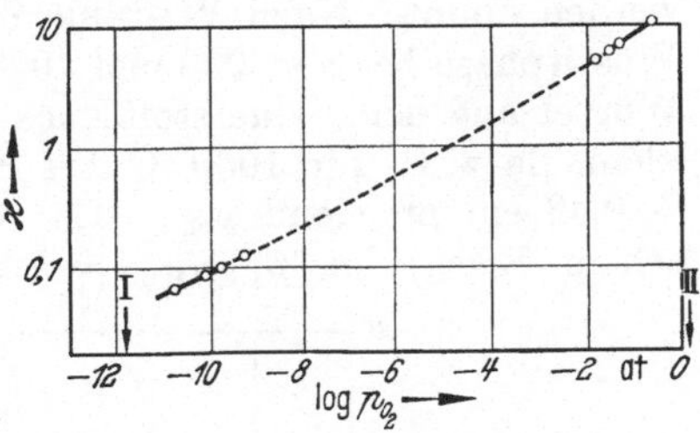

Abb. 3.85. Sauerstoffdruckabhängigkeit der elektrischen Leitfähigkeit von CoO bei 1000 °C nach WAGNER und KOCH. (Pfeil I untere Existenzgrenze von CoO; Pfeil II obere Existenzgrenze von CoO.)

Erwähnenswert sind noch Leitfähigkeitsmessungen in der Nähe des CURIE-Punktes[1] und thermodynamische Untersuchungen und Berechnungen der Verdampfung von Nickeloxid[2].

Da ferner CoO ebenfalls ein Elektronendefektleiter mit Kobaltionenleerstellen ist, was aus den Versuchsergebnissen über die Sauerstoffdruckabhängigkeit der Leitfähigkeit von CoO bei 1000 °C aus Abb. 3.85 von WAGNER und KOCH[3] folgt ($\varkappa \sim p_{O_2}^{1/4}$ bis $p_{O_2}^{1/5}$), ist die von VERWEY und Mitarbeitern gefundene, in Abb. 3.86 dargestellte, Leitfähigkeitserhöhung durch Li_2O-Zusatz verständlich. Wie aus Abbildung 3.86 zu erkennen ist, nimmt die elektrische Leitfähigkeit eines bei 1200 °C in Luft getemperten CoO-Li_2O-Mischoxids mit 2 Mol-% Li_2O um etwa sechs Zehnerpotenzen zu. Leitfähigkeitsmessungen mit höherwertigen Oxiden, wie z. B. Al_2O_3, Cr_2O_3 usw., wären wünschenswert.

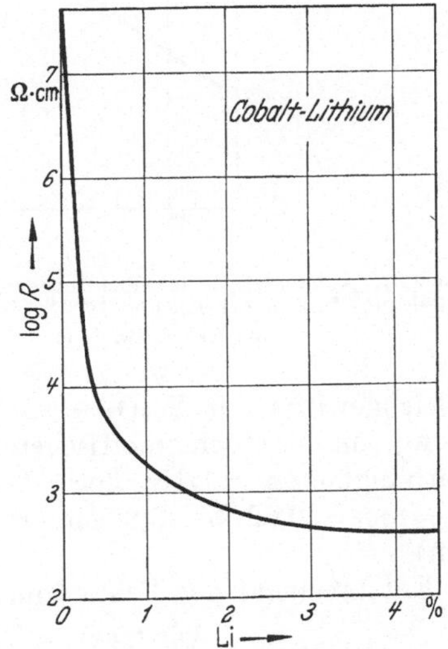

Abb. 3.86. Abnahme des spezifischen Widerstandes von CoO-Li_2O-Mischoxiden mit steigendem Li_2O-Gehalt bei 20 °C in Luft nach VERWEY, HAAYMAN und ROMEYN.

[1] YAMAKA, E., u. K. SAWAMOTO: Phys. Rev. **112**, 1861 (1958).
[2] GRIMLEY, R. T., R. P. BURNS u. M. G. INGHRAM: J. chem. Phys. **35**, 551 (1961).
[3] WAGNER, C., u. E. KOCH: Z. phys. Chem. (B) **32**, 439 (1936).

Das Wüstit (FeO) ist wohl eines der am stärksten fehlgeordneten p-leitenden Oxide, dessen Eisenionengitterplätze bis zu 11% unbesetzt sein können mit einer Elektronendefektstellen- bzw. Fe^{3+}-Ionenkonzentration bis zu 20 Mol-%, wie von HAUFFE und PFEIFFER[1] nachgewiesen werden konnte. Nach WAGNER und KOCH[2] steigt die Leitfähigkeit der Wüstitphase bei 800, 900 und 1000 °C ungefähr proportional der achten Wurzel aus dem Sauerstoffdruck. Der Variationsbereich ist allerdings klein, da z. B. für 1000 °C das Existenzgebiet sich nur von $p_{CO_2}/p_{CO} \approx 0{,}43$ entsprechend $p_{O_2} = 1{,}8 \cdot 10^{-15}$ atm (Gleichgewicht mit metallischem Eisen) bis $p_{CO_2}/p_{CO} = 4{,}2$ entsprechend $p_{O_2} = 1{,}7 \cdot 10^{-13}$ atm

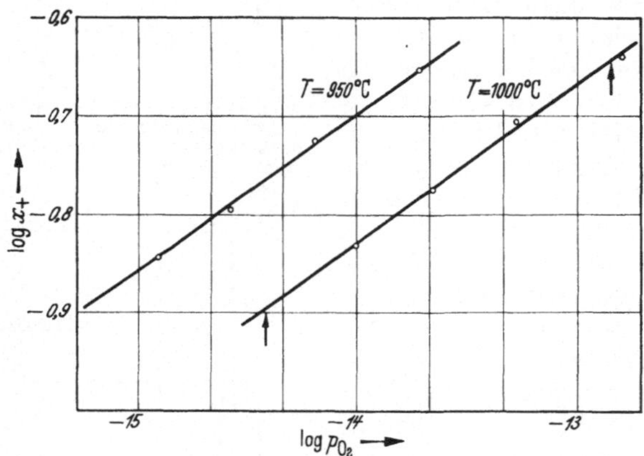

Abb. 3.87. Abhängigkeit der Elektronendefektstellenkonzentration im FeO vom Sauerstoffpartialdruck in atm bei 950 und 1000 °C in doppelt-logarithmischer Darstellung nach HAUFFE und PFEIFFER. (Die Neigung der Geraden ergibt $n = \frac{1}{6}$.)

(Gleichgewicht mit Fe_3O_4) erstreckt. Entsprechend der großen Abweichung von der stöchiometrischen Zusammensetzung sind die gefundenen Leitfähigkeiten relativ hoch (107 bis 205 $Ohm^{-1} cm^{-1}$ für 1000 °C, $p_{CO_2}/p_{CO} = 0{,}62$ bis 3,8 entsprechend $p_{O_2} = 3{,}8 \cdot 10^{-15}$ bis $1{,}4 \cdot 10^{-13}$ atm).

Entsprechend der Fehlordnungsgleichung

$$\tfrac{1}{2} O_2\,(\text{gas}) \rightleftharpoons \text{FeO} + |\text{Fe}|'' + 2\,|e|^{\cdot} \qquad (3.278)$$

ist die Konzentration der Defektelektronen doppelt so groß wie die der Eisenionenleerstellen. HAUFFE und PFEIFFER ermittelten den Eisenunterschuß durch Wägen von völlig zu FeO durchoxydierten Eisenblechen bei 950 und 1000 °C und variablen Sauerstoffdrucken.

Abb. 3.87 zeigt die Abhängigkeit der Defektelektronenkonzentration vom Sauerstoffpartialdruck für die genannten Temperaturen. Steigerung des Sauerstoffpartialdrucks bei konstanter Temperatur bedeutet gemäß (3.278) Erhöhung des Fehlordnungsgrades. Umgekehrt wird bei konstant gehaltenem Sauerstoffdruck und Steigerung der Temperatur die Konzentration der fehlgeordneten Teilchen erniedrigt. Dieser Befund steht

[1] HAUFFE, K., u. H. PFEIFFER: Z. Metallkde. **44**, 27 (1953).
[2] WAGNER, C., u. E. KOCH: Z. phys. Chem. (B) **32**, 439 (1936).

im Einklang mit den Versuchen von DARKEN und GURRY[1], die im Temperaturbereich von 1100 bis 1400 °C die Fehlordnungskonzentrationen im FeO bestimmten. In gleicher Weise verhält sich auch das von JUZA und BILTZ[2] untersuchte FeS, wo ebenfalls der Eisenunterschuß mit fallender Temperatur zunimmt. Aus den erhaltenen Geraden in Abb. 3.87 ist für beide Temperaturen die aus (3.278) geforderte Beziehung

$$x_+ = \text{const}\, p_{O_2}^{1/6} \tag{3.279}$$

abzulesen. Damit ist nach (3.278) ebenfalls

$$x_{|Fe|''} = \text{const}\, p_{O_2}^{1/6}. \tag{3.280}$$

Aus der Konzentration der Defektelektronen und der Gesamtleitfähigkeit läßt sich die Beweglichkeit der Defektelektronen berechnen. In gleicher Weise läßt sich durch Ermittlung von $\varkappa_{|Fe|''}$ aus der allgemeinen WAGNERschen Zunderformel, die wir noch ausführlich später diskutieren werden, auch die Beweglichkeit der Eisenionenleerstellen angeben. Die Ergebnisse sind in Tab. 3.16 zusammengestellt.

Tabelle 3.16

Beweglichkeit, Teilleitfähigkeit und Überführungszahl der Eisenionen und Elektronen in Wüstit bei 1000 °C und p_{O_2} = Fe_3O_4-Zersetzungsdruck nach Hauffe und Pfeiffer

Fehlordnungsstellen	Beweglichkeit $cm^2 \cdot Volt^{-1} \cdot sec^{-1}$	Teilleitfähigkeit $Ohm^{-1} \cdot cm^{-1}$	Überführungszahl
Eisenionenleerstellen	$1{,}3 \cdot 10^{-4}$	$2{,}4 \cdot 10^{-1}$	$1{,}1 \cdot 10^{-3}$
Defektelektronen	$1{,}15 \cdot 10^{-1}$	218	~1

In ähnlicher Weise wie beim FeO wurde von DAVIES und RICHARDSON[3] die Abweichung von der stöchiometrischen Zusammensetzung des Mangan(II)-oxids zwischen 1500 und 1650 °C in CO_2-CO-H_2O-H_2-Gemischen von 10^{-11} bis 10^{-2} atm Sauerstoff untersucht. Zur Deutung der Versuchsergebnisse wurden von SMYTH[4] die drei folgenden Fehlordnungsgleichgewichte vorgeschlagen:

$$\text{Null} \rightleftharpoons |Mn|'' + Mn^{\cdot\cdot} \tag{3.281}$$

$$\tfrac{1}{2} O_2(\text{gas}) = MnO + |Mn|'' + 2\,|e|^{\cdot} \tag{3.282}$$

und

$$\text{Null} = e' + |e|^{\cdot}. \tag{3.283}$$

Aus dem Massenwirkungsansatz von Gl. (3.282):

$$x_{|Mn|''}\, x_+^2 = K\, p_{O_2}^{1/2} \tag{3.284}$$

ergibt sich bei überwiegender Fehlordnung von (3.281) und (3.282) unter vernachlässigbarer Beteiligung von Gl. (3.283) mit $y = x_{|Mn|''} - x_{|Mn|^{\cdot\cdot}}$

$$y \approx \left(\frac{1}{4K}\right)^{1/3} p_{O_2}^{1/6} \tag{3.285}$$

[1] DARKEN, L. S., u. R. W. GURRY: J. Amer. chem. Soc. **67**, 1398 (1945).
[2] JUZA, R., u. W. BILTZ: Z. anorg. allg. Chem. **205**, 273 (1932).
[3] DAVIES, M. W., u. F. D. RICHARDSON: Trans. Faraday Soc. **55**, 604 (1959).
[4] SMYTH, D. M.: J. Phys. Chem. Solids **19**, 167 (1961).

und bei überwiegender Fehlordnung (3.283), wenn also x_+ praktisch unabhängig von p_{O_2} wird, gilt nach einer weiterführenden Durchrechnung von ENGELL[1]:

$$y \approx \frac{1}{K\beta^2} p_{O_2}^{1/2} \tag{3.286}$$

mit $\beta^2 = x_- x_+$.

Wie die Auswertung der Meßergebnisse für 1650 °C zeigt (s. Abb. 3.88), ergibt eine Auftragung von $\log y$ gegen $\log p_{O_2}$ bei höheren Sauerstoffdrucken das Steigungsmaß 1/6 und bei niedrigen Sauerstoffdrucken das Steigungsmaß 1/2. Ferner ergab sich K zu 250 ± 50 und β zu $(1 \pm 0{,}5)\,10^{-2}$. Die für Gl. (3.281) maßgebende Gleichgewichtskonstante:

$$x_{|\mathrm{Mn}|''}\, x_{\mathrm{Mn}^{\cdot\cdot}} = \alpha^2$$

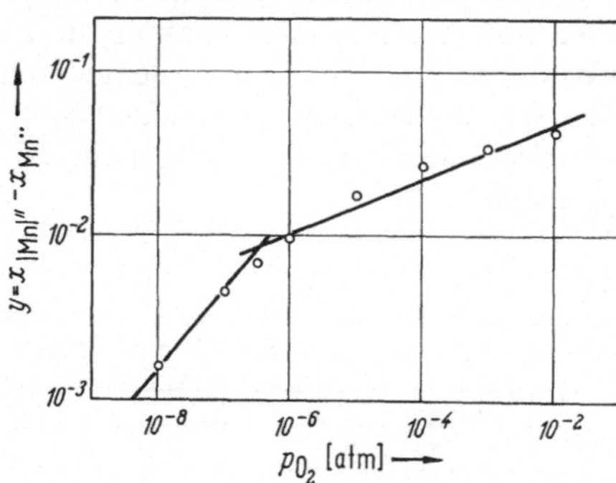

Abb. 3.88. Der y-Wert von MnO als Funktion des Sauerstoffdruckes bei 1650 °C nach DAVIES und RICHARDSON, ausgewertet von ENGELL.

konnte für 1650 °C zu $\alpha = (1 \pm 0{,}5)\,10^{-4}$ berechnet werden. Unter Berücksichtigung der Existenzgrenzen des Mangan(II)-oxids sollte $y = -0{,}001$ für das im Gleichgewicht mit Manganmetall stehende Oxid betragen; d. h., im Gegensatz zu FeO tritt hier eine Inversion zu einem Überschuß an $\mathrm{Mn}^{\cdot\cdot}$-Stellen und freien Elektronen auf. Nach Extrapolation sollte $y = 0{,}12$ betragen, wenn das Oxid sich im Gleichgewicht mit Mn_3O_4 befindet. Bei 1650 °C erreicht das MnO also im zweiten Fall Störstellengehalte, die etwa denen des FeO bei 900 °C entsprechen.

Inwieweit neben der in Gl. (3.281) angegebenen FRENKEL-Fehlordnung mit einer SCHOTTKY-Fehlordnung gemäß

$$\text{Null} = |\mathrm{Mn}|'' + |\mathrm{O}|^{\cdot\cdot}$$

zu rechnen ist, bleibt weiteren Versuchen vorbehalten.

Über das elektrische Verhalten von Wismutoxid (Bi_2O_3) in Abhängigkeit von Temperatur und Sauerstoffdruck wurde von MANSFIELD[2] berichtet. Die Sauerstoffdruckabhängigkeit der elektrischen Leitfähigkeit zwischen 500 und 710 °C läßt mit $\varkappa \sim p_{O_2}^{1/4,5}$ auf Elektronendefektleitung schließen. Das positive Vorzeichen der Thermokraft bestätigt die Aussage (S. 269). Unter der Annahme von Wismutionenleerstellen $|\mathrm{Bi}|'''$ mit einer 3fach negativen Ladung folgt aus der symbolischen Fehlordnungsgleichung

$$\tfrac{3}{2}\, O_2(\text{gas}) \rightleftharpoons Bi_2O_3 + 2\,|\mathrm{Bi}|''' + 6\,|e|^{\cdot} \tag{3.287}$$

mit dem idealen Massenwirkungsansatz

$$x_{|\mathrm{Bi}|'''}^2\, x_+^6 = K\, p_{O_2}^{3/2}$$

[1] ENGELL, H. J.: Z. phys. Chem. (NF), im Druck.
[2] MANSFIELD, R.: Proc. phys. Soc. (B) 62, 476 (1949).

die Sauerstoffdruckabhängigkeit der Leitfähigkeit in Übereinstimmung mit dem Experiment:

$$\varkappa \sim p_{O_2}^{3/16} \approx p_{O_2}^{1/5}. \qquad (3.288)$$

In ähnlicher Weise wie beim Kupfer(I)-oxid tritt auch hier bei niedrigen Sauerstoffdrucken ($p_{O_2} < 10^{-3}$ Torr) ein Eigenhalbleitungsanteil auf (Abb. 3.89).[1]

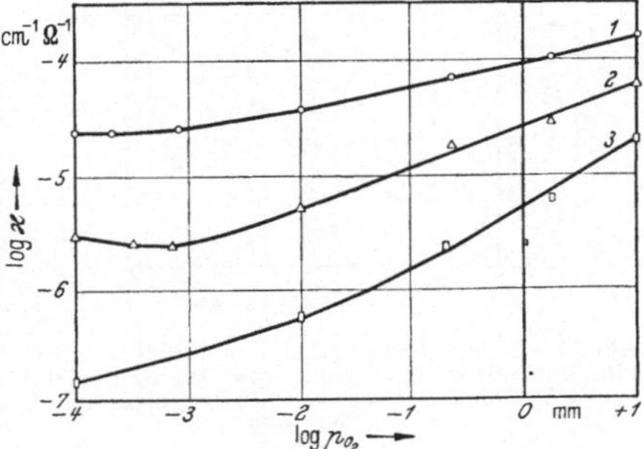

Abb. 3.89. Sauerstoffdruckabhängigkeit der elektrischen Leitfähigkeit von Bi_2O_3 nach HAUFFE und TRÄNCKLER (1 : 600 °C, 2 : 500 °C, 3 : 400 °C.)

Wesentlich kompliziertere Verhältnisse findet man beim Kupfer(I)-jodid (CuJ). Schon BAEDEKER[2] fand, daß CuJ bei Zimmertemperatur in Jodatmosphäre bis zu 10^{-3} g Jod/g CuJ aufnehmen kann. Die Abhängigkeit der elektrischen Leitfähigkeit von CuJ vom Joddampfdruck läßt auf Elektronendefektleitung schließen. NAGEL und WAGNER[3] konnten zeigen, daß zwischen der Leitfähigkeit und dem Joddampfdruck ein komplizierter Zusammenhang besteht. Im Anschluß hieran wurde von MAURER[4] die Abweichung von der stöchiometrischen Zusammensetzung des CuJ bei verschiedenen Joddampfdrucken mittels einer Quarzmikrowaage und die elektrische Leitfähigkeit in Abhängigkeit vom J_2-Dampfdruck zwischen 38 und 172 °C untersucht. Die Meßdaten der drei Autoren stimmen bei niedrigen Joddampfdrucken befriedigend überein. Bei höheren Joddampfdrucken liegen jedoch die Leitfähigkeitswerte von MAURER um etwa 50% höher. Die in Abbildung 3.90 wiedergegebenen Meßwerte entstammen einer Arbeit von VINE und MAURER[5].

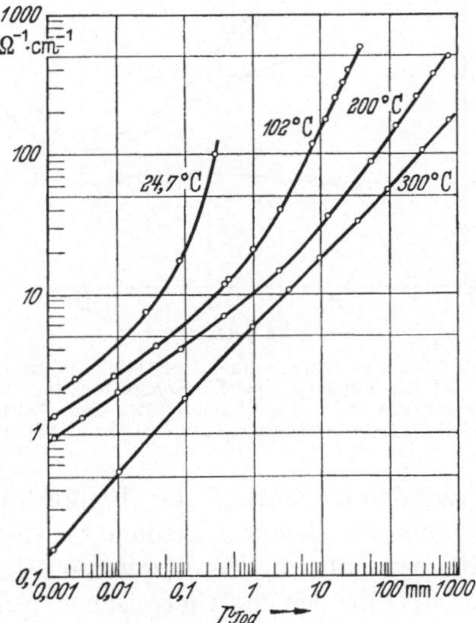

Abb. 3.90. Die elektrische Leitfähigkeit von CuJ in Abhängigkeit vom Joddampfdruck in Torr bei verschiedenen Temperaturen nach VINE und MAURER.

---

[1] HAUFFE, K., u. G. TRÄNCKLER: unveröffentlicht.

[2] BAEDEKER, K.: Ann. Phys. [4] **22**, 749 (1907); **29**, 566 576 (1909); Phys. Z. **13**, 1080 (1912).

[3] NAGEL, K., u. C. WAGNER: Z. phys. Chem. (B) **25**, 41 (1934).

[4] MAURER, R. J.: J. chem. Phys. **13**, 321 (1945).

[5] VINE, B. H., u. R. J. MAURER: Z. phys. Chem., SCHOTTKY-Festband, **198**, 147 (1951).

In Ergänzung zu den $\varkappa$-Messungen bestimmte MAURER bei 132 °C die Dichte d der in CuJ „gelösten" Jodatome als Funktion des Jodgleichgewichts-Dampfdruckes. Durch Kombination mit den Leitfähigkeitsdaten ergibt sich (Abbildung 3.91):

$$\varkappa = \text{const} \cdot d^{4/3}.$$

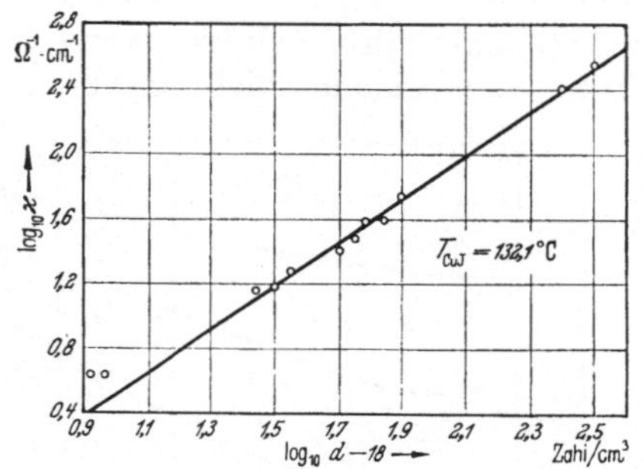

Abb. 3.91. Die Abhängigkeit der elektrischen Leitfähigkeit einer CuJ-Probe von der Dichte der „gelösten" Jodatome bzw. der Cu-Ionenleerstellen nach MAURER.

VINE und MAURER führten in Ergänzung zu ihren Leitfähigkeitsdaten HALL-Effektmessungen unter den gleichen Temperatur- und atmosphärischen Bedingungen durch. Die hieraus berechenbaren Beweglichkeiten der Defektelektronen sind für einige Temperaturen als Funktion der Defektelektronenkonzentration in Abb. 3.92 dargestellt. Wie man erkennt, nimmt erwartungsgemäß die Beweglichkeit bei gleicher Defektelektronenkonzentration mit steigender Temperatur ab. Weiterhin wird bei konstanter Meßtemperatur unterhalb 200 °C eine anfängliche Abnahme der Beweglichkeit mit steigender Defektelektronenkonzentration beobachtet, die nach Durchlaufen eines Minimums bei höherer Fehlordnungskonzentration wieder zunimmt. Der bei 300 °C verschwindende Einfluß der Fehlordnungskonzentration auf die Beweglichkeit der Defektelektronen ist verständlich, wenn man berücksichtigt, daß bei höheren Temperaturen die Wechselwirkung der Defektelektronen mit den in thermischer Schwingung befindlichen Gitterionen größer ist als die durch Fehlordnung im Sinne der Theorie von CONWELL und WEISSKOPF[1] verursachte Störung.

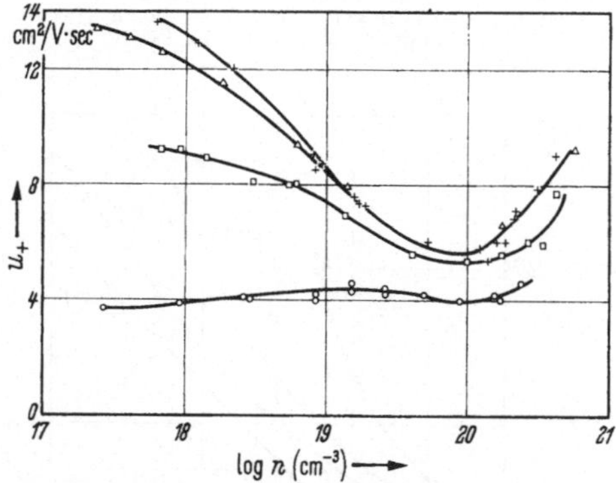

Abb. 3.92. Die Beweglichkeit der Defektelektronen u^+ in CuJ als Funktion der Konzentration der Defektelektronen n (Zahl/cm³) nach VINE und MAURER. (102 °C +; 132,1 °C △; 200 °C □; 300 °C ○.)

NAGEL und WAGNER haben für CuJ einen gleichen Fehlordnungsmechanismus vorgeschlagen wie für Cu_2O. Auch hier kommt es gemäß der symbolischen Fehlordnungsgleichung

$$J_2(\text{gas}) \rightleftharpoons 2\,\text{CuJ} + 2\,|\text{Cu}|' + 2\,|\text{e}|^{\bullet} \tag{3.289a}$$

bzw.

$$J_2(\text{gas}) \rightleftharpoons 2\,\text{CuJ} + 2\,|\text{Cu}|' + 2\,\text{Cu}\,|\text{Cu}|^{\bullet} \tag{3.289b}$$

[1] CONWELL, E. M., u. V. WEISSKOPF: Phys. Rev. 7, 388 (1950).

zur Ausbildung von Cu^+-Leerstellen $|Cu|'$ und Elektronendefektstellen bzw. Defektelektronen $|e|^{\bullet}$, die nach (3.289b) durch 2wertige Cu-Ionen ($Cu^{2+} \equiv Cu|Cu|^{\bullet}$) repräsentiert werden (Abb. 3.93). Unter Annahme der Gültigkeit des idealen Massenwirkungsgesetzes

$$x^2_{|Cu|'}\, x^2_+ = K\, p_{J_2} \tag{3.290}$$

folgt für die Abhängigkeit der elektrischen Leitfähigkeit vom Jodpartialdruck:

$$\varkappa = \text{const}\, p_{J_2}^{1/4}. \tag{3.291}$$

Diese Beziehung ist jedoch nur bei sehr kleinen Joddampfdrucken ($< 0{,}1$ Torr) und bei Temperaturen < 200 °C hinreichend erfüllt. Bei höheren Joddampfdrucken findet man hingegen Proportionalität zwischen Leitfähigkeit und Jodpartialdruck ($\varkappa \sim p_{J_2}$). Die zur Deutung der Abweichungen vom idealen Massenwirkungsgesetz (3.290) aufgestellten Annahmen im Sinne der DEBYE-HÜCKEL-Theorie und von SCHOTTKY-Assoziationen eines 2wertigen Cu-Ions bzw. einer Elektronendefektstelle mit einer Cu^+-Leerstelle ist sinnvoll und naheliegend. In Ergänzung zu den STEINBERGschen HALL-Effektmessungen[1] haben VINE und MAURER[2] den HALL-Effekt ebenfalls bestimmt. Auf welche Weise jedoch mittels dieser Ergebnisse und der Leitfähigkeitsdaten eine Deutung des Befundes $\varkappa \sim p_{J_2}$ zu geben ist, läßt sich zur Zeit noch nicht erkennen.

Cu^+ J^- Cu^+ J^- Cu^+ J^-
J^- □ J^- Cu^{2+} J^- Cu^+
Cu^+ J^- Cu^+ J^- Cu^+ J^-
J^- Cu^+ J^- □ J^- Cu^+
Cu^{2+} J^- Cu^+ J^- Cu^+ J^-

Abb. 3.93. Fehlordnungsmodell von CuJ nach WAGNER. Hier sind die Defektelektronen durch Cu^{2+}-Ionen dargestellt.

Durch Einbau höherwertiger Kationen, z.B. in Form von CdJ_2, sollte gemäß der symbolischen Einbaugleichung

$$CdJ_2 \rightleftharpoons Cd|Cu|^{\bullet} + |Cu|' + 2\,CuJ \tag{3.292a}$$

bzw.

$$\tfrac{1}{2}\,J_2 + |e|^{\bullet} + CdJ_2 \rightleftharpoons Cd|Cu|^{\bullet} + 2\,CuJ \tag{3.292b}$$

die Konzentration der Defektelektronen abnehmen und die der Cu^+-Leerstellen zunehmen. Entsprechend dem für $x_{CdJ_2} \gg x^0_+$ folgenden Leitfähigkeitsverhältnis der CuJ-CdJ_2-Mischphase und der reinen CuJ-Phase

$$\frac{\varkappa}{\varkappa^0} \approx \frac{x_{CdJ_2}}{x^0_+} \tag{3.293}$$

sollte bei 300 °C und einem CdJ_2-Gehalt von 5 Mol-% unter Zugrundelegung des von MAURER angegebenen Wertes von $x^0_+ = 2 \cdot 10^{-5}$ die Leitfähigkeit um den Faktor 2500 kleiner werden. Leitfähigkeitsmessungen von WAGNER und STEFFES[3] bei 300 °C und einem Joddampfdruck von 0,02 Torr ergaben nur eine Leitfähigkeitsabnahme um den Faktor 4 (von 0,8 auf 0,2 $Ohm^{-1}\,cm^{-1}$). Dieses Ergebnis ist auf Grund der gemischten Leitung von CuJ verständlich (s. S. 123). Mit der gleichen

[1] STEINBERG, K.: Ann. Phys. [4] **35**, 1009 (1911).
[2] VINE, B. H., u. R. J. MAURER: Z. phys. Chem., SCHOTTKY-Festband, **198**, 147 (1951).
[3] WAGNER, C.: J. chem. Phys. **18**, 62 (1950).

Zielsetzung durchgeführte Versuche am System CuBr mit und ohne Zusätzen an $CdBr_2$ ergaben eine ähnliche, viel zu geringe Leitfähigkeitsabnahme.[1] Eine Deutung dieser experimentellen Befunde ist zur Zeit noch nicht möglich. Es wird auf jeden Fall empfehlenswert sein, diese Messungen mit kleinsten Zusätzen an CdJ_2 bzw. $CdBr_2$, von 0,1 Mol-% beginnend allmählich auf höhere Zusätze steigernd, zu wiederholen. Die Begründung dieses Vorschlags beruht auf der Vermutung, daß nur für kleinste Zusätze die Einbaugleichungen (3.292) anwendbar sind und bei höheren Zusätzen infolge eines vermutlichen amphoteren Charakters des CuJ bzw. CuBr gar keine Defektelektronen mehr vernichtet werden, sondern ein neuer elektronenliefernder Vorgang, wie z. B.

$$CdJ_2 \rightleftharpoons Cd|Cu|^{\cdot} + e' + CuJ + \tfrac{1}{2}J_2(\text{gas}) \qquad (3.294)$$

einsetzt. Das Überwiegen von Fehlordnungsgleichung (3.294) hat gleichzeitig den Übergang von einer Elektronendefekt- zu einer Elektronenüberschußleitung zur Folge (s. Näheres hierüber in Kap. 3.15). Es wäre auch der Übergang zu einer reinen Ionenleitung möglich.

Neben den bereits besprochenen Halbleitern konnten noch die folgenden Verbindungen mit hoher Wahrscheinlichkeit als Elektronendefektleiter identifiziert werden: SnS[2,7], Pr_2O_3[3], MoO_2[4], Tl_2O[4], MoS_2[4], Bi_2S_3[2], Cu_2S[5], BaO[6], SrO[8], ThO_2[8] usw. Kristallines Selen ist ebenfalls ein Defekthalbleiter. Jedoch liegen hier die Verhältnisse erheblich komplizierter, wie aus Thermokraft- und Hall-Effektmessungen nach Diestel[9] zu schließen ist. Schottky[10] vermutet, daß die Defekthalbleitung nicht von freien Defektelektronen getragen wird, sondern vom Typ einer Störbandleitung, wobei die Elektronen oder Defektelektronen unter Überwindung relativ breiter und hoher Potentialberge zwischen besetzten und unbesetzten Störstellenniveaus überzugehen in der Lage sind.

Die hier ebenfalls zu nennenden elektronendefektleitenden Spinelle und das Chromoxid sind nicht aufgeführt, da ein anderer Fehlordnungsmechanismus vorliegt, der in einem anderen Zusammenhang später diskutiert werden soll.

3.132 Halbleiter mit Metallüberschuß oder Nichtmetallunterschuß

Ein Metallüberschuß in einem Ionenkristall kann dadurch auftreten, daß z. B. ein Metalloxid bei höheren Temperaturen eine gewisse Menge

---

[1] Frers, J. N.: Ber. dtsch. chem. Ges. **61**, 377 (1928). — G. Geiler: Diss., Halle 1928.

[2] Anderson, J. S., u. M. C. Morton: Proc. Roy. Soc. [London] **184**, 82 (1945).

[3] Martin, R. L.: Nature [London] **165**, 202 (1950).

[4] Hochberg, B. M., u. M. J. Sominski: Phys. Z. Sowjetunion **13**, 198 (1938).

[5] Miyatani, S., u. Y. Suzuki: J. Fac. Sci. NIIGATA Univ. (1) **1**, 1 (1953).

[6] Rudolph, J.: Z. Naturforsch. **13a**, 757 (1958).

[7] Haas, C., u. M. M. G. Corbey: J. Phys. Chem. Solids **20**, 197 (1961). — W. Albers, C. Haas u. F. van der Maesen: J. Phys. Chem. Solids **15**, 306 (1960).

[8] Rudolph, J.: Z. Naturforsch. **14a**, 727 (1959).

[9] Diestel, R.: Z. Naturforsch. **8a**, 453 (1953). — Vgl. auch F. Eckart: Ann. Phys. [6] **14**, 233 (1954). — H. Rebstock u. K. Seiler: Z. Naturforsch. **9a**, 49 (1954).

[10] Schottky, W.: Z. Naturforsch. **8a**, 457 (1953).

Sauerstoff abgibt, wobei es entweder bei ungestörtem Sauerstoffionenteilgitter zu einem Überschuß an Kationen durch Einbau auf Zwischengitterplätzen $K^{\bullet}$ oder bei ungestörtem Kationenteilgitter zu einem Unterschuß an Sauerstoff durch Ausbildung von Sauerstoffionenleerstellen $|O|^{\bullet\bullet}$ oder $|O|^{\bullet}$ kommt. Häufig jedoch werden beide Fehlordnungsmöglichkeiten in einem mehr oder minder hohen Maße auftreten. In jedem Fall muß aus Elektroneutralitätsgründen eine äquivalente Zahl überschüssiger Elektronen vorhanden sein, die entweder alle oder nur zu einem bestimmten Prozentsatz als Leitungselektronen e' dem Stromtransport zur Verfügung stehen. Solche Oxide bezeichnet man als Elektronenüberschußleiter (*n*-Leiter). Als Vertreter eines Elektronenüberschußleiters wählen wir ZnO, das auf folgenden vier Wegen dissoziieren kann:

$$ZnO \rightleftharpoons Zn^{\bullet} + e' + \tfrac{1}{2} O_2\,(\text{gas}) \tag{3.295a}$$

bzw.

$$ZnO \rightleftharpoons Zn^{\bullet\bullet} + 2e' + \tfrac{1}{2} O_2\,(\text{gas}) \tag{3.295b}$$

und

$$\text{Null} \rightleftharpoons |O|^{\bullet} + e' + \tfrac{1}{2} O_2\,(\text{gas}) \tag{3.296a}$$

bzw.

$$\text{Null} \rightleftharpoons |O|^{\bullet\bullet} + 2e' + \tfrac{1}{2} O_2\,(\text{gas}). \tag{3.296b}$$

Eine Entscheidung zwischen den Dissoziationsmechanismen (3.295) und (3.296) ist zur Zeit noch nicht möglich. Jedoch dürfte die Annahme einer bevorzugten Ausbildung von Zinkionen auf Zwischengitterplätzen eine wesentliche Stütze in den Austauschversuchen mit radioaktivem Zn^{65} von BANKS, MILLER und LINDNER[1] haben. FRITZSCHE[2] glaubt auf Grund der bei niedrigen Temperaturen auftretenden irreversiblen Leitfähigkeitsänderungen an aufgestäubten ZnO-Schichten die Annahme von überschüssigem Sauerstoff bzw. Zinkionenleerstellen machen zu müssen.

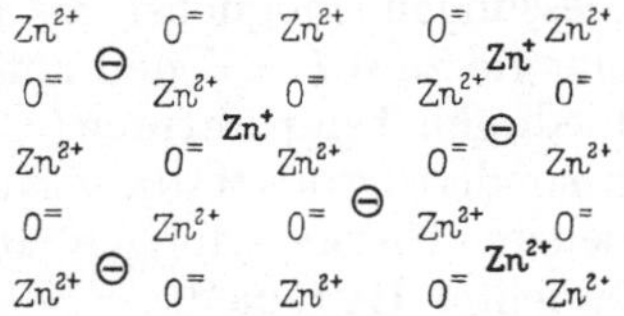

Abb. 3.94. Fehlordnung im Zinkoxid. (Das Verhältnis von fehlgeordneten 1- und 2wertigen Zn-Ionen hängt von der Temperatur ab; $e' \equiv \ominus$.)

Unter Zugrundelegung des Dissoziationsmechanismus (3.295a) (s. auch Abb. 3.94) folgt der Massenwirkungsansatz:

$$x_{Zn^{\bullet}} \cdot x_{-} = K\, p_{O_2}^{-1/2}, \tag{3.297}$$

der hinreichend gut erfüllt ist, solange die Konzentration der Leitungselektronen x_{-} klein und demzufolge die BOLTZMANN-Statistik gültig ist. Da die Konzentration der Leitungselektronen x_{-} gleich ist derjenigen der 1wertigen Zinkionen auf Zwischengitterplätzen und ferner die elektrische Leitfähigkeit proportional x_{-} ist, folgt für die Sauerstoffdruckabhängigkeit der Leitfähigkeit bei höheren Temperaturen:

$$\varkappa = \text{const}\; p_{O_2}^{-1/4}. \tag{3.298}$$

Nimmt man das Dissoziationsgleichgewicht (3.295b) bzw. (3.296b) als verbindlich an, so folgt:

$$\varkappa = \text{const}\; p_{O_2}^{-1/6}. \tag{3.299}$$

---

[1] BANKS, F. R.: Phys. Rev. **59**, 376 (1941). — P. H. MILLER JR.: Phys. Rev. **60**, 890 (1941). — R. LINDNER: Acta chem. scand. **6**, 457 (1952).

[2] FRITZSCHE, H.: Z. Phys. **133**, 422 (1952).

Das Experiment brachte im Temperaturgebiet zwischen 500 und 700 °C $\varkappa \sim p_{O_2}^{-1/4}$ bis $p_{O_2}^{-1/5}$ (s. Abb. 3.95)[1,2], d. h., die elektrische Leitfähigkeit nimmt mit steigendem Sauerstoffdruck ab, was als sicheres Kriterium eines Metallüberschusses bzw. Nichtmetallunterschusses und ferner einer Bevorzugung der Fehlordnung gemäß (3.295a) bzw. (3.296a) angesehen werden kann.

Die Temperaturabhängigkeit der elektrischen Leitfähigkeit von Zinkoxid wurde sowohl an natürlichen[3] als auch an synthetischen Einkristallen[4], Preßkörpern[5-8], gesintertem Material[9,10] und aufgedampften Schichten[11] untersucht. Abb. 3.96 zeigt den Verlauf der Leitfähigkeits-Temperaturkurve an gesinterten ZnO-Proben nach MILLER[12]. Um den

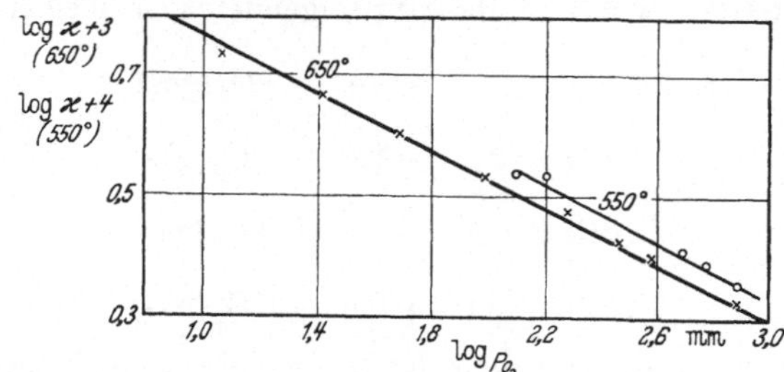

Abb. 3.95. Abhängigkeit der elektrischen Leitfähigkeit einer gesinterten ZnO-Probe vom Sauerstoffdruck (in Torr) nach BAUMBACH und WAGNER.

Zinküberschuß im ZnO (nicht im Gleichgewichtszustand mit der umgebenden Sauerstoffatmosphäre) konstant zu erhalten, erfolgten die Messungen möglichst rasch. Oberhalb 600 °K wird die Aktivierungsenergie zu 0,71 eV und unterhalb 600 °K nur zu 0,026 eV gefunden. Bei niedrigen Temperaturen (< 570 °K) streuen die Meßwerte erheblich. Insbesondere STÖCKMANN versuchte, diese Erscheinungen zu deuten[13]. Über neuere Untersuchungen der elektronischen Eigenschaften von ZnO berichtet HUTSON[14].

Ohne Zweifel kann man heute die irreversiblen Leitfähigkeitsänderungen bei niedrigen Temperaturen einmal im Sinne von STÖCKMANN auf eingefrorene Zustände zurückführen, wobei dem überschüssig eingebauten Zink energetisch verschiedene Plätze im ZnO-Gitter eingeräumt

[1] BAUMBACH, H. H. v., u. C. WAGNER: Z. phys. Chem. (B) **22**, 199 (1933).
[2] HAUFFE, K., u. J. BLOCK: Z. phys. Chem. **196**, 438 (1950).
[3] BACH, R.: Arch. Sci. physiques natur. [5] **9**, 426 (1927).
[4] FRITSCH, O.: Ann. Phys. [5] **22**, 375 (1935). — E. SCHAROWSKY: Z. Phys. **135**, 318 (1953).
[5] SOMMERVILLE, A.: Phys. Rev. **34**, 311 (1912).
[6] BRENTANO, J. C. M., u. C. GOLDBERG: Phys. Rev. **94**, 56 (1954).
[7] FRIEDRICH, E.: Z. Phys. **31**, 813 (1925); **34**, 637 (1925).
[8] GUILLERY, P.: Ann. Phys. [5] **14**, 216 (1932).
[9] SKAUPY, F.: Z. Phys. **1**, 259 (1920).
[10] MEYER, W.: Z. Phys. **85**, 278 (1933).
[11] STÖCKMANN, F.: Z. Phys. **127**, 563 (1950).
[12] MILLER, P. H. JR.: Phys. Rev. **60**, 890 (1941).
[13] STÖCKMANN, F.: Z. Phys. **127**, 563 (1950); s. auch J. DEREN, J. HABER u. T. WILKOWA: Z. Phys. **155**, 453 (1959).
[14] HUTSON, A. R.: Adv. Semicond. Sci. London 1959, S. 467.

werden, und zum anderen durch Randschichterscheinungen mit Ladungsträgerverarmung im Sinne von HAHN[1] und HAUFFE und ENGELL[2] deuten. Weitere Experimente und Betrachtungen zu den Randschicht- und Oberflächenleitungsproblemen wurden von HEILAND[3] sowie von KRUSEMEYER und THOMAS[4] ausgeführt. Durch ähnliche Überlegungen läßt sich auch die von ANDERSON[5] bei niedrigen Sauerstoffdrucken gefundene Sauerstoffdruckabhängigkeit der elektrischen Leitfähigkeit von ZnO deuten (S. 324).

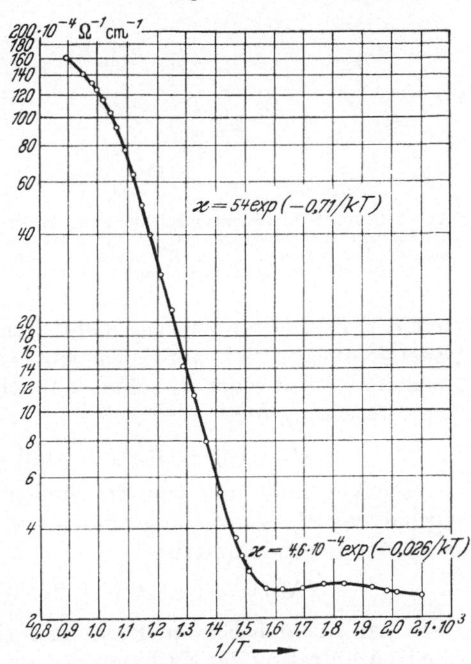

Abb. 3.96. Temperaturverlauf der elektrischen Leitfähigkeit einer gesinterten ZnO-Probe nach MILLER.

Von ALLSOPP und Mitarbeitern[6,7,8] wurde ein Verfahren ausgearbeitet, das mit einer Genauigkeit von 0,1 ppm

$$(= 1{,}25 \cdot 10^{-7} = x_{Zn^{\cdot}})$$

die Ermittlung des Zinküberschusses in ZnO gestattet. Hierbei wird die zu untersuchende ZnO-Probe in Salzsäure unter Vakuum aufgelöst und der sich hierbei entwikkelnde Wasserstoff bestimmt. Wie von MOHANTY und AZÁROFF[9] an Hand von Elektronendichte- und Leitfähigkeitsmessungen gezeigt werden konnte, liegt bei hohen Konzentrationen der Zinkionen auf Zwischengitterplätzen (also im Bereich von 15 bis $60 \cdot 10^{19}$ Zn/cm³), wobei das Achsenverhältnis in der hexagonalen Elementarzelle von 1,6019 auf 1,6025 erhöht wird, nur jedes tausendste Zwischengitteratom als 1wertiges Kation $Zn^{\cdot}$ vor; d. h., das Gleichgewicht

$$Zn^{\cdot} + e' \rightleftharpoons Zn^{\times}$$

soll weitgehend nach rechts verschoben sein. Inwieweit dieser Sachverhalt zur Deutung der Rotfärbung von ZnO, das bei 800 °C in Gegenwart

[1] HAHN, E. E.: J. appl. Phys. **22**, 855 (1951).
[2] HAUFFE, K., u. H. J. ENGELL: Z. Elektrochem. Ber. Bunsenges. phys. Chem. **56**, 366 (1952).
[3] HEILAND, G.: Z. Phys. **148**, 28 (1957).
[4] KRUSEMEYER, H. J., u. D. G. THOMAS: J. Phys. Chem. Solids **4**, 78 (1958).
[5] ANDERSON, J. S.: Disc. Faraday Soc. **4**, 163 (1948).
[6] ALLSOPP, H. J.: J. Soc. Anal. Chem. **82**, 474 (1957).
[7] ALLSOPP, H. J., u. J. P. ROBERTS: Trans. Faraday **55**, Soc. 1386 (1958).
[8] ROBERTS, J. P., u. J. HUTCHINGS: Trans. Faraday **55**, Soc. 1394 (1958).
[9] MOHANTY, G. P., u. L. V. AZÁROFF: J. chem. Phys. **35**, 1268 (1961).

von Zink getempert wurde[1], herangezogen werden kann, ist auf Grund der vorliegenden Untersuchungen noch nicht zu entscheiden.

Durch den Einbau 3wertiger Kationen, z. B. in Form von Al_2O_3, werden aus Gründen der Elektroneutralität Zinkionen von Zwischengitterplätzen verdrängt. Wie in Abb. 3.97 angedeutet, befinden sich in einer ZnO-Al_2O_3-Mischphase die 3wertigen Al-Ionen auf Zn-Gitterplätzen, wodurch je eingebautes Al-Ion eine positive Überschußladung im Gitter auftritt, gekennzeichnet durch das Symbol $Al|Zn|^{\cdot}$. Je eingebautes Al_2O_3 werden also zwei Zn-Ionen aus ihren Gitterplätzen verdrängt und drei Sauerstoffionen „mitgebracht". Was nun mit den beiden verdrängten Zn^{2+}-Ionen und ebenso mit den drei O^{2-}-Ionen geschieht, hängt vom Sauerstoffdruck und den Energieniveaus der verschiedenen Aufladungszustände der Zn-Störstellen ab.[2] Unter der Annahme einfach geladener $Zn^{\cdot}$ als Hauptpartner der Umsetzung folgt:

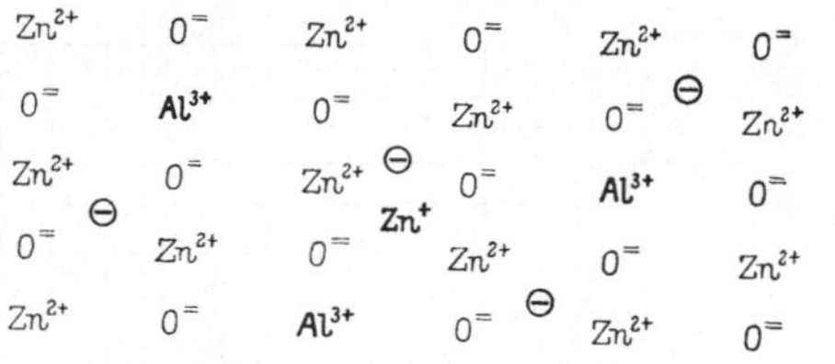

Zn²⁺ O⁼ Zn²⁺ O⁼ Zn²⁺ O⁼
O⁼ Al³⁺ O⁼ Zn²⁺ O⁼ ⊖ Zn²⁺
Zn²⁺ O⁼ Zn²⁺ ⊖ O⁼ Al³⁺ O⁼
⊖ Zn⁺
O⁼ Zn²⁺ O⁼ Zn²⁺ O⁼ Zn²⁺
Zn²⁺ O⁼ Al³⁺ O⁼ ⊖ Zn²⁺ O⁼

Abb. 3.97. Ionen- und Elektronenfehlordnung in der heterotypen Mischphase ZnO-Al_2O_3. (Hier ist die Zahl der Leitungselektronen größer als die der Zn-Ionen auf Zwischengitterplätzen; $e' = \ominus$.)

$$\tfrac{1}{2}O_2(\text{gas}) + Al_2O_3 + 2Zn^{\cdot} \rightleftharpoons 2Al|Zn|^{\cdot} + 4ZnO. \qquad (3.300)$$

Die Verminderung von $Zn^{\cdot}$-Stellen hat zur Voraussetzung, daß auf Grund des Massenwirkungsansatzes (3.297) neben dem Einbau (3.300) auch der folgende auftritt:

$$Al_2O_3 = 2Al|Zn|^{\cdot} + 2e' + 2ZnO + \tfrac{1}{2}O_2(\text{gas}). \qquad (3.301)$$

Wie man aus den Einbaugleichungen (3.300) und (3.301) erkennt, wird die Konzentration der Zn-Ionen $x_{Zn^{\cdot}}$ auf Zwischengitterplätzen erniedrigt und die der freien Elektronen x_- erhöht. Durch Kombination von Gl. (3.300) und (3.301) folgt:

$$Al_2O_3 + Zn^{\cdot} = 2Al|Zn|^{\cdot} + e' + 3ZnO. \qquad (3.302)$$

Eine wesentliche Mitwirkung von Metallionenlücken $|Zn|''$ gemäß der Einbaugleichung:

$$Al_2O_3 = 2Al|Zn|^{\cdot} + |Zn|'' + 3ZnO, \qquad (3.303\,a)$$

wie sie im System $AgBr$–$CdBr_2$ vorliegt, tritt hier nicht auf, da das ZnO-Sauerstoffgleichgewicht

$$\tfrac{1}{2}O_2(\text{gas}) + 2e' = ZnO + |Zn|'' \qquad (3.303\,b)$$

wegen der halbvalenzmäßigen Bindung (sowie der doppelten Ladung) der Zn-Ionen des Gitters, die eine Leerstellenbildung im Zn^{2+}-Teilgitter praktisch ausschließt, offenbar selbst bei den höchsten Sauerstoffdrucken weitgehend nach links verschoben ist. Für den Einbaumechanismus

[1] Thomas, D. G.: J. Phys. Chem. Solids **3**, 229 (1957).

[2] Wagner, C.: J. chem. Phys. **18**, 62 (1950). — K. Hauffe u. A. L. Vierk: Z. phys Chem. **196**, 160 (1950).

(3.300) bis (3.302) sprechen die Leitfähigkeitsmessungen (Abb. 3.98) und die auf S. 674 mitgeteilten Versuchsergebnisse über die Oxydation von Zinklegierungen.

Beim Einbau 1wertiger Kationen, z. B. in Form von Li_2O oder Na_2O, in das ZnO-Gitter treten gerade umgekehrte Verhältnisse auf. Hier werden 2wertige Zn-Ionen auf normalen Gitterplätzen durch 1wertige Li-Ionen ersetzt, so daß es zu einer Erhöhung der Zahl der Zinkionen auf Zwischengitterplätzen kommt und gleichzeitig zwecks Aufrechterhaltung der Massenwirkungsbedingung

$$x_{Zn^{\cdot}} \cdot x_{-} = K \quad (p_{O_2} = \text{const}) \qquad (3.304)$$

zu einer Abnahme der Zahl der Leitungselektronen und damit zu einer Abnahme der elektrischen Leitfähigkeit, wie dies in Abb. 3.99 symbolisch dargestellt und in Abb. 3.98 durch das Experiment bestätigt ist. In Analogie zu (3.302) erfolgt der Bruttovorgang des Li_2O-Einbaus in folgender Weise:

$$Li_2O + e' = 2\,Li|Zn|' + Zn^{\cdot} + ZnO. \qquad (3.305)$$

1
$\Omega^{-1}\cdot cm^{-1}$
10^{-1}
10^{-2}
10^{-3}
10^{-4}
10^{-5}
10^{-6}
ϰ
Al_2O_3
Cr_2O_3
Li_2O
0
1
2
3
4
5
Mol % Fremdoxid

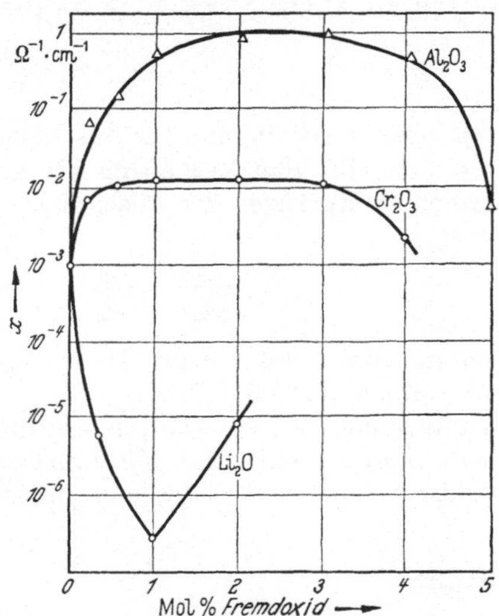

Abb. 3.98. Abhängigkeit der elektrischen Leitfähigkeit heterotyper ZnO-Mischphasen von der Konzentration des Fremdoxids bei 395 °C und 1 atm Luft nach HAUFFE und VIERK.

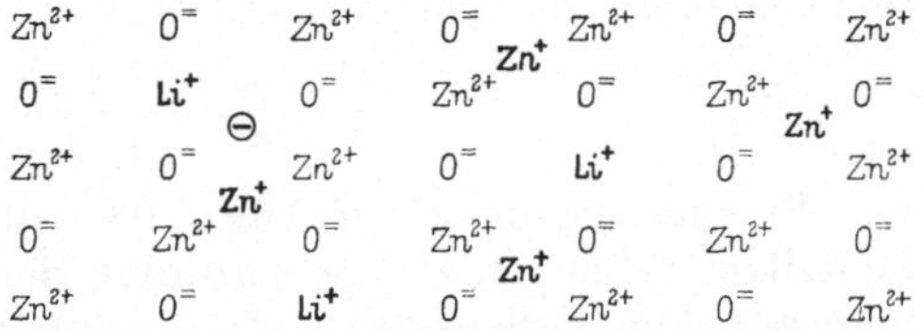

Zn^{2+} $O^{=}$ Zn^{2+} $O^{=}$ Zn^{2+} $O^{=}$ Zn^{2+}
Zn^{+}
$O^{=}$ Li^{+} $O^{=}$ Zn^{2+} $O^{=}$ Zn^{2+} $O^{=}$
⊖ Zn^{+}
Zn^{2+} $O^{=}$ Zn^{2+} $O^{=}$ Li^{+} $O^{=}$ Zn^{2+}
Zn^{+}
$O^{=}$ Zn^{2+} $O^{=}$ Zn^{2+} $O^{=}$ Zn^{2+} $O^{=}$
Zn^{+}
Zn^{2+} $O^{=}$ Li^{+} $O^{=}$ Zn^{2+} $O^{=}$ Zn^{2+}

Abb. 3.99. Ionen- und Elektronenfehlordnung in der heterotypen Mischphase ZnO + Li_2O. (Hier ist die Zahl der Zn-Ionen auf Zwischengitterplätzen größer als die Zahl der freien Leitungselektronen; $e' \equiv \ominus$.)

Unter Zugrundelegung des Fehlordnungsgleichgewichtes (3.304) bei konstantem Sauerstoffdruck gilt im reinen ZnO (Index 0 kennzeichnet die reine Phase):

$$x^0_{Zn^{\cdot}} = x^0_{-}. \qquad (3.306)$$

Unter Anwendung des Massenwirkungsansatzes (3.304) und der Elektroneutralitätsbedingung im Falle eines ZnO-Al_2O_3-Mischoxids

$$x_{-} = x_{Al|Zn|^{\cdot}} + x_{Zn^{\cdot}} \qquad (3.307)$$

kann dann unter Beachtung von (3.306) der Verlauf der Leitfähigkeitszunahme einer ZnO-Al_2O_3-Mischphase bzw. des Verhältnisses der Leitfähigkeit der Mischphase $\varkappa$ zu der der reinen ZnO-Phase $\varkappa^0$ mit steigendem Al_2O_3-Gehalt erhalten werden zu:

$$\frac{\varkappa}{\varkappa^0} = \frac{x_{Al|Zn|^\cdot}}{2x_-^0} + \left[\left(\frac{x_{Al|Zn|^\cdot}}{2x_-^0}\right)^2 + 1\right]^{1/2}. \qquad (3.308)$$

Hieraus ergibt sich für $x_{Al|Zn|^\cdot} = 2x_{Al_2O_3} \gg x_-^0$, was bereits bei kleinen Zusätzen an Al_2O_3 — $x_{Al|Zn|^\cdot} \geqq 5 \cdot 10^{-4}$ — der Fall ist,

$$\frac{\varkappa}{\varkappa^0} \approx \frac{x_{Al|Zn|^\cdot}}{x_-^0}. \qquad (3.309)$$

Entsprechend erhält man für das Verhältnis der Zinkionenteilleitfähigkeiten bzw. für das Verhältnis der Konzentration der Zinkionen auf Zwischengitterplätzen der Mischphase $x_{Zn^\cdot}$ und der reinen ZnO Phase $x_{Zn^\cdot}^0$.

$$\frac{\varkappa_{Zn^\cdot}}{\varkappa_{Zn^\cdot}^0} = \frac{x_{Zn^\cdot}}{x_{Zn^\cdot}^0} = \frac{1}{z + \sqrt{z^2 + 1}}, \qquad (3.310)$$

wobei an Stelle des Ausdrucks $x_{Al|Zn|^\cdot}/2x_-^0$ die dimensionslose Kenngröße z eingeführt ist.

In ähnlicher Weise erhalten wir für das Verhältnis der elektrischen Leitfähigkeit der ZnO-Li_2O-Mischphase $\varkappa$ zu der der reinen ZnO-Phase $\varkappa^0$ unter Beachtung der Elektroneutralitätsbedingung

$$x_{Zn^\cdot} = x_- + x_{Li|Zn|'} \qquad (3.311)$$

schließlich

$$\frac{\varkappa}{\varkappa^0} = \frac{1}{\frac{x_{Li|Zn|'}}{2x_-^0} + \left[\left(\frac{x_{Li|Zn|'}}{2x_-^0}\right)^2 + 1\right]^{1/2}}. \qquad (3.312)$$

Auch hier kann man praktisch mit der Bedingung $x_{Li|Zn|'} = 2x_{Li_2O} \gg x_-^0$ rechnen und erhält dann aus (3.312):

$$\frac{\varkappa}{\varkappa^0} \approx \frac{x_-^0}{x_{Li|Zn|'}}. \qquad (3.313)$$

Die Versuchsergebnisse in Abb. 3.98 bestätigen die Richtigkeit obiger Modellvorstellungen zur Fehlordnung der oxidischen Mischphase. Wie man aus dem Verlauf der Leitfähigkeitskurven erkennt, ist bei 1 bzw. 2 Mol-% Fremdoxidzusatz der maximale Wert der nach den obigen Fehlordnungsbildern zu erwartenden Leitfähigkeitsänderung erreicht. Nach Durchlaufen eines mehr oder minder großen, vom Fremdoxidzusatz unabhängigen, Leitfähigkeitsbereichs treten bei höheren Fremdoxidzusätzen gegenläufige Änderungen auf, die im Falle der Systeme ZnO-Al_2O_3 und ZnO-Cr_2O_3 eine Leitfähigkeitsänderung durch Spinellbildung an den Korngrenzen vermuten lassen. Inwieweit eine teilweise Assoziation gemäß $Al|Zn|^\cdot + e' \rightleftharpoons Al|Zn|^\times$ zu berücksichtigen ist, kann zur Zeit nicht angegeben werden. Noch ungeklärt ist ferner der relativ steile Anstieg der Leitfähigkeitskurve bei Zusätzen an Li_2O von >1 Mol-%. Hier liegt die Vermutung nahe, daß nach Vernichtung der Leitungselektronen e' bei weiterem Li_2O-Zusatz eine Elektronenfehlordnungsinversion unter Ausbildung von Defektelektronen $|e|^\cdot$ erzwungen wird. In der Tat konnte ein Übergang von der n- zur p-Leitung an ZnO-Proben, die mit 2 Mol% Li_2O dotiert waren, bei 1027 °K oberhalb 10 Torr Sauerstoff von RUDOLPH durch Thermokraftmessungen nachgewiesen werden[1].

Wie man aus Versuchsergebnissen von HUTSON[2] und LANDER[3] schließen muß, erfolgt der Einbau von Lithium ins ZnO-Gitter in reduzierender Atmosphäre bzw. sehr kleinen Sauerstoffdrucken als Donator:

$$\mathrm{Li(gas)} = \mathrm{Li}^{\bullet} + e'. \tag{3.314}$$

Mit steigendem Sauerstoffdruck nimmt die Akzeptorwirkung infolge Bildung von $\mathrm{Li}|\mathrm{Zn}|'$-Stellen zu. Es ist daher in jedem Fall mit dem folgenden Gleichgewicht zu rechnen:

$$\mathrm{Li}^{\bullet} + e' = \mathrm{Li}|\mathrm{Zn}|' + \mathrm{Zn}^{\bullet} \tag{3.315}$$

mit dem Massenwirkungsansatz:

$$\frac{x_- \, x_{\mathrm{Li}^{\bullet}}}{x_{\mathrm{Zn}^{\bullet}} \cdot x_{\mathrm{Li}|\mathrm{Zn}|'}} = K. \tag{3.316}$$

Betrachtet man die Gleichgewichtsverhältnisse in einem ZnO-Kristall, der sich im Gleichgewicht mit einer Zn-Li-Legierungsschmelze befindet, also:

$$\mathrm{Li(Schmelze)} = \mathrm{Li}^{\bullet} + e', \tag{3.317a}$$

und

$$\mathrm{Zn(Schmelze)} = \mathrm{Zn}^{\bullet} + e' \tag{3.317b}$$

so folgt

$$x_- \, x_{\mathrm{Li}^{\bullet}} = K_{\mathrm{Li}} \, a_{\mathrm{Li}} \tag{3.318a}$$

und

$$x_- \, x_{\mathrm{Zn}^{\bullet}} = K_{\mathrm{Zn}} \, a_{\mathrm{Zn}}, \tag{3.318b}$$

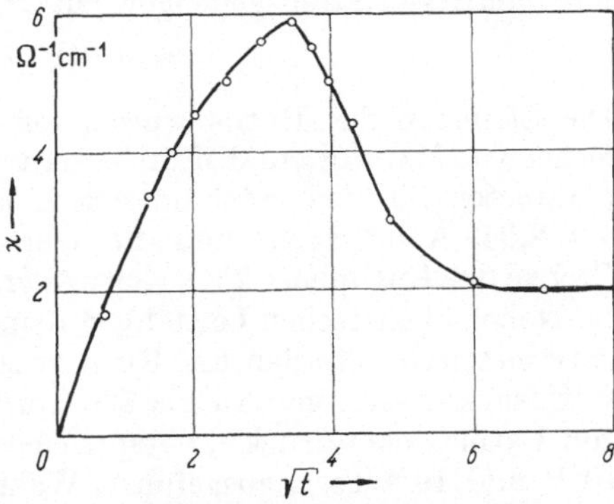

Abb. 3.100. Zeitlicher Verlauf der Leitfähigkeit eines ZnO-Kristalls bei 504°C, der mit einer dünnen LiOH-Schicht versehen war, in Zn-Dampf bei 450 °C nach LANDER. (t in Min.)

wo a_{Li} und a_{Zn} die Aktivitäten von Li und Zn in der Legierungsschmelze bedeuten. Das Verhältnis der Konzentrationen der $\mathrm{Li}^{\bullet}$- und $\mathrm{Zn}^{\bullet}$-Störstellen sollte sich auf ein durch Ablauf von Reaktion (3.315) unbeeinflußbares konstantes Verhältnis einstellen:

$$x_{\mathrm{Li}^{\bullet}}/x_{\mathrm{Zn}^{\bullet}} = K_{\mathrm{Li}} \, a_{\mathrm{Li}}/K_{\mathrm{Zn}} \, a_{\mathrm{Zn}}. \tag{3.319}$$

Wie aus Abb. 3.100 hervorgeht, verläuft der Einbau von Lithium aus einer auf ZnO aufgebrachten dünnen Schicht von LiOH in einer Zn-Atmosphäre zunächst überwiegend auf Zwischengitterplatz — daher Zunahme der Leitfähigkeit — und anschließend durch Einsetzen der offenbar gehemmten Reaktion (3.315) auf Gitterplatz durch Verdrängen der äquivalenten Zahl von Zn-Ionen unter Vernichtung von freien Elek-

---

[1] RUDOLPH, J.: Z. Naturforsch. **14a**, 727 (1959).
[2] HUTSON, A. R.: Phys. Rev. **108**, 222 (1957).
[3] LANDER, J. J.: J. Phys. Chem. Solids **15**, 324 (1960).

tronen — deshalb Abnahme der Leitfähigkeit. Ferner wurde von LANDER die Kinetik der Verdrängungsreaktion studiert. Die Gleichgewichtskonstante K konnte für 600 °C zu 222 ermittelt werden, wobei das Verhältnis $x_{Li|Zn|'}/x_{Li^{\cdot}} = 0{,}9$ gesetzt wurde.

Weitere Informationen über die Elektronenfehlordnung im ZnO und den Aufbau der Bänderstruktur erhält man aus Messungen der Photoleitung. Da diese Erscheinungen jedoch im Bereich der Oberfläche eines Kristalls ablaufen, sollen sie in einem anderen Zusammenhang bei den Chemisorptionsvorgängen in Kap. 4.4 und 4.5 beschrieben werden.

Titandioxyd (TiO_{2-x}) gehört ebenfalls in die Gruppe der n-Typ-Halbleiter. Eine ausführliche Zusammenstellung der Untersuchungen bis 1957 wurde von GRANT[1] veröffentlicht. Wenn man auch gegenwärtig das Auftreten von Titanionen auf Zwischengitterplätzen ebenfalls berücksichtigen muß[2,3], so ist man doch geneigt, auf Grund der experimentellen Ergebnisse der Bildung von Sauerstoffionenleerstellen den Vorzug zu geben gemäß[4-8]:

$$\text{Null} \rightleftharpoons |O|^{\cdot\cdot} + 2e' + \tfrac{1}{2} O_2(\text{gas}) \qquad (3.320\,a)$$

mit dem Assoziationsgleichgewicht:

$$e' + |O|^{\cdot\cdot} = |O|^{\cdot}. \qquad (3.320\,b)$$

Die Struktur des Rutils wurde von CROMER und HERRINGTON[9] und ferner von MAGNÉLI und Mitarbeitern[10] untersucht. Während die Gitterparameter für das stöchiometrisch aufgebaute Rutil $a = 4{,}584$ und $c = 2{,}959$ Å betragen, sind die Werte der Parameter an der unteren Grenze der Rutilphase $TiO_{1,96}$ etwas größer, $a = 4{,}603$ und $c = 2{,}960$ Å.

Neben elektrischen Leitfähigkeitsmessungen[3,5] wurden auch thermogravimetrische Studien am Rutil zwischen 860 und 1230 °C im Sauerstoffdruckbereich von 13 bis 520 Torr[6] und in einem CO-CO_2-Gemisch von 1 atm Gesamtdruck[11], entsprechend einem Sauerstoffdruck zwischen 10^{-17} und 10^{-9} Torr, ausgeführt. Während sich die Versuchsergebnisse von FÖRLAND[6] und KOFSTAD[11] entsprechend Gl. (3.320a) — Gewichtsänderung proportional $p_{O_2}^{-1/6}$ — oberhalb 1000 °C darstellen lassen (Abb. 3.101), finden französische Autoren[12] im Temperaturgebiet von 1318 bis 1531 °K bei Sauerstoffdrucken zwischen 10^{-4} und 10^{-2} Torr

---

[1] GRANT, F. A.: Rev. Modern Phys. **31**, 646 (1959).
[2] EARLE, M. D.: Phys. Rev. **61**, 56 (1942).
[3] HURLEN, T.: Acta chem. scand. **13**, 365 (1959); J. Inst. Metals **89**, 128 (1960).
[4] EHRLICH, P.: Z. Elektrochem. angew. phys. Chem. **45**, 362 (1939); Z. anorg. allg. Chem. **247**, 53 (1941).
[5] HAUFFE, K., H. GRUNEWALD u. R. TRÄNCKLER-GREESE: Z. Elektrochem. Ber. Bunsenges. phys. Chem. **56**, 937 (1952).
[6] FÖRLAND, K. S.: Tionde Nordiske Kemistmötet. Stockholm 1959.
[7] CRONEMEYER, D. C.: Phys. Rev. **87**, 876 (1952).
[8] CRONEMEYER, D. C.: Phys. Rev. **113**, 1222 (1959).
[9] CROMER, D. T., u. K. J. HERRINGTON: J. Amer. chem. Soc. **77**, 4708 (1955).
[10] ANDERSSON, S., B. COLLÉN, U. KUYLENSTIERNA u. A. MAGNÉLI: Acta chem. scand. **11**, 1641 (1957).
[11] KOFSTAD, P.: J. Phys. Chem. Solids **23**, 1579 (1962).
[12] ASSAYAG, P., M. DODÉM u. R. FAIVRE: C.R. Acad. Sci., Paris **240**, 1212 (1955).

nur eine Proportionalität mit $p_{O_2}^{-1/5}$:

$$\log x = -\frac{1}{5}\log p_{O_2} - \frac{5000}{T} - 0{,}10\,, \qquad (3.321)$$

wo x den Molenbruch an fehlendem Sauerstoff in TiO_{2-x} bzw. die Sauerstoffleerstellenkonzentration darstellt. In Übereinstimmung mit den Leitfähigkeitsmessungen von EARLE[1] findet auch KOFSTAD[2] zwischen 977 und 1027 °C einen Übergang der Sauerstoffdruckabhängigkeit von $x \sim p_{O_2}^{-1/6}$ zu $x \sim p_{O_2}^{-1/2}$. Unter der Annahme einer alleinigen Ausbildung von Sauerstoffionenleerstellen ergab sich die Bildungswärme für 1 Mol $|O|^{\cdot\cdot}$ zwischen 1000 und 1200 °C zu 131 kcal.[2] Entsprechend konnte die partielle molare freie Energie der Dissoziation von Sauerstoff im nichtstöchiometrischen Rutil zu:

$$\Delta \bar{G}_{\frac{1}{2}O_2} = 3RT\ln x + 131\,000 - 29{,}8\,T \qquad (3.322)$$

berechnet werden. Jedoch ist Gl. (3.322) nur dann anwendbar, wenn $x \sim p_{O_2}^{-1/6}$ ist. Nähert man sich mehr der stöchiometrischen Zusammensetzung, so treten erhebliche Änderungen in ΔH und ΔS auf.

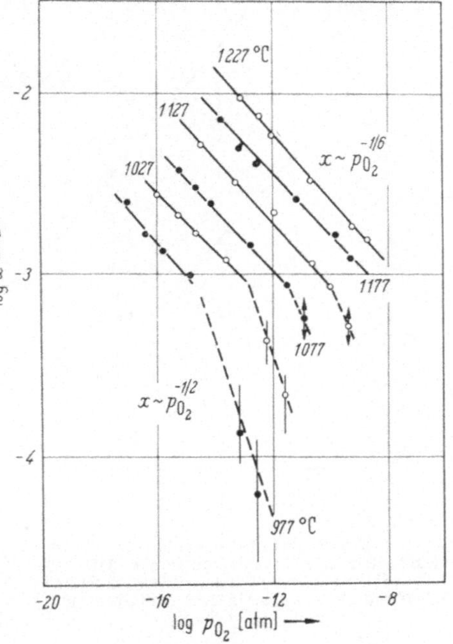

Abb. 3.101. Der Logarithmus der Sauerstoffionen-Leerstellenkonzentration x (in TiO_{2-x}) als Funktion des Logarithmus des Sauerstoffpartialdruckes bei verschiedenen Temperaturen nach KOFSTAD.

An Hand von Infrarot-Absorptionsmessungen an Rutil-Einkristallen, die bei 700 °C einige Minuten in Wasserstoff anreduziert wurden, konnte CRONEMEYER[3] die Lagen des 1. und 2. Donatorniveaus mit 0,75 und 1,18 eV unter der Leitungsbandkante ermitteln.

Sowohl HAUFFE und Mitarbeiter[4] als auch RUDOLPH[5] fanden übereinstimmend an Rutil zwischen 700 und 1000 °C $\varkappa \sim p_{O_2}^{-1/4,5}$ bis $\varkappa \sim p_{O_2}^{-1/5,5}$ (Abb. 3.102). Letzter Befund ist aber mit Fehlordnungsgleichung (3.320a) und (3.320b) nicht im Widerspruch. Ganz unabhängig von der Frage der Ionenfehlordnung dürfte aber hiernach eine Elek-

[1] EARLE, M. D.: Phys. Rev. **61**, 56 (1942).
[2] KOFSTAD, P.: J. Phys. Chem. Solids **23**, 1579 (1962).
[3] CRONEMEYER, D. C.: Phys. Rev. **113**, 1222 (1959).
[4] HAUFFE, K., H. GRUNEWALD u. R. TRÄNCKLER-GREESE: Z. Elektrochem. Ber. Bunsenges. phys. Chem. **56**, 937 (1952).
[5] RUDOLPH, J.: Z. Naturforsch. **14a**, 727 (1959).

tronenüberschußleitung in TiO_2 sichergestellt sein. BRECKENRIDGE und HOSLER[1] bestätigten durch HALL-Effektmessungen die Überschußleitung in TiO_2, das bei verschiedenen Temperaturen und Zeitspannen einer Wasserstoffbehandlung unterworfen wurde. Die Dichte der Leitungselektronen beträgt bei $-190\,°C$ etwa 10^{17} bis 10^{18} je cm^3 und wächst beim Erwärmen auf $500\,°C$ um den Faktor 100. Die Elektronenbeweglichkeit ist in allen Fällen relativ klein. Auf

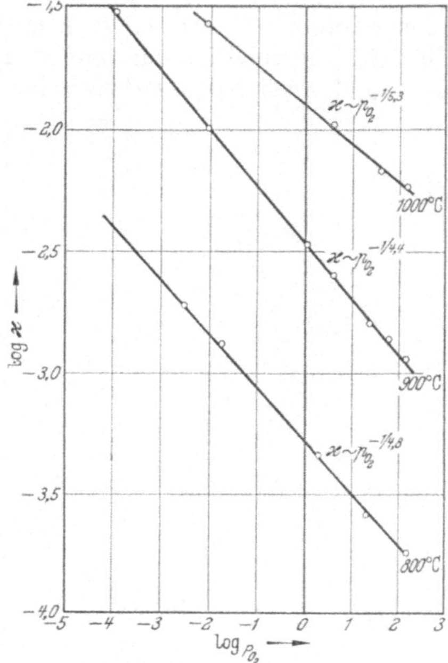

Abb. 3.102. Sauerstoffdruckabhängigkeit der elektrischen Leitfähigkeit von reinem TiO_2 zwischen 800 und 1000 °C nach HAUFFE, GRUNEWALD und TRÄNCKLER-GREESE. (ϰ in $Ohm^{-1}\,cm^{-1}$ und p_{O_2} in Torr.)

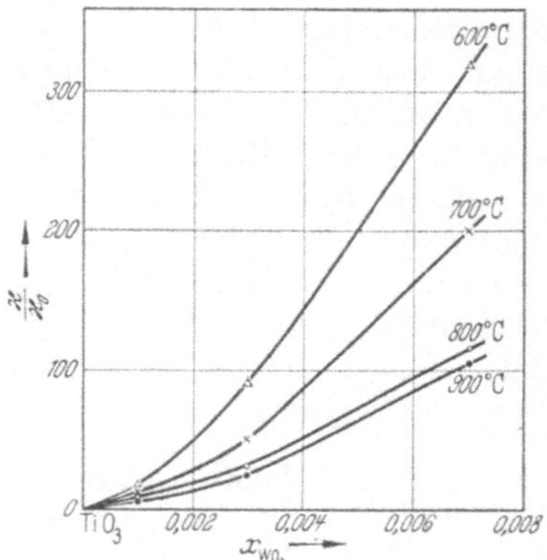

Abb. 3.103. Verlauf des Leitfähigkeitsverhältnisses $\varkappa/\varkappa^0$ von TiO_2-WO_3-Mischoxiden in Abhängigkeit vom WO_3-Gehalt in 1 atm Luft nach HAUFFE, GRUNEWALD und TRÄNCKLER-GREESE.

Grund dieser Tatsache sieht man nun leicht ein, daß durch Zusätze höherwertiger Kationen, z. B. in Form von WO_3, entsprechend den symbolischen Einbaugleichungen

$$WO_3 \rightleftharpoons W|Ti|^{\cdot\cdot} + 2e' + TiO_2 + \tfrac{1}{2}O_2(\text{gas}) \qquad (3.323\text{a})$$

und

$$|O|^{\cdot} + WO_3 \rightleftharpoons W|Ti|^{\cdot\cdot} + e' + TiO_2 \qquad (3.323\text{b})$$

die Zahl der Leitungselektronen und damit die elektrische Leitfähigkeit erhöht und die Zahl der Sauerstoffionenleerstellen erniedrigt wird. Durch völlig identische Beziehungen folgt für das Verhältnis der elektrischen Leitfähigkeit der Mischphase und der des reinen TiO_2 mit der Bedingung $x_{WO_3} = x_{W|Ti|^{\cdot\cdot}} \gg x^0_-$:

$$\frac{\varkappa}{\varkappa^0} \approx \frac{x_{WO_3}}{x^0_-}. \qquad (3.324)$$

Abb. 3.103 zeigt den nach (3.324) erwarteten Verlauf des Leitfähigkeitsverhältnisses $\varkappa/\varkappa^0$ in Abhängigkeit vom WO_3-Gehalt der heterotypen

[1] BRECKENRIDGE, R. G., u. W. R. HOSLER: Phys. Rev. (2) **83**, 227 (1951); vgl. auch: Über optische Absorption und Photoleitfähigkeit von Rutil, von D. C. CRONEMEYER u. M. A. GILLER: Phys. Rev. (2) 975 (1951).

Mischphase TiO_2-WO_3. JOHNSON[1] fand ebenfalls eine Leitfähigkeitserhöhung bei Zusatz von WO_3 und Nb_2O_5.

In Analogie zum System ZnO + Li_2O müßte ein Zusatz von Ga_2O_3, Al_2O_3 und NiO zu TiO_2 dessen Leitfähigkeit herabsetzen. Die beobachteten Abnahmen waren allerdings gering. WEYL und Mitarbeiter[2] erreichten durch Einbau von Nb^{5+}-Ionen im TiO_2-Gitter eine ähnlich graublaue Färbung wie beim Anreduzieren des reinen Rutils in einer Wasserstoffatmosphäre. Während die durch Reduktion erzeugte Färbung in einer oxydierenden Atmosphäre bei höheren Temperaturen leicht wieder beseitigt werden konnte unter gleichzeitiger Abnahme der elektrischen Leitfähigkeit, war dies an Nb^{5+}-ionenhaltigen Rutilkristallen nicht möglich.

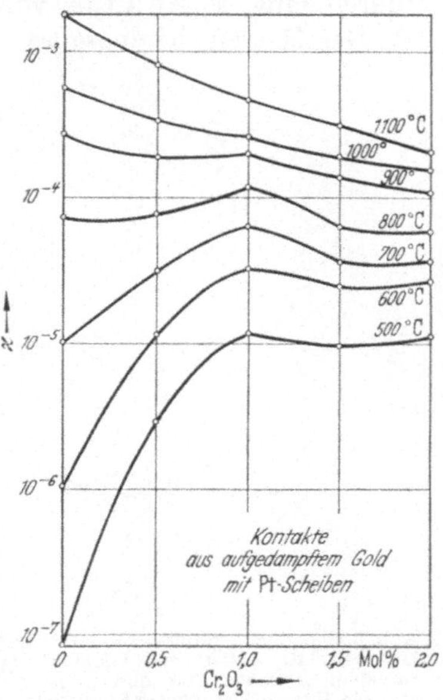

Abb. 3.104. Die elektrische Leitfähigkeit von TiO_2-Cr_2O_3-Mischoxiden zwischen 600 und 1100 °C in Abhängigkeit vom Cr_2O_3-Gehalt in 1 atm Luft nach HAUFFE, GRUNEWALD und TRÄNCKLER-GREESE.

Eine interessante Beeinflussung der Fehlordnung wurde durch Zusatz von Chromoxid beobachtet. Entsprechend dem Fehlordnungsschema für *n*-Typ-Halbleiter sollte die Zahl der Leitungselektronen vermindert werden. Wie jedoch der Verlauf der elektrischen Leitfähigkeit der Titan-Chrom-Mischoxide zeigt (Abb. 3.104), nimmt unterhalb 900 °C die elektrische Leitfähigkeit mit steigenden Zusätzen an Cr_2O_3 unerwartet zu. Erst oberhalb 900 °C tritt die erwartete Abnahme der elektrischen Leitfähigkeit ein. Hier wird die Zahl der Ladungsträger (x_-) durch den Einbau von Chromoxid verringert, wie die folgende symbolische Einbaugleichung wiedergibt:

$$\tfrac{1}{2} O_2(\text{gas}) + 2e' + Cr_2O_3 \rightleftharpoons 2Cr|Ti|' + 2TiO_2. \qquad (3.325)$$

Die Zahl der Sauerstoffionenleerstellen wird aber vergrößert:

$$Cr_2O_3 \rightleftharpoons 2Cr|Ti|' + |O|^{\bullet\bullet} + 2TiO_2.$$

Während reines TiO_2 einen geradlinigen Verlauf der Leitfähigkeitsisotherme von niedrigen Sauerstoffdrucken bis zu 1 atm O_2 zeigt (s. Abb. 3.102), wird an einem mit 1 Mol-% Cr_2O_3 dotierten TiO_2 bereits erheblich unter 1 atm O_2 ein Leitfähigkeitsminimum mit einem Wiederanstieg der Leitfähigkeit gefunden. Mit diesem Wiederanstieg der Leitfähigkeit vollzieht sich, wie aus entsprechenden Isothermen der Thermokraft eines mit $2 \cdot 10^{-4}$ Mol Fe^{3+}-Ionen je Mol TiO_2 dotierten

---

[1] JOHNSON, G. H.: J. Amer. ceram. Soc. **36**, 97 (1953).

[2] WEYL, W. A.: Ceram. Age, Nov. 1952, S. 28. — W. A. WEYL u. T. FØRLAND: Ind. Engng. Chem. **42**, 257 (1950).

TiO_2 geschlossen werden kann[1], eine Fehlordnungsinversion zu einer p-Typ-Halbleitung. Unter diesen Bedingungen gilt die folgende Einbaugleichung:

$$\tfrac{1}{2}O_2(\text{gas}) + Cr_2O_3 = 2Cr|Ti|' + 2|e|^{\cdot} + 2TiO_2, \qquad (3.326)$$

die zu einer Erhöhung der Leitfähigkeit mit steigendem Sauerstoffdruck führen muß, sofern Cr_2O_3 vollständig in TiO_2 gelöst vorliegt.

Der Massenwirkungsansatz für Gl. (3.320a) lautet:

$$x_{|O|^{\cdot\cdot}}\, x_-^2\, p_{O_2}^{1/2} = K_1. \qquad (3.327)$$

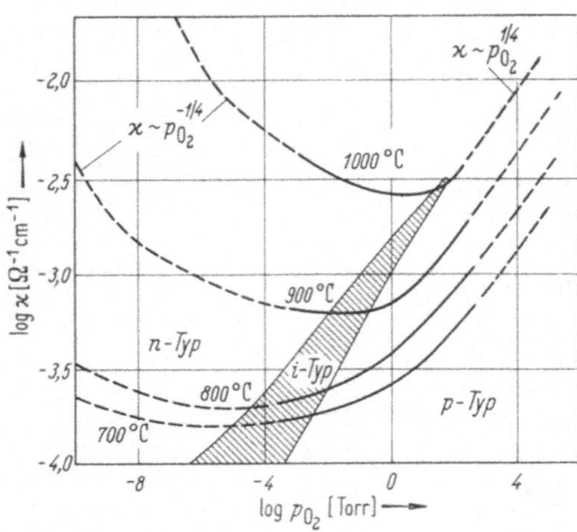

Abb. 3.105. Sauerstoffdruckabhängigkeit der Leitfähigkeit von TiO_2 dotiert mit 1 Mol-% Cr_2O_3 im Temperaturgebiet zwischen 700 und 1000 °C. Nur die ausgezogenen Kurven beruhen auf experimentellen Ergebnissen von HAUFFE, GRUNEWALD und TRÄNCKLER-GREESE. Der gestrichelte Flächenbereich entspricht dem vermuteten Intrinsic-Gebiet, wo $\varkappa_-$ annähernd gleich $\varkappa_+$ ist.

In der TiO_2-Cr_2O_3-Mischphase gilt die Elektroneutralitätsbeziehung:

$$2x_{|O|^{\cdot\cdot}} + x_+ = x_- + y_{CrO_{1,5}}, \qquad (3.328)$$

wo an Stelle $x_{Cr|Ti|'}$ der Molenbruch $y_{CrO_{1,5}}$ gesetzt ist. Die folgenden Grenzfälle können nun betrachtet werden:

1. $y_{CrO_{1,5}} = 0$ (TiO_2 ohne Cr_2O_3-Zusatz). Dann erhält man für $x_- \gg x_+$ aus Gl. (3.327) und (3.328):

$$x_- = (2K_1)^{1/3}\, p_{O_2}^{-1/6}$$

und

$$x_{|O|^{\cdot\cdot}} = \tfrac{1}{2}(2K_1)^{1/3}\, p_{O_2}^{-1/6}.$$

2. TiO_2 enthält Cr_2O_3.

a) Im Bereich niedriger Sauerstoffdrucke, wenn $x_- \gg x_+$ ist, ergibt sich dann aus Gl. (3.328):

$$y_{CrO_{1,5}} \approx 2x_{|O|^{\cdot\cdot}} \quad \text{oder} \quad x_{|O|^{\cdot\cdot}} \approx \tfrac{1}{2}y_{CrO_{1,5}}$$

und mit Gl. (3.327):

$$x_- = \left(\frac{2K_1}{y_{CrO_{1,5}}}\right)^{1/2} p_{O_2}^{-1/4}. \qquad (3.329\,\text{a})$$

b) Im Gebiet hoher Sauerstoffdrucke jedoch, wenn $p_{O_2} > 10^2$ Torr ist, folgt aus Gl. (3.329a) und der Beziehung für Eigenfehlordnung:

$$x_-\, x_+ = K_2$$

der Ausdruck:

$$x_+ = K_2 \left(\frac{y_{CrO_{1,5}}}{2K_1}\right)^{1/2} p_{O_2}^{1/4}. \qquad (3.329\,\text{b})$$

Wie man aus Abb. 3.105 erkennt, erfüllen die extrapolierten Kurven die Sauerstoffdruckabhängigkeit der Ladungsträger-Konzentration bzw. der entsprechenden Leitfähigkeit gemäß der Gl. (3.329a) und (3.329b).

[1] RUDOLPH, J.: Z. Naturforsch. **14a**, 727 (1959).

Auf Grund der hier skizzierten Zusammenhänge wären neue Messungen der Sauerstoffdruckabhängigkeit der Leitfähigkeit im Bereich tiefer Sauerstoffdrucke (in CO_2-CO-Gemischen) und auch bei Sauerstoffdrucken größer als 1 atm wünschenswert.

Inwieweit beim Einbau von Chromoxid in TiO_2 auch ein Wertigkeitswechsel der Chromionen auftreten kann, läßt sich gegenwärtig nicht entscheiden. Auf Grund der Redoxreaktionen von Ni- und Co-Ionen im Saphir[1] zwischen 800 und 1100 °C in reduzierender und oxydierender Atmosphäre sollte man zur Deutung des Farbübergangs von Rot nach Grün und umgekehrt beim Erhitzen von Rubinkristallen in reduzierenden und oxydierenden Atmosphären[2] ebenfalls einen Wertigkeitswechsel der im Al_2O_3-Gitter befindlichen Chromionen diskutieren. Hierfür sprechen ebenfalls Untersuchungen über die Abhängigkeit des kontinuierlichen Absorptions- und des roten Fluoreszenzspektrums des Rubins vom Chromionengehalt von RITSCHL und MÜLLER[3] sowie Messungen über die Lumineszenzabklingung in Rubin von TOLSTOI und FEOFILOV[4]. Aus die-

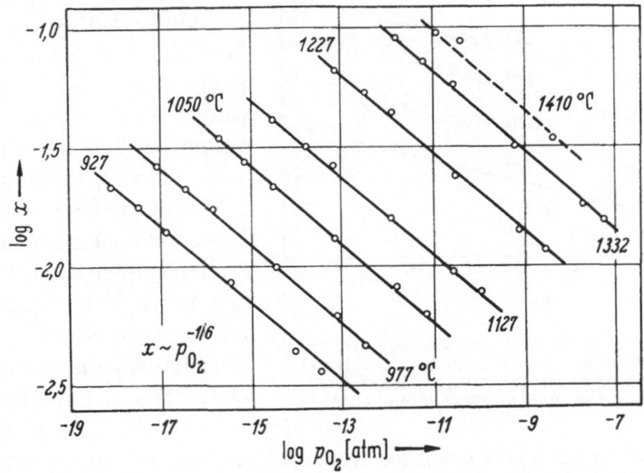

Abb. 3.106. Die Abhängigkeit von x bzw. der Sauerstoffionen-Leerstellenkonzentration in Nb_2O_{5-x} vom Sauerstoffdruck zwischen 900 und 1400 °C nach KOFSTAD und ANDERSON.

sem Zusammenhang heraus erscheint eine Untersuchung der elektrischen Leitfähigkeit von Rubin in Abhängigkeit von Temperatur und Sauerstoffdruck wünschenswert.

In die Gruppe der n-Typ-Halbleiter gehört auch Nb_2O_5, dessen nichtstöchiometrischer Aufbau nach BRAUER[5] ebenfalls auf einer Bildung von Sauerstoffionenleerstellen wie beim TiO_2 zu beruhen scheint. Zwi-

[1] MÜLLER, R.: Angew. Chem. **76**, 54 (1964).
[2] THILO, E.: Miscell. Acad. Berol. 1950, S. 82. — E. THILO, J. JANDER, H. SEEMANN u. R. SAUER: Naturwiss. **37**, 399 (1950). — J. JANDER: Diss. Berlin 1950.
[3] RITSCHL, R., u. R. MÜLLER: Z. Phys. **133**, 237 (1952).
[4] TOLSTOI, N. A., u. P. P. FEOFILOV: Ber. Akad. Wiss. UdSSR, NS **85**, 551 (1952).
[5] BRAUER, G.: Z. anorg. allg. Chem. **248**, 1 (1941); Naturwiss. **28**, 30 (1940).

schen 1350 und 1400 °C liegt die Existenzbreite der α-Phase zwischen $NbO_{2,50}$ und $NbO_{2,40}$. Es existieren fünf kristalline Modifikationen, von denen die α- und γ-Phase die häufigsten sind. Die Umwandlung von γ → α erfolgt bei 830 °C.[1] Erste Leitfähigkeitsmessungen an annähernd stöchiometrisch aufgebauten Nb_2O_5-Einkristallen zwischen 300 und 900 °C (Aktivierungsenergie von 1,65 eV) stammen von WHITMORE und Mitarbeitern[2]. Eingehende Untersuchungen über die Fehlordnungseigenschaften von γ- und α-Nb_2O_5 wurden mittels gravimetrischer und elektrischer Messungen zwischen 900 und 1400 °C bzw. 600 und 1200 °C bei verschiedenen Sauerstoffdrucken von KOFSTAD[3,4] ausgeführt.

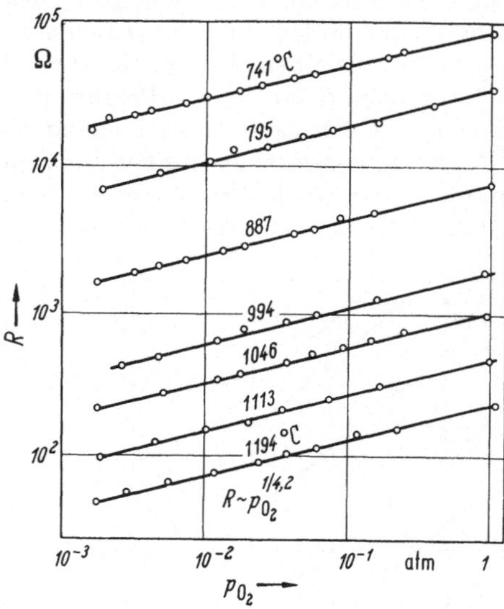

Abb. 3.107. Die Sauerstoffdruckabhängigkeit des elektrischen Widerstandes von gesinterten Nb_2O_5-Proben im höheren Sauerstoffdruckbereich (0,001 bis 1 atm) zwischen 750 und 1200 °C nach KOFSTAD.

Während die Gewichtsänderung der Nb_2O_5-Proben proportional $p_{O_2}^{-1/6}$ gefunden wurde (Abb. 3.106), folgt die elektrische Leitfähigkeit im Druckbereich von 0,001 bis 1 atm proportional $p_{O_2}^{-1/4.2}$ (Abb. 3.107) und im sehr viel niedrigeren Druckbereich bei Verwendung von CO-CO_2-Gemisches ebenfalls wie die Gewichtsänderung bzw. die Sauerstoffionen-Leerstellenkonzentration proportional $p_{O_2}^{-1/6}$. Unterhalb 700 °C treten Anomalien in der Sauerstoffdruckabhängigkeit der elektrischen Leitfähigkeit auf.

Die Änderung der Sauerstoffdruckabhängigkeit der elektrischen Leitfähigkeit versucht KOFSTAD[4] durch Annahme von 3wertigen Metalloxidverunreinigungen zu deuten, die bei hohen Sauerstoffionen-Leerstellenkonzentrationen (bei Verwendung von CO-CO_2-Gemischen) keine merkliche Rolle mehr spielen, wodurch $x_{|O|^{\cdot\cdot}}$ nicht mehr als konstant angesehen werden kann. In diesem Fall folgt dann ähnlich wie beim Titandioxid $\varkappa \sim x_- = \text{const}\, p_{O_2}^{-1/6}$.

Inwieweit auch hier ein Intrinsic-Bereich mit Übergang in eine p-Leitung vorhanden ist, bleibt weiteren Untersuchungen vorbehalten.

Bleichromat ($PbCrO_4$) ist nach LASHOF[5] ebenfalls ein Elektronenüberschußleiter, wie aus Messungen der elektrischen Leitfähigkeit von

---

[1] HOLZBERG, F., A. REISMAN, M. BERRY u. M. BERKENBLIT: J. Amer. chem. Soc. **79**, 2039 (1957).

[2] GREENER, E. H., D. H. WHITMORE u. M. E. FINE: J. chem. Phys. **34**, 1017 (1961).

[3] KOFSTAD, P., u. P. B. ANDERSON: J. Phys. Chem. Solids **21**, 280 (1961).

[4] KOFSTAD, P.: J. Phys. Chem. Solids **23**, 1571 (1962).

[5] LASHOF, T. W.: J. chem. Phys. **11**, 196 (1943).

$PbCrO_4$ in Abhängigkeit vom Sauerstoffdruck und des SEEBECK-Effektes[1] zu schließen ist. Bei 50 °C betrug die SEEBECK-EMK etwa 3 mV, und die auf der höheren Temperatur befindliche Elektrode zeigte ein positives Vorzeichen, was auf Leitungselektronen als Ladungsträger schließen läßt. In Abb. 3.108 ist die Abhängigkeit des spezifischen elektrischen Widerstandes R einer $PbCrO_4$-Probe vom Sauerstoffdruck im Temperaturbereich von 545 bis 611 °C dargestellt. Die elektrische Leitfähigkeit nimmt also mit steigendem Sauerstoffdruck ab. Es herrscht die Beziehung

$$\varkappa = \text{const}\, p_{O_2}^{-1/3}. \tag{3.330}$$

Im Temperaturgebiet zwischen 350 und 700 °C beträgt die Aktivierungsenergie 1,48 eV und unterhalb 350° C nur noch 0,60 eV.

WAGNER[2] hält die von LASHOF vorgeschlagenen Fehlordnungsgleichungen für wenig überzeugend. Im folgenden schließen wir uns der WAGNERschen Ansicht an. Da wir in $PbCrO_4$ je Anion ein Kation haben und da bei der Bildung von CrO_2^--Ionen aus Chromationen durch Sauerstoffabspaltung die Zahl der Anionen und die der Kationen gleich bleibt, muß entsprechend der Fehlordnungsgleichung

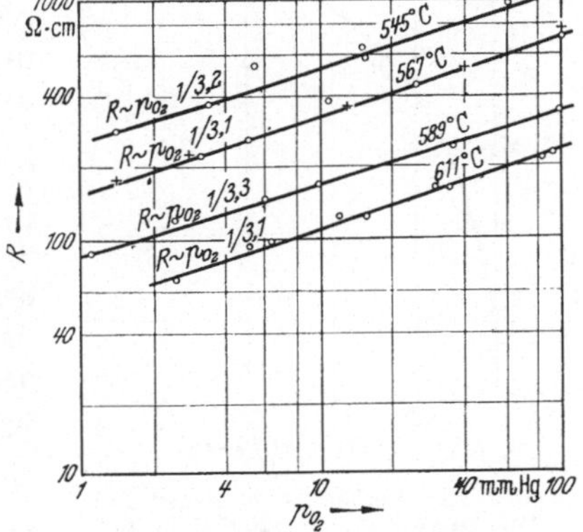

Abb. 3.108. Abhängigkeit des spezifischen elektrischen Widerstandes R (in Ohm cm) einer $PbCrO_4$-Probe vom Sauerstoffdruck bei verschiedenen Temperaturen nach LASHOF. (mm Hg ≡ Torr.)

$$CrO_4 \rightleftharpoons CrO_2|CrO_4|^{\cdot} + e' + O_2(\text{gas}) \tag{3.331}$$

je Chromition ein Leitungselektron e′ entstehen. Hier kennzeichnet das Symbol $CrO_2|CrO_4|^{\cdot}$ ein Chromit- an Stelle eines Chromations. Falls andere Fehlordnungen nicht auftreten, sind x_- und $x_{CrO_2|CrO_4|^{\cdot}}$ einander gleich, und wir erhalten für die Sauerstoffdruckabhängigkeit der Leitfähigkeit:

$$\varkappa \sim x_- \sim p_{O_2}^{-1/2}. \tag{3.332}$$

Der Unterschied zum experimentellen Befund, $\varkappa \sim p_{O_2}^{-1/3}$, läßt sich verstehen, wenn man annimmt, daß teilweise Assoziation

$$CrO_2|CrO_4|^{\cdot} + e' \rightleftharpoons CrO_2|CrO_4|^{\times}$$

einsetzt.

WAGNER und KOCH[3] schließen auf Grund der Sauerstoffdruckunabhängigkeit der Leitfähigkeit von Fe_2O_3 bei 1000 °C im Sauerstoffdruck-

[1] Als SEEBECK-Effekt wird der bei Thermokraftmessungen auftretende thermoelektrische Inhomogeneffekt bezeichnet, s. z. B. E. JUSTI: Leitfähigkeit und Leitungsmechanismus fester Stoffe, S. 74ff. Göttingen 1948.

[2] WAGNER, C.: Briefliche Mitteilung an Autor 1951.

[3] WAGNER, C., u. E. KOCH: Z. phys. Chem. (B) 32, 439 (1936).

bereich von $3{,}6 \cdot 10^{-3}$ bis 0,21 atm auf einen „Eigenhalbleitungsmechanismus", mit dem wir uns später noch eingehend befassen müssen. VERWEY und Mitarbeiter[1] finden auf Grund von Leitfähigkeitsmessungen an bei 1200 °C in Luft gesinterten Fe_2O_3-TiO_2-Mischoxiden schon bei kleinen Zusätzen an TiO_2 von 0,5 Mol-% eine Leitfähigkeitserhöhung um etwa acht Zehnerpotenzen (Abb. 3.109). Die durch TiO_2-Zusatz provozierte Störstellen-Überschußhalbleitung wird auch an Oxiden mit Eigenhalbleitung beobachtet (s. S. 224ff.). Nur wenn es gelänge, durch Zusatz niederwertiger Kationen, z. B. in Form von BeO, ZnO, NiO usw., eine Abnahme der elektrischen Leitfähigkeit zu erhalten, würde man in dem untersuchten Druckgebiet auf eine überwiegende Elektronenüberschußleitung schließen dürfen. In Übereinstimmung mit dem bisherigen Befund der elektrischen Leitfähigkeit steht der Mechanismus der Fe_2O_3-Bildung bei der Eisenoxydation in Sauerstoff von MEHL und BIRCHENALL[2], die auf Grund zu kleiner Selbstdiffusionskoeffizienten des Fe im Fe_2O_3 auf eine überwiegende Sauerstoffdiffusion über Sauerstoffionenleerstellen schließen. Hiernach erscheint eine Fehlordnung bei nicht zu hohen Temperaturen im folgenden Sinne berechtigt:

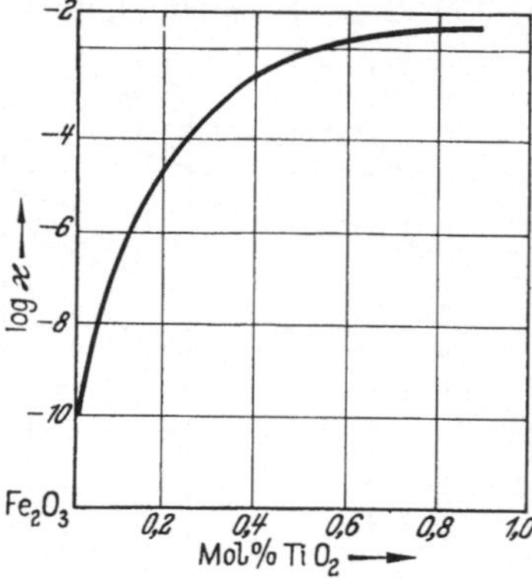

Abb. 3.109. Verlauf der elektrischen Leitfähigkeit von bei 1200 °C in Luft gesinterten Fe_2O_3-TiO_2-Mischoxiden mit steigendem TiO_2-Gehalt nach VERWEY, HAAYMAN und ROMEYN. (Meßtemperatur etwa 20 °C.)

$$\text{Null} \rightleftharpoons |O|^{\cdot\cdot} + 2e' + \tfrac{1}{2}\, O_2(\text{gas}). \quad (3.333)$$

Durch Einbau von TiO_2 treten Ti^{4+}-Ionen an Stelle von Fe^{3+}-Ionen, wodurch es aus Elektroneutralitätsgründen zur Bildung von freien Elektronen kommt, die bei mittleren Temperaturen von den 3wertigen Fe-Ionen eingefangen werden, so daß im Sinne von BARTH und POSNJAK[3] im Gitter neben 4wertigen Titanionen 2wertige Eisenionen auftreten.

MORIN[4] konnte jedoch an Hand von HALL- und SEEBECK-Effektmessungen den Nachweis erbringen, daß α-Fe_2O_3 je nach Vorbehandlung, ob in oxydierender oder in schwach reduzierender Atmosphäre, sowohl ein p-Typ- als auch ein n-Typ-Halbleiter werden kann. Die Temperaturabhängigkeit der Leitfähigkeit ähnelt dem Verhalten von Eigenhalbleitern, wie Ge und Si, mit Zusätzen. Diese Beobachtungen bilden eine Stütze des WAGNER-KOCHschen Fehlordnungsbildes einer Elektroneneigenfehlordnung (amphoterer Charakter).

---

[1] VERWEY, E. J. W., P. W. HAAYMAN u. F. C. ROMEYN: Chem. Weekblad **44**, 705 (1948). — Vgl. auch H. GRUNEWALD: Ann. Phys. [6] **14**, 129 (1954).

[2] DAVIES, M. H., M. T. SIMNAD u. C. E. BIRCHENALL: Trans. AIME, J. Metals **3**, 891 (1951). — L. HIMMEL, R. F. MEHL u. C. E. BIRCHENALL: Trans. AIME, J. Metals **5**, 827 (1953).

[3] BARTH, T. F. W., u. E. POSNJAK: Z. Kristallogr. 88, 265, 271 (1934).

[4] MORIN, F. J.: Phys. Rev. **83**, 1005 (1951); **93**, 1195 (1954).

Über α-Fe_2O_3 liegen eingehende Untersuchungen von GARDNER und Mitarbeitern[1] vor. Die Deutung der Eigenfehlordnung bereitet insofern Schwierigkeiten, als kein Mechanismus der Defektelektronenerzeugung in sich widerspruchsfrei ist. So ist wohl die Schaffung von Defektelektronen im Fe^{3+}-Valenzband mit der geringen Beweglichkeit der Defektelektronen und dem gefundenen positiven Temperaturkoeffizienten konsistent, aber die für diesen Prozeß erforderliche hohe Energie von 6,5 eV[2] ist viel zu hoch. Auf der anderen Seite bereitet die Annahme einer Defektelektronenerzeugung aus dem $2p$-Sauerstoffband ebenfalls Schwierigkeiten, da man hiernach eine kleine effektive Masse und eine hohe Beweglichkeit der Defektelektronen erwarten sollte, was aber nicht der Fall ist. Der thermische Wert von 1,8 eV der Aktivierungsenergie für die Leitfähigkeit ist in befriedigender Übereinstimmung mit dem aus optischen Messungen erhaltenen Wert von 1,9 bis 2,5 eV.[3,4]

Zur Deutung der Versuchsergebnisse werden von GARDNER und Mitarbeitern[5] die folgenden drei Fälle angenommen:

1. Intrinsic-Leitfähigkeit; die Ladungsträger werden allein durch thermische Anregung erzeugt.

2. Ladungsträger werden sowohl durch thermische Anregung als auch durch Sauerstoffverlust (Defizit) erzeugt, wobei Gleichgewicht mit der Gasphase vorhanden ist.

3. Während oberhalb 1000 °C Gleichgewicht eingestellt ist, stellt sich unterhalb dieser Temperatur das Gleichgewicht nur langsam ein; die Donatoren sind praktisch im Gitter eingefroren (ihre Konzentration ist $N_D = 4 \cdot 10^{18}$ cm^{-3}).

Für 770 °C wurde $u_- = u_+ = 0{,}073$ cm^2 Volt^{-1} sec^{-1} und für 1350 °C $u_+ = 10{,}75\, u_- = 0{,}75$ cm^2 Volt^{-1} sec^{-1} bestimmt. Ein Vergleich der experimentellen und berechneten Werte der Temperaturabhängigkeit der Leitfähigkeit und der Thermokraft (SEEBECK-Spannung) ist in Abb. 3.110 dargestellt. Wie man erkennt, ist die Übereinstimmung bei Berücksichtigung der Fälle 1 bis 3 auffallend gut.

Unter Verwendung von Fall 2 gelingt es, die abweichenden Ergebnisse von KOCH und WAGNER und von BEVAN, SHELTON und ANDERSON[6] zu deuten. Während die ersten Autoren bei 1000 °C keine Sauerstoffdruckabhängigkeit der elektrischen Leitfähigkeit finden, beobachten die zuletzt genannten Autoren bei 700 °C eine deutliche Abhängigkeit in Übereinstimmung mit dem im Fall 2 vorgeschlagenen Mechanismus.

---

[1] GARDNER, R. F. G., F. SWEETT u. D. W. TANNER: J. Phys. Chem. Solids **24**, 1175, 1183 (1963).

[2] JONKER, G. H.: Proc. Conf. on Semiconductor Physics, S. 864. Prag 1960, New York 1961.

[3] KOFSTAD, P., u. P. B. ANDERSON: J. Phys. Chem. Solids **21**, 280 (1961).

[4] WICKERSHEIM, K. A., u. R. A. LEFEVER: J. chem. Phys. **36**, 844 (1962). — P. C. BAILEY: J. appl. Phys. **31**, 39 (1960).

[5] GARDNER, R. F. G., F. SWEETT u. D. W. TANNER: J. Phys. Chem. Solids **24**, 1183 (1963).

[6] BEVAN, D. J. M., J. P. SHELTON u. J. S. ANDERSON: J. chem. Soc. 1729 (1948).

Die Abweichung im 2. Fall (s. Tab. 3.17) wird auf Verunreinigung zurückgeführt.

Tabelle 3.17. *Der Einfluß des Sauerstoffdrucks auf die elektrische Leitfähigkeit von Fe_2O_3 nach Gardner, Sweett und Tanner*

Temperatur °C	Sauerstoff atm	$\varkappa$ (Ohm^{-1} cm^{-1}) exp.	$\varkappa$ (Ohm^{-1} cm^{-1}) ber.
1000	0,21	0,5	0,50
	$3{,}6 \cdot 10^{-3}$	0,5	0,46
700	0,21	0,00235	0,0160
	$1{,}32 \cdot 10^{-6}$	0,0163	0,0167
	$1{,}32 \cdot 10^{-8}$	0,0404	0,0200

Auf Grund der bis jetzt vorliegenden Meßergebnisse sollte man wohl für reines Fe_2O_3 eine überwiegende Eigenfehlordnung der Elektronen

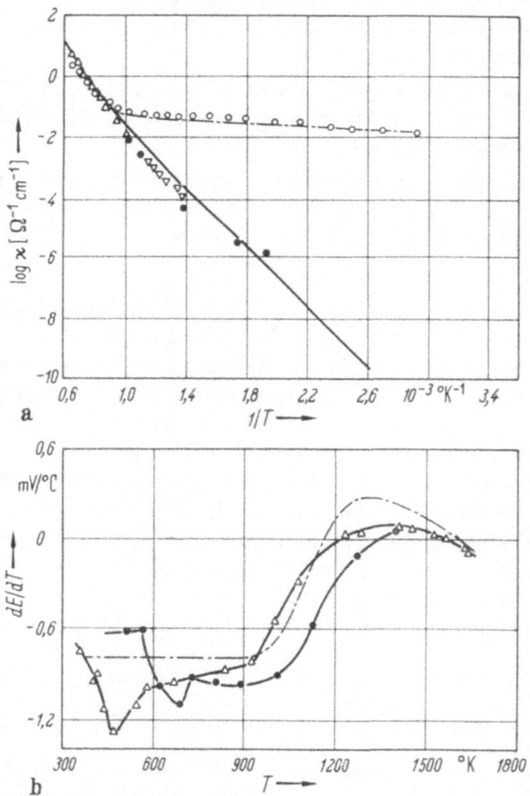

Abb. 3.110. Vergleich der experimentellen und berechneten Werte der Temperaturabhängigkeit der elektrischen Leitfähigkeit (a) und der SEEBECK-Spannung von Fe_2O_3 nach GARDNER, SWEETT und TANNER.
a: ○ Probe in Luft bei 1300 °C getempert und anschließend abgeschreckt. △ ▽ ● nicht wärmebehandelte Probe; ——— berechnet für Fall 1 und 2; —.—.— berechnet für Fall 3. b: △ ● geglühte Probe bei 1300 °C langsam abgekühlt. —.—.— berechnet für Fall 3.

annehmen, die aber bereits durch kleinste Abweichungen von der Stöchiometrie bzw. kleinste Zusätze an Fremdoxiden zugunsten einer Überschuß- oder Defektleitung aufgegeben wird.[1]

Das von STÄHELIN und BUSCH[2] untersuchte Molybdäntrioxid weist ebenfalls bei schwach reduzierender Behandlung einen Sauerstoffunterschuß mit Leitungselektronen auf. Je nach Vorbehandlung konnte die Leitfähigkeit der leicht bläulichen Kristalle bei -73 °C von 10^{-15} bis zu 10^{-5} Ohm^{-1} cm^{-1} variiert werden. Mit steigender Temperatur wächst die Leitfähigkeit wie $\exp(-\Delta E/2kT)$, wobei die Aktivierungsenergie ΔE mit zunehmendem Sauerstoffmangel von 0,5 auf 0,2 eV sinkt. In den verschiedenen Achsenrichtungen mißt man dieselbe Aktivierungsenergie, obwohl sich die Absolutbeträge der spezifischen Widerstände $\varrho_c : \varrho_a : \varrho_b$ ungefähr wie 1 : 2 : 30 verhalten. Aus der speziellen Struktur des MoO_3 folgern STÄHELIN und BUSCH, daß die Sauerstoffionenleerstellen als Donatoren (im Sinne der Bandtheorie) wirken, in welchen bei tiefen Temperaturen bis zu zwei Elektronen aufgenommen werden können, so daß man hier eine ähnliche Situation vorfindet wie bei den F- und F'-Zentren der Alkalihalogenide. Oberhalb Zimmertemperatur wird auf eine auffallend hohe Beweglichkeit der Leitungselektronen geschlossen, da schon bei Raumtemperatur eine Sauerstoffdruckabhängigkeit der Leitfähigkeit festgestellt werden konnte, die wahrscheinlich auf eine überwiegende Randschichtleitfähigkeit infolge starker Chemisorption von Sauerstoff zurückzuführen ist (S. 302 ff.). Elektrisch ähnliche Eigenschaften wird man auch an WO_3 erwarten können.

In mehr qualitativer Weise kann HARTMANN[3] an gesinterten Al_2O_3- und Ta_2O_5-Plättchen eine Abnahme der elektrischen Leitfähigkeit mit steigendem Sauerstoffgehalt nachweisen. Auch bei diesen Oxiden handelt es sich offenbar um Elektronenüberschußleiter. Dieses Ergebnis steht im Einklang mit dem röntgenographischen Befund von VERWEY[4] an γ'- und γ-Al_2O_3. Hier sind in mehr oder minder hohem Maße die Kationen in statistischer Verteilung auf Zwischengitterplätzen zwischen den O^{2-}-Ionen so eingebaut, daß 70% der Al^{3+}-Ionen eine Koordinationszahl 6 und 30% eine Koordinationszahl 4 bezüglich Sauerstoff haben. Während hier offenbar der Sauerstoff unbeweglich zu sein scheint, wird man auf Grund dieses Befundes neben einer hauptsächlichen Elektronenleitung mit einer geringen Kationenbeweglichkeit zu rechnen haben. TEICHNER und Mitarbeitern[5] gelang es, ein amorphes, schwarzes Oxid der Formel $Al_2O_{2,96}$ herzustellen, das starke n-Leitung zeigte, die bei 500 °C in O_2 verschwand, wobei das Oxid wieder die stöchiometrische Zusammensetzung und die weiße Farbe annahm.

---

[1] GARDNER, R. F. G., F. SWEETT und D. W. TANNER: J. Phys. Chem. Solids **24**, 1175 (1963).

[2] STÄHELIN, P., u. G. BUSCH: Helv. phys. Acta **23**, 530 (1950).

[3] HARTMANN, W.: Z. Phys. **102**, 709 (1936).

[4] VERWEY, E. J. W.: Z. Kristallogr. (A) **91**, 317 (1935).

[5] ARGHIROPOULOS, B., J. ELSTON, P. HILAIRE, F. JUILLET u. S. J. TEICHNER: in: Reactivity of Solids, S. 525. Amsterdam 1960.

Nach Messungen der Sauerstoffdruckabhängigkeit der elektrischen Leitfähigkeit von BAUMBACH und WAGNER[1] (Abb. 3.111) und auf Grund der Abhängigkeit der Thermokraft nach HOGARTH und ANDREWS[2] (S. 274) ist CdO in ähnlicher Weise wie ZnO ein Elektronenüberschußleiter, hier allerdings kaum mit Cd-Ionen auf Zwischengitterplätzen, son-

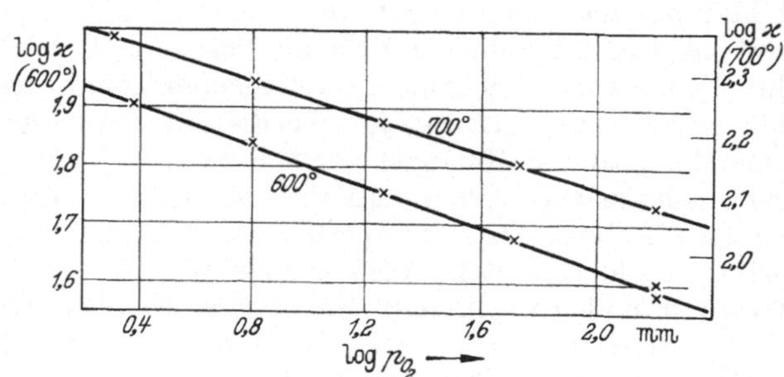

Abb. 3.111. Die elektrische Leitfähigkeit von CdO in Abhängigkeit vom Sauerstoffdruck (in Torr) nach v. BAUMBACH und WAGNER

dern mit Sauerstoffionenleerstellen.[3] Jedoch sind konkrete Angaben über die Ionenfehlordnung noch unbekannt (Herstellung von CdO-Einkristallen).[4]

In gleicher Weise wie die oben besprochenen Oxide sind auch die folgenden Verbindungen, wie z. B. ThO_2[5], SnO_2[6], Ag_2S[7], CdS[8], CdSe[9], NiS[10], SnSe[11], Bi_2Se_3[11], V_2O_5[12,13], WO_3[14], Elektronenüberschußleiter mit einem mehr oder minder hohen Metallüberschuß bzw. Nichtmetallunterschuß. Besonders eingehende magnetische und elektrische Messungen

[1] BAUMBACH, H. H. v., u. C. WAGNER: Z. phys. Chem. (B) **22**, 199 (1933). — Vgl. auch R. W. WRIGHT: Proc. Phys. Soc. London (A) **64**, 949 (1951). — F. LAPPE: Z. Phys. **137**, 380 (1954). — J. STUKE: Z. Phys. **137**, 401 (1954).

[2] HOGARTH, C. A., u. J. P. ANDREWS: Phil. Mag. (7) **11**, 272 (1949).

[3] LAKSHMANAN, T. K.: J. electrochem. Soc. **110**, 548 (1963).

[4] HOUTEN, S. VAN: Nature **195**, 484 (1962). — R. A. W. HAUL u. D. JUST: J. appl. Phys. **33**, 487 (1962).

[5] FOEX, M.: C. R. Acad. Sci., Paris **215**, 534 (1942).

[6] BAUER, G.: Ann. Phys. [5] **30**, 433 (1937).

[7] KLAIBER, F.: Ann. Phys. [5] **3**, 229 (1929). — C. WAGNER: J. chem. Phys. **21**, 1819 (1953).

[8] NIEKISCH, E. A., u. R. ROMPE: Z. phys. Chem., SCHOTTKY-Festband **198**, 200 (1951). — K. W. BÖER: Ann. Phys. [6] **10**, 20 (1952). — Vgl. insbesondere die ausführliche Abhandlung von F. A. KRÖGER, H. J. VINK u. J. VAN DEN BOOMGAARD: Z. phys. Chem. **203**, 1 (1954).

[9] HAUFFE, K., u. H. G. FLINT: Ann. Phys. [6] **15**, 141 (1955). — Vgl. auch H. STROSCHE: Z. Phys. **145**, 597 (1956). — R. H. BUBE: Photoconductivity of Solids, JOHN WILEY, New York 1960.

[10] HAUFFE, K., u. H. G. FLINT: Z. phys. Chem. **200**, 199 (1952).

[11] DAVIDENKO, V. A.: J. Phys. UdSSR **4**, 170 (1941).

[12] KAWAGUCHI, T.: Kagaku **23**, 534 (1953). — S. KACHI, T. TAKADA u. K. KOSUGE: J. phys. Soc. Japan **18**, 1839 (1963).

[13] MANAKOV, A. I., O. A. ESIN u. B. M. LEPINSKIKH: J. phys. Chem. UdSSR **36**, 1481 (1962).

[14] SAWADA, SH.: Phys. Rev. **91**, 1010 (1953).

über die Vanadinoxide liegen von KLEMM und Mitarbeitern[1] und von KAWAGUCHI[2] vor. Während bei den Oxiden im allgemeinen bereits die Sauerstoffdruckabhängigkeit der Leitfähigkeit eine Entscheidung über den Fehlordnungstyp zuläßt, ist dies bei den Sulfiden und Seleniden häufig nicht der Fall. Hier findet man häufig, wie z. B. im Falle des NiS (Abb. 3.112), keine Abhängigkeit der elektrischen Leitfähigkeit vom Schwefelpartialdruck. In solchen Fällen sind Thermokraft- und HALL-Effektmessungen unerläßlich. Wie Leitfähigkeitsmessungen an CdSe ergaben, nimmt die elektrische Leitfähigkeit mit wachsendem Cd-Partialdruck bei 500 °C zu und entsprechend mit steigendem Se-Partialdruck ab. Abb. 3.113 stellt die Versuchsergebnisse dar. Hieraus wird die bereits an anderer Stelle diskutierte Elektronenüberschußleitung[3] sichergestellt.

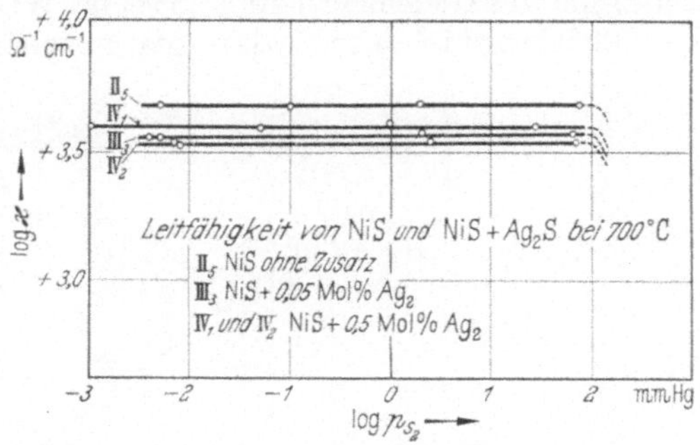

Abb. 3.112. Die Unabhängigkeit der elektrischen Leitfähigkeit von NiS und NiS mit Ag_2S-Zusätzen vom Schwefeldampfdruck bei 700 °C nach HAUFFE und FLINT.

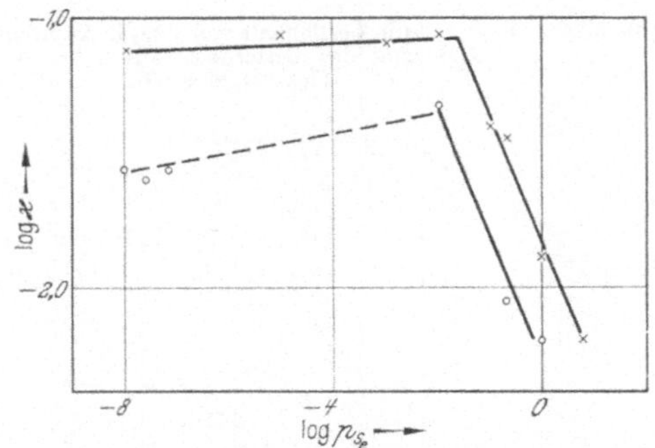

Abb. 3.113. Die elektrische Leitfähigkeit von CdSe in Abhängigkeit vom Se-Partialdruck bei 500 °C nach HAUFFE und FLINT. (× 1. Meßreihe, ○ 2. Meßreihe; Druck in Torr.)

Die hohe elektrische Leitfähigkeit von Wolframbronzen wurde erstmalig von HÄGG[4] beobachtet, der eine starke Leitfähigkeitszunahme mit steigender Temperatur fand. Die damals von HÄGG vertretene Auffassung, die Leitfähigkeitszunahme auf die beim Erhitzen fortschreitende Sinterung zurückzuführen, ist zur Deutung dieser Erscheinung nicht ausreichend. Insbesondere an Natrium-Wolfram-Bronzen der Zusammensetzung Na_xWO_3, wo x zwischen 0,95 und 0,3 variierte, konnte STRAUMANIS[5] durch Erhitzen im Vakuum einen allmählichen Ausbau von Natrium erreichen, wobei der Gitterabstand im kubischen Gitter von etwa 3,850 auf 3,800 abnahm unter gleichzeitiger

[1] KLEMM, W., u. E. KROSE: Z. anorg. allg. Chem. **253**, 209 (1947). — W. KLEMM u. P. PIRSCHER: Optik **3**, 75 (1948).

[2] KAWAGUCHI, T.: Kagaku **23**, 534 (1953).

[3] Vgl. u. a. S. POGANSKI: Z. Elektrochem. Ber. Bunsenges. phys. Chem. **56**, 193 (1952). — R. H. BUBE: J. chem. Phys. **27**, 496 (1957).

[4] HÄGG, G.: Z. phys. Chem. (B) **29**, 201 (1935).

[5] STRAUMANIS, M. E.: J. Amer. chem. Soc. **71**, 679 (1949).

Änderung der Farbe der Bronze von gelb über rot und violett zu blau (Abb. 3.114). Hierbei wirken die in der Bronze vorhandenen Natriumionen als „Oxydationsmittel", indem sie beim Verdampfen das in der Na-Bronze vorhandene 5wertige Wolframion durch Elektronenentzug auf 6wertiges umladen:

$$Na^{+}W^{5+}O_3 \rightleftharpoons W^{6+}O_3 + Na\,(gas). \tag{3.334}$$

Im Sinne des Gleichgewichts (3.334) ist WO_3 ein guter „Na-Absorber". Bei 700 °C wird in einer Na-Dampfatmosphäre das Gleichgewicht (3.334)

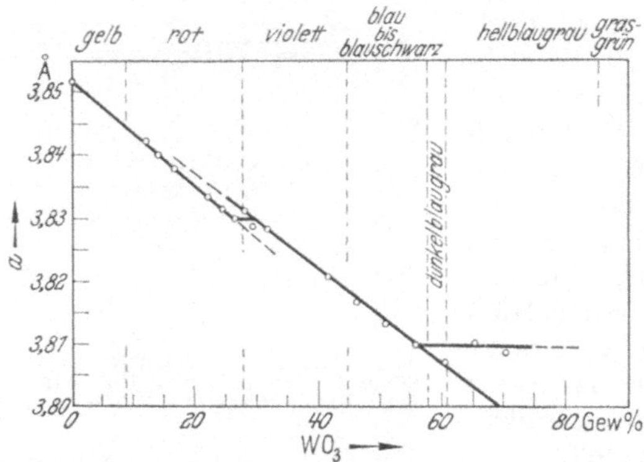

Abb. 3.114. Die durch die Löslichkeit von WO_3 in kubischem Natriummetawolframat verursachte Änderung des Gitterabstandes a bei 800 °C nach STRAUMANIS. [$NaWO_3 + xWO_3 = NaWO_3(WO_3)_x$.]

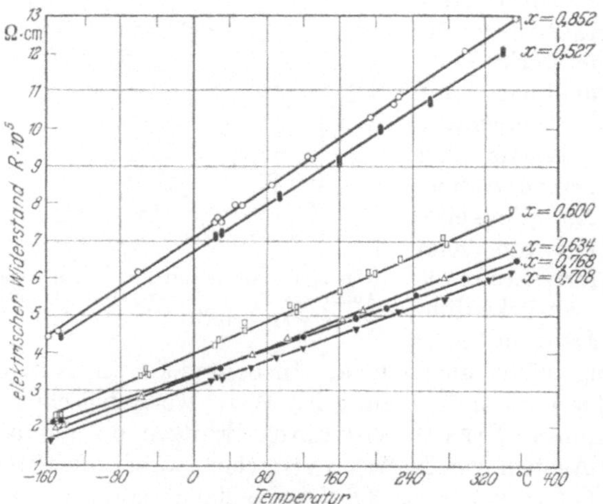

Abb. 3.115. Temperaturabhängigkeit des elektrischen Widerstandes von sechs Natriumwolframbronzen Na_xWO_3 verschiedener Zusammensetzung nach BROWN und BANKS.

von rechts nach links verschoben, wobei Na in homogener Lösung aufgenommen wird. Entsprechend der Reaktionsgleichung

$$NaWO_3 + \frac{x}{2}J_2 \rightleftharpoons Na_{1-x}(W^{5+}O_3)_{1-x}(W^{6+}O_3)_x + x\,NaJ \tag{3.335}$$

kann man mittels Joddampf ein Teil des Natriums durch NaJ-Bildung aus der Natrium-Wolfram-Bronze entfernen, ohne das kubische Gitter zu zerstören, wobei im Metawolframat ($NaWO_3$) ein beachtlicher Gehalt an WO_3 auftreten kann. Während STRAUMANIS und DRAVNIEKS[1] auf mehr qualitativer Basis die Abhängigkeit der elektrischen Leitfähigkeit von der Zusammensetzung der Natrium-Wolfram-Bronzen und von deren Vorgeschichte (Sinterung usw.) untersuchten, wurde von BROWN und BANKS[2] sowie ORNATSKAYA[3] die Temperaturabhängigkeit der Leitfähigkeit sowie die Thermokraft einer Anzahl Lithium- und Natrium-Wolfram-Bronzen mit verschiedenem Lithium- bzw. Natriumgehalt untersucht. Die Ergebnisse in Abbildung 3.115 zeigen eine lineare Temperaturabhängigkeit des spezifischen Widerstandes im Temperaturbereich von -160 bis $+360\,°C$. Dieser Befund weist eindeutig auf die metallische Natur der Elektronenleitung hin. In Abb. 3.116 ist eine Reihe von Widerstandsisothermen als Funktion der Zusammensetzung wiedergegeben. In allen Fällen tritt ein Widerstandsminimum in der Nähe von $x = 0{,}7$ auf. Eine plausible Deutung konnte von JURETSCHKE[4] gegeben werden, der an Hand von Berechnungen der Volumen- und Druckänderungen beim Einbau von Na in WO_3 den Nachweis erbrachte, daß die gefundenen Leitfähigkeiten mit den von BRIDGMAN[5] für reines Natrium bei 28000 kg cm^{-2} Druck vorhergesagten Werten übereinstimmen. HUIBREGTSE, BARKER und DANIELSON[6] konnten an Na_xWO_3-Einkristallen mit $x = 0{,}68$ ebenfalls metallische Leitfähigkeit nachweisen. Der HALL-Koeffizient betrug $(-5{,}3 \pm 0{,}8) \cdot 10^{-4}$ cm^3 Coulomb^{-1} und nahm schwach mit fallender Temperatur ab. Unter Beachtung der elektrischen Leitfähigkeit bei 0 °C von $(5{,}3 \pm 0{,}7) \cdot 10^3$ Ohm^{-1} cm^{-1} ergibt sich hieraus, daß je eingebautes Natriumatom ein Leitungselektron auftritt. Die Beweglichkeit dieser Leitungselektronen ist gegenüber der der

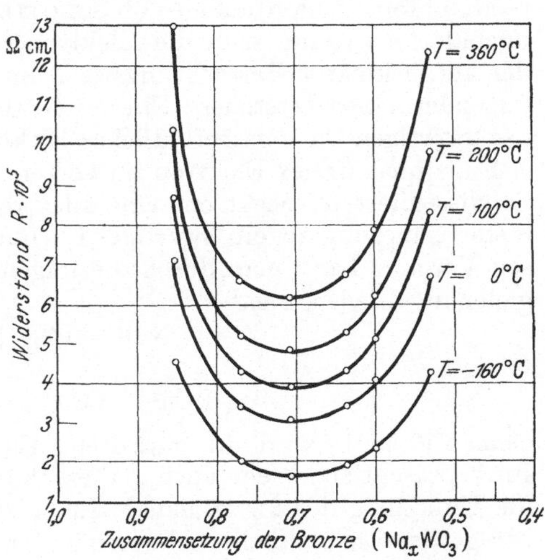

Abb. 3.116. Verlauf der Widerstandsisothermen in Abhängigkeit vom Natriumgehalt der Natrium-Wolfram-Bronzen nach BROWN und BANKS.

[1] STRAUMANIS, M. E., u. A. DRAVNIEKS: J. Amer. chem. Soc. **71**, 683 (1949).
[2] BROWN, B. W., u. E. BANKS: Phys. Rev. **84**, 609 (1951).
[3] ORNATSKAYA, Z. I.: Z. techn. Phys. UdSSR **27**, 130 (1957).
[4] JURETSCHKE, H. J.: Phys. Rev. **86**, 124 (1952).
[5] BRIDGMAN, P. W.: The Physics of High Pressures, S. 283. London 1931.
[6] HUIBREGTSE, E. J., D. B. BARKER u. G. C. DANIELSON: Phys. Rev. **82**, 770 (1951); **84**, 1942 (1951).

Metallelektronen relativ klein (z. B. im Vergleich zum kompakten Natrium um den Faktor 24 kleiner).

3.14 Elektronenleitende Kristalle mit Eigenfehlordnung

3.141 Ionenkristalle, deren Elektronenfehlordnung nicht mit Ionenfehlordnung gekoppelt ist

Kupferoxid (CuO) ist ein stöchiometrisch zusammengesetzter Ionenkristall ohne nennenswerten Überschuß an Metall oder Sauerstoff. Während die Ionenfehlordnung — ob SCHOTTKY- oder FRENKEL-Typ — noch ungeklärt ist, kann man die Elektronenfehlordnung vom Standpunkt der korpuskularen Betrachtungsweise im Sinne der chemischen Theorie folgendermaßen verstehen: Ein auf Gitterplatz in der Elektronenschale des 2wertigen Cu-Ions befindliches Elektron verläßt diesen und bewegt sich als quasi-freies Elektron im Gitter. Hierbei tritt an der Stelle des „abdissoziierten" Elektrons eine Elektronendefektstelle $|e|^{\bullet}$ auf, die in erster Näherung als ein 3wertiges Cu-Ion angesehen werden kann. Diesen Vorgang kann man durch die folgende symbolische Fehlordnungsgleichung wiedergeben[1,2]:

$$\text{Null} \rightleftharpoons e' + |e|^{\bullet} \tag{3.336a}$$

bzw.

$$2\,Cu^{2+} \rightleftharpoons Cu^{+} + Cu^{3+}. \tag{3.336b}$$

Gemäß (3.336b) wird ein quasi-freies Elektron durch ein 1wertiges Cu-Ion repräsentiert. Wenn auch in dieser korpuskularen Betrachtungsweise die Umladung der 2wertigen Cu-Ionen vom energetischen Standpunkt her gewisse gedankliche Schwierigkeiten bereitet, so darf man jedoch nicht vergessen, daß (3.336b) den Vorgang nur in eingeschränktem Sinne kennzeichnen soll. Man kann nach (3.336b) das am Cu^{+} auftretende Elektron wohl vorzugsweise an dem Ort der Cu^{2+}-Ionen annehmen, aber wegen des wellenmechanischen Tunneleffektes über viele Cu^{2+}-Ionen verschmiert. Da das gleiche für die Elektronendefektstellen am Cu^{2+} gilt, die zur Bildung von Cu^{3+} führen, sind die Bindungsverhältnisse wesentlich andere als bei strenger Lokalisierung. Trotz dieser notwendigen Einschränkung dieses korpuskularen Fehlordnungsbildes sind doch die sich hieraus ergebenden Folgerungen von großem Wert und führen zu unmittelbar durch das Experiment prüfbaren Ergebnissen.

Wie man aus (3.336a) erkennt, ist das Charakteristische eines Oxids mit Elektroneneigenfehlordnung, wie z. B. des CuO, das man auch als Eigenhalbleiter (i-Typ-Halbleiter) bezeichnet, die Gleichheit der Konzentrationen der Leitungs- und Defektelektronen (Index 0 für die reine Phase):

$$x_{-}^{0} = x_{+}^{0}. \tag{3.337}$$

Durch Anlegen eines elektrischen Feldes kommt eine Elektronenleitung dadurch zustande, daß ein überschüssig um ein Cu-Ion verschmiertes

---

[1] BAUMBACH, H. H. v., H. DÜNWALD u. C. WAGNER: Z. phys. Chem. (B) **22**, 226 (1933).

[2] SCHOTTKY, W.: Z. Elektrochem. angew. phys. Chem. **45**, 33 (1939).

Elektron in Richtung zur Anode (+-Pol) auf ein nächstbenachbartes Cu^{2+}-Ion als Verschmierungszentrum springt und dieses zu einem quasi-1wertigen Cu-Ion umlädt usw., so daß es elektrisch, wenn auch nicht materiell, so aussieht, als ob Cu^{+}-Ionen zur Anode wandern. In ähnlicher Weise wandern Defektelektronen als Verschmierungszentren von Cu^{2+}- zu Cu^{2+}-Ion, so daß es hier letzten Endes elektrisch so aussieht, als ob die Cu^{3+}-Ionen zur Kathode wandern.

Neben dem korpuskularen Bild, das den chemischen Standpunkt vertritt, hat die wellenmechanische Betrachtungsweise ein anderes Bild für den Mechanismus der Elektronenbewegung in einem elektrischen Feld entwickelt, wie u. a. von HAUFFE bereits an anderer Stelle ausführlicher diskutiert wurde.[1] Der leitende physikalische Grundgedanke ist die Vorstellung, daß im festen Körper, ähnlich wie bei einem isolierten Atom, erlaubte und verbotene Energiebereiche miteinander abwechseln, wobei jeder Energiezustand einer anderen Bewegungsmöglichkeit eines Elektrons im ungestörten Gitter entspricht und wegen gewisser Eigentümlichkeiten der wellenmechanischen Gesetze nur einmal „besetzt" werden darf, so daß sich die möglichen Elektronenenergien zu „Bändern" anordnen. Abb. 3.117 stellt einen Ausschnitt der möglichen Energiebänder eines Kristallgitters mit Eigenhalbleitung dar, wobei wir als Grundlage unserer Betrachtung eine nichtveröffentlichte Arbeit von SCHOTTKY „Zur allgemeinen Definition und Bezeichnung elektronischer Störstellen in Halbleitern" verwenden. Im Gegensatz zu den Ionenfehlordnungsstellen, die lokalisierte Störstellen darstellen, haben die Elektronenfehlordnungsstellen, d. h. gemäß Abb. 3.117 die e'_k- und $|e|^{\cdot}_{k^+}$, über den ganzen Kristall verschmierte Energieniveaus, die man durch die ausgezogenen Niveaulinien zum Ausdruck bringt. Außer der Linie $E = 0$, die den Energiezustand eines Elektrons im Unendlichen bei endlicher Kristallgröße kennzeichnet, treten noch zwei weitere Linien E_- und E_+ auf, die das verbotene Energieband begrenzen. Hierbei gilt:

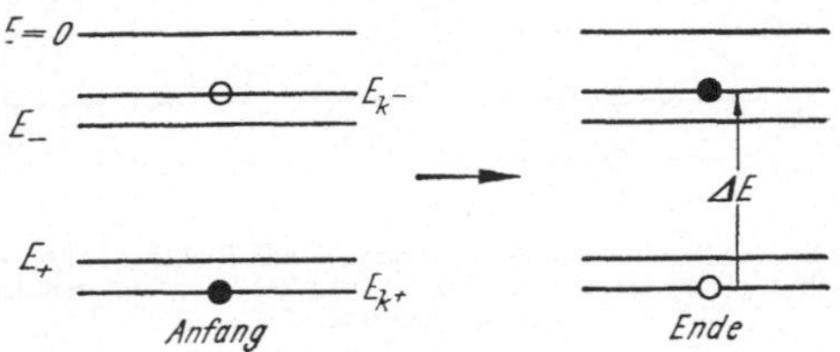

Abb. 3.117. Energiebändermodell der Bildung eines $e'-|e|^{\cdot}$-Paares nach SCHOTTKY (links ist E_{k+} und rechts E_{k-} besetzt).

$$E_- = E_{k_-=0} \quad \text{und} \quad E_+ = E_{k_+=0}.$$

Die beiden noch zusätzlich eingezeichneten Niveaulinien E_{k_-} und E_{k_+} sind die unter den jeweiligen Temperaturbedingungen auftretenden Energiedifferenzen bzw. nach SCHOTTKY Elementarenergien der folgenden beiden Elektronenreaktionen:

$$\Delta E(e'_\infty \to e'_{k_-}) = E_{k_-} \tag{3.338}$$

$$\Delta E(|e|^{\cdot}_{k_+} + e'_\infty \to 0) = E_{k_+}, \tag{3.339}$$

[1] HAUFFE, K.: Ergebn. exakt. Naturwiss. 25, 226ff. (1951).

wo e'_∞ ein aus dem Unendlichen kommendes Elektron darstellt, das nun entweder nach (3.338) als Leitungselektron in den Kristall mit der Wellenzahl k_- eintritt oder nach (3.339) eine Defektstelle mit der Wellenzahl k_+ auffüllt und dadurch eine Elektronenfehlstelle zum Verschwinden bringt. Ergänzend sei noch bemerkt, daß $E = 0$ bereits in einer Entfernung von etwa 10^{-5} bis 10^{-4} cm vom Kristall erreicht ist, d. h. also hinter der Bildkraftpotentialschwelle des Halbleiters. Hieraus wird weiterhin verständlich, daß beispielsweise den Leitungselektronen je nach Energieinhalt ein thermodynamisch stabiler Besetzungszustand nur innerhalb des E_--($E = 0$)-Bandes, des sog. Leitungsbandes, möglich ist. Durch Kombination von (3.338) und (3.339) ergibt sich der Energiebetrag ΔE, der zur Bildung eines Paares e'_{k_-} und $|e|^{\cdot}_{k_+}$ erforderlich ist, also

$$\text{Null} \rightleftharpoons e'_{k_-} + |e|^{\cdot}_{k_+}. \qquad (3.340)$$

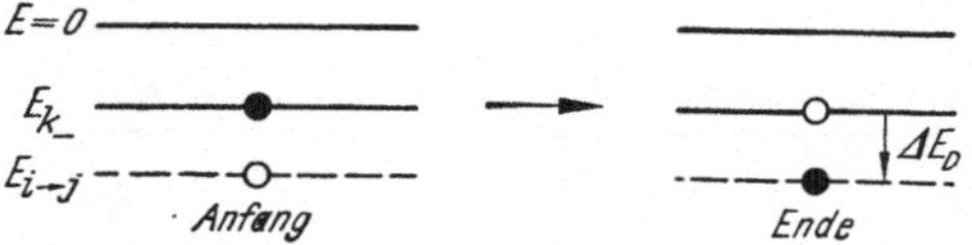

Abb. 3.118. Energiebändermodell eines Elektronenüberschußleiters nach SCHOTTKY (links ist E_{k_-} und rechts $E_{i\to j}$ besetzt).

Das Gleichgewicht (3.340) ist nur eine verfeinerte Darstellung des symbolischen Fehlordnungsgleichgewichts (3.336a). Auf Grund obiger Überlegungen ist evident, daß am absoluten Nullpunkt keine Elektronenfehlordnungsstellen auftreten können und demzufolge der Halbleiter ein Isolator ist.

Entsprechend erhalten wir die Energiebändermodelle für Reaktionen zwischen Störstellen (Ionenfehlordnungsstellen) und freien Elektronen sowie Defektelektronen. Ausgehend von dem elektronenüberschußleitenden ZnO verallgemeinern wir die dort angestellten Überlegungen dahingehend, daß wir ganz allgemein die Ionenfehlordnungsstelle mit $(J^{(z)})_i$ bezeichnen, wo z den Ladungszustand und die als unterer Index i verwendete Laufzahl den Besetzungszustand kennzeichnet, und nun den Vorgang eines Elektroneneinfangs bzw. einer Umladung der Störstelle formulieren. Unter Verwendung der obigen Symbole erhalten wir z.B. für ZnO:

$$Zn^{\cdot\cdot} + e' \rightleftharpoons Zn^{\cdot}$$

und allgemein

$$J^{(z)}{}_i + e'_{k_-} \rightleftharpoons (J^{(z-1)})_j. \qquad (3.341)$$

Mit der vereinfachten Schreibweise für die Energiebilanz der Reaktion (3.341)

$$\Delta E[(J^{(z)})_i + e'_{k_-} \to (J^{(z-1)})_j] = E_{i\to j} - E_{k_-} = \Delta E_D \qquad (3.342)$$

kann man die elektronische Termdarstellung in dem in Abb. 3.118 gezeichneten Energiebändermodell für Elektronenüberschußleiter charakterisieren.

In ähnlicher Weise erhalten wir für einen Defektelektronen liefernden Vorgang:

$$(J^{(z)})_i \rightleftharpoons (J^{(z-1)})_j + |e|^{\cdot}_{k_+} \qquad (3.343)$$

mit der hierzu gehörigen Energiebilanz

$$\Delta E[(J^{(z)})_i \to (J^{(z-1)})_j + |e|^{\cdot}_{k_+}] = E_{i\to j} - E_{k_+} = \Delta E_A. \qquad (3.344)$$

Vergleicht man die Vorzeichen der in (3.344) auftretenden E-Glieder mit denen der in (3.343) äquivalenten Reaktionspartner, so fällt das negative Vorzeichen des Gliedes E_{k_+} auf. Das hängt aber damit zusammen, daß hier die Vorzeichenregel an die Voraussetzung geknüpft ist, daß unter den E-Größen die Energien verstanden werden, die mit der Erzeugung der betreffenden Störstelle oder elektronischen Störung verbunden sind. Zur Erzeugung einer $|e|^{\cdot}_{k_+}$-Stelle ist aber die entgegengesetzte Energie wie für die Reaktion (3.339) notwendig. Abb. 3.119 stellt das Termschema der Reaktion (3.343) dar.

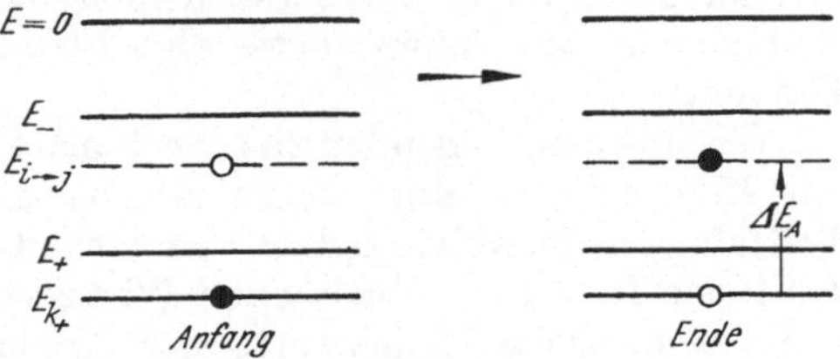

Abb. 3.119. Energiebändermodell eines Elektronendefektleiters nach SCHOTTKY (links ist E_{k+} und rechts $E_{i\to j}$ besetzt).

Während die möglichen E_{k_-} und E_{k_+} sich immer außerhalb der E_-- und E_+-Niveaulinien, d. h. außerhalb des verbotenen Energiebandes, befinden, kann man einleuchtende Gründe angeben, warum die Störstellen- bzw. Ionenfehlordnungs-Umladungsniveaus im verbotenen Energieband, also zwischen E_- und E_+, liegen.

Nach dieser ergänzenden Betrachtung der Elektronenfehlordnung unter Zuhilfenahme des Energietermschemas wollen wir uns nun wieder dem eigenhalbleitenden CuO zuwenden.[1] Im Gegensatz zu den Elektronendefekt- und Elektronenüberschußleitern ist die elektrische Leitfähigkeit von CuO insbesondere in höheren Temperaturbereichen praktisch unabhängig vom Sauerstoffdruck. Diese Druckunabhängigkeit wird verständlich, wenn man annimmt, daß die beim Einbau von Sauerstoff in das CuO-Gitter entsprechend der Formulierung

$$\tfrac{1}{2}\,O_2(\text{gas}) \rightleftharpoons CuO + |Cu|'' + 2|e|^{\cdot} \tag{3.345}$$

zusätzlich entstehende Defektelektronenkonzentration gegenüber der durch Eigenfehlordnung gemäß (3.336a) bereits vorhandenen besonders bei höheren Temperaturen ($>600\,°C$) sehr klein ist. Unter Verwendung des Massenwirkungsausdrucks für die Eigenfehlordnung in CuO

$$x_-\,x_+ = K \tag{3.346}$$

und der Elektroneutralitätsbedingung

$$x_+ = x_- + 2x_{|Cu|''} \tag{3.347}$$

erhalten wir mit der aus (3.345) folgenden Beziehung für die Cu-Ionenleerstellenkonzentration $x_{|Cu|''} = \text{const}\; p_{O_2}^{1/2}$ für das Leitfähigkeitsverhältnis:

$$\frac{\varkappa}{\varkappa^0} = \left[\left(\frac{\text{const}}{2x_+^0}\right)^2 p_{O_2} + 1\right]^{1/2}. \tag{3.348}$$

Hier bedeutet $\varkappa$ die elektrische Leitfähigkeit des CuO bei einem beliebigen Sauerstoffdruck und $\varkappa^0$ die Leitfähigkeit für $p_{O_2} = 1$ atm bei

[1] BÖER, K. W.: Z. Naturforsch. **10a**, 898 (1955) führt Betrachtungen über die Eigenhalbleitung am CdS durch.

konstanter Temperatur. Bei hohen Temperaturen ist das erste Glied in dem Klammerausdruck gegenüber 1 zu vernachlässigen, was jedoch bei niedrigen Temperaturen, wo x_+^0 bzw. x_-^0 sehr viel kleiner wird, keineswegs der Fall zu sein braucht. Auf Grund dieser Tatsache ist auch die von WAGNER und Mitarbeitern[1] bei z.B. 500 °C gefundene deutliche Sauerstoffdruckabhängigkeit der Leitfähigkeit zu verstehen. Die bei höheren Temperaturen in einem den Versuchsbedingungen gerade zugänglichen Bereich gefundene Sauerstoffdruckunabhängigkeit der elektrischen Leitfähigkeit ist also keine notwendige Bedingung für Eigenhalbleitung in Oxiden.

Wie aus dem folgenden zu entnehmen ist, dient als sicheres Kriterium zur Entscheidung einer Eigenhalbleitung der Verlauf der elektrischen Leitfähigkeit in Abhängigkeit vom Gehalt an nieder- und höherwertigen Kationen im eigenhalbleitenden Wirtsgitter. So erhalten wir beispielsweise beim Einbau höherwertiger Kationen in Form von Cr_2O_3 ins CuO-Gitter entsprechend der symbolischen Einbaugleichung:

$$Cr_2O_3 \rightleftharpoons 2\,Cr|Cu|^{\cdot} + 2\,e' + 2\,CuO + \tfrac{1}{2}\,O_2\,(gas) \qquad (3.349)$$

eine Erhöhung der Zahl der Leitungselektronen und eine Erniedrigung der Defektelektronenkonzentration. Unter Beachtung der Elektroneutralitätsgleichung

$$x_- = x_+ + x_{Cr|Cu|^{\cdot}} \qquad (3.350)$$

folgt durch Kombination mit (3.346) das Verhältnis der Leitfähigkeit der Mischphase $\varkappa$ zu der der reinen CuO-Phase $\varkappa^0$, wenn man die Beweglichkeiten u_- und u_+ in erster Näherung als gleich annehmen darf:

$$\frac{\varkappa}{\varkappa^0} = \frac{x_+}{2x_+^0} + \frac{x_-}{2x_-^0} = \sqrt{\left(\frac{x_{Cr|Cu|^{\cdot}}}{2x_-^0}\right)^2 + 1}\,. \qquad (3.351)$$

Ist hingegen $u_- \neq u_+$, was aus den bisherigen Versuchen von HAUFFE und GRUNEWALD[2] zu vermuten ist, dann ergibt sich an Stelle von (3.351) unter Berücksichtigung der Beweglichkeiten:

$$\frac{\varkappa}{\varkappa^0} = \sqrt{\left(\frac{x_{Cr|Cu|^{\cdot}}}{2x_-^0}\right)^2 + 1} - \frac{u_+ - u_-}{u_+ + u_-}\,\frac{x_{Cr|Cu|^{\cdot}}}{2x_-^0}. \qquad (3.352)$$

Während durch einen Zusatz von Cr_2O_3 die Eigenhalbleitung des CuO zugunsten einer Elektronenüberschußleitung aufgegeben wird, muß bei einem Zusatz von Li_2O oder Na_2O das eigenhalbleitende CuO ein Elektronendefektleiter werden. Unter Beachtung der Elektroneutralitätsbedingung

$$x_+ = x_- + x_{Li|Cu|'}\,, \qquad (3.353)$$

die aus der symbolischen Einbaugleichung folgt:

$$\tfrac{1}{2}\,O_2\,(gas) + Li_2O \rightleftharpoons 2\,Li|Cu|' + 2\,|e|^{\cdot} + 2\,CuO\,, \qquad (3.354)$$

und des Massenwirkungsansatzes (3.346) gilt unter Einbeziehung der

[1] BAUMBACH, H. H. v., H. DÜNWALD u. C. WAGNER: Z. phys. Chem. (B) **22**, 226 (1933). — J. GUNDERMANN u. C. WAGNER: Z. phys. Chem. (B) **37**, 157 (1937).

[2] HAUFFE, K., u. H. GRUNEWALD: Z. phys. Chem., SCHOTTKY-Festband **198**, 248 (1951).

Elektronenbeweglichkeiten für das Leitfähigkeitsverhältnis:

$$\frac{\varkappa}{\varkappa^0} = \sqrt{\left(\frac{x_{\mathrm{Li}|\mathrm{Cu}|'}}{2x_+^0}\right)^2 + 1} + \frac{u_+ - u_-}{u_+ + u_-} \frac{x_{\mathrm{Li}|\mathrm{Cu}|'}}{2x_+^0}. \tag{3.355}$$

Bei relativ hohen Zusätzen von Cr_2O_3 bzw. Li_2O darf man $x_{Cr_2O_3} \gg x_-^0$ bzw. $x_{Li_2O} > x_+^0$ setzen und erhält somit aus (3.352) und (3.355):

$$\left(\frac{\varkappa}{\varkappa^0}\right)_{\mathrm{CuO/Cr_2O_3}} \approx \frac{x_{\mathrm{Cr}|\mathrm{Cu}|^\cdot}}{2x_-^0} \frac{2u_-}{u_+ + u_-} \tag{3.356}$$

$$\left(\frac{\varkappa}{\varkappa^0}\right)_{\mathrm{CuO/Li_2O}} \approx \frac{x_{\mathrm{Li}|\mathrm{Cu}|'}}{2x_+^0} \frac{2u_+}{u_+ + u_-}. \tag{3.357}$$

Wie man hieraus erkennt, zeigen zum Unterschied von den bisherigen Halbleitertypen die Halbleiter mit einer Elektroneneigenfehlordnung (Eigenhalbleiter) sowohl mit Zusätzen höher- wie niederwertiger Oxide stets eine Leitfähigkeitszunahme. Wie aus Abb. 3.120 ersichtlich, brachte das Experiment die Bestätigung. Der aus Abb. 3.120 erkennbare deutliche Unterschied in der Leitfähigkeitszunahme läßt sich entweder durch die Annahme $u_- \ll u_+$ oder auch dadurch erklären, daß beim Einbau von Cr_2O_3 eine zusätzliche Ionenfehlordnung gemäß der symbolischen Einbaugleichung

$$Cr_2O_3 \rightleftharpoons 2\mathrm{Cr}|\mathrm{Cu}|^\cdot + |\mathrm{Cu}|'' + 3\mathrm{CuO} \tag{3.358}$$

auftritt. Der Beweis einer Cu-Leerstellenerzeugung gemäß (3.358) kann dadurch erbracht werden, daß man entweder ein Cu-Cr-Legierungsblech (mit 0,1 Atom-% Cr-) oder ein Cu-Blech in einer lockeren Cr_2O_3-Pulvereinbettung bei 1 atm Sauerstoffdruck oxydiert, wobei man feststellt, daß die an reinen Cu-Blechen bevorzugte Cu_2O-Bildung zugunsten einer CuO- bzw. Spinellbildung weitgehend zurückgedrängt wird.

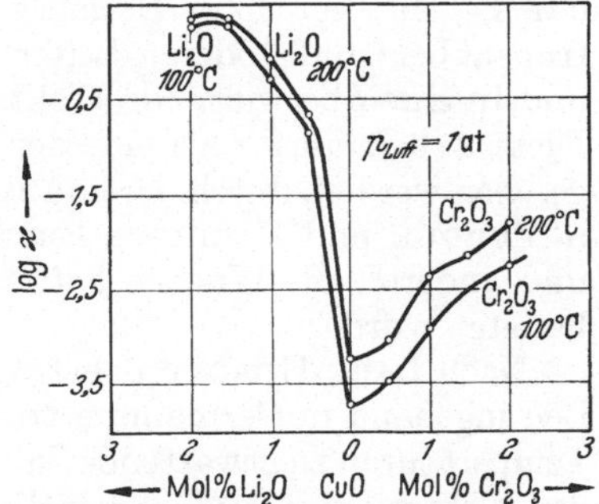

Abb. 3.120. Verlauf der elektrischen Leitfähigkeit des eigenhalbleitenden CuO mit Zusätzen von Li_2O und Cr_2O_3 bei 100 und 200 °C in Luft von 1 atm nach HAUFFE und GRUNEWALD. (Hier nimmt die Leitfähigkeit stets mit nieder- und höherwertigen Kationen zu.)

Diese Versuchsergebnisse sprechen wohl für die Richtigkeit der SCHOTTKY-WAGNERschen Auffassung der Hochtemperaturleitung des CuO. Zur weiteren Klärung der Fehlordnungsverhältnisse und zur Ermittlung der Defektelektronen- wie Leitungselektronenkonzentration und deren Beweglichkeiten wären HALL-Effektmessungen wünschenswert.

Andere Oxide, Sulfide usw. mit Eigenhalbleitung sind, abgesehen von Cr_2O_3 bei hohen Temperaturen, bisher nicht mit Sicherheit bekanntgeworden, aber in bestimmten Temperatur- und Druckgebieten keineswegs unwahrscheinlich (s. Fußnote 1 auf S. 227). Nach den bisherigen Untersuchungen scheint z. B. im Fe_2O_3 mit hoher Wahrscheinlichkeit bei höheren Temperaturen ebenfalls Eigenhalbleitung aufzutreten, wie bereits auf S. 216 auseinandergesetzt wurde.

Eine Sonderstellung nehmen in der Gruppe der Eigenhalbleiter die sog. Valenzkristalle, wie z. B. Ge, Si, SiC, ein. In diesen Körpern, deren Gitter aus quasi-neutralen Atomen aufgebaut sind und die vollbesetzte Energiebänder besitzen, ist ein zu dem der Oxide modifizierter Mechanismus für die elektrische Leitfähigkeit anzusetzen. Germanium und Silicium gehören der vierten Gruppe des periodischen Systems der Elemente an.

Aus den Widerstandsmessungen an Siliciumproben, die von SCHULZE[1] über einen weiten Temperaturbereich durchgeführt wurden, folgerte LARK-HOROVITZ[2], daß Silicium bei hohen Temperaturen ein Eigenhalbleiter ist mit einem Bandkanten-Abstand von $\Delta E \approx 1{,}2$ eV. Die Eigenhalbleitung in Germanium wurde experimentell von LARK-HOROVITZ und Mitarbeitern[2,3] und von LAWSON und SEITZ[4] gleichzeitig nachgewiesen.

Bereits 1942 — also vor SHOCKLEY und Mitarbeitern — konnte LARK-HOROVITZ an Hand des Vorzeichens der HALL-Konstanten R zeigen, daß P-, As-, Sb- bzw. Bi-haltiges Germanium ein überwiegender Elektronenüberschuß- oder n-Leiter ist, während ein Zusatz von B, Al, Ga und In eine überwiegende Elektronendefekt- oder p-Leitung verursacht. Diese Arbeit dürfte als eine der grundlegendsten Halbleiterarbeiten angesehen werden, durch deren Auswertung, insbesondere durch die Gruppe in PURDUE und BARDEEN, BRATTAIN, SHOCKLEY bei BELL-TELEPHONE[5] und andere[6], die Wissenschaft und Technik des Transistoreffektes vorbereitet wurde.

Nach LARK-HOROVITZ[2] beträgt die Energie ΔE, die das Valenz- vom Leitungsband in Germanium trennt (Abb. 3.117), 0,76 eV. Die bei tiefen Temperaturen zu erwartende Zahl der in das Leitfähigkeitsband gelangenden Elektronen ist außerordentlich klein, so daß der Wert der HALL-Konstanten R sehr hoch sein sollte. Aus dem tatsächlich gefundenen Wert von R ist jedoch zu schließen, daß häufig die Zahl der im Leitfähigkeitsband vorhandenen Elektronen relativ groß ist, was nur durch die

---

[1] SCHULZE, A.: Z. techn. Phys. **11**, 443 (1930).

[2] LARK-HOROVITZ, K.: Final-Report NDRC 14-585 (1945); erstmalig vorgetragen als S.-B. vom Mai 1942. — K. LARK-HOROVITZ, A. E. MIDDLETON, E. P. MILLER u. J. WALERSTEIN: Phys. Rev. **69**, 258 (1946). — K. LARK-HOROVITZ u. V. A. JOHNSON: Phys. Rev. **69**, 258 (1946).

[3] LARK-HOROVITZ, K., E. BLEULER, R. E. DAVIS u. D. TENDAM: Phys. Rev. **73**, 1256 (1948). — R. E. DAVIS u. K. LARK-HOROVITZ: Signal Corps Progr. Rep., Aug.—Okt. 1948. — R. E. DAVIS, W. E. JOHNSON, K. LARK-HOROVITZ u. S. SIEGEL: Phys. Rev. **74**, 1255 (1948). — R. E. DAVIS, W. E. JOHNSON, K. LARK-HOROVITZ u. S. SIEGEL: AECD Rep. 2054, Juni 1948. — W. E. JOHNSON u. K. LARK-HOROVITZ: Phys. Rev. **76**, 442 (1949). — E. KLONTZ u. K. LARK-HOROVITZ: Signal Corps Progr. Rep., Aug.—Okt. 1948 u. Dez. 1949. — J. H. CRAWFORD u. K. LARK-HOROVITZ: Phys. Rev. **78**, 815 (1950); **79**, 889 (1950). — Vgl. ferner den zusammenfassenden Artikel von K. LARK-HOROVITZ in: Semi-Conducting Materials, S. 47ff. London 1951. — K. LARK-HOROVITZ: Z. phys. Chem., SCHOTTKY-Festband **198**, 107 (1951).

[4] SEITZ, F.: Final Report NDRC 14-110, University of Penn. Nov. 1942.

[5] Vgl. u. a. J. BARDEEN u. W. H. BRATTAIN: Phys. Rev. **74**, 230 (1948); **75**, 1208 (1949). — W. SHOCKLEY: Electrons and Holes in Semiconductors. New York 1950. — W. SHOCKLEY: Proc. Inst. Radio Engr. **40**, 1289 (1952). — P. P. DEBYE u. E. M. CONWELL: Phys. Rev. **93**, 693 (1954).

[6] Vgl. u. a. H. C. TORREY u. CH. A. WHITMER: Crystal Rectifiers. New York 1948.

Annahme eines Donatorniveaus in unmittelbarer Nähe des Leitungsbandes zu deuten ist. Dieses zusätzliche Niveau wird auf die im Germanium vorhandenen elektronenabgebenden Zusätze, wie z. B. As^+ und P^+, zurückgeführt. Die aus der HALL-Konstanten $R = r/n\,e$ berechnete Zahl der Leitungselektronen je Volumeinheit steht mit dem Energieunterschied ΔE_D in folgendem Zusammenhang[1]:

$$\frac{n_-^2}{N - n_-} = \frac{2(2\pi\, m\, kT)^{3/2}}{h^3} \exp(-\Delta E_D/kT). \tag{3.359}$$

Hier bedeuten k die BOLTZMANN-Konstante, h die PLANCKsche Konstante, m die Elektronenmasse und $N = 7{,}37 \cdot 10^{10}/R$ je cm^3. Aus der Lösung von (3.359)[2] erhält man ΔE_D. Da in Germanium das ΔE_D sehr klein ist,

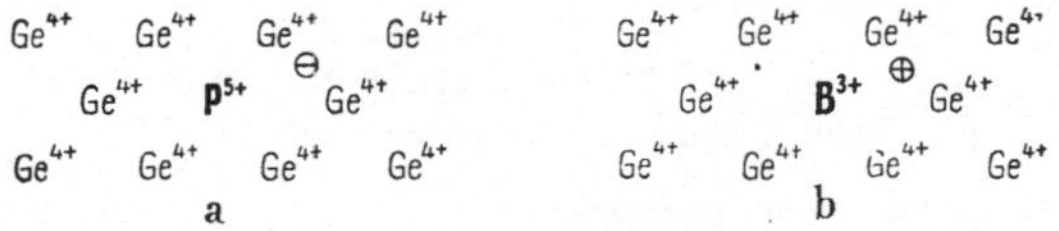

Ge^{4+} Ge^{4+} Ge^{4+} Ge^{4+} $\quad$ Ge^{4+} Ge^{4+} Ge^{4+} Ge^{4+}

Ge^{4+} P^{5+} $\ominus$ Ge^{4+} $\quad$ Ge^{4+} B^{3+} $\oplus$ Ge^{4+}

Ge^{4+} Ge^{4+} Ge^{4+} Ge^{4+} $\quad$ Ge^{4+} Ge^{4+} Ge^{4+} Ge^{4+}

a $\qquad$ b

Abb. 3.121. Fehlordnung in einem Germanium-Valenzgitter mit höherwertigen und niederwertigen Fremdatomen:
a) 5wertige P-Atome auf regulären Gitterplätzen erzeugen Leitungselektronen ($e' \equiv \ominus$);
b) 3wertige B-Atome auf regulären Gitterplätzen erzeugen Defektelektronen ($|e|^{\bullet} \equiv \oplus$).

kann man nicht einfach aus der Neigung der $\log\varkappa - 1/T$-Kurve das ΔE_D erhalten, sondern muß die volle Dissoziationsgleichung benutzen. Die Analyse der $\log\varkappa - 1/T$-Kurven durch JOHNSON und LARK-HOROVITZ zeigt, daß für je ein ionisiertes Fremdatom ein Ladungsträger durch HALL-Effekt zu finden ist. Auf Grund der Tatsache, daß sowohl der HALL-Effekt wie die Thermokraft[3] bei hohen Temperaturen für alle Germaniumproben negativ werden, muß man bei hohen Temperaturen eine Eigenhalbleitung mit überwiegender Eigenfehlordnung im Sinne von (3.336a) und überwiegender Beweglichkeit der Leitungselektronen annehmen. In Anlehnung an die SCHOTTKYsche Schreibweise kann man den Einbau von Fremdatomen, z. B. P und B, in das Ge-Gitter folgendermaßen darstellen:

$$P \rightleftharpoons P|Ge|^{\bullet} + e' \tag{3.360}$$

und

$$B \rightleftharpoons B|Ge|' + |e|^{\bullet}. \tag{3.361}$$

In den Abb. 3.121a und b sind die Fehlordnungsbilder dargestellt. Beim Einbau von Boratomen beispielsweise vermag ein Borion nicht nur drei, sondern vier Elektronen valenzmäßig zu binden, da es in seiner $2s$-, $2p$-Schale ganz ähnlichen Valenzgesetzen gehorcht wie das Ge mit

[1] r ist aus statistischen Überlegungen aus dem Streumechanismus zu berechnen [V. A. JOHNSON u. K. LARK-HOROVITZ: The combination of resistivities in semiconductors, Phys. Rev. **82**, 977 (1951)].

[2] Wenn man beachtet, daß elektrische Abstoßung verhindert, daß mehr als ein Elektron im Donator gebunden sein kann, dann muß der Faktor 2 in (3.359) weggelassen werden [s. auch G. L. PEARSON u. J. BARDEEN: Phys. Rev. **75**, 865 (1949), Gl. (22) u. (23). — N. F. MOTT u. R. W. GURNEY: Electronic Processes in Ionic Crystals, 1948, S. 158. — W. SHOCKLEY: Electrons and Holes in Semiconductors, 1950, S. 475].

[3] JOHNSON, V. A., u. K. LARK-HOROVITZ: Phys. Rev. **92**, 226 (1953). — A. E. MIDDLETON u. W. W. SCANLON: Phys. Rev. **92**, 219 (1953).

seiner $4s$-, $4p$-Schale. Das vierte Valenzelektron muß aber einer der Ge-Valenzbindungen des Gitters entnommen werden und schafft damit eine Elektronenlücke im Germanium. Diese Lücke wird zwar von dem

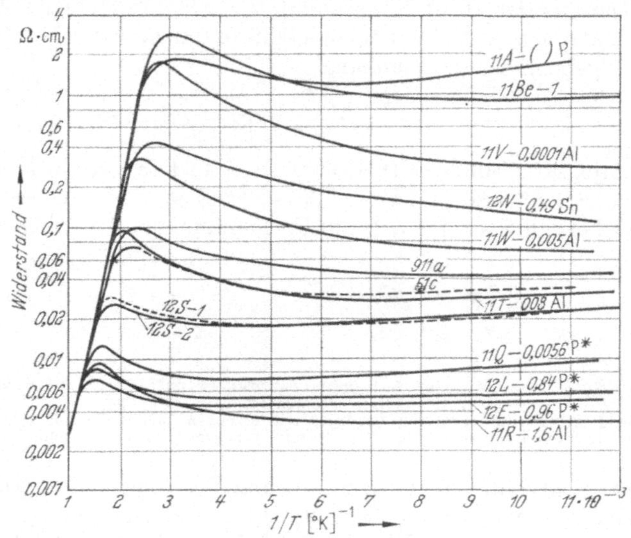

Abb. 3.122. Temperaturabhängigkeit des Widerstandes einiger Germaniumproben mit Zusätzen an P, Al, Sn nach LARK-HOROVITZ und Mitarbeitern. (Die entsprechenden Mengen der Legierungszusätze sind aus der Originalarbeit zu entnehmen.)

durch die Aufnahme eines vierten Elektrons einfach negativ aufgeladenen B-Zentrum angezogen, so daß sie zunächst nicht frei ist, sondern die $B|Ge|'$-Stelle neutralisiert. Wir haben also die Bewegung eines Defektelektrons um einen negativen Kern im Sinne der GURNEY-MOTTschen Auffassung einer Störstelle mit einer wasserstoffähnlichen $|e|^{\bullet}$-Bahn. Bei höherer Temperatur kann aber diese Anziehung thermisch überwunden werden, und es entsteht ein freies Defektelektron im Valenzband. Wesentlich ist hierbei, daß die Anziehung des $B|Ge|'$ auf das Defektelektron durch die hohe Dielektrizitätskonstante des Ge (etwa 16)[1] so abgeschwächt ist, daß die Bindungsenergie nur etwa 0,1 eV oder weniger beträgt. Das bedeutet eine schon bei tiefen Temperaturen sehr erhebliche (u. U. fast vollständige) Dissoziation des durch

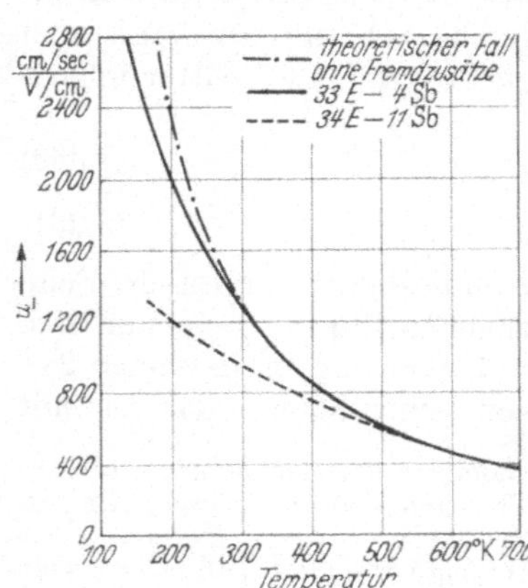

Abb. 3.123
Temperaturabhängigkeit der Elektronenbeweglichkeit in Sb-haltigem Germanium.

[1] LARK-HOROVITZ, K.: Final-Report NDRC 14-585 (1945). — K. LARK-HOROVITZ, A. E. MIDDLETON, E. P. MILLER u. J. WALERSTEIN: Phys. Rev. **69**, 258 (1946). — K. LARK-HOROVITZ u. V. A. JOHNSON: Phys. Rev. **69**, 258 (1946).

das Defektelektron neutralisierten Elektronenacceptors und damit eine bei gegebenem Störstellengehalt sehr hohe Leitfähigkeit, die noch durch die sehr hohe Beweglichkeit der Defektelektronen im Ge-Gitter (u_+ etwa 1900 cm² Volt⁻¹ sec⁻¹) unterstützt wird.[1] Es ist deshalb verständlich, daß Ge und in gleicher Weise Si, für das im übrigen die gleichen Überlegungen gelten[2], die ganz von Verunreinigungen ja nur schwer zu befreien sind[3], bis vor diesen Untersuchungen als metallische Leiter galten.

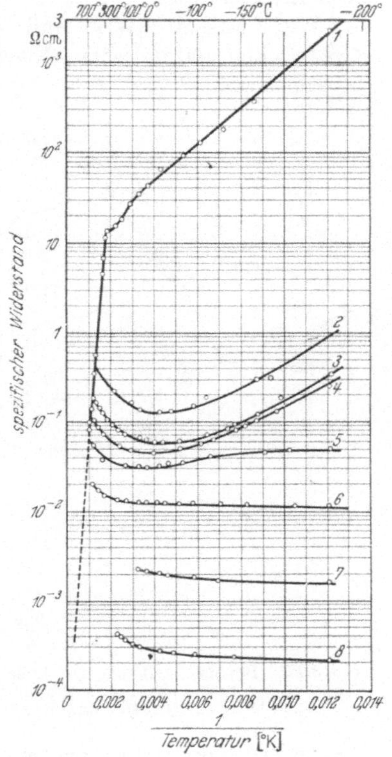

Abb. 3.124. Der spezifische Widerstand von Si-B-Mischphasen in Abhängigkeit vom Borgehalt und der Temperatur nach PEARSON und BARDEEN. (Die Kurven entsprechen folgenden B-Zusätzen in Gew.-%: 1 : 0; 2 : 0,0005; 3 : 0,001; 4 : 0,002; 5 : 0,005; 6 : 0,01; 7 : 0,1; 8 : 1,0.)

Entsprechende Überlegungen gelten bei der Substitution eines Ge- oder Si-Atoms durch Atome, die eine *s*-, *p*-Schale mit fünffach positivem Kern besitzen, wie P, Sb oder As. Hier sind ebenfalls nur vier Elektronen in Valenzbindung mit den umgebenden Si-Atomen unterzubringen. Das fünfte neutralisierte Elektron ist nur durch die fünfte Kernladung des P-Atoms an diese Stelle gebunden und kann ebenso wie oben das Defektelektron leicht abdissoziieren. In den Abbildungen 3.122 bis 3.125 ist der Verlauf des spezifischen Widerstandes, des HALL-Koeffizienten, der Ladungsträgerkonzentration und der Beweglichkeit in Abhängigkeit von Temperatur und Fremdstoffgehalt für Germanium[4] bzw. Silicium wiedergegeben.

Auf Grund der Intensitätsverteilung im Emissionsspektrum der langwelligen Röntgenstrahlung wurde geschlossen[5], daß das Energieband der Valenzelektronen voll besetzt ist und daher keine metallische Leitung verursachen kann. Die völlige Aufklärung der guten elektrischen Leitfähigkeit, die man besonders an nicht sehr reinen Ge- und Si-Proben beobachtete, wurde jedoch erst durch die

---

[1] PRINCE, M. B.: Phys. Rev. **92**, 681 (1953).

[2] PEARSON, G. L., u. W. SHOCKLEY: Phys. Rev. **71**, 142 (1947). — G. L. PEARSON u. J. BARDEEN: Phys. Rev. **75**, 865 (1949); **77**, 303 (1950). — W. SHOCKLEY: Proc. Inst. Radio Engr. **40**, 1289 (1952), dort weitere Literaturangaben.

[3] MÜLLER, S.: Z. Naturforsch. **9b**, 504 (1954).

[4] Vgl. auch G. ADAM: Z. Naturforsch. **9a**, 607 (1954).

[5] O'BRYAN, H. M., u. H. W. B. SKINNER: Phys. Rev. **45**, 370 (1934).

umfangreichen Arbeiten von LARK-HOROVITZ[1], SHOCKLEY und Mitarbeitern[2] erbracht.

Untersuchungen mit reinstem polykristallinem Germanium wurden von der Gruppe in PURDUE[1], von WELKER[3] und STUKE[4] durchgeführt. In den folgenden Jahren wurden die Untersuchungen auf reinste Einkristalle erweitert.[5]

Wie LARK-HOROVITZ und Mitarbeiter[6] zeigen konnten, werden die elektrischen und optischen Eigenschaften der Germanium- und Siliciumkristalle durch Bestrahlung mit schnellen α-Teilchen, Deuteronen, Neutronen und Elektronen tiefgreifend beeinflußt. So wird beispielsweise n-leitendes Germanium durch Neutronenbombardement in p-leitendes umgewandelt. Wie man aus Abb. 3.126 erkennt, nimmt zunächst der Widerstand zu, um dann nach Durchlaufen eines Maximums wieder abzunehmen. Im Falle des p-leitenden Germaniums tritt je nach der Anfangsleitfähigkeit eine Leitfähigkeitszunahme oder -abnahme auf. Durch die im Germanium stattfindenden Kernreaktionen müssen bevorzugt 3wertige Elemente entstehen, die die gleiche Änderung der Elektronenfehlordnung bewirken wie chemische Zusätze von Gallium. Durch Bestrahlung mit langsamen Neutronen werden im Kernreaktor

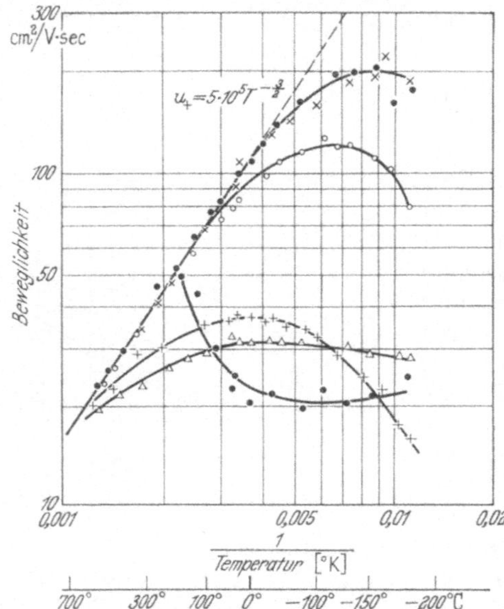

Abb. 3.125. Beweglichkeit der Defektelektronen als Funktion der reziproken Temperatur in Si-B-Mischphasen nach PEARSON und BARDEEN.

[1] LARK-HOROVITZ, K.: Final-Report NDRC 14-585 (1945). — K. LARK-HOROVITZ, A. E. MIDDLETON, E. P. MILLER u. J. WALERSTEIN: Phys. Rev. **69**, 258 (1946). — K. LARK-HOROVITZ u. V. A. JOHNSON: Phys. Rev. **69**, 258 (1946).

[2] PEARSON, G. L., u. W. SHOCKLEY: Phys. Rev. **71**, 142 (1947). — G. L. PEARSON u. J. BARDEEN: Phys. Rev. **75**, 865 (1949); **77**, 303 (1950). — W. SHOCKLEY: Proc. Inst. Radio Engr. **40**, 1289 (1952), dort weitere Literaturangaben.

[3] RINGER, W., u. H. WELKER: Z. Naturforsch. **3a**, 20 (1948).

[4] STUKE, J.: Leitfähigkeitsmessungen an Germanium. Diss. Göttingen 1947.

[5] TEAL, G. K., u. J. B. LITTLE: Phys. Rev. **78**, 647 (1950). — L. ROTH u. W. E. TAYLOR: Proc. Inst. Radio Engr. **40**, 1338 (1952). — Neuere Literatur findet man z. B. in den Advances in Semiconductor Science, herausgeg. von HARVEY BROOKS, London: Pergamon Press 1959. — Vgl. auch W. C. DUNLAP, JR.: Direct Current **4**, No. 1 (1958).

[6] LARK-HOROVITZ, K., E. BLEULER, R. E. DAVIS u. D. L. TENDAM: Phys. Rev. **73**, 1256 (1948). — R. E. DAVIS, W. E. JOHNSON, K. LARK-HOROVITZ u. S. SIEGEL: Phys. Rev. **74**, 1255 (1948). — W. E. JOHNSON u. K. LARK-HOROVITZ: Phys. Rev. **75**, 442 (1948). — K. LARK-HOROVITZ: Semiconducting Materials, S. 47ff. London 1951. — H. M. JAMES u. K. LARK-HOROVITZ: Z. phys. Chem. **198**, 107 (1951).

im Germanium Fremdatome in situ erzeugt, während im Silicium die Umwandlungsprodukte unbeobachtbar sind, da der Einfangquerschnitt für langsame Neutronen hier nur 10^{-25} cm² beträgt. Wir erhalten die folgenden beiden Kernreaktionen:

$$\mathrm{Ge}^{70}(n,\gamma) \rightarrow \mathrm{Ga}^{71}$$
$$\mathrm{Ge}^{74}(n,\gamma) \rightarrow \mathrm{As}^{75}.$$

Ferner wurde beobachtet, daß durch den Zusammenstoß der eingestrahlten schnellen Teilchen mit den Gitteratomen im Germaniumkristall ein gewisser Prozentsatz der Ge-Atome auf Zwischengitterplätze geht unter Erzeugung einer gleich großen Zahl von Ge-Leerstellen. Diese Ionenfehlordnung kann jedoch durch eine Wärmebehandlung wieder beseitigt werden. Durch Verwendung schneller Elektronen konnte LARK-HOROVITZ[1] die zur Erzeugung einer Leerstelle oder eines Atoms auf Zwischengitterplatz erforderliche Schwellenenergie im Germanium zu 25 bis 30 eV in Übereinstimmung mit früheren Abschätzungen bestimmen.[2] Durch räumlich definierte Einstrahlungen konnten die für den Transistoreffekt[3] so bedeutungsvollen p-n-Übergänge erzeugt werden, die jedoch hier im Rahmen dieses Buches nicht in unsere Betrachtung fallen, wenn auch gelegentlich das eine oder andere Ergebnis aus diesen Untersuchungen erwähnt wird.

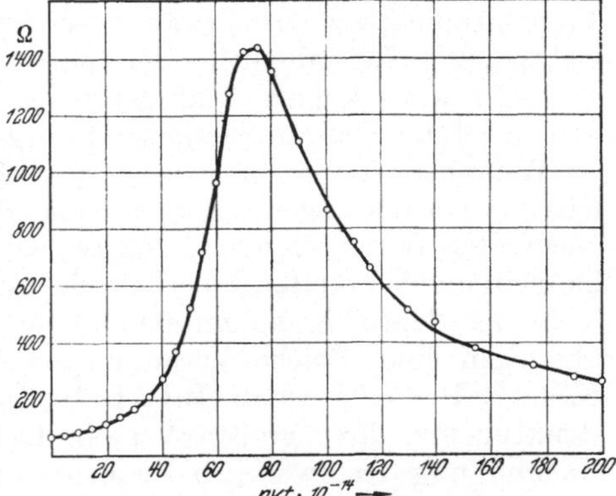

Abb. 3.126. Widerstand eines n-leitenden Germaniums während des Neutronenbombardements als Funktion des Neutronenstroms $n\,v\,t$ nach LARK-HOROVITZ. Der Widerstand wurde bei der Pile-Temperatur gemessen.

Als weiteres gut untersuchtes Beispiel eines Eigenhalbleiters ist das Siliciumcarbid SiC zu nennen, das von BUSCH und Mitarbeitern[4] eingehend untersucht wurde. Aus elektrischen Leitfähigkeitsmessungen an Einkristallen zwischen 77 und 1400 °K fanden BUSCH und LABHART[5], daß gelbes und grünes SiC (n-Typ) elektronenüberschußleitend und schwarzes SiC (p-Typ mit 0,2% Al und Ca und 0,1% Mg) elektronendefektleitend ist. Das an sich farblose reine SiC verfärbt sich mit zu-

[1] LARK-HOROVITZ, K., E. BLEULER, R. E. DAVIS u. D. L. TENDAM: Phys. Rev. **73**, 1256 (1948). — R. E. DAVIS, W. E. JOHNSON, K. LARK-HOROVITZ u. S. SIEGEL: Phys. Rev. **74**, 1255 (1948). — W. E. JOHNSON u. K. LARK-HOROVITZ: Phys. Rev. **75**, 442 (1948). — K. LARK-HOROVITZ: Semiconducting Materials, S. 47ff. London 1951.

[2] SEITZ, F.: Disc. Faraday Soc. **5**, 271 (1949).

[3] Vgl. die zusammenfassende Darstellung von W. SHOCKLEY: Electrons and Holes in Semiconductors. New York 1950.

[4] BUSCH, G.: Helv. phys. Acta **19**, 167 (1946); **19**, 189 (1946). — G. BUSCH, P. SCHMID u. H. SPÖNDLIN: Helv. phys. Acta **20**, 461 (1947). — G. BUSCH, H. FLURY u. W. MERZ: Helv. phys. Acta **21**, 212 (1948). — W. SASAKI: J. phys. Soc. Japan **7**, 107 (1952).

[5] BUSCH, G., u. H. LABHART: Helv. phys. Acta **19**, 463 (1946).

nehmender Verunreinigung von gelb über grün nach schwarz.[1] HOCHBERG und SOMINSKI[2] führten an SiC-Kristallen Thermokraftmessungen aus.

In neueren Untersuchungen an reinsten SiC-Kristallen, dargestellt durch Zerfall von $SiCl_4$- und Toluol-Dämpfe und Abscheiden auf Graphitfolien, gelang KENDALL[3] die befriedigende Abschätzung der Aktivierungsenergien der Leitfähigkeit für niedrige und hohe Temperaturen. Durch Gegenwart von flüchtigen Metallchloriden während der Herstellung konnte eine definierte n- und p-Leitung erreicht werden. Die Ergebnisse zeigen, daß die Halbleitung in Siliciumcarbid entweder durch Abweichungen (in C und Si) von der Stöchiometrie oder durch Einbau von Fremdatomen, wie eben erwähnt, verursacht wird. Der Mechanismus der elektrischen Leitfähigkeit, der noch vor 10 Jahren nicht genügend erforscht war[4], konnte dank der neuen Technik in der Kristallzüchtung in den letzten Jahren weitgehend aufgeklärt werden.[5,6]

WELKER[7] konnte in seiner grundlegenden Arbeit über neue halbleitende Verbindungen zeigen, daß man durch sinnvolle Kombination von Elementen der dritten und fünften Gruppe des Periodischen Systems halbleitende Verbindungen erhält, die in ihren elektrischen Eigenschaften nicht nur dem Germanium ebenbürtig, sondern in einigen Fällen sogar überlegen sind. Solche Verbindungen sind beispielsweise: AlP, AlAs, AlSb, GaP, GaAs, GaSb, InP, InAs, InSb[8]; diese besitzen Zinkblendestruktur mit ihrer großen Verwandtschaft zur Diamantstruktur. Die Nachbildung der 4wertigen Elemente durch Verbindungen A(III)B(V) ist nicht nur hinsichtlich der Struktur eine besonders enge, sondern auch hinsichtlich des Gitterabstandes. So ist der Abstand benachbarter Atome im Si 2,34 Å, während seine Nachbildung, z. B. das AlP, den Abstand 2,36 Å besitzt. Ähnliches gilt sowohl für Germanium (2,44 Å) und GaAs (2,44 Å) als auch für graues Sn (2,80 Å)[9] und InSb (2,80 Å). Infolge der quantenmechanischen Resonanz zwischen homöopolarem und heteropolarem Bindungsanteil konnte WELKER Voraussagen über die Halbleitereigenschaften dieser Verbindungen machen, die mit den Experimenten in gutem Einklang sind. Besonders bemerkenswert sind die hohen Elektronenbeweglichkeiten (im InSb bis zu 34000 $cm^2\ Volt^{-1}\ sec^{-1}$).

Über Polarisation und Halbleitereigenschaften der A(III)-B(V)-Verbindungen mit Zinkblendestruktur berichtet FOLBERTH[10]. An Hand der

---

[1] Über die Darstellung reinster SiC-Einkristalle berichtet J. A. LELY: Ber. dtsch. keram. Ges. **32**, 229 (1955).

[2] HOCHBERG, B. M., u. M. J. SOMINSKI: Phys. Z. Sowjetunion **13**, 198 (1938).

[3] KENDALL, J. T.: J. chem. Phys. **21**, 821 (1953).

[4] IVANOV, L. I., V. I. PRUZHININA-GRANOVSKAYA u. I. V. CHERNINA: Zhur. Tekn. Fiz. **21**, 1050 (1951). — W. SASAKI: J. phys. Soc. Japan **7**, 107 (1952).

[5] BOSCH, G.: Philips Res. Rep. **16**, 455 (1961).

[6] GREEBE, C. A. A. J.: Philips Res. Rep. Suppl. 1963, No. 1, S. 1—76.

[7] WELKER, H.: Z. Naturforsch. **7a**, 744 (1952). — H. WEISS: Z. Naturforsch. **8a**, 463 (1953). — O. MADELUNG u. H. WEISS: Z. Naturforsch. **9a**, 527 (1954). — O. G. FOLBERTH u. O. MADELUNG: Z. Naturforsch. **8a**, 673 (1953).

[8] RUPPRECHT, H.: Z. Naturforsch. **16a**, 395 (1961). — H. WEISS: J. appl. Physics **32**, 2064 (1961).

[9] KENDALL, J. T.: Phil. Mag. (7) **45**, 141 (1954).

[10] FOLBERTH, O. G.: Z. Naturforsch. **13a**, 856 (1958).

Versuchsergebnisse wird ein Modell zur Deutung einiger charakteristischer Eigenschaften dieser Verbindungen unter Berücksichtigung der Polarisation der Valenzelektronen in Richtung auf die B(V)-Ionen entworfen. Hieraus ergeben sich Deutungsmöglichkeiten für die charakteristischen Unterschiede bezüglich der einzelnen Werte für den Abstand ΔE der Bandkanten, der Elektronenbeweglichkeit u_- und des Beweglich-

Tabelle 3.18. *Bandkantenabstand ΔE und Beweglichkeiten in einigen A(III)-B(V)-Verbindungen bei Zimmertemperatur, zusammengestellt aus Daten von Welker und Weiss*[1]

Verbindung	ΔE eV	u_- $cm^2\ Volt^{-1}\ sec^{-1}$	u_-/u_+	J
AlSb	1,6	200	1	38
GaAs	1,53	>3400	30	79
InP	1,34	>3400	70	130
GaSb	0,8	4000	3	57
InAs	0,45	23000	80	134
InSb	0,25	65000	50	93

keitsverhältnisses u_-/u_+ (s. Tab. 3.18) unter Einbeziehung der Polarisation J, die von FOLBERTH[2] nach der Formel:

$$J = \frac{E_{\text{ion}}}{E_{\text{cov}}} \left(Z(\text{III}) + Z(\text{V})\right)^{3/2}$$

berechnet wurde, wo E_{ion} bzw. E_{cov} den ionogenen bzw. covalenten Bindungsanteil darstellt. Z(III) und Z(V) bedeuten die Ordnungszahlen der A(III)- bzw. B(V)-Elemente. Kürzlich konnte KIMMEL[3] zeigen, daß zwischen der Hyperfeinstruktur-Aufspaltung des Elektronenresonanzsignals von in A(III)-B(V)-Verbindungen eingebautem Mangan und der Differenz der Elektronegativitäten der Bestandteile des Wirtskristalls ein linearer Zusammenhang besteht, woraus sich eine quantitative Angabe über den Ionencharakter der betreffenden Verbindung machen läßt.

Mit fallender Breite der verbotenen Zone ΔE nimmt die Wärmeleitfähigkeit ab.[4] Infolge der hohen Elektronenbeweglichkeit und zugleich der großen Bandbreite scheint GaAs den anderen Halbleitern überlegen zu sein. Unter den A(III)-B(V)-Verbindungen mit Zinkblendestruktur haben das AlP und GaP bisher wenig Beachtung gefunden. Die Gründe dafür sind nicht zuletzt präparativer Natur. Auf Grund optischer Untersuchungen (Remissions- und Absorptionsmessungen) wurde der Bandkantenabstand von AlP bei 20 °C zu 2,42 eV[5] und von GaP zu 2,24 eV bzw. zu $2{,}4-5{,}4 \cdot 10^{-4}\,T$ ermittelt.[6] Unter Hinzuziehung von Elektro-

[1] WELKER, H., u. H. WEISS: Solid State Phys. **3**, 51 (1956).
[2] FOLBERTH, O. G.: Z. Naturforsch. **13a**, 856 (1958).
[3] KIMMEL, H.: Z. Naturforsch. **18a**, 650 (1963).
[4] WEISS, H.: Scientia Electrica **6**, Heft 4 (1960).
[5] GRIMMEISS, H. G., W. KISCHIO u. A. RABENAU: J. Phys. Chem. Solids **16**, 302 (1960).
[6] OSWALD, F.: Z. Naturforsch. **10a**, 927 (1955). — H. G. GRIMMEISS u. H. KOELMANS: Phys. Rev. **123**, 1939 (1961).

lumineszenz- und Photolumineszenzmessungen gelang für AlP aus Leitfähigkeitsmessungen die Aufstellung eines Termschemas[1]. GaP scheint einen beachtlichen Photovoltaeffekt aufzuweisen (Sonnenbatterie).[2,3]

Über die Anwendung der oben genannten Verbindungen für galvanomagnetische Verstärker berichtet WELKER[4] und über die allgemeine Technologie dieser Halbleiter FOLBERTH[5].

Die Darstellung möglichst reinster Kristalle spielt hier eine entscheidende Rolle, wenn man bedenkt, daß z. B. bereits eine Verunreinigung von 10^{-6} Mol-% Ni, Cu oder Fe in Germanium ausreicht, um die Lebensdauer der Minoritätsträger, die für den Transistoreffekt von entscheidender Bedeutung ist, um mehr als eine Zehnerpotenz herabzusetzen und damit dieses Germanium für den Einsatz als Transistor unbrauchbar zu machen.[6] Für eine definierte Dotierung ist die Kenntnis der Diffusionskoeffizienten (s. S. 571ff.) und der Verteilungskoeffizienten[7] unerläßlich. Auch hierüber liegt eine umfangreiche Literatur vor.[8]

Ternäre Verbindungen und Mischphasen eröffnen neue Möglichkeiten, um Halbleiter mit erwünschten, bisher nicht realisierbaren elektrischen und optischen Eigenschaften zu erhalten. Erste Versuche in dieser Richtung sind bereits im Gange.[9,10,11]

3.142 Ionenkristalle mit gekoppelter Ionen- und Elektroneneigenfehlordnung

HAUFFE und BLOCK[12] untersuchten die elektrische Leitfähigkeit von Chromoxid (Cr_2O_3) in Abhängigkeit vom Sauerstoffdruck und von Zusätzen höher- und niederwertiger Kationen in Form von TiO_2 bzw. WO_3 und NiO. Wie die Messungen ergaben (Abb. 3.127 und 3.128), nimmt in dem untersuchten Temperaturbereich die elektrische Leitfähigkeit von Cr_2O_3 bei TiO_2-Zusätzen stark ab und entsprechend bei NiO-Zusätzen zu. Dieser Befund spricht für reine Elektronendefektleitung, jedoch durch einen anderen Mechanismus bedingt als z. B. in NiO, da die elektrische Leitfähigkeit beispielsweise bei 800 °C im Sauerstoffdruckbereich von 10^{-1} bis 760 Torr praktisch unabhängig vom Sauerstoffdruck ist ($\varkappa \sim p_{O_2}^{1/30}$).

---

[1] GRIMMEISS, H. G., W. KISCHIO u. A. RABENAU: J. Phys. Chem. Solids 16, 302 (1960).
[2] GRIMMEISS, H. G., u. H. KOELMANS: Philips Res. Rep. 15, 290 (1960).
[3] GRIMMEISS, H. G., W. KISCHIO u. H. KOELMANS: Solid State Electronics 5, 155 (1962).
[4] WELKER, H.: ETZ-A 76, 513 (1955).
[5] FOLBERTH, O. G.: Z. Metallkde. 49, 570 (1958). — Siehe auch R. GREMMELMAIER: Z. Naturforsch. 11a, 511 (1956). — G. IWANTSCHEFF: Z. Elektrochem. Ber. Bunsenges. phys. Chem. 63, 876 (1959).
[6] BURTON, J. A., G. W. HULL, F. J. MORIN u. J. C. SEVERIENS: J. phys. Chem. 57, 853 (1953).
[7] FOLBERTH, O. G., u. E. SCHILLMANN: Z. Naturforsch. 12a, 943 (1957).
[8] Siehe z. B. E. SCHILLMANN: Z. Naturforsch. 11a, 472 (1956).
[9] WEISS, H.: Z. Naturforsch. 11a, 430 (1956).
[10] PFISTER, H.: Acta Cryst. 11, 221 (1958).
[11] CORNISH, A. J.: J. electrochem. Soc. 106, 685 (1959).
[12] HAUFFE, K., u. J. BLOCK: Z. phys. Chem. 198, 232 (1951).

Eine p-Typ-Halbleitung wurde auch von anderen Autoren[1,2] gefunden, die auf Grund ihrer Messungen die Ansicht vertreten, daß Cr_2O_3 ein normaler p-Typ-Halbleiter wie z. B. Cu_2O oder NiO ist. Besonders erwähnenswert sind die Hochtemperaturuntersuchungen der elektrischen Eigenschaften von Chromoxid von FISCHER und LORENZ[3]. Durch gleichzeitige Messung von Leitfähigkeit und Thermokraft zwischen 600 und 1750 °C konnte bei hohen Temperaturen ($>$1250 °C) Cr_2O_3 als Eigenhalbleiter klassifiziert werden. In Übereinstimmung mit den erstgenannten Autoren wurde gefunden, daß sowohl die elektrische Leitfähigkeit als auch die Thermokraft in dem genannten Tempera-

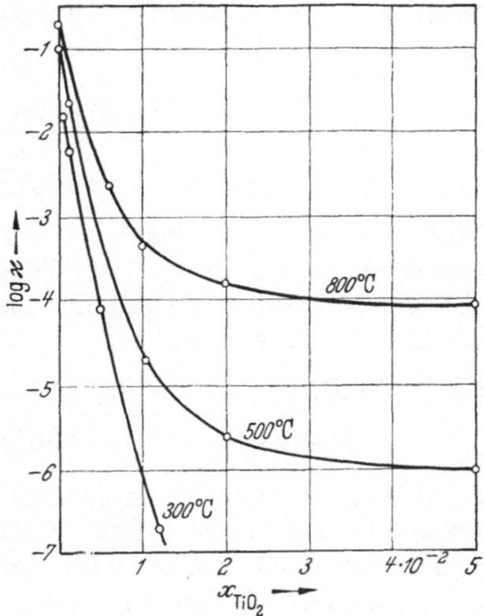

Abb. 3.127. Verlauf der elektrischen Leitfähigkeit von Cr_2O_3-TiO_2-Mischphasen bei steigendem TiO_2-Gehalt in Luft nach HAUFFE und BLOCK.

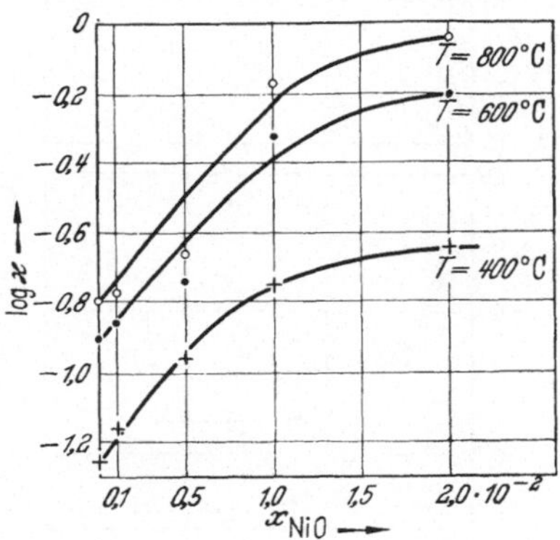

Abb. 3.128. Verlauf der elektrischen Leitfähigkeit von Cr_2O_3-NiO-Mischphasen bei steigendem NiO-Gehalt in Luft nach HAUFFE und BLOCK.

turbereich unabhängig vom Sauerstoffdruck sind. Ferner wurde beobachtet, daß elektrischer Widerstand und Thermokraft bis 1250 °C annähernd unabhängig von der Temperatur sind. Dies ist aus Abbildung 3.129a für die Thermokraft zu erkennen. Oberhalb 1250 °C fallen beide mit der Temperatur stark ab. Bemerkenswert ist der Befund, daß sowohl Oxide mit höher- wie mit niederwertigen Metallionen, wie z. B. NiO, Cu_2O, TiO_2 und Nb_2O_5, die Leitfähigkeit erhöhen. Während die Thermokraft von Chromoxid durch Zusätze von Li_2O, MgO und NiO (ausgenommen von Cu_2O) nicht verändert wurde, bewirkte ein Zusatz von TiO_2 eine starke Änderung der Thermokraft mit Vorzeichenumkehr zum n-Typ-Halbleiter.

Auf Grund dieser experimentellen Befunde und des Ergebnisses der chemischen Analyse, die eine Verunreinigung von etwa 0,5 Mol-%

[1] CHAPMAN, P. R., R. H. GRIFFITH u. F. D. J. MARSH: Proc. Roy. Soc. (A) **224**, 419 (1954).

[2] WELLER, S. W., u. S. E. VOLTZ: J. Amer. chem. Soc. **75**, 5231 (1953); **76**, 4695 (1954); Z. phys. Chem. (NF) **5**, 100 (1955).

[3] FISCHER, W. A., u. G. LORENZ: Arch. Eisenhüttenwes. **28**, 497 (1957); Z. phys. Chem. (NF) **18**, 265, 308 (1958).

Metalloxide mit vorwiegend 1- und 2wertigen Metallionen ergab, schlossen FISCHER und LORENZ, daß die im Temperaturbereich unterhalb von 1250 °C beobachtete Defektelektronenleitung durch die Fremdoxide aufgezwungen war. Erst oberhalb 1250 °C kam die von Hause aus vorhandene Eigenhalbleitung zum Vorschein. Hiernach wäre reines Chromoxid in die Gruppe der Eigenhalbleiter einzuordnen und das folgende Fehlordnungsgleichgewicht anzunehmen:

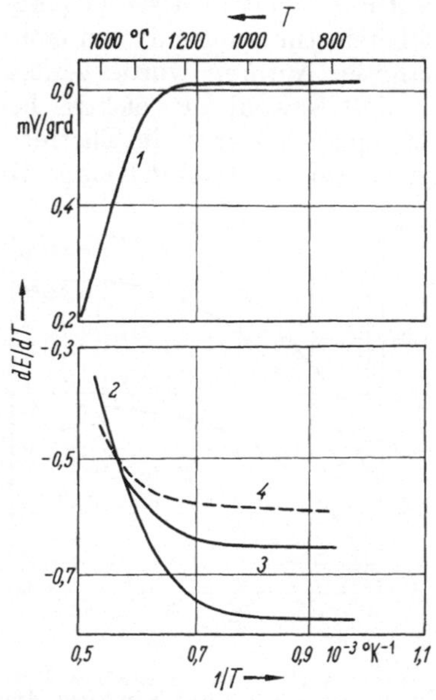

Abb. 3.129a. Thermokraft von Cr_2O_3 (Kurve 1), verunreinigt mit 0,5 Mol-% Metalloxiden mit vorwiegend 1- und 2wertigen Metallionen, und Cr_2O_3-TiO_2-Mischoxiden mit 0,5 (2), 1,0 (3) und 1,5 Mol-% TiO_2 (4) als Funktion der Temperatur nach FISCHER und LORENZ.

$$\text{Null} \rightleftharpoons \text{Cr}|\text{Cr}|^{\cdot} + |\text{Cr}|\text{Cr}|' \tag{3.362}$$

bzw.

$$2\,Cr^{3+} \rightleftharpoons Cr^{4+} + Cr^{2+} \tag{3.362a}$$

bzw.

$$\text{Null} \rightleftharpoons |e|^{\cdot} + e'. \tag{3.362b}$$

Auf Grund des Vorzeichens der Thermokraft ist der Einbau von TiO_2 ins Chromoxid mit der Bildung von freien Elektronen verbunden:

$$2\,TiO_2 = 2\,\text{Ti}|\text{Cr}|^{\cdot} + 2\,e' + Cr_2O_3 + \\ + \tfrac{1}{2}\,O_2(\text{gas}); \tag{3.363}$$

d. h. also mit einer Fehlordnungsinversion vom p- zum n-Typ. Falls alles TiO_2 in Cr_2O_3 gelöst wird, ist keine Sauerstoffdruckabhängigkeit der Leitfähigkeit zu erwarten, wie ebenfalls beobachtet wurde, da entsprechend dem Massenwirkungsansatz:

$$\frac{x_{\text{Ti}}\, x_-}{a_{TiO_2}\, p_{O_2}^{-1/4}} = K \tag{3.364}$$

im Bereich der festen Lösung sich nur die Aktivität a_{TiO_2} des TiO_2 mit dem Sauerstoffdruck ändert, nicht aber die der Elektronen.

Die Sauerstoffdruckunabhängigkeit der elektrischen Leitfähigkeit des undotierten Chromoxids und die im Gegensatz zu FISCHER und LORENZ gefundene Leitfähigkeitsabnahme bei TiO_2-Dotierung (s. Abb. 3.127 und 3.129a) veranlaßten HAUFFE und BLOCK zur Annahme eines Eigenstörstellen-Halbleiters ohne Abweichung von der stöchiometrischen Zusammensetzung, was man auch als modifizierten Eigenhalbleiter ansehen kann.

Nach einer schriftlichen Mitteilung von Herrn SCHOTTKY[1] könnte man sich einen einfachen Fall einer derartigen Eigenstörstelle z. B. in NaCl durch das Abwandern eines Na-Ions auf einen Zwischengitterplatz vorstellen, jedoch mit der Maßgabe, daß die Na-Leerstelle durch ein Defektelektron kompensiert wird, also durch das Symbol $|\text{Na}|^{\times}$ dargestellt wird, so

[1] Private Mitteilung von Herrn Prof. Dr. W. SCHOTTKY, Pretzfeld 1951.

daß im Gitter entweder eine assoziierte $Na^{\times}$-Störstelle oder, dissoziiert, $Na^{\bullet} + e'$ abwandert. Das Gleichgewicht der letzten Reaktion wäre durch

$$\text{Null} \rightleftharpoons |Na|^{\times} + Na^{\bullet} + e' \quad (3.365)$$

gegeben. Es würde, temperaturabhängig, eine Eigenüberschußleitung auftreten, bei der die e' nicht durch $|e|^{\bullet}$, sondern durch $Na^{\bullet}$ kompensiert wären.

Dieses Beispiel ist rein hypothetisch, da die Bildung von $Na^{\bullet}$ eine viel zu hohe Energie erfordern würde. Die etwas wahrscheinlichere Umsetzung, die dasselbe leisten würde,

$$\text{Null} \rightleftharpoons |Na|^{\times} + |Cl|^{\bullet} + e' + NaCl \quad (3.366)$$

ist gedanklich bereits komplizierter und wird überdies aus energetischen Gründen ebenfalls ganz nach links verschoben sein. In anderen Fällen können aber die energetischen Verhältnisse günstiger liegen. Durch die Befunde von HAUFFE und BLOCK[1] am Cr_2O_3 (Korundgitter) wird, wenn man eine Störung des Sauerstoffteilgitters nicht für wahrscheinlich hält, eine Eigenstörstellenreaktion der Form

$$\text{Null} \rightleftharpoons |Cr|''' + Cr^{\bullet\bullet} + |e|^{\bullet} \quad (3.367\,a)$$

bzw.

$$\text{Null} \rightleftharpoons |Cr|''' + Cr^{\bullet} + 2|e|^{\bullet} \quad (3.367\,b)$$

nahegelegt. Man könnte derartige im Korundgitter zunächst etwas paradox erscheinende Störreaktionen vielleicht als atomare Vorstufe des Übergangs vom α- zum γ-Oxid deuten. Im letzteren ist ja das Sauerstoffteilgitter als dichteste Kugelpackung intakt geblieben, während für die Metallionen in ähnlicher Weise wie in einem normalen Spinell mehr Plätze als Platzbesetzer vorhanden sind, so daß hier eine anomale Besetzung ohne großen Energieaufwand möglich ist.

Die Dissoziation der hierbei zunächst auftretenden $Cr^{\bullet\bullet\bullet}$ in $Cr^{\bullet\bullet} + |e|^{\bullet}$ bzw. der $Cr^{\bullet\bullet}$ in $Cr^{\bullet} + |e|^{\bullet}$ wird durch die verhältnismäßig leichte Umladung der höherwertigen in niederwertige Cr-Ionen nahegelegt, während z. B. im Al_2O_3-Gitter eine derartige Dissoziation höchst unwahrscheinlich wäre.

Entsprechend der Leitfähigkeitsabnahme bei TiO_2-Einbau (Abb. 3.127) muß die Konzentration der Elektronendefektstellen x_+ im Cr_2O_3-TiO_2 abnehmen, was man durch die folgende symbolische Einbaugleichung darstellen kann:

$$|e|^{\bullet} + TiO_2 \rightleftharpoons Ti|Cr|^{\bullet} + \tfrac{1}{2}Cr_2O_3 + \tfrac{1}{4}O_2(\text{gas}). \quad (3.368)$$

Hier bedeutet das Symbol $Ti|Cr|^{\bullet}$ ein auf Cr-Gitterplatz befindliches 4wertiges Ti-Ion, was eine einfach positive Aufladung der Störstelle bewirkt. Unter Beachtung der Elektroneutralitätsbedingung

$$x_+ + 2x_{Cr^{\bullet\bullet}} + x_{Ti|Cr|^{\bullet}} = 3x_{|Cr|'''} \quad (3.369)$$

und der Gleichheit der Ionenfehlordnungs-Konzentrationen

$$x_{|Cr|'''} = x_{Cr^{\bullet\bullet}}$$

[1] HAUFFE, K., u. J. BLOCK: Z. phys. Chem. **198**, 232 (1951).

ergibt sich unter der Annahme $x_{\mathrm{Ti}|\mathrm{Cr}|^{\cdot}} \gg x_{+}^{0} = x_{|\mathrm{Cr}|'''}^{0}$ für das Verhältnis der Leitfähigkeit der Cr_2O_3-TiO_2-Mischphase $\varkappa$ und der der reinen Cr_2O_3-Phase $\varkappa^0$:

$$\frac{\varkappa}{\varkappa^0} \approx \left(\frac{x_{|\mathrm{Cr}|'''}^{0}}{x_{\mathrm{Ti}|\mathrm{Cr}|^{\cdot}}}\right)^2. \qquad (3.370)$$

Unter Zugrundelegung von (3.367a), d. h. $x_{+}^{0} = x_{|\mathrm{Cr}|'''}^{0}$, konnte die Elektronendefektstellenkonzentration der reinen Cr_2O_3-Phase x_{+}^{0} bei 600 °C zu etwa $5 \cdot 10^{-4}$ und die Beweglichkeit u_{+} zu etwa 0,76 $\mathrm{cm^2\,Volt^{-1}\,sec^{-1}}$ berechnet werden.

Die durch NiO-Zusatz in Abb. 3.128 gefundene Zunahme der elektrischen Leitfähigkeit läßt sich durch die folgende symbolische Einbaugleichung:

$$\tfrac{1}{4}\,O_2(\mathrm{gas}) + \mathrm{NiO} \rightleftharpoons \mathrm{Ni}|\mathrm{Cr}|' + |e|^{\cdot} + \tfrac{1}{2}\,Cr_2O_3 \qquad (3.371)$$

verstehen. Unter Beachtung von (3.369) ergibt sich für das Leitfähigkeitsverhältnis

$$\frac{\varkappa}{\varkappa^0} \approx \frac{x_{\mathrm{Ni}|\mathrm{Cr}|'}}{x_{+}^{0}}. \qquad (3.372)$$

Selbstverständlich gibt es eine Anzahl äquivalenter Möglichkeiten, um die experimentellen Ergebnisse zu deuten.

Das erste vorgeschlagene Fehlordnungsmodell (3.362) verzichtet auf eine nennenswerte Ionenfehlordnung, was mit der langsamen Oxydation von Chrom, selbst bei hohen Temperaturen, im Einklang ist. Die geringe Oxydationsgeschwindigkeit läßt sich jedoch auch mit dem Fehlordnungsmodell eines Eigenstörstellenhalbleiters in Einklang bringen, wenn man den z. B. nach (3.367a) fehlgeordneten Ionen nur eine sehr kleine Beweglichkeit zuschreibt.

3.15 Oxide und Sulfide mit amphoteren Fehlordnungseigenschaften

Amphotere Fehlordnung werden unter den Metallverbindungen im allgemeinen solche Stoffe zeigen, die unter bestimmten Versuchsbedingungen sowohl Metall als auch Nichtmetall im Überschuß aufnehmen können. Ein solcher Körper wurde zuerst von BAUER[1,2] im PbSe und von EISENMANN[3] im PbS gefunden. Auf Grund von Leitfähigkeits-[4,5], Thermokraft-[4,6] und HALL-Effektmessungen von HINTENBERGER[4] und MORTON[6] weiß man, daß bei nicht zu niedrigen Schwefeldampfdrucken eine Elektronendefektleitung im PbS vorhanden ist, die durch einen Schwefelüberschuß bzw. Bleiunterschuß im PbS gedeutet werden kann.

---

[1] BAUER, K.: Ann. Phys. [5] **38**, 84 (1940). — I. MIYUKI MURAKAMI u. E. HIRAHARA: Bull. Fac. Engr., Hiroshima Univ. No. 2, 73 (1953).

[2] SCHOTTKY, W.: Schweiz. Arch. (1941), 141, Heft 1; hier wird u.a. erstmalig die Fehlordnung von überbleiten und überschwefelten PbS-Proben diskutiert.

[3] EISENMANN, L.: Ann. Phys. [5] **38**, 121 (1940); Verh. dtsch. physik. Ges. (3) **20**, 97 (1939).

[4] HINTENBERGER, H.: Z. Phys. **119**, 1 (1942).

[5] HINTENBERGER H.: Z. Naturforsch. **1**, 13 (1946). — Vgl. auch W. W. SCANLON: Phys. Rev. **92**, 1573 (1953).

[6] MORTON, M. C.: Trans. Faraday Soc. **43**, 194 (1947).

Auf der anderen Seite wird im Hochvakuum bzw. im Falle einer Bleibedampfung des PbS eine n-Leitung beobachtet. Insbesondere konnte HINTENBERGER an Hand des Verlaufs der elektrischen Leitfähigkeit und der HALL-Konstanten R von PbS in Abhängigkeit vom Schwefelgehalt zeigen (Abb. 3.129b), daß die anfänglich hohe elektrische Leitfähigkeit einer mit Bleiüberschuß versehenen PbS-Probe mit steigendem Schwefelgehalt zunächst abnimmt und dann nach Durchlaufen eines Minimums wieder zunimmt. Bei Erreichen des Minimums liegt offenbar ein PbS mit annähernd stöchiometrischer Zusammensetzung vor, sofern die Beweglichkeit der Elektronen gleich der der Defektelektronen ist. Während das PbS mit Bleiüberschuß ein überwiegender Elektronenüberschußleiter ist, zeigt das PbS am Leitfähigkeitsminimum eine gemischte Leitfähigkeit, d. h. Leitung sowohl durch Leitungs- als auch Defektelektronen, wie aus HALL-Effektmessungen von HINTENBERGER[1] und aus thermoelektrischen Messungen von MORTON[2] hervorgeht. Entsprechend konnte bei höheren Schwefelgehalten durch die starke Zunahme der elektrischen Leitfähigkeit bei gleichzeitigem Vorzeichenwechsel von negativen zu positiven Werten der Thermospannung und des HALL-Effektes eine überwiegende p-Leitung sichergestellt werden.

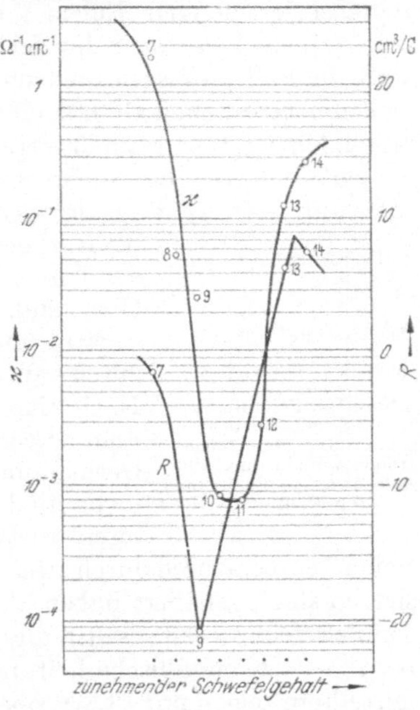

Abb. 3.129b. Verlauf der elektrischen Leitfähigkeit $\varkappa$ und der HALL-Konstanten R einer 2,7 μ dicken PbS-Schicht mit zunehmendem Schwefelgehalt nach HINTENBERGER.

Auf Grund der von ANDERSON und RICHARDS[3] beobachteten Zunahme der Selbstdiffusionsgeschwindigkeit der Bleiionen mit steigendem Schwefelüberschuß im PbS darf man wohl mit einer Ausbildung von Bleiionenleerstellen $|Pb|''$ im PbS-Gitter rechnen. Wegen einer gleichförmigen Abnahme des Selbstdiffusionskoeffizienten mit abnehmenden Werten des Verhältnisses Schwefel/Blei schlossen ANDERSON und RICHARDS[3] auf Ausbildung von Schwefelionenleerstellen $|S|^{\bullet\bullet}$ bzw. $|S|^{\bullet}$ im Falle überbleiter PbS-Proben, da das Auftreten von Bleiionen auf Zwischengitterplätzen mit einem Wiederanstieg der Diffusionsgeschwindigkeit verknüpft sein müßte. In bezug auf seine Ionenfehlordnung wäre demzufolge PbS ähnlich wie die Alkalihalogenide nach dem SCHOTTKY-Fehlordnungsmodell gestört. Da jedoch aus den Versuchsangaben nicht mit Sicherheit auf überbleite PbS-Proben

[1] HINTENBERGER, H.: Z. Phys. **119**, 1 (1942)
[2] MORTON, M. C.: Trans. Faraday Soc. **43**, 194 (1947).
[3] ANDERSON, J. S., u. R. RICHARDS: J. chem. Soc. [London] 1946, 537.

geschlossen werden kann, darf zunächst eine FRENKEL-Fehlordnung nicht ausgeschlossen werden.

Den Einbau von Schwefel wollen wir daher durch die folgende symbolische Fehlordnungsgleichung darstellen (Abb. 3.130):

$$\tfrac{1}{2}S_2(\text{gas}) \rightleftharpoons \text{PbS} + |\text{Pb}|'' + 2|e|^{\cdot}. \qquad (3.373)$$

Die Defektelektronen kann man sich hierbei durch 3wertige Pb-Ionen repräsentiert denken. Einem Vorschlag von WAGNER[1] folgend, kann man einen Überschuß von Schwefel im PbS auch als eine feste Lösung von PbS_2 in PbS auffassen. Jedoch dürfen nach SCHOTTKY auf Grund der wellenmechanischen Gesetzmäßigkeiten die als PbS_2 ins PbS-Gitter eintretenden Pb-Ionen nur 3wertig sein.

Daß bei höherem Bleiüberschuß im PbS noch besondere Verhältnisse auftreten, geht aus der weiter unten erwähnten Abnahme des Temperaturkoeffizienten der Leitfähigkeit mit wachsender Überschußleitung hervor. Bei den größten Pb-Überschußgehalten wird der Temperaturkoeffizient negativ (metallisch), ohne daß hier eine Deutung durch auftretende Metallbrücken möglich wäre. Nach einer Mitteilung von Herrn SCHOTTKY kann man diesen Befund, der in ähnlichen Effekten bei Germanium mit hohem Störstellengehalt sein Analogon findet, dadurch deuten, daß die als Donatoren wirkenden $|S|^{\cdot\cdot}$- bzw. $Pb^{\cdot\cdot}$-Stellen, die bei tiefen Temperaturen durch zwei angelagerte Elektronen neutralisiert sind, sich so stark genähert haben, daß sie ihre Elektronen gegenseitig durch Tunneleffekt auszutauschen und zu verdrängen vermögen. Dann ist auch bei $T = 0$ °K metallische Leitung anzunehmen. Wie JUSTI und SCHULTZ[2] mitteilten, zeigen nur PbS-Proben mit hohen Pb-Überschüssen durchweg Supraleitung, beginnend mit einem zunächst steilen Widerstandsabfall bei 7,26 °K — der Pb-Sprungtemperatur —, der auf das Vorhandensein kleiner Ausscheidungen metallischen Bleis zurückgeführt wird. Daran schließt sich ein mehr oder weniger breites Temperaturintervall, in dem der restliche Ohmsche Widerstand allmählich auf Null abnimmt. Die Diskussion dieses Sprungkurventeils in Abhängigkeit von der Belastungsstärke auf Grund der VON LAUEschen phänomenologischen Theorie macht es zumindest wahrscheinlich, daß dieser Übergang zur völligen Supraleitfähigkeit nicht durchgehenden dünnen Fäden von metallischem Blei zuzuschreiben ist, sondern dem PbS selbst mit einer Leitungselektronenkonzentration von 10^{20} bis 10^{21} Elektronen je cm^3.

Pb^{2+} S^{2-} □ S^{2-} Pb^{3+}
S^{2-} Pb^{2+} S^{2-} Pb^{2+} S^{2-}
Pb^{3+} S^{2-} Pb^{4+} S^{2-} Pb^{2+}
S^{2-} □ S^{2-} Pb^{2+} S^{2-}

Abb. 3.130. Fehlordnung im PbS mit Pb-Unterschuß. (Die Defektelektronen werden durch 3- und 4wertige Pb-Ionen repräsentiert.)

Auf Grund dieser Beobachtungen ist der von SCHOTTKY durch Tunnelung der Elektronen angenommene Leitungsmechanismus berechtigt, der sich jedoch von der früher von SCHOTTKY diskutierten Tunnelhaftleitung[3] dadurch unterscheidet, daß in dem neuen Modell ein Elektronen-

---

[1] WAGNER, C.: J. chem. Phys. **18**, 62 (1950).
[2] JUSTI, E., u. H. SCHULTZ: Z. Naturforsch. **8a**, 149 (1953).
[3] GUDDEN, B., u. W. SCHOTTKY: Phys. Z. **36**, 717 (1935). — W. SCHOTTKY u. F. WAIBEL: Phys. Z. **34**, 838 (1933); **36**, 912 (1935).

übergang zwischen durchweg besetzten Störstellen möglich ist, während die Haftstellen bei tiefen Temperaturen, da sie definitionsgemäß energetisch oberhalb des Donatorniveaus liegen, ja nur schwach besetzt sein würden. Das Auftreten von Haftstellen im Sinne eines primär neutralen und nur durch Elektronen- bzw. Defektelektronenaufnahme aufgeladenen Zustandes hat übrigens durch die bisherigen Beobachtungen auf dem Halbleiter- und Phosphoreszenzgebiet keine Stütze gefunden. Überdies könnte die Tunnelhaftleitung nach dem obigen nur in einem Temperaturgebiet, in dem die Haftstellen bereits thermisch teilweise mit Elektronen

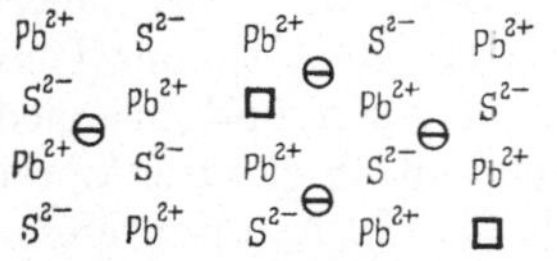

Pb^{2+} S^{2-} Pb^{2+} ⊖ S^{2-} Pb^{2+}
S^{2-} Pb^{2+} □ Pb^{2+} ⊖ S^{2-}
Pb^{2+} ⊖ S^{2-} Pb^{2+} S^{2-} Pb^{2+}
S^{2-} Pb^{2+} S^{2-} ⊖ Pb^{2+} □

Abb. 3.131. Fehlordnung im PbS mit Schwefelunterschuß. (Hier werden S^{2-}-Leerstellen $|S|^{\bullet\bullet}$ und freie Leitungselektronen $e' \equiv \ominus$ angenommen.)

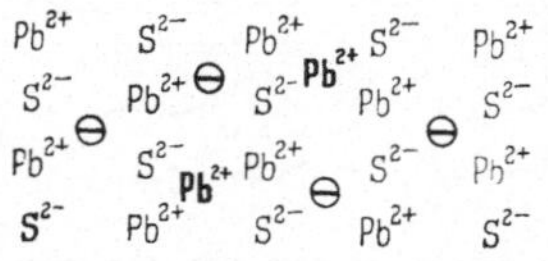

Pb^{2+} S^{2-} Pb^{2+} S^{2-} Pb^{2+}
S^{2-} Pb^{2+} ⊖ S^{2-} Pb^{2+} Pb^{2+} S^{2-}
Pb^{2+} ⊖ S^{2-} Pb^{2+} Pb^{2+} S^{2-} ⊖ Pb^{2+}
S^{2-} Pb^{2+} S^{2-} ⊖ Pb^{2+} S^{2-}

Abb. 3.132. Fehlordnung im PbS mit Bleiüberschuß. (Hier treten Pb^{2+}-Ionen auf Zwischengitterplätzen $Pb^{\bullet\bullet}$ und freie Leitungselektronen $e' \equiv \ominus$ auf.)

besetzt sind, während das Leitungsband noch fast elektronenfrei ist, die Leitung begünstigen, nicht aber eine bei $T \to 0$ °K auftretende Leitfähigkeit erklären.[1]

Wie bereits oben erwähnt, kann ein Pb-Überschuß im PbS entweder durch Ausbildung einer äquivalenten Zahl von Schwefelionenleerstellen $|S|^{\bullet\bullet}$ oder von Pb^{2+}-Ionen auf Zwischengitterplätzen $Pb^{\bullet\bullet}$ auftreten. Im ersten Fall wird an der Oberfläche ein neues PbS-Molekül angebaut, so daß die symbolische Fehlordnungsgleichung lautet (Abb. 3.131):

$$\text{Pb-Atom} \rightleftharpoons \text{PbS} + |S|^{\bullet\bullet} + 2e'. \tag{3.374}$$

Hieraus folgt der Massenwirkungsansatz mit p_{Pb} bzw. $a_{Pb} = \text{const}$ (a_{Pb} = thermodynamische Aktivität des Bleis):

$$x_{|S|^{\bullet\bullet}} \cdot x_-^2 = K_1 \quad (a_{Pb} = \text{const}). \tag{3.375}$$

Im Falle bevorzugten Auftretens von Pb-Ionen auf Zwischengitterplätzen ergibt sich

$$\text{Pb-Atom} \rightleftharpoons Pb^{\bullet\bullet} + 2e' \tag{3.376}$$

mit dem Massenwirkungsansatz (Abb. 3.132):

$$x_{Pb^{\bullet\bullet}} \cdot x_-^2 = K_2 \quad (a_{Pb} = \text{const}). \tag{3.377}$$

Durch Einfangen je eines Elektrons an der positiven materiellen Störstelle folgen die zu (3.374) und (3.376) analogen Gleichungen:

$$\text{Pb-Atom} \rightleftharpoons \text{PbS} + |S|^{\bullet} + e' \tag{3.374a}$$

bzw.

$$\text{Pb-Atom} \rightleftharpoons Pb^{\bullet} + e'. \tag{3.376a}$$

Auf Grund dieser Modellbetrachtungen ist es verständlich, daß die Leitfähigkeit von reinem Bleisulfid durch einen Blei- bzw. Schwefelüber-

---

[1] Über Diffusion von Blei in PbS bei 700 °C berichten M. S. SELTZER und J. B. WAGNER, JR.: J. Phys. Chem. Solids 24, 1525 (1963).

schuß vergrößert werden kann. Bei Zimmertemperatur beispielsweise konnte HINTENBERGER die elektrische Leitfähigkeit durch Änderung der stöchiometrischen Zusammensetzung um fünf Zehnerpotenzen verändern. So betrug die kleinste spezifische Leitfähigkeit, die an aufgedampften PbS-Schichten gemessen wurde, $\varkappa_{\text{Min}} = 1{,}3 \cdot 10^{-4}\ \text{Ohm}^{-1}\,\text{cm}^{-1}$, während durch eine Schwefelbehandlung die Leitfähigkeit bis auf $8\ \text{Ohm}^{-1}\,\text{cm}^{-1}$ erhöht werden konnte. Der Temperaturkoeffizient der Leitfähigkeit zeigte den üblichen Verlauf, d. h., bei hoher elektrischer Leitfähigkeit ist der Temperaturkoeffizient klein und bei niedrigen Werten der Leitfähigkeit entsprechend groß (Abb. 3.133). Aus den Messungen der Photoleitfähigkeit von PbS[1] und den Impedanzmessungen an PbS-Photozellen[2] erhält man weitere Auskunft über die energetischen Verhältnisse der Elektronenfehlordnung.[3]

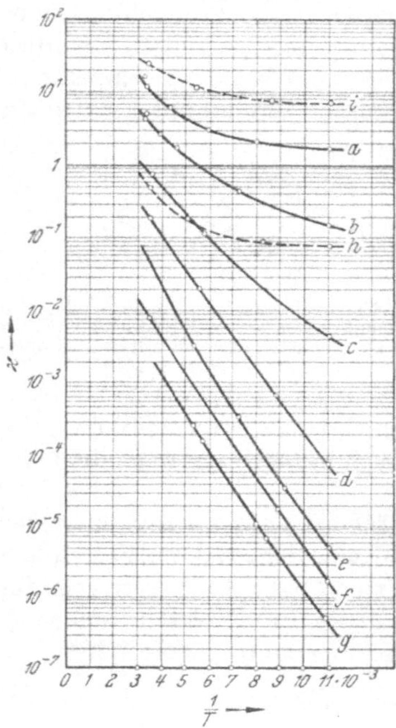

Abb. 3.133. Temperaturabhängigkeit der Leitfähigkeit einer 1.4 μ dicken, ursprünglich überschwefelten PbS-Schicht, die durch mehrfaches Erhitzen im Vakuum auf immer höhere Temperaturen entschwefelt wurde (HINTENBERGER). Kurve *a* gehört zu der überschwefelten Schicht, Kurve *g* zu der Schicht mit weitgehender stöchiometrischer Zusammensetzung, und die Kurven *h* und *i* entsprechen bereits überbleiten Zuständen.

BLOEM und KRÖGER[4] haben die Zusammensetzung des Bleisulfids als Funktion von Schwefeldampfdruck und Temperatur untersucht. In Abb. 3.134 ist das Ergebnis ihrer Untersuchungen dargestellt. Im $\log p_{S_2} - 1/T$-Diagramm sind einige Linien gleicher Konzentration der freien Elektronen und Defektelektronen aufgetragen und auch die Linie, wo die Konzentration der freien Elektronen gleich ist der der Defektelektronen.

Bringt man PbS bei 900 °C ins Gleichgewicht mit einer Atmosphäre der Zusammensetzung PbS, so beobachtet man, daß der Bodenkörper, d. h. die feste PbS-Phase, eine deutliche Abweichung von der stöchiometrischen Zusammensetzung aufweist zugunsten eines Bleiüberschusses von $6 \cdot 10^{18}$ Atome/cm³ ($= x_{\text{Pb}^{\cdot\cdot}} = x_{|\text{S}|^{\cdot\cdot}} = 3 \cdot 10^{-4}$).

Über weitere thermodynamische Untersuchungen der Fehlordnungserscheinungen in Bleisulfid berichten BLOEM[5] und SCANLON[6]. Auf Grund

---

[1] SOULE, D. E., u. R. J. CASHMAN: Phys. Rev. **93**, 365 (1954). — J. N. ZEMEL u. J. O. VARELA: J. Phys. Chem. Solids **14**, 142 (1960).

[2] RITTNER, E. S., u. F. GRACE: Phys. Rev. **86**, 955 (1952).

[3] Über das Energiebänder-Modell des PbS berichten D. G. BELL, D. M. HUM, L. PINCHERLE, D. W. SHIAMA u. P. M. WOODWARD: Proc. Roy. Soc. London (A) **217**, 71 (1953).

[4] BLOEM, J., u. F. A. KRÖGER: Z. phys. Chem. (NF) **7**, 1 (1956).

[5] BLOEM, J.: Philips Res. Rep. **11**, 273 (1956).

[6] SCANLON, W. W.: Solid State Physics **9**, 83 (1959).

von Diffusionsversuchen mit ^{210}Pb in PbS als Funktion der Abweichung von der Stöchiometrie scheint im allgemeinen eine FRENKEL-Fehlordnung im Pb-Ionenteilgitter vorzuherrschen.[1] Erst bei sehr niedrigen Schwefeldampfdrucken ist ebenfalls mit einer Bildung von Schwefelionen-Leerstellen zu rechnen. Zwischengitterion bzw. Leerstelle ist ein-

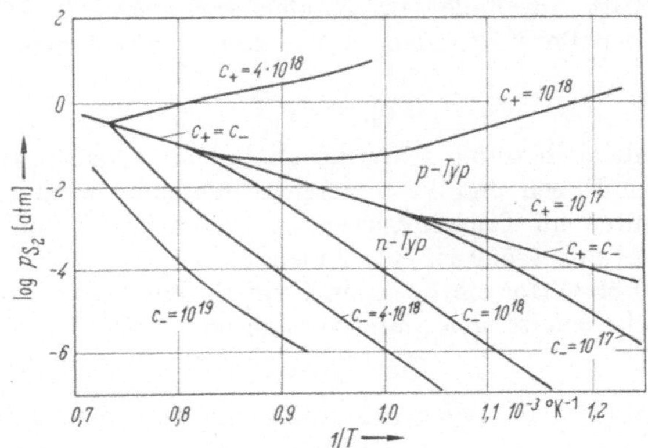

Abb. 3.134. Linien gleicher Ladungsträgerkonzentration im PbS als Funktion des Schwefeldampfdruckes und der Temperatur nach BLOEM und KRÖGER.

fach positiv bzw. einfach negativ geladen. Es gelten also die folgenden beiden Fehlordnungsgleichgewichte:

$$PbS \rightleftharpoons Pb^{\bullet} + e' + \tfrac{1}{2}S_2(\text{gas})$$

und

$$\tfrac{1}{2}S_2(\text{gas}) \rightleftharpoons PbS + |Pb|' + |e|^{\bullet}.$$

In Erweiterung dieser Versuche führten WAGNER und RUTH HAUFFE[2] Leitfähigkeitsmessungen an PbS-Bi_2S_3-Mischsulfiden bei 20 °C durch. Während die PbS-Probe nach dem Tempern in Schwefeldampf bei 400 °C eine Leitfähigkeit von 70 $Ohm^{-1}\,cm^{-1}$ besaß, betrug die Leitfähigkeit einer PbS-Probe mit 1% Bi_2S_3 unter den gleichen Versuchsbedingungen nur 0,02 $Ohm^{-1}\,cm^{-1}$. Dieselben Proben im Kontakt mit Blei bei 300 °C erhitzt, ergaben 1 und 10 $Ohm^{-1}\,cm^{-1}$. Diese Ergebnisse stehen im Einklang mit den Fehlordnungs-Vorstellungen. In Anwesenheit von Schwefeldampf wird nach (3.373) PbS ein Elektronendefektleiter und daher seine Leitfähigkeit durch Bi_2S_3 gemäß der symbolischen Einbaugleichung

$$Bi_2S_3 + 2|e|^{\bullet} \rightleftharpoons 2Bi|Pb|^{\bullet} + 2PbS + \tfrac{1}{2}S_2(\text{gas}) \qquad (3.378)$$

erniedrigt, während PbS in Gegenwart von Pb ein Elektronenüberschußleiter ist und demzufolge seine Leitfähigkeit durch Bi_2S_3 entsprechend der symbolischen Einbaugleichung

$$Bi_2S_3 \rightleftharpoons 2Bi|Pb|^{\bullet} + 2e' + 2PbS + \tfrac{1}{2}S_2(\text{gas}) \qquad (3.379)$$

zunehmen muß.

---

[1] SIMKOVICH, G., u. J. B. WAGNER: J. phys. Chem. **38**, 1368 (1963). — M. S. SELTZER u. J. B. WAGNER: J. chem. Phys. **36** 130 (1962).

[2] WAGNER, C.: J. chem. Phys. **18**, 62 (1950).

Bringt man in einer reduzierenden oder neutralen Atmosphäre, wie z. B. Argon, PbS-Einkristalle in Kontakt mit metallischem Kupfer oder Nickel, so beobachtet man, daß bereits unterhalb 500 °C, wo eine merkliche Selbstdiffusion von Blei im PbS noch zu vernachlässigen ist, eine rasche Eindiffusion von Kupfer- bzw. Nickelionen über Zwischengitterplätze[1] auftritt. Im Falle von Kupfer war schon eine Diffusion bei 100 °C meßbar. Bei Vorhandensein von Kationenleerstellen werden diese aufgefüllt:

$$Cu^{\bullet} + |Pb|' = Cu|Pb|' + |e|^{\bullet}.$$

Kupfer kann auch durch Schwefel an inneren Oberflächen der PbS-Kristalle (an Rissen und Versetzungen) gebunden werden. Die Diffusionskonstanten im Temperaturbereich zwischen 100 und 500 °C sind aus Tab. 5.23 auf S. 569 zu entnehmen.

Die ins PbS-Gitter eintretenden Kupferatome gehen unter Dissoziation auf Zwischengitterplatz und vernichten gemäß:

$$Cu + |e^{\bullet}| = Cu^{\bullet}$$

eventuell vorhandene Defektelektronen und oder erzeugen freie Elektronen:

$$Cu = Cu^{\bullet} + e'.$$

Kupfer im Zwischengitterraum wirkt also als Donator, dessen Niveau etwa 0,02 eV unter der Leitungsbandkante liegt. Das für Nickel entsprechende Donatorniveau liegt 0,03 eV unter der Leitungsbandkante.

Der Einbau des Fremdmetalls und die hierdurch verursachte Leitfähigkeitsänderung ist reversibel. In einer Atmosphäre von Schwefel oder H_2S wird bei der gleichen niedrigen Temperatur alles Kupfer bzw. Nickel infolge Schwefelung an die Oberfläche gemäß

$$\tfrac{1}{2}S_2(\text{gas}) + 2e' + 2Cu^{\bullet} = Cu_2S\ (\text{auf PbS})$$

bzw.

$$\tfrac{1}{2}S_2(\text{gas}) + 2Cu^{\bullet} = Cu_2S\ (\text{auf PbS}) + 2|e|^{\bullet}$$

herausextrahiert und damit der Ausgangszustand wiederhergestellt.

In gleicher Weise sind PbSe[2], PbTe[3,4] und Bi_2Te_3[5] ebenfalls amphotere Halbleiter. Hier sind ähnliche Fehlordnungsverhältnisse zu erwarten, wie sie für PbS aufgefunden wurden. Über Kristallstruktur und elektrische Eigenschaften der Wismutselenide Bi_2Se_2 und Bi_2Se_3 berichten Gobrecht und Mitarbeiter[6].

Eine amphotere Halbleitung an Oxiden konnte bisher mit Sicherheit nur an einigen wenigen Oxiden festgestellt werden. So kann z. B. an

---

[1] Bloem, J., u. F. A. Kröger: Philips Res. Rep. **12**, 281, 303 (1957). — M. S. Seltzer u. J. B. Wagner: J. chem. Phys. **38**, 2309 (1963).
[2] Murakami, M., u. E. Hirahara: Bull. Fac. Engr. Hiroshima Univ. **2**, 73 (1953). — H. Checinska: Bull. Acad. Polon. Sci. **1**, 123 (1953).
[3] Brady, E. L.: J. electrochem. Soc. **101**, 466 (1954).
[4] Matyas, M.: Czechosl. J. Phys. **8**, 301 (1958).
[5] Weiss, K., P. Fielding u. F. A. Kröger: Z. phys. Chem. (NF) **26**, 145 (1960).
[6] Gobrecht, H., K. E. Boeters u. G. Pantzer: Z. Phys. **177**, 68 (1964).

Uranoxid UO_2 insbesondere aus der Arbeit von ALBERMAN und ANDERSON[1] auf amphoteres Verhalten geschlossen werden. Untersuchungen über die elektrische Leitfähigkeit von UO_2 und U_3O_8 liegen ferner von MEYER[2], HAUFFE[3] und GEORGE[4] vor. Ein eben alls eindeutig amphoterer Leitungscharakter wurde u. a. von HAUFFE und TRÄNCKLER[5] im Falle des Calciumoxids beobachtet. Verfolgt man nämlich die Sauerstoffdruckabhängigkeit der elektrischen Leitfähigkeit von CaO bei 600 °C, so beobachtet man im Sauerstoffdruckbereich oberhalb 10^{-2} Torr

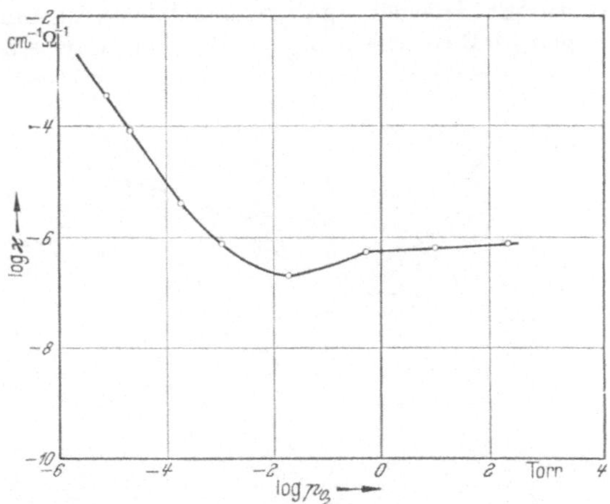

Abb. 3.135. Sauerstoffdruckabhängigkeit der elektrischen Leitfähigkeit von CaO-Sinterkörpern bei 600 °C nach HAUFFE und TRÄNCKLER.

eine schwache, aber deutliche Abnahme der elektrischen Leitfähigkeit mit fallendem Sauerstoffdruck, was auf eine *p*-Leitung hinweist. Nach Durchlaufen eines Leitfähigkeitsminimums bei etwa 10^{-2} Torr Sauerstoff erfolgt anschließend eine starke Zunahme der Leitfähigkeit mit weiter sinkendem Sauerstoffdruck, was nunmehr auf eine *n*-Leitung hinweist (Abb. 3.135). Das heißt, CaO zeigt bei höheren Sauerstoffdrucken die Neigung, im Gebiet mittlerer Temperaturen Sauerstoff zu chemisorbieren und diesen auch einzubauen. Dies kann man durch die folgenden Gleichungen darstellen:

$$\tfrac{1}{2}O_2(\text{gas}) \rightleftharpoons O^-(\text{ads}) + |e|^{\bullet} \quad \text{(Chemisorption)} \tag{3.380}$$

bzw.

$$\tfrac{1}{2}O_2(\text{gas}) \rightleftharpoons \text{CaO} + |\text{Ca}|'' + 2|e|^{\bullet} \quad \text{(Einbau).} \tag{3.381}$$

[1] ALBERMAN, K. B., u. J. S. ANDERSON: J. chem. Soc. [London] 1949, 303. — Vgl. auch J. S. ANDERSON: Bull. Soc. Chim. France **1953**, 781.

[2] MEYER, W.: Z. Phys. **85**, 278 (1933); Z. techn. Phys. **16**, 355 (1935); **18**, 588 (1937).

[3] HAUFFE, K.: Z. phys. Chem. (B) **48**, 124 (1941).

[4] GEORGE, A. M., u. M. D. KARKHANAVALA: J. Phys. Chem. Solids **24**, 1207 (1963).

[5] HAUFFE, K., u. G. TRÄNCKLER: Z. Phys. **136**, 166 (1953).

Bei niedrigen Sauerstoffdrucken links vom Minimum in Abb. 3.135 — also im Vakuum — wird Sauerstoff aus dem CaO-Gitter gemäß der symbolischen Gleichung

$$\text{Null} \rightleftharpoons |\text{O}|^{\bullet\bullet} + 2\text{e}' + \tfrac{1}{2}\text{O}_2\,(\text{gas}) \qquad (3.382)$$

ausgebaut, wodurch Leitungselektronen e′ entstehen.

Um das amphotere Verhalten von Calciumoxid durch weitere Experimente zu stützen, wurde der Verlauf der elektrischen Leitfähigkeit durch Zusätze 1- und 3wertiger Kationen in Form von Li_2O und Y_2O_3 bzw. La_2O_3 bestimmt. Hierbei ergab sich in Übereinstimmung mit den obigen Annahmen, daß oberhalb $p_{O_2} = 10^{-2}$ Torr CaO ein Elektronen-

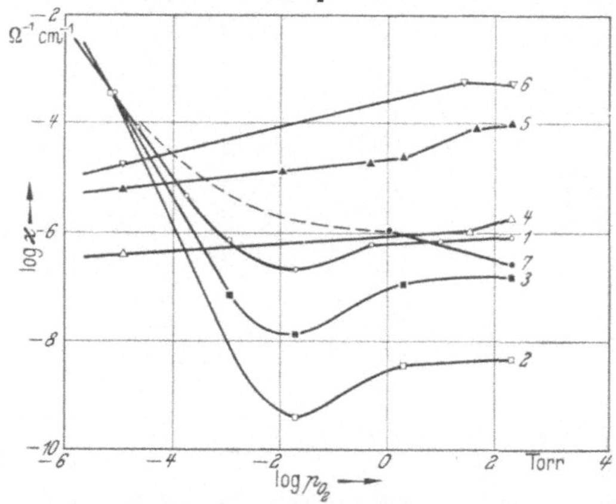

Abb. 3.136. Sauerstoffdruckabhängigkeit der elektrischen Leitfähigkeit von CaO-Mischoxiden bei 600 °C nach HAUFFE und TRÄNCKLER.
1: CaO; 2: CaO + 0,1 Mol-% Y_2O_3; 3: CaO + 2,0 Mol-% Y_2O_3; 4: CaO + 0,5 Mol-% Li_2O; 5: CaO + 1,0 Mol-% Li_2O; 6: CaO + 2,0 Mol-% Li_2O; 7: CaO + 1,0 Mol-% La_2O_3.

defektleiter ist, da ein Zusatz von Y_2O_3 die Leitfähigkeit erniedrigt und ein Zusatz von Li_2O dieselbe erhöht. Wie man aus Abb. 3.136 schließen muß, wird durch einen Zusatz von 1 Mol-% Li_2O gemäß der Einbaugleichung

$$\tfrac{1}{2}\text{O}_2\,(\text{gas}) + \text{Li}_2\text{O} \rightleftharpoons 2\,\text{Li}\,|\text{Ca}|' + 2\,|\text{e}|^{\bullet} + 2\,\text{CaO} \qquad (3.383)$$

die Zahl der Defektelektronen im CaO so stark erhöht, daß durch die im Vakuum ($<10^{-2}$ Torr) infolge Sauerstoffabgabe nach (3.382) frei werdenden Elektronen nicht ausreichen, um alle Defektelektronen bzw. Elektronenlöcher wieder „zuzustopfen“. Das bedeutet, daß das CaO-Li_2O-Mischoxid bis herab zu Sauerstoffdrucken von 10^{-6} Torr im Gegensatz zum reinen CaO ein Elektronendefektleiter bleibt, was man im übrigen auch aus der kontinuierlichen, wenn auch schwachen Abnahme der Leitfähigkeit des Mischoxids mit fallendem Sauerstoffdruck und dem Fehlen eines Leitfähigkeitsminimums schließen darf.

Entsprechend dem Einbau von Y_2O_3 bei Sauerstoffdrucken $>10^{-2}$ Torr erfolgt eine Abnahme der Konzentration der Defektelektronen gemäß

$$2\,|\text{e}|^{\bullet} + \text{Y}_2\text{O}_3 \rightleftharpoons 2\,\text{Y}\,|\text{Ca}|^{\bullet} + 2\,\text{CaO} + \tfrac{1}{2}\text{O}_2\,(\text{gas}) \qquad (3.384)$$

in Übereinstimmung mit dem Experiment (Abb. 3.136). Nach Durchlaufen eines Minimums der Leitfähigkeit, das ebenfalls bei etwa 10^{-2} Torr Sauerstoff, jedoch erheblich tiefer, liegt, tritt bei weiterer Abnahme des Sauerstoffdrucks nunmehr ein scharfer Anstieg der Leitfähigkeit ein, wobei die Leitfähigkeitskurve des CaO-Y_2O_3-Mischoxids in die des reinen CaO einmündet. Hierbei ist bemerkenswert, daß die elektrische Leitfähigkeit des CaO-Y_2O_3-Mischoxids praktisch nicht über der des reinen CaO liegt, obwohl man nach der Einbaugleichung unter Zugrundelegung einer elektronenüberschußerzeugenden Fehlordnung nach (3.382)

$$Y_2O_3 \rightleftharpoons 2\,Y|Ca|^{\cdot} + 2e' + 2\,CaO + \tfrac{1}{2}O_2(\text{gas}) \qquad (3.385)$$

eine Erhöhung der Konzentration der Leitungselektronen erwarten sollte. Dieser experimentelle Befund läßt sich nur verstehen, wenn man annimmt, daß die Löslichkeit von Y_2O_3 in CaO relativ gering ist, so daß der durch den Einbau von Y_2O_3 verursachte Beitrag an Leitungselektronen gegenüber dem durch Abgabe von Sauerstoff aus CaO im Hochvakuum relativ klein ist und daher überdeckt wird. Würde nämlich eine größere Löslichkeit von Y_2O_3 im CaO vorhanden sein, dann müßten in ähnlicher Weise wie beim La_2O_3-Zusatz durch den Einbau der 3wertigen Kationen gemäß (3.384) und (3.385) infolge des frei werdenden Sauerstoffs so viele Leitungselektronen entstehen, daß nicht nur alle Defektelektronen bzw. Elektronenlöcher „zugeweht" werden, sondern daß noch zusätzlich ein Teil als Leitungselektronen übrigbleibt, der für die Änderung des Leitungscharakters, d. h. für die Umkehr des *p*- in einen *n*-Leitungsmechanismus verantwortlich wäre. Dies wird aber im Gegensatz zu La_2O_3 bei Y_2O_3-Zusätzen nicht beobachtet (Abb. 3.136).

Während die Erzeugung von Leitungselektronen im CaO verständlich ist, bereitet die Deutung des Auftretens von Defektelektronen im CaO gewisse gedankliche Schwierigkeiten. Die allgemeine Annahme, nach der ein *p*-leitendes Oxid immer dann erwartet wird, wenn das Kation zu einem Wechsel zu höherer Wertigkeit bereit ist, scheint im Falle des CaO durchbrochen, da das Auftreten von 3wertigen Ca-Ionen aus thermodynamischen Gründen indiskutabel ist. Es bleibt also nur die andere Möglichkeit übrig, als „Elektronenlieferanten" für die Chemisorption von Sauerstoff das Valenzband der Sauerstoffionen selbst anzunehmen, d. h. im Sinne der chemisch-korpuskularen Theorie die 1wertigen Sauerstoffionen als Repräsentanten der Elektronendefektstellen anzusehen.

Im Calciumoxid existieren also drei Leitfähigkeitsbereiche. Oberhalb $p_{O_2} = 10^{-2}$ Torr eine *p*-Leitung, unterhalb $p_{O_2} = 10^{-2}$ Torr eine *n*-Leitung und im engen Bereich um 10^{-2} Torr Sauerstoff eine quasi-Eigenhalbleitung (*i*-Leitung), die sich aber von der des CuO dadurch unterscheidet, daß hier Leitungs- und Defektelektronen infolge gleichzeitigen Vorhandenseins von Donator- und Acceptorstellen nach einem anderen Mechanismus entstehen.[1]

Über Erdalkalioxide — insbesondere über Bariumoxid — liegt bereits ein größeres Versuchsmaterial vor, da auf Grund ihrer guten Glühemis-

[1] Hauffe, K., u. G. Tränckler: Z. Phys. **136**, 166 (1953). — Vgl. auch J. Ortusi: Ann. Radioélect. **9**, 3 (1954).

sionseigenschaften auf seiten der Röhrenindustrie großes Interesse besteht. Auf Grund von HALL-Effekt- und Leitfähigkeitsmessungen an BaO-Einkristallen konnte PELL[1] einmal eine überwiegende Elektronenüberschußleitung feststellen und zum anderen die Beweglichkeit der Leitungselektronen zwischen 600 und 700 °K zu 3 bis 9 cm^2 $Volt^{-1}$ sec^{-1} berechnen. Ferner wurde aus Dunkel- und Photoleitfähigkeitsmessungen an BaO-Einkristallen von SPROULL und TYLER[2] der Abstand der Energiebänder ermittelt. In zwei weiteren Arbeiten[3,4] wird der Zusammenhang zwischen photoelektrischer Emission und Energiestruktur von BaO behandelt. Über rote BaO-Kristalle, verursacht durch F-Zentren wie in Alkalihalogeniden infolge Ba-Überschuß, berichtet KANE[5]. YOUNG[6] untersuchte die Thermokraft zwischen 1100 und 500 °K, wobei die heiße Lötstelle stets positiv war, was ebenfalls auf einen Stromtransport durch Leitungselektronen hinweist. In einer größeren Zahl von Arbeiten wurde insbesondere an BaO-SrO-Mischoxiden die Elektronenemission im Zusammenhang mit der Elektronenfehlordnung und der elektrischen Leitfähigkeit untersucht.[7] Wie u. a. aus Emissionsmessungen von WIDELL und HELLAR[8] hervorgeht, zeigen Oxidkathoden aus 70% SrO und 30% BaO die besten Emissionseigenschaften. In diesem Zusammenhang erwähnenswert sind die chemischen Reaktionen von BaO mit einer Wolframunterlage. Hier konnten HUGHES, COPPOLA und EVANS[9] die folgenden Reaktionen auffinden, die mit steigender Temperatur in der Reihenfolge von oben nach unten wahrscheinlicher werden:

$$WO_3 + BaCO_3 \rightleftharpoons BaWO_4 + CO_2 \tag{3.386a}$$

$$3\,BaCO_3 + W \rightleftharpoons Ba_3WO_6 + 3\,CO \tag{3.386b}$$

$$BaCO_3 \rightleftharpoons BaO + CO_2 \tag{3.386c}$$

$$6\,BaO + W \rightleftharpoons Ba_3WO_3 + 3\,Ba. \tag{3.386d}$$

Bei 600 °C verläuft (3.386b) mit beachtlicher Geschwindigkeit, während zwischen 800 und 900 °C besonders (3.386c) rasch abläuft. Reaktion (3.386d) hingegen wurde erst oberhalb 1000 °C beobachtet. Aus diesen Untersuchungen geht hervor, daß „aktivierte" BaO-Kathoden mit Wolframunterlage stets eine mehr oder minder große Menge an Ba_3WO_6 auf-

---

[1] PELL, E. M.: Phys. Rev. **87**, 457 (1952).

[2] SPROULL, R. L., u. W. W. TYLER: in: Semiconducting Materials, S. 122ff. London 1951. — R. L. SPROULL, R. S. BEVER u. G. LIBOWITZ: Phys. Rev. **92**, 77 (1953).

[3] APKER, L., E. TAFT u. J. DICKEY: Phys. Rev. **84**, 508 (1951).

[4] NOGA, K. u. SH. KAWAMURA: J. phys. Soc. Japan **7**, 287 (1952).

[5] KANE, E. O.: J. appl. Phys. **22**, 1214 (1951). — W. C. DASH: Phys. Rev. **92**, 68 (1953).

[6] YOUNG, J. R.: Phys. Rev. **85**, 388 (1952).

[7] LOOSJES, R., u. H. J. VINK: Philips Res. Rep. **4**, 449 (1949). — D. A. WRIGHT: Proc. phys. Soc. **60**, 13, 22 (1948); Brit. J. appl. Phys. **1**, 150 (1950). — F. K. DU PRE, R. A. HUTNER u. E. S. RITTNER: Phys. Rev. **78**, 567 (1950).

[8] WIDELL, E. G., u. R. A. HELLAR: J. appl. Phys. **21**, 1115 (1950). — Vgl. auch H. HUBER: Diss. Berlin 1941. — E. B. HENSLEY: J. appl. Phys. **27**, 286 (1956).

[9] HUGHES, R. C., P. P. COPPOLA u. H. T. EVANS: Phys. Rev. **85**, 388 (1952). — Vgl. auch E. B. HENSLEY u. J. H. AFFLECK: J. appl. Phys. **22**, 359 (1951).

weisen, das bis herauf zu Temperaturen von 1300 °C reaktionsträge und nicht flüchtig ist. Über die Diffusion von Barium durch (Ba-, Sr)O-Deckschichten und die Verdampfung liegen Untersuchungen von RITTNER[1] und anderen[2,3] vor.

Bereits vor HAUFFE und TRÄNCKLER konnten sowohl japanische Autoren[4] wie auch WRIGHT[5] an Hand des Verlaufs der Sauerstoffdruckabhängigkeit der elektrischen Leitfähigkeit an (Ba-, Sr)O-Mischoxiden ebenfalls einen amphoteren Fehlordnungscharakter nachweisen.

Wie aus Abb. 3.137 zu erkennen, ist bis etwa 800 °C oberhalb $p_{O_2} = 10^{-2}$ Torr das Oxidgemisch ein überwiegender p-Leiter und unterhalb dieses kritischen Druckes ein n-Leiter. Außerdem geht aus dem Verlauf der Leitfähigkeitsisothermen in Abb. 3.137 hervor, daß die Lage des Leitfähigkeitsminimums temperaturabhängig ist. Mit steigender Temperatur wird eine Verschiebung zu höheren Sauerstoffdrucken beobachtet.

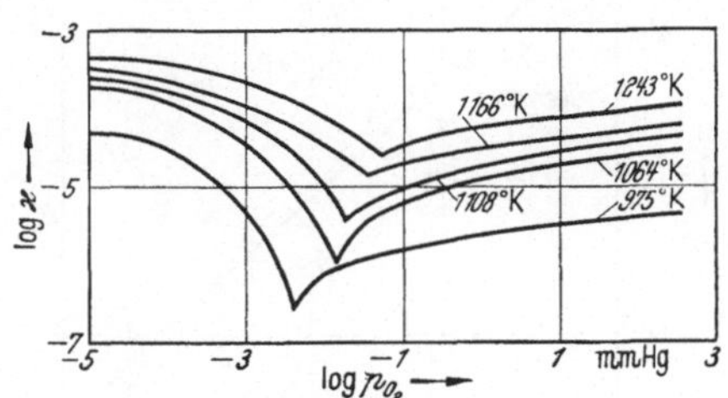

Abb. 3.137. Sauerstoffdruckabhängigkeit der elektrischen Leitfähigkeit von (Ba, Sr)O-Mischoxiden bei verschiedenen Temperaturen nach ISHIKAWA, SATO, OKUMURA und SASAKI.

Von RUDOLPH[6] wurde der Einfluß von Sauerstoff, Wasserstoff und Wasserdampf auf die elektrische Leitfähigkeit von BaO und BaO-SrO-Mischoxiden untersucht. Die elektrische Leitfähigkeit von BaO und den Mischoxiden, die dem Vorzeichen der Thermokraft nach eine p-Leitung ist, steigt im Bereich nicht zu niedriger Sauerstoffdrucke bei Temperaturen über 1000 °K proportional $p_{O_2}^{1/6}$ an. Die Gegenwart höher- oder niederwertiger Kationen beeinflußt diese Abhängigkeit in charakteristischer Weise. Durch den Einbau 1wertiger Alkaliionen wird ähnlich wie beim CaO die p-Leitung in Sauerstoff stark erhöht, und die Leitfähigkeit wird in einem größeren p_{O_2}-Bereich druckunabhängig. Durch die Anwesenheit der höherwertigen Kationen Y^{3+} oder La^{3+} wird die Leitfähigkeit wie beim CaO erniedrigt. Die unterhalb 1000 °K in Sauerstoff und in Gegenwart von H_2O-Dampf auftretenden starken Leitfähigkeitszunahmen werden von RUDOLPH auf die von SCHOTTKY angenommene Peroxidbildung zurückgeführt.

Wie TIMMER[7] zeigen konnte, löst ein bei hohen Temperaturen in Ba-Dampf befindlicher BaO-Einkristall Barium unter Bildung homogen

---

[1] RITTNER, E. S.: Phys. Rev. **85**, 389 (1952); Philips Res. Rep. **8**, 184 (1953).
[2] SPROULL, R. L., u. W. W. TYLER: in: Semiconducting Materials, S. 122ff. London 1951. — R. L. SPROULL, R. S. BEVER u. G. LIBOWITZ: Phys. Rev. **92**, 77 (1953).
[3] ROUSE, G. F., u. R. FORMAN: Phys. Rev. **82**, 574 (1951). — R. W. REDINGTON: Phys. Rev. **82**, 574 (1951).
[4] ISHIKAWA, S., T. SATO, K. OKUMURA u. T. SASAKI: Phys. Rev. **84**, 371 (1951).
[5] WRIGHT, D. A.: Nature [London] **164**, 714 (1949).
[6] RUDOLPH, J.: Z. Naturforsch. **13a**, 757 (1958).
[7] TIMMER, C.: J. appl. Phys. **28**, 495 (1957).

verteilter Farbzentren auf, wobei die Farbzentrenkonzentration — im Einklang mit dem entsprechenden Massenwirkungsansatz — proportional zu $p_{Ba}^{1/3}$ ist. Die Bildung dieser Farbzentren kann gemäß der Reaktionsgleichung:

$$\mathrm{Ba\,(gas)} = \mathrm{BaO} + |\mathrm{O}|^{\bullet} + \mathrm{e}'$$

als ein Ausbau von Sauerstoff aus dem Kristall unter Anbau von BaO an die Kristalloberfläche angesehen werden. Dieser Mechanismus erfordert eine genügende Beweglichkeit der Sauerstoffionen, die auch von SPROULL und Mitarbeitern beobachtet wurde.

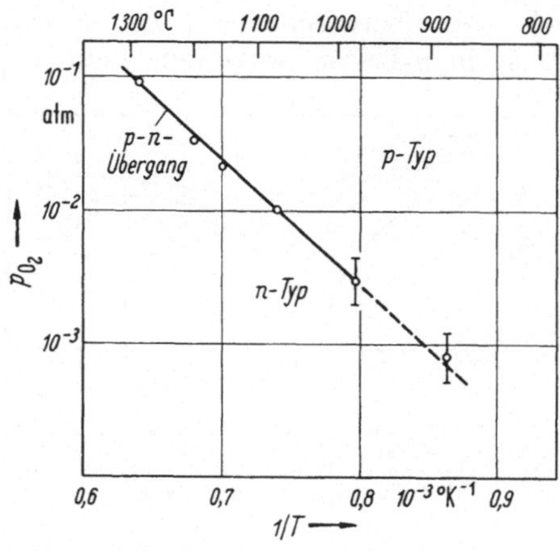

Abb. 3.138. Sauerstoffdruck am $p-n$-Übergang des Ta_2O_5 als Funktion der reziproken absoluten Temperatur nach KOFSTAD. Die eingetragenen Meßpunkte sind aus Thermokraftmessungen erhalten.

An Hand von Thermokraft- und Leitfähigkeitsmessungen an Ta_2O_5 in Abhängigkeit vom Sauerstoffdruck konnte KOFSTAD[1] ebenfalls ein Oxid mit amphoterem Leitfähigkeitscharakter nachweisen. Die in Abb. 3.138 wiedergegebene Gerade trennt das p- und n-Typ-Gebiet des Oxids unter Angabe des Sauerstoffdrucks und und der Temperatur. Die meisten Messungen wurden unterhalb 1320 °C in der β-Phase[2] ausgeführt. Auf Grund von Strukturuntersuchungen und des amphoteren elektrischen Verhaltens neigt man zur Annahme von Sauerstoffionen auf Zwischengitterplätzen im p-Typ-Bereich bei höheren Sauerstoffdrucken und von Sauerstoffionen-Leerstellen im n-Typ-Bereich. Entsprechend dieser Interpretation ist die ionische Fehlordnung durch einen Anti-FRENKEL-Typ gekennzeichnet:

$$\mathrm{Null} \rightleftharpoons \mathrm{O}' + |\mathrm{O}|^{\bullet},$$

wobei aus räumlich energetischen Gründen angenommen werden kann, daß der Sauerstoff auf Zwischengitterplatz nur mit einer einfach negativen Ladung versehen ist. Inwieweit der für Cr_2O_3 (s. S. 241) diskutierte Fehlordnungsmechanismus:

$$\mathrm{Null} \rightleftharpoons \mathrm{O}' + |\mathrm{O}|^{\bullet\bullet} + \mathrm{e}'$$

maßgebend sein kann, bleibt weiteren Untersuchungen vorbehalten.

Von weiteren Oxiden mit amphoteren Halbleitereigenschaften seien nur noch $BaCeO_3$[3] und $LaCoO_3$[4,5] genannt. Hier treten allerdings Be-

[1] KOFSTAD, P.: J. electrochem. Soc. **109**, 776 (1962).
[2] LAGERGREN, S., u. A. MAGNÉLI: Acta chem. scand. **6**, 444 (1952). — R. J. WASILEWSKI: J. Amer. chem. Soc. **75**, 1001 (1953).
[3] RUDOLPH, J.: Techn. wiss. Abh. Osram Ges. **7**, 108 (1958).
[4] SCHRÖDER, J.: Z. Naturforsch. **17a**, 346 (1962).
[5] GERTHSEN, P., u. K. J. HÄRDTL: Z. Naturforsch. **17a**, 514 (1962).

sonderheiten insofern auf, als das Bändermodell in seiner gewohnten Form nicht mehr verwendbar ist. Dieser Sachverhalt (ähnlich wie beim NiO) wird jedoch sofort verständlich, wenn man die Halbleitereigenschaft von $LaCoO_3$ den $3d$-Elektronen des Cobalts zuschreibt. Der schwache Elektronenaustausch zwischen den wenig überlappenden atomaren $3d$-Termen verhindert die Ausbildung eines breiten Bandes. Entsprechend Abb. 3.139 ist das Leitungsband — ein $4s$-Band der Kationen — um einige eV getrennt vom gefüllten Valenzband, das auf Grund der überwiegend ionogen gebundenen Oxide ein mit 2wertig negativen Sauerstoffionen assoziiertes $2p$-Band repräsentiert. Zwischen diesen Bändern in der verbotenen Zone befinden sich nun die beiden schmalen, nicht überlappenden $3d$-Teilbänder. Hier ist nur das energetisch höchstgelegene der besetzten und das energetisch tiefste der unbesetzten Bänder in Abb. 3.139 eingezeichnet.

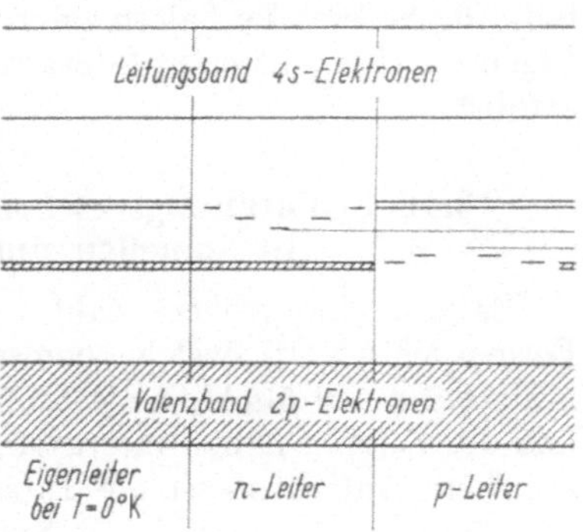

Abb. 3.139. Bändermodell eines Polaronenhalbleiters nach GERTHSEN und HÄRDTL.

Der im folgenden in Abb. 3.140 wiedergegebene Verlauf der elektrischen Leitfähigkeit von $LaCoO_3$ in Abhängigkeit von der ThO_2- bzw. SrO-Dotierung ist durch die $3d$-Elektronen im „inneren Bändersystem" verursacht. Die Beteiligung von Elektronen aus dem Valenz- bzw. Leitungsband ist hier zu vernachlässigen.

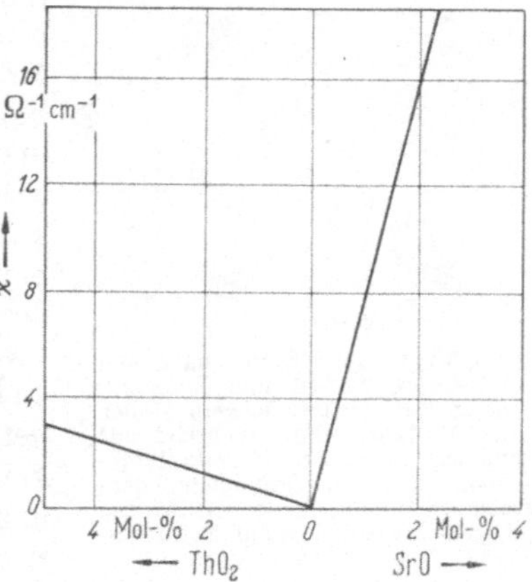

Abb. 3.140. Elektrische Leitfähigkeit von mit ThO_2 und SrO dotierten $LaCoO_3$-Proben bei Zimmertemperatur als Funktion des Fremdoxidgehaltes nach GERTHSEN und HÄRDTL.

Während am absoluten Nullpunkt bei Eigenhalbleitung der Bandbegriff im üblichen Sinne noch erlaubt ist, versagt dieser für $LaCoO_3$ bei höheren Temperaturen infolge Polarisation des Kristallgitters durch Elektronen bzw. Defektelektronen. Es kommt jeweils zur Ausbildung eines „kleinen Polarons", das zu einer drastischen Modifizierung der Bandbehandlung führt.[1,2] Ein Transport von Ladungsträgern ist durch thermisch aktivierten Platzwechsel zwischen benachbarten lokalisierten Elektronenniveaus möglich. Hierdurch wird auch die geringe Be-

---

[1] MOTT, N. F., u. R. W. GURNEY: Electronic Processes in Ionic Crystals. Oxford 1940.
[2] HOLSTEN, T.: Ann. Phys. 8, 343 (1959).

weglichkeit der Ladungsträger verständlich ($u_- = 2{,}1 \cdot 10^{-2}$ und $u_+ = 2{,}8 \cdot 10^{-1}$ cm² Volt⁻¹ sec⁻¹).

Abschließend sei noch auf das Bleioxid hingewiesen, das für den Bau von VIDIKON-Röhren als Photohalbleiter verwandt wird und ebenfalls amphoteres Verhalten zeigt. Umfangreiche Studien der elektrischen Eigenschaften mit einer Literaturübersicht wurden von HEIJNE[1] durchgeführt.

3.16 Fehlordnungserscheinungen und Leitungsvorgänge in Spinellen und Spinellmischphasen

Es gibt eine größere Zahl von Doppeloxiden mit der allgemeinen Formel $M^{2+}N_2^{3+}O_4^{2-}$, welche demselben Strukturtypus angehören wie das Mineral Spinell $MgAl_2O_4$. Zahlreiche Vertreter dieser Spinelle, namentlich die Ferrite, haben interessante elektrische und magnetische Eigenschaften. Auffallend ist die Tatsache, daß es gut- und schlechtleitende Spinelle gibt, wenn man beispielsweise an den praktisch als Isolator wirkenden Mg-Al-Spinell und den hervorragend leitenden Fe-Spinell Fe_3O_4 denkt. Auf Grund röntgenographischer Untersuchungen von MACHATSCHKI[2], BARTH und POSNJAK[3], KORDES[4] und insbesondere von VERWEY und Mitarbeitern[5-7] kann die Struktur der oxidischen Spinelle annähernd als eine kubisch-flächenzentrierte Packung von Sauerstoffionen betrachtet werden, in deren Zwischenräumen die kleineren 2- und 3wertigen Metallionen in einer noch näher zu kennzeichnenden Gruppierung angeordnet sind. In dieser dichtesten Packung kann man zwei Arten von Hohlräumen unterscheiden, wobei die eine Art von vier Sauerstoffionen (tetraedrisch) und die andere von sechs Sauerstoffionen (oktaedrisch) umgeben ist. Hierbei sind die oktaedrischen etwas größer als die tetraedrischen Hohlräume. Betrachtet man eine Elementarzelle mit

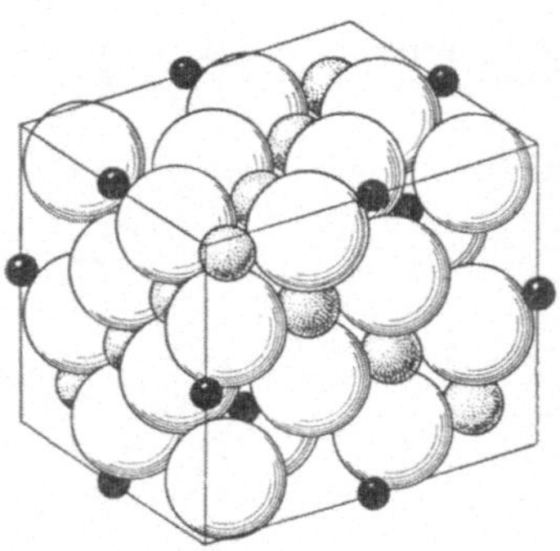

Abb. 3.141. Spinellgitter nach MACHATSCHKI, BARTH und POSNJAK. Die großen weißen Kugeln stellen die O^{2-}-Ionen dar. Während die punktierten kleineren Kugeln Metallionen auf Oktaederplätzen kennzeichnen, sind die kleinen schwarzen Kugeln Metallionen auf Tetraederplätzen.

---

1 HEIJNE, L.: Philips Res. Rep. Suppl. 1961, Nr. 4.

2 MACHATSCHKI, F.: Z. Kristallogr. 82, 348 (1932).

3 BARTH, T. F. W., u. E. POSNJAK: Z. Kristallogr. 82, 325 (1932).

4 KORDES, E.: Z. Kristallogr. 92, 139 (1935).

5 VERWEY, E. J. W., u. J. H. DE BOER: Recueil Trav. chim. Pays-Bas **55**, 531 (1936).

6 VERWEY, E. J. W., u. E. L. HEILMANN: J. chem. Phys. **15**, 174 (1947). — E. J. W. VERWEY, F. DE BOER u. J. H. VAN SANTEN: J. chem. Phys. **16**, 1091 (1948). — F. DE BOER, J. H. VAN SANTEN u. E. J. W. VERWEY: J. chem. Phys. **18**, 1032 (1950).

7 VERWEY, E. J. W., P. W. HAAYMAN u. F. C. ROMEYN: J. chem. Phys. **15**, 181 (1947). — E. J. W. VERWEY, P. B. BRAUN, E. W. GORTER, F. C. ROMEYN u. J. H. VAN SANTEN: Z. phys. Chem. **198**, 6 (1951).

32 Sauerstoffionen, so findet man zwischen den Sauerstoffionen 32 Hohlräume, die oktaedrisch von O^{2-}-Ionen begrenzt sind, und 64 Hohlräume, die tetraedrisch von O^{2-}-Ionen umgeben sind. Von diesen Hohlräumen sind 8 Tetraederplätze durch 2wertige Metallionen und 16 Oktaederplätze durch 3wertige Metallionen besetzt. Das sich hieraus ergebende Kristallgitter ist in Abb. 3.141 dargestellt. Die Spinellstruktur enthält für die Lage der Sauerstoffionen einen Parameter u, dessen Wert für eine ideal dichteste kubische Anordnung der Sauerstoffionen 0,375 beträgt. Meistens aber ist der Parameter u etwas größer. BÉNARD und Mitarbeiter[1] haben sich mit Strukturfragen der Eisen-Kobalt-Spinelle beschäftigt und die Änderung des Parameters mit der Zusammensetzung studiert.

Bei den für uns wichtigen Spinellen des Typus MN_2O_4 sind häufig folgende Ladungskombinationen realisiert:

$M^{2+}N_2^{3+}O_4^{2-}$ sog. 2-3-Spinelle

$M^{4+}N_2^{2+}O_4^{2-}$ sog. 4-2-Spinelle.

Bei den normalen Spinellen befinden sich die M-Ionen auf Tetraeder- und die N-Ionen auf Oktaederplätzen. BARTH und POSNJAK[2] haben aber eine weitere Einbaumöglichkeit der 2- und 3wertigen Metallionen im Spinellgitter gezeigt, wobei sie die eine Hälfte der N-Ionen auf Tetraederplätzen und die andere Hälfte derselben zusammen mit den M-Ionen auf Oktaederplätzen annehmen. In einem solchen Fall spricht man von einem inversen Spinellgitter. Es versteht sich von selbst, daß es zwischen den normalen und den von BARTH und POSNJAK diskutierten inversen Spinellen eine kontinuierliche Reihe von Mischfällen geben kann. Durch diese zweite Anordnungsmöglichkeit wurde der Anstoß und die entscheidende Grundlage für das Verständnis des Elektronenleitungsmechanismus in Spinellen gegeben. WAGNER[3] war der erste, der bereits 1936 diese Vorstellungen für die Elektronentheorie der Spinelle fruchtbar machte. Ausgehend von Beobachtungen über eine vom Sauerstoffdruck unabhängige elektrische Leitfähigkeit des im Spinellgitter kristallisierenden Co_3O_4 im Gebiet hoher Temperaturen nimmt WAGNER im Anschluß an BARTH und POSNJAK an, daß es sich hier um ein Gitter — nach Art des inversen Spinellgitters — handelt, in dem kristallographisch gleichwertige Plätze teils von 2wertigen und teils von 3wertigen Metallionen besetzt sind. Insbesondere wurde das für die Tetraederplätze (Viererkoordination der Sauerstoffionen) diskutiert, daneben aber auch für die Oktaederplätze (Sechserkoordination der Sauerstoffionen). Beide Fälle wurden bei den späteren Forschungen (s. w. u.) realisiert gefunden. In solchen Fällen ist nach WAGNER ein Elektronenübergang zwischen kristallographisch gleichartigen, aber verschieden geladenen Metallionen praktisch ohne Energieaufwand möglich. Die Leitfähigkeit wird also nicht erst durch eine mit der Temperatur wachsende Störstellenzahl hervor-

[1] ROBIN, J., u. J. BÉNARD: C. R. Acad. Sci., Paris **234**, 734, 956 (1952). — J. ROBIN: C. R. Acad. Sci., Paris **236**, 204 (1953).

[2] BARTH, T. F. W., u. E. POSNJAK: Z. Kristallogr. **82**, 325 (1932).

[3] WAGNER, C., u. E. KOCH: Z. phys. Chem. (B) **32**, 439 (1936).

gerufen, sondern ist bereits durch den Bau des Grundgitters selbst gegeben und beträgt für Co_3O_4 bei 900 °C $2{,}6 \cdot 10^2$ Ohm^{-1} cm^{-1}.

Weitere Aufklärungen über die Ionen- und Elektronenfehlordnung sowie über den Leitungsmechanismus verdankt man vor allem den wichtigen Arbeiten von VERWEY und Mitarbeitern[1,2]. VERWEY betrachtet das normale und inverse Spinellgitter als die möglichen Grenzfälle. An Hand zahlreicher Beispiele konnte gezeigt werden, daß es eine große Zahl von Übergangsfällen gibt, die in statistischer Verteilung in den beiden Lagen auftreten. Wir bezeichnen diese als „Mischspinellgitter". VERWEY und HEILMANN[1] führten Röntgenuntersuchungen an technisch interessanten Spinellen durch. Hierbei wurden die folgenden Spinelle mit einem normalen Spinellgitter gefunden:

$$Mg_8^{2+}[Cr_{16}^{3+}]O_{32}^{2-}\quad (MgCr_2O_4),\qquad Ni_8^{2+}[Cr_{16}^{3+}]O_{32}^{2-}\quad (NiCr_2O_4);$$

$$Cd_8^{2+}[Cr_{16}^{3+}]O_{32}^{2-}\quad (CdCr_2O_4);\qquad Zn_8^{2+}[Fe_{16}^{3+}]O_{32}^{2-}\quad (ZnFeO_4),$$

$$Cd_8^{2+}[Fe_{16}^{3+}]O_{32}^{2-}\quad (CdFe_2O_4).$$

Ein inverses Spinellgitter weisen die folgenden Oxide auf:

$$Fe_8^{3+}[Fe_8^{2+}Fe_8^{3+}]O_{32}^{2-}\quad (Fe_3O_4),\quad Zn_4^{2+}Fe_4^{3+}[Cu_4^{2+}Fe_{12}^{3+}]O_{32}^{2-}\quad (Cu_{0,5}Zn_{0,5}Fe_2O_4),$$

$$Zn_{4,8}^{2+}Fe_{3,2}^{3+}[Cu_{3,2}^{2+}Fe_{12,8}^{3+}]O_{32}^{2-}\quad (Cu_{0,4}Zn_{0,6}Fe_2O_4),$$

$$Zn_8^{2+}[Ti_8^{4+}Zn_8^{2+}]O_{32}^{2-}\quad (TiZn_2O_4),\qquad Zn_8^{2+}[Sn_8^{4+}Zn_8^{2+}]O_{32}^{2-}\quad (SnZn_2O_4),$$

$$Co_8^{2+}[Sn_8^{4+}Co_8^{2+}]O_{32}^{2-}\quad (SnCo_2O_4);$$

$LiAl_5O_8$ mit der Anordnung $Al_8^{3+}[Li_4^{+}Al_{12}^{3+}]O_{32}^{2-}$ ist insofern ein bemerkenswerter Spinell, als hier die Li-Ionen und ein Teil der Al-Ionen zusammen die Rolle von 2wertigen Ionen übernehmen.[3] Das entsprechende Lithiumferrit $LiFe_5O_8$ wurde von BRAUN[4] untersucht. An beiden Spinellen wurden Überstrukturen beobachtet.[5] Hierbei wurde gefunden, daß oberhalb etwa 900 °C die Li^+- und Fe^{3+}-Ionen „willkürlich" auf die Oktaederstellen verteilt waren, und nur bei niedrigen Temperaturen war jedes Li-Ion ausschließlich von Fe-Ionen umgeben.

In den letzten Jahren wurden umfangreiche Untersuchungen über die Struktur von Li-haltigen Spinellen von BLASSE[6] durchgeführt. In Tab. 3.19 sind die wesentlichsten Mischoxide mit Spinellstruktur zusammengestellt. Nach Berechnungen der Intensität der Röntgenreflexe befindet sich das 5wertige Vanadium im Spinell $V[LiZn]O_4$ auf Tetraederplatz. Im Gegensatz hierzu ist beim $Zn[NbLi]O_4$ das 5wertige Niob gemeinsam mit dem Li^+ im Verhältnis 1 : 1 auf Oktaederplätzen befindlich anzunehmen. Ferner wird hervorgehoben, daß die Polarisa-

[1] VERWEY, E. J. W., u. E. L. HEILMANN: J. chem. Phys. **15**, 174 (1947). — E. J. W. VERWEY, F. DE BOER u. J. H. VAN SANTEN: J. chem. Phys. **16**, 1091 (1948). — F. DE BOER, J. H. VAN SANTEN u. E. J. W. VERWEY: J. chem. Phys. **18**, 1032 (1950).

[2] VERWEY, E. J. W.: Proc. II. int. Congr. Pure and Appl. Chem. **1**, 285 (1950); Angew. Chem. **66**, 189 (1954).

[3] KORDES, E.: Z. Kristallogr. (A) **91**, 193 (1935).

[4] BRAUN, P. B.: Ithaca Meeting ASXRED, Juni 1949.

[5] BRAUN, P. B.: Nature [London] **170**, 1123 (1952).

[6] BLASSE, G.: J. Inorg. Nucl. Chem. **25**, 136, 230, 743 (1963).

Tabelle 3.19. *Lithiumhaltige Spinell-Mischphasen nach Blasse*

Formel	Spinellstruktur	Gitterparameter a – Å	Kationenverteilung
$LiMg_{0,5}Ti_{1,5}O_4$	mit Überstruktur	8,37	$\sim Li_{0,5}Mg_{0,5}[Li_{0,5}Ti_{1,5}]$
$LiCo_{0,5}Ti_{1,5}O_4$	mit Überstruktur	8,36	$\sim Li_{0,5}Co_{0,5}[Li_{0,5}Ti_{1,5}]$
$LiCu_{0,5}Ti_{1,5}O_4$	—	8,39	$\sim Li_{0,7}Cu_{0,3}[Li_{0,3}Cu_{0,2}Ti_{1,5}]$
$LiZn_{0,5}Ti_{1,5}O_4$	mit Überstruktur	8,37	$\sim Li_{0,5}Zn_{0,5}[Li_{0,5}Ti_{1,5}]$
$LiMnTiO_4$	—	8,30	$Li[Mn^{3+}Ti^{4+}]$
$LiGaTiO_4$	—	8,28	$Li_{0,3}Ga_{0,7}[Li_{0,7}Ga_{0,3}Ti]$
$LiCrMnO_4$	—	8,19	$Li[Cr^{3+}Mn^{4+}]$
$LiRhMnO_4$	—	8,30	$Li[Rh^{3+}Mn^{4+}]$
$Li_{4/3}Mn_{5/3}O_4$	—	8,19	$Li[Li^{+}_{1/3}Mn^{4+}_{5/3}]$

tionsenergie des Sauerstoffs mit den auf Tetraederplätzen befindlichen Li-Ionen einen großen Einfluß auf die Verteilung der Kationen hat.

Die früher von VERWEY und HEILMANN in die Gruppe des inversen Spinelltyps eingeordneten Mg- und Cu-Ferrite haben nach Untersuchungen von BERTAUT und BOCHIROL[1] eine nur teilweise inverse Struktur, die mit steigender Temperatur abnimmt, und fallen somit in die Gruppe der Mischspinellgitter. Die Struktur der wichtigen Ferrite des 2wertigen Mn, Fe, Co und Ni konnte nicht aus Röntgenintensitäten hergeleitet werden. Durch Vergleich der Größe der Elementarzellen der Chromite mit denen der Ferrite konnte für diese Ferrite von VERWEY eine inverse Struktur wahrscheinlich gemacht werden.

Die den oben behandelten Verbindungen entsprechenden Oxide Mn_3O_4 und $ZnMn_2O_4$ besitzen eine Struktur[2], die wahrscheinlich als ein tetragonal deformierter Spinell beschrieben werden kann. Das Achsenverhältnis beider Oxide ist fast gleich (Mn_3O_4: $c/a = 1,16$ und $ZnMn_2O_4$: $c/a = 1,14$).

VERWEY und Mitarbeiter[3] konnten durch energetische Berechnung und röntgenographische Untersuchungen zeigen, daß für 2-3-Spinelle der Wert 0,381 für den Parameter u die Grenze zwischen den Stabilitätsgebieten normaler und inverser Spinelle angibt. Jedoch ist diese Grenze gewissen Schwankungen unterworfen, da die normale und inverse Struktur desselben Spinells nicht dieselben Werte von a und u zu haben brauchen und außerdem noch zusätzliche Energieeffekte eine Rolle spielen können. Die u-Werte der Al- und Cr-Spinelle sind meistens größer als 0,381, so daß man hier überwiegend eine normale Struktur erwarten darf. Bei den Ferriten, wie z. B. $ZnFe_2O_4$ mit $u = 0{,}380 \pm 0{,}005$ und Fe_3O_4 mit $u = 0{,}379 \pm 0{,}005$, ist die inverse Struktur vorherrschend. Für das $CdFe_2O_4$ wird hingegen auf Grund der Neigung des Cd-Ions für eine Tetraederanordnung die normale Struktur überwiegen. Abb. 3.142 zeigt, daß bei 4-2-Spinellen für $u > 0{,}381$ immer die inverse Struktur

[1] WEIL, L., F. BERTAUT u. L. BOCHIROL: J. Physique Radium **11**, 208 (1950). — F. BERTAUT: J. Physiques Radium **12**, 252 (1951).

[2] MASON, B.: Amer. Mineralogist **32**, 426 (1947).

[3] VERWEY, E. J. W., P. W. HAAYMAN u. F. C. ROMEYN: J. chem. Phys. **15**, 118 (1947). — E. J. W. VERWEY, P. B. BRAUN, E. W. GORTER, F. C. ROMEYN u. J. H. VAN SANTEN: Z. phys. Chem. **198**, 6 (1951).

stabil ist[1], was mit den experimentellen Befunden in Übereinstimmung ist.

VERWEY und HAAYMAN[2] fanden am inversen Spinell Fe_3O_4 eine außerordentlich gute elektrische Leitfähigkeit mit einem Leitfähigkeitssprung um den Faktor 100 beim Überschreiten eines Umwandlungspunktes in der Umgebung von 100 bis 200 °K. Die Höhe des Leitfähigkeitssprungs (Abbildung 3.143) ist jedoch stark von der stöchiometrischen Zusammensetzung der homogenen Spinellphase abhängig, ausgedrückt durch das Verhältnis Fe_2O_3 : FeO. Die hier hälftig auf Oktaederplätzen verteilten 2- und 3wertigen Eisenionen gestatten einen Elektronenaustausch ohne nennenswerten Energieaufwand. Die Abnahme der elektrischen Leitfähigkeit inverser Spinelltypen, wo ein Teil oder alle 2wertigen Fe-Ionen durch andere 2wertige Kationen, wie z. B. Ni^{2+}, Cu^{2+}, Zn^{2+} usw., ersetzt sind, wird ebenfalls verständlich, wenn man berücksichtigt, daß jetzt ein mehr oder minder hoher Energieaufwand für den Übergang eines Elektrons von einem Ni^{2+}- oder Cu^{2+}-Ion zu einem Fe^{3+}-Ion erforderlich ist. Substituiert man beispielsweise die Fe^{3+}-Ionen auf Oktaederplätzen in zunehmendem Maße durch Al^{3+}-Ionen, so nimmt die elektrische Leitfähigkeit ab und erreicht bei vollständiger Substitution entsprechend der Zusammensetzung $Fe^{3+}[Fe^{2+}Al^{3+}]O_4^{2-}$ einen sehr niedrigen Wert. Während $\varkappa$ von reinem Fe_3O_4 etwa $10^3\,Ohm^{-1}\,cm^{-1}$ ist, beträgt die elektrische Leitfähigkeit einer Probe, die je 1 Al, 1,005 Fe^{3+} und 0,995 Fe^{2+} enthält, nur noch etwa $10^{-3}\,Ohm^{-1}\,cm^{-1}$. Durch steigende Zusätze eines praktisch nichtleitenden Spinells, wie beispielsweise $ZnCr_2O_4$, zu Fe_3O_4 substituieren nach VERWEY und Mitarbeitern[3] die Zn-Ionen die Fe^{3+}-Ionen auf Tetraederplätzen und die Cr^{3+}-Ionen treten an Stelle der Fe^{3+}- und Fe^{2+}-Ionen auf Oktaederplätzen auf. Im Falle eines Mischungsverhältnisses Fe_3O_4 :

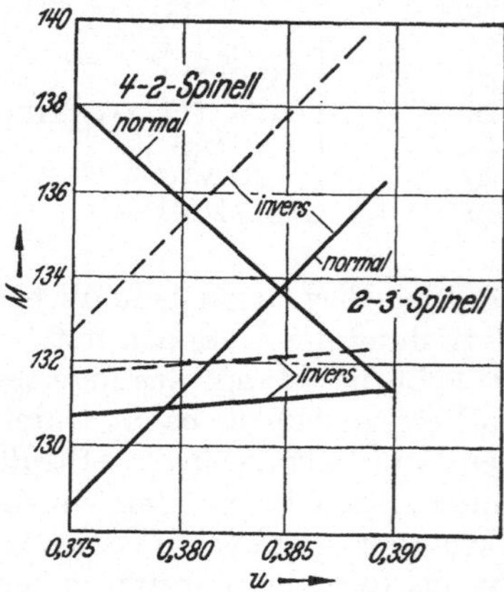

Abb. 3.142. Die Coulomb-Energie M der 2—3- und 4—2-Spinelle in Abhängigkeit von dem Parameter nach VERWEY und Mitarbeitern.
- - - - geordnet ——— ungeordnet

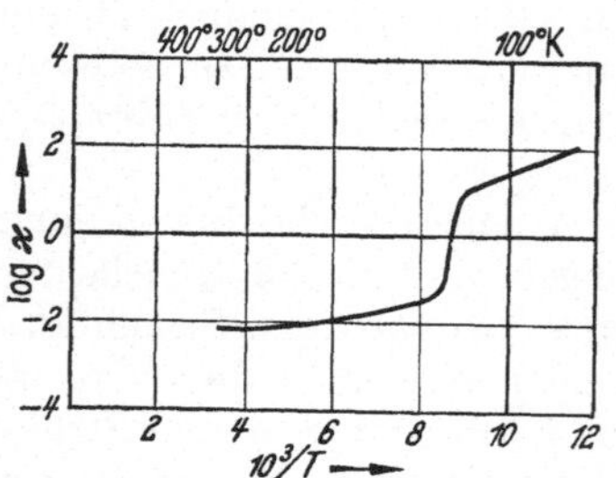

Abb. 3.143. Temperaturabhängigkeit der elektrischen Leitfähigkeit in $Ohm^{-1}\,cm^{-1}$ von Fe_3O_4 nach VERWEY und HAAYMAN.

[1] VERWEY, E. J. W., P. B. BRAUN, E. W. GORTER, F. C. ROMEYN u. J. H. VAN SANTEN: Z. phys. Chem., SCHOTTKY-Festband, **198**, 6 (1951).

[2] VERWEY, E. J. W., u. P. W. HAAYMAN: Physica **8**, 979 (1941). — Vgl. auch J. MARTINET: C. R. Acad. Sci., Paris **234**, 2167 (1952).

[3] VERWEY, E. J. W., P. W. HAAYMAN u. F. C. ROMEYN: J. chem. Phys. **15**, 181 (1947).

$ZnCr_2O_4$ wie $\Delta : 1 - \Delta$ ergibt sich folgendes Bild:

$$Fe^{3+}_{\Delta}Zn^{2+}_{1-\Delta}[Fe^{2+}_{\Delta}Fe^{3+}_{\Delta}Cr^{3+}_{2-2\Delta}]O^{2-}_4.$$

Auch hier wird der Stromtransport ebenso wie am reinen Fe_3O_4 durch einen Elektronenaustausch über die verschiedenwertigen Fe-Ionen auf Oktaederplätzen gemäß dem Schema

$$Fe^{2+}_a + Fe^{3+}_b \rightarrow Fe^{3+}_a + Fe^{2+}_b \tag{3.387}$$

verursacht. Hieraus wird verständlich, daß mit steigendem $ZnCr_2O_4$-Gehalt, d.h. mit Abnahme der Zahl der Fe^{2+}- und Fe^{3+}-Ionen auf Okta-

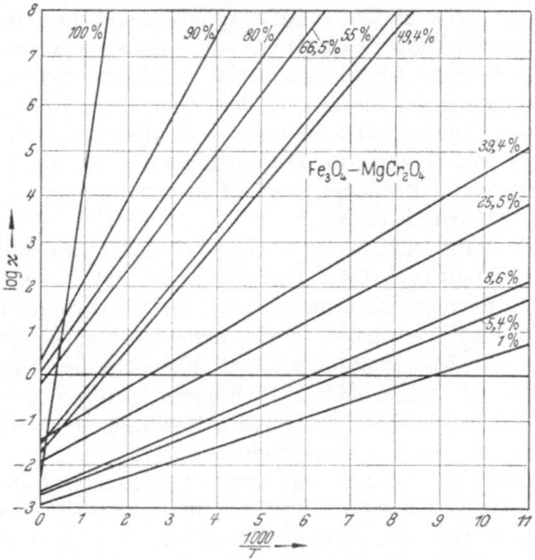

Abb. 3.144. Temperaturabhängigkeit der elektrischen Leitfähigkeit einiger Fe_3O_4-$MgCr_2O_4$ Mischoxide nach VERWEY und Mitarbeitern.

ederplätzen, die Häufigkeit eines Elektronenaustausches nach (3.387) bzw. die elektrische Leitfähigkeit abnehmen muß.

Die Erscheinungen werden komplizierter, wenn man Mischphasen aus Fe_3O_4 und $MgCr_2O_4$ untersucht.[1,2] Hier treten Mg- und Cr-Ionen überwiegend für Fe-Ionen auf Oktaederplätzen ein. Im Falle eines Mischungsverhältnisses $Fe_3O_4 : MgCr_2O_4$ wie 75 : 25 ergibt sich folgendes Bild:

$$Fe^{3+}[Fe^{3+}_{0,50}Fe^{2+}_{0,75}Mg^{2+}_{0,25}Cr^{3+}_{0,50}]O^{2-}_4$$

und entsprechend für 50 : 50

$$Fe^{3+}[Fe^{2+}_{0,5}Mg^{2+}_{0,5}Cr^{3+}]O^{2-}_4.$$

Im letzten Falle, bei einem Mischungsverhältnis 50 : 50, sind die Voraussetzungen zu einem Elektronenaustausch gemäß (3.387) nicht mehr

[1] VERWEY, E. J. W., P. W. HAAYMAN u. F. C. ROMEYN: J. chem. Phys. **15**, 181 (1947).

[2] VERWEY, E. J. W.: in: Semi-Conducting Materials, S. 151f. London 1951.

gegeben, und es kommt zu einer beachtlichen Abnahme der elektrischen Leitfähigkeit, wie man aus Abb. 3.144 erkennen kann. Leitfähigkeitsmessungen an $ZnFe_2O_4$ und $ZnCr_2O_4$ wurden auch von ANDERSON und Mitarbeitern[1] durchgeführt. Weitere eingehende elektrische und röntgenographische Untersuchungen wurden von ROMEYN[2] an den folgenden Mischspinellen durchgeführt: $ZnAl_2O_4$-$CoAl_2O_4$, $ZnAl_2O_4$-$NiAl_2O_4$, $NiAl_2O_4$-$MgAl_2O_4$, $GeNi_2O_4$-$GeCo_2O_4$, Co_2TiO_4-Mg_2TiO_4, Co_2TiO_4-Zn_2TiO_4, $CoAl_2O_4$-$GeCo_2O_4$, $Co[CoTi]O_4$-$Ge[Co_2]O_4$, $Ge[Ni_2]O_4$-$Fe[NiFe]O_4$, $Zn[ZnTi]O_4$-$Zn[Fe_2]O_4$ und $Ni[Cr_2]O_4$-$Fe[NiFe]O_4$. Die auf S. 259 diskutierten Gesetzmäßigkeiten konnten bestätigt werden.

Neben den strukturellen und magnetischen Untersuchungen der Spinellmischphasen MgO-Fe_2O_3-Al_2O_3[3] wurden insbesondere von GORTER[4] umfangreiche Studien über die magnetischen Eigenschaften einer großen Zahl von Mischspinellen aus den Oxiden ZnO, NiO, Fe_2O_3, TiO_2, MnO, BaO und Cr_2O_3 durchgeführt. Besonders in dieser Arbeit wird auf die Theorie des Ferro-Magnetismus eingegangen und diese auf Spinellsysteme übertragen. Über magnetische Untersuchungen an Einkristallen aus $Mn_{0,8}Fe_{2,14}O_4$ berichtet ENZ[5].

In Spinellferriten konnte VAN UITERT[6] durch kleine Zusätze von Mangan- und Kobaltoxid die elektrische Leitfähigkeit herabsetzen. Dies ist vom theoretischen Standpunkt aus ein überraschendes Ergebnis, durch das JONKER[7] veranlaßt wurde, neue Untersuchungen unter Berücksichtigung dieses Phänomens am Kobalt-Eisen-Spinell $CoFe_2O_4$ auszuführen. Die bisherigen Untersuchungen konnten zwar die Ergebnisse von VAN UITERT nicht bestätigen, brachten aber einige wertvolle Informationen, die erwähnenswert sind.

Wie bekannt, ist $CoFe_2O_4$ ein inverser Spinell mit der Hälfte der Fe-Ionen auf Tetraederplätzen und der anderen Hälfte zusammen mit den Co-Ionen auf Oktaederplätzen. Für das Leitfähigkeitsverhalten sind aber im allgemeinen nur die Ionen auf Oktaederplätzen maßgebend. Durch entsprechende Mischkristallreihen, wie z. B. $LaMn^{3+}O_3$ und $CaMn^{4+}O_3$, kann man definiert und kontinuierlich von 100% Mn^{3+} zu 100% Mn^{4+} übergehen[8]. In gleicher Weise kann dies auch mit $CoFe_2O_4$ erreicht werden. Unter der Annahme, daß die Fe^{2+}-Ionen bzw. die Co^{3+}-Ionen auf Oktaederplätzen die Zahl der Elektronen bzw. Defektelektronen repräsentieren, errechnen sich aus den Leitfähigkeitsmessungen die extrem kleinen Beweglichkeiten $u_- \approx 10^{-4}$ und $u_+ \approx 10^{-8}$ cm² Volt⁻¹ · sec⁻¹. Aus der normalen Bandtheorie würde man aber metallisches Verhalten mit genügend hohen Beweglichkeiten von 10 bis 100 cm^2 $Volt^{-1} \cdot sec^{-1}$ erwarten. Dieser Spinell zeigt ein ähnliches elektrisches Verhalten

---

1 BEVAN, D. J. M., J. P. SHELTON u. J. S. ANDERSON: J. chem. Soc. [London] 1948, 1729.
2 ROMEYN, F. C.: Philips Res. Rep. **8**, 304 (1953).
3 KWESTROO, W.: J. Inorg. Nucl. Chem. **9**, 65 (1959).
4 GORTER, E. W.: Philips Res. Rep. **9**, 295, 321, 403 (1954).
5 ENZ, U.: Physica **24**, 68 (1958).
6 UITERT, L. G. VAN: J. chem. Phys. **23**, 1883 (1955); **24**, 306 (1956).
7 JONKER, G. H.: J. Phys. Chem. Solids **9**, 165 (1959).
8 JONKER, G. H., u. J. H. VAN SANTEN: Physica **16**, 337 (1950).

wie z. B. NiO und Fe_2O_3. Infolge der geringen Überlappung der Wellenfunktionen der Ionen auf Oktaederplätzen sind die Elektronen und Defektelektronen nicht frei beweglich, sondern an den Metallionen fixiert. Unter diesen Bedingungen ist ein Übergang von Ladungsträgern von einem Ion zum anderen nur dann möglich, wenn die bei endlichen Temperaturen schwingenden Ionen sich auf einen bestimmten Abstand nähern. Die Leitfähigkeit wird also hier durch Gitterschwingungen induziert. Die Beweglichkeiten sind berechenbar aus:

$$u_- = \frac{e\,d^2\,\nu_1 \exp(-E_-^A/kT)}{kT}, \qquad u_+ = \frac{e\,d^2\,\nu_2 \exp(-E_+^A/kT)}{kT},$$

wo $d = \frac{1}{2} a \sqrt{2} = 3{,}0$ Å die Sprungweite, E_-^A und E_+^A die Aktivierungsenergie der wandernden Elektronen und Defektelektronen kennzeichnet

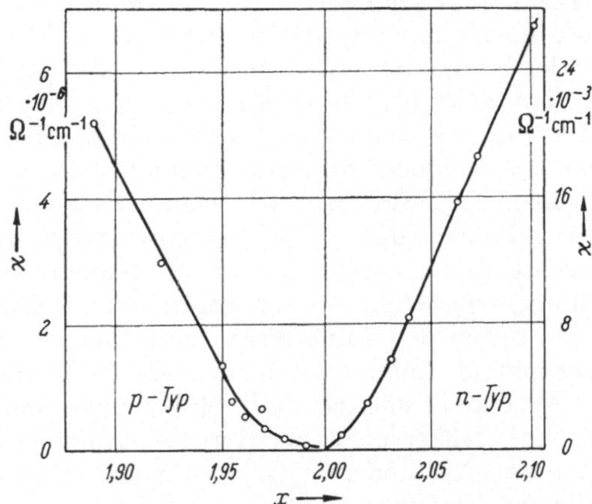

Abb. 3.145. Elektrische Leitfähigkeit von $Co_{3-x}Fe_xO_4$ bei Zimmertemperatur als Funktion von x in der Nähe der Zusammensetzung $CoFe_2O_4$ nach JONKER. (Für p-Leitung linke Ordinate und für n-Leitung rechte Ordinate.)

und ν_1 bzw. ν_2 die Schwingungsfrequenz der Fe^{2+}- bzw. der Co^{3+}-Ionen auf Oktaederplätzen ist. Abb. 3.145 zeigt den Verlauf der Leitfähigkeit in Abhängigkeit vom Fe- und Co-Überschuß.

Wie wir im Falle des inversen Spinells Fe_3O_4 oben sahen, ist die Zahl der Elektronenstörstellen bereits durch den Bau des Grundgitters selbst gegeben und demzufolge von der Temperatur unabhängig. Betrachtet man ferner die Fe^{3+}-Ionen auf Oktaederplätzen als Repräsentanten von Elektronendefektstellen $|e|^\bullet$ und entsprechend die Fe^{2+}-Ionen auf Oktaederplätzen als Träger von Leitungselektronen e′, dann gilt in gleicher Weise wie beim CuO

$$x_+^0 = x_-^0,$$

allerdings mit dem prinzipiellen Unterschied, daß eine temperaturunabhängige Elektronenfehlordnung nicht durch eine Disproportionierung wie in (3.336b) erfolgt. Eine eingehende Behandlung des Leitungsmechanismus und des magnetischen Verhaltens wurde sowohl von

VERWEY und Mitarbeitern[1-3] als auch besonders von SNOEK[4], NÉEL und GORTER[5] gegeben. Trotz der umfangreichen elektrischen[6,5] und magnetischen Untersuchungen, insbesondere von SNOEK und GORTER[4,5], sind wesentliche Fragen immer noch unbeantwortet.

3.17 Fehlordnung und Farbe

Erhitzt man NiO einige Stunden bei 1000 °C im Hochvakuum und schreckt anschließend auf Zimmertemperatur ab, so erhält man ein gelblichgrüngefärbtes Oxid. Wird hingegen das gleiche Oxid bei 800 °C in 1 atm Sauerstoff erhitzt, so ist es jetzt dunkelgrün bis schwarz gefärbt. Denselben Farbumschlag erreicht man auch dadurch, daß man dem Nickeloxid kleine Mengen Li_2O zusetzt. Diese Li_2O-haltigen Nickeloxide behalten jetzt auch beim Glühen im Hochvakuum ihre schwarze Färbung. Auf Grund dieses experimentellen Befundes und der auf S. 187ff. behandelten Fehlordnungserscheinungen ist die gelblichgrüne Farbe des NiO ein Zeichen entweder für eine weitgehend stöchiometrische Zusammensetzung oder für eine sehr kleine Defektelektronenkonzentration. Durch Erhöhung des Sauerstoffdrucks und durch Zusatz von Li_2O wird die Defektelektronenkonzentration stark erhöht. In gleichem Maße wird der Farbton über grün nach dunkelgrün bis schwarz verändert. Während ein Li_2O-haltiges NiO im Gegensatz zu reinem NiO auch nach einer Hochvakuumbehandlung, wie bereits oben erwähnt, seine schwarze Färbung behält infolge der durch den Li_2O-Zusatz verursachten hohen Defektelektronenkonzentration, kann man jedoch die hellgrüne Färbung in einem NiO-Li_2O-Mischoxid einfach dadurch erzeugen, indem man nach WEYL[7] dem Mischoxidgitter entweder 1wertige Anionen oder 3wertige Kationen in Form von $NiCl_2$ oder Cr_2O_3 zusetzt und dadurch gemäß den symbolischen Einbaugleichungen

$$NiCl_2 + 2|e|^{\bullet} \rightleftharpoons 2\,Cl|O|^{\bullet} + NiO + \tfrac{1}{2}O_2(\text{gas}) \tag{3.388}$$

bzw.

$$Cr_2O_3 + 2|e|^{\bullet} \rightleftharpoons 2\,Cr|Ni|^{\bullet} + NiO + \tfrac{1}{2}O_2(\text{gas}) \tag{3.389}$$

die für die Schwarzfärbung verantwortliche Defektelektronenkonzentration erniedrigt.

---

[1] VERWEY, E. J. W., P. W. HAAYMAN u. F. C. ROMEYN: J. chem. Phys. **15**, 181 (1947).

[2] VERWEY, E. J. W.: in: Semi-Conducting Materials, S. 151f. London 1951.

[3] E. J. W. VERWEY, P. B. BRAUN, E. W. GORTER, F. C. ROMEYN u. J. H. VAN SANTEN: Z. phys. Chem. **198**, 6 (1951).

[4] SNOEK, J. L.: J. Physique Radium **12**, 228 (1951).

[5] GORTER, E. W.: Philips Res. Rep. **9**, 295, 321, 403 (1954). — Vgl. auch K. HAUFFE: Fehlordnungserscheinungen und Leitungsvorgänge in ionen- und elektronenleitenden festen Stoffen, in: Ergebn. exakt. Naturwiss. **25**, 274ff. (1951).

[6] FAIRWEATHER, A., F. F. ROBERTS u. A. J. WELSCH: Rep. Progr. Phys. **15**, 142 (1952). — T. E. BRADBURN u. G. R. RIGBY: Trans. Brit. Ceram. Soc. **52**, 417 (1953).

[7] WEYL, W. A.: Outline of Course „Ceramics 503", Penn. State College 1950.

Auch am Beispiel des TiO_2 konnten JOHNSON, FØRLAND und WEYL[1] einen Zusammenhang zwischen Farbe und Fehlordnung auffinden. Wie bekannt, wird TiO_2 in schwach reduzierender Atmosphäre bei höheren Temperaturen dunkelblau gefärbt. Diese Blaufärbung wird ebenfalls auf eine Zunahme der Elektronenfehlordnung — hier auf eine Zunahme der Leitungselektronenkonzentration — zurückgeführt. Denn in einer H_2- oder CO-haltigen Atmosphäre werden gemäß der symbolischen Fehlordnungsgleichung

$$H_2(\text{gas}) \rightleftharpoons |O|^{\bullet\bullet} + 2e' + H_2O(\text{gas}) \tag{3.390}$$

Sauerstoffionenleerstellen $|O|^{\bullet\bullet}$ und Leitungselektronen e′ erzeugt, die durch Assoziation im Sinne der POHL-SCHOTTKYschen *F*-Zentren als Träger der Blaufärbung anzusehen sind. In gleicher Weise konnte eine graublaue Färbung erzeugt werden, wenn man dem TiO_2 kleine Mengen (<1 Mol-%) an Ta_2O_5, Nb_2O_5, Sb_2O_5 oder WO_3 zusetzt.[2] Entsprechend den Einbaugleichungen (3.323a) und (3.323b) wird wohl die Zahl der Leitungselektronen erhöht, aber die der Sauerstoffionenleerstellen erniedrigt. Wenn die Farbzentrenbildung nur im Sinne des Selftrapping-Mechanismus nach MOTT und LANDAU (S. 105), also

$$Ti^{4+} + e' \rightleftharpoons Ti^{3+}, \tag{3.391}$$

wie ihn WEYL vertritt, ablaufen würde und nicht nach POHL und SCHOTTKY, also

$$|O|^{\bullet\bullet} + e' \rightleftharpoons |O|^{\bullet}, \tag{3.392}$$

bliebe es unverständlich, warum nicht durch Zusatz der obengenannten Oxide dieselbe dunkelblaue Färbung wie bei der Anreduktion auftreten sollte. Ferner beruht die von KANE[3] beobachtete rote Färbung mit Ba-Überschuß versehener BaO-Kristalle wahrscheinlich auch auf *F*-Zentren-Bildung.

In einer größeren Versuchsreihe untersuchten WEYL und Mitarbeiter[2] die Änderung der Farbe des Wirtsoxids durch kleinste Zusätze anderswertiger Ionen. So konnte die Farbe der seltenen Erdoxide ThO_2, CeO_2 und ZrO_2 durch kleine Zusätze an Pr_2O_3, Ta_2O_5, V_2O_5, WO_3 und Nb_2O_3 von weiß über gelb nach braun und blau geändert werden. In Tab. 3.20 sind die Farbänderungen dieser Oxide zusammengestellt. Die durch Einbau von Pr_2O_3 in CeO_2 verursachte Braunfärbung kann durch das Wechselspiel der hierbei entstehenden Fehlordnungsstellen etwa in folgender Weise gedeutet werden:

$$Pr_2O_3 \rightleftharpoons 2\,Pr|Ce|' + |O|^{\bullet\bullet} + 2\,CeO_2 \tag{3.393a}$$

oder

$$\tfrac{1}{2}O_2(\text{gas}) + Pr_2O_3 \rightleftharpoons 2\,Pr|Ce|^{\times} + 2\,CeO_2. \tag{3.393b}$$

Während beim Überwiegen von (3.393b) die Färbung durch das infolge Sauerstoffaufnahme 4wertig umgeladene Pr-Ion auf Ce-Gitterplatz, ge-

[1] WEYL, W. A., u. T. FØRLAND: Crystal Chemistry and Optical Properties of Defect Structures, O.N.R. Techn. Rep. No. 2, N.R. 032—265 (1949). — G. H. JOHNSON u. W. A. WEYL: J. Amer. ceram. Soc. **32**, 398 (1949).

[2] WEYL, W. A.: Outline of Course „Ceramics 503", Penn. State College 1950.

[3] KANE, E. O.: J. appl. Phys. **22**, 1214 (1951).

kennzeichnet durch das Symbol $Pr|Ce|^{\times}$, verursacht sein kann, werden beim Einbau gemäß (3.393a) die hierbei entstehenden Sauerstoffionenleerstellen $|O|^{\cdot\cdot}$ einen Teil der von den 3wertigen Pr-Ionen abdissoziierenden Elektronen nach der Fehlordnungsgleichung

$$Pr|Ce|' + |O|^{\cdot\cdot} \rightleftharpoons Pr|Ce|^{\times} + |O|^{\cdot} \qquad (3.394)$$

einfangen. Hierbei kann es im Sinne von MOTT zu einer um das Pr^{3+}-Ion und die Sauerstoffionenleerstellen laufenden e'-Bahn kommen. In ähnlicher Weise wird durch den Einbau von z. B. Ta_2O_5

$$Ta_2O_5 \rightleftharpoons 2\,Ta|Ce|^{\cdot} + 2e' + 2\,CeO_2 + \tfrac{1}{2}O_2\,(\text{gas}) \qquad (3.395\text{a})$$

und

$$Ta_2O_5 + |O|^{\cdot\cdot} \rightleftharpoons 2\,Ta|Ce|^{\cdot} + 2\,CeO_2 \qquad (3.395\text{b})$$

bei niedrigen Temperaturen ein Einfangen der Leitungselektronen durch die auf Ce-Gitterplatz befindlichen 5wertigen Ta-Ionen $Ta|Ce|^{\cdot}$ erfolgen, wodurch im Sinne von WEYL die für die Blaufärbung verantwortlichen Farbzentren $Ta|Ce|^{\times}$ entstehen.

Interessant ist die gegenseitige „Auslöschung" der Farbzentren beim Zusatz von 3- und 5wertigen Kationen, z. B. in Form von Ta_2O_5 und Pr_2O_3 in annähernd gleichen Mengen, was sich durch eine deutliche Aufhellung der intensiven dunklen Färbung der Wirtsgitter bemerkbar macht (Tab. 3.20).

Tabelle 3.20

Farbänderung des Wirtsoxidgitters durch Zusätze anderswertiger Fremdoxide nach Weyl

Wirtsgitter	Fremdoxid in Mol-%	Farbe	Ionen- und Elektronenfehlordnungsstellen
ThO_2	—	weiß	
	$2\,Pr_2O_3$	braun	$\|O\|^{\cdot\cdot}$, $\|O\|^{\cdot}$, e', $Pr\|Th\|^{\times}$
	$2\,Ta_2O_5$	blau	$Ta\|Th\|^{\cdot}$, e'
	$2\,Ta_2O_5 + 2\,Pr_2O_3$	schwach braun	$Ta\|Th\|^{\cdot}$, $Pr\|Th\|'$
CeO_2	—	blaß gelb	
	$1\,WO_3$	rotbraun	$W\|Ce\|^{\cdot\cdot}$, e'
	$1\,Al_2O_3$	tief gelb	$\|O\|^{\cdot\cdot}$, $\|O\|^{\cdot}$, e', $Al\|Ce\|'$
	$1\,WO_3 + 2\,Nd_2O_3$	schwach braun	$W\|Ce\|^{\cdot\cdot}$, $Nd\|Ce\|'$
ZrO_2	—	weiß	
	$2\,Ta_2O_5$	bläulich	$Ta\|Zr\|^{\cdot}$, e'
	$2\,Pr_2O_3$	tief braun	$\|O\|^{\cdot\cdot}$, $\|O\|^{\cdot}$, e', $Pr\|Zr\|^{\times}$
	$2\,V_2O_5$	blau	$V\|Zr\|^{\cdot}$, e'
	$2\,Ta_2O_5 + 2\,Pr_2O_3$	schwach braun	$Ta\|Zr\|^{\cdot}$, $Pr\|Zr\|'$

Wie man bereits aus der kurzen Darstellung erkennt, erschließt die Verwendung der Fehlordnungstheorie zur Deutung der Änderung der Farbe eines Oxids oder auch eines komplizierter gebauten keramischen Körpers ein neues reizvolles Gebiet, was beispielsweise für die Reproduzierbarkeit eines bestimmten Farbtons eines keramischen Körpers und seine Güte von Bedeutung sein dürfte. Allerdings befinden wir uns auch hier erst am Anfang einer neuen interessanten Forschungsrichtung.

3.18 Thermokräfte an nichtstöchiometrisch zusammengesetzten halbleitenden Kristallen

Die Berechnung der Thermokräfte in Halbleitern ist für die Kombination zweier gleicher Halbleiter mit für beide Schenkel verschiedenem, aber konstantem Störstellengehalt schon 1909 von BAEDEKER[1] befriedigend durchgeführt und auf etwas andere Art 1933 von WAGNER[2] bestätigt worden. Es fallen in dieser Anordnung zwei Komplikationen fort, die die Berechnung der Thermokraft Halbleiter–Metall erschweren. Erstens kann man hier ein kinematisches Glied vernachlässigen, das im Temperaturgefälle des Halbleiters auftritt und vom Gang der freien Weglänge mit der Geschwindigkeit der Elektronen bzw. Defektelektronen abhängt. Denn dieses Glied ist in beiden Schenkeln der Halbleiter–Halbleiter-Kombination angenähert entgegengesetzt gleich. Zweitens spielt bei der Kombination Halbleiter–Metall für die an der kalten und warmen „Lötstelle“ auftretenden Potentialsprünge das Gleichgewicht zwischen den der BOLTZMANN-Statistik gehorchenden Halbleiterelektronen und den FERMI-Elektronen des Metalls eine ausschlaggebende Rolle. Es tritt dann im Gegensatz zu einer „Lötstelle“ Halbleiter–Halbleiter die Differenz der Entropiekonstanten im Halbleiter und im Metall in Erscheinung und damit, da die Entropiekonstante der Metallelektronen praktisch gleich Null ist, die absolute Entropiekonstante der Halbleiterelektronen. Diese enthält ebenso wie die mit ihr nahe verwandte ideale Gaskonstante des Elektronen- bzw. Defektelektronengases das PLANCKsche Wirkungsquantum und die effektive Gitterelektronenmasse der betrachteten Elektronenart.

In der heute vorliegenden Literatur finden sich verschiedene Ansätze, die Thermokraft Halbleiter–Metall in Analogie zu den recht befriedigend unter Berücksichtigung der FERMI-Statistik ausgeführten Rechnungen für das Metall–Metall-Thermoelement[3] zu berechnen.[4–6] Hierbei ist weniger die Energiemethode zugrunde gelegt worden, bei der vom thermischen Gleichgewicht abweichende Zustände ja nur unter erheblichen gedanklichen Umschaltungen erfaßt werden, als die wellenmechanisch korrigierte quasi-korpuskulare Elektronenvorstellung, die auch der sonst z.B. von HAUFFE und Mitarbeitern[7] angewandten μ-Methode für Halbleiter zugrunde liegt, in der die Elektronen in Halbleitern als ideales Gas bzw. FERMI-Gas behandelt werden. Am allgemeinsten scheint in dieser

---

[1] BAEDEKER, K.: Ann. Phys. [4] **29**, 566 (1909).

[2] WAGNER, C.: Z. phys. Chem. (B) **22**, 195 (1933).

[3] BETHE, H., u. A. SOMMERFELD: Elektronentheorie der Metalle. Hdb. Physik 2. Aufl. **24**, Teil 2, S. 366ff. u. 574ff. — Vgl. auch J. E. VERSCHAFFELT: Bull. Acad. Roy. Belgique Cl. Sci. **38**, 512 (1952).

[4] SEITZ, F.: The Modern Theory of Solids. New York 1940. — H. K. HENISCH: Electr. Comm. **25**, 163 (1948).

[5] MÖNCH, G.: Z. Phys. **36**, 755 (1935); Ann. Phys. [5] **34**, 265 (1939).

[6] HOGARTH, C. A.: Nature [London] **161**, 60 (1948); Phil. Mag. (7) **9**, 260 (1948). — C. A. HOGARTH u. J. P. ANDREWS: Phil. Mag. (7) **11**, 272 (1949).

[7] Vgl. u. a. K. HAUFFE: Ergebn. exakt. Naturwiss. **25**, 226ff, 251ff. (1951).

Beziehung die Ableitung von HOGARTH[1] zu sein. Wir beschränken uns im folgenden auf die Ableitung der von BAEDEKER für die Kombination Halbleiter–Halbleiter (Differentialthermokette) angegebenen Beziehung nach WAGNER[2] und bemerken zu der von SEITZ[3] und von HOGARTH[1] [unsere Gl. (3.403)] angegebenen Beziehung nur, daß hier für $T \to 0\,°K$ ein unendliches Anwachsen der Thermokraft gefordert wird. Über die gegenteilige Auffassung von BUSCH[4] wurde bereits an anderer Stelle berichtet.[5]

Durch unmittelbare Übernahme der Gl. (3.167) für elektronenleitende Kristalle aus Kap. 3.112 kommt man unter Annahme der Konzentrationsunabhängigkeit der Überführungswärmen zu folgendem einfachen Ausdruck für eine einfache Differentialthermokette:

$$\begin{matrix} \text{Metall} & | & \text{Halbleiter} & | & \text{Halbleiter} & | & \text{Metall} \\ & T_1 & \text{I} & T_2 & \text{II} & T_1 & \end{matrix}$$

$$\frac{dE}{dT} = \frac{1}{F}\left(s_-^{\text{II}} - s_-^{\text{I}}\right). \tag{3.396}$$

Aus der klassischen Statistik ergibt sich für die Entropie s_- als Funktion der Konzentration z. B. der Leitungselektronen x_- im Falle eines Elektronenüberschußleiters, d. h. im Falle eines Oxids mit Metallüberschuß bzw. Nichtmetallunterschuß, die Beziehung:

$$s_- = \text{const} - R \ln x_- . \tag{3.397}$$

Wenn die elektrische Leitfähigkeit $\varkappa$ proportional der Konzentration der Leitungselektronen x_- gesetzt werden kann, was im allgemeinen bei relativ kleinen Konzentrationen an Leitungselektronen und Defektelektronen statthaft ist, folgt für die Thermokraft die schon von BAEDEKER[6] benutzte Beziehung:

$$\left(\frac{dE}{dT}\right)_{\text{Überschußleiter}} = -\frac{R}{F} \ln \frac{x_-^{\text{II}}}{x_-^{\text{I}}} \tag{3.398}$$

$$= -\frac{R}{F} \ln \frac{\varkappa^{\text{II}}}{\varkappa^{\text{I}}}. \tag{3.399}$$

Hierbei beziehen sich die Indices I und II auf die — bei kleinen Temperaturdifferenzen einheitliche — Konzentration der Elektronen in den beiden Halbleiterschenkeln.

Im Falle elektronendefektleitender Halbleiter gilt für die partielle Entropie der Defektelektronen s_+ ein Ausdruck, der nach WAGNER

---

[1] HOGARTH, C. A.: Phil. Mag. (7) **9**, 260 (1948). — Für amphotere Halbleiter (Ge) wurde von V. A. JOHNSON u. K. LARK-HOROVITZ: Phys. Rev. **92**, 226 (1953) eine allgemein gültige Theorie entwickelt.

[2] WAGNER, C.: Z. phys. Chem. (B) **22**, 195 (1933).

[3] SEITZ, F.: The Modern Theory of Solids. New York 1940. — H. K. HENISCH: Electr. Comm. **25**, 163 (1948).

[4] BUSCH, G.: Z. angew. Math. Phys. [Schweiz] **1**, 3, 81 (1950).

[5] Vgl. K. HAUFFE: Ergebn. exakt. Naturwiss. **25**, 226ff, 251ff. (1951).

[6] BAEDEKER, K.: Ann. Phys. [4] **29**, 566 (1909).

im wesentlichen aus dem Unordnungsanteil der Entropie besteht

$$s_+ = \text{const}\, R \ln \frac{N_+}{N_g} - R \ln \frac{N_g - N_+}{N_g}. \tag{3.400}$$

Da aber die Zahl der Elektronendefektstellen N_+ klein ist gegen die der Elektronen auf Gitterplätzen N_g, also $N_g - N_+ \approx N_g$, kann das letzte Glied in (3.400) vernachlässigt werden. Hieraus folgt dann, wenn man an Stelle von N_+/N_g die Gitterkonzentration nach SCHOTTKY x_+ einführt,

$$\left(\frac{dE}{dT}\right)_{\text{Defektleiter}} = \frac{R}{F} \ln \frac{x_+^{\text{II}}}{x_+^{\text{I}}} \tag{3.401}$$

$$= \frac{R}{F} \ln \frac{\varkappa^{\text{II}}}{\varkappa^{\text{I}}}. \tag{3.402}$$

Man erkennt, daß das Vorzeichen der Thermokraft als Kriterium zur Entscheidung zwischen Überschuß- und Defektleitung und dadurch im allgemeinen auch zwischen Kristallen mit Metallüberschuß und Metallunterschuß angesehen werden kann. Bei Überschußleitung fließen an der heißen Lötstelle Elektronen von höherer zu niederer Konzentration, also vom gutleitenden zum schlechtleitenden Halbleiterstück. Im Falle einer Defektleitung ergibt sich aus dem umgekehrten Vorzeichen der Thermokraft, daß an der heißen Lötstelle ebenfalls Elektronen von höherer zu niederer Konzentration fließen, d. h. also, von Stellen niederer Defektelektronenkonzentration zu Stellen höherer Konzentration, also vom schlechtleitenden zum gutleitenden Halbleiterstück. Eine neue Abhandlung zur Theorie des thermoelektrischen Effektes in Halbleitern mit einer kritischen Betrachtung anderer Darstellungen wurde von MADELUNG gegeben.[1]

Unter Verwendung der im Sinne von WILSON[2] durchgeführten quasikorpuskularen Halbleiterbetrachtung kommt HOGARTH[3], wie schon erwähnt, zu einem allgemeinen Ausdruck für die Thermokraft, der vereinfacht folgendermaßen lautet:

$$\frac{dE}{dT} = -\frac{R}{F} \ln \frac{(\pi/2)^{1/2}\,(kT)^{3/2}}{x_-} C + B. \tag{3.403}$$

C und B bedeuten hier Konstanten. Setzt man im speziellen für Elektronenüberschußleiter:

$$x_- = \text{const}\, p_{O_2}^{-1/n}, \tag{3.404}$$

dann folgt aus (3.403) der Ausdruck für die Abhängigkeit der Thermokraft vom Sauerstoffpartialdruck im Fall eines Elektronenüberschußleiters sowohl für eine Differentialkette, in der der Störstellengehalt eines Schenkels konstant gehalten wird, wie für die Metall–Halbleiter-Kette, deren absolute Thermokraft hier nicht in die Betrachtung eingeht:

$$\frac{dE}{dT} = -\frac{1}{n}\frac{R}{F} \ln p_{O_2} - \text{const}^*. \tag{3.405}$$

[1] MADELUNG, O.: Z. Naturforsch. **13a**, 22 (1958).
[2] WILSON, A. R.: Semi-Conductors and Metals, Cambridge 1939; Proc. Roy. Soc. [London] (A) **133**, 458 (1931); **134**, 277; **136**, 487 (1933).
[3] HOGARTH, C. A.: Phil. Mag. (7) **9**, 260 (1948). — Vgl. besonders V. A. JOHNSON u. K. LARK-HOROVITZ: Phys. Rev. **92**, 226 (1953).

In dem Ausdruck const* sind bei quasi-isothermer Betrachtung C, B und $A = (\pi/2)^{1/2} (kT)^{3/2} C$ und die Massenwirkungskonstante praktisch konstant.

In analoger Weise ergibt sich für einen Elektronendefektleiter die Abhängigkeit der Thermokraft vom Sauerstoffpartialdruck zu

$$\frac{dE}{dT} = + \frac{1}{n} \frac{R}{F} \ln p_{O_2} + \text{const*}. \tag{3.406}$$

Für const* gilt das oben Erwähnte.

Zur Auswertung von Thermokraftmessungen an mit Li_2O oder Ga_2O_3 dotierten NiO-Proben verwandte SCHLOSSER[1] die von HOWARTH und SONDHEIMER[2] abgeleiteten Formeln, in denen sowohl der in polaren Halbleitern maßgebliche Streuprozeß der Ladungsträger an optischen Schwingungen des Gitters als auch eine mögliche Entartung des Ladungsträgergases berücksichtigt ist. In diesen Formeln tritt neben der reduzierten DEBYE-Temperatur T/Θ der sog. Entartungsparameter auf:

$$\Psi = -(E_F - E_V)/kT$$

mit $E_F - E_V$ = Abstand des FERMI-Potentials von der Valenzbandkante.

Zu ähnlichen Beziehungen für die Thermokraft gelangen auch JONKER und VAN HOUTEN[3], die Thermokraft und FERMI-Potential in folgender Weise verknüpfen:

$$\frac{dE}{dT} = \frac{k}{e} (E_F/kT + a), \tag{3.407}$$

wo a eine Konstante ist, die den Transport von kinetischer Energie berücksichtigt und im allgemeinen zwischen 0 und 1 liegt.

Substituiert man in Gl. (3.407) das FERMI-Potential durch den aus der Halbleiterstatistik folgenden Ausdruck:

$$E_F = \tfrac{1}{2} E_D + \tfrac{1}{2} kT \ln(N_0'/N_D) \tag{3.408a}$$

oder

$$E_F = kT \ln(N_0'/N_D - 1), \tag{3.408b}$$

so erhält man unter Verwendung von Gl. (3.408b):

$$\frac{dE}{dT} = \frac{k}{e} [\ln(N_0'/N_D - 1) + a]. \tag{3.409}$$

Bei genügend hohen Temperaturen, wenn alle Donatoren ihr Elektron abgegeben haben, gilt $N_D = n_-$. Ferner ist $N_0' = N_0 - 2N_D$ mit N_0 der Zahl der Metallionen pro cm^3, die sich auf Gitterplätzen befinden.

In Abb. 3.146 ist ein schematischer Überblick über den Verlauf der Thermokraft als Funktion der Elektronen- und Defektelektronenkonzentration n_- und n_+ einer größeren Zahl von Halbleitern gegeben. Es konnte gezeigt werden[3], daß die theoretische Neigung dieser Geraden

---

[1] SCHLOSSER, E. G.: Z. Elektrochem. Ber. Bunsenges. phys. Chem. **65**, 453 (1961).

[2] HOWARTH, D. J., u. E. M. SONDHEIMER: Proc. Roy. Soc. (London) **219**, 53 (1953).

[3] JONKER, G. H., u. S. VAN HOUTEN: Halbleiterprobleme **6**, 118. Braunschweig 1961.

198 μV/°C pro Zehnerpotenz Ladungsträgerkonzentration beträgt. Unter diesen Bedingungen ist die Energie des Donators- bzw. Akzeptorniveaus, E_D bzw. E_A, sehr klein und kann daher vernachlässigt werden. Die bedeutendste Tatsache ist, daß die Ge-Typ-Halbleiter CdS[1], CdTe[2] und

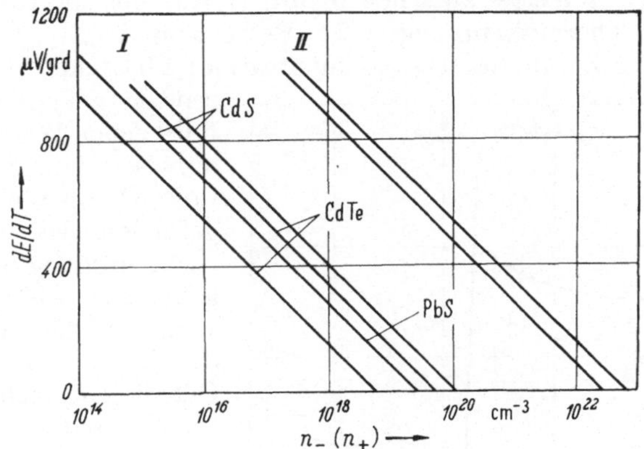

Abb. 3.146
Schematischer Überblick über den Verlauf der Thermokraft einiger Halbleiter in Abhängigkeit von der Konzentration der Elektronen bzw. Defektelektronen, extrapoliert bis zum Schnittpunkt mit der Abszisse nach JONKER und VAN HOUTEN. Gruppe I besteht aus Ge-Typ-Halbleiter CdS, PbS und CdTe und die Gruppe II aus NiO, $CoFe_2O_4$, Fe_2O_3, TiO_2 und $LaFeO_3$.

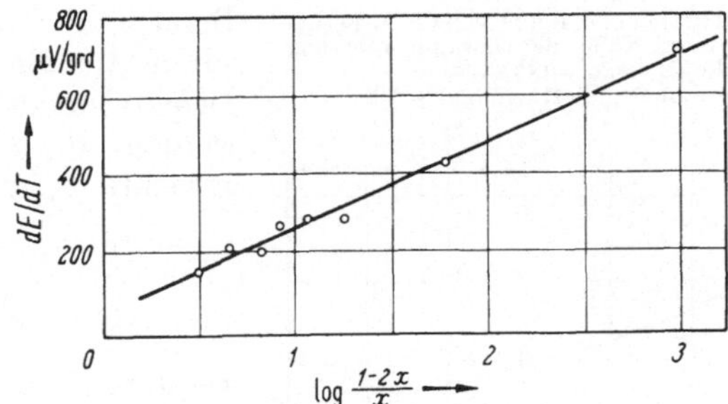

Abb. 3.147. Thermokraft von $Li_xNi_{1-x}O$ als Funktion der Li-Konzentration nach VAN HOUTEN.

PbS[3] und die Übergangsmetalloxide zwei getrennte Gruppen von Kurven bilden (Abb. 3.146). Für die erste Gruppe ergab sich $N_0 = 2{,}5 \cdot 10^{19}$ cm^{-3}, ferner $m^* = m/m_0 \approx 0{,}1$ und $a \approx 2$.

Für die zweite Gruppe in Abb. 3.146, die Oxide der Übergangsmetalle, wie z. B. NiO[4], $CoFe_2O_4$[5], Fe_2O_3, TiO_2 und $LaFeO_3$[6] wurden

---

[1] KRÖGER, F. A., H. J. VINK u. J. VOLGER: Physica **20**, 1095 (1954).
[2] NOBEL, D. DE: Philips Res. Rep. **14**, 361 (1959).
[3] BLOEM, J.: Philips Res. Rep. **13**, 167 (1958).
[4] HOUTEN, S. VAN: J. Phys. Chem. Solids **17**, 7 (1960).
[5] JONKER, G. H.: J. Phys. Chem. Solids **9**, 165 (1959).
[6] JONKER, G. H.: mitgeteilt als unveröffentlichte Versuchsergebnisse in Fußnote 3 auf S. 270.

die Messungen bei n_-- bzw. n_+-Werten ausgeführt, die meist größer waren als die N_0-Werte der ersten Gruppe. Eine Extrapolation bis zum Schnittpunkt mit der x-Achse ergab hier einen Wert von $N_0 = 10^{22}$ cm^{-3}. Wenn man ferner den genauen Wert für N_0' in Gl. (3.409) einsetzt, so ergeben sich a-Werte zwischen 0 und 1. Aus der in Abb. 3.147 aufgetragenen Thermospannung einer Reihe von $Li_xNi_{1-x}O$-Proben als Funktion der Zusammensetzung konnte a zu 1,1 bestimmt werden. Während das n-Typ $CoFe_2O_4$ ebenfalls einen Wert von $a = 1$ aufweist, wird für das p-Typ $CoFe_2O_4$ ein Wert von $a = 6$ gefunden. Die richtige Berücksichtigung des Faktors a geht aus Abb. 3.148 hervor, wo die Abhängigkeit der Thermokraft vom Fe_3O_4-Gehalt mit richtigem Wert für a und $a = 0$ wiedergegeben ist.

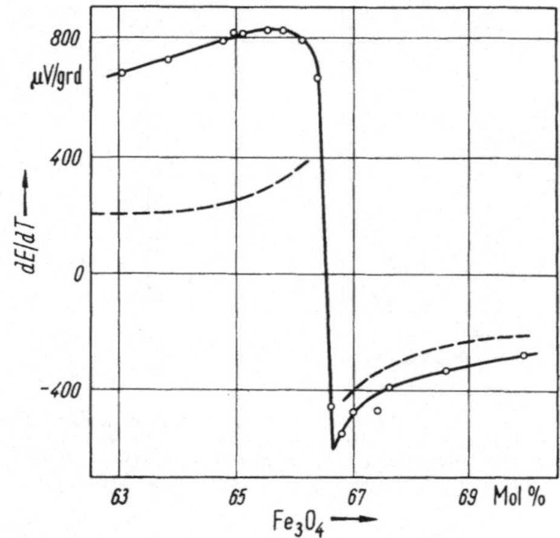

Abb. 3.148. Thermokraft einer Reihe von Co_3O_4-Fe_3O_4-Mischkristallen in der Nähe der Zusammensetzung $CoFe_2O_4$ nach JONKER. (— — — berechnete Werte mit $a = 0$.)

Entsprechend Gl. (3.409) ist die Thermokraft dE/dT in einem großen Temperaturbereich konstant. Im Bereich niedriger Temperaturen, wo Elektronen bzw. Defektelektronen getrappt werden, d. h. die Gleichgewichte

$$D^+ + e' \rightleftharpoons D^\times$$

$$A^- + |e|^\bullet \rightleftharpoons A^\times$$

weitgehend nach rechts verschoben sind, tritt an Stelle von Gl. (3.409):

$$\frac{dE}{dT} = \frac{k}{e}\left\{\frac{1}{2}\ln\frac{N_0'}{N_D} + \frac{1}{2}\frac{E_D}{kT} + a\right\}. \qquad (3.410)$$

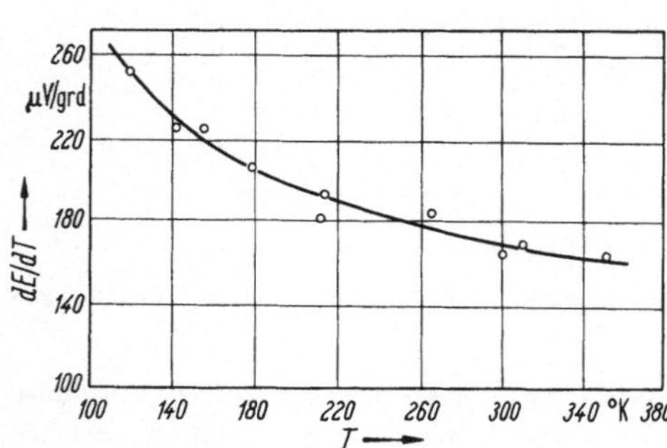

Abb. 3.149. Thermokraft von (Ni, Fe)Fe_2O_4 als Funktion der Temperatur nach MORIN und GEBALLE.

Hier kann aus der Neigung der Kurve von dE/dT als Funktion von $1/T$ entweder E_D oder im Falle eines p-Typ-Halbleiters E_A ermittelt werden. Derartige Messungen wurden bisher nur am NiO und am (Ni, Fe)Fe_2O_4[1] durchgeführt. Abb. 3.149 zeigt Meßergebnisse am Spinell (Ni, Fe)Fe_2O_4.

[1] MORIN, F. J., u. T. H. GEBALLE: Phys. Rev. **99**, 467 (1955).

Für die Thermokraft eines Halbleiters im Gebiet gemischter Leitung wurde von MADELUNG die folgende Beziehung entwickelt[1]:

$$e\,T\,dE/dT = \frac{\varkappa_-}{\varkappa}\left(\frac{1}{2}\Delta E - \Delta E_F + H_-\right) - \frac{\varkappa_+}{\varkappa}\left(\frac{1}{2}\Delta E + \Delta E_F + H_+\right). \tag{3.411}$$

H_- und H_+ sind die Überführungswärmen der Elektronen und Defektelektronen, und ΔE ist die Energiedifferenz zwischen den Bandkanten. Ferner ist ΔE_F der Abstand des FERMI-Potentials von der Mitte des verbotenen Bandes, $\varkappa_-$ bzw. $\varkappa_+$ die Teilleitfähigkeit der Elektronen bzw. die der Defektelektronen und $\varkappa$ die Gesamtleitfähigkeit. Schließlich kennzeichnet e die Elementarladung und T die absolute Temperatur.

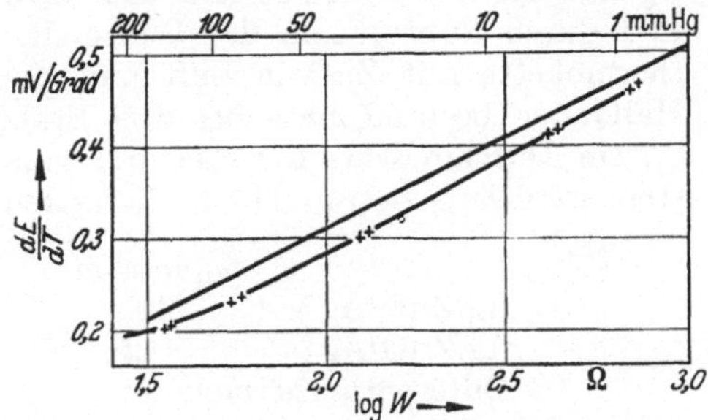

Abb. 3.150. Abhängigkeit der Thermokraft dE/dT einer CuJ-Probe vom Jodpartialdruck nach NAGEL und WAGNER. (Heißere Lötstelle: 200°C; kältere Lötstelle: 180 °C; W = Widerstand in Ohm.)

Für die Thermokräfte in den Extrema $(dE/dT)_{\text{extr}}$ nahe der stöchiometrischen Zusammensetzung wurde von russischen Autoren die folgende Beziehung abgeleitet[2]:

$$\frac{e}{k}(dE/dT)_{\text{extr}} = F(\Delta E/kT, r) + \frac{3}{4}\ln\frac{m_+^*}{m_-^*} + \frac{1}{2}\ln\frac{u_+}{u_-}, \tag{3.412}$$

wo m_+^*/m_-^* das Verhältnis der effektiven Massen ist. $F(\Delta E/kT, r)$ ist die Lösung des FERMI-Integrals und lautet:

$$F(\Delta E/kT, r) = \frac{\beta}{4} - \frac{1}{2}\ln\beta\,\frac{1}{2\beta}$$

mit

$$\beta = 2\left(\frac{\Delta E}{kT} + 3 + 2r\right).$$

r ist der Streuexponent der freien Weglänge für den Energietransport. Für Streuung an Phononen bzw. an Fremdionen wird r annähernd 0,5 bzw. 1,5.

Alle hier abgehandelten Beziehungen lassen sich ineinander überführen und haben je nach Fragestellung ihren Nutzen.

Über die Abhängigkeit der Thermokraft eines elektronenleitenden Ionenkristalls vom Nichtmetallpartialdruck existieren nur wenige experimentelle Untersuchungen. So wurde z. B. von NAGEL und WAGNER[3] die Thermospannung der Kette Pt/CuJ/Pt bei verschiedenen Joddampfdrucken gemessen. Der Verlauf der Thermokraft des CuJ mit dem Jodpartialdruck ist in Abb. 3.150 dargestellt und deutet auf Elektronen-

[1] MADELUNG, O.: Z. Naturforsch. **9a**, 667 (1954). — Vgl. auch K. WEISS, P. FIELDING u. F. A. KRÖGER: Z. phys. Chem. (NF) **26**, 145 (1960).
[2] AIRAPETIANTS, S. V., u. B. A. EFIMOVA: Sov. Techn. Phys. **3**, 1632 (1958).
[3] NAGEL, K., u. C. WAGNER: Z. phys. Chem. (B) **25**, 71 (1934).

defektleitung hin. Zwecks Aufrechterhaltung eines konstanten Temperaturgefälles von etwa 20 °C betrug die aus einem Blech durchjodierte CuJ-Folie etwa 15 cm. (Über Einzelheiten solcher Messungen s. Kap. 3.21.) In gleicher Weise konnte von BAUMBACH und WAGNER[1] aus der Thermokraft der Kette Ag/ZnO/Ag zwischen 550 und 650 °C in Abhängigkeit vom Sauerstoffdruck eine Elektronenüberschußleitung im ZnO nechgewiesen werden. Zu diesem Zweck wurde die Thermokraft der Kette Ag/ZnO/Ag zwischen 550 und 650 °C in Luft und Sauerstoff gemessen und durch Subtraktion der Werte die Thermokraft der Differentialthermokette mit ZnO in Luft und ZnO in Sauerstoff erhalten.[2] Der Halbleiter bestand hier aus drei Stäbchen von je 4 cm Länge und 0,7 cm Durchmesser. Der Abstand zwischen den beiden Verbindungsstellen Ag-ZnO betrug 11 cm. Gefunden wurden folgende Werte:

	p_{O_2} in atm	dE/dT Volt $grad^{-1}$
Ag/ZnO/Ag	1	$8{,}61 \cdot 10^{-4}$
Ag/ZnO/Ag	0,21	$8{,}39 \cdot 10^{-4}$
Differentialthermokette		$0{,}22 \cdot 10^{-4}$.

An der heißen Lötstelle fließen die Elektronen vom Silber zum Zinkoxid, also in der Differentialkette an der heißen Lötstelle von ZnO in Luft zum ZnO in Sauerstoff, also vom gutleitenden zum schlechtleitenden ZnO. Dieses Vorzeichen der Thermokraft bestätigt die aus den Leitfähigkeitsmessungen gefundene Elektronenüberschußleitung und stützt damit das Fehlordnungsmodell.

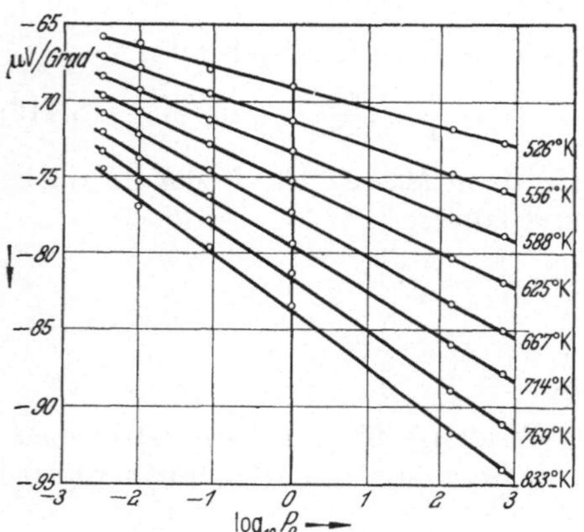

Abb. 3.151. Abhängigkeit der Thermokraft dE/dT einer CdO-Probe vom Sauerstoffpartialdruck bei verschiedenen Temperaturen nach HOGARTH und ANDREWS.

HOGARTH und ANDREWS[2] untersuchten die Thermokraft von CdO in Abhängigkeit vom Sauerstoffpartialdruck zwischen 526 und 833 °K (Abb. 3.151). Gemäß (3.405) liegen die Meßpunkte beim Auftragen von dE/dT gegen $\log p_{O_2}$ auf einer Geraden. Desgleichen ergibt sich ebenfalls ein linearer Verlauf, wenn man die Thermokraft dE/dT gegen $1/T$ aufträgt (Abb. 3.152). Der Temperaturverlauf der Thermokraft läßt sich durch die folgende einfache Beziehung wiedergeben:

$$\frac{dE}{dT} = -a + \frac{b}{T},$$

[1] BAUMBACH, H. H. v., u. C. WAGNER: Z. phys. Chem. (B) **22**, 199 (1933).
[2] HOGARTH, C. A.: Nature [London] **161**, 60 (1948); Phil. Mag. (7) **9**, 260 (1948). — C. A. HOGARTH u. J. P. ANDREWS: Phil. Mag. (7) **11**, 272 (1949).

wo die Konstanten a und b Funktionen des Sauerstoffdrucks sind. Die von ANDREWS[1] angegebene Formel zur Berechnung der Thermokraft für CdO: $E = -0{,}154\,T + 34{,}3 \log T - 150$ ist zur Auswertung wohl nützlich, aber wäre theoretisch noch zu fundieren, damit sie auch u. a. die von FOWLER[2] theoretisch vorausgesagte Inversionstemperatur von dE/dT richtig wiedergibt.

DÜNWALD und WAGNER[3] bestimmten aus thermoelektrischen Untersuchungen zwischen 900 und 1000 °C an der folgenden Differentialthermokette:

$$\begin{array}{ccccccccc} \mathrm{Pt} & | & \mathrm{Cu_2O} & | & \mathrm{Pt} & | & \mathrm{Cu_2O} & | & \mathrm{Pt} \\ & 900^\circ & & 1000^\circ & & 1000^\circ & & 900\,^\circ\mathrm{C} & \\ & p_{O_2} = 1 & & & & p_{O_2} = 10^{-2} & & \mathrm{Torr} & \end{array}$$

den Absolutwert der Thermokraft zu $(2{,}96 \pm 0{,}05) \cdot 10^{-5}$ Volt grad^{-1}. Bei Kurzschluß der Kette fließen die Elektronen an der heißen Lötstelle vom Cu_2O mit geringer zum Cu_2O mit großer Leitfähigkeit, wie für Elektronendefektleitung erwartet werden muß.[4] In Erweiterung der Untersuchung der Thermokraft von Cu_2O wurde die Temperaturabhängigkeit zwischen -80 °C und 500 °C von SCHWEICKERT[5], ROHDE[6] und MÖNCH[7] untersucht und hier auf gewisse Anomalien bei niedrigen

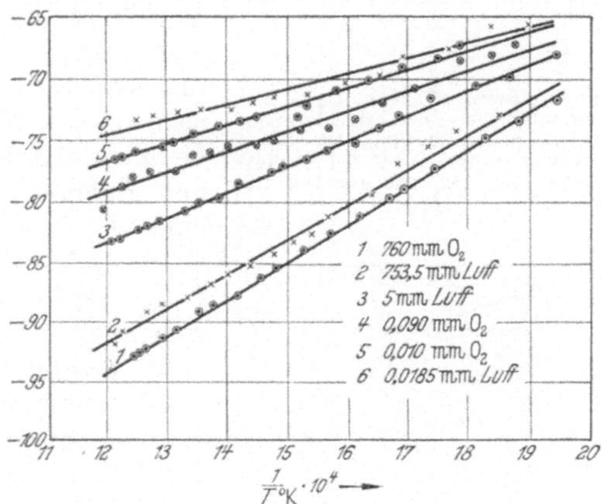

Abb. 3.152. Temperaturabhängigkeit der Thermokraft dE/dT einer CdO-Probe bei verschiedenen Sauerstoffpartialdrucken nach HOGARTH und ANDREWS.

Temperaturen hingewiesen. Die aus den Leitfähigkeitsdaten nach (3.402) errechnete Thermokraft ergibt im Temperaturbereich zwischen 900 und 1000 °C einen Wert von $3{,}58 \cdot 10^{-5}$ Volt grad^{-1} in guter Übereinstimmung mit dem WAGNERschen Befund.

---

[1] ANDREWS, J. P.: Proc. phys. Soc. **59**, 990 (1947).
[2] FOWLER, R. H.: Statistical Mechanics. Oxford 1939.
[3] DÜNWALD, H., u. C. WAGNER: Z. phys. Chem. (B) **17**, 467 (1932).
[4] VOGT, W.: Ann. Phys. [5] **7**, 183 (1930).
[5] SCHWEICKERT, R.: Ann. Phys. [5] **34**, 250 (1939).
[6] ROHDE, W.: Ann. Phys. [5] **34**, 259 (1939).
[7] MÖNCH, G.: Ann. Phys. [5] **34**, 265 (1939).

Im Zusammenhang mit der Reproduzierbarkeit der Fehlordnung im Kupferoxidul wurden von GREENWOOD und ANDERSON[1] zusätzliche Untersuchungen über den Temperaturverlauf der Thermokraft durchgeführt. Wie das Ergebnis zeigt, wird unterhalb 500 °C die Thermokraft temperaturunabhängig.

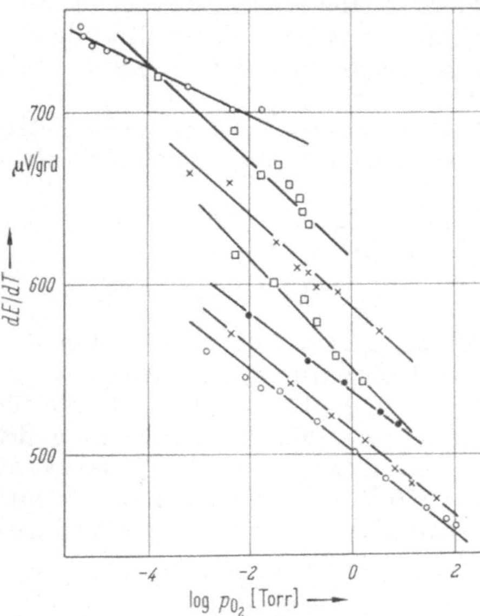

Abb. 3.153. Thermokraft dE/dT von Cu_2O als Funktion des Sauerstoffdruckes bei verschiedenen Temperaturen nach ZIRIN und TRIVICH. (Die Temperaturen der Kurven A (unterste) bis G (oberste) sind: 1028, 1020, 950, 883, 857, 760 und 756 °C; p_{O_2} ist in Torr angegeben.)

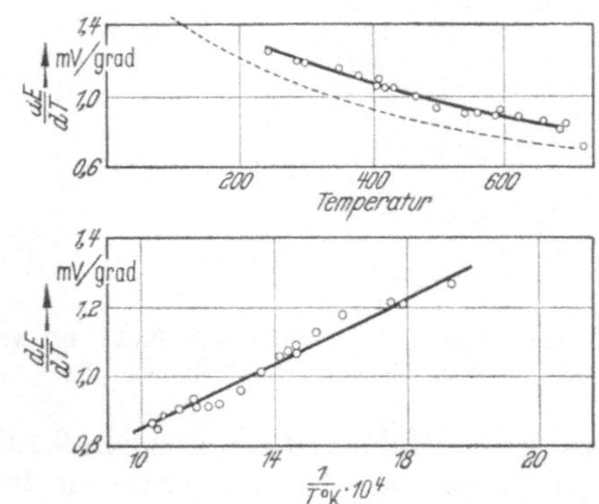

Abb. 3.154. Temperaturabhängigkeit der Thermokraft von Wismutoxid (Bi_2O_3) nach MANSFIELD.

An Cu_2O-Einkristallen wurde kürzlich von ZIRIN und TRIVICH[2] über Messungen der Thermokraft zwischen 500 und 1300 °C im Sauerstoffdruckbereich zwischen $2 \cdot 10^{-6}$ und 160 Torr berichtet. Sämtliche Werte der Thermokraft wiesen ohne Ausnahme auf eine p-Leitung hin. In Abb. 3.153 sind einige Meßergebnisse dargestellt. Wenn man ferner dE/dT gegen $1/T$ bei verschiedenen Sauerstoffdrucken aufträgt, so ergibt sich aus den Neigungen dieser Geraden ΔE zu 0,75 eV, das als Energie zur Schaffung einer Cu-Ionenleerstelle und eines Defektelektrons angesehen werden kann. Der entsprechende Wert von SCHILLING[3] beträgt 0,85 eV.

MANSFIELD[4] untersuchte die Temperaturabhängigkeit der Thermokraft von Bi_2O_3 (Abb. 3.154).

MARTIN[5] führte Thermokraftmessungen am Praseodymoxid in Luft zwischen 200 und 1100 °C an der folgenden Kombination: Chromnickel | $PrO_{1,83}$ | Chromnickel durch (Abb. 3.155). Wie man

[1] GREENWOOD, N. N., u. J. S. ANDERSON: Nature [London] **164**, **346** (**1939**). — Vgl. auch B. M. HOCHBERG u. S. KOASCHA: J. exp. theor. Phys. UdSSR **5**, **41** (1935).
[2] ZIRIN, M. H., u. D. TRIVICH: J. chem. Phys. **39**, 870 (1963).
[3] SCHILLING, H.: Ann. Phys. [6] **16**, 84 (1955).
[4] MANSFIELD, R.: Proc. phys. Soc. (B) **62**, 476 (1949).
[5] MARTIN, R. L.: Nature [London] **165**, 202 (1950).

aus dem Temperaturverlauf der Thermokraft erkennt, wird der Stromtransport oberhalb 780 °C überwiegend von Defektelektronen und unterhalb 780 °C überwiegend durch Leitungselektronen besorgt. Dieser Temperaturpunkt der Leitungsinversion hängt selbstverständlich von der „Vorgeschichte" des Oxids und dem Sauerstoffpartialdruck der umgebenden Atmosphäre ab. Die elektrischen Messungen sind im Einklang mit dem Aufbau der Praseodymoxide, wie er sich aus röntgenographischen Untersuchungen und tensiometrischen Messungen von ZINTL und MORAWIETZ[1] sowie PAULING[2] ergibt. Das Ergebnis kann man durch das folgende Schema darstellen:

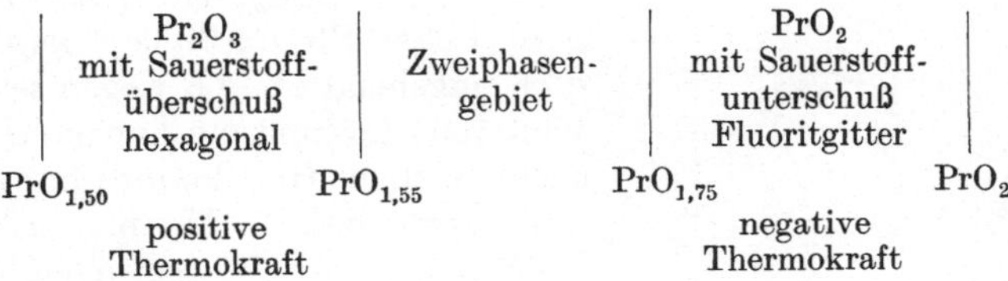

In gleicher Weise untersuchten von BAUMBACH und WAGNER[3] die Abhängigkeit der Thermokraft des NiO vom Sauerstoffpartialdruck in der gleichen Kombination wie beim Cu_2O. Es ließ sich auch hier die bereits aus der Sauerstoffdruckabhängigkeit der Leitfähigkeit geschlossene Elektronendefektleitung bestätigen. Von WRIGHT und ANDREWS[4] an der Kombination Pt/NiO/Pt durchgeführte Thermokraft-Messungen bestätigen das $1/T$-Gesetz. Die sich aus den Neigungen der Geraden ergebenden Aktivierungsenergien von 1,67 bis 1,94 eV stimmen mit den aus Leitfähigkeitsmessungen erhaltenen befriedigend überein.

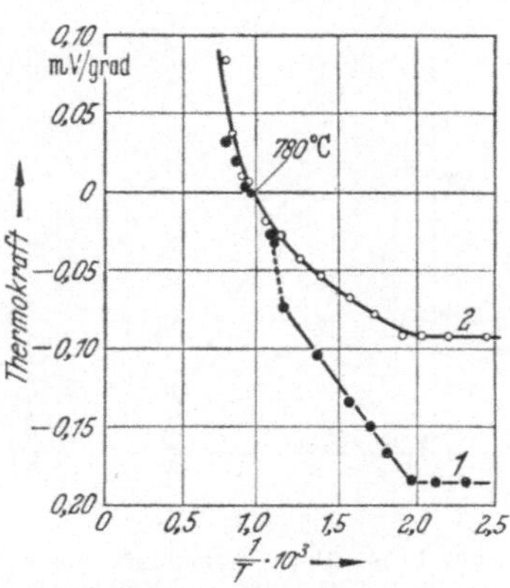

Abb. 3.155. Temperaturabhängigkeit der Thermokraft von Praseodymoxid (Pr_2O_3) zwischen 200 und 1100 °C nach MARTIN. Unterhalb 780 °C herrscht eine überwiegende n-Leitung und oberhalb 780 °C eine überwiegende p-Leitung. Wie man ferner sieht, spielt unterhalb 750 °C die Vorbehandlung der Meßprobe auf den Verlauf der Thermokraft eine entscheidende Rolle (Probe 1 und 2).

HENISCH[5] berichtet über thermoelektrische Messungen am blauen TiO_2 (mit H_2 anreduziertes TiO_2). Die zur Messung vorliegenden TiO_2-Sinterkörper, die nach einer Anheizperiode über 1000 °C

---

[1] ZINTL, E., u. W. MORAWIETZ: Z. anorg. allg. Chem. **245**, 26 (1940).

[2] PAULING, W.: Z. Kristallogr. **69**, 415 (1928).

[3] BAUMBACH, H. H. VON, u. C. WAGNER: Z. phys. Chem. (B) **24**, 59 (1934).

[4] WRIGHT, R. W., u. J. P. ANDREWS: Proc. phys. Soc. **62**, 446 (1949); die hier aus der Temperaturabhängigkeit von dE/dT berechnete Aktivierungsenergie von 1,67 bis 1,94 eV kann jedoch nicht korrekt sein, da hier nicht die Werte dE/dT bei konstantem p_{O_2}, sondern bei konstantem Nickeldefizit y zu verwenden sind (s. Kapitel: Temperaturabhängigkeit der elektrischen Leitfähigkeit, S. 281).

[5] HENISCH, H. K.: Electr. Comm. **25**, 163 (1948).

etwa 4 Stunden bei 1500 °C in einer Atmosphäre von 70% N_2 und 30% H_2 getempert wurden, gehörten der Rutilphase an und zeigten durch das Anreduzieren eine durch den ganzen Sinterkörper gehende Blaufärbung. Über Thermokraft-Messungen an dotiertem $LaCoO_3$ berichten GERTHSEN und HÄRDTL[1].

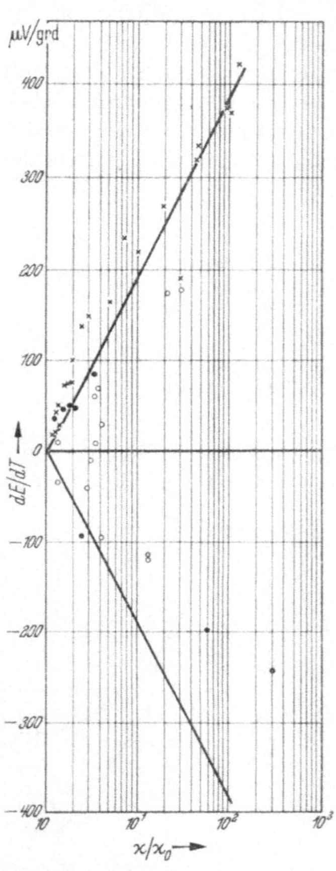

Abb. 3.156. Die Thermokraft über- und unterschwefelter PbS-Proben als Funktion des Logarithmus des Leitfähigkeitsverhältnisses $\varkappa/\varkappa^0$. (Die ausgezogenen Geraden entsprechen der WAGNERschen Beziehung

$$dE/dT = \pm \frac{R}{F} \ln \varkappa/\varkappa^0\Big).$$

(Die verschiedenen Meßpunkte ○, ● und × gehören zu verschiedenen aufgedampften PbS-Schichten.)

In gleicher Weise wie die Oxide wurden auch einige Sulfide, Selenide und Telluride auf ihre thermoelektrischen Eigenschaften untersucht, wie beispielsweise MoS_2, Bi_2S_3, Tl_2S[2], SnS[3], PbS[4-6], NiS[7], PbSe[8], PbTe[9], Bi_2Te_3[10] usw. Besonders eingehend ist PbS wegen seines amphoteren Leitungsmechanismus untersucht worden. Hier konnte HINTENBERGER[9] zeigen, daß die Thermokraft sowohl bei Blei- als auch bei Schwefelüberschuß mit steigendem Gehalt zunimmt (Abbildung 3.156).

Die Thermokraft dE/dT der Differentialthermokette wurde, wie bereits oben erwähnt, aus der Differenz der Thermokraftmessungen der Einzelsysteme Au|PbS|Au mit verschiedenem Schwefel- bzw. Bleiüberschuß errechnet. Die in Abb. 3.156 eingezeichneten Geraden ergeben sich aus den WAGNERschen Beziehungen (3.399) und (3.402). Während die Messungen von HINTENBERGER an aufgedampften und anschließend durchgeschwefelten PbS-Schichten durchgeführt wurden, konnte MORTON[11] an gepreßten pulverförmigen PbS-Körpern im Temperaturintervall zwischen −80 und 380 °C die Ergebnisse

[1] GERTHSEN, P., u. K. H. HÄRDTL: Z. Naturforsch. **17a**, 514 (1962).
[2] HOCHBERG, B. M., u. M. J. SOMINSKI: Phys. Z. UdSSR **13**, 198 (1938).
[3] ANDERSON, J. S.: Trans. Faraday Soc. **43**, 185 (1947).
[4] EISENMANN, L.: Ann. Phys. [5] **38**, 121 (1940).
[5] DEVIATKOWA, E. D., J. P. MASLAKOVEZ u. M. S. SOMINSKY: J. Phys. UdSSR **4**, 169 (1941).
[6] HINTENBERGER, H.: Z. Phys. **119**, 1 (1942).
[7] HAUFFE, K., u. H. G. FLINT: Z. phys. Chem. **200**, 199 (1952).
[8] BAUER, K.: Ann. Phys. [5] **38**, 84 (1940).
[9] WYRICK, R., u. H. LEVINSTEIN: Phys. Rev. [2] **78**, 303 (1950).
[10] WEISS, K., P. FIELDING u. F. A. KRÖGER: Z. phys. Chem. (NF) **26**, 145 (1960).
[11] MORTON, M. C.: Trans. Faraday Soc. **43**, 194 (1947).

von HINTENBERGER im wesentlichen bestätigen. An Hand des Verlaufs der thermoelektrischen Kraft in Abhängigkeit vom Überschußgehalt sowohl an Blei als auch an Schwefel darf man schließen, daß im PbS mit Leitfähigkeitsminimum eine größenordnungsmäßig gleiche Beteiligung von Defektelektronen und Leitungselektronen am Stromtransport vorhanden ist, was mit den beobachteten sehr kleinen Thermokräften in Übereinstimmung ist.

Thermokraftmessungen am System Au | SnS | Au im Temperaturintervall zwischen −80 und 420 °C ergaben Werte mit einem Vorzeichen, das eindeutig auf Elektronendefektleitung hinweist. Der Vollständigkeit halber seien hier die Thermokraftmessungen an einigen Valenzkristallen, wie z. B. Si[1], SiC[2], Ge[3], Se[4] und $MoSi_2$[5] erwähnt.

Bevor wir auf die Frage der thermoelektrischen Energieerzeugung eingehen, die in den letzten Jahren eine immer größere technische Bedeutung erlangt hat, soll hier noch der Vollständigkeit halber der von TAUC[6] erstmalig diskutierte thermoelektrische Photoeffekt erwähnt werden. Diese Erscheinung wird beobachtet, wenn man die belichtete Zone eines Photohalbleiters in ein Temperaturfeld bringt. Die von TAUC abgeleiteten Beziehungen wurden von PAUW und POLDER[7] verallgemeinert. Experimentelles Material liegt gegenwärtig erst vereinzelt vor.

Die Frage der thermoelektrischen Energie- und Kälteerzeugung wurde wohl quantitativ erstmalig von ALTENKIRCH untersucht.[8] Als wesentliches Ergebnis kann man zusammenfassen, daß neben einer hohen Thermokraft dE/dT und einer großen elektrischen Leitfähigkeit eine möglichst kleine Wärmeleitfähigkeit vorhanden sein soll, damit der Energie vernichtende Wärmestrom im existierenden Temperaturfeld möglichst klein gehalten werden kann. Unter Einführung der absoluten Thermokraft α, die sich z. B. auf den Halbleiter selbst bezieht, erhält man aus der Theorie für den Wirkungsgrad Z bzw. für die Effektivität:

$$Z = \alpha^2 \varkappa / w \quad [\text{grad}^{-1}],$$

wo $\varkappa$ die elektrische Leitfähigkeit und w die Wärmeleitfähigkeit ist. Ein eindrucksvoller Überblick über den Stand der Forschung und Entwicklung wurde von JUSTI[9] gegeben. Über die theoretischen Zusammen-

---

[1] FISCHER, F., u. K. DEHN: Gesammelte Abh. Kenntn. Kohle **12**, 526 (1937).

[2] BUSCH, G., P. SCHMID u. H. SPÖNDLIN: Helv. phys. Acta **20**, 461 (1947). — Siehe insbesondere die neuen Untersuchungen von H. J. VAN DAAL, W. F. KNIPPENBERG u. J. D. WASSCHER: J. Phys. Chem. Solids **24**, 109 (1963).

[3] MIDDLETON, A. E., u. W. W. SCANLON: Phys. Rev. **92**, 219 (1953). — K. LARK-HOROVITZ, A. E. MIDDLETON, E. P. MILLER, W. W. SCANLON u. J. WALERSTEIN: Phys. Rev. **69**, 259 (1946). — V. A. JOHNSON u. K. LARK-HOROVITZ: Phys. Rev. **69**, 259 (1946).

[4] BORELIUS, G., u. A. GULLBERG: Ark. Mat., Astronom. Fysik **31 A** (1945). — H. K. HENISCH u. M. FRANÇOIS: Nature [London] **165**, 891 (1950). — K. W. PLESSNER: Nature [London] **165**, 970 (1950).

[5] ARVIN, M. J.: J. appl. Phys. **24**, 498 (1953).

[6] TAUC, J.: Czechosl. J. Phys. **5**, 528 (1955); Rev. Modern Phys. **29**, 308 (1957).

[7] PAUW, L. J. VAN DER, u. D. POLDER: J. Electronics **2**, 239 (1956).

[8] ALTENKIRCH, E.: Phys. Z. **10**, 560 (1909); **12**, 920 (1911).

[9] JUSTI, E.: Naturwiss. **48**, 537 (1961).

hänge und experimentellen Ergebnisse wurde von einer Anzahl von Autoren berichtet.[1-3]

Bei der Suche nach geeigneten Halbleitern für die thermoelektrische Energieerzeugung kommt es also darauf an, das Verhältnis $\varkappa/w$ möglichst groß zu machen, was nach einer Regel von JOFFÉ[4] in Mischkristallen eher erreicht wird als an stöchiometrisch zusammengesetzten Verbindungen. Die JOFFÉsche Regel basiert auf der Überlegung, daß die freie Weglänge der den Wärmetransport durch das Gitter tragenden Phononen um Größenordnungen kleiner ist als die freie Weglänge der Ladungsträger und durch Gitterstörungen im Kristall, wie sie bei der Mischkristallbildung auftreten, stärker herabgesetzt wird als die der Ladungsträger. Auf Grund von Studien über die chemische Bindung in III-V-Verbindungen entdeckte FOLBERTH[5] die Voraussetzungen einer Mischkristallbildung zwischen III-V-Verbindungen und ihren ternären Nachbildungen vom Typus $II\text{-}IV\text{-}V_2$. FOLBERTH und Mitarbeiter[6] erkannten auch, daß die von WERNICK und Mitarbeitern[7] gefundenen ternären Verbindungen vom Typus $I\text{-}V\text{-}VI_2$, z. B. $AgSbTe_2$ und $AgBiSe_2$, als Nachbildungen von IV-VI-Verbindungen, z. B. PbTe, SnTe und PbSe, aufgefaßt werden können und fanden, daß zwischen diesen und ihren Nachbildungen in allen untersuchten Fällen Mischkristallbildung möglich ist.

Auf Grund umfangreicher Untersuchungen von FLEISCHMANN[8] wurden an quaternären Mischphasen der Zusammensetzung $(Ag_{0,4}Pb_{0,2}Sb_{0,4})Te$ und $(Ag_{0,3}Pb_{0,7}Bi_{0,3})Te$, hergestellt aus PbTe und den ternären Nachbildungen $AgSbTe_2$ und $AgBiTe_2$, bei guter elektrischer Leitfähigkeit und Thermokraft sehr niedrige Werte der Wärmeleitfähigkeit gefunden. Sie lagen im Bereich zwischen $5 \cdot 10^{-3}$ und $7 \cdot 10^{-3}$ Watt cm^{-1} $°K^{-1}$. Der thermoelektrische Wirkungsgrad erreichte bei den besten Präparaten zwischen 300 und 400 °C den Wert $3 \cdot 10^{-3}$ $°K^{-1}$. Weitere Verbesserungen des Wirkungsgrades wurden in der Tat erreicht, wenn man zu quinären Mischkristallen überging von der Zusammensetzung[9]:

$$Ag_{x/2}Pb_{(1-x)(1-y)}X_{(1-x)y}Sb_{x/2}Te \quad \text{mit} \quad X = Ge, Sn.$$

Ohne Zweifel wird man durch weitere Halbleiterkombinationen den Wirkungsgrad weiter verbessern können.

---

[1] GEHLHOFF, P. O., E. JUSTI, G. LAUTZ u. M. KOHLER: Abh. Braunschw. Wiss. Ges. **2**, 149 (1950). — E. JUSTI: Kältetechn. **5**, 150 (1953); **12**, 126 (1960).

[2] TELKES, M.: J. appl. Phys. **25**, 765 (1954).

[3] JOFFÉ, A. F.: Semiconductor Thermoelements and Thermoelectric Cooling. London 1957.

[4] JOFFÉ, A. F., S. V. AIRAPETIANTS, A. V. JOFFÉ, N. V. KOLOMOETS u. L. S. STILBANS: Dokl. Akad. Nauk, SSSR **20**, 65 (1956). — A. V. JOFFÉ u. A. F. JOFFÉ: Fiz. Tver. Tela **2**, 781 (1960).

[5] FOLBERTH, O. G.: Z. Naturforsch. **13a**, 856 (1958); **14a**, 94 (1959).

[6] FLEISCHMANN, H., O. G. FOLBERTH u. H. PFISTER: Z. Naturforsch. **14a**, 999 (1959).

[7] WERNICK, J. H., S. GELLER u. K. E. BENSON: J. Phys. Chem. Solids **7**, 240 (1958). — H. RODOT: C. R. Acad. Sci., Paris **249**, 1872 (1959).

[8] FLEISCHMANN, H.: Z. Naturforsch. **16a**, 765 (1961).

[9] FLEISCHMANN, H., H. LUY u. J. RUPPRECHT: Z. Naturforsch. **18a**, 646 (1963).

3.19 Über die Temperaturabhängigkeit der elektrischen Leitfähigkeit halbleitender Kristalle und heterotyper Mischphasen

Während die Temperaturabhängigkeit der elektrischen Leitfähigkeit einer ionenleitenden reinen und heterotypen Mischphase praktisch vom Nichtmetallpartialdruck und dem hierdurch verursachten geringen Nichtmetallüberschuß bzw. Metallunterschuß unabhängig ist, treten an nichtstöchiometrisch zusammengesetzten — und damit elektronenleitenden — reinen Phasen wie heterotypen Mischphasen insbesondere im Bereich mittlerer und niedriger Temperaturen kompliziertere Verhältnisse auf, die wir im Anschluß an Überlegungen von DÜNWALD und WAGNER diskutieren und erweitern wollen.[1]

Bezeichnen wir im Falle von Oxiden und oxidischen Mischphasen den Metallunterschuß bzw. Metallüberschuß mit $|y|$ und den Druck der die Probe umgebenden Nichtmetall-Atmosphäre (hier Sauerstoff) mit p_{O_2}, dann errechnet sich das häufig einer physikalischen Deutung zugängliche Energieinkrement ΔE gemäß der allgemeinen Temperaturfunktion

$$\varkappa = \text{const} \exp(-\Delta E/RT) \tag{3.413}$$

nicht aus der Temperaturabhängigkeit der elektrischen Leitfähigkeit bei konstantem Sauerstoffpartialdruck $(\partial \ln\varkappa/\partial T)\, p_{O_2}$, sondern bei konstantem Metallunterschuß bzw. Metallüberschuß y, also aus $(\partial \ln\varkappa/\partial T)_y$. Aus diesem Grunde ist es erforderlich, eine Verknüpfung zwischen diesen beiden partiellen Differentialausdrücken herzustellen. Dies kann unter Beachtung der experimentellen Möglichkeiten in folgender Weise geschehen:

$$\left(\frac{\partial \ln\varkappa}{\partial T}\right)_{p_{O_2}} = \left(\frac{\partial \ln\varkappa}{\partial T}\right)_y + \left(\frac{\partial \ln\varkappa}{\partial y}\right)_T \left(\frac{\partial y}{\partial T}\right)_{p_{O_2}}. \tag{3.414}$$

Unter Einführung der im allgemeinen aus dem Experiment leicht zugänglichen Größe $(\partial \ln\varkappa/\partial \ln p_{O_2})_T$ ergibt sich aus (3.414) die für die Berechnung von ΔE erforderliche Beziehung:

$$\begin{aligned}\left(\frac{\partial \ln\varkappa}{\partial T}\right)_y &= \left(\frac{\partial \ln\varkappa}{\partial T}\right)_{p_{O_2}} - \left(\frac{\partial \ln\varkappa}{\partial y}\right)_T \left(\frac{\partial y}{\partial T}\right)_{p_{O_2}} \\ &= \left(\frac{\partial \ln\varkappa}{\partial T}\right)_{p_{O_2}} - \left(\frac{\partial \ln\varkappa}{\partial \ln p_{O_2}}\right)_T \left(\frac{\partial \ln p_{O_2}}{\partial y}\right)_T \left(\frac{\partial y}{\partial T}\right)_{p_{O_2}}.\end{aligned} \tag{3.415}$$

Auf der rechten Seite von (3.415) sind die ersten beiden Differentialquotienten leicht der Messung zugänglich, während die experimentelle Ermittlung des dritten und vierten Differentialquotienten bzw. $(\partial y/\partial \ln p_{O_2})_y$ und $(\partial y/\partial T)_{p_{O_2}}$ des öfteren nicht ganz einfach ist.

Auf Grund vorhandener Meßdaten von DÜNWALD und WAGNER[1] sowie WAGNER und HAMMEN[2] an Cu_2O ist eine Berechnung des Ausdrucks $(\partial \ln\varkappa/\partial T)_y$ bei konstanter Fehlordnungskonzentration und damit der wahren Aktivierungsenergie der Elektronendefektleitung an Cu_2O

---

[1] DÜNWALD, H., u. C. WAGNER: Z. phys. Chem. (B) **22**, 212 (1933).

[2] WAGNER, C., u. H. HAMMEN: Z. phys. Chem. (B) **40**, 197 (1938).

möglich. Nach Gl. (3.415)

$$\left(\frac{\partial \ln \varkappa}{\partial T}\right)_y = \left(\frac{\partial \ln \varkappa}{\partial T}\right)_{p_{O_2}} - \frac{\left(\frac{\partial \ln \varkappa}{\partial \ln p_{O_2}}\right)_T \left(\frac{\partial y}{\partial T}\right)_{p_{O_2}}}{\left(\frac{\partial y}{\partial \ln p_{O_2}}\right)_T} \qquad (3.416)$$

wollen wir $(\partial \ln \varkappa / \partial T)_y$ für Cu_2O bei 1000 °C und $p_{O_2} = 6{,}5$ Torr berechnen. Die aus den Meßergebnissen berechneten Werte für die Differentialquotienten lauten:

$$\left(\frac{\partial \ln \varkappa}{\partial \ln p_{O_2}}\right)_T \approx \frac{1}{7}; \qquad \left(\frac{\partial y}{\partial T}\right)_{p_{O_2}} \approx 3 \cdot 10^{-6};$$

$$\left(\frac{\partial \ln y}{\partial \ln p_{O_2}}\right)_T \approx \frac{1}{5} \quad \text{bzw.} \quad \left(\frac{\partial y}{\partial \ln p_{O_2}}\right)_T \approx 1{,}6 \cdot 10^{-4}.$$

Hieraus folgt:

$$\left(\frac{\partial \ln \varkappa}{\partial T}\right)_y = 5{,}5 \cdot 10^{-3} - \frac{0{,}2 \cdot 3 \cdot 10^{-6}}{1{,}6 \cdot 10^{-4}} \approx 1{,}8 \cdot 10^{-3}.$$

Unter Verwendung von (3.413) ergibt sich für die Aktivierungsenergie ΔE:

$$\Delta E = RT^2 \left(\frac{\partial \ln \varkappa}{\partial T}\right)_y = 1{,}98 \cdot 1273^2 \cdot 1{,}8 \cdot 10^{-3} \approx 5800 \text{ cal}$$

oder

$$\Delta E \approx 0{,}25 \text{ eV}.$$

Die Überlegungen, die den Gl. (3.414) bis (3.416) zugrunde liegen, wird man immer dann zu berücksichtigen haben, wenn die Konzentration der Fehlordnungsstellen bzw. der Überschußgehalt der einen oder anderen den Ionenkristall aufbauenden Komponente stärker von der Temperatur und vom Nichtmetallpartialdruck abhängig ist.

Vollkommen identische Zusammenhänge findet man für heterotype Mischphasen, wo der Fremdkristall im Wirtskristall eine temperaturabhängige „Löslichkeit" zeigt, was identisch ist mit einer temperaturabhängigen Fehlordnungskonzentration, sofern bei niederen Temperaturen nicht die Löslichkeitsgrenze erreicht ist. Ist hingegen die Löslichkeit des Fremdionenkristalls im Wirtsionenkristall so groß, daß bei keiner Meßtemperatur die Löslichkeitsgrenze überschritten wird, so wird das 2. Glied auf der rechten Seite von Gl. (3.416) gleich Null, und man erhält

$$\left(\frac{\partial \ln \varkappa}{\partial T}\right)_y \approx \left(\frac{\partial \ln \varkappa}{\partial T}\right)_{p_{O_2}}. \qquad (3.417)$$

Diese Überlegungen sind in sinngemäßer Weise auch für die Berechnung der wahren Aktivierungsenergie aus der Temperaturabhängigkeit der Thermokraft verbindlich.

Diese Behandlung basiert nur auf einer thermodynamischen Betrachtung und berücksichtigt nicht die in zahlreichen Fällen starke Temperaturabhängigkeit der Beweglichkeit der Elektronenfehlordnungsstellen, was bei einer verfeinerten quantitativen Berechnung zu beachten ist.

Abschließend muß noch auf eine erhebliche Komplikation hingewiesen werden, die bei mittleren und tieferen Temperaturen auftritt und die heute noch nicht quantitativ zu erfassen ist. Wie noch später auf S. 294ff. besprochen wird, treten durch die immer größer werdenden Unterschiede der Beweglichkeiten der materiellen und elektronischen Störstellen in den oberflächennahen Bereichen der Kristalle erheblich andere Fehlordnungsverhältnisse als im Kristallinnern auf. Hierdurch wird man bei hohen Temperaturen die Temperaturabhängigkeit der homogenen Leitfähigkeit bestimmen und bei niedrigen Temperaturen die der Randschichtleitfähigkeit, die, wie wir später noch sehen werden, durch andere Beziehungen zu beschreiben ist. Im Zusammenhang mit dieser Feststellung ist die von STÖCKMANN[1] gegebene Deutung der Temperaturabhängigkeit der elektrischen Leitfähigkeit von Zinkoxid durch die Berücksichtigung der Randschichteffekte zu erweitern.

3.20 Hall-Effektmessungen an elektronenleitenden Ionenkristallen

Nachdem in den vorangehenden Kapiteln des öfteren die Ergebnisse aus HALL-Effektmessungen zur Deutung des Leitungs- und Platzwechselmechanismus und der Fehlordnungserscheinungen in Halbleitern herangezogen worden sind, sollen hier im vorliegenden Kapitel einige Zusammenhänge über den HALL-Effekt selbst mitgeteilt werden.

Bezeichnet i die durch einen Leiter fließende Stromstärke je cm², $\mathfrak{H}$ die magnetische Feldstärke und ΔE die Spannung bzw. $\mathfrak{E}$ die elektrische Feldstärke, dann beobachtet man gemäß Abb. 3.157 beim Erzeugen eines Stromflusses durch einen Leiter, der sich in einem homogenen Magnetfeld befindet, dessen Feldlinien senkrecht zur Stromrichtung bzw. senkrecht zu den Kraftlinien des angelegten elektrischen Feldes stehen, eine Spannungsdifferenz ΔE, die senkrecht auf den beiden ersten Größen steht. Diese insbesondere an Metallen beobachtete Spannungsdifferenz wird nach ihrem Entdecker als HALL-Effekt bezeichnet. Dieser Effekt ist nur einer der möglichen galvanomagnetischen Effekte und erlaubt, die Beweglichkeit der Leitungselektronen bzw. der Defektelektronen und deren Dichte nicht nur in einem metallischen Leiter, sondern auch in elektronenleitenden festen Stoffen zu ermitteln. Unter Fortlassung der Entwicklung der Zusammenhänge, die zum HALL-Effekt führen, genügt für das Verständnis zur Berechnung der Konzentration und Beweglichkeit der Elektronenfehlstellen in Halbleitern die Beziehung

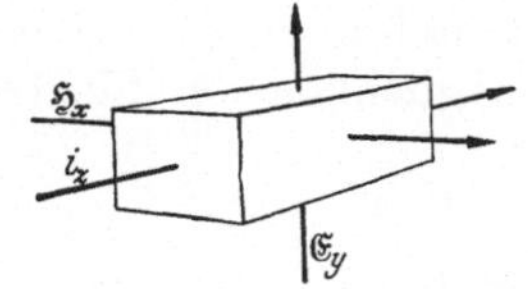

Abb. 3.157. Schematische Darstellung des Auftretens eines HALL-Effektes an einem Kristall. ($\mathfrak{E}$ = elektrische Feldstärke, $\mathfrak{H}$ = magnetische Feldstärke und i = elektrischer Strom; x, y und z sind die drei Raumkoordinaten.)

$$\mathfrak{E}_y = R\, i_z\, \mathfrak{H}_x \frac{1}{a}. \tag{3.418}$$

Hier bedeutet R die HALL-Konstante des Halbleiters und a die Dicke des stromdurchflossenen Halbleiterquerschnitts. Die Indices x, y, z

[1] STÖCKMANN, F.: Z. Phys. **127**, 563 (1950).

kennzeichnen die Raumkoordinaten. Die Elektronentheorie liefert für die HALL-Konstante eines Halbleiters mit gemischter Leitung (Elektronen- und Elektronendefektleitung)[1]:

$$R = -\frac{3\pi}{8e}\frac{c_- u_-^2 - c_+ u_+^2}{(c_- u_- + c_+ u_+)^2}. \tag{3.419}$$

Aus der allgemeinen Gl. (3.419) folgt für einen Eigenhalbleiter mit $c_- = c_+ = c$ (Zahl der Elektronenstörstellen je cm³):

$$R = -\frac{3\pi}{8e}\frac{1}{c}\frac{u_- - u_+}{u_- + u_+}. \tag{3.420}$$

Wie man aus (3.420) erkennt, kann je nach Unterschied der Beweglichkeiten u_- und u_+ das Vorzeichen positiv oder negativ sein, und nur bei Gleichheit der Beweglichkeiten wird die HALL-Konstante R Null sein.[2]

Entsprechend ergibt sich für Elektronenüberschußleiter mit $c_- \gg c_+$:

$$R_- \approx -\frac{3\pi}{8e}\frac{1}{c_-} \tag{3.421}$$

und für Elektronendefektleiter mit $c_+ \gg c_-$:

$$R_+ \approx +\frac{3\pi}{8e}\frac{1}{c_+}. \tag{3.422}$$

Wie man aus (3.421) und (3.422) erkennt, folgt für Elektronenüberschußleitung ein negatives und für Elektronendefektleitung ein positives Vorzeichen der HALL-Konstanten bzw. der HALL-Spannung.[3]

Durch Multiplikation mit den entsprechenden Leitfähigkeitsformeln für Elektronenüberschuß- und Elektronendefektleiter

$$\varkappa_- = e\, c_-\, u_- \quad \text{und} \quad \varkappa_+ = e\, c_+\, u_+$$

erhalten wir die beiden wichtigen Beziehungen zur Berechnung der Beweglichkeit der Elektronenstörstellen:

$$(R\,\varkappa)_- = -\frac{3\pi}{8}u_- \tag{3.423}$$

und

$$(R\,\varkappa)_+ = +\frac{3\pi}{8}u_+. \tag{3.424}$$

Unter Verwendung des allgemeinen Ausdrucks des Massenwirkungsgesetzes für das Fehlordnungsgleichgewicht n- und p-leitender Ionenkristalle

$$c_- = K\,p^{-1/n} \quad (n\text{-Typ-Halbleiter})$$

$$c_+ = K\,p^{1/n} \quad (p\text{-Typ-Halbleiter})$$

[1] Vgl. u. a. F. SEITZ: The Modern Theory of Solids, S. 68ff. New York 1940. — E. JUSTI: Leitfähigkeit und Leitungsmechanismus fester Stoffe. Göttingen 1948.

[2] Eine recht gute Einführung in die theoretischen Zusammenhänge des HALL-Effekts und die experimentellen Möglichkeiten in seiner Anwendung gibt das Buch von E. H. PUTLEY: The HALL-Effekt and Related Phenomena. London: Butterworths 1960.

[3] Der Faktor $3\pi/8 = 1{,}178$ ist an das Auftreten einer geschwindigkeitsunabhängigen freien Weglänge gebunden. In anderen Fällen kann dieser Faktor nach SCHOTTKY zwischen 1 und 2 variieren.

gelten die entsprechenden Gleichungen für die HALL-Konstante als Funktion des Sauerstoff- bzw. Schwefelpartialdrucks unter Beachtung von (3.421) und (3.422) für n-Typ-Halbleiter (n = ganze oder gebrochene Zahl)

$$|R| = \frac{3\pi}{8} \frac{1}{|e| c_-} \frac{1}{K} p^{1/n} \tag{3.425a}$$

oder

$$\log |R| = \frac{1}{n} \log p + \text{const} \tag{3.425b}$$

und für p-Typ-Halbleiter

$$|R| = \frac{3\pi}{8 |e| c_+} \frac{1}{K} p^{-1/n} \tag{3.426a}$$

oder

$$\log |R| = -\frac{1}{n} \log p - \text{const.} \tag{3.426b}$$

Von ISENBERG, RUSSELL und GREENE[1] wurde ein Verfahren zum fehlerfreien Messen von HALL-Spannungen ausgearbeitet. Insbesondere wurde der Einfluß der stromzuführenden Elektroden auf den Meßwert der HALL-Spannung überprüft. Es wurden entsprechende Gleichungen für das Verhältnis der gemessenen Spannung als Funktion der Abmessungen der Meßprobe abgeleitet und durch Experimente bestätigt. MADELUNG und WELKER[2] behandeln in ihrer Theorie der gemischten Halbleiter die Thermokraft und den HALL-Koeffizienten in isotropen gemischten Halbleitern und finden für den HALL-Koeffizienten in höherer Näherung eine Abhängigkeit von der magnetischen Feldstärke, die bei hohen Feldern eine Vorzeichenumkehr des HALL-Koeffizienten hervorrufen kann. Zuverlässige Versuchsanordnungen zur Bestimmung der HALL-Spannung unter gleichzeitiger Messung der elektrischen Leitfähigkeit von sehr niedrigen bis zu relativ hohen Temperaturen wurden von verschiedenen Autoren beschrieben.[3-5]

BAEDEKER[6] und STEINBERG[7] fanden, daß der Absolutwert der HALL-Konstanten R für CuJ mit fallendem Joddampfdruck zunimmt. In Verbindung mit Leitfähigkeitsmessungen dürfte der Defektelektronenleitungscharakter sichergestellt sein. Auch an Cu_2O konnte durch SCHOTTKY und WAIBEL[8] das gleiche Vorzeichen der HALL-Konstanten, wie es gemäß (3.426b) für Elektronendefektleiter gefordert wird, gefunden werden. Aus der Gruppe der Elektronenüberschußleiter wurden von KLAIBER[9] an α-Ag_2S HALL-Effektmessungen ausgeführt.

[1] ISENBERG, I., B. R. RUSSELL u. R. F. GREENE: Rev. sci. Instrum. **19**, 685 (1948).
[2] MADELUNG, O., u. H. WELKER: Z. angew. Phys. **5**, 12 (1953).
[3] DUNLAP, W. C.: An Introduction to Semiconductors. New York: John Wiley & Son 1957.
[4] BROOKER, A. A., R. A. CLAY u. A. S. YOUNG: J. sci. Instrum. **34**, 512 (1957).
[5] PUTLEY, E. H.: The HALL-Effect and Related Phenomena, S. 33–65. London: Butterworths 1960.
[6] BAEDEKER, K.: Ann. Phys. [4] **29**, 578 (1909); Phys. Z. **13**, 1080 (1912).
[7] STEINBERG, K.: Ann. Phys. [4] **35**, 1009 (1911).
[8] SCHOTTKY, W., u. F. WAIBEL: Phys. Z. **34**, 858 (1933); **36**, 912 (1935).
[9] KLAIBER, F.: Ann. Phys. [5] **3**, 229 (1929).

Fritsch[1] konnte durch Messungen des Hall-Effektes an gesinterten ZnO-Probekörpern den Elektronenüberschuß-Leitungscharakter bestätigen. Neben Hall-Effektmessungen an gesinterten ZnO-Proben von Miller[2], Hahn[3] und Harrison[4] wurden in neuerer Zeit insbesondere von Hutson[5,6] Messungen an Einkristallen ausgeführt. Ferner wurde die Dielektrizitätskonstante von ZnO neu zu 8,5 bestimmt. In Abb. 3.158 ist die Temperaturabhängigkeit der Hall-Beweglichkeit der freien Elektronen in ZnO-Einkristallen wiedergegeben. Neben den Meßpunkten, die im Gegensatz zu früheren Werten auf erhebliche Beweglichkeiten von

$$60 \text{ cm}^2 \text{ Volt}^{-1} \text{ sec}^{-1}$$

bei 580 °K und

$$1000 \text{ cm}^2 \text{ Volt}^{-1} \text{ sec}^{-1}$$

bei 100 °K hindeuten, wurde die Temperaturabhängigkeit der Beweglichkeit auch aus verschiedenen theoretischen Ansätzen berechnet. Die Beweglichkeit unter Berücksichtigung der Gitterstreuung oberhalb 200 °K stimmt gut mit der experimentell erhaltenen Beweglichkeit überein. Unterhalb 200 °K jedoch treten beachtliche Abweichungen auf, die weder durch die streuende Wirkung der Verunreinigungen im Kristall noch durch den Beitrag des „Phonon-drag" gedeutet werden können.[6,7] Die oberhalb 600 °K auftretende Abweichung kann durch die Tatsache verstanden werden, daß sich die Donatorkonzentration während der Messung infolge Diffusion verändert.

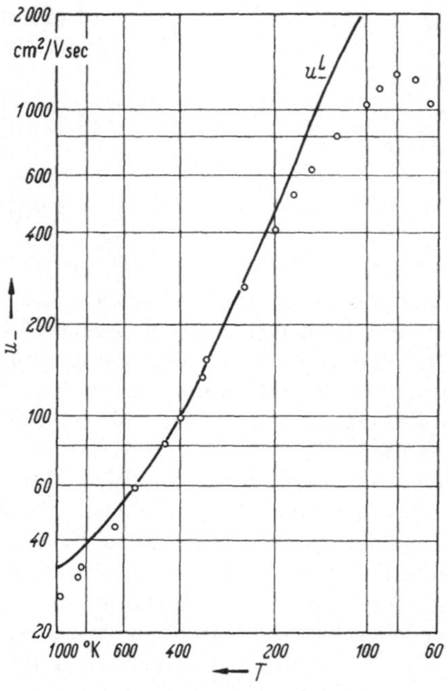

Abb. 3.158. Hall-Beweglichkeit der freien Elektronen eines typischen ZnO-Kristalls nach Hutson. Die ausgezogene Gerade stellt die berechnete Beweglichkeit u_-^L der Elektronen unter Berücksichtigung der Gitterstreuung dar.

In Abb. 3.159 ist nach Feldmann[8] der Verlauf der Hall-Konstanten R und der elektrischen Leitfähigkeit $\varkappa$ einer Cu_2O-Probe mit der Temperatur dargestellt. Desgleichen wurde von Engelhard[9] die Tem-

[1] Fritsch, O.: Ann. Phys. [5] **22**, 375 (1935).
[2] Miller jr., P. H.: Phys. Rev. **60**, 890 (1941).
[3] Hahn, E. E.: J. appl. Phys. **22**, 855 (1951).
[4] Harrison, S. E.: Phys. Rev. **93**, 52 (1954).
[5] Hutson, A. R.: Phys. Rev. **108**, 222 (1957).
[6] Hutson, A. R.: J. Phys. Chem. Solids 8, 467 (1959).
[7] Herring, C.: Phys. Rev. **96**, 1163 (1954).
[8] Feldmann, W.: Phys. Rev. **64**, 113 (1943).
[9] Engelhard, E.: Ann. Phys. [5] **17**, 501 (1933).

peraturabhängigkeit der Defektelektronenbeweglichkeit im Cu_2O im Temperaturbereich von 50 bis 300 °C aus R- und $\varkappa$-Messungen bestimmt

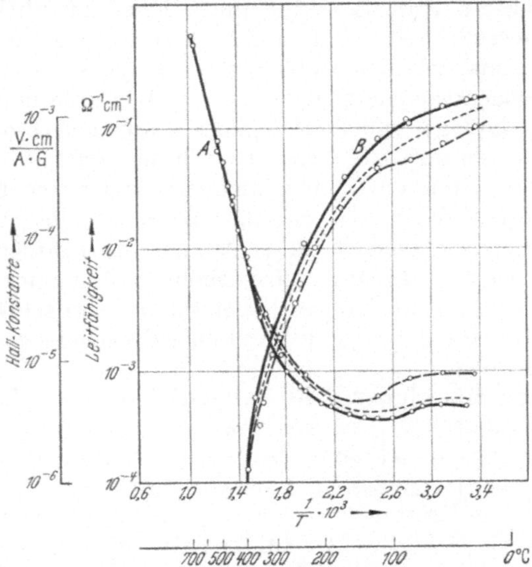

Abb. 3.159. Der Verlauf der elektrischen Leitfähigkeit (Kurve A) und der HALL-Konstanten (Kurve B) einer Cu_2O-Probe mit der Temperatur nach FELDMANN.

(Abb. 3.160). HINTENBERGER konnte im Falle eines amphoteren Halbleiters, wie z. B. PbS, zeigen, daß beim Einbau von Bleiüberschuß bzw. Schwefelüberschuß in PbS die HALL-Konstante einen Vorzeichenwechsel erfährt (Abb. 3.129 b). Dies steht in Übereinstimmung mit der Zunahme der elektrischen Leitfähigkeit sowohl mit steigender Überbleiung als auch mit steigender Überschwefelung.

Zahlreiche Messungen sind bei so niedrigen Temperaturen ausgeführt worden, daß der gemessene HALL-Koeffizient durch die aus der Vorgeschichte des Kristalls verursachte Konzentration der freien Elektronen und Defektelektronen bestimmt ist, also einen eingefrorenen Zustand kennzeichnet. Die zur Ermittlung der Beweglichkeit der Ladungsträger erforderlichen Leitfähigkeitsmessungen sind aber im Gegensatz

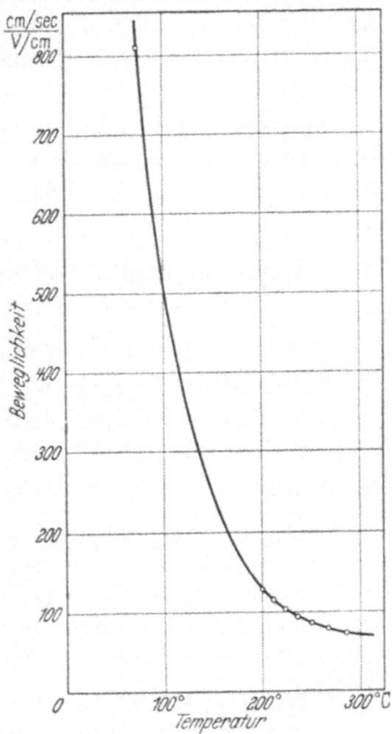

Abb. 3.160. Temperaturabhängigkeit der Beweglichkeit der Defektelektronen in Cu_2O nach ENGELHARD.

zur HALL-Spannung abhängig von Änderungen der Ladungsträger-Konzentration nahe der Oberfläche bei niedrigen Temperaturen (Raumladungsvorgänge, s. Kap. 4) und können daher zu erheblich falschen Werten der Beweglichkeiten führen. Aus diesem Grunde ist es für solche Kristalle, die mit der Atmosphäre stets reagieren und im Hochvakuum Reaktionspartner desorbieren, wie z. B. Oxide und Sulfide, ratsam, HALL-Spannungs- und Leitfähigkeitsmessungen besonders bei solchen Temperaturen durchzuführen, wo sich der Kristall mit der Atmosphäre in einem definierten Gleichgewichtszustand befindet. Eine andere Möglichkeit besteht darin, daß man im Falle p-leitender Oxide, wie z. B. NiO, die Konzentration der Defektelektronen durch Dotieren mit 1-wertigen Oxiden, wie z. B. Li_2O, so stark erhöht, daß nunmehr eine Chemisorption oder eine Desorption von Sauerstoff zu vernachlässigen ist, so daß die elektrische Leitfähigkeit durch Oberflächenerscheinungen nicht mehr verfälscht wird.

Zum Schluß sei noch der Vollständigkeit halber auf die Anwendung der thermomagnetischen NERNST-Effektmessungen zur Aufklärung des Leitungsmechanismus und damit des Fehlordnungsmodells hingewiesen. So untersuchte beispielsweise NOSKOW[1] das Auftreten einer transversalen elektromotorischen Kraft in einer von einem Wärmestrom durchflossenen magnetisierten Cu_2O-Platte. Der Effekt hatte ein negatives Vorzeichen und war von derselben Größenordnung wie der NERNST-Effekt an Metallen. Hieraus wurde geschlossen, daß auch Defektelektronen an der Wärmeleitung teilnehmen. Verallgemeinerte Überlegungen ohne Berücksichtigung eines speziellen Systems werden von PISARENKO gebracht.[2] Umfangreiche Arbeiten über den NERNST- und NERNST-ETTINGHAUSEN-Effekt an Germanium, Tellur und anderen Halbleitern sind insbesondere von LARK-HOROVITZ und Mitarbeitern[3] ausgeführt worden. Von WELKER und Mitarbeitern[4] wurde die Theorie der magnetogalvanischen Effekte für Halbleiter mit sehr hohen Beweglichkeiten der Elektronenstörstellen erweitert, wie sie an den von WELKER[5] entdeckten Halbleitern vom Typus $A^{III}B^{V}$ (z. B. InSb, $B \approx 60000$ cm² Volt⁻¹ sec⁻¹) auftreten.[6]

3.21 Experimentelle Methoden der Leitfähigkeits-, Hall-Effekt- und Thermokraftmessungen

Die Art der Durchführung der elektrischen Leitfähigkeits- und Thermokraftmessungen wird im wesentlichen von den physikalischen und chemischen Eigenschaften des zu untersuchenden Materials und seinem Habitus, ob Einkristall oder Polykristall oder gesinterter polykristalliner Körper, abhängen. Der für den Experimentator idealste

---

[1] NOSKOW, M. M.: Trans. Faraday Soc. **43**, 194 (1947).

[2] PISARENKO, N. L.: Z. Phys. UdSSR **4**, 170 (1941).

[3] Siehe Fußnote 2 u. 3 auf S. 230.

[4] WELKER, H.: Z. Naturforsch. **6a**, 184 (1951). — O. MADELUNG: Z. Naturforsch. **8a**, 791 (1953). — E. WEISSHAAR u. H. WELKER: Z. Naturforsch. **8a**, 681 (1953).

[5] WELKER, H.: Z. Naturforsch. **7a**, 744 (1952); **8a**, 248 (1953).

[6] PUTLEY, E. H.: Proc. Phys. Soc. (London) **73**, 128 (1959).

Fall — das Vorliegen chemisch reinster Einkristalle — wird sich nicht allzu häufig realisieren lassen. Im allgemeinen wird man es mit einer Kompromißlösung zu tun haben, da häufig die Herstellung von reinsten Präparaten in Form von Einkristallen außerordentliche Schwierigkeiten bereitet. Über durch Sublimation hergestellte ZnO-Einkristalle berichten beispielsweise FRITSCH[1] sowie HAHN, RUSSELL und MILLER[2]. Desgleichen führte ENGELHARD[3] seine Messungen an Cu_2O-Einkristallen aus. Eine weitere Möglichkeit, zu kompakten Probekörpern zu gelangen, besteht darin, Metallfolien von hohem Reinheitsgrad vollständig zu oxydieren. Dieses besonders von WAGNER und seinen Mitarbeitern angewandte „Folienverfahren" gestattet, elektrische Leitfähigkeitsmessungen ohne Kontaktschwierigkeiten und sonstige Störungen auszuführen. Zu diesem Zweck werden Metallbleche von 0,1 bis 0,01 mm Dicke und 20 bis 50 mm Länge bei einer Breite von 2 bis 10 mm an den Enden mit dünnen Platindrähten (0,1 bis 0,2 mm Durchmesser) mittels Punktschweißung verbunden. Um die besonders bei niedrigen Sauerstoffdrucken und höheren Temperaturen durch die Pt-Zuleitungsdrähte verursachte Störung des Gleichgewichts Halbleiter/Gasphase zu verhindern, wie dies von GUNDERMANN, HAUFFE und WAGNER[4] am System $Cu/Cu_2O/Pt$ gemäß der Reaktionsgleichung

$$2\,Cu_2O + Pt \rightleftharpoons 4\,Cu_{(\text{gelöst in Pt})} + O_2\,(\text{gas})$$

beobachtet wurde, ist es zweckmäßig, die Enden der Folie 20 mal so stark wie die Folie selbst zu machen. Die Folienmethode nach WAGNER wird man immer dann mit Vorteil anwenden, wenn die Abhängigkeit der elektrischen Leitfähigkeit eines Halbleiters von seinem Nichtmetall-Partialdruck zu bestimmen ist, da man hier durch Verwendung dünner Folien eine rasche Einstellung des Gleichgewichts der Fehlordnungsstellen mit der umgebenden Gasatmosphäre gewährleisten kann (Abb. 3.161). Außerdem fallen hier bei Leitfähigkeitsmessungen Kontaktschwierigkeiten fort, so daß man den Folienwiderstand mit der einfachen WHEATSTONEschen Brückenschaltung messen kann.

Durch Verwendung längerer Folien (5 bis 20 cm) kann man auch ohne Schwierigkeiten Thermokraftmessungen durchführen. Muß man aus versuchstechnischen Gründen, wie dies bei den in der Technik verwendeten Halbleitern häufig der Fall ist, plastisch geformte und anschließend gebrannte Stäbchen verwenden, so ist mit Übergangswiderständen zwischen den einzelnen Körnern stets zu rechnen und die scheinbare Dichte in Rechnung zu setzen. Um gute Kontakte am Halbleiter zu erhalten, sind die Enden des Halbleiters mit einem geeigneten Metall (Ni, Al, Au, Pt usw.) zu bedampfen. Ferner ist die richtige Sintertemperatur für den Erfolg der Messungen von entscheidender Bedeutung. Zur Vermeidung von Übergangswiderständen zwischen dem Sinterkörper und

[1] FRITSCH, O.: Ann. Phys. [5] **22**, 375 (1935).
[2] HAHN, E. E., B. R. RUSSELL u. P. H. MILLER: Phys. Rev. **75**, 1631 (1949).
[3] ENGELHARD, E.: Ann. Phys. [5] **17**, 501 (1933).
[4] GUNDERMANN, J., K. HAUFFE u. C. WAGNER: Z. phys. Chem. (B) **37**, 157 (1937).

den metallischen Zuleitungen kann auch nach dem Spannungsabgriffverfahren gearbeitet werden (Abb. 3.162).

Als weiteres Verfahren zur Messung der elektrischen Leitfähigkeit und auch der Thermokraft von dünnen Metallsalz- und Oxidschichten

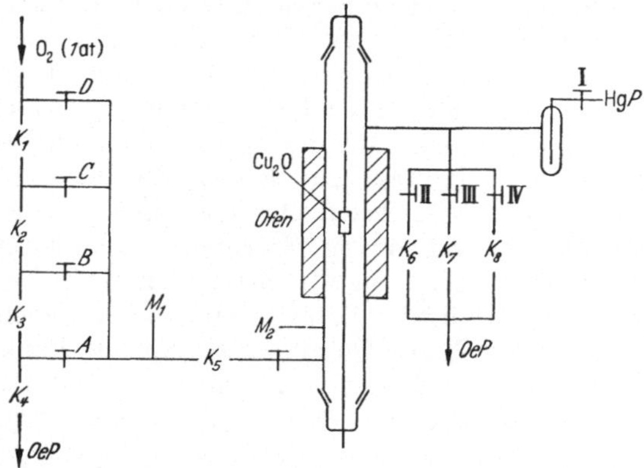

Abb. 3.161. Strömungsapparatur für Drucke von 1 atm bis 10^{-5} Torr zur Leitfähigkeitsmessung nach GUNDERMANN, HAUFFE und WAGNER. K_1 bis K_8 Kapillaren mit verschiedenem Durchmesser; Hg*P* Quecksilber-Diffusionspumpe; *OeP* Ölpumpe; *F* Ausfrierfalle; M_1 Manometer; M_2 Manometer und MacLeod. Sauerstoff strömt durch die Kapillaren K_1 bis K_4 zur Ölpumpe. Je nach der gewünschten Strömungsgeschwindigkeit und dem geforderten Druck wird das Gas durch Hahn *A*, *B*, *C* oder *D* und anschließend über Hahn I durch die Quecksilberdiffusionspumpe oder über Hahn II, III oder IV mit den anschließenden Drosselkapillaren K_6, K_7 und K_8 durch die Ölpumpe abgesaugt.

hat sich das Verdampfen von gepreßten Metallsalz- und Oxidpulvern aus einer Platin- oder Wolframwendel im Hochvakuum als brauchbar erwiesen, wenn bei nicht zu hohen Temperaturen ein genügend großer Dampfdruck bzw. eine genügend große Verdampfungsgeschwindigkeit erreicht wird. Hier ist jedoch zu beachten, daß das Trägermaterial, z. B. Quarz, bei der Meßtemperatur gegenüber dem aufgedampften Halbleiter als „Isolator" wirken muß.

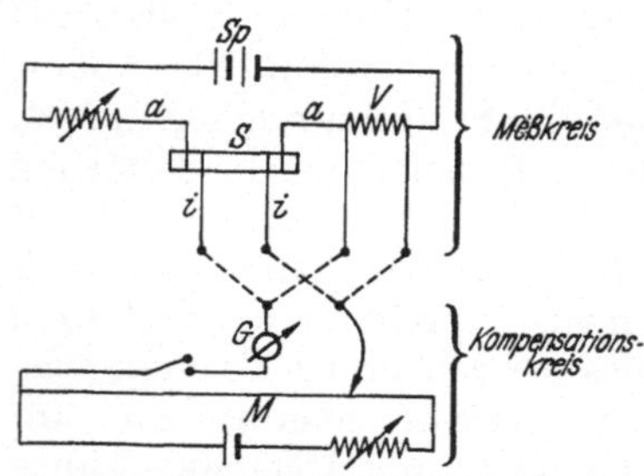

Abb. 3.162. Elektrische Schaltung für Widerstandsmessungen nach dem Spannungsabgriffsverfahren. *Sp* Spannungsquelle; *S* Präparat; *a* äußere Stromzuleitungen; *i* Sonden zum Spannungsabgriff; *V* Vergleichswiderstand; *G* Galvanometer als Nullinstrument; *M* Gefällsdraht als Meßbrücke für Spannungsmessung.

Für zahlreiche genügend niedrig schmelzende Salze haben sich Schmelzen, die in geeignet geformten Quarz- oder Korundgefäßen erstarrten, zur Messung der Leitfähigkeit und der Thermokraft bewährt.[1]

Zur Messung der Leitfähigkeit von pulverförmigen Halbleitern betten VOELKL[2] und GUILLERY[3] die Körner des Halbleiters in Vaseline oder Quarzpulver und verwenden diese Gemenge als Dielektrikum eines Kondensators. Zusammen mit einer

---

[1] TELTOW, J.: Ann. Phys. [6] **5**, 63, 71 (1949).
[2] VOELKL, A.: Ann. Phys. [5] **14**, 193 (1932).
[3] GUILLERY, P.: Ann. Phys. [5] **14**, 216 (1932).

Selbstinduktion bildet diese verlustbehaftete Kapazität einen Schwingungskreis, aus dessen Dämpfungsdekrement auf die Leitfähigkeit der halbleitenden Körner geschlossen wird. Leider ist dieses Verfahren nur auf einen kleinen Widerstandsbereich von 10^5 bis 10^7 Ohm cm anwendbar. Eine ähnliche für hohe Leitfähigkeiten brauchbare Methode ist von KURTSCHATOW und Mitarbeitern[1] entwickelt worden. Hier kann die elektrische Leitfähigkeit aus der Temperaturerhöhung errechnet werden, die durch die von einem hochfrequenten Magnetfeld induzierten Wirbelströme verursacht ist. Unabhängig von Meßtechnik und Versuchsdurchführung ist stets bei Verwendung von polykristallinem Halbleitermaterial zu beachten, daß sowohl bei Leitfähigkeits- wie auch Thermokraftmessungen im Bereich mittlerer und niedriger Temperaturen in Luft oder einer anderen reaktionsfähigen Atmosphäre infolge Chemisorptionserscheinungen in oberflächennahen Bezirken der Kristallite erhebliche Konzentrationsunterschiede der Elektronenfehlordnungsstellen gegenüber dem Kristallitinnern auftreten können. (Zeitlicher Gang der Leitfähigkeit und Thermokraft.)

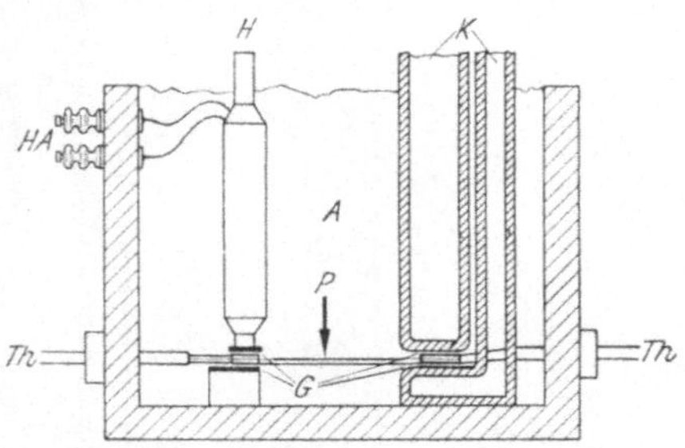

Abb. 3.163. Einfache Versuchsanordnung zur Thermokraftmessung im Temperaturbereich zwischen -180 und $+200$°C nach HENISCH. *H* Heizbolzen; *HA* Heizanschluß; *K* Kühlgefäß; *Th* Thermoelement; *P* Probe; *A* Asbestpackung; *G* Glimmerplättchen zur Isolation der Meßprobe von Heizbolzen und Kühlgefäß.

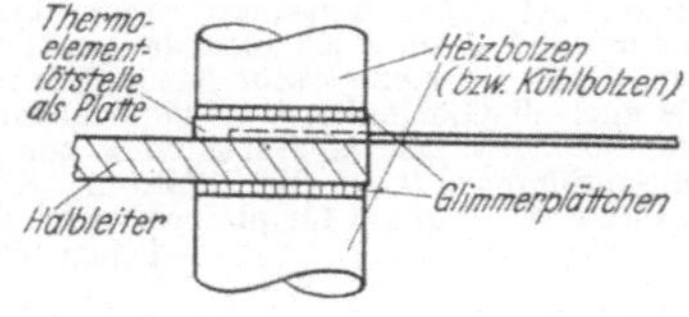

Abb. 3.164. Teilansicht der Versuchsanordnung in Abb. 3.163 betreffend die Kontaktgabe an den Meßstellen.

Noch schwieriger werden die experimentellen Probleme für Thermokraftmessungen. Hier spielen die Kontaktfragen eine noch bedeutendere Rolle. Da es für die erfolgreiche Ausführung von Thermokraftmessungen auf die Gewährleistung eines einwandfreien und definierten Kontaktes, sowohl für die eigentliche Thermokraftmessung selbst, als auch für die Erzeugung eines homogenen Temperaturfeldes ankommt, seien im folgenden zwei Versuchsanordnungen im Prinzip dargestellt, von denen die eine (Abb. 3.163 und 3.164) für Thermokraftmessungen im Temperaturbereich von -180 bis etwa $+200$ °C und die andere (Abb. 3.165 und 3.166) für Messungen im höheren Temperaturbereich (100 bis 1000 °C) brauchbar ist.

In einer geeigneten Presse wird das zu untersuchende Kristallpulver zu einem rechteckigen Versuchskörper von etwa 20 bis 40 mm Länge und einer Breite von etwa 3 bis 5 mm bei einer Dicke von 2 bis 3 mm verpreßt und anschließend bei einer günstigen Temperatur gesintert, die für jeden Stoff verschieden und gegebenenfalls durch Vorversuche zu

[1] KURTSCHATOW, H., T. Z. KOSTINA u. W. L. RUSSINOW: Phys. Z. Sowjetunion 7, 129 (1935).

bestimmen ist. Sofern Einkristalle erhältlich sind, wird man diese gegebenenfalls zur Messung vorziehen. Kann der Versuchskörper mit Luft

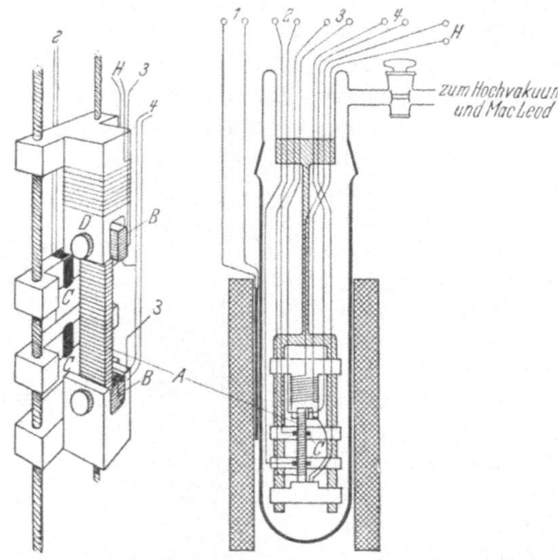

Abb. 3.165. Versuchsanordnung zur Thermokraftmessung nach ANDERSON. Die Meßanordnung befindet sich in einem evakuierbaren Quarzgefäß, das von einem Heizofen umgeben ist. Ein am Kopfende befestigter Quarzstab trägt einen Quarzrahmen, der sowohl die Einspannvorrichtung für die Meßprobe als auch das zusätzliche kleine Öfchen *D* trägt, das zur Erzeugung der erforderlichen Übertemperatur benötigt wird. *B* sind die Einklemmbacken für die Meßprobe *A*, in die auch die Lötstellen der Thermoelemente befestigt sind. *C* sind die Spannungs-Abgriffs-Sonden mit den Zuleitungsdrähten *2* zur gegenseitigen Messung des Widerstandes und der Potentialdifferenz. *H* ist die Zuführung der Heizwicklung, *1* die Zuführungen für das außen befindliche und *3* und *4* für die beiden im Innern an den beiden Enden der Meßprobe befindlichen Thermoelementen.

in Berührung kommen, wie dies bei den Oxiden, bei gewissen Halogeniden (wie z. B. den Alkalihalogeniden) und bei sehr tiefen Temperaturen auch bei den Sulfiden der Fall ist, dann genügt eine Versuchsanordnung,

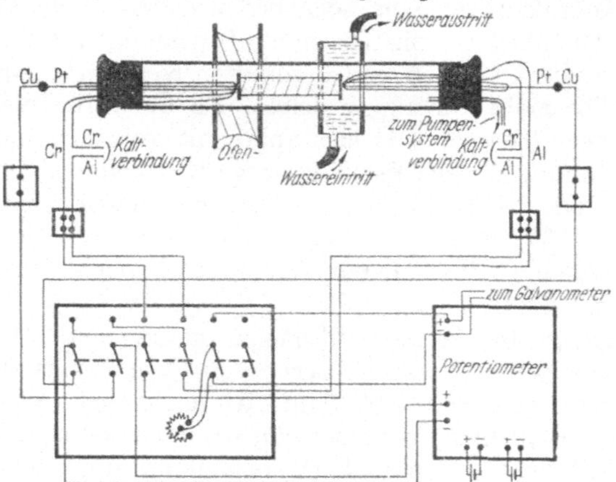

Abb. 3.166. Versuchsanordnung zur Thermokraftmessung nach HOGARTH. Auch diese Apparatur gestattet eine Ermittlung der Thermokräfte bei höheren Temperaturen.

wie sie Abb. 3.163 darstellt. Hier wird nach HENISCH[1] die Versuchsprobe an dem einen Ende mit dem Heizbolzen H eines kleinen Öfchens O und am anderen Ende mit den Backen des Kühlgefäßes K, das mit Wasser, fester Kohlensäure oder flüssiger Luft beschickt wird, in guten Kontakt gebracht. Zur Temperatur- wie Thermokraftmessung werden zwischen den Heizbolzen H und den Backen des Kühlgefäßes zwei Messingscheiben M_1 und M_2 eingesetzt, in die sowohl die Lötstelle des Thermoelementes T wie die zur Thermokraftmessung erforderlichen Ableitungsdrähte (für TiO_2 z. B. Ni oder für PbS z. B. Au) eingesenkt sind, wobei der Ableitungsdraht etwas erhabener, etwa 0,2 mm, zwecks Kontaktgabe mit dem Versuchskörper aus der dem Probekörper zugekehrten Seite hervorragt (Abb. 3.164). Zur Vermeidung von Kriechströmen liegt zwischen Heizbolzen und Messingscheibe ein stromisolierendes Glimmerplättchen. Zur Vermeidung unkontrollierbarer Wärmeübergänge in bzw. aus dem Versuchskörper wird die gesamte Versuchsanordnung mit lockerer Asbestwolle umgeben.

Um während der Thermokraftmessungen auch gleichzeitig die elektrische Leitfähigkeit sowohl bei homogener Temperatur als auch im Temperaturfeld messen zu können, kann man längs der Versuchsprobe zwei oder auch mehrere Potentialsonden mittels Federdruck, wie dies in der folgenden Apparatur zu sehen ist, anbringen (Abb. 3.165). Hier dienen dann die Zuleitungsdrähte für die Thermokraftmessung als Stromzuführungen, während die Potentialsonden nach dem Prinzip des Spannungsabgriffsverfahrens zur Widerstandsbestimmung dienen.

Abb. 3.165 und 3.166 stellen im Prinzip zwei gleich arbeitende Versuchsapparaturen zur Messung der Thermokraft mit gleichzeitiger Meßmöglichkeit der elektrischen Leitfähigkeit bei verschiedenen Drucken und Gasatmosphären im höheren Temperaturgebiet dar. Wie aus Abb. 3.165 zu ersehen ist, erfolgt die Kontaktgabe in ähnlicher Weise wie in der oben beschriebenen Meßapparatur. Nur ist hier die gesamte Meßanordnung in ein evakuierbares Reaktionsgefäß aus Quarz eingebaut, das sich seinerseits in einem Ofen befindet.[2,3] Die Temperaturmessung erfolgt einmal im Außenteil des Gefäßes, um die absolute Lage der Versuchstemperatur zu bestimmen (T_1), und zum anderen wird durch Hintereinanderschaltung zweier geeigneter Thermoelemente, von denen zwei Lötstellen, L_1 und L_2, sich an der Versuchsprobe befinden, die Temperaturdifferenz zwischen den beiden Enden des Versuchskörpers ermittelt. Zur Homogenisierung der an den Enden herrschenden Temperatur sind zwei aus Metall bestehende Backen B_1 und B_2 vorhanden, von denen die obere B_1 mit einer zusätzlichen Heizwicklung versehen ist. Auch hier muß zur Vermeidung von Kriechströmen aus dem Zusatzöfchen in die Meßprobe die obere Backe B_1 mittels eines Glimmerplättchens von den Ableitungen und der Versuchsprobe isoliert werden. Zur gleichzeitigen Bestimmung der elektrischen Leitfähigkeit sind längs der

[1] HENISCH, H. K.: Electr. Comm. **25**, 163 (1948).

[2] SCHLOSSER, E. G.: Z. Elektrochem. Ber. Bunsenges. phys. Chem. **65**, 453 (1961).

[3] SCHILLING, H.: Ann. Phys. [6] **16**, 84 (1955).

Versuchsprobe zwei Platinkontakte C_1 und C_2 mittels Federdruck angeordnet. Zur besseren Halterung der gesamten Meßanordnung wurden sämtliche Teile, wie aus Abb. 3.165 zu ersehen ist, auf einen Quarzrahmen montiert. Das am Quarzgefäß befindliche Ableitungsrohr führt zum Manometer bzw. MacLeod zur Gasdruckmessung. Zur Durchführung von Thermokraftmessungen an Sulfid- bzw. Jodidproben bei variierendem Schwefel- bzw. Jodpartialdruck ist das gesamte Meßgefäß in den Ofen zu versenken, um eine Kondensation des Schwefels und Jods zu vermeiden.

Die Größe des oben erwähnten Störeffektes am System Ni|TiO_2|Ni ist nach HENISCH gleichsam ein Maß für die „Inhomogenität" bzw. „Heterogenität" des Sinterkörpers. Dieser Störeffekt konnte im allgemeinen dadurch beseitigt werden, daß man relativ hohe Temperaturdifferenzen (> 70 °C) verwandte. An Hand von weiterem Versuchsmaterial über Thermokraft-Messungen an Cu_2O und blauem TiO_2 zwischen 60 und 160 °C glaubt BOLTAKSS[1], die von SCHWEICKERT, RHODE und HENISCH (s. S. 277) beobachtete Abhängigkeit der Thermokraft von der Temperatur auf Meßfehler zurückführen zu können. Weiterhin wird die von HENISCH aufgestellte Behauptung, daß an Sinterkörpern häufig die Messung der Thermokraft nicht ausreicht, um das Vorzeichen der Stromträger in Halbleitern zu bestimmen, von BOLTAKSS als unbegründet bezeichnet.

Wie bereits im Kap. 3.18 hingewiesen, erhält man aus Vorzeichen und Größe der HALL-Konstanten Auskunft über die Konzentration bzw. die Beweglichkeit der Ladungsträger. Über die Anwendungsmöglichkeiten dieser Messungen und über Meßmethoden liegt u. a. eine Monographie von PUTLEY[2] vor. Da wir aber für Festkörperreaktionen nur von Fall zu Fall von diesen Versuchsergebnissen Gebrauch machen, möge dieser Literaturhinweis genügen.

4 Randschichterscheinungen an halbleitenden Kristallen und Chemisorption von Gasen an Festkörpern

Bisher sind alle Fehlordnungserscheinungen in halbleitenden Kristallen in Abhängigkeit von Temperatur und Gasatmosphäre stets unter dem Gesichtspunkt behandelt worden, daß die im gesamten Kristall homogen verteilten Ionen- und Elektronenfehlordnungsstellen mit der den Kristall umgebenden Gasatmosphäre im thermodynamischen Gleich-

---

[1] BOLTAKSS, B. J.: J. techn. Phys. UdSSR **20**, 1039 (1950).

[2] PUTLEY, E. H.: The HALL-Effect and Related Phenomena. London: Butterworths 1960. — Siehe auch W. C. DUNLAP: An Introduction to Semiconductors. New York: Wiley & Son 1957.

gewicht stehen. Diese Gleichgewichtseinstellung kann durch Wahl einer genügend hohen Versuchstemperatur häufig erreicht werden, wobei die zur Verwirklichung dieser Bedingung erforderliche Temperatur von den Platzwechselgeschwindigkeiten der Ionen- und Elektronenfehlordnungsstellen im Kristall abhängen wird. Die Einstellung eines thermodynamischen Gleichgewichts in endlichen Zeiten ist an eine genügend hohe Platzwechsel- bzw. Diffusionsgeschwindigkeit der Ionenfehlordnungsstellen gebunden.

Die Einwirkung von Sauerstoff auf Oxide findet in der Weise statt, daß bei genügend hohen Temperaturen der Sauerstoff ins Kristallgitter eingebaut wird, wodurch Ionen- und Elektronenfehlordnungsstellen erzeugt oder vernichtet werden, die sich bei hinreichender Beweglichkeit der Fehlordnungsstellen im gesamten Kristall homogen verteilen. Diese Erscheinung, die durch die Abhängigkeit der elektrischen Leitfähigkeit von der umgebenden Gasatmosphäre beobachtbar ist, zählt heute zu den längst bekannten und best untersuchten Halbleiterphänomenen.[1] Komplizierte Erscheinungen treten jedoch dann auf, wenn die Temperatur so weit erniedrigt wird, daß nunmehr die für die Gleichgewichtseinstellung der Fehlordnungsstellen im gesamten Kristall in endlichen Zeiten erforderliche Platzwechselgeschwindigkeit der Ionenfehlordnungsstellen zu klein geworden ist. Unter solchen Bedingungen kann es überwiegend nur zu einer Chemisorption des Sauerstoffs an der Oberfläche des Oxids kommen, während ein nennenswerter Einbau von Sauerstoff ins Kristallgitter auf Grund der geringen Platzwechselgeschwindigkeit der Ionen nicht stattfindet. Die Chemisorption des Sauerstoffs bewirkt im Gegensatz zum Gittereinbau nur eine Elektronenverschiebung bzw. speziell einen Übergang von freien Elektronen oder von Gitterelektronen aus dem Oxid zum chemisorbierenden Sauerstoff. Beim Übergang von Elektronen vom Oxid zum Sauerstoff kommt es durch Verminderung der Konzentration der Leitungselektronen in den oberflächennahen Bezirken eines n-Halbleiters (z. B. ZnO, CdO, TiO_2) zu einer Abnahme der Leitfähigkeit. Bei einem p-leitenden Oxid (z. B. Cu_2O, NiO, FeO) gehen hingegen Elektronen aus dem Valenzband der Kationen des Oxids zum Sauerstoff über, so daß es zu einer Erhöhung der Konzentration der Defektelektronen in den oberflächennahen Bezirken des Halbleiters und somit zu einer Erhöhung der Leitfähigkeit kommt. Gibt das Gas hingegen bei der Chemisorption Elektronen an den Halbleiter ab, so werden die Leitfähigkeitsänderungen der n- und p-Halbleiter im entgegengesetzten Sinne erfolgen.

Der Abfluß von Elektronen vom oder zum Halbleiter hin ohne eine gleichzeitig erfolgende Ionendiffusion muß zu einer Aufladung zwischen dem Halbleiterinneren und seiner Oberfläche führen. Die überschüssigen Ladungen werden dabei jeweils in der als flächenhafte Phase zu betrachtenden Chemisorptionsschicht („σ-Phase“) einerseits und als Raum-

[1] Vgl. u. a. H. H. v. Baumbach, H. Dünwald u. C. Wagner: Z. phys. Chem. (B) **22**, 226 (1933). — H. H. v. Baumbach u. C. Wagner: Z. phys. Chem. (B) **22**, 199 (1933); **24**, 59 (1934). — Siehe auch K. Hauffe: Ergebn. exakt. Naturwiss. **25**, 193 (1951).

ladung in einem oberflächennahen Bereich des Halbleiters, der „Randschicht", andererseits lokalisiert sein. Damit rücken die Erscheinungen an der Grenzfläche Oxid–Chemisorptionsschicht ganz in die Nähe der Phänomene, die an der Phasengrenze Metall–Halbleiter auftreten und sich dort in der Ausbildung von Sperrschichten bemerkbar machen und die Gleichrichterwirkung des Systems Halbleiter–Metall bewirken. Es wird dadurch möglich sein, gewisse Gesichtspunkte, die bei der Behandlung des elektronischen Gleichgewichtes zwischen Metallen und Halbleitern vor allem von SCHOTTKY[1] und SCHOTTKY und SPENKE[2] angewendet wurden, auf das vorliegende Problem sinngemäß zu übertragen. Zur Behandlung der durch die Chemisorption verursachten Randschichterscheinungen wird man daher die homogene Fehlordnungstheorie halbleitender Kristalle mit der eben erwähnten Randschichttheorie der Kristallgleichrichter verknüpfen müssen. Diese Verknüpfung wurde von ENGELL und HAUFFE[3,4] in ihrer „Randschichttheorie der Chemisorption" durchgeführt. AIGRAIN und DUGAS[5] behandelten gleichzeitig diese Fragen, die ferner in einer späteren Veröffentlichung auch von WEISZ[6] aufgezeigt wurden. Im folgenden sollen daher zunächst die theoretischen Zusammenhänge der Randschichtbildung an der Phasengrenze Halbleiter–σ-Phase, soweit sie für das vorliegende Problem von Wichtigkeit sind, behandelt werden. Hierbei wird es die erste Aufgabe sein, zu zeigen, auf welche Weise die Randschichtbildung zustande kommt. Dabei werden wir zunächst der von ENGELL und HAUFFE gegebenen Darstellung folgen unter Berücksichtigung der späteren Zusätze von HEILAND[7], KRUSEMEYER und THOMAS[8]. Zu beachten ist ferner, daß auch bei ausreichender Ionenbeweglichkeit durch die Wechselwirkung zwischen Gasatmosphäre und Festkörper an dessen Oberfläche eine Randschichtbildung auftreten kann, wenn die Reaktionsenergie der Elektronenstörstellen mit chemisorbierenden Gaspartikeln unterschiedlich von der der Ionenstörstellen mit dem Gas ist. Auf diese Art von Randschichten, die also auch bei Einstellung des vollständigen Gleichgewichtes zwischen Gas und Kristall noch verbleiben können, wiesen HAUFFE und ILSCHNER[9] hin. Die Gesetz-

---

[1] SCHOTTKY, W.: Naturwiss. **26**, 843 (1938); Z. Phys. **113**, 367 (1939); **118**, 539 (1942). — Vgl. auch B. DAVIDOV: J. Phys. UdSSR **1**, Heft 2 (1939). — N. F. MOTT: Proc. Roy. Soc. [London] (A) **171**, 944 (1939).

[2] SCHOTTKY, W., u. E. SPENKE: Wiss. Veröff. Siemens-Werken **18**, 25 (1939). — E. SPENKE: Z. Phys. **126**, 67 (1947); Z. Naturforsch. **4a**, 37 (1949).

[3] HAUFFE, K., u. H.-J. ENGELL: Z. Elektrochem. Ber. Bunsenges. phys. Chem. **56**, 366 (1952). — H.-J. ENGELL u. K. HAUFFE: Z. Elektrochem. Ber. Bunsenges. phys. Chem. **57**, 762 (1953).

[4] Vgl. auch besonders den zusammenfassenden Bericht von H.-J. ENGELL über Randschichteffekte an der Grenzfläche Halbleiter—Vakuum und Halbleiter—Gasraum, in: Halbleiterprobleme, herausgeg. von W. SCHOTTKY, S. 249ff. Braunschweig 1954.

[5] AIGRAIN, P., u. C. DUGAS: Z. Elektrochem. Ber. Bunsenges. phys. Chem. **56**, 363 (1952).

[6] WEISZ, P. B.: J. chem. Phys. **20**, 1483 (1952); **21**, 1531 (1953).

[7] HEILAND, G.: Z. Phys. **148**, 28 (1957); **142**, 415 (1955).

[8] KRUSEMEYER, H. J., u. D. G. THOMAS: J. Phys. Chem. Solids **4**, 78 (1958).

[9] HAUFFE, K., u. B. ILSCHNER: Z. Elektrochem. Ber. Bunsenges. phys. Chem. **58**, 467 (1954).

mäßigkeiten dieser Gleichgewichts-Randschichten werden wir später behandeln.

In einer Zahl von Veröffentlichungen[1,2,3,4] wurde darauf aufmerksam gemacht, daß für die Leitfähigkeit des Zinkoxids und auch anderer Elektronenüberschußleiter häufig nicht das kompakte Material, sondern Oberflächenschichten verantwortlich sind. Daß diese Oberflächenschichten durch die Chemisorption von Gas und den Übergang von Elektronen zwischen dem Halbleiter und dem chemisorbierten Gas unter Ausbildung einer Randschicht im Halbleiter gebildet werden, machen auch die Untersuchungen von LJASCHENKO und STEPKO[5], die eine Druckabhängigkeit der Leitfähigkeit verschiedener Halbleiter in dünnen Schichten auch gegenüber CO, CO_2 sowie Dämpfen von Äthanol, Methanol, Aceton und Wasser fanden. Im gleichen Sinne ist die Sauerstoffdruckabhängigkeit der Leitfähigkeit gewisser Mischoxide[6] auch bei höheren Temperaturen zu deuten.

Die Möglichkeit, daß Randschichten durch ausgezeichnete Energielagen der Elektronen an der Oberfläche[7] entstehen, die den Elektronen gegenüber andere Bindungskräfte als das Innere des Kristalls betätigt, ist noch strittig und muß von Fall zu Fall aufgeklärt werden. Auf die Bedeutung derartig veränderter Bindungsverhältnisse der Elektronen in der Oberfläche eines Halbleiters für das Auftreten neuer stabiler Elektronenzustände hat zuerst TAMM[8] hingewiesen. Im Schrifttum wird daher des öfteren von TAMM-Zuständen (= Oberflächenzuständen) der Elektronen gesprochen.

Die experimentellen Beweise für die Existenz solcher Oberflächenzustände sind jedoch bisher wenig überzeugend, da die Messungen entweder an Luft[9] oder an Kristallen ausgeführt wurden, die vor Versuchsbeginn der Luft ausgesetzt waren.[10] Dementsprechend kann in allen diesen Fällen mit der Gegenwart chemisorbierter Fremdatome (also hier Sauerstoff) oder Anlaufschichten gerechnet werden. Die tatsächlich an im Vakuum erzeugten Halbleiterflächen ausgeführten Experimente lassen keine

---

[1] HEILAND, G.: Z. Phys. **148**, 28 (1957); **142**, 415 (1955).

[2] BEVAN, D. J. M., J. P. SHELTON u. J. S. ANDERSON: J. chem. Soc. [London] 1948, 1729.

[3] HAHN, E. E.: J. appl. Phys. **22**, 855 (1951). — P. H. MILLER JR., in: Semi-Conducting Materials, S. 172ff. London 1951. — H. K. HENISCH: Z. phys. Chem., SCHOTTKY-Festband, **198**, 41 (1951).

[4] KUBOKAWA, Y., u. O. TOYAMA: Bull. Naniwa Univ. (A) **2**, 103 (1954). — D. A. MELNICK: J. chem. Phys. **26**, 1136 (1957).

[5] LJASCHENKO, W. J., u. J. J. STEPKO: Nachr. Akad. Wiss. UdSSR, phys. Serie **16**, 274 (1952).

[6] HAUFFE, K., u. J. BLOCK: Z. phys. Chem. **196**, 438 (1951).

[7] Vgl. u. a. F. N. MOTT, in: Semi-Conducting Materials, S. 5. London 1951. — Siehe auch H. J. ENGELL, Fußnote 4 auf S. 296.

[8] TAMM, I.: Phys. Z. Sowjetunion **1**, 733 (1932).

[9] BRATTAIN, W. H., u. W. SHOCKLEY: Phys. Rev. **73**, 345 (1947). — J. BARDEEN u. W. H. BRATTAIN: Phys. Rev. **75**, 1208 (1949). — W. SHOCKLEY u. G. L. PEARSON: Phys. Rev. **74**, 232 (1948). — G. L. PEARSON: Phys. Rev. **76**, 459 (1949). — H. Y. FAN u. R. BRAY: Phys. Rev. **76**, 458 (1949). — N. H. ODELL u. H. Y. FAN: Phys. Rev. **78**, 334 (1950). — W. E. TAYLOR u. H. Y. FAN: Phys. Rev. **78**, 335 (1950). — P. FEUER u. H. M. JAMES: Phys. Rev. **78**, 645 (1950).

[10] BRATTAIN, W. H., u. J. BARDEEN: Bell System Techn. J. **32**, 1 (1953).

merklichen Oberflächenzustände erkennen.[1] Aus diesem Grunde werden wir für die folgenden Betrachtungen der Vorgänge an der Grenzfläche Halbleiter–Gas eine etwaige Existenz solcher Oberflächenzustände zunächst unberücksichtigt lassen, wenn diese auch nach MANY auf Grund neuerer Untersuchungen an Germanium[2] tatsächlich vorhanden sein sollen.

Bei der Einwirkung eines Gases auf einen Festkörper unterscheidet der Chemiker zwischen „physikalischer" Adsorption bzw. Physisorption, die durch Kräfte von der Art der Attraktionskräfte bewirkt wird (VAN DER WAALSsche Adsorption), und Chemisorption. Eine einwandfreie Definition der Chemisorption zu geben, ist insofern recht schwierig, als man nicht entscheiden kann, ob man bereits beim Auftreten eines „Dipolmechanismus" der Elektronen von Chemisorption sprechen soll. Auch das Auftreten einer Aktivierungsenergie, die bei der Physisorption fehlt, ist kein hinreichendes Kriterium. Für die folgenden Betrachtungen wollen wir die Chemisorption als eine Adsorption der Teilchen überwiegend als Ionen (Ionosorption) behandeln.

Man kann immer streng zwischen dem Fall unterscheiden, in dem eine etwaige in einem adsorbierten Atom oder Molekül auftretende Überschuß- oder Unterschußladung durch eine entgegengesetzte Ladungsanomalie des angrenzenden Gitters innerhalb atomarer Entfernungen kompensiert wird, und dem Fall, in dem die kompensierte Ladung in überatomarer Entfernung im Gitter investiert und der lokalen Wirkung des adsorbierten Teilchens völlig entzogen ist. Der erste Fall entspricht dem einer ins Gitter eingebauten neutralen Störstelle, der zweite dem einer ein- oder mehrfach positiv oder negativ geladenen; hier wie dort sind die Unterschiede nicht fließend, sondern diskret, und sowohl bei Innen- wie „Oberflächen"-Störstellen kann man elektronische Energieterme (im Bandschema) angeben. Bei überatomarer gegenseitiger Entfernung der chemisorbierten Teilchen fallen elektronische Austauschwirkungen fort.

Unter diesen Bedingungen ist die von ENGELL und HAUFFE oben vorgeschlagene Definition einer Adsorption eindeutig. Die Frage nach der tatsächlichen Lage der hierbei auftretenden Umladungsterme sowie nach der Bindungsfestigkeit der chemisorbierten Ionen müssen wir allerdings der Empirie oder in einigermaßen gut übersehbaren Sonderfällen dem chemischen Urteil überlassen.

Werden an der Oberfläche eines Halbleiters Gasmolekeln adsorbiert, die auf Grund ihrer Elektronenaffinität Elektronen aufnehmen, so werden im Falle eines p- oder n-Typ-Halbleiters Elektronen aus dem oberflächennahen Bereich des Halbleiters zu den physisorbierten Molekeln überfließen, wobei es in einem p-Typ-Halbleiter zu einer Erhöhung der Konzentration an Defektelektronen im Valenzband und in einem n-Typ-

---

[1] DUBAR, L.: C. R. Acad. Sci. **202**, 1330 (1936). — Siehe ferner die Messungen von J. N. SHIVE, zitiert bei BARDEEN: Phys. Rev. **71**, 718 (1947).

[2] MANY, A.: J. Phys. Chem. Solids **8**, 82 (1959). — Siehe auch A. H. BOONSTRA, J. VAN RULER u. M. J. SPARNAAY: Kon. Nederl. Akad. Wetensch., Amsterdam (B) **66**, 70 (1963).

Halbleiter zu einer Erniedrigung der Konzentration an freien Elektronen im Leitungsband kommt. Da entsprechend der Eigentümlichkeit des Bändermodells alle Energieniveaus, die unterhalb des FERMI-Potentials E_F liegen, besetzt sind, muß das Energieniveau dieser chemisorbierenden Molekel unterhalb des FERMI-Potentials liegen. Da dieses Energieniveau — auch Austauschniveau bezeichnet — durch einen Elektronenübergang vom Halbleiter zum chemisorbierten Teilchen gekennzeichnet ist, kann es einem Akzeptorterm E_A gleichgesetzt werden. Liegt jedoch das Niveau oberhalb des FERMI-Potentials, so wird es praktisch von Elektronen unbesetzt bleiben. Unter einer derartigen Bedingung wird es also nur zu einer Physisorption neutraler Teilchen kommen.

Vermag aber das physisorbierte Molekül Elektronen abzugeben und liegt sein Austauschniveau E_D oberhalb des FERMI-Potentials, so werden nun zur Einstellung des thermischen Gleichgewichtes Elektronen von dem Austauschniveau in den Halbleiter abfließen. Das physisorbierte Teilchen benimmt sich wie ein Donator und geht unter Elektronenabgabe in den chemi- bzw. ionosorbierten Zustand über. Während es im ersten Fall unter Elektronenaufnahme des Moleküls zu einer negativen Oberflächenladung kommt, die durch eine gleich große positive Gegenladung im Oberflächenbereich des Halbleiters kompensiert wird, tritt im zweiten Fall bei Elektronenabgabe der physisorbierten Moleküle eine positive Oberflächenladung auf, die durch eine gleich große negative Gegenladung im Oberflächenbereich des Halbleiters kompensiert wird. Entsprechend lauten die Elektronenreaktionen

$$\left.\begin{array}{ll} & A(\text{gas}) + e' = A^-(\text{ads}) \\ \text{bzw.} & A(\text{gas}) = A^-(\text{ads}) + |e|^{\bullet} \end{array}\right\} \text{Chemisorption} \quad \begin{array}{r}(4.1\,a)\\(4.1\,b)\end{array}$$

und

$$\left.\begin{array}{ll} & D(\text{gas}) = D^+(\text{ads}) + e' \\ \text{bzw.} & D(\text{gas}) + |e|^{\bullet} = D^+(\text{ads}) \end{array}\right\} \text{Chemisorption} \quad \begin{array}{r}(4.2\,a)\\(4.2\,b)\end{array}$$

Beiden Chemisorptionsvorgängen vorgelagert ist die Physisorption der neutralen A- und D-Molekeln:

$$\left.\begin{array}{l} A(\text{gas}) \rightleftarrows A^{\times}(\text{ads}) \\ D(\text{gas}) \rightleftarrows D^{\times}(\text{ads}) \end{array}\right\} \text{Physisorption} \quad (4.3)$$

Wie aus den symbolischen Gln. (4.1) und (4.2) zu erkennen ist, tritt im Falle der Chemisorptiongleichgewichte (4.1a) und (4.2b) eine Verarmung an Ladungsträgern und im Falle der Chemisorptionsgleichgewichte (4.1b) und (4.2a) eine Anreicherung an Ladungsträgern im Halbleiter in Nähe der Oberfläche auf. Man bezeichnet diese Gebiete im Halbleiter als Raumladungs-Randschichten mit der weiteren Unterteilung einer Verarmungs-Raumladungs-Randschicht und einer Anreicherungs-Raumladungs-Randschicht, kurz als Verarmungsrandschicht und Anreicherungsrandschicht bezeichnet[1]. Die hier skizzierten Chemi-

[1] SCHOTTKY, W.: Naturwiss. **26**, 843 (1938); Z. Phys. **113**, 367 (1939); **118**, 539 (1942). — W. SCHOTTKY u. E. SPENKE: Wiss. Veröff. Siemens-Werken **18**, 25 (1939).

sorptionsvorgänge mit den zugehörigen Raumladungserscheinungen im Halbleiter sind in Abb. 4.1 schematisch dargestellt. Auf Grund des sich hierbei aufbauenden, entgegengesetzt wirkenden elektrischen Feldes, erfahren die Bandkanten bei positiver Raumladung eine Aufwölbung

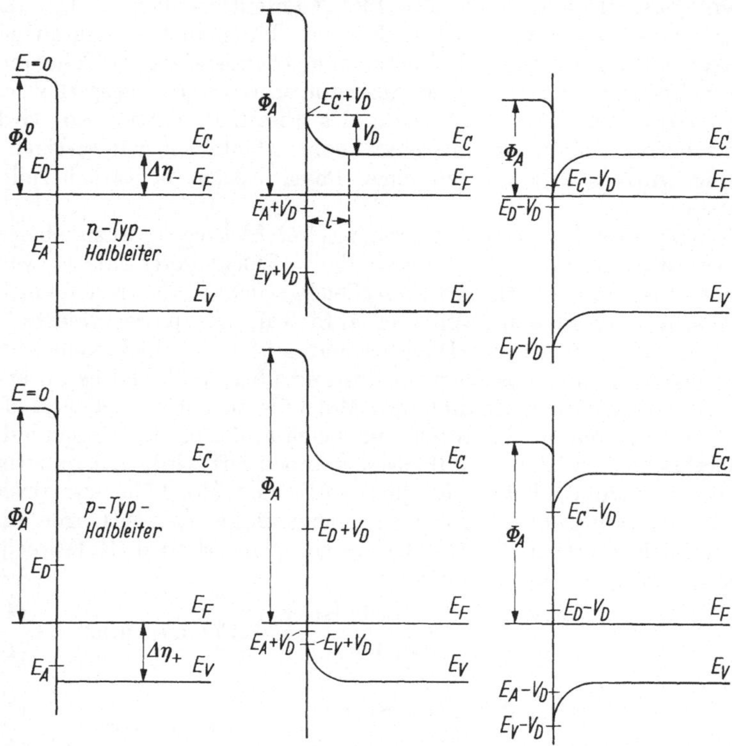

Abb. 4.1. *N*- und *p*-Typ-Halbleiter mit Verarmungs- und Anreicherungs-Randschichten. E_F = FERMI-Potential, E_c bzw. E_v ist die Elektronenenergie der Leitungsband- bzw. Valenzbandkante und E_A bzw. E_D das elektronische Austauschniveau der chemisorbierenden Gassorte mit Akzeptor bzw. Donatoreigenschaft.

und bei negativer Raumladung eine Abwölbung. Die sich hierbei aufbauende Raumladungs-Randschicht ist im allgemeinen 10^{-4} bis 10^{-5} cm breit.

Die Größe der Wechselwirkungsenergie zwischen Adsorbens und Adsorbat wird in Abb. 4.2 im Potential-Abstands-Diagramm für die Chemisorption von beispielsweise Wasserstoff an Kalziumfluorid dargestellt.[1] Das Minimum der potentiellen Energie, das die H-Atome auf ihrem Wege zur Oberfläche erreichen, gibt die stabile Adsorptionslage der Atome an. Die Größe der Adsorptionsenergie führt zum Schluß, daß die Atome nicht physisorbiert, sondern chemisorbiert sind. Experimentell bestimmt wurden die Aktivierungsenergien E_{ad} und E_d der Chemisorption und der Desorption. Ferner wurde berücksichtigt, daß die Chemisorp-

[1] BOER, J. H. DE: Advances in Catalysis 9, 472 (1957).

tion von atomarem Wasserstoff ohne Aktivierungsenergie abläuft. Der Potentialberg zwischen den beiden Minima entspricht der Dissoziation der physisorbierten Wasserstoffmoleküle in die Atome und deren Übergang in den chemisorbierten Zustand.

Mit zunehmender Belegung der Oberfläche nimmt im allgemeinen der Absolutwert der Adsorptionswärme ΔH ab, und zwar häufig etwa linear mit dem Bedeckungsgrad. Die Abnahme von ΔH kann durch die wachsende Diffusionsspannung in der Raumladungs-Randschicht, ferner durch die Wechselwirkung der chemisorbierenden Teilchen untereinander und durch die Heterogenität der Oberfläche verursacht sein. Zwischen einer a-priori-Heterogenität und einer induzierten kann häufig nicht unterschieden werden. Bei überwiegend homöopolarem Charakter der Chemisorptionsbindung können aus optischen Absorptionsmessungen im Ultraroten Aussagen über die Art der Bindung gewonnen werden. Sind an der Bindung Elektronen mit ungepaartem Spin beteiligt, oder werden solche Zustände durch Chemisorptionsvorgänge geschaffen oder vernichtet, so eignen sich Messungen der ferromagnetischen Suszeptibilität zur Aufklärung der Bindungsart. Beeinflußt die Chemisorption die Konzentration der *Elektronen im Adsorbens* (Halbleiter), die durch ein bestimmtes Resonanzband charakterisiert sind, so können Elektronen-Spin-Resonanz-Messungen wertvolle Aufklärung liefern.

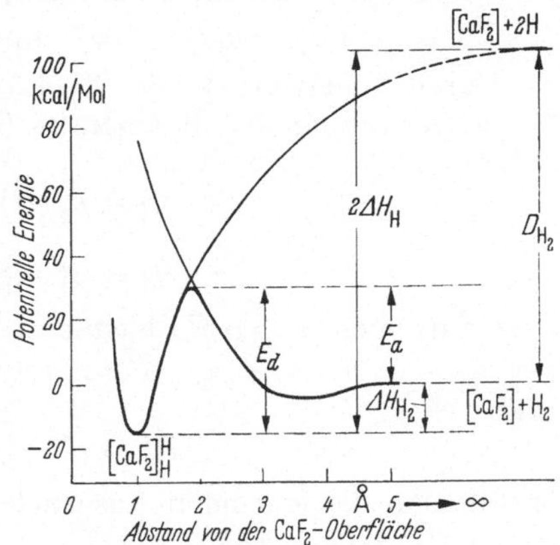

Abb. 4.2. Potential-Abstandsdiagramm für die Chemisorption von Wasserstoff an CaF_2 nach DE BOER. E_{ad} bzw. E_d ist die Aktivierungsenergie für Adsorption und Desorption von Wasserstoff als H-Atome. ΔH_H bzw. ΔH_{H_2} ist die Adsorptionsenergie für atomaren bzw. molekularen Wasserstoff, und D_{H_2} ist die Dissoziationsenergie der H_2-Moleküle.

4.1 Chemisorption mit Raumladungs-Randschichten

Zur quantitativen Beschreibung dieses Zustandes verwenden wir die POISSON-Gleichung, die eine Verknüpfung zwischen Potential und Raumladung gibt, in Verbindung mit der BOLTZMANN-Statistik, wodurch eine Beziehung zwischen Ladungsträgerdichte und Potential hergestellt wird. Wenn V das elektrische Potential, ϱ die Dichte der Ladungsträger und ξ die Ortskoordinate (von der Halbleiteroberfläche aus ins Innere gerichtet) bedeuten, lautet die POISSON-Gleichung

$$\frac{d^2 V}{d \xi^2} = \frac{4\pi}{\varepsilon} \varrho(\xi) \tag{4.4}$$

mit ε als Dielektrizitätskonstante der Halbleiter-Randschicht. Die Ladungsdichte wird im p-Typ-Halbleiter am Orte ξ durch

$$\varrho(\xi) = e[c_+(\xi) - c_+(H)] \tag{4.5}$$

und im n-Typ-Halbleiter durch

$$\varrho(\xi) = e[c_-(H) - c_-(\xi)] \tag{4.6}$$

gegeben. Hierbei bedeutet $c_+(H)$ bzw. $c_-(H)$ die Defektelektronen- bzw. die Elektronenkonzentration tief im Halbleiterinnern und $c_+(\xi)$ bzw. $c_-(\xi)$ die entsprechende Konzentration an irgendeinem Ort ξ in der Raumladungs-Randschicht. Dementsprechend ist:

$$c_+(H) = c_+(\xi \to \infty) \quad \text{und} \quad c_-(H) = c_-(\xi \to \infty).$$

Durch Substitution der Gl. (4.5) bzw. (4.6) in Gl. (4.4) und unter Berücksichtigung der BOLTZMANN-Gleichungen für einen p-Typ-Halbleiter

$$c_+(\xi) = c_+(H) \exp\bigl(V(\xi)/\mathfrak{B}\bigr) \tag{4.7a}$$

und

$$c_+(H) = c_+^0 \exp(-\Delta\eta_+/\mathfrak{B}) \tag{4.7b}$$

bzw. für einen n-Typ-Halbleiter

$$c_-(\xi) = c_-(H) \exp\bigl(-V(\xi)/\mathfrak{B}\bigr) \tag{4.8a}$$

und

$$c_-(H) = c_-^0 \exp(-\Delta\eta_-/\mathfrak{B}) \tag{4.8b}$$

erhält man die folgenden Ausdrücke:

$$\frac{d^2V}{d\xi^2} = \frac{4\pi e}{\varepsilon} c_+^0 \exp(-\Delta\eta_+/\mathfrak{B}) \left[\exp\bigl(V(\xi)/\mathfrak{B}\bigr) - 1\right] \tag{4.9}$$

(für p-Typ-Halbleiter)

und

$$\frac{d^2V}{d\xi^2} = \frac{4\pi e}{\varepsilon} c_-^0 \exp(-\Delta\eta_-/\mathfrak{B}) \left[1 - \exp\bigl(-V(\xi)/\mathfrak{B}\bigr)\right] \tag{4.10}$$

(für n-Typ-Halbleiter).

Hier bedeuten c_+^0 bzw. c_-^0 die Entartungskonzentration der Defektelektronen bzw. der freien Elektronen und $\mathfrak{B} = kT/e$ das Voltäquivalent der Temperatur. Ferner ist $\Delta\eta_+$ bzw. $\Delta\eta_-$ der Abstand des elektrochemischen Potentials der Defektelektronen von der Valenzbandkante bzw. der Elektronen von der Leitungsbandkante (Abb. 4.1).

Die Gln. (4.9) und (4.10) sind gewöhnliche Differentialgleichungen 2. Ordnung für V in Abhängigkeit von ξ. Die erste Integration gelingt nach Erweitern der Gleichungen mit $dV/d\xi$ und anschließender Integration über V mit den Randbedingungen $V(\xi \to \infty) = 0$ und $dV/d\xi(\xi \to \infty) = 0$ sowie $V(\xi = 0) = V_D$. Das Ergebnis lautet für einen p-Typ-Halbleiter[1,2]

$$\left(\frac{dV}{d\xi}\right)^2_{\xi=0} = \frac{8\pi e c_+^0 \mathfrak{B}}{\varepsilon} \exp(-\Delta\eta_+/\mathfrak{B}) \left[\exp(V_D/\mathfrak{B}) - \frac{V_D}{\mathfrak{B}} - 1\right] \tag{4.11}$$

und für einen n-Typ-Halbleiter

$$\left(\frac{dV}{d\xi}\right)^2_{\xi=0} = \frac{8\pi e c_-^0 \mathfrak{B}}{\varepsilon} \exp(-\Delta\eta_-/\mathfrak{B}) \left[\exp(-V_D/\mathfrak{B}) + \frac{V_D}{\mathfrak{B}} - 1\right]. \tag{4.12}$$

[1] HAUFFE, K., u. E. G. SCHLOSSER: Z. Elektrochem. Ber. Bunsenges. phys. Chem. **61**, 506 (1957). — Siehe auch TH. WOLKENSTEIN u. O. PESHEV: J. Catalysis **4**, 301 (1965).

[2] BOHNENKAMP, K., u. H.-J. ENGELL: Z. Elektrochem. Ber. Bunsenges. phys. Chem. **61**, 1184 (1957).

Im Falle der Chemisorption von Sauerstoff, wobei mit dem Auftreten von chemisorbierten Atomen O^-(ads) und Molekülen O_2^-(ads) zu rechnen ist, folgt aus der Ladungsbilanz

$$\left|\int_0^\infty \varrho(\xi)\,d\xi\right| = e[\Gamma_{O^-} + \Gamma_{O_2^-}] \tag{4.13}$$

mit Hilfe der POISSON-Gleichung (4.4) der Ausdruck für $(dV/d\xi)^2_{\xi=0}$:

$$\left(\frac{dV}{d\xi}\right)^2_{\xi=0} = \left(\frac{4\pi e}{\varepsilon}\right)^2 [\Gamma_{O^-} + \Gamma_{O_2^-}]^2. \tag{4.14}$$

Durch Gleichsetzen von Gl. (4.14) mit Gl. (4.11) bzw. (4.12) folgt für den p-Typ-Halbleiter:

$$(\Gamma_{O^-} + \Gamma_{O_2^-})^2 = \frac{\varepsilon}{2\pi e} c_+^0\, \mathfrak{V} \exp(-\Delta\eta_+/\mathfrak{V}) \left[\exp(V_D/\mathfrak{V}) - \frac{V_D}{\mathfrak{V}} - 1\right] \tag{4.15}$$

und für den n-Typ-Halbleiter:

$$(\Gamma_{O^-} + \Gamma_{O_2^-})^2 = \frac{\varepsilon}{2\pi e} c_-^0\, \mathfrak{V} \exp(-\Delta\eta_-/\mathfrak{V}) \left[\exp(-V_D/\mathfrak{V}) + \frac{V_D}{\mathfrak{V}} - 1\right]. \tag{4.16}$$

Gl. (4.15) bzw. (4.16) ergibt die chemisorbierte Menge an Sauerstoff (Γ_{O^-} bzw. $\Gamma_{O_2^-}$ gleich Oberflächenkonzentration in Teilchen/cm²) auf der Halbleiteroberfläche in Abhängigkeit vom FERMI-Potential und von der Diffusionsspannung V_D.

Die Ergebnisse lassen sich leider nicht in geschlossener Form darstellen und sollen an Hand der in Abb. 4.3 dargestellten numerischen

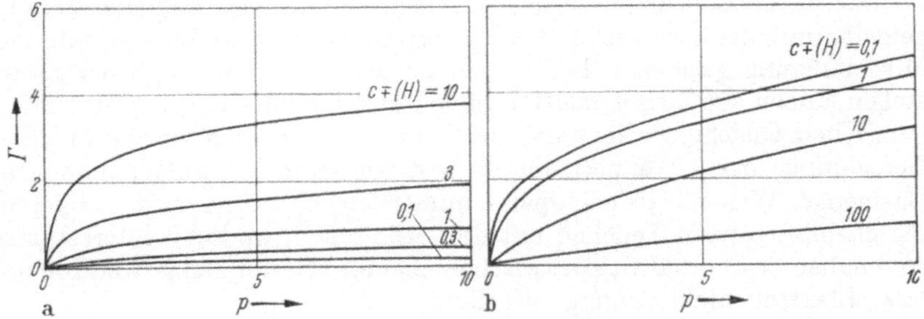

Abb. 4.3. Chemisorptionsisothermen bei verschiedenen Ladungsträgerkonzentrationen im Kristallinnern nach SCHLOSSER und HAUFFE bei
a) Ladungsträgerverarmung
b) Ladungsträgeranreicherung
alle Einheiten willkürlich

Auswertungen diskutiert werden.[1] Wenn eine Ladungsträgerverarmung vorliegt, so haben die Chemisorptionsisothermen eine gewisse Ähnlichkeit mit LANGMUIR-Isothermen, wenn auch die Bedeckungen infolge der hohen elektrischen Felder in der Randschicht im allgemeinen viel geringer als monomolekulare Bedeckungen sind und die Sättigungskonzentrationen in keinerlei Zusammenhang mit der molekularen Bedeckung

[1] HAUFFE, K., u. E. G. SCHLOSSER, in: Lehrbuch der Reaktionskinetik, herausgeg. von L. KÜCHLER, im Druck.

stehen. Die Bedeckung steigt anfänglich proportional mit dem Druck, hat aber im weiteren Verlauf nur eine sehr schwache Druckabhängigkeit. Die Abhängigkeit der Bedeckung von der Konzentration der Ladungsträger im Kristallinneren bei sonst unveränderten Parametern besteht nur bei sehr kleinen Werten von $c_{\mp}$ in einer Proportionalität zwischen diesen Größen, geht jedoch bei größeren Werten etwa in die Form

$$\Gamma \sim \sqrt{c_{\mp}}$$

über.

Bei elektronegativen Gasen, die bei der Chemisorption Elektronen aufzunehmen streben, wie O_2 und Cl_2, wird eine negative Oberflächenladung erzeugt, die in n-Typ-Oxiden, wie ZnO, eine Elektronenverarmung und Metallionenanreicherung in der Raumladungs-Randschicht hervorruft und in p-Typ-Oxiden, wie NiO, aber eine Defektelektronenanreicherung mit einer Metallionen-Leerstellenverarmung. Die in diesen Randschichten auftretende innere Feldstärke $\mathfrak{E}(O) \equiv V_D/l$, die die elektrische Potentialaufbiegung (Diffusionsspannung) $V_D = V(O) - V(\xi \to \infty)$ und die Dicke l der Randschicht bestimmt, ist, wie wir sahen, gleich dem $4\pi/\varepsilon$-fachen der Oberflächenladungsdichte. Im folgenden wird zunächst der Wert von V_D offen gelassen und die Vorgänge, die zur Physi- und Chemisorption von Gasteilchen auf der Oberfläche führen, vom kinetischen Standpunkt aus einer eingehenden Betrachtung unterzogen.

4.2 Zur Kinetik der Chemisorption[1]

Das Interesse richtet sich hier einerseits auf die formale Verallgemeinerung der LANGMUIRschen Adsorptionsgleichung für den Fall der Mitbeteiligung geladener Teilchen unter Annahme unbeweglicher Störstellen (Ionen auf Zwischengitterplätzen und Ionenlücken) und des elektronischen Gleichgewichtes mit dem Inneren und andererseits auf die Berechnung der — experimentell bestimmbaren — aufgenommenen Gasmenge. Wie sich jedoch später immer wieder zeigen wird, reagieren die chemisorbierten Teilchen mit den Störstellen, wodurch interessante Anomalien des Verhältnisses zwischen chemisorbierter Menge und Ionen- bzw. Elektronenfehlordnung auftreten.

In den folgenden Betrachtungen wählen wir als Beispiel die Chemisorption von D-Teilchen unter Elektronenabgabe gemäß Gl. (4.2b) an Nickeloxid. Der Vorgang läßt sich durch die beiden folgenden — in Hin- und Rückrichtung getrennt zu betrachtenden — Teilreaktionen beschreiben:

$$\mathrm{D(gas)} + \bigcirc \underset{k_1'}{\overset{k_1}{\rightleftharpoons}} \mathrm{D^{\times}(ads)} \quad \text{(Physisorption).} \tag{4.17a}$$

$$\mathrm{D^{\times}(ads)} + |\mathrm{e}|^{\bullet}(O) \underset{k_2'}{\overset{k_2}{\rightleftharpoons}} \mathrm{D^{+}(ads)} \quad \text{(Chemisorption)} \tag{4.17b}$$

---

[1] HAUFFE, K.: Z. Elektrochem. Ber. Bunsenges. phys. Chem. **65**, 321 (1961). — Siehe auch H.-J. ENGELL u. K. HAUFFE: Z. Elektrochem. Ber. Bunsenges. phys. Chem. **57**, 762 (1953).

k_1, k_1', k_2 und k_2' sind die entsprechenden Geschwindigkeitskonstanten, deren Einzelbedeutung aus der folgenden Gl. (4.18) hervorgeht; $\bigcirc$ soll einen noch unbesetzten und für die nachfolgende Chemisorption geeigneten Oberflächenplatz bezeichnen, (O) bedeutet hier die Oberfläche.

Treten nur die in Gl. (4.17) formulierten Teilschritte auf, so läßt sich die Geschwindigkeit der Physisorption $\dot{\Gamma}_{D^\times}$ ($\equiv$ $D^\times$-Teilchen/cm^2 sec) in folgender Weise formulieren:

$$\dot{\Gamma}_{D^\times} = k_1 \Gamma_\bigcirc p_D - k_1' \Gamma_{D^\times} - k_2 \Gamma_{D^\times} c_+(O) + k_2' \Gamma_{D^+}. \tag{4.18}$$

Hier sind $\Gamma_\bigcirc = \Gamma_\bigcirc^0 - \Gamma_{D^\times} - \Gamma_{D^+}$ die noch verbleibenden, d. h. besetzbaren, Plätze auf der Halbleiteroberfläche, wobei $\Gamma_\bigcirc^0$ die Zahl der gesamten besetzbaren Plätze je Flächeneinheit und $\Gamma_{D^\times}$ bzw. Γ_{D^+} die Oberflächenkonzentration ($\equiv$ Teilchen/cm^2) der physi- bzw. chemisorbierten D-Teilchen ist. Ferner ist p_D der Partialdruck der D-Teilchen und $c_+(O)$ die Defektelektronenkonzentration an der Oberfläche. In gleicher Weise erhält man den Ausdruck für die Chemisorptions- bzw. Ionosorptionsgeschwindigkeit aus Gl. (4.17b):

$$\dot{\Gamma}_{D^+} = k_2 \Gamma_{D^\times} c_+(O) - k_2' \Gamma_{D^+}. \tag{4.19}$$

Da die Physisorptionsgeschwindigkeit im allgemeinen erheblich größer ist als die Chemisorptionsgeschwindigkeit, können wir bereits vor Erreichen des Gleichgewichtes der Chemisorption in erster Näherung mit einem vorgelagerten Gleichgewicht der Physisorption rechnen, wobei Γ_{D^+} in erster Näherung noch zu vernachlässigen ist, und erhalten:

$$k_1(\Gamma_\bigcirc^0 - \Gamma_{D^\times}) p_D - k_1' \Gamma_{D^\times} \approx 0 \tag{4.20a}$$

oder, wenn $\Gamma_{D^\times} \ll \Gamma_\bigcirc^0$ ist,

$$k_1 \Gamma_\bigcirc^0 p_D - k_1' \Gamma_{D^\times} \approx 0. \tag{4.20b}$$

Hieraus folgt für $\Gamma_{D^\times}$ mit $k_1/k_1' = K_1$ aus Gl. (4.20a):

$$\Gamma_{D^\times} = \Gamma_\bigcirc^0 \frac{K_1 p_D}{1 + K_1 p_D} \tag{4.21a}$$

oder aus Gl. (4.20b) in erster Näherung:

$$\Gamma_{D^\times} = K_1 \Gamma_\bigcirc^0 p_D. \tag{4.21b}$$

Berücksichtigt man ferner, daß k_2 den statistischen Koeffizienten α_+ der Wiedervereinigung von $D^\times + |e|^\bullet$ und $k_2' (\equiv \varepsilon_+)$ den statistischen Koeffizienten der Defektelektronenemission darstellt, der folgendermaßen lautet:[1]

$$k_2' = \alpha_+ c_+^0 \exp(-\Delta E_D/\mathfrak{B}), \tag{4.22}$$

wo $\Delta E_D = E_D - E_V$ ist (Abb. 4.1), dann folgt aus Gl. (4.19). (4.21a) und (4.22) die Chemisorptionsgeschwindigkeit zu:

$$\dot{\Gamma}_{D^+} = \alpha_+ \Gamma_\bigcirc^0 \frac{K_1 p_D}{1 + K_1 p_D} c_+^0 \exp\{-(\Delta\eta_+ + V_D)/\mathfrak{B}\} - \\ - \alpha_+ \Gamma_{D^+} c_+^0 \exp(-\Delta E_D/\mathfrak{B}) \tag{4.23}$$

mit

$$c_+(O) = c_+^0 \exp\{-(\Delta\eta_+ + V_D)/\mathfrak{B}\}.$$

[1] HAUFFE, K.: Angew. Chem. 68, 776 (1956); s. ferner Buchbeitrag Semiconductor Surface Physics, S. 259. Philadelphia: Univ. of Pennsylvania Press 1957.

Ein analoger Ausdruck ergibt sich bei Verwendung von Gl. (4.21 b). Das in Gl. (4.23) auftretende $\Delta\eta_+$ ist der Abstand des FERMI-Potentials E_F von der oberen Valenzbandkante E_V (Abb. 4.1).

Wie man aus Gl. (4.23) erkennt, muß die Geschwindigkeit der Chemisorption von D an NiO vom FERMI-Potential bzw. von der Defektelektronenkonzentration in dem Sinne abhängen, daß mit zunehmender Defektelektronenkonzentration bzw. abnehmendem FERMI-Potential Ausmaß und Geschwindigkeit der Chemisorption zunehmen müssen, sofern nicht geschwindigkeitsbestimmende Oberflächenvorgänge merklich ins Spiel kommen.

Wie bereits mehrfach erwähnt, ist das FERMI-Potential E_F in der folgenden Weise mit dem chemischen Potential der Elektronen und Defektelektronen, μ_- und μ_+, verknüpft:

$$E_F = \eta_- = \mu_- + V \tag{4.24a}$$

bzw.

$$E_F = -\eta_+ = -(\mu_+ + V) \tag{4.24b}$$

und entsprechend gilt:

$$\mu_- = E_C + \mathfrak{B} \ln \frac{c_-}{c_-^0} \tag{4.25a}$$

bzw.

$$\mu_+ = E_V + \mathfrak{B} \ln \frac{c_+}{c_+^0}. \tag{4.25b}$$

Ferner ergibt sich aus Gl. (4.23), daß mit steigendem V_D die Chemisorption abgebremst wird. Dies ist aber nur eine der Wirkungen von V_D. Über die Beeinflussung des Störstellentransportes in der Randschicht durch V_D wird in Kap. 6.122 berichtet. Unter der Voraussetzung, daß ein nennenswerter Störstellentransport in der Randschicht nicht auftritt, erhält man bei Chemisorptionsgleichgewicht für die gesamte aufgenommene Menge $\Gamma_D = \Gamma_{D^\times} + \Gamma_{D^+}$:

$$\Gamma_D = \Gamma_\circ^0 \frac{p_D}{p_D + p_D^0} \tag{4.26}$$

mit

$$p_D^0 = \frac{1}{K_1} \frac{1}{1 + \exp\{-(\Delta\eta_+ - \Delta E_D + V_D)/\mathfrak{B}\}}. \tag{4.26a}$$

Ausgenommen bei tiefen Temperaturen ist im allgemeinen der Anteil der Physisorption relativ klein gegenüber dem der Chemisorption, so daß die Ermittlung der chemisorbierten Menge im Vordergrund des Interesses steht. Wie die Rechnung ergibt, erhält man für die chemisorbierte D-Menge Γ_{D^+} einen zu Gl. (4.26) analogen Ausdruck:

$$\Gamma_{D^+} = \Gamma_\circ^0 \frac{p_D}{p_D + p_D^0} \frac{1}{1 + \exp\{(\Delta\eta_+ - \Delta E_D + V_D)/\mathfrak{B}\}} \tag{4.27}$$

mit p_D^0 wie in Gl. (4.26a). Sowohl Gl. (4.26) als auch Gl. (4.27) haben die Form eines LANGMUIR-Ansatzes. Zum Unterschied von der LANGMUIRschen Adsorptionsgleichung ist hier jedoch p_D^0 im allgemeinen keine Konstante, sondern nach Gl. (4.26a) vom FERMI-Potential — also von der Elektronenfehlordnungskonzentration — abhängig.

Zu völlig entsprechenden Ausdrücken gelangt man für die Chemisorption von D-Teilchen an n-Typ-Halbleitern, wie z. B. ZnO, oder von A-Teilchen an p- und n-Typ-Halbleitern. So lautet beispielsweise die zu Gl. (4.27) analoge Gleichung für die Chemisorption von D an ZnO:

$$\Gamma_{\mathrm{D}^+} = \Gamma^0_\circ \frac{p_\mathrm{D}}{p_\mathrm{D} + p^0_\mathrm{D}} \frac{1}{1 + \exp\{-(\Delta\eta_- - \Delta E_D - V_D)/\mathfrak{B}\}} \tag{4.28}$$

mit

$$p^0_\mathrm{D} = \frac{1}{K_1} \frac{1}{1 + \exp\{(\Delta\eta_- - \Delta E_D - V_D)/\mathfrak{B}\}}, \tag{4.28a}$$

wobei allerdings hier $\Delta\eta_- = E_c - E_\mathrm{F}$ den Abstand des FERMI-Potentials von der unteren Kante des Leitungsbandes und ΔE_D den Abstand des Umladungsniveaus E_D von der Leitungsbandkante darstellt (Abb. 4.1). Die vorliegenden Ausdrücke stellen eine Erweiterung der LANGMUIRschen Adsorptionsgleichung auf Adsorptionsvorgänge mit elektronischer Umladung der Teilchen ($\equiv$ Chemisorption bzw. Ionosorption) dar.

Zahlreiche Experimente haben gezeigt, daß die Chemisorptionsgeschwindigkeit durch die von ZELDOVICH und ROGINSKI[1,2] sowie ELOVICH und ZHABROVA[3] und auch schon früher bei der Metalloxydation von TAMMANN[4] empirisch gefundene Formel

$$\dot{\Gamma} = a\, p \exp(-\alpha\, \Gamma) \tag{4.29a}$$

mit konstanten Werten für a und α beschrieben werden kann.

Die Chemisorptionsgeschwindigkeit (ohne Berücksichtigung der Desorption) lautet bei kleiner Bedeckung näherungsweise:[5]

$$\dot{\Gamma} \approx k_1\, p\, c_\mp(H)\, \Gamma_S \exp\left\{\frac{E_a}{RT} - z\,\Gamma \sqrt{\frac{4e^2}{\varepsilon kT\, c_\mp(H)}}\right\}. \tag{4.29}$$

Hier bedeuten E_a die Aktivierungswärme der Adsorption, Γ_S die Oberflächenkonzentration der chemisorbierten Teilchen bei Adsorptionssättigung, p den Druck des chemisorbierenden Gases und $c_\mp(H)$ die Konzentration der freien Elektronen bzw. Defektelektronen im Halbleiterinneren. Erfolgt die Chemisorption unter Ladungsträger-Anreicherung, so weisen die Chemisorptionsisothermen keine Sättigung auf; bei kleiner Bedeckung ist $\Gamma \sim p$, und bei großer Bedeckung folgt näherungsweise $\Gamma \sim p^{1/3}$. Die Abhängigkeit der Bedeckung von der Ladungsträgerkonzentration im Kristallinnern ist nur bei sehr großen Werten von $c_\pm(H)$ von der Form $\Gamma \sim 1/c_\mp(H)$, mit abnehmenden Werten wird jedoch Γ annähernd unabhängig von $c_\mp(H)$. Die Chemisorptionsgeschwindigkeit ist häufig, im Widerspruch zu Gl. (4.23) bzw. (4.29), annähernd unabhängig von Γ und $c_\mp(H)$.

Bei den obigen Ableitungen wurde unberücksichtigt gelassen, daß zwischen den Ladungsträgern, den geladenen und ungeladenen Ionen-

[1] ZELDOVICH, Y.: Acta physicochim. UdSSR **1**, 449 (1934).
[2] ROGINSKY, S., u. Y. ZELDOVICH: Acta physicochim. UdSSR **1**, 554 (1934).
[3] ELOVICH, S. Y., u. G. M. ZHABROVA: Zhur. fiz. Khim. **13**, 1716, 1725 (1939).
[4] TAMMANN, G.: Z. anorg. allg. Chem. **111**, 78 (1920).
[5] HAUFFE, K., u. E. G. SCHLOSSER, in: Lehrbuch der Reaktionskinetik, herausg. von L. KÜCHLER, im Druck.

störstellen Gleichgewichte bestehen. Werden infolge der Chemisorption die Konzentrationen der Ladungsträger in der Randschicht geändert, so stellen sich diese Gleichgewichte durch Umladung von Ionenstörstellen rasch ein, wodurch die Raumladung und das Potential beeinflußt werden. Hierdurch ist zu erwarten, daß die Bedeckung bei der Chemisorption unter Ausbildung einer Verarmungsrandschicht und großen Werten von $c_{\mp}(H)$ doch mit einer etwas höheren als der Potenz 1/2 von $c_{\mp}(H)$ ansteigt sowie bei einer Anreicherungsrandschicht und kleinen Werten von $c_{\mp}(H)$ schwach mit abnehmendem $c_{\mp}(H)$ zunimmt.

Bei den obigen Ableitungen war ferner vorausgesetzt worden, daß die Ionenstörstellen unbeweglich sind und daß die chemisorbierten Teilchen nicht in das Kristallgitter diffundieren können. Das ist jedoch bei zahlreichen Stoffen, insbesondere bei höheren Temperaturen, nicht erfüllt. Infolge der starken elektrischen Felder in der Raumladungs-Randschicht ist damit zu rechnen, daß elektrisch geladene Störstellen je nach Polarität in das Kristallinnere abgedrängt oder zur Oberfläche hin gesaugt werden, wo zwischen ihnen und dem Chemisorbat Oberflächenreaktionen eintreten können. Desgleichen können auch chemisorbierte Teilchen, wie z. B. chemisorbierter Wasserstoff, im Zinkoxid[1] ins Kristallinnere abdiffundieren. In beiden Fällen werden hierdurch die Ladungsträgerkonzentrationen erheblich geändert, was sich in komplizierter Weise wieder auf die Chemisorption auswirkt.

Schließlich ist bei sehr kleiner Bedeckung der Oberfläche die oben diskutierte *homogene* Randschichttheorie eine unbefriedigende Näherung, weil hier die Randschichtdicke l kleiner als der Abstand der chemisorbierten Teilchen untereinander ist. Bei kleiner Bedeckung erhält man eine bessere Näherung, wie HAUFFE und SCHLOSSER zeigen konnten[2], wenn man berücksichtigt, daß die Potentialflächen jedes einzelne chemisorbierte Teilchen kugelförmig umgeben. Im Falle einer Chemisorption unter Ladungsträgerverarmung wird sich eine fast ladungsträgerfreie Halbkugelzone um das chemisorbierte Teilchen innerhalb des Kristalls ausbilden, deren Radius r der Formel

$$1 = \frac{2\pi}{3} r^3 c_{\mp}(H) \tag{4.30}$$

genügt; insbesondere bei kleinen Ladungsträgerkonzentrationen kann r beträchtlich sein. Daher kann an der Festkörperfläche innerhalb eines Bereiches mit dem Radius r um ein chemisorbiertes Teilchen kein weiteres mehr chemisorbiert werden, da es keine reaktionsfähigen Ladungsträger vorfindet. Außerhalb dieses Bereiches kann jedoch eine Chemisorption erfolgen, selbst wenn das „Sperrgebiet“ dieses Teilchens das eines bereits vorhandenen zum Teil überdeckt, da hier Ladungsträger aus tieferen Zonen des Festkörpers nachgeholt werden können. Ähnliche Überlegungen sollten auch für die Chemisorption unter Ladungsträgeranreicherung gelten. Allerdings kann man hier keinen einfachen Aus-

[1] THOMAS, D. G., u. J. J. LANDER: J. Phys. Chem. Solids **2**, 318 (1957). — J. J. LANDER: J. Phys. Chem. Solids **3**, 87 (1957).

[2] HAUFFE, K., u. E. G. SCHLOSSER, in: Lehrbuch der Reaktionskinetik, herausgeg. von L. KÜCHLER, im Druck.

druck für den Radius des Sperrgebietes angeben. Die Chemisorptionsgeschwindigkeit, ohne Berücksichtigung der Desorption, ist nach diesen Überlegungen proportional dem freien Oberflächenanteil Θ_f außerhalb der Sperrgebiete. Da die Ladungsträgerkonzentration unter der freien Oberfläche gleich der im Kristallinnern, also $c_\mp(H)$ ist, liegt im Falle einer Ladungsträgerverarmung der Ansatz nahe:

$$\dot{\Gamma} \approx k_1\, p\, c_\mp(H)\, \Gamma_s\, \Theta_f \exp(-E_a/RT) \tag{4.31a}$$

und bei Ladungsträgeranreicherung:

$$\dot{\Gamma} \approx k_1\, p\, \Gamma_s\, \Theta_f \exp(-E_a/RT). \tag{4.31b}$$

In beiden Fällen kann Θ_f auf Grund statistischer Betrachtungen abgeleitet werden. Bei der Chemisorption von $d\Gamma$ Molen/cm² möge der freie Oberflächenanteil $-d\Theta_f$ besetzt werden. Durch jedes chemisorbierte Teilchen wird nämlich nicht ein der Sperrfläche $F^* = \pi r^2$ äquivalenter Anteil an freier Oberfläche für die Chemisorption weiterer Teilchen gesperrt, sondern nur ein Teil hiervon, der proportional dem Verhältnis des noch freien Gebietes zur gesamten Oberfläche ist. Somit ist

$$-d\Theta_f = \Theta_f\, F^* N_L\, d\Gamma \tag{4.32}$$

und

$$\Theta_f = \exp(-F^* N_L\, \Gamma). \tag{4.32a}$$

Nach Einsetzen von Gl. (4.32a) in Gl. (4.31a) bzw. (4.31b) ist zu erkennen, daß die Chemisorptionsgeschwindigkeit nach Gl. (4.31a) bzw. (4.31b) der empirischen Formel Gl. (4.29a) genügt. Für die Geschwindigkeit der Chemisorption unter Ladungsträgerverarmung erhält man bei Berücksichtigung von Gl. (4.30):

$$\dot{\Gamma} \approx k_1 p\, c_\mp(H)\, \Gamma_s \exp\left\{-\frac{E_a}{RT} - \Gamma N_L \left(\frac{3\sqrt{\pi}}{2c_\mp(H)}\right)^{2/3}\right\}. \tag{4.33}$$

Im Falle der Ladungsträgeranreicherung ist eine von $c_\mp(H)$ nur schwach abhängige Chemisorptionsgeschwindigkeit zu erwarten, da der Faktor von der Exponentialfunktion überhaupt nicht und das Argument der Exponentialfunktion, wenn überhaupt, nur schwach von $c_\mp(H)$ abhängig ist[1].

4.3 Zusätzliche Modellbetrachtungen zum Mechanismus der Chemisorption mit Raumladungserscheinungen

Das vereinfachte Modell der Chemisorption von HAUFFE und ENGELL[2], das anwendbar ist für Gase, die an n-Typ-Halbleitern mit Donator-Typ-Oberflächenzuständen und an p-Typ-Halbleitern mit Akzeptor-Typ-Oberflächenzuständen chemisorbieren und wo die Diffusionsspannung in der Raumladungs-Randschicht größer als $2\mathfrak{B}$ ist und keine Entartung der elektronischen Ladungsträger auftritt, ist insbeson-

[1] HAUFFE, K., u. E. G. SCHLOSSER, in: Lehrbuch der Reaktionskinetik, herausgeg. von L. KÜCHLER, im Druck.

[2] HAUFFE, K., u. H.-J. ENGELL: Z. Elektrochem. Ber. Bunsenges. phys. Chem. 56, 366 (1952).

dere von KRUSEMEYER und THOMAS[1] für Halbleiter mit quasi Ionengitter erweitert worden. Die von SHOCKLEY[2] vorgeschlagenen Oberflächenzustände und das von BRATTAIN und BARDEEN[3] verwendete Modell der Oberfläche, das für Germanium und Silizium zutreffend zu sein scheint, müßte für Halbleiter mit Ionengitter, wie z. B. ZnO, noch näher untersucht werden.

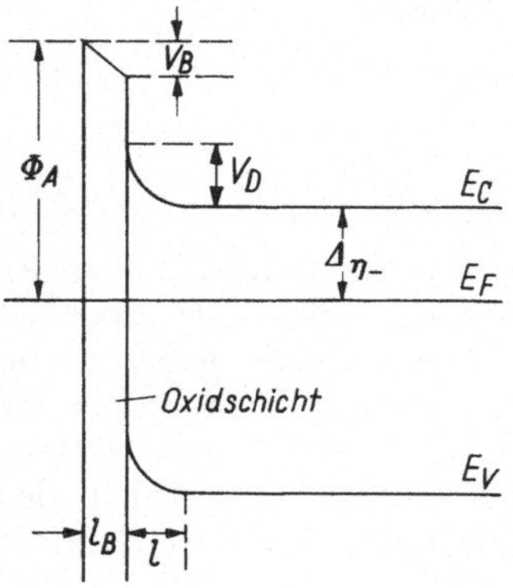

Abb. 4.4
Energie-Bändermodell des Germaniums mit Verarmung an freien Elektronen nach BRATTAIN und BARDEEN.

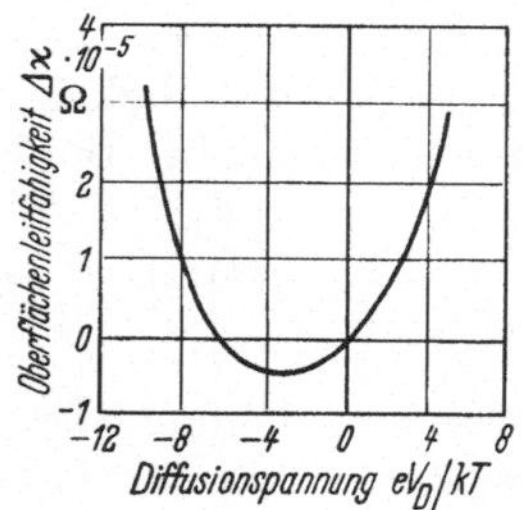

Abb. 4.5
Abhängigkeit der Oberflächenleitfähigkeit $\Delta\varkappa$ von der Diffusionsspannung $V_D/\mathfrak{B}$ für n-leitendes Germanium nach SCHRIEFFER.

Nach BRATTAIN und BARDEEN ist der Germaniumkristall noch von einer Oberflächenschicht, z. B. einer Oxidschicht, bedeckt. Eine Adsorption der Gase findet also nicht auf der Germanium-, sondern auf der Oxidoberfläche statt. Es wird ferner angenommen, daß zwischen der Oxidschicht und dem Germanium Oberflächenzustände existieren, die als Zentren für die Oberflächenrekombination verantwortlich sind. Die Natur dieser Oberflächen-Rekombinationszentren ist noch weitgehend unbekannt. Während man die Dichte dieser sog. schnellen Oberflächenzentren auf etwa $10^{11}/cm^2$ schätzt, beträgt die Dichte der durch Adsorption verursachten Zentren an der äußeren Oberfläche, die als langsame Zustände bezeichnet werden, etwa $10^{13}/cm^2$. Während sich das thermische Gleichgewicht zwischen den zuerst genannten Rekombinationszentren und den Ladungsträgern im Valenz- und Leitungsband in der Größenordnung von Mikrosekunden einstellt, liegt die Einstelldauer des thermischen Gleichgewichtes zwischen den adsorbierten Atomen und den Ladungsträgern in der Größenordnung von Millisekunden bis Minuten.

Eine solche Oxidschicht auf Germanium konnte durch Elektronenbeugungsuntersuchungen nachgewiesen werden. Gemäß Abb. 4.4 ist die Austrittsarbeit Φ an einer solchen Oberfläche zusammengesetzt aus:

$$\Phi_A = \Phi_A^0 + e V_D + e V_B, \tag{4.34}$$

wobei V_B die Spannungsdifferenz zwischen der äußeren Oberfläche und der Phasengrenze Germanium/Germaniumoxid ist. Die Brauchbarkeit

[1] KRUSEMEYER, H. J., u. D. G. THOMAS: J. Phys. Chem. Solids **4**, 78 (1958).
[2] SHOCKLEY, W., u. W. T. READ: Phys. Rev. **87**, 835 (1952).
[3] BRATTAIN, W. H., u. J. BARDEEN: Bell Syst. Techn. J. **32**, 1 (1953). — C. G. B. GARRETT u. W. H. BRATTAIN: Phys. Rev. **99**, 376 (1955). — Siehe auch H. STATS, G. A. DEMARS, L. DAVIS u. A. ADAMS: Phys. Rev. **101**, 1272 (1956).

eines solchen Modells wurde durch Kontaktpotentialmessungen bei Belichtung nachgewiesen.

Die Veränderung der Konzentration der Ladungsträger in der Raumladungs-Randschicht verursacht eine Änderung der Oberflächenleitfähigkeit. Abb. 4.5 gibt den Verlauf der Oberflächenleitfähigkeit als Funktion der Diffusionsspannung V_D bei Adsorption an schwach n-leitendem Germanium wieder, wie er von SCHRIEFFER[1] berechnet wurde. Wie man erkennt, steigt mit positivem Wert von V_D die Oberflächenleitfähigkeit infolge Anreicherung an Leitungselektronen an, und mit steigend negativen Werten von V_D tritt zunächst eine Verarmung an freien Elektronen auf, die durch weitere Chemisorption durch Erzeugung von Defektelektronen kompensiert wird (Anstieg der Leitfähigkeit). Die Oberfläche des n-leitenden Germaniums ist nun p-leitend. Hierdurch wurde ein p–n-Übergang erzeugt. Über die gesetzmäßigen Zusammenhänge der Raumladungserscheinungen an p–n-Übergängen haben GARRETT und BRATTAIN[2] berichtet. Eine eindeutige Zuordnung der Oberflächenleitfähigkeit und V_D ist für eine Chemisorption nur möglich, wenn der von den Termen der reinen Oberfläche herrührende Anteil von V_D bekannt ist. Die Bestimmung dieses V_D-Anteils kann mit Hilfe des Feldeffektes von SHOCKLEY und PEARSON[3] erfolgen, wobei der Halbleiter als Platte eines Kondensators geschaltet und die Variation der Leitfähigkeit senkrecht zu dem angelegten Feld gemessen wird.

Meist wird angenommen, daß n-Typ-Halbleiter über das Leitungsband und p-Typ-Halbleiter über das Valenzband Elektronen austauschen. Durch Untersuchungen von Redox-Vorgängen an Germaniumelektroden in wäßrigen Lösungen hat GERISCHER[4] zeigen können, daß für den Austauschmechanismus die Lage des Elektronenniveaus der Oberflächenterme relativ zur Lage des FERMI-Potentials E_F bestimmend ist. Er beobachtete z. B., daß die Reduktion von 3wertigem Eisen (Redox-Potential $E_h = +0{,}77\,V$), die Oxydation und Reduktion des Systems $[Fe(CN)_6]^{4-}/[Fe(CN)_6]^{3-}$ (Redox-Potential $E_h = +0{,}56\,V$) und die Reduktion von Sauerstoff in 1nNaOH ($E_h = +0{,}45$) durch Austausch mit dem Valenzband des Germaniums stattfindet. Im Gegensatz hierzu werden nach GERISCHER und BECK[5] sowie PLESKOV und KABANOW[6] 2wertige Vanadiumionen ($E_h = -0{,}87\,V$) über einen Leitungsbandmechanismus reduziert bzw. oxydiert. Ein gleicher Mechanismus konnte von BRATTAIN und GARRETT[7] für die Umladung von Wasserstoffionen in 1nH_2SO_4 ($E_h = -0{,}04\,V$) beobachtet werden. Diese Ergebnisse werden von GERISCHER mit der von GURNEY und FOWLER[8] eingeführten

[1] SCHRIEFFER, J. R.: Phys. Rev. **94**, 1420 (1954).

[2] GARRETT, C. G. B., u. W. H. BRATTAIN: Phys. Rev. **99**, 376 (1955).

[3] SHOCKLEY, W., u. G. L. PEARSON: Phys. Rev. **74**, 232 (1948).

[4] GERISCHER, H.: in: The Surface Chemistry of Metals and Semiconductors, herausgeg. von H. C. GATOS, S. 177. New York 1960.

[5] BECK, F., u. H. GERISCHER: Z. phys. Chem. (NF) **13**, 389 (1957); Z. Elektrochem. Ber. Bunsenges. phys. Chem. **63**, 943 (1959).

[6] PLESKOV, J. V., u. B. N. KABANOV: Dokl. Acad. Nauk USSR **123**, 884 (1958).

[7] BRATTAIN, W. H., u. C. G. B. GARRETT: Bell Syst. Techn. J. **34**, 129 (1955).

[8] GURNEY, R. W., u. R. H. FOWLER: Proc. Roy. Soc. (A) **136**, 378 (1932).

und belegten Hypothese gedeutet, daß Elektronen bevorzugt zwischen Niveaus bzw. Bändern gleicher Energie ausgetauscht werden können. Diese Beziehungen sollten auch auf Chemisorptionsvorgänge gasförmiger Teilchen anwendbar sein; d. h., die Lage des Austauschniveaus der chemisorbierenden Teilchensorte zum FERMI-Potential und zu den Bandkanten sollte entscheiden, ob der Ladungsaustausch über das Valenz- oder das Leitungsband erfolgt. Bei Richtigkeit dieser Betrachtungen sollte eine Verschiebung des FERMI-Potentials infolge Dotierung mittels Kationen anderer Wertigkeit als die des Wirtsgitters auch unter Umständen eine Änderung des Austauschmechanismus zur Folge haben. Wie jedoch Experimente gezeigt haben, muß die Verschiebung des FERMI-Potentials durch andere Einflüsse partiell überdeckt werden. Messungen der Austrittsarbeit Φ_A (Abb. 4.1 und 4.4) an dotiertem Germanium haben z. B. gezeigt, daß die Verschiebung des FERMI-Potentials an der Oberfläche stets erheblich geringer ist als im Inneren des Halbleiters infolge Einwirkung der Oberflächenterme. Auf Grund dieses Sachverhaltes erscheint es berechtigt, für den Mechanismus der Chemisorption zunächst einmal versuchsweise die gleichen Verhältnisse wie bei Redox-Reaktionen anzunehmen. Für die Chemisorption von Sauerstoff sollte daher ein Valenzbandmechanismus und für die Chemisorption von Wasserstoff ein Leitungsbandmechanismus angenommen werden.

KRUSEMEYER und THOMAS[1] betrachten die FERMI-Statistik der Oberflächenniveaus und die Höhe der Barriere der Raumladungs-Randschicht und wenden diese Betrachtungen auf die Chemisorption von Gasen auf Zinkoxid an. HEILAND[2] beschäftigt sich mit dem Mechanismus der Anreicherungsrandschicht und wendet die erhaltene Differentialgleichung auf die Chemisorption von Wasserstoff an Zinkoxid an. Sowohl mit der klassischen Näherung der BOLTZMANN-Statistik als auch mit der Näherung der FERMI-Statistik für starke Entartung gelingt eine geschlossene Integration der Differentialgleichung. Aus dem gemessenen Leitwert folgt[3], daß die Flächendichte der Leitungselektronen bzw. der ionisierten Donatoren größer als $6 \cdot 10^{12}/\text{cm}^2$ ist. Hieraus folgt, daß das Elektronengas in der Anreicherungsrandschicht stark entartet sein muß. Mit einer effektiven Elektronenmasse m_- von einem Fünftel der Masse m_0 freier Elektronen ergibt sich für 104 °K eine Entartungskonzentration $c_-^0 \approx 5 \cdot 10^{17}\,\text{cm}^{-3}$. Die Dielektrizitätskonstante ε wurde zu 10 angenommen. Da im Kristallinneren das FERMI-Potential im ZnO ohne In_2O_3-Zusatz etwa 0,1 bis 0,2 eV unter der Leitungsbandkante liegt, ergibt sich bei einer Flächendichte von $> 6 \cdot 10^{12}/\text{cm}^2$ zwischen der Oberfläche und dem Kristallinneren eine Potentialdifferenz von mehr als 0,3 Volt, die bei einer Flächendichte von $10^{14}/\text{cm}^2$ auf etwa 2 Volt und bei $10^{15}/\text{cm}^2$ auf 12 Volt ansteigt. Bereits vor der Ausbildung einer monomolekularen Bedeckung der Halbleiteroberfläche kann eine Sättigung dadurch eintreten, daß mit zunehmender Flächendichte das Austauschniveau E_D (Abb. 4.1) der chemisorbierten Teilchen bis auf das FERMI-

[1] KRUSENMEYER, H. J., u. D. G. THOMAS: J. Phys. Chem. Solids **4**, 78 (1958).
[2] HEILAND, G.: Z. Phys. **148**, 28 (1957).
[3] HEILAND, G.: Z. Phys. **148**, 15 (1957).

Potential abgesunken ist. Unter Annahme plausibler Werte konnte HEILAND[1] die Breite l der Raumladungs-Randschicht zu $8 \cdot 10^{-7} > l > 4 \cdot 10^{-7}$ cm berechnen.

4.4 Photoadsorption

Bemerkenswerte Beiträge zum Mechanismus der Chemisorption verschiedener Gase an Halbleitern wurden von WOLKENSTEIN gegeben.[2] Bereits 1948 wurden erste Ansätze einer elektronischen Chemisorptionstheorie unter Hinzuziehung vereinfachter quantenmechanischer Modelle für die Chemisorptionsbindung von WOLKENSTEIN vorgeschlagen[3], ohne Zweifel ein begrüßenswerter Versuch, der allerdings wegen der derzeitig vorhandenen unüberwindlichen Schwierigkeiten in der Anwendung des mathematisch-physikalischen Aufwandes zu Vereinfachungen zwang, die teils nicht prüfbar waren und teils nicht aufrechterhalten werden konnten. Entsprechend der Eigentümlichkeit einer quantenmechanischen Behandlung wurden die Chemisorptionsbindungen lokalisiert betrachtet unter Verzicht von Raumladungserscheinungen. WOLKENSTEINs Verzicht auf diese ohne Zweifel wesentliche Erscheinung veranlaßte und regte uns an, den Vorgang der Chemisorption unter den oben behandelten Gesichtspunkten zu betrachten. Dieses vorübergehende Manko wurde jedoch in den folgenden Arbeiten vom Autor[4] selbst ausgemerzt und die Theorie zu einer leistungsfähigeren entwickelt, die mit den obigen Betrachtungen im Einklang steht und außerdem wertvolle Erweiterungen enthält.

Eines der bemerkenswertesten Ergebnisse ist die Herausarbeitung der Bedingungen, wann während der Einstrahlung eine Photoadsorption und wann eine Photodesorption einsetzt unter Beibehaltung desselben Halbleiters und desselben Gases. Diese Untersuchungen wurden angeregt durch experimentelle Arbeiten über die Photoadsorption und -desorption von Sauerstoff an belichtetem Zinkoxid.[5,6] Anreduzierte ZnO-Proben ergaben eine Photodesorption, während oxydierte Proben eine Photoadsorption von Sauerstoff ergaben, ein Ergebnis, das zunächst unverständlich erscheint, aber nach den Betrachtungen von WOLKENSTEIN seine Deutung findet. Bezeichnet man die Oberflächenkonzentration von neutral, negativ und positiv chemisorbierten Teilchen mit $\Gamma^{\times}$, Γ^{-} und Γ^{+} und die entsprechenden Molenbrüche mit

$$\gamma^{\times} = \Gamma^{\times}/\Gamma, \quad \gamma^{-} = \Gamma^{-}/\Gamma, \quad \gamma^{+} = \Gamma^{+}/\Gamma,$$

[1] HEILAND, G.: Z. Phys. **148**, 28 (1957).

[2] WOLKENSTEIN, TH.: Elektronentheorie der Katalyse an Halbleitern, VEB Deutscher Verlag der Wissenschaften, Berlin 1964.

[3] WOLKENSTEIN, TH.: Zhur. Fiz. Khim. USSR **23**, 917 (1949); **22**, 311 (1948); **21**, 163 (1947).

[4] WOLKENSTEIN, TH., u. S. ROGINSKY: Zhur. Fiz. Khim. USSR **29**, 485 (1955). — TH. WOLKENSTEIN: Zhur. Fiz. Khim. USSR **32**, 2383 (1958).

[5] FUJITA, Y., u. T. KWAN: Bull. Chem. Soc. Japan **31**, 370 (1958).

[6] TERENIN, A. N., u. Y. P. SOLONITSYN: Disc. Faraday Soc. **28**, 28 (1959).

wobei Γ die gesamte Konzentration aller Teilchen darstellt, dann ergibt sich für[1]

$$\left.\begin{aligned} \gamma_0^\times &= [1 + \exp\{-(\Delta\eta_- - \Delta E_A + V_D)/\mathfrak{B}\} + \\ &\qquad + \exp\{(\Delta\eta_- - \Delta E_D + V_D)/\mathfrak{B}\}]^{-1} \\ \gamma_0^- &= \gamma_0^\times \exp\{-(\Delta\eta_- - \Delta E_A + V_D)/\mathfrak{B}\} \\ \gamma_0^+ &= \gamma_0^\times \exp\{(\Delta\eta_- - \Delta E_D + V_D)/\mathfrak{B}\}. \end{aligned}\right\} \tag{4.35}$$

Hier kennzeichnet der Index 0 die Abwesenheit von Licht. Alle übrigen Symbole wurden bereits früher definiert. Unter Bestrahlung folgt für das Verhältnis der Molenbrüche

$$\begin{aligned} \frac{\gamma^-}{\gamma^\times} &= \frac{\gamma_0^-}{\gamma_0^\times} m \quad \text{mit} \quad m = \frac{\alpha + \dfrac{c_-^*(0)}{c_-(0)}}{1 + \alpha \dfrac{c_+^*(0)}{c_+(0)}} \\ \frac{\gamma^+}{\gamma^\times} &= \frac{\gamma_0^+}{\gamma_0^\times} n \quad \text{mit} \quad n = \frac{\beta + \dfrac{c_+^*(0)}{c_+(0)}}{1 + \beta \dfrac{c_-^*(0)}{c_-(0)}}, \end{aligned} \tag{4.36}$$

Die Größen $c_\mp^*(O)$ kennzeichnen die Ladungsträgerkonzentration an der Oberfläche des Halbleiters unter Belichtung. Entsprechend früheren Definitionen gilt:

$$\begin{aligned} c_-(0) &= c_-^0 \exp\{-(\Delta\eta_- + V_D)/\mathfrak{B}\}; \quad c_-^*(0) = c_-^0 \exp(-\Delta E_-^*/\mathfrak{B}) \\ c_+(0) &= c_+^0 \exp\{-(\Delta\eta_+ - V_D)/\mathfrak{B}\}; \quad c_+^*(0) = c_+^0 \exp\{-(\Delta E_g - \Delta E_+^*)/\mathfrak{B}\}. \end{aligned} \tag{4.37}$$

Hier ist ΔE_-^* ein äquivalenter Ausdruck für $\Delta\eta_- + V_D$ unter Bestrahlung, wo mit einem quasi-FERMI-Potential (Imref) gerechnet wird. ΔE_+^* ist der entsprechende Ausdruck für Defektelektronen und $\Delta E_g = E_C - E_V$. Im Augenblick des Ausschaltens der Strahlung gilt:

$$\Delta E_-^* = \Delta E_+^*.$$

Die Koeffizienten α und β in Gl. (4.36) sind definiert durch:

$$\begin{aligned} \alpha &= \alpha' \exp\{-(\Delta\eta_+ - \Delta E_A - V_D)/\mathfrak{B}\} \\ \beta &= \beta' \exp\{+(\Delta\eta_+ - \Delta E_D - V_D)/\mathfrak{B}\}, \end{aligned} \tag{4.38}$$

wobei α' und β' unabhängig von $\Delta\eta_- + V_D$ und annähernd gleich 1 sind.

Aus Gl. (4.37) und (4.38) können die Ausdrücke für m und n in Gl. (4.36) berechnet werden:

$$m = m' \exp\{(\Delta\eta_- - \Delta E_A + V_D)/\mathfrak{B}\}$$

mit

$$m' = \frac{\exp\{-(\Delta E_g - \Delta E_A)/\mathfrak{B}\} + \exp(-\Delta E_-^*/\mathfrak{B})}{\exp\{-(\Delta E_g - \Delta E_+^*)/\mathfrak{B}\} + \exp(-\Delta E_A/\mathfrak{B})} \tag{4.39a}$$

[1] WOLKENSTEIN, TH.: Kinetics & Catalysis USSR 2, 439 (1961).

und

$$n = n' \exp\{-(\Delta\eta_- - \Delta E_A + V_D)/\mathfrak{V}\}$$

mit

$$n' = \frac{\exp(-\Delta E_D/\mathfrak{V}) + \exp\{-(\Delta E_g - \Delta E_+^*)/\mathfrak{V}\}}{\exp\{-(\Delta E_g - \Delta E_D)/\mathfrak{V}\} + \exp(-\Delta E_-^*/\mathfrak{V})}. \tag{4.39b}$$

Substituiert man Gl. (4.35) in Gl. (4.36) und beachtet die Bedingung:

$$\gamma^\times + \gamma^- + \gamma^+ = 1, \tag{4.40}$$

so erhält man:

$$\left.\begin{aligned} \gamma^\times &= \gamma_0^\times[\Delta E_A + \Delta E_A^* - \Delta\eta_- - V_D;\ \Delta\eta_- + V_D - \Delta E_D - \Delta E_D^*] \\ \gamma^- &= \gamma_0^-[\Delta E_A + \Delta E_A^* - \Delta\eta_- - V_D;\ \Delta\eta_- + V_D - \Delta E_D - \Delta E_D^*] \\ \gamma^+ &= \gamma_0^+[\Delta E_A + \Delta E_A^* - \Delta\eta_- - V_D;\ \Delta\eta_- + V_D - \Delta E_D - \Delta E_D^*] \end{aligned}\right\} \tag{4.41}$$

mit den Symbolen:

$$\begin{aligned} \Delta E_A^* &= \mathfrak{V} \ln m \\ \Delta E_D^* &= -\mathfrak{V} \ln n. \end{aligned} \tag{4.42}$$

Durch Vergleich von Gl. (4.41) und (4.35) ergibt sich, daß durch die Bestrahlung eine effektive Verschiebung der Niveaus E_A und E_D im Energiespektrum des Kristalls eingetreten ist. Chemisorption wie katalytische Prozesse laufen am belichteten Halbleiter so wie am unbelichteten ab, jedoch mit verschobenen örtlichen Niveaus. Die Größe der Verschiebung ΔE_A^* und ΔE_D^* hängt gemäß Gln. (4.42), (4.36) und (4.38) nur von der Lage des entsprechenden Niveaus und von der Art der Einstrahlung ab.

Im Falle geringer Bedeckung gelten die Adsorptionsgleichgewichte

$$\begin{aligned} \Gamma_0 &= K\, p_0/\gamma_0^\times \quad \text{(unbelichtet)} \\ \Gamma &= K\, p/\gamma^\times \quad \text{(belichtet)} \end{aligned} \tag{4.43}$$

wo

$$\begin{aligned} \Gamma &= \Gamma_0 + \Delta\Gamma \\ p &= p_0 + \Delta p \end{aligned}$$

und

$$\Delta\Gamma = -\frac{1}{\mathfrak{V}} \frac{v}{s} \Delta p \tag{4.44}$$

ist mit v dem adsorptiven Volumen und s der adsorbierenden Oberfläche. Aus der Gl. (4.43) unter Berücksichtigung der Gln. (4.44), (4.40) und (4.36) und unter Annahme, daß $|\Delta p| \ll p_0$ ist, erhält man:

$$\frac{\Delta p}{p_0} = \frac{1}{1 + B\gamma_0^\times} \{\gamma_0^-(1 - m) + \gamma_0^+(1 - n)\}, \tag{4.45}$$

wo

$$B = \frac{1}{\mathfrak{V}} \frac{v}{s} \frac{1}{K}. \tag{4.46}$$

Formel (4.45) bezieht sich auf den allgemeinen Fall, wo die chemisorbierenden Teilchen einer gegebenen Sorte sowohl als Akzeptoren als auch als Donatoren fungieren. Im Falle überwiegender Akzeptorwirkung, wie z. B. im Falle der Chemisorption von Sauerstoff an ZnO oder CdS[1] bzw. CdSe[2], ist γ_0^+ in Gl. (4.45) gleich Null. Unter diesen Bedingungen folgt aus Gl. (4.45) unter Berücksichtigung, daß in erster Näherung

$$\exp\{-(\Delta E_g - \Delta E_A)/\mathfrak{B}\} \ll \exp(-\Delta E_-^*/\mathfrak{B})$$

$$\Delta E_g \gg \Delta E_+^*$$

und

$$\exp(-\Delta E_A/\mathfrak{B}) \gg \exp(-\Delta E_g/\mathfrak{B})$$

ist, die Beziehung:

$$\frac{\Delta p}{p_0} = \frac{\gamma_0^\times}{1 + B\gamma_0^\times} \exp\{-(\Delta\eta_- - \Delta E_A + V_D)/\mathfrak{B}\} \times \\ \times [1 - \exp\{(\Delta\eta_- - \Delta E_-^* + V_D)/\mathfrak{B}\}]. \quad (4.47)$$

Zu ähnlichen Beziehungen gelangt man für die Chemisorption eines Gases mit Donatorverhalten an einem n-Typ- oder auch p-Typ-Halbleiter. Im Sinne von WOLKENSTEIN läßt sich dieser Sachverhalt in der folgenden Weise schematisch darstellen, wenn man $\Delta p/p_0$ gegen $\Delta\eta_- + V_D$ aufträgt (Abb. 4.6). Wie man erkennt, wird in Übereinstimmung mit dem experimentellen Befund mit $\gamma_0^+ = 0$ bei kleinen Werten von $\Delta\eta_- + V_D$, großem FERMI-Potential (anreduzierter Zustand), eine überwiegende Desorption gefunden und bei kleinem FERMI-Potential (oxydierter Zustand des n-Typ-Halbleiters) eine bevorzugte Adsorption. Entgegengesetzte Befunde ergeben sich am gleichen Halbleiter

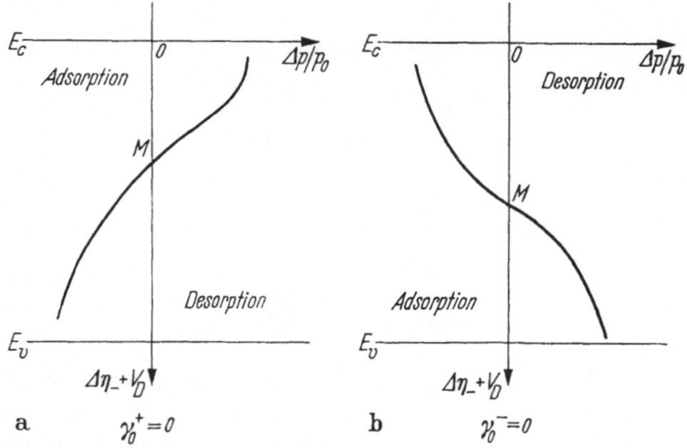

Abb. 4.6. Verlauf der Chemisorption und Desorption als Funktion des FERMI-Potentials bzw. von $\Delta\eta_- + V_D$ nach WOLKENSTEIN, a) mit $\gamma_0^+ = 0$, und b) mit $\gamma_0^- = 0$.

mit einem chemisorbierenden Gas, das Elektronen abgibt, sich also als Donator betätigt (Abb. 4.6b). Die Lage des Punktes M, die das FERMI-Potential bzw. den Wert $\Delta\eta_- + V_D$ angibt, bei der Adsorption bzw.

[1] MUSCHEID, E.: Ann. Phys. [6] **13**, 305 (1953).

[2] BUBE, R. H.: J. chem. Phys. **27**, 496 (1957). — G. A. SOMORJAI: J. Phys. Chem. Solids **24**, 175 (1963).

Desorption erfolgt, wird durch die Werte $\varDelta E_-^*$ bzw. $\varDelta E_+^*$, d. h. durch die Bestrahlungsbedingungen bestimmt.

In einer weiteren Arbeit beschäftigen sich WOLKENSTEIN und KARPENKO[1] mit dem Einfluß des FERMI-Potentials, der Diffusionsspannung der Raumladungs-Randschicht und dem elektronischen Umladungsniveau bzw. dem Abstand $\varDelta E_A$ von der Leitungsbandkante E_c (Abb. 4.7). Da hier etwas modifizierte Größen verwandt werden, sind die im folgenden verwendeten Größen in Abb. 4.7 eingetragen. Ausgangspunkt der Betrachtung ist die Beziehung:

$$\bar{V} = \frac{\varDelta c_-(O)}{c_-(O)} \frac{c_+(O)}{\varDelta c_+(O)} \exp\{-(\varDelta\eta_- - \varDelta E_A + V_D)/\mathfrak{V}\} - 1, \quad (4.48)$$

wo mit $c_-(O)$ und $c_+(O)$ die Konzentration der freien Elektronen und Defektelektronen in der Halbleiteroberfläche ohne Belichtung und mit $\varDelta c_-(O)$ und $\varDelta c_+(O)$ der entsprechende Konzentrationszuwachs bei Belichtung bezeichnet wird.

Wie bereits früher gezeigt wurde[2,3], hängt das Vorzeichen der Photoadsorption, d. h. ob unter Belichtung eine Adsorption oder Desorption einsetzt, vom Vorzeichen von $\bar{V}$ ab. Während für chemisorbierende Teilchen unter Elektronenaufnahme (Akzeptorwirkung) bei $+\bar{V}$ eine Chemisorption und bei $-\bar{V}$ eine Desorption erfolgt, liegen die Verhältnisse für ein Gas, das unter Elektronenabgabe chemisorbiert, gerade umgekehrt. Zwecks Interpretation der Beziehung (4.48) werden die Größen $\varDelta c_-(O)$ und $\varDelta c_+(O)$ berechnet. Als Ergebnis wird erhalten:

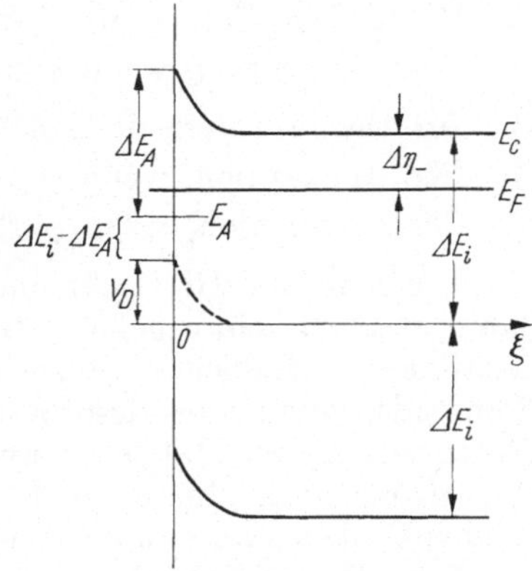

Abb. 4.7. Energie-Bändermodell eines *n*-Typ-Halbleiters mit elektronischem Umladungsniveau E_A. $\varDelta E_i = \frac{1}{2}\varDelta E_g$ ist gleich dem halben Abstand der Leitungsbandkante von der Valenzbandkante.

$$\varDelta c_-(O) = (I_0 + j_s)\sqrt{\frac{\tau_i}{D_i}} \exp(-V_D/\mathfrak{V}) \quad (4.49)$$

$$\varDelta c_+(O) = (I_0 + j_s)\sqrt{\frac{\tau_i}{D_i}} \exp(+V_D/\mathfrak{V}). \quad (4.50)$$

Hier bedeutet D und τ den Diffusionskoeffizienten und die mittlere Lebensdauer der Ladungsträger und der Index i kennzeichnet die Minoritätsträger (das sind z. B. in einem n-Typ-Halbleiter die Defektelektronen). Ferner ist I_0 die Lichtintensität, definiert als Zahl der pro cm^2 und sec einfallenden Quanten und

$$j_s = j_-(O) = j_+(O),$$

[1] WOLKENSTEIN, TH., u. I. V. KARPENKO: Kinetics & Catalysis USSR **3**, 57 (1962).

[2] TERENIN, A. N.: Collection, Problems of Kinetics and Catalysis **8**, 17 (1955) (in russisch).

[3] ROMERO-ROSSI, F., u. F. S. STONE: II. Congrès International de Catalyse, Paris 1960. — T. I. BARRY u. F. S. STONE: Proc. Roy. Soc. (A) **255**, 124 (1960)

d. h. ist gleich dem Elektronen- bzw. Defektelektronenstrom durch die Oberfläche (proportional der Rekombinationsgeschwindigkeit an der Oberfläche). Setzen wir nun die Gl. (4.49) und (4.50) in Gl. (4.48) ein und tragen der Tatsache Rechnung, daß

$$\begin{aligned} c_-(O) &= c_-^0 \exp\{-(\Delta\eta_- + V_D)/\mathfrak{B}\} \\ c_+(O) &= c_+^0 \exp\{-(\Delta\eta_+ - V_D)/\mathfrak{B}\} \end{aligned} \tag{4.51}$$

ist und setzen ferner in erster Näherung die Entartungskonzentrationen c_-^0 und c_+^0 gleich, so folgt:

$$\mathcal{V} = \exp(-\varphi/\mathfrak{B}) - 1 \tag{4.52}$$

mit

$$\varphi = -\Delta\eta_- + \Delta E_A + V_D. \tag{4.53}$$

Man erkennt, daß das Vorzeichen von $\mathcal{V}$ und das des Photoadsorptionseffektes durch das Vorzeichen von φ bestimmt wird.

Wir erhalten

$$\left.\begin{array}{l} \text{1. für chemisorbierende Teilchen mit Akzeptoreigenschaften} \\ \quad \text{Photoadsorption, wenn } \varphi < 0 \\ \quad \text{Photodesorption, wenn } \varphi > 0 \quad \text{und} \\ \text{2. für chemisorbierende Teilchen mit Donatoreigenschaften} \\ \quad \text{Photoadsorption, wenn } \varphi > 0 \\ \quad \text{Photodesorption, wenn } \varphi < 0. \end{array}\right\} \tag{4.54}$$

Wie man aus Gl. (4.53) und den Grenzbedingungen (4.54) folgern kann, wird für ein gegebenes Gas (mit gegebenem ΔE_A) und für einen bestimmten Halbleiter (Adsorbens) das Vorzeichen des Effektes (ob Photoadsorption oder -desorption) bestimmt durch die Lage des FERMI-Potentials E_F im Halbleiter und durch das Ausmaß der Bandkantenverbiegung, d. h. durch die Größe von $\pm V_D$. Die zuletzt genannten beiden Größen sind von der Vorgeschichte des Halbleiters abhängig.

Nach WOLKENSTEIN und KARPENKO[1] ist in Abb. 4.8 ein möglicher Bereich von $\Delta E_i - \Delta\eta_- \equiv E_F - E_i$ gegen V_D aufgetragen. Während $\Delta\eta_-$ im wesentlichen von der Vorbehandlung des Halbleiters abhängt, ist V_D in zweifacher Weise abhängig, einmal von der Vorgeschichte und zum andern vom Ausmaß der chemisorbierten Teilchen. Die Linien AA und BB unterteilen die sich aus V_D und $E_F - E_i$ ergebende Fläche in Übereinstimmung mit Gl. (4.53) in Gebiete mit positivem und in Gebiete mit negativem Effekt, gekennzeichnet durch + und —. In Abb. 4.8 ist ΔE_A mit einem positiven Wert nach oben aufgetragen und V_D^*, das die anfängliche Aufbiegung der Bandkanten darstellt, ist nach rechts aufgetragen. Aus der Darstellung kann man erkennen, daß bei konstanten V_D mit Änderung des FERMI-Potentials oder bei konstantem FERMI-Potential mit Änderung der Diffusionsspannung V_D es möglich ist, definiert aus dem Bereich mit Photoadsorption (+) in den

[1] WOLKENSTEIN, TH., u. I. V. KARPENKO: Kinetics & Catalysis USSR **3**, 57 (1962); J. appl. Phys. **33**, 460 (1962).

Bereich mit Photodesorption (—) zu gelangen und vice versa. Ein solcher Verlauf läßt sich an Hand der elektrischen Leitfähigkeit erkennen.

Entsprechend dem Schema in Abb. 4.8 haben ROMERO-ROSSI und STONE[1] im Bereich oberhalb der V_D-Achse rechts von der senkrechten Geraden BB gearbeitet (n-Typ-Halbleiter mit Adsorption von Akzeptorteilchen). Ein Druckanstieg von Sauerstoff bedeutet einen Anstieg von V_D und damit eine Verschiebung nach rechts, so daß man ins Gebiet der Photodesorption gelangt, was auch in der Tat im Bereich niedriger Drucke bei Raumtemperatur beobachtet wurde. Von den gleichen Auto-

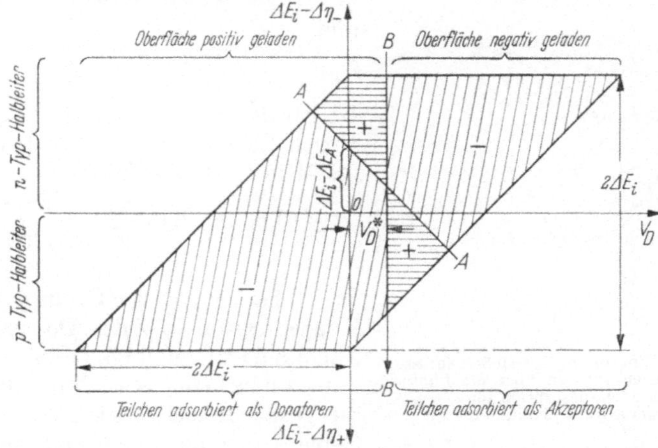

Abb. 4.8. Bereiche der Chemisorption (+) und der Desorption (—) an belichteten Halbleiteroberflächen mit p- und n-Leitung nach WOLKENSTEIN und KARPENKO. Es ist $\Delta E_i - \Delta\eta_-$ gegen die Diffusionsspannung V_D aufgetragen. $\Delta E_i - \Delta E_A$ und V_D^* werden durch die Vorgeschichte des Halbleiters bestimmt.

ren wurde bei 400 °C am gleichen System bei niedrigen Drucken eine Photoadsorption durch Druckanstieg verursacht. Auch dieser Befund ist verständlich, wenn man berücksichtigt, daß nunmehr die Aufnahme von Sauerstoff mit einer Oberflächenreaktion verknüpft ist, etwa in dem Sinne, daß die chemisorbierten Sauerstoffmoleküle mit den Donatoren $Zn^{\cdot}$ in der Raumladungs-Randschicht (R) reagieren:

$$O_2(\text{gas}) + e'(R) \rightleftharpoons O_2^-(\text{ads}) \tag{4.55a}$$

$$O_2^-(\text{ads}) + Zn^{\cdot}(R) + e'(R) \rightarrow ZnO + O^-(\text{ads}) \tag{4.55b}$$

$$O^-(\text{ads}) + Zn^{\cdot}(R) \rightleftharpoons ZnO\,. \tag{4.55c}$$

Im Gegensatz zur Annahme zahlreicher Autoren sei erwähnt, daß auch im Bereich niedriger Temperaturen (z. B. 25 °C) dieser Oberflächenreaktionszyklus eine Rolle spielen kann, wenn man nämlich die Gasaufnahme über Minuten und Stunden verfolgt. (Die Metalloxydation bei 25 °C, wobei Oxidschichten von 200 bis 1000 Å gebildet werden, ist nur verständlich, wenn im obigen Sinne die Donatoren in

[1] ROMERO-ROSSI, F., u. F. S. STONE: II. Congrès International de Catalyse, Paris 1960. — T. I. BARRY u. F. S. STONE: Proc. Roy. Soc. (A) **255**, 124 (1960).

der Raumladungs-Randschicht als genügend beweglich angenommen werden, s. S. 772ff.)

Die gegenläufigen Experimente, z. B. über die Chemisorption von Sauerstoff an Zinkoxid, der verschiedenen Autoren werden verständlich, wenn man berücksichtigt, wie bereits erwähnt, daß die verschiedene Behandlung der Oxide, hier z. B. ZnO, sowohl V_D als auch $\Delta\eta_-$ ändert. Bezeichnen wir im Falle des Zinkoxids die Konzentration der Donatoren mit $c_{Zn^{\cdot}}$, so gilt:

$$\Delta\eta_- = \mathfrak{B} \ln \frac{c_-^0}{c_{Zn^{\cdot}}} \tag{4.56}$$

und

$$V_D = \frac{2\pi e^2}{\varepsilon} \frac{\sigma^2}{c_{Zn^{\cdot}}}. \tag{4.57}$$

Hier bedeutet σ die Oberflächenladung. Durch Substitution der Gl. (4.56) und (4.57) in Gl. (4.53) folgt:

$$\varphi = \Delta E_A + \mathfrak{B} \ln \frac{c_{Zn^{\cdot}}}{c_-^0} + \frac{2\pi e^2}{\varepsilon} \frac{\sigma^2}{c_{Zn^{\cdot}}}. \tag{4.58}$$

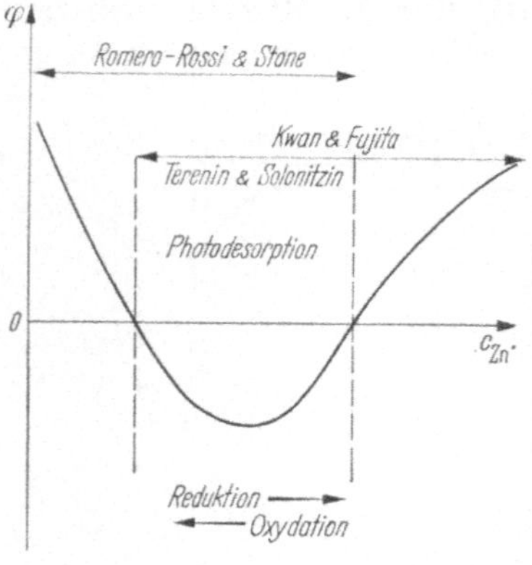

Abb. 4.9. Einordnung der Meßergebnisse verschiedener Autoren über die Photoadsorption bzw. -desorption im $\varphi - c_{Zn^{\cdot}}$-Diagramm nach WOLKENSTEIN.

Die Abhängigkeit der Größe φ von der Konzentration $c_{Zn^{\cdot}}$ der Donatoren im Zinkoxid ist gemäß Gl. (4.58) in Abbildung 4.9 schematisch dargestellt, wo die gestrichelten vertikalen Linien die Gebiete der positiven und negativen Photoadsorptionseffekte anzeigen. Wir erkennen, daß die Funktion $\varphi(c_{Zn^{\cdot}})$ zweimal das Vorzeichen ändert. Hierdurch werden die Ergebnisse der verschiedenen Autoren verständlich.

Über die Kinetik der Photoadsorption wurde ebenfalls von WOLKENSTEIN[1] berichtet. Entsprechend dem Reaktionszyklus, daß bei $t - t_1$ Licht geeigneter Wellenlänge eingestrahlt und im Zeitpunkt $t - t_2$ wieder abgeschaltet wird, werden die folgenden Gleichungen als zeitliche Änderung des Druckes p des adsorbierenden Gases aufgestellt;

$$p_0(t) = p_0(\infty) + [p_0(0) - p_0(\infty)] \exp(-\lambda_0 t) \quad \text{für} \quad 0 \leqq t \leqq t_1 \tag{4.59a}$$

$$p(t) = p(\infty) + [p(t_1) - p(\infty)] \exp\{-\lambda(t - t_1)\} \quad \text{für} \quad t_1 \leqq t \leqq t_2 \tag{4.59b}$$

$$p_0(t) = p_0(\infty) + [p_0(t_2) - p_0(\infty)] \exp\{-\lambda_0(t - t_2)\} \quad \text{für} \quad t_2 \leqq t \leqq \infty. \tag{4.59c}$$

Hier kennzeichnet der Index 0 wieder den unbelichteten Zustand und λ_0 bzw. λ ist

$$\begin{aligned} \lambda_0 &= (1 + B\gamma_0^\times) \frac{k_2}{B} \\ \lambda &= (1 + B\gamma^\times) \frac{k_2}{B}. \end{aligned} \tag{4.60}$$

[1] WOLKENSTEIN, TH.: Kinetics & Catalysis USSR 2, 439 (1961).

Ferner gelten für $p(\infty)$ und γ_0 die folgenden Beziehungen:

$$p_\infty = \frac{B\gamma^\times}{1+B\gamma^\times}\,\frac{k_2}{B} \tag{4.61}$$

und

$$\gamma_0 = \gamma_0^\times[1 - \gamma_0^-(1-m) - \gamma_0^+(1-n)]^{-1}. \tag{4.61a}$$

Setzt man $t_1 = 0$, d. h. beginnt man mit der Druckänderung unter Belichtung im Koordinatenanfangspunkt, dann ergibt sich aus Abb. 4.10 entsprechend den Beziehungen (4.59) bis (4.61), daß eine Belichtung sowohl eine Erhöhung wie eine Abbremsung der Adsorptionsgeschwindigkeit verursachen kann. Die kinetischen Ausdrücke (4.59) lassen sich schematisch in den in Abb. 4.11 aufgezeigten Fällen darstellen. Die dicken Linien zeigen den wahren häufig beobachteten Verlauf des Gasdrucks mit der Zeit im Dunkeln (von $0 \to t_1$ und von $t_2 \to \infty$) und unter Lichteinstrahlung (von $t_1 \to t_2$). Während die unterbrochenen Linien in Abb. 4.11 den Verlauf bei Aufrechterhaltung der Dunkelperiode angeben, zeigen die dünnen Linien die zeitliche Druckänderung, wenn bereits zu Beginn, d. h. bei $t = 0$, eingestrahlt wird.

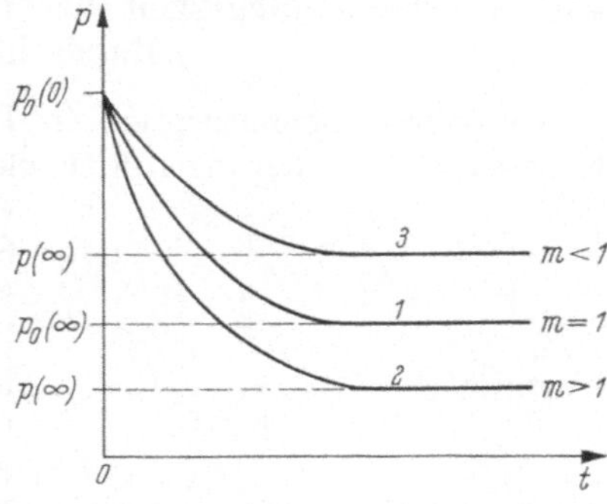

Abb. 4.10. Zeitlicher Verlauf der Druckabnahme infolge Chemisorption nach WOLKENSTEIN. *1* im Dunkeln, *2* und *3* unter Lichteinwirkung.

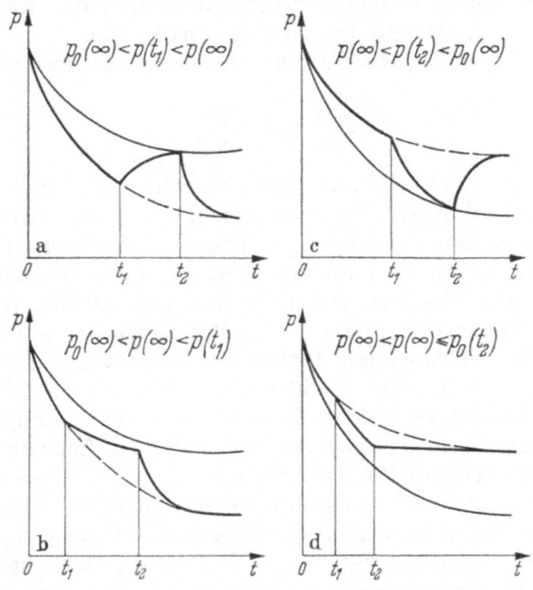

Abb. 4.11. Die Möglichkeiten des zeitlichen Druckverlaufs eines chemisorbierenden bzw. desorbierenden Gases im Zyklus: Dunkel $(0-t_1)$, Belichtung (t_1-t_2) und Dunkel (t_2-t) nach WOLKENSTEIN.

Abb. 4.11a und 4.11b entsprechen dem Fall $m < 1$. In diesem Fall kommt es zu einer Desorption (Abb. 4.11a) oder zu einer Verzögerung der Adsorption (Abb. 4.11b). Entsprechend stellen die Abb. 4.11c und 4.11d den Fall mit $m > 1$ dar. Hier führt eine Belichtung zu einer reversiblen (Abb. 4.11c) oder zu einer irreversiblen Adsorption (Abbildung 4.11d).

4.5 Gasdruckabhängigkeit der Leitfähigkeit von Halbleitern mit Randschichtbildung

Die durch Chemisorption in Randschichten verursachten starken Konzentrationsänderungen der elektrischen Ladungsträger erfordern eine zusätzliche Betrachtung der Sauerstoffdruckabhängigkeit der elektrischen Leitfähigkeit in polykristallinen Halbleitern und auch in Einkristallen kleiner Dimensionen. Während die in früheren Kapiteln behandelte Sauerstoffdruckabhängigkeit der Elektronenfehlordnung unter der Voraussetzung behandelt wurde, daß die Gasphase auch mit dem Halbleiterinnern im Gleichgewicht steht (daher hohe Temperaturen), herrschen bei niedrigen Temperaturen mit Randschichtbildung andere Beziehungen.

Abb. 4.12. Schematische Darstellung der Aufeinanderfolge von Randschichten und Innenphase eines polykristallinen Halbleiters.

Unter der Annahme gleicher Beweglichkeiten der Elektronenstörstellen in Randschicht und Innenphase erhalten wir für das Verhältnis der Leitfähigkeiten der Randschicht $\varkappa^{(R)}$ und der Innenphase $\varkappa^{(H)}$ die Beziehung

$$\frac{\varkappa^{(H)}}{\varkappa^{(R)}} = \frac{c_-(H)}{c_-(R)}. \tag{4.62}$$

Abb. 4.12 zeigt einen schematischen Querschnitt durch einen polykristallinen Sinterkörper. Wie man erkennt, hat der Strom von einer Elektrode zur anderen in ständiger Folge Randschichten und Innenphasen der Kristallite zu durchlaufen, also Gebiete mit Leitfähigkeiten $\varkappa^{(R)}$ und $\varkappa^{(H)}$. Der Absolutwert der Gesamtleitfähigkeit $\varkappa_{\text{eff}}$, der sich aus den Leitfähigkeiten $\varkappa^{(R)}$ und $\varkappa^{(H)}$ im Verhältnis der auf Randschicht und Innenphase entfallenden Anteile des Stromweges zusammensetzt, wird sowohl im Falle eines Elektronenüberschußleiters als auch eines Elektronendefektleiters mit schlechtleitender Verarmungsrandschicht praktisch allein durch $\varkappa^{(R)}$ gegeben. Im Falle der Ausbildung von gutleitenden Anreicherungs-Randschichten (z. B. O_2 an NiO oder H_2 an ZnO) können umgekehrte Verhältnisse auftreten. Im ersten Falle wird dann die Sauerstoffdruckabhängigkeit der Gesamtleitfähigkeit $\varkappa_{\text{eff}}$ allein durch die Sauerstoffdruckabhängigkeit der Randschichtleitfähigkeit bedingt sein, da die Innenphase erstens erheblich besser leitend ist und zum anderen ja der Einfluß des Sauerstoffs auf die Leitfähigkeit der Randschicht beschränkt bleibt.

Zur Aufklärung der Verhältnisse an randschichtleitenden Systemen, die zu anderen Sauerstoffdruckabhängigkeiten der Leitfähigkeit führen, müssen wir uns zunächst mit dem Einfluß des Sauerstoffdruckes auf die Leitfähigkeit der Randschicht beschäftigen. Für den Widerstand der senkrecht zum Stromweg (parallel zu den Elektroden) liegenden Randschichten können wir

$$W^{(R)} = \frac{2L}{a\,q} \int_0^{l} \frac{d\xi}{\varkappa} \tag{4.63}$$

ansetzen, da bei einer Länge L der Pastille und einer mittleren Kantenlänge a jedes Kristallits $2L/a$ Randschichten zu durchlaufen sind.[1] q bedeutet die Summe der Flächen der Kristallite in einem Querschnitt der Pastille parallel zur Elektrode. In einem beliebigen Abstand ξ innerhalb der Randschicht erhält man für die Leitfähigkeit:

$$\varkappa(\xi) = \varkappa^{(R)} \exp\left(\frac{\mathfrak{E}_R\,\xi}{\mathfrak{B}}\right).$$

Durch Substitution der Randschichtfeldstärke $\mathfrak{E}_R = \frac{V_D}{l}$ erhält man unter Verwendung von (4.4) aus der integrierten Gleichung (4.63):

$$W^{(R)} = \frac{L}{a\,q} \left\{\frac{\varepsilon}{2\pi e}\,\frac{1}{V_D\,c_-(H)}\right\}^{1/2} \mathfrak{B}\,\frac{1}{\varkappa^{(R)}}.$$

Unter Beachtung von (4.62) und (4.8a) ergibt sich schließlich für die Randschichtleitfähigkeit, wenn man $\varkappa^{(H)} = u_-\,e\,c_-(H)$ setzt:

$$\varkappa^{(R)} = \text{const}\,\frac{a\,e}{\mathfrak{B}}\,\{V_D\,[c_-(H)]^3\}^{1/2} \exp(-V_D/\mathfrak{B}) \tag{4.64}$$

mit $\text{const} = u_-\left(\frac{2\pi e}{\varepsilon}\right)^{1/2}$ (u_- = Beweglichkeit der Leitungselektronen).

Bei Vorliegen nur einfach negativ geladener chemisorbierter Sauerstoffionen folgt aus (4.64) für die Sauerstoffdruckabhängigkeit der Randschichtleitfähigkeit:

$$\varkappa^{(R)} = \text{const}^*\,\frac{1}{\mathfrak{B}}\,(c_-(H)\,V_D)^{3/2}\,p_{O_2}^{-1/2}. \tag{4.64a}$$

Die Gesamtleitfähigkeit $\varkappa_{\text{eff}}$ eines polykristallinen Oxids setzt sich aus den Teilleitfähigkeiten $\varkappa^{(H)}$ und $\varkappa^{(R)}$ gemäß

$$\frac{1}{\varkappa_{\text{eff}}} = \frac{a-2l}{a}\,\frac{1}{\varkappa^{(H)}} + \frac{2l}{a}\,\frac{1}{\varkappa^{(R)}} \tag{4.64b}$$

zusammen. Daraus folgt mit (4.64a) die von ENGELL und HAUFFE[2] abgeleitete Beziehung:

$$\frac{1}{\varkappa_{\text{eff}}} = \frac{a-2l}{a}\,\frac{1}{\varkappa^{(H)}} + \frac{2l}{a}\,C\,\frac{1}{\varkappa^{(H)}}\,p_{O_2}^{1/2}. \tag{4.64c}$$

[1] Mit $V_D \leq 1\,V$ berechnet G. HEILAND: Z. Phys. **138**, 459 (1954) die Breite der Randschicht bei 20 °C an ZnO zu etwa $5 \cdot 10^{-6}$ cm.

[2] HAUFFE, K., u. H.-J. ENGELL: Z. Elektrochem. Ber. Bunsenges. phys. Chem. **56**, 366 (1952). — H.-J. ENGELL u. K. HAUFFE: Z. Elektrochem. Ber. Bunsenges. phys. Chem. **57**, 762 (1953).

In C sind alle konstanten Glieder zusammengefaßt. Eine Auftragung von $1/\varkappa_{\mathrm{eff}}$ gegen $p_{O_2}^{1/2}$ bzw. p_{O_2} sollte von Fall zu Fall also eine Gerade ergeben. In Abb. 4.13 ist der Verlauf der Sauerstoffdruckabhängigkeit der Leitfähigkeit von ZnO bei 25 °C dargestellt. Hier findet man die Gültigkeit von (4.64a) bestätigt. Trägt man die bei 665 bzw. 800 °C ermittelte[1] Leitfähigkeit von ZnO-Cr_2O_3- und von ZnO-Ga_2O_3-Mischoxiden (jeweils 1 Mol-%) sowie von reinem ZnO gegen den Sauerstoffdruck auf, so findet man $1/\varkappa_{\mathrm{eff}} \sim p_{O_2}^{1/4}$, wie in Abb. 4.14 gezeigt ist. Eine Deutung dieser Ergebnisse steht noch aus.

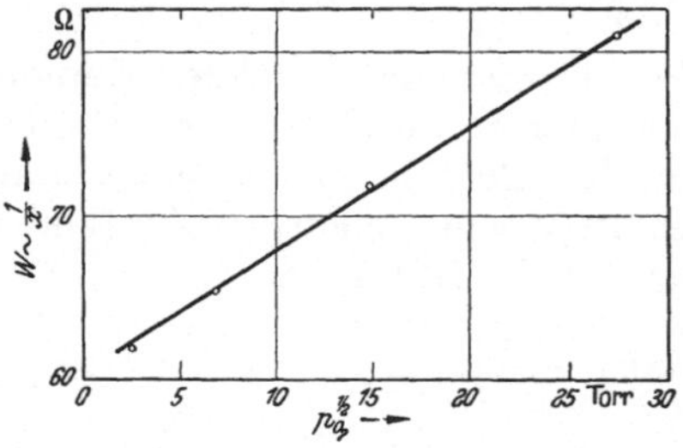

Abb. 4.13. Sauerstoffdruckabhängigkeit der elektrischen Leitfähigkeit von polykristallinem Zinkoxid bei 25 °C nach ENGELL und HAUFFE.

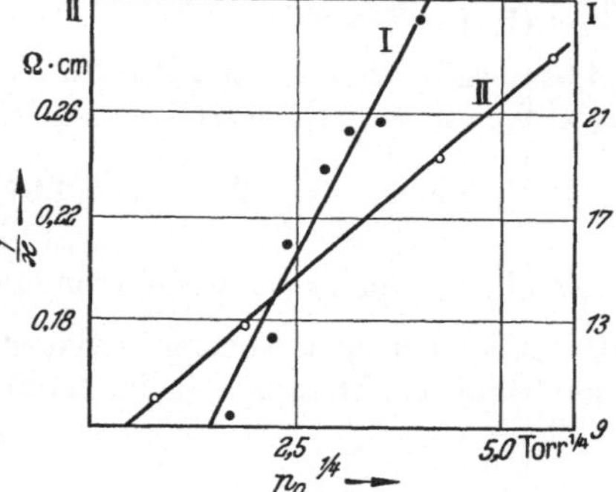

Abb. 4.14. Sauerstoffdruckabhängigkeit der elektrischen Leitfähigkeit von ZnO-Cr_2O_3- und ZnO-Ga_2O_3-Mischoxiden (jeweils 1 Mol-% Fremdoxid bei 800 °C nach HAUFFE und BLOCK.

Auf Grund von Leitfähigkeits- und HALL-Effektmessungen an polykristallinen ZnO-Körpern schlossen HAHN[2], MILLER[3] und VOLGER[4] ebenfalls auf eine maßgebende Randschichtleitfähigkeit. Unter Annahme eines sehr vereinfachten Randschichtmodells berechneten sie aus der Frequenzabhängigkeit der Leitfähigkeit die Randschichtleitfähigkeit $\varkappa^{(R)}$ zu $2 \cdot 10^{-4}$ und die Leitfähigkeit der Innenphase $\varkappa^{(H)}$ zu 0,13 $\mathrm{Ohm}^{-1}\,\mathrm{cm}^{-1}$, so daß das Schichtdicken-Verhältnis bei 25 °C

$$\frac{\text{Randschichtdicke}}{\text{Kristalldicke}} \approx \frac{1}{270}$$

ist. Ferner wurde von MILLER mit Recht darauf aufmerksam gemacht, daß ein Nichtbeachten der unterschiedlichen Leitfähigkeiten von Randschicht und Innenphase, d.h. eine unmittelbare Verwendung der Niederfrequenz-Leitfähigkeits- und HALL-Effektmessungen zur Berechnung von Beweglichkeiten zu Werten führt, die viel zu klein sind, da die Niederfrequenz-Leitfähigkeitsmessungen überwiegend auf die gegenüber dem Kristallinnern zum Teil erheblich niedrigere Elektronenkonzentration in der Randschicht ansprechen, während beim HALL-Effekt die Elektronenkonzentration im Kristallinnern bestimmend ist. Unter Berücksichtigung dieser Ver-

---

[1] HAUFFE, K., u. J. BLOCK: Z. phys. Chem. **196**, 438 (1951).

[2] HAHN, E. E.: J. appl. Phys. **22**, 855 (1951). — Vgl. auch D. J. M. BEVAN u. J. S. ANDERSON: Faraday Soc. Dis. **8**, 238 (1950).

[3] MILLER JR., P. H.: Semi Conducting Materials, S. 172ff. London 1951.

[4] VOLGER, J.: Phys. Rev. **79**, 1023 (1950); Semi-Conducting Materials, S. 162ff. London 1951.

hältnisse dürften die von HAHN[1] neu berechneten, relativ hohen Werte der Elektronenbeweglichkeit von etwa 20 bis 110 $cm^2 Volt^{-1} sec^{-1}$ in ZnO bei 20 °C dem wahren Wert am nächsten kommen.

Bei Einwirkung von H_2O-Dampf auf Cu_2O-Einkristalle bei Zimmertemperatur fand BRAUER[2] eine Abnahme der elektrischen Leitfähigkeit. Dieser Befund läßt sich in einfacher Weise verstehen, wenn man berücksichtigt, daß H_2O-Dampf an Cu_2O unter Abgabe von Elektronen an das Adsorbens chemisorbiert wird:

$$H_2O\,(\text{gas}) + |e|^{\cdot}(R) \rightleftharpoons H_2O^+\,(\text{ads})\,. \tag{4.65}$$

Hierdurch können die im Cu_2O vorhandenen Defektelektronen in der Nähe der Oberfläche weitgehend aufgefüllt werden. Die beim vorherigen Lagern in Luft durch Chemisorption von Sauerstoff erzeugte Anreicherungsrandschicht wird also durch eine H_2O-Behandlung zerstört. Die verbleibende Leitfähigkeit ist eine Funktion des Wasserdampfdrucks, die aus den oben abgeleiteten Ansätzen einer Verarmungsrandschicht herzuleiten ist. Aus Gl. (4.65) folgt für das Diffusionspotential V_D:[3]

$$V_D = \mathfrak{B} \ln \left\{ \left(\frac{2\pi e c_+ (H)}{\varepsilon V_D} \right)^{1/2} p_{H_2O} K \right\}. \tag{4.66}$$

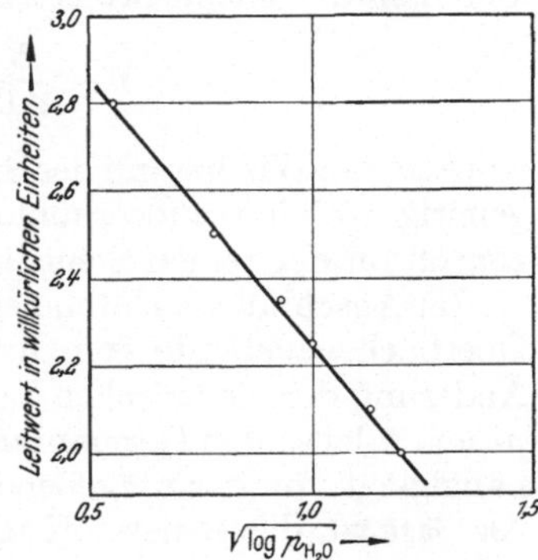

Abb. 4.15. Die elektrische Leitfähigkeit von Cu_2O bei 30 °C in Abhängigkeit vom H_2O-Partialdruck nach BRAUER.

Berücksichtigt man, daß sich die Leitfähigkeit des Cu_2O-Kristalls additiv aus der wasserdampfdruckabhängigen Oberflächenleitfähigkeit $\varkappa^{(R)}$ und der konstanten Innenphasenleitfähigkeit $\varkappa^{(H)}$ zusammensetzt, wobei die Länge des Kristalls (Abstand der Elektroden) mit L, seine Dicke mit d, seine Breite mit B und die Dicke der Randschicht mit $\mathfrak{l}$ bezeichnet werden, dann folgt für die gesamte Leitfähigkeit $\varkappa_{\text{eff}}$:

$$\varkappa_{\text{eff}} = \varkappa^{(H)} \frac{B}{L} (d - \mathfrak{l}) + \varkappa^{(R)} \frac{B}{L}.$$

$\varkappa^{(R)}$ und $\varkappa^{(H)}$ bedeuten die spezifischen Leitfähigkeiten von Randschicht und Innenphase. Berücksichtigen wir $\mathfrak{l} = \left(\frac{\varepsilon}{2\pi e} \frac{V_D}{c_+ (H)} \right)^{1/2}$, $\varkappa \sim \Gamma$ und (4.7a), wobei wie oben das Vorzeichen umzukehren ist, und vernachlässigen wir $\exp(-V_D/\mathfrak{B})$ gegen 1, so ergibt sich

$$\varkappa_{\text{eff}} \approx A \{ d - [C B \mathfrak{B} \ln p_{H_2O}]^{1/2} \}, \tag{4.67}$$

---

[1] HAHN, E. E.: J. appl. Phys. **22**, 885 (1951). — Vgl. auch D. J. M. BEVAN u. J. S. ANDERSON: Faraday Soc. Dis. **8**, 238 (1950).

[2] BRAUER, P.: Ann. Phys. [5] **25**, 609 (1936).

[3] ENGELL, H.-J.: Über Randschichteffekte an der Grenzfläche Halbleiter—Vakuum und Halbleiter—Gasraum, in: Halbleiterprobleme, Bd. 1, S. 249ff., herausgeg. von W. SCHOTTKY. Braunschweig 1954.

wobei in A, B und C alle konstanten Glieder zusammengefaßt sind. Abb. 4.15 gibt die der Formel (4.67) entsprechende Auswertung der Messungen von BRAUER wieder.

In Erweiterung obiger Überlegungen auf sehr dünne Halbleiterfilme, deren Gesamtdicke in der Größenordnung der Randschicht liegt, gelingt ENGELL[1] die Deutung der von LJASCHENKO und STEPKO[2] beobachteten Verminderung der Leitfähigkeit von Cu_2O-Filmen durch Chemisorption von Methanol-, Äthanol-, Aceton- und Wasserdämpfen. Bezeichnen wir die Leitfähigkeit der Schicht vor der Chemisorption des Gases mit $\varkappa^{(H)}$, die mittlere (Längs-) Leitfähigkeit nach der Chemisorption des Gases mit $\varkappa^{(R)}$ und die Differenz $\varkappa^{(H)} - \varkappa^{(R)}$ mit $\Delta\varkappa$, dann ist $\Delta\varkappa$ proportional der Zahl der „zugestopften" Defektelektronen und damit proportional der Zahl der chemisorbierten Teilchen Γ. Wir erhalten also:

$$1 + \frac{R}{\Delta R} = \frac{\varkappa^{(H)}}{\Delta\varkappa} = \frac{c_+(H)\, d}{\Gamma}, \tag{4.68}$$

wobei R den Widerstand der Schicht vor der Chemisorption, ΔR die zu $\Delta\varkappa$ gehörige Widerstandserhöhung und $c_+(H)$ die Defektelektronenkonzentration der reinen Schicht mit der Dicke d bedeuten.

Im Anschluß an Untersuchungen von BRATTAIN und BARDEEN[3] über Oberflächenzustände von Germaniumkristallen studierte MORRISON[4] die Änderung der elektrischen Leitfähigkeit und des Kontaktpotentials von p- und n-leitenden Germaniumproben bei Einstrahlung von Licht in Abhängigkeit von der umgebenden Gasatmosphäre bei Zimmertemperatur. Als Gase wurden Sauerstoff allein und Sauerstoff-Wasserdampf-Gemische verwandt. Wie man aus der Abb. 4.16 erkennt, ist im Falle der Verwendung eines n-leitenden Germaniums der Widerstand in reinem Sauerstoff höher als im H_2O-haltigen, während mit p-leitendem Germanium gerade umgekehrte Verläufe beobachtet werden. Qualitativ den gleichen Gang zeigt der in Abb. 4.16 mit eingezeichnete Verlauf des Kontaktpotentials ΔE_K. Dies ist ein besonders interessantes Beispiel für die gleichzeitige Chemisorption eines elektronenverbrauchenden (Sauerstoff) und eines elektronenliefernden Gases (H_2O). Ferner konnte von MORRISON an Hand des zeitlichen Verlaufs der Widerstandsänderung festgestellt werden, daß die Desorption bzw. die Verdrängung des chemisorbierten Wassers durch reinen Sauerstoff an p-leitenden Germaniumoberflächen langsamer erfolgt als an n-leitenden Germaniumoberflächen. Dies bedeutet, daß die Chemisorption von H_2O an Oberflächen mit Defektelektronen intensiver erfolgt als an Oberflächen mit freien Elektronen, ein Ergebnis, das nach der H_2O^+-Bildung verständlich ist.

---

[1] ENGELL, H.-J.: Über Randschichteffekte an der Grenzfläche Halbleiter—Vakuum und Halbleiter—Gasraum, in: Halbleiterprobleme, Bd. 1, S. 249ff., herausgeg. von W. SCHOTTKY. Braunschweig 1954.

[2] LJASCHENKO, W. J., u. J. J. STEPKO: Nachr. Akad. Wiss. UdSSR, phys. Serie **16**, 274 (1952).

[3] BRATTAIN, W. H., u. W. SHOCKLEY: Phys. Rev. **73**, 345 (1947). — J. BARDEEN u. W. H. BRATTAIN: Phys. Rev. **75**, 1208 (1949).

[4] MORRISON, S. R.: J. phys. Chem. **57**, 860 (1953). — Siehe auch J. BARDEEN u. S. R. MORRISON: Physica **20**, 873 (1954).

Über die Adsorption verschiedener Gase an Germanium berichten zahlreiche Autoren.[1-4] Speziell mit der Beeinflussung der elektrischen Leitfähigkeit durch Gasadsorption haben sich neben MORRISON u. a. GREEN[5], SPARNAAY[4], STATZ und Mitarbeiter[6] beschäftigt. Nach GREEN betätigt der überwiegende Teil des chemisorbierten Sauerstoffs eine kovalente Bindung. Diese Deutung ist naheliegend, wenn man bedenkt, daß es zur Ausbildung nicht nur einer monomolekularen, sondern sogar einer zweimolekularen Bedeckung kommen kann.

In diesem Zusammenhang erwähnenswert sind die Untersuchungen der Chemisorption von Sauerstoff an Cadmiumselenid.[7] Im Gegensatz

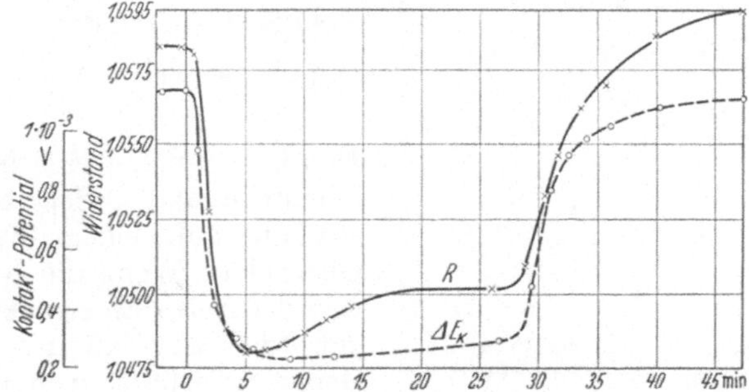

Abb. 4.16. Zeitlicher Verlauf des elektrischen Widerstandes (R) und des Kontaktpotentials (ΔE_K) bei Belichtung einer n-leitenden Germaniumprobe in willkürlichen Einheiten in Sauerstoff und in Sauerstoff-Wasserdampf-Gemischen nach MORRISON. Der bei Versuchsbeginn ($t = 0$) in reinem Sauerstoff gemessene Widerstand nimmt bei Einwirkung von H_2O-haltigem Sauerstoff (bis 26 Minuten Einwirkungsdauer) deutlich ab und erreicht annähernd seinen alten Wert, wenn man nach 26 Minuten wieder reinen Sauerstoff verwendet. Einen qualitativ ähnlichen Verlauf zeigt ΔE_K.

zur Chemisorption von Sauerstoff durch Zinkoxid unter Belichtung, wo im allgemeinen eine Desorption beobachtet wird, werden Geschwindigkeit und Ausmaß der Chemisorption von Sauerstoff an CdSe durch blaues Licht erhöht (Abb. 4.17), wenn der Kristall vorher bei höheren Temperaturen in einer strömenden Heliumatmosphäre belichtet wurde. Diese starke Abnahme der elektrischen Leitfähigkeit ist nur verständlich, wenn man annimmt, daß die Konzentration der freien Elektronen in der Raumladungs-Randschicht stark erniedrigt wird. In zusätzlichen Messungen konnte SOMORJAI[8] zeigen, daß die Aufnahme von Sauerstoff durch CdSe nicht nur freie Elektronen vernichtet, sondern auch Defektelektronen in der Raumladungs-Randschicht erzeugt. Im Gegensatz zum

[1] BRATTAIN, W. H., u. J. BARDEEN: Bell Syst. Techn. J. **32**, 1 (1953).
[2] LAW, J. T., u. E. E. FRANÇOIS: Amer. New York Acad. Sci. **58**, 925 (1954).
[3] LAW, J. T.: J. phys. Chem. **59**, 67, 543 (1955).
[4] GREEN, M., A. KAFALAS u. P. H. ROBINSON: in: Semiconductor Surface Physics, S. 349. Philadelphia: herausgeg. R. H. Kingston 1957. — M. J. SPARNAAY u. J. VAN RULER: Physica **27**, 153 (1961).
[5] GREEN, M., u. A. LIBERMAN: J. Phys. Chem. Solids **23**, 1407 (1962).
[6] STATZ, H., G. A. DE MARS, L. DAVIS JR. u. A. ADAMS JR.: in: Semiconductor Surface Physics, S. 139. Philadelphia: herausgeg. R. H. Kingston 1957.
[7] BUBE, R. H.: J. chem. Phys. **27**, 496 (1957).
[8] SOMORJAI, G. A.: J. Phys. Chem. Solids **24**, 175 (1963).

Cadmiumsulfid, wo MUSCHEID[1] an Einkristallen eine starke und schnelle Chemisorption von Sauerstoff nachwies, die bis herauf zu 350 °C reversibel war, ist die Chemisorption von Sauerstoff an CdSe im Temperaturgebiet zwischen 20 und 360 °C irreversibel. Den Mechanismus der Sauerstoffaufnahme an CdSe kann man wie folgt beschreiben:

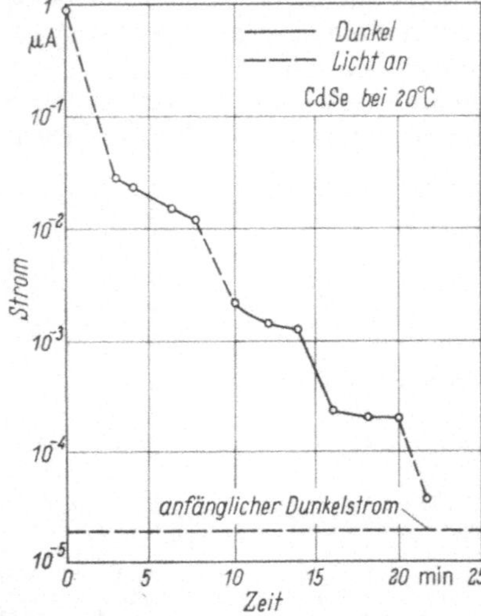

Abb. 4.17. Abnahme der Leitfähigkeit eines reinen CdSe-Kristalls, gewachsen aus der Dampfphase und 3 Stunden bei 300 °C im Vakuum getempert, in Belichtungs- und Dunkelperioden bei Zimmertemperatur nach BUBE.

$$O_2(\text{gas}) + e' = O_2^-(\text{ads}) \quad \text{schnell} \tag{4.69}$$

und

$$\begin{aligned} O_2^-(\text{ads}) + |\text{Se}|^{\bullet} + e' &= O|\text{Se}|^{\times} + O^-(\text{ads}) \\ O^-(\text{ads}) + |\text{Se}|^{\bullet} &= O|\text{Se}|^{\times} \end{aligned} \quad \text{langsam.} \tag{4.70}$$

Hier bedeutet $|\text{Se}|^{\bullet}$ eine Selenionen-Leerstelle und $O|\text{Se}|^{\times}$ ein Sauerstoffion auf einem Selenionen-Gitterplatz. Wenn die Konzentration der freien Elektronen so klein geworden ist, daß das Intrinsic-Gebiet erreicht ist, werden bei weiterer Sauerstoffaufnahme offenbar Defektelektronen erzeugt gemäß:

$$O_2(\text{gas}) = O_2^-(\text{ads}) + |e|^{\bullet}. \tag{4.71}$$

Zu jeder Zeit wirkt der Sauerstoff als Akzeptor und niemals als Donator, wie von SOMORJAI zur Diskussion gestellt. Wegen der Reversibilität dieses Teils der Chemisorption kann keine merkliche Oberflächenreaktion einsetzen, die zu Cadmiumionen-Leerstellen führt.

Interessante Informationen über die Einwirkung von Gasen auf Halbleiter werden erhalten, wenn man den verschiedensten Gasen Elektron-Lochpaare oder Excitonen anbietet, was durch Belichtung im geeigneten Wellenlängenbereich möglich ist. Mit der Chemisorption und Desorption von Sauerstoff an dunklen und belichteten ZnO-Oberflächen hat sich eine Anzahl von Forschern beschäftigt.[2-6] Kürzlich wurden die Kinetik des Desorptionsvorganges von Sauerstoff an belichteten ZnO-Oberflächen und die Sauerstoffdruckabhängigkeit der Adsorptionsgeschwindigkeit in der anschließenden Dunkelperiode mittels Leitfähigkeit studiert.[7] Wie man aus Abb. 4.18 erkennt, ist das Ausmaß der

[1] MUSCHEID, E.: Amer. Phys. [6] **13**, 305 (1953).
[2] MJASNIKOV, I. A.: J. phys. Chem. USSR **31**, 1721 (1957).
[3] MEDVED, D. B.: J. chem. Phys. **28**, 870 (1958); J. Phys. Chem. Solids **20**, 255 (1961).
[4] COLLINS, R. J., u. D. G. THOMAS: Phys. Rev. **112**, 388 (1958).
[5] BARRY, T. I., u. F. S. STONE: Proc. Roy. Soc. (A) **255**, 124 (1960).
[6] KOKES, R. J.: J. phys. Chem. **66**, 99 (1962).
[7] DOERFFLER, W., u. K. HAUFFE: J. Catalysis **3**,1 56 (1964).

Photoleitung und des Dunkelabfalls vom Sauerstoffdruck abhängig. Die Kurven in Abb. 4.18 wurden bei 160 °C erhalten.

Wie man aus den Messungen schließen darf, wird der stationäre Zustand der Photoleitung nur vom Sauerstoffdruck bestimmt, gleichgültig,

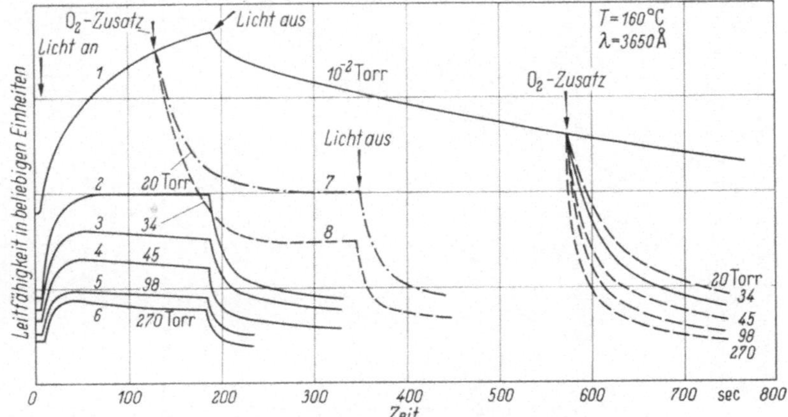

Abb. 4.18. Der zeitliche Verlauf der Hell- und Dunkelleitfähigkeit von Zinkoxid bei 160 °C und verschiedenen Sauerstoffdrucken nach DOERFFLER und HAUFFE.

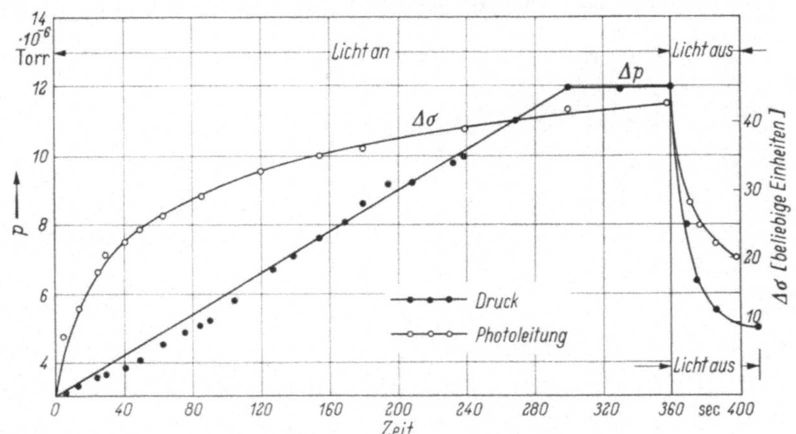

Abb. 4.19. Zeitlicher Verlauf der Photoleitung $\Delta\sigma$ und der Photodesorption Δp an einer gesinterten ZnO-Probe nach MEDVED.

ob der Sauerstoffdruck bereits vor der Belichtung vorhanden war oder erst während der Belichtung eingestellt wurde. Dies ist aus den Kurven 2 und 7 sowie 3 und 8 der Abb. 4.18 zu entnehmen. Während in den Experimenten, dargestellt in den Kurven 2 und 3, eine Desorption von Sauerstoff gemäß

$$O_2^-(\text{ads}) + |e|^\cdot \sim e' = O_2(\text{gas}) + e' \qquad (4.72)$$

unter Bildung von Ladungsträgern, hier von freien Elektronen, auftrat, wurde unter den experimentellen Bedingungen der Kurven 7 und 8 eine

Photoadsorption unter Vernichtung von Ladungsträgern beobachtet. Hier bedeutet $|e|^{\bullet} \sim e'$ ein Elektron-Lochpaar bzw. ein Exciton. Diese Untersuchungen sind im Einklang mit Messungen von MEDVED[1], der die Desorption von Sauerstoff von belichteten ZnO-Oberflächen durch

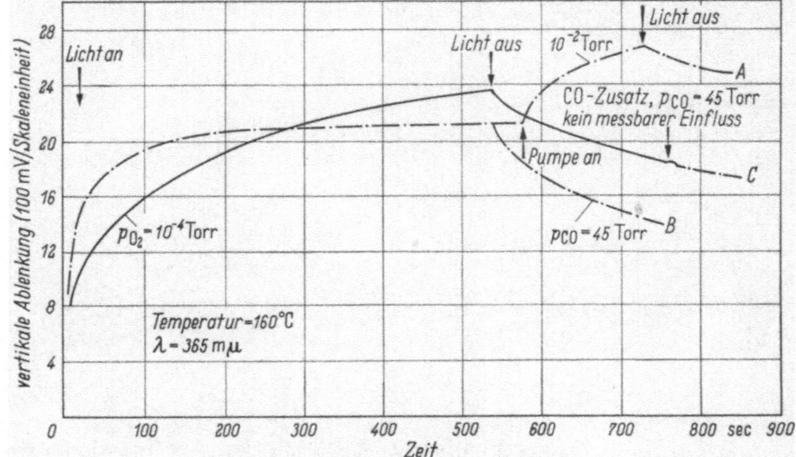

Abb. 4.20. Zeitlicher Verlauf der Photoleitung und des Dunkelabfalls einer gesinterten Zinkoxidprobe im Vakuum und in einer CO-Atmosphäre bei 160 °C nach DOERFFLER und HAUFFE.

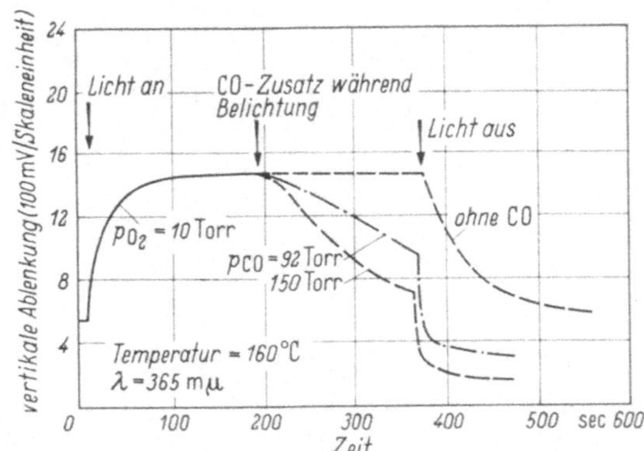

Abb. 4.21. Abnahme der Photoleitung von Zinkoxid in Sauerstoff von 10 Torr infolge Zufügens von CO von 92 bzw. 150 Torr bei 160 °C nach DOERFFLER und HAUFFE.

gleichzeitige Messung der elektrischen Leitfähigkeit und des Sauerstoffpartialdrucks nachweisen konnte (Abb. 4.19).

Belichtet man eine Zinkoxidprobe bei 160 °C mit Licht von der Wellenlänge 3800 Å in einer CO-Atmosphäre von 45 Torr, so beobachtet man einen raschen Anstieg der Leitfähigkeit, gefolgt von einer Periode konstanter Leitfähigkeit. Unter nachfolgendem Vakuum bei Aufrechterhaltung der Belichtung tritt ein zusätzlicher Anstieg der Leitfähigkeit ein (Abb. 4.20). Gibt man zu einer belichteten ZnO-Probe, die sich in

[1] MEDVED, D. B.: J. chem. Phys. **28**, 870 (1958); J. Phys. Chem. Solids **20**, 255 (1961).

Sauerstoff von 10 Torr befindet, Kohlenmonoxid, so beobachtet man nicht nur eine Abnahme der Photoleitung, sondern auch eine Verminderung der Dunkelleitfähigkeit, verbunden mit einem rascheren Dunkelabfall (Abb. 4.21). Auf Grund dieser experimentellen Ergebnisse kann die naheliegende Annahme einer CO-Chemisorption unter Ladungsträgererzeugung gemäß

$$CO(gas) + |e|^{\bullet} \sim e' = CO^{+}(ads) + e' \qquad (4.73)$$

nicht aufrechterhalten werden. Um eine Ladungsträgervernichtung zu verstehen, wird das folgende Reaktionsschema vorgeschlagen:

Im ersten Reaktionsstadium während der Belichtung müssen offenbar O_2^--Teilchen erzeugt werden gemäß:

$$2\,O^{-}(ads) + |e|^{\bullet} \sim e' = O_2^{-}(ads) + e' \qquad (4.74)$$

und bei CO-Einwirkung freie Elektronen vernichtet werden gemäß:

$$CO(gas) + O_2^{-}(ads) + e' = CO_2^{-}(ads) + O^{-}(ads) \qquad (4.75)$$

$$CO(gas) + O^{-}(ads) = CO_2^{-}(ads). \qquad (4.76)$$

Offensichtlich verursacht die Gegenwart von CO in einer Sauerstoffatmosphäre einen neuen stationären Zustand, der durch eine kleinere Konzentration an freien Elektronen gekennzeichnet ist. Bemerkenswert ist die Annahme, daß für die Ladungsträgerabnahme O_2^--Teilchen an der ZnO-Oberfläche vorhanden sein müssen[1], da der Schritt (4.76) mit den O^--Teilchen nur ein Neutralschritt ist.

Bei der Einwirkung von CO auf eine ZnO-Oberfläche konnte in der Tat eine CO_2^--Bildung mit Hilfe von ESR-Messungen[1] und Infrarotuntersuchungen nachgewiesen werden[2]. Auf Grund des zeitlichen Verlaufs des Signals $g = 2{,}004$, für das die O_2-Molekeln verantwortlich sind, und des Signals $g = 1{,}96$, das die Konzentration der freien Elektronen anzeigt, verläuft die Chemisorption von Sauerstoff überwiegend gemäß Gl. (4.69) und die Desorption bei Zimmertemperatur:

$$2\,O_2^{-}(ads) = 2\,O^{-}(ads) + O_2(gas). \qquad (4.77)$$

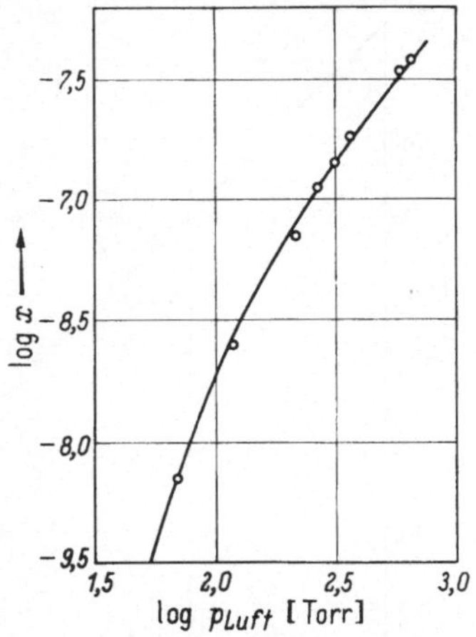

Abb. 4.22. Abhängigkeit der Leitfähigkeit einer mit Li_2O dotierten ZnO-Probe vom Sauerstoffdruck bei 20 °C nach CIMINO, MOLINARI und CRAMAROSSA (p-Typ-Oberflächenleitfähigkeit).

Daß unter gewissen experimentellen Bedingungen durch die Chemisorption von Sauerstoff Defektelektronen im Oberflächenbereich von Zinkoxid erzeugt werden können, wurde von CIMINO, MOLINARI und CRAMAROSSA[3] nachgewiesen. Eine ZnO-Probe, dotiert mit 0,70 Mol-%

---

[1] SANCIER, K. M., u. T. FREUND: J. Catalysis 3, 293 (1964).
[2] TAYLOR, J. H., u. C. H. AMBERG: Canad. J. Chem. 39, 535 (1961).
[3] CIMINO, A., E. MOLINARI u. F. CRAMAROSSA: J. Catalysis 2, 315 (1963).

Li_2O, zeigte bei 20 °C eine Erhöhung der Leitfähigkeit mit steigendem Sauerstoffdruck, was ein sicheres Zeichen für eine p-Typ-Halbleitung in der Raumladungszone ist (Abb. 4.22). Eine p-Typ-Oberflächenleitfähigkeit ist verständlich und wird durch eine Dotierung von Li_2O gefördert insofern, als hierdurch das FERMI-Potential von der Leitungsbandkante wegbewegt wird. Durch die infolge Chemisorption verursachte Elektronenverarmung in der Randschicht werden die Bandkanten nach oben gebogen (s. z. B. Abb. 4.1), wodurch die Valenzbandkante nun dem FERMI-Potential näher ist als die Leitungsbandkante. Hierdurch sind aber die Voraussetzungen für einen Valenzbandmechanismus mit Defektelektronenbildung gegeben, und eine weitere Chemisorption von Sauerstoff ist mit einer Erhöhung der Konzentration der Defektelektronen und damit mit einer Erhöhung der Leitfähigkeit verbunden.

4.6 Experimentelle Ergebnisse der Chemisorption

Die Mannigfaltigkeit der Chemisorption soll an einigen Beispielen aus der Literatur erläutert werden. Als erste Beispiele betrachten wir die Chemisorption von Sauerstoff[1] bzw. von Chlor[2] an reine Germanium-Einkristalloberflächen. Der zeitliche Ablauf der Sauerstoffaufnahme folgt dem logarithmischen Zeitgesetz (Abbildung 4.23). Nach erfolgter Ätzung ist nur noch eine Oxidschicht von etwa 4 Å vorhanden[3], die bei hohen Temperaturen infolge Verflüchtigung von GeO verschwindet.[4] Zu sehr reinen, oxidfreien Oberflächen gelangt man auch nach der Methode von FARNSWORTH[5], wobei die Oberfläche nach dem Ätzen einem Bombardement von Argonionen ausgesetzt wird. Die Aufnahme von Sauerstoff läßt sich durch das folgende Zeitgesetz beschreiben:

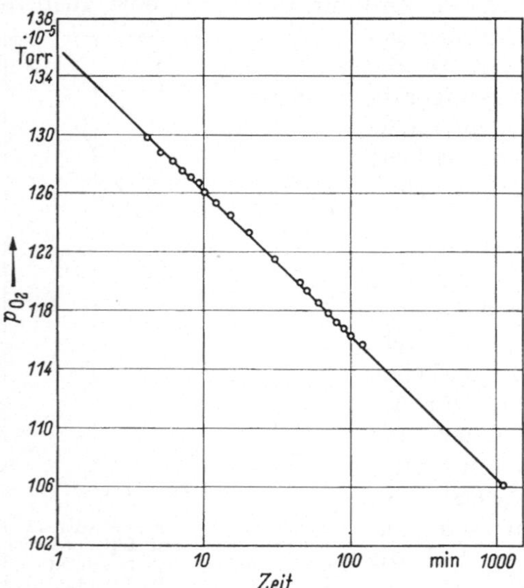

Abb. 4.23. Adsorption von Sauerstoff an reinen Germaniumproben nach GREEN und LIBERMAN. Gemessen wird die zeitliche Druckabnahme.

$$\Gamma_0 = A + k \log t,$$

[1] GREEN, M., u. A. LIBERMAN: J. Phys. Chem. Solids **23**, 1407 (1962)

[2] GREEN, M., u. K. H. MAXWELL: J. Phys. Chem. Solids **20**, 274 (1961).

[3] HOLMES, P. J., u. R. C. NEWMAN: Proc. Inst. electr. Engrs. (B) **106**, 287 (1959).

[4] ROSENBERG, A. J., P. H. ROBINSON u. H. C. GATOS: J. appl. Phys. **29**, 771 (1958).

[5] SCHLIER, R. E., u. H. E. FARNSWORTH: in: Semiconductor Surface Physics, S. 3. Philadelphia 1957.

wo die Konstanten A und k je nach Fläche, ob (1 0 0), (1 1 1) oder (1 1 0), die folgenden Werte aufweisen: A (10,59, 9,43 und $9{,}25 \cdot 10^{14}$) und k (1,21, 1,47 und $1{,}74 \cdot 10^{14}$).

Wie BURSTEIN und Mitarbeiter[1] zeigen konnten, erfolgt die Adsorption von Sauerstoff in zwei Stufen, einer schnellen und einer langsamen. Die Adsorptionsgeschwindigkeit in der schnellen Stufe hängt nicht von dem Bedeckungsgrad der Oberfläche ab. Die Menge des schnell adsorbierten Sauerstoffs entspricht der Bildung einer monoatomaren Schicht unter Berücksichtigung, daß ein Ge-Atom an der Oberfläche ein Sauerstoffatom adsorbiert. Die Zahl der an pulverförmigem Germanium adsorbierten Atome je cm^2 wurde von GREEN und Mitarbeitern[2] zu etwa $8 \cdot 10^{14}$ abgeschätzt. Im Gegensatz zu GREEN und Mitarbeitern[2] wurde gefunden, daß *nur* die langsame Gasaufnahme sich durch ein logarithmisches Zeitgesetz darstellen ließ.

Über die Adsorption verschiedener Gase, wie z. B. Sauerstoff, Wasserstoff, Kohlenmonoxid, Kohlendioxid, Wasserdampf, Ammoniak, Schwefeldioxid und Methylalkohol, an Germanium wurde unter den verschiedensten Gesichtspunkten berichtet.[3-5]

Chlor wird rasch an reinen Germaniumoberflächen bis zur einmolekularen Bedeckung chemisorbiert.

Ähnliche Ergebnisse der Gasadsorption wurden auch an Siliziumoberflächen erhalten.[6,7] Hier sind jedoch noch weitere Meßergebnisse erforderlich, um die Sauerstoffaufnahme (1,5 O-Atom je 1 Si-Atom)[5] zu deuten. Inwieweit auch hier Oxydationsprozesse maßgebend sind, wird sich noch zeigen. Ammoniak wird ähnlich wie am Germanium als positives Ion adsorbiert.[8] In diesem Zusammenhang sind Untersuchungen über das Sperrverhalten von Siliciumgleichrichtern in verschiedenen Gasen nützlich.[9]

Über die Oberflächeneigenschaften von Germanium berichtete zusammenfassend KINGSTON[10], während von MORRISON[11] an Germaniumoberflächen der Einfluß des Feldeffektes auf die Beweglichkeit und die Oberflächen-Rekombinationsgeschwindigkeit studiert wurde. Für die elektrischen Oberflächeneigenschaften von Germanium ist die chemische Ätzmethode und das Agenz von großer Bedeutung.[12,13]

---

[1] BURSTEIN, R. C., L. A. LARIN u. G. F. WORONINA: Ber. Akad. Wiss. USSR **130**, 801 (1960).

[2] GREEN, M., J. A. KAFALAS u. P. H. ROBINSON: Semiconductor Surface Physics, S. 349. Philadelphia 1957.

[3] LAW, J. T., u. E. E. FRANÇOIS: Ann. New York Acad. Sci. **58**, 925 (1954).

[4] LAW, J. T.: J. phys. Chem. **59**, 67, 543 (1955).

[5] CARASSO, J. I. u. I. STELZER: J. chem. Soc. 3726 (1956).

[6] LAW, J. T. u. E. E. FRANÇOIS: J. Phys. Chem. **60**, 353 (1956).

[7] GREEN, M. u. K. H. MAXWELL: J. Phys. Chem. Solids **13**, 145 (1960).

[8] STATZ, H. G., G. A. DE MARS, L. DAVIS JR. u. A. ADAMS JR.: Phys. Rev. **106**, 455 (1957).

[9] JÄNTSCH, O.: Z. Naturforsch. **15a**, 141 (1960).

[10] KINGSTON, R. H.: J. appl. Phys. **27**, 101 (1956). — Siehe. auch S. G. ELLIS: J. appl. Phys. **28**, 1262 (1957).

[11] MORRISON, S. R.: J. Phys. Chem. Solids **14**, 214 (1960).

[12] GATOS, H. C., u. M. C. LAVINE: J. Phys. Chem. Solids **14**, 169 (1960).

[13] FAUST JR., J. W.: J. electrochem. Soc. **112**, 114 (1965).

Im folgenden wollen wir prüfen, inwieweit die kinetischen Messungen der Chemisorption von Sauerstoff, Wasserstoff und Kohlenmonoxid an verschiedenen Oxiden, insbesondere an Nickeloxid und Zinkoxid, sich aus den Ergebnissen der Randschichttheorie verstehen lassen. Als erstes Beispiel wählen wir die Chemisorption von Sauerstoff an Nickeloxid bei verschiedenen Drucken und Temperaturen.[1] Im Sinne der früheren Formulierungen gilt

$$O_2\,(\text{gas}) = O_2^-\,(\text{ads}) + |e|^{\bullet}(R) \qquad (4.78\,a)$$

bzw.

$$\tfrac{1}{2}\,O_2\,(\text{gas}) = O^-\,(\text{ads}) + |e|^{\bullet}(R). \qquad (4.78\,b)$$

Unter der Voraussetzung, daß der chemisorbierte Sauerstoff nicht nennenswert mit den Nickelionen unter Erzeugung von Nickelionenleerstellen reagiert und daß ferner der Ablauf der Chemisorption in hinreichender Entfernung vom Gleichgewicht betrachtet und damit die Rückreaktion vernachlässigt werden kann, gilt für den Vorgang der Chemisorption.[1]

$$\Gamma_{O^-} = k\,\frac{\varepsilon}{2\pi e}\,\frac{c_+(H)}{(\Gamma_{O^-})^2}\,V_D \exp\left\{-\frac{4\pi e^2\,a\,U_0\,\Gamma_{O^-}}{\varepsilon}\right\}. \qquad (4.79)$$

Hier bedeutet U_0 die Energieschwelle zu Beginn der Chemisorption, die von den Elektronen auf ihrem Wege zwischen Adsorbens und Adsorbat zu überwinden ist. Die exponentiellen Glieder werden auch hier wieder den überwiegenden Einfluß auf die Beziehung zwischen Chemisorptionsgeschwindigkeit und Oberflächenkonzentration haben. Setzen wir alle anderen Glieder als konstant und gleich k_0 an und führen weiterhin $b = \frac{4\pi e}{\varepsilon}\,a$ ein, dann erhalten wir nach Integration:

$$\frac{\mathfrak{B}}{b}\,\{\exp(b\,\Gamma_{O^-}/\mathfrak{B}) - 1\} = C\,t$$

mit $C = k_0 \exp(-U_0/\mathfrak{B})$, wobei $\mathfrak{B}/b\,C = t_0$ die Dimension einer Zeit hat. Hieraus folgt durch Umrechnung:

$$\Gamma_{O^-} = \frac{2{,}3\,\mathfrak{B}}{b}\log\left(1 + \frac{t}{t_0}\right). \qquad (4.80)$$

Berücksichtigen wir noch, daß im Falle der zweiatomigen Gase H_2 und O_2 die Chemisorption unter Aufspaltung der Moleküle in Atome stattfinden kann, so ergibt sich für die Oberflächenkonzentration in Teilchen $\cdot$ cm^{-2} aus dem in cm^3 gemessenen chemisorbierten Gasvolumen V an der in cm^2 gemessenen Oberfläche F des Oxids:

$$\Gamma_{O^-} = V \cdot 2\,\frac{6{,}03 \cdot 10^{23}}{22400}\,\frac{1}{F}.$$

Hieraus folgt die Schlußgleichung für die Ermittlung des zeitlichen Verlaufs des chemisorbierten Gasvolumens V:

$$V = 0{,}855 \cdot 10^{-19}\,\frac{\mathfrak{B}}{b\,F}\left\{\log\frac{t}{t_0} + \log(t + t_0)\right\}. \qquad (4.81)$$

[1] ENGELL, H.-J., u. K. HAUFFE: Z. Elektrochem. Ber. Bunsenges. phys. Chem. 57, 762 (1953).

Nach (4.81) ist also eine lineare Abhängigkeit der chemisorbierten Gasmenge vom Logarithmus von $(t + t_0)$ zu erwarten. Abb. 4.24 zeigt eine entsprechende Auftragung der Messungen der Chemisorption von Sauerstoff an NiO bei 25 °C und wechselndem Sauerstoffdruck. In Abb. 4.25 ist die Geschwindigkeit der Chemisorption an NiO bei 60 Torr Sauerstoffdruck und wechselnden Temperaturen aufgetragen. Die Konstante t_0 wurde zu etwa 1 Minute ermittelt. Die Kurven bestehen, wie ersichtlich, aus zwei Kurvenästen, die sich in der gewählten Darstellung durch Geraden wiedergeben lassen. Der Winkel, in dem sich die beiden Äste einer Kurve schneiden, wird mit steigender Temperatur immer gestreckter. Der erste Ast der Kurven scheint die Chemisorption, der zweite den Gittereinbau des Sauerstoffs darzustellen.

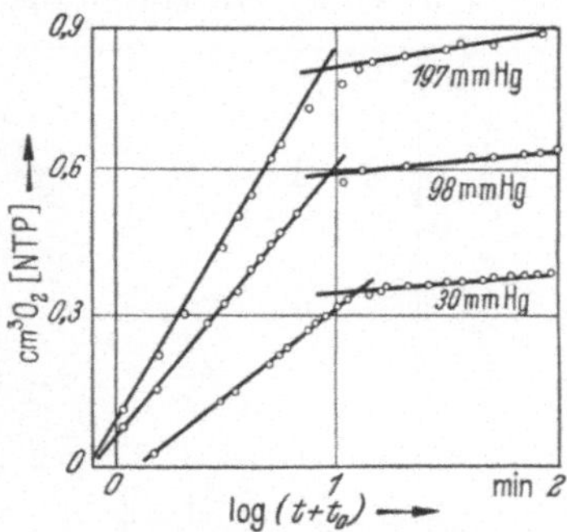

Abb. 4.24. Geschwindigkeit der Chemisorption von Sauerstoff an NiO bei 25°C und wechselnden Sauerstoffdrucken nach ENGELL und HAUFFE. (t = Versuchsdauer, t_0 = graphisch ermittelte Konstante.)

Zu einem ähnlichen Zeitgesetz (4.81) kommen ELOVICH und ZHABROVA[1], ohne jedoch den eigentlichen Mechanismus der Adsorption zu deuten. Trägt man die Meßergebnisse der Chemisorption von Wasser-

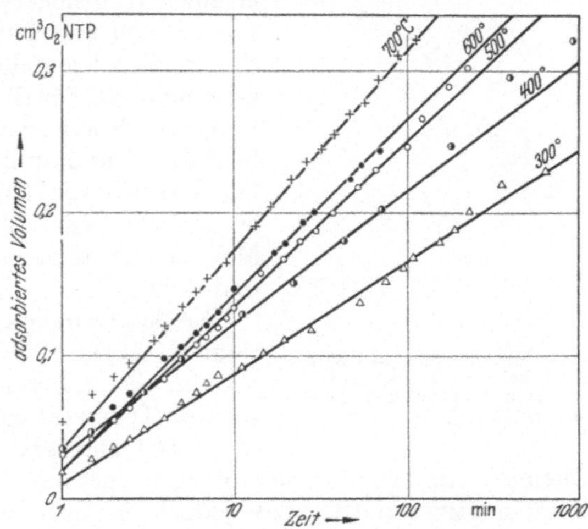

Abb. 4.25. Geschwindigkeit der Chemisorption von Sauerstoff an NiO bei p_{O_2} = 60 Torr im Temperaturbereich von 300 bis 700 °C nach ENGELL und HAUFFE.

stoff an ZnO von TAYLOR und STROTHER[2] im Sinne der Gl. (4.81) auf (Volumen H_2 gegen log Zeit), dann ergeben sich zwei Geraden mit verschiedener Neigung. Diese Anomalie — gekennzeichnet durch die beiden

[1] ELOVICH, S. Y., u. G. M. ZHABROVA: Zhur. fiz. Khim. **13**, 1761, 1775 (1939).
[2] TAYLOR, H. S., u. C. O. STROTHER: J. Amer. chem. Soc. **55**, 586 (1934).

Geraden verschiedener Neigung — wurde schon früher von SICKMAN und TAYLOR[1] beobachtet. In einer späteren Arbeit von TAYLOR und LIANG[2] werden diese Anomalien, die bei der Chemisorption von Wasserstoff an ZnO auftreten, während des zeitlichen Ablaufs der Chemisorption durch plötzliche Temperaturänderung weiter untersucht. Die genannten Autoren führen diese Befunde auf die am ZnO herrschende Heterogenität der Oberfläche zurück. In ähnlicher Weise verhalten sich ZnO-MoO_3-Mischoxide.[3] Abb. 4.26 zeigt den zeitlichen Verlauf der Chemisorption von Wasserstoff an 1 g ZnO bei 184 °C. Die Chemisorption von Wasserstoff an dem n-leitenden ZnO gemäß

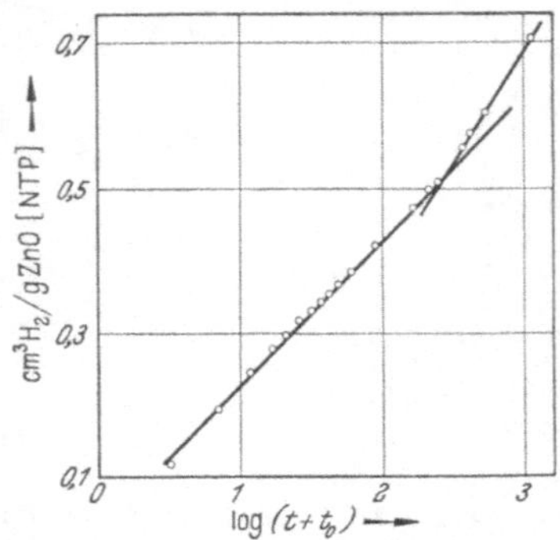

Abb. 4.26. Zeitlicher Verlauf der Chemisorption von Wasserstoff an ZnO (1 g) bei 184 °C nach TAYLOR.

$$H_2\,(\text{gas}) = H_2^+\,(\text{ads}) + e'(R)$$

führt ebenfalls wie die Chemisorption von Sauerstoff an NiO zu Anreicherungsrandschichten, muß also das Zeitgesetz (4.81) erfüllen. In gleicher Weise konnten TAYLOR und THON[4] die Gültigkeit der logarithmischen Beziehung (4.81) für die Chemisorption von Wasserstoff an Cr_2O_3 bei 184 °C[5] und an $2\,MnO \cdot Cr_2O_3$ bei 100 °C[6] aus früheren Meßergebnissen von TAYLOR und Mitarbeitern aufzeigen (Abb. 4.27 und 4.28).

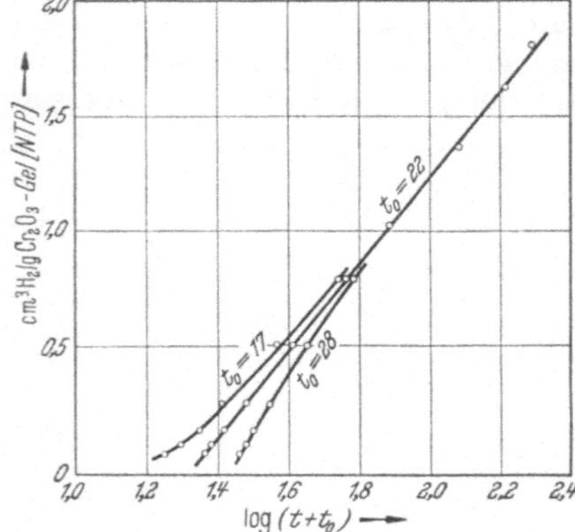

Abb. 4.27. Zeitlicher Verlauf der Chemisorption von Wasserstoff bei 0,5 atm und 184 °C an Cr_2O_3-Gel (1 g) nach TAYLOR und THON (v in cm³ [NTP]).

Die Geschwindigkeit der Reaktion $H_2 + D_2 = 2\,HD$ an ZnO wird im oberen Bereich des untersuchten Temperaturbereichs zwischen 140 und 491 °K auf eine maßgebende Chemisorption von Wasserstoff zurückgeführt. Bei niedrigen Temperaturen finden SMITH und TAYLOR[7] jedoch eine bevorzugte Adsorption des Deuteriums auf Grund VAN DER WAALscher Kräfte.

[1] SICKMAN, D. V., u. H. S. TAYLOR: J. Amer. chem. Soc. **54**, 602 (1932).
[2] TAYLOR, H. S., u. SH. CH. LIANG: J. Amer. chem. Soc. **69**, 1306 (1947).
[3] SASTRI, M. V. C., u. K. V. RAMANATHAN: J. phys. Chem. **56**, 220 (1952).
[4] TAYLOR, H. A., u. N. THON: J. Amer. chem. Soc. **74**, 4169 (1952).
[5] BURWELL, R. L., u. H. S. TAYLOR: J. Amer. chem. Soc. **58**, 697 (1936).
[6] WILLIAMSON, A. T., u. H. S. TAYLOR: J. Amer. chem. Soc. **53**, 2168 (1931).
[7] SMITH, E. A., u. H. S. TAYLOR: J. Amer. chem. Soc. **60**, 362 (1938).

Auf Grund der Ausführungen in Kap. 4.1 und 4.2 sollte mit steigender Defektelektronenkonzentration die Chemisorption eines elektronenabgebenden Gases, wie z. B. CO, begünstigt werden. Mißt man jedoch die Aufnahmegeschwindigkeit von CO an reinem NiO und an NiO mit kleinen Zusätzen von Li_2O bzw. Ga_2O_3 bei 100 °C und 120 Torr bzw. bei 150 °C und 30 Torr, so beobachtet man, daß die CO-Aufnahme an reinem NiO am größten ist und durch eine Dotierung des NiO sowohl mit Li_2O als auch mit Ga_2O_3 in Mengen von 0,05 bis 1 Mol-% um mehr als eine Zehnerpotenz abnimmt (Abb. 4.29).[1] Während der Befund an mit Ga_2O_3 versetzten NiO-Kristallen, wo die Defektelektronenkonzentration herabgesetzt wird, verständlich ist, überrascht zunächst das Ergebnis der CO-Chemisorption an mit Li_2O dotiertem NiO. Entsprechend den Gln. (3.268) und (4.23) sollten infolge Vergrößerung der Defektelektronenkonzentration auch die Geschwindigkeit und das Ausmaß der Chemisorption von CO zunehmen.

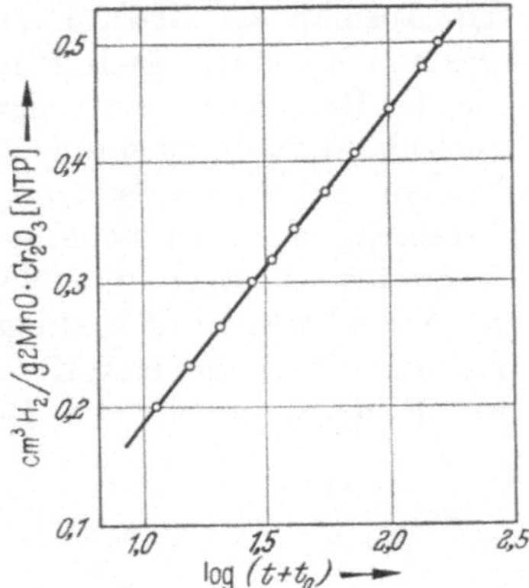

Abb. 4.28. Zeitlicher Verlauf der Chemisorption von Wasserstoff bei 1 atm und 100 °C an $2MnO \cdot Cr_2O_3$ (1 g) nach TAYLOR und THON (v in cm³ [NTP]).

Auf Grund dieses experimentellen Befundes liegt die Vermutung nahe, daß im Falle der Verwendung von reinem NiO, mit einer gleich großen Konzentration an Defektelektronen und Nickelionenlücken, nicht nur eine Chemisorption von CO gemäß:

$$CO(gas) + |e|^{\cdot}(R) = CO^{+}(ads) \qquad (4.82)$$

auftritt, sondern auch in einem mehr oder minder großen Ausmaß eine zusätzliche Oberflächenreaktion, die mit einem Feldtransport von Ni-Ionen aus der Oberfläche in die Randschicht (R) über Ni-Ionenlücken verknüpft ist. Unter den oben angegebenen Versuchsbedingungen spielen für die CO-Aufnahme neben der Chemisorption offenbar die folgenden Reaktionsschritte eine Rolle:

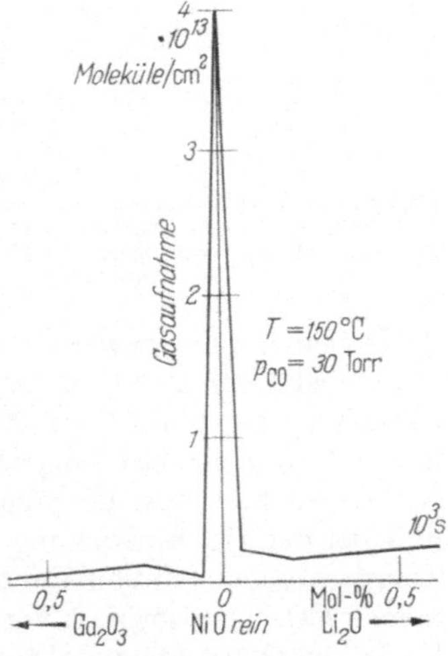

Abb. 4.29. CO-Aufnahme nach 10^3 sec an NiO mit und ohne Zusätze von Fremdoxiden bei 150 °C und p_{CO} = 30 Torr nach SCHLOSSER und HAUFFE[1].

$$CO^{+}(ads) + |Ni|'(R) + NiO = CO_2^{\times}(ads) \qquad (4.83a)$$

und

$$CO^{+}(ads) + |Ni|'(R) + 2NiO = NiCO_3^{\times}(ads). \qquad (4.83b)$$

[1] HAUFFE, K.: Z. Elektrochem. Ber. Bunsenges. phys. Chem. **65**, 321 (1961).

Die nach der Chemisorption einsetzende Oberflächenreaktion ist offensichtlich an das Vorhandensein von Ni-Ionenlücken gebunden. Für das Ausmaß der CO-Aufnahme von NiO sind also nicht nur Defektelektronen, sondern auch Ni-Ionen-Lücken maßgebend. Sobald alle Lücken aus der Raumladungs-Randschicht vernichtet sind, kommt die Reaktion auch dann zum Stillstand, wenn noch genügend Defektelektronen vorhanden sind. Dieser Sachverhalt wird stets beobachtet, sofern man nicht Temperaturen verwendet und Versuchszeiten wählt, bei denen chemisorbiertes CO auch mit NiO ohne Anwesenheit von Ni-Ionenlücken reagieren kann unter Bildung von freien Elektronen und überschüssigen Ni-Ionen bzw. Sauerstoffionenlücken. Dies hätte aber eine Inversion der Fehlordnung in der Randschicht vom p- zum n-Typ zur Folge mit den zu Gl. (4.82) und (4.83) entsprechenden Teilschritten:

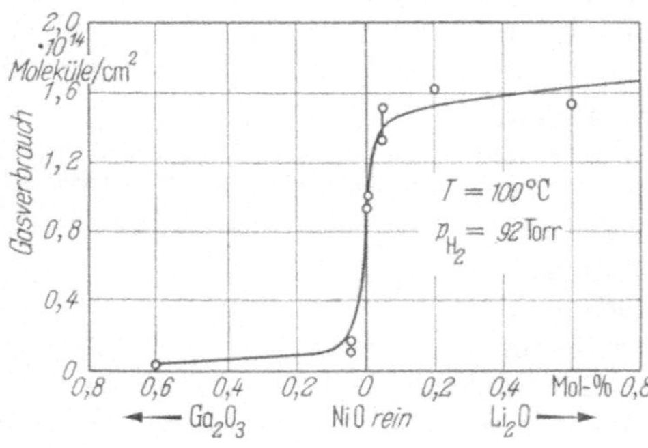

Abb. 4.30. Wasserstoffaufnahme nach $4 \cdot 10^3$ sec an NiO mit und ohne Zusätze von Fremdoxiden bei 100 °C und $p_{H_2} = 92$ Torr nach SCHLOSSER und HAUFFE[1].

$$\mathrm{CO(gas)} = \mathrm{CO^+(ads)} + \mathrm{e'(R)} \quad (4.84)$$

und

$$\mathrm{CO^+(ads)} + \mathrm{NiO} = \mathrm{CO_2^\times(ads)} + \mathrm{Ni^\bullet(R)} \quad (4.85)$$

bzw.

$$\mathrm{CO^+(ads)} = \mathrm{CO_2^\times(ads)} + |\mathrm{O}|^\bullet(\mathrm{R}). \quad (4.86)$$

Mit einer nennenswerten Inversion war jedoch unter den angewandten Versuchsbedingungen nicht zu rechnen. Eine weitgehend alleinige Chemisorption von CO an NiO wird man also nur dann erhalten, wenn man durch geeignete Mengen an Li_2O praktisch alle Ni-Ionenlücken im NiO vernichtet hat. Hieraus ergibt sich das bemerkenswerte Ergebnis, daß bei der CO-Einwirkung auf NiO auch schon in einem niedrigen Temperaturbereich von 100 bis 150 °C etwa nur 1 bis 3% des aufgenommenen CO chemisorbiert vorliegt, während für den Rest die oben diskutierten Oberflächenreaktionen in Betracht kommen. Weiterhin darf man schließen, daß häufig die Chemisorption selbst rasch verläuft und nur schwer einer Messung zugänglich ist. Was man oft unter der Annahme einer Chemisorption gemessen hat, ist die Oberflächenreaktion, die durch einen Feldtransport der Ionen in der Raumladungs-Randschicht bestimmt ist. Dies macht sich auch u. a. in dem logarithmischen Zeitgesetz bemerkbar, das immer wieder beobachtet wird.

Ein anderer Sachverhalt scheint für die Aufnahme von Wasserstoff an NiO vorzuliegen. Hier wurde gefunden[1], daß in einem gewissen Bereich Ausmaß und Geschwindigkeit der Chemisorption von Wasserstoff

[1] HAUFFE, K.: Z. Elektrochem. Ber. Bunsenges. phys. Chem. 65, 321 (1961).

mit steigender Defektelektronenkonzentration in Übereinstimmung mit den theoretischen Ansätzen Gl. (4.23) und (4.27) zunehmen.

Im Gegensatz zur CO-Aufnahme wurde aber beobachtet, daß bei Verwendung von Wasserstoff auch noch nach einer Versuchszeit von einer Woche bei 100 °C eine Gasaufnahme feststellbar war, die sich durch ein logarithmisches Zeitgesetz darstellen ließ. Ohne Zweifel haben wir es auch hier neben der Chemisorption noch mit Oberflächenreaktionen zu tun, einmal bei Vorhandensein von Ni-Ionenlücken:

$$H_2^+(\text{ads}) + \text{NiO} + |\text{Ni}|' = H_2O^\times(\text{ads}) \tag{4.87}$$

und zum anderen bei Abwesenheit derselben:

$$H_2^+(\text{ads}) + \text{NiO} = H_2O^\times(\text{ads}) + \text{Ni}^\bullet(\text{R}) \tag{4.88a}$$

bzw.

$$H_2^+(\text{ads}) + 2\,\text{NiO} = \text{Ni(OH)}_2^\times(\text{ads}) + \text{Ni}^\bullet(\text{R}). \tag{4.88b}$$

Auf Grund des experimentellen Befundes in Abb. 4.30 — Ausmaß und Geschwindigkeit der Chemisorption nehmen auch bei Li_2O-Dotierung von NiO zu — sind offenbar zur Weiterreaktion des chemisorbierten Wasserstoffs hier keine Ni-Ionenlücken notwendig. Für das Ausmaß der Wasserstoffaufnahme ist lediglich eine genügend hohe Defektelektronenkonzentration erforderlich, um eine genügend hohe H_2^+-Konzentration auf der NiO-Oberfläche zu erhalten, die nach Teilschritt (4.87) bzw. (4.88) unter H_2O- bzw. Hydroxidbildung abgebaut wird. Es kommt also hier unter anfänglicher Beibehaltung des *p*-Typ-Charakters des Oxidoberflächenbereichs zu einer Ioneninversion in ihm (Übergang von $|\text{Ni}|'$- zu $\text{Ni}^\bullet$-Störstellen).

Ähnliche Verhältnisse gelten auch für die Chemisorption von Sauerstoff an Zinkoxid. Auch hier tritt eine nennenswerte ZnO-Bildung infolge Oberflächenreaktion ein. Daß in der Tat eine Reaktion des chemisorbierten Sauerstoffs mit den Donatoren gemäß

$$e'(\text{R}) + O_2^-(\text{ads}) + \text{Zn}^\bullet(\text{R}) = \text{ZnO} + O^-(\text{ads}) \tag{4.89a}$$

$$O^-(\text{ads}) + \text{Zn}^\bullet(\text{R}) = \text{ZnO} \tag{4.89b}$$

einsetzt, ersieht man aus dem verzögerten zeitlichen Anstieg der Aufladungsspannung an donatorreichen ZnO-Schichten, die mittels einer Coronaentladung in Luft aufgeladen werden.[1] Erdet man die eine Seite der ZnO-Schicht und bringt über die andere Seite in geeigneter Anordnung eine Coronaentladung, so treffen mit Elektronen besetzte Sauerstoffmoleküle auf die ZnO-Oberfläche und übertreffen an Zahl die ohne Feld chemisorbierten Sauerstoffmoleküle bei weitem. Wir haben also weit über das thermodynamische Gleichgewicht hinaus (nach Abschalten der Corona von 5000 bis 10000 Volt) die Oberfläche mit O_2^--Teilchen belegt, die allein für das hohe negative Oberflächenpotential von etwa 500 Volt verantwortlich sind. Hat die ZnO-Schicht nur eine Dicke von etwa 10^{-3} cm, so werden die in der gesamten Schicht noch vorhandenen freien Elektronen zur Erde „abgeweht“, so daß eine durch die zurückbleibenden Donatoren (Zn-Ionen auf Zwischengitterplätzen) verursachte

[1] GERRITSEN, H. J., W. RUPPEL u. A. ROSE: Helv. phys. Acta **30**, 504 (1957).

positive Raumladung entsteht. Da aber selbst bei 25 °C die Donatoren in hohen elektrischen Feldern genügend beweglich sind, wie man aus Tieftemperatur-Oxydationsversuchen schließen darf, so muß auch hier ein Feldtransport der Donatoren zur Oberfläche einsetzen und mit einem anschließenden Reaktionsschritt (4.89) zu rechnen sein.[1,2]

Ein zusammenfassender Bericht über die Chemisorption von Gasen an Festkörpern unter Berücksichtigung der Literatur bis 1958/1959 wurde von Low gegeben.[3] Wie bereits an anderer Stelle hingewiesen[4], führen die hier skizzierten Überlegungen zu dem Schluß, daß ein großer Teil der in der Literatur erschienenen Arbeiten über Adsorptions- und Chemisorptionsmessungen, die den zeitlichen Verlauf der Gasaufnahme nur der Adsorption bzw. Chemisorption zuschreiben, Bedenken ausgesetzt ist, da der größte Anteil der Gasaufnahme häufig durch eine chemische Reaktion mit der an die Oberfläche angrenzenden Kristallschicht verursacht wird.

4.7 Randschichterscheinungen bei vollständigem Gleichgewicht an der Phasengrenze Halbleiter/Gas

Wie schon eingangs erwähnt, ist die Existenz von Randschichten nicht an die geringe Beweglichkeit der Ionenstörstellen gebunden. Raumladungs-Randschichten sind vielmehr eine Folge der unabhängigen Gleichgewichtseinstellung von Ionen und Elektronen mit der Nachbarphase, die bei Vorhandensein einer Elektronenaffinität zu Konzentrationsunterschieden der ionischen und elektronischen Störstellen in der Randschicht des Kristalls führt.[5] Am Beispiel eines Defektleiters mit Kationenleerstellen, die gegenüber dem Gitter die Wertigkeit z besitzen, wollen wir die sich im Gleichgewicht an der Grenzfläche einstellenden Konzentrationen der Leerstellen und Defektelektronen mit $c_{|K|}(R)$ und $c_+(R)$ bezeichnen. Weit im Innern des Kristalls muß die Raumladungsdichte $e(c_+ - z\,c_{|K|})$ auf Null zurückgehen, d. h., es muß

$$c_+(H) = z\,c_{|K|}(H)$$

sein. Dann gilt für die zwei Störstellensorten, die den elektrostatischen Kräften der Raumladungsfelder unterworfen sind,

$$\begin{aligned} c_{|K|}(\xi) &= c_{|K|}(H)\exp(+z\,V(\xi)/\mathfrak{B}) \\ c_+(\xi) &= z\,c_{|K|}(H)\exp(-V(\xi)/\mathfrak{B}) \\ V(H) &= 0\,. \end{aligned}$$

Der Zusammenhang zwischen $c_{|K|}(H)$ und den Gleichgewichtskonzentrationen an der Phasengrenze läßt sich dann unschwer ermitteln:

$$c_{|K|}(H) = \text{const}\,\sqrt[z+1]{c_{|K|}(H)\,(c_+(H))^z}\,.$$

---

[1] Hauffe, K.: Z. Elektrochem. Ber. Bunsenges. phys. Chem. **65**, 321 (1961).

[2] Hauffe, K.: Angew. Chem. **72**, 730 (1960).

[3] Low, M. J. D.: Chem. Rev. 267 (1960).

[4] Hauffe, K., u. W. Schottky: in: Halbleiterprobleme **5**, 203 (1960).

[5] Hauffe, K., u. B. Ilschner: Z. Elektrochem. Ber. Bunsenges. phys. Chem. **58**, 467 (1954).

Nimmt man nun an, daß zur Bildung einer Kationenleerstelle allein an der Phasengrenze die Energie $u_{|K|}$ benötigt wird, zur Bildung eines Defektelektrons allein hingegen die Energie u_+, so ist offensichtlich zum Einbau

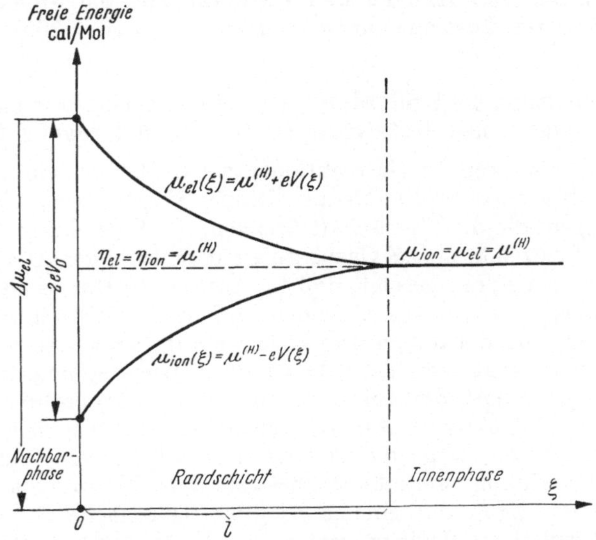

Abb. 4.31. Die energetischen Verhältnisse in einer Gleichgewichts-Randschicht nach HAUFFE und ILSCHNER ($z = 1$).

eines ganzen, aus einer Ionenstörstelle mit z Elektronenstörstellen bestehenden Störstellenkomplexes die Bildungswärme

$$u = u_{|K|} + z\,u_+$$

erforderlich. Durch Einsetzen entsprechender „BOLTZMANN-Ansätze" in obige Beziehung für $c_{|K|}(\mathrm{H})$ folgt dann die Temperaturabhängigkeit der Fehlstellenkonzentration im Innern der Randschicht zu

$$c_{|K|}(\mathrm{H})(T) = \mathrm{const}\,\exp\{-u/(z+1)\,kT\}.$$

Für die elektrostatische Potentialdifferenz zwischen der quasi-neutralen Innenphase und der Phasengrenzfläche findet man

$$V_D \equiv V(\mathrm{R}) - V(\mathrm{H}) = \frac{\mathfrak{B}}{z+1}\ln\left(\frac{z\,c_{|K|}(\mathrm{R})}{c_+(\mathrm{R})}\right).$$

Die energetischen Verhältnisse der durch diese Gleichungen beschriebenen Randschicht sind in Abb. 4.31 schematisch dargestellt.

Neben diesen Gleichgewichtsbetrachtungen besteht nun aber die kinetische Fragestellung: wie schnell stellt sich bei einer Änderung der äußeren Bedingungen das Gleichgewicht ein? Es liegt auf der Hand, daß diese Einstellzeit überwiegend von der Beweglichkeit der langsamsten Störstellensorte bestimmt wird. Anfänglich wurden der Einfachheit halber Verhältnisse betrachtet, in denen man die Beweglichkeit der Ionenstörstellen vernachlässigen konnte. Bei erhöhten Temperaturen, wie sie u.a. bei Oxydationsprozessen und häufig auch bei katalytischen Reaktionen eine Rolle spielen, ist diese Annahme nicht mehr zulässig, und man wird mit kurzen Einstellzeiten zu rechnen haben.[1] Eine eingehendere Darstellung der hier nur kurz angedeuteten Überlegungen findet sich in der zitierten Arbeit von HAUFFE und ILSCHNER, auf die wir noch später in einem anderen Zusammenhang zurückkommen (s. S. 765 ff.).

4.8 Die Bedeutung der Fehlordnungs- und Randschichterscheinungen in nichtmetallischen Katalysatoren für die heterogene Katalyse

Als Katalysatoren für Gasreaktionen verwendet man in der heterogenen Katalyse feste Stoffe (Metalle, Oxide, Sulfide usw.), einzeln und in Mischungen, die die Eigenschaft besitzen, die Einstellung des chemischen Gleichgewichts in der Gasphase zu beschleunigen. Umfangreiche Untersuchungen haben gezeigt, daß für bestimmte Reaktionen nur gewisse Festkörper katalytisch wirksam sind. Ferner ist man in zahlreichen Fällen der Ansicht, daß nur gewisse Teile der Katalysatoroberfläche katalytisch wirksam sind. Von TAYLOR[2] wurde hierfür der Begriff der „aktiven Zentren" eingeführt. Im Anschluß an diese Hypothese hat man vielfach versucht, aktive Katalysatoren dadurch herzustellen, daß man ihre Oberfläche als „Berg- und Tallandschaft mit aktiven Gipfelatomen in wilder Anordnung" auszubilden bestrebt war. Wenn auch nicht bezweifelt werden kann, daß eine so gestaltete Oberfläche für den Reaktionsablauf günstigere Bedingungen schafft als eine ideal geordnete Oberfläche, so darf man dabei doch nicht übersehen, daß die Aktivität eines Katalysators häufig maßgeblich von völlig anderen Faktoren abhängt. Dieser Sachverhalt wird noch deutlicher, wenn man nach einer Deutung der Vergiftbarkeit und der selektiven Eigenschaften von Katalysatoren sucht. Zur Behandlung dieses Fragenkomplexes wählen wir den heterogenkatalysierten N_2O-Zerfall. Wie SCHWAB und Mitarbeiter[3] zeigen konnten, fällt die katalytische Wirksamkeit der folgenden Oxide für den N_2O-Zerfall in der Reihenfolge:

$$NiO > CuO \gg MgO > Al_2O_3 > ZnO > TiO_2 > Cr_2O_3 > Fe_2O_3,$$

wobei Nickeloxid und Kupferoxid bei weitem in ihren katalytischen Eigenschaften den anderen Oxiden überlegen sind. Das als Katalysator für den N_2O-Zerfall verwandte Fe_2O_3 bzw. Cr_2O_3 kann also in eine noch so „wild zerklüftete Berg- und Tallandschaft" verwandelt werden, ohne auch nur annähernd die guten katalytischen Eigenschaften des CuO bzw. NiO oder CoO mit hinlänglich „glatter" Oberfläche zu erreichen. In Erkenntnis dieser Tatsache wird daher neben diesen „geometrischen" Faktoren (Zerklüftung der Oberfläche, irreversible Gitterstörungen) die chemische Affinität der Reaktionspartner zum Katalysator mit einbezogen.[4]

---

[1] ENGELL, H.-J.: Z. anorg. allg. Chem. **276**, 57 (1954).

[2] TAYLOR, H. S.: Proc. Roy. Soc. [London] A **108**, 105 (1925).

[3] SCHWAB, G. M., u. H. SCHULTES: Z. phys. Chem. (B) **9**, 265 (1930); **25**, 411 (1934). — G. M. SCHWAB, R. STAEGER u. H. H. v. BAUMBACH: Z. phys. Chem. (B) **21**, 26 (1933).

[4] HÜTTIG, G. F.: Disc. Faraday Soc. **8**, 215 (1950).

Die reaktionsbeschleunigende Wirkung des festen Katalysators ben ruht darauf, daß er einen oder mehrere der an der Reaktion beteiligte - Stoffe in einen reaktionsfähigeren Zustand überführt. Dieser „aktivierte" Reaktionspartner bildet sich durch Chemisorption an der Katalysatoroberfläche. Wie im vorigen Kapitel aber diskutiert wurde, kann eine Chemisorption unter Lockerung oder Aufspaltung der Bindungen der Molekeln nur dann auftreten, wenn Elektronen in diesen Vorgang eingreifen, wobei es in einigen Fällen auch zu einer Ionisierung des adsorbierten Gases („Ionosorption") kommen kann. Hierdurch wird aber die Lockerung und Aufspaltung der Molekel thermodynamisch günstiger als in der Gasphase.

Die Forderungen, die an den Katalysator gestellt werden, sind nun recht vielfältig. Er soll einen oder mehrere der Reaktionspartner chemisorptiv binden, ohne dabei aber durch zu große Bindefestigkeit eine Abreaktion der chemisorbierten Molekel bzw. Atome zu erschweren oder gar zu verhindern. Ferner muß er die zur Abreaktion notwendige innige Berührung (sterischer Faktor)[1] zwischen den beteiligten Gaspartikeln gewährleisten und die gebildeten Endprodukte leicht desorbieren, d.h. die Einstellung des vor der Reaktion vorhandenen „Elektronenzustandes" begünstigen. Wie wir aber im vorigen Kapitel gezeigt haben, werden die beim Elektronenübergang an halbleitenden Katalysatoren auftretenden Erscheinungen (Raumladung, elektrisches Feld) sowohl die Chemisorption als auch die Desorption maßgebend beeinflussen. Es liegt also nahe, Zusammenhänge zwischen der elektronischen Struktur (Art und Konzentration der Elektronenfehlordnungsstellen, Randschichterscheinungen) und der katalytischen Aktivität von Halbleitern zu suchen.

4.81 Über die Mitwirkung elektronischer Reaktionen während der Katalyse

Sowohl von Wolkenstein[2] als auch von Hauffe[3] und Garrett[4] wurde der Versuch unternommen, quantitative Beziehungen zwischen den elektronischen Energiegrößen des halbleitenden Katalysators und der Elektronenaffinität der reagierenden Gase, ausgedrückt als elektronisches Umladungsniveau, aufzustellen. Da wesentliche Teilfragen noch offen sind, sollen im folgenden unter vereinfachenden Annahmen nur die allgemeinen Zusammenhänge behandelt werden.

1. Bei den als Katalysator dienenden Oxiden, Sulfiden und ihren Mischphasen sollen zur Beschreibung des elektronischen Verhaltens die Boltzmann-Statistik, das Massenwirkungsgesetz und die elektrochemische Thermodynamik gültig sein.

---

[1] Siehe u. a. A. Eucken: Lehrbuch der chem. Physik, 2. Aufl., Bd. II, S. 2. Leipzig 1944.

[2] Wolkenstein, F. F.: Théorie Electronique de la Catalyse sur les Semi-Conducteurs. Paris: Masson & Cie. 1961.

[3] Hauffe, K.: Gas Reactions on Semiconducting Surfaces and Space Charge Boundary Layers, in: Semiconductor Surface Physics. Philadelphia: R. H. Kingston 1956.

[4] Garrett, C. G. B.: J. chem. Phys. **33**, 966 (1960).

2. Wir betrachten zunächst nur einen Reaktionsablauf an der Katalysatoroberfläche mit Elektronenaustausch und nicht infolge Polarisation, d. h., wir nehmen einen vollständigen Übergang des Elektrons aus dem Raumladungsbereich des Katalysators zum physisorbierten Molekül bzw. umgekehrt an.

3. Eine Wechselwirkung zwischen gleichartigen Molekülen soll vernachlässigbar klein sein.

Zur Erläuterung der elektronischen Schritte wählen wir eine einfache Reaktion zwischen einem als Akzeptor wirkenden Teilchen A und einem als Donator wirkenden Teilchen D gemäß der Bruttogleichung:

$$\mathrm{A} + \mathrm{D} = \mathrm{AD}. \tag{4.90}$$

Die möglichen Reaktionswege sind im folgenden Schema dargestellt.

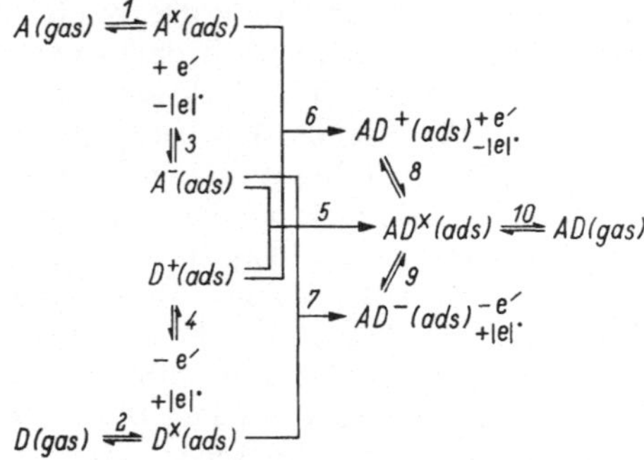

Wie man erkennt, sind die Reaktionsschritte 3, 4, 6 und 7 mit einem Austausch von Elektronen verbunden. Die Physisorption (1 und 2), die Desorption (10) und die Reaktion der chemisorbierten Teilchen A^-(ads) und D^+(ads) sind Neutralschritte. Es ist einleuchtend, daß die Neutralschritte unabhängig vom FERMI-Potential des Katalysators ablaufen. Desgleichen sind auch die elektronischen Reaktionsschritte, die eine Emission von Elektronen bzw. Defektelektronen darstellen, wie z. B.:

$$\mathrm{A}^\times(\mathrm{ads}) = \mathrm{A}^-(\mathrm{ads}) + |\mathrm{e}|^\cdot \tag{4.91a}$$

oder

$$\mathrm{D}^\times(\mathrm{ads}) = \mathrm{D}^+(\mathrm{ads}) + \mathrm{e}' \tag{4.91b}$$

unabhängig vom FERMI-Potential des Katalysators, sofern die Chemisorption mit einer großen negativen freien Bildungsenergie ΔG^0 verknüpft ist. Dieser Sachverhalt sei am Beispiel der Chemisorption von D-Teilchen unter Emission von freien Elektronen ins Leitungsband eines n-Typ-Katalysators gemäß Gl. (4.91b) erläutert. Kennzeichnen wir den elektronisch besetzten Zustand mit ● und den unbesetzten Zustand mit ○, dann folgt für die Geschwindigkeit der Chemisorption der D-Teilchen:

$$d\Gamma_\circ/dt = i_{\mathrm{th}\bullet}\,\Gamma_\bullet - \alpha_n\,c_-\,\Gamma_\circ. \tag{4.92}$$

Hier bedeutet $i_{\mathrm{th}\bullet}$ den thermischen Koeffizienten der Elektronenemission in das Leitungsband des Katalysators, wobei $i_{\mathrm{th}\bullet}$ den folgenden Wert annimmt, wenn man $d\Gamma_\circ/dt = 0$ (Gleichgewicht) annimmt:

$$i_{\text{th}\bullet} = \alpha_n \frac{\Gamma_\circ c_-}{\Gamma_\bullet} = \alpha_n K_n = \alpha_n c_-^0 \exp(-\Delta E_D/\mathfrak{B}) \tag{4.93}$$

α_n statistischer Koeffizient der Wiedervereinigung D^+(ads) + e′,
c_-^0 Entartungskonzentration der freien Elektronen im Katalysator.

In μ-Schreibweise erhalten wir für die freie Energie ΔG^0 der Chemisorption der D-Teilchen:

$$\mu_\circ^D + \mu_- - \mu_\bullet^D = E_c - \Delta\eta_- + V_D - E_D - \mathfrak{B}\ln(\Gamma_\bullet/\Gamma_\circ),$$

also

$$\Delta G^0 = \Delta E_D - \Delta\eta_- + V_D + \mathfrak{B}\ln(\Gamma_\circ/\Gamma_\bullet). \tag{4.94}$$

Für die Oberflächenkonzentration der chemisorbierten D-Teilchen folgt aus Gl. (4.94):

$$\Gamma_\circ = \Gamma_\bullet \exp\{(\Delta G^0 - \Delta E_D + \Delta\eta_- - V_D)/\mathfrak{B}\},$$

und somit ergibt sich aus Gl. (4.92) der folgende Ausdruck für die Chemisorptionsgeschwindigkeit der D-Teilchen:

$$d\Gamma_\circ/dt = \alpha_n c_-^0 \Gamma_\bullet \exp(-\Delta E_D/\mathfrak{B})\{1 - \exp(\Delta G^0/\mathfrak{B})\}. \tag{4.95}$$

Wie aus Gl. (4.95) leicht zu erkennen, ist bei größeren negativen Werten von ΔG^0 nur der Hinschritt der Chemisorption zu berücksichtigen, der unabhängig vom Fermi-Potential des Katalysators ist und nur durch die Größen ΔE_D und α_n bestimmt wird. Je kleiner ΔE_D ist, d. h. je näher das elektronische Umladungsniveau E_D der Leitungsbandkante E_c liegt, desto schneller wird der Emissionsschritt erfolgen.

In gleicher Weise ist die Chemisorption der A-Teilchen zu formulieren:

$$\text{A(gas)} + e' = \text{A}^-\text{(ads)}. \tag{4.96}$$

Auch hier ist der Rückschritt der Chemisorption zu vernachlässigen, wenn die freie Energie der Chemisorption einen genügend großen negativen Wert besitzt, was oft der Fall ist. Neben dem Chemisorptionsschritt der A-Teilchen mit dem sich anschließenden Neutralschnitt:

$$\text{A}^-\text{(ads)} + \text{D}^+\text{(ads)} = \text{AD}^\times\text{(ads)} \tag{4.97a}$$

und

$$\text{AD}^\times\text{(ads)} = \text{AD(gas)} \tag{4.97b}$$

ist auch der folgende Reaktionsschritt ins Auge zu fassen:

$$\text{D}^+\text{(ads)} + e' + \text{A(gas)} \rightarrow \text{AD(gas)}, \tag{4.98}$$

der als Dreierschritt durch die folgenden beiden Teilschritte dargestellt werden kann:

$$\text{D}^+\text{(ads)} + \text{A(gas)} = \text{AD}^+\text{(ads)} \tag{4.98a}$$

$$\text{AD}^+\text{(ads)} + e' = \text{AD}^\times\text{(ads)} \tag{4.98b}$$

und

$$\text{AD}^\times\text{(ads)} = \text{AD(gas)}. \tag{4.98c}$$

Sowohl für die Geschwindigkeit der Chemisorption der A-Teilchen als auch für die der Reaktion derselben gemäß Gl. (4.98) ist die Lage des Fermi-Potentials zum Umladungsniveau der A-Teilchen bzw. des Reaktionskomplexes wesentlich. Kennzeichnet $\Gamma_\circ$ die Oberflächenkonzentration der ungeladenen A-Teilchen bzw. der positiv geladenen Teilchen des Reaktionskomplexes AD^+ und $\Gamma_\bullet$ die der A^-- bzw. $AD^\times$-Teilchen, so folgt für die Geschwindigkeitsgleichung:

$$-d\Gamma_\circ/dt = \alpha_n^{II}\, c_-\, \Gamma_\circ - i_{\text{th}\bullet}^{II}\, \Gamma_\bullet\,. \tag{4.99}$$

Hier bedeutet $i_{\text{th}\bullet}^{II}$ den thermischen Emissionskoeffizienten und α_n^{II} bzw. α_n^{III} den statistischen Koeffizienten der Wiedervereinigung $A + e'$ bzw. $AD^+ + e'$.

Bevorzugen wir die Reaktionsschritte gemäß Gln. (4.98a) bis (4.98c), dann folgt bei raschen Physisorptions- und Desorptionsschritten entweder für den Reaktionsschritt (4.98a):

$$-d\Gamma_\circ/dt = k_1\, \Gamma_\circ\, p_A - k_1'\, \Gamma_\circ^{AD} \tag{4.100}$$

oder für den Rekombinationsschritt Gl. (4.98b):

$$-d\Gamma_\circ^{AD}/dt = \alpha_n^{III}\, c_-\, \Gamma_\circ^{AD} - i_{\text{th}\bullet}^{III}\, \Gamma_\bullet^{AD}\,, \tag{4.101}$$

wobei $i_{\text{th}\bullet}^{III}$ und α_n^{III} die entsprechenden Ausdrücke für die thermische Emission von Elektronen ins Leitungsband des Katalysators und für die $AD^+ + e'$-Wiedervereinigung sind. Können auch hier wieder die Rückschritte infolge Vorhandensein einer genügend großen freien negativen Bildungsenergie der AD^+(ads)- bzw. der $AD^\times$(ads)-Teilchen, vernachlässigt werden, so folgt für den Reaktionsschritt (4.98a):

$$-d\Gamma_\circ/dt = k_1\, \Gamma_\circ^{AD} \exp\{-(\Delta G_{AD} - \Delta G_{AD}^0)/\mathfrak{B}\}\,, \tag{4.102}$$

wenn man gemäß Gl. (4.98a) die folgende Beziehung verwendet:

$$\mu_{AD^+} - \mu_{D^+} - \mu_A = \Delta G_{AD} = \Delta G_{AD}^0 + \ln \frac{\Gamma_\circ^{AD}}{\Gamma_\circ\, p_A}$$

und für den Rekombinationsschritt (4.98b):

$$-d\Gamma_\circ^{AD}/dt = \alpha_n^{III}\, \Gamma_\circ^{AD}\, c_-^0 \exp\{-(\Delta\eta_- - V_D)/\mathfrak{B}\}\, [1 - \exp(\Delta G_{AD}^0/\mathfrak{B})]\,, \tag{4.103}$$

wenn man für

$$\Gamma_\bullet^{AD} = \Gamma_\circ^{AD} \exp\{(\Delta G_{AD}^0 - \Delta\eta_- + \Delta E_{AD} + V_D)/\mathfrak{B}\}\,,$$

$$i_{\text{th}\bullet}^{III} = \alpha_n^{III}\, c_-^0 \exp(-\Delta E_{AD}/\mathfrak{B})$$

und für

$$c_- = c_-^0 \exp\{-(\Delta\eta_- - V_D)/\mathfrak{B}\}$$

setzt. Wie man erkennt, ist die Reaktionsgeschwindigkeit der $AD^\times$ (ads)-Bildung im wesentlichen nur abhängig von der Lage des Fermi-Potentials bzw. von $\Delta\eta_-$, V_D und dem statistischen Koeffizienten α_n^{III} der $AD^+ + e'$-Wiedervereinigung, wenn ΔG_{AD}^0 einen genügend großen negativen Wert besitzt. Bei kleinen Werten von ΔG_{AD}^0 ist das subtraktive Glied in der eckigen Klammer der Gl. (4.103) zu berücksichtigen.

Ähnliche Beziehungen sind auch für Reaktionen an einem p-Typ-Katalysator aufzustellen, der für gewisse Reaktionen um Größenordnungen günstiger sein kann. An Stelle von α_n und $\Delta\eta_-$ treten hier die entsprechenden Größen α_p und $\Delta\eta_+$ auf. Wenn elektronische Rekombinationsschritte die Geschwindigkeit des Brutto-Reaktionsablaufs bestimmen, dann läßt sich an Hand eines zweidimensionalen Energiebändermodells zeigen, wann die Verwendung eines *n*- oder wann die eines *p*-Typ-Katalysators für den Reaktionsablauf günstiger ist, d. h. wann

$$i_{\text{th}\bullet} \gtrless \alpha_p \, c_+$$

ist.[1]

Wie bereits erwähnt, ist in allen Fällen, wo das Gleichgewicht nicht erreicht wird, nur die Hinreaktion von Interesse. Häufig wird man den Hinschritt der Startreaktion mit dem Hinschritt der Folgereaktion vergleichen müssen. Unter der Annahme einer Elektronendonator-Reaktion an einem *n*-Typ-Katalysator erhalten wir für die Bildungsgeschwindigkeit der AD-Teilchen an der Oberfläche:

$$d\Gamma_{\text{AD}}/dt \sim \Gamma_\circ^{\text{D}} \, c_- \, p_{\text{A}}/\tau_w. \tag{4.104}$$

τ_w ist die Reaktionszeit der Folgereaktion oder die mittlere Lebensdauer des adsorbierten Teilchens im elektronisch unbesetzten Zustand, wie z. B. D^+(ads) bzw. $A^\times$(ads), für die Reaktion:

$$\left.\begin{array}{ll} & D^+(\text{ads}) + A(\text{gas}) + e' = AD^\times(\text{ads}) \\ \text{oder} & D^+(\text{ads}) + A^\times(\text{ads}) + e' = AD^\times(\text{ads}). \end{array}\right\} \tag{4.105}$$

Ferner ist p_{A} der Partialdruck des A-Gases, und $\Gamma_\circ^{\text{D}}$ ist die Oberflächenkonzentration der D^+-Teilchen.

Ist jedoch der Rückschritt der Startreaktion erheblich größer als der Hinschritt der Folgereaktion, dann ergibt sich:

$$\alpha_n \, c_- \, \Gamma_\circ = \Gamma_\circ/\tau_w.$$

Für diesen Fall ergibt sich ein Grenzwert für $c_- = c_-(\text{lim})$:

$$c_-(\text{lim}) = 1/\alpha_n \, \tau_w. \tag{4.106}$$

Wenn τ_w sehr klein wird, wird $c_-(\text{lim})$ sehr groß. Um also die Geschwindigkeit der Folgereaktion größer zu machen als die des Rückschrittes der Startreaktion, ist es erforderlich, $c_- > c_-(\text{lim})$ zu haben. Ähnliche Überlegungen gelten auch für Reaktionen am *p*-Typ-Katalysator.

4.82 Einige experimentelle Ergebnisse

Unglücklicherweise sind nur wenig Arbeiten unter diesem Gesichtspunkt durchgeführt worden. Die experimentellen Bedingungen der meisten Arbeiten sind so komplex, daß sie unter den oben mitgeteilten Gesichtspunkten nicht ausgewertet werden können. Zur Erläuterung dieses Sachverhalts seien im folgenden einige Beispiele ausgewählt, von denen als erstes die Oxydation von CO an verschiedenen Oxiden als Katalysatoren genannt sei. Besonders umfangreiche Untersuchungen

---

[1] HAUFFE, K.: Angew. Chem. **68**, 776 (1956).

sind wohl an NiO als Katalysator zu finden.[1-5] Im gesamten untersuchten Temperaturbereich zwischen 0 und 750 °C folgt die Oxydationsgeschwindigkeit proportional dem CO-Partialdruck und ist bei Sauerstoffüberschuß unabhängig vom Sauerstoffdruck. Die Aktivierungsenergie beträgt bei Temperaturen oberhalb 200 °C etwa 15 kcal/Mol[2] und bei tieferen Temperaturen etwa 4 kcal/Mol.[3] Dies läßt darauf schließen, daß die Reaktion in den beiden Temperaturbereichen nach verschiedenen Reaktionsmechanismen verläuft. Die Unabhängigkeit der Oxydationsgeschwindigkeit vom Sauerstoffdruck wird verständlich, wenn man berücksichtigt, daß die Bedeckung mit chemisorbiertem Sauerstoff ebenfalls nahezu druckunabhängig und ferner die Chemisorptionsgeschwindigkeit von Sauerstoff größer als die von CO ist. Im stationären Fall wird die chemisorbierte Sauerstoffmenge bei gleichem Sauerstoffpartialdruck unabhängig sein von der Gegenwart von CO. Entsprechend dem Chemisorptionsschema:

$$O_2(\text{gas}) = O_2^-(\text{ads}) + |e|^\bullet \tag{4.107a}$$

$$O_2^-(\text{ads}) = \text{NiO} + |\text{Ni}|' + |e|^\bullet + O^-(\text{ads}) \tag{4.107b}$$

$$O^-(\text{ads}) = \text{NiO} + |\text{Ni}|' \tag{4.107c}$$

wird somit auch die Zahl der Ladungsträger, das sind hier die Defektelektronen $|e|^\bullet$, sich nicht ändern. Diese Folgerungen wurden durch Leitfähigkeitsmessungen sowohl bei 750 °C[1] als auch im Temperaturbereich zwischen 200 und 300 °C[2] bestätigt. Bei Zugabe eines Reaktionsgemisches mit Sauerstoffüberschuß nimmt die Leitfähigkeit des NiO zunächst nur ganz wenig ab und bleibt dann konstant, wobei der Wert in der gleichen Größenordnung liegt wie bei der Sauerstoffchemisorption in Abwesenheit von CO. Auf Grund dieses Befundes kann aber zwischen den beiden folgenden Reaktionsschritten nicht entschieden werden:

$$\left.\begin{aligned} &CO(\text{gas}) + O_2^-(\text{ads}) = CO_2^\times(\text{ads}) + O^-(\text{ads}) \\ &CO(\text{gas}) + O^-(\text{ads}) + |e|^\bullet = CO_2^\times(\text{ads}) \end{aligned}\right\} \tag{4.108}$$

und

$$\left.\begin{aligned} &CO(\text{gas}) + |e|^\bullet = CO^+(\text{ads}) \\ &CO^+(\text{ads}) + O^-(\text{ads}) = CO_2^\times(\text{ads}). \end{aligned}\right\} \tag{4.109}$$

Bei CO-Überschuß im Reaktionsgemisch sinkt die elektrische Leitfähigkeit während des gesamten Reaktionsablaufs, ohne einen stationären Wert zu erreichen.[5] Dieses deutet auf einen allmählichen Verbrauch des gesamten chemisorbierten Sauerstoffs hin. Ferner geht hieraus hervor, daß die Folgereaktion, die für die Geschwindigkeit der Bruttoreaktion verantwortlich ist, nicht wesentlich kleiner sein kann als die

---

[1] Wagner, C., u. K. Hauffe: Z. Elektrochem. angew. phys. Chem. **44**, 172 (1938).

[2] Schwab, G. M., u. J. Block: Z. phys. Chem. (NF) **1**, 42 (1954).

[3] Parravand, G.: J. Amer. chem. Soc. **75**, 1448 (1952).

[4] Küchler, L., u. E.-G. Schlosser: Z. Naturforsch. **19**a, 54 (1964).

[5] Bielański, A., J. Dereń, J. Haber u. J. Słoczyński: Z. phys. Chem. (NF) **24**, 345 (1960).

Chemisorptionsgeschwindigkeit des Sauerstoffs. Gibt man zu einem NiO-Katalysator, dessen Oberfläche mit chemisorbiertem CO gesättigt ist, zusätzlich zu der CO-Atmosphäre bei 275 °C noch kleine Mengen von Sauerstoff, so nimmt zunächst die Leitfähigkeit infolge von Chemisorption des Sauerstoffs rasch zu, durchläuft ein Maximum und fällt dann infolge Abreaktion des chemisorbierten Sauerstoffs wieder langsam auf den alten Wert ab. Wenn die Reaktion zum Stillstand kommt, d. h. wenn aller Sauerstoff abreagiert ist, hat die Leitfähigkeit wieder annähernd den Ausgangswert erreicht. Hieraus geht ebenfalls hervor, daß nur die Reaktionsschritte (4.108) und (4.109) in Frage kommen. Trotz der Abhängigkeit der Reaktionsgeschwindigkeit vom CO-Partialdruck kann eine Entscheidung zwischen Mechanismus (4.108) und (4.109) nicht herbeigeführt werden, da auch nach Mechanismus (4.109) eine CO-Druckabhängigkeit zu erwarten ist infolge der geringen Chemisorptionsgeschwindigkeit des CO.

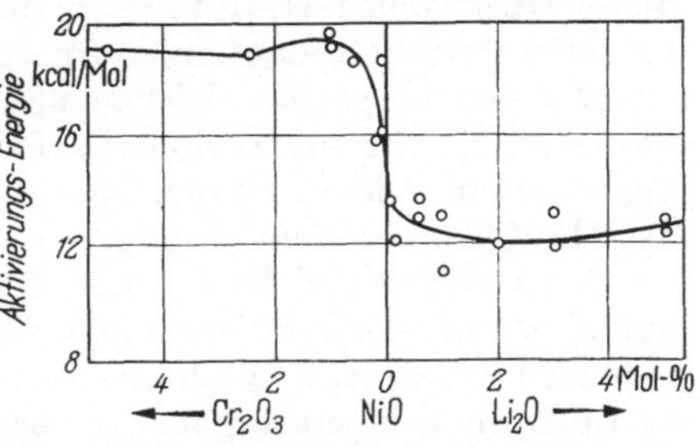

Abb. 4.32. Die Änderung der Aktivierungsenergie der CO-Oxydation an NiO-Katalysatoren mit verschiedenen Gehalten an Li_2O und Cr_2O_3 nach SCHWAB und BLOCK.

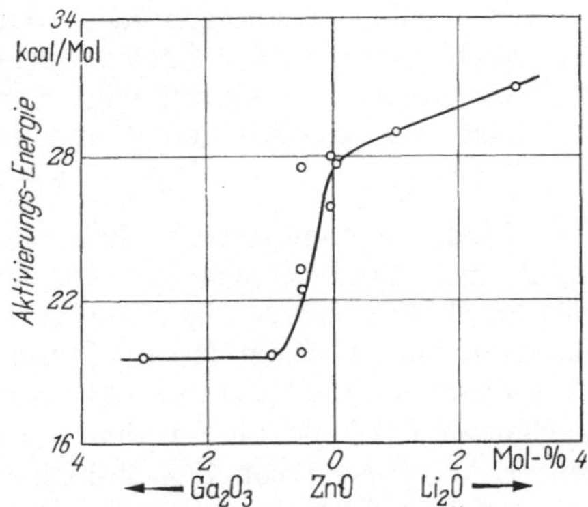

Abb. 4.33. Die Änderung der Aktivierungsenergie der CO-Oxydation an ZnO-Katalysatoren bei verschiedenen Gehalten an Li_2O und Ga_2O_3 nach SCHWAB und BLOCK.

Wie aus Abb. 4.32 zu entnehmen ist, wird durch den Einbau von 1 Mol-% Li_2O in NiO, wodurch eine Erhöhung der Defektelektronen-Konzentration verursacht wird, die Aktivierungsenergie der Reaktion zwischen 200 und 400 °C um etwa 4 kcal/Mol erniedrigt und durch Einbau von 1 Mol-% Cr_2O_3 um etwa denselben Betrag erhöht. Einen entgegengesetzten Gang mit der Dotierung zeigt die Reaktion an ZnO-Katalysatoren (s. Abb. 4.33). Trotz der merklichen Abnahme der Aktivierungsenergie mit steigender Defektelektronenkonzentration im Falle der NiO-Katalysatoren zeigt die Reaktionsgeschwindigkeit jedoch insgesamt nur eine Zunahme um den Faktor 4 bis 5 (Tab. 4.1). Bei NiO-Katalysatoren, die nach anderen Verfahren hergestellt wurden, war die Reaktionsgeschwindigkeit der CO-Oxydation sowohl an Katalysatoren mit einer Ga_2O_3-Dotierung als auch an solchen mit einer Li_2O-Dotierung deutlich kleiner als an undotierten NiO-Katalysatoren, obwohl der Verlauf der Aktivierungsenergie etwa der gleiche war. Aus diesen Ergebnissen geht hervor, daß die reaktionsfördernde Wirkung der Defektelektronen erst durch eine bestimmte Präparation der Katalysatoren zur Wirkung kommt. Offenbar spielen neben den Defektelektronen die durch Präparation (Zersetzung des Ni-Carbonats und anschließende Wärmebehandlung) zu erzeugenden Oberflächen-Traps ebenfalls eine Rolle. Über die Natur dieser Oberflächen-Traps in Germaniumoberflächen liegen in der Literatur eine Anzahl bedeutender Arbeiten vor.[1,2] Inwieweit jedoch diese Oberflächen-Traps die gleichen physikalisch-chemischen Eigenschaften besitzen wie die in Oxidoberflächen, bleibt weiteren Untersuchungen vorbehalten. Dieses Phänomen macht sich in einer starken Variation des Häufigkeitsfaktors (Kompensationseffekt) bemerkbar.

Von GARNER und Mitarbeitern[3] wurde die CO-Oxydation an Kupferoxidul unter gleichzeitiger Chemisorption von Sauerstoff und Kohlenmonoxid untersucht. Auch hier verlief die Chemisorption von Sauerstoff an Cu_2O im Temperaturgebiet zwischen 100 und 270 °C, die durch Leitfähigkeitsmessungen beobachtet wurde, erheblich rascher als die CO-Oxydation. Die hierbei auftretende Chemisorptionswärme fiel von 61 kcal/Mol bei 5% Bedeckung auf etwa 55 kcal/Mol bei 50% Bedeckung der Cu_2O-Oberfläche. Dieser Befund erfordert nicht die Annahme einer „energetischen" Heterogenität der Oberfläche, sondern läßt sich aus der Randschichttheorie der Chemisorption verstehen (s. S. 301ff.).

Wie STONE und TILEY[4] zeigten, wird die Chemisorption von Sauerstoff an Cu_2O durch einen Weiterbau der Oxidschicht überlagert:

$$p_{O_2} = k\,t^{\frac{1}{2}} + \text{const.}$$

Die Chemisorptionsgeschwindigkeit von CO an Cu_2O ist ebenfalls sehr groß. Bei Zimmertemperatur ist der Vorgang der Chemisorption von CO an Cu_2O reversibel. Das chemisorbierte CO wird durch leichtes Erwärmen auf 50 °C im Hochvakuum wieder zurückgewonnen. Rasches Aufheizen auf 100 °C verursacht aber bereits ein Abreagieren der chemisorbierten CO-Moleküle mit den Sauerstoffionen in der Cu_2O-Oberfläche unter Abdiffusion von CO_2-Moleküle in die Gasphase.

Auf Grund der Tatsache, daß CO_2 nur bei gleichzeitiger Anwesenheit von Sauerstoff in der Gasphase an Cu_2O chemisorbiert wird, nehmen GARNER und Mitarbeiter den folgenden Chemisorptionsmechanismus an:

$$CO_2\,(\text{gas}) + O^-\,(\text{ads}) = CO_3^-\,(\text{ads}). \qquad (4.110)$$

Ferner wurde beobachtet, daß mit wachsender Zeitspanne zwischen Sauerstoffbeladung der Cu_2O-Oberfläche und CO-Einlaß die „Reaktionsfähigkeit" des chemisorbierten Sauerstoffs gegen CO abnimmt. Offenbar

---

[1] BARDEEN, J.: Phys. Rev. **71**, 717 (1947). — A. MANY, E. HARNIK u. Y. MARGONINSKI: in: Semiconductor Surface Physics, S. 85. Philadelphia: R. H. Kingston 1957.

[2] PALMER, D. R., S. R. MORRISON u. C. E. DAUENBAUGH: Phys. Rev. **129**, 608 (1963).

[3] GARNER, W. E., T. J. GRAY u. F. S. STONE: Disc. Faraday Soc. **6**, 246 (1950). — W. E. GARNER, F. S. STONE u. P. F. TILEY: Proc. Roy. Soc. (A) **211**, 472 (1952).

[4] STONE, F. S., u. P. F. TILEY: Disc. Faraday Soc. **8**, 256 (1950); Nature [London] **167**, 654 (1951).

wird ein Teil des chemisorbierten Sauerstoffs infolge Feldtransport in der Randschicht ins Cu_2O-Gitter eingebaut und damit der raschen CO-Oxydation entzogen.

Die Ermittlung des Reaktionsmechanismus an NiO bei tieferen Temperaturen gelang durch Leitfähigkeits- und Chemisorptionsmessungen[1] an NiO, dessen Oberfläche mit einem Reaktionspartner vorbelegt war und ferner durch Infrarot (IR)-Messungen.[2] Bei Zugabe von CO z. B. zu einer mit Sauerstoff vorbelegten Probe nimmt der Widerstand irreversibel zu, die Farbe des NiO wird grün und die katalytische Wirksamkeit stark herabgesetzt. Außerdem treten im IR-Spektrum die für CO_2 charakteristischen Banden bei 6,1 und 7,2 μ auf. Hieraus kann neben einer Veränderung der Defektelektronen-Konzentration auf eine weitgehende CO_2-Blockierung der NiO-Oberfläche geschlossen werden.

Fügt man hingegen zu einer mit CO vorbelegten NiO-Oberfläche Sauerstoff hinzu, so wird doppelt soviel Sauerstoff aufgenommen wie ohne Vorbelegung. Gleichzeitig nimmt der Widerstand irreversibel ab, und die Farbe des Nickeloxids geht in eine grauschwarze Färbung über. Ferner verschwindet zur gleichen Zeit im IR-Spektrum die von dem in Brückenstruktur chemisorbierten CO herrührende Bande bei 6,1 μ. Im Gegensatz zum ersten Versuch lassen sich hier keine auf CO_2 zurückführenden Banden auffinden. In Analogie zur Hypothese des CO_3(ads)-Komplexes nach DELL und STONE[3] kann man auch hier eine solche Komplexbildung annehmen gemäß den folgenden Reaktionsschritten:

$$CO^{+}(\text{ads}) + O_2(\text{gas}) = CO_3^{\times}(\text{ads}) + |e|^{\bullet} \tag{4.111a}$$

und

$$CO_3^{\times}(\text{ads}) = CO_3^{-}(\text{ads}) + |e|^{\bullet} \tag{4.111b}$$

oder

$$CO^{\times}(\text{ads}) + O_2(\text{gas}) = CO_3^{-}(\text{ads}) + |e|^{\bullet}. \tag{4.111c}$$

Wie EISCHENS und PLISKIN zeigen konnten, muß das CO_2 an das Sauerstoffion in der Oberfläche des NiO-Gitters ähnlich einem Bicarbonation gebunden sein.[2] Zu ähnlichen Ergebnissen mittels Infrarot-Messungen ist man auch bei der Chemisorption von CO_2 an ZnO gekommen.[4,5] Im Gegensatz zur oben erwähnten Blockierung durch $CO_2^{\times}$(ads) läßt eine Vorbelegung der NiO-Oberfläche mit CO_3^{-}(ads) die katalytische Wirksamkeit unverändert. Die Chemisorption von CO an einer solchen Oberfläche verläuft unter Widerstandszunahme und CO_2-Bildung, vermutlich nach der Reaktion:

$$CO_3^{-}(\text{ads}) + CO(\text{gas}) + |e|^{\bullet} = 2\,CO_2(\text{gas}). \tag{4.112}$$

Die CO-Oxydation an Kobaltoxid scheint im wesentlichen ähnlich zu verlaufen wie an NiO. Bei der CO-Oxydation an Zinkoxid jedoch scheint

---

[1] BIELANSKI, A., J. DEREŃ, J. HABER u. J. SLOCZYNSKI: Z. phys. Chem. (NF) **24**, 345 (1960).
[2] EISCHENS, R. P., u. W. A. PLISKIN: Adv. Catalysis **9**, 662 (1957).
[3] DELL, R. M., u. F. S. STONE: Trans. Faraday Soc. **50**, 501 (1954).
[4] TAYLOR, H. J., u. C. H. AMBERG: Canad. J. Chem. **39**, 535 (1961).
[5] MASTSUHITA, S., u. T. NAKATA: J. chem. Phys. **36**, 665 (1962).

sich eine Änderung der Elektronenkonzentration umgekehrt auszuwirken wie bei NiO und CoO. Durch eine Dotierung mit Ga_2O_3 wird die Konzentration der freien Elektronen im ZnO erhöht und die Aktivierungsenergie der CO-Oxydation um etwa 8 kcal/Mol erniedrigt. Durch Dotieren mit Li_2O, was mit einer Erniedrigung der Elektronenkonzentration verbunden ist, wird hingegen die Aktivierungsenergie um etwa 4 kcal/Mol erhöht (Abb. 4.33). Zusammen mit dem Befund einer Sauerstoffdruckabhängigkeit der Oxydationsgeschwindigkeit ist die Annahme berechtigt, daß die Chemisorption von Sauerstoff der geschwindigkeitsbestimmende Schritt ist.

Tabelle 4.1. *Kinetische Daten, Häufigkeitsfaktoren A und Aktivierungsenergien der Reaktion $CO + \frac{1}{2}O_2 = CO_2$ an NiO-Mischoxiden zwischen 300 und 450 °C, ausgewertet aus Messungen von Schwab und Block*

Katalysator	ΔE_a kcal/Mol	$\log A$	k_{eff} [min^{-1} m^{-2}] 352 °C
NiO + 2,5 Mol-% Cr_2O_3	17,6	4,7	0,037
NiO + 0,5 Mol-% Cr_2O_3	16,2	4,4	0,057
NiO + 0,005 Mol-% Cr_2O_3	15,4	4,2	0,065
NiO	14,1	4,0	0,107
NiO + 0,4 Mol-% Li_2O	13,7	3,8	0,108
NiO + 1,4 Mol-% Li_2O	11,5	3,2	0,167

Unter diesen Gesichtspunkten begannen bereits 1936 WAGNER und HAUFFE[1] mit der Untersuchung des heterogenen N_2O-Zerfalls und der CO-Oxydation an NiO und CuO, wobei durch gleichzeitige Beobachtung der elektrischen Leitfähigkeit während der Katalyse Aufschlüsse über die Mitwirkung der Elektronenfehlordnungsstellen des Katalysators erhalten wurden. Als ersten Teilschritt des N_2O-Zerfalls kann man hier die Chemisorption des vom N_2O stammenden Sauerstoffs ansehen, wobei im Falle eines p-leitenden Oxids, wie z. B. NiO, die Zahl der Defektelektronen in der Randschicht gemäß

$$N_2O\,(gas) \rightarrow N_2\,(gas) + O^-\,(ads) + |e|^{\bullet}(R) \tag{4.113}$$

erhöht und im Falle eines n-leitenden Oxids, wie z. B. ZnO, die Zahl der freien Elektronen gemäß

$$N_2O\,(gas) + e'(R) \rightarrow N_2\,(gas) + O^-\,(ads) \tag{4.114}$$

erniedrigt wird. Als unmittelbare Folgereaktion schließt sich die Desorption des chemisorbierten Sauerstoffs an, die entweder durch reine Desorption

$$2|e|^{\bullet}(R) + 2O^-\,(ads) \rightleftharpoons O_2\,(gas) \quad \text{(Defektleiter)} \tag{4.115a}$$

bzw.

$$2O^-\,(ads) \rightleftharpoons O_2\,(gas) + 2e'(R) \quad \text{(Überschußleiter)} \tag{4.115b}$$

[1] WAGNER, C., u. K. HAUFFE: Z. Elektrochem. angew. phys. Chem. **44**, 172 (1938).

oder durch Abreaktion mit weiteren N_2O-Molekeln gemäß

$$N_2O\,(gas) + O^-\,(ads) + |e|^{\bullet}(R) \rightarrow N_2\,(gas) + O_2\,(gas) \qquad (4.116\,a)$$

bzw.

$$O^-\,(ads) + N_2O\,(gas) \rightarrow N_2\,(gas) + O_2\,(gas) + e'(R) \qquad (4.116\,b)$$

ablaufen kann.

Wie nun während der Katalyse durchgeführte Leitfähigkeitsmessungen ergeben haben, die einmal in einem O_2-N_2-Gemisch und zum anderen in einem reagierenden Gemisch O_2-N_2O mit gleichem Sauerstoffpartialdruck durchgeführt wurden, wird im Falle eines p-leitenden Oxids, wie z. B. NiO, die elektrische Leitfähigkeit im reagierenden Gemisch erhöht (Abb. 4.34)[1] und im Falle eines n-leitenden Oxids, wie z. B. ZnO, erniedrigt.[2] In beiden Fällen ist also eine Erhöhung der Oberflächenkonzentration an chemisorbiertem Sauerstoff gefunden worden. Zusammen mit anderen experimentellen Befunden und der Abhängigkeit vom N_2O-Druck läßt dieses Ergebnis die Reaktion gemäß Gl. (4.116a) als geschwindigkeitsbestimmenden Teilvorgang wahrscheinlich erscheinen. Bei Gültigkeit dieser Annahme ist es verständlich, daß nur solche Oxide den N_2O-Zerfall wirksam katalysieren werden, die den Teilvorgang (4.116a) beschleunigen. Diese Forderung wird aber offenbar dann besonders gut erfüllt sein, wenn man den bei der Reaktion frei werdenden Elektronen ein sehr niedriges Energieniveau anbietet, was mit einer gleichzeitigen Herabsetzung der Aktivierungsenergie des geschwindigkeitsbestimmenden Teilvorganges (4.116a) verknüpft ist. Diese Forderung erfüllen aber besonders gut die p-leitenden Oxide, wie z. B. NiO. Umgekehrt müssen alle elektronenüberschußleitenden Oxide, wie z. B. ZnO, TiO_2, CdO, Al_2O_3, mit und ohne Fremdoxidzusätze (Zusätze bis zur „Löslichkeitsgrenze"), den N_2O-Zerfall nur mäßig bis schlecht katalysieren. Diese Annahmen

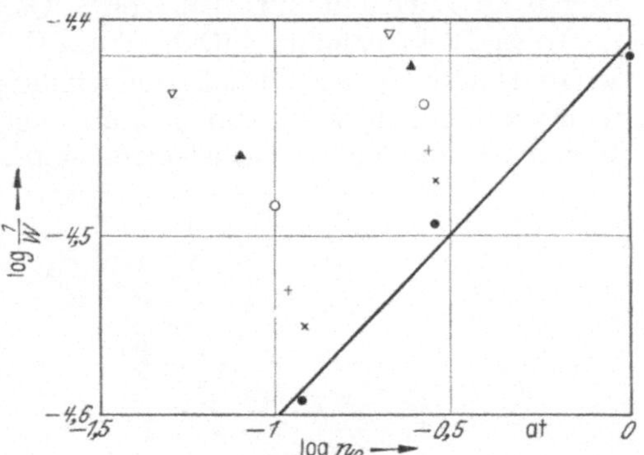

Abb. 4.34. Leitwerte $1/W$ einer Nickeloxidfolie in Abhängigkeit vom Sauerstoffpartialdruck verschiedener N_2O-O_2-Gemische bei 750 °C nach WAGNER und HAUFFE. ● $O_2(+N_2)$; × O_2 + 0,05 at N_2O; + O_2 + 0,1 at N_2O; ○ O_2 + 0,2 at N_2O; ▲ O_2 + 0,4 at N_2O; ▽ O_2 + 0,8 at N_2O.

$$CoO \approx NiO > CuO \gg MgO > Al_2O_3 > ZnO > TiO_2 > Cr_2O_3 > Fe_2O_3$$

werden qualitativ durch die vorliegenden Versuchsergebnisse von SCHWAB und Mitarbeitern[3] gestützt.

[1] WAGNER, C., u. K. HAUFFE: Z. Elektrochem. angew. phys. Chem. **44**, 172 (1938).

[2] WAGNER, C.: J. chem. Phys. **18**, 69 (1950).

[3] SCHWAB, G. M., u. H. SCHULTES: Z. phys. Chem. (B) **9**, 265 (1930); **25**, 411 (1934).

Während alle Oxide rechts vom CuO entweder n-Leiter oder schlechtleitende Oxide mit einer nur geringen Tendenz zur Bildung von Elektronenfehlordnung sind — außer Cr_2O_3, auf das wir noch zu sprechen kommen —, ist CuO als Eigenhalbleiter das einzige Oxid — außer Cr_2O_3 — mit Defektelektronen. Eine weitere Bestätigung für die Berechtigung der Annahme einer geschwindigkeitsbestimmenden Desorptionsreaktion sind die Untersuchungen von WAGNER[1] über den N_2O-Zerfall an ZnO und ZnO + 1 Mol-% Ga_2O_3. Eine Erhöhung der Zahl der freien Elektronen im ZnO durch Ga_2O_3-Zusatz brachte keine nennenswerte Erhöhung der Zerfallsgeschwindigkeit von N_2O. Dieser Befund wird verständlich, wenn man sich überlegt, daß durch die Erhöhung der Konzentration der Leitungselektronen allenfalls der an sich schon rasch

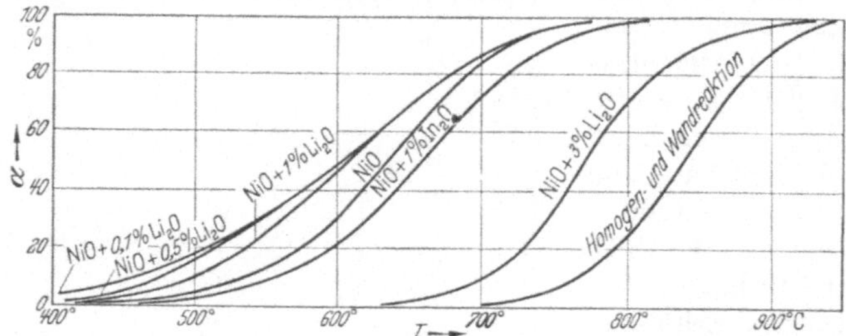

Abb. 4.35. Temperaturverlauf des Umsetzungsgrades α des N_2O-Zerfalls an NiO-Mischoxiden in Abhängigkeit vom Li_2O-Gehalt nach HAUFFE, GLANG und ENGELL.

verlaufende Teilvorgang (4.115) beschleunigt wird, während der langsame Teilvorgang (4.116a) bzw. (4.116b) praktisch nicht verändert wird. Die von BOUDART[2] vorgeschlagene Deutung der WAGNERschen Versuchsergebnisse ist nicht überzeugend, worauf HAUFFE und Mitarbeiter[3] hingewiesen haben.

Nach Versuchsergebnissen von SCHMID und KELLER[4] katalysiert das elektronendefektleitende CoO den N_2O-Zerfall am wirkungsvollsten[5]. Durch kleine Zusätze von 0,1 bis 0,5 Mol-% Li_2O zum NiO kann die katalytische Wirksamkeit des Nickeloxids bzw. die Zerfallsgeschwindigkeit von N_2O noch weiter erhöht werden (Abb. 4.35), da durch Einbau von Li_2O gemäß

$$\tfrac{1}{2}\,O_2\,(\text{gas}) + Li_2O \rightleftharpoons 2\,Li|Ni|' + 2\,|e|^{\cdot} + 2\,NiO \qquad (4.117)$$

eine weitere Erhöhung der Konzentration der Defektelektronen erzielt wird. Vergrößert man hingegen den Gehalt an Li_2O im NiO auf 3 bis 5 Mol-%, wodurch eine weitere Erhöhung der Defektelektronen-Konzentration verursacht wird, so wird infolge des nunmehr vorhandenen großen „Defektelektronensumpfes" die Zahl der Gitterelektronen so gering, daß die Verhältnisse sich jetzt umkehren, d. h., daß jetzt wahr-

---

[1] WAGNER, C.: J. chem. Phys. **18**, 69 (1950).
[2] BOUDART, M.: J. chem. Phys. **18**, 571 (1950).
[3] HAUFFE, K., R. GLANG u. H.-J. ENGELL: Z. phys. Chem. **201**, 223 (1952).
[4] SCHMID, G., u. N. KELLER: Naturwiss. **37**, 42 (1950).
[5] Siehe auch R. RUDHAM u. F. S. STONE: Trans. Faraday Soc. **54**, 420 (1958).

scheinlich die Chemisorption gemäß Gl. (4.113) nicht mehr genügend rasch ablaufen kann, so daß die gute katalytische Wirksamkeit des NiO stark herabgedrückt wird (Abb. 4.35).

Wie sich aus einer gleichzeitigen Ermittlung der ungefähren Reaktionsordnung ergibt, wird diese ebenfalls geändert (s. Tab. 4.2). Hiernach verursacht der Katalysator mit der höchsten Aktivität die kleinste Reaktionsordnung und die niedrigste Aktivierungsenergie bzw. -enthalpie.

Tabelle 4.2

Verlauf der Reaktionsordnung und Aktivierungsenthalpie des N_2O-Zerfalls an NiO-Li_2O-Katalysatoren in Abhängigkeit vom Li_2O-Gehalt bzw. von der Defektelektronenkonzentration

Katalysator	Ungefähre Reaktionsordnung	Aktivierungsenthalpie in kcal
NiO	3/2	31,7
NiO + 0,1 Mol-% Li_2O	3/4	15,9
NiO + 0,5 Mol-% Li_2O	1	19,1
NiO + 1,0 Mol-% Li_2O	3/2	24,6
NiO + 3,0 Mol-% Li_2O	2	61,8

Die Abnahme der katalytischen Aktivität des NiO durch In_2O_3-Zusatz wird ebenfalls verständlich, wenn man berücksichtigt, daß durch einen Zusatz von 1 Mol-% In_2O_3 die Defektelektronen-Konzentration gemäß der Einbaugleichung

$$In_2O_3 + 2|e|^{\cdot} \rightleftharpoons 2\,In|Ni|^{\cdot} + 2\,NiO + \tfrac{1}{2}O_2(\text{gas})$$

stark herabgesetzt wird.

Besonders interessant ist die auffallend schlechte katalytische Aktivität des Chromoxids, obwohl gerade hier eine genügend hohe Konzentration an Defektelektronen vorliegt. Offenbar war hier die Konzentration der Defektelektronen bereits zu groß, so daß dieselben Verhältnisse vorliegen wie an einem stärker mit Li_2O dotierten NiO.

Während man im Bereich niedriger und mittlerer Temperaturen mit einer überwiegenden Chemisorption des Sauerstoffs rechnen darf, ist bei höheren Temperaturen auch mit einem merklichen Einbau des Sauerstoffs ins Gitter zu rechnen. Durch aus dem Gitter herauswandernde Kationen, z. B. gemäß:

$$O^-(\text{ads}) \rightleftharpoons NiO + |Ni|',$$

werden die chemisorbierten Sauerstoffatome als Gitterionen eingebaut. DELL, STONE und TILEY[1] fanden nämlich an Cu_2O-Katalysatoren, die aus anoxydierten Cu-Blechen bestanden, daß der beim N_2O-Zerfall auftretende chemisorbierte Sauerstoff schon bei 60 °C zu einem erheblichen Teil zur Weiteroxydation des Cu verbraucht wird.

Auf Grund der Untersuchungen des N_2O-Zerfalls an Cu_2O bei 60 °C von DELL, STONE und TILEY scheint die reine Desorption gemäß (4.115a) gegenüber (4.116a) ohne Bedeutung zu sein. Andernfalls bliebe der Be-

[1] DELL, R. M., F. S. STONE u. P. F. TILEY: Trans. Faraday Soc. 49, 201 (1953).

fund einer Zunahme der N_2O-Zerfallsgeschwindigkeit um den Faktor 10 nach einer Vorbehandlung mit Sauerstoff unverständlich (Abb. 4.36). Die Vorbeladung des Cu_2O-Katalysators mit Sauerstoff bewirkt hier im Prinzip dasselbe (Erhöhung der Konzentration der Defektelektronen und Erniedrigung der Aktivierungsenergie des geschwindigkeitsbestimmenden Desorptionsvorgangs) wie der Einbau kleiner Mengen (<0,1 Mol-%) von Li_2O ins NiO-Gitter. Entsprechend sollte eine Vorbehandlung des Cu_2O-Katalysators mit H_2O-Dampf infolge Verringerung der Defektelektronenkonzentration gemäß:

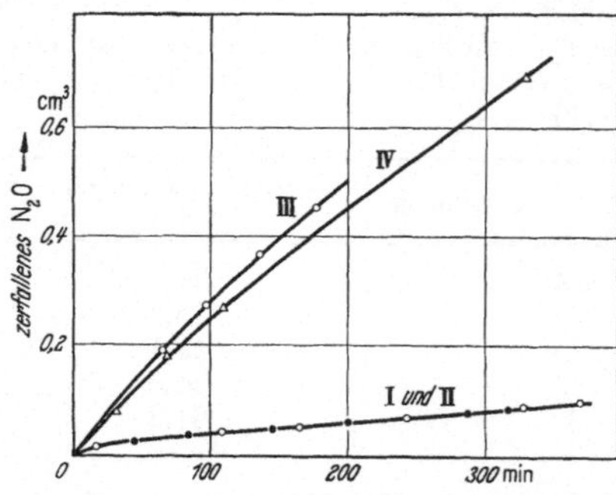

Abb. 4.36. Der zeitliche Verlauf des N_2O-Zerfalls an evakuierten und mit O_2 beladenen Cu_2O-Katalysatoren bei 60 °C nach DELL, STONE und TILEY. I und II: evakuiertes Cu_2O; III und IV: Cu_2O mit Sauerstoff (p_{O_2} = 10 und 15 Torr) beladen.

$$H_2O\,(\text{gas}) + |e|^{\bullet} \rightleftharpoons H_2O^{+}\,(\text{ads})$$

den N_2O-Zerfall hemmen (s. auch S. 325). Unter Beachtung dieser Zusammenhänge ist die oft beobachtete Abhängigkeit der katalytischen Aktivität sowohl von der Art des anwesenden Gases als auch von der Temperatur und der Dauer der Vorbehandlung eines Katalysators verständlich. So fanden beispielsweise CREMER und MARSCHALL[1] im Falle des N_2O-Zerfalls an CuO als Katalysator ein lineares Ansteigen der Aktivierungsenergie von 11 bis 42 kcal/Mol mit der Vorbehandlungstemperatur des Katalysators. Eine ähnliche Abhängigkeit der Aktivierungsenergie von der Vorbehandlungstemperatur beobachteten auch RIENÄCKER und Mitarbeiter[2] beim Formaldehydzerfall an Silberpulver.

Im Anschluß an diese Untersuchungen versucht SCHWAB[3], das katalytische Verhalten des Zinkferrits, als Vertreter der inversen Spinelle, beim H_2O_2-Zerfall und bei der CO-Oxydation mittels der Elektronenfehlordnung zu deuten. Eine Deutung wird hier allerdings durch den noch nicht genügend aufgeklärten Fehlordnungs- und Leitungsmechanismus erschwert.

Wertvolle Informationen über den Reaktionsmechanismus von Sauerstoff mit der Oxidoberfläche werden erhalten durch den Isotopenaustausch von Sauerstoff an Oxidoberflächen gemäß:

$$O_2^{16} + O_2^{18} = 2\,O^{16}O^{18}.$$

Diese Reaktion wurde insbesondere von WINTER[4] und von BORESKOV[5] an verschiedenen Oxiden untersucht. In Tab. 4.3 sind die Versuchs-

[1] CREMER, E., u. E. MARSCHALL: Mh. Chem. **82**, 840 (1951).
[2] RIENÄCKER, G., H. BREMER u. S. UNGER: Naturwiss. **39**, 259 (1952).
[3] SCHWAB, G. M.: Chimica **6**, 247 (1952).
[4] WINTER, E. R. S.: J. chem. Soc. 1522 (1954); 3824 (1955); Adv. Catalysis **10**, 196 (1958).
[5] BORESKOV, G. K.: Adv. Catalysis **14**, 285 (1963).

Tabelle 4.3. *Kinetische Daten des Isotopenaustausches von molekularem Sauerstoff an verschiedenen Oxiden nach Boreskov*

Oxid	T °C	p_{O_2} Torr	Oberfläche m²/g	Austauschgeschwindigkeit bei 300 °C und 40 Torr Moleküle/cm² sec	Aktivierungsenergie kcal/Mol	Präexponentieller Faktor Moleküle/cm² sec	Reaktionsordnung in bezug auf Sauerstoff
MgO	400–500	10	26	$1{,}8 \cdot 10^7$ (a)	40	$1{,}8 \cdot 10^{22}$	—
Al_2O_3	400–500	10	190	$3 \cdot 10^7$ (a)	(32)	$3 \cdot 10^{19}$	—
TiO_2	530–600	40	67	$2 \cdot 10^6$	(39)	—	—
V_2O_5	450–550	5–240	2,7	$1 \cdot 10^7$	46	$1{,}9 \cdot 10^{24}$	0,7–0,8
Cr_2O_3	450–550	5–240	2,9	$6{,}1 \cdot 10^7$	42	$4{,}9 \cdot 10^{23}$	0,6–0,7
MnO_2	225–325	6–240	55	$2{,}1 \cdot 10^{12}$	22	$4{,}0 \cdot 10^{20}$	0,4
Fe_2O_3	350–450	6–240	27	$9{,}4 \cdot 10^9$	33	$2{,}7 \cdot 10^{22}$	0,6
Co_3O_4	125–250	4–240	7.7	$5{,}2 \cdot 10^{13}$	16	$5{,}2 \cdot 10^{19}$	0,4
NiO	225–300	5–120	7,7	$6{,}7 \cdot 10^{11}$	24	$6{,}7 \cdot 10^{20}$	0,4
CuO	250–350	4–240	18,0	$7{,}0 \cdot 10^{11}$	26	$3{,}9 \cdot 10^{21}$	0,4
ZnO	425–525	13–120	1,0	$3{,}7 \cdot 10^8$	40	$3{,}7 \cdot 10^{23}$	0,9
MoO_3	550–600	11– 38	0,78	$2{,}6 \cdot 10^3$	69	$2{,}1 \cdot 10^{29}$	1,0

(a) unter einem Sauerstoffdruck von 10 Torr

ergebnisse über den Isotopenaustausch von BORESKOV zusammengestellt.

GORGORAKI und Mitarbeiter[1] fanden, daß die Geschwindigkeit des Austauschs an ZnO um das 3- bis 4fache erhöht werden kann, wenn man den Katalysator mit 0,25 Mol-% Li_2O dotiert. Ein Zusatz von Ga_2O_3 in gleicher Menge hatte eine Erniedrigung um etwa das 2- bis 2,5fache zur Folge.

SZABÓ und SOLYMOSI[2] studierten den Zerfall der Ameisensäure an TiO_2 und an mit Cr_2O_3 bzw. WO_3 dotiertem TiO_2. Die experimentellen Ergebnisse sind in Tab. 4.4 zusammengestellt. Die Aktivierungsenergie ΔE_H ist im Temperaturgebiet zwischen 380 und 440 °C für die Ge-

Tabelle 4.4. *Abhängigkeit der Aktivierungsenergie ΔE_H und ΔE_{CO} der Dehydrierung und Dehydratisierung der Ameisensäure nach Szabo und Solymosi*

Katalysator	Temperatur der Sinterung in °C	Temperatur der Katalyse in °C	ΔE_H kcal	ΔE_{CO} kcal	Selektivitätsfaktor bei 420 °C
TiO_2	1000	380–440	31,0	16,5	12,1
TiO_2 + 0,5 Mol-% Cr_2O_3	1000	355–425	29,9	23,0	2,09
TiO_2 + 1,0 Mol-% Cr_2O_3	1000	350–420	25,2	25,2	1,76
TiO_2 + 2,0 Mol-% Cr_2O_3	1000	350–420	25,0	25,0	1,43

schwindigkeit der Dehydrierung an reinem TiO_2 31 kcal/Mol und nimmt mit steigendem Gehalt an Cr_2O_3 (2 Mol-%) bis auf 25 kcal/Mol ab. Ein entgegengesetzter Verlauf der Aktivierungsenergie ΔE_{CO} wurde für die Dehydratisierung gefunden. Gleichzeitig wird der Selektivitätsfaktor (=Dehydrierungsgeschwindigkeit/Dehydratisierungsgeschwindigkeit)

[1] GORGORAKI, V. I., L. A. KASATKINA u. V. J. LEVIN: Kinetika i Kataliza 4, 422 (1963).
[2] SZABÓ, Z. G., u. F. SOLYMOSI: Acta Chim. Hung. 25, 145 (1960).

mit steigendem Gehalt an Cr_2O_3 beachtlich kleiner. Während an reinem TiO_2 in dem untersuchten Temperaturgebiet die Dehydrierung bei weitem überwiegt, beträgt an TiO_2 mit 1 bzw. 2 Mol-% Cr_2O_3 das Verhältnis der Geschwindigkeiten annähernd gleich 1; d. h., mit steigendem Gehalt an Cr_2O_3 tritt eine Verschiebung des Ameisensäurezerfalls zur Dehydratisierung auf.

Gleichzeitig durchgeführte Leitfähigkeitsmessungen an TiO_2 und dotiertem TiO_2 während der Katalyse ergeben weitere wichtige Informationen. So z. B. nahm der Widerstand einer reinen TiO_2-Probe zu Reaktionsbeginn um etwa 4 Zehnerpotenzen ab. Für TiO_2 mit 1 bzw. 2 Mol-% Cr_2O_3 jedoch trat gemäß Abb. 4.37 eine andere zeitliche Widerstandsänderung auf. Durch Einführung von Ameisensäure wird zuerst ein Widerstandsanstieg und dann ein starker Abfall erzeugt, der wahrscheinlich mit dem Übergang von der p-leitenden zur n-leitenden Oberflächenschicht verbunden ist. Eine eingehende Beschreibung des Fehlordnungsbildes von Cr_2O_3 dotierten TiO_2 wurde an anderer Stelle gegeben[1] (Abb. 3.105). Hiernach ist die zeitliche Änderung der elektrischen Leitfähigkeit während des Ameisensäurezerfalls verständlich. Der anfängliche Widerstandsanstieg ist verursacht durch die während der Chemisorption von Ameisensäure verursachte Vernichtung von Defektelektronen gemäß:

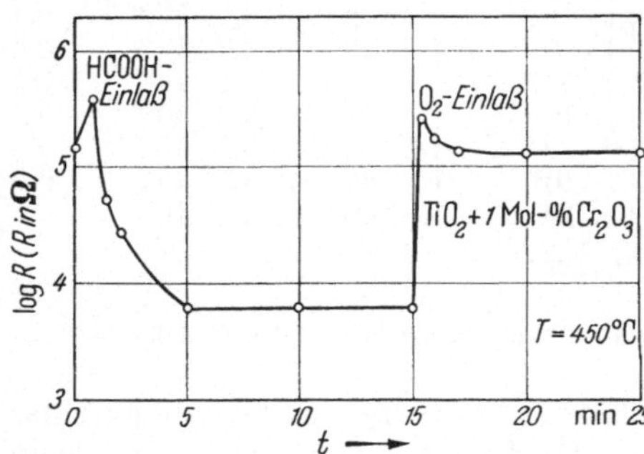

Abb. 4.37. Der zeitliche Verlauf des elektrischen Widerstandes einer TiO_2-Probe dotiert mit 1 Mol-% Cr_2O_3 bei Zugabe von Ameisensäuredampf und Sauerstoff bei 450 °C nach SZABO und SOLYMOSI.

$$HCOOH(gas) + |e|^{\bullet} = HCOOH^{+}(ads). \quad (4.118)$$

Im weiteren Verlauf der Chemisorption werden freie Elektronen in der Raumladungs-Randschicht erzeugt gemäß:

$$HCOOH(gas) = HCOOH^{+}(ads) + e', \quad (4.119)$$

wodurch der Widerstand abnimmt und schließlich einen zeitlich konstanten Wert annimmt, der durch die Konkurrenz des Reaktionsschrittes (4.119) und des folgenden

$$H_2^{+}(ads) + e' = H_2(gas) \quad (4.120a)$$

bzw.

$$H_2O^{+}(ads) + e' = H_2O(gas) \quad (4.120b)$$

bestimmt wird, je nachdem, welcher der Zerfallsschritte der maßgebende ist:

$$HCOOH^{+}(ads) = H_2^{+}(ads) + CO_2(gas) \quad (4.121a)$$

bzw.

$$HCOOH^{+}(ads) = H_2O^{+}(ads) + CO(gas). \quad (4.121b)$$

[1] HAUFFE, K.: Coloquio Quimica Fisica de Procesos en Superficies Solidas, S. 277. Madrid 1965.

Auf Grund der Versuchsergebnisse darf man schließen, daß bei hoher Konzentration an freien Elektronen — also im Falle von undotiertem TiO_2 — Reaktionsschritt (4.120a) und damit auch Schritt (4.121a) begünstigt ist, während mit fallender Konzentration an freien Elektronen bzw. mit steigender Konzentration an Defektelektronen im Falle des mit Cr_2O_3 dotierten TiO_2 (s. S. 211) auch der Reaktionsschritt (4.120b) und damit ebenfalls (4.121b) ins Spiel kommt.

Über zusätzliche Untersuchungen zum katalysierten Ameisensäurezerfall berichten EUCKEN[1], WICKE[2], IMELIK[3] und MARS[4].

Zum Studium der elektronischen Reaktion während der Katalyse an halbleitenden Katalysatoren wurde der H_2–D_2-Austausch an Germanium mit definierten Dotierungen untersucht.[5-9] Von besonderem Interesse ist in diesem Zusammenhang das von SCHWAB[5], SMITH und Mitarbeitern[9] veröffentlichte Studium des Ameisensäurezerfalls an Germanium mit verschiedenen Dotierungen zwischen 100 und 400 °C. Die Versuchsergebnisse sind in Tab. 4.5 wiedergegeben.

Tabelle 4.5. *Reaktionsgeschwindigkeit des Ameisensäure-Zerfalls zwischen 100 und 400 °C mit der Arrhenius-Gleichung* $\log k = \log A - \Delta E_a/2{,}3\,RT$ *nach Moore, Smith und Taylor*

Halbleiter-Typ	Frandatome cm³	$HCOOH = CO_2 + H_2$			$HCOOH = CO + H_2O$		
		$\log A$	$\log k_{500}$	ΔE_a	$\log A$	$\log k_{500}$	ΔE_a
p	$2 \cdot 10^{20}$ Ga	16,6	3,0	31 ± 2	10,0	1,4	20 ± 2
	$4 \cdot 10^{18}$ Ga	15,3	2,3	30 ± 5	12,2	0,9	26 ± 5
	$2 \cdot 10^{18}$ In	16,9	3,6	30 ± 1	11,0	1,1	23 ± 6
i	$1 \cdot 10^{15}$ Ga	14,2	2,3	27 ± 4	9,5	0,5	21 ± 2
n	10^{18} Sb	—	nicht	—	9,4	0,3	21 ± 3
	$5 \cdot 10^{18}$ As	—	mehr	—	10,1	0,0	23 ± 4
	$3 \cdot 10^{19}$ As	—	nach-weisbar	—	8,4	−0,1	20 ± 1
	10^{20} Sb	—		—	12,4	−0,1	29 ± 5

A und k in μ-Mole $h^{-1}\,m^{-2}$ und ΔE_a in kcal/Mol. Der Index 500 bedeutet bei 500 °K

Wie man aus den Versuchsergebnissen erkennt, die mit denen von SCHWAB[5] qualitativ übereinstimmen, scheint die Dehydratisierung von der Dotierung unabhängig zu sein, da sich weder die absolute kataly-

[1] EUCKEN, A., u. K. HEUBER: Z. phys. Chem. **196**, 40 (1950).
[2] WICKE, E.: Z. Elektrochem. angew. phys. Chem. **53**, 279 (1949).
[3] FRANCHON DE PRADEL, A., u. B. IMELIK: J. Chim. Physique **56**, 1 (1959).
[4] MARS, P.: Z. phys. Chem. (NF) **22**, 309 (1959).
[5] SCHWAB, G. M.: in: Semiconductor Surface Physics, S. 291. Philadelphia, herausgeg. von R. H. Kingston 1957. — G. M. SCHWAB, G. GREGER, ST. KRAWCZYNSKI u. J. PENZKOFER: Z. phys. Chem. (NF) **15**, **363** (1958).
[6] KUCHAEV, V. L., u. G. K. BORESKOV: Probl. Kinetiki i Kataliza, Akad. Nauk SSSR **10**, 108 (1960).
[7] KUCHAEV, V. L., u. G. K. BORESKOV: Kinetika i Kataliza **1**, 356 (1960).
[8] SHOOTER, D., u. H. E. FARNSWORTH: J. phys. Chem. **66**, 222 (1962).
[9] MOORE, G. E., H. A. SMITH u. E. H. TAYLOR: J. phys. Chem. **66**, 1241 (1962).

tische Aktivität noch die Aktivierungsenergie ΔE_a merklich ändert. Während die Geschwindigkeit der Dehydrierung im p-Typ-Bereich des Katalysators von der Dotierung nicht nennenswert beeinflußt wird, tritt eine starke Abnahme derselben im n-Typ-Bereich auf.

Als weiteres Beispiel einer Katalyse, bei der ebenfalls die Elektronenkonzentration und der Typ der Elektronenfehlordnung einen maßgebenden Einfluß auf den Reaktionsablauf ausüben, wählen wir den Zerfall des Isopropylalkohols an reinem TiO_2 und TiO_2-Mischoxiden mit WO_3 oder Fe_2O_3, über den kürzlich KEIER und Mitarbeiter[1] berichteten. Die kinetischen Untersuchungen wurden zwischen 150 und 420 °C und die elektrischen Messungen zwischen 50 und 200 °C durchgeführt. Bemerkenswert ist der Befund, daß bereits ein Zusatz von 1 Mol-% WO_3 den TiO_2-Katalysator in hohem Grade selektiv für die Dehydratisierung macht, was bei reinem und mit Fe_2O_3 dotiertem TiO_2 nicht der Fall ist. Ein Vergleich der Reaktionsgeschwindigkeiten bei 200 °C zeigt, daß die Geschwindigkeit der Dehydratisierung an einem 1 Mol-% WO_3 enthaltenden TiO_2-Kontakt um etwa 4 bis 6 Zehnerpotenzen größer ist als die an reinem TiO_2. Wie wir auf S. 210 erläuterten, wird durch den Einbau von WO_3 ins TiO_2-Gitter die Konzentration an freien Elektronen erhöht und entsprechend durch Einbau von Fe_2O_3 erniedrigt. Auf Grund dieses Sachverhaltes ist der Schluß berechtigt, daß durch Erhöhung der Konzentration der freien Elektronen sowohl die Selektivität als auch die Geschwindigkeit der Dehydratisierung erhöht wird.

Unter Berücksichtigung dieser Ergebnisse und der Tatsache, daß die Chemisorption von Isopropylalkohol die elektrische Leitfähigkeit des Katalysators vermindert, während die Chemisorption des Propylens dieselbe erhöht, soll versuchsweise der folgende Reaktionsmechanismus vorgeschlagen werden:

$$\underset{\displaystyle |\atop \displaystyle OH}{CH_3-CH-CH_3} + e' = \underset{\displaystyle |\atop \displaystyle OH^-(ads)}{CH_3-CH-CH_3} \tag{4.122a}$$

Als nächsten Schritt nehmen wir die Bildung eines intermediären Komplexes unter Elektronenabgabe an den Katalysator an:

$$\underset{\displaystyle |\atop \displaystyle OH^-(ads)}{CH_3-CH-CH_3} = \overset{H^+(ads)}{\underset{\displaystyle |\atop \displaystyle OH^-(ads)}{CH_3-CH-CH_2}} + e' \tag{4.122b}$$

Im dritten Schritt erfolgt die Zerfallsreaktion unter Abgabe von Wasser und Bildung von an der Oberfläche chemisorbiertem, positiv geladenem Propylen:

$$\overset{H^+(ads)}{\underset{\displaystyle |\atop \displaystyle OH^-(ads)}{CH_3-CH-CH_2}} = [CH_3-CH\!=\!CH_2]^+(ads) + e' + H_2O(gas)\,. \tag{4.122c}$$

---

[1] SAZONOVA, I. S., T. P. KHOKHLOVA, G. M. SUSHENTSEVA u. N. P. KEIER: Kinetics & Catalysis USSR **3**, 653 (1962).

Der Reaktionszyklus wird schließlich durch die Desorption von Propylen beendet:

$$[CH_3-CH\!\!-\!\!CH_2]^+(ads) + e' = CH_3-CH{=}CH_2(gas). \quad (4.122d)$$

Da die Reaktion von nullter Ordnung in bezug auf den Alkohol ist und, wie bereits erwähnt, die Geschwindigkeit des Zerfalls mit steigender Konzentration an freien Elektronen größer wird, ist der Schluß berechtigt, die Desorption des Propylens als geschwindigkeitsbestimmenden Schritt anzusehen.

Als weiteres Beispiel wählen wir den Zerfall von Methylalkohol an Zinkoxid zwischen 240 und 420 °C. Durch geeignete Dotierung mit Li_2O und Ga_2O_3 kann eine Beziehung zwischen der Konzentration der freien Elektronen im Katalysator und der Aktivierungsenergie für den Zerfall nachgewiesen werden (Abb. 4.38).[1] Fernerhin wurde gefunden, daß die Zerfallsgeschwindigkeit unabhängig vom Partialdruck des Methylalkohols ist und daß bei Dotierung mit Li_2O der Zerfall nur bis zur Stufe des Formaldehyds abläuft.[1] Auf Grund dieser Ergebnisse und der Untersuchungen von DOHSE[2] kann man den folgenden Mechanismus vorschlagen:

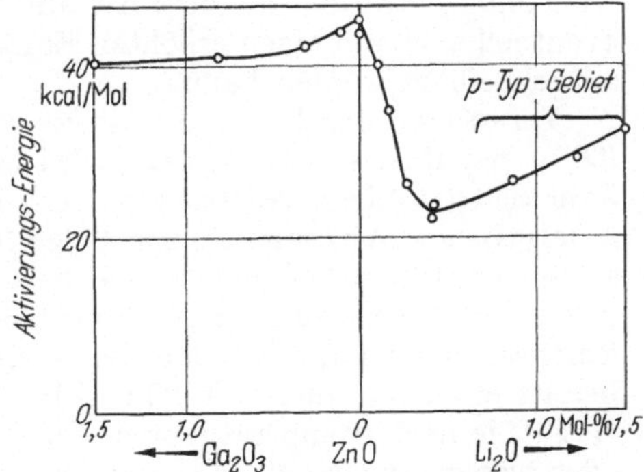

Abb. 4.38. Abhängigkeit der Aktivierungsenergie des Methylalkoholzerfalls an Zinkoxidkatalysatoren vom Gehalt an Lithium- und Galliumoxid nach MENOLD.

$$CH_3OH(gas) = H_2CO^+(ads) + e' + H_2(gas) \quad (4.123a)$$

$$H_2CO^+(ads) = H_2^+(ads) + CO(gas) \quad (4.123b)$$

$$H_2^+(ads) + e' = H_2(gas). \quad (4.123c)$$

Offenbar braucht auch hier die Desorption von Wasserstoff eine größere Konzentration an freien Elektronen als die Desorption des Formaldehyds:

$$H_2CO^+(ads) + e' = H_2CO(gas). \quad (4.124)$$

Weiterhin kann aus den experimentellen Ergebnissen geschlossen werden, daß die niedrige Aktivierungsenergie von 23 bis 24 kcal/Mol dem Desorptionsschritt (4.124) zugeordnet werden kann. Hingegen scheint der Wiederanstieg der Aktivierungsenergie bei höheren Zusätzen als 0,4 Mol-% Li_2O eine Folge des Übergangs vom *n*- zum *p*-Typ-Katalysator zu sein. Unter diesen Bedingungen ist wohl der Reaktionsschritt (4.123a) sehr begünstigt, der nun gemäß der folgenden Gleichung abläuft:

$$CH_3OH(gas) + |e|^{\cdot} = CH_2O^+(ads) + H_2(gas), \quad (4.125)$$

[1] MENOLD, R.: Chem.-Ing.-Techn. **32**, 801 (1960).
[2] DOHSE, H.: Z. phys. Chem. (B) 8, 159 (1930).

jedoch der geschwindigkeitsbestimmende Schritt (4.123c) oder (4.124) noch mehr gebremst. Da die Zerfallsgeschwindigkeit unabhängig vom Partialdruck des Methylalkohols ist, muß in jedem Fall der Teilschritt (4.123a) bzw. (4.125) schnell sein.

Erwähnenswert ist fernerhin der katalytische Zerfall von H_2O_2 an reinem und dotiertem Nickeloxid.[1]

Wie SELWOOD[2] durch magnetische Messungen nachweisen konnte, erhöhen auf γ-Al_2O_3 aufgebrachte NiO-Filme erheblich ihre Defektelektronenkonzentration, die offenbar auf eine erhöhte Chemisorption bzw. eventuell auch auf einen erhöhten Einbau von Sauerstoff ins NiO-Gitter zurückgeführt werden kann.

Verursacht durch die orientierte NiO-Abscheidung (Epitaxie) auf (0001)-Saphir, also auf α-Al_2O_3, wird nach THIRSK und WHITMORE[3] die Zahl der 3wertigen Ni-Ionen ($\equiv |e|^{\bullet}$) erhöht, was eine Erhöhung der katalytischen Wirksamkeit zur Folge hat. Bei Erhitzen der Aufwachssysteme auf > 900 °C gingen alle NiO-Häute in orientierten Ni-Spinell über, wobei gleichzeitig die katalytische Aktivität abnimmt. Reaktionskinetisch interessant ist, daß die orientierte Spinellbildung auf $(11\bar{2}0)$ bereits erheblich unterhalb 900 °C beginnt, so daß alle NiO-Häute auf $(11\bar{2}0)$, je nach Temperatur und Versuchsbedingungen, stets eine mehr oder weniger dicke, zu NiO und dem Träger orientierte, intermediäre Spinellschicht aufweisen. Über weitere derartige Systeme berichtet NEUHAUS[4]. Diese Untersuchungen machen auch die ,,Alterung" solcher Katalysatoren auf Trägern verständlich.

In die gleiche Richtung führen die Beobachtungen von STEINER und von HÜTTIG, die den Nachweis erbrachten, daß Al_2O_3 und MoO_2[5] bzw. ZnO und Fe_2O_3 und BeO und Fe_2O_3[6] allein nur schwache katalytische Eigenschaften für gewisse Dehydrierungs- und Dehydrocyclisierungsreaktionen zeigen, während in dünnem Film aufgebrachtes MoO_2 auf Al_2O_3 und Fe_2O_3 auf ZnO bzw. BeO katalytisch hoch aktiv sind. Dieser Befund dürfte für das Verständnis der Trägerwirkung von technischen Katalysatoren von Bedeutung sein. Neuere Untersuchungen über die Trägerwirkung unter Einbeziehung elektronischer Vorstellungen wurden von SCHWAB und MUTZBAUER[7] ausgeführt.

Eine interessante Gruppe von Katalysatoren bilden die Metallsulfide, die besonders als Hydrierungs- und Dehydrierungs-Katalysatoren von Bedeutung sind. Auch hier können wir nicht auf die Vielzahl der Arbeiten eingehen, sondern lediglich auf den zusammenfassenden Artikel über Nickelsulfidkatalysatoren von KIRKPATRICK[8] hinweisen. Es wurde beob-

[1] HART, A. B., u. R. A. ROSS: J. Catalysis 2, 251 (1963).
[2] SELWOOD, P. W.: Bull. Soc. chim. France, Documentat. 1949, 489.
[3] THIRSK, H. R., u. H. WHITMORE: Trans. Faraday Soc. 36, 565, 862 (1940).
[4] NEUHAUS, A.: Orientierte Substanzabscheidung (Epitaxie), in: Fortschr. Mineralog. 29/30, 136 (1950/51).
[5] STEINER, H.: Disc. Faraday Soc. 8, 264 (1950).
[6] HÜTTIG, G. F.: Disc. Faraday Soc. 8, 215 (1950).
[7] SCHWAB, G. M., u. G. MUTZBAUER: Z. phys. Chem. (NF) 32, 367 (1962).
[8] KIRKPATRICK, W. J.: Nickel Sulfide Catalysts, in: Advances in Catalysis, Bd. III, S. 329ff. New York 1951. — H. ADKINS, D. S. RAE, J. W. DAVIS, G. F. HAGER u. K. HOYLE: J. Amer. chem. Soc. 70, 381 (1948).

achtet, daß Nickelsulfid besonders katalytisch aktiv mit einem Schwefelunterschuß ist. Auf Grund der hohen Beweglichkeit der Ag-Ionen im α-Ag_2S wurde von WAGNER[1] ein Untersuchungsverfahren vorgeschlagen, bei dem der Katalysator Ag_2S als Glied in der folgenden elektrochemischen Kette:

$$- Ag \mid AgJ \mid Ag_2S \mid Pt +$$

auftritt. Durch Aufnahme von Strom-Spannungskurven konnte für den Ablauf der Reaktion

$$H_2(gas) + \tfrac{1}{2} S_2(gas) = H_2S(gas)$$

am Katalysator der Teilschritt

$$H_2(gas) + S(\text{in } Ag_2S) = H_2S(gas)$$

als der geschwindigkeitsbestimmende Vorgang ermittelt werden[2]. In einer gleichen Versuchsanordnung wurde der Schwefelübergang zwischen Ag_2S und CO bzw. COS studiert[2]. Weitere Untersuchungen in dieser Richtung wären wünschenswert. Über den Einsatz von Isotopen berichtet WINTER[3].

In diesem Zusammenhang recht aufschlußreich sind die von MOLINARI und PARRAVANO[4] veröffentlichten Untersuchungen über die Abhängigkeit der Austauschgeschwindigkeit der Reaktion $H_2 + D_2 \rightleftharpoons 2HD$ vom Fremdoxidgehalt der ZnO-Mischoxidkatalysatoren. Durch einen Zusatz von Li_2O zum ZnO wurde infolge Verringerung der Konzentration der freien Elektronen die Austauschgeschwindigkeit herabgesetzt. Eine entgegengesetzte Wirkung wurde durch Al_2O_3- und besonders durch Ga_2O_3-Zusätze zum ZnO erhalten. Dieser Befund legt den Schluß nahe, daß offenbar die Desorptionsgeschwindigkeit gemäß dem Reaktionsschema:

$$\left.\begin{aligned} H_2(gas) &\rightleftharpoons 2H^+(ads) + 2e'(R) \\ D_2(gas) &\rightleftharpoons 2D^+(ads) + 2e'(R) \end{aligned}\right\} \text{rasch}$$

$$H^+(ads) + D^+(ads) + 2e'(R) \rightleftharpoons HD(gas) \quad \text{langsam}$$

oder

$$H_2(gas) \rightleftharpoons H_2^+(ads) + e'(R)$$

$$D_2(gas) \rightleftharpoons D_2^+(ads) + e'(R)$$

$$H_2^+(ads) + D_2^+(ads) + e'(R) \rightleftharpoons HD(gas) + HD^+(ads)$$

$$HD^+(ads) + e'(R) \rightleftharpoons HD(gas)$$

der langsame Teilvorgang ist. Zwischen beiden Mechanismen kann gegenwärtig nicht entschieden werden. In Gegenwart von Sauerstoff wird die Austauschgeschwindigkeit gehemmt infolge Vernichtung von freien Elektronen in der Randschicht. Hierbei ist die von ANDERSON[5] und PARRAVANO[4] diskutierte Bildung von chemisorbierten OH^--Gruppen durchaus

---

[1] KOBAYASHI, H., u. C. WAGNER: J. chem. Phys. **26**, 1609 (1957).
[2] BECHTHOLD, E.: Ber. Bunsenges. phys. Chem. **69**, 328 (1965).
[3] WINTER, E. R. S.: Faraday Soc. Disc. **8**, 231 (1950). — S. HOUGHTON u. E. R. S. WINTER: Nature [London] **164**, 1130 (1949). — E. R. S. WINTER: J. chem. Soc. 1964, S. 5781; s. auch in Adv. Catalysis **10**, 196 (1958).
[4] MOLINARI, E., u. G. PARRAVANO: J. Amer. chem. Soc. **75**, 5233 (1953).
[5] ROBERTS, L. E. J., u. J. S. ANDERSON: Rev. Pure and Appl. Chem. **2**, 1 (1952).

möglich. Wie Versuche ergeben haben, kann die durch Sauerstoff inaktiv gewordene ZnO-Oberfläche durch eine geeignete Wasserstoffbehandlung wieder aktiviert werden. Ein ähnliches Verhalten zeigen auch die von HOLM und BLUE[1] untersuchten Molybdän-, Wolfram- und Uranoxide für die H_2–D_2-Austauschreaktion.

Nicht übereinstimmende Ergebnisse liegen über den katalytischen Wasserstoff–Deuterium-Austausch an Germaniumoberflächen vor. Während SHOOTER und FARNSWORTH[2] an im Hochvakuum und durch Argonionen-Bombardement gereinigten (100)-Oberflächen von Germanium mit und ohne Dotierung in Übereinstimmung mit BORESKOV und KUCHAEV[3] keinen meßbaren H_2–D_2-Austausch finden, berichten andere Autoren über gut meßbare Austauschgeschwindigkeiten.[4,5]

Neben den Arbeiten von GARNER[6] und TAYLOR[7] und ihren Bemühungen des Auffindens der Zusammenhänge zwischen Reaktionsgeschwindigkeit und Fehlordnung sind insbesondere diejenigen von WEYL[8] zu nennen, die eine Fülle von neuen Anregungen und interessanten Gesichtspunkten enthalten. Die von WEYL entwickelten Gedankengänge über die heterogene Katalyse basieren auf der Anwendung der „Quanticule-Theory" von FAJANS[9]. Der von WEYL[8] mitgeteilte Mechanismus der SO_2-Oxydation an V_2O_5-Katalysatoren ist ein Beispiel aus der Vielzahl der Reaktionen. Die Chemisorption von SO_2 bzw. O_2 an dem n-leitenden V_2O_5 mit einer Sauerstoffionen-Leerstellenstruktur und die Oxydationsreaktion können folgendermaßen ablaufen:

$$SO_2\,(\mathrm{gas}) \rightleftharpoons SO_3^-\,(\mathrm{ads}) + |O|^{\cdot} \qquad (4.126\,a)$$

bzw.

$$SO_2\,(\mathrm{gas}) \rightleftharpoons SO_2^+\,(\mathrm{ads}) + e'. \qquad (4.126\,b)$$

In gleicher Weise ist aber auch eine Chemisorption von Sauerstoff zu berücksichtigen:

$$O_2\,(\mathrm{gas}) + e' \rightleftharpoons O_2^-\,(\mathrm{ads}). \qquad (4.127)$$

Je nachdem nun eine Chemisorption nach (4.126) oder nach (4.127) energetisch günstiger ist, wird die Folgereaktion entweder unter Auffüllen von Sauerstoffionen-Leerstellen und Elektronen-Erzeugung ablaufen:

$$SO_3^-\,(\mathrm{ads}) + |O|^{\cdot} + O_2^-\,(\mathrm{ads}) = SO_3\,(\mathrm{gas}) + O^-\,(\mathrm{ads}) \qquad (4.128\,a)$$

$$SO_3^-\,(\mathrm{ads}) + |O|^{\cdot} + O^-\,(\mathrm{ads}) = SO_3\,(\mathrm{gas}) + e' \qquad (4.128\,b)$$

bzw. eine elektronenverbrauchende Abreaktion darstellen gemäß:

$$SO_2^+\,(\mathrm{ads}) + O_2^-\,(\mathrm{ads}) + e' = SO_3\,(\mathrm{gas}) + O^-\,(\mathrm{ads}) \qquad (4.129\,a)$$

$$SO_2^+\,(\mathrm{ads}) + O^-\,(\mathrm{ads}) = SO_3\,(\mathrm{gas}) \qquad (4.129\,b)$$

---

[1] HOLM, V. C. F., u. R. W. BLUE: Ind. Eng. Chem. **44**, 107 (1952).
[2] SHOOTER, D., u. H. E. FARNSWORTH: J. phys. Chem. **66**, 222 (1962).
[3] BORESKOV, G. K., u. V. L. KUCHAEV: Doklady Akad. Nauk SSSR **119**, 302 (1958).
[4] SANDLER, Y. L., u. M. GAZITH: J. phys. Chem. **63**, 1095 (1959).
[5] MOORE, G. E., H. A. SMITH u. E. H. TAYLOR: J. phys. Chem. **66**, 1241 (1962).
[6] GARNER, W. E.: Disc. Faraday Soc. 8, 211 (1950).
[7] TAYLOR, H. S.: Disc. Faraday Soc. 8, 9 (1950).
[8] WEYL, W. A.: A New Approach to Surface Chemistry and to Heterogeneous Catalysis, Penn. State 1951.
[9] FAJANS, K.: Chem. Engng. News **27**, 900 (1949); Ceram. Age **54**, 288 (1949).

oder durch das Abreagieren des chemisorbierten Sauerstoffs mit auftreffenden SO_2-Molekeln bestimmt sein gemäß:

$$SO_2\,(\text{gas}) + O^-\,(\text{ads}) = SO_3\,(\text{gas}) + e'. \qquad (4.130)$$

Eine Entscheidung zwischen den beiden Mechanismen ist zur Zeit noch nicht möglich.

Während CALDERBANK[1] an reinen V_2O_5-Katalysatoren zwischen 360 und 450 °C den Reaktionsschritt zwischen chemisorbiertem SO_2 und O_2 aus der Gasphase als den geschwindigkeitsbestimmenden Schritt ansieht, bevorzugt KAWAGUCHI[2,3] als geschwindigkeitsbestimmenden Vorgang den Teilschritt (4.130). Ferner wird der CALDERBANK-Mechanismus mit Recht einer Kritik unterworfen.[2] Weiterhin wird beobachtet, daß n-Typ-Katalysatoren, wie z. B. WO_3, TiO_2, V_2O_5, SnO_2, Fe_2O_3 und As_2O_3, für die SO_2-Oxydation bessere Katalysatoren sind als die p-Typ-Oxide.[3] Über die Trägerwirkung von TiO_2 für V_2O_5 wird ebenfalls berichtet.[4]

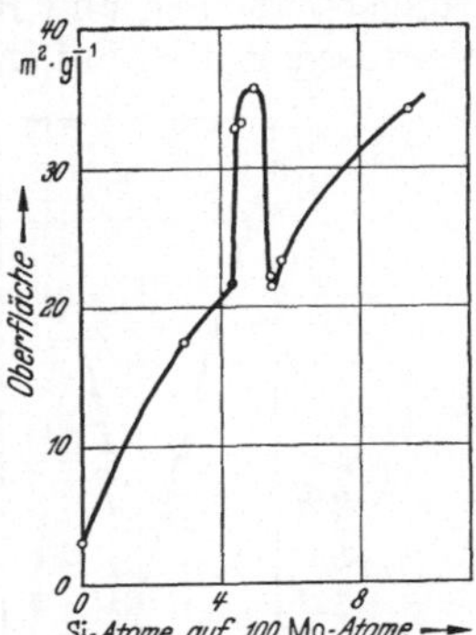

Abb. 4.39. Die Oberfläche in cm^2/g eines MoO_2-SiO_2-Katalysators in Abhängigkeit vom SiO_2-Gehalt nach GRIFFITH und Mitarbeitern.

SELWOOD und Mitarbeiter[5] beschäftigen sich mit dem Zusammenhang der magnetischen und katalytischen Eigenschaften von Oxiden und Carbiden. Wenn auch zur Zeit wenig tiefer greifende Kenntnisse der Zusammenhänge vorhanden sind, so erscheint doch dieses Arbeitsgebiet im Hinblick auf katalytische Probleme reizvoll. Hierbei wird man vor allen Dingen bemüht sein müssen, an einfachen Reaktionen alle physikalisch sinnvollen Untersuchungen an solchen Katalysatoren durchzuführen, deren elektronische Struktur schon weitgehend aufgeklärt ist. Entsprechendes gilt für die Untersuchungen über Zusammenhänge zwischen katalytischer Aktivität und ferroelektrischen Umwandlungen, die PARRAVANO[6] an $NaNbO_3$, $LaFeO_3$ und $KNbO_3$ ausführte.

GRIFFITH und Mitarbeiter[7] bringen ebenfalls qualitative Zusammenhänge zwischen Elektronenfehlordnung und Reaktionsgeschwindigkeit. Sie wählen das n-leitende MoO_2 und zeigen, daß bei steigendem Zusatz von SiO_2 bei etwa 4 Mol-% sowohl ein Maximum der Oberflächenentwicklung (Abb. 4.39) als auch ein Minimum der elektrischen Leitfähigkeit (Abb. 4.40) zu beobachten ist. Die scharfe Abnahme der Leitfähigkeit beruht auf dem gleichen Mechanismus wie die von WEYL und

[1] CALDERBANK, H.: J. appl. Chem. [London] **2**, 482 (1952).
[2] KAWAGUCHI, T.: J. chem. Soc. Japan, Pure Chem. Sect. **75**, 835 (1954).
[3] KAWAGUCHI, T.: J. chem. Soc. Japan, Pure Chem. Sect. **75**, 1112 (1954).
[4] KUBO, T., M. TANIGUCHI u. K. KATAOKA: J. chem. Soc. Japan, Pure Chem. Sect. **75**, 705 (1954).
[5] Vgl. u. a. P. W. SELWOOD: Magnetism and the Structure of Catalytically Active Solids, Advances in Catalysis, Bd. III, S. 27ff. New York 1951.
[6] PARRAVANO, G.: J. chem. Phys. **20**, 342 (1952).
[7] GRIFFITH, R. H., P. R. CHAPMAN u. P. R. LINDARS: Disc. Faraday Soc. **8**, 258 (1950).

JOHNSON[1] beobachtete Leitfähigkeitsabnahme von anreduziertem TiO_2 mit ZrO_2-Zusätzen. Weiterhin wird gefolgert, daß der für den Zerfall von Kohlenwasserstoff wirksame Katalysator nicht Molybdän, sondern MoO_2 ist. Dies ist in Übereinstimmung mit dem Standpunkt von HERINGTON und RIDEAL[2], die für die Synthese von aromatischen Kohlenwasserstoffen aus aliphatischen das Oxid als wirksam betrachten.

In gleicher Weise haben russische Autoren, wie beispielsweise ROGINSKI[3], die hohe katalytische Wirkung für Hydrierungs- und Dehydrierungsreaktionen und Ringschließungsreaktionen mit aliphatischen Kohlenwasserstoffen auf in Oxiden und Sulfiden bewegliche freie Elektronen

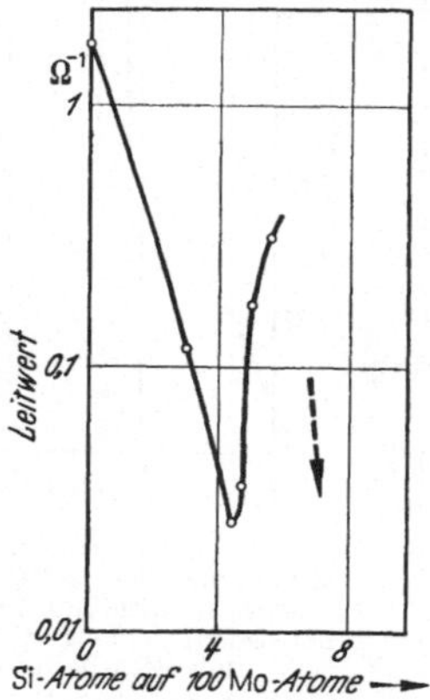

Abb. 4.40. Verlauf des Leitwertes $1/W$ in Ohm^{-1} von MO_2-SiO_2-Mischoxiden in Abhängigkeit vom SiO_2-Gehalt bei 400 °C nach GRIFFITH und Mitarbeitern.

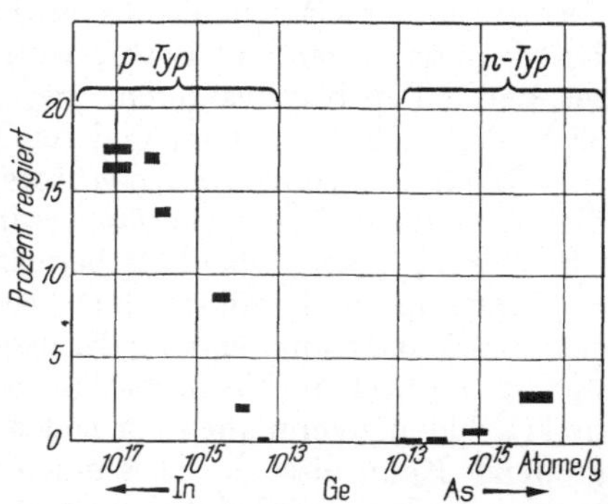

Abb. 4.41. Die Abhängigkeit der Geschwindigkeit der FRIEDEL-CRAFT-Reaktion bei 50 °C von der Defektelektronenkonzentration in Germanium nach WATSON.

zurückgeführt. Über die katalytische Oxydation von Kohlenwasserstoffen an Oxiden und Spinellen liegt ein ausführlicher Übersichtsbericht von MARGOLIS vor.[4]

Die Rolle der Ladungsträger (freie Elektronen oder Defektelektronen) im Katalysator bei katalytischen Reaktionen wird weiterhin mit einer FRIEDEL-CRAFT-Reaktion:

$$C_6H_5CH_2Cl + H C_6H_5 \rightarrow C_6H_5{-}CH_2{-}C_6H_5 + HCl \qquad (4.131)$$

an indium- und arsendotierten Germaniumkristallen[5] geprüft. Wie in Abb. 4.41 illustriert, ist die Reaktionsgeschwindigkeit bei 50 °C annähernd proportional der Defektelektronenkonzentration und um mehr als eine Zehnerpotenz höher als die an reinem Germanium. Kristalle vom n-Typ zeigen keine katalytische Aktivität. Sauerstoff wurde als starkes Katalysatorgift erkannt, vermutlich wegen seiner Oxidbildung. Gegenwärtig

[1] WEYL, W. A., u. W. JOHNSON: J. Amer. ceram. Soc. **32**, 398 (1949).
[2] HERINGTON, S., u. E. K. RIDEAL: Proc. Roy. Soc. [London] (A) **184**, 434 (1945).
[3] ROGINSKI, S. S.: C. R. UdSSR **67**, 97 (1949).
[4] MARGOLIS, L. YA.: Adv. Catalysis **14**, 429 (1963).
[5] WATSON JR., W. H.: J. appl. Phys. **32**, 120 (1961).

sind jedoch nicht genügend kinetische Daten verfügbar, so daß keine sicheren Aussagen über den Reaktionsmechanismus gemacht werden können.[1]

Abschließend sei auf eine interessante Arbeit von SIMKOVICH und WAGNER[2] hingewiesen, die zeigen konnten, daß die Zerfallsgeschwindigkeit von tertiärem Butylchlorid gemäß der Bruttogleichung:

$$(CH_3)_3CCl \rightarrow (CH_3)_2C{=}CH_2 + HCl \tag{4.132}$$

an Silberchlorid bei 100 °C mit steigender Ag-Ionenleerstellen-Konzentration bzw. steigendem Gehalt an $CdCl_2$ im AgCl zunahm. Wie aus Abb. 4.42 zu erkennen, ist die Reaktionsgeschwindigkeit direkt proportional der Ionenleitung, die wiederum proportional der Leerstellenkonzentration ist, wenn man von den Anfangswerten absieht, die auch in der Leitfähigkeit einen komplizierten Gang aufweisen (s. Abb. 3.15). Gegenwärtig kann man jedoch noch nicht unterscheiden, ob die Ag-Ionenleerstellen oder die Cd^{2+}-Ionen auf Ag-Ionengitterplätze für den Anstieg der Reaktionsgeschwindigkeit verantwortlich sind.

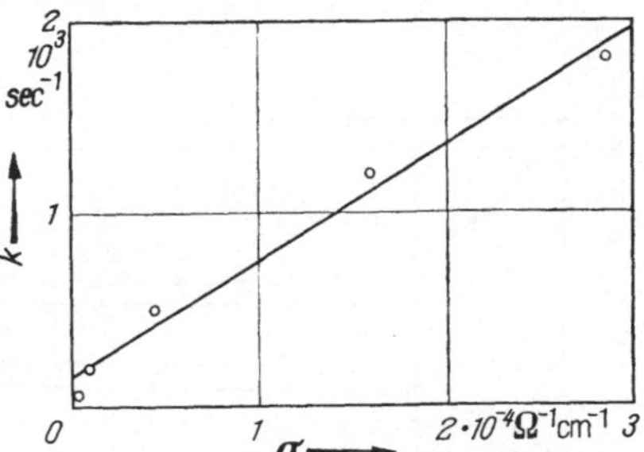

Abb. 4.42. Die Abhängigkeit der Zerfallsgeschwindigkeit von tertiärem Butylchlorid von der Leitfähigkeit von Silberchlorid als Katalysator, dotiert mit $CdCl_2$, bei 100 °C nach SIMKOVICH und WAGNER.

Im Gegensatz zu den Untersuchungen an AgCl-Katalysatoren wird die Zerfallsgeschwindigkeit von tertiärem Butylchlorid bei 100 °C nicht nennenswert an $PbCl_2$ geändert, wenn man mit KCl oder $LaCl_3$ dotiert. Daher hat die von den Autoren vorgeschlagene Arbeitshypothese eines spezifischen katalytischen Effektes der Leerstellen oder der Fremdionen gegenwärtig nur einen heuristischen Wert.

Es ließen sich noch zahlreiche Beispiele anführen, die den Einfluß der Elektronen und Defektelektronen im Katalysator auf Ablauf und Geschwindigkeit einer Reaktion demonstrieren könnten. Alle bisherigen Untersuchungen bringen jedoch nur qualitative Zusammenhänge zwischen Fehlordnungstyp und Fehlordnungskonzentration des Katalysators einerseits und Reaktionslenkung und Geschwindigkeit andererseits. Neben den elektrischen und kinetischen Messungen sind ohne Zweifel zusätzliche Untersuchungen, wie z. B. ERS- und Infrarotmessungen, erforderlich.

4.83 Über den Mechanismus des Reaktionsablaufs an belichteten Photohalbleitern

Wie wir sahen, ist eine Änderung der Konzentration der freien Elektronen bzw. Defektelektronen im Katalysator, der nicht photoleitend ist, nur möglich entweder durch eine Gasbehandlung bei hohen Tempe-

[1] HAUFFE, K.: siehe Fußnote 1 auf S. 358.
[2] SIMKOVICH, G., u. C. WAGNER: J. Catalysis 1, 521 (1962).

raturen oder durch Einbau anderswertiger Ionen ins Gitter des Katalysators. Aus Gründen der Elektroneutralität ist aber ein solcher Einbau mit einer gleichzeitigen Änderung der Ionenfehlordnungs-Konzentration verbunden, was gelegentlich unerwünscht ist. Daher eröffnen die photoleitenden Halbleiter als Katalysatoren eine neue Möglichkeit, um den Einfluß der elektronischen Struktur des Katalysators ohne Änderung der Ionenfehlordnung auf die Reaktionsgeschwindigkeit zu studieren, wenn durch Licht geeigneter Wellenlänge Elektron-Lochpaare den an der Oberfläche eintreffenden Molekeln angeboten werden.

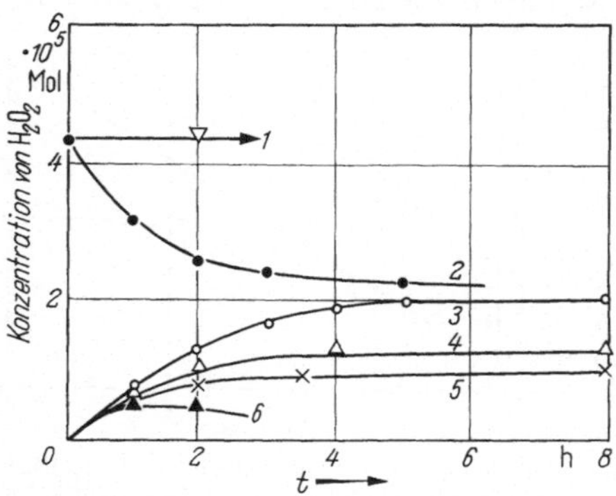

Abb. 4.43. Bildungs- und Zerfallsgeschwindigkeit von H_2O_2 nach MARKHAM und LAIDLER. *1* Zerfall von H_2O_2 in Gegenwart von 0,1 g ZnO in 25 cm^3 Lösung im Dunkeln bei 14 °C; *2* Zerfallsgeschwindigkeit in Abwesenheit von ZnO bei Bestrahlung (330 bis 400 mμ); *3*, *4*, *5* und *6* Bildungsgeschwindigkeit von H_2O_2 in Gegenwart von 0,1 g ZnO in 25 cm^3 3mal dest. Wasser bei Bestrahlung (330 bis 400 mμ) bei 14, 27, 33 und 45 °C.

Neben früheren Arbeiten über die photokatalytischen Eigenschaften von belichteten Zinkoxidoberflächen, zitiert in der Arbeit von MARKHAM und LAIDLER[1], sind insbesondere die anregenden Untersuchungen über die H_2O_2-Bildung in wäßrigen ZnO-Suspensionen bei Einstrahlung im langwelligen Ultraviolett zu nennen.[2-4] Wie aus Abb. 4.43 zu erkennen, wird wohl H_2O_2 unter Lichteinwirkung bis zu einer gewissen stationären Menge gebildet, aber bei Zusatz von H_2O_2 über diese Menge hinaus auch zersetzt. Ferner hat sich gezeigt, daß ein Zusatz von gewissen organischen Substanzen bereits in kleinen Mengen die H_2O_2-Bildung an belichteten ZnO-Oberflächen fördert (s. Abb. 4.44). Der Mechanismus der Mitwirkung dieser organischen Substanzen ist noch nicht genügend aufgeklärt. Verschiedene Autoren glauben[5,6], daß diese Wirkung im wesentlichen auf einer Inhibition des H_2O_2-Zerfalls beruht.

Zur Beschreibung des Mechanismus der H_2O_2-Bildung sind die folgenden experimentellen Ergebnisse zu nennen:

1. Je gebildete Molekel H_2O_2 verschwindet eine Molekel Sauerstoff.

2. H_2O_2 wird nur an belichteten ZnO-, nicht aber an TiO_2-Oberflächen beobachtet.

---

[1] MARKHAM, M. C., u. K. J. LAIDLER: J. phys. Chem. **57**, 363 (1953).
[2] RUBIN, T. R., J. G. CALVERT, G. T. RANKIN u. W. MACNEVIN: J. Amer. chem. Soc. **75**, 2850 (1953).
[3] CALVERT, J. G., K. THEURER, G. T. RANKIN u. W. MACNEVIN: J. Amer. chem. Soc. **76**, 2575 (1954).
[4] VESELOVSKI, I., u. D. M. SHUB: Zhur. Fiz. Khim. **26**, 509 (1952).
[5] ANDERSON, W. T., u. H. S. TAYLOR: J. phys. Chem. **52**, 479 (1948).
[6] RICHTER, D.: J. chem. Soc. **1219** (1934).

3. Der Sauerstoff im H_2O_2 stammt vollständig vom gasförmigen Sauerstoff, der in der wäßrigen Suspension gelöst ist (Isotopenexperimente).[1]

Aus diesem Grunde kann die des öfteren genannte Bruttoreaktion für die photochemische H_2O_2-Bildung

$$2\,H_2O + O_2 \xrightarrow[h\nu]{ZnO} 2\,H_2O_2$$

nicht richtig sein. Weitere experimentelle Unterlagen kann man den Arbeiten von BERÁNEK und Mitarbeitern entnehmen.[2]

Nach den bisher vorliegenden Versuchsergebnissen und auf Grund der Erzeugung von Elektron-Lochpaaren $e' \sim |e|^{\cdot}$ im Zinkoxid bei Belichtung im Wellenlängenbereich < 3800 Å kann man den folgenden Reaktionsmechanismus zur Diskussion stellen. Die durch Licht erzeugten Elektron-Lochpaare:

$$h\nu(3800\,\text{Å}) \rightarrow e' \sim |e|^{\cdot} \quad (4.133)$$

reagieren offenbar mit den durch Dissoziation von Wasser vorhandenen OH^--Ionen:

$$e' \sim |e|^{\cdot} + OH^-(aq) = OH^{\times}(ads) + e'. \quad (4.134a)$$

Die hierbei frei werdenden Elektronen werden von den im Wasser gelösten Sauerstoffmolekeln zur Chemisorption eingefangen:

$$O_2(aq) + e' = O_2^-(ads), \quad (4.134b)$$

die nunmehr mit den H^+-Ionen weiterreagieren:

$$O_2^-(ads) + H^+(aq) = HO_2^{\times}(ads) \quad (4.134c)$$

und im folgenden Schritt H_2O_2 bilden:

$$2\,HO_2^{\times}(ads) + e' = H_2O_2(aq) + O_2^-(ads). \quad (4.134d)$$

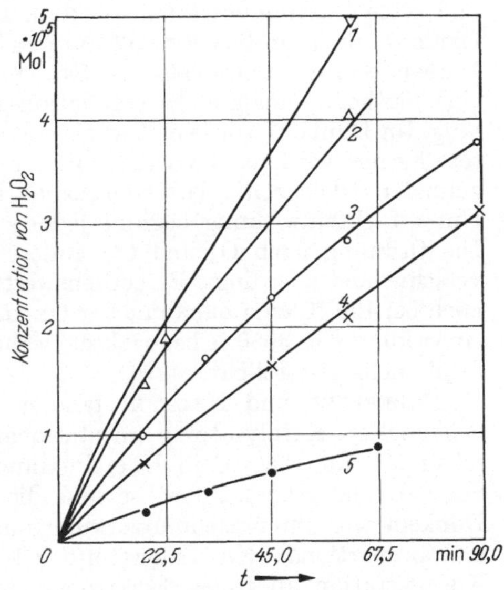

Abb. 4.44. Einfluß organischer Verbindungen auf die Bildungsgeschwindigkeit von H_2O_2 nach MARKHAM und LAIDLER [0,1 g ZnO in 25 cm³ Lösung während der Belichtung (330 bis 400 mμ) bei 14 °C]. *1* Resorcinol, *2* Phenol, *3* Benzol, Chlorbenzol, *4* Anilin, Chinon, Hydrochinon, *5* 3fach dest. Wasser. (Es waren 10^{-3} Mol der organischen Substanzen gelöst, ausgenommen Benzol und Chlorbenzol, das bis zur Sättigung gelöst wurde.)

Auf Grund des experimentellen Befundes 1 kann man eine nennenswerte H_2O_2-Bildung nach dem folgenden Reaktionsschritt:

$$2\,OH^{\times}(ads) = H_2O_2(aq) \quad (4.134e)$$

[1] JACOBSEN, A. E.: Ind. Eng. Chem. **41**, 523 (1949). — W. A. WEYL u. T. FØRLAND: Ind. Eng. Chem. **42**, 257 (1950).

[2] BERÁNEK, E., K. BARTOŇ, K. SMRČEK u. J. SEKERKA: Collection Czechoslov. Chem. Commun. **25**, 358, 369 (1960).

ausschließen. Der folgende Reaktionsschritt besitzt größere Wahrscheinlichkeit:

$$2\,OH^{\times}(ads) = H_2O + \tfrac{1}{2}\,O_2(aq)\,. \qquad (4.134f)$$

Interessant sind in diesem Zusammenhang Oxydationsreaktionen unter Mitwirkung organischer Substanzen, wie z. B.:[1,2]

$$2\,H_2O + C_2O_4^- + O_2 \xrightarrow[h\nu]{ZnO} H_2O_2 + 2\,HCO_3^-\,. \qquad (4.135)$$

Daß in der Tat O_2^-(ads) existent zu sein scheint, kann man den Versuchsergebnissen in Abb. 4.20 und 4.21 entnehmen.

Eingehende Untersuchungen wurden über die CO-Oxydation an belichteten ZnO-Oberflächen zwischen 25 und 400 °C durchgeführt. Hieraus kann entnommen werden, daß die Vorgeschichte des ZnO-Katalysators und seine Zusammensetzung — d. h. bereits kleinste Zusätze fremder Oxide — einen großen Einfluß auf den Reaktionsmechanismus ausüben können. So finden beispielsweise STONE[3] sowie SCHWAB und Mitarbeiter[4] eine deutliche Zunahme der Oxydationsgeschwindigkeit bei UV-Bestrahlung. Im Dunkeln wurde erst wenig unter 300 °C eine Reaktion beobachtet. Ferner wird nach O_2 die nullte und nach CO die erste Ordnung gefunden. Gleichzeitig wird eine starke Hemmung durch CO_2 beobachtet. Unter Lichteinwirkung beginnt jedoch die Reaktion bereits bei 50 °C. Die Ordnung nach O_2 und CO ändert sich nicht. Die CO_2-Hemmung verschwindet allerdings. Bemerkenswert ist der Befund von STONE[3], der noch bei 400 °C eine Zunahme der Oxydationsgeschwindigkeit bei Lichteinwirkung von 3650 Å beobachtet, während die Photoleitung bei 250 °C nicht mehr feststellbar war.[5]

DOERFFLER und HAUFFE[6] fanden an den in anderer Weise vorbehandelten Katalysatoren im stationären Zustand der Katalyse zwischen 100 und 250 °C in Übereinstimmung mit den Ergebnissen von SCHWAB und BLOCK[7], daß sowohl die Oxydationsgeschwindigkeit im Dunkeln wie unter Lichteinwirkung unabhängig vom CO-Partialdruck und proportional dem Sauerstoffdruck ist und ferner mit steigender Konzentration an freien Elektronen zunimmt. Eine entgegengesetzte Abhängigkeit der Reaktionsgeschwindigkeit von den Gaspartialdrucken, also Reaktionsgeschwindigkeit proportional dem CO-Partialdruck und unabhängig vom Sauerstoffdruck, wurde nur dann gefunden, wenn die Oberfläche des Zinkoxidkatalysators vorher mit Sauerstoff angereichert war. Diese Zusammensetzung der Oberfläche entspricht aber nicht

---

[1] RUBIN, T. R., J. G. CALVERT, G. T. RANKIN u. W. MACNEVIN: J. Amer. chem. Soc. **75**, 2850 (1953).

[2] VAIL, C. B., J. P. HOLMQUIST u. L. WHITE JR.: J. Amer. chem. Soc. **76**, 624 (1954).

[3] ROMERO-ROSSI, F., u. F. S. STONE: in: Actes du II. Congrès Intern. de Catalyse, S. 1481. Paris 1960.

[4] SCHWAB, G. M., F. STEINBACH, H. NOLLER u. M. VENUGOPALAN: Z. Naturforsch. **19a**, 45 (1964).

[5] DOERFFLER, W., u. K. HAUFFE: J. Catalysis **3**, 156 (1964).

[6] DOERFFLER, W., u. K. HAUFFE: J. Catalysis **3**, 171 (1964).

[7] SCHWAB, G. M., u. J. BLOCK: Z. phys. Chem. (NF) **1**, 42 (1954).

dem stationären Zustand des Katalysators. Nach längerer Reaktionsdauer wird allerdings dieser durch die Vorbehandlung angereicherte Sauerstoff abgebaut, was mit einem Wechsel der Gaspartialdruckabhängigkeit der Reaktionsgeschwindigkeit verbunden ist. Gleichzeitig konnte demonstriert werden, daß nur im Falle der CO-Partialdruckabhängigkeit der Oxydationsgeschwindigkeit eine Erhöhung der Reaktionsgeschwindigkeit durch Lichteinstrahlung zu beobachten ist. Im stationären Zustand war keine nennenswerte Photokatalyse feststellbar. Diese Befunde rechtfertigen die Annahme, daß offenbar die Chemisorption des Sauerstoffs der langsame und damit geschwindigkeitsbestimmende Schritt ist, während die Reaktion des chemisorbierten Sauerstoffs mit CO genügend rasch abläuft. Auf Grund dieser Ergebnisse wird versuchsweise der folgende Mechanismus vorgeschlagen:

$$\left.\begin{aligned} O_2(\text{gas}) &= O_2^\times(\text{ads}) \quad (4.136\text{a}) \\ CO(\text{gas}) &= CO^\times(\text{ads}) \quad (4.136\text{b}) \end{aligned}\right\} \text{Physisorption sehr rasch}$$

und

$$O_2^\times(\text{ads}) + e' = O_2^-(\text{ads}) \quad \text{Chemisorption langsam} \tag{4.136c}$$

mit der Reaktion

$$O_2^-(\text{ads}) + |e|^\cdot \sim e' = O_2^\times(\text{ads}) + e'. \tag{4.136d}$$

Die sich nun anschließenden Reaktionsschritte

$$CO^\times(\text{ads}) + O_2^-(\text{ads}) + e' = CO_2^-(\text{ads}) + O^-(\text{ads}) \tag{4.136e}$$

$$CO^\times(\text{ads}) + O^-(\text{ads}) = CO_2^-(\text{ads}) \tag{4.136f}$$

$$CO_2^-(\text{ads}) = CO_2(\text{gas}) + e' \tag{4.136g}$$

bzw.

$$CO_2^-(\text{ads}) + |e|^\cdot \sim e' = CO_2(\text{gas}) + e' \tag{4.136h}$$

scheinen genügend rasch zu verlaufen. Nicht im Widerspruch mit dem obigen Reaktionsschema wurde das folgende Zeitgesetz gefunden:

$$dn_{CO_2}/dt = k\, c_-\, p_{O_2}. \tag{4.137}$$

Weitere Untersuchungen über den Einfluß des Lichtes auf die katalytische Aktivität von ZnO-Oberflächen wurden für die Oxydation von Alkoholen[1] und für die Umsetzung von Isopropylalkohol zu Aceton[2] durchgeführt. Fernerhin wurde die Oxydation von Äthylen und Propylen an belichteten TiO_2-Oberflächen studiert und die reaktionsfördernde Wirkung des Lichtes (>330 mμ) demonstriert.[3] Die bisher vorliegenden Versuchsergebnisse lassen noch keine eindeutigen Schlüsse auf den Reaktionsmechanismus zu. Ein zusammenfassender Überblick über die Einwirkung des Lichtes auf die katalytischen Fähigkeiten von Festkörperoberflächen wurde von Cropper gegeben.[4]

[1] Markham, M. C., M. C. Hannan, R. M. Paternostro u. C. B. Rose: J. Amer. chem. Soc. **80**, 5394 (1958).
[2] Kuriacose, J. C., u. M. C. Markham: J. Catalysis **1**, 498 (1962).
[3] McLintock, I. S., u. M. Ritchie: Trans. Faraday Soc. **61**, 1007 (1965).
[4] Cropper, W. H.: Science **137**, 955 (1962).

5 Diffusionsvorgänge in festen Stoffen

Sobald beim Ablauf von chemischen Umsetzungen das Reaktionsprodukt als feste Phase auftritt und die gasförmigen, flüssigen oder festen Ausgangsstoffe räumlich voneinander trennt, ist ein weiteres Fortschreiten der Reaktion nur dadurch möglich, daß mindestens einer der Reaktionspartner durch die feste Phase des Reaktionsproduktes wandert. Da bei höheren Temperaturen die eigentliche chemische Reaktion an der Phasengrenze bei der weitaus größten Zahl dieser Festkörperreaktionen genügend rasch verläuft, wird die Geschwindigkeit des Bruttoreaktionsablaufs durch Transport- und Diffusionsvorgänge bestimmt. Hierbei ist mit einem Materiefluß nicht nur durch das Gitter, sondern auch über Kristalloberflächen und Korngrenzen zu rechnen. Die Gesamtheit dieser Vorgänge, die man als Diffusionserscheinungen zu bezeichnen pflegt, bildet heute ein umfangreiches Sondergebiet innerhalb der Erforschung des festen Körpers.

Im Mittelpunkt der außerordentlich umfangreichen Literatur über dieses Sondergebiet findet man immer wieder eine charakteristische Größe vor[1]: den Diffusionskoeffizienten D. Alle quantitativen Untersuchungen erstreben eine Bestimmung von D in seiner Abhängigkeit von den in Frage kommenden Parametern, sei es auf experimentelle Weise, sei es theoretisch. Für die Theorie der Diffusionsvorgänge, welcher der erste Teil dieses Kapitels gewidmet sein soll, bedeutet dies eine Zweiteilung der Methodik, die durch nachfolgendes Schema versinnbildlicht werden soll:

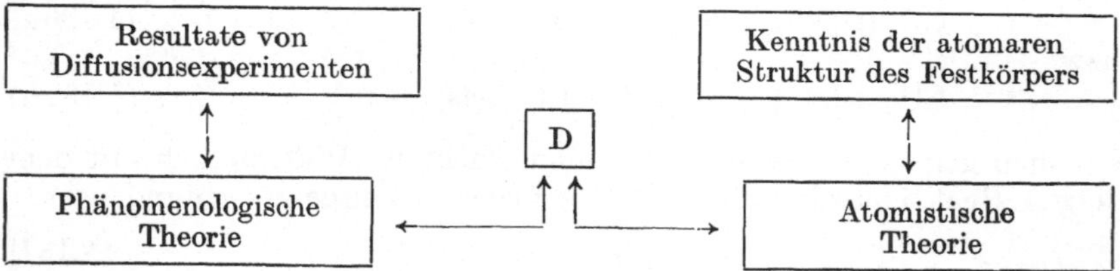

Der eine große Zweig der Diffusionstheorie befaßt sich damit, aus vorliegenden Meßkurven bei bekannter Versuchsanordnung den Diffusionskoeffizienten zu ermitteln bzw. bei Kenntnis von D und der Anordnung Vorhersagen über den Verlauf der Reaktion zu machen. Diese sog. phänomenologische Theorie verzichtet — ähnlich wie die Thermodynamik — bewußt auf eine Kenntnis der den Diffusionsvorgängen zugrunde liegenden atomaren Vorgänge und setzt sich damit gleichzeitig ihre Grenzen.

Die Beschränkungen der Thermodynamik wurden überwunden durch die statistische Theorie der Wärme, ohne daß dadurch die thermodynamische Methode zur Auswertung von Versuchsergebnissen an Bedeutung verlor. Ebenso wird seit einigen Jahren in steigendem Maße die phänomenologische Theorie der Diffusion durch eine atomistische Theorie er-

[1] In der englisch-sprachigen Literatur vorwiegend mit „diffusivity" bezeichnet.

gänzt, ohne von ihr in irgendeiner Weise verdrängt zu werden. Die atomistische Theorie stellt sich die Aufgabe, die Elementarvorgänge der Diffusion zu analysieren und schließlich aus der Kenntnis der strukturellen Eigenschaften des Festkörpers heraus Werte für den Diffusionskoeffizienten theoretisch zu berechnen. Die Lösung dieser Aufgabe wird also im wesentlichen davon abhängen, inwieweit es gelingt, den Elementarschritt des diffundierenden Atoms oder Ions aus der Gitterstruktur, aus dem Fehlordnungscharakter und dem Grad der Fehlordnung des als Diffusionsmedium vorliegenden Kristalls aufzuklären. Wie später gezeigt wird, ist für Ionenkristalle als Diffusionsmedium die Berechnung des Diffusionskoeffizienten aus der elektrischen Leitfähigkeit und dem Fehlordnungstyp möglich, sofern man Korrelationseffekte (s. S. 509) berücksichtigt.

In den nächsten Abschnitten dieses Kapitels werden wir uns zunächst mit der für den Experimentierenden besonders wichtigen phänomenologischen Theorie befassen, anschließend wird der Stand der atomistischen Theorie, also der Theorie der Diffusionsmechanismen, behandelt.

5.1 Phänomenologische Theorie

Die Triebkräfte der Diffusion sind naturgemäß die gleichen wie bei jeder anderen Reaktion, d.h. thermodynamische Potentialunterschiede.[1] Durch eine Neuverteilung der Materie strebt das System einen Ausgleich lokaler Potentialunterschiede und damit eine Annäherung an das thermodynamische Gleichgewicht an, und dieser Ausgleich erfolgt durch die Diffusion. Die allgemeine Theorie hat also die Änderungen des thermodynamischen Potentials während der Diffusion ihren Rechnungen zugrunde zu legen.

Nun weiß man jedoch, daß man die freie Enthalpie bzw. die Gibbssche Energie oder, wenn Mischphasen vorliegen, das chemische Potential eines Systems aufspalten kann in einen Term, der die rein energetischen Beiträge enthält, und einen zweiten, der nur den Entropieanteil beschreibt. In vielen praktischen Fällen ändert sich während eines Diffusionsvorganges die innere Energie U eines Systems nicht wesentlich. Dies ist insbesondere bei der Tracerdiffusion der Fall, wie z. B. bei der Diffusion radioaktiver Cu-Atome in einem Block aus inaktivem Kupfer. Hier wird die Diffusion *nur* durch den Entropieanteil bestimmt, der ja im Grunde nichts anderes ist als ein Ausdruck für die Wahrscheinlichkeit einer bestimmten Konzentrationsverteilung: Die Diffusion ist dann „konzentrationsbestimmt“. Man kann zeigen, daß man in diesem Fall auf dem Wege über die Entropie, welche verschiedenen Konzentrationsverteilungen zukommt, zu den gleichen Resultaten für beliebige Diffusionsprobleme gelangt, wie sie schon im Jahre 1855 der Physiologe Adolf Fick erhielt[2], ohne daß er sich der tieferen Grundlage seiner Arbeit bewußt war.

---

[1] Vgl. A. Einstein: Ann. Phys. [4] **17**, 549 (1905).
[2] Fick, A.: Ann. Phys. **94**, 59 (1855).

Diese im allgemeinen auf verdünnte Lösungen beschränkten Fälle sind mathematisch besonders ausgiebig behandelt worden, und wir geben in den folgenden Abschnitten einige der oft benutzten Methoden wieder. Man muß sich jedoch darüber im klaren sein, daß man hiermit nur einen — wenn auch weit verbreiteten — Sonderfall des allgemeinen Problems erfaßt. Daher wird anschließend an die Behandlung der auf Konzentrationsunterschieden beruhenden Diffusionsvorgänge der allgemeinere (und auch schwierigere) Fall der Diffusion beschrieben, wobei man tatsächlich auf die Unterschiede des chemischen Potentials zurückgreifen muß. Wie der Leser noch erkennen wird, bewahrt uns die Einführung des Gradienten der chemischen Potentiale in die Diffusionsgleichung vor der Diskussion physikalischer Scheinprobleme, wie z. B. der „Bergauf-Diffusion“ (s. S. 479).

5.11 Voraussetzungen der phänomenologischen Theorie und Aufstellung von Differentialgleichungen der Diffusion (Ficksche Gesetze)

Wenn ein Stoff in einem Körper von einheitlicher Phase unterschiedliche Konzentrationen aufweist, finden Materietransportvorgänge statt, die man Diffusion nennt. Der Stromdichtevektor $\boldsymbol{j}$, der die Richtung des Materiestroms und die in der Zeiteinheit durch eine Flächeneinheit senkrecht zu dieser Richtung diffundierende Stoffmenge (z. B. in Mol cm^{-2} sec^{-1}) angibt, ist dem räumlichen Gefälle der Konzentration c proportional. Es gilt also eine Beziehung:

$$\boldsymbol{j} = -D \operatorname{grad} c \equiv D \nabla c.^{1} \tag{5.1}$$

Das Vorzeichen ist so festgelegt, daß der Diffusionskoeffizient D für einen Stoff, der von Stellen höherer zu solchen niedrigerer Konzentration wandert, positiv wird. Aus Gl. (5.1) ergibt sich, daß D in Flächeneinheiten je Zeiteinheit (z. B. cm^2 sec^{-1} oder cm^2 Tag^{-1}) gemessen wird. Im allgemeinsten Fall ist der Diffusionskoeffizient eine Funktion des Ortes (x, y, z), der Zeit t und der Konzentration c.

In isotropen Substanzen (als solche können die meisten Polykristalle betrachtet werden) sind Diffusionsvorgänge unabhängig von der kristallographischen Richtung, und D ist ein Skalar. Wie aus (5.1) hervorgeht, fällt dann die Richtung des Vektors $\boldsymbol{j} = \{j_x, j_y, j_z\}$ mit der von grad c zusammen. Wenn Konzentrationsunterschiede z. B. nur in x-Richtung auftreten, verschwinden infolgedessen j_y und j_z, und man kann für Gl. (5.1)

$$j \equiv j_x = -D \frac{\partial c}{\partial x} \tag{5.2}$$

schreiben. Diese Beziehung wird erstes FICKsches Gesetz genannt.

Im anisotropen Fall ist $\boldsymbol{j}$ auch von der kristallographischen Richtung abhängig. D ist dann als Tensor zweiter Stufe aufzufassen, und auf der rechten Seite von Gl. (5.1) steht das innere Produkt dieses Tensors mit dem Vektor grad c. In rechtwinkligen kartesischen Koordina-

[1] Siehe S. 376, Fußnote 1.

ten x, y und z lautet in diesem Fall Gl. (5.1):

$$\left.\begin{aligned} j_x &= -\left(D_{xx}\frac{\partial c}{\partial x} + D_{xy}\frac{\partial c}{\partial y} + D_{xz}\frac{\partial c}{\partial z}\right) \\ j_y &= -\left(D_{yx}\frac{\partial c}{\partial x} + D_{yy}\frac{\partial c}{\partial y} + D_{yz}\frac{\partial c}{\partial z}\right) \\ j_z &= -\left(D_{zx}\frac{\partial c}{\partial x} + D_{zy}\frac{\partial c}{\partial y} + D_{zz}\frac{\partial c}{\partial z}\right) \end{aligned}\right\}. \tag{5.3}$$

Man kann D als symmetrischen Tensor betrachten, d. h. $D_{yx} = D_{xy}$ usw. setzen. Andernfalls ließe er sich in einen symmetrischen und einen antisymmetrischen (rotatorischen) Anteil zerlegen. In der Wärmeleitung (vgl. S. 377) sind jedoch alle Versuche, „rotatorische" Komponenten zu finden, fehlgeschlagen. Unabhängig hiervon folgt die Symmetrie von D aus den Reziprozitätsbeziehungen für irreversible Prozesse von ONSAGER[1].

Wie man aus den Gln. (5.3) ersieht, braucht die Richtung des Materiestroms nicht mehr mit der des Konzentrationsgradienten zusammenzufallen. Sie ist aber weiterhin eine Funktion desselben. Wenn die Richtung des Materiestroms nur von grad c abhängt, also nicht von x, y, z, t oder c unmittelbar beeinflußt wird (d. h., wenn die Richtungen der Eigenvektoren der aus den Komponenten von D gebildeten Matrix konstant sind), kann man unter Benutzung der Symmetrie von D ein neues Koordinatensystem einführen, in dem von D nur die Komponenten der Hauptdiagonale nicht verschwinden, so daß sich Gl. (5.3) zu

$$j_x = -D_{xx}\frac{\partial c}{\partial x}, \qquad j_y = -D_{yy}\frac{\partial c}{\partial y}, \qquad j_z = -D_{zz}\frac{\partial c}{\partial z} \tag{5.4}$$

vereinfacht.

Die Ergiebigkeit des Materiestroms wird durch div $\boldsymbol{j}$ beschrieben. Unter der Voraussetzung, daß in der Probe kein diffundierender Stoff entsteht oder verschwindet, gilt die Kontinuitätsgleichung[2]

$$\operatorname{div}\boldsymbol{j} \equiv \nabla\boldsymbol{j} = -\frac{\partial c}{\partial t}. \tag{5.5}$$

Die Vorzeichenfestlegung ergibt sich aus der Überlegung, daß eine Zunahme des Materiestroms einen Stoffabbau, also eine Konzentrationsminderung zur Folge hat.

Setzt man für $\boldsymbol{j}$ den Ausdruck (5.1) in (5.5) ein, so erhält man die Beziehung

$$\frac{\partial c}{\partial t} = \operatorname{div}(D \operatorname{grad} c) \equiv \nabla(D\,\nabla c). \tag{5.6}$$

---

[1] ONSAGER, L.: Phys. Rev. [2] **37**, 405 (1931); **38**, 2265 (1931). — Siehe auch W. JOST: Diffusion in Solids, Liquids, Gases, S. 4—8, New York 1952, und H. S. CARSLAW u. J. C. JAEGER: Conduction of Heat in Solids, 2nd Edition, S. 38—43. Oxford 1959.

[2] Eingehende Darstellung bei C. TRUESDELL u. R. TOUPIN: The Classical Field Theories, Handbuch der Physik, Bd. III/1, S. 469—472 u. 705—708. Berlin/Göttingen/Heidelberg 1960.

Im anisotropen Fall wird hieraus in Koordinatenschreibweise

$$\begin{aligned}\frac{\partial c}{\partial t} = &\frac{\partial}{\partial x}\left(D_{xx}\frac{\partial c}{\partial x} + D_{xy}\frac{\partial c}{\partial y} + D_{xz}\frac{\partial c}{\partial z}\right)\\ &+ \frac{\partial}{\partial y}\left(D_{xy}\frac{\partial c}{\partial x} + D_{yy}\frac{\partial c}{\partial y} + D_{yz}\frac{\partial c}{\partial z}\right)\\ &+ \frac{\partial}{\partial z}\left(D_{xz}\frac{\partial c}{\partial x} + D_{yz}\frac{\partial c}{\partial y} + D_{zz}\frac{\partial c}{\partial z}\right).\end{aligned} \tag{5.7}$$

Wenn D nur von c abhängt, könnte sich ein antisymmetrischer Anteil dieses Tensors [s. unter (5.3)] nicht auswirken, da z. B.

$$\frac{\partial}{\partial x}\left(D_{xy}\frac{\partial c}{\partial y}\right) = \frac{dD_{xy}}{dc}\,\frac{\partial c}{\partial x}\,\frac{\partial c}{\partial y} + D_{xy}\frac{\partial^2 c}{\partial x\,\partial y} = \frac{\partial}{\partial y}\left(D_{xy}\frac{\partial c}{\partial x}\right)$$

gilt. Benutzt man wie in (5.3) Koordinaten in Hauptrichtungen, so bekommt man an Stelle von (5.7)

$$\frac{\partial c}{\partial t} = \frac{\partial}{\partial x}\left(D_{xx}\frac{\partial c}{\partial x}\right) + \frac{\partial}{\partial y}\left(D_{yy}\frac{\partial c}{\partial y}\right) + \frac{\partial}{\partial z}\left(D_{zz}\frac{\partial c}{\partial z}\right). \tag{5.8}$$

Im isotropen Fall kann man für (5.6)

$$\frac{\partial c}{\partial t} = \frac{\partial}{\partial x}\left(D\frac{\partial c}{\partial x}\right) + \frac{\partial}{\partial y}\left(D\frac{\partial c}{\partial y}\right) + \frac{\partial}{\partial z}\left(D\frac{\partial c}{\partial z}\right) \tag{5.9}$$

und, wenn D nur von der Zeit abhängt oder konstant ist,

$$\frac{\partial c}{\partial t} = D\left(\frac{\partial^2 c}{\partial x^2} + \frac{\partial^2 c}{\partial y^2} + \frac{\partial^2 c}{\partial z^2}\right) \equiv \nabla^2 c \equiv \triangle c \;[1] \tag{5.10}$$

schreiben. Wenn Konzentrationsunterschiede während des ganzen Diffusionsvorgangs nur in einer Koordinatenrichtung (x) auftreten, fallen in den letzten beiden Gleichungen die Glieder mit Ableitungen nach y und z weg. Die Gleichung

$$\frac{\partial c}{\partial t} = D\frac{\partial^2 c}{\partial x^2}, \tag{5.11}$$

die man dann aus (5.10) bekommt, heißt zweites FICKsches Gesetz.

Für manche Diffusionsuntersuchungen ist die Benutzung krummliniger Koordinaten angebracht. Bei der Diffusion aus einem Draht[2] (s. auch S. 517—518) oder aus einem Kegelstumpf (auf diese Weise läßt sich an der Grenzfläche ein besonders guter Kontakt erzielen) in das umgebende Medium wird man z. B. vorteilhaft zylindrische Polarkoordina-

[1] An abkürzenden Bezeichnungen für Differentialoperationen findet man in der Literatur häufig

$\dot{c} \equiv \partial c/\partial t$; $\nabla c \equiv \operatorname{grad} c$; $\nabla j \equiv \operatorname{div} j$;

$$\triangle c \equiv \nabla^2 c \equiv \operatorname{div}\operatorname{grad} c \equiv \partial^2 c/\partial x^2 + \partial^2 c/\partial y^2 + \partial^2 c/\partial z^2.$$

Das Differentialsymbol $\partial/\partial x$ usw. wird dabei als Aufforderung zur Durchführung einer Rechenoperation — eben der Differentiation — aufgefaßt und erhält den Charakter eines „Operators", den man zwar mit sich selbst multiplizieren kann (Wiederholung der Operation), der aber nur in Verbindung mit einer Funktion eine sinnvolle Größe ist. Man vergleiche dies etwa mit dem „Operator" „hoch zwei" (a hoch zwei $= a^2 = a \cdot a$ usw.). ∇ heißt „Nabla"-, $\triangle$ LAPLACE-Operator.

[2] FRAENKEL, W., u. H. HOUBEN: Z. anorg. allg. Chem. **116**, 1 (1921).

ten verwenden. Die allgemeine Gl. (5.6) ist unabhängig vom Ortskoordinatensystem. Die darin vorkommenden Operatoren div und grad findet man in Lehrbüchern der theoretischen Physik und Formelsammlungen[1] auch in krummlinigen, rechtwinkligen Koordinaten, so daß man die Diffusionsgleichung leicht in solche Koordinaten umschreiben kann. Für die durch

$$x = r\cos\varphi, \quad y = r\sin\varphi, \quad z = z$$

gegebenen zylindrischen Polarkoordinaten ergibt sich

$$\frac{\partial c}{\partial t} = \frac{1}{r}\frac{\partial}{\partial r}\left(r\,D\frac{\partial c}{\partial r}\right) + \frac{1}{r^2}\frac{\partial}{\partial \varphi}\left(D\frac{\partial c}{\partial \varphi}\right) + \frac{\partial}{\partial z}\left(D\frac{\partial c}{\partial z}\right). \tag{5.12}$$

Bei radialsymmetrischer Diffusion (Kegelstumpf) verschwindet auf der rechten Seite das mittlere Glied und wenn die Konzentration auf konzentrischen Zylinderflächen um die Achse konstant bleibt (Draht), außerdem das letzte Glied. — In sphärischen Koordinaten

$$x = r\cos\varphi\sin\vartheta, \quad y = r\sin\varphi\sin\vartheta, \quad z = r\cos\vartheta$$

erhält man

$$\frac{\partial c}{\partial t} = \frac{1}{r^2}\left\{\frac{\partial}{\partial r}\left(r^2\,D\frac{\partial c}{\partial r}\right) + \frac{1}{\sin\vartheta}\frac{\partial}{\partial \vartheta}\left(\sin\vartheta\,D\frac{\partial c}{\partial \vartheta}\right) + \frac{1}{\sin^2\vartheta}\frac{\partial}{\partial \varphi}\left(D\frac{\partial c}{\partial \varphi}\right)\right\}. \tag{5.13}$$

Wenn die Diffusion kugelsymmetrisch erfolgt, ist in der geschweiften Klammer nur das erste Glied von Null verschieden.

Mathematisch handelt es sich bei den Diffusionsgleichungen (5.6) bis (5.13) um partielle Differentialgleichungen 2. Ordnung vom parabolischen Typus, die bei konstantem D linear sind. Ersetzt man in einer solchen Gleichung jeweils die Konzentration c durch die Temperatur T, den Diffusionskoeffizienten D durch die Temperaturleitfähigkeit k ($k = \lambda/(\varrho c_w)$, wo λ der übliche Wärmeleitfähigkeitskoeffizient, ϱ die Dichte des Materials und c_w seine spezifische Wärme ist), so erhält man die entsprechende Differentialgleichung der Wärmeleitung. Ihre Theorie wurde für konstantes k ausführlich in den klassischen Arbeiten von FOURIER behandelt[2]. Die Analogie ist jedoch mehr als nur formal[3]. Genauso wie die ganz entsprechend aussehenden Differentialgleichungen der Flüssigkeitsreibung und der reinen (Ohmschen) Elektrizitätsleitung beschreiben die Wärmeleitungs-, die Diffusionsgleichung usw. *Ausgleichsvorgänge* — sei es nun ein Ausgleich von Differenzen von Impulsen, von elektrischen Spannungen, von Temperaturen oder von

[1] Zum Beispiel A. SOMMERFELD: Vorlesungen über theoretische Physik, Bd. II: Mechanik der deformierbaren Medien, S. 17, 326. Leipzig 1945. — I. N. BRONSTEIN u. K. A. SEMENDJAJEW: Taschenbuch der Mathematik, 5. Aufl., S. 461, 466. Zürich u. Frankfurt/M. 1965. — Hütte, Bd. 1: Theoretische Grundlagen, 28. Aufl., S. 130, 131. Berlin 1955.

[2] Zusammengefaßt in J. B. J. FOURIER: Théorie analytique de la chaleur. Paris 1822. — Siehe auch: Enzyklop. d. math. Wiss. Bd. V/1, S. 166, Fußnote 4. Leipzig 1903—1921.

[3] SOMMERFELD, A.: Vorl. über theoret. Physik, Bd. VI: Partielle Differentialgleichungen der Physik, 5. Aufl., S. 54. Leipzig 1962.

Konzentrationen. Diese Differentialgleichungen von Ausgleichsvorgängen bilden eine „Familie", einen einheitlichen Gleichungstyp; zu ihrer Lösung können infolgedessen auch die einmal von FOURIER und später auch von anderen entwickelten Verfahren Anwendung finden. In der Fußnote[1] wird der Leser auf einige Darstellungen aufmerksam gemacht, die sich mit Ausnahme der Bücher von JOST und CRANK zwar mehr auf die Differentialgleichung der Wärmeleitung beziehen, sich aber weitgehend auf Diffusionsprobleme übertragen lassen.[2] Die mathematischen Grundlagen findet man z. B. in der Enzyklopädie der mathematischen Wissenschaften[3]; über den neuesten Stand gibt eine Monographie von WALTER[4] Auskunft.

Trotz dieser Analogien zwischen Diffusion und Wärmeleitung gewinnen die Lösungen von Diffusionsproblemen aus praktischen Gründen in mancher Hinsicht ein anderes Gesicht. Lösungen partieller Differentialgleichungen sind bekanntlich weitgehend sowohl von den Anfangs- und Randbedingungen des Problems als auch von der Verteilung etwaiger „Quellen" innerhalb des betrachteten Systems abhängig. Hierin liegen, wie gleich erläutert werden soll, die Unterschiede zwischen den beiden sonst so ähnlichen Aufgaben.

Die Randwertprobleme, die bei der mathematischen Behandlung von Diffusionsproblemen auftreten, werden fast immer einfacher, wenn man die Begrenzungen ganz oder teilweise ins Unendliche verlegen kann. Die Tatsache, daß in Wirklichkeit alle Versuchsanordnungen eine endliche Ausdehnung haben, hat zur Bildung des Begriffs „quasi-unendlich" geführt. „Unendlich" bedeutet doch hier nur, daß sich während des Vorgangs „weit draußen" praktisch nichts mehr ändert. Die Beantwortung der Frage, wann eine Versuchsanordnung, die durch eine charakteristische Länge L gekennzeichnet sein möge, noch als „quasi-unendlich ausgedehnt" zu gelten hat, verlangt also die Kenntnis zweier Daten: erstens der Ablaufgeschwindigkeit des Vorgangs — nach dem auf S. 372 und 374 Gesagten repräsentiert durch den Diffusionskoeffizienten D — und zweitens der Versuchsdauer (wenn man nämlich hinreichend lange wartet, ändert sich im Prinzip selbst „ganz weit draußen" die Konzentration). Diese Überlegungen führen dazu, eine dimensionslose Kenngröße $K = L/\sqrt{Dt}$ zu bilden, deren Wert über den quasiunendlichen bzw. endlichen Charakter des Systems entscheidet und damit die Randbedingungen der Differentialgleichung festlegt. Wo bei den

[1] Zum Beispiel A. SOMMERFELD a. a. O. S. 49—76. — B. BAULE: Die Mathematik des Naturforschers und Ingenieurs, Bd. VI, 6. Aufl., S. 61—84. Leipzig 1962. — P. FRANK u. R. v. MISES: Die Differential- und Integralgleichungen der Mechanik und Physik, Bd. II, 2. Aufl., S. 526—591. Braunschweig 1935 (unveränderter Nachdruck 1961). — H. S. CARSLAW u. J. C. JAEGER: Conduction of Heat in Solids, 2. Aufl. Oxford 1959. — W. JOST: Diffusion in Solids, Liquids, Gases. New York 1952; 3rd Print with Addendum 1960. — J. CRANK: The Mathematics of Diffusion. Oxford 1956.

[2] MEHL, R. F., in: Atom Movements, S. 234. Cleveland 1951.

[3] Enzyklop. d. math. Wiss., Bd. V/1, S. 161—208. Leipzig 1903—1921.

[4] WALTER, W.: Differential- und Integral-Ungleichungen [Erg. d. angew. Math., Vol. 2], S. 202—211. Berlin/Heidelberg/New York: Springer 1964.

für Diffusionsprozesse typischen Versuchsanordnungen der kritische Wert dieser Kenngröße anzusetzen ist, werden wir in Abschn. 5.121.4 zeigen. Hierbei wird sich ergeben, daß sich Festkörper-Diffusions-Experimente in den meisten Fällen so führen lassen, daß wenigstens in einer Richtung eine quasi-unendliche Geometrie vorliegt und infolgedessen ein beträchtlich geringerer Rechenaufwand als sonst nötig ist. Die Berücksichtigung der Begrenzungen ist daher — im Gegensatz zur Wärmeleitung mit ihren ganz wesentlich höheren Wärmeleitungskoeffizienten — kein so sehr wichtiges Problem, wenn man von Systemen mit sehr hohen Diffusionskoeffizienten, wie z. B. Metall–Wasserstoff, absieht.

Ferner weisen im Gegensatz zur Wärmeleitung Diffusionssysteme keine „Quellen" für diffundierende Materie auf, was eine weitere Vereinfachung bedeutet. Bedingungen, die der „Abstrahlung von der Oberfläche" im Wärmeleitungsanalogon entsprechen, treten wohl nur im Spezialfall der Korngrenzendiffusion[1] auf, wo der Diffusionsstrom längs der Korngrenzen seitliche Verluste durch Abwandern in das Gitter erleidet.

Komplizierend hingegen wirkt sich bei Diffusionssystemen die Tatsache aus, daß D nur in sehr grober Näherung als Konstante betrachtet werden kann; denn die Platzwechselhäufigkeit eines Atoms ist von seiner Umgebung abhängig, wie wir in der atomistischen Theorie noch sehen werden. Die Gln. (5.10) und (5.11) (2. FICKsches Gesetz) sind lediglich als Grenzfall für sehr stark verdünnte Lösungen zu betrachten.[2] Sobald höhere Konzentrationsdifferenzen auftreten, kann die Konzentrationsabhängigkeit des Diffusionskoeffizienten nicht mehr vernachlässigt werden. Die entsprechenden Auswertungsverfahren werden wir in den Abschn. 5.123 und 5.143 bringen.

In vielen Fällen dürfte die Anisotropie eines Kristallgitters, die in den Gln. (5.7) und (5.8) berücksichtigt wurde, die Diffusion stark beeinflussen. SEITH[3] erhielt aus Tracerdiffusionsmessungen in Wismut Unterschiede in den Tracerdiffusionskoeffizienten für verschiedene Diffusionsrichtungen von bis zu sechs Zehnerpotenzen. Leider liegt gegenwärtig noch wenig Versuchsmaterial über anisotrope Diffusion vor.

Im allgemeinen wird der Diffusionskoeffizient außerdem stark von der Temperatur abhängen. Wenn es nicht möglich ist, einen Diffusionsvorgang bei gleichbleibender Temperatur ablaufen zu lassen, aber der zeitliche Verlauf der Temperatur und die zugehörigen D-Werte bekannt sind, kann man in die Diffusionsgleichung einen von der Zeit t abhängigen Diffusionskoeffizienten einführen. Braucht die Konzentrationsabhängigkeit von D nicht berücksichtigt zu werden, so läßt sich die mathematische Behandlung für $D(t)$ leicht auf die für konstantes D zurückführen (s. S. 384).

---

[1] Vgl. insbes. A. D. LE CLAIRE, in: Progr. Metal Physics 4, 280—295 (1953).

[2] DARKEN, L. S., in: Atom Movements, S. 9—13. Cleveland 1951.

[3] SEITH, W.: Z. Elektrochem. angew. phys. Chem. 39, 538 (1933). — H. B. HUNTINGTON u. Mitarbeiter [Phys. Rev. 87, 211 (1952)] finden für die Tracerdiffusion von Zink ebenfalls eine Abhängigkeit von der kristallographischen Richtung (s. S. 574).

Vom experimentellen Standpunkt aus ist zu bemerken, daß es meist einfacher ist, den Gehalt eines räumlichen Bereiches der Diffusionsprobe — z. B. einer Schicht von endlicher Dicke — an diffundierendem Stoff zu bestimmen, als tatsächlich $c(x)$ zu ermitteln. (Im Wärmeleitungsfall liegen umgekehrte Verhältnisse vor.) Der experimentellen Bestimmung von Diffusionskoeffizienten werden daher Methoden gut angepaßt sein, die eine unmittelbare Berechnung von D aus dem Gehalt an diffundierendem Stoff in einzelnen Schichten und aus der Versuchsdauer ermöglichen (Abschn. 5.141.2). Die Versuchsbedingungen wird man bei der Messung von Diffusionskoeffizienten im allgemeinen leichter dem einfachsten mathematischen Apparat anpassen können (insbesondere hinsichtlich „quasi-unendlicher" Ausdehnung), als bei der Berechnung von Diffusionsabläufen aus bekannten D-Werten für eine komplizierte Versuchsanordnung, in der vielleicht noch andere Reaktionen stattfinden. Für diese Fälle muß daher mitunter ein größerer mathematischer Aufwand in Kauf genommen werden.

5.12 Lösungen für eindimensionale Diffusionsvorgänge

Wir betrachten jetzt den Fall, daß räumliche Konzentrationsunterschiede nur in einer Richtung, in die wir die x-Koordinate legen, auftreten. Man kann das an einem Diffusionssystem erreichen, das sich in der Richtung des durch $\partial c/\partial x$ verursachten Anteils des Diffusionsstroms erstreckt und senkrecht dazu überall gleichen Querschnitt hat. In isotropen Medien ist dieser Anteil durch

$$j_x = -D\frac{\partial c}{\partial x},$$

in anisotropen, wenn die x-Achse in einer Hauptrichtung liegt, durch

$$j_x = -D_{xx}\frac{\partial c}{\partial x}$$

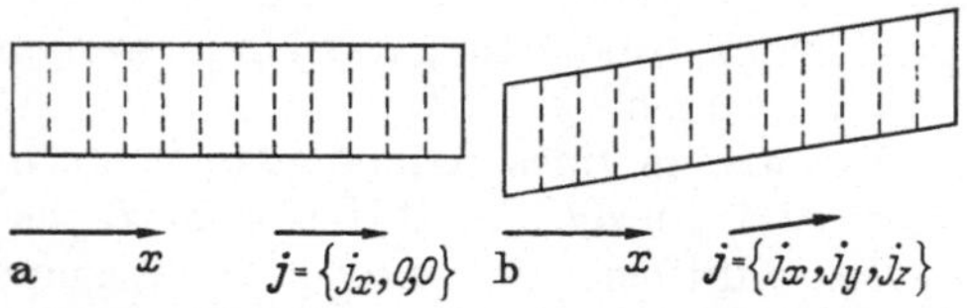

Abb. 5.1 Schematische Darstellung eines eindimensionalen Diffusionssystems a) in isotropen Medien oder in anisotropen, sofern die x-Achse in einer Hauptrichtung liegt, b) in anisotropen Medien, wenn die x-Achse in keiner Hauptrichtung liegt. — Die gestrichelten Linien kennzeichnen Ebenen gleicher Konzentration.

gegeben, fällt also in die x-Richtung (Abb. 5.1a); andernfalls können jedoch gemäß (5.3) noch Komponenten $j_y = -D_{yx}\frac{\partial c}{\partial x}$ und $j_z = -D_{zx}\frac{\partial c}{\partial x}$ auftreten, wie es Abbildung 5.1b zeigt. Die Ebenen gleicher Konzentration liegen in jedem Fall senkrecht zur x-Richtung. Für isotrope Medien folgt nun aus (5.9)

$$\frac{\partial c}{\partial t} = \frac{\partial}{\partial x}\left(D\frac{\partial c}{\partial x}\right); \tag{5.14}$$

für anisotrope Medien mit einer Hauptrichtung parallel zur x-Achse bekommt man diese Gleichung mit D_{xx} an Stelle von D aus (5.8).

Ein *stationärer* Zustand der Diffusion liegt vor, wenn die Konzentration überall zeitlich konstant bleibt, so daß in (5.14) die linke Seite verschwindet. Dann liefert die Integration über x

$$D\frac{\partial c}{\partial x} = -j^*. \tag{5.15}$$

Wir haben die Integrationskonstante in Analogie zu (5.2) mit $-j^*$ bezeichnet; denn (5.15) bedeutet, daß der Diffusionsstrom überall die gleiche Dichte hat. An Stelle von $\partial c/\partial x$ können wir auch die gewöhnliche Ableitung dc/dx schreiben, da c voraussetzungsgemäß von t unabhängig ist. Wenn der Diffusionskoeffizient nur von der Konzentration, also nicht unmittelbar von x und t abhängt [wie bereits festgestellt wurde (S. 379), der wichtigste Fall für nichtkonstantes D], kann man, indem man für (5.15) $dx/dc = -D/j^*$ schreibt, die Lösung leicht in der Form $x(c)$ angeben:

$$x = x_0 - \frac{1}{j^*}\int_{c_0}^{c} D(\gamma)\,d\gamma. \tag{5.16}$$

c_0 ist hier die (durch die Randbedingungen vorgebbare) Konzentration an einer Stelle $x = x_0$. — Wenn D eine Konstante ist, bekommt man aus (5.16) nach c aufgelöst

$$c = c_0 - (x - x_0)\,j^*/D; \tag{5.17}$$

c ist dann also eine lineare Funktion von x.

Wir behandeln nun *nichtstationäre* Diffusionsvorgänge, die in festen Stoffen meist vorliegen werden. Im Falle $D = D(c)$ kann man (5.14) auch in der ausdifferenzierten Form

$$\frac{\partial c}{\partial t} = \frac{dD}{dc}\left(\frac{\partial c}{\partial x}\right)^2 + D\frac{\partial^2 c}{\partial x^2} \tag{5.18}$$

schreiben. Das erste Glied auf der rechten Seite läßt sich zum Wegfall bringen, indem man an Stelle von c die abhängige Variable C einführt, die eine beliebige Stammfunktion von $D(c)$ sei, so daß

$$\frac{dC}{dc} = D(c) \tag{5.19}$$

gilt. Da wir den Diffusionskoeffizienten immer positiv voraussetzen, ist C eine streng monoton zunehmende Funktion von c; d. h. zu $c_1 < c_2$ ist auch $C(c_1) < C(c_2)$. Eine solche Funktion hat eine eindeutige Umkehrfunktion $c(C)$; man kann daher D auch als Funktion von C angeben. Nun erhält man für die linke Seite von (5.14)

$$\frac{\partial c}{\partial t} = \frac{dc}{dC}\frac{\partial C}{\partial t} = \frac{1}{D}\frac{\partial C}{\partial t}$$

und für die rechte Seite

$$\frac{\partial}{\partial x}\left(D\frac{\partial c}{\partial x}\right) = \frac{\partial}{\partial x}\left(D\frac{dc}{dC}\frac{\partial C}{\partial x}\right) = \frac{\partial^2 C}{\partial x^2},$$

so daß (5.14) in

$$\frac{\partial C}{\partial t} = D\frac{\partial^2 C}{\partial x^2} \tag{5.20}$$

übergeht. Diese Gleichung hat dieselbe Form wie (5.11); D ist aber hier keine Konstante. — Die dreidimensionale Gl. (5.9) für isotrope Medien läßt sich ganz entsprechend mit Hilfe von (5.19) auf die Form (5.10) bringen.

Wenn man, wie es zuerst BOLTZMANN[1] getan hat, C und damit D nur als Funktion der Variablenkombination

$$\lambda = \frac{x}{\sqrt{t}} \qquad (t > 0) \tag{5.21}$$

betrachtet, kann man (5.20) in eine gewöhnliche Differentialgleichung überführen. Es ist nämlich

$$\frac{\partial C}{\partial t} = \frac{dC}{d\lambda}\frac{\partial \lambda}{\partial t} = -\frac{x}{2\sqrt{t^3}}\frac{dC}{d\lambda} = -\frac{\lambda}{2t}\frac{dC}{d\lambda};$$

$$\frac{\partial C}{\partial x} = \frac{dC}{d\lambda}\frac{\partial \lambda}{\partial x} = \frac{1}{\sqrt{t}}\frac{dC}{d\lambda}; \qquad \frac{\partial^2 C}{\partial x^2} = \frac{1}{t}\frac{d^2 C}{d\lambda^2}.$$

Hiermit folgt aus (5.20) nach Multiplikation mit t

$$D\frac{d^2 C}{d\lambda^2} + \frac{\lambda}{2}\frac{dC}{d\lambda} = 0. \tag{5.22}$$

Diese gewöhnliche Differentialgleichung besitzt zu je zwei vorgegebenen Werten $C = C_1$ und $C = C_2$, wenn in dem von $c_1 = c(C_1)$ und $c_2 = c(C_2)$ begrenzten Konzentrationsbereich $D(c)$ erklärt ist, eine Lösung $C(\lambda)$, so daß

$$\left.\begin{aligned} C &\to C_1, \quad \text{wenn} \quad \lambda \to +\infty, \\ C &\to C_2, \quad \text{wenn} \quad \lambda \to -\infty. \end{aligned}\right\} \tag{5.23}$$

Mit Hilfe der Substitution

$$v = \frac{dC}{d\lambda} \tag{5.24}$$

läßt sich (5.22) in die gewöhnliche Differentialgleichung 1. Ordnung

$$D\frac{dv}{d\lambda} + \frac{\lambda}{2}v = 0 \tag{5.25}$$

verwandeln, die die allgemeine Lösung

$$v = A\exp\left[-\frac{1}{2}\int_0^\lambda \frac{l}{D}\,dl\right] \qquad (A = \text{const}) \tag{5.26}$$

hat. Die Gln. (5.19) und (5.24) liefern als Zusammenhang zwischen c und v

$$v = \frac{dC}{dc}\frac{dc}{d\lambda} = D\frac{dc}{d\lambda}. \tag{5.27}$$

Hiermit folgt aus (5.26), wenn man durch D dividiert und von 0 bis $x/\sqrt{t}$ integriert,

$$c(x, t) = c_0 + A\int_0^{x/\sqrt{t}} \frac{1}{D}\exp\left[-\frac{1}{2}\int_0^\lambda \frac{l}{D}\,dl\right]d\lambda \qquad (c_0 = \text{const}). \tag{5.28}$$

[1] BOLTZMANN, L.: Ann. Phys. (NF) **53**, 959 (1894).

Dieser Ausdruck erfüllt, wie man nachrechnen kann, die Differentialgleichung (5.14). Außerdem sieht man sofort, daß für $x = 0$, $t > 0$ stets $c(0, t) = c_0$ ist; die Konzentration bleibt also an dieser Stelle konstant. Wir bestimmen die Konstanten A und c_0, so daß entsprechend den Bedingungen (5.23) für $C(\lambda)$

$$\left.\begin{aligned} c &\to c_1, \quad \text{falls} \quad x/\sqrt{t} \to +\infty \\ c &\to c_2, \quad \text{falls} \quad x/\sqrt{t} \to -\infty \end{aligned}\right\} \tag{5.29}$$

gilt, d. h.

$$c_0 + A \int\limits_0^{\infty} \frac{1}{D} \exp\left[-\frac{1}{2} \int\limits_0^{\lambda} \frac{l}{D}\, dl\right] d\lambda = c_1,$$

$$c_0 + A \int\limits_0^{-\infty} \frac{1}{D} \exp\left[-\frac{1}{2} \int\limits_0^{\lambda} \frac{l}{D}\, dl\right] d\lambda = c_2.$$

Die Auflösung dieses Gleichungssystems nach A und c_0 liefert

$$A = \frac{c_1 - c_2}{\int\limits_{-\infty}^{\infty} \frac{1}{D} \exp\left[-\frac{1}{2} \int\limits_0^{\lambda} \frac{l}{D}\, dl\right] d\lambda};$$

$$c_0 = \frac{c_2 \int\limits_0^{\infty} \frac{1}{D} \exp\left[-\frac{1}{2} \int\limits_0^{\lambda} \frac{l}{D}\, dl\right] d\lambda - c_1 \int\limits_0^{-\infty} \frac{1}{D} \exp\left[-\frac{1}{2} \int\limits_0^{\lambda} \frac{l}{D}\, dl\right] d\lambda}{\int\limits_{-\infty}^{\infty} \frac{1}{D} \exp\left[-\frac{1}{2} \int\limits_0^{\lambda} \frac{l}{D}\, dl\right] d\lambda}.$$

Setzt man diese Ausdrücke in (5.28) ein, so bekommt man die von BOLTZMANN[1] aufgestellte Formel

$$c(x, t) = c_1 - (c_1 - c_2) \frac{\int\limits_{x/\sqrt{t}}^{\infty} \frac{1}{D} \exp\left[-\frac{1}{2} \int\limits_0^{\lambda} \frac{l}{D}\, dl\right] d\lambda}{\int\limits_{-\infty}^{\infty} \frac{1}{D} \exp\left[-\frac{1}{2} \int\limits_0^{\lambda} \frac{l}{D}\, dl\right] d\lambda}, \tag{5.30}$$

und $c(x, t)$ erfüllt die Anfangsbedingungen

$$\left.\begin{aligned} c(x, 0) &= c_1 \quad \text{falls} \quad 0 < x < +\infty, \\ c(x, 0) &= c_2 \quad \text{falls} \quad -\infty < x < 0, \end{aligned}\right\} \tag{5.31}$$

die sich aus (5.29) ergeben.

Eine Funktion $c(x, t)$, die der Beziehung (5.30) genügt, ist also eine Lösung der Differentialgleichung (5.14) für ein nach beiden Seiten unendlich ausgedehntes Diffusionssystem, in dem zu Beginn des Vor-

[1] BOLTZMANN, L.: Ann. Phys. (NF) **53**, 959 (1894).

gangs die Konzentrationen (5.31) herrschen. Durch Gl. (5.30) wird jedoch, worauf BOLTZMANN schon hinwies, eine Lösung nur dann explizit angegeben, wenn D unmittelbar als Funktion von $x/\sqrt{t}$ bekannt ist. Da man aber D im allgemeinen nur als Funktion von c kennt, ist $c(x, t)$ auch in der rechten Seite von Gl. (5.30) enthalten. KIRKALDY[1] weist darauf hin, daß es sich bei einer Funktion $c(x, t)$, die diese Gleichung erfüllt und daher nur von der in (5.21) eingeführten Variablenkombination $x/\sqrt{t}$ abhängt, nicht nur um eine Näherungslösung handelt. Damit ist jedoch noch nicht erwiesen, daß es außer der in (5.30) dargestellten keine weitere Lösung des Anfangswertproblems (5.14), (5.31) gibt, denn bei unendlicher Ausdehnung in x-Richtung oder unstetigen Anfangswerten [in (5.31) liegt beides vor] ist die Lösung durch die Anfangs- bzw. Randwerte nicht eindeutig bestimmt.[2] $c(x, t)$ in Gl. (5.30) ist die physikalisch sinnvolle Lösung, nach der ein entsprechender Diffusionsvorgang verlaufen wird. Der eindeutige Ablauf, den man in der Natur erwartet, läßt sich mathematisch sichern, wenn man noch von der Tatsache Gebrauch macht, daß die Konzentration nicht beliebig groß sein kann.[3]

Wenn D nur von t abhängt, so daß die Diffusionsgleichung

$$\frac{\partial c}{\partial t} = D(t) \frac{\partial^2 c}{\partial x^2} \tag{5.32}$$

gilt, führe man ähnlich wie in (5.19) eine beliebige Stammfunktion T von $D(t)$ ein; es ist also

$$\frac{dT}{dt} = D(t).$$

Zu $T(t)$ gibt es aus denselben Gründen wie für das in (5.19) eingeführte $C(c)$ eine eindeutige Umkehrfunktion $t(T)$, und es ist

$$\frac{\partial c}{\partial T} = \frac{\partial c}{\partial t} \frac{dt}{dT} = \frac{1}{D} \frac{\partial c}{\partial t}.$$

Aus (5.32) bekommt man daher

$$\frac{\partial c}{\partial T} = \frac{\partial^2 c}{\partial x^2}, \tag{5.33}$$

hat es also mathematisch nur noch mit einer Gleichung für konstanten Diffusionskoeffizienten (= 1) zu tun, deren Lösung im folgenden behandelt wird. Die Umwandlung von (5.32) in (5.33) kann man im isotropen Fall wieder ganz analog für die entsprechenden mehrdimensionalen Diffusionsgleichungen vornehmen. Aus einer Lösung $c(x, T)$ von (5.33) bekommt man durch Einsetzen der Stammfunktion $T(t)$ eine Lösung $c(x, t)$ von (5.32).

[1] KIRKALDY, J. S.: Acta Met. **4**, 92 (1956).

[2] Siehe hierzu P. C. ROOSENBLOOM u. D. V. WIDDER: Amer. Math. Monthly **65**, 607 (1958). — W. WALTER: Differential- und Integral-Ungleichungen, S. 192. Berlin/Heidelberg/New York 1964. — C. SEYFERTH: Acta Met. **10**, 259, 1187 (1962). — J. S. KIRKALDY: Acta Met. **10**, 1187 (1962).

[3] SEYFERTH, C.: Z. angew. Math. Mech. **39**, 441 (1959); Math. Nachr. **24**, 13 (1962).

5.121 Der Diffusionskoeffizient ist konstant. Wir werden den Diffusionskoeffizienten zunächst als Konstante voraussetzen. Auf S. 379 wurde bereits erwähnt, daß dies im allgemeinen nur für niedrige Konzentrationen zulässig ist. Die Lösungen, die wir hier erhalten werden, können aber auch bei der Behandlung von Diffusionsproblemen mit nichtkonstanten Diffusionskoeffizienten nützlich sein (s. Abschn. 5.122 und 5.123).

5.121.1 Beiderseits unbegrenzte Diffusionssysteme. Bei konstantem D liefert Gl. (5.30) eine explizite Darstellung der Lösung unter den Anfangsbedingungen (5.31):

$$c(x,t) = c_1 - (c_1 - c_2)\frac{\frac{1}{D}\int\limits_{x/\sqrt{t}}^{\infty} \exp\left(-\frac{\lambda^2}{4D}\right) d\lambda}{\frac{1}{D}\int\limits_{-\infty}^{\infty} \exp\left(-\frac{\lambda^2}{4D}\right) d\lambda}$$

$$= c_1 - \frac{c_1 - c_2}{2}\left\{1 - \operatorname{erf}\left(\frac{x}{2\sqrt{Dt}}\right)\right\}$$

$$= \frac{c_1 + c_2}{2} + \frac{c_1 - c_2}{2}\operatorname{erf}\left(\frac{x}{2\sqrt{Dt}}\right). \tag{5.34}$$

Hier tritt das GAUSSsche Fehlerintegral (error function)

$$\operatorname{erf} s = \frac{2}{\sqrt{\pi}}\int\limits_0^s \exp(-\sigma^2)\, d\sigma \tag{5.35}$$

auf, das in Tabellenwerken leicht zugänglich ist[1]. Es gilt insbesondere

$$\operatorname{erf} 0 = 0; \quad \lim_{s\to\infty} \operatorname{erf} s = 1; \tag{5.36}$$

$$\operatorname{erf}(-s) = -\operatorname{erf} s. \tag{5.37}$$

Aus (5.34) ergibt sich an der Stelle $x = 0$ zu jeder Zeit $t > 0$ [vgl. unter (5.28)] die Konzentration

$$c(0,t) = c_0 = \frac{c_1 + c_2}{2}, \tag{5.38}$$

also das arithmetische Mittel aus c_1 und c_2. Für $t \to 0$ geht der Konzentrationsverlauf, wie zu erwarten, in die durch die Anfangsbedingungen (5.31) gegebenen Werte über. In Abb. 5.2 ist die Konzentration für $t = 0$ und ein $t > 0$ gegen die Ortskoordinate aufgetragen. Die Kurve ist wegen (5.37) symmetrisch in bezug auf den Punkt $x = 0$, $c = c_0$.

Befindet sich der anfängliche Konzentrationssprung nicht bei $x = 0$ wie in (5.31), sondern an einer beliebigen Stelle $x = a$, so bekommt

[1] Zum Beispiel JAHNKE-EMDE-LÖSCH: Tafeln höherer Funktionen/Tables of Higher Functions, 6. Aufl., S. 31. Stuttgart 1960. — H. S. CARSLAW u. J. C. JAEGER: Conduction of Heat in Solids, 2nd Edition, S. 485. Oxford 1959. — J. CRANK: The Mathematics of Diffusion, S. 326. Oxford 1956.

man die entsprechende Lösung, wie leicht einzusehen, aus (5.34), indem man x durch $x - a$ ersetzt. Diffusionsgleichungen mit konstantem D sind linear, und man kann Lösungen überlagern (Superpositions-

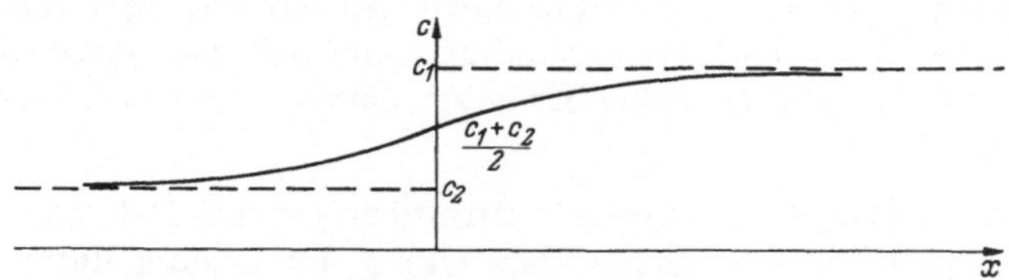

Abb. 5.2. Konzentrationsverlauf gemäß Gl. (5.34) zu Anfang ($t = 0$) – – – und nach einer gewissen Diffusionszeit ($t > 0$) ———.

prinzip); d. h., sind $c^{(1)}$ und $c^{(2)}$ zwei verschiedene Lösungen der Differentialgleichung (5.11), ist also

$$\frac{\partial c^{(1)}}{\partial t} = D\frac{\partial^2 c^{(1)}}{\partial x^2}; \qquad \frac{\partial c^{(2)}}{\partial t} = D\frac{\partial^2 c^{(2)}}{\partial x^2},$$

so folgt durch Addition

$$\frac{\partial (c^{(1)} + c^{(2)})}{\partial t} = D\frac{\partial^2 (c^{(1)} + c^{(2)})}{\partial x^2};$$

$c^{(1)} + c^{(2)}$ ist also eine weitere Lösung. Auf diese Weise kann man aus (5.34) Lösungen der Differentialgleichung (5.11) für andere Anfangs- und Randbedingungen aufbauen.

Um z. B. die Lösung unter den Anfangsbedingungen eines „Sandwich"-Diffusionssystems

$$\left.\begin{aligned} c(x,0) &= c_1, \quad \text{wenn} \quad a < x < b, \\ c(x,0) &= c_2, \quad \text{wenn} \quad -\infty < x < a \\ &\qquad\quad \text{oder } b < x < \infty \quad (a < b) \end{aligned}\right\} \tag{5.39}$$

zu bekommen, spaltet man c in zwei Summanden $c^{(1)}$ und $c^{(2)}$ auf und schreibt die Anfangsbedingungen

$$\begin{aligned} c^{(1)}(x,0) &= \frac{c_1}{2}, && \text{wenn} \quad a < x < \infty, \\ c^{(1)}(x,0) &= c_2 - \frac{c_1}{2}, && \text{wenn} \quad -\infty < x < a; \\ c^{(2)}(x,0) &= c_2 - \frac{c_1}{2}, && \text{wenn} \quad b < x < \infty, \\ c^{(2)}(x,0) &= \frac{c_1}{2}, && \text{wenn} \quad -\infty < x < b \end{aligned}$$

vor, aus denen sich durch Addition (5.39) ergibt (Abb. 5.3). $c^{(1)}$ und $c^{(2)}$ können hierbei negativ sein; diese Größen haben keine reale Bedeutung. Als Teillösungen erhält man mit Hilfe von (5.34)

$$c^{(1)}(x,t) = \frac{c_2}{2} + \frac{c_1 - c_2}{2}\,\mathrm{erf}\left(\frac{x-a}{2\sqrt{Dt}}\right);$$

$$c^{(2)}(x,t) = \frac{c_2}{2} + \frac{c_2 - c_1}{2}\,\mathrm{erf}\left(\frac{x-b}{2\sqrt{Dt}}\right).$$

Ihre Addition liefert

$$c(x, t) = c_2 + \frac{c_1 - c_2}{2}\left[\operatorname{erf}\left(\frac{x-a}{2\sqrt{Dt}}\right) - \operatorname{erf}\left(\frac{x-b}{2\sqrt{Dt}}\right)\right] \tag{5.40}$$

als Lösung der Anfangswertaufgabe (5.11), (5.39).

Von Interesse insbesondere für Tracerdiffusionsversuche mit radioaktiven Indikatoren ist der Fall, daß die Anfangskonzentration c_2 ver-

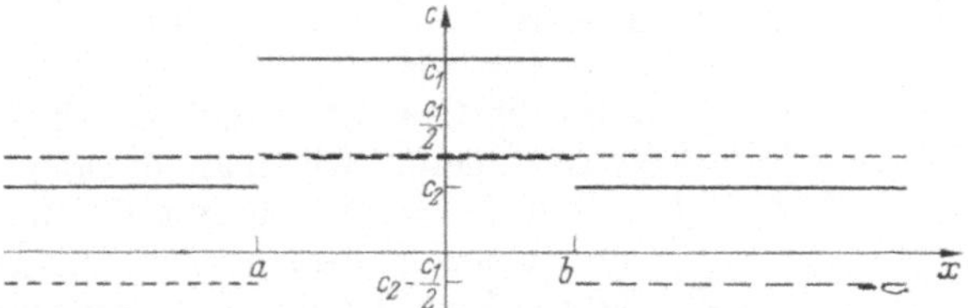

Abb. 5.3 Aufspaltung der Anfangskonzentration (5.39) $c^{(1)}$ - - - -, $c^{(2)}$ — — —, c ——.

schwindet und $c_1 \neq 0$ nur in einer sehr dünnen Schicht bei $x = 0$ vorgegeben ist. Ihre Dicke sei $2a$, und wir setzen $b = -a$. Außerdem führen wir die Menge des diffundierenden Stoffes

$$M = 2a\, c_1,$$

die zur Zeit $t = 0$ in der Schicht je Querschnitteinheit enthalten ist, ein, ersetzen also c_1 durch $M/2a$. Dann folgt aus (5.40)

$$c(x, t) = \frac{M}{4a}\left[\operatorname{erf}\left(\frac{x+a}{2\sqrt{Dt}}\right) - \operatorname{erf}\left(\frac{x-a}{2\sqrt{Dt}}\right)\right]. \tag{5.41}$$

Hält man M konstant und läßt $a \to 0$ gehen, so strebt

$$\frac{1}{2a}\left[\operatorname{erf}\left(\frac{x+a}{2\sqrt{Dt}}\right) - \operatorname{erf}\left(\frac{x-a}{2\sqrt{Dt}}\right)\right] \to \frac{\partial}{\partial x}\operatorname{erf}\left(\frac{x}{2\sqrt{Dt}}\right)$$
$$= \frac{1}{\sqrt{\pi D t}}\exp\left(-\frac{x^2}{4Dt}\right).$$

Hiermit bekommt man aus (5.41)

$$\lim_{a\to 0} c(x, t) = \frac{M}{2\sqrt{\pi D t}}\exp\left(-\frac{x^2}{4Dt}\right). \tag{5.42}$$

Da sich M bei dem Grenzübergang $a \to 0$ nicht ändern soll, geht $c_1 \to \infty$. In Wirklichkeit gibt es selbstverständlich weder völlig verschwindende Schichtdicken noch unbegrenzt hohe Konzentrationen; doch ist (5.42) bei extrem dünnen Schichten, wie sie z. B. die zu Tracerdiffusionsversuchen auf Proben aufgedampften radioaktiven Isotope darstellen, eine brauchbare Näherung, zumal man in solchen Fällen die Stoffmenge leichter angeben kann als die Schichtdicke und die Anfangskonzentration, mit denen man sonst rechnen müßte. In Abb. 5.4 ist ein Diffusionssystem mit einer aufgedampften Indikatorschicht schematisch dargestellt. Um Verfälschungen des Ergebnisses, die durch Verdampfen des Isotops von der Oberfläche verursacht werden könnten, zu vermeiden, ist ein gleichartig vorbereitetes Stück des inaktiven Materials dagegengepreßt, so daß sich die Aufdampfschicht sandwichartig in einer symmetrischen Anordnung befindet.

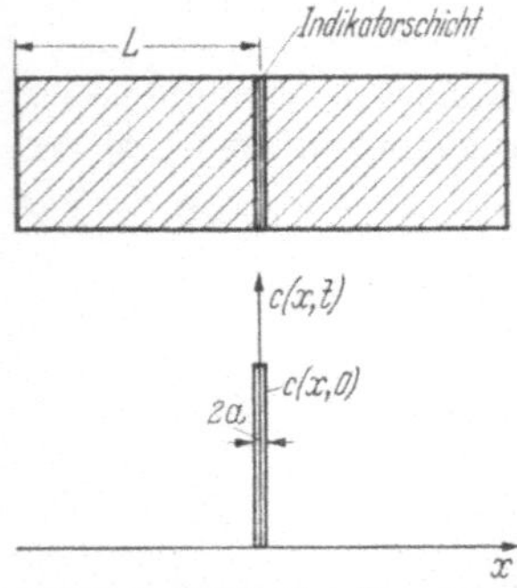

Abb. 5.4. Sandwichartiges Diffusionssystem mit einer Indikatorschicht bei $x = 0$. Wegen der Bedeutung von L siehe S. 378 und Abschn. 5.121.4.

Integriert man die rechte Seite von (5.42) für ein $t > 0$ über x von $-\infty$ bis $+\infty$, so folgt:

$$\frac{M}{2\sqrt{\pi D t}} \int_{-\infty}^{\infty} \exp\left(-\frac{x^2}{4Dt}\right) dx = M; \qquad (5.43)$$

d. h., die Gesamtmenge des diffundierenden Stoffes bleibt, wie man erwartet, erhalten.

Für $M = 1$ beschreibt (5.42) die Verteilung einer Stoffmengeneinheit zur Zeit t, die zur Zeit 0 bei $x = 0$ konzentriert war. Im Falle der Wärmeleitung (vgl. S. 377) spricht man auch von einer Einheits-Wärmequelle (source solution) oder einem Wärmepol von der Stärke 1 an der Stelle $x = 0$.[1] Befindet sich die Einheitsquelle an einer beliebigen Stelle $x = \xi$, so bekommt man aus (5.42) für die Konzentration, die wir mit $c_q(x, t; \xi)$ bezeichnen wollen,

$$c_q(x, t; \xi) = \frac{1}{2\sqrt{\pi D t}} \exp\left(-\frac{(x-\xi)^2}{4Dt}\right). \qquad (5.44)$$

Man kann nun auf Grund des Superpositionsprinzips Lösungen zu allgemeineren Anfangswertaufgaben in recht anschaulicher Weise bilden, indem man zu jedem ξ den gegebenen Anfangswert mit dem vorstehenden Ausdruck multipliziert und über ξ integriert. Hat man als Anfangswerte allgemein

$$c(x, 0) = f(x) \quad \text{für} \quad -\infty < x < +\infty, \qquad (5.45)$$

so lautet die Lösung

$$c(x, t) = \int_{-\infty}^{+\infty} \frac{f(\xi)}{2\sqrt{\pi D t}} \exp\left(-\frac{(x-\xi)^2}{4Dt}\right) d\xi. \qquad (5.46)$$

5.121.2 Einseitig begrenzte Diffusionssysteme. Um den Einfluß der Begrenzung auf einen Diffusionsvorgang zu berücksichtigen, braucht man die Mengen des diffundierenden Stoffes, die dort ein- bzw. austreten. Aus diesen Angaben gewinnt man Randbedingungen für die Diffusionsgleichung. Wir betrachten hier zwei praktisch wichtige Fälle.

5.121.21 Undurchlässige Begrenzung. An der Begrenzung, die wir bei $x = 0$ annehmen, soll während des ganzen Vorgangs diffundierender Stoff weder ein- noch austreten. Das bedeutet nach dem 1. FICKschen

[1] Zum Beispiel A. SOMMERFELD: Part. Differentialgl. der Physik, 5. Aufl., S. 53. Leipzig 1962. — H. S. CARSLAW u. J. C. JAEGER: Conduction of Heat in Solids, 2nd Edition, S. 50—51. Oxford 1959.

Gesetz (5.2) für alle $t > 0$

$$j = -D\left(\frac{\partial c}{\partial x}\right)_{x=0} = 0$$

und wegen $D > 0$

$$\left(\frac{\partial c}{\partial x}\right)_{x=0} = 0. \tag{5.47}$$

Diese Bedingung ist in einem nach beiden Seiten unbegrenzten System erfüllt, wenn die Anfangskonzentration $c(x, 0)$ in bezug auf die Ebene

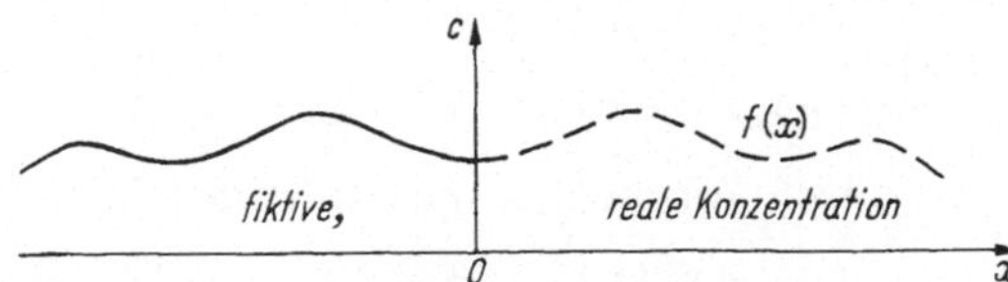

Abb. 5.5. Befriedigung der Randbedingung (5.47) durch Einführung einer fiktiven Konzentration spiegelbildlich zur Ebene $x = 0$.

$x = 0$ symmetrisch (spiegelbildlich) ist (Abb. 5.5), d. h. in der Lösung (5.46) $f(\xi) = f(-\xi)$. Dann bekommt man

$$c(x, t) = \frac{1}{2\sqrt{\pi D t}} \left\{ \int_{-\infty}^{0} f(\xi) \exp\left(-\frac{(x-\xi)^2}{4Dt}\right) d\xi + \right.$$

$$\left. + \int_{0}^{+\infty} f(\xi) \exp\left(-\frac{(x-\xi)^2}{4Dt}\right) d\xi \right\}$$

und, wenn man im ersten Integral $-\xi$ als Integrationsvariable einführt und die Integrationsgrenzen vertauscht,

$$c(x, t) = \frac{1}{2\sqrt{\pi D t}} \int_{0}^{\infty} f(\xi) \left[\exp\left(-\frac{(x-\xi)^2}{4Dt}\right) + \exp\left(-\frac{(x+\xi)^2}{4Dt}\right)\right] d\xi. \tag{5.48}$$

Differentiation nach x liefert:

$$\frac{\partial c}{\partial x} = -\frac{1}{2\sqrt{\pi D t}} \int_{0}^{\infty} f(\xi) \left[\frac{2(x-\xi)}{4Dt} \exp\left(-\frac{(x-\xi)^2}{4Dt}\right) + \right.$$

$$\left. + \frac{2(x+\xi)}{4Dt} \exp\left(-\frac{(x+\xi)^2}{4Dt}\right)\right] d\xi.$$

Hieraus folgt für $x = 0$:

$$\left(\frac{\partial c}{\partial x}\right)_{x=0} = -\frac{1}{2\sqrt{\pi D t}} \frac{1}{2Dt} \int_{0}^{\infty} f(\xi) \left[-\xi \exp\left(-\frac{\xi^2}{4Dt}\right) + \right.$$

$$\left. + \xi \exp\left(-\frac{\xi^2}{4Dt}\right)\right] d\xi = 0;$$

es gilt also (5.47). Die Funktion (5.48) ist demnach eine Lösung von Gl. (5.11) unter den Anfangs- und Randbedingungen

$$\left.\begin{aligned} c(x,0) &= f(x) \quad \text{für} \quad 0 \leqq x < \infty \\ \left(\frac{\partial c}{\partial x}\right)_{x=0} &= 0 \qquad \text{für} \quad t > 0. \end{aligned}\right\} \tag{5.49}$$

Die c-Werte, die man für $x < 0$ aus (5.48) erhält, haben keine reale Bedeutung.

Hat man z. B.

$$f(x) = \begin{cases} c_1, & \text{wenn} \quad 0 \leqq x < a \\ c_2, & \text{wenn} \quad a < x < \infty, \end{cases} \quad (a > 0), \tag{5.50}$$

so bekommt man durch Ausrechnen des Integrals in (5.48)

$$c(x,t) = c_2 + \frac{c_1 - c_2}{2}\left[\operatorname{erf}\left(\frac{x+a}{2\sqrt{Dt}}\right) - \operatorname{erf}\left(\frac{x-a}{2\sqrt{Dt}}\right)\right]. \tag{5.51}$$

Diese Lösung ist in Abb. 5.6 dargestellt. Sie ergibt sich auch unmittelbar aus (5.40), wenn man dort b durch a und a durch $-a$ ersetzt.

Überträgt man (5.42) auf den Fall einer einseitigen Begrenzung, ist also z. B. das radioaktive Isotop nur von einer Seite auf das inaktive Material aufgedampft, ohne von ihm, wie in Abb. 5.4 umgeben zu sein, so hat man zu beachten, daß das in (5.41) eingeführte $M = 2ac_1$ nur zur Hälfte (für $x \geqq 0$) real, zur anderen Hälfte ($x < 0$) „gespiegelt" ist. Soll M, wie es zweckmäßig ist, nur die reale Stoffmenge bezeichnen, so ist in (5.42) M durch $2M$ zu ersetzen. Als Lösung für eine extrem dünne Schicht an der Begrenzungsebene ergibt sich daher

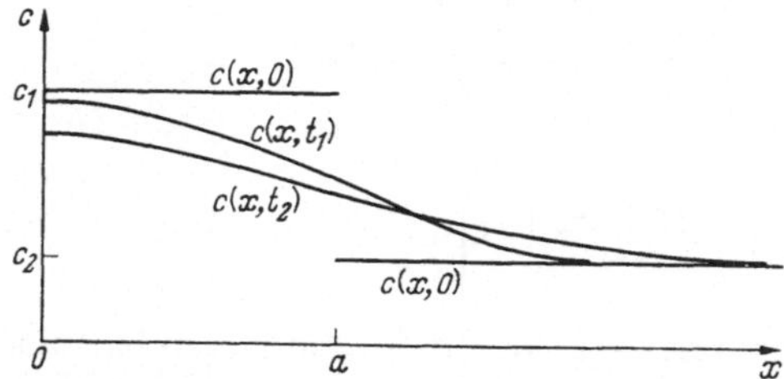

Abb. 5.6. Konzentrationsverlauf in einem einseitig begrenzten Diffusionssystem mit undurchlässiger Begrenzungsebene $x = 0$ gemäß (5.51) für $t = 0$ und zwei Zeiten t_1 und t_2 $(0 < t_1 < t_2)$.

$$\lim_{a \to 0} c(x,t) = \frac{M}{\sqrt{\pi D t}} \exp\left(-\frac{x^2}{4Dt}\right). \tag{5.52}$$

5.121.22 Feste Konzentration an der Begrenzung. An der Begrenzungsfläche bei $x = 0$ soll während des ganzen Diffusionsvorgangs eine feste Konzentration c_s aufrechterhalten werden. Zu den Anfangs- und Randbedingungen

$$\left.\begin{aligned} c(x,0) &= f(x) \quad \text{für} \quad 0 < x < \infty \\ c(0,t) &= c_s \qquad \text{für} \quad t > 0 \end{aligned}\right\} \tag{5.53}$$

kann man eine Lösung der Diffusionsgleichung (5.11) aus (5.46) bekommen, indem man für negative x

$$f(x) - c_s = c_s - f(-x)$$

vorgibt:

$$c(x, t) = \frac{1}{2\sqrt{\pi D t}} \left\{ \int_{-\infty}^{0} [2c_s - f(-\xi)] \exp\left(-\frac{(x-\xi)^2}{4Dt}\right) d\xi + \right.$$

$$\left. + \int_{0}^{\infty} f(\xi) \exp\left(-\frac{(x-\xi)^2}{4Dt}\right) d\xi \right\}$$

$$= \frac{1}{2\sqrt{\pi D t}} \int_{0}^{\infty} \left\{ 2c_s \exp\left(-\frac{(x+\xi)^2}{4Dt}\right) + f(\xi) \left[\exp\left(-\frac{(x-\xi)^2}{4Dt}\right) - \right.\right.$$

$$\left.\left. - \exp\left(-\frac{(x+\xi)^2}{4Dt}\right) \right] \right\} d\xi$$

$$= c_s \left[1 - \operatorname{erf}\left(\frac{x}{2\sqrt{Dt}}\right) \right] + \frac{1}{2\sqrt{\pi D t}} \int_{0}^{\infty} f(\xi) \left[\exp\left(-\frac{(x-\xi)^2}{4Dt}\right) - \right.$$

$$\left. - \exp\left(-\frac{(x+\xi)^2}{4Dt}\right) \right] d\xi. \qquad (5.54)$$

Dieser Ausdruck hat wie (5.48) nur für $x \geqq 0$ reale Bedeutung. Für $x = 0$, $t > 0$ folgt aus (5.54)

$$c(0, t) = c_s. \qquad (5.55)$$

wie es in (5.53) gefordert wird. Die fiktive Anfangskonzentration für $x < 0$ (die auch negative Werte annehmen kann) erhält man in einem (x, c)-Diagramm, indem man die für $x > 0$ gegebene Anfangskonzentration durch Spiegelung (Inversion) am Punkt $(0, c_s)$ in den Bereich negativer x antisymmetrisch fortsetzt, wie es in Abb. 5.7 dargestellt

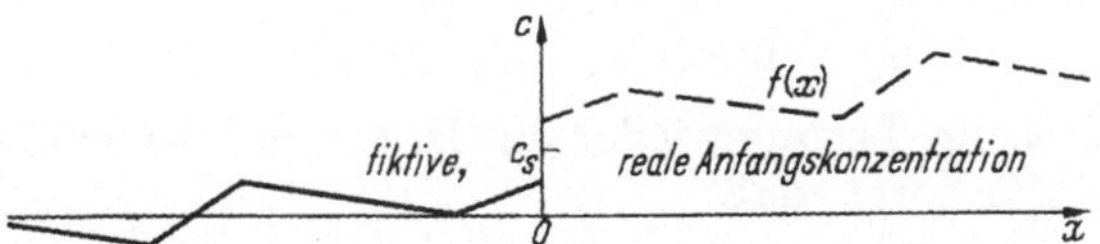

Abb. 5.7. Befriedigung der Bedingungen (5.53) durch Einführung einer fiktiven Konzentration spiegelbildlich in bezug auf den Punkt $x = 0$, $c = c_s$.

ist. Das in (5.55) festgestellte Verhalten erklärt sich anschaulich dadurch, daß bei antisymmetrischer Fortsetzung gewissermaßen ein „Überschußgebiet", aus welchem je Zeiteinheit eine bestimmte Menge gelöster Substanz hinausströmt, an ein ganz gleichartiges „Unterschußgebiet" angeschlossen wird, welches dieselbe Substanzmenge absaugt. In der Trennebene beider herrscht also Gleichgewicht, und die Konzentration nimmt weder zu noch ab.

Randbedingungen, bei denen ein fester Wert c_s an einer Begrenzungsfläche vorgegeben ist, treten beispielsweise auf, wenn das Solvat durch eine chemische Reaktion mit der Gasphase entfernt (Entkohlung von Stählen) oder wieder zugeführt wird (Aufkohlung). Die Konzentration c_s an der Begrenzungsfläche, an der die Reaktion stattfindet, ist dann durch das Reaktionsgleichgewicht gegeben und kann auch nahezu Null sein. Im einfachsten und wohl auch häufigsten Fall wird die Reaktion an der Oberfläche einer Platte stattfinden, deren Dicke man als quasiunendlich betrachten kann (s. Abschn. 5.121.4) und die das Solvat zu Beginn überall in der Konzentration c_1 enthält, wobei sowohl $c_1 > c_s$ als auch $c_1 < c_s$ sein kann. In (5.53) ist dann

$$f(x) = c_1 \tag{5.56}$$

zu setzen, und aus (5.54) folgt:

$$c(x, t) = c_s + (c_1 - c_s) \operatorname{erf}\left(\frac{x}{2\sqrt{Dt}}\right). \tag{5.57}$$

5.121.3 Zweiseitig begrenzte Diffusionssysteme. Nicht immer ist es möglich, eine Versuchsanordnung so zu wählen, daß die einfachen Verhältnisse der ein- oder zweiseitig unbegrenzten Systeme vorliegen. Es können Fälle auftreten, bei denen man den Einfluß der Ränder nicht vernachlässigen darf; denn vor Erreichen des Gleichgewichts werden in jeder Entfernung von den anfänglichen Konzentrationsdifferenzen merkliche Konzentrationsänderungen auftreten.

5.121.31 Zwei undurchlässige Begrenzungen. Wir betrachten zunächst den Fall, daß an den Begrenzungsebenen $x = 0$ und $x = l$ kein diffundierender Stoff ein- oder austritt, so daß entsprechend wie in (5.47) die Randbedingungen

$$\left(\frac{\partial c}{\partial x}\right)_{x=0} = \left(\frac{\partial c}{\partial x}\right)_{x=l} = 0 \quad \text{für} \quad t > 0 \tag{5.58}$$

erfüllt werden müssen. Diese Bedingungen gelten auch in einem nach beiden Seiten unendlichen System, in dem die Anfangskonzentration $c(x, 0)$ bezüglich $x = 0$ und $x = l$ spiegelsymmetrisch verläuft. Man kann daher, wenn als Anfangsbedingung

$$c(x, 0) = f(x) \quad \text{für} \quad 0 \leq x \leq l \tag{5.59}$$

vorgegeben ist, eine Lösung wieder mit Hilfe von Formel (5.46) angeben, wenn man dafür sorgt, daß

$$f(x) = f(-x), \qquad f(l + x) = f(l - x) \tag{5.60}$$

wird. Für $x = l \ldots 2l$ erhält man dann den an der Ebene $x = l$ gespiegelten Funktionsverlauf des Intervalls $0 \ldots l$, für $x = 2l \ldots 3l$ den spiegelbildlichen Verlauf von $-l \ldots 0$, d. h. eine Wiederholung des im Ausgangsintervall $0 \ldots l$ gegebenen Verlaufs. Allgemein ergibt sich im Intervall

$$n\,l \leq x \leq (n + 1)\,l \tag{5.61}$$

gegenüber $0 \leq x \leq l$, wenn n eine gerade Zahl ist, derselbe, und wenn n eine ungerade Zahl ist, ein spiegelsymmetrischer Funktionsverlauf (Abb. 5.8). Das bedeutet: für ein x aus (5.61) ist für gerade $n = 2k$ (k eine ganze Zahl)

$$f(x) = f(x - 2k\,l)$$

und für ungerade $n = 2k - 1$

$$f(x) = f(2k\,l - x).$$

Aus (5.46) ergibt sich nun als Lösung des Problems (5.11), (5.59), (5.58),

$$c(x,t) = \frac{1}{2\sqrt{\pi D t}} \sum_{k=-\infty}^{+\infty} \left\{ \int_{(2k-1)l}^{2kl} f(2kl-\xi) \exp\left(-\frac{(x-\xi)^2}{4Dt}\right) d\xi + \right.$$
$$\left. + \int_{2kl}^{(2k+1)l} f(\xi - 2kl) \exp\left(-\frac{(x-\xi)^2}{4Dt}\right) d\xi \right\}. \tag{5.62}$$

Die Glieder dieser unendlichen Reihe nehmen mit wachsendem $|k|$ ab, da dann wegen $(2k-1)\,l \leqq \xi \leqq 2kl$ bzw. $2kl \leqq \xi \leqq (2k+1)\,l$ und $0 \leqq x \leqq l$ der Wert von $x - \xi$ immer größer und daher der der Exponentialfunktion im Integranden immer kleiner wird. Dies geschieht um

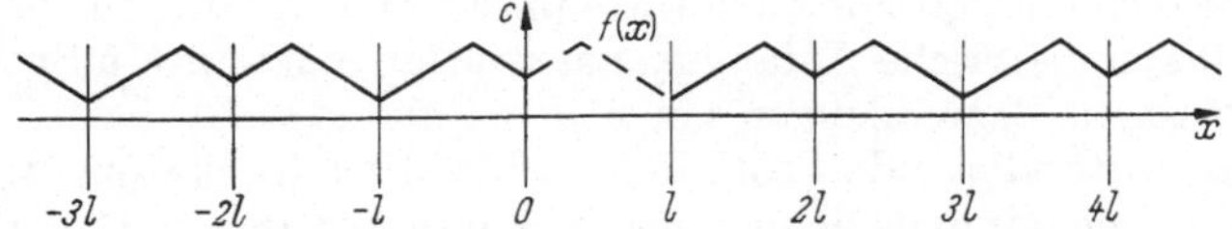

Abb. 5.8. Befriedigung der Randbedingungen (5.58).

so schneller, je kleiner t ist. Hingegen konvergiert die Reihe mit zunehmendem t immer schlechter. Die Fragen, die sich hieraus für praktische Anwendungen ergeben, werden in Abschn. 5.121.4 behandelt.

Wir wollen die Lösung insbesondere für die Anfangsbedingungen

$$c(x,0) = \begin{cases} c_1, & \text{falls} \quad 0 \leqq x < a \\ c_2, & \text{falls} \quad a < x \leqq l \end{cases} \tag{5.63}$$

ausrechnen. Die Darstellung wird hierbei einfacher und übersichtlicher, wenn man

$$c(x,t) = c_2 + [c(x,t) - c_2] \tag{5.64}$$

schreibt und sich die linke Seite von (5.62) in $c(x,t) - c_2$ abgeändert denkt. Im Intervall $0 \leqq x \leqq l$ ist dann $f(x) = c(x,0) - c_2$, also wegen (5.63)

$$f(x) = \begin{cases} c_1 - c_2, & \text{falls} \quad 0 < x < a \\ 0, & \text{falls} \quad a < x < l. \end{cases} \tag{5.65}$$

In (5.62) bezeichnen wir jetzt das Integral mit der unteren Grenze $n\,l$ mit $g^{(n)}(x,t)$. Dann folgt für $n = 2kl$

$$g^{(2k)}(x,t) = (c_1 - c_2) \int_{2kl}^{2kl+a} \exp\left(-\frac{(x-\xi)^2}{4Dt}\right) d\xi$$

und für $n = (2k-1)\,l$

$$g^{(2k-1)}(x,t) = (c_1 - c_2) \int_{2kl-a}^{2kl} \exp\left(-\frac{(x-\xi)^2}{4Dt}\right) d\xi.$$

Das k-te Glied der unendlichen Reihe (5.62) ist also

$$\frac{1}{2\sqrt{\pi Dt}}\left(g^{(2k-1)}(x,t)+g^{(2k)}(x,t)\right)=\frac{c_1-c_2}{2\sqrt{\pi Dt}}\int\limits_{2kl-a}^{2kl+a}\exp\left(-\frac{(x-\xi)^2}{4Dt}\right)d\xi$$

$$=\frac{c_1-c_2}{2}\left[\operatorname{erf}\left(\frac{x-2kl+a}{2\sqrt{Dt}}\right)-\operatorname{erf}\left(\frac{x-2kl-a}{2\sqrt{Dt}}\right)\right],$$

und die Summation liefert, wenn man (5.64) beachtet,

$$c(x,t)=c_2+\frac{c_1-c_2}{2}\sum_{k=-\infty}^{+\infty}\left[\operatorname{erf}\left(\frac{x-2kl+a}{2\sqrt{Dt}}\right)-\operatorname{erf}\left(\frac{x-2kl-a}{2\sqrt{Dt}}\right)\right]. \tag{5.66}$$

Dieser Ausdruck ist entsprechend wie (5.51) auch Lösung für die bezüglich $x=0$ symmetrische Anfangskonzentration, also für ein System mit undurchlässigen Begrenzungen bei $x=-l$ und $x=l$.

Ist der diffundierende Stoff (der radioaktive Indikator) zu Beginn nur in einer sehr dünnen Schicht bei $x=0$ in der Menge M vorhanden, also $c_2=0$, so erhält man nach dem Grenzübergang $a\to 0$ analog zu (5.42) bzw. (5.52) für das bei $-l$ und l begrenzte System

$$\lim_{a\to 0}c(x,t)=\frac{M}{2\sqrt{\pi Dt}}\sum_{k=-\infty}^{+\infty}\exp\left(-\frac{(x-2kl)^2}{4Dt}\right) \tag{5.67}$$

und für das bei 0 und l begrenzte System

$$\lim_{a\to 0}c(x,t)=\frac{M}{\sqrt{\pi Dt}}\sum_{k=-\infty}^{+\infty}\exp\left(-\frac{(x-2kl)^2}{4Dt}\right). \tag{5.68}$$

5.121.32 Eine undurchlässige Begrenzung, eine Begrenzung mit fester Konzentration. An der Begrenzung bei $x=0$ soll wie in Abschn. 5.121.22 eine feste Konzentration c_s aufrechterhalten werden, während bei $x=l$ kein diffundierender Stoff ein- oder austreten darf. Es sollen also die Randbedingungen

$$c(0,t)=c_s,\quad \left(\frac{\partial c}{\partial x}\right)_{x=l}=0\quad \text{für}\quad t>0 \tag{5.69}$$

und wieder die Anfangsbedingungen (5.59) (für $0<x\leqq l$) erfüllt werden. Mit Hilfe der Formel (5.46) läßt sich jetzt eine Lösung angeben, wenn man dafür sorgt, daß

$$f(x)-c_s=c_s-f(-x),\quad f(l+x)=f(l-x) \tag{5.70}$$

wird. An Stelle von $c(x,t)$ und $f(x)$ betrachten wir jetzt ähnlich wie in (5.64)

$$c(x,t)-c_s\equiv\zeta(x,t)\quad\text{und}\quad f(x)-c_s\equiv\varphi(x).$$

Dann lauten die Bedingungen (5.59) und (5.70)

$$\zeta(x,0)=\varphi(x)\quad\text{für}\quad 0<x\leqq l; \tag{5.71}$$

$$\varphi(x)=-\varphi(-x),\quad \varphi(l+x)=\varphi(l-x). \tag{5.72}$$

Man kommt nun, wie die Abb. 5.9 erkennen läßt, zur Unterscheidung von vier Intervallarten, in denen sich $\varphi(x)$ wie folgt durch die in $0 \ldots l$ gegebenen Funktionswerte ausdrücken läßt:

$$\left.\begin{aligned}
&(4k-2)\,l < x \leqq (4k-1)\,l: && \varphi(x) = -\varphi\big(x-(4k-2)\,l\big),\\
&(4k-1)\,l \leqq x < 4kl: && \varphi(x) = -\varphi(4kl-x),\\
&4kl < x \leqq (4k+1)\,l: && \varphi(x) = \varphi(x-4kl),\\
&(4k+1)\,l \leqq x < (4k+2)\,l: && \varphi(x) = \varphi\big((4k+2)\,l-x\big).
\end{aligned}\right\} \quad (5.73)$$

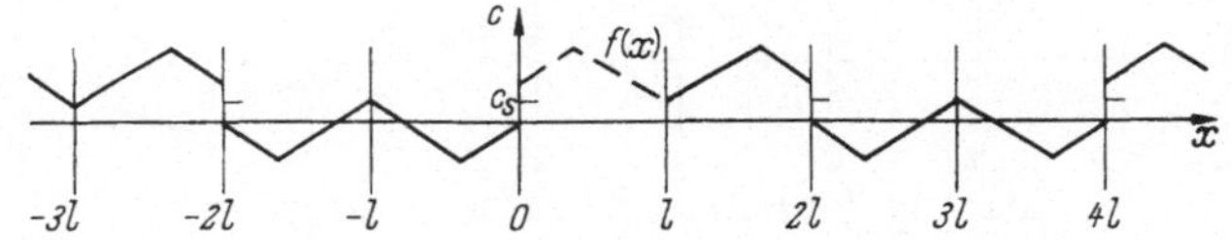

Abb. 5.9. Befriedigung der Randbedingungen (5.69).

Hiermit ergibt sich aus (5.46), wenn man $c(x, t)$ durch $\zeta(x, t)$ und $f(\xi)$ durch $\varphi(\xi)$ ersetzt,

$$c(x,t) = c_s + \zeta(x,t)$$

$$= c_s - \frac{1}{2\sqrt{\pi D t}} \sum_{k=-\infty}^{+\infty} \left[\int\limits_{(4k-2)l}^{(4k-1)l} \varphi\big(\xi-(4k-2)\,l\big) \exp\left(-\frac{(x-\xi)^2}{4Dt}\right) d\xi \right.$$

$$+ \int\limits_{(4k-1)l}^{4kl} \varphi(4kl-\xi) \exp\left(-\frac{(x-\xi)^2}{4Dt}\right) d\xi - \int\limits_{4kl}^{(4k+1)l} \varphi(\xi-4kl) \exp\left(-\frac{(x-\xi)^2}{4Dt}\right) d\xi$$

$$\left. - \int\limits_{(4k+1)l}^{(4k+2)l} \varphi\big((4k+2)\,l-\xi\big) \exp\left(-\frac{(x-\xi)^2}{4Dt}\right) d\xi \right]. \quad (5.74)$$

Um vorstehende Formel auf die Anfangsbedingungen

$$c(x,0) = c_1 \quad \text{für} \quad 0 < x \leqq l \quad (5.75)$$

anzuwenden, hat man in diesem Intervall

$$\varphi(x) = c_1 - c_s$$

zu setzen und bekommt

$$c(x,t) = c_s + (c_1 - c_s) \sum_{k=-\infty}^{+\infty} \left[\operatorname{erf}\left(\frac{x-4kl}{2\sqrt{Dt}}\right) - \frac{1}{2} \operatorname{erf}\left(\frac{x-(4k-2)\,l}{2\sqrt{Dt}}\right) - \right.$$

$$\left. - \frac{1}{2} \operatorname{erf}\left(\frac{x-(4k+2)\,l}{2\sqrt{Dt}}\right) \right]. \quad (5.76)$$

Mit der ersten Fehlerfunktion in der eckigen Klammer erhält man für $k = 0$ die Formel (5.57), die für den Fall gilt, daß die Begrenzung bei $x = l$ nicht vorhanden ist (vgl. S. 402–403).

5.121.33 Beide Begrenzungen mit festen Konzentrationen. An den Begrenzungsebenen $x = 0$ und $x = l$ sei

$$c(0,t) = c_{s1}, \quad c(l,t) = c_{s2} \quad \text{für} \quad t > 0. \quad (5.77)$$

Die Anfangskonzentration (5.59) (für $0 < x < l$) ist diesmal nach links und rechts so fortzusetzen, daß

$$f(x) - c_{s1} = c_{s1} - f(-x), \quad f(l + x) - c_{s2} = c_{s2} - f(l - x) \quad (5.78)$$

wird. Wenn $c_{s1} \neq c_{s2}$ ist, nimmt die fiktive Konzentration außerhalb des Intervalls $0 \ldots l$, wie Abb. 5.10 verdeutlicht, beliebig große und

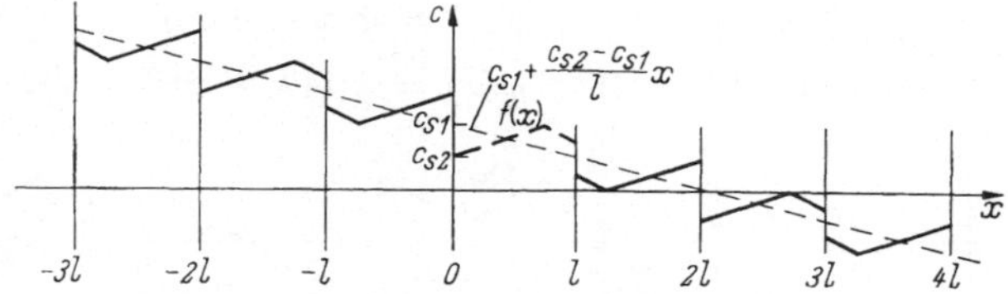

Abb. 5.10. Befriedigung der Randbedingung (5.77).

kleine (negative) Werte an. Um einen periodischen Verlauf zu bekommen, spalten wir die stationäre Lösung $c_{s1} + \frac{c_{s2} - c_{s1}}{l} x$ ab und betrachten jetzt

$$\left.\begin{aligned} \zeta(x, t) &\equiv c(x, t) - \left[c_{s1} + \frac{c_{s2} - c_{s1}}{l} x\right]; \\ \varphi(x) &\equiv f(x) - \left[c_{s1} + \frac{c_{s2} - c_{s1}}{l} x\right]. \end{aligned}\right\} \quad (5.79)$$

Dann folgt aus (5.78):

$$\varphi(x) = -\varphi(-x), \quad \varphi(l + x) = -\varphi(l - x), \quad (5.80)$$

und hieraus ergibt sich für $\varphi(x)$ in $-\infty < x < +\infty$:

$$\varphi(x) = \begin{cases} \varphi(x - 2kl), & \text{falls } 2kl < x < (2k+1)l, \\ -\varphi(2kl - x), & \text{falls } (2k-1)l < x < 2kl. \end{cases} \quad (5.81)$$

Ersetzt man nun in (5.46) wieder $c(x, t)$ durch $\zeta(x, t)$ und $f(x)$ durch $\varphi(x)$, so erhält man

$$\begin{aligned} c(x, t) = c_{s1} &+ \frac{c_{s2} - c_{s1}}{l} x + \\ &+ \frac{1}{2\sqrt{\pi D t}} \sum_{k=-\infty}^{+\infty} \left\{ -\int_{(2k-1)l}^{2kl} \varphi(2kl - \xi) \exp\left(-\frac{(x-\xi)^2}{4Dt}\right) d\xi + \right. \\ &\left. + \int_{2kl}^{(2k+1)l} \varphi(\xi - 2kl) \exp\left(-\frac{(x-\xi)^2}{4Dt}\right) d\xi \right\}. \end{aligned} \quad (5.82)$$

Diese Formel kann man benutzen, um den Konzentrationsverlauf des diffundierenden Stoffes (z. B. C oder N) in einer mit einem Gas reagierenden Metallfolie zu berechnen. Durch die schnell ablaufenden Phasengrenzvorgänge wird die Konzentration auf beiden Oberflächen der Folie auf einem konstanten Wert $c_{s1} = c_{s2} \equiv c_s$ gehalten:

$$c(0, t) = c(l, t) = c_s \quad \text{für} \quad t > 0. \quad (5.83)$$

Die Anfangskonzentration $f(x)$ ist in der ganzen Folie konstant $= c_1$:

$$c(x, 0) = c_1 \quad \text{für} \quad 0 < x < l. \tag{5.84}$$

Dann ist nach (5.79)

$$\left.\begin{aligned} \zeta(x, t) &= c(x, t) - c_s; \\ \varphi(x) &= c_1 - c_s, \end{aligned}\right\} \tag{5.85}$$

und hiermit folgt aus (5.82)

$$c(x, t) = c_s + (c_1 - c_2) \sum_{k=-\infty}^{+\infty} \left\{ \operatorname{erf}\left(\frac{x - 2kl}{2\sqrt{Dt}}\right) - \frac{1}{2} \operatorname{erf}\left(\frac{x - (2k-1)\,l}{2\sqrt{Dt}}\right) - \right.$$
$$\left. - \frac{1}{2} \operatorname{erf}\left(\frac{x - (2k+1)\,l}{2\sqrt{Dt}}\right)\right\}. \tag{5.86}$$

Vorstehende Lösung geht in (5.76) über, wenn man l durch $2l$ ersetzt. Das entspricht der fiktiven Anfangsbedingung, die wir dort an Stelle der Randbedingung für eine undurchlässige Begrenzung bei $x = l$ eingeführt hatten. Mit dem ersten Glied in der eckigen Klammer erhält man für $k = 0$ wieder die Formel (5.57), also den Fall, daß das System nach rechts unbegrenzt ist.

5.121.4 Numerische Auswertung der unendlichen Reihen. Fehlerabschätzungen. Kenngrößen für quasi-unendliche Systeme. Eindringtiefen. Wenn man mit den im vorigen Abschnitt hergeleiteten unendlichen Reihen numerisch rechnen will, ist die Frage von Interesse, wieviele Glieder man berücksichtigen muß, um eine vorgeschriebene Genauigkeit (die sich aus den Meßfehlern ergibt) zu erreichen. Es soll z. B. eine Näherungslösung von $c(x, t)$ gefunden werden, die um höchstens $1^0/_{00}$ der anfänglichen größten Konzentrationsdifferenz von der richtigen Lösung abweicht. Wenn man die Summation in den unendlichen Reihen nur über eine endliche Anzahl von Gliedern erstreckt, bedeutet das, daß man das Integral in (5.46), aus dem die unendlichen Reihen gewonnen wurden, statt von $-\infty$ bis $+\infty$ nur über ein endliches Intervall $\alpha \ldots \beta$ erstreckt ($\alpha \leqq 0, \beta \geqq l$). Wir ersetzen $f(\xi)$ für $\xi < \alpha$ durch $f(\alpha)$, für $\xi > \beta$ durch $f(\beta)$; falls $f(x)$ bei $x = \alpha$ bzw. $x = \beta$ unstetig ist, nehme man statt $f(\alpha)$ bzw. $f(\beta)$ den Grenzwert $\lim\limits_{\xi \to \alpha + 0} f(\xi)$ bzw. $\lim\limits_{\xi \to \beta - 0} f(\xi)$. Dann bekommen wir aus (5.46) die Näherungslösung:

$$c(x, t;\, \alpha, \beta) = \frac{1}{2\sqrt{\pi D t}} \left\{ f(\alpha) \int_{-\infty}^{\alpha} \exp\left(-\frac{(x-\xi)^2}{4Dt}\right) d\xi + \right.$$
$$\left. + \int_{\alpha}^{\beta} f(\xi) \exp\left(-\frac{(x-\xi)^2}{4Dt}\right) d\xi + f(\beta) \int_{\beta}^{\infty} \exp\left(-\frac{(x-\xi)^2}{4Dt}\right) d\xi \right\}$$
$$= \frac{1}{2} f(\alpha) \left[1 - \operatorname{erf}\left(\frac{x-\alpha}{2\sqrt{Dt}}\right)\right] + \frac{1}{2} f(\beta) \left[\operatorname{erf}\left(\frac{x-\beta}{2\sqrt{Dt}}\right) + 1\right] +$$
$$+ \frac{1}{2\sqrt{\pi D t}} \int_{\alpha}^{\beta} f(\xi) \exp\left(-\frac{(x-\xi)^2}{4Dt}\right) d\xi. \tag{5.87}$$

Bei Anwendung auf die durch unendliche Reihen dargestellten Lösungen (5.62), (5.74) und (5.82) ergeben sich α und β aus den berücksichtigten Gliedern und den Integrationsgrenzen. Summiert man von $k = k_1$ bis $k = k_2$ $(k_1 < k_2)$, so ist in (5.62) und (5.82) $\alpha = (2k_1 - 1)\,l$ die kleinste untere und $\beta = (2k_2 + 1)\,l$ die größte obere Integrationsgrenze aller berücksichtigten Integrale; für (5.74) erhält man entsprechend $\alpha = (4k_1 - 2)\,l$, $\beta = (4k_2 + 2)\,l$.

Ersetzt man in (5.87) $f(\alpha)$ und $f(\beta)$ vor den eckigen Klammern erst beide durch das Minimum (Infimum) $f_{\min}$ und dann beide durch das Maximum (Supremum) $f_{\max}$ von $f(x)$[1], so liegt zwischen den beiden Werten, die man dann aus der Formel erhält, sowohl die exakte als auch die Näherungslösung. Folglich kann man den Fehler durch

$$|c(x,t;\alpha,\beta) - c(x,t)| \leqq (f_{\max} - f_{\min})\left[1 - \frac{1}{2}\operatorname{erf}\left(\frac{x-\alpha}{2\sqrt{Dt}}\right) + \frac{1}{2}\operatorname{erf}\left(\frac{x-\beta}{2\sqrt{Dt}}\right)\right] \tag{5.88}$$

abschätzen. Die zu Beginn des Abschnitts aufgestellte Genauigkeitsforderung für $c(x,t)$ bedeutet nun

$$1 - \frac{1}{2}\operatorname{erf}\left(\frac{x-\alpha}{2\sqrt{Dt}}\right) + \frac{1}{2}\operatorname{erf}\left(\frac{x-\beta}{2\sqrt{Dt}}\right) \leqq 0{,}001$$

oder

$$\operatorname{erf}\left(\frac{x-\alpha}{2\sqrt{Dt}}\right) + \operatorname{erf}\left(\frac{\beta-x}{2\sqrt{Dt}}\right) \geqq 2\cdot 0{,}999. \tag{5.89}$$

Ist $f(x)$ stückweise konstant und liegt α bzw. β auf einem solchen Stück, d. h. $\alpha_1 \leqq \alpha \leqq \alpha_2$ bzw. $\beta_2 \leqq \beta \leqq \beta_1$ und

$$\left.\begin{aligned} f(x) &= f(\alpha) \quad \text{für alle } x \text{ aus} \quad \alpha_1 < x < \alpha_2 \\ \text{bzw.}\qquad f(x) &= f(\beta) \quad \text{für alle } x \text{ aus} \quad \beta_2 < x < \beta_1, \end{aligned}\right\} \tag{5.90}$$

so ändert sich der Wert von (5.87) nicht, wenn man α innerhalb $\alpha_1 \ldots \alpha_2$ bzw. β innerhalb $\beta_2 \ldots \beta_1$ verschiebt. Für die Fehlerabschätzung ist es dann angebracht, in (5.88) bis (5.89) $\alpha = \alpha_1$ bzw. $\beta = \beta_1$ zu nehmen; denn dann bekommen die Differenzen $x - \alpha$ und $\beta - x$ ihre größtmöglichen Werte.

Da nur x aus dem durch die Begrenzungen des Systems (wie im vorigen Abschnitt bei $x = 0$ und $x = l$) festgelegten Intervall zur Auswertung in Frage kommen, hat die erste Fehlerfunktion in (5.89) ihren (für die Abschätzung ungünstigsten) kleinsten Wert bei $x = 0$, die zweite bei $x = l$. Die Ungleichung (5.89) wird daher sicher erfüllt, wenn z. B.

$$\operatorname{erf}\left(\frac{-\alpha}{2\sqrt{Dt}}\right) \geqq 0{,}999 \quad \text{und} \quad \operatorname{erf}\left(\frac{\beta-l}{2\sqrt{Dt}}\right) \geqq 0{,}999 \tag{5.91}$$

ist. Für die dimensionslosen „Kenngrößen"

$$K_\alpha \equiv \frac{-\alpha}{\sqrt{Dt}}; \qquad K_\beta \equiv \frac{\beta - l}{\sqrt{Dt}} \tag{5.92}$$

[1] Wir setzen also $f(x)$ als beschränkt voraus. In Abschn. 5.121.33, wo dies nicht der Fall zu sein braucht (Abb. 5.10), nehme man dafür die in (5.79) eingeführte beschränkte Funktion $\varphi(x)$.

in den Argumenten der Fehlerfunktionen folgt mit Hilfe einer Tafel[1] [der man erf(2,33) = 0,999016 entnimmt] aus (5.91)

$$K_\alpha \geqq 2 \cdot 2{,}33 = 4{,}66; \quad K_\beta \geqq 4{,}66. \tag{5.93}$$

In (5.92) bedeutet $-\alpha$ die fiktive Länge von der unteren Integrationsgrenze zum linken Endpunkt des Systems, $\beta - l$ die vom rechten Endpunkt zur oberen Integrationsgrenze. Da die Kenngrößen K_α und K_β nach (5.91) oder (5.89) durch die verlangte Genauigkeit festliegen, sind $-\alpha$ und $\beta - l$ wegen (5.92) proportional zur Quadratwurzel der Zeit. Infolgedessen muß man, um die Genauigkeit beizubehalten, mit zunehmender Dauer eines auszuwertenden Diffusionsvorgangs immer mehr Reihenglieder berücksichtigen. Dabei wird das einzelne Glied immer kleiner; denn die Größenordnung der durch die Reihe dargestellten Konzentrationen bleibt ja etwa die gleiche. Infolgedessen wirken sich die Rundungsfehler der Tafelwerte für die Fehlerfunktion immer stärker aus, und da keine Tafel unbegrenzt viele Dezimalstellen angeben kann, hört die Anwendbarkeit der Lösungen mit unendlichen Reihen von Fehlerfunktionen, wenn t immer größer wird, einmal auf. Bei den verhältnismäßig langsam verlaufenden Diffusionsvorgängen in Festkörpern wird das im allgemeinen keine wesentliche Rolle spielen. Soll jedoch ein Versuch über sehr große Zeiten bis in die Nähe des Gleichgewichts ausgewertet werden, so ist es erforderlich, andere Darstellungen der entsprechenden Lösungen zu verwenden, wie man sie z. B. in den Büchern von CARSLAW-JAEGER[2] und CRANK[3] findet.

Bei einem System, dessen Anfangskonzentration in der Nähe einer Begrenzung konstant ist, kann man mit den soeben hergeleiteten Formeln feststellen, unter welchen Voraussetzungen es bezüglich dieser Be-

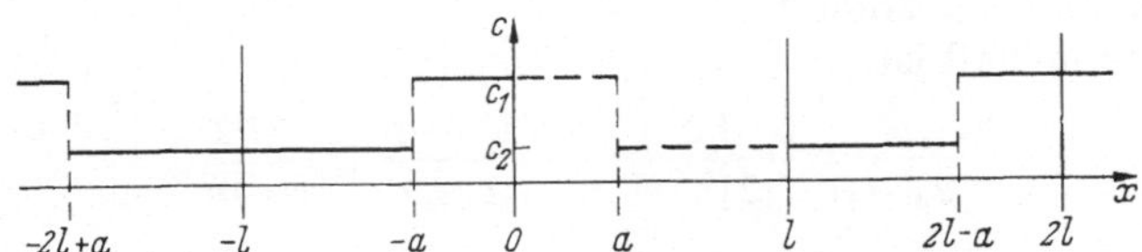

Abb. 5.11. Bildung von Näherungslösungen zu (5.66).

grenzung als quasi-unendlich betrachtet, d. h. diese Begrenzung mathematisch vernachlässigt werden kann. Das soll zunächst am Beispiel der Bedingungen (5.58) und (5.63) gezeigt werden.

Wenn man in (5.46) nur von $\alpha = 0$ bis $\beta = l$ integriert (Abb. 5.11), d. h. in (5.62) nur das zweite Integral des Reihengliedes mit $k = 0$ berücksichtigt, erhält man an Stelle von (5.66) mit Hilfe von (5.87)

---

[1] Siehe S. 385, Fußnote 1.

[2] CARSLAW, H. S., u. J. C. JAEGER: Conduction of Heat in Solids, 2nd Edition, S. 93–105. Oxford 1959.

[3] CRANK, J.: The Mathematics of Diffusion, S. 15 – 17. Oxford 1956.

die Näherungslösung

$$c(x, t;\, 0, l) = c_2 + \frac{c_1 - c_2}{2}\left[1 - \operatorname{erf}\left(\frac{x}{2\sqrt{Dt}}\right)\right] +$$
$$+ \frac{c_1 - c_2}{2}\left[\operatorname{erf}\left(\frac{x}{2\sqrt{Dt}}\right) - \operatorname{erf}\left(\frac{x-a}{2\sqrt{Dt}}\right)\right]$$
$$= c_2 + \frac{c_1 - c_2}{2}\left[1 - \operatorname{erf}\left(\frac{x-a}{2\sqrt{Dt}}\right)\right]. \qquad (5.94)$$

Sie stimmt, wie ein Vergleich mit (5.34) zeigt, mit der Lösung für ein beiderseits unbegrenztes System mit einem Konzentrationssprung bei $x = a$ überein. Da sich $f(x)$ in $-a < x < a$ und in $a < x < 2l - a$ nicht ändert, ist, wie bei (5.90) gezeigt wurde, $c(x, t;\, 0, l) = c(x, t;\, -a, 2l - a)$, und die Fehlerabschätzung nach (5.88) ergibt

$$|c(x, t;\, -a, 2l - a) - c(x, t)|$$
$$\leqq |c_1 - c_2|\left[1 - \frac{1}{2}\operatorname{erf}\left(\frac{x+a}{2\sqrt{Dt}}\right) + \frac{1}{2}\operatorname{erf}\left(\frac{x - 2l + a}{2\sqrt{Dt}}\right)\right].$$

Damit dies höchstens 1‰ von $|c_1 - c_2|$ sein kann, muß gemäß (5.89)

$$\operatorname{erf}\left(\frac{x+a}{2\sqrt{Dt}}\right) + \operatorname{erf}\left(\frac{2l - a - x}{2\sqrt{Dt}}\right) \geqq 2 \cdot 0{,}999 \qquad (5.95)$$

bleiben. Man könnte jetzt die Ungleichungen (5.91) benutzen, die jedoch bei kleinen fiktiven Intervallen, d. h. wenn man nur sehr wenige Reihenglieder berücksichtigt, die Abschätzungen unnötig vergröbern. Günstiger ist es, in (5.95) für x denjenigen der beiden Werte 0 und l zu nehmen, bei dem eine der Fehlerfunktionen minimal wird. Wenn $a \leqq l/2$ ist, setze man demnach $x = 0$, wenn $a \geqq l/2$ ist, $x = l$. Dann nimmt die linke Seite der Ungleichung (5.95) den kleinsten Wert an, der für die Fehlerabschätzung in Frage kommt.

Im ersten Fall ist

$$\frac{a}{2\sqrt{Dt}} \leqq \frac{l/2}{2\sqrt{Dt}}; \qquad \frac{2l - a}{2\sqrt{Dt}} \geqq \frac{3l/2}{2\sqrt{Dt}}$$

und daher

$$\frac{2l - a}{2\sqrt{Dt}} \geqq \frac{3a}{2\sqrt{Dt}}. \qquad (5.96)$$

Verlangt man

$$\operatorname{erf}\left(\frac{a}{2\sqrt{Dt}}\right) \geqq 0{,}998,$$

so folgt, da die Tafel

$$\operatorname{erf}(2{,}19) = 0{,}998046$$

liefert,

$$\frac{a}{2\sqrt{Dt}} = \frac{K_\alpha}{2} \geqq 2{,}19,$$

und nach (5.96) ist

$$\frac{2l - a}{2\sqrt{Dt}} = \frac{K_\beta}{2} \geqq 6{,}57.$$

erf (6.57) ist im allgemeinen in den Tafeln nicht mehr angegeben.[1] Die Abweichung vom Wert 1 ist für unsere Zwecke belanglos. Es ist also

$$\operatorname{erf}\left(\frac{a}{2\sqrt{Dt}}\right) + \operatorname{erf}\left(\frac{2l-a}{2\sqrt{Dt}}\right) \geqq 0{,}998 + 1\,,$$

d. h. Ungleichung (5.95) erfüllt.

Ähnlich bekommt man im Fall $a \geqq l/2$ mit $x = l$

$$\frac{l+a}{2\sqrt{Dt}} \geqq \frac{3l}{4\sqrt{Dt}} \geqq 3\,\frac{l-a}{2\sqrt{Dt}}. \tag{5.97}$$

Aus

$$\operatorname{erf}\left(\frac{l-a}{2\sqrt{Dt}}\right) \geqq 0{,}998$$

folgt jetzt

$$\frac{l-a}{2\sqrt{Dt}} = \frac{K_\beta}{2} \geqq 2{,}19$$

und nach (5.97)

$$\frac{l+a}{2\sqrt{Dt}} = \frac{K_\alpha}{2} \geqq 6{,}57\,.$$

Es genügt daher jeweils die Benutzung einer Kenngröße K, die im ersten Fall $= K_\alpha$, im zweiten $= K_\beta$ zu nehmen ist und für die bei einem zugelassenen Fehler bis zu $1^0/_{00}$ der größten Konzentrationsdifferenz die Ungleichung

$$K \geqq 4{,}38 \tag{5.98}$$

gelten muß.

Schreibt man (5.94) für $x = 0$ bzw. $x = l$ hin:

$$c(0,t;\,0,l) = c_2 + \frac{c_1 - c_2}{2}\left[1 + \operatorname{erf}\left(\frac{a}{2\sqrt{Dt}}\right)\right]$$

bzw.

$$c(l,t;\,0,l) = c_2 + \frac{c_1 - c_2}{2}\left[1 - \operatorname{erf}\left(\frac{l-a}{2\sqrt{Dt}}\right)\right],$$

so hat das Argument der Fehlerfunktion den Wert $K/2$ für $a \leqq l/2$ bzw. $a \geqq l/2$. Subtrahiert man von diesen Ausdrücken die Anfangskonzentration (c_1 bzw. c_2) an den betreffenden Stellen und benutzt $K/2$ in den Argumenten, so folgt für $a \leqq l/2$

$$c(0,t;\,0,l) - c(0,0) = \frac{c_2 - c_1}{2}\left[1 + \operatorname{erf}\left(\frac{K}{2}\right)\right]$$

und für $a \geqq l/2$

$$c(l,t;\,0,l) - c(l,0) = \frac{c_1 - c_2}{2}\left[1 - \operatorname{erf}\left(\frac{K}{2}\right)\right]. \tag{5.99}$$

Die Kenngröße kann also, wenn man so rechnet, als sei das System nach beiden Seiten unendlich ausgedehnt, zur Berechnung der größten Konzentrationsänderung dienen, die an den Begrenzungsebenen auftritt. Die Größe

$$L \equiv K\sqrt{Dt} \tag{5.100}$$

[1] Bei JAHNKE-EMDE-LÖSCH [Tafeln höherer Funktionen, 6. Aufl., Stuttgart 1960] findet man auf S. 31 als höchsten Wert erf (3,00) = 0,9999779; auf S. 32 sind die Werte von $\exp s^2\,[1 - \operatorname{erf} s]$ für $s = 3{,}00 \cdots 5{,}00$ angegeben.

nennt man charakteristische Länge. Sie gibt den Abstand vom anfänglichen Konzentrationssprung zur nächstgelegenen Begrenzung an. Im behandelten Beispiel hat man, wenn $a \leqq l/2$ ist, $L = a$ und, wenn $a \geqq l/2$ ist, $L = l - a$. In (5.34) (Konzentrationssprung bei $x = 0$) ist $L = |x_s|$, wenn mit x_s die Koordinate der dem Konzentrationssprung nächstgelegenen Begrenzungsebene bezeichnet wird.

Berücksichtigt man in (5.66) das Reihenglied mit $k = 0$ vollständig, so hat man, wie aus (5.62) hervorgeht, $\alpha = -l$, $\beta = +l$, und mit Hilfe von (5.87) erhält man die Näherungslösung

$$c(x, t;\, -l, +l) = c_2 + \frac{c_1 + c_2}{2}\left[\operatorname{erf}\left(\frac{x+a}{2\sqrt{Dt}}\right) - \operatorname{erf}\left(\frac{x-a}{2\sqrt{Dt}}\right)\right]. \tag{5.101}$$

Sie stimmt mit der Lösung (5.51) für ein einseitig bei $x = 0$ begrenztes System mit einem Konzentrationssprung bei $x = a$ überein. Als Fehlerabschätzung erhält man aus (5.88), wenn man berücksichtigt, daß sich $f(x)$ in $-2l + a < x < -a$ und in $a < x < 2l - a$ nicht ändert,

$$|c(x, t;\, -2l + a, 2l - a) - c(x, t)|$$
$$\leqq |c_1 - c_2|\left[1 - \frac{1}{2}\operatorname{erf}\left(\frac{x + 2l - a}{2\sqrt{Dt}}\right) + \frac{1}{2}\operatorname{erf}\left(\frac{x - 2l + a}{2\sqrt{Dt}}\right)\right],$$

und aus (5.89) folgt, wenn wieder Abweichungen bis zu 1‰ von $|c_1 - c_2|$ zugelassen werden,

$$\operatorname{erf}\left(\frac{x + 2l - a}{2\sqrt{Dt}}\right) + \operatorname{erf}\left(\frac{2l - a - x}{2\sqrt{Dt}}\right) \geqq 2 \cdot 0{,}999.$$

Der kleinste für die Abschätzung in Frage kommende Wert der linken Seite ergibt sich unabhänig von a, wenn man $x = l$ (Abb. 5.11) nimmt:

$$\operatorname{erf}\left(\frac{3l - a}{2\sqrt{Dt}}\right) + \operatorname{erf}\left(\frac{l - a}{2\sqrt{Dt}}\right) \geqq 2 \cdot 0{,}999.$$

Da hier wegen $0 < a < l$ für die Zähler der Argumente die Ungleichung $3l - a > 3(l - a)$ gilt, genügt es

$$\operatorname{erf}\left(\frac{l - a}{2\sqrt{Dt}}\right) \geqq 0{,}998,$$

d. h.

$$\frac{l - a}{2\sqrt{Dt}} = \frac{K}{2} \geqq 2{,}19$$

zu verlangen; $\operatorname{erf}\left(\frac{3l - a}{2\sqrt{Dt}}\right)$ kann gleich 1 gesetzt werden. Es ist also wie in Ungleichung (5.98) $K \geqq 4{,}38$. Auf jeden Fall gilt jetzt die zweite Gleichung (5.99) mit $c(l, t;\, -l, +l)$ an Stelle von $c(l, t; 0, l)$, und $L = 1 - a$ ist die charakteristische Länge.

Wir wollen nun noch eine Fehlerabschätzung für die Lösung (5.57) vornehmen, die die Bedingungen (5.53), (5.56) erfüllt. Berücksichtigt man eine rechte Begrenzung bei $x = l$ (z. B. die Dicke der Platte, in die das Solvat von links eindiffundiert), so gilt Gl. (5.76). Um mit deren Reihenglied $k = 0$ eine Näherungslösung zu bilden, hat man, wie aus

(5.74) hervorgeht, in (5.87) $\alpha = -2l$, $\beta = +2l$ zu setzen und erhält (Abb. 5.12):

$$\begin{aligned} c(x, t;\, -2l, +2l) & \\ &= c_s + \frac{c_s - c_1}{2}\left[1 - \operatorname{erf}\left(\frac{x+2l}{2\sqrt{Dt}}\right)\right] + \frac{c_1 - c_s}{2}\left[\operatorname{erf}\left(\frac{x-2l}{2\sqrt{Dt}}\right) + 1\right] + \\ &\quad + (c_1 - c_s)\left[\operatorname{erf}\left(\frac{x}{2\sqrt{Dt}}\right) - \frac{1}{2}\operatorname{erf}\left(\frac{x+2l}{2\sqrt{Dt}}\right) - \frac{1}{2}\operatorname{erf}\left(\frac{x-2l}{2\sqrt{Dt}}\right)\right] \\ &= c_s + (c_1 - c_s)\operatorname{erf}\left(\frac{x}{2\sqrt{Dt}}\right). \end{aligned} \tag{5.102}$$

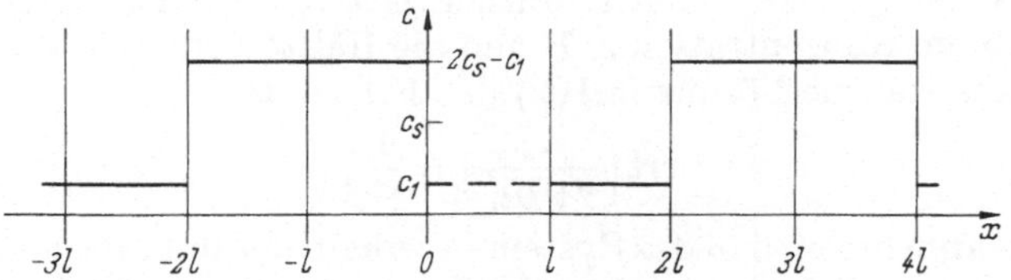

Abb. 5.12. Bildung von Näherungslösungen zu (5.76).

Diese Näherungslösung stimmt mit (5.57) überein. Die Fehlerabschätzung (5.88) ergibt, da jetzt $f_{\max} - f_{\min} = 2\,|c_1 - c_2|$ ist,

$$\begin{aligned} |c(x, t;\, -2l, +2l) - c(x, t)| & \\ &\leqq 2\,|c_1 - c_2|\left[1 - \frac{1}{2}\operatorname{erf}\left(\frac{x+2l}{2\sqrt{Dt}}\right) + \frac{1}{2}\operatorname{erf}\left(\frac{x-2l}{2\sqrt{Dt}}\right)\right]. \end{aligned}$$

Wenn wir wieder fordern, daß der Fehler höchstens $1^0/_{00}$ der größten realen Konzentrationsdifferenz $|c_1 - c_s|$ betragen darf, folgt

$$2 - \operatorname{erf}\left(\frac{x+2l}{2\sqrt{Dt}}\right) + \operatorname{erf}\left(\frac{x-2l}{2\sqrt{Dt}}\right) \leqq 0{,}001,$$

also an Stelle von (5.89)

$$\operatorname{erf}\left(\frac{x+2l}{2\sqrt{Dt}}\right) + \operatorname{erf}\left(\frac{2l-x}{2\sqrt{Dt}}\right) \geqq 1{,}999. \tag{5.103}$$

Den kleinsten Wert nimmt die linke Seite bei $x = l$ an (Abb. 5.12).

$$\operatorname{erf}\left(\frac{3l}{2\sqrt{Dt}}\right) + \operatorname{erf}\left(\frac{l}{2\sqrt{Dt}}\right) \geqq 1{,}999$$

ist erfüllt, wenn

$$\operatorname{erf}\left(\frac{l}{2\sqrt{Dt}}\right) \geqq 0{,}999,$$

d. h.

$$\frac{l}{2\sqrt{Dt}} = \frac{K}{2} \geqq 2{,}33$$

ist. Das Argument der anderen Fehlerfunktion ist dann $\geqq 6{,}99$, und sie wird wieder $= 1$ gesetzt. $L = l$ ist die reduzierte Länge. Die Anordnung kann daher als quasi-unendlich angesehen werden, wenn die Kenngröße die Ungleichung

$$K = L/\sqrt{Dt} \geqq 4{,}66 \tag{5.104}$$

erfüllt, d. h. bei gegebenem L, solange

$$t \leqq \frac{L^2}{4{,}66^2\,D}$$

bleibt. Mit $K/2$ im Argument der Fehlerfunktion von (5.102) bekommt man wieder die größte Konzentrationsänderung an der Begrenzungsebene.

Man kann nun auch die Frage beantworten, an welcher Stelle x_h bei festgehaltener Zeit bzw. nach welcher Zeit t_h an einer festgehaltenen Stelle sich die Konzentration z. B. um die Hälfte von $|c_1 - c_s|$ geändert hat. Dies ist für die Lösung (5.102) der Fall, wenn

$$\operatorname{erf}\left(\frac{x_h}{2\sqrt{D t_h}}\right) = \frac{1}{2}, \tag{5.105}$$

wobei wir annehmen, daß das System innerhalb der in Frage kommenden Zeit quasi-unendlich ist, also für die Kenngröße die Ungleichung (5.104) gilt, so daß der Einfluß der „Reflexion" an der rechten Begrenzung auf die Konzentration bei x vernachlässigbar klein ist. Aus (5.105) folgt mit Hilfe einer Tabelle der GAUSSschen Fehlerfunktion

$$x_h/\sqrt{D t_h} = 2 \cdot 0{,}48 \approx 1\,. \tag{5.106}$$

Diese Beziehung kann zur Abschätzung der Geschwindigkeit von Diffusionsvorgängen dienen.[1] Bei der Planung eines Diffusionsexperimentes (bei dem man ja die Größenordnung von D oft einigermaßen vorhersagen kann) wird man sich zu überlegen haben, in welcher Tiefe x_h der Probe man eine merkliche Konzentrationsänderung erzeugen will. Mit Hilfe von (5.106) kann man in Abhängigkeit von x_h und D die Zeit t_h abschätzen, die dazu erforderlich ist:

$$t_h \approx x_h^2/D\,. \tag{5.107}$$

Soll z. B. festgestellt werden, wann die Diffusion merklich in eine Tiefe von 1 mm eingedrungen ist, so ergibt sich, wenn man einen sehr hohen Diffusionskoeffizienten $D = 10^{-6}\,\mathrm{cm}^{-2}\,\mathrm{sec}^{-1}$ voraussetzt, aus (5.107) $t_h = 10^4$ sec oder einige Stunden. Ist hingegen $D = 10^{-9}\,\mathrm{cm}^2\,\mathrm{sec}^{-1}$, so muß man rund vier Monate warten.

Die Eindringtiefe x_h kann noch zur Abschätzung der charakteristischen Länge L benutzt werden, die über den quasi-unendlichen Charakter Aufschluß gibt. Setzt man in (5.104) $t = t_h$ von (5.107) ein, so folgt nach großzügiger Aufrundung (in der ungünstigen Richtung) die von D unabhängige Beziehung

$$L/x_h \geqq 5\,. \tag{5.108}$$

Sie bedeutet: Wenn man die charakteristische Länge L der Versuchsanordnung 5mal so groß wählt wie die Eindringtiefe x_h, in der man noch eine merkliche Änderung der Konzentration feststellen will, so kann man, falls Fehler bis zu $1\,^0/_{00}$ der anfänglichen Konzentrations-

[1] DARKEN, L. S., in: Atom Movements, S. 7. Cleveland 1951.

differenz zugelassen sind, so rechnen, als ob die Probe unendlich ausgedehnt sei, vorausgesetzt, daß die Versuchsdauer den durch (5.107) gegebenen Wert t_h nicht überschreitet. Die durch diese Näherung verursachten Fehler sind im allgemeinen von derselben Größenordnung wie diejenigen, welche sich aus der Anwendung der Diffusionsgleichung (5.11) mit konstantem D, dem 2. FICKschen Gesetz, ohnehin ergeben (vgl. S. 471–472).

5.122 Systeme mit mehreren Phasen. Bisher waren wir immer davon ausgegangen, daß wir ein einheitliches (homogenes) Diffusionssystem mit einheitlichem Diffusionskoeffizienten vorliegen haben. Nun kommen aber auch Systeme vor, die aus mehreren Phasen bestehen,

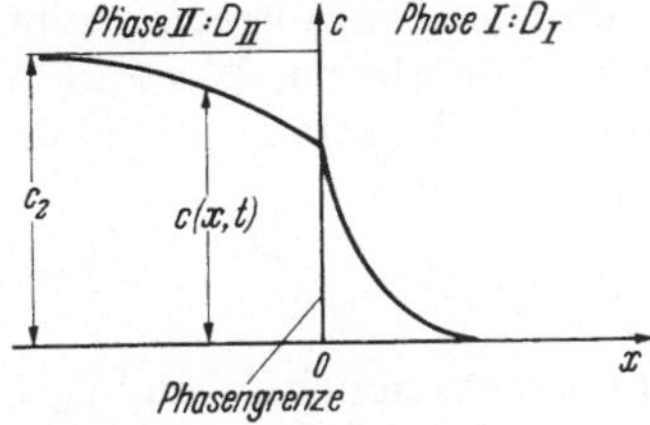

Abb. 5.13. Konzentrationsverlauf in einem Zwei-Phasen-System nach JOST. Hier ist $c_1 = 0$, $D_{II} = 4\,D_I$, $\varkappa = 1$ und daher nach (5.118) $c(+0,t) = c(-0,t) = (2/3)\,c_2$.

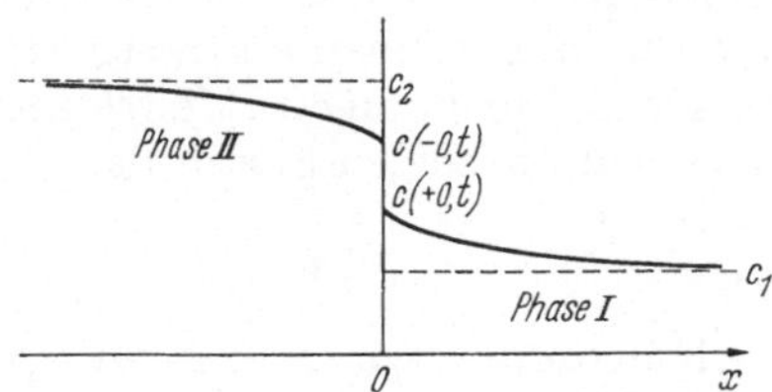

Abb. 5.14. Konzentrationsverlauf in einem Zwei-Phasen-System mit $D_I = D_{II}$ und $\varkappa = c(+0,t)/c(-0,t) = 2/3$.

in denen wegen ihrer unterschiedlichen Gitterbeschaffenheit das Solvat verschieden schnell diffundiert. Beispiele für den Konzentrationsverlauf in solchen Systemen sind in Abb. 5.13 und 5.14 wiedergegeben.

Wir betrachten ein nach beiden Seiten unbegrenztes System, in dem die Anfangsbedingungen (5.31) gelten. Im Bereich $x > 0$, wo die Anfangskonzentration c_1 herrscht, möge zu Beginn die Phase I mit dem konstanten Diffusionskoeffizienten D_I vorliegen, im Bereich $x < 0$ mit der Anfangskonzentration c_2 die Phase II und der konstante Diffusionskoeffizient D_{II}. In beiden Phasen gilt die Diffusionsgleichung (5.11), jedoch in den beiden Teilbereichen mit verschiedenen Diffusionskoeffizienten D_I bzw. D_{II}. Die Ortskoordinate der Phasengrenzebene bezeichnen wir mit x^*; zur Zeit $t = 0$ ist also voraussetzungsgemäß $x^* = 0$. Aus Gründen der Substanzerhaltung muß an der Phasengrenze der von rechts eintretende Diffusionsstrom dem nach links heraustretenden gleich sein:

$$j(x = x^* + 0) = j(x = x^* - 0). \tag{5.109}$$

Daraus folgt nach dem 1. FICKschen Gesetz (5.2) als Randbedingung

$$D_I \left(\frac{\partial c}{\partial x}\right)_{x = x^* + 0} = D_{II} \left(\frac{\partial c}{\partial x}\right)_{x = x^* - 0} \quad \text{für} \quad t > 0. \tag{5.110}$$

Dazu kommt noch eine Aussage über die Konzentration. Im einfachsten Fall wird man fordern, daß sie zu beiden Seiten der Phasengrenze den gleichen Wert annimmt. In vielen praktischen Systemen kommt es jedoch vor, daß das chemische Potential (vgl. S. 479) bei gleicher Konzentration des gelösten Stoffes in beiden Phasen verschieden ist, so daß im Gleichgewicht links eine andere Konzentration vorliegt als rechts (hierfür gibt es in der Theorie der Wärmeleitung kein Analogon!). Eine Folge davon ist, daß im Gleichgewicht an der Phasengrenze ein Konzentrationssprung auftritt, da sich die Gleichheit der chemischen Potentiale rechts und links der Phasengrenze: $\mu(x = x^* + 0) = \mu(x = x^* - 0)$ nur erfüllen läßt, wenn $c(x^* + 0, t) \neq c(x^* - 0, t)$ ist. Wenn die Diffusion hinreichend langsam vor sich geht, kann man annehmen, daß an der Phasengrenze das Gleichgewicht immer eingestellt bleibt.

5.122.1 Systeme ohne Phasenumwandlungen. Wenn der diffundierende Stoff innerhalb der vorkommenden Konzentrationen keine Phasenumwandlungen verursacht, bleibt die Phasengrenze während des Diffusionsprozesses fest; es ist also stets $x^* = 0$. Die Konzentration nimmt dann im allgemeinen an dieser Stelle keinen einheitlichen Wert an. Wir setzen in Anlehnung an JOST[1] ein konstantes Verhältnis $\varkappa$ der Konzentrationen zu beiden Seiten der Phasengrenze voraus:

$$c(+0, t) = \varkappa\, c(-0, t) \quad \text{für} \quad t > 0. \tag{5.111}$$

Nun führen wir zwei fiktive Anfangskonzentrationen ζ_1 und ζ_2 und zwei Hilfslösungen

$$\left.\begin{aligned} c_{\mathrm{I}}(x, t) &= c_1 - \frac{c_1 - \zeta_2}{2}\left[1 - \operatorname{erf}\left(\frac{x}{2\sqrt{D_{\mathrm{I}} t}}\right)\right], \\ c_{\mathrm{II}}(x, t) &= c_2 - \frac{c_2 - \zeta_1}{2}\left[1 + \operatorname{erf}\left(\frac{x}{2\sqrt{D_{\mathrm{II}} t}}\right)\right] \end{aligned}\right\} \tag{5.112}$$

ein. Diese sind von der Form (5.34) und erfüllen die Anfangsbedingungen

$$c_{\mathrm{I}}(x, 0) = \begin{cases} c_1, & \text{falls} \quad 0 < x < \infty \\ \zeta_2, & \text{falls} \quad -\infty < x < 0; \end{cases}$$

$$c_{\mathrm{II}}(x, 0) = \begin{cases} \zeta_1, & \text{falls} \quad 0 < x < \infty \\ c_2, & \text{falls} \quad -\infty < x < 0. \end{cases}$$

ζ_1 und ζ_2 wollen wir so bestimmen, daß $c(x, t)$ die Randbedingungen (5.110) mit $x^* = 0$ und (5.111) erfüllt und für alle $t > 0$

$$c(x, t) = \begin{cases} c_{\mathrm{I}}(x, t), & \text{falls} \quad x \geqq 0 \\ c_{\mathrm{II}}(x, t), & \text{falls} \quad x \leqq 0 \end{cases} \tag{5.113}$$

gilt. Aus (5.112) folgt

$$c(+0, t) = c_{\mathrm{I}}(0, t) = \frac{c_1 + \zeta_2}{2}; \qquad c(-0, t) = c_{\mathrm{II}}(0, t) = \frac{c_2 + \zeta_1}{2}$$

und daher aus (5.111)

$$c_1 + \zeta_2 = \varkappa(c_2 + \zeta_1). \tag{5.114}$$

[1] JOST, W.: Diffusion u. chem. Reaktion in festen Stoffen, S. 16—19. Dresden u. Leipzig 1937. — Diffusion in Solids, Liquids, Gases, S. 68—69. New York 1952.

Durch Differentiation der Gleichnungen (5.112) nach x bekommt man an der Stelle $x = 0$

$$\left(\frac{\partial c}{\partial x}\right)_{x=+0} = \left(\frac{\partial c_{\mathrm{I}}}{\partial x}\right)_{x=0} = \frac{c_1 - \zeta_2}{2\sqrt{\pi D_{\mathrm{I}} t}}; \quad \left(\frac{\partial c}{\partial x}\right)_{x=-0} = \left(\frac{\partial c_{\mathrm{II}}}{\partial x}\right)_{x=0} = \frac{\zeta_1 - c_2}{2\sqrt{\pi D_{\mathrm{II}} t}}.$$

Aus (5.110) mit $x^* = 0$ erhalten wir dann die Gleichung

$$(c_1 - \zeta_2)\sqrt{D_{\mathrm{I}}} = (\zeta_1 - c_2)\sqrt{D_{\mathrm{II}}}, \tag{5.115}$$

wobei wir wegen $t > 0$ die Nenner auf beiden Seiten weglassen konnten. Die Auflösung der Gln. (5.114), (5.115) nach ζ_1, ζ_2 liefert

$$\left.\begin{aligned} \zeta_1 &= \frac{2c_1\sqrt{D_{\mathrm{I}}} + c_2(\sqrt{D_{\mathrm{II}}} - \varkappa\sqrt{D_{\mathrm{I}}})}{\varkappa\sqrt{D_{\mathrm{I}}} + \sqrt{D_{\mathrm{II}}}}, \\ \zeta_2 &= \frac{2\varkappa c_2\sqrt{D_{\mathrm{II}}} - c_1(\sqrt{D_{\mathrm{II}}} - \varkappa\sqrt{D_{\mathrm{I}}})}{\varkappa\sqrt{D_{\mathrm{I}}} + \sqrt{D_{\mathrm{II}}}}, \end{aligned}\right\} \tag{5.116}$$

und mit Hilfe von (5.112) und (5.113) bekommt man als Lösung

$$c(x,t) = \begin{cases} c_1 - \sqrt{D_{\mathrm{II}}}\dfrac{c_1 - \varkappa c_2}{\varkappa\sqrt{D_{\mathrm{I}}} + \sqrt{D_{\mathrm{II}}}}\left[1 - \operatorname{erf}\left(\dfrac{x}{2\sqrt{D_{\mathrm{I}} t}}\right)\right], & \text{falls } x \geqq 0 \\ c_2 - \sqrt{D_{\mathrm{I}}}\dfrac{\varkappa c_2 - c_1}{\varkappa\sqrt{D_{\mathrm{I}}} + \sqrt{D_{\mathrm{II}}}}\left[1 + \operatorname{erf}\left(\dfrac{x}{2\sqrt{D_{\mathrm{II}} t}}\right)\right], & \text{falls } x \leqq 0. \end{cases} \tag{5.117}$$

Läßt man $t \to 0$ gehen, so folgt hieraus

$$c(x,0) = \begin{cases} c_1, & \text{falls} \quad x > 0 \\ c_2, & \text{falls} \quad x < 0, \end{cases}$$

wie es die Anfangsbedingungen (5.31) fordern. An der Phasengrenze $x = 0$ ergibt sich aus der ersten Gleichung (5.117)

$$c(+0,t) = \varkappa\frac{c_1\sqrt{D_{\mathrm{I}}} + c_2\sqrt{D_{\mathrm{II}}}}{\varkappa\sqrt{D_{\mathrm{I}}} + \sqrt{D_{\mathrm{II}}}}$$

und aus der zweiten

$$c(-0,t) = \frac{c_1\sqrt{D_{\mathrm{I}}} + c_2\sqrt{D_{\mathrm{II}}}}{\varkappa\sqrt{D_{\mathrm{I}}} + \sqrt{D_{\mathrm{II}}}} \tag{5.118}$$

in Übereinstimmung mit (5.111). Die beiden Konzentrationen an der Phasengrenze bleiben also für $t > 0$ konstant.

Grundsätzlich ist zu diesem Problem festzustellen, daß wir hier erstmalig ein System vor uns haben, in dem nicht mehr Konzentrationsunterschiede allein die Diffusion beeinflussen, sondern die chemischen Potentiale in die Betrachtung einzubeziehen sind (vgl. die Ausführungen auf S. 374 und 477). Zwar haben wir in jedem der beiden Gebiete ideales Verhalten der Lösung vorliegen, doch wird die Diffusion über die Phasengrenze hinweg durch eine unstetige Änderung des Zusammenhangs zwischen dem chemischen Potential und der Konzentration bestimmt, so daß die Gleichgewichtslage des ganzen Systems durch einen Konzentrationssprung gekennzeichnet ist (vgl. S. 405—406), der sich also — im Gegensatz zu rein konzentrationsbedingten Systemen — nicht wieder ausgleicht. Von wie großem praktischen Interesse dieser Fall ist, lassen die nebenstehenden Abb. 5.15 und 5.16 erkennen, die einer bekannten Arbeit von DARKEN[1] entnommen sind. Sie zeigen den Konzentrationsverlauf in einem Zwei-Phasen-System, das aus Stählen verschiedenen Si-Gehaltes besteht, in welchen Kohlenstoff diffundiert. Die Ähnlichkeit der Meßkurven mit unseren theoretisch abgeleiteten (Abbildung 5.14) fällt sofort ins Auge; sie beruht natürlich darauf, daß das chemische Potential des Kohlenstoffs in Stählen von deren Si-Gehalt abhängt. Im ersten Beispiel ist wie in Abb. 5.14 $\varkappa < 1$, im zweiten $\varkappa > 1$. — Ein weiterer Anwendungsfall von größter Bedeutung speziell in der Metallkunde ist der der heterogenen Ausscheidungen. Dabei ist unsere „Phase II" mit der Matrix-Phase „Phase I" mit der ausgeschiedenen Phase zu identifizieren. Die sich ausscheidende Komponente hat in I ein höheres thermodynamisches Potential.

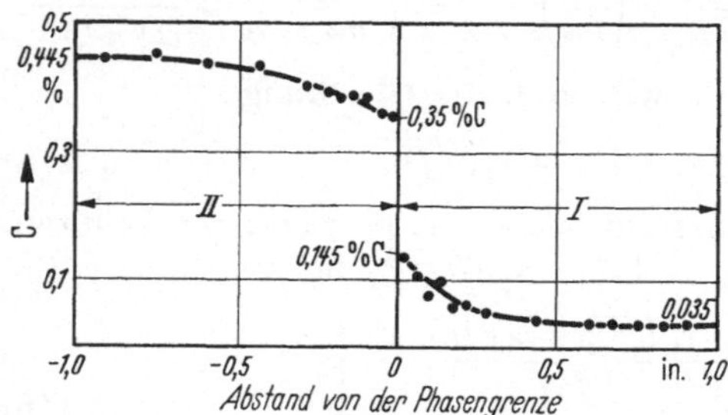

Abb. 5.15. Räumliche Verteilung des Kohlenstoffs in zwei aneinandergrenzenden Stählen I und II nach einer Glühbehandlung von 14 Tagen bei 1050°C nach DARKEN.
Zusammensetzung des Stahles I vor dem Versuch: 0,04% C, 0,28% Mn, 4,78% Si, 0,006% P, 0,011% S.
Zusammensetzung des Stahles II vor dem Versuch: 0,49% C, 0,25% Mn, 3,80% Si, 0,011% P, 0,006% S und 0,31% Cr.

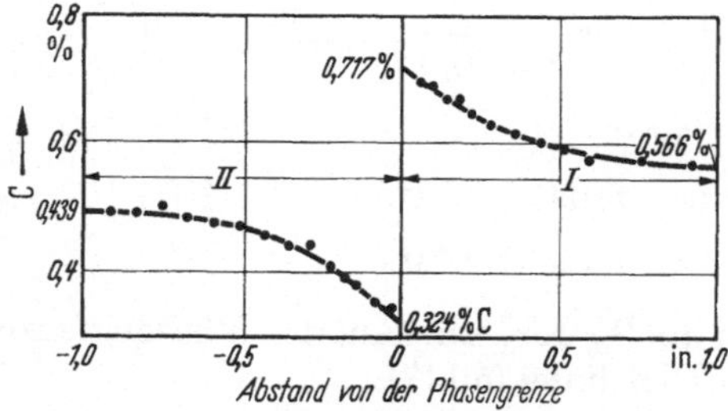

Abb. 5.16. Räumliche Verteilung des Kohlenstoffs in zwei aneinandergrenzenden Stählen I und II nach einer Glühbehandlung von 10 Tagen bei 1050°C nach DARKEN.
Zusammensetzung des Stahles I vor dem Versuch: 0,58% C, 6,45% Mn, 0,14% Si, 0,035% P, 0,008% S.
Zusammensetzung des Stahles II vor dem Versuch: 0,49% C, 0,25% Mn, 3,80% Si, 0,011% P, 0,006% S und 0,31% Cr.

Für $\varkappa = 1$, d. h. wenn kein Konzentrationssprung an der Phasengrenze auftritt (Abb. 5.13), kann man (5.117) auch explizit aus (5.30) gewinnen, indem man in dieser Formel

$$D(\lambda) = \begin{cases} D_{\mathrm{I}}, & \text{wenn } \lambda > 0 \\ D_{\mathrm{II}}, & \text{wenn } \lambda < 0 \end{cases}$$

setzt. D ist also unmittelbar als Funktion von λ bekannt (s. S. 384). Die Randbedingungen (5.110) und (5.111) braucht man nicht zu beachten, da man $x = 0$ jetzt nicht als Phasengrenze betrachtet, sondern nur als Stelle, wo sich der Diffusionskoeffizient sprunghaft ändert.

5.122.2 Systeme mit Phasenumwandlungen. Hat das Über- oder Unterschreiten bestimmter Konzentrationen des diffundierenden Stoffes

[1] DARKEN, L. S.: Trans. AIME, Techn. Publ. No. 2443 (1948).

Phasenänderungen zur Folge, so werden im allgemeinen Wanderungen der Phasengrenzflächen stattfinden. Solche Fälle hat C. WAGNER[1] behandelt.

5.122.21 Beiderseits unbegrenztes System mit zwei Phasen. Wir setzen wieder die Anfangsbedingungen (5.31) voraus. Die an der Phasengrenzebene vorgeschriebenen festen Konzentrationen bezeichnen wir mit $c_{I/II}$ und $c_{II/I}$. An Stelle von (5.111) sind also die Randbedingungen

$$\left.\begin{aligned} c(x^* + 0, t) &= c_{I/II}, \\ c(x^* - 0, t) &= c_{II/I} \end{aligned}\right\} \tag{5.119}$$

für $t > 0$ einzuhalten. Außerdem gilt weiterhin (5.110). Wir benutzen wieder fiktive Anfangskonzentrationen ζ_1, ζ_2 und die Hilfslösungen (5.112), für die jetzt

$$c(x, t) = \begin{cases} c_I(x, t), & \text{falls} \quad x \geqq x^* \\ c_{II}(x, t), & \text{falls} \quad x \leqq x^* \end{cases} \tag{5.120}$$

gelten soll. Mit der schon in Gl. (5.21) eingeführten Variablenkombination $x/\sqrt{t} = \lambda$ schreiben wir für die Hilfslösungen

$$\left.\begin{aligned} c_I(\lambda) &= c_1 - \frac{c_1 - \zeta_2}{2}\left[1 - \operatorname{erf}\left(\frac{\lambda}{2\sqrt{D_I}}\right)\right], \\ c_{II}(\lambda) &= c_2 - \frac{c_2 - \zeta_1}{2}\left[1 + \operatorname{erf}\left(\frac{\lambda}{2\sqrt{D_{II}}}\right)\right]. \end{aligned}\right\} \tag{5.121}$$

Für (5.119) folgt entsprechend, wenn wir $x^*/\sqrt{t} = \lambda^*$ setzen,

$$\begin{aligned} c(\lambda^* + 0) &= c_I(\lambda^*) = c_{I/II}, \\ c(\lambda^* - 0) &= c_{II}(\lambda^*) = c_{II/I} \end{aligned} \tag{5.122}$$

und für die mit $\sqrt{t}$ multiplizierte Gleichung (5.110)

$$D_I\left(\frac{dc}{d\lambda}\right)_{\lambda=\lambda^*+0} = D_{II}\left(\frac{dc}{d\lambda}\right)_{\lambda=\lambda^*-0}. \tag{5.123}$$

Durch Differentiation der Gleichungen (5.121) bekommt man bei $\lambda = \lambda^*$

$$\left(\frac{dc}{d\lambda}\right)_{\lambda=\lambda^*+0} = \left(\frac{dc_I}{d\lambda}\right)_{\lambda=\lambda^*} = \frac{c_1 - \zeta_2}{2\sqrt{\pi D_I}} \exp\left(-\frac{\lambda^{*2}}{4D_I}\right),$$

$$\left(\frac{dc}{d\lambda}\right)_{\lambda=\lambda^*-0} = \left(\frac{dc_{II}}{d\lambda}\right)_{\lambda=\lambda^*} = \frac{\zeta_1 - c_2}{2\sqrt{\pi D_{II}}} \exp\left(-\frac{\lambda^{*2}}{4D_{II}}\right)$$

und hiermit aus (5.123)

$$(c_1 - \zeta_2)\sqrt{D_I}\exp\left(-\frac{\lambda^{*2}}{4D_I}\right) = (\zeta_1 - c_2)\sqrt{D_{II}}\exp\left(-\frac{\lambda^{*2}}{4D_{II}}\right). \tag{5.124}$$

Nun setzen wir in (5.122) die Ausdrücke (5.121) mit $\lambda = \lambda^*$ ein und lösen nach ζ_1, ζ_2 auf:

$$\zeta_1 = 2\frac{c_{II/I} - c_2}{1 + \operatorname{erf}\left(\frac{\lambda^*}{2\sqrt{D_{II}}}\right)} + c_2, \qquad \zeta_2 = 2\frac{c_{I/II} - c_1}{1 - \operatorname{erf}\left(\frac{\lambda^*}{2\sqrt{D_I}}\right)} + c_1. \tag{5.125}$$

[1] Siehe W. JOST: Diffusion in Solids, Liquids, Gases; S. 69—75. New York 1952. — Diffusion, Methoden der Messung und Auswertung; S. 80—87. Darmstadt 1957.

Aus (5.124) folgt hiermit

$$\frac{c_1 - c_{\mathrm{I/II}}}{1 - \operatorname{erf}\left(\frac{\lambda^*}{2\sqrt{D_{\mathrm{I}}}}\right)} \sqrt{D_{\mathrm{I}}} \exp\left(-\frac{\lambda^{*2}}{4D_{\mathrm{I}}}\right) = \frac{c_{\mathrm{II/I}} - c_2}{1 + \operatorname{erf}\left(\frac{\lambda^*}{2\sqrt{D_{\mathrm{II}}}}\right)} \sqrt{D_{\mathrm{II}}} \exp\left(-\frac{\lambda^{*2}}{4D_{\mathrm{II}}}\right). \tag{5.126}$$

Diese transzendente Gleichung enthält nur noch die Unbekannte λ^*. Hat man sie — etwa durch graphische oder numerische Verfahren — bestimmt, so läßt sich die Lösung über (5.125), (5.112) und (5.120) ausrechnen. Für x^* gilt $x^* = \lambda^* \sqrt{t}$, die Wanderung der Phasengrenze erfolgt also proportional zur Quadratwurzel der Zeit, bei positivem λ^* nach rechts, bei negativem (Abb. 5.17) nach links.

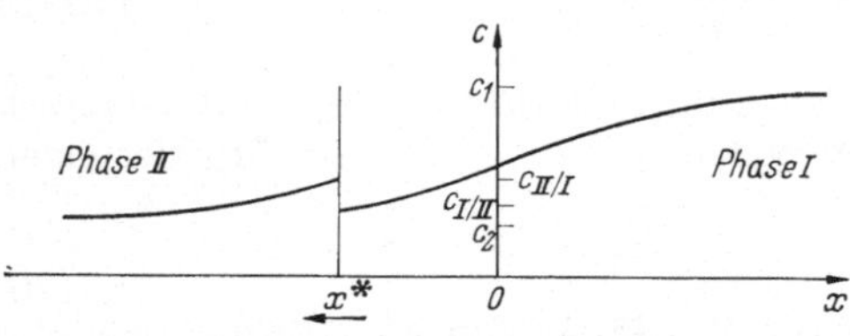

Abb. 5.17. Beiderseits unbegrenztes Zwei-Phasen-System, dessen Phasengrenze nach links wandert ($\lambda^* < 0$).

5.122.22 Zweiphasiges einseitig begrenztes System mit fester Konzentration an der Begrenzungsebene. Wir betrachten ein zweiphasiges einseitig begrenztes Diffusionssystem mit einheitlicher Anfangskonzentration c_1, in dem an der Begrenzung die Konzentration c_s eingehalten wird, so daß die Bedingungen (5.53), (5.56) vorliegen. An der Phasengrenze $x = x^*$ sollen wieder die Beziehungen (5.119) und (5.110) gelten. Als Hilfslösungen führen wir jetzt

$$\left.\begin{aligned} c_{\mathrm{I}}(x, t) &= c_1 - \frac{c_1 - \zeta_2}{2}\left[1 - \operatorname{erf}\left(\frac{x}{2\sqrt{D_{\mathrm{I}} t}}\right)\right], \\ c_{\mathrm{II}}(x, t) &= c_s + (\zeta_1 - c_s) \operatorname{erf}\left(\frac{x}{2\sqrt{D_{\mathrm{II}} t}}\right) \end{aligned}\right\} \tag{5.127}$$

ein. Der Ausdruck für c_{II} stimmt mit der Lösung (5.57) für das entsprechende einphasige Diffusionssystem, der für c_{I} mit der ersten Gleichung (5.112) überein. Mit $\lambda = x/\sqrt{t}$ bekommt man:

$$\left.\begin{aligned} c_{\mathrm{I}}(\lambda) &= c_1 - \frac{c_1 - \zeta_2}{2}\left[1 - \operatorname{erf}\left(\frac{\lambda}{2\sqrt{D_{\mathrm{I}}}}\right)\right], \\ c_{\mathrm{II}}(\lambda) &= c_s + (\zeta_1 - c_s) \operatorname{erf}\left(\frac{\lambda}{2\sqrt{D_{\mathrm{II}}}}\right). \end{aligned}\right\} \tag{5.128}$$

Differenziert man diese Gleichungen und setzt die Ableitungen für $\lambda = \lambda^*$ in (5.123) ein, so erhält man ähnlich wie in (5.124)

$$\frac{c_1 - \zeta_2}{2} \sqrt{D_{\mathrm{I}}} \exp\left(-\frac{\lambda^{*2}}{4D_{\mathrm{I}}}\right) = (\zeta_1 - c_s) \sqrt{D_{\mathrm{II}}} \exp\left(-\frac{\lambda^{*2}}{4D_{\mathrm{II}}}\right). \tag{5.129}$$

Nun führe man die nach (5.128) gebildeten Ausdrücke für $c_{\mathrm{I}}(\lambda^*)$ und $c_{\mathrm{II}}(\lambda^*)$ in (5.122) ein und löse die Gleichungen nach ζ_1, ζ_2 auf:

$$\zeta_1 = \frac{c_{\mathrm{II/I}} - c_s}{\operatorname{erf}\left(\frac{\lambda^*}{2\sqrt{D_{\mathrm{II}}}}\right)} + c_s, \quad \zeta_2 = 2\frac{c_{\mathrm{I/II}} - c_1}{1 - \operatorname{erf}\left(\frac{\lambda^*}{2\sqrt{D_{\mathrm{I}}}}\right)} + c_1. \tag{5.130}$$

Hiermit folgt aus (5.129)

$$\frac{c_1 - c_{\mathrm{I/II}}}{1 - \operatorname{erf}\left(\frac{\lambda^*}{2\sqrt{D_{\mathrm{I}}}}\right)} \sqrt{D_{\mathrm{I}}} \exp\left(-\frac{\lambda^{*2}}{4D_{\mathrm{I}}}\right) = \frac{c_{\mathrm{II/I}} - c_s}{\operatorname{erf}\left(\frac{\lambda^*}{2\sqrt{D_{\mathrm{II}}}}\right)} \sqrt{D_{\mathrm{II}}} \exp\left(-\frac{\lambda^{*2}}{4D_{\mathrm{II}}}\right). \tag{5.131}$$

Hat man hieraus λ^* bestimmt, so erhält man die Lösung des Problems über (5.130), (5.127) und (5.120), und durch $x^* = \lambda^* \sqrt{t}$ wird wieder die Wanderung der Phasengrenze beschrieben (Abb. 5.18). Nur wenn $\lambda^* > 0$ ist, also die Wanderung nach rechts erfolgt, tritt die Phase II auf. Zu $c_{\mathrm{II/I}} = c_s$ ergibt sich $\lambda^* = 0$; d. h., die Phasengrenze bleibt an der Begrenzung bei $x = 0$. Für $\lambda^* < 0$ liefern die Formeln kein reales Ergebnis.

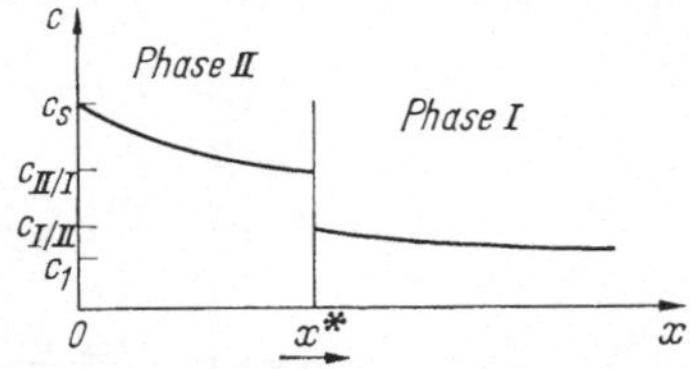

Abb. 5.18. Einseitig begrenztes Zwei-Phasen-System mit wandernder Phasengrenze.

5.122.23 Beiderseits unbegrenztes System mit drei Phasen. Die Methode läßt sich auch auf Diffusionsvorgänge in mehr als zwei Phasen erweitern. Das soll am Beispiel eines dreiphasigen Systems unter den Anfangsbedingungen (5.31) noch kurz gezeigt werden.

Die Grenzflächen zwischen den Phasen I und II bzw. II und III seien $x = x_1^*$ bzw. $x = x_2^*$. An ihnen sollen für $t > 0$ folgende Konzentrationen herrschen:

$$\left.\begin{aligned} c(x_1^* + 0, t) &= c_{\mathrm{I/II}}, & c(x_1^* - 0, t) &= c_{\mathrm{II/I}}, \\ c(x_2^* + 0, t) &= c_{\mathrm{II/III}}, & c(x_2^* - 0, t) &= c_{\mathrm{III/II}}; \end{aligned}\right\} \tag{5.132}$$

außerdem sollen die Diffusionsströme zu beiden Seiten der Grenzflächen übereinstimmen:

$$D_{\mathrm{I}} \left(\frac{\partial c}{\partial x}\right)_{x = x_1^* + 0} = D_{\mathrm{II}} \left(\frac{\partial c}{\partial x}\right)_{x = x_1^* - 0}, \quad D_{\mathrm{II}} \left(\frac{\partial c}{\partial x}\right)_{x = x_2^* + 0} = D_{\mathrm{III}} \left(\frac{\partial c}{\partial x}\right)_{x = x_2^* - 0}. \tag{5.133}$$

Wir führen fiktive Anfangskonzentrationen $\zeta_{\mathrm{I}2}, \zeta_{\mathrm{II}1}, \zeta_{\mathrm{II}2}, \zeta_{\mathrm{III}1}$ und Hilfslösungen $c_{\mathrm{I}}, c_{\mathrm{II}}, c_{\mathrm{III}}$ ein, die die Anfangsbedingungen

$$c_{\mathrm{I}}(x, 0) = \begin{cases} c_1, & \text{falls} \quad 0 < x < \infty, \\ \zeta_{\mathrm{I}2}, & \text{falls} \quad -\infty < x < 0; \end{cases}$$

$$c_{\mathrm{II}}(x, 0) = \begin{cases} \zeta_{\mathrm{II}1}, & \text{falls} \quad 0 < x < \infty, \\ \zeta_{\mathrm{II}2}, & \text{falls} \quad -\infty < x < 0; \end{cases}$$

$$c_{\mathrm{III}}(x, 0) = \begin{cases} \zeta_{\mathrm{III}1}, & \text{falls} \quad 0 < x < \infty, \\ c_2, & \text{falls} \quad -\infty < x < 0 \end{cases}$$

erfüllen, so daß gemäß (5.34)

$$\left.\begin{aligned} c_{\mathrm{I}}(x, t) &= c_1 - \frac{c_1 - \zeta_{\mathrm{I}2}}{2} \left[1 - \operatorname{erf}\left(\frac{x}{2\sqrt{D_{\mathrm{I}} t}}\right)\right], \\ c_{\mathrm{II}}(x, t) &= \frac{\zeta_{\mathrm{II}1} + \zeta_{\mathrm{II}2}}{2} + \frac{\zeta_{\mathrm{II}1} - \zeta_{\mathrm{II}2}}{2} \operatorname{erf}\left(\frac{x}{2\sqrt{D_{\mathrm{II}} t}}\right), \\ c_{\mathrm{III}}(x, t) &= c_2 - \frac{c_2 - \zeta_{\mathrm{III}1}}{2} \left[1 + \operatorname{erf}\left(\frac{x}{2\sqrt{D_{\mathrm{III}} t}}\right)\right], \end{aligned}\right\} \tag{5.134}$$

wird. Für alle $t > 0$ soll jetzt

$$c(x, t) = \begin{cases} c_{\mathrm{I}}(x, t), & \text{falls} \quad x \geqq x_1^*, \\ c_{\mathrm{II}}(x, t), & \text{falls} \quad x_2^* \leqq x \leqq x_1^*, \\ c_{\mathrm{III}}(x, t), & \text{falls} \quad x \leqq x_2^* \end{cases} \tag{5.135}$$

gelten.

Benutzen wir wieder $\lambda = x/\sqrt{t}$ und entsprechend $\lambda_1^* = x_1^*/\sqrt{t}$, $\lambda_2^* = x_2^*/\sqrt{t}$, so folgt mit (5.135) und (5.134) aus (5.132)

$$\left.\begin{aligned} c_{\mathrm{I/II}} &= c_1 - \frac{c_1 - \zeta_{\mathrm{I}2}}{2}\left[1 - \operatorname{erf}\left(\frac{\lambda_1^*}{2\sqrt{D_{\mathrm{I}}}}\right)\right], \\ c_{\mathrm{II/I}} &= \frac{\zeta_{\mathrm{II}1} + \zeta_{\mathrm{II}2}}{2} + \frac{\zeta_{\mathrm{II}1} - \zeta_{\mathrm{II}2}}{2}\operatorname{erf}\left(\frac{\lambda_1^*}{2\sqrt{D_{\mathrm{II}}}}\right), \\ c_{\mathrm{II/III}} &= \frac{\zeta_{\mathrm{II}1} + \zeta_{\mathrm{II}2}}{2} + \frac{\zeta_{\mathrm{II}1} - \zeta_{\mathrm{II}2}}{2}\operatorname{erf}\left(\frac{\lambda_2^*}{2\sqrt{D_{\mathrm{II}}}}\right), \\ c_{\mathrm{III/II}} &= c_2 - \frac{c_2 - \zeta_{\mathrm{III}1}}{2}\left[1 + \operatorname{erf}\left(\frac{\lambda_2^*}{2\sqrt{D_{\mathrm{III}}}}\right)\right] \end{aligned}\right\} \tag{5.136}$$

und aus (5.133)

$$\left.\begin{aligned} (c_1 - \zeta_{\mathrm{I}2})\sqrt{D_{\mathrm{I}}}\exp\left(-\frac{\lambda_1^{*2}}{4D_I}\right) &= (\zeta_{\mathrm{II}1} - \zeta_{\mathrm{II}2})\sqrt{D_{\mathrm{II}}}\exp\left(-\frac{\lambda_1^{*2}}{4D_{\mathrm{II}}}\right), \\ (\zeta_{\mathrm{II}1} - \zeta_{\mathrm{II}2})\sqrt{D_{\mathrm{II}}}\exp\left(-\frac{\lambda_2^{*2}}{4D_{\mathrm{II}}}\right) &= (\zeta_{\mathrm{III}1} - c_2)\sqrt{D_{\mathrm{III}}}\exp\left(-\frac{\lambda_2^{*2}}{4D_{\mathrm{III}}}\right). \end{aligned}\right\} \tag{5.137}$$

Löst man die Gleichungen (5.136) nach $\zeta_{\mathrm{I}2}$, $\zeta_{\mathrm{II}1} - \zeta_{\mathrm{II}2}$, $\zeta_{\mathrm{III}1}$ auf und setzt diese Werte in (5.137) ein, so erhält man

$$\left.\begin{aligned} &\frac{c_1 - c_{\mathrm{I/II}}}{1 - \operatorname{erf}\left(\frac{\lambda_1^*}{2\sqrt{D_{\mathrm{I}}}}\right)}\sqrt{D_{\mathrm{I}}}\exp\left(-\frac{\lambda_1^{*2}}{4D_{\mathrm{I}}}\right) \\ &\qquad = \frac{c_{\mathrm{II/I}} - c_{\mathrm{II/III}}}{\operatorname{erf}\left(\frac{\lambda_1^*}{2\sqrt{D_{\mathrm{II}}}}\right) - \operatorname{erf}\left(\frac{\lambda_2^*}{2\sqrt{D_{\mathrm{II}}}}\right)}\sqrt{D_{\mathrm{II}}}\exp\left(-\frac{\lambda_1^{*2}}{4D_{\mathrm{II}}}\right), \\ &\frac{c_{\mathrm{II/I}} - c_{\mathrm{II/III}}}{\operatorname{erf}\left(\frac{\lambda_1^*}{2\sqrt{D_{\mathrm{II}}}}\right) - \operatorname{erf}\left(\frac{\lambda_2^*}{2\sqrt{D_{\mathrm{II}}}}\right)}\sqrt{D_{\mathrm{II}}}\exp\left(-\frac{\lambda_2^{*2}}{4D_{\mathrm{II}}}\right) \\ &\qquad = \frac{c_{\mathrm{III/II}} - c_2}{1 + \operatorname{erf}\left(\frac{\lambda_2^*}{2\sqrt{D_{\mathrm{III}}}}\right)}\sqrt{D_{\mathrm{III}}}\exp\left(-\frac{\lambda_2^{*2}}{4D_{\mathrm{III}}}\right). \end{aligned}\right\} \tag{5.138}$$

Bestimmt man aus diesen beiden Gleichungen λ_1^* und λ_2^*, so kann man aus (5.136) $\zeta_{\mathrm{I}2}, \zeta_{\mathrm{II}1}, \zeta_{\mathrm{II}2}, \zeta_{\mathrm{III}1}$ berechnen und über (5.134), (5.135) die Lösung des Problems erhalten. Durch $x_1^* = \lambda_1^*\sqrt{t}$ und $x_2^* = \lambda_2^*\sqrt{t}$ werden die Wanderungen der Phasengrenzebenen beschrieben (Abb. 5.19).

5.123 Der Diffusionskoeffizient ist konzentrationsabhängig. Wie bereits auf S. 379 erwähnt wurde, kann der Diffusionskoeffizient im allgemeinen nur für stark verdünnte Lösungen als Konstante betrachtet werden; bei größeren Konzentrationsdifferenzen muß man meist seine Konzentrationsabhängigkeit berücksichtigen. Mit der Diffusionsgleichung (5.14) für $D = D(c)$ hat sich zuerst BOLTZMANN[1] befaßt. Er wurde dazu durch Diffusionsversuche an Flüssigkeiten von WIENER[2] angeregt, der aus Messungen in verschiedenen Konzentrationsbereichen, die er mit den Methoden für konstantes D auswertete (s. Abschn. 5.141.1) unterschiedliche Werte des Diffusionskoeffizienten bekam. BOLTZMANN stellte für ein nach beiden Seiten unbegrenztes System mit einem Konzentrationssprung zu Beginn [Anfangsbedingungen (5.31)] die nur von $x/\sqrt{t}$ abhängige Lösung durch die Formel (5.30) dar. Sie gibt, wie schon fest-

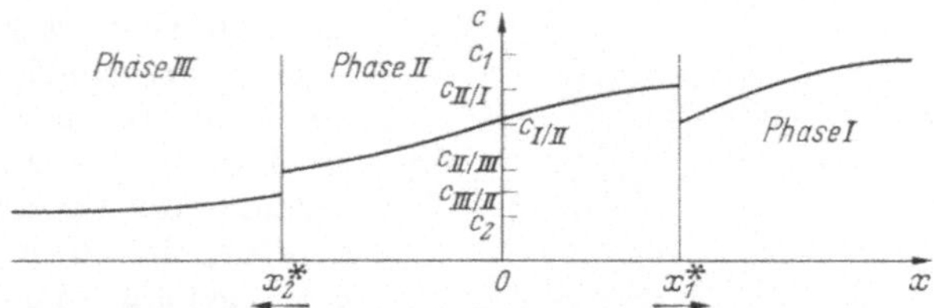

Abb. 5.19. Beiderseits unbegrenztes Drei-Phasen-System, in dem eine Phasengrenze (x_1^*) nach rechts, die andere (x_2^*) nach links wandert ($\lambda_1^* > 0$, $\lambda_2^* < 0$).

gestellt wurde, bei konzentrationsabhängigem Diffusionskoeffizienten die Lösung nicht explizit an. Man kann aber darauf Näherungsverfahren aufbauen (s. Abschn. 5.123.4).

Die Konzentration c_0 an der Ebene $x = 0$ des anfänglichen Konzentrationssprungs bleibt für $t > 0$ unverändert (S. 383). Wenn D konstant ist, wird gemäß (5.38) $c_0 = (c_1 + c_2)/2$. Bei veränderlichem D hat c_0 jedoch im allgemeinen einen anderen Wert, und es ist mitunter wichtig, dies bei der Auswertung von Diffusionsversuchen zu beachten. MATANO[3] wies hierauf im Zusammenhang mit der Bestimmung konzentrationsabhängiger Diffusionskoeffizienten von festen Stoffen (siehe Abschn. 5.143.4) hin.

Durch Differentiation von (5.30) nach x ergibt sich

$$\frac{\partial c}{\partial x} \to 0, \quad \text{wenn} \quad x \to \pm\infty.$$

Man bekommt daher durch Integration der Gl. (5.14) von $+\infty$ bzw. $-\infty$ bis 0

$$\int_{-\infty}^{0} \frac{\partial c}{\partial t}\, dx = \left(D \frac{\partial c}{\partial x}\right)_{x=0} = \int_{+\infty}^{0} \frac{\partial c}{\partial t}\, dx.$$

Integriert man den rechten und linken Ausdruck unter dem Integralzeichen von 0 bis t und beachtet die Bedingungen (5.31), so folgt

$$\int_{-\infty}^{0} [c(x, t) - c_2]\, dx = \int_{0}^{\infty} [c_1 - c(x, t)]\, dx. \tag{5.139}$$

[1] BOLTZMANN, L.: Ann. Phys. (NF) **53**, 959 (1894).
[2] WIENER, O.: Ann. Phys. (NF) **49**, 105 (1893).
[3] MATANO, C.: Jap. J. Phys. **8**, 109 (1933).

Das Ortskoordinatensystem ist immer so zu legen, daß die Gl. (5.139) erfüllt ist. Die Querschnittsebene $x = 0$ heißt MATANO-Ebene. Man kann ihre Lage aus einem bekannten Konzentrationsverlauf graphisch ermitteln. In Abb. 5.20 müssen die Flächen A und B, die den rechts und links der MATANO-Ebene verschwundenen bzw. hinzugekommenen Stoff darstellen, gleich groß sein.

Die Kenngröße K zur Feststellung, ob eine Versuchsanordnung quasi-unendlich ist, kann man wie im Abschn. 5.121.4 verwenden, wenn man D durch $D_{\max}$ ersetzt. Dadurch wird der größtmögliche Fortschritt der Diffusionsvorgänge, also der für die Fehlerabschätzung ungünstigste Fall angenommen. Die charakteristische Länge L ist der Abstand von der MATANO-Ebene zur nächstgelegenen vernachlässigten Begrenzung. Wenn wieder Abweichungen bis zu 1‰ der Anfangskonzentrationsdifferenz zugelassen werden, gilt z. B. gemäß (5.98) für die Kenngröße einer nach beiden Seiten quasi-unendlichen Anordnung

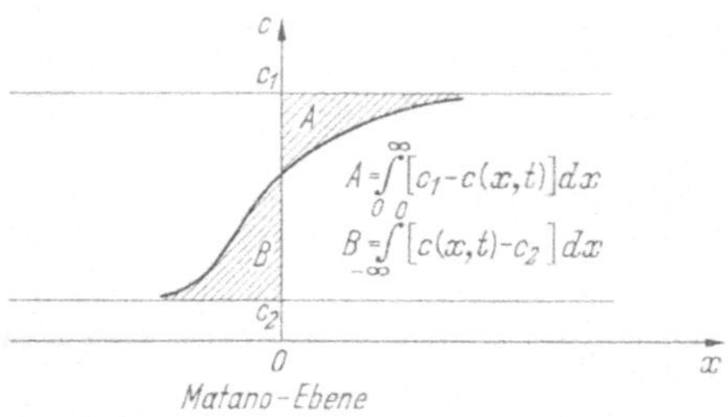

Abb. 5.20. Konzentrationsverlauf eines diffundierenden Stoffes links und rechts von der MATANO-Ebene (Flächen A und B sind gleich groß).

$$K = L/\sqrt{D_{\max} t} \geqq 4{,}38$$

und für die einer einseitig begrenzten mit festgehaltener Konzentration an der Begrenzungsebene gemäß (5.104)

$$K = L/\sqrt{D_{\max} t} \geqq 4{,}66\,.$$

5.123.1 Sprunghafte Änderung des Diffusionskoeffizienten. Kennt man den Diffusionskoeffizienten für bestimmte Konzentrationsintervalle jeweils nur als Konstante, wie etwa bei den auf S. 413 erwähnten Versuchen von WIENER, so läßt sich, um den Konzentrationsverlauf innerhalb einer größeren Differenz der Anfangskonzentrationen angenähert zu berechnen, das in Abschn. 5.122.2 behandelte Verfahren zur Lösung der Diffusionsgleichung für mehrphasige Systeme anwenden. Ähnliche Zusammenhänge traten schon auf S. 408 auf, wo gezeigt wurde, daß man ein zweiphasiges System ohne Phasenumwandlungen, in dem die Konzentrationen zu beiden Seiten der Phasengrenze übereinstimmen, mathematisch auch als einphasiges mit sprunghafter Änderung des Diffusionskoeffizienten behandeln kann.

Ist etwa $D(c)$ näherungsweise in der Form

$$D(c) = \begin{cases} D_{\mathrm{I}}, & \text{wenn} \quad c_1 < c < c_2 \\ D_{\mathrm{II}}, & \text{wenn} \quad c_2 < c < c_3 \\ D_{\mathrm{III}}, & \text{wenn} \quad c_3 < c < c_4 \end{cases} \tag{5.140}$$

bekannt, so kann man die Lösung der Differentialgleichung (5.14) unter den Bedingungen

$$c\,(x, 0) = \begin{cases} c_1, & \text{falls} \quad 0 < x < \infty \\ c_4, & \text{falls} \quad -\infty < x < 0 \end{cases} \tag{5.141}$$

erhalten, indem man fiktive Phasengrenzen x_1^* und x_2^* an den Stellen, wo $c = c_2$ bzw. $c = c_3$ ist, einführt und in (5.132) bis (5.138) $c_{I/II} \equiv c_{II/I}$ durch c_2, $c_{II/III} \equiv c_{III/II}$ durch c_3 und c_2 durch c_4 ersetzt. Die Konzentrationskurve weist dann an den Konzentrationen c_2 und c_3 Knicke auf (Abb. 5.21), die in einphasigen Systemen nicht vorkommen werden, die aber dem durch (5.140) angenähert gegebenen Diffusionskoeffizienten entsprechen.

5.123.2 Tabelliertes Verfahren für exponentiell von der Konzentration abhängigen Diffusionskoeffizienten (nach Wagner). Man kann die Differentialgleichung (5.22), die, wie wir gesehen haben, unter den Bedingungen (5.23) mit (5.14), (5.31) äquivalent ist, numerisch etwa mit Hilfe einer Rechenanlage lösen. Für $D(c)$ nimmt man hierbei nach Möglichkeit eine mathematisch einfach darstellbare Funktion, die von Parametern abhängt und sich empirischen D-c-Kurven gut anpassen läßt (vgl. S. 420). Als Beispiel bringen wir zunächst die von WAGNER[1] veröffentlichten tabellarischen Lösungen für einen exponentiell von der Konzentration abhängigen Diffusionskoeffizienten.

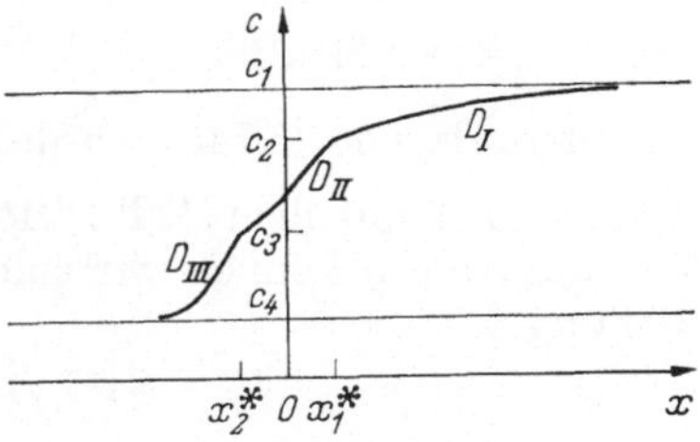

Abb. 5.21 Konzentrationsverlauf bei sprunghafter Änderung des Diffusionskoeffizienten.

5.123.21 Beiderseits unbegrenztes System. Der Diffusionskoeffizient sei in der Form

$$D(c) = D_0 \exp\{\beta(c - c_0)\} \qquad (5.142)$$

darstellbar. $D_0 = D(c_0)$ ist der Diffusionskoeffizient für die gleichbleibende Konzentration c_0 an der MATANO-Ebene. Bildet man von D/D_0 den natürlichen Logarithmus und differenziert nach c, so folgt

$$\frac{d}{dc}\left(\ln \frac{D}{D_0}\right) = \beta. \qquad (5.143)$$

Als Stammfunktion C [vgl. (5.19)] zu (5.142) nehmen wir

$$C = \frac{D_0}{\beta} \exp\{\beta(c - c_0)\}. \qquad (5.144)$$

Aus (5.142) und (5.144) folgt für D in Abhängigkeit von C

$$D = \beta C \qquad (5.145)$$

und aus Gl. (5.22)

$$\beta C \frac{d^2 C}{d\lambda^2} + \frac{\lambda}{2} \frac{dC}{d\lambda} = 0. \qquad (5.146)$$

Führt man durch

$$C = \frac{D_0}{\beta} u; \qquad \lambda = 2\sqrt{D_0}\, z \qquad (5.147)$$

neue Variable ein, so bekommt man aus (5.146) nach Multiplikation mit $4\beta/D_0$ die Differentialgleichung

$$u \frac{d^2 u}{dz^2} + 2z \frac{du}{dz} = 0 \qquad (5.148)$$

[1] WAGNER, C.: J. Metals 4, 91 (1952).

für $u(z)$, in der die beiden Parameter D_0 und β nicht mehr auftreten. Für den Zusammenhang von u und z mit den Ausgangsvariablen c, x, t gilt gemäß (5.147), (5.144) und (5.21)

$$u = \exp\{\beta(c - c_0)\}; \tag{5.149}$$

$$z = \frac{x}{2\sqrt{D_0 t}}. \tag{5.150}$$

An der Stelle $x = 0$ ist hiernach $z = 0$ und wegen $c(0, t) = c_0$

$$u(0) = 1. \tag{5.151}$$

Mit $x \to \pm\infty$ geht, wenn $t > 0$ ist, auch $z \to \pm\infty$, und aus (5.29) und (5.149) ergeben sich die Randbedingungen

$$\left.\begin{aligned} u &\to \exp\{\beta(c_1 - c_0)\} \equiv u_1, \quad \text{falls} \quad z \to +\infty, \\ u &\to \exp\{\beta(c_2 - c_0)\} \equiv u_2, \quad \text{falls} \quad z \to -\infty. \end{aligned}\right\} \tag{5.152}$$

Integrale von (5.148) wurden für $u(0) = 1$ und $\left(\frac{du}{dz}\right)_{z=0} \equiv g = 0{,}2$; $0{,}4; \ldots; 2{,}4$ mit dem MIT-Differentialanalysator numerisch berechnet. Für negative g können wir solche Integrale $u[z; g]$ mit Hilfe der Beziehung

$$u[z; g] = u[-z; -g] \tag{5.153}$$

bekommen, die sich aus der Differentialgleichung (5.148) ergibt, wenn man $-z$ an Stelle von z einführt. Für $z \to \pm\infty$ nehmen die $u[z; g]$ Grenzwerte $u_1(g)$ bzw. $u_2(g)$ an, deren Quotient nach (5.152) durch β und die Anfangskonzentration c_1, c_2 ausgedrückt werden kann:

$$\frac{u_1}{u_2} = \exp\{\beta(c_1 - c_2)\} \tag{5.154}$$

oder

$$\ln\frac{u_1}{u_2} = \beta(c_1 - c_2). \tag{5.155}$$

Kennt man die Grenzwerte $u_1(g)$ und $u_2(g)$, so läßt sich mit einer der beiden aus (5.152) folgenden Beziehungen

$$c_0 = c_1 - \frac{\ln u_1}{\beta},$$

$$c_0 = c_2 - \frac{\ln u_2}{\beta}$$

die Konzentration c_0 an der MATANO-Ebene gewinnen. WAGNER verwendet den Durchschnitt aus beiden Ausdrücken:

$$c_0 = \frac{1}{2}(c_1 + c_2) - \frac{1}{2\beta}\ln(u_1 u_2). \tag{5.156}$$

Abb. 5.22 bzw. 5.23 zeigt die der WAGNERschen Arbeit entnommene Kurve für $|g|$ in Abhängigkeit von $|\beta(c_1 - c_2)|$ bzw. $\frac{1}{2}\ln(u_1 u_2)$ in Abhängigkeit von $|g|$. Das Vorzeichen von g stimmt mit dem von $u_1 - u_2$ und $\ln(u_1/u_2)$, also nach (5.155) mit dem von $\beta(c_1 - c_2)$ überein. WAGNER gibt außerdem empirische Interpolationsformeln zur Berechnung von

g und $\frac{1}{2}\ln(u_1 u_2)$ an:

$$g = 0{,}564\beta(c_1 - c_2) - 5\cdot 10^{-3}\beta^3(c_1 - c_2)^3 + 6{,}4\cdot 10^{-5}\beta^5(c_1 - c_2)^5; \quad (5.157)$$

$$\tfrac{1}{2}\ln u_1 u_2 = -0{,}144 g^2 - 0{,}0038 g^4. \quad (5.158)$$

Für den Diffusionskoeffizienten $\bar{D}$ zur mittleren Konzentration $\frac{1}{2}(c_1 + c_2)$ bekommt man aus (5.142)

$$\bar{D} = D_0 \exp\left\{\beta\left(\frac{c_1 + c_2}{2} - c_0\right)\right\}, \quad (5.159)$$

oder

$$D_0 = \bar{D} \exp\left\{\beta\left(c_0 - \frac{c_1 + c_2}{2}\right)\right\}, \quad (5.160)$$

und mit (5.156) folgt:

$$D_0 = \bar{D} \exp\left\{-\frac{1}{2}\ln(u_1 u_2)\right\} = \frac{\bar{D}}{\sqrt{u_1 u_2}}. \quad (5.161)$$

Mit (5.160) erhält man aus (5.142) für $D(c)$ die Darstellung:

$$D(c) = \bar{D} \exp\left\{\beta\left(c - \frac{c_1 + c_2}{2}\right)\right\}, \quad (5.162)$$

in der $\bar{D}$ an Stelle von D_0 als Parameter auftritt.

Zur Bestimmung von c wird noch eine Hilfsfunktion ψ eingeführt, die wir in Verallgemeinerung zu dem in (5.34) auftretenden GAUSSschen Fehlerintegral durch

$$c = \frac{c_1 + c_2}{2} + \frac{c_1 - c_2}{2}\psi \quad (5.163)$$

definieren. Wenn D konzentrationsunabhängig ist, d. h. nach (5.162) $\beta = 0$ und nach (5.149) $u \equiv 1$, wird $du/dz \equiv g = 0$, und in diesem

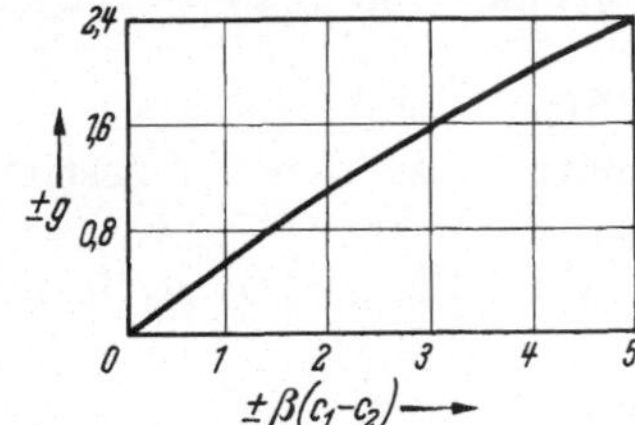

Abb. 5.22. Hilfsparameter g als Funktion von $\beta(c_1 - c_2)$ nach WAGNER.

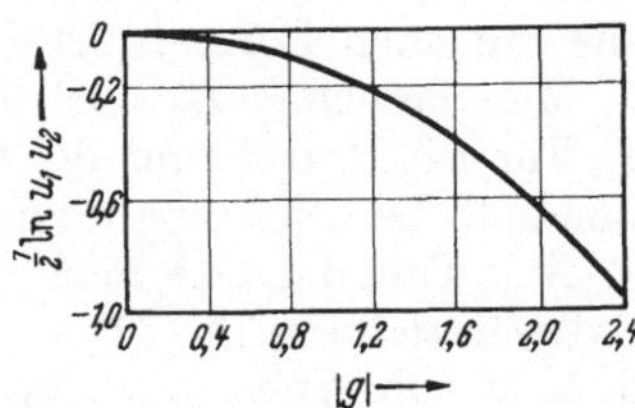

Abb. 5.23. $\frac{1}{2}\ln(u_1\ u_2)$ als Funktion von g nach WAGNER.

Fall stimmt, wie ein Vergleich mit (5.34) unter Beachtung von (5.150) zeigt, ψ mit der Fehlerfunktion überein. Aus (5.163) bekommt man

$$\psi = \frac{2c - c_1 - c_2}{c_1 - c_2} \quad (5.164)$$

und hieraus mit Hilfe von (5.155), (5.152) und der aus (5.149) folgenden Beziehung $c = \frac{1}{\beta}\ln u + c_0$

$$\psi = \frac{\ln \frac{u^2}{u_1 u_2}}{\ln \frac{u_1}{u_2}}. \quad (5.165)$$

Man erkennt hieraus, daß ψ wie das GAUSSsche Fehlerintegral Werte zwischen -1 (Grenzwert für $z \to -\infty$, d. h. $u = u_2$) und $+1$ (Grenzwert für $z \to +\infty$, d. h. $u = u_1$) annehmen kann. WAGNERS Arbeit enthält eine auf drei Dezimalen berechnete Tafel für $\psi = \psi(z, g)$, die wir in Tab. 5.1 übernommen haben. An den unbeschriebenen Stellen ist $\psi = -1$ zu ergänzen. Mit Hilfe von (5.153) und der daraus für die Grenzwerte u_1 und u_2 folgenden Beziehung

$$u_1(g) = u_2(-g) \tag{5.166}$$

erhält man aus (5.165) die Gleichung

$$\psi(z, g) = -\psi(-z, -g), \tag{5.167}$$

mit deren Hilfe man die Funktionswerte ψ auch für negative g aus Tab. 5.1 ablesen kann. Durch Vergleich mit einer Tabelle des GAUSSschen Fehlerintegrals sieht man insbesondere, daß

$$\psi(z, 0) = \operatorname{erf}(z) \tag{5.168}$$

ist, wie schon bemerkt wurde.

Sind für einen Diffusionsvorgang mit den Anfangsbedingungen (5.31) und dem exponentiell von der Konzentration abhängigen Diffusionskoeffizienten (5.162) die Anfangskonzentrationen c_1 und c_2 und die Konstanten $\bar{D}$ und β gegeben, so kann man die Konzentration c in Abhängigkeit von x und t in folgenden Schritten bekommen:

1. Zu $\beta(c_1 - c_2)$ entnehme man den Parameterwert g der Abb. 5.22 [g und $\beta(c_1 - c_2)$ haben gleiche Vorzeichen] oder berechne ihn nach Formel (5.157).

2. Zu g lese man den Wert für $\frac{1}{2}\ln(u_1 u_2)$ aus Abb. 5.23 ab oder berechne ihn nach Formel (5.158).

3. Man berechne D_0 nach Formel (5.161).

4. Für die Zeit t und die Ortskoordinate x, zu denen c bestimmt werden soll, berechne man z nach (5.150).

5. Aus Tab. 5.1 lese man $\psi = \psi(z, g)$ ab. Falls $g < 0$ ist, benutze man die Beziehung (5.167).

6. Man berechne c nach Formel (5.163).

Nach diesem Verfahren läßt sich auch die Querschnittsebene leicht bestimmen, an der die mittlere Konzentration $\frac{1}{2}(c_1 + c_2)$ herrscht. Für diese Konzentration ist nach (5.163) $\psi = 0$. Der zugehörige z-Wert $\bar{z}$ kann also aus Tab. 5.1 entnommen werden, wenn man zu dem nach Schritt 1 bestimmten Parameterwert g die z-Spalte aufsucht, in der

$$\psi(\bar{z}, g) = 0$$

ist. Zur Zeit t befindet sich dann die Ebene mit der mittleren Konzentration gemäß (5.150) bei

$$\bar{x} = 2\,\bar{z}\sqrt{D_0 t}. \tag{5.169}$$

Auf diese Weise kann man, wenn die Festlegung der MATANO-Ebene Schwierigkeiten bereitet, das Ortskoordinatensystem an die Ebene mit der mittleren Konzentration anschließen.

Tabelle 5.1. *Numerische Werte der Funktion* $1000\,\psi(z, g)$

z	$g = 0{,}0$	0,2	0,4	0,6	0,8	1,0	1,2	1,4	1,6	1,8	2,0	2,2	2,4
−2,0	−995	−998	−1000										
−1,9	−993	−996	−999	−1000									
−1,8	−989	−994	−998	−999									
−1,7	−984	−990	−996	−998	−1000								
−1,6	−976	−984	−992	−996	−999	−1000							
−1,5	−966	−976	−985	−992	−997	−999	−1000						
−1,4	−952	−964	−976	−985	−993	−997	−999						
−1,3	−934	−948	−962	−975	−986	−994	−998	−1000					
−1,2	−910	−925	−942	−958	−974	−986	−995	−999					
−1,1	−880	−896	−914	−933	−953	−972	−987	−996	−1000				
−1,0	−843	−858	−876	−896	−920	−945	−969	−987	−997	−1000	−1000		
−0,9	−797	−810	−826	−845	−872	−901	−933	−963	−986	−998	−999		
−0,8	−742	−751	−765	−781	−804	−834	−870	−912	−952	−984	−997	−1000	
−0,7	−678	−682	−690	−700	−717	−741	−774	−817	−869	−928	−975	−996	−1000
−0,6	−604	−602	−602	−605	−612	−626	−647	−678	−721	−785	−866	−946	−993
−0,5	−520	−511	−504	−497	−494	−494	−498	−501	−528	−562	−615	−697	−831
−0,4	−429	−412	−397	−381	−366	−354	−343	−334	−329	−329	−336	−353	−393
−0,3	−329	−306	−282	−259	−237	−214	−191	−169	−148	−127	−107	−89	−76
−0,2	−223	−195	−117	−138	−109	−79	−50	−20	9	39	70	99	129
−0,1	−112	−81	−50	−18	14	46	78	111	143	176	209	240	272
0,0	0	32	64	97	129	161	193	225	256	288	320	349	380
+0,1	112	143	174	205	235	265	295	325	353	382	411	438	466
+0,2	223	250	278	305	332	359	385	411	436	462	487	511	535
+0,3	329	352	374	397	420	442	465	487	508	530	552	572	593
+0,4	429	445	462	481	499	517	535	553	570	589	607	624	642
+0,5	520	531	543	555	568	582	596	611	624	640	654	668	684
+0,6	604	608	614	622	631	640	650	661	672	684	696	709	720
+0,7	678	677	678	681	686	691	698	706	713	723	732	740	751
+0,8	742	737	733	733	734	736	740	745	750	757	764	771	779
+0,9	797	788	781	778	776	775	777	779	782	787	792	798	804
+1,0	843	831	823	816	812	810	809	809	810	813	817	820	825
+1,1	880	868	858	849	844	839	837	836	835	837	839	841	845
+1,2	910	899	886	878	871	865	861	859	857	858	858	859	862
+1,3	934	922	911	901	894	888	883	879	878	876	876	876	877
+1,4	952	941	931	921	913	906	901	897	894	892	891	890	891
+1,5	966	956	947	938	930	924	917	913	909	906	905	903	903
+1,6	976	968	959	951	943	937	931	926	922	919	917	915	915
+1,7	984	977	969	962	955	948	943	938	933	930	928	924	924
+1,8	989	984	977	971	964	958	953	948	943	940	937	934	933
+1,9	993	989	983	978	972	966	961	956	952	949	946	943	941
+2,0	995	992	988	983	978	973	968	964	959	956	952	950	948

Die Diffusionsstromdichte j_0 durch die MATANO-Ebene $x = 0$ ist nach dem 1. FICKschen Gesetz (5.2) durch

$$j_0 = -D_0 \left(\frac{\partial c}{\partial x}\right)_{x=0} \tag{5.170}$$

gegeben; aus (5.149) und (5.150) erhält man

$$\frac{\partial c}{\partial x} = \frac{dc}{du}\frac{du}{dz}\frac{\partial z}{\partial x} = \frac{1}{\beta u}\frac{du}{dz}\frac{1}{2\sqrt{D_0 t}},$$

und wegen $z = 0$, $u[0; g] = 1$ und $\left(\frac{du}{dz}\right)_{z=0} = g$ folgt

$$\left(\frac{\partial c}{\partial x}\right)_{x=0} = \frac{g}{2\beta\sqrt{D_0 t}}.$$

Man hat also für die Stoffmenge, die je Zeit und Flächeneinheit die MATANO-Ebene passiert (vgl. S. 374),

$$j_0 = -\frac{g}{2\beta}\sqrt{\frac{D_0}{t}}, \tag{5.171}$$

woraus, wenn man für g die Interpolationsformel (5.157) benutzt,

$$j_0 = -\frac{1}{2}\sqrt{\frac{D_0}{t}}\,[0{,}564(c_1 - c_2) - 5\cdot 10^{-3}\beta^2(c_1 - c_2)^3 + 6{,}4\cdot 10^{-5}\beta^4(c_1 - c_2)^5] \tag{5.172}$$

folgt.

Wenn der Diffusionskoeffizient nicht streng exponentiell von der Konzentration abhängt, ändert sich β in (5.142) und (5.162) mit der Konzentration. Um eine für mittlere Konzentrationen $c = \frac{1}{2}(c_1 + c_2) \pm 25\%$ brauchbare Näherung zu erhalten, ersetzt WAGNER den Differentialquotienten in (5.143) durch den Differenzenquotienten zwischen den Konzentrationen $\frac{1}{2}(c_1 + c_2) - \frac{1}{4}(c_1 - c_2)$ und $\frac{1}{2}(c_1 + c_2) + \frac{1}{4}(c_1 - c_2)$, so daß

$$\beta = \frac{2}{c_1 - c_2}\ln\frac{D(\frac{1}{2}[c_1 + c_2] + \frac{1}{4}[c_1 - c_2])}{D(\frac{1}{2}[c_1 + c_2] - \frac{1}{4}[c_1 - c_2])} \tag{5.173}$$

wird. Für $\bar{D}$ nimmt er das geometrische Mittel

$$\bar{D} = \sqrt{D(\tfrac{1}{2}[c_1 + c_2] + \tfrac{1}{4}[c_1 - c_2])\,D(\tfrac{1}{2}[c_1 + c_2] - \tfrac{1}{4}[c_1 - c_2])}\,. \tag{5.174}$$

Mit diesen Formeln wertete WAGNER experimentelle Ergebnisse von DA SILVA und MEHL[1] aus. Eine Probe aus reinem Kupfer und einer Cu-Al-Legierung mit 16 Atom-% Al zeigte, nachdem sie 305 Stunden auf einer Temperatur von 889 °C gehalten wurde, die in Abb. 5.24 durch ○ wiedergegebene Konzentrationsverteilung. Wenn man in (5.173) und (5.174) nach DA SILVA und MEHL

$$D(4\text{ Atom-\%}) = 1{,}4\cdot 10^{-9}\text{ cm}^2/\text{sec},$$

$$D(12\text{ Atom-\%}) = 7{,}2\cdot 10^{-9}\text{ cm}^2/\text{sec},$$

---

[1] CORREA DA SILVA, L. C., u. R. F. MEHL: Trans. AIME, J. Metals **191**, 155 (1951).

sowie

$$c_1 = 16 \text{ Atom-\%} = 0{,}16 \quad \text{und} \quad c_2 = 0$$

einsetzt, bekommt man

$$\beta = 20{,}5; \qquad \bar{D} = 3{,}2 \cdot 10^{-9}\,\text{cm}^2/\text{sec}.$$

Hiermit folgt nach dem wiedergegebenen Verfahren (Schritte 1 bis 6) z. B. für $x = +0{,}05$ cm:

1. $\beta(c_1 - c_2) = 3{,}28$; $g = 1{,}7$.
2. $\frac{1}{2}\ln u_1 u_2 = -0{,}45$.
3. $D_0 = 3{,}2 \cdot 10^{-9} \exp 0{,}45\,\text{cm}^2/\text{sec} = 5{,}0 \cdot 10^{-9}\,\text{cm}^2/\text{sec}$.
4. $t = 305 \cdot 3600\,\text{sec} = 11 \cdot 10^5\,\text{sec}$; $\sqrt{D_0 t} = \sqrt{5{,}0 \cdot 11 \cdot 10^{-4}}\,\text{cm}$ $= 7{,}4 \cdot 10^{-2}\,\text{cm}$; $z = 0{,}05/(2 \cdot 7{,}4 \cdot 10^{-2}) = 0{,}338$.
5. $\psi(0{,}338;\, 1{,}7) = 0{,}546$.
6. $c(0{,}005;\, 11 \cdot 10^5) = 0{,}08 + 0{,}08 \cdot 0{,}546 = 12{,}37$ Atom-%.

Für die konstante Konzentration c_0 an der MATANO-Ebene bekommt man aus (5.156)

$$c(0, t) = c_0 = 0{,}08 + 0{,}45/20{,}5$$
$$= 10{,}2 \text{ Atom-\%}.$$

Um die Querschnittsebene mit $c(\bar{x}, t) = \frac{1}{2}(c_1 + c_2)$ zu bestimmen, suchen wir in Tab. 5.1 zunächst $\bar{z}$, so daß

$$\psi(\bar{z};\, 1{,}7) = 0$$

ist. Es ergibt sich $\bar{z} = -0{,}215$ und mit (5.169)

$$\bar{x} = -2 \cdot 0{,}215 \cdot 7{,}4 \cdot 10^{-2}\,\text{cm}$$
$$= -0{,}0318\,\text{cm}.$$

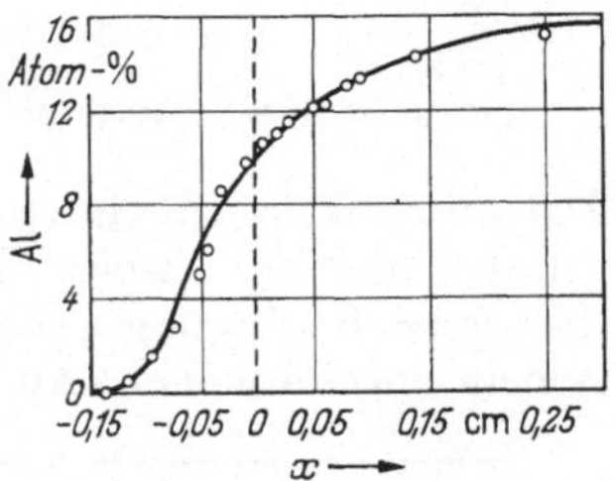

Abb. 5.24. Konzentrationsverteilung von Aluminium in einem Diffusionspaar Cu/Cu + 16 Atom-% Al nach 305 Stunden Glühbehandlung bei 889°C nach WAGNER (ausgewertete Meßergebnisse von DA SILVA und MEHL).

Die ausgezogene Kurve in Abb. 5.24 zeigt den nach der vorgeführten Methode berechneten Konzentrationsverlauf. Die für variablen Diffusionskoeffizienten charakteristische Asymmetrie dieser Kurve ist deutlich zu erkennen.

5.123.22 Einseitig begrenztes System mit fester Konzentration an der Begrenzung. Das System sei bei $x = 0$ begrenzt, und es werde dort eine feste Konzentration c_s aufrechterhalten, während im Innern, d. h. für $x > 0$, die Konzentration c_1 herrschen soll. Es liegen also die Bedingungen (5.53), (5.56) vor. Der Diffusionskoeffizient sei in der Form

$$D = D_s \exp\{\beta(c - c_s)\} \tag{5.175}$$

darstellbar, wo D_s den Diffusionskoeffizienten für die Konzentration c_s an der Begrenzungsebene bedeutet.

Bei konzentrationsunabhängigem Diffusionskoeffizienten wird das Problem durch (5.57) gelöst. In Verallgemeinerung hierzu setzen wir für konzentrationsabhängigen Diffusionskoeffizienten

$$c = c_s + (c_1 - c_s)\,\chi \tag{5.176}$$

an. Die Hilfsfunktion

$$\chi = \frac{c - c_s}{c_1 - c_s} \tag{5.177}$$

geht, wenn β verschwindet, da dann $D = D_s = \text{const}$ wird, in die GAUSSsche Fehlerfunktion über.

Im vorigen Abschnitt denke man sich in (5.142) bis (5.150) c_0 durch c_s und D_0 durch D_s ersetzt. Der Zusammenhang zwischen den Differentialgleichungen (5.14) und (5.148) wird dann also durch (5.175) und

$$u = \exp\{\beta(c - c_s)\}; \tag{5.178}$$

$$z = \frac{x}{2\sqrt{D_s t}} \tag{5.179}$$

hergestellt. Mit Hilfe der Bedingungen (5.53), (5.56) bekommt man analog zu (5.151) und der ersten Beziehung (5.152)

$$\left.\begin{aligned} u &= \exp\{\beta(c_s - c_s)\} = 1, \quad \text{falls} \quad z = 0, \\ u &\to \exp\{\beta(c_1 - c_s)\} \equiv u_1, \quad \text{falls} \quad z \to +\infty. \end{aligned}\right\} \tag{5.180}$$

Die numerisch berechneten Integrale $u[z; g]$ von (5.148) (vgl. S. 416) erfüllen alle die zweite dieser Bedingungen. Das Integral, das auch die erste Bedingung erfüllt, kann man mit Hilfe der aus WAGNERS Arbeit entnommenen Abb. 5.25 oder der empirischen Interpolationsformel

$$g = \frac{1{,}128\{\beta(c_1 - c_s)\}}{1 - 0{,}177\{\beta(c_1 - c_s)\}} \tag{5.181}$$

finden. Aus dem so festgelegten Integral $u[z; g]$ kann man χ mit Hilfe der aus (5.178) folgenden Beziehung $c = \frac{\ln u}{\beta} + c_s$ und (5.177) bestimmen:

$$\chi = \frac{\ln u}{\ln u_1}. \tag{5.182}$$

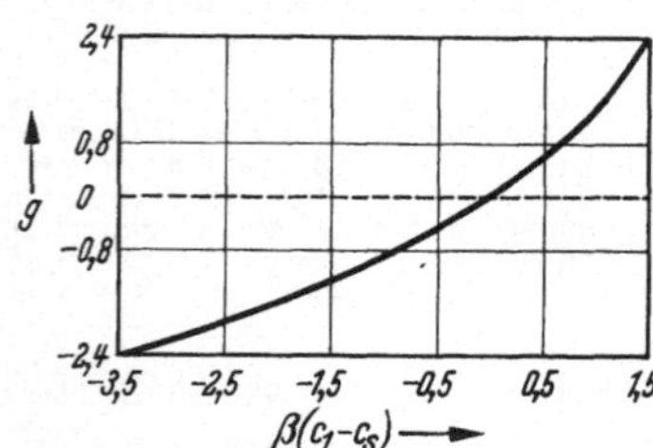

Abb. 5.25. Hilfsparameter g als Funktion von $\beta(c_1 - c_s)$ nach WAGNER.

Die Konzentration c bekommt man dann nach Formel (5.176). Tab. 5.2 ist eine aus WAGNERS Arbeit übernommene Tafel für χ in Abhängigkeit von z und g.

Man kann demnach in dem hier behandelten Diffusionssystem, wenn c_1, c_s, D_s und β gegeben sind, die Konzentration c zu einer Zeit t im Abstand x von der Begrenzungsebene in folgenden Schritten bestimmen:

1. Zu $\beta(c_1 - c_s)$ entnehme man den Parameterwert g der Abb. 5.25 oder berechne ihn nach Formel (5.181).
2. Man berechne

$$z = \frac{x}{2\sqrt{D_s t}}.$$

3. Aus Tab. 5.2 lese man $\chi = \chi(z, g)$ ab.
4. Man berechne c nach Formel (5.176).

Für den Diffusionsstrom, der durch die Begrenzungsebene $x = 0$ in das System eintritt, gilt nach dem 1. FICKschen Gesetz (5.2)

$$j_s = -D_s \left(\frac{\partial c}{\partial x}\right)_{x=0},$$

und wie auf S. 420 [Gl. (5.170) bis (5.171)] folgt

$$j_s = -\frac{g}{2\beta} \sqrt{\frac{D_s}{t}}.$$

Die Interpolationsformel (5.181) liefert schließlich

$$j_s = -\frac{1}{2} \frac{1{,}128(c_1 - c_s)}{1 - 0{,}177\{\beta(c_1 - c_s)\}} \sqrt{\frac{D_s}{t}}.$$

5.123.3 Tabelliertes Verfahren für linear von der Konzentration abhängigen Diffusionskoeffizienten (nach Stokes). Eine ähnliche Methode für den Fall, daß D eine lineare Funktion von c ist, gibt STOKES[1] unter Bezugnahme auf eine Arbeit von WAGNER[2], in der Diffusionskoeffizienten vorausgesetzt werden, die der Konzentration direkt proportional sind.

Wir setzen wieder die Bedingungen (5.31) voraus. Der Diffusionskoeffizient sei in der Form

$$D(c) = \bar{D}[1 + \tfrac{1}{2}a(c_1 + c_2) - a\,c] \tag{5.183}$$

gegeben. $\bar{D}$ ist wie in (5.162) der Wert von D für die mittlere Konzentration $\frac{1}{2}(c_1 + c_2)$. Wie man aus (5.183) ersieht,

Tabelle 5.2. *Numerische Werte der Funktion* $1000\,\chi(z, g)$

z	g = −2,4	−2,2	−2,0	−1,8	−1,6	−1,4	−1,2	−1,0	−0,8	−0,6	−0,4	−0,2	0,0	+0,2	+0,4	+0,6	+0,8	+1,0	+1,	+1,4	+1,6	+1,8	+2,0	+2,2	+2,4
0,0	0	0	0	0	0	0	0	0	0	0	0	0	0	0	0	0	0	0	0	0	0	0	0	0	0
0,1	78	81	84	87	90	93	96	99	102	105	107	110	112	115	117	120	122	124	126	126	130	132	134	136	138
0,2	182	185	189	193	196	200	204	207	210	214	217	220	223	226	228	231	233	236	238	240	242	244	246	248	250
0,3	330	325	323	322	321	322	322	323	324	325	325	328	329	330	331	333	334	335	336	338	339	340	341	342	344
0,4	600	520	497	479	466	457	449	443	439	435	433	430	429	427	426	425	424	424	423	423	422	422	422	422	422
0,5	877	775	709	660	624	600	580	564	551	541	534	527	520	516	512	508	505	502	499	497	495	494	492	491	489
0,6	995	960	898	833	778	737	704	678	657	639	626	614	604	595	588	582	576	571	567	563	559	556	553	550	548
0,7	1000	997	981	944	896	851	811	777	750	727	708	692	678	666	656	647	639	632	626	620	615	610	606	602	599
0,8		1000	998	987	962	928	891	857	827	800	779	759	742	728	715	704	694	685	677	670	664	658	653	648	644
0,9			1000	998	989	970	944	915	886	860	836	816	797	781	766	754	742	732	723	715	707	700	694	688	683
1,0				1000	998	989	974	953	929	905	883	862	843	826	811	797	784	773	763	754	745	738	731	724	718
1,1					1000	996	989	976	958	939	919	899	880	863	848	833	820	809	798	788	779	771	763	756	749
1,2						999	996	988	977	961	945	928	910	896	879	865	851	839	828	818	808	800	792	784	777
1,3						1000	998	995	987	977	964	949	934	919	905	891	878	866	855	844	835	825	817	809	802
1,4							999	998	994	986	977	965	952	939	926	913	900	889	878	867	857	848	840	832	824
1,5							1000	999	997	992	986	977	966	955	943	931	919	910	897	887	877	868	860	852	844
1,6								1000	999	996	992	985	976	967	956	946	935	925	914	904	895	886	878	870	862
1,7									1000	998	995	990	984	976	967	958	948	938	929	919	910	902	893	885	878
1,8										999	998	994	989	983	976	986	959	950	941	932	924	915	903	900	892
1,9										1000	999	997	993	988	982	975	968	960	952	944	935	928	920	912	905
2,0											1000	998	995	992	987	981	975	968	961	953	945	938	929	923	916

[1] STOKES, R. H.: Trans. Faraday Soc. **48**, 887 (1952).
[2] WAGNER, C.: J. Chem. Phys. **18**, 1227 (1950).

ist $D = 0$ für $c = \frac{1}{2}(c_1 + c_2) + 1/a$ und

$$D > 0, \quad \text{falls} \quad a > 0 \quad \text{für} \quad c < \frac{1}{2}(c_1 + c_2) + \frac{1}{a},$$
$$\text{falls} \quad a < 0 \quad \text{für} \quad c > \frac{1}{2}(c_1 + c_2) + \frac{1}{a}. \tag{5.184}$$

Um verschwindende und negative Diffusionskoeffizienten auszuschließen, kommen daher nur Anfangskonzentrationen c_1 und c_2 in Frage, so daß alle c aus $c_1 \ldots c_2$ die dem Vorzeichen von a entsprechende Ungleichung erfüllen.

Als Stammfunktion von (5.183) dient

$$C(c) = \bar{D}\left[c + \frac{a}{2}(c_1 + c_2)\,c - \frac{a}{2}c^2 - \frac{a}{2}\left(\frac{c_1 + c_2}{2} + \frac{1}{a}\right)^2\right]. \tag{5.185}$$

Dieser Ausdruck ist zwischen c_1 und c_2 in c monoton, von Null verschieden und hat das Vorzeichen von $-a$; insbesondere ist

$$C(c_1) = -\bar{D}\,\frac{a}{2}\left(\frac{c_1 - c_2}{2} - \frac{1}{a}\right)^2, \qquad C(c_2) = -\bar{D}\,\frac{a}{2}\left(\frac{c_2 - c_1}{2} - \frac{1}{a}\right)^2.$$

Die Umkehrfunktion zu $C(c)$ bekommt man durch Auflösen von Gl. (5.185) nach c:

$$c(C) = \frac{1}{2}(c_1 + c_2) + \frac{1}{a} \mp \sqrt{-\frac{2C}{a\bar{D}}}. \tag{5.186}$$

Wegen der Ungleichungen (5.184) gilt vor der Wurzel im Falle $a > 0$ das negative, im Falle $a < 0$ das positive Vorzeichen. Setzt man (5.186) in (5.183) ein, so erhält man D als Funktion von C:

$$D(C) = \sqrt{-2a\bar{D}C}, \tag{5.187}$$

und aus (5.22) folgt

$$\sqrt{-2a\bar{D}C}\,\frac{d^2C}{d\lambda^2} + \frac{\lambda}{2}\,\frac{dC}{d\lambda} = 0. \tag{5.188}$$

Mit den Substitutionen

$$\left.\begin{aligned} C &= -\frac{\bar{D}u}{2a}\left[1 + \frac{a}{2}(c_2 - c_1)\right]^2; \\ \lambda &= 2y\sqrt{\bar{D}\left[1 + \frac{a}{2}(c_2 - c_1)\right]} \end{aligned}\right\} \tag{5.189}$$

bekommt man aus (5.188) nach Division durch $-\left[1 + \frac{a}{2}(c_2 - c_1)\right]^2 \times$ $\times\, \bar{D}\sqrt{u}/(8a)$ die Differentialgleichung

$$\frac{d^2u}{dy^2} + \frac{2y}{\sqrt{u}}\,\frac{du}{dy} = 0, \tag{5.190}$$

in der die Parameter $\bar{D}$ und a nicht mehr auftreten. Für den Zusammenhang von u und y mit c, x, t gilt gemäß (5.189), (5.185) und (5.21)

$$u = \left(\frac{1 + \frac{a}{2}(c_1 + c_2) - a\,c}{1 + \frac{a}{2}(c_2 - c_1)}\right)^2; \qquad y = \frac{x}{2\sqrt{\bar{D}t\left[1 + \frac{a}{2}(c_2 - c_1)\right]}}. \tag{5.191}$$

Mit $x \to \pm\infty$ geht hiernach, wenn $t > 0$ ist, auch $y \to \pm\infty$, und aus (5.29) und (5.191) ergeben sich die Grenzbeziehungen

$$\left.\begin{aligned} u &\to \left[\frac{1+\frac{a}{2}(c_2-c_1)}{1+\frac{a}{2}(c_2-c_1)}\right]^2 = 1, \quad \text{falls} \quad y \to +\infty \\ u &\to \left[\frac{1-\frac{a}{2}(c_2-c_1)}{1+\frac{a}{2}(c_2-c_1)}\right]^2 \equiv b^2, \quad \text{falls} \quad y \to -\infty. \end{aligned}\right\} \tag{5.192}$$

Die beim zweiten Grenzwert eingeführte Größe b (mit positivem Vorzeichen zu nehmen) erhält man auch aus (5.183) als Quotient der Diffusionskoeffizienten für c_2 und c_1:

$$\frac{D(c_2)}{D(c_1)} = b. \tag{5.193}$$

Im Fall $b = 1$, d. h. [vgl. 2. Beziehung (5.192)] $a = 0$, ist also der Diffusionskoeffizient konstant. STOKES gibt numerische Lösungen für b-Werte zwischen 0 und 1 an. Wenn $b > 1$ ist, denke man sich das Diffusionssystem seitenvertauscht, d. h., ersetze x durch $-x$ und vertausche c_1 mit c_2. Dies hat zur Folge, daß an Stelle von b sein reziproker Wert tritt. Mit c_1 soll also jeweils diejenige der beiden Anfangskonzentrationen, für die der Diffusionskoeffizient größer ist, bezeichnet und die Ortskoordinate auf dieser Seite positiv genommen werden.

Zur tabellarischen Wiedergabe führt STOKES noch die Variable

$$z = y\sqrt{\frac{2}{1+b}} = y\sqrt{1+\frac{a}{2}(c_2-c_1)} = \frac{x}{2\sqrt{Dt}} \tag{5.194}$$

ein. Die Auflösung der ersten Gleichung (5.191) nach c liefert

$$c = c_1 + \frac{c_2-c_1}{1-b}\left(1-\sqrt{u}\right), \tag{5.195}$$

und für die Ableitung nach z und die partiellen Ableitungen nach x und t bekommt man hiermit und mit Hilfe von (5.194)

$$\left.\begin{aligned} \frac{dc}{dz} &= \frac{dc}{du}\frac{du}{dy}\frac{dy}{dz} = -\frac{c_2-c_1}{2(1-b)}\sqrt{\frac{1+b}{2u}}\frac{du}{dy}; \\ \frac{\partial c}{\partial x} &= \frac{dc}{dz}\frac{\partial z}{\partial x} = \frac{1}{2\sqrt{Dt}}\frac{dc}{dz}, \quad \frac{\partial c}{\partial t} = \frac{dc}{dz}\frac{\partial z}{\partial t} = -\frac{x}{4\sqrt{Dt^3}}\frac{dc}{dz}. \end{aligned}\right\} \tag{5.196}$$

Aus der letzten Gleichung ist wieder zu ersehen, daß die Konzentration bei $x = 0$ $(t > 0)$ konstant bleibt. STOKES' Tafeln auf S. 426 und 427 enthalten die Werte von $\zeta \equiv \frac{c-c_1}{c_2-c_1}$ (Tab. 5.3) und $\zeta' \equiv -\frac{1}{c_2-c_1}\frac{dc}{dz}$ (Tab. 5.4) in Abhängigkeit von z und b. Für $b = 1$ ist der Diffusionskoeffizient, wie bei (5.193) festgestellt wurde, konstant, und wegen (5.34) gilt

$$\zeta(z,1) = \frac{1}{2}[1-\operatorname{erf} z], \qquad \zeta'(z,1) = -\frac{1}{2}\frac{d}{dz}[1-\operatorname{erf} z] = \frac{1}{\sqrt{\pi}}\exp(-z)^2.$$

Sind für einen Diffusionsvorgang mit den Anfangsbedingungen (5.31) und dem linear von der Konzentration abhängigen Diffusionskoeffizienten (5.183) die Anfangskonzentrationen c_1 und c_2 und die Kon-

Tabelle 5.3. *Relative Konzentrationen* $\zeta \equiv \dfrac{c - c_1}{c_2 - c_1}$ *in Abhängigkeit von* $z = x/2\sqrt{\bar{D}t}$ *und* $b = D(c_2)/D(c_1)$ *nach Stokes*

z	$b = 1$	$b = 0{,}8806$	$b = 0{,}7228$	$b = 0{,}5506$	$b = 0{,}3270$	$b = 0{,}1407$
2,6	—	—	—	—	0,001	0,001
2,4	—	—	—	0,001	0,002	0,003
2,2	—	0,001	0,001	0,002	0,004	0,006
2,0	0,002	0,003	0,004	0,005	0,007	0,010
1,8	0,005	0,006	0,008	0,010	0,013	0,017
1,6	0,012	0,013	0,015	0,019	0,024	0,028
1,4	0,024	0,026	0,029	0,033	0,039	0,044
1,2	0,045	0,048	0,051	0,055	0,061	0,068
1,0	0,079	0,082	0,084	0,088	0,093	0,099
0,8	0,129	0,131	0,132	0,134	0,137	0,139
0,6	0,198	0,199	0,197	0,195	0,194	0,192
0,4	0,286	0,284	0,279	0,273	0,266	0,258
0,2	0,389	0,385	0,376	0,367	0,353	0,339
0,0	0,500	0,495	0,485	0,473	0,455	0,434
−0,2	0,611	0,606	0,597	0,586	0,567	0,543
−0,4	0,714	0,710	0,705	0,697	0,683	0,664
−0,6	0,802	0,800	0,799	0,797	0,793	0,785
−0,8	0,871	0,872	0,873	0,876	0,884	0,898
−1,0	0,921	0,923	0,927	0,933	0,946	0,970
−1,2	0,955	0,958	0,961	0,967	0,980	0,995
−1,4	0,976	0,979	0,981	0,986	0,994	0,999
−1,6	0,988	0,990	0,992	0,995	0,998	1,000
−1,8	0,995	0,996	0,997	0,998	1,000	1,000
−2,0	0,998	0,999	0,999	1,000	1,000	1,000
−2,2	1,000	1,000	1,000	1,000	1,000	1,000

stanten $\bar{D}$ und a gegeben, so kann man die Konzentration c und ihre partiellen Ableitungen $\partial c/\partial x$ und $\partial c/\partial t$ in folgenden Schritten bekommen:

1. Man bilde

$$b \equiv \frac{1 - \frac{a}{2}(c_2 - c_1)}{1 + \frac{a}{2}(c_2 - c_1)}. \tag{5.197}$$

Falls $b > 1$ ist, ersetze man im folgenden b durch $1/b$, x durch $-x$ und vertausche c_1 mit c_2.

2. Für die Zeit t und die Ortskoordinate x, zu denen c und seine partiellen Ableitungen bestimmt werden sollen, berechne man z nach (5.194).

3. Zu z und b entnehme man den Tab. 5.3 und 5.4 die Werte $\zeta(z, b)$ und $\zeta'(z, b)$.

4. Man berechne $c = c_1 + (c_2 - c_1)\zeta$; $\frac{dc}{dz} = -(c_2 - c_1)\zeta'$ und hieraus gemäß (5.196)

$$\frac{\partial c}{\partial x} = -\frac{(c_2 - c_1)}{2\sqrt{\bar{D}t}}\zeta'; \qquad \frac{\partial c}{\partial t} = \frac{(c_2 - c_1)\,x}{4\sqrt{\bar{D}t^3}}\zeta'.$$

Tabelle 5.4. *Konzentrationsgradienten* $\zeta' = -\frac{1}{c_2 - c_1}\frac{dc}{dz}$ *in Abhängigkeit von* $z = x/2\sqrt{\bar{D}t}$ *und* $b = D(c_2)/D(c_1)$ *nach Stokes*

z	$b = 1$	$b = 0{,}8806$	$b = 0{,}7228$	$b = 0{,}5506$	$b = 0{,}3270$	$b = 0{,}1407$
2,8	—	—	—	0,001	0,002	0,003
2,6	0,001	0,001	0,001	0,002	0,004	0,006
2,4	0,002	0,002	0,003	0,005	0,007	0,011
2,2	0,005	0,005	0,007	0,009	0,013	0,017
2,0	0,010	0,012	0,015	0,018	0,023	0,028
1,8	0,022	0,024	0,028	0,032	0,039	0,043
1,6	0,044	0,047	0,050	0,055	0,062	0,066
1,4	0,079	0,083	0,086	0,089	0,092	0,095
1,2	0,134	0,136	0,135	0,134	0,134	0,132
1,0	0,208	0,207	0,200	0,195	0,188	0,179
0,8	0,298	0,292	0,280	0,268	0,250	0,233
0,6	0,394	0,384	0,367	0,348	0,321	0,296
0,4	0,481	0,468	0,452	0,430	0,398	0,365
0,2	0,542	0,533	0,522	0,504	0,474	0,439
0,0	0,564	0,561	0,560	0,555	0,539	0,513
−0,2	0,542	0,547	0,558	0,569	0,579	0,578
−0,4	0,481	0,491	0,511	0,535	0,577	0,621
−0,6	0,394	0,406	0,423	0,455	0,514	0,607
−0,8	0,298	0,308	0,319	0,339	0,388	0,479
−1,0	0,208	0,212	0,215	0,221	0,232	0,226
−1,2	0,134	0,135	0,130	0,125	0,108	0,049
−1,4	0,079	0,077	0,071	0,061	0,039	0,005
−1,6	0,044	0,040	0,035	0,027	0,011	—
−1,8	0,022	0,019	0,015	0,010	0,003	—
−2,0	0,010	0,008	0,006	0,003	—	—
−2,2	0,005	0,003	0,002	0,001	—	—
−2,4	0,002	—	—	—	—	—
−2,6	0,001	—	—	—	—	—
−2,8	—	—	—	—	—	—

Für die Diffusionsstromdichte durch die Ebene bei x zur Zeit t erhält man nach dem 1. FICKschen Gesetz (5.2) wegen

$$D = \bar{D}\left\{1 + \frac{a}{2}(c_2 - c_1) - a[c_1 + (c_2 - c_1)\zeta]\right\}$$

$$= \bar{D}\left\{1 + \frac{a}{2}(c_2 - 3c_1) - a(c_2 - c_1)\zeta\right\}$$

die Beziehung

$$j = -D\frac{\partial c}{\partial x} = \frac{1}{2}(c_2 - c_1)\left\{1 + \frac{a}{2}(c_2 - 3c_1) - a(c_2 - c_1)\zeta\right\}\sqrt{\frac{\bar{D}}{t}}\,\zeta'. \tag{5.198}$$

An der MATANO-Ebene $x = 0$ ist für alle $t > 0$ wegen (5.194) auch $z = 0$ und daher stets

$$\zeta = \zeta(0,b) = \frac{c_0 - c_1}{c_2 - c_1}, \qquad \zeta' = \zeta'(0, b).$$

Hiermit bekommt man aus (5.198) [vgl. S. 420]

$$j_0 = \frac{1}{2}(c_2 - c_1)\left\{1 + \frac{a}{2}(c_2 - 3c_1) - a(c_2 - c_1)\zeta(0, b)\right\}\sqrt{\frac{\bar{D}}{t}}\,\zeta'(0, b)$$

$$= \frac{1}{2}(c_2 - c_1)\left\{1 + \frac{a}{2}\left(c_2 - c_1 - 2c_0\right)\right\}\sqrt{\frac{\bar{D}}{t}}\,\zeta'(0, b). \tag{5.199}$$

5.123.4 Iteratives Lösungsverfahren. Die Beziehungen (5.28) und (5.30) können bei beliebig gegebenem konzentrationsabhängigen Diffusionskoeffizienten $D(c)$ zur iterativen Berechnung von Lösungen dienen.

Wir betrachten zunächst wieder ein nach beiden Seiten unbegrenztes System unter den Anfangsbedingungen (5.31). Mit der Variablenkombination $\lambda = x/\sqrt{t}$ schreiben wir (5.30) in der Form

$$\zeta(\lambda) \equiv \frac{c(\lambda) - c_1}{c_2 - c_1} = \frac{\int\limits_{\lambda}^{\infty} \frac{1}{D} \exp\left(-\frac{1}{2}\int\limits_0^{\tilde{\lambda}} \frac{l}{D}\,dl\right) d\tilde{\lambda}}{\int\limits_{-\infty}^{+\infty} \frac{1}{D} \exp\left(-\frac{1}{2}\int\limits_0^{\tilde{\lambda}} \frac{l}{D}\,dl\right) d\tilde{\lambda}}, \tag{5.200}$$

wobei wir die äußere Integrationsvariable mit $\tilde{\lambda}$ bezeichnet haben. Die Iteration beginnen wir mit der entsprechenden Lösung für einen konstanten Diffusionskoeffizienten, indem wir einen Mittelwert $\bar{D}$ von $D(c)$ in $c_1 \ldots c_2$ nehmen, z. B. $\bar{D} = D\left(\frac{c_1 + c_2}{2}\right)$ oder $\bar{D} = \frac{1}{c_2 - c_1}\int\limits_{c_1}^{c_2} D(c)\,dc$ $= \frac{C_2 - C_1}{c_2 - c_1}$ mit dem in (5.19) eingeführten C. Als nullte Näherung ergibt sich demnach aus (5.34):

$$\zeta_0(\lambda) = \frac{1}{2}\left[1 - \operatorname{erf}\left(\frac{\lambda}{2\sqrt{\bar{D}}}\right)\right]. \tag{5.201}$$

D kann man jetzt auch als Funktion des in (5.200) eingeführten ζ auffassen. Wir schreiben dafür

$$D[\zeta(\lambda)] \equiv D(c(\lambda))$$

und setzen in (5.200) $D = D[\zeta_0(\tilde{\lambda})]$ bzw. $D = D[\zeta_0(l)]$, so daß unter den Integralzeichen nur noch bekannte Funktionen stehen und man die Integrale auswerten kann. Die sich dabei ergebende Funktion bezeichnen wir mit $\zeta_1(\lambda)$. Wir benutzen sie als 1. Näherung in derselben Weise wie $\zeta_0(\lambda)$ und erhalten dann aus (5.200) eine 2. Näherung $\zeta_2(\lambda)$. Allgemein gilt also für die Näherungslösungen

$$\zeta_{n+1}(\lambda) = \frac{\int\limits_{\lambda}^{\infty} \frac{1}{D[\zeta_n(\tilde{\lambda})]} \exp\left(-\frac{1}{2}\int\limits_0^{\tilde{\lambda}} \frac{l}{D[\zeta_n(l)]} dl\right) d\tilde{\lambda}}{\int\limits_{-\infty}^{+\infty} \frac{1}{D[\zeta_n(\tilde{\lambda})]} \exp\left(-\frac{1}{2}\int\limits_0^{\tilde{\lambda}} \frac{l}{D[\zeta_n(l)]} dl\right) d\tilde{\lambda}} \tag{5.202}$$

$$(n = 0, 1, 2, \ldots).$$

Dieses Verfahren wird, sofern es genügend gut konvergiert, bis zu einem $n = N$ durchgeführt, so daß innerhalb der erstrebten Genauigkeit

$$\zeta_{N+1}(\lambda) = \zeta_N(\lambda)$$

ist. Die Konzentration erhält man dann aus

$$c(x, t) = c_1 + (c_2 - c_1)\,\zeta_{N+1}(x/\sqrt{t}), \tag{5.203}$$

und für die Diffusionsstromdichte durch die MATANO-Ebene ergibt sich nach dem 1. FICKschen Gesetz (5.2)

$$j_0 = -D[\zeta_N(0)]\left(\frac{\partial c}{\partial x}\right)_{x=0} = \frac{1}{\sqrt{t}}\,\frac{c_2 - c_1}{\int\limits_{-\infty}^{+\infty} \frac{1}{D[\zeta_N(\tilde{\lambda})]} \exp\left(-\frac{1}{2}\int\limits_0^{\tilde{\lambda}} \frac{l}{D[\zeta_N(l)]} dl\right) d\tilde{\lambda}}. \tag{5.204}$$

Für ein einseitig begrenztes System mit gleichmäßiger Anfangskonzentration c_1 und fester Konzentration c_s an der Begrenzung [Bedingungen (5.53), (5.56)] kann man die Lösung für $D(c)$ ganz entsprechend berechnen.[1] In (5.28) stellt c_0, wie dort schon angemerkt wurde, die gleichbleibende Konzentration für $x = 0$ dar. Wir setzen deshalb $c_0 = c_s$ und bestimmen A, so daß, wenn $x > 0$ ist, $c(x, 0) = c_1$, d. h. $\lim\limits_{\lambda\to\infty} c(\lambda) = c_1$ wird. Es folgt

$$A = \frac{c_1 - c_s}{\int\limits_0^{\infty} \frac{1}{D} \exp\left(-\frac{1}{2}\int\limits_0^{\tilde{\lambda}} \frac{l}{D} dl\right) d\tilde{\lambda}}$$

und, wenn wir dies in (5.28) einsetzen und eine zu (5.200) analoge Schreibweise einführen,

$$\zeta(\lambda) \equiv \frac{c(\lambda) - c_s}{c_1 - c_s} = \frac{\int\limits_0^{\lambda} \frac{1}{D} \exp\left(-\frac{1}{2}\int\limits_0^{\tilde{\lambda}} \frac{l}{D} dl\right) d\tilde{\lambda}}{\int\limits_0^{\infty} \frac{1}{D} \exp\left(-\frac{1}{2}\int\limits_0^{\tilde{\lambda}} \frac{l}{D} dl\right) d\tilde{\lambda}}. \tag{5.205}$$

[1] CRANK, J.: The Mathematics of Diffusion, S. 149—152. Oxford 1956.

Die Iteration beginnen wir mit der Lösung (5.57) des entsprechenden Problems für konstantes D, setzen also

$$\zeta_0(\lambda) = \mathrm{erf}\left(\frac{\lambda}{2\sqrt{\bar{D}}}\right), \tag{5.206}$$

wo $\bar{D}$ einen Mittelwert von $D(c)$ in $c_s \ldots c_1$ bedeutet. Als Iterationsformel folgt aus (5.205):

$$\zeta_{n+1}(\lambda) = \frac{\int\limits_0^{\lambda} \frac{1}{D[\zeta_n(\tilde{\lambda})]} \exp\left(-\frac{1}{2}\int\limits_0^{\tilde{\lambda}} \frac{l}{D[\zeta_n(l)]}\,dl\right) d\tilde{\lambda}}{\int\limits_0^{\infty} \frac{1}{D[\zeta_n(\tilde{\lambda})]} \exp\left(-\frac{1}{2}\int\limits_0^{\tilde{\lambda}} \frac{l}{D[\zeta_n(l)]}\,dl\right) d\tilde{\lambda}}, \tag{5.207}$$

die wiederum bis zu einem $n = N$ angewandt wird, so daß innerhalb der erstrebten Genauigkeit $\zeta_{N+1}(\lambda) = \zeta_N(\lambda)$ ist. Dann erhält man für die Konzentration

$$c(x,t) = c_s + (c_1 - c_s)\zeta_{N+1}(x/\sqrt{t}) \tag{5.208}$$

und für die Diffusionsstromdichte durch die Begrenzungsebene

$$j_s = -D[\zeta_N(0)]\left(\frac{\partial c}{\partial x}\right)_{x=0} = -\frac{1}{\sqrt{t}}\,\frac{c_1 - c_s}{\int\limits_0^{\infty} \frac{1}{D[\zeta_N(\tilde{\lambda})]} \exp\left(-\frac{1}{2}\int\limits_0^{\tilde{\lambda}} \frac{l}{D[\zeta_N(l)]}\,dl\right) d\tilde{\lambda}}. \tag{5.209}$$

5.13 Lösungen für einige mehrdimensionale Diffusionsvorgänge mit konstanten Diffusionskoeffizienten

Wenn Konzentrationsunterschiede in mehr als einer Richtung auftreten, gilt für den isotropen Fall bei konstantem Diffusionskoeffizienten in kartesischen Koordinaten die dreidimensionale Diffusionsgleichung (5.10) bzw. die entsprechende zweidimensionale Gleichung

$$\frac{\partial c}{\partial t} = D\left(\frac{\partial^2 c}{\partial x^2} + \frac{\partial^2 c}{\partial y^2}\right). \tag{5.210}$$

Ist $c(x,t)$ eine beliebige Lösung der eindimensionalen Gleichung (5.11) und $c(y,t)$ bzw. $c(z,t)$ eine solche der analogen Gleichung

$$\frac{\partial c}{\partial t} = D\frac{\partial^2 c}{\partial y^2} \quad \text{bzw.} \quad \frac{\partial c}{\partial t} = D\frac{\partial^2 c}{\partial z^2}, \tag{5.211}$$

so ist, wie man leicht nachrechnen kann,

$$c(x,y,t) = \gamma + \omega\, c(x,t)\, c(y,t) \quad (\gamma, \omega \text{ beliebige Konstanten}) \tag{5.212}$$

eine Lösung von (5.210) und entsprechend

$$c(x,y,z,t) = \gamma + \omega\, c(x,t)\, c(y,t)\, c(z,t) \tag{5.213}$$

eine solche von (5.10). Man kann also mitunter Lösungen von mehrdimensionalen Gleichungen aus solchen der eindimensionalen zusammensetzen.

Als Beispiel betrachten wir zu Gl. (5.210) das Anfangswertproblem einer „unendlichen rechtwinkligen Ecke" (Abb. 5.26):

$$c(x, y, 0) = \begin{cases} c_1, & \text{falls} \quad 0 < x < \infty \quad \text{und} \quad 0 < y < \infty \\ c_2, & \text{falls} \quad -\infty < x < 0 \quad \text{oder} \quad -\infty < y < 0. \end{cases} \tag{5.214}$$

Zu Gl. (5.11) mit den Anfangsbedingungen

$$c(x, 0) = \begin{cases} 1, & \text{wenn} \quad 0 < x < \infty \\ 0, & \text{wenn} \quad -\infty < x < 0 \end{cases} \tag{5.215}$$

erhält man aus (5.34) die Lösung

$$c(x, t) = \frac{1}{2}\left(1 + \operatorname{erf}\left(\frac{x}{2\sqrt{Dt}}\right)\right) \tag{5.216}$$

und zur ersten Gleichung (5.211) mit den Anfangsbedingungen

$$c(y, 0) = \begin{cases} 1, & \text{wenn} \quad 0 < y < \infty \\ 0, & \text{wenn} \quad -\infty < y < 0 \end{cases} \tag{5.217}$$

entsprechend

$$c(y, t) = \frac{1}{2}\left(1 + \operatorname{erf}\left(\frac{y}{2\sqrt{Dt}}\right)\right). \tag{5.218}$$

Aus den Lösungen (5.216) und (5.218) bekommt man mit Hilfe von (5.212), indem man dort $\gamma = c_2$ und $\omega = c_1 - c_2$ setzt, als Lösung des Problems (5.210), (5.214)

$$c(x, y, t) = c_2 + \\ + \frac{c_1 - c_2}{4}\left(1 + \operatorname{erf}\left(\frac{x}{2\sqrt{Dt}}\right)\right)\left(1 + \operatorname{erf}\left(\frac{y}{2\sqrt{Dt}}\right)\right). \tag{5.219}$$

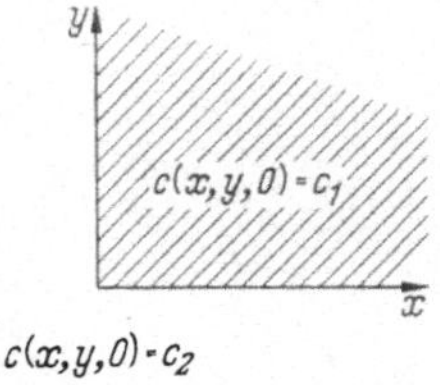

Abb. 5.26. Anfangskonzentration (5.214) an einer „unendlichen Ecke".

Wir können auf diese Weise aus (5.44) Quellenlösungen für die Ebene und den Raum gewinnen. Als Einheits-Quellenlösung an der Stelle (ξ, η) der Ebene bzw. der Stelle (ξ, η, ζ) des Raumes ergibt sich gemäß (5.212) bzw. (5.213) mit $\gamma = 0$, $\omega = 1$:

$$c_q(x, y, t;\ \xi, \eta) = \frac{1}{4\pi Dt}\exp\left(-\frac{(x-\xi)^2 + (y-\eta)^2}{4Dt}\right) \tag{5.220}$$

bzw.

$$c_q(x, y, z, t;\ \xi, \eta, \zeta) = \frac{1}{8(\pi Dt)^{3/2}}\exp\left(-\frac{(x-\xi)^2 + (y-\eta)^2 + (z-\zeta)^2}{4Dt}\right). \tag{5.221}$$

Hiermit kann man in Verallgemeinerung von Gl. (5.46) Integraldarstellungen für Anfangswertprobleme der unendlichen Ebene bzw. des unendlichen Raumes bilden. Zu

$$c(x, y, 0) = f(x, y) \quad (-\infty < x, y < +\infty) \tag{5.222}$$

bekommt man mit der Quellenlösung (5.220)

$$c(x, y, t) = \int_{-\infty}^{\infty}\int_{-\infty}^{\infty} \frac{f(\xi, \eta)}{4\pi D t} \exp\left(-\frac{(x-\xi)^2 + (y-\eta)^2}{4Dt}\right) d\xi\, d\eta \qquad (5.223)$$

und zu

$$c(x, y, z, 0) = f(x, y, z) \quad (-\infty < x, y, z < +\infty) \qquad (5.224)$$

mit (5.221)

$$c(x, y, z, t) = \int_{-\infty}^{\infty}\int_{-\infty}^{\infty}\int_{-\infty}^{\infty} \frac{f(\xi, \eta, \zeta)}{8(\pi D t)^{3/2}} \exp\left(-\frac{(x-\xi)^2 + (y-\eta)^2 + (z-\zeta)^2}{4Dt}\right) d\xi\, d\eta\, d\zeta. \qquad (5.225)$$

Im folgenden (Abschn. 5.131, 5.132 und 5.133) werden wir einige spezielle mehrdimensionale Diffusionsvorgänge näher behandeln.

5.131 Diffusion aus einem Trägerstrom. Die Oberflächeneigenschaften von Metallen können mitunter verbessert werden, indem man gewisse Legierungsbestandteile aus geeigneten gasförmigen Verbindungen eindiffundieren läßt. Der Fall, daß die ruhende Gasphase mit einer bzw. zwei Metallflächen in Verbindung steht, läßt sich nach S. 391—392 bzw. 396—397 durch Formel (5.57) bzw. (5.86) beschreiben. WAGNER[1] behandelte nun den Fall, daß das Gas über die Metalloberfläche strömt, wobei der Trägergasstrom an dem Legierungsbestandteil verarmt. Es entsteht hierbei das folgende zweidimensionale Problem: Das Trägergas ströme in y-Richtung parallel über eine ebene Oberfläche eines Festkörpers. Die x-Richtung weise senkrecht zu dieser Fläche ins Innere des Festkörpers, der in dieser Richtung bezüglich der Eindringtiefe der Diffusion quasi-unendlich sei (vgl. Abschnitt 5.121.4). Senkrecht zur (x, y)-Ebene soll er überall gleiche Dicke haben, so daß wir in dieser Richtung nicht mit Diffusionsvorgängen zu rechnen brauchen. Der Trägerstrom habe die Breite h und die Geschwindigkeit w. Seine erste Berührung mit dem Festkörper finde im Punkte ($x = 0$, $y = 0$) statt (Abb. 5.27). D sei der Diffusionskoeffizient des aus dem Trägerstrom eindiffundierenden Stoffes im (isotropen) Festkörper, $c(x, y, t)$ seine Konzentration und $\varkappa$ das Verhältnis der Konzentrationen in der Gas- und Festkörperphase an der Oberfläche $x = 0$ (vgl. Abschn. 5.122.1). Es sei also

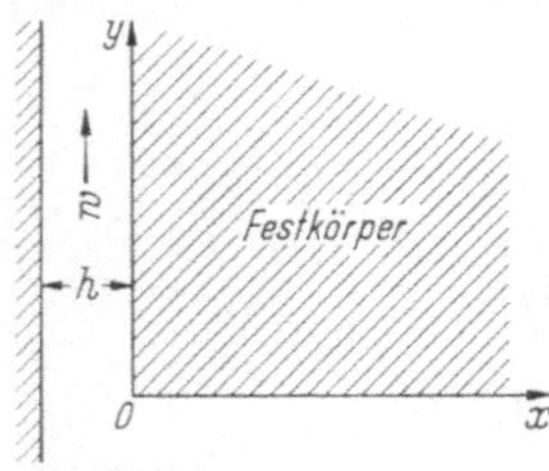

Abb. 5.27. Schematische Darstellung einer Trägerstrom-Diffusionsanordnung. h = Breite, w = Geschwindigkeit des Trägergasstromes.

$$c(+0, y, t) = \varkappa\, c(-0, y, t) \quad \text{für} \quad y \geqq 0 \quad \text{und} \quad t > 0. \qquad (5.226)$$

Im Trägerstrom soll der Konzentrationsausgleich so schnell erfolgen, daß die Konzentration innerhalb eines Querschnitts als konstant an-

[1] WAGNER, C.: Z. phys. Chem. (A) **192**, 157 (1943).

genommen werden kann. h darf aus diesem Grunde nicht zu groß gewählt werden. Bis zur Berührung mit dem Festkörper herrsche im Trägerstrom die Konzentration $c_0/\varkappa$, so daß sich am Punkt $(0, 0)$, wo der erste Stoffaustausch stattfindet, gemäß Gl. (5.226) die konstante Konzentration

$$c(+0, 0, t) = c_0 \quad \text{für } t > 0 \tag{5.227}$$

einstellt. Der Diffusionsstrom durch die Oberfläche $x = 0$ ist nach dem 1. FICKschen Gesetz (5.2) durch

$$j = -D\left(\frac{\partial c}{\partial x}\right)_{x=+0} \tag{5.228}$$

gegeben. Da die eindiffundierende Menge dem Trägerstrom verlorengeht, gilt wegen des darin vorausgesetzten Konzentrationsausgleichs andererseits

$$j = -h\,w\left(\frac{\partial c}{\partial y}\right)_{x=-0}, \tag{5.229}$$

wofür man wegen (5.226)

$$j = -\frac{hw}{\varkappa}\left(\frac{\partial c}{\partial y}\right)_{x=+0} \tag{5.230}$$

schreiben kann. Aus den Gleichungen (5.228) und (5.230) folgt:

$$\left(\frac{\partial c}{\partial x}\right)_{x=+0} = \frac{h\,w}{\varkappa D}\left(\frac{\partial c}{\partial y}\right)_{x=+0}. \tag{5.231}$$

Die Anfangskonzentration soll im ganzen Festkörper gleich Null sein:

$$c(x, y, 0) = 0 \quad \text{für} \quad x \geqq 0, \quad y \geqq 0. \tag{5.232}$$

WAGNER nimmt an, daß im Festkörper in y-Richtung keine Diffusion stattfindet, so daß innerhalb jeder Ebene $y = \text{const}$ die eindimensionale Gl. (5.11) herangezogen werden kann. Wir setzen nun zur Abkürzung

$$W \equiv \frac{\varkappa D}{h\,w}, \tag{5.233}$$

führen für $x \geqq 0$, $y \geqq 0$ die Substitution

$$s = x + W\,y \tag{5.234}$$

ein und schreiben c als Funktion von s und t:

$$c[s, t] = c(x, y, t). \tag{5.235}$$

Durch Differentiation nach x bzw. y folgt

$$\left.\begin{aligned} \frac{\partial c}{\partial x} &= \frac{\partial c}{\partial s}\,\frac{\partial s}{\partial x} = \frac{\partial c}{\partial s}, & \frac{\partial^2 c}{\partial x^2} &= \frac{\partial^2 c}{\partial s^2}; \\ \frac{\partial c}{\partial y} &= \frac{\partial c}{\partial s}\,\frac{\partial s}{\partial y} = W\,\frac{\partial c}{\partial s}, & \frac{\partial^2 c}{\partial y^2} &= W^2\,\frac{\partial^2 c}{\partial s^2}. \end{aligned}\right\} \tag{5.236}$$

Hiermit schreiben wir die Gleichungen (5.11), (5.227), (5.231) und (5.232) auf die Variable s an Stelle von x und y um:

$$\frac{\partial c}{\partial t} = D\frac{\partial^2 c}{\partial s^2}; \tag{5.237}$$

$$c[0, t] = c_0 \quad \text{für} \quad t > 0; \tag{5.238}$$

$$\left(\frac{\partial c}{\partial s}\right)_{s=W_y} = \left(\frac{\partial c}{\partial s}\right)_{s=W_y}; \tag{5.239}$$

$$c[s, 0] = 0 \quad \text{für} \quad s \geqq 0. \tag{5.240}$$

Die Bedingung (5.231) wird also jetzt in der Form (5.239) identisch erfüllt. Ein Integral der Differentialgleichung (5.237) unter den Rand- und Anfangsbedingungen (5.238), (5.240) erhalten wir, wie ein Vergleich mit (5.53), (5.56) zeigt, aus Gl. (5.57), indem wir dort c_s durch c_0, c_1 durch 0 und x durch s ersetzen:

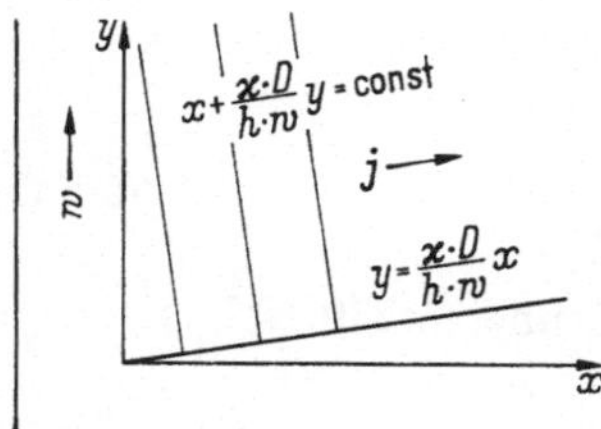

Abb. 5.28. Diffusionsstrom j und Ebenen gleicher Konzentration $x + \varkappa D y/(h w) =$ const gemäß Formel (5.242) bzw. (5.251) und die zu diesen Ebenen senkrechte Ebene $y = \varkappa D x/(h w)$.

$$c[s, t] = c_0\left[1 - \operatorname{erf}\left(\frac{s}{2\sqrt{D t}}\right)\right] \quad \text{für} \quad s \geqq 0. \tag{5.241}$$

Hieraus folgt, wenn man gemäß (5.233) bis (5.235) wieder die Ausgangsgrößen einführt,

$$c(x, y, t) = c_0\left[1 - \operatorname{erf}\left(\frac{x + \frac{\varkappa D}{h w} y}{2\sqrt{D t}}\right)\right] \quad \text{für} \quad x \geqq 0, \quad y \geqq 0. \tag{5.242}$$

Die vorstehende Lösung liefert längs jeder Ebene $x + \frac{\varkappa D}{h w} y = \text{const}$ die gleiche Konzentration, und der Diffusionsstrom ist senkrecht zu dieser parallelen Ebenenschar (Abb. 5.28) gerichtet. Das Eindringen des diffundierenden Stoffes erfolgt also, wie zu erwarten, infolge der Verarmung des Trägerstroms ungleichmäßig. Dies ist aber für die technische Anwendung des Verfahrens sehr unerwünscht, und man wird deshalb fordern, daß die Konzentrationsverarmung am Ende einer vom Trägergas überströmten Oberfläche einen zulässigen Höchstwert, z. B. 25% der Ausgangskonzentration, nicht überschreitet. Das bedeutet

$$\frac{c(+0, y, t)}{c_0} \geqq 0{,}75. \tag{5.243}$$

Setzt man hier für c die Lösung (5.242) mit $x = 0$ ein, so folgt

$$1 - \operatorname{erf}\left(\frac{\varkappa D y}{2 h w\sqrt{D t}}\right) \geqq 0{,}75$$

oder

$$\operatorname{erf}\left(\frac{\varkappa D y}{2 h w\sqrt{D t}}\right) \leqq 0{,}25 \tag{5.244}$$

und mit Hilfe einer Tafel für das GAUSSsche Fehlerintegral

$$\frac{\varkappa D y}{2 h w \sqrt{D t}} \leqq 0{,}225 . \tag{5.245}$$

Bei gegebener Geschwindigkeit w folgt für die behandlungsfähige Maximallänge $y_{\max}$ der Oberfläche

$$y_{\max} = 0{,}45 \frac{h w}{\varkappa} \sqrt{\frac{t}{D}} \tag{5.246}$$

und bei gegebener Oberflächenlänge y für die Mindestgeschwindigkeit $w_{\min}$ des Trägerstroms

$$w_{\min} = \frac{\varkappa y}{0{,}45 h} \sqrt{\frac{D}{t}} . \tag{5.247}$$

Bei der Herleitung der Lösung (5.242) wurde nur mit der Diffusion in x-Richtung gerechnet. Wir wollen noch untersuchen, inwieweit die Vernachlässigung der Diffusion in y-Richtung, also die Benutzung von Gl. (5.11) an Stelle von (5.210) zulässig ist. c^* sei die entsprechende Konzentration, die der zweidimensionalen Diffusionsgleichung

$$\frac{\partial c^*}{\partial t} = D\left(\frac{\partial^2 c^*}{\partial x^2} + \frac{\partial^2 c^*}{\partial y^2}\right) \tag{5.248}$$

genügt. Wendet man hierauf die Substitution (5.234) an, so folgt mit Hilfe von (5.236)

$$\frac{\partial c^*}{\partial t} = D(1 + W^2) \frac{\partial^2 c^*}{\partial s^2} . \tag{5.249}$$

Ein Integral dieser Gleichung, das die Bedingungen (5.238) bis (5.240) mit c^* an Stelle von c erfüllt, erhält man in derselben Weise wie (5.241), wenn man formal $D(1 + W^2)$ als Diffusionskoeffizient auffaßt:

$$c^*[s, t] = c_0 \left[1 - \operatorname{erf}\left(\frac{s}{2\sqrt{D(1 + W^2)\, t}}\right)\right] . \tag{5.250}$$

Führt man gemäß (5.233) bis (5.235) wieder die Ausgangsgrößen ein, so folgt

$$c^*(x, y, t) = c_0 \left[1 - \operatorname{erf}\left(\frac{x + \frac{\varkappa D}{h w} y}{2\sqrt{D t}\sqrt{1 + \left(\frac{\varkappa D}{h w}\right)^2}}\right)\right] . \tag{5.251}$$

Wie bei der Lösung (5.242) herrscht in jeder Ebene $x + \frac{\varkappa D}{h w} y = \text{const}$ die gleiche Konzentration. Daraus ergibt sich wegen der Berücksichtigung der Diffusion in y-Richtung [Gl. (5.248)], daß auch über die Oberfläche $y = 0$, für die wir noch keine Randbedingung aufgestellt haben, diffundierender Stoff eindringen müßte. Man erkennt das auch, indem man an Stelle von w und h fiktive Größen w^* und h^*, die die Gleichung

$$h^* w^* = \frac{\varkappa^2 D^2}{h w}$$

erfüllen, in (5.251) einführt:

$$c^*(x, y, t) = c_0\left[1 - \operatorname{erf}\left(\frac{x + \frac{h^* w^*}{\varkappa D} y}{2\sqrt{Dt}\sqrt{1 + \left(\frac{h^* w^*}{\varkappa D}\right)^2}}\right)\right]$$

$$= c_0\left[1 - \operatorname{erf}\left(\frac{y + \frac{\varkappa D}{h^* w^*} x}{2\sqrt{Dt}\sqrt{1 + \left(\frac{\varkappa D}{h^* w^*}\right)^2}}\right)\right]. \quad (5.252)$$

Ein Vergleich dieser Formel mit (5.251) zeigt, daß noch ein Eindringen von diffundierendem Stoff durch die Ebene $y = 0$ beschrieben wird, das von einem Trägergas hervorgerufen sein könnte, das mit der Geschwindigkeit w^* und der Höhe h^* über diese Ebene strömt. Dies entspricht nicht den tatsächlichen Verhältnissen, bei denen der Diffusionsstrom durch die Oberfläche $y = 0$ verschwinden, d. h. nach (5.47)

$$\left(\frac{\partial c^*}{\partial y}\right)_{y=0} = 0 \quad \text{für} \quad x > 0, \quad t > 0$$

gelten müßte. In (5.251) hat man jedoch eine exakte Lösung des Problems für einen Körper, der nicht durch die Ebene $y = 0$, sondern durch $y = \frac{\varkappa D}{h w} x$ begrenzt ist; denn diese Ebene steht senkrecht auf den Ebenen gleicher Konzentration $x + \frac{\varkappa D}{h w} y = \text{const}$, so daß der Diffusionsstrom verschwindet (Abb. 5.28). Im Falle $W \equiv \frac{\varkappa D}{h w} \ll 1$ ist die Abweichung von der vorgegebenen Ebene $y = 0$ klein, und die Lösung (5.251) mit zu großem Diffusionsstrom in y-Richtung unterscheidet sich nur wenig von (5.242), wo derselbe vernachlässigt wurde (s. S. 433).

Wir wollen die Differenz von c und c^* abschätzen:

$$c^*(x, y, t) - c(x, y, t) = c_0\left[\operatorname{erf}\left(\frac{x + W y}{2\sqrt{Dt}}\right) - \operatorname{erf}\left(\frac{x + W y}{2\sqrt{Dt}\sqrt{1 + W^2}}\right)\right]. \quad (5.253)$$

Da wir den Festkörper in den ersten Quadranten des x, y-Koordinatensystems gelegt haben und $W > 0$ ist, sind die beiden Fehlerfunktionen auf jeden Fall $\geqq 0$. Nun gilt, wenn $\sigma \geqq 0$ ist, wegen $\operatorname{erf} 0 = 0$ und weil $\frac{d}{d\sigma} \operatorname{erf} \sigma = \frac{2}{\sqrt{\pi}} \exp(-\sigma^2)$ in σ monoton abnimmt, für jedes $k \geqq 1$

$$\operatorname{erf}(k\sigma) \leqq k \operatorname{erf} \sigma, \quad (5.254)$$

und daher ist

$$\operatorname{erf}\left(\frac{x + W y}{2\sqrt{Dt}}\right) \leqq \sqrt{1 + W^2} \operatorname{erf}\left(\frac{x + W y}{2\sqrt{Dt}\sqrt{1 + W^2}}\right).$$

Hiermit bekommt man aus Gl. (5.253), wenn man noch die für alle σ gültige Ungleichung $\operatorname{erf} \sigma < 1$ beachtet,

$$c^*(x, y, t) - c(x, y, t) < c_0\left[\sqrt{1 + W^2} - 1\right]; \quad (5.255)$$

d. h., die nach (5.242) berechnete Konzentration ist um weniger als das $(\sqrt{1+W^2}-1)$-fache der Anfangskonzentration c_0 kleiner als die nach (5.251) berechnete. Dieser Faktor ist bei den in Frage kommenden Anwendungen sehr klein; z. B. rechnet WAGNER für einen $CrCl_2$-haltigen Trägerstrom, aus dem Cr in einen Eisenblock eindiffundiert, mit den Zahlenwerten

$$\varkappa = 2 \cdot 10^6; \qquad D = 0{,}3 \cdot 10^{-10}\ \text{cm}^2/\text{sec}; \qquad w = 4\ \text{cm/sec}; \qquad h = 2\ \text{cm}.$$

Hiermit bekommt man

$$W = \frac{\varkappa D}{h w} = \frac{2 \cdot 0{,}3}{8} 10^{-4} = 0{,}75 \cdot 10^{-5}$$

und

$$\sqrt{1+W^2} - 1 = \sqrt{1 + 0{,}5625 \cdot 10^{-10}} - 1 = 2{,}81 \cdot 10^{-9},$$

also einen Wert, der praktisch außer acht gelassen werden kann. Als behandlungsfähige Maximallänge bekommt man aus Gl. (5.246) mit den angegebenen Zahlenwerten bei einer Behandlungszeit von $t = 1$ Tag $= 86400$ sec

$$y_{\max} = 0{,}45 \frac{2 \cdot 4}{2 \cdot 10^6} \sqrt{\frac{86400}{0{,}3 \cdot 10^{-10}}} \approx 97\ \text{cm}.$$

5.132 Zylindersymmetrische Systeme. Für die Diffusionsgleichung in zylindrischen Polarkoordinaten (5.12) kann man bei konstantem D

$$\frac{\partial c}{\partial t} = D\left[\frac{\partial^2 c}{\partial r^2} + \frac{1}{r}\frac{\partial c}{\partial r} + \frac{1}{r^2}\frac{\partial^2 c}{\partial \varphi^2} + \frac{\partial^2 c}{\partial z^2}\right] \tag{5.256}$$

schreiben. Treten in z-Richtung keine Konzentrationsunterschiede auf (etwa bei einem System, das in dieser Richtung unbegrenzt oder durch Ebenen senkrecht zur Koordinatenachse $r = 0$ begrenzt ist, die für den diffundierenden Stoff undurchlässig sind), so verschwindet das letzte Glied in der Klammer. Man erhält dann die zweidimensionale Diffusionsgleichung (5.210) in Polarkoordinaten:

$$\frac{\partial c}{\partial t} = D\left[\frac{\partial^2 c}{\partial r^2} + \frac{1}{r}\frac{\partial c}{\partial r} + \frac{1}{r^2}\frac{\partial^2 c}{\partial \varphi^2}\right]. \tag{5.257}$$

Die zugehörige allgemeine Lösung für die unendliche Ebene unter den Anfangsbedingungen

$$c(r,\varphi,0) = f(r,\varphi) \quad \text{für } 0 \leqq r < \infty,\ 0 \leqq \varphi < 2\pi \tag{5.258}$$

kann man aus (5.223) durch Umrechnung in Polarkoordinaten gemäß

$$\left.\begin{aligned} &x = r\cos\varphi, \quad y = r\sin\varphi; \\ &\xi = \varrho\cos\psi, \quad \eta = \varrho\sin\psi; \quad d\xi\,d\eta = \varrho\,d\psi\,d\varrho; \\ &(x-\xi)^2 + (y-\eta)^2 = r^2 + \varrho^2 - 2r\varrho\cos(\varphi-\psi) \end{aligned}\right\} \tag{5.259}$$

erhalten:

$$c(r,\varphi,t) = \int_0^\infty \int_0^{2\pi} \frac{\varrho f(\varrho,\psi)}{4\pi D t} \exp\left(-\frac{r^2+\varrho^2-2r\varrho\cos(\varphi-\psi)}{4Dt}\right) d\psi\,d\varrho. \tag{5.260}$$

Erfolgt die Diffusion zylindersymmetrisch, also unabhängig von φ, so vereinfacht sich Gl. (5.257) weiter zu

$$\frac{\partial c}{\partial t} = D\left[\frac{\partial^2 c}{\partial r^2} + \frac{1}{r}\frac{\partial c}{\partial r}\right] \tag{5.261}$$

und die Anfangsbedingungen (5.258) zu

$$c(r, 0) = f(r) \quad \text{für} \quad 0 \leqq r < \infty . \tag{5.262}$$

Bei der Integration über ψ tritt dann eine modifizierte BESSEL-Funktion (BESSEL-Funktion mit rein imaginärem Argument) 1. Art der Ordnung 0 auf. Wir brauchen die mit I_n bezeichneten Funktionen im folgenden für ganzzahlige Ordnungen n. Für den Zusammenhang der I_n mit den entsprechenden (nicht-modifizierten) BESSEL-Funktionen J_n gilt:

$$I_n(s) = i^{-n} J_n(i s). \tag{5.263}$$

Wir geben hier einige Formeln für die $I_n(s)$ an[1]:

$$I_n(s) = \frac{1}{2\pi}\int_0^{2\pi} \exp(s \cos\sigma) \cos n\sigma \, d\sigma = I_{-n}(s); \tag{5.264}$$

$$I_n(s) = \sum_{m=0}^{\infty} \frac{(s/2)^{n+2m}}{m!(n+m)!}; \tag{5.265}$$

$$s[I_{n-1}(s) - I_{n+1}(s)] = 2n\, I_n(s); \tag{5.266}$$

$$I_0(0) = 1, \quad I_n(0) = 0 \quad \text{für} \quad n \neq 0; \tag{5.267}$$

$$I_{n+1}(s) < I_n(s) \quad \text{für} \quad n \geqq 0 \text{ und } s > 0;^2 \tag{5.268}$$

$$\frac{d}{ds} I_n(s) = I_{n-1}(s) - \frac{n}{s} I_n(s) = \frac{1}{2}[I_{n-1}(s) + I_{n+1}(s)]; \tag{5.269}$$

$$\lim_{s\to\infty} \sqrt{s}\, e^{-s} I_n(s) = \frac{1}{\sqrt{2\pi}}. \tag{5.270}$$

Aus Gl. (5.260) folgt, wenn man die Integration über ψ mit Hilfe der Formel (5.264) ausführt und dabei die Zylinder-Symmetrie und die Periodizität des Kosinus beachtet, für beliebiges φ

$$c(r, t) = \frac{1}{4\pi D t}\int_0^{\infty} \varrho f(\varrho) \exp\left(-\frac{r^2+\varrho^2}{4Dt}\right)\int_0^{2\pi} \exp\left(\frac{r\varrho\cos(\varphi-\psi)}{2Dt}\right) d\psi\, d\varrho$$

$$= \frac{1}{2Dt}\int_0^{\infty} \varrho f(\varrho) \exp\left(-\frac{r^2+\varrho^2}{4Dt}\right) I_0\left(\frac{r\varrho}{2Dt}\right) d\varrho \tag{5.271}$$

[1] Hierzu: W. GRÖBNER u. N. HOFREITER: Integraltafel, 2. Teil, 2. Aufl.; S. 144—145 und 192—193. Wien und Innsbruck 1958. — JAHNKE-EMDE-LÖSCH: Tafeln höherer Funktionen, 6. Aufl., S. 207—210. Stuttgart 1960. — I. N. BRONSTEIN u. K. A. SEMENDJAJEW: Taschenbuch der Mathematik, 5. Aufl., S. 400—401. Zürich und Frankfurt/M. 1965. — G. N. WATSON: A Treatise on the Theory of BESSEL Functions, 2nd Edition; S. 77—80. Cambridge 1952. — Handbook of Mathematical Functions (Appl. Math. Ser. 55), edited by M. ABRAMOWITZ and I. A. STEGUN; S. 374—379. Washington 1965. — H. S. CARSLAW u. J. C. JAEGER: Conduction of Heat in Solids, 2nd Edition; S. 488—490. Oxford 1959.

[2] SONI, R. P.: J. Math. and Phys. 44, 406 (1965).

als Lösung der Differentialgleichung (5.261) mit den Anfangsbedingungen (5.262).

Sind zu Beginn zwei Konzentrationsniveaus c_1 und c_2 mit einem Konzentrationssprung bei $r = a$ vorgegeben, ist also

$$f(r) = \begin{cases} c_1, & \text{falls} \quad 0 \leqq r < a \\ c_2, & \text{falls} \quad a < r < \infty, \end{cases} \tag{5.272}$$

so läßt sich das Integral in Gl. (5.271) durch eine unendliche Reihe von Funktionen I_n darstellen:

$$\begin{aligned} c(r,t) &= \frac{c_1}{2Dt}\int_0^a \varrho \exp\left(-\frac{r^2+\varrho^2}{4Dt}\right) I_0\left(\frac{r\varrho}{2Dt}\right) d\varrho \\ &\quad + \frac{c_2}{2Dt}\int_a^\infty \varrho \exp\left(-\frac{r^2+\varrho^2}{4Dt}\right) I_0\left(\frac{r\varrho}{2Dt}\right) d\varrho \\ &= c_2 + (c_1 - c_2)\exp\left(-\frac{r^2+a^2}{4Dt}\right) \sum_{n=1}^{\infty} \frac{a^n}{r^n} I_n\left(\frac{ra}{2Dt}\right). \end{aligned} \tag{5.273}$$

Hierfür kann man auch

$$c(r,t) = c_2 + (c_1 - c_2)\left[1 - \exp\left(-\frac{r^2+a^2}{4Dt}\right) \sum_{n=0}^{\infty} \frac{r^n}{a^n} I_n\left(\frac{ra}{2Dt}\right)\right] \tag{5.274}$$

schreiben. Aus beiden Darstellungen der Lösung erhält man mit Hilfe der Formeln (5.269) und (5.266) für die partiellen Ableitungen

$$\frac{\partial c}{\partial r} = -(c_1 - c_2)\exp\left(-\frac{r^2+a^2}{4Dt}\right)\frac{a}{2Dt} I_1\left(\frac{ra}{2Dt}\right), \tag{5.275}$$

$$\begin{aligned} \frac{\partial^2 c}{\partial r^2} = (c_1 - c_2)\exp\left(-\frac{r^2+a^2}{4Dt}\right)\Bigg[\frac{a}{2Dt}\left(\frac{r}{2Dt} + \frac{1}{r}\right) I_1\left(\frac{ra}{2Dt}\right) - \\ - \left(\frac{a}{2Dt}\right)^2 I_0\left(\frac{ra}{2Dt}\right)\Bigg], \end{aligned} \tag{5.276}$$

$$\begin{aligned} \frac{\partial c}{\partial t} = (c_1 - c_2)\exp\left(-\frac{r^2+a^2}{4Dt}\right)\Bigg[\frac{ar}{4Dt^2} I_1\left(\frac{ra}{2Dt}\right) - \\ - \frac{a^2}{4Dt^2} I_0\left(\frac{ra}{2Dt}\right)\Bigg] \end{aligned} \tag{5.277}$$

und kann hiermit leicht feststellen, daß die Differentialgleichung (5.261) erfüllt wird.

Im Falle $r < a$ kann man mit Hilfe der Summenformel der geometrischen Reihe unter Beachtung der Ungleichung (5.268) die unendliche Reihe in Gl. (5.274) wie folgt abschätzen:

$$\sum_{n=0}^{\infty} \frac{r^n}{a^n} I_n\left(\frac{ra}{2Dt}\right) < I_0\left(\frac{ra}{2Dt}\right) \sum_{n=0}^{\infty} \frac{r^n}{a^n} = I_0\left(\frac{ra}{2Dt}\right)\frac{a}{a-r}. \tag{5.278}$$

Es ist also

$$\exp\left(-\frac{r^2+a^2}{4Dt}\right)\sum_{n=0}^{\infty}\frac{r^n}{a^n}I_n\left(\frac{r\,a}{2Dt}\right) < \exp\left(-\frac{r^2+a^2}{4Dt}\right)I_0\left(\frac{r\,a}{2Dt}\right)\frac{a}{a-r}$$

$$= \exp\left(-\frac{(r-a)^2}{4Dt}\right)\exp\left(-\frac{r\,a}{2Dt}\right)I_0\left(\frac{r\,a}{2Dt}\right)\frac{a}{a-r} \quad (5.279)$$

und wegen der Beziehung (5.270) strebt dieser Ausdruck nach Null, wenn man $t \to 0$ gehen läßt. Man bekommt daher aus Gl. (5.274)

$$\lim_{t\to 0} c(r,t) = c_1 \quad \text{für} \quad r < a, \quad (5.280)$$

wie es die Anfangsbedingungen (5.262), (5.272) verlangen. Entsprechend erhält man für die unendliche Reihe in Gl. (5.273), wenn $r > a$ ist,

$$\sum_{n=1}^{\infty}\frac{a^n}{r^n}I_n\left(\frac{r\,a}{2Dt}\right) < I_1\left(\frac{r\,a}{2Dt}\right)\sum_{n=1}^{\infty}\frac{a^n}{r^n} = I_1\left(\frac{r\,a}{2Dt}\right)\frac{a}{r-a}$$

und kann mit Hilfe von (5.270)

$$\lim_{t\to 0} c(r,t) = c_2 \quad \text{für} \quad r > a \quad (5.281)$$

folgern, wiederum in Einklang mit (5.262), (5.272).

Wenn $r = 0$ ist, bleibt von der unendlichen Reihe in (5.274) nur das Glied $I_0(0) = 1$ übrig, und man erhält

$$c(0,t) = c_2 + (c_1 - c_2)\left[1 - \exp\left(-\frac{a^2}{4Dt}\right)\right]. \quad (5.282)$$

Für $r = a$ folgt, indem man (5.274) von (5.273) subtrahiert und mit $\exp\left(\frac{a^2}{2Dt}\right)\Big/(c_1 - c_2)$ multipliziert,

$$2\sum_{n=1}^{\infty} I_n\left(\frac{a^2}{2Dt}\right) = \exp\left(\frac{a^2}{2Dt}\right) - I_0\left(\frac{a^2}{2Dt}\right), \quad (5.283)$$

und hiermit bekommt man aus (5.273) oder (5.274)

$$c(a,t) = c_2 + \frac{c_1 - c_2}{2}\left[1 - \exp\left(-\frac{a^2}{2Dt}\right)I_0\left(\frac{a^2}{2Dt}\right)\right]. \quad (5.284)$$

Bei *numerischen Rechnungen* bricht man die unendlichen Reihen nach endlich vielen Gliedern ab. Die durch $c_1 - c_2$ dividierte Darstellung (5.273) liefert dann zu kleine, die durch $c_1 - c_2$ dividierte Darstellung (5.274) zu große Werte. Wir bezeichnen deshalb die Näherungswerte, die man aus (5.273) bzw. (5.274) erhält, wenn man die unendlichen Reihen nach dem N-ten Glied abbricht, mit $c_-(r,t;N)$ bzw. $c_+(r,t;N)$:

$$c_-(r,t;N) = c_2 + (c_1 - c_2)\exp\left(-\frac{r^2+a^2}{4Dt}\right)\sum_{n=1}^{N}\frac{a^n}{r^n}I_n\left(\frac{r\,a}{2Dt}\right), \quad (5.285)$$

$$c_+(r,t;N) = c_2 + (c_1 - c_2)\left[1 - \exp\left(-\frac{r^2+a^2}{4Dt}\right)\sum_{n=0}^{N}\frac{r^n}{a^n}I_n\left(\frac{r\,a}{2Dt}\right)\right]. \quad (5.286)$$

Hiermit folgt aus (5.273) bzw. (5.274)

$$\frac{c(r,t)-c_-(r,t;N)}{c_1-c_2}=\exp\left(-\frac{r^2+a^2}{4Dt}\right)\sum_{n=N+1}^{\infty}\frac{a^n}{r^n}I_n\left(\frac{ra}{2Dt}\right), \quad (5.287)$$

$$\frac{c_+(r,t;N)-c(r,t)}{c_1-c_2}=\exp\left(-\frac{r^2+a^2}{4Dt}\right)\sum_{n=N+1}^{\infty}\frac{r^n}{a^n}I_n\left(\frac{ra}{2Dt}\right). \quad (5.288)$$

Für $r=a$ stimmen die rechten Seiten dieser Gleichungen überein; d.h., $c_-(a,t;N)$ und $c_+(a,t;N)$ weichen um den gleichen Betrag, aber in entgegengesetzter Richtung, vom exakten Wert $c(a,t)$ ab. Mit Hilfe von (5.283) folgt

$$\frac{c(a,t)-c_-(a,t;N)}{c_1-c_2}=\frac{c_+(a,t;N)-c(a,t)}{c_1-c_2}$$

$$=\frac{1}{2}-\exp\left(-\frac{a^2}{2Dt}\right)\left\{\frac{1}{2}I_0\left(\frac{a^2}{2Dt}\right)+\sum_{n=1}^{N}I_n\left(\frac{a^2}{2Dt}\right)\right\}. \quad (5.289)$$

Die Differentiation von (5.287) und (5.288) nach r liefert

$$\frac{1}{c_1-c_2}\frac{\partial}{\partial r}[c(r,t)-c_-(r,t;N)]$$

$$=-\frac{a^{N+1}}{2Dt\,r^N}\exp\left(-\frac{r^2+a^2}{4Dt}\right)I_{N+1}\left(\frac{ra}{2Dt}\right), \quad (5.290)$$

$$\frac{1}{c_1-c_2}\frac{\partial}{\partial r}[c_+(r,t;N)-c(r,t)]$$

$$=\frac{r^{N+1}}{2Dt\,a^N}\exp\left(-\frac{r^2+a^2}{4Dt}\right)I_N\left(\frac{ra}{2Dt}\right). \quad (5.291)$$

Für positive r, a, Dt ist die rechte Seite von (5.290) negativ, die von (5.291) positiv. Der Ausdruck (5.287) ist daher monoton abnehmend, (5.288) monoton zunehmend in r. Bei festem t weicht infolgedessen c_- für $r>a$, c_+ für $r<a$ von c weniger ab als für $r=a$. Es ist daher angebracht, zur numerischen Berechnung von $c(r,t)$, wenn $r>a$ bzw. $r<a$ ist, jeweils c_- bzw. c_+ zu verwenden. (5.289) liefert dann zu den vorliegenden Dt- und N-Werten den größtmöglichen Fehler von $\frac{c_-}{c_1-c_2}$ bzw. $\frac{c_+}{c_1-c_2}$, den wir mit $F_1(t;N)$ bezeichnen wollen:

$$F_1(t;N)\equiv\frac{1}{2}-\exp\left(-\frac{a^2}{2Dt}\right)\left\{\frac{1}{2}I_0\left(\frac{a^2}{2Dt}\right)+\sum_{n=1}^{N}I_n\left(\frac{a^2}{2Dt}\right)\right\}. \quad (5.292)$$

$F_1(t;N)$ geht wegen (5.267) und, weil die Funktionen $I_n(s)$ stetig sind, $\to 0$ mit $t\to\infty$ und wegen (5.270) $\to\frac{1}{2}$ mit $t\to 0$. Da nun, wie man mit Hilfe von (5.269) zeigen kann,

$$\frac{d}{ds}\left[e^{-s}\left(\frac{1}{2}I_0(s)+\sum_{n=1}^{N}I_n(s)\right)\right]=\frac{1}{2}e^{-s}[I_{N+1}(s)-I_N(s)] \quad (5.293)$$

gilt und die rechte Seite wegen (5.267) und (5.268) stets $\leqq 0$ ist, nimmt $F_1(t;N)$ in $\frac{a^2}{2Dt}$ monoton zu, d. h. in t monoton ab. Um zu erreichen, daß F_1 eine Fehlerschranke ε nicht überschreitet, muß man die Zahl N um so größer wählen, je kleiner t ist.

Da der Fehler F_1 nur bei $r = a$ [an dieser Stelle würde man ohnehin die einfachere Formel (5.284) benutzen] in voller Höhe auftritt, wird N für Radien $r \neq a$ mit Hilfe von (5.292) möglicherweise zu hoch abgeschätzt. Deshalb werden zwei weitere Ausdrücke zur Fehlerabschätzung eingeführt. Falls $r > a$ ist, folgt aus (5.287) durch Abschätzen der Reihe ähnlich wie in (5.278)

$$\frac{c(r,t) - c_-(r,t;N)}{c_1 - c_2} < \exp\left(-\frac{r^2+a^2}{4Dt}\right) I_{N+1}\left(\frac{ra}{2Dt}\right) \sum_{n=N+1}^{\infty} \frac{a^n}{r^n}$$

$$= \exp\left(-\frac{r^2+a^2}{4Dt}\right) I_{N+1}\left(\frac{ra}{2Dt}\right) \frac{a^N}{r^N} \frac{a}{r-a},$$

und wir setzen

$$F_{1-}(r,t;N) \equiv \frac{a}{r-a} \frac{a^N}{r^N} \exp\left(-\frac{r^2+a^2}{4Dt}\right) I_{N+1}\left(\frac{ra}{2Dt}\right) \quad (N \geqq 0). \tag{5.294}$$

Entsprechend folgt, falls $r < a$ ist, aus (5.288)

$$\frac{c_+(r,t;N) - c(r,t)}{c_1 - c_2} < \exp\left(-\frac{r^2+a^2}{4Dt}\right) I_{N+1}\left(\frac{ra}{2Dt}\right) \sum_{n=N+1}^{\infty} \frac{r^n}{a^n}$$

$$= \exp\left(-\frac{r^2+a^2}{4Dt}\right) I_{N+1}\left(\frac{ra}{2Dt}\right) \frac{r^N}{a^N} \frac{r}{a-r},$$

und wir setzen

$$F_{1+}(r,t;N) \equiv \frac{r}{a-r} \frac{r^N}{a^N} \exp\left(-\frac{r^2+a^2}{4Dt}\right) I_{N+1}\left(\frac{ra}{2Dt}\right) \quad (N \geqq 0). \tag{5.295}$$

Um zu erreichen, daß eine Näherungslösung höchstens um den Betrag $\varepsilon\,|c_1 - c_2|$ von der exakten Lösung abweicht, genügt es, die Zahl N so groß zu wählen, daß wenigstens eine der Ungleichungen

$$F_1(t;N) \leqq \varepsilon \tag{5.296}$$

oder

$$F_{1-}(r,t;N) \leqq \varepsilon \quad (r > a) \quad \text{bzw.} \quad F_{1+}(r,t;N) \leqq \varepsilon \quad (r < a) \tag{5.297}$$

erfüllt ist. Während man mit einem N, das der Ungleichung (5.296) genügt, für alle Radien r die Näherungslösungen c_- bzw. c_+ mindestens in gleicher Genauigkeit erhält, gilt dies in bezug auf die erste bzw. zweite Ungleichung (5.297), wie sich aus der in (5.290) bzw. (5.291) gebildeten Ableitung von (5.287) bzw. (5.288) ergibt, nur für die größeren bzw. kleineren r. Bezüglich t haben die Fehlerabschätzungsausdrücke (5.294) und (5.295) im Gegensatz zu (5.292) ein Maximum und sind erst monoton zu-, dann monoton abnehmend; sowohl für $t \to 0$ als auch für $t \to \infty$ gehen sie $\to 0$. Wir stellen deshalb fest, welches Vorzeichen die partielle Ableitung von F_{1-} bzw. F_{1+} nach t hat. Da t auf den rechten Seiten von (5.294) und (5.295) nur in I_{N+1} und der Exponentialfunktion vorkommt, genügt es, das Produkt dieser beiden Funktionen zu differenzieren:

$$\frac{\partial}{\partial t}\left[\exp\left(-\frac{r^2+a^2}{4Dt}\right) I_{N+1}\left(\frac{ra}{2Dt}\right)\right]$$

$$= \frac{1}{t} \exp\left(-\frac{r^2+a^2}{4Dt}\right) \left\{\left(\frac{r^2+a^2}{4Dt} + N + 1\right) I_{N+1}\left(\frac{ra}{2Dt}\right) - \right.$$

$$\left. - \frac{ra}{2Dt} I_N\left(\frac{ra}{2Dt}\right)\right\}. \tag{5.298}$$

Wenn der Ausdruck in geschweiften Klammern und damit die Ableitung von F_{1-} bzw. F_{1+} $\leqq 0$ ist, kann man die Genauigkeitsforderung bei größerem t mit dem gleichen oder mit einem kleineren N erfüllen. Ist die Ableitung $\geqq 0$, so gilt dasselbe bei kleinerem t. Verschwindet die Ableitung, so liegt das Maximum von F_{1-} bzw. F_{1+} und damit auch das von N vor. Die erforderliche Anzahl N nimmt (sofern sie >0 ist) für alle Radien $r \neq a$ gegen 0 ab [d. h., in (5.285) fällt das Glied mit der unendlichen Reihe ganz weg, in (5.286) bleibt nur $n = 0$], wenn man t genügend groß oder klein (aber >0) werden läßt. Außerdem wird $N = 0$, wenn man bei beliebigem $t > 0$ den Radius $r \to 0$ oder $\to \infty$ gehen läßt. Aus (5.285) bzw. (5.286) erkennt man, daß von $c_-(r, t; 0)$ bzw. $c_+(r, t; 0)$ für $r = 0$, $r \to \infty$, $t \to 0$ (falls $r \neq a$) und $t \to \infty$ die richtigen Funktions- und Grenzwerte angenommen werden.

Eine der umfangreichsten Tabellen der modifizierten BESSEL-Funktionen stammt von E. ANDING[1]. In einigen bereits auf S. 438 zitierten Werken findet man die Funktionen ebenfalls tabelliert.[2] Wenn nur $I_0(s)$ und $I_1(s)$ angegeben sind, kann man die $I_n(s)$ für $n \geqq 2$ mit Hilfe der nach $I_{n+1}(s)$ aufgelösten Beziehung (5.266) sukzessiv berechnen. Die Anzahl der gültigen Ziffern nimmt dann allerdings bei kleinem s stark ab, und man braucht sehr genaue Ausgangswerte.[3] Mitunter (z. B. bei WATSON und bei ABRAMOWITZ-STEGUN) sind nicht die $I_n(s)$ selbst, sondern die Produkte $e^{-s} I_n(s)$ tabelliert. Dies ist bei einer Anwendung der Formeln (5.284) und (5.292) vorteilhaft, wo die I_n in dieser Kombination auftreten. In (5.285), (5.286), (5.294), (5.295) und (5.298) empfiehlt es sich, bei Benutzung solcher Tabellen die Exponentialfunktionen gemäß

$$\exp\left(-\frac{r^2 + a^2}{4Dt}\right) = \exp\left(-\frac{(r-a)^2}{4Dt}\right) \exp\left(-\frac{r\,a}{2Dt}\right)$$

aufzuspalten.

Bezüglich t ist die Anwendbarkeit unserer Formeln wie bei den eindimensionalen Systemen (vgl. Abschn. 5.121.4) infolge der endlichen Ausdehnung von Versuchsanordnungen eingeschränkt. Wir wollen deshalb den Einfluß einer undurchlässigen Begrenzungsfläche abschätzen. Sie braucht nicht unbedingt zylinderförmig zu sein. Man kann z. B. die Diffusion aus einem Draht in einen ihn umgebenden, beliebig gestalteten Körper mit unseren für unbegrenzte Systeme aufgestellten Formeln beschreiben, solange die Anordnung in bezug auf einen zulässigen Fehler als quasi-unendlich betrachtet werden kann.

---

[1] ANDING, E.: Sechsstellige Tafeln der BESSELschen Funktionen imaginären Argumentes. Leipzig 1911.

[2] WATSON, G. N.: A Treatise on the Theory of BESSEL Functions, 2nd Edition, S. 698—713, 736. Cambridge 1952. — JAHNKE-EMDE-LÖSCH: Tafeln höherer Funktionen, 6. Aufl., S. 216—221. Stuttgart 1960. — Handbook of Mathematical Functions, ed. by M. ABRAMOWITZ and I. A. STEGUN; S. 416 — 428. Washington 1965. — I. N. BRONSTEIN u. K. A. SEMENDJAJEW: Taschenbuch der Mathematik, 5. Aufl., S. 60—61. Zürich und Frankfurt/M. 1965.

[3] Auf 10 Dezimalen genau findet man $I_0(s)$ und $I_1(s)$ für $s = 0{,}00; 0{,}01; \ldots; 10{,}00$ in: Table of the BESSEL functions $J_0(z)$ and $J_1(z)$ for complex arguments. Prepared by the Mathematical Tables Project National Bureau of Standards, 2nd Edition, S. 362—381. New York 1947.

Die kürzeste Entfernung der Begrenzung vom Zentrum werde mit R bezeichnet. Ihre Undurchlässigkeit für den diffundierenden Stoff besagt entsprechend wie in (5.47)

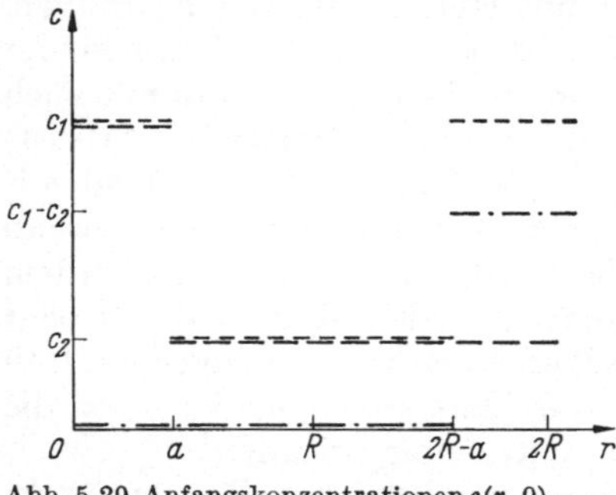

Abb. 5.29. Anfangskonzentrationen $c(r, 0)$ — —, $\tilde{c}(r, 0)$ —·— und $c(r, 0) + \tilde{c}(r, 0)$ - - - für ein zylindersymmetrisches Diffusionssystem.

$$\left(\frac{\partial c}{\partial r}\right)_{r=R} = 0. \tag{5.299}$$

Aus (5.275) bekommt man jedoch für alle $t > 0$ und $r > 0$

$$\frac{1}{c_1 - c_2} \frac{\partial c}{\partial r} < 0; \tag{5.300}$$

das bedeutet, wenn $c_1 > c_2$ ist, einen Diffusionsstrom nach außen, wenn $c_1 < c_2$ ist, einen solchen nach innen. Wir denken uns nun der Lösung $c(r, t)$ eine andere $\tilde{c}(r, t)$, die die Anfangsbedingungen

$$\tilde{c}(r, 0) = \begin{cases} 0, & \text{falls } 0 \leqq r < 2R - a \\ c_1 - c_2, & \text{falls } 2R - a < r < \infty \end{cases}$$

erfüllen möge, überlagert. Für $c + \tilde{c}$ gilt dann

$$c(r, 0) + \tilde{c}(r, 0) = \begin{cases} c_1, & \text{falls } 0 \leqq r < a \text{ oder } 2R - a < r < \infty \\ c_2, & \text{falls } a < r < 2R - a. \end{cases} \tag{5.301}$$

Eine Änderung gegenüber den Anfangswerten (5.272) liegt nur für $r > 2R - a$ vor (Abb. 5.29). Als Lösung $\tilde{c}(r, t)$ bekommt man, indem man in (5.274) c_1 durch 0, c_2 durch $c_1 - c_2$ und a durch $2R - a$ ersetzt,

$$\tilde{c}(r, t) = (c_1 - c_2) \exp\left(-\frac{r^2 + (2R - a)^2}{4Dt}\right) \sum_{n=0}^{\infty} \frac{r^n}{(2R - a)^n} I_n\left(\frac{r(2R - a)}{2Dt}\right). \tag{5.302}$$

Für die Ableitungen von c und $\tilde{c}$ nach r hat man bei $r = R$ gemäß (5.275)

$$\left(\frac{\partial c}{\partial r}\right)_{r=R} = -(c_1 - c_2) \exp\left(-\frac{R^2 + a^2}{4Dt}\right) \frac{a}{2Dt} I_1\left(\frac{Ra}{2Dt}\right), \tag{5.303}$$

$$\left(\frac{\partial \tilde{c}}{\partial r}\right)_{r=R} = (c_1 - c_2) \exp\left(-\frac{R^2 + (2R - a)^2}{4Dt}\right) \frac{2R - a}{2Dt} I_1\left(\frac{R(2R - a)}{2Dt}\right). \tag{5.304}$$

Die beiden Ausdrücke sind von entgegengesetztem Vorzeichen. Um ihre Absolutbeträge zu vergleichen, zerlegen wir die Exponentialfunktionen:

$$\exp\left(-\frac{R^2 + a^2}{4Dt}\right) = \exp\left(-\frac{(R - a)^2}{4Dt}\right) \exp\left(-\frac{Ra}{2Dt}\right),$$

$$\exp\left(-\frac{R^2 + (2R - a)^2}{4Dt}\right) = \exp\left(-\frac{(R - a)^2}{4Dt}\right) \exp\left(-\frac{R(2R - a)}{2Dt}\right).$$

Jetzt braucht man nur noch zu vergleichen:

$$\left.\begin{array}{c} \dfrac{a}{2Dt} \exp\left(-\dfrac{Ra}{2Dt}\right) I_1\left(\dfrac{Ra}{2Dt}\right) \\ \text{mit} \\ \dfrac{2R - a}{2Dt} \exp\left(-\dfrac{R(2R - a)}{2Dt}\right) I_1\left(\dfrac{R(2R - a)}{2Dt}\right). \end{array}\right\} \tag{5.305}$$

Hierzu betrachten wir

$$\frac{d}{ds}\left[\frac{1}{R}\, s\, e^{-s} I_1(s)\right] = \frac{1}{R}\, s\, e^{-s}\{I_0(s) - I_1(s)\} > 0 \quad \text{für} \quad s > 0.$$

Die Funktion in eckigen Klammern liefert mit $s = \frac{Ra}{2Dt}$ den ersten und mit $s = \frac{R(2R-a)}{2Dt}$ den zweiten Ausdruck (5.305). Wegen $a < 2R - a$ ist also der erste Ausdruck kleiner als der zweite. Aus (5.303) und (5.304) folgt daher

$$\frac{1}{c_1 - c_2}\left\{\left(\frac{\partial c}{\partial r}\right)_{r=R} + \left(\frac{\partial \tilde{c}}{\partial r}\right)_{r=R}\right\} > 0 \quad \text{für} \quad t > 0. \tag{5.306}$$

Dies bedeutet, wie ein Vergleich mit (5.300) zeigt, daß der Diffusionsstrom bei R seine Richtung wechselt, wenn man c mit $\tilde{c}$ überlagert. Die exakte Lösung liegt daher in $0 \leqq r \leqq R$ zwischen $c(r,t)$ und $c(r,t) + \tilde{c}(r,t)$; d. h., der Fehler von $c(r,t)$ infolge der Begrenzung bei R ist nicht größer als $|\tilde{c}(r,t)|$. Da die Ableitung $\frac{\partial \tilde{c}}{\partial r}$ das Vorzeichen von $c_1 - c_2$ hat, gilt für $r_1 \leqq r_2 \leqq R$

$$\frac{\tilde{c}(r_1,t)}{c_1 - c_2} \leqq \frac{\tilde{c}(r_2,t)}{c_1 - c_2} \leqq \frac{\tilde{c}(R,t)}{c_1 - c_2}; \tag{5.307}$$

der Fehler von $c(r,t)$ ist demnach im ganzen Bereich $0 \leqq r \leqq R$ höchstens vom Betrage $|\tilde{c}(R,t)|$.

Für $\frac{\tilde{c}(r,t)}{c_1 - c_2}$ folgt aus (5.302), wenn wir die unendliche Reihe analog zu (5.278) nach oben abschätzen:

$$\begin{aligned}
\frac{\tilde{c}(r,t)}{c_1 - c_2} &< \exp\left(-\frac{r^2 + (2R-a)^2}{4Dt}\right) I_0\left(\frac{r(2R-a)}{2Dt}\right) \sum_{n=0}^{\infty} \frac{r^n}{(2R-a)^n} \\
&= \frac{2R-a}{2R-a-r} \exp\left(-\frac{r^2 + (2R-a)^2}{4Dt}\right) I_0\left(\frac{r(2R-a)}{2Dt}\right) \\
&= \frac{2R-a}{2R-a-r} \exp\left(-\frac{(2R-a-r)^2}{4Dt}\right) \exp\left(-\frac{r(2R-a)}{2Dt}\right) I_0\left(\frac{r(2R-a)}{2Dt}\right) \\
&\equiv F_2(r,t).
\end{aligned} \tag{5.308}$$

$F_2(r,t)$ geht $\to 0$ mit $t \to 0$ und nimmt in t monoton zu. Daher und wegen (5.307) ist $F_2(r,t)$ auch für alle kleineren r und kleineren t eine obere Schranke von $\frac{\tilde{c}(r,t)}{c_1 - c_2}$.

In dem Ausdruck (5.308) kann man, wenn s^* eine beliebige Zahl $\geqq 0{,}8$ und $\frac{r(2R-a)}{2Dt} \geqq s^*$ ist,

$$\exp\left(-\frac{r(2R-a)}{2Dt}\right) I_0\left(\frac{r(2R-a)}{2Dt}\right) \quad \text{durch} \quad \sqrt{\frac{2Dt\, s^*}{r(2R-a)}}\, \exp(-s^*)\, I_0(s^*) \tag{5.309}$$

ersetzen; denn $\sqrt{s}\exp(-s)\, I_0(s)$ ist für $s \geqq 0{,}8$ monoton abnehmend.[1] Der rechte Ausdruck (5.309) ist also niemals kleiner als der linke. Die Fehlerabschätzung wird dadurch etwas vergröbert, jedoch gemäß (5.270) um so weniger, je größer man s^* wählt. Die Ersetzung (5.309) ist daher besonders für große Werte von $\frac{r(2R-a)}{2Dt}$ angebracht (für die man u. U. keine I_0-Tafelwerte zur Verfügung hat). Es ist z. B. ($s^* = 4$)

$$\sqrt{4}\exp(-4)\, I_0(4) = 0{,}414004\,.$$

Man kann daher an Stelle von (5.308), falls $\frac{r(2R-a)}{2Dt} > 4$ ist,

$$\begin{aligned} F_2(r,t) &= \frac{2R-a}{2R-a-r}\exp\left(-\frac{(2R-a-r)^2}{4Dt}\right)\sqrt{\frac{2Dt}{r(2R-a)}}\cdot 0{,}414 \\ &= \frac{0{,}414}{2R-a-r}\sqrt{\frac{2Dt(2R-a)}{r}}\exp\left(-\frac{(2R-a-r)^2}{4Dt}\right) \end{aligned} \tag{5.310}$$

verwenden. Wegen (5.270) ist ein hiernach berechnetes F_2 höchstens um den Faktor $0{,}414\sqrt{2\pi} = 1{,}038$ größer als nach (5.308).

Will man den Gesamtfehler einer Näherungslösung, der durch Abbrechen der unendlichen Reihe und Vernachlässigung der Begrenzung entsteht, abschätzen, so beachte man, daß nach (5.287) und (5.288) die nicht berücksichtigten Reihenglieder $\frac{c_-(r,t;N)}{c_1-c_2}$ vergrößern, $\frac{c_+(r,t;N)}{c_1-c_2}$ verkleinern würden, während die Begrenzung in ganz $0 \leqq r \leqq R$ eine Vergrößerung der durch $(c_1 - c_2)$ dividierten Lösung für das unendliche System bewirkt. Bei Verwendung der Fehlerabschätzungen (5.294) und (5.295) überschreitet daher der Gesamtfehler einen Betrag $\varepsilon\,|c_1 - c_2|$ nicht, wenn im Falle $r > a$

$$F_{1-}(r,t;\,N) + F_2(r,t) \leqq \varepsilon \tag{5.311}$$

und im Falle $r < a$

$$\operatorname{Max}\bigl(F_{1+}(r,t;\,N),\, F_2(r,t)\bigr) \leqq \varepsilon \tag{5.312}$$

bleibt. Bei $r = 0$ bzw. $r = a$ braucht, wenn man (5.282) bzw. (5.284) verwendet, nur

$$F_2(0,t) \leqq \varepsilon \quad \text{bzw.} \quad F_2(a,t) \leqq \varepsilon \tag{5.313}$$

---

[1] Beweis: $\frac{d}{ds}[\sqrt{s}\exp(-s)I_0(s)] = \sqrt{s}\exp(-s)\left[I_1(s) - I_0(s) + \frac{1}{2s}I_0(s)\right]$

$$= \frac{\exp(-2s)}{2\sqrt{s}}\{\exp(s)\,[2s\,I_1(s) + (1-2s)I_0(s)]\}$$

ist <0 für $s = 0{,}8$, und für $s > 0$ hat der ganze Ausdruck dasselbe Vorzeichen wie der in geschweiften Klammern. Durch Differentiation der geschweiften Klammer erhält man

$$\frac{d}{ds}\{\exp(s)\,[2s\,I_1(s) + (1-2s)I_0(s)]\} = \exp(s)\,[I_1(s) - I_0(s)],$$

und dies ist wegen (5.268) <0. Infolgedessen bleibt die Ableitung von $\sqrt{s}\exp(-s)I_0(s)$ für alle $s \geqq 0{,}8$ negativ.

zu gelten. Eine für alle Radien aus $0 \leqq r \leqq R$ verwendbare, jedoch für $r \ll a$ oder $r \gg a$ häufig zu grobe Abschätzung ergibt sich unter Benutzung von (5.292):

$$F_1(t;\, N) + F_2(R, t) \leqq \varepsilon. \tag{5.314}$$

Zahlenbeispiel: Es sei $R = 1$ cm, $a = 0{,}1$ cm, und wie in Abschn. 5.121.4 soll der Gesamtfehler höchstens $1^0/_{00}$ der Anfangskonzentrationsdifferenz $|c_1 - c_2|$ betragen. Zu einer Zeit mit $Dt = 0{,}05$ cm² (für einen Diffusionskoeffizienten von z. B. $D = 10^{-8}$ cm²/sec bedeutet das $t = 5 \cdot 10^6$ sec ≈ 58 Tage) und $r = R = 1$ cm ist dann $\frac{r(2R - a)}{2Dt} = 19 > 4$. Man kann also F_2 nach (5.310) berechnen und erhält

$$F_2\left(1, \frac{0{,}05}{D}\right) = \frac{0{,}414}{0{,}9} \sqrt{\frac{2 \cdot 0{,}05 \cdot 1{,}9}{1}} \exp\left(-\frac{0{,}9^2}{4 \cdot 0{,}05}\right) = 3{,}49 \cdot 10^{-3}. \tag{5.315}$$

Infolge des Einflusses der Begrenzung weicht also die Lösung für das unendliche System möglicherweise um mehr als $10^{-3}\,|c_1 - c_2|$ vom richtigen Wert ab. Bei einer Verkleinerung von r oder Dt nimmt jedoch F_2 stark ab; z. B. ist

$$F_2\left((0{,}8), \frac{0{,}05}{D}\right) = 4{,}32 \cdot 10^{-4}, \tag{5.316}$$

$$F_2\left((0{,}4), \frac{0{,}05}{D}\right) = 2{,}47 \cdot 10^{-6}; \tag{5.317}$$

$$F_2\left(1, \frac{0{,}04}{D}\right) = 1{,}14 \cdot 10^{-3}, \tag{5.318}$$

$$F_2\left(1, \frac{0{,}03}{D}\right) = 1{,}82 \cdot 10^{-4}. \tag{5.319}$$

Wenn $Dt = 0{,}04$ ist, kann also die Abweichung den zugelassenen Wert nur in der Nähe von $r = R$ ein wenig überschreiten. Für alle Radien innerhalb des begrenzten Systems ($r \leqq R = 1$) läßt sich die Genauigkeitsforderung sicher erfüllen, solange $Dt \leqq 0{,}03$ ist, für $r \leqq 0{,}8$ auch noch bis $Dt = 0{,}05$.

Zur Bestimmung der Anzahl der zu berücksichtigenden Reihenglieder berechnen wir zunächst $F_1(t;\, N)$ nach Formel (5.292) für $a = 0{,}1$; $Dt = 0{,}05$ und $N = 1;\, 2$. Es ist dann $\frac{a^2}{2Dt} = 0{,}1$, und man entnimmt einer Tafel für $e^{-s} I_n(s)$ (z. B. WATSON[1])

$$\exp(-0{,}1)\, I_0(0{,}1) = 0{,}907\,1009;$$

$$\exp(-0{,}1)\, I_1(0{,}1) = 0{,}045\,2984;$$

$$\exp(-0{,}1)\, I_2(0{,}1) = 0{,}001\,1320.$$

[1] WATSON, G. N.: A Treatise on the Theory of BESSEL Functions, 2nd Edition, S. 698 und 736. Cambridge 1952.

Hiermit bekommt man

$$F_1\left(\frac{0{,}05}{D};1\right)=\frac{1}{2}-\frac{1}{2}\cdot 0{,}9071009-0{,}0452984=1{,}15\cdot 10^{-3};$$

$$F_1\left(\frac{0{,}05}{D};2\right)=\frac{1}{2}-\frac{1}{2}\cdot 0{,}9071009-0{,}0452984-$$

$$-0{,}0011320=1{,}9\ \cdot 10^{-5}. \qquad (5.320)$$

Hieraus und aus (5.316) ergibt sich für $Dt = 0{,}05$ und $r \leqq 0{,}8$ ein Gesamtfehler $F_1 + F_2 < 10^{-3}$, wenn man in c_- bzw. c_+ $N = 2$ wählt. Man kommt jedoch mit weniger Reihengliedern aus, wenn r gegenüber a genügend klein oder groß ist. Mit Hilfe von (5.295) und (5.298) erhält man insbesondere:

r	N	$F_{1+}\left(r, \frac{0{,}05}{D}; N\right)$	Vorzeichen von $\frac{\partial}{\partial t} F_{1+}$
0,01	0	$5{,}28 \cdot 10^{-4}$	—
0,02	0	$2{,}37 \cdot 10^{-3}$	—
0,02	1	$2{,}37 \cdot 10^{-6}$	—
0,04	1	$5{,}03 \cdot 10^{-5}$	—
0,06	1	$3{,}78 \cdot 10^{-4}$	—
0,07	1	$9{,}29 \cdot 10^{-4}$	—
0,08	1	$2{,}36 \cdot 10^{-3}$	—

und mit (5.294) und (5.298)

r	N	$F_{1-}\left(r, \frac{0{,}05}{D}; N\right)$	Vorzeichen von $\frac{\partial}{\partial t} F_{1-}$
0,2	1	$1{,}95 \cdot 10^{-3}$	—
0,3	1	$1{,}15 \cdot 10^{-3}$	—
0,4	1	$7{,}22 \cdot 10^{-4}$	—
0,5	1	$4{,}35 \cdot 10^{-4}$	—
0,8	1	$5{,}84 \cdot 10^{-5}$	+
0,8	0	$2{,}40 \cdot 10^{-3}$	+

Gemäß (5.312) bzw. (5.311) braucht man also zur Erreichung der vorgesehenen Genauigkeit für $r \leqq 0{,}01$ nur $N = 0$, für $r \leqq 0{,}07$ und $r \geqq 0{,}4$ [man beachte (5.317)] nur $N = 1$ zu nehmen, während sich von $r = 0{,}08$ bis $r = 0{,}3$ gegenüber der Abschätzung (5.320) keine Erniedrigung der erforderlichen Anzahl von Reihengliedern ergibt. Wie aus dem Vorzeichen der partiellen Ableitung hervorgeht, wächst F_{1+} bzw. F_{1-} bei einer Verkleinerung von t für alle Werte der beiden Aufstellungen mit Ausnahme von $r = 0{,}8$ und erreicht ein Maximum, das z. B. für F_{1+} mit $r = 0{,}01$ und $N = 1$ zwischen $Dt = 0{,}002$ und $Dt = 0{,}001$ liegt. Für $r = 0{,}8$ und $N = 1$ liegt das Maximum von F_{1-} an einem Dt-Wert $>0{,}05$, und wenn man Dt von 0,05 nach 0 abnehmen läßt, fällt F_{1-} stets. Der Bereich um $r = a$, in dem die Fehlerabschätzung mit F_1 gemäß (5.292) gleiche oder niedrigere N-Werte liefert als mit F_{1+} bzw. F_{1-} gemäß (5.295) bzw. (5.294) wird allmählich kleiner, wenn t

abnimmt. Zu $Dt = 0{,}005$ ist z. B.

$$F_1\left(\frac{0{,}005}{D}; 3\right) = 1{,}12 \cdot 10^{-3}; \quad F_1\left(\frac{0{,}005}{D}; 4\right) = 1{,}09 \cdot 10^{-4}. \quad (5.321)$$

Andererseits bekommt man folgende F_{1+}- bzw. F_{1-}-Werte:

r	N	$F_{1\pm}\left(r, \frac{0{,}005}{D}; N\right)$	Vorzeichen von $\frac{\partial}{\partial t} F_{1\pm}$
0,01	0	$3{,}36 \cdot 10^{-3}$	—
0,02	1	$1{,}49 \cdot 10^{-4}$	—
0,04	1	$3{,}03 \cdot 10^{-3}$	—
0,04	2	$8{,}04 \cdot 10^{-5}$	—
0,06	2	$1{,}26 \cdot 10^{-3}$	—
0,08	3	$9{,}93 \cdot 10^{-4}$	—
0,09	3	$4{,}72 \cdot 10^{-3}$	—
0,2	3	$5{,}21 \cdot 10^{-4}$	—
0,2	2	$4{,}37 \cdot 10^{-3}$	—
0,3	2	$3{,}59 \cdot 10^{-4}$	+
0,3	1	$2{,}52 \cdot 10^{-3}$	+
0,35	1	$5{,}81 \cdot 10^{-4}$	+
0,4	0	$6{,}62 \cdot 10^{-4}$	+

Man kommt also jetzt bis $r = 0{,}08$ und ab $r = 0{,}2$ mit weniger Reihengliedern aus, als man nach (5.321) haben müßte. Nachstehend geben wir noch einige ausgerechnete Näherungswerte von $\left[c\left(r, \frac{0{,}005}{D}\right) - c_2\right] / [c_1 - c_2]$ an. Sie wurden für $r = 0$ bzw. $r = a = 0{,}1$ mit Hilfe von (5.282) bzw. (5.284), für $0 < r < 0{,}1$ bzw. $r > 0{,}1$ mit (5.286) bzw. (5.285) und den bei einem zulässigen Fehler von höchstens 10^{-3} erforderlichen Zahlen N, wie sie sich aus vorstehender Aufstellung und (5.321) ergeben, gewonnen. Da der Beitrag von F_2 für $Dt = 0{,}005$ keine Rolle spielt, bekommt man durchweg mit c_- zu kleine, mit c_+ zu große Werte. Dies wurde bei der Auf- bzw. Abrundung der Dezimalbrüche berücksichtigt. Der Fehler beträgt bei allen angegebenen Werten höchstens eine Einheit der dritten Dezimale. Für $r = 0{,}4$ und alle größeren Radien unterscheidet sich die Konzentration zur Zeit $t = 0.005/D$ um weniger als $10^{-3}\,|c_1 - c_2|$ von der Anfangskonzentration c_2.

r	N	$\frac{c\left(r, \frac{0{,}005}{D}\right) - c_2}{c_1 - c_2}$ $(\pm 10^{-3})$
0	—	0,393
0,01	1	0,392
0,02	1	0,387
0,04	2	0,370
0,06	3	0,342
0,08	3	0,307
0,09	4	0,287
0,1	—	0,267
0,2	3	0,082
0,3	2	0,011
0,35	1	0,003
0,4	0	0

In Analogie zu den Formeln (5.42) und (5.52), die im Hinblick auf Selbstdiffusionsversuche mit radioaktiven Indikatoren die Diffusion aus einer extrem dünnen Schicht beschreiben, wollen wir noch den Fall behandeln, daß die Anfangskonzentration nur in einem Bereich von extrem kleinem Radius von Null verschieden ist. Zu diesem Zweck setzen wir in (5.273) $c_2 = 0$ und führen ähnlich wie auf S. 387 die Menge M des diffundierenden Stoffes je Längeneinheit in Richtung der z-Koordinate ein:

$$M = \pi a^2 c_1 .$$

Dann folgt aus (5.273)

$$c(r, t) = \frac{M}{\pi a^2} \exp\left(-\frac{r^2 + a^2}{4Dt}\right) \sum_{n=1}^{\infty} \frac{a^n}{r^n} I_n\left(\frac{r a}{2Dt}\right)$$

$$= \frac{M}{\pi} \exp\left(-\frac{r^2 + a^2}{4Dt}\right) \sum_{n=1}^{\infty} \frac{a^{n-2}}{r^n} I_n\left(\frac{r a}{2Dt}\right),$$

und für den Grenzwert $a \to 0$ ergibt sich

$$\lim_{a \to 0} c(r, t) = \frac{M}{4\pi Dt} \exp\left(-\frac{r^2}{4Dt}\right). \tag{5.322}$$

Dieser Ausdruck stimmt für $M = 1$ mit der Einheits-Quellenlösung (5.220) am Koordinatenursprung ($\xi = \eta = 0$) überein.

Lösungen der Differentialgleichung (5.261) unter Anfangs- und Randbedingungen, bei denen an einer inneren oder äußeren zylindrischen Begrenzungsfläche eine feste Konzentration oder ein fester Diffusionsstrom aufrechterhalten wird, lassen sich durch unendliche Reihen von (nicht-modifizierten) BESSEL-Funktionen darstellen. Sie sind hauptsächlich in der Literatur über entsprechende Wärmeleitungsprobleme[1] und bei CRANK[2] behandelt.

5.133 Kugelsymmetrische Systeme. Für kugelsymmetrische Diffusionsvorgänge folgt als Differentialgleichung aus (5.13) bei konstantem D

$$\frac{\partial c}{\partial t} = D\left(\frac{\partial^2 c}{\partial r^2} + \frac{2}{r}\frac{\partial c}{\partial r}\right). \tag{5.323}$$

Hieraus erhält man mit Hilfe der Substitution[3] $u = c\,r$, d. h.

$$\frac{\partial c}{\partial r} = \frac{1}{r}\frac{\partial u}{\partial r} - \frac{u}{r^2}, \qquad \frac{\partial^2 c}{\partial r^2} = \frac{1}{r}\frac{\partial^2 u}{\partial r^2} - \frac{2}{r^2}\frac{\partial u}{\partial r} + \frac{2u}{r^3}, \qquad \frac{\partial c}{\partial t} = \frac{1}{r}\frac{\partial u}{\partial t},$$

---

[1] Zum Beispiel H. S. CARSLAW u. J. C. JAEGER: Conduction of Heat in Solids, 2nd Edition, S. 188—213, 327—347. Oxford 1959. — P. FRANK u. R. v. MISES: Die Differential- und Integralgleichungen der Mechanik und Physik II, 2. Aufl., S. 561—563. Braunschweig 1935. — A. SOMMERFELD: Vorlesungen über theoretische Physik, Bd. VI: Partielle Differentialgleichungen der Physik, 5. Aufl., S. 93—99. Leipzig 1962. — C. WAGNER: Ingenieur-Archiv 14, 398—409 (1944).

[2] CRANK, J.: The Mathematics of Diffusion, S. 62—83. Oxford 1956.

[3] Siehe z. B. H. S. CARSLAW u. J. C. JAEGER, a. a. O., S. 230. — J. CRANK, a. a. O., S. 84.

und nach Multiplikation mit r

$$\frac{\partial u}{\partial t} = D \frac{\partial^2 u}{\partial r^2}. \tag{5.324}$$

Diese Gleichung stimmt formal mit der Differentialgleichung (5.11) für eindimensionale Diffusionsvorgänge überein. Sind zu (5.323) die Anfangsbedingungen

$$c(r, 0) = f(r) \quad \text{für} \quad 0 \leqq r < \infty \tag{5.325}$$

gegeben, so bekommt man zu (5.324) mit Hilfe der Substitution $u = c\,r$

und außerdem ist
$$\left.\begin{aligned} u(r, 0) &= r\,f(r) && \text{für} \quad 0 \leqq r < \infty, \\ u(0, t) &= 0 && \text{für} \quad 0 < t < \infty. \end{aligned}\right\} \tag{5.326}$$

Die letzte Bedingung entspricht im Eindimensionalen einer konstant auf dem Wert Null gehaltenen Konzentration an einer Begrenzung (Abschn. 5.121.22). Mit Hilfe von (5.54) erhält man als Lösung des Problems (5.324), (5.326)

$$u(r, t) = \frac{1}{2\sqrt{\pi D t}} \int_0^\infty \varrho\, f(\varrho) \left[\exp\left(-\frac{(r-\varrho)^2}{4Dt}\right) - \exp\left(-\frac{(r+\varrho)^2}{4Dt}\right)\right] d\varrho \tag{5.327}$$

und als Lösung von (5.323), (5.325)

$$c(r, t) = \frac{1}{2r\sqrt{\pi D t}} \int_0^\infty \varrho\, f(\varrho) \left[\exp\left(-\frac{(r-\varrho)^2}{4Dt}\right) - \exp\left(-\frac{(r+\varrho)^2}{4Dt}\right)\right] d\varrho. \tag{5.328}$$

Diesen Ausdruck kann man auch aus (5.225) gewinnen [ähnlich wie (5.271) aus (5.223)], indem man sphärische Polarkoordinaten einführt und Kugelsymmetrie voraussetzt.

Ist insbesondere

$$f(r) = \begin{cases} c_1, & \text{falls} \quad 0 \leqq r < a \\ c_2, & \text{falls} \quad a < r < \infty, \end{cases} \tag{5.329}$$

so folgt aus (5.328)

$$\begin{aligned} c(r, t) &= \frac{c_1}{2r\sqrt{\pi D t}} \int_0^a \varrho \left[\exp\left(-\frac{(r-\varrho)^2}{4Dt}\right) - \exp\left(-\frac{(r+\varrho)^2}{4Dt}\right)\right] d\varrho + \\ &\quad + \frac{c_2}{2r\sqrt{\pi D t}} \int_a^\infty \varrho \left[\exp\left(-\frac{(r-\varrho)^2}{4Dt}\right) - \exp\left(-\frac{(r+\varrho)^2}{4Dt}\right)\right] d\varrho \\ &= c_2 + \frac{c_1 - c_2}{2}\left[\operatorname{erf}\left(\frac{r+a}{2\sqrt{Dt}}\right) - \operatorname{erf}\left(\frac{r-a}{2\sqrt{Dt}}\right)\right] + \\ &\quad + \frac{c_1 - c_2}{r}\sqrt{\frac{Dt}{\pi}}\left[\exp\left(-\frac{(r+a)^2}{4Dt}\right) - \exp\left(-\frac{(r-a)^2}{4Dt}\right)\right]. \end{aligned} \tag{5.330}$$

Läßt man $t \to 0$ gehen, so strebt im Einklang mit (5.329) $c(r, t) \to c_1$, falls $r < a$ und $\to c_2$, falls $r > a$ ist. Die ersten beiden Summanden von (5.330) ergeben, wie ein Vergleich mit (5.51) zeigt, die Lösung des eindimensionalen Diffusionsproblems unter den Anfangsbedingungen (5.325), (5.329) für ein bei $r = 0$ undurchlässig begrenztes oder bezüglich $r = 0$ symmetrisches System. Die partielle Ableitung von (5.330) nach r ist

$$\frac{\partial c}{\partial r} = -\frac{c_1 - c_2}{2r^2\sqrt{\pi D t}}\left[(r\,a + 2Dt)\exp\left(-\frac{(r+a)^2}{4Dt}\right) + \right.$$
$$\left. + (r\,a - 2Dt)\exp\left(-\frac{(r-a)^2}{4Dt}\right)\right]. \tag{5.331}$$

Für $r = 0$ sind die rechten Seiten von (5.330) und (5.331) nicht definiert. Mit den entsprechenden Grenzwerten für $r \to 0$ folgt

$$c(0, t) = c_2 + (c_1 - c_2)\operatorname{erf}\left(\frac{a}{2\sqrt{Dt}}\right) - a\frac{c_1 - c_2}{\sqrt{\pi D t}}\exp\left(-\frac{a^2}{4Dt}\right) \tag{5.332}$$

und

$$\left(\frac{\partial c}{\partial r}\right)_{r=0} = 0. \tag{5.333}$$

Bei zunehmendem t macht sich in den für unbegrenzte Systeme [Anfangsbedingungen (5.325), (5.329)] aufgestellten Formeln die endliche Ausdehnung von Versuchsanordnungen bemerkbar. Ähnlich wie bei den zylindersymmetrischen Systemen (s. S. 443—446) wollen wir deshalb den Einfluß einer für den diffundierenden Stoff undurchlässigen Begrenzungsfläche abschätzen, die vom Zentrum die kürzeste Entfernung $R > a$ hat.

Die Undurchlässigkeit bei R bewirkt wie in (5.299), daß die Ableitung $\left(\frac{\partial c}{\partial r}\right)_{r=R}$ verschwindet. Schreiben wir nun (5.331) in der Form

$$\frac{\partial c}{\partial r} = -\frac{c_1 - c_2}{r^2}\sqrt{\frac{Dt}{\pi}}\exp\left(-\frac{r^2 + a^2}{4Dt}\right)\left[\left(\frac{r\,a}{2Dt} + 1\right)\exp\left(-\frac{r\,a}{2Dt}\right) + \right.$$
$$\left. + \left(\frac{r\,a}{2Dt} - 1\right)\exp\left(\frac{r\,a}{2Dt}\right)\right]$$

und setzen vorübergehend $s = \frac{r\,a}{2Dt}$ und für den Ausdruck in eckigen Klammern

$$\varphi(s) = (s+1)\,e^{-s} + (s-1)\,e^{s},$$

so folgt

$$\varphi(0) = 0,$$

und daher

$$\left.\begin{aligned} \varphi'(s) &= s(e^s - e^{-s}) > 0 \quad \text{für} \quad s > 0, \\ \varphi(s) &> 0 \quad \text{für} \quad s > 0. \end{aligned}\right\} \tag{5.334}$$

Infolgedessen ist wie in (5.300) für alle $t > 0$ und $r > 0$

$$\frac{1}{c_1 - c_2}\,\frac{\partial c}{\partial r} < 0. \tag{5.335}$$

Wir denken uns nun wieder eine Lösung $\tilde{c}(r, t)$ überlagert, die den Anfangsbedingungen

$$\tilde{c}(r, 0) = \begin{cases} 0, & \text{falls } 0 \leqq r < 2R - a \\ c_1 - c_2, & \text{falls } 2R - a < r < \infty \end{cases}$$

genüge, so daß für $c(r, 0) + \tilde{c}(r, 0)$ wiederum (5.301) gilt. $\tilde{c}(r, t)$ bzw. $\partial \tilde{c}/\partial r$ bekommt man, indem man in (5.330) bzw. (5.331) c_1 durch 0, c_2 durch $c_1 - c_2$ und a durch $2R - a$ ersetzt:

$$\tilde{c}(r, t) = \frac{c_1 - c_2}{2}\left[2 - \operatorname{erf}\left(\frac{r + 2R - a}{2\sqrt{Dt}}\right) + \operatorname{erf}\left(\frac{r - 2R + a}{2\sqrt{Dt}}\right)\right] -$$

$$- \frac{c_1 - c_2}{r}\sqrt{\frac{Dt}{\pi}}\left[\exp\left(-\frac{(r + 2R - a)^2}{4Dt}\right) - \exp\left(-\frac{(r - 2R + a)^2}{4Dt}\right)\right]; \quad (5.336)$$

$$\frac{\partial \tilde{c}}{\partial r} = \frac{c_1 - c_2}{2r^2\sqrt{\pi D t}}\left[(r(2R - a) + 2Dt)\exp\left(-\frac{(r + 2R - a)^2}{4Dt}\right) + \right.$$

$$\left. + (r(2R - a) - 2Dt)\exp\left(-\frac{(r - 2R + a)^2}{4Dt}\right)\right]. \quad (5.337)$$

Vergleicht man diesen Ausdruck mit (5.331) und beachtet, daß (5.335) für jedes positive a gilt, also auch, wenn man dafür $2R - a$ setzt, so folgt für alle $t > 0$ und $r > 0$

$$\frac{1}{c_1 - c_2}\frac{\partial \tilde{c}}{\partial r} > 0. \quad (5.338)$$

Die partiellen Ableitungen von c und $\tilde{c}$ nach r haben also entgegengesetzte Vorzeichen. Wir wollen nun wie im vorigen Abschnitt die Absolutbeträge bei $r = R$ vergleichen. Zu diesem Zweck schreiben wir für (5.331) und (5.337)

$$\left.\begin{aligned} \left(\frac{\partial c}{\partial r}\right)_{r=R} &= -\frac{c_1 - c_2}{R^2}\sqrt{\frac{Dt}{\pi}}\exp\left(-\frac{(R - a)^2}{4Dt}\right)\left[\frac{Ra}{2Dt} - 1 + \right. \\ &\qquad \left. + \left(\frac{Ra}{2Dt} + 1\right)\exp\left(-\frac{Ra}{Dt}\right)\right]; \\ \left(\frac{\partial \tilde{c}}{\partial r}\right)_{r=R} &= \frac{c_1 - c_2}{R^2}\sqrt{\frac{Dt}{\pi}}\exp\left(-\frac{(R - a)^2}{4Dt}\right)\left[\frac{R(2R - a)}{2Dt} - 1 + \right. \\ &\qquad \left. + \left(\frac{R(2R - a)}{2Dt} + 1\right)\exp\left(-\frac{R(2R - a)}{Dt}\right)\right]. \end{aligned}\right\} \quad (5.339)$$

Jetzt brauchen wir nur noch die beiden Ausdrücke in eckigen Klammern miteinander zu vergleichen. Aus $s - 1 + (s + 1)e^{-2s}$ erhält man mit $s = Ra/(2Dt)$ den ersten, mit $s = R(2R - a)/(2Dt)$ den zweiten dieser Ausdrücke. Benutzen wir wie auf S. 452 die Bezeichnung

$\varphi(s) = (s+1)e^{-s} + (s-1)e^{s}$, so wird

$$s - 1 + (s+1)e^{-2s} = e^{-s}\,\varphi(s),$$

und durch Differentiation nach s folgt

$$\frac{d}{ds}\left[e^{-s}\varphi(s)\right] = e^{-s}\big(\varphi'(s) - \varphi(s)\big) = e^{-2s}(e^{2s} - 2s - 1) > 0 \quad \text{für} \quad s > 0.$$

Hiermit ergibt sich bei Beachtung von $a < 2R - a$ aus (5.339)

$$\left|\frac{\partial c}{\partial r}\right|_{r=R} < \left|\frac{\partial \tilde{c}}{\partial r}\right|_{r=R} \quad \text{für} \quad t > 0$$

und wegen (5.335) und (5.338)

$$\frac{1}{c_1 - c_2}\left\{\left(\frac{\partial c}{\partial r}\right)_{r=R} + \left(\frac{\partial \tilde{c}}{\partial r}\right)_{r=R}\right\} > 0 \quad \text{für} \quad t > 0. \qquad (5.340)$$

Diese Ungleichung stimmt mit (5.306) überein. Der Fehler von $c(r,t)$ infolge der Begrenzung bei R ist wieder nicht größer als $|\tilde{c}(r,t)|$ und außerdem gemäß (5.338) für alle $r \leqq R$ höchstens vom Betrage $|\tilde{c}(R,t)|$. Weiter nimmt $\frac{\tilde{c}(r,t)}{c_1 - c_2}$ für solche r in t monoton zu; $|\tilde{c}(r,t)|$ ist daher auch für alle kleineren t Fehlerschranke.

Soll der Fehler nicht größer als $\varepsilon\,|c_1 - c_2|$ sein, so kann man die Konzentration bis zu einer Zeit, für die

$$\frac{\tilde{c}(r,t)}{c_1 - c_2} \leqq \varepsilon \qquad (5.341)$$

bleibt, nach Formel (5.330) bzw. (5.332) berechnen.

Zahlenbeispiel: Es sei wie im vorigen Abschnitt $R = 1$ cm; $a = 0{,}1$ cm und $\varepsilon = 10^{-3}$. Zu $r = 1$; $0{,}8$ und $Dt = 0{,}05$; $0{,}04$; $0{,}03$ erhält man dann aus (5.336)

$$\frac{1}{c_1 - c_2}\,\tilde{c}\left(1, \frac{0{,}05}{D}\right) = 4{,}41 \cdot 10^{-3};$$

$$\frac{1}{c_1 - c_2}\,\tilde{c}\left((0{,}8), \frac{0{,}05}{D}\right) = 6{,}24 \cdot 10^{-4};$$

$$\frac{1}{c_1 - c_2}\,\tilde{c}\left(1, \frac{0{,}04}{D}\right) = 1{,}45 \cdot 10^{-3};$$

$$\frac{1}{c_1 - c_2}\,\tilde{c}\left(1, \frac{0{,}03}{D}\right) = 2{,}34 \cdot 10^{-4}.$$

Wie zu erwarten, sind diese Werte größer als bei den entsprechenden Fehlerabschätzungen (5.315), (5.316), (5.318) und (5.319) für zylindersymmetrische Systeme. Die Genauigkeitsforderung ist jedoch wieder für alle Radien $r \leqq 1$ sicher erfüllt, wenn $Dt \leqq 0{,}03$ bleibt, und für $r \leqq 0{,}8$ auch noch bis $Dt = 0{,}05$. Zu $Dt = 0{,}005$ bringt die folgende Übersicht einige auf drei Dezimalen ausgerechnete Werte von $(c - c_2)/(c_1 - c_2)$ und zum Vergleich auch die entsprechenden Zahlenangaben für zylindersymmetrische (von S. 449) bzw. eindimensionale Systeme [nach (5.51) berechnet]:

r	$\left[c\left(r, \frac{0{,}005}{D}\right) - c_2\right] \Big/ [c_1 - c_2]$ $(\pm 10^{-3})$.		
	kugelsymmetrisch	zylindersymmetrisch	eindimensional
0	0,199	0,393	0,683
0,02	0,196	0,387	0,673
0,04	0,186	0,370	0,645
0,06	0,172	0,342	0,601
0,08	0,153	0,307	0,543
0,1	0,132	0,267	0,477
0,2	0,039	0,082	0,157
0,3	0,005	0,011	0,023
0,35	0,001	0,003	0,006
0,4	0	0	0,001
0,45	0	0	0

In Anlehnung an den auf S. 450 für zylindersymmetrische Systeme gebildeten Grenzwert (5.322) sei jetzt die Konzentration nur in einem extrem kleinen Bereich, den man als Punkt betrachten kann, von Null verschieden, und es befinde sich dort die Menge M des diffundierenden Stoffes. Dann ist

$$c_2 = 0; \quad M = \tfrac{4}{3}\pi a^3 c_1,$$

und hiermit folgt aus (5.330)

$$c(r,t) = \frac{3M}{8\pi a^3}\left[\operatorname{erf}\left(\frac{r+a}{2\sqrt{Dt}}\right) - \operatorname{erf}\left(\frac{r-a}{2\sqrt{Dt}}\right)\right] + \\ + \frac{3M}{4\pi a^3 r}\sqrt{\frac{Dt}{\pi}}\left[\exp\left(-\frac{(r+a)^2}{4Dt}\right) - \exp\left(-\frac{(r-a)^2}{4Dt}\right)\right].$$

Wenn $a \to 0$ geht, ergibt sich als Grenzwert

$$\lim_{a\to 0} c(r,t) = \frac{M}{8(\pi Dt)^{3/2}} \exp\left(-\frac{r^2}{4Dt}\right), \tag{5.342}$$

und dieser Ausdruck stimmt für $M = 1$ mit der Einheits-Quellenlösung (5.221) am Koordinatenursprung ($\xi = \eta = \zeta = 0$) überein.

Unter verschiedenen anderen Anfangs- und Randbedingungen wird die Differentialgleichung (5.323) in der bereits am Ende des vorigen Abschnitts zitierten Literatur[1] behandelt Eine besonders einfach darstellbare Lösung ergibt sich für den Fall, daß ein Stoff aus einer Kugelfläche, an der seine Konzentration konstant bleibt, in das umgebende quasiunendliche Medium eindiffundiert[2]; d. h., es liegen die Anfangs- und

[1] CARSLAW, H. S., u. J. C. JAEGER: Conduction of Heat in Solids, 2nd Edition, S. 230—251, 347—352. Oxford 1959. — P. FRANK u. R. v. MISES: Die Differential- und Integralgleichungen der Mechanik und Physik II, 2. Aufl., S. 563—565. Braunschweig 1935. — J. CRANK: The Mathematics of Diffusion. S. 84—98. Oxford 1956.

[2] C. WAGNER: Ingenieur-Arch. 14, S. 402 (1944).

Randbedingungen

$$\left.\begin{aligned} c(r,0) &= 0, \quad \text{falls} \quad a < r < \infty \\ c(a,t) &= c_s \quad (t > 0) \end{aligned}\right\} \tag{5.343}$$

vor. Ihnen entsprechen, wenn man wieder die Substitution $u = c\,r$ anwendet, für die Differentialgleichung (5.324) die Bedingungen

$$\left.\begin{aligned} u(r,0) &= 0, \quad \text{falls} \quad a < r < \infty \\ u(a,t) &= a\,c_s \quad (t > 0). \end{aligned}\right\} \tag{5.344}$$

Als Lösung zu (5.324), (5.344) erhält man aus (5.57) (man ersetze dort c_1 durch 0, x durch $r - a$, c_s durch $a\,c_s$)

$$u(r,t) = a\,c_s\left[1 - \operatorname{erf}\left(\frac{r-a}{2\sqrt{D t}}\right)\right],$$

und hieraus folgt als Lösung von (5.323), (5.343)

$$c(r,t) = \frac{a}{r}\,c_s\left[1 - \operatorname{erf}\left(\frac{r-a}{2\sqrt{D t}}\right)\right]. \tag{5.345}$$

5.14 Bestimmung von Diffusionskoeffizienten

Eine große Anzahl von Diffusionsexperimenten wird durchgeführt, um Diffusionskoeffizienten zu bestimmen. Die erforderlichen Bestimmungsgleichungen erhält man aus den Lösungen der Diffusionsgleichung unter den der jeweils vorliegenden Versuchsanordnung entsprechenden Anfangs- und Randbedingungen. Wie bereits auf S. 380 erwähnt wurde, ist meistens nicht unmittelbar die Konzentration, sondern der Gehalt an diffundierendem Stoff in einer Schicht experimentell zugänglich. Wir werden deshalb im folgenden auch Methoden zur Bestimmung von Diffusionskoeffizienten direkt aus solchen Stoffgehalten behandeln.

5.141 Konstante Diffusionskoeffizienten. Setzt man den Diffusionskoeffizienten als konstant voraus, so genügt zu seiner Bestimmung prinzipiell ein Meßwert der Konzentration oder Stoffmenge. In der Praxis wird man selbstverständlich, um eventuelle Fehler auszugleichen, mehrere nach Möglichkeit an verschiedenen Stellen der Diffusionsprobe vorgenommene Messungen auswerten. Dies empfiehlt sich auch, weil der Diffusionskoeffizient, wie auf S. 379 festgestellt wurde, in den meisten Fällen höchstens näherungsweise als Konstante betrachtet werden kann. Bei einer eventuellen Konzentrationsabhängigkeit kann man aus manchen Meßwerten mit den Methoden für konstantes D völlig unbrauchbare Ergebnisse erhalten. Hierauf werden wir am Anfang von Abschn. 5.143 näher eingehen.

5.141.1 Auswertung von Konzentrationsmessungen. Kennt man die Konzentration, die nach einer bestimmten Versuchsdauer an einer Stelle des Systems herrscht, so kann man den als konstant angenommenen Diffusionskoeffizienten bestimmen, indem man die bekannten

Werte in die entsprechende Lösung der Diffusionsgleichung mit konstantem D einsetzt. Zur Berechnung von D ist man im allgemeinen auf Näherungsmethoden angewiesen; man geht etwa von einem schon bekannten oder durch Probieren gefundenen ungefähren D-Wert aus und verbessert diesen iterativ. Besonders einfache Verhältnisse bekommt man, wenn D in der Bestimmungsgleichung nur einmal auftritt. Dies ist z. B. der Fall, wenn man die Lösung (5.34) benutzen kann, d. h. ein eindimensionales, nach beiden Seiten unbegrenztes System mit zwei Anfangskonzentrationen gemäß (5.31) vorliegt. Man braucht dann nur (5.34) nach der Fehlerfunktion aufzulösen:

$$\operatorname{erf}\left(\frac{x}{2\sqrt{Dt}}\right) = \frac{2c(x,t) - c_1 - c_2}{c_1 - c_2}. \tag{5.346}$$

Zu einem bekannten Funktionswert auf der rechten Seite kann man den zugehörigen Argumentwert

$$Z \equiv \frac{x}{2\sqrt{Dt}} \tag{5.347}$$

einer Tafel für die GAUSSsche Fehlerfunktion entnehmen und, wenn x und Z gleiche Vorzeichen haben (vgl. S. 472), D ausrechnen:

$$D = \frac{x^2}{4Z^2 t}. \tag{5.348}$$

Die Konzentration c braucht man hierbei an einer Stelle $x \neq 0$; denn zu $x = 0$ wäre auch $Z = 0$, und $c(0, t)$ hat nach (5.38) für alle $t > 0$ den Wert $(c_1 + c_2)/2$.

Die Genauigkeit dieser Berechnung des Diffusionskoeffizienten hängt von den Fehlern ab, mit denen $c(x, t)$ behaftet ist. ε_c sei der absolute Fehler der rechten Seite von (5.346), der auch den Einfluß der vernachlässigten Begrenzungen des Systems (s. S. 402) mit einschließen möge. ε_Z bzw. ε_D sei der Fehler von Z bzw. D. Nach den Regeln für das Rechnen mit Näherungswerten[1] folgt dann aus (5.346) bei Benutzung von (5.347)

$$\varepsilon_c = \varepsilon_Z \left| \frac{d}{dZ} \operatorname{erf} Z \right| = \varepsilon_Z \frac{2}{\sqrt{\pi}} \exp(-Z^2)$$

oder

$$\varepsilon_Z = \varepsilon_c \frac{\sqrt{\pi}}{2} \exp(Z^2) \tag{5.349}$$

und aus (5.348)

$$\varepsilon_D = \varepsilon_Z \left| \frac{x^2}{2Z^3 t} \right| = \varepsilon_Z \frac{2D}{|Z|}.$$

[1] Siehe z. B. G. SCHULZ: Formelsammlung zur praktischen Mathematik, Sammlung Göschen, Bd. 1110, S. 13—14. Berlin 1945. — I. N. BRONSTEIN u. K. A. SEMENDJAJEW: Taschenbuch der Mathematik, 5. Aufl., S. 97. Zürich u. Frankfurt/M. 1965. — Hütte I: Theoret. Grundlagen, 28. Aufl., S. 193. Berlin 1955. — F. A. WILLERS: Methoden der praktischen Analysis, 2. Aufl., S. 9—14. Berlin 1950.

Setzt man für ε_Z und Z die rechten Seiten von (5.349) bzw. (5.347) ein, so bekommt man

$$\varepsilon_D = \varepsilon_c \frac{2}{|x|} \sqrt{\pi D^3 t} \exp\left(\frac{x^2}{4Dt}\right). \tag{5.350}$$

Unter der Voraussetzung, daß $c(x, t)$ für alle in Frage kommenden Werte von x und t etwa mit gleicher Genauigkeit gemessen, also ε_c als Konstante betrachtet werden kann, erkennt man aus (5.350), daß $\varepsilon_D \to \infty$ geht, wenn man t festhält und $x \to 0$ oder $\to \pm\infty$ oder wenn man x festhält und $t \to 0$ oder $\to \infty$ laufen läßt. Weiter hängt ε_D ähnlich wie die Lösung (5.34) nur von der Variablenkombination $\lambda = x/\sqrt{t}$ ab und hat, wie man durch Nullsetzen der Ableitung nach λ leicht feststellen kann, Minima bei $\lambda = \pm\sqrt{2D}$, d. h. für $x^2 = 2Dt$. In diesem Fall ist gemäß (5.350)

$$(\varepsilon_D)_{x^2=2Dt} = \varepsilon_c D \sqrt{2\pi} \exp(\tfrac{1}{2}) = 4{,}133 D\varepsilon_c. \tag{5.351}$$

Um den Fehler bei der Bestimmung eines Diffusionskoeffizienten klein zu halten, ist es demnach angebracht, nach Möglichkeit Meßstellen zu verwenden, welche die Beziehung $x^2 = 2Dt$ ungefähr erfüllen. Außerdem sollte man $|x|$ und t nicht zu klein wählen, weil sich sonst die Ungenauigkeiten bei der Messung dieser Größen sehr ungünstig auf ε_c auswirken. Die Beträge der partiellen Ableitungen von (5.346):

$$\left|\frac{\partial}{\partial x} \operatorname{erf}\left(\frac{x}{2\sqrt{Dt}}\right)\right|_{x^2=2Dt} = \frac{1}{\sqrt{\pi Dt}} \exp\left(\frac{1}{2}\right)$$

und

$$\left|\frac{\partial}{\partial t} \operatorname{erf}\left(\frac{x}{2\sqrt{Dt}}\right)\right|_{x^2=2Dt} = \frac{1}{t\sqrt{2\pi}} \exp\left(\frac{1}{2}\right)$$

gehen nämlich $\to \infty$ mit $t \to 0$, und man kann dann ε_c nicht mehr als Konstante betrachten.

Nach oben sind $|x|$ und t durch die Begrenzungen des Systems eingeschränkt. Betrachtet man dieses wie in Abschn. 5.121.4 als quasiunendlich, solange c nach (5.34) um höchstens $1^0/_{00}$ von $|c_1 - c_2|$ vom richtigen Wert abweicht, so folgt für den Ausdruck (5.346) ein Fehler $\leqq 2 \cdot 10^{-3}$. Setzt man dies in (5.351) für ε_c ein, so ergibt sich im Falle $x^2 = 2Dt$ für den durch die Begrenzungen verursachten Anteil von ε_D, den wir mit $\underline{\varepsilon}_D$ bezeichnen wollen,

$$(\underline{\varepsilon}_D)_{x^2=2Dt} \leqq 8{,}27 \cdot 10^{-3} D.$$

Kennt man in einem beiderseits unbegrenzten System, das den Anfangsbedingungen (5.39) genügt, die Konzentration bei $x = a$ oder $x = b$, so folgt aus der entsprechenden Lösung (5.40) zur Berechnung des Diffusionskoeffizienten

$$\operatorname{erf}\left(\frac{b-a}{2\sqrt{Dt}}\right) = 2\,\frac{c(\xi, t) - c_2}{c_1 - c_2}, \quad (\xi = a \quad \text{oder} \quad \xi = b). \tag{5.352}$$

Wenn die rechte Seite bekannt und < 1 ist, kann man den Argumentwert

$$Z = \frac{b-a}{2\sqrt{Dt}}$$

einer Tafel entnehmen und bekommt dann

$$D = \frac{(b-a)^2}{4Z^2 t}. \tag{5.353}$$

Bezeichnen wir jetzt mit ε_c den Fehler der rechten Seite von (5.352), so ergibt sich für den Fehler von D

$$\varepsilon_D = \varepsilon_c \frac{2}{b-a} \sqrt{\pi D^3 t} \exp\left(\frac{(b-a)^2}{4Dt}\right). \tag{5.354}$$

Dieser Ausdruck wird ähnlich wie (5.350) minimal, wenn $(b-a)^2 = 2Dt$ gilt, also zur Zeit $t = (b-a)^2/2D$, und es ist dann analog zu (5.351)

$$(\varepsilon_D)_{t=(b-a)^2/2D} = \varepsilon_c D \sqrt{2\pi} \exp(\tfrac{1}{2}) = 4{,}133 D\varepsilon_c .$$

Ist die Konzentration bei $x = \frac{a+b}{2}$ bekannt, so bekommt man aus (5.40)

$$\operatorname{erf}\left(\frac{b-a}{4\sqrt{Dt}}\right) = \frac{c\left(\frac{a+b}{2}, t\right) - c_2}{c_1 - c_2} \tag{5.355}$$

an Stelle von (5.352), und in den anschließenden Formeln zur Berechnung von D und ε_D ersetze man $b-a$ durch $\frac{b-a}{2}$, wobei jetzt unter ε_c der Fehler der rechten Seite von (5.355) zu verstehen ist.

In einem einseitig undurchlässig begrenzten System, für das die Lösung (5.51) gilt, braucht man bei bekannter Konzentration an der Stelle $x = a$ des anfänglichen Konzentrationssprungs oder an der Begrenzung $x = 0$ in den Formeln (5.352) bis (5.354) bzw. (5.355) nur b durch a und a durch $-a$ zu ersetzen. Wird an der Begrenzung eine feste Konzentration c_s aufrechterhalten, so kann man mit Hilfe von (5.57) aus der Konzentration an einer Stelle $x > 0$ ähnlich wie in (5.346) bis (5.351) D und ε_D bekommen.

Für das in Abschn. 5.132 behandelte zylindersymmetrische System liegen zur Bestimmung von D entsprechend einfache Verhältnisse vor, wenn man die Konzentration bei $r = 0$ oder $r = a$ kennt, so daß man die Formel (5.282) bzw. (5.284) anwenden kann. Aus (5.282) folgt durch Auflösung nach D

$$\exp\left(-\frac{a^2}{4Dt}\right) = \frac{c_1 - c(0,t)}{c_1 - c_2}, \tag{5.356}$$

$$D = \frac{a^2}{4t\,[\ln|c_1 - c_2| - \ln|c_1 - c(0,t)|]}, \tag{5.357}$$

und wenn man mit ε_c den Fehler der rechten Seite von (5.356) bezeichnet, ergibt sich für den Fehler von D

$$\varepsilon_D = \varepsilon_c \frac{4D^2 t}{a^2} \exp\left(\frac{a^2}{4Dt}\right). \tag{5.358}$$

Aus (5.284) bekommt man

$$\exp(-Z)\, I_0(Z) = \frac{c_1 + c_2 - 2c(a,t)}{c_1 - c_2} \tag{5.359}$$

mit

$$Z \equiv \frac{a^2}{2Dt}.$$

Den Argumentwert Z in (5.359) kann man einer Tafel für $e^{-s} I_0(s)$ entnehmen[1] und D ausrechnen:

$$D = \frac{a^2}{2Zt}. \tag{5.360}$$

Wenn man mit ε_c den Fehler der rechten Seite von (5.359) bezeichnet, ist

$$\varepsilon_D = \varepsilon_c \frac{2D^2 t}{a^2} \frac{1}{I_0\left(\frac{a^2}{2Dt}\right) - I_1\left(\frac{a^2}{2Dt}\right)} \exp\left(\frac{a^2}{2Dt}\right). \tag{5.361}$$

5.141.2 Auswertung von Messungen des Gehalts an diffundierendem Stoff. Mit $m(x_1, x_2; t)$ bezeichnen wir die Menge, um die der diffundierende Stoff je Querschnittseinheit in der Schicht zwischen den Stellen x_1 und x_2 eines eindimensionalen Systems bis zur Zeit t zugenommen hat. Es ist also

$$m(x_1, x_2; t) = \int_{x_1}^{x_2} [c(x,t) - c(x,0)]\, dx. \tag{5.362}$$

Für ein nach beiden Seiten unbegrenztes System unter den Anfangsbedingungen (5.31) erhält man mit Hilfe von (5.34) aus (5.362), falls $0 \leqq x_1 \leqq x_2$ ist,

$$\begin{aligned} m(x_1, x_2; t) &= -\frac{c_1 - c_2}{2} \int_{x_1}^{x_2} \left[1 - \operatorname{erf}\left(\frac{x}{2\sqrt{Dt}}\right)\right] dx \\ &= -\frac{c_1 - c_2}{2} \left\{x_2 \left[1 - \operatorname{erf}\left(\frac{x_2}{2\sqrt{Dt}}\right)\right] - x_1 \left[1 - \operatorname{erf}\left(\frac{x_1}{2\sqrt{Dt}}\right)\right] - \right. \\ &\quad \left. - 2\sqrt{\frac{Dt}{\pi}} \left[\exp\left(-\frac{x_2^2}{4Dt}\right) - \exp\left(-\frac{x_1^2}{4Dt}\right)\right]\right\}. \end{aligned} \tag{5.363}$$

Mit der von Carslaw und Jaeger[2] benutzten Integralfunktion (integral error function complement)

$$\operatorname{ierfc} s \equiv \int_s^\infty [1 - \operatorname{erf}\sigma]\, d\sigma = \frac{1}{\sqrt{\pi}} e^{-s^2} - s[1 - \operatorname{erf} s], \tag{5.364}$$

---

[1] Zum Beispiel G. N. Watson: A Treatise on the Theory of Bessel Functions, 2nd Edition, S. 698—713. Cambridge 1952. — Handbook of Mathematical Functions, ed. by M. Abramowitz and I. A. Stegun, S. 416—422. Washington 1965.

[2] Carslaw, H. S., u. J. C. Jaeger: Conduction of Heat in Solids, 2nd Edition, S. 482—485, Oxford 1959 (daselbst auch weitere Literaturhinweise); die tabellierten Funktionswerte sind auch bei J. Crank: The Mathematics of Diffusion, S. 326, Oxford 1956, und bei W. Jost: Diffusion in Solids, Liquids, Gases; S. 62, New York 1952, abgedruckt.

für die insbesondere die Gleichungen

$$\operatorname{ierfc}(-s) = \operatorname{ierfc} s + 2s; \qquad \operatorname{ierfc} 0 = \frac{1}{\sqrt{\pi}}; \qquad \lim_{s\to\infty} \operatorname{ierfc} s = 0 \tag{5.365}$$

gelten, kann man für (5.363) auch

$$m(x_1, x_2; t) = -(c_1 - c_2)\sqrt{Dt}\left[\operatorname{ierfc}\left(\frac{x_1}{2\sqrt{Dt}}\right) - \operatorname{ierfc}\left(\frac{x_2}{2\sqrt{Dt}}\right)\right] \tag{5.366}$$

schreiben. Ist $x_1 \leqq x_2 \leqq 0$, so erhält man entsprechend

$$\begin{aligned} m(x_1, x_2; t) &= \frac{c_1 - c_2}{2}\int_{x_1}^{x_2}\left[1 + \operatorname{erf}\left(\frac{x}{2\sqrt{Dt}}\right)\right]dx \\ &= \frac{c_1 - c_2}{2}\left\{x_2\left[1 + \operatorname{erf}\left(\frac{x_2}{2\sqrt{Dt}}\right)\right] - x_1\left[1 + \operatorname{erf}\left(\frac{x_1}{2\sqrt{Dt}}\right)\right] + \right. \\ &\quad \left. + 2\sqrt{\frac{Dt}{\pi}}\left[\exp\left(-\frac{x_2^2}{4Dt}\right) - \exp\left(-\frac{x_1^2}{4Dt}\right)\right]\right\} \\ &= -(c_1 - c_2)\sqrt{Dt}\left[\operatorname{ierfc}\left(-\frac{x_1}{2\sqrt{Dt}}\right) - \operatorname{ierfc}\left(-\frac{x_2}{2\sqrt{Dt}}\right)\right]. \end{aligned} \tag{5.367}$$

Die gesamte Stoffmenge, die bis zur Zeit t durch einen Einheitsquerschnitt bei x_1 bzw. x_2 diffundiert ist, erhält man aus (5.366) bzw. (5.367), wenn man mit Hilfe der dritten Gleichung (5.365) den Grenzwert $x_2 \to \infty$ bzw. $x_1 \to -\infty$ bildet. Insbesondere gilt für den Stofftransport durch die Ebene $x = 0$ des anfänglichen Konzentrationssprungs

$$m(0, \infty; t) = -(c_1 - c_2)\sqrt{\frac{Dt}{\pi}} = -m(-\infty, 0; t). \tag{5.368}$$

Liegt ein System mit einer Begrenzung, an der eine feste Konzentration c_s eingehalten wird, und einheitlicher Anfangskonzentration c_1 vor [Bedingungen (5.53), (5.56)], so gilt die Lösung (5.57). Sie geht aus (5.34) hervor, indem man c_2 durch $2c_s - c_1$ ersetzt, und auf diese Weise erhält man auch das zugehörige $m(x_1, x_2; t)$ aus (5.363) oder (5.366) und $m(0, \infty; t)$ aus (5.368).

Ist die Begrenzung für den diffundierenden Stoff undurchlässig, und sind die Anfangs- und Randbedingungen (5.49), (5.50) gegeben (oder hat man ein entsprechendes, bezüglich $x = 0$ spiegelsymmetrisches System), so liefert (5.362) mit Hilfe von (5.51), falls $0 \leqq x_1 \leqq x_2 \leqq a$,

$$\begin{aligned} m(x_1, x_2; t) &= \frac{c_1 - c_2}{2}\int_{x_1}^{x_2}\left[\operatorname{erf}\left(\frac{x + a}{2\sqrt{Dt}}\right) - \operatorname{erf}\left(\frac{x - a}{2\sqrt{Dt}}\right) - 2\right]dx \\ &= -(c_1 - c_2)\sqrt{Dt}\left[\operatorname{ierfc}\left(\frac{a + x_1}{2\sqrt{Dt}}\right) - \operatorname{ierfc}\left(\frac{a + x_2}{2\sqrt{Dt}}\right) - \right. \\ &\quad \left. - \operatorname{ierfc}\left(\frac{a - x_1}{2\sqrt{Dt}}\right) + \operatorname{ierfc}\left(\frac{a - x_2}{2\sqrt{Dt}}\right)\right] \end{aligned} \tag{5.369}$$

und falls $a \leqq x_1 \leqq x_2$,

$$m(x_1, x_2; t) = \frac{c_1 - c_2}{2} \int_{x_1}^{x_2} \left[\operatorname{erf}\left(\frac{x+a}{2\sqrt{Dt}}\right) - \operatorname{erf}\left(\frac{x-a}{2\sqrt{Dt}}\right)\right] dx$$

$$= -(c_1 - c_2)\sqrt{Dt}\left[\operatorname{ierfc}\left(\frac{x_1+a}{2\sqrt{Dt}}\right) - \operatorname{ierfc}\left(\frac{x_2+a}{2\sqrt{Dt}}\right) - \right.$$

$$\left. - \operatorname{ierfc}\left(\frac{x_1-a}{2\sqrt{Dt}}\right) + \operatorname{ierfc}\left(\frac{x_2-a}{2\sqrt{Dt}}\right)\right]. \quad (5.370)$$

Für die Stoffmenge, die je Querschnittseinheit bis zur Zeit t durch die Ebene $x = a$ in positiver x-Richtung diffundiert ist, liefert (5.369) bzw. (5.370)

$$m(0, a; t) = (c_1 - c_2)\sqrt{Dt}\left[\operatorname{ierfc}\left(\frac{a}{\sqrt{Dt}}\right) - \frac{1}{\sqrt{\pi}}\right] = -m(a, \infty; t). \quad (5.371)$$

Durch numerische Integration der Lösung (5.51) hat bereits STEFAN[1] Tabellen für den Gehalt an diffundierendem Stoff berechnet. Er teilt das System in Schichten der Dicke h ein, und der anfängliche Konzentrationssprung befindet sich bei $x = 2h$. Die Stoffmenge, die den Diffusionsvorgang hervorruft, wird $= 10000$ gesetzt und die Verteilung dieser zur Zeit $t = 0$ nur in den ersten beiden Schichten befindlichen Menge auf die einzelnen Schichten in Abhängigkeit von $H = h/(2\sqrt{Dt})$ auf eine Bezugseinheit genau ausgerechnet. In unseren Formeln ist demnach $a = 2h$ und $|c_1 - c_2| = 10000/(2h)$ zu setzen, und man bekommt die Menge in der k-ten Schicht (d. h. $x_1 = (k-1)h$, $x_2 = kh$) für $k = 1$ oder 2 mit Hilfe von (5.369) aus

$$5000 - |m((k-1)h, kh; t)| = 5000 - \frac{2500}{H}\left|\operatorname{ierfc}((k+1)H) - \right.$$

$$\left. - \operatorname{ierfc}((k+2)H) - \operatorname{ierfc}((3-k)H) + \operatorname{ierfc}((2-k)H)\right|,$$

für $k \geqq 3$ mit Hilfe von (5.370) aus

$$|m((k-1)h, kh; t)| = \frac{2500}{H}\left|\operatorname{ierfc}((k+1)H) - \operatorname{ierfc}((k+2)H) - \right.$$

$$\left. - \operatorname{ierfc}((k-3)H) + \operatorname{ierfc}((k-2)H)\right|.$$

Für ein in 16 Schichten eingeteiltes, zweiseitig begrenztes System stellt STEFAN eine Tabelle durch „Reflexion", d. h. spiegelbildliche Fortsetzung der Lösung bezüglich $x = 16h$, her (vgl. Abschn. 5.121.31); er addiert dabei den Gehalt der 17. Schicht zu dem der 16., den der 18. zu dem der 15. usw. Durch eine weitere Reflexion bei $x = 8$ und Zusammenfassung von je zwei benachbarten Schichten hat KAWALKI[2] daraus eine ent-

[1] STEFAN, J.: Sitzungsber. Kaiserl. Akad. Wiss. Wien, Math.-Nat. Classe **79/II**, 161 (1879). — Siehe auch W. JOST: Diffusion in Solids, Liquids, Gases; S. 63—66. New York 1952.

[2] KAWALKI, W.: Ann. Phys. (NF) **52**, 166 (1894).

sprechende Tabelle für ein aus vier Schichten (Konzentrationssprung zwischen der ersten und zweiten) bestehendes System gewonnen.

Die STEFANsche Tabelle für das nur einseitig begrenzte System liefert zu $H = 0{,}10$, dem kleinsten Eingangswert, von der 29. Schicht ab einen verschwindenden Stoffgehalt, zu größeren H schon früher. Diese Schichten enthalten zusammen höchstens etwa eine Bezugseinheit. Man erhält z. B. im Falle $H = 0{,}10$ für den Stoffgehalt von der 29. Schicht ab nach (5.370)

$$\left|m\left(28h,\ \infty;\ \frac{h^2}{0{,}04D}\right)\right| = \frac{2500}{0{,}10}\left[\operatorname{ierfc}2{,}6 - \operatorname{ierfc}3{,}0\right] \approx 0{,}9$$

und im Falle $H = 0{,}20$ von der 16. Schicht ab

$$\left|m\left(15h,\ \infty;\ \frac{h^2}{0{,}16D}\right)\right| = \frac{2500}{0{,}20}\left[\operatorname{ierfc}2{,}6 - \operatorname{ierfc}3{,}4\right] \approx 0{,}5.$$

Die Rundungsfehler fallen in der STEFANschen Tabelle mitunter stärker ins Gewicht. Durch Addition der für $H = 0{,}10$ angegebenen Gehalte der Schichten 1 bis 28 erhält man z. B. 10002 statt 9999, und zu $H = 0{,}20$ liefert die Addition der Schichtgehalte 1 bis 15 den Wert 9997. JOST[1] empfiehlt zur Auswertung von Präzisionsmessungen, sich zu vergewissern, ob die in Frage kommenden Tafelwerte von STEFAN und KAWALKI genau genug sind. Die Berechnung der Schichtgehalte ist mit Hilfe der Formel (5.369) bzw. (5.370) einfacher und (bei Benutzung genügend genauer Funktionentafeln) auch zuverlässiger als durch numerische Integration. Bei der Bildung von Tafelwerten durch Reflexion an einer Begrenzung sollte man berücksichtigen, daß sich die Rundungsfehler summieren können, und die Ausgangswerte entsprechend genauer berechnen.

Die Bestimmung von Diffusionskoeffizienten aus Versuchsanordnungen, die den STEFANschen oder KAWALKIschen Tabellen entsprechen, erfolgt, indem man zum gemessenen Gehalt (in Bezugseinheiten) einer Schicht in der Tabelle den zugehörigen H-Wert aufsucht, wobei häufig Interpolation erforderlich sein wird. Den Diffusionskoeffizienten bekommt man dann aus

$$D = \frac{h^2}{4H^2 t}\,. \tag{5.372}$$

Zur Fehlerabschätzung kann man die Ableitung dH/dm durch den Differenzenquotienten aus der Schrittweite ΔH der Eingangswerte H und der Differenz Δm der zugehörigen Schichtgehalte ersetzen. Dann besteht zwischen den entsprechenden Fehlern der Zusammenhang

$$\varepsilon_H = \varepsilon_m \frac{\Delta H}{\Delta m}\,, \tag{5.373}$$

und aus (5.372) folgt für den Fehler von D

$$\varepsilon_D = \varepsilon_H \frac{2D}{H} = \varepsilon_m \frac{\Delta H}{\Delta m}\,\frac{2D}{H} = \varepsilon_m \frac{\Delta H}{\Delta m}\,\frac{4\sqrt{D^3 t}}{h}\,. \tag{5.374}$$

---

[1] JOST, W.: a. a. O., S. 63.

Hieraus geht hervor, daß bei einem für alle Schichten etwa gleichen Fehler ε_m die Schicht den zuverlässigsten D-Wert liefert, für die die Differenz Δm der Tafelwerte am größten ist. In der Nähe eines Maximums, das z. B. in der 3. Schicht der STEFANschen Tabelle ungefähr bei $H = 0{,}34$ auftritt, muß man demgegenüber mit sehr unsicheren D-Werten rechnen.

Die STEFANschen und KAWALKIschen Tabellen sind zur Auswertung von Diffusionsversuchen mit Flüssigkeiten viel verwendet worden. Für Festkörper dürfte ihre Bedeutung geringer sein[1].

Der Diffusionskoeffizient läßt sich sehr leicht berechnen, wenn man in einer nach beiden Seiten quasi-unendlichen Versuchsanordnung mit einem anfänglichen Konzentrationssprung [Bedingungen (5.31)] zu einer Zeit $t > 0$ den gesamten Stoffgehalt links oder rechts der Ebene $x = 0$ kennt. Dann kann man die Formel (5.368) anwenden, die nach D aufgelöst

$$D = \frac{m^2 \pi}{t(c_1 - c_2)^2} \tag{5.375}$$

ergibt, wobei wir $m \equiv |m(0, \infty; t)| = |m(-\infty, 0; t)|$ gesetzt haben.

Der Fehler ε_m von m, der auch den Einfluß der vernachlässigten Begrenzungen einschließen möge, überträgt sich nach (5.375) auf den Diffusionskoeffizienten gemäß

$$\varepsilon_D = \varepsilon_m \frac{2 m \pi}{t(c_1 - c_2)^2} = \varepsilon_m \frac{2D}{m}. \tag{5.376}$$

Bei gleichbleibender Genauigkeit von m bekommt man hiernach D um so genauer, je größer m ist, d. h. je länger man den Versuch laufen läßt. Die Versuchsdauer läßt sich jedoch, wenn die Anordnung quasi-unendlich bleiben soll, nicht beliebig ausdehnen (s. Abschn. 5.121.4). Wir wollen den Einfluß der vernachlässigten Begrenzungen abschätzen.

Ist das betrachtete System bei $-L$ und $+L$ begrenzt, so bekommt man die Lösung der Diffusionsgleichung aus (5.66), indem man x durch $x + L$, l durch $2L$, a durch L ersetzt und c_1 mit c_2 vertauscht:

$$c(x, t) = c_1 - \frac{c_1 - c_2}{2} \sum_{k=-\infty}^{+\infty} \left[\operatorname{erf}\left(\frac{x - (4k - 2)L}{2\sqrt{Dt}}\right) - \operatorname{erf}\left(\frac{x - 4kL}{2\sqrt{Dt}}\right)\right]. \tag{5.377}$$

Für die Zunahme an diffundierendem Stoff in $0 \ldots L$ bis zur Zeit t, die wir mit $m_L(0, L; t)$ bezeichnen wollen, erhält man hieraus nach (5.362)

$$2\frac{m_L(0, L; t)}{c_2 - c_1} = \sum_{k=-\infty}^{+\infty} \int_0^L \left[\operatorname{erf}\left(\frac{x - (4k - 2)L}{2\sqrt{Dt}}\right) - \operatorname{erf}\left(\frac{x - 4kL}{2\sqrt{Dt}}\right)\right] dx.$$

[1] MURIN, A., u. JU. TAUSCH [Doklady Akad. Nauk SSSR (N. S.) **80**, 579 (1951)] benutzten die STEFANschen Tabellen zur Bestimmung der Diffusionskoeffizienten von Ag^+- und Br^--Ionen in festem Silberbromid (s. S. 584).

Dieser Ausdruck ist stets $\geqq 0$ und läßt sich wie folgt umformen und abschätzen:

$$2\,\frac{m_L(0,\,L;\,t)}{c_2-c_1} = \sum_{k=-\infty}^{+\infty}\left\{\int\limits_{-(4k-2)L}^{-(4k-3)L}\operatorname{erf}\left(\frac{x}{2\sqrt{Dt}}\right)dx - \int\limits_{-4kL}^{-(4k-1)L}\operatorname{erf}\left(\frac{x}{2\sqrt{Dt}}\right)dx\right\}$$

$$= \sum_{k=1}^{\infty}\left\{\int\limits_{(4k-2)L}^{(4k-1)L}\operatorname{erf}\left(\frac{x}{2\sqrt{Dt}}\right)dx - \int\limits_{4(k-1)L}^{(4k-3)L}\operatorname{erf}\left(\frac{x}{2\sqrt{Dt}}\right)dx - \right.$$

$$\left. - \int\limits_{(4k-3)L}^{(4k-2)L}\operatorname{erf}\left(\frac{x}{2\sqrt{Dt}}\right)dx + \int\limits_{(4k-1)L}^{4kL}\operatorname{erf}\left(\frac{x}{2\sqrt{Dt}}\right)dx\right\}$$

$$= \sum_{k=1}^{\infty}\left\{\int\limits_{4(k-1)L}^{(4k-2)L}\left[1-\operatorname{erf}\left(\frac{x}{2\sqrt{Dt}}\right)\right]dx - \int\limits_{(4k-2)L}^{4kL}\left[1-\operatorname{erf}\left(\frac{x}{2\sqrt{Dt}}\right)\right]dx\right\}$$

$$= \int\limits_0^{\infty}\left[1-\operatorname{erf}\left(\frac{x}{2\sqrt{Dt}}\right)\right]dx - 2\sum_{k=1}^{\infty}\int\limits_{(4k-2)L}^{4kL}\left[1-\operatorname{erf}\left(\frac{x}{2\sqrt{Dt}}\right)\right]dx$$

$$\geqq \int\limits_0^{\infty}\left[1-\operatorname{erf}\left(\frac{x}{2\sqrt{Dt}}\right)\right]dx - 2\int\limits_{2L}^{\infty}\left[1-\operatorname{erf}\left(\frac{x}{2\sqrt{Dt}}\right)\right]dx.$$

Mit Hilfe von (5.363) bekommt man hieraus die Ungleichung

$$\frac{m_L(0,\,L;\,t)}{c_2-c_1} \geqq \frac{m(0,\,\infty;\,t)}{c_2-c_1} - 2\,\frac{m(2L,\,\infty,\,t)}{c_2-c_1}. \tag{5.378}$$

Nun ist $|m(0,\,\infty;\,t) - m_L(0,\,L;\,t)|$ der durch die Vernachlässigung der Begrenzungen verursachte Anteil von ε_m, und nach (5.378) gilt

$$|m(0,\,\infty;\,t) - m_L(0,\,L;\,t)| \leqq 2\,|m(2L,\,\infty;\,t)|. \tag{5.379}$$

Für den Betrag auf der rechten Seite liefert (5.366) ($x_1 = 2L;\ x_2 \to \infty$) und (5.368)

$$|m(2L,\,\infty;\,t)| = |c_1-c_2|\,\sqrt{Dt}\operatorname{ierfc}\left(\frac{L}{\sqrt{Dt}}\right) = \sqrt{\pi}\,m\operatorname{ierfc}\left(\frac{L}{\sqrt{Dt}}\right). \tag{5.380}$$

Aus (5.376), (5.379) und (5.380) folgt für den durch die Begrenzungen verursachten Anteil von ε_D, den wir wie im vorigen Abschnitt mit $\underline{\varepsilon}_D$ bezeichnen wollen,

$$\varepsilon_D \leqq 4\sqrt{\pi}\,D\operatorname{ierfc}\left(\frac{L}{\sqrt{Dt}}\right). \tag{5.381}$$

Weicht die Konzentration, wie in Abschn. 5.121.4 angenommen wird, höchstens um $10^{-3}\,|c_1-c_2|$ von der Lösung für das unbegrenzte System ab, so ist $\operatorname{erf}\left(\frac{L}{2\sqrt{Dt}}\right) \geqq 0{,}998$, also $\frac{L}{2\sqrt{Dt}} \geqq 2{,}185$. Mit $\frac{L}{\sqrt{Dt}}$

$= 4{,}37$ bekommt man aus (5.381) unter Zuhilfenahme von (5.364)[1] die Fehlerabschätzung

$$\varepsilon_D \leqq 5{,}0 \cdot 10^{-10} D.$$

Läßt man Abweichungen der Konzentration bis $10^{-2}\,|c_1 - c_2|$ zu, so ist $\operatorname{erf}\left(\frac{L}{2\sqrt{Dt}}\right) \geqq 0{,}98$, also $\frac{L}{2\sqrt{Dt}} \geqq 1{,}645$, und mit $\frac{L}{\sqrt{Dt}} = 3{,}29$ folgt

$$\varepsilon_D \leqq 3{,}3 \cdot 10^{-6} D.$$

Der Einfluß der vernachlässigten Begrenzungen auf die Genauigkeit ist also bei dieser Bestimmung des Diffusionskoeffizienten sehr klein (man vergleiche mit der entsprechenden Abschätzung in bezug auf Konzentrationsmessungen, S. 458) und wird gegenüber den sonstigen Fehlern kaum ins Gewicht fallen.

5.141.3 Auswertung von Versuchen mit aufgedampften radioaktiven Isotopen. Wenn ein je Querschnittseinheit in der Gesamtmenge M vorhandener radioaktiver Indikator aus einer extrem dünnen Schicht nach zwei bzw. einer Seite herausdiffundiert, genügt die Konzentration des Indikators der Formel (5.42) bzw. (5.52). Schneidet man nach einer Versuchszeit t die Probe an einer Stelle x_1 ab, die man so wählen wird, daß man nur etwa die Schicht abgenommen hat, die ursprünglich das Isotop enthielt, so erhält man bei einseitiger Diffusion aus Formel (5.362) für die ebenfalls auf die Querschnittseinheit bezogene Indikatormenge $m(x_1, \infty; t)$ im Rest der Probe, wenn man für $c(x, t)$ den Grenzwert (5.52) einsetzt [$c(x, 0)$ verschwindet],

$$m(x_1, \infty; t) = \frac{M}{\sqrt{\pi D t}} \int_{x_1}^{\infty} \exp\left(-\frac{x^2}{4Dt}\right) dx = M\left[1 - \operatorname{erf}\left(\frac{x_1}{2\sqrt{Dt}}\right)\right].$$

Wenn die Mengen M und $m(x_1, \infty; t)$ bekannt sind, kann man daher aus

$$\operatorname{erf}\left(\frac{x_1}{2\sqrt{Dt}}\right) = 1 - \frac{m(x_1, \infty; t)}{M} \tag{5.382}$$

mit Hilfe einer Tafel der Fehlerfunktion den Diffusionskoeffizienten des Indikators bestimmen. Bei zweiseitiger Diffusion folgt entsprechend mit Hilfe von (5.42)

$$m(x_1, \infty; t) = \frac{M}{2\sqrt{\pi D t}} \int_{x_1}^{\infty} \exp\left(-\frac{x^2}{4Dt}\right) = \frac{M}{2}\left[1 - \operatorname{erf}\left(\frac{x_1}{2\sqrt{Dt}}\right)\right]$$

und

$$\operatorname{erf}\left(\frac{x_1}{2\sqrt{Dt}}\right) = 1 - 2\,\frac{m(x_1, \infty; t)}{M}. \tag{5.383}$$

Eine andere wichtige Methode, namentlich bei kleinen Diffusionskoeffizienten anzuwenden, ist die der „Oberflächenzählung“. Dabei mißt

[1] Hierbei empfiehlt sich die Benutzung einer Tabelle für die Funktion $e^{s^2}[1 - \operatorname{erf} s]$, die man für $s = 3{,}00 \ldots 5{,}00$ bei JAHNKE-EMDE-LÖSCH: Tafeln höherer Funktionen, 6. Aufl., S. 32, Stuttgart 1960, findet (s. auch S. 468, Fußnoten 1—3 und Abb. 5.31).

man die Abnahme der Aktivität einer Probe, in die ein radioaktiver Indikator eindiffundiert, wodurch die Strahlung infolge Absorption in der Zwischenschicht geschwächt wird. Abb. 5.30 zeigt das Schema einer derartigen Versuchsanordnung.

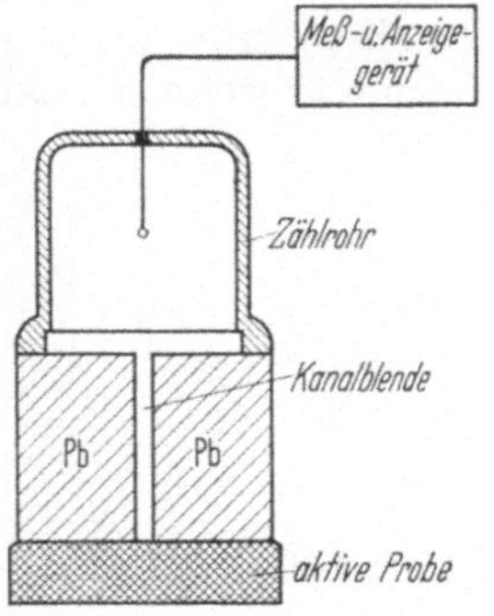

Abb. 5.30. Versuchsanordnung mit Kanalblende und Zählrohr zur Ermittlung der eindiffundierten radioaktiven Komponente.

Die aktivierte Seite der Probe ist dem Zählrohr zugewandt. Die Kanalblende sortiert nur Strahlen mit praktisch einheitlichem Austrittswinkel heraus. Die folgende Rechnung gilt für ein einfaches exponentielles Absorptionsgesetz (γ-Strahlen): Von der in einer Tiefe x erzeugten Aktivität komme der Bruchteil $\exp(-\alpha\, x)$ an der Oberfläche an. Die Absorption im Luftweg des Kanals und im Zählrohr sowie die spezielle Aktivität des Isotops fassen wir in einer Konstanten C zusammen. Dann ist die Gesamtaktivität, die am Meßgerät abgelesen wird, wenn die Probe t sec geglüht wurde,

$$J(t) = C\, q \int_0^\infty c(x,t) \exp(-\alpha\, x)\, dx,$$

wo q der Querschnitt des Blendenkanals ist. Nimmt man für $c(x, t)$ den Grenzwert (5.52), so erhält man

$$\begin{aligned} J(t) &= \frac{C\, q\, M}{\sqrt{\pi D t}} \int_0^\infty \exp\left(-\frac{x^2 + 4\alpha D t x}{4 D t}\right) dx, \\ &= \frac{C\, q\, M}{\sqrt{\pi D t}} \exp(\alpha^2 D t) \int_0^\infty \exp\left(-\frac{(x + 2\alpha D t)^2}{4 D t}\right) dx \\ &= \frac{2}{\sqrt{\pi}}\, C\, q\, M \exp(\alpha^2 D t) \int_{\alpha\sqrt{Dt}}^\infty \exp(-s^2)\, ds \\ &= C\, q\, M \exp(\alpha^2 D t)\left[1 - \operatorname{erf}(\alpha \sqrt{D t})\right]. \end{aligned} \tag{5.384}$$

Da Zählrohrmessungen fast ausnahmslos als Relativmessungen durchgeführt werden, wollen wir die Konstante C dadurch eliminieren, daß wir unser Ergebnis mit der Aktivität

$$J(0) = C\, q\, M$$

der Probe vor der Diffusion vergleichen. Man bekommt dann[1]

$$J(t)/J(0) = \exp(\alpha^2 D t^2)\left[1 - \operatorname{erf}(\alpha \sqrt{D t})\right]. \tag{5.385}$$

Die hier auftretende Funktion

$$F(p) \equiv e^{p^2}[1 - \operatorname{erf} p] \quad \text{mit} \quad p \equiv \alpha \sqrt{D t}$$

[1] Steigmann, J., W. Shockley u. F. C. Nix: Phys. Rev. **56**, 13 (1939).

geben wir graphisch in Abb. 5.31 wieder. Tabellen dieser Funktion findet man für $p = 0 \ldots 3$ [unter der Bezeichnung $e^{x^2} \operatorname{erfc} x$] bei CARSLAW-JAEGER[1] und bei CRANK[2], für $p = 3 \ldots 5$ bei JAHNKE-EMDE-LÖSCH[3]. Zu dem experimentell bestimmten Verhältnis der Aktivitäten $J(t)/J(0) = F(p)$ läßt sich p unmittelbar aus der Kurve ablesen, und man bekommt, wenn α bekannt ist, den Diffusionskoeffizienten aus

$$D = \frac{p^2}{\alpha^2 t}. \tag{5.386}$$

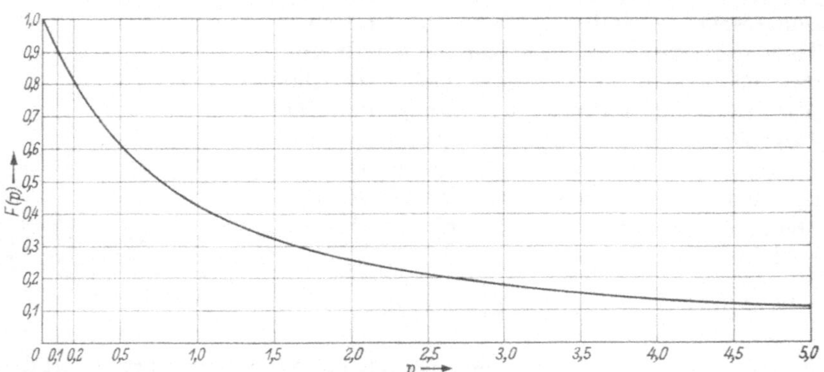

Abb. 5.31. Verlauf der Funktion $F(p) = e^{p^2}[1 - \operatorname{erf} p]$.

Verluste durch Verdampfung an der Oberfläche bedingen Fehler. Zweckmäßig stellt man daher während der Temperung zwei gleichartig radioaktiv bedampfte Oberflächen gegeneinander, ohne sie zu verschweißen.

Bei einem weniger einfachen Absorptionsgesetz ist man im allgemeinen auf halbempirische Verfahren angewiesen[4]. Hingegen läßt sich die Formel (5.385) auch anwenden, wenn das Zählrohr (ohne die Kanalblende der Abb. 5.30) direkt auf die Probe aufgesetzt ist, sofern der Zählrohrdurchmesser sehr groß gegen die Eindringtiefe ist[5].

5.142 Mehrphasensysteme. Erstrecken sich Diffusionsvorgänge über mehrere Phasen, so lassen sich die als konstant vorausgesetzten Diffusionskoeffizienten der einzelnen Phasen prinzipiell aus Messungen der Konzentration oder des Gehalts an diffundierendem Stoff mit Hilfe der in Abschn. 5.122 hergeleiteten Formeln bestimmen. Im allgemeinen sind hierbei allerdings Systeme von transzendenten Gleichungen zu lösen, die außer den Diffusionskoeffizienten und der Konzentration bzw. dem

[1] CARSLAW, H. S., u. J. C. JAEGER: Conduction of Heat in Solids, 2nd Edition, S. 485. Oxford 1959.

[2] CRANK, J.: The Mathematics of Diffusion, S. 326. Oxford 1956.

[3] JAHNKE-EMDE-LÖSCH: Tafeln höherer Funktionen, 6. Aufl., S. 32. Stuttgart 1960.

[4] HOFFMANN, R. E., u. D. TURNBULL: J. appl. Phys. **22**, 634 (1951).

[5] STEIGMANN, J., W. SHOCKLEY u. F. C. NIX: Phys. Rev. **56**, 13 (1939).

Stoffgehalt noch Parameter enthalten. Einfachere Fälle ergeben sich insbesondere, wenn der Diffusionskoeffizient nur in einer Phase gesucht wird und in der bzw. den anderen schon bekannt ist.

5.142.1 Systeme ohne Phasenumwandlungen. Liegt ein Zweiphasensystem unter den Anfangsbedingungen (5.31) vor, dessen Phasengrenze fest bei $x = 0$ bleibt, so kann man die Diffusionskoeffizienten D_{I} für $x > 0$ und D_{II} für $x < 0$ mit Hilfe der Lösung (5.117) aus Konzentrationsmessungen bestimmen. Wenn das Verhältnis $\varkappa = c(+0, t)/c(-0, t)$ der Konzentrationen an der Phasengrenze bekannt ist, braucht man zwei Konzentrationen zu verschiedenen Werten von $x/\sqrt{t}$ und hat dann D_{I} und D_{II} aus einem System von zwei transzendenten Gleichungen zu errechnen. Ist auch $\varkappa$ unbekannt, so sind drei Konzentrationen nötig und drei Gleichungen zu lösen. Kennt man den Diffusionskoeffizienten einer Phase, etwa D_{I}, und zu einer Zeit $t > 0$ die Konzentrationen $c(+0, t)$ und $c(-0, t)$ zu beiden Seiten der Phasengrenze, so bekommt man für D_{II} mit Hilfe von (5.118)

$$D_{\mathrm{II}} = \left[\frac{c_1 - c(+0, t)}{c(-0, t) - c_2}\right]^2 D_{\mathrm{I}}. \tag{5.387}$$

Die Stoffmenge, um die der diffundierende Stoff je Querschnittseinheit in einer bei x_1 und x_2 begrenzten Schicht bis zur Zeit t zugenommen hat, erhält man aus (5.117) durch Integration gemäß (5.362). Ähnlich wie in (5.363) bis (5.368) folgt, falls $0 \leqq x_1 \leqq x_2$ ist,

$$m(x_1, x_2; t) = \\ = -2 \frac{c_1 - \varkappa c_2}{\varkappa\sqrt{D_{\mathrm{I}}} + \sqrt{D_{\mathrm{II}}}} \sqrt{D_{\mathrm{I}} D_{\mathrm{II}} t} \left[\operatorname{ierfc}\left(\frac{x_1}{2\sqrt{D_{\mathrm{I}} t}}\right) - \operatorname{ierfc}\left(\frac{x_2}{2\sqrt{D_{\mathrm{I}} t}}\right)\right], \tag{5.388}$$

falls $x_1 \leqq x_2 \leqq 0$ ist,

$$m(x_1, x_2; t) = \\ = -2 \frac{c_1 - \varkappa c_2}{\varkappa\sqrt{D_{\mathrm{I}}} + \sqrt{D_{\mathrm{II}}}} \sqrt{D_{\mathrm{I}} D_{\mathrm{II}} t} \left[\operatorname{ierfc}\left(-\frac{x_1}{2\sqrt{D_{\mathrm{II}} t}}\right) - \operatorname{ierfc}\left(-\frac{x_2}{2\sqrt{D_{\mathrm{II}} t}}\right)\right] \tag{5.389}$$

und für die Stoffmenge, die bis zur Zeit t durch eine Flächeneinheit der Phasengrenzebene $x = 0$ diffundiert,

$$m(0, \infty; t) = -2 \frac{c_1 - \varkappa c_2}{\varkappa\sqrt{D_{\mathrm{I}}} + \sqrt{D_{\mathrm{II}}}} \sqrt{\frac{D_{\mathrm{I}} D_{\mathrm{II}} t}{\pi}} = -m(-\infty, 0; t). \tag{5.390}$$

Um die erforderlichen Bestimmungsgleichungen aufzustellen, braucht man im allgemeinen den Stoffgehalt so vieler Schichten, wie man Unbekannte hat, zu denen außer D_{I} und D_{II} auch $\varkappa$ gehören kann. Ist ein Diffusionskoeffizient schon bekannt, so empfiehlt es sich, nach Möglichkeit Schichten aus der Phase zu nehmen, in welcher derselbe gilt, also z. B. wenn D_{I} bekannt ist, aus $0 \leqq x_1 \leqq x_2$, so daß die Berechnung von D_{II} nach Gl. (5.388) erfolgen kann und keine Unbekannten im Argument von ierfc-Funktionen vorkommen.

Ist der Gehalt an diffundierendem Stoff auf einer Seite der Phasengrenze $x = 0$ zu einer Zeit $t > 0$ der Messung zugänglich, und kennt man bereits $\varkappa$ und einen Diffusionskoeffizienten, etwa D_I, so folgt aus (5.390), wenn wir wieder $m \equiv |m(0, \infty; t)| = |m(-\infty, 0; t)|$ setzen,

$$D_{II} = \frac{\varkappa^2 m^2 D_I}{\left[2|c_1 - \varkappa c_2| \sqrt{\frac{D_I t}{\pi}} - m\right]^2}. \tag{5.391}$$

5.142.2 Systeme mit Phasenumwandlungen. Mit Hilfe der in Abschnitt 5.122.21 entwickelten Formeln behandeln wir wieder das Beispiel des Zweiphasensystems unter den Anfangsbedingungen (5.31). An der Phasengrenze $x = x^*$ herrschen jetzt die festen Konzentrationen (5.119). Aus (5.120) erhält man mit (5.112) und (5.125) die Lösung in der Form

$$c(x, t) = \begin{cases} c_1 + \dfrac{c_{I/II} - c_1}{1 - \operatorname{erf}\left(\dfrac{\lambda^*}{2\sqrt{D_I}}\right)} \left[1 - \operatorname{erf}\left(\dfrac{x}{2\sqrt{D_I t}}\right)\right], & \text{falls } x \geqq x^* \\ c_2 + \dfrac{c_{II/I} - c_2}{1 + \operatorname{erf}\left(\dfrac{\lambda^*}{2\sqrt{D_{II}}}\right)} \left[1 + \operatorname{erf}\left(\dfrac{x}{2\sqrt{D_{II} t}}\right)\right], & \text{falls } x \leqq x^*. \end{cases} \tag{5.392}$$

Da außerdem Gl. (5.126) gilt, ist im allgemeinen eine Konzentrationsmessung weniger nötig, als man Unbekannte zu bestimmen hat. Unter denselben befinden sich außer den Diffusionskoeffizienten D_I und D_{II} eventuell noch die Phasengrenzkonzentrationen $c_{I/II}$ und $c_{II/I}$ und die Konstante $\lambda^* = x^*/\sqrt{t}$, durch die die Wanderung der Phasengrenze beschrieben wird. Wie im vorigen Abschnitt werden Konzentrationen zu verschiedenen $x/\sqrt{t}$-Werten gebraucht. Kennt man λ^* und die Konzentrationen $c_{I/II}$ und $c_{II/I}$, so braucht man zur Bestimmung von D_I und D_{II} nur noch eine Konzentrationsmessung an einer Stelle $x \neq x^* = \lambda^* \sqrt{t}$. Die Rechnung vereinfacht sich dabei etwas, wenn man $c(0, t)$ kennt. Dann kann man, falls $\lambda^* < 0$ bzw. > 0 ist, die erste bzw. zweite Gleichung (5.392) nach $\operatorname{erf}\left(\frac{\lambda^*}{2\sqrt{D_I}}\right)$ bzw. $\operatorname{erf}\left(\frac{\lambda^*}{2\sqrt{D_{II}}}\right)$ auflösen und D_I bzw. D_{II} bestimmen. Der andere Diffusionskoeffizient D_{II} bzw. D_I läßt sich aus (5.126) ermitteln.

Die Stoffzunahme je Querschnittseinheit zwischen x_1 und x_2 bis zur Zeit t erhält man aus (5.362) und (5.392) [evtl. mit Hilfe von (5.365)]:

$$m(x_1, x_2; t) =$$

$$\begin{cases} -2\sqrt{D_I t}\, \dfrac{c_1 - c_{I/II}}{1 - \operatorname{erf}\left(\dfrac{\lambda^*}{2\sqrt{D_I}}\right)} \left[\operatorname{ierfc}\left(\dfrac{x_1}{2\sqrt{D_I t}}\right) - \operatorname{ierfc}\left(\dfrac{x_2}{2\sqrt{D_I t}}\right)\right], \\ \qquad \text{falls} \quad x^* \leqq x_1 \leqq x_2 \quad \text{und} \quad 0 \leqq x_1 \leqq x_2 \end{cases}$$

$$
=\begin{cases}
-2\sqrt{D_{\mathrm{I}}t}\,\dfrac{c_1-c_{\mathrm{I/II}}}{1-\operatorname{erf}\left(\dfrac{\lambda^*}{2\sqrt{D_{\mathrm{I}}}}\right)}\left[\operatorname{ierfc}\left(\dfrac{x_1}{2\sqrt{D_{\mathrm{I}}t}}\right)-\operatorname{ierfc}\left(\dfrac{x_2}{2\sqrt{D_{\mathrm{I}}t}}\right)\right]+ \\
\qquad +(c_1-c_2)(x_2-x_1), \quad \text{falls} \quad x^*\leqq x_1\leqq x_2\leqq 0 \\
-2\sqrt{D_{\mathrm{II}}t}\,\dfrac{c_{\mathrm{II/I}}-c_2}{1+\operatorname{erf}\left(\dfrac{\lambda^*}{2\sqrt{D_{\mathrm{II}}}}\right)}\left[\operatorname{ierfc}\left(-\dfrac{x_1}{2\sqrt{D_{\mathrm{II}}t}}\right)-\operatorname{ierfc}\left(-\dfrac{x_2}{2\sqrt{D_{\mathrm{II}}t}}\right)\right]- \\
\qquad -(c_1-c_2)(x_2-x_1), \quad \text{falls} \quad 0\leqq x_1\leqq x_2\leqq x^* \\
-2\sqrt{D_{\mathrm{II}}t}\,\dfrac{c_{\mathrm{II/I}}-c_2}{1+\operatorname{erf}\left(\dfrac{\lambda^*}{2\sqrt{D_{\mathrm{II}}}}\right)}\left[\operatorname{ierfc}\left(-\dfrac{x_1}{2\sqrt{D_{\mathrm{II}}t}}\right)-\operatorname{ierfc}\left(-\dfrac{x_2}{2\sqrt{D_{\mathrm{II}}t}}\right)\right], \\
\qquad \text{falls} \quad x_1\leqq x_2\leqq x^* \quad \text{und} \quad x_1\leqq x_2\leqq 0.
\end{cases} \tag{5.393}
$$

Wegen (5.126) braucht man auch hier im allgemeinen eine Stoffgehaltsmessung weniger als man Unbekannte zu bestimmen hat. Eine Vereinfachung tritt wieder bei der Stoffmenge, die durch die Ebene $x = 0$ des anfänglichen Konzentrationssprungs diffundiert, ein. Man erhält im Falle $x^* = \lambda^* \sqrt{t} \leqq 0$ aus der ersten Formel (5.393)

$$
m(0,\infty;t) = -2\,\frac{c_1-c_{\mathrm{I/II}}}{1-\operatorname{erf}\left(\dfrac{\lambda^*}{2\sqrt{D_{\mathrm{I}}}}\right)}\sqrt{\frac{D_{\mathrm{I}}t}{\pi}}
$$

und im Falle $x^* \geqq 0$ aus der vierten

$$
m(-\infty,0;t) = 2\,\frac{c_{\mathrm{II/I}}-c_2}{1+\operatorname{erf}\left(\dfrac{\lambda^*}{2\sqrt{D_{\mathrm{II}}}}\right)}\sqrt{\frac{D_{\mathrm{II}}t}{\pi}}.
$$

Da die beiden Mengen entgegengesetzt gleich sein müssen, folgt für $m \equiv |m(0,\infty;t)| = |m(-\infty,0;t)|$

$$
m=\begin{cases}
2\,\dfrac{|c_1-c_{\mathrm{I/II}}|}{1-\operatorname{erf}\left(\dfrac{\lambda^*}{2\sqrt{D_{\mathrm{I}}}}\right)}\sqrt{\dfrac{D_{\mathrm{I}}t}{\pi}}, & \text{falls} \quad \lambda^*\leqq 0 \\
2\,\dfrac{|c_{\mathrm{II/I}}-c_2|}{1+\operatorname{erf}\left(\dfrac{\lambda^*}{2\sqrt{D_{\mathrm{II}}}}\right)}\sqrt{\dfrac{D_{\mathrm{II}}t}{\pi}}, & \text{falls} \quad \lambda^*\geqq 0.
\end{cases} \tag{5.394}
$$

Eine explizite Auflösung nach D_{I} bzw. D_{II} ist hier nicht möglich, doch läßt sich, wenn λ^* und $c_{\mathrm{I/II}}$ bzw. $c_{\mathrm{II/I}}$ bekannt sind, ein Diffusionskoeffizient nur aus der ersten bzw. zweiten Gleichung berechnen. Den anderen kann man dann wieder mit Hilfe von (5.126) ermitteln.

5.143 Konzentrationsabhängige Diffusionskoeffizienten. Eine Konzentrationsabhängigkeit des Diffusionskoeffizienten wirkt sich meist stark auf die Konzentration in der Nähe eines anfänglichen Konzentrationssprungs aus. Infolgedessen sind manche Konzentrationsmessungen zur Bestimmung von Diffusionskoeffizienten gemäß Abschn. 5.141.1 nicht verwendbar. Unter den Anfangsbedingungen (5.31) hat man z. B. bei konstantem D nach (5.38) $c(0, t) = (c_1 + c_2)/2$, während bei einem mit der Konzentration zunehmenden Diffusionskoeffizienten (Abb. 5.20) $c(0, t) > (c_1 + c_2)/2$ ist. In der Nähe gibt es dann im Falle $c_1 > c_2$ Stellen $x < 0$, an denen ebenfalls noch $c(x, t) > (c_1 + c_2)/2$ ist. Mit dieser Ungleichung folgt aus (5.346) erf$Z > 0$ und daher $Z > 0$; x und Z haben also verschiedene Vorzeichen, und eine Bestimmung von D nach (5.348) ist nicht möglich. An Stellen, wo c nur wenig kleiner als $(c_1 + c_2)/2$ ist, kann das nach (5.346) bis (5.348) berechnete D beliebig groß ausfallen. Zu positiven Ortskoordinaten in der Nähe von $x = 0$ können sich beliebig kleine D-Werte ergeben. Entsprechendes gilt für die Auswertung von Messungen des Stoffgehalts dünner Schichten in der Nähe des anfänglichen Konzentrationssprungs. Aus dem Stoffgehalt einer Schicht, die sich bis zu einem Ende des Systems erstreckt, erhält man jedoch mit den Methoden des Abschn. 5.141.2 stets einen Diffusionskoeffizienten, der einer im System vorhandenen Konzentration zukommt. Dies gilt unter den Anfangsbedingungen (5.31) insbesondere für die Formel (5.375), die $D(c)$ zu einem c aus $c_1 \ldots c_2$ liefert.

5.143.1 Sprunghafte Änderung des Diffusionskoeffizienten. Kennt man einen Diffusionskoeffizienten in einem Konzentrationsbereich $c_1 \ldots c^*$ als Konstante D_I, so läßt sich seine eventuelle Änderung in einem anschließenden Bereich $c^* \ldots c_2$ ungefähr feststellen, indem man hier auch einen konstanten Koeffizienten D_II annimmt und mit den Methoden für Mehrphasensysteme bestimmt (vgl. Abschn. 5.123.1). Hat man bei Vorliegen der Anfangsbedingungen (5.31) die Stoffmenge m gemessen, so ersetze man in (5.394) und (5.126) $c_{\mathrm{I/II}} \equiv c_{\mathrm{II/I}}$ durch c^* und löse die erste Gleichung (5.394) nach der Fehlerfunktion auf:

$$\operatorname{erf}\left(\frac{\lambda^*}{2\sqrt{D_\mathrm{I}}}\right) = 1 - \frac{2}{m}\,|c_1 - c^*|\sqrt{\frac{D_\mathrm{I}\,t}{\pi}}\,.$$

Ist dieser Ausdruck $\leqq 0$ (was eintritt, wenn $|c_1 - c^*|$ genügend groß gegenüber $|c^* - c_2|$ ist), so bekommt man hiernach mit Hilfe einer Tabelle der Fehlerfunktion λ^* und dann aus (5.126) D_II. Anderenfalls hätte man die Unbekannten λ^* und D_II aus dem durch die zweite Gleichung (5.394) und (5.126) gebildeten Gleichungssystem zu ermitteln. In einem System mit $c^* \approx c(0, t)$ für $t > 0$ bewegt sich die durch diese Konzentration gegebene fiktive Phasengrenze nicht wesentlich, und man kann auch die leichter zu handhabende Beziehung (5.391), in der man $\varkappa = 1$ setze, zur Berechnung von D_II anwenden.

5.143.2 Exponentielle Abhängigkeit des Diffusionskoeffizienten von der Konzentration. Wird für den Zusammenhang zwischen dem Diffusionskoeffizienten und der Konzentration eine bestimmte mathematische Darstellbarkeit vorausgesetzt, so sind zur Bestimmung von $D(c)$ im allgemeinen so viele Messungen erforderlich wie die Darstellung Parameter enthält. Wird zeigen das hier bzw. im nächsten Abschnitt an exponentiell bzw. linear von der Konzentration abhängigen Diffusionskoeffizienten, wobei jeweils zwei Parameter zu bestimmen sind.

Ist $D(c)$ exponentiell in der Form (5.142) darstellbar, so lassen sich die darin vorkommenden Parameter D_0 und β, wenn die Anfangsbedingungen (5.31) gelten, aus zwei Konzentrationsmessungen $c(x_1, t)$ und $c(x_2, t)$ $(x_1 \neq x_2;\ t > 0)$ durch Umkehrung der Schritte 1 bis 6 von S. 418 wie folgt bestimmen:

1. Zu $c(x_1, t)$ und $c(x_2, t)$ berechne man $\psi(z_1, g)$ und $\psi(z_2, g)$ nach (5.164).

2. In Tab. 5.1 suche man die g-Spalte [eventuell Formel (5.167) benutzen], in der die zu $\psi(z_1, g)$ und $\psi(z_2, g)$ gehörigen z-Werte die aus (5.150) folgende Beziehung $z_1 : z_2 = x_1 : x_2$ erfüllen. Meist wird hierbei Interpolation nötig sein.

3. Der Abb. 5.22 entnehme man den zu g gehörigen Wert $\beta(c_1 - c_2)$, wobei zu beachten ist, daß g und $\beta(c_1 - c_2)$ gleiche Vorzeichen haben, und rechne β aus.

4. Man berechne D_0 nach der aus (5.150) folgenden Formel

$$D_0 = \frac{x_1^2}{4 z_1^2 t} = \frac{x_2^2}{4 z_2^2 t}. \tag{5.395}$$

Den durch (5.159) gegebenen Diffusionskoeffizienten $\bar{D}$ für die mittlere Konzentration $\frac{1}{2}(c_1 + c_2)$ kann man noch in folgenden beiden Schritten leicht bekommen:

5. Zu $|g|$ entnehme man der Abb. 5.23 den zugehörigen Wert $\frac{1}{2}\ln(u_1 u_2)$ oder berechne ihn nach (5.158).

6. Man berechne $\bar{D}$ nach der aus (5.161) folgenden Formel

$$\bar{D} = D_0 \exp\{\tfrac{1}{2}\ln(u_1 u_2)\}.$$

Der 2. Schritt vereinfacht sich, wenn man die Konzentration c_0 an der MATANO-Ebene $x = 0$ (s. S. 414) kennt. Ist etwa $x_2 = 0$, so liefert (5.150) auch $z_2 = 0$. In der Zeile $z = 0$ der Tab. 5.1 suche man zu $\psi(0, g)$ [falls < 0, benutze man (5.167)] den zugehörigen g-Wert und dann den zu g und $\psi(z_1, g)$ gehörigen Wert z_1. $\bar{D}$ berechne man, da jetzt c_0 gegeben ist, direkt aus (5.159).

Die Stoffmenge, die je Flächeneinheit bis zur Zeit t in positiver x-Richtung durch die MATANO-Ebene diffundiert ist, erhält man durch Integration von (5.171) über die Zeit:

$$m(0, \infty; t) = \int_0^t j_0\, d\tau = -\frac{g}{\beta}\sqrt{D_0 t},$$

und nach D_0 aufgelöst folgt $[m \equiv |m(0, \infty; t)|]$

$$D_0 = \frac{\beta^2 m^2}{g^2 t}. \tag{5.396}$$

Kennt man die Konzentration $c_0 = c(0, t)$ $(t > 0)$ an der MATANO-Ebene und die Stoffmenge m, so kann man D_0 und β wie folgt bestimmen:

1. Zu $c(0, t)$ berechne man $\psi(0, g)$ nach (5.164).

2. In Tab. 5.1 suche man zu $\psi(0, g)$ [falls < 0 mit Hilfe von Formel (5.167)] den g-Wert.

3. Der Abb. 5.22 entnehme man den zu g gehörigen Wert $\beta(c_1 - c_2)$ mit gleichem Vorzeichen und rechne β aus.

4. Man berechne D_0 nach Formel (5.396).

Liegt das in Abschn. 5.123.22 behandelte einseitig begrenzte System vor, so sind zur Bestimmung der Parameter D_s und β des Diffusionskoeffizienten (5.175) nur Konzentrationsmessungen an Stellen $x > 0$ verwertbar, da bei $x = 0$ eine feste Konzentration c_s aufrechterhalten wird. Zu $c(x_1, t)$ und $c(x_2, t)$ mit $x_1, x_2 > 0$; $t > 0$ verläuft dies in Umkehrung der Schritte 1 bis 4 von S. 422 analog zu den ersten vier Schritten von S. 473 oben. Man braucht nur ψ durch χ, c_2 durch c_s, D_0 durch D_s, (5.150) durch (5.179), (5.164) durch (5.177), Tab. 5.1 durch Tab. 5.2, Abb. 5.22 durch Abb. 5.25 zu ersetzen, und die eventuelle Benutzung von (5.167) entfällt.

5.143.3 Lineare Abhängigkeit des Diffusionskoeffizienten von der Konzentration. Setzt man D als lineare Funktion von c gemäß (5.183) voraus, so lassen sich die Parameter $\bar{D}$ und a dieser Darstellung, wenn wieder die Bedingungen (5.31) gelten, aus zwei Konzentrationsmessungen $c(x_1, t)$ und $c(x_2, t)$ durch Umkehrung der Schritte 1 bis 4 von S. 426 bis 427 bestimmen:

1. Zu $c(x_1, t)$ und $c(x_2, t)$ berechne man $\zeta(z_1, b)$ und $\zeta(z_2, b)$ gemäß

$$\zeta = \frac{c - c_1}{c_2 - c_1}.$$

2. In Tab. 5.3 suche man die b-Spalte, in der die zu $\zeta(z_1, b)$ und $\zeta(z_2, b)$ gehörigen z-Werte die aus (5.194) folgende Beziehung $z_1 : z_2 = x_1 : x_2$ erfüllen. Falls erforderlich, ersetze man x durch $-x$, $\zeta(z_i, b)$ durch $1 - \zeta(z_i, b)$ $(i = 1, 2)$ und vertausche c_1 und c_2.

3. Man berechne a nach der aus (5.197) folgenden Formel

$$a = \frac{2}{c_1 - c_2} \frac{b - 1}{b + 1}. \qquad (5.397)$$

4. Man berechne $\bar{D}$ gemäß (5.194) nach

$$\bar{D} = \frac{x_i^2}{4 z_i^2 t}. \qquad (5.398)$$

Der 2. Schritt vereinfacht sich wieder, wenn man die Konzentration an der MATANO-Ebene kennt. Es sei etwa $x_2 = 0$, also nach (5.194) auch $z_2 = 0$. Falls $\zeta(0, b) > 0{,}5$, ersetze man x durch $-x$, $\zeta(z_i, b)$ durch $1 - \zeta(z_i, b)$ und vertausche c_1 mit c_2. In der Zeile $z = 0$ der Tab. 5.3 suche man zu $\zeta(0, b)$ den b-Wert und dann den zu b und $\zeta(z_1, b)$ gehörigen Wert z_1.

Die Stoffmenge, die bis zur Zeit t je Querschnittseinheit die MATANO-Ebene passiert, erhält man durch Integration von (5.199) (2. Form) über die Zeit:

$$m(0, \infty; t) = \int_0^t j_0 \, d\tau = (c_2 - c_1) \left\{1 + \frac{a}{2} (c_2 - c_1 - 2c_0)\right\} \zeta'(0,b) \sqrt{\bar{D} t}.$$

Hier ist wieder $c_0 = c(0, t)$ die gleichbleibende Konzentration an der MATANO-Ebene und

$$\zeta'(0,b) = -\frac{1}{c_2 - c_1} \left(\frac{dc}{dz}\right)_{z=0}.$$

Die Auflösung nach $\bar{D}$ liefert $(m = |m(0, \infty; t)|)$

$$\bar{D} = \frac{m^2}{(c_2 - c_1)^2 \left\{1 + \frac{a}{2}(c_2 - c_1 - 2c_0)\right\}^2 [\zeta'(0,b)]^2 t}. \tag{5.399}$$

Aus c_0 und m kann man $\bar{D}$ und a wie folgt bekommen:

1. Man berechne $\zeta(0, b) = (c_0 - c_1)/(c_2 - c_1)$. Ist dies $> 0{,}5$, so ersetze man x durch $-x$, $\zeta(0, b)$ durch $1 - \zeta(0, b)$ und vertausche c_1 mit c_2.
2. In Tab. 5.3 suche man zu $\zeta(0, b)$ den b-Wert.
3. Man berechne a nach (5.397).
4. In Tab. 5.4 suche man zu $z = 0$ und b den Wert $\zeta'(0, b)$.
5. Man berechne $\bar{D}$ nach (5.399).

5.143.4 Beliebige Abhängigkeit des Diffusionskoeffizienten von der Konzentration (Boltzmann, Matano). Wenn man keine bestimmte Art der Abhängigkeit des Diffusionskoeffizienten von der Konzentration voraussetzt, braucht man zur Bestimmung von $D(c)$ für c aus einem Bereich $c_1 \ldots c_2$ einen diesen umfassenden Konzentrationsverlauf. Boltzmann[1] stellte für das beiderseits unbegrenzte System unter den Anfangsbedingungen (5.31) eine entsprechende Formel auf. Matano[2] wandte sie erstmals auf Festkörper-Diffusionsversuche an.

Setzt man in (5.22) gemäß (5.19)

$$\frac{dC}{d\lambda} = \frac{dC}{dc}\frac{dc}{d\lambda} = D(c)\frac{dc}{d\lambda},$$

so bekommt man nach Division durch D

$$\frac{d}{d\lambda}\left(D(c)\frac{dc}{d\lambda}\right) + \frac{\lambda}{2}\frac{dc}{d\lambda} = 0. \tag{5.400}$$

Beachtet man die aus (5.30) herzuleitende Grenzbeziehung

$$\frac{dc}{d\lambda} \to 0, \quad \text{wenn} \quad \lambda \to \pm\infty, \tag{5.401}$$

so erhält man aus (5.400) nach Integration von $\pm\infty$ bis $x/\sqrt{t}$

$$D(c)\left(\frac{dc}{d\lambda}\right)_{\lambda = x/\sqrt{t}} = -\frac{1}{2}\int_{+\infty}^{x/\sqrt{t}} \lambda \frac{dc}{d\lambda}\, d\lambda = -\frac{1}{2}\int_{-\infty}^{x/\sqrt{t}} \lambda \frac{dc}{d\lambda}\, d\lambda. \tag{5.402}$$

Da $c(\lambda)$ eine eindeutige Umkehrfunktion $\lambda(c)$ hat, kann man auch über die Konzentration integrieren, wobei sich die unteren Grenzen aus (5.29) ergeben:

$$D(c)\left(\frac{dc}{d\lambda}\right)_{\lambda = x/\sqrt{t}} = -\frac{1}{2}\int_{c_1}^{c} \lambda(\gamma)\, d\gamma = -\frac{1}{2}\int_{c_2}^{c} \lambda(\gamma)\, d\gamma. \tag{5.403}$$

Liegt der Konzentrationsverlauf zu einer festen Zeit t vor und schreibt man unter den Integralzeichen entsprechend (5.21) $x/\sqrt{t}$ an Stelle von λ,

[1] Boltzmann, L.: Ann. Phys. (NF) **53**, 959 (1894).
[2] Matano, C.: Jap. J. Phys. 8, 109 (1933).

so kann man $1/\sqrt{t}$ vor das Integralzeichen ziehen und braucht c nur als Funktion von x mit eindeutiger Umkehrfunktion $x(c)$ zu betrachten. Dann folgt aus (5.403), wenn man noch durch $\left(\frac{dc}{d\lambda}\right)_{\lambda=x/\sqrt{t}} = \sqrt{t}\,\frac{dc}{dx}$ dividiert und die Integrationsgrenzen vertauscht,

$$D(c) = \frac{1}{2t}\,\frac{dx}{dc}\int_{c}^{c_1} x(\gamma)\,d\gamma = \frac{1}{2t}\,\frac{dx}{dc}\int_{c}^{c_2} x(\gamma)\,d\gamma\,. \tag{5.404}$$

Die Übereinstimmung der beiden Integrale besagt dasselbe wie die Beziehung (5.139); im Falle $c = c_0$ entsprechen ihnen die Flächenstücke A bzw. B der Abb. 5.20, bei deren Gleichheit das Ortskoordinatensystem, wie es vorausgesetzt wird, an der MATANO-Ebene beginnt (vgl. S. 413—414).

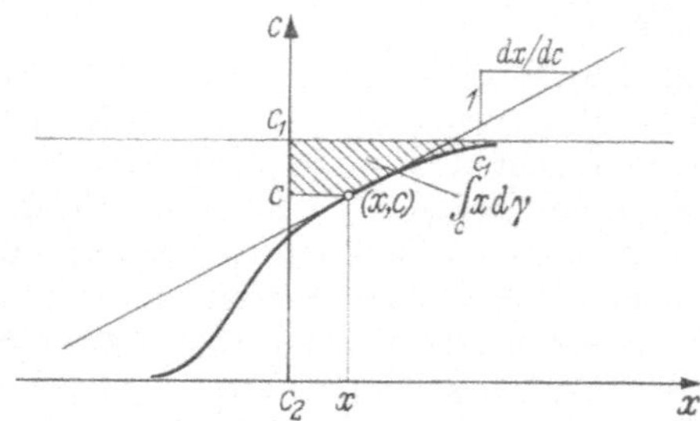

Abb. 5.32. Graphische Bestimmung von $D(c)$ nach Formel (5.404).

Aus dem räumlichen Konzentrationsverlauf zu einer festen Zeit kann man mit Hilfe von (5.404) zu jedem c zwischen c_1 und c_2 den Diffusionskoeffizienten $D(c)$ bestimmen. Die Ableitung und das Integral wird man sich aus einer empirischen c—x-Kurve etwa durch graphische Verfahren beschaffen. Der reziproke Anstieg der Tangente im Punkt (x, c) liefert dx/dc, der Inhalt des schraffierten Flächenstücks in Abb. 5.32 $\int_c^{c_1} x\,d\gamma$.

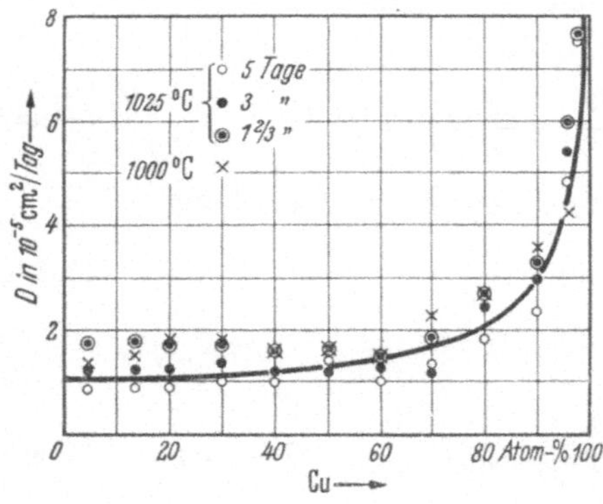

Abb. 5.33. Diffusionskoeffizient von Cu in Ni in Abhängigkeit von der Cu-Konzentration nach MATANO.

MATANO[1] hat nach dieser Methode Diffusionsversuche von GRUBE und JEDELE[2] an einem Ni–Cu-System ausgewertet. Der von ihm bestimmte Diffusionskoeffizient von Cu in Ni wird, wie die Abb. 5.33 zeigt, erst für Cu-Konzentrationen über 50% merklich konzentrationsabhängig.

JOST[3] hat gezeigt, wie man die BOLTZMANN-MATANOsche Methode auch auf Mehrphasensysteme mit konzentrationsabhängigen Diffusionskoeffizienten anwenden kann.

[1] MATANO, C.: Jap. J. Phys. 8, 109 (1933).
[2] GRUBE, G., u. A. JEDELE: Z. Elektrochem. angew. phys. Chem. **38**, 799 (1932).
[3] JOST, W.: Z. Phys. **127**, 163 (1950). — Diffusion in Solids, Liquids, Gases, S. 75—77. New York 1952. — Diffusion, Methoden der Messung und Auswertung, S. 87—91. Darmstadt 1957; s. auch TH. HEUMANN: Z. phys. Chem. **201**, 168 (1952).

5.2 Zur atomistischen Theorie der Diffusion

Dem einfachen Schema auf S. 372 folgend, hatten wir uns im Kap. 5.1 mit der Beschreibung und mathematischen Behandlung der makroskopisch beobachtbaren Diffusionsvorgänge befaßt. Nun gehen wir dazu über, Fragen des Diffusionsmechanismus durch Anwendung der atomistischen Theorie zu diskutieren. Das Aufstellen einer atomistischen Theorie setzt jedoch die Kenntnis des strukturellen Aufbaus des Festkörpers voraus. Erst hierdurch kommt man zu sinnvollen Ansätzen über den Diffusionsmechanismus. Aus diesem Grunde werden wir uns im folgenden mit den Wechselwirkungen der diffundierenden Ionen und Atome mit denen des ruhenden Gitters und mit den einzelnen Teilschritten der diffundierenden Ionen und Atome befassen.

Um uns vor physikalischen Scheinproblemen zu bewahren, die bei Anwendung der in den vorigen Kapiteln behandelten rein konzentrationsabhängigen Diffusionsgleichungen auftreten können und auch in der Literatur beschrieben wurden, müssen wir uns Rechenschaft ablegen, wann Diffusionsgleichungen mit Konzentrationsgradienten versagen und durch solche mit Gradienten der thermodynamischen Aktivitäten bzw. der chemischen Potentiale ersetzt werden müssen. Das heißt, wir müssen Diffusionserscheinungen in festen Stoffen mit idealem von solchen mit nichtidealem Verhalten unterscheiden.

5.21 Diffusionserscheinungen in festen Stoffen mit nichtidealem Verhalten

Nach der allgemeinen Entwicklung der theoretischen und rechnerischen Grundlagen zur Lösung von Diffusionserscheinungen unter idealen Bedingungen der diffundierenden Teilchen wollen wir uns hier mit den Beziehungen der Diffusion und der Beweglichkeit mit der freien Energie bzw. dem chemischen Potential in realen binären Kristallsystemen befassen. Wie wir auf S. 74 bis 133 an Hand elektrischer Leitfähigkeitsmessungen erkannt haben, findet ein Platzwechsel und damit auch eine Diffusion von Ionen einer bzw. mehrerer Ionenarten häufig bevorzugt statt, wenn Ionen bzw. Atome im Gitter ihre Plätze verlassen haben, d. h. fehlgeordnet sind. Da aber wiederum fehlgeordnete Ionen eine örtliche Aufladung, d. h. eine Überschußladung, relativ zum elektrisch neutral gedachten, geordneten Gitter aufweisen, wodurch es häufig zur Wechselwirkung dieser Ionen kommt, muß man diese Ionen — und in gewisser Weise auch die Atomfehlordnungsstellen im Metallgitter — nach den thermodynamischen Gesetzmäßigkeiten nichtidealer Elektrolytlösungen behandeln. So wird sich die Einführung des Gradienten des chemischen Potentials der diffundierenden Teilchen an Stelle des Konzentrationsgradienten in den Diffusionsgleichungen insofern als zweckmäßig erweisen, da hierdurch Scheinprobleme, wie das der sog. „Bergauf-Diffusion“, auf die wir noch zu sprechen kommen, ausgeschaltet werden. Weiterhin ist die Benutzung thermodynamischer Größen zur Auswertung zahlreicher Diffusionserscheinungen in konzentrierten binären Diffusionssystemen, wie z. B. in höher legierten Metallegierungen und Ionenkristallen mit größeren Fehlordnungskonzentrationen und höheren Fremdionen-Gehalten, unerläßlich. So ist ja z. B. aus thermodynamischen Untersuchungen an binären und ternären Legierungen zur Genüge bekannt, daß häufig die effektiv wirksamen „Konzentrationen", die thermodynamischen Aktivitäten, von den Bruttokonzentrationen der betreffenden Legierungspartner erheblich abweichen können[1].

Wie wir im folgenden sehen werden, kann man D als Produkt zweier Faktoren ausdrücken, von denen der eine die Abweichung vom idealen Verhalten in der festen Lösung berücksichtigt und der andere als Beweglichkeitsterm die mittlere Diffusionsgeschwindigkeit bestimmt. Beide Terme werden erwartungsgemäß durch die Konzentration geändert.

Während man die aus der Fehlordnungstheorie sich ergebende Deutung der Diffusion von Ionen in Ionen- und Valenzkristallen über unbesetzte Gitterplätze und über Zwischengitterplätze in zahlreichen Fällen experimentell bestätigt hat, ist der Diffusionsmechanismus in Metallen und Metallegierungen nur schwer dem unmittelbaren Experiment zugänglich. Auf Grund zahlreicher Arbeiten, wie z. B. von ULLER[2], WAGNER[3], DARKEN[4], SEITZ[5], ZENER[6], JOST[7] und insbesondere der bedeutungsvollen Experimente von KIRKENDALL und SMIGELSKAS[8] sowie DA SILVA und MEHL[9] und SEITH, HEUMANN und KOTTMANN[10] erscheint es durchaus berechtigt, anzunehmen, daß die Diffusion der Metallatome in vielen Legierungen ebenfalls über Leerstellen und Zwischengitterplätze erfolgt. Der Zwischengitterplatz-Wanderungsmechanismus ist bei der Bor-, Kohlenstoff- und Wasserstoffdiffusion evident. Während für die Diffusion in Ionenkristallen praktisch nur der Zwischengitterplatz- und Leerstellen-Wanderungsmechanismus in Betracht kommt, ist für die Metalldiffusion noch ein gegenseitiger Platzwechsel von Atomen in einem Elementarakt zu berücksichtigen. Der letztere von ZENER[11] auf drei bis vier Atome erweiterte Mechanismus, der bereits von zahlreichen Autoren verwandt und mit zwei Atomen schon früher von BIRCHENALL und MEHL[12] zur Deutung von Diffusionsmessungen herangezogen wurde, kann

[1] Vgl. u. a. C. WAGNER: Thermodynamics of Alloys. Cambridge, Mass. 1952.
[2] ULLER, K.: Phys. Z. **32**, 892 (1931).
[3] WAGNER, C.: Z. phys. Chem. (B) **38**, 325 (1938).
[4] DARKEN, L. S.: Metals Technol., Technol. Paper 2311 (1948).
[5] SEITZ, F.: Phys. Rev. **74**, 1513 (1948). — Fundamental Aspects of Diffusion in Solids, in: Phase Transformations in Solids, herausgeg. von R. SMOLUCHOWSKI, J. E. MAYER u. W. A. WEYL, S. 77—145. New York u. London 1951.
[6] WERT, C., u. C. ZENER: Phys. Rev. **76**, 1169 (1949).
[7] JOST, W.: Diffusion, Methoden der Messung und Auswertung, S. 110—112. Darmstadt 1957.
[8] KIRKENDALL, E. O.: Trans. AIME **147**, 104 (1942). — A. D. SMIGELSKAS u. E. O. KIRKENDALL: Trans. AIME, Techn. Publ. No. 2071 (1946).
[9] CORREA DA SILVA, L. C., u. R. F. MEHL: Trans. AIME, J. Metals **191**, 155 (1951).
[10] SEITH, W., u. A. KOTTMANN: Angew. Chem. **64**, 379 (1952); Naturwiss. **39**, 40 (1952). — W. SEITH, TH. HEUMANN u. A. KOTTMANN: Naturwiss. **39**, 41 (1952).
[11] ZENER, C.: Acta Cryst. **3**, 346 (1950).
[12] BIRCHENALL, C. E., u. R. F. MEHL: Trans. AIME **171**, Metals Technol. T. B. 2168 (1947).

jedoch die Diffusion in Legierungen, an denen ein KIRKENDALL-Effekt beobachtet wurde, nicht vollständig beschreiben. Abgesehen von der Verwendung des Ring-Mechanismus zur Deutung gewisser Anomalien von D in kubisch-raumzentrierten Metallen bezweifelt man heute die Existenz eines solchen Mechanismus überhaupt[1].

Es muß daher im folgenden unsere Aufgabe sein, zunächst allgemeingültige Beziehungen für die beiden Diffusionsmechanismen (Abschn. 5.22 und 5.23) herzuleiten und diese dann durch spezielle Modellvorstellungen des Platzwechsels über Fehlordnungsstellen zu erweitern.

Auf Grund obiger Überlegungen und der Mitteilung von DARKEN[2], welcher feststellte, daß Zementit in unmittelbarem Kontakt mit gesättigtem Austenit von diesem Kohlenstoff erhält, d.h. also, daß Kohlenstoff aus einem Gebiet niedriger Konzentration (Austenit) in ein Gebiet höherer Konzentration (Zementit) diffundiert, sieht man leicht die Notwendigkeit der Einführung der chemischen Potentiale μ_i ein. Nur auf Grund der Tatsache nämlich, daß das chemische Potential des Kohlenstoffs in Zementit kleiner ist als im Austenit, ist die Diffusion in Richtung zur höheren Konzentration verständlich. Allerdings spielen hier noch zusätzlich Ausscheidungsvorgänge eine Rolle, die die „Bergauf-Diffusion" verursachen. Die reine „Bergauf-Diffusion", die zur Voraussetzung hat, daß die $A-A$- und $B-B$-Bindungen stärker sind als die $A-B$-Bindungen, ist bisher offenbar nur von DANIEL[3] bei Diffusionsversuchen in Cu_4FeNi_3 beobachtet worden. Hier war es möglich, die das Phänomen stets begleitenden Vorgänge wie Keimbildung, Ausscheidungsvorgänge und Kristallwachstum, weitgehend gesondert zu berücksichtigen. Wie auch immer der Mechanismus sein mag, allgemein tritt „Bergauf-Diffusion" nur dann ein, wenn gemäß (5.409)

$$\frac{\partial \ln f_i}{\partial \ln x_i} + 1 < 0$$

ist[4]. Hier bedeutet f_i den Aktivitätskoeffizienten und x_i den Atom- bzw. Molenbruch des i-ten Bestandteils. Die Ortskoordinate bezeichnen wir im folgenden mit ξ. Dies bedeutet also verallgemeinert, daß erst ein Unterschied in den chemischen Potentialen an zwei Orten eine Diffusion verursacht, und zwar in der Richtung des chemischen Potentialgefälles $\partial \mu_i/\partial \xi$, die keinesfalls immer mit der von höherer zu niederer Konzentration zusammenzufallen braucht. Die chemischen Potentiale μ_i sind durch die Änderung des thermodynamischen Potentials

$$dG = \frac{\partial G}{\partial x_1} dx_1 + \frac{\partial G}{\partial x_2} dx_2 + \cdots = \mu_1 \, dx_1 + \mu_2 \, dx_2 + \cdots$$

gegeben. Für die während der Diffusion eines Gramm-Atom seines Stoffes auf ein Atom des Bestandteils i in ξ-Richtung wirkende mittlere Kraft,

---

[1] SHEWMON, P. G.: Diffusion in Solids, S. 47. New York 1963.
[2] DARKEN, L. S.: Trans. AIME, Techn. Publ. No. 2443 (1948).
[3] DANIEL, V.: Proc. Roy. Soc. [London] (A) **192**, 575 (1948).
[4] Siehe hierzu W. JOST: Diffusion, Methoden der Messung und Auswertung, S. 11, Fußnote **. Darmstadt 1957.

die sog. „Diffusionskraft", kann man formal (N_L = LOSCHMIDT-Zahl)

$$\mathfrak{k}_i = -\frac{1}{N_L}\frac{\partial \mu_i}{\partial \xi} \tag{5.405}$$

schreiben. Im folgenden dient (5.405) als Ausgangsgleichung. Wir betrachten ein System, in dem die μ_i durch die beiden Zustandsvariablen T und p und die Zusammensetzung an jedem Punkt vollständig bestimmt sind. Ferner verwenden wir die bekannte Beziehung zwischen dem chemischen Potential μ_i und der Aktivität a_i

$$\mu_i = \mu_i^0 + RT \ln a_i, \tag{5.406}$$

wo μ_i^0 das von der Aktivität a_i unabhängige chemische Potential des reinen Bestandteils i darstellt, das nur eine Funktion von p und T ist.

Zwecks Berechnung der allgemeinen Form der Diffusionskoeffizienten müssen wir zwei getrennte Diffusionsmechanismen betrachten, die wir bereits oben erwähnt haben.

5.22 Diffusionsmechanismus über Fehlstellen

Hier kann man die Leerstellen- und Zwischengitterplatzdiffusion zusammenfassen, die als gemeinsamen Elementarprozeß die Bewegung nur eines Atoms über eine Fehlstellensorte aufweisen.

Bedeutet nun u_i die Beweglichkeit eines Teilchens i und v_i seine mittlere Diffusionsgeschwindigkeit[1] relativ zu einem festen Gitterpunkt, so erhält man mit Hilfe von (5.405)

$$v_i = u_i\,\mathfrak{k}_i = -\frac{u_i}{N}\frac{\partial \mu_i}{\partial \xi}. \tag{5.407}$$

Ist ferner, ebenfalls auf den Bestandteil i bezogen, c_i die Anzahl der Atome je cm³ und j_i die „atomare Stromdichte", d. h. die Anzahl der Atome, die in ξ-Richtung je Querschnitts- und Zeiteinheit wandern, so gilt

$$j_i = c_i v_i = -c_i \frac{u_i}{N}\frac{\partial \mu_i}{\partial \xi} \tag{5.408a}$$

oder bei Benutzung der Beziehung (5.406), wobei durch $a_i = x_i f_i$ der Aktivitätskoeffizient f_i eingeführt werde,

$$j_i = -c_i\,u_i\,kT\left(\frac{1}{x_i} + \frac{\partial \ln f_i}{\partial x_i}\right)\frac{\partial x_i}{\partial \xi}. \tag{5.408b}$$

Hieraus folgt mit Hilfe der Kontinuitätsgleichung [vgl. (5.5)]

$$\frac{\partial c_i}{\partial t} = -\frac{\partial j_i}{\partial \xi} = \frac{\partial}{\partial \xi}\left\{c_i\,u_i\,kT\left(\frac{1}{x_i} + \frac{\partial \ln f_i}{\partial x_i}\right)\frac{\partial x_i}{\partial \xi}\right\},$$

und, wenn man durch die Summe $\sum c_\iota$ aller Bestandteile dividiert und $c_i/\sum c_\iota = x_i$ beachtet,

$$\frac{\partial x_i}{\partial t} = \frac{\partial}{\partial \xi}\left\{u_i\,kT\left(1 + \frac{\partial \ln f_i}{\partial \ln x_i}\right)\frac{\partial x_i}{\partial \xi}\right\}.$$

[1] Vgl. S. GLASSTONE, K. J. LAIDLER u. H. EYRING: The Theory of Rate Processes, S. 516—521. New York u. London 1941.

Durch Vergleich mit (5.14) erhält man den Diffusionskoeffizienten D_i des i-ten Bestandteils:

$$D_i = u_i\, kT \left(1 + \frac{\partial \ln f_i}{\partial \ln x_i}\right). \tag{5.409}$$

Diese von LE CLAIRE[1] abgeleitete Gleichung ist identisch mit der von ONSAGER und FUOSS[2] für verdünnte Elektrolyte und mit der von DEHLINGER[3] und stellt ferner einen einfachen Fall einer allgemeinen Beziehung von LAMM[4] dar.

Die durch eine rein phänomenologische Betrachtungsweise gewonnene Beziehung (5.409) ist insofern bemerkenswert, als sie unter Beachtung der GIBBS-DUHEM-Beziehung für binäre Systeme

$$\frac{\partial \ln f_1}{\partial \ln x_1} = \frac{\partial \ln f_2}{\partial \ln x_2} \tag{5.410}$$

erkennen läßt, daß der Ausdruck für den Diffusionskoeffizienten beider Komponenten einer binären Legierung sich nur im Beweglichkeitsglied unterscheidet, wie LE CLAIRE hervorgehoben hat. Daraus folgt, daß eine Gleichheit der Diffusionskoeffizienten nur dann zu erwarten ist, wenn die Beweglichkeiten beider Komponenten gleich sind. Hieraus darf man weiter schließen, daß im allgemeinen die Diffusionskoeffizienten beider Komponenten verschieden sind und nur in Ausnahmefällen gleich sein können, eine Tatsache, die des öfteren besonders bei der Metalldiffusion nicht genügend beachtet wurde, hingegen bei Diffusionsvorgängen in Ionenkristallen seit langem bekannt ist. Selbstverständlich gelten die hier behandelten Gesetzmäßigkeiten nicht nur für die Metalldiffusion, sondern in gleicher Weise auch für Diffusionsvorgänge in Ionenkristallen und bei Zundervorgängen an Metallen, worauf wir noch später zurückkommen.

5.23 Diffusionsmechanismus mit Platzwechsel von zwei Atomsorten

In diesem Fall[5] müssen wir für die auf ein Atom der Komponente A in einer binären Legierung AB wirkende mittlere Diffusionskraft $\mathfrak{k}_A$ schreiben:

$$\mathfrak{k}_A = -\frac{1}{N}\left(\frac{\partial \mu_A}{\partial \xi} - \frac{\partial \mu_B}{\partial \xi}\right) \tag{5.411}$$

und entsprechend für die auf ein B-Atom, das seinen Platz mit einem A-Atom in einem Elementarakt tauscht, wirkende mittlere Diffusionskraft:

$$\mathfrak{k}_B = -\frac{1}{N}\left(\frac{\partial \mu_B}{\partial \xi} - \frac{\partial \mu_A}{\partial \xi}\right) = -\mathfrak{k}_A. \tag{5.412}$$

Dies gilt hinreichend, wenn sich die Atomradien der beiden Bestandteile nicht wesentlich unterscheiden. In analoger Weise wie beim Fehlstellen-

[1] LE CLAIRE, A. D.: Diffusion of Metals in Metals, in: Progr. Metal Phys. 1, 310—315. London u. New York 1949.
[2] ONSAGER, L., u. R. M. FUOSS: J. phys. Chem. 36, 2689 (1932).
[3] DEHLINGER, U.: Z. Phys. 102, 633 (1936).
[4] LAMM, O.: Arkiv Kemi, Mineral. Geol. (A) 17, Nr. 9 (1943).
[5] LE CLAIRE, A. D.: Progr. Metal Phys. 1, 315—318 (1949).

Mechanismus (Formel (5.407)] ergibt sich die mittlere Geschwindigkeit v_A eines A-Atoms durch AB-Platzwechsel mit Hilfe der entsprechenden Beweglichkeit u_{AB}:

$$v_A = u_{AB}\,\mathfrak{k}_A = -\frac{u_{AB}}{N}\left(\frac{\partial \mu_A}{\partial \xi} - \frac{\partial \mu_B}{\partial \xi}\right).$$

Da ein A–A- und B–B-Platzwechsel ohne Änderung der chemischen Potentiale verläuft, ist die auf ein A- bzw. B-Atom wirkende mittlere Diffusionskraft $\mathfrak{k}_{AA}$ bzw. $\mathfrak{k}_{BB}$ gleich Null. Zur Stromdichte j_A können infolgedessen nur A-Atome beitragen, die an einem Platzwechsel mit B-Atomen beteiligt sind, d. h. der Anteil x_B. Folglich ist jetzt [vgl. (5.408a)]:

$$j_A = x_B\,c_A\,v_A = -x_B\,c_A\,\frac{u_{AB}}{N}\left(\frac{\partial \mu_A}{\partial \xi} - \frac{\partial \mu_B}{\partial \xi}\right)$$

$$= -x_B\,c_A\,\frac{u_{AB}}{N}\left(\frac{\partial \mu_A}{\partial x_A} - \frac{\partial \mu_B}{\partial x_A}\right)\frac{\partial x_A}{\partial \xi}.$$

Mit Hilfe der Kontinuitätsgleichung erhält man nun ähnlich wie in (5.408b) bis (5.409):

$$\frac{\partial x_A}{\partial t} = \frac{\partial}{\partial \xi}\left\{x_A\,x_B\,\frac{u_{AB}}{N}\left(\frac{\partial \mu_A}{\partial x_A} - \frac{\partial \mu_B}{\partial x_A}\right)\frac{\partial x_A}{\partial \xi}\right\} \tag{5.413}$$

und hieraus für den Diffusionskoeffizienten D_A bei Vorliegen eines Platzwechsel-Diffusionsmechanismus:

$$D_A = x_A\,x_B\,\frac{u_{AB}}{N}\left(\frac{\partial \mu_A}{\partial x_A} - \frac{\partial \mu_B}{\partial x_A}\right).$$

Führt man entsprechend wie in (5.408b) Aktivitätskoeffizienten f_A und f_B ein und beachtet $x_A + x_B = 1$ (da eine binäre Legierung vorausgesetzt wurde), so folgt:

$$D_A = u_{AB}\,kT\left\{1 + x_A\,x_B\left(\frac{\partial \ln f_A}{\partial x_A} - \frac{\partial \ln f_B}{\partial x_A}\right)\right\}. \tag{5.414}$$

Diese Gleichung wurde erstmalig in etwas anderer Weise von Dehlinger 1936 abgeleitet. Durch Anwendung der Gibbs-Duhem-Beziehung (5.410), die auch hier gilt und

$$\frac{\partial \ln f_B}{\partial x_B} = \frac{x_A}{x_B}\,\frac{\partial \ln f_A}{\partial x_A} = -\frac{\partial \ln f_B}{\partial x_A} \tag{5.415}$$

liefert, kann man (5.414) in eine (5.409) entsprechende Form bringen. Man erhält dann

$$D_A = u_{AB}\,kT\left\{1 + x_A(1 - x_A)\frac{\partial \ln f_A}{\partial x_A} + x_A^2\,\frac{\partial \ln f_A}{\partial x_A}\right\}$$

$$= u_{AB}\,kT\left\{1 + x_A\,\frac{\partial \ln f_A}{\partial x_A}\right\} = u_{AB}\,kT\left\{1 + \frac{\partial \ln f_A}{\partial \ln x_A}\right\}. \tag{5.416}$$

Aus den Betrachtungen folgt, daß ein Platzwechsel-Diffusionsmechanismus stets $D_A = D_B$ fordert. Stearn, Irish und Eyring[1] wie auch Becker[2] haben ähnliche Beziehungen abgeleitet. So lautet beispielsweise

[1] Stearn, A. E., E. M. Irish u. H. Eyring: J. phys. Chem. **44**, 981 (1940).
[2] Becker, R.: Z. Metallkde. **29**, 245 (1937).

durch Angleichung an die hier verwandte Bezeichnung BECKERS Gleichung

$$D_A = x_A\, x_B\, u_{AB}\, \frac{\partial^2 G}{\partial x_A^2},$$

wo G das totale thermodynamische Potential (für feste Körper praktisch gleich der totalen freien Energie) darstellt.

Gleichungen für Diffusionsvorgänge in ternären und höherkomponentigen Legierungen wurden von LE CLAIRE[1] aufgestellt.

5.24 Die Bedeutung des Kirkendall-Effektes

Bevor in den theoretischen Betrachtungen fortgefahren wird, soll erst noch auf einen Effekt eingegangen werden, der erstmalig 1946 von SMIGELSKAS und KIRKENDALL[2] beschrieben wurde und gewöhnlich nach dem letzteren dieser beiden benannt wird. SMIGELSKAS und KIRKENDALL markierten die Oberfläche eines Blockes aus 70—30-Messing mit sehr dünnen Mo-Drähten und plattierten das Ganze anschließend mit Kupfer. Die so vorbereitete Probe wurde längere Zeit bei 785 °C getempert. Die Autoren fanden, daß sich nach dieser Diffusionszeit der Abstand d der Markierungen (Abb. 5.34) verringert hatte. Die Grenzfläche zwischen Messing und Kupfer war also, um es so auszudrücken, eine gewisse Strecke in Richtung auf das Messing zu gewandert. Diese Versuche wurden von mehreren Autoren[3, 5, 6] am System Kupfer/α-Messing für verschiedene Zusammensetzungen und Temperaturen wiederholt. Untersuchungen an anderen Systemen Cu/Ni[3-5], Cu/Au[3], Ag/Au[3, 6], Ag/Pd[6], Ni/Co[6], Ni/Au[6] und Fe/Ni[6] ergaben ebenfalls einen „KIRKENDALL-Effekt".

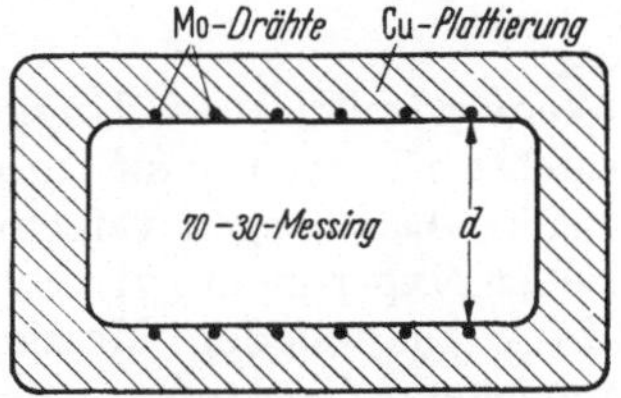

Abb. 5.34. Versuchsanordnung zur Bestimmung der Wanderung der Grenzfläche zwischen α-Messing (70—30) und Kupfer nach SMIGELSKAS und KIRKENDALL.

Der gegen den am Cu/α-Messing beobachteten Effekt erhobene Einwand[7], es könnte sich bei der raschen Diffusion des Zinks von α-Messing zum Kupfer um einen überwiegenden Transport des Zinks über die Gasphase handeln, konnte durch Untersuchungen am System Cu/Al[3,4] widerlegt werden. Auch an diesem System wurde ein deutlicher KIRKENDALL-Effekt beobachtet, obwohl die Dampfdrucke von Cu und Al praktisch gleich und ihre Absolutwerte um einen Faktor 10^6 kleiner sind als die des Zinkdampfdrucks bei der entsprechenden Temperatur. Auch bei

[1] LE CLAIRE, A. D.: Progr. Metal Phys. **1**, 325—331 (1949).
[2] SMIGELSKAS, A. D., u. E. O. KIRKENDALL: Trans. AIME, Techn. Publ. No. 2071 (1946); s. auch E. O. KIRKENDALL: Trans. AIME **147**, 104 (1942).
[3] CORREA DA SILVA, L. C., u. R. F. MEHL: Trans. AIME **191**, 155 (1951).
[4] BÜCKLE, H., u. H. BLIN: J. Inst. Metals **80**, 385 (1951/52).
[5] BARNES, R. S.: Proc. phys. Soc. (B) **65**, 512 (1952).
[6] SEITH, W., u. A. KOTTMANN: Naturwiss. **39**, 40 (1952); Angew. Chem. **64**, 379 (1952).
[7] SMITH, C. S.: Trans. AIME **171**, 135 (1947).

Annahme einer Korngrenzendiffusion lassen sich die experimentellen Ergebnisse nicht deuten.

Der KIRKENDALL-Effekt dürfte wohl eine der bedeutsamsten Entdeckungen der letzten zwanzig Jahre auf dem Gebiet der Metalldiffusion sein. Eine Deutung dieses Effektes ist insofern erschwert, als die alleinige Verwendung von Diffusionsphänomenen zur Beschreibung nicht ausreicht. Auf diesen Sachverhalt haben SEITZ[1] und JOST[2] hingewiesen. Eine eingehende Analyse dieses Effektes[3] führt zu der einfachen Annahme, daß die Diffusionsgeschwindigkeit der beiden Atomsorten A und B in einem binären System bei gleichen Gradienten im allgemeinen verschieden ist. Dies läßt sich mit einem gemeinsamen Diffusionskoeffizienten D nicht beschreiben. Es wurden deshalb für die beiden Bestandteile sog. partielle Diffusionskoeffizienten D_A und D_B eingeführt.[4] Liegt ein KIRKENDALL-Effekt vor, so ist

$$D_A \neq D_B .$$

Wenn nämlich diese Ungleichung gilt, dann diffundieren durch eine gedachte Ebene, wie sie durch die Markierungen gekennzeichnet wird, in beiden Richtungen verschieden viele Atome. Im Beispiel der ursprünglichen Experimente von SMIGELSKAS und KIRKENDALL diffundieren mehr Zn-Atome aus dem Messing an den Markierungen vorbei ins Kupfer als umgekehrt Cu-Atome in das Messing hinein: $D_{\mathrm{Zn}} > D_{\mathrm{Cu}}$. Man sieht hieraus schon, daß ein auf gegenseitigem Platzwechsel beruhender Mechanismus, wie er auf S. 481ff. beschrieben wurde, für diejenigen Diffusionserscheinungen, die mit einem KIRKENDALL-Effekt verknüpft sind, nicht ausschließlich in Betracht kommt, weil bei Platzwechselvorgängen immer nur gleich viel Atome in unmittelbarem Austausch gegeneinander diffundieren können. Setzen wir also für die Diffusion versuchsweise einen Leerstellenmechanismus voraus, so hat die Verschiedenheit der Diffusionsströme eine weitere Erscheinung im Gefolge: In dem Maße, wie z. B. aus der Seite A des Systems mehr Atome in die Nachbarseite diffundieren als von dort in die Seite A hineindiffundieren, tritt in A ein Unterschuß, in B ein Überschuß an Atomen auf. Fassen wir die Leerstellen $\square$ als Komponente einer ternären Lösung $A/B/\square$ auf, so ist dies gleichbedeutend mit einem Leerstellenstrom über die Markierungsebene in Richtung des schwächeren Materiestroms. Man kann sagen: Die Summe der Materie- und Leerstellenströme ist in jeder Richtung gleich. Nun tritt aber infolge dieser Bilanz in B eine Anreicherung, in A eine Verarmung an Leerstellen ein, in jedem Falle eine Abweichung vom thermodynamischen Gleichgewicht. Ursprünglich war man der Ansicht,

---

[1] SEITZ, F.: Acta Cryst. **3**, 355 (1950); Fundamental Aspects of Diffusion in Solids, in: Phase Transformation in Solids, S. 88—89. New York u. London 1951.

[2] JOST, W.: Diffusion, Methoden der Messung und Auswertung, S. 110—112. Darmstadt 1957.

[3] LE CLAIRE, A. D.: Progr. Metal Phys. **4**, 265—280 (1953); J. Iron Steel Inst. **174**, 229 (1953).

[4] DARKEN, L. S.: Trans. AIME **175**, 184 (1948). — W. SEITH, TH. HEUMANN u. A. KOTTMANN: Naturwiss. **39**, 41 (1952). — J. CRANK: The Mathematics of Diffusion, S. 225—228. Oxford 1956.

daß durch Klettern von Versetzungen (d. h. ihr Fortschreiten in andere Gleitebenen) im Gitter neue Netzebenen hinreichend rasch auf- oder abgebaut werden könnten, um die Leerstellenkonzentration stets im Gleichgewicht zu halten. Dies würde zur Folge haben, daß sich die Leerstellen abgebende Seite zugunsten der Leerstellen aufnehmenden Seite kontrahiert. Da die Markierungen natürlich diesen Schrumpfungs- und Ausdehnungsprozessen folgen, ergibt sich das makroskopische — d. h. von Markierungen genügend weit außerhalb der Diffusionszone aus gemessene — Bild, daß die Markierungen in der Probe „wandern". Dies wird aber gerade beim KIRKENDALL-Effekt grundsätzlich beobachtet.

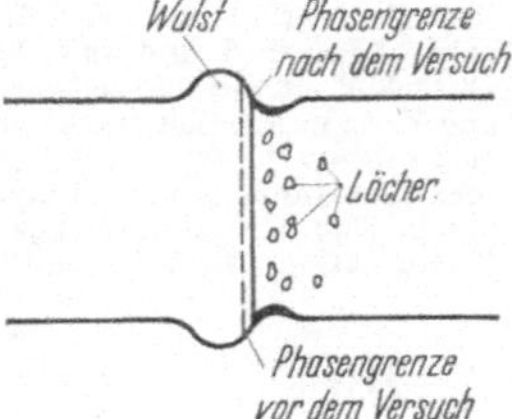

Abb. 5.35. Schematische Darstellung des KIRKENDALL-Effektes mit auftretender „Loch- und Wulstbildung" in der Nähe der Phasengrenze nach SEITH und KOTTMANN.

Genauere Untersuchungen haben allerdings gezeigt, daß die Versetzungen häufig doch nicht den durch die ungleiche Diffusion gestörten Leerstellenhaushalt in der Reaktionszone schnell genug auszugleichen vermögen. Die Leerstellen aufnehmende Seite wird vielmehr nach einiger Zeit an Leerstellen „übersättigt", und es tritt „Ausscheidung" der Leerstellen analog zu den Ausscheidungserscheinungen in normalen übersättigten Mischkristallen ein. Es bildet sich demnach auf dieser Seite eine poröse Zone aus. Auf der Gegenseite jedoch, die den größeren Materiestrom aufzunehmen hat, kommt es zur teilweisen Ablagerung des Überschusses in Form von Wülsten. Im allgemeinen wird also die Verschiebung der Marken stets in mehr oder minder ausgeprägter Form mit Porenbildung auf der einen, Wulstansatz auf der anderen Seite verknüpft sein (Abb. 5.35). Über aufschlußreiche Untersuchungen zu den letztgenannten Erscheinungen berichten SEITH und KOTTMANN[1]. Entsprechend der Versuchsanordnung in Abb. 5.36a wurden nicht nur Marken an der „Schweißnaht", sondern auch außerhalb der Diffusionsfront angebracht. In Tab. 5.5 sind für drei Diffusionssysteme die Abstandsänderungen nach den Diffusionsversuchen aufgeführt.

Tabelle 5.5. *Längenänderungen von Diffusionsproben nach Seith und Kottmann*

	Cu | Ni | Cu	Ag | Au | Ag	Ag | Pd | Ag
Durchmesser in cm	2,0	1,3	1,4
Diffusionstemperatur °C	1030	900	815
Diffusionszeit in Stunden	144	98	192
$\Delta(\gamma - \beta)$ in cm	+0,0105	+0,018	+0,0165
$\Delta(\delta - \alpha)$ in cm	+0,007	+0,004	−0,0130

Bei negativen Werten von $\Delta(\delta - \alpha)$ trat besonders deutliche Wulstbildung auf der einen und Porosität auf der anderen Seite auf. Ferner zeigte sich stets die Porosität auf der Seite der niedriger schmelzenden Komponenten.

[1] SEITH, W., u. A. KOTTMANN: Naturwiss. **39**, 40 (1952); Angew. Chem. **64**, 379 (1952).

Von RUTH[1] wurde der KIRKENDALL-Effekt an dem Legierungspaar 52,7 Atom% Au + 47,3 Atom% Ag im Temperaturbereich von 723 bis 980 °C untersucht. Die Wanderung der Markierung folgt einem parabolischen Zeitgesetz. In diesem Fall liegt insofern kein idealer KIRKENDALL-Effekt vor, da die Dimensionsänderung auf der Goldseite größer als auf der Legierungsseite war. Ferner konnte festgestellt werden, daß auf der silberreichen Seite sich kristallin geformte Löcher ausbildeten, während auf der goldreichen Seite Risse längs der Korngrenzen auftraten.

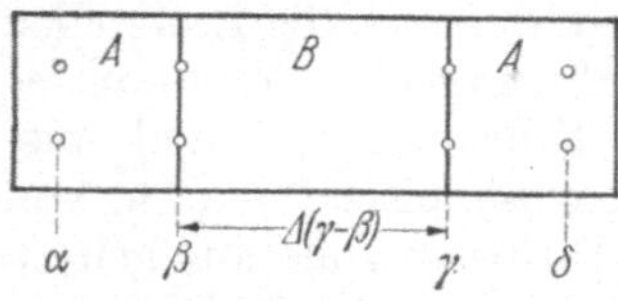

Abb. 5.36a. Versuchsanordnung zur Ermittlung des KIRKENDALL-Effektes mit Marken an der „Schweißnaht" (β und γ) und außerhalb der Diffusionszone (α und δ) nach SEITH und KOTTMANN. (Als Marken dienten W-Drähte mit 0,02 mm ⌀.) Die Versuchsanordnung $A \mid B \mid A$ entspricht der in Tab. 5.5 zusammengestellten Kombination, wie z. B. Cu | Ni | Cu.

Das Verfahren der Vermessung der vor und nach dem Versuch vorhandenen Markierungen ist aber insofern des öfteren unbefriedigend, als die Vermessung nicht bei der Diffusionstemperatur erfolgen kann und auch eine kontinuierliche Bestimmung der Wanderung der Markierungsdrähte nicht möglich ist. Diese Schwierigkeit konnte überwunden werden durch ein von KARGER[2,3] entwickeltes kontinuierliches Meßverfahren, das noch Abstandsänderungen von $5 \cdot 10^{-6}$ cm erkennen läßt. Das Prinzip des Meßverfahrens ist eine Anwendung des Drehmomentensatzes und kann zur kontinuierlichen Ermittlung von Diffusionsgeschwindigkeiten bis herab zu 10^{-8} cm²/sec dienen. Eine Stabwaage trägt einen längeren Quarzaufsatz, dessen oberer Teil mit der Versuchsprobe kolbenartig ausgeblasen ist und in einen Ofen hineinreicht (s. Abb. 5.36b). Die Bimetallprobe A/B (z. B. Ag/Au) befindet sich auf einer Quarzplatte justiert im Rohr, das zwecks Vermeidung von Oxydationsvorgängen mit Argon gefüllt ist. Der zwischen der Schweißfläche heraustretende Wolframdraht von etwa 0,1 mm Stärke trägt am unteren Ende ein Wolframgewicht G von 100 g. Wandert nun der Draht unter Mitnahme des Gewichts, so wird die Waage aus ihrer Gleichgewichtslage gebracht. Der Ausschlag kann entweder durch Verschieben eines Reitergewichts auf dem Reiterlineal R

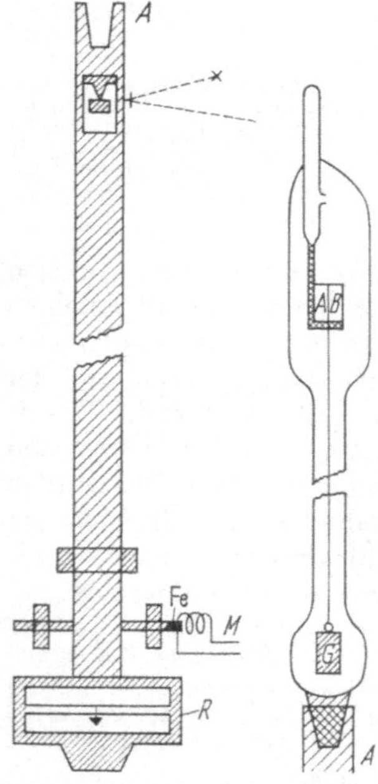

Abb. 5.36b. Stabwaage mit Diffusionsprobe AB am Kopf des Pendels nach KARGER. Das Kopfende mit der Probe AB wird in einen Ofen eingeführt.

[1] RUTH, V.: Z. phys. Chem. (NF) 20, 313 (1959).
[2] KARGER, W.: Z. phys. Chem. (NF) 7, 119 (1956).
[3] KARGER, W.: Z. phys. Chem. (NF) 12, 8 (1957).

oder durch eine geeignete Magnetkompensation M mittels Eisenstäbchen Fe wieder rückgängig gemacht werden. Aus der Beziehung:

$$\text{Drahtverschiebung} = \frac{\text{Reitergewicht} \times \text{Reiterverschiebung}}{\text{Wolframgewicht}}$$

kann die Wanderung der Markierung fortlaufend ermittelt werden. Als Beispiel wurde die Wanderung des Drahtes unter gleichzeitiger Berücksichtigung der Änderung der Gesamtlänge am System 90 Ag + 10 Au/90 Au + 10 Ag (in Atom%) gemessen.[1] Es ergab sich der bemerkenswerte Befund, daß die Bewegung des Drahtes nicht gleichmäßig erfolgte, sondern in Sprüngen, die mit den gleichzeitig auftretenden sprunghaften Ausdehnungen gekoppelt waren.

Nimmt man vereinfachend ein binäres eindimensionales System (Ortskoordinate ξ) an, in dem keine Wülste oder Poren auftreten, so findet die Materieverschiebung des KIRKENDALL-Effektes nur in ξ-Richtung statt. Die gesamte Stromdichte der A- bzw. B-Atome setzt sich aus der durch D_A bzw. D_B beschriebenen Diffusion und der Materieverschiebung, deren Geschwindigkeit in bezug auf Materie außerhalb der Diffusionszone (Marken α und δ in Abb. 5.36a) mit $v(\xi, t)$ bezeichnet werde, zusammen:

$$\left.\begin{aligned} j_A &= -D_A \frac{\partial c_A}{\partial \xi} + c_A v \\ \text{bzw.} \qquad j_B &= -D_B \frac{\partial c_B}{\partial \xi} + c_B v . \end{aligned}\right\} \tag{5.417}$$

Andererseits hat man bei Benutzung des für beide Atomsorten gültigen gemeinsamen „chemischen" Diffusionskoeffizienten D gemäß (5.2)

$$j_A = -D \frac{\partial c_A}{\partial \xi}; \quad j_B = -D \frac{\partial c_B}{\partial \xi} . \tag{5.418}$$

Die MATANO-Ebene, durch die hier das Ortskoordinatensystem festgelegt wird (S. 414 und 476), fällt im Falle $D_A \neq D_B$ für $t > 0$ nicht mehr mit der „Schweißnaht"-Ebene zusammen. Wenn die Gesamtzahl der Gramm-Atome pro Volumeneinheit $c_A + c_B$ konstant ist, bleiben die Abstände zwischen Markierungen außerhalb der Diffusionszone und der MATANO-Ebene fest, und man kann v auch auf letztere beziehen. Mit der aus $c_A + c_B = \text{const}$ folgenden Gleichung $\partial c_A/\partial \xi = -\partial c_B/\partial \xi$ ergeben sich nun aus (5.417) und (5.418) durch Auflösung nach D und v die von DARKEN[2] stammenden Beziehungen zwischen den Diffusionskoeffizienten:

$$D = \frac{c_A D_B + c_B D_A}{c_A + c_B} = x_A D_B + x_B D_A \tag{5.419}$$

und für die Verschiebungsgeschwindigkeit:

$$v = \frac{D_A - D_B}{c_A + c_B} \frac{\partial c_A}{\partial \xi} = (D_A - D_B) \frac{\partial x_A}{\partial \xi} . \tag{5.420}$$

---

[1] KARGER, W.: Z. phys. Chem. (NF) **12**, 8 (1957).
[2] DARKEN, L. S.: Trans. AIME **175**, 184 (1948).

In diesen beiden Gleichungen kann man mit Hilfe von (5.409), (5.410) und der NERNST[1]-EINSTEINschen[2] Beziehung $D_i^K = u_i kT$ an Stelle der FICKschen Diffusionskoeffizienten D_A und D_B die entsprechenden Komponenten-Diffusionskoeffizienten D_A^K und D_B^K (vgl. S. 508) einführen:[3]

$$D = (x_A D_B^K + x_B D_A^K)\left(1 + \frac{\partial \ln f_A}{\partial \ln x_A}\right); \qquad (5.419\,\mathrm{a})$$

$$v = (D_A^K - D_B^K)\left(1 + \frac{\partial \ln f_A}{\partial \ln x_A}\right)\frac{\partial x_A}{\partial \xi}. \qquad (5.420\,\mathrm{a})$$

LE CLAIRE und BARNES[4] verglichen die nach (5.420) bzw. (5.420a) berechnete Wanderung der Marken im Diffusionssystem Ag/Au mit der aus dem Experiment von CORREA DA SILVA und MEHL erhaltenen. Den zur Berechnung von v erforderlichen Konzentrationsgradienten $\partial x_A/\partial \xi$ ermittelten LE CLAIRE und BARNES mit Hilfe des von JOHNSON[5] gemessenen chemischen Diffusionskoeffizienten $D_{\mathrm{Ag/Au}}$. Unter der Annahme, daß die Konzentration einer Gleichung der Form (5.34) genügt, folgt $(\partial x_A/\partial \xi)_{\xi=0} = \Delta x_A^0/(2\sqrt{\pi D_{\mathrm{Ag/Au}}\, t})$, wenn mit Δx_A^0 die anfängliche Konzentrationsdifferenz bezeichnet wird. Die Übereinstimmung war gut. Hingegen beobachteten SEITH und Mitarbeiter[6] am gleichen System Ag/Au einen zu kleinen Wert für v, was sie auf Porosität und geometrische Veränderung der Diffusionsmedien zurückführen (Abb. 5.37).

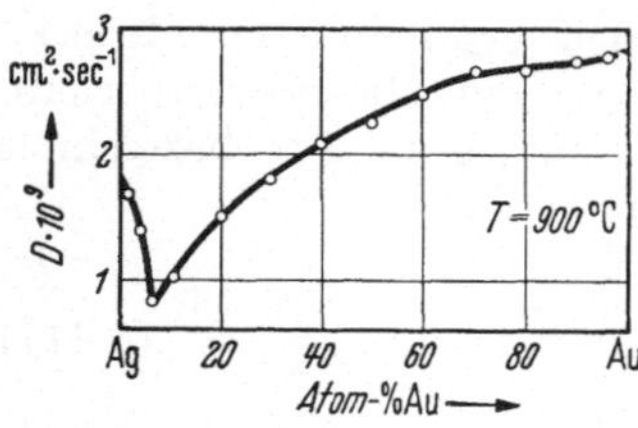

Abb. 5.37. Diffusionskoeffizient D als Funktion der Konzentration am System Silber–Gold, von SEITH und KOTTMANN nach der BOLTZMANN-MATANOschen Methode (Abschn. 5.143.4) bestimmt. Der unwahrscheinliche Wiederanstieg des D auf der Silberseite wird durch die dort auftretende Lochbildung verursacht.

Zur formalen Beschreibung der Schweißebenen-Wanderung wird man eine Abhängigkeit des Leerstellenstroms vom Konzentrationsgradienten einführen und eine eigene Diffusionsgleichung für die Leerstellenwanderung mit Lochbildung aufstellen müssen, was recht schwierig ist, da ja diese Teilchen keinem Erhaltungssatz folgen, und daher die Benutzung einer Diffusionsgleichung mit räumlich und zeitlich statistisch verteilten Quellen und Senken erforderlich wird.[7-9] Die Verwendung der zu den DARKENschen Diffusionsformeln (5.419) und (5.420) führenden Annahmen (s. S. 487)

[1] NERNST, W.: Z. phys. Chem. **2**, 613 (1888).
[2] EINSTEIN, A.: Ann. Phys. (4) **17**, 549 (1905).
[3] Der Komponenten-Diffusionskoeffizient stimmt mit dem Selbstdiffusions- oder Tracer-Diffusionskoeffizienten überein, wenn die diffundierenden Teilchen sich völlig zufällig bewegen, also keine Korrelation zwischen aufeinanderfolgenden Sprüngen besteht. In Gl. (5.492) ist dann der Korrelationsfaktor $f_i = 1$.
[4] LE CLAIRE, A. D., u. R. S. BARNES: J. Metals **3**, 1060 (1951).
[5] JOHNSON, W. A.: Trans. AIME **147**, 331 (1942).
[6] SEITH, W., u. A. KOTTMANN: Angew. Chem. **64**, 379 (1952); Naturwiss. **39**, 40 (1952). — W. SEITH u. R. LUDWIG: Z. Metallkde **45**, 401 (1954). — Vgl. auch R. S. BARNES: Proc. Physic. Soc. (B) **65**, 512 (1952).
[7] JOST, W.: Diffusion, Methoden der Messung und Auswertung, S. 110—112 Darmstadt 1957.
[8] SEITZ, F.: J. Phys. Soc. Japan **10**, 679 (1955).
[9] FARA, H., u. R. W. BALUFFI: J. appl. Phys. **30**, 325 (1959).

ist daher nicht möglich. Trotzdem hat es nicht an Versuchen gefehlt, um diese Schwierigkeit zu überwinden.[1,2] Wie Untersuchungen am System Kupfer–Nickel[3] und α-Messing–Kupfer[4] zeigen, wird die Lochbildung mit steigendem Druck stark vermindert.

Da sich der Druck als brauchbarer Parameter zur Aufklärung des Mechanismus anbietet, wurde von JOST und Mitarbeitern an den Systemen In–Tl[5] und In–Pb[6] die Druckabhängigkeit der Schweißebenen-Wanderung und der Selbstdiffusion untersucht. Auch aus diesen Versuchen ergab sich eindeutig, daß die Verschiebung der Schweißebene mit und ohne Druck nicht allein durch Diffusionsvorgänge gedeutet werden kann. Trotz Aufhören der Lochbildung bei 500 atm Druck wurde kein Einfluß des Druckes auf die Verschiebung der Schweißebene festgestellt[6].

5.25 Über den Leerstellen-Diffusionsmechanismus

Während die Herleitung der Gleichungen (5.409) und (5.416) zunächst an keine speziellen Bedingungen geknüpft ist, sondern nur die Möglichkeite neines Fehlordnungs-Diffusionsmechanismus (über Leerstellen *und* Zwischengitterplätze) und eines Austausch-Diffusionsmechanismus unterscheidet, wollen wir im folgenden die Leerstellendiffusion betrachten, die in Ionenkristallen, wie z. B. in den Alkalihalogeniden, mit Sicherheit nachgewiesen ist, in den meisten kubischzentrierten Metallen auf Grund energetischer Abschätzungen und auf Grund des Auftretens des KIRKENDALL-Effektes als wahrscheinlich angenommen werden kann. Zur Aufklärung des Diffusionsmechanismus in Kupfer wurden von HUNTINGTON und SEITZ[7] Berechnungen über den erforderlichen Energieaufwand durchgeführt, der für Leerstellenerzeugung und Zwischengitterplatzbesetzung erforderlich ist. Ihre Arbeiten gaben zu zahlreichen weiteren Untersuchungen Anlaß[8].

HUNTINGTON und SEITZ[7] teilten das Problem auf in die Berechnung der Energie, die zur Bildung der dem betrachteten Mechanismus zugrunde liegenden Fehlstelle im Gleichgewicht erforderlich ist, und in die Berechnung der zusätzlichen Aktivierungsenergie, durch die die Fehlstelle von einer Gleichgewichtslage in die andere gebracht werden kann. Die Rechnung wird in zwei Näherungen durchgeführt. Im ersten Rechengang wird vorausgesetzt, daß das Elektronengas gleichmäßig im Kristall verteilt ist, während in einer zweiten Näherung die Neuverteilung der Elektronen auf Grund der im Gitter vorhandenen Fehlstellen — mit anderen Worten die „Polarisation" — berücksichtigt wird. Um nun in der ersten

[1] FARA, H., u. R. W. BALUFFI: J. appl. Phys. **30**, 325 (1959).
[2] KRISEMENT, O.: Phys. Kondens. Mat. **1**, 326 (1963).
[3] BARNES, R. S., u. D. J. MAZEY: Acta Met. **6**, 1 (1958).
[4] GEGUZIN, YA. E., u. A. S. DZYUBA: Fiz. Met. i Metaloved. **15**, 290 (1963).
[5] HEITKAMP, D., W. JOST u. K. WAGENER: Z. phys. Chem. (NF) **19**, 121 (1959). — D. HEITKAMP: Z. phys. Chem. (NF) **21**, 82 (1959). — K. WAGENER: Z. phys. Chem. (NF) **21**, 152 (1959).
[6] ROY, K.: Diss. Göttingen 1965.
[7] HUNTINGTON, H. B., u. F. SEITZ: Phys. Rev. **61**, 315 (1942). — F. SEITZ: Phys. Rev. **74**, 1513 (1948). — H. B. HUNTINGTON: Phys. Rev. **61**, 325 (1942).
[8] Siehe z. B. G. SCHOTTKY: Z. Phys. **159**, 584 (1960).

Näherung den Energieaufwand zur Bildung einer Fehlstelle an einem beliebigen Ort im Gitter zu berechnen, gehen HUNTINGTON und SEITZ folgendermaßen vor: Die Bindung jedes einzelnen Cu-Atoms in dem kubisch-flächenzentrierten Gitter des Kupfers wird so behandelt, als wäre sie die Summe von zwölf Einzelbindungen des betrachteten Atoms mit seinen zwölf nächsten Nachbarn. Jede dieser Bindungen kann dann einer Energie $U(\xi_0)$ zugeordnet werden, welche vom Normalabstand ξ_0 der beiden Nachbarn abhängt. Wenn jetzt ein Atom aus seinem Gitterplatz entfernt wird oder auf einen Zwischengitterplatz gebracht wird, so ändern sich an dieser Stelle alle Atomabstände mit den Nachbarn, und zwar nicht nur als Folge des einen Störatoms oder der einen Leerstelle, sondern auch deswegen, weil ja nun die Nachbarn der Fehlstelle „nachrücken" bzw. „ausweichen". Die neuen Atomabstände seien ξ. Bei Kenntnis der Funktion $U(\xi)$ kann man dann die durch Erzeugung von Fehlstellen verursachte Energieänderung

$$\Delta U = \sum_i \{U(\xi_0) - U(\xi)\}$$

berechnen, wobei die Summe über alle bei der Bildung der Fehlstelle verschobenen Atome zu erstrecken ist. Der Vereinfachung halber werden alle weiter entfernt liegenden Atome, die ebenfalls durch eine — allerdings mit zunehmender Entfernung immer geringer werdende — Verschiebung ihre Lage verändern, in der Rechnung nicht berücksichtigt. Die Funktion $U(\xi)$ entnehmen HUNTINGTON und SEITZ anderen Überlegungen.[1,2] Beide Quellen geben verschiedene Abstandsgesetze an; das von BORN und MEYER[2] erweist sich als dem Problem besser angepaßt. Wir geben deshalb nur die Resultate für diesen Ansatz wieder, wobei jedoch nach dieser Rechnung noch die Änderung der elektrischen Energie anzugeben ist, die durch die Verschiebung der Ionen im Elektronengas bedingt wird.

Die erwähnte zweite Näherung wird mit Hilfe eines wellenmechanischen Variationsverfahrens berechnet. Aus der untenstehenden Tab. 5.6 ist zu ersehen, daß durch die Berücksichtigung der Polarisation bedeutend kleinere Werte für den Energieaufwand herauskommen.

Tabelle 5.6. *Energieaufwand für Fehlordnung in Kupfer nach Huntington und Seitz*

Term	Platzwechsel-Sattelpunkt	Für Atom auf Zwischengitterplatz	Bildung einer Leerstelle
1. Abstoßung der Ionen	6,6 eV	5,5 eV	−0,4 eV
2. elektrostatische Energie (erste Näherung)	11	7,34	8,2
3. elektrostatische Energie (zweite Näherung)	$>1,4$	≈ 4	1,4
4. Gesamtenergie (1 + 3)	>8	$\approx 9,5$	1,0 eV

[1] FUCHS, K.: Proc. Roy. Soc. [London] (A) **151**, 585 (1935); **153**, 622 (1936); **157**, 444 (1936).

[2] BORN, M., u. J. E. MEYER: Z. Phys. **75**, 1 (1932).

Hat man auf diese Weise das ΔU für die Gleichgewichtslage der Fehlstelle bestimmt, kann man ebenso das ΔU für die „Sattelpunktslage" während des Diffusionsschrittes berechnen. Im vorliegenden Fall kann man sich jedoch für die Zwischengitterplatzdiffusion die Berechnung der zusätzlichen Energie sparen. Wenn man ferner aus der zitierten Arbeit noch entnimmt, daß diese Energie im „Leerstellenfall" nur etwa 0,03 eV beträgt, so sieht man aus der vierten Zeile der Tab. 5.6, daß der Leerstellenmechanismus für Cu ohne jeden Zweifel weitaus günstiger ist als die anderen beiden Diffusionsmechanismen. HUNTINGTON hat in einer weiteren Arbeit[1] den Leerstellenmechanismus noch einer sorgfältigen Einzelbetrachtung unterzogen und dieses Resultat bestätigt.

In Übereinstimmung mit diesem Ergebnis ist die von MAIER und NELSON[2] an Hand der Temperaturabhängigkeit des Selbstdiffusionskoeffizienten von Kupfer erhaltene Aktivierungsenergie von 48000 cal/Mol bzw. 2,1 eV. Die von NIX und JAUMOT[3] beobachtete Zunahme des Diffusionskoeffizienten von Cobalt in Co-Al-Legierungen über 50 Atom-% Al mit steigendem Al-Gehalt wird von den Autoren auf eine zunehmend hohe Leerstellenkonzentration zurückgeführt.

Nach dem derzeitigen Stand der Forschung kann man eine überwiegende Leerstellendiffusion ebenso wie in Ionenkristallen mit dichtgepacktem Gitter auch in zahlreichen technisch verwertbaren Metallen, wie z. B. Kupfer, Eisen, Nickel, Zink, Zinn und Wolfram, annehmen. Trotz der häufigen Bevorzugung der Leerstellendiffusion ist der Zwischengitterplatz-Diffusionsmechanismus in Metallen und Legierungen ebenfalls von Bedeutung. Dies geht besonders aus Untersuchungen von BRINKMAN[4] über den Diffusionsmechanismus in Cu_3Au und Cu hervor. Im Hochtemperaturbereich (>200 °C) scheint in beiden Stoffen der Leerstellenmechanismus zu herrschen, während im Tieftemperaturbereich (— 30 bis 100 °C) der Zwischengitterplatzmechanismus offenbar bevorzugt ist. Für Kupfer wurde bei Leerstellendiffusion die Aktivierungsenergie zu — 1,19 eV bestimmt und im Falle der Zwischengitterplatzdiffusion zu — 0,7 eV. HUNTINGTON und SEITZ[5] konnten an Hand energetischer Berechnungen zeigen, daß in den Alkalimetallen eine Zwischengitterplatzdiffusion nicht auszuschließen ist.

Für die von JOHNSON[6] gemessenen Tracer-Diffusionskoeffizienten von Silber und Gold und den chemischen Diffusionskoeffizienten D_{Ag}/D_{Au} in einer 50—50-Ag-Au-Legierung gibt SEITZ[7], bezogen auf die Aktivie-

---

[1] HUNTINGTON, H. B.: Phys. Rev. **61**, 325 (1942); **76**, 1728 (1949).

[2] MAIER, M. S., u. H. R. NELSON: Trans. AIME **147**, 39 (1942).

[3] NIX, F. C., u. F. E. JAUMOT JR.: Phys. Rev. **83**, 1275 (1951).

[4] BRINKMAN, J. A., C. E. DIXON u. C. J. MEECHAN: Acta Met. **2**, 38 (1954).

[5] HUNTINGTON, H. B., u. F. SEITZ: Phys. Rev. **61**, 315 (1942). — F. SEITZ: Phys. Rev. **74**, 1513 (1948).

[6] JOHNSON, W. A.: Trans. AIME **147**, 331 (1942).

[7] SEITZ, F.: Phys. Rev. **74**, 1513 (1948). — Fundamental Aspects of Diffusion in Solids, in: Phase Transformations in Solids, S. 133. New York u. London 1951. — Siehe auch W. JOST: Diffusion in Solids, Liquids, Gases, S. 256. New York 1952.

rungsenergie von Gold, die folgenden Werke an:

$$D_{\mathrm{Ag/Au}} = 0{,}41 \exp(-44100/RT) \text{ cm}^2 \text{ sec}^{-1}$$
$$D^*_{\mathrm{Ag}} = 0{,}30 \exp(-44100/RT) \text{ cm}^2 \text{ sec}^{-1}$$
$$D^*_{\mathrm{Au}} = 0{,}12 \exp(-44100/RT) \text{ cm}^2 \text{ sec}^{-1}.$$

BARDEEN[1] konnte im Anschluß an die Darstellung von DARKEN und SEITZ unter weitgehender Verwendung dieser Ergebnisse eine allgemeine Behandlung der Diffusionsvorgänge in binären Legierungen geben und hierbei zeigen, daß die theoretischen Abhandlungen beider Autoren sich nicht nur sinnvoll ergänzen, sondern sogar in ihren Endergebnissen zu gleichen Aussagen führen.

Bevor wir der BARDEEN-DARKEN-SEITZschen Darstellung der Diffusion über Gitterleerstellen folgen, müssen wir zum Verständnis für das Folgende eine kurze thermodynamische Betrachtung vorausschicken, die die energetischen Verhältnisse in einer Legierung mit Gitterleerstellen beschreibt. Entsprechend früheren Überlegungen soll die gesamte Zahl der zu besetzenden Gitterplätze n durch n_A Atome A und n_B Atome B besetzt sein. Nur ein kleiner Teil $n_\square$ soll unbesetzt bleiben. Dann gilt:

$$n = n_A + n_B + n_\square, \tag{5.421}$$

wobei $n_\square \ll n_A$ bzw. n_B ist. Für das thermodynamische Potential G gilt:

$$G = H_{(n_A,\, n_B,\, n_\square)} - kT(n \ln n - n_A \ln n_A - n_B \ln n_B - n_\square \ln n_\square). \tag{5.422}$$

Das erste Glied der rechten Seite enthält im wesentlichen die Mischungswärme H der entsprechenden Zusammensetzung (5.421), während das zweite Glied die Vertauschungsentropie enthält, wobei ideale Verhältnisse angenommen werden. Gemäß der bekannten Definition ergeben sich für die einzelnen chemischen Potentiale μ_A, μ_B und $\mu_\square$ die folgenden Ausdrücke:

$$\left.\begin{aligned} \mu_A &= \frac{\partial G}{\partial n_A} = \frac{\partial H}{\partial n_A} + kT \ln x_A \\ \mu_B &= \frac{\partial G}{\partial n_B} = \frac{\partial H}{\partial n_B} + kT \ln x_B \\ \mu_\square &= \frac{\partial G}{\partial n_\square} = \frac{\partial H}{\partial n_\square} + kT \ln x_\square . \end{aligned}\right\} \tag{5.423}$$

Ferner gilt für das thermodynamische Potential G:

$$G = n_A \mu_A + n_B \mu_B + n_\square \mu_\square . \tag{5.424}$$

Hierbei ist $\mu_\square$ diejenige Energie, die erforderlich ist, um ein Äquivalent von Atomen von ihren Gitterplätzen zu entfernen und diese außen an die Oberflächen des Kristalls anzubauen. Stehen die Leerstellen im thermodynamischen Gleichgewicht ($n_\square = n_\square^0$), so ist

$$\mu_\square = 0, \tag{5.425a}$$

[1] BARDEEN, J.: Phys. Rev. **76**, 1403 (1949).

während sonst, wenn $n_\square^0$ die Zahl der Leerstellen im Gleichgewicht bedeutet,

$$\mu_\square = kT \ln \frac{n_\square}{n_\square^0} \tag{5.425 b}$$

gilt, wobei angenommen wird, daß $\partial H/\partial n_\square$ praktisch unabhängig von $n_\square$ ist, was bei kleinen Leerstellenkonzentrationen ($n_\square \ll n_A$ bzw. n_B) zutrifft. In Gleichung (5.424) kann dann das dritte Glied vernachlässigt werden.

Es ist das Verdienst BARDEENS, unter Verwendung dieser Beziehungen und Beachtung der SEITZschen Ansätze einen unmittelbaren Anschluß an die Theorie von DARKEN geschaffen zu haben. Als Modell wählen wir in einem Kristall zwei benachbarte kristallographische Ebenen 1 und 2 senkrecht zur ξ-Achse, die voneinander den Abstand a haben. Wir betrachten die Diffusion indizierter Atome A^*. An der Ebene 1 sollen je Flächeneinheit $a\,n_{A^*}$ und an der Ebene 2 $a(n_{A^*} + a\,\partial n_{A^*}/\partial \xi)$ Atome vorhanden sein, während die Leerstellen praktisch kein Konzentrationsgefälle haben sollen. Die Geschwindigkeit, mit welcher die Atome A^* von der Ebene 1 nach 2 wandern, ist dann

$$\left(\frac{d n_{A^*}}{dt}\right)_{\substack{\text{transp.}\\ \text{von } 1\to 2}} = k_A\, a\, n_\square\, n_{A^*} \tag{5.426}$$

und in umgekehrter Richtung

$$\left(\frac{d n_{A^*}}{dt}\right)_{\substack{\text{transp.}\\ \text{von } 2\to 1}} = k_A\, a\, n_\square \left(n_{A^*} + a \frac{\partial n_{A^*}}{\partial \xi}\right). \tag{5.427}$$

k_A ist hier proportional der Geschwindigkeit, mit der ein A-Atom in eine benachbarte Leerstelle springt.

Aus (5.426) und (5.427) ergibt sich der Transport von A^*-Atomen:

$$\frac{d n_{A^*}}{dt} = -k_A\, a^2\, n_\square \frac{\partial n_{A^*}}{\partial \xi}. \tag{5.428}$$

Hieraus folgt für den Tracer-Diffusionskoeffizienten:

$$D_A^* = k_A\, a^2\, n_\square .$$

Bei Betrachtung der „chemischen Diffusion" muß man auch mit einem Gradienten der Leerstellenkonzentration $\partial n_\square/\partial \xi$ rechnen. Die Wanderungsgeschwindigkeit der A-Atome von Ebene 1 nach 2 ist:

$$\left(\frac{d n_A}{dt}\right)_{\substack{\text{transp.}\\ 1\to 2}} = k_V\, a\, n_A \left(n_\square + a \frac{\partial n_\square}{\partial \xi}\right) \tag{5.429 a}$$

und von 2 nach 1:

$$\left(\frac{d n_A}{dt}\right)_{\substack{\text{transp.}\\ 2\to 1}} = k_R\, a\, n_\square \left(n_A + a \frac{\partial n_A}{\partial \xi}\right). \tag{5.429 b}$$

Hierbei ist k_V bzw. k_R der Häufigkeit von Vorwärts- bzw. Rückwärtssprüngen in bezug auf die ξ-Achse proportional. Bei nichtidealen Lösungen ist das chemische Potential der A-Atome in der Ebene 1 verschieden von dem der A-Atome in der Ebene 2, was eine Asymmetrie der Potentialbarriere, über die die Diffusion abläuft, zur Folge hat. Hierdurch wird auch k_V verschieden von k_R und beide wieder verschieden von k_A.

Für die Gesamtdiffusion von A-Atomen erhalten wir aus (5.429a) und (5.429b):

$$\frac{dn_A}{dt} = a^2 \left(k_V n_A \frac{\partial n_\square}{\partial \xi} - k_R n_\square \frac{\partial n_A}{\partial \xi}\right) + (k_V - k_R)\, a\, n_A\, n_\square. \qquad (5.430)$$

Bei nichtidealem Verhalten der Legierung wird infolge Wechselwirkung der diffundierenden Atome bzw. Ionen mit der „Umgebung" die Höhe der Potentialbarriere, die der Diffusion entgegensteht, richtungsabhängig, d. h., sie steigt bei einem Sprung nach vorn und fällt bei einem Sprung zurück. Ist ΔH die Höhendifferenz, so gilt näherungsweise

$$k_V - k_R = -k_A \frac{\Delta H}{kT} \qquad (5.431)$$

und

$$\Delta H = a \frac{\partial}{\partial \xi}\left(\frac{\partial H}{\partial n_A} - \frac{\partial H}{\partial n_\square}\right). \qquad (5.432)$$

Durch Einsetzen von (5.431) und (5.432) in (5.430) erhalten wir

$$\frac{dn_A}{dt} = a^2 n_A n_\square \frac{\partial}{\partial \xi}\left\{k_V \ln n_\square - k_R \ln n_A - \frac{k_A}{kT}\left(\frac{\partial H}{\partial n_A} - \frac{\partial H}{\partial n_\square}\right)\right\}. \qquad (5.433)$$

Vernachlässigt man Glieder dritter Ordnung in a, so kann man hier k_V und k_R durch k_A ersetzen und an Stelle von (5.433)

$$\frac{dn_A}{dt} = k_A a^2 n_A n_\square \frac{\partial}{\partial \xi}\left\{\ln n_\square - \ln n_A - \frac{1}{kT}\left(\frac{\partial H}{\partial n_A} - \frac{\partial H}{\partial n_\square}\right)\right\} \qquad (5.434)$$

schreiben oder, wenn man mit Hilfe der Beziehungen (5.423) chemische Potentiale einführt,

$$\frac{dn_A}{dt} = -D_{A\mu}\, n_A\, \partial(\mu_A - \mu_\square)/\partial \xi, \qquad (5.435)$$

wobei

$$D_{A\mu} = k_A a^2 n_\square / kT = D_A^* / kT$$

ist.

Im Anschluß an diese Betrachtungen wurde von Swalin[1] ein modifiziertes Modell der Diffusion gelöster Atome in Metallen vorgeschlagen, das auf der Elastizitätstheorie basiert. Bei Annahme eines Gitterlückenmechanismus wurde die Enthalpie für die Bewegung eines gelösten Atoms vom Gitterplatz in die Sattelpunktslage und in die benachbarte Leerstelle berechnet. In diesem Modell, diskutiert am kubisch-flächenzentrierten Gitter, wird das gelöste Atom als elastische Kugel betrachtet. Damit ergibt sich ein Teil der Sprungenthalpie aus einer zweidimensionalen Kompression des gelösten Atoms und ein anderer Teil aus der Aufweitung der Sattelsprung-Engstelle. Die hieraus abgeleitete Gleichung, die die Aktivierungsenergie der Diffusion in Abhängigkeit vom

[1] Swalin, R. A.: Acta Met. 5, 443 (1957).

GOLDSCHMIDT-Radius r_0 bzw. vom korrigierten Radius r_0' des gelösten Atoms und des Radius r der Atome des „Lösungsmittelmetalls" zu berechnen gestattet, lautet:

$$Q = \Delta H_1 + \Delta H_2$$
$$= 0{,}6\, Q_{\text{self}} + \frac{0{,}344\,(r_0' + r)^2\, r_0'\, B_s\, K_2\, N_L}{1 + \dfrac{12\pi\, B_s\, r_0'\, K_2}{(\sqrt{3 r_0'} - 0{,}27 r)\, C\, K_1}}\,.$$

Hier ist $\Delta H_1 = 0{,}6\, Q_{\text{self}}$ die freie Bildungsenthalpie einer Leerstelle.[1] C und B_s sind Moduln aus der Elastizitätstheorie, die sich recht genau bestimmen lassen. K_1 und K_2 sind Konstanten, deren Wert nur vom Gittertyp abhängt, und N_L ist die LOSCHMIDT- oder AVOGADRO-Zahl. Die sich aus der Formel ergebenden Aktivierungsenergien stimmen mit den gemessenen gut überein.[2]

5.26 Über den Zwischengitterplatz-Diffusionsmechanismus unter Anwendung der Transition-state-Methode von Wigner und Eyring

Wenn auch für die metallische Diffusion in kubisch-flächenzentrierten Gittern heute allgemein der Leerstellenmechanismus angenommen wird[3], so haben wir doch weiter oben bereits erwähnt, daß in Kristallen mit anderen Strukturen durchaus andere Prozesse, z. B. Platzwechsel oder Zwischengitterplatzdiffusion, in Frage kommen. Insbesondere in den Einlagerungsmischkristallen werden wir stets mit Zwischengitterplatzdiffusion zu rechnen haben (wie z. B. von C in γ-Fe). Gerade diese Fälle sind experimentell und theoretisch besonders sorgfältig von WERT und ZENER[4-6] untersucht worden.[7] Bemerkenswert ist die theoretische Deutung der wichtigen Größe D_0 in der allgemeinen Diffusionsformel

$$D = D_0 \exp(-Q/RT)\,.$$

Wir geben im folgenden eine theoretische Behandlung wieder, die auf der Transition-state-Methode von WIGNER und EYRING[8] fußt.

Sowohl STEARN und EYRING[9] wie auch BARRER[10] haben die Transition-state-Methode zur Behandlung von Diffusionsvorgängen in festen Körpern herangezogen. Gute zusammenfassende Darstellungen wurden von SEITZ[11] und von JOST[12] gegeben. Entsprechend den allgemeinen Über-

[1] SEITZ, F., u. J. S. KOEHLER: Solid State Phys. **2** (1956).
[2] SWALIN, R. A.: Acta Met. **5**, 443 (1957).
[3] LE CLAIRE, A. D.: Progr. Metal Phys. **4**, 265—280 (1953).
[4] WERT, C., u. C. ZENER: Phys. Rev. **76**, 1169 (1949).
[5] WERT, C.: Phys. Rev. **79**, 601 (1950).
[6] WERT, C.: J. appl. Phys. **21**, 1196 (1950).
[7] Siehe hierzu auch P. G. SHEWMON: Diffusion in Solids; S. 54—65. New York 1963.
[8] Siehe insbesondere S. GLASSTONE, K. J. LAIDLER u. H. EYRING: The Theory of Rate Processes, S. 516—540. New York u. London 1941.
[9] STEARN, A. E., u. H. EYRING: J. phys. Chem. **44**, 955 (1940).
[10] BARRER, R. M.: Trans. Faraday Soc. **38**, 78 (1942).
[11] SEITZ, F.: Fundamental Aspects of Diffusion in Solids, in: Phase Transformations in Solids, S. 103—110. New York u. London 1951.
[12] JOST, W.: Diffusion in Solids, Liquids, Gases; S. 171—175. New York 1952.

legungen sowohl bei homogenen und heterogenen chemischen Reaktionen als auch bei Platzwechselvorgängen in festen Körpern erfolgt der Platzwechsel nur dann, wenn der dem zur Wanderung bereiten Teilchen mitgeteilte Energiebetrag ausreicht, um den Potentialberg der Höhe H zu überwinden. Abb. 5.38 zeigt die Energieänderung eines Atoms während eines Platzwechsels, wobei hier der Fall angenommen ist, daß beide Plätze denselben Energiezustand haben, d. h. Ausgangs- und Endzustand gleich sind. Unter Vernachlässigung der Bewegungen der umgebenden Teilchen ergibt sich dafür, daß sich irgendeine Gruppe von Atomen, Ionen oder Molekülen in einem bestimmten Zustand bei der absoluten Temperatur T befindet, aus der statistischen Mechanik die relative Wahrscheinlichkeit

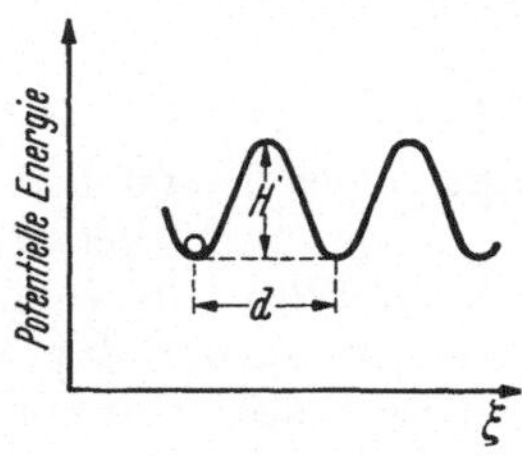

Abb. 5.38. Verlauf der potentiellen Energie während eines Zwischengitter-Platzwechsels. (H = Höhe des Potentialberges und d = Abstand zwischen zwei nächstbenachbarten Zwischengitterplätzen. Es soll kein Potentialgefälle vorliegen.)

$$P = Z \exp(-E/RT). \qquad (5.436)$$

Hier bedeuten Z die Zahl der Wege, die für die betreffende Gruppe in den bestimmten Zustand führen und E den molaren Energieinhalt dieser Gruppe in diesem Zustand. Unter Anwendung der bekannten thermodynamischen Beziehungen mit der freien Energie $F(v, T)$ oder $G(p, T)$ und der molaren Entropie S

$$G = H - TS$$

$$S = R \ln Z$$

kann man (5.436) in der folgenden Form schreiben:

$$P = \exp\{-(H - RT \ln Z)/RT\} = \exp(-G/RT). \qquad (5.437$$

Für das Verhältnis der Wahrscheinlichkeiten P_1 und P_2 in den beiden niedrigen, stabilen Energielagen bzw. Potentialmulden (Abb. 5.38) gilt

$$\frac{P_1}{P_2} = \exp\{-(G_1 - G_2)/RT\}.$$

Im folgenden bezeichnen wir jeweils den aktivierten Zustand mit einem *, also H^*, S^* usw., wo sich also die betreffende Teilchengruppe auf dem Potentialberg befindet bzw. ihn erreichen kann.

Bedeutet n^*/n das Verhältnis der Teilchen mit den Größen H^*, S^* und v die mittlere Platzwechselgeschwindigkeit[1], mit der sie den Potentialberg in der ξ-Richtung passieren, dann ist der Diffusionskoeffizient mit diesen Größen in folgender Weise verknüpft:

$$D = \frac{n^*}{n} v d,$$

[1] Nicht verwechseln mit der mittleren Geschwindigkeit eines A-Teilchens durch Platzwechsel mit B-Teilchen (s. S. 482).

wo d der Abstand zwischen zwei benachbarten Gleichgewichtslagen ist (Abb. 5.38). Weiterhin gilt für die mittlere Platzwechselgeschwindigkeit eines Teilchens im aktivierten Zustand

$$v = \left(\frac{kT}{2\pi m}\right)^{1/2}, \tag{5.438}$$

wobei m die Masse des diffundierenden Teilchens bedeutet. Ist τ die zum Überqueren des Potentialbergs erforderliche Zeit, so folgt

$$\tau = \frac{d}{v} = \left(\frac{2\pi m}{kT}\right)^{1/2} d. \tag{5.439}$$

Da aber nur diejenigen Teilchen, die den Gipfel des Potentialbergs erreichen, d.h. die H^*, S^* haben, für den Platzwechsel von einer Gleichgewichtslage zur anderen in Betracht kommen, folgt für die Zahl der Teilchen, die je Zeiteinheit den Potentialberg überqueren,

$$u = \frac{n^*}{\tau} = n^* \left(\frac{kT}{2\pi m}\right)^{1/2} \frac{1}{d}. \tag{5.440}$$

Durch Einführung der Verteilungsfunktionen der Translation $\mathfrak{f}$ und $\mathfrak{f}^*$ des normalen und aktivierten Zustandes mit den entsprechenden Größen für die Enthalpie H und H^* ergibt sich für die Translation in ξ-Richtung die mittlere Geschwindigkeit

$$u = n \frac{\mathfrak{f}^*}{\mathfrak{f}} \frac{kT}{h} \exp\{-(H^* - H)/RT\}. \tag{5.441}$$

Hieraus folgt schließlich im stationären Zustand, wenn der mittlere Diffusionsstrom an jedem Ort des Diffusionsmediums verschwindet, d. h. wenn die Produkte der Teilchen mit ihren Platzwechselhäufigkeiten (Frequenzen) gleich werden, also

$$n_1 \nu_{12} = n_2 \nu_{21}, \tag{5.442}$$

aus (5.441) für das Verhältnis der Teilchen in den Gleichgewichtslagen 1 und 2:

$$\frac{n_1}{n_2} = \frac{\mathfrak{f}_1}{\mathfrak{f}_2} \exp\{-(H_1 - H_2)/RT\} = \exp\{-(G_1 - G_2)/RT\}. \tag{5.443}$$

Der zweite Ausdruck in (5.443) wird verständlich, wenn man sich an die aus der statistischen Mechanik für die freie Energie G und die Verteilungsfunktion $\mathfrak{f}$ folgende Beziehung

$$G = -RT \ln \mathfrak{f} \tag{5.444}$$

erinnert.

Durch Anwendung der Geschwindigkeitstheorie von EYRING hat BARRER[1] die Diffusionskoeffizienten bei Vorliegen einer FRENKEL- und einer SCHOTTKY-Fehlordnung im Diffusionsmedium und für den Fall

[1] BARRER, R. M.: Trans. Faraday Soc. 37, 560 (1941).

einer zeolithischen Diffusion[1] abgeleitet. Diese lauten:

$$D_\circ = \frac{\nu d^2}{6} \left(\frac{U}{RT}\right)^{\zeta - 1} \frac{n_\circ}{(n_\circ^0 - n_\circ)(n - n_\square)^{1/2}} \exp\left\{-\left(\frac{E}{2} + U\right)/RT\right\} \quad (5.445)$$

FRENKEL-Fehlordnung

$$D_\square = \frac{\nu d^2}{6} \left(\frac{U}{RT}\right)^{\zeta - 1} \frac{1}{(\zeta - 1)!} \frac{n_\square}{n - n_\square} \exp\{-(E + U)/RT\} \quad (5.446)$$

SCHOTTKY-Fehlordnung

$$D_z = \frac{\nu d^2}{6} \left(\frac{U}{RT}\right)^{\zeta - 1} \frac{1}{(\zeta - 1)!} \frac{n_\circ^0 - n_\circ}{n_\circ^0} \exp(-U/RT) \quad (5.447)$$

zeolithische Diffusion.

Hier bedeutet E die Fehlordnungsenergie, d.h. die Energie, die erforderlich ist, um *eine* Fehlordnungsstelle (Leerstelle oder Atom bzw. Ion auf Zwischengitterplatz) zu erzeugen (s. S. 76) und U ganz allgemein die Platzwechselenergie, d.h. den Energiebetrag zur Überwindung des Potentialbergs (U identisch H und G). Ferner ist $n_\circ$ bzw. $n_\square$ die Zahl der Teilchen auf Zwischengitterplätzen bzw. der Leerstellen. Weiterhin bedeutet n bzw. $n_\circ^0$ die gesamte Zahl der Gitterplätze und die aller Zwischengitterplätze.

Neben der besonderen Art der Zwischengitterplatz-Diffusion in Zeolithen[1], die besonders von BARRER und Mitarbeitern[2] untersucht worden ist, werden wir in Ionen-, Valenz- und Metallkristallen immer dann eine überwiegende oder teilweise Diffusion über Zwischengitterplätze zu erwarten haben, wenn entweder der Kristall eine gewisse Fehlordnung auf Zwischengitterplätzen zeigt (FRENKEL-Fehlordnung) oder durch eine besondere Lamellenstruktur wie bei zahlreichen Silikaten und beim Graphit von Hause aus große Zwischengitterräume besitzt. In die Gruppe der zeolithischen Diffusionssysteme zählt man auch die Diffusion von Wasserstoff, Sauerstoff, Stickstoff, Bor und Kohlenstoff in Metallen. Hier erfolgt nämlich ebenso wie in den Zeolithen eine Diffusion der Fremdatome im Gitter über Zwischengitterplätze ohne Beteiligung des als Diffusionsmedium wirkenden Gitters.

Den Fall der Zwischengitterplatzdiffusion von Gasen in Metallen haben unter Anwendung der Transition-state-Methode, wie bereits

---

[1] Über den Diffusionsmechanismus in Zeolithen hat besonders R. M. BARRER (Diffusion in and through solids, Cambridge 1941) gearbeitet. Zeolithe sind Silicate mit einer besonderen Art von Zwischengitterplätzen. Zahlreiche Zeolithe, die H_2O-Moleküle auf Zwischengitterplätzen aufweisen, können ohne Änderung ihrer Gitterstruktur dehydratisiert werden und andere Gase und Dämpfe in die freigewordenen Zwischengitterplätze einbauen. Die in Zeolithen stattfindende Zwischengitterplatzdiffusion unterscheidet sich von der einfacher Kristalle dadurch, daß gittereigene Atome und Ionen nicht diffundieren. Die Diffusionsgeschwindigkeit in Zeolithen ist relativ hoch und anisotrop. So konnte u.a. A. TISELIUS [Z. phys. Chem. (A) **169**, 425 (1934); **174**, 401 (1935)] in Heulandit bei 20 °C Diffusionskoeffizienten in Richtung zur Lamellenstruktur von etwa 10^{-7} und senkrecht zur Lamellenstruktur von etwa 10^{-11} $cm^2 sec^{-1}$ finden.

[2] Vgl. insbesondere R. M. BARRER u. D. A. IBBITSON: Trans. Faraday Soc. **40**, 195, 206 (1944). — R. M. BARRER u. D. W. RILEY: J. chem. Soc. [London] 1948, 133.

erwähnt, ZENER und WERT[1] behandelt. Sie verwenden hierbei den folgenden Ausdruck für den Diffusionskoeffizienten in einem kubischen Gitter:

$$D = \alpha\, a^2/\bar{\tau}, \tag{5.448}$$

wobei a die Gitterkonstante, α einen numerischen Faktor, dessen Wert von der Lage der Zwischengitterplätze abhängt, und $\bar{\tau}$ die mittlere Aufenthaltsdauer auf einem Zwischengitterplatz zwischen den Sprüngen bedeuten. Für kubisch-raumzentrierte Gitter $\alpha = 1/24$, für kubisch-flächenzentrierte $\alpha = 1/12$. Ferner gilt für den Zusammenhang der mittleren Aufenthaltsdauer $\bar{\tau}$ mit der Aktivierungsenthalpie

$$\bar{\tau}^{-1} = \bar{\tau}_0^{-1} \exp(-H/RT). \tag{5.449}$$

Bildet man von diesem Ausdruck den Logarithmus, differenziert nach $1/T$ und löst nach H auf, so erhält man

$$H = -R\, d \ln\left(\frac{1}{\bar{\tau}}\right) \Big/ d\left(\frac{1}{T}\right). \tag{5.450}$$

Für die in (5.449) auftretende Größe $\bar{\tau}_0$ haben WERT und ZENER

$$\frac{1}{\bar{\tau}_0} = \beta\, \nu \exp(\Delta S/R) \tag{5.451}$$

gefunden. Hier ist β die Zahl der äquivalenten Diffusionsschritte auf die nächstbenachbarten Zwischengitterplätze (kubisch-flächenzentriert: $\beta = 12$, kubisch-raumzentriert: $\beta = 4$), ν die Schwingungsfrequenz des gelösten Atoms auf einem Zwischengitterplatz und ΔS eine Aktivierungsentropie (entropy of excitation).

Aus den Gleichungen (5.448), (5.449), (5.451) und der üblichen Darstellung atomarer Diffusionskoeffizienten:

$$D = D_0 \exp(-H/RT)$$

ergibt sich schließlich für D_0 die Beziehung

$$D_0 = \beta\, \alpha\, a^2\, \nu \exp(\Delta S/R). \tag{5.452}$$

Auf direktem Wege, d. h. aus Diffusionsmessungen, wurde D_0 z. B. am System Kohlenstoff in γ-Eisen von WELLS und MEHL[2] bestimmt (s. auch die in der Tab. 5.7 auf S. 500 mitgeteilten D_0-Werte).

Nun ist es das Verdienst sowohl von SNOEK[3] wie von ZENER[4], gezeigt zu haben, daß die von ihnen beobachteten Relaxationsphänomene in metallischen Substitutions-Mischkristallen in unmittelbarem Zusammenhang mit der Diffusion der eingebauten Fremdatome stehen. Bei mechanischer Beanspruchung, wie Druck und Zug, sind die verschiedenen Zwischengitterplätze nicht mehr energetisch äquivalent. Durch eine

[1] WERT, C., u. C. ZENER: Phys. Rev. **76**, 1169 (1949).
[2] WELLS, C., u. R. F. MEHL: Trans. AIME **140**, 294 (1940).
[3] SNOEK, J. L.: Physica **8**, 711 (1941); New Developments in Ferromagnetic Materials. New York 1947.
[4] ZENER, C.: Phys. Rev. **71**, 34 (1947).

mechanische Beanspruchung, wie sie z. B. mit einer periodischen Druck–Zug-Verformung oder Torsion verbunden ist, springen also die C- bzw. N-Atome, sofern nur die Temperatur genügend hoch ist, von Zwischengitterplätzen höherer Energielage zu solchen niederer Energielage. Es leuchtet ein, daß infolge dieser atomaren Vorgänge eine derartige periodische Verformung besonders stark gedämpft wird, wenn die Frequenz der Welle mit der Sprungfrequenz der platzwechselnden Atome im Gitter in Resonanz steht. Auf Grund dieses Zusammenhangs ist es möglich, die Sprungfrequenz der Atome durch Ermittlung der Resonanzfrequenz und ferner aus der Relaxationszeit τ_R zu ermitteln. Hieraus ergibt sich unmittelbar die mittlere Aufenthaltsdauer $\bar{\tau}$, da nach POLDER[1]

$$\bar{\tau} = \tfrac{3}{2}\tau_R \tag{5.453}$$

gilt. Gemäß (5.450) erhält man aus der Temperaturabhängigkeit von $\bar{\tau}$ die Aktivierungsenthalpie H, woraus sich dann die Resonanzfrequenz

$$\nu = [H/2m\,d]^{1/2} \tag{5.454}$$

berechnen läßt, wobei d den Abstand zwischen zwei benachbarten Zwischengitterplätzen bedeutet. Ferner konnte von den Autoren gezeigt werden, daß man aus der Temperaturabhängigkeit des Schermoduls μ eine obere Grenze von ΔS ermitteln kann:

$$\Delta S \approx -H(d \ln\mu/dT). \tag{5.455}$$

Damit werden die Gln. (5.451) und (5.452) auswertbar. Auf diese Weise wurden von SNOEK, ZENER und KÊ[2] die in Tab. 5.7 zusammengestellten Daten ermittelt. In einer neueren Arbeit berichten GIBALA und WERT[3] über die Anwendung der inneren Reibung zur Bestimmung von Diffusionskoeffizienten.

Tabelle 5.7. *Zusammenstellung der Versuchsdaten nach Snoek, Zener, Polder und Kê*

System	C in γ-Fe	C in α-Fe		N in α-Fe		C in Ta Kê	N in Ta Kê	O in Ta Kê
		Snoek-Polder	Wert-Zener	Snoek	Wert-Zener			
D_0 (in cm²/sec)	0,07	0,0005	0,008		0,0014	0,0018	0,29	0,030
$\bar{\tau}^{-1}$ (in 10^{13} sec^{-1})	—	1,5	23	0,29	3,7	4,2	640	66
H (cal/Mol)	32000	18000	19800	16400	17700	25000	44000	29000
ν (in 10^{13} sec^{-1})	0,94	1,3	1,3	1,1	1,1	1,3	1,6	1,1
$\exp(\Delta S/R)$ empirisch	6	0,3	4	0,07	0,8	0,8	100	15
theoretisch	1—60	1—13	1—13	1—13	1—10	1—10	1—64	1—16

[1] POLDER, D.: Philips. Res. Rep. **1**, 1 (1945).
[2] KÊ, T. S.: Metals Technol. 1948, T. P. No. 2370; Phys. Rev. **74**, 9, 914 (1948).
[3] GIBALA, R., u. C. WERT: The Measurements of Diffusion Coefficients by Internal Friction, in Diffusion in Body-Centered Cubic Metals, S. 131. Metals Park, Ohio 1965.

Abschließend sollen einige Bemerkungen über die Anwendbarkeit der von LANGMUIR-DUSHMAN[1] und der von VAN LIEMPT[2] aufgestellten Diffusionsformel folgen. Beide Formeln, die folgendermaßen lauten:

$$D(\mathrm{cm}^2/\mathrm{sec}) = 1{,}05 \cdot 10^{10} \Delta U\, a^2 \exp(-\Delta U/RT) \quad \text{(LANGMUIR)},$$

$$D(\mathrm{cm}^2/\mathrm{sec}) = \frac{8}{3\pi} a^2 \nu \exp(-\Delta U/RT) \quad \text{(VAN LIEMPT)},$$

wo a der Atomabstand ($a^2 \approx 7 \cdot 10^{-16}$) und ν die Frequenz der schwingenden Atome ($\approx 5 \cdot 10^{12}$) sind, wurden ohne Berücksichtigung eines speziellen Diffusionsmechanismus abgeleitet. Aus diesem Grunde ist es auch nicht verwunderlich, wenn die nach diesen Formeln berechneten Diffusionskoeffizienten von den experimentell erhaltenen teilweise erheblich abweichen. Auf diese Tatsache haben auch GERZRICKEN und DEGHTYAR[3] hingewiesen.

5.27 Temperaturgradient der Diffusion und Diffusionsmechanismus

Während man bei Ionen- und Valenzkristallen mittels elektrischer Messungen und durch Untersuchung der Transportvorgänge von Ionen durch die Zunderschicht während der Metalloxydation (s. S. 632ff.) häufig indirekt Aufschluß über den Diffusionsmechanismus (ob Diffusion über Leerstellen oder über Zwischengitterplätze der Kationen bzw. Anionen oder beider) erhält, ist eine Entscheidung zwischen Leerstellen- und Zwischengitterplatzdiffusion in Metallen und Legierungen nur unter ganz bestimmten Voraussetzungen möglich. Auf diesen Sachverhalt wies SHOCKLEY[4] hin.

Nach Entdeckung des KIRKENDALL-Effektes kann man in der Metalldiffusion wohl zwischen der Platzwechseldiffusion (s. S. 481ff.) und der Leerstellen- bzw. Zwischengitterplatzdiffusion unterscheiden, nicht aber zwischen dem Leerstellen- und Zwischengitterplatz-Mechanismus.[5] Auf Grund energetischer Betrachtungen zur Diffusion innerhalb eines Temperaturgradienten kommt SHOCKLEY[4,6] zu dem Ergebnis daß im Falle eines Zwischengitterplatz-Mechanismus ein Massefluß im Kristall stets von höheren zu tieferen Temperaturen erfolgen muß, während im Falle eines Leerstellenmechanismus unter bestimmten physikalischen Bedingungen auch mit einem Massefluß von niedrigen zu höheren Temperaturen zu rechnen ist. Wie jedoch sowohl LE CLAIRE[7] als auch BRINKMAN[8] zeigen konnten, kann bei Vorliegen eines Leerstellenmechanismus ein Massefluß sowohl in Gebiete höherer als auch niedriger Temperaturen

---

[1] DUSHMAN, S., u. J. LANGMUIR: Phys. Rev. **20**, 113 (1922); J. Frankl. Inst. **217**, 566 (1934).

[2] LIEMPT, J. A. M. VAN: Z. Phys. **96**, 534 (1935); Recueil Trav. chim. Pays-Bas **64**, 234 (1945).

[3] GERZRICKEN, S. D., u. J. DEGHTYAR: Z. Techn. Phys. UdSSR **17**, 88, 871 (1947).

[4] SHOCKLEY, W.: Phys. Rev. **91**, 1563 (1953).

[5] SEITZ, F.: Acta Metallurgia **1**, 355 (1953).

[6] SHOCKLEY, W.: Phys. Rev. **93**, 345 (1954).

[7] LE CLAIRE, A. D.: Phys. Rev. **93**, 344 (1954).

[8] BRINKMAN, J. A.: Phys. Rev. **93**, 345 (1954).

erfolgen, so daß die von SHOCKLEY erhoffte prinzipielle Unterscheidung zwischen diesen beiden Mechanismen durch das Experiment stark eingeschränkt wird. Da die Überlegungen dieser Autoren von allgemeiner Bedeutung sind, sollen sie hier angedeutet werden.

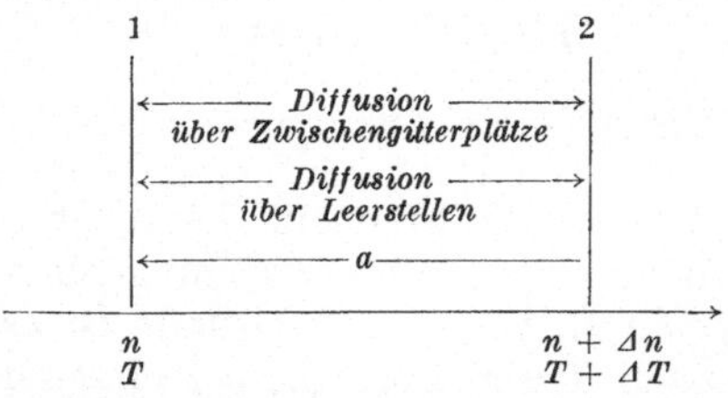

Abb. 5.39. Schematische Darstellung zweier angrenzender Gitterebenen senkrecht zum Temperaturgradienten. (Diffusion über Zwischengitterplätze nur zu niedrigeren Temperaturen, Leerstellendiffusion nach beiden Seiten, je nachdem $U \lesseqgtr E$ ist).

Unter Annahme eines überwiegenden Leerstellenmechanismus betrachten wir zwei angrenzende Gitterebenen im Abstande a senkrecht zum Temperaturgradienten. n und T seien die Anzahl der Leerstellen je cm² und die Temperatur an der Gitterebene 1 und $n + \Delta n$ und $T + \Delta T$ die entsprechenden Größen an der Gitterebene 2 (s. Abb. 5.39). Nach LE CLAIRE[1] soll sich nun eine Leerstelle von der Gitterebene 1 zur Gitterebene 2 bewegen bzw. ein Atom von der Gitterebene 2 in die Leerstelle der Gitterebene 1, wobei die erforderliche Aktivierungsenergie bei der Temperatur $T + \Delta T$ gleich U ist. Für den Leerstellenstrom von 1 nach 2 erhalten wir dann

$$j_{12} = n \nu \exp\{-U/R(T + \Delta T)\},$$

wo ν die Schwingungsfrequenz der Atome ist. In ähnlicher Weise ergibt sich der rückläufige Vorgang:

$$j_{21} = (n + \Delta n) \nu \exp(-U/RT).$$

Hieraus folgt der stationäre Strom zwischen den Gitterebenen bei kleinen Temperaturdifferenzen ΔT:

$$j = j_{12} - j_{21} = \frac{U(\Delta T)}{RT^2} \nu n \exp(-U/RT) - \frac{\Delta n}{n} \nu n \exp(-U/RT). \tag{5.456}$$

Der erste Term umfaßt den „thermischen Diffusionsstrom", durch den Materie in Gebiete höherer Temperaturen gelangt. Der zweite Term berücksichtigt die durch den Konzentrationsgradienten verursachte Diffusion, die in Richtung auf niedrigere Konzentrationen erfolgt.

Unter der von SHOCKLEY geforderten Bedingung, daß die Leerstellenkonzentration an jeder Stelle des Kristalls gleich derjenigen ist, die im Gleichgewicht bei einheitlicher Temperatur an dieser Stelle auftritt, ist dann

$$\frac{\Delta n}{n} = \frac{E}{RT^2} \Delta T, \tag{5.457}$$

wo E die Fehlordnungsenergie zur Bildung einer Leerstelle ist. Durch Einsetzen von (5.457) in (5.456) sieht man, daß nur dann der von SHOCKLEY geforderte Materiestrom in Gebiete mit höheren Temperaturen fließt, wenn $U < E$ ist. Nur unter diesen Bedingungen ist eine experimentelle Entscheidung zwischen Leerstellen- und Zwischengitter-

[1] LE CLAIRE, A. D.: Phys. Rev. **93**, 344 (1954).

platz-Diffusionsmechanismus möglich. Im Falle $U > E$ erfolgt der Materiestrom in entgegengesetzter Richtung, also zu Gebieten niedrigerer Temperaturen hin. Ist hingegen $U = E$, dann erfolgt keine Leerstellendiffusion und demzufolge tritt auch kein Materiestrom auf.

Auf Grund dieser Betrachtungen ist man in der Lage, durch Diffusionsversuche an Kristallen mit Leerstellenmechanismus im Temperaturgefälle auf Grund der Diffusionsrichtung zwischen

$$U \lesseqgtr E$$

experimentell zu entscheiden. Derartige Experimente dürften auch zur weiteren Aufklärung des Mechanismus des LUDWIG-SORET-Effektes von Bedeutung sein (S. 137ff.).

5.28 Zur Theorie der Transportvorgänge in Ionenkristallen

Da bei den in den nachfolgenden Kapiteln behandelten Vorgängen der Metalloxydation und der Festkörperreaktionen die Transportvorgänge in Ionenkristallen einen wesentlichen Teilschritt darstellen, soll hier ein Abschnitt über die Theorie der Transportvorgänge in Ionenkristallen angeschlossen werden.

Wenn man einen Platzaustausch von Ionen ausschließt, da er für den effektiven Transport und den Leitungsvorgang keinen Beitrag liefert, kann man als Einzelvorgang entweder die Bewegung eines Ions auf Zwischengitterplatz mit der Ruhelage i auf den nächstbenachbarten Zwischengitterplatz mit der Ruhelage k oder den Sprung eines Nachbarions A in dic A-Ionenlücke betrachten. Im Falle wandernder Ionen muß man berücksichtigen, daß zwar stets nach dem Sprung eine Änderung der Ruhelage der das springende Teilchen umgebenden Ionen festzustellen sein wird. Jedoch unter der berechtigten Annahme, daß sich das springende Ion mit den in Ruhe befindlichen Nachbarionen stets ins Gleichgewicht setzt, bleibt die Energie des Gesamtsystems konstant. Ein etwa vorhandenes elektrisches Feld bedingt zwar einen Unterschied der mittleren elektrostatischen Energie zeV im Anfangs- und Endzustand, wird aber an einer wohldefinierten mittleren Ruhelage praktisch nichts ändern, sofern das wandernde Ion genügend Zeit hat, um sich stets mit seiner neuen Umgebung ins Gleichgewicht zu setzen. Eine stabile Ruhelage ist durch eine genügend tiefe Potentialmulde in der Umgebung der Lage gekennzeichnet. Zwischen i und k muß also das Teilchen einen Potentialberg oder besser, unter Berücksichtigung der Struktur des Potentialverlaufs, einen „*Potentialsattel*" überwinden. Daher wird ein solcher Elementarschritt als „*Sattelsprung*" bezeichnet.

Die von SCHOTTKY[1] unter diesen Gesichtspunkten abgeleiteten Beziehungen sind von allgemeiner Gültigkeit und ergänzen die bisherigen Betrachtungen besonders nützlich. Unter Vernachlässigung von Reaktionen des Teilchens mit Fehlordnungsstellen auf seiner Wanderung wollen wir uns hier auf die $i \rightarrow k$-Übergänge von Ionen beschränken, die sich in genügender Entfernung von allen anderen Störstellen be-

[1] HAUFFE, K., u. W. SCHOTTKY: Deckschichtbildung auf Metallen, in: Halbleiterprobleme, Bd. 5, S. 210. Braunschweig 1960.

finden. Bei der Formulierung der elementaren Übergangswahrscheinlichkeit w_{ik} (Sprünge je Zeiteinheit) benutzen wir die Darstellung von JOST[1] mit der von SCHOTTKY gegebenen Ergänzung unter Beachtung der Abhandlung von LIDIARD[2]:

$$w_{ik} = \frac{kT}{h} \exp(-\Delta G/\mathfrak{B}). \qquad (5.458)$$

Hier bedeutet $\mathfrak{B} = kT/e$ das Voltäquivalent der Temperatur und $kT/h \approx 10^{14}\,\mathrm{sec}^{-1}$ eine Häufigkeitskonstante von der Dimension einer reziproken Zeit. ΔG ist ein die Differenz der GIBBSschen freien Energie zwischen dem Sattel und der i-Ruhelage enthaltendes Aktivierungsglied[1]. Sämtliche Energiegrößen in diesem Kapitel werden, wo nicht anders vermerkt, durch eV ausgedrückt und das elektrostatische Glied demzufolge durch zV.

Für das Folgende ist es zweckmäßig, ΔG nicht als Differenz der freien Energie G des Gesamtkristalls im Übergangs- und Grundzustand darzustellen, sondern von beiden Größen die G_0-Werte des störstellenfreien Kristalls abzuziehen. Dann bedeutet für Zwischengitterteilchen $G^{(i)} - G_0$ den Grundanteil η (ohne Konzentrationsglied) des elektrochemischen Potentials η der Ionen auf Zwischengitterplatz. Bezeichnet $\eta^{(m)}$ bzw. $\eta^{(i)}$ das elektrochemische Potential des Zwischengitterions auf dem Sattel bzw. in der i-Position, dann gilt für den Sprung $i \to k$:

$$w_{ik} = \frac{kT}{h} \exp\{-(\eta^{(m)} - \eta^{(i)})/\mathfrak{B}\} \qquad (5.459)$$

und für den Sprung $k \to i$:

$$w_{ik} = \frac{kT}{h} \exp\{-(\eta^{(m)} - \eta^{(k)})/\mathfrak{B}\}. \qquad (5.460)$$

Auf Leerstellensprünge lassen sich dieselben Beziehungen anwenden, nur daß überall $\eta_{|A|}$ statt η einzusetzen ist.

Im nächsten Schritt wird die Beweglichkeit der springenden Teilchen im elektrischen Feld und ihr Diffusionskoeffizient im Konzentrationsgefälle durch die Sprungwahrscheinlichkeit ausgedrückt. Zu diesem Zweck führen wir die homogene Volumkonzentration c der springenden Teilchen und den Fall einer homogenen elektrischen Feldstärke $\mathfrak{E}$ ein. Dann ist die Teilchenstromdichte j_{ik} in Richtung $i \to k$ durch das Produkt von c und der mittleren Geschwindigkeit der Sprünge gegeben, wobei die zuletzt genannte Größe aber gleich ist der sekundlichen Zahl w_{ik} multipliziert mit dem bei jedem Sprung zurückgelegten Weg s_{ik}. Für die Sprünge in umgekehrter Richtung ($k \to i$) ist w_{ki} zu verwenden. Die resultierende Teilchenstromdichte für $i = k$ ist dann:

$$\bar{j}_{ik} = c\, s_{ik}(w_{ik} - w_{ki}) \qquad (5.461)$$

oder unter Verwendung von Gl. (5.459) und (5.460):

$$\bar{j}_{ik} = c\, s_{ik}\, w_{ik}(1 - \exp \Delta\eta_{ik}/\mathfrak{B}), \qquad (5.462)$$

[1] JOST, W.: Platzwechsel in Kristallen, in: Halbleiterprobleme, Bd. 2, hier besonders Gl. (10) auf S. 154, Braunschweig 1955.

[2] LIDIARD, A. B.: Handbuch d. Phys. 20, 246 (1957); insbesondere Abschn. 15 u. 16.

wobei $\Delta\eta_{ik} = \eta^{(k)} - \eta^{(i)}$ gesetzt ist. In dieser Differenz treten also nur die elektrochemischen Potentiale der Teilchen in den Grundzuständen i und k auf.

Berücksichtigt man ferner, daß die Grundanteile der chemischen Potentiale μ in i und k gleich sind, so folgt für $\Delta\eta_{ik}$ aus der bekannten Beziehung

$$\eta = \mu + zV \tag{5.463}$$

und dem Produkt $\Delta V_{ik} = s_{ik}\mathscr{E}\cos(\mathfrak{E}, s_{ik})$:

$$\Delta\eta_{ik} = -z s_{ik}\mathscr{E}\cos(\mathfrak{E}, s_{ik}). \tag{5.464}$$

Überwiegen die Sprünge in Richtung $i \to k$ die Gegensprünge erheblich, so folgt aus Gl. (5.461) unter Berücksichtigung von Gl. (5.463):

$$\bar{j}_{ik} = c\, s_{ik}\, w_{ik}^{0} \exp\{-z(V^{(m)} - V^{(i)})/\mathfrak{B}\}. \tag{5.465}$$

Unter der Annahme, daß $\Delta\eta \ll \mathfrak{B}$ ist, folgt für den Klammerausdruck in Gl. (5.462):

$$1 - \exp\Delta\eta_{ik}/\mathfrak{B} = -\Delta\eta_{ik}/\mathfrak{B}. \tag{5.466}$$

Mit Hilfe der Beziehung (5.464) erhält somit Gl. (5.462) die folgende Form:

$$\bar{j}_{ik} = c\, z\, s_{ik}\, w_{ik}\mathscr{E}\cos(\mathfrak{E}, s_{ik})/\mathfrak{B}, \tag{5.467}$$

wobei der Feldeffekt auf w_{ik} als Effekt höherer Ordnung zu vernachlässigen ist. Um den Teilchenstrom der $i \rightleftharpoons k$-Sprünge in einer beliebigen Richtung x zu bestimmen, haben wir noch mit $\cos(x, s_{ik})$ zu multiplizieren und erhalten schließlich unter Berücksichtigung aller möglichen Vor- und Zurücksprünge

$$j_x = \frac{zc}{\mathfrak{B}} \sum_k w_{ik}\, s_{ik}^2\, \mathscr{E}\cos(\mathfrak{E}, s_{ik})\cos(x, s_{ik}). \tag{5.468}$$

j_x ist also im allgemeinen Fall $\Delta\eta_{ik} \ll \mathfrak{B}$ mit $\mathscr{E}$ durch einen tensorartigen Faktor verknüpft, der sowohl von der Richtung von $\mathfrak{E}$ gegen die verschiedenen w_{ik} wie von dem Winkel zwischen der gewählten x-Richtung und dem s_{ik} abhängt. Der hier formulierte Ausdruck soll den Berechnungsgang für nichtreguläre Gitter andeuten. In diesem Fall können auch gewisse Stromkomponenten quer zur Feldrichtung auftreten.

In regulären Gittern fallen aber solche Anomalien fort und es gilt:

$$j = c\, u\, \mathfrak{E} \tag{5.469}$$

mit der Feldbeweglichkeit u als Skalar. Da dann alle w_{ik} und s_{ik} gleich sind und das cos-Produkt in Gl. (5.468) in $\cos^2(s_{ik}, s_{ik'})$ übergeht, wobei nur über die spitzen Winkel zu summieren ist, ergibt sich für u:

$$u = \frac{z}{\mathfrak{B}} w_{ik}\, s_{ik} \sum_{k'} \cos^2(s_{ik}, s_{ik'}). \tag{5.470}$$

Für Lückensprünge im Steinsalzgitter ist $\sum_{k'}$ von 1 verschieden und einfach berechenbar. Für Zwischengittersprünge, wo s_{ik} gleich dem

Abstand a ungleicher Partner ist, gilt für u mit $(i\,k')$ senkrecht auf $(i\,k)$:

$$u = \frac{z}{\mathfrak{B}} a^2 w_{ik} \quad [\mathrm{cm^2\,Volt^{-1}\,sec^{-1}}]. \tag{5.471}$$

Um den Diffusionskoeffizienten D der springenden Ionen mit den w_{ik} in Verbindung zu bringen, könnten wir den feldfreien Fall unter der alleinigen Wirkung eines Konzentrationsgradienten $\mathrm{grad}\, c$ betrachten. Unter Umgehung einer neuen Berechnung können wir an Hand der η-Größen die gesuchte Beziehung zwischen u und D in recht allgemeiner Weise ableiten.

Wenn außer einem Feld $\mathcal{E}$ auch ein Konzentrationsgradient vorhanden ist, dann sind die mittleren Konzentrationen der springenden Teilchen am Ort i und k verschieden, also $c_i \neq c_k$, und wir erhalten an Stelle von Gl. (5.461)

$$\bar{j}_{ik} = s_{ik}(c_i\, w_{ik} - c_k\, w_{ik}) \tag{5.472}$$

und entsprechend für Gl. (5.462)

$$\bar{j}_{ik} = c_i\, s_{ik}\, w_{ik}\left(1 - \frac{c_k}{c_i} \exp \Delta \boldsymbol{\eta}_{ik}/\mathfrak{B}\right). \tag{5.473}$$

Für das Verhältnis c_k/c_i gilt

$$c_k/c_i = \exp \Delta\, \zeta_{ik}/\mathfrak{B}, \tag{5.474}$$

wo $\zeta \equiv \mathfrak{B} \ln c/N$ den lagenstatistischen Anteil des elektrochemischen Potentials η bedeutet und $\Delta \zeta_{ik} \equiv \zeta^{(k)} - \zeta^{(i)}$. Setzt man nun

$$\eta^k = \boldsymbol{\eta}^k + \zeta^k,$$

so ergibt sich bei entsprechender Bedeutung von $\Delta \eta_{ik}$ mit

$$\frac{c_k}{c_i} \exp \Delta \boldsymbol{\eta}_{ik}/\mathfrak{B} = \exp(\Delta\, \boldsymbol{\eta}_{ik} + \Delta\, \zeta_{ik})/\mathfrak{B} = \exp \Delta\, \eta_{ik}/\mathfrak{B} \tag{5.475}$$

aus Gleichung (5.473) ein Ausdruck von derselben Form wie (5.462). Unter Einführung der gleichen Vereinfachung wie in Gleichung (5.466) erhalten wir mit

$$\Delta \eta_{ik} = s_{ik}\, \mathrm{grad}_{ik}\, \eta$$

die folgende Beziehung für die Teilchenströmung:

$$\bar{j}_{ik} = -c\, s_{ik}^2 \frac{w_{ik}}{\mathfrak{B}} \mathrm{grad}_{ik}\, \eta. \tag{5.476}$$

Wenn man berücksichtigt, daß der nur von η abhängende Teilchenstrom keinen Anteil $\mathrm{grad}\, \boldsymbol{\mu}$ enthält, sondern nur durch $\mathrm{grad}\, \zeta + z\, \mathrm{grad}\, V$ bestimmt ist, dann ergibt sich:

$$j_{ik} = -s_{ik}^2\, w_{ik}\, \mathrm{grad}\, c - z\, c\, s_{ik}^2 \frac{w_{ik}}{\mathfrak{B}} \mathrm{grad}\, V. \tag{5.477}$$

Hier präsentiert das erste Glied den Diffusionsstrom und das zweite Glied den Feldstrom. Im allgemeinen schreibt man für Gleichung (5.477) den folgenden Ausdruck:

$$\bar{j}_{ik} = -D_{ik}\, \mathrm{grad}_{ik} c - c\, u_{ik}\, \mathrm{grad}_{ik} V, \tag{5.478}$$

und damit folgt aus Gleichung (5.477) für D_{ik}:

$$D_{ik} = s_{ik}^2 w_{ik} = \frac{\mathfrak{V}}{z} u_{ik}. \tag{5.479}$$

Mit diesen Festsetzungen können wir also sowohl bei skalarem wie bei Tensorcharakter von u und D die Beziehung

$$u = \frac{z}{\mathfrak{V}} D \tag{5.480}$$

als eine im Rahmen der Sattelsprung-Theorie allgemeingültige ansehen. Es handelt sich hier um die bekannte NERNST-EINSTEINsche Beziehung. Auf Abweichungen von dieser Beziehung kommen wir noch am Ende dieses Abschnitts zurück.

Gleichung (5.476) mit der zusätzlichen Beziehung (5.479) kann man auch nach dem von ONSAGER aufgestellten allgemeingültigen phänomenologischen Ansätzen für konstante Werte von T und p herleiten[1]. Die Transportgeschwindigkeiten der wanderungsfähigen Teilchen 1, 2, 3, ... sind

$$j_1 = -L_{11}(\partial\eta_1/\partial\xi) - L_{12}(\partial\eta_2/\partial\xi) - L_{13}(\partial\eta_3/\partial\xi) \tag{5.481a}$$

$$j_2 = -L_{21}(\partial\eta_1/\partial\xi) - L_{22}(\partial\eta_2/\partial\xi) - L_{23}(\partial\eta_3/\partial\xi) \tag{5.481b}$$

$$j_3 = -L_{31}(\partial\eta_1/\partial\xi) - L_{32}(\partial\eta_2/\partial\xi) - L_{33}(\partial\eta_3/\partial\xi), \tag{5.481c}$$

wobei $L_{11}, L_{12}, \ldots$ Transportkoeffizienten darstellen, die wir später noch näher definieren werden. Nach ONSAGER ergeben sich unter Anwendung des Prinzips der mikroskopischen Reversibilität die folgenden Beziehungen zwischen den einzelnen Koeffizienten:

$$L_{12} = L_{21},\ L_{13} = L_{31},\ \ldots,\ L_{ij} = L_{ji}. \tag{5.482}$$

Diese Beziehungen sind von allgemeiner Gültigkeit, also unabhängig vom Aufbau der Kristalle (Fehlordnung).

In einem Ionenkristall, wie z. B. $Ag_{2+\delta}S$ (Silbersulfid mit Ag-Überschuß) oder $Fe_{1-\delta}O$ [Eisen(II)-oxid mit Eisenunterschuß], wo δ den Metallüber- oder -unterschuß kennzeichnet, der seinerseits ein direktes Maß für die Konzentration der Ionen auf Zwischengitterplätzen bzw. der Ionenleerstellen darstellt, kann man nach WAGNER annehmen, daß die jeweiligen Teilchenströme (für Kationen = 1, Anionen = 2 und Elektronen = 3) im Kristallgitter unabhängig voneinander sind. Diese experimentell begründete Tatsache hat zur Folge, daß die L-Koeffizienten mit gemischten Indizes näherungsweise gleich Null gesetzt werden können, so daß sich die Gleichungen (5.481) vereinfachen zu:

$$\left.\begin{aligned} j_1 &= -L_{11}(\partial\eta_1/\partial\xi)\\ j_2 &= -L_{22}(\partial\eta_2/\partial\xi)\\ j_3 &= -L_{33}(\partial\eta_3/\partial\xi). \end{aligned}\right\} \tag{5.483}$$

Berücksichtigt man ferner, daß die Teilchenstromdichte j_i der i-Teilchen mit der Teilstromdichte J_i und diese wiederum mit der Teilleit-

---

[1] ONSAGER, L.: Phys. Rev. 37, 405 (1931); 38, 2265 (1931).

fähigkeit $\varkappa_i$ durch die folgende Beziehung verknüpft ist:[1]

$$|j_i| = \left|\frac{J_i}{z_i \mathfrak{F}}\right| \tag{5.484}$$

und

$$|J_i| = \varkappa_i\, |\partial V/\partial \xi|, \tag{5.485}$$

so ergibt sich aus Gl. (5.473) für die *i*-Teilchen mit L_{ii}:

$$j_i = -\frac{\varkappa_i}{z_i^2 \mathfrak{F}^2}\,(\partial \eta_i/\partial \xi) \tag{5.486}$$

und

$$L_{ii} = \varkappa_i/(z_i^2\, \mathfrak{F}^2)\,. \tag{5.487}$$

Ferner folgt aus Gl. (5.476) und (5.479), umgeschrieben auf die hier definierten Größen, die folgende Beziehung:

$$j_i = -\frac{c_i D_i^K}{\mathfrak{F}\,\mathfrak{V}}\,\mathrm{grad}\,\eta_i = -\frac{c_i D_i^K}{RT}\,(\partial \eta_i/\partial \xi) \tag{5.488}$$

und damit aus Gl. (5.488) und (5.483) für L_{ii}:

$$L_{ii} = \frac{c_i D_i^K}{RT}\,. \tag{5.489}$$

Durch Vergleich der beiden Ausdrücke (5.487) und (5.489) ergibt sich die wichtige Beziehung:

$$D_i^K = \frac{\varkappa_i RT}{z_i^2\, \mathfrak{F}^2\, c_i}\,. \tag{5.490}$$

Setzt man nun an Stelle der Teilleitfähigkeit $\varkappa_i$ den bekannten Ausdruck:

$$\varkappa_i = |z_i|\, \mathfrak{F}\, c_i\, u_i\,,$$

so folgt die bereits auf anderem Wege abgeleitete NERNST-EINSTEINsche Beziehung (5.479):

$$D_i^K = \frac{u_i RT}{|z_i|\, \mathfrak{F}} = \frac{\mathfrak{V}}{|z_i|}\, u_i\,. \tag{5.491}$$

Verallgemeinernd kann man jedoch auch für beliebige Systeme mit nichtidealem Verhalten Gl. (5.489) ansetzen, wodurch D_i^K nach WAGNER als Komponenten-Diffusionskoeffizient eingeführt wird, der im allgemeinen nicht mit dem Diffusionskoeffizienten des FICKschen Gesetzes identisch ist.

Diese Beziehungen sind von allgemeiner Gültigkeit, da sie keine speziellen Modelle für den Transport bzw. die Diffusion der Teilchen zur Voraussetzung haben. Da bei Komponentenströmungen im Ionenkristall, z. B. bei der Eindiffusion von A-Teilchen in einen AB-Kristall, die Fehlordnung im Kristall das Ausmaß der Strömung weitgehend bestimmt, sind die Transportgleichungen nach dem atomistischen Modell der Fehlordnung anzupassen, wie dies beispielsweise von JOST[2], LIDIARD[3] und

[1] WAGNER, C.: Int. Comm. Electrochem. Thermod. & Kinetics, S. 361 ff. London 1957.

[2] JOST, W.: Platzwechsel in Kristallen, in: Halbleiterprobleme, Bd. 2, hier besonders Gl (10) auf S. 154, Braunschweig 1955.

[3] LIDIARD, A. B.: Handbuch d. Phys. **20**, 246 (1957); insbesondere Abschn. 15 u. 16.

SCHOTTKY[1] geschehen ist. Auf eine allgemeine Darstellung kann daher hier verzichtet werden.

Den bei Festkörperreaktionen stattfindenden Transport geladener Teilchen, bei dem aus Gründen der Elektroneutralität ebenso viele positive wie negative Ladungsmengen von den beteiligten fehlgeordneten Ionen (Störstellen) und elektronischen Trägern durch die Schicht hindurchwandern, bezeichnet SCHOTTKY als „*ambipolaren*" Teilchentransport und die in der Reaktionsschicht auftretenden Komponentenströme als „*ambipolare Komponentenströme*".

Es liegt nahe, die oben abgeleiteten Beziehungen auch zur Auswertung von Tracer-Diffusionsmessungen heranzuziehen, die häufig in der Literatur auch als Selbstdiffusionsmessungen bezeichnet werden. Hier jedoch liegen die Verhältnisse insofern komplizierter, als nicht ohne weiteres die Querkoeffizienten L_{ij} in den Transportgleichungen wie oben gleich Null gesetzt werden können, da z. B. bei Tracer-Experimenten mit $^{22}Na^+$ und $^{23}Na^+$ im NaCl-Kristall die Bewegungen der Na-Ionen als Bestandteile des gleichen Teilgitters im allgemeinen nicht unabhängig voneinander sind. Daher müssen wir für den Tracer-Diffusionskoeffizienten D_i^* der Teilchensorte i schreiben:

$$D_i^* = f_i\, D_i^K, \tag{5.492}$$

wobei der Faktor f_i als Korrelationsfaktor den Komponenten-Diffusionskoeffizienten erheblich ändern kann. Mit diesem Problem haben sich LIDIARD[2], JOST[3], COMPAAN und HAVEN[4] beschäftigt.[5]

Während bei Lückensprüngen der normalen Gitterteilchen keine Nachwirkung der jeweils letzten Sprungrichtung zu erwarten ist, ist nach einem Lückensprung, der ein Tracer-Teilchen verschoben hat, die Lücke neben dem Tracer liegengeblieben, so daß die Wahrscheinlichkeit des Tracers, an seinen Ausgangsort zurückzuspringen, gegenüber den Vorwärtssprüngen bevorzugt ist. Ausgehend von diesen, von BARDEEN und HERRING[6] stammenden, Betrachtungen haben COMPAAN und HAVEN[4] für den f_i-Wert von Einfachlücken (unabhängig vom Ladungszustand) in diamantartigen Gittern den Wert $\frac{1}{2}$, in kubisch-flächenzentrierten Gittern, wie sie als Teilgitter im Steinsalztyp-Gitter auftreten, den Wert 0,78 und im kubisch-raumzentrierten Gitter 0,72 gefunden.

Aus Ionenleitfähigkeits- und Tracer-Diffusionsmessungen am NaBr, wo die Na-Ionenlücken wanderungsfähig sind, ist jedoch gegenwärtig

---

[1] HAUFFE, K., u. W. SCHOTTKY: Deckschichtbildung auf Metallen, in: Halbleiterprobleme, Bd. 5, S. 210. Braunschweig 1960.

[2] LIDIARD, A. B.: a. a. O., Abschn. 40—43 [der Komponenten-Diffusionskoeffizient wird hier (S. 326) „self-diffusion coefficient" genannt].

[3] JOST, W.: Diffusion in Solids, Liquids, Gases; 3. Aufl. mit Anhang, S. A18—A24. New York 1960.

[4] COMPAAN, K., u. Y. HAVEN: Trans. Faraday Soc. **52**, 786 (1956); **54**, 1498 (1958).

[5] Siehe auch P. G. SHEWMON: Diffusion in Solids, S. 47—54, 100—111. New York 1963.

[6] BARDEEN, J., u. C. HERRING in: Imperfections in Nearly Perfect Crystals, herausgeg. von W. SHOCKLEY, S. 261—288. New York u. London 1952.

die zu erwartende Abweichung im Verhältnis 1 : 0,78 = 1,28 nicht zu verifizieren, da die Genauigkeit der Meßergebnisse noch nicht ausreicht. Bei alleiniger Zwischengitterplatzdiffusion kann jedoch $f_i = 1$ und $L_{ik} = 0$ gesetzt werden. Haben wir aber eine Diffusion über Zwischengitterplätze nach dem Verdrängungsmechanismus vorliegen, also sog. *Wagnersche Doppelsprünge* von Zwischengitterteilchen (z. B. in AgBr, s. S. 16), so sollte bei alleiniger Wirksamkeit des WAGNERschen Mechanismus[1] unter der Annahme „kollinearer" (gleichgerichteter) Teilsprünge ein f_i-Faktor von 1/3 für Steinsalzgitter resultieren. Ein Vergleich der Messungen am AgCl liefert allerdings nicht 1/3, sondern 1/1,7. Diese Abweichung wird auf zusätzliche Lückensprünge und nichtkollineare Doppelsprünge zurückgeführt.

Im Falle der α-Ag_2S-Phase konnte an Hand von Tracer-Messungen[2] und neuen genauen Messungen der Ag-Ionenleitfähigkeit für den Ag-Ionentransport zwischen 200 und 400 °C ein Korrelationsfaktor f_{Ag^+} von 0,27 bis 0,38 gefunden werden[3]. Auf Grund des großen Angebots an freien gleichwertigen Plätzen für den Ag-Ionentransport sollte man bei Fehlen einer gegenseitigen Beeinflussung der Einzelbewegungen $f_{Ag^+} = 1$ erwarten. Nimmt man jedoch in erster Näherung einen Leerstellen-Wanderungsmechanismus an, so ist der sich hieraus ergebende Wert von $f \approx 0,5$ in Übereinstimmung mit dem experimentellen Befund[4]. Eine Theorie hierüber existiert noch nicht.

5.3 Arbeitsmethoden und Auswertungsverfahren der Diffusion in Metallen und Ionenkristallen

Infolge der Mannigfaltigkeit der Diffusionserscheinungen, wie sie in metallischen und nichtmetallischen Systemen beobachtet werden, sind verschiedene Arbeitsmethoden zur experimentellen Durchführung mit zweckmäßigen Auswerteverfahren entwickelt worden, deren rechnerische Behandlung bereits im Kap. 5.1 mitgeteilt wurde. Während auf der einen Seite die Kenntnis der Zahlenwerte der Diffusionskoeffizienten einer Ionen- bzw. Atomart in einem Medium in Abhängigkeit von der Temperatur, der Konzentration und der Anwesenheit fremder Legierungs- bzw. Verbindungszusätze erstrebt wird, ist auf der anderen Seite die Deutung des Diffusionsmechanismus für weitere sinnvolle Versuche und für die technische Anwendung von großer Bedeutung. Je nach dem zu erreichenden Ziel wird sich die Versuchsanordnung von Fall zu Fall ändern. Während Diffusionsmessungen an Einkristallen stets von Vorteil sind, wird man sich doch häufig mit Diffusionsmessungen an polykristallinen Körpern begnügen müssen. Hierbei ist aber zu beachten, daß die an Einkristallen und polykristallinen Körpern erhaltenen Diffusionskoeffizienten erhebliche Unterschiedezeigen können. Die Ursache

---

[1] KOCH, E., u. C. WAGNER: Z. phys. Chem. (B) **38**, 295 (1937).
[2] ALLEN, R. L., u. W. J. MOORE: J. phys. Chem. **63**, 223 (1959).
[3] RICKERT, H.: Z. phys. Chem. (NF) **23**, 355 (1960).
[4] RICKERT, H.: Z. phys. Chem. (NF) **24**, 418 (1960).

Nähere Bezeichnung der Kurven A bis W in Abb. 5.40

Bezeichnung	Literaturangabe	Bemerkungen
A	BUGAKOV, V., u. F. RYBALKO: Z. techn. Physik UdSSR **5**, 1927 (1935)	Polykristallin, Durchschnittswerte von *D*
B	BUGAKOV, V., u. V. NESKUCHAW: Z. techn. Physik UdSSR **1**, 324 (1934)	Durchschnittswerte von *D*
C	Autoren wie unter *A*	Einkristall
D	SEITH, W., u. W. KRAUS: Z. Elektrochem. angew. phys. Chem. **44**, 98 (1938)	24% Zn
E	RHINES, F. N., u. R. F. MEHL: Trans. AIME **128**, 185 (1938)	24% Zn
F	Autoren wie unter *D*	0% Zn
G	HERTSRIKEN, S. D., J. SAKHAROV u. L. STOLPER: Mem. Phys. Kiew **8**, 135 (1940)	Durchschnittswert von *D*
H	KIRKENDALL, E. O.: Trans. AIME **147**, 104 (1942)	28% Zn
K	Autoren wie unter *E*	0% Zn
L	GEORGE, H. P., u. R. F. MEHL: Unveröffentlichte Ergebnisse	Polykrist. 26% Zn
M	KIRKENDALL, E. O., L. THOMASSEN u. C. UPTHEGROVE: Trans. AIME **133**, 186 (1939)	27% Zn
N	Autoren wie unter *L*	Einkristall 26% Zn
P	Autoren wie unter *L*	Polykrist. 0% Zn
R	MATANO, C.: Jap. J. Physics **9**, 41 (1934)	Durchschnittswert von *D*
S	KÖHLER, W.: Zbl. Hütten- u. Walzwerk **31**, 650 (1928)	—
T	Autoren wie unter *L*	Einkristall, 0% Zn
U	JENKINS, J.: J. Inst. Metals **73**, 641 (1947)	Durchschnittswert von *D*
V	DUNN, J. S.: J. chem. Soc. [London] 2973 (1926)	29% Zn
W	Autoren wie unter *V*	9,6% Zn

dieser unterschiedlichen Werte ist häufig nicht mit Sicherheit anzugeben. Ganz allgemein wird man bei polykristallinen Körpern der Korngrenzen- und Oberflächendiffusion vor allem im Bereich mittlerer Temperaturen besondere Beachtung schenken müssen. Ferner ist nach den Ausführungen der früheren Kapitel evident, daß bei Vergleichsmessungen und Gegenüberstellungen von Diffusionskoeffizienten, die von den einzelnen Autoren ermittelt wurden, die Konzentration der diffundierenden Atom- bzw. Ionenart im Diffusionsmedium zu berücksichtigen ist. Auf Grund dieses Sachverhalts ist es nicht verwunderlich, wenn des öfteren teilweise erhebliche Abweichungen in den Diffusionskoeffizienten ein und desselben Systems festgestellt werden. Ein besonders eindrucksvolles Beispiel dürfte die Diffusion von Zink in

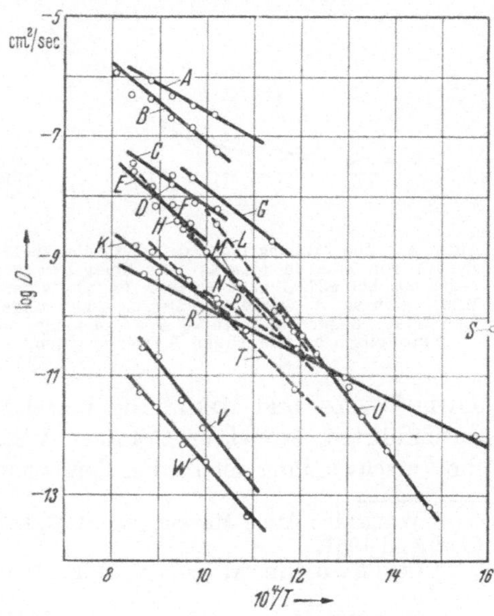

Abb. 5.40
Zusammenstellung der Temperaturabhängigkeit der Diffusionskoeffizienten von Zink in α-Messing nach WELLS. (Nähere Bezeichnung der Kurven *A* bis *W* in der obigen Zusammenstellung.)

α-Messing sein. Dies geht aus den in Abb. 5.40 von WELLS[1] zusammengestellten Temperaturabhängigkeiten der Diffusionskoeffizienten von Zink hervor, die je nach Versuchsanordnung und Legierungszusammensetzung Unterschiede bis zu sechs Zehnerpotenzen aufweisen. Um daher für die jeweiligen Bedürfnisse die dem eigenen vorliegenden System richtigen Diffusionskoeffizienten zu verwenden, ist nicht nur die Angabe des Diffusionskoeffizienten mit der dazugehörigen Temperatur unter Kennzeichnung des Diffusionsmediums erforderlich, sondern auch die Angabe des kristallinen Zustandes, der Vorbehandlung und der genauen Zusammensetzung des Diffusionsmediums. Insbesondere der letzte Punkt kann nicht sorgfältig genug berücksichtigt werden, da bereits kleinste Fremdstoffzusätze insbesondere in Ionenkristallen mit kleiner Fehlordnung die Konzentration derselben und damit die Diffusionsgeschwindigkeit der den Kristall aufbauenden Teilchen um Zehnerpotenzen ändern können.

5.31 Allgemeine chemische und physikalische Methoden zur Bestimmung von Diffusionskoeffizienten

Für Diffusionsversuche in metallischen Systemen hat es sich als zweckmäßig ergeben, die Probekörper entweder aufeinanderzuschweißen oder bei Beteiligung eines reinen Metalls dieses elektrolytisch auf den Legierungsprobekörper aufzubringen. CORREA DA SILVA[2] konnte zeigen, daß nach beiden Verfahren — entweder durch elektrolytische Abscheidung von Kupfer auf Messing oder Verschweißung eines Kupfer- und Messingzylinders — der gleiche Verlauf des Diffusionskoeffizienten von Zink in α-Messing bei 837 °C in Abhängigkeit vom Zinkgehalt erhalten wurde (Abb. 5.41). Während PASCHKE und HAUTTMANN[3] sowie WELLS und MEHL[4] die Verschweißung auf elektrischem Wege durchführten, erreichten CORREA DA SILVA[5] und HAM und Mitarbeiter[6] die Verschweißung der beiden Versuchsproben durch Aufheizen der Ver-

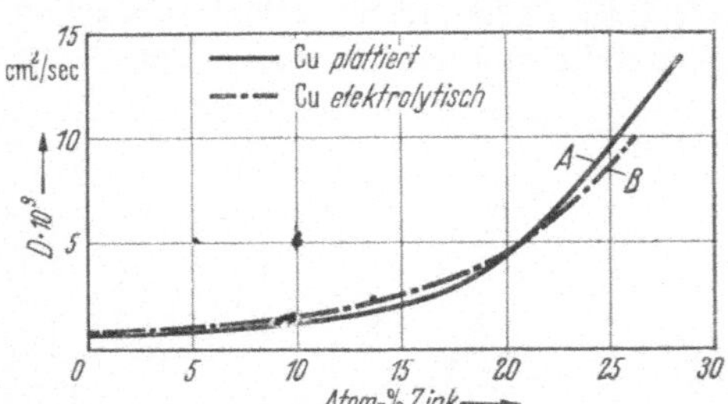

Abb. 5.41. Die Abhängigkeit des Diffusionskoeffizienten von Zink in Messing vom Zinkgehalt der Legierung bei 837°C nach CORREA DA SILVA und MEHL. (Kurve A wurde an Messing mit aufgeschweißtem Kupfer und Kurve B an Messing mit elektrolytisch aufgebrachtem Kupfer erhalten.)

---

[1] WELLS in: Atom Movements, S. 26, hrsg. von American Society for Metals. Cleveland 1951.

[2] CORREA DA SILVA, L. C., u. R. F. MEHL: Trans. AIME, J. Metals **191**, 155 (1951).

[3] PASCHKE, M., u. A. HAUTTMANN: Arch. Eisenhüttenwes. **9**, 305 (1935/36).

[4] WELLS, C., u. R. F. MEHL: Trans. AIME **140**, 279 (1940).

[5] CORREA DA SILVA, L. C.: Diss. Pittsburgh 1950.

[6] HAM, J. L., R. M. PARKE u. A. J. HERZIG: Trans. Amer. Soc. Metals **31**, 849 (1943).

suchskörper auf die Diffusionstemperatur im Vakuumofen unter Druck, wobei die Glühdauer beim nachfolgenden Diffusionsversuch berücksichtigt wurde. Das letzte Verfahren schließt die dem ersten anhaftenden Unsicherheiten, wie Glühzeit und Temperatur, aus. Im allgemeinen ist das Schweißverfahren dem Elektroplattierungsverfahren überlegen, da das erstere auf beliebige Legierungskombinationen anwendbar ist und ferner die experimentelle Durchführung leichter erreicht wird. Die Meßgenauigkeit des Abstandes von der Verschweißungsfläche beträgt gewöhnlich $\pm 0{,}0025$ cm. Die Genauigkeit der Konzentrationsbestimmung des diffundierenden Bestandteils im Diffusionsmedium hängt von den analytischen Eigenschaften des Bestandteils und von der Empfindlichkeit des analytischen Verfahrens ab.

Zwecks sinnvoller Auswertung der Versuchsergebnisse haben BIRCHENALL, CORREA DA SILVA und MEHL[1] vorgeschlagen, die Zahl der Atome je Elementarzelle als Ordinatenwerte gegen die Zahl der Gitterabstände als Abszissenwerte aufzutragen, wie dies aus Abb. 5.42 im Falle der Kohlenstoffdiffusion im Austenit zu entnehmen ist. In dieser Darstellung sind die Abszissenwerte unabhängig von der Temperatur und der Zusammensetzung und somit auch praktisch von den Volumänderungen, die durch die Diffusion verursacht werden. In gleicher Weise können auch auf der Ordinaten die jeweiligen Atomprozente des diffundierenden Bestandteils aufgetragen werden. Jedoch ist zu beachten, daß der Diffusionskoeffizient D in $cm^2\,sec^{-1}$ die Konzentrationseinheit in $g\,cm^{-3}$ fordert. Im Falle der Kohlenstoffdiffusion in einem Stahl von 1 Atom-% C bei 1000 °C wurde beobachtet, daß die Werte des Diffusionskoeffizienten D innerhalb der Versuchsfehler unabhängig von der Dimensionierung der Konzentration, ob Atom-%, Gewichts-% oder $g\,cm^{-3}$, waren. Diese betrugen 3,4, 3,3 und $3{,}1 \cdot 10^{-7}\,cm^2\,sec^{-1}$. Unter diesen Umständen wurden die Abstände in cm-Einheiten gemessen. Zur Umrechnung von D [Gitterabstände^2 sec^{-1}] in D [cm^2 sec^{-1}] ist mit 1/(Zahl der Gitterabstände je cm^2) zu multiplizieren.

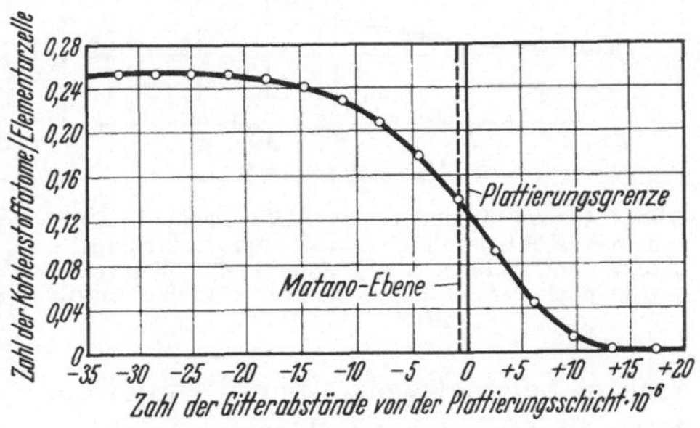

Abb. 5.42. Kohlenstoffdiffusion in Austenit nach BIRCHENALL, CORREA DA SILVA und MEHL.[1]

Weiterhin ist für die Auswertung der Meßergebnisse noch zu beachten, daß die Messung der Entfernung der zu analysierenden Diffusionsschicht von der Schweißnahtfläche bei Zimmertemperatur erfolgt, was bei Legierungen mit hohem Ausdehnungskoeffizienten zu beachten ist.

Zwecks genauerer und objektiver Darstellung der Diffusionswerte hat JOHNSON[2] vorgeschlagen, das Konzentrationsverhältnis c/c_0 gegen den

[1] BIRCHENALL, C. E., L. C. CORREA DA SILVA u. R. F. MEHL: Trans. AIME **175**, 197 (1948).

[2] JOHNSON, W. A.: Trans. AIME **147**, 331 (1942).

Abstand im Maßstab der Lösungsfunktion aufzutragen, wo c_0 den Konzentrationsunterschied des diffundierenden Bestandteils der beiden Versuchskörper vor Versuchsbeginn und c denjenigen in einem Abstand von der Schweißgrenzfläche nach bestimmter Diffusionszeit darstellt. WELLS, BATZ und MEHL[1] werteten nach diesem Verfahren ihre Kohlenstoffdiffusionsmessungen in Stahl mit 7,67 Atom-%, Kohlenstoff und Eisen mit 0,07% C aus, die nach 19,5stündigem Glühen bei 1127 ± 5 °C ermittelt wurden.

Bei der Berechnung von Diffusionskoeffizienten aus Versuchsergebnissen steht man zunächst vor der Wahl, die Konzentrationsabhängigkeit von D zu berücksichtigen oder nicht. Während MATANO[2] einen konzentrationsabhängigen Diffusionskoeffizienten voraussetzt (S. 475), betrachtet ihn GRUBE[3] innerhalb kleiner Bereiche der Ortskoordinate, deren Nullpunkt durch $c(0, t) \equiv (c_1 + c_2)/2$ festgelegt wird, als konstant und bestimmt D nach (5.346) bis (5.348), was in vielen Fällen als Näherung ausreicht (vgl. S. 471). Abb. 5.43 stellt die Abhängigkeit des Diffusionskoeffizienten des Kohlenstoffs vom Kohlenstoffgehalt im Austenit bei 1127 °C dar. Beide Methoden führen hier zu den gleichen Ergebnissen.

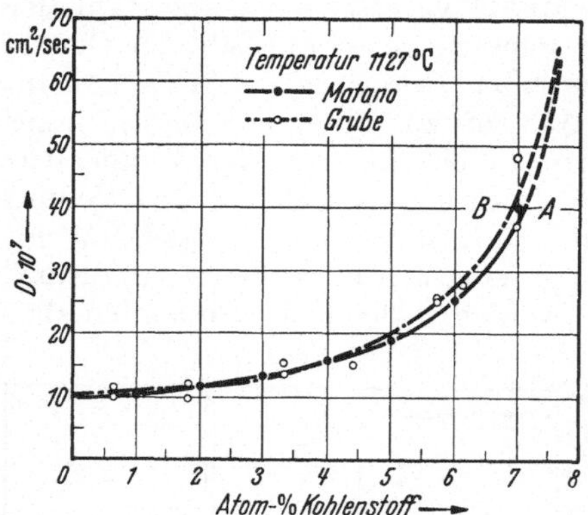

Abb. 5.43. Abhängigkeit des Diffusionskoeffizienten von Kohlenstoff in Stahl vom Kohlenstoffgehalt nach WELLS, BATZ und MEHL. (Kurve A wurde nach MATANO und Kurve B nach GRUBE ausgewertet.)

Während bisher Phasengrenzreaktionen außer Betracht blieben, müssen wir im folgenden diese berücksichtigen. Solche Phasengrenzreaktionen treten beispielsweise beim Einwirken von Gasen und Dämpfen auf feste Stoffe oder im Innern beim Ausscheiden unlöslicher Reaktionsprodukte auf (Ausscheidungsvorgänge). Diese Phasengrenzreaktionen sind keineswegs immer auszuschließen, worauf neben anderen WELLS hingewiesen hat[4]. Zur Vermeidung von Kanteneffekten bei der Diffusion verwendet man im allgemeinen lange zylindrische Körper, wobei man den Verlauf der Diffusion in genügend weitem Abstand von den Enden des Zylinders untersucht. Ferner ist zu beachten, daß der Durchmesser des Zylinders im Vergleich zur Eindringtiefe des diffundierenden Stoffes genügend groß ist, so daß man in befriedigender Näherung zur Berechnung von D noch die Diffusionsgleichungen für eindimensionale Systeme verwenden kann. Sofern man während des Diffusionsverlaufs

[1] WELLS, C., W. BATZ u. R. F. MEHL: Trans. AIME 188, 553 (1950).
[2] MATANO, C.: Jap. J. Phys. 8, 109 (1933).
[3] GRUBE, G., u. A. JEDELE: Z. Elektrochem. angew. phys. Chem. 38, 799 (1932).
[4] WELLS, C. in: Atom Movements, S. 26, hrsg. von American Society for Metals. Cleveland 1951.

die Oberflächenkonzentration konstant halten kann und sich D mit der Konzentration nicht ändert, ist die Berechnung von D mit Hilfe der Lösung (5.57) nach den Methoden von Abschn. 5.141.1 bzw. 5.141.2 möglich. Des öfteren kann jedoch eine konstante Oberflächenkonzentration während des Diffusionsversuchs nicht realisiert werden, wie z. B. die Aufkohlungsversuche von BRAMLEY[1] ergeben haben. Abb. 5.44 stellt den zeitlichen Verlauf der Oberflächenkonzentration an Kohlenstoff von Armco-Eisen dar, das bei 950 °C in mit Toluoldampf gesättigtem CO geglüht wurde. Als weiteres Beispiel einer Diffusion wäre das zeitliche Abwandern von Bor aus dem Innern eines Stahls, dessen Ausgangszusammensetzung 0,43 Gew.-% C, 1,58% Mn, 0,32% Si und 0,0038% Bor beträgt, zu nennen, der 8 Stunden bei 1038 °C entkohlt wurde[2] (Abb. 5.45).

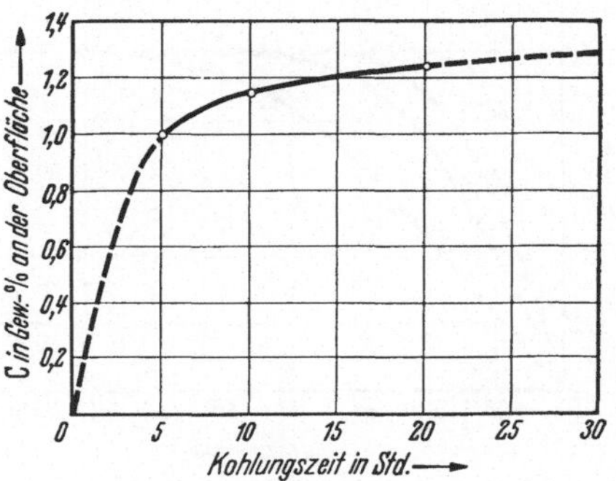

Abb. 5.44. Zeitliche Änderung der Oberflächenkonzentration von Kohlenstoff beim Erhitzen von Armco-Eisen in mit Toluoldampf gesättigtem CO bei 950° C nach BRAMLEY und LAWTON[1].

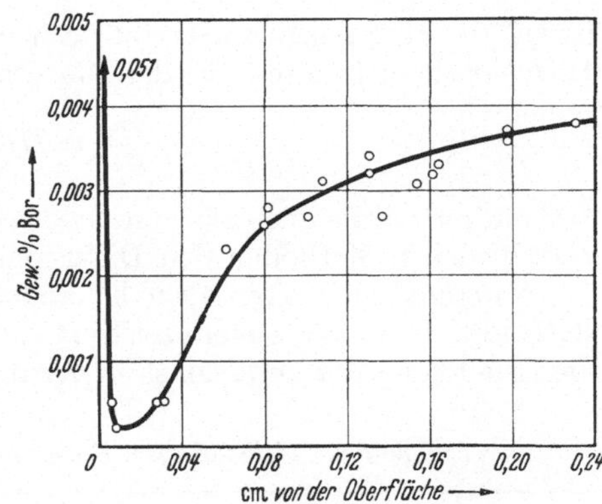

Abb. 5.45. Konzentrationsverlauf des Bors in einem C 14-Stahl mit einem Anfangsgehalt von 0,43 Gew.-% C, 1,58% Mn, 0,32% Si und 0,0038% B nach 8stündigem Entkohlen bei 1038 °C nach DIGGES[2].

Wenn hingegen die Ermittlung der Konzentrationsverteilung des diffundierenden Stoffes in einem Diffusionsmedium nicht mit genügender Genauigkeit möglich ist, empfiehlt WELLS[3] folgendes Auswerteverfahren: Man trägt das Verhältnis der bei einer bestimmten Temperatur und Zeit t ein- oder ausdiffundierten Menge y zur maximalen Menge y_∞ bei unendlicher Diffusionszeit als Ordinate auf und wählt als Abszisse $\sqrt{Dt/a}$, wo a die halbe Schichtdicke einer Metallplatte bzw. den Radius eines Zylinders oder einer Kugel darstellt. Abb. 5.46 zeigt den Kurvenverlauf für die einzelnen Versuchskörper, wie er von NEWMAN[4] unter Zugrundelegung der Diffusionsformeln für eine Metallplatte, einen Zylinder und eine Kugel berechnet wurde.

[1] BRAMLEY, A., u. G. LAWTON: Iron Steel Inst. **16**, 35 (1927).

[2] DIGGES, T. G., u. Mitarbeiter: J. Res. Nat. Bur. Standards Res. Pap. R. P. 1938, **41** (1948).

[3] WELLS, C. in: Atom Movements, S. 26, hrsg. von American Society for Metals. Cleveland 1951.

[4] NEWMAN, A. B.: Trans. AIME **27**, 310 (1931).

In manchen Fällen ist die Ermittlung der Diffusionskoeffizienten auf folgende einfache Weise möglich: Man wählt als Diffusionsmedium eine Membrane, bringt sie auf die gewünschte Diffusionstemperatur und läßt auf beiden Seiten dieser Membrane getrennt ein Gasgemisch mit verschiedenen Gehalten des diffundierenden Partners streichen. Dann wird sich entsprechend den verschiedenen Gehalten des diffundierenden Partners in den Gasgemischen auf beiden Seiten der Membrane eine verschieden große Oberflächenkonzentration einstellen, die eine Diffusion in Richtung zur kleineren Konzentration verursacht. Hält man auf der einen Seite die Konzentration des diffundierenden Bestandteils praktisch auf Null, wie dies beispielsweise bei der von HAUFFE[1] untersuchten Sauerstoffdiffusion durch Silber in der Anordnung $Cu/Cu_2O/Ag/O_2$ (gas) der Fall ist, wo der Sauerstoffpartialdruck bzw. die in Ag gelöste Sauerstoffmenge an der Phasengrenze Ag/Cu_2O sehr klein ist ($p_{O_2}^{600°} < 10^{-6}$ atm), so ergibt sich mit konzentrationsunabhängigen Diffusionskoeffizienten für den Materietransport durch die Membrane:

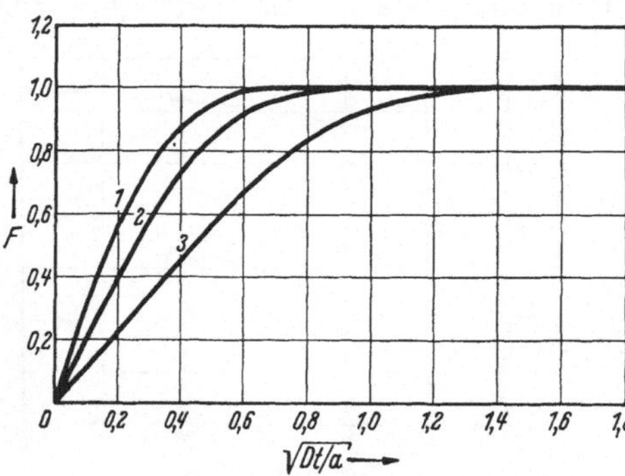

Abb. 5.46. Verlauf des Verhältnisses der diffundierten Menge $F = y/y_\infty$ in Abhängigkeit von $\sqrt{Dt/a}$ nach NEWMAN[2]. (Berechnet 1: für eine Kugel; 2: für einen Zylinder und 3: für ein Blech.)

$$\frac{\Delta n}{\Delta t} = D q \frac{c}{\xi}.$$

Des öfteren wird es sich als wünschenswert erweisen, möglichst nach zwei verschiedenen Methoden den Diffusionskoeffizienten zu ermitteln.

Während die weiter oben behandelten Methoden durch eine *nichtstationäre* Diffusion gekennzeichnet sind, gestattet die letzte Methode die Ermittlung der Diffusionskoeffizienten bei *stationärer* Diffusion (siehe

Tabelle 5.8. *Diffusion von Kohlenstoff im Austenit bei 1000 °C*

Art der Diffusion		Gew.-% C im Austenit						Autor
		0,22	0,44	0,66	0,88	1,11	1,35	
nichtstationär	$D \cdot 10^7 cm^2 sec^{-1}$	2,7	3,2	3,9	4,7	6,3	8,9	WELLS, BATZ u. MEHL[3]
stationär		2,7	3,2	3,9	4,8	6,2	7,8	SMITH[4]

[1] HAUFFE, K.: Z. anorg. allg. Chem. **257**, 279 (1948).
[2] NEWMAN, A. B.: Trans. AIME **27**, 310 (1931).
[3] WELLS, C., W. BATZ u. R. F. MEHL: Trans. AIME **188**, 553 (1950).
[4] SMITH: Privatmitteilung an C. WELLS (s. Fußnote 1, S. 517).

S. 380—381). Häufig führen beide Methoden zu gleichen Diffusionskoeffizienten, wie dies z. B. aus Tab. 5.8 für die Kohlenstoffdiffusion im Austenit bei 1000 °C zu entnehmen ist.

Beim höchsten Kohlenstoffgehalt tritt eine geringe Abweichung auf, wobei WELLS[1] dem Wert $7{,}8 \cdot 10^{-7}$ cm² sec⁻¹ die höhere Wahrscheinlichkeit beimißt.

In gleicher Weise konnte nach beiden Methoden, der nichtstationären nach WELLS[1] und der stationären nach SYKES und Mitarbeitern[2], der Diffusionskoeffizient von Wasserstoff in γ-Eisen bei 1050 °C in guter Übereinstimmung zu $1{,}6 \cdot 10^{-4}$ bzw. $1{,}4 \cdot 10^{-4}$ $cm^2\,sec^{-1}$ gefunden werden.

Durch eine sorgfältige Auswahl geeigneter Diffusionsmethoden werden experimentelle Fehlerquellen weitgehend ausgeschaltet, so daß die Diffusionskoeffizienten häufig mit einer Genauigkeit von $\pm 10\%$ ermittelt werden können.

Ferner kann die Diffusionsgeschwindigkeit z. B. eines Metalls in einem anderen durch mikroskopische Untersuchung des Schliffbildes des Dif-

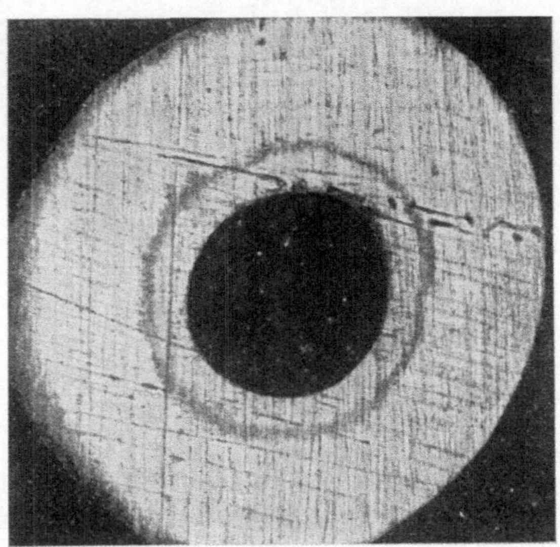

Abb. 5.47. Ätzbild eines mit Gold umgebenen Silberdrahtes nach dem Diffusionsversuch von FRAENKEL und HOUBEN[3]. [100mal vergr.; geätzt mit $(NH_4)_2S$.]

fusionsmediums erhalten werden. Wie FRAENKEL und HOUBEN[3] zeigen konnten, werden die Verhältnisse relativ einfach, wenn entweder durch das eindiffundierende Metall eine neue Phase gebildet wird oder das auf die Schliffprobe einwirkende Agens erst bei einer bestimmten kritischen

[1] WELLS, C., in: Atom Movements, S. 26, hrsg. von American Society for Metals. Cleveland 1951.

[2] SYKES, C., H. H. BURTON u. C. C. GEGG: J. Iron Steel Inst. [London] **156**, 155 (1947).

[3] FRAENKEL, W., u. H. HOUBEN: Z. anorg. allg. Chem. **116**, 1 (1921).

Konzentration des eindiffundierten Metalls seine sichtbare Verfärbung bewirkt. Nach diesem Verfahren konnte das Eindiffundieren von Silber in Gold beobachtet werden. Zu diesem Zweck wurde ein Silberdraht mit einem Goldmantel umgeben und nach erfolgter Diffusion durch Anätzen mittels Ammoniumsulfid die Eindringtiefe des Silbers in Gold durch Schwarzfärbung bestimmt, deren äußerste Randschicht durch eine bestimmte minimale Ag-Konzentration festgelegt ist (Abb. 5.47). Das Vordringen dieser Konzentrationszone ist eine einfache Funktion des Diffu-

Abb. 5.48. Bevorzugte Diffusion von Chrom längs der Korngrenzen einer Eisen-Nickel-Legierung nach HOFFMAN[1]. (250fache Vergr.)

sionskoeffizienten und kann mit der einfachen integrierten 2. FICKschen Formel ausgewertet werden (siehe Abschn. 5.132).

Ganz besonders geeignet erscheint die metallographische Methode zur Messung der Eindringtiefe der diffundierenden Komponente längs der Korngrenzen, wie dies in Abb. 5.48 für die Diffusion von Chrom längs der Korngrenzen einer Eisen-Nickel-Legierung gezeigt ist.[1] Abgesehen von der für jedes Diffusionssystem erforderlichen individuellen Versuchstechnik ist die Anwendung des geeigneten Ätzmittels für den Erfolg des Versuchs entscheidend.

Neben der metallographischen Methode ist insbesondere von BÜCKLE[2] für den Diffusionsverlauf in Al-Legierungen die Mikrohärteprüfung herangezogen worden. Nach Aufstellen einer Eichkurve (Härte gegen Konzentration) des zu untersuchenden Diffusionssystems wird in Abständen von etwa 5 μ, ausgehend von der Phasengrenze Legierung/Metall, die Änderung der Härte und damit — gemäß der Eichkurve — die der Konzen-

[1] HOFFMAN, R. E., in: Atom Movements, S. 51, hrsg. von American Society for Metals. Cleveland 1951.

[2] BÜCKLE, H.: Z. Metallkde. **34**, 120 (1942); Z. Elektrochem. angew. phys. Chem. **49**, 238 (1943); Metallforsch. **1**, 47, 175 (1946). — H. BÜCKLE u. J. DESCAMPS: C. R. **230**, 752 (1950). — H. BÜCKLE u. A. KEIL: Met. Corr. **24**, 59 (1949); Mikroskopie **4**, 266 (1949).

tration ermittelt. Abb. 5.49 stellt eine nach diesem Verfahren erhaltene Kurve dar, die den Verlauf der Eindiffusion von Kupfer in Aluminium aus einer Al-Cu-Mg-Legierung zeigt. ZWICKER[1] konnte aus Mikrohärtekurven von Diffusionsschichten u. a. die Korngrenzendiffusion von Cu in Eisen bestimmen.

In Metallegierungen vom Einlagerungstyp wurden von ZENER und WERT[2] Messungen der inneren Reibung zur Berechnung von Diffusionskoeffizienten herangezogen. Nach dieser Methode können besonders kleine Diffusionskoeffizienten (10^{-19} bis 10^{-20} $cm^2 sec^{-1}$) ermittelt werden. Da ferner die Messungen an Proben mit einheitlicher Konzentration ausgeführt werden, kann die Abhängigkeit des Diffusionskoeffizienten von der Konzentration durch Messungen an Legierungen verschiedener Konzentrationen leicht ermittelt werden. Von NOWICK[3] wurde dieses Verfahren auf Legierungen vom Substitutionstypus erweitert. Das von ZENER entwickelte Meßverfahren der inneren Reibung basiert auf einer Arbeit von SNOEK[4] über das anelastische Verhalten von kubischraumzentrierten Metallen bei mechanischer Beanspruchung — insbesondere durch Torsion.

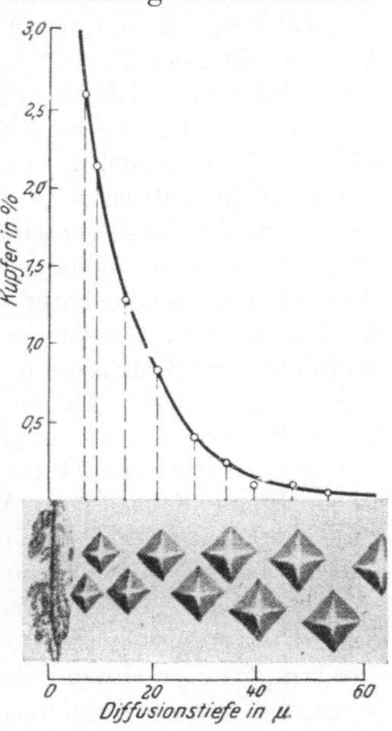

Abb. 5.49. Konzentrationsverlauf des Kupfers in Gew.-% in einer auf eine Al-Cu-Mg-Legierung aufplattierten Deckschicht aus reinem Aluminium, ermittelt aus Mikrohärtemessungen nach BÜCKLE[5].

Für bestimmte Vorgänge der Oberflächendiffusion kann die Elektronenemission ein recht brauchbarer Indikator sein. Diese Methode wurde schon vor längerer Zeit von LANGMUIR[6] für die Oberflächendiffusion von Thorium auf Wolfram eingeführt. Hierbei wird von der Tatsache Gebrauch gemacht, daß die Elektronenemission in hohem Maße von der Oberflächenkonzentration der Thoriumatome auf Wolfram abhängt. Das mit etwas Thoriumoxid bedeckte Wolfram wird anfänglich auf 2800 °K erhitzt, wobei nicht nur ein Teil des Thoriumoxids verdampft, sondern auch zu Thoriummetall reduziert wird. Für die eigentlichen Diffusionsversuche wird anschließend die Temperatur auf etwa

[1] ZWICKER, U.: Metalloberfl. **6**A, 81 (1952).
[2] WERT, C., u. C. ZENER: Phys. Rev. **76**, 1169 (1949). — C. WERT: Phys. Rev. **78**, 639 (1950).
[3] NOWICK, A. S.: Phys. Rev. **82**, 340 (1951).
[4] SNOEK, J.: Physica **8**, 711 (1941).
[5] BÜCKLE, H.: Z. Metallkde. **34**, 120 (1942); Z. Elektrochem. angew. phys. Chem. **49**, 238 (1943); Metallforsch. **1**, 47, 175 (1946). — H. BÜCKLE u. J. DESCAMPS: C. R. **230**, 752 (1950). — H. BÜCKLE u. A. KEIL: Met. Corr. **24**, 59 (1949); Mikroskopie **4**, 266 (1949).
[6] LANGMUIR, I.: Phys. Rev. **20**, 107 (1922).

1800 bis 2200 °K gesenkt. Die zur Ermittlung der jeweiligen Thoriumkonzentration auf Wolfram erforderliche Elektronenemission wurde bei noch niedrigeren Temperaturen, bei etwa 1300 °K, ausgeführt. Nach ähnlichen Verfahren wurde die Diffusionsgeschwindigkeit einer größeren Zahl anderer Metalle auf und durch Wolfram bestimmt.[1,2] Mittels des Prinzips der Feldelektronenemission konnte MÜLLER[3] den Selbstdiffusionskoeffizienten von Wolfram ermitteln. Mit dieser Methode sollte es in der Tat möglich sein, die Abhängigkeit sowohl der Oberflächen- wie der Volumendiffusionskoeffizienten von den verschiedenen kristallographischen Ebenen und Richtungen zu bestimmen.

Die von DUNN[4] erstmalig angewandte „Verdampfungsmethode", die für Metallegierungen mit einer flüchtigen Komponente in Frage kommt, gestattet die Diffusionsgeschwindigkeit der flüchtigen Komponente aus der Verdampfungsgeschwindigkeit zu ermitteln. Die Versuchsdurchführung erfolgt in der Weise, daß man die betreffende Legierung bestimmte Zeiten bei der gewünschten Diffusionstemperatur im Vakuum erhitzt und fortlaufend den Masseverlust bestimmt. Als brauchbar hat sich diese Methode zur Bestimmung der Diffusionsgeschwindigkeit von Zink in α-Messing erwiesen. Da im allgemeinen die nach dieser Methode erhaltenen Meßwerte recht ungenau sind, hat dieses Verfahren heute wohl nur noch historischen Wert. Diese Folgerung wird auch durch die kritische Betrachtung dieser Methode von GERZRICKEN, FAINGOLD, ILKEVICH und SAKHAROV[5] gerechtfertigt. Hiernach muß nämlich u. a. bei diesem Verfahren berücksichtigt werden, daß die Geschwindigkeit der Gewichtsabnahme durch die verdampfende Komponente nicht nur durch die Diffusionsgeschwindigkeit zur Oberfläche, sondern auch durch die Verdampfungsgeschwindigkeit von der Oberfläche bestimmt werden kann. Aus diesem Grunde ist die Verdampfungsgeschwindigkeit von der Oberfläche gesondert zu ermitteln. Außer an Einkristallen ist besonders an vielkristallinem Material — mit dessen Auftreten in normalen Werkstücken stets zu rechnen ist — die Schrumpfung der Kristallite infolge Verlust der flüchtigen Legierungskomponente zu beachten, was häufig zu verbreiterten Korngrenzen und demzufolge zu einer bevorzugten Diffusion längs dieser Korngrenzen führt. Nach dieser Methode haben GERZRICKEN und GOLUBENKO[6] die Änderung der mechanisch-technologischen Eigenschaften von Messing während der Wegdiffusion von Zink beobachtet. Nach dem gleichen Verfahren wurde von GERZRICKEN und DEGHTYAR[7] der Einfluß von Magnesium und Antimon auf die Diffu-

[1] LANGMUIR, I., u. J. B. TAYLOR: Phys. Rev. **40**, 463 (1932); **44**, 423 (1933). — I. N. STRANSKI u. R. SUHRMANN: Ann. Phys. [6] **1**, 153 (1947).

[2] BECKER, J. A.: Trans. Amer. Electrochem. Soc. **55**, 153 (1929). — W. H. BRATTAIN u. J. A. BECKER: Phys. Rev. **43**, 428 (1933).

[3] Vgl. u. a. E. W. MÜLLER: Z. Phys. **126**, 642 (1949).

[4] DUNN, J. S.: J. chem. Soc. [London] **129**, 2973 (1926).

[5] GERZRICKEN, S. D., M. A. FAINGOLD, G. ILKEVICH u. I. SAKHAROV: Z. techn. Phys. UdSSR **10**, 786 (1940).

[6] GERZRICKEN, S. D., u. Z. GOLUBENKO: Z. Izvest. Sekt. Fiziko-Chim. Anal. UdSSR **16**, 167 (1946).

[7] GERZRICKEN, S. D., u. J. DEGHTYAR: Z. techn. Phys. UdSSR **17**, 88, 871 (1947).

sionsgeschwindigkeit von Quecksilber in Blei-Quecksilber-Legierungen untersucht. Auch van Liempt[1] bediente sich dieses Verfahrens zur Ermittlung der Diffusionsgeschwindigkeit von Eisen in schwach legierten Wolfram-Eisen-Legierungen.

Ein brauchbares Verfahren zur Ermittlung von Diffusionskoeffizienten in Metallfilmen wurde von Coleman und Yeagley[2] mitgeteilt. Hier wird zunächst ein dünner Film des einen Metalls und anschließend des anderen Metalls auf eine Glasplatte aufgedampft und das Ineinanderdiffundieren durch Beobachtung der Änderung des Reflexionsvermögens der Oberfläche verfolgt. Diese außerordentlich empfindliche Methode gestattet in einigen Fällen Diffusionsgeschwindigkeiten sogar herab bis zu 50 °C zu messen. Wie jedoch bekannt, sind häufig die physikalischen Eigenschaften solcher Filme nicht vergleichbar mit kompakten Kristallen und führen infolgedessen zu abweichenden Werten der Diffusionskoeffizienten. Dumond und Youtz[3] wie auch Burr, Coleman und Davey[4] haben den Fortgang der Diffusion in solchen Filmen mittels Elektronenbeugung verfolgt.

Tanaka und Matano[5] beobachteten beispielsweise das Ineinanderdiffundieren von Gold und Kupfer durch Messung der zeitlichen Widerstandsänderung solcher Bimetallfolien. Schließlich ist noch die, wenn auch nur auf ferromagnetische Metalle anwendbare Methode von Chevenard und Waché[6] und Chevenard und Portevin[7] erwähnenswert. Hier wird während der Diffusion die zeitliche Änderung der Konzentration einer ferromagnetischen Legierung durch die hierdurch verursachte Änderung des Curie-Punktes verfolgt. In ähnlicher Weise wurde von Köster und Raffelsicker[8] der Diffusionsverlauf beim Sintern einer Nickel-Kupfer-Legierung durch magnetische Messungen ermittelt. Alle diese letztgenannten Methoden haben den Vorteil, daß man an einer Versuchsprobe zerstörungsfrei den gesamten Verlauf der Diffusion verfolgen kann.

Eine interessante Methode zur Bestimmung der Diffusionskoeffizienten von Sb, As, P, Zn, Ga, In in Germanium wurde von Dunlap angegeben.[9] Wie aus Abb. 5.50 zu erkennen, diffundieren kleine Zusätze der genannten Elemente bei 900 °C in eine keilförmige Ge-Probe hinein. Die Lage der Schnittgeraden dieser Diffusionsfront mit der schiefen Ebene des Keiles konnte dann in ihrer Abhängigkeit von der Zeit durch Sondenmessung (Gleichrichterverhalten der „*p*-*n*-Junction“) ermittelt werden, woraus sich eine einfache Möglichkeit der Bestimmung von D ergibt.

---

[1] Liempt, J. A. M. van: Recueil Trav. chim. Pays-Bas **64**, 234 (1945).
[2] Coleman, H. S., u. H. L. Yeagley: Phys. Rev. **62**, 295 (1942); Trans. Amer. Soc. Metals **31**, Nr. 1 (1943).
[3] Dumond, J., u. J. P. Youtz: J. appl. Phys. **11**, 357 (1940).
[4] Burr, A. A., H. S. Coleman u. W. P. Davey: Trans. Amer. Soc. Metals **33**, 73 (1944).
[5] Tanaka, S., u. C. Matano: Kyoto Coll. Sci. Mem. **13**, 343 (1930).
[6] Chevenard, P., u. X. Waché: C. R. Acad. Sci., Paris **217**, 691 (1943).
[7] Chevenard, P., u. A. Portevin: C. R. Acad. Sci., Paris **207**, 71 (1938).
[8] Köster, W., u. J. Raffelsicker: Z. Metallkde. **42**, 387 (1951).
[9] Dunlap jr., W. C.: Phys. Rev. **86**, 615 (1952).

Eine hiervon abweichende Methode wurde von FULLER[1] beschrieben (2-Proben-Methode). Die meisten Diffusionsdaten für Ge und Si wurden nach der p-n-Junction-Methode ermittelt. BLOEM und KRÖGER haben diese Methode erweitert und auf die Diffusion von Cu in PbS angewandt[2].

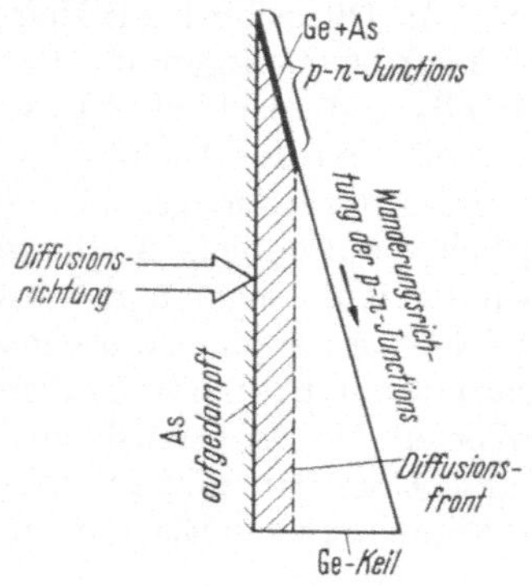

Abb. 5.50. Germanium-Keil mit fortschreitender Diffusionsfront von As, das auf der linken Seite des Keiles aufgedampft ist. Die Wanderungsrichtung der p-n-Stellen wird durch Sondenmessung auf der rechten Seite des Keiles verfolgt (DUNLAP).

Der Diffusionskoeffizient D_1, der aus der Wanderung der p-n-Front ermittelt wird, ist von dem Ausmaß der Wechselwirkung zwischen den wandernden Cu-Ionen auf Zwischengitterplatz und den wesentlich weniger beweglichen Cu-Ionen in Pb-Ionenleerstellen abhängig. Unter Verwendung des ersten FICKschen Gesetzes erhält man für die Zahl der Kupferionen N_{Cu}, die im Zeitabschnitt dt durch einen Einheitsquerschnitt diffundiert,

$$N_{\mathrm{Cu}}\, dt = D_1 \frac{n_-^*}{\xi_{pn}}\, dt,$$

wobei n_-^* die den Cu-Ionen auf Zwischengitterplatz äquivalente Konzentration der freien Elektronen ist und ξ_{pn} den Ort des p-n-Übergangs kennzeichnet. Wenn $v = d\,\xi_{pn}/dt$ die Geschwindigkeit der wandernden Kupferfront ($= p$-n-Front) ist, erhält man für N_{Cu}/dt:

$$N_{\mathrm{Cu}}\, dt = v(n_+^0 + n_{|\mathrm{Pb}|'})\, dt,$$

wo n_+^0 die Konzentration der Defektelektronen im undotierten PbS-Kristall und $n_{|\mathrm{Pb}|'}$ die Konzentration der freien Leerstellen ist. Aus den letzten beiden Gleichungen ergibt sich nach Integration von 0 bis t

$$D_1 = \frac{n_+^0 + n_{|\mathrm{Pb}|'}}{n_-^*} \frac{\xi_{pn}^2}{2t}. \tag{5.493a}$$

War vor Beginn der Dotierung $n_+^0 \approx n_{|\mathrm{Pb}|'}$, so vereinfacht sich Gleichung (5.493a) zu:

$$D_1 = \frac{n_+^0}{n_-^*} \frac{\xi_{pn}^2}{t}. \tag{5.493b}$$

Die Parameter n_+^0 und n_-^* lassen sich unabhängig aus HALL-Effektmessungen ermitteln.

Die hier aufgestellten Beziehungen wurden unter der Annahme einer starken Wechselwirkung der Cu-Ionen erhalten. Im Falle schwacher Wechselwirkung erhalten wir an Stelle von Gl. (5.493b) den Ausdruck:

$$D_1 = \frac{(n_-^* + n_+^0)\, n_+^0}{(n_-^*)^2} \frac{\xi_{pn}^2}{2t}.$$

Die hier am Beispiel des PbS erläuterten Probleme der Fremdmetall-Diffusion sind von allgemeiner Gültigkeit. Durch Kombination der Diffusionsmessungen mittels der p-n-Frontwanderung und mittels

[1] FULLER, C. S.: Phys. Rev. **86**, 136 (1952).
[2] BLOEM, J., u. F. A. KRÖGER: Philips Res. Rep. **12**, 281 (1957).

radioaktiver Isotope kann man wertvolle Aufschlüsse über die Wechselwirkung von Fremdionen auf Zwischengitterplatz mit solchen auf Gitterplatz erhalten.

Die im folgenden beschriebene Methode nach BOLTAKS[1] benutzt ebenfalls die Wanderung der *p-n*-Front, aber deren Ermittlung durch Messung der Photospannung. Dies hat allerdings zur Voraussetzung, daß das Diffusionsmedium ein Photoleiter sein muß.

Wie das Experiment ergibt, werden die beim Einstrahlen erzeugten Elektron-Lochpaare in der *p-n*-Übergangszone getrennt, wobei die Elektronen in das *n*-Gebiet und die Defektelektronen in das *p*-Gebiet des Diffusionsmediums abdiffundieren. Durch diese Ladungstrennung wird eine Photospannung verursacht. Entsprechend der schematischen Darstellung in Abb. 5.51 wird die Probe unter einem flachen Winkel

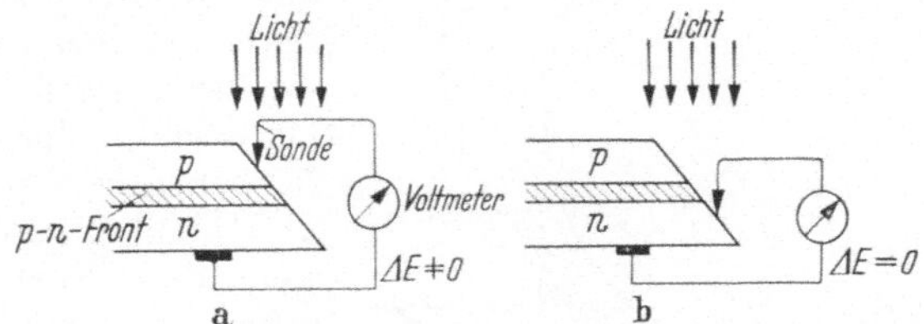

Abb. 5.51. Schematische Darstellung eines *p-n*-Übergangs mit wandernder Sonde zwecks Bestimmung der Lage dieses Übergangs nach BOLTAKS. [In (a) wird eine Photospannung gemessen, während in (b) eine solche nicht auftreten kann].

angeschnitten und der Kristall im *n*-Bereich mit einem Röhrenvoltmeter ohne äußere Stromquelle fest verbunden. Die Spannungssonde, deren Kontaktfläche möglichst klein sein muß, kann man von links oben nach rechts unten bewegen. Sorgt man nun für eine gleichmäßige Beleuchtung der schrägen Schnittfläche mit der *p-n*-Front, so beobachtet man, daß die Photospannung dann verschwindet, wenn die Sonde aus dem *p*-Gebiet kommend die *p-n*-Front erreicht. Aus der zeitlichen Wanderung der *p-n*-Front läßt sich der Diffusionskoeffizient bestimmen. Die Genauigkeit dieser Methode nimmt mit kleiner werdender Kontaktfläche der Sonde zu.

Sämtliche bisher behandelten Methoden gestatten nicht die Ermittlung von Selbstdiffusions- und Komponenten-Diffusionskoeffizienten, die für die Kenntnis der Diffusionsgeschwindigkeit von z. B. Ag in Ag oder Ag^+ in Ag_2HgJ_4 erforderlich sind. Das Versagen dieser Methode wird durch das Fehlen einer chemischen oder physikalischen Unterscheidbarkeit der diffundierenden Atome und Ionen verständlich, sofern man nicht radioaktive Isotope (Tracer) verwendet, worüber in Abschn. 5.32 berichtet wird. Als erstem gelang es KUCZYNSKI[2], durch eine verblüffend einfache Versuchsanordnung ohne Verwendung radioaktiver Isotope Komponenten-Diffusionskoeffizienten D^K in Metallen mit befriedigender

[1] BOLTAKS, B. I.: Diffusion in Semiconductors, S. 154; übersetzt von J. I. CARASSO. London 1963.

[2] KUCZYNSKI, G. C.: Phys. Rev. **75**, 1309 (1949); J. appl. Phys. **21**, 632 (1950). — J. H. DEDRICK u. G. C. KUCZYNSKI: J. appl. Phys. **21**, 1224 (1950).

Genauigkeit zu bestimmen. Da man mittels dieser Methode auch die Komponenten-Diffusionskoeffizienten von Metallen, wie beispielsweise Aluminium, wo geeignete radioaktive Isotope nicht verfügbar sind, in relativ kurzen Versuchszeiten ermitteln kann, wird im folgenden das Verfahren von KUCZYNSKI ausführlicher beschrieben.

Dieses Verfahren beruht auf der geometrischen Veränderung der Berührungsfläche beispielsweise eines dünnen Silberdrahtes auf einem größeren Silberzylinder beim Glühen, wodurch eine Sinterung des Metalldrahtes mit dem Metallzylinder infolge gegenseitiger Diffusion der Metallatome verursacht wird. Die Diffusion, durch die allmählich die Räume ACB und $A'B'C'$ (Abb. 5.52) zwischen dem Draht und der praktisch ebenen Fläche zuwachsen, wird durch den Unterschied der freien Oberflächenenergie hervorgerufen und kommt zum Stillstand, wenn diese Energie ein Minimum erreicht. Unter der Annahme eines Leerstellenwanderungs-Mechanismus sei $c = c_0 + \Delta c$ die in der Sinterzone ABC und $A'B'C'$ auftretende erhöhte Leerstellenkonzentration. Der Konzentrationsunterschied Δc, um den diese über der Gleichgewichtskonzentration c_0 im Draht- bzw. Zylinderinnern liegt, verursacht also unmittelbar das Abfließen der Atome aus den kompakten Bereichen in die beiden Sinterzonen.

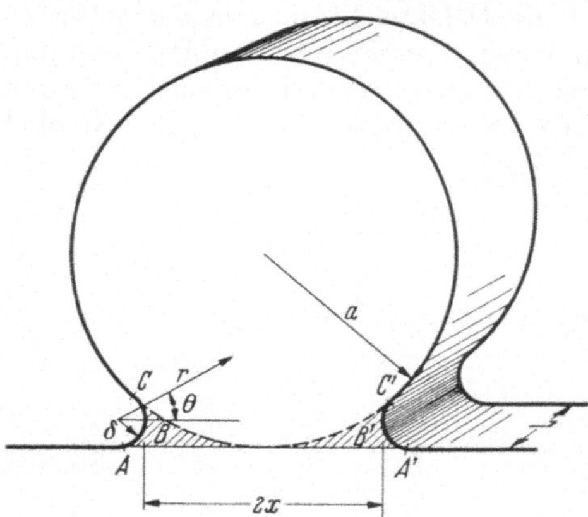

Abb. 5.52. Schematische Darstellung der Versuchsanordnung des auf dem Zylinder festgesinterten Drahtes nach KUCZYNSKI.

Bezeichnen wir mit A die Oberfläche, durch welche die Leerstellen in das System eindiffundieren, mit V das zwischen Draht und Ebene (die Schnittflächen dieser Räume sind schraffiert; Abb. 5.52) ausgefüllte Volumen und mit $(\partial \Delta c/\partial r)_{r=\varrho}$ den Gradienten der Leerstellenkonzentration auf der Oberfläche mit dem Krümmungsradius ϱ sowie mit D den Koeffizienten der Leerstellendiffusion, für den $D = D^K/c_0$ gilt, so lautet die Diffusionsgleichung:

$$\frac{dV}{dt} = A\,D\,\left|(\partial \Delta c/\partial r)_{r=\varrho}\right|. \tag{5.494a}$$

Der durch das Eindiffundieren von n Leerstellen in den Sinterraum — wodurch die Leerstellenkonzentration von c_0 auf $c_0 + \Delta c$ erhöht wird — auftretende Zuwachs an freier Energie ΔG_1 ist:

$$\Delta G_1 = n\,kT \ln(c_0 + \Delta c/c_0)$$

bzw.

$$= n\,kT(\Delta c/c_0) \quad (\text{für } \Delta c \text{ sehr klein}).$$

Gleichzeitig findet aber während der Diffusion eine Abnahme der freien Energie, bedingt durch die Abnahme von γ/ϱ über den Sinterraumflächen

ABC und $A'B'C'$, statt. Diese Energie ΔG_2 ergibt sich angenähert zu

$$\Delta G_2 = n\, \delta^3 (\gamma/\varrho),$$

wenn der Durchmesser der Leerstelle praktisch gleich ist dem atomaren Abstand δ. Hier bedeutet γ die Oberflächenenergie, k die BOLTZMANN-Konstante und T die Sintertemperatur in absoluten Graden.

Im Gleichgewicht ist $\Delta G_1 = \Delta G_2$, und man erhält für den Konzentrationszuwachs Δc

$$\Delta c = \frac{\delta^3 \gamma}{\varrho} \frac{1}{kT} c_0 . \tag{5.494b}$$

Wenn wir nun die zeitliche Änderung der Leerstellenkonzentration gleich Null setzen, d. h. $\partial c/\partial t = 0$, dann kann man die Konzentration c aus der LAPLACEschen Gleichung (s. Fußnote 1 auf S. 376)

$$\triangle c = 0$$

erhalten, deren Lösung eine Funktion des Radius r, der vom Krümmungszentrum O der Sinterraumoberfläche, z.B. ABC, ausgeht und des Winkels Θ dieses Radius ist, der mit der Geraden senkrecht zur Drahtachse und parallel zur Ebene erhalten wird (Abb. 5.52). Eine solche Lösung kann in folgender Form geschrieben werden:

$$c = \sum_{n=0}^{\infty} \frac{c_n \cos n\,\Theta}{r^n}$$

oder

$$\Delta c = \sum_{n=1}^{\infty} \frac{c_n \cos n\,\Theta}{r^n}, \tag{5.495}$$

An der Oberfläche des Sinterraums, wo $r = \varrho$ und $|c_n|$ für $n > 1$ klein ist, so daß die entsprechenden Glieder in (5.495) vernachlässigt werden können, kann man die Gln. (5.495) und (5.494 b) in guter Näherung gleichsetzen. Hieraus folgt:

$$\Delta c \approx \frac{\delta^3 \gamma}{r} \frac{1}{kT} c_0$$

und

$$\left(\frac{\partial \Delta c}{\partial r}\right)_{r=\varrho} = -\frac{\delta^3 \gamma}{\varrho^2} \frac{1}{kT} c_0 . \tag{5.496}$$

Nach KUCZYNSKI sind die aus Abb. 5.52 aus geometrischen Betrachtungen folgenden Beziehungen

$$\varrho = \frac{x^2}{4a} \qquad A = \frac{\pi x^2 L}{2a} \qquad V = \frac{x^3 L}{2a},$$

wo L die Länge des Drahtes bedeutet, nur für $\frac{x}{a} < 3$ gültig. Durch Einsetzen dieser Ausdrücke in (5.496) und (5.494a) und Beachtung der Beziehung $D c_0 = D^K$ erhalten wir für die zeitliche Verbreiterung der Berührungsfläche Draht und Zylinder

$$\frac{dx}{dt} = \frac{80\pi}{3} \frac{\delta^3 \gamma a^2}{k\,T\,x^4} D^K,$$

woraus nach Integration folgt (x = Abstand, s. Abb. 5.52):

$$\frac{x^5}{a^2} = \frac{400\pi}{3} \frac{\delta^3 \gamma}{kT} D^K t. \qquad (5.497)$$

Wie man aus (5.497) erkennt, läßt sich der Komponenten-Diffusionskoeffizient D^K als Funktion von leicht bestimmbaren Variablen x, a, T und t darstellen. Zur graphischen Auswertung von D^K trägt man entsprechend der umgeschriebenen Gl. (5.497)

$$5 \log \frac{x}{a} = \log t + \log \left(\frac{400\pi}{3} \frac{\delta^3 \gamma D^K}{kT a^3} \right)$$

$\log \frac{x}{a}$ gegen $\log t$ auf und erhält, wie sich aus entsprechenden Versuchen mit Silber ergeben hat, eine Gerade mit dem Steigungsmaß 5. Die im Temperaturbereich von 460 bis 900 °C durchgeführten Diffusionsmessungen an Silber (Abb. 5.53) ergaben für den Komponenten-Diffusionskoeffizienten den Ausdruck $D^K = 0{,}60 \exp(-45000/RT)$, der gut zu dem von JOHNSON[1] bestimmten Tracer-Diffusionskoeffizienten

$$D^* = 0{,}89 \exp(-45900/RT)$$

paßt (vgl. S. 488, Fußnote 3 und S. 509)

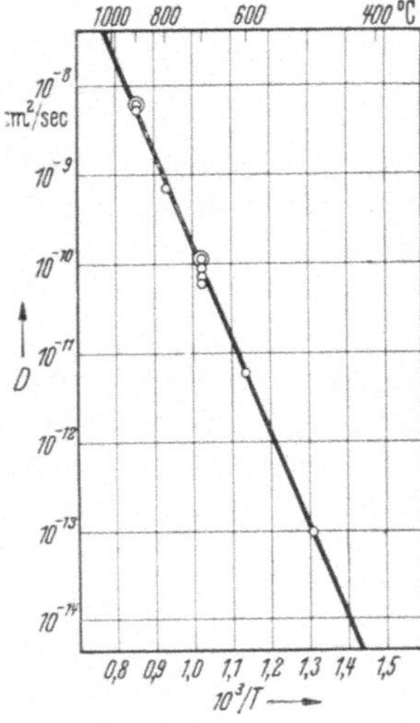

Abb. 5.53. Die aus Sinterversuchen nach KUCZYNSKI ermittelte Temperaturabhängigkeit des Selbstdiffusionskoeffizienten von Silber.

Der Verlauf des Experimentes ist aus dem Schliffbild (Abb. 5.54) zu erkennen.

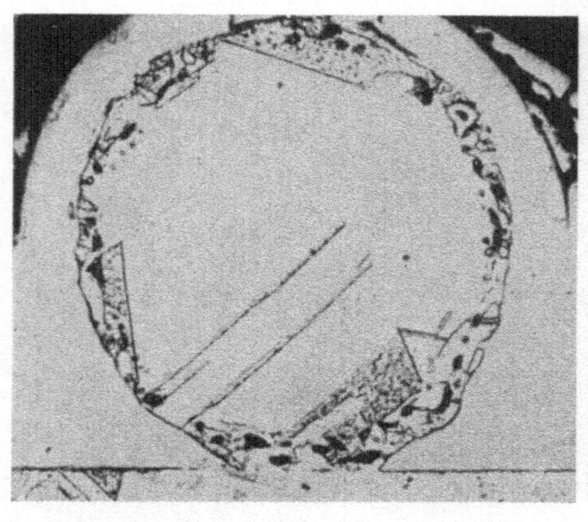

a

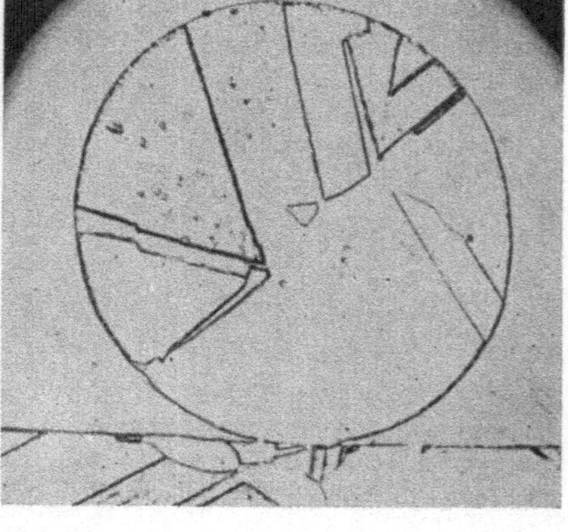

b

Abb. 5.54 a u. b. Schliffbild eines an einem Silberzylinder angesinterten Silberdrahtes. a) nach einer 1stündigen Sinterdauer bei 900°C und b) nach einer 140stündigen Sinterdauer bei 700°C (500mal vergr.) nach KUCZYNSKI.

[1] JOHNSON, W. A.: Trans. AIME **143**, 107 (1941).

Um beim Zerschneiden und Schleifen nach dem Sinterversuch eine Deformation der Versuchsproben zu vermeiden, werden Draht und Zylinder mit einem Nickelüberzug versehen und anschließend in Bakelit eingebettet. Die Ermittlung der Länge $2x$ (Abb. 5.52) wird durch die Schräglage des Drahtes von $12{,}0 \cdot 10^{-3}$ cm Durchmesser verfälscht. Die Korrektur ist aber leicht durchführbar, da man den Wert von x nur mit dem Verhältnis des Ausgangsradius zu dem im Schliffbild gefundenen Radius des Drahtes zu multiplizieren braucht.

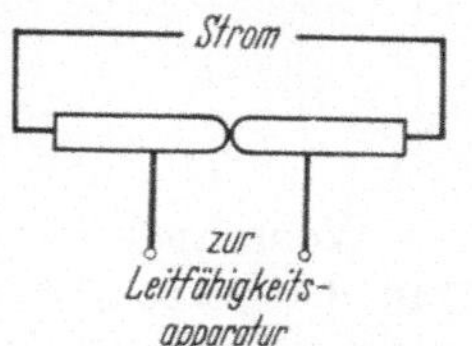

Abb. 5.55. Versuchsanordnung zur Messung der Kontaktleitfähigkeit nach DEDRICK und KUCZYNSKI.

Von DEDRICK und KUCZYNSKI[1] wurde eine weitere interessante Methode zur Ermittlung von Komponenten-Diffusionskoeffizienten in Metallen entwickelt. Diese beruht auf der zeitlichen Änderung der Kontaktleitfähigkeit zweier sich mit ihren halbkugelförmigen Enden berührenden Metallelektroden (Abb. 5.55). Durch Kombination von (5.497) und einer von BOWDEN und TABOR[2] aufgestellten Beziehung:

$$\varkappa_j = 2\varkappa\, r,$$

wo $\varkappa_j$ die an der Berührungsstelle herrschende elektrische Leitfähigkeit, $r = x$ der Radius der kreisförmigen Berührungsfläche (Abb. 5.52 und 5.56) und $\varkappa$ die spezifische elektrische Leitfähigkeit des kompakten Materials ist, erhalten wir für die zeitliche Änderung der Leitfähigkeit an der wachsenden Berührungsfläche

$$\frac{(\varkappa_j/2\varkappa)^5}{a^2} = (40\gamma\, \delta^3/kT)\, D^K t. \qquad (5.498)$$

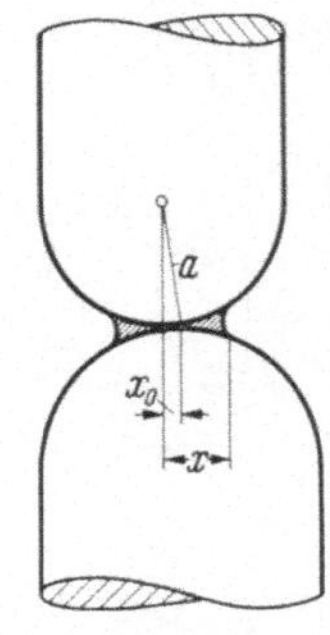

Abb. 5.56. Schematische Darstellung des Kontaktes der beiden Halbkugeln nach DEDRICK und KUCZYNSKI. (a = Radius der Halbkugel, x_0 = Radius der kreisförmigen Kontaktfläche bei Versuchsbeginn und x = Radius nach Versuchsdurchführung.)

Aus den Kontaktleitfähigkeiten in Abhängigkeit von der Erhitzungsdauer lassen sich durch Messungen bei verschiedenen Temperaturen die Komponenten-Diffusionskoeffizienten D^K und in bekannter Weise auch die entsprechenden Aktivierungsenthalpien berechnen. Die Versuchsanordnung ist in Abb. 5.55 wiedergegeben.

Die bisherige Diskussion beruht allerdings auf der Annahme, daß die vor Versuchsbeginn vorhandene Berührungsfläche der beiden Halbkugeln so klein ist, daß man sie vernachlässigen kann, was jedoch häufig nicht der Fall ist. Aus diesem Grunde erscheint es zweckmäßig, eine definierte Berührungsfläche vor Versuchsbeginn vorzugeben und den Kontakt dieser Berührungsfläche durch einen leichten Druck zu garantieren. Bezeichnet man den Radius der vorgegebenen Berührungsfläche mit x_0 und die entsprechende Kontaktleitfähigkeit mit $\varkappa_j^0$, so ergibt sich aus der in Abb. 5.56 erkennbaren geometrischen Anordnung die zu (5.498) iden-

[1] DEDRICK, J. H., u. G. C. KUCZYNSKI: J. appl. Phys. **21**, 1224 (1951).
[2] BOWDEN, F. P., u. D. TABOR: Proc. Roy. Soc. [London] (A) **169**, 391 (1939).

tische Beziehung:

$$\varkappa_j = \varkappa_j^0 \left\{1 + \left(\frac{24 A^5}{(\varkappa_j^0)^5}\right)^{1/3} t^{1/3}\right\}$$

oder

$$\varkappa_j = \varkappa_j^0 \{1 + \mathrm{const}\, t^{1/3}\} \tag{5.499}$$

mit

$$\mathrm{const} = \left\{24 \left(\frac{40 \gamma\, \delta^3}{kT\,(a - x_0)^2\, D^K \varkappa_j^0}\right)^5\right\}^{1/3}.$$

Wenn auch CABRERA[1] und SCHWED[2] das Verfahren von KUCZYNSKI mit der berechtigten Bemerkung kritisieren, daß man im Falle $x^5 \sim t$ zwischen Oberflächen- und Volumendiffusion nicht unterscheiden kann und daß für sehr kleine Teilchen sogar $x^3 \sim t$ gelten soll, so scheint bei kritischer Anwendung das Verfahren zur Ermittlung von hinreichend genauen D^K-Werten brauchbar zu sein.

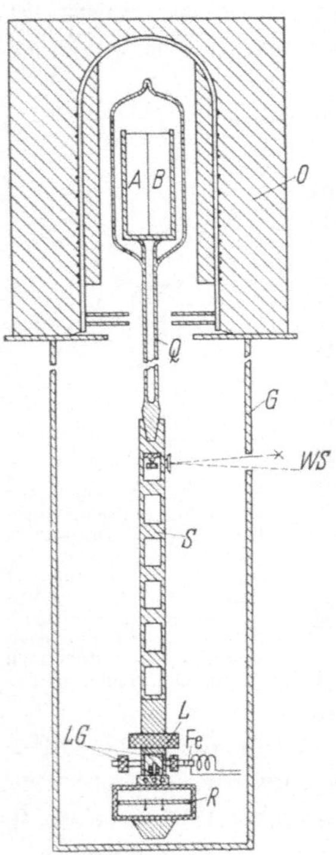

Abb. 5.57. Thermowaage mit senkrecht stehendem Waagenarm nach KARGER. O = Glühofen, Q = Quarzaufsatz mit kastenartigen Probenhalter, G= Schutzgefäß, WS=Waagenschneide mit Lichtzeigeranordnung, S = Stabkörper, L= Laufgewicht senkrecht, LG = Laufgewichte waagerecht, Fe = Magnetkompensation und R = Reiterlineal.

Ein interessantes Verfahren zur kontinuierlichen Beobachtung der gegenseitigen Diffusion zweier Metalle, die miteinander Substitutions-Mischkristalle bilden, wurde von KARGER[3,4] eingeführt. Eine Legierungsprobe A/B (siehe Abb. 5.57) aus einer silber- und einer goldreichen Ag-Au-Legierung wird in eine kastenartige Halterung auf eine Stabwaage montiert und nun die Schwerpunktsverlagerung während des Diffusionsvorganges verfolgt. Das Meßprinzip ist hierbei die Ausnutzung der durch den Diffusionsvorgang bewirkten Schwerpunktsverschiebung. Der senkrecht auf der Waagenschneide aus Achat ruhende Waagenkörper besteht aus einem Hartaluminiumrohr, in welchem aus Gründen der Gewichtsersparnis fensterartige Löcher eingeschnitten wurden. Am unteren Ende des Stabkörpers S befindet sich ein verstellbares Laufgewicht L zur Veränderung des Schwerpunktes der Waage. Zwei seitlich angebrachte Laufgewichte LG ermöglichen einen groben Ausgleich quer zur Waagenschneide. Eine magnetische Kompensationseinrichtung Fe erlaubt feinere Schwerpunktskorrekturen vorzunehmen, ohne die Waage zu berühren. Zur Eichung dienen zwei verschieden schwere Reitergewichte (0,3 und 0,1 g), die sich auf einem Reiterlineal R befinden. Das untere Ende des Reiterlineals ist als Dämpfungs-

[1] CABRERA, N.: J. Metals, Trans. AIME **188**, 667 (1950).
[2] SCHWED, P.: J. Metals **3**, 245 (1951).
[3] KARGER, W.: Z. phys. Chem. (NF) **7**, 119 (1956); **12**, 8 (1957).
[4] KARGER, W.: Z. phys. Chem. (NF) **14**, 88 (1958).

scheibe für eine Wirbelstrombremse ausgebildet. Der die Legierungsprobe enthaltende Quarzaufsatz Q ist evakuierbar und kann mit Argon gefüllt werden. Das obere Ende des Quarzaufsatzes mit der Probe A/B ragt in einen Glühofen O. Die gesamte Waage befindet sich vor Luftströmungen geschützt in einem Schutzgefäß G.

Die Ermittlung der Diffusionskoeffizienten ist allerdings nur dann exakt, wenn die zur Berechnung benutzte gemessene Schwerpunktsverschiebung allein durch den Austausch der verschieden schweren Atomsorten verursacht ist. Ist das Probenmaterial im Bereich der Diffusionstemperatur plastisch, so daß Veränderungen der Probendimensionen zu erwarten sind, so wird empfohlen[1], durch eine kastenartige feste Halterung die notwendige Konstanz der Probengeometrie zu erzwingen. Es können hiernach Diffusionskoeffizienten im Bereich von 10^{-4} bis 10^{-8} cm^2/sec bestimmt werden.

5.32 Die Verwendung radioaktiver Indikatoren für Diffusionsmessungen

Während die Diffusion von Fremdatomen in Metallen und Legierungen und von Fremdionen in Ionenkristallen nach einem der oben beschriebenen Verfahren mit hinreichender Genauigkeit verfolgt werden kann, versagen jedoch diese Methoden außer denen von Kuczynski, wenn man Auskunft über die Diffusionsfähigkeit der das Gitter aufbauenden eigenen Teilchen erhalten will. Das Versagen dieser Methoden ist durch das Fehlen einer chemischen Unterscheidbarkeit bedingt. Die Ermittlung von Diffusionskoeffizienten gittereigener Bausteine, d. h. die Messung von Selbstdiffusionskoeffizienten, erfordert andere Methoden. Die Diffusionskoeffizienten von Ag in Ag oder von Pb in Pb usw. konnten erst seit der Entdeckung radioaktiver Elemente bestimmt werden. Radioaktive Isotope, Nukleide genannt, die sich chemisch von inaktiven Elementen nicht unterscheiden, sondern nur in ihrer Masse und ihrem kernphysikalischen Verhalten, indem sie α-, β- oder γ-Strahlen aussenden, dienen hierbei als Indikatoren („Tracer"). Nach der bedeutungsvollen Entdeckung von Becquerel im Jahre 1896 und den darauffolgenden Arbeiten des Ehepaars Curie wurden im Radium und seinen Zerfallsprodukten verschieden intensiv strahlende Elemente gefunden, die erstmalig für Tracer-Diffusionsmessungen von von Hevesy[2] zur Anwendung kamen. Während die technische Anwendung zunächst infolge der geringen Zahl natürlich vorkommender strahlender Isotope auf wenige Diffusionssysteme beschränkt blieb, konnten in den letzten zehn Jahren infolge der Möglichkeit der Herstellung einer größeren Zahl künstlich radioaktiver Isotope an zahlreichen Metallen, Legierungen und Ionenkristallen Messungen von Selbstdiffusionskoeffizienten durchgeführt werden. Dank der intensiven Atomenergieforschung und der industriellen Auswertung gibt es heute bereits Isotope von fast allen Elementen, die zu annehmbaren Preisen für experimentelle Zwecke in kleineren Mengen erhältlich sind. Auf Grund dieser Situation ist es nicht

---

[1] Karger, W.: Z. phys. Chem. (NF) **14**, 88 (1958).

[2] Hevesy, G. von, u. A. Obrutscheva: Nature **115**, 674 (1925). — G. von Hevesy, W. Seith u. A. Keil: Z. Phys. **79**, 197 (1932).

verwunderlich, wenn in den letzten Jahren, besonders im angelsächsischen Schrifttum, eine größere Zahl von Arbeiten über Tracer-Diffusionsmessungen erschienen ist, deren Ergebnisse in Abschn. 5.43 auf S. 573—595 zusammengestellt sind.

Der weitaus größte Teil der Diffusionsmessungen basiert auf drei verschiedenen Meßverfahren, die im folgenden wegen ihrer Bedeutung zur experimentellen Ermittlung von Selbstdiffusionskoeffizienten beschrieben werden sollen.

Zur Ermittlung nicht zu kleiner Selbstdiffusionskoeffizienten (10^{-10} bis 10^{-11} cm²/sec) hat sich folgendes Verfahren gut bewährt: Man bringt auf die eine Oberfläche des Metalls, der Legierung oder des Ionenkristalls das entsprechende radioaktive Isotop auf elektrochemischem Wege oder durch Verdampfen auf. Nach Ermittlung der Strahlungsintensität bei Versuchsbeginn wird die Probe eine bestimmte Zeit bei der gewünschten Temperatur getempert. Anschließend wird durch Abschneiden oder Abschleifen kleinster Schichten der Verlauf der Strahlungsintensität, die ein unmittelbares Maß der eindiffundierten Menge ist, in das Innere des Diffusionsmediums verfolgt. Müssen Diffusionsmessungen bei hohen Temperaturen durchgeführt werden, wo der Dampfdruck und damit die Verdampfungsgeschwindigkeit des Isotops beachtlich werden, so wird, wie Abb. 5.58 zeigt, die mit dem Isotop besetzte Fläche durch ein gleich großes Stück des Diffusionsmediums bedeckt. Im Falle der Verwendung von Legierungen oder Ionenmischkristallen als Diffusionsmedium müssen beide Hälften die gleiche Zusammensetzung aufweisen (s. S. 387 und 466ff.). Die Art der experimentellen Auswertung solcher Diffusionsversuche geht aus Abb. 5.58b hervor. Für Diffusionskoeffizienten von etwa 10^{-10} bis 10^{-11} cm² sec⁻¹ beträgt bei einer Diffusionsdauer von einer Woche die mittlere Eindringtiefe etwa 0,003 bis 0,01 cm. Durch entsprechend längere Versuchszeiten und empfindlichere Dickenmessung könnten nach dieser Methode auch noch kleinere Diffusionskoeffizienten gemessen werden. Solche langen Diffusionszeiten sind jedoch nicht erwünscht, wenn das Isotop eine sehr kleine Halbwertzeit besitzt oder wenn Rekristallisations- und Kornwachstumserscheinungen zu erwarten sind.

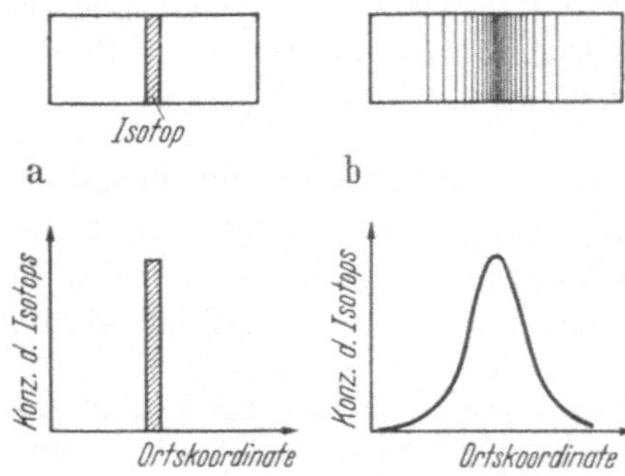

Abb. 5.58. a u. b Konzentrationsverlauf des zwischen zwei gleichen Diffusionsmedien eingebetteten Isotops (a) vor Versuchsbeginn und (b) nach dem Diffusionsversuch.

Für solche Fälle hat sich das Verfahren der Messung der Abnahme der Oberflächenaktivität mittels Zählrohr bewährt. Wie in Abb. 5.59a und b schematisch dargestellt, wird das radioaktive Isotop auf eine Fläche des Körpers aufgebracht und nun entweder die Abnahme der Aktivität der Strahlung an dieser Oberfläche verfolgt oder im Falle der Verwendung dünner Folien, das Auftreten und die zeitliche Zunahme der Strahlungsintensität auf der entgegengesetzten Seite der mit dem Isotop besetzten Fläche gemessen. Durch Verwendung von α-strahlenden Isotopen mit geringer Reichweite konnten VON HEVESY und SEITH[1] die Empfindlichkeit der Methode noch wesentlich dadurch erhöhen, daß sie bei Verwendung des Bleiisotops Th B für Tracer-Diffusionsmessungen in Blei nicht die α-Strahlenaktivität, sondern die Rückstoßstrahlen des gebildeten Thorium C'' maßen. Hier beträgt die Reichweite nur etwa $3 \cdot 10^{-6}$ cm, so daß eine viel kleinere Eindringtiefe erforderlich ist, um eine meßbare Abnahme der Oberflächenaktivität zu erhalten. Nach dieser Methode erhalten wir eine höchste Empfindlichkeit, wonach noch Diffusionskoeffizienten von 10^{-19} bis 10^{-20} cm^2 sec^{-1} zu bestimmen sind. Dieser Methode haben sich an Pb-Einkristallen verschiedene Autoren bedient.[2,3] Im folgenden seien einige der hauptsächlichen Fehlerquellen aufgeführt:

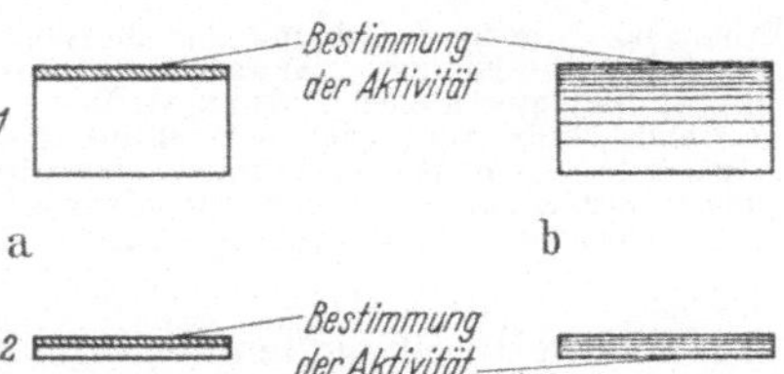

Abb. 5.59. Isotopenfilm auf massivem Körper (*1*) und Folie (*2*) vor Versuchsbeginn (a). Nach dem Diffusionsversuch wird im Falle (*1* b) die Abnahme der Oberflächenaktivität (also von oben) gemessen und im Falle (*2* b) der Beginn der Strahlung und dessen zeitliche Zunahme an der entgegengesetzten Fläche (also von unten) gemessen.

1. Probe und Zählrohreinrichtung müssen stets in gleicher Weise angeordnet werden, um zu reproduzierbaren Ergebnissen zu gelangen.

2. Insbesondere bei kurzlebigeren Isotopen, die eine Halbwertszeit von Wochen und Monaten aufweisen, ist am reinen Isotop die Abnahme der Aktivität mit der Zeit stets gesondert zu bestimmen und entsprechend bei der Auswertung der Diffusionsversuche in Rechnung zu setzen.

3. Ferner ist ein Verlust des aufgebrachten radioaktiven Isotops durch mechanische Einwirkung und Verdampfung durch entsprechende Versuchsvorkehrung zu vermeiden.

4. Im Falle sehr kleiner Diffusionskoeffizienten sind die Anfangs- und Endwerte der Aktivität nur wenig verschieden, so daß eine größere Zahl von Zählrohrversuchen erforderlich ist, um unvermeidliche Schwankungen der Meßergebnisse in Grenzen zu halten.

Von KUCZYNSKI[4] stammt ein weiteres elegantes Meßverfahren, das ein Zerschneiden des Diffusionskörpers und die Kenntnis des Absorptionskoeffizienten nicht erfordert. Hier wird eine Seite einer rechteckigen Probe von einigen Zentimetern Länge mit einer möglichst sehr dünnen Schicht des radioaktiven Isotops bedeckt, dessen Diffusion nach einer genügend langen Diffusionszeit bestimmt werden soll. Nach Beendigung der Diffusionsperiode wird die eine der breiten Flächen, die senkrecht zu der mit dem Isotop bedeckten Fläche stehen, elektrolytisch stark angeätzt, um die durch Oberflächendiffusion dorthin gelangten radio-

---

[1] HEVESY, G. VON, u. W. SEITH: Z. Phys. **56**, 790 (1929).
[2] NACHTRIEB, N. H., u. G. S. HANDLER: J. chem. Phys. **23**, 1569 (1955).
[3] FRENZEL, D.: Diss. Göttingen 1965.
[4] KUCZYNSKI, G. C.: J. appl. Phys. **19**, 308 (1948).

aktiven Isotope zu entfernen. Anschließend wird der Versuchskörper mit der angeätzten Oberfläche nach oben in einen Bleikasten gebracht, der mittels eines definiert verschiebbaren Bleideckels mit exakt geschliffener Kante abgeschlossen werden kann (Abb. 5.60). Der verschiebbare Bleideckel wird nun mit einer Kante A in einen beliebigen Abstand ξ_1 von der radioaktiven Oberfläche gebracht und die Radioaktivität $\mathfrak{J}_1$ gemessen. Anschließend wird der Bleideckel so lange nach links verschoben, bis die Kante B sich im Abstand ξ_2 von der radioaktiven Oberfläche befindet, wo die Radioaktivität $\mathfrak{J}_2$ des neuen Flächenstücks gleich der des ersten Flächenstücks ist, d. h. $\mathfrak{J}_1 = \mathfrak{J}_2$.

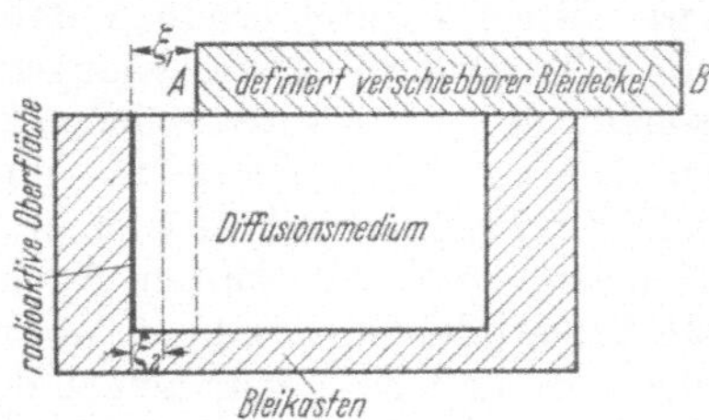

Abb. 5.60. Versuchsanordnung zur Messung der Selbstdiffusion unter Anwendung radioaktiver Indikatoren nach KUCZYNSKI. Die zu messende Probe wird nach dem Diffusionsversuch in den Bleikasten gebracht, der mit einem mittels Mikrometerschraube definiert verschiebbaren Bleideckel versehen ist.

Auf Grund dieser beiden Messungen ist man in der Lage, den Diffusionskoeffizienten ohne Kenntnis des Absorptionskoeffizienten in folgender Weise zu berechnen:

$$\mathfrak{J}_1 = b\, c_0\, \alpha\, \pi^{-1/2} \int\limits_0^{\xi_1/2\sqrt{Dt}} \exp(-\sigma^2)\, d\sigma,$$

wo α einen Absorptionsfaktor, b die Breite der Versuchsprobe und c_0 die Ausgangskonzentration des radioaktiven Isotops auf der mit ihm bedeckten Oberfläche bedeuten. Entsprechend gilt für $\mathfrak{J}_2$:

$$\mathfrak{J}_2 = \frac{b\, c_0\, \alpha}{2} \left\{1 - 2\pi^{-1/2} \int\limits_0^{\xi_2/2\sqrt{Dt}} \exp(-\sigma^2)\, d\sigma\right\}.$$

Aus der Bedingung $\mathfrak{J}_1 = \mathfrak{J}_2$ folgt unter Benutzung des in Gl. (5.35) definierten GAUSSschen Fehlerintegrals:

$$\operatorname{erf} s_1 + \operatorname{erf} s_2 = 1,$$

wo

$$s_1 = \xi_1/2\sqrt{Dt} \quad \text{und} \quad s_2 = \xi_2/2\sqrt{Dt}$$

ist. Hieraus ergibt sich

$$\frac{s_2}{s_1} = \frac{\xi_2}{\xi_1}$$

und

$$\operatorname{erf}(s_1) + \operatorname{erf}\left(\frac{\xi_1}{\xi_2} s_1\right) = 1.$$

Diese Gleichung kann leicht durch graphische Verfahren gelöst werden. Wenn s_1 bekannt ist, läßt sich D durch den folgenden Ausdruck berechnen:

$$D = \frac{1}{t} \left(\frac{\xi_1}{2 s_1}\right)^2.$$

Zur Berechnung von D ist hiernach weder die Kenntnis der Ausgangskonzentration des radioaktiven Isotops auf der Oberfläche noch die des Absorptionskoeffizienten erforderlich.

Zur Bestimmung kleiner Diffusionskoeffizienten mittels radioaktiver Isotope ist von ZHUKHOVITSKII und GEODAKYAN[1] das empfindliche Meßverfahren von HEVESY angewandt und modifiziert worden. Hiernach wird ähnlich wie in Abb. 5.59a die Abnahme der Konzentration des Isotops an der Oberfläche des Diffusionsmediums als Funktion der Diffusionszeit ermittelt. Unter Verwendung von Gleichung (5.52) für den Fall der Eindiffusion aus einer sehr dünnen Schicht in ein halbunendliches Diffusionsmedium mit einer reflektierenden Grenze ergibt sich für die mit der Zeit abnehmende Konzentration n_I an der Oberfläche:

$$n_I = \frac{n_I^*}{\sqrt{\pi D t}}, \tag{5.500}$$

wo $n_I^* = n_I^0 d$ die zur Verfügung stehende Gesamtmenge des Isotops je Oberflächeneinheit, n_I^0 seine zu Beginn an der Oberfläche herrschende Konzentration und d die Dicke der Oberflächenschicht ist.

Zur Ermittlung der Radioaktivität einer sehr dünnen Schicht, abgetragen von der Oberfläche des Diffusionsmediums, wird die Technik der mikro-anodischen Auflösung angewandt. Zu diesem Zwecke wird ein Stück Filtrierpapier mit einem geeigneten Elektrolyten getränkt und zwischen die radioaktive Oberfläche und eine geeignete Metall-Gegenelektrode (z. B. eine Stahlplatte) gebracht und nun ein Strom hindurchgeschickt, wobei der Minuspol die Gegenelektrode ist. Entsprechend dem Strom, der durchgeflossen ist, befindet sich im Filtrierpapier eine kleine Menge des radioaktiven Stoffes als getreuer Abdruck der Oberfläche. Während aus der Intensität I_β der β-Strahlung die Ermittlung der Konzentration n_I an der Oberfläche gemäß:

$$n_I = \frac{1}{k_1} I_\beta$$

möglich ist, kann aus der integralen Intensität I_γ der γ-Strahlung die Gesamtmenge des diffundierenden Isotops bestimmt werden:

$$n_I^* = k_2 I_\gamma .$$

In Verbindung mit Gleichung (5.500) ergibt sich

$$I_\beta = \frac{k_1 k_2 I_\gamma}{\sqrt{\pi D t}} .$$

Sorgt man nun für eine homogene Verteilung des radioaktiven Isotops in der Probe mit der Dicke d und bezeichnet die jetzt auftretende Intensität mit I_β^0 und I_γ^0, so erhält man für das Verhältnis der Intensität:

$$\frac{I_\beta}{I_\gamma} = \frac{I_\beta^0 d}{I_\gamma^0 \sqrt{\pi D t}} = m \frac{1}{\sqrt{t}} .$$

[1] ZHUKHOVITSKII, A. A., u. V. A. GEODAKYAN: J. phys. Chem. UdSSR 29, 7 (1955).

Durch Auftragen des Verhältnisses I_β/I_γ gegen $1/\sqrt{t}$ berechnet man aus der Neigung m den Diffusionskoeffizienten D:

$$D = \frac{1}{\pi}\left\{\frac{I_\beta^0 d}{I_\gamma^0 m}\right\}^2. \tag{5.501}$$

Dieses Verfahren ist unabhängig von der Art der Strahlung und kann daher für die verschiedensten Isotope verwandt werden.

Als weitere Methode ist die von HOFFMAN[1] beschriebene autoradiographische Methode zu nennen. Wie aus Abb. 5.61 zu erkennen, ist das Gesamtbild der experimentellen Durchführung ähnlich dem ersten Verfahren, wo man einen Teil des Versuchskörpers in eine Anzahl dünner Scheiben teilt. Hier wird jedoch nur ein Schnitt durchgeführt, der mit einem Winkel von etwa 1° von der mit dem Isotop plattierten Oberfläche aus gelegt wird und eine Streckung des Konzentrationsgradienten bewirkt. Bei dieser Art des Aufschneidens wird eine kontinuierliche Schichtdickenfolge von 0 bis 1 bzw. 10 mm durchlaufen. Durch Auflegen geeigneter Filme auf solche Schnittflächen erhält man nach dem Entwickeln ein unmittelbares Bild der Verteilung der radioaktiven Isotope im Diffusionsmedium. Mit diesem Verfahren können größere Diffusionsflächen homogen untersucht werden. Weiterhin ist es besonders zur Ermittlung von Korngrenzen-Diffusionskoeffizienten und zur Untersuchung von Oberflächenphänomenen[2] geeignet.

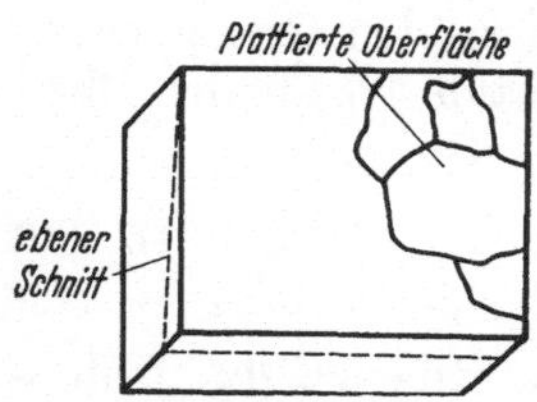

Abb. 5.61. Schematische Darstellung eines unter einem Winkel von etwa 1° gelegten Schnittes durch die Diffusionsprobe zwecks Aufnahme eines Autoradiogramms nach HOFFMAN.

Über die Anwendung der Technik radioaktiver Isotope und der Auswerteverfahren für Untersuchungen der Fremd- und Selbstdiffusion in festen Stoffen ist des öfteren zusammenfassend berichtet worden.[1]

5.4 Versuchsergebnisse über die Volumendiffusion

Wenn man Diffusionsvorgänge in festen Stoffen, d.h. in Metallen und Legierungen sowie Ionen- und Valenzkristallen, untersucht, ist die Auffindung des Diffusionsmechanismus neben der Ermittlung der Diffusionskoeffizienten das erstrebte Ziel. Die Erforschung des Mechanismus der Diffusion, d. h. die Auffindung der geschwindigkeitsbestimmenden Teilschritte und der Art der Platzwechselvorgänge — ob über Zwischengitterplätze oder unbesetzte Gitterplätze bzw. Leerstellen im Kristall —, wird durch Verwendung von Einkristallen als Diffusionsmedium erleichtert. Häufig ist jedoch eine Untersuchung der Diffusion an Einkristallen nicht

[1] Vgl. u. a. R. E. HOFFMAN: Tracer and other Techniques of Diffusion Measurements, in: Atom Movements, S. 51ff. Cleveland, Ohio, 1951. — H. C. GATOS u. A. H. AZZAM: J. Metals **3**, 407 (1952). — R. LINDNER u. G. JOHANNSON: Acta chem. scand. **4**, 307 (1950). — J.-CL. HUTTER: Bull. Soc. chim. France, Mém. (5) **18**, 45 (1951).

[2] VERKERK, B.: Nucleonics **14**, 60 (1956).

möglich, da die Herstellung von Einkristallen aus dem betreffenden Diffusionsmedium nicht immer realisierbar ist. In solchen Fällen ist man gezwungen, Diffusionsversuche an polykristallinem Material auszuführen, wodurch die Vorgänge insofern komplizierter werden, als neben der Volumendiffusion — das ist das Eindringen von Ionen in den Kristall — häufig Korngrenzen- und Oberflächendiffusion in gleichem Ausmaße auftreten können. Im allgemeinen sind die Erscheinungen der Korngrenzendiffusion bzw. die Mitwirkung von Korngrenzen bei der Diffusion leicht zu erkennen, vorausgesetzt, daß man diesem Problem die genügende Beachtung schenkt. Bedauerlicherweise haben in früheren Jahren nur wenige Forscher den Einfluß der Korngrenzen auf die Diffusionsgeschwindigkeit untersucht bzw. nach dem Versuch durch Schliffbildaufnahmen die Mitwirkung der Korngrenzendiffusion berücksichtigt. Dies gilt insbesondere für ältere Arbeiten, während die meisten neueren Diffusionsarbeiten neben der Volumendiffusion die Korngrenzen- und Oberflächendiffusion dank der heutigen experimentellen Möglichkeiten, die durch Anwendung z. B. radioaktiver Isotope gegeben sind, in genügendem Umfange berücksichtigen. Neben den direkten experimentellen Möglichkeiten gibt es genügend sichere indirekte Anzeichen, um das Mitwirken von Korngrenzendiffusion zu erkennen, worauf u. a. BIRCHENALL[1] hingewiesen hat. Da die Korngrenzendiffusion im allgemeinen eine deutlich kleinere Aktivierungsenergie besitzt als die Volumendiffusion, wird im Falle der Mitwirkung von Korngrenzendiffusion diese bei niedrigeren Temperaturen stärker hervortreten, was man häufig durch das „Abbiegen" der $\log D - \frac{1}{T}$-Kurve in ein kleineres Steigungsmaß beobachten kann. Abb. 5.62 stellt eine solche Situation für die Diffusion von Indium und Cadmium in Silber dar. Hier ist an Hand der Meßergebnisse von SEITH und PERETTI[2] unterhalb 800 °C mit fallender Temperatur ein immer stärker werdender Einfluß der Korngrenzendiffusion festzustellen, die bei Tracer-Diffusionsmessungen an Silber nach JOHNSON[3] offenbar nicht auftritt.

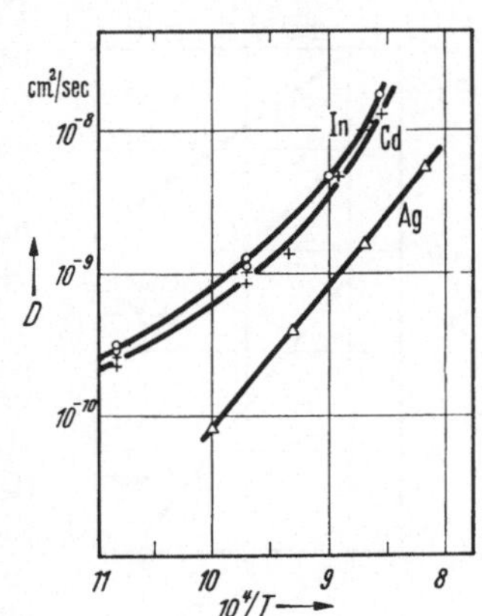

Abb. 5.62. Gegenüberstellung der Diffusionskoeffizienten für Indium und Cadmium in Silber nach SEITH und PERETTI und des Tracer-Diffusionskoeffizienten von Silber nach JOHNSON.

Die möglichst saubere Trennung der Volumendiffusion von Korngrenzen- und Oberflächendiffusion erweist sich noch insofern als not-

[1] BIRCHENALL, C. E.: Volum Diffusion, in: Atom Movements, S. 112ff. Cleveland 1951.

[2] SEITH, W., u. E. A. PERETTI: Z. Elektrochem. angew. phys. Chem. **42**, 570 (1936).

[3] JOHNSON, W. A.: Trans. AIME **143**, 107 (1941). — Siehe auch G. C. KUCZYNSKI: J. appl. Phys. **21**, 632 (1950).

wendig, als die Diffusionskoeffizienten der Korngrenzen- und Oberflächendiffusion häufig um Zehnerpotenzen höhere Werte aufweisen. Als Beispiel sind in Abb. 5.63 die logarithmischen Werte der Diffusionskoeffizienten der drei Diffusionserscheinungen von Thorium und Wolfram gegen den Kehrwert der Temperatur aufgetragen[1]. Ganz allgemein gilt die Beobachtung, daß die Korngrenzendiffusion um so mehr in Erscheinung tritt, je härter das als Diffusionsmedium wirkende Metall ist, wie z.B. Wolfram und Wismut. In solchen Fällen wirkt sich eine mechanische Bearbeitung infolge Verkleinerung der Kristallite und damit Vermehrung der Korngrenzen durch eine beachtliche Zunahme der Diffusionsgeschwindigkeit aus. Bei Diffusionsmedien aus weichen Metallen, wie z. B. Blei, hat eine mechanische Bearbeitung keinerlei Einfluß auf die Diffusionsgeschwindigkeit.

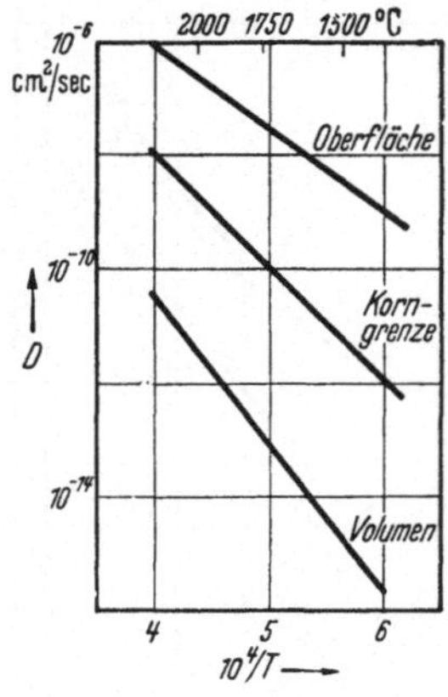

Abb. 5.63. Temperaturabhängigkeit der Oberflächen-, Korngrenzen- und Volumendiffusion von Thorium in Wolfram nach LANGMUIR.

Bereits an Hand dieses knappen Überblicks über die Möglichkeiten des Auftretens der drei verschiedenen Arten der Diffusion ist es verständlich, daß man in der folgenden Darstellung der experimentellen Ergebnisse der Diffusion diese Dreiteilung in den Erscheinungsformen der Diffusion soweit als möglich zu berücksichtigen hat. Nicht immer wird jedoch eine klare Trennung in Volumen- und Korngrenzen- bzw. Oberflächendiffusion möglich sein. Abschließend sei noch bemerkt, daß diese drei Erscheinungsformen der Diffusion nicht nur im Falle einer Fremddiffusion, sondern in gleicher Weise auch bei der Selbstdiffusion auftreten.

5.41 Fremddiffusion von Metallen in Metallen und Legierungen

Eine zusammenfassende Darstellung der Ergebnisse von Diffusionsmessungen — sowohl der Fremd- wie der Selbstdiffusion — in Metallen und Legierungen findet sich besonders in den Monographien von JOST und anderen[2], während eine solche über Ionen- und Atomdiffusion in Ionen- und Valenzkristallen von SEITZ[3], HEDVALL[4] und insbesondere von BOLTAKS[5] gegeben wurde. In den folgenden Kapiteln wollen wir uns, soweit eine klare Entscheidung möglich ist, zunächst ausschließlich mit

[1] LANGMUIR, I.: J. Franklin Inst. **217**, 543 (1934).

[2] JOST, W.: Diffusion in Solids, Liquids, Gases; S. 211—268. New York 1952; 3rd Print with Addendum 1960. — A. D. LE CLAIRE: Diffusion of Metals in Metals, in: Progr. in Metal Physics, Bd. 1, S. 362—376. London u. New York 1949.— C. J. SMITHELLS: Diffusion in Metals, in: Metals Reference Book, S. 390. London 1949. — W. SEITH: Diffusion in Metallen. Berlin 1939. — C. E. BIRCHENALL: Volum Diffusion, in: Atom Movements, S. 112ff. Cleveland 1952.

[3] SEITZ, F.: Advances in Physics, Quart. Suppl. to Phil. Mag. **1**, 1 (1952).

[4] HEDVALL, J. A.: Einführung in die Festkörperchemie. Braunschweig 1952.

[5] BOLTAKS, B. I.: Diffusion in Semiconductors, aus dem Russischen übersetzt von J. I. CARASSO. London 1963.

der Volumendiffusion beschäftigen. Wenn auch schon einige allgemeine lose Verknüpfungen zwischen Diffusion und physikalischen Daten der am Diffusionssystem beteiligten Metalle erkennbar sind, so fehlt es jedoch bisher an geeigneten experimentellen Unterlagen, um den Mechanismus der Diffusion zu beschreiben. In diesem Zusammenhang seien einige solcher Beziehungen vermerkt:

1. Die Diffusionsfähigkeit eines Metalls oder Ions ist um so kleiner, je höher der Schmelzpunkt des Diffusionsmediums (Metall, Legierung oder Ionenkristall) ist.

2. Die Diffusionsfähigkeit eines diffundierenden Stoffes nimmt mit steigender Löslichkeit in dem Diffusionsmedium ab. Normalerweise ist die Diffusionsgeschwindigkeit der Atome und Ionen dann am größten, wenn ihre Löslichkeit im Diffusionsmedium möglichst klein ist, während sie um so kleiner wird, je größer das Ausmaß der Löslichkeit wird.

Als typisches Beispiel kann die Kohlenstoffdiffusion in α- und γ-Eisen genannt werden. Wie noch später im einzelnen mitgeteilt wird, ist hier die Kohlenstoffdiffusion im α-Eisen-Gebiet trotz der niedrigen Temperatur in der Nähe des Umwandlungspunktes $\alpha \rightleftharpoons \gamma$ um etwa 10^3mal größer als im γ-Eisen-Gebiet, wo die Löslichkeit des Kohlenstoffs um etwa ein bis zwei Zehnerpotenzen größer ist.

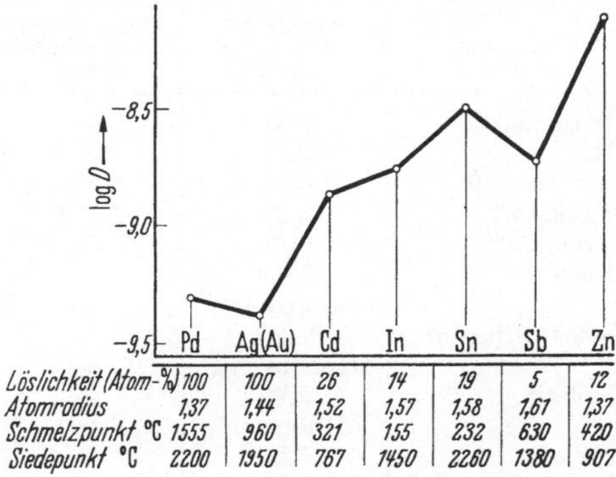

	Pd	Ag(Au)	Cd	In	Sn	Sb	Zn
Löslichkeit (Atom-%)	100	100	26	14	19	5	12
Atomradius	1,37	1,44	1,52	1,57	1,58	1,61	1,37
Schmelzpunkt °C	1555	960	321	155	232	630	420
Siedepunkt °C	2200	1950	767	1450	2260	1380	907

Abb. 5.64. Zusammenstellung der Diffusionskoeffizienten einiger Metalle in Silber bei 800°C. (Die Löslichkeit ist auf 800°C bezogen.)

Bei allgemeiner Gültigkeit dieser Beobachtung ist es ferner verständlich, warum die Selbstdiffusion normalerweise die niedrigsten Werte für die Diffusionskoeffizienten ergeben muß.

3. Wenn auch bis heute noch keine sichere Beziehung zwischen den Atom- bzw. Ionenradien des diffundierenden Stoffes und des Diffusionsmediums und der Diffusionsfähigkeit festgestellt werden konnte, so macht doch SEN[1] darauf aufmerksam, daß im Falle der Diffusion zweier fester Stoffe A und B die raschere Diffusion in der Richtung erfolgt, wo die Atomabstände größer sind. Wenn z. B. die Atomabstände in A größer sind als in B, erfolgt eine bevorzugte Diffusion in Richtung von B nach A.

In Abb. 5.64 sind die Diffusionskoeffizienten verschiedener Metalle in Silber bei 800 °C mit den Löslichkeiten, Atomradien, Schmelz- und Siedepunkten aufgetragen. Durch Vergleich der in Abb. 5.64 dargestellten Ergebnisse mit dem unter 1 bis 3 Mitgeteilten erkennt man, daß quantitative Verknüpfungen gegenwärtig in keinem Fall herstellbar sind.

[1] SEN, B.: C. R. hebd. Séances Acad. Sci. **199**, 1189 (1934).

Weiterführende Betrachtungen wurden von MOORE[1] veröffentlicht. Wie man aus Tab. 5.9 abschätzen kann, sind die Diffusionskoeffizienten der einzelnen Elemente in α- und γ-Eisen in der Nähe des α-γ-Umwandlungspunktes um 1 bis 3 Zehnerpotenzen verschieden. Hierbei spielt nicht nur die Größe der Atom- bzw. Ionenradien der eindiffundierenden Stoffe, sondern auch die Kristallstruktur des Diffusionsmediums wie auch die Art des Einbaus der eindiffundierenden Elemente, ob auf Zwischengitterplatz oder über Leerstellen bzw. durch Substitutionseinbau, eine maßgebende Rolle. Eindeutig am raschesten diffundiert Wasserstoff ein, der

Tabelle 5.9. *Diffusionskoeffizienten einiger Elemente in α- und γ-Eisen*

Element	Ungefährer Atomradius in Å	Liegt im Fe wahrscheinlich vor als	α-Fe bei 800°C D in cm²/sec	γ-Fe bei 1100°C D in cm²/sec
Wasserstoff	0,46	H^+	$2,7 \cdot 10^{-4}$ [2]	$1,9 \cdot 10^{-4}$ [2]
Bor	0,97	B^+ [3]	—	$6,1 \cdot 10^{-7}$ [4]
Kohlenstoff	0,77	C^+ [3]	$1,7 \cdot 10^{-6}$ [5]	$6,7 \cdot 10^{-7}$ [6]
Stickstoff	0,71	N^- [3]	$7,3 \cdot 10^{-7}$ [4]	$3,8 \cdot 10^{-7}$ [7]
Sauerstoff	0,60	—	—	$1 \cdot 10^{-9}$ [8]
Eisen	1,28 raumzentr.	—	$3 \cdot 10^{-12}$ [9]	—
Selbstdiffusion	1,26 flächenzentr.	—	—	$9 \cdot 10^{-12}$ [9]
Kobalt	1,26 flächenzentr.	—	$1,5 \cdot 10^{-12}$ [10]	$2,5 \cdot 10^{-12}$ [10]
Nickel	1,25	—	—	$8 \cdot 10^{-12}$ [11]
Mangan	1,18 (kubisch)	—	—	$2 \cdot 10^{-11}$ [12]
Molybdän		—	$7 \cdot 10^{-12}$ [12]	$4 \cdot 10^{-11}$ [13]

vermutlich als Proton diffundiert, das sich infolge seines kleinen Ionenradius im Eisengitter über Zwischengitterplätze mit beachtlicher Geschwindigkeit bewegen kann. Die Diffusionskoeffizienten aller nachfolgenden Elemente sind um Zehnerpotenzen kleiner. Hierbei sind wiederum Bor, Kohlenstoff und Stickstoff diejenigen mit den höchsten Diffusionskoeffizienten. Sie diffundieren ebenfalls über Zwischengitter-

[1] MOORE, R. H.: Correlation of Diffusion Data as a Periodic Function of Atomic Number, S. 275: in Diffusion in Body-Centered Cubic Metals, herausgeg. von der Amer Soc. Metals, Metals Park. Ohio 1965.
[2] SYKES, C., H. H. BURTON u. C. C. GEGG: Iron Steel Inst. **156**, 155 (1947).
[3] SEITH, W., u. T. DAUR: Z. Elektrochem. angew. phys. Chem. **44**, 256 (1938).
[4] WELLS, C., nach C. E. BIRCHENALL: Volum Diffusion, in: Atom Movements, S. 112ff. Cleveland 1951.
[5] STANLEY, J. K.: Trans. AIME **185**, 752 (1949).
[6] WELLS, C., W. BATZ u. R. F. MEHL: Trans. AIME **188**, 553 (1950).
[7] BRAMLEY, A., u. G. TURNER: Carnegie Scholarship Memoirs **17**, 23 (1938).
[8] BROWER, T. E., B. M. LARSEN u. W. E. SCHENK: Trans. AIME **61**, 113 (1934).
[9] BIRCHENALL, C. E., u. R. F. MEHL: Trans. AIME **188**, 144 (1950).
[10] RUDER, R. C.: Thesis, Carnegie Institute of Technology 1950.
[11] WELLS, C., u. R. F. MEHL: Trans. AIME **145**, 329 (1941).
[12] HAM, J. L.: Trans. Amer. Soc. Metals **35**, 331 (1945).
[13] WELLS, C., u. R. F. MEHL: Trans. AIME **145**, 315 (1941).

plätze. Außerdem wurde durch Überführungsmessungen festgestellt, daß Bor und Kohlenstoff gegenüber Eisen eine positive Aufladung zeigen, während Stickstoff im Eisen negativ aufgeladen ist. Aus diesen Gründen wird der Raumbedarf von Bor und Kohlenstoff durch Abgabe eines Elektrons kleiner und im Falle des Stickstoffs etwas größer werden, so daß man in erster Näherung mit einem mittleren Radius von 0,7 bis 0,8 Å rechnen kann[1].

Die Diffusionskoeffizienten der Schwermetalle in Eisen liegen um vier bis fünf Zehnerpotenzen niedriger und besitzen die gleiche Größenordnung wie der Selbstdiffusionskoeffizient von Eisen. Eine gewisse Ausnahmestellung hinsichtlich seines Diffusionskoeffizienten nimmt Sauerstoff ein. Trotz seines sehr kleinen Atomradius liegt sein Diffusionskoeffizient um etwa zweieinhalb Zehnerpotenzen niedriger als der von Bor, Kohlenstoff und Stickstoff, obwohl letztere einen deutlich größeren Atomradius besitzen. Der Grund dürfte in seinem relativ starken negativen Charakter gegenüber Eisen zu suchen sein, so daß er sich wahrscheinlich mit einer beachtlichen Elektronendichte umgibt, wodurch wir es mit dem Wirkungsradius eines Sauerstoffions zu tun haben, dessen Beweglichkeit gering ist. Durch diese Tatsache wird der Zwischengitterplatz-Diffusionsmechanismus, den man auf Grund des kleinen Atomradius vermuten könnte, wenig wahrscheinlich, wenn man, auf korpuskularer Betrachtung fußend, annimmt, daß nur der kleine Bruchteil an noch vorhandenen Sauerstoffatomen im Fe-Gitter sich auf Zwischengitterplätzen befindet und im wesentlichen für eine Diffusion verantwortlich gemacht werden kann.

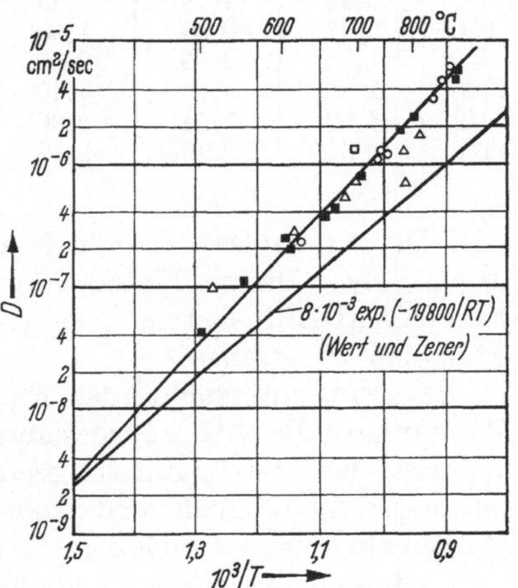

Abb. 5.65. Temperaturabhängigkeit der Diffusion von Kohlenstoff in α-Fe nach STANLEY (△), SMITH (■) und HOMAN (○). (Geringe Abweichung von der berechneten Geraden nach WERT und ZENER).

In Tantal und Niob findet man gerade umgekehrte Verhältnisse.[2] Hier ist die Diffusion von Sauerstoff zwischen 50 und 2000 °C mit $D_O^{Ta} = 0{,}0190 \exp(-27300/RT)$ und $D_O^{Nb} = 0{,}0147 \exp(-27600/RT)$ erheblich größer als die von Stickstoff mit $D_N^{Ta} = 0{,}0123 \exp(-39800/RT)$ und $D_N^{Nb} = 0{,}0980 \exp(-38600/RT)$ cm² sec⁻¹. Entsprechende Messungen über die Diffusion von Kohlenstoff in Ta und Nb wurden von WERT[3] ausgeführt.

Über die Diffusion von Kohlenstoff in legierten Stählen in der Austenitphase führten WELLS, BATZ und MEHL[4] eingehende Untersuchungen

[1] SEITH, W., u. T. DAUR: Z. Elektrochem. angew. phys. Chem. **44**, 256 (1938).
[2] ANG, C. Y.: Acta Met. **1**, 123 (1953).
[3] WERT, C.: J. appl. Phys. **21**, 1196 (1950).
[4] WELLS, C., W. BATZ u. R. F. MEHL: Trans. AIME **188**, 553 (1950).

Tabelle 5.10
Abhängigkeit der Diffusionsgeschwindigkeit von Kohlenstoff in der Austenitphase vom Kohlenstoffgehalt nach Wells, Batz und Mehl

T °C	Diffusionskoeffizienten in $D \cdot 10^7$ cm² sec⁻¹						
	Kohlenstoff in Atom-%						
	1	2	3	4	5	6	7
750			(0,18)				
802		0,30	0,41	0,63			
848	0,27	0,36	0,47	0,67			
905	0,82	1,03	1,33	1,54	1,95		
910	0,87	0,98	1,23	1,54	2,26		
950	1,74	2,15	2,66	3,27	4,09		
1000	2,87	3,48	4,40	5,63	7,17	10,03	
1042	4,92	5,54	6,36	7,49	8,92	11,08	
1128	10,81	12,35	13,89	15,95	19,04	26,45	40,67

aus. Die Ergebnisse sind in Tab. 5.10 zusammengestellt. Desgleichen liegen neben älteren Untersuchungen[1] auch neuere Arbeiten[2] über die Kohlenstoff-Diffusion in α-Fe vor. Die gute Übereinstimmung ist aus Abb. 5.65 zu ersehen.

BLANTER untersuchte den Einfluß sowohl von Kobalt[3] als auch von Mangan[4] auf die Diffusionsgeschwindigkeit des Kohlenstoffs im Austenit. Während bis 1100 °C mit steigendem Mn-Gehalt eine Abnahme der Diffusionsgeschwindigkeit von Kohlenstoff resultiert, übt bei 1200 °C der Mn-Gehalt keinen Einfluß mehr aus.

In diesem Zusammenhang sind sowohl die Arbeiten von SEITH und SCHMEKEN[5] als auch die von WERT[6] über die Diffusion von Kohlenstoff in Sintereisen verschiedener Dichte und in legierten Sinterstählen sowie im α-Eisengebiet von Interesse. Die zwischen ± 35 bis 800 °C von WERT[6] durchgeführten Messungen ergaben Diffusionskoeffizienten zwischen 10^{-20} bis $2 \cdot 10^{-6}$ cm² sec⁻¹. Die Versuchsergebnisse genügen der Gleichung $D = D_0 \exp(-\Delta U/RT)$, wobei $D_0 = 0{,}02$ cm² sec⁻¹ und $\Delta U = 20100$ cal/g-Atom ist. Die Ergebnisse wurden im Sinne der klassisch statistisch-mechanischen Theorie der Zwischengitterplatzdiffusion gedeutet. KUCZYNSKI und LANDAUER[7] untersuchten die Kohlenstoffdiffusion in metallischen Carbiden. Mit Hilfe von Tab. 5.10a können die Diffusionskoeffizienten für Kohlenstoff in kohlenstoffhaltigem Titan, Tantal und Wolfram berechnet werden.

---

[1] STANLEY, J. K.: Trans. AIME **185**, 752 (1950).
[2] SMITH, R. P.: Trans. AIME **224**, 105 (1962). — C. G. HOMAN: Acta Met. **12**, 1071 (1964); siehe auch S. 77 in Diffusion in Body-Centered Cubic Metals, herausgeg. von Amer. Soc. Metals, Metals Park. Ohio 1965.
[3] BLANTER, M. JE.: Z. techn. Phys. UdSSR **20**, 1001 (1950).
[4] BLANTER, M. JE.: Z. techn. Phys. UdSSR **21**, 818 (1951).
[5] SEITH, W., u. H. SCHMEKEN: Z. anorg. allg. Chem. **262**, 129 (1950); Z. Elektrochem. angew. phys. Chem. **54**, 222 (1950).
[6] WERT, C.: Phys. Rev. **78**, 639 (1950).
[7] KUCZYNSKI, G. C., u. R. W. LANDAUER: Phys. Rev. **82**, 340 (1951).

Tabelle 5.10a. *Kohlenstoffdiffusion in Titan, Wolfram und Tantal mit einem Kohlenstoffgehalt von etwa 0,1 Gew.% nach Kovenskii*[1]

Legierung	D_0 cm²/sec	ΔU kcal/g-Atom	Temperaturbereich in °C
Ti—C	$3{,}18 \cdot 10^{-3}$	18,9	950—1650
Ta—C	$2{,}78 \cdot 10^{-3}$	24,6	600—2600
W—C	$9{,}22 \cdot 10^{-3}$	40,4	1800—2800

Nach Untersuchungen der Tracer-Diffusion von ^{60}Co in fünf verschieden zusammengesetzten Co-Al-Legierungen zwischen 1050 und 1250 °C schließen NIX und JAUMOT[2] auf Grund einer erheblichen strukturellen Unordnung des Diffusionsmediums auf eine bevorzugte Diffusion über Leerstellen. Im gleichen Sinne führt BARNES[3] den bei der Diffusion in Cu/α-Messing- und Cu/Ni-Kombinationen auftretenden KIRKENDALL-Effekt auf eine überwiegende Leerstellendiffusion zurück. Diese Leerstellen sind auch für die Porosität der Legierungen, die man nach der Diffusion beobachtet, verantwortlich.

Ganz unabhängig vom Diffusionsmechanismus gilt die allgemeine Beziehung zwischen dem Diffusionskoeffizienten D, der Fehlordnungsenergie E und der Platzwechselenergie U

$$D = \text{const}\, z \exp\{-(E + U)/RT\} \tag{5.502a}$$

$$= D_0 \exp(-\Delta U/RT), \tag{5.502b}$$

wo $E + U = \Delta U$ die Aktivierungsenergie der Diffusion und z die Koordinationszahl des Gitters bedeuten. Haben wir ein Diffusionssystem mit Leerstellen, dann ist z die Zahl der die Leerstelle umgebenden Nachbaratome und E die zur Erzeugung einer Leerstelle erforderliche Energie bzw. U die erforderliche Energie, um ein der Leerstelle benachbartes Atom in diese zu befördern. Ist nur eine Leerstellenwanderung möglich, dann muß die Fehlordnungsenergie E unabhängig sein vom Legierungszusatz bei ein und demselben als Diffusionsmedium wirkenden Metall. Das heißt, die Abnahme der Aktivierungsenergie ΔU beim Übergang von Selbstdiffusion zur Fremddiffusion ist dann im wesentlichen nur durch Abnahme der Platzwechselenergie U zu deuten, die für jedes eindiffundierende Fremdmetallatom einen anderen Wert besitzen kann. Jedoch sind im Falle schwachlegierter Metallsysteme die Änderungen von U im allgemeinen nicht groß. JOHNSON[4] nimmt eine bevorzugte Assoziation einer Leerstelle mit einem im Gitter befindlichen Fremdatom an und mißt diesem Assoziat Leerstelle–Fremdatom eine energetisch günstigere Wanderungsmöglichkeit bei.

Zur Berechnung von D_0, das man in den folgenden Tabellen findet, verwenden wir die Geschwindigkeitskonstante nach der Transition-state-

[1] KOVENSKII, I. I.: Investigations of Diffusion of Carbon in Three Refractory Metals Over a Wide Range of Temperatures, S. 283, in: Diffusion in Body-Centered Cubic Metals, herausgeg. von der Amer. Soc. Metals, Metals Park. Ohio 1965.

[2] NIX, F. C., u. F. E. JAUMOT JR.: Phys. Rev. **83**, 1275 (1951).

[3] BARNES, R. S.: Proc. Roy. Soc. [London] (B) **65**, 512 (1952).

[4] JOHNSON, R. P.: Phys. Rev. **56**, 814 (1939).

Tabelle 5.11

Zusammenstellung der Diffusionsdaten einiger Metalle in Kupfer und Kupferlegierungen bei verschiedenen Konzentrationen und Temperaturen (Cu kubisch-hexoktaedrisch)

Diffundierendes Metall	Konz. der Cu-Legierung in Atom-%	T in °C	D cm²/sec	D_0 cm²/sec	ΔU kcal/g-Atom	Meßmethode	Zitat
Cu (Tracer-Diffusion)	—	650	$3{,}2 \cdot 10^{-12}$	4,1	54	Mittels radioaktiver Indikatoren;	1, 2
		850	$0{,}8-2{,}6 \cdot 10^{-10}$	0,27	47	a) Messung der Oberflächenaktivität	3
		1030	$2{,}8 \cdot 10^{-9}$	47,0	61,4	b) Durch Zerschneiden in Scheiben	4
Al	0,8	800	s. Abb. 5.66 u. Abb. 5.68	$1{,}75 \cdot 10^{-2}$	37,7	Zerschneiden in Scheiben und analysieren	5
	4			$4{,}55 \cdot 10^{-2}$	39,5		
	8			$3{,}75 \cdot 10^{-1}$	43		
	12			6,76	48		
	16			253	54		
Au		20	$5 \cdot 10^{-20}$	0,1	44,9	Röntgenmessung der Gitterkonstanten	6, 7
Be	0	800	s. Abb. 5.67 u. Abb. 5.68	$2{,}32 \cdot 10^{-4}$	28	Zerschneiden in Scheiben und analysieren	8
	4			$7{,}13 \cdot 10^{-4}$	30		
	8			$3{,}18 \cdot 10^{-2}$	37		
Cd	0	800	s. Abb. 5.67 u. Abb. 5.68	$1{,}97 \cdot 10^{-9}$	8	Zerschneiden in Scheiben und analysieren	8
	0,5			$1{,}97 \cdot 10^{-8}$	10		
Mn	8–11,4	400	$2{,}0 \cdot 10^{-13}$	$0{,}72 \cdot 10^{-5}$	23,2	Röntgenmessung der Gitterkonstanten	9
		650	$3{,}7 \cdot 10^{-11}$				
		850	$1{,}3 \cdot 10^{-10}$				
Ni	7,5–11,8	550	$7{,}1 \cdot 10^{-13}$	$6{,}5 \cdot 10^{-5}$	29,8	Röntgenmessung der Gitterkonstanten	9
		700	$1{,}4 \cdot 10^{-11}$				
		950	$2{,}1 \cdot 10^{-10}$				
Pd	4,3–6,2	490	$9{,}0 \cdot 10^{-13}$	$0{,}16 \cdot 10^{-5}$	21,9	Röntgenmessung der Gitterkonstanten	9
		700	$1{,}3 \cdot 10^{-11}$				
		950	$2{,}5 \cdot 10^{-10}$				
Pt	2,4–3,5	490	$5{,}8 \cdot 10^{-13}$	$1{,}02 \cdot 10^{-4}$	21,9	Röntgenmessung der Gitterkonstanten	9
		700	$1{,}3 \cdot 10^{-11}$	0,41	52,5		10
		960	$1{,}10-2{,}32 \cdot 10^{-10}$				
Si	0	800	s. Abb. 5.66, Abb. 5.67 u. Abb. 5.68	$3{,}7 \cdot 10^{-2}$	40,0	Zerschneiden in Scheiben und analysieren	8
	4			$4{,}06 \cdot 10^{-1}$	48,2		
	8			18,6	53,8		
Sn	0	800	s. Abb. 5.66 u. Abb. 5.68	1,13	45	Zerschneiden in Scheiben und analysieren	8
	4	800		$3{,}25 \cdot 10^{-3}$	30,5		
	5,6–8,0	475	$1{,}8 \cdot 10^{-11}$		26		11
		600	$2{,}1-2{,}8 \cdot 10^{-10}$				
		708	$8{,}7 \cdot 10^{-10}$				
Zn	0–18	800	s. Abb. 5.67 u. Abb. 5.68	0,21	40,8	Zerschneiden in Scheiben und analysieren	8,18
	0–9,25	641	$5{,}1 \cdot 10^{-14}$	$5{,}8 \cdot 10^{-4}$	42,0	Durch Herausdampfen des flüchtigen Zinks aus der Legierung	12
		884	$6{,}4 \cdot 10^{-12}$				
	0–28,6	641	$2{,}3 \cdot 10^{-13}$	$3{,}2 \cdot 10^{-3}$	42,0		12
		884	$3{,}4 \cdot 10^{-11}$				
	27,5–35,4	700	$0{,}6 \cdot 10^{-7}$	—	24,5		13, 14
		950	$1{,}44 \cdot 10^{-6}$				
	Messing	800	$1{,}2-3{,}2 \cdot 10^{-8}$	—	—		15
	Messing	800	$1{,}16-1{,}39 \cdot 10^{-7}$	—	—		16

Fußnoten siehe S. 543.

Theorie:

$$k' = \frac{kT}{h} \exp(-\Delta G/RT), \tag{5.503}$$

wo ΔG die freie Aktivierungsenergie bedeutet. Hieraus folgt unter Beachtung der Beziehung

$$D = d^2 k' \tag{5.504}$$

und (5.502b) mit dem thermodynamischen Ausdruck $\Delta G = \Delta H - T\Delta S$ bzw. $\Delta A = \Delta U - T\Delta S$, da $\Delta A \approx \Delta G$ ist,

$$D_0 = d^2 \frac{kT}{h} \exp(\Delta S/R). \tag{5.505}$$

Ein großer Wert von D_0 entspricht also einer großen Aktivierungsentropie.

Tab. 5.11 enthält eine Zusammenstellung der Diffusionskoeffizienten einiger Metalle in Kupfer und Kupferlegierungen bei verschiedenen Temperaturen. Gleichzeitig sind D_0 [nach (5.505)] und die Aktivierungsenergie der Diffusion ΔU angeführt. Wie man hieraus erkennt, besitzt die Selbstdiffusion von Kupfer den höchsten Wert der Aktivierungsenergie. In gleicher Weise wird für die Selbstdiffusion ein hoher Wert für D_0 und damit der Aktivierungsentropie gefunden. STEARN und EYRING[17] haben aus den Diffusionsdaten an Kupferlegierungen den Verlauf der Aktivierungsentropie mit der Konzentration berechnet (Abb. 5.66). Weiterhin ist aus Tab. 5.11 und Abb. 5.67 zu entnehmen, daß häufig in ein und demselben Diffusionssystem die Aktivierungsenergie ΔU mit steigender Konzentration zunimmt. Wie man ferner aus Tab. 5.11 und Abb. 5.68 erkennt, wächst der Diffusionskoeffizient mit steigendem Gehalt an

---

[1] RAYNOR, C. L., L. THOMASSEN u. L. J. ROUSE: Trans. Amer. Soc. Metals **30**, 313 (1942). — Die Aktivierungsenergie der Selbstdiffusion von Cu wurde von J. H. DEDRICK u. A. GERDS: J. appl. Phys. **21**, 261 (1950) zu 43000 cal/g-Atom bestimmt.

[2] KUCZYNSKI, G. C., u. R. W. LANDAUER: Phys. Rev. (2) **82**, 340 (1951). — G. COHEN u. G. C. KUCZYNSKI: J. appl. Phys. **21**, 1339 (1950).

[3] NOWICK, A. S.: J. appl. Phys. **22**, 1182 (1951); Werte vom Autor berechnet.

[4] ROLLIN, B. V.: Phys. Rev. **55**, 231 (1939).

[5] RHINES, F. N., u. R. F. MEHL: Trans. AIME **128**, 185 (1938).

[6] DU MOND, J., u. J. P. YOUTZ: J. appl. Phys. **11**, 357 (1940).

[7] MARTIN, A. B., u. F. ASARO: Phys. Rev. **80**, 123 (1950). — A. B. MARTIN, R. D. JOHNSON u. F. ASARO: J. appl. Phys. **25**, 364 (1954).

[8] RHINES, F. N., u. R. F. MEHL: Trans. AIME **128**, 185 (1938).

[9] MATANO, C.: J. Phys. [Japan] **9**, 41 (1934).

[10] NOWICK, A. S.: J. appl. Phys. **22**, 1182 (1951); Werte vom Autor berechnet.

[11] VERÖ, J. A.: Mitt. berg- u. hüttenmänn. Abt., Kgl. ung. Palatin-Joseph-Univ., Adm. Wirtschaftswiss. **12**, 141 (1940).

[12] DUNN, J. S.: J. chem. Soc. **129**, 2973 (1926).

[13] BUGAKOW, W., u. W. NESKUTSCHAW: Z. techn. Phys. UdSSR **4**, 1342 (1934); **9**, 1767 (1939).

[14] BUGAKOW, W., u. F. RYBALKO: Z. techn. Phys. UdSSR **5**, 1729 (1935).

[15] SEITH, W., u. W. KRAUSS: Z. Elektrochem. angew. phys. Chem. **44**, 98 (1938).

[16] THOMAS, D. E., u. C. E. BIRCHENALL: J. Metals **4**, 867 (1952). — R. W. BALLUFFI u. B. H. ALEXANDER: J. Metals **4**, 1315 (1952).

[17] STEARN, A. E., u. H. EYRING: J. phys. Chem. **44**, 955 (1940).

[18] RESNICK, R., u. R. W. BALLUFFI: J. Metals **7**, 1004 (1955).

Legierungsmetall im Kupfer an. Daher ist es auch verständlich, daß die freie Aktivierungsenergie ΔG mit steigender Fremdmetallkonzentration im Kupfer abnehmen muß. Trotz plausibler Ansätze ist man heute jedoch noch nicht in der Lage, eine quantitative Verknüpfung der thermodynamischen Größen ΔH bzw. ΔU, ΔS und ΔG bzw. ΔA mit der Fremdmetall-Konzentration zu geben.

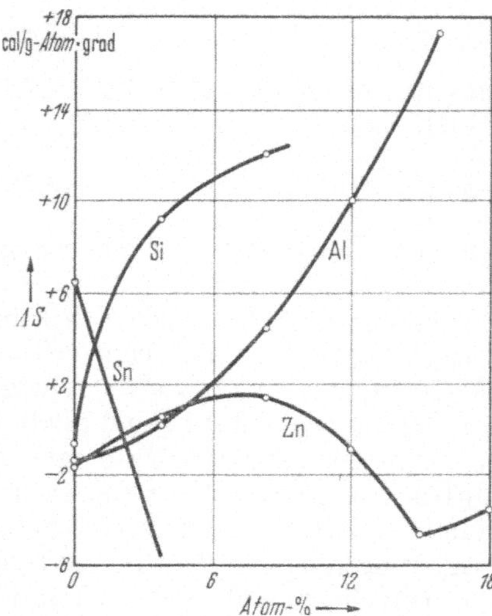

Abb. 5.66. Abhängigkeit der Aktivierungsentropie der Diffusion einiger Metalle in Cu-Legierungen vom Fremdmetallgehalt, berechnet von STEARN und EYRING aus Versuchsergebnissen von RHINES und MEHL.

Die Konzentrationsabhängigkeit der Aktivierungsenergie kann allerdings auch einen umgekehrten Verlauf zeigen, wie dies aus Abb. 5.67 hervorgeht. Hier fällt die Aktivierungsenergie der Diffusion von Zinn mit steigender Konzentration an Zinn in der Kupfer-Zinn-Legierung stark ab. BETCHERMAN[1] versucht diesen Befund auf die besonders große Abweichung des Atomradius des Zinns von dem des Kupfers (etwa 18%) zu deuten. Im Gegensatz hierzu fällt der anfänglich schwache Anstieg des Diffusionskoeffizienten von Aluminium und Zink in Cu-Al- bzw. Cu-Zn-Legierungen auf. Bei höheren Zn-Konzentrationen wird aber schließlich ΔU konstant (s. Abb. 5.67). Da aber D größer wird (s. Abb. 5.68), muß gemäß (5.502b) D_0 zunehmen.

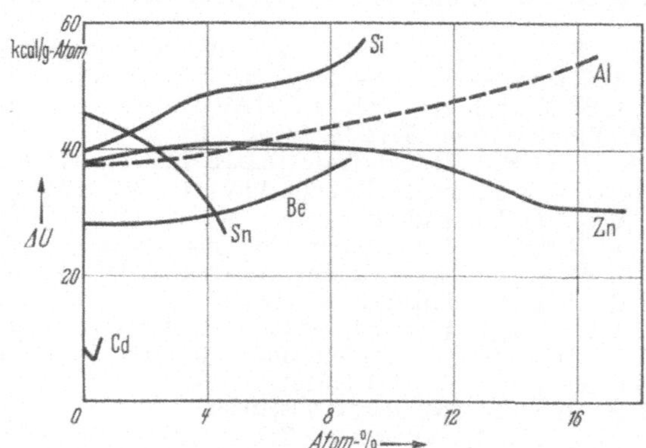

Abb. 5.67. Konzentrationsabhängigkeit der Aktivierungsenergie ΔU einiger Kupferlegierungen vom Fremdmetallgehalt nach RHINES und MEHL.

[1] BETCHERMAN, J. J.: Rate Processes in Physical Metallurgy, in: Progress in Metal Physics, Bd. 1, S. 53. London 1950.

Als weiteres Beispiel einer konzentrationsabhängigen Diffusion wählen wir die von JEDELE[1] untersuchten Systeme Au–Pt, Au–Pd und Au–Ni (Abb. 5.69.) Wie BUGAKOW und SIROTKIN[2] zeigen konnten, ist

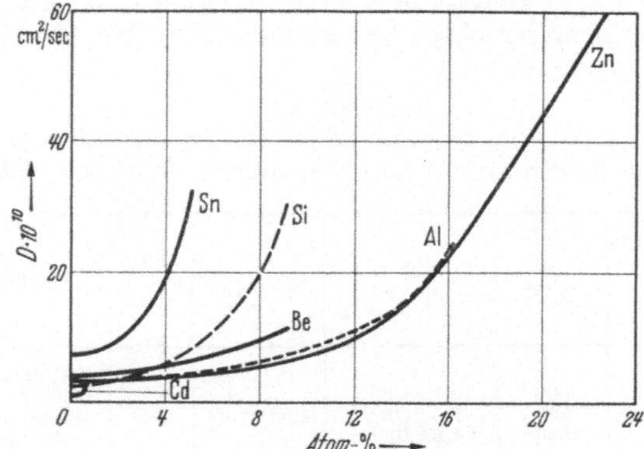

Abb. 5.68. Diffusionskoeffizienten einiger Elemente in Kupfer in Abhängigkeit von der Konzentration der Kupferlegierung bei 800°C nach RHINES und MEHL.

im Falle der Diffusion von Cadmium und Zink in Silber der Diffusionskoeffizient von Cd bis zu 5 Atom-% Cd und der von Zn bis 10% Zn im Silber praktisch unabhängig von der Konzentration. Erst bei höheren Konzentrationen tritt in beiden Systemen eine deutliche Zunahme auf. In gleicher Weise fanden SEITH und HERRMAN[3] bei 270 °C einen von der Thalliumkonzentration praktisch unabhängigen Diffusionskoeffizienten von Thallium in Blei-Thallium-Legierungen. PETRENKO und RUBINSTEIN[4] haben beobachtet, daß die Aktivierungsenergie ΔU erheblich kleiner und die Diffusionsgeschwindigkeit wesentlich größer in der β- als in der α-Phase der Legierungssysteme Ag–Zn, Ag–Cd und Cu–Zn ist und führen diese Erscheinung auf die größeren Gitterabstände in der β-Phase zurück.

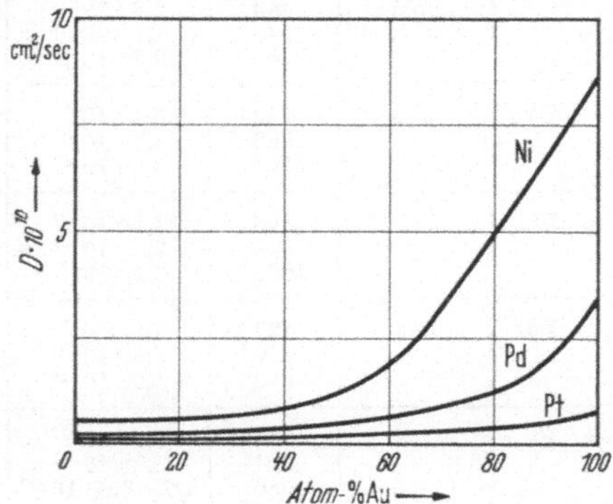

Abb. 5.69. Konzentrationsabhängigkeit der Diffusion in den Systemen Au–Ni, Au–Pd und Au–Pt bei 900°C nach JEDELE.

Der Vollständigkeit halber sind in den Tab. 5.12 und 5.13 die Versuchsergebnisse der Diffusion einiger Metalle in Gold und Silber und deren Legierungen zusammengestellt. TAMMANN und ROCHA[5] konnten

[1] JEDELE, A.: Z. Elektrochem. angew. phys. Chem. **39**, 691 (1933). — C. MATANO: Jap. J. Phys. 8, 109 (1933).
[2] BUGAKOW, W., u. B. SIROTKIN: Z. techn. Phys. UdSSR **7**, 1577 (1937).
[3] SEITH, W., u. J. HERRMANN: Z. Elektrochem. angew. phys. Chem. **46**, 213 (1940).
[4] PETRENKO, B. G., u. B. E. RUBINSTEIN: Z. techn. Phys. UdSSR **13**, 508 (1939).
[5] TAMMANN, G., u. H. J. ROCHA: Z. anorg. allg. Chem. **199**, 289 (1931).

feststellen, daß bei der Diffusion von Zinn in Gold drei Schichten der Zusammensetzung: AuSn, $AuSn_2$ und $AuSn_4$ gebildet werden, deren Wachstumsgeschwindigkeit dem parabolischen Gesetz folgt. Über die Diffusion von Pb, Sn und Cu in Gold-Einkristallen, die sich in kochender 2 m HCl befanden, berichtet LEIDHEISER[1]. Die bei 100 °C ermittelten

Tabelle 5.12

Zusammenstellung der Diffusionsdaten einiger Metalle in Gold und Goldlegierungen bei verschiedenen Konzentrationen und Temperaturen (Au kubisch-hexoktaedrisch)

Diffundierendes Metall	Konz. des Fremdmetalls in Au in Atom-%	T in °C	D cm²/sec	D_0 cm²/sec	ΔU kcal/g-Atom	Meßmethode	Zitat
^{198}Au (Tracer-Diffusion)	—	800	$3{,}1 \cdot 10^{-12}$			Mittels radioaktiver Isotope	2
		900	$2{,}5 \cdot 10^{-11}$	$1{,}58 \cdot 10^{-1}$	53,0	a) Durch Zerschneiden in dünne Scheiben u. Ermittl. d. Aktivität	
		1020	$1{,}5 \cdot 10^{-11}$				
		600–950	—	$3 \cdot 10^{-2}$	39,4		9
		721	$3{,}7 \cdot 10^{-13}$			b) Messung der Oberflächenaktivität	3
		869	$2{,}1 \cdot 10^{-12}$	$2{,}04 \cdot 10^{-2}$	51,0		
		966	$2{,}5 \cdot 10^{-11}$				
Cu	Aus reinem Cu	301	$1{,}5 \cdot 10^{-13}$			Röntgenmessung der Gitterkonstanten	4
		560	$9{,}4 \cdot 10^{-11}$	$1{,}06 \cdot 10^{-3}$	27,4		5
		616	$2{,}2 \cdot 10^{-10}$				
	25,6	443	$2{,}4 \cdot 10^{-12}$				
		648	$1{,}7 \cdot 10^{-10}$	$5{,}8 \cdot 10^{-3}$	27,4		
		740	$9{,}3 \cdot 10^{-10}$				
Fe	18,3	753	$5{,}4 \cdot 10^{-10}$			Röntgenmessung der Gitterkonstanten	7
		903	$3{,}1 \cdot 10^{-9}$	$1{,}16 \cdot 10^{-4}$	24,4		
		1003	$7{,}5 \cdot 10^{-9}$				
Ni	15,0	800	$7{,}7 \cdot 10^{-10}$			Röntgenmessung der Gitterkonstanten	7
		902	$2{,}3 \cdot 10^{-9}$	$1{,}74 \cdot 10^{-3}$	31,2		
		1003	$6{,}9 \cdot 10^{-9}$				
Pd	17,1	727	$5{,}8 \cdot 10^{-12}$			Röntgenmessung der Gitterkonstanten	6
		820	$5{,}2 \cdot 10^{-11}$	$1{,}13 \cdot 10^{-3}$	37,4		
		970	$3{,}2 \cdot 10^{-10}$				
Pt	20,1	740	$4{,}7 \cdot 10^{-12}$			Röntgenmessung der Gitterkonstanten	6
		824	$2{,}2 \cdot 10^{-11}$	$1{,}24 \cdot 10^{-3}$	39,0		
		986	$1{,}7-2{,}8 \cdot 10^{-10}$				
Po	—	470	$1{,}2 \cdot 10^{-14}$	—	—		8
Ra (B + C)	—	470	$3{,}9 \cdot 10^{-12}$	—	—		8

[1] LEIDHEISER, JR., H.: Appl. Phys. Letters **1**, 39 (1962).
[2] SAGRUBSKY, A. M.: Bull. Acad. Sci. URSS Phys. Soc. 1937, 903; Phys. Z. Sowjetunion **12**, 118 (1937).
[3] MCKAY, H. A. C.: Trans. Faraday Soc. **34**, 845 (1938).
[4] JOST, W.: Z. phys. Chem. (B) **16**, 123 (1932).
[5] LIEMPT, J. A. M. VAN: Recueil Trav. chim. Pays-Bas **60**, 634 (1941).
[6] JOST, W.: Z. phys. Chem. (B) **21**, 158 (1933).
[7] KUBASCHEWSKI, O., u. H. EBERT: Z. Elektrochem. angew. phys. Chem. **50**, 138 (1944).
[8] WERTENSTEIN, M. L., u. H. DOBROWOLSKA: J. Phys. Radium **4**, 324 (1923).
[9] OKKERSE, B.: Phys. Rev. **103**, 1246 (1956).

Tabelle 5.13

Zusammenstellung der Diffusionsdaten einiger Metalle in Silber und Silberlegierungen bei verschiedenen Konzentrationen und Temperaturen (Ag kubisch-hexoktaedrisch)

Diffundierendes Metall	Konz. des Fremdmetalls in Ag in Atom-%	T in °C	D cm²/sec	D_0 cm²/sec	ΔU kcal/g-Atom	Meßmethode	Zitat
^{105}Ag (Tracer-Diffusion)	—	725	$8{,}0 \cdot 10^{-11}$			Mittels radioaktiver Indikatoren und Zerschneiden in dünne Scheiben	1
		800	$4{,}0 \cdot 10^{-10}$	0,895	45,9		
		875	$1{,}5 \cdot 10^{-9}$	0,89	46		2
		950	$5{,}5 \cdot 10^{-9}$				
Al	7,5 – 14,2	500	10^{-10}	—	—	Mittels Mikrohärte-Messung	3
Au	49,2	—	—	$1{,}2 \cdot 10^{-1}$	44,1	Mittels radioaktiver Indikatoren	4
	aus reinem Au	218	$2{,}6 - 6{,}6 \cdot 10^{-17}$				
		456	$4{,}9 \cdot 10^{-13}$				
		601	$1{,}1 \cdot 10^{-11}$	$5{,}3 \cdot 10^{-4}$	29,8	Metallographische Methode	5
		870	$4{,}3 \cdot 10^{-10}$				
	18,4	767	$3{,}2 \cdot 10^{-10}$			Zerschneiden in Scheiben und analysieren	6
		847	$6{,}4 \cdot 10^{-10}$	$1{,}1 \cdot 10^{-4}$	26,6		
		916	$1{,}5 \cdot 10^{-9}$				
Cd	2,0	650	$2{,}6 \cdot 10^{-10}$			Zerschneiden in Scheiben und mittels Spektralanalyse	7
		800	$1{,}4 \cdot 10^{-9}$	$4{,}85 \cdot 10^{-6}$	22,35		
		895	$1{,}3 \cdot 10^{-8}$				
	5,0	800	$1{,}3 \cdot 10^{-9}$	—	—	Durch Herausdampfen des flüchtigen Cadmiums	8
		900	$6{,}1 \cdot 10^{-9}$				
	α-Phase	627	$2{,}8 \cdot 10^{-8}$				
		717	$8{,}1 \cdot 10^{-8}$	—	20,25	Durch Herausdampfen des flüchtigen Cadmiums	8
		827	$2{,}0 \cdot 10^{-7}$				
	β-Phase	400	$3{,}2 \cdot 10^{-9}$			Durch Herausdampfen des flüchtigen Cadmiums	8
		500	$1{,}6 \cdot 10^{-8}$	—	9,0		
		600	$3{,}4 \cdot 10^{-8}$				
					41,0		9
Cu	2,0	650	$8{,}8 \cdot 10^{-11}$			Zerschneiden in Scheiben und mittels Spektralanalyse	7
		760	$3{,}6 \cdot 10^{-10}$				
		800	$5{,}9 \cdot 10^{-10}$	$5{,}95 \cdot 10^{-5}$	24,8		
		895	$9{,}4 \cdot 10^{-10}$				
Zn	2,0	650	$2{,}9 \cdot 10^{-10}$				7
		760	$1{,}2 \cdot 10^{-9}$			Zerschneiden in Scheiben und mittels Spektralanalyse	
		800	$1{,}9 \cdot 10^{-9}$	$7{,}3 \cdot 10^{-5}$	24,4		
		840	$4{,}8 \cdot 10^{-9}$				
		895	$1{,}3 \cdot 10^{-8}$				
Pd	20,2	444	$1{,}3 \cdot 10^{-12}$			Röntgenographische Ermittlung der Gitterkonstanten	10
		571	$3{,}7 \cdot 10^{-11}$				
		637	$7{,}0 \cdot 10^{-11}$	$0{,}64 \cdot 10^{-5}$	20,2		
		742	$1{,}2 \cdot 10^{-10}$				
		917	$1{,}2 \cdot 10^{-9}$				

[1] Johnson, W. A.: Trans. AIME **143**, 107 (1941).
[2] Nowick, A. S.: J. appl. Phys. **22**, 1182 (1951); Werte vom Autor berechnet.
[3] Bückle, H.: Metallforsch. **1**, 47, 175 (1946).
[4] Johnson, W. A.: Trans. AIME **147**, 331 (1942).
[5] Jost, W.: Z. phys. Chem. (B) **9**, 73 (1930).
[6] Braune, H.: Z. phys. Chem. **110**, 147 (1924).
[7] Birchenall, C. E.: Volum Diffusion, in Atom Movements, S. 112ff. Cleveland 1951.
[8] Bugakow, W., u. B. Sirotkin: Z. techn. Phys. UdSSR **7**, 1577 (1937).
[9] Tomizuka, C. T., L. M. Slifkin u. D. Lazarus: Amer. Phys. Soc. Bulletin **28**, Nr. 2, Paper Paper Z-10 (1953).
[10] Jost, W.: Z. phys. Chem. (B) **21**, 158 (1933).

Tabelle 5.13 (Fortsetzung)

Diffundierendes Metall	Konz. des Fremdmetalls in Ag in Atom-%	T in °C	D cm²/sec	D_0 cm²/sec	ΔU kcal/g-Atom	Meßmethode	Zitat
Ra (C + B)		407	$4{,}4 \cdot 10^{-12}$	—	—	—	11
Sb	2,0	650	$3{,}8 \cdot 10^{-10}$	0,73	44	Zerschneiden in	1
		760	$1{,}5 \cdot 10^{-9}$	$5{,}31 \cdot 10^{-5}$	21,7	Scheiben und mittels	9
		895	$4{,}3 \cdot 10^{-9}$			Spektralanalyse	
		468 bis 942		0,169	38,3		3
Sn	2,0	650	$6{,}2 \cdot 10^{-10}$	0,63	42,5	Zerschneiden in	1
		760	$1{,}4 \cdot 10^{-9}$	$7{,}82 \cdot 10^{-5}$	21,4	Scheiben und mittels	2
		895	$7{,}3 \cdot 10^{-9}$			Spektralanalyse	
Zn	8,3	700	$4{,}6 \cdot 10^{-9}$			Durch Herausdampfen des flüchtigen Zinks	4
		800	$7{,}0 \cdot 10^{-9}$				
		850	$1{,}2 \cdot 10^{-8}$	—	—		
	16,6	700	$4{,}6 \cdot 10^{-9}$			Durch Herausdampfen des flüchtigen Zinks	4
		800	$9{,}3 \cdot 10^{-9}$				
		850	$2{,}3 \cdot 10^{-8}$	—	—		
	24,9	650	$3{,}5 \cdot 10^{-9}$			Durch Herausdampfen des flüchtigen Zinks	4
		750	$1{,}3 \cdot 10^{-8}$				
		800	$3{,}9 \cdot 10^{-8}$	—	—		
	α-Phase	400	10^{-10}	—	—	Mittels Mikrohärte-Messung	5
		627	$5{,}8 \cdot 10^{-8}$			Durch Herausdampfen des flüchtigen Zinks	6
		727	$1{,}3 \cdot 10^{-7}$				7
		827	$2{,}6 \cdot 10^{-7}$	—	14,1		
	β-Phase	410	$1{,}2 \cdot 10^{-8}$				
		500	$1{,}6 \cdot 10^{-8}$				
		650	$2{,}8 \cdot 10^{-8}$	—	4,9		6
	Ag + 7 % Gew.Zn		$2{,}8 \cdot 10^{-3}$		27,15	Durch Vakuum-	8
	Ag + Zn + Au		$3{,}75 \cdot 10^{-3}$		27,7	verdampfung	
	Ag + Zn + Ga	400	$0{,}67 \cdot 10^{-3}$		24,8	$\Delta S = -$ 6,8 cal/g-atm	
	Ag + Zn + Sn	bis	$0{,}38 \cdot 10^{-3}$		24,0	− 6,24	
	Ag + Zn + Sb	500	$0{,}11 \cdot 10^{-3}$		22,0	− 9,46	
	Ag + Zn + Al		$2{,}26 \cdot 10^{-3}$		28,15	−10,44	
	Ag + Zn + In		$0{,}31 \cdot 10^{-3}$		23,6	−12,8	
						− 7,29	
						−10,88	
^{65}Zn	70 Atom-% Ag + Zn	500 bis 700	—	$0{,}46 \pm 0{,}08$	35,2		9
In	0,1 − 2			0,46	40		1
^{110}Ag	Ag-Zn (30 Atom-%)	500 bis 700	—	$0{,}29 \pm 0{,}07$	36	chem. Analyse	9
^{110}Ag	β-AgMg	500	—	$0{,}17 \pm 0{,}03$	$45{,}1 \pm 1$	Mittels radioaktiver	10
^{82}Mg		800	—	$0{,}051 \pm 0{,}015$	$47{,}5 \pm 1{,}8$	Isotope	

[1] Nowick, A. S.: J. appl. Phys. **22**, 1182 (1951); Werte vom Autor berechnet.
[2] Seith, W., u. E. Peretti: Z. Elektrochem. angew. phys. Chem. **42**, 570 (1936).
[3] Sonder, E., L. M. Slifkin u. C. T. Tomizuka: Phys. Rev. **93**, 970 (1954).
[4] Bugakow, W., u. B. Sirotkin: Z. techn. Phys. UdSSR **7**, 1577 (1937).
[5] Bückle, H.: Metallforsch. **1**, 47, 175 (1946).
[6] Rollin, B. V.: Phys. Rev. **55**, 231 (1939).
[7] Bugakow, W., u. F. Rybalko: Z. techn. Phys. UdSSR **5**, 1729 (1935).
[8] Brutzyk, M., u. Ss. Gerzriken: Z. techn. Phys. UdSSR **20**, 428 (1950).
[9] Lazarus, D., u. C. T. Tomizuka: Phys. Rev. **103**, 1155 (1956).
[10] Domian, H. A., u. H. I. Aaronson: Simultaneous Diffusion of Silver and Magnesium in Stoichiometric Monocrystalline β-AgMg, S. 209, in: Diffusion in Body-Centered Cubic Metals, herausgeg. von der Amer. Soc. Metals, Metals Park. Ohio 1965.
[11] Wertenstein, M. L., u. H. Dobrowolska: J. Phys. Radium **4**, 324 (1923).

Diffusionskoeffizienten haben die folgenden Werte: $D_{Pb} = 1{,}6 \cdot 10^{-12}$, $D_{Sn} = 2{,}5 \cdot 10^{-12}$ und $D_{Cu} < 10^{-19}$ cm²/sec.

Der weitaus überwiegende Teil der Diffusionsmessungen ist in der Literatur unter der Annahme ausgewertet, daß in den binären und ternären Legierungssystemen die Gesetze der idealen Lösungen herrschen. Diese Voraussetzung ist aber erwartungsgemäß, wie wir auch des öfteren sehen, bei höheren Legierungszusätzen keineswegs erfüllt. In einzelnen Systemen treten sogar erhebliche Abweichungen auf[1]. Aus diesem Grunde ist es erforderlich, nicht die Konzentrationswerte, sondern die thermodynamischen Aktivitäten zur Auswertung der Diffusionsmessungen heranzuziehen, wie dies auf S. 477 ausgeführt wurde. Unter diesem Gesichtspunkt wurden sowohl von BIRCHENALL und MEHL[2] als auch von FISHER, HOLLOMON und TURNBULL[3] unter Verwendung der Aktivitätsmessungen von

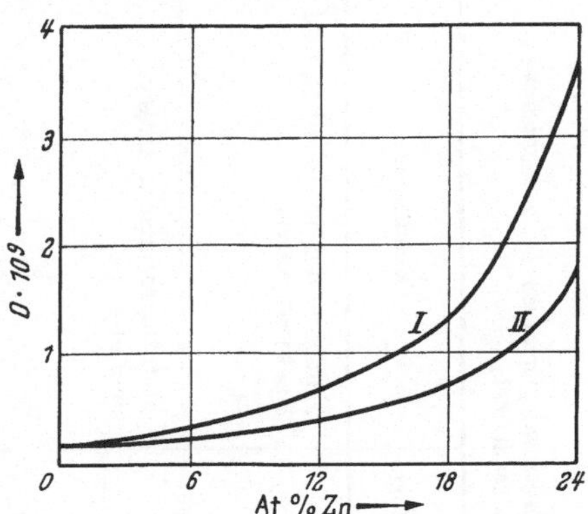

Abb. 5.70. Konzentrationsabhängigkeit des Diffusionskoeffizienten von Zink in α-Messing bei 750°C nach FISHER, HOLLOMON und TURNBULL. Kurve I gibt die beobachteten Werte $(x_{Zn} D_{Cu} + x_{Cu} D_{Zn})$ wieder und Kurve II die infolge nicht idealen Verhaltens korrigierten Werte $(x_{Zn} u_{Cu} + x_{Cu} u_{Zn})\, kT$.

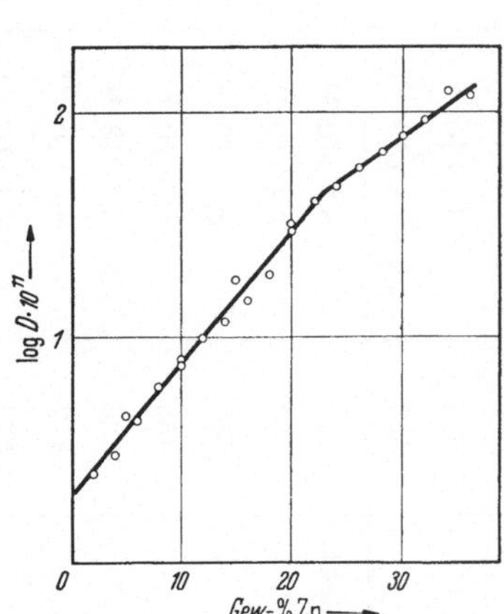

Abb. 5.71. Abhängigkeit des Diffusionskoeffizienten in Messing vom Zinkgehalt bei 710° ± 5°C nach ACCARY.

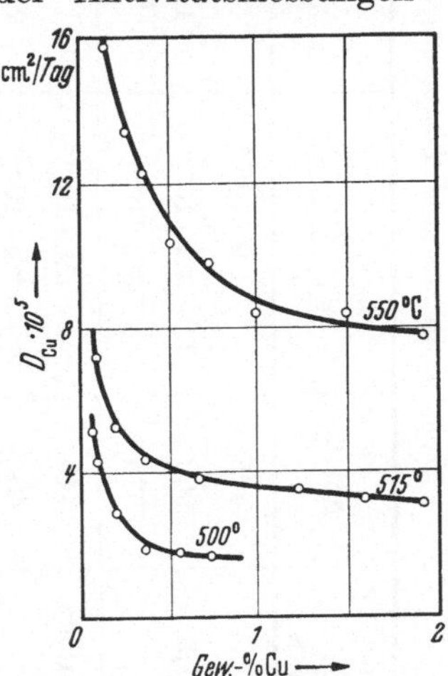

Abb. 5.72. Abhängigkeit des Diffusionskoeffizienten von Al-Cu-Legierungen vom Cu-Gehalt bei verschiedenen Temperaturen nach BÜCKLE.

[1] Vgl. u. a. C. WAGNER: Thermodynamik metallischer Mehrstoffsysteme, in: Hdb. Metallphys., Bd. I, 2. Leipzig 1940. — Siehe auch Thermodynamics of Alloys. Cambridge, Mass., 1952.

[2] BIRCHENALL, C. E., u. R. F. MEHL: Trans. AIME **171**, 143 (1947).

[3] FISHER, J. C., J. H. HOLLOMON u. D. TURNBULL: Metals Technol. **15**, Nr. 2 (1948).

Tabelle 5.14

Zusammenstellung der Diffusionsdaten einiger Metalle in Aluminium und Aluminiumlegierungen bei verschiedenen Konzentrationen und Temperaturen (Al: kubisch-flächenzentriert)

Diffundierendes Metall	Konz. des Fremdmetalls in Atom-%	T in °C	D cm²/sec	D_0 cm²/sec	ΔU kcal/g-Atom	Meßmethode	Zitat
Ag	1,26	465	$1{,}9 \cdot 10^{-10}$			Zerschneiden in Scheiben und Spektralanalyse	1
	2,8—5,5	500	$2{,}0—1{,}1 \cdot 10^{-9}$	$1{,}1 \cdot 10^{6}$	32,6		2
	1,26	573	$3{,}5 \cdot 10^{-9}$		38,5		1
Cu	Cu-Al-Eutekt.	440	$5{,}0 \cdot 10^{-11}$			Metallographische Untersuchung	2
		490	$2{,}4 \cdot 10^{-10}$	2,3	34,9		
		540	$1{,}4 \cdot 10^{-9}$				
	0,85	457	$8{,}0 \cdot 10^{-10}$				1
	3,05	500	$5{,}8—1{,}5 \cdot 10^{-10}$			Zerschneiden in Scheiben und Spektralanalyse	2
	0,17	515	$5{,}1 \cdot 10^{-10}$	$8{,}4 \cdot 10^{-2}$	32,6		1
		565	$1{,}3—1{,}4 \cdot 10^{-9}$				
Mg	Al-Mg-Eutekt.	365	$8{,}6 \cdot 10^{-12}$			Metallographische Untersuchung	3
		400	$6{,}4 \cdot 10^{-11}$	$1{,}52 \cdot 10^{+2}$	38,5		
		440	$3{,}3 \cdot 10^{-10}$	0,32	30		8
	1,32	450	$1{,}9 \cdot 10^{-9}$			Zerschneiden in Scheiben und Spektralanalyse	4
	5,5—11,0	395	$5{,}5—6{,}7 \cdot 10^{-11}$				
		447	$2{,}6 \cdot 10^{-10}$	$1{,}17 \cdot 10^{-1}$	28,6		1
		577	$4{,}4 \cdot 10^{-9}$				
	14,9	420	$6{,}6—7{,}6 \cdot 10^{-11}$				

	5,3—8,0	475	$7{,}3 \cdot 10^{-10}$			Zerschneiden in Scheiben und chemische Analyse	[5]
		520	$8{,}7 \cdot 10^{-9}$		38,0		[6]
	15,9	410	$6{,}5 \cdot 10^{-11}$				
Mn	0,1	600	$5 \cdot 10^{-11}$				
		625	$1{,}5 \cdot 10^{-10}$		79,3	Mikrohärteprüfung	[7]
		650	$4{,}5 \cdot 10^{-10}$				
Si	0,50	465	$3{,}4 \cdot 10^{-10}$	0,36	30,5		[8]
		500	$9{,}9 \cdot 10^{-10}$	0,90	30,55	Zerschneiden in Scheiben und Spektralanalyse	[1]
		600	$9{,}3 \cdot 10^{-9}$				
	1,88	510	$2{,}0 \cdot 10^{-9}$				[4]
	0,70	550	$2{,}0 \cdot 10^{-9}$		31,5	Zerschneiden in Scheiben und chemische Analyse	[2]
Zn	0,84	415	$2{,}5 \cdot 10^{-10}$	0,32	30		[8]
		473	$5{,}3 \cdot 10^{-10}$	11,6	27,8	Zerschneiden in Scheiben und Spektralanalyse	[1]
		555	$5{,}0 \cdot 10^{-9}$				
	4,4	450	$7 \cdot 10^{-10}$				
	9,4	450	$9{,}5 \cdot 10^{-10}$		25,8	Zerschneiden in Scheiben und chemische Analyse	[2]
	15,1	450	$1{,}2 \cdot 10^{-9}$				
	4,5—15,0	400	$3{,}0—3{,}5 \cdot 10^{-10}$				

[1] Beerwald, A. H.: Z. Elektrochem. angew. phys. Chem. **45**, 789 (1939).
[2] Mehl, R. F., F. N. Rhines u. K. A. von den Steinen: Metals and Alloys **13**, 41 (1941).
[3] Brick, R. M., u. A. Philips: Trans. AIME **124**, 331 (1937).
[4] Freche, H. R.: Trans. AIME **122**, 326 (1936).
[5] Bungardt, W., u. F. Bollenrath: Z. Metallkde. **30**, 377 (1938).
[6] Bungardt, W., u. H. Cornelius: Z. Metallkde. **34**, 360 (1942).
[7] Bückle, H.: Z. Elektrochem. angew. phys. Chem. **49**, 238 (1943).
[8] Nowick, A. S.: J. appl. Phys. **22**, 1182 (1951); Werte vom Autor berechnet.

Zink in α-Messing von HARGREAVES[1] die Diffusionsmessungen von RHINES und MEHL an diesem System korrigiert. Abb. 5.70 zeigt den Konzentrationsverlauf der beobachteten und korrigierten D-Werte für das System Kupfer–Zink. Durch gesonderte Ermittlung der korrigierten Werte für D_{Cu} und D_{Zn} ergeben sich die entsprechenden Werte für $u_{Cu}kT$ bzw. $u_{Zn}kT$ für das Kupfer–Zink-System mit einer Zusammensetzung von 22,5 Atom-% bei einer Temperatur von 785 °C zu $1{,}11 \cdot 10^{-9}$ bzw. $2{,}57 \cdot 10^{-9}$ cm²/sec. Die am System Kupfer–Zink von TURNBULL und Mitarbeitern durchgeführten eingehenden Rechnungen zwecks vollständiger Analyse der Diffusionsdaten sind an anderen Diffusionssystemen bisher nicht ausgeführt worden. Weitere Untersuchungen und Rechnungen in dieser Richtung an anderen Diffusionssystemen wären wünschenswert. Von ACCARY wurde die Abhängigkeit des chemischen Diffusionskoeffizienten in Messing vom Zn-Gehalt bei 710 °C neu untersucht[2] (Abb. 571.).

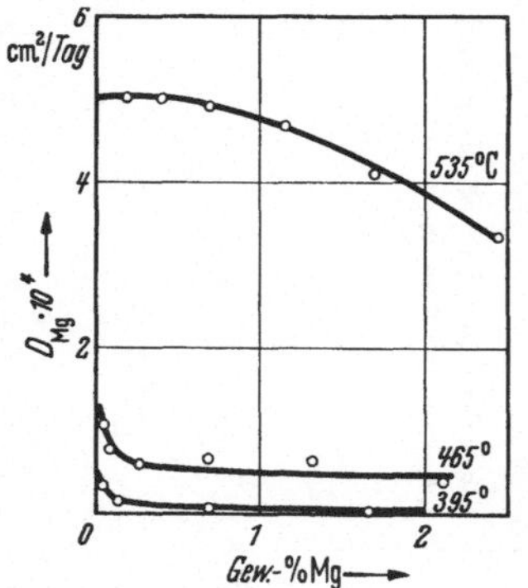

Abb. 5.73. Abhängigkeit des Diffusionskoeffizienten von Al-Mg-Legierungen vom Mg-Gehalt bei verschiedenen Temperaturen nach BÜCKLE.

In Tab. 5.14 sind die Diffusionskoeffizienten einiger Metalle in Aluminium und Aluminiumlegierungen bei verschiedenen Temperaturen zu-

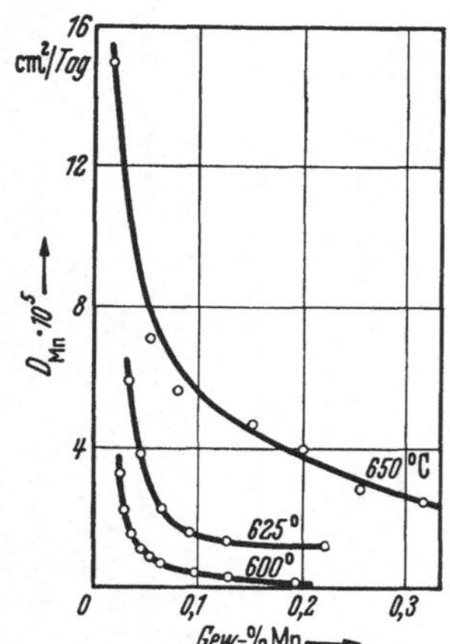

Abb. 5.74. Abhängigkeit des Diffusionskoeffizienten von Al-Mn-Legierungen vom Mn-Gehalt bei verschiedenen Temperaturen nach BÜCKLE.

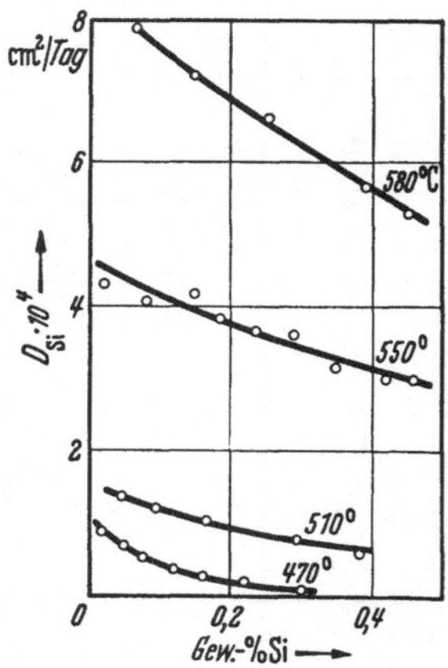

Abb. 5.75. Abhängigkeit des Diffusionskoeffizienten von Al-Si-Legierungen vom Si-Gehalt bei verschiedenen Temperaturen nach BÜCKLE.

sammengestellt. Wie man ferner aus den Abb. 5.72 bis 5.74 erkennt, nimmt der Diffusionskoeffizient von Cu bzw. Mn in Al-Cu- und Al-Mn-

[1] HARGREAVES, R.: J. Inst. Metals **64**, 115 (1939).
[2] ACCARY, A.: C. R. Acad. Sci. Paris **236**, 2502 (1953).

Legierungen mit steigendem Fremdmetallgehalt besonders stark ab. In Al-Mg- und Al-Si-Legierungen hingegen ist die Abnahme der Diffusion von Mg bzw. Si mit steigendem Fremdmetallgehalt klein (s. Abb. 5.73 und 5.75). Nach Messungen von SMOLUCHOWSKI[1] wird der Diffusionskoeffizient von Kupfer in Aluminium bei 500 °C bis herauf zu Drucken von 1500 kg/cm² nicht verändert. Jedoch wurde bei wesentlich höheren Drucken von 7000 kg/cm² der Diffusionskoeffizient um etwa 30% kleiner.

Besonders SEITH und Mitarbeiter[2-10] haben die Diffusionsgeschwindigkeit einiger Metalle in Blei zwischen 100 und 325 °C untersucht. Ihre Versuchsergebnisse sind in Tab. 5.15 zusammengestellt. In den Tab. 5.16 bis 5.18 findet sich eine Zusammenstellung einiger weiterer ausgewählter Diffusionskoeffizienten technisch interessanter Metalle in Eisen, den Edelmetallen, Nickel und ihren Legierungen.

Ohne auf die Vielzahl der in der Literatur erschienenen Arbeiten über Fe-Legierungen eingehen zu können, seien hier nur die Ergebnisse über die Diffusion von Eisen und Chrom in Eisen-Chrom-Legierungen mit 0 bis 22 Atom-% Cr zwischen 800 und 1200 °C erwähnt.[11] Nach anfänglicher Abnahme der Diffusionsgeschwindigkeit (etwa 30%) bis 10 Atom-% Cr bleibt dieselbe bei höheren Zusätzen unverändert. Die Diffusionskoeffizienten des Eisens in der γ-Phase liegen um nahezu zwei Zehnerpotenzen niedriger als diejenigen in der α-Phase:

$$D_{\mathrm{Fe}}^{\alpha} = 1{,}48 \exp(-54900/RT) \ \mathrm{cm^2/sec},$$

$$D_{\mathrm{Fe}}^{\gamma} = 7{,}1 \cdot 10^{-5} \exp(-40600/RT).$$

Aus der Wanderung der Schweißebene konnten die partiellen Diffusionskoeffizienten von Eisen und Chrom errechnet werden. Der sich ergebende kleine Wert des Verhältnisses $D_{\mathrm{Cr}} : D_{\mathrm{Fe}} = 1{,}5$ macht das Ausbleiben des KIRKENDALL-Effektes (s. S. 483ff.) verständlich. Bei gleichzeitiger Anwesenheit von Aluminium wird die Diffusion des Chroms geringfügig erhöht. Aluminium selbst wandert etwa um eine Größenordnung schneller.

In den Tabellen 5.19 und 5.20 sind die Koffizienten D_0 und die Aktivierungsenergien ΔU einiger Metalle in β-Titan und γ-Uran zusammen-

[1] RADAVICH, F., u. R. SMOLUCHOWSKI: Phys. Rev. **65**, 62 (1944).
[2] HEVESY, G. VON, W. SEITH u. A. KEIL: Z. Phys. **79**, 197 (1932); Z. Metallkde. **25**, 104 (1933).
[3] SEITH, W., u. A. KEIL: Z. phys. Chem. (B) **22**, 350 (1933).
[4] SEITH, W., u. J. G. LAIRD: Z. Metallkde. **24**, 193 (1932).
[5] ROBERTS-AUSTEN, W. C.: Phil. Trans. Roy. Soc. London (A) **187**, 404 (1896).
[6] SEITH, W., u. H. ETZOLD: Z. Elektrochem. angew. phys. Chem. **40**, 829 (1934); **41**, 122 (1935).
[7] SEITH, W., E. HOFER u. H. ETZOLD: Z. Elektrochem. angew. phys. Chem. 322 (1934).
[8] HERTZRÜCKEN, S. D., M. BUTSIK u. E. GOLUBENKO: Mém. Physique ukrain. 8, 55 (1939).
[9] SEITH, W.: Z. Elektrochem. angew. phys. Chem. **39**, 538 (1933); **41**, 872 (1935).
[10] SEITH, W., u. J. HERRMANN: Z. Elektrochem. angew. phys. Chem. **46**, 213 (1940).
[11] HEUMANN, T., u. H. BÖHMER: Arch. Eisenhüttenwes. **31**, 749 (1960). — Vgl. auch H. W. PAXTON u. E. J. PASIERB: Trans. AIME **218**, 794 (1960).

Tabelle 5.15

Zusammenstellung der Diffusionsdaten einiger Metalle in Blei und Bleilegierungen bei verschiedenen Temperaturen und Konzentrationen (Pb: kubisch-flächenzentriert)

Diffundierendes Metall	Konz. des Fremdmetalls in Atom-%	T in °C	D cm²/sec	D_0 cm²/sec	ΔU kcal/g-Atom	Meßmethode	Zitat
Pb	Pb(ThB)	106 182 258 324	$1,7 \cdot 10^{-16}$ $4,7 \cdot 10^{-13}$ $1,3 \cdot 10^{-11}$ $5,5 \cdot 10^{-10}$	2,7 6,56	27 27,9	Radioaktive Isotope, durch Messung der Oberflächenaktivität	11 1
Ag	0,12	220 265 285	$1,5 \cdot 10^{-8}$ $5,4 \cdot 10^{-8}$ $9,1 \cdot 10^{-8}$	$7,4 \cdot 10^{-2}$	15,2	Zerschneiden in Scheiben und chemische Analyse	2 3
Au	0,03—0,09	100 150 200 256 300	$2,3 \cdot 10^{-9}$ $5,0 \cdot 10^{-8}$ $8,6 \cdot 10^{-8}$ $3,2 \cdot 10^{-7}$ $1,5 \cdot 10^{-6}$	$3,43 \cdot 10^{-1}$	14,0	Zerschneiden in Scheiben und chemische Analyse	4 5
Bi	2,0	220 265 285	$4,8 \cdot 10^{-11}$ $2,3 \cdot 10^{-10}$ $4,4 \cdot 10^{-10}$	1,5 $1,83 \cdot 10^{-2}$	24,5 18,4	Zerschneiden in Scheiben und Spektralanalyse	11 6
Cd	1,0	167 200 252	$4,6 \cdot 10^{-11}$ $1,3 \cdot 10^{-10}$ $8,6 \cdot 10^{-10}$	0,65 $1,83 \cdot 10^{-3}$	21 15,4	Zerschneiden in Scheiben und Spektralanalyse	11 6
Hg	4,0 10—15	150 225 150 225			12,3 10,1	Verdampfen des flüchtigen Hg	7
In	<1,0	300	$1,1 \cdot 10^{-9}$	1,3	24	Zerschneiden in Scheiben und Spektralanalyse	8 11

Mg	2	220	$1{,}2 \cdot 10^{-10}$				
		270	$1{,}3 \cdot 10^{-9}$	0,81	22	Zerschneiden in Scheiben und Spektralanalyse	11
	0,26	250	$2{,}4$—$3{,}7 \cdot 10^{-10}$				9
	1,0	250	$6{,}9 \cdot 10^{-10}$				
	2,0	250	$8{,}6 \cdot 10^{-10}$				
	3,0	250	$1{,}1 \cdot 10^{-9}$				
Ni	1,0	285	$2{,}3 \cdot 10^{-10}$	$\sim 6{,}6 \cdot 10^{-1}$	25,3	Zerschneiden in Scheiben und Spektralanalyse	
	3,0	252	$3{,}5 \cdot 10^{-11}$				6
		320	$3{,}5 \cdot 10^{-10}$	2,7	27		11
Po	—	310	$1{,}5 \cdot 10^{-11}$			Radioaktive Isotope, wie oben, 1. Reihe	10
Sn	2,0	245	$3{,}1 \cdot 10^{-11}$	2,1	26	Zerschneiden in Scheiben und Spektralanalyse	11
		265	$7{,}0 \cdot 10^{-11}$	3,96	26,2		3
		285	$1{,}6 \cdot 10^{-10}$				
Tl	2,0	220	$2{,}8 \cdot 10^{-11}$	$2{,}51 \cdot 10^{-2}$	19,4	Zerschneiden in Scheiben und Spektralanalyse	
		285	$3{,}1 \cdot 10^{-10}$				3
	8,5—53,0	270	$1{,}1 \cdot 10^{-10}$	1,7	25		11
		300	$3{,}5 \cdot 10^{-10}$	1,03	24,6		9
		315	$5{,}8 \cdot 10^{-10}$				

[1] HEVESY, G. VON, W. SEITH u. A. KEIL: Z. Phys. **79**, 197 (1932); Z. Metallkde. **25**, 104 (1933).
[2] SEITH, W., u. A. KEIL: Z. phys. Chem. (B) **22**, 350 (1933).
[3] SEITH, W., u. J. G. LAIRD: Z. Metallkde. **24**, 193 (1932).
[4] ROBERTS-AUSTEN, W. C.: Phil. Trans. Roy. Soc. [London] (A) **187**, 404 (1896).
[5] SEITH, W., u. H. ETZOLD: Z. Elektrochem. angew. phys. Chem. **40**, 829 (1934); **41**, 122 (1935).
[6] SEITH, W., E. HOFER u. H. ETZOLD: Z. Elektrochem. angew. phys. Chem. **40**, 322 (1934).
[7] HERTZRÜCKEN, S. D., M. BUTSIK u. E. GOLUBENKO: Mém. Phys. ukrain. **8**, 55 (1939).
[8] SEITH, W.: Z. Elektrochem. angew. phys. Chem. **39**, 538 (1933); **41**, 872 (1935).
[9] SEITH, W., u. J. HERRMANN: Z. Elektrochem. angew. phys. Chem. **46**, 213 (1940).
[10] HEVESY, G. VON, u. A. OBRUTSCHEWA: Nature **115**, 674 (1925).
[11] NOWICK, A. S.: J. appl. Phys. **22**, 1182 (1951); Werte vom Autor berechnet.

Tabelle 5.16a

Zusammenstellung der Diffusionsdaten einiger Metalle in Eisen und Eisenlegierungen bei verschiedenen Konzentrationen und Temperaturen (α-Fe: kubisch-raumzentriert, γ-Fe: kubisch-flächenzentriert)

Diffundierendes Metall	Konz. des Fremdmetalls in Atom-%	T in °C	D cm²/sec	D_0 cm²/sec	ΔU kcal/g-Atom	Meßmethode	Zitat
Al	Al-Pulver, rein	900	$3{,}8 \cdot 10^{-9}$		44,0	Metallographisch	1
		1050	$2{,}0 \cdot 10^{-8}$				
Cr	rein	1150	$6{,}8 \cdot 10^{-10}$		13,5	Zerschneiden in Scheiben und chemische Analyse	2
		1300	$2{,}2$—$5{,}3 \cdot 10^{-8}$				
	Fe-Cr-Pulver	1200	$1{,}7$—$8{,}1 \cdot 10^{-8}$			Röntgenographische Gitterkonstante	3
Mn	etwa 27	960	$3{,}0 \cdot 10^{-10}$				4
	3	1400	$9{,}6 \cdot 10^{-8}$				5
	0—20	950—1450	Näherungsformel				6
Mo	0—3,1	1200	$2{,}3$—$3{,}0 \cdot 10^{-9}$			Zerschneiden in Scheiben und chemische Analyse	7
Ni	etwa 22	1200	$0{,}9 \cdot 10^{-10}$			Zerschneiden in Scheiben und chemische Analyse	4
	0—20	1050—1450	Näherungsformel				8
Si	etwa 35	960	$7{,}5 \cdot 10^{-9}$				4
		1150	$1{,}45 \cdot 10^{-7}$				
	3—4	1435 ± 5	$1{,}1 \cdot 10^{-7}$				11
Sn	rein	950	$9{,}7 \cdot 10^{-10}$		46,0	Metallographisch	9
		1000	$2{,}0 \cdot 10^{-9}$				
		1050	$3{,}9 \cdot 10^{-9}$				
		1100	$7{,}6 \cdot 10^{-9}$				

W	0—1,3 0—1,2 0—3,4	1280 1330 1330	$3{,}7 \cdot 10^{-10}$ $2{,}4 \cdot 10^{-9}$ $1{,}0 \cdot 10^{-8}$			Zerschneiden in Scheiben und chemische Analyse	10

[1] AGEW, N. W., u. O. J. VHER: J. Inst. Metals **44**, 83 (1930).

[2] BARDENHEUER, P., u. R. MÜLLER: Mitt. KWI Eisenforsch. **14**, 295 (1932).

[3] HICKS, L. C.: Trans. AIME **113**, 163 (1934). — Ss. GERZRIKEN u. J. DEGHTJAR: [Z. techn. Phys. UdSSR **20**, 1005 (1950)] untersuchten den Einfluß von Ni, Be, Ti, W, Si, Sn, Nb auf den Diffusionsablauf von Chrom in γ-Eisen. Es wurden formale physikalische Beziehungen, wie die Abhängigkeit der Aktivierungsenergie der Diffusion von der Valenz der Zusätze und deren Kernladungszahlen aufgestellt.

[4] FRY, A.: Stahl u. Eisen **43**, 1039 (1923).

[5] OWEN, E. A.: J. Inst. Metals **73**, 471 (1947).

[6] WELLS, C., u. R. F. MEHL: Trans. AIME **145**, 315 (1941); hier wird die folgende empirische Diffusionsformel von Mn in γ-Fe gegeben

$$D_{\mathrm{Mn}}^{\gamma\text{-Fe}} = (0{,}486 + 0{,}011 \cdot \text{Gew.-\% Mn}) \exp(-66000/RT),$$

gültig von 0 bis 20 Gew.-% Mn zwischen 950 und 1450 °C; Genauigkeit $\pm 15\%$. Der Einfluß von C wird durch folgende Gleichung berücksichtigt:

$$D_C = D_{C_0}(1 + 2{,}53 \cdot \text{Gew.-\% } C),$$

gültig von 0 bis 1,5% C, wo D_{C_0} der Diffusionskoeffizient für $C = 0$ ist.

[7] GRUBE, G., u. F. LIEBENWIRTH: Z. anorg. allg. Chem. **188**, 274 (1930).

[8] WELLS, C.: Trans. AIME **145**, 329 (1941); hier wird für den Diffusionskoeffizienten von Ni in γ-Fe die folgende empirische Diffusionsformel angegeben:

$$D_{\mathrm{Ni}}^{\gamma\text{-Fe}} = (0{,}344 + 0{,}012 \cdot \text{Gew.-\% Ni}) \exp(-67500/RT),$$

gültig von 0 bis 20% Ni zwischen 1050 und 1450 °C; Genauigkeit $\pm 20\%$. Der Einfluß von C wird durch die folgende Gleichung berücksichtigt:

$$D_C = D_{C_0}(1 + 2{,}3 \cdot \text{Gew.-\% } C).$$

[9] BANNISTER, C. N., u. W. D. JONES: J. Iron Steel Inst. **124**, 71 (1931).

[10] GRUBE, G., u. K. SCHNEIDER: Z. anorg. allg. Chem. **168**, 17 (1927).

[11] BRADSHAW, F. J., G. HOYLE u. K. SPEIGHT: Nature [London] **171**, 488 (1953).

Tabelle 5.16b

Zusammenstellung einiger Diffusionskoeffizienten von Kohlenstoff in Eisen und Eisenlegierungen bei verschiedenen Konzentrationen und Temperaturen

Diffundierender Stoff	Konz. des diffundierenden Stoffes in Gew.-%	T °C	D cm²/sec⁻¹	ΔU kcal/g-Atom	Bemerkungen	Zitat
C	1,1	900—1250	$D_0 = 4,86 \cdot 10^{-1}$	36,6		1
	0,1—1,0	750—1250	$D_0 = 0,12 \pm 0,07$	$32,0 \pm 1,0$	Hoch und niedrig mit C legierter Stahl zusammengeschweißt	2
	0,4	1050	$3,9 \cdot 10^{-7}$		Zusammensetzung des Stahles: 0,25% Mn, 3,80% Si, 0,011% P, 0,31% Cr	3
	0,5		$5,7 \cdot 10^{-7}$		0,88% Mn, 0,05% Si, 0,020% P, 0,008% S	
	0,6		$5,4 \cdot 10^{-7}$		0,45% Mn, 0,14% Si, 0,035% P, 0,008% S	
	1,1		$6,7 \cdot 10^{-7}$		0,28% Mn, 0,20% Si	
	2,2 Atom-% C	1000	$3,7 \cdot 10^{-7}$		Diffusion im 2-Phasensystem	4
		1190	$1,88 \cdot 10^{-6}$			
	+1,98 Co	1000	$4,3 \cdot 10^{-7}$			
		1190	$2,19 \cdot 10^{-6}$			
	+3,91 Co	1000	$4,7 \cdot 10^{-7}$			
		1190	$2,67 \cdot 10^{-7}$			
	1,0 (1,5)	950	$1,17\ (1,3) \cdot 10^{-7}$		Entkohlung von Grauguß in CO-CO_2-Gemischen	5
		1000	$2,83\ (2,88) \cdot 10^{-7}$			
		1050	$4,54\ (5,27) \cdot 10^{-7}$		Zusammens. d. Stahles: 0,33—0,45% Si, 0,36—0,52% Mn, 0,067—0,153% P	
		1100	$8,3\ (7,1) \cdot 10^{-7}$			

[1] PASCHKE, M., u. A. HAUTTMANN: Arch. Eisenhüttenwes. **9**, 305 (1935).
[2] WELLS, C., u. R. F. MEHL: Metals Techn. **7**, Techn. Publ. No. 1180 (1940).
[3] DARKEN, L. S.: Trans. AIME, Metals Techn. **15**, Techn. Publ. No. 2311 u. 2443 (1948).
[4] SMOCHULOWSKI, R.: Phys. Rev. **62**, 539 (1942).
[5] BAUKLOH, W., F. SCHULTE u. H. FRIEDRICHS: Arch. Eisenhüttenwes. **16**, 341 (1943).

Tabelle 5.17

Zusammenstellung der Diffusionsdaten einiger Metalle in Platin und Platinlegierungen bei verschiedenen Konzentrationen und Temperaturen (Pt: kubisch-flächenzentriert)

Diffundierendes Metall	Konz. des Fremdmetalls in Atom-%	T in °C	D cm²/sec	D_0 cm²/sec	ΔU kcal/g-Atom	Meßmethoden	Zitat
Au	—	900	$3 \cdot 10^{-11}$			Zerschneiden in Scheiben und chemische Analyse	[1] [2]
Cu	13,9	1041	$2{,}2$—$2{,}5 \cdot 10^{-11}$	$4{,}78 \cdot 10^{-2}$	55,7	Röntgenographische Ermittlung der Gitterkonstante	[3]
		1152	$1{,}6 \cdot 10^{-10}$				
		1241	$6{,}6 \cdot 10^{-10}$				
		1350	$1{,}4$—$1{,}5 \cdot 10^{-9}$				
		1401	$1{,}7 \cdot 10^{-9}$				
Ir	Ir und Pt-Pulver					—	[4]
Ni	14,9	1043	$5{,}2 \cdot 10^{-11}$	$7{,}75 \cdot 10^{-4}$	43,1	Röntgenographische Ermittlung der Gitterkonstante	[3]
		1241	$4{,}8 \cdot 10^{-10}$				
		1401	$1{,}5 \cdot 10^{-9}$				
Ra (B + C)	—	470	$9{,}3 \cdot 10^{-12}$			Messung der Oberflächen-Aktivität	[5]

[1] JEDELE, A.: Z. Elektrochem. angew. phys. Chem. **39**, 691 (1933).
[2] MATANO, C.: Proc. physico-math. Soc. Japan **15**, 405 (1933).
[3] KUBASCHEWSKI, O., u. H. EBERT: Z. Elektrochem. angew. phys. Chem. **50**, 138 (1944).
[4] ZOGAGINTSEV: J. appl. Chem. (russ.) **17**, 22 (1944).
[5] WERTENSTEIN, M. L., u. H. DOBROWOLSKA: J. Phys. Radium **4**, 324 (1923).

Tabelle 5.18

Zusammenstellung der Diffusionsdaten einiger Metalle in Nickel bei verschiedenen Temperaturen
[Ni: $\alpha \rightleftharpoons \beta$ (α = kubisch-flächenzentriert und β = hexagonal)]

Diffundierendes Metall	Konz. des Fremdmetalls in Atom-%	T in °C	D cm²/sec	D_0 cm²/sec	ΔU kcal/g-Atom	Meßmethoden	Zitat s. S. 561.
^{63}Ni	—	1000	$1{,}5 \cdot 10^{-12}$	—	~65	Tracer-Versuche	11
Au		900	$\sim 7 \cdot 10^{-11}$			Zerschneiden in Scheiben und chemische Analyse	1 2
Al	0,7—3,7 Al	1150—1250	—	1,87	64,0		10
Cu		650 890	$3{,}9$—$4{,}3 \cdot 10^{-12}$ $1{,}8$—$2{,}4 \cdot 10^{-10}$	$1{,}01 \cdot 10^{-3}$	35,5	Röntgenographische Ermittl. der Gitterkonstante	3
W	0—1,5 W	1150—1250	—	11,1	76,8	Chemische Analyse	10
In	reines Ni Ni + 0,5% Mn	1000 1000	$1{,}2 \cdot 10^{-10}$ $0{,}3 \cdot 10^{-10}$			Zerschneiden in Scheiben und chemische Analyse	4 5
Mn	 1,7—4,0 Mn	970 1100—1250	$9{,}2 \cdot 10^{-11}$ —	 7,5	 67,1	 Zerschneiden in Scheiben	6 10
Co		800—1000	—	1,46	68,3	Messung der Oberflächenaktivität	7
Mo		1150—1400	—	3,0	68,9	Zerschneiden in Scheiben und Analyse	9
Mg		720 1000—1300	$\sim 10^{-9}$ —	 0,44	 56	Durch Verdampfung von Magnesium Zerschneiden in Scheiben und Analyse	8 9
Si		1100—1300	—	1,5	61,7	Zerschneiden in Scheiben und Analyse	9
Ti	0,2—0,9 Ti	1100—1280	—	0,86	61,4		10

Tabelle 5.19. *Zusammenstellung der D_0- und ΔU-Werte in der Formel $D = D_0 \exp(-\Delta U/RT)$ für die Diffusion einiger Metalle in β-Titan zwischen 900 und 1650 °C nach Graham*[1]

Diffundierendes Metall	900–1250°C		1400–1650°C	
	D_0 cm²/sec	ΔU kcal/g-Atom	D_0 cm²/sec	ΔU kcal/g-Atom
^{46}Sc	$2{,}1 \cdot 10^{-3}$	32,7	—	—
^{44}Ti	$3{,}6 \cdot 10^{-4}$	31,2	$3 \cdot 10^{-2}$	45
^{48}V	$3{,}1 \cdot 10^{-4}$	32,2	$6 \cdot 10^{-2}$	45
^{51}Cr	$5{,}0 \cdot 10^{-3}$	35,3	$6{,}3 \cdot 10^{-2}$	42,5
^{54}Mn	$6{,}1 \cdot 10^{-3}$	33,7	$5{,}9 \cdot 10^{-2}$	39,6
^{55}Fe	$7{,}8 \cdot 10^{-3}$	31,6	$7{,}3 \cdot 10^{-2}$	38,0
^{60}Co	$1{,}2 \cdot 10^{-2}$	30,6	$1{,}1 \cdot 10^{-1}$	37,1
^{63}Ni	$9{,}2 \cdot 10^{-3}$	29,6	$2{,}9 \cdot 10^{-1}$	38,2
^{95}Nb	$1{,}2 \cdot 10^{-3}$	34,9	$7{,}8 \cdot 10^{-1}$	57,2
^{99}Mo	$8{,}0 \cdot 10^{-3}$	43,0	$4{,}0 \cdot 10^{-2}$	47,0
^{113}Sn	$3{,}8 \cdot 10^{-4}$	31,6	$3 \cdot 10^{-2}$	45

Tabelle 5.20. *Zusammenstellung von Diffusionsdaten einiger Metalle in γ-Uran nach Rothman und Peterson (Daten aufgerundet)*[2]

Diffundierendes Metall	D_0 cm²/sec	ΔU kcal/g-Atom
U	$1{,}1 \cdot 10^{-3}$	26,5
Cr	$5{,}5\ (\pm 1) \cdot 10^{-3}$	$24{,}5 \pm 0{,}5$
Mn	$1{,}8\ (\pm 1{,}5) \cdot 10^{-4}$	$13{,}9 \pm 1{,}7$
Fe	$2{,}7\ (\pm 0{,}4) \cdot 10^{-4}$	$12{,}0 \pm 0{,}3$
Co	$3{,}5\ (\pm 0{,}8) \cdot 10^{-4}$	$12{,}6 \pm 0{,}6$
Ni	$5{,}4\ (\pm 0{,}8) \cdot 10^{-4}$	$15{,}7 \pm 0{,}4$
Cu	$2{,}0\ (\pm 0{,}3) \cdot 10^{-3}$	$24{,}1 \pm 0{,}4$
Nb	$4{,}9\ (\pm 1) \cdot 10^{-2}$	$39{,}7 \pm 0{,}5$
Au	$2{,}05 \cdot 10^{-2}$	33,8

[1] Graham, D.: A Summary of Impurity Diffusion in the Beta Phase of Titanium, S. 30, in: Diffusion in Body-Centered Cubic Metals, herausgeg. von der Am. Soc. Metals, Metals Park. Ohio 1965. — Siehe auch in demselben Buch die Arbeit von T. S. Lundy, J. I. Federer, R. E. Pawel u. F. R. Winslow, S. 35.

[2] Rothman, S. J., u. N. L. Peterson: Tracer Diffusion in γ-Uranium, S. 183, in: Diffusion in Body-Centered Cubic Metals, herausgeg. von der Am. Soc. Metals, Metals Park 1965. — Siehe auch in demselben Buch den Bericht von G. V. Kidson, S. 329.

Zitate zu Tabelle 5.18

1 Jedele, A.: Z. Elektrochem. angew. phys. Chem. **39**, 691 (1933).
2 Matano, C.: Proc. physico-math. Soc. Japan **15**, 405 (1933).
3 Matano, C.: Mem. Coll. Sci., Kyoto Imp. Univ. **15**, 351 (1932).
4 Grube, G., u. A. Jedele: Z. Elektrochem. angew. phys. Chem. **38**, 799 (1932).
5 Matano, C.: J. Phys. Japan **8**, 109 (1933).
6 Smithells, C. J.: Metals Ref. Book, S. 406. London 1949.
7 Ruder, R. C., u. C. E. Birchenall: J. Metals, Trans. AIME **191**, 142 (1951).
8 Rouse, G. F., u. R. Forman: Phys. Rev. (2) **82**, 574 (1951).
9 Swalin, R. A., A. Martin u. R. Olson: Trans. AIME, J. Metals **9**, 936 (1957).
10 Swalin, R. A., u. A. Martin: Trans. AIME, J. Metals **8**, 567 (1956).
11 Burgess, H., u. R. Smoluchowski: J. appl. Phys. **26**, 491 (1955).

gestellt. Weit vollständigere Zusammenstellungen findet man beispielsweise in den neu bearbeiteten physikalisch-chemischen Tabellen von LANDOLT-BÖRNSTEIN.

5.42 Fremddiffusion von Ionen in Ionen- und Valenzkristallen

Im Gegensatz zur Metalldiffusion beobachtet man häufig bei Diffusionsvorgängen in Ionen- und Valenzkristallen, daß nur eine Ionenart bevorzugt diffundiert, so z. B. bei der Mischkristallbildung durch Diffusion im System AgJ–CuJ, Ag_2S–Cu_2S usw. nur die Kationen, oder im System $BaCl_2$–$BaBr_2$ überwiegend nur die Anionen. In Mischphasen mit gleichwertigen Ionen wird durch das gegenseitige Eindiffundieren von z. B. Ag- und Cu-Ionen bzw. Cl- und Br-Ionen weder die Beweglichkeit der diffundierenden Ionen noch deren Fehlordnungskonzentration im Kristallgitter des Salzpaares nennenswert geändert. Diese Diffusionssysteme lassen sich rechnerisch völlig analog den einfachen Metalldiffusionssystemen behandeln. Eine Zusammenstellung einiger Diffusionskoeffizienten dieser Systeme findet man in Tab. 5.21. Wie man erkennt, ist die Diffusionsgeschwindigkeit desselben Fremdions in verschiedenen Diffusionsmedien verschieden. Diese Beobachtung ist durchaus verständlich, wenn man bedenkt, daß die für die Diffusion maßgebende Höhe des Potentialberges in jedem Wirtskristall einen anderen Wert haben kann. Da entsprechend den früheren Ausführungen ein gleichwertiges Ion, wie z. B. ein Li-Ion im AgBr-Gitter gemäß der Einbaugleichung:

$$\mathrm{LiBr} \rightleftharpoons \mathrm{Li}|\mathrm{Ag}|^{\times} + \mathrm{AgBr} \tag{5.506}$$

die Konzentration der Fehlordnungsstellen praktisch nicht ändert, ist die Änderung in der Diffusionsgeschwindigkeit allein auf die dem Wirtskristall eigene Platzwechselenergie zurückzuführen. Im System AgBr + LiBr liegt der Diffusionskoeffizient der Li-Ionen in derselben Größenordnung wie der Selbstdiffusionskoeffizient der Ag-Ionen.

Entsprechend den Erwartungen der FRENKEL-Fehlordnung im AgBr — keine nennenswerte Anionenfehlordnung — ist die Diffusionsgeschwindigkeit der Halogen- und Schwefelionen auffallend gering. Der Selbstdiffusionskoeffizient der Br-Ionen liegt um eine halbe bis eine Zehnerpotenz höher als erwartet. Auf Grund dieses Befundes weist TELTOW[1] auf die Existenz einer geringen SCHOTTKY-Fehlordnung mit Br-Ionenleerstellen im AgBr-Gitter hin. Es konnte keine bevorzugte Korngrenzendiffusion beobachtet werden. Über den WAGNERschen „Doppelsprung"-Diffusionsmechanismus in AgCl berichtet HOVE[2].

Erheblich komplizierter werden die Verhältnisse, sobald man höherwertige Kationen in das Silberhalogenidgitter — z. B. $CdBr_2$ in AgBr oder $PbCl_2$ in AgCl — eindiffundieren läßt. Entsprechend der Einbaugleichung

$$\mathrm{CdBr_2} \rightleftharpoons \mathrm{Cd}|\mathrm{Ag}|^{\bullet} + |\mathrm{Ag}|' + 2\,\mathrm{AgBr} \tag{5.507}$$

---

[1] TELTOW, J.: Z. Elektrochem. Ber. Bunsenges. phys. Chem. **56** 767 (1952).
[2] HOVE, J. E.: Phys. Rev. **102**, 915 (1956).

wird je eindiffundierendes Cd-Ion eine Ag-Ionenleerstelle neu geschaffen bzw. ein Ag-Ion auf Zwischengitterplatz beseitigt. Damit wird die Zahl der Orte je Flächeneinheit, über die ein Ionenplatzwechsel stattfinden kann, größer. Mit steigender Konzentration der eindiffundierenden Fremdionen — Cd^{2+} oder Pb^{2+} — muß die Diffusionsgeschwindigkeit zunehmen, was auch experimentell bestätigt wurde (s. Tab. 5.22, Sp. 3, und Abb. 5.76). Eine Diffusion von Cd^{2+}-Ionen kommt nun am leichtesten dadurch zustande, daß ein Cd^{2+}-Ion auf Ag-Gitterplatz einer Ag-

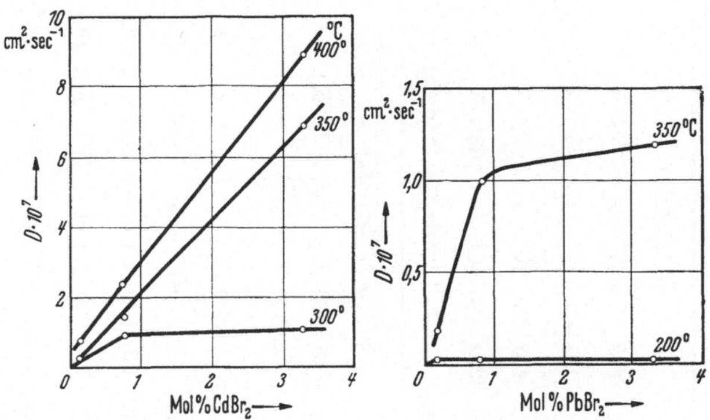

Abb. 5.76. Die Abhängigkeit der Diffusionsgeschwindigkeit von Cd- und Pb-Ionen in AgBr vom Gehalt an $CdBr_2$ bzw. $PbBr_2$ nach SCHÖNE, STASIW und TELTOW.

Ionenleerstelle benachbart ist. Wie sowohl von STASIW[1] als auch von MAURER und Mitarbeitern[2] betont wurde, ist unterhalb 300 °C mit einer merklichen Assoziation zu rechnen:

$$\mathrm{Cd}\,|\mathrm{Ag}|^{\bullet} + |\mathrm{Ag}|' \rightleftharpoons \underbrace{[\mathrm{Cd}\,|\mathrm{Ag}|^{\bullet}\,|\mathrm{Ag}|']^{\times}}_{\text{elektrisch neutraler Komplex}}, \tag{5.508}$$

was zu einem elektrisch neutralen Komplex führt. Die Assoziationsenergie beträgt etwa 0,21 eV (auf 0 °K extrapoliert)[3]. Wegen der hohen Platzwechselfrequenz der Lücken wandern nach SEITZ[4] diese elektrisch neutralen Komplexe sehr rasch. Bei höheren Temperaturen ist jedoch das Gleichgewicht (5.508) weitgehend nach links verschoben, und das Cd^{2+}-Ion muß nun auf eine zufällig vorbeidiffundierende Lücke warten, um einen Sprung in Richtung des chemischen oder elektrischen Potentialgefälles ausführen zu können. Da bei höheren Cd-Konzentrationen im AgBr- oder AgCl-Gitter die Konzentration der Cd^{2+}-Ionen gleich ist derjenigen der Lücken $|\mathrm{Ag}|'$, ist ein konzentrationsabhängiger Diffusionskoeffizient zu erwarten.

---

[1] SCHÖNE, E., O. STASIW u. J. TELTOW: Z. phys. Chem. **197**, 145 (1951).
[2] MAPOTHER, D., H. N. CROOKS u. R. MAURER: J. chem. Phys. **18**, 1231 (1950).
[3] HANLON, J. E.: J. chem. Phys. **32**, 1492 (1960).
[4] SEITZ, F.: Fundamental Aspects of Diffusion in Solids, in: Phase Transformations in Solids, S. 135—140. New York u. London 1951.

Tabelle 5.21

Diffusionskoeffizienten von elektrisch gleichwertigen Fremdionen in verschiedenen Wirtskristallen

Diffundierendes Ion	Diffusionsmedium	Diffusionskoeffizient $D \cdot 10^6$ cm² sec⁻¹	Zitat
Ag^+	CuBr	51 [518 °K]	1
	CuJ	15,6 [685 °K], 22,5 [722 °K], 23,8 [753 °K]	1
	γ-CuJ	0,007 [527 °K], 1,2 [621 °K], 5,5 [645 °K]	1
	Cu_2S	1,85 [503 °K], 4,6 [603 °K], 9,4 [693 °K]	1
		7,3 [586 °K], 22,9 [823 °K], 33 [986 °K], 48,7 [1192 °K]	2
		$D_{Ag^+} = 0{,}3 \cdot 10^{-5} \exp(-2290/T)$	
Cu^+	AgCl	0,24 [511 °K]	1
	AgBr, Konz.-Intervall 0—0,1 Mol-%	0,33 [473 °K], 0,8 [523 °K], 1,5 [623 °K]	3
	AgBr, Konz.-Intervall 0,6—1 Mol-%	0,5; 1,5; 3,0	
	AgBr, Konz.-Intervall 2—4 Mol-%	0,75; 2,3; 6,0	
	AgJ	13,3 [451 °K], 17,4 [500 °K], 24,7 [594 °K], 34,2 [701 °K]	1
		$D_{Cu^+} = 16 \cdot 10^{-5} \exp(-1130/T)$	1
	Ag_2S	0,4 [443 °K], 4,1 [503 °K], 6,3 [603 °K], 16,5 [693 °K]	1
		4,7 [493 °K], 7,9 [601 °K], 17 [708 °K], 23 [991 °K]	2
		$D_{Cu^+} = 1{,}2 \cdot 10^{-4} \exp(-1590/T)$	
	Cu_2O	$1{,}9 \cdot 10^{-3}$ [1073 °K], $4 \cdot 10^{-3}$ [1123 °K], $7{,}7 \cdot 10^{-3}$ (1173 °K]	8
		$1{,}4 \cdot 10^{-2}$ [1223 °K], $3{,}2 \cdot 10^{-2}$ [1273 °K]	
	NaCl	$D_{Cu^+} = 0{,}5 \exp(-12600/T)$	4
	KCl	$D_{Cu^+} = 55 \exp(-15200/T)$	5

Li^+	AgBr	0,076 [573 °K]	[1]
	AgJ	4,5 [473 °K], 11 [523 °K], 15 [578 °K], 23 [653 °K]	
Na^+	AgCl	$2{,}1 \cdot 10^{-4}$ [573 °K]	[1]
	AgBr	$2{,}3 \cdot 10^{-3}$ [573 °K]	
	LiF	$D_{Na} = 41 \exp(-39100/RT)$ cm²/sec, 970—1370 °K	[13]
Cl^-	AgBr	$5 \cdot 10^{-5}$ [623 °K]	[9]
J^-		$8 \cdot 10^{-6}$ [573 °K], $5 \cdot 10^{-5}$ [623 °K], $7 \cdot 10^{-4}$ [673 °K]	
S^-		$2 \cdot 10^{-6}$ [573 °K], $1 \cdot 10^{-4}$ [653 °K]	
Cl^-	AgJ	$<1{,}1 \cdot 10^{-4}$ [453 °K]	[10]
	AgCl	$2 \cdot 10^{-11}$ [623 °K]	[12]
Se	Cu_2S	$1{,}1 \cdot 10^{-4}$ [844 °K], $4{,}9 \cdot 10^{-4}$ [967 °K]	[2]
Ni	NaCl	$D_{Ni} = 0{,}2 \exp(-12700/T)$	[6]
Au	NaCl	$D_{Au} = 0{,}2 \exp(-12300/T)$	[5]
	KCl	$D_{Au} = 11 \exp(-15000/T)$	[7,5]
Cu	PbS	$D_{Cu} = 5 \cdot 10^{-4} \exp(-7130/RT)$	[11]
Ni	PbS	$D_{Ni} = 17{,}8 \exp(-22000/RT)$	

[1] TUBANDT, C., H. REINHOLD u. W. JOST: Z. anorg. allg. Chem. **172**, 253 (1928).
[2] BRAUNE, H., u. O. KAHN: Z. phys. Chem. **112**, 270 (1924).
[3] SCHÖNE, E., O. STASIW u. J. TELTOW: Z. phys. Chem. **197**, 145 (1951).
[4] ARZYBYSCHEW, S. A., u. N. B. BORISSOW: Phys. Z. Sowjetunion **10**, 44, 56 (1936).
[5] BOGOMOLOWA, M. J.: Acta physico-chim. URSS **5**, 161 (1936).
[6] PARFIANOWITSCH, J. A., u. S. A. SCHIPIRZYN: Acta physico-chim. URSS **6**, 263 (1937). — S. POGODAW: Khim. Ref. Zhur. UdSSR **4**, 12 (1941).
[7] ARZYBYSCHEW, S. A.: C. R. Acad. Sci. UdSSR (N. S.) **8**, 157 (1935).
[8] MOORE, W. J., u. B. SELIKSON: J. chem. Phys. **19**, 1539 (1951); **20**, 927 (1952).
[9] TELTOW, J.: Z. Elektrochem. Ber. Bunsenges. phys. Chem. **56**, 767 (1952).
[10] JOST, W.: Diss. Halle 1926.
[11] BLOEM, J., u. F. A. KRÖGER: Philips Res. Rep. **12**, 281, 303 (1957).
[12] NÖLTING, J.: Z. phys. Chem. (NF) **38**, 154 (1963).
[13] SHORT, J. M., u. R. ROY: J. phys. Chem. **68**, 3077 (1964).

Tabelle 5.22

Diffusionskoeffizienten von anderswertigen Fremdionen in heterotypen Mischphasen

Diffundierendes Ion	Diffusionsmedium	Diffusionskoeffizient $D \cdot 10^6$ cm² sec⁻¹	Zitat
1	2	3	4
Cd^{2+}	AgBr Konz.-Intervall 0 —0,1 Mol-%	0,083 [672 °K], 0,03 [622 °K], 0,013 [572 °K]	1
	AgBr Konz.-Intervall 0,6—1 Mol-%	0,24 [672 °K], 0,13 [622 °K], 0,1 [572 °K], 0,026 [522 °K]	
	AgBr Konz.-Intervall 2 —4 Mol-%	0,9 [672 °K], 0,7 [622 °K], 0,11 [572 °K], 0,028 [522 °K]	
	$CdBr_2$: 0,23 ± 0,02 und 0,54 ± 0,04	$2{,}7 \cdot 10^{-8}$ und $3{,}5 \cdot 10^{-8}$ (361 °C)	2
	1,26 ± 0,06 und 2,22 ± 0,11	$(5{,}6 \pm 0{,}3) \cdot 10^{-8}$ und $(8{,}7 \pm 0{,}4) \cdot 10^{-8}$ (361 °C)	
	3,30 ± 0,16	$(1{,}06 \pm 0{,}05) \cdot 10^{-7}$ (361 °C)	
	reines AgBr	$(2{,}46 \pm 0{,}15) \cdot 10^{-8}$ (361 °C)	
Pb^{2+}	AgCl	$2{,}4 \cdot 10^{-3}$ [542 °K, an $PbCl_2$ (0,63 Mol-%) gesättigtes AgCl]	3
	AgBr Konz.-Intervall 0 —0,1 Mol-%	$2 \cdot 10^{-2}$ [622 °K], $1 \cdot 10^{-3}$ [472 °K]	1
	AgBr Konz.-Intervall 0,6—1 Mol-%	0,1 [622 °K], $1 \cdot 10^{-3}$ [472 °K]	
	AgBr Konz.-Intervall 2 —4 Mol-%	0,12 [622 °K], $1 \cdot 10^{-3}$ [472 °K]	
Pb^{2+}	KCl	$D_{Pb} = 1{,}82 \cdot 10^{-2} \exp(-25500/RT)$ [550—740 °K]	4

[1] SCHÖNE, E., O. STASIW u. J. TELTOW: Z. phys. Chem. **197**, 145 (1951).
[2] HANLON, J. E.: J. chem. Phys. **32**, 1492 (1960).
[3] WAGNER, C.: J. chem. Phys. **18**, 1227 (1950).
[4] REISFELD, R., A. GLASER u. A. HONIGBAUM: J. chem. Phys. **43**, 2923 (1965).

Auf Grund dieser Überlegung ist es einleuchtend, wenn WAGNER[1] seine mit ZIMENS[2] bei 270 °C durchgeführten Diffusionsversuche von $PbCl_2$ in AgCl durch die folgende Diffusionsgleichung für eindimensionale Diffusion auswertet:

$$\frac{\partial c}{\partial t} = \frac{\partial}{\partial \xi}\left(D_0 \frac{c}{c_0} \frac{\partial c}{\partial \xi}\right), \tag{5.509}$$

wobei c_0 die Sättigungskonzentration an $PbCl_2$ in AgCl bedeutet. Unter Zugrundelegung der Randbedingung

$$c = 0 \quad \text{bei} \quad t = 0$$

und

$$c = c_0 \quad \text{bei} \quad \xi = 0 \quad \text{und} \quad \xi = \delta, \quad \text{wenn} \quad t > 0,$$

gelangt WAGNER zu der folgenden auswertbaren Gleichung:

$$\left[\frac{\bar{c}}{c_0}\right]_{\xi=(1/3)\delta}^{\xi=(2/3)\delta} = 1 - \frac{3}{\delta} \int\limits_{\xi=(1/3)\delta}^{\xi=(2/3)\delta} \frac{c}{c_0} d\xi = 1 - \frac{12}{\pi^2} \exp\left(-\frac{\pi^2 D_0 t}{\delta^2}\right), \tag{5.510}$$

wenn $\bar{c} \approx c_0$.

Hier bedeutet $\bar{c}$ die Durchschnittskonzentration an $PbCl_2$ in der mittleren der drei AgCl-Pastillen, die beiderseitig von Pastillen aus 90 Mol-% AgCl + 10 Mol-% $PbCl_2$ umgeben sind und von $\xi = (\frac{1}{3})\,\delta$ bis $\xi = (\frac{2}{3})\,\delta$ reicht, wenn δ die Dicke der drei mittleren Pastillen (für die Gesamtdiffusion) ist.

Durch Einsetzen der von WAGNER und ZIMENS[2] in 6- bis 8tägigen Diffusionszeiten erhaltenen Werte in (5.510) ergibt sich für den Diffusionskoeffizienten der Blei- und Silberionen über Leerstellen in mit $PbCl_2$ gesättigten AgCl-Kristallen bei 270 °C $D_0 = 2{,}4 \cdot 10^{-9}\ \text{cm}^2\,\text{sec}^{-1}$. Da die Beweglichkeit der Kationenleerstellen — berechnet aus Leitfähigkeitsmessungen — erheblich größer ist als die aus dem Diffusionskoeffizienten für den Austausch von Blei- und Silberionen errechnete, scheint die Diffusionsgeschwindigkeit der Bleiionen, die mit einer Bewegung der Kationenleerstellen in derselben Richtung gekoppelt ist, mit einem Diffusionspotential verknüpft zu sein. Eine theoretische Analyse ergab, daß die Austauschdiffusion der Blei- und Silberionen 3mal so groß ist wie die Selbstdiffusion der Bleiionen. Hieraus ergibt sich für den Selbstdiffusionskoeffizienten der Bleiionen in einem mit $PbCl_2$ gesättigten Silberchlorid bei 270 °C ein Wert von $0{,}8 \cdot 10^{-9}\ \text{cm}^2\,\text{sec}^{-1}$. Ferner ergibt sich für den Selbstdiffusionskoeffizienten der Silberionen unter den gleichen Bedingungen ein Wert von $9{,}2 \cdot 10^{-8}\ \text{cm}^2\,\text{sec}^{-1}$, also ein Wert, der 115mal größer ist als der Selbstdiffusionskoeffizient der Bleiionen. Dieser Unterschied ist auf Grund der doppelten Ladung und des größeren Radius der Bleiionen verständlich.

Auf Grund der linearen Zunahme der Diffusionskoeffizienten mit der Konzentration an Fremdionen — zumal bei hohen Temperaturen — ist die von WAGNER der Diffusion von $PbCl_2$ in AgCl zugrunde gelegte Pro-

---

[1] WAGNER, C.: J. chem. Phys. 18, 1227 (1950).
[2] WAGNER, C., u. K. E. ZIMENS: Acta chem. scand. 1, 539 (1947).

portionalität des Diffusionskoeffizienten zur Konzentration der Bleiionen befriedigend erfüllt. Jedoch können erhebliche Abweichungen auftreten, worauf STASIW und Mitarbeiter[1] aufmerksam machten (Abb. 5.76). Ausgehend von einem speziellen Fehlordnungsbild unter Berücksichtigung des Assoziationsgleichgewichtes (5.508) versuchten STASIW und Mitarbeiter eine Diffusionsgleichung aufzustellen, deren Auswertung allerdings nicht ohne zusätzliche Annahmen möglich ist. Die sich hierbei einschleichenden Unsicherheiten können durch weitere Experimente beseitigt werden[2]. Die in der von den Autoren angewandten Formel

$$D_0 \exp(-\Delta U/kT)$$

auftretende Schwellenenergie ΔU wurde für die Diffusion von Cd^{2+}- bzw. Pb^{2+}-Ionen in AgBr zu

$$0{,}73 \text{ eV} = 17000 \text{ cal/Mol für } Cd^{2+}$$

bzw.

$$0{,}77 \text{ eV} = 18000 \text{ cal/Mol für } Pb^{2+}$$

berechnet. Diese Werte sind ungefähr doppelt so groß wie die Schwellenenergie für die Ag-Ionenleerstellen-Diffusion in AgBr, ein wegen der doppelten Ladung der Fremdionen plausibles Ergebnis. Von REISFELD und GLASER[3] sind ähnliche Untersuchungen über die Bleiionendiffusion zwischen 300 und 400 °C in KBr ausgeführt worden. Die entsprechende Diffusionsgleichung lautet:

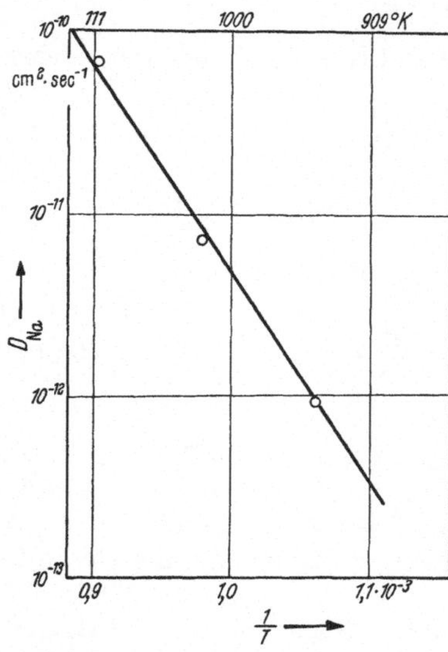

Abb. 5.77. Temperaturabhängigkeit der Diffusion von Natrium in Wolframbronze der Zusammensetzung $Na_{0,78}WO_3$ nach SMITH und DANIELSON. [$D = D_0 \exp(-\Delta U/RT)$ mit $D_0 = 0{,}87$ cm² sec⁻¹ und $\Delta U = 51{,}8$ kcal/Mol.]

$$D_{Pb^{2+}} \text{ (in KBr)} = 1{,}5 \cdot 10^{-3} \exp(-20960/RT) \text{ cm}^2/\text{sec}.$$

In $Na_{0,78}WO_3$-Einkristallen wurde von SMITH und DANIELSON[4] die Temperaturabhängigkeit der Diffusionsgeschwindigkeit von Natrium bestimmt (Abb. 5.77). Auf Grund der leichten Verdampfbarkeit von Na bei höheren Temperaturen im Hochvakuum (10^{-5} bis 10^{-6} Torr) konnte ein Konzentrationsgradient zwischen Kristallinnerem und Oberfläche geschaffen werden, was durch Präzisionsmessungen des sich ändernden Gitterparameters nachgewiesen wurde.

CHEMLA[5] untersuchte die Diffusionsgeschwindigkeit von Phosphor und Schwefel in Natriumchlorid. Zu diesem Zweck wurden NaCl-Plätt-

[1] SCHÖNE, E., O. STASIW u. J. TELTOW: Z. phys. Chem. **197**, 145 (1951).
[2] Über weitere Auswertungen s. J. TELTOW: Phil. Mag. (7) **46**, 1026 (1955).
[3] REISFELD, R., u. A. GLASER: J. chem. Phys. **42**, 2983 (1965).
[4] SMITH, J. F., u. G. C. DANIELSON: J. chem. Phys. **22**, 266 (1954).
[5] CHEMLA, M.: C. R. Acad. Sci. Paris **232**, 1553 (1951).

chen mit schnellen Neutronen beschossen, wobei auf Grund der Kernprozesse $^{35}Cl(n, \alpha)^{32}P$ und $^{35}Cl(n, p)^{35}S$ ^{32}P- und ^{35}S-Isotope entstehen, die beim Erhitzen des Plättchens in einer N_2-Atmosphäre auf 600 °C an die Kristalloberfläche diffundieren. Durch Messung der Aktivität einer Reihe von NaCl-Proben, die durch Parallelschnitte mittels eines Mikrotoms

Tabelle 5.23

Weitere Fremd- und Selbstdiffusionskoeffizienten in einigen Sulfiden, Seleniden und Telluriden

Diffundierendes Element	Diffusionsmedium	D_0 cm²/sec	ΔU kcal/g-Atom	Temperaturgebiet °C	Zitat
Se	Bi_2Se_3	$8,5 \cdot 10^{-9}$	50,0	360—540	1
Sn		$4 \cdot 10^{-9}$	9,5		
Sb		$1,8 \cdot 10^{-3}$	29,5		
Sb	HgSe	$6,3 \cdot 10^{-5}$	19,6	540—630	2
Se	PbSe	$2,1 \cdot 10^{-5}$	27,7	650—850	3
Sb		$3,4 \cdot 10^{-1}$	46,1		
Pb	PbTe	$2,9 \cdot 10^{-5}$	13,8	250—500	3, 4
Te		$2,7 \cdot 10^{-6}$	17,3		
Sb		$4,9 \cdot 10^{-2}$	35,5		
Sn		$3,1 \cdot 10^{-2}$	36,0		
Cu	PbS + Ag	$5 \cdot 10^{-3}$	7,1	200—500	5
Ni	*p*-Typ	17,8	22,0		
Sn	Bi_2Te_3	$3,0 \cdot 10^{-8}$	11,5	260—500	1
Sb		$4,3 \cdot 10^{-4}$	24,0		
Zn	ZnS	$3,0 \cdot 10^{-4}$	35,0	950	6
		$1,5 \cdot 10^{4}$	75	950—1030	
		$1,0 \cdot 10^{16}$	150	1030	
Cu	CdS	$1,5 \cdot 10^{-3}$	17,8	400—750	7
		$1,6 \cdot 10^{-3}$	17,8		

erhalten wurden, wird festgestellt, daß ^{35}S rascher diffundiert als ^{32}P. In Tab. 5.23 sind einige Fremd- und Selbstdiffusionskoeffizienten in einigen Sulfiden, Seleniden und Telluriden zusammengestellt.

Gregory und Moorbath[8] konnten durch Änderung des Sauerstoffpartialdrucks über α-Al_2O_3 unter Verwendung der Hahnschen Emaniermethode mit Thoriumemanation den Nachweis erbringen, daß die Diffusion von inerten Gasen vom Gleichgewicht der Gitterfehlordnungsstellen abhängig ist. Schon früher wurden von Jagitsch[9] Vorstellungen über den Mechanismus der Diffusion von Edelgasen in AgCl-Kristallen

[1] Boltaks, B. I.: J. techn. Phys. UdSSR **25**, 767 (1957). — M. J. Smith: Appl. Phys. Letters **1**, 79 (1962).

[2] Boltaks, B. I.: Diffusion in Semiconductors, S. 299. übersetzt aus dem Russischen von J. I. Carossa, London 1965.

[3] Boltaks, B. I., u. Y. Mokhov: J. techn. Phys. UdSSR **28**, 1046 (1958).

[4] Boltaks, B. I., u. Y. Mokhov: J. techn. Phys. UdSSR **26**, 2448 (1956).

[5] Bloem, J., u. F. A. Kröger: Philips Res. Rep. **12**, 281, 303 (1957).

[6] Secco, E. A.: J. chem. Phys. **29**, 406 (1958).

[7] Clarke, R. L.: J. appl. Phys. **30**, 957 (1959).

[8] Gregory, J. N., u. S. Moorbath: Trans. Faraday Soc. **47**, 844 (1951).

[9] Jagitsch, R.: J. V. A. 41 (1941).

veröffentlicht und ein Zusammenhang zwischen Fehlordnungsgrad und Platzwechselmechanismus der Edelgasatome gefunden.

Durch Verwendung geeigneter Isotope, wie $^{22}Na^+$, $^{45}Ca^{2+}$, $^{131}J^-$ und $^{35}SO_4^-$, wurde der Diffusionsmechanismus in abgebundenem Zement studiert.[1] In allen Fällen war die Diffusionsgeschwindigkeit der Anionen größer als die der Kationen. In einem ebenfalls noch ungenügend aufgeklärten, komplizierten Diffusionsmedium, den Gläsern, berichten JOHNSON, BRISTOW und BLAU[2] über Diffusionsmessungen verschiedener Ionen in Gläsern.

SHOCKLEY und Mitarbeiter[3] ermittelten die Diffusionsgeschwindigkeit von As und Ga in Germaniumkristallen zwischen 600 und 925 °C (Tab. 5.24) durch Messung der Kapazität bei verschiedenen Spannungen vor und nach der Diffusionsglühung. Der nach dieser Methode bei 800 °C gefundene Diffusionskoeffizient $D_{As} = 5 \cdot 10^{-12}$ bis $1 \cdot 10^{-13}$ ist um einige Größenordnungen kleiner als der von DUNLAP[4] ermittelte (s. Abb. 5.50 auf S. 522). Die aus der Temperaturabhängigkeit der Diffusionsgeschwindigkeit errechnete Aktivierungsenergie beträgt 3 eV. Im Gegensatz zu den bisher beschriebenen Methoden können nach dieser Messungen in sehr kleinen Diffusionsbereichen mit sehr niedrigen Konzentrationen durchgeführt werden. Außerdem — und das erscheint noch wesentlicher — besteht hier erstmalig die Möglichkeit, die Diffusion von „Verunreinigungen" in Kristallen während ihres Wachstums zu verfolgen.

ARZYBYSCHEW und Mitarbeiter[5-8] beobachteten das Eindringen von Kupfer-, Gold- und Nickelionen in Alkalihalogenidkristalle. Die Diffusionskoeffizienten und die Aktivierungsenergien dieser Ionen in NaCl und KCl sind in Tab. 5.21 zusammengestellt. Während die in den Alkalihalogenidkristall eingewanderten Goldionen schon bei Abkühlung auf 350 bis 300 °C ohne zusätzliche freie Elektronen, die z. B. durch ein äußeres Feld in den Kristall gebracht werden, eine Verfärbung der Diffusionszone verursachen, bewirken die eindiffundierten Kupferionen erst bei zusätzlicher Elektroneneinwanderung eine Verfärbung des Kristalls. Wie Versuche gezeigt haben, kann man durch Anlegen eines elektrischen Feldes an den Kristall nach der Diffusionsglühung die Reaktionsfront sichtbar machen, an der die Elektronenwolke mit den Fremdmetallionen zusammentrifft. Mittels dieses Verfahrens gelang PARFIANOWITSCH und SCHIPIRZYN[9] der Nachweis einer Einwanderung von Nickelionen in Stein-

[1] SPINKS, J. W. T., H. W. BALDWIN u. T. THORVALDSON: Canad. J. Techn. **30**, 20 (1952).
[2] JOHNSON, J. R., R. H. BRISTOW u. H. H. BLAU: J. Amer. ceram. Soc. **34**, 165 (1951).
[3] MCAFEE, K. B., W. SHOCKLEY u. M. SPARKS: Phys. Rev. **86**, 137 (1952).
[4] DUNLAP JR., W. C.: Bull. Amer. phys. Soc. **27**, No. 1 (1952); Phys. Rev. **86**, 615 (1952).
[5] ARZYBYSCHEW, S. A., u. N. B. BORISSOW: Phys. Z. Sowjetunion **10**, 44, 56 (1936).
[6] BOGOMOLOWA, M. J.: Acta physicochim. USSR **5**, 161 (1936).
[7] PARFIANOWITSCH, J. A., u. S. A. SCHIPIRZYN: Acta physicochim. USSR **6**, 263. — S. POGODAW: Khim. Ref. Zhur. UdSSR **4**, 12 (1941).
[8] ARZYBYSCHEW, S. A.: C. R. Acad. Sci. UdSSR (N. S.) **8**, 157 (1935).
[9] PARFIANOWITSCH, J. A., u. S. A. SCHIPIRZYN: Acta physicochim. USSR **6**, 263 (1937). — S. POGODAW: Khim. Ref. Zhur. USSR **4**, 12 (1941).

salz sowohl durch reine Diffusion als auch durch Elektrolyse. Die Ionen selbst bewirken zunächst noch keine mit dem Auge sichtbare Verfärbung. Bestrahlt man hingegen solche Ni-ionenhaltigen Kristalle mit ultraviolettem Licht, so beobachtet man eine orangerote Strahlung. Bei einer Temperatur von 50 bis 100 °C phosphoresziert der mit Ni-Ionen beladene

Tabelle 5.24

Zusammenstellung der Diffusionskoeffizienten verschiedener Elemente in Germanium

Diffundierendes Element	D_0 cm²/sec	ΔU kcal/g-Atom	Temperaturgebiet °C	Zitat
Ge	7,8	68,5	400—900	1
	6,2	67,6		2
Ag	$4{,}4 \cdot 10^{-2}$	23,1	750—900	3
As	6,3	55,7	500—700	4
	3	56		5
Au	$2{,}15 \cdot 10^{-2}$	57,6	600—900	6
B	$1{,}6 \cdot 10^{-9}$	105,8		4
Cu	$1{,}9 \cdot 10^{-4}$	4,1	750—900	4
	$4{,}0 \cdot 10^{-2}$	23,0	600—750	7
Fe	0,13	24,9	700—900	8
Ga	40,0	72,2		4
He	$6{,}1 \cdot 10^{-3}$	16,0	750—950	9
In	0,03	55,4		4
Li	$1{,}3 \cdot 10^{-3}$	10,7	150—900	10
Ni	0,8	20,7	700—850	11
P	2,5	57,0		4
Pb		82,8		12
Sb	1,3	52,0	800—900	13
Sn	$1{,}7 \cdot 10^{-2}$	43,7	600—900	12
Zn	10	64,4		4

Teil des Kristalls orangerot, während der restliche Kristall hellblau leuchtet. Die Empfindlichkeit dieser Methode reicht an die Grenze der Empfindlichkeit der chemischen Analyse heran. Der Ermittlung von Diffusionskoeffizienten der zur Dotierung verwandten Fremdstoffe in Halbleitern kommt eine immer größere Bedeutung zu. So wurden z. B.

[1] Letaw, H., W. M. Portnoy u. L. M. Slifkin: Phys. Rev. **102**, 636 (1956).
[2] Penning, P.: Phys. Rev. **110**, 586 (1958).
[3] Bugai, A. A., V. E. Kosenko u. E. G. Miselyuk: J. techn. Phys. UdSSR **27**, 67 (1957).
[4] Dunlap jr., W. C.: Phys. Rev. **94**, 1531 (1954).
[5] Albers, W.: Solid State Electronics **2**, 85 (1961).
[6] Dunlap jr., W. C.: Phys. Rev. **97**, 614 (1955).
[7] Boltaks, B. I.: J. techn. Phys. UdSSR **26**, 457 (1956).
[8] Bugai, A. A., V. E. Kosenko u. E. G. Miselyuk: J. techn. Phys. UdSSR **27**, 1 (1957).
[9] Wieringen, A. van, u. N. Warmoltz: Physica **22**, 849 (1956).
[10] Fuller, C. S., u. J. C. Severiens: Phys. Rev. **92**, 1322 (1953).
[11] Maesen, F. van der, u. J. A. Brenkman: Philips Res. Rep. **9**, 225 (1954).
[12] Boltaks, B. I.: Probleme in der Physik und Metallurgie der Halbleiter, S. 121. Ber. Akad. Wiss. UdSSR 1957.
[13] Miller, R. C., u. F. M. Smith: Phys. Rev. **107**, 65 (1957).

die Diffusionskoeffizienten von Mg, Zn, Cd, Ge, Sn, S, Se und Te im InAs zwischen 600 und 900 °C bestimmt.[1] An InSb- und AlSb-Einkristallen wurde die Diffusion von Indium und Kupfer zwischen 200

Tabelle 5.25

Zusammenstellung der Diffusionskonstanten und Aktivierungsenergien verschiedener Elemente in Silizium

Diffundierendes Element	D_0 cm²/sec	ΔU kcal/g-Atom	Temperaturgebiet in °C	Zitat
Al	8,0	80,0	1100–1400	2
	4,8 ± 1,9	77,4 ± 1,1	1050–1400	3,4
Ag	$2,0 \cdot 10^{-3}$	36,8	1100–1350	10
As	0,32	82,0	1100–1350	2
Au	$1,1 \cdot 10^{-3}$	25,8	800–1200	11, 12, 14
B	10,5	85,0	950–1250	2
Bi	1036	107	1100–1350	2
Cu	$4 \cdot 10^{-2}$	23,0	800–1100	6,7
Fe	$6,2 \cdot 10^{-3}$	20,0	1100–1250	11
Ga	3,6	81,0	1100–1350	2,5
H	$9,4 \cdot 10^{-3}$	11,0	1100–1200	13
He	0,11	29,0	1000–1200	13
In	16,5	90	1100–1350	2
Li	$9,4 \cdot 10^{-3}$	18,1	350– 900	8,9
O				
P	10,5	85	950–1250	2
Sb	5,6	91	1100–1350	2
Tl	16,5	90	1100–1350	2
Zn				

und 500 °C gemessen.[15–17] In den Tabellen 5.24 bis 5.26 sind die Diffusionskoeffizienten verschiedener Elemente in Germanium, Silizium, Selen und Tellur zusammengestellt.

---

[1] SCHILLMANN, E.: Z. Naturforsch. **11a**, 472 (1956).
[2] FULLER, C. S., u. J. A. DITZENBERGER: J. appl. Phys. **25**, 1439 (1954); **27**, 544 (1956).
[3] MILLER, R. C., u. A. SAVAGE: J. appl. Phys. **27**, 1430 (1956).
[4] FULLER, C. S., u. F. J. MORIN: Phys. Rev. **105**, 379 (1957).
[5] KURTZ, A. D., u. C. L. GRAVEL: J. appl. Phys. **29**, 1456 (1958).
[6] BOLTAKS, B. I., u. I. SOZINOV: J. techn. Phys. UdSSR **28**, 3 (1958).
[7] GALLAGHER, C. J.: J. Phys. Chem. Solids **3**, 82 (1957).
[8] FULLER, C. S., u. J. A. DITZENBERGER: Phys. Rev. **91**, 193 (1953).
[9] FULLER, C. S., u. J. C. SEVERIENS: Phys. Rev. **92**, 1322 (1953); **96**, 21 (1954).
[10] BOLTAKS, B. I.: Diffusion in Semiconductors, übersetzt von J. I. CARASSO, S. 219. London 1965.
[11] STRUTHERS, J. D.: J. appl. Phys. **27**, 1560 (1956).
[12] BOLTAKS, B. I., G. S. KULIKOV u. R. S. MALKOVICH: Fiz. Tverdogo Tela **2**, 181 (1960).
[13] WIERINGEN, A. VAN, u. N. WARMOLTZ: Physica **22**, 849 (1956).
[14] SPROKEL, G. J.: J. electrochem. Soc. **112**, 200, 807 (1965).
[15] STOCKER, H. J.: Phys. Rev. **130**, 2160 (1963).
[16] EISEN, F. H., u. C. E. BIRCHENALL: Acta Met. **5**, 265 (1957).
[17] WIEBER, R. H., H. C. GORTON u. C. S. PEET: J. appl. Phys. **31**, 608 (1960).

Tabelle 5.26

Zusammenstellung der Diffusionskoeffizienten einiger Elemente in Selen und Tellur

Diffundierendes Element	Diffusionsmedium	D_0 cm²/sec	ΔU kcal/g-Atom	Temperaturgebiet in °C	Zitat
Se	Se (krist.)	$7{,}6 \cdot 10^{-10}$	3,2	35–140	1
	amorph	$6{,}3 \cdot 10^{25}$	53,0	35– 56	
Hg	Se (polykrist.)	$D = 8 \cdot 10^{-13}$	—	25	2
Tl		$D = 5 \cdot 10^{-8}$	—	216	3
		$1{,}4 \cdot 10^{-6}$	8,1	50–200	4
Sn		$4{,}8 \cdot 10^{-8}$	9,0		
In		$5{,}2 \cdot 10^{-6}$	7,4		
Fe		$1{,}1 \cdot 10^{-5}$	8,9	40–100	5
Zn		$3{,}8 \cdot 10^{-7}$	6,7		
S		4,89	6,2		
Ge		$9{,}4 \cdot 10^{-6}$	9,2		
Sb		$2{,}8 \cdot 10^{-8}$	6,6	50–150	6
Te		$5{,}4 \cdot 10^{-6}$	12,3		
Ag	Te	$2{,}4 \cdot 10^{2}$	13,8	0–190	7

5.43 Selbstdiffusion in Metallen und Ionenkristallen

Der Begriff der „diffusion into itself" bzw. der Selbstdiffusion wurde erstmalig durch CLERK MAXWELL im Jahre 1872 in seinem Werk „Theory of Heat" auf S. 301 eingeführt. Hier steht: „It is only when the gases are chemically different that we can trace the process of diffusion, but in the molecular theory diffusion is always going on, even in a single gas; only it is impossible to trace the progress of the molecules, because we cannot tell one from another ... It appears from the kinetic theory of gases that if D is the coefficient of diffusion of the gas into itself, and ν the viscosity measured kinematically, $\nu = 0{,}6479 \cdot D$." Aber erst nach vierzig Jahren wurde das Problem der Selbstdiffusion wieder aufgegriffen, als VON HEVESY und PANETH[8] radioaktive Isotope als Tracer für die Selbstdiffusion von A-Atomen im A-Metall und A-Ionen im Salz AB vorschlugen. Bald darauf wurde die Möglichkeit der Bestimmung der Tracer-Diffusion durch Verfolgung der Eindringgeschwindigkeit der Bleiisotope ThB oder RaD in festes Blei durch GROH und VON HEVESY[9] in die Tat umgesetzt. Zu diesem Zwecke wurde ein Stück radioaktives Blei in gutem Kontakt an das eine Ende eines Stabes aus normalem Blei gebracht und daraufhin 140 Tage bei 280 °C erhitzt. Nach

[1] BOLTAKS, B. I., u. B. T. PLACHENOV: J. techn. Phys. UdSSR **27**, 2229 (1957).
[2] KULIEV, A. A., u. D. N. NASLEDOV: J. techn. Phys. UdSSR **28**, 259 (1958).
[3] GUDDEN, B., u. K. LEHOVEC: Z. Naturforsch. **1**, 508 (1946).
[4] AKHUNDOV, G. A.: Ber. Akad. Wiss. AzSSR 1958.
[5] KULIEV, A. A.: Ber. Akad. Wiss. UdSSR **120**, 6 (1958).
[6] AKHUNDOV, G. A., u. G. B. ABDULLAEV: Ber. Akad. Wiss. UdSSR **119**, 267 (1958).
[7] MOHR, T.: Ann. Phys. **14**, 367, 377 (1954).
[8] HEVESY, G. VON, u. F. PANETH: Z. anorg. allg. Chem. **82**, 323 (1913).
[9] GROH, J., u. G. VON HEVESY: Ann. Phys. [4] **63**, 85 (1920). — G. VON HEVESY u. A. OBRUTSCHEWA: Nature **115**, 674 (1925).

dieser Wärmebehandlung wurde der Bleistab in vier gleiche Teile gesägt und anschließend zu Blechen ausgewalzt, die dann mittels eines Elektroskops auf ihre Radioaktivität untersucht wurden. Während eine derartig grobe Unterteilung des Diffusionsbereiches wohl bei in Blei eindiffundierenden Goldatomen zur Ermittlung des Diffusionskoeffizienten ausreichte, war im Falle der Tracer-Diffusion von radioaktivem Blei dieses Verfahren unzureichend. In einer folgenden Arbeit wurde daher eine empfindlichere Methode ausgearbeitet[1]. Da die Diffusionsgeschwindigkeit umgekehrt proportional der Schichtdicke ist, wurden die abgetrennten Schnitte in der Diffusionsschicht auf einige hundertstel Millimeter herabgesetzt. Während der Diffusionskoeffizient von Gold in Blei bei 165 °C $5 \cdot 10^{-3}$ cm² Tag⁻¹ betrug, ergab sich bei der gleichen Temperatur für den Tracer-Diffusionskoeffizienten von Blei ein Wert von nur 10^{-9} cm² Tag⁻¹. Die Temperaturabhängigkeit des Tracer-Diffusionskoeffizienten von Blei in Bleifolien und Einkristallen kann durch die folgende Gleichung wiedergegeben werden:

$$D^*_{Pb} = 6{,}56 \exp(-27900/RT) \text{ cm}^2 \text{ sec}^{-1}.$$

Hieraus ergibt sich beispielsweise, daß ein in gutem Kontakt an normales Blei angrenzendes radioaktives Blei bei 18 °C selbst nach 1600 Millionen Jahren eine „Diffusionstiefe" erreicht, die weniger als 0,1 mm beträgt.

Wie bei der Besprechung der Diffusionsmethoden im einzelnen gezeigt werden konnte, verfügt man heute über wesentlich empfindlichere Verfahren. So untersuchten BANKS und DAY[2] die Selbstdiffusion von Zink in Zn-Einkristallen und in polykristallinem Zink. Zu diesem Zwecke wurde im Falle eines Zn-Einkristalls ein dünner Niederschlag aus radioaktivem ^{65}Zn, das aus ^{65}Cu durch Protonen-Bombardement gewonnen wurde, auf elektrochemischem Wege auf einer vorher glatt polierten und geätzten Fläche des Einkristalls erzeugt. Nach Beendigung der Wärmebehandlung wurde der Kristall in Scheiben geschnitten. Die Schnitte lagen parallel zu der ursprünglichen Oberfläche des Kristalls und waren 0,01 mm dick. Die Dicke jeder Scheibe wurde durch Wägung genau bestimmt. Die Aktivität jeder Scheibe entsprechend der Einwanderung von ^{65}Zn wurde mit Hilfe des GEIGERschen Spitzenzählers gemessen. Aus dem gemessenen Wert der Aktivität und der Dicke wurde die mittlere Konzentration von ^{65}Zn in jeder Scheibe berechnet und der Tracer-Diffusionskoeffizient D^*_{Zn} ermittelt. Für den Tracer-Diffusionskoeffizienten parallel zur hexagonalen Achse ergab sich für $T = 410$ °C ein Wert von $9{,}84 \cdot 10^{-4}$ cm² Tag⁻¹. Der aus der graphischen Darstellung der Beziehung zwischen $\log D^*_{Zn}$ und $1/T$ für die Aktivierungsenergie ΔU der Tracer-Diffusion ermittelte Wert beträgt 17,6 kcal/g-Atom.

BANKS[3] fand in Übereinstimmung mit obigen Messungen für den Tracer-Diffusionskoeffizienten von Zink entlang der hexagonalen (c-) Achse

[1] HEVESY, G. VON, u. A. OBRUTSCHEVA: Nature 115, 674 (1925). — W. SEITH u. A. KEIL: Z. Phys. 79, 197 (1932). — B. OKKERSE: Acta Metallurgica 2, 551 (1954) fand unterhalb 260 °C auch im Blei Korngrenzendiffusion.

[2] BANKS, F. R., u. H. DAY: Phys. Rev. 57, 1067 (1940).

[3] BANKS, F. R.: Phys. Rev. 59, 376 (1941).

eines Zn-Einkristalls D^*_{Zn} (für 410 °C) = 9,89 · 10^{-4} cm^2 Tag^{-1}. Die Aktivierungsenergie ist jedoch hier deutlich größer. Sie beträgt 19,6 kcal/g-Atom.

Die an polykristallinem Zink bei 383,5 °C nach fünf Stunden Diffusionszeit erhaltenen Diffusionskoeffizienten unterscheiden sich nur unwesentlich von den aus Einkristall-Diffusionsversuchen ermittelten[1]. Aus Diffusionsversuchen mit ^{65}Zn an Zink-Einkristallen zwischen 300 und 419 °C berechneten HUNTINGTON und Mitarbeiter[2] D_0 und ΔU parallel zur hexagonalen Achse zu 0,1 cm^2 sec^{-1} und 21,7 kcal/g-Atom und senkrecht zur hexagonalen Achse zu 1,3 cm^2 sec^{-1} und 25,4 kcal/g-Atom.

LIU und DRICKAMER[3] untersuchten den Einfluß des Druckes und Zuges auf die anisotrope Diffusion von Zn in Zinkeinkristallen. Bei 1 atm — also ohne zusätzlichen Druck — fanden sie im Temperaturgebiet zwischen 253 und 393 °C in Übereinstimmung mit den Daten von BANKS und MILLER[4] für die Temperaturabhängigkeit der Selbstdiffusionskoeffizienten parallel ($D^*_{Zn}||$) und senkrecht ($D^*_{Zn}\perp$) zur c-Achse die folgenden Ausdrücke:

$$D^*_{Zn}|| = 1840 \exp(-19600/RT)\ \mathrm{cm^2\ Tag^{-1}}$$

$$D^*_{Zn}\perp = 1{,}38 \cdot 10^5 \exp(-25900/RT)\ \mathrm{cm^2\ Tag^{-1}}.$$

Die entsprechenden Ausdrücke bei einem äußeren Druck von 8000 atm lauten:

$$D^*_{Zn}|| = 4{,}8 \cdot 10^4 \exp(-25000/RT)\ \mathrm{cm^2\ Tag^{-1}}$$

und

$$D^*_{Zn}\perp = 1{,}8 \cdot 10^7 \exp(-32000/RT)\ \mathrm{cm^2\ Tag^{-1}}.$$

Wie man aus den Versuchsdaten erkennt, nimmt das Verhältnis der Diffusionskoeffizienten $D^*_{Zn}||/D^*_{Zn}\perp$ von 3,2 bei 1 atm ab bis auf annähernd 1 bei 10000 atm. Der Druckeinfluß wirkt sich also auf die Diffusionsgeschwindigkeit parallel zur C-Achse erheblich stärker aus als auf die Diffusionsgeschwindigkeit senkrecht zur C-Achse.

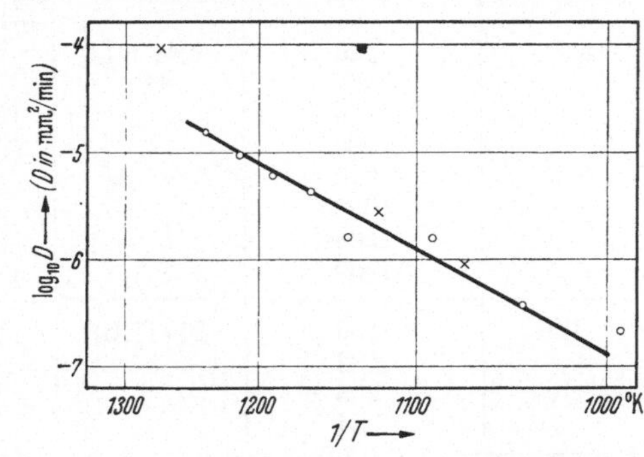

Abb. 5.78. Temperaturabhängigkeit der Tracer-Diffusion von Gold nach MCKAY. (○ Meßpunkte MCKAY, × Meßpunkte SAGRUBSKY.)

SAGRUBSKY[5] untersuchte die Tracer-Diffusion von Gold. Hier wurde auf eine Schicht von künstlich radioaktivem Gold, das durch Bombardierung von normalem Gold mit

[1] MILLER JR., P. H., u. H. DAY: Phys. Rev. **57**, 1067 (1940).
[2] HUNTINGTON, H. B., G. A. SHIRN u. E. S. WADJA: Phys. Rev. **87**, 211 (1952).
[3] LIU, T., u. H. G. DRICKAMER: J. chem. Phys. **22**, 312 (1954).
[4] MILLER JR., P. H., u. F. R. BANKS: Phys. Rev. **61**, 648 (1942). — Vgl. auch G. A. SHIRN, E. S. WAJDA u. H. B. HUNTINGTON: Acta Metallurgica **1**, 513 (1953). — H. C. GATOS u. A. D. KURTZ: J. Metals **6**, 616 (1954).
[5] SAGRUBSKY, A. M.: Phys. Z. Sowjetunion **12**, 118 (1937).

Neutronen erhalten wurde, eine Schicht gewöhnlichen Goldes aufgebracht und an Hand des schichtweisen Vorrückens der Radioaktivität die Tracer-Diffusion von Gold bei 1073, 1123 und 1273 °K gemessen (Abb. 5.78). McKAY[1] wiederholte die Tracer-Diffusionsmessungen nach zwei Methoden. Nach der ersten Methode wurde ein Au-Blech auf der einen Seite durch Au selbst und auf der anderen Seite durch Cadmium gegen die Neutronenstrahlung einer Radium-Beryllium-Quelle abgeschirmt. Bei Bestrah-

Tabelle 5.27
Zusammenstellung der Tracer-Diffusionskoeffizienten einiger Metalle bei höheren Temperaturen

Metall	Diffusionstemp. in °C	Isotop	Diffusionskoeffizient in cm² sec⁻¹	Zitat
Co	1050	^{60}Co	$3,22 \cdot 10^{-12}$	2
	1150		$1,78 \cdot 10^{-11}$	
	1250		$9,18 \cdot 10^{-11}$	
In	155,50	^{114}In	$9,91 \cdot 10^{-10}$	3
	155,73		$1,12 \cdot 10^{-9}$	
	155,78		$3,17 \cdot 10^{-9}$	
	155,81		$4,67 \cdot 10^{-8}$	
	155,84		$9,30 \cdot 10^{-8}$	
	155,88		$3,61 \cdot 10^{-7}$	
	156,00		$1,41 \cdot 10^{-6}$	
Cu	700	^{65}Cu	$4,06 \cdot 10^{-12}$	4
	800		$4,60 \cdot 10^{-11}$	
	850		$1,53 \cdot 10^{-10}$	
	900		$3,58 \cdot 10^{-10}$	
	950		$6,80 \cdot 10^{-10}$	
	1000		$1,95 \cdot 10^{-9}$	
α-Fe	720	^{55}Fe und ^{59}Fe	$1,48 \cdot 10^{-13}$	5
	800		$3,1 \cdot 10^{-12}$	
	850		$1,64 \cdot 10^{-11}$	
	900		$4,16 \cdot 10^{-11}$	
γ-Fe	970		$0,51 \cdot 10^{-12}$	
	1058		$4,32 \cdot 10^{-12}$	
	1200		$3,56 \cdot 10^{-11}$	
	1260		$1,94 \cdot 10^{-10}$	
Pb	106	Pb(ThB)	$1,7 \cdot 10^{-16}$	6
	182		$4,7 \cdot 10^{-13}$	
	258		$1,3 \cdot 10^{-11}$	
	324		$5,5 \cdot 10^{-10}$	

[1] McKAY, H. A. C.: Trans. Faraday Soc. **34**, 845 (1938).
[2] NIX, F. C., u. F. E. JAUMOT JR.: Phys. Rev. **80**, 119 (1950); **82**, 72 (1951). — G. W. CALLENDINE JR., V. C. RIDOLFO u. M. L. POOL: Phys. Rev. **86**, 642 (1952).
[3] ECKERT, R. E., u. H. G. DRICKAMER: J. chem. Phys. **20**, 13 (1952).
[4] ROLLIN, B. V.: Phys. Rev. **55**, 231 (1939).
[5] BIRCHENALL, C. E., u. R. F. MEHL: Trans. AIME **188**, 144 (1950). — F. S. BUFFINGTON u. M. COHEN: J. Metals **4**, 859 (1952) studierten die Abhängigkeit des $D^*_{\alpha\text{-Fe}}$ von mechanischen Beanspruchungen, Druck und Zug.
[6] GROH, J., u. G. VON HEVESY: Ann. Phys. [4] **63**, 85 (1920). — G. VON HEVESY u. A. OBRUTSCHEWA: Nature **115**, 674 (1925).

lung der Cd-Schicht können hierbei nur die Neutronen eines bestimmten Geschwindigkeitsbereichs die Cd-Schicht passieren und werden von der darunterliegenden Au-Schicht stark absorbiert[1]. Diese Gruppe von Neutronen erzeugt eine starke Radioaktivität auf der dem Cd zugekehrten Seite des Goldbleches, während auf der durch das Gold abgeschirmten Seite nur eine schwache Aktivität entsteht. Die Diffusionsversuche selbst und die Auswertung der Meßergebnisse wurden wie auf S. 529—534 ausgeführt. Die zweite Methode bestand darin, daß eine durch Bestrahlung aktivierte Au-Folie mit einem Blech aus normalem Gold zusammen ausgewalzt wurde. Nach dem Walzen war die aktive Au-Schicht 0,0058 mm und die inaktive Au-Folie 0,144 mm dick. Die Meßergebnisse sind in Abb. 5.78 wiedergegeben. Die sich hieraus ergebende Aktivierungsenergie beträgt 51,0 kcal/g-Atom. Die Meßergebnisse von SAGRUBSKY stimmen bis auf den obersten Meßpunkt bei $T = 1273\,°K$ mit denjenigen von McKAY gut überein.

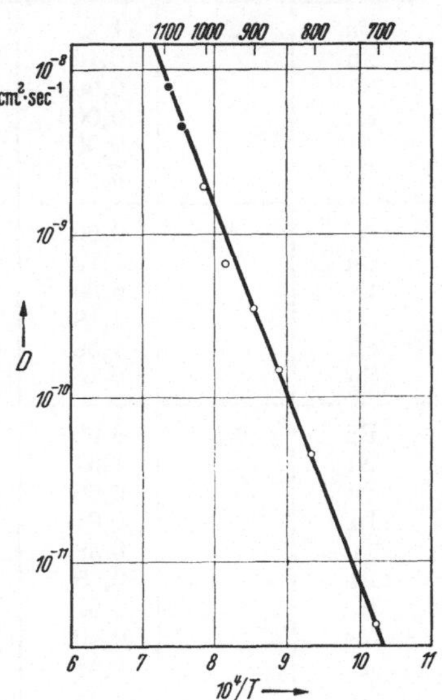

Abb. 5.79. Temperaturabhängigkeit der Tracer-Diffusion von Kupfer. • Meßdaten von STEIGMAN, SHOCKLEY und NIX, ○ Meßdaten von COHEN und KUCZYNSKI.

ROLLIN[2] untersuchte nach einer empfindlichen Methode die Tracer-Diffusion von Kupfer. Zu diesem Zweck wurde die Oberfläche eines Cu-Bleches mit 8 MeV-Deuteronen bombardiert und dann vierzig Stunden in einem Quarzrohr bei Abwesenheit von Sauerstoff bei verschiedenen Temperaturen wärmebehandelt und der Diffusionsverlauf des radioaktiven Kupfers durch Messung der Aktivität verfolgt. Der Diffusionsverlauf läßt sich durch das 2. FICKsche Gesetz beschreiben. In Tab. 5.27 sind einige Diffusionskoeffizienten zusammengestellt, die beachtlich kleiner sind als die von RHINES und MEHL[3] aus der Diffusion von Al, Be, Cd, Si, Sn und Zn in Kupfer durch Extrapolation nach Fremdmetallgehalt Null vorhergesagten. Die Aktivierungsenergie wurde zu 60,0 kcal/g-Atom berechnet. STEIGMAN, SHOCKLEY und NIX[4] kommen im wesentlichen zu gleichen Ergebnissen für den Tracer-Diffusionskoeffizienten von Kupfer. Allerdings wird die Aktivierungsenergie etwas niedriger zu 57,2 kcal/g-Atom gefunden. Wie man aus der von SHOCKLEY und Mitarbeitern zusammengestellten Tab. 5.28 entnehmen kann, ist die Aktivierungsenergie der Tracer-Diffusion eines Metalls stets größer als alle Aktivierungsenergien von Diffusionsprozessen fremder Metalle. Ferner sieht man,

[1] FRISCH, O., G. VON HEVESY u. H. A. C. McKAY: Nature **137**, 149 (1936).
[2] ROLLIN, B. V.: Phys. Rev. (2) **55**, 231 (1939).
[3] RHINES, F., u. R. F. MEHL: Trans. AIME **128**, 185 (1938).
[4] STEIGMAN, J., W. SHOCKLEY u. F. G. NIX: Phys. Rev. **56**, 13 (1939).

Tabelle 5.28

Mengenfaktor D_0 und Aktivierungsenergie ΔU gemäß der Gleichung $D = D_0 \exp(-\Delta U/RT)$ für verschiedene metallische Diffusionssysteme nach Steigman, Shockley und Nix

Diffundierendes Metall	Diffusionsmedium	D_0 cm² sec⁻¹	ΔU cal/g-Atom	$r_{\text{Atom gelöst}} / r_{\text{Atom-Lösungsmittel}}$	Schmelzpunkt des diff. Metalls °C	Zitat
Cu	Cu	11	57000	1,00	1083	2
Sn		0,14	45000	1,21 (1,24)	231	1
Si		0,006	40000	0,90 (1,05)	1420	1
Zn		0,003	38000	1,08	419	1
Al		0,003	38000	1,10	660	1
Be		$5 \cdot 10^{-5}$	28000	0,88	1350	1
Au	Ag	9,60	26600	1,00	1063	3
Cu		5,13	24800	0,89	1083	3
In		6,30	24400	1,09	155	3
Cd		4,18	22350	1,06	321	3
Sb		4,58	21700	1,12	630	3
Sn		6,75	21400	1,13	231	3
Pb	Pb	6,66	28050	1,00	327,5	4
Ni		0,67	25300	0,71	1425	5
Sn		0,66	25000	0,91	231	6
In		0,61	23200	0,90	155	7
Tl		0,58	22000	0,98	303,5	6
Bi		0,58	22000	1,04	271	7
Hg		0,51	19500	0,89	−38,87	7
Mg		0,49	18700	0,92	651	7
Ag		0,41	15700	0,82	960,5	6
Au		0,35	13300	0,82	1063	8

daß das Radienverhältnis in keinem erkennbaren Zusammenhang mit der Aktivierungsenergie steht. Die von Cohen und Kuczynski[9] bei tieferen Temperaturen (700 bis 1000 °C) nach der auf S. 523—527 beschriebenen Methode erhaltenen Komponenten-Diffusionskoeffizienten ergänzen die Ergebnisse von Shockley und Mitarbeitern sinnvoll (Abb. 5.79).

Dechtjar[10] beschäftigte sich mit der physikalischen Natur der Selbstdiffusion von Metallen und Legierungen und stellte für D_0 folgende Formel auf:

$$D_0 = \left\{\frac{kT}{h}\left(\frac{T}{T_K}\right)^2 \frac{d^2}{2}\left[1 - \operatorname{erf}\left(\frac{0{,}1d}{2\sqrt{\overline{2u^2}}}\right)\right]\right\} \exp\left(\frac{\Delta H}{E_S} \frac{\Delta U}{RT_S}\right).$$

[1] Rhines, F., u. R. F. Mehl: Trans. AIME **128**, 185 (1938).
[2] Steigman, J., W. Shockley u. F. G. Nix: Phys. Rev. **56**, 13 (1939).
[3] Seith, W., u. E. A. Peretti: Z. Elektrochem. angew. phys. Chem. **42**, 570 (1936).
[4] Hevesy, G. von, W. Seith u. A. Keil: Z. Metallkde. **25**, 104 (1933).
[5] Seith, W., E. Hofer u. H. Etzold: Z. Elektrochem. angew. phys. Chem. **40**, 322 (1934).
[6] Seith, W., u. J. G. Laird: Z. Metallkde. **24**, 193 (1932).
[7] Seith, W.: Z. Elektrochem. angew. phys. Chem. **41**, 872 (1935).
[8] Seith, W., u. H. Etzold: Z. Elektrochem. angew. phys. Chem. **40**, 829 (1934).
[9] Cohen, G., u. G. C. Kuczynski: J. appl. Phys. **21**, 1339 (1950).
[10] Dechtjar, Ja.: Doklady Akad. Nauk SSSR (N. S.) **89**, 49 (1953).

Hier bedeutet T_K die charakteristische Temperatur, d den mittleren atomaren Abstand, $\overline{u^2}$ das mittlere Verrückungsquadrat, E_S die Bindungsenergie (Sublimationsenergie) und ΔH die Änderung des Wärmeinhalts beim Aufheizen von 0° bis zur Schmelztemperatur T_S. An Hand von experimentellen Daten

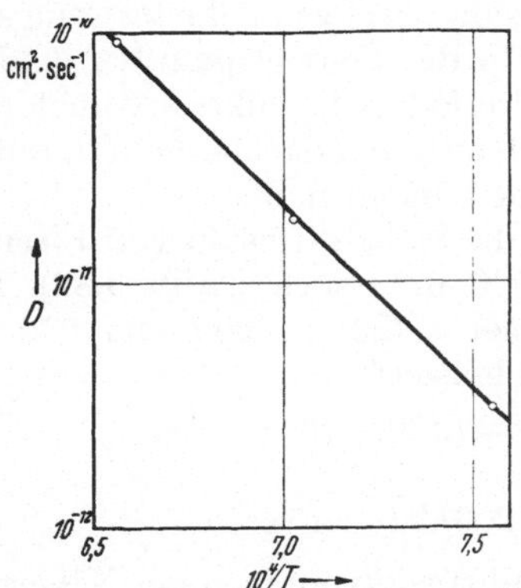

Abb. 5.80. Temperaturabhängigkeit der Tracer-Diffusion von Kobalt nach Nix und Jaumot jr.

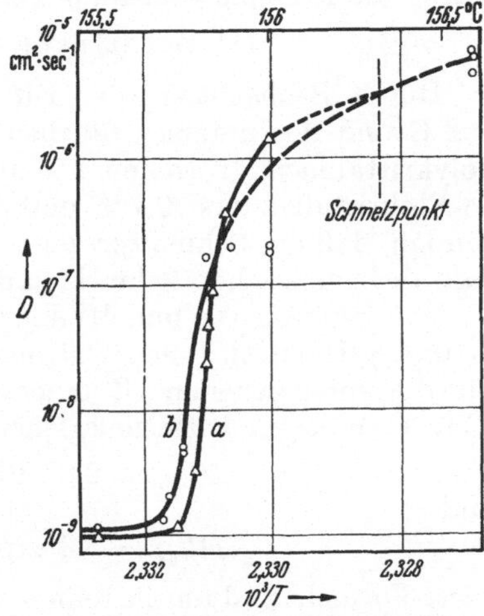

Abb. 5.81. Temperaturabhängigkeit des Tracer-Diffusionskoeffizienten von Indium nach Eckert und Drickamer. a: Kurve für Einkristall; b: Kurve für polykristallines Material.

konnte gezeigt werden, daß nicht nur die Aktivierungsenergie, sondern auch der Faktor vor dem Exponentialglied von der Natur und Größe der atomaren Bindungskräfte abhängig ist.

Nix und Jaumot[1] bestimmten den Tracer-Diffusionskoeffizienten von Kobalt zwischen 1050 und 1250 °C zu 0,367 exp(— 67000/RT) cm² sec⁻¹ (Abb. 5.80). Zu diesem Zweck wurden zwei mit radioaktivem ^{60}Co überzogene Kobaltbleche mit ihren aktiven Seiten aufeinandergepreßt und in einem auf etwa 10^{-3} Torr evakuierten Ofen verschiedene Zeiten erhitzt. Ruder und Birchenall[2] untersuchten nach der Methode der zeitlichen Abnahme der Aktivität der Oberfläche ebenfalls die Tracer-Diffusion von Kobalt. Da die Absorptionskurven der Co-Strahlung unter diesen Versuchsbedingungen recht komplex sind, wurde besonderes Augenmerk auf den Einfluß der Geometrie und der Beschaffenheit der Oberfläche gelegt. Die so ermittelten Co-Tracer-Diffusionskoeffizienten gehorchen der Gleichung

$$D^*_{\mathrm{Co}} = 0{,}032 \exp(-61\,900/RT) \mathrm{\ cm^2\,sec^{-1}}.$$

Eckert und Drickamer[3] bestimmten die Temperaturabhängigkeit des Tracer-Diffusionskoeffizienten von Indium in Einkristallen und polykristallinem Material mittels des Isotops ^{114}In dicht unterhalb des Schmelzpunktes (156,3 °C). Wie aus den Versuchsergebnissen in Abb. 5.81

[1] Nix, F. C., u. F. E. Jaumot jr.: Phys. Rev. 80, 119 (1950); 82, 72 (1951). — G. W. Callendine jr., V. C. Ridolfo u. M. L. Pool: Phys. Rev. 86, 642 (1952).
[2] Ruder, R. C., u. C. E. Birchenall: J. Metals Trans. AIME 191, 142 (1951).
[3] Eckert, R. E., u. H. G. Drickamer: J. chem. Phys. 20, 13 (1952).

hervorgeht, tritt 0,5 °C unterhalb des Schmelzpunktes ein Sprung des Tracer-Diffusionskoeffizienten von 10^{-9} bis 10^{-6} $cm^2\,sec^{-1}$ auf. Bis kurz unterhalb des Schmelzpunktes (< 155 °C) kann man die Tracer-Diffusion durch die folgende Gleichung beschreiben:

$$D^*_{In} = 1{,}02 \exp(-17900/RT)\ cm^2\,sec^{-1}.$$

Durch Beobachtung der Diffusion von radioaktivem ^{204}Tl konnte auf Grund des unterschiedlichen Diffusionsgeschwindigkeitssprungs in polykristallinem In (schon 1 °C unterhalb des Schmelzpunktes) und in In-Einkristallen (erst 0,1 °C unterhalb des Schmelzpunktes) geschlossen werden, daß der Schmelzprozeß an den Korngrenzflächen bereits unterhalb des gemessenen Schmelzpunktes stattfinden muß.

Von Birchenall und Mehl[1] wurde die Selbstdiffusion von Eisen in α- und γ-Eisen zwischen 720 und 1357 °C untersucht (Abb. 5.82). Die für die entsprechenden Temperaturgebiete (720 bis 900 und 970 bis 1357 °C) gültigen Diffusionsgleichungen lauten:

$$D^*_{\alpha\text{-}Fe} = 2{,}3 \cdot 10^3 \exp(-73200/RT)\ cm^2\,sec^{-1}$$

und

$$D^*_{\gamma\text{-}Fe} = 5{,}8 \exp(-74200/RT)\ cm^2\,sec^{-1}.$$

Diese Formeln sind für die reine Volumendiffusion nur in erster Näherung gültig, da merkliche Korngrenzeneffekte beobachtet wurden. Grusin, Kornew und Kurdjumow[2] studierten den Einfluß von Kohlenstoff auf die Selbstdiffusion von Eisen. In ähnlicher Weise wie von Birchenall und Mehl wurden von den russischen Autoren die mit einer elektrolytisch abgeschiedenen Schicht von ^{59}Fe überzogenen Eisen- und Stahlproben in einer evakuierten Quarzröhre einer Diffusionsglühung von 15 bis 2000 Stunden zwischen 1050 und 1300 °C unterworfen. Auf Grund des erheblich flacheren Verlaufs der $\log D^{Fe}_{Fe} - \frac{1}{T}$-Kurve für kohlenstoffhaltiges Eisen kann gefolgert werden, daß durch die Anwesenheit des Kohlenstoffs die Aktivierungsenergie ΔU der Tracer-Diffusion sowie D_0 merklich erniedrigt werden und eine lineare Abhängigkeit vom Kohlenstoffgehalt zeigen.

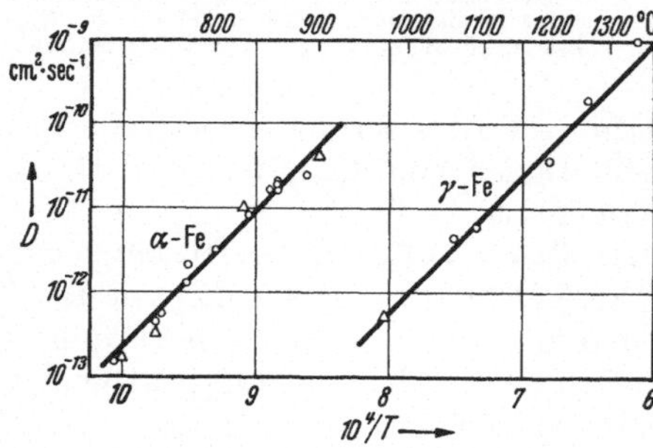

Abb. 5.82. Tracer-Diffusion von Eisen in α- und γ-Eisen nach Birchenall und Mehl. (○ Meßdaten an Puron-Eisen und △ an Carbonyl-Eisen.)

Hoffman und Turnbull[3] untersuchten nach der auf S. 534 beschriebenen Methode der Kontaktradiographie sowohl die Volumen- als auch die Korngrenzen-Diffusion in sehr reinem Silber, das sowohl

[1] Birchenall, C. E., u. R. F. Mehl: Trans. AIME 188, 144 (1950).

[2] Grusin, P. L., Ju. W. Kornew u. G. W. Kurdjumow: Doklady Akad. Nauk SSSR (N.S.) 80, 49 (1951).

[3] Hoffman, R. E., u. D. Turnbull: J. appl. Phys. 22, 634 (1951).

als Einkristall wie auch als polykristallines Material vorlag. Aus den Versuchsergebnissen erhalten wir für die Temperaturabhängigkeit des Tracer-Diffusionskoeffizienten für Volumendiffusion den Ausdruck:

$$D_{\text{Volumen}} = 0{,}895 \exp(-49950/RT) \text{ cm}^2 \text{ sec}^{-1}.$$

Der entsprechende Ausdruck für die Korngrenzendiffusion lautet:

$$D_{\text{Korngrenzen}} = 0{,}03 \exp(-20200/RT) \text{ cm}^2 \text{ sec}^{-1}.$$

Während die Volumendiffusion von der Vorgeschichte des Silbers unabhängig war, zeigte die Korngrenzendiffusion eine Abhängigkeit von der Kristallitgröße — und damit auch von der Vorgeschichte — des polykristallinen Materials. JOHNSON und MARTIN[1] fanden, daß unterhalb 500 °C in polykristallinem Silber die Korngrenzendiffusion überwiegt. Im Temperaturgebiet zwischen 903 und 640 °C wurde für die Volumendiffusion der Ausdruck

$$D_{\text{Volumen}} = 0{,}11 \exp(-40800/RT) \text{ cm}^2 \text{ sec}^{-1}$$

gefunden.

In einer weiteren Arbeit studierten die oben genannten Autoren[2] die Abhängigkeit des Tracer-Diffusionskoeffizienten von Silber in Silberlegierungen mit kleinen Bleigehalten bei 750 °C nach der gleichen Methode. Wie man aus Abb. 5.83 entnimmt, tritt eine lineare Zunahme der Diffusionsgeschwindigkeit mit steigendem Bleigehalt auf. Bereits bei einem Pb-Gehalt von 1,3 Atom-% wird die Tracer-Diffusionsgeschwindigkeit um den Faktor 3 größer.

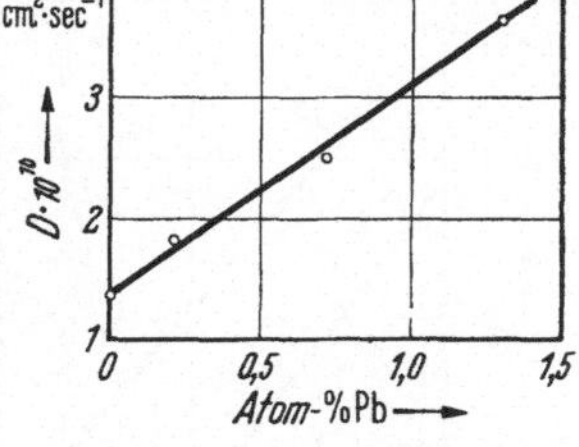

Abb. 5.83. Der Tracer-Diffusionskoeffizient von Silber bei 750 °C als Funktion des Pb-Gehaltes einer Silber-Blei-Legierung nach HOFFMAN und TURNBULL.

NACHTRIEB, CATALANO und WEIL[3] berichten über Tracer-Diffusionsmessungen in festem Natrium zwischen 0 und 95 °C. Zu diesem Zweck wurde radioaktives Natrium durch die folgende Austauschreaktion auf normales Natrium gebracht:

$$^{23}\text{Na}_{\text{flüssig}} + {}^{22}\text{NaCl}_{\text{fest}} \rightleftharpoons$$
$$\rightleftharpoons {}^{22}\text{Na}_{\text{flüssig}} + {}^{23}\text{NaCl}_{\text{fest}}.$$

Anschließend wurden unter Vermeidung von Oxydation jeweils kleine Zylinder aus normalem und ^{22}Na-haltigem Natrium unter Paraffinöl gepreßt und aufeinandergesetzt. Die die Versuchsergebnisse beschreibende Diffusionsformel lautet:

$$D^*_{\text{Na}} = 0{,}242 \exp(-10450/RT) \text{ cm}^2 \text{ sec}^{-1}.$$

Die aus den Versuchsergebnissen errechnete Aktivierungsentropie $\Delta S = 7{,}3$ cal/grad g-Atom deutet auf einen überwiegenden Leerstellendiffusionsmechanismus hin. Mit steigenden hydrostatischen Drucken

[1] JOHNSON, R. D., u. A. B. MARTIN: Phys. Rev. 86, 642 (1952).
[2] HOFFMAN, R. E., u. D. TURNBULL: J. appl. Phys. 23, 1409 (1952).
[3] NACHTRIEB, N. H., E. CATALANO u. J. A. WEIL: J. chem. Phys. 20, 1185 (1952).

nimmt die Selbstdiffusionsgeschwindigkeit ab (Abb. 5.84). Die bei 8000 kg cm^{-2} Druck gültige Beziehung lautet[1]:

$$D^*_{Na} = 0{,}176 \exp(-12060/RT) \text{ cm}^2 \text{ sec}^{-1}.$$

FENSHAM[2] fand in Zinn-Einkristallen, daß die Selbstdiffusion in Richtung parallel zur tetragonalen c-Achse rascher verläuft als senkrecht zu dieser. Entsprechend ergab sich für das Verhältnis der Diffusionskoeffizienten für 180 bzw. 223 °C $D_{||}/D_{\perp} = 2$ bzw. 3. Die zur Berechnung der Zahlenwerte erforderlichen Gleichungen lauten $D_{||} = 1{,}2 \cdot 10^{-5} \exp(-10500/RT)$ und $D_{\perp} = 3{,}7 \cdot 10^{-8} \exp(-5900/RT)$.

Auf der gleichen Grundlage beruhen auch die experimentellen Methoden der Selbstdiffusion von Ionen in ihren Salzen und Oxiden. So konnte durch Verwendung radioaktiver Bleiisotope der Tracer-Diffusionskoeffizient der Pb-Ionen in Bleichlorid und Bleijodid ermittelt werden[3]. Die Temperaturabhängigkeit des Tracer-Diffusionskoeffizienten für $PbCl_2$ und entsprechend für PbJ_2 lautet:

$$D^{*Pb}_{PbCl_2} = 1{,}06 \cdot 10^7 \exp(-38120/RT) \text{ cm}^2 \text{ sec}^{-1},$$

$$D^{*Pb}_{PbJ_2} = 3{,}43 \cdot 10^4 \exp(-30000/RT) \text{ cm}^2 \text{ sec}^{-1}.$$

Im Sinne der Ansätze von NERNST für wäßrige Elektrolyte werden sowohl von VON HEVESY[4] wie auch von WAGNER[5] Formeln über den Zusammenhang zwischen Ionenbeweglichkeit und Diffusionsgeschwindigkeit in festen Salzen abgeleitet.

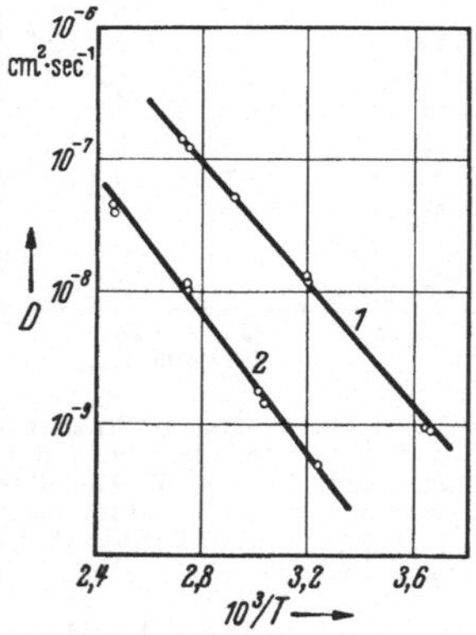

Abb. 5.84. Die Temperaturabhängigkeit des Tracer-Diffusionskoeffizienten von festem Natrium bei einem Druck von 1 kg cm^{-2} (1) und von 8000 kg cm^{-2} (2) nach NACHTRIEB, WEIL, CATALANO und LAWSON.

Unter der Annahme eines ausschließlichen Stromtransportes durch Pb-Ionen sowohl im $PbCl_2$ als auch im PbJ_2 ist die aus der elektrischen Leitfähigkeit errechnete Diffusionsgeschwindigkeit um den Faktor 1000 größer als die von SEITH[6] experimentell gefundene. Hieraus wird die Überführungszahl der Pb-Ionen berechenbar. So wurde im Falle des $PbCl_2$ in der Nähe des Schmelzpunktes bei 484 °C die Überführungszahl der Pb-Ionen $t_{Pb^{2+}} = 10^{-3}$ gefunden. Mit fallender Temperatur wird die Beteiligung der Pb-Ionen am Stromtransport noch kleiner [$t_{Pb^{2+}}(273\,°C) \approx \approx 10^{-5}$ und $t_{Pb^{2+}}(90\,°C) \approx 10^{-10}$]. Durch keine andere Methode können so kleine Überführungszahlen bestimmt werden. Im Falle des PbJ_2 ist bei hohen Temperaturen die Übereinstimmung der aus Leitfähigkeits-

[1] NACHTRIEB, N. H., J. A. WEIL, E. CATALANO u. A. W. LAWSON: J. chem. Phys. **20**, 1289 (1952).
[2] FENSHAM, P. J.: Aust. J. Sci. Res. A. **3**, 91, 105 (1950).
[3] HEVESY, G. VON, u. W. SEITH: Z. Phys. **56**, 790 (1929).
[4] HEVESY, G. VON: Wiener Ber. **129**, 1 (1920).
[5] WAGNER, C.: Z. phys. Chem. (B) **11**, 139 (1930); **15**, 147 (1932).
[6] SEITH, W.: Ber. naturforsch. Ges. Freiburg i. Br. **30**, 1 (1930).

messungen errechneten mit den durch Diffusionsversuche ermittelten Diffusionskoeffizienten recht gut, was erstens im Gegensatz zum $PbCl_2$ auf einen überwiegenden Stromtransport durch Pb-Ionen und zweitens darauf schließen läßt, daß der Diffusion und dem Stromtransport der gleiche Mechanismus zugrunde liegt.

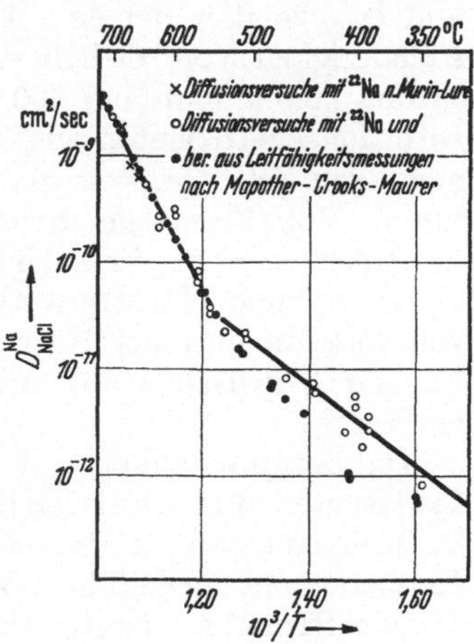

Abb. 5.85. Beziehung zwischen Ionenleitfähigkeit und Selbstdiffusion in Natriumchlorid. Die offenen Kreise (Mapother-Crooks-Maurer) und Kreuze (Murin-Lure) sind die aus Diffusionsversuchen mit radioaktivem ^{22}Na erhaltenen Tracer-Diffusionskoeffizienten. Die schwarzen Kreise sind die aus Leitfähigkeitsmessungen errechneten Diffusionskoeffizienten.

Durch Diffusionsversuche mit radioaktiven ^{22}Na-Atomen und Leitfähigkeitsmessungen an NaCl-Kristallen konnten sowohl Maurer und Mitarbeiter[1] wie auch Murin und Lure[2] den Nachweis erbringen, daß sowohl Stromtransport als auch Diffusion im Temperaturbereich von 350 bis 700 °C überwiegend über Na-Ionenleerstellen stattfinden. Wie aus Abb. 5.85 hervorgeht, liegen unterhalb des Knicks der Diffusions-Temperaturkurve die aus Leitfähigkeitsdaten berechneten Diffusionskoeffizienten tiefer als die aus Diffusionsmessungen erhaltenen. Dieser Befund wird verständlich, wenn man annimmt, daß unterhalb dieser Temperatur die als „Verunreinigung" vorhandenen 2wertigen Kationen mit den Kationenleerstellen assoziiert als Neutralgebilde [z. B. $(\mathrm{Ca}\,|\mathrm{Na}|^{\cdot}\,|\mathrm{Na}|')^{\times}$] rascher diffundieren im Sinne der Ausführungen von Seitz und Dienes[3]. Für das höhere und niedrige Temperaturgebiet (Abb. 5.85) gelten die Beziehungen:

$$D^{*\mathrm{Na}}_{\mathrm{NaCl}} = 3{,}13 \exp(-41\,400/RT)\ \mathrm{cm^2\,sec^{-1}} \quad \text{für } T > 550\,°\mathrm{C},$$

$$D^{*\mathrm{Na}}_{\mathrm{NaCl}} = 1{,}6 \cdot 10^{-5} \exp(-17\,700/RT)\ \mathrm{cm^2\,sec^{-1}} \quad \text{für } T < 550\,°\mathrm{C}.$$

Röntgenbestrahlung der NaCl-Kristalle bewirkte unterhalb 550 °C eine Abnahme der Selbstdiffusionsgeschwindigkeit, die allerdings oberhalb 550 °C nicht mehr beobachtbar war.[4]

Witt[5] versuchte am Beispiel des Kaliumchlorids ebenfalls an Hand von Leitfähigkeits- und Tracer-Diffusionsmessungen den oben geschilderten Zusammenhang von Leitfähigkeit und K-Ionendiffusion zu finden. In Ergänzung zu den Versuchen von Maurer und Mitarbeitern wurde hier durch bekannte Zusätze von $SrCl_2$ die K-Ionenleerstellenkonzentration definiert geändert. Nach dieser Mitteilung liegen die aus Diffusions-

[1] Maurer, R. J.: Forsch. u. Fortschr. **26**, 4 (1950). — D. E. Mapother, H. N. Crooks u. R. J. Maurer: J. chem. Phys. **18**, 1231 (1950).
[2] Murin, A., u. B. Lure: Dokl. Akad. Nauk SSSR (N.S.) **73**, 933 (1950).
[3] Dienes, G. J.: J. chem. Phys. **16**, 620 (1948). — Vgl. auch F. Seitz: Rev. mod. Phys. **18**, 384 (1946).
[4] Mapother, D.: Phys. Rev. **89**, 1231 (1953).
[5] Witt, H.: Z. Phys. **134**, 117 (1953).

messungen mittels radioaktiver K^+-Ionen an KCl-Einkristallen erhaltenen Diffusionskoeffizienten um den Faktor 2,4 höher als die aus Leitfähigkeitsmessungen errechneten Werte. Der Unterschied zwischen D_{gem} und D_{ber} zeigt weder eine Abhängigkeit von der Temperatur, noch eine Abhängigkeit vom Gehalt der Sr^{2+}-Ionen. Auch im Gebiet der Eigenleitung findet man bei 600 °C den gleichen Unterschied zwischen den Diffusionskoeffizienten wie im Gebiet der Störleitung. Wegen der experimentellen Schwierigkeit in der Ausführung von Tracer-Diffusionsmessungen (hohe Zerfallsgeschwindigkeit der radioaktiven K^+-Ionen) erscheint es wünschenswert, diese Untersuchungen weiter fortzuführen.

Smith und Danielson[1] bestimmten den Diffusionskoeffizienten von Natrium in einer Natrium-Wolfram-Bronze der Zusammensetzung $Na_{0,78}WO_3$ zwischen 664 und 832 °C zu $D^{Na} = 0{,}87 \exp(-51\,800/RT)$ $cm^2\,sec^{-1}$.

Im Zusammenhang mit der Aufklärung des Bildungsmechanismus des latenten Bildes auf der photographischen Platte wurden u.a. Tracer-Diffusionsmessungen an festem Silberbromid bei höheren und niedrigen Temperaturen ausgeführt. Murin und Tausch[2] fanden für die Diffusionskoeffizienten der Ag^+- und Br^--Ionen bei 300 °C unter Verwendung der radioaktive Isotope haltigen Salze $^{120}AgBr$ und $Ag^{82}Br$ die folgenden Werte: $D^{*Ag}_{AgBr} = 1{,}02 \cdot 10^{-7}$ und $D^{*Br}_{AgBr} = 2{,}9 \cdot 10^{-11}$. Der beträchtliche Unterschied schließt die Annahme einer merklich vorhandenen Schottky-Fehlordnung in AgBr aus. Zu einem ähnlichen Ergebnis führen die Tracer-Diffusionsmessungen von Zimen[3] an AgBr-Kristallen bei 20 °C. Trotz der hierbei auftretenden störenden Phasengrenzreaktionen und der Korngrenzendiffusion weisen die von Zimen mitgeteilten Werte der Tracer-Diffusionskoeffizienten mit $D^{*Ag}_{AgBr} > 2 \cdot 10^{-12}$ und D^{*Br}_{AgBr} 10^{-15} $cm^2\,sec^{-1}$ ebenfalls hohe Unterschiede auf. An thermisch erzeugten — durch Bromierung von Ag-Blechen bei 150 °C — polykristallin aufgebauten AgBr-Schichten lag der aus Leitfähigkeits- und Überführungsmessungen errechnete Diffusionskoeffizient um etwa drei Zehnerpotenzen höher. Auf Grund dieses Befundes muß man den von Zimen mitgeteilten Wert auf überwiegende Korngrenzenselbstdiffusion zurückführen. Jost und Nölting[4] untersuchten die Tracer-Diffusion von Jod in α-AgJ zwischen 150 und 400 °C mittels ^{113}J. Die Temperaturabhängigkeit läßt sich durch

$$D^{*J}_{AgJ} = 4{,}41 \cdot 10^{-4} \exp(-16\,200/RT)\ cm^2\,sec^{-1}$$

darstellen. In einer weiteren Arbeit studierte Nölting[5] die Diffusion von Chlor-36 in AgCl im Temperaturgebiet von 300 bis 450 °C. Sie

[1] Smith, J. F., u. G. C. Danielson: J. chem. Phys. **22**, 266 (1954).

[2] Murin, A., u. Ju. Tausch: Doklady Akad. Nauk SSSR (N. S.) **80**, 579 (1951). — Vgl. auch J. Teltow: Z. Elektrochem. Ber. Bunsenges. phys. Chem. **56**, 767 (1952).

[3] Zimen, K. E., in: Fundamental Mechanisms of Photographic Sensitivity, S. 53. London 1951.

[4] Jost, W., u. J. Nölting: Z. phys. Chem. (NF) **7**, 383 (1956). — J. Nölting: Z. phys. Chem. (NF) **32**, 154 (1962).

[5] Nölting, J.: Z. phys. Chem. (NF) **38**, 154 (1963).

kann durch den folgenden Ausdruck wiedergegeben werden:

$$D^{*Cl}_{Ag\,Cl} = 1{,}25 \cdot 10^3 \exp(-41\,200/RT) \text{ cm}^2 \text{ sec}^{-1}.$$

PESCHANSKI[1] ermittelte unter Anwendung der radioaktiven Isotope ^{35}S und ^{108}Ag die Tracer-Diffusionskoeffizienten von Schwefel und Silber in kompaktem polykristallinem β-Ag_2S bei 179 °C dicht unterhalb des Umwandlungspunktes. Das Ergebnis:

$$D^{*Ag}_{\beta\text{-}Ag_2S} = 3{,}8 \cdot 10^{-7} \quad \text{und} \quad D^{*S}_{\beta\text{-}Ag_2S} = 3{,}6 \cdot 10^{-13} \text{ cm}^2 \text{ sec}^{-1}$$

zeigt eine um sechs Zehnerpotenzen höhere Diffusionsgeschwindigkeit der Ag-Ionen. ALLEN und MOORE[2] haben den Selbstdiffusionskoeffizienten von Silber in α-Ag_2S zwischen 180 und 280 °C radioaktiv gemessen [$D^{*Ag}_{\alpha\text{-}Ag_2S} = 0{,}28 \cdot 10^{-8} \exp(-3450/RT) \text{cm}^2 \text{sec}^{-1}$]. Für 400 °C ergab sich $D^{*Ag}_{\alpha\text{-}Ag_2S} = 2{,}0 \cdot 10^{-5}$ cm²/sec.[3] WEHEFRITZ[4] konnte aus der Cu-Ionenteilleitfähigkeit des Cu_2S mit Hilfe der NERNST-EINSTEIN-Beziehung unter Vernachlässigung von Korrelationseffekten die Selbstdiffusion der Kupferionen bei 400 °C zu $1 \cdot 10^{-5}$ cm² sec⁻¹ abschätzen.

REDINGTON[5] untersuchte die Selbstdiffusion von radioaktivem ^{140}Ba in BaO-Kristallen zwischen 1350 und 1500 °K. In diesem Temperaturgebiet wurden zwei Diffusionsmechanismen gefunden, wovon der eine durch eine Diffusion von Ba-Ionen über Ba-Ionenleerstellen und der andere durch eine Diffusion von neutralen Gebilden verursacht ist. Hierbei ist der Diffusionskoeffizient des neutralen „Komplexes" um den Faktor 20 höher und variiert in dem genannten Temperaturbereich zwischen 10^{-11} bis 10^{-8} cm² sec⁻¹. Im Temperaturgebiet zwischen 600 und 1300 °K wurde in wärmebehandelten BaO-Kristallen nur noch eine Diffusion von neutralen Komplexen beobachtet, deren Diffusionskoeffizient zwischen 10^{-13} und 10^{-11} cm² sec⁻¹ lag. Die vor den Diffusionsversuchen durchgeführte Wärmebehandlung muß also offenbar die Bildung der schneller diffundierenden neutralen Komplexe gefördert haben.

Um die Berechtigung der von WAGNER[6] gemachten Annahme einer gegenseitigen Diffusion von Ag- und Hg-Ionen im α-Ag_2HgJ_4 bei der Bildung dieses Doppelsalzes aus AgJ und HgJ_2 im festen Zustand nachzuweisen, wurden von ZIMEN und Mitarbeitern[7] Selbstdiffusionsversuche mit radioaktiven ^{111}Ag- und ^{203}Hg-Ionen in α-Ag_2HgJ_4 ausgeführt. In Abb. 5.86 ist die Temperaturabhängigkeit des Diffusionskoeffizienten von Ag- und Hg-Ionen aufgetragen. Wie man erkennt, stimmen die aus Diffusions- und Leitfähigkeitsmessungen gewonnenen Daten befriedigend überein. Diffusionsversuche mit Ag-Ionen in AgJ-Kristallen ergeben

---

[1] PESCHANSKI, D.: J. chim. Physique **47**, 933 (1950).
[2] ALLEN, R. L., u. W. J. MOORE: J. phys. Chem. **63**, 223 (1959).
[3] MROWEC, S., u. H. RICKERT: Z. phys. Chem. (NF) **32**, 212 (1962).
[4] WEHEFRITZ, V.: Z. phys. Chem. (NF) **26**, 339 (1960).
[5] REDINGTON, R. W.: Phys. Rev. **82**, 574 (1951).
[6] KOCH, E., u. C. WAGNER: Z. phys. Chem. (B) **34**, 309 (1936).
[7] ZIMEN, K. E., G. JOHANSSON u. M. HILLERT: J. chem. Soc. [London] 392 (1949).

jedoch größere Diffusionskoeffizienten als die, welche man aus Leitfähigkeitsmessungen berechnet hat (Korrelationseffekte) (Abb. 5.87).

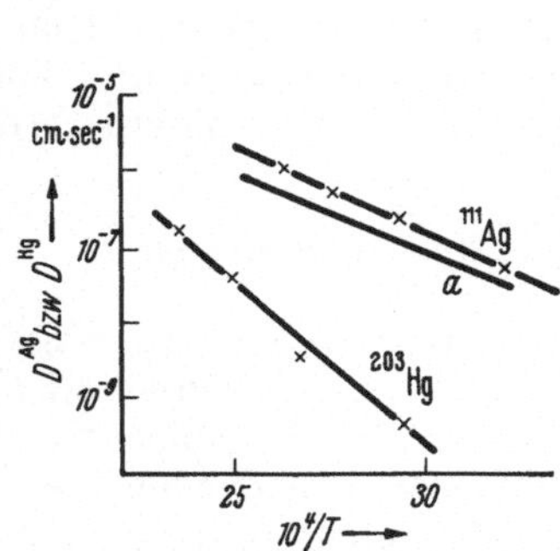

Abb. 5.86. Selbstdiffusion von ^{111}Ag- und ^{203}Hg-Ionen in α-Ag_2HgJ_4-Kristallen nach ZIMEN, JOHANSSON und HILLERT. (Gerade *a* stellt die aus Leitfähigkeitsmessungen berechnete Temperaturabhängigkeit der Ag-Ionendiffusion dar.)

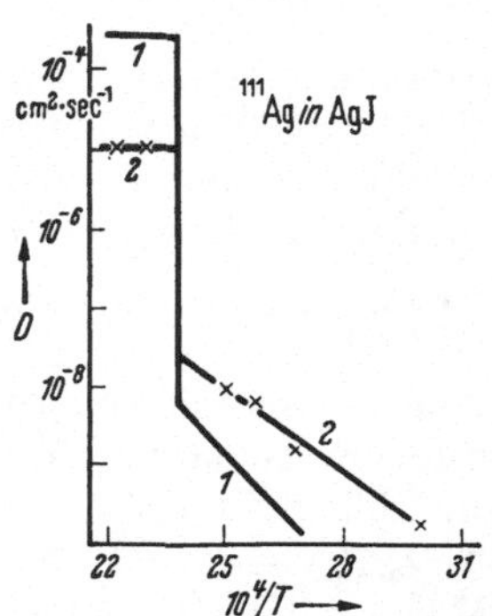

Abb. 5.87. Temperaturabhängigkeit der Selbstdiffusion von Ag-Ionen in AgJ-Kristallen nach ZIMEN, JOHANSSON und HILLERT (*1* aus Leitfähigkeitsmessungen berechnet und *2* aus Diffusionsversuchen erhalten).

Wie später gezeigt werden soll, wird die Spinellbildung z. B. eines Zink-Eisen-Spinells in der Anordnung

$$
\begin{array}{lll}
Fe_2O_3 & | ZnFe_2O_4 | & ZnO \\
 & - 2Fe^{3+} \rightarrow & (1) \\
 & \leftarrow 3Zn^{2+} - & (2) \\
 & \leftarrow 3O^{2-} - & (3)
\end{array}
$$

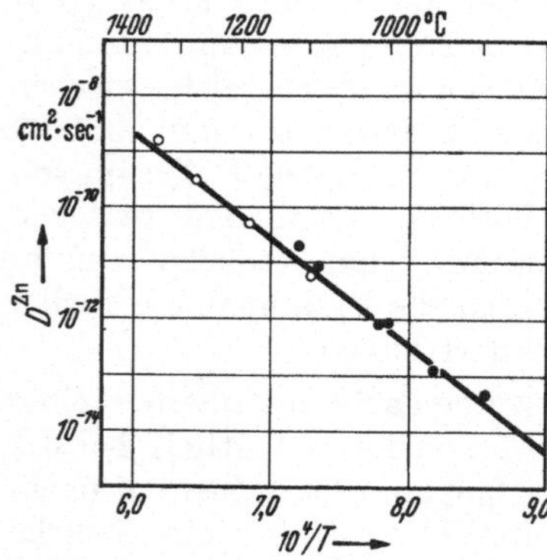

Abb. 5.88. Temperaturabhängigkeit der Selbstdiffusion von radioaktivem Zn in $ZnFe_2O_4$ nach LINDNER. ○ Meßpunkte nach der Methode der β-Absorption, ● Meßpunkte nach der Kontaktmethode.

im wesentlichen durch Diffusionsvorgänge der Ionen der Reaktionspartner durch die Schicht der Reaktionsprodukte, z. B. hier durch $ZnFe_2O_4$, gesteuert. Zur Entscheidung der Mitwirkung der Teildiffusionsvorgänge (1) und (2) oder (2) und (3) sind Diffusionsversuche mit radioaktiven Ionen von hohem Wert. Durch derartige Überlegungen veranlaßt, untersuchte LINDNER[1] die Selbstdiffusion von radioaktivem ^{65}Zn in Preßzylindern aus $ZnFe_2O_4$. Die Versuchsergebnisse sind in Abb. 5.88 dargestellt und lassen sich im Temperaturbereich von 900 bis 1350 °C durch die folgende Gleichung wiedergeben:

$$D^{*Zn}_{Zn_2FeO_4} = 8{,}8 \cdot 10^2 \exp(-86000/RT)\ \mathrm{cm^2\,sec^{-1}}.$$

In gleicher Weise wurde die Diffusionsgeschwindigkeit von ^{65}Zn-Ionen in ZnO-Pastillen im gleichen Temperaturbereich gemessen. Die Versuchs-

[1] LINDNER, R.: Acta chem. scand. 6, 457 (1952).

ergebnisse sind in Abb. 5.89 dargestellt. Die für dieses Temperaturgebiet maßgebende Beziehung lautet:

$$D^{*\mathrm{Zn}}_{\mathrm{ZnO}} = 1{,}3 \exp(-73700/RT)\ \mathrm{cm^2\,sec^{-1}}.$$

Durch diese Versuche wurden die Diffusionsmessungen von MILLER[1] sinnvoll ergänzt (über zusätzliche Messungen s. Tab. 5.29).

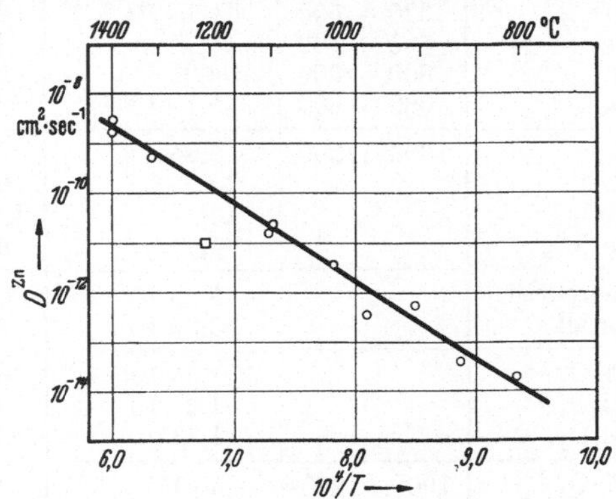

Abb. 5.89. Temperaturabhängigkeit der Tracer-Diffusion von radioaktivem Zn in ZnO nach LINDNER. □ Meßpunkt von MILLER.

In weiteren Untersuchungen wurde nun von LINDNER[2] die Diffusionsgeschwindigkeit von 3wertigen, radioaktiven ^{55}Fe-Ionen sowohl in $ZnFe_2O_4$ als auch in Fe_2O_3 gemessen. Die in Abb. 5.90 nach der Kon-

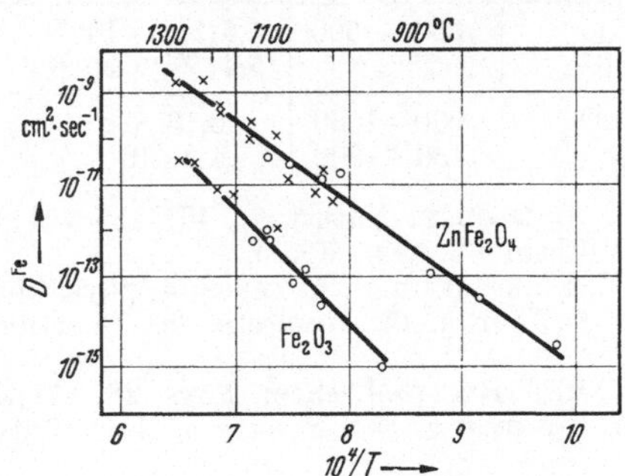

Abb. 5.90. Temperaturabhängigkeit der Tracer-Diffusion von radioaktivem Eisen in Fe_2O_3 und $ZnFe_2O_4$ nach LINDNER.

taktmethode erhaltenen Werte (Kreise) stimmen befriedigend mit den nach der Methode der aktiven dünnen Schichten erhaltenen (Kreuze) überein. Die entsprechenden Ausdrücke für die Temperaturabhängigkeit der Diffusionskoeffizienten lauten:

$$D^{*\mathrm{Fe}}_{\mathrm{ZnFe_2O_4}} = 8{,}5 \cdot 10^2 \exp(-82000/RT)\ \mathrm{cm^2\,sec^{-1}}$$

---

[1] MILLER JR., P. H.: Phys. Rev. **60**, 894 (1941).

[2] LINDNER, R.: Ark. Kemi **4**, 381 (1952); der hier angegebene Faktor, $4 \cdot 10^4$, ist offensichtlich ein Versehen.

Tabelle 5.29. *Weitere Diffusionskoeffizienten in Ionen- und Valenzkristallen*

Diffundierendes Ion	Diffusionsmedium	T °C	D_0 cm²/sec	ΔU kcal/g-Atom	Zitat
O	CdO	640— 820	$8 \cdot 10^{6}$	93 ± 5	1
	Cu_2O	1030—1120	$6{,}5 \cdot 10^{-3}$	$39{,}3 \pm 4{,}4$	2
	TiO_2	860—1030	1,1	73	3
	$UO_{2,002}$	550— 800	$1{,}2 \cdot 10^{3}$	$65{,}3 \pm 5$	4
	$UO_{2,063}$	320— 500	$2{,}1 \cdot 10^{-3}$	$29{,}7 \pm 2{,}3$	4
	Ge	500— 800	0,17	46,5	5
	Si	500—1300	0,21	58,7	5, 6
	$Zr_{0,85}Ca_{0,15}O_{1,85}$	680— 900	$5{,}1 \cdot 10^{-3}$	29,8	7
Mg	MgO	600—1300	0,25	79,0	8
Pb	PbO		10^{5}	66,6	
Sn	SnO_2		10^{7}	126	
Ba	$BaTiO_3$		0,8	89,0	
Ni	NiO (polykrist.)		$5 \cdot 10^{-4}$	44,2	9
	Einkristall		$3{,}9 \cdot 10^{-4}$	44,2	
Fe	$NiCr_2O_4$		$1{,}4 \cdot 10^{-3}$	61,0	10
Cr	$NiAl_2O_4$		$1{,}2 \cdot 10^{-3}$	50,0	
Fe	$NiAl_2O_4$		1,33	82,0	
Co	Co_2TiO_4	1000—1200	$5 \cdot 10^{4}$	95	11
	$CoAl_2O_4$	1000—1400	8	85	
	$CoCr_2O_4$	1000—1400	80	90	
Cr	$CoCr_2O_4$	1000—1400	$3 \cdot 10^{2}$	85	11
	$NiCr_2O_4$	1000—1400	2	100	
Zn	ZnO	800—1370	1,3	74	12,13
		1000—1270	$1{,}3 \cdot 10^{-5}$	$43{,}5 \pm 11$	14
^{110}Ag	Bi_2Te_3 ⊥	300— 500	$5{,}5(^{+2,1}_{-1,6}) \cdot 10^{-3}$	21	15
	∥		$5{,}4(^{+2,6}_{-1,7}) \cdot 10^{-3}$	10,5	
Sn	TiO_2-SnO_2	900—1050	0,16	80	16
U	$UO_{2,002}$	1450—1800	$4{,}3 \cdot 10^{-4}$	88 ± 11	4

[1] HAUL, R. A. W. u. D. JUST: Naturwiss. **45**, 435 (1958); Z. Elektrochem. Ber. Bunsenges. phys. Chem. **62**, 1124 (1958).
[2] MOORE, W. J., Y. EBISUZAKI u. J. A. SLUSS: J. phys. Chem. **62**, 1038 (1958).
[3] HAUL, R. A. W. D. JUST u. G. DÜMBGEN, in: Reactivity of Solids, S. 65. Amsterdam 1961.
[4] AUSKERN, A. B., u. J. BELLE: J. chem. Phys. **28**, 171 (1958). — J. BELLE, A. B. AUSKERN, W. A. BOSTROM u. F. S. SUSKO: in: Reactivity of Solids. Amsterdam 1960.
[5] HAAS, C.: J. Phys. Chem. Solids **15**, 108 (1960).
[6] LOGAN, R. A., u. A. J. PETERS: J. appl. Phys. **28**, 819 (1957).
[7] KINGERY, W. D.: J. Amer. ceram. Soc. **42**, 293 (1959).
[8] IZVEKOV, V., u. K. GORBUNOVA: Metallurgiya i Metallovedenie, S. 512, Ber. Akad. Wiss. UdSSR 1958.
[9] SHIM, M. T., u. W. J. MOORE: J. chem. Phys. **26**, 802 (1957).
[10] IGNATOV, D., I. BELOKUROVA u. I. BELYANKIN: Metallurgiya i Metallovedenie, S. 326, Ber. Akad. Wiss. UdSSR 1958.
[11] MORKEL, A., u. H. SCHMALZRIED: Z. phys. Chem. (NF) **32**, 76 (1962).
[12] LINDNER, R.: Acta chem. scand. **6**, 457 (1952).
[13] SECCO, E. A., u. W. J. MOORE: J. chem. Phys. **26**, 942 (1957).
[14] MOORE, W. J., u. E. L. WILLIAMS: Disc. Faraday Soc. **28**, 86 (1959).
[15] KEYS, J. D., u. H. M. DUTTON: J. Phys. Chem. Solids **24**, 563 (1963).
[16] SINCLAIR, W. R., u. T. C. LOOMIS, in: Kinetics of High-Temperature Processes, S. 58. New York 1959.

und

$$D^{*\mathrm{Fe}}_{\mathrm{Fe_2O_3}} = 4 \cdot 10^5 \exp(-112000/RT) \ \mathrm{cm^2\,sec^{-1}}.$$

HIMMEL, MEHL und BIRCHENALL[1] untersuchten die Tracer-Diffusion von Eisen (^{55}Fe) sowohl in FeO zwischen 699 und 983 °C als auch in Fe_3O_4 zwischen 799 und 987 °C. Das Ergebnis kann empirisch durch die folgenden Ausdrücke wiedergegeben werden:

$$D^{*\mathrm{Fe}}_{\mathrm{FeO}} = 0{,}118 \exp(-29700/RT) \ \mathrm{cm^2\,sec^{-1}}$$

und

$$D^{*\mathrm{Fe}}_{\mathrm{Fe_3O_4}} = 5{,}2 \exp(-55000/RT) \ \mathrm{cm^2\,sec^{-1}}.$$

Die Diffusionsmessungen in α-Fe_2O_3 stimmen mit denen von LINDNER befriedigend überein.

In einer weiteren Arbeit bestimmte LINDNER[2] den Tracer-Diffusionskoeffizienten von radioaktivem Blei (ThB) in PbO-Pastillen zwischen 400 und 600 °C. Der entsprechende Ausdruck des Diffusionskoeffizienten hat die folgende Form:

$$D^{*\mathrm{Pb}}_{\mathrm{PbO}} = 10^5 \exp(-66000/RT) \ \mathrm{cm^2\,sec^{-1}}.$$

In Fortsetzung dieser Arbeiten wurden von HEDVALL, LINDNER und Mitarbeitern die Diffusionskoeffizienten von radioaktivem Calcium und Eisen in Mono-Calciumferrit, $CaFe_2O_4$[3], und von ^{131}Ba in $BaTiO_3$[4] bestimmt. Die Meßergebnisse kann man durch die folgenden drei Gleichungen zusammenfassen:

$$D^{*\mathrm{Ca}}_{\mathrm{CaFe_2O_4}} = 30 \exp(-86000/RT),$$

$$D^{*\mathrm{Fe}}_{\mathrm{CaFe_2O_4}} = 3{,}2 \exp(-72000/RT)$$

und

$$D^{*\mathrm{Ba}}_{\mathrm{BaTiO_3}} = 0{,}8 \exp(-89000/RT) \ \mathrm{cm^2\,sec^{-1}}.$$

Des weiteren wurde ebenfalls von LINDNER[5] die Diffusion von Ni- und Cr-Ionen in $NiCr_2O_4$ untersucht (Abb. 5.91).

DOUGLAS[6] untersuchte die Diffusion von Sauerstoff in ZrO_2 definierter Sauerstoffionen-Leerstellenkonzentration und in $Zr_{0.85}Ca_{0.15}O_{1.85}$ im Temperaturgebiet zwischen 700 und 1100 °C. Entsprechend einer Leerstellenkonzentration $c_{|O|^{\cdot\cdot}} = 0{,}28 \cdot 10^{-3}$ ergab sich die folgende Beziehung:

$$D = 1{,}1 \exp\left(-(31000 \pm 3000)/RT\right) \mathrm{cm^2\,sec^{-1}}$$

und für den Mischoxidkristall mit $c_{|O|^{\cdot\cdot}} = 7{,}1 \cdot 10^{-3}$ g-Atom/cm³

$$D = 10 \exp(-28100/RT) \ \mathrm{cm^2\,sec^{-1}}.$$

[1] HIMMEL, L., R. F. MEHL u. C. E. BIRCHENALL: Trans. AIME, J. Metals 5, 827 (1953).

[2] LINDNER, R.: Ark. Kemi 4, 385 (1952).

[3] HEDVALL, J. A., C. BRISI u. R. LINDNER: Ark. Kemi 5, 377 (1952).

[4] GARCIA-VERDUCH, A., u. R. LINDNER: Ark. Kemi 5, 313 (1952).

[5] LINDNER, R., u. Å. ÅKERSTRÖM: Z. phys. Chem. (NF) 6, 162 (1956).

[6] DOUGLAS, D. L.: Intern. Atomic Energy Agency, Wien 2, 224 (1962). — Siehe auch W. D. KINGERY, in: Kinetics of High-Temperature Processes, S. 37 MIT. Cambridge 1959.

Obwohl für binäre Ionenkristalle, insbesondere bei Leitfähigkeitsmessungen, die Festlegung der thermodynamischen Bedingungen schon frühzeitig als wesentlich erkannt wurde, ist diese Notwendigkeit bei Diffusionsmessungen an binären und ganz besonders an ternären Systemen (Spinellen) weitgehend unberücksichtigt geblieben. Aus diesem Grund sind viele vorliegende Messungen der Selbstdiffusionskoeffizienten für eine Auswertung bei der Metalloxydation und von Festkörperreaktionen leider nur bedingt brauchbar.[1] Wie in einem anderen Zusammenhang noch (siehe S. 625) gezeigt wird, ist z. B. der Wert des Selbstdiffusionskoeffizienten von Kupfer in Cu_2O abhängig von der Aktivität des Kupfers bzw. des Sauerstoffs seiner Nachbarphase; d. h., es ist für den Wert des Diffusionskoeffizienten entscheidend, ob Cu_2O mit Cu oder mit einem Sauerstoffdruck (im Existenzgebiet der Cu_2O-Phase) im Gleichgewicht steht. In Erweiterung dieses einleuchtenden Sachverhalts haben SCHMALZRIED und WAGNER[2] diese Überlegungen auf ternäre Ionenkristalle angewandt (s. S. 42—48).

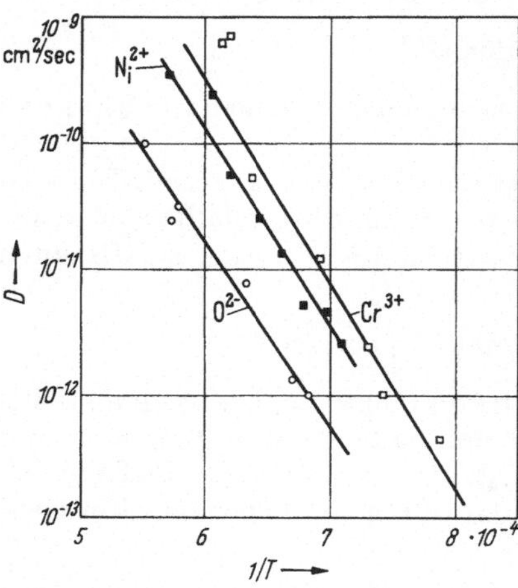

Abb. 5.91. Temperaturabhängigkeit der Diffusionsgeschwindigkeit von Ni- und Cr-Ionen und von Sauerstoffionen (KINGERY) in $NiCr_2O_4$ nach LINDNER und ÅKERSTRÖM.

Erst dann wird die Angabe von Tracer-Diffusionskoeffizienten sinnvoll, wenn sämtliche unabhängigen thermodynamischen Variablen, wie z. B. hier die Aktivität eines der den Spinell aufbauenden Oxide bzw. der hierfür verbindliche Sauerstoffpartialdruck, eindeutig festgelegt sind. Man wird also entsprechend der allgemeinen Bildungsgleichung für Spinelle:

$$AO + B_2O_3 = AB_2O_4$$

mit der freien Reaktionsenthalpie ΔG einmal den Tracer-Diffusionskoeffizienten $D^*_A(AO)$ der 2wertigen A-Ionen im Spinell im Gleichgewicht mit AO und zum anderen den entsprechenden Koeffizienten $D^*_A(B_2O_3)$ im Spinell im Gleichgewicht mit B_2O_3 bestimmen. Entsprechende Überlegungen gelten für den Tracer-Diffusionskoeffizienten $D^*_B(AO)$ und $D^*_B(B_2O_3)$ der B-Ionen im Spinell. In zwei sich hieran anschließenden Arbeiten konnte SCHMALZRIED[3,4] diesen Sachverhalt experimentell belegen.

Bezeichnen wir mit $c_{|A|''}$ die Leerstellenkonzentration der A-Ionen im Spinell und mit a_{AO} die Aktivität des Oxids AO im Spinell, dann gilt

[1] Siehe z. B. R. SUN: J. chem. Phys. 28, 290 (1958).
[2] SCHMALZRIED, H., u. C. WAGNER: Z. phys. Chem. (NF) **31**, 198 (1962).
[3] SCHMALZRIED, H.: Z. phys. Chem. (NF) **31**, 184 (1962).
[4] MORKEL, A., u. H. SCHMALZRIED: Z. phys. Chem. (NF) **32**, 76 (1962).

für die Zahl n_A, die für jeden Fehlordnungstyp einen charakteristischen Wert aufweist, die folgende Beziehung:

$$d \log c_{|A|'} = n_A \, d \log a_{AO}. \quad (5.511)$$

Sofern die Beweglichkeiten der Ionen unabhängig vom Fehlordnungsgrad sind, ist es möglich, entweder aus Ionenteilleitfähigkeiten oder, hier bequemer, aus Tracer-Diffusionskoeffizienten als Funktion von a_{AO} die Zahl n_A in Gl. (5.511) zu erhalten und damit Auskunft über den vorliegenden Fehlordnungstyp:

$$d \log D_A^* = \pm n_A \, d \log a_{AO}. \quad (5.512)$$

Weiterhin ergibt sich für das Verhältnis der oben diskutierten Tracer-Diffusionskoeffizienten:

$$\frac{D_A^*(AO)}{D_A^*(B_2O_3)} = \exp(\pm n_A \, \Delta G_0/RT). \quad (5.513)$$

Für die B-Ionen ist leider eine derartig allgemeine Formulierung nicht möglich[1].

Unter Beachtung dieser Beziehungen wurden von SCHMALZRIED[2] die entsprechenden Tracer-Diffusionskoeffizienten einiger Spinelle bei 1200 °C ermittelt. So ergab sich oeispielsweise für den Tracer-Diffusionskoeffizienten $D_{Co}^*(CoO)$ bzw. $D_{Co}^*(Al_2O_3)$ des Kobalts im $CoAl_2O_4$ im Gleichgewicht mit CoO bzw. Al_2O_3 ein Wert von $5 \cdot 10^{-12}$ bzw. $2{,}5 \cdot 10^{-11}$ cm^{2}sec^{-1} und entsprechend für die Co-Diffusion in $CoCr_2O_4$: $D_{Co}^*(CoO) = 8 \cdot 10^{-12}$ und $D_{Co}^*(Cr_2O_3) = 3{,}8 \cdot 10^{-12}$ cm^2 sec^{-1}.

Besonders eindrucksvoll ist die Abhängigkeit des Tracer-Diffusionskoeffizienten von Eisen in Fe_3O_4 vom Sauerstoffpartialdruck bzw. von der Nachbarphase, ob FeO oder Fe_2O_3. In Abb. 5.92 sind die experimentell ermittelten Tracer-Diffusionskoeffizienten von Eisen im Bereich der Magnetitphase als Funktion des Logarithmus des Verhältnisses p_{CO_2}/p_{CO} aufgetragen[3]. Da für den inversen Spinell Magnetit die folgende Beziehung zwischen der Eisenionen-Leerstellenkonzentration und der Aktivität des FeO gilt[1]:

$$\begin{aligned} d \log c_{|Fe|''} &= -4 d \log a_{FeO} \\ d \log c_{|Fe|'''} &= -4 d \log a_{FeO}, \end{aligned} \quad (5.514)$$

folgt für die Abhängigkeit vom Sauerstoffdruck auf Grund der Beziehung

$$a_{FeO}^3 \, p_{O_2}^{1/2} = \text{const}$$

für die Reaktion

$$Fe_3O_4(s) = 3\,FeO\,(gas) + \tfrac{1}{2} O_2\,(gas)$$

der folgende experimentell prüfbare Ausdruck:

$$\begin{aligned} d \log c_{|Fe|''} &= \tfrac{2}{3} d \log p_{O_2} \\ d \log c_{|Fe|'''} &= \tfrac{2}{3} d \log p_{O_2}. \end{aligned} \quad (5.515)$$

[1] Siehe z. B. R. SUN; J. chem. Phys. 28, 290 (1958).
[2] MORKEL, A., u. H. SCHMALZRIED: Z. phys. Chem. (NF) 32, 76 (1962).
[3] SCHMALZRIED, H.: Z. phys. Chem. (NF) 31, 184 (1962).

Unter der Voraussetzung, daß der Selbstdiffusionskoeffizient von Fe im Magnetit proportional der Leerstellenkonzentration ist, folgt aus den Gln. (5.515):

$$d \log D^*_{Fe} = \tfrac{2}{3} d \log p_{O_2}.$$

Zum direkten Vergleich mit dem Experiment setzen wir auf Grund der Reaktionsgleichung $CO_2 = CO + \frac{1}{2} O_2$

$$p_{O_2} = K (p_{CO_2}/p_{CO})^2$$

und erhalten

$$d \log D_{Fe}/d \log (p_{CO_2}/p_{CO}) = 1{,}33. \qquad (5.516)$$

Das experimentell gefundene Steigungsmaß (s. Abb. 5.92) beträgt nur 0,8 ± 0,1. Wie man hieraus erkennt, sind die beiden der obigen Ableitung zugrunde liegenden Annahmen,

1. alleinige Leerstellendiffusion und

2. „ideal verdünnte Lösung" der Leerstellen im Fe_3O_4,

nicht erfüllt. Wenn man berücksichtigt, daß eine Zwischengitterplatzdiffusion ein negatives Steigungsmaß zur Folge hat, so wird man der Aussagekraft dieser Beziehung besonderen Wert beimessen.

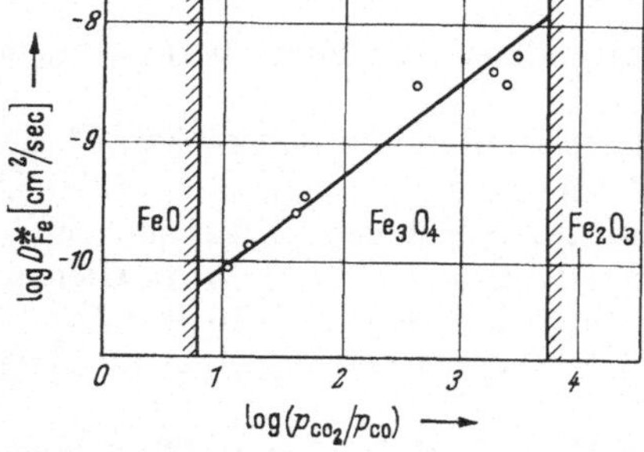

Abb. 5.92. Abhängigkeit der Tracer-Diffusionskoeffizienten von Fe in Fe_3O_4 vom Sauerstoffpartialdruck bei 1115 ± 5°C nach SCHMALZRIED.

Ein weiteres Problem stellt bei polykristallinem Sintermaterial die Korngrenzen- und Oberflächendiffusion dar, deren Anteil in bezug auf die Volumendiffusion nicht immer genügend bekannt ist. Die gleiche Frage bleibt ebenfalls bei den Tracer-Diffusionsversuchen mit radioaktivem Silber in Ag_2SO_4-Pastillen[1] unbeantwortet. Selbst die von LINDNER gefundene gute Übereinstimmung der aus Diffusionsversuchen und Leitfähigkeitsmessungen erhaltenen Diffusionskoeffizienten ist kein Beweis für eine überwiegende Volumendiffusion, da auch die Leitfähigkeit durch Korngrenzen bedingt sein kann. Während zwischen 400 und 700 °C nach den bisherigen Beobachtungen an anderen Silbersalzen eine überwiegende Volumendiffusion wahrscheinlich ist, erscheint sie aber bei 100 °C zweifelhaft. Aus diesem Grunde werden auch hier nur die Diffusionswerte für das Temperaturgebiet zwischen 430 und 650 °C (α-Phase) angegeben:

$$D^{*Ag}_{Ag_2SO_4} = 2{,}5 \exp(-26500/RT) \text{ cm}^2 \text{ sec}^{-1}.$$

Diffusionsversuche mit radioaktivem ^{35}S ergaben keine meßbaren Beweglichkeiten von Schwefel- bzw. Sulfationen im Ag_2SO_4-Gitter.

---

[1] JOHANSSON, G., u. R. LINDNER: Acta chem. scand. 4, 782 (1952). — Siehe auch K. HAUFFE u. D. HOEFFGEN: Z. phys. Chem. 49, 94 (NF) (1966).

ANDERSON und RICHARDS[1] untersuchten die Selbstdiffusion von radioaktivem Blei in überschwefelten und überbleiten PbS-Proben als Funktion der Temperatur und der Eindringtiefe. Jedoch sind die von diesen Autoren am polykristallinen Material gefundenen Tracer-Diffusionskoeffizienten etwa um 1 bis 2 Größenordnungen größer als die kürzlich von SIMKOVICH und WAGNER[2] mitgeteilten, die an PbS-Einkristallen mit definierter Vorbehandlung und Dotierung erhalten wurden. Für die bei 500 bis 800 °C ausgeführten Versuche lagen Einkristalle aus undotiertem PbS und PbS mit 0,5 und 1 Mol-% Bi_2S_3 bzw. mit 0,5 Mol-% Ag_2S vor. In Tab. 5.30 sind einige Werte für die Aktivierungsenergie ΔU und für D_0 zusammengestellt.

Tabelle 5.30

Aktivierungsenergie und D_0-Werte für die Selbstdiffusion von Pb in PbS und PbSe von verschiedener Zusammensetzung und Dotierung nach Simkovich, Seltzer und Wagner

Zusammensetzung des Einkristalls	ΔU kcal/g-Atom	D_0 cm²/sec
PbS (stöchiometrisch; *i*-Typ)	35	$8{,}5 \cdot 10^{-5}$
PbS (Pb-Überschuß, 10^{18} Atome je cm³; *n*-Typ)	31	$2{,}5 \cdot 10^{-5}$
PbS (S-Überschuß, variable Zusammensetzung; *p*-Typ)	23	$5{,}5 \cdot 10^{-7}$
PbS + 0,5 Mol-% Bi_2S_3 [wärmebehandelt unter p_S (stöchiometrisch)]	24,5	$4{,}5 \cdot 10^{-6}$
PbS + 0,5 Mol-% Bi_2S_3 (mit variabler Zusammensetzung)	28	$1{,}5 \cdot 10^{-5}$
PbSe	19	$5 \cdot 10^{-6}$
PbSe + 0,5 Mol-% Bi_2Se_3	37	$4{,}5 \cdot 10^{-2}$
PbSe + 0,5 Mol-% Ag_2Se	12,5	$4{,}5 \cdot 10^{-7}$

Auf Grund dieser Versuchsergebnisse und den Ausführungen auf S. 242ff. kann geschlossen werden, daß eine Diffusion der Pb-Ionen überwiegend über FRENKEL-Defekte stattfindet. Während die Diffusionskoeffizienten von Pb in PbS dotiert mit Bi_2S_3 deutlich größer waren als die in stöchiometrisch aufgebauten PbS-Kristallen, wurden für PbSe-Einkristalle gerade umgekehrte Verhältnisse gefunden.[3] Die Diffusion von Pb in solchen Mischkristallen erfolgt über Pb-Ionenleerstellen, während in Ag_2S-dotierten Kristallen Pb-Ionen über Zwischengitterplätze wandern in Übereinstimmung mit dem von WAGNER[4] vorausgesagten Mechanismus. Erwähnenswert ist noch der Befund, daß der Selbstdiffusionskoeffizient von Schwefel in PbS nicht mehr als eine Größenordnung kleiner ist als der der Pb-Ionen.[5]

---

[1] ANDERSON, J. S., u. J. R. RICHARDS: J. chem. Soc. [London] 537 (1946).
[2] SIMKOVICH, G., u. J. B. WAGNER JR.: J. chem. Phys. **38**, 1368 (1963).
[3] SELTZER, M. S., u. J. B. WAGNER JR.: J. chem. Phys. **36**, 130 (1962).
[4] WAGNER, C.: J. chem. Phys. **18**, 62 (1950).
[5] SELTZER, M. S., u. J. B. WAGNER JR.: noch unveröffentlicht.

Bei meßtechnisch verfeinerten Diffusionsmessungen mit Isotopen von etwas größerem Masseunterschied zwischen normalem Atom und Isotop macht sich ein geringer Unterschied in der Beweglichkeit der Isotope bemerkbar. Die Effekte sind zwar klein, da die Beweglichkeiten der Isotope sich umgekehrt zu den Quadratwurzeln der Massen verhalten, genügen aber, um durch geeignete Überführungsversuche, wie sie von KLEMM[1] durchgeführt wurden, eine Verschiebung des Isotopenverhältnisses längs der Überführungsstrecke zu verursachen.

Auch an praktisch idealen Isolatoren, wie Schwefel, wurden Tracer-Diffusionskoeffizienten ermittelt.[2] So wird für monoklinen Schwefel beispielsweise der Tracer-Diffusionskoeffizient oberhalb 100 °C durch die folgende Gleichung wiedergegeben[3]:

$$D_S^* = 2{,}80 \cdot 10^{13} \exp(-46800/RT) \text{ cm}^2 \text{ sec}^{-1}.$$

Ohne Zweifel ließen sich noch weitere Diffusionsversuche anführen.

Abschließend möchten wir an einigen Beispielen zeigen, wie man bei Fehlen von radioaktiven Isotopen ebenfalls Selbstdiffusionskoeffizienten ermitteln kann. Auf Grund der Neigung des Cu_2Se, relativ hohe Cu-Ionenleerstellenkonzentrationen anzunehmen, kann man durch Verfolgung des zeitlichen Verlaufs des Konzentrationsausgleichs der Cu-Ionenleerstellen in verschieden fehlgeordneten Cu_2Se-Kristallen den Selbstdiffusionskoeffizienten von Cu in Cu_2Se ermitteln. REINHOLD und MOEHRING[4] bestimmten am System $Cu_{1,89}Se/Cu_{1,78}Se$ für 723 °K den Selbstdiffusionskoeffizienten $D_{Cu_2Se}^{Cu}$ zu $5{,}6 \cdot 10^{-4}$ und für 298 °K zu $0{,}2 \cdot 10^{-5}$ cm² sec⁻¹. Auf eine andere Möglichkeit der Ermittlung von Selbstdiffusionskoeffizienten machten TUBANDT, REINHOLD und JOST

Tabelle 5.31

Ermittelte Selbstdiffusionskoeffizienten aus Fremddiffusionsdaten, Leitfähigkeitsmessungen und Überführungszahlen von Tubandt, Reinhold, Jost und Schulz[5, 6, 7]

	T °K	Fremdstoff	D_{gem} cm² sec⁻¹	D_{ber} cm² sec⁻¹	Zitat
Ag in AgCl	511	NaCl	$4{,}1 \cdot 10^{-11}$	$1{,}04 \cdot 10^{-9}$	5
	511	CuCl	$2{,}4 \cdot 10^{-7}$	$2{,}43 \cdot 10^{-9}$	
Ag in AgJ		Mol-% CuJ	$D_{gem}^{Cu} \cdot 10^5$	$D_{ber} \cdot 10^5$	
	573	6	2,2	2,7	
	573	34,5	1,3	2,0	5
	613	6	2,7	3,2	
	613	55	1,3	2,9	
Ag in AgBr		Mol-% CuBr	$D_{gem}^{Cu} \cdot 10^5$	$D_{ber} \cdot 10^4$	
		50	0,54	4,1	6
		65	0,37	4,4	
		80	0,24	5,2	

[1] KLEMM, A.: Z. phys. Chem. **193**, 29 (1943); Naturwiss. **32**, 69 (1944).
[2] CUDDEBACK, R. B., u. H. G. DRICKAMER: J. chem. Phys. **19**, 790 (1951).
[3] HAISSINSKY, M. M., u. D. PESCHANSKI: J. Chim. physique **47**, 191 (1950).
[4] REINHOLD, H., u. H. MOEHRING: Z. phys. Chem. (B) **38**, 221 (1937).
[5] TUBANDT, C., H. REINHOLD u. W. JOST: Z. phys. Chem. **129**, 69 (1927).
[6] REINHOLD, H., u. R. SCHULZ: Z. phys. Chem. (A) **164**, 241 (1933).
[7] JOST, W.: Diffusion in Solids, Liquids, Gases, S. 201. New York 1952.

aufmerksam.[1] Durch Multiplikation des an einem verdünnt fremdstoffhaltigen Diffusionsmedium auftretenden Fremddiffusionskoeffizienten mit dem Leitfähigkeitsverhältnis $\varkappa_{\text{Fremdion}}/\varkappa_{\text{Ion des Mediums}}$ erhält man häufig in der richtigen Größenordnung den Selbstdiffusionskoeffizienten (Tab. 5.31).

Auch an Valenzkristallen, wie z. B. Ge, wurden Selbstdiffusionsmessungen ausgeführt.[2] Nach PENNING[3] ergibt sich zwischen 400 und 900 °C $D^*_{\text{Ge}} = 6{,}2 \exp(-70400/RT)\,\text{cm}^2\,\text{sec}^{-1}$.

5.5 Korngrenzen- und Oberflächendiffusion

Wie bereits an anderer Stelle erwähnt, ist bei Diffusionsvorgängen in polykristallinen Stoffen neben der Diffusion durch das Kristallgitter stets in mehr oder minder starkem Maße mit einer solchen über Korngrenzen und Oberflächen zu rechnen. Während im Gebiet niederer und mittlerer Temperaturen Korngrenzen- und Oberflächendiffusion häufig um mehrere Zehnerpotenzen schneller sind als die Volumendiffusion, wird bei höheren und hohen Temperaturen in zahlreichen Fällen der Volumendiffusionskoeffizient von annähernd der gleichen Größenordnung gefunden, so daß man praktisch mit reiner Volumendiffusion, d. h. mit Diffusion durch das Kristallgitter, rechnen kann. Das Verhältnis der beiden Diffusionsanteile besitzt theoretisch folgende Temperaturabhängigkeit (Index V bezieht sich auf Volumendiffusion, Index K auf Korngrenzendiffusion):

$$D_V/D_K = \text{const} \exp\{-(\Delta U_V - \Delta U_K)/RT\}.$$

Da naturgemäß $\Delta U_V - \Delta U_K > 0$, sieht man aus der Gleichung, daß mit wachsender Temperatur die Korngrenzendiffusion rasch vernachlässigbar wird, wenn man die geometrischen Verhältnisse berücksichtigt (nur ein sehr kleiner Teil des Diffusionsquerschnitts besteht ja aus „Korngrenze"). Da die Korngrenzendiffusion neben der Volumendiffusion für Festkörperreaktionen ebenfalls in Betracht kommt und für den Reaktionsablauf pulverförmiger Systeme häufig von großer Bedeutung werden kann, erscheint eine Behandlung dieser Diffusionserscheinung notwendig.

Zu diesem Zweck betrachten wir ein einfaches schematisiertes Diffusionssystem. Das Diffusionsmedium soll, wie Abb. 5.93 zeigt, aus zwei Kristallen bestehen, in die von oben her die Atome eines Fremdmetalls oder eines fremden Ionenkristalls sowohl durch Volumen- als auch durch Korngrenzendiffusion eindringen. Gleichzeitig findet eine besonders starke Diffusion an den Oberflächen des Diffusionsmediums statt. Die Koeffizienten der Volumen-, Korngrenzen- bzw. Oberflächendiffusion bezeichnen wir mit D_V, D_K bzw. D_F und nehmen an, daß $D_V < D_K < D_F$ gilt. Wie in Abb. 5.93 angedeutet, dringt ein des öfteren nicht unerheb-

---

[1] TUBANDT, C., H. REINHOLD u. W. JOST: Z. phys. Chem. **129**, 69 (1927).

[2] LETAW JR., H., L. M. SLIFKIN u. W. M. PORTINOY: Phys. Rev. **93**, 892 (1954); $D^* = 87 \exp(-73500/RT)\,\text{cm}^2\,\text{sec}^{-1}$.

[3] PENNING, P.: Phys. Rev. **110**, 586 (1958).

licher Teil der Fremdatome bzw. -ionen entlang von Korngrenzen und freien Oberflächen durch Diffusion in der η-Richtung in das Kristallinnere ein.

Die Volumen-, Korngrenzen- und Oberflächendiffusion hat TURNBULL[1] quantitativ abgeschätzt, wobei er die seitliche Diffusion in der ξ-Richtung außer acht läßt. Er geht von der Lösung (Abschn. 5.121.22)

$$c_M = c_M^0 \left[1 - \operatorname{erf}\left(\frac{\eta}{2\sqrt{Dt}}\right)\right] \tag{5.517}$$

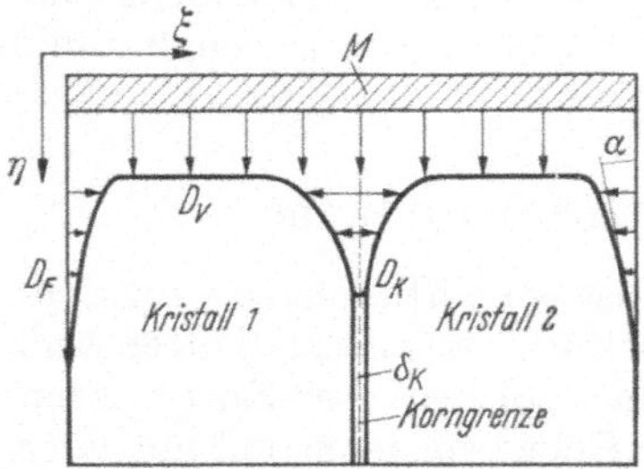

Abb. 5.93. Schematisches Diffusionsbild mit Volumen-, Korngrenzen- und Oberflächendiffusion. Die Pfeile deuten die Diffusion in ξ- und η-Richtung an. Zwei Kristallite *1* und *2* werden durch eine Korngrenze der Dicke δ_K getrennt.

aus, in der c_M die Konzentration des Fremdstoffs M nach einer Diffusionszeit t im Abstand η von der anfänglichen Phasengrenzfläche und c_M^0 die gleichbleibende Konzentration an derselben bedeuten; für D ist jeweils D_V, D_K bzw. D_F einzusetzen. Nimmt man an, daß die anfängliche Phasengrenzfläche infolge der polykristallinen Struktur des Diffusionsmediums in z quadratische Flächenbezirke der Seitenlänge R aufgeteilt wird, so gilt für ein Volumenelement dV_V der Dicke $d\eta$ im Abstand η von dieser Fläche und parallel zu ihr

$$dV_V = z R^2 \, d\eta . \tag{5.518}$$

Die Menge dn_M^V an Fremdatomen, die bis zur Zeit t in dieses Volumenelement eingewandert ist, erhält man mit Hilfe der Lösung (5.517):

$$dn_M^V = z R^2 \, d\eta \, c_M^0 \left[1 - \operatorname{erf}\left(\frac{\eta}{2\sqrt{D_V t}}\right)\right] . \tag{5.519}$$

Hierbei wird der Flächenanteil der Korngrenzen gegenüber der Gesamtfläche vernachlässigt.

Kann man die mittlere Breite δ_K der Korngrenzen (Abb. 5.93) während der Diffusion näherungsweise als konstant betrachten, so gilt unter den gleichen Voraussetzungen, die zu (5.518) führten, für das Volumen der Korngrenzenmaterie

$$dV_K = 2z R \, \delta_K \, d\eta . \tag{5.520}$$

Unter der bereits erwähnten Vernachlässigung des Diffusionsanteils in der ξ-Richtung (Abb. 5.93) folgt dann für die bis zur Zeit t in dieses Volumenelement eingewanderte Menge dn_M^K an Fremdatomen

$$dn_M^K = 2z R \, \delta_K \, d\eta \, c_M^0 \left[1 - \operatorname{erf}\left(\frac{\eta}{2\sqrt{D_K t}}\right)\right] . \tag{5.521}$$

---

[1] TURNBULL, D., in: Atom Movements, hrsg. von Amer. Soc. for Metals, S. 129 bis 152 Cleveland 1951; J. Metals **3**, 661 (1951). — Siehe auch die erweiterte Darstellung von D. TURNBULL u. R. E. HOFFMAN: Acta Met. **2**, 419 (1954).

Unter ähnlichen Annahmen kommt man im Falle der Oberflächendiffusion zu dem Ausdruck:

$$d n_M^F = 4\sqrt{z}\, R\, \delta_F\, d\eta\, c_M^0 \left[1 - \operatorname{erf}\left(\frac{\eta}{2\sqrt{D_F t}}\right)\right], \tag{5.522}$$

wo δ_F die Dicke der Oberflächendiffusionsschicht bedeutet.

Häufig wird man das seitliche Abdiffundieren nicht vernachlässigen können. FISHER[1] hat die Diffusion in der ξ-Richtung unter einigen vereinfachenden Voraussetzungen berücksichtigt und erhielt für die Fremdstoffkonzentration in der Nähe der Korngrenze

$$c_M = c_M^0 \exp\left\{-\eta \sqrt{\frac{2}{\delta_K D_K}} \sqrt[4]{\frac{D_V}{\pi t}}\right\} \left[1 - \operatorname{erf}\left(\frac{\xi}{2\sqrt{D_V t}}\right)\right]. \tag{5.523}$$

Die entsprechende Gleichung für c_M in der Nähe der freien Oberfläche folgt hieraus, indem man D_K durch D_F und δ_K durch $2\delta_F$ ersetzt. Diesen Gleichungen liegen die folgenden Annahmen zugrunde:

1. Die Korngrenzen- bzw. Oberflächenbereiche haben eine einheitliche Dicke δ_K bzw. δ_F, in deren Richtung sich die Konzentration der diffundierenden Atome räumlich nicht ändert.
2. Die Diffusion in das Korninnere erfolgt senkrecht zu den Korngrenzen.
3. Die Zunahme der Fremdstoffmenge im Korngrenzenbereich ist vernachlässigbar gegenüber dem Verlust durch seitliche Diffusion.
4. Bezüglich der seitlichen Diffusion wird so gerechnet, als ob die Konzentration im Korngrenzenbereich während der ganzen Diffusionszeit ihren Endwert annimmt.
5. An den Grenzflächen des Korngrenzen- bzw. Oberflächenbereichs ist stets $\partial c_M / \partial t = 0$.

Für die Gesamtmenge der in das Volumenelement dV_K eindiffundierenden Fremdatome gilt nun

$$d n_M^K = 2 z R\, d\eta \cdot 2 \int_0^\infty c_M\, d\xi. \tag{5.524}$$

Setzt man hier den Ausdruck für c_M aus (5.523) ein und integriert, so folgt gemäß Abschn. 5.141.2 [vgl. Formel (5.368)]

$$\begin{aligned} d n_M^K &= 2 z R\, d\eta \cdot 2 \cdot 2 c_M^0 \sqrt{\frac{D_V t}{\pi}} \exp\left\{-\eta \sqrt{\frac{2}{\delta_K D_K}} \sqrt[4]{\frac{D_V}{\pi t}}\right\} \\ &= 4{,}514 z R\, d\eta\, c_M^0 \sqrt{D_V t} \exp\left\{-\eta \sqrt{\frac{2}{\delta_K D_K}} \sqrt[4]{\frac{D_V}{\pi t}}\right\}. \end{aligned} \tag{5.525}$$

Unter entsprechenden Voraussetzungen erhält man für den Anteil der über die freie Oberfläche eindiffundierenden Fremdatome

$$d n_M^F = 4{,}514 \sqrt{z}\, R\, d\eta\, c_M^0 \sqrt{D_V t} \exp\left\{-\eta \sqrt{\frac{1}{\delta_F D_F}} \sqrt[4]{\frac{D_V}{\pi t}}\right\}. \tag{5.526}$$

---

[1] FISHER, J. C.: J. appl. Phys. **22**, 74 (1951). — Vgl. auch G. M. ROE: Phys. Rev. **83**, 871 (1951). — S. AMELINCKX u. W. DEKEYSER, in: Solid State Physics **8**, 459—468 (1959).

Durch Addition der drei Anteile (5.519), (5.525) und (5.526) ergibt sich schließlich die im Abstand η von der anfänglichen Phasengrenzfläche während der Zeit t eindiffundierte Gesamtmenge an Fremdatomen:

$$dn_M = dn_M^V + dn_M^K + dn_M^F. \tag{5.527}$$

Mit diesen Formeln konnte TURNBULL recht eindrucksvoll zeigen, daß z. B. im Falle einer Diffusion, bei der für 0,1 cm $\geqq R \geqq$ 0,005 cm keine Korngrenzeneffekte bemerkbar sind, nicht etwa $D_K \approx D_V$, sondern $D_K/D_V < 10^5$ ist.

An Hand der Darstellung von FISHER wurde von LE CLAIRE[1] eine einfache Beziehung zwischen dem Quotienten der Diffusionskoeffizienten D_K/D_V und dem experimentell zu ermittelnden Winkel α (Abb. 5.93) aufgestellt:

$$\frac{D_K}{D_V} = \frac{1}{\delta_K} \cdot 2\sqrt{\pi D_V t}\cot^2\alpha. \tag{5.528}$$

Wendet man diese Beziehung auf Diffusionsversuche mit Kupfer in polykristallinem Nickel von BARNES[2] an und wählt $\alpha = 30°$, $D_V \approx 10^{-5}$ cm²/Tag und für die Korngrenzendicke $\delta_K = 5 \cdot 10^{-8}$ cm, so findet man bei 1000 °C

$$D_K/D_V = 8 \cdot 10^5,$$

woraus sich für den Koeffizienten der Korngrenzendiffusion

$$D_K \approx 8 \text{ cm}^2/\text{Tag}$$

ergibt, also ein Wert, der um etwa sechs Zehnerpotenzen größer ist als der der Volumendiffusion.

Um einen Einblick in die Struktur und die Eigenschaften der Korngrenzen zu gewinnen, untersuchten ACHTER und SMOLUCHOWSKI[3] die Korngrenzendiffusion als Funktion der relativen Orientierung der Kristallite und Korngrenzen. Die Meßergebnisse an Silber bei etwa 700 °C zeigten, daß bei einem Winkel von etwa 45° zwischen den angrenzenden Kristalliten die Korngrenzendiffusionsgeschwindigkeit ein Maximum erreicht. Für Winkel zwischen 20 und 70° ist sie größer als die Volumendiffusionsgeschwindigkeit. Außerhalb dieses Winkelintervalls ist eine Korngrenzendiffusion nicht beobachtbar.

FLANAGRAN und SMOLUCHOWSKI[4] untersuchten die Korngrenzendiffusion von Zink in Kupfer bei Temperaturen von 550, 593 und 649 °C und stellten eine Abhängigkeit der Diffusion und der Aktivierungsenergie vom Winkel zwischen den aneinandergrenzenden Kristalliten fest. Quantitative Betrachtungen hierzu führten SMOLUCHOWSKI[5] und TURNBULL[6] durch. Sie zeigten, daß man bei Winkeln in der Nähe

[1] LE CLAIRE, A. D.: Phil. Mag. (7) **42**, 468 (1951); Diffusion in Metals, in: Progr. Metal Phys. **4**, 265ff. (1953).
[2] BARNES, R. S.: Nature **166**, 1032 (1950).
[3] ACHTER, M. R., u. R. SMOLUCHOWSKI: J. appl. Phys. **22**, 1260 (1951).
[4] FLANAGRAN, R., u. R. SMOLUCHOWSKI: J. appl. Phys. **23**, 785 (1952).
[5] SMOLUCHOWSKI, R.: Phys. Rev. **87**, 482 (1952).
[6] TURNBULL, D., u. R. E. HOFFMAN: Acta Met. **2**, 419 (1954).

von 45° das Modell einer Korngrenze von einheitlicher Dicke, das auch der Darstellung von FISHER zugrunde liegt, benutzen kann, und berechneten die Aktivierungsenergie der Materiebewegung entlang der Korngrenzen. Ihre Formeln beschreiben die Versuchsergebnisse der Diffusion von Zink in Kupfer und der Selbstdiffusion von Silber befriedigend.

In einer weiteren Arbeit studierten HAYNES und SMOLUCHOWSKI[1] die Korngrenzendiffusion von ^{55}Fe an orientierten Zwillingen einer Eisen-Silizium-Legierung mit 3,17 Gew.-% Si zwischen 770 und 830 °C in

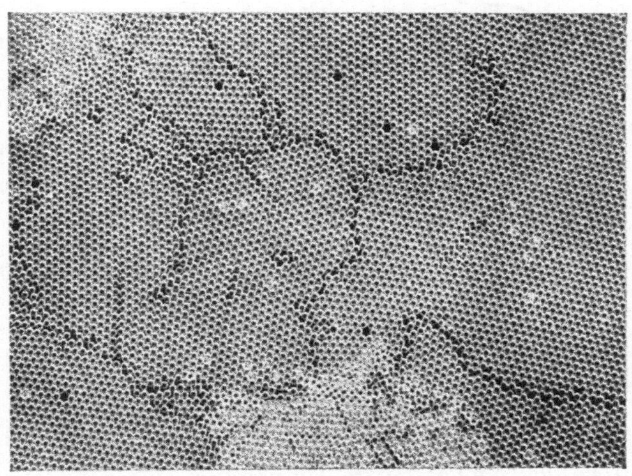

Abb. 5.94. Seifenblasenmodell nach BRAGG und NYE. Neben den sich statistisch ausbildenden Leerstellen (schwarze Kreise) sind die Korngrenzen deutlich zu erkennen.

trockenem Wasserstoff. Die Eindringtiefe des ^{55}Fe entlang der Korngrenze wurde autoradiographisch verfolgt. Auch hier ist die Eindiffusion orientierungsabhängig. Im allgemeinen nahm die Wanderung mit dem Orientierungsunterschied bis zu 86° zu und hatte im Bereich von 50° ein breites Maximum.

Unabhängig von dem Bemühen, Formeln zu entwickeln, die eine quantitative Auswertung der durch das Experiment erhaltenen Ergebnisse der Bruttodiffusionskoeffizienten gestatten, war man bestrebt, geeignete Modelle der Korngrenzen und ihrer Fehlordnungserscheinungen zu finden. Dies gelang in recht anschaulicher Weise BRAGG und NYE[2] mit der Schaffung ihres Seifenblasenmodells (Abb. 5.94). Dieses Modell besteht aus Seifenblasen von einheitlicher Größe, die sich zweidimensional auf der Flüssigkeit in einer dichtesten Kugelpackung angeordnet haben. Es ist vergleichbar mit der Basisebene des hexagonalen Systems bzw. mit der 111-Ebene eines kubisch-flächenzentrierten Kristalls,

---

[1] HAYNES, C. W., u. R. SMOLUCHOWSKI: Acta Met. **3**, 130 (1955).

[2] BRAGG, L., u. J. F. NYE: Proc. Roy. Soc. [London] (A) **190**, 474 (1947). — Vgl. auch C. S. SMITH: J. appl. Phys. **20**, 631 (1949).

wobei die Seifenblasen die Lage der Atome am absoluten Nullpunkt darstellen. In Abb. 5.94 sind neben Seifenblasen-Leerstellen, die vereinzelt im Innern auftreten, deutlich die Korngrenzen zu sehen.

Sowohl BURGERS[1] wie auch READ und SHOCKLEY[2] haben sich mit Korngrenzen- und Versetzungsmodellen und den hierdurch verursachten Fehlordnungserscheinungen beschäftigt und kommen zu Beziehungen, mittels derer man die Korngrenzenenergie abschätzen kann. Die Messung der relativen Korngrenzenenergie wurde durch die Methoden sowohl von SMITH[3] als auch CHALMERS und Mitarbeitern[4] ermöglicht, welche die relativen Oberflächenspannungen von Korngrenzen in Abhängigkeit von den Orientierungswinkeln der Kristallite bestimmten. In Abb. 5.95 sind die experimentellen Ergebnisse von AUST und CHALMERS[5] an Blei aufgetragen. Wie man erkennt, liegen die Meßpunkte auf der von COTTRELL[6] aus der Theorie der Versetzungen erhaltenen Kurve.

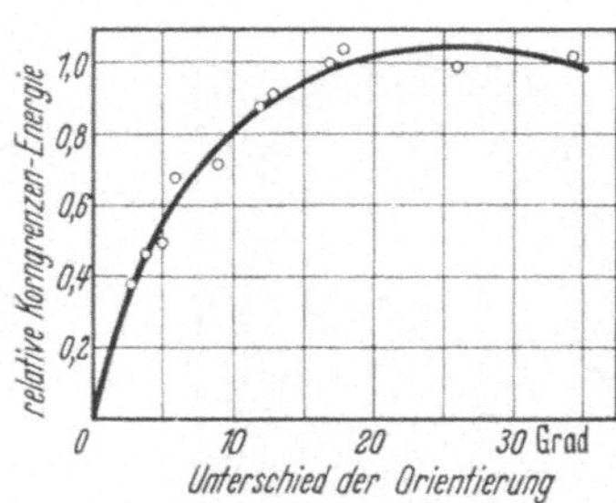

Abb. 5.95. Die Abhängigkeit der Korngrenzenenergie vom Grad der Orientierung zweier Bleikristalle nach COTTRELL. Die ausgezogene Kurve ist die von COTTRELL berechnete, während die Kreise o die experimentellen Werte von AUST und CHALMERS darstellen.

Bisher ist die Anzahl der Diffusionsarbeiten, die eine klare Trennung der Korngrenzen- von der Volumendiffusion ermöglichen, relativ gering. Wohl als erste Arbeit unter diesem Gesichtspunkt ist die Messung der Diffusion von Thorium auf Wolfram von LANGMUIR[7] zu nennen. Auf Grund der Tatsache, daß monoatomare Thoriumfilme die Elektronenemission von Wolfram erhöhen, konnte man den durch Thorium bedeckten Flächenanteil experimentell ermitteln. Bedeutet f den Flächenanteil des Wolframs, der durch Thorium bedeckt ist, v_A die Ankunftsgeschwindigkeit der Thoriumatome an der Oberfläche und v_D die Desorptionsgeschwindigkeit der Thoriumatome, so gilt

$$\frac{df}{dt} = v_A - v_D .$$

Diese Beziehung konnte von DUSHMAN und KOLLER[8] sowie CLAUSING[9] experimentell bestätigt werden. So wurde u. a. gefunden, daß mit abnehmender Korngröße die Diffusionsgeschwindigkeit des Thoriums infolge

---

[1] BURGERS, J. M.: Proc. phys. Soc. **52**, 23 (1940).

[2] READ, W. T., u. W. SHOCKLEY: Phys. Rev. **78**, 275 (1950).

[3] SMITH, C. S.: Trans. AIME **175**, 15 (1948).

[4] SHUTTLEWORTH, R., R. KING u. B. CHALMERS: Proc. Roy. Soc. [London] (A) **193**, 465 (1948).

[5] AUST, K. T., u. B. CHALMERS: Proc. Roy. Soc. [London] (A) **204**, 359 (1950).

[6] COTTRELL, A. H.: Theory of Dislocations, in: Progr. Metal Phys. **4**, 205ff. (1953).

[7] LANGMUIR, J.: J. Franklin Inst. **217**, 543 (1934).

[8] DUSHMAN, S., u. L. KOLLER: unveröffentl. (1924).

[9] CLAUSING, P.: Physica **7**, 193 (1927).

Korngrenzendiffusion erheblich zunahm. Auf Grund ähnlicher Beobachtungen konnten BUGAKOW und RYBALKO[1] zeigen, daß die Diffusionsgeschwindigkeit von Zink durch α-Messing längs der Korngrenzen eines polykristallinen Drahtes um etwa 6- bis 40mal größer ist als durch einen Einkristall der gleichen Legierung. Ferner fanden ACHTER und SMOLUCHOWSKI[2], daß Silber längs der Korngrenzen eines polykristallinen Kupfers erheblich schneller diffundiert als durch den Kristall. Die Eindringtiefe des Silbers konnte durch Verwendung von radioaktivem Silber unmittelbar verfolgt werden. Auf Grund der Temperaturabhängigkeit der Korngrenzen-Diffusionsgeschwindigkeit ließ sich die Aktivierungsenergie der Korngrenzendiffusion zu 38 kcal/g-Atom abschätzen[3]. Von ZWIKKER[4] sowie von PIRANI und SANDOR[5] wurde an verschiedenen polykristallinen Wolframstählen die Korngrenzen-Diffusionsgeschwindigkeit um den Faktor 5 bis 20 höher gefunden als an Einkristallen desselben Materials (bei 1700 °C: $D_{\text{Einkristall}} = 0{,}12 \cdot 10^{-12}$; $D_{\text{Polykristall}} = 0{,}63 \cdot 10^{-12}$ bzw. $2{,}55 \cdot 10^{-12}$ cm² sec⁻¹).

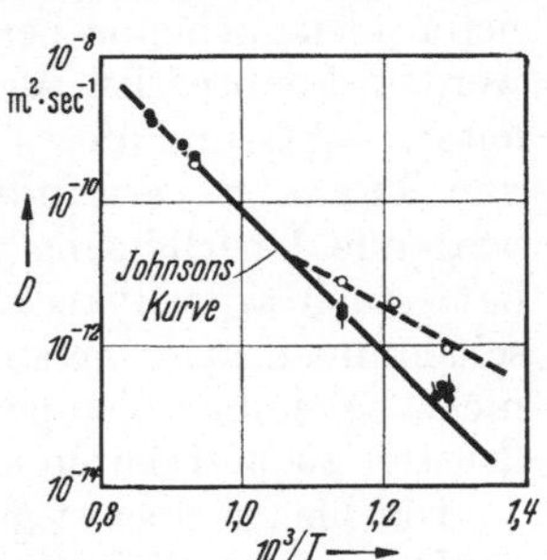

Abb. 5.96. Temperaturabhängigkeit des Selbstdiffusionskoeffizienten von Silber-Einkristallen und polykristallinem Silber nach HOFFMAN und TURNBULL. ● Einkristall; ● Einkristall, langsam abgekühlt; ● Einkristall, luftgekühlt; ○ polykristallines Silber (hier mit fallender Temperatur zunehmender Anteil an Korngrenzendiffusion).

In gleicher Weise wie bei der Fremddiffusion können bei der Selbstdiffusion die Korngrenzen eine ausschlaggebende Rolle spielen. Dies konnten besonders eindrucksvoll HOFFMAN und TURNBULL[6] bei der Selbstdiffusion des Silbers in polykristallinem Material und Einkristallen demonstrieren. Abb. 5.96 zeigt die Abhängigkeit der Selbstdiffusionskoeffizienten von Silber längs der Korngrenzen eines polykristallinen Materials und durch einen Einkristall. Bei hohen Temperaturen zeigen Einkristall und polykristallines Material denselben Diffusionskoeffizienten, so daß die früheren Meßergebnisse von JOHNSON[7] zur Berechnung der Volumendiffusionskoeffizienten verwandt werden können. Die Gleichung für die ausgezogene bzw. gestrichelte Linie lautet:

$$D_V = 0{,}895 \exp(-45950/RT) \text{ cm}^2 \text{ sec}^{-1}$$

bzw.

$$D_K = 0{,}025 \exp(-20200/RT) \text{ cm}^2 \text{ sec}^{-1},$$

woraus sich $\Delta U_K \approx \frac{1}{2} \Delta U_V$ ergibt. WAJDA[8] untersuchte die Korngrenzen-Selbstdiffusion in Zink zwischen 75 und 200 °C. Die Aktivierungsenergie

[1] BUGAKOW, W., u. F. RYBALKO: Z. techn. Phys. UdSSR **2**, 617 (1935).
[2] ACHTER, M. R., u. R. SMOLUCHOWSKI: Phys. Rev. **76**, 470 (1949).
[3] ACHTER, M. R., u. R. SMOLUCHOWSKI: J. appl. Phys. **22**, 1260 (1951).
[4] ZWIKKER, C.: Physica **7**, 189 (1927).
[5] PIRANI, M., u. J. SANDOR: J. Inst. Metals **73**, 385 (1947).
[6] HOFFMAN, R. E., u. D. TURNBULL: J. appl. Phys. **23**, 1409 (1952).
[7] JOHNSON, W. A.: Trans. AIME **143**, 107 (1941).
[8] WAJDA, E. S.: Acta Met. **2**, 184 (1954).

der Korngrenzendiffusion ist in diesem Temperaturbereich um etwa 37% niedriger als die der Volumendiffusion.

Die Unterteilung in die verschiedenen Diffusionsanteile gerade in halbleitenden polykristallinen Ionenkristallen ist von großer Bedeutung. Dies sei am Beispiel des AgBr erläutert. Nach Messungen von TUBANDT[1] an aus der Schmelze erstarrtem Silberbromid ist die Überführungszahl der Ag-Ionen bei 20 °C $t_{Ag} = 1$. Wie aber von PFEIFFER, HAUFFE und JAENICKE[2] an Hand von Potentialmessungen geeigneter elektrochemischer Ketten mit AgBr-Einkristallen nachgewiesen werden konnte, ist AgBr bei 20 °C ein praktisch reiner Elektronenleiter. Auf Grund dieses Befundes muß man daher schließen, daß in dem von TUBANDT verwandten polykristallinen AgBr bei 20 °C eine überwiegende Überführung der Ag-Ionen über Korngrenzen stattgefunden hat. Auch an polykristallinem oxidischem Material sind ähnliche Erscheinungen zu erwarten, so daß die an polykristallinem Material — wenn nicht bei hohen Temperaturen — gewonnenen Diffusionskoeffizienten kritisch zu betrachten sind.

Die bisher überwiegend phänomenologisch behandelte Erscheinung der Oberflächendiffusion konnte von DRECHSLER[3] in besonders eindrucksvoller Weise mittels der Feldelektronenmikroskopie modellmäßig verfeinerter beschrieben werden. Aufbauend auf Untersuchungen von STRANSKI[4] und MÜLLER[5] wird eine Methode entwickelt, um den Mechanismus der Oberflächendiffusion adsorbierter Atome in Abhängigkeit von den einzelnen Flächen zu studieren. An Hand der Versuchsergebnisse und sinnvoller Modellvorstellungen werden die Bindungsenergien in Mulden- und Sattellagen sowie die für die einzelnen Flächen erforderlichen Platzwechselenergien berechnet. Diese Energien erweisen sich in charakteristischer Weise als flächenspezifisch und sind u. a. von dem Verhältnis der Radien der adsorbierten Atome und der Gitteratome abhängig. Bemerkenswert ist die gerichtete Bewegung der Atome an der Oberfläche eines kubisch-raumzentrierten Kristalls, z. B. Ba auf W und W auf W. Bei einem Ba-Bedeckungsgrad von etwa $^1/_{50}$ monoatomar und Temperaturen der Größenordnung 400 °C konnte von DRECHSLER auf einigen Flächen gelegentlich die gerichtete Diffusionsbewegung von Ba-Atomen auf dem Leuchtschirm des Feldelektronenmikroskops direkt mit dem Auge verfolgt werden. Der zurückgelegte Weg beträgt dabei 20 bis 200 Å. Sind die Atomschwerpunkte praktisch an der Oberfläche angeordnet, so wird es am Kugel-Gittermodell bereits verständlich, daß die Diffusionswege der Eigen- und Fremdatome auf den Flächen (001), (012) und (011), die energetisch für eine Wanderung besonders günstig

---

[1] TUBANDT, C.: Z. anorg. allg. Chem. **160**, 222 (1927).

[2] PFEIFFER, I., K. HAUFFE u. W. JAENICKE: Z. Elektrochem. Ber. Bunsenges. phys. Chem. **56**, 728 (1952).

[3] DRECHSLER, M.: Z. Elektrochem. Ber. Bunsenges. phys. Chem. **58**, 327, 334 u. 340 (1954).

[4] STRANSKI, I. N., u. R. SUHRMANN: Ann. Phys. (6) **1**, 153, 169 (1947). — A. EISENLOEFFEL u. I. N. STRANSKI: Z. Metallkde. **41**, 10 (1950).

[5] MÜLLER, E. W.: Ergebn. exakt. Naturwiss. **27**, 290 (1953); dort weitere Literatur.

sind, in verschiedener Richtung liegen. Mit steigender Temperatur wird jedoch eine in zunehmendem Maße auftretende Streuung die Vorzugsrichtung durch eine richtungslose BROWNsche Bewegung überdecken.

Abschließend sei hervorgehoben, daß sich der Mechanismus der Oberflächendiffusion von dem der Volumendiffusion wesentlich unterscheidet. Während das im Kristallinnern diffundierende Teilchen (Volumendiffusion) praktisch nur über Fehlordnungsstellen (Leerstellen und Zwischengitterplätze) in unkontrollierbaren Zickzackbewegungen wandern kann, ähnlich einem im Felsgeröll im Gebirge absteigenden Wanderer, gleicht die Oberflächendiffusion einem Straßenverkehr auf mit Mauern umsäumten unveränderlichen Straßen. Erst durch Einstürzen von Teilen dieser Mauern (durch abdampfende Atome) oder durch „Übergänge und Brükken" (kinetische Energie, Temperatursteigerung) werden „Querverbindungen" geschaffen, und die gerichtete Bewegung wird durch eine ungeordnete überlagert.

5.6 Zusammenfassung und Ausblick

Für den Ablauf von chemischen Umsetzungen mit festen Stoffen und von Ausscheidungsvorgängen wird häufig und beim Konzentrationsausgleich in homogenen Mischphasen und heterogenen Systemen stets die Geschwindigkeit des Bruttoreaktionsablaufs durch Diffusions- und Transportvorgänge bestimmt. Während für Einkristalle nur ein Materiefluß durch das Gitter in Frage kommt — der Oberflächen-Diffusionsanteil ist hier zu vernachlässigen — ist bei polykristallinem Material zwischen Volumen-, Korngrenzen- und Oberflächendiffusion zu unterscheiden.

Aus Gründen der Übersichtlichkeit wurde die Behandlung der Diffusion in die phänomenologische und die atomistische Theorie unterteilt. Während die phänomenologische Theorie sich mit der mathematischen Berechnung des $c(\xi, t)$-Verlaufs unter bestimmten Anfangs- und Randbedingungen befaßt, wird in der atomistischen Theorie der Diffusionsmechanismus unter Berücksichtigung der Fehlordnungserscheinungen des Diffusionsmediums behandelt. Wie im einzelnen erläutert wurde, gibt es hierfür drei Möglichkeiten: 1. Platzwechsel mit der Erweiterung eines „Ring-Mechanismus" (S. 481—483), 2. Diffusion über Leerstellen (S. 489—495), 3. Diffusion über Zwischengitterplätze (S. 495—501).

Während der Platzwechselmechanismus in einem System A/B den Austausch einer gleich großen Zahl von A- und B-Teilchen zur Folge hat, also

$$D_A = D_B,$$

gilt diese Gleichheit im Falle der anderen beiden Mechanismen nicht mehr. Auf Grund eines ungleichen Materiestroms der A- und B-Teilchen wird die im KIRKENDALL-Effekt beobachtete „Verschiebung" der „Schweißnaht", d. h. der Grenzfläche zwischen A und B, verständlich. Ferner läßt sich ableiten, daß der — besonders in der älteren Literatur auftretende — chemische Diffusionskoeffizient D unter vereinfachenden Annahmen mit den partiellen Diffusionskoeffizienten D_A und D_B in folgender Weise verknüpft ist [Gl. (5.419)]:

$$D = x_A D_B + x_B D_A,$$

wobei x_A und x_B die Atom- bzw. Molenbrüche der Komponenten A und B in den beiden verschieden zusammengesetzten Diffusionsmedien bedeuten. Die Geschwindigkeit v, mit der sich die Grenzfläche senkrecht zur Diffusionsrichtung nach der Seite der rascher herausdiffundierenden Teilchen bewegt, ist dann [Gl. (5.420)]

$$v = (D_A - D_B) \frac{\partial x_A}{\partial \xi},$$

so daß D_A und D_B aus Messungen von D, v und $\partial x_A/\partial \xi$ ermittelt werden können. Die an Diffusionssystemen mit KIRKENDALL-Effekt beobachtete Lochbildung (Porosität) in der Nähe der „Schweißnaht" zweier Proben (Werkstücke) ist für das Verständnis der mechanischen Festigkeit solcher Werkstücke von Bedeutung.

Während für die Diffusion von Kohlenstoff, Bor, Wasserstoff usw. in Eisen und anderen Metallen eine überwiegende Zwischengitterplatzwanderung anzunehmen ist, scheint die Diffusion in den meisten kubisch-flächenzentrierten Metallkristallen bevorzugt über Leerstellen zu erfolgen. Infolge der Schwierigkeit des Nachweises der Art und Zahl der Fehlordnungsstellen in Metallen und Legierungen ist es allerdings nicht verwunderlich, daß nur wenige Diffusionssysteme bekannt sind, wo der Diffusionsmechanismus wirklich einwandfrei aufgeklärt ist. Bei den Ionen- und Valenzkristallen dagegen liegen häufig die Verhältnisse erheblich einfacher. In vielen Fällen kennt man hier nicht nur Art und Konzentration der Fehlordnung, sondern auch die Beweglichkeit und Wechselwirkung der Fehlordnungsstellen auf Grund elektrischer Messungen (s. Kap. 5.28 und 5.42).

In „idealen" Diffusionssystemen, wo die Wechselwirkungskräfte der eindiffundierenden Teilchen untereinander und mit denen des Diffusionsmediums von der gleichen Größe sind, ist das *Konzentrationsgefälle* die „Triebkraft" der Diffusion. Treten jedoch erhebliche Wechselwirkungskräfte auf, dann ist die Einführung des chemischen Potentials und des Gradienten der chemischen Potentiale der diffundierenden Teilchen unerläßlich. Noch komplizierter werden die Ansätze, wenn es sich um Diffusionsvorgänge elektrischer Ladungsträger handelt. Hier muß man allgemein stets mit dem Gradienten der elektrochemischen Potentiale $\eta = \mu + z V$ rechnen. Während für solche Systeme insbesondere bei hohen Temperaturen häufig die Anwendung der Näherung $\partial \mu/\partial \xi \approx \partial \eta/\partial \xi$ erlaubt ist, wird diese Näherung bei niedrigen Temperaturen und kurzen Diffusionsstrecken nicht mehr erfüllt sein. Bei der Behandlung des Bildungsmechanismus dünner und sehr dünner Oxidfilme (S. 768ff.) ist der gegenwärtige Stand dieses Problemkreises berücksichtigt.

Die Aufklärung des Diffusionsmechanismus ist von den experimentellen Fortschritten auf diesem Gebiet abhängig. Während in der älteren Literatur die analytisch-chemische Bestimmung des örtlichen Konzentrationsverlaufs dominiert, wurden in der neueren Literatur durch Einführung sowohl radioaktiver Meßmethoden mit radioaktiven Isotopen als Indikatoren (Tracer) und Diffusionspartner als auch elektrischer und optischer Meßverfahren die experimentellen Möglichkeiten erweitert. In gleicher Weise fördernd wirken die Erhöhung des Reinheitsgrades der Substanzen und die verbesserte Technik der Einkristalldarstellung. So konnte u. a. an anisotropen Einkristallen die Abhängigkeit der Diffusionsgeschwindigkeit von der kristallographischen Richtung studiert werden. Ferner wurde die Bedeutung des Korrelationseffektes hervorgehoben, durch den der beobachtete Unterschied zwischen Tracer- und Komponenten-Diffusionskoeffizient verständlich wird. Diffusionsmessungen unter mechanischen Beanspruchungen (hohe und höchste Drucke, Zug, Torsion, Kaltbearbeitung, Wärmebehandlung, kurzzeitige Höchstbeanspruchungen [Schuß usw.]) bilden ebenfalls neue Methoden, die zu neuen Erkenntnissen über den Diffusionsmechanismus führen.

6 Oxydationsvorgänge an Metallen und Metallegierungen

6.1 Einleitung und Problemstellung

Bringt man ein Metall oder eine Legierung in Sauerstoff oder Luft bzw. in eine halogen- oder schwefeldampfhaltige Atmosphäre, so beobachtet man insbesondere bei höheren Temperaturen schon nach kurzer Zeit, daß sich das betreffende Metall bzw. die Legierung mit einer Deckschicht des Reaktionsproduktes überzieht. Häufig wird die Bildung solcher Deckschichten schon bei kleinen Schichtdicken beobachtbar, da dieselben charakteristische Interferenzfarben zeigen, die allerdings bei weiterem Wachsen der Deckschicht bei einer bestimmten Schichtdicke verschwinden und in die Eigenfarbe der betreffenden Verbindung übergehen. Diese Eigenschaften der Deckschichten benutzte TAMMANN[1] zur Auswertung seiner ersten Oxydationsversuche an Metallen. Den Vorgang der Deckschichtbildung innerhalb des Interferenzfarbenbereichs — d.h. die Ausbildung dünner Deckschichten — bezeichnete er als „Anlaufvorgang". Dieser Ausdruck entstammt der metallkundlichen und handwerklichen Praxis und soll für die Bildung dünner Schichten auch hier beibehalten werden, während wir im Falle der Ausbildung dicker Deckschichten von „Zundervorgängen" sprechen werden. Wie noch im einzelnen später gezeigt wird, ist diese Zweiteilung der Oxydationsvorgänge[2] keineswegs formaler Natur, sondern hat sich durch das Auftreten verschiedener Reaktionsmechanismen als physikalisch sinnvoll erwiesen. Diese Zweiteilung ist auch in der folgenden Darstellung der Oxydationsvorgänge zu erkennen.

[1] TAMMANN, G.: Z. anorg. allg. Chem. **111**, 78 (1920).

[2] Wenn wir im folgenden von Oxydationsvorgängen sprechen, dann verstehen wir allgemein darunter den Angriff von Sauerstoff, Halogenen, Schwefeldampf usw. auf Metalle und Legierungen bei niedrigen und hohen Temperaturen. Ferner ist ein Anlauf- oder Zundervorgang identisch mit einem Oxydationsvorgang.

Gemäß der chemischen Reaktionsgleichung, wie z. B. der der NiO-, FeS- oder AgBr-Bildung aus den entsprechenden Metallen

$$\left.\begin{array}{lll} & Ni + \frac{1}{2}O_2(gas) & \rightleftharpoons NiO, \\ \text{oder} & Fe + \frac{1}{2}S_2(gas) & \rightleftharpoons FeS, \\ \text{und} & Ag + \frac{1}{2}Br_2(gas) & \rightleftharpoons AgBr, \end{array}\right\} \quad (6.1)$$

erwartet man zunächst einen einfachen Reaktionsmechanismus. Dies ist aber keineswegs der Fall, wenn das Reaktionsprodukt, was häufig beobachtet wird, als kompakte Deckschicht auf dem Metall auftritt und dadurch die beiden Reaktionspartner räumlich voneinander trennt. Ein weiterer Reaktionsablauf ist dann nur dadurch möglich, daß zumindest einer der Ausgangsstoffe durch die Deckschicht zum anderen Reaktionspartner diffundiert. In den meisten Fällen wird demzufolge der weitere Reaktionsablauf nicht mehr durch die eigentliche chemische Reaktion

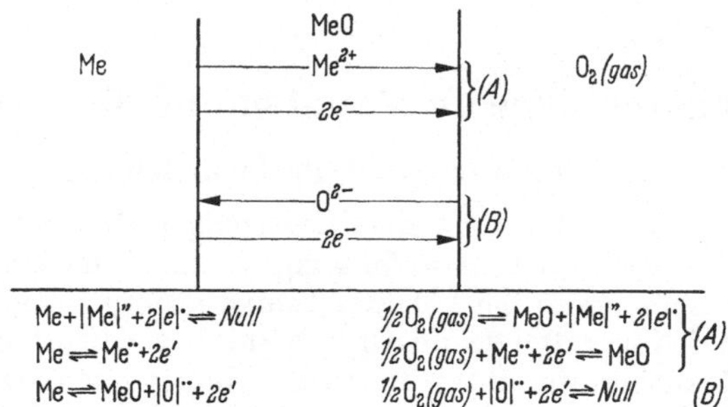

Abb. 6.1. Schematische Darstellung der Diffusion bzw. des Materietransports durch die Oxidschicht während der Oxydation mit Angabe der an den Phasengrenzen ablaufenden Reaktionen. (*A*: für Kationenfehlordnung, *B*: für Anionenfehlordnung im Oxidgitter.)

nach den Gln. (6.1) bestimmt, sondern durch Diffusions- und Transportvorgänge, die den Mechanismus, wie wir noch im einzelnen sehen werden, erheblich komplizieren.

Ganz allgemein wird die Bruttoreaktion der Metalloxydation stets durch die folgenden Teilvorgänge bestimmt, von denen einer der langsamste und damit geschwindigkeitsbestimmende Teilschritt ist (Abb. 6.1).

1. Phasengrenzreaktionen.

a) Aufspaltung der Nichtmetallmoleküle unter gleichzeitiger Chemisorption der gebildeten Atome.

b) Einbau der chemisorbierten Ionen entweder durch direkten Übertritt in das Gitter der Deckschicht oder durch Ausbau von Metallionen aus dem Gitter und Anbau an die Oberfläche.

c) Übertritt von Metall aus der Metall- oder Legierungsphase — in Form von Ionen und Elektronen — in das Gitter der Deckschicht.

d) Reaktion der an der Phasengrenze Metall/Deckschicht eintreffenden Nichtmetallionen mit Metallatomen.

2. Keimbildungsvorgänge.

3. Diffusion von Kationen und Anionen einzeln oder gegeneinander durch die Deckschicht infolge chemischer Potentialgefälle,

a) durch das Kristallgitter der Deckschicht über Fehlordnungsstellen,

b) längs der Korngrenzen und durch Poren.

4. Transportvorgänge in dünnen Deckschichten, die die Breite von „Randschichten" haben, infolge der durch Chemisorption verursachten Raumladungen und elektrischen Felder.

Ferner sind noch die folgenden Faktoren sowohl für den Aufbau als auch für die Zusammensetzung der Deckschicht (= Anlaufschicht [dünn]; = Zunderschicht [dick]) von Bedeutung:

5. die thermodynamische Stabilität der sich ausbildenden Deckschicht,

6. der Gittertyp der Deckschicht und seine Ähnlichkeit mit dem Gitter des Metalls bzw. der Legierung (Epitaxie).[1]

Es ist bekannt, daß die Oxydationsgeschwindigkeit eines Metalls bei höheren Temperaturen nicht durch die Größe der negativen Bildungsarbeit bzw. des thermodynamischen Potentials ΔA bzw. ΔG bestimmt wird. So ist etwa die Oxydationsgeschwindigkeit von Aluminium mit der Zunderkonstanten k'' (in $g^2\ cm^{-1}\ h^{-1}$) bei 600 °C von etwa $3 \cdot 11^{-11}$ um Zehnerpotenzen kleiner als unter den gleichen Versuchsbedingungen die von Kupfer mit der Zunderkonstanten $k'' = 1{,}1 \cdot 10^{-6}$, obwohl die Bildungsarbeit bei 500 °C für Aluminiumoxid ($\Delta A_{Al_2O_3} = -220$ kcal/Mol Sauerstoff) erheblich größer ist als die von Cu_2O ($\Delta A_{Cu_2O} = -55$ kcal/Mol Sauerstoff).[2] Eine Aufklärung dieses scheinbaren Widerspruchs läßt sich nur dadurch herbeiführen, daß man den Schwerpunkt der Forschung auf den realen Aufbau des festen Körpers und auf die kinetischen Vorgänge in ihm verlegt. Offenbar sind Phasengrenzreaktionen und Diffusionsvorgänge häufig für den Reaktionsablauf allein maßgebend, während die Affinität der Metalle zu der sie umgebenden Gasatmosphäre lediglich hinreichend groß sein muß, auf die Kinetik aber sehr oft keinen direkten Einfluß hat. Wenn man weiterhin noch berücksichtigt, daß die Diffusionsvorgänge in der festen Phase (Deckschicht) von denen in Poren und an Korngrenzen zu unterscheiden sind, dann wird dem Leser die Mannigfaltigkeit des Reaktionsmechanismus schon für diese einfachen Oxydationsreaktionen klar werden.

Wie die Erfahrung lehrt, sind im allgemeinen sehr dünne Deckschichten, die sich während der Oxydation auf dem Metall ausbilden, kompakt, fest haftend und porenfrei. Dieser Tatbestand wird auch dann beobachtet, wenn entgegen der von Pilling und Bedworth[3] herrührenden Regel, daß nur dann kompakte Deckschichten zu erwarten sind, wenn das Verhältnis der Molvolumina von Deckschicht- und Metallphase größer als 1 ist, Reaktionsproduktschichten auftreten, deren Molvolumen kleiner ist als das Atomvolumen der Metallphase. Wie eine genauere Betrachtung zeigt, spielt für die Ausbildung von kompakten

[1] Siehe den zusammenfassenden Bericht von A. Neuhaus: Orientierte Substanzabscheidung (Epitaxie), in: Fortschritte d. Mineralog. **29/30**, 136—296 (1950/51).

[2] Vgl. C. W. Dannatt u. H. J. T. Ellingham: Disc. Faraday Soc. **4**, 126 (1948).

[3] Pilling, N. B., u. R. E. Bedworth: J. Inst. Metals **29**, 529 (1923).

Deckschichten der Volumenquotient wohl eine Rolle, aber nicht die entscheidende. Nach Untersuchungen von SCHOTTKY[1] ist eine wesentliche Voraussetzung für die Ausbildung einer kompakten, festhaftenden Deckschicht die Bereitschaft zum „plastischen Fließen" sowohl des Metalls als auch des Oxids. Während der „Schrumpfungsmechanismus" in der Metallphase durch eine Lückenausscheidung an Versetzungen keine gedanklichen Schwierigkeiten bereitet, ist das Auftreten einer Schrumpfung in der Oxidphase nur dann verständlich, wenn neben den Metallionen auch die Sauerstoffionen diffundieren, wobei nach SCHOTTKY der Sauerstoffionen-Transport um Größenordnungen geringer sein kann, als der zum Wachstum einer Schicht erforderliche Metallionen-Transport. Während für die Ausbildung kompakter, porenfreier Deckschichten an Oxydationssystemen mit ebenen Metallflächen und paralleler Anordnung der Deckschichten das Auftreten einer Schrumpfung des Metalls allein ausreicht, ist für nichtebene Anordnungen, z. B. bei Metalldrähten und Kugeln, auch das Vorhandensein einer Schrumpfung in der Oxidphase zur Vermeidung von Rissen und Ablösungen erforderlich. Mit diesem Problem beschäftigten sich u. a. JAENICKE und LEISTIKOW[2], die in einer geeigneten Versuchsanordnung die mechanischen Spannungen während der Oxydation von Kupfer in Abhängigkeit von der Bildungstemperatur der Oxidschicht studierten. Das oberhalb 500 °C beobachtete Verschwinden der bei niedrigen Temperaturen auftretenden beträchtlichen Dilatationsspannungen deutet auf ein plastisches Fließen entweder der Oxidschicht oder des Kupfers hin.

MACKENZIE und BIRCHENALL ermittelten die plastische Deformation der Eisenoxide bei 900 °C. In Übereinstimmung mit anderen Arbeiten wird gefunden, daß die kubische Struktur, z. B. des FeO, gegenüber der hexagonalen und der Spinellstruktur die größere Bereitschaft zum plastischen Fließen zeigt.[3]

In der Tat kann nach ENGELL und WEVER[4] bei der Oxydation von Eisen der erforderliche Fließvorgang durch die Form der Metallprobe und somit durch die Form der gebildeten Zunderschicht maßgebend beeinflußt werden. Bei rechteckigen Eisenproben wird durch die Abstützung der Zunderschicht an den Kanten das Fließen des Zunders behindert. Es kommt zur Ausbildung von Spalten. Besonders stark macht sich die Behinderung des Fließens der Oxidschicht bei der Oxydation von Rundproben und Drähten bemerkbar.[4,5] Hier wird im Falle der Eisenoxydation durch den einseitigen Metalltransport nach außen und die zu kleine Schrumpfungsgeschwindigkeit des Wüstits der Kon-

---

[1] SCHOTTKY, W.: Z. Elektrochem. Ber. Bunsenges. phys. Chem. **63**, 784 (1959).

[2] JAENICKE, W., u. S. LEISTIKOW: Z. phys. Chem. (NF) **15**, 175 (1958). — Siehe auch P. D. DANKOW u. P. V. TSCHURAJEW: Ber. Akad. Wiss. UdSSR **73**, 1221 (1950).

[3] MACKENZIE, J. D., u. C. E. BIRCHENALL: Corrosion **13**, 783 (1957).

[4] ENGELL, H. J., u. F. WEVER: Acta Met. **5**, 695 (1957). — H. J. ENGELL: Z. Elektrochem. Ber. Bunsenges. phys. Chem. **63**, 835 (1959).

[5] JUENKER, D. W., R. A. MEUSSNER u. C. E. BIRCHENALL: Corrosion **14**, 57 (1958).

takt zwischen dem Metall und der Deckschicht nur noch an einem kleinen Teil des Umfangs aufrechterhalten.

Der Einfluß des Volumenverhältnisses, der Oberflächenstruktur und Plastizität auf die Haftfestigkeit wurde auch von TYLECOTE[1] untersucht. BORIE[2] verwandte eine Beugungsmethode, um die Anwesenheit von Spannungen in den auf Kupfer aufwachsenden dünnen Oxidfilmen nachzuweisen.

FRANK und VAN DER MERWE[3] berechnen, daß bei einer Abweichung der Gitterparameter im Metall und Oxid von $<15\%$ der aufwachsende Kristall pseudomorph ist, während er bei Abweichungen $>15\%$ in dem ihm eigenen Gittertyp aufwächst. Im ersteren Fall, in dem sich also der aufwachsende Kristall nicht im thermodynamischen Gleichgewicht befindet, wird die Schicht kompakt sein und die Parameter des Metallgitters annehmen, während sich im zweiten Falle nach völliger Bedeckung der metallischen Oberfläche ein ungestörtes Gitter mit den dem Oxid eigenen Gitterparametern entweder durch Abplatzen von der metallischen Basis oder durch plastische Deformation der obersten Schicht der metallischen Phase oder durch Rekristallisation ausbilden kann. So konnten KOHLSCHÜTTER und KRÄHENBÜHL[4] bei der Halogenierung von Silber außerhalb des thermodynamischen Gleichgewichtes auftretende Rekristallisationserscheinungen beobachten. In der gleichen Richtung liegen die Befunde von FINCH und QUARRELL[5] bei der Oxydation von Zink. Hier wächst ZnO auf Zink in einer pseudomorphen hexagonalen Modifikation auf, wobei die Abstände Zn–Zn in der ZnO-Deckschicht von annähernd der gleichen Größe sind wie in der Zn-Unterlage, also geringer als im normalen ZnO. Gleichzeitig werden aber auf Grund dieser Situation die Netzebenenabstände senkrecht hierzu, also parallel der hexagonalen Achse, größer als im stabilen ZnO gefunden. Mit zunehmender Schichtdicke jedoch verschwinden diese Gitterdeformationen in der Zunderschicht. Weder RAETHER[6] noch LUCAS[7] konnten diese Beobachtung bestätigen. Die Parameter ihrer auf Zinkeinkristallen aufgewachsenen ZnO-Schichten hatten die Dimensionen eines normalen ZnO-Gitters. Der a-Parameter war im Oxid 20% größer als im Metall. Bei niedrigen Versuchstemperaturen und besonders bei Zimmertemperatur können derartige Störungen im Kristallaufbau der Deckschicht sogar — zumindest vorübergehend — zur Ausbildung amorpher Deckschichten führen. So konnten u. a. PRESTON und BIRCUMSHAW[8] bei Zimmertemperatur einen amorphen Al_2O_3-Film auf Alu-

[1] TYLECOTE, R. F.: J. Iron Steel Inst. **195**, 135, 380 (1960).
[2] BORIE, B.: Acta Cryst. **13**, 542 (1960).
[3] FRANK, F. C., u. J. H. VAN DER MERWE: Proc. Roy. Soc. [London] (A) **198**, 203, 216 (1949); **200**, 125 (1950); Disc. Faraday Soc. **5**, 48, 201 (1949).
[4] KOHLSCHÜTTER, V., u. E. KRÄHENBÜHL: Z. Elektrochem. angew. phys. Chem. **29**, 570 (1923).
[5] FINCH, G. J., u. A. G. QUARRELL: Proc. Roy. Soc. [London] (A) **141**, 398 (1933); Proc. phys. Soc. [London] (A) **46**, 148 (1934).
[6] RAETHER, H.: J. Phys. Radium **11**, 11 (1950). — Vgl. auch H. EHLERS: Z. Phys. **136**, 379 (1953).
[7] LUCAS, L. N. D.: Proc. phys. Soc. [London] (B) **64**, 943 (1951).
[8] PRESTON, G. D., u. L. L. BIRCUMSHAW: Phil. Mag. (7) **22**, 654 (1936).

minium erzeugen. Ferner fand HART[1], daß bei der Oxydation von Zinnfolien bis zu 130 °C eine amorphe Oxidschicht aufwächst, die bei höheren Temperaturen in eine kristalline SnO- und SnO_2-Deckschicht übergeht.

Diese Beobachtungen sind von ganz allgemeiner Bedeutung. Stets ist die Ausbildung einer neuen Phase maßgebend durch ihre Unterlage, sei sie Metall, Oxid oder Salz, hinsichtlich ihrer kristallographischen Orientierung bestimmt. MEHL, MCCANDLESS und RHINES[2] konnten durch röntgenographische Untersuchungen der FeO-Zunderschicht auf α-Eisen zeigen, daß die erste Netzebene des FeO kristallographisch einen guten Anschluß an die letzte, d. h. die dem FeO unmittelbar benachbarte Fe-Netzebene, besitzt. Wenn also die letzte Fe-Netzebene des kubisch-raumzentrierten Gitters eine Würfelfläche ist, dann ist auch die erste FeO-Netzebene eine Würfelfläche, jedoch mit einer Verdrehung um 45°, so daß möglichst ein O-Ion der FeO-Netzebene einem Fe-Atom der obersten metallischen Netzebene gegenübersteht, während die Fe-Ionen der FeO-Netzebene jeweils über der Mitte der Würfelfläche der Fe-Phase liegen. Aus diesem Orientierungseffekt folgt, daß die Bildung von Wüstit (FeO) auf α-Eisen auf einer Aufweitung des raumzentrierten kubischen Gitters des α-Fe beruht, wobei ein raumzentriertes tetragonales Gitter mit dem Achsenverhältnis 1,414 entsteht, das mit dem flächenzentrierten kubischen Fe-Teilgitter im FeO identisch ist. Das sich nach der Reaktionsgleichung

$$4FeO \rightleftharpoons Fe_3O_4 + Fe$$

bildende Fe_3O_4 hat eine der Wüstitphase ähnliche Orientierung. GULBRANSEN und RUKA[3] fanden an Hand von Elektronenbeugungsaufnahmen, daß bei langsamer Oxydation von Eisen bei 750 °C in H_2-H_2O-Gemischen (50:50) oder im Hochvakuum der anfängliche Orientierungseffekt auch bei weiterem Wachsen der FeO-Deckschicht erhalten blieb, was bei rascher Oxydation nicht der Fall war. Das Bestreben der Metalle und der Reaktionsproduktdeckschichten, ihre Gitterparameter aneinander anzugleichen, wird ganz allgemein beobachtet. So fand beispielsweise STEINHEIL[4] ein kubisch-flächenzentriertes Al_2O_3 auf Aluminium. Ähnliche Orientierungseffekte wurden auch von LACOMBE und BEAUJARD[5] auf Aluminium und an aufwachsenden Oxidschichten auf hexagonalem Cadmium beobachtet.[6] Im letzteren Falle zeigten die c-Achsen der sich auf Cadmium bildenden Oxidkristalle die gleiche parallele Lage, wie die von FINCH und QUARRELL[7] untersuchten ZnO-Kristalle, die auf Zink — allerdings bei höheren Temperaturen — erzeugt wurden. In glei-

---

[1] HART, R. K.: Proc. phys. Soc. [London] (B) **65**, 955 (1952).

[2] MEHL, R. F., E. L. MCCANDLESS u. F. N. RHINES: Nature **124**, 1009 (1934). — Vgl. auch J. BARDOLLE u. J. BÉNARD: Rev. Métallurg. **49**, 613 (1952).

[3] GULBRANSEN, E. A., u. R. RUKA: J. electrochem. Soc. **99**, 360 (1952). — E. A. GULBRANSEN, W. R. MCMILLAN u. K. F. ANDREW: J. Metals **6**, 1027 (1954).

[4] STEINHEIL, A.: Ann. Phys. (5) **19**, 465 (1934).

[5] LACOMBE, P., u. L. BEAUJARD: J. Congres des Etats de Surface. Paris 1945. — Vgl. ferner E. A. GULBRANSEN: Ind. Eng. Chem. **41**, 1385 (1949).

[6] CAPDECOMME u. Y. SCHWOB: Méteaux et Corros. **18**, 173 (1943).

[7] FINCH, G. J., u. A. G. QUARREL: Proc. Roy. Soc. [London] (A) **141**, 398 (1933); Proc. phys. Soc. [London] (A) **146**, 48 (1934).

cher Weise konnten BURGERS und Mitarbeiter sowohl bei der Oxydation von Barium[1] als auch bei der Oxydation von Nickel[2] die experimentelle Tatsache der gegenseitigen Anpassung der Gitterparameter des Metalls und der Deckschicht bestätigen. Besonders deutlich trat das Orientierungsphänomen beim Aufbau der NiO-Schicht auf elektrolytisch hergestelltem Nickel auf. Hier ist für beide Phasen die (100)-Ebene maßgebend.

In einer Reihe von Arbeiten wurde insbesondere von BÉNARD und Mitarbeitern[3] der Einfluß der Textur und der Kristallorientierung auf die Oxydationsgeschwindigkeit von Kupfer und Eisen untersucht. In Abb. 6.2 ist der zeitliche Verlauf der Oxydation an Kupfereinkristallen mit sieben verschiedenen Orientierungen dargestellt. Für die (210)- und die (123)-Ebene wurde ein Unterschied der Oxydationsgeschwindigkeiten von etwa 20% gefunden. Wie man aus röntgenographischen Untersuchungen von MEHL und Mitarbeitern[4] entnehmen kann, wird bei Erzeugung dünner Cu_2O-Filme auf Kupfereinkristallen eine überwiegende Aufweitung nur des Cu-Gitters hervorgerufen, ohne eine Änderung der Orientierung zu bewirken. Die energetischen Verhältnisse liegen hier recht günstig, da das Cu-Ionenteilgitter sowohl in der metallischen als auch in der Cu_2O-Phase kubisch-flächenzentriert ist mit den Parametern 3,61 bzw. 4,26 Å. Mit derselben Fragestellung haben sich ELAM[5], MENZEL[6], RHODIN[7] und DANKOV[8] befaßt. Ähnliche Ergebnisse über die Deformation des Metallgitters am System Cu_2O/Cu sind schon früher von THOMSON[9], BRÜCK[10], MIYAKE[11], THIESSEN und SCHÜTZA[12] erhalten worden.

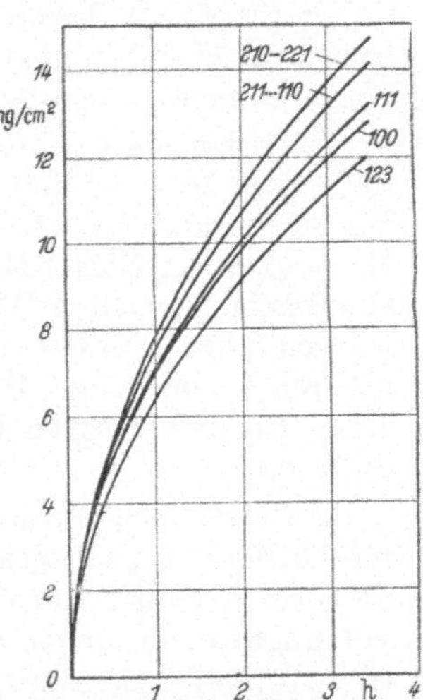

Abb. 6.2. Der zeitliche Verlauf der Oxydation von Kupfer-Einkristallen in Abhängigkeit von der kristallographischen Orientierung der Oberflächen nach BÉNARD.

---

1 BURGERS, W. G., u. M. VAN AMSTEL: Physica **3**, 1057 (1936).
2 BURGERS, W. G., u. J. QUANJEL: Recueil Trav. chim. Pays-Bas **61**, 353 (1942).
3 BÉNARD, J.: Méteaux et Corros. **18**, 117 (1943). — J. BÉNARD u. J. TALBOT: C. R. Acad. Sci., Paris **225**, 411 (1947); Rev. Métallurg. **45**, 78 (1948). — J. BÉNARD: Bull. Soc. chim. France (1946) 511; (1949) 73 u. 80. — J. BÉNARD, P. LACOMBE u. G. CHAUDRON: J. Congr. des Etats de Surface, S. 73. Paris 1945. — J. BARDOLLE u. J. BÉNARD: C. R. Acad. Sci., Paris **239**, 706 (1954).
4 MEHL, R. F., E. L. MCCANDLESS u. F. N. RHINES: Nature **124**, 1009 (1934). — Vgl. auch J. BARDOLLE u. J. BÉNARD: Rev. Métallurg. **49**, 613 (1952).
5 ELAM, C.: Trans. Faraday Soc. **32**, 1604 (1936).
6 MENZEL, E.: Fiat Rep. German Science, Anorg. Chem. **6**, 72 (1948); Z. anorg. allg. Chem. **256**, 49 (1948); Ann. Phys. (6) **5**, 163 (1948); Naturwiss. **38**, 166 (1950).
7 RHODIN, T. N.: J. Amer. chem. Soc. **72**, 5102 (1950); **73**, 3143 (1951).
8 DANKOV, P. D., u. D. V. IGNATOV: Izvest. Akad. Nauk, UdSSR **3**, 234 (1949).
9 THOMSON, G. P.: Proc. Roy. Soc. [London] (A) **128**, 649 (1930).
10 BRÜCK, L.: Ann. Phys. (5) **26**, 233 (1936).
11 MIYAKE, S.: Sci. Pap. Inst. phys. chem. Res. (Japan) **29**, 167 (1936).
12 THIESSEN, P. A., u. H. SCHÜTZA: Z. anorg. allg. Chem. **233**, 35 (1937).

Auf Grund elektronenoptischer Untersuchungen konnten GULBRANSEN und Mitarbeiter[1] Aussagen über die Struktur der auf Metallen und Legierungen aufgewachsenen Oxidschichten und deren Abhängigkeit von der Kristallorientierung der metallischen Phase machen. Auf Teilergebnisse dieser Arbeiten werden wir noch später zurückkommen. Durch vergleichende Strukturuntersuchungen an bei 1350 °C getempertem NiO und an auf Nickelfolien aufgewachsenen NiO-Schichten haben japanische Autoren[2] den Einfluß der Metallunterlage auf die Struktur des NiO nachgewiesen. Während NiO-Kristalle und vollständig zu NiO durchoxydierte Ni-Folien eine rhomboedrische Struktur aufweisen, zeigen auf Nickel aufgewachsene NiO-Schichten eine Struktur vom NaCl-Typ.

Über den Mechanismus der Bildung von Oxidkeimen auf der Oberfläche von Metallen und Legierungen haben besonders intensiv BÉNARD, BOUILLON und Mitarbeiter[3-5] gearbeitet. Über das Aufwachsen von Nickeloxid auf Nickel-Einkristallkugeln mit glatter und sauerstofffreier Oberfläche berichten MENZEL und OTTER[6]. Ähnliche Untersuchungen wurden auch von GWATHMEY und Mitarbeitern ausgeführt.[7] In einer neueren Arbeit bringt BÉNARD[8] die Zahl der auf einer kristallographischen Ebene erzeugten Keime in Zusammenhang mit der Oberflächendiffusion.

Trotz mancher noch bestehender ungelöster Fragen dürften jedoch für die Metalloxydation auch die Gesetzmäßigkeiten von Bedeutung sein, die für Kondensationsvorgänge aus der Gasphase und für Kristallisationsvorgänge aus Lösungen maßgebend sind. So konnte u.a. SCHWAB[9] orientierte Anlauf- bzw. Aufwachsschichten auf Thalliumhalogenid-Kristallen erzeugen. Während sich beispielsweise TlBr auf TlCl in Schichten ausbildet, deren Gitter sich dem Grundgitter in seiner Struktur völlig anpaßt (isomorpher Anlauf), wächst TlJ nur schlecht auf TlCl auf und bildet

---

[1] Vgl. u. a. E. A. GULBRANSEN u. J. W. HICKMAN: Trans. AIME, Techn. Publ. No. 2068 (1946); No. 2144 (1947). — E. A. GULBRANSEN u. W. R. MCMILLAN: J. Electrochem. Soc. **99**, 393 (1952).

[2] SHIMOMURA, Y., u. Z. NISHIJAMA: Mem. Inst. sci. Res. Osaka Univ. **6**, 30 (1948).

[3] BÉNARD, J.: Corros. et Anticorr. **5**, 138 (1957); Reactivity of Solids, S. 362. Amsterdam 1960.

[4] BÉNARD, J., J. MOREAU u. F. GRØNLUND: C. R. Acad. Sci., Paris **246**, 756 (1958). — J. MOREAU u. J. BÉNARD: C. R. Acad. Sci., Paris **248**, 1658 (1959). — J. OUDAR, F. BROUTY u. J. BÉNARD: Acta Met. **9**, 520 (1961).

[5] BOUILLON-NYSSEN, Y., F. BOUILLON u. J. STEVENS: C. R. Acad. Sci., Paris **249**, 2571 (1959). — F. BOUILLON u. M. JARDINIER-OFFERGELD: C. R. Acad. Sci., Paris **252**, 1470, 2566 (1961).

[6] MENZEL, E., u. M. OTTER: Naturwiss. **46**, 66 (1959). — M. OTTER: Z. Naturforsch. **14a**, 355 (1959).

[7] LAWLESS, K. R., F. W. YOUNG u. A. T. GWATHMEY: J. chim. Phys. **53**, 667 (1957). — Siehe insbesondere den zusammenfassenden Bericht von A. T. GWATHMEY u. K. R. LAWLESS: The Influence of Crystal Orientation on the Oxidation of Metals, in: Surface Chemistry of Metals and Semiconductors, S. 483. New York: Wiley & Son 1960.

[8] BÉNARD, J.: Acta Met. **8**, 272 (1960).

[9] SCHWAB, G. M.: Naturwiss. **32**, 32 (1944); **31**, 510 (1943); Trans. Faraday Soc. **43**, 715, 724 (1948).

fast texturlose röntgenamorphe Schichten. In ähnlicher Weise wie bei der FeO-Bildung auf α-Eisen findet SCHWAB bei nichtchemischem Aufwachsen von CsCl auf NaCl-Kristallen eine Orientierung unter Verdrehung um 45°, wobei die Würfeleckionen des CsCl-Gitters ihre Partner in den Seitenmitten des NaCl-Gitters finden.

PFEFFERKORN[1] veröffentlichte elektronenmikroskopische Aufnahmen von Metalloxidschichten, an deren Oberfläche sich im Bereich mittlerer

Abb. 6.3a–c Nadelwachstum auf einer während der Oxydation sich ausbildenden Oxidschicht nach PFEFFERKORN. (12000-fache Vergrößerung.)
a Kupferoxid auf Phosphorbronze, 1 Stunde oxydiert bei 430 °C.

Temperaturen und niedriger Gasdrucke ein „Kristallnadelwald" ausbildete. In Abb. 6.3 sind einige Aufnahmen dieser ersten Untersuchungen wiedergegeben. Fast gleichzeitig berichtet PAIDASSI[2] über eine ähnliche Nadelbildung während der Oxydation von Eisen zu FeO. GULBRANSEN und Mitarbeiter[3] konnten die während der Oxydation von Eisen aufwachsenden Kristalle von 300 bis 1000 Å Dicke und einer Länge von 47 μ als Hämatitnadeln identifizieren, die senkrecht aus der Oberfläche herauswuchsen. An 18-8-Stählen wurden von denselben Autoren unter ähnlichen Versuchsbedingungen nur Cr_2O_3-Nadeln von 500 Å Dicke und von 5 μ Länge gefunden.

---

[1] PFEFFERKORN, G.: Naturwiss. **40**, 551 (1953); Z. Metallkde. **46**, 204 (1955).
[2] PAIDASSI, J.: Trans. AIME **197**, 1570 (1953).
[3] GULBRANSEN, E. A., T. P. COPAN u. D. VAN ROOYEN: Res. Rep. 6-94602-1-R5. Westinghouse 1959.

Abb. 6.3 b Tantaloxid durch Oxydation bei 560 °C.

Abb. 6.3 c Zinkoxid durch 15stündige Oxydation bei 340°C.

Die späteren Untersuchungen galten der Erforschung der Form dieser Nadeln. So fanden DACHSELT und PFEFFERKORN[1] ein bevorzugtes Wachstum von CuO-Nadeln in der (110)-Richtung, und MILLER und LAWLESS[2] konnten ein Spiralenwachstum auf einer Cu_2O-Schicht auf Kupfereinkristallen nachweisen. Über den Mechanismus des Nadelwachstums berichten sowohl ELLIS und Mitarbeiter[3] als auch ALBERT und JAENICKE[4]. Auf die Bedeutung einer mehrmolekularen Adsorptionsschicht von Sauerstoff weist SHISHAKOV hin.[5]

---

[1] DACHSELT, W. D., u. G. PFEFFERKORN: Z. Naturforsch. **14**a, 309 (1959).
[2] MILLER, G. T., u. K. R. LAWLESS: J. appl. Phys. **29**, 863 (1959).
[3] ELLIS, W. C., D. F. GIBBONS u. R. G. TREUTING: Proc. Int. Conf. Growth Perfection Cryst. Coopertown, N. Y., 1958.
[4] ALBERT, L., u. W. JAENICKE: Z. Naturforsch. **14**a, 1040 (1959); **15**a, 59 (1960).
[5] SHISHAKOV, N. A.: Zhur. Fiz. Khim. UdSSR **32**, 1171 (1958).

Neben den Fragen der Epitaxie steht die Aufklärung des Mechanismus des Aufwachsens von Zunderschichten im Vordergrund des Interesses. Hier interessiert wiederum die Frage, ob wir es mit einer bevorzugten Wanderung des Metalls oder des Nichtmetalls durch die Zunderschicht zu tun haben. Wie man heute weiß, wird bei sehr vielen Zundersystemen eine bevorzugte Diffusion des Metalls durch das Gitter der Zunderschicht beobachtet. So wurde u. a. von PFEIL[1] am System Eisen/FeO/Sauerstoff der experimentelle Beweis erbracht, daß bevorzugt Eisen aus der Metallphase durch die Zunderschicht hindurchwandert und sich an der äußeren Phasengrenze mit dem Sauerstoff zu Eisenoxid vereinigt, wodurch ein auf die Oberfläche gebrachter Fremdkörper umwachsen wurde (Abb. 6.4). Desgleichen konnte WAGNER[2] bei der Schwefelung von Silber eindeutig die bevorzugte Wanderung von Silber durch die Zunderschicht Ag_2S nachweisen. Nach Arsenierungsversuchen von Eisendrähten erhielten NEUNHOEFFER und HAUFFE[3] eine $FeAs_2$-Zunderschicht in Form einer Hülse, die sich bequem abstreifen ließ, was nur durch die Annahme einer bevorzugten Wanderung von Eisen durch die Zunderschicht verständlich wird.

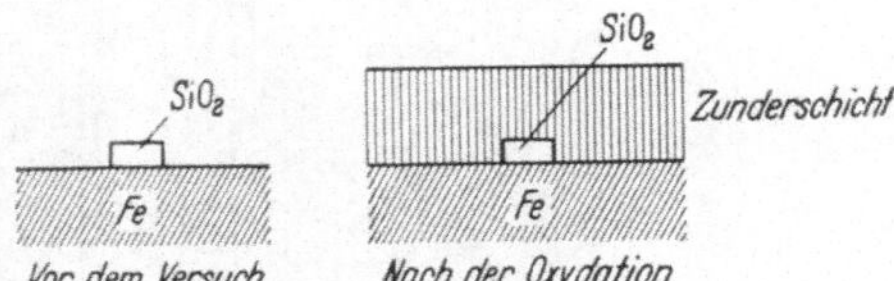

Abb. 6.4. Vor Oxydationsbeginn auf der Eisenoberfläche aufgebrachte „Marken" (z. B. SiO_2-Kriställchen) werden während der Oxydation infolge bevorzugter Fe-Diffusion durch die Zunderschicht umwachsen; nach PFEIL.

Jedoch kann auch mit einer bevorzugten Wanderung von Sauerstoff durch ein Oxidgitter gerechnet werden. Auf Grund röntgenographischer und elektrischer Untersuchungen an gewissen Oxiden, wie z. B. am ZrO_2, den Mischoxiden $ZrO_2 + CaO$, $PbO\text{-}Bi_2O_3$, $CdO\text{-}Bi_2O_3$ usw., konnte eine hohe Sauerstoffionen-Leerstellenkonzentration (S. 60ff. und 66) festgestellt werden, die eine Diffusion von Sauerstoff prinzipiell zuläßt. ILSCHNER und PFEIFFER[4] konnten an Hand von Versuchen mit „Marken" zeigen, daß die bei der Oxydation von Nickel ursprünglich an der Phasengrenze Metall/Sauerstoff angebrachten dünnen Pt-Drähte nach dem Versuch in der Mitte der Zunderschicht lagen (Abb. 6.5). Dieser Befund bleibt bei Annahme einer alleinigen Metalldiffusion durch die Zunderschicht unverständlich. Die Annahme einer gegenseitigen Diffusion von Nickel- und Sauerstoffionen durch die Oxidschicht, die durch das Experiment nahe gelegt wird, muß auf Grund neuerer Untersuchungen über die Deutung von Markenversuchen[5,6] als unwahrscheinlich abgelehnt werden. MROWEC[5] und RICKERT[6] haben z. B. bei der Schwefelung von Kupfer und Silber nachgewiesen, daß die Lage der Pt-Marke an der Trennlinie des zweischichtigen Zunders nicht durch eine entgegengesetzte Diffusion der Metall-

[1] PFEIL, L. B.: J. Iron Steel Inst. **119**, 501 (1929). — Vgl. auch K. FISCHBECK: Z. Metallkde. **24**, 313 (1932).
[2] WAGNER, C.: Z. phys. Chem. (B) **21**, 25 (1932).
[3] NEUNHOEFFER, O., u. K. HAUFFE: Z. anorg. allg. Chem. **262**, 300 (1950).
[4] ILSCHNER, B., u. H. PFEIFFER: Naturwiss. **40**, 603 (1953).
[5] MROWEC, S.: Z. phys. Chem. (NF) **29**, 47 (1961).
[6] RICKERT, H.: Z. phys. Chem. (NF) **23**, 355 (1960).

und Nichtmetallionen verursacht wird. Vielmehr wird eine poröse Teilschicht ausgebildet, in der das Nichtmetall längs der Spalten und Hohlräume diffundieren kann[1] und so den Eindruck einer echten Diffusion über Fehlordnungsstellen vortäuscht.

Recht komplizierte Verhältnisse ergeben sich bei der Oxydation solcher Metalle, die in mehreren Wertigkeiten auftreten können. Bei relativ

Abb. 6.5. Schliffbild einer 48 Stunden an Luft bei 1000°C anoxydierten Nickel-Mangan-Legierung (0,1% Mn) nach ILSCHNER und PFEIFFER. Im Gegensatz zu Abb. 6.4 lagen die als „Marken" verwandten Platindrähte ($3 \cdot 10^{-3}$ cm ⌀) in der Mitte der Oxidschicht. (Vergrößerung 150fach.)

hohem Sauerstoffpartialdruck der Gasphase, der thermodynamisch die Bildung der höchsten Oxydationsstufe, etwa CuO bzw. Fe_2O_3, ermöglicht, entsteht gemäß der OSTWALDschen Stufenregel und aus kinetischen Gründen nachstehende Schichtenfolge:

$$Cu \mid Cu_2O \mid CuO \mid O_2 \quad \text{bzw.} \quad Fe \mid FeO \mid Fe_3O_4 \mid Fe_2O_3 \mid O_2 .$$

Bei der Oxydation von Metallegierungen treten noch zusätzliche Faktoren auf, die den Reaktionsmechanismus entscheidend beeinflussen können. Wie wir noch später zeigen werden, können für den Bruttoablauf der Legierungsoxydation auch Diffusionsvorgänge in der Legierungsphase von Bedeutung werden. WAGNER[2] gab eine eingehende Behandlung dieses Fragenkreises. Besondere Schwierigkeiten treten hier bei der Aufklärung des Bildungsmechanismus der Zunderschicht insofern auf, als die Deckschicht einmal nur aus dem Reaktionsprodukt (bzw. speziell dem Oxid) des unedelsten Legierungspartners und zum anderen aus einer Mischphase mehrerer Oxide bestehen kann. Während im ersten Fall bei hinreichend rascher Diffusion des unedelsten Legierungspartners in der Legierungsphase und rasch ablaufenden Phasengrenzreaktionen

---

[1] MROWEC: Arch. Hutn. **5**, Nr. 3 (1960).

[2] WAGNER, C.: J. electrochem. Soc. **99**, 369 (1952).

der Oxydationsmechanismus ähnlich dem der reinen Metalle ist (Ausbildung einer Oxidschicht mit alleiniger Beteiligung des unedelsten Metalls), haben wir im zweiten Falle die Veränderung der Fehlordnungsverhältnisse durch das Auftreten weiterer Oxide im Wirtsoxidgitter zu berücksichtigen. Versuche unter Beachtung dieser Gesichtspunkte wurden von WAGNER, HAUFFE und Mitarbeitern[1] ausgeführt.

WAGNER[2,3] stellte die Arbeitshypothese auf, daß nicht neutrale Atome, sondern Ionen und Elektronen diffundieren. Diese Hypothese ist keineswegs trivial, sondern von entscheidender Bedeutung für die quantitative Formulierung der Zundervorgänge. Auf Grund dieses Postulates ist die Voraussetzung zur theoretischen Berechnung von Zunderkonstanten und zur Aufklärung des Reaktionsmechanismus aus Messungen zugänglichen Größen geschaffen. In Erweiterung dieser Arbeitshypothese übertragen WAGNER[4], JOST[5] und HOAR[6] die elektrochemische Theorie der Metallkorrosion in wäßrigen Lösungen unmittelbar auf die Zundervorgänge bei höheren Temperaturen. Solange insgesamt kein elektrischer Strom fließt, müssen auch insgesamt äquivalente Mengen von positiven und negativen Ladungsträgern, also Kationen und Elektronen in gleicher Richtung oder Anionen und Elektronen in entgegengesetzter Richtung durch die Zunderschicht diffundieren. In jedem Volumenteil der Zunderschicht sind zur Aufrechterhaltung der Elektroneutralität äquivalente Mengen an positiven und negativen Ladungsträgern vorhanden, sofern man Randschichteffekte mit auftretenden Raumladungen infolge einer asymmetrischen Verteilung der Ladungsträger ausschließen kann.

Ein wesentliches Ergebnis der weiter unten behandelten WAGNERschen Zundertheorie ist im Falle geschwindigkeitsbestimmender Diffusion der Ionen bzw. Elektronen durch die Zunderschicht — ermöglicht durch ein chemisches Potentialgefälle der diffusionsfähigen Teilchen — die zwanglose Ableitung und Interpretation des von TAMMANN[7] empirisch gefundenen parabolischen Oxydationsgesetzes

$$\frac{d(\Delta\xi)}{dt} = \frac{k'}{\Delta\xi}, \tag{6.2}$$

wobei $\Delta\xi$ die Schichtdicke, t die Zeit und k' eine aus der WAGNERschen Theorie deutbare Konstante darstellen. Dieses Gesetz wurde unabhängig etwas später auch von PILLING und BEDWORTH[8] gefunden. Diese Beziehung gilt nur bei konstantem Konzentrationsgefälle der diffundierenden Komponente, also nur dann, wenn an beiden Phasengrenzen praktisch thermodynamisches Gleichgewicht herrscht und damit die Konzentrationen an der Innen- und Außenseite der Zunderschicht als konstant anzusehen

---

[1] Vgl. u. a. K. HAUFFE: The Mechanism of Oxidation of Metals and Alloys at High Temperatures. Progr., in: Metal Phys. **4**, 71 (1953).
[2] WAGNER, C.: Z. phys. Chem. (B) **21**, 25 (1932).
[3] WAGNER, C.: Z. phys. Chem. (B) **32**, 447 (1936).
[4] WAGNER, C.: Z. angew. Chem. **49**, 735 (1936).
[5] JOST, W.: Diffusion u. chem. Reaktion in festen Stoffen, S. 149. Dresden 1937.
[6] HOAR, T. P., u. L. E. PRICE: Trans. Faraday Soc. **34**, 867 (1938).
[7] TAMMANN, G.: Z. anorg. allg. Chem. **111**, 78 (1920).
[8] PILLING, N. B., u. R. E. BEDWORTH: J. Inst. Metals **29**, 529 (1923).

sind. Durch Integration von Beziehung (6.2) erhält man

$$(\Delta \xi)^2 = 2k' t, \quad k' [\mathrm{cm^2\,sec^{-1}}] \tag{6.3}$$

oder wenn wir an Stelle der Schichtdickenzunahme die Gewichtszunahme je Oberflächeneinheit $\Delta m/q$ in g cm^{-2} einsetzen

$$\left(\frac{\Delta m}{q}\right)^2 = k'' t, \quad k'' [\mathrm{g^2\,cm^{-4}\,sec^{-1}}]. \tag{6.3a}$$

Die Gültigkeit dieses parabolischen Zeitgesetzes wurde durch zahlreiche Einzelmessungen an verschiedensten Oxydationssystemen immer wieder bestätigt.

Das lineare Oxydationsgesetz, das stets dann gefunden wird, wenn Phasengrenzreaktionen geschwindigkeitsbestimmend sind, lautet

$$\frac{\Delta m}{q} = l'' t, \quad l'' [\mathrm{g\,cm^{-2}\,sec^{-1}}], \tag{6.4}$$

wobei l'' die Geschwindigkeitskonstante der Phasengrenzreaktion ist.

Wie beispielsweise WAGNER und GRÜNEWALD[1] an Hand des zeitlichen Verlaufs der Oxydation von Kupfer bei 1000 °C und sehr niedrigen Sauerstoffdrucken zeigen konnten, kann ein Überschneiden der beiden Zeitgesetze (6.3a) und (6.4) auftreten, was zu einem formalen Zeitgesetz der Form

$$\frac{\Delta m}{q}\frac{1}{l''} + \left(\frac{\Delta m}{q}\right)^2 \frac{1}{k''} = t \tag{6.5}$$

führt, das bereits von EVANS[2] und FISCHBECK[3] diskutiert wurde.

Bei der Ausbildung dünner und sehr dünner Anlaufschichten werden andere Zeitgesetze beobachtet, so z. B. das kubische:

$$\left(\frac{\Delta m}{q}\right)^3 = k_c'' t \quad k_c'' [\mathrm{g^3\,cm^{-6}\,sec^{-1}}], \tag{6.6}$$

das logarithmische

$$\Delta \xi = k_1 - k_2 \ln t \tag{6.7}$$

und das reziprok-logarithmische

$$\frac{1}{\Delta \xi} = k_1 - k_2 \ln t. \tag{6.8}$$

Die letzten drei Zeitgesetze haben MOTT und CABRERA[4] theoretisch abgeleitet. Es sei betont, daß das Zeitgesetz (6.7) nicht mit dem von TAMMANN und KÖSTER und VERNON[5] und Mitarbeitern[6] aus Oxydationsversuchen an dicken Oxidschichten erhaltenen logarithmischen Gesetz identisch ist. Die Gründe werden wir später anführen.

Nach diesen vorbereitenden Betrachtungen wird der Leser erkennen, daß es für eine systematische Behandlung der Metalloxydation zweck-

[1] WAGNER, C., u. K. GRÜNEWALD: Z. phys. Chem. (B) **40**, 455 (1938).
[2] EVANS, U. R.: Trans. electrochem. Soc. **46**, 267 (1924), besonders S. 269.
[3] FISCHBECK, K.: Z. Elektrochem. angew. phys. Chem. **39**, 316 (1933).
[4] CABRERA, N., u. N. F. MOTT: Rep. Progr. Phys. **12**, 163 (1949).
[5] TAMMANN, G., u. W. KÖSTER: Z. anorg. allg. Chem. **123**, 196 (1923).
[6] VERNON, W. H. J., E. J. AKEROYD u. E. G. STROUD: J. Inst. Metals **65**, 301 (1939).

mäßig erscheint, mit der WAGNERschen Zundertheorie[1] zu beginnen, sie durch Versuchsergebnisse zu belegen und erst im Anschluß hieran dann die von der WAGNERschen Theorie abweichenden Meßergebnisse zu behandeln und diese — wenn möglich — mit der Oxydationstheorie dünner Filme[2,3].

6.2 Metalloxydation in Gasen bei Quasi-Neutralität und lokalem Störstellen-Gleichgewicht; Theorie nach Wagner

Anknüpfend an die allgemeinen Betrachtungen zur Theorie der Transportvorgänge in Ionenkristallen im Kap. 5.28 formulieren wir die Teilchenstromdichte $j_i(\xi)$ der Teilchensorte i am Ort ξ:

$$j_i(\xi) = -\frac{D_i}{RT} c_i(\xi) \operatorname{grad} \eta_i(\xi). \tag{6.9}$$

Unter der Voraussetzung eines geschwindigkeitsbestimmenden Transportes eines oder auch mehrerer Reaktionspartner durch die Zunderschicht zur Reaktionsfront verwenden wir den allgemeinen Ausdruck für die Transportgeschwindigkeit Gl. (6.9) und erhalten nach Aufspaltung des elektrochemischen Potentials η in das chemische μ und das elektrische Potential V unter Anpassung an die bisher verwandten Definitionen

$$\eta_i(\xi) = \mu_i(\xi) + z_i \mathfrak{F} V(\xi) \tag{6.10}$$

mit j_1, j_2 und j_3 als Transportgeschwindigkeiten der Kationen, Anionen und Elektronen und unter Beachtung der Beziehung auf S. 508:

$$D_i = \frac{\varkappa_i RT}{z_i^2 \mathfrak{F}^2 c_i} \tag{6.11}$$

die folgenden Ausdrücke:

$$j_1 = z_1 J_1 = -\frac{\varkappa_1}{z_1 \mathfrak{F}^2} \left\{ \frac{\partial \mu_1}{\partial \xi} + z_1 \mathfrak{F} \frac{\partial V}{\partial \xi} \right\}, \tag{6.12}$$

$$j_2 = z_2 J_2 = -\frac{\varkappa_2}{z_2 \mathfrak{F}^2} \left\{ \frac{\partial \mu_2}{\partial \xi} - z_2 \mathfrak{F} \frac{\partial V}{\partial \xi} \right\}, \tag{6.13}$$

$$j_3 = \quad J_3 = -\frac{\varkappa_3}{\mathfrak{F}^2} \left\{ \frac{\partial \mu_3}{\partial \xi} - \mathfrak{F} \frac{\partial V}{\partial \xi} \right\}. \tag{6.14}$$

Zur Vereinfachung der Rechnung sei der häufig durch das Experiment realisierbare Fall $|j_1| \gg |j_2|$ vorausgesetzt (s. Oxydation von Cu, Ni, Zn oder Schwefelung von Ag und Cu). Im Sinne eines ambipolaren Komponentenstroms muß aus Gründen der Aufrechterhaltung der Elektroneutralität

$$j_1 = j_3$$

---

[1] WAGNER, C.: Methods of High Temperature Oxidation Testing and Evaluation of Observations, S. 110. Cleveland 1951.

[2] CABRERA, N., u. N. F. MOTT: Rep. Progr. Phys. **12**, 163 (1949).

[3] ENGELL, H. J., u. K. HAUFFE: Metall **6**, 285 (1952). — H. J. ENGELL, K. HAUFFE u. B. ILSCHNER: Z. Elektrochem. Ber. Bunsenges. phys. Chem. **58**, 478 (1954). — K. HAUFFE u. B. ILSCHNER: Z. Elektrochem. Ber. Bunsenges. phys. Chem. **58**, 467 (1954).

sein. Nach Division von Gl. (6.12) durch $\varkappa_1$ und Gl. (6.14) durch $\varkappa_3$ ergibt sich aus der Addition:

$$j_1\left(\frac{1}{\varkappa_1}+\frac{1}{\varkappa_3}\right)=-\frac{1}{z_1\,\mathfrak{F}^2}\left\{\frac{\partial\mu_1}{\partial\xi}+z_1\frac{\partial\mu_3}{\partial\xi}\right\}. \tag{6.15}$$

Berücksichtigt man ferner, daß das chemische Potential μ_{Me} des Metalls sich stets an jedem Ort des Zundersystems aus der Summe der chemischen Potentiale von Metallionen μ_1 und den zugehörigen Elektronen μ_3 zusammensetzt, also:

$$\mu_{\mathrm{Me}}=\mu_1+z_1\,\mu_3, \tag{6.16}$$

so folgt aus Gl. (6.15):

$$j_1\,d\xi=-\frac{1}{z_1\,\mathfrak{F}^2}\,\frac{\varkappa_1\,\varkappa_3}{\varkappa_1+\varkappa_3}\,d\mu_{\mathrm{Me}}. \tag{6.17}$$

Ersetzt man nun die Teilleitfähigkeiten $\varkappa_1$ durch $t_1\,\varkappa$ und $\varkappa_3$ durch $t_3\,\varkappa$, wobei t_1 und t_3 die Überführungszahlen der Kationen und Elektronen und $\varkappa$ die Gesamtleitfähigkeit kennzeichnen und verwendet an Stelle von j_1 die „rationelle Zunderkonstante" k_r:

$$k_r=\frac{d\,(\tilde{n}/q)}{dt}\,\Delta\,\xi\quad\text{Äquivalente cm}^{-1}\,\text{sec}^{-1}, \tag{6.18}$$

so ergibt sich durch Integration von Gl. (6.17) über die gesamte Zunderschichtdicke $\Delta\,\xi$ zwischen den Phasengrenzen Metall/Metalloxid (Index i) und Metalloxid/Sauerstoff (Index a):

$$k_r=-\frac{1}{z_1\,\mathfrak{F}^2}\int\limits_{\mu_{\mathrm{Me}}^{(i)}}^{\mu_{\mathrm{Me}}^{(a)}}\frac{t_1\,t_3}{t_1+t_3}\,\varkappa\,d\mu_{\mathrm{Me}} \tag{6.19}$$

oder in guter Näherung, wenn $t_3 \gg t_1$ ist (elektronenleitende Zunderschicht):

$$k_r=\frac{1}{z_1\,\mathfrak{F}^2}\int\limits_{\mu_{\mathrm{Me}}^{(a)}}^{\mu_{\mathrm{Me}}^{(i)}}t_1\,\varkappa\,d\mu_{\mathrm{Me}} \tag{6.20}$$

oder, wenn $t_3 \ll t_1$ ist (kationenleitende Zunderschicht):

$$k_r=\frac{1}{z_1\,\mathfrak{F}^2}\int\limits_{\mu_{\mathrm{Me}}^{(a)}}^{\mu_{\mathrm{Me}}^{(i)}}t_3\,\varkappa\,d\mu_{\mathrm{Me}}. \tag{6.21}$$

Unter Verallgemeinerung der obigen Ableitung für gleichzeitige Wanderung von Kationen, Anionen und Elektronen ergibt sich ein zu Gl. (6.20) und (6.21) analoger Ausdruck:

$$k_r=\frac{1}{z_1\,\mathfrak{F}^2}\int\limits_{\mu_{\mathrm{Me}}^{(a)}}^{\mu_{\mathrm{Me}}^{(i)}}\frac{(t_1+t_2)\,t_3}{t_1+t_2+t_3}\,\varkappa\,d\mu_{\mathrm{Me}}. \tag{6.22}$$

Da aber die Summe der Überführungszahlen $t_1 + t_2 + t_3 = 1$ ist, folgt unter gleichzeitiger Verwendung des entsprechenden chemischen Potentials μ_X des Nichtmetalls X (Sauerstoff, Halogen oder Schwefel):

$$k_r = \frac{1}{|z_2|\mathfrak{F}^2} \int\limits_{\mu_X^{(i)}}^{\mu_X^{(a)}} (t_1 + t_2)\, t_3\, \varkappa\, d\mu_X. \qquad (6.23)$$

In dieser von WAGNER abgeleiteten Formel[1] erscheint der Gradient der Konzentrationen der wanderungsfähigen Teilchen zwischen Innen- und Außenseite der Zunderschicht noch nicht, was als großer Vorteil anzusehen ist, da die Abweichungen von der ganzzahligen stöchiometrischen Zusammensetzung infolge ihrer kleinen Werte nur schwer durch das Experiment ermittelt werden können, während die Teilleitfähigkeiten bzw. Überführungszahlen vielfach leichter bestimmbar sind. Die Gültigkeit dieser Beziehung konnte am Beispiel der Oxydation von Kupfer zu Cu_2O nachgewiesen werden[2] (s. S. 640ff.).

Die Oberfläche q des zu oxydierenden Metalls [s. Gl. (6.18)] ist allerdings nur dann konstant — und ihre Stellung vor dem Integralzeichen gerechtfertigt —, wenn es sich um die Oxydation von Blechen handelt. Bei Drähten und kugelförmigen Gebilden hingegen ändert sich die dem angreifenden Gas ausgesetzte Oberfläche mit fortschreitender Zunderung, und q ist dann unter das Integralzeichen zu setzen.

Auf Grund der fortschreitenden Technik in der Herstellung und Handhabung von radioaktiven Isotopen ist es heute in zahlreichen Fällen zweckmäßiger, an Stelle der häufig nur schwer zugänglichen elektrischen Daten (Teilleitfähigkeit und Überführungszahl) den Tracer-Diffusionskoeffizienten der durch die Zunderschicht wandernden Ionenart zu ermitteln. Für die richtige Durchführung solcher Messungen sind jedoch einige Punkte zu beachten, auf die wir noch im nächsten Kapitel zu sprechen kommen. Setzt man in der Ausgangsgleichung (6.9) unter Einführung von Gl. (6.10) für den Bruttostrom der Kationen und Anionen

$$\dot{j}_{1+2} \equiv \dot{j} = \frac{d(n/q)}{dt}$$

und für $\mu_i = RT \ln a_i$ und berücksichtigt die oft erfüllte Tatsache, daß D_i eine Funktion von a_i ist, so erhält man nach einigen Zwischenrechnungen die ebenfalls von WAGNER[3] abgeleitete Formel:

$$k_r = c_e \int\limits_{a_X^{(i)}}^{a_X^{(a)}} \left(\frac{z_1}{z_2} D_1^* + D_2^*\right) d \ln a_X \qquad (6.24)$$

---

[1] WAGNER, C.: Z. phys. Chem. (B) **21**, 25 (1933); **32**, 447 (1936).
[2] WAGNER, C., u. K. GRÜNEWALD: Z. phys. Chem. (B) **40**, 455 (1938).
[3] WAGNER, C.: Diffusion an High-Temperature Oxidation of Metals, in: Atom Movements, S. 153ff. Cleveland 1951.

bzw.

$$k_r = c_e \int\limits_{a_{Me}^{(i)}}^{a_{Me}^{(a)}} \left(D_1^* + \frac{z_2}{z_1} D_2^*\right) d\ln a_{Me}. \tag{6.25}$$

Hier bedeuten D_1^* und D_2^* die Tracer-Diffusionskoeffizienten der Metallionen und Anionen und a_X bzw. a_{Me} die thermodynamische Aktivität des Nichtmetalls bzw. Metalls. Häufig kann man im Falle kleiner Fehlordnungskonzentrationen ideale Bedingungen voraussetzen und an Stelle der Aktivitäten die Konzentrationen bzw. die Partialdrucke

$$\mu_X = RT \ln p_X \tag{6.26}$$

verwenden, die einer direkten Messung leicht zugänglich sind.

Wie wendet man nun die Gln. (6.24) und (6.25) richtig an? Dies ist in der Literatur nicht immer klar beschrieben worden, so daß gelegentlich mit falschen Tracer-Diffusionskoeffizienten gearbeitet wurde. Unter Berücksichtigung der Darstellung von Wagner haben Hauffe und Ilschner[1] die Zusammenhänge zwischen Zunderkonstanten und Tracer-Diffusionskoeffizienten etwas eingehender diskutiert.

6.21 Diffusions- und Zunderkoeffizienten

Betrachten wir auch hier wieder Oxydationsvorgänge bei genügend hohen Temperaturen, wo das Wachstum der Zunderschicht einem parabolischen Zeitgesetz gehorcht. Unter diesen Voraussetzungen gehen wir von der allgemeinen Transportgleichung aus, die für den Fall der ambipolaren Diffusion ohne elektrischen Feldanteil folgendermaßen lautet:

$$j_i(\text{amb}) = -\frac{D_i}{RT} c_i \operatorname{grad} \mu_i \tag{6.27}$$

und führen an Stelle des einer direkten Messung nicht zugänglichen Komponenten-Diffusionskoeffizienten D_i der Komponentensorte i den Transportkoeffizienten T_i ein, der, wie folgt, definiert ist:[2]

$$T_i = -\frac{j_i(\text{amb})}{\operatorname{grad} \mu_i / RT} = D_i c_i. \tag{6.28}$$

Diese Beziehung bedarf jedoch einiger Erläuterungen. Zunächst gilt sie nur im Rahmen der wechselwirkungsfreien Störstellentheorie. Ferner muß man sich im klaren sein, daß unter c_i in der Beziehung $T_i = D_i c_i$ nicht nur, wie im Störstellenfall, die Konzentration von Teilchen zu verstehen ist, die sich wirklich bewegen. Die Definition von i als unabhängiger Bestandteil enthält ja keine Aussagen über die Verteilung des i-Gehaltes auf Gitterplätzen und Störstellen. Man wird sich deshalb in der gesamten Volumenkonzentration c_i eine Gesamtheit von unbeweglichen und mehr oder weniger beweglichen Teilchen zusammengefaßt zu denken

---

[1] Hauffe, K., u. B. Ilschner: Z. Elektrochem. Ber. Bunsenges. phys. Chem. 58, 467 (1954).

[2] Hauffe, K., u. W. Schottky: Deckschichtbildung auf Metallen, in: Halbleiterprobleme, Bd. 5, S. 217ff. Braunschweig 1960.

haben. Es besteht hier ein Zusammenhang mit der bekannten Unterscheidung von „freier" und „Reise"-Beweglichkeit von geladenen Teilchen, wobei im letzten Fall die „Aufenthalte auf den Stationen" (zeitweilig ruhende Zustände) mitberücksichtigt sind. Der üblichen Konvention entspricht es, D_i durch T_i/c_i zu definieren, wobei c_i die Volumenkonzentration der i-Teilchen in nahezu stöchiometrischen Gittern praktisch mit der Volumenkonzentration c_i^0 im störstellenfreien Gitter gleichgesetzt werden kann, also:

$$D_i = T_i/c_i^0. \tag{6.29}$$

Unter Berücksichtigung dieses Zusammenhanges und der Darstellung in Kap. 6.2 erhalten wir also in T-Schreibweise mit den in Gl. (6.24) und (6.25) benutzten Indizes für

$$k_r = -\frac{1}{c_1^0} \int\limits_{\mu_1^{(i)}}^{\mu_1^{(a)}} \left(T_1 + \left(\frac{c_1^0}{c_2^0}\right) T_2\right) d\mu_1/RT \tag{6.30}$$

oder unter Verwendung der Komponenten-Diffusionskoeffizienten D_1 und D_2:

$$k_r = -\frac{1}{RT} \int\limits_{\mu_1^{(i)}}^{\mu_1^{(a)}} \left(D_1 + \frac{c_1^0}{c_2^0} D_2\right) d\mu_1. \tag{6.31}$$

Setzt man nun an Stelle der Komponenten-Diffusionskoeffizienten die Tracer-Diffusionskoeffizienten der entsprechenden Ionensorte, die unter Verwendung radioaktiver Isotope (Tracer) erhalten wurden, so sind prinzipiell zwei Faktoren zu berücksichtigen:

1. aus der D_i entsprechenden Wanderungswahrscheinlichkeit einer Fehlordnungsstelle und

2. aus der Wahrscheinlichkeit dafür, daß dem Isotop entweder eine Leerstelle benachbart ist, in die es springen kann, oder aber, daß es sich selbst auf Zwischengitterplatz befindet. Im Gegensatz zu den Fehlordnungsstellen müssen nämlich bildhaft gesprochen, die radioaktiven Gitterionen auf ein „Beförderungsmittel" warten, während die Fehlordnungsstellen „Selbstfahrer" sind. Dadurch kommt in den Gleichungen für die Diffusionskoeffizienten neben der Aktivierungsenergie zur Überwindung der Sattelhöhen U noch zusätzlich die Aktivierungsenergie E_F für die Bildung einer Fehlordnungsstelle hinzu, also:

$$D_i^* = \text{const} \exp\{-(U + E_F)/RT\}. \tag{6.32}$$

Somit gilt für das Verhältnis der beiden Diffusionskoeffizienten

$$D_i^*/D_i \sim \exp(-E_F/RT) \tag{6.33}$$

oder

$$D_i > D_i^*.$$

Auch hier ist noch die Mitwirkung eines vom Transportmechanismus abhängigen „Korrelationsfaktors" f_i zu berücksichtigen (s. Kap. 5.28).

Ein drastisches, wenn auch quantitativ noch nicht auswertbares Beispiel für die hohe Geschwindigkeit ambipolarer Diffusionsvorgänge im Vergleich mit Tracer-Diffusionseffekten liefern die ZnO-Messungen von THOMAS[1], wo die Eindring- bzw. Auswanderungsgeschwindigkeit metallischer Überschußstörstellen aus den zeitlichen Änderungen der elektronischen Leitfähigkeit ermittelt wurde.

Zum Verständnis dieser Zusammenhänge betrachten wir zwei Sonderfälle, die Oxydation von Zink zu ZnO und die von Kupfer zu Cu_2O. Nehmen wir im ersten Oxydationssystem $Zn^{\bullet}$ und e' als einzige Störstellen an, also 1wertig geladene Zn-Ionen auf Zwischengitterplätzen und freie Elektronen, so können wir in Gl. (6.30) $T_2 = 0$ setzen und für T_1:

$$T_1 = c^0_{\mathrm{Zn}}\, D_{\mathrm{Zn}} = c_{\mathrm{Zn}^{\bullet}}\, D_{\mathrm{Zn}^{\bullet}}. \tag{6.34}$$

Um $d\mu_1 \equiv d\mu_{\mathrm{Zn}}$ in Gl. (6.30) durch $c_{\mathrm{Zn}^{\bullet}}$ auszudrücken, haben wir

$$\mu_{\mathrm{Zn}^{\bullet}} = \mu^0_{\mathrm{Zn}^{\bullet}} + RT \ln (c_{\mathrm{Zn}^{\bullet}}/c^0_{\mathrm{Zn}}) \tag{6.35}$$

$$\mu_{\mathrm{Zn}} = \mu_{\mathrm{Zn}^{\bullet}} + \mu_- \tag{6.36}$$

und

$$c_- = c_{\mathrm{Zn}^{\bullet}} \tag{6.37}$$

zu benutzen, wo μ_- das chemische Potential der Elektronen und c_- die Volumenkonzentration der freien Elektronen bedeutet.

Unter Berücksichtigung der Gln. (6.34) bis (6.37) erhält man aus Gl. (6.30) allgemein:

$$k' = -\alpha_{\mathrm{Zn}}(1 + z_{\mathrm{Zn}}) \frac{D_{\mathrm{Zn}}}{c^0_{\mathrm{Zn}}} \int\limits_{c^{(i)}_{\mathrm{Zn}}}^{c^{(a)}_{\mathrm{Zn}}} dc_{\mathrm{Zn}^{\bullet}}$$

oder ausgerechnet

$$k' = \alpha_{\mathrm{Zn}}(1 + z_{\mathrm{Zn}}) \frac{D_{\mathrm{Zn}}}{c^0_{\mathrm{Zn}}} (c^{(i)}_{\mathrm{Zn}^{\bullet}} - c^{(a)}_{\mathrm{Zn}^{\bullet}}) \ \mathrm{cm^2/sec}. \tag{6.38}$$

Hier kennzeichnet $\alpha_{\mathrm{Zn}} = +1$ den Zn-Gehalt der Atomgruppe ZnO und $z_{\mathrm{Zn}} = 2$ die Wertigkeit der Zinkionen. Unter der Voraussetzung, daß nur 1wertig geladene Zn-Ionen auf Zwischengitterplätzen wandern, folgt aus Gl. (6.38):

$$k' = 2 \frac{c^{(i)}_{\mathrm{Zn}^{\bullet}}}{c^0_{\mathrm{Zn}}} D^{(i)}_{\mathrm{Zn}^{\bullet}}. \tag{6.39}$$

Der Index i am D soll kennzeichnen, daß es sich um den Diffusionskoeffizienten in ZnO handelt, das mit Zink im Gleichgewicht steht. In gleicher Weise ist auch nur die Konzentration der $Zn^{\bullet}$-Störstellen an der Phasengrenze Zn/ZnO (s. Abb. 6.6) maßgebend.

Verwenden wir die von THOMAS[1] ermittelten Komponenten-Diffusionskoeffizienten der Zn-Ionen zwischen 200 und 400 °C, erhalten aus Leitfähigkeitsmessungen,

$$2 D^{(i)}_{\mathrm{Zn}} = 5{,}3 \cdot 10^{-4} \exp(-0{,}55/\mathfrak{B}) \ \mathrm{cm^2/sec}$$

[1] THOMAS, D. G.: J. Phys. Chem. Solids 3, 229 (1957).

und setzen als Zahlenwert für $c^{(i)}_{Zn^{\cdot}}/c^0_{Zn} = 1{,}2 \cdot 10^{-7}$ bei 400 °C ein, so ergibt sich der berechnete k'-Wert zu $4{,}7 \cdot 10^{-15}$ cm²/sec, ein Wert, der etwa um den Faktor 15 kleiner ist als der von GENSCH und HAUFFE[1] experimentell erhaltene (s. S. 673).

Einen zu Gl. (6.38) komplementären Fall haben wir bei der Oxydation von Kupfer zu Cu_2O im Bereich hoher Temperaturen vor uns.

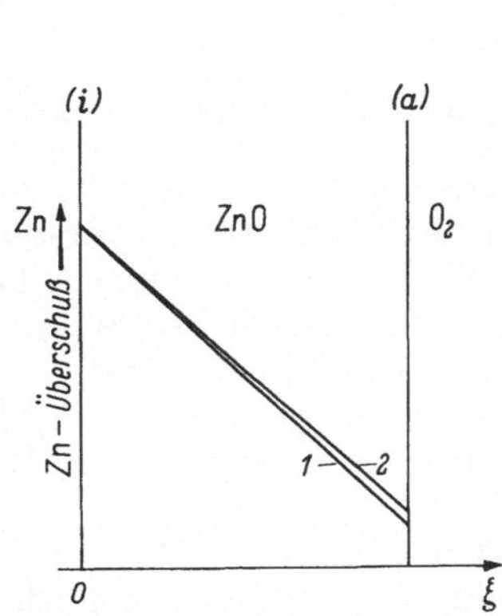

Abb. 6.6. Konzentrationsverlauf des Zinküberschusses in der ZnO-Schicht. Die Geraden *1* und *2* kennzeichnen das Konzentrationsgefälle der Zn-Ionen auf Zwischengitterplätzen bei $p_{O_2} = 1$ und 0,01 atm.

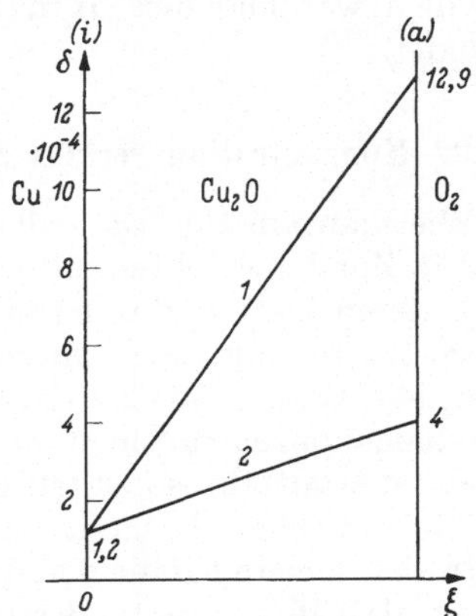

Abb. 6.7. Graphische Darstellung des Kupferdefizits δ in einer $Cu_{2-\delta}O$-Schicht während der Oxydation bei $8{,}3 \cdot 10^{-2}$ (1) und $3{,}0 \cdot 10^{-4}$ atm (2) Sauerstoff und 1000° C nach WAGNER.

An Stelle von $Zn^{\cdot}$ ist hier $|Cu|'$ als Störstelle mit Defektelektronen $|e|^{\cdot}$ als elektronischer Ladungsträger zu setzen Ferner gilt $\alpha_{|Cu|'} = -1$ und $z_{Cu} = +1$. Entsprechend gilt:

$$k' = 2 D_{Cu}/c^0_{Cu}\,(c^{(a)}_{|Cu|'} - c^{(i)}_{|Cu|'}) \tag{6.40}$$

bzw.

$$k' = 2 f_{Cu} \frac{c^{(a)}_{|Cu|'}}{c^0_{Cu}} D^{(a)}_{Cu}, \tag{6.40a}$$

da hier $c^{(i)}_{|Cu|'} \ll c^{(a)}_{|Cu|'}$ ist (s. Abb. 6.7). Da es sich hier um einen Lückendiffusionsmechanismus handelt, ist im Falle der Verwendung von Tracer-Diffusionskoeffizienten der Korrelationsfaktor f_{Cu} zu berücksichtigen (s. S. 509). Unter Vernachlässigung dieser Korrektur konnten MOORE und SELIKSON[2] eine befriedigende Übereinstimmung ihrer Meßergebnisse mit den aus Gl. (6.40a) errechneten Werten nachweisen.

Hieraus ergibt sich als Regel für die Bestimmung von Zunderkonstanten aus Diffusions- und Tracer-Diffusionsmessungen:

1. Für Zundersysteme mit n-leitenden Deckschichten — ganz gleich, ob mit Anionenleerstellen oder mit Kationen auf Zwischengitterplätzen — ist stets der Diffusionskoeffizient der Anionen bzw. Kationen im Kristall-

---

[1] GENSCH, C., u. K. HAUFFE: Z. phys. Chem. **196**, 496 (1950).

[2] MOORE, W. J., u. B. SELIKSON: J. chem. Phys. **19**, 1539 (1951); **20**, 927 (1952).

gitter der Zunderschicht zu bestimmen, die sich im Gleichgewicht mit der Metallphase befindet.

2. Für Zundersysteme mit p-leitenden Deckschichten — ganz gleich ob mit Kationenleerstellen oder mit Anionen auf Zwischengitterplätzen — ist stets der Diffusionskoeffizient der Kationen bzw. Anionen in dem Kristallgitter der Zunderschicht zu bestimmen, die sich im Gleichgewicht mit dem während der Oxydation herrschenden Sauerstoffpartialdruck befindet.

6.22 Konzentrationsverlauf der Störstellen in der Zunderschicht

Wie man aus der Darstellung im vorigen Kapitel entnehmen kann, wird in Zunderschichten mit nur einer einheitlich geladenen Störstellensorte, deren Ladung durch freie Elektronen bzw. Defektelektronen kompensiert wird, mit einem linearen Konzentrationsgefälle der Störstellen gerechnet. Gelingt es also, die beim Oxydationsprozeß sich einstellenden Störstellenkonzentrationen in den verschiedenen Tiefen der Schicht genau zu ermitteln, so ist auf diese Weise der erwünschte Vergleich mit den theoretischen Ansätzen möglich.

In den meisten Fällen sind die Störstellenkonzentrationen jedoch so gering, daß ihre direkte Bestimmung nicht ohne weiteres möglich ist. Sehr hohe Störstellenkonzentrationen treten aber in der FeO-Phase der Zunderschicht auf Eisen auf. Diese Wüstitphase, die sich oberhalb 570 °C als unterste Teilschicht der Zunderschicht bildet, ist bei höheren Sauerstoffdrucken durch eine Fe_3O_4-Schicht gegen den direkten Sauerstoffzutritt abgedeckt. Hierdurch wird ein definierter μ_{Fe}-Wert bzw. eine definierte Fe-Ionenleerstellen-Konzentration im FeO an der Phasengrenze FeO/Fe_3O_4 festgelegt, die nur noch von der Temperatur abhängt und unabhängig vom vorgegebenen Sauerstoffdruck in der Gasphase ist. Unter Verwendung eines elektrochemischen Verfahrens gelang es ENGELL[1], den Störstellenverlauf in der FeO-Schicht zu messen.[2]

An Hand gravimetrischer Messungen an zu FeO durchoxydierter Eisenfolien konnte festgestellt werden, daß hier Eisenionen-Leerstellen in erheblicher Konzentration vorhanden sind[3] (s. S. 194). Deutet man die Zusammensetzung der Phase durch $Fe_{1-y}O$ an und sind keine Mehrfachlücken, z. B. $|Fe_2|$, vorhanden, so ist die resultierende Volumenkonzentration c_{Fe} der Fe-Ionen gleich $c^0_{Fe} - c_{|Fe|''} = c^0_{Fe}(1 - c_{|Fe|''}/c^0_{Fe})$, also:

$$y = c_{|Fe|''}/c^0_{Fe}, \tag{6.41}$$

wobei c^0_{Fe} die Konzentration der Eisenionen im ungestörten, stöchiometrisch aufgebauten Wüstitgitter bedeutet. Bei Versuchstemperaturen oberhalb 700 °C kann man ferner mit einer vollständigen Dissoziation der Fe-Ionenlücken rechnen; d. h., es wird keine fixatronartige Bindung

---

[1] ENGELL, H. J.: Z. Elektrochem. Ber. Bunsenges. phys. Chem. **63**, 835 (1959).

[2] ENGELL, H. J.: Z. Elektrochem. Ber. Bunsenges. phys. Chem. **60**, 905 (1956); Arch. Eisenhüttenwes. **28**, 109 (1957).

[3] HAUFFE, K., u. H. PFEIFFER: Z. Metallkde. **44**, 27 (1953).

zwischen den Lücken und den Defektelektronen auftreten.[1] Wir haben also eine einzige Störstellenart $|\mathrm{Fe}|''$, die durch $2\,|\mathrm{e}|^{\bullet}$ kompensiert wird, also:

$$y = 2c_{+}/c_{\mathrm{Fe}}^{0}. \tag{6.42}$$

Damit wird $\operatorname{grad} c_{|\mathrm{Fe}|''}$ und $\operatorname{grad} c_{+} = \mathrm{const}$; die Dichte beider Teilchensorten nimmt von der Metallseite zur Sauerstoffseite linear zu.

Das Bestimmungsverfahren von ENGELL beruht auf dem Nachweis der jeweiligen $|\mathrm{e}|^{\bullet}$-Konzentration in verschiedenen Schichttiefen. Hierbei wird die abgeschreckte Metall/Deckschicht-Anordnung nach Ablösung der Fe_3O_4-Schicht — wenn eine solche vorhanden ist — der Wirkung einer sauren Lösung ausgesetzt, was bei der Meßtemperatur ohne Konzentrationsänderung von $c_{|\mathrm{Fe}|''}$ und damit von c_{+} innerhalb der Schicht möglich ist. Es geht jetzt FeO neutral in Form von Fe^{2+}- und OH^{-}-Ionen in Lösung, wobei im Effekt in der Lösung $2\,H^{+}$ durch $1\,Fe^{2+}$ ersetzt wird. Das ist aber nur für das ungestörte FeO-Gitter in vollem Umfang möglich; im gestörten FeO-Gitter bleiben bei diesem Prozeß überschüssige O^{2-}-Ionen und Defektelektronen zurück. Hier müssen die O^{2-}, die als OH^{-} in Lösung gehen, durch einen die ganze Anordnung durchfließenden Elektrolytstrom weggeführt werden, falls nicht auch ein Übergang von Defektelektronen in den Elektrolyten möglich ist. Das könnte nur in der Form geschehen, daß die Fe^{2+} in einer dem $|\mathrm{e}|^{\bullet}$-Gehalt der abgebauten differentiellen Schichtdicke entsprechenden Menge als Fe^{3+} in Lösung gehen. Arbeitet man aber mit Wasserstoffpotentialen von etwa $+300$ mV, so ist eine solche Umladung noch nicht möglich und ebensowenig auch ein Übergang von Defektelektronen zu den OH^{-}-Ionen, der zur Sauerstoffentwicklung führen würde. Es muß also der durchgehende Strom der Ladung der überschüssigen O^{2-} in der differentiellen Prüfschicht entsprechen, und damit auch der Ladung der in der Schicht enthaltenen Defektelektronen. Durch gleichzeitige Bestimmung der differentiell in Lösung gehenden Eisenmenge und des fließenden Elektrolytstroms ist es also möglich, das Verhältnis $c_{+}/c_{\mathrm{Fe}}^{0} = c_{+}(1 - 2c_{+}/c_{\mathrm{Fe}}^{0})$ und damit auch $c_{|\mathrm{Fe}|''}/c_{\mathrm{Fe}}^{0} = y$ zu bestimmen.

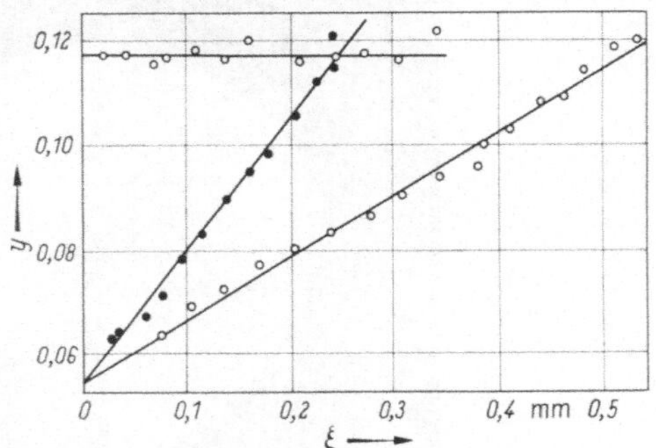

Abb. 6.8. Verlauf von y in bei 900°C an Luft entstandenen Wüstit-Anlaufschichten verschiedener Dicke (Kurve *1* und *2*) nach ENGELL; Kurve *3* bei Unterbrechung der Haftung von FeO auf Eisen.

Abb. 6.8 zeigt das Ergebnis derartiger Versuche. Hier sind die y-Werte für zwei verschiedene Schichtdicken als Funktion des Abstandes ξ von

[1] SCHOTTKY, W., u. F. STÖCKMANN: Vergleichende Betrachtungen über die Natur der Störstellen in Halbleitern und Phosphoren, in: Halbleiterprobleme, Bd. 1, S. 80ff. Braunschweig 1954.

der Metallgrenze aufgetragen (Meßreihe 1 und 2). Wie man erkennt, ist y an der Metallseite nicht gleich Null, sondern hat bereits einen relativ sehr großen Wert, der bei der Versuchstemperatur von 900 °C etwa 6% beträgt. Von diesem Wert aus steigt y in beiden Meßreihen praktisch linear bis auf etwa 12%, also den doppelten Wert, an. Ein solcher, die theoretische Erwartung bestätigender Verlauf wird aber nur beobachtet,

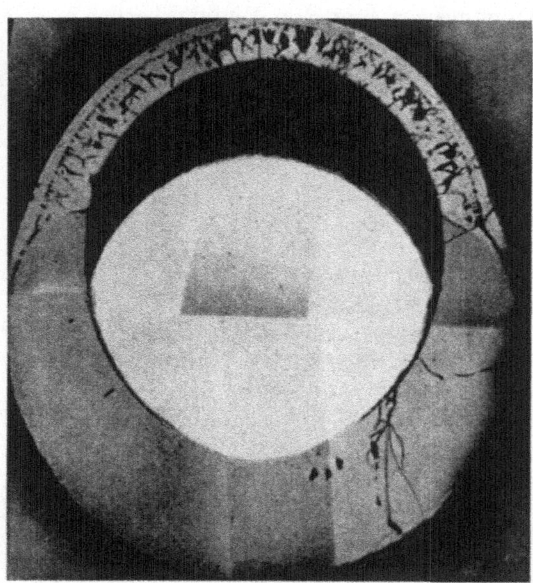

Abb. 6.9. Querschliff durch einen bei 750°C in Sauerstoff oxydierten Reineisendraht nach ENGELL. Die Schicht über dem Hohlraum besteht praktisch nur noch aus Fe_3O_4.

wenn zwischen der FeO-Schicht und dem Metall inniger Kontakt vorhanden ist. Dieser Kontakt wird unterbrochen, wenn infolge einer Krümmung der Metalloberfläche und der plastischen Unnachgiebigkeit der gebildeten Oxidschicht — wofür besonders die sehr starre Fe_3O_4-Schicht verantwortlich gemacht wird — ein Abreißen der FeO-Schicht vom Metall stattfindet (s. Abb. 6.9). Durch das Ablösen der FeO-Schicht fehlt die Fe-Nachlieferung, so daß es nunmehr zu einer Aufoxydation der inneren Seite der FeO-Schicht kommt und schließlich die y-Konzentration kein Gefälle mehr zeigt (Gerade 3 in Abb. 6.8).

Die Messungen ergeben nicht nur eine Bestätigung der in der WAGNERschen Theorie neutraler Deckschichten eingeführten Grundvoraussetzungen, sondern sie zeigen auch, daß man selbst bei diesen relativ hohen Störstellenkonzentrationen noch keine merklichen Abweichungen von dem Ansatz $\mu_+ = \text{const} + \mathfrak{B} \ln c_+$ in Betracht zu ziehen braucht. Für die Defektelektronen ist das insofern unerwartet, wie bereits auf S. 195 diskutiert, als hier absolute Volumenkonzentrationen von etwa $10^{21}/\text{cm}^3$ ins Spiel kommen, bei denen man an sich bereits mit Entartung rechnen würde.

Es sei darauf hingewiesen, daß die y-Werte von ENGELL im Einklang stehen mit y-Bestimmungen an homogenen FeO-Proben, die (bei der ENGELLschen Versuchstemperatur) variablen Sauerstoffdrucken innerhalb des Existenzgebietes der FeO-Phase unterworfen werden.[1] Bemerkenswert ist, daß in diesem Existenzgebiet, und damit auch in den ENGELLschen Messungen, y nur im Verhältnis 1 : 2 variiert. Die entsprechende $\mu_{|Fe|''}$-Differenz ist also nur $\mathfrak{B} \ln 2$, und die entsprechende μ_{Fe}-Differenz ist $(1 + z_{Fe}) = 3$mal so groß. Es ist hier also auch die gewöhnlich bei ambipolarer Diffusion zulässige Annahme, daß die Störstellenkonzentration an der störstellenärmeren Seite keinen Einfluß auf die k'-Konstante hat, wie dies im Falle der Cu_2O-Bildung auf Kupfer erlaubt ist (s. S. 640ff.), nicht mehr erfüllt.

Der von ENGELL beobachtete gradlinige y-Verlauf wäre auch dann zu erwarten, wenn nicht $|Fe|'' + 2|e|^{\bullet}$, sondern nur $|Fe|' + |e|^{\bullet}$ oder nur $|Fe|^{\times}$ als Störstelle vorhanden wäre. Eine Entscheidung zwischen diesen Fällen ist jedoch auf Grund der HAUFFE-PFEIFFERschen (y, p_{O_2})-Messungen möglich. Im ersten Fall wäre $y \sim p_{O_2}^{1/6}$, in den beiden anderen Fällen $y \sim p_{O_2}^{1/4}$ bzw. $p_{O_2}^{1/2}$. Die experimentellen Befunde sprechen zugunsten der ersten Annahme.[1] Gleichzeitiges Auftreten von mehr als einer beweglichen Störstellenart würde zu nichtlinearen Änderungen von y führen, ist jedoch nach den Versuchsergebnissen von ENGELL auszuschließen.

Über den Einfluß des Wüstitzerfalls auf die Haftfestigkeit der Zunderschicht berichten ENGELL und PETERS[2]. Der Wüstitzerfall, der bei langsamer Abkühlung der Zunderschicht unter 570 °C abläuft, beeinflußt die Haftfestigkeit des Zunders nicht.

6.3 Formeln für die Auswertung von Zunderversuchen ohne Berücksichtigung der Phasengrenzreaktion

Zur praktischen Untersuchung des Zundervorganges haben sich besonders drei Verfahren als einfach und brauchbar herausgestellt. Ohne im einzelnen auf die Versuchsanordnung einzugehen, die jeweils später an einem ausgewählten System besprochen werden wird, sollen hier nur die Art des Meßverfahrens und die hierfür zur Auswertung notwendigen Formeln niedergeschrieben werden.

In den ersten Zunderversuchen wurde die Zunahme der Schichtdicke als Funktion der Zeit durch Betrachtung der Anlauffarben gemessen. Dieses Verfahren wurde u.a. von TAMMANN[3] angewandt. Durch Integration der Formel (6.2) ergibt sich die für die Berechnung der TAMMANN-

[1] HAUFFE, K., u. H. PFEIFFER: Z. Metallkde. **44**, 27 (1953).
[2] ENGELL, H. J., u. F. K. PETERS: Arch. Eisenhüttenwes. **28**, 567 (1957).
[3] TAMMANN, G.: Z. anorg. allg. Chem. **111**, 78 (1920). — G. TAMMANN u. W. KÖSTER: Z. anorg. allg. Chem. **123**, 196 (1922). — G. TAMMANN: Z. anorg. allg. Chem. **124**, 25 (1923). — G. TAMMANN u. E. SCHRÖDER: Z. anorg. allg. Chem. **182**, 179 (1923). — G. TAMMANN u. H. BREDEMEIER: Z. anorg. allg. Chem. **136**, 337 (1924). — G. TAMMANN u. G. SIEBEL: Z. anorg. allg. Chem. **148**, 297 (1925); **152**, 149 (1926). — Vgl. auch G. JUNG: Z. phys. Chem. (A) **119**, 111 (1926).

schen Anlauf- bzw. Zunderkonstanten k' wichtige Beziehung

$$(\Delta \xi)^2 = 2k' t. \tag{6.43}$$

Häufig ist es jedoch zweckmäßiger, die TAMMANNsche Zunderkonstante k' durch die rationelle Zunderkonstante k zu ersetzen. Dies geschieht durch Einführung von Äquivalentgrößen, wie des Äquivalentvolumens $\tilde{v}$ (= Äquivalentgewicht/Dichte) und der Äquivalentzahl $\tilde{n}$. Zur Umrechnung verwenden wir die folgende Beziehung:

$$\tilde{n} = \frac{\Delta \xi q}{\tilde{v}}. \tag{6.44}$$

Differentiation nach der Zeit t ergibt:

$$\frac{d\tilde{n}}{dt} = \frac{q}{\tilde{v}} \frac{d(\Delta \xi)}{dt}. \tag{6.45}$$

Aus (6.45) und (6.2) folgt:

$$\frac{d\tilde{n}}{dt} = \frac{q}{\Delta \xi} \frac{k'}{\tilde{v}}. \tag{6.46}$$

Hieraus ergibt sich die Umrechnungsformel für die rationelle Zunderkonstante:

$$k = \frac{k'}{\tilde{v}}. \tag{6.47}$$

Ähnliche Umrechnungsformeln haben bereits andere Autoren[1] verwandt, die aus optischen Meßverfahren, wie z. B. aus einer spektral-photometrischen Methode, den zeitlichen Verlauf des Schichtdickenwachstums verfolgten.[2] Eine ausführliche Darstellung dieser Methode mit einer eingehenden Fehlerdiskussion haben MASING[3] wie auch EVANS[4] gegeben. In der neueren Literatur findet sich eine kritische Betrachtung der optischen Meßverfahren mit einer Diskussion über die Theorie der Anlauffarben von WINTERBOTTOM[5], zusammengestellt im Anhang zur Neuauflage des Buches von EVANS. Diese Methoden eignen sich jedoch nur zur Messung dünner Anlaufschichten.

Zur Bestimmung dickerer Oxidschichten, die wir als Zunderschichten bezeichnen, kann die Zunahme der Schichtdicke durch Bestimmung der Gewichtszunahme Δm beobachtet werden.[6,7] Dies geschieht beispielsweise in einer zweckmäßigen Versuchsanordnung mittels einer Quarz-

---

[1] DUNN, J.S.: Proc. Roy. Soc. [London] (A) **111**, 210 (1926). — F.H. CONSTABLE: Proc. Roy. Soc. [London] (A) **115**, 570 (1927). — U.R. EVANS: J. Soc. chem. Ind. (Transactions) **45**, 211 (1926). — U.R. EVANS u. L.C. BANNISTER: Proc. Roy. Soc. [London] (A) **125**, 370 (1929). — U. R. EVANS: Kolloid-Z. **69**, 129 (1934).

[2] TAMMANN, G., u. G. SIEBEL: Z. anorg. allg. Chem. **152**, 149 (1926). — F. H. CONSTABLE: Proc. Roy. Soc. [London] (A) **117**, 376 (1928); **125**, 630 (1929). — K. FISCHBECK: Z. Elektrochem. angew. phys. Chem. **37**, 593 (1931).

[3] MASING, G.: Korrosion metallischer Werkstoffe, hrsg. von O. BAUER, O. KRÖHNKE u. G. MASING, Bd. 1, S. 97ff. Leipzig 1936.

[4] EVANS, U. R.: Kolloid-Z. **69**, 129 (1934).

[5] WINTERBOTTOM, A. B., u. U. R. EVANS: Metallic corrosion, passivity and protection. London 1946.

[6] PILLING, N. B., u. R. E. BEDWORTH: J. Inst. Metals **29**, 529 (1923).

[7] FEITKNECHT, W.: Z. Elektrochem. angew. phys. Chem. **35**, 142 (1926).

waage[1,2] oder einer magnetischen Waage.[3] Eine besonders empfindliche Waage wurde von GULBRANSEN[4] entwickelt.

Analog zu (6.43) ergibt sich aus der Massenzunahme je Oberflächen- und Zeiteinheit die praktische Zunderkonstante k'' ($g^2\,cm^{-4}\,sec^{-1}$ oder auch $g^2\,cm^{-4}\,h^{-1}$) zu

$$\frac{1}{t}\left(\frac{\Delta m}{q}\right)^2 = k''. \tag{6.43a}$$

Die Gewichtszunahme Δm ist gleich dem Produkt aus Äquivalentzahl $\tilde{n}$ und Äquivalentgewicht der Komponente X (Nichtmetall) [= Atomgewicht A_X/Wertigkeit $|z_2|$]. Lösen wir (6.44) nach $\Delta\xi$ auf, so erhalten wir:

$$\Delta\xi = \frac{\tilde{n}\,\tilde{v}}{q} = \frac{\Delta m\,\tilde{v}\,|z_2|}{q\,A_X}. \tag{6.48}$$

Durch Einsetzen von (6.48) in (6.43) ergibt sich:

$$\frac{1}{t}\left(\frac{\Delta m}{q}\right)^2\left(\frac{|z_2|\,\tilde{v}}{A_X}\right)^2 = 2k'. \tag{6.49}$$

Aus (6.49) und (6.43a) folgt weiter:

$$k' = \frac{1}{2}\left(\frac{|z_2|\,\tilde{v}}{A_X}\right)^2 k''. \tag{6.50}$$

Hieraus folgt schließlich durch Verwendung von (6.47)

$$k = \frac{1}{2}\,\tilde{v}\left(\frac{|z_2|}{A_X}\right)^2 k''. \tag{6.51}$$

Formel (6.51) kann auch zur Auswertung von Meßwerten herangezogen werden, die durch Verfolgung der Druckabnahme des gasförmigen Oxydationsmittels (z. B. Sauerstoff) in einer geeichten statisch arbeitenden Zunderapparatur erhalten werden.[5,6] Das gleiche gilt für die Ermittlung von Oxydationskonstanten, die aus gasvolumetrischen Meßergebnissen berechnet werden sollen.[7]

Eine weitere Bestimmungsmethode der rationellen Zunderkonstanten k erscheint auf Grund der verschiedenen elektrischen Leitfähigkeit der Metalle und der Oxid- bzw. Sulfidphasen möglich. Entsprechend dem um Zehnerpotenzen niedrigeren Wert der elektrischen Leitfähigkeit der Zunderschicht wird im Augenblick des Verschwindens der noch vor-

[1] WAGNER, C., u. K. GRÜNEWALD: Z. phys. Chem. (B) 40, 455 (1938).

[2] GULBRANSEN, E. A.: Rev. Sci. Instruments 15, 201 (1944). — K. HAUFFE u. CH. GENSCH: Z. phys. Chem. 195, 116 (1950). — O. NEUNHOEFFER u. K. HAUFFE: Z. anorg. allg. Chem. 262, 300 (1950).

[3] Vgl. u. a. H. DÜNWALD u. C. WAGNER: Z. anorg. allg. Chem. 199, 321 (1931). — R. J. MAURER: J. chem. Phys. 13, 321 (1945).

[4] GULBRANSEN, E. A.: Rev. sci. Instrum. 15, 201 (1944); Trans. Electrochem. Soc. 81, 187 (1942).

[5] WAGNER, C., u. K. GRÜNEWALD: Z. phys. Chem. (B) 40, 455 (1938).

[6] HAUFFE, K.: Z. anorg. allg. Chem. 257, 279 (1948).

[7] HINSHELWOOD, C. N.: Proc. Roy. Soc. [London] (A) 102, 318 (1922). — F. J. WILKINS u. E. K. RIDEAL: Proc. Roy. Soc. [London] (A) 128, 394 (1930). — A. PORTEVIN, E. PRETET u. A. JOLIVET: Rev. Métallurg. 31, 101, 186, 219 (1934); J. Iron Steel Inst. 130, 219 (1934). — K. FISCHBECK u. F. SALZER: Metallwirtsch., Metallwiss., Metalltechn. 14, 733, 753 (1935). — G. VALENSI: Bull. Soc. chim. France (5) 3, 1405 (1936).

handenen metallischen Phasen eine verhältnismäßig rasche Widerstandszunahme erfolgen. Bezeichnen wir die Zeit zwischen Reaktionsbeginn und Widerstandssprung mit τ und die Dicke des Metallblocks zu Versuchsbeginn mit δ, wobei man noch berücksichtigen muß, daß am Ende der Reaktion die Dicke δ im Verhältnis der Äquivalentvolumina $\tilde{v}$ (Zunderschicht) und $\tilde{v}_{Me}$ (Metall) gewachsen ist, so ergibt sich folgende Beziehung:

$$\Delta \xi = \frac{1}{2} \delta \frac{\tilde{v}}{\tilde{v}_{Me}} . \tag{6.52}$$

Unter Berücksichtigung von (6.43) und (6.47) erhält man schließlich

$$k = \frac{1}{8} \frac{\delta^2}{\tau} \frac{\tilde{v}}{\tilde{v}^2_{Me}} . \tag{6.53}$$

Zur Untersuchung von Systemen mit langsamer Zundergeschwindigkeit ist jedoch diese Bestimmungsmethode wegen der sehr mühsamen und zeitraubenden Ermittlung des Widerstandssprunges unzweckmäßig und in den meisten Fällen durch eine der oben beschriebenen Methoden mit ihren verschiedenen Variationsmöglichkeiten in der experimentellen Durchführung zu ersetzen. Für eine bequeme formelmäßige Auswertung von k ist jedoch besonders die dritte Methode geeignet, da hier nur die Versuchszeit experimentell zu ermitteln ist, während alle anderen Größen bekannt sind.[1]

6.4 Zundersysteme mit ionenleitenden Deckschichten

Die bei der Halogenierung von Silber und Blei bei höheren Temperaturen sich ausbildenden Deckschichten zeigen praktisch reine Ionenleitung, wie Überführungsmessungen von TUBANDT und Mitarbeitern[2] ergeben haben. In gleicher Weise bilden sich bei der Chlorierung und Bromierung von Kupfer im Existenzgebiet der CuCl- bzw. CuBr-Phase bei Temperaturen über 300 °C überwiegend ionenleitende Deckschichten aus. Die höheren Oxydationsstufen der Halogenide, $CuCl_2$ und $CuBr_2$ sind unterhalb 200 °C überwiegende Elektronenleiter. Schon TAMMANN[3] konnte zeigen, daß auch relativ edle Metalle, wie z. B. Silber, mit gasförmigen Halogenen bereits bei Zimmertemperatur und relativ rasch bei höheren Temperaturen (250 bis 350 °C) reagieren, wobei sie sich mit einer festhaftenden porenfreien Deckschicht des betreffenden Halogenids überziehen. Die Versuchsergebnisse lassen sich durch ein parabolisches Zeitgesetz beschreiben. Besonders auffallend und ungeklärt ist die Temperaturunabhängigkeit der Halogenierungsgeschwindigkeit von Silber in Jod zwischen 15 und 140 °C im Existenzgebiet der β-AgJ-Phase

---

[1] PALMER, W. G.: Proc. Roy. Soc. [London] (A) **103**, 444 (1923). — N. B. PILLING u. R. E. BEDWORTH: Ind. Engng. Chem. **17**, 372 (1925). — J. S. DUNN: Proc. Roy. Soc. [London] (A) **111**, 210 (1926). — H. REINHOLD u. H. MÖHRING: Z. phys. Chem. (B) **28**, 178 (1935).

[2] TUBANDT, C.: Leitfähigkeit und Überführungszahlen in festen Elektrolyten, Hdb. Exp.-Phys. XII, 1, S. 381ff. Leipzig 1932.

[3] Vgl. bei C. WAGNER: Chemische Reaktion der Metalle, in: Hdb. Metallphysik, Bd. I, 2, S. 151, hrsg. von G. MASING. Leipzig 1940.

und zwischen 146 und 180 °C im Existenzgebiet der α-AgJ-Phase. Ebenso wurde für die Chlorierung bzw. Bromierung von Silber zwischen 240 und 277 °C bzw. 135 und 210 °C sowie für die Jodierung von Kupfer zwischen 15 und 217 °C ein ähnliches Verhalten des Temperaturkoeffizienten der Halogenierungsgeschwindigkeit gefunden.

Als besonders gut untersuchtes Beispiel sei hier die Bromierung und Chlorierung von Silber behandelt. Im Anschluß an Messungen von TAMMANN und KÖSTER[1] sowie KOHLSCHÜTTER und KRÄHENBÜHL[2] studierte WAGNER[3] besonders bei höheren Temperaturen die Chlorierungs- und Bromierungsgeschwindigkeit von 0,1 mm dicken Silberblechen (chem. rein 1000/1000) nach der Wägungsmethode. Zu diesem Zwecke wurden die Bleche jeweils 1/2 bis 2 Stunden zwischen 200 und 400 °C im Chlorstrom oder in einem mit Chlor bzw. Brom beladenen Stickstoffstrom erhitzt und anschließend gewogen. HAUFFE und GENSCH[4] verbesserten die Versuchsmethodik durch Verwendung einer Quarzspiralwaage, wodurch eine kontinuierliche Beobachtung der Massenzunahme möglich ist. Das parabolische Zeitgesetz zeigte sich als gut erfüllt (s. die oberste Kurve mit 0% Cd in Abb. 6.10 auf S. 636). In Tab. 6.1 und 6.2 sind die Versuchsergebnisse zusammengestellt. Zur Berechnung der rationellen

Tabelle 6.1. *Zundergeschwindigkeit von Ag in Chlor nach Wagner*

T °C	$k \cdot 10^{10}$ [val cm^{-1} sec^{-1}]			Verhältniswerte	
	$p_{Cl_2} = 0,04$ atm	$p_{Cl_2} = 0,17$ atm	$p_{Cl_2} = 1,00$ atm	$\frac{k_{(p_{Cl_2}=0,04)}}{k_{(p_{Cl_2}=1,00)}}$	$\frac{k_{(p_{Cl_2}=0,17)}}{k_{(p_{Cl_2}=1,00)}}$
1	2	3	4	5	6
300	—	—	0,19	—	—
350	0,16	0,34	0,82	0,20	0,41
400	0,35	0,70	2,06	0,17	0,34

Tabelle 6.2. *Zundergeschwindigkeit von Ag in Brom nach Wagner*

T °C	$k \cdot 10^{10}$ [val cm^{-1} sec^{-1}]		Verhältniswerte
	$p_{Br_2} = 0,09$ atm	$p_{Br_2} = 0,23$ atm	$\frac{k_{(p_{Br_2}=0,09)}}{k_{(p_{Br_2}=0,23)}}$
1	2	3	4
200	0,23	0,38	0,61
250	0,53	0,91	0,58
300	0,96	1,78	0,54
350	1,21	2,32	0,52
400	1,15	2,27	0,50

[1] TAMMANN, G., u. W. KÖSTER: Z. anorg. allg. Chem. **123**, 196 (1923).
[2] KOHLSCHÜTTER, V., u. E. KRÄHENBÜHL: Z. Elektrochem. angew. phys. Chem. **29**, 570 (1923).
[3] WAGNER, C.: Z. phys. Chem. (B) **32**, 447 (1936).
[4] HAUFFE, K., u. CH. GENSCH: Z. phys. Chem. **195**, 116 (1950).

Zunderkonstanten k aus der sich aus den Versuchen unmittelbar ergebenden praktischen Zunderkonstanten k'' wurde Formel (6.51) verwandt.

Zur Auswertung der Versuchsergebnisse wurden in (6.23) die chemischen Potentiale durch den Halogenpartialdruck ersetzt:

$$d\mu_X = \tfrac{1}{2} d\mu_{Br_2} = \tfrac{1}{2} RT\, d \ln p_{Br_2}. \tag{6.54}$$

Der Ausdruck $(t_1 + t_2)\, t_3\, \varkappa$ vereinfacht sich wegen $t_1 \approx 1$ (FRENKEL-Fehlordnung, s. S. 74), $t_2 \approx 0$ und $t_3 \ll 1$ zu $t_3 \varkappa = \varkappa_3$, wobei $\varkappa_3$ die Elektronenteilleitfähigkeit im Silberbromid ist. Obwohl im allgemeinen die Beweglichkeit der Leitungs- und Defektelektronen (hier handelt es sich um Defektelektronen) um drei und mehr Zehnerpotenzen größer ist als die der Ionenfehlordnungsstellen, ist aber infolge der kleinen Konzentration der Defektelektronen bei der Bromierung von Silber die Elektronenteilleitfähigkeit die geschwindigkeitsbestimmende Größe. Um einen Zusammenhang zwischen der Wachstumsgeschwindigkeit der AgBr-Deckschicht und dem Brompartialdruck zu finden, betrachten wir das Fehlordnungsgleichgewicht eines Silberbromidkristalls in einer Bromatmosphäre und wenden auf die symbolische Umsetzungsgleichung

$$\tfrac{1}{2} Br_2\,(\text{gas}) \rightleftharpoons AgBr + |Ag|' + |e|^{\bullet} \tag{6.55}$$

das Massenwirkungsgesetz an:

$$x_{|Ag|'}\, x_+ = K\, p_{Br_2}^{1/2}, \tag{6.56}$$

worin x die Konzentration als Molenbruch bedeutet. Da $x_{|Ag|'}$ wegen $x_{|Ag|'} \gg x_+$ als konstant anzusehen ist, folgt aus (6.56):

$$x_+ = \text{const}\; p_{Br_2}^{1/2} \tag{6.57}$$

bzw.

$$x_+ = x_{+\,(p_{Br_2}=1)}\; p_{Br_2}^{1/2} \tag{6.57a}$$

und damit

$$\varkappa_+ = \varkappa_{+\,(p_{Br_2}=1)}\; p_{Br_2}^{1/2}. \tag{6.58}$$

Nach Einsetzen der Gln. (6.54) und (6.58) in (6.31) folgt für die Bromierungsgeschwindigkeit von Silber:

$$\frac{d n_{AgBr}}{dt} = \frac{q}{\Delta \xi} \left\{ \frac{RT}{\mathfrak{F}^2}\, \varkappa_{+\,(p_{Br_2}=1)} \left(\sqrt{p_{Br_2}^{(a)}} - \sqrt{p_{Br_2}^{(i)}} \right) \right\}. \tag{6.59}$$

$p_{Br_2}^{(a)}$ und $p_{Br_2}^{(i)}$ sind die Brompartialdrucke an der Phasengrenze Bromid/Gas und Silber/Bromid. Da die Diffusion zeitbestimmend ist, herrscht an beiden Phasengrenzen thermodynamisches Gleichgewicht, und $p_{Br_2}^{(i)}$ ist gegenüber $p_{Br_2}^{(a)}$ wegen $p_{Br_2}^{(i)} \ll p_{Br_2}^{(a)}$ in erster Näherung zu vernachlässigen. Wir erhalten also:

$$\frac{d n_{AgBr}}{dt} = \frac{q}{\Delta \xi}\, \frac{RT}{\mathfrak{F}^2}\, \varkappa_{+\,(p_{Br_2}=1)}\; p_{Br_2}^{1/2}. \tag{6.60}$$

Die zu erwartende Proportionalität zwischen der Massenzunahme in der Zeiteinheit und der Wurzel aus dem Chlor- und Brompartialdruck kann aus den in den Tab. 6.1 und 6.2 zusammengestellten Versuchsergebnissen von WAGNER entnommen werden.

Infolge der schwierig zu bestimmenden Elektronenteilleitfähigkeit sowohl im Silberbromid wie im Silberchlorid erscheint es wenig zweckmäßig, (6.60) zur Berechnung der Zunderkonstanten zu verwenden. Jedoch läßt sich in umgekehrter Weise aus der experimentell ermittelten Halogenierungsgeschwindigkeit die Elektronenteilleitfähigkeit $\varkappa_+$ und durch Division durch die Gesamtleitfähigkeit $\varkappa$ die Überführungszahl der Elektronen berechnen. Derartige Berechnungen wurden von WAGNER ausgeführt. Die Ergebnisse seiner Rechnung sind in Tab. 6.3 zusammengestellt. Bemerkenswert ist der in AgBr bereits bei 200 °C auftretende hohe Elektronenleitungsanteil von 17%, der mit fallender Temperatur noch stärker anwächst. Durch $CdBr_2$-Zusätze wird er allerdings wieder stark verringert, da die $|Ag|'$-Konzentration und somit auch die Ag-Ionenleitung stark erhöht wird.

Tabelle 6.3. *Elektronenteilleitfähigkeiten von AgCl und AgBr nach Wagner*

T °C	Leitfähigkeit $\varkappa$ ($Ohm^{-1}\,cm^{-1}$) in Stickstoff nach TUBANDT u. LORENZ[1]		Defektelektronenteilleitfähigkeit $\varkappa_+$ nach (6.60)		Relativer Defektelektronenleitfähigkeitsanteil t_+	
	AgCl	AgBr	AgCl $p_{Cl_2} = 1$	AgBr $p_{Br_2} = 0{,}23$	AgCl $p_{Cl_2} = 1$	AgBr $p_{Br_2} = 0.23$
1	2	3	4	5		
200	—	$5{,}2 \cdot 10^{-4}$	—	$9{,}0 \cdot 10^{-5}$	—	0,17
250	$3{,}0 \cdot 10^{-4}$	$3{,}2 \cdot 10^{-2}$	—	$2{,}0 \cdot 10^{-4}$	—	0,06
300	$1{,}5 \cdot 10^{-3}$	$1{,}8 \cdot 10^{-2}$	$3{,}7 \cdot 10^{-5}$	$3{,}5 \cdot 10^{-4}$	0,02	0,02
350	$6{,}5 \cdot 10^{-3}$	$8{,}0 \cdot 10^{-2}$	$1{,}5 \cdot 10^{-4}$	$4{,}2 \cdot 10^{-4}$	0,02	0,05
400	$2{,}6 \cdot 10^{-2}$	$3{,}8 \cdot 10^{-1}$	$3{,}4 \cdot 10^{-4}$	$3{,}8 \cdot 10^{-4}$	0,01	0,01

Wenn bei der Zunderung von Metallen ionenleitende Deckschichten auftreten, in denen die Elektronenteilleitfähigkeit zeitbestimmend für die Gesamtreaktion ist, dann muß mit sinkenden Werten von $\varkappa_{e^-}$ die Oxydationsgeschwindigkeit abnehmen. Diese Überlegung gilt ganz allgemein: verlaufen die Phasengrenzreaktionen mit genügender Geschwindigkeit, so ändert sich die Oxydationsgeschwindigkeit eines Metalls oder einer Legierung, wenn man die für die Reaktion geschwindigkeitsbestimmende Teilleitfähigkeit ändert. In ionenleitenden Deckschichten wird also mit einer Erhöhung der Oxydationsgeschwindigkeit zu rechnen sein, wenn die Elektronenteilleitfähigkeit erhöht wird. In entsprechender Weise wird jedoch dieselbe abnehmen, wenn die Elektronen- bzw. Defektelektronenteilleitfähigkeit abnimmt.

Rechnet man in erster Näherung mit einer von der Fehlordnungskonzentration und dem Fremdionengehalt praktisch unabhängigen Beweglichkeit der fehlgeordneten Ionen und Elektronen, so muß die Änderung ihrer Teilleitfähigkeiten durch die Änderung der Konzentration der betreffenden Fehlordnungsstellen bedingt sein. Eine derartige Beeinflussung der Konzentration fehlgeordneter Teilchen gelingt durch Einbau anderswertiger Ionen in den betreffenden Kristall, wie in den Abschn. 3.3

[1] TUBANDT, C., u. E. LORENZ: Z. phys. Chem. 87, 513 (1914).

und 3.4 ausführlich diskutiert wurde. Das Einbringen von Fremdionen in die Deckschicht kann nun auf zweierlei Weise erfolgen:

1. Man legiert dem Metall, dessen Zundergeschwindigkeit man herabzusetzen wünscht, ein geeignetes Metall in kleinen Gehalten zu, das sich während des Oxydationsvorgangs in annähernd der gleichen Konzentration in die Zunderschicht einbaut. Dieser Fall kann eintreten, ist aber nicht die Regel.

2. Wenn das einzubauende Fremdmetall zu unedel ist, so daß es praktisch allein aus der Legierung „herausoxydiert" wird, wird man versuchen, die Fremdionen in Form einer geeigneten Verbindung während des Oxydationsvorgangs aus der Gasphase von außen auf die Zunderschicht aufzudampfen.

Beide Möglichkeiten wird man also berücksichtigen müssen. In beiden Fällen richtet sich die Auswahl der Legierungskomponente bzw. der aufzudampfenden Verbindung nicht nur nach der Wertigkeit des Metallions, sondern auch nach dem jeweiligen Verhältnis der Ionenradien. Bedingung für die qualitativ vorauszusagende Beeinflussung der Oxydationsgeschwindigkeit ist die Ausbildung einer heterotypen Mischphase aus der Wirts- und Fremdmetallverbindung des Legierungspartners.

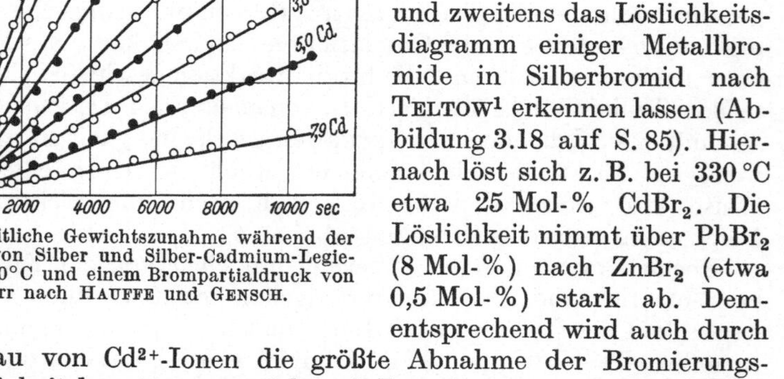

Abb. 6.10. Zeitliche Gewichtszunahme während der Bromierung von Silber und Silber-Cadmium-Legierungen bei 330 °C und einem Brompartialdruck von 170 Torr nach HAUFFE und GENSCH.

Zur Herabsetzung der Bromierungsgeschwindigkeit von Silber eignet sich Cadmium als Legierungszusatz besonders gut, wie erstens eine Zusammenstellung einiger Ionenradien

Ag^+: 1,13 Å, Cd^{2+}: 1,03 Å,

Pb^{2+}: 1,32 Å, Zn^{2+}: 0,83 Å

und zweitens das Löslichkeitsdiagramm einiger Metallbromide in Silberbromid nach TELTOW[1] erkennen lassen (Abbildung 3.18 auf S. 85). Hiernach löst sich z. B. bei 330 °C etwa 25 Mol-% $CdBr_2$. Die Löslichkeit nimmt über $PbBr_2$ (8 Mol-%) nach $ZnBr_2$ (etwa 0,5 Mol-%) stark ab. Dementsprechend wird auch durch den Einbau von Cd^{2+}-Ionen die größte Abnahme der Bromierungsgeschwindigkeitskonstanten erreicht, wie Bromierungsversuche an Silberlegierungen von GENSCH und HAUFFE[2] bei 330 °C und einem Brompartialdruck von 170 Torr ergeben haben (Abb. 6.10 und 6.11).

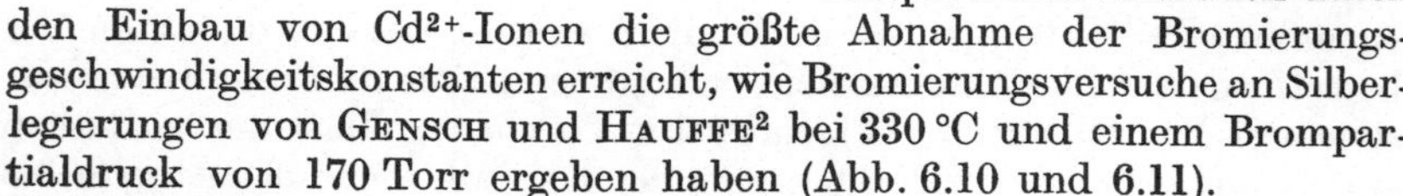

[1] TELTOW, J.: Ann. Phys. (6) **5**, 63, 71 (1949).
[2] GENSCH, CH., u. K. HAUFFE: Z. phys. Chem. **195**, 386 (1950).

Wie bereits auf S. 81 besprochen, wird beim Einbau eines 2wertigen Cadmiumions auf einem Ag^+-Gitterplatz im Silberbromidgitter wegen seiner positiven Überschußladung aus Elektroneutralitätsgründen ein

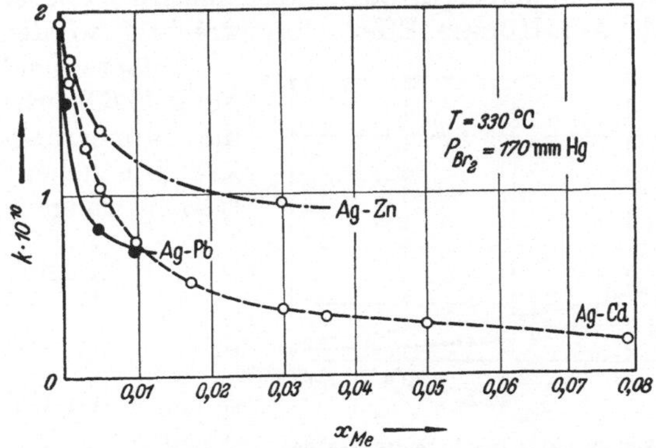

Abb. 6.11. Verlauf der Bromierungsgeschwindigkeitskonstanten von Ag-Cd-, Ag-Pb- und Ag-Zn-Legierungen mit steigendem Gehalt des Legierungspartners bei 330°C und einem Brompartialdruck von 170 Torr nach GENSCH und HAUFFE.

weiteres Ag^+-Ion von seinem Gitterplatz verdrängt, wodurch eine Ag-Ionenleerstelle entsteht. Entsprechend der symbolischen Einbaugleichung:

$$CdBr_2 \rightleftharpoons Cd\,|Ag|^{\bullet} + |Ag|' + 2\,AgBr \qquad (6.61)$$

folgt unter Anwendung der Beziehungen (3.30) bis (3.33) von S. 81 für das Verhältnis der Elektronenteilleitfähigkeiten der $AgBr$-$CdBr_2$-Mischphase und des reinen $AgBr$:

$$\frac{\varkappa_+}{\varkappa_+^0} = \frac{x_+}{x_+^0} = \frac{x^0_{|Ag|'}}{x_{|Ag|'}}. \qquad (6.62)$$

Da die Bromierungsgeschwindigkeitskonstanten gemäß (6.60) direkt proportional den Elektronenteilleitfähigkeiten sind, also

$$\frac{k}{k^0} = \frac{\varkappa_+}{\varkappa_+^0} = \frac{x^0_{|Ag|'}}{x_{|Ag|'}},$$

resultiert unter Beachtung von (3.33) auf S. 81 als Verhältnis der Zunderkonstanten der Legierung und des reinen Silbers:

$$\frac{k}{k^0} = \frac{1}{\frac{x_{Cd}}{2x^0_{|Ag|'}} + \left[\left(\frac{x_{Cd}}{2x^0_{|Ag|'}}\right)^2 + 1\right]^{1/2}}, \qquad (6.63)$$

wobei, wie Untersuchungen ergeben haben[1], der Atombruch an Cadmium in der Legierung $x_{Cd} \approx x_{Cd|Ag|'}$ ist. Abb. 6.12 zeigt die befriedigende Übereinstimmung[1] des gemessenen (Kurve *1*) und nach (6.63) berechneten (Kurve *2*) Verhältnisses k/k^0 unter Zugrundelegung des von TELTOW[2] für 330 °C angegebenen Wertes $x^0_{|Ag|'} = 2{,}9 \cdot 10^{-3}$. Die ge-

[1] HAUFFE, K., u. CH. GENSCH: Z. phys. Chem. **195**, 116 (1950).
[2] TELTOW, J.: Ann. Phys. (6) **5**, 63, 71 (1949).

ringen Abweichungen dürften darauf zurückzuführen sein, daß (6.63) durch Anwendung des idealen Massenwirkungsgesetzes hergeleitet wurde, dessen strenge Gültigkeit aber bei derart hohen Fehlordnungskonzentrationen, wie sie in den $AgBr$-$CdBr_2$-Mischphasen vorliegen, etwa durch auftretende DEBYE-HÜCKEL-Effekte beeinträchtigt werden dürfte.

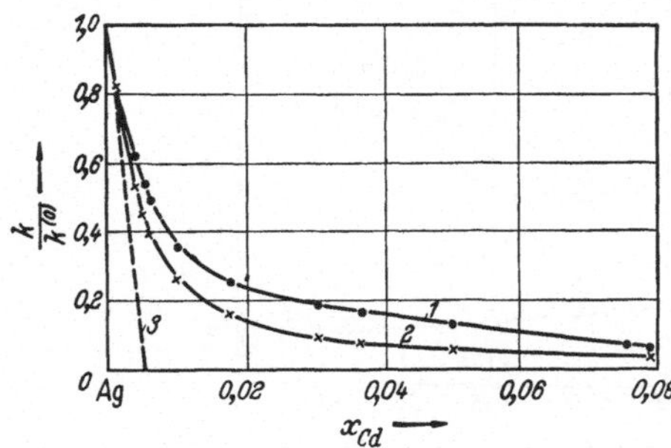

Abb. 6.12. Die Abhängigkeit des Verhältnisses der Zunderkonstanten k/k^0 vom Cd-Gehalt der Legierung bei 330°C und bei einem Brompartialdruck von 170 Torr nach HAUFFE und GENSCH. Kurve *1* aus experimentellen Daten gewonnen, Kurve *2* stellt den nach (6.63) errechneten theoretischen Verlauf dar. Die an Kurve *1* bei $x_{Cd} = 0$ angelegte Tangente schneidet die Abszisse bei $x_{Cd} = 2{,}9 \cdot 10^{-3} = x^0_{|Ag|'}$.

Entsprechend der Beziehung (6.60) erhalten wir für die Bromierungsgeschwindigkeit von höher legierten Ag-Cd-Legierungen, wo wir

$$\left(\frac{x_{Cd}}{2x^0_{|Ag|'}}\right)^2 \gg 1$$

bzw. $\quad x_{Cd} \approx x_{|Ag|'}$

setzen können, den folgenden Ausdruck:

$$\frac{dn}{dt} \approx \frac{q}{\Delta\xi}\,\frac{RT}{\mathfrak{F}^2}\,\varkappa_{+\,(p_{Br_2}=1)} \times \\ \times \frac{x^0_{|Ag|'}}{x_{Cd}}\,p^{1/2}_{Br_2}. \qquad (6.64)$$

Die Bromierungsgeschwindigkeit von Ag-Cd-Legierungen in Abhängigkeit vom Brompartialdruck ist bisher nicht untersucht worden.

HIMMLER[1] versuchte die Chlorierungsgeschwindigkeit von Silber dadurch zu erniedrigen, daß er die Chloratmosphäre mit $PbCl_2$ bzw. $CdCl_2$ sättigte.[2] Die Messungen ergaben jedoch, daß die hierdurch erzielten Effekte sehr klein sind.

Wie an Hand der Temperaturabhängigkeit der Bromierungsgeschwindigkeit (Abb. 6.13) an reinem Silber und einigen Silberlegierungen gezeigt werden konnte, bestehen zwei Temperaturbereiche, in denen sich die Legierungszusätze verschieden stark auf die Bromierungsgeschwindigkeit des Silbers auswirken.[3] Oberhalb 250 °C ist die Aktivierungsenergie der Bromierung sowohl an reinem Silber als auch an den bis jetzt untersuchten Silberlegierungen kleiner als unterhalb 250 °C. In gleichem Sinne ist die Beeinflußbarkeit der Bromierungsgeschwindigkeit des Silbers durch Legierungszusätze oberhalb 250 °C kleiner als unterhalb dieser Temperatur. Eine plausible Deutung dieser experimentellen Befunde steht noch aus.

Im Anschluß an Korrosionsversuche von EVANS und BANNISTER[4] zwischen 0 und 35 °C an Silber mit verschiedenen jodhaltigen Lösungsmitteln, wie Hexan, Äther und Tetrachlorkohlenstoff, wobei ebenfalls ein

[1] HIMMLER, W.: Z. phys. Chem. **195**, 129 (1950). — Vgl. auch J. SCHATZ: Werkstoffe u. Korr. **1**, 248 (1950).
[2] WAGNER, C.: J. Corrosion and Material Protection **5**, No. 5 (1948).
[3] GENSCH, CH., u. K. HAUFFE: Z. phys. Chem. **195**, 386 (1950).
[4] EVANS, U. R., u. L. C. BANNISTER: Proc. Roy. Soc. [London] (A) **125**, 370 (1929).

parabolisches Zeitgesetz gefunden wurde, das allerdings wahrscheinlich auf eine bevorzugte Diffusion von Jod durch Poren und an Korngrenzen entlang in der AgJ-Deckschicht zurückgeführt werden muß, haben REINHOLD und SEIDEL[1] die Jodierung von Silber auch bei höheren Temperaturen in Joddampf untersucht. Die bei 200 bis 350 °C ausgeführten

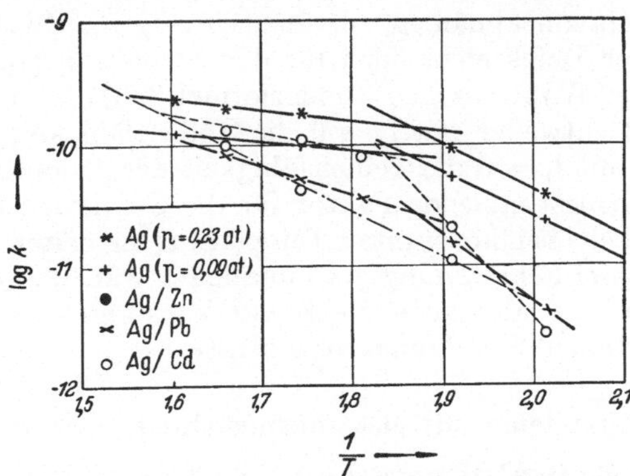

Abb. 6.13. Die Temperaturabhängigkeit der Bromierungsgeschwindigkeit von reinem Silber und Silberlegierungen mit 0,5 Atom-% Pb, 0,5 Atom-% Zn und 0,6 Atom-% Cd bei einem Brompartialdruck von 170 Torr nach GENSCH und HAUFFE.

Versuche deuten auf Diffusionsvorgänge über Fehlordnungsstellen durch die entstehende AgJ-Deckschicht hin. JOST und WEISS[2] berechneten die Überführungszahlen t_{e^-} der Elektronen in β-AgJ bei einem Joddruck von 1,5 und 198 Torr aus den bei 140 °C erhaltenen Anlaufkonstanten zu

$$t_{e^-} = 0{,}02 \text{ für } 1{,}5 \text{ Torr und } t_{e^-} = 0{,}18 \text{ für } 198 \text{ Torr } J_2$$

in guter Übereinstimmung mit dem beobachteten Wert von etwa 0,14. Entsprechend den obigen Ausführungen ergibt sich für das Verhältnis der Jodierungs-Geschwindigkeitskonstanten in der α- und β-Phase des AgJ:

$$\frac{k^\alpha}{k^\beta} \approx \frac{t^\alpha_{e^-} \varkappa^\alpha}{t_{e^-} \varkappa^\beta}.$$

Setzt man nun für 140 °C und $p_{J_2} = 10$ Torr die Überführungszahl $t_{e^-} \approx 0{,}03$ und verwendet für die Anlaufkonstanten die folgenden Werte $k^\alpha = 1{,}6 \cdot 10^{-12}$ und $k^\beta = 6 \cdot 10^{-13}$, so ergibt sich als Überführungszahl der Elektronen in der α-Phase des AgJ bei 179 °C ein Wert von etwa 10^{-5}, der bei $p_{J_2} = 3$ Torr auf etwa 10^{-7} abfällt.

Eine ähnliche Situation finden wir bei den von TAMMANN und KÖSTER[3] mitgeteilten Meßergebnissen der Halogenierungsgeschwindigkeit an Blei in chlor-, jod- und bromhaltiger Atmosphäre. Hier ist jedoch eine Klärung des Mechanismus ohne weitere Experimente noch nicht möglich.

[1] REINHOLD, H., u. H. SEIDEL: Z. Elektrochem. angew. phys. Chem. **41**, 499 (1935).
[2] JOST, W., u. K. WEISS: Z. phys. Chem. (NF) **2**, 112 (1954).
[3] TAMMANN, G., u. W. KÖSTER: Z. anorg. allg. Chem. **123**, 196 (1923).

6.5 Zundersysteme mit elektronenleitender Deckschicht

Wird der Stromtransport in der Zunderschicht praktisch ausschließlich von fehlgeordneten Elektronen übernommen, so ist der Zundermechanismus, die Abhängigkeit der Zunderkonstanten vom Partialdruck des oxydierenden Gases, von Zusätzen anderswertiger Ionen usw. in hohem Grade davon abhängig, ob überschüssig im Gitter vorhandene Elektronen oder Defektelektronen für den Stromtransport verantwortlich sind. In der WAGNERschen Zunderformel (6.31) ist in diesen Fällen $t_3 \approx 1$, so daß entweder mit $t_2 \approx 0$ die Teilleitfähigkeit der Kationen $t_1 \varkappa = \varkappa_1$ oder mit $t_1 \approx 0$ die Teilleitfähigkeit der Anionen $t_2 \varkappa = \varkappa_2$ der geschwindigkeitsbestimmende Faktor für die Oxydation ist. Sieht man die Beweglichkeit bei konstanter Temperatur in erster Näherung als konstant und vom Fehlordnungsgrad unabhängig an, dann ist die Ionenteilleitfähigkeit und also auch die Zunderkonstante eine unmittelbare Funktion der Ionenfehlordnungskonzentration.

6.51 Zundersysteme mit elektronendefektleitender Deckschicht

6.511 Über die Oxydationsgeschwindigkeit von Kupfer bei verschiedenen Sauerstoffdrucken und Temperaturen. Im folgenden wollen wir am Beispiel der Oxydation des Kupfers zu Cu_2O die Formel (6.31) anwenden und deren Brauchbarkeit zur quantitativen Beschreibung der Oxydation des Kupfers nachweisen. Entsprechend dem Fehlordnungsmodell von Cu_2O ist infolge Ausbildung von Cu^+-Ionenleerstellen $|Cu|'$ und Defektelektronen $|e|^{\bullet}$ eine überwiegende Wanderung von Cu-Ionen über Leerstellen und von Elektronen über Elektronendefektstellen möglich, wenn ein chemisches Potentialgefälle von Kupfer bzw. Sauerstoff im Cu_2O auftritt, wie dies bei der Oxydation der Fall ist. Da die Cu-Ionenleerstellen-Konzentration $x_{|Cu|'}$ durch Anwesenheit von Sauerstoff beachtliche Werte annehmen kann, wird es z.B. bei 1000 °C und einem äußeren vorgegebenen Sauerstoffdruck von 30 Torr infolge des Sauerstoffpartialdruckgefälles innerhalb der Cu_2O-Phase [$p_{O_2}(Cu/Cu_2O) = 6{,}3 \cdot 10^{-7}$ und $p_{O_2}(Cu_2O/O_2) = 30$ Torr] zu einem starken Konzentrationsgefälle der Cu-Ionenleerstellen kommen (Abb. 6.14). Führen wir in (6.31) an Stelle der chemischen Potentiale die Sauerstoffdrucke ein:

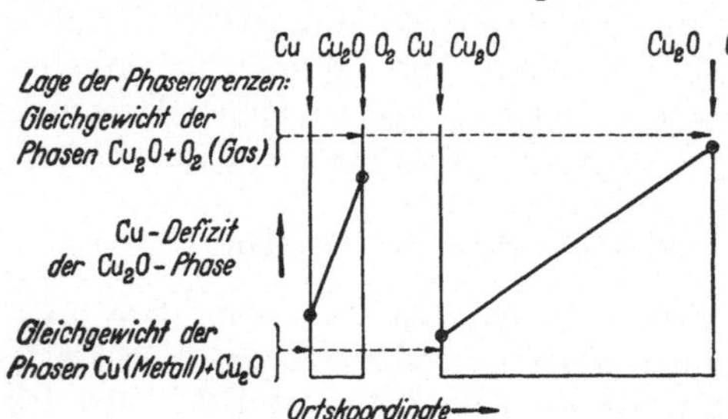

Abb. 6.14. Zunderschema für die Oxydation von Kupfer zu Cu_2O nach WAGNER. Während die Konzentration der Cu^+-Leerstellen $x_{|Cu|'}$ an der Phasengrenze Cu_2O/Cu zu vernachlässigen ist, nimmt sie an der Phasengrenze Cu_2O/O_2 beachtliche Werte an (z. B. bei 1000 °C und $p_{O_2} = 33$ Torr ist $x_{|Cu|'} = 1{,}14 \cdot 10^{-3}$ nach WAGNER und HAMMEN[1]). Entsprechend ist der Konzentrationsverlauf der Defektelektronen x_+.

$$d\mu_X = \tfrac{1}{2} d\mu_{O_2} = \tfrac{1}{2} RT\, d \ln p_{O_2}, \qquad (6.65)$$

[1] WAGNER, C., u. H. HAMMEN: Z. phys. Chem. (B) 40, 197 (1938).

dann ergibt sich unter Beachtung der Sauerstoffdruckabhängigkeit der Gesamtleitfähigkeit

$$\varkappa = \varkappa_{(p_{O_2}=1)}\, p_{O_2}^{1/7} \tag{6.66}$$

und der von GUNDERMANN und WAGNER[1] aufgeklärten Stromtransportverhältnisse mit $t_3 \approx 1$, $t_2 \approx 0$ und $t_1 = t_{Cu^+} \approx 5 \cdot 10^{-4}$ (bei 1000 °C) die Gleichung für die Oxydationsgeschwindigkeit von Kupfer:

$$\frac{d n_{Cu_2O}}{dt} = \frac{q}{\Delta\xi}\,\frac{7}{2}\,\frac{RT}{\mathfrak{F}^2}\, t_{Cu^+}\, \varkappa_{(p_{O_2}^{(i)})} \left[(p_{O_2}^{(a)}/p_{O_2}^{(i)})^{1/7} - 1\right], \tag{6.67}$$

worin $p_{O_2}^{(i)}$ den Gleichgewichtsdruck von Sauerstoff über Cu_2O/Cu bedeutet. WAGNER und GRÜNEWALD[2] konnten auf Grund von Messungen der Oxydationsgeschwindigkeit von Kupfer zu Cu_2O bei 1000 °C und Sauerstoffdrucken zwischen $3{,}0 \cdot 10^{-4}$ bis $8{,}3 \cdot 10^{-2}$ atm die Gültigkeit der Beziehung (6.67) bestätigen. Wie man aus Abb. 6.15 erkennt, nimmt die rationelle Zunderkonstante der Cu-Oxydation proportional der siebenten Wurzel des Sauerstoffdruckes zu. Ferner ist aus Tab. 6.4 zu entnehmen, daß die nach Formel (6.67) berechneten mit den experimentell ermittelten Zunderkonstanten gut übereinstimmen.

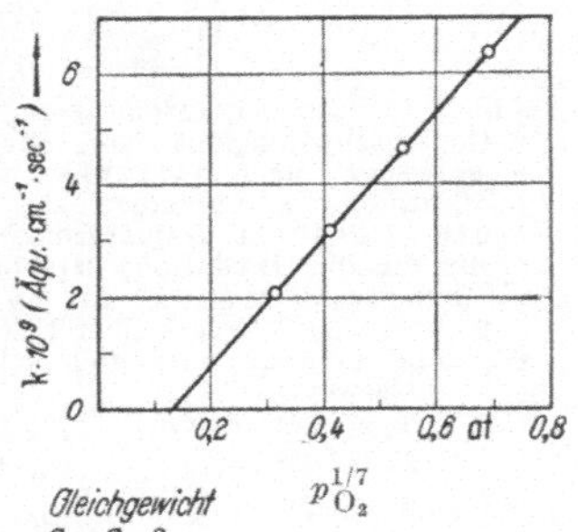

Abb. 6.15. Rationelle Zunderkonstante k für die Oxydation von Kupfer zu Cu_2O bei 1000 °C als Funktion der siebenten Wurzel des Sauerstoffdrucks nach WAGNER und GRÜNEWALD. (Der Schnittpunkt der Geraden mit der Abszisse gibt den Sauerstoff-Gleichgewichtsdruck über Cu/Cu_2O wieder!)

Da der Versuchsaufbau und die Versuchsdurchführung, wie sie zur Messung der Oxydationsgeschwindigkeit von Kupferfolien angewandt wurde, auch für zahlreiche andere Metalloxydationsmessungen geeignet erscheint, ist er in Abb. 6.16 dargestellt. An Stelle der Quarzfadenwaage wird man häufig die empfindlichere Quarzspiralwaage verwenden. Um insbesondere bei niedrigen Sauerstoffdrucken eine Konzentrationsverarmung an Sauerstoff im Reaktionsrohr auszuschließen, hat man den zeitlichen Verlauf der Cu_2O-

Tabelle 6.4
Oxydation von Kupfer zu Kupfer(I)oxid bei 1000 °C nach Wagner und Grünewald

p_{O_2} atm	Kupferunterschuß der CuO_2-Phase in g-Atom auf $\frac{1}{2}$ Mol Cu_2O: Cu_2O im Gleichgewicht mit Cu $x^{(i)}_{\|Cu\|'} = y^{(i)}$	Kupferunterschuß …: Cu_2O im Gleichgewicht mit O_2 $x^{(a)}_{\|Cu\|'} = y^{(a)}$	Konzentrationsdifferenz bei eingestellten Gleichgewichten an der Phasengrenze $y^{(a)} - y^{(i)}$	Rationelle Zunderkonstante k (val cm⁻¹ sec⁻¹): beob.	Rationelle Zunderkonstante: ber.	Geschwindigkeitskonstante l der Phasengrenzreaktionen (val cm⁻² sec⁻¹)
$3{,}0 \cdot 10^{-4}$	$0{,}12 \cdot 10^{-3}$	$0{,}40 \cdot 10^{-3}$	$0{,}28 \cdot 10^{-3}$	$2{,}0 \cdot 10^{-9}$	$2{,}1 \cdot 10^{-9}$	$0{,}6 \cdot 10^{-6}$
$2{,}25 \cdot 10^{-3}$		$0{,}62 \cdot 10^{-3}$	$0{,}50 \cdot 10^{-3}$	$3{,}1 \cdot 10^{-9}$	$3{,}4 \cdot 10^{-9}$	$1{,}4 \cdot 10^{-6}$
$1{,}45 \cdot 10^{-2}$		$0{,}91 \cdot 10^{-3}$	$0{,}79 \cdot 10^{-3}$	$4{,}5 \cdot 10^{-9}$	$4{,}8 \cdot 10^{-9}$	$2{,}1 \cdot 10^{-6}$
$8{,}3 \cdot 10^{-2}$		$1{,}29 \cdot 10^{-3}$	$1{,}17 \cdot 10^{-3}$	$6{,}2 \cdot 10^{-9}$	$6{,}6 \cdot 10^{-9}$	$3{,}4 \cdot 10^{-6}$

[1] GUNDERMANN, J., u. C. WAGNER: Z. phys. Chem. (B) **37**, 155 (1937).
[2] WAGNER, C., u. K. GRÜNEWALD: Z. phys. Chem. (B) **40**, 455 (1938).

Bildung im strömenden System an Blechstreifen von 0,3 mm Dicke, 5 mm Breite und 10 mm Länge an der Durchbiegung eines geeichten waagerecht eingespannten Quarzfadens verfolgt. Während des Anheizens des Ofens war das Quarzrohr (Abb. 6.16) evakuiert. Durch Einschalten geeigneter Eingangs- und Ausgangskapillaren konnten die in Tab. 6.4 angegebenen Sauerstoffpartialdrucke eingestellt werden. Die sich hierbei einstellende Strömungsgeschwindigkeit von $3{,}5 \cdot 10^{-6}$ Mol O_2 je sec $= 14 \cdot 10^{-6}$ val O_2 je sec war genügend groß, um eine Sauerstoffverarmung zu verhindern.

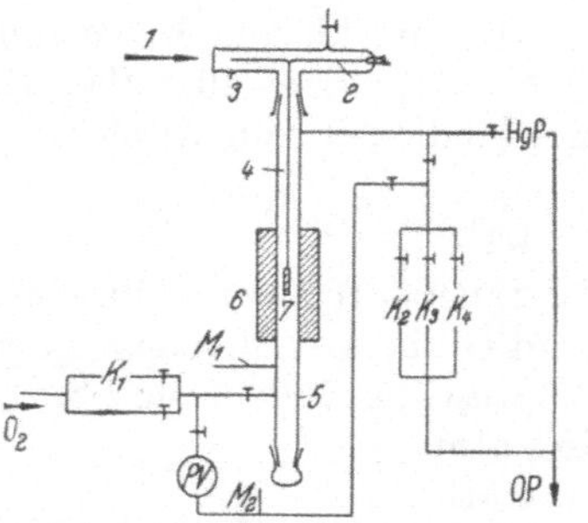

Wie aus Abb. 6.17 hervorgeht, ist bei der Kupferoxydation das parabolische Zeitgesetz nicht streng erfüllt. Neben der Cu-Ionendiffusion treten zu Beginn der Oxydation auch geschwindigkeitsbestimmende Phasengrenzreaktionen auf, so daß zur Auswertung der Meßergebnisse Formel (6.5) verwandt wurde. Entsprechend der umgeschriebenen Formel (6.5)

$$\frac{t}{\Delta m/q} = \frac{1}{k''}(\Delta m/q) + \frac{1}{\mathfrak{l}''}$$

wurde $t/(\Delta m/q)$ gegen $\Delta m/q$ aufgetragen. Hieraus konnten sowohl die rationelle Zunderkonstante k wie auch die entsprechende Geschwindigkeitskonstante der Phasengrenzreaktion $\mathfrak{l} = \mathfrak{l}''/\tilde{A}_0$ berechnet werden ($\tilde{A}_0$ = Äquivalentgewicht des Sauerstoffs). Bei den kleinsten Versuchsdrucken und dünnen Oxidschichten zeigen sich starke Abweichungen von der Geraden, deren plausible Deutung noch nicht möglich ist.

Abb. 6.16. Versuchsaufbau zur Messung der Oxydationsgeschwindigkeit von Metallfolien mittels Quarzwaage nach WAGNER und GRÜNEWALD. *1* Mikroskop, *2* Quarzfaden als Waage, *3* Gegenmarke, *4* *Pt*-Draht, *5* Quarzrohr, *6* Ofen, *7* Metallprobe für die Oxydation, M_1 und M_2 Manometer, K_1 Einlaßkapillare für O_2, K_2, K_3 und K_4 Ausgangskapillaren, *HgP* Quecksilber-Diffusionspumpe, *OP* Ölpumpe (Vorvakuum) und *PV* Puffervolumen.

Gasweg:

$K_1 \rightarrow$ Ofen $\rightarrow HgP$, $p_{O_2} = 0{,}23$ Torr
$K_1 \rightarrow$ Ofen $\rightarrow K_2$, $p_{O_2} = 1{,}70$ Torr
$K_1 \rightarrow$ Ofen $\rightarrow K_3$, $p_{O_2} = 11{,}0$ Torr
$K_1 \rightarrow$ Ofen $\rightarrow K_4$, $p_{O_2} = 63{,}0$ Torr

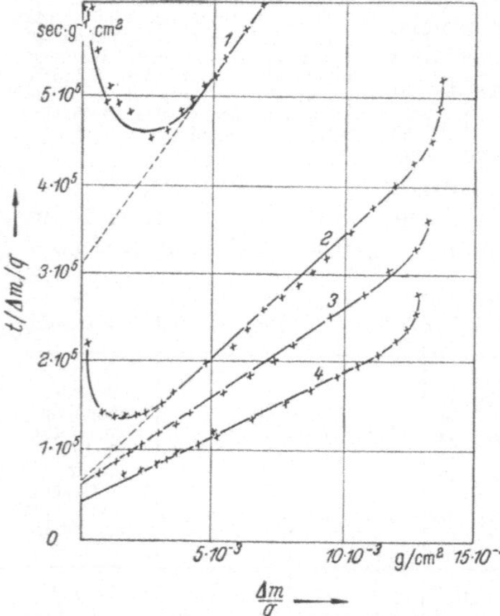

Abb. 6.17. Diagramm zur Auswertung der Oxydationsversuche von Kupfer bei 1000° C nach WAGNER und GRÜNEWALD.
1: $p_{O_2} = 3{,}0 \cdot 10^{-4}$ atm; *2*: $p_{O_2} = 2{,}25 \cdot 10^{-3}$ atm; *3*: $p_{O_2} = 1{,}45 \cdot 10^{-2}$ atm; *4*: $p_{O_2} = 8{,}3 \cdot 10^{-2}$ atm.

Im Gegensatz zu den Ergebnissen von WAGNER und GRÜNEWALD[1] fanden PILLING und BEDWORTH[2] bei 800 °C und bei Drucken unterhalb 1 Torr eine wesentlich größere Druckabhängigkeit der Oxydationsgeschwindigkeit, die jedoch mit hoher Wahrscheinlichkeit auf die Mitwirkung von Phasengrenzreaktionen und Keimbildung zurückzuführen ist.

Beziehung (6.67) gilt allgemein nur dann streng, wenn nur Diffusionsvorgänge und keine Phasengrenzreaktionen als geschwindigkeitsbestimmende Teilvorgänge auftreten und der äußere Sauerstoffdruck den Gleichgewichtsdruck über den Phasen Cu_2O/CuO nicht überschreitet.[3] Im Falle des Überschreitens des Gleichgewichtsdruckes bildet sich auf der Cu_2O-Schicht eine dünne CuO-Schicht, was zur Folge hat, daß die Oxydationsgeschwindigkeit jetzt annähernd unabhängig vom Sauerstoffdruck wird, wie bereits PILLING und BEDWORTH[2], FEITKNECHT[4] und FRÖHLICH[5] gezeigt haben (S. 710).

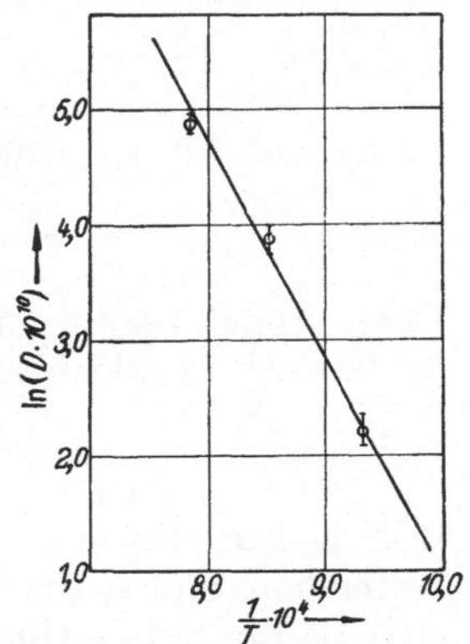

Abb. 6.18. Temperaturabhängigkeit der Kupferionendiffusion durch die sich während der Kupferoxydation ausbildende Cu_2O-Schicht nach CASTELLAN und MOORE. [$D^*_{Cu^+} = 0{,}0358 \exp(-37000\ RT)$ $cm^2\,sec^{-1}$ zwischen 800 und 1000 °C.]

BARDEEN, BRATTAIN und SHOCKLEY[6] untersuchten die Oxydation des Kupfers mit Hilfe des radioaktiven Kupferisotops ^{64}Cu. Auf die eine Fläche einer blanken Kupferprobe wurde eine dünne Schicht radioaktiven Kupfers aufgebracht und nach Abdecken der anderen Kupferseite durch ein zweites Kupferblech 18 Minuten lang bei 1000 °C oxydiert, so daß sich nur auf der radioaktiven Seite Cu_2O bilden konnte. Nach der Oxydation bei 1000 °C wurde der blanke Teil 5 Minuten auf 500 °C erwärmt und dann in flüssiger Luft abgeschreckt. Während sich bei 1000 °C nur Cu_2O bildet, besteht bei 500 °C etwa 10% der Oxidschicht aus CuO. CASTELLAN und MOORE[7] führten in ähnlicher Weise Oxydationsversuche durch und ermittelten die Temperaturabhängigkeit der Diffusionsgeschwindigkeit der ^{64}Cu-Ionen durch Cu_2O (Abb. 6.18). Im Temperaturgebiet zwischen 800 und 1000 °C wurde der Diffusionskoeffizient $D^*_{Cu^+}$ zu $0{,}0358 \exp(-37000/RT)\ cm^2\,sec^{-1}$ gefunden. Die Aktivierungsenergie der Kupferoxydation von 38 ± ± 2 kcal/Mol Cu_2O läßt eindeutig die Cu-Ionendiffusion durch Cu_2O als geschwindigkeitsbestimmenden Schritt erkennen und bestätigt die Richtigkeit der WAGNERschen Deutung.

---

[1] WAGNER, C., u. K. GRÜNEWALD: Z. phys. Chem. (B) **40**, 455 (1938).
[2] PILLING, N. B., u. R. E. BEDWORTH: J. Inst. Metals **29**, 529 (1923).
[3] GRUZAN, C. G., u. H. A. MILEY: J. appl. Phys. **11**, 631 (1940).
[4] FEITKNECHT, W.: Z. Elektrochem. angew. phys. Chem. **35**, 142 (1929).
[5] FRÖHLICH, K. W.: Z. Metallkde. **28**, 368 (1936).
[6] BARDEEN, J., W. H. BRATTAIN u. W. SHOCKLEY: J. chem. Phys. **14**, 714 (1946).
[7] CASTELLAN, G. W., u. W. J. MOORE: J. chem. Phys. **17**, 41 (1949).

Unter Umgehung der theoretischen Behandlung der Cu-Oxydation von SHOCKLEY und Mitarbeitern[1], die von JOST[2] ausführlich interpretiert wurde, sei hier eine Bemerkung von JOST[3] zur WAGNERschen Theorie und SHOCKLEYschen Anwendung wiedergegeben, die eine kurze und prägnante Charakterisierung des Problems darstellt.

Ausgehend von der WAGNERschen Formel (6.21a) ergibt sich mit $t_2 \approx 0$ und $z_3 = 1$ der Ausdruck:

$$\frac{dV}{d\xi} = -\frac{1}{\mathfrak{F}}\left\{\frac{t_1}{z_1}\frac{d\mu_1}{d\xi} - t_3\frac{d\mu_3}{d\xi}\right\}. \tag{6.68}$$

Hieraus folgt für den Fall $t_1 \ll t_3 \approx 1$:

$$\frac{dV}{d\xi} \approx \frac{1}{\mathfrak{F}}\frac{d\mu_3}{d\xi}, \tag{6.69}$$

womit sich für den Diffusionsstrom folgender Ausdruck ergibt:

$$J = -c_1 u_1\left\{\frac{1}{N_L}\frac{d\mu_1}{d\xi} - \frac{1}{N_L}\frac{d\mu_3}{d\xi}\right\}. \tag{6.70}$$

Unter Annahme der Gültigkeit der Gesetze einer idealen Lösung kann (6.70) auch in folgender Form geschrieben werden:

$$J = -c_1 u_1 kT\left\{\frac{1}{c_1}\frac{dc_1}{d\xi} - \frac{1}{c_3}\frac{dc_3}{d\xi}\right\}. \tag{6.70a}$$

Hier bedeuten J den Diffusionsstrom in Äquivalenten je cm^3 und je Zeiteinheit und c_1 die Konzentration der Kationen in Äquivalenten je cm^3. Da das zweite Glied in der Klammer der Gl. (6.70a) für Elektronen und nicht für Defektelektronen gilt, erhalten wir für die Cu-Oxydation unter Verwendung der EINSTEINschen Beziehung $D_{|Cu|'} = u_{|Cu|'}\, kT$ folgenden Ausdruck:

$$J = -c_{|Cu|'} D_{|Cu|'}\left\{\frac{1}{c_{|Cu|'}}\frac{dc_{|Cu|'}}{d\xi} + \frac{1}{c_+}\frac{dc_+}{d\xi}\right\}. \tag{6.71}$$

Unter Berücksichtigung der Fehlordnungsgleichung

$$\tfrac{1}{2} O_2(\text{gas}) \rightleftharpoons Cu_2O + 2\,|Cu|' + 2\,|e|^{\cdot}$$

mit $c_{|Cu|'} = c_+$ folgt aus (6.71) schließlich der Ausdruck

$$J = -2D_{|Cu|'}\frac{dc_{|Cu|'}}{d\xi}, \tag{6.72}$$

eine Beziehung, die mit der von BARDEEN, BRATTAIN und SHOCKLEY identisch ist und in vereinfachter Form auf S. 625 bereits angewandt wurde. WAGNER[4] weist darauf hin, daß die von BARDEEN, BRATTAIN und SHOCKLEY gemessenen Tracer-Diffusionskoeffizienten nicht im Gleichgewicht mit dem herrschenden Sauerstoffdruck, also nicht $D^{*''}$, sondern in einem Cu_2O mit einem Konzentrationsgefälle der Cu-Ionenleerstellen

[1] BARDEEN, J., W. H. BRATTAIN u. W. SHOCKLEY: J. chem. Phys. **14**, 714 (1946).

[2] JOST, W.: Diffusion in Solids, Liquids, Gases, S. 354ff. New York 1952.

[3] JOST, W.: Diffusion in Solids, Liquids, Gases, S. 394ff. New York 1952.

[4] WAGNER, C.: Diffusion and High Temperatures Oxidation of Metals, in: Atom Movements, S. 153. Cleveland 1951.

gemessen wurden. Dadurch wird die Auswertung erheblich kompliziert, während andererseits nach der von WAGNER entwickelten Formel (6.33), die für die Cu-Oxydation folgendermaßen lautet:

$$k = (1 + z_{Cu^+}) c_{\ddot{a}qu} D^{*\prime\prime}_{|Cu|'} \left\{1 - \frac{c'_{|Cu|'}}{c''_{|Cu|'}}\right\}, \qquad (6.40\,b)$$

die Bestimmung von k-Werten keine Schwierigkeiten bereitet. Es ist also nur $D^{*\prime\prime}_{|Cu|'}$ in Cu_2O zu bestimmen, das mit der äußeren Sauerstoffatmosphäre im Gleichgewicht steht. (Hier bedeutet der Strich $'$ die Phasengrenze Cu/Cu_2O und der Doppelstrich die Phasengrenze Cu_2O/O_2.) Auf die Begründung dieser Zusammenhänge wurde bereits hingewiesen (s. S. 641). Ferner sind Versuche mit Sauerstoffisotopen von Wert.[1]

Diffusionsversuche von Kupferionen in Cu_2O im Gleichgewicht mit Sauerstoff[2] erfüllen befriedigend die Formel (6.72) bzw. (6.40b). In Tab. 6.5 sind für verschiedene Temperaturen die parabolischen Geschwindigkeitskonstanten k' [$\equiv J$ von Formel (6.72)] und die entsprechenden Diffusionskoeffizienten D [$\equiv D^*_{Cu\square'}$ von Formel (6.72)] zusammengestellt. Wie man erkennt, ist der mittlere Wert für $k'/D \approx 2$.

Tabelle 6.5

Diffusions- und Oxydationsgeschwindigkeitskonstanten der Kupferoxydation bei 0,1 Torr Sauerstoff nach Moore und Selikson

T °C	k' cm² sec⁻¹	D cm² sec⁻¹	k'/D
800	$2{,}1 \cdot 10^{-9}$	$1{,}9 \cdot 10^{-9}$	(1,1)
850	$8{,}4 \cdot 10^{-9}$	$4{,}0 \cdot 10^{-9}$	2,1
900	$1{,}2 \cdot 10^{-8}$	$7{,}7 \cdot 10^{-9}$	1,6
950	$3{,}7 \cdot 10^{-8}$	$1{,}4 \cdot 10^{-8}$	2,6
1000	$5{,}8 \cdot 10^{-8}$	$3{,}2 \cdot 10^{-8}$	1,8

Dieses Ergebnis ist ein weiterer Beweis für die Richtigkeit der WAGNERschen Theorie und für ein gleichmäßiges Konzentrationsgefälle der Cu-Ionenleerstellen durch die gesamte Cu_2O-Deckschicht. Abschließend sei jedoch hervorgehoben, daß ein so einfacher Zusammenhang zwischen k' und D nur dann herrscht, wenn erstens die EINSTEINsche Beziehung $D = u\,kT$ gültig ist, d. h. keine Korrelationseffekte auftreten, und zweitens keine Legierungsverunreinigungen im Metall anwesend sind, deren Kationen in der Zunderschicht das Fehlordnungsgleichgewicht „stören", so daß $x_{|Me|'} \neq x_+$ wird.

In einer neueren Arbeit von MROWEC und RICKERT[3] wurde im Anschluß an die Untersuchungen von BARDEEN, BRATTAIN und SHOCKLEY[4] sowie von CARTER, RICHARDSON und WAGNER[5] die Überlagerung von Selbstdiffusion und Anlaufvorgang am Beispiel der Schwefelung von

[1] DOLE, M., u. G. A. LANE: J. chem. Phys. 22, 949 (1954).
[2] MOORE, W. J., u. B. SELIKSON: J. chem. Phys. 19, 1539 (1951); 20, 927 (1952).
[3] MROWEC, ST., u. H. RICKERT: Z. phys. Chem. (NF) 32, 212 (1963).
[4] BARDEEN, J., W. H. BRATTAIN u. W. SHOCKLEY: J. chem. Phys. 14, 714 (1946).
[5] CARTER, R. E., u. F. D. RICHARDSON: J. Metals 7, 336 (1955) mit einem Anhang von C. WAGNER.

Silber bei 400 °C untersucht, da auf Grund des beachtlichen Korrelationsfaktors $f \approx 0{,}3$ ein besonders deutlicher Unterschied zwischen beiden Vorgängen zu erwarten war. Bezeichnet man die Driftgeschwindigkeit der Ag-Ionen und Elektronen mit v_{Ag} und den Tracer-Diffusionskoeffizienten mit D^*_{Ag}, der für 400 °C $2{,}0 \cdot 10^{-5}$ cm²/sec beträgt[1,2], so ergibt sich für die Bewegung der Tracer-Atome in der kompakten Anlaufschicht:

$$\left(\frac{\partial c}{\partial t}\right)_\xi = -\frac{\partial}{\partial \xi}\left\{-D^*_{\mathrm{Ag}}\frac{\partial c}{\partial \xi} + v_{\mathrm{Ag}}\, c\right\}, \tag{6.73}$$

wobei c die Konzentration der Tracer-Atome bedeutet. ξ kennzeichnet hier die Ortskoordinate, deren Nullpunkt in der Phasengrenze Ag/Ag_2S liegt.

Da Ag_2S nur eine geringe Abweichung von der idealen Zusammensetzung zeigt, sind v_{Ag} und D^*_{Ag} innerhalb der Anlaufschicht konstant und daher gleich der zeitlichen Zunahme der Dicke X der Anlaufschicht:

$$v_{\mathrm{Ag}} = dX/dt \tag{6.74}$$

$$\left(\frac{\partial c}{\partial t}\right)_\xi = D^*_{\mathrm{Ag}}\frac{\partial^2 c}{\partial \xi^2} - v_{\mathrm{Ag}}\frac{\partial c}{\partial \xi}, \tag{6.75}$$

wobei D^*_{Ag} eine Konstante und v_{Ag} nur eine Funktion von t ist. Da die Anlauf- bzw. Driftgeschwindigkeit v_{Ag} nach WAGNER[3] lediglich durch eine Wanderung der Silberionen im elektrischen Feld zustande kommt, entspricht Gl. (6.75) auch dem üblichen Ansatz für die Diffusion von Tracern bei Anwesenheit eines elektrischen Feldes.

Durch Einführung einer Koordinatentransformation mit

$$x = X(t) - \xi = \int_0^t v_{\mathrm{Ag}}\, dt - \xi$$

wird aus Gl. (6.75):

$$\left(\frac{\partial c}{\partial t}\right)_x = D^*_{\mathrm{Ag}}\frac{\partial^2 c}{\partial x^2}. \tag{6.76}$$

Zur Auswertung der Versuchsergebnisse wurde für den Fall eines Diffusionssystems mit einseitig unendlichem Halbraum, also bei Verwendung einer sehr dünnen, mit radioaktivem Silber indizierten Ag_2S-Tablette zwischen dem Silber und dem Schwefel die folgende Gleichung verwandt:

$$n_p = \frac{N_p}{\sqrt{\pi D^*_{\mathrm{Ag}} t}} \exp(-x^2/4D^*_{\mathrm{Ag}} t), \tag{6.77}$$

worin an Stelle der Konzentration c die zu c proportionale Impulsrate n_p je Längeneinheit und für die Gesamtmenge an Tracern je Querschnittseinheit hierzu die Gesamtimpulsrate N_p verwandt wird. Nach dieser Methode wurde in guter Übereinstimmung mit dem obigen Wert $D^*_{\mathrm{Ag}} = 2{,}0 \cdot 10^{-5}$ cm²/sec für 400 °C gefunden.

---

[1] MROWEC, ST., u. H. RICKERT: Z. phys. Chem. (NF) **32**, 212 (1963).
[2] ALLEN, R. L., u. W. J. MOORE: J. phys. Chem. **63**, 223 (1959).
[3] WAGNER, C.: J. chem. Phys. **21**, 1819 (1953).

Die Überlagerung von Selbstdiffusion und elektrischem Ionenstrom konnte durch das folgende Experiment demonstriert werden: Zwei Ag_2S-Zylinder von je 2,4 cm Länge und $7{,}0 \cdot 10^{-2}$ cm² Querschnitt wurden an den Stirnflächen indiziert, mit den indizierten Flächen gegeneinandergepreßt und in einer Festkörperkette durch elektronensperrende AgJ-Zylinder von den Elektroden getrennt:

$$\mathrm{Pt} \mid \mathrm{Ag} \mid \mathrm{AgJ} \mid \mathrm{Ag_2S(I)} \mid \mathrm{Ag_2S(II)} \mid \mathrm{AgJ} \mid \mathrm{Ag} \mid \mathrm{Pt}. \qquad \text{(I)}$$

Durch diese Kette wurde bei 400 °C ein konstanter Strom von 6 mA geschickt. Infolge der durch den Strom erzeugten Driftgeschwindigkeit

$$v_{\mathrm{Ag}} = \frac{i\,\tilde{V}}{\mathfrak{F}\,q},$$

worin $\tilde{V}$ das Äquivalentvolumen von Ag_2S, i die Stromstärke und q den Querschnitt bedeuten, tritt eine Verschiebung der Gaussschen Glockenkurve um die Strecke $\Delta\,\xi$ auf (Abb. 6.19). Die gemessene Verschiebung $\Delta\,\xi = 0{,}43$ cm steht in guter Übereinstimmung mit der berechneten.

Wie wir noch später zeigen werden, herrscht für die Oxydation von Kupfer das kubische Zeitgesetz zwischen 200 und 700 °C für 5 bis 10 Stunden. Hierbei spielt die Struktur des Kupfers eine maßgebende Rolle. Der Einfluß der Kristallorientierung auf die Oxydationsgeschwindigkeit wurde insbesondere von Gwathmey[1], Bénard[2], Menzel und Mitarbeitern[3] studiert.

Über die Oxydation von Kupferlegierungen liegt ein umfangreiches Versuchsmaterial vor. Eine zusammenfassende Darstellung wurde kürzlich an anderer Stelle gegeben.[4] Eine Verbesserung der Oxydationsbeständigkeit von Kupfer bzw. Kupferlegierungen nach der Methode, wie sie für die Halogenierung von Silberlegierungen (s. S. 637) be-

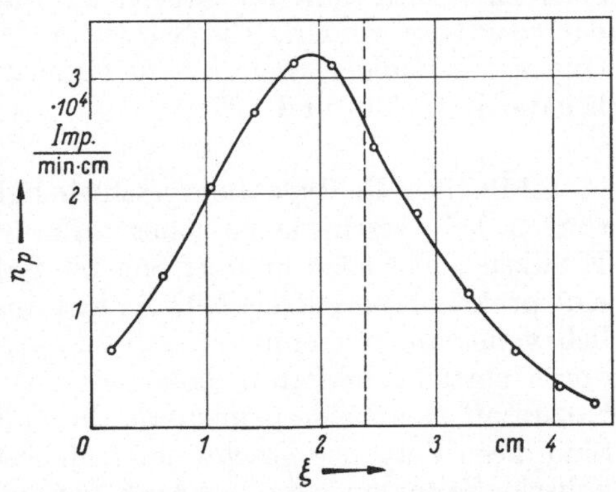

Abb. 6.19. Verschiebung der örtlichen Verteilung der Impulsrate n_p infolge Überlagerung von Selbstdiffusion und elektrischem Ionenstrom bei 400°C für Kette I nach Mrowec und Rickert.

[1] Gwathmey, A. T., u. K. R. Lawless: The Influence of Crystal Orientation on the Oxidation of Metals, in the Surface Chemistry of Metals and Semiconductors, ed. by H. C. Gatos, S. 483ff. New York: J. Wiley & Sons 1960. — F. W. Young jr., J. V. Cathcart u. A. T. Gwathmey: Acta Met. 4, 145 (1956).

[2] Moreau, J., u. J. Bénard: C. R. Acad. Sci. Paris **248**, 1658 (1959). — F. Grønlund u. J. Bénard: C. R. Acad. Sci. Paris **240**, 624 (1955). — F. Grønlund: J. chim. Phys. **53**, 660 (1956).

[3] Menzel, E., u. W. Stössel: Naturwiss. **41**, 302 (1954). — E. Menzel u. M. Otter: Naturwiss. **46**, 66 (1959). — M. Otter: Z. Naturforsch. **14**b, 355 (1959).

[4] Siehe z. B. K. Hauffe: Oxidation of Metals, S. 159. New York: Plenum Press 1965.

schrieben wurde, ist in diesem Fall nicht möglich. Man benutzt hier das Verfahren, ein unedles Metall, wie z. B. Beryllium, zuzulegieren, das während der Oxydation bevorzugt herausoxydiert und bei Ausbildung einer kompakten und porenfreien Deckschicht die Oxydationsgeschwindigkeit drastisch herunterdrückt. Eine derartige selektive Oxydation wurde in der Tat an Kupfer-Beryllium-Legierungen beobachtet.[1,2] Wie BROUCKÈRE und HUBRECHT[3] ferner zeigen konnten, tritt eine derartig schützende BeO-Deckschicht auf einer Cu-Be-Legierung mit 2 Gew.-% Be nur dann auf, wenn die Oxydationstemperatur über 600 °C und der Sauerstoffpartialdruck kleiner als 0,02 Torr ist. Eine auf diese Weise erzeugte BeO-Schicht verhindert eine nennenswerte Oxydation der Legierung zwischen 25 und 500 °C. Kupfer-Beryllium-Legierungen, die nicht auf diese Weise behandelt wurden, oxydieren mit beachtlicher Geschwindigkeit zwischen 400 und 500 °C unter Ausbildung einer CuO-Schicht mit nur kleinen Mengen an BeO.

Aufschlußreiche Untersuchungen wurden an Kupfer-Nickel-Legierungen ausgeführt.[4,5] Neben kinetischen und mikroskopischen Untersuchungen konnte an Hand von Marken-Experimenten neben dem Aufbau der Zunderschicht:

$$\text{Cu—Ni-Legierung}\,|\text{Cu} + \text{NiO}|\text{Cu}_2\text{O} + \text{NiO} + \text{Poren}\,|\text{Cu}_2\text{O}|\text{CuO}|\text{O}_2\ (\text{gas})$$

auch eine Diffusion des Sauerstoffs durch die porige Cu_2O-NiO-Zone nachgewiesen werden. Die Kinetik der CuO-Bildung (S. 710ff.) und die Oxydation einiger weiterer Cu-Legierungen wird an anderer Stelle behandelt (S. 733 und 737).

6.512 Über die Oxydationsgeschwindigkeit von Nickel und Nickellegierungen bei verschiedenen Sauerstoffdrucken und Temperaturen. Beim Erhitzen von Nickel in einer Sauerstoffatmosphäre bildet sich ebenfalls eine praktisch porenfreie NiO-Schicht aus, die die Ausgangsstoffe räumlich voneinander trennt, so daß ein weiterer Reaktionsablauf nur dadurch stattfinden kann, daß einer der Reaktionspartner Nickel oder Sauerstoff oder beide gemeinsam durch die Zunderschicht diffundieren. Sind diese Vorgänge geschwindigkeitsbestimmend, dann muß das parabolische Zeitgesetz von TAMMANN gefunden werden. Dieses ist der Fall, wie WAGNER und GRÜNEWALD[6] zeigen konnten.

Entsprechend den Fehlordnungsverhältnissen [Gln. (3.264) bis (3.267) auf S. 187] ist NiO ein Elektronendefektleiter mit Nickelionenleerstellen $|\text{Ni}|''$ und Elektronendefektstellen $|e|^{\bullet}$ ($\equiv Ni^{3+}$). Nickelfolien von 20 mm Länge, 5 mm Breite und 0,1 mm Dicke wurden bei 1000 °C und verschie-

---

[1] FRÖHLICH, K. W.: Z. Metallkde. **28**, 368 (1936).
[2] MAAK, F.: Z. Metallkde. **52**, 538 (1961).
[3] BROUCKÈRE, L. DE, u. L. HUBRECHT: Bull. Soc. Chim. Belges **61**, 101 (1952).
[4] SARTELL, J. A., S. BENDEL, T. L. JOHNSTON u. C. H. LI: Trans. Amer. Soc. Metals **50**, 1047 (1958).
[5] LEVIN, R. L., u. J. B. WAGNER: J. electrochem. Soc. **108**, 954 (1961).
[6] WAGNER, C., u. K. GRÜNEWALD: Z. phys. Chem. (B) **40**, 455 (1938).

Tabelle 6.6
Oxydation von Nickel zu Nickeloxid bei 1000 °C nach Wagner und Grünewald

p_{O_2} atm	Rationelle Zunderkonstante k val cm^{-1} sec^{-1}	Geschwindigkeitskonstante der Phasengrenzreaktionen val cm^{-2} sec^{-1}
$3{,}0 \cdot 10^{-4}$	$0{,}6 \cdot 10^{-11}$	$0{,}7 \cdot 10^{-8}$
$2{,}25 \cdot 10^{-3}$	$1{,}1 \cdot 10^{-11}$	$3{,}1 \cdot 10^{-8}$
$1{,}45 \cdot 10^{-2}$	$1{,}4 \cdot 10^{-11}$	$4{,}6 \cdot 10^{-8}$
$8{,}3 \cdot 10^{-2}$	$1{,}8 \cdot 10^{-11}$	$5{,}3 \cdot 10^{-8}$
1,00	$2{,}8 \cdot 10^{-11}$	$6{,}2 \cdot 10^{-8}$

denen Sauerstoffdrucken in der Apparatur Abb. 6.16 oxydiert. In Tab. 6.6 sind die Versuchsergebnisse zusammengestellt. Entsprechend dem Fehlordnungscharakter kann die Oxydationsgeschwindigkeit durch die folgende Beziehung wiedergegeben werden:

$$k \approx \mathrm{const}\left\{\sqrt[6]{p_{O_2}^{(a)}} - \sqrt[6]{p_{O_2}^{(i)}}\right\}. \quad (6.78)$$

Bei hohen Sauerstoffdrucken $p_{O_2}^{(a)}$ ist der Wert $p_{O_2}^{(i)}$ (Gleichgewichtsdruck über Ni + NiO) $= 7{,}4 \cdot 10^{-11}$ atm[1] bei 1000 °C praktisch zu vernachlässigen (auch die sechste Wurzel!). Da der relative Leitfähigkeitsanteil der Ni^{2+}-Ionen ($= t_1 \varkappa = \varkappa_1$) nicht bekannt ist, kann eine Vorausberechnung der rationellen Zunderkonstante nicht ausgeführt werden.

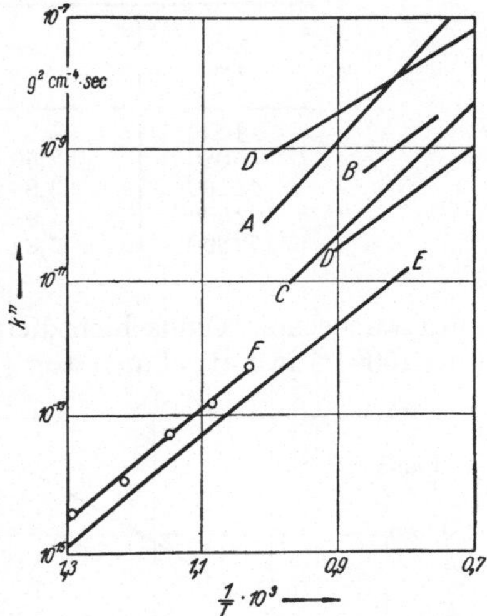

Abb. 6.20. Zusammenstellung einiger Meßergebnisse der Nickeloxydation von GULBRANSEN und ANDREW. *A*: VON GOLDBECK[4] (Carbonylnickel in Vakuum geschmolzen); *B*: PILLING und BEDWORTH (Elektrolytnickel, International Nickel Co); *C*: MATSUNAGA[5] (Elektrolytnickel); *D*: KUBASCHEWSKI und VON GOLDBECK (Carbonylnickel und Reinnickel); *E*: MOORE (99,9 % reines Nickel); *F*: GULBRANSEN und ANDREW (Reinstnickel mit nur 0,0002 % Fe, 0,0005 % Si und 0,001 % Cu).

Sowohl KUBASCHEWSKI und GOLDBECK[2] als auch GULBRANSEN und ANDREW[3] haben sich mit der Kinetik der Oxydation von hochreinem Nickel befaßt und ihre Meßergebnisse mit denen aus früheren Arbeiten verglichen. In Abb. 6.20 ist die Temperaturabhängigkeit der Zunderkonstanten einiger Nickelproben verschiedener Autoren aufgetragen. Wie man erkennt, treten an verschiedenen Nickelsorten in den Zunderkonstanten Unterschiede von 4 bis 5 Zehnerpotenzen auf. Auf Grund der Kenntnis der Fehlordnungsverhältnisse in NiO erscheint es naheliegend, diese Unterschiede auf kleinste Ver-

[1] Vgl. u. a. C. W. DANNATT u. J. T. ELLINGHAM: Disc. Faraday Soc. **4**, 126 (1948).
[2] KUBASCHEWSKI, O., u. O. VON GOLDBECK: Z. Metallkde. **39**, 158 (1948).
[3] GULBRANSEN, E. A., u. K. F. ANDREW: Res. Rep. Westinghouse, R-94602-1-AF (1952); J. elektrochem. Soc. **101**, 128 (1954).
[4] GOLDBECK, O. VON: Diplomarbeit. Stuttgart 1944.
[5] MATSUNAGA, Y.: Japan. Nickel Rev. **1**, 347 (1933).

unreinigungen an Fremdmetallen im Nickel zurückzuführen, die bei der Oxydation höherwertige Oxide bzw. Kationen in der NiO-Deckschicht bilden, wodurch die Zahl der Ni-Ionenleerstellen und damit auch die Oxydationsgeschwindigkeit erhöht wird. Bereits an Hand der qualitativen Überlegungen erscheint es berechtigt, sowohl die von MOORE[1] als auch die von GULBRANSEN und ANDREW[2] verwandten Nickelproben als besonders rein anzunehmen (daher die niedrigsten Zunderkonstanten!).

Eine weitere Erscheinung, die heute noch schwer verständlich ist, ist die zeitliche Abnahme der Oxydationsgeschwindigkeitskonstanten

Tabelle 6.7

Oxydationsgeschwindigkeit von reinem Nickel bei 1000 °C nach Wagner und Zimens

Zeit sec	$\frac{\Delta m}{q}$ g cm^{-2}	$k'' = \frac{1}{t}\left(\frac{\Delta m}{q}\right)^2$ g^2 cm^{-4} sec^{-1}
4800	$1,6 \cdot 10^{-3}$	$5,5 \cdot 10^{-10}$
16080	$2,5 \cdot 10^{-3}$	$3,8 \cdot 10^{-10}$
44100	$3,8 \cdot 10^{-3}$	$3,3 \cdot 10^{-10}$
102600	$4,9 \cdot 10^{-3}$	$2,9 \cdot 10^{-10}$
172800	$5,8 \cdot 10^{-3}$	$1,9 \cdot 10^{-10}$

mit wachsender Oxidschichtdicke, die sowohl von WAGNER und ZIMENS[3] bei 1000 °C in 1 atm Sauerstoff (Tab. 6.7) als auch von GULBRANSEN und ANDREW[2] bei 475 °C und einem Sauerstoffdruck von 76 Torr beobachtet wurde (Abb. 6.21). Der Befund der letzten Autoren deutet auf Randschichterscheinungen während der Oxydation hin (s. S. 779). PFEIFFER und HAUFFE[4] konnten bei ihren Oxydationsversuchen bei 1000 °C in Sauerstoff von 1 atm eine derartige zeitliche Abnahme der Oxydationsgeschwindigkeit nicht beobachten (Abb. 6.24 auf S. 654). Für die allmähliche Abnahme der parabolischen Oxydationsgeschwindigkeitskonstanten versuchen GULBRANSEN und

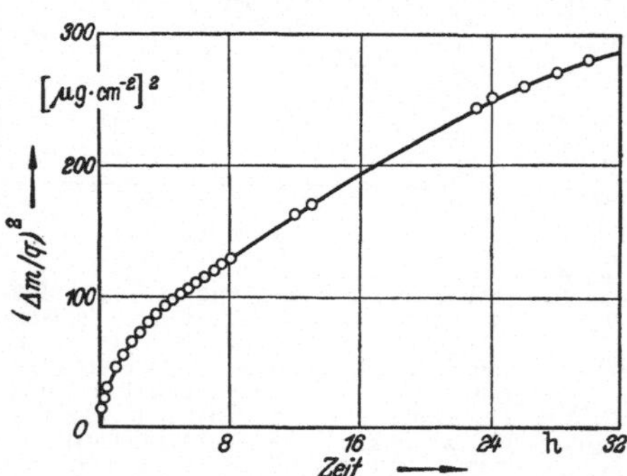

Abb. 6.21. Zeitlicher Verlauf der Oxydation von Nikkel bei 475 °C und p_{O_2} = 76 mm Hg nach GULBRANSEN und ANDREW. Nach der „parabolischen Auftragung" [$(\Delta m/q)^2$ gegen t] werden folgende Zunderkonstanten erhalten:
1 bis 2 Std.: $k'' = 5,33 \cdot 10^{-15}$;
3 bis 6 Std.: $k'' = 2,86 \cdot 10^{-15}$;
24 bis 30 Std.: $k'' = 1,385 \cdot 10^{-15}$ g^2 cm^{-4} sec^{-1}.

[1] MOORE, W. J.: J. chem. Phys. **19**, 255 (1951).
[2] GULBRANSEN, E. A., u. K. F. ANDREW: Res. Rep. Westinghouse, R-94602-1-AF (1952); J. electrochem. Soc. **101**, 128 (1954).
[3] WAGNER, C., u. K. E. ZIMENS: Acta chem. scand. **1**, 574 (1947).
[4] PFEIFFER, H., u. K. HAUFFE: Z. Metallkde. **43**, 364 (1952). — K. HAUFFE: Wiss. Z. Univ. Greifswald, Math.-naturwiss. Reihe **1**, 1 (1951/52).

ANDREW bis zu einem gewissen Grade die Tatsache der bevorzugten Oxydation unedlerer Verunreinigungsmetalle verantwortlich zu machen. Je höher der Anteil an Fremdmetallen ist, der aus Nickel „herausoxydiert" wird, um so zunderbeständiger wird das Nickel werden.

Kürzlich wurden die Oxydationsversuche mit reinem Nickel auf höhere Temperaturen (1000 bis 1200 °C) und auf höhere Sauerstoffdrucke (von $6{,}5 \cdot 10^{-3}$ bis 20,4 atm) erweitert.[1] In Übereinstimmung mit den früheren Versuchsergebnissen wurde die Oxydationsgeschwindigkeit unterhalb 1 atm Sauerstoff proportional zu $p_{O_2}^{1/4}$ gefunden. Oberhalb 1 atm wurde jedoch die Oxydationsgeschwindigkeit mit wachsendem Druck allmählich unabhängig vom Sauerstoffdruck.

FUEKI und WAGNER[2] studierten die Oxydationsgeschwindigkeit von Nickel und einer Nickel-Chrom-Legierung zwischen 900 und 1400 °C in verschiedenen CO_2-CO-Atmosphären. Im Gegensatz zur Oxydation mit Sauerstoff wurde ein lineares Zeitgesetz gefunden. Ferner wurde beobachtet, daß die Geschwindigkeit in beiden Fällen mit dem CO_2-Partialdruck zunimmt. Beide Befunde deuten darauf hin, daß offenbar der geschwindigkeitsbestimmende Schritt die Oberflächenreaktion des CO_2 mit dem Nickeloxid ist gemäß:

$$CO_2(\text{gas}) = \text{NiO} + |\text{Ni}|'' + 2|e|^{\bullet} + \text{CO}(\text{gas}).$$

Die lineare Geschwindigkeitskonstante betrug z. B. bei 1100 °C und einem CO_2-Druck von 0,2 atm etwa $2 \cdot 10^{-8}$ g cm^{-2} sec^{-1}.

Entsprechend den Ausführungen auf S. 188ff. wird durch Einbau höherwertiger Kationen, z. B. Cr^{3+} oder Al^{3+}, die Konzentration der Nickelionenleerstellen $x_{|\text{Ni}|''}$ im NiO erhöht und durch Zusatz niederwertiger Kationen, wie z. B. Li^+, erniedrigt. Wenn nun während der Oxydation einer Nickel-Chrom-Legierung neben NiO auch Cr_2O_3 entsteht, das sich unter Ausbildung einer heterotypen Mischphase in NiO einbaut, dann ergibt sich aus dem Massenwirkungsansatz der Fehlordnungsgleichung (3.265)

$$x_+^2\, x_{|\text{Ni}|''} = K \quad (p_{O_2} = \text{const}) \tag{6.79}$$

und der aus der Einbaugleichung (3.273) bzw. (3.274) von S. 190 folgenden Elektroneutralitätsbedingung

$$x_{\text{Cr}|\text{Ni}|^{\bullet}} + x_+ = 2x_{|\text{Ni}|''} \tag{6.80}$$

unter der Bedingung x_{Cr} (Atombruch von Cr in der Legierung) $\equiv x_{\text{Cr}|\text{Ni}|^{\bullet}} \gg x^0_{|\text{Ni}|''}$ für das Verhältnis der Zundergeschwindigkeitskonstanten einer Ni-Cr-Legierung k zu der des reinen Nickels k^0

$$\frac{k}{k^0} \approx \frac{x_{\text{Cr}}}{2x^0_{|\text{Ni}|''}}. \tag{6.81}$$

Oxydationsversuche an Nickel-Chrom-Legierungen mit kleinen Zusätzen an Cr bestätigten die nach (6.81) erwartete Erhöhung der Oxydations-

[1] BAUR, I. P., R. W. BARTLETT, J. N. ONG JR. u. W. M. FASSELL: J. electrochem. Soc. **110**, 185 (1963).
[2] FUEKI, K., u. J. B. WAGNER JR.: J. electrochem. Soc. **112**, 384, 1079 (1965).

Tabelle 6.8
Oxydationsgeschwindigkeit von Nickel-Chrom-Legierungen bei 1000 °C nach Wagner und Zimens

Gew.-% Cr	Oxydationsdauer in sec	$\frac{\Delta m}{q}$ g cm^{-2}	$k'' = \frac{1}{t}\left(\frac{\Delta m}{q}\right)^2$ g^2 cm^{-4} sec^{-1}
0	16080	$2{,}5 \cdot 10^{-3}$	$3{,}8 \cdot 10^{-10}$
0,3	14400	$4{,}7 \cdot 10^{-3}$	$15 \cdot 10^{-10}$
1,0	14400	$6{,}3 \cdot 10^{-3}$	$28 \cdot 10^{-10}$
3,0	14400	$7{,}2 \cdot 10^{-3}$	$36 \cdot 10^{-10}$
10,0	14400	$2{,}7 \cdot 10^{-3}$	$5{,}0 \cdot 10^{-10}$

geschwindigkeit (Tab. 6.8)[1] und Abb. 6.23. Die Abnahme der Zundergeschwindigkeit bei höheren Chromzusätzen (>6 Atom-% Cr) hängt offenbar mit der immer stärker werdenden Spinellbildung an den Korngrenzen der NiO-Cr_2O_3-Mischkristalle zusammen, worauf wir auf S. 656 noch näher eingehen werden. Bei weiterem Zusatz von Chrom konnte sowohl elektronenoptisch wie röntgenographisch eine deutliche Spinellbildung beobachtet werden, wie insbesondere die eingehenden Untersuchungen von GULBRANSEN und Mitarbeitern[2] ergeben haben. In gleicher Weise wie Chrom ergeben auch alle anderen Metallzusätze, sofern sie Ionen höherer Wertigkeit als Nickel bilden und einen Ionenradius aufweisen, der nicht wesentlich mehr als ±0,1 Å vom Ni-Ionenradius mit 0,78 Å abweicht, eine Zunahme der Oxydationsgeschwindigkeit von Nickel. In Abb. 6.22 sind die von HORN[3] erhaltenen Kurven der Oxydationsgeschwindigkeit einiger Ni-Legierungen in Abhängigkeit vom Fremdmetallgehalt dargestellt. Alle Metalle, die eine höhere Oxydationsstufe in der Oxidphase bilden, ergeben eine deutliche Erhöhung der Oxydationsgeschwindigkeit, was als eine weitere Bestätigung der Theorie anzusehen ist.

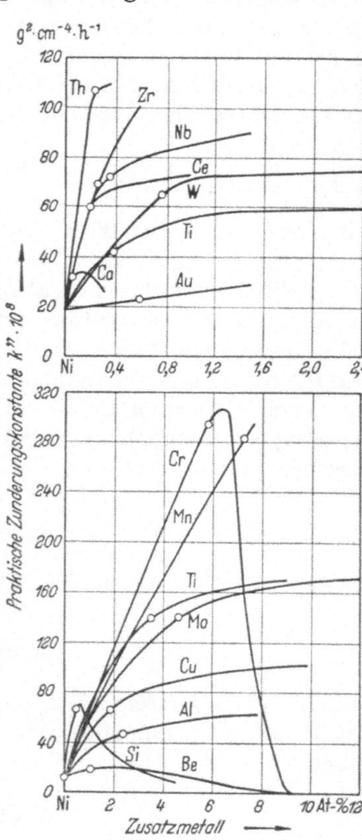

Abb. 6.22. Abhängigkeit der Zunderkonstanten einiger Nickellegierungen bei 900 °C in Luft vom Fremdmetallgehalt nach HORN.

Um eine Abnahme der Oxydationsgeschwindigkeit von Nickel zu errei-

[1] WAGNER, C., u. K. E. ZIMENS: Acta chem. scand. 1, 574 (1947).
[2] HICKMAN, J. W., u. E. A. GULBRANSEN: Trans. AIME 171, 344 (1947).
[3] HORN, L.: Z. Metallkde. 40, 73 (1949).

chen, muß man solche Metalle, wie z. B. Li oder Ag, dem Nickel zusetzen, die in der Oxidphase 1wertige Ionen bilden. Als Legierungspartner für Nickel käme wohl Silber in Frage, da Lithium wegen seines niedrigen Schmelzpunktes und seiner hohen Sauerstoffaffinität nur schwer verwendbar ist. Jedoch ist der Ionenradius der Ag^+ mit etwa 1,1 Å gegenüber dem des Nickels mit 0,78 Å verhältnismäßig groß, so daß selbst mit einer geringen Löslichkeit von Ag_2O in NiO kaum zu

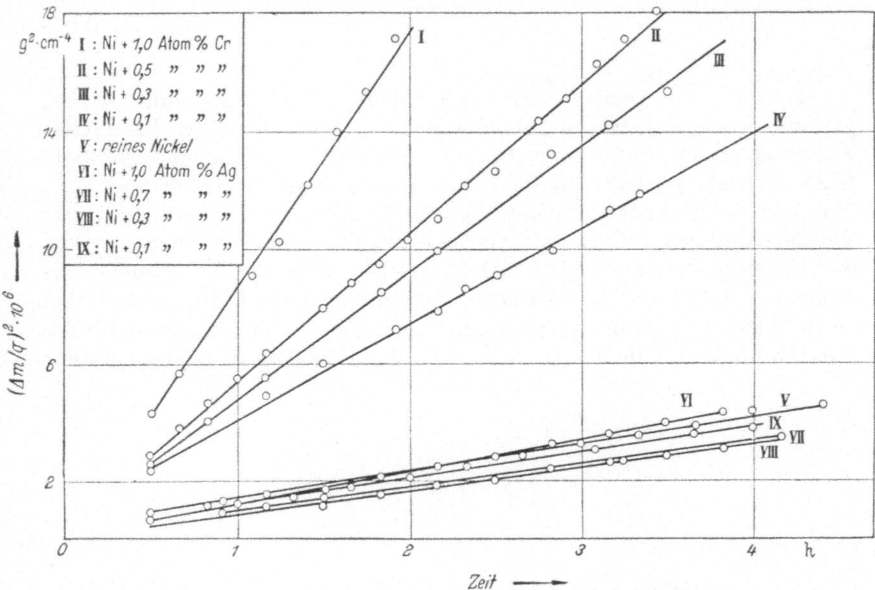

Abb. 6.23. Zeitlicher Verlauf der Oxydation von Nickel, Nickel-Chrom- und Nickel-Silber-Legierungen bei 1000°C und $p_{O_2} = 1$ atm nach PFEIFFER und HAUFFE.

rechnen ist oder, wenn eine Löslichkeit beobachtet wird, die ins NiO-Gitter eintretenden Ag-Ionen sich überwiegend 2wertig $[Ag^{2+} \equiv Ag|Ni|^\times]$ umladen entsprechend der Einbaugleichung:

$$\tfrac{1}{2}\, O_2\,(\text{gas}) + Ag_2O = 2\,Ag|Ni|^\times + 2\,NiO\,. \qquad (6.82)$$

Das bedeutet aber, daß durch den Einbau von Ag_2O ins NiO-Gitter praktisch keine Änderung der für die Oxydationsgeschwindigkeit maßgebenden Ni-Ionenleerstellen-Konzentration hervorgerufen wird. Oxydationsversuche an Ni-Ag-Legierungen brachten die nach (6.82) erwartete Unabhängigkeit der Oxydationsgeschwindigkeit[1] vom Ag-Gehalt der Legierung (Abb. 6.23).

Auf Grund des Verlaufs der elektrischen Leitfähigkeit von NiO mit steigenden Zusätzen an Li_2O (Abb. 3.80 auf S.189) und der Tatsache übereinstimmender Ionenradien von Nickel und Lithium ist eine besonders starke Herabsetzung der Ni-Ionenleerstellenkonzentration im NiO-Gitter zu erwarten. Die zu Gl. (3.268) auf S. 188 äquivalente Ein-

[1] PFEIFFER, H., u. K. HAUFFE: Z. Metallkde. **43**, 364 (1952).

baugleichung lautet:

$$|\mathrm{Ni}|'' + \mathrm{Li_2O} \rightleftharpoons 2\,\mathrm{Li}\,|\mathrm{Ni}|' + 2\,\mathrm{NiO}\,. \tag{6.83}$$

Hieraus folgt, in ähnlicher Weise wie bei der Besprechung der Leitfähigkeit ausgeführt, für das Verhältnis der Zunderkonstanten mit einer reinen NiO-Schicht und einer Deckschicht aus einer NiO-Li_2O-Mischphase:

$$\frac{k}{k^0} \approx \frac{x_+^0}{x_{\mathrm{Li}^+}}\,, \tag{6.84}$$

wobei $x_{\mathrm{Li}^+} = x_{\mathrm{Li}|\mathrm{Ni}|'} = 2x_{\mathrm{Li_2O}}$ ist.

Da aber, wie bereits oben erwähnt, die Herstellung einer Nickel-Lithium-Legierung auf erhebliche Schwierigkeiten stößt, beschritten Pfeiffer und Hauffe[1] einen anderen Weg. Die zunderschützende NiO-Li_2O-Deckschicht wurde dadurch erzeugt, daß reines Nickel in einer Li_2O-dampfhaltigen Sauerstoffatmosphäre bei 1000 °C oxydiert wurde. Durch Veränderung des Li_2O-Dampfdruckes kann man dann während der Oxydation die geeigneten Li_2O-Mengen von außen in die NiO-Schicht einbauen und somit eine Herabsetzung der Zundergeschwindigkeit bewirken (Abb. 6.24). Erwartungsgemäß hängt das Ausmaß der erzielten Effekte vom Dampfdruck des Li_2O, d. h. von der Konzentration der sich ein-

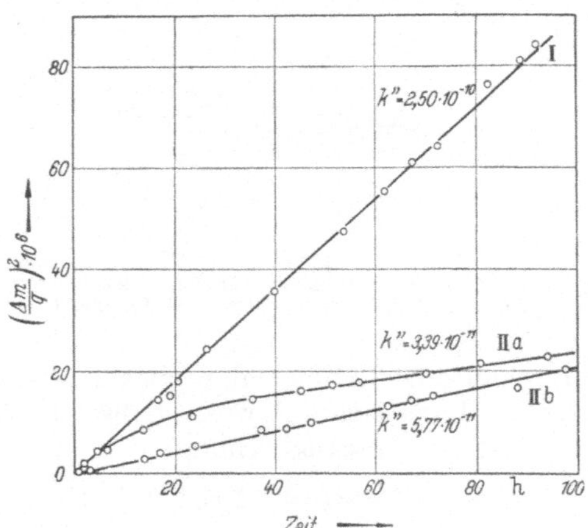

Abb. 6.24. Herabsetzung der Oxydationsgeschwindigkeit von Nickel bei 1000°C in einer Li_2O-dampfhaltigen Sauerstoffatmosphäre von 760 Torr nach Pfeiffer und Hauffe. I: Ni-Blech in reinem Sauerstoff; II: Ni-Blech in Sauerstoff + Li_2O-Dampf.

bauenden Li-Ionen ab. Die anfängliche Zunahme der Zunderkonstanten mit der Zeit (Kurve IIa) deutet darauf hin, daß die anfängliche Oxydation zu rasch verläuft, als daß sich das Li_2O sofort in geeigneter Konzentration einbauen könnte. Für die Richtigkeit dieser Annahme spricht die Kurve IIb, die durch ein fünfstündiges Glühen bei einem Sauerstoffdruck von 1 Torr in einer Li_2O-Dampfatmosphäre bei 1000 °C erhalten wurde. Die in Abb. 6.24 dargestellten Versuchsergebnisse sind

[1] Pfeiffer, H., u. K. Hauffe: Z. Metallkde. 43, 364 (1952).

nur als qualitative Bestätigung der obigen Ausführungen zu betrachten. Durch geeignete Reaktionsführung wird möglicherweise eine weitere Abnahme der Oxydationsgeschwindigkeit von Nickel erzielt werden können.

Dieser Befund ist insofern bemerkenswert, als hierdurch die Möglichkeit aufgezeigt wird, die Oxydationsgeschwindigkeit reiner Metalle durch Erzeugung geeigneter Mischoxiddeckschichten durch eine Metalloxid-Dampfbehandlung von außen zu verändern.

In neuerer Zeit gelang es HAGEL[1], an Nickel-Lithium-Legierungen den Einfluß des Li-Gehaltes auf die Oxydationsgeschwindigkeit von Nickel bei 1200 °C und einem Sauerstoffdruck von 100 Torr zu studieren. Während die Oxydationsgeschwindigkeits-Konstante einer Carbonyl-Nickel-Probe $2{,}00 \cdot 10^{-9}$ betrug, war die unter den gleichen Versuchsbedingungen an einer Ni-Li-Legierung mit 0,6 Atom-% Li erhaltene Geschwindigkeitskonstante von $2{,}75 \cdot 10^{-10}\ g^2\ cm^{-4}\ sec^{-1}$ etwa um den Faktor 7 kleiner. Wie zu erwarten war, wird die Oxydationsgeschwindigkeit von Nickel durch Zulegieren von Lithium stärker erniedrigt.

Analoge Versuche an reinen Metallen und Metallegierungen in Gegenwart höherwertiger Fremdoxide, wie z. B. MoO_3, ergaben nach MEIJERING und RATHENAU[2] eine deutliche Abnahme der Oxydationsbeständigkeit, die im Sinne von PFEIFFER und HAUFFE[3] gedeutet werden kann, wenn nicht der von MEIJERING und RATHENAU beobachtete Effekt eines „Aufschmelzens" der Zunderschicht auftritt.

Nach der gleichen Methode versuchten BRAUNS und RAHMEL[4], die Oxydationsgeschwindigkeit von Eisen bei 850 °C in Li_2O-haltiger Luft von 0,5 Torr zu erniedrigen. Die beobachteten Effekte waren jedoch klein, da einmal die äußere Deckschicht aus Fe_2O_3 bestand und zum anderen die sich bildende FeO-Schicht bereits so stark fehlgeordnet ist (10%, s. S. 194), daß ein merklicher Effekt nicht zu erwarten ist.

Häufig setzt man die Annahme als gültig voraus, daß das Konzentrationsverhältnis der Metallionen in der Zunderschicht gleich ist dem in der Legierungsphase. In manchen Fällen ist diese Annahme in erster Näherung berechtigt. In anderen Fällen jedoch muß man der verschiedenen Beweglichkeit der die Mischoxidphase aufbauenden Metallionen Rechnung tragen, wie dies von WAGNER und ZIMENS zur Deutung der erheblichen Abweichungen in der Oxydationsgeschwindigkeit von Ni-Cr-Legierungen ausgeführt wurde. Von ähnlichen Überlegungen geleitet, können SCHÖNE, STASIW und TELTOW[5] zeigen, daß im Falle von $AgBr$-$CdBr_2$- und $AgBr$-$PbBr_2$-Mischkristallen bevorzugt der Bruchteil der mit einer Ag^+-Leerstelle assoziierten Fremdionen wanderungsfähig ist. Da diese Ergebnisse und deren Auswertung von grundsätzlicher Bedeutung für das Verständnis des Oxydationsmechanismus gewisser

---

[1] HAGEL, W. C.: General Electric Rep. No. 65-RL-3898 M, Schenectady 1965.
[2] MEIJERING, J. L., u. G. W. RATHENAU: Nature [London] **165**, 240 (1950); Philips Techn. Rundschau **12**, 217 (1950).
[3] PFEIFFER, H., u. K. HAUFFE: Z. Metallkde. **43**, 364 (1952).
[4] BRAUNS, E., u. A. RAHMEL: Werkstoffe u. Korr. **7**, 448 (1956).
[5] SCHÖNE, E., O. STASIW u. J. TELTOW: Z. phys. Chem. **197**, 145 (1951).

binärer Metallegierungen sind, sollen sie hier im einzelnen in Anlehnung an Überlegungen von WAGNER und ZIMENS behandelt werden.

Im Falle einer Nickel-Chrom-Legierung tritt beim Oxydieren eine gewisse Zahl Cr^{3+}-Ionen in der Zunderschicht auf, die nach der mehrfach erwähnten Elektroneutralitätsbeziehung Ni^{2+}-Leerstellen erzeugen. Bei hinreichender Mischkristallbildung in der Oxidphase und praktisch gleicher Beweglichkeit der Ni^{2+}- und Cr^{3+}-Ionen gilt Beziehung (6.81); jedoch können erhebliche Abweichungen auftreten, wenn die Beweglichkeiten unterschiedlich sind. In Analogie zu Gl. (6.12) auf S. 619 folgt für die hindurchgewanderte Menge an Ni-Ionen + Elektronen in Äquivalenten je Sekunde:

$$\frac{d n_{Ni}}{d t} = q \frac{1}{2 \mathfrak{F}^2} x_{Ni^{2+}} \left\{- \frac{d \mu_{Ni^{2+}}}{d \xi} - 2 \mathfrak{F} \frac{d V}{d \xi}\right\}. \tag{6.85}$$

Hieraus folgt unter Verwendung des Ausdrucks für den Gradienten des elektrischen Potentials

$$\frac{d V}{d \xi} = \frac{1}{\mathfrak{F}} \frac{d \mu_{e-}}{d \xi}$$

der zu (6.85) äquivalente Ausdruck:

$$\frac{d n_{Ni}}{d t} = q \frac{1}{2 \mathfrak{F}^2} \varkappa_{Ni^{2+}} \left\{- \frac{d \mu_{Ni^{2+}}}{d \xi} - 2 \frac{d \mu_{e-}}{d \xi}\right\}, \tag{6.85a}$$

worin $\mathfrak{F}$ die FARADAY-Zahl und μ_{e-} das chemische Potential der Elektronen bedeutet. Auf Grund der Dissoziationsgleichungen ergibt sich für die chemischen Potentiale μ_{Ni} und μ_{Cr} der neutralen Metallatome:

$$\mu_{Ni^{2+}} + 2 \mu_{e-} = \mu_{Ni} \tag{6.86}$$

und

$$\mu_{Cr^{3}} + 3 \mu_{e-} = \mu_{Cr}. \tag{6.87}$$

Im Falle der Mischphasen können wir das chemische Potential des Nickels bzw. Chroms in der Mischphase μ_{Ni} bzw. μ_{Cr} mit dem der reinen Phase $\mu^{(Ni)}$ bzw. $\mu^{(Cr)}$ und den Aktivitäten a_{Ni} bzw. a_{Cr} verknüpfen gemäß[1]

$$\begin{aligned} \mu_{Ni} &= \mu^{(Ni)} + RT \ln a_{Ni}, \\ \mu_{Cr} &= \mu^{(Cr)} + RT \ln a_{Cr}. \end{aligned} \tag{6.88}$$

Entsprechend den Überlegungen auf S. 619ff. folgt aus (6.85a) und (6.88) im Falle zeitbestimmender Ionenwanderung ($\varkappa_{Ni^{2+}} \ll \varkappa_{e-}$) und $d\mu_{Ni^{2+}}/d\xi \gg d\mu_{e-}/d\xi$

$$\frac{d n_{Ni}}{d t} = -q \frac{1}{2} \varkappa_{Ni^{2+}} \frac{RT}{\mathfrak{F}^2} \frac{d \ln a_{Ni}}{d \xi}, \tag{6.89}$$

$$\frac{d n_{Cr}}{d t} = -q \frac{1}{3} \varkappa_{Cr^{3+}} \frac{RT}{\mathfrak{F}^2} \frac{d \ln a_{Cr}}{d \xi}. \tag{6.90}$$

Auf Grund der Umsetzungsgleichung

$$Ni + \tfrac{1}{2} O_2 = NiO \tag{6.91}$$

folgt für den Massenwirkungsansatz unter Verwendung der chemischen Potentiale:

$$\mu_{Ni} + \tfrac{1}{2} \mu_{O_2} = \mu_{NiO}. \tag{6.92}$$

[1] Vgl. W. SCHOTTKY, H. ULICH u. C. WAGNER: Thermodynamik. Berlin 1929.

In guter Näherung können wir die rechte Seite von (6.92) praktisch als konstant ansehen und erhalten unter gleichzeitiger Einführung des Sauerstoffdruckes p_{O_2} der koexistierenden Gasphase an der Stelle ξ

$$\frac{d\mu_{Ni}}{d\xi} = -\frac{1}{2}\frac{d\mu_{O_2}}{d\xi} = -\frac{1}{2}RT\frac{d\ln p_{O_2}}{d\xi}. \tag{6.93}$$

Einsetzen in (6.89) ergibt für den Nickeltransport:

$$\frac{dn_{Ni}}{dt} = q\frac{1}{4}\varkappa_{Ni^{2+}}\frac{RT}{\mathfrak{F}^2}\frac{d\ln p_{O_2}}{d\xi}. \tag{6.94}$$

Bei konstantem Sauerstoffpartialdruck bzw. $d\ln p_{O_2}/d\xi$ und unter Berücksichtigung der Proportionalität zwischen Teilleitfähigkeit $\varkappa_{Ni^{2+}}$ und Ni^{2+}-Leerstellenkonzentration $x_{|Ni|''}$ der reinen NiO-Phase einerseits und gemäß (6.81) auf S. 651 dem Chromgehalt x_{Cr} der NiO-Cr_2O_3-Mischphase andererseits folgt für das Verhältnis der Transportgrößen des Mischkristalls gegenüber dem der reinen NiO-Phase:

$$\frac{dn_{Ni}/dt\,(\text{Mischkristall})}{dn_{Ni}/dt\,(\text{NiO})} = \frac{x_{Cr}}{x^0_{|Ni|''}}. \tag{6.95}$$

Für eine quantitative Auswertung von (6.95) ist jedoch zu beachten, daß der Chromgehalt in der Zunderschicht keineswegs gleichmäßig verteilt zu sein braucht.

Um die Vorgänge zunächst zu vereinfachen, betrachten wir den Fall einer Zunderschicht vorgegebener Dicke, wonach wir im stationären Zustand für das Verhältnis der transportierten Mengen (in Äquivalenten je Sekunde) nach WAGNER und ZIMENS erhalten:

$$\frac{dn_{Cr}/dt}{dn_{Ni}/dt} = \frac{3}{2}x_{Cr} \quad (\text{unabhängig von } \xi). \tag{6.96}$$

Ferner folgt für das Verhältnis der wandernden Mengen an Chrom und Nickel durch Division von Gl. (6.90) durch (6.89):

$$\frac{dn_{Cr}/dt}{dn_{Ni}/dt} = \frac{2}{3}\frac{\varkappa_{Cr^{3+}}}{\varkappa_{Ni^{2+}}}\frac{d\ln a_{Cr}}{d\ln a_{Ni}}. \tag{6.97}$$

Da die Wanderung von Ni^{2+}-Ionen wie die der Cr^{3+}-Ionen durch Sprung der betreffenden Ionen in die Leerstellen erfolgt, wäre bei ideal ungeordneter Verteilung der Ni^{2+}- und Cr^{3+}-Ionen die Zahl der geometrischen Sprungmöglichkeiten der Ionen durch ihr Mengenverhältnis gegeben. Um der Tatsache Rechnung zu tragen, daß entsprechend den entgegengesetzten Überschußladungen die Cr^{3+}-Ionen und Ni^{2+}-Leerstellen sich elektrostatisch anziehen, führt WAGNER einen Faktor β ein, der stets größer als eins ist. Unter Verwendung der elementaren Beweglichkeiten u_{Cr} und u_{Ni} für ein Cr^{3+}- bzw. Ni^{2+}-Ion neben einer Kationenleerstelle bei einer Kraft von 1 dyn je Ion ergibt sich für das Verhältnis der Teilleitfähigkeiten ($u_{Cr^{3+}} \equiv u_{Cr}$ und $u_{Ni^{2+}} \equiv u_{Ni}$):

$$\frac{\varkappa_{Cr^{3+}}}{\varkappa_{Ni^{2+}}} = \frac{3}{2}x_{Cr}\,\beta\,\frac{3}{2}\frac{u_{Cr}}{u_{Ni}}. \tag{6.98}$$

Weiterhin gilt:

$$\frac{d\ln a_{Cr}}{d\ln a_{Ni}} = \frac{1}{\beta}\frac{u_{Ni}}{u_{Cr}}. \tag{6.99}$$

Um eine Verknüpfung der chemischen Aktivitäten a_{Cr} und a_{Ni} mit der Fehlordnungskonzentration zu erhalten, betrachten wir den Einbau eines Nickel- bzw. Chromatoms in das NiO-Gitter unter Besetzung einer Leerstelle $|Ni|''$ und von zwei bzw. drei Elektronendefektstellen:

$$Ni + |Ni|'' + 2\,|e|^{\cdot} = \text{Null} \tag{6.100}$$

mit dem idealen Massenwirkungsansatz:

$$a_{Ni}\, x_{|Ni|''}\, x_+^2 = K_2 \tag{6.101}$$

bzw.

$$Cr + |Ni|'' + 3\,|e|^{\cdot} = Cr\,|Ni|^{\cdot} \tag{6.102}$$

mit dem idealen Massenwirkungsansatz:

$$a_{Cr}\, x_{|Ni|''}\, x_+^3 = K_3\, x_{Cr}\,, \tag{6.103}$$

wobei $x_{Cr} \equiv x_{Cr|Ni|^{\cdot}}$ ist.

Unter Beachtung der Beziehung:

$$x_{Cr} \approx x_{|Ni|''}$$

folgt aus (6.101) sowie (6.103) unmittelbar

$$d \ln a_{Ni} = -d \ln x_{Cr} - 2 d \ln x_+ \tag{6.104}$$

und

$$d \ln a_{Cr} = -3 d \ln x_+\,. \tag{6.105}$$

Multipliziert man (6.104) mit 3/2 und subtrahiert von (6.105), so ergibt sich

$$d \ln a_{Cr} = \tfrac{3}{2} d \ln a_{Ni} + \tfrac{3}{2} d \ln x_{Cr}\,. \tag{6.106}$$

Hieraus folgt für die linke Seite von (6.99)

$$\frac{d \ln a_{Cr}}{d \ln a_{Ni}} = \frac{3}{2} + \frac{3}{2}\,\frac{d \ln x_{Cr}}{d \ln a_{Ni}} = \frac{1}{\beta}\,\frac{u_{Ni}}{u_{Cr}}\,. \tag{6.107}$$

Unter Benutzung der Beziehung (6.93) bzw. $d \ln a_{Ni} = -1/2\, d \ln p_{O_2}$ folgt weiter:

$$\frac{d \ln x_{Cr}}{d \ln p_{O_2}} = \frac{1}{2}\left(1 - \frac{2}{3}\,\frac{1}{\beta}\,\frac{u_{Ni}}{u_{Cr}}\right). \tag{6.108}$$

Wenn sich auch, wie WAGNER betont, eine einfache Voraussage über den Zahlenwert $\frac{1}{\beta}\frac{u_{Ni}}{u_{Cr}}$ nicht machen läßt, so läßt sich doch der Faktor β, der als Maß für die elektrostatisch begünstigte Aufenthaltswahrscheinlichkeit für eine weitere Auswertung von Bedeutung ist, nach (6.108) aus zusätzlichen Messungen zwecks Bestimmung der Beweglichkeiten u_{Ni} und u_{Cr} innerhalb gewisser Konzentrationsgebiete des NiO-Cr_2O_3-Mischkristalls berechnen.

Im folgenden führen wir nach WAGNER und ZIMENS für den Ausdruck (6.108) das Symbol γ ein:

$$\gamma = \frac{1}{2}\left\{1 - \frac{2}{3}\,\frac{1}{\beta}\,\frac{u_{Ni}}{u_{Cr}}\right\}. \tag{6.109}$$

Durch Integration von (6.108) zwischen den Grenzen I und II (Abb. 6.25) erhalten wir nach dem Delogarithmieren:

$$\frac{x_{Cr}^{II}}{x_{Cr}^{I}} = \left(\frac{p_{O_2}^{II}}{p_{O_2}^{I}}\right)^{\gamma}. \tag{6.110}$$

Auf Grund von (6.108) und (6.109) $\left(d \ln p_{O_2} = \frac{1}{\gamma}\, d \ln x_{Cr}\right)$ und den Beziehungen

$$x_{Cr} \approx x_{|Ni|''}$$

und

$$\varkappa_{Ni^{2+}} \sim x_{|Ni|''} = \tfrac{1}{2} K_0\, x_{Cr} \tag{6.111}$$

ergibt sich für die Transportgeschwindigkeit der Ni^{2+}-Ionen nach (6.94)

$$\frac{d n_{Ni}}{d t} = q \frac{RT}{\mathfrak{F}^2} \frac{K_0}{8\gamma} \frac{d x_{Cr}}{d \xi}. \tag{6.112}$$

Im stationären Zustand bei konstanter Zunderschichtdicke muß die Nickeltransportgeschwindigkeit unabhängig von der Ortskoordinate ξ und das Konzentrationsgefälle $d x_{Cr}/d\xi$ konstant sein, so daß wir mit einem mittleren Chromgehalt $\bar{x}_{Cr}$

$$\bar{x}_{Cr} = \tfrac{1}{2}(x_{Cr}^{I} + x_{Cr}^{II}) \tag{6.113}$$

rechnen können. Mittels der Gln. (6.110) und (6.113) kann man die Chromgehalte an den Phasengrenzen berechnen, wenn der mittlere Chromgehalt $\bar{x}_{Cr}$ und die entsprechenden Sauerstoffdrucke $p_{O_2}^{I}$ und $p_{O_2}^{II}$ an den Phasengrenzen I und II (Abbildung 6.25) bekannt sind. Wir erhalten:

$$x_{Cr}^{I} = \frac{2\bar{x}_{Cr}}{1 + (p_{O_2}^{II}/p_{O_2}^{I})^{\gamma}}, \tag{6.114}$$

$$x_{Cr}^{II} = \frac{2\bar{x}_{Cr}(p_{O_2}^{II}/p_{O_2}^{I})^{\gamma}}{1 + (p_{O_2}^{II}/p_{O_2}^{I})^{\gamma}}. \tag{6.115}$$

Durch Einsetzen der Differenz der Werte (6.114) und (6.115) in (6.112) nach vorheriger Division durch $\Delta\xi$ folgt unter Beachtung von (6.111) entsprechend $\bar{x}_{Cr} \sim \bar{\varkappa}_{Ni^{2+}}$ für die Transportgeschwindigkeit:

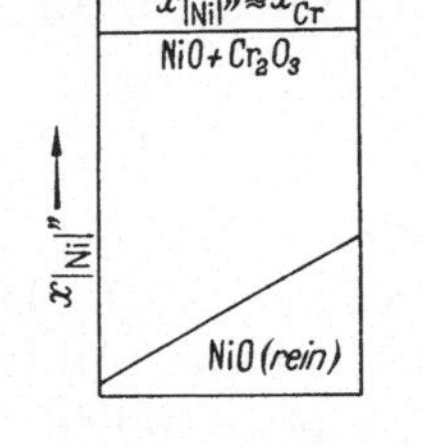

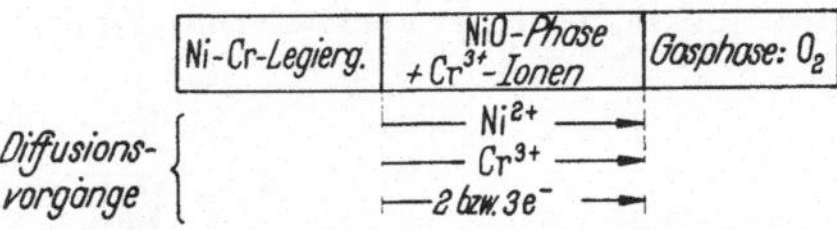

Abb. 6.25. Oxydationsschema einer Nickel-Chrom-Legierung. Während im Falle einer reinen NiO-Deckschicht die Konzentration $x_{|Ni|''}$ von der Phasengrenze I zur Phasengrenze II stark zunimmt, wird im Falle des gleichzeitigen Einbaus von Cr-Ionen die Konzentration $x_{|Ni|''}$ bereits an der Phasengrenze I hohe Werte annehmen und sich je nach Beweglichkeitsverhältnissen der Cr- und Ni-Ionen in der Zunderschicht entweder praktisch nicht mehr nennenswert ändern (obige Darstellung) oder sogar nach der Phasengrenze II hin abnehmen, also gerade den entgegengesetzten Verlauf wie in reinen NiO-Deckschichten zeigen.

$$\frac{d n_{Ni}}{d t} = \frac{q}{\Delta\xi} \bar{\varkappa}_{Ni^{2+}} \frac{RT}{4\mathfrak{F}^2} \frac{2}{\gamma} \frac{(p_{O_2}^{II}/p_{O_2}^{I})^{\gamma} - 1}{(p_{O_2}^{II}/p_{O_2}^{I})^{\gamma} + 1}. \tag{6.116}$$

Im Anschluß hieran behandeln WAGNER und ZIMENS folgende Grenzfälle:

1. Geht $\gamma \to 0$, dann ist $\beta(u_{Cr}/u_{Ni}) \approx 2/3$ und (6.116) vereinfacht sich zu

$$\frac{dn_{Ni}}{dt} = \frac{q}{\Delta\xi}\bar{\varkappa}_{Ni^{2+}}\frac{RT}{4\mathfrak{F}^2}\ln\frac{p_{O_2}^{II}}{p_{O_2}^{I}} \quad (\text{für } \gamma \to 0). \tag{6.117}$$

Die Transportgeschwindigkeit und entsprechend die Zundergeschwindigkeit sind infolge des Logarithmus des Verhältnisses der Sauerstoffdrucke nur wenig vom Sauerstoffdruck abhängig.

2. Für den Fall, daß $\gamma > 0$ ist und entsprechend $\beta(u_{Cr}/u_{Ni}) > 2/3$, findet eine Chromanreicherung auf der Seite des höheren Sauerstoffpartialdruckes statt. Ist jedoch ferner noch $p_{O_2}^{II} \gg p_{O_2}^{I}$, dann wird der zuletzt stehende Bruch in (6.116) gleich 1 und wir erhalten eine Zundergeschwindigkeit bzw. Ni-Transportgeschwindigkeit, die unabhängig vom Sauerstoffpartialdruck ist.

3. Findet man $\gamma < 0$, dann ist auch $\beta(u_{Cr}/u_{Ni}) < 2/3$. Das heißt, hier findet beim Zundervorgang eine Anreicherung von Cr auf der Seite statt, die den kleineren Sauerstoffpartialdruck aufweist.

Für den weiteren Fall, daß auch hier $p_{O_2}^{II} \gg p_{O_2}^{I}$ ist, wird der Bruch in (6.116) gleich -1. Für die Transportgeschwindigkeiten an Ni gilt demnach für Grenzfall 2 und 3 die gleiche Formel

$$\frac{dn_{Ni}}{dt} = \frac{q}{\Delta\xi}\bar{\varkappa}_{Ni^{2+}}\frac{RT}{4\mathfrak{F}^2}\left|\frac{2}{\gamma}\right| \quad (\text{für } \gamma \gtrless 0 \text{ und } p_{O_2}^{II} > p_{O_2}^{I}). \tag{6.118}$$

Vorstehende Ausdrücke sind mit dem entsprechenden Ausdruck für reines Nickeloxid zu vergleichen. Berücksichtigen wir, daß gemäß (3.266) die Konzentration der Ni-Ionenleerstellen und damit auch die Ni^{2+}-Teilleitfähigkeit proportional der sechsten Wurzel des Sauerstoffdruckes ist, dann gilt nach WAGNER und ZIMENS:

$$\frac{\varkappa_{Ni^{2+}}^{I}}{\sqrt[6]{p_{O_2}^{I}}} = \frac{\varkappa_{Ni^{2+}}^{II}}{\sqrt[6]{p_{O_2}^{II}}}. \tag{6.119}$$

Durch Einsetzen von (6.119) in (6.94) erhält man zum Vergleich für die Transportgeschwindigkeit der Ni^{2+}-Ionen in der reinen NiO-Phase

$$\frac{dn_{Ni}}{dt}_{(\text{in NiO rein})} = \frac{q}{\Delta\xi}\varkappa_{Ni^{2+}}^{II}\frac{3}{2}\frac{RT}{\mathfrak{F}^2}\left\{1 - \sqrt[6]{\frac{p_{O_2}^{I}}{p_{O_2}^{II}}}\right\}. \tag{6.120}$$

Aus dem WAGNERschen Ergebnis erkennt man durch Vergleich von (6.120) mit (6.118) und (6.117), daß die Transportgeschwindigkeit der Ni^{2+}-Ionen + Elektronen sowohl im Mischkristall als auch im reinen NiO im wesentlichen durch die Ni^{2+}-Teilleitfähigkeit bzw. Ni^{2+}-Leerstellenkonzentration bei dem höheren Druck $p_{O_2}^{II}$ bestimmt ist. Bei großen Cr-Gehalten im NiO-Mischoxid wird die Transportgeschwindigkeit im Mischkristall erheblich größer als im reinen NiO sein.

Im Anschluß hieran behandeln WAGNER und ZIMENS den Fall einer Wanderungsmöglichkeit von Ni^{2+}- und Cr^{3+}-Ionen auch ohne Konzentrationsgefälle, d. h. für den Fall $\beta(u_{Cr}/u_{Ni}) = 2/3$. Aus der von ihnen für diesen Fall entwickelten Gleichung

$$\frac{dV}{d\xi} = -\frac{1}{4}\frac{RT}{\mathfrak{F}}\frac{d\ln p_{O_2}}{d\xi} \qquad (6.121)$$

läßt sich quantitativ angeben, um wieviel das elektrische Potential V an Orten höheren Sauerstoffdruckes negativer sein muß, damit die gewünschte Wanderung der Ionen einsetzt. Diesen Fall wird man immer dann zu berücksichtigen haben, wenn in der Zunderschicht weder für die Ni^{2+}-Leerstellen noch für den Chromgehalt ein wesentliches Konzentrationsgefälle herrscht. Ein ähnliches Problem wurde bereits früher von WAGNER bei Schwefelungsversuchen an Silber mit flüssigem Schwefel behandelt[1] (S. 707ff.).

Für den Fall $\beta(u_{Cr}/u_{Ni}) < 2/3$ ist der Chromgehalt und damit auch die Ni^{2+}-Leerstellenkonzentration gerade an Orten mit niedrigem Sauerstoffpotential — also gerade umgekehrt wie in reinem NiO — besonders groß. Da $dV/d\xi$ nach (6.122) gemäß

$$\frac{dV}{d\xi} = -\frac{1}{4}\frac{RT}{\mathfrak{F}^2}\frac{1}{\beta}\frac{u_{Ni}}{u_{Cr}}\frac{d\ln p_{O_2}}{d\xi} \qquad (6.122)$$

stärker negativ als nach (6.121) wird, erzwingt das Diffusionspotential eine Wanderung der Kationen gegen das Konzentrationsgefälle, so daß die nach der allgemeinen Gl. (6.94) zunächst unverständliche Abwanderung der Ni^{2+}-Ionen + Elektronen nach Orten höheren Sauerstoffdruckes, d. h. der hier kleineren Ni^{2+}-Leerstellenkonzentration, eine zwanglose Erklärung findet.

Für den Fall $\beta(u_{Cr}/u_{Ni}) > 2/3$ haben wir die auch bei reinem Nickeloxid bereits bekannten Verhältnisse einer Wanderung von Ni^{2+}-Ionen + Elektronen zu Orten mit höherer Ni^{2+}-Leerstellenkonzentration. Entsprechend findet auch eine Chromanreicherung an den Stellen höherer Sauerstoffdrucke statt. In diesem Fall ist das Diffusionspotential nach (6.122) kleiner als nach (6.121).

Wenn auch die vorstehenden Gleichungsentwicklungen zunächst nur für den speziellen Fall einer unveränderlichen Schichtdicke einer NiO-Cr_2O_3-Zunderschicht gelten, so sind doch die Wege für eine Weiterentwicklung für den Fall wachsender Oxidschichtdicken aufgezeigt. Die Stationaritätsbedingung (6.96) verliert wohl für den Fall stetig wachsender Schichtdicke zur Berechnung der örtlichen Verteilung des Chroms im Oxidmischkristall ihre strenge Gültigkeit. Trotzdem können aber aus anderen Zwischengleichungen, wie z. B. aus dem Beweglichkeitsverhältnis, wichtige Aussagen über Diffusionsrichtung und Anhäufung von einzelnen Metallionen + Elektronen gemacht werden. Auf Grund der Tatsache, daß $\beta(u_{Cr}/u_{Ni})$ kleiner oder größer als 2/3 sein kann, wird sich Chrom in der wachsenden Zunderschicht entweder auf der Metallseite oder auf der Außenseite Oxid/Gas anreichern. Bei bevorzugter Diffusion von Cr^{3+}-Ionen + Elektronen zur Außenseite ist fernerhin die Bildung einer Spinellphase zu berücksichtigen.

[1] WAGNER, C.: Z. phys. Chem. (B) **32**, 447 (1936); Diffusion and High Temperature Oxidation of Metals, in: Atom Movements, S. 168ff. Cleveland 1951.

Während nach WAGNER und ZIMENS bei Mn-Gehalten im Nickel bis zu 10% eine stetige Zunahme der Oxydationsgeschwindigkeit beobachtet wird, tritt bei einem Zusatz von 10% Cr eine deutliche Abnahme der Oxydationsgeschwindigkeit auf, die sogar kleiner wird als die von reinem Nickel. Diesen letzten Fall wird man wohl mit der Ausbildung einer Spinellphase $NiCr_2O_4$ und besonders bei niedrigen Sauerstoffdrucken mit einer Cr_2O_3-Deckschicht — bei kleineren Cr-Gehalten zumindest an den Korngrenzen der Mischoxidkristallite in der Zunderschicht — in Zusammenhang bringen dürfen. Diese Annahme wird durch Beobachtungen von z. B. JITAKA und MIYAKI[1] an anoxydierten 80–20 Nickel-Chrom-Legierungen gestützt, die an Hand von Elektronenbeugungsaufnahmen das Auftreten des Ni-Cr-Spinells nachweisen konnten. Berücksichtigt man ferner, daß nach HAUFFE und PSCHERA[2] die $NiCr_2O_4$-Bildung bei 1000 °C durch eine bevorzugte Diffusion von Cr-Ionen bzw. von Cr_2O_3 längs von Korngrenzen erfolgt und daß die Verdampfungsgeschwindigkeit von Cr_2O_3 relativ hoch ist (s. S. 820), dann kann man folgendes Zunderschema einer Cr-reicheren Nickel-Chrom-Legierung vorschlagen (Abbildung 6.26).

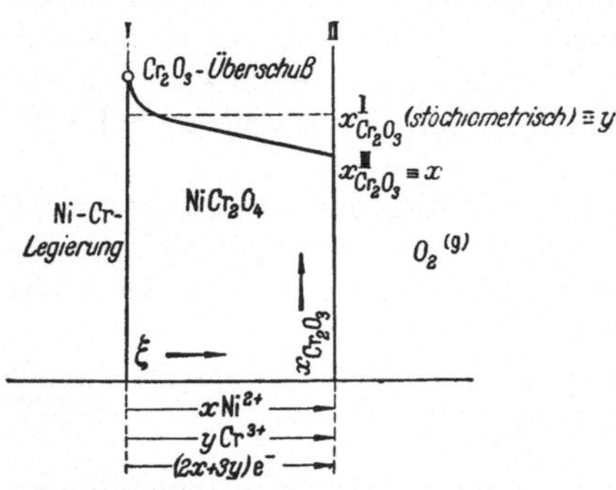

Abb. 6.26. Mutmaßliches Zunderschema einer Nickel-Chrom-Legierung mit >10% Cr bei >1000°C nach HAUFFE [Z. Metallkde. 42, 34 (1951)]. $x^{I}_{Cr_2O_3}$ ist der der stöchiometrisch aufgebauten Spinellphase entsprechende Cr_2O_3-Gehalt und $y-x$ der durch Verdampfung von Cr_2O_3 an der Phasengrenze II verursachte Verlust

Zu Beginn der Oxydation einer Ni-Cr-Legierung mit weniger als 5 Gew.-% Cr bildet sich zunächst eine Zunderschicht aus einem NiO-Cr_2O_3-Mischkristall. Dieser kann auch bei längeren Zunderzeiten mengenmäßig den größeren Teil der Zunderschicht ausmachen. Dann folgt — besonders bei Legierungen mit höheren Chromgehalten (>10%) — eine schwächere Zunderschicht aus einem $NiCr_2O_4$-Spinell[3], und in der Legierungsphase kann schließlich eine Cr_2O_3-Ausscheidung auftreten (innere Oxydation). Die Vermutung des Auftretens von Cr_2O_3 auch an der Außenseite steht im Einklang mit Annahmen über die Ionenbeweglichkeit in Ni-Cr-Spinellen bei hohen Temperaturen. Es konnte eine bevorzugte, wenn auch geringe Wanderung von 3wertigen Metallionen, also hier Cr^{3+}, durch die Spinellphase gefunden werden, während eine nennenswerte Ni^{2+}-Ionenwanderung nicht beobachtet werden konnte. In der Tat wurde von LINDNER und ÅKERSTRÖM nachgewiesen (s. S. 590), daß die Cr^{3+}-Ionen im $NiCr_2O_4$ rascher diffundieren als die Ni^{2+}- und O^{2-}-Ionen. Ferner scheint nach den bisherigen Beobachtungen insbesondere von

---

[1] JITAKA, J., u. S. MIYAKI: Nature [London] **137**, 457 (1936).
[2] HAUFFE, K., u. K. PSCHERA: Z. anorg. allg. Chem. **262**, 147 (1950).
[3] WAGNER, C.: J. Corrosion and Material Protection **5**, No. 5, S. 9 (1947).

GULBRANSEN und ANDREW[1] die Diffusionsgeschwindigkeit von Cr^{3+}-Ionen in Cr_2O_3 wesentlich höher zu sein als in der Spinellphase. Ausführliche Untersuchungen über die Diffusion von Chromionen in Cr_2O_3 wurden von HAGEL und SEYBOLT durchgeführt.[2] Gemäß der derzeitigen Situation möchten wir die Zunderschicht beim Oxydieren einer Ni-Cr-Legierung mit einem Cr-Gehalt $>10\%$ bei 1100 °C im wesentlichen aus einem Spinell der Formel $NiCr_2O_4$ bestehend annehmen. In Abb. 6.26 tritt durch die Verdampfung von Chromoxid an der Phasengrenze II ein Unterschuß an Chromoxid auf, so daß die von WAGNER und ZIMENS diskutierte Möglichkeit einer bevorzugten Wanderung von Cr-Ionen durch die Zunderschicht noch wahrscheinlicher wird, insofern, als noch zusätzlich das infolge der Verdampfung von Chromoxid verursachte Konzentrationsgefälle auftritt. Dies ist in Abb. 6.26 durch die Buchstaben x und y angedeutet, wo $y > x$ ist. Auf Grund dieser Überlegungen sollte zumindest bei 1100 °C und nicht zu hohen Chromgehalten mit dem Auftreten einer äußeren Cr_2O_3-Zunderschicht nicht zu rechnen sein, obwohl sie bei hohen Chromgehalten und insbesondere bei niedrigeren Temperaturen, wo die Verdampfungsgeschwindigkeit des Cr_2O_3 zu vernachlässigen ist, selbstverständlich auftreten kann. HICKMAN und GULBRANSEN[3] konnten an anoxydierten 80–20-Nickel-Chrom-Legierungen eine bevorzugte Cr_2O_3-Bildung elektronenoptisch nachweisen. Zur weiteren Aufklärung dieses Sachverhalts wurde von GULBRANSEN[1] die Oxydations- und Verdampfungsgeschwindigkeit von Chrom allein untersucht. In dem untersuchten Temperaturgebiet von 700 bis 800 °C wurde die Verdampfungsgeschwindigkeit als vernachlässigbar klein gefunden. Oberhalb 825 °C beginnt jedoch Chrom mit beachtlicher Geschwindigkeit zu verdampfen, ohne dabei durch die Gegenwart eines dünnen Oxid- oder Nitridfilms beeinflußt zu werden. Chrom wirkt gegenüber Sauerstoff auch noch bei sehr kleinen Drucken als Getter unter Bildung eines Oxidfilms. Die zu 66,3 kcal/Mol ermittelte Aktivierungsenergie ist die größte, die bisher bei der Metalloxydation beobachtet wurde.

Über ergänzende Untersuchungen wurde kürzlich von BIRKS und RICKERT[4] berichtet, die an höher chromhaltigen Nickellegierungen (30, 60 und 80 Gew.-%) die Oxydationsgeschwindigkeit und den Aufbau der Zunderschicht zwischen 850 und 1100 °C studierten. Die Zusammensetzung der Zunderschicht war annähernd die gleiche, wie sie von MOREAU und BÉNARD[5] beschrieben wurde. Auf Grund dieser Versuchsergebnisse wird angenommen, daß der Sauerstoff ins Innere der Legierung diffundiert und dort vorzugsweise Chrom zu Cr_2O_3 oxydiert, das als Markers in einer Matrix aus Nickel angesehen werden kann. Die Matrix selbst oxydiert dann wie reines Nickel. Infolge des gleichzeitigen Vorhandenseins von Cr_2O_3 und NiO ist mit einer Spinellbildung zu rechnen.

[1] GULBRANSEN, E. A., u. K. F. ANDREW: J. electrochem. Soc. **99**, 402 (1952).
[2] HAGEL, W. C., u. U. SEYBOLT: J. electrochem. Soc. **108**, 1146 (1961).
[3] HICKMAN, J. W., u. E. A. GULBRANSEN: Trans. AIME, Techn. Publ. Nr. 2069 (1946). — Siehe auch J. BÉNARD u. J. MOREAU: C. R. Acad. Sci., Paris **238**, 1659 (1954).
[4] BIRKS, N., u. H. RICKERT: J. Inst. Metals **91**, 308 (1962/63).
[5] MOREAU, J., u. J. BÉNARD: J. Inst. Metals **83**, 87 (1954/55).

Als Beweis für eine überwiegende Cr_2O_3-Bildung werden einige rechnerische Abschätzungen mit der von WAGNER[1] abgeleiteten Beziehung ausgeführt:

$$\frac{x^*_{Cr} - x^{\circ}_{Cr}}{x_{Cr} - x_{Cr_2O_3}} = \pi^{1/2}\, u \exp u^2 \operatorname{erfc} u$$

mit

$$u = \left(\frac{k_c}{2D}\right)^{1/2}$$

und der Oxydationskonstanten

$$k_c = (\Delta y_{\mathrm{Metall}})^2/2t,$$

wobei x^*_{Cr} und x°_{Cr} der Molenbruch von Chrom im Oxid und in der Legierung ist. Ferner bedeutet $x_{Cr_2O_3}$ den Molenbruch von Cr_2O_3 in der Zunderschicht, D den Interdiffusionskoeffizienten in der Legierung und $\Delta y_{\mathrm{Metall}}$ die Verschiebung der Metalloberfläche zur Zeit t während der Oxydation.

Verwenden wir nun für 1000 °C $k_c = 8 \cdot 10^{-14}$ cm²/sec nach GULBRANSEN und ANDREW[2] und den entsprechenden Diffusionskoeffizienten von Chrom in einer Nickel-Chrom-Legierung mit 20 Gew.-% Chrom, $D = 2 \cdot 10^{-11}$ cm²/sec [3], dann erhält man mit $u = 4{,}5 \cdot 10^{-3}$ und mit $x^{\circ}_{Cr} = 0{,}33$ für $x^*_{Cr} = 0{,}27$. Hieraus erkennt man, daß im Falle der Legierung mit dem niedrigsten Chromgehalt (30 Gew.-%) das Auftreten einer $NiCr_2O_4$-Phase aus thermodynamischen Gründen an der Metall/Oxid-Phasengrenze nicht möglich ist. In allen Fällen wurde auch in der Tat nur Cr_2O_3 beobachtet.

Als Ergänzung zu obigen Überlegungen und Experimenten können die Elektronenbeugungsversuche von MIYAKI[4] zur Strukturuntersuchung von Zunderschichten an Eisen-Nickel-Legierungen, (3 bis 36% Ni) Chromstahl, Chrom-Nickel-Stahl (18% Cr und 8% Ni) und Ni-Chrom (20% Cr) herangezogen werden. Während bei Fe-Ni- und Fe-Al-Legierungen eine Zunderschicht überwiegend aus α-Fe_2O_3 gefunden wurde, sind auf Chrom-Nickel-Stählen und Nickel-Chrom-Legierungen je nach Versuchsbedingungen Fe-Cr-Spinellschichten in Verbindung mit Cr_2O_3 oder einer festen Lösung von Cr_2O_3 und Fe_2O_3 beobachtet worden. Bei hohen Temperaturen anoxydierte Ni-Cr-Legierungen hatten eine äußere Zunderschicht aus praktisch reinem $NiCr_2O_4$. In der gleichen Richtung liegen die Ergebnisse der Zunderversuche an hitzebeständigen Stählen von QUARRELL[5]. Die bei 950 °C erzeugten Zunderschichten zeigten ein Spinellgitter, wie Elektronenbeugungsuntersuchungen ergaben. Auf die allgemeine Bedeutung der Schutzwirkung solcher Spinellphasen in zundernder Ofenatmosphäre wird besonders hingewiesen[6]. Ferner wird

[1] WAGNER, C.: Z. Elektrochem. Ber. Bunsenges. phys. Chem. **63**, 772 (1959).
[2] GULBRANSEN, E. A., u. K. F. ANDREW: J. electrochem. Soc. **101**, 163 (1954).
[3] GRUZIN, P. L., u. G. B. FEDOROV: Doklady Akad. Nauk SSSR **105**, 264 (1955). — A. D. TYUTYUNNIK u. G. V. ESTULIN: Fizika Metallov i Metallovedenie **4**, 558 (1957).
[4] MIYAKI, S.: Sci. Pap. Inst. phys. chem. Res. Tôhoku **31**, 161 (1937).
[5] QUARRELL, A. G.: Heat Treat Forg. **27**, 345 (1941); Iron Coal Trades Rev. **142**, 703, 709 (1941).
[6] Vgl. u. a. A. GRUNERT, W. HESSENBRUCH u. K. SCHICHTEL: Elektrowärme **5**, 2 (1935); **5**, 131 (1935). — B. LUSTMAN: Iron Coal Trades Rev. **154**, 889 (1947).

Tabelle 6.9. *Temperaturabhängigkeit der parabolischen Zunderkonstanten einer 80–20-Ni-Cr-Legierung mit Angabe der Aktivierungsenthalpie, -entropie und der freien Aktivierungsenergie ΔA^* nach Gulbransen und Andrew*

T °C	k ($g^2\,cm^{-4}\,sec^{-1}$) Mittelwerte	ΔH^* cal/Mol	ΔS^* cal/Mol	ΔA^* cal/Mol
650	$2{,}32 \cdot 10^{-15}$	38150	−15,7	52650
750	$1{,}46 \cdot 10^{-14}$		−16,2	54750
850	$9{,}49 \cdot 10^{-14}$		−15,8	55900
875	$1{,}81 \cdot 10^{-13}$		−15,1	55450

qualitativ die Abhängigkeit der Spinellbildung von der Stahlzusammensetzung und der Zusammensetzung der Ofenatmosphäre diskutiert. Kürzlich haben GULBRANSEN und ANDREW[1] die Oxydationsgeschwindigkeit von 80–20-Ni-Cr-Legierungen mit 1,4% Si, 0,3% Fe, 0,10% Zr und 0,024% Ca zwischen 500 und 900 °C in Sauerstoff von 76 Torr untersucht. Gleichzeitig wurden die Enthalpie, Entropie und freie Energie der Aktivierung der Oxydation bestimmt. Die Versuchsergebnisse sind in Tab. 6.9 zusammengestellt. Beim Zundern in schwefelhaltiger Atmosphäre wird auf eine gemischte Sulfid-Oxid-Spinellbildung aufmerksam gemacht. Eine Fe_3O_4-Bildung, die besonders beim Oxydieren unterhalb 570 °C beobachtet wird, gewährt trotz der quasi-Spinellstruktur des Fe_3O_4 keinen hinreichenden Zunderschutz. In einer umfangreichen Monographie wird von PFEIFFER und THOMAS[2] über die Oxydation von Nickel-Chrom- und Eisen-Nickel-Chrom-Legierungen berichtet.

Legierungselemente, deren Oxide mit dem Grundmetalloxid niederschmelzende Eutektika oder Verbindungen ergeben, sind zu vermeiden.[3] So vernichtet beispielsweise bei 1200 °C schon ein Gehalt von 0,04% Bor im Stahl die durch den Zusatz von 30% Chrom bewirkte Zunderbeständigkeit. Ebenso sind Stähle mit über 5% Si bei Temperaturen über 1200 °C unbrauchbar, da in der Zunderschicht ein FeO-SiO_2-Eutektikum entsteht, das bereits bei 1240 °C schmilzt. Im Gegensatz zu obigem Zundermechanismus weisen mehrere Autoren auf die Möglichkeit des Zunderschutzes durch reine Cr_2O_3-Schichten hin.[4]

---

[1] GULBRANSEN, E. A., u. K. F. ANDREW: J. electrochem. Soc. **101**, 163 (1954).

[2] PFEIFFER, H., u. H. THOMAS: Zunderfeste Legierungen. Berlin: Springer 1963.

[3] MEIJERING, J. L., u. G. W. RATHENAU: Nature [London] **165**, 240 (1950); Philips Techn. Rundschau **12**, 217 (1950).

[4] GULBRANSEN, E. A., R. T. PHELPS u. J. W. HICKMAN: Ind. Engng. Chem., analyt. Edit. **18**, 640 (1946). — J. J. KORNILOW u. A. J. SCHPIKELMANN: Ber. Akad. Wiss. UdSSR **53**, 813 (1946). — V. J. ARKHAROV: Bull. Akad. Sci. UdSSR, Cl. Sci. techn. 1946, 127. — G. BANDEL: Arch. Eisenhüttenwes. **15**, 271 (1941). — L. WETTERNITZ: Korros. u. Metallschutz **18**, 130 (1942). — V. J. ARKHAROV: Z. techn. Phys. UdSSR **11**, 833 (1941). — H. BÜCKLE: Metallforsch. **1**, 81 (1946). — A. M. BORZDIKA: Iron Age **156**, 58 (1945). — CL. L. CLARK: Iron Coal Trades Rev. **154**, 526 (1947). — J. J. KORNILOW u. A. J. SCHPIKELMANN: Ber. Akad. Wiss. UdSSR **54**, 515 (1946). — N. J. GRANT, A. F. FREDERICKSON u. M. E. TAYLOR: Iron Age **161**, 73, 84 (1948). — H. M. GERMAN: A.P. 2408771 ausg. 8.10.1946. — M. FLEISCHMANN: Materials and Methods **24**, 1164 (1946); A. P. 2398702 ausg. 16. 4. 1946. — H. SCHOTTKY: Z. Metallkde. **39**, 120 (1948). — M. P. BRAUN: Stahl (russ.) **8**, 60 (1948). — F. S. BADGER u. F. C. KROFT: Metal Progr. **52**, 394 (1947).

Besondere Verhältnisse liegen bei den hochzunderbeständigen Fe-Al-Legierungen vor, da hier den maßgebenden Zunderschutz wohl in allen Temperaturbereichen eine Al_2O_3-Deckschicht besorgt. So fanden KORNILOW und SCHPIKELMANN[1] beim Zundern von Eisen-Chrom-Aluminium-Legierungen bei 1200 °C, daß der Al-Gehalt bei kleinen Al-Zusätzen nach dem Zundern in der Legierungsphase um etwa 65% abgenommen hatte. Ein Vergleich von Legierungen mit 40,25 und 17% Cr und wechselnden Al-Mengen ergab, daß das Al in der Legierung mit 17% Cr bei allen Konzentrationen des Al am schnellsten oxydiert wird. Ohne auf die Vielzahl der speziellen technischen Problemstellungen und die für die Praxis wertvollen Erfolge in der Entwicklung hochzunderfester Metallegierungen, insbesondere für Temperaturen über 1000 °C einzugehen, sei nur ganz allgemein auf die zusammenfassenden Darstellungen hingewiesen, aus denen die wesentlichen Fortschritte auf diesem Gebiet unter Anführung der Originalliteratur zu entnehmen sind.[2]

Andere Verhältnisse als am System Ni/Cr bzw. Fe/Al und Fe/Cr[3] sind an den Systemen Eisen/Nickel, Eisen/Zink usw. zu erwarten, wenn wir die Versuchsbedingungen so wählen, daß es nur zur Ausbildung der FeO-Phase kommt und die Bildung höherer Oxydationsstufen vermieden wird (z. B. in CO_2-CO-Atmosphären zundern). Wie insbesondere von PFEIL[4] sowie SCHEIL und KIWIT[5] diskutiert wurde, können grundsätzlich beide Metalle in die Oxidphase übergehen. Das unedlere Metall wird jedoch häufig in der Oxidphase bevorzugt auftreten, während sich das edlere Metall, hier z. B. Nickel, in den Mischkristallen der Legierungsphase anreichert. Dabei kann es zu geschwindigkeitsbestimmenden Diffusionsvorgängen in der Legierungsphase kommen; d.h., die Diffusion von Zink aus dem Inneren der Legierungsphase zur Phasengrenze Legierung/Oxid kann geschwindigkeitsbestimmend werden. Derartige Vorgänge werden auf S. 726ff. gesondert behandelt. Weiterhin wurde gefunden, daß Fe-Ni-Legierungen mit bis zu 30% Ni größenordnungsmäßig mit der gleichen Geschwindigkeit zundern wie reines Eisen. Diese Beobachtung spricht erstens dafür, daß der FeO-Anteil der heterogenen Zunderschicht noch genügend groß ist, und zweitens dafür, daß Diffusionsvorgänge in der Metallphase genügend rasch ablaufen. Vollkommen analoges Verhalten zeigen Fe-Cu-Legierungen. Auch hier wird bevorzugt Eisen oxydiert, das sich in der Zunderschicht anreichert, während an der Phasengrenze Legierung/Oxid kupferreiche Mischkristalle entstehen. Die Oxydationsgeschwindigkeit wird auch hier durch Cu-Zusatz nur geringfügig ver-

---

[1] KORNILOW, J. J., u. A. J. SCHPIKELMANN: Ber. Akad. Wiss. UdSSR **53**, 813 (1946).

[2] Vgl. u. a. D. A. OLIVER: Iron Coal Trades Rev. **154**, 1131 (1947) (Aufstellung aller in den USA, England und Deutschland für den Gasturbinenbau verwandten zunderfesten Stähle). — W. J. ROSCROW: Sheet Metal Ind. **24**, 2451, 2466 (1947). — D. A. OLIVER u. G. T. HARRIS: Metallurgie **34**, 293 (1946); Materials and Methods **25**, 126 (1947); Iron and Steel **20**, 333 (1947). — E. HOUDREMONT: Sonderstahlkunde. Berlin 1940 u. 1953.

[3] CAPLAN, D., u. M. COHEN: Trans. AIME, J. Metals **4**, 1057 (1952).

[4] PFEIL, L. B.: Iron Steel Inst. **119**, 501 (1929).

[5] SCHEIL, E., u. K. KIWIT: Arch. Eisenhüttenwes. 8, 405 (1935/36).

mindert. Infolge der bevorzugten Oxydation von Eisen und der beschränkten Löslichkeit von Kupfer in Eisen kommt es nach einer gewissen Zunderdauer zu Cu-Ausscheidungen. Wie NEHL[1] an Hand von Mikrophotographien zeigen konnte, treten jedoch die Cu-Ausscheidungen nicht in Form einer zusammenhängenden Schicht auf. Vielmehr sind die Ausscheidungen an bevorzugten Stellen anzutreffen und werden von Eisenoxiden umwachsen.

Der Oxydationsmechanismus solcher Legierungssysteme, die nur Mischoxide oder ein heterogenes Gemenge von Oxiden in der Zunderschicht bilden[2], unterscheidet sich wesentlich von dem Oxydationsmechanismus obiger Legierungen, die als Legierungspartner ein Metall haben, das sich während der Oxydation zu einem 3wertigen Oxid mit einer höheren Bildungsarbeit oxydieren läßt und befähigt ist, mit dem 2wertigen Oxid des Grundmetalls eine Spinellphase zu bilden, in der im allgemeinen die Beweglichkeit der Metallionen wesentlich kleiner ist, was letzten Endes die beobachtete starke Herabsetzung der Oxydationsgeschwindigkeit verursacht.

Ausführliche Daten über die Oxydationsgeschwindigkeit von Nickellegierungen unter besonderer Berücksichtigung der Heizleitereigenschaften wurden kürzlich von PFEIFFER und THOMAS[3] veröffentlicht. Neben anderen Problemen steht insbesondere der Einfluß des oxidischen Einbettungsmaterials auf die Oxydationsbeständigkeit solcher Heizleiterdrähte im Vordergrund des Interesses. Über den Mechanismus berichtet PFEIFFER[4] an Hand eingehender Untersuchungen. In einer elektronenoptischen Untersuchung von anoxydierten Ni-Cr- und Ni-Cr-Fe-Legierungen konnte gezeigt werden, daß sich die Zusammensetzung der Zunderschicht mit der Dicke derselben ändert.[5] Ohne Zweifel werden derartige Änderungen in der Zusammensetzung durch Austauschreaktionen verursacht, die in dickeren Schichten aus thermodynamischen Gründen ins Spiel kommen können. Die Oxydationsgeschwindigkeit von Ni-Mo-Legierungen und den Aufbau der Zunderschicht untersuchte BRENNER[6].

6.513 Über die Zundergeschwindigkeit von weiteren Metallen und Legierungen mit elektronendefektleitenden Deckschichten. Weitere Zunderversuche an Metallen und Metallegierungen, die elektronendefektleitende Deckschichten bilden, sind u. a. an Kobalt und Eisen durch-

---

[1] NEHL, F.: Stahl u. Eisen **53**, 773 (1933).

[2] Vgl. u. a. H. VON SCHWARZE: Mitt. a. d. Forschungs-Inst. d. Vereinigt. Stahlwerke **2**, 263 (1932). — A. PORTEVIN, E. PRÉTET u. H. JOLIVET: Iron Steel Inst. **130**, 219 (1934); Rev. Métallurg. **31**, 101, 186, 219 (1934). — E. SCHEIL u. E. H. SCHULZ: Arch. Eisenhüttenwes. **6**, 155 (1932/33). — E. SCHEIL u. K. KIWIT: Arch. Eisenhüttenwes. **8**, 405 (1935/36). — O. W. STOREY: Trans. Amer. Electrochem. Soc. **39**, 183 (1921). — N. B. PILLING u. R. E. BEDWORTH: Ind. Engng. Chem. **17**, 372 (1925).

[3] PFEIFFER, H., u. H. THOMAS: Zunderfeste Legierungen. Berlin/Göttingen/Heidelberg: Springer 1963.

[4] PFEIFFER, H.: Werkstoffe u. Korr. **12**, 669 (1961).

[5] PFEIFFER, I.: Z. Metallkde. **51**, 322 (1960).

[6] BRENNER, S. S.: J. electrochem. Soc. **102**, 7 (1955).

geführt worden. Da jedoch beide Metalle mehrere Oxidphasen bilden, sollen sie an anderer Stelle (S. 717ff.) diskutiert werden. VALENSI[1] beobachtete, daß bei der Oxydation von Kobalt in Luft oberhalb 700 °C überwiegend CoO und unterhalb 700 °C überwiegend Co_3O_4 gebildet wird. ARKHAROV und LOMAKIN[2] setzen die kritische Temperatur auf 890 °C fest. Ihre Annahme einer bevorzugten Sauerstoffionenwanderung als maßgebenden Vorgang der Oxydation ist jedoch wenig wahrscheinlich, da CoO eindeutig einen p-Typ-Halbleiter mit Co-Ionenleerstellen darstellt, wie Untersuchungen der Sauerstoffdruckabhängigkeit der elektrischen Leitfähigkeit von WAGNER und KOCH[3] und der Verlauf der Leitfähigkeit in Abhängigkeit vom Li_2O-Gehalt ergeben haben[4] (S. 193). GULBRANSEN und ANDREW[5] schließen auf Grund ihrer Elektronenbeugungsaufnahmen in Übereinstimmung mit den Halbleiterarbeiten auf eine bevorzugte Wanderung von Co-Ionen und Elektronen über Co-Ionenleerstellen und Elektronendefektstellen von der Phasengrenze Co/Oxid zur Phasengrenze entweder CoO/Sauerstoff oder CoO/Co_3O_4. Hierbei spielt offenbar die Phasengrenzreaktion

$$Co_3O_4 + Co \rightleftharpoons 4\,CoO$$

besonders bei höheren Temperaturen eine maßgebende Rolle. Während CHAUVENET[6] zwischen 600 und 700 °C eine um den Faktor 10 höhere Oxydationsgeschwindigkeit für die Aufoxydation von CoO zu Co_3O_4 gegenüber der CoO-Bildung auf Co fand, konnten JOHNS und BALDWIN[7] diesen bemerkenswerten Befund bei der Oxydation von Co zu CoO und CoO zu Co_3O_4 zwischen 700 und 800 °C nicht bestätigen. Hier war die Oxydationsgeschwindigkeit von Co um etwa 2 Zehnerpotenzen rascher als die der CoO-Oxydation zu Co_3O_4. Im allgemeinen — besonders bei höheren Temperaturen — wird ein parabolisches Zeitgesetz beobachtet. In Tab. 6.10 ist eine Auswahl von praktischen Zunderkonstanten zusammengestellt.

ARKHAROV und GRAEVSKII[8] finden an der Phasengrenze Co/CoO einen kleineren Gitterparameter (4,2508 Å) des CoO als an der Phasengrenze CoO/O_2 (4,2548 Å).

MOORE und LEE[9] untersuchten die Kinetik der Oxidfilmbildung auf Nickel (zwischen 400 und 960 °C) und auf Kobalt (zwischen 500 und 800 °C) und ermittelten die Geschwindigkeitskonstanten zu

$$k' = 3{,}09 \cdot 10^{-5} \exp(-38400/RT) \text{ für Ni}$$

und

$$k' = 7{,}60 \cdot 10^{-4} \exp(-38400/RT) \text{ cm}^2 \text{ sec}^{-1} \text{ für Co.}$$

---

[1] VALENSI, G.: La Metallurgia ital. **42**, 77 (1950).

[2] ARKHAROV, V. J., u. G. D. LOMAKIN: Z. techn. Phys. UdSSR **14**, 155 (1944).

[3] WAGNER, C., u. E. KOCH: Z. phys. Chem. (B) **32**, 439 (1936).

[4] VERWEY, E. J. W., P. W. HAAYMAN u. F. C. ROMEYN: Chem. Weekbl. **44**, 705 (1948).

[5] GULBRANSEN, E. A., u. K. F. ANDREW: J. electrochem. Soc. **98**, 241 (1951).

[6] CHAUVENET, G.: Diss. Univ. Caen, 1942.

[7] JOHNS, CH. R., u. W. M. BALDWIN: Metals Trans. **185**, 720 (1949). — Siehe auch M. G. VALLÉE u. M. J. PAIDASSI: Corr. et Anticorr. **10**, 132 (1962).

[8] ARKHAROV, V. J., u. K. M. GRAEVSKII: Z. techn. Phys. UdSSR **14**, 132 (1944).

[9] MOORE, W. J., u. J. K. LEE: J. chem. Phys. **19**, 255 (1951).

Tabelle 6.10.
Zunderkonstanten von Kobalt nach Gulbransen und Andrew

T °C	Vorbehandlung der Co-Bleche	k'' $g^2\,cm^{-4}\,sec^{-1}$
200	kalt bearbeitet und abgezogen	$4{,}17 \cdot 10^{-16}$
300		$4{,}03 \cdot 10^{-14}$
400		$1{,}22 \cdot 10^{-12}$
500		$2{,}80 \cdot 10^{-12}$
600		$8{,}05 \cdot 10^{-12}$
700		$1{,}33 \cdot 10^{-11}$
400	6stündige Wärmebehandlung bei 885 °C	$8{,}90 \cdot 10^{-14}$
500		$1{,}58 \cdot 10^{-12}$
600		$5{,}83 \cdot 10^{-12}$
700		$2{,}19 \cdot 10^{-11}$

Auf Grund der Gleichheit der Aktivierungsenergie der Kationendiffusion kann man die 25mal größere Oxydationsgeschwindigkeit des Kobalts auf die im CoO 25mal größere Zahl an Kationenleerstellen zurückführen. TICHENOR[1] versucht hingegen für die höhere Oxydationsgeschwindigkeit des Kobalts die größere Diffusionsgeschwindigkeit des jeweiligen Kations in Co_3O_4 im Vergleich zu der in $Ni_{0,995}O$ verantwortlich zu machen, was bei überwiegender Co_3O_4-Bildung plausibel erscheint.

Die gegenwärtig vollständigsten Versuchsergebnisse über den Mechanismus der Co^{2+}-Diffusion durch CoO während der Oxydation von Kobalt stammen von CARTER und RICHARDSON[2]. Neben den kinetischen Daten über die Oxydation im Temperaturbereich von 100 bis 1350 °C, die mit den Versuchsergebnissen anderer Autoren in Abb. 6.27 dargestellt sind, wurde auch die Verteilung der Kobaltionen-Leerstellen in der Oxidschicht und die Sauerstoffdruckabhängigkeit der Oxydationsgeschwindigkeit bei 1148 °C

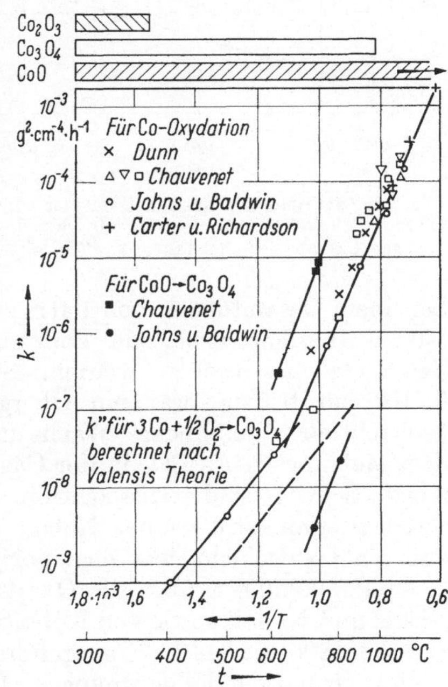

Abb. 6.27. Zusammenstellung der Meßdaten einiger Autoren über die Temperaturabhängigkeit der Oxydationsgeschwindigkeit von Co zu CoO und CoO zu Co_3O_4 bei 1 atm Sauerstoff bzw. Luft.

[1] TICHENOR, R. L.: J. chem. Phys. **19**, 796 (1951).
[2] CARTER, R. E., u. F. D. RICHARDSON: J. Metals **7**, 336 (1955) mit einem theoretischen Anhang von C. WAGNER.

Tabelle 6.11. *Gegenüberstellung der experimentell erhaltenen und nach Gl. (6.24) aus Tracer-Diffusionskoeffizienten berechneten praktischen Zunderkonstanten der Oxydation von Co zu CoO in Sauerstoff von 1 atm nach Carter und Richardson*

T °C	$k_r \cdot 10^9$ val cm^{-1} sec^{-1}	$k'' \cdot 10^8$ g^2 cm^{-4} sec^{-1} ber	exp	Prozentuale Abweichung von ber und exp k''
1000	1,25	2,72	2,43	+11
1148	5,15	10,5	9,3	+11
1350	31,25	68,2	78,2	−13

bestimmt (Abb. 6.28).[1] In Tab. 6.11 ist die gute Übereinstimmung zwischen den Zunderkonstanten für die Oxydation von Co zu CoO in Sauerstoff von 1 atm und den aus Tracer-Diffusionskoeffizienten mit ^{60}Co berechneten zu erkennen. Weiterführende Überlegungen wurden an anderer Stelle veröffentlicht.[2] RETI[3] berichtet über Kurzzeit-Oxydationsversuche an Kobalt bei 1000 °C und einem Sauerstoffdruck zwischen 0,5 und 4 Atm. Schon oberhalb von 10 sec scheint das Zeitgesetz für Langzeit-Oxydation zu herrschen. Unterhalb von 10 sec treten erhebliche Verzögerungen auf. [k''(1000 °C) $= 1{,}46 \cdot 10^{-8}$ g^2 cm^{-4} sec^{-1}].

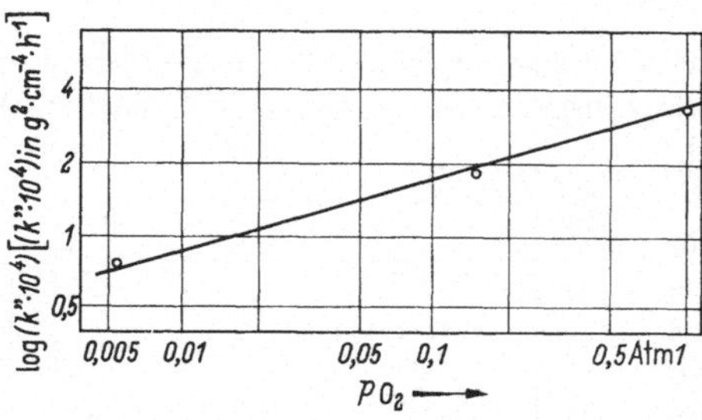

Abb. 6.28. Sauerstoffdruckabhängigkeit der Oxydationsgeschwindigkeit von Co zu CoO bei 1148 °C nach CARTER und RICHARDSON. $k'' \approx p_{O_2}^{0,29}$.

PETTIT und WAGNER[4] untersuchten die Oxydationsgeschwindigkeit von Kobalt in CO_2 und CO_2-CO-Gemischen bei einem Gesamtdruck von 1 atm zwischen 920 und 1200 °C. Nach einer kurzen Inkubationsperiode konnte die Oxydation durch ein lineares Zeitgesetz beschrieben werden. Sobald die Dicke der Oxidschicht $5 \cdot 10^{-3}$ cm betrug, war ein Übergang zum parabolischen Zeitgesetz beobachtbar. Das lineare Wachsen der Oxidschicht ist proportional dem Molenbruch an CO_2 in der Gasphase. Der geschwindigkeitsbestimmende Schritt ist die Dissoziation der CO_2-Molekeln in CO und chemisorbierte Sauerstoffatome. Neben einer kompakten und porenfreien äußeren Oxidschicht war eine porige Schicht darunter vorhanden.

Untersuchungen über die Oxydationsgeschwindigkeit von reinstem Nickel und Kobalt sowie von Kobalt-Nickel-Legierungen wurden in Luft zwischen 800 und 1400 °C ausgeführt.[5]

Auf Grund der Fehlordnung im Cr_2O_3 (S. 240) gehört die Oxydation des Chroms ebenfalls in dieses Kapitel. GULBRANSEN und ANDREW[6] haben die Transition-state-Theorie zur Aufklärung des Oxydationsmechanismus

[1] CARTER, R. E., u. F. D. RICHARDSON: J. Metals 6, 1244 (1954).
[2] HAUFFE, K.: Oxidation of Metals, S. 193ff. New York: Plenum Press 1965.
[3] RETI, A. R.: J. electrochem. Soc. 112, 967 (1965).
[4] PETTIT, F. S., u. J. B. WAGNER JR.: J. Metals 13, 673 (1961).
[5] FREDERICK, S. F., u. I. CORNET: J. electrochem. Soc. 102, 285 (1955).
[6] GULBRANSEN, E. A., u. K. F. ANDREW: J. electrochem. Soc. 99, 402 (1952).

Tabelle 6.12. *Kinetische und thermodynamische Größen der Chromoxydation nach Gulbransen und Andrew*

T °C	k'' $g^2\,cm^{-4}\,sec^{-1}$	ΔS^* cal mol^{-1} grad^{-1}	ΔH^* cal mol^{-1}	ΔA^* cal mol^{-1}
700	$2{,}38 \cdot 10^{-14}$	13,0	66300	53680
800	$2{,}195 \cdot 10^{-13}$	10,8	66300	54700
850	$8{,}9 \cdot 10^{-13}$	10,7	66300	54280
900	$1{,}32 \cdot 10^{-11}$	13,5	66300	50450

herangezogen. Sie finden ein parabolisches Zeitgesetz.[1] Gleichzeitig werden die entsprechenden Werte für die Aktivierungsentropie ΔS^*, -enthalpie ΔH^* und die freie Aktivierungsenergie ΔA^* angegeben, die in Tab. 6.12 aufgeführt sind.

Da MnO überwiegend zu den p-Typ-Halbleitern zählt, fällt die Oxydation von Mangan ebenfalls in dieses Kapitel. Paidassi und Escheverria[2] studierten die Oxydation von Mangan in Luft zwischen 400 und 1200 °C. Sie fanden ein parabolisches Zeitgesetz und unterhalb 800 °C eine überwiegende Mn_3O_4-Bildung. Erst oberhalb dieser Temperatur nimmt der Anteil an MnO relativ stark zu.

Fueki und Wagner[3] untersuchten die Oxydationsgeschwindigkeit von Mangan zwischen 800 und 1000 °C in CO_2-CO-Gemischen. Entsprechend dem thermodynamischen Diagramm[4] tritt in diesem Temperaturgebiet nur eine MnO-Bildung nach dem folgenden Schema auf:

$$CO_2 + Mn = MnO + CO.$$

Unterhalb 800 °C treten erhebliche Komplikationen auf infolge Einsetzens der Boudouard-Reaktion und der Mangankarbidbildung.

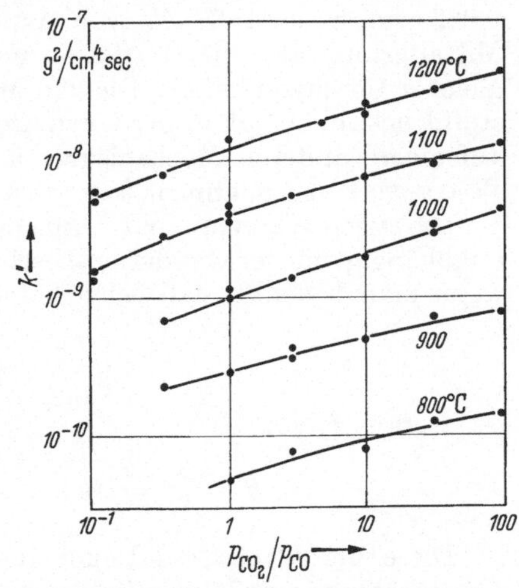

Abb. 6.29. Druckabhängigkeit der parabolischen Geschwindigkeitskonstanten der Manganoxydation in CO_2-CO-Gemischen nach Fueki und Wagner.

Die Oxydationsgeschwindigkeit folgt dem parabolischen Zeitgesetz. Die Versuchsergebnisse sind in Abb. 6.29 dargestellt. Entsprechend dem Fehlordnungsmodell des MnO zu erwarten und auf Grund von Marken-Experimenten (Pt-Marken waren nach der Oxydation an der Phasengrenze Mn/MnO) nachgewiesen, erfolgt das Oxidschichtwachstum durch Diffusion der Mn-Ionen und Elektronen nach außen. Aus den Werten

[1] Siehe auch V. I. Arkharov, V. N. Konev, I. S. Traktenberg u. S. V. Shumilina: Fiz. Metal i Metalloved Akad. Nauk SSSR, Ural Filial **5**, 190 (1958).

[2] Paidassi, J., u. A. Escheverria: Acta Met. **7**, 293 (1959); **11**, 227 (1963).

[3] Fueki, K.: J. electrochem. Soc. Japan **26** E 99, 120 (1958).

[4] Fueki, K., u. J. B. Wagner, jr.: J. electrochem. Soc. **112**, 970 (1965).

in Abb. 6.29 wurde der Selbstdiffusionskoeffizient für 1000, 1100 und 1200 °C als Funktion der Gaszusammensetzung berechnet. Oberhalb von $p_{CO_2}/p_{CO} = 1$ folgt: $D_{Mn}(MnO) \sim (p_{CO_2}/p_{CO})^{1/3,5}$. Im Bereich von 1 bis 10^{-1} für das Partialdruckverhältnis ist die Selbstdiffusion unabhängig von der Gaszusammensetzung. Hier befinden wir uns offenbar im Intrinsic-Gebiet, wo gemäß Gl. (3.281) auf S. 195 eine FRENKEL-Fehlordnung herrscht.

6.52 Zundersysteme mit elektronenüberschußleitenden Deckschichten

6.521 Über die Oxydationsgeschwindigkeit von Zink und Zinklegierungen. Oxydiert man Zink bei höheren Temperaturen und verschiedenen Sauerstoffdrucken, so beobachtet man erstens die Ausbildung einer kompakten ZnO-Deckschicht und zweitens eine Sauerstoffdruckunabhängigkeit der Oxydationsgeschwindigkeit bei dickeren Oxidschichten. WAGNER und GRÜNEWALD[1] erhielten für die praktische Zunderkonstante k'' ($g^2\,cm^{-4}\,h^{-1}$) bei 390 °C und 1 atm Sauerstoff $0{,}72 \cdot 10^{-10}$ und bei 0,022 atm Sauerstoff (N_2 von 1 atm mit 2,19% O_2) $0{,}75 \cdot 10^{-10}$. Im Mittel erfolgt also die Oxydation unabhängig vom Sauerstoffdruck mit gleicher Geschwindigkeit. Die von MOORE und LEE[2] beobachtete Sauerstoffdruckabhängigkeit der Oxydationsgeschwindigkeit von Zink beruht auf einem anderen Mechanismus und unterliegt demzufolge nicht den WAGNERschen Annahmen, wie wir noch später zeigen werden (S. 772ff.).

Die von WAGNER und GRÜNEWALD[1] gefundene Sauerstoffdruckunabhängigkeit der Oxydationsgeschwindigkeit von Zink wird gefordert, wenn man bedenkt, daß bei höheren Versuchsdrucken

$$\sqrt{\frac{1}{p_{O_2}^{(i)}}} \gg \sqrt[6]{\frac{1}{p_{O_2}^{(a)}}}$$

ist, woraus folgt:

$$k = \frac{3}{2} \frac{RT}{\mathfrak{F}^2} \varkappa_{Zn\,(p_{O_2}=1)} \sqrt[6]{\frac{1}{p_{O_2}^{(i)} = \text{const}}}\,. \tag{6.123}$$

Diese Verhältnisse sind auch aus Abb. 6.6 zu entnehmen. Unter der Voraussetzung, daß nur Zinkionen über Zwischengitterplätze diffundieren können, wie man auf Grund von Messungen der Tracer-Diffusion von MILLER und LINDNER schließen darf (S. 587), erhält man für den Tracer-Diffusionskoeffizienten $D^*_{Zn^{\cdot}}$:

$$D^*_{Zn^{\cdot}} = \frac{c_{Zn^{\cdot}}}{c_{Zn}} u_{Zn^{\cdot}} kT,$$

wobei c_{Zn} die Gesamtkonzentration der Zinkionen darstellt. Durch Umrechnung erhält dann WAGNER[3] einen zu (6.123) analogen Ausdruck

$$k = (1 - z_{Zn})\, z_{Zn}\, c_{Zn}\, D^{*(i)}_{Zn^{\cdot}} \left\{1 - \frac{c^{(a)}_{Zn^{\cdot}}}{c^{(i)}_{Zn^{\cdot}}}\right\}, \tag{6.124}$$

[1] WAGNER, C., u. K. GRÜNEWALD: Z. phys. Chem. (B) 40, 455 (1938).
[2] MOORE, W. J., u. J. K. LEE: Trans. Faraday Soc. 47, 501 (1951).
[3] WAGNER, C.: Diffusion and High Temperature Oxidation of Metals, in: Atom Movements, S. 153ff. Cleveland 1951.

wobei z_{Zn} die Zahl der Äquivalente und die Indizes i und a die Phasengrenzen Zn/ZnO und ZnO/O_2 kennzeichnen (Abb. 6.6). Die Auswertung von Beziehung (6.124) ist aber dadurch erschwert, daß die Diffusionsgeschwindigkeit in ZnO parallel und senkrecht zur hexagonalen Achse verschieden ist und der jeweilige Diffusionskoeffizient in polykristallinem Material starken Schwankungen unterworfen sein kann. Um einen Vergleich zwischen k und D^* zu ermöglichen, sollte der Diffusionskoeffizient von Zn in ZnO im Gleichgewicht mit Zink und nicht mit Sauerstoff bestimmt werden, worauf bereits auf S. 625 hingewiesen wurde.

Wenn die obigen Betrachtungen richtig sind, dann muß die Oxydationsgeschwindigkeit nach (6.123) bzw. (6.124) im Falle einer Zn-Al-Legierung abnehmen und im Falle einer Zn-Li-Legierung zunehmen. Diese Erwartung ist berechtigt, wenn man berücksichtigt, daß während der Oxydation einmal Al^{3+}-Ionen und zum anderen Li^+-Ionen ins ZnO-Gitter eingebaut werden:

$$Zn^{\cdot} + Al_2O_3 \rightleftharpoons 2\,Al|Zn|^{\cdot} + e' + 3\,ZnO, \qquad (6.125)$$

$$e' + Li_2O \rightleftharpoons 2\,Li|Zn|' + Zn^{\cdot} + ZnO, \qquad (6.126)$$

was einmal eine Erniedrigung und das andere Mal eine Erhöhung von $\varkappa_{Zn}$ bzw. der Oxydationsgeschwindigkeit zur Folge hat.

Beachtet man, daß das Verhältnis der Elektronenleitfähigkeiten gleich dem Kehrwert des Verhältnisses der Zn-Ionenteilleitfähigkeiten

$$\frac{\varkappa}{\varkappa^0} = \frac{\varkappa_{Zn}^0}{\varkappa_{Zn}} = \frac{k^0}{k}$$

ist, dann ergibt sich für das Verhältnis der Zunderkonstanten der Zinklegierung und des reinen Zinks einmal:

$$\frac{k}{k^0} = \frac{1}{\dfrac{x_{Al}}{2x_{Zn^{\cdot}}^0} + \left[\left(\dfrac{x_{Al}}{2x_{Zn^{\cdot}}^0}\right)^2 + 1\right]^{1/2}} \approx \frac{x_{Zn^{\cdot}}^0}{x_{Al}} \quad (\text{für } x_{Al} = x_{Al|Zn|^{\cdot}} \gg x_{Zn^{\cdot}}^0) \qquad (6.127)$$

und zum anderen:

$$\frac{k}{k^0} = \frac{x_{Li}}{2x_{Zn^{\cdot}}^0} + \left[\left(\frac{x_{Li}}{2x_{Zn^{\cdot}}^0}\right)^2 + 1\right]^{1/2} \approx \frac{x_{Li}}{x_{Zn^{\cdot}}^0} \quad (\text{für } x_{Li} = x_{Li|Zn|'} \gg x_{Zn^{\cdot}}). \qquad (6.128)$$

Hier bedeuten x_{Li} und x_{Al} die Atombrüche von Lithium und Aluminium in der Zinklegierung. Ferner wurde die noch experimentell zu beweisende Annahme eingeführt, daß die Atombrüche von Li und Al in der Legierung und in der Oxidschicht in erster Näherung gleich sind. Oxydationsversuche an Zink-Aluminium- und Zink-Lithium-Legierungen (Abb. 6.30) brachten die Bestätigung der abgeleiteten Beziehungen (6.127) und (6.128).

Sieht man die von GENSCH und HAUFFE[1] gefundenen Zunderkonstanten an spektralreinem Zink bei 390 °C in Luft und Sauerstoff mit $k^0 = 8 \cdot 10^{-10}$ (diese sind deutlich höher als die von anderen Autoren[2,3] gefundenen, was im Gegensatz zu vielen anderen Metallen nicht ein Zei-

[1] GENSCH, CH., u. K. HAUFFE: Z. phys. Chem. **196**, 427 (1951).
[2] WAGNER, C., u. K. GRÜNEWALD: Z. phys. Chem. (B) **40**, 455 (1938).
[3] MOORE, W. J., u. J. K. LEE: Trans. Faraday Soc. **47**, 501 (1951).

chen von Verunreinigung, sondern gerade von hoher Reinheit ist, wie noch weiter unten gezeigt werden soll) als richtig an und rechnet wegen der nicht guten Reproduzierbarkeit der Zunderversuche an reinem Zink in erster Näherung mit $k^0 \approx 10^{-9}$, so muß für die Zunderkonstante k'' einer Zn-Al-Legierung mit 0,1 bzw. 1 Atom-% Al

$$k'' = k^0 \frac{x^0_{Zn^\cdot}}{x_{Al}} \approx$$

$$\approx 10^{-9} \cdot \frac{4 \cdot 10^{-5}}{10^{-3}} = 4 \cdot 10^{-11}$$

bzw.

$$k'' \approx 10^{-9} \cdot \frac{4 \cdot 10^{-5}}{10^{-2}} = 4 \cdot 10^{-12}$$

erhalten werden. Gefunden wurde $k < 1 \cdot 10^{-11}$. Oxydationsversuche an einer Zink-Lithium-Legierung mit 0,4 Atom-% Li ergaben

$$k'' \approx 2 \cdot 10^{-7}\, g^2\, cm^{-4}\, h^{-1},$$

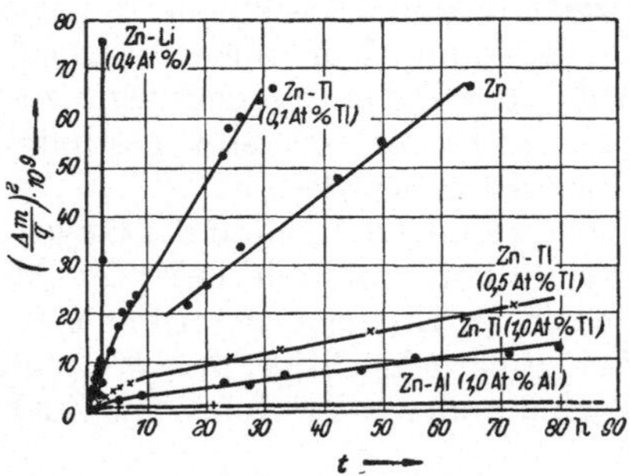

Abb. 6.30. Zeitlicher Verlauf der Oxydation von Zinklegierungen in Abhängigkeit von den Legierungspartnern (Li, Tl und Al) und deren Konzentration bei 390°C in 1 atm Luft nach GENSCH und HAUFFE.

berechnet wurde $k'' \approx 1 \cdot 10^{-7}$. Gleichzeitig ausgeführte Oxydationsmessungen an Zink-Thallium-Legierungen ergaben bei niedrigen Tl-Gehalten eine Erhöhung und bei hohen Tl-Gehalten eine Erniedrigung der Oxydationsgeschwindigkeit. Eine plausible Deutung kann zur Zeit noch nicht gegeben werden.

Abschließend wollen wir uns überlegen, warum die Zunderkonstante von GENSCH und HAUFFE auf ein besonders reines Zink schließen läßt. Während z. B. bei Nickel und Eisen die üblichen metallischen Verunreinigungen allenfalls eine Erhöhung der Oxydationsgeschwindigkeit bewirken können, tritt gerade bei Zink und sicher auch bei Cadmium durch die gleichen „Verunreinigungen" wie beim Nickel und Eisen eine Abnahme der Oxydationsgeschwindigkeit auf. Während die erste Gruppe der Metalle, wie Ni, Fe, Cu usw., elektronendefektleitende Oxide mit Kationenleerstellen bildet, treten in den Oxiden der zweiten Gruppe der Metalle, wie Zn, Cd, Ti usw., freie Elektronen und Metallionen auf Zwischengitterplätzen bzw. Sauerstoffionenleerstellen auf. Da ferner in den reinen Oxiden häufig die Fehlordnungskonzentration der für den Oxydationsvorgang maßgebenden Ionen sehr klein ist ($x_{Me^\cdot}$ bzw. $x_{|O|^\cdot}$ bzw. $x_{|Me|'} \leqq 10^{-4}$ bis 10^{-7}) und die Konzentrationen der üblichen Legierungsverunreinigungen der „reinen" Metalle häufig von der gleichen Größenordnung werden können, im allgemeinen aber höher sind und ferner die üblichen Metallverunreinigungen des öfteren höherwertigere Oxide als das Wirtsmetall bilden, kommt es in der ersten Gruppe der Metalle zu einer Erhöhung und in der zweiten Gruppe zu einer Abnahme der Oxydationsgeschwindigkeit. Auf Grund dieser qualitativen Darstellung dürfte obige Annahme betreffend die Zunderkonstante zu Recht bestehen. MOORE und WILLIAMS[1] konnten jedoch zeigen, daß der Tracer-Diffusionskoeffi-

[1] MOORE, W. J., u. E. L. WILLIAMS: Disc. Faraday Soc. 28, 86 (1959).

zient der Zn-Ionen im Bereich hoher Temperaturen annähernd derselbe ist, unabhängig davon, ob sich ZnO in Sauerstoff oder in Zinkdampf befindet. Leider ist der Tracer-Diffusionskoeffizient nicht für 400 °C erhältlich, sondern muß aus Messungen zwischen 1000 und 1200 °C mittels der folgenden Beziehung

$$D^*_{\mathrm{Zn}} = 1{,}3 \cdot 10^{-5} \exp(-43500 \pm 11000/RT)\ \mathrm{cm}^2\,\mathrm{sec}^{-1}$$

extrapoliert werden, was bedenklich erscheint. Auf Grund dieser Sauerstoffdruck*un*abhängigkeit des Tracerdiffusionskoeffizienten zwischen 1000 und 1200 °C wird für diesen Temperaturbereich ein FRENKEL-Fehlordnungsmechanismus vorgeschlagen:

$$\mathrm{Null} \rightleftharpoons \mathrm{Zn}^{\bullet} + |\mathrm{Zn}|'.$$

Bei 400 °C sollte jedoch dieser Mechanismus ohne Bedeutung sein und damit die Selbstdiffusion gasdruckabhängig, wie nach Gl. (6.124) erwartet.

Bemerkenswert sind Oxydationsversuche mit geschmolzenem Zink in einer Sauerstoffatmosphäre von 200 Torr und einem Temperaturbereich von 440 bis 700 °C.[1] Der zeitliche Verlauf der Oxydation folgt einem parabolischen Zeitgesetz mit der Geschwindigkeitskonstanten

$$k = 2{,}2 \cdot 10^{-5} \exp(-1{,}08/kT)\ \mathrm{cm}^2/\mathrm{sec},$$

wobei die Aktivierungsenergie in eV ausgedrückt ist. Das Ergebnis ist in guter Übereinstimmung mit dem aus Löslichkeits- und Diffusionsversuchen von Überschußzink in ZnO[2] berechneten Wert

$$k = 0{,}44 \cdot 10^{-5} \exp(-1{,}20/kT).$$

Eine Extrapolation der hier mitgeteilten Ergebnisse auf 390 °C ergibt einen Wert von $3{,}1 \cdot 10^{-13}\ \mathrm{g}^2\,\mathrm{cm}^{-4}\,\mathrm{sec}^{-1}$, der mit dem von GENSCH und HAUFFE gemessenen von $2{,}2 \cdot 10^{-13}$ befriedigend übereinstimmt.

Über die Oxydationsgeschwindigkeit des dem Zink ähnlichen Cadmium liegen außer den Meßwerten von PILLING und BEDWORTH[3] einige Messungen von BOUILLON[4] an festem Cadmium vor. Die praktische Zunderkonstante wurde bei 300 °C in den ersten 40 Stunden zu $3{,}2 \cdot 10^{-14}\ \mathrm{g}^2\,\mathrm{cm}^{-4}\,\mathrm{sec}^{-1}$ gefunden und wurde dann unmeßbar klein. Oxydationsversuche an Cadmiumschmelzen zwischen 400 und 550 °C wurden von GRUHL und WASSERMANN[5] ausgeführt.

Nach WAGNER[6] soll die Abnahme der Oxydationsgeschwindigkeit von Zn-Al-Legierungen durch die Ausbildung einer Al_2O_3-Schicht ver-

---

[1] COPE, J. O.: Trans Faraday Soc. **57**, 493 (1961).
[2] THOMAS, D. G.: J. Phys. Chem. Solids **3**, 229 (1957).
[3] PILLING, N. B., u. R. E. BEDWORTH: J. Inst. Metals **29**, 529 (1923).
[4] BOUILLON, F., u. M. JARDINIER-OFFERGELD: C. R. Acad. Sci. Paris **252**, 1470, 2566 (1961).
[5] GRUHL, W., u. G. WASSERMANN: Z. Metallkde. **41**, 178 (1950).
[6] WAGNER, C.: Corrosion Sci. **5**, 751 (1965).

ursacht sein, da die Austauschreaktion

$$3\,ZnO + 2\,Al\ (\text{gelöst in Zn}) = Al_2O_3 + 3\,Zn$$

einen so hohen negativen Wert der freien Reaktionsenthalpie aufweist, daß ZnO neben Al (gelöst in Zn) nicht beständig ist. Durch Röntgenbeugungsaufnahmen an einer auf Zn-Li-Al mit 2 Atom-% Li und 0,52 Atom-% Al erzeugten Oxidschicht konnte nur ZnO nachgewiesen werden.[1]

6.522 Über die Oxydationsgeschwindigkeit von Titan. Auf Grund zahlreicher Untersuchungen verschiedener Autoren kann als gesichert angesehen werden, daß sich bei der Einwirkung von Sauerstoff auf Titan bevorzugt eine TiO_2-Deckschicht ausbildet.[2] Erzeugt man jedoch dickere Oxidschichten, dann besteht die Deckschicht in Metallnähe aus TiO. In allen Fällen aber besteht der Hauptanteil aus der Rutilmodifikation.[3] Nach Oxydationsversuchen in Luft konnten ARKHAROV und LUTSCHKIN[3] die mittlere Zone der Deckschicht als Ti_2O_3 identifizieren. Dieser Befund ist einleuchtend und aus thermodynamischen Gründen zu erwarten. Die Dicke dieser Oxidzonen und ihre experimentelle Feststellung ist jedoch ein kinetisches Problem.

Über thermodynamische Daten der Titanoxide (TiO, Ti_2O_3, Ti_3O_5, TiO_2) und über das Zustandsdiagramm Ti–TiO_2 liegen zahlreiche Arbeiten vor.[4–8] Sowohl BUESSEM und BUTLER[9] als auch KOFSTAD[10] und HURLEN[11] haben die Fehlordnungsstruktur von Rutil nach einer gravimetrischen Methode im Temperaturgebiet zwischen 1200 und 1500 °K untersucht (s. S. 209).

Mit der Oxydationsgeschwindigkeit von Titan unter den verschiedensten Versuchsbedingungen haben sich ebenfalls zahlreiche Autoren beschäftigt. Gegenwärtig liegt die Schwierigkeit des Verständnisses für den Oxydationsmechanismus wohl hauptsächlich darin, daß erstens der Aufbau der Zunderschicht für quantitative Auswertungen nicht bekannt ist und zweitens die Kinetik der Oxydation nicht einheitlich ist. So finden ALEXANDER und PIDGEON[12] zwischen 25 und 550 °C in einem Sauerstoffdruckbereich von 20 bis 200 Torr ein logarithmisches Zeitgesetz

---

[1] HAUFFE, K.: Unveröffentlichte Ergebnisse.
[2] HICKMAN, J. W., u. E. A. GULBRANSEN: J. analyt. Chem. **20**, 158 (1948). — Vgl. auch A. E. JENKINS: J. Inst. Metals **82**, 213 (1954).
[3] ARKHAROV, V. J., u. G. P. LUTSCHKIN: Ber. Akad. Wiss. UdSSR **83**, 837 (1952).
[4] KUBASCHEWSKI, O., u. W. A. DENCH: J. Inst. Metals **82**, 87 (1953/54).
[5] ROSTOCKER, W.: J. Metals **4**, 981 (1952).
[6] GROVES, W. D., M. HOCH u. H. L. JOHNSTON: J. phys. Chem. **59**, 127 (1955).
[7] ANDERSON, S., B. COLLÉN, U. KUYLENSTIERNA u. A. MAGNÉLI: Acta chem. scand. **11**, 1641 (1957).
[8] DEVRIES, R. C., u. R. ROY: Amer. ceram. Soc. Bull. **33**, 370 (1954).
[9] BUESSEM, W. R., u. S. R. BUTLER: Defect Reactions in TiO_2, in: Kinetics of High-Temperature Processes, S. 13ff., Endicott-House Conference. Cambridge 1959.
[10] KOFSTAD, P.: J. Phys. Chem. Solids **23**, 1579 (1962).
[11] HURLEN, T.: Acta chem. scand. **13**, 365 (1959).
[12] ALEXANDER, W. A., u. L. M. PIDGEON: Canad. J. Res. (B) **28**, 60 (1950).

der Form

$$\ln(t + 3) = k_1 v + k_2,$$

worin t die Versuchszeit, v das gesamte verbrauchte Sauerstoffvolumen und 3 ein willkürlicher Zahlenwert ist, der wohl von der Vorbehandlung der Versuchsprobe, aber im Gegensatz zu k_1 und k_2 nicht von der Versuchstemperatur abhängt.

Sowohl GULBRANSEN und ANDREW[1] als auch PFEIFFER und HAUFFE[2] fanden bei einem Sauerstoffdruck von 76 bzw. 760 Torr im Temperaturbereich von 500 bis 800 °C ein parabolisches Zeitgesetz der Oxydation (Abb. 6.34). Wie man aus den Versuchsergebnissen in Abb. 6.31 von DAVIES und BIRCHENALL[3] schließen muß, folgt die Oxydation von Titan oberhalb 820 °C einem linearen Zeitgesetz. Oxydationsversuche von BALDWIN[4] bei 1000 °C zeigen nach einer gewissen Oxydationszeit in Luft (etwa 1 Stunde) ein Ansteigen der Oxydationsgeschwindigkeit mit einem allmählichen Abklingen auf den alten Wert und auch darunter. Ferner konnte beobachtet werden, daß beim Abkühlen die äußere sauerstoffreichere Zunderschicht zum Teil in TiO und Ti zerfiel. Dem entstehenden TiO wird eine merkliche Stickstofflöslichkeit beigemessen. Unterhalb dieser Temperatur, bis herab zu 590 °C, kann der zeitliche Verlauf der Oxydation durch ein parabolisches Zeitgesetz beschrieben werden.[5-7] Während RICHARDSON und GRANT[6] auch noch bei 1000 °C in Kurzzeitversuchen ein parabolisches Zeitgesetz finden (Abb. 6.32), ergibt sich aus Langzeit-Experimenten oberhalb 900 °C nach einem anfänglichen parabolischen Verlauf ein lineares Zeitgesetz (Abb. 6.33). Wahrscheinlich ist das Auftreten eines linearen Zeitgesetzes mit dem Erscheinen von TiO bzw. Ti_2O_3 unterhalb der TiO_2-Schicht verbunden, wodurch infolge der pulverförmigen Struktur der unteren Oxidschicht die Schutzwirkung der äußeren TiO_2-Schicht aufgehoben wird. Da die Oxydationsgeschwindigkeit von Titan unabhängig vom Sauerstoffdruck ist, kommt ein geschwindigkeitsbestimmender Vorgang an der Phasen-

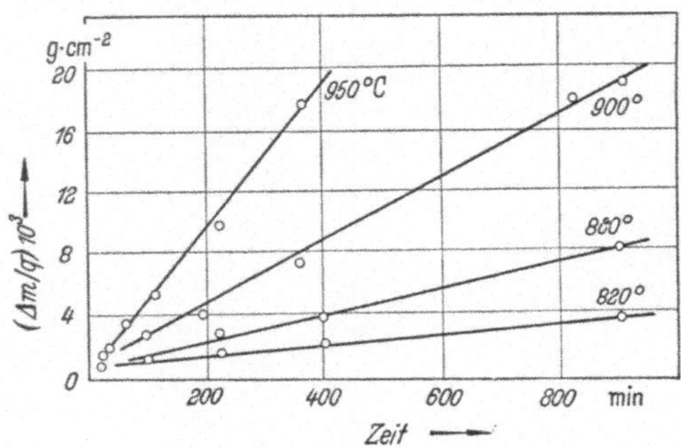

Abb. 6.31. Zeitlicher Verlauf der Oxydation von Titan bei einem Sauerstoffdruck von 1 Atm zwischen 820 und 950 °C nach DAVIES und BIRCHENALL (lineares Zeitgesetz).

[1] GULBRANSEN, E. A., u. K. F. ANDREW: Metals Trans. **185**, 741 (1949).
[2] PFEIFFER, H., u. K. HAUFFE: Z. Metallkde. **43**, 364 (1952).
[3] DAVIES, M. H., u. C. E. BIRCHENALL: Trans. AIME, J. Metals **3**, 877 (1951).
[4] MORTON, P. H., u. W. M. BALDWIN: Trans. A.S.M. **44**, 1004 (1952).
[5] JENKINS, A. E.: Inst. Metals **84**, 1 (1955/56).
[6] RICHARDSON, L. S., u. N. J. GRANT: J. Metals **6**, 69 (1954).
[7] KOFSTAD, P., K. HAUFFE u. H. KJÖLLESDAL: Acta chem. scand. **12**, 239 (1958).

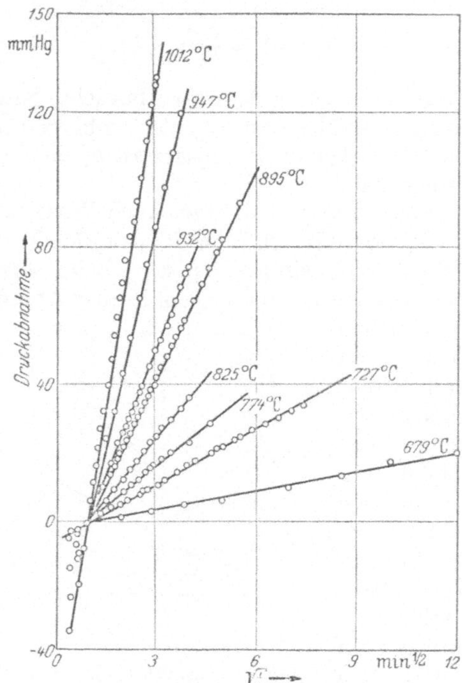

Abb. 6.32. Zeitliche Sauerstoffdruckabnahme während der Oxydation von Titan in Sauerstoff von 0,5 Atm Druck zwischen 679 und 1012 °C nach RICHARDSON und GRANT.

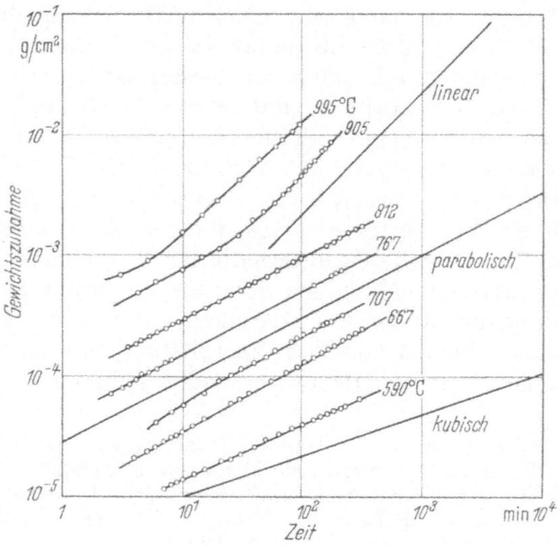

Abb. 6.33. Zeitlicher Verlauf der Oxydation von van Arkel-Titan bei 1 Atm Sauerstoff zwischen 600 und 1000 °C nach KOFSTAD, HAUFFE und KJÖLLESDAL. (Die Proben wurden 30 Min. bei 800 °C und $p_{O_2} < 10^{-4}$ Torr wärmebehandelt.)

grenze Oxid/Sauerstoff kaum in Frage. Bei geschwindigkeitsbestimmender Reaktion an der Phasengrenze Ti/TiO hingegen (lineares Zeitgesetz) sollte sich die α-β-Umwandlung im Titan bei 880 °C bemerkbar machen[1], was bisher nicht beobachtet wurde. Das Ausbleiben dieses Effektes wird verständlich, wenn man berücksichtigt, daß durch die Lösung von Sauerstoff in Titan der Umwandlungspunkt auf über 1000 °C verschoben werden kann.

Behandelt man eine anoxydierte Titanprobe zwischen 900 und 1000 °C im Vakuum, so löst sich die TiO_2-Schicht so lange in der Metallphase, bis ein Gleichgewicht erreicht ist:[2,3]

$$TiO_2 \rightleftharpoons 2O \text{ (gelöst in Ti)}.$$

Wie vermutet[9,4], wird das parabolische Zeitgesetz zu Beginn der Oxydation durch eine die Deckschichtbildung überlagernde Sauerstoffaufnahme des Metalls verursacht.[5] Erst wenn die Außenseite des Titans die Zusammensetzung $TiO_{0,35}$ erreicht hat, tritt eine Oxidbildung auf, die wahrscheinlich durch ein lineares Zeitgesetz charakterisiert ist.[6] Strukturuntersuchungen wurden von MAGNÉLI und Mitarbeitern[7] ausgeführt. Während zwischen 800 und 900 °C die vor Versuchsbeginn auf dem Titan befindlichen Pt-Marken sich stets auf der äußeren Oberfläche der Oxidschicht befanden, wurden bei Oxydationsversuchen im Bereich höherer Temperaturen, wo sich eine Zunderschicht mit zwei strukturell verschiedenen TiO_2-Schichten bildet, die Pt-Markers zwischen beiden Schichten gefunden. Trotz dieser Unsicherheit wegen der Marken-Verschiebung infolge Rekristallisation und plastischen Fließens deuten alle Untersuchungen darauf hin, daß die Oxidschichtbildung durch eine überwiegende Sauerstoffdiffusion verursacht ist.

LÖHBERG und SCHLEICHER[8] studierten die Oxydation von Titan in einer Wasserdampfatmosphäre zwischen 600 und 1000 °C. Der zeitliche Verbrauch von Wasserdampf ist geringer als nach dem parabolischen Zeitgesetz zu erwarten. Rutil war das einzige Oxid, das röntgenographisch in der Oxidschicht festgestellt werden konnte.

Die Zeitgesetze der Oxydation, welche in verschiedenen Temperaturgebieten und zu verschiedenen Versuchszeiten beobachtet wurden, sind

---

[1] JAFFEE, R. I., H. R. OGDEN u. D. J. MAYKUTH: Trans. AIME **188**, 1261 (1950). — A. J. WILLIAMS, R. W. CAHN u. C. S. BARRETT: Acta Metallurg. **2**, 117 (1954).

[2] ROACH, J. D.: J. electrochem. Soc. **98**, 160 (1951). — A. E. JENKINS: J. Inst. Metals **82**, 213 (1953/54).

[3] CARPENTER, L. G., u. W. N. NAIR: J. Inst. Metals **88**, 38 (1959).

[4] KOFSTAD, P., u. K. HAUFFE: Werkstoffe u. Korr. **7**, 642 (1956).

[5] WALLWORK, G. R., u. A. E. JENKINS: J. electrochem. Soc. **106**, 10 (1959).

[6] KOFSTAD, P., P. B. ANDERSON u. O. J. KRUDTAA: J. Less-Common Metals **3**, 89 (1961).

[7] ANDERSSON, S., B. COLLÉN, V. KUYLENSTIERNA u. A. MAGNÉLI: Acta chem. scand. **11**, 1641 (1957).

[8] LÖHBERG, K., u. H. W. SCHLEICHER: Z. phys. Chem. (NF) **15**, 223 (1958).

[9] KOFSTAD, P., K. HAUFFE u. H. KJÖLLESDAL: Acta chem. scand. **12**, 239 (1958).

in dem folgenden Schema zusammengefaßt:

Geschwindigkeits-Gesetz

1 h Oxydation	*logarithmisch*	*kubisch*	*parabolisch*	*parabolisch*	*parabolisch*
längere Oxydationszeiten	*kubisch*	*parabolisch*	*parabolisch mit Sprüngen**	*linear***	*parabolisch und linear****
	300	*400 500 600*	*700 800*	*900 1000*	*1100 °C*

* Infolge Aufbrechens der Oxidschicht.
** Porige Struktur der Oxidschicht.
*** Bei noch höheren Temperaturen überwiegt wieder das parabolische Wachstum infolge Erreichens der TAMMANN-Temperatur, wo die Sinterung merklich wird.

ARKHAROV und LUTSCHKIN fanden, daß die Oxydationsgeschwindigkeit von Titan oberhalb 1150 °C in Luft größer ist als in Sauerstoff. Gleichzeitig durchgeführte röntgenographische Untersuchungen an TiO_2 ergaben, daß die Gitterkonstanten von TiO_2 zwischen 1100 und 1200 °C voneinander verschieden, unterhalb dieser Temperaturen einander gleich sind. Die Abweichungen der Gitterkonstanten des durch Oxydation in Luft bei 1200 °C erhaltenen TiO_2 nehmen mit der Tiefe der Oxidschicht zu. Dieselbe Veränderung der Gitterkonstanten wird auch dadurch erreicht, daß in reinem Sauerstoff bei 1200 °C hergestelltes TiO_2 anschließend bei derselben Temperatur in Stickstoff erhitzt wird.[1] Die Autoren nehmen an, daß durch den Einbau von Stickstoff als N^{3-}-Ionen ins TiO_2-Gitter zusätzliche Sauerstoffionenleerstellen gemäß:

$$N_2(\text{gas}) \rightleftharpoons 2N|O|' + |O|^{\cdot\cdot} + \tfrac{3}{2}O_2(\text{gas})$$

erzeugt werden, welche sowohl für die Änderung der Gitterkonstanten als auch für die Zunahme der Oxydationsgeschwindigkeit verantwortlich sind.

CARPENTER und REAVELL[2] untersuchten die Zundergeschwindigkeit von Titan in Stickstoff und Sauerstoff zwischen 700 und 1000 °C. Die Oxydationsgeschwindigkeit war stets größer als die Nitrierungsgeschwindigkeit. Außerdem wurde in Übereinstimmung mit anderen Autoren[1] beobachtet, daß die bei 1000 °C auf Ti erzeugten Oxidschichten sehr leicht abblättern, während die bei 800 und 700 °C erzeugten gut haftend waren.

Auf Grund der Tatsache einer bevorzugten TiO_2-Bildung bei der Verzunderung von Titan und einer im TiO_2 herrschenden Fehlordnung im folgenden Sinne (S. 208):

$$\text{Null} \rightleftharpoons |O|^{\cdot\cdot} + 2e' + \tfrac{1}{2}O_2(\text{gas})$$

kann man entweder durch kleine Wolframzusätze zu Titan oder durch Einbetten von Titan in einer lockeren Schicht von WO_3 während der

[1] Vgl. auch R. J. JAFFEE, H. R. OGDEN u. D. J. MAYKUTH: Trans. AIME **188**; J. Metals **2**, 1261 (1950).
[2] CARPENTER, L. G., u. F. R. REAVELL: Metallurgia **39**, 63 (1949).

Oxydation eine Abnahme der Oxydationsgeschwindigkeit erwarten, da der Einbau 6wertiger Wolframionen ins TiO_2-Gitter gemäß der Einbaugleichung:

$$WO_3 + |O|^{\cdot\cdot} \rightleftharpoons W|Ti|^{\cdot\cdot} + TiO_2$$

die Konzentration der Sauerstoffionenleerstellen erniedrigen und demzufolge die Oxydationsgeschwindigkeit verringern muß. PFEIFFER und HAUFFE[1] konnten die Richtigkeit der Schlußfolgerung durch das Experiment belegen (Abb. 6.34). Nb bzw. Nb_2O_5 sollte eine ähnliche Wirkung zeigen.

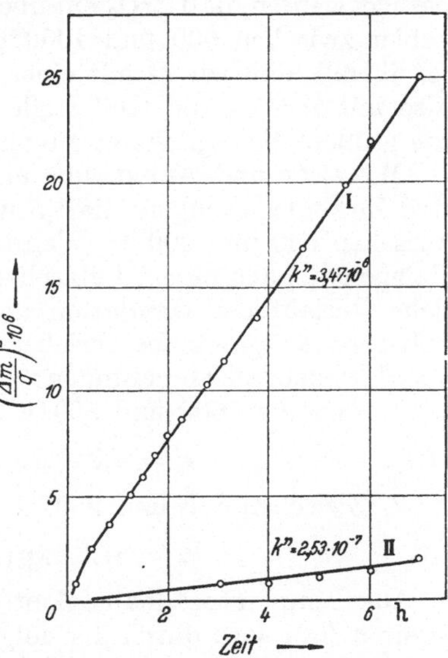

Abb. 6.34. Zeitlicher Verlauf der Oxydation von Titan bei 800 °C und einem Sauerstoffdruck von 1 Atm mit und ohne Gegenwart von WO_3 nach PFEIFFER und HAUFFE (parabolisches Zeitgesetz). Kurve I: in reinem Sauerstoff; Kurve II: in Sauerstoff und einer lockeren Einbettung mit WO_3.

Wegen der technischen Bedeutung von Titan und seinen Legierungen als Hochtemperatur-Konstruktionswerkstoff liegt ein umfangreiches Material über die Oxydationsgeschwindigkeit derselben unter den verschiedensten experimentellen Bedingungen vor. Größere Legierungsreihen wurden von MAYNOR, BARRETT und SWIFT[2] untersucht. Eine etwas ausführliche zusammenfassende Darstellung über die Oxydation von Titan und Titanlegierungen wurde an anderer Stelle gegeben.[3]

6.523 Weitere Zundersysteme mit wahrscheinlich elektronenüberschußleitenden Deckschichten. Die Kinetik der Zirkonoxydation zwischen 200 und 425 °C und bei 76 Torr Sauerstoff ist ähnlich der der Titanoxydation.[4] Sowohl Sauerstoff- wie Stickstoffangriff folgen dem parabolischen Zeitgesetz in einem engen Temperaturbereich und bei nicht zu langen Versuchszeiten. DRAVNIEKS[5] berichtet über die Nitrierungsgeschwindigkeit von Zirkon zwischen 862 und 1043 °C. Er findet ein parabolisches Zeitgesetz, unabhängig vom Gasdruck, und eine Aktivierungsenergie von 52 kcal/Mol. Mit steigender Versuchszeit wird die Zundergeschwindigkeit größer, was auf die eintretende Volumenänderung der Metallphase zurückgeführt wird. Über die Hitzebeständigkeit von Zirkon in verschiedenen

---

[1] PFEIFFER, H., u. K. HAUFFE: Z. Metallkde. **43**, 364 (1952).
[2] MAYNOR JR., H. W., B. R. BARRETT u. R. E. SWIFT: WADC Techn. Rep. 54-109, Contract No. AF 18(600)-60, Project No. 7351, März 1955.
[3] HAUFFE, K.: Oxidation of Metals, S. 209–228. New York: Plenum Press 1965.
[4] GULBRANSEN, E. A., u. K. F. ANDREW: Metals Trans. **185**, 741 (1949).
[5] DRAVNIEKS, A.: J. Amer. chem. Soc. **72**, 3568 (1950). — Vgl. auch die umfangreichen Untersuchungen C. A. PHALNIKAR u. W. M. BALDWIN: Proc. Amer. Soc. Testing Mat. **51**, 1038 (1951).

korrodierenden Medien haben HAYES, ROBERSON und ROBERTSON[1] gearbeitet. Ferner berichtet CHARLESBY[2] über den Mechanismus der Oxidfilmbildung auf Zirkon durch anodische Polarisation im Elektrolyten und eines Ionentransportes durch dünne ZrO_2-Filme.

An Hand unabhängiger Untersuchungen über die elektrischen Eigenschaften von ZrO_2 mit und ohne Zusätze von CaO bzw. Y_2O_3 konnte gezeigt werden, daß ZrO_2 ein überwiegender Ionenleiter im Temperaturgebiet zwischen 600 und 1000 °C ist.[3,4] Es liegt die Vermutung nahe (s. S. 169), daß wir es mit einer SCHOTTKY-Fehlordnung zu tun haben, also mit $|Zr|''''$- und $|O|^{\bullet\bullet}$-Stellen, wobei den Sauerstoffionenleerstellen die größere Beweglichkeit zukommen soll.[5]

MALLETT und ALBRECHT[6] untersuchten die Oxydation von Zirkon und Zirkonlegierungen mit 1,5 und 2,5 Gew.-% Sn in 1 atm Sauerstoff zwischen 600 und 900 °C. Während die Legierung mit dem niedrigeren Zinngehalt nach einem kubischen Zeitgesetz oxydiert, konnte der zeitliche Verlauf der Oxydation der anderen Legierung durch ein parabolisches Zeitgesetz beschrieben werden. Im ersten Fall wurden zwei Oxydationsbereiche gefunden:

1. Zwischen 600 und 800 °C

$$k_c = 5{,}34 \cdot 10^4 \exp(-38400/RT)\,.$$

2. Zwischen 825 und 900 °C

$$k_c = 87{,}2 \exp(-22600/RT)\ (\mathrm{cm^3/cm^2})^3/\mathrm{sec}.$$

Die Temperaturabhängigkeit der parabolischen Zunderkonstante im zweiten Fall wird durch den folgenden Ausdruck wiedergegeben:

$$k = 2{,}63 \cdot 10^3 \exp(-32400/RT)\ (\mathrm{cm^3/cm^2})^2/\mathrm{sec}.$$

In zahlreichen Fällen wird nach einer anfänglichen gleichmäßigen Oxydation eine plötzliche Erhöhung der Oxydationsgeschwindigkeit beobachtet. Diese Erhöhung wird auf eine Änderung der Struktur der Deckschicht und der Metallunterlage zurückgeführt.[7,8] Zusätzliche Untersuchungen über den Einfluß des Sauerstoffgehaltes in Zirkon auf das Wachstum der Oxidschicht wurden von OESTHAGEN und KOFSTAD[9] ausgeführt. Hiernach nahm die Oxydationsgeschwindigkeit mit wachsendem Sauerstoffgehalt im Zirkon zu. Oberhalb von 12 bis 15 Atom-% war keine weitere Zunahme der Oxydationsgeschwindigkeit beobachtbar.

Über ein elektrochemisches Modell der Oxydation von Zirkon und über eine Abhängigkeit der Fehlordnungsstruktur der Oxidschicht

[1] HAYES, E. T., A. H. ROBERSON u. R. H. ROBERTSON: J. electrochem. Soc. 97, 316 (1950).
[2] CHARLESBY, A.: Acta Met. 1, 340, 348 (1953).
[3] KIUKKOLA, K., u. C. WAGNER: J. electrochem. Soc. 104, 308, 379 (1957).
[4] SCHMALZRIED, H.: Z. phys. Chem. (NF) 38, 87 (1963); 25, 178 (1960).
[5] WEININGER, J. L., u. P. D. ZEMANY: J. chem. Phys. 22, 1469 (1954).
[6] MALLETT, M. W., u. W. M. ALBRECHT: J. electrochem. Soc. 102, 407 (1955).
[7] WALLWORK, G. R., u. A. E. JENKINS: J. electrochem. Soc. 106, 10 (1959).
[8] PORTE, H. A., J. G. SCHNIZLEIN, R. C. VOGEL u. D. F. FISHER: J. electrochem. Soc. 107, 506 (1960).
[9] OESTHAGEN, K., u. P. KOFSTAD: J. electrochem. Soc. 109, 204 (1962).

von der Oxydationszeit wurde kürzlich berichtet.[1] In einer neueren Arbeit beschäftigt sich PEMSLER[2] mit dem Mechanismus der Porenbildung in der Oxidschicht während der Oxydation zwischen 840 und 1100 °C. Hiernach soll die Porenbildung durch Ausscheidung von Sauerstoffionen-Leerstellen verursacht werden. Ferner gelang es, die Kinetik der Sauerstoffaufnahme im Metall und der Oxidfilmbildung getrennt zu studieren. Während die Sauerstoffaufnahme der Diffusionskinetik gehorcht und damit für das parabolische Zeitgesetz verantwortlich ist, folgt die Oxidschichtbildung einem komplizierten Zeitgesetz[2].

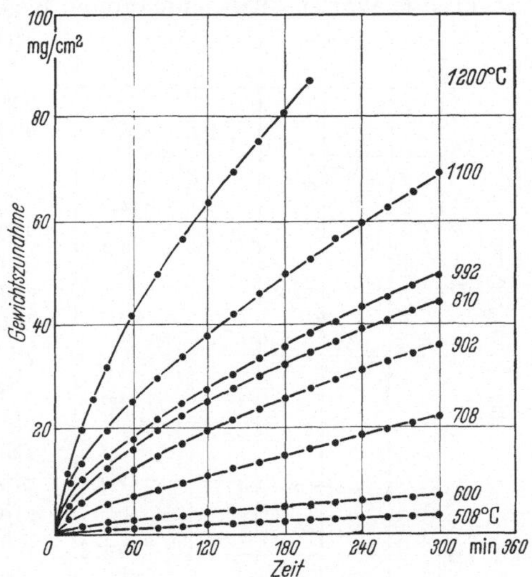

Abb. 6.35. Zeitlicher Verlauf der Oxydation von Niob in Sauerstoff von 10 Torr im Temperaturbereich von 500 bis 1200 °C nach KOFSTAD und KJÖLLESDAL.

Auf Grund der Verwendung von Zirkonlegierungen im Atomreaktorbau ist in den letzten 10 Jahren die Zahl der Veröffentlichungen in den Zeitschriften und den „Unclassified Reports" betreffend das Verhalten von Zirkon und Zirkonlegierungen in Wasser, Wasserdampf und Sauerstoff zwischen 300 und 700 °C, gemessen im und außerhalb des Reaktors, enorm angestiegen. Die meisten dieser Untersuchungen wurden jedoch unter rein empirischen Gesichtspunkten ausgeführt. Eine große Bedeutung kommt dem Wasserstofflösungsvermögen der Legierung zu. Zusammenfassend wurde der gegenwärtige Stand der Forschung an anderer Stelle veröffentlicht.[3]

Einem ähnlich komplizierten Oxydationsmechanismus unterliegt die Oxydation von Niob. Von KOFSTAD und KJÖLLESDAL[4] wurde die Kinetik der Oxydation zwischen 500 und 1200 °C in einem Sauerstoffdruckbereich von 760 bis 0,1 Torr untersucht und gleichzeitig die Struktur der aufwachsenden Oxidschicht mittels Röntgen- und Elektronenbeugung und optischen Methoden studiert. Wie in Abb. 6.35 zu erkennen ist, wird der anfängliche Verlauf der Oxydation von einem parabolischen Zeitgesetz bestimmt. Bereits nach 60 Minuten jedoch erfolgt ein Übergang

[1] BRADHURST, D. H., J. E. DRALEY u. C. J. VAN DRUNEN: J. electrochem. Soc. **112**, 1171 (1965).
[2] PEMSLER, J. P.: J. electrochem. Soc. **112**, 477 (1965).
[3] HAUFFE, K.: Oxidation of Metals, S. 228—236. New York: Plenum Press 1965.
[4] KOFSTAD, P., u. H. KJÖLLESDAL: Trans. AIME **221**, 285 (1961). — Siehe auch die neuen Ergebnisse über die Oxydation von Niob zwischen 1200 und 1700 °C im Sauerstoffdruckbereich von $2 \cdot 10^{-4}$ bis 0,5 Torr von P. KOFSTAD u. S. ESPEVIK: J. electrochem. Soc. **112**, 153 (1965).

zu einem linearen Zeitgesetz. Während der ersten parabolischen Periode überwiegt offenbar die Diffusion des Sauerstoffs in der Metallphase. Die Aktivierungsenergie der Sauerstoffdiffusion in Niob wurde zu 26,9 kcal/Mol bestimmt. Die Konkurrenz der Oxidbildung und des Inlösunggehens von Sauerstoff zwischen 600 und 700 °C konnte durch Mikrohärtemessungen verfolgt werden. Bemerkenswert ist die starke Sauerstoffdruckabhängigkeit der linearen Oxydationsgeschwindigkeitskonstanten l. Weitere Untersuchungen liegen von ONG und FASSELL[1] und McLINTOCK und STRINGER[2] vor.

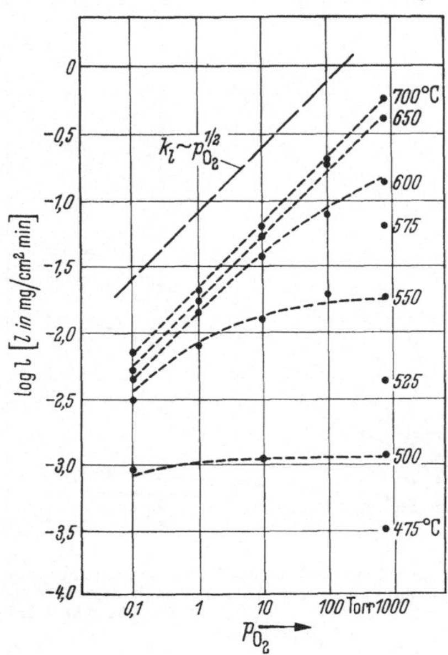

Abb. 6.36. Sauerstoffdruckabhängigkeit der linearen Geschwindigkeitskonstanten l der Oxydation von Tantal im Temperaturgebiet von 500 bis 700 °C nach KOFSTAD. Die gestrichelten Kurven wurden berechnet.

Untersuchungen über die Kinetik der Oxydation von Molybdän[3], Tantal[4,5,7] und Vanadin[6] seien hier nur erwähnt.

Das Oxydationsverhalten von Tantal wurde besonders eingehend von KOFSTAD im Temperaturbereich von 300 bis 550 °C[8] und von 500 bis 1000 °C[7] zwischen 0,1 und 760 Torr Sauerstoff untersucht. Die Arbeiten umfassen sowohl Messungen der Oxydationsgeschwindigkeit als auch Strukturuntersuchungen der Oxidschicht mittels optischer Methoden sowie Röntgen- und Elektronenbeugung. Nach einer anfänglichen Inkubationsperiode folgt der zeitliche Verlauf der Oxydation einem linearen Zeitgesetz, das bei 500 °C vom Sauerstoffdruck unabhängig und oberhalb 600 °C proportional $p_{O_2}^{1/2}$ ist (Abb. 6.36). Im Gegensatz zu früheren Untersuchungen[9] wird in der ersten Oxydationsperiode kein zunderschützender Zustand im normalen Sinne erreicht. Für die lineare Oxydationsgeschwindigkeit wird die Chemisorption von Sauerstoff bzw. die Ta_2O_5-Keimbildung

[1] ONG JR., J. N., u. W. M. FASSELL: Corrosion **18**, 382 (1962).
[2] McLINTOCK, C. H., u. J. STRINGER: J. Less-Common Metals **5**, 278 (1963).
[3] GULBRANSEN, E. A., u. W. S. WYSONG: Trans. AIME **175**, 611, 628 (1948). — R. M. PARK: Metal Progr. **60**, 81 (1951). — E. NACHTIGALL: Z. Metallkde. **43**, 23 (1952). — M. SIMNAD u. A. SPILNERS: J. Metals **7**, 1011 (1955).
[4] GULBRANSEN, E. A., u. K. F. ANDREW: Trans. AIME **188**, 586 (1950).
[5] WABER, J. T., G. E. STURDY, E. M. WISE u. C. R. TIPTON JR.: J. electrochem. Soc. **99**, 121 (1952).
[6] GULBRANSEN, E. A., u. K. F. ANDREW: J. electrochem. Soc. **97**, 396 (1950).
[7] KOFSTAD, P.: J. Inst. Metals **90**, 253 (1961/62); **91**, 411 (1962/63); J. electrochem. Soc. **110**, 491 (1963).
[8] KOFSTAD, P.: J. Inst. Metals **91**, 209 (1962/63).
[9] PAVEL, R. E., J. V. CATHCART u. J. J. CAMPBELL: J. electrochem. Soc. **107**, 956 (1960).

und das Kristallwachstum als geschwindigkeitsbestimmender Schritt vorgeschlagen. ONG[1] entwickelte eine Geschwindigkeitsgleichung, mittels der im Temperaturbereich von 475 bis 1400 °C und zwischen $2{,}6 \cdot 10^{-5}$ und 40,8 atm Sauerstoff alle Versuchsergebnisse innerhalb eines Faktors 2 wiedergegeben werden können.

Auf Grund von Leitfähigkeits- und Thermokraftmessungen sowie Bestimmungen der Gewichtsänderung als Funktion des Sauerstoffdruckes von Ta_2O_5 wurde erkannt[2], daß Ta_2O_5 bei etwa 1 atm Sauerstoff ein p-Typ-Halbleiter und im Bereich niedriger Sauerstoffdrucke ein n-Typ-Halbleiter sein muß. Während im n-Typ-Bereich eine überwiegende Diffusion von Sauerstoffionen über Lücken angenommen werden kann, soll im p-Typ-Bereich die Zwischengitterplatzdiffusion der Sauerstoffionen bevorzugt sein (Anti-FRENKEL-Fehlordnung).

Die Oxydationsgeschwindigkeit von Wolfram ist ähnlich kompliziert wie die von Molybdän infolge der leichten Verdampfbarkeit der Oxide.[3]

Der Oxydationsmechanismus von Cer[4] und Thorium[5] ist insofern interessant, als man hier bei niedrigen Temperaturen ein parabolisches und bei höheren Temperaturen ein lineares Zeitgesetz findet. Wie

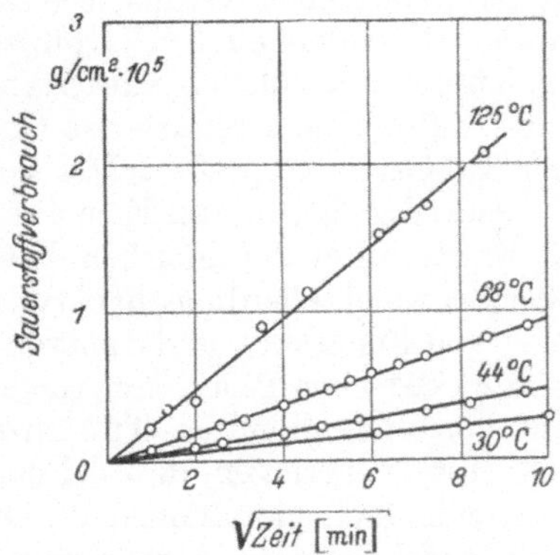

Abb. 6.37. Zeitlicher Verlauf der Oxydation von Cer in Sauerstoff zwischen 30 und 125°C nach CUBICCIOTTI. In diesem Temperatur-Zeitintervall herrscht das parabolische Zundergesetz.

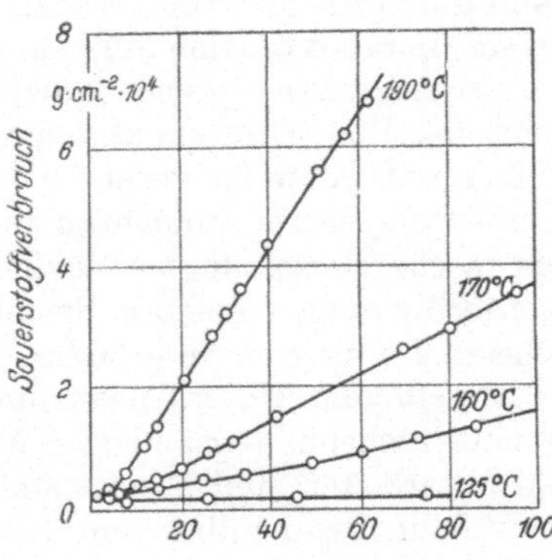

Abb. 6.38. Zeitlicher Verlauf der Oxydation von Cer in Sauerstoff zwischen 125 und 190°C nach CUBICCIOTTI. In diesem Temperaturintervall herrscht das lineare Zundergesetz.

Abb. 6.37 zeigt, gehorcht die Cer-Oxydation über ein 100-Minuten-Beobachtungsintervall zwischen 30 und 125 °C dem parabolischen Zeitgesetz, um dann oberhalb 125 °C nach einem anfänglich parabolischen Verlauf in eine lineare Zeitabhängigkeit überzugehen (Abb. 6.38). Mit steigender Temperatur wird der parabolische Oxydationsbeginn immer

---

[1] ONG JR., J. N.: Trans. M.S.A. **224**, 991 (1962).
[2] KOFSTAD, P.: J. electrochem. Soc. **109**, 776 (1962).
[3] ONG JR., J. N.: J. electrochem. Soc. **109**, 284 (1962). — E. A. GULBRANSEN u. K. F. ANDREW: J. electrochem. Soc. **107**, 610 (1960). — W. B. JEPSON u. D. W. AYLMORE: J. electrochem. Soc. **108**, 942 (1961).
[4] CUBICCIOTTI, D.: J. Amer. chem. Soc. **74**, 1079, 1200 (1952).
[5] LEVESQUE, P., u. D. CUBICCIOTTI: J. Amer. chem. Soc. **73**, 2028 (1951).

kürzer. Bemerkenswert ist die kleine Aktivierungsenergie von 12 kcal/Mol für den parabolischen Teil der Oxydation.

Ein ähnliches Verhalten wurde bei der Oxydation von Thorium[1] und Uran[2] beobachtet. Zwischen 250 und 350 °C kann der zeitliche Verlauf der Oxydation durch ein parabolisches und zwischen 350 und 450 °C durch ein lineares Zeitgesetz beschrieben werden. Die Aktivierungsenergien sind jedoch hier merklich größer. Sie betragen für den Bereich mit parabolischem Verlauf 31 und für den mit linearem Verlauf 22 kcal/Mol. Für die Uranoxydation betragen die entsprechenden Werte 24 und 22 kcal/Mol.

BALDWIN[3] beobachtete, daß die Oxydation von festem Blei einem parabolischen Zeitgesetz folgt mit Ausbildung einer roten PbO-Schicht. Ferner wird über die Oxydationsgeschwindigkeit von flüssigen Bleischmelzen berichtet.[3,4]

6.53 Zundervorgänge an Metallen mit Schwefel, Selen und Tellur

Die Schwefelungs- oder die Selenierungsgeschwindigkeit der Metalle kann durch die gleichen Gesetzmäßigkeiten beschrieben werden, wie sie für die Metalloxydation angewandt wurden. Besonders eindrucksvoll ist die rasche Reaktionsgeschwindigkeit von Kupfer in Berührung mit festem Schwefel. Wie FISCHBECK[5] zeigen konnte, führt frisch reduziertes Cu-Pulver mit Schwefel vermischt und zu Tabletten verpreßt schon bei Zimmertemperatur momentan zu fast vollständigem Umsatz. Eine ähnlich rasche Umsetzungsgeschwindigkeit wurde unter den gleichen Versuchsbedingungen auch am System Silber/Schwefel, allerdings bei etwas höheren Temperaturen — 50 bis 110 °C —, von FISCHBECK und JELLINGHAUS[6] gefunden. Unter Anwendung der TUBANDTschen Pastillenmethode in entsprechend abgeänderter Versuchsanordnung konnten TUBANDT und Mitarbeiter[7] und FISCHBECK[8] den Nachweis erbringen, daß bei der Schwefelung von Silber und Kupfer ausschließlich Metallionen durch die Sulfidschicht (Ag_2S und Cu_2S) zum Schwefel wandern. Beim Schwefeln von Kupferdrähten erhielten FISCHBECK und DORNER[9] infolge einer Metallwanderung von innen nach außen schlauchartige Gebilde von Cu_2S bzw. Cu_2S mit einer mehr oder minder starken äußeren CuS-Schicht. Als weiterer Hinweis einer bevorzugten Kupferionenwanderung durch

---

[1] LEVESQUE, P., u. D. CUBICCIOTTI: J. Amer. chem. Soc. **73**, 2028 (1951).
[2] CUBICCIOTTI, D.: J. Amer. chem. Soc. **74**, 1079, 1200 (1952).
[3] WEBER, E., u. W. M. BALDWIN: J. Metals **4**, 3 (1952).
[4] GRUHL, W.: Z. Metallkde. **40**, 225 (1949).
[5] FISCHBECK, K.: Z. anorg. allg. Chem. **154**, 261 (1926). — Vgl. auch T. P. HOAR u. A. J. P. TUCKER: J. Inst. Metals **81**, 665 (1952/53).
[6] FISCHBECK, K., u. W. JELLINGHAUS: Z. anorg. allg. Chem. **165**, 55 (1927).
[7] TUBANDT, C., H. REINHOLD u. A. NEUMANN: Z. Elektrochem. angew. phys. Chem. **39**, 227 (1933). — H. REINHOLD u. H. MÖHRING: Z. phys. Chem. (B) **38**, 221 (1937).
[8] FISCHBECK, K.: Z. Elektrochem. angew. phys. Chem. **37**, 593 (1931).
[9] FISCHBECK, K., u. O. DORNER: Z. anorg. allg. Chem. **181**, 372 (1929); **184**, 167 (1929).

die Zunderschicht können die Konzentrations-Ausgleichsversuche zweier Cu_2S-Zylinder mit verschiedenen Schwefelgehalten von FISCHBECK[1] genannt werden. Mit allen diesen Versuchen war jedoch eine quantitative Beschreibung des Mechanismus nicht möglich. Weitere Untersuchungen über die Schwefelungsgeschwindigkeit von Kupfer in H_2S-H_2-Atmosphären und flüssigem Schwefel zwischen 86 und 224 °C bzw. 126 und 385 °C stammen von DRAVNIEKS und NEYMARK[2]. In Anwesenheit sowohl von flüssigem Schwefel als auch von H_2S-H_2 nimmt mit fallender Temperatur die CuS-Bildung auf Kosten der Cu_2S-Bildung zu. Unterhalb 210 °C war praktisch keine Cu_2S-Bildung mehr zu beobachten. Offenbar ist in diesem Temperaturgebiet die Diffusionsgeschwindigkeit in CuS erheblich größer als in Cu_2S, was durch einen erhöhten Angriff bei Fehlen einer Cu_2S-Schicht belegt wird. Erst wenn sich eine Cu_2S-Schicht zwischen Cu und CuS bildet, wird die rasche Schwefelung abgebremst. Bei praktisch reiner CuS-Deckschichtbildung wird ein parabolisches Zeitgesetz beobachtet. Die parabolische Zunderkonstante beträgt z. B. für 210 °C ($Cu/S_{\text{flüssig}}$) $k' \approx 5 \cdot 10^{-7}$ $cm^2\,sec^{-1}$ und die Aktivierungsenergie der diffusionsbestimmenden Reaktion zwischen 210 und 450 °C etwa 10 kcal/Mol CuS.[3]

Veranlaßt durch den scheinbaren Widerspruch zwischen den TUBANDTschen Überführungsversuchen[4] und den KLAIBERschen HALL-Effektmessungen[5], die einmal auf eine reine Kationenleitung im Ag_2S und zum anderen auf eine Elektronenüberschußleitung hinwiesen, untersuchte WAGNER[6] den Leitungs- und Diffusionsmechanismus in α-Ag_2S (s. auch S. 153ff.). Wie röntgenographische Untersuchungen von RAHLFS[7] beweisen, ist in α-Ag_2S (beständig oberhalb 179 °C) das Schwefelionen-Teilgitter geordnet, während im Silberionenteilgitter eine starke Fehlordnung beobachtet wird. Die Abweichung von der stöchiometrischen Zusammensetzung ist gering ($Ag_{2,0010}S$ bis $Ag_{2,0002}S$).[6] KRACEK[8] findet in seiner Arbeit über das Phasendiagramm des Systems Schwefel/Silber bei niedrigen und mittleren Temperaturen eine überwiegend schwefelreiche Phase. Diese Feststellung steht mit den WAGNERschen Untersuchungen[6] und mit der aus den HALL-Effektmessungen[5] gefolgerten Elektronenüberschußleitung insofern im Widerspruch, als überschüssiger Schwefel beim Einbau ins Ag_2S-Gitter Elektronen verbrauchen sollte, wodurch Defektelektronen entstehen. Diesen Widerspruch versucht HEBB[9] dadurch zu beheben, indem er annimmt, daß der überschüssige Schwefel nicht als S^{2-} oder S^-, sondern als neutrales Atom bzw. Molekül

---

1 FISCHBECK, K.: Z. Metallkde. **24**, 313 (1932).
2 DRAVNIEKS, A., R. S. NEYMARK u. C. H. SAMANS: J. electrochem. Soc. **105**, 183 (1958).
3 Siehe auch T. P. HOAR u. A. J. P. TUCKER: J. Inst. Metals **81**, 1485 (1952/53).
4 TUBANDT, C.: Hdb. Exp.-Physik XII, 1, S. 404ff. (1932).
5 KLAIBER, F.: Ann. Phys. (5) **3**, 229 (1929).
6 WAGNER, C.: Z. Elektrochem. angew. phys. Chem. **40**, 364 (1934); J. chem. Phys. **21**, 1819 (1953).
7 RAHLFS, P.: Z. phys. Chem. (B) **31**, 157 (1935).
8 KRACEK, F. C.: Trans. Amer. Geophys. Union **27**, 274 (1946).
9 HEBB, M. H.: J. chem. Phys. **20**, 185 (1953).

im Gitter gelöst ist. Diese Annahme würde dem SCHOTTKYschen Superoxydations-Halbleitertyp[1] entsprechen.

Die Elektronenleitfähigkeit nimmt mit steigendem Schwefelpartialdruck ab und wird nach HEBB durch die folgende Beziehung wiedergegeben:

$$\varkappa_{e^-} = A \exp(\mu_{Ag}/\mathfrak{B}), \tag{6.129}$$

worin μ_{Ag} das chemische Potential für neutrales Silber (definiert als $1/Ne$ mal der partiellen freien Energie je Grammatom neutrales Silber in der Ag_2S-Phase), $1/\mathfrak{B} = e/kT$ oder $e/2kT$ und A eine Konstante ist. Sieht man eine Abweichung von der Stöchiometrie im Ag_2S von 2% als obersten Wert an, dann errechnet sich der Unterschied in den Silberionen-Überschußkonzentrationen an den Phasengrenzen Ag/Ag_2S und Ag_2S/S zu etwa $6 \cdot 10^{-4}$ g-Atom cm^{-3} ebenfalls als oberster Wert. Setzt man nun diesen Wert und den in Tab. 6.13 notierten Wert für die rationelle Zunderkonstante in die übliche FICKsche Gleichung ein, dann ergibt sich für den effektiven Diffusionskoeffizienten $D_{\text{eff}} \geqq 2{,}7 \cdot 10^{-3}$ cm^2 sec^{-1}. Dieser Wert ist aber 270mal größer als der von TUBANDT und JOST[2] erhaltene Selbstdiffusionskoeffizient von $1 \cdot 10^{-5}$ cm^2 sec^{-1} für 200 °C. Dieser Befund wurde von WAGNER durch zusätzliche Messungen verfeinert und folgendermaßen gedeutet:

Unter Vernachlässigung der Selbstdiffusionskoeffizienten von Schwefel[3], $D_S^* \ll D_{Ag}^*$, erhält man aus (6.33) den Ausdruck

$$k = c_{Ag}\, D_{Ag}^* \ln \frac{a_{Ag}^{I}}{a_{Ag}^{II}}, \tag{6.130}$$

worin c_{Ag} die mittlere Konzentration der Silberionen in Ag_2S in g-Atom cm^{-3} ist. Auf der anderen Seite erhalten wir aus der FICKschen Formel:

$$k = D_{\text{eff}}(c_{Ag}^{I} - c_{Ag}^{II}). \tag{6.131}$$

Hier ist c_{Ag}^{I} bzw. c_{Ag}^{II} die Ag-Konzentration in Ag_2S an der Phasengrenze Ag_2S/Ag bzw. Ag_2S/Schwefel. Bei Vernachlässigung der Änderung des Gitterparameters mit dem Verhältnis Ag/S erhalten wir:

$$c_{Ag}^{I} - c_{Ag}^{II} = (r_{Ag}^{I} - r_{Ag}^{II})/V_M,$$

wobei $V_M = 35$ cm^3 das Molvolumen von Ag_2S und r_{Ag}^{I} bzw. r_{Ag}^{II} das Ag/S-Verhältnis in Ag_2S im Gleichgewicht mit Silber bzw. Schwefel ist. Durch Einsetzen in (6.131) folgt:

$$D_{\text{eff}} = \frac{k\, V_M}{r_{Ag}^{I} - r_{Ag}^{II}}. \tag{6.132}$$

Unter Verwendung des Wertes von $k(220\,°\text{C}) \approx 1{,}6 \cdot 10^{-6}$ und neuer Meßergebnisse von r_{Ag} bei 200 und 300 °C durch Potentialmessungen an der elektrochemischen Kette ($Ag/AgJ/Ag_2S/Pt$) erhält WAGNER[4] für den Diffusionskoeffizienten:

$$D_{\text{eff}} = 2{,}8 \cdot 10^{-2}\ \text{cm}^2\,\text{sec}^{-1} \quad \text{für } 220\,°\text{C},$$

---

[1] SCHOTTKY, W.: Z. Elektrochem. angew. phys. Chem. **45**, 33 (1939).

[2] TUBANDT, C., H. REINHOLD u. W. JOST: Z. anorg. allg. Chem. **177**, 253 (1928). — W. JOST u. H. RÜTER: Z. phys. Chem. (B) **21**, 48 (1933).

[3] BRAUNE, H., u. O. KAHN: Z. Elektrochem. angew. phys. Chem. **31**, 576 (1925).

[4] WAGNER, C.: J. chem. Phys. **21**, 1819 (1953).

der also noch um 1 Zehnerpotenz höher liegt als der aus der Darstellung von HEBB sich ergebende untere Grenzwert. Dieser Wert, der auf Grund neuer Messungen von WAGNER als recht genau angesehen werden kann, ist also um $2{,}8 \cdot 10^3$ größer als der oben mitgeteilte Wert für D^*_{Ag}. Dieser Unterschied, der für die Berechnung von Zunderkonstanten zu beachten ist[1], läßt sich verstehen, wenn man berücksichtigt, daß die Elektronen in einem nichtstöchiometrisch zusammengesetzten Kristall in großer Zahl vorauseilen und dadurch neben dem bereits vorhandenen chemischen Potentialgradienten der Ag-Ionen noch einen zusätzlichen elektrischen Potentialgradienten verursachen, der bei genügender Größe eine Erhöhung der Transportgeschwindigkeit der Ag-Ionen durch die Zunderschicht bewirken kann. Unter Berücksichtigung der obigen Ansätze folgt dann schließlich:

$$\frac{D_{\text{eff}}}{D^*_{Ag}} = \frac{r_0 (\ln a^{II}_{Ag})}{r^{I}_{Ag} - r^{II}_{Ag}} \approx 5 \cdot 10^3 \quad \text{für} \quad r_0 = 2,$$

wobei $r_0 = 2$ das ideale Verhältnis von Ag/S darstellt.

In Abb. 6.39 ist die Versuchsanordnung dargestellt, mittels der WAGNER die Zundergeschwindigkeit von Silber durch flüssigen Schwefel bei 220 °C bestimmte. Nach dem Vorbild der TUBANDTschen Methodik für Überführungsmessungen wurde zwischen zwei Messingplatten ein Ag-Zylinder mit zwei dünnen Ag_2S-Zylindern und einem Glasrohr, das zur Aufnahme des flüssigen Schwefels diente, mittels dreier Spiralfedern zusammengepreßt. Diese Anordnung wurde in einem Aluminiumblockofen im Stickstoffstrom erhitzt. Nach dem Versuch war auf dem oberen Ag_2S-Zylinder ein Ag_2S-Pfropf von 1 bis 2 mm Dicke in das Glasrohr hinein aufgewachsen.

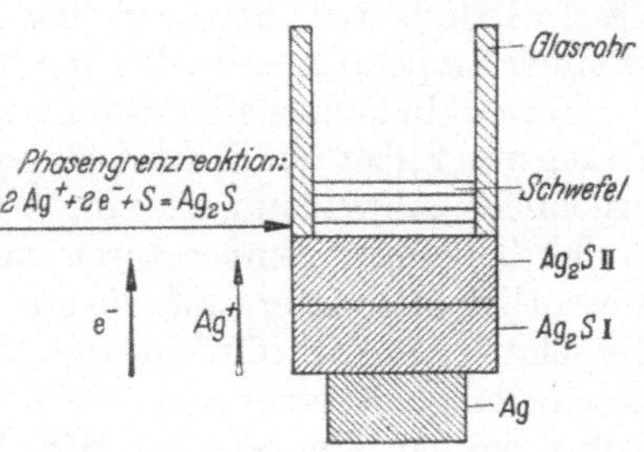

Abb. 6.39. Versuchsanordnung zur Messung der Schwefelungsgeschwindigkeit von Silber in flüssigem Schwefel bei 220 °C nach WAGNER.

Tab. 6.13 enthält die Versuchsergebnisse. Abgesehen von gewissen Nebenreaktionen, die durch den bei 220 °C merklichen Dampfdruck des Schwefels (Reaktion über die Gasphase mit Ag) verursacht wurden, konnte eindeutig und quantitativ die Wanderung von Ag-Ionen + Elektronen durch Ag_2S zum flüssigen Schwefel hin nachgewiesen werden. Die bei 220 °C experimentell ermittelte Zunderkonstante k beträgt $1{,}6 \cdot 10^{-6}$ val cm^{-1} sec^{-1}. Dieser Wert stimmt mit dem nach (6.31) oder (6.131) berechneten von 2 bis $3 \cdot 10^{-6}$ befriedigend überein. Neuere Untersuchungen über die Kinetik der Schwefelung von Silber, insbesondere über die experimentellen Bedingungen der Konkurrenz zwischen geschwindigkeitsbestimmender Diffusion der Ag-Ionen durch die wachsende Ag_2S-Schicht (parabolisches Zeitgesetz) und geschwindig-

---

[1] HAUFFE, K., u. B. ILSCHNER: Z. Elektrochem. Ber. Bunsenges. phys. Chem. 58, 467 (1954).

keitsbestimmender Phasengrenzreaktion (Übertritt des Ag-Ions aus der Metallphase in die Deckschicht, lineares Zeitgesetz) liegen von RICKERT und Mitarbeitern vor.[1] Die Deutung der Versuchsergebnisse wurde von

Tabelle 6.13. *Zunderversuche am System Silber/Schwefel bei 220 °C nach Wagner (Versuchsanordnung nach Abb. 6.39; wirksamer Querschnitt q = 0,12 cm²)*

Nr.	Versuchszeit in sec	Gewichtsänderung (mg) der Zylinder Ag	I Ag_2S	II Ag_2S	Höhe der Ag_2S Zylinder in cm	Zunderkonstante k val cm^{-1} sec^{-1}	
1	3600	−108	+3	+117	0,61	$1{,}4 \cdot 10^{-6}$	$1{,}6 \cdot 10^{-6}$
2	3600	−137	+1	+135	0,77	$2{,}3 \cdot 10^{-6}$	
3	3600	− 84	+1	+ 96	0,65	$1{,}2 \cdot 10^{-6}$	
4	3600	−108	+2	+126	0,60	$1{,}4 \cdot 10^{-6}$	
5	3600	−121	+5	+131	0,58	$1{,}5 \cdot 10^{-6}$	

WAGNER und RICKERT[2] gegeben und soll im folgenden Kapitel als typisches Beispiel des Übergangs eines linearen ins parabolische Zeitgesetz und umgekehrt behandelt werden.

Von REINHOLD und Mitarbeitern[3] wurden ähnliche Verhältnisse an Cu_2Se beobachtet. Die gemessenen Höchstwerte für die Selenierungsgeschwindigkeiten betrugen bei 450 °C etwa 50 cm² Tag⁻¹ und bei Zimmertemperatur etwa 0,2 cm² Tag⁻¹.

Fernerhin konnten REINHOLD und SEIDEL zeigen, daß bei der Schwefelung von Silber mit Schwefeldampf oder einem Gasgemisch von H_2/H_2S erhebliche Abweichungen vom parabolischen Zundergesetz auftreten. Außer bei hohen Temperaturen (etwa 500 °C) verläuft hier die Reaktion wesentlich langsamer, und die aus der WAGNERschen Theorie geforderte Beziehung (6.31) wird nicht erfüllt. So war beispielsweise die Reaktionsgeschwindigkeit einer bei +196 °C durchgeführten Schwefelung von Silber bei variierender Ag_2S-Schichtdicke im Verhältnis 1 : 5 praktisch unabhängig von der Schichtdicke. Dieser experimentelle Befund weist darauf hin, daß die Diffusionsgeschwindigkeit der Ag^+-Ionen + Elektronen durch die Ag_2S-Schicht keinen Einfluß auf die Reaktion hat, sondern daß hier eine Phasengrenzreaktion als zeitbestimmender Vorgang auftritt. JOST[4] vermutet, daß die Phasengrenzreaktion an der Phasengrenze Schwefeldampf/Ag_2S die im wesentlichen gehemmte Reaktion ist.

In ähnlicher Weise wurden von TUBANDT, REINHOLD und NEUMANN[5] und von REINHOLD und SEIDEL[3] die Zundergeschwindigkeiten von Silber mit Selen und Tellur untersucht. Während sich der Zundervorgang des

[1] RICKERT, H.: Z. phys. Chem. (NF) **23**, 355 (1960); **24**, 418 (1960). — H. RICKERT u. C. D. O'BRIAIN: Z. phys. Chem. (NF) **31**, 71 (1962). — S. MROWEC u. H. RICKERT: Z. phys. Chem. (NF) **32**, 212 (1962).

[2] RICKERT, H., u. C. WAGNER: Z. phys. Chem. (NF) **31**, 32 (1961).

[3] REINHOLD, H., u. H. MÖHRING: Z. phys. Chem. (B) **38**, 221 (1937). — H. REINHOLD u. H. SEIDEL: Z. phys. Chem. (B) **38**, 245 (1937).

[4] JOST, W.: Diffusion und chemische Reaktion in festen Stoffen, S. 156. Dresden 1937.

[5] TUBANDT, H., H. REINHOLD u. A. NEUMANN: Z. Elektrochem. angew. phys. Chem. **39**, 227 (1933).

Silbers mit Selen im wesentlichen dem Schema der Sulfidbildung anschließt, treten bei der Bildung von Ag_2Te starke Reaktionshemmungen auf. Das Defizit an weggewandertem Silber in der Ag_2Te-Phase wird zunächst durch Silber aus der Ag-Phase nicht aufgefüllt. Der Ag-Zylinder bleibt vollkommen konstant. Erst wenn die Ag-Verarmung in der Ag_2Te-Phase einen kritischen Wert von 0,03 bis 0,04 g Ag je 1 g Ag_2Te überschreitet, setzt ein Einwandern von Ag^+-Ionen + Elektronen aus der Ag- in die Ag_2Te-Phase ein. Eine quantitative Deutung des Reaktionsmechanismus ist auch hier nicht möglich. Völlig ungeklärt ist die Beeinflussung der Reaktion durch den Zustand der Ag-Phase, die für den Grenzflächenvorgang des Übertritts von Ag in die Ag_2Te-Phase von Bedeutung ist. Hartgewalztes Silber ist sehr viel weniger reaktionsfähig als weich geglühtes. Als weitere Komplikation kommt hinzu, daß die Wanderungsgeschwindigkeit der Ag^+-Ionen und die elektrische Leitfähigkeit von der Zusammensetzung der Ag_2Te-Phase abhängen. Ein wesentlich rascherer Umsatz wurde erzielt, wenn man zwischen die Phasengrenze Ag/Ag_2Te einen Ag_2S-Zylinder brachte, entsprechend einer Kombination: $Ag|Ag_2S|Ag_2Te|Te$. Demnach erfolgt der Übertritt von Silber aus der Metallphase in die Ag_2S-Phase mit wesentlich geringeren Hemmungen als der direkte Übergang von Silber aus der Metallphase in die Ag_2Te-Phase, so daß nach WAGNER die Zwischenschaltung von Silbersulfid das äußere Erscheinungsbild einer Katalyse trotz Verlängerung des Diffusionsweges ergibt.

Außer an Kupfer und Silber sind auch an einigen anderen Metallen quantitative Zunderversuche mit Schwefel ausgeführt worden. In diesem Zusammenhang dürfte eine Arbeit von GELD und JESSIN[1] bemerkenswert sein, die eine modellmäßige Ähnlichkeit zwischen der Zunderung von Fe in Sauerstoff und in Schwefel bei höheren Temperaturen feststellen. Nach diesen Versuchen erscheinen die Verhältnisse insofern recht kompliziert, als höhere Sulfide auftreten unter Bildung von Trolit. Auch diese Autoren diskutieren ihre Ergebnisse im Sinne der WAGNERschen Theorie, indem sie eine Abdiffusion von Fe-Ionen + Elektronen in Bereiche größerer Fehlstellenkonzentrationen annehmen, die unmittelbar an der Phasengrenze Eisensulfid/Schwefel am größten sind. Infolge dieses Konzentrationsgradienten der Fe-Ionenleerstellen diffundieren die Fe-Ionen im Verband mit Elektronen aus den inneren Schichten, also von der Phasengrenze Fe/Eisensulfid, in die äußeren, eine Verdickung der Sulfiddeckschicht nach außen und Hohlräume an der Phasengrenze Metall/Sulfid bewirkend. Bei weiterem Fortschreiten dieser Reaktion wird jedoch der Kontakt zwischen der Zunderschicht und dem Metall allmählich weiter unterbrochen. Hierdurch wird der Fe-Transport in zunehmendem Maße verlangsamt, so daß es schließlich zu einem Stillstand der Reaktion kommen kann, sofern nicht ein plastisches Fließen oder eine Diffusion von Schwefelatomen durch die Sulfidschicht zur Metalloberfläche eine weitere Störung des Kontaktes Metall/Sulfid-Schicht verhindert. Im stationären Zustand müßte also dann neben einer

---

[1] GELD, P. W., u. O. A. JESSIN: Z. angew. Chem. UdSSR **19**, 678 (1946).

Wanderung von Fe-Ionen auch eine von S-Atomen stattfinden. Ein solcher Mechanismus ist an anderen Sulfidsystemen bisher nicht beobachtet worden. Die Deutung des Mechanismus der Schwefelung von Eisen konnte von HAUFFE und RAHMEL[1] verfeinert werden.

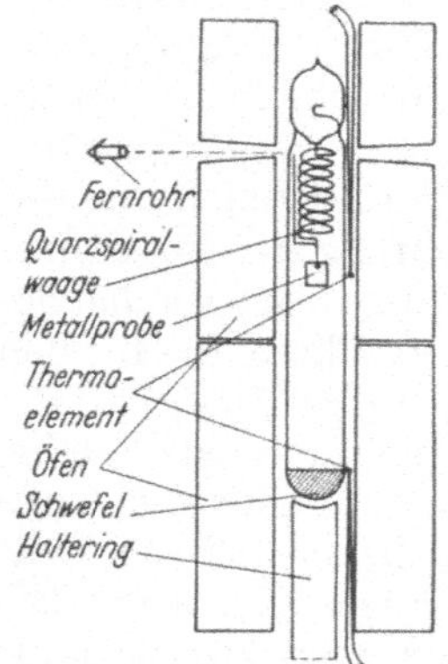

Abb. 6.40. Apparatur zur Messung der Schwefelungsgeschwindigkeit von Metallen und Legierungen nach NEUNHOEFFER, HAUFFE und RAHMEL.

In einem geschlossenen Reaktionssystem befindet sich im oberen Ofen die zu schwefelnde Eisenprobe an einer Quarzspiralwaage (Abb. 6.40) und der Schwefel in einem unmittelbar darunter befindlichen Ofen zur Einstellung des jeweiligen Schwefeldampfdruckes. Von HAUFFE und RAHMEL[1] wurde die Druckabhängigkeit der Schwefelungsgeschwindigkeit von Eisen zu FeS bei 670 °C ermittelt. Entsprechend den Modellvorstellungen der Ausbildung von Fe^{2+}-Leerstellen $|Fe|''$ im FeS-Gitter

$$\tfrac{1}{2} S_2 (\text{gas}) \rightleftharpoons \text{FeS} + |\text{Fe}|'' + 2\,|e|^{\bullet}$$

wurde die Schwefelungsgeschwindigkeit proportional der fünften bis siebenten Wurzel aus dem Schwefeldampfdruck[2] gefunden (Abb. 6.41). Der Absolutwert der Geschwindigkeits- bzw. Zunderkonstanten betrug für 670 °C und einen Schwefeldampfdruck von 100 Torr:

$$k'' = 7 \cdot 10^{-7}\ \text{g}^2\ \text{cm}^{-4}\ \text{sec}^{-1}.$$

Für die Geschwindigkeit der Aufschwefelung von FeS zu FeS_2 wurde bei derselben Temperatur und einem Schwefeldampfdruck von 1 atm

$$k'' = 7 \cdot 10^{-10}\ \text{g}^2\ \text{cm}^{-4}\ \text{sec}^{-1}$$

gefunden. Die FeS_2-Bildung verläuft demnach etwa 1000mal langsamer als die FeS-Bildung bei derselben Temperatur. In Abb. 6.42 ist die Tem-

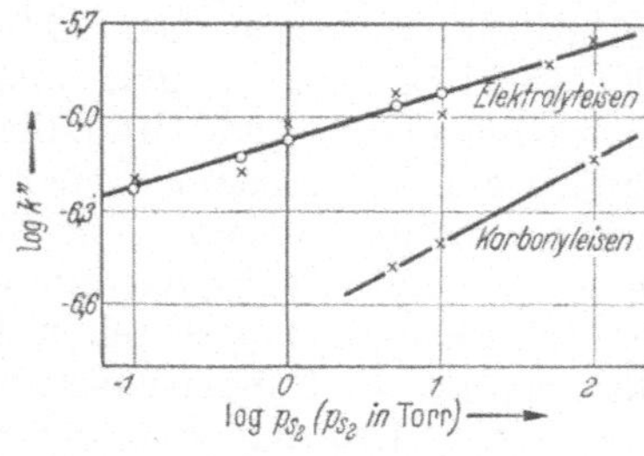

Abb. 6.41. Abhängigkeit der Schwefelungsgeschwindigkeit (k'' in g^2 cm^{-4} sec^{-1}) zweier Eisensorten vom Schwefeldampfdruck in doppelt logarithmischer Darstellung nach HAUFFE und RAHMEL. (T = 670°C; × erste Meßreihe, ○ zweite Meßreihe.)

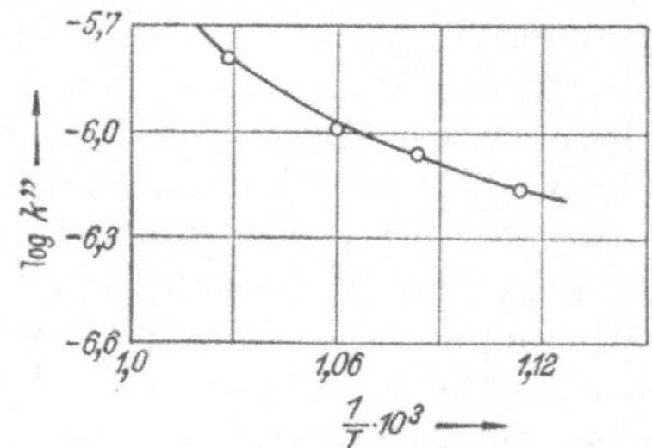

Abb. 6.42. Temperaturabhängigkeit der Schwefelungsgeschwindigkeit von Elektrolyteisen bei konstantem Schwefeldampfdruck von 10 mm Hg nach HAUFFE und RAHMEL.

---

[1] HAUFFE, K., u. A. RAHMEL: Z. phys. Chem. **199**, 152 (1952).

[2] Über die Dissoziation des Schwefeldampfes siehe H. BRAUNE, S. PETER u. V. NEVELING: Z. Naturforsch. **6a**, 32 (1951).

peraturabhängigkeit der Schwefelungsgeschwindigkeit von Fe zu FeS bei einem Schwefelpartialdruck von 10 Torr dargestellt.

Aus der für die Schwefelung von Eisen umgeschriebenen WAGNERschen Zunderformel

$$k = \frac{3}{2} \frac{RT}{\mathfrak{F}^2} \varkappa_{Fe^{2+}(p_{S_2}=1\,atm)}\, p_{S_2}^{1/6}$$

berechnet sich aus den Versuchsdaten die Teilleitfähigkeit der Eisenionen $\varkappa_{Fe^{2+}}$ für $p_{S_2} = 1$ atm und $T = 670$ °C zu $2{,}9 \cdot 10^{-2}$ Ohm^{-1} cm^{-1}. Sieht man die von SAVELSBERG[1] mitgeteilte Leitfähigkeit von FeS bei 670 °C mit $\varkappa = 29$ Ohm^{-1} cm^{-1} als verbindlich an, so ergibt sich für die Überführungszahl der Eisenionen

$$t_{Fe^{2+}} = \frac{\varkappa_{Fe^{2+}}}{\varkappa} = \frac{2{,}9 \cdot 10^{-2}}{29} = 1 \cdot 10^{-3}.$$

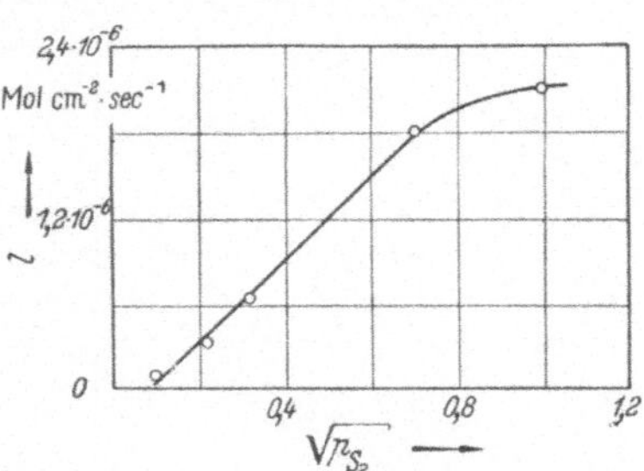

Abb. 6.43. Schwefelungsgeschwindigkeit von Reinstnickel in Abhängigkeit vom Schwefeldampfdruck bei 630°C nach HAUFFE und RAHMEL.

Über den Aufbau der Sulfidschicht liegen Untersuchungen von MROWEC und WERBER vor.[2]

Wesentlich anders liegen die Verhältnisse für die Schwefelung von Nickel. Wie man aus Abb. 6.43 entnehmen kann, verläuft hier die Schwefelungsgeschwindigkeit proportional $\sqrt{p_{S_2}}$. Dieser Befund läßt sich mit dem Fehlordnungsbild des NiS nicht vereinbaren, wenn man die Diffusion als den geschwindigkeitsbestimmenden Schritt ansieht. Wie mikroskopische[3] Untersuchungen ergaben, trat beim Durchschwefeln der Ni-Bleche kein Hohlraum im Innern auf, was ein relativ sicheres Anzeichen für bevorzugte Diffusion von Metallionen + Elektronen nach außen wäre. Infolge des großen Unterschiedes der Dichten von Metall und Sulfid $\delta_{Ni} = 8{,}90$ und $\delta_{NiS} = 4{,}60$ ist die Annahme der Ausbildung von feinen Poren und eines Antransportes von Schwefel zum Nickel wahrscheinlich. Nimmt man an, daß nicht die Diffusion, sondern die Reaktion

$$Ni + \tfrac{1}{2} S_2(gas) \rightleftharpoons NiS$$

geschwindigkeitsbestimmend ist, so sollte von den beiden Teilvorgängen

$$\tfrac{1}{2} S_2(gas) + e'(Me) = S^-(ads) \qquad (a)$$

$$S^-(ads) + Ni \rightleftharpoons NiS + e'(Me) \qquad (b)$$

die Aufspaltung der Schwefelmoleküle in Atome während der Chemisorption der langsamste und damit geschwindigkeitsbestimmende Vorgang sein. (Hier bedeutet e'(Me) ein Metallelektron.)

[1] SAVELSBERG, W.: Z. Elektrochem. angew. phys. Chem. **46**, 379 (1940).
[2] MROWEC, S., u. T. WERBER: Naturwiss. **45**, 335 (1958).
[3] DRAVNIEKS, A.: Ind. Engng. Chem. **43**, 2897 (1951). — Vgl. auch O. KUBASCHEWSKI u. O. VON GOLDBECK: Metalloberfl. (A) **8**, 33 (1954).

Der Absolutwert der Geschwindigkeits- bzw. Zunderkonstanten betrug für 630 °C und einen Schwefeldampfdruck von 0,5 Torr

$$\mathfrak{k}'' = 1{,}8 \cdot 10^{-6}\ \text{g-Atome cm}^{-2}\ \text{sec}^{-1}.$$

Bemerkenswert sind die Schwefelungsversuche von Nickel-Silber-Legierungen. Hier wurde keine nennenswerte Abnahme der Schwefelungsgeschwindigkeit gefunden, sondern im Gegenteil eine geringe Zunahme um den Faktor 1,5 beobachtet. Ein Chromzusatz zu Nickel bewirkte eine Abnahme der Schwefelungsgeschwindigkeit, wie aus Abb. 6.44 hervorgeht. Eine Deutung ist zur Zeit noch nicht möglich.

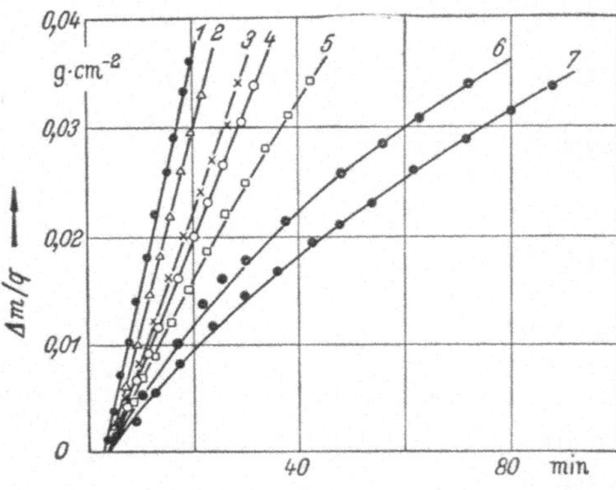

Abb. 6.44. Der zeitliche Verlauf der Schwefelung von Nickel und Nickellegierungen bei 630°C und einem Schwefeldampfdruck von 0,1 Torr nach HAUFFE und RAHMEL.
1: Ni + 1,0 Atom-% Ag; *2*: Ni + 0,5 Atom-% Ag; *3*: Ni + 0,1 Atom-% Ag; *4*: Reinstnickel; *5*: Ni + 0,1 Atom-% Cr; *6*: Ni + 0,7 Atom-% Cr; *7*: Ni + 1,0 Atom-% Cr.

Für die Reaktion zwischen Nickel und flüssigem Schwefel im Temperaturbereich zwischen 200 und 400 °C konnte von DRAVNIEKS[1] ein parabolisches Zeitgesetz nachgewiesen werden. Die Reaktionsschicht bestand aus NiS und war an der Schwefelseite mit einem dünnen NiS_2-Film bedeckt. Die an sich existenzfähigen Phasen Ni_7S_8 und Ni_3S_2 waren nicht nachweisbar. Ein ähnlich kinetisches Verhalten wurde auch in dampfförmigem Schwefel von 1 atm zwischen 480 und 640 °C beobachtet.[2] Auch in diesem Fall war die Bildung offensichtlich diffusionsbestimmt. Das von HAUFFE und RAHMEL[3] bei geringem Schwefeldruck (<1 Torr) bei 630 °C gefundene lineare Zeitgesetz konnte von PFEIFFER bestätigt werden.[4] Schwefelungsversuche in H_2S-H_2-Gasgemischen sind bisher noch nicht ausgeführt worden.

Unter Ausnutzung der im Abschn. 3.12 beschriebenen Technik der elektrochemischen Festkörperkette haben in neuerer Zeit MROWEC und RICKERT[5] die Bildungsgeschwindigkeit von NiS auf Nickel als Funktion des chemischen Potentials μ_S des Schwefels auf der dem Nickel abgewandten Seite im NiS studiert. Da dieses Verfahren zusätzliche Informationen über den Reaktionsmechanismus liefert, die von allgemeiner Bedeutung sind, sollen die wesentlichen Ergebnisse hier kurz besprochen werden. Zur Untersuchung wurden die folgenden beiden — an sich gleich-

---

[1] DRAVNIEKS, A.: J. electrochem. Soc. **102**, 435 (1955).
[2] CZERSKI, L., S. MROWEC u. T. WERBER: J. electrochem. Soc. **109**, 273 (1962).
[3] HAUFFE, K., u. A. RAHMEL: Z. phys. Chem. **199**, 152 (1952).
[4] PFEIFFER, I.: Z. Metallkde. **49**, 267 (1958).
[5] MROWEC, S., u. H. RICKERT: Z. phys. Chem. (NF) **36**, 329 (1963).

wertigen — Ketten verwandt:

$$\overrightarrow{2e^-}\ \overleftarrow{2\,Ag^+}\ \overleftarrow{2\,Ag^+ + 2e^-}\ \overleftarrow{Ni^{2+} + 2e^-}$$

$$Pt \mid Ag \mid AgI \mid Pt(1), Ag_2S \mid NiS \mid Ni \qquad (I)$$

$$\overrightarrow{2e^-}\ \overleftarrow{2\,Ag^+}\ \overleftarrow{Ni^{2+}}\ \overrightarrow{2e^-}$$

$$Pt \mid Ag \mid AgI \mid Ag_2S \mid NiS \mid Ni \mid Pt(2) \qquad (II)$$

Entsprechend der Versuchsanordnung in Abb. 6.45 können die Elektronen durch die Zuleitungen Pt(1) oder Pt(2) abfließen. Der elektrische Strom ist dann ein Maß für die Geschwindigkeit der NiS-Bildung, sofern eine Schwefelverdampfung aus Ag_2S verhindert werden kann, was unter gewissen Vorsichtsmaßregeln der Fall ist. Wenn das chemische Potential μ_{Ag} des Silbers kleiner ist als μ^0_{Ag}, dann ist der dem Elektronenstrom äquivalente Abtransport des Silbers praktisch äquivalent einer Schwefelabgabe des Ag_2S an die eintreffenden Ni-Ionen, da die Existenzbreite — d. h. die Fehlordnung — des Ag_2S nur gering ist (s. S. 69). Da sich weder Silber noch Ag_2S im NiS merklich lösen und auch keine ternäre Phasen zwischen NiS und Ag_2S auftreten, ist eine einfache Analyse der Meßergebnisse möglich. Durch Anwendung der potentiostatischen und galvanostatischen Methode kann einmal der Strom i als Maß der Bildungsgeschwindigkeit von NiS bei konstanter Spannung und zum anderen kann innerhalb gewisser Grenzen durch Vorgabe eines konstanten Stromes eine bestimmte konstante Bildungsgeschwindigkeit von NiS erzwungen werden und das sich dann einstellende chemische Potential μ_{Ag} des Silbers als Funktion der Zeit gemessen werden.

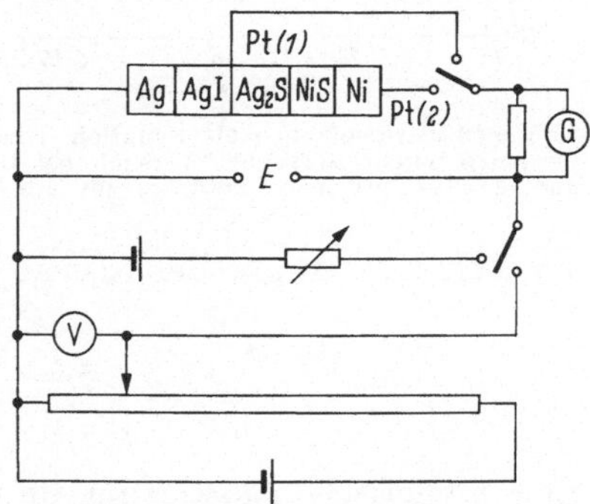

Abb. 6.45. Schaltschema für die elektrochemische Untersuchung der Bildung von NiS aus metallischem Nickel und Ag_2S.

Da sich aus der integrierten Form des TAMMANNschen Anlaufgesetzes

$$\xi^2 = 2k\,t$$

und der gemessenen Stromdichte i, die mit $d\xi/dt$ und dem Molvolumen V_m des NiS in folgender Weise verknüpft ist:

$$\frac{d\xi}{dt} = \frac{i\,V_m}{2\mathfrak{F}}, \qquad (6.133)$$

die folgende auswertbare Beziehung ergibt:

$$i = \frac{1{,}41\,\mathfrak{F}}{V_m}\sqrt{\frac{k}{t}}, \qquad (6.134)$$

muß die Auftragung von i gegen $t^{-1/2}$ eine Gerade ergeben, die erstens durch den Nullpunkt geht und zum anderen aus der Steigung k zu bestimmen gestattet. Wie aus Abb. 6.46 zu erkennen, ist in der Tat bei längeren Versuchszeiten der Strom i eine lineare Funktion von $t^{-1/2}$.

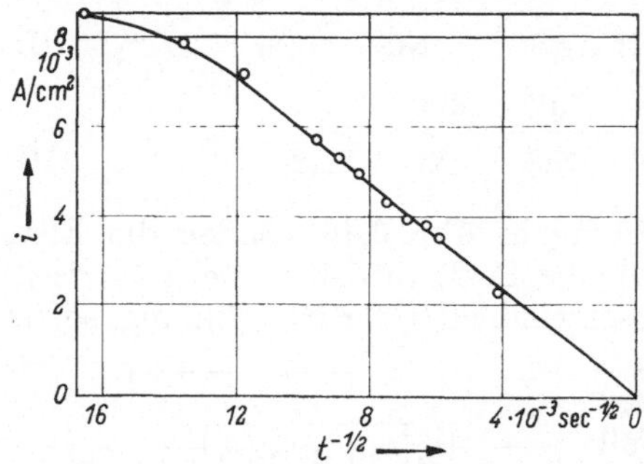

Abb. 6.46. Stromdichte i als Funktion von $t^{-1/2}$ für einen potentiostatischen Versuch bei 400 °C und $E = 140$ mV nach MROWEC und RICKERT.

Für das galvanostatische Verfahren ergibt sich die folgende Beziehung

$$\left(\frac{i\,V_m}{2\mathfrak{F}}\right)^2 t = k \qquad (6.135)$$

mit der weiteren Beziehung

$$i_1^2\,t_1 = i_2^2\,t_2\,, \qquad (6.136)$$

die dazu benutzt werden kann, das Vorliegen des parabolischen Zeitgesetzes zu prüfen.

Eine weitere Möglichkeit zur Bestimmung von k ist die Berechnung von ξ als Funktion der Zeit t, z. B. mit der SIMPSON-Regel und Gl. (6.133):

$$\xi = \frac{V_m}{2\mathfrak{F}} \int_0^t i\,dt\,. \qquad (6.137)$$

Eine numerische Auswertung dieser Beziehung aus Meßergebnissen bei 400 °C und mit $\Delta E = 140$ mV ergab für die Schichtdicke ξ nach $t = 7{,}2 \cdot 10^5$ sec: $\xi_{\text{ber}} = 2{,}8 \cdot 10^{-2}$ cm in guter Übereinstimmung mit

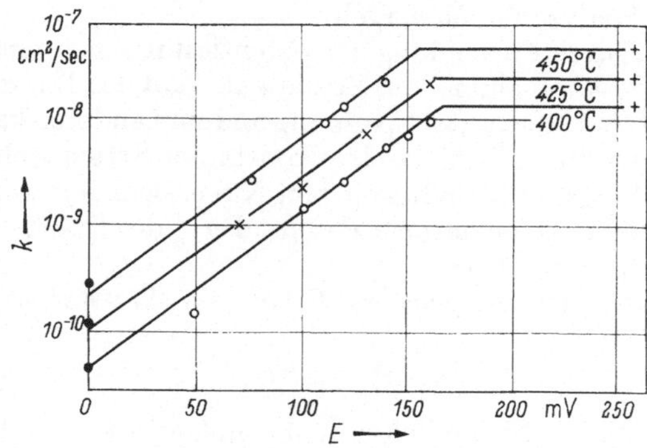

Abb. 6.47. Die parabolische Anlaufkonstante k für die Bildung von NiS auf metallischem Nickel als Funktion der Spannung E der Kette I für 400, 425 und 450 °C in halblogarithmischer Darstellung nach MROWEC und RICKERT.

dem experimentellen Wert $\xi_{\text{exp}} = 2{,}9 \cdot 10^{-2}$ cm. In Abb. 6.47 ist die parabolische Anlaufkonstante k für die Bildung von NiS als Funktion der angelegten Spannung E wiedergegeben.

Die gute Übereinstimmung der sowohl nach der chemischen wie nach der elektrochemischen Methode erhaltenen k-Werte für die Bildung von NiS auf Nickel spricht für den gleichen Reaktionsmechanismus. Nimmt man eine Eigenfehlordnung der Elektronen mit angenähert gleichen Konzentrationen und Beweglichkeiten der freien Elektronen und Defektelektronen an[1], und setzt ein Nickeldefizit im NiS voraus, was an der Phasengrenze NiS/Ag_2S auftreten kann, kaum aber an der Phasengrenze NiS/Ni, wie man aus dem Zustandsdiagramm[2] schließen darf, so folgt:

$$\frac{d\xi}{dt} = D_{Ni} \frac{\partial \delta}{\partial x}$$

mit x als Abstand von der Grenzfläche NiS/Ni und D_{Ni} als mittleren Diffusionskoeffizienten der Ni-Ionen, der im wesentlichen unabhängig von der Abweichung δ von der Stöchiometrie sein soll. Setzt man für $x = \xi$ an der Außenseite der NiS-Phase (Phasengrenze NiS/Ag_2S oder NiS/NiS_2) $\delta = \delta_0$ und läßt eine Inversion der Ionenfehlordnung außer Betracht, dann ergibt sich:

$$k \sim D_{Ni}\, \delta_0 . \tag{6.138}$$

Unter Berücksichtigung der Konstanz der Elektronenkonzentration folgt aus der Umsatzgleichung:

$$S(\text{gas}) + 2e' = |Ni|'' + NiS,$$

$$\frac{x_{|Ni|''}}{a_S} = \frac{\delta}{a_S V_m} = K \tag{6.139}$$

mit K als Massenwirkungskonstante und a_S als Aktivität des Schwefels:

$$\mu_S - \mu_S^0 = RT \ln a_S .$$

Berücksichtigt man ferner die Beziehung:

$$\mu_S - \mu_S^0 = 2 \Delta E \mathfrak{F}, \tag{6.140}$$

worin $\Delta E = E - E^*$ ist (E^* = EMK der Kette II für Ag_2S im Gleichgewicht mit flüssigem Schwefel[3]), dann ergibt sich aus (6.140), (6.138) und (6.139):

$$\frac{d \ln k}{dE} = \frac{d \log \delta_0}{d \mu_S} \frac{d \mu_S}{dE} = \frac{2 \mathfrak{F}}{2{,}30 RT} . \tag{6.141}$$

Nach Gl. (6.141) sollte k um eine Zehnerpotenz anwachsen, wenn E um 67 mV steigt. Dies ist in der Tat der Fall (Abb. 6.47). Von einem bestimmten Potential E^* an, wenn das Gleichgewicht zwischen NiS und NiS_2 erreicht ist, ändern sich die k-Werte nicht mehr. Aus Abklingversuchen bei 450 °C (zeitliches Abklingen der Potentialdifferenz) ergeben sich Werte für D_{Ni} von 2 bis $4 \cdot 10^{-7}$ cm²/sec und für $k = 2{,}5 \cdot 10^{-8}$ cm²/sec. Hieraus errechnet sich ein Wert für δ von 0,08 für NiS im Gleichgewicht mit NiS_2.

Dravnieks[4] untersuchte die Schwefelungsgeschwindigkeit von Stahl (mit 0,08% C, 0,44% Mn, 0,030% P, 0,003% Cu und 0,004% Ni) in

---

[1] Hauffe, K., u. H. G. Flint: Z. phys. Chem. **200**, 199 (1952).

[2] Hansen, M., u. K. Anderko: Constitution of Binary Alloys. New York: McGraw-Hill Book Comp. 1958.

[3] Kiukkola, K., u. C. Wagner: J. electrochem. Soc. **104**, 379 (1957).

[4] Dravnieks, A.: Ind. Engng. Chem. **43**, 2897 (1951). — Vgl. auch O. Kubaschewski u. O. von Goldbeck: Metalloberfl. (A) **8**, 33 (1954).

flüssigem Schwefel zwischen 300 und 450 °C. Die Schwefelung folgte einem parabolischen Zeitgesetz. Bei dicken Sulfidschichten wurde ein Aufreißen und Abplatzen beobachtet. BAUKLOH und SPETZLER[1] studierten den Angriff von schwefelwasserstoffhaltigen Gasen (H_2S-H_2 und H_2S-N_2) auf Eisen und Eisenlegierungen.

6.6 Über die Mitwirkung von Phasengrenzreaktionen bei der Metalloxydation

Verläuft die Diffusion durch die Zunderschicht genügend rasch, so muß die Oxydationsgeschwindigkeit durch einen der sich an den Phasengrenzen abspielenden Teilprozesse bestimmt sein. In diesem Fall ist ein lineares Zeitgesetz der Oxydation [s. Gl. (6.4)] zu erwarten; d.h., die jeweilige Schichtdicke hat keinen Einfluß auf die Zundergeschwindigkeit. Während dieses Zeitgesetz bei Ausbildung poröser Deckschichten bis zu beliebig dicken Oxidschichten gültig bleibt, ist dies bei Ausbildung kompakter Deckschichten insofern nur bedingt der Fall, als nach dem parabolischen Oxydationsgesetz die Geschwindigkeit der Diffusion mit wachsender Schichtdicke abnimmt und schließlich der der Phasengrenzreaktionen vergleichbar wird, so daß bei genügend dicken Oxidschichten schließlich doch Diffusionsvorgänge allein zeitbestimmend werden.

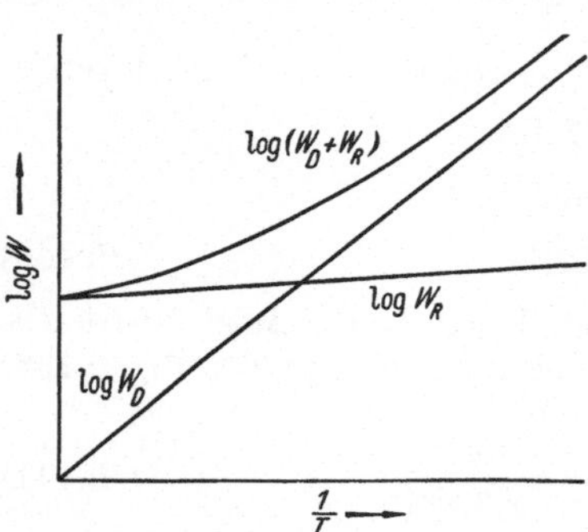

Abb. 6.48. Schematische Darstellung der Überlagerung von Diffusionswiderstand W_D und Reaktionswiderstand W_R in logarithmischer Darstellung.

Schon auf Grund einer formalen Betrachtung sieht man leicht ein, daß das parabolische Zeitgesetz seinen physikalischen Sinn verliert, sobald man zu sehr kleinen Schichtdicken übergeht. Am Anfang jeder Oxydationsreaktion werden Phasengrenzreaktionen (Chemisorption des Nichtmetalls, Ausbau der Metallionen aus dem Metallgitter usw.) geschwindigkeitsbestimmend sein. Weiterhin ist der Einfluß der Temperatur von ausschlaggebender Bedeutung für die Frage, ob Phasengrenzreaktionen oder Diffusionsvorgänge geschwindigkeitsbestimmend sind. Abb. 6.48 zeigt schematisch das Zusammenwirken der einzelnen den Reaktionsablauf hindernden Widerstände.[2] W_D ist der Diffusionswiderstand und W_R die Summe der Reaktionswiderstände. Während der Reaktionswiderstand nur schwach temperaturabhängig ist, zeigt der Diffusionswiderstand einen beachtlichen Temperaturgradienten, so daß also bei niedrigen Temperaturen mit geschwindigkeitsbestimmender Diffusion (parabolisches Zeitgesetz) zu rechnen ist und mit steigender Temperatur der Reaktionswiderstand mehr und mehr in

[1] BAUKLOH, W., u. E. SPETZLER: Korros. u. Metallschutz **16**, 116 (1940).

[2] FISCHBECK, K., L. NEUNDEUBEL u. F. SALZER: Z. Elektrochem. angew. phys. Chem. **40**, 517 (1934). — K. FISCHBECK u. F. SALZER: Metallwirtsch., Metallwiss., Metalltechn. **14**, 733 (1935).

Erscheinung tritt. Dieser kritische Temperaturbereich ist von Zundersystem zu Zundersystem verschieden. Für die Oxydation von Eisen zu FeO in einer CO-CO_2-Atmosphäre wurde unterhalb 900 °C ein parabolisches und oberhalb 900 °C ein lineares Zeitgesetz gefunden in Übereinstimmung mit dem qualitativen Schema in Abb. 6.48.

Während die Aufklärung des Reaktionsmechanismus von diffusionsgesteuerten Festkörperreaktionen in zahlreichen Fällen möglich war, komplizieren Phasengrenzvorgänge den Mechanismus ganz erheblich. Auf diese Situation haben schon vor längerer Zeit JOST[1] und WAGNER[2] hingewiesen. Im einzelnen ist die Deutung des Mechanismus von Phasengrenzreaktionen befriedigend nur vereinzelt gelungen. Wenn auch im Falle heterogen katalysierter Gasreaktionen oder verwandter Vorgänge, wie z. B. der Auflösung von Gasen in Metallen oder der Aufkohlung und Entkohlung von Eisen in CO-CO_2-Gasgemischen usw., eine Deutung der Phasengrenzvorgänge möglich war, so treten bei den sog. Festkörperreaktionen, wo neue Endphasen entstehen, Keimbildungs- und Kristallwachstums-Erscheinungen zusätzlich auf, die den Gesamtablauf der Reaktion erheblich komplizieren können.

In verschiedenen Fällen konnte gezeigt werden, daß der Bruttoreaktionsablauf im Grenzfall sehr dünner Anlauf- bzw. Reaktionsschichten $\Delta\xi$ praktisch unabhängig von diesen war. Von älteren Arbeiten, die diese Probleme berücksichtigen, seien die von WILKINS und RIDEAL[3] erwähnt, welche die Oxydation von Kupfer bei 200 °C und verschiedenen Sauerstoffdrucken untersuchten. Unter Beachtung dieser Erscheinungen prüften BÉNARD und TALBOT[4], inwieweit mit einer Gültigkeit des parabolischen Anlaufgesetzes auch schon in der ersten Reaktionsperiode der Eisenoxydation zu rechnen ist. Zu diesem Zweck wurde eine Eisenfolie von 0,3 mm Stärke und 14 cm² Oberfläche mittels eines rotierenden Zylinders in die Reaktionszone (Umfangsgeschwindigkeit: 0,4 mm/sec) gebracht. Die unter diesen Bedingungen zwischen 850 und 1050 °C erhaltenen Kurven können in die folgenden drei Perioden zerlegt werden (Abb. 6.49):

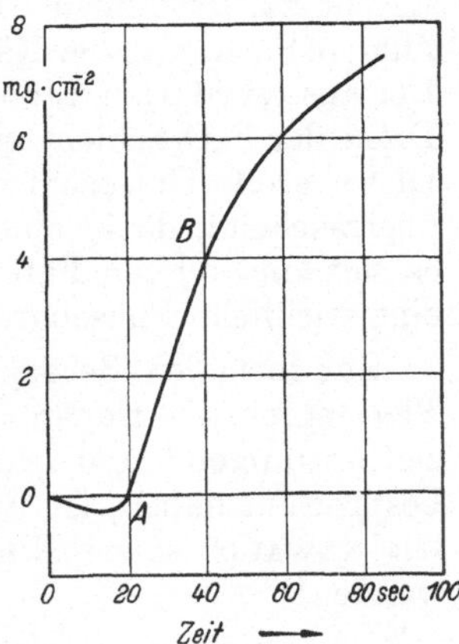

Abb. 6.49. Zeitlicher Verlauf der Oxydation von Eisen bei 950 °C im ersten Reaktionsstadium nach BÉNARD und TALBOT.

a) In Periode OA erfolgt Einstellung des thermischen Gleichgewichtes, dessen Dauer bei den benutzten Blechen etwa 20 Sekunden beträgt.

b) In eine lineare Periode AB, deren Dauer ebenfalls 20 Sekunden beträgt.

[1] JOST, W.: Diffusion und chemische Reaktion in festen Stoffen, S. 133. Dresden 1937.

[2] WAGNER, C.: Chemische Reaktion der Metalle, in: Hdb. Metallphysik, Bd. I, 2, S. 139. Leipzig 1940.

[3] WILKINS, F. J., u. E. K. RIDEAL: Proc. Roy. Soc. [London] (A) **128**, 394 (1930). — F. J. WILKINS: Proc. Roy. Soc. [London] (A) **128**, 407 (1930).

[4] BÉNARD, J., u. J. TALBOT: C. R. Acad. Sci. Paris **226**, 912 (1948).

c) In eine Periode, die im wesentlichen dem parabolischen Anlaufgesetz gehorcht.

Es existiert also eine Übergangsperiode, während der die Oxydationsgeschwindigkeit unabhängig von irgendwelchen Diffusionsvorgängen ist. Dieser Ablauf der Reaktion bleibt so lange gültig, als die wahre Reaktionsgeschwindigkeit kleiner als die anfänglich sehr rasche Diffusionsgeschwindigkeit bleibt. Die Diffusionsgeschwindigkeit verringert sich mit wachsender Zunahme der Oxidschicht und wird in einem Zeitpunkt bzw. bei einer bestimmten Schichtdicke gleich der wahren Reaktionsgeschwindigkeit. Anschließend erfolgt parabolischer Verlauf (Abb. 6.49). Der Übergang von reiner Phasengrenzreaktion zur Diffusion von Fe-Ionen wurde bei 850 °C bei einer Dicke von etwa 1,3 μ und bei 950 °C bei 7 μ ($\equiv 7 \cdot 10^{-4}$ cm) gefunden. Die Neigung des linearen Teiles, die ein Maß für die wirkliche, nicht durch Diffusion gehemmte Oxydationsgeschwindigkeit (Phasengrenzreaktion) ist, unterliegt einer deutlichen Zunahme mit steigender Temperatur. Hierdurch war es wohl erstmalig möglich, die wahre Aktivierungsenergie, die der Oxydation von α-Eisen entspricht, zu bestimmen. Die Aktivierungsenergie wurde zu 59 kcal/Mol gefunden. Sie liegt in der Nähe der Bildungsenthalpie von FeO (63 kcal/Mol). Der aus Oxydationsversuchen unter Berücksichtigung der Variation der Dicke der FeO-Schicht berechnete Wert beträgt hingegen 36,6 kcal/Mol.[1] Dieser große Unterschied zwischen den beiden Werten ist jedoch nicht überraschend, da in einem Fall die Diffusion maßgebend ist, während es sich im anderen Fall — in der Anfangsphase der Oxydation — um eine wirkliche Phasengrenzreaktion handelt.[2]

Zur formalen Berücksichtigung der Konkurrenz von Diffusion und Phasengrenzreaktionen, die unter bestimmten Versuchsbedingungen zeitbestimmend sein können, wie wir es bereits für die Cu-Oxydation besprochen haben, ist nach Evans[3], Fischbeck[4], Jost[5], Wagner und Grünewald[6] sowie Nöldge[7] ein Zeitgesetz folgender Form zu verwenden:

$$\frac{\Delta m}{q} \frac{1}{\mathfrak{k}''} + \left(\frac{\Delta m}{q}\right)^2 \frac{1}{k''} = t, \tag{6.142}$$

wobei $\mathfrak{k}''$ (g cm^{-2} sec^{-1}) die Geschwindigkeitskonstante der Phasengrenzreaktion bedeutet. Diese Formel wurde an Hand der Meßergebnisse der Oxydationsgeschwindigkeit von Kupfer und Nickel bei 1000 °C bereits auf S. 642 und 649 diskutiert. Infolge des rein formalen Charakters kann sie keine allgemeine Gültigkeit beanspruchen.

---

[1] Bénard, J., u. O. Coquelle: C. R. Acad. Sci. Paris **222**, 796 (1946).
[2] Bénard, J.: Colloque internat. Réact. dans l'état solide, S. 73ff. 1949.
[3] Evans, U. R.: Trans. Amer. electrochem. Soc. **46**, 247 (1924).
[4] Fischbeck, K.: Z. Elektrochem. angew. phys. Chem. **39**, 316 (1934).
[5] Jost, W.: Diffusion und chemische Reaktion in festen Stoffen, S. 31. Dresden 1937.
[6] Wagner, C., u. K. Grünewald: Z. phys. Chem. (B) **40**, 455 (1938). — Vgl. auch C. Wagner: Hdb. Metallphysik, Bd. I, 2, S. 139.
[7] Nöldge, H.: Phys. Z. **39**, 546 (1938).

Zur unmittelbaren Auswertung der Meßergebnisse dividieren wir Gl. (6.142) durch $\Delta m/q$ und erhalten eine lineare Beziehung zwischen $\Delta m/q$ und $\frac{t}{\Delta m/q}$

$$\frac{1}{\mathfrak{l}''} + \frac{\Delta m}{q} \frac{1}{k''} = \frac{t}{\Delta m/q}, \tag{6.143}$$

aus deren Steigungsmaß sich der reziproke Wert der praktischen Zunderkonstanten k'' ($g^2\,cm^{-4}\,sec^{-1}$) ergibt. Aus dem Schnittpunkt der Geraden mit der Ordinatenachse ($\Delta\xi = 0$) erhält man den reziproken Wert der Geschwindigkeitskonstanten $\mathfrak{l}''$ der Phasengrenzreaktion bzw. der wahren chemischen Reaktion.

Auf diese Weise sind die in den Tab. 6.4 und 6.6 eingetragenen Geschwindigkeitskonstanten $\mathfrak{l}''$ der Phasengrenzreaktionen bei der Oxydation von Kupfer und Nickel von WAGNER und GRÜNEWALD berechnet worden. Ohne daß zunächst eine nähere Gesetzmäßigkeit angegeben wurde, erkennt man jedoch, sowohl aus den Werten der Tabellen wie aus der Abb. 6.17, daß die Geschwindigkeitskonstanten $\mathfrak{l}''$ bzw. $\mathfrak{l}$, wobei $\mathfrak{l} = \mathfrak{l}''/A_0$ ist ($A_0 = 8$ = Äquivalentgewicht des Sauerstoffs), mit steigendem Sauerstoffpartialdruck zunehmen. WAGNER vermutet, daß bei hohen Sauerstoffdrucken von allen Phasengrenzreaktionen der Übergang von Metall in die Metalloxidphase der langsamste der möglichen Teilvorgänge ist, während bei kleinen Sauerstoffdrucken die Reaktion an der äußeren Phasengrenze Metalloxid/Sauerstoff infolge Aufspaltung von O_2-Molekülen in Atome und Anbau derselben als O^{2-}-Ionen ans Gitter als zeitbestimmender Vorgang anzusehen ist. Im letzteren Fall müßte die Reaktionsgeschwindigkeit proportional dem Sauerstoffdruck verlaufen. Die bei der Cu-Oxydation im Bereich niedriger Schichtdicken auftretenden rückläufigen Kurventeile (Abb. 6.17) werden durch eine autokatalytische Reaktion zu Versuchsbeginn gedeutet. Hierbei scheint die im Anschluß an Überlegungen von VOLMER[1] naheliegende Annahme plausibel, daß der autokatalytische Verlauf zu Beginn der Oxydation im wesentlichen durch Keimbildung bedingt ist, was aber durch weitere Versuche noch zu beweisen wäre.

Nach Oxydationsversuchen von FISCHBECK und Mitarbeitern[2] an Eisen zwischen 850 und 1000 °C tritt in der Nähe des α–γ-Umwandlungspunktes (900 °C) ein deutlicher Sprung in der Oxydationszeitkurve auf (Abb. 6.50). Hiernach wird α-Fe rascher oxydiert als γ-Fe. Diese Ergebnisse wurden in späterer Zeit von BÉNARD und TALBOT[3] bestätigt, die außerdem fanden, daß der Schnittpunkt der Oxydationskurven (aufgetragen mg cm^{-2} min^{-1} gegen die Temperatur) von α- und γ-Eisen nicht mit dem kristallographischen Umwandlungspunkt des Eisens zusammenfällt, sondern etwas höher liegt (etwa 905 bis 910 °C). Auf Grund dieses Befundes vermutet man einen rascheren Übertritt von

[1] VOLMER, M.: Z. Elektrochem. angew. phys. Chem. **35**, 555 (1929).

[2] FISCHBECK, K., L. NEUNDEUBEL u. F. SALZER: Z. Elektrochem. angew. phys. Chem. **40**, 517 (1934). — K. FISCHBECK u. F. SALZER: Metallwirtsch., Metallwiss., Metalltechn. **14**, 733 (1935).

[3] BÉNARD, J., u. J. TALBOT: C. R. Acad. Sci. Paris **226**, 912 (1948).

Fe-Ionen + Elektronen aus α-Eisen in die FeO-Phase als aus γ-Eisen. In Abb. 6.51 ist ebenfalls die bei 900 °C auftretende Diskontinuität aus Oxydationsversuchen mit einem CO-CO_2-Gemisch (30 Vol.-% CO) im Existenzgebiet der FeO-Phase nach HAUFFE und PFEIFFER zu erkennen.[1]

Ist bei der Oxydation eines Metalls eine der Phasengrenzreaktionen zeitbestimmend für die Gesamtreaktion, so muß die Oxydation eines Metalls, dessen Oxid ein Elektronendefektleiter ist, sauerstoffdruckabhängig sein, gleichgültig, an welcher der beiden Phasengrenzen sich

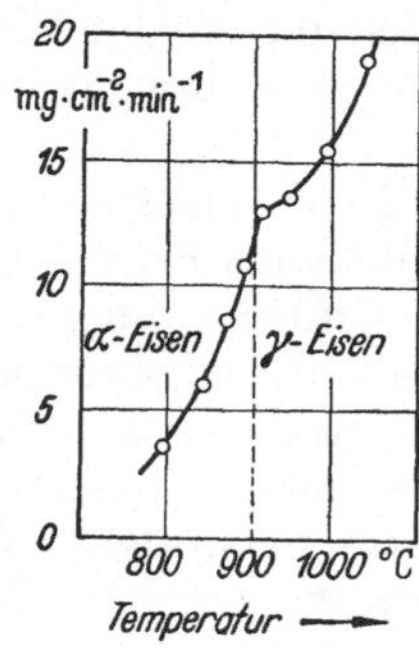

Abb. 6.50. Änderung der Oxydationsgeschwindigkeit von Eisen beim Übergang von der α- in die γ-Phase nach FISCHBECK und BÉNARD.

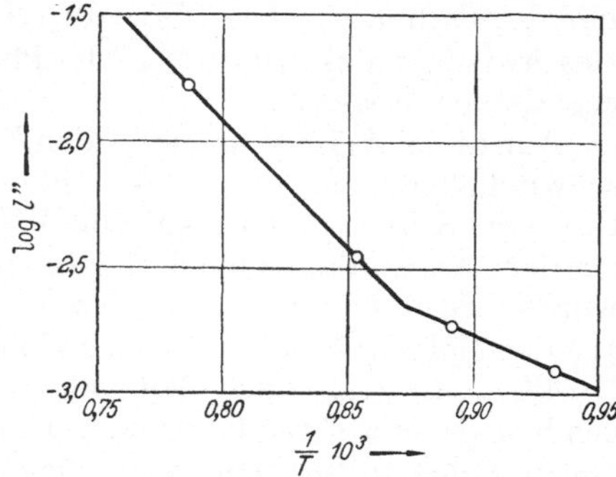

Abb. 6.51. Temperaturabhängigkeit der Oxydationsgeschwindigkeit von Armco-Eisen bei konstantem Sauerstoffpartialdruck (70 Vol.-% CO_2 + 30 Vol.-% CO) nach HAUFFE und PFEIFFER.

diese Reaktion abspielt. Dagegen wird die Oxydation eines Metalls, dessen Oxid ein Elektronen-Überschußleiter ist, nur dann sauerstoffdruckabhängig sein, wenn der zeitbestimmende Teilschritt an der Phasengrenze Oxid/Gas abläuft.

Bei annähernd gleichem Sauerstoffdruck an der „Oberfläche“ von FeO, im ersten Fall gegeben durch den Zersetzungsdruck von Fe_3O_4, im zweiten durch den gleichen Sauerstoffdruck mittels eines CO_2-CO-Gemisches, werden verschiedenartige Oxydationsgesetze beobachtet. Wie Abb. 6.52 zeigt, unterscheiden sich außerdem die Zundergeschwindigkeiten ganz erheblich. Hier ist die Oxydation eines 0,5 mm starken Eisenbleches bei 1000 °C in reinem Sauerstoff und in einem CO_2-CO-Gemisch von 40 Vol.-% CO dargestellt. Dieses unterschiedliche Verhalten schließt im Falle der Oxydation von Fe zu FeO die Möglichkeit des zeitbestimmenden Übertritts von Eisen ins Oxid aus, da sonst bei praktisch gleichem Sauerstoffdruck an der Phasengrenze FeO/Fe_3O_4 bzw. FeO/Gas in jedem Fall und völlig unabhängig vom Außendruck und der auf FeO folgenden höheren Oxidschichten die Reaktion dem linearen Zeitgesetz gehorchen müßte. Es muß also die Aufspaltung des an der Oberfläche auftreffenden CO_2 bzw. die Bildung von chemisorbiertem Sauerstoff langsam und zeitbestimmend sein:

$$CO_2\,(\text{gas}) \rightleftharpoons O^-\,(\text{ads}) + |e|^{\bullet} + CO\,(\text{gas}), \qquad (6.144)$$

[1] HAUFFE, K., u. H. PFEIFFER: Z. Elektrochem. Ber. Bunsenges. phys. Chem. **56**, 390 (1952); Z. Metallkde. **44**, 27 (1953).

und es ist einleuchtend, daß die entsprechende verantwortliche „Schwellenhemmung" im Falle der Oxydation mit Luft oder Sauerstoff fortfällt bzw. eine andere, schwächere Hemmung auftritt, die wegen der Gül-

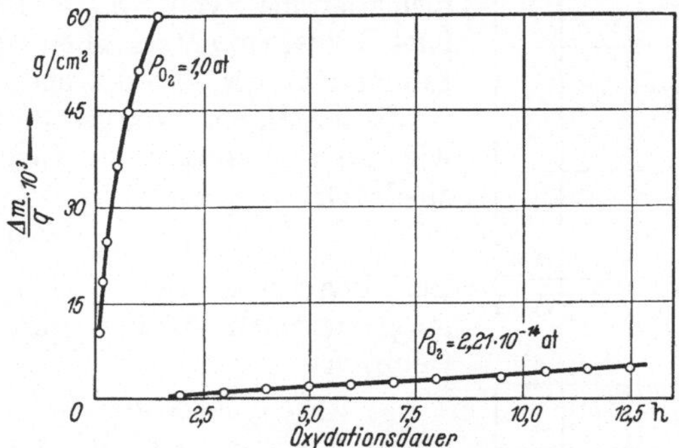

Abb. 6.52. Zeitlicher Verlauf der Oxydation von Eisen bei 1000 °C nach HAUFFE und PFEIFFER. Parabolischer Verlauf der Oxydation in reinem Sauerstoff von 1 atm; linearer Verlauf in CO_2-CO-Gemischen.

tigkeit des parabolischen Zeitgesetzes geringer sein muß als die der Phasengrenzreaktion im Falle der Oxydation in einem CO-CO_2-Gemisch.

Der kritische Sauerstoffdruck ist nicht identisch mit dem Fe_3O_4-Zersetzungsdruck, sondern erheblich höher, wie Oxydationsversuche bei 1000 °C mit CO-armen Gasgemischen (10 und 1 Vol.-% CO) ergeben haben. Erst nach völliger Durchoxydation zu Wüstit setzte hier unter den genannten Sauerstoffpartialdrucken die Bildung von Fe_3O_4 ein, woraus zu schließen ist, daß wegen der relativ großen Diffusionsgeschwindigkeit der Eisenionen durch die FeO-Schicht zur Phasengrenze FeO/Gas der aus dem CO_2 stammende chemisorbierte Sauerstoff ständig verbraucht wird, so daß unter diesen Versuchsbedingungen das zur Ausbildung von Fe_3O_4 erforderliche chemische Potential des chemisorbierten Sauerstoffs nicht erreicht wurde.

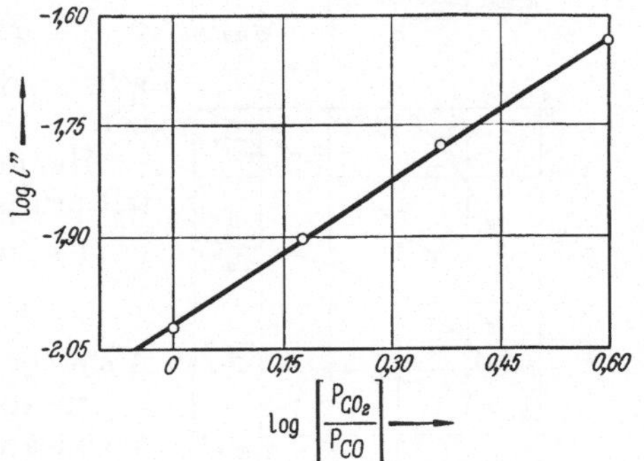

Abb. 6.53. Abhängigkeit der Zunderkonstanten $\mathfrak{k}''$ (g cm⁻² sec⁻¹) bei 1000°C vom CO-CO_2-Verhältnis in doppelt logarithmischer Darstellung nach HAUFFE und PFEIFFER.

Wie aus den Oxydationsversuchen in Abb. 6.53 zu entnehmen, ist die Oxydationsgeschwindigkeit proportional der dritten Wurzel des Sauerstoffpartialdruckes:

$$\mathfrak{k}'' = \text{const}\left(\frac{p_{CO_2}}{p_{CO}}\right)^{2/2,8} \approx \text{const}\left(\frac{p_{CO_2}}{p_{CO}}\right)^{2/3} = \text{const}\, p_{O_2}^{1/3}. \qquad (6.145)$$

Die rein empirisch ermittelte Beziehung (6.145) kann selbstverständlich nur innerhalb bestimmter Grenzen annähernd gelten, da notwendigerweise l'' gleich Null wird bei einem Sauerstoffpartialdruck, der dem Gleichgewichtsdruck an der Zweiphasengrenze Fe/FeO entspricht. Bei 1000 °C gilt die Beziehung im Sauerstoffdruckbereich von $p_{O_2} = 1{,}57 \cdot 10^{-13}$ bis $9{,}84 \cdot 10^{-15}$ atm entsprechend den CO-Molenbrüchen von $x_{CO} = 0{,}2$ bis $0{,}5$.

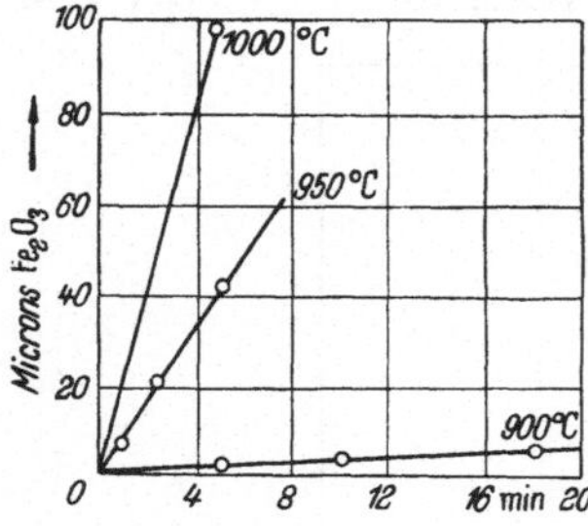

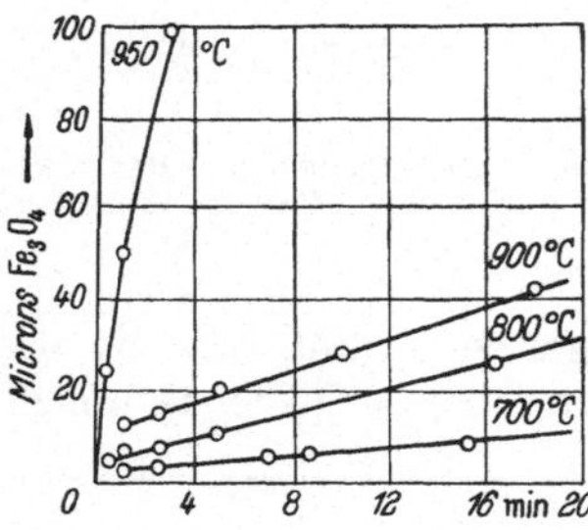

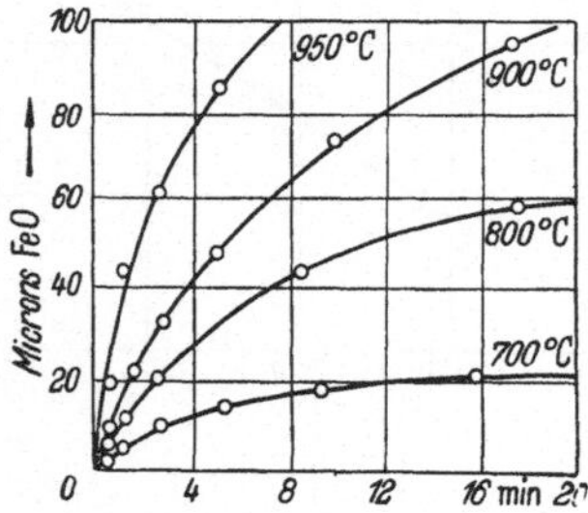

Abb. 6.54. Zeitlicher Verlauf der Dickenzunahme von FeO (parabolisch), Fe_3O_4 und Fe_2O_3 (linear) während der Oxydation von Eisen in Luft bei gleichzeitiger Ausbildung aller drei Oxide nach Bénard und Coquelle. Während die FeO-Bildung im Einklang mit der nach Davies, Simnad und Birchenall (s. S. 719) ist, ist der Befund einer linearen Wachstumsgeschwindigkeit, insbesondere der Fe_3O_4-Schicht, überraschend. Die Kinetik der Fe_2O_3-Bildung kann eventuell auf die Ausbildung von porösen Fe_2O_3-Schichten zurückgeführt werden (1 Micron = 1 μ = 10^{-4} cm).

Unter diesen Voraussetzungen erhalten wir nach Wagner[1] als Geschwindigkeitsausdruck:

$$l'' = k_1\, p_{CO_2} - k_2\, p_{CO}\,.$$

Bei Beachtung der Gleichgewichtsbedingung zwischen Fe, FeO und dem CO/CO_2-Gemisch

$$p_{CO_2}/p_{CO} = K$$

erhalten wir im Gleichgewicht, also wenn $l'' = 0$ ist,

$$K = k_2/k_1\,.$$

Da wir ferner mit einem Gasgemisch arbeiten, ist der Gesamtdruck $P = p_{CO_2} + p_{CO}$ und die Partialdrucke:

$$p_{CO_2} = P\, x_{CO_2} \quad \text{und} \quad p_{CO} = P(1 - x_{CO_2}),$$

worin x wieder den Molenbruch kennzeichnet.

Hieraus folgt schließlich die experimentell prüfbare Gleichung:

$$l'' = k_1\, P(1 + K)\,[x_{CO_2} - x_{CO_2}\,(\text{Gleichgewicht})]\,. \qquad (6.146)$$

Angeregt durch diese Betrachtungen, wurde in zusätzlichen Messungen gezeigt, daß die lineare Oxydationsgeschwindigkeitskonstante l'' proportional ist[2] der Summe der Partialdrucke, $P = p_{CO_2} + p_{CO}$, in einem Druckbereich zwischen 0,4 und 1 atm in Übereinstimmung mit Gl. (6.146).

In diesem Zusammenhang ist der von Bénard und Coquelle[3] beobachtete zeitliche Verlauf des Dickenwachstums der einzelnen Oxidschichten FeO, Fe_3O_4 und Fe_2O_3 von Interesse, die sich bei der Oxydation von Eisen in Sauerstoff zwischen 700 und 1000 °C ausbilden (Abb. 6.54).

[1] Wagner, C.: Mimeographed Notes, Course 83.23, Kinetics in Metallurgy. Cambridge: MIT 1955.

[2] Pettit, F. S., R. Yinger u. J. B. Wagner: Acta Met. 8, 617 (1960).

[3] Bénard, J., u. O. Coquelle: C. R. Acad. Sci. Paris 222, 884 (1946).

Während die Zunahme der Fe_3O_4- und Fe_2O_3-Schichtdicke einem linearen Zeitgesetz gehorcht, ist das Wachstum der FeO-Schicht durch ein parabolisches Zeitgesetz gegeben. Der Befund eines linearen Wachstums der Fe_3O_4- und Fe_2O_3-Schicht ist überraschend und konnte von HIMMEL, MEHL und BIRCHENALL (S. 720) nicht beobachtet werden (evtl. bei BÉNARDS Versuchen Porenbildung in den äußeren Deckschichten).

Wie bereits an anderer Stelle mitgeteilt wurde, findet man einen Übergang vom parabolischen zum linearen Zeitgesetz auch an anderen Zundersystemen, so z. B. bei der Oxydation von Germanium[1], Silicium[2], Cer[3], Thorium[4] und Titan[5] und bei der Schwefelung von Nickel[6] und von Silber[7]. In allen diesen Fällen, außer der Schwefelung von Silber und der Ge-Oxydation, ist der Mechanismus der für das lineare Zeitgesetz maßgebenden Phasengrenzreaktion unbekannt. Die von BERNSTEIN und CUBICCIOTTI untersuchte Oxydation von Germanium zwischen 575 und 705 °C ist insofern bemerkenswert, als hier das sich überwiegend bildende GeO relativ leicht flüchtig ist. Die Oxydationsgeschwindigkeit wurde hier durch die Messung der zeitlichen Gewichtsabnahme bestimmt. Auf Grund der Versuchsergebnisse kann man schließen, daß die Verdampfung des Germaniummonoxids GeO der geschwindigkeitsbestimmende Teilvorgang ist. Das Zeitgesetz lautet:

$$n_{O_2} = n_v\{1 - \exp(-k_v t)\},$$

worin n_{O_2} die Zahl der Mole verbrauchten Sauerstoffs je cm^2 Metallfläche und n_v und k_v Konstanten bedeuten. n_v selbst ist annähernd proportional dem Kehrwert des Sauerstoffdruckes.

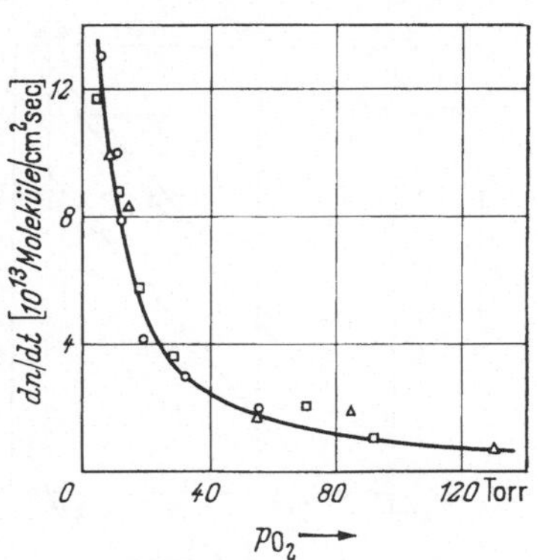

Abb. 6.55. Die Abhängigkeit der Oxydationsgeschwindigkeit von Ge-Einkristallen, dn/dt in verdampfte GeO-Moleküle je cm^2 und sec, als Funktion des Sauerstoffdruckes bei 550°C nach LAW und MEIGS. (○: (110)-Ebene, □: (111)-Ebene, △: (100)-Ebene).

LAW und MEIGS[8] wiederholten die Versuche und werteten sie quantitativ aus. Oberhalb 550 °C beträgt der Dampfdruck von GeO bereits 10^{-3} Torr, so daß dieser einen merklichen Einfluß auf die Verdampfungsgeschwindigkeit ausübt, die der Oxydationsgeschwindigkeit überlagert ist. Da die Abdiffusion des gasförmigen GeO mit kleiner werdendem Sauerstoffdruck rascher wird, ist es verständlich, wenn mit steigendem Sauerstoffdruck die Oxydationsge-

[1] BERNSTEIN, R. B., u. D. CUBICCIOTTI: J. Amer. chem. Soc. **73**, 4112 (1951).
[2] BRODSKY, M. B., u. D. CUBICCIOTTI: J. Amer. chem. Soc. **73**, 3497 (1951).
[3] CUBICCIOTTI, D.: J. Amer. chem. Soc. **74**, 1200 (1952).
[4] LEVESQUE, P., u. D. CUBICCIOTTI: J. Amer. chem. Soc. **73**, 2028 (1951).
[5] DAVIES, M. H., u. C. E. BIRCHENALL: Trans. AIME, J. Metals **3**, 877 (1951).
[6] HAUFFE, K., u. A. RAHMEL: Z. phys. Chem. **199**, 152 (1952).
[7] RICKERT, H., u. C. WAGNER: Z. phys. Chem. (NF) **31**, 32 (1961).
[8] LAW, J. T., u. P. S. MEIGS: J. electrochem. Soc. **104**, 154 (1957).

schwindigkeit kleiner wird, wie dies aus Abb. 6.55 zu erkennen ist. An Hand von Oxydationsversuchen in Sauerstoff-Stickstoff-Gemischen konnte nachgewiesen werden, daß die Oxydationsgeschwindigkeit unabhängig von der kristallographischen Ebene allein vom Gesamtdruck abhängt.

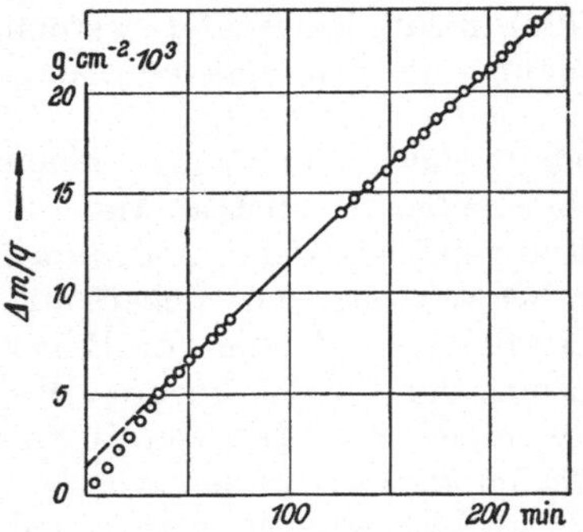

Abb. 6.56. Zeitlicher Verlauf der Oxydation von Barium bei 17°C in Luft mit 71,5% relativer Feuchtigkeit.

Häufig weist ein lineares Zeitgesetz darauf hin, daß es nicht zur Ausbildung von kompakten Deckschichten kommt, sofern nicht wie im Falle der Ag_2S- und FeO-Bildung ein stark fehlgeordnetes Zunderschichtgitter auftritt. Aus diesem Grunde ist es auch nicht verwunderlich, wenn die Oxydation von Barium, dessen Atomvolumen größer ist als das Molvolumen des entstehenden Bariumoxids, einem linearen Zeitgesetz folgt[1] (Abbildung 6.56), da sich eine poröse Zunderschicht ausbildet. Die Oxydation von Magnesium folgt ebenfalls einem linearen Zeitgesetz[2] (Abb. 6.57). Auf Grund des merklich kleineren Wertes des Molvolumens von MgO bei Zimmertemperatur von 11,25 cm³ gegenüber dem des Magnesium von 14,0 cm³, das bei höheren Temperaturen im Gegensatz zum MgO-Volumen noch erheblich größer wird, ist die Ausbildung einer porösen Deckschicht und das Auftreten eines linearen Zeitgesetzes der Oxydation verständlich.

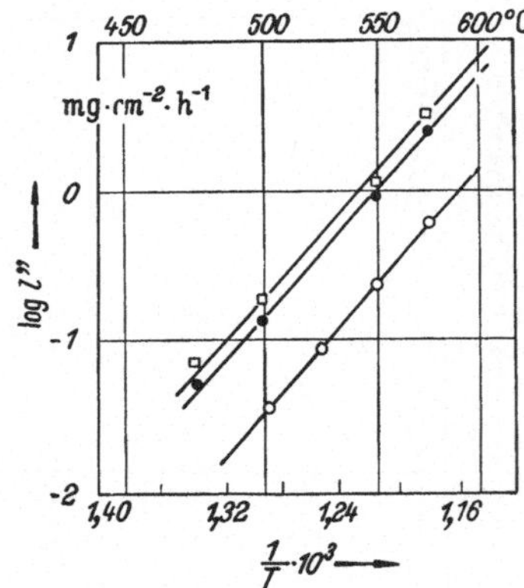

Abb. 6.57. Temperaturabhängigkeit der linearen Zunderkonstanten l'' ($mg \cdot cm^{-2} h^{-1}$) der Magnesium-Oxydation nach LEONTIS und RHINES.
○ Gewalztes Mg in reinem Sauerstoff oxydiert.
● Anfängliche Geschwindigkeit; □ Geschwindigkeit gegen Ende der Oxydation — kompaktes Mg in trockner Luft oxydiert.

Als besonders gut untersuchtes Beispiel für das Zusammenwirken von Diffusion und Phasengrenzreaktion — ohne Auftreten poriger Deckschichten — wählen wir die Schwefelung von Silber, die besonders unter diesem Gesichtspunkt von RICKERT[3] zwischen 200 und 400 °C nach elektrochemischen Methoden untersucht wurde. Abb. 6.58 zeigt den zeitlichen Verlauf des Wachstums der Ag_2S-Schicht bei 200, 300 und 400 °C. In der in Abb. 6.59 dargestellten Versuchsanordnung konnte mittels Spannungsmessung unter Zuhilfenahme einer Ag/AgI-Sonde festgestellt

---

[1] Siehe in: O. KUBASCHEWSKI u. B. E. HOPKINS: Oxydation of Metals and Alloys, S. 39. London 1953.
[2] LEONTIS, T. E., u. F. N. RHINES: Trans. AIME **166**, 256 (1946).
[3] RICKERT, H.: Z. phys. Chem. (NF) **23**, 355 (1960).

werden (s. auch S. 158), daß an der Phasengrenze Ag/Ag_2S ein deutlicher Potentialsprung vorhanden ist, der mit fallender Temperatur immer größer wird. Dieser Befund deutet darauf hin, daß der Übertritt

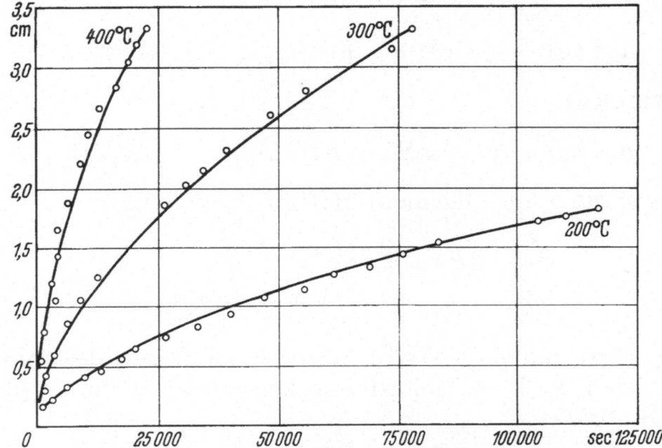

Abb. 6.58. Zeitlicher Verlauf des Wachstums der Ag_2S-Schicht auf Silber in flüssigem Schwefel bei drei Temperaturen nach RICKERT.

von Silber in Form von Ag-Ionen und Elektronen aus der Metallphase in die Ag_2S-Deckschicht nicht genügend rasch erfolgt, so daß wir es hier mit der Konkurrenz dieser Phasengrenzreaktion mit der Diffusion zu tun haben. Aus gleichartigen Messungen an der Phasengrenze Ag_2S/flüssiger Schwefel kann geschlossen werden, daß sich hier in jedem Fall das Gleichgewicht rasch einstellt.

Bei genügend hohen Temperaturen ist jedoch das thermodynamische Gleichgewicht an der Phasengrenze Ag/Ag_2S ebenfalls eingestellt und wir erhalten an der Kette

$$\mathrm{Ag} \mid \mathrm{AgI} \overset{(i)}{\mid} \mathrm{Ag_2S} \overset{(a)}{\mid} \mathrm{Pt, S\,(flüssig)}$$

für den negativen halben Wert der freien Bildungsenergie

$$\tfrac{1}{2} \Delta G = \mu^0_{\mathrm{Ag}} - \mu^{(a)}_{\mathrm{Ag}} = E^* \mathfrak{F}.$$

Nach RICKERT und WAGNER[1] erhalten wir für den Fluß der Silberionen durch die Phasengrenze Ag/Ag_2S und durch die Ag_2S-Schicht:

$$j_{\mathrm{Ag}^+} = A \exp[B(\mu^0_{\mathrm{Ag}} - \mu^{(i)}_{\mathrm{Ag}})] \quad (6.147\,\mathrm{a})$$

und

$$j_{\mathrm{Ag}^+} = \frac{\varkappa_{\mathrm{Ag}^+}}{\mathfrak{F}^2 \Delta \xi} (\mu^{(i)}_{\mathrm{Ag}} - \mu^{(a)}_{\mathrm{Ag}}). \quad (6.147\,\mathrm{b})$$

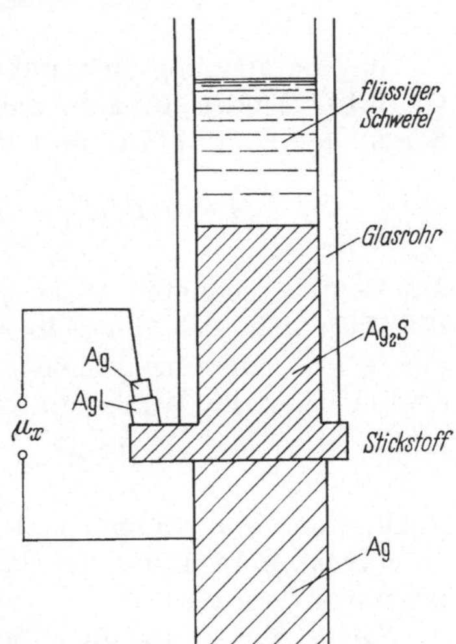

Abb. 6.59. Versuchsanordnung zur Ermittlung der Spannungsdifferenz an der Phasengrenze Ag/Ag_2S, verursacht durch die Differenz des chemischen Potentials des Silbers rechts und links von der Phasengrenze, $\mu_{Ag}(Ag_2S) - \mu_{Ag}(Ag)$, im Anlaufsystem $Ag/Ag_2S/S$ (flüssig) nach RICKERT.

[1] RICKERT, H., u. C. WAGNER: Z. phys. Chem. (NF) **31**, 32 (1961).

Da der Elektronenfluß durch die Phasengrenze unbehindert erfolgt, gilt für das elektrochemische Potential η_- der Elektronen in beiden Phasen:

$$\eta_-(\mathrm{Ag}) = \eta_-(\mathrm{Ag_2S})$$

oder

$$\mu_-(\mathrm{Ag}) - \mathfrak{F}\,V(\mathrm{Ag}) = \mu_-(\mathrm{Ag_2S}) - \mathfrak{F}\,V(\mathrm{Ag_2S})$$

und demzufolge:

$$\mu_-(\mathrm{Ag}) - \mu_-(\mathrm{Ag_2S}) = \mathfrak{F}[V(\mathrm{Ag}) - V(\mathrm{Ag_2S})].$$

Unter Anwendung der allgemein gültigen Beziehungen

$$\mu^0_{\mathrm{Ag}} = \mu_{\mathrm{Ag^+}}(\mathrm{Ag}) + \mu_-(\mathrm{Ag})$$

$$\mu^{(i)}_{\mathrm{Ag}} = \mu_{\mathrm{Ag^+}}(\mathrm{Ag_2S}) + \mu_-(\mathrm{Ag_2S}),$$

wobei $\mu_{\mathrm{Ag^+}}(\mathrm{Ag})$ und $\mu_{\mathrm{Ag^+}}(\mathrm{Ag_2S})$ konstant ist wegen des reinen Silbers und der hohen Ag-Ionenfehlordnungskonzentration im Ag_2S, erhalten wir aus Gl. (6.147a):

$$j_{\mathrm{Ag^+}} \sim \exp\{B[V(\mathrm{Ag}) - V(\mathrm{Ag_2S})]/\mathfrak{F}\}. \qquad (6.148)$$

Durch Logarithmieren erhält man eine Gleichung, die mit der von Tafel für die Wasserstoffentladung an der Kathode in wäßrigen Elektrolyten identisch ist:

$$\log j_{\mathrm{Ag^+}} = \mathrm{const} + \frac{B}{\mathfrak{F}}[V(\mathrm{Ag}) - V(\mathrm{Ag_2S})]. \qquad (6.149)$$

Zur Berechnung des unbekannten chemischen Potentials $\mu^{(i)}_{\mathrm{Ag}}$ in Gl. (6.147a) oder (6.147b) machen wir von der Gleichheit der rechten Seiten der Gl. (6.147a) und (6.147b) Gebrauch:

$$A\exp[B(\mu^0_{\mathrm{Ag}} - \mu^{(i)}_{\mathrm{Ag}})] = \frac{\varkappa_{\mathrm{Ag^+}}}{\mathfrak{F}^2\,\Delta\xi}(\mu^{(i)}_{\mathrm{Ag}} - \mu^{(a)}_{\mathrm{Ag}}). \qquad (6.150)$$

Mit dem berechneten Wert von $\mu^{(i)}_{\mathrm{Ag}}$, substituiert in Gl. (6.147a) oder (6.147b), läßt sich der Silberionenfluß $j_{\mathrm{Ag^+}}$ oder die partielle Stromdichte $i_{\mathrm{Ag^+}}$ für eine gegebene Dicke der Ag_2S-Schicht berechnen. Für eindimensionales Wachstum der Schicht gilt:

$$d\xi/dt = \tfrac{1}{2}v\,j_{\mathrm{Ag^+}} = \tfrac{1}{2}v\,i_{\mathrm{Ag^+}}/\mathfrak{F}, \qquad (6.151)$$

worin v das Molvolumen von Ag_2S ist.

Zwecks Berechnung des Schichtwachstums betrachten wir die beiden folgenden Grenzfälle:

Fall 1: Für dünne Ag_2S-Schichten oder kurze Reaktionszeiten wird der Nenner auf der rechten Seite der Gl. (6.150) sehr klein, so daß mit $\Delta\xi \to 0$ die linke Seite von Gl. (6.150) einen maximalen Wert annimmt und $\mu^{(i)}_{\mathrm{Ag}} \approx \mu^{(a)}_{\mathrm{Ag}}$ wird. Unter diesen Bedingungen ist die Differenz der chemischen Potentiale verschwunden, und der Durchtritt der Ag-Ionen durch die Phasengrenze Ag/Ag_2S ist der geschwindigkeitsbestimmende Teilschritt:

$$j_{\mathrm{Ag^+}} = A\exp[B(\mu^0_{\mathrm{Ag}} - \mu^{(a)}_{\mathrm{Ag}})].$$

Dieses von der Dicke der Ag_2S-Schicht unabhängige Zeitgesetz herrscht zwischen 200 und 300 °C für eine Reaktionszeit bis zu etwa 1 Minute.[1] In Tab. 6.14 sind die für diesen Fall berechneten und experimentell erhaltenen Werte zusammengestellt.

Tabelle 6.14. *Vergleich der berechneten und gemessenen Geschwindigkeiten des Ag_2S-Wachstums für kurze Reaktionszeiten nach Rickert und Wagner*

Temp. °C	i_{Ag^+}[amp/cm²] für $\mu_{Ag}^{(i)} = \mu_{Ag}^{(a)}$	$d\xi/dt$ [cm/sec] ber.	$d\xi/dt$ [cm/sec] gem.
220	0,5	$0{,}9 \cdot 10^{-4}$	$0{,}85 \cdot 10^{-4}$
300	3,9	$7{,}0 \cdot 10^{-4}$	$6{,}5 \cdot 10^{-4}$

Fall 2: Für dicke Reaktionsschichten oder lange Reaktionszeiten ist das lineare Zeitgesetz nicht mehr länger gültig, da nunmehr die Differenz $\mu_{Ag}^{(i)} - \mu_{Ag}^{(a)}$ laufend größer wird und nicht mehr vernachlässigt werden kann. Gleichzeitig wird die Differenz $\mu_{Ag}^{(0)} - \mu_{Ag}^{(i)}$ laufend kleiner und nähert sich dem Grenzwert $E_K \mathfrak{F}$, worin E_K das Schwellenpotential für den Silberionendurchtritt durch die Ag/Ag_2S-Phasengrenze ist. Schließlich folgt aus Gl. (6.147b) und (6.151):

$$d\xi/dt = \frac{1}{2}\frac{v}{\mathfrak{F}}\varkappa_{Ag^+}(E^* - E_K)/\xi. \tag{6.152}$$

Wegen der stets vorhandenen Potentialschwelle E_K, welche für die Abweichung vom thermodynamischen Gleichgewicht verantwortlich ist, ist diese auch stets zu berücksichtigen. Für 300 °C erhalten wir aus Gl. (6.152) mit $E^* = 0{,}244$ Volt, $E_K = 0{,}11$ Volt und $\varkappa_{Ag^+} = 4{,}26\ \mathrm{Ohm^{-1}\,cm^{-1}}$ einen Wert für die Schwefelungs-Geschwindigkeitskonstante $k' = 1{,}0 \cdot 10^{-4}$ cm²/sec in guter Übereinstimmung mit dem experimentell erhaltenen Wert von $0{,}8 \cdot 10^{-4}$.

Die Oxydation von Uran in CO_2 zwischen 350 und 650 °C ist ein weiteres Beispiel eines Oxydationssystems mit Übergang von einem parabolischen in ein lineares Zeitgesetz[2]. Das erste Reaktionsstadium ist gekennzeichnet durch die Ausbildung einer kompakten schützenden Oxidschicht, die aus höheren Oxiden (UO_{2+x} oder U_3O_7) besteht. Es wird vermutet, daß für die parabolische Oxydation eine Diffusion von Sauerstoffionen durch die Uranoxidschicht der maßgebende Vorgang ist. Nach Erreichen einer kritischen Schichtdicke wächst eine poröse Schicht auf der kompakten auf, so daß der Gesamtablauf der Oxydation durch die Diffusion des Sauerstoffs durch die dünne kompakte Oxidschicht von unveränderter Dicke bestimmt wird. Die parabolische Geschwindigkeitskonstante beträgt bei 450 °C etwa $4{,}5 \cdot 10^{-10}$ und bei 550 °C etwa $2{,}5 \cdot 10^{-8}\ \mathrm{g^2\,cm^{-4}\,min^{-1}}$. Die entsprechenden linearen Oxydationsgeschwindigkeitskonstanten, die man nach längeren Versuchszeiten erhält, betragen einmal $>1{,}8 \cdot 10^{-5}$ und zum anderen $5 \cdot 10^{-4}\ \mathrm{g\,cm^{-2}\,h^{-1}}$.

[1] Czerski, L., S. Mrowec, K. Wallichow u. T. Werber: Arch. Hutn. **3**, 49 (1958).
[2] Stobbs, J. J.: J. electrochem. Soc. **112**, 916 (1965).

6.7 Über die Bildung mehrerer Oxidphasen und die Verzunderung von Eisen

Prinzipiell ist auf Metallen während der Oxydation immer dann mit mehrphasigen Deckschichten zu rechnen, wenn das Metallion in mehreren Wertigkeitsstufen auftreten kann, wie dies beispielsweise für die Oxydation von Eisen oder Kupfer bei 1 atm Sauerstoff der Fall ist. Die sich hier ausbildenden Deckschichten bestehen aus FeO, Fe_3O_4 und Fe_2O_3 bzw. Cu_2O und CuO in einer im allgemeinen bevorzugten parallelen Schichtung der einzelnen Oxide, wobei sich die niedrigste Oxydationsstufe unmittelbar in der Nachbarschaft des Metalls befindet und die höchste im Gleichgewicht mit der Sauerstoffatmosphäre steht.

Bringt man beispielsweise eine Kupferprobe bei 1000 °C in eine Gasatmosphäre, deren Sauerstoffpartialdruck $>$100 Torr ist, dann wächst auf der entstehenden Cu_2O-Schicht eine CuO-Schicht auf. Es wird also zu einer Schichtenfolge von

$$\mathrm{Cu} \mid \mathrm{Cu_2O} \mid \mathrm{CuO} \mid \mathrm{O_{2(Gas)}}$$

kommen (Abb. 6.60). Da das Molvolumen von CuO größer ist als das der Cu_2O-Phase, wird auch die CuO-Zunderschicht im wesentlichen eine porenfreie Deckschicht bilden, so daß eine weitere Oxydation nur da-

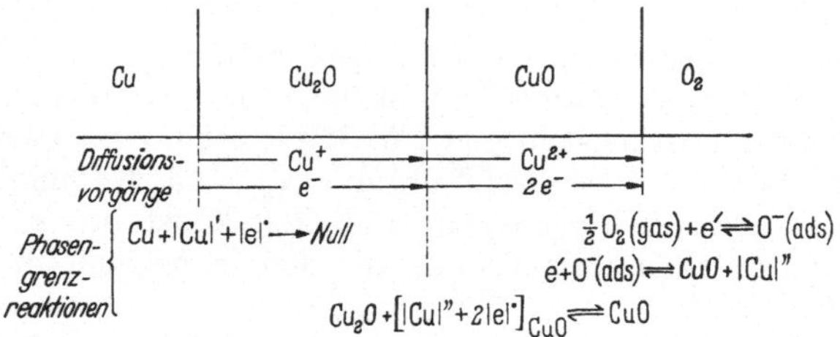

Abb. 6.60. Schematische Darstellung der Einzelvorgänge bei der Oxydation von Kupfer im Existenzgebiet der CuO-Phase (z. B. bei 1000 °C und 1 atm Sauerstoff). Eine Sauerstoffdiffusion durch CuO ist ebenfalls möglich[1].

durch möglich ist, daß entweder Cu^{2+}-Ionen + Elektronen über Cu^{2+}-Ionenleerstellen $|Cu|''$ und Elektronendefektstellen zum Sauerstoff oder unter Umständen auch Sauerstoffionen über Sauerstoffionenleerstellen zur Phasengrenze CuO/Cu_2O diffundieren. Die Einzelvorgänge bei der Oxydation von Kupfer zu Kupfer(I)-oxid und Kupfer(II)-oxid sind aus Abb. 6.60 zu entnehmen. Die von PILLING und BEDWORTH[2], FEITKNECHT[3] und FRÖHLICH[4] gefundene Unabhängigkeit der Oxydationsgeschwindigkeit des Kupfers vom Sauerstoffdruck kann man in der Weise verstehen,

---

[1] DIEV, N. P., u. M. I. KOCHNEY: Ber. Akad. Wiss. UdSSR **85**, 563 (1952) rechnen mit einer überwiegenden O^{2-}-Diffusion durch CuO.

[2] PILLING, N. B., u. R. E. BEDWORTH: J. Inst. Metals **29**, 529 (1923).

[3] FEITKNECHT, W.: Z. Elektrochem. angew. phys. Chem. **35**, 142 (1929).

[4] FRÖHLICH, K. W.: Z. Metallkde. **28**, 368 (1936).

daß bei einer Oxidschichtenfolge von $Cu/Cu_2O/CuO/O_2$ ebenso wie bei der einfachen Cu_2O-Bildung die Diffusion in der Cu_2O-Phase zeitbestimmend und infolge des herrschenden konstanten CuO-Zersetzungsdruckes $[p_{O_2}(CuO/Cu_2O)]$ unabhängig vom äußeren Sauerstoffdruck ist. Es ist nämlich der Sauerstoffüberschuß bzw. die Konzentration der Cu-Ionenleerstellen in der Cu_2O-Phase an der Phasengrenze Cu_2O/CuO eindeutig durch das Zwischengleichgewicht $Cu_2O + CuO$ festgelegt, wodurch der Konzentrationsgradient der Cu-Ionenleerstellen in der Cu_2O-Schicht konstant wird, der ja letzten Endes für die Transportgeschwindigkeit der Cu^+-Ionen + Elektronen in Cu_2O verantwortlich ist.

Aus den Meßergebnissen von WAGNER und GRÜNEWALD[1] können wir die Transportgeschwindigkeit von Kupfer dn_{Cu}/dt in g-Atom je Sekunde innerhalb der Cu_2O-Phase für 1000 °C und für den Sauerstoff-Gleichgewichtsdruck $p_{O_2} = 0{,}13$ atm extrapolieren[2] und erhalten:

$$\left(\frac{dn_{Cu}}{dt}\right)_{\substack{\text{Transport}\\ \text{in } Cu_2O}} = \frac{q}{\Delta\,\xi_{(Cu_2O)}} \cdot 6{,}5 \cdot 10^{-9}. \tag{6.153}$$

Da die Aufoxydation von Cu_2O zu CuO keinem parabolischen, sondern einem kubischen Zeitgesetz folgt[3,4], und ferner eine logarithmische Sauerstoffdruckabhängigkeit der Oxydationsgeschwindigkeit vorhanden ist[3], wird eine Vorausberechnung des Schichtdickenwachstums erheblich komplizierter.

Folgt jedoch das Wachstum aller Oxidschichten einem parabolischen Zeitgesetz, so lassen sich einfache Beziehungen herleiten, wie sie von JOST[5], VALENSI[6] und WAGNER[2] zur Diskussion gestellt wurden. Bevor wir diese Beziehungen in Anlehnung an die Darstellung von SCHOTTKY[7] in verallgemeinerter Form ableiten, möchten wir hier noch einige Betrachtungen über die Divergenzfreiheit von Störstellenströmungen in Deckschichten bei innerem Gitterumbau nachholen.

Bisher wurde bei sämtlichen Betrachtungen die Divergenzfreiheit $\partial n_j/\partial t = 0$, vorausgesetzt. Das ist bei nur einer beweglichen Störstellenart neben elektronischen Teilchen, z. B. $A^{\bullet} + e'$ oder $|A|' + |e|^{\bullet}$, sicher gewährleistet. Sind aber mehrere Störstellenarten vorhanden, so sind im allgemeinen zur Aufrechterhaltung des thermischen Störstellengleichgewichtes Reaktionen mit $\partial n_j/\partial t \neq 0$ notwendig. Dies sei am Beispiel der Bromierung von Silber erläutert, wo in der AgBr-Deckschicht eine überwiegende FRENKEL-Fehlordnung herrscht. Entsprechend den bevor-

---

[1] WAGNER, C., u. K. GRÜNEWALD: Z. phys. Chem. (B) **40**, 455 (1938).
[2] WAGNER, C., in: Hdb. Metallphysik, Bd. I, 2, S. 144. Leipzig 1940.
[3] HAUFFE, K., u. P. KOFSTAD: Z. Elektrochem. Ber. Bunsenges. phys. Chem. **59**, 399 (1955).
[4] MEIJERING, J. L., u. M. L. VERHEIJKE: Acta Met. **7**, 331 (1959).
[5] JOST, W.: Diffusion und chemische Reaktion in festen Stoffen, S. 162 u. 167. Dresden 1937.
[6] VALENSI, G.: Intern. Conf. Surface Reactions 1948, S. 156.
[7] HAUFFE, K., u. W. SCHOTTKY: Deckschichtbildung auf Metallen, in: Halbleiterprobleme, Bd. 5, S. 259. Braunschweig 1960.

zugten Phasengrenzreaktionen:

$$\text{Ag(Metall)} = \text{Ag}^{\bullet} + \text{e}' \qquad \text{an der Metallseite} \qquad (6.154)$$

$$\tfrac{1}{2}\text{Br}_2\text{(gas)} = \text{AgBr} + |\text{Ag}|' + |\text{e}|^{\bullet} \quad \text{an der Gasseite} \qquad (6.155)$$

strömen an der Metallseite $\text{Ag}^{\bullet} + \text{e}'$ und von der Außenseite $|\text{Ag}|' + |\text{e}|^{\bullet}$ ins Innere der Deckschicht und werden dort nach einem heute noch unbekannten Mechanismus vernichtet. Beide Strömungsarten enden also im Innern der Deckschicht, und demzufolge ist div s_j und $\dot{n}_j$ keineswegs gleich Null. Inwieweit und welche der Rekombinationsreaktionen

$$\text{Ag}^{\bullet} + |\text{Ag}|' = \text{Null}$$

$$|\text{e}|^{\bullet} + \text{e}' = \text{Null}$$

an Versetzungen im Kristall begünstigt werden, bleibt weiteren Untersuchungen vorbehalten. Auf Grund der größeren Beweglichkeit der $\text{Ag}^{\bullet}$-Stellen gegenüber der der $|\text{Ag}|'$-Ionenlücken sollte die Rekombination in der Nähe der AgBr-Oberfläche erfolgen.

Noch interessanter wird aber der Mechanismus der Deckschichtbildung, wenn auf Grund des amphoteren Fehlordnungscharakters nur Ionenlücken zu beiden Seiten der Deckschicht auftreten. Als Beispiel wählen wir das CaO, wenn es auch zweifelhaft ist, ob eine kompakte und porenfreie Deckschicht auf Kalzium aufwachsen kann. Wie man aus Untersuchungen von HAUFFE und TRÄNCKLER[1] schließen darf, ist in der Tat CaO ein amphoterer Halbleiter, in welchem in reduzierender Atmosphäre bzw. im Gleichgewicht mit Kalzium gemäß:

$$\text{Ca (Metall)} = \text{CaO} + |\text{O}|^{\bullet} + \text{e}'$$

Sauerstoffionenlücken und freie Elektronen auftreten und auf der Sauerstoffseite gemäß:

$$\tfrac{1}{2}\text{O}_2\text{(gas)} = \text{CaO} + |\text{Ca}|' + |\text{e}|^{\bullet}$$

Ca-Ionenlücken und Defektelektronen erzeugt werden. Entsprechend dem obigen Beispiel müßten sich auch hier bei nicht zu verschiedenen Konzentrationen und Beweglichkeiten der $|\text{O}|^{\bullet}$ bzw. $|\text{O}|^{\bullet\bullet}$ und $|\text{Ca}|'$ bzw. $|\text{Ca}|''$ die von beiden Seiten kommenden Einzellücken nebst ihren elektronischen Ladungsträgern in endlicher Entfernung von den Grenzflächen vereinigen. Während man sich die Vernichtung der elektronischen Ladungsträger nach einem Mechanismus vorstellen kann, der ähnlich dem ist, wie er für die Vereinigung von Elektron-Lochpaaren in Photohalbleitern während der Einstrahlung von Licht geeigneter Wellenlänge angenommen wird, ist der Rekombinationsmechanismus der Ionenlücken noch weitgehend unbekannt. Unabhängig von den Einzelschritten könnte es zur Ausbildung von Doppellücken kommen:

$$|\text{O}|^{\bullet} + |\text{Ca}|' = |\text{CaO}|^{\times},$$

die im Kristall aus Gleichgewichtsgründen nicht existenzfähig sind. Demzufolge muß es zu einem Abbau von Gittermolekülen an inneren Ober-

[1] HAUFFE, K., u. G. TRÄNCKLER: Z. Phys. **136**, 166 (1953).

flächen und Versetzungen kommen, wodurch die Doppellücken verschwinden. Es müßten also hier an der Metall- und Sauerstoffseite schließlich mehr Gittermoleküle angebaut werden als der resultierenden Oxydationsgeschwindigkeit entspricht. Die Differenz würde durch ständigen Abbau bereits gebildeter innerer Schichten zustande kommen.

Die hier skizzierten beiden Beispiele stellen den allgemeinsten Fall der einphasigen Deckschichtbildung dar. Durch das verschiedenartige Zusammenspiel von Phasengrenzvorgängen und Diffusion wird der Bildungsmechanismus der Deckschichten entscheidend beeinflußt. Dieser Sachverhalt soll ebenfalls am einfachen Beispiel der AgBr-Deckschichtbildung auf Silber erläutert werden. Unabhängig ob die Diffusion oder eine der beiden Phasengrenzreaktionen der geschwindigkeitsbestimmende Vorgang ist, sind zwei Grenzfälle zu unterscheiden:

1. Fall: Phasengrenzreaktion (6.154) auf der Metallseite sei langsam gegenüber der äußeren Phasengrenzreaktion (6.155), aber schnell gegenüber der Diffusion. Unter diesen Bedingungen kommt es zu einer bevorzugten Bildung von Silberionenlücken und Defektelektronen, die ins Innere der Schicht abdiffundieren und den Hauptanteil der diffundierenden Teilchen repräsentieren. Hierdurch, aber besonders deutlich bei rascher Diffusion, tritt die Phasengrenzreaktion (6.154) gegenüber der folgenden

$$\mathrm{Ag\,(Metall)} + |\mathrm{Ag}|' + |\mathrm{e}|^{\bullet} = \mathrm{Null}$$

in den Hintergrund; d. h., trotz Anwesenheit von Silberionen auf Zwischengitterplatz und trotz größerer Beweglichkeit derselben spielen diese für den Aufbau der Deckschicht nur eine untergeordnete Rolle. Das Wachstum der Deckschicht wird überwiegend durch eine Ag^{+}-Lückendiffusion bestimmt.

2. Fall: Hier sei die Phasengrenzreaktion auf der Metallseite rascher als die auf der Gasseite. Unter diesen Bedingungen erfolgt das Wachstum der AgBr-Deckschicht überwiegend durch eine Wanderung von Silberionen auf Zwischengitterplatz zur Gasseite, die dort die folgende Phasengrenzreaktion bewirkt:

$$\tfrac{1}{2}\,\mathrm{Br_2\,(gas)} + \mathrm{Ag}^{\bullet} + \mathrm{e}' = \mathrm{AgBr};$$

d. h., unter diesen Bedingungen werden die Silberionenlücken, obwohl in genügender Konzentration vorhanden, keine nennenswerte Rolle spielen, da die Erzeugungsrate der Silberionenlücken zu klein ist.

Ähnliche Verhältnisse lassen sich auch für die Deckschichtbildung mit innerem Gittermolekülabbau herleiten.

Wird die Gesamtzahl der in der Flächeneinheit der Schicht von der Dicke ξ enthaltenen Gittermoleküle $\mathfrak{n}_M$ bezeichnet, so gilt für den allgemeinsten Fall eines A_xB_y-Kristalls mit den Teilchenströmen j_A und j_B:

$$\left(\frac{d\,\mathfrak{n}_M}{dt}\right)_{\text{außen}} = \frac{c_M}{c_A}\,j_A \tag{6.156}$$

und

$$\left(\frac{d\,\mathfrak{n}_M}{dt}\right)_{\text{innen}} = -\,\frac{c_M}{c_B}\,j_B\,. \tag{6.157}$$

Für die Gesamtzunahme von $\mathfrak{n}_M$ ergibt sich aus der Summe von Gl. (6.156) und (6.157) mit der Bedingung $\mathfrak{n}_M = \xi\, c_M$:

$$\frac{d\xi}{dt} = \frac{j_A}{c_A} - \frac{j_B}{c_B}. \tag{6.158}$$

Gelingt es, j_A und j_B durch ξ und die chemischen Grenzbedingungen an beiden Grenzflächen auszudrücken, so ist mit Gl. (6.158) das Wachstumsgesetz der Schicht gegeben.

Auch für den Fall der Gittermolekül-Reaktionen, wie er am System $Ca\,|\,CaO\,|\,O_2$ auftreten kann, müssen die Beziehungen gelten:

$$\dot{n}_B/\dot{n}_A = y/x = c_B/c_A, \tag{6.159}$$

da die entstandenen und verschwundenen Gittermoleküle immer die Zusammensetzung A_xB_y besitzen. Infolgedessen gilt, mit $\partial n_A/\partial t \approx 0$,

$$\frac{\operatorname{div} j_A}{c_A} - \frac{\operatorname{div} j_B}{c_B} = 0,$$

oder, in Anwendung auf planparallele Deckschichten:

$$\frac{\partial}{\partial x}\left(\frac{j_A}{c_A} - \frac{j_B}{c_B}\right) = 0. \tag{6.160}$$

Es ist also jetzt nur noch zu zeigen, daß der konstante Wert von $j_A/c_A - j_B/c_B$ auch bei Reaktionen nach Gl. (6.159) und der folgenden

$$\partial n_A/\partial t = \dot{n}_A - \operatorname{div} j_A$$

wirklich die resultierende Zunahme von $d\mathfrak{n}_M/dt$ angibt. Dies ist aber in der Tat der Fall. Für den Ablauf in der Deckschicht ergibt sich:

$$\left(\frac{d\mathfrak{n}_M}{dt}\right)_{\text{Deckschicht}} = -\frac{c_M}{c_A}\int_0^{\xi}\frac{\partial j_A}{\partial x}\,dx = -\frac{c_M}{c_A}\,[j_A(\xi) - j_A(0)]. \tag{6.161}$$

Mit den Gln. (6.156), (6.157) und (6.161) ergibt sich die Gesamtreaktion

$$\left(\frac{d\mathfrak{n}_M}{dt}\right)_{\text{total}} = \left(\frac{d\mathfrak{n}_M}{dt}\right)_{\text{außen}} + \left(\frac{d\mathfrak{n}_M}{dt}\right)_{\text{Deckschicht}} + \left(\frac{d\mathfrak{n}_M}{dt}\right)_{\text{innen}}$$

$$= \frac{c_M}{c_A}\,j_A(\xi) - \frac{c_M}{c_A}\,j_A(\xi) - \frac{c_M}{c_A}\,j_A(0) - \frac{c_M}{c_B}\,j_B(0)$$

oder

$$\left(\frac{d\mathfrak{n}_M}{dt}\right)_{\text{total}} = c_M\left(\frac{\dot{j}_A(0)}{c_A} - \frac{j_B(0)}{c_B}\right) = \text{const} = c_M\left(\frac{j_A}{c_A} - \frac{j_B}{c_B}\right). \tag{6.162}$$

Die an sich gültige Beziehung $\mathfrak{n}_M = c_M\,\xi$ wäre nicht erfüllt, wenn der innere Gitter-Auf- und -Abbau in allen Schichtdimensionen in gleicher Weise erfolgte. Bei hinreichender Beweglichkeit von A- und B-Störstellen jedoch wird je nach Auftreten von Längs- und Querkontraktionen das Wachstum der Schicht in den einzelnen Richtungen verschieden erfolgen.

Nach den erweiternden Betrachtungen zum Mechanismus des Deckschichtwachstums, die für das Verständnis der Bildung mehrphasiger Deckschichten nützlich sind, wollen wir die von JOST, VALENSI und WAGNER hergeleiteten Beziehungen in etwas verallgemeinerter Form ableiten[1]. Diese Beziehungen beruhen auf der Ähnlichkeit der Störstellen- und μ_A-Verteilung in den einzelnen Teildeckschichten bei variablem ξ-Wert derselben und auf der Annahme, daß an der Grenze zweier Teilschichten ein vom Gesamt-ξ-Wert unabhängiger Wert von μ_A und μ_B aufrechterhalten wird, wie er z. B. in Fe_3O_4 durch den Gleichgewichts-Sauerstoffdruck (Zersetzungsdruck) mit der Nachbarphase FeO bzw. Fe_2O_3 gegeben ist.

Es kann gezeigt werden, daß die an den Schichtgrenzen auftretenden μ_A-Werte von ξ unabhängig sind, wenn sich die einzelnen Oxidschichten im Gleichgewicht befinden. Die durch die Einzelschicht des im folgenden skizzierten Oxydationsschemas

$$\text{A(Metall)} \overset{\text{I}}{|} \underset{1}{\text{AB}} \overset{\text{II}}{|} \underset{2}{\text{AB}_2} \overset{\text{III}}{|} \text{B(gas)}$$

fließenden Transportströme j_A und j_B sind im stationären Zustand bei festen Grenzwerten von μ_A reziprok zur Schichtdicke und damit auch reziprok zur Zahl der je Flächeneinheit in der betreffenden Schicht enthaltenen Gittermoleküle $\mathfrak{n}_M$. Nun sind die A- und B-Ströme, die die Phasengrenze passieren, nicht gleich. Ihr Unterschied wird durch den Umbau von Gittermolekülen der einen Nachbarphase in die der anderen Nachbarphase verursacht. Die Änderung der Störstellendichte in den einzelnen Phasen kann keinen merklichen Anteil an den Transportströmen haben. Der sich einstellende stationäre Zustand ist dadurch gekennzeichnet, daß sich die $\mathfrak{n}_M$ zeitlich im Verhältnis der vorhandenen $\mathfrak{n}_M$-Werte verändern. In diesem Fall wären also die $\mathfrak{n}_M$- und damit die ξ-Verhältnisse der einzelnen Schichten zeitlich konstant; als einzige zeitlich veränderliche Variable bliebe die Gesamtschichtdicke, und die für die Einzelschicht geltenden Ähnlichkeitsgesetze bezüglich der räumlichen Störstellenverteilung würden sich auf die Gesamtschicht ausdehnen lassen.

Unter Verwendung des obigen Reaktionsschemas für die Reaktion $A + B$ und unter der Voraussetzung, daß in beiden Phasen AB und AB_2 $j_B = 0$ angenommen werden kann, tritt an der Phasengrenze I keine AB-Bildung auf, und an der Phasengrenze II sind nur die als Folge eines j_1- $(\equiv (j_A)_1$-$)$ Sprunges auftretenden $\mathfrak{n}_1$- und $\mathfrak{n}_2$- $(\equiv (\mathfrak{n}_M)_1$- bzw. $(\mathfrak{n}_M)_2$-$)$ Änderungen zu berücksichtigen, während an der Phasengrenze III der AB_2-Gitteraufbau durch j_2 $(\equiv (j_A)_2)$ vollkommen bestimmt ist. An der Phasengrenze II sind, unabhängig vom Transportmechanismus der A-Teilchen, für den Weiterbau von AB nur die A-Teilchen maßgebend, die die Reaktion

$$A + AB_2 = 2\,AB \tag{6.163}$$

---

[1] HAUFFE, K., u. W. SCHOTTKY: Deckschichtbildung auf Metallen, in: Halbleiterprobleme, Bd. 5, S. 260. Braunschweig 1960.

bewirken. Da die Zahl der verfügbar werdenden A-Teilchen, die wegen des inneren und Phasengleichgewichtes als „unabhängiger Bestandteil A" betrachtet werden können, durch $j_1 - j_2$ gegeben ist, folgt aus Gl. (6.163):

$$\left.\begin{aligned}\left(\frac{\partial \mathfrak{n}_1}{\partial t}\right)_{\mathrm{II}} &= 2\left(\frac{\partial \mathfrak{n}_A}{\partial t}\right)_{\mathrm{II}} = 2(j_1 - j_2)\\ \text{und}\qquad \left(\frac{\partial \mathfrak{n}_2}{\partial t}\right)_{\mathrm{II}} &= -\left(\frac{\partial \mathfrak{n}_A}{\partial t}\right)_{\mathrm{II}} = j_2 - j_1,\end{aligned}\right\} \qquad (6.164)$$

während

$$\left(\frac{\partial \mathfrak{n}_1}{\partial t}\right)_{\mathrm{I}} = 0 \quad \text{und} \quad \left(\frac{\partial \mathfrak{n}_2}{\partial t}\right)_{\mathrm{III}} = j_2$$

ist. Daraus folgt:

$$\left(\frac{\partial \mathfrak{n}_1}{\partial t}\right)_{\mathrm{total}} = 2(j_1 - j_2)$$

$$\left(\frac{\partial \mathfrak{n}_2}{\partial t}\right)_{\mathrm{total}} = j_2 + j_2 - j_1 = 2j_2 - j_1$$

und

$$\frac{d\mathfrak{n}_2}{d\mathfrak{n}_1} = \frac{j_2/j_1 - 1/2}{1 - j_2/j_1}. \qquad (6.165)$$

Berücksichtigt man ferner, daß

$$j_1 = c_1^2\, k_1'/\mathfrak{n}_1 \quad \text{und} \quad j_2 = c_2^2\, k_2'/\mathfrak{n}_2$$

ist, dann gilt:

$$j_2/j_1 = \frac{c_2^2}{c_1^2}\,\frac{k_2'}{k_1'}\,\frac{\mathfrak{n}_1}{\mathfrak{n}_2} \equiv \varkappa_{12}\, \mathfrak{n}_1/\mathfrak{n}_2 \qquad (6.166)$$

mit

$$\varkappa_{12} = \frac{c_2^2}{c_1^2}\,\frac{k_2'}{k_1'}. \qquad (6.167)$$

Nehmen wir nun für Gl. (6.165) den stationären Zustand an, so ist

$$\mathfrak{n}_2/\mathfrak{n}_1 = d\mathfrak{n}_2/d\mathfrak{n}_1 = \text{const} = \varphi,$$

und es ergibt sich daraus mit Gl. (6.166) zur Bestimmung von φ die folgende Beziehung:

$$\varphi = \frac{\varkappa_{12} - \varphi/2}{\varphi - \varkappa_{12}}. \qquad (6.168)$$

Im allgemeinen erhält man eine Gleichung 2. Grades für φ. Das Mengenverhältnis der Gittermoleküle beider Phasen ist also bis auf einen Zahlenfaktor durch das Verhältnis ihrer TAMMANNschen Anlaufkonstanten k' gegeben. Für das Verhältnis ξ_2/ξ_1 folgt aus Gl. (6.168) mit $\varkappa_{12} \ll 1$ (daher $\varphi \approx 2\varkappa_{12}$):

$$\xi_2/\xi_1 = \mathfrak{n}_2/c_2\, \mathfrak{n}_1/c_1 = 2c_2/c_1\, k_2'/k_1'. \qquad (6.169)$$

Diese Beziehung ließe sich experimentell z. B. für die Schwefelung von Eisen prüfen, wenn, bei gegebenem äußerem Schwefeldampfdruck, einerseits das Dickenverhältnis ξ_{FeS_2}/ξ_{FeS} gemessen wird und andererseits k'_{FeS_2} und k'_{FeS} mit den μ_{Fe}- bzw. μ_S-Werten, die für die Zweierschicht maßgebend sind, an den Einzelschichten durch $\xi\, d\xi/dt$-Messungen bestimmt werden könnten. Das ist für ξ_{FeS} und k'_{FeS} ausgeführt worden (s. S. 692) und auch für die Aufschwefelung von FeS zu FeS_2. Quantitative Daten für ξ_{FeS_2} liegen zur Zeit nicht vor. Aus den bisherigen Meßergebnissen für k_{FeS_2} mit $p_{S_2} = 1$ atm und für k_{FeS} mit $p_{S_2} = 100$ Torr bei 670 °C:

$$k_{FeS_2} = 1{,}4 \cdot 10^{-11} \text{ val cm}^{-1} \text{ sec}^{-1}$$

$$k_{FeS} = 3{,}3 \cdot 10^{-8} \text{ val cm}^{-1} \text{ sec}^{-1}$$

berechnet sich das Verhältnis zu:

$$\xi_{FeS_2}/\xi_{FeS} = 1{,}4 \cdot 10^{-11}/3{,}3 \cdot 10^{-8} = 4{,}2 \cdot 10^{-4}.$$

Die FeS_2-Schicht sollte hiernach etwa 2000mal dünner sein als die FeS-Schicht. In der Tat wurden auch nur sehr dünne FeS_2-Schichten beobachtet.

Infolge der überragenden technischen Bedeutung des Eisens und der Eisenlegierungen liegt ein großes Versuchsmaterial über die Oxydationsgeschwindigkeit von Eisen und seiner Legierungen in Luft, Sauerstoff und anderen zundernden Gasen vor. In diesem Zusammenhang sei besonders auf die älteren zusammenfassenden Darstellungen von FISCHBECK und SALZER[1], PFEIL und WINTERBOTTOM[2] sowie HUDSON und ROONEY[3] hingewiesen. Auf Grund dieser Arbeiten, die die Verzunderung von Eisen in Sauerstoff oder Luft behandeln, wobei die komplizierte heterogene Schichtfolge

$$Fe/FeO/Fe_3O_4/Fe_2O_3/O_{2(Gas)}$$

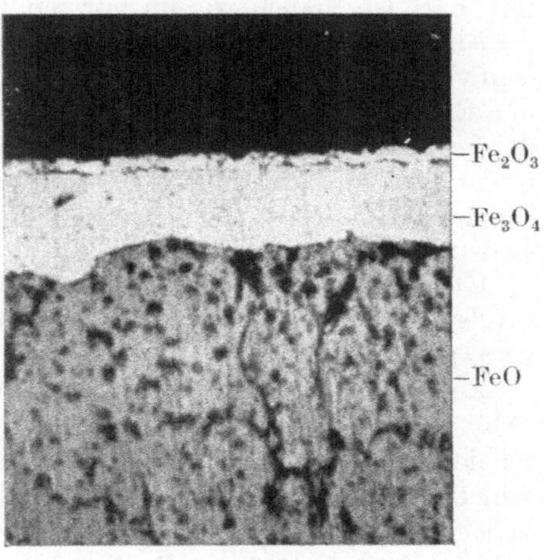

Abb. 6.61. Oxidfolge in der Zunderschicht der Eisenoxydation nach PAIDASSI.

auftritt, war eine quantitative Behandlung insofern erschwert, als damals noch keine Messungen der Diffusionskoeffizienten der Fe- bzw. Sauerstoffionen durch die einzelnen Oxidphasen vorlagen und Phasengrenzvorgänge, Keimbildungs- und Kristallwachstumshemmungen noch schwer zu übersehen waren. Unter Berücksichtigung einer Sauerstofflöslichkeit von Eisen hat FISCHBECK erstmalig den Aufbau der Fe-Zunderschicht eingehend diskutiert. Spätere Untersuchungen (Abb. 6.61)[4] haben diese Überlegungen immer

[1] FISCHBECK, K., L. NEUNDEUBEL u. F. SALZER: Z. Elektrochem. angew. phys. Chem. 40, 517 (1934). — K. FISCHBECK u. F. SALZER: Metallwirtsch., Metallwiss., Metalltechn. 14, 733 (1935).

[2] PFEIL, L. B., u. A. B. WINTERBOTTOM: Beitrag in: Review of Oxydation and Scaling of heated solid Metals. London: H. M. Stationary Office 1935.

[3] HUDSON, J. C., u. E. E. ROONEY: Beitrag in: Review of Oxydation and Scaling of heated solid Metals. London: H. M. Stationary Office 1935.

[4] Vgl. u. a. J. PAIDASSI: Trans. AIME, J. Metals 4, 536 (1952).

wieder bestätigt. Im Sinne der oben mitgeteilten Diskussion versucht JOST[1] über die relativen Mengen der einzelnen Oxydationsprodukte Aussagen zu machen und kommt zu allgemeinen Formulierungen für die Berechnung von Schichtdicken der einzelnen Oxidschichten. Hierdurch ist das damals noch ausstehende Versuchsprogramm klar umrissen worden. Aus dem formelmäßigen Ansatz weist JOST allgemein auf die Tatsache hin, daß häufig nur eine Oxidphase der Zunderschicht besonders stark vertreten ist, während die anderen mengenmäßig vernachlässigt werden können, wie dies auch bei der Oxydation von Eisen im Existenzgebiet der höchsten Oxydationsstufe, z. B. zwischen 700 und 1000 °C, beobachtet wurde. Diese Beziehungen sind aber nur dann allgemein anwendbar, wenn die Phasengrenzreaktionen genügend rasch ablaufen und keine Keimbildungs- und Kristallwachstumshemmungen auftreten, so daß man stets mit eingestellten Gleichgewichten an den Phasengrenzen rechnen kann. Daß dies nicht immer der Fall ist, haben wir im vorigen Kapitel zeigen können.

An Hand der vorliegenden Untersuchungsergebnisse über die Oxydation von Eisen[2,3] und Tracerdiffusionsmessungen von Eisen in den einzelnen Eisenoxiden von HIMMEL, MEHL und BIRCHENALL[4] sind wir heute in der Lage, den Oxydationsmechanismus und den Aufbau der Zunderschicht quantitativ zu beschreiben. Da diese Ergebnisse für die Aufklärung des Zundermechanismus der technisch interessanten Eisenlegierungen von Bedeutung sind, sollen sie im folgenden näher diskutiert werden.[5]

Über die Frage der Epitaxie der auf Fe-Einkristalle aufwachsenden Oxidschichten wurden aufschlußreiche Versuche von BARDOLLE und BÉNARD[6] veröffentlicht.

Entsprechend dem Zustandsdiagramm des Systems Eisen–Sauerstoff (Abb. 6.62)[7] haben wir zwei Temperaturbereiche der Oxydation zu unterscheiden. Unterhalb 570 °C besteht der weitaus größte Teil der Zunderschicht aus Fe_3O_4, das von einer dünnen Schicht aus γ- und α-Fe_2O_3 bedeckt ist.[8] Die Oxydationsgeschwindigkeit ist hier nur durch die Wachstumsgeschwindigkeit der Fe_3O_4-Schicht gegeben.[9] Oberhalb 570 °C hingegen besteht der größte Teil der Zunderschicht aus FeO, und nur eine

[1] Vgl. u. a. W. JOST: Diffusion und chemische Reaktion in festen Stoffen, S. 162 u. 167. Dresden 1937.

[2] DAVIES, M. H., M. T. SIMNAD u. C. E. BIRCHENALL: Trans. AIME, J. Metals **3**, 889 (1951); **5**, 1250 (1953).

[3] HAUFFE, K., u. H. PFEIFFER: Z. Elektrochem. Ber. Bunsenges. phys. Chem. **56**, 390 (1952); Z. Metallkde. **44**, 27 (1935).

[4] HIMMEL, L., R. F. MEHL u. C. E. BIRCHENALL: Trans. AIME, J. Metals **5**, 827 (1953).

[5] HAUFFE, K.: Metalloberfl. (A) **8**, 97 (1954).

[6] BARDOLLE, J., u. J. BÉNARD: Rev. Métallurg. **49**, 613 (1952).

[7] DARKEN, L. S., u. R. W. GURRY: J. Amer. chem. Soc. **67**, 1398 (1945); **68**, 798 (1946). — J. BÉNARD: Bull. Soc. chim. France 80 (1949); Acta Crystallogr. **7**, 214 (1954).

[8] VERNON, W. H. J., E. A. CALNAN, C. J. B. CLEWS u. T. J. NURSE: Proc. Roy. Soc. [London] (A) **216**, 375 (1953).

[9] BÉNARD, J., u. O. COQUELLE: Rev. Métallurg. **43**, 113 (1946). — O. A. TESCHE: Trans. A.S.M.E. **42**, 641 (1950). — J. K. STANLEY, J. VON HOENE u. R. T. HUNTOON: Trans. A.S.M.E. **43**, 426 (1951).

dünne äußere Schicht besteht aus Fe_3O_4 und Fe_2O_3 (Abb. 6.63). Wir betrachten zunächst die Oxydation oberhalb 570 °C. DAVIES, SIMNAD und

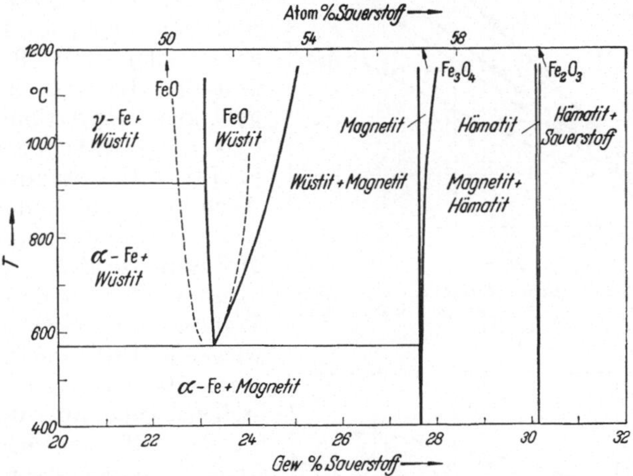

Abb. 6.62. Zustandsdiagramm des Systems Eisen–Sauerstoff nach DARKEN und GURRY. Die gestrichelt eingezeichneten Begrenzungslinien der FeO-Phase stammen von BÉNARD.

BIRCHENALL[1] fanden, daß die Oxydationsgeschwindigkeit von Eisen in reinem Sauerstoff zwischen 650 und 975 °C einem parabolischen Zeitgesetz folgt. Das bedeutet, daß der Bruttovorgang der Oxydation unter Ausbildung aller drei Oxidschichten in verschiedener Dicke durch Ionendiffusionsvorgänge durch die Zunderschicht bestimmt wird. Wie mikroskopische Untersuchungen ergaben, waren nennenswerte Anteile an Fe_3O_4 und Fe_2O_3 in der Zunderschicht bei Oxydationsversuchen oberhalb von 700 °C nicht mehr festzustellen. Das hier vorliegende Ergebnis ließ sich also unmittelbar auch als Wachstumsgeschwindigkeit der FeO-Schicht auf Eisen ansehen. Wie wir bereits auf S. 702 hingewiesen haben, ist der hier vorliegende Mechanismus mit einer geschwindigkeitsbestimmenden Diffusion von Eisenionen über Leerstellen ein anderer als der aus Oxydationsversuchen von Eisenblechen in CO_2-CO-Atmosphäre von HAUFFE und PFEIFFER erhaltene[2], wo die Chemisorption des CO_2 zeitbestimmend ist (lineares Zeitgesetz).

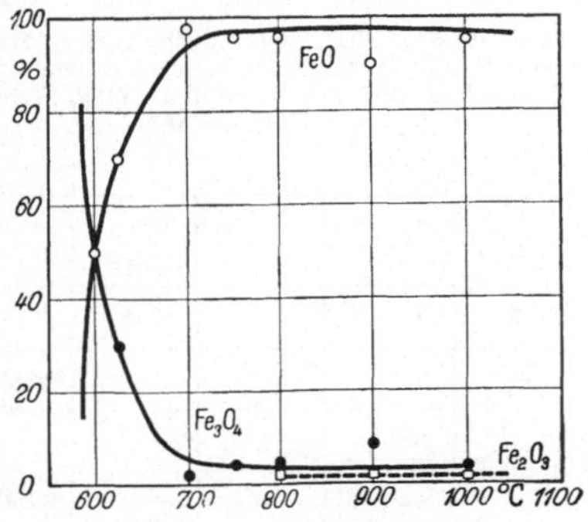

Abb. 6.63. Temperaturabhängigkeit der Zusammensetzung der Zunderschicht der Eisenoxydation in reinem Sauerstoff von 1 atm nach DAVIES, SIMNAD und BIRCHENALL.

[1] DAVIES, M. H., M. T. SIMNAD u. C. E. BIRCHENALL: Trans. AIME, J. Metals **3**, 889 (1951).

[2] HAUFFE, K., u. H. PFEIFFER: Z. Elektrochem. Ber. Bunsenges. phys. Chem. **56**, 390 (1952); Z. Metallkde. **44**, 27 (1953).

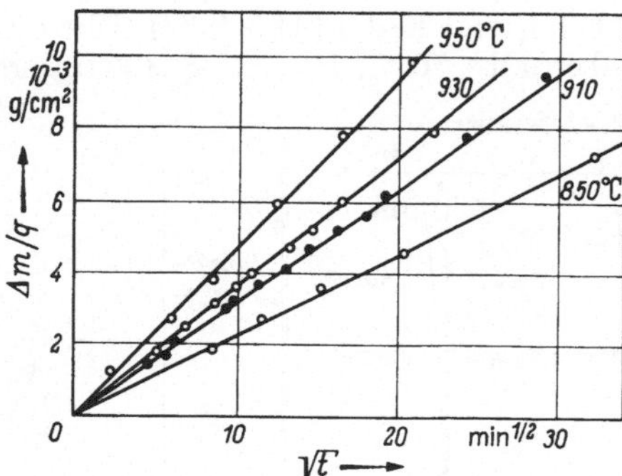

Abb. 6.64a. Parabolischer Verlauf der Oxydation von FeO zu Fe_3O_4 nach DAVIES, SIMNAD und BIRCHENALL.

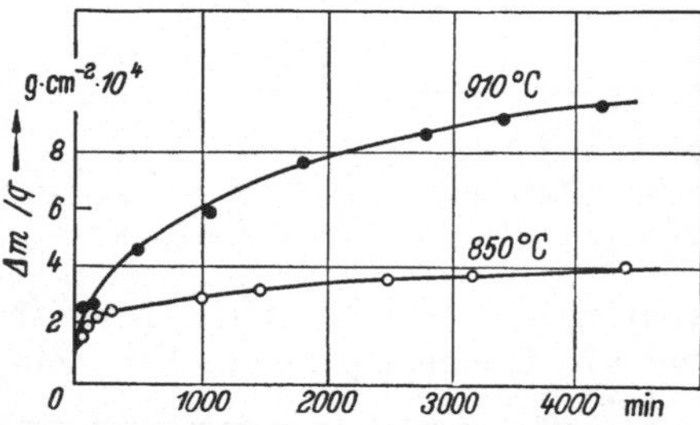

Abb. 6.64b. Zeitlicher Verlauf der Oxydation von Fe_3O_4 zu Fe_2O_3 in Sauerstoff von 1 atm zwischen 850 und 910 °C nach DAVIES, SIMNAD und BIRCHENALL.

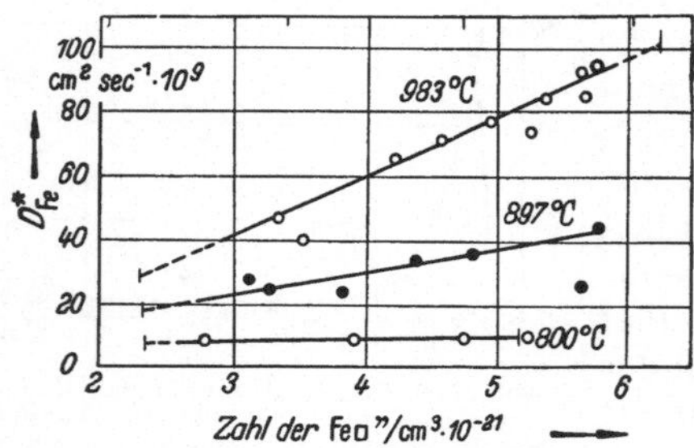

Abb. 6.65. Abhängigkeit des Selbstdiffusionskoeffizienten von Eisen in Wüstit von der Zusammensetzung bzw. vom Fehlordnungsgrad der FeO-Phase nach HIMMEL, MEHL und BIRCHENALL. Die kurzen senkrechten Striche geben die Existenzgrenzen der FeO-Phase bei den entsprechengen Temperaturen nach DARKEN und GURRY an.

In den Abb. 6.64a und 6.64b ist der parabolische Verlauf der Oxydation von FeO zu Fe_3O_4 und von Fe_3O_4 zu Fe_2O_3 zwischen 850 und 910 °C dargestellt. Die sich hieraus ergebenden Oxydationsgeschwindigkeiten k'' (g^2 cm^{-4} sec^{-1}) sind in Tab. 6.15 zusammengestellt. Auch in diesen Oxiden sind für den Vorgang der Aufoxydation Diffusionsvorgänge der Ionen geschwindigkeitsbestimmend. Während im Fe_2O_3 eine überwiegende Diffusion von Sauerstoff über Sauerstoffionenleerstellen angenommen werden darf, ist der Diffusionsmechanismus im Fe_3O_4, so wie er von BIRCHENALL[1] anfänglich vorgeschlagen wurde, auf Grund der Halbleitereigenschaften und der Struktur als inverser Spinell wenig wahrscheinlich. Wir möchten auch hier eine überwiegende Diffusion von Fe-Ionen über Leerstellen annehmen, die im Spinellgitter bereits von Hause aus vorhanden sind.[2] Außerdem sprechen die neuen Ergebnisse von HIMMEL, MEHL und BIRCHENALL[3] für diese Annahme.

Zur Unterstützung dieser Ergebnisse wurden von HIMMEL, MEHL und BIRCHENALL[3] in den einzelnen Oxidphasen bei verschiedenen Sauerstoffpartialdrucken bzw. Fehlordnungskonzentrationen Tracer-Diffusionsmessungen mittels ^{55}Fe durchgeführt. Da radioaktives Eisen in Form zweier Isotope verschiedener Halbwertszeiten

---

[1] DAVIES, M. H., M. T. SIMNAD u. C. E. BIRCHENALL: Trans. AIME, J. Metals **3**, 889 (1951).

[2] DAVIES, M. H., M. T. SIMNAD u. C. E. BIRCHENALL: J. Metals **5**, 1250 (1953).

[3] HIMMEL, L., R. F. MEHL u. C. E. BIRCHENALL: Trans. AIME, J. Metals **5**, 827 (1953).

Tabelle 6.15

Vergleich der experimentell erhaltenen Zunderkonstanten mit den nach der Wagnerschen Zunderformel (6.171) berechneten unter Verwendung der experimentell erhaltenen Tracer-Diffusionskoeffizienten in FeO, Fe_3O_4 und Fe_2O_3 nach Himmel, Mehl und Birchenall

Reaktion	T °C	k val cm^{-1} sec^{-1}	k'' g^2 cm^{-4} sec^{-1} ber.	k'' g^2 cm^{-4} sec^{-1} exp.
$\frac{1}{2}O_2^{(g)} + Fe = FeO$	983	$2{,}8 \cdot 10^{-8}$	$5{,}9 \cdot 10^{-7}$	$6{,}7 \cdot 10^{-7}$
	897	$1{,}1 \cdot 10^{-8}$	$2{,}3 \cdot 10^{-7}$	$2{,}5 \cdot 10^{-7}$
	800	$2{,}5 \cdot 10^{-9}$	$3{,}3 \cdot 10^{-8}$	$3{,}3 \cdot 10^{-8}$
$3FeO + \frac{1}{2}O_2^{(g)} = Fe_3O_4$	1100	$9{,}2 \cdot 10^{-9}$	$2{,}9 \cdot 10^{-8}$	$3{,}2 \cdot 10^{-8}$
	1050	$4{,}1 \cdot 10^{-9}$	$1{,}2 \cdot 10^{-8}$	$1{,}7 \cdot 10^{-8}$
	1000	$1{,}4 \cdot 10^{-9}$	$4{,}5 \cdot 10^{-9}$	$8{,}1 \cdot 10^{-9}$
$2Fe_3O_4 + \frac{1}{2}O_2^{(g)} = 3Fe_2O_3$	1100	$1{,}7 \cdot 10^{-12}$	$4{,}8 \cdot 10^{-12}$	$1{,}0 \cdot 10^{-8}$
	1000	$2{,}1 \cdot 10^{-14}$	$5{,}8 \cdot 10^{-14}$	$2{,}3 \cdot 10^{-9}$

auftritt — ^{55}Fe mit 2,9 Jahren und ^{59}Fe mit 46 Tagen Halbwertszeit —, wurde mit einem Isotopengemenge gearbeitet, das ein Jahr gelagert hatte, wodurch nur noch mit $< 0{,}5\%$ des kurzlebigen Isotops zu rechnen war. Die Meßwerte der Tracer-Diffusion in FeO sind aus Abb. 6.65 zu entnehmen. Wie man erkennt, ist oberhalb 900 °C eine deutliche Abhängigkeit der Tracer-Diffusionskoeffizienten von der Fe-Ionenleerstellenkonzentration vorhanden. Dieser Befund steht im Einklang mit dem in Abb. 6.66 wiedergegebenen Ergebnis $x_{|Fe|''} = \text{const}\, p_{O_2}^{1/6}$. Mit der für 1000 °C aus Messungen von HAUFFE und PFEIFFER berechneten Beweglichkeit der Fe-Ionenleerstellen $u_{|Fe|''} \approx 1{,}3 \cdot 10^{-4}$ ergibt sich der Selbstdiffusionskoeffizient der Eisenionen in FeO $(D^*_{Fe})_{FeO}$ nach der Formel

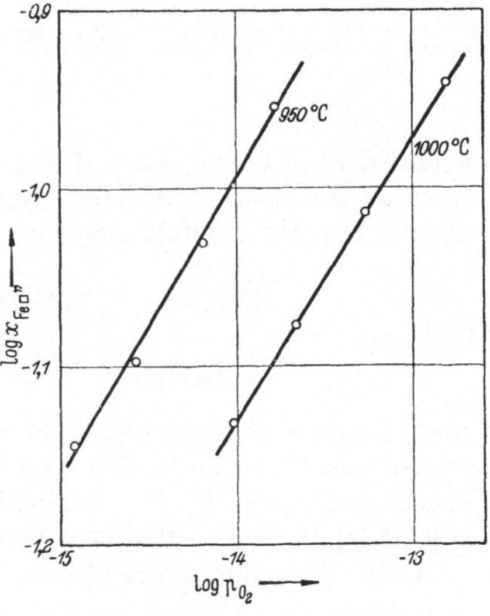

Abb. 6.66. Abhängigkeit der Eisenionenleerstellen-Konzentration $x_{|Fe|''}$ im FeO vom Sauerstoffpartialdruck bei 950 und 1000° C nach HAUFFE und PFEIFFER. Die Neigung der Geraden ergibt $n = 1/6$, so daß folgt: $x_{Fe\square''} = x_{|Fe|''} = \text{const}\, p_{O_2}^{1/6}$.

$$(D^*_{Fe})_{FeO} = x_{|Fe|''}\, u_{|Fe|''} \frac{kT}{e}$$

zu etwa $2 \cdot 10^{-7}$ in guter Übereinstimmung mit den Meßwerten von HIMMEL, MEHL und BIRCHENALL, wenn der Molenbruch der Eisenionenleerstellen $x_{|Fe|''} = 0{,}1$ gesetzt wird.

Die Tracer-Diffusionskoeffizienten der Eisenionen in Fe_3O_4 wurden in einer H_2O-dampfhaltigen Argonatmosphäre zwischen 799 und 987 °C und die der Eisenionen in Fe_2O_3 in reinem Sauerstoff zwischen 1000 und 1217 °C ermittelt.[1] Die Versuchsergebnisse sind in den Abb. 6.67 und 6.68 wiedergegeben. Wie man erkennt, liegen die an Fe_2O_3-Einkristallen gefundenen Tracer-Diffusionskoeffizienten um $\frac{1}{2}$ bis 1 Zehnerpotenz niedriger als die von LINDNER (S. 587) an polykristallinen Fe_2O_3-Pastil-

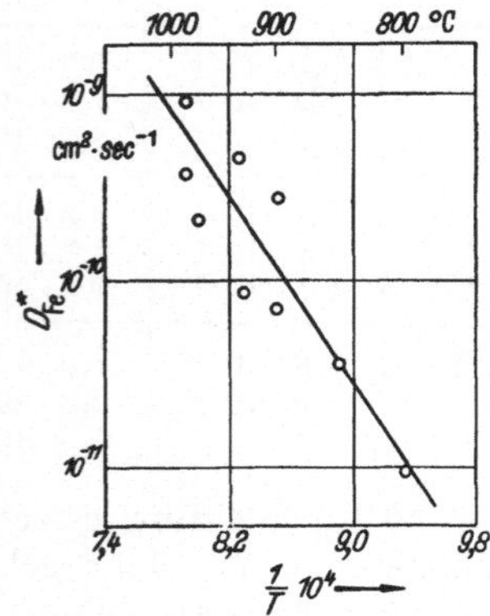

Abb. 6.67. Temperaturabhängigkeit der Tracer-Diffusion von Eisenionen in Magnetit mit der mittleren Zusammensetzung $Fe_{2,993}O_4$, gemessen in wasserdampfhaltiger Argonatmosphäre, nach HIMMEL, MEHL und BIRCHENALL.

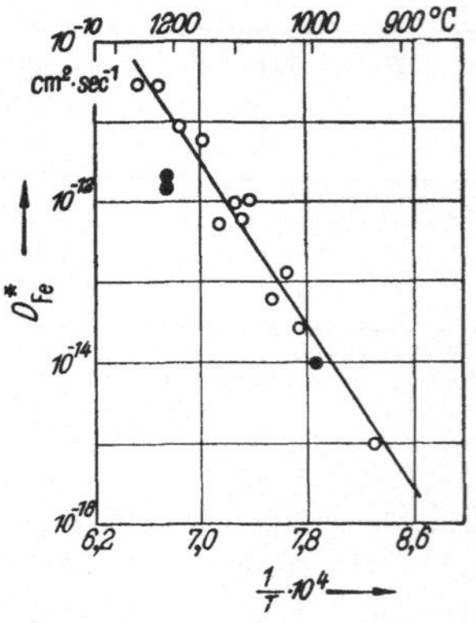

Abb. 6.68. Temperaturabhängigkeit der Tracer-Diffusion von Eisenionen in Fe_2O_3, gemessen an gesinterten Fe_2O_3-Pastillen nach LINDNER (○) und an Fe_2O_3-Einkristallen (●) nach HIMMEL, MEHL und BIRCHENALL.

len erhaltenen Werte, was auf Korngrenzendiffusion im polykristallinen Material hinweist (Abb. 6.68). Die sich aus den beiden Abbildungen ergebenden Aktivierungsenergien

$$(D^*_{Fe})_{Fe_3O_4} = 5{,}2 \exp(-55000/RT)$$

und

$$(D^*_{Fe})_{Fe_2O_3} = 4 \cdot 10^5 \exp(-112000/RT)\ \mathrm{cm^2\,sec^{-1}}$$

sind im ersten Fall größer als die unterhalb 570 °C aus Oxydationsversuchen von Fe zu Fe_3O_4 sich zu 45000 cal/Mol ergebende Aktivierungsenergie und im zweiten Fall wesentlich größer als die durch Aufoxydation von Fe_3O_4 zu Fe_2O_3 erhaltene Aktivierungsenergie (53000 cal/Mol).

Unter Anwendung der WAGNERschen Zunderformel

$$k = |z_2|\, c_2 \int\limits_{a_2'}^{a_2''} \left(\frac{z_1}{|z_2|} D_1^* + D_2^* \right) d \ln a_2 ,$$

[1] Im Falle einer Fe-Ionendiffusion durch Fe_2O_3, das ein n-Leiter ist, dürften Fe-Tracer-Diffusionsmessungen nur in einem Fe_2O_3 durchgeführt werden, das sich im Gleichgewicht mit Fe_3O_4 befindet und nicht mit Sauerstoff (s. hierüber S. 590ff.). Dasselbe gilt für Sauerstoff-Selbstdiffusionsmessungen, was bei späteren Experimenten zu berücksichtigen ist.

worin z_1 und z_2 die Wertigkeiten der Eisen- und Sauerstoffionen, c_2 die Konzentration des Sauerstoffs in g-Atom/cm³ und a_2' bzw. a_2'' die thermodynamische Aktivität des Sauerstoffs an der Phasengrenze Eisen/Oxid bzw. Oxid/Sauerstoff bedeuten, ergibt sich mit $D_2^* \approx 0$ die auswertbare Beziehung:

$$k \approx 2{,}3 \cdot 2\, c_0 \int_{a_0'}^{a_0''} \frac{z_{\mathrm{Fe}}}{|z_0|} D_{\mathrm{Fe}}^*\, d \log a_0 . \tag{6.170}$$

Da man ferner $\log a_0 = \log(p_{\mathrm{H_2O}}/p_{\mathrm{H_2}})$ setzen kann, folgt für die Oxydationsgeschwindigkeitskonstanten der einzelnen Oxide:

$$k_{\mathrm{FeO}} = 0{,}383 \int_{a_0'}^{a_0''} D_{\mathrm{Fe}}^* \frac{n_0}{n_{\mathrm{Fe}}}\, d\left(\log \frac{p_{\mathrm{H_2O}}}{p_{\mathrm{H_2}}}\right) \quad (\mathrm{Fe} \to \mathrm{FeO}) \tag{6.171a}$$

$$k_{\mathrm{Fe_3O_4}} = 0{,}551\, D_{\mathrm{Fe}}^* \log\left(\frac{a_0''}{a_0'}\right) \quad (\mathrm{FeO} \to \mathrm{Fe_3O_4}) \tag{6.171b}$$

$$k_{\mathrm{Fe_2O_3}} = 0{,}679\, D_{\mathrm{Fe}}^* \log a_0' \quad (\mathrm{Fe_3O_4} \to \mathrm{Fe_2O_3}) . \tag{6.171c}$$

In Tab. 6.15 sind die aus den Tracer-Diffusionsmessungen von Eisen mittels (6.171a) bis (6.171c) berechneten Zunderkonstanten den durch das Experiment erhaltenen gegenübergestellt. Während die Anwendung von (6.171a) und (6.171b) berechtigt ist, führt die Anwendung von (6.171c) zu Ergebnissen, die um etwa 2 Zehnerpotenzen zu niedrig sind als die experimentell erhaltenen. Dieser letzte Befund ist nicht verwunderlich, wenn man bedenkt, daß hier die Annahme $D_2^* \approx 0$ bzw. $D_1^* \gg D_2^*$ nicht mehr erfüllt ist. Ganz im Gegenteil scheint hier der andere Grenzfall $D_2^* \gg D_1^*$ vorzuliegen, wie auch aus den „Marken"-Versuchen von DAVIES, SIMNAD und BIRCHENALL zu schließen ist. Für die Aufoxydation von Fe_3O_4 zu Fe_2O_3 ist also an Stelle von (6.171c) die folgende Beziehung zu verwenden:

$$k_{\mathrm{Fe_2O_3}} = -0{,}679\, D_0^* \log a_0' . \tag{6.171d}$$

Da Selbstdiffusionsmessungen von Sauerstoff durch Fe_2O_3-Einkristalle noch nicht vorliegen, kann man umgekehrt aus den erhaltenen Zunderkonstanten den Selbstdiffusionskoeffizienten von Sauerstoff bei 1000 bzw. 1100 °C aus (6.171d) berechnen.

Abgesehen von der Beweisführung der Anwendbarkeit der WAGNERschen Theorie auf Zundersysteme mit mehreren Oxidschichten dürfte durch die vorliegenden Arbeiten von BIRCHENALL und MEHL sowie derjenigen von HAUFFE und PFEIFFER der Mechanismus der Eisenoxydation bei höheren Temperaturen weitgehend aufgeklärt sein. Die Kenntnis über den Aufbau der Oxidschichten verdanken wir besonders BÉNARD[1] und

[1] BARDOLLE, J., u. J. BÉNARD: C. R. Acad. Sci. Paris **239**, 706 (1954).

GULBRANSEN[1]. Abschließend sei in Abb. 6.69 eine schematische Darstellung der Diffusions- und Phasengrenzvorgänge gegeben, die während der Fe-Oxydation eine Rolle spielen.[2]

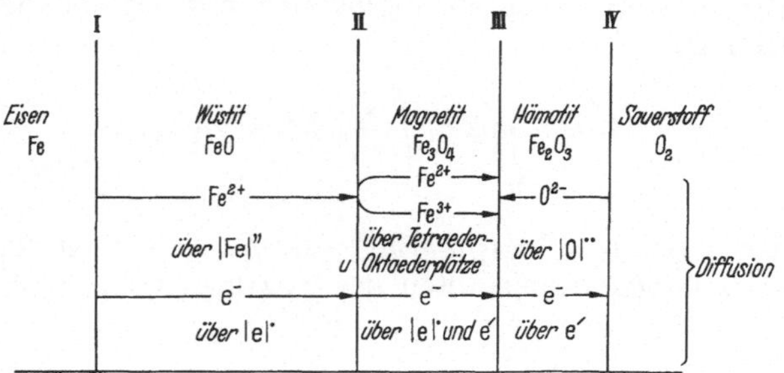

$$\text{I:}\quad \text{Fe (Metall-Phase)} + (|\text{Fe}|'' + 2\,|\text{e}|^{\bullet})_{\text{im FeO}} \rightleftharpoons \text{Null.}$$

$$\text{II:}\quad \text{Fe}_3\text{O}_4 \rightleftharpoons (4\,\text{FeO} + |\text{Fe}|'' + 2\,|\text{e}|^{\bullet})_{\text{im FeO}} \qquad (\text{Fe}_3\text{O}_4\text{-Abbau})$$

Ein Teil der durch die FeO-Phase eintreffenden Fe^{2+}-Ionen und der an der Phasengrenze FeO/Fe_3O_4 entstehenden Fe^{3+}-Ionen ($\equiv |e|^{\bullet}$) treten in die Magnetit-Phase über:

$$|\text{e}|^{\bullet}_{\text{im FeO}} + (|\text{Fe}|'' + |\text{Fe}|''')_{\text{leere Tetraeder- und Oktaederplätze im Fe}_3\text{O}_4} \rightleftharpoons \text{Platzbesetzung}_{\text{im Fe}_3\text{O}_4} + (2\,|\text{Fe}|'')_{\text{im FeO}}$$

$$\text{III:}\quad 12\,\text{Fe}_2\text{O}_3 \rightleftharpoons 9\,\text{Fe}_3\text{O}_4 + (|\text{Fe}|'' + 2\,|\text{Fe}|''' + 8\,|\text{e}|^{\bullet})_{\text{im Fe}_3\text{O}_4} \qquad (\text{Fe}_2\text{O}_3\text{-Abbau})$$

$$2\,\text{Fe}_3\text{O}_4 \rightleftharpoons 3\,\text{Fe}_2\text{O}_3 + (|\text{O}|^{\bullet\bullet} + 2\text{e}')_{\text{im Fe}_2\text{O}_3} \qquad (\text{Fe}_2\text{O}_3\text{-Bildung})$$

$$\text{IV:}\quad \tfrac{1}{2}\text{O}_2^{(g)} + (|\text{O}|^{\bullet\bullet} + 2\text{e}')_{\text{im Fe}_2\text{O}_3} \rightleftharpoons \text{Null.}$$

(I–IV: Phasengrenzreaktionen)

Abb. 6.69. Schematische Darstellung der Diffusionsvorgänge und Phasengrenzreaktionen während der Oxydation von Eisen in Sauerstoff nach HAUFFE.

Wie auch die endgültige Klärung des Materietransports durch die Fe_3O_4- und Fe_2O_3-Schicht aussehen mag, das Beispiel der Fe-Oxydation zeigt, daß der am System $A|AB|AB_2|B$(gas) diskutierte Mechanismus in zwei Richtungen einer Erweiterung bedarf. Einerseits müssen mehr als zwei Schichten berücksichtigt werden und zweitens muß die oben gemachte Annahme, $s_B = 0$, fallen gelassen werden. In der Tat ist auch in diesem allgemeinen Fall eine Berechnung der stationären ξ-Verhältnisse aus den Diffusionskonstanten D_A und D_B der Einzelschichten unter den Voraussetzungen der WAGNERschen Theorie in recht allgemeiner Weise prinzipiell möglich, wenn auch die Beziehungen nicht ganz einfach zu formulieren sind.

Unter Verzicht auf die Ableitung dieser Gesetzmäßigkeiten sei nur bemerkt, daß in den obigen Gln. (6.164) bis (6.169) die Fe und O als unabhängige Bestandteile, die FeO-Verbindungen als Gittermoleküle der betreffenden Phase zu betrachten sind. Entsprechend treten bei der Ausführung der Rechnungen auch nur die effektiven Diffusionskonstanten

[1] GULBRANSEN, E. A., W. R. MCMILLAN u. K. F. ANDREW: J. Metals 6, 1027 (1954).
[2] HAUFFE, K.: Metalloberfl. (A) 8, 97 (1954).

D_{Fe} und D_O der Einzelphasen auf, ohne daß über ihre Zusammensetzung aus den Strömen einzelner Störstellen sowie den sie aus Elektroneutralitätsgründen begleitenden Elektronenströmen etwas ausgesagt ist. Auf diese Weise läßt sich eine erwünschte Allgemeinheit der Ableitungen erzielen, was besonders für das Wachstum der Fe_3O_4-Schicht, wo Eisen sowohl über $|Fe|''$- wie $|Fe|'''$-Lücken transportiert wird, eine wichtige Erleichterung bedeutet.

Sind mit Hilfe der Phasengrenzreaktionen an I bis IV in Abb. 6.69, gegebenenfalls mit Berücksichtigung innerer Reaktionen gemäß S. 714, die totalen dn_1/dt usw. durch die s_A- und s_B-Werte an allen Phasengrenzen ausgedrückt, so ist nur noch zu berücksichtigen, daß alle s_A- und s_B-Werte durch die lokalen μ_A-Werte bestimmt und reziprok von der Gesamtschichtdicke abhängig sind.

Erheblich anders liegen die Verhältnisse, wenn man Eisen unterhalb 570 °C oxydiert. Hier wird die Brutto-Oxydationsgeschwindigkeit durch die Wachstumsgeschwindigkeit des Fe_3O_4 gegeben, während eine FeO-Schicht nur als sehr dünner Film an der Phasengrenze Fe/Oxid gebildet wird. Diese Annahme wird insbesondere durch Elektronenbeugungsaufnahmen von GULBRANSEN und RUKA[1] an unterhalb 570 °C auf Eisen aufgewachsenen dünnen Oxidschichten bestätigt, die herab bis zu 400 °C eine geringe FeO-Bildung feststellen konnten. Nach Oxydationsversuchen von VERNON, EVANS und Mitarbeitern[2,3] folgt die Oxydation von Eisen bis herab zu 200 °C einem parabolischen Zeitgesetz und unterhalb 180 °C einem logarithmischen Zeitgesetz der Form:

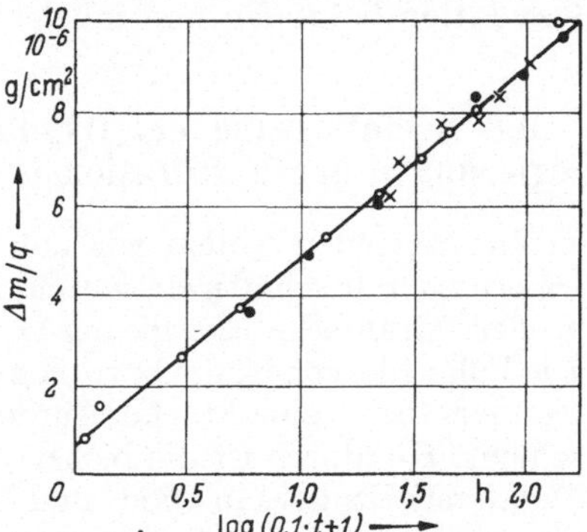

Abb. 6.70. Logarithmischer Verlauf der Oxydation von Eisen in Sauerstoff bei 180°C nach VERNON und Mitarbeitern.
○ mechanisch bearbeitete Oberfläche;
△ chemisch geätzte Oberfläche;
□ im Vakuum getemperte Oberfläche.

$$\frac{\Delta m}{q} = \text{const} + k_1 \log(k_2\, t + 1)$$

(Abb. 6.70). Eine Behandlung dieser Zeitgesetze soll später folgen (S. 764ff.).

Oxydationsversuche mit zonengeschmolzenem reinstem Eisen ergaben zwischen 220 und 450 °C im Sauerstoffdruckbereich von 0,01 bis 100 Torr ein Ansteigen der Oxydationsgeschwindigkeit mit abnehmendem Sauerstoffdruck[4]. Dieses überraschende Ergebnis wird verständlich,

---

[1] GULBRANSEN, E. A., u. R. RUKA: Trans. AIME **188**, J. Metals **2**, 1500 (1950).

[2] VERNON, W. H. J., E. A. CALNAN, C. J. B. CLEWS u. T. J. NURSE: Proc. Roy. Soc. [London] (A) **216**, 375 (1953).

[3] DAVIES, D. E., U. R. EVANS u. J. N. AGAR: Proc. Roy. Soc. (A) **225**, 443 (1954).

[4] BOGGS, W. E., R. H. KACHIK u. G. E. PELLISIER: J. electrochem. Soc. **112**, 539 (1965).

wenn man berücksichtigt, daß bei höheren Sauerstoffdrucken die Fe_3O_4-Schicht durch eine Fe_2O_3-Schicht überdeckt wird, wodurch die Oxydation durch die langsamere Diffusion der Sauerstoffionen in der Fe_2O_3-Schicht bestimmt wird. Im Bereich niedriger Sauerstoffdrucke, z. B. 0,01 Torr, hingegen ist die Fe_2O_3-Keimbildung und somit die Ausbildung einer Fe_2O_3-Deckschicht erheblich langsamer, so daß die rascheren Diffusionsvorgänge in der Fe_3O_4-Schicht die Geschwindigkeit der Oxydation bestimmen.

Während der Hochtemperaturmechanismus der Eisenoxydation heute als weitgehend geklärt angesehen werden kann, ist der Mechanismus der Oxydation bei tiefen und mittleren Temperaturen noch unklar.

6.8 Beeinflussung der Oxydationsgeschwindigkeit von Metalllegierungen durch Diffusionsprozesse in Legierungs- und Oxidphase

Im folgenden wollen wir uns mit Oxydationsvorgängen an Metalllegierungen beschäftigen, deren Legierungskomponente eine erheblich größere GIBBSsche Energie der Oxidbildung aufweist als das Basismetall. Die Folge hiervon ist die bevorzugte Oxydation des unedleren Legierungspartners bzw. eine starke Anreicherung dieses Oxids in der Zunderschicht. Hierdurch ist die bisher vorausgesetzte Annahme eines gleichen Metallverhältnisses in Oxid- und Legierungsphase nicht mehr erfüllt, wie dies auch in der Tat beobachtet wird. Folgende Faktoren sind bei der Oxydation einer binären Legierung entscheidend für die Frage, ob nur ein Oxid oder eine oxidische Mischphase mit dem gleichen Metallverhältnis wie in der Legierungsphase oder zwei Oxide im heterogenen Gemenge nebeneinander bzw. hintereinander gebildet werden:

1. Die freien Bildungsenergien der in Betracht kommenden Oxide,
2. die gegenseitige Löslichkeit beider Oxide,
3. die prozentuale Zusammensetzung der Legierung,
4. das Verhältnis der Oxydationsgeschwindigkeitskonstanten der reinen Metalle,
5. das Verhältnis der Diffusionskonstanten innerhalb der Legierung zu der Oxydationskonstanten eines der reinen Metalle.

Durch Wahl einer geeigneten Legierung, wie z. B. Ni-Pt oder Ni-Au, kann man den schwierigen Fragenkomplex insofern vereinfachen, als man hier nur mit der Ausbildung einer NiO-Zunderschicht zu rechnen hat. Damit entfallen die Punkte 1, 2 und 4. Während für Ni-reiche Edelmetalllegierungen die Diffusionsgeschwindigkeit der Ni-Ionen durch die NiO-Schicht der geschwindigkeitsbestimmende Teilschritt ist, ist dies bei kleinen Ni-Zusätzen nicht der Fall. Hier wird, wie noch im folgenden gezeigt werden soll, die Diffusion der Ni-Atome in der Legierungsphase aus dem Inneren zur Phasengrenze Legierung/Oxid geschwindigkeitsbestimmend. Die hier zu behandelnden Probleme beruhen also auf der Konkurrenz der Diffusionsvorgänge in der Legierungs- und Oxidphase. Für die folgende Betrachtung, die thermodynamisches Gleichgewicht an den

Phasengrenzen voraussetzt, wird eine Arbeit von WAGNER zugrunde gelegt.[1]

Wie Oxydationsversuche zwischen 800 und 1100 °C an Ni-Au- und Ni-Pt-Legierungen ergeben haben, besteht in diesen Systemen die Zunderschicht ausschließlich aus NiO. Hierdurch kommt es zu einer Verarmung an Nickel und zu einer Anreicherung des Edelmetalls an der Phasengrenze Legierung/Oxid und demzufolge zu einer Diffusion der beiden Legierungspartner gegeneinander. Abb. 6.71 zeigt schematisch die Diffusionsprozesse während der Oxydation einer Ni-Pt-Legierung und den Verlauf des chemischen Potentials des Nickels in Legierung und Oxid. Nach WAGNER und GRÜNEWALD[2] entsteht bei der Oxydation von Ni-Au-Legierungen bei 900 °C keine kompakte NiO-Deckschicht, sondern vielmehr ein poröses Gemenge von NiO und Au. Dies ist offenbar auch der Grund dafür, daß kein parabolisches Zeitgesetz beobachtet wird und daß ferner ein Goldzusatz die Oxydationsgeschwindigkeit erhöht. Dagegen bildet sich nach KUBASCHEWSKI und VON GOLDBECK[3] bei der Oxydation von Ni-Pt-Legierungen eine festhaftende, kompakte Nickeloxidschicht. Demzufolge ist auch das parabolische Zeitgesetz erfüllt.

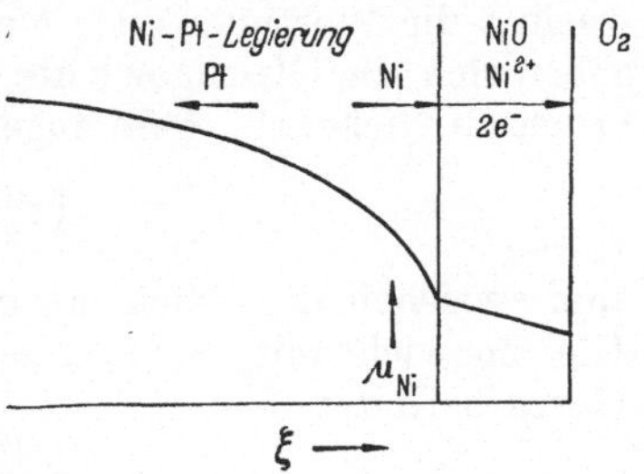

Abb. 6.71. Schematische Darstellung der Diffusionsprozesse und des örtlichen Verlaufs des chemischen Potentials von Nickel in der Legierungs- und Oxidphase während der Oxydation einer Ni-Pt-Legierung.

Wie wir auf S. 649 zeigen konnten, ist die Oxydationsgeschwindigkeit von Nickel

$$k = \mathrm{const}\{(p_{O_2}^{(a)})^{1/6} - (p_{O_2}^{(i)})^{1/6}\},$$

worin $p_{O_2}^{(a)}$ der vorgegebene Sauerstoffpartialdruck und $p_{O_2}^{(i)}$ der Gleichgewichtsdruck an der Phasengrenze Nickel/NiO ist, der im Falle des „reinen" Systems Ni/NiO gleich ist dem Dissoziationsdruck π_{O_2} von NiO mit koexistierendem Nickel. Die entsprechenden Kationenströme j_K^0 und j_K durch die sich auf reinem Nickel und einer Nickellegierung bildende NiO-Schicht lauten allgemein ($n = 6$):

$$j_K^0 = \mathrm{const}\{(p_{O_2}^{(a)})^{1/n} - \pi_{O_2}^{1/n}\}/\Delta\,\xi_{\mathrm{Oxid}} \qquad (6.172\,\mathrm{a})$$

und

$$j_K = \mathrm{const}\{(p_{O_2}^{(a)})^{1/n} - (p_{O_2}^{(i)})^{1/n}\}/\Delta\,\xi_{\mathrm{Oxid}}\,. \qquad (6.172\,\mathrm{b})$$

Im Falle der Oxydation einer Ni-Pt-Legierung betrachten wir die folgende Gleichgewichtsbedingung:

$$2\,\mathrm{Ni}\,(\mathrm{Legierung}) + \mathrm{O_2(gas)} \rightleftharpoons 2\,\mathrm{NiO} \qquad (6.173)$$

mit dem Massenwirkungsansatz

$$x_{\mathrm{Ni}}^2\, p_{O_2} = x_{\mathrm{NiO}}^2\, K' \equiv K\,, \qquad (6.174)$$

[1] WAGNER, C.: J. electrochem. Soc. 99, 369 (1952).
[2] WAGNER, C., u. K. GRÜNEWALD: Z. phys. Chem. (B) 40, 455 (1938).
[3] KUBASCHEWSKI, O., u. O. VON GOLDBECK: J. Inst. Metals 76, 255 (1949).

wobei wir in erster Näherung an Stelle der thermodynamischen Aktivitäten a_{Ni} die entsprechenden Molenbrüche verwenden. K' hat die Dimension eines Druckes. Setzen wir $x_{Ni} = 1$ (reines Nickel) und wählen den Sauerstoffdruck derart, daß gerade die Oxydation nicht mehr fortschreitet (Gleichgewichtsdruck), dann ist $K = \pi_{O_2}$, und die Gl. (6.174) geht in die allgemeingültige Form über

$$x_{Ni}^{4/z}\, p_{O_2} = \pi_{O_2}, \tag{6.175}$$

worin z die Wertigkeit des Metallions ist. Aus der Beziehung (6.175) ergeben sich die Gleichgewichte zwischen einer Legierung mit dem Atombruch an Nickel $x_{Ni}^{(i)}$, dem zugehörigen Sauerstoffgleichgewichtsdruck $p_{O_2}^{(i)}$

$$(x_{Ni}^{(i)})^{4/z}\, p_{O_2}^{(i)} = \pi_{O_2} \tag{6.176}$$

und zwischen dem Nickelatombruch $x_{Ni}^{(a)}$ in einer Legierung, die sich im Gleichgewicht mit NiO und dem Sauerstoffpartialdruck des umgebenden Gases befindet

$$(x_{Ni}^{(a)})^{4/z}\, p_{O_2}^{(a)} = \pi_{O_2}. \tag{6.177}$$

Hieraus folgt für den „Gleichgewichts-Atombruch“ von Nickel $x_{Ni}^{(a)}$ für einen vorgegebenen Sauerstoffpartialdruck

$$x_{Ni}^{(a)} = \left(\frac{\pi_{O_2}}{p_{O_2}^{(a)}}\right)^{z/4}. \tag{6.178}$$

Bezeichnet α das Verhältnis der Zunderkonstanten einer Legierung und der von reinem Nickel, so folgt für eine gegebene Dicke der Oxidschicht durch Division von (6.172b) durch (6.172a) und Eliminieren von $p_{O_2}^{(i)}$ und $p_{O_2}^{(a)}$ unter Verwendung der Beziehungen (6.176) und (6.177):

$$\alpha = \frac{k}{k^0} = \frac{j_K}{j_K^0} = \frac{(p_{O_2}^{(a)})^{1/n} - (p_{O_2}^{(i)})^{1/n}}{(p_{O_2}^{(a)})^{1/n} - \pi_{O_2}^{1/n}} = \frac{1 - (x_{Ni}^{(a)}/x_{Ni}^{(i)})^{4/zn}}{1 - (x_{Ni}^{(a)})^{4/zn}}. \tag{6.179}$$

Bezüglich der Diffusion in der Legierungsphase wird in erster Näherung der Diffusionskoeffizient D als unabhängig von der Zusammensetzung der Legierung angenommen. Dann lautet das 2. FICKsche Gesetz

$$\frac{\partial x_{Ni(\xi)}}{\partial t} = D\frac{\partial^2 x_{Ni}}{\partial \xi^2},$$

wobei $x_{Ni(\xi)}$ der örtliche Atombruch des Nickels in der Entfernung ξ von der Oberfläche der Legierung zur Zeit $t = 0$ ist. Die Ausgangsbedingung ist

$$x_{Ni(\xi)} = x_{Ni} \quad \text{für} \quad t = 0 \quad \text{und} \quad \xi > 0, \tag{6.180}$$

wobei x_{Ni} den Atombruch des Nickels im Inneren der Legierungsphase kennzeichnet. Bezeichnet c die Konzentration in Grammatomen an Metall für das Einheitsvolumen der Legierung, so sind $c(1 - x_{Ni}^{(i)})\, d\Delta\xi_{Metall}$ die Grammatome Platin in einem Volumenelement der Legierung von der Dicke $d\Delta\xi_{Metall}$ und je Flächeneinheit, die ins Innere der Legierung abdiffundieren, was durch das 1. FICKsche Gesetz wie folgt formuliert wird:

$$c(1 - x_{\mathrm{Ni}}^{(i)}) \frac{d\Delta\xi_{\mathrm{Metall}}}{dt} = -D \left\{ \frac{\partial [c(1 - x_{\mathrm{Ni}(\xi)})]}{\partial \xi} \right\}_{\xi = \Delta\xi_{\mathrm{Metall}}}$$

$$\approx D c \left(\frac{\partial x_{\mathrm{Ni}(\xi)}}{\partial \xi} \right)_{\xi = \Delta\xi_{\mathrm{Metall}}}. \tag{6.181}$$

Aus dem TAMMANNschen Gesetz und Beziehung (6.179) folgt für die Dickenabnahme der Legierung:

$$\left| \frac{-d\Delta\xi_{\mathrm{Metall}}}{dt} \right| = \alpha \frac{k^0}{\Delta\xi_{\mathrm{Metall}}}. \tag{6.182}$$

Da häufig k^0, D, x_{Ni}, $x_{\mathrm{Ni}}^{(a)}$ bei gegebenem Partialdruck des umgebenden Sauerstoffs und der Dissoziationsdruck von NiO π_{O_2} nach (6.178) bekannt sind, ist nach (6.179) und (6.182) die Berechnung der anderen Größen, insbesondere von $x_{\mathrm{Ni}}^{(i)}$ und α, möglich. Unter Verwendung der dimensionslosen Größe $\gamma = D/k^0$ erhält WAGNER schließlich die folgende Beziehung

$$\frac{x_{\mathrm{Ni}} - x_{\mathrm{Ni}}^{(i)}}{1 - x_{\mathrm{Ni}}^{(i)}} = F\left\{ \left(\frac{1}{2} \alpha/\gamma \right)^{1/2} \right\}, \tag{6.183}$$

wobei die Werte der Hilfsfunktion $F(u)$ für $u = (\frac{1}{2}\alpha/\gamma)^{1/2}$ aus Abb. 6.72 abgelesen werden können.

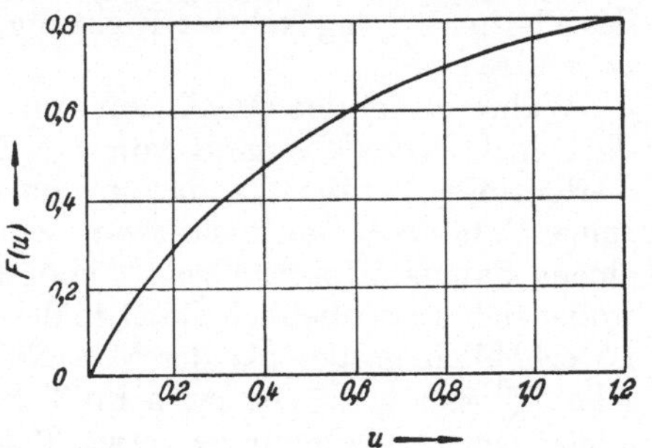

Abb. 6.72. Graphische Darstellung der Funktion $F(u) = \pi^{1/6} u(1 - \Phi\, u) \exp u^2$ in Abhängigkeit von $u = (\frac{1}{2}\alpha/\gamma)^{1/2}$ nach WAGNER.

Durch Anwendung der Beziehungen (6.179) und (6.183) konnte WAGNER die Größe α in Abhängigkeit vom Ni-Atombruch des Systems Ni–Pt berechnen, wobei der Dissoziationsdruck von FRICKE und WEITBRECHT[1] und der Diffusionskoeffizient aus Messungen von KUBASCHEWSKI und EBERT[2] verwandt wurden (Abb. 6.73). Während die von KUBASCHEWSKI und VON GOLDBECK erhaltenen Meßpunkte bei den 850°-Versuchen mit befriedigender Genauigkeit

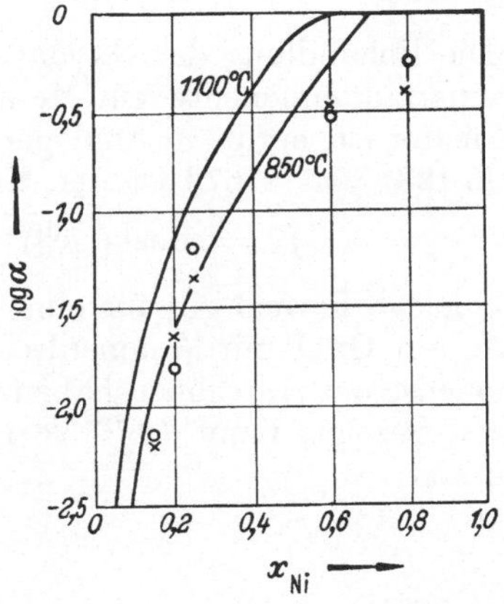

Abb. 6.73. Verhältnis der Oxydationsgeschwindigkeits-Konstanten α von Ni-Pt-Legierungen zu der von reinem Ni in Abhängigkeit vom Ni-Gehalt x_{Ni} der Legierung. × und ○: Meßpunkte bei 850 und 1100 °C nach KUBASCHEWSKI und VON GOLDBECK. Die ausgezogenen Kurven wurden von WAGNER aus den Gln. (6.179) und (6.183) berechnet.

[1] FRICKE, R., u. G. WEITBRECHT: Z. Elektrochem. angew. phys. Chem. **48**, 87, 389 (1942).

[2] KUBASCHEWSKI, O., u. H. EBERT: Z. Elektrochem. angew. phys. Chem. **50**, 138 (1944).

auf der von WAGNER berechneten theoretischen Kurve liegen, weichen diese bei 1100 °C stärker davon ab.

Bei niedrigen Temperaturen ist $x_{\text{Ni}}^{(a)} \ll 1$, so daß in Gl. (6.179) die Ausdrücke $(x_{\text{Ni}}^{(a)}/x_{\text{Ni}}^{(i)})^{4/zn}$ und $(x_{\text{Ni}}^{(a)})^{4/zn}$ zu vernachlässigen sind, außer wenn $x_{\text{Ni}}^{(i)}$ ebenfalls sehr klein, etwa $\leqq 0{,}01$, wird. j_K wird also gleich j_K^0, $\alpha = 1$ und damit die Diffusion im Oxid bzw. die Oxydationsgeschwindigkeit praktisch allein geschwindigkeitsbestimmend für die Verzunderung der Legierung. Die Zusammensetzung ist also unter diesen Bedingungen ohne Einfluß auf die Oxydationsgeschwindigkeit, solange $x_{\text{Ni}}^{(i)} > 0{,}01$ ist. Für $x_{\text{Ni}}^{(i)} < 0{,}01$ wird entsprechend (6.183)

$$x_{\text{Ni}} = F\left\{\left(\frac{1}{2}\,\alpha/\gamma\right)^{1/2}\right\},$$

sowie $\alpha < 1$ und damit die Diffusion von Nickel in der Legierung in Richtung zur Phasengrenze Legierung/Oxid, begleitet von der Diffusion des Platins in umgekehrter Richtung, praktisch zeitbestimmend für die Gesamtreaktion.

Während bei der Oxydation von Ni-Pt-Legierungen mit steigendem Nickelgehalt der Übergang von $\alpha > 1$ zu $\alpha \leqq 1$ erreicht wird, liegen die Verhältnisse bei der Oxydation von Cu-Pt-, Cu-Au- oder Cu-Pd-Legierungen anders.[1] Die genannten Legierungen wurden bei 1000 °C und einem Sauerstoffpartialdruck von 100 Torr oder darunter oxydiert, wobei sich ausschließlich Cu_2O bildete. Der Zersetzungsdruck von Cu_2O ist erheblich größer als der von NiO, so daß nach Gl. (6.178), wobei man $x_{\text{Ni}}^{(a)}$ durch $x_{\text{Cu}}^{(a)}$ ersetzen muß, $x_{\text{Cu}}^{(a)}$ ebenfalls größer ist (unter den angegebenen Bedingungen etwa 0,045). Demzufolge zeigen die nach (6.179) und (6.183) berechneten Kurven — α gegen x_{Cu} aufgetragen — keinen Knick wie die der Nickellegierungen, sondern die Oxydationsgeschwindigkeit nimmt kontinuierlich mit fallendem Kupfergehalt ab (Abb. 6.74).

Die Behandlung der Oxydation solcher Legierungen, die außer der Edelmetallkomponente ein Metall enthalten, dessen Oxid ein n-Typ-Halbleiter ist, ergibt in Analogie zu oben folgendes einfache Bild: Nach Gl. (6.123) von S. 672 ist der Kationenstrom:

$$j_K = \text{const}\{(p_{O_2}^{(i)})^{-1/n} - (p_{O_2}^{(a)})^{-1/n}\}/\Delta\,\xi_{\text{Oxid}}\,. \qquad (6.184)$$

Die gleiche Formel gilt für eine Legierung, deren unedle Metallkomponente ein Oxid mit Anionenleerstellen bildet, wo wir also mit einem Anionenstrom zu rechnen haben. Wie bei der Behandlung der Zinkoxydation gezeigt, kann $(p_{O_2}^{(a)})^{-1/n}$ im allgemeinen vernachlässigt werden. Dann ist

$$\alpha = \frac{j_K}{j_K^0} \equiv \frac{k}{k^0} = \left(\frac{p_{O_2}^{(i)}}{\pi_{O_2}}\right)^{-1/n}, \qquad (6.185)$$

und nach (6.177) folgt z.B. für den Fall einer Zn-Edelmetall-Legierung:

$$\alpha = (x_{\text{Zn}}^{(i)})^{4/zn}. \qquad (6.186)$$

---

[1] THOMAS, D. E.: Trans. AIME, J. Metals 3, 926 (1951).

Aus (6.186) und (6.183) läßt sich dann die Zunderkonstante als Funktion der Legierungszusammensetzung, d.h. α als Funktion von x_{Zn}, berechnen, wenn man für $4/z\,n = 1/3$ wählt, was dem System Zn/ZnO entspricht (Abb. 6.75). Auch hier beobachtet man nicht den für Ni-Pt-Legierungen gefundenen Knick in den Kurven.

Die in diesem Kapitel behandelten Erscheinungen treten nicht nur bei solchen Legierungen auf, deren eine Komponente ein Edelmetall ist, sondern unter gewissen Bedingungen auch bei solchen, deren Metalle A

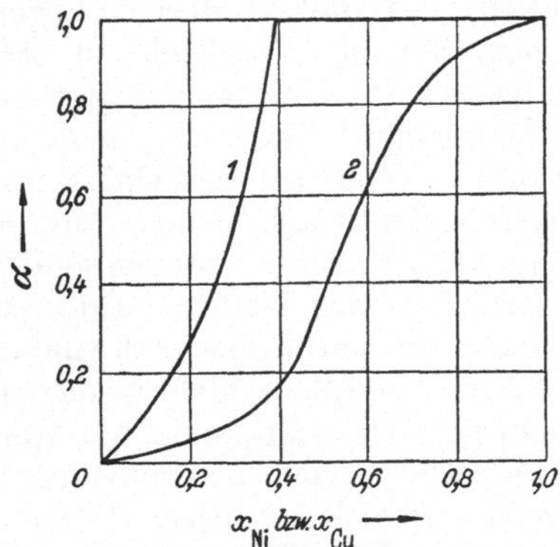

Abb. 6.74. Theoretisch berechnete Kurven der Oxydationsgeschwindigkeit von Ni-Pt-(*1*) und Cu-Edelmetall-Legierungen (*2*) nach WAGNER. Kurve *1*: für Ni-Pt-Legierung mit $\gamma \approx 5$; Kurve *2*: für Cu-Edelmetall-Legierung mit $\gamma \approx 1$.

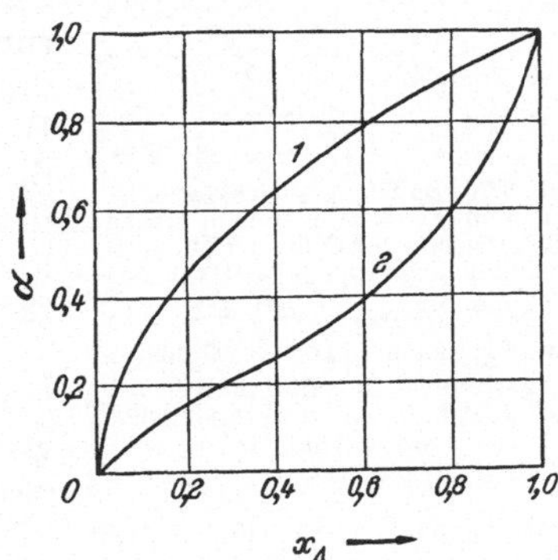

Abb. 6.75. Theoretisch berechnete Kurven der Oxydationsgeschwindigkeit von Edelmetall-Legierungen, dessen unedle Legierungskomponente ein Oxid mit Metallüberschuß bildet, nach WAGNER. Kurve *1*: $\gamma = 10$; Kurve *2*: $\gamma = 0{,}1$.

und B beide relativ leicht oxydierbar sind. Derartige Legierungen wurden von DUNN[1], SCHEIL und SCHULZ[2], SCHEIL und KIWIT[3], SCHEIL[4], RHINES und NELSON[5], GULBRANSEN und HICKMAN, BOETTCHER, DE BOUCHERE und HUBRECHT[6] oxydiert. Unter der Annahme, daß die gebildeten Oxide ineinander praktisch unlöslich sind, dagegen die Metalle in der Legierungsphase eine feste ideale Lösung bilden, sind die Gleichgewichtsbedingungen

$$(x_A^{(i)})^{4/z}\, p_{O_2}^{(i)} = \pi_{O_2} \quad \text{für Oxid AO} \tag{6.187}$$

und

$$(x_B^{(i)})^{4/z}\, p_{O_2}^{(i)} = \pi_{O_2} \quad \text{für Oxid BO}. \tag{6.188}$$

Verlaufen die Diffusionsvorgänge in der Legierung mit genügender Geschwindigkeit und ist demnach keine örtliche Anreicherung oder Verarmung der Komponente A bzw. B in der Legierung an der Grenzschicht

---

1 DUNN, J. S.: J. Inst. Metals **46**, 25 (1931).
2 SCHEIL, E., u. E. H. SCHULZ: Arch. Eisenhüttenwes. **6**, 155 (1932/33).
3 SCHEIL, E., u. K. KIWIT: Arch. Eisenhüttenwes. **9**, 405 (1935/36).
4 SCHEIL, E.: Z. Metallkde. **29**, 209 (1937).
5 RHINES, F. N., u. B. J. NELSON: Trans. AIME **156**, 171 (1944).
6 HICKMAN, J. W., u. E. A. GULBRANSEN: Trans. AIME **171**, 344 (1946); **180**, 519, 534 (1949); J. phys. Chem. **52**, 1186 (1948); Anal. Chem. **20**, 158 (1948). — J. W. HICKMAN: Trans. AIME **180**, 547 (1948). — A. BOETTCHER: Z. angew. Phys. **2**, 249 (1950). — L. DE BOUCHERE u. L. HUBRECHT: Phys. Ber. **32**, 63 (1953).

Legierung/Oxid zu erwarten, so ergibt sich im Falle idealer Lösungen der Gleichgewichtsdruck $p_{O_2}^{(i)}$ als Funktion der Gleichgewichts-Atombrüche und damit der Ausgangs-Atombrüche aus den Beziehungen (6.187) und (6.188). Wie man aus Abb. 6.76 erkennt, ist für A-reiche Legierungen der Sauerstoffdruck für das Gleichgewicht zwischen Legierung und AO niedriger als der für das Gleichgewicht zwischen Legierung und BO, so daß in diesem Legierungsbereich BO im Vergleich zu AO unbeständig ist. Das Umgekehrte gilt für B-reiche Legierungen. Ganz allgemein ist der Beständigkeitsbereich des Oxids mit dem höheren Zersetzungsdruck um so kleiner, je größer der Unterschied der Zersetzungsdrucke der beiden Oxide ist.

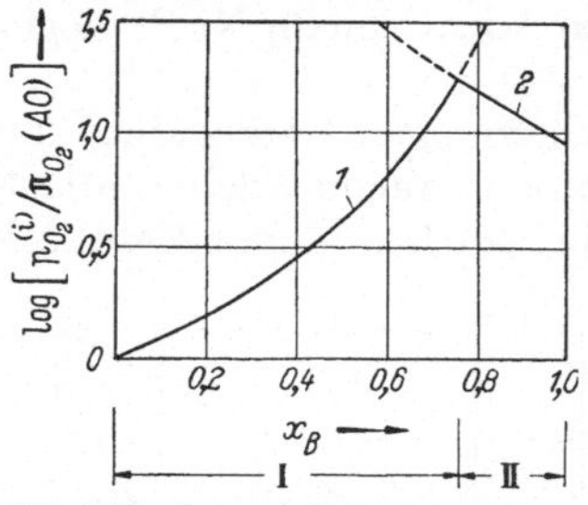

Abb. 6.76. Sauerstoffgleichgewichtsdrucke über den zwei Bodenkörpern AB-Legierung + AO-Oxid (Kurve 1) bzw. AB-Legierung + BO-Oxid mit $\pi_{O_2(BO)} = 10\,\pi_{O_2(AO)}$ und $D \gg k_{AO}^0$ bzw. k_{BO}^0 nach WAGNER. Gebiet I mit ausschließlicher Bildung von AO und Gebiet II mit ausschließlicher Bildung von BO.

Ist jedoch die Diffusionsgeschwindigkeit in der Legierungsphase nicht genügend groß, sondern gilt $D_A \approx k_{AO}^0$ und $D_B \approx k_{BO}^0$, dann treten örtliche Konzentrationsunterschiede auf, und der Sauerstoffgleichgewichtsdruck an diesen Phasengrenzflächen wird erheblich geändert. Diese Verhältnisse werden in Abb. 6.77 berücksichtigt.

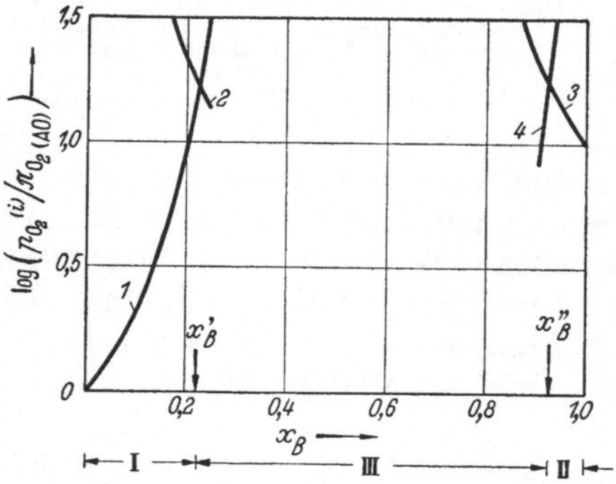

Abb. 6.77. Sauerstoffgleichgewichtsdrucke über den Zwei-Bodenkörpern, AB-Legierung + AO bzw. + BO für $\pi_{O_2(BO)} = 10\,\pi_{O_2(AO)}$ und $D = k_{AO}^0 = k_{BO}^0$ nach WAGNER. Kurve 1: Sauerstoffgleichgewichtsdruck an der Phasengrenze Legierung und aufwachsendes Oxid AO; Kurve 2: Sauerstoffdruck des virtuellen Gleichgewichtes zwischen Legierung und Oxid BO an der Legierung-AO-Phasengrenze; Kurve 3: Sauerstoffgleichgewichtsdruck an der Phasengrenze zwischen Legierung und aufwachsendem Oxid BO; Kurve 4: Sauerstoffdruck des virtuellen Gleichgewichtes zwischen Legierung und Oxid AO an der Legierung-BO-Phasengrenze. Gebiet I: ausschließlich Bildung von AO; Gebiet II: ausschließlich Bildung von BO und Gebiet III: Bildung eines Konglomerats beider Oxide.

Die oben dargestellten Überlegungen von WAGNER führen zu interessanten Aussagen über den Oxydationsmechanismus von Ni-Cu- und Cu-Zn-Legierungen, der bisher unverständlich war. PILLING und BEDWORTH[1] untersuchten die Oxydationsgeschwindigkeit von Ni-Cu-Legierungen in Abhängigkeit von der Legierungszusammensetzung. Sie fanden, daß bei 950 °C das parabolische Zeitgesetz zwischen 0 und 20 und 80 und 100% Ni gültig ist. Die Versuchsergebnisse sind in Abbildung 6.78 dargestellt. Für die hier maßgebenden Reaktionen

$$2\,\mathrm{Ni}_{\text{Legierung}} + \mathrm{O_2(gas)} \rightleftharpoons 2\,\mathrm{NiO} \qquad (6.189)$$

$$4\,\mathrm{Cu}_{\text{Legierung}} + \mathrm{O_2(gas)} \rightleftharpoons 2\,\mathrm{Cu_2O} \qquad (6.190)$$

[1] PILLING, N. B., u. R. E. BEDWORTH: J. Inst. Metals 29, 529 (1923).

lauten die Gleichgewichtsbedingungen

$$(x_{\mathrm{Ni}}^{(i)})^2 \, p_{\mathrm{O_2}} = \pi_{\mathrm{O_2(NiO)}} \tag{6.191}$$

$$(x_{\mathrm{Cu}}^{(i)})^4 \, p_{\mathrm{O_2}} = \pi_{\mathrm{O_2(Cu_2O)}}, \tag{6.192}$$

worin $\pi_{\mathrm{O_2(NiO)}}$ und $\pi_{\mathrm{O_2(Cu_2O)}}$ die entsprechenden Sauerstoffgleichgewichtsdrucke von NiO und Cu_2O mit koexistierendem Nickel und Kupfer sind. Wie WAGNER auf Grund rechnerischer Abschätzungen zeigen konnte, haben wir bei 950 °C oberhalb $x_{\mathrm{Ni}} = 0{,}75$ ausschließlich NiO-Bildung und unterhalb dieses Wertes die Ausbildung eines heterogenen Konglomerats von NiO und Cu_2O zu erwarten.

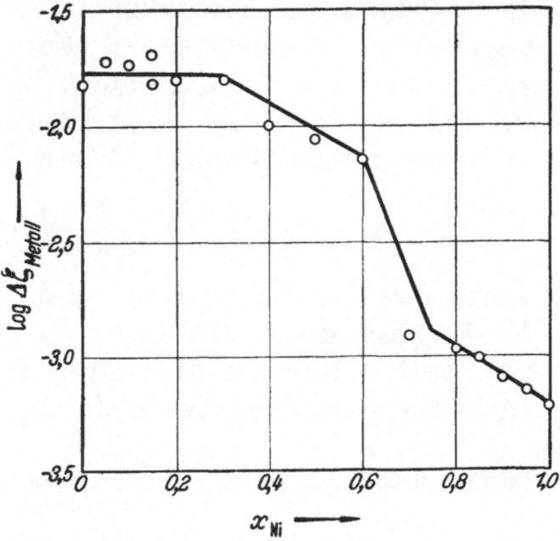

Abb. 6.78. Veränderung von $\Delta\xi_{\mathrm{Metall}}$ von Nickel-Kupfer-Legierungen nach 1stündiger Oxydation in Luft bei 950 °C nach PILLING und BEDWORTH.

Wie man den Versuchsergebnissen von PILLING und BEDWORTH entnehmen kann, ist die Oxydationsgeschwindigkeit der Ni-Cu-Legierungen mit $< 25\%$ Cu etwas höher als die von reinem Nickel. Diesen Befund versucht WAGNER zu deuten, indem er annimmt, daß sich zu Beginn der Oxydation an verschiedenen Stellen der Oberfläche Cu_2O bildet, welches sich dann mit Nickel gemäß

$$\mathrm{Cu_2O} + \mathrm{Ni\,(Legierung)} \rightleftharpoons 2\,\mathrm{Cu\,(Legierung)} + \mathrm{NiO} \tag{6.193}$$

umsetzt.

Als weiteres interessantes System wurde von WAGNER die Oxydation der Cu-Zn-Legierungen besprochen. Oxydationsversuche bei 800 °C an

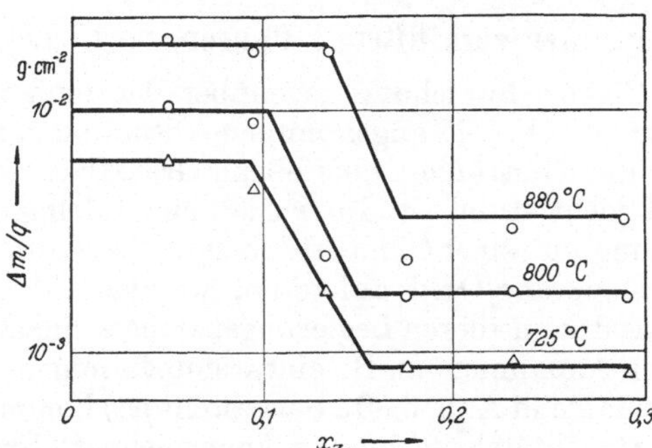

Abb. 6.79. Gewichtszunahme $\Delta m/q$ von Cu-Zn-Legierungen nach 5stündigem Oxydieren in Sauerstoff nach DUNN.

Cu-Zn-Legierungen mit 0,1 bis 10% Zn ergaben ein parabolisches Zeitgesetz mit einer Zunderkonstanten, die annähernd der des reinen Kupfers entspricht. Die Zunderschicht bestand zur Hauptsache aus Cu_2O mit kleinen Einschlüssen von ZnO[1,2]. Zwischen 10% und 20% Zn nimmt die Oxydationsgeschwindigkeit ab und weicht teilweise erheblich vom parabolischen Zeitgesetz ab, was man offenbar auf die Austauschreaktion

$$Cu_2O + Zn\,(\text{Legierung}) \rightleftharpoons ZnO + 2\,Cu\,(\text{Legierung}) \tag{6.194}$$

zurückführen kann, da ja nunmehr beide Oxide in praktisch gleichem Mengenverhältnis auftreten. Für Legierungen mit mehr als 20% Zn ist die Oxydationsgeschwindigkeit wieder annähernd unabhängig von der Legierungszusammensetzung. Ferner gilt wieder das parabolische Zeitgesetz, und die Zunderschicht besteht überwiegend aus ZnO. Dieser Befund von DUNN[1] steht in Übereinstimmung (Abb. 6.79) mit den Berechnungen von WAGNER. Unter Verwendung der Schlußgleichung

$$x_{Zn(Min)} = \frac{2}{16 z_{Zn} c}\left(\frac{k}{D}\right)^{1/2} \frac{1 - 0{,}177\beta\, x_{Zn(Min)}}{1{,}128}, \tag{6.195}$$

worin $\beta = d \ln D / d x_{Zn}$ und $x_{Zn(Min)}$ die kritische Zinkkonzentration im Messing ist, unterhalb dieser ein Konglomerat von zwei Oxiden, Cu_2O und ZnO, gebildet wird, wurden die in Tab. 6.16 für drei Temperaturen zusammengestellten Werte für $x_{Zn(Min)}$ berechnet.

Tabelle 6.16. *Auswertung der Beziehung (6.195) für die Oxydation von Cu-Zn-Legierungen nach Wagner*

T °C	k'' $g^2\,cm^{-4}\,sec^{-1}$	D $cm^2\,sec^{-1}$	β	$x_{Zn(Min)}$
725	$0{,}35 \cdot 10^{-10}$	$0{,}8 \cdot 10^{-10}$	7,4	0,14
800	$1{,}4 \cdot 10^{-10}$	$3 \cdot 10^{-10}$	6,5	0,15
880	$6{,}4 \cdot 10^{-10}$	$1{,}3 \cdot 10^{-9}$	5,5	0,16

Weitere Untersuchungen in dieser Richtung sind für die Aufklärung des Oxydationsmechanismus und des Aufbaus der Zunderschicht von hitzebeständigen Stählen von Bedeutung.

6.9 Ausbildung einer zerklüfteten Phasengrenze Legierung/Zunder

Eine wesentliche Abweichung gegenüber den einfachen Diffusionsansätzen für die in Abb. 6.71 angenommene Situation kann sich dadurch ergeben, daß unter Umständen eine ebene Grenzfläche zwischen Legierung und Oxid nicht stabil ist. Im Falle einer Edelmetallegierung, bei der die Ausbildung nur einer Oxidsorte möglich ist, kann eine zerklüftete Phasengrenze Legierung/Oxid auftreten, wo das Edelmetall in einer Matrix des Oxids des unedleren Legierungspartners eingebettet ist. Unter vereinfachenden Annahmen (z. B. eines sinusförmigen Verlaufs dieser Phasengrenze, wie sie in Abb. 6.80a dargestellt ist) kommt man zu einem quantitativen Stabilitätskriterium, gekennzeichnet durch eine Kenngröße q,

$$q = \frac{x_A^*}{1 - x_A^*}\,\frac{D'/V'}{D_A^*/V''}, \tag{6.196}$$

[1] DUNN, J. S.: J. Inst. Metals **46**, 25 (1931).
[2] RHINES, F. N., u. B. J. NELSON: Trans. AIME **156**, 171 (1944).

deren Zahlenwert für das Auftreten einer ebenen Phasengrenze von entscheidender Bedeutung ist.[1] In Formel (6.196) bedeuten x_A^* den Molenbruch des Legierungspartners A im Oxid an der mittleren Phasengrenze, D' den chemischen Diffusionskoeffizienten der Legierung[2], D_A^* den Selbstdiffusionskoeffizienten von A im Oxid und V' bzw. V'' das Molvolumen der Legierung bzw. des Oxids (in erster Näherung als unabhängig von der Zusammensetzung angenommen).

WAGNER[1] fand nun, daß mit $q > 1$ die ebene Phasengrenze stabil ist und mit $q < 1$ eine zerklüftete Phasengrenze möglich ist. Hierbei muß jedoch einschränkend erwähnt werden, daß die letzte Bedingung ($q < 1$) wohl eine notwendige, aber keineswegs hinreichende Bedingung für eine zerklüftete Phasengrenze ist. Der Quotient q wird definitiv kleiner als 1, wenn die Konzentration von A im Inneren der Legierung und in gleicher Weise auch an der Phasengrenze klein ist.

Die wesentlichen Gesichtspunkte lassen sich auch ohne Rechnung verstehen:

1. Falls die Diffusion innerhalb der Oxidschicht AO zeitbestimmend ist, so wird an der Stelle II in Abb. 6.80a mehr Metall A als an der Stelle I oxydiert, da an der Stelle II der Diffusionsweg im Oxid kleiner als an der Stelle I ist. Unter dieser Bedingung dringt die Phasengrenze an der Stelle II rascher ins Legierungsinnere vor als an der Stelle I und verursacht somit im Laufe der Zeit eine ebene Phasengrenze Legierung/Oxid.

2. Falls jedoch die Diffusion in der Legierungsphase der geschwindigkeitsbestimmende Schritt ist, so wird nunmehr umgekehrt an der Stelle II weniger Metall A als an der Stelle I oxydiert. Dementsprechend wird

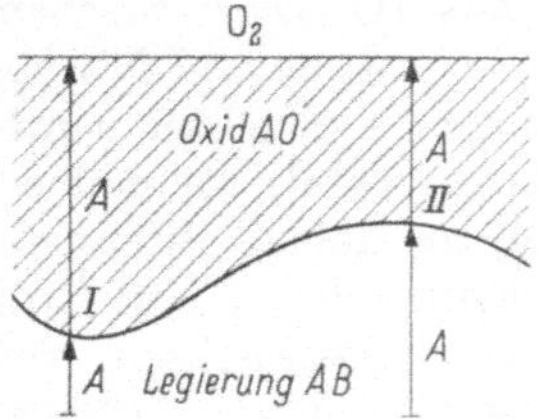

Abb. 6.80a. Diffusionsvorgänge während der Oxydation einer Legierung AB bei alleiniger Oxydation von A zur Beurteilung der Stabilität einer ebenen Grenzfläche Legierung/Oxid nach WAGNER.

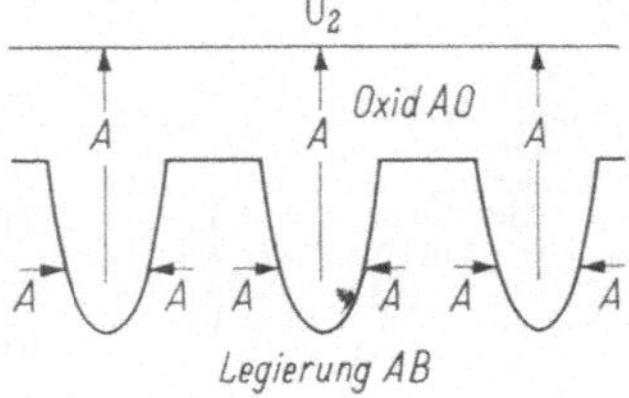

Abb. 6.80b. Schematische Darstellung der Struktur der Zunderschicht auf einer Legierung AB mit zerklüfteter Grenzfläche Legierung/Oxid nach WAGNER. Auch hier wird wie in Abb. 6.80a nur Metall A oxydiert.

die anfängliche Amplitude des sinusförmigen Profils der Phasengrenze größer. Wie in Abb. 6.80b angedeutet, befindet sich unter einer äußeren homogenen Oxidschicht eine zweiphasige Schicht, die aus vordringenden Oxidzungen und Reststümpfen von B-reicher Legierung besteht. Unter diesen Verhältnissen diffundiert Metall A aus den Reststümpfen

---

[1] WAGNER, C.: J. electrochem. Soc. **103**, 571 (1956)

[2] Unter dem chemischen Diffusionskoeffizienten versteht man den mittleren Diffusionskoeffizienten der gegeneinander diffundierenden Metallatome A und B in einer Legierung AB.

auf kürzestem Wege zur Oxidphase, also annähernd parallel zur ursprünglichen Oberfläche.

Zunderschichten mit einer Struktur wie in Abb. 6.80b wurden nach der Reaktion von Cu-Au- und Ag-Au-Legierungen mit flüssigem und dampfförmigem Schwefel zwischen 400 und 600 °C gefunden.[1] In diesen Zundersystemen wird in besonders ausgeprägtem Maße die Bedingung unter 2. erfüllt, da bei 500 °C die Selbstdiffusionskoeffizienten der Metalle in den entsprechenden Sulfiden von der Größenordnung 10^{-5} cm²/sec sind[2-4], während die Diffusionskoeffizienten in den Legierungen zwischen 10^{-13} bis 10^{-12} cm²/sec liegen.[5,6] Während bei kleineren Goldgehalten der Legierung, z. B. bei 10 bis 30 Atom-%, der Aufbau der Zunderschicht in dem beschriebenen Sinne beobachtet wird, nimmt bei höheren Goldgehalten die Tendenz zur zerklüfteten Phasengrenze erheblich ab. Noch kompliziertere Verhältnisse wurden bei der Schwefelung von Kupfer-Nickel-Legierungen beobachtet.[1]

In einer weiteren Arbeit diskutiert WAGNER[7] die Oxydation einer Legierung, bei der beide Legierungspartner Oxide bilden. Für das Ausmaß des Auftretens von AO und BO sind die Diffusionsgeschwindigkeiten der A- und B-Ionen in den entsprechenden Oxiden bestimmend, solange noch unverbrauchte Legierung vorliegt. Ein Unterschied in der freien Bildungsenergie der einzelnen Oxide macht sich noch nicht bemerkbar. Wenn entsprechend Abb. 6.81a das Oxid AO rascher wächst als das Oxid BO, so wird schließlich letzteres nach einer gewissen Zeit begraben, und der äußere Zunder besteht ausschließlich aus AO. Diese Erscheinung, wie sie z. B. von RHINES und NELSON[8] an Cu-Zn-Legierungen beobachtet wurde, ist jedoch nur dann stabil, wenn das Oxid BO (z. B. ZnO) die höhere Bildungsarbeit aufweist. In einem solchen Fall kann BO auch dann noch weiterwachsen, wenn es nicht in direktem Kontakt mit Sauerstoff steht. Über den Mechanismus derartiger Verdrängungsreaktionen, wie z. B.

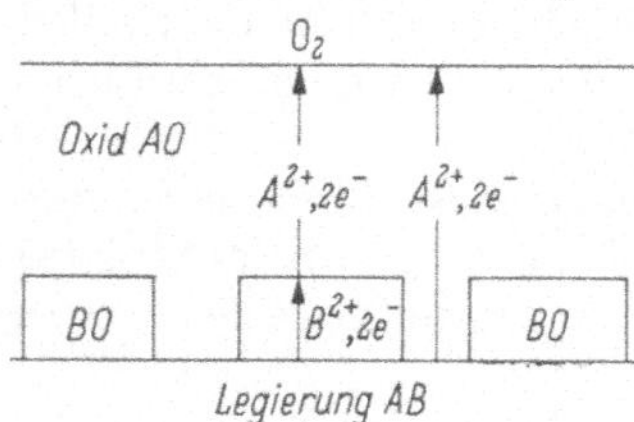

Abb. 6.81a. Schematischer Querschnitt einer Zunderschicht auf einer Legierung AB mit einer äußeren Oxidschicht AO und einer inneren BO nach WAGNER. An der Phasengrenze AO/BO wächst gemäß Gl. (6.197) das Oxid BO auf Kosten von AO.

$$\vec{\mathrm{B}}(\mathrm{BO}) + \mathrm{AO} = \mathrm{BO} + \vec{\mathrm{A}}(\mathrm{AO}) \qquad (6.197)$$

haben WAGNER und WERNER[9] berichtet.

---

[1] LICHTER, B. D., u. C. WAGNER: J. electrochem. Soc. **107**, 168 (1960).
[2] BRAUNE, H., u. O. KAHN: Z. phys. Chem. **112**, 270 (1924).
[3] TUBANDT, C., H. REINHOLD u. W. JOST: Z. anorg. allg. Chem. **177**, 253 (1928).
[4] HIRAHARA, E.: J. phys. Soc. Japan **6**, 421, 428 (1951).
[5] JOST, W.: Z. phys. Chem. (B) **9**, 73 (1930).
[6] JOST, W.: Z. phys. Chem. (B) **16**, 123 (1932).
[7] WAGNER, C.: J. electrochem. Soc. **103**, 627 (1956).
[8] RHINES, F. N., u. B. J. NELSON: Trans. AIME **156**, 171 (1944).
[9] WAGNER, C., u. A. WERNER: J. electrochem. Soc. **110**, 326 (1963).

Zur weiteren Erforschung dieses Sachverhaltes wurden von MAAK und WAGNER[1] Kupfer-Beryllium-Legierungen mit der Zusammensetzung $x_B = x_{Be} = 0{,}008$, 0,016, 0,027 und 0,067 bei 850 °C in 1 atm Luft oxydiert und der Aufbau der Zunderschicht an Hand von Schliffbildern untersucht. Sämtliche Legierungen oxydieren mit annähernd der gleichen Geschwindigkeit von etwa $10^{-8}\,g^2\,cm^{-4}\,sec^{-1}$. Nur ein höherer Berylliumgehalt von $x_{Be} = 0{,}13$ konnte die gewünschte BeO-Schutzschicht bilden, verbunden mit einer Abnahme der Oxydationsgeschwindigkeit, die nunmehr etwa $10^{-12}\,g^2\,cm^{-4}\,sec^{-1}$ beträgt. Mittels der Beziehung

$$x_B^\infty = \frac{V}{z_B A_O}\left(\frac{p_{O_2}(BO)\,k''(x_B > x_B^\infty)}{D}\right)^{1/2}, \tag{6.198}$$

worin x_B^∞ die Konzentration B im Legierungsinneren, A_O das Atomgewicht von Sauerstoff und $p_{O_2}(BO)$ der Dissoziationsdruck von BO ist, errechnet sich der Mindestgehalt an Beryllium $x_B = x_{Be}$, der erforderlich ist, um eine deckende Schutzschicht zu erzeugen, zu 0,018, d. h. zu 1,8 Atom-%, wenn man $V = 7{,}1\,cm^3/g$-Atom Cu, $z_{Be} = 2$, $D = 10^{-9}\,cm^2/sec$ und $k'' = 2 \cdot 10^{-12}\,g^2\,cm^{-4}\,sec^{-1}$ wählt. Die große Diskrepanz zwischen dem experimentell erhaltenen und dem berechneten Wert kann aus den Schliffbildaufnahmen erklärt werden.

Bei solchen Aufnahmen anoxydierter Cu-Be-Legierungen kann man neben einer Bildung von Cu_2O und BeO mit einer Anreicherung des letzteren nächst der Legierung auch Poren beobachten. Offensicht-

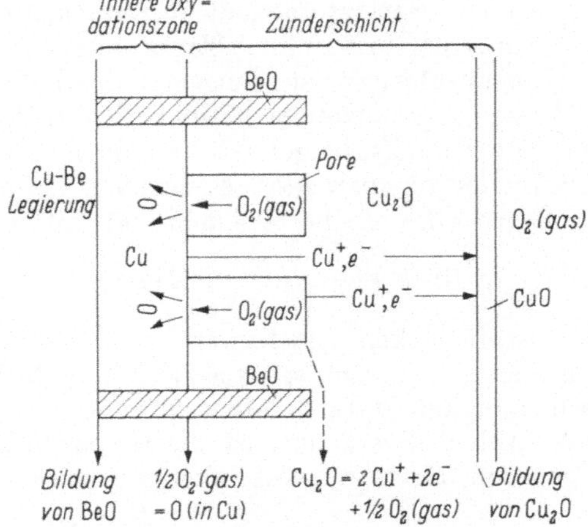

Abb. 6.81b. Schematische Darstellung der Transportvorgänge in einer Drei-Phasen-Zone Cu_2O–BeO–Gaspore während der Oxydation von Kupfer-Beryllium-Legierungen nach MAAK und WAGNER.

lich wird diese Struktur der Zunderschicht infolge einer inneren Oxydation des Berylliums neben einer Cu_2O-Bildung verursacht. Wie in Abb. 6.81 b schematisch dargestellt, entstehen in der Zunderschicht ver-

[1] MAAK, F., u. C. WAGNER: Werkstoffe u. Korr. **12**, 273 (1961). — F. MAAK: Z. Metallkde. **52**, 538 (1961).

hältnismäßig lange Nadeln aus BeO, die eine Art Gerüst in der 3-Phasen-Zone darstellen. Mehr informative Angaben sind zur Zeit noch nicht möglich.

Weitere Komplikationen treten auf, wenn während der Oxydation der Legierung ein flüchtiges Oxid auftritt. Als Beispiel eines solchen Falles wurde die Oxydation der intermetallischen Verbindung InSb von ROSENBERG und LAVINE[1] studiert. Anfänglich wird bevorzugt Sb_2O_3 gebildet, das als $(Sb_2O_3)_2$ verdampft. Infolge Verarmung an Antimon tritt allmählich die schützende In_2O_3-Schicht auf.

6.10 Passivität und Inhibition in der Hochtemperatur-Oxydation

Entsprechend dem Phänomen der Passivität von Eisen in Salpetersäure, zuerst eingeführt von SCHÖNBEIN, konnte WAGNER[2,3] ein Analogon bei der Oxydation von Metallen und Legierungen im Bereich hoher Temperaturen nachweisen, wo der zeitliche Verbrauch mindestens einer metallischen Komponente bei höherer Affinität kleiner wird. Die Inhibition ist ein der Passivität verwandtes Phänomen. Im Gegensatz zur Passivität bezeichnen wir die Abnahme der Oxydationsgeschwindigkeit bei konstanter Affinität als Inhibition, wenn die Abnahme durch eine Konzentrationsänderung eines Stoffes verursacht wird, der nicht am Oxydationsvorgang beteiligt ist.

Die typische Erscheinung der Passivität tritt in der Tat bei der Oxydation von geschmolzenem Silicium auf. KAISER und BRESLIN fanden[4], daß der stationäre Sauerstoffgehalt von geschmolzenem Silicium bei 1410 °C in einem Sauerstoff-Helium-Strom mit $p_{O_2} < 0{,}01$ atm proportional dem Sauerstoffdruck ist, hingegen oberhalb von 0,01 atm konstant wird. Dieser experimentelle Befund wird nach WAGNER[2] verständlich, wenn man berücksichtigt, daß bei den niedrigen Sauerstoffkonzentrationen in der oxydierenden Atmosphäre keine SiO_2-Schicht gebildet wird, sondern alles oxydierte Silicium als SiO verdampft:

$$\mathrm{Si(l)} + \tfrac{1}{2}\mathrm{O_2(gas)} = \mathrm{SiO(gas)}. \tag{6.199}$$

Bei höheren Sauerstoffdrucken jedoch, wenn p_{SiO} einen Gleichgewichtswert $p_{SiO}(eq)$ erreicht, tritt eine schützende SiO_2-Schicht auf, die die Oxydationsgeschwindigkeit stark herabsetzt.

Wie man aus Abb. 6.82 erkennt, ist die Geschwindigkeit der SiO-Bildung, j_{SiO}, gegeben durch den folgenden Ausdruck:

$$j_{SiO} = \frac{D_{SiO}\, p_{SiO}}{\delta_{SiO}\, RT}, \tag{6.200}$$

bei niedrigen Sauerstoffdrucken proportional p_{O_2}, wo δ_{SiO} die effektive Dicke der Grenzschicht für die SiO-Diffusion ist. Der kritische Sauer-

---

[1] ROSENBERG, A. J., u. M. C. LAVINE: J. phys. Chem. **64**, 1135, 1143 (1960).
[2] WAGNER, C.: J. appl. Phys. **29**, 1295 (1958).
[3] WAGNER, C.: J. Corrosion Sci. **5**, 751 (1965).
[4] KAISER, W., u. J. BRESLIN: J. appl. Phys. **29**, 1292 (1958).

stoffdruck $p^*_{O_2}$, bei dem SiO_2-Deckschichtbildung einsetzt, wurde zu

$$p^*_{O_2} = \tfrac{1}{2}(D_{SiO}/D_{O_2})^{1/2}\, p_{SiO}(eq) = 0{,}006 \text{ atm}$$

berechnet.

Nach Erreichen des passiven Zustandes kann der Sauerstoffdruck erheblich kleinere Werte annehmen, ohne den passiven Zustand, d. h. die SiO_2-Deckschicht, zu zerstören. Nach WAGNER[1] soll noch bis herab zu einem Druck von $p_{O_2} = 3 \cdot 10^{-8}$ atm in einem Gasstrom die Oxidschicht stabil sein. Diese Hystereseschleife der Verdampfungsgeschwindigkeit von SiO ist in Abb. 6.82 dargestellt.

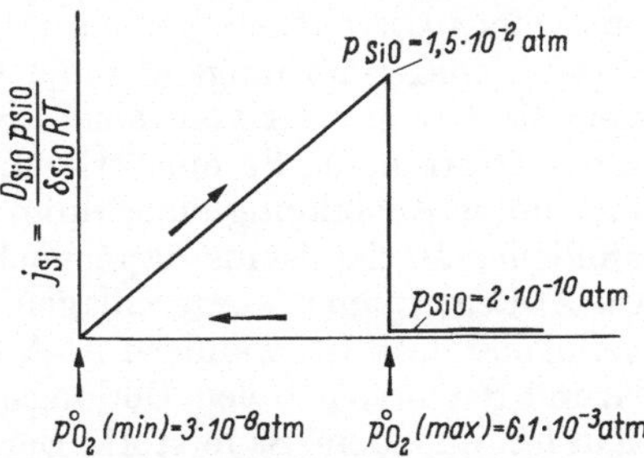

Abb. 6.82. Oxydationsgeschwindigkeit j_{Si} von Silicium in Sauerstoff-Helium-Gemischen von konstantem Gesamtdruck bei 1410 °C als Funktion des Sauerstoffpartialdrucks p_{O_2} nach WAGNER. D_{SiO} ist der Diffusionskoeffizient der SiO-Moleküle, $p_{SiO}/RT = c_{SiO}$ ihre Konzentration an der Oberfläche und δ_{SiO} die effektive Dicke der Grenzschicht für die Diffusion von SiO.

DARKEN und Mitarbeiter[2] konnten während der Oxydation von Kupfer, Eisen, Nickel und anderen Metallen bei geeigneten Temperaturen, wo der Dampfdruck des Metalls beachtlich, aber der des entsprechenden Oxids unbedeutend war, Bedingungen eines aktiven und passiven Zustandes realisieren. Nach WAGNER[3] erhält man für die Verdampfungsgeschwindigkeit des Metalls, welche gleich der Geschwindigkeit der Oxidrauchbildung ist,

$$\dot{j}_{Me} = \frac{2 D_{O_2} p_{O_2}}{\nu RT \Delta} \left\{1 + \frac{\nu D_{Me} p_{Me}}{2 D_{O_2} p_{O_2}}\right\}$$

bzw.

$$\dot{j}_{Me} \approx \frac{2 D_{O_2} p_{O_2}}{\nu RT \Delta}, \quad \text{wenn} \quad D_{Me} \approx D_{O_2} \quad \text{und} \quad p_{O_2} \gg p_{Me}$$

ist, worin ν die Zahl der mit dem Metall reagierenden Sauerstoffatome und Δ die effektive Dicke der totalen Diffusionsgrenzschicht ist.

Bei einem kritischen Sauerstoffdruck $p^*_{O_2}$, welcher durch die folgende Beziehung festgelegt ist:

$$p^*_{O_2} = \frac{\gamma \Delta p_{Me}}{2 D_{O_2}} \left(\frac{RT}{2\pi A_{Me}}\right)^{1/2}$$

mit A_{Me} als Atomgewicht des Metalls, bricht die Verdampfung zusammen; d. h., eine schützende Oxidschicht wird gebildet, wodurch die Verdampfungsgeschwindigkeit des Metalls bzw. des Metalloxids stark abgebremst wird.

Besonders groß ist die Abnahme der Oxydationsgeschwindigkeit von Zink nach Ausbildung einer kompakten und porenfreien Oxidschicht. Wenn man berücksichtigt, daß die Geschwindigkeit der ZnO-Rauch-

[1] WAGNER, C.: J. appl. Phys. **29**, 1295 (1959).
[2] TURKDOGAN, E. T., P. GRIEVESON u. L. S. DARKEN: J. Metals **14**, 521 (1962).
[3] WAGNER, J. C.: Corrosion Sci. **5**, 751 (1965).

bildung bei 400 °C, einem Zinkdampfdruck $p_{Zn} = 1{,}0 \cdot 10^{-4}$ atm und oxidfreier Metalloberfläche $2{,}5 \cdot 10^{-5}$ Mole Zn cm sec beträgt, dann bedeutet der Wert von $2{,}5 \cdot 10^{-10}$ Mole Zn cm^{-1} sec^{-1} für die Geschwindigkeit der Oxydation in Gegenwart einer kompakten ZnO-Schicht[1] eine starke Abnahme.

Die Oxydation einer Cu-Be-Legierung ist als weiteres typisches Beispiel eines Oxydationssystems mit Passivität zu nennen. Während die Oxydationsgeschwindigkeit einer Cu-Be-Legierung mit 6,6 Atom-% Be vergleichbar mit der von reinem Kupfer ist, zeigt eine Cu-Be-Legierung mit 12,6 Atom-% Be eine erheblich geringere Oxydationsgeschwindigkeit unter Ausbildung einer dünnen und kompakten BeO-Schicht.[2] Ein ähnlicher Mechanismus kann auch für die Oxydation von Cu-Zn- und Cu-Al-Legierungen vorgeschlagen werden. Wenn der Aluminiumgehalt genügend groß ist, wandern Al-Atome zur Oberfläche und reagieren auf Grund der hohen freien Bildungsenergie von Al_2O_3 bevorzugt vor dem Kupfer mit dem Sauerstoff. Bei anfänglicher Cu_2O-Bildung setzt die folgende Verdrängungsreaktion ein:

$$2\,Al + 3\,Cu_2O = 6\,Cu + Al_2O_3\,,$$

so daß die Deckschicht ausschließlich aus Al_2O_3 besteht, das letzten Endes für die Passivität verantwortlich ist. Nach WAGNER läßt sich auch die ausgezeichnete Zunderbeständigkeit der Fe-Cr-Al-Legierungen in der gleichen Weise deuten.

Als ein typisches Beispiel einer Inhibition im obigen Sinne kann man die Abnahme der Oxydationsgeschwindigkeit eines Metalls in einer Atmosphäre bezeichnen, die aus zwei oxydierenden Gasen besteht, wobei die Affinität der Grundreaktion, z. B. Gl. (6.201a), nicht geändert wird. Erhitzt man z. B. Nickel in einem Argongasstrom, dem kleine Mengen I_2 und O_2 zugesetzt sind, so tritt an Stelle der Reaktion

$$Ni(s) + I_2(gas) = NiI_2(gas) \qquad (6.201\,a)$$

infolge NiO-Bildung die folgende Reaktion auf:

$$NiO(s) + I_2(gas) = NiI_2(gas) + \tfrac{1}{2}O_2(gas)\,. \qquad (6.201\,b)$$

Die Geschwindigkeit der letzten Reaktion ist durch den Gleichgewichtsdruck $p_{NiI_2}(eq)$ und der Diffusionsgeschwindigkeit von NiI_2 von der Oberfläche der Probe in das strömende Gasinnere gegeben, analog zu Gl. (6.200):

$$j_{NiI_2} = D_{NiI_2}\, p_{NiI_2}(eq)/(\delta RT)\,.$$

Die freie Standardenergie der Reaktion (6.201 b) beträgt bei 700 °C etwa 37 kcal.[3,4] Hieraus berechnet sich das Druckverhältnis $p_{NiI_2}(eq)/p_{I_2}$ für $p_{O_2} = 0{,}01$ atm zu etwa 10^{-7}. Unter diesen Bedingungen ist die

---

[1] GENSCH, CH., u. K. HAUFFE: Z. phys. Chem. **196**, 427 (1951).
[2] MAAK, F.: Z. Metallkde. **52**, 538, 545 (1961).
[3] SCHÄFER, H., H. JACOB u. K. ETZEL: Z. anorg. allg. Chem. **286**, 42 (1956).
[4] KIUKKOLA, K., u. C. WAGNER: J. electrochem. Soc. **104**, 379 (1957).

Geschwindigkeit j_{NiI_2} in Gegenwart einer NiO-Schicht um etwa 10^7mal kleiner als die an einer oxidfreien Nickeloberfläche.

Die in diesem Abschnitt diskutierten Phänomene bringen neue Gesichtspunkte zum Mechanismus der Korrosionsbeständigkeit von Metallen bei höheren Temperaturen und können für weitere Betrachtungen nützlich sein.

6.11 Über den Mechanismus der inneren Oxydation von Metalllegierungen

Bisher wurde stillschweigend von der Annahme Gebrauch gemacht, daß der Sauerstoff nur bis an die Metall- bzw. Zunderoberfläche gelangt und dort auf die eintreffenden Metallionen + Elektronen „wartet", um ein nach außen wachsendes Oxidgitter zu bilden. Diese Annahme ist bei der Oxydation reiner Metalle häufig erfüllt. Wesentlich andere Verhältnisse können jedoch an solchen Metallegierungen auftreten, deren Grundmetall, wie z. B. Cu, Ag, Ti usw., eine beachtliche Löslichkeit für Sauerstoff aufweist. FROEHLICH[1] konnte zeigen, daß man bei der Oxydation von Kupferlegierungen an Hand der Versuchsergebnisse zwei Gruppen von Legierungen unterscheiden kann. Zu der ersten Gruppe gehören solche Kupferlegierungen, die als Legierungspartner edle Metalle enthalten. Hier wird eine Zunderschicht aus Kupfer(I)-oxid bzw. $Cu_2O + CuO$ gebildet, während sich das edle Metall besonders an der Phasengrenze Legierung/Oxid im Grundmetall — hier Kupfer — anreichert. Des öfteren wurden beim Zundern solcher Legierungen auch Kristalle des reinen Edelmetalls in der Zunderschicht beobachtet, die vollständig vom Kupfer(I)-oxid umhüllt waren. In der zweiten Gruppe der Kupferlegierungen, die als Legierungspartner unedle Metalle enthalten, deren Oxide höhere negative Bildungsarbeiten als die Kupferoxide aufweisen, treten die Oxide beider Metalle in der Zunderschicht auf. Häufig erscheint hierbei das Oxid des unedleren Legierungsmetalls in einer höheren Konzentration in der Zunderschicht, so daß es in der Legierungsphase zu einer Verarmung an Legierungsmetall kommt (S. 666). Im Falle einer Kupfer-Aluminium-Legierung mit mehr als 3 Atom-% Al kommt es sogar praktisch nur zu einer einseitigen Oxidbildung des Legierungsmetalls Al, das in Form von Al_2O_3 die Oxydationsgeschwindigkeit der Cu-Al-Legierung stark vermindert. Gleiches gilt für Cu-Be-Legierungen, die von BOUCHERE und HUBRECHT[2] untersucht wurden. Diese Erscheinungen lassen sich auf Grund der Ausführungen in Kap. 6.9 zwanglos deuten.

Unter bestimmten Versuchsbedingungen, auf die wir noch später näher eingehen, kann die Sauerstofflöslichkeit des Grundmetalls einen völlig veränderten Ablauf der Oxydation verursachen und zu einem neuen Zundermechanismus führen, der wohl erstmalig von RHINES und seinen Mitarbeitern erkannt und untersucht worden ist.[3] Nach RHINES

[1] FROEHLICH, K. W.: Z. Metallkde. 28, 368 (1936).

[2] BOUCHERE, L. DE, u. L. HUBRECHT: Phys. Ber. 32, 63 (1953).

[3] RHINES, F. N.: Trans. AIME 137, 246 (1940). — F. N. RHINES, W. A. JOHNSON u. W. A. ANDERSON: Trans. AIME, Techn. Publ. No. 1368 (1941).

entsteht bei der Oxydation von z. B. Kupferlegierungen nicht nur eine Zunderschicht auf der Legierung, die je nach den Sauerstoffpartialdrucken im wesentlichen aus Cu_2O bzw. $Cu_2O + CuO$ besteht und die wir als „äußere Zunderzone" bezeichnen, sondern auch im Inneren der Legierung eine Oxydationszone, die wir als „innere Oxydationszone" bzw. „subscale" bezeichnen. Ursache für die Ausbildung der inneren Oxydation sind die Löslichkeit von Sauerstoff in der Kupferlegierung und die höheren Bildungsarbeiten der Oxide der unedlen Legierungsbestandteile, die laufend Sauerstoff verbrauchen und dadurch infolge des sich ausbildenden hohen Sauerstoffkonzentrationsgefälles zwischen der Phasengrenze Legierung/äußere Zunderschicht und der Phasengrenze Legierung/innere Oxydationszone eine laufende Nachlieferung von Sauerstoff durch Dissoziation von $Cu_2O \rightleftharpoons 2Cu + O$ (gelöst in Leg.) erwirken. Die innere Oxydation wurde von MEYERING und DRUYVESTEYN[1] zur Deutung der Härtung von duktilen Metallen bzw. Metallegierungen herangezogen. Da die Arbeiten von RHINES den letzten beiden Autoren uicht bekannt waren, wurden gewisse Probleme, wie z. B. das Eindringen von Sauerstoff in schwach legierte Metallegierungen, ebenfalls bearbeitet. Jedoch verliert damit die letzte Arbeit keinesfalls an Bedeutung, da sie erstens aus einer anderen Problemstellung heraus entstanden ist und zweitens die Theorie durch thermodynamische Betrachtungen in sinnvoller Weise ergänzt.

Besonders eingehend wurde der Zundervorgang an Legierungen auf Kupferbasis mit geringen Fremdmetallgehalten im α-Mischkristallgebiet bei verschiedenen Temperaturen in Luft und Sauerstoff untersucht. An Hand von metallographischen Untersuchungen ließ sich nach zweistündigem Zundern einer Kupfer-Silicium-Legierung mit 0,05 bis 2 Gew.-% Si bei 1000 °C, wie Abb. 6.83 an einem Beispiel zeigt, neben der äußeren auch eine innere Oxydationszone feststellen. Abb. 6.83a zeigt die Zunderschicht von reinem Kupfer und Abb. 6.83b die einer Kupfer-Silicium-Legierung. Obwohl die Zunderung unter den gleichen Versuchsbedingungen ausgeführt wurde, erkennt man an der gezunderten Legierung deutlich zwei voneinander unterscheidbare Oxydationszonen. Die äußere (dunklere), die im wesentlichen aus einem Gemenge von Cu_2O und SiO_2 besteht, hat dieselbe Schichtdicke wie die Zunderschicht des reinen Kupfers. Die anschließende Oxydationszone besteht aus SiO_2-Kristallen, die in reinem Kupfer eingebettet sind und in der praktisch kein Kupferoxid beobachtet werden konnte. Von RHINES wurde hierfür, wie bereits erwähnt, der Begriff „subscale" (= „Zone innerer Oxydation") geprägt. Wählt man den Sauerstoffpartialdruck hinreichend klein $p_{O_2} \leqq p_{O_2}(eq)$ (über Cu_2O/Cu im Gleichgewicht), so bildet sich nur eine innere Oxydationszone aus, ohne daß eine äußere Zunderschicht von Cu_2O entsteht. Wie aus Abb. 6.84 hervorgeht, bleibt unter diesen speziellen Versuchsbedingungen die Oberfläche der Cu-Si-Legierung vollkommen blank und frei von jeder Oxidschicht, während die innere Oxydation in der Tat bis zu einer beachtlichen Tiefe in der Legierung

[1] MEYERING, J. L., u. M. J. DRUYVESTEYN: Philips Res. Rep. 2, 81, 260 (1947).

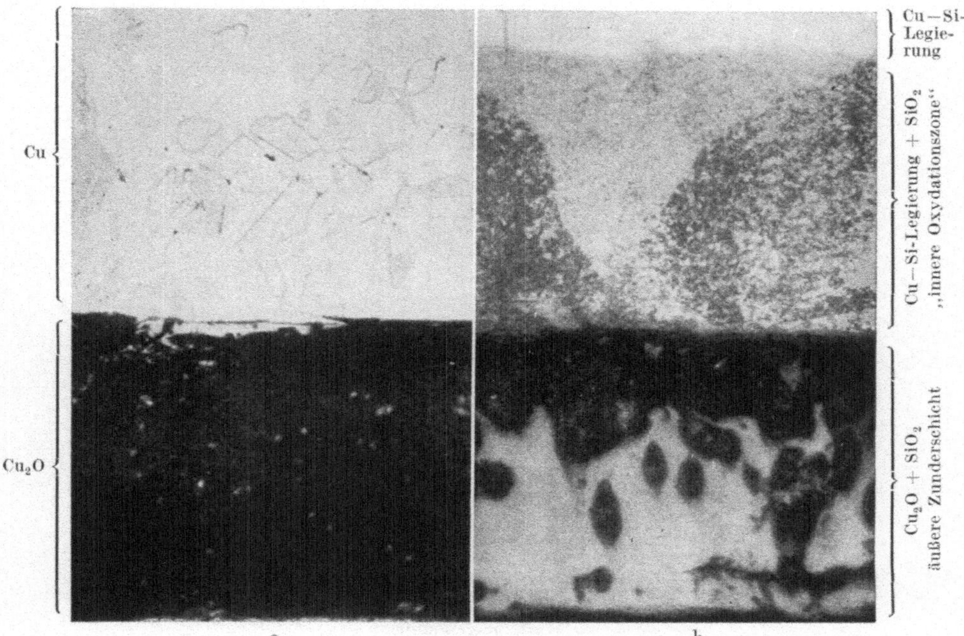

Abb. 6.83. Zunderschicht auf Kupfer und einer Kupferlegierung nach RHINES. a) Cu_2O-Schicht auf reinem Cu (2 Std. bei 1000°C in Luft erhitzt); b) Äußere und innere Oxydationszone von einer Cu-Si-Legierung (2 Std. bei 1000°C in Luft erhitzt). 150fache Vergr.

fortschreitet. Dieser experimentelle Befund gestattet eine Trennung beider Vorgänge, der äußeren und der inneren Oxydation, und damit ein Studium der verschiedenen Arten der Oxydation. Auf Grund dieser Tatsache und durch Zusammentragen eines größeren Versuchsmaterials konnte das Studium der Zundergeschwindigkeit der kombinierten inneren und äußeren Oxydation von RHINES und Mitarbeitern mit Erfolg ausgeführt werden.

Das für die Versuche verwandte Kupfer enthielt weniger als 0,05 Gew.-% an gesamten Verunreinigungen. Desgleichen bestanden die Legierungspartner aus möglichst reinen Metallen. Die Legierungen wurden im Graphittiegel unter einer reinen Boraxschmelze geschmolzen und waren frei von Oxideinschlüssen. Sämtliche Legierungen, die oxydiert wurden, wurden entweder in Luft erhitzt oder in einem Gemisch von gleichen Teilen Cu_2O- und Cu-Pulver eingebettet und in einem mit Kupfer ausgekleideten Eisenrohr erhitzt. In der letzteren Versuchsanordnung überstieg der Sauerstoffpartialdruck in keinem Fall den Sauerstoffgleichgewichtsdruck der Reaktion $Cu_2O = 2\,Cu + \frac{1}{2}\,O_2$. Im allgemeinen wurden zwei Versuchstemperaturen, 600 und 1000 °C, gewählt. Entsprechend früheren Untersuchungen über die Löslichkeit von Sauerstoff in Kupfer[1] wird die Cu-Legierung mit Sauerstoff gesättigt, ohne daß eine Oxidbildung auftritt. Nach der Oxydation wurden Proben herausgesägt,

[1] RHINES, F. N., u. C. H. MATHEWSON: Trans. AIME **111**, 342 (1934).

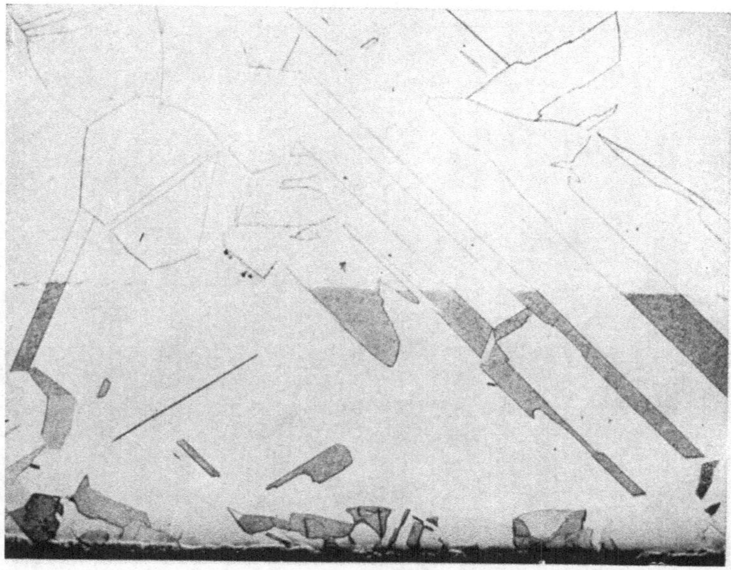

Abb. 6.84. Innere Oxydation in einer Cu-Legierung mit 0,103% Si nach RHINES[1]. (50fache Vergr.) Die Probe wurde bei niedrigem Sauerstoffdruck gezundert und hat keine äußere Zunderschicht. Die innere Oxydationszone ist durch eine dunkelgraue, scharf abgegrenzte Färbung erkenntlich.

poliert und geätzt. Die Stärke der Zunderschicht wurde an zehn Stellen im Querschliff mittels eines empfindlichen Mikrokomparators gemessen. Nach diesem Verfahren wurden ungefähr tausend solcher Proben untersucht. Eine Zusammenstellung der untersuchten Legierungen mit den ausgewerteten Daten für innere und äußere Oxydation findet sich in Tab. 6.17. Zur Auswertung wurde die Formel

$$\log \frac{\Delta \xi^2}{t} = \frac{a}{T} + b \qquad (6.202)$$

angewandt. Hier bedeutet $\Delta \xi$ die Dicke der inneren bzw. der äußeren Oxydationszone in cm, t die Zeit in Sekunden, T die absolute Temperatur und a und b Konstanten, die für jedes Legierungssystem charakteristisch sind. Wie sich aus den Versuchsergebnissen ergab, behält die Beziehung (6.202), die bisher für die Dickenzunahme der äußeren Oxydationszone angewandt wurde, auch ihre Gültigkeit für das zeitliche Wachsen der inneren Oxydationszone. Dies geht aus den Abb. 6.85 und 6.86 hervor, wo für Cu-Si- und Cu-Mn-Legierungen der zeitliche Verlauf des Wachsens der inneren und äußeren Oxydationszone bzw. -schicht dargestellt ist. In allen Fällen folgt die Oxydation zwischen 750 und 1000 °C einem parabolischen Zeitgesetz. Unterhalb 600 °C treten jedoch größere Abweichungen auf.

Im Anschluß hieran wollen wir uns unter Zugrundelegung der Ausführungen von RHINES und einer neueren Arbeit von WAGNER[2] mit dem

[1] RHINES, F. N.: Trans. AIME **137**, 281 (1940).
[2] WAGNER, C.: Z. Elektrochem. Ber. Bunsenges. phys. Chem. **63**, 772 (1959).

Mechanismus der inneren Oxydation beschäftigen. Zu diesem Zweck wählen wir als konkretes Beispiel den Ablauf der inneren Oxydation beim Zundern einer Cu-Si-Legierung. Gemäß der schematischen Darstellung in Abb. 6.87 bildet sich an der äußeren Phasengrenze Oxid/Gas eine kompakte Zunderschicht O-I aus Cu_2O bzw. einem heterogenen Gemenge von $Cu_2O + SiO_2$. Ein Wachsen dieser äußeren Zunderschicht

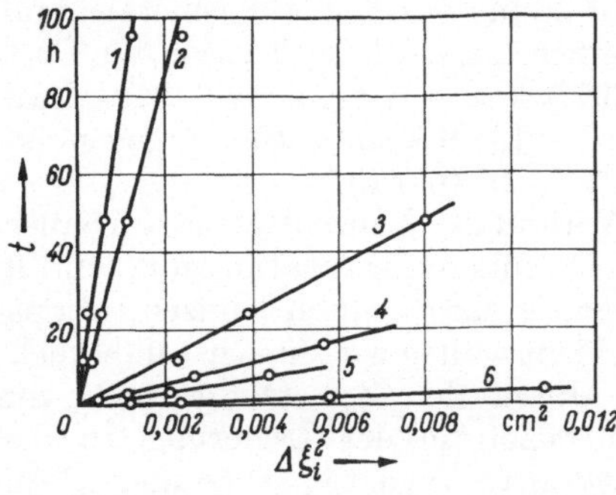

Abb. 6.85. Parabolischer Verlauf der zeitlichen Zunahme der inneren Oxydationszone zwischen 750 und 1000 °C in Cu-Si- und Cu-Mn-Legierungen nach RHINES.
1: 0,42 % Mn bei 750 °C;
2: 1,003 % Si bei 750 °C;
3: 0,033 % Mn bei 750 °C;
4: 0,103 % Si bei 875 °C;
5: 1,55 % Mn bei 1000 °C;
6: 0,103 % Si bei 1000 °C.

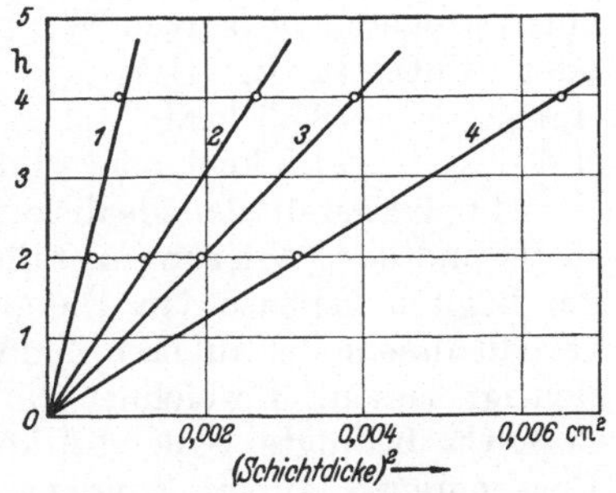

Abb. 6.86. Parabolischer Verlauf der zeitlichen Zunahme der inneren Oxydationszone und der äußeren Zunderschicht einer Cu-Si- und einer Cu-Mn-Legierung bei 875 °C nach RHINES, JOHNSON und ANDERSON.
1: innere Oxydation } 2: äußere Oxydation } 0,59 % Si;
3: innere Oxydation } 4: äußere Oxydation } 0,42 % Mn.

kann nur in der Weise erfolgen, daß Cu^+-Ionen + Elektronen aus der Legierungsphase durch die Cu_2O-Schicht diffundieren und mit dem an der Oberfläche chemisorbierten Sauerstoff nach dem bereits auf S. 640 mitgeteilten Mechanismus ein nach außen erweitertes Gitter von Cu_2O bilden. Auf welche Weise die Wanderung von Si in der äußeren Zunderschicht erfolgt, kann zur Zeit nicht angegeben werden.

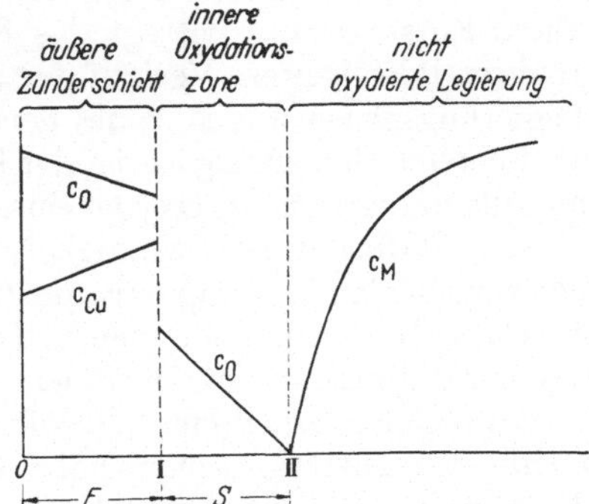

Abb. 6.87. Schematische Darstellung des Konzentrationsverlaufs des Legierungsmetalls c_M (im Inneren $-\xi \to \infty -$ ist $c_M = c_M^{\infty}$), des Sauerstoffs c_O und des Kupfers c_{Cu} in der nicht oxydierten Legierung, der inneren ($S = \Delta\xi_i$) und der äußeren Oxydationszone ($E = \Delta\xi_a$) nach RHINES.

Die Ausbildung einer inneren Oxydationszone I—II basiert nun auf folgenden Voraussetzungen:

1. Kupfer zeigt eine beachtliche Löslichkeit für Sauerstoff.[1,2] Die maximale Sättigungskonzentration c_O^I in Cu ist eine Funktion des Sauerstoffzersetzungsdruckes von Cu_2O bei der entsprechenden Versuchstemperatur

$$c_O^I = f[\pi_{O_2}(Cu_2O/Cu)].$$

[1] RHINES, F. N., u. C. H. MATHEWSON: Trans. AIME **111**, 342 (1929).
[2] VOGEL, R., u. W. POCHER: Z. Metallkde. **21**, 333 (1929).

2. Ferner muß die Beweglichkeit der Sauerstoffatome in Kupfer bzw. in der α-Kupferlegierung größer sein als die Beweglichkeit der Atome des Legierungsmetalls im Kupfer. Desgleichen kann die Diffusionsfähigkeit des Legierungsmetalls bei Vorliegen eines Diffusionsgefälles ebenfalls beachtlich werden und ist dann zu berücksichtigen, wie dies auf S. 726ff. diskutiert wurde.

3. Die freie Energie ΔA der Oxidbildung des Legierungsmetalls muß einen größeren negativen Wert besitzen als die freie Energie für Cu_2O oder CuO (z. B. $\Delta A_{V_2O_5} = -397{,}1$ kcal, $\Delta A_{Cr_2O_3} = -248{,}3$ kcal, $\Delta A_{SiO_2} = -190{,}5$ kcal, $\Delta A_{MgO} = -137{,}9$ kcal usw. gegenüber $\Delta A_{Cu_2O} = -11{,}8$ kcal oder $\Delta A_{CuO} = -25{,}0$ kcal).

Abb. 6.87 stellt den idealisierten Verlauf der Konzentration des Sauerstoffs und des Legierungsmetalls in der inneren Oxydationszone und in der Legierungsphase dar. Die gleichzeitig dargestellten Konzentrationsverhältnisse in der äußeren Zunderschicht wollen wir zunächst unberücksichtigt lassen. Bezeichnet c_O^I die durch den Zersetzungsdruck von Cu_2O/Cu bedingte Sauerstoffkonzentration in der Legierung an der Phasengrenze: äußere Zunderschicht/innere Oxydationszone und c_O^{II} die Sauerstoffkonzentration an der Phasengrenze: innere Oxydationszone/ Legierung, deren Wert durch den Zersetzungsdruck des Oxids des Legierungsmetalls bestimmt ist, dann ist unter Annahme eines geradlinigen Konzentrationsverlaufs $(c_O^I - c_O^{II})/\Delta \xi_i$ das Konzentrationsgefälle in der inneren Oxydationszone, wobei $\Delta \xi_i$ die Schichtdicke der inneren Oxydationszone ist. Hält man den Sauerstoffdruck genügend klein [$p_{O_2} < p_{O_2}$ (Cu_2O/Cu)], so wird es nur zu einer Oxydation des unedlen Legierungspartners kommen. Durch den Verbrauch an Legierungsmetall wird in der Nähe der Grenzfläche innere Oxydationszone/Legierung eine Konzentrationsverarmung an Legierungsmetall eintreten. Im stationären Zustand sei die Konzentration c_M^{II} gegenüber der Ausgangszusammensetzung c_M^{∞} klein. Entsprechend beträgt das Konzentrationsgefälle $(c_M^{\infty} - c_M^{II})/\Delta \xi_i$.[1] Während der weitere Verlauf der Sauerstoffkonzentration innerhalb der Legierungsphase wegen seines geringen Wertes für den Ablauf der Reaktion ohne Bedeutung ist, ist der Konzentrationsverlauf des Legierungsmetalls in der inneren Oxydationszone für deren Ablauf wesentlich.

Die Diffusionsgeschwindigkeit von Sauerstoff durch Kupfer wurde bei verschiedenen Temperaruren von Ransley[2] gemessen. Es erscheint durchaus berechtigt, die gleiche Diffusionsgeschwindigkeit auch für die Sauerstoffdiffusion in der inneren Oxydationszone von Cu- und Ag-Legierungen anzunehmen[3], insofern die in dieser Zone sich bildenden Oxide den Diffusionsquerschnitt nicht wesentlich verringern.[4] In verdünnten Kupferlegierungen dürfte aber die Verteilung der Oxidpartikeln räumlich so weit voneinander erfolgen, daß ein diffusionshemmender

---

[1] $\Delta \xi_i$ soll diejenige Diffusionsstrecke bedeuten, die vom Inneren der Legierungsphase aus gerechnet wird, wo der Wert der Anfangskonzentration c_M^{∞} zu etwa 95% erreicht ist, bis zur Phasengrenze II (Abb. 6.87).

[2] Ransley, C. E.: J. Inst. Metals **65**, 147 (1939).

[3] Hauffe, K.: Z. anorg. allg. Chem. **257**, 279 (1948).

[4] Meyering, J. L., u. M. J. Druyvesteyn: Philips Res. Rep. **2**, 81, 260 (1947).

Effekt praktisch zu vernachlässigen ist. In gleicher Weise wurde von RHINES und MEHL[1] die Diffusionsgeschwindigkeit einer Anzahl Metalle in α-Kupferlegierungen gemessen, deren Werte ebenfalls für das vorliegende Problem zur Auswertung erforderlich sind. Um ein reines Diffusionsproblem zu erhalten, nehmen wir weiter an, daß sowohl die Sauerstofflieferung an der Phasengrenze I (Abb. 6.87) gemäß der Reaktionsgleichung

$$Cu_2O \rightleftharpoons 2\,Cu_{(\text{Leg})} + O_{(\text{gelöst in Cu})} \tag{6.203}$$

als auch der Sauerstoffverbrauch an der Phasengrenze II gemäß der Reaktionsgleichung, z. B.

$$2\,O_{(\text{gelöst in Cu})} + Si_{(\text{gelöst in Cu})} \rightleftharpoons SiO_2, \tag{6.204}$$

gegenüber den Transportgeschwindigkeiten von Sauerstoff und dem Legierungsmetall bzw. Silizium genügend groß sind.

Unter Berücksichtigung der oben besprochenen Diffusionserscheinungen wird eine auf dem FICKschen Diffusionsgesetz basierende Gleichung abgeleitet, die eine quantitative Berechnung des zeitlichen Wachsens der inneren Oxydationszone aus den in der Literatur angegebenen Diffusions- und Konzentrationsdaten ermöglicht.[2]

Unter Umgehung der Ableitung, die von RHINES ausführlich beschrieben wurde, teilen wir hier nur die Endgleichungen für die Zunderkonstante der inneren Oxydation k' mit:

$$k' = \frac{k_i}{2} = \frac{D_O\, c_O^I - 0{,}84\, c_M^\infty D_M \frac{O}{M}}{c_M^\infty \frac{O}{M} + \frac{c_O^I}{3}}; \tag{6.205a}$$

es ist also

$$\frac{\Delta \xi_i^2}{t} = \frac{2\, D_O\, c_O^I - 1{,}68\, c_M^\infty D_M \frac{O}{M}}{c_M^\infty \frac{O}{M} + \frac{c_O}{3}}. \tag{6.205b}$$

Der Fehler dieser Ausdrücke ist nicht größer als 1 %, wenn $\frac{D_O\, c_O^I\, O}{D_M\, c_M\, M} > 5$ ist. Sollte dieser Faktor kleiner als 5 werden, so benutze man die genaueren Gleichungen in der Arbeit von RHINES. Hier bedeuten D_O und D_M die Diffusionskoeffizienten des Sauerstoffs und des Legierungsmetalls. Ferner ist $\Delta\,\xi_i$ die Dicke der inneren Oxydationszone, c_O^I die Konzentration des Sauerstoffs an der Phasengrenze I (s. Abb. 6.87) und c_M^∞ die Konzentration des Legierungsmetalls tief im Inneren der Legierung. O/M kennzeichnet das Gewichtsverhältnis von Sauerstoff und Legierungsmetall in der inneren Oxydationszone.

---

[1] RHINES, F. N., u. R. F. MEHL: Trans. AIME **128**, 185 (1938).

[2] RHINES, F. N., W. A. JOHNSON u. W. A. ANDERSON: Als Anhang veröffentlicht im America Documentation Institute, Office of Science Service, 2101 Constitution Ave, Washington D. C. im Document No. 1588.

Tabelle 6.17

Zusammenstellung der Oxydationsgeschwindigkeit in der äußeren und inneren Oxydationszone an Cu-Legierungen nach Rhines, Johnson und Anderson.

Gelöstes Metall	Konz. in Gew.-%	Konstanten von $\log \frac{\Delta \xi_i^2}{t} = \frac{a}{T} + b$ für innere Oxydationszone allein		Konstanten von $\log \frac{\Delta \xi_i^2}{t} = \frac{a'}{T} + b'$ für innere Oxydationszone allein		Werte für $\frac{\Delta \xi_i^2}{t}$ für innere Oxydationszone allein bei 600 °C	Konstanten von $\log \frac{\Delta \xi_i^2}{t} = \frac{c}{T} + d$ für eine sich unter der äußeren ausbildende innere Oxydationszone		Werte für $\frac{\Delta \xi_i^2}{t}$ für innere Oxydationszone unter einer äußeren bei 600 °C	Äußere Oxydationszone	
		a	b	a'	b'		c	d		Werte für $\frac{\Delta \xi_a^2}{t}$	Temp. der Oxydation °C
Al	0,03	−12110	4,110	−10350	1,035		−11890	3,614	$2{,}02 \cdot 10^{-10}$	$4{,}25 \cdot 10^{-9}$	750
Al	0,06	−11580	3,261	−10350	1,035	$2{,}45 \cdot 10^{-12}$	−11680	3,185	$1{,}05 \cdot 10^{-10}$		
Al	0,08	−11540	3,142	−10350	1,035		−11710	3,053	$1{,}46 \cdot 10^{-10}$	$2{,}54 \cdot 10^{-9}$	750
Al	0,17	−12160	3,142	−10350	1,035	$6{,}52 \cdot 10^{-11}$	−12020	2,912	$8{,}51 \cdot 10^{-11}$	$3{,}90 \cdot 10^{-8}$	875
										$6{,}35 \cdot 10^{-9}$	750
Al	0,45	−11970	2,983	−10350	1,035		−10800	1,215		$3{,}16 \cdot 10^{-8}$	875
										$1{,}69 \cdot 10^{-7}$	1000
Al	0,72	−12140	2,753	−10350	1,035		−12140	2,015			
B	0,05	−10420	2,882	−10400	1.582	$5{,}76 \cdot 10^{-11}$	−10420	2,762		$1{,}13 \cdot 10^{-7}$	1000
Ba	0,10	−13480	5,228	−13700	4,432	$1{,}82 \cdot 10^{-10}$	−13480	4,248	$7{,}10 \cdot 10^{-11}$		
Be	0,018	−11150	3,330	−10420	0,542	$2{,}42 \cdot 10^{-10}$	−11150	3,492	$2{,}96 \cdot 10^{-10}$	$1{,}72 \cdot 10^{-7}$	1000
Be	0,054	−14290	4,830	−10420	0,542	$6{,}13 \cdot 10^{-11}$	−14290	4,487	$1{,}39 \cdot 10^{-10}$		
Be	0,101	−11980	2,652	−10420	0,542	$7{,}74 \cdot 10^{-11}$	−11980	2,572	$2{,}44 \cdot 10^{-11}$		
Ca	0,01	−10080	2,121	−11150	0,974	$5{,}18 \cdot 10^{-10}$	−10080	1,955	$2{,}26 \cdot 10^{-10}$	$1{,}61 \cdot 10^{-7}$	1000
Nb	0,04	−10250	2,742	−10210	1,328	$8{,}39 \cdot 10^{-11}$	−10250	2,681	$3{,}20 \cdot 10^{-10}$		
Cd	0,28										
Ce	0,01	−10870	2,984	−10880	1,009	$5{,}05 \cdot 10^{-11}$	−10870	2,984	$1{,}28 \cdot 10^{-10}$	$1{,}83 \cdot 10^{-7}$	1000
Co	0,14	−10500	2,842	−11750	2,932	$7{,}10 \cdot 10^{-13}$	−10500	2,812	$2{,}68 \cdot 10^{-10}$	$1{,}31 \cdot 10^{-7}$	1000
Cr	0,08	−11910	3,910	−11450	2,557	$2{,}45 \cdot 10^{-12}$	−11910	3,824	$1{,}45 \cdot 10^{-12}$	$1{,}79 \cdot 10^{-7}$	1000
Fe	0,037	−11220	3,944	−10260	1,594						
Fe	0,10	−10390	2,509	−10260	1,594	$4{,}19 \cdot 10^{-12}$	−10390	2,620	$1{,}75 \cdot 10^{-12}$	$2{,}07 \cdot 10^{-7}$	1000
Fe	0,56	−10730	2,393	−10260	1,594	$9{,}08 \cdot 10^{-11}$	−10730	2,072		$1{,}40 \cdot 10^{-7}$	1000
Fe	1,52	−10630	1,885	−10260	1,594	$3{,}68 \cdot 10^{-11}$	−10630	1,533		$1{,}11 \cdot 10^{-7}$	1000
Fe	2,65	−10310	1,288	−10260	1,594	$4{,}70 \cdot 10^{-12}$	−10310	0,878		$1{,}35 \cdot 10^{-7}$	1000
Ga	0,03	−15880	7,357	−15930	5,885		−15880	7,135	$4{,}80 \cdot 10^{-10}$		
Ge	0,02	−10210	1,996	−11470	1,543		−10210	1,790		$1{,}59 \cdot 10^{-7}$	1000
In	0,25	−11300	3,376	−10720	2,206	$3{,}93 \cdot 10^{-11}$	−11300	3,274	$1{,}69 \cdot 10^{-10}$	$1{,}78 \cdot 10^{-7}$	1000
Li	0,02	−10330	2,094	−11450	1,290	$6{,}13 \cdot 10^{-11}$	−10330	2,011	$1{,}07 \cdot 10^{-10}$		

Mg	0,10	−11830	3,453	−11130	1,773	$4,24 \cdot 10^{-11}$	−11830	3,362	$1,05 \cdot 10^{-10}$	$1,66 \cdot 10^{-7}$	1000
Mn	0,033	−10980	3,452	−10620	1,640	$4,71 \cdot 10^{-12}$	−10710	2,765	$2,59 \cdot 10^{-11}$		
Mn	0,084			−10620	1,640		−10610	2,708	$1,16 \cdot 10^{-10}$		
Mn	0,22			−10620	1,640		−10840	2,316	$6,16 \cdot 10^{-11}$		
Mn	0,42	−10470	1,778	−10620	1,640	$6,12 \cdot 10^{-12}$	−10570	1.648	$1,04 \cdot 10^{-11}$	$4,46 \cdot 10^{-8}$	875
Mn	1,55	−10500	1,452	−10620	1,640	$1,78 \cdot 10^{-11}$	−10570	1,186	$3,27 \cdot 10^{-11}$		
Ni	0,115	−11110	3,695	−12840	2,306	$1,20 \cdot 10^{-10}$	−11110	3,660	$3,48 \cdot 10^{-10}$	$2,74 \cdot 10^{-7}$	1000
Ni	5,00	−13710	4,032				−13710	3,510		$1,78 \cdot 10^{-7}$	1000
P	0,03	−12050	3,835	−11870	2,142	$3,62 \cdot 10^{-11}$	−12050	3,703			
P	0,07	11700	3,274	−11870	2,142		−11700	2.955			
P	0,24	−11050	2,050	−11870	2,142	$2,32 \cdot 10^{-11}$	−11050	1,749			
Pb	0,03	10610	1,115	−11290	0,150					$1,84 \cdot 10^{-8}$	1000
Si	0,045	−11320	3,275	−11110	1,660	$1,48 \cdot 10^{-10}$	−10800	2,614	$1,57 \cdot 10^{-10}$		
Si	0,076	11110	2,790	−11110	1,660	$1,73 \cdot 10^{-10}$	−10680	2,181	$3,91 \cdot 10^{-10}$	$2,21 \cdot 10^{-9}$	750
Si	0,103	11010	2,481	−11110	1,660	$2,79 \cdot 10^{-10}$	−10720	2,048	$1,53 \cdot 10^{-10}$		
Si	0.180	−10310	1,723	−11110	1,660	$3,38 \cdot 10^{-11}$	−10730	1,914	$1,19 \cdot 10^{-10}$		
Si	0,30	9725	0,919	−11110	1,660	$6,12 \cdot 10^{-11}$	−10050	0,952	$8,58 \cdot 10^{-11}$	$\{2,84 \cdot 10^{-9}$ $3,41 \cdot 10^{-8}$	750 875
Si	0.59	9345	0,407	−11110	1,660	$5,36 \cdot 10^{-11}$	− 8950	−0,331	$8,16 \cdot 10^{-11}$	$\{2,30 \cdot 10^{-9}$ $1,77 \cdot 10^{-8}$	750 875
Si	0.858	− 7785	1,205	−11110	1,660	$1,33 \cdot 10^{-10}$			$9,24 \cdot 10^{-11}$		
Si	1,93	− 6570	2,709	−11110	1,660	$1,27 \cdot 10^{-10}$	− 7010	−2,667	$7,37 \cdot 10^{-11}$		
Sn	0,31	11820	3,665	−13550	4,521	$3.21 \cdot 10^{-11}$	−11820	3,536	$7,51 \cdot 10^{-11}$		
Sr	0.10	−11140	3,602	−13510	4.492		−11140	3,444		$1,69 \cdot 10^{-7}$	1000
Ta	0.04	10810	3,208	−10820	1,843	$6,50 \cdot 10^{-11}$	−10810	3,000	$1,69 \cdot 10^{-10}$		
Ti	0.05	−10430	3,010	−10220	2,849					$2,25 \cdot 10^{-7}$	1000
V	0,09	−13000	4,633	−13200	3,767	$2,45 \cdot 10^{-10}$	−13000	4,492	$7,72 \cdot 10^{-11}$		
Zn	0,16	−10840	3,185	−12750	3.855				$3,58 \cdot 10^{-10}$	$1,80 \cdot 10^{-7}$	1000
Zn	0.21	−12180	4,049	−12750	3,855	$2,12 \cdot 10^{-10}$	−12180	3.861	$5,22 \cdot 10^{-11}$		
Zr	0.16	−11110	2,955	−10430	1.511		−11110	2,809	$2,64 \cdot 10^{-10}$	$1,73 \cdot 10^{-7}$	1000
Al + Be	0,049 + 0,003	−13600	4,534			$3,30 \cdot 10^{-10}$			$3,91 \cdot 10^{-11}$		
Al + Sn	0,06 + 5,43	−12150	1,976			$9,51 \cdot 10^{-11}$	−12150	2.132	$1,76 \cdot 10^{-11}$		
Al + Zn	0,13 + 9,29	−10500	0,991			$3,62 \cdot 10^{-13}$	−10500	0,510	$2,81 \cdot 10^{-11}$		
Be + Sn	0,02 + 0,30	−13500	4.357			$7,92 \cdot 10^{-11}$	−13500	3,703	$2,67 \cdot 10^{-11}$		
Be + Sn	0,006 + 4.93	−12380	2,440			$7,52 \cdot 10^{-10}$	−12380	2,555	$5,22 \cdot 10^{-13}$		
Be + Zn	0,03 + 9.52	−11040	1,307			$5,21 \cdot 10^{-13}$	−11040	1,046	$1,76 \cdot 10^{-12}$		
Si + Sn	0,085 + 5,02	−12000	2,342			$1,66 \cdot 10^{-10}$	−12000	2,300	$2,45 \cdot 10^{-12}$		
Si + Zn	0,085 + 9,81	−11120	1,337			$3,34 \cdot 10^{-11}$	−11200	1,140	$2,45 \cdot 10^{-12}$		

Tab. 6.18 enthält eine Gegenüberstellung der experimentellen Daten mit den nach Formel (6.205 b) berechneten. Die Übereinstimmung ist im allgemeinen recht gut, wenn auch an einigen Systemen beachtliche Abweichungen auftreten. Ganz allgemein erkennt man aus (6.205), daß die innere Oxydationsgeschwindigkeit mit wachsendem Prozentgehalt an Legierungsmetall abnehmen muß.

Zur Beschreibung der Temperaturabhängigkeit der Wachstumsgeschwindigkeit der inneren Oxydationszone wird folgende formale Beziehung mitgeteilt

$$\log \frac{\Delta \xi_i^2}{t} c_M^\infty = \frac{a'}{T} + b', \tag{6.206}$$

die im allgemeinen innerhalb des Legierungsbereiches von 0,1 bis 1% Legierungsmetall mit einer Genauigkeit von $\pm 5\%$ erfüllt ist.

Tabelle 6.18

Vergleich der berechneten mit den gefundenen Oxydationsgeschwindigkeiten in der äußeren und inneren Oxydationszone von einigen Kupferlegierungen nach Rhines, Johnson und Anderson

Gelöstes Metall	c_M Gew.-%	T °C	$(c_1 - c_2) D_{Cu} \cdot 10^{-7}$	Dicke der äußeren ($\Delta \xi_a$) bzw. inneren ($\Delta \xi_i$) Oxydationszone nach 100 Stunden in cm				
				E		S		korrigiert
				ber.	gef.	ber.	gef.	
Al	0,03	750	1,43	0,042	0,038	0,093	0,061	0,095
Al	0,45	750	1,43	0,041	0,047	0,017	0,0129	0,016
Al	0,45	875	14,0	0,126	0,107	0,072	0,097	0,076
Al	0,45	1000	87,4	0,314	0,247	0,235	0,260	0,249
Be	0,018	1000	87,4	0,323	0,249	1,031	0,923	1,051
Si	0,076	750	1,43	0,042	0,028	0,048	0,032	0,051
Si	0,18	750	1,43	0,041	0,032	0,028	0,028	0,030
Si	0,18	875	14,0	0,128	0,111	0,110	0,126	0,114
Si	0,59	750	1,43	0,040	0,029	0,012	0,0142	0,014
Si	0,59	875	14,0	0,124	0,080	0,048	0,068	0,052

Der hier skizzierte Mechanismus der inneren Oxydation hat zunächst nur volle Gültigkeit innerhalb eines Temperaturgebietes von 750 bis 1000 °C. Zwischen 600 und 750 °C wurde eine deutliche Abweichung beobachtet. Gleichzeitig wurde festgestellt, daß im allgemeinen bei höheren Temperaturen die Ausscheidung des Oxids im Inneren des Kupferkristalls erfolgt, während bei niedrigen Temperaturen die Oxidbildung vorzugsweise an den Korngrenzen stattfindet. Durch eine Oxidbildung an den Korngrenzen kann es infolge Umhüllung der Kupferkristalle durch die Oxidschicht gelegentlich zu einer weitgehenden Störung der normalen Sauerstoffdiffusion und damit zu einer Abnahme der inneren Oxydationsgeschwindigkeit kommen. Bei etwas höheren Konzentrationen an Legierungsmetall wurde aber auch infolge zu starker Oxidbildung in der Kupfermatrix eine Aufsprengung der Kupferkristalle beobachtet, wobei dem Sauerstoff die Diffusion infolge „innerer Hohlräume“ erleichtert wird, was mit einem Ansteigen der inneren Oxydationsgeschwindigkeit verbunden ist. Eine weitere Untersuchung der Abhängigkeit der Oxydationsgeschwindigkeit vom strukturellen Aufbau der Metallegierungen erscheint wünschenswert. Weitere Abweichungen von der Beziehung (6.205) können auch dann auftreten, wenn sich während der Oxydation eine flüssige Phase bildet, wie das bei den Kupferlegierungen mit Blei, Cadmium und höheren Gehalten an Phosphor durchaus der Fall sein kann.

Bis jetzt haben wir uns ausschließlich mit dem Mechanismus in der inneren Oxydationszone beschäftigt, ohne uns um die äußere Zunderschicht und deren Einfluß auf die Ausbildung der inneren Oxydationszone zu kümmern. Wie Messungen der inneren Oxydationsgeschwindigkeit bei Abwesenheit und in Gegenwart einer äußeren Zunderschicht ergeben haben, wirkt die äußere Zunderschicht im allgemeinen „bremsend" auf die innere Oxydationsgeschwindigkeit. In Analogie zur Beziehung (6.202) gilt für die Temperaturabhängigkeit der inneren Oxydationsgeschwindigkeit in Gegenwart einer äußeren Zunderschicht:

$$\log \frac{\Delta \xi_i^2}{t} = \frac{c}{T} + d. \tag{6.207}$$

Die Gültigkeit der Beziehung (6.207) wird durch Abb. 6.88 nachgewiesen. Die Werte der Konstanten c und d sind in Tab. 6.17 zusammengestellt. Die Konstanten c der in Abb. 6.88 untersuchten Legierungen erhalten wir aus der Neigung der Geraden, was beweist, daß a und c identische Konstanten sind. Wie die Zahlenangaben in Tab. 6.17 jedoch zeigen, sind die Werte nicht ganz übereinstimmend. Das gleiche gilt für die Konstanten b und d. Hier aber sind die Abweichungen teilweise bedeutend größer.

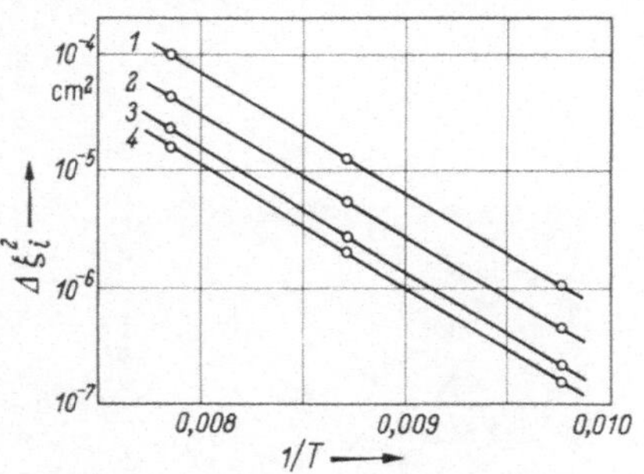

Abb. 6.88. Temperaturabhängigkeit des Quadrates der Dicke $\Delta \xi_i$ der inneren Oxydationszone einiger Kupferlegierungen nach RHINES, JOHNSON und ANDERSON. *1*: 0,02% Ge; *2*: 0,108% Si; *3*: 0,10% Fe; *4*: 1,55% Mn.

Der Mechanismus der kombinierten inneren und äußeren Oxydation ist verständlicherweise komplizierter als der der alleinigen inneren Oxydation. Die schematische Darstellung der Diffusionsverhältnisse ist in Abb. 6.87 angegeben. Um auch für diesen komplizierten Oxydationsmechanismus eine handliche mathematische Beziehung zu erhalten, ist es erforderlich, gewisse Vereinfachungen einzuführen, die dann experimentell einigermaßen realisierbar sind.

1. Die Sauerstoffkonzentration soll in der nichtoxydierten Legierung praktisch Null sein. (Dieses kann man annähernd dadurch erreichen, daß man ein Legierungsmetall wählt, dessen Oxid eine hohe negative Bildungsarbeit besitzt.)

2. Die Gegenwart des Oxids in der inneren Oxydationszone soll keinen Einfluß auf die äußere Oxydation haben, was bei niedrigen Legierungszusätzen durchaus möglich ist. Wie sich aber aus den Arbeiten von WAGNER, HAUFFE und Mitarbeitern ergeben hat, können schon geringe

Mengen von Fremdoxid in der äußeren Oxydationszone einen erheblichen Einfluß auf die Zundergeschwindigkeit haben. Bei Legierungszusätzen, die die Oxydationsgeschwindigkeit der äußeren Oxydationszone um Zehnerpotenzen erhöhen, kann es sogar trotz Erfüllung aller thermodynamischen Voraussetzungen zu einer weitgehenden Unterdrückung der Ausbildung einer inneren Oxydationszone kommen.

3. Die Gegenwart einer CuO-Schicht auf der äußeren Zunderschicht im Falle der Oxydation einer Cu-Legierung (in jedem Fall sehr klein; vgl. die Ausführungen auf S. 710ff.) soll zu vernachlässigen sein.

4. Sowohl in der inneren Oxydationszone als auch in der äußeren Zunderschicht soll das Konzentrationsgefälle an Sauerstoff und Legierungsmetall als in erster Näherung linear betrachtet werden.

Zur Ermittlung des Wertes $(c^{\mathrm{I}}_{\mathrm{Cu}} - c^{0}_{\mathrm{Cu}})\, D_{\mathrm{Cu}}$ wird man für c^{0}_{Cu} die von WAGNER und HAMMEN[1] an reinem Kupfer(I)-oxid erhaltene Cu-Leer-

Abb. 6.89. Cu-Legierung mit 0,72 Gew.-% Al, 2 Std. bei 1000 °C oxydiert, zeigt Perlit-Struktur mit LIESEGANGschen Bändern, die eine rhythmische Ausfällung von Al_2O_3 in Cu darstellen. (230fache Vergr.) Nach RHINES und Mitarbeitern.

stellenkonzentration und für D_{Cu} die aus der Zunderformel und den experimentellen Ergebnissen errechneten Werte von WAGNER und GRÜNEWALD[2], die von CASTELLAN und MOORE[3] durch Tracer-Diffusionsmessungen mittels radioaktiven Kupfers bestätigt wurden, verwenden. RHINES und Mitarbeiter haben für ihre Berechnungen die älteren Daten von

[1] WAGNER, C., u. H. HAMMEN: Z. phys. Chem. (B) **40**, 197 (1938).
[2] WAGNER, C., u. K. GRÜNEWALD: Z. phys. Chem. (B) **40**, 455 (1938).
[3] CASTELLAN, G. W., u. W. J. MOORE: J. chem. Phys. **17**, 41 (1949).

PILLING und BEDWORTH[1] zugrunde gelegt, die teilweise nicht die gewünschte Genauigkeit haben.

Trotzdem sind die von RHINES und Mitarbeitern aus den Daten berechneten Zundergeschwindigkeiten mit den gemessenen in recht guter Übereinstimmung. In Tab. 6.18 sind einige Daten, die an Cu-Al-, Cu-Be- und Cu-Si-Legierungen erhalten wurden, zusammengestellt.

An gewissen Cu-Legierungen mit Beryllium und Aluminium als Legierungspartner fand RHINES[2] innerhalb der inneren Oxydationszone eine intermittierende Bildung von schmalen Oxydationszonen, die sich in gesetzmäßigen Abständen mit schmalen metallischen, also nicht anoxydierten, Zonen abwechselten, ähnlich dem bekannten Erscheinungsbild von LIESEGANGschen Ringen bei rhythmischen Fällungen schwerlöslicher Verbindungen in Gelen (Abb. 6.89). Diese Erscheinungen wurden bereits früher von SMITH[3] beobachtet. Trotz gewisser plausibler Deutungsversuche zum Mechanismus dieser eigenartigen Ausscheidungsform fehlt jedoch noch eine den Einzelvorgängen allgemein gerecht werdende Theorie.

Einen interessanten Einblick erhält man über den Einfluß des Legierungspartners auf die relativen Oxydationsgeschwindigkeiten der äußeren und der inneren Oxydation, wenn man k_i und k_a gegen die Konzentration des Legierungspartners aufträgt. Dies wurde von RHINES und Mitarbeitern (Abb. 6.90) an einer Cu-Si-Legierung ausgeführt. Es ergab sich, daß die Wachstumsgeschwindigkeit der äußeren Oxydationszone nur langsam mit steigendem Siliziumgehalt abnimmt, während die Wachstumsgeschwindigkeit der inneren Oxydationszone rasch mit steigendem Si-Gehalt abfällt. Aus Abb. 6.91 ist die Abnahme der inneren Oxydationsgeschwindigkeit mit steigendem Si-Gehalt besonders eindrucksvoll zu erkennen.

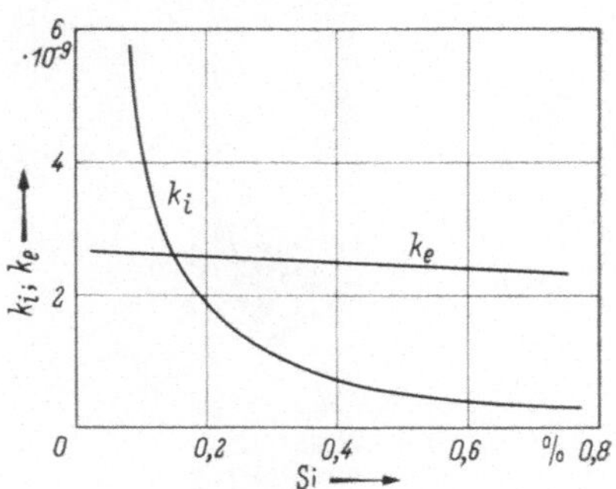

Abb. 6.90. Abhängigkeit der Wachstumsgeschwindigkeit der inneren (k_i) und der äußeren ($k_e \equiv k_a$) Oxydationszone vom Si-Gehalt der Cu-Si-Legierung nach RHINES und Mitarbeitern.

Im Hinblick auf die Bedeutung der Anwendung des Oxydationsmechanismus der inneren Oxydation auf technische Cu-Legierungen, die ja in den wenigsten Fällen binäre Legierungssysteme darstellen, wurden auch Oxydationsversuche an ternären Cu-Legierungen ausgeführt. Abb. 6.92 stellt Mikrophotographien von Zunderschichten an Cu-Zn-Legierungen mit Zusätzen an Be, Al und Si dar. An allen diesen Legierungssystemen traten zwei Oxydationsbereiche innerhalb der inneren

[1] PILLING, N. B., u. R. E. BEDWORTH: J. Inst. Metals **29**, 529 (1923).

[2] RHINES, F. N.: Trans. AIME **137**, 246 (1940). — F. N. RHINES, W. A. JOHNSON u. W. A. ANDERSON: Trans. AIME, Techn. Publ. No. 1368 (1941).

[3] SMITH, C. S.: Min. and Met. **11**, 213 (1930); **13**, 481 (1932); J. Inst. Metals **46**, 49 (1931).

Oxydationszone auf. Der äußere Oxydationsbereich enthielt Oxide beider Legierungsmetalle, während der der Legierung benachbarte innere schmale Oxydationsbereich nur ein Oxid (das mit der größten negativen Bildungsarbeit) aufwies. Die relative Ausdehnung dieses Oxydations-

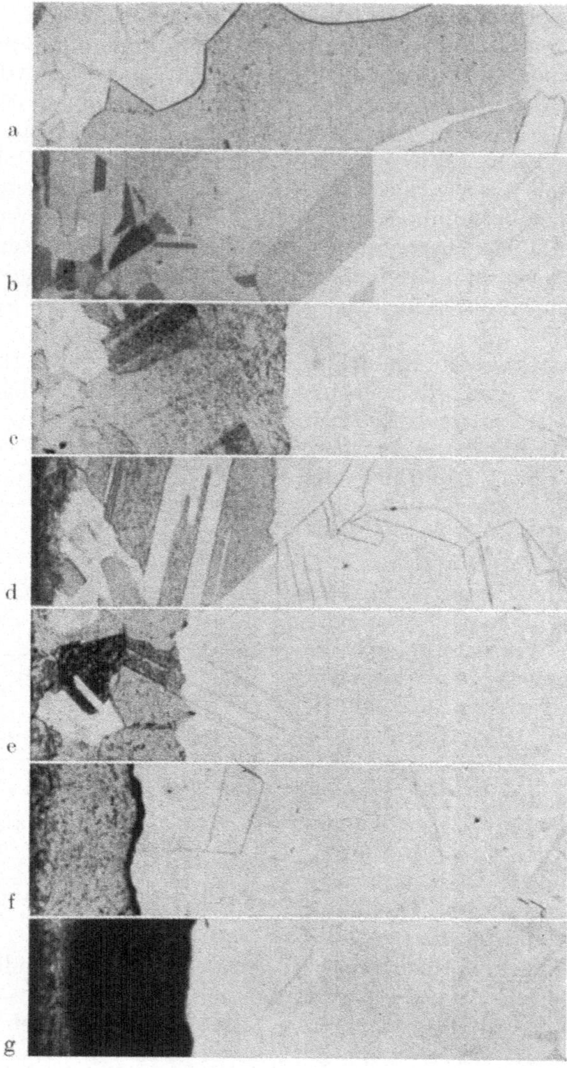

Abb. 6.91. Oxydierte Cu/Si-Legierungen nach RHINES. (2 Std. bei 1000 °C in Luft; 50fache Vergr.) Abnahme der Wachstumsgeschwindigkeit der inneren Oxydationszone mit steigendem Si-Gehalt. (Si in Gew.-%.) a: 0,045; b: 0,076; c: 0,103; d: 0,180; e: 0,30; f: 0,59; g: 0,85% Si.

bereichs innerhalb der inneren Oxydationszone richtet sich nach der Legierungszusammensetzung und auch nach der Sauerstoffkonzentration und ihrem Gradienten in der Legierung. In beiden Oxydationsbereichen sind die Oxide in gleicher Weise wie in den inneren Oxydationszonen binärer Legierungen in Cu eingebettet. Die Ausbildung einer solchen

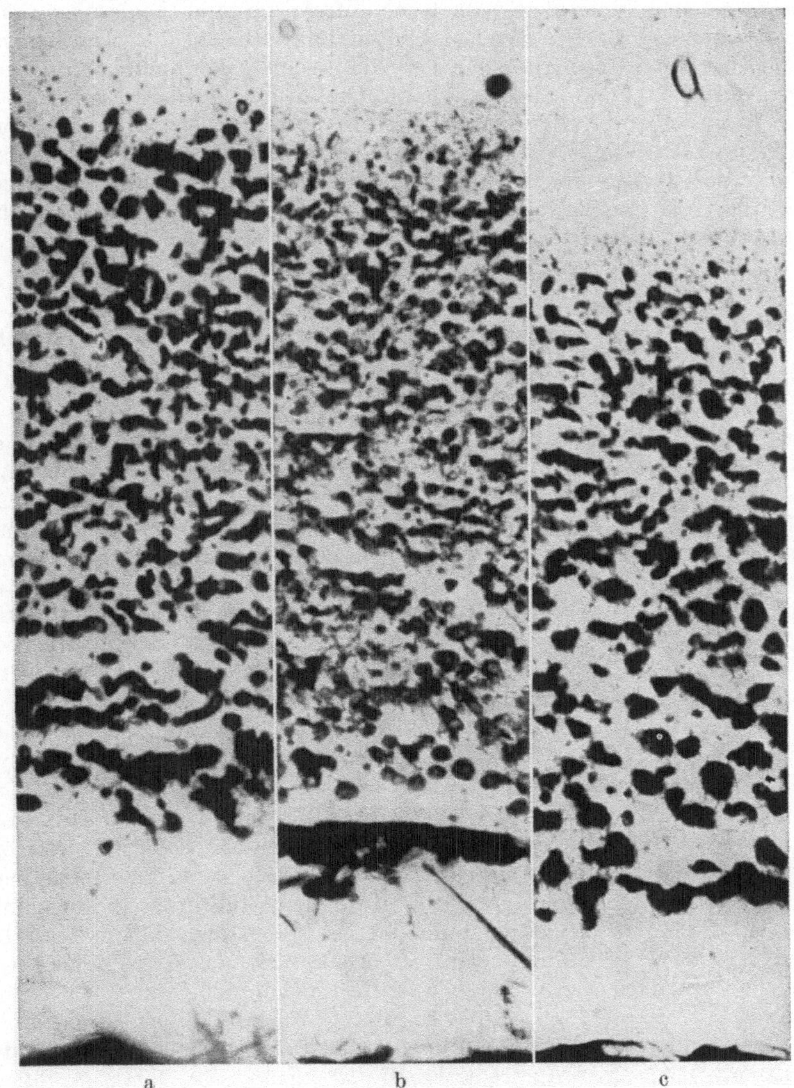

Abb. 6.92. Schliffbilder von bei 1000°C 2 Std. anoxydierten ternären Cu-Legierungen nach RHINES. (500fache Vergr.) Die dunkel gefärbte innere Oxydationszone enthält ein ternäres Gemenge von ZnO, vom Oxid des 3. Legierungspartners und von metallischem Cu. Die zweite darüber angrenzende schwach „punktierte" enge Zone enthält eine feinverteilte Oxidausscheidung des unedelsten Oxids. Die weiße Zone an den unteren Enden ist die Folge einer „Entzinkung". a enthält 9,52% Zn + 0,03% Be; b enthält 9,24% Zn + 0,13% Al; c enthält 9,81% Zn + 0,085% Si.

Doppelzone in der inneren Oxydationszone ist an den Unterschied der freien Bildungsenergien bzw. Bildungsarbeiten der Metalloxide der Legierungsmetalle gebunden. Je größer die Differenz der Bildungsarbeiten (z. B. $\Delta A_{Al_2O_3} = -364{,}1$ und $\Delta A_{ZnO} = -70{,}0$ kcal) ist, um so deutlicher tritt die Ausbildung der Doppelzone auf. An ternären Legierungen mit größenordnungsmäßig gleichen Oxidbildungsarbeiten der Legierungsmetalle beobachtet man in gleicher Weise wie bei den binären Legierungen nur eine einzige Zone innerhalb der inneren Oxydationszone.

Um auch an ternären Legierungen wenigstens größenordnungsmäßig die Oxydationsgeschwindigkeit der inneren Oxydationszone abschätzen zu können, wurde von RHINES und Mitarbeitern eine Näherungsformel für den Fall mitgeteilt, daß sich im wesentlichen nur eine einheitliche innere Oxydationszone bildet. Die Gleichung hat folgende Form:

$$\left.\begin{aligned} \frac{\Delta \xi_i^2}{t} &= \frac{2 D_O c_O^I}{\gamma}\left(1 + \frac{k}{12 D_O}\right), \\ \text{wobei} \quad \gamma &= \frac{c_O^I}{2} + \frac{O}{M} c_M^\infty \left(1 + 1{,}68 \frac{D_M}{k}\right) + \frac{O}{N} c_N^\infty \left(1 + 1{,}68 \frac{D_N}{k}\right) + \text{usw.}\ldots \end{aligned}\right\} \quad (6.208)$$

bedeutet. Die Buchstaben mit den Indices M und N haben für das jeweilige Legierungsmetall M und N die gleiche Bedeutung wie in (6.205). Nach dieser Gleichung wurde die Dickenzunahme der inneren Oxydationszone für die Zunderung einer Cu-Legierung mit 0,02 Gew.-% Be und 0,30% Sn bei 1000 °C zu $5{,}67 \cdot 10^{-3}$ cm je Stunde berechnet, während der gemessene Wert $4{,}68 \cdot 10^{-3}$ cm je Stunde betrug. Da die Begrenzung des Endes der inneren Oxydationszone bei ternären Legierungen häufig schwer zu erkennen ist, scheint die Näherungsformel zur ersten Orientierung durchaus brauchbar zu sein. Eine Zusammenstellung der Meßergebnisse an ternären Legierungen findet sich am Schluß der Tab. 6.17.

In gleicher Weise wurde von RHINES und GROBE[1] die innere Oxydation von Silber- und Weißmetallegierungen untersucht. Die innere Oxydationszone verläuft ebenfalls mit scharfer Grenze und parallel zur äußeren Zunderschicht. Auch hier tritt keine Anisotropie der Diffusion irgendeines Legierungspartners auf. Bei höheren Legierungszusätzen wird die innere Oxydation besonders an den Korngrenzen beobachtet, was gelegentlich zu einer Verzögerung der Sauerstoffdiffusion führen kann, so daß die innere Oxydationszone in ihrem Wachstum gehemmt wird. In einem solchen Fall kommt es dann oft zu einer irregulären Ausbildung der inneren Oxydationszone ohne glatte Begrenzung der Oxidschicht. Dies wurde besonders an Ag-Mg-, Ag-Si- und Ag-Sn-Legierungen beobachtet.

Ein neuer Typ der inneren Oxydation wurde an einer Ag-Ni-Legierung mit 0,4% Ni festgestellt. Da die Löslichkeit von Nickel in Silber außerordentlich klein ist, erscheint der größte Teil des Nickels in einer neuen Phase, der β-Phase. Das Schliffbild zeigte nach der Oxydation keine NiO-Ausscheidung im Silberkorn, sondern nur eine Oxydation der β-Phase (Abb. 6.93). Während kleine Kriställchen der β-Phase durchoxydiert waren, zeigten größere Kristalle der β-Phase nur eine Umhüllung mit einer NiO-Schicht. Entsprechend den Zunderversuchen an reinem

---

[1] RHINES, F. N., u. A. H. GROBE: Trans. AIME **147**, 318 (1942).

Nickel dürfte für das Fortschreiten der Oxydation der β-Kristalle die Wanderungsgeschwindigkeit von Ni^{2+}-Ionen und Elektronen durch die NiO-Schicht maßgebend sein.

Nach den Versuchsergebnissen zeigen sämtliche von den Autoren untersuchten Zinn-, Zink-, Cadmium- und Bleilegierungen — außer einer Blei-Natrium-Legierung — nur eine äußere Zunderschicht, während eine

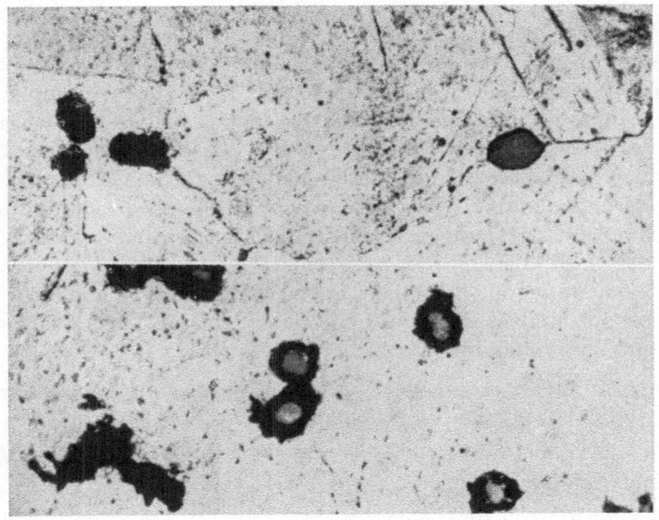

Abb. 6.93. Schliffbilder einer oxydierten Ag/Ni-Legierung mit 0,40% Ni nach RHINES und GROBE. (3 Std. bei 850 °C in Luft; 1500fache Vergr.) Während auf der oberen Seite die β-Legierungspartikel durchoxydiert sind, zeigen die β-Legierungspartikel der unteren Seite noch große unoxydierte Gebiete.

innere Oxydationszone in keinem Fall beobachtet wurde. Diese fast vollständige Abwesenheit einer inneren Oxydationszone bei den Weißmetalllegierungen ist auf das ungünstige Verhältnis der Diffusionsgeschwindigkeit von Sauerstoff zu der des Legierungsmetalls im Weißmetall zurückzuführen.

In einer neueren Arbeit beschäftigt sich WAGNER[1,2] mit den Bedingungen des Übergangs von der inneren zur äußeren Oxydation. Aus dem bisher vorliegenden experimentellen Material kann man schließen, daß die innere Oxydation immer dann zu erwarten ist, wenn das betreffende Basismetall, wie z. B. Kupfer, nur eine geringe Konzentration eines unedleren Legierungsmetalls besitzt, aber eine große Sauerstofflöslichkeit aufweist. Im Gegensatz hierzu wird nur eine äußere Oxydationszone beobachtbar sein, wenn die Sauerstoffkonzentration gering und die Konzentration des unedleren Legierungsmetalls groß ist. Auf Grund der relativ hohen Sauerstofflöslichkeit von Silber und Kupfer und der großen

---

[1] WAGNER, C.: J. Metals **6**, 154 (1954). — Siehe auch J. H. HOLLOMON u. D. TURNBULL: Nucleation, in: Prog. in Metal Phys. **4**, 333 (1953).

[2] WAGNER, C.: Z. Elektrochem. Ber. Bunsenges. phys. Chem. **63**, 772 (1959).

Diffusionsgeschwindigkeit des Sauerstoffs in diesen Legierungen wird der unedlere Legierungspartner, wie z. B. Silicium, Aluminium und Beryllium, als fein verteiltes Oxid in einer metallischen Matrix ausgeschieden. Bei geschwindigkeitsbestimmender Diffusion ist die Tiefe ξ der inneren Oxydationszone eine parabolische Funktion der Zeit t. Mit γ als dimensionslosem Parameter, den wir weiter unten berechnen, folgt:[1]

$$\xi = 2\gamma (D_0 t)^{1/2}. \tag{6.209}$$

Um zu auswertbaren Beziehungen zu gelangen, nimmt WAGNER an, daß die Abnahme der inneren Oxydation, die schließlich zum Übergang von der inneren zur äußeren Oxydation führt, durch die Verringerung des Diffusionsquerschnitts für Sauerstoff infolge der sich in der Legierungsphase ausscheidenden Oxidpartikelchen verursacht wird. Eine Diffusion von Sauerstoff oder Metallionen durch diese Oxidpartikelchen selbst kann im allgemeinen vernachlässigt werden. Wenn der Volumenbruch der Oxidteilchen einen kritischen Wert überschreitet, erfolgt weitere Ausscheidung in derselben Zone, wodurch es schließlich zu einer geschlossenen und kompakten Oxidschicht kommt. Die folgenden vertretbaren Vereinfachungen werden eingeführt:

1. Das Molvolumen der Legierung soll annähernd von der Zusammensetzung unabhängig sein;

2. der sich im Metall lösende Sauerstoff soll keine merkliche Volumenänderung hervorrufen.

3. Fernerhin soll die Legierungsprobe so dick sein, daß in der Mitte der Probe die Ausgangszusammensetzung während des Experiments erhalten bleibt.

4. Wie schon von RHINES angenommen, soll die Löslichkeit des ausgeschiedenen Oxids AO_ν in der Legierung auf Grund seiner hohen negativen Bildungsenergie zu vernachlässigen sein; d. h., das Gleichgewicht

$$\mathrm{A} + \nu\,\mathrm{O}\,(\text{im Basismetall}) = \mathrm{AO}_\nu \tag{6.210}$$

soll ganz nach rechts verschoben sein. Dies hat zur Folge, wie aus Abb. 6.87 zu erkennen ist, daß am Ausfällungsort ξ die Molenbrüche von Sauerstoff und Legierungsmetall, x_O und x_A, sehr klein und daher zu vernachlässigen sind gegenüber den entsprechenden Werten an der Oberfläche x_A^∞ und im Legierungsinneren $x_\mathrm{O}^{(s)}$. Unter Berücksichtigung der folgenden Anfangs- und Grenzbedingungen:

$$\left.\begin{aligned} x_\mathrm{O} &= x_\mathrm{O}^{(s)} && \text{für} \quad x = 0,\ t > 0 \\ x_\mathrm{O} &= 0 && \text{für} \quad x \geqq \xi,\ t > 0 \\ x_\mathrm{A} &= x_\mathrm{A}^\infty && \text{für} \quad x \geqq \xi,\ t = 0 \\ x_\mathrm{A} &= 0 && \text{für} \quad x \leqq \xi,\ t > 0, \end{aligned}\right\} \tag{6.211}$$

[1] WAGNER, C.: Z. Elektrochem. Ber. Bunsenges. phys. Chem. **63**, 772 (1959).

wo x ohne Index die Ortskoordinate bedeutet, lauten die Gleichungen:

$$x_O = x_O^{(s)} \left\{1 - \frac{\operatorname{erf}[(x/2)(D_O t)^{1/2}]}{\operatorname{erf}\gamma}\right\} \tag{6.212}$$

$$x_A = x_A^\infty \left\{1 - \frac{\operatorname{erfc}[(x/2)(D_A t)^{1/2}]}{\operatorname{erfc}(\gamma\,\varphi^{1/2})}\right\}. \tag{6.213}$$

Hier bedeutet erf bzw. erf$c$ die Fehlerfunktion bzw. die komplementäre Fehlerfunktion und $\varphi = D_O/D_A$.

Am Ausfällungsort $x = \xi$ ist der Antransport des Sauerstoffs äquivalent dem des Metalls A. Unter Anwendung des 1. Fickschen Gesetzes folgt:

$$\lim_{\varepsilon=0}\left\{-\nu D_O \left(\frac{\partial x_O}{\partial x}\right)_{x=\xi-\varepsilon} = D_A \left(\frac{\partial x_A}{\partial x}\right)_{x=\xi+\varepsilon}\right\}, \tag{6.214}$$

wo ν die Zahl der Sauerstoffatome je A-Atom ist. Substitution von Gl. (6.212) und (6.213) in Gl. (6.214) ergibt:

$$\frac{x_O^{(s)}}{\nu\, x_A^\infty} \quad \frac{\exp\gamma^2 \operatorname{erf}\gamma}{\varphi^{1/2}\exp(\gamma^2\varphi)\operatorname{erfc}(\gamma\,\varphi^{1/2})}, \tag{6.215}$$

woraus der Parameter γ in Gl. (6.211) eingeführt und somit die Dicke der inneren Oxydationszone berechnet werden kann. Hierfür sind die folgenden Grenzfälle realisierbar:

1. Wenn $\gamma \ll 1$ und $\gamma\,\varphi^{1/2} \gg 1$ ist, ergibt sich für

$$\operatorname{erf}\gamma \approx 2\gamma/\sqrt{\pi} \tag{6.216}$$

und für

$$\operatorname{erfc}(\gamma\,\varphi^{1/2}) \approx \frac{\exp(-\gamma^2\varphi)}{\sqrt{\pi}\,\gamma\,\varphi^{1/2}}, \tag{6.217}$$

und es folgt aus Gl. (6.215) mit $\exp\gamma^2 \approx 1$:

$$\gamma \approx \sqrt{\frac{x_O^{(s)}}{2\nu\, x_A^\infty}}. \tag{6.218}$$

Substitution von Gl. (6.218) in Gl. (6.211) ergibt:

$$\xi = [2 x_O^{(s)} D_O t/\nu\, x_A^\infty]^{1/2}. \tag{6.219}$$

Unter diesen Bedingungen ist das Fortschreiten der Front ξ für die Oxidausscheidung in das Innere der Legierung nur durch die Diffusionsgeschwindigkeit von Sauerstoff bestimmt. Die Gültigkeit der Beziehung (6.219) wurde am Beispiel der Oxydation von Silber-Indium-Legierungen bei 550 °C und 1 atm Luft von Rapp[1] geprüft.

2. Wenn $\gamma \ll 1$ und $\gamma\,\varphi^{1/2} \ll 1$ ist, dann läßt sich γ aus der folgenden Beziehung berechnen:

$$\gamma = \frac{\sqrt{\pi}\,\varphi^{1/2} x_O^{(s)}}{2\nu\, x_A^\infty} = \frac{\sqrt{\pi}}{2}\left(\frac{D_O}{D_A}\right)^{1/2} \frac{x_O^{(s)}}{2\nu\, x_A^\infty}. \tag{6.220}$$

Für Gl. (6.220) sind die Bedingungen $\gamma \ll 1$ und $\gamma\,\varphi^{1/2} \ll 1$ erfüllt, wenn

$$x_O^{(s)} D_O^{1/2} \ll x_A^\infty D_A^{1/2} \quad \text{und} \quad x_O^{(s)} D_O \ll x_A^\infty D_A \tag{6.221}$$

[1] Rapp, R. A.: Acta Met. 9, 730 (1961)

und ferner

$$x_O^{(s)}/x_A^{\infty} \ll D_A/D_O \ll 1 \qquad (6.222)$$

ist. Aus den Gln. (6.211) und (6.220) erhalten wir an Stelle von Gl. (6.219) den entsprechenden Ausdruck für die Ausscheidungsfront ξ:

$$\xi = \pi^{1/2} \frac{\nu x_O^{(s)}}{x_A^{\infty}} \frac{D_O}{D_A} t^{1/2}. \qquad (6.223)$$

Unter diesen Bedingungen ist das Fortschreiten der Ausscheidungsfront ξ von dem Verhältnis der Diffusionsgeschwindigkeiten von Sauerstoff und dem Legierungsmetall A abhängig. Entsprechend ist in der inneren Oxydationszone mehr AO_ν vorhanden als dem Ausgangsgehalt an A in der Legierung an dieser Stelle entspricht.

Bedeutet q die Oberfläche der zu oxydierenden Probe, dann ist die Zahl der Mole von AO_ν in einem Volumenelement $q\,d\xi$ gleich $(f/V)\,q\,d\xi$, wo f der Molenbruch von AO_ν in der inneren Oxydationszone und V das entsprechende Molvolumen ist. Diese Zahl der Mole muß gleich sein der Zahl der Grammatome von A, die im Zeitintervall dt die Ausscheidungsfront ξ erreichen:

$$\frac{f\,q\,d\xi}{V} = \lim_{\varepsilon=0} \left\{ \frac{q\,D_A}{V} \left(\frac{\partial x_A}{\partial x} \right)_{x=\xi+\varepsilon} \right\} dt. \qquad (6.224)$$

Mittels der Gln. (6.211), (6.213) und (6.224) erhalten wir für das Verhältnis α der Molenbrüche von In_2O_3 in der inneren Oxydationszone der Ag-In-Legierung und von Indium im Innern der Legierung gemäß Rapp:

$$\alpha = \frac{f}{x_{In}^{\infty}} \{\gamma\,\pi^{1/2}\,\varphi^{1/2} \exp(\gamma^2\,\varphi)\,\mathrm{erf}c(\gamma\,\varphi^{1/2})\}^{-1}. \qquad (6.225)$$

Hinsichtlich der von Rapp berichteten Werte für γ und φ gelten für in Luft bei 550 °C oxydierte Silber-Indium-Legierungen mit $\alpha \approx 1$ gemäß Gl. (6.225), d. h. keine nennenswerte Anreicherung an Indium, die Bedingungen $\gamma \ll 1$ und $\gamma\,\varphi^{1/2} \gg 1$. Unter diesen Bedingungen wurde bei $f = x_{In} = 0{,}15$ der Übergang von der inneren zur äußeren Oxydation gefunden. Die allgemeingültige Beziehung für den Übergang von der ausschließlichen inneren Oxydation zur äußeren Oxydation lautet:

$$x_A^{\infty} < \left[\frac{\pi}{2} f_{\max}\,\nu\,x_A^{(s)}\,D_O/D_O \right]^{1/2}, \qquad (6.226)$$

wo $f_{\max}$ den maximalen Molenbruch von AO_ν in der inneren Oxydationszone angibt, bei dem noch keine äußere Oxydation beobachtbar ist. Die Gültigkeit dieser Beziehung wurde von Rapp am Beispiel der Oxydation von Silber-Indium-Legierungen nachgewiesen und ist aus Abb. 6.94 zu erkennen.

Im Anschluß hieran konnte Maak[1] die Formeln auf den Fall der gleichzeitig auftretenden inneren und äußeren Oxydation erweitern. Unter Anwendung von Gl. (6.211) bis (6.213) wurde der folgende Aus-

[1] Maak, F.: Z. Metallkde. **52**, 545 (1961).

druck erhalten:

$$\frac{x_O^{(s)} D_O^{1/2} \exp(-\gamma^2)}{\operatorname{erf}\gamma - \operatorname{erf}(k/2D_O)^{1/2}} = \frac{\nu x_A^\infty D_A^{1/2} \exp(-\gamma^2 \varphi)}{\operatorname{erfc}(\gamma \varphi^{1/2})}. \tag{6.227}$$

Für den Fall einer alleinigen inneren Oxydation einer Silber-Indium-Legierung ist im allgemeinen $x_O^{(s)} \ll x_A^\infty$ und demzufolge $\gamma \ll 1$. In Übereinstimmung hiermit ist angenommen:

$$\gamma = \frac{\xi}{2(D_O t)^{1/2}} \ll 1.$$

Da $\xi_a < \xi$ ist, wo ξ_a die Dicke der äußeren Oxidschicht angibt, gilt mit k als parabolische Anlaufkonstante:

$$\xi_a/(2D_O)^{1/2} \sim (k/2D_O)^{1/2}.$$

Entsprechend erhält man:

$$\left.\begin{array}{l} \exp(-\gamma^2) \approx 1, \quad \operatorname{erf}\gamma \approx (2/\sqrt{\pi})\gamma \\ \operatorname{erf}(k/2D_O)^{1/2} \approx (2/\sqrt{\pi})(k/2D_O)^{1/2}, \end{array}\right\} \tag{6.228}$$

wo der Fehler kleiner als 10% ist, wenn $\gamma < 0{,}3$ ist.

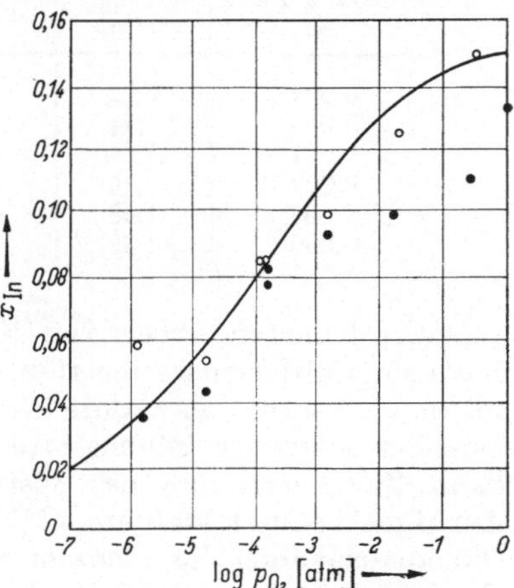

Abb. 6.94. Übergang von der inneren zur äußeren Oxydation als Funktion der Legierungszusammensetzung und des Sauerstoffdrucks bei 550 °C nach RAPP. Die ausgezogene Kurve wurde berechnet; o hier war keine innere Oxydation feststellbar, • hier war ein Übergang zu beobachten.

Nach Substitution von $\varphi = D_O/D_A$ und der Gln. (6.228) sowie Eliminierung von γ und k erhalten wir:

$$x_O^{(s)} D_O = \nu x_A^\infty \frac{\xi(\xi - \xi_a)}{2t} \frac{1}{F\{\xi/(2\sqrt{D_A t})\}}, \tag{6.229}$$

wobei $\xi/(2\sqrt{D_O t}) < 0{,}3$ ist. Die Hilfsfunktion F ist durch die folgende Gleichung definiert:

$$F(u) = \pi^{1/2} u \exp(u^2) \operatorname{erfc} u = 1 - \frac{1}{2u^2} + \frac{3}{4u^4} - + . \tag{6.230}$$

Das Produkt $x_O^{(s)} D_O$ und $(\xi - \xi_a)$ können durch Schliffbildaufnahmen der anoxydierten Probe bestimmt werden. Gl. (6.229) ist auch für alleinige innere Oxydation anwendbar (dann wird $\xi_a = 0$). Zur Auswertung der erhaltenen Versuchsergebnisse über die Oxydation von Cu-Be-Legierungen bei 850 °C, die von MAAK in der folgenden Tabelle ausgewertet sind, wurden die obigen Gleichungen verwandt und für $D_A = D_{Be} = 1 \cdot 10^{-9}$ cm²/sec und für $D_O = 4 \cdot 10^{-7}$ nach RHINES und Mitarbeiter eingesetzt.

BÖHM und KAHLWEIT[1] untersuchten die Zahl $Z(\xi)$ der Oxidteilchen in der inneren Oxydationszone als Funktion der Bildungsbedingungen:

$$Z(\xi) \approx (\Delta\xi)^{-3} = \left(\frac{\xi}{\Delta\xi}\right)^3 \frac{1}{\xi^3}. \tag{6.231}$$

[1] BÖHM, G., u. M. KAHLWEIT: Acta Met. **12**, 641 (1964).

Tabelle 6.19. *Berechnung des Produktes $x_O^{(s)} D_O$ in Kupfer aus Dickenmessungen der inneren Oxydationszone von bei 850 °C oxydierten Kupfer-Beryllium-Legierungen nach Maak. [Der Ausdruck $= \xi/(2\sqrt{D_O t})$ hat Werte zwischen 0,1 und 0,2 in Übereinstimmung mit der Forderung 0,3]*

Molenbruch x_{Be}	t 10^4 sec	10^{-2} cm	10^{-2} cm	$x_O^{(s)} D_O$ 10^{-10} cm²/sec
0,0077	0,72	1,51	2,27	1,9 (−0,2)
0,015	1,44	1,46	2,36	1,8 (−0,2)
0,027	1,44	1,17	2,24	2,6 (−0,2)
0,027	2,16	1,46	2,74	2,6 (−0,6)
0,066	1,48	0,86	1,64	4,3 (−0,4)
0,060	4,32	1,22	3,10	3,1 (−0,6)

In einer früheren Arbeit von KAHLWEIT[1] wurde festgestellt, daß im Falle eines diffusionsgesteuerten Fortschreitens der Ausfällungsfront der mittlere Abstand der Oxidteilchen gleich dem Abstand $\Delta\xi$ zweier aufeinander folgender Fällungsorte in Diffusionsrichtung gesetzt werden kann. Zur Berechnung des Abstandes $\Delta\xi = \xi - \xi'$ wird die plausible Annahme benutzt, daß am Fällungsort ξ unmittelbar vor Beginn der Oxidausscheidung das Konzentrationsprodukt des Sauerstoffs und des Fremdmetalls A, $c_O\, c_A(\xi)$, in bezug auf die Umgebung ein Maximum annehmen muß.[2] Es muß also

$$\frac{\partial}{\partial x}(c_O\, c_A)_\xi = 0 = \left(\frac{\partial c_O}{\partial x}\right)_\xi c_A(\xi) + c_O(\xi)\left(\frac{\partial c_A}{\partial x}\right)_\xi . \tag{6.231a}$$

Da $c_O(\xi)$ und $c_A(\xi)$ am Fällungsort gleich den kritischen Fällungskonzentrationen c_O^* und c_A^* sind, folgt aus Gl. (6.231a):

$$-\frac{c_O^*}{(\partial c_O/\partial x)_\xi} = \frac{c_A^*}{(\partial c_A/\partial x)_\xi} . \tag{6.232}$$

Der Gradient $(\partial c_A/\partial x)_\xi$ ist gegeben durch:

$$\left(\frac{\partial c_A}{\partial x}\right)_\xi = 2\varphi\,\gamma^2 (c_A^\infty - c_A^*)/\xi . \tag{6.233}$$

Zur Berechnung von $(\partial c_O/\partial x)_\xi$ zwischen dem vorhergehenden Fällungsort ξ' und dem gegenwärtigen ξ, schreiben wir am Ort ξ'

$$\left(\frac{\partial c_O}{\partial x}\right)_{\lim\limits_{\varepsilon=0} \xi' - \varepsilon} = -\frac{c_O^{(s)}}{\xi'} \approx -\frac{c_O^{(s)}}{\xi} \tag{6.234}$$

und entsprechend für den Konzentrationsverlauf von $c_A(x)$ im Abstand ξ:

$$c_A(x) = c_A^* + \left(\frac{\partial c_A}{\partial x}\right)_\xi (x - \xi) \quad \text{für} \quad \xi' \leqq x \leqq \xi . \tag{6.235}$$

[1] KAHLWEIT, M.: Z. phys. Chem. (NF) **32**, 1 (1962).

[2] Wir wählen hier an Stelle des Molenbruchs x_O bzw. x_A die Volumenkonzentration c_O bzw. c_A in Mol/cm³.

Daraus folgt zusammen mit Gl. (6.233) für $\xi/\Delta\xi$ als erste Gleichung:

$$\frac{\xi}{\Delta\xi} = \frac{D_O}{D_A} c_O^{(s)} \frac{c_A^\infty - c_A^*}{(c_A^\infty - c_A')(c_A^* - c_A')} . \tag{6.236}$$

Eine zweite Gleichung für $\xi/\Delta\xi$ erhalten wir, wenn wir analog zu Gl. (6.235)

$$c_O(x) = c_O' + \left(\frac{\partial c_O}{\partial x}\right)_{\substack{\lim \xi' + \varepsilon \\ \varepsilon = 0}} (x - \xi') \quad \text{für} \quad \xi' \leqq x \leqq \xi \tag{6.237}$$

schreiben. Als dritte und vierte Gleichung für $\xi/\Delta\xi$ zwecks Berechnung der vier Unbekannten c_O', c_A', c_O und c_A werden von KAHLWEIT schließlich die folgenden gegeben:

$$\frac{\xi}{\Delta\xi} = \frac{c_O^{(s)}}{c_O^*} \frac{c_A^*}{c_A^\infty - c_A'} \tag{6.238}$$

und

$$\frac{1}{c_O^{(s)}} \frac{\xi}{\Delta\xi} = \frac{1}{c_O^*} \frac{c_A}{c_A^\infty - c_A'} = \frac{D_O}{D_A} \frac{c_A^\infty - c_A^*}{(c_A^\infty - c_A')(c_A^* - c_A')}$$

$$= \frac{1}{c_O' - c_O^*} \frac{c_A^* - c_A'}{c_A^\infty - c_A'} . \tag{6.239}$$

Mittels dieser Gleichungen wurde eine Berechnung der obengenannten Größen für das Beispiel der Oxydation einer Silber-Cadmium-Legierung bei 850 °C ausgeführt. Unter Verwendung von $D_O(850\,°C) = 2{,}65 \cdot 10^{-5}$ cm²/sec, $D_{Cd}(850\,°C) = 3{,}4 \cdot 10^{-9}$ cm²/sec als Diffusionskoeffizienten von Sauerstoff[1] und von Cadmium[2] sowie von $c_O^{(s)} = 1{,}48 \cdot 10^{-5}$ Mol O/cm³ und $c_{Cd} = 9{,}3 \cdot 10^{-4}$ Mol Cd/cm³ ergab sich

$$\left(\frac{1}{c_O^{(s)}} \frac{\xi}{\Delta\xi}\right)_{\text{ber}} = 2{,}78 \cdot 10^7 \text{ cm}^3/\text{Mol O}$$

oder für

$$\xi/\Delta\xi = 2{,}78 \cdot 10^7 \cdot 1{,}48 \cdot 10^{-5} = 4{,}15 \cdot 10^2.$$

Als weiteres Problem bei der Ausfällung der Oxidteilchen in der inneren Oxydationszone ist die Umfällung der Oxidteilchen noch ins Auge zu fassen. Für die Berechnung der vorliegenden Teilchenzahl müssen wir nämlich noch berücksichtigen, daß unmittelbar nach dem Durchgang der Fällungsfront die Umlösung der Oxidteilchen einsetzt, wobei die größeren Teilchen auf Kosten der kleineren wachsen. Der mittlere Teilchenradius, der in der Nähe der Phasengrenze „innere Oxydationszone/Gasphase" am größten ist, nimmt mit der Zeit zu, während die Zahl der Teilchen abnimmt. Dieser Vorgang — auch als OSTWALD-Reifung bezeichnet — ist in letzter Zeit besonders von WAGNER[3] theoretisch behandelt worden.

Entsprechend den Ausführungen von WAGNER, der die quasi-stationäre Verteilungskurve eines alternden Niederschlags bei diffusions-

---

[1] EICHENAUER, W., u. G. MÜLLER: Z. Metallkde. **53**, 321 (1962).
[2] TOMIZUKA, C. T., u. L. M. SLIFKIN: Phys. Rev. **96**, 610 (1954).
[3] WAGNER, C.: Z. Elektrochem. Ber. Bunsenges. phys. Chem. **65**, 581 (1961).

bestimmendem Stoffübergang berechnete, wird auch für die Verteilung der verschieden großen Oxidteilchen in der inneren Oxydationszone eine GAUSS-Kurve angenommen. Für die Abnahme der Teilchenzahl mit der Zeit t ergibt sich:

$$\frac{Z_0}{Z(t)} = 1 + \frac{t}{\Delta}, \tag{6.240}$$

worin $Z_0 = Z(t = 0)$ und Δ

$$\Delta = \frac{9RT}{8\sigma D c_S V^2} r_0^3(\xi) \tag{6.241}$$

ist. Hier bedeuten σ die Grenzflächenspannung zwischen den Oxidteilchen und der Legierung, c_S die Sättigungskonzentration des Oxids in der Legierung, V das Molvolumen des Oxids und $r_0(\xi)$ den mittleren Teilchenradius nach Durchgang der Fällungsfront am Ort ξ. D ist der Diffusionskoeffizient des Oxids in der Legierung. Unter den hier vorliegenden Bedingungen ist

$$D = D_{\mathrm{Cd}} \quad \text{und} \quad c_S = c_{\mathrm{Cd}}(\xi).$$

Entsprechend dem Löslichkeitsprodukt K_L

$$c_{\mathrm{O}}(\xi)\, c_{\mathrm{Cd}}(\xi) = K_L$$

ändert sich $c_{\mathrm{Cd}}(\xi)$, während die Beziehung (6.241) für konstantes c_S abgeleitet wurde.

Für die Änderung des Radius r der als Kugeln angenommenen Oxidteilchen mit der Zeit wurde die folgende Beziehung aufgestellt:

$$r^3(\xi) - r_0^3(\xi) = \frac{1}{K}(\xi_a^2 - \xi^2) \tag{6.242}$$

mit

$$r_0^3 = \frac{3V c_{\mathrm{Cd}}^{\infty}}{4\pi Z_0(\xi)} \quad \text{und} \quad K = \frac{27RT\, D_{\mathrm{O}} c_{\mathrm{O}}^{(s)2}}{16\sigma V^2 K_L c_{\mathrm{Cd}}^{\infty}}. \tag{6.243}$$

Diese Berechnungen gelten jedoch nur für hinreichend niedrige Konzentrationen des unedleren Legierungsmetalls, hier z. B. Cd, da anderenfalls die Voraussetzung für eine ungestörte Diffusion nicht mehr erfüllt ist.

6.12 Kinetik der Oxydation von Metallen unter Berücksichtigung des Auftretens elektrischer Felder in Anlaufschichten

Die WAGNERsche Zundertheorie hat Anlauf- und Zunderschichten mit größeren Schichtdicken zum Gegenstand; die Annahme der Quasineutralität in diesen Schichten ist durch die Übereinstimmung mit den experimentellen Befunden (parabolisches Zundergesetz) gerechtfertigt und läßt sich, wie in einem der nächsten Abschnitte gezeigt werden wird, auch unter einem erweiterten theoretischen Blickwinkel als ausreichende Näherung bestätigen.

Insbesondere bei dünnen Deckschichten, die im folgenden als „Anlaufschichten" bezeichnet werden sollen, treten jedoch neue Verhältnisse auf, denen hier eine eingehendere Betrachtung gewidmet werden muß.

Es hat sich nämlich herausgestellt, daß die elektrische Wechselwirkung zwischen Nachbarphasen an den Grenzflächen Störungen der Quasineutralität verursacht, die sich eine gewisse Strecke in das Innere hinein fortsetzen und somit Raumladungs-Randschichten erzeugen können. Die in diesen Randschichten herrschenden elektrischen Felder und anomalen Konzentrationsverteilungen der Ionenfehlordnungsstellen sowie auch flächenhaften Ladungsanhäufungen an den Phasengrenzen vermögen naturgemäß bei dünnen und sehr dünnen Anlaufschichten entscheidend auf die Kinetik des Oxydationsverlaufs einzuwirken.

Dieser Einfluß elektrischer Felder auf den Anlaufprozeß wurde zuerst von MOTT sowie von CABRERA und MOTT[1] in seiner Bedeutung erkannt und zur theoretischen Behandlung von Anlaufvorgängen verwendet. Diese Verhältnisse sollen im folgenden von einem etwas erweiterten Standpunkt aus behandelt werden.[2,3]

6.121 Randschichten an Phasengrenzen

Um die recht verwickelten Vorgänge, die sich während des Wachstums der Anlaufschicht abspielen, möglichst deutlich erfassen zu können, soll in diesem Abschnitt zunächst von allen Veränderungen durch den Wachstumsprozeß abgesehen werden. Wir betrachten also einen Oxidkristall, MeO, der hinreichend groß gegen die Ausdehnung der „Randschichten" ist und sich bei erhöhter Temperatur im Gleichgewicht mit einer Sauerstoffatmosphäre oder mit einem Metall befindet. Die Situation unterscheidet sich demnach von der, die von der Randschichttheorie der Chemisorption behandelt wird: Dort waren die Ionenstörstellen infolge niedriger Temperatur zunächst als unbeweglich („eingefroren") angenommen worden; jetzt muß die Beweglichkeit der Leerstellen bzw. Zwischengitterionen als hinreichend groß angenommen werden, handelt es sich doch in diesem Abschnitt letztlich um Vorgänge, die nur durch Transport von Störstellen überhaupt ablaufen können.

Der an der Oxidoberfläche chemisorbierende Sauerstoff vermag mit den Elektronen- und Ionenstörstellen der Oxidgitter bzw. mit dem Gitter selbst in Wechselwirkung zu treten. Die Ursache aller „Randschichteffekte" ist primär darin zu sehen, daß der Sauerstoff infolge seiner erheblichen Elektronenaffinität mit den Elektronen des Oxidgitters in Wechselwirkung tritt bzw. sich negativ auflädt (negatives Chemisorbat). (Natürlich können Randschichteffekte ebensogut durch elektropositive Chemisorbate hervorgerufen werden, s. S. 337.)

Ausgangspunkt einer Diskussion der Randschichteffekte muß demnach die Behandlung der Wechselwirkungen und Gleichgewichte unmit-

---

[1] MOTT, N. F.: Trans. Faraday Soc. **35**, 1175 (1939); **36**, 472 (1940); **43**, 429 (1947); J. Chim. phys. **44**, 172 (1947); Research **2**, 162 (1949). — N. CABRERA u. N. F. MOTT: Rep. Progr. in Phys. **12**, 163 (1949).

[2] HAUFFE, K., u. B. ILSCHNER: Z. Elektrochem. Ber. Bunsenges. phys. Chem. **58**, 467 (1954).

[3] ENGELL, H. J., K. HAUFFE u. B. ILSCHNER: Z. Elektrochem. Ber. Bunsenges. phys. Chem. **58**, 478 (1954). — K. HAUFFE u. B. ILSCHNER: Z. Elektrochem. Ber. Bunsenges. phys. Chem. **58**, 382 (1954).

telbar an den Phasengrenzen des Oxids zum Metall bzw. zum Sauerstoff hin sein. Insbesondere interessieren die Konzentrationen der Fehlstellen an diesen Phasengrenzen im Oxidinneren. Sie wurden zum Teil von MOTT[1,2] angegeben und sind in Tab. 6.20 zusammengefaßt. Es leuchtet ein, daß im allgemeinen für n-Typ-Halbleiter an der Phasengrenze MeO/Me:

$$c_- \neq c_{\mathrm{Me}^\bullet}$$

für p-Typ-Halbleiter an der Phasengrenze MeO/O⁻(ads):

$$c_+ \neq c_{|\mathrm{Me}|'}$$

sein wird.

Diese Ungleichheit in der Dichte der beiden Störstellensorten ist offenbar gleichbedeutend mit einer von Null verschiedenen „Raumladung", zumindest an der Stelle $\xi = 0$, und damit — nach den Gesetzen der Elektrostatik — mit elektrischen Feldern und Potentialdifferenzen. Man kann z. B. die zuletzt aufgeschriebene Ungleichheit so auffassen: Infolge seines elektronegativen Charakters hat der chemisorbierende Sauerstoff die Tendenz, Ionen (O_2^- bzw. O^-) zu bilden und die dazu benötigten Elektronen dem Oxid zu entziehen. In einem elektronendefektleitenden Adsorbens werden hierdurch zusätzliche Defektelektronen geschaffen. Es entsteht, wie bereits auf S. 301ff. diskutiert, eine Anreicherungsrandschicht mit

$$c_+ > c_{|\mathrm{Me}|'},$$

also mit einer positiven Raumladung. Man könnte denken, daß diese — da sie von den chemisorbierten Ionen elektrostatisch angezogen wird — eine Art Doppelschicht oder Dipolschicht entlang der Phasengrenze bildet. Infolge der zerstreuenden Tendenz der thermischen Energie der Störstellen bildet sich eine solche flächenhafte Schicht jedoch nicht aus, vielmehr gelangen auch Teilchen, gegen das Feld anlaufend, in das Innere hinein und verteilen sich nach einem BOLTZMANN-Ansatz („barometrische Höhenformel") wie:

$$\left.\begin{aligned} c_+(\xi) &= c_H \exp(+V/\mathfrak{V}) \\ c_{|\mathrm{Me}|'}(\xi) &= c_H \exp(-V/\mathfrak{V}) \end{aligned}\right\} \quad V = V(\xi) \leqq 0\,. \qquad (6.244)$$

Hierbei ist V so gerechnet, daß weit im Innern das Potential verschwindet $[V(\xi \to \infty) \to 0]$. Nach (6.244) bildet sich also eine räumlich ausgedehnte, raumladungserfüllte Zone — eben eine „Raumladungs-Randschicht" — aus, bis relativ weit von der Oberfläche entfernt $c_+ = c_{|\mathrm{Me}|'} = c_H$ ist. Ganz Entsprechendes gilt natürlich für die Störstellen in einem n-Typ-Halbleiter.

Eine Berechnung sowohl des Potentialverlaufs als auch der räumlichen Verteilung der Störstellen, z. B. in einer p-Typ-Oxidschicht,

---

[1] MOTT, N. F.: Trans. Faraday Soc. **35**, 1175 (1939); **36**, 472 (1940); **43**, 429 (1947); J. Chim. phys. **44**, 172 (1947); Research **2**, 162 (1949). — N. CABRERA u. N. F. MOTT: Rep. Progr. in Phys. **12**, 163 (1949).

[2] MOTT, N. F., u. R. W. GURNEY: Electronic Processes in Ionic Crystals, S. 260. Oxford 1948.

Tabelle 6.20

Zusammenstellung der Fehlordnungskonzentrationen und Energiegrößen an den Phasengrenzen

Phasengrenze	n-Typ-Halbleiter (Leitungselektronen und Kationen auf Zwischengitterplätzen)		p-Typ-Halbleiter (Defektelektronen und Kationenleerstellen)	
	c_-	$c_{Me^\cdot}$	c_+	$c_{\vert Me \vert'}$
MeO/Me	$c_- = N_- \exp(-\Phi/kT)$	$c_{Me^\cdot} = N_{Me^\cdot} \exp(-H_i^{(1)}/kT)$	sehr klein	sehr klein
MeO/O⁻(ads)	sehr klein	sehr klein	$c_+ = N_+\left(\frac{N_{\vert Me \vert'}}{\Gamma}\right)\exp(\pm\Psi/kT)$	$c_{\vert Me \vert'} = N_{\vert Me \vert'}(\Gamma a^2)\exp(-H_i^{(2)}/kT)$

Es bedeuten dabei:

Φ die Energie, die erforderlich ist, um ein Leitungselektron aus dem Fermi-Niveau des Metalls in das entsprechende Niveau des Oxids zu heben.

$H_i^{(1)}$ die Energie, die erforderlich ist, um ein Metallion von seinem Platz auf der Metalloberfläche auf einen Zwischengitterplatz im Oxid zu bringen.

Ψ die Energie, die erforderlich ist, um ein Elektron aus dem betreffenden Energieniveau des chemisorbierten Sauerstoffs in einen der lokalisierten Störterme an der Oxidoberfläche zu bringen.

$H_i^{(2)}$ die Energie, die erforderlich ist, um ein Kation aus dem Gitterverband zu lösen und an der Oxidoberfläche wieder einzubauen. (Energie zur Erzeugung einer Leerstelle.)

N_-, $N_{Me^\cdot}$, N_+, $N_{\vert Me \vert'}$ die Anzahl der in der Volumeneinheit überhaupt verfügbaren Plätze für die betreffende Teilchensorte.

Γ die Flächendichte von durch chemisorbierten Sauerstoff besetzten Plätzen an der Oxidoberfläche.

a die Gitterkonstante an der Oxidoberfläche.

ist dann möglich durch Anwendung der POISSON-Gleichung

$$\frac{d^2 V}{d\xi^2} = -\frac{4\pi}{\varepsilon}\varrho(\xi) = +\frac{4\pi e}{\varepsilon}\{c_{|\mathrm{Me}|'}(\xi) - c_+(\xi)\} = -\frac{8\pi e}{\varepsilon} c_H \sinh(V/\mathfrak{V}). \quad (6.245)$$

Mit der Abkürzung $\Psi \equiv V/\mathfrak{V}$ kann man diese Differentialgleichung auf die einfache Form bringen:

$$\Psi'' = \frac{4}{x_0^2}\sinh\Psi, \quad (6.246)$$

wobei

$$x_0 = (\varepsilon\, kT/2\pi\, e^2\, c_H)^{1/2} \quad (6.247)$$

eine konstante Länge — die kritische Randschichtbreite (Abb. 6.95) — vom Charakter einer DEBYE-Länge ist, wie sie in der Theorie der starken Elektrolyte, der Gasentladungen und hiernach auch der Raumladungserscheinungen in Halbleitern eine wichtige Rolle spielt. Die allgemeine Lösung von (6.245) bei Vorgabe fester Werte von $c_+(0)$, $c_{|\mathrm{Me}|'}(0)$ wurde von MOTT[1] angegeben. Ihr Verlauf ist qualitativ in der Abb. 6.95 dargestellt. Wiederum gilt Analoges für n-Typ-Halbleiter. — Die Lösung — eine komplizierte Funktion — zeigt, daß die Raumladungen und Felder für $\xi > x_0$ vernachlässigbar klein werden. Man darf daher annehmen, daß Oxidschichten, deren Dicke groß gegen x_0 ist, sich wie quasi-neutrale Schichten verhalten, in denen die Randschichteffekte keine Rolle mehr spielen. Bei kleinen Schichtdicken hingegen ist die WAGNERsche Betrachtungsweise unzulässig. Um ein dann anwendbares Verfahren der theoretischen Behandlung zu entwickeln, werden wir jedoch noch einmal dicke Schichten behandeln, die uns wegen des dominierenden Einflusses der quasi-neutralen „Innenphase“ wertvolle Fingerzeige für die Behandlung von Transportvorgängen in Raumladungszonen zu geben vermögen.

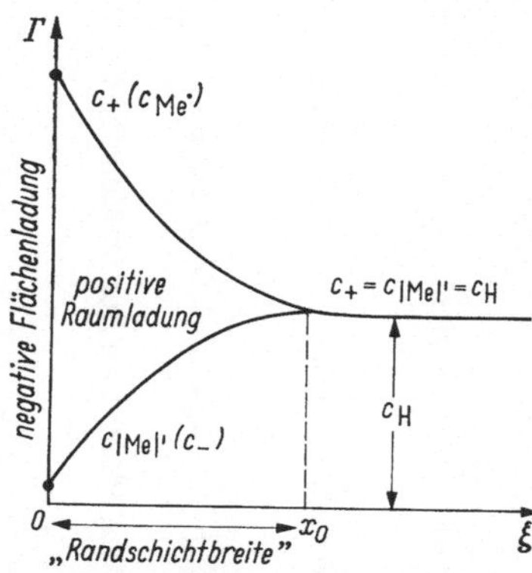

Abb. 6.95. Örtlicher Verlauf der Konzentration der Defektelektronen c_+ bzw. Leitungselektronen c_- und der der Ionenleerstellen $c_{|\mathrm{Me}|'}$ bzw. der der Ionen auf Zwischengitterplätzen $c_{\mathrm{Me}^{\cdot}}$.

6.122 Transportvorgänge in Randschichten

In Anlehnung an eine Darstellung von HAUFFE und ILSCHNER[2] gehen wir von den Gleichungen für die Transportströme der beiden Fehlstellensorten (in diesem Beispiel: p-Typ-Halbleiter mit Defektelektronen und Kationenleerstellen) aus:

$$j_{|\mathrm{Me}|} = -D_{|\mathrm{Me}|}\{\mathrm{grad}\, c_{|\mathrm{Me}|} + z\, c_{|\mathrm{Me}|}\, \mathfrak{E}(\xi)/\mathfrak{V}\} \quad (6.248\,a)$$

$$j_+ = -D_+\{\mathrm{grad}\, c_+ - c_+\, \mathfrak{E}(\xi)/\mathfrak{V}\}. \quad (6.248\,b)$$

[1] MOTT, N. F.: J. Chim. phys. 44, 172 (1947).

[2] HAUFFE, K., u. B. ILSCHNER: Z. Elektrochem. Ber. Bunsenges. phys. Chem. 58, 467 (1954). — B. ILSCHNER: Diss., Bonn 1954.

$\mathfrak{E}(\xi)$ ist hierbei die elektrische Feldstärke am Orte ξ und z die Wertigkeit des Kations. Im folgenden wollen wir der Einfachheit halber mit 1wertigen Ionen rechnen.

In einer Substanz, in der Ladungsträger vorhanden sind, ist nun die Feldstärke unmittelbar mit der Raumladungsdichte (gemessen in Ampere sec/cm³) verknüpft, und zwar durch die Poisson-Gleichung:

$$-\frac{dV}{d\xi} = \mathfrak{E}(\xi) = \frac{4\pi}{\varepsilon}\left\{\int_0^\xi \varrho(\xi)\,d\xi + \sigma_0\right\} = \frac{4\pi e}{\varepsilon}\left\{\int_0^\xi \{c_+(\xi) - c_{|\mathrm{Me}|'}(\xi)\}\,d\xi + \frac{\sigma_0}{e}\right\}. \tag{6.249}$$

Zur Vereinfachung werden im folgenden die Konzentrationsausdrücke außerhalb des Integrals aufgespalten in:

$$c_{|\mathrm{Me}|'} = c^0_{|\mathrm{Me}|'}\,\boldsymbol{c}_{|\mathrm{Me}|'}(\xi);$$

die $c^0_{|\mathrm{Me}|'}$ sind jetzt die konstanten Bezugskonzentrationen für $\xi = 0$; die fettgedruckten $\boldsymbol{c}_{|\mathrm{Me}|'}(\xi)$ enthalten die Ortsabhängigkeit, $\boldsymbol{c}_{|\mathrm{Me}|'}(0) = 1$. Mit den Abkürzungen

$$J_+ = j_+/D_+ \quad (6.250\,\mathrm{a}) \qquad x_0 = \sqrt{\varepsilon\,kT/2\pi\,e^2\,c^0_+} \quad (6.250\,\mathrm{b})$$

$$J_{|\mathrm{Me}|'} = j_{|\mathrm{Me}|'}/D_{|\mathrm{Me}|'} \quad (6.251\,\mathrm{a}) \qquad y_0 = \sqrt{\varepsilon\,kT/2\pi\,e^2\,c^0_{|\mathrm{Me}|'}}, \quad (6.251\,\mathrm{b})$$

wo die j die Stromdichten der betreffenden Teilchensorte in Teilchen/cm² sec sind, erhält man dann durch Einsetzen von (6.249) in (6.248):

$$c^0_+\frac{d\boldsymbol{c}_+}{d\xi} + \frac{2}{x_0^2}\boldsymbol{c}_+(\xi)\left\{\int_0^\xi \{\boldsymbol{c}_+(\xi) - \boldsymbol{c}_{|\mathrm{Me}|'}(\xi)\}\,d\xi + \frac{\sigma_0}{e}\right\} + J_+ = 0 \tag{6.252a}$$

$$c^0_{|\mathrm{Me}|'}\frac{d\boldsymbol{c}_{|\mathrm{Me}|'}}{d\xi} - \frac{2}{y_0^2}\boldsymbol{c}_{|\mathrm{Me}|'}(\xi)\left\{\int_0^\xi \{\boldsymbol{c}_+(\xi) - \boldsymbol{c}_{|\mathrm{Me}|'}(\xi)\}\,d\xi + \frac{\sigma_0}{e}\right\} + J_{|\mathrm{Me}|'} = 0. \tag{6.252b}$$

Durch den Klammerausdruck dieser zwei simultanen Integrodifferentialgleichungen sind also die Konzentrationen der beiden Ladungsträger miteinander verknüpft. (6.252a) und (6.252b) lassen sich in gewöhnliche Differentialgleichungen 2. Ordnung überführen, indem man die Ansätze

$$\boldsymbol{c}_+(\xi) = c^0_+\exp\{-\Psi(\xi)\} \quad \text{und} \quad \boldsymbol{c}_{|\mathrm{Me}|'}(\xi) = c^0_{|\mathrm{Me}|'}\exp\{-\chi(\xi)\} \tag{6.253}$$

verwendet. Die sich hieraus ergebenden Gleichungen — wegen der Einzelheiten sei auf die Originalarbeit[1] verwiesen — lauten:

$$c^0_+\frac{d^2\Psi}{d\xi^2} + \frac{2}{x_0^2}(\boldsymbol{c}_+ - \boldsymbol{c}_{|\mathrm{Me}|'}) - J_+\frac{d\Psi}{d\xi}\exp\{+\Psi(\xi)\} = 0 \tag{6.254a}$$

$$c^0_{|\mathrm{Me}|'}\frac{d^2\chi}{d\xi^2} - \frac{2}{y_0^2}(\boldsymbol{c}_+ - \boldsymbol{c}_{|\mathrm{Me}|'}) - J_{|\mathrm{Me}|'}\frac{d\chi}{d\xi}\exp\{+\chi(\xi)\} = 0. \tag{6.254b}$$

[1] Hauffe, K., u. B. Ilschner: Z. Elektrochem. Ber. Bunsenges. phys. Chem. 58, 467 (1954).

Im Falle $J_+ = 0$ bzw. $J_{|Me|'} = 0$ haben die Gln. (6.254) die Form einer gewöhnlichen POISSON-Gleichung. Das ist durchaus verständlich, denn im stromlosen oder Gleichgewichtszustand wird die Situation ja durch die gewöhnliche POISSON-Gleichung beschrieben. Es läßt sich in der Tat zeigen, daß (6.254) in diesem Falle auf die bereits im vorigen Abschnitt behandelte Gl. (6.245) führt. Diese Zusammenhänge erlauben uns, das Gleichungssystem (6.254) als eine Erweiterung der POISSON-Gleichung für den Fall zu bezeichnen, daß die Raumladungsschicht von Transportströmen durchflossen ist.

Ferner folgt aus (6.254) — wie hier nicht näher gezeigt werden soll — für $c_+ = c_{|Me|'}$ (Bedingung der Quasineutralität) eine lineare Konzentrationsverteilung der $c_+, c_{|Me|'}$ und damit das WAGNERsche parabolische Zundergesetz. Das Gleichungssystem ist demnach von allgemeiner Bedeutung. (Für n-Typ-Halbleiter gilt natürlich ein ganz entsprechendes System.)

Eine exakte Lösung für vorgegebene Randbedingungen ist noch nicht angegeben worden, dürfte auch in geschlossener Form kaum möglich sein. Es gelingt jedoch z. B., für p-Typ-Halbleiter eine Näherungslösung zu finden, wenn man voraussetzt, daß der Verlauf des elektrischen Potentials bzw. der Feldstärke überwiegend durch die Elektronenstörstellen bestimmt wird, d. h. daß die Leerstellenkonzentration der Kationen gegen die der Elektronenstörstellen vernachlässigt werden kann:

$$\left.\begin{aligned} c_+ &\gg c_{|Me|'} \\ c_+ - c_{|Me|'} &\approx c_+ . \end{aligned}\right\} \qquad (6.255)$$

In diesem Fall wird die Kopplung von (6.254a) an (6.254b) aufgehoben und (6.254a) ist eine unabhängige Differentialgleichung für die Variable $c_+(\xi)$ bzw. $\Psi(\xi)$. Andererseits vereinfacht sich Gl. (6.254b) wesentlich, da der mittlere Term als Lösung von (6.254a) vorgegeben ist.

Bei dicken Schichten kann nun freilich (6.255) nicht durchgehend erfüllt sein, da ja für wachsendes ξ sowohl c_+ als auch $c_{|Me|'}$ einem gemeinsamen Wert zustreben, der der Fehlordnungskonzentration in der quasineutralen „Innenphase" entspricht. Die Folge davon ist, daß die vorgenommene Vereinfachung es nicht gestattet, die Verhältnisse im „Übergangsgebiet" zwischen Randschicht und Innenphase richtig wiederzugeben. Im übrigen ist die Näherung aber durchaus zulässig.

Die in der beschriebenen Weise vereinfachten Gln. (6.254) haben nun, wie wiederum nicht im einzelnen ausgeführt werden soll, den wirklichen Verhältnissen in recht brauchbarer Weise angepaßte singuläre Lösungen:

$$c_+(\xi) = c'_+ x_0^2 (\xi + x_0)^{-2} - \tfrac{1}{3} J_+ (\xi + x_0) \qquad (6.256\text{a})$$

$$c_{|Me|'}(\xi) = c'_{|Me|'} x_0^{-2} (\xi + x_0)^2 + J_{|Me|'} (\xi + x_0) . \qquad (6.256\text{b})$$

Hierbei bedeuten

$$\left.\begin{aligned} x_0 &= (\varepsilon\, kT/2\pi\, e^2 c_+^0)^{1/2} \\ c'_+ &= c_+^0 + \tfrac{1}{3} J_+ x_0 \\ c'_{|Me|'} &= c_{|Me|'}^0 - J_{|Me|'} x_0 . \end{aligned}\right\} \qquad (6.257)$$

c_+^0 bzw. $c_{|\text{Me}|'}^0$ sind die Konzentrationen der Fehlstellen an der hier betrachteten Phasengrenze MeO/O⁻(ads). Die Kationen wurden zur Erzielung einer besseren Übersicht wieder als 1wertig vorausgesetzt. J_+, $J_{|\text{Me}|'}$ werden in (6.250) erklärt; zweifellos müssen stets praktisch gleich viele Ionen- und Elektronenfehlstellen durch die Schicht transportiert werden, d. h., es muß stets

$$j_{|\text{Me}|'} = j_+ = j$$

sein. Aus diesem Grunde wird das Verhältnis

$$\frac{J_+}{J_{|\text{Me}|'}} = \frac{j_+}{j_{|\text{Me}|'}} \frac{D_{|\text{Me}|'}}{D_+} = \frac{D_{|\text{Me}|'}}{D_+} \ll 1,$$

da in den praktisch in Frage kommenden Temperaturbereichen stets $D_{|\text{Me}|'} \ll D_+$ ist. Damit ist auch $\frac{1}{3} J_+ \ll J_{|\text{Me}|'}$, d. h., der zweite Term in **(6.256a)** ist im Falle größerer Schichtdicken, wo j auch absolut genommen nicht groß ist, eine unbedeutende Korrektur. Er kann insbesondere bei der Berechnung der Feldstärke nach (6.249) vernachlässigt werden. Diese Annahme entspricht übrigens dem in der chemisch-thermodynamischen Reaktionskinetik üblichen Vorgehen, wonach die *nicht* zeitbestimmenden Teilvorgänge als im Gleichgewicht befindlich betrachtet werden: mit $J_+ = 0$ gibt (6.256a) ja eine Gleichgewichtsverteilung der Elektronenstörstellen (stromloser Zustand) wieder.

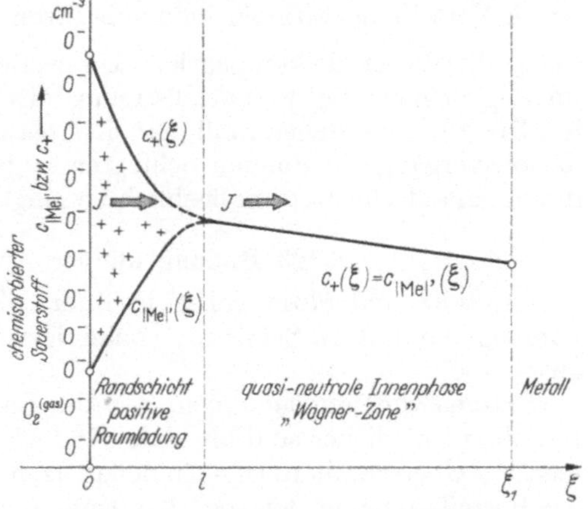

Abb. 6.96. Örtlicher Verlauf der Störstellenkonzentration c_+ und $c_{|\text{Me}|'}$ in der Randschicht und der quasineutralen „WAGNER-Zone" einer defektleitenden Anlaufschicht. l ist die während der Oxydation herrschende Randschichtbreite. Die Pfeile deuten die Richtung des |e|'- und |Me|'-Stromes an.

Durch Gln. (6.256) und (6.257) ist also eine Näherungslösung von (6.254) gefunden, die unter gleichzeitiger Berücksichtigung von Feld- und Diffusionsanteilen eine Konzentrationsverteilung in der Randschicht liefert, aus der sich ein Transportstrom von j Teilchen cm⁻² sec⁻¹ ergibt. An die Randschicht schließt sich dann eine quasineutrale „Innenphase" oder „WAGNER-Zone" an, in der — lediglich als Folge des Konzentrationsgefälles — ebenfalls ein Strom j fließt. In der Abb. 6.96 ist der Verlauf der Konzentrationen schematisch wiedergegeben; im Übergangsbereich sind die Kurven, die den Funktionen (6.256) entsprechen, gestrichelt gezeichnet, da hier, wie bereits erwähnt, die Näherung unzulässig wird.

Solange die raumladungserfüllte Zone $0 < \xi < l$ in ihrer Ausdehnung gegen die Gesamtschichtdicke vernachlässigt werden kann, wird auch das parabolische Zundergesetz hinreichend genau erfüllt. Unabhängig davon sollte in diesem Abschnitt gezeigt werden, wie elektrische Felder und Konzentrationsgradienten („Diffusionskräfte") *gleichzeitig* als Triebkräfte für den Teilchentransport auftreten, und wie man dieses Kräftespiel theoretisch erfassen kann. Diesem Problem wurde relativ viel Raum gewidmet, weil diese Zusammenhänge für das Verständnis aller Transportvorgänge von Ladungsträgern durch Raumladungsgebiete wesentlich sind. Insbesondere wird die Bedeutung des reinen Diffusionsanteils gegenüber den Feldkräften leicht unterschätzt; um sich ein anschauliches Bild von den Kräfteverhältnissen zu machen, sei der Leser nochmals auf die Abb. 6.95 hingewiesen: Auf die negativen Ladungsträger (unterer Kurvenast) wirkt die abstoßende Kraft der negativen Flächenbelegung bei $\xi = 0$ und sucht sie nach rechts zu drängen. Das Gleichgewicht kann nur dadurch aufrechterhalten werden, daß ein starker Konzentrationsabfall nach links hin existiert und auf die Ladungsträger die gerade entgegengesetzte Kraft ausübt. Die positiven Ladungsträger (oberer Kurvenast) werden hingegen vom Feld nach links gezogen; trotzdem ist die Verteilung stationär, und kein Strom fließt — weil $\frac{\partial c}{\partial \xi} < 0$ ist und die Feldkraft gerade kompensiert. Dieses Beispiel zeigt sehr deutlich, daß im allgemeinen die Vernachlässigung des Diffusionsstroms unzulässig ist. Diese Überlegungen muß man also berücksichtigen, wenn man Oxydationsvorgänge in dünnen Schichten — bei denen Transportvorgänge durch Anlaufschichten maßgeblich beteiligt sind — behandeln will.

6.123 Bildung dünner Anlaufschichten

Cabrera und Mott gehen in ihrer bekannten Theorie der Anlaufvorgänge an dünnen Schichten von einigen bemerkenswerten Annahmen aus:

Erstens wird angenommen, daß die Raumladungseffekte in Schichten, die nicht dicker sind als einige 100 ÅE, vernachlässigt werden können. Bei Überschußleitern — in denen nach „Absaugen" aller Elektronen die Raumladung in der sog. Verarmungsrandschicht nicht größer sein kann als die Zahl der Ionenstörstellen — ist diese Annahme und ihre Begründung a.a.O.[1] zulässig, sofern die Fehlordnungskonzentration des Oxids an sich sehr klein ist; ein Beispiel hierfür ist etwa Al_2O_3, auf das Mott und Cabrera ihre Theorie anwenden. Liegt jedoch ein Oxid mit ausgeprägterer Fehlordnung vor, wie z. B. ZnO, so ist zumindest eine genaue Prüfung dieser Voraussetzung erforderlich.

Bei Defekthalbleitern hingegen (wie NiO, Cu_2O), die an den Phasengrenzen „Anreicherungsrandschichten" mit sehr beträchtlichen Konzentrationen an Defektelektronen ausbilden, ist eine Vernachlässigung der Raumladungseffekte sicher unzulässig. Zwar kann man stets dünne Schichten abteilen, in denen so wenig Raumladungen vorhanden sind, daß diese nicht berücksichtigt zu werden brauchen; jedoch schon des-

[1] Mott, N. F.: Trans. Faraday Soc. **35**, 1175 (1939); **36**, 472 (1940); **43**, 429 (1947); J. Chim. phys. **44**, 172 (1947); Research **2**, 162 (1949). — N. Cabrera u. N. F. Mott: Rep. Progr. in Phys. **12**, 163 (1949).

halb, weil sich die Raumladung sehr stark an der Phasengrenze zusammendrängt, würden diese Schichtdicken in der Größenordnung von 10 Å liegen, wie man etwa durch Auswertung von Gl. (6.256a) und Einsetzen plausibler Werte für c_+^0 findet. Tatsächlich sind aber Erscheinungen, wie das „kubische" Zeitgesetz der Oxydation, — welches sich bei Erfüllung gewisser Voraussetzungen durch Mitwirken von Randschichteffekten erklären läßt — bis zu Schichtdicken von etwa 1000 Å gefunden worden[1-3].

Zweitens steckt in der MOTTschen Theorie, obwohl dies nicht explizit angegeben ist, die Annahme, daß die Konzentration der Fehlstellen innerhalb der dünnen Oxidschicht konstant ist (Abb. 6.97a). Diese Annahme erweckt insofern Bedenken, als ja bei allen Betrachtungen vorausgesetzt ist, daß die Reaktionen an den beiden Phasengrenzen schnell verlaufen und der Transport durch die Schicht die Geschwindigkeit des Gesamtvorgangs bestimmt. Daraus ergibt sich nämlich, daß die Fehlstellenkonzentration an beiden Begrenzungen der Deckschicht auf verschiedenen — und zwar größenordnungsmäßig verschiedenen — Werten gehalten wird. Zwischen beiden Grenzen liegt also auf jeden Fall ein starkes Konzentrationsgefälle, und die zweite Annahme bedeutet dessen Vernachlässigung.

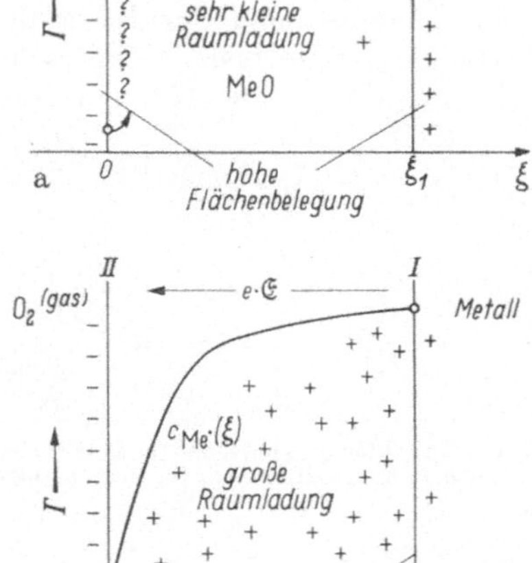

Abb. 6.97. Örtlicher Konzentrationsverlauf der Ionen auf Zwischengitterplätzen $c_{Me^{\cdot}}$ ($c_- \approx 0$) in einer n-leitenden Oxidschicht mit homogenem elektrischem Feld (Feldstärke 𝔈 als Vektor; Γ = Teilchen/cm²). a) ohne Berücksichtigung eines Konzentrationsgefälles nach CABRERA-MOTT; b) mit Berücksichtigung des Konzentrationsgefälles der Metallionen auf Zwischengitterplätzen nach HAUFFE und ILSCHNER.

Nimmt man diese Vernachlässigung in Kauf, so vermag man dem Gedankengang der Arbeit von CABRERA und MOTT ohne weiteres zu folgen. Zweifellos liegt das Energieniveau für das zusätzliche Elektron des an der Oxidoberfläche chemisorbierten Sauerstoffs tiefer als die FERMI-Kante für die Leitfähigkeitselektronen des Metalls (Elektronenaffinität des Sauerstoffs). Unter der Voraussetzung, daß die Metallelektronen die Möglichkeit haben, durch thermische Emission in das Leitfähigkeitsband des Oxids zu gelangen, werden sie also so lange nach der äußeren Oberfläche (MeO/O_2) mit ihren energetisch günstigeren Termen hin abwan-

[1] ENGELL, H. J., K. HAUFFE u. B. ILSCHNER: Z. Elektrochem. Ber. Bunsenges. phys. Chem. 58, 478 (1954) (Ni-Oxydation).
[2] CAMPBELL, W. E., u. U. B. THOMAS: Trans. electrochem. Soc. 91, 345 (1947) (Cu-Oxydation).
[3] WABER, J. T.: J. chem. Phys. 20, 734 (1952) (Titan- und Tantal-Oxydation).

dern, bis das dadurch aufgerichtete homogene Feld (Abb. 6.98) die Einstellung eines Gleichgewichtes erzwingt. Da voraussetzungsgemäß keine nennenswerten Raumladungen vorhanden sein sollen, befinden sich also zu beiden Seiten der Oxidschicht gleich viel Ladungen — außen negativ, innen positiv; es sind gerade so viel, daß die zwischen ihnen herrschende Potentialdifferenz V dem Unterschied der beiden Energieterme im Metall und im adsorbierten Sauerstoff entgegengesetzt gleich ist.

Die Elektronenniveaus im Metall, im Oxid und in der chemisorbierten Sauerstoffschicht sind in Abb. 6.98 dargestellt. Hierbei zeigt Abb. 6.98a den Anfangszustand, wo noch kein Elektronenübergang stattgefunden hat. Entsprechend der Darstellung von BARDEEN[1] liegt das Energieniveau des adsorbierten Sauerstoffs um etwa 1 eV unterhalb des FERMI-Niveaus im Metall. Abb. 6.98b stellt den stationären Zustand dar, der

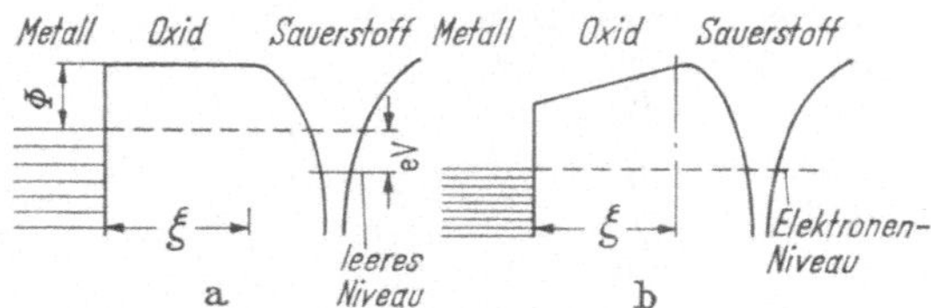

Abb. 6.98. Elektronenniveaus im Metall, Oxid und adsorbierten bzw. chemisorbierten Sauerstoff nach CABRERA-MOTT. a) vor dem Elektronenübergang, b) im stationären Gleichgewicht.

sich nach dem Übergang von Elektronen vom Metall zum Sauerstoff einstellt. Da V im allgemeinen einen Wert von 1 bis 2 V erreicht, ist der Temperatureinfluß auf das Potential zu vernachlässigen.

Die Größenordnung von 1 V für V können CABRERA und MOTT durch folgende Abschätzung rechtfertigen: Bedeutet E die Elektronenaffinität des Sauerstoffatoms und E_{ads} die Adsorptionsenergie eines O^--Ions an der Oxidoberfläche, dann gilt $eV = E + E_{\text{ads}} - \Phi_0$, wo Φ_0 die Arbeitsfunktion des Metalls gegen das Vakuum bedeutet. Betrachtet man in erster Näherung die Oxide als Ionenkristalle, dann kann man nach LENNARD-JONES und DENT[2] $E_{\text{ads}} \approx 0{,}1\, e^2/2r$ setzen, wobei r den Radius des O^--Ions bedeutet, und erhält für $r \approx 1$ Å, $E_{\text{ads}} \approx 1$ eV. Wegen des Vorhandenseins von kovalenten Bindungskräften im Oxid ist jedoch der Wert um den Faktor 2 bis 3 zu niedrig. Nach BATES und MASSEY[3] wird $E = 2{,}2$ und Φ_0 (für Kupfer) $= 4{,}6$ eV bzw. für Aluminium gleich 4,3 eV gesetzt. Hieraus ergibt sich V in der Größenordnung von 1 V.

Das Weitere folgt nun zwanglos: An der Oxidschicht, deren Dicke ξ_1 sei, liegt eine von der Schichtdicke unabhängige Potentialdifferenz V. In der Schicht befindet sich keine nennenswerte Raumladung. Also wirkt in der ganzen Schicht auf jeden Ladungsträger ein Feld $\mathfrak{E} = V/\xi_1 = \text{const}$, welches von der Koordinate ξ nicht abhängt. Wenn obige Annahme „2"

[1] BARDEEN, J.: Phys. Rev. **71**, 374 (1947).
[2] LENNARD-JONES, D. E., u. B. DENT: Trans. Faraday Soc. **24**, 92 (1928).
[3] BATES, D. R., u. H. S. W. MASSEY: Phil. Trans. **239**, 269 (1943).

zutrifft, fließt dann durch die Oxidschicht ein Strom

$$j_{Me^\cdot} = -u_{Me^\cdot}\, c^{I}_{Me^\cdot}\, \frac{V}{\xi_1}$$

($c^{I}_{Me^\cdot} = c_{Me^\cdot}$ an der Phasengrenze Metall/Metalloxid).
Dieser Ionenstrom ist die Ursache des Weiterwachsens der Schicht, so daß

$$\frac{d\xi_1}{dt} \sim \frac{u_{Me^\cdot}\, c^{I}_{Me^\cdot}\, V}{\xi_1} = \frac{k'}{\xi_1} \tag{6.258}$$

ist. Wie bereits auf S. 773 erwähnt wurde, ist die dieser Ableitung zugrunde liegende Annahme ($c_{Me^\cdot}(\xi) = \text{const} = c^{I}_{Me^\cdot}$) bei rasch ablaufenden Phasengrenzreaktionen nicht einzusehen. Wie im folgenden gezeigt wird, kommt man zum gleichen Ergebnis wie Mott auch ohne diese Annahme. Für den Fall von n-leitenden Deckschichten sollen in Übereinstimmung mit Mott wiederum die Raumladungen in der Schicht gegenüber den Ladungen an den Begrenzungsflächen (Me/MeO und MeO/O_2) vernachlässigt werden. Daraus folgt also wieder, daß sich über die Schicht ein konstantes elektrisches Feld mit der Feldstärke $\mathfrak{E} = V/\xi_1$ erstreckt. Für den Transportstrom wird jedoch der allgemeine Ausdruck:

$$j_{Me^\cdot} = -D_{Me^\cdot}(\operatorname{grad} c_{Me^\cdot} + c_{Me^\cdot}\, \mathfrak{E}/\mathfrak{V}) \tag{6.259}$$

angesetzt, wo $c_{Me^\cdot}$ jetzt nicht mehr konstant angenommen wird. Im stationären Zustand muß $j_{Me^\cdot}$ für alle ξ konstant sein, d. h.

$$\operatorname{div} j_{Me^\cdot} = 0\,.$$

Durch Einsetzen von (6.259) erhält man eine Differentialgleichung für $c_{Me^\cdot}(\xi)$:

$$\frac{d^2 c_{Me^\cdot}}{d\xi^2} + \frac{\mathfrak{E}}{\mathfrak{V}}\, \frac{d c_{Me^\cdot}}{d\xi} = 0\,.$$

Ihre Lösung ist:

$$c_{Me^\cdot}(\xi) = c^{*}_{Me^\cdot} - \alpha \exp\left\{-\frac{\mathfrak{E}}{\mathfrak{V}}\, \xi\right\}. \tag{6.260}$$

$c^{*}_{Me^\cdot}$ und α sind Integrationskonstanten, die durch die folgenden Randbedingungen festgelegt sind:

$$c_{Me^\cdot}(0) = c^{II}_{Me^\cdot} \quad \text{und} \quad c_{Me^\cdot}(\xi_1) = c^{I}_{Me^\cdot}\,.$$

Es ergibt sich:

$$\alpha = \frac{c^{I}_{Me^\cdot} - c^{II}_{Me^\cdot}}{1 - \exp\left(-\frac{V}{\mathfrak{V}}\right)}$$

$$c^{*}_{Me^\cdot} = c^{II}_{Me^\cdot} + \frac{c^{I}_{Me^\cdot} - c^{II}_{Me^\cdot}}{1 - \exp\left(-\frac{V}{\mathfrak{V}}\right)}\,.$$

Im Rahmen der verwendeten Näherungen kann man bei nicht zu hohen Temperaturen $V/\mathfrak{V} \gg 1$ annehmen und damit $1 - \exp\left(-\frac{V}{\mathfrak{V}}\right) \approx 1$ setzen. Demzufolge ist:

$$c^{*}_{Me^\cdot} \approx c^{I}_{Me^\cdot}$$

unabhängig von ξ_1.

Die Konzentrationsverteilung der Kationen auf Zwischengitterplätzen in der Anlaufschicht hat also auf Grund von (6.260) einen Verlauf, der in Abb. 6.97b dargestellt ist, der also im Innern der Anlaufschicht qualitativ den in Abb. 6.97a dargestellten entspricht, nahe der Phasengrenze aber ($\xi \ll \xi_1$) den charakteristischen Abfall der $c_{Me^\cdot}(\xi)$-Kurve zeigt. Die Abb 6.97b zeigt folgendes: Die Konzentration und damit der „Feldstrom" (2. Term von 6.259) fallen von rechts nach links im gleichen Maße ab wie der Konzentrationsgradient und damit der „Diffusionsstrom" (1. Term von 6.259) zunehmen, so daß die Summe beider Teilströme konstant bleibt.

Durch Einsetzen von (6.260) in (6.259) ergibt sich:

$$j_{Me^\cdot} = -D_{Me^\cdot} c^*_{Me^\cdot} \mathfrak{E}/\mathfrak{V} \approx -D_{Me^\cdot} c^{\mathrm{I}}_{Me^\cdot} \mathfrak{E}/\mathfrak{V}.$$

Als Anlaufgesetz folgt also wegen $\mathfrak{E} = V/\xi_1$:

$$\frac{d\xi_1}{dt} = \frac{k'}{\xi_1} \tag{6.261}$$

mit $k' = \Omega D_{Me^\cdot} c^{\mathrm{I}}_{Me^\cdot} V/\mathfrak{V}$, was im Rahmen der hier verwendeten Näherungen mit (6.258) übereinstimmt. Es ergibt sich also ein *parabolisches* Anlaufgesetz für diese dünnen Schichten; die Geschwindigkeitskonstante ist eine andere, insbesondere auch ihre „Aktivierungsenergie" $d(\ln k')/d(1/T)$, worauf MOTT besonders hingewiesen hat (vgl. Originalarbeiten[1]).

In (6.258) ist $c^{\mathrm{I}}_{Me^\cdot}$ die Fehlstellenkonzentration an der Phasengrenze MeO/Me; sie ist vom Sauerstoffdruck unabhängig. Hingegen ist, wie ENGELL und HAUFFE[2] zeigen konnten, V eine Funktion des Sauerstoffdruckes. Die Reaktion, die sich abspielt, kann symbolisch geschrieben werden:

$$e'(Me) + \tfrac{1}{2} O_2 \rightleftharpoons O^-(ads). \tag{6.262a}$$

Hier ist e'(Me) ein Metallelektron. Um das Auftreten der Konzentration der Leitungselektronen im Metall in der Endgleichung zu umgehen, beschreiben wir den Chemisorptionsvorgang durch die folgende symbolische Gleichung:

$$\tfrac{1}{2} O_2 \rightleftharpoons O^-(ads) + |e|^\cdot(Me), \tag{6.262b}$$

wobei $|e|^\cdot$(Me) eine positive Ladung — d. h. ein fehlendes Elektron = Defektelektron — an der Metalloberfläche bedeutet ($c_+^{(Me)}$ = Oberflächen-Konzentration).

Aus der Gleichsetzung der elektrochemischen Potentiale — es tritt ja eine elektrische Potentialdifferenz V auf — folgt dann:

$$-\tfrac{1}{2}\mu_{O_2} + \mu_+^{(Me)} + \mu_{O^-} + eV = 0$$

oder

$$\frac{c_+^{(Me)} \cdot \Gamma}{p_{O_2}^{1/2}} \exp(+V/\mathfrak{V}) = K. \tag{6.263}$$

---

[1] MOTT, N. F.: Trans. Faraday Soc. **35**, 1175 (1939); **36**, 472 (1940); **43**, 429 (1947); J. Chim. phys. **44**, 172 (1947); Research **2**, 162 (1949). — N. CABRERA u. N. F. MOTT: Rep. Progr. in Phys. **12**, 163 (1949) (Ω = Oxidvolumen/Metallion).

[2] ENGELL, H. J., u. K. HAUFFE: Metall **6**, 285 (1952).

Wegen unserer ersten Annahme muß $c_+^{(Me)} = \Gamma$, also gleich der Oberflächenkonzentration der chemisorbierten Sauerstoffatome, sein:

$$\frac{\Gamma^4}{p_{O_2}} \exp(+2\,V/\mathfrak{V}) = K^2.$$

Andererseits ist die Spannung an dem durch das System gebildeten „Kondensator" mit Γ verknüpft durch

$$V = +\frac{4\pi e}{\varepsilon}\,\Gamma\,\xi_1, \tag{6.264}$$

also

$$+V^4 \exp(+2\,V/\mathfrak{V}) = \left(\xi_1 \frac{4\pi e}{\varepsilon}\right)^4 K^2\,p_{O_2}. \tag{6.265}$$

Da in den in Frage kommenden Temperaturbereichen stets $V \gg \mathfrak{V}$ ist ($V \approx 1$ Volt!), kann man die *Funktion* V^4, die als linearer Faktor vor dem Exponentialausdruck steht, näherungsweise durch eine *Konstante* $\tilde{V}^4$ ersetzen, die einem mittleren Wert entspricht. Dann folgt aus (6.265) unmittelbar:

$$V = \frac{\mathfrak{V}}{2} \ln\left\{\left(\frac{4\pi e}{\varepsilon\,\tilde{V}}\,\xi_1\right)^4 K^2\,p_{O_2}\right\}$$

oder mit (6.258)

$$k' \sim \frac{\mathfrak{V}}{2}\,u_{Me}\cdot c_{Me}\cdot \ln p_{O_2} + \mathrm{const}' \ln(\mathrm{const}\,\xi_1). \tag{6.266}$$

Dieses Ergebnis ist insofern bemerkenswert, als MOORE und LEE[1] bei ihren Versuchen neben dem parabolischen Zeitgesetz (Abb. 6.99) eine

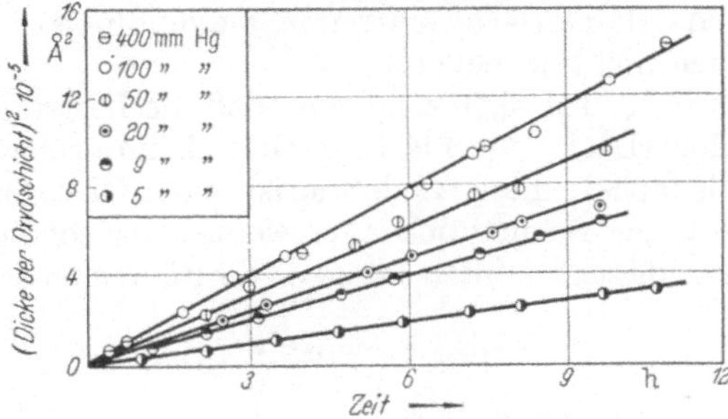

Abb. 6.99. Das Dickenwachstum der ZnO-Schicht (parabolisches Zeitgesetz) bei verschiedenen Sauerstoffdrucken bei 400 °C nach MOORE und LEE.

Sauerstoffdruckabhängigkeit der Oxydationsgeschwindigkeit des Zinks fanden, die recht genau dem Verlauf von (6.266) entspricht (Abb. 6.100); nach der WAGNERschen Zundertheorie wäre dieser Effekt völlig unverständlich. Hier zeigt sich also das Eingreifen der Randschichtvorgänge in die Oxydationskinetik besonders eindringlich. — Aus Gl. (6.266) folgt jedoch auch (2. Term der Anlaufkonstanten k'), daß das Zeitgesetz nicht

[1] MOORE, W. J., u. J. K. LEE: Trans. Faraday Soc. **47**, 501 (1951).

streng parabolisch sein kann. Es ist daher zu erwarten, daß an anderen — dem Zinkanlauf ähnlichen — Oxydationssystemen das parabolische Zeitgesetz nicht streng erfüllt sein wird.

CABRERA und MOTT wenden die Grundgedanken ihrer Theorie auch auf *p*-Typ-Halbleiter mit Kationenleerstellen an. Es ergibt sich wieder eine Formel vom Typ (6.258), nur daß der Index „Me˙" für Zwischengitteratome durch den Index „|Me|′" für Kationenleerstellen zu ersetzen ist. $c_{|\mathrm{Me}|'}$ soll dann die Konzentration der Kationenleerstellen an der Phasengrenze zum chemisorbierten Sauerstoff hin sein, von der angenommen wird, daß sie überall innerhalb der Schicht herrscht; man hat sich vorzustellen, daß von dieser Phasengrenze weg durch das Feld laufend Fehlstellen in das Innere hineingezogen werden und im gleichen Maße, wie sie an der Metalloberfläche eintreffen, aufgefüllt werden (im gleichen Maße, aber auch nicht schneller!).

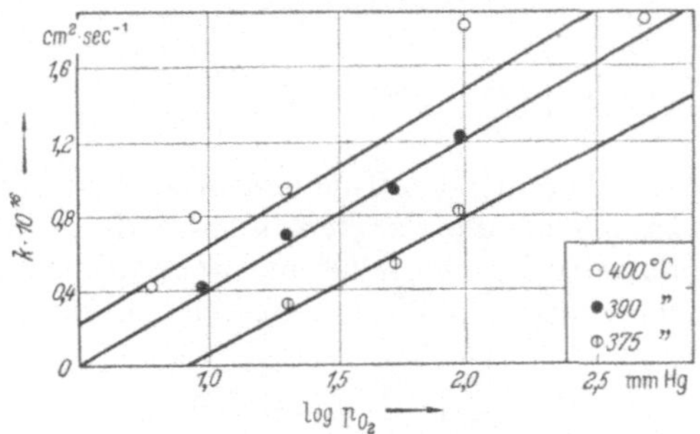

Abb. 6.100. Der logarithmische Verlauf der Sauerstoffdruckunabhängigkeit der parabolischen Oxydationskonstanten, ausgewertet von ENGELL und HAUFFE nach Oxydationsversuchen von MOORE und LEE.

Ein Blick auf die Tab. 6.20 zeigt nun, daß die Leerstellendichte $c_{|\mathrm{Me}|'}$ nahe der Oxidoberfläche der Flächendichte chemisorbierter Sauerstoffionen proportional ist; diese wiederum ist nach Gl. (6.264) umgekehrt proportional zu der Schichtdicke ξ_1, wenigstens solange die Raumladungen vernachlässigt werden können. Es ist demnach auch:

$$c_{|\mathrm{Me}|'} = \mathrm{const}\,\frac{1}{\xi_1},$$

und Einsetzen in Gl. (6.258) liefert:

$$\frac{d\,\xi_1}{d\,t} \sim \frac{k'}{\xi_1^2}. \tag{6.267}$$

Durch Integration folgt das „kubische" Zeitgesetz:

$$\xi_1(t) = (A\,t + B)^{1/3}, \tag{6.268}$$

wobei A und B Konstanten sind. Ein derartiger Verlauf der Oxydation wurde experimentell mehrfach beobachtet. So fanden CAMPBELL und THOMAS[1] bei der Oxydation von Kupfer im mittleren Temperaturgebiet

[1] CAMPBELL, W. E., u. U. B. THOMAS: Trans. electrochem. Soc. **91, 345** (1947) (Cu-Oxydation).

einen kubischen Verlauf. Desgleichen wurde von WABER[1] für die Oxydation von Tantal bei 350 °C (Abb. 6.101) und von ENGELL, HAUFFE und ILSCHNER[2] für die Oxydation von Nickel bei 400 °C (Abb. 6.102) ein kubisches Zeitgesetz gefunden. Für das bei der Aufoxydation von

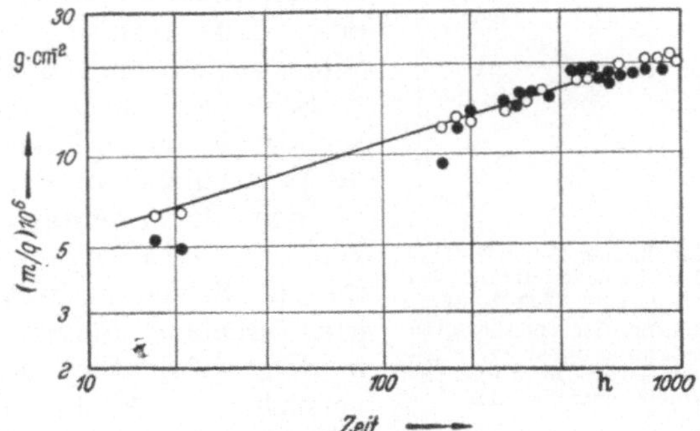

Abb. 6.101. Der zeitliche Verlauf der Oxydation von Tantal in Sauerstoff bei 350 °C in doppeltlogarithmischer Auftragung nach WABER. Das sich hieraus ergebende „kubische" Zeitgesetz lautet: $\xi^{3,05} = \text{const}\, t$.

Cu_2O selbst bei 1000 °C beobachtete $t^{1/3}$-Gesetz (S. 711)[3] sind andere Vorgänge maßgebend. Auffallend ist jedoch die Tatsache, daß der Exponent auf der rechten Seite der Gl. (6.268) niemals genau zu $\frac{1}{3}$

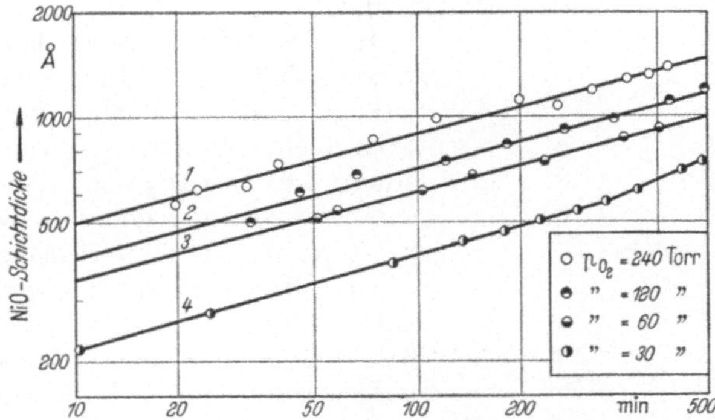

Abb. 6.102. Zeitlicher Verlauf der Oxydation von Nickel bei 400 °C und verschiedenen Sauerstoffdrucken in doppelt-logarithmischer Darstellung nach ENGELL, HAUFFE und ILSCHNER. Der Exponent beträgt hier 1/3,3 bis 1/3,6.

gefunden wird: vielmehr liegt er zwischen 1/3,2 und 1/3,8 (s. die in den Abb. 6.101 und 6.102 mitgeteilten Zahlenwerte). In Abb. 6.102 zeigt die Kurve *4*, die aus Oxydationsversuchen bei 400 °C und einem Sauerstoffdruck von 30 Torr erhalten wurde, nach einer Reaktionszeit von

---

[1] WABER, J. T.: J. chem. Phys. **20**, 734 (1952) (Titan- und Tantal-Oxydation).
[2] ENGELL, H. J., K. HAUFFE u. B. ILSCHNER: Z. Elektrochem. Ber. Bunsenges. phys. Chem. **58**, 478 (1954).
[3] HAUFFE, K., u. P. KOFSTAD: Z. Elektrochem. Ber. Bunsenges. phys. Chem. **59**, 399 (1955).

etwa 400 Minuten einen parabolischen Verlauf. Dieser Teil der Kurve, der in Abb. 6.102 nicht mehr vollständig aufgenommen wurde, ist in Abb. 6.103 gesondert dargestellt. Der Übergang vom kubischen ins parabolische Zeitgesetz verschiebt sich bei der Nickeloxydation mit steigendem Sauerstoffdruck zu höheren Schichtdicken und Oxydationszeiten.

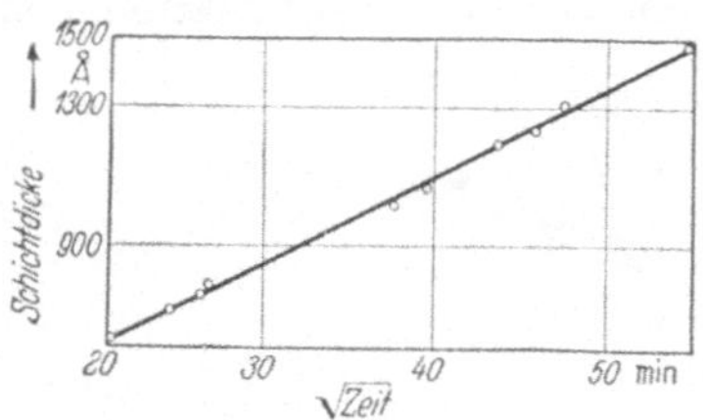

Abb. 6.103. Parabolischer Teil der Oxydationskurve der Nickeloxydation bei 400 °C und $p_{O_2} = 30$ Torr nach ENGELL, HAUFFE und ILSCHNER. Wie aus Abb. 6.102 hervorgeht, beginnt unter diesen Versuchsbedingungen ab 600 Å NiO-Dicke ein überwiegend parabolischer Verlauf.

Schon zu Eingang dieses Kapitels war darauf hingewiesen worden, daß die Vernachlässigung der Raumladung in den Anreicherungsrandschichten von Defekthalbleitern einwandfrei nur in Schichten zulässig ist, die ganz erheblich dünner sind als die in den veröffentlichten Oxydationsversuchen an Ni, Cu usw. beobachteten, an denen tatsächlich „Randschichteffekte" beobachtet worden sind. In einer weiteren Untersuchung[1] wird daher die Frage geprüft, ob eine Anwendung der auf S. 770 dargestellten Überlegungen zum Transport durch Raumladungs-Randschichten auf das Problem der Oxydation dünner Schichten ebenfalls auf ein „kubisches" Anlaufgesetz führt, sofern die Deckschicht den Charakter eines p-Typ-Halbleiters besitzt.

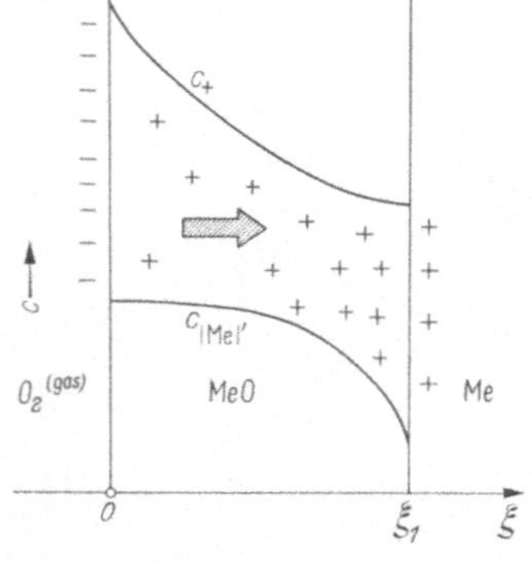

Abb. 6.104. Örtlicher Konzentrationsverlauf der Defektelektronen und Leerstellen in der Raumladungs-Randschicht eines dünnen p-leitenden Oxidfilms mit der Schichtdicke ξ_1 nach ENGELL, HAUFFE und ILSCHNER.

In dieser Arbeit wird davon ausgegangen, daß keine „Innenphase" mehr vorliegt, daß vielmehr die gesamte Oxidschicht Sitz einer (positiven) Raumladung ist. Es entspricht den Gegebenheiten, wenn angenommen wird, daß die Zahl der Defektelektronen in der Schicht überall groß ist gegen die der Kationenleerstellen, d. h. daß wiederum (6.255) gilt, und das elektrische Feld praktisch nur durch die Verteilung der Elektronenstörstellen bestimmt wird. Sowohl $c_{|Me|'}$ als auch c_+ sollen, da chemisches Gleichgewicht an den beiden Phasengrenzen vorausgesetzt wird, stetig von $\xi = 0$ nach $\xi = \xi_1$ abfallen.

Ein divergenzfreier Metallionenstrom durch eine derartige Schicht ist dann, wie sich theoretisch zeigen läßt, möglich, wenn die Störstellen in einer Verteilung vorliegen, die Abb. 6.104 schematisch wiedergibt.

Entscheidend ist nun, daß in jedem Augenblick des Schichtwachstums, d. h. für alle ξ_1 (innerhalb des Gültigkeitsbereichs der Theorie)

---

[1] ENGELL, H. J., K. HAUFFE u. B. ILSCHNER: Z. Elektrochem. Ber. Bunsenges. phys. Chem. 58, 478 (1954).

die Defektelektronen-Konzentration an der Phasengrenze MeO/Me durch den vergleichsweise „unermeßlichen Elektronenvorrat" des Metalls auf einem konstanten Wert gehalten wird, den wir mit c^* bezeichnen wollen. Durch die Bedingung wird, wie in [1] abgeleitet wird, die elektrische Feldstärke und damit auch $\Gamma = \frac{\varepsilon}{4\pi e}\mathfrak{E}(0)$ eine Funktion der Schichtdicke; dies ist auch ganz plausibel: bei dünnen Schichten wird die Elektronenfehlordnung an der Oberfläche des Oxids durch das darunterliegende Metall wesentlich beeinflußt („Durchgriff" des Metalls).

Wie die Rechnung zeigt, liegt elektronisches Gleichgewicht mit der konstanten Dichte c^* dann vor, wenn in Analogie zu (6.250b)

$$x_0 = (\varepsilon\, kT/2\pi\, e^2\, c^*)^{1/2} - \xi_1 \equiv x_0' - \xi_1 \tag{6.269}$$

ist, wobei x_0' eine Konstante — die „Debye-Länge" — ist. Diese Festlegung hat aber zur Folge, daß die Defektelektronen-Konzentration an der Oberfläche (NiO/O_2) eine Funktion von c^* und der Schichtdicke wird:

$$c_+(0) = \frac{\varepsilon\, \mathfrak{V}}{4\pi\, e}(x_0' - \xi_1)^{-2}. \tag{6.270}$$

Mit wachsendem ξ_1 wird $c_+(0)$ also größer, sofern natürlich ξ_1 kleiner als die stationäre Randschicht bleibt. Diese ist gemäß (6.250b) größenordnungsmäßig gleich $(\varepsilon\, \mathfrak{V}/2\pi\, e\, c_+^0)^{1/2} = x_0 < x_0'$, da die Gleichgewichtskonzentration an der Oberfläche eines ausgedehnten Kristalls, c_+^0, größer ist als c^*.

Nach den grundsätzlichen Überlegungen von Mott ist aber die Konzentration der Nickelionenleerstellen an der Oberfläche — um am Beispiel der Ni-Oxydation zu bleiben — zu dem oben erwähnten, mit $\mathfrak{E}(0)$ verknüpften, Γ proportional:

$$c_{|\mathrm{Me}|'}(0) = \mathrm{const}\,(x_0' - \xi_1)^{-1}. \tag{6.271}$$

Zu dieser funktionalen Abhängigkeit gelangt man auch mit der „Theorie der raumladungsfreien Randschicht" nach Mott.

Unter Berücksichtigung, daß nur die Defektelektronen merklich zum Feld beitragen, erhält man aus der Gleichung für die Divergenzfreiheit des Leerstellenstroms.

$$0 = div\left\{-D_{|\mathrm{Me}|'}\,\mathrm{grad}\, c_{|\mathrm{Me}|'} + z\, c_{|\mathrm{Me}|'}\frac{D_{|\mathrm{Me}|'}}{\mathfrak{V}}\mathfrak{E}(\xi)\right\}$$

und der Beziehung

$$\mathfrak{E}(\xi) = -(4\pi\, e/\varepsilon)\int_0^{\xi} c_+(\xi)\, d\xi$$

für den Leerstellenstrom:

$$j_{|\mathrm{Me}|'} = -D_{|\mathrm{Me}|'}\{\mathrm{grad}\, c_{|\mathrm{Me}|'} - z\, c_{|\mathrm{Me}|'}/(\xi_1 + x_0)\} = \pm D_{|\mathrm{Me}|'}\beta. \tag{6.272}$$

[1] Engell, H. J., K. Hauffe u. B. Ilschner: Z. Elektrochem. Ber. Bunsenges. phys. Chem. 58, 478 (1954).

Da der Leerstellenstrom zum Metall hin läuft, ist für β ein positives Vorzeichen zu wählen. Man erhält dann

$$c_{|\mathrm{Me}|'}(0) = \beta\, x_0 - c_{|\mathrm{Me}|'} = \beta(x_0' - \xi_1) - c_{|\mathrm{Me}|'}. \tag{6.273}$$

Dieser Ausdruck erfüllt die Bedingung (6.271) in besonders einfacher Weise dann, wenn

$$\beta = K'(x_0' - \xi_1)^{-2}; \quad c'_{|\mathrm{Me}|'} = K''(x_0' - \xi_1)^{-1} \tag{6.274}$$

ist. Für den Leerstellenstrom (6.272) bedeutet dies

$$j_{|\mathrm{Me}|'} = \frac{D_{|\mathrm{Me}|'}\, K'}{(x_0' - \xi_1)^2}. \tag{6.275}$$

Hierbei ist zu beachten, daß $D_{|\mathrm{Me}|'}$ *nicht* der Selbstdiffusionskoeffizient der Ni-Ionen im NiO, sondern der Diffusionskoeffizient der *Leerstellen* im Gitter ist (s. S. 623). Da das Schichtwachstum $d\xi_1/dt$ proportional zu diesem Strom ist, folgt bei zweckmäßiger Zusammenfassung aller Konstanten:

$$\frac{d\xi_1}{dt} = \frac{\text{const}}{(x_0' - \xi_1)^2}$$

und durch Integration das Zeitgesetz:

$$\xi(t) = x_0' + \text{const}'(t + t_0)^{1/3}. \tag{6.276}$$

Es resultiert also wiederum ein kubisches Anlaufgesetz. Daß der Exponent sich genau zu 1/3 ergibt, liegt offensichtlich an den vielen Vereinfachungen, die eingeführt wurden, da die genauen Verhältnisse sehr unübersichtlich sind.

Als typisches Beispiel einer Deckschichtbildung ohne nennenswerte Raumladungen, wo ebenfalls ein kubisches Anlaufgesetz beobachtet wird, wählen wir die bereits oben erwähnte 100 °C-Oxydation von Kupfer. Die kubische Anlaufkonstante k_c ist vom Sauerstoffdruck in folgender Weise abhängig: $k_c \sim p_{O_2}^{1/4}$. Ferner ist die Annahme eines vorgelagerten Sauerstoff-Chemisorptionsgleichgewichts bereits bei 100 °C berechtigt, was eine Gleichgewichtsbesetzung des Cu_2O mit O^- bzw. O_2^- zur Folge hat. Von einer CuO-Bildung, die man auf Grund der weit im CuO-Existenzgebiet liegenden Sauerstoffdrucke erwarten sollte, kann abgesehen werden, da offensichtlich die CuO-Keimbildung auf Cu_2O stark gehemmt ist.

Der über Leerstellen in der Cu_2O-Schicht stattfindende Feldtransport ist offenbar der geschwindigkeitsbestimmende Teilvorgang der Oxydation. Er wird durch das Zusammenwirken des Konzentrationsgradienten der Cu^+-Lücken mit dem elektrischen Feld verursacht, wobei nach den Ausführungen von GRIMLEY und TRAPNELL[1] der Feldeinfluß überwiegen soll. Unter Zugrundelegung der von GRIMLEY[2] abgeleiteten Beziehung für die Oxydation von Kupfer

$$\xi(d\xi/dt) = D_{\mathrm{Cu}}\, \Omega\, c^{(a)}_{|\mathrm{Cu}|'} \frac{\Psi \exp\Psi}{\exp\Psi - 1} \tag{6.277}$$

---

[1] GRIMLEY, T. B., u. B. M. W. TRAPNELL: Proc. Roy. Soc. (A) **234**, 405 (1956).
[2] GRIMLEY, T. B.: Chemistry of Solid State, Kap. 14. London 1955.

mit Ω als Oxidvolumen/Metallion und $\Psi = V/\mathfrak{V}$ und der aus dem Gleichgewicht an der Gasseite (a)

$$\tfrac{1}{2}O_2(\text{gas}) + 2e'(\text{Cu}) \rightleftharpoons Cu_2O + 2|\text{Cu}|'^{(a)} \tag{6.278}$$

nebst durchgehendem Elektronengleichgewicht folgenden Beziehung

$$c^{(a)}_{|\text{Cu}|'} = p^{1/4}_{O_2} \exp\left\{-\left(\frac{\Delta G}{2\mathfrak{F}} - V\right)/\mathfrak{V}\right\} \tag{6.279}$$

[ΔG = Änderung der freien Standardenergie in eV für Reaktion (6.278)] ergibt sich näherungsweise ein kubisches Gesetz der Form:

$$\frac{d\xi}{dt} = \frac{1}{\xi^2}\left\{D_{\text{Cu}}\,\Omega\, p^{1/4}_{O_2} \frac{\varepsilon\,\mathfrak{V}\,\Psi^2}{4\pi\, e\, \Gamma\, K} \exp\left(-\frac{1}{2\mathfrak{F}}\Delta G/\mathfrak{V}\right)\right\}. \tag{6.280}$$

Dieses kubische Zeitgesetz gilt nur so lange, als $u_{|\text{Cu}|'} \sim \mathfrak{E}$ ist. Bei zu dünnen Oxidschichten bzw. zu hohen Feldstärken erhält man statt dessen ein exponentielles Zeitgesetz.

Ausgehend von der MOTTschen Darstellung kann ferner gezeigt werden[1], daß unter sinnvollen Annahmen ein Zeitgesetz $t^{1/4}$ besonders an Oxydationssystemen mit p-Typ-Oxidschichten gefunden wird. Hierzu nehmen wir an, daß der Kationenleerstellenstrom von der Oberfläche des Oxids zum Metall überwiegend durch das elektrische Feld bewirkt wird, also

$$D e\, dc/dx < c\, e\, u\, dV/dx \tag{6.281}$$

ist, wo $c = c_{|\text{Me}|'}$ und $u = u_{|\text{Me}|'}$ die Konzentration und die Beweglichkeit der Kationenleerstellen sind. Ferner soll die Dicke der Zone in der Oxidschicht an der Phasengrenze Oxid/Gas, wo bewegliche Defektelektronen vorhanden sind, vernachlässigbar klein sein. Weiterhin soll im Gegensatz zu obigen Annahmen die Konzentration c der Kationenleerstellen an der Oberfläche konstant und unabhängig von der Schichtdicke x sein:

$$c = c_0 \quad \text{für } x = 0. \tag{6.282}$$

Mit diesen Voraussetzungen haben wir jetzt die POISSON-Gleichung mit dem OHMschen Gesetz für den Leerstellenstrom j zu kombinieren:

$$\frac{d^2 V}{dx^2} = -4\pi\, c\, e/\varepsilon \tag{6.283}$$

und

$$j = -c\, e\, u\, dV/dx \tag{6.284}$$

und können als gute Näherung $dj/dx = 0$ verwenden. Kombiniert man nun Gl. (6.283) mit (6.284), so folgt:

$$dc/dx = -4\pi\, e^2\, u\, c^3/j\, \varepsilon \tag{6.285}$$

mit der Lösung unter Beachtung der Grenzbedingung (6.282)

$$1/c^2 = 1/c_0^2 + \alpha\, x, \tag{6.286}$$

wo

$$\alpha = 8\pi\, e^2\, u/j\, \varepsilon \tag{6.287}$$

[1] HAUFFE, K., u. S. R. MORRISON: Unveröffentlicht.

ist. Durch Einsetzen von Gl. (6.286) in Gl. (6.284) und Integration, wobei für $V = 0$ am Ort $x = 0$ gesetzt wird, erhalten wir schließlich einen Ausdruck für V als Funktion von x:

$$\beta V = -[\alpha x + 1/c_0^2]^{3/2} + 1/c_0^3, \tag{6.288}$$

worin

$$\beta = 12\pi e^3 u^2/\varepsilon j^2 \tag{6.289}$$

ist.

Unter der Voraussetzung, daß die Differenz zwischen den Bandkantenabständen und dem FERMI-Potential an den Phasengrenzen Gas/Oxid und Oxid/Metall konstant ist, ergibt sich die Grenzbedingung

$$V = -V_0 \quad \text{für} \quad x = \xi,$$

wo ξ als Dicke der Oxidschicht bezeichnet ist. Einführung dieser Grenzbedingung in Gl. (6.288) ergibt:

$$\beta V_0 = [\alpha \xi + 1/c_0^2]^{3/2} - 1/c_0^3. \tag{6.290}$$

Diese ist eine der fundamentalen Gleichungen, welche j, den Kationenstrom durch die Oxidschicht, mit c_0, u und V_0 als dominierende Variable verknüpft.

Neben Gl. (6.290) haben wir noch die andere fundamentale Beziehung:

$$j = e\, c_A\, d\xi/dt, \tag{6.291}$$

die die Geschwindigkeit des Oxidschichtwachstums darstellt. c_A ist die Dichte der Metallionen im Oxid. Es können nun zwei Grenzfälle berücksichtigt werden:

Fall 1 mit $\alpha \xi < 1/c_0^2$.

Wenn es sich also um sehr dünne Oxidfilme handelt, wo die Raumladungsdichte gegenüber den Oberflächenladungen zu vernachlässigen ist, ergibt sich eine Formulierung nach MOTT:

$$d\xi/dt = (u\, c_0/c_A)\, V_0/\xi. \tag{6.292}$$

Fall 2 mit $\alpha \xi > 1/c_0^2$.

Unter diesen Voraussetzungen wollen wir in einem Bereich von x arbeiten, wo die Bedingung (6.281) gültig ist. Dann nimmt der Ausdruck (6.290) die folgende Form an:

$$\beta V_0 \approx (\alpha \xi)^{3/2}$$

oder nach Substitution von α und β:

$$j \xi^3 = \frac{9}{32\pi} u\, \varepsilon\, V_0^2 \tag{6.293}$$

und demzufolge:

$$\frac{d\xi}{dt} = \frac{k_q}{\xi^3} \tag{6.294}$$

mit

$$k_q = \frac{9}{32\pi} u\, \varepsilon\, V_0^2/c_A\, e.$$

Wie man hieraus erkennt, sollte die Oxydationsgeschwindigkeit bei geschwindigkeitsbestimmendem Feldtransport einem $t^{1/4}$-Gesetz folgen.

Für die weiteren Betrachtungen ist es notwendig, die Grenze der Gültigkeit von Gl. (6.290) bei Berücksichtigung der Beziehung (6.281) zu bestimmen. Zwecks Auswertung substituieren wir dc/dx aus Gl. (6.284) in der Ungleichung (6.281) und erhalten:

$$j^2 > 4\pi\, c^3\, e^3\, u^2\, kT/\varepsilon. \tag{6.295}$$

Wir verwenden den größten Wert für c, also c_0, und substituieren j mittels Gl. (6.293), woraus folgt:

$$\xi^6 < (\tfrac{9}{8})^2\, \varepsilon^3\, V_0^4/[(4\pi)^3\, c_0^3\, e^3\, kT]$$

bzw.

$$\xi < \gamma\,(3\, V_0/kT)^{1/6} \tag{6.296}$$

mit

$$\gamma^2 = 3\varepsilon\, V_0/16\pi\, c_0\, e.$$

Hieraus folgt der Gültigkeitsbereich von Gl. (6.294) zu

$$(3\, V_0/kT)^{1/6} > \xi/\gamma > 1. \tag{6.297}$$

Aus Beziehung (6.297) folgt, daß das $t^{1/4}$-Gesetz in Gl. (6.294) ungefähr um den Faktor 2 in der Oxidschichtdicke und um den Faktor 16 in der Versuchszeit gültig sein sollte. Unter Verwendung der folgenden Daten, $c_A = 10^{23}\ \mathrm{cm}^{-3}$, $c_0 = 10^{17}\ \mathrm{cm}^{-3}$, $\varepsilon/4\pi = 3$, $u = 10^{-6}\ \mathrm{cm}^2\ \mathrm{Volt}^{-1}\ \mathrm{sec}^{-1}$ und $V_0 = 1$ Volt, finden wir für

$$\gamma = 5 \cdot 10^{-6}\ \mathrm{cm}$$

und aus Gl. (6.294) folgt mit $\xi = \gamma$ der Wert $d\xi/dt = 3 \cdot 10^{-7}$ cm/sec.

Ähnliche Betrachtungen kann man auch für Oxydationssysteme mit n-Typ-Deckschichten durchführen. Experimente unter Berücksichtigung der oben skizzierten Gesichtspunkte wären wünschenswert.

6.124 Bildung sehr dünner Oxidschichten

Geht man zur Behandlung extrem dünner Oxidschichten in der Größenordnung von einigen 10 Å über, so verschaffen sich neue wesentliche Einflüsse Geltung, die für die Reaktionen an derartig dünnen Schichten charakteristisch sind. In der Diskussion dieser Erscheinungen lehnen wir uns an die Theorie von Mott und Cabrera an. Es sind dies:

1. Die Schichten sind jetzt so dünn, daß die in ihnen enthaltenen Raumladungen selbst bei Defektleitern vernachlässigt werden dürfen. Es genügt also, das von Mott entworfene Bild zu betrachten, bei dem eine praktisch raumladungsfreie Oxidschicht beiderseitig von fast gleich großen Flächenladungen begrenzt ist, zwischen denen sich ein homogenes elektrisches Feld ausbildet.

2. Die Schichten sind jetzt so dünn, daß Elektronen aus dem Metall selbst bei tiefen Temperaturen (bei denen eine thermische Emission in das Leitungsband des Oxids praktisch ausgeschlossen ist) an den chemisorbierenden Sauerstoff gelangen können, da der quantenmechanische

Tunneleffekt durch Schichtdicken bis zu etwa 40 Å noch eine merkliche Elektronennachlieferung ermöglicht.

3. Bei den in Frage kommenden dünnen Schichten wird die Energie, die eine z-fach geladene Fehlstelle innerhalb eines Gitterabstandes a aus dem Feld aufnehmen kann, vergleichbar mit ihrer thermischen Energie, zumal bei tiefen Temperaturen

$$U_E = z\,e\,\mathfrak{E}\,a = \frac{z\,e\,a\,V}{\xi_1} < kT \tag{6.298}$$

ist.

Nun ist aber die Geschwindigkeit, mit der ein Ladungsträger (in Abwesenheit eines Konzentrationsgefälles) durch ein konstantes Feld im Gitter bewegt wird, gegeben durch:[1]

$$j = \frac{D}{A}\left[\exp\{\tfrac{1}{2}\,U_E/kT\} - \exp\{-\tfrac{1}{2}\,U_E/kT\}\right], \tag{6.299}$$

da gewissermaßen die von den Teilchen zu überwindenden „Potentialberge“ durch das Feld in einer Richtung erhöht, in der anderen erniedrigt werden. Solange — wie es gewöhnlich der Fall ist — $U_E < kT$ ist, genügt die Reihenentwicklung der Exponentialfunktionen in (6.299) bis zur ersten Potenz in U_E/kT, und man erhält eine lineare Abhängigkeit des Feldstromes von $\mathfrak{E}$, wie sie in den vorigen Abschnitten benutzt wurde. Im Falle der Gültigkeit der Ungleichung (6.298) jedoch ist diese Näherung unzulässig und muß vielmehr einer anderen weichen, in der der 2. Term in (6.299) gegen den ersten vernachlässigt wird. Dann hängt also die Wanderungsgeschwindigkeit der Teilchen in der Schicht exponentiell von der Feldstärke ab, die wiederum reziprok der Schichtdicke ξ_1 ist — mit anderen Worten: der Ionentransport durch die Schicht ist ein sehr rascher Vorgang.

4. Diese soeben geschilderte Überlegung führt nun Mott und Cabrera zu der weiteren Annahme, daß bei diesen dünnen Schichten der Übertritt von Metallionen aus der Metalloberfläche in das Oxidgitter bzw. die Schaffung von Leerstellen durch Austritt von Kationen aus dem Oxidgitter an dessen Oberfläche der eigentlich geschwindigkeitsbestimmende Teilschritt der Gesamtreaktion sei: sowie nämlich an der Phasengrenze eine neue Ionenstörstelle entsteht, wird sie von dem starken Feld sofort „weggerissen“.

Die Berechtigung zu dieser Annahme erscheint zunächst anfechtbar: Sei n_1 die Anzahl der Störstellen, die in der Zeiteinheit maximal durch 1 cm² der Oberfläche hindurchtreten können, so ist offenbar:

$$n_1 = A_1 \exp(-U_1/kT), \tag{6.300}$$

worin A_1 eine Konstante ist (welche z. B. die Entropieterme enthält) und die Energiedifferenz U_1 aus Abb. 6.105 ersichtlich ist. Entsprechend gilt

---

[1] Mott, N. F.: Trans. Faraday Soc. **35**, 1175 (1939); **36**, 472 (1940); **43**, 429 (1947); J. Chim. phys. **44**, 172 (1947); Research **2**, 162 (1949). — N. Cabrera u. N. F. Mott: Rep. Progr. in Phys. **12**, 163 (1949).

für die Zahl n_2 der Störstellen, die je Zeit- und Flächeneinheit aus einer Gitterebene maximal abtransportiert werden können:

$$n_2 = A_2 \exp(-U_2/kT), \tag{6.301}$$

mit analoger Bedeutung der einzelnen Größen. Bei dicken Schichten ist — diese Annahme wird durch das Experiment bestätigt — der Abtransport der langsamere Vorgang, d. h.

$$n_2 < n_1$$

oder

$$\frac{n_2}{n_1} < 1.$$

Wenn man (6.300) und (6.301) einsetzt, ist dies gleichbedeutend mit:

$$\left(\frac{n_2}{n_1}\right)_0 = \frac{A_2}{A_1} \exp\{-(U_2 - U_1)/kT\} < 1. \tag{6.302}$$

Hierbei soll der Index „0“ anzeigen, daß kein elektrisches Feld vorhanden ist. Das starke elektrische Feld, das in dem von MOTT diskutierten Falle vorhanden ist, hat zur Folge, daß

$$U_1 \to U_1' = U_1 - U_E$$

$$U_2 \to U_2' = U_2 - U_E$$

ist. Bilden wir nun erneut das Verhältnis der Feldströme, so folgt:

$$\begin{aligned}\left(\frac{n_2}{n_1}\right)_E &= \frac{A_2}{A_1} \exp\{-(U_2' - U_1')/kT\}\\ &= \frac{A_2}{A_1} \exp\{(-U_2 + U_E + U_1 - U_E)/kT\}\\ &= \frac{A_2}{A_1} \exp\{-(U_2 - U_1)/kT\} = \left(\frac{n_2}{n_1}\right)_0 < 1.\end{aligned}$$

Wenn also die Phasengrenzreaktion in Abwesenheit eines elektrischen Feldes der schnellere Teilschritt ist, so bleibt sie dies auch nach Anlegen beliebig starker elektrischer Felder, vorausgesetzt, daß diese (wie MOTT ja annimmt) auf alle Potentialschwellen gleichmäßig wirken.

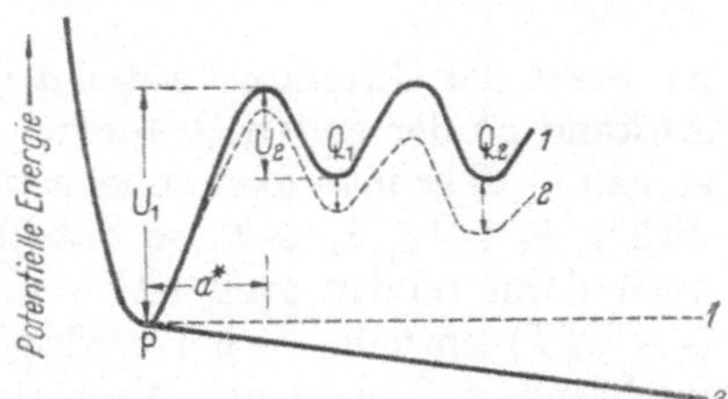

Abb. 6.105. Verlauf der potentiellen Energie eines Ions beim Übertritt von einem bevorzugten Platz P auf der Metalloberfläche auf den benachbarten Zwischengitterplatz Q_1 im Oxid. Während U_1 den hierbei aufzuwendenden Energiebetrag darstellt, ist U_2 derjenige für den weiteren Platzwechsel nach Q_2 usw. (In Richtung des elektrischen Feldes werden die Energieberge „abgekippt“, was effektiv einer Verkleinerung der Energiebeträge entspricht.)

Dennoch ist es durchaus möglich, daß MOTTS Annahme für wichtige Fälle Gültigkeit hat, ohne zu Widersprüchen mit den bei dicken Schichten festgestellten Gesetzmäßigkeiten zu führen: dann nämlich, wenn $U_1 > U_2$ (so wie es auch in der Abb. 6.105 gezeichnet ist): das Argument der Exponentialfunktion in (6.302) wird dann positiv und wächst, wenn die Temperatur kleiner wird. Es ist also denkbar, daß bei einer hohen Temperatur T_1 — bei der allein ja „dicke" Zunderschichten entstehen —

$$\frac{n_2}{n_1} = \frac{A_2}{A_1} \exp\{+(U_1 - U_2)/kT_1\} < 1,$$

während etwa bei Zimmertemperatur T_2

$$\frac{n_2}{n_1} = \frac{A_2}{A_1} \exp\{+(U_1 - U_2)/kT_2\} > 1$$

(d. h.: Phasengrenzreaktion ist zeitbestimmend). Wenn die MOTTsche Annahme also zutrifft, so ist dies jedenfalls keine Folge der elektrischen Felder, sondern eine Folge der unterschiedlichen Temperaturabhängigkeit der beiden Teilvorgänge.

Die vorstehend diskutierten Voraussetzungen seien also als gültig angenommen. Ferner sei vorausgesetzt, daß die „Tunnelung" von Elektronen durch die Schicht so schnell verlaufe, daß in der Zeiteinheit mehr Elektronen durch die Schicht gelangen können, als Ionenstörstellen vom Feld „hindurchgesaugt" werden. Dann bildet sich wie auf S. 768 eine elektrische Potentialdifferenz und ein konstantes elektrisches Feld aus. Dieses Feld beeinflußt nun den geschwindigkeitsbestimmenden Teilschritt — nach Voraussetzung den Übertritt von Ionenstörstellen in das Gitter — derart, daß die notwendige Aktivierungsenergie U_1 um U_E vermindert wird. In der oben bereits diskutierten Näherung für $U_E \gtrapprox kT$ wird also der Teilchenstrom und damit das Schichtwachstum bei Verwendung von (6.300) und (6.298):

$$\frac{d\xi_1}{dt} = \text{const}\, n_1 = \text{const}' \exp\left\{-\frac{1}{2}(U_1 - U_2)/kT\right\}$$

$$\frac{d\xi_1}{dt} = k'' \exp\left(\frac{2\xi_1 \mathfrak{B}}{z a V}\right) = k'' \exp(\xi_0/\xi_1), \tag{6.303}$$

wobei

$$\xi_0 = \frac{2V}{z\mathfrak{B}} a$$

ist. Statt der Gitterkonstanten a des Oxids muß, strenggenommen, der Abstand a^* der ersten Gitterebene des Oxids von der Metalloberfläche stehen — aber man darf annehmen, daß $a \approx a^*$ ist. Bei kleinen Schichtdicken ξ_1 ist $\xi_0/\xi_1 \gg 1$, so daß die Wachstumsgeschwindigkeit $d\xi_1/dt$ auch dann relativ groß ist, wenn k'' — welches ja den Faktor exp $(-U_1/kT)$ enthält — bei niedrigen Temperaturen sehr klein ist. Mit wachsendem ξ_1 wird das Wachstum allerdings auch sehr rasch kleiner. Um das der Differentialgleichung (6.303) entsprechende Zeitgesetz der Oxydation zu finden, sei der Fall betrachtet, in dem $\xi_0 \gg \xi_1$ ($\xi_0 \gtrapprox 2\xi_1$ genügt schon) ist, d. h. das Anfangsstadium (für $\xi_0 \approx \xi_1$ ist eine geschlossene Integration nicht möglich). Dann können wir statt (6.303) schreiben:

$$\frac{d\xi_1}{dt} \approx \frac{k''\xi_0}{\xi_0 + 2\xi_1} \exp(\xi_0/\xi_1). \tag{6.304}$$

Das Integral dieser Differentialgleichung läßt sich finden; es lautet nach Trennung der Variablen:

$$t + t_0 = B^2\, \xi_1^2 \exp(-\xi_0/\xi_1)$$
$$B \equiv (k''\, \xi_0)^{-1/2}$$

oder

$$\frac{1}{\xi_1} = \frac{2}{\xi_0} \ln(B\, \xi_1) - \frac{1}{\xi_0} \ln(t + t_0) \quad \text{für} \quad \xi_1 \ll \xi_0 . \qquad (6.305)$$

t_0 ist eine Integrationskonstante. Wir bezeichnen (6.305) als das reziprok-logarithmische Anlaufgesetz. In der Literatur, wo es oft als „logarithmisches Gesetz" bezeichnet wird — was zu Verwechslungen Anlaß geben kann —, findet man es gewöhnlich in der Form:

$$\frac{1}{\xi_1} = A' - B' \ln t . \qquad (6.305\text{a})$$

Diese Form führt zwar — wo von man sich leicht überzeugt — nicht auf die von Mott abgeleitete Gl. (6.303). In dem hier in Frage kommenden Wertebereich jedoch kann man zeigen, daß das ξ_1 enthaltende logarithmische Glied der Formel (6.305) nur sehr schwach veränderlich ist. Man kann also ξ_1 durch einen geeigneten Mittelwert $\tilde{\xi} \approx 20$ ÅE ersetzen und ist nun in der Lage, mittels der Lösung (6.305) die Konstanten in der Näherung (6.305a) anzugeben:

$$A' = \ln\left(\tilde{\xi}^2/k''\, \xi_0\right)/\xi_0 \qquad (6.306)$$
$$B' = 1/\xi_0 .$$

Nach (6.305) verlangsamt sich das Wachstum der Oxidschicht so rasch, daß man eine kritische Schichtdicke ξ^* definieren kann, oberhalb welcher die zeitliche Zunahme der Schichtdicke praktisch nicht mehr zu beobachten ist.[1] Mott und Cabrera vergleichen in diesem Zusammenhang ihren theoretischen Ansatz mit Versuchsergebnissen von Günterschulze und Betz[2]; diese Autoren fanden bei der anodischen Oxydation von Aluminium die oben diskutierte exponentielle Abhängigkeit des Stromes von der Feldstärke $\mathfrak{E}$:

$$i = \alpha \exp(\beta\, \mathfrak{E}) . \qquad (6.307)$$

Mit Hilfe von (6.303) und (6.306) lassen sich nun die Konstanten aus (6.307) in Beziehung setzen zu denen der Anlaufformel (6.305a). Mott und Cabrera finden solche Werte von A', B', daß sich eine „kritische Schichtdicke" (im Sinne obiger Definition) von etwa 20 Å ergibt, wenn man $V \approx 2$ Volt annimmt; in der Tat bestimmten Cabrera, Terrien und Hamon[3] die Dicke von Oxidfilmen auf aufgedampften transparenten Aluminiumschichten (optisch wurde der zeitliche Verlauf der Licht-

[1] Definition von Cabrera u. Mott: Reaktion steht praktisch dann still, wenn zum Aufbau einer Gitterebene 10^5 sec benötigt werden.

[2] Günterschulze, A., u. H. Betz: Z. Phys. **92**, 367 (1934). — Kürzlich fand auch K. J. Vetter: Z. Elektrochem. **58**, 230 (1954) einen gleichen Zusammenhang bei der Passivschichtbildung auf Eisen.

[3] Cabrera, N., J. Terrien u. J. Hamon: C. R. Acad. Sci. Paris **224**, 1558 (1947). — N. Cabrera: Rev. Métallurg. **45**, 86 (1948).

durchlässigkeit und der Reflexion beobachtet) zu etwa 20 Å. — Abb. 6.106 zeigt die zeitliche Änderung der Lichtdurchlässigkeit einer wachsenden Al_2O_3-Schicht ohne und mit UV-Licht (185 mμ).

Verläßt man die von MOTT eingeführte Voraussetzung einer konstanten Potentialdifferenz über der Al_2O_3-Deckschicht und nimmt nach GRIMLEY und TRAPNELL eine konstante, in einem gewissen Dickenbereich von der Schichtdicke unabhängige Feldstärke an, so erhält man unter Beibehaltung eines geschwindigkeitsbestimmenden Feldtransportes der Al-Ionen über Zwischengitterplätze ein lineares Zeitgesetz der Form:

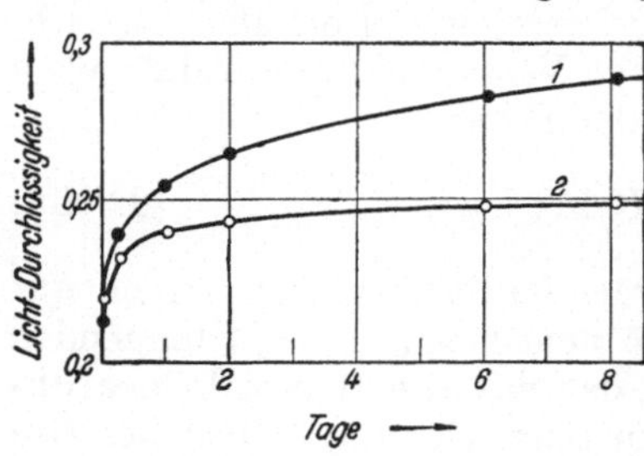

Abb. 6.106. Zeitlicher Verlauf der Lichtdurchlässigkeit als Maß des Fortschreitens einer auf einem Aluminiumfilm aufwachsenden Al_2O_3-Schicht bei Zimmertemperatur in Luft nach CABRERA, TERRIEN und HAMON. (Kurve *1* mit UV-Bestrahlung bei 185 mμ; Kurve *2* ohne UV-Bestrahlung.)

$$\frac{d\xi}{dt} = u_{\mathrm{Al}}\,\Omega\,\frac{\mathfrak{V}}{3a}\,c_{\mathrm{Al}}\exp(3a/\lambda)\,. \tag{6.308}$$

Hier ist u_{Al} und c_{Al} die Beweglichkeit und die Konzentration der Al-Ionen auf Zwischengitterplätzen und Ω das Oxidvolumen je Metallion; ferner ist

$$\lambda = \frac{\varepsilon\,\mathfrak{V}}{2\pi\,e\,\Gamma}\,, \tag{6.309}$$

wobei in jedem Fall Chemisorptionssättigung angenommen wird (Γ = Zahl der adsorbierten Teilchen je cm^2 Oberfläche). Nach neuen Messungen mittels Tracer ^{125}Xe als Marken während der anodischen Oxydation von Aluminium scheinen sowohl Metall- als auch Sauerstoffionen durch die Oxidschicht zu wandern. Bei 0,1 mA/cm^2 jedoch wird das Deckschichtwachstum überwiegend durch wandernde Sauerstoffionen verursacht.[1]

In zahlreichen Fällen erhält man bei Ausbildung einer dünnen *p*-leitenden Deckschicht, wie z. B. am System Ni/NiO/Sauerstoff oder Cu/Cu_2O/Sauerstoff, ein logarithmisches Zeitgesetz der Form:

$$\frac{d\xi}{dt} = \mathrm{const}\,\exp(-\xi/\xi_0)\,. \tag{6.310}$$

Dieser Sachverhalt ist am Beispiel der Cu-Oxydation bei Annahme eines überwiegenden, den Gesamtvorgang bestimmenden Feldtransportes der Cu-Ionen in der Deckschicht über Leerstellen realisierbar. Hier folgt für die Wachstumsgeschwindigkeit der Cu_2O-Deckschicht ein zu Gl. (6.308) analoger Ausdruck:

$$\frac{d\xi}{dt} = u_{|\mathrm{Cu}|'}\,\Omega\,\frac{\mathfrak{V}}{a}\,c_{|\mathrm{Cu}|'}(0)\exp(a/\lambda)\,, \tag{6.311}$$

worin $c_{|\mathrm{Cu}|'}(0)$ die Konzentration der Cu-Ionenleerstellen an der Phasengrenze Cu_2O/O_2 ist. Die Leerstellenproduktion wird durch das in Gl. (6.278) wiedergegebene Gleichgewicht mit dem Massenwirkungs-

[1] DAVIES, J. A., J. P. S. PRINGLE, R. L. GRAHAM u. F. BROWN: J. electrochem. Soc. **109**, 999 (1962).

ansatz (6.279) bestimmt. Unter Einführung des Diffusionskoeffizienten $D_{|\mathrm{Cu}|'}$ an Stelle der Beweglichkeit $u_{|\mathrm{Cu}|'}$, folgt aus den Gln. (6.311), (6.310) und (6.279) ein logarithmisches Zeitgesetz für die Kupferoxydation bei Ausbildung sehr dünner Oxidschichten:

$$\frac{d\xi}{dt} = k \exp(-2\xi/\lambda)$$

mit (6.312)

$$k = \frac{D_{|\mathrm{Cu}|'}}{a} \Omega\, p_{\mathrm{O}_2}^{1/4} \exp\left(-\frac{1}{2}\Delta G/\mathfrak{B}\right) \exp(a/\lambda).$$

Als weitere Möglichkeit zur Deutung eines logarithmischen Zeitgesetzes bleibt nun noch die Annahme einer geschwindigkeitsbestimmenden Elektronenlieferung zu diskutieren. Ein solcher Fall wurde bei der Tieftemperaturoxydation von Metallen mit p-leitenden Deckschichten, insbesondere von Nickel, von HAUFFE und ILSCHNER[1] als möglich angesehen und mit den Versuchsergebnissen von SCHEUBLE[2] verglichen. Für die Zeitabhängigkeit des Sauerstoffverbrauchs zur NiO-Bildung wurde ein logarithmisches Zeitgesetz der Form (6.310) gefunden, das integriert folgendermaßen lautet:

$$\xi = \xi_0 \ln(t + t_0) - \xi_0 \ln t_0. \tag{6.313}$$

Zur Deutung dieses Befundes folgen HAUFFE und ILSCHNER (a.a.O.) einem Gedankengang, der bereits 1939 von MOTT[3] versuchsweise zur Deutung des logarithmischen Verlaufs der Oxydation von Zink bei Temperaturen unterhalb 225 °C herangezogen wurde (Messungen von VERNON und Mitarbeitern[4]).

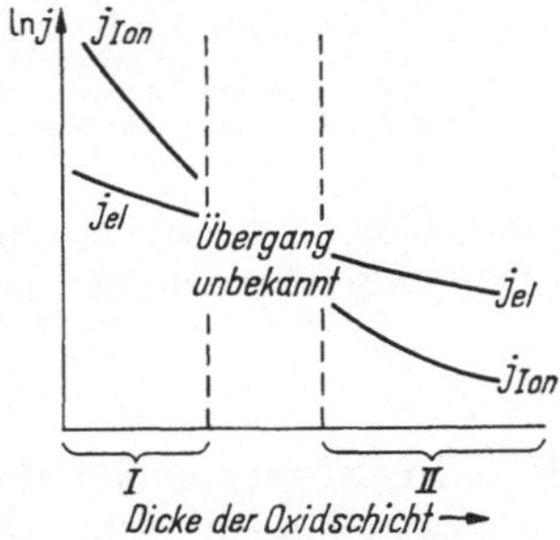

Abb. 6.107. Ortsabhängigkeit des Ionen- und Elektronenstroms i in sehr dünnen Anlaufschichten. Im Bereich I ist das Eintreffen der Elektronen und im Bereich II das Eintreffen der Ionen der geschwindigkeitsbestimmende Vorgang. Der Verlauf im Übergangsgebiet ist noch ungeklärt.

Der Leser erinnert sich, daß bei der Ableitung des reziprok-logarithmischen Anlaufgesetzes von der Annahme Gebrauch gemacht wurde, daß der Elektronentransport durch die Schicht schnell gegenüber dem Ionentransport erfolgt. (Hierbei sind natürlich nicht die Bewegungsgeschwindigkeiten einzelner Teilchen gemeint, sondern die in der Zeit- und Flächeneinheit durch die Oberfläche tretenden Teilchenzahlen.)

Nun hängen aber wegen (6.303) und (6.310) die maximal erreichbaren Stromdichten sowohl der Ionen als auch der Elektronen von der Schichtdicke ab, und zwar in *verschiedener* Weise. Dies ist in Abb. 6.107 schematisch dargestellt. Man erkennt die Mög-

[1] HAUFFE, K., u. B. ILSCHNER: Z. Elektrochem. Ber. Bunsenges. phys. Chem. **58**, 382 (1954).
[2] SCHEUBLE, W.: Z. Phys. **135**, 125 (1953).
[3] MOTT, N. F.: J. Inst. Metals **65**, 333 (1939).
[4] VERNON, W. H. J., E. J. AKEROYD u. E. G. STROUD: J. Inst. Metals **65**, 301 (1939).

lichkeit, daß bei sehr kleinen Schichtdicken (Bereich I) nicht so viel Elektronen durch die Schicht tunneln werden, wie Ionen unter dem Einfluß der Felder hindurch wandern *könnten*, vorausgesetzt, es wären genügend Elektronen da. Wieweit sich in konkreten Beispielen der Bereich I nach größeren Schichtdicken hin erstreckt, ist vorerst theoretisch kaum mit Sicherheit anzugeben. Die am Ni von SCHEUBLE gefundenen Resultate legen die Annahme nahe, daß im gesamten beobachteten Intervall die Nachlieferung von Elektronen durch Tunneleffekt die Geschwindigkeit der Anlaufreaktion bestimmt: da nämlich die Zahl der in der Zeit- und Flächeneinheit durch eine Schicht der Dicke ξ „getunnelten" Elektronen exponentiell mit ξ abnimmt[1], führt die erwähnte Annahme unmittelbar auf eine Gleichung vom Typ (6.310) und damit auf das experimentell gefundene Zeitgesetz (6.313). Aus einer geeigneten graphischen Auftragung der Meßergebnisse (z. B. Abb. 6.108) lassen sich die Konstanten auf der rechten Seite von (6.313) empirisch bestimmen. Insbesondere ergibt sich ξ_0 zu 1 bis 2 Å. Diese Größe ist andererseits in bekannter Weise[1] mit der „Höhe" Φ des zu durchtunnelnden Potentialwalles (den wir als rechteckig angenommen haben) und der Elektronenmasse m verknüpft:

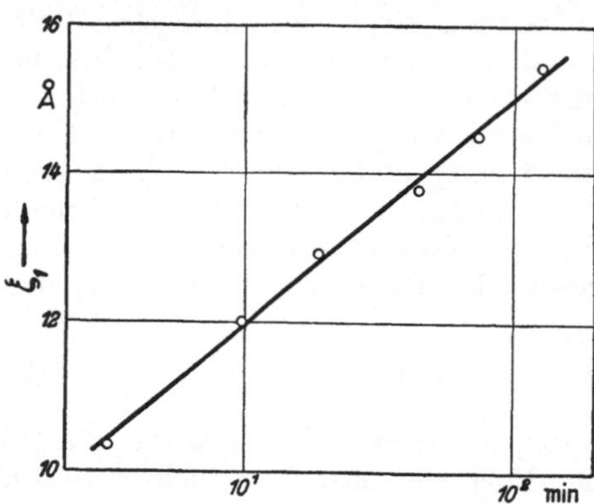

Abb. 6.108. Zeitlicher Verlauf der Oxydation von Nickel bei 200 °C in Luft, ausgewertet von HAUFFE und ILSCHNER aus Versuchsergebnissen von SCHEUBLE. (Logarithmisches Zeitgesetz.)

$$\xi_0 = h/4\pi\sqrt{2m\Phi}$$

(h = PLANCKsches Wirkungsquantum). Mit $\Phi \approx 1$ eV ergibt sich ebenfalls $\xi_0 \approx 1$ Å, in guter Übereinstimmung mit der empirisch bestimmten Konstanten.

Das durch Elektronentunnelung verursachte logarithmische Zeitgesetz (6.310), worin für den Elektronenstrom kein Feldeinfluß berücksichtigt wird, sondern eine in erster Näherung konstante Höhe Φ des Potentialbergs vorausgesetzt ist, geht davon aus, daß im Gebiet I (Abb. 6.107) der Ionenstrom sich automatisch auf den Elektronenstrom einstellt. Der Mechanismus muß offenbar der sein, daß die Ionen so lange voreilen, bis das dadurch aufgebaute Feld sie „weitgehend" zurückhält. Damit dies ohne Beeinflussung von Φ möglich ist, müßte ein gegen Φ kleines Gegenpotential die Ionen zurückhalten. Unter diesen Voraussetzungen ist die Rechnung und die Darstellung der j_{el}-Kurve für Gebiet I einwandfrei.

[1] Vgl. beliebige Lehrbücher der theoretischen Physik.

Über die Gültigkeit dieser Annahmen seien jedoch einige Bemerkungen angeschlossen.[1] Die j_{Ion}-Kurve in Gebiet I soll den Ionenstrom wiedergeben, „vorausgesetzt, es wären genügend Elektronen verfügbar". Das bedeutet, daß hier kein Gegenfeld aufgebaut werden kann, da alle an der Oberfläche eintreffenden Ionen entladen werden bzw. zu elektrisch neutralen Molekülgruppen abreagieren. Damit

$$\left|\frac{\partial j_{\mathrm{el}}}{\partial \xi}\right| < \left|\frac{\partial j_{\mathrm{Ion}}}{\partial \xi}\right| \qquad (6.314)$$

wird, müßte

$$C''/\xi^2 < C/\xi_0 \exp(-\xi/\xi_0)$$

bzw.

$$\xi/\xi_0 > \ln C'' + 2\ln\xi = 2\ln\xi/C'''$$

sein. Das ist für $\xi < C'''$ immer erfüllt. Für $\xi > C'''$ gilt zunächst

$$\ln\xi/C''' = \frac{\xi - C'''}{C'''}.$$

Es müßte also

$$\xi/\xi_0 > \frac{2\xi}{C'''} - 2$$

oder

$$1 - C'''/\xi_0 < 1$$

sein, was wegen $C''' > 0$ immer gegeben ist. Weiterhin würde ξ stärker als $\ln\xi$ wachsen. Beziehung (6.314) wäre also immer erfüllt und damit die j_{Ion}-Kurve im Gebiet I auch dann gerechtfertigt, wenn es sich um feldfreie Diffusion im Gebiet I handelte.

Im Gebiet II von Abb. 6.107 wird für j_{Ion} gemäß

$$(j_{\mathrm{Ion}})_{\mathrm{II}} = C \exp(\beta V/\xi) \qquad (6.314\mathrm{a})$$

ein Gang mit konstantem V angenommen. Hier sollen die Elektronen vorauseilen und ein Zugfeld $V/\xi = \mathfrak{E}$ aufbauen, das der Bedingung genügt

$$\mathfrak{E}\, a/2 > \mathfrak{V},$$

so daß auch

$$V > 2\mathfrak{V}\,\xi/a$$

sein müßte, was für $\xi > a$ $V \gg \mathfrak{V}$ bedeutet.

Die Konstanz von V wäre gewährleistet, wenn zwischen den Oberflächen-Traps, deren Konzentration wir mit Γ bezeichnen, und dem Metall Elektronengleichgewicht bestände, wenn also

$$\eta(\mathrm{Metall}) = \eta(\mathrm{ads}) = \eta_T(\bullet) - \eta_T(\circ) \qquad (6.315)$$

[1] Hauffe, K., u. W. Schottky: Deckschichtbildung auf Metallen, in: Halbleiterprobleme, Vol. 5, S. 316ff. Braunschweig 1960.

wäre, wobei η_T das elektrochemische Potential der Oberflächen-Traps ist, und die Symbole (●) und (○) den elektronisch besetzten und unbesetzten Zustand kennzeichnen.

Unter den oben eingeführten Voraussetzungen (konstante Gesamtdichte Γ der Oberflächen-Traps, keine Raumladung) gilt:

$$V/\xi = 4\pi e \Gamma(\bullet)/\varepsilon. \tag{6.316}$$

Für $V = 0$ sei der Energieunterschied zwischen dem Trap-Niveau und dem (konstanten) metallischen FERMI-Potential gleich W. Wenn man ferner annimmt, daß eventuell auftretende Doppelschichten an der Phasengrenze Metall/Oxid konstant sind, so daß sie in ein von ξ unabhängiges W mit aufgenommen werden können, dann gilt:

$$W - V = \mathfrak{B} \ln \Gamma(\bullet)/\Gamma \tag{6.317}$$

bzw.

$$\Gamma(\bullet) = \Gamma \exp\{(W - V)/\mathfrak{B}\}, \tag{6.317a}$$

wobei W im Affinitätssinn positiv gerechnet ist.

Durch Kombination von Gl. (6.316) mit Gl. (6.317a) berechnet sich V zu:

$$V = \xi \underbrace{\frac{4\pi e}{\varepsilon} \exp(W/\mathfrak{B})\, \Gamma}_{1/\xi_1} \exp(-\Psi) \tag{6.318}$$

bzw.

$$\xi/\xi_1 = V \exp(\Psi). \tag{6.318a}$$

Wie man aus Gl. (6.318a) erkennt, wird unter der Annahme $\xi \gg \xi_1$ auch $\Psi \gg 1$, woraus folgt:

$$\Psi + \ln V \approx \Psi \approx \ln(\xi/\xi_1). \tag{6.319}$$

Unter diesen Annahmen variiert ξ/ξ_1 innerhalb des beobachteten Gebietes II nur noch relativ wenig, und der Ansatz

$$\overline{\Psi} = \ln\left(\overline{\xi/\xi_1}\right) = \text{const}$$

und demzufolge auch

$$\overline{V} = \text{const}$$

erscheint gerechtfertigt.

Es ist aber $\Psi \gg 1$, so daß nicht mit $\overline{V} = W$, sondern mit $\overline{V} = W + \text{const}$ gerechnet werden müßte. Wird $\text{const} = \mathfrak{B} \ln \Gamma/\Gamma(\bullet) \equiv \Delta \overline{V}$ geschrieben, so folgt unter Beachtung von Gl. (6.314a):

$$(j_{\text{Ion}})_{\text{II}} = C \exp\{\beta(W + \Delta \overline{V})/\xi\}. \tag{6.320}$$

Wird nun Gl. (6.320) nach kleinen ξ-Werten, die aber immer noch $\gg \xi_1$ sein können, extrapoliert, so wäre bei eingestelltem Elektronengleichgewicht immer noch Gl. (6.320) mit $\overline{V} \neq 0$ maßgebend.

Bei beginnender Elektronenhemmung, also beim Übergang in das Gebiet I, wird jedoch $\Delta \overline{V}$ kleiner, und der Ionenstrom sinkt ab, so daß es nicht gerechtfertigt ist, wie früher angenommen (HAUFFE-ILSCHNER), $(j_{Ion})_I$ mit dem gleichen $\bar{V}$-Wert aus Gebiet II zu extrapolieren.

Wenn wir nun versuchen, dieselbe Betrachtungsweise auf das Gebiet I anzuwenden, hätten wir für die Ionen thermisches Gleichgewicht anzunehmen, was bei fehlender Oberflächen-Reaktionshemmung und der dadurch bedingten Verkleinerung der Metallionenkonzentration außen gegenüber der Metallgrenze den Aufbau eines die Ionen abstoßenden, die Elektronen anziehenden V-Wertes erfordern würde. Eine Fortführung dieser Überlegungen unter Einführung gewisser Annahmen, die hier wegen der Nichtbeweisbarkeit infolge Fehlens geeigneter Experimente nicht diskutiert werden sollen, bringt wohl bei Kenntnis von μ_{Me} die Vollbestimmung aller Größen einschließlich V, stößt aber auf weitere Schwierigkeiten, wenn $(j_{Ion})_I$ nicht mehr wie im Gebiet II ein reiner Schwellenstrom ist. Eine Extrapolation aus dem Gebiet II ist daher nicht gerechtfertigt. Deshalb ist es auch nicht einmal sicher, daß ein Gebiet I mit überwiegender Elektronenhemmung überhaupt durchlaufen wird. Einerseits hat schon die reziprok-logarithmische Kurve mit konstantem V bei kleineren ξ ein Gebiet, das sich durch eine logarithmische Kurve approximieren läßt, und andererseits könnte die V-Variation mit ξ die reziprok-logarithmische Kurve im verlangten Sinne abändern.

Als Spezialfall einer reinen Ionenhemmungs-Theorie könnte man sich den Fall vorstellen, wo in der Deckschicht in Nähe der Metallseite die Metallionenkonzentration so groß ist, daß deren Raumladung zu einer Potentialschwelle für die Ionen führt, die durch die voreilenden Elektronen (Elektronengleichgewicht) nur schwach gegen V variiert zu werden braucht, um die geforderte Ionenstromvariation mit ξ zu ergeben. Man könnte dann auf j_{Ion} und damit auf $d\xi/dt$ die früher diskutierte Raumladungstheorie, jedoch mit feldabhängiger Beweglichkeit, anwenden.

In diesem Zusammenhang ist eine Arbeit von HIRSCHBERG und LANGE[1] von Interesse. Diese Autoren haben frische Zinkoberflächen bei Temperaturen zwischen 20 °C und 407 °C je 20 Minuten lang oxydiert und dadurch Schichten verschiedener Dicke ξ_1 erhalten, an denen sie Voltaspannungsmessungen ausführten. Es zeigt sich, daß bei niedrigen Temperaturen, d. h. sehr kleinen Schichtdicken, positive Voltaspannungen vorliegen, die mit wachsender Temperatur (Schichtdicke) immer kleiner werden und schließlich ihr Vorzeichen umkehren. Da der Wert der Voltaspannung das „Vorzeichen" einer der beiden Ladungsträgersorten kennzeichnet, könnte das Resultat von HIRSCHBERG und LANGE als Übergang von dem „Bereich I" in den „Bereich II" der Abb. 6.107 gedeutet werden.

Mit dem Wirksamwerden des zuletzt geschilderten Mechanismus und dem Aufheben eines logarithmischen Zeitgesetzes ist dann nicht zu rech-

[1] HIRSCHBERG, R., u. E. LANGE: Naturwiss. **39**, 187 (1952).

nen, wenn entweder bei einer bestimmten Substanz infolge geringer Ionenbeweglichkeit oder aus anderen Gründen der Bereich I so klein wird, daß er von Messungen nicht erfaßt werden kann, oder wenn neben der Tunnelung Elektronentransport durch das Leitfähigkeitsband oder über Störterme auch bei tiefen Temperaturen konkurrenzfähig bleibt. Letzteres ist dann zu erwarten, wenn die betreffenden Niveaus im Oxid zur FERMI-Kante der Metallelektronen günstig liegen; dies ist z. B. unter gewissen Bedingungen beim Kupfer der Fall, weshalb dort auch nicht das logarithmische, sondern das reziprok-logarithmische Anlaufgesetz gefunden wurde (Messungen von RHODIN[1] an Kupferoberflächen zwischen 78 °K und 323 °K). Vgl. auch die Messungen von EVANS und MILEY[2] (Abb. 6.109). Bei 20 °C und 20 Torr Sauerstoff oxydierten Cu-Einkristalle jedoch auch nach dem logarithmischen Zeitgesetz: $\xi_1 = 4 + 6{,}5 \ln t$ (nach 4 Stunden wird $\xi_1 = 20$ Å).[3]

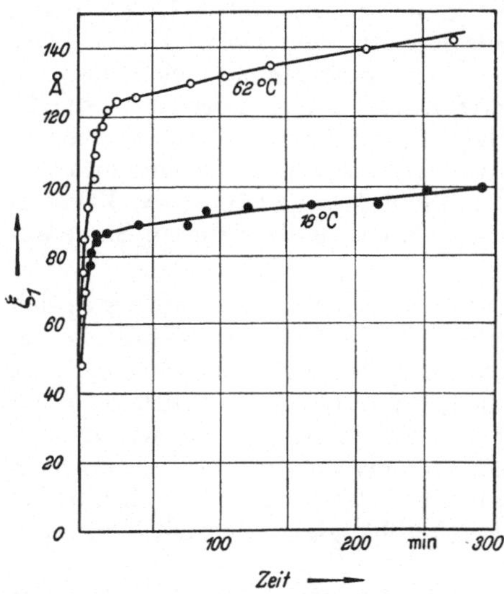

Abb. 6.109. Zeitlicher Verlauf der Oxydation von Kupfer, Schichtdicke ermittelt nach einer elektrometrischen Methode von EVANS und MILEY.

NWOKO und UHLIG[4] studierten den zeitlichen Verlauf der Oxydation von Zink im Temperaturbereich von 125 und 206 °C bei einem Sauerstoffpartialdruck von 0,2 bis 0,8 Torr und fanden ein logarithmisches Zeitgesetz, das nach bestimmten Versuchszeiten (> 100 Min.) durch ein anderes abgelöst wurde. Inwieweit auch hier ein geschwindigkeitsbestimmender Elektronenübergang vom Metall ins Oxid maßgebend ist, wie von den Autoren angenommen wird, wäre durch weitere Versuche noch zu prüfen.

Die in diesem Kapitel behandelten Zeitgesetze — das logarithmische und reziproklogarithmische — und Mechanismen der Oxydation dürften für die Aufklärung der Passivitätserscheinungen und Korrosionsvorgänge an Metallen und Legierungen von gewisser Bedeutung sein. Besonders naheliegend scheint der Zusammenhang zwischen dem Angriff von hochkonzentrierter Salpetersäure auf Eisen mit dem Mechanismus der Eisenoxydation in gasförmigem Sauerstoff bei niedrigen Temperaturen zu sein.[5]

---

[1] RHODIN, T. N.: J. Amer. chem. Soc. **72**, 5102 (1950).
[2] EVANS, U. R., u. H. A. MILEY: Nature [London] **139**, 283 (1937).
[3] WHITE, A. H., u. L. H. GERMER: Trans. Electrochem. Soc. **81**, 305 (1942).
[4] NWOKO, V. O., u. H. H. UHLIG: J. electrochem. Soc. **112**, 1181 (1965).
[5] HAUFFE, K.: Z. Metallkde. **44**, 576 (1953). — Oxidation of Metals, Plenum Press. New York 1965.

7 Der Mechanismus der Bildung von Ionenverbindungen höherer Ordnung durch Reaktion im festen Zustand

7.1 Besprechung der allgemeinen Gesichtspunkte und Voraussetzungen für den Reaktionsablauf

In diesem Kapitel wird nun der Versuch unternommen, die bei der Metalloxydation gewonnenen Ergebnisse und Erkenntnisse auf kompliziertere Festkörperreaktionen anzuwenden und zu erweitern. Hierbei scheinen die folgenden Reaktionstypen von allgemeiner Bedeutung zu sein:

1. Als ersten Reaktionstyp möchten wir im unmittelbaren Anschluß an die Oxydationsvorgänge die wegen ihres ähnlichen Reaktionsablaufs interessant erscheinende Doppelsalz- und Doppeloxidbildung behandeln. Entsprechend dem allgemeinen Reaktionsschema:

$$K_1A_1 + K_2A_1 \rightleftharpoons K_1K_2(A_1)_2 \tag{7.1}$$

wird bei Anwendung der WAGNERschen Hypothese einer getrennten Wanderung von Ionen und Elektronen entweder eine Wanderung von K_1- und A_1-Ionen bzw. K_2- und A_1-Ionen in gleicher Richtung oder eine Wanderung von K_1- und K_2-Ionen in entgegengesetzter Richtung durch das Reaktionsprodukt — hier $K_1K_2(A_1)_2$ — erwartet. Dieser Mechanismus wird jedoch nur dann auftreten, wenn es sich um kompakte, von irreversiblen Gitterbaufehlern praktisch freie Reaktionsschichten handelt, die die Ausgangsstoffe voneinander räumlich trennen. Im anderen Fall ergeben die Versuche einen Mechanismus, der vorwiegend durch Molekültransport längs innerer Hohlräume und Kanten von Kristalliten zu deuten ist, wie HEDVALL, JAGITSCH und Mitarbeiter an zahlreichen Reaktionssystemen zeigen konnten.

Zum ersten Reaktionstyp mit überwiegender Kationendiffusion durch die Reaktionsschicht gehört offenbar die von KOCH und WAGNER[1] untersuchte Reaktion

$$2\,AgJ + HgJ_2 \rightleftharpoons \alpha\text{-}Ag_2HgJ_4\,. \tag{7.2}$$

Für die Bildung der Doppelhalogenide, wie z. B.

$$2\,KCl + SrCl_2 = K_2SrCl_4 \tag{7.3}$$

konnte eine überwiegende Wanderung von Kalium- und Chlorionen festgestellt werden.[2] Entsprechend der allgemeinen Reaktionsgleichung (7.1) können nach dem gleichen Reaktionsschema ferner sämtliche Doppeloxid- und Spinellreaktionen ablaufen, wie z. B.

$$MgO + Al_2O_3 = MgAl_2O_4\,.$$

Sowohl Reaktionsmechanismus wie Bildungsgeschwindigkeit können in ähnlicher Weise wie die elektrische Leitfähigkeit durch Fremdoxid-

---

[1] KOCH, E., u. C. WAGNER: Z. phys. Chem. (B) **34**, 317 (1936).
[2] SCHMALZRIED, H.: Z. phys. Chem. (NF) **33**, 129 (1962).

zusätze bereits durch eine geringe Mischbarkeit der Ausgangsoxide im Doppeloxid bzw. Spinell erheblich geändert werden, sofern Diffusionsvorgänge der Ionen über Fehlordnungsstellen geschwindigkeitsbestimmend sind. In die Klasse der Additionsreaktionen im Sinne der Formel (7.1) fallen auch die einfachen Silicatreaktionen nach dem allgemeinen Schema:

$$CaO + n\,SiO_2 = \text{Silicat}.$$

2. Als zweite Reaktionsgruppe werden im Anschluß hieran die doppelten Umsetzungen zwischen einem unedlen Metall und einem Oxid, Sulfid oder Halogenid eines edleren Metalls, wie z. B.

$$Cu + AgCl = CuCl + Ag$$

oder

$$Fe + Cu_2O = FeO + 2\,Cu \quad \text{usw.},$$

behandelt werden. Der gleichen Reaktionsgruppe gehören ferner die doppelten Umsetzungen von zwei verschiedenen Ionenverbindungen an, wobei wir hier als Beispiele die von TUBANDT und REINHOLD[1] eingehend untersuchten Reaktionen

$$2\,CuJ + Ag_2S = 2\,AgJ + Cu_2S$$

und

$$Ag_2S + Cu_2Se = Cu_2S + Ag_2Se$$

anführen.

3. In eine gesonderte Reaktionsgruppe sind alle mit Gasaufnahme bzw. -abgabe verbundenen Festkörperreaktionen einzugruppieren, wie z. B.:

$$Cu_2S + 2\,Cu_2O = 6\,Cu + SO_2(\text{gas})$$

oder

$$CaCO_3 = CaO + CO_2(\text{gas})$$

bzw.

$$CaCO_3 + SO_3(\text{gas}) = CaSO_4 + CO_2(\text{gas}).$$

Der Mechanismus dieser Reaktionen ist zur Zeit noch wenig aufgeklärt. Während in den beiden ersten Reaktionsgruppen häufig mit einer Trennung der Ausgangsstoffe zu rechnen ist und demzufolge — genügend hohe Temperaturen vorausgesetzt — der Ablauf der Reaktion durch Diffusionsvorgänge über Fehlordnungsstellen bestimmt wird, ist die Bildung einer kompakten, porenfreien, trennenden Reaktionsproduktschicht bei gasaufnehmenden und -abgebenden Festkörperreaktionen kaum zu erwarten.

Wie wir im einzelnen an konkreten Beispielen zeigen werden, wird der Reaktionsmechanismus der ersten beiden Reaktionsgruppen im allgemeinen durch Diffusionsvorgänge einzelner im Gitter beweglicher Ionen bestimmt, während die für den Umsatz an der Phasengrenze verantwortlichen Reaktionen häufig genügend rasch verlaufen. Treten hingegen lockere Reaktionsschichten auf, so wird eine überwiegende

---

[1] TUBANDT, C., u. H. REINHOLD: Z. phys. Chem. (A) **140**, 291 (1929).

Poren- und Korngrenzendiffusion beobachtet, die häufig genügend rasch gegenüber Oberflächenreaktionen ablaufen. Aus dieser Situation heraus ist es verständlich, daß früher gelegentlich Deutungsvorschläge, wie z. B. das „Springen" ganzer Molekülgruppen SiO_2, WO_3 usw.[1], gemacht wurden, was aber im Kristall aus räumlichen und energetischen Gründen nicht annehmbar ist. Aus diesem Grunde wird der von JANDER vorgeschlagene „Säureplatzwechsel" abgelehnt[1]. Besonders von HEDVALL und seiner Schule[2] ist ein großes Versuchsmaterial zusammengetragen worden, das unter gewissen einheitlichen Gesichtspunkten geordnet wurde. So fand man beispielsweise für bestimmte Verbindungen charakteristische Temperaturen, bei denen die Reaktion plötzlich mit meßbarer Geschwindigkeit einsetzt und dabei um so rascher abläuft, je größer die Reaktionswärme ist. Der größte Teil der Versuche wurde mit pulverisierten Ausgangsstoffen ausgeführt. Aus dem Ablauf von Pulverreaktionen — wo also feingepulverte Ausgangsstoffe in inniger Mischung zur Reaktion vorliegen — können jedoch im allgemeinen die Grenzflächenvorgänge von den Diffusionsvorgängen nicht getrennt werden. Hierdurch wird die Aufklärung des Reaktionsmechanismus erheblich erschwert. Daher wurden von einzelnen Autoren andere Wege eingeschlagen, um den für den Bruttoreaktionsablauf maßgebenden Teilvorgang zu erfassen. Eine Methode, die sich immer wieder bewährte, ist die für Überführungsmessungen beschriebene Pastillenmethode nach TUBANDT. Hier wird das Reaktionsprodukt bereits vor Versuchsbeginn — trennend zwischen den Ausgangsstoffen — definiert vorgegeben.

Bevor wir zur Beschreibung des Reaktionsmechanismus einzelner Festkörperreaktionen übergehen, seien noch einige für das vorliegende Problem nützliche thermodynamische Betrachtungen eingeschoben. Für die Bildung beispielsweise von Calciumsilicat aus CaO und SiO_2 gemäß der Umsetzungsgleichung

$$CaO + SiO_2 = CaSiO_3$$

wurde die freie Energie ΔA bei 298 °K (25 °C) zu —21300 cal berechnet. Neue thermodynamische Untersuchungen am System CaO–SiO_2 wurden von BENZ und WAGNER[3] mittels geeigneter elektrochemischer Festkörperketten ausgeführt. Meßanordnung und Versuchsergebnisse werden im Kap. 7.52 beschrieben. Die Kenntnis der freien Energie ΔA bzw. des GIBBSschen Potentials ΔG einer Reaktion ist für Richtung und Ausmaß des Reaktionsablaufes von entscheidender Bedeutung. Während für Reaktionen mit hohen negativen Reaktionsgrößen im allgemeinen schon die Angabe der Reaktionswärme oder der freien Energie ΔA bei Zimmertemperatur zur Bestimmung der Richtung des Reaktionsablaufes genügt, empfiehlt es sich, bei Reaktionen mit kleinen Werten für ΔA bzw. ΔG die Temperaturabhängigkeit der freien Energie abzuschätzen bzw. die freie Energie für die entsprechende Reaktions-

[1] Vgl. u. a. W. JANDER: Z. anorg. allg. Chem. **190**, 397 (1930).
[2] HEDVALL, J. A.: Reaktionsfähigkeit fester Stoffe, Dresden 1938; Einführung in die Festkörperchemie. Braunschweig 1952.
[3] BENZ, R., u. C. WAGNER: J. phys. Chem. **65**, 1308 (1961).

temperatur experimentell zu ermitteln, da besonders bei Reaktionen, bei denen gasförmige Reaktionsprodukte auftreten, im höheren Temperaturgebiet infolge größerer Entropiebeiträge das Gleichgewicht überschritten werden kann und anstatt der erwarteten Bildung einer Verbindung deren Zerfall beobachtet wird. Die Größe der freien Energie einer Reaktion steht jedoch in keinem unmittelbaren Zusammenhang mit der Geschwindigkeit des Reaktionsablaufes. Für die Geschwindigkeit des Ablaufes einer Umsetzung mit festen Stoffen ist, wie schon weiter oben hervorgehoben, bei genügend rasch verlaufenden Phasengrenzreaktionen allein die Beweglichkeit der einen oder anderen Komponente und deren Konzentrations- bzw. chemisches Potentialgefälle maßgebend, sofern die Ionentransporte in elektrischen Raumladungs-Randschichten im Bereich der Phasengrenzen zu vernachlässigen sind, was bei hohen Temperaturen und dicken Schichten des Reaktionsproduktes im allgemeinen der Fall ist.

Zur quantitativen Deutung des Mechanismus der Bildung von Ionenverbindungen höherer Ordnung (Doppelsalze, Spinelle) gab WAGNER[1] im Anschluß an seine „Zundertheorie" eine Formelableitung zur quantitativen Berechnung der Reaktionsgeschwindigkeit derartiger Doppelsalz- bzw. Doppeloxidbildungsreaktionen. Hierbei werden folgende allgemeine Voraussetzungen und Einschränkungen eingeführt, die gegebenenfalls für andere Reaktionssysteme sinngemäß abzuändern sind: Erstens soll die bei der Reaktion entstehende Ionenverbindung höherer Ordnung nur eine Anionensorte enthalten (z. B. Ag_2HgJ_4, $MgAl_2O_4$ usw.). Zur Ableitung der quantitativen Zusammenhänge wählen wir als Beispiel die Spinellreaktion

$$AO + B_2O_3 = AB_2O_4 \tag{7.4}$$

und berücksichtigen die beiden Fälle:

1. entgegengesetzte Diffusion der Kationen A und B in einem wohlgeordneten Gitter der Anionen und

2. gleichgerichtete Diffusion der Kationen A bzw. B mit den Anionen (s. Schema):

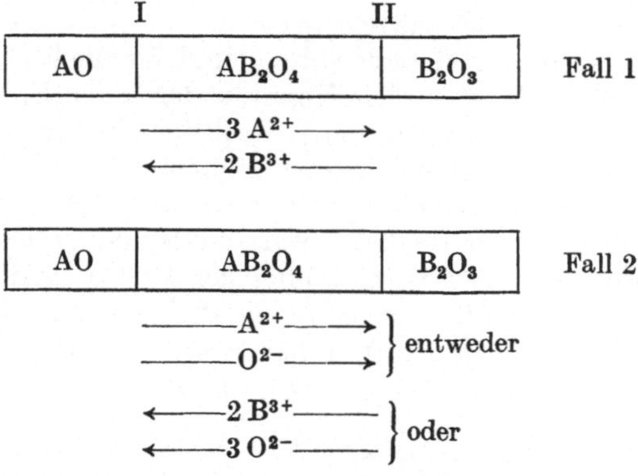

[1] WAGNER, C.: Z. phys. Chem. (B) **34**, 309 (1936).

Entsprechend den Ausführungen im Kap. 5.28 verwenden wir als Ausgangsgleichung für den Ionenfluß $\tilde{j}_J$ in Äquivalenten der Ionensorte J[1]:

$$\tilde{j}_J = -\frac{D_J \tilde{c}_J z_J}{RT} \frac{d\tilde{\eta}_J}{dx}, \tag{7.5}$$

wobei D_J der Komponenten-Diffusionskoeffizient, $\tilde{c}_J$ die Äquivalentkonzentration je Volumeneinheit, $d\tilde{\eta}_J/dx$ der Gradient des elektrochemischen Potentials je Äquivalent und z_J die absolute Wertigkeit der Ionensorte J ist.

Für den Fall 1 folgt aus Gl. (7.5) mit der Elektroneutralitätsbedingung

$$\dot{n}/q = -\tilde{j} = -\tilde{j}_1 = \tilde{j}_2, \tag{7.6}$$

worin q den Diffusionsquerschnitt kennzeichnet, der folgende Ausdruck (an Stelle von A^{2+}, B^{3+} und O^{2-} wird 1, 2 und 3 gesetzt)

$$\dot{n} = q \frac{1}{\frac{1}{z_1 \tilde{c}_1 D_1} + \frac{1}{z_2 \tilde{c}_2 D_2}} \frac{1}{RT} \left(\frac{d\tilde{\eta}_1}{dx} - \frac{d\tilde{\eta}_2}{dx} \right). \tag{7.7}$$

Da uns aber nur die chemischen Potentiale μ_{AO} und $\mu_{B_2O_3}$ durch unmittelbare Messung zugänglich sind und nicht die elektrochemischen Einzelpotentiale η_1 und η_2, müssen wir diese unter Verwendung der Gibbs-Duhem-Beziehung einführen. Da

$$\mu_{AO} = \eta_1 + \eta_3$$

und

$$\mu_{B_2O_3} = 2\eta_2 + 3\eta_3 \tag{7.8}$$

ist, erhalten wir unter Voraussetzung eines engen Homogenitätsgebietes der Spinellphase für

$$\frac{d\tilde{\eta}_1}{dx} - \frac{d\tilde{\eta}_2}{dx} = \frac{4}{3} \frac{d\tilde{\mu}_{AO}}{dx}. \tag{7.9}$$

Substitution des Klammerausdruckes in Gl. (7.7) durch Gl. (7.9) und Integration über die Dicke $\Delta\xi$ der Reaktionsproduktschicht ergibt:

$$\dot{n} = \frac{q}{\Delta\xi} \left\{ \overline{\frac{z_1 \tilde{c}_1 D_1 z_2 \tilde{c}_2 D_2}{z_1 \tilde{c}_1 D_1 + z_2 \tilde{c}_2 D_2}} \frac{4}{3RT} (\tilde{\mu}_{AO}^{I} - \tilde{\mu}_{AO}^{II}) \right\}. \tag{7.10}$$

$\tilde{\mu}_{AO}^{I}$ und $\tilde{\mu}_{AO}^{II}$ sind die chemischen Potentiale je Äquivalent AO zu beiden Seiten der Reaktionsschicht (s. Schema). Ihre Differenz entspricht der freien Reaktionsenthalpie von Reaktion (7.4) beim Umsatz eines Äquivalents. Der Strich über dem ersten Bruch im Klammerausdruck soll den Mittelwert über den $\tilde{\mu}_{AO}$-Bereich berücksichtigen. Der in geschwungenen Klammern stehende Ausdruck wird als rationelle Reaktionkonstante k bezeichnet.

---

[1] Schmalzried, H.: Z. phys. Chem. (NF) **33**, 111 (1962).

Da häufig die Diffusionskoeffizienten der Ionensorten 1 und 2 sich größenordnungsmäßig unterscheiden, sind für praktische Zwecke die folgenden beiden Grenzfälle zu betrachten, die zu einfacheren Ausdrücken von Gl. (7.10) führen und als gute Näherung nützlich sind:

a) $D_1 \gg D_2$

$$\dot{n} \approx \frac{q}{\Delta \xi} \left\{ \overline{z_2 \tilde{c}_2 D_2} \frac{4}{3RT} (\tilde{\mu}_{AO}^{I} - \tilde{\mu}_{AO}^{II}) \right\}; \tag{7.11}$$

b) $D_2 \gg D_1$

$$\dot{n} \approx \frac{q}{\Delta \xi} \left\{ \overline{z_1 \tilde{c}_1 D_1} \frac{4}{3RT} (\tilde{\mu}_{AO}^{I} - \tilde{\mu}_{AO}^{II}) \right\}. \tag{7.12}$$

An Stelle des Komponenten-Diffusionskoeffizienten kann man mittels der NERNST-EINSTEIN-Beziehung

$$D = kT\, u \tag{7.13}$$

die Beweglichkeit u einführen und weiterhin u durch die elektrische Leitfähigkeit $\varkappa$ und die Überführungszahl t ersetzen, wenn die zur Berechnung der Reaktionskonstanten erforderlichen elektrischen Daten bequemer zu erhalten sind. Für die Kationensorte 1 z. B. gilt der folgende Zusammenhang:

$$u_1 = \frac{300}{\mathfrak{F}} \frac{t_1 \varkappa}{z_1 e c_1}. \tag{7.14}$$

Mittels der Gln. (7.13), (7.14) und (7.10) folgt für die Reaktionsgeschwindigkeit unter Verwendung elektrischer Größen der Ausdruck:

$$\dot{n} = \frac{q}{\Delta \xi} \left\{ \frac{300}{\mathfrak{F}^2} \frac{\overline{\tilde{c}_1 + \tilde{c}_2}}{\tilde{c}_2} \frac{\overline{t_1 t_2}}{t_1 + t_2} \varkappa (\tilde{\mu}_{AO}^{I} - \tilde{\mu}_{AO}^{II}) \right\}. \tag{7.15}$$

Für den Fall 2, d. h. für gleichsinnige Wanderung von Anionen und Kationen durch die Reaktionsproduktschicht, ergibt sich aus völlig analogen Betrachtungen eine der Gl. (7.10) ähnliche Beziehung, z. B. für den Fall einer Diffusion von A-Kationen (1) und Sauerstoffionen (3):

$$\dot{n} = \frac{q}{\Delta \xi} \left\{ \overline{\frac{z_1 \tilde{c}_1 D_1 z_3 \tilde{c}_3 D_3}{z_1 \tilde{c}_1 D_1 + z_3 \tilde{c}_3 D_3}} \frac{1}{RT} (\tilde{\mu}_{AO}^{I} - \tilde{\mu}_{AO}^{II}) \right\}. \tag{7.16}$$

Auch hier lassen sich die folgenden Grenzfälle hinschreiben:

a) $D_1 \gg D_3$

$$\dot{n} \approx \frac{q}{\Delta \xi} \left\{ \overline{z_3 \tilde{c}_3 D_3} \frac{1}{RT} (\tilde{\mu}_{AO}^{I} - \tilde{\mu}_{AO}^{II}) \right\}; \tag{7.17}$$

b) $D_3 \gg D_1$

$$\dot{n} \approx \frac{q}{\Delta \xi} \left\{ \overline{z_1 \tilde{c}_1 D_1} \frac{1}{RT} (\tilde{\mu}_{AO}^{I} - \tilde{\mu}_{AO}^{II}) \right\}. \tag{7.18}$$

Im Falle einer bevorzugten Wanderung von B-Kationen und Sauerstoffionen erhält man völlig gleiche Beziehungen wie Gln. (7.16) bis (7.18); nur ist hier der Index 1 durch 2 zu ersetzen, und an Stelle von $\tilde{\mu}_{AO}$ steht nun $\tilde{\mu}_{B_2O_3}$ und für $1/RT$ der Ausdruck $4/(3RT)$.

Wir können also sowohl in Grenzfällen, wie z. B. in (7.7) und (7.15), die rationelle Reaktionskonstante k, die wir experimentell ermittelt haben, entweder durch die Komponenten-Diffusionskoeffizienten D_1 und D_2 sowie durch die chemischen Potentiale an den Phasengrenzen μ''_{AO} und μ'_{AO} bzw. $\mu_{B_2O_3}$ oder durch die Überführungszahlen t_1 und t_2 sowie $\varkappa$ berechnen und damit die Gültigkeit der von WAGNER aufgestellten Arbeitshypothese der unabhängigen gegenseitigen Wanderung von Ionen in der Reaktionsschicht prüfen.

Als erstes Anwendungsbeispiel für die vorstehenden Beziehungen untersuchten KOCH und WAGNER[1] die Reaktion $2\,AgJ + HgJ_2 = Ag_2HgJ_4$. Auf Grund der guten Übereinstimmung der durch das Experiment erhaltenen Werte für k mit den aus der Gesamtleitfähigkeit $\varkappa$, den Überführungszahlen der Kationen und der Differenz der chemischen Potentiale theoretisch errechneten, darf man wohl annehmen, daß die obigen Ansätze zur Deutung der Doppelsalzbildung und auch anderer Reaktionssysteme brauchbar sind. Von ZIMEN und Mitarbeitern[2] wurden u. a. die Tracer-Diffusionskoeffizienten von Ag^+- und Hg^{2+}-Ionen in Ag_2HgJ_4 mittels der Isotope ^{111}Ag und ^{203}Hg in guter Übereinstimmung mit den Leitfähigkeiten und den KOCH-WAGNERschen Experimenten gefunden. Sofern es sich also um wirkliche Reaktionen in festen Stoffen handelt, kann nur eine Wanderung von Ionen gegeneinander oder von Ionen einer Ionenart mit der äquivalenten Menge von Elektronen bzw. Anionen angenommen werden. Eine Wanderung von Molekülen, wie dies z. B. damals von BENGSTON und JAGITSCH[3] für die Bildung von Zinkspinell $ZnAl_2O_4$ aus den Komponenten ZnO und Al_2O_3 durch Wanderung von ZnO durch die Spinellreaktionsschicht angenommen und auch in dem 1952 erschienenen Buch von HEDVALL[4] übernommen wird, ist nur als Wanderung von Zn- und O-Ionen oder von Zn-Ionen und Elektronen durch die Spinellschicht und Sauerstoff über die Gasphase zu verstehen.

Bei gleichsinnigem Transport von Metall- und Sauerstoffionen ist in der Tat mit der Möglichkeit eines Sauerstofftransportes über die Gasphase zu rechnen, der nach SCHMALZRIED[5] insbesondere bei Reaktionsabläufen in Sauerstoffatmosphäre und genügender Elektronenleitfähigkeit des Reaktionsproduktes häufiger vorzuliegen scheint. Unter solchen Bedingungen wandern bevorzugt Kationen und Elektronen (oder Defektelektronen in entgegengesetzter Richtung) durch die Reaktionsproduktschicht, während die umgebende Sauerstoffatmosphäre für einen genügenden Vorrat von Sauerstoff an den Phasengrenzen AO/AB_2O_4 und B_2O_3/AB_2O_4 sorgt. Da die Beweglichkeit der Elektronen erheblich größer ist als die der Ionen, ist für die Reaktionsgeschwindigkeit nur die Diffusion der Kationen, entweder der A^{2+} oder der B^{3+}, der geschwindigkeitsbestimmende Faktor. Erfolgt jedoch der Reaktionsablauf in Abwesenheit einer Sauerstoffatmosphäre, so sind diese Voraus-

[1] KOCH, E., u. C. WAGNER: Z. phys. Chem. (B) **34**, 317 (1936).
[2] ZIMEN, K. E., G. JOHANSSON u. M. HILLERT: J. chem. Soc. [London] 392 (1949).
[3] BENGTSON, B., u. R. JAGITSCH: Ark. Kem., Mineral. Geol. **24A**, Nr. 18 (1947).
[4] HEDVALL, J. A.: Reaktionsfähigkeit fester Stoffe, Dresden 1938; Einführung in die Festkörperchemie. Braunschweig 1952.
[5] SCHMALZRIED, H.: Z. phys. Chem. (NF) **33**, 111 (1962).

setzungen nicht mehr erfüllt, und ein Reaktionsablauf ist nur über Diffusionsvorgänge mit den entsprechenden Ionen möglich, wie noch im einzelnen im Kap. 7.3 erläutert wird.

Während unter geologischen Bedingungen Festkörperreaktionen nur durch Diffusionsvorgänge zustande kommen, ist bei den technischen Pulverreaktionen der keramischen Industrie der zuletzt angedeutete Mechanismus unter Beteiligung von Transportvorgängen in der Gasphase im Auge zu behalten.

7.2 Über die Bildung von Doppelsalzen

Als Beweis für die Richtigkeit der theoretischen Betrachtungen wählen wir die von KOCH und WAGNER untersuchte Reaktion

$$2\,AgJ + HgJ_2 = Ag_2HgJ_4\,. \tag{7.19}$$

KETELAAR[1] konnte an Hand von Leitfähigkeitsmessungen und Strukturuntersuchungen die Existenz zweier Modifikationen von Ag_2HgJ_4 nachweisen, die bei 50 °C ihren Umwandlungspunkt haben. Wie der Verlauf der elektrischen Leitfähigkeit $\varkappa$ mit der Temperatur zeigt (Abb. 7.1), unterscheidet sich die elektrische Leitfähigkeit der β-Modifikation

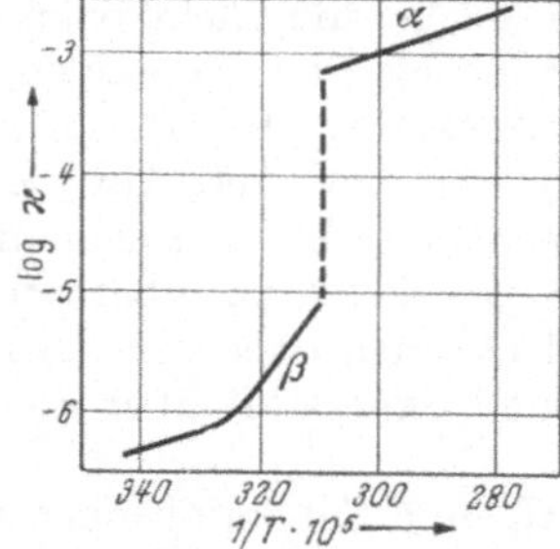

Abb. 7.1. Temperaturabhängigkeit der elektrischen Leitfähigkeit $\varkappa$ (in $Ohm^{-1}\,cm^{-1}$) von β- und α-Ag_2HgJ_4 nach KETELAAR (Umwandlungspunkt von $\beta \rightleftharpoons \alpha$ bei 50,7 °C).

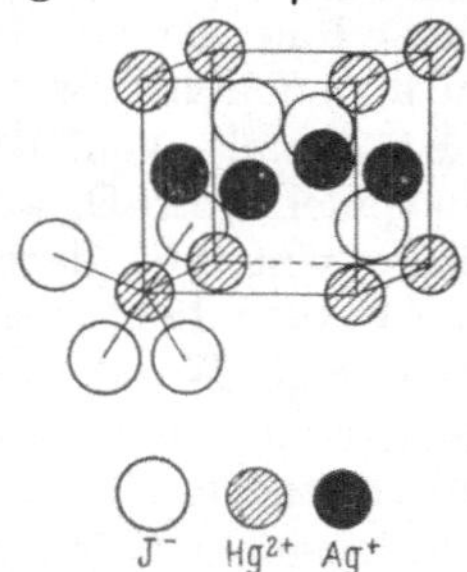

Abb. 7.2. Kristallstruktur des β-Ag_2HgJ_4 nach KETELAAR. Die α-Modifikation unterscheidet sich von der β-Modifikation nur dadurch, daß im α-Ag_2HgJ_4 die Ag^+- und Hg^{2+}-Ionen beliebig vertauschbar sind.

($T < 50$ °C) von der α-Modifikation ($T > 50$ °C) um zwei Zehnerpotenzen. Während die Jodionen in der β-Modifikation ähnlich wie im α-Ag_2HgJ_4 dicht gepackt angeordnet sind, unterscheiden sich die Lagen der Ag^+- und Hg^{2+}-Ionen beider Modifikationen ganz wesentlich. Während im β-Ag_2HgJ_4-Gitter die Hg^{2+}-Ionen die Ecken und die Ag^+-Ionen die Mitten der Seitenflächen der Elementarzelle[2] besetzen, bleiben die Flächenmitten unten und oben in der Elementarzelle unbesetzt. Im α-Ag_2HgJ_4 hingegen liegen sowohl die Ag^+- wie die Hg^{2+}-Ionen in unregelmäßiger Verteilung im Gitter vor (Abb. 7.2). Diese Fehlordnungsstruktur bildet die Voraussetzung für einen relativ raschen Kationenplatzwechsel im α-Ag_2HgJ_4.

---

[1] KETELAAR, J. A. A.: Z. phys. Chem. (B) **26**, 327 (1934); **30**, 53 (1935); Trans. Faraday Soc. **34**, 874 (1938).

[2] KETELAAR, J. A. A.: Z. Kristallogr. **80**, 190 (1931).

Nach dem Muster der TUBANDTschen Pastillenversuche wurden von KOCH und WAGNER[1] je vier Preßzylinder von 0,1 cm Dicke und einem Querschnitt von 0,28 cm² 66 Tage bei 65 °C getempert.

AgJ	Ag_2HgJ_4	Ag_2HgJ_4	HgJ_2
1	2	3	4

Bei einem äquivalenten Austausch von Ag^+- und Hg^{2+}-Ionen müßte man auf Grund der Differenz der Äquivalentgewichte eine Gewichtsabnahme des Zylinderpaares $1 + 2$ erhalten. Tatsächlich wurde aber eine geringe Gewichtszunahme beobachtet. Dieser überraschende Befund ließe sich im Falle einer alleinigen Volumendiffusion durch die Ag_2HgJ_4-Pastillen nur dadurch verstehen, daß unter Beteiligung von Jodionen eine bevorzugte Diffusion von Hg^{2+}- und J^--Ionen zur Phasengrenze AgJ/Ag_2HgJ_4 stattfindet. Durch Überführungsmessungen sowohl von KETELAAR als auch von KOCH und WAGNER, die den relativen Leitfähigkeitsanteil der Jodionen zu $<10^{-3}$ bestimmten, scheint eine echte Diffusion von Jodionen praktisch bedeutungslos zu sein. Für die Annahme eines Transports von elektroneutralen Molekülen HgJ_2 über die Gasphase sprechen die Messungen von STELZNER, NIEDERSCHULTE[2] und RINSE[3], aus denen sich für 65 °C der Sättigungsdruck von HgJ_2 zu etwa 10^{-2} Torr extrapolieren läßt. Blindversuche bestätigten diese Annahme.

Unter Berücksichtigung dieses Verdampfungseffektes ergibt sich die rationelle Reaktionskonstante aus dem analytisch bestimmten Umsatz zu:

$$k = 2{,}1 \cdot 10^{-11}\ \text{val cm}^{-1}\ \text{sec}^{-1}.$$

Zur Berechnung dieses Wertes wenden wir Gl. (7.15) an. Während von KETELAAR[4] die Gesamtleitfähigkeit $\varkappa$ für Ag_2HgJ_4 bei 65 °C zu $1{,}44 \cdot 10^{-3}\ \text{Ohm}^{-1}\ \text{cm}^{-1}$ und die Überführungszahlen zu $t_{Ag^+} = 0{,}94$ und $t_{Hg^{2+}} = 0{,}06$ bestimmt wurden, haben KOCH und WAGNER aus der EMK der folgenden Kette:

$$\text{Pt}(J_2) \left| \begin{matrix} \text{Gemenge der Phasen} \\ AgJ + Ag_2HgJ_4 \end{matrix} \right| Ag_2HgJ_4 \left| \begin{matrix} \text{Gemenge der Phasen} \\ Ag_2HgJ_4 + HgJ_2 \end{matrix} \right| (J_2)\text{Pt}$$

die zur Berechnung noch fehlenden chemischen Potentiale μ_{AgJ} bzw. a_{AgJ} ermittelt. Unter mehrfacher Variation der Versuchsbedingungen (Veränderung des Mengenverhältnisses der Phasen $AgJ + Ag_2HgJ_4$ bzw. $Ag_2HgJ_4 + HgJ_2$) ergab sich ΔE zu 0,011 bis 0,012 V. Hieraus errechnet sich die Differenz der chemischen Potentiale zu:

$$\begin{aligned} \mu''_{AgJ} - \mu'_{AgJ} &= \Delta E\, \mathfrak{F} = RT \ln \frac{a''_{AgJ}}{a'_{AgJ}} \\ &= 0{,}011 \cdot 96500 \cdot 10^{-7}\ \text{erg}. \end{aligned} \tag{7.20}$$

[1] KOCH, E., u. C. WAGNER: Z. phys. Chem. (B) **34**, 317 (1936).
[2] STELZNER, K., u. G. NIEDERSCHULTE: Verh. dtsch. phys. Ges. **7**, 159 (1905).
[3] RINSE, J.: Recueil Trav. chim. Pays-Bas **47**, 33 (1928).
[4] KETELAAR, J. A. A.: Z. phys. Chem. (B) **26**, 327 (1934); **30**, 53 (1935); Trans. Faraday Soc. **34**, 874 (1938).

Unter Verwendung dieser Daten erhalten wir aus Gl. (7.15) für die rationelle Reaktionskonstante $k = 1{,}9 \cdot 10^{-11}$ val cm^{-1} sec^{-1}. Die Übereinstimmung von gefundenem und berechnetem k-Wert ist unter Berücksichtigung aller Näherungsannahmen überraschend gut und kann als Bestätigung des von WAGNER vorgeschlagenen Mechanismus angesehen werden.

Auf Grund dieser Ergebnisse ist die Gesamtreaktion durch die gegenseitige Wanderung von Ag^+- und Hg^{2+}-Ionen und durch Reaktionen an den Phasengrenzen nach untenstehendem Schema zu beschreiben.

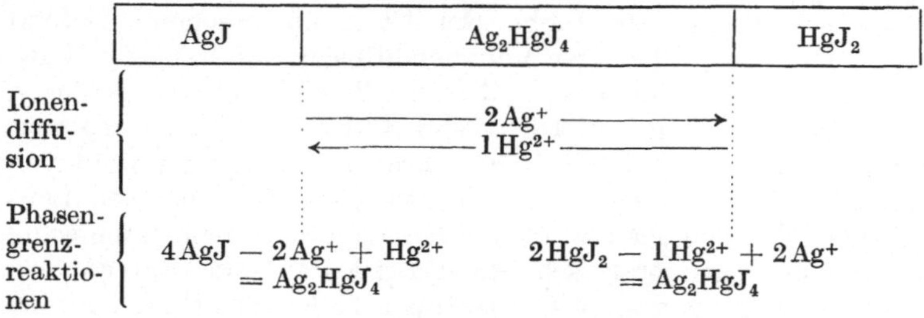

Als weitere Beispiele einfacher Doppelsalzbildungen sind die von SCHMALZRIED[1] untersuchten Reaktionen

$$2\,KCl + SrCl_2 = K_2SrCl_4 \tag{7.21a}$$

und

$$2\,KCl + BaCl_2 = K_2BaCl_4 \tag{7.21b}$$

zu nennen. Quantitative Untersuchungsergebnisse liegen insbesondere für die erste Reaktion vor. Wenn auch farblose Reaktionsschichten entstehen, so sind diese aber bei mikroskopischer Betrachtung zu unterscheiden. Das Wachstum der Reaktionsschicht folgt einem parabolischen Zeitgesetz (diffusionsgesteuert). Da neben K_2SrCl_4 noch eine stabile Verbindung KSr_2Cl_5 existiert, konnte neben der K_2SrCl_4-Schicht eine, allerdings sehr dünne, KSr_2Cl_5-Schicht deutlich beobachtet werden, die wegen ihrer geringfügigen Menge in erster Näherung vernachlässigt wurde. Abb. 7.3 zeigt die Temperaturabhängigkeit der Bildungsgeschwindigkeit von K_2SrCl_4 zwischen 440 und 560 °C.

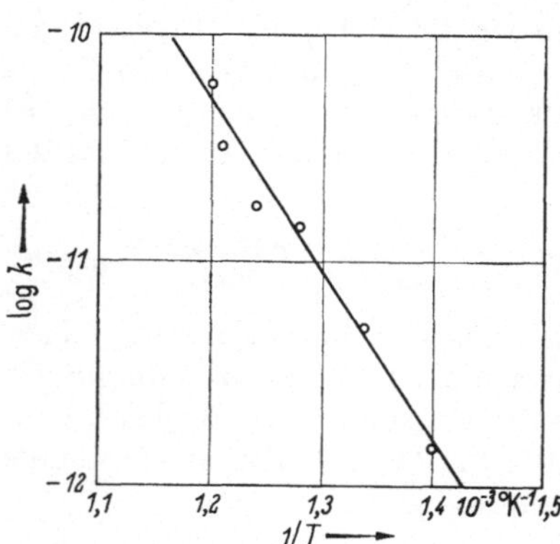

Abb. 7.3. Temperaturabhängigkeit der rationellen Reaktionskonstante k (val cm^{-1} sec^{-1}) für die Bildung von K_2SrCl_4 nach SCHMALZRIED.

Zur Bestimmung der Wanderungsrichtung und der prozentualen Beteiligung der Ionen am Diffusionsvorgang wurden Pt- oder Quarzfäden von 10 μ Durchmesser als inerte Markierungen verwandt. Da die Mar-

[1] SCHMALZRIED, H.: Z. phys. Chem. (NF) **33**, 129 (1962).

kierungen sowohl zu Beginn als auch am Ende der Versuche stets in oder nahe der Phasengrenze K_2SrCl_4/KCl lagen, kann auf eine gleichsinnige Diffusion von Kalium- und Chlorionen zur Phasengrenze $K_2SrCl_4/SrCl_2$ geschlossen werden. Dieser Sachverhalt ließ sich durch Überführungsmessungen an der folgenden elektrochemischen Kette

$$\text{Pt, } H_2/HCl \;\Big|\; \begin{matrix} KCl \\ K_2SrCl_4 \end{matrix} \;\Big|\; K_2SrCl_4 \;\Big|\; \begin{matrix} K_2SrCl_4 \\ KSr_2Cl_5 \end{matrix} \;\Big|\; \text{Pt, } H_2/HCl \qquad \text{(I)}$$

weiter aufklären. Auf Grund der EMK, die für $t_{Cl^-} = 1$ gleich Null und für $t_{K^+} = 1$ beim Durchgang von 2 Faraday gleich der EMK der Bildungsarbeit der Reaktion der Kette I sein sollte, konnte im Rahmen der Meßgenauigkeit die Summe der Überführungszahlen $t_{K^+} + t_{Sr^{2+}}$ zu etwa $= 0{,}1$ ermittelt werden. Derselbe Wert wurde auch für das Reaktionssystem (7.21 b) gefunden. Ferner wurde beobachtet, daß $t_{K^+} \gg t_{Sr^{2+}}$ ist. Es gilt also

$$D_{Cl^-} \gg D_{K^+} \gg D_{Sr^{2+}} \quad \text{bzw.} \quad D_{Cl^-} \gg D_{K^+} \gg D_{Ba^{2+}}$$

Zur Bestimmung des Tracer-Diffusionskoeffizienten von Kalium wurde wegen der kurzen Halbwertszeit des ^{42}K die Kontaktmethode[1] mit einer aktiven und einer inaktiven K_2SrCl_4-Tablette verwandt. Der Mittelwert aus 14 Versuchen bei 485 °C betrug: $D_{K^+} \approx 4 \cdot 10^{-10}$ cm²/sec mit einem Meßfehler von $\pm 50\%$.

Zur Berechnung der rationellen Reaktionskonstante von Reaktion (7.21 a) ist noch die Ermittlung der freien Reaktionsenthalpie erforderlich, die aus EMK-Meßwerten an der folgenden Kette berechnet wurde:

$$\text{Sb-Sr-Leg.} \;\Big|\; \begin{matrix} KCl \\ K_2SrCl_4 \end{matrix} \;\Big|\; K_2SrCl_4 \;\Big|\; \begin{matrix} K_2SrCl_4 \\ KSr_2Cl_5 \end{matrix} \;\Big|\; \text{Sb-Sr-Leg.} \qquad \text{(II)}$$

Die zweiphasige Sb-Sr-Legierung als Elektrode zu beiden Seiten der Kette war für eine kleine konstante Strontiumaktivität erforderlich. Aus den verhältnismäßig schlecht reproduzierbaren EMK-Werten von 40 ± 5 mV ergab sich ein Wert für die freie Reaktionsenthalpie von $-1{,}4$ kcal, der vermutlich als brauchbare Näherung gelten kann.

Mit Hilfe des gemessenen Tracer-Diffusionskoeffizienten von Kalium in K_2SrCl_4, der für den Antransport von KCl zur Phasengrenze $K_2SrCl_4/SrCl_2$ verantwortlich ist (da $D_{K^+} \ll D_{Cl^-}$) und der freien Bildungsenthalpie konnte die rationelle Reaktionskonstante k für 485 °C zu $4 \cdot 10^{-12}$ val cm^{-1} sec^{-1} berechnet werden in überraschend guter Übereinstimmung mit dem experimentell gefundenen Wert von etwa $6 \cdot 10^{-12}$ val cm^{-1} sec^{-1}. Für die Berechnung wurde entsprechend den Ausführungen in Kap. 7.1 die Beziehung

$$k = c_{K^+} \bar{D}_{K^+} \frac{1}{RT} (\mu^{I}_{KCl} - \mu^{II}_{KCl})$$

verwandt, wo μ^{I}_{KCl} das chemische Potential von KCl an der Phasengrenze KCl/K_2SrCl_4 ist.

[1] LINDNER, R.: J. chem. Soc. [London] 395 (1949).

Daß die in Kap. 7.1 entwickelten Zusammenhänge auch auf kompliziertere Reaktionen angewandt werden können, haben RICKERT und WAGNER[1] an Hand der im System Silber–Antimon–Schwefel auftretenden Festkörperreaktionen zeigen können. Wie aus dem in Abb. 7.4 dargestellten Zustandsdiagramm zu entnehmen ist, existieren die folgenden Phasen: Ag_2S, Ag_3SbS_3, $AgSbS_2$ und Sb_2S_3.[2] Wegen des Auftretens eutektischer Schmelzen mußte die Versuchstemperatur unterhalb 449 °C liegen. Daher wurde 400 °C als Versuchstemperatur gewählt. Wegen der geringen Diffusionsgeschwindigkeiten unterhalb 400 °C mußte auf Versuche in diesem Temperaturbereich verzichtet werden. Entsprechend dem Zustandsdiagramm wurden die folgenden Reaktionen untersucht:

$$Sb_2S_3 + Ag_3SbS_3 = 3\,AgSbS_2 \qquad (7.22\,a)$$

$$Ag_2S + AgSbS_2 = Ag_3SbS_3 \qquad (7.22\,b)$$

und anschließend die Sulfidierung von Ag-Sb-Legierungen und die Bildung von $AgSbS_2$ aus Sb, Ag_2S und Schwefel neben der Metallverdrängungsreaktion

$$3\,Ag\ (\text{aus}\ Ag_{0,5}Sb_{0,5}) + 2\,Sb_2S_3 = 3\,AgSbS_2 + Sb. \qquad (7.23)$$

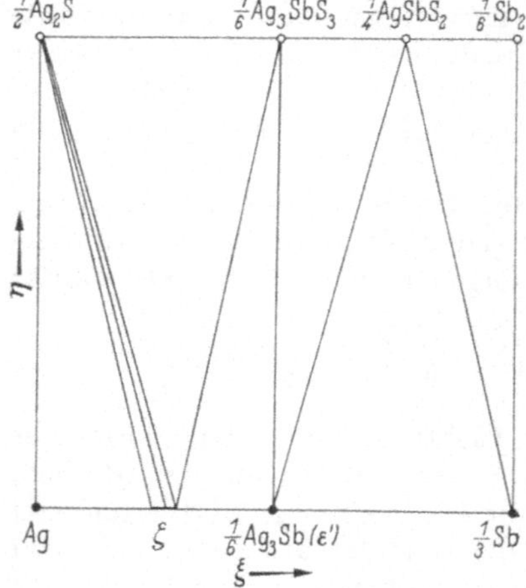

Abb. 7.4. Isothermer Schnitt des Zustandsdiagramms des Systems Ag–Sb–S bei 400 °C nach BARSTAD (ζ = Verhältnis der Äquivalente von Sb zur Summe der Metalläquivalente, η = Verhältnis der Äquivalente von Schwefel zur Summe der Metalläquivalente und ε' = Ag_3Sb-Phase).

Die Zunahme der Schichtdicke der festen Reaktionsprodukte mit der Zeit erfolgt im wesentlichen nach dem parabolischen Zeitgesetz, was auf geschwindigkeitsbestimmende Diffusionsvorgänge hinweist. Da die Schwefelionen als praktisch unbeweglich angesehen werden können, konzentriert sich das Interesse auf die Ermittlung der Wanderungsgeschwindigkeit der Silber- und Antimonionen und der Elektronenleitfähigkeit. Für die Transportgeschwindigkeit der Ionen gilt auch hier die Beziehung (7.5). Da aber der Wert von D_J ($J = Ag^+$ oder Sb^{3+}) in einem Ionenkristall von der Konzentration der einzelnen Fehlordnungsstellen abhängt, die wiederum durch die Abweichungen der Zusammensetzung von der Stöchiometrie bestimmt ist, sind D_{Ag^+} und $D_{Sb^{3+}}$ in den Phasen $AgSbS_2$ und Ag_3SbS_3 als Funktionen des Ag/Sb-Verhältnisses und des Metall/Schwefel-Verhältnisses zu ermitteln.

Entsprechend den Erfahrungen am Ag_2S-System (s. S. 688) ist in den Phasen $AgSbS_2$ und Ag_3SbS_3 mit einer überwiegenden Diffusion von

[1] RICKERT, H., u. C. WAGNER: Z. Elektrochem. Ber. Bunsenges. phys. Chem. **64**, 793 (1960).

[2] BARSTAD, J.: Acta chem. scand. **13**, 1703 (1959).

Elektronen und Ag^+-Ionen zu rechnen, während die Sb^{3+}-Ionen um mehrere Zehnerpotenzen langsamer diffundieren. Zur Bestätigung dieser Erwartung wurden daher zunächst Leitfähigkeitsmessungen ausgeführt. Die Gesamtleitfähigkeit der Phasen $AgSbS_2$ und Ag_3SbS_3 ergaben bei 400 °C eine Größenordnung von 10^{-2} bis $10^{-1}\,\mathrm{Ohm}^{-1}\,\mathrm{cm}^{-1}$. Die Teilleitfähigkeit der Silberionen wurde in der folgenden Kette gemessen:

$$Ag \mid AgJ \mid Ag_2S \mid AgSbS_2 \mid Ag_2S \mid AgJ \mid Ag.$$

Hier dient AgJ als Elektronensperre, so daß beim Anlegen eines elektrischen Feldes nur Ag^+-Ionen den Stromtransport übernehmen können. Die zusätzlich eingeschalteten Ag_2S-Pastillen sind erforderlich, um die Bildung einer Schmelze des Systems AgJ–$AgSbS_2$ zu verhindern. Aus der vorgegebenen Stromdichte im stationären Zustand mit dem Gradienten η_{Ag^+} wurde die Silberionen-Teilleitfähigkeit in $AgSbS_2$ bei 400 °C zu 0,01 bis 0,03 $\mathrm{Ohm}^{-1}\,\mathrm{cm}^{-1}$ ermittelt. Hiermit ergibt sich aus der NERNST-EINSTEIN-Beziehung unter Außerachtlassung von Korrelationseffekten (s. S. 509)[1] der Komponenten-Diffusionskoeffizient der Ag^+-Ionen in $AgSbS_2$ bei 400 °C zu 3 bis $10 \cdot 10^{-7}\,\mathrm{cm^2/sec}$.

Da bisher eine geeignete Kette zur Messung der Elektronenleitfähigkeit noch nicht gefunden werden konnte, wurde diese indirekt aus einer Metallverdrängungreaktion

$$3\,Ag\ (\text{aus } Ag_{0,5}Sb_{0,5}) + 2\,Sb_2S_3 = 3\,AgSbS_2 + Sb \qquad (7.24)$$

bestimmt. Entsprechend dem Reaktionsschema

Ag_3Sb / Sb	$AgSbS_2$	Sb_2S_3
	—— $3\,Ag^+$ ——→	
	—— $3\,e^-$ ——→	

erhält man im Einklang mit den entsprechenden Gleichungen für die Metalloxydation (s. Kap. 6.2) für den Fluß j_{Ag^+} der Silberionen in $AgSbS_2$:

$$j_{Ag^+} = \frac{1}{\Delta x^{\mathrm{I}}\,\mathfrak{F}^2}\,\frac{t_{Ag^+}\,t_-}{t_{Ag^+} + t_-}\,\varkappa\,(\mu_{Ag}(L) - \mu^*_{Ag}), \qquad (7.25)$$

worin t_{Ag^+} und t_- die Überführungszahlen der Ag^+-Ionen und Elektronen sind und $\mu_{Ag}(L)$ bzw. μ^*_{Ag} das chemische Potential des Silbers in der Legierung Ag_3Sb bzw. im Dreiphasengemisch $Sb + Sb_2S_3 + AgSbS_2$ und $\varkappa$ die Gesamtleitfähigkeit ist. Aus vorhandenen thermodynamischen Daten und Messungen von VERDUCH und WAGNER[2] ergibt die Rechnung[3]:

$$\mu_{Ag}(L) - \mu^*_{Ag} = 1234\ \mathrm{cal\ bei\ 400\ °C}.$$

Durch Einführen des Molvolumens V^{I} der Verbindung $AgSbS_2$ und des zeitlichen Wachstums der Reaktionsschicht $d\,\Delta x^{\mathrm{I}}/dt$ (Index I stets für

[1] COMPAAN, K., u. Y. HAVEN: Trans. Faraday Soc. **52**, 786 (1956). — A. P. LE CLAIRE u. A. B. LIDIARD: Phil. Mag. (8) **1**, 518 (1956).

[2] VERDUCH, A. G., u. C. WAGNER: J. phys. Chem. **61**, 558 (1957).

[3] RICKERT, H., u. C. WAGNER: Z. Elektrochem. Ber. Bunsenges. phys. Chem. **64**, 793 (1960).

$AgSbS_2$), also

$$d\Delta x^{\mathrm{I}}/dt \approx V^{\mathrm{I}}\, j_{\mathrm{Ag}^+},$$

ergibt sich aus Gl. (7.25) die folgende auswertbare Beziehung:

$$\frac{1}{t_{\mathrm{Ag}^+}\,\varkappa} + \frac{1}{t_-\,\varkappa} = \frac{V^{\mathrm{I}}}{\mathfrak{F}^2}\,\frac{\mu_{\mathrm{Ag}}(L) - \mu^*_{\mathrm{Ag}}}{\Delta x^{\mathrm{I}}\,(d\Delta x^{\mathrm{I}}/dt)}\,. \tag{7.26}$$

Durch Einsetzen der Meßwerte für $d\Delta x^{\mathrm{I}}/dt$ und Δx^{I} sowie des berechneten Wertes der chemischen Potentialdifferenz ergibt sich die Ungleichung

$$\frac{1}{t_{\mathrm{Ag}^+}\,\varkappa} + \frac{1}{t_-\,\varkappa} \leqq 200 \text{ bis } 800 \text{ Ohm cm.}$$

Da $1/t_{\mathrm{Ag}^+}\,\varkappa$ zwischen 30 und 100 Ohm cm liegt, ist $1/t_-\,\varkappa$ nicht größer als 700 Ohm cm. Ähnliche Verhältnisse sind auch in der Ag_3SbS_3-Phase zu erwarten.

Entsprechend der Arbeitshypothese einer Diffusion von Silber- und Antimonionen durch die jeweilige Reaktionsschicht sind in Abb. 7.5 und 7.6 für die beiden Reaktionen (7.22) die Diffusionsvorgänge und

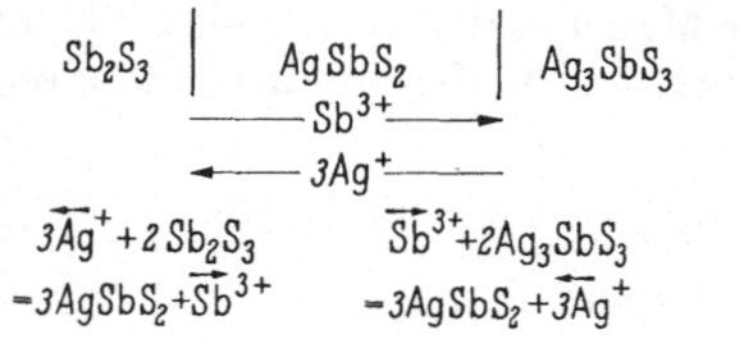

Sb_2S_3 | $AgSbS_2$ | Ag_3SbS_3

Sb^{3+} →

← $3Ag^+$

$3\overleftarrow{Ag^+} + 2\,Sb_2S_3 = 3AgSbS_2 + \overrightarrow{Sb^{3+}}$

$\overrightarrow{Sb^{3+}} + 2Ag_3SbS_3 = 3AgSbS_2 + 3\overleftarrow{Ag^+}$

Abb. 7.5. Reaktionsschema für die Bildung von $AgSbS_2$ aus Sb_2S_3 und Ag_3SbS_3 nach RICKERT und WAGNER.

$AgSbS_2$ | Ag_3SbS_3 | Ag_2S

Sb^{3+} →

← $3Ag^+$

$3\overleftarrow{Ag^+} + 3AgSbS_2 = 2Ag_3SbS_3 + \overrightarrow{Sb^{3+}}$

$\overrightarrow{Sb^{3+}} + 3Ag_2S = Ag_3SbS_3 + 3\overleftarrow{Ag^+}$

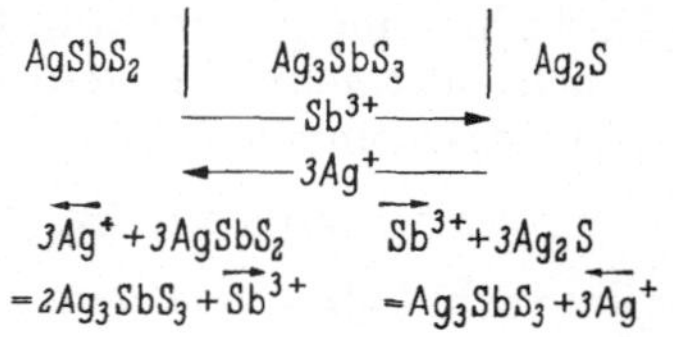

Abb. 7.6. Reaktionsschema für die Bildung von Ag_3SbS_3 aus $AgSbS_2$ und Ag_2S nach RICKERT und WAGNER.

Umsetzungen an den Phasengrenzen schematisch dargestellt. Für den Antimon- und Silberionenfluß durch die $AgSbS_2$-Schicht erhalten wir die folgenden Ausdrücke:

$$j_{\mathrm{Sb}} = -\frac{D^{\mathrm{I}}_{\mathrm{Sb}}}{V^{\mathrm{I}}RT}\,\frac{d\eta_{\mathrm{Sb}^{3+}}}{dx} \tag{7.27}$$

und

$$j_{\mathrm{Ag}} = -\frac{D^{\mathrm{I}}_{\mathrm{Ag}}}{V^{\mathrm{I}}RT}\,\frac{d\eta_{\mathrm{Ag}^+}}{dx}\,. \tag{7.28}$$

Da nach dem Schema in Abb. 7.5

$$j_{\mathrm{Ag}} = -3\,j_{\mathrm{Sb}} \tag{7.29}$$

ist, folgt aus Gln. (7.27) bis (7.29):

$$\frac{d\eta_{\mathrm{Ag}^+}/dx}{d\eta_{\mathrm{Sb}^{3+}}/dx} = -\frac{3\,D^{\mathrm{I}}_{\mathrm{Sb}}}{D^{\mathrm{I}}_{\mathrm{Ag}}}\,. \tag{7.30}$$

Da aber $D^{\mathrm{I}}_{\mathrm{Ag}} \gg D^{\mathrm{I}}_{\mathrm{Sb}}$ ist, wie noch weiter unten gezeigt wird, ist allein die Sb-Ionendiffusion für das Wachstum der $AgSbS_2$-Schicht verantwortlich, was bedeutet, daß

$$d\eta_{\mathrm{Ag}^+}/dx \approx 0 \tag{7.31}$$

ist. Benutzt man auch hier wieder die bekannten Beziehungen (7.8):

$$3\mu_{Ag_2S} = 6\eta_{Ag^+} + 3\eta_{S^{2-}}$$

und

$$\mu_{Sb_2S_3} = 2\eta_{Sb^{3+}} + 3\eta_{S^{2-}},$$

so erhält man durch Subtraktion dieser Gleichungen

$$\eta_{Sb^{3+}} = 0{,}5\mu_{Sb_2S_3} - 1{,}5\mu_{Ag_2S} + 3\eta_{Ag^+}.$$

Hieraus folgt mit Gl. (7.31):

$$d\eta_{Sb^{3+}}/dx \approx 0{,}5\mu_{Sb_2S_3}/dx - 1{,}5\mu_{Ag_2S}/dx, \tag{7.32}$$

woraus sich mittels der GIBBS-DUHEM-Gleichung für die chemischen Potentiale von Ag_2S und Sb_2S_3 in der $AgSbS_2$-Phase mit einem Molverhältnis 1 : 1,

$$d\mu_{Ag_2S} + d\mu_{Sb_2S_3} = 0,$$

die folgende Beziehung ergibt:

$$d\eta_{Sb^{3+}}/dx \approx 2d\mu_{Sb_2S_3}/dx \approx -2d\mu_{Ag_2S}/dx. \tag{7.33}$$

Einsetzen von Gl. (7.33) in Gl. (7.22) und Integration zwischen $x = 0$ und $x = \Delta x^{\mathrm{I}}$ mit den zugehörigen chemischen Potentialen μ''_{Ag_2S} und μ'_{Ag_2S} an den Phasengrenzen $Sb_2S_3/AgSbS_2$ und $Ag_2S/AgSbS_2$ ergibt:

$$j^{\mathrm{I}}_{Sb} = \frac{2}{\Delta x^{\mathrm{I}}\, V^{\mathrm{I}}\, RT} \int\limits_{\mu''_{Ag_2S}}^{\mu'_{Ag_2S}} D^{\mathrm{I}}_{Sb}\, d\mu_{Ag_2S}. \tag{7.34}$$

Verwendet man als mittleren effektiven Diffusionskoeffizienten $\bar{D}^{\mathrm{I}}_{Sb}$ den folgenden Ausdruck:

$$\bar{D}^{\mathrm{I}}_{Sb} = \frac{1}{\mu'_{Ag_2S} - \mu''_{Ag_2S}} \int\limits_{\mu''_{Ag_2S}}^{\mu'_{Ag_2S}} D^{\mathrm{I}}_{Sb}\, d\mu_{Ag_2S}$$

und setzt diesen in Gl. (7.34) ein, so erhält man für den Antimonfluß durch die Reaktionsschicht $AgSbS_2$ die folgende auswertbare Beziehung:

$$j^{\mathrm{I}}_{Sb} = \frac{2\bar{D}^{\mathrm{I}}_{Sb}}{\Delta x^{\mathrm{I}}\, V^{\mathrm{I}}} \frac{\mu'_{Ag_2S} - \mu''_{Ag_2S}}{RT}. \tag{7.35}$$

Da gemäß Reaktionsschema in Abb. 7.5 insgesamt 6 Mole $AgSbS_2$ gebildet werden, wenn 1 Mol Sb^{3+}-Ionen durch die $AgSbS_2$-Phase gewandert sind, ergibt sich die zeitliche Zunahme der Schichtdicke zu:

$$d\Delta x^{\mathrm{I}}/dt = 6\,V^{\mathrm{I}}\, j^{\mathrm{I}}_{Sb}. \tag{7.36}$$

Einsetzen von Gl. (7.35) in Gl. (7.36) und Integration mit $\Delta x^{\mathrm{I}} = 0$ für $t = 0$ als Anfangsbedingung ergibt:

$$\frac{(\Delta x^{\mathrm{I}})^2}{t} = 24\bar{D}^{\mathrm{I}}_{Sb} \frac{\mu'_{Ag_2S} - \mu''_{Ag_2S}}{RT}. \tag{7.37}$$

Aus beobachteten Werten von $(\Delta x^{\mathrm{I}})^2/t$ und dem Wert für 400 °C von $\mu'_{Ag_2S} - \mu''_{Ag_2S} = 1950$ cal[1] konnte $\bar{D}^{\mathrm{I}}_{\mathrm{Sb}}$ zu

$$D^{\mathrm{I}}_{\mathrm{Sb}} = 2{,}9 \cdot 10^{-11}\ \mathrm{cm^2/sec}$$

ermittelt werden.

Entsprechende Beziehungen lassen sich auch für den Reaktionsablauf (7.22b) aufstellen. Unter Beachtung des Reaktionsschemas in Abb. 7.6 ergibt sich eine zu Gl. (7.37) analoge Beziehung:

$$\frac{(\Delta x^{\mathrm{II}})^2}{t} = 18\bar{D}^{\mathrm{II}}_{\mathrm{Sb}} \frac{\mu^0_{Ag_2S} - \mu'_{Ag_2S}}{RT}. \tag{7.38}$$

Mittels dieser Gleichung konnte aus den Meßwerten von $(\Delta x^{\mathrm{II}})^2/t$ (Index II bezieht sich hier auf die Ag_3SbS_3-Phase) und der Differenz der chemischen Potentiale mit $\mu^0_{Ag_2S}$ als dem chemischen Potential der reinen Ag_2S-Phase, $\mu^0_{Ag_2S} - \mu'_{Ag_2S} = 2354$ cal[1], der Diffusionskoeffizient der Sb-Ionen durch die Ag_3SbS_3-Schicht bei 400 °C berechnet werden:

$$\bar{D}^{\mathrm{II}}_{\mathrm{Sb}} < 10^{-13}\ \mathrm{cm^2/sec}.$$

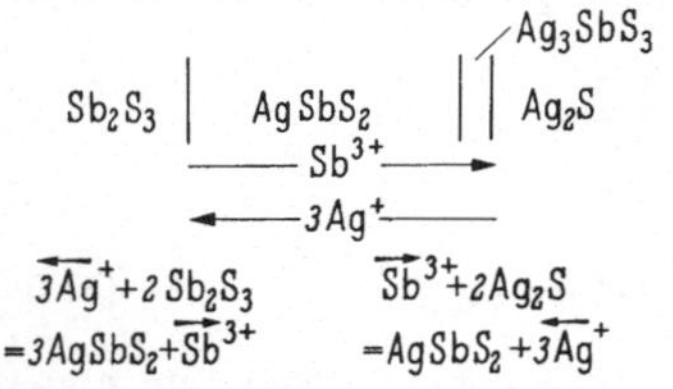

Ag_3SbS_3
Sb_2S_3 | $AgSbS_2$ || Ag_2S
Sb^{3+} →
← $3Ag^+$
$3Ag^+ + 2Sb_2S_3 = 3AgSbS_2 + Sb^{3+}$
$Sb^{3+} + 2Ag_2S = AgSbS_2 + 3Ag^+$

Abb. 7.7. Reaktionsschema für die Bildung von $AgSbS_2$ und Ag_3SbS_3 aus Sb_2S_3 und Ag_2S nach RICKERT und WAGNER.

Auf Grund des starken Unterschiedes der Diffusionskoeffizienten von Antimon in der $AgSbS_2$- und Ag_3SbS_3-Phase wird nach dem Reaktionsablauf von Ag_2S mit Sb_2S_3 die Reaktionsschicht überwiegend aus $AgSbS_2$ bestehen (s. Abb. 7.7). Unter idealen Bedingungen sollte das Verhältnis des Quadrates der Schichtdicken von $AgSbS_2$ und Ag_3SbS_3 gleich dem Verhältnis der Diffusionskoeffizienten sein:

$$\left(\frac{\Delta x^{\mathrm{I}}}{\Delta x^{\mathrm{II}}}\right)^2 = \frac{24\bar{D}^{\mathrm{I}}_{\mathrm{Sb}}}{18\bar{D}^{\mathrm{II}}_{\mathrm{Sb}}} \frac{\mu'_{Ag_2S} - \mu''_{Ag_2S}}{\mu^0_{Ag_2S} - \mu'_{Ag_2S}} \approx \frac{\bar{D}^{\mathrm{I}}_{\mathrm{Sb}}}{\bar{D}^{\mathrm{II}}_{\mathrm{Sb}}}. \tag{7.39}$$

Da $\bar{D}^{\mathrm{I}}_{\mathrm{Sb}} \gg \bar{D}^{\mathrm{II}}_{\mathrm{Sb}}$ ist, wird das Bruttowachstum der Reaktionsschicht allein durch den mittleren Diffusionskoeffizienten $\bar{D}^{\mathrm{I}}_{\mathrm{Sb}}$ in der $AgSbS_2$-Schicht bestimmt. Hier liegen die Verhältnisse ähnlich wie bei der auf S. 710 behandelten Oxydation von Kupfer im Existenzgebiet der CuO-Phase, wo die Oxydationsgeschwindigkeit praktisch nur durch die Wachstumsgeschwindigkeit der Cu_2O-Phase bestimmt wird.

Analoge Betrachtungen über Reaktionen in den Systemen Cu_2S–Sb_2S_3, Cu_2S–As_2S_3 und Cu_2S–FeS finden sich in einer Arbeit von ROSS[2].

Abschließend sei auf ein Phänomen hingewiesen, das sich bei derartigen Festkörperreaktionen unter gewissen Versuchsbedingungen störend bemerkbar machen kann. Bringt man beispielsweise eine Ag_2S- und eine Sb_2S_3-Tablette in Kontakt und erhitzt diese in Gegenwart einer Schwefeldampf-Atmosphäre, so beobachtet man, daß nicht nur das Reaktionsprodukt zwischen den Tabletten der Ausgangsstoffe auftritt, sondern auch auf einem großen Teil der übrigen Sb_2S_3-Tablette, wie

---

[1] VERDUCH, A. G. u. C. WAGNER: J. phys. Chem. **61**, 558 (1957).
[2] ROSS, V.: Econ. Geol. **49**, 734 (1954).

Abb. 7.8 schematisch zeigt. Für die in Abb. 7.8 angegebene Morphologie ist die Gegenwart von Schwefeldampf wesentlich. Hiernach wandern Ag-Ionen nicht nur in der Reaktionsschicht zwischen den Tabletten, sondern auch auf der äußeren Oberfläche der Sb_2S_3-Tabletten, begleitet von Elektronen und Schwefel über die Gasphase. Dementsprechend kann sich die Reaktionsschicht auf der Sb_2S_3-Oberfläche nach einem analogen Mechanismus bilden, wie oben beschrieben wurde. Es kommt zu einer seitlichen Ausbreitung der Reaktionsprodukte Ag_3SbS_3 und $AgSbS_2$. Da für die seitliche Ausbreitung im wesentlichen der relativ hohe Wert des Komponenten-Diffusionskoeffizienten der Ag^+-Ionen in dem als Hauptprodukt entstehenden $AgSbS_2$ maßgebend ist, für das Dickenwachstum aber der sehr viel kleinere Wert des Komponenten-Diffusionskoeffizienten der Sb-Ionen in $AgSbS_2$, ist die seitliche Ausbreitungsgeschwindigkeit der $AgSbS_2$-Schicht wesentlich größer als das Dickenwachstum. Eine quantitative Deutung dieser Erscheinung wurde von RICKERT und WAGNER[1] gegeben. Bei Abwesenheit von Schwefeldampf in der Gasphase und bei Vernichtung des Schwefelüberschusses in den Tabletten der Ausgangssubstanzen Ag_2S und Sb_2S_3 infolge Tempern dieser Tabletten in Gegenwart von Silber bzw. Antimon ist diese Erscheinung nicht mehr beobachtbar.

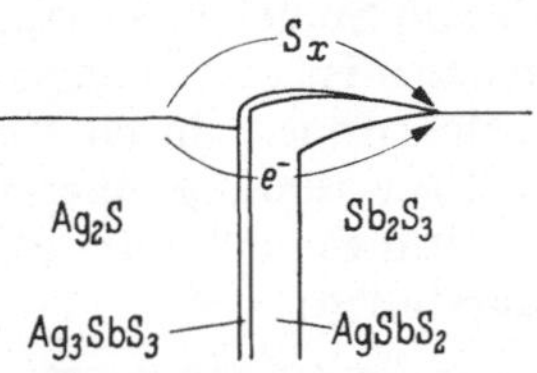

Abb. 7.8. Seitliche Ausbreitung von $AgSbS_2$(+ Ag_3SbS_3) bei der Reaktion zwischen Sb_2S_3 und Ag_2S in Gegenwart von Schwefeldampf nach RICKERT und WAGNER.
Phasengrenzreaktionen:
$3\,Ag^+(\rightarrow) + 2\,Sb_2S_3 = 3\,AgSbS_2 + Sb^{3+}(\uparrow)$;
$Ag^+(\rightarrow) + Sb^{3+}(\uparrow) + 4e^- + 2/x\,S_x(g) = AgSbS_2$.

7.3 Über den Mechanismus der Spinellbildung

Im Anschluß an die experimentelle Bestätigung des vorgeschlagenen Bildungsmechanismus von Ag_2HgJ_4 im festen Zustand erweiterte WAGNER seien Arbeitshypothese auch auf die Spinellbildung.[2] Entsprechend der Umsetzungsgleichung der Mg-Al-Spinellbildung

$$MgO + Al_2O_3 = MgAl_2O_4 \qquad (7.25)$$

entsteht an der Berührungsfläche des MgO- und Al_2O_3-Zylinders die Spinellphase, so daß für den Reaktionsablauf die Schichtenfolge $MgO \mid MgAl_2O_4 \mid Al_2O_3$ vorliegt und demzufolge die Beweglichkeit der Ionen in der Spinellphase ausschlaggebend für die Bildungsgeschwindigkeit des Spinells ist. Auf Grund röntgenographischer Untersuchungen an Spinellen, die ein wohlgeordnetes kubisch-flächenzentriertes Gitter der Sauerstoffionen aufweisen und in denen die Kationen in teilweise regelloser Verteilung auftreten[3], vermutet WAGNER das Gegeneinander-

[1] RICKERT, H., u. C. WAGNER: Z. Elektrochem. Ber. Bunsenges. phys. Chem. **66**, 502 (1962).

[2] WAGNER, C.: Z. phys. Chem. (B) **34**, 309 (1936).

[3] BARTH, T. F. W., u. E. POSNJAK: Z. Kristallogr. **82**, 325 (1932). — F. MACHATSCHKI: Z. Kristallogr. **82**, 348 (1932). — G. HÄGG u. G. SÖDERHOLM: Z. phys. Chem. (B) **29**, 88 (1935). — G. HÄGG: Z. phys. Chem. (B) **29**, 95 (1935). — E. J. W. VERWEY: Z. Kristallogr. **91**, 65, 317 (1935); J. chem. Phys. **3**, 592 (1935). — E. KORDES: Z. Kristallogr. **91**, 193 (1935).

diffundieren der Mg^{2+}- und Al^{3+}-Ionen[1] als den maßgebenden Vorgang der Spinellbildung, während die O-Ionen als praktisch unbeweglich zu betrachten sind (S. 256ff.)[2]. Diese Annahme wird ferner durch die Tatsache gestützt, daß die hier beteiligten Kationen einen wesentlich kleineren Ionenradius ($r_{Mg^{2+}} = 0{,}78$ Å, $r_{Al^{3+}} = 0{,}57$ Å) aufweisen als die Sauerstoffionen ($r_{O^{2-}} = 1{,}32$ Å). Durch die teilweise regellose Verteilung der im Spinellgitter eingebauten Kationen auf Oktaeder- und Tetraederplätzen ist ein Überschuß an Al_2O_3 beispielsweise dadurch möglich, daß $3\,Mg^{2+}$-Ionen durch $2\,Al^{3+}$-Ionen ersetzt werden können unter gleichzeitiger Bildung einer Leerstelle im Kationenteilgitter.

Die Spinellbildung kann man durch das folgende Reaktionsschema darstellen:

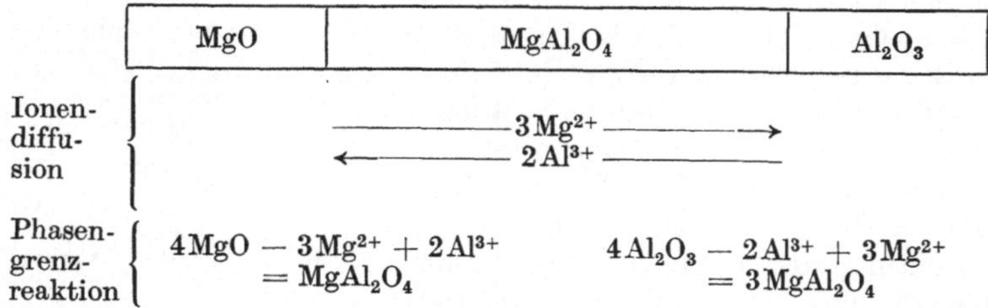

Eine Nachprüfung des Reaktionsmechanismus ist nach der TUBANDTschen Pastillenmethode nur bei Temperaturen >1500 °C möglich, da die Reaktion bei niedrigeren Temperaturen nur sehr langsam verläuft. Entsprechend der TAMMANNschen Regel[3], daß erst eine meßbare Platzwechselgeschwindigkeit eintritt, wenn die Reaktionstemperatur $\frac{2}{3}$ der Schmelztemperatur des betreffenden festen Körpers erreicht hat, müßte nach dem Schmelzdiagramm[4] des Systems MgO/Al_2O_3 (Abb. 7.9) die Reaktionstemperatur >1400 °C betragen. Die Verdampfungsgeschwindigkeit von Al_2O_3 sollte bei diesen Temperaturen noch keine Rolle spielen.

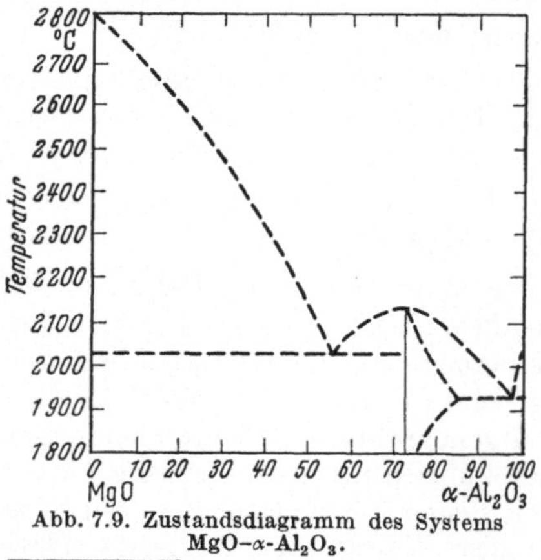

Abb. 7.9. Zustandsdiagramm des Systems MgO–α-Al_2O_3.

Sowohl NAVIAS[5] als auch CARTER[6] haben die Bildungsgeschwindigkeit von $MgAl_2O_4$ an

[1] Vgl. u. a. auch W. JANDER u. W. STUMM: Z. anorg. allg. Chem. **199**, 165 (1931).

[2] Über die Reaktionsfähigkeit des Al_2O_3 bei der Spinellbildung berichtet J. HLAVAC: in: Reactivity of Solids, S. 129. Amsterdam 1960.

[3] TAMMANN, G.: Lehrbuch der Metallkunde. Berlin 1929.

[4] SHEPHERD, E. B., u. G. A. RANKIN: Amer. J. Sci. **28**, 395 (1909). — G. A. RANKIN u. H. E. MERVIN: Z. anorg. allg. Chem. **96**, 291 (1916).

[5] NAVIAS, L.: J. Amer. ceram. Soc. **44**, 434 (1961).

[6] CARTER, R. E.: J. Amer. ceram. Soc. **44**, 116 (1961).

Einkristallen und auch an polykristallinem Al_2O_3 (Saphir) und MgO (Periklas) zwischen 1400 und 1900 °C in verschiedenen Gasatmosphären untersucht. Unter Verwendung von Mo-Draht von 0,005 cm Dicke als Markierung, die vor dem Versuch an der Phasengrenze Al_2O_3/MgO lag und nach dem Versuch im Innern der gebildeten $MgAl_2O_4$-Schicht gefunden wurde, konnte die von WAGNER erwartete gegenseitige Diffusion von Mg- und Al-Ionen nachgewiesen werden.[1] Die Auswertung der Versuchsergebnisse von CARTER war insofern erschwert, als der anfänglich zusammenhängende Mo-Draht nach dem Versuch in Bruchstücke zerfallen war, von denen wohl einige an der Phasengrenze Spinell/Oxid lagen, aber der größte Teil eindeutig im Innern der Spinellschicht. Durch welche Kräfte eine Zerstörung des Mo-Drahtes verursacht wird, ist gegenwärtig unbekannt. Die Kinetik des Wachstums der Spinellschicht folgt dem parabolischen Zeitgesetz (s. Abb. 7.10), was auf geschwindigkeitsbestimmende Diffusionsvorgänge hinweist. Ferner wurde gefunden, daß der auf dem Saphir aufwachsende Spinell ein um 47% größeres Mol-Volumen besitzt als der Saphir. Aus elektrochemischen Versuchen ergibt sich eine überwiegende Ionenleitung im $MgAl_2O_4$.[2] Bemerkenswert ist der Befund, daß die Zusammensetzung im Spinell an der Phasengrenze $Al_2O_3/MgAl_2O_4$ auf eine erhebliche Al_2O_3-Anreicherung (1 MgO : 2—3 Al_2O_3) hinweist. Eine genauere Untersuchung des Zustandsdiagramms auf der Al_2O_3-Seite erscheint daher wünschenswert.

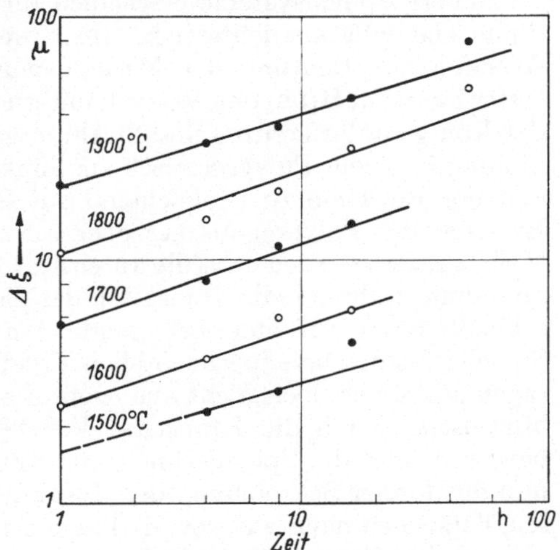

Abb. 7.10. Zeitliches Wachstum der Spinellschicht auf Saphir in Sauerstoff bei verschiedenen Temperaturen nach NAVIAS.

Wie weiter festgestellt wurde, kann die Gasphase einen erheblichen Einfluß auf die Spinellbildung ausüben. So wurde beispielsweise auch dann eine Spinellbildung beobachtet, wenn in einer Wasserstoffatmosphäre die MgO- und Al_2O_3-Kristalle sich nicht im Kontakt befanden. Da die Spinellbildung auf Al_2O_3 auftritt, muß ein Übertritt von MgO über die Dampfphase erfolgen. Nach neueren Untersuchungen von ALTMAN[3] sollte gasförmiges MgO für die Spinellbildung bei hohen Temperaturen (1700 °C) nur von untergeordneter Bedeutung sein. MgO tritt überwiegend unter Dissoziation als Mg-Dampf und Sauerstoff auf. Die

[1] Siehe auch R. C. ROSSI u. R. M. FULRATH: J. Amer. ceram. Soc. **46**, 145 (1963).
[2] FISCHER, W. A., u. A. HOFFMANN: Arch. Eisenhüttenwes. **26**, 63 (1955).
[3] ALTMAN, R. L.: J. phys. Chem. **67**, 366 (1963).

nach der KNUDSEN-Methode ermittelten Partialdrucke für Mg und MgO betrugen $p_{Mg} = 3{,}72 \cdot 10^{-6}$ atm (2013 °K) und $p_{MgO} = 3{,}0 \cdot 10^{-8}$ atm (2033 °K). In Gegenwart von Sauerstoff blieb dieser Effekt aus. Der Einfluß der Gasphase auf den Reaktionsablauf tritt auch bei der Spinellbildung aus CoO und Ti_2O auf (s. auch S. 825). So wurde beispielsweise beobachtet, daß sich in einer N_2-Atmosphäre Co_2TiO_4 bedeutend langsamer bildet als in einer O_2-Atmosphäre. Einen gleichen Einfluß hat HCl-Gas auf die Flüchtigkeit mancher oxidischer Stoffe.[1]

Andere Spinellsysteme erscheinen für eine Untersuchung im obigen Sinne ebenfalls aussichtsreich. Am System ZnO/Al_2O_3 liegen mehrere Arbeiten zur Deutung des Mechanismus der Spinellbildung vor. Als erster hat wohl HILD[2] den Versuch unternommen, an Hand der Änderung der Röntgeninterferenzen und Strahlungsintensität während der Spinellbildung in einem Pulvergemisch aus Zink- und Aluminiumoxid den Ablauf der Reaktion zu beobachten. Auf Grund der Tatsache, daß beim Erhitzen des Pulvergemisches oberhalb 975 °C die Spinellinien in dem Maße stärker werden, wie die Intensität der Interferenzen von Korund abnimmt, während die Intensität der ZnO-Linien unverändert bleibt, schließt HILD auf eine bevorzugte Wanderung von ZnO durch die Spinellschicht. Die experimentellen Ergebnisse reichen für weitere Aussagen allerdings noch nicht aus, worauf auch BENGTSON und JAGITSCH[3] hinweisen. Durch die HILDschen Versuche ist zunächst nur eindeutig bewiesen, daß die Spinellschicht auf Korund gebildet wird und diesen umhüllt (daher Schwächung der Korundlinien). Jedoch bleibt nach diesen Versuchen nach wie vor die Frage offen, welches der beiden Metallionen durch die Spinellschicht bevorzugt diffundiert und ferner inwieweit mit einer Poren- und Korngrenzendiffusion von ZnO zu rechnen ist. In Analogie zum allgemeinen Reaktionsmechanismus, erläutert am Beispiel der $MgAl_2O_4$-Bildung auf S. 814, kann man auf Grund der obigen Ausführungen für die Bildung des Zn-Al-Spinells eine gegenseitige Diffusion von Zn^{2+}- und Al^{3+}-Ionen in äquivalenten Mengen annehmen, wobei folgende Phasengrenzreaktionen an den Phasengrenzen $ZnO/ZnAl_2O_4$ und $Al_2O_3/ZnAl_2O_4$ auftreten:

$$4\,ZnO - 3\,Zn^{2+} + 2\,Al^{3+} = ZnAl_2O_4$$

$$4\,Al_2O_3 - 2\,Al^{3+} + 3\,Zn^{2+} = 3\,ZnAl_2O_4 .$$

Ein derartiger Mechanismus ist durchaus wahrscheinlich, da die Sauerstoffionen auch hier, wie bereits beim Mg-Al-Spinell mitgeteilt, wohlgeordnet die Plätze eines kubisch-flächenzentrierten Gitters besetzt halten, während die Kationen in teilweise regelloser Verteilung eingebaut sind und damit die Voraussetzung für eine größere Diffusionsgeschwindigkeit als die Sauerstoffionen mitbringen. Diese regellose Verteilung bzw. Fehlordnung der Kationen kann noch dadurch erhöht werden, indem wir durch einen Überschuß an Al_2O_3 im Spinell 2wertige Metallionen durch 3wertige

---

[1] RYSCHKEWITSCH, E.: Oxydkeramik, S. 156. Berlin 1948.
[2] HILD, K.: Z. phys. Chem. (A) **161**, 305 (1932).
[3] BENGTSON, B., u. R. JAGITSCH: Ark. Kem., Mineral. Geol. **24** A, Nr. 18 (1947).

Al-Ionen ersetzen, wobei durch Ersatz von drei 2wertigen Metallionen durch zwei 3wertige Al-Ionen eine weitere Leerstelle im Kationenteilgitter des Spinells erzeugt wird.

Es ist das Verdienst von BENGTSON und JAGITSCH, für die Kinetik der Zn-Al-Spinellbildung die ersten quantitativen Meßergebnisse geliefert zu haben. Da die Autoren eine Versuchsanordnung nach WAGNER infolge der geringen Diffusionsgeschwindigkeiten der Ionen im Spinell nicht für zweckmäßig halten, wenden sie das Verfahren der „markierten Grenzflächen“ an. Dieses Verfahren besteht darin, daß auf die Kontaktfläche eines oder beider Reaktionspartner eine mikroskopisch wahrnehmbare, aber den Kontakt nicht störende Markierung eines chemisch indifferenten Stoffes — wie z. B. Platinpulver — aufgebracht wird. Hierdurch entfällt das Zwischenschalten von Spinellpastillen zwischen die ZnO- und Al_2O_3-Pastille. In Abb. 7.11 sind die möglichen Fälle der Diffusion, mit denen bei der Spinellbildung zu rechnen ist, berücksichtigt. JAGITSCH und Mitarbeiter halten diese Methode für geeignet, um in bequemer und eindeutiger Weise eine Entscheidung herbeizuführen, welche Ionenarten im Spinell diffundieren. Zur quantitativen Untersuchung des Mechanismus der Ionendiffusion im Zn-Al-Spinell wurden sowohl mit in Zinkoxidpulver eingebetteten Korundkristallen Versuche ausgeführt, wie auch nach der Methode der markierten Grenzflächen in Preßpastillen aus α-Al_2O_3 und ZnO das Fortschreiten der Diffusion beobachtet. Die Spinellbildung wurde röntgenographisch nachgewiesen. An Hand von Testsubstanzen aus ZnO, Al_2O_3 und $ZnAl_2O_4$ ließ sich die Bildung von Zink-Aluminium-Spinell an den Interferenzen der Flächen (220) und (311) sicher erkennen.

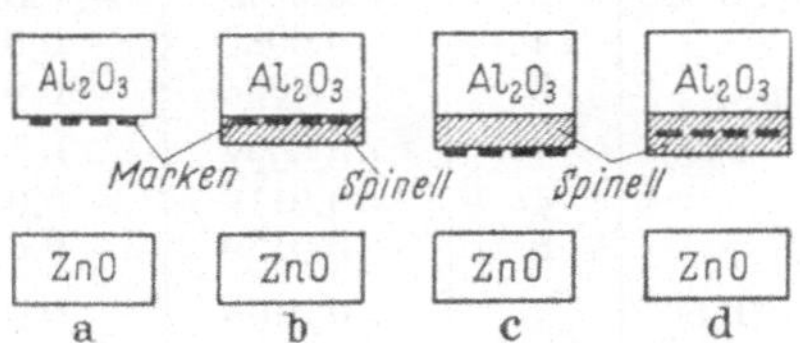

Abb. 7.11. Markierung der Al_2O_3-Pastillen nach BENGTSON und JAGITSCH

a) vor dem Versuch;
b) nach dem Versuch mit praktisch alleiniger Wanderung von Al^{3+}-Ionen und Elektronen;
c) nach dem Versuch bei praktisch alleiniger Wanderung von Zn^{2+}-Ionen und Elektronen. (In beiden Fällen soll der Sauerstofftransport über die Gasphase erfolgen. Eine evtl. Sauerstoffdiffusion durch das Spinellgitter wäre mittels Sauerstoffisotope ^{18}O zu prüfen.)
d) Hier gilt das Reaktionsschema nach WAGNER, wo Zn^{2+}- und Al^{3+}-Ionen in äquivalenten Mengen gegeneinander diffundieren. Die „Marken“ liegen daher im Innern der Spinellphase.

Schon aus den qualitativen Versuchen ergab sich auf Grund der Schichtenfolge

$$Al_2O_3 \mid ZnAl_2O_4 \mid \text{Pt-Marke} \mid ZnO,$$

daß der Materietransport innerhalb der Spinellschicht überwiegend durch Wanderung von Zn^{2+}- und O^{2-}-Ionen bzw. Zn^{2+}-Ionen + Elektronen und Sauerstoff über die Gasphase erfolgen muß. Durch diese Versuchsergebnisse ist aber eine Entscheidung zwischen den beiden Mechanismen nicht möglich. Die kinetischen Messungen wurden zwischen 1250 und 1380 °C mit Versuchszeiten bis zu 24 Stunden ausgeführt. Da ZnO in diesem Temperaturbereich bereits einen merklichen Dampfdruck besitzt, wurden die Verdampfungsverluste gesondert be-

Tabelle 7.1
Kinetische Messungen zur Zn-Al-Spinellbildung nach Bengtson und Jagitsch

T °C	Zeit in Std.	Gewichtsänderung in g Al_2O_3-Pastille	Gewichtsänderung in g ZnO-Pastille	Differenz entspr. Verdampfung von ZnO	$k'' \cdot 10^6$ $g^2\,cm^{-4}\,h^{-1}$
1250	3	+0,0029	−0,0033	0,0004	2,64
	7	+0,0044	−0,0053	0,0009	
	11	+0,0054	−0,0068	0,0014	
	16	+0,0065	−0,0085	0,0020	
1290	2	+0,0073	−0,0100	0,0027	5,53
	4	+0,0080	−0,0113	0,0033	
	8	+0,0093	−0,0137	0,0044	
1330	1	+0,0098	−0,0149	0,0051	13,33
	4	+0,0118	−0,0190	0,0072	
	8	+0,0139	−0,0233	0,0094	
1380	4	+0,0105	−0,0152	0,0047	33,80
	7	+0,0150	−0,0239	0,0089	
	10	+0,0190	−0,0321	0,0131	
	17,5	+0,0242	−0,0445	0,0203	
	24,5	+0,0282	−0,0551	0,0269	

rücksichtigt. Außerdem wurde während des Reaktionsablaufs ein kräftiger Luftstrom durch den Ofenraum gesaugt, um ein Niederschlagen des verdampfenden ZnO auf nicht in direktem Kontakt mit ZnO stehende Al_2O_3-Flächen zu verhindern. Wie aus Tab. 7.1 und Abb. 7.12 hervorgeht, kann die praktische Reaktionskonstante k'' durch das auch für Oxydationsvorgänge gültige parabolische Zeitgesetz

$$k'' = \left(\frac{\Delta m}{q}\right)^2 \frac{1}{t}$$

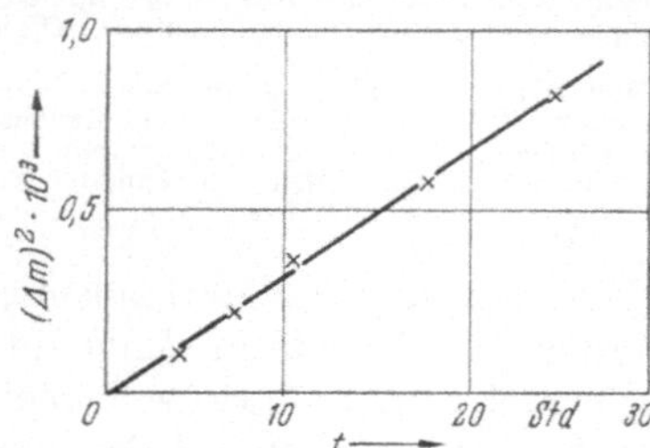

Abb. 7.12. Zeitlicher Verlauf der Zn-Al-Spinellbildung bei 1380 °C in Luft nach Bengtson und Jagitsch. (Δm in g.)

ausgedrückt werden. Tab. 7.1 zeigt ferner die Temperaturabhängigkeit von k'', die durch die folgende Näherungsformel wiedergegeben wird:

$$k'' = 3{,}2 \cdot 10^8 \exp(-98000/RT)\ g^2\,cm^{-4}\,h^{-1}.$$

Für die Verdampfungsgeschwindigkeit von ZnO wurde

$$k_{\text{Verdampfung}} = 6{,}3 \cdot 10^9 \exp(-95000/RT)\ g\,cm^{-2}\,h^{-1}$$

gefunden, wobei die Verdampfungsgeschwindigkeit bei praktisch unveränderter Größe der Oberfläche konstant und die verdampfte Menge eine lineare Funktion der Versuchsdauer entsprechend

$$\Delta m = k_{\text{Verdampfung}}\, t$$

ist.

Im allgemeinen war aber die Verdampfungsgeschwindigkeit von reinem Zinkoxid bei den angewandten Versuchstemperaturen und -zeiten deutlich kleiner als die Umsetzungsgeschwindigkeit von ZnO und Al_2O_3, so daß bei Ausschluß einer merklichen O^{2-}-Diffusion durch die Spinellschicht die Annahme einer Diffusion von Zn-Ionen und Elektronen unter Sauerstoffzutritt über die Gasphase an Wahrscheinlichkeit gewinnt. Ein Vergleich der in verschiedenen Zeiten bei 1250 °C in Al_2O_3 unter Spinellbildung hineindiffundierten ZnO-Mengen mit den gleichzeitig von der freien, d. h. nicht der Al_2O_3-Pastille zugekehrten, Oberfläche verdampften Mengen ZnO zeigt, daß die hineindiffundierten Mengen ZnO erheblich größer waren als die durch Verflüchtigung verschwundenen Mengen an ZnO (Abb. 7.13).[1] Auf Grund dieser Versuchsergebnisse kann man daher die Diffusion von Zn^{2+}-Ionen durch die Spinellschicht zur Phasengrenze Spinell/Al_2O_3 als den maßgebenden Teilvorgang der Spinellbildung ansehen, sofern eine Poren- und Korngrenzendiffusion von ZnO durch den Spinell ausgeschlossen ist. Die Phasengrenzreaktionen scheinen genügend rasch abzulaufen, da ein parabolisches Zeitgesetz beobachtet wurde.

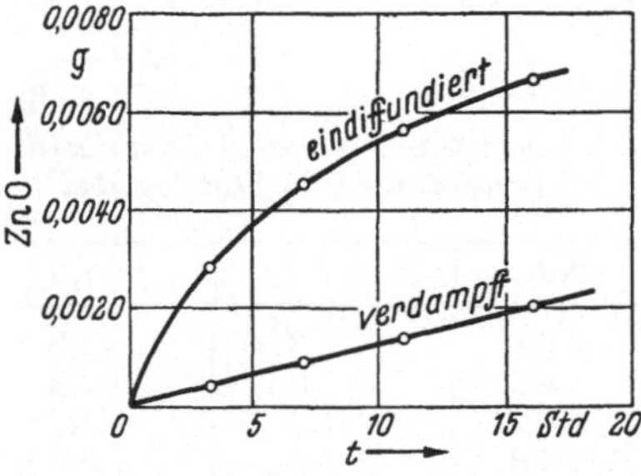

Abb. 7.13. Vergleich der je cm² bei 1250 °C unter Spinellbildung eindiffundierenden resp. frei verdampfenden Mengen an ZnO nach HEDVALL und JAGITSCH.

In ähnlicher Weise wie der Mg-Al- oder der Zn-Al-Spinell bilden sich zahlreiche andere Spinelle, wie z. B. $CoCr_2O_4$, $NiAl_2O_4$, $NiCr_2O_4$, $MgCr_2O_4$, $FeCr_2O_4$, $CoAl_2O_4$, $ZnGa_2O_4$, $MgFe_2O_4$, Co_2TiO_4 usw. Jedoch liegen bisher über den Bildungsmechanismus dieser Spinelle nur wenige quantitative Versuchsergebnisse vor. Zahlreiche Arbeiten, in denen die Spinellbildung behandelt ist, wurden nach anderen Gesichtspunkten ausgeführt und ausgewertet. So untersuchten beispielsweise KITTEL und HÜTTIG[2] die Veränderung der magnetischen Eigenschaften eines Gemisches von MgO und Cr_2O_3 während der Spinellbildung. Als wesentliche Ergänzung kann die — wenn auch mehr auf technologischer Basis durchgeführte — Arbeit über die Chrommagnesiastein-Bildung von LIPINSKI[3] angesehen werden.

HAUFFE und PSCHERA[4] untersuchten die Kinetik der Nickel-Chrom-Spinellbildung. Die Versuche wurden bei 1100 °C mit Versuchszeiten bis zu 200 Stunden ausgeführt. Die Auswertung der Versuche war insofern erschwert, als die Verdampfungsverluste sowohl von Cr_2O_3 als auch von $NiCr_2O_4$ beachtlich waren. Im Spinell sind offenbar überwiegend die Cr-Ionen beweglich, während eine Ni-Ionenwanderung nicht feststellbar war. Außerdem wurde beobachtet, daß sich die an der Grenzfläche NiO/Spinell ausbildende neue Spinellphase nicht, wie man sinngemäß erwarten würde, entsprechend dem untenstehenden Schema auf der

[1] HEDVALL, J. A., u. R. JAGITSCH: Z. anorg. allg. Chem. **262**, 49 (1950).
[2] KITTEL, H., u. G. F. HÜTTIG: Z. anorg. allg. Chem. **217**, 193 (1934).
[3] LIPINSKI, F.: Tonind.-Ztg. **67**, 139 (1943).
[4] HAUFFE, K., u. K. PSCHERA: Z. anorg. allg. Chem. **262**, 147 (1950).

schon vorhandenen 2. Spinellpastille

NiO	$NiCr_2O_4$	$NiCr_2O_4$	Cr_2O_3
1	2	3	4

(Phasengrenze $NiO/NiCr_2O_4$) aufbaut, sondern bemerkenswerterweise auf der dem Spinell zugekehrten Seite der NiO-Oberfläche. Aus diesem Grunde bleiben auch die Spinellpastillen (etwa 1 mm dick) unter Berücksichtigung der Verdampfungseffekte praktisch unverändert, während die gesamte Massenzunahme auf die NiO-Pastille entfällt. Die zahlenmäßigen

Tabelle 7.2

Die Gewichtsänderungen Δm der Pastillen in mg am System NiO/Cr_2O_3. $T = 1100\,°C$, Versuchsdauer 200 Stunden, bei m_7 400 Stunden, nach Hauffe und Pschera

NiO	NiO	$NiCr_2O_4$	$NiCr_2O_4$	Cr_2O_3	Cr_2O_3
+0,6	+1,3	−2,3	±0,0	−2,4	−1,0
+0,1	+1,6	−1,8	±0,0	−2,4	−1,0
+0,2	+1,2	−1,3	−0,4	−2,3	−1,6
+1,1	+4,0	−3,9	+0,5	−5,3	−3,9 (m_7)

Angaben finden sich in Tab. 7.2. Diese Beobachtung läßt sich in folgender Weise deuten: Da die Cr_2O_3-Komponente gegenüber NiO besonders leicht verdampfbar ist, treten nach Durchwandern der Spinellschicht die Cr-Ionen + Elektronen an der der NiO-Pastille zugekehrten Oberfläche des Spinells auf, wo sie sich mit einer äquivalenten Menge Sauerstoff aus der Gasatmosphäre zu Cr_2O_3 vereinigen und von hier aus an die NiO-Oberfläche verdampfen unter Bildung einer Spinellschicht auf der NiO-Phase. Hierdurch wird die vor dem Versuch grasgrün gefärbte NiO-Pastille tief dunkelgrün gefärbt. Diese Beobachtung steht im Einklang mit Versuchsergebnissen von THIRSK und WHITMORE[1], die durch Aufdampfen von Al_2O_3 auf NiO die Ausbildung einer Spinellphase auf NiO elektronenoptisch nachweisen konnten. Der Aufbau der neuen Spinellphase auf dem Mutterspinellzylinder *2* ist also nur deswegen nicht eingetreten, weil erstens der Kontakt zwischen den Zylindern *1* und *2* nicht genügend intensiv war und zum anderen das leichter verdampfbare Oxid das Chromoxid ist[2], das vom NiO unter Spinellbildung verbraucht wird. Auf Grund dieses Befundes und der vorliegenden Tracer-Diffusions-

[1] THIRSK, H. R., u. E. J. WHITMORE: Trans. Faraday Soc. **36**, 862 (1940).

[2] Nach neueren Untersuchungen über die Sublimation von Cr_2O_3 ist selbst zwischen 1225 und 1550 °C kein bevorzugter Übergang von Sauerstoff in die Gasphase und damit auch keine CrO-Bildung beobachtbar. Die Verdampfungsgeschwindigkeit betrug z. B. bei 1230 °C $3{,}9 \cdot 10^{-9}\,g\,cm^{-2}\,sec^{-1}$. Ferner lautet die Formel für den totalen Druck als Funktion der Temperatur:

$$\log p\ (\text{atm}) = 7{,}74 - 25300/T$$

[K. WANG, L. H. DREGER, V. V. DADAPE u. J. L. MARGRAVE: J. Amer. ceram. Soc. **43**, 509 (1960)].

koeffizienten von Ni^{2+}, Cr^{3+} und O^{2-} in $NiCr_2O_4$ (s. Abb. 5.91 auf S. 590) kann man folgendes Reaktionsbild entwerfen (s. auch Abb. 7.14).

Infolge eines ungenügenden Kontaktes der Zylinder untereinander, was durch die Zwischenräume d_1 und d_2 schematisch dargestellt ist, kann neben den Phasengrenzreaktionen eine Verdampfung von Cr_2O_3 von 4 nach 3 und von 2 nach 1 auftreten, während in der Spinellphase infolge eines Cr-Überschusses an der Phasengrenze 3/4 eine Diffusion von Cr-Ionen + Elektronen von rechts nach links stattfinden kann. Wenn auch eine Sauerstoffionenwanderung durch den Spinell nicht ausgeschlossen werden kann, so bevorzugen wir doch die Annahme eines Sauerstofftransports über die Gasphase. Nach diesen Betrachtungen kann man die Bruttoreaktion der Spinellbildung in folgende Teilvorgänge zerlegen (Z bedeutet Zylinder):

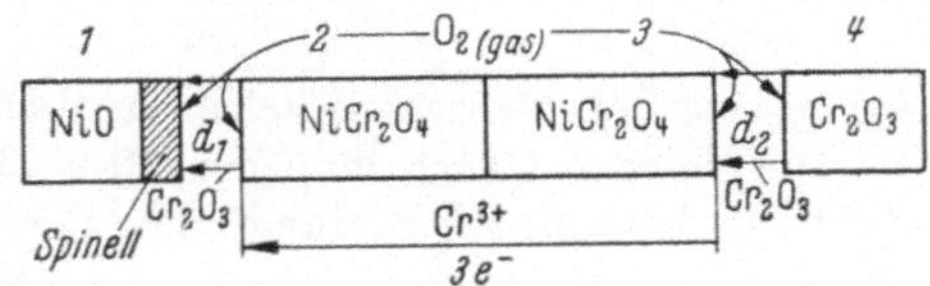

Abb. 7.14. Vermutlicher Mechanismus der $NiCr_2O_4$-Bildung aus den Oxiden bei 1100°C in Luft nach HAUFFE und PSCHERA. d_1 und d_2 sind die stark auseinandergezogenen Abstände zwischen der Spinell-Pastille und der NiO- bzw. Cr_2O_3-Pastille. (Cr_2O_3-Verdampfung.)

$$Cr_2O_3\ (\text{auf Z. } 4) \xrightarrow[\text{Gasphase}]{\text{über}} Cr_2O_3\ (\text{auf Z. } 3) \qquad \text{Verdampfung} \qquad (7.40\text{a})$$

$$Cr_2O_3\ (\text{auf Z. } 3) \rightarrow (2Cr^{3+} + 6e^-)\ \text{in Z. } 3 + \tfrac{3}{2}O_2(\text{gas}) \qquad \text{Einbau in Spinell} \qquad (7.40\text{b})$$

$$(2Cr^{3+} + 6e^-)\ \text{in Z. } 3 \rightarrow (2Cr^{3+} + 6e^-)\ \text{in Z. } 2 \qquad \text{Diffusion} \qquad (7.40\text{c})$$

$$(2Cr^{3+} + 6e^-)\ \text{in Z. } 2 + \tfrac{3}{2}O_2(\text{gas}) \rightarrow Cr_2O_3\ (\text{auf Z. } 2) \qquad \text{Ausbau} \qquad (7.40\text{d})$$

$$Cr_2O_3\ (\text{auf Z. } 2) \xrightarrow[\text{Gasphase}]{\text{über}} Cr_2O_3\ (\text{auf Z. } 1) \qquad \text{Verdampfung} \qquad (7.40\text{e})$$

$$Cr_2O_3\ (\text{auf Z. } 1) + NiO\ (\text{in Z. } 1) \rightarrow NiCr_2O_4\ (\text{auf Z. } 1) \qquad \text{Spinellbildung} \qquad (7.40\text{f})$$

Wie man an Hand des obigen Schemas erkennt, wird an der Phasengrenze 3/4 für je zwei neu eintreffende Cr-Ionen 1,5 Sauerstoffmoleküle an die Gasphase geliefert, die dann an der Phasengrenze 2/1 beim Austritt der durch die Spinellphase diffundierten Chromionen wieder abreagieren. Aus Elektroneutralitätsgründen müssen zwei Cr-Ionen entweder gemeinsam mit einer Ni-Ionenleerstelle oder gemeinsam mit zwei Elektronen diffundieren. Im ersten Fall ist weder eine Sauerstoffdiffusion noch ein Sauerstofftransport über die Gasphase erforderlich. Ferner kommt es zu einem Abbau der Spinellphase an der Grenzfläche 2/1, sofern alles überschüssige Chromoxid zur NiO-Pastille „abdampft". Im zweiten Fall — also mit Elektronen als „Wandergefährten" — ist infolge Sauerstoffaufnahme aus der Atmosphäre ein Transport von Sauerstoff über die Gasphase erforderlich.

Unter der Annahme, daß die Abstände d_1 und d_2 zwischen den einzelnen Pastillen in der Größenordnung der mittleren freien Weglänge ($5 \cdot 10^{-5}$ cm) der Moleküle liegen, können wir die Verdampfungsgeschwindigkeit der Cr_2O_3- bzw. CrO-Moleküle bei einem äußeren Druck von 1 atm und 1100 °C als genügend groß annehmen[1,2], so daß als alleiniger, die Geschwindigkeit bestimmender, Teilvorgang die Diffusion entweder der Cr-Ionen + $|Ni|''$ oder der Cr-Ionen + Elektronen angenommen werden kann. Dann gilt die Beziehung:

$$\left(\frac{\Delta m}{q}\right)^2 = k'' t, \tag{7.41}$$

wobei Δm den Massenzuwachs der NiO-Pastille 1 bedeutet.

Die gleichen Überlegungen dürften ebenfalls für das Aufwachsen von ZnO auf Al_2O_3 unter Bildung einer Spinellphase auf Al_2O_3 gelten. Während die ZnO-Kristalle infolge des höheren Dampfdrucks gegenüber Al_2O_3 an ihrer Oberfläche keine Spinellbildung zeigen, erscheint die Ausbildung der Spinellphase auf Korund plausibel. Eine Nachprüfung der Versuchsergebnisse von JAGITSCH mit Hilfe einer der WAGNERschen Versuchsanordnung identischen dürfte den Nachweis einer Al-Ionendiffusion insofern erschweren, als auch in diesem Reaktionssystem das Konzentrationsgefälle von Zn gegenüber demjenigen von Al im Spinell infolge der leichten Verdampfbarkeit des ZnO aus der reinen Phase wie auch aus der Spinellphase an den entscheidenden Phasengrenzen (1/2 und 3/4) verändert werden kann. Dies geht aus der schematischen Darstellung in Abb. 7.15 hervor. Die gestrichelte waagerechte Linie entspricht dem Al- bzw. Zn-Gehalt bei stöchiometrischer Zusammensetzung des Spinells. Infolge der leichten Verdampfbarkeit des ZnO tritt auch hier wie beim Cr_2O_3/NiO-System an der Phasengrenze 1/2 ein großer Überschuß an ZnO bzw. Zn^{2+}-Ionen + Elektronen auf, der an der Phasengrenze 3/4 wohl kleiner, aber immer noch merklich ist. Infolge dieses durch die leichte Verdampfbarkeit des ZnO verursachten Konzentrationsgefälles $\Delta x_{Zn}/\Delta \xi$

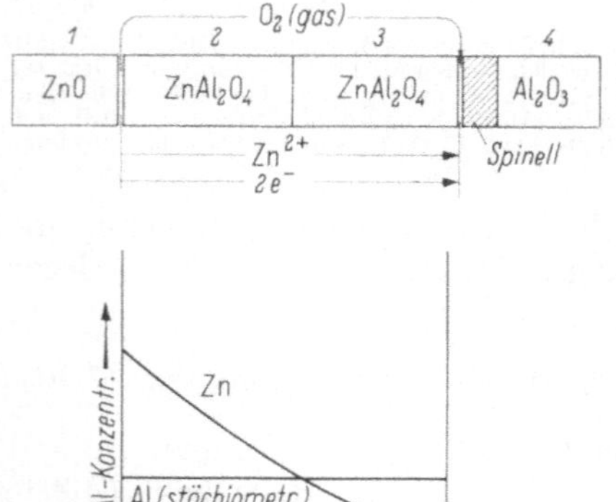

Abb. 7.15. Schematische Darstellung der Konzentrationsverteilung von Zn und Al in den beiden $ZnAl_2O_4$-Pastillen unter Annahme einer ZnO-Verdampfung und einer überwiegenden Diffusion von Zn^{2+}-Ionen und Elektronen mit einem Sauerstofftransport über die Atmosphäre.[3]

[1] Vgl. u. a. C. WAGNER: Z. phys. Chem. (A) **192**, 85 (1943). — C. WAGNER u. V. STEIN: Z. phys. Chem. (A) **192**, 129 (1943). — J. A. M. VAN LIEMPT: Recueil Trav. chim. Pays-Bas **54**, 847 (1935); **55**, 1 (1936).

[2] Siehe Fußnote 2 auf S. 820.

[3] Im Gegensatz zum Verlauf der Zn-Konzentration in der Spinellschicht gemäß Abb. 7.15 findet R. LINDNER: Z. Elektrochem. Ber. Bunsenges. phys. Chem. **59**, 967 (1955) aus der Verteilung des radioaktiven Zinks eine konstante Konzentration desselben in der Spinellschicht.

kann bei größerer Beweglichkeit der Zn-Ionen im Spinell eine überwiegende Diffusion von Zn-Ionen erzwungen werden, obwohl in Gegenwart einer ZnO-Phase in Nachbarschaft mit der Spinellphase

$$\left(\frac{\Delta x_{Zn}}{\Delta \xi}\right)_{\text{im Spinell}} \approx \left(\frac{\Delta x_{Al}}{\Delta \xi}\right)_{\text{im Spinell}} \tag{7.42}$$

ist. Bei kleinem Partialdruck des 2wertigen Metalloxids MeO wird sich nun nicht mehr, wie im unteren Schema angedeutet, die neue Spinellphase auf Al_2O_3, sondern an den Phasengrenzen 3/4 und 1/2 der Spinellzylinder ausbilden. Eine Entscheidung hierüber bringt die Gewichtszunahme der Zylinder 2 bzw. 3. In einem solchen Fall können wir in erster Näherung wieder die beiden Konzentrationsgradienten einander — wie in (7.42) — gleichsetzen. Es tritt dann eine gegenseitige Diffusion von Al und Me im Spinell auf.

Auf Grund neuerer Untersuchungen konnte SCHMALZRIED[1] den Mechanismus der Spinellbildung an geeigneten Systemen weiter aufklären. Für den Reaktionsablauf von CoO mit TiO_2, Al_2O_3 und Cr_2O_3 stimmten die experimentell ermittelten Reaktionskonstanten mit den berechneten — insbesondere für die Co_2TiO_4-Bildung — gut überein. Entsprechend den Ausführungen in Kap. 7.1 sind zur Berechnung der Reaktionskonstanten neben der Kenntnis der freien Bildungsenthalpie die Selbstdiffusionskoeffizienten von Co in Co_2TiO_4, $CoCr_2O_4$ und $CoAl_2O_4$ sowie die Selbstdiffusionskoeffizienten von Cr, Al und Ti in den entsprechenden Spinellen erforderlich. Bis auf die letzten beiden liegen diese Meßwerte vor (s. Tab. 7.3 auf S. 827).[2] Die zur Berechnung der freien Bildungsenthalpie der Spinelle aus den Einzeloxiden gemäß der Reaktion

$$AO + B_2O_3 = AB_2O_4 \tag{7.43a}$$

bzw.

$$2\,AO + BO_2 = A_2BO_4 \tag{7.43b}$$

erforderlichen EMK-Werte wurden mit Hilfe geeigneter Festkörperketten (s. Kap. 3.122) nach dem allgemeinen Schema ermittelt.[3]

$$\text{Pt} \;\left|\; \begin{matrix} \text{B, AO} \\ AB_2O_4 \end{matrix} \;\right|\; ZrO_2 + CaO \;\left|\; \begin{matrix} \text{B} \\ B_2O_3 \end{matrix} \;\right|\; \text{Pt} \tag{I}$$

bzw.

$$\text{Pt} \;\left|\; \begin{matrix} \text{A}, B_2O_3 \\ AB_2O_4 \end{matrix} \;\right|\; ZrO_2 + CaO \;\left|\; \begin{matrix} \text{A} \\ AO \end{matrix} \;\right|\; \text{Pt} \tag{II}$$

Als repräsentativer Wert der freien Bildungsenthalpie der hier zur Diskussion stehenden Reaktionen kann in guter Näherung -5 ± 2 kcal angesetzt werden.

Da mit den experimentellen Ergebnissen der Co_2TiO_4-Bildung die in diesem Kapitel vorgeschlagenen Reaktionsmechanismen quantitativ belegt werden können, wollen wir diese Reaktion hier etwas näher betrachten, da das hier eingeschlagene Verfahren von allgemeiner Anwend-

[1] SCHMALZRIED, H.: Z. phys. Chem. (NF) **33**, 111 (1962).
[2] MORKEL, A., u. H. SCHMALZRIED: Z. phys. Chem. (NF) **32**, 76 (1962).
[3] SCHMALZRIED, H.: Z. phys. Chem. (NF) **25**, 178 (1960).

barkeit ist. Auf Grund von Versuchen mit Pt-Markierungen (s. Abb. 7.16) wurde nach dem Reaktionsablauf in Luft die Pt-Marke an der Phasen-

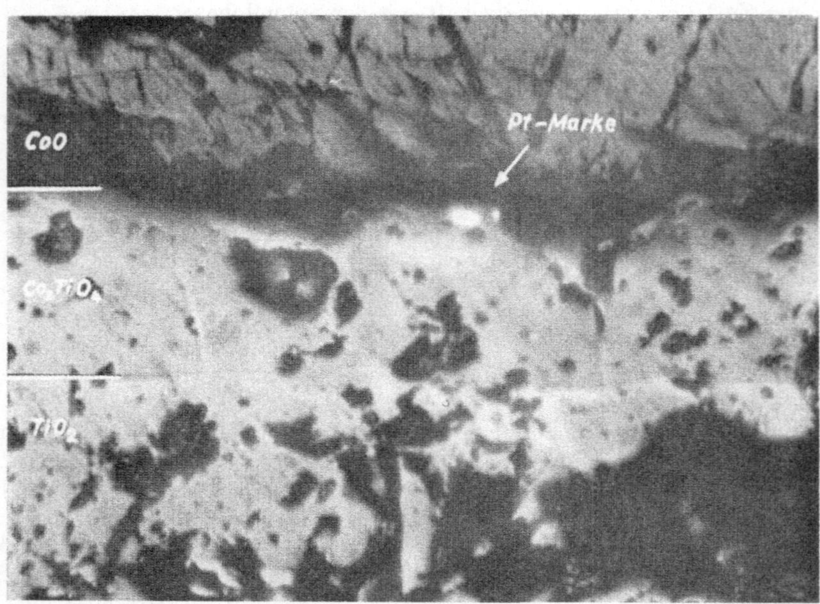

Abb. 7.16a u. b. Markierungsversuche in O_2- und N_2-Atmosphäre für die Co_2TiO_4-Bildung nach SCHMALZRIED

a) in Gegenwart von Luft: Pt-Marke an der Phasengrenze CoO/Spinell

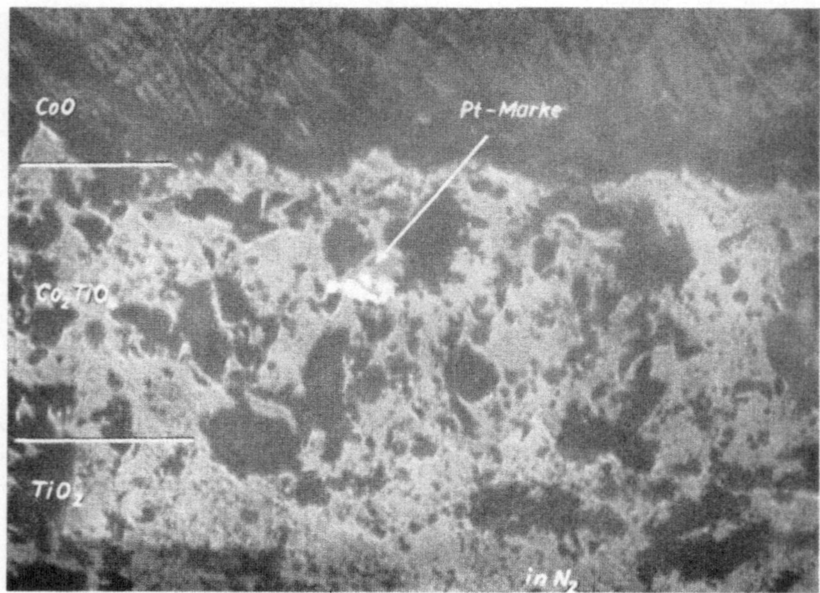

b) in Gegenwart von Stickstoff: Pt-Marke in der Mitte der Spinellschicht.

grenze Spinell/CoO und in Stickstoff — also unter Ausschluß von Sauerstoff — in der Mitte der Spinellschicht gefunden. Aus dem Vergleich der theoretisch berechneten mit den experimentell ermittelten Reaktionskonstanten zusammen mit den Markierungsversuchen folgt, daß in Luft die Reaktion

$$2\,CoO + TiO_2 = Co_2TiO_4$$

durch Wanderung von Kobaltionen und Elektronen durch die Spinellschicht erfolgt und der Sauerstoff über die Gasphase transportiert wird, da der Selbstdiffusionskoeffizient von O^{2-}-Ionen durch den Spinell nach HAUL[1] gegenüber dem der Co^{2+}-Ionen um mehrere Zehnerpotenzen kleiner ist ($\bar{D}_{O^{2-}} \approx 5 \cdot 10^{-13}$ und $\bar{D}_{Co^{2+}} \approx 5 \cdot 10^{-10}$ cm²/sec bei 1250 °C). Aus Abb. 7.17 ist die gute Übereinstimmung der unter der Annahme einer geschwindigkeitsbestimmenden Co-Diffusion berechneten (Elektronentransport sehr rasch, da Spinell Elektronenleiter) und der experimentell ermittelten Reaktionskonstanten zu erkennen.

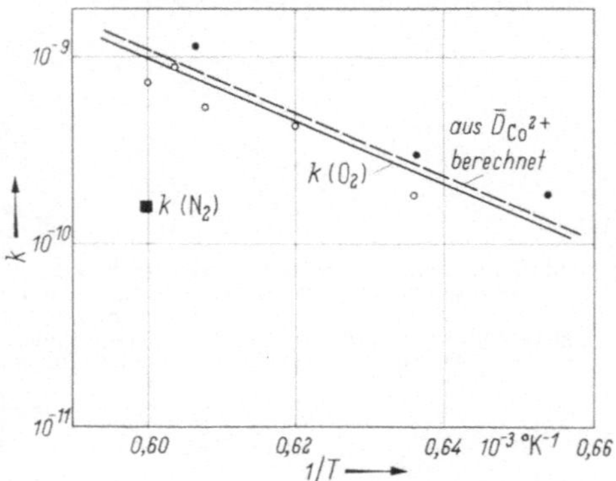

Abb. 7.17. Temperaturabhängigkeit der berechneten und experimentell ermittelten Reaktionskonstanten $k(O_2)$ [val cm^{-1} sec^{-1}] für die Co_2TiO_4-Bildung in Luft von 1 atm nach SCHMALZRIED. [■ = Meßpunkt von $k(N_2)$.]

Wie man aus dem einen Meßpunkt [$k(N_2)$] in Abb. 7.17 erkennt, ist die Reaktionsgeschwindigkeit der Spinellbildung in Stickstoff um fast eine Zehnerpotenz kleiner. Dieser Befund zusammen mit der Tatsache, daß der Tracer-Diffusionskoeffizient von Co in Co_2TiO_4 unabhängig vom Sauerstoffdruck ist, berechtigt auf Grund der Markierungsversuche zur Annahme, daß die Reaktion in sauerstofffreier Atmosphäre auf einer entgegengesetzten Kationendiffusion beruht und infolge $\bar{D}_{Ti^{4+}} \ll \bar{D}_{Co^{2+}}$ die Diffusion der Titanionen den Ablauf der Reaktion bestimmt. Infolge Fehlens geeigneter Titanisotope ist eine Ermittlung des Tracer-Diffusionskoeffizienten und daher eine Berechnung der Reaktionskonstanten $k(N_2)$ nicht möglich. Dagegen läßt sich aus den ermittelten Reaktionskonstanten ein mittlerer Komponenten-Diffusionskoeffizient des Titans in Co_2TiO_4 berechnen. Für 1400 °C ergibt sich beispielsweise für $\bar{D}_{Ti^{4+}}$ etwa 10^{-10} cm²/sec. Dieser Wert ist somit erwartungsgemäß kleiner als der für $\bar{D}_{Co^{2+}}$ ($\sim 10^{-8}$ cm²/sec). Hiernach scheint bei Festkörperreaktionen der Einfluß der umgebenden Atmosphäre häufig eine wesentliche Rolle zu spielen.

Versuche zur Aufklärung des Reaktionsmechanismus der $CoCr_2O_4$- und $CoAl_2O_4$-Bildung verliefen analog zu denjenigen der Bildung von Co_2TiO_4. Für beide Reaktionen lagen die Pt-Marken nach dem Versuch an der Phasengrenze Spinell/Cr_2O_3 bzw. Spinell/Al_2O_3. In beiden Re-

[1] HAUL, R. W.: Private Mitteilung an H. SCHMALZRIED.

aktionen wandern Kobalt und Sauerstoff bevorzugt durch die Spinellschicht bzw. über die Gasphase. Während bei der Bildung des $CoCr_2O_4$-Spinells ein ähnlicher Mechanismus in bezug auf die Abhängigkeit von der Gasatmosphäre vorzuliegen scheint wie bei der Co_2TiO_4-Bildung, ist dies für die $CoAl_2O_4$-Bildung nicht der Fall, da die Reaktionskonstan-

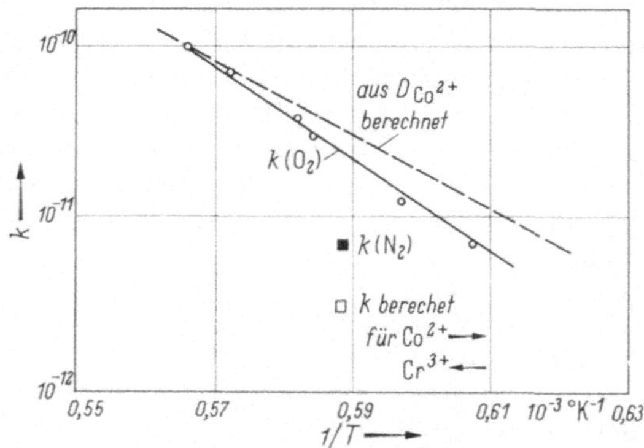

Abb. 7.18. Temperaturabhängigkeit der berechneten und experimentell ermittelten Reaktionskonstanten $k(O_2)$ [val cm^{-1} sec^{-1}] für die $CoCr_2O_4$-Bildung in Luft von 1 atm nach SCHMALZRIED.
[■ Meßpunkt von $k(N_2)$ und □ zu erwartender Meßpunkt, wenn nur eine Diffusion durch die Spinellschicht von Co und Cr in entgegengesetzter Richtung erfolgt.]

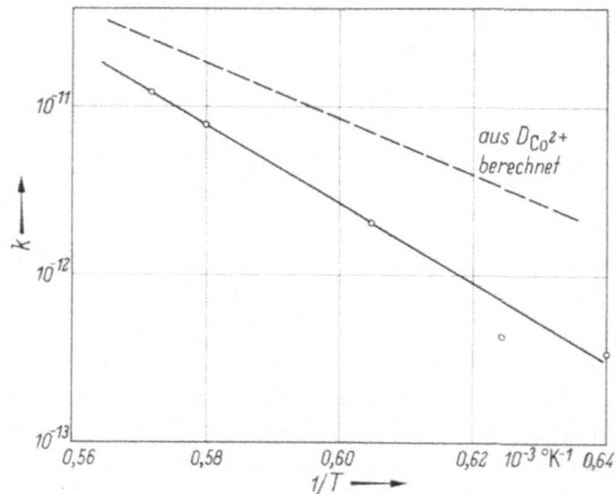

Abb. 7.19. Temperaturabhängigkeit der berechneten und experimentell ermittelten Reaktionskonstanten $k(O_2)$ für die $CoAl_2O_4$-Bildung in Luft von 1 atm nach SCHMALZRIED.

ten für die Spinellbildung in Luft und Stickstoff nicht merklich verschieden sind. Die berechneten und experimentell erhaltenen Reaktionskonstanten in Abhängigkeit von der Temperatur sind in Abb. 7.18 und 7.19 wiedergegeben. Tab. 7.3 enthält eine Übersicht über die wichtigsten Versuchsergebnisse.

HÜTTIG und THEIMER[1] weisen auf Grund von Löslichkeitsversuchen in Salzsäure an vorerhitzten Gemengen von ZnO und Cr_2O_3 im Mol-

[1] HÜTTIG, G. F., u. H. THEIMER: Kolloid-Z. **100**, 162 (1942).

Tabelle 7.3. *Übersicht der Versuchsergebnisse der Co_2TiO_4-, $CoCr_2O_4$- und $CoAl_2O_4$-Bildung nach Schmalzried*
[*$k(N_2)$ = Reaktionskonstante in Stickstoff und $k(O_2)$ = Reaktionskonstante in Sauerstoff gemessen; $D'_A = D_A(a_{AO} = 1)$, $D''_A = D_A(a_{B_2O_3} = 1)$ und entsprechend für D_B*]

	Co_2TiO_4	$CoCr_2O_4$	$CoAl_2O_4$
Lage der Pt-Drähte nach Reaktion in Luft	CoO/Spinell	CoO/Spinell	CoO/Spinell
Lage der Pt-Drähte nach Reaktion in N_2	im Spinell	aufgelöst	CoO/Spinell
$k(N_2)/k(O_2)$	0,22 (1390 °C)	0,28 (1430 °C)	1 (1415 °C)
D'_A/D''_A	0,2	3	0,2
D'_B/D''_B	—	0,35	—
D'_A/D'_B	—	25	—
D''_A/D''_B	—	4,7	—

verhältnis 1 : 1 auf eine Chromatbildung hin, wobei die Oxydationsfähigkeit besonders zwischen 600 und 1000 °C an „aktivierten" Cr_2O_3-Pulvern beobachtet wurde. Vor allem HÜTTIG und Mitarbeiter[1] haben sich in umfangreichen Untersuchungsreihen mit gewissen Teilfragen und insbesondere mit der näheren Kennzeichnung der „aktiven" Zwischenstufen während der Spinellbildung beschäftigt, die für den Reaktionsablauf an heterogenen Katalysatoren von Bedeutung zu sein scheinen. Zu diesem Zweck wurden Oxidpulver 2wertiger Metalle (BeO, MgO, CaO[2,3], SrO, BaO, ZnO, CdO, CuO, PbO) mit Oxidpulvern 3wertiger Metalle (Fe_2O_3, Al_2O_3, Cr_2O_3) gemischt und auf höhere Temperaturen erhitzt. Hierbei werden beim Übergang vom ursprünglichen Gemisch bis zum Endprodukt, dem Spinell, Zwischenzustände durchschritten, die durch hohe chemische und katalytische Aktivitäten sowie durch individuelle physikalische Eigenschaften gekennzeichnet sind. Für den Reaktionsablauf $ZnO + Fe_2O_3 = ZnFe_2O_4$ wird von HÜTTIG[4] u. a. der Verlauf der Dichte, der magnetischen Suszeptibilität, der Sorptionsfähigkeit und der katalytischen Aktivität für den N_2O-Zerfall und die CO-Oxydation in Abhängigkeit von der Glühtemperatur untersucht, wobei stets beide Oxide im stöchiometrischen Verhältnis 1 : 1 etwa 6 Stunden bei einer geeigneten Temperatur geglüht wurden. Wenn auch diese Versuche infolge einer anderen Problemstellung zunächst keine unmittelbaren Aussagen über den Platzwechselmechanismus gestatten, so bilden sie doch für die Deutung des Platzwechselmechanismus bezüglich des physika-

[1] Vgl. u. a. TH. MEYER u. G. F. HÜTTIG: Z. Elektrochem. angew. phys. Chem. **41**, 429 (1935). — G. F. HÜTTIG: S.-B. Akad. Wiss. Wien, Math.-naturwiss. Kl. **7**, 648 (1936). — G. F. HÜTTIG u. W. NEUSCHUL: Z. anorg. allg. Chem. **198**, 219 (1931). — G. F. HÜTTIG: Kolloid-Beih. **39**, 277 (1934). — G. F. HÜTTIG u. K. NEUMANN: Z. anorg. allg. Chem. **228**, 213 (1936).

[2] $CaO \cdot Al_2O_3$ gehört nicht zum Spinelltyp, wenn es auch unzersetzt schmilzt. (E. RYSCHKEWITSCH: Oxydkeramik, S. 161. Berlin 1948.)

[3] BURDESE, A.: Atti accad. sci., Torino, Cl. sci. fis. mat. e nat. **86**, 314 (1951/52); röntgenographische Untersuchungen des Systems CaO–Cr_2O_3.

[4] HÜTTIG, G. F.: Z. Elektrochem, angew. phys. Chem. **41**, 527 (1935).

lischen und chemischen Verhaltens der einzelnen Oxid- und Spinellphasen eine wertvolle Ergänzung. FRICKE und Mitarbeiter[1] beschäftigen sich mit den Energiefragen der einzelnen Zwischenzustände und finden ganz allgemein, daß sich die aktiven Zustände solcher Oxid-Spinellgemische gegenüber den stabilen Zuständen der Oxide und Spinelle durch einen höheren Energieinhalt auszeichnen. So läßt sich beispielsweise auf thermochemischem und röntgenographischem Wege der aktive Zwischenzustand bei der Bildung von Zinkeisenspinell nachweisen.[2] Das Auftreten aktiver Zwischenzustände kann häufig durch Grenzflächenerscheinungen wie Chemisorption und Oberflächenverbindungen verursacht sein.

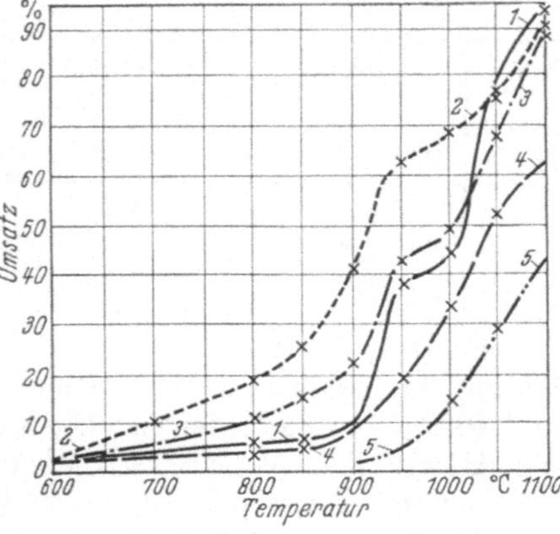

Abb. 7.20. Der Einfluß von topochemischen und Umwandlungsfaktoren und von thermischen Zerfallsprozessen ($Co_3O_4 = 3\,CoO + \frac{1}{2}O_2$) bei der Spinellbildung aus CoO bzw. Co_3O_4 und Al_2O_3 nach HEDVALL und LEFFLER.
Kurve 1: CoO + Al_2O_3 (800 °C, 4 Std. Vorbehandlung der einzelnen Oxide) in N_2 während 15 Min. Kurve 2: Co_3O_4 + Al_2O_3 (800 °C, 4 Std.) in N_2 während 15 Min. Kurve 3: Co_3O_4 + Al_2O_3 (800 °C, 4 Std.) in O_2 während 15 Min. Kurve 4: CoO + Al_2O_3 (800 °C, 4 Std.) in N_2 während 5 Min. Kurve 5: CoO + Al_2O_3 (1100 °C, 4 Std.) in N_2 während 15 Min.

HÜTTIG und KITTEL[3] wiesen auf den unmittelbaren Zusammenhang zwischen Gitterausbildung und magnetischer Suszeptibilität am System α-Fe_2O_3/H_2O hin.[4] Sowohl bei O- wie bei Fe-Überschuß trat eine Zunahme der magnetischen Suszeptibilität auf. Hingegen ist an diamagnetischen Systemen ein Zusammenhang zwischen der Fehlordnung und der Suszeptibilität nicht zu erwarten.

Im Zusammenhang mit dem Einfluß der Reaktionsfähigkeit fester Stoffe auf die Reaktionsgeschwindigkeit stehen die Beobachtungen von HEDVALL und LEFFLER[5], die bei der Spinellbildung aus Aluminiumoxid und Kobaltoxiden

$$\left.\begin{aligned} CoO + Al_2O_3 &= CoAl_2O_4 \\ Co_3O_4 + 3\,Al_2O_3 &= 3\,CoAl_2O_4 + \tfrac{1}{2}O_2 \end{aligned}\right\} \qquad (7.44)$$

zwischen 800 und 1100 °C sowohl die Umsatzwerte wie die Bildungsgeschwindigkeit durch verschiedene Wärmebehandlung der Ausgangsoxide beachtlich verändern konnten (Abb. 7.20). Wie man aus dem Verlauf der Umsatzkurven erkennt, tritt im Temperaturgebiet zwischen 900 und 1000 °C eine starke Zunahme der Umsetzungsgeschwindigkeit auf.

[1] Vgl. u. a. R. FRICKE: Z. anorg. allg. Chem. **51**, 863 (1938).
[2] FRICKE, R., W. DÜRR u. E. GWINNER: Naturwiss. **26**, 500 (1938). — R. FRICKE, E. GWINNER u. CH. FEICHTNER: Ber. dtsch. chem. Ges. **71**, 1744 (1938).
[3] HÜTTIG, G. F., u. H. KITTEL: Z. anorg. allg. Chem. **199**, 129 (1931).
[4] Vgl. auch F. E. DEBOER u. P. W. SELWOOD: J. Amer. chem. Soc. **76**, 3365 (1954). (Einfluß von H_2O sowie γ-Al_2O_3 auf die $\gamma \to \alpha$-Fe_2O_3-Umwandlung).
[5] HEDVALL, J. A., u. L. LEFFLER: Z. anorg. allg. Chem. **234**, 235 (1937).

In diesem Temperaturgebiet liegt aber gerade der Umwandlungspunkt, wo γ- in α-Al_2O_3 übergeht. Durch diese Gitterumwandlung tritt eine Erhöhung der Gitterstörstellen-Konzentration auf, was offenbar eine größere Diffusionsgeschwindigkeit der Ionen zur Folge hat. Nach Überschreiten dieses Umwandlungsgebietes geht das Al_2O_3 sehr schnell in das stabile Korundgitter über, wodurch bei steigender Temperatur die stärkere Erhöhung der Spinellbildungs-Geschwindigkeit wieder verschwindet. Die Kurven *1* und *5* zeigen deutlich den Einfluß einer 4stündigen Glühung von Al_2O_3 [aus $Al(OH)_3$]. Durch eine Glühvorbehandlung des Al_2O_3 bei 800 °C, also gerade bis an das Umwandlungsgebiet heran, ist die Spinellbildungs-Geschwindigkeit mit CoO bei 950 °C etwa zehnmal größer als mit einem Al_2O_3, das bei 1100 °C geglüht wurde. Ferner wurde beobachtet, daß bei Ersatz von CoO durch Co_3O_4 infolge der CoO-Bildung in statu nascendi während der Spinellbildung sowohl in Sauerstoff als auch in Stickstoff eine 2- bzw. 4fache Erhöhung der Reaktionsgeschwindigkeit bei 900 °C auftritt (Kurven *2* und *3*). Diese durch Gitterstörungen am Umwandlungspunkt verursachte Zunahme der Reaktionsgeschwindigkeit wird als „HEDVALL-Effekt" bezeichnet. Diesen HEDVALL-Effekt vergleicht HÜTTIG mit einer falsch zugeknöpften Weste, die man erst vollständig aufknöpfen muß, um den ordnungsgemäßen Zustand ähnlich wie bei einem Umwandlungsvorgang herzustellen.

Der aktive Zustand am Umwandlungspunkt eines festen Stoffes — insbesondere eines Ionenkristalls — ist durch eine Beobachtung von JOST und SIEG[1] in ein neues Licht gerückt worden. Ausgehend von dem unbefriedigenden Sachverhalt, daß in „üblicher" Weise hergestellte AgJ-Präparate wechselnde Anteile mit Zinkblende- und Wurtzitgitter nebeneinander aufweisen, wurde AgJ einmal im Hochvakuum sublimiert und das andere Mal das Sublimat mit Joddampf im Temperaturgebiet behandelt, wo das α-AgJ stabil ist. Während im ersten Falle bei Raumtemperatur eine reine Zinkblendestruktur beobachtet wurde, hatte das mit Jod behandelte Präparat mit einem Ag-Unterschuß von $x_{|Ag|'} = 5 \cdot 10^{-4}$ bei Raumtemperatur eine Wurtzitstruktur. Wurde das Jod im Vakuum entfernt, so erschien wieder die Zinkblendestruktur. Diese Experimente zeigen besonders eindrucksvoll, daß bereits kleine Abweichungen von der stöchiometrischen Zusammensetzung die Existenzgebiete der Phasen in starkem Maße beeinflussen können.

Auf Grund dieser Untersuchungen besteht der Verdacht, daß die in der Literatur vorhandenen abweichenden Angaben der Umwandlungspunkte zahlreicher Systeme durch eine verschieden große Abweichung von der Stöchiometrie verursacht sein können, die dadurch zustande kommt, daß fehlordnungsempfindliche Substanzen nicht in Atmosphären gleicher Zusammensetzung vorbehandelt und gemessen wurden.

Die aus der analytischen Chemie in der Lötrohr-Probierkunde bekannte RINMANS-GRÜN-Reaktion zeigt nur unterhalb 1000 °C eine Kristallform, die dem allgemeinen Spinelltypus entspricht, wie insbesondere

---

[1] JOST, W., J. KRUG u. L. SIEG: Proc. Internat. Symposium „Reactivity of Solids", Göteborg 1952. S. 81. — L. SIEG: Naturwiss. **40**, 439 (1953).

NATTA und STRADA[1] röntgenographisch nachweisen konnten. Bei Erhitzungsversuchen oberhalb 1000 °C fand HEDVALL[2] nur eine feste Lösung von CoO in ZnO. Sowohl die Hochtemperaturmodifikation dieser Mischphase wie der Spinell zeigten eine grüne Färbung. Da bei Glühversuchen eines Gemisches von ZnO und Kobaltoxid die Co_2O_3-Phase im Temperaturgebiet von 800 bis 900 °C in Luft nicht mehr beständig ist, fällt in diesem Temperaturbereich die Bildung des grünen Zinkkobaltits $ZnCo_2O_4$ nicht mehr unter die additiven Spinellreaktionen, wie sie bisher beschrieben wurden. Da wir uns hier im Existenzgebiet der Co_3O_4-Phase befinden, muß es sich um eine Reaktion mit doppelter Umsetzung gemäß

$$ZnO + CoCo_2O_4 = ZnCo_2O_4 + CoO \tag{7.45}$$

handeln, worauf HEDVALL und NILSSON[3] hingewiesen haben. Quantitative Untersuchungen zur Aufklärung des Reaktionsmechanismus und Bestimmung der wanderungsfähigen Ionen in der Reaktionsschicht fehlen zur Zeit noch.

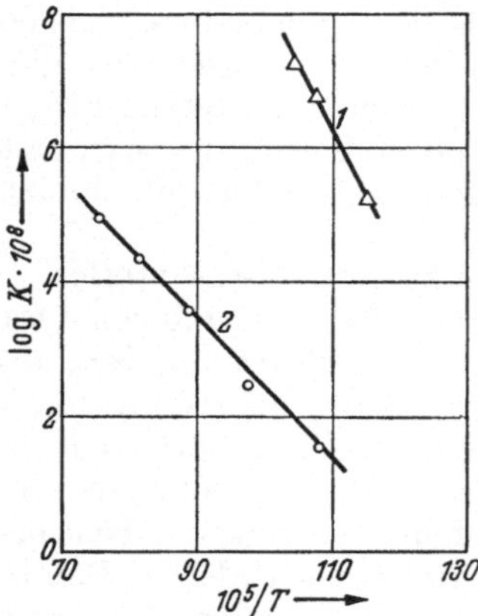

Abb. 7.21. Einfluß der Glühbehandlung von Fe_2O_3 auf die Bildungsgeschwindigkeitskonstante k des Zn-Fe-Spinells nach HOPKINS. *1*: Glühtemperatur 650 °C und *2*: Glühtemperatur 850 °C. (k wurde aus der formalen, halbempirischen Formel $k\,t = \left\{1 - \sqrt[3]{\frac{100 - x}{100}}\right\}^2$ berechnet, wo t die Reaktionszeit in sec und x den prozentualen Umsatz bedeuten.)

Als weiteres Beispiel einer Spinellreaktion wäre noch die Bildung von $CuAl_2O_4$ aus CuO und Al_2O_3 zu nennen, die nach HEDVALL beim Erhitzen in einem Pulvergemisch leicht reagieren.[4] Bei diesem Reaktionssystem ist zu beachten, daß das Existenzgebiet von CuO in Luft von 1 atm bereits bei 1100 °C zugunsten der Cu_2O-Phase überschritten wird.[5] Die Cu-Al-Spinellbildung kann daher bei 1100 °C nur in reiner O_2-Atmosphäre untersucht werden. Gleiche Überlegungen gelten auch für die Bildung der Fe-Spinelle, wo durch das Existenzgebiet der Fe_2O_3-Phase bei vorgegebenem Sauerstoffpartialdruck die maximale Reaktionstemperatur festgelegt ist. An Hand röntgenographischer Strukturuntersuchungen studierte BERGER[6] die Löslichkeit von Fe_2O_3 im Zn-Fe-Spinell. In diesem Fall werden $3\,Zn^{2+}$-Ionen durch $2\,Fe^{3+}$-Ionen ersetzt, wobei gleichzeitig eine Leerstelle entsteht. Das Auftreten solcher „quasi-heterotyper" Spinellmischphasen ist auch bei anderen Spinellreaktionen zu berück-

---

[1] NATTA, G., u. M. STRADA: Atti R. Accad. naz. Lincei, Rend (Roma) **7**, 1024 (1928). — G. NATTA, M. STRADA u. L. PASSERINI: Gazz. chim. ital. **59**, 620 (1929).

[2] HEDVALL, J. A.: Reaktionsfähigkeit fester Stoffe, S. 188ff. Leipzig 1938.

[3] HEDVALL, J. A., u. T. NILSSON: Z. anorg. allg. Chem. **205**, 425 (1932).

[4] HEDVALL, J. A.: Z. anorg. allg. Chem. **92**, 301 (1915). — J. A. HEDVALL u. J. HEUBERGER: Z. anorg. allg. Chem. **116**, 137 (1921).

[5] Außerdem liegt der Schmelzpunkt von CuO bei 1056 °C.

[6] BERGER, S. V.: Chalm. Tekn. Högsk. Handl., Nr. 66 (1948).

sichtigen. HOPKINS[1] untersuchte die Bildungsgeschwindigkeit von Zink-Eisen-Spinell aus ZnO- und Fe_2O_3-Pulvern in stöchiometrischen Gemengen bei verschiedenen Temperaturen in Abhängigkeit von der Temperaturbehandlung des Eisenoxids. Wie man aus Abb. 7.21 entnehmen kann, ist der Einfluß der Temperaturbehandlung auf die Umsetzungsgeschwindigkeit beachtlich.

Über die mannigfaltigen Reaktionen, die bei der Ferritbildung auftreten, berichtete zusammenfassend ECONOMOS[2]. Er teilte die Ferritbildung in verschiedene Reaktionstypen ein. Geschwindigkeit und Mechanismus der Bildung sind in hohem Maße von der chemischen Zusammensetzung der Ausgangssubstanzen abhängig, ob diese als Oxide, Hydroxide, Karbonate oder Oxalate vorliegen. Neben chemischen Verfahren kann das Ausmaß des Umsatzes aus Röntgenbeugungsmessungen ermittelt werden.[3] So wurden beispielsweise ZnO-Fe_2O_3-Gemische zu Pastillen gepreßt und anschließend 5 Stunden in Luft bei verschiedenen Temperaturen getempert. Bereits unterhalb 600 °C war eine Spinellbildung feststellbar, die bei 1100 °C nach dieser Zeit vollständig eingetreten war. Für die Bildung des Ferrits $NiFe_2O_4$ lag die meßbare Anfangstemperatur um etwa 100 °C höher, also bei 700 °C.

In diesem Zusammenhang sind ebenfalls die Arbeiten von HILPERT[4], JENCKEL[5] und SCHENCK und Mitarbeitern[6] zu erwähnen. Auf die Bedeutung der Spinellbildung hinsichtlich der keramischen Farbkörper weist neben KRAUSE[7] besonders HEDVALL hin.[8] Hierbei wird die Färbung keramischer Körper wesentlich durch die Wechselwirkung der Elektronenfehlordnungsstellen beeinflußt (S. 264). Diese sog. „Mischfarbkörper“ zeigen im Falle einer Spinellbildung eine andere Farbe als im Falle einer gegenseitigen Mischbarkeit der Oxide. Zum Verständnis dieser Erscheinungen sind jedoch noch weitere Untersuchungen erforderlich.

Die Aufklärung des Reaktionsmechanismus der Spinellbildung wird des öfteren dadurch erheblich erschwert, daß man nicht, wie es wahrscheinlich bei der Mg-Al- oder bei der Zn-Al-Spinellbildung der Fall zu sein scheint, mit einer Spinellphase praktisch homogener Zusammensetzung rechnen kann, sondern mit mehreren in der Zusammensetzung mit der Temperatur variablen Phasen. Ein solcher Fall liegt bei der Co-Fe-Spinellbildung aus Fe_2O_3 und CoO vor, dessen Zustandsdiagramm von ROBIN und BÉNARD[9] zwischen 200 und 1000 °C röntgenographisch unter-

---

[1] HOPKINS, D. W.: J. Electrochem. Soc. **96**, 195 (1949).

[2] ECONOMOS, G.: Solid Reactions in Ferrites, in: Kinetics of High Temperature Processes, herausgeg. von W. D. KINGERY, S. 243. New York 1959.

[3] KEDESDY, H. H., u. G. KATZ: Ceram. Age **62**, 29 (1953). — H. H. KEDESDY u. A. TAUBER: J. Amer. ceram. Soc. **39**, 425 (1956).

[4] HILPERT, R. S.: Z. phys. Chem. (B) **31**, 1 (1936).

[5] JENCKEL, E.: Z. anorg. allg. Chem. **220**, 377 (1934).

[6] Vgl. u. a. R. SCHENCK u. Mitarb.: Z. anorg. allg. Chem. **166**, 113 (1927); **184**, 1 (1929); **206**, 29 (1932).

[7] KRAUSE, O., u. W. THIEL: Ber. dtsch. keram. Ges. **15**, 101, 105, 111, 169 (1934).

[8] HEDVALL, J. A.: Reaktionsfähigkeit fester Stoffe, S. 193. Leipzig 1938.

[9] ROBIN, J., u. J. BÉNARD: C. R. Acad. Sci. Paris **234**, 734 (1952).

sucht worden ist. Wie aus Abb. 7.22 ersichtlich, treten im Zustandsdiagramm — abgesehen von der kleinen CoO-Ecke — vier Bereiche auf. Im ersten Konzentrationsgebiet (I) tritt bis etwa 33% Kobalt neben γ- bzw. α-Fe_2O_3 der Fe-Co-Spinell $CoFe_2O_4$ auf. In einem mittleren Konzentrationsgebiet II, das von 50 bis 91% Co reicht und bei 860 °C nach oben begrenzt ist, treten nebeneinander zwei Phasen mit Spinellstruktur auf, die oberhalb 860 °C in eine neue einheitliche Phase übergehen, deren Existenzbereich bemerkenswert ist. Unterhalb 860 °C gibt es zwei einphasige Gebiete mit Spinellstruktur, wobei bei etwa 800 °C das eine Gebiet von 33 bis 50% Co und das andere Gebiet von 91 bis 100% Co reicht.

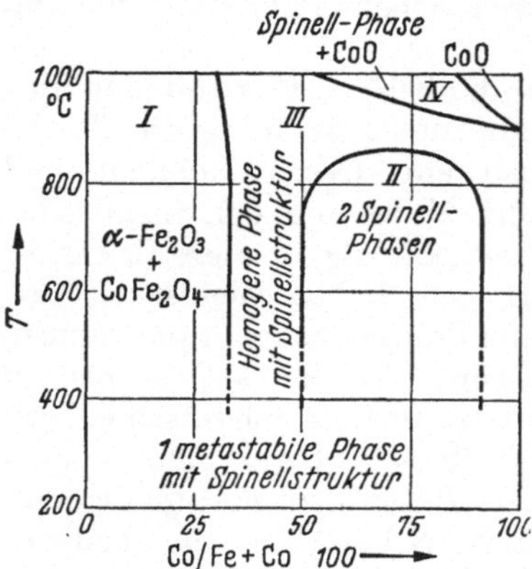

Abb. 7.22. Zustandsdiagramm des Systems Fe_2O_3-CoO nach ROBIN und BÉNARD.

Oberhalb 900 °C erreicht man schließlich mit Co_3O_4-reichen Oxidgemischen ein neues Zustandsgebiet IV, in welchem neben CoO ein mit Eisen angereicherter Spinell auftritt.

Bereits in einer früheren Arbeit haben BÉNARD und CHAUDRON[1] sich mit der Substitution von 2wertigen Eisenionen im Fe_3O_4 durch Co-, Ni-, Mg- und Mn-Ionen befaßt, wobei sie als Indikator der Substitution die Veränderung des CURIE-Punktes verwandten. Die Ergebnisse ihrer Untersuchung sind in Abb. 7.23 dargestellt

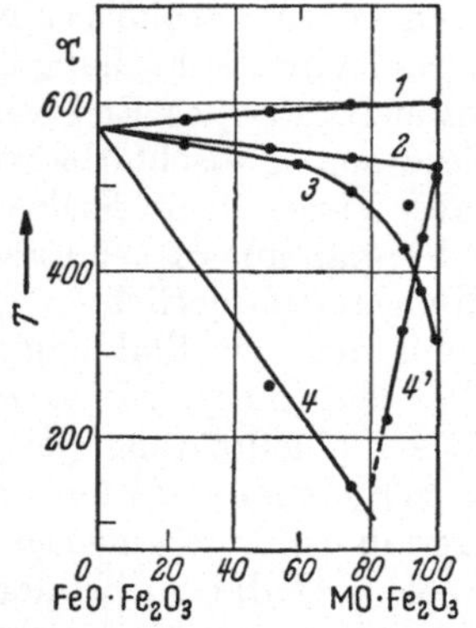

Abb. 7.23. Abhängigkeit des CURIE-Punktes von der Zusammensetzung der Spinell-Mischphasen Fe_3O_4-MFe_2O_4 nach BÉNARD und CHAUDRON.

Kurve *1*: M = Ni; Kurve *2*: M = Co; Kurve *3*: M = Mg; Kurve *4*: M = Mn und Kurve *4'*: $MnFe_2O_4$-Fe_3O_4 bei hohen $MnFe_2O_4$-Gehalten.

In jedem Fall muß daher bei der Ermittlung des Mechanismus der Spinellbildung neben den kinetischen Messungen im Sinne der WAGNERschen Pastillenversuche eine röntgenographische Untersuchung zur Ermittlung des Zustandsdiagramms ausgeführt werden, wenn man nicht im voraus ein mehrphasiges Reaktionsprodukt mit Sicherheit ausschließen kann.

Im folgenden soll nun gezeigt werden, daß eine Auswertung der Versuchsergebnisse aus technischen Pulverreaktionen durchaus möglich ist. Nach Festlegung des maßgebenden Teilvorgangs einer Reaktion im festen Zustand, z. B. einer Spinellbildung, und nach Bestimmung der Wanderungsgeschwindigkeit der beteiligten Ionen ist für eine solche Pulver-

---

[1] BÉNARD, J., u. G. CHAUDRON: C. R. Acad. Sci. Paris **204**, 766 (1937).

reaktion die Frage der Korngrößenverteilung von Bedeutung. Durch geeignete Siebung kann man eine bestimmte mittlere Korngröße auswählen. Dieses Verfahren ist in erster Linie bei der Korngrößenbestimmung von Tonen bekannt geworden. JAGITSCH und MATTSSON[1] haben am Beispiel der Zn-Al-Spinellbildung den Zusammenhang des Bruttoumsatzes mit der Korngrößenverteilung klargestellt. Für die Reaktion

$$Al_2O_3 + ZnO = ZnAl_2O_4$$

können bei Verwendung von Sinterkorund mit bekannter Korngrößenverteilung unter Annahme von Kugel- oder Würfelgestalt die geometrischen Abmessungen in Rechnung gestellt werden. Dies ist allerdings nur bei den hochgebrannten Produkten möglich, während die niedriger gebrannten Al_2O_3-Pulver eine unregelmäßige Gestalt und Oberfläche besitzen, so daß eine Berechnung nicht möglich ist. Derartige Abschätzungen sind bereits von ANDREASEN[2] ausgeführt worden, wobei die aus Pulvergemischen experimentell bestimmten Umsatzgeschwindigkeiten mit den berechneten verglichen wurden. Dieses Verfahren konnte auch mit Erfolg auf die obige Spinellreaktion angewandt werden. Der Umsetzungsgrad ließ sich hier relativ leicht ermitteln, da sich nach der Umsetzung das nichtreagierte ZnO verhältnismäßig gut in verdünnter HCl (1:1) auflösen ließ, während Al_2O_3 und $ZnAl_2O_4$ im Rückstand blieben. Ferner konnte das in Reaktion getretene ZnO nach einem Aufschluß des Rückstandes in $KHSO_4$ gravimetrisch durch Ausfällen als ZnS in Gegenwart von Weinsäure und $HgCl_2$ bestimmt werden.

Die Korngrößenbestimmung führten JAGITSCH und MATTSSON nach der von ANDREASEN vorgeschlagenen Pipettenmethode in Glycerin als Suspensionsmittel durch. Die Kantenlänge der Körner wurde nach folgender Formel berechnet:

$$a = 141 \sqrt{\frac{h}{t}} \sqrt{\frac{\eta}{\varrho_K - \varrho_S}}. \tag{7.46}$$

Hier bedeutet $\eta = 1{,}90$ die Viscosität des Suspensionsmittels (Glycerin), $\varrho_K = 4{,}0$ das spezifische Gewicht von Korund und $\varrho_S = 1{,}27$ dasjenige der Suspension. Fernerhin ist h die Fallhöhe in cm und t die Fallzeit in Minuten. Unter Verwendung der ausgewerteten Beziehung (7.46) wurden an acht verschiedenen Proben die Kantenlängen zu 9,0 bis $525 \cdot 10^{-4}$ cm ermittelt.

Mit Hilfe der früher angegebenen Reaktionsgeschwindigkeitskonstanten $k''_{1195\,°C} = \left(\frac{\Delta m}{q}\right)^2 \frac{1}{t} = 8{,}13 \cdot 10^{-7}$ ($g^2\,cm^{-4}\,h^{-1}$) (s. S. 818) und des spezifischen Gewichtes des Spinells $ZnAl_2O_4$ von 4,57 konnte für die verschiedenen Versuchszeiten die jeweilige Schichtdicke des Reaktionsproduktes berechnet werden (Tab. 7.4). Der diesen Schichtdicken y entsprechende Umsatz u kann durch den insgesamt möglichen Um-

[1] JAGITSCH, R., u. B. MATTSSON: Chimia 1, 105 (1947).
[2] ANDREASEN, H.: Ber. dtsch. keram. Ges. 11, 251 (1930).

satz U und den Radius r der Korundkörner gemäß der Beziehung

$$u = U\left\{1 - \frac{(r-y)^3}{r^3}\right\} \tag{7.47}$$

berechnet werden.

Tabelle 7.4. *Das Wachsen der Schichtdicke der Spinellphase mit der Versuchszeit nach Jagitsch und Mattsson*

Versuchsdauer in Stunden	$\frac{(\Delta m)^2}{q} \cdot 10^6$	m_{ZnO} in mg cm^{-2}	$m_{ZnAl_2O_4}$ in mg cm^{-2}	Dicke der Spinellschicht in 10^{-4} cm
1	0,8128	0,90	2,03	4,45
2	1,6256	1,27	2,87	6,29
3	2,4384	1,56	3,52	7,71
5	4,0640	2,02	4,54	9,94
7	5,6896	2,38	5,37	11,7

Für jede Versuchsdauer wurde eine Pastille aus dem Reaktionsgemisch gepreßt, gewogen und auf die konstante Versuchstemperatur von 1196 °C gebracht. In der Tab. 7.5 sind für die verschiedenen Versuchszeiten die experimentellen und die aus den Formeln (7.46) und (7.47) berechneten prozentualen Umsätze zusammengestellt. Die Übereinstimmung ist überraschend gut.

Tabelle 7.5. *Zusammenstellung der berechneten und experimentell ermittelten Umsatzwerte nach Jagitsch und Mattsson*

Pastille Nr.	Versuchsdauer in Stunden	Gewicht der Pastille in g	Al_2O_3-Gehalt der Pastille	Zinkoxid äquivalent dem Al_2O_3	gefunden	Umsatz in %	
						exp.	ber.
1	1	0,5791	0,2170	0,1728	0,0665	38,5	39,2
2	2	0,5686	0,2130	0,1696	0,0787	46,4	49,2
3	3	0,5850	0,2192	0,1746	0,0918	52,6	55,5
4	5	0,5094	0,1909	0,1520	0,0934	61,3	63,3
5	7	0,6148	0,2303	0,1833	0,1306	71,2	68,3

Wenn auch diese Berechnungen nur dann zu brauchbaren Resultaten führen, wenn die Schwankungsbreite der Kantenlänge der einzelnen Körner der Korngrößenfraktionen nicht zu groß ist, so ermutigt doch der hier demonstrierte Erfolg dieses Verfahrens, die Umsetzungsgeschwindigkeiten auch bei technischen Reaktionen nach dieser Methode größenordnungsmäßig abzuschätzen.

In diesem Zusammenhang wird auch von Jagitsch und Mattsson der Einfluß der Korngröße auf die Temperaturfunktion der Ausbeute in technischen Pulvern behandelt. So findet man häufig bei der Reaktion technischer Pulvergemische, daß bei verhältnismäßig niedrigen Temperaturen bereits ein beachtlicher Umsatz zu verzeichnen ist, der bei steigender Temperatur nur unwesentlich ansteigt, bis schließlich bei erheblich höheren Temperaturen eine starke Zunahme der Reaktionsgeschwindigkeit beobachtet wird. Eine Deutung dieser Erscheinungen steht noch aus.

7.4 Über den Bildungsmechanismus anderer Doppeloxide

7.41 Über die Reaktion von BaO_2 mit anderen Metalloxiden

Schon vor längerer Zeit konnten HEDVALL und VON ZWEIGBERGK[1] nachweisen, daß BaO_2 mit einer Reihe von Oxiden sehr heftig reagiert, wobei entweder eine höhere Oxydationsstufe des betreffenden Metalls gebildet wird oder bei sauren Eigenschaften des Metalloxids Salze der Zusammensetzung $BaMeO_4$ entstehen. Infolge des stürmischen Verlaufs dieser Reaktionen und der hiermit verbundenen erheblichen Wärmeproduktion je Zeiteinheit kann als Indikator des praktisch meßbaren Reaktionsbeginns der Knick in der Erhitzungskurve dienen. Die Anwendung der Erhitzungskurve beruht hierbei auf folgender Tatsache: Vergleicht man die Erhitzungskurven zweier Oxidgemische mit gleicher Wärmekapazität, von denen das eine Oxidgemisch einen mit Wärmeentwicklung verbundenen Umsatz erfährt, während das andere nicht reagiert, so wird die Kurve für das reagierende Oxidgemisch (*b*) *im Reaktionsgebiet* über der des nichtreagierenden Oxidgemisches (*a*) liegen (Abb. 7.24). Diese Methode wurde wohl zuerst für Metalle von MASING[2] und für Oxide und salzartige Verbindungen von HEDVALL[3] angewandt. Zu diesem Zweck wird die Lötstelle eines Pt-Pt/Rh-Elementes in das Oxidgemisch getaucht und der zeitliche Temperaturverlauf bei gleichmäßiger Erhitzung beobachtet. Während ein Gemisch von $BaO_2 + CuO$ wegen Fehlens einer Reaktion keine Abweichung vom stetigen Temperaturverlauf zeigte, trat in einem Gemisch von BaO_2 und Cu_2O (1:1) in N_2-Atmosphäre schon bei 260 °C eine heftige Reaktion gemäß der Umsetzungsgleichung

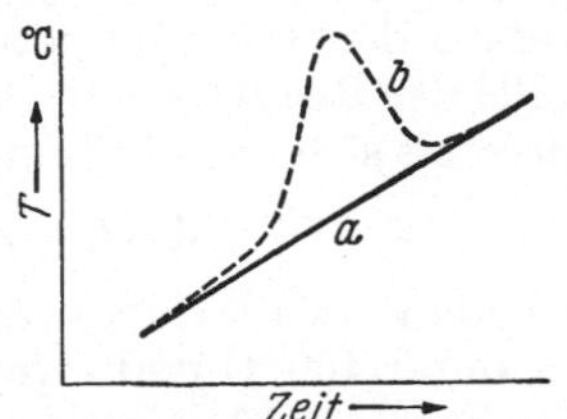

Abb. 7.24. Erhitzungskurven zweier Pulvergemische von gleicher Wärmekapazität. *a* ohne Reaktion; *b* mit Reaktion unter Wärmeentwicklung.

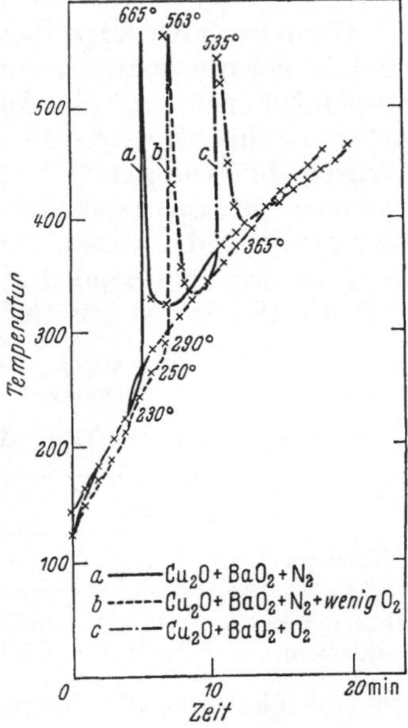

Abb. 7.25. Erhitzungskurven eines Cu_2O-BaO_2-Gemisches in verschiedenen Gasatmosphären nach HEDVALL und HILLERT.

$$BaO_2 + Cu_2O = BaO + 2CuO \qquad (7.48)$$

[1] HEDVALL, J. A., u. N. VON ZWEIGBERGK: K. Vet. Akad., Ark. f. Kemi **7**, Nr. 20 (1919).
[2] MASING, G.: Z. anorg. allg. Chem. **62**, 265 (1909).
[3] HEDVALL, J. A.: Z. anorg. allg. Chem. **96**, 64 (1916) und spätere Arbeiten.

unter starker Wärmeentwicklung ein. Hierbei war die CuO-Bildung in etwa einer Minute abgelaufen.[1] Durch vergleichende Messungen der Oxydationsgeschwindigkeit von Cu_2O in O_2 wurde beobachtet, daß die Oxydation von Cu_2O mittels BaO_2 bedeutend rascher verläuft als in Sauerstoff. Eine Zugabe von O_2 verschob den praktisch meßbaren Reaktionsbeginn zu höheren Temperaturen (Abb. 7.25). Anwesendes CuO setzte ebenfalls die Reaktionsgeschwindigkeit herab.

Bei der Reaktion von BaO_2 und MnO liegen die Verhältnisse insofern anders, als sich hier ein Doppeloxid bildet gemäß der Reaktionsgleichung:

$$MnO + 2\,BaO_2 = BaMnO_4 + BaO\,. \tag{7.49}$$

Im Falle kurzer Erhitzungszeiten beginnt der meßbare Reaktionsablauf kurz unter 400 °C und erreicht bei etwa 500 °C einen Grenzwert infolge Schutzschichtwirkung des Reaktionsproduktes. Außerdem ist hier die Atmosphäre, ob N_2 oder O_2, ohne Einfluß auf den Reaktionsverlauf. In Analogie zur letzten Reaktion bildet Cr_2O_3 mit BaO_2 ein gelbes $BaCrO_4$.

7.42 Weitere additive Oxidreaktionen

Wenn auch die folgenden Systeme, die in Tab. 7.6 zusammengestellt sind, bisher nur qualitativ untersucht sind und zunächst keine Versuche ausgeführt wurden, die Aufschluß über den Reaktionsmechanismus geben, so sind sie doch von Bedeutung, da man aus den bisherigen Versuchsergebnissen wertvolle Anhaltspunkte für die Auswahl geeigneter Systeme zur Untersuchung findet. Dies trifft besonders für die von TAMMANN[2] und JANDER[3] untersuchte Wolframat- und Molybdat-Bildung zu. Entsprechend der Umsetzungsgleichung für die Bildung von z. B. Cu-Wolframat aus CuO und WO_3

$$\underset{\text{schwarz}}{CuO} + \underset{\text{gelb}}{WO_3} = \underset{\text{rot}}{CuWO_4} \tag{7.50}$$

können wir nach WAGNER das folgende Reaktionsschema vorschlagen:

	CuO	$CuWO_4$	WO_3
Diffusionsvorgänge		$3\,Cu^{2+} \longrightarrow$ $\longleftarrow W^{6+}$	
Phasengrenzreaktionen	$4\,CuO - 3\,Cu^{2+} + W^{6+} = CuWO_4$		$4\,WO_3 - W^{6+} + 3\,Cu^{2+} = 3\,CuWO_4$

Bei Gültigkeit des WAGNERschen Reaktionsmechanismus müßte bei Verwendung von zwei Wolframatzylindern (etwa 0,5 bis 1 mm dick) der rechte — also dem WO_3 zugekehrte — Zylinder eine dreimal größere Massenzunahme erfahren als der linke. Wandern hingegen im wesentlichen nur die kleineren W^{6+}-Ionen, während der Sauerstoff über die

[1] HEDVALL, J. A., u. L. HILLERT: Ark. Kem., Mineral. Geol. (A) **19**, Nr. 15 (1944).

[2] TAMMANN, G.: Z. anorg. allg. Chem. **149**, 21 (1925); Z. angew. Chem. **39**, 869 (1926).

[3] JANDER, W.: Z. angew. Chem. **49**, 879 (1936); Z. anorg. allg. Chem. **174**, 11 (1928).

Gasatmosphäre transportiert oder auf ähnliche Weise wie bei der Chrom-Nickel-Spinellbildung geliefert wird, dann muß der rechte Wolframatzylinder gewichtskonstant bleiben, während nur am linken Wolframatzylinder eine Massenzunahme beobachtet wird. Da die Flüchtigkeit von WO_3 bei 800 °C etwa $1{,}8 \cdot 10^{-5}$ g cm^{-2} h^{-1} beträgt[1], ist diese bei der Wolframatbildung oberhalb 750 °C zu berücksichtigen. Umgekehrte Verhältnisse werden wir bei überwiegender Cu^{2+}-Diffusion antreffen. Auf Grund des bisher vorliegenden Versuchsmaterials ist eine Entscheidung über den wahren Reaktionsmechanismus zur Zeit nicht möglich.

Tabelle 7.6
Oxidadditions-Reaktionen nach Tammann und Jander

System	Verbindungen, die aus dem Schmelzfluß entstehen (molares Verhältnis)	Primärprodukt bei Reaktionen im festen Zustand
MgO/TiO_2	2 : 1; 1 : 1	$2MgO \cdot TiO_2$; $MgO \cdot Ti_2O_3$ ($MgTiO_3$)
PbO/MoO_3	2 : 1; 1 : 1	$PbMoO_4$
PbO/WO_3	2 : 1; 1 : 1	$PbWO_4$
CaO/MoO_3	Zustandsdiagramm unbekannt, bisher nur die Verbindung 1 : 1 dargestellt	$CaMoO_4$
CaO/WO_3		$CaWO_4$
BaO/MoO_3		$BaMoO_4$
BaO/WO_3		$BaWO_4$
CdO/WO_3		$CdWO_4$
SrO/MoO_3		$SrMoO_4$
SrO/WO_3		$SrWO_4$
NiO/WO_3	zeigen nur sehr schwache Reaktionsfähigkeit	$NiWO_4$
MnO/WO_3		$MnWO_4$
ZnO/WO_3		$ZnWO_4$
MgO/WO_3		$MgWO_4$

Aus Leitfähigkeitsmessungen[2] an Wolframaten und Molybdaten von Tammann[2, 3] und Jander[4] lassen sich keine Aussagen über den Reaktionsmechanismus gewinnen.

Durch Leitfähigkeits- und Überführungsmessungen an $NiWO_4$ und $ZnWO_4$ mit und ohne Zusätzen an anderswertigen Oxiden konnten Landsberg, Raether und Hauffe[5] besonders im $ZnWO_4$ einen relativ hohen Ionenleitungsanteil zwischen 700 und 1000 °C feststellen, der wahrscheinlich durch Wolframionen und überwiegend durch Sauerstoffionen über Sauerstoffionenleerstellen verursacht wird. Der gleichzeitige merkliche Transport von Wolframionen kann zur Zeit noch nicht gedeutet werden.

---

[1] Pschera, K., u. K. Hauffe: Z. anorg. allg. Chem. **264**, 217 (1951).

[2] Die Absolutwerte der elektrischen Leitfähigkeit sind nach der angewandten Methode nach G. Tammann u. G. Veszi: Z. anorg. allg. Chem. **150**, 355 (1926) infolge Kontaktschwierigkeiten als unsicher anzusehen. (Aufgedampfte Metallkontakte gestatten ein einwandfreies Arbeiten.)

[3] Tammann, G.: Z. anorg. allg. Chem. **160**, 101 (1927).

[4] Jander, W.: Z. anorg. allg. Chem. **192**, 295 (1930).

[5] Landsberg, R., S. Raether u. K. Hauffe: Unveröffentl. Messungen. — Siehe auch Diplomarbeit von S. Raether. Greifswald 1952.

In Übereinstimmung mit dem Befund der Überführungs- und Leitfähigkeitsmessungen an $ZnWO_4$ konnten PSCHERA und HAUFFE[1] an Hand von kinetischen Messungen der Zink-Wolframat-Bildung bei 800 °C zeigen, daß ein bevorzugter WO_3-Transport durch die Wolframatphase erfolgt. Diesen WO_3-Transport hat man sich allerdings als Wanderung von Sauerstoff- und W-Ionen über Sauerstoffionenleerstellen und Fehlordnungsstellen vorzustellen. Sicher wird dieser Transport durch den hohen Dampfdruck von WO_3 begünstigt, das, wie schon oben erwähnt, bereits bei 800 °C eine beachtliche Verdampfungsgeschwindigkeit zeigt, so daß es zu einer bevorzugten Anreicherung an WO_3 auf der dem WO_3 benachbarten Zinkwolframat-Pastille kommt. Wie man aus Abbildung 7.26 entnehmen kann, zeigen beide $ZnWO_4$-Pastillen eine Massenzunahme. Während die dem WO_3 benachbarte $ZnWO_4$-Pastille nach einer Reaktionsdauer von 50 Stunden bei 800 °C nur um 1 mg zugenommen hatte, ergab sich für die der ZnO-Pastille benachbarte $ZnWO_4$-Pastille ein 4facher Massenzuwachs. Dieser experimentelle Befund läßt sich dahingehend verstehen, daß neben dem obenerwähnten WO_3-Transport nach rechts (Abb. 7.26) wegen der Massenzunahme von Pastille 3 auch eine gegenseitige Diffusion von Zn- und W-Ionen durch die $ZnWO_4$-Phase angenommen werden kann.

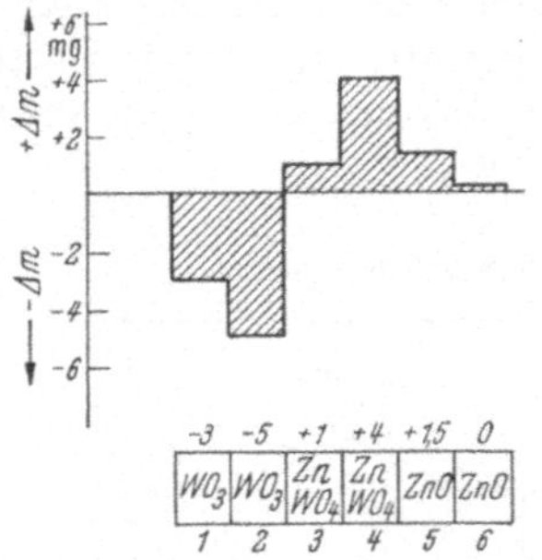

Abb. 7.26. Masseänderung der einzelnen Oxidpastillen des Reaktionssystems WO_3 | $ZnWO_4$ | ZnO nach einer Versuchsdauer von 50 Std. bei 800°C in Luft nach PSCHERA und HAUFFE. Die treppenförmige Kurve stellt Mittelwerte aus 8 Versuchen dar. Der Durchmesser der Pastillen betrug etwa 10 mm und die Dicke 1,5 bis 2,5 mm. Das mittlere Pastillengewicht lag bei etwa 600 mg.

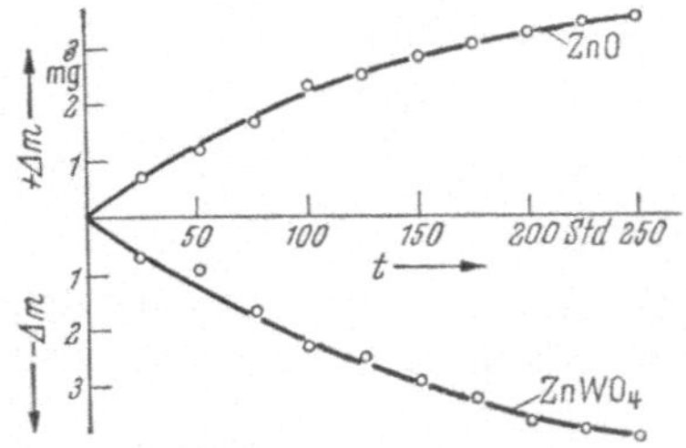

Abb. 7.27. Der zeitliche Verlauf der WO_3-Abgabe einer WO_3-haltigen $ZnWO_4$-Pastille an eine in engem Kontakt stehende ZnO-Pastille bei 800°C in Luft nach PSCHERA und HAUFFE.

Als weiteren Beweis eines bevorzugten WO_3-Transportes durch die $ZnWO_4$-Phase kann man die Ergebnisse aus der folgenden Versuchsanordnung ansehen. Bringt man die aus der obigen Versuchsreihe mit WO_3 aufgeladene $ZnWO_4$-Pastille 3 in engen Kontakt mit einer oder zwei ZnO-Pastillen und erhitzt sie mehrmals je 25 Stunden bei 800 °C in Luft von Atmosphärendruck, so beobachtet man, wie Abb. 7.27 zeigt, eine stetige Gewichtsabnahme der $ZnWO_4$-Pastille, während die ZnO-Pastille eine äquivalente Gewichtszunahme erfährt. Gleichzeitig verliert die vorher gegen WO_3 gelegene Fläche der $ZnWO_4$-Pastille 3 ihre dunkle metallisch glänzende Farbe und wird wieder normal hellbraun, wie das reine $ZnWO_4$ gefärbt ist.

[1] PSCHERA, K., u. K. HAUFFE: Z. anorg. allg. Chem. **264**, 218 (1951).

An einer größeren Anzahl von Reaktionssystemen haben TAMMANN und ROSENTHAL[1] die Entstehung normaler Uranate beim Erhitzen von UO_3 mit 2- und 3wertigen Metalloxiden in Pulvergemischen bei höheren Temperaturen untersucht. Die Reaktionstemperaturen waren alle unterhalb der Beständigkeitsgrenze der UO_3-Phase ($< 670\,°C$). Wie aus der Tab. 7.7 hervorgeht, hat bei annähernd gleichen Reaktionszeiten von etwa 50 Stunden und bei allerdings verschiedenen Temperaturen des Reaktionsbeginns die Reaktion

$$CuO + UO_3 \xrightarrow{340\,°C} CuUO_4$$

mit 79% den höchsten Umsatz. Hierbei verändert sich die grüne Farbe des ursprünglichen Oxidgemisches in eine braune des Uranats (vermutlich rot bei reinem Uranat). Untersuchungen über die Uranatbildung und die Fehlordnungsstruktur von Uranaten wurden von ANDERSON[2] ausgeführt.

Tabelle 7.7

Zusammenstellung der Versuchsergebnisse über die Bildung von Uranaten aus UO_3 und einigen Metalloxiden nach Tammann und Rosenthal

Reaktionssystem	Reaktionsbeginn in °C	Umsatz an UO_3 in %	Umsatz an Metalloxid in %	Farbe des ursprünglichen Gemisches	Farbe des Reaktionsproduktes
$Ag_2O + UO_3$	150	75	—	grün	braun
$CaO + UO_3$	160	38,9	39,2	hellgelb	gelb
$BaO + UO_3$	240	42,15	40,9	hellgelb	gelborange
$SrO + UO_3$	125	49,8	48,2	hellgelb	orange
$BeO + UO_3$	—	0	0	—	—
$MgO + UO_3$	—	20,3	21,2	hellgelb	gelb
$ZnO + UO_3$	200	35,8	34,7	hellgelb	gelb
$CdO + UO_3$	425	64,9	64,5	graugelb	orangegelb
$HgO + UO_3$	175	63,7	61,9	gelbrötlich	orangegelb
$CuO + UO_3$	340	78,5	79,1	grün	braun
$PdO + UO_3$	375	67,8	67,5	hellgelb	rot
$CoO + UO_3$	230	64,1	—	grün	dunkelgrün
$MnO + UO_3$	450	66,4	—	gelbgrün	grün
$NiO + UO_3$	340	29,3	30,1	gelbgrün	grün
$Al_2O_3 + UO_3$	450	35,2	34,8	hellgelb	gelb
$Cr_2O_3 + UO_3$	230	37,7	—	grün	grün
$Fe_2O_3 + UO_3$	—	15,7	—	rotbraun	braun
$V_2O_3 + UO_3$	290	88,6	—	hellgrün	grün

BRASSEUR[3] berichtet über auf thermischem Wege sich bildende Verbindungen zwischen Fe_2O_3 und P_2O_5, wobei die Reaktionsprodukte röntgenographisch und magnetisch untersucht und ihre UV-Reflexionsspektren aufgenommen wurden. Aus vergleichenden Messungen an reinen Präparaten von $Fe(PO_3)_3$, $FePO_4$, $Fe_2(P_2O_7)_3$ und $3\,P_2O_5 \cdot 7\,Fe_2O_3$ wird folgender Bildungsmechanismus angegeben, der aber keine Aussagen über die geschwindigkeitsbestimmenden Teilvorgänge gestattet: Das amorphe

[1] TAMMANN, G., u. W. ROSENTHAL: Z. anorg. allg. Chem. **156**, 20 (1926).
[2] ALBERMAN, K. B., u. J. S. ANDERSON: J. chem. Soc. [London] 303 (1949).
[3] BRASSEUR, P.: Bull. Soc. chim. France, Mém. (5) **13**, 261 (1946).

Fe_2O_3 verbindet sich zunächst mit dem P_2O_5 bei 300 °C unter Bildung von Metaphosphat, $Fe(PO_3)_3$. Dieses reagiert alsdann mit überschüssigem Fe_2O_3 unter Bildung von Orthophosphat, $FePO_4$. Je nach den Mengenverhältnissen beobachtet man mit überschüssigem Metaphosphat bei 830 °C eine überwiegende Bildung von Pyrophosphat oder mit überschüssigem Fe_2O_3 oberhalb 900 °C eine bevorzugte Bildung von basischem Phosphat ($3P_2O_5 \cdot 7Fe_2O_3$). Auf ähnliche Phosphatreaktionen werden wir noch einmal weiter unten zu sprechen kommen.

Weitere — auch nur mehr orientierende — Ergebnisse liefern die Arbeiten sowohl von JUNKER[1] über das Verhalten bzw. die Reaktion des Titandioxids beim Erhitzen mit Fe_2O_3, Na_2O und MgO als auch die von WESTERMANN[2] über die Aufnahme von Silberoxid durch Oxide bei höheren Temperaturen. Eigenartige Reaktionseffekte konnten CLARK und KERN[3] beim Verreiben von Oxidgemischen verschiedener Wertigkeitsstufen erhalten. Hier reichte bereits die Reibungswärme aus, um z. B. an einem Gemisch von PbO_2 und rotem bzw. gelbem PbO die PbO-Linien im Röntgendiagramm zum Verschwinden zu bringen. An einem Gemisch von PbO mit SiO_2 konnte dieser Effekt nicht beobachtet werden. Desgleichen verschwinden aber die PbO-Linien wieder beim Verreiben eines Gemisches aus PbO und $PbSO_4$. Eine Deutung dieser Versuchsergebnisse ist bisher noch nicht möglich.

7.5 Über den Umsetzungsmechanismus zwischen Oxiden und Salzen

7.51 Reaktionskinetische Untersuchungen am System $MgO/Mg_2P_2O_7$

Die Reaktion $MgO + Mg_2P_2O_7 = Mg_3(PO_4)_2$ ist formal identisch mit den oben behandelten Spinellreaktionen, da sich auch hier die beiden Ausgangsstoffe nur zu einem Endprodukt vereinigen, das die Ausgangsstoffe voneinander trennt. Diese Reaktion wurde eingehend von JAGITSCH und PERLSTRÖM[4] studiert.

Unter Anwendung der Versuchsanordnung der hintereinander geschalteten Pastillen wurden reinste MgO- und $Mg_2P_2O_7$-Pulver zu Pastillen verpreßt und einzeln auf Gewichtskonstanz geglüht. Zur Bestimmung der Umsetzungsgeschwindigkeit wurden zwei vorerhitzte glatte Pastillen von MgO und $Mg_2P_2O_7$ aufeinanderliegend bei verschiedenen Temperaturen und Zeiten geglüht. Das Fortschreiten der Reaktion wurde dadurch beobachtet, daß man von Zeit zu Zeit die Pastillen aus dem Ofen nahm und einzeln zur Wägung brachte. Die Pastillen ließen sich ohne Schwierigkeiten voneinander trennen. Das Reaktionsprodukt $Mg_3(PO_4)_2$ wurde überwiegend auf der $Mg_2P_2O_7$-Pastille beobachtet (Abb. 7.28), was an Hand von Röntgeninterferenzen bestätigt werden konnte. Eine Röntgenuntersuchung der MgO-Pastille zeigte unveränderte

[1] JUNKER, E.: Z. anorg. allg. Chem. **228**, 97 (1936).
[2] WESTERMANN, J.: Z. anorg. allg. Chem. **206**, 97 (1932).
[3] CLARK, G. L., u. ST. F. KERN: J. Amer. chem. Soc. **64**, 1637 (1942).
[4] JAGITSCH, R., u. G. PERLSTRÖM: Ark. Kem., Mineral. Geol. (A) **22**, Nr. 5 (1946).

MgO-Linien.[1] Da der Orthophosphatfilm sich fast stets von der MgO-Pastille abheben ließ, von dieser jedoch nicht immer unbeschädigt entfernt werden konnte, wurde zur Bestimmung des zeitlichen Reaktionsablaufs im allgemeinen die MgO-Pastille für sich und die Pyrophosphatpastille zusammen mit dem Film zur Wägung gebracht. Wenn auch die Versuchsergebnisse unterhalb 1000 °C infolge der geringfügigen Masseänderungen von 0,1 bis 2 mg nicht sehr genau sind, so läßt sich aber doch aus den Versuchsergebnissen, die in Abb. 7.29 dargestellt sind, die Reaktionsgeschwindigkeit in dem jeweils untersuchten Temperaturgebiet als lineare Funktion der Versuchszeit erkennen. Ferner ist die Reaktionsgeschwindigkeit unabhängig von der Dicke der Reaktionsschicht. Bedeutet dm/dt die Zunahme an Orthophosphat in der Zeiteinheit, dann gilt:

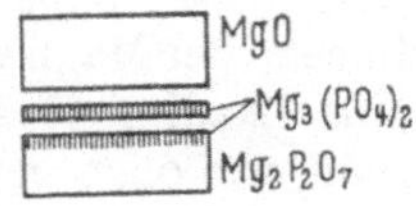

Abb. 7.28. Schichtenfolge nach der Umsetzung von MgO mit $Mg_2P_2O_7$ nach JAGITSCH und PERLSTRÖM.

$$\frac{dm}{dt} = k \quad (\text{g cm}^{-2}\,\text{h}^{-1}).$$

Unter den hier vorliegenden Versuchsbedingungen ist also für die Geschwindigkeit der Bruttoreaktion weder die Diffusionsgeschwindigkeit von Ionen und Elektronen in der $Mg_3(PO_4)_2$-Schicht noch der Antransport von MgO oder P_2O_5 durch Poren zur Reaktionszone maßgebend, sondern vermutlich Vorgänge, wie Keimbildung und Kristallwachstum, oder die Umsetzungsgeschwindigkeit an einer der Phasengrenzen.[2] Die von JAGITSCH und PERLSTRÖM[3] anschließend mit „Marken" ausgeführten Umsatzmessungen und die hieraus erhaltenen Ergebnisse lassen die Annahme einer Porendiffusion jedoch als diskutabel erscheinen.

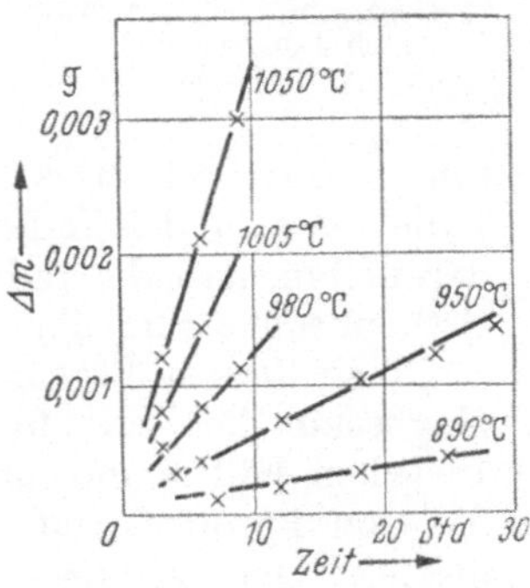

Abb. 7.29. Zeitlicher Verlauf der Umsetzung von MgO mit $Mg_2P_2O_7$ bei verschiedenen Temperaturen in Luft nach JAGITSCH und PERLSTRÖM. (Lineares Zeitgesetz, daher keine Diffusion maßgebend.)

Zur Klärung der Frage, welche Ionen durch den Kristall des Reaktionsproduktes bzw. welche Moleküle durch Poren oder an Korngrenzen entlang zur Reaktionsfront wandern, wurden Umsetzungsversuche mit Pastillen ausgeführt, die vor Versuchsbeginn an ihren Berührungsflächen, wie bereits auf S. 824 geschildert, mit Platinschwarz gekennzeichnet waren. Nach Beendigung des Versuchs

[1] Die Präparate konnten nach JAGITSCH in einer Phragmen-Kamera direkt als Pastillen zur Röntgenuntersuchung verwandt werden, was sich für rasche Aufnahmen bei der Kontrolle der Pastillen als sehr vorteilhaft erwies. Zur Anwendung kam eine Cu-K-Strahlung mit einer Spannung von 55 kV und einer Stromstärke von 9 mA bei einer Aufnahmedauer von etwa 2 Stunden. Die DEBYE-SCHERRER-Linie von MgO, $Mg_2P_2O_7$ und $Mg_3(PO_4)_2$ wurden vermessen.

[2] Vgl. u. a. M. VOLMER: Kinetik der Phasenbildung. Dresden 1939.

[3] JAGITSCH, R., u. G. PERLSTRÖM: Ark. Kem., Mineral. Geol. (A) 22, Nr. 5 (1946).

konnte in allen Fällen nachgewiesen werden, daß der Orthophosphatfilm zwischen der ursprünglich vorhandenen Grenzfläche — erkennbar durch die „Pt-Marken" — und der MgO-Pastille ausgebildet wird. Zur Erhärtung dieses experimentellen Befundes wurden abwechselnd die Oberflächen der Magnesiumoxid- und der Magnesiumpyrophosphatpastille mit einer Radiumnitratlösung angefeuchtet und die gleiche Versuchsanordnung wie oben gewählt. Die durch die Anwesenheit von Radiumnitrat verursachte Schwärzung eines photographischen Papiers diente als Indikator für den Reaktionsablauf. Zur Bestimmung der Verschiebung der ursprünglich — vor Reaktionsbeginn — an der Phasengrenze $MgO/Mg_2P_2O_7$ vorhandenen Marken wurden mehrere Pastillenpaare $MgO/Mg_2P_2O_7$ entweder mit Ra-indizierten MgO- oder $Mg_2P_2O_7$-Flächen 5 Stunden bei 1000 °C geglüht. Nach Beendigung der Glühbehandlung wurde sowohl die dem Pyrophosphat zugekehrte Fläche der MgO-Pastille und der Orthophosphatfilm als auch die ihm zugekehrte Oberfläche der Pyrophosphatpastille auf ein photographisches Papier gebracht und die Schwärzung bestimmt. Das Ergebnis ist aus den in Abb. 7.30 dargestellten Kontaktradiographien abzulesen. Wie man erkennt, wird nur im Falle der Ra-Indizierung von MgO ein radiumhaltiger Orthophosphatfilm beobachtet. Das Fehlen einer Schwärzung im umgekehrten Falle — also der Indizierung der Pyrophosphatoberfläche — weist darauf hin, daß die radioaktiven „Marken" durch den sich bildenden Orthophosphatfilm überdeckt werden.

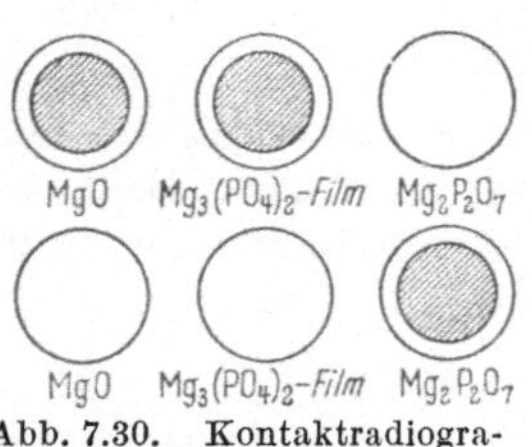

Abb. 7.30. Kontaktradiographien der entsprechenden Flächen der MgO-, $Mg_3(PO_4)_2$- und $Mg_2P_2O_7$-Pastille nach der Umsetzung mit indiziertem MgO (obere Reihe) und indiziertem $Mg_2P_2O_7$ (untere Reihe) nach JAGITSCH und PERLSTRÖM.

Nach diesem Ergebnis scheint eine nennenswerte Wanderung von Magnesium im Verlaufe der Umsetzung nicht stattgefunden zu haben. In jedem Fall konnte nur ein Transport von P_2O_5 festgestellt werden, das von Pyrophosphat abgegeben wurde. Dieses Versuchsergebnis ist insofern bemerkenswert, als auf Grund von Überführungsmessungen $Mg_3(PO_4)_2$ ein überwiegender Ionenleiter ist mit einer praktisch alleinigen Beteiligung der Mg^{2+}-Ionen am Stromtransport.

Unter ganz allgemeinen Gesichtspunkten können wir unter Zugrundelegung einer bevorzugten Ionendiffusion durch die Kristallite des Reaktionsproduktes die folgenden Reaktionsmechanismen annehmen:

I. Ionenwanderung in entgegengesetzter Richtung nach WAGNER:

$$MgO \;|\; Mg_3(PO_4)_2 \;|\; Mg_3(PO_4)_2 \;|\; Mg_2P_2O_7$$

Diffusion: $\xrightarrow{\quad 5\,Mg^{2+} \quad}$; $\xleftarrow{\quad 2\,P^{5+} \quad}$

Phasengrenzreaktionen:

$$8\,MgO - 5\,Mg^{2+} + 2\,P^{5+} = Mg_3(PO_4)_2 \qquad 8\,Mg_2P_2O_7 - 2\,P^{5+} + 5\,Mg^{2+} = 7\,Mg_3(PO_4)_2$$

II. Wanderung von Mg^{2+}- und O^{2-}-Ionen bzw. Mg^{2+}-Ionen + Elektronen und Sauerstoff durch die Gasphase, wie bereits an anderen Systemen früher diskutiert wurde. (Zwischen diesen beiden Möglichkeiten kann in dieser Versuchsanordnung nicht entschieden werden.)

$$\xrightarrow{1/2\,O_2\,(Gas)}$$

$$MgO \mid Mg_3(PO_4)_2 \mid Mg_3(PO_4)_2 \mid Mg_2P_2O_7$$

Diffusion: $\xrightarrow[2e^-]{Mg^{2+}}$

Phasengrenz-reaktion: $-1\,MgO$ $\quad$ $Mg^{2+} + 2e^- + 1/2\,O_2\,(Gas) + Mg_2P_2O_7 = Mg_3(PO_4)_2$

III. Wanderung von $2\,P^{5+}$- und $5\,O^{2-}$-Ionen bzw. P^{5+}-Ionen + Elektronen und Sauerstoff über die Gasphase

$$\xleftarrow{5/2\,O_2\,(Gas)}$$

$$MgO \mid Mg_3(PO_4)_2 \mid Mg_3(PO_4)_2 \mid Mg_2P_2O_7$$

Diffusion: $\xleftarrow[5e^-]{2\,P^{5+}}$

Phasengrenz-reaktion: $3\,MgO + 10e^- + 2\,P^{5+} + 5/2\,O_2\,(Gas) = Mg_3(PO_4)_2$ $\quad$ $3\,Mg_2P_2O_7 - P_2O_5 = 2\,Mg_3(PO_4)_2$

In der hieran anschließenden Tab. 7.8 sind die nach den drei Reaktionsmechanismen errechneten Masseänderungen der beteiligten Phasen den

Tabelle 7.8

Zusammenstellung der experimentell ermittelten und nach Reaktionsschema I bis III berechneten Masseänderungen nach Jagitsch und Mitarbeiter

	MgO	$Mg_3(PO_4)_2$	$Mg_3(PO_4)_2$	$Mg_2P_2O_7$
Fall I	−121	+ 99	+690	−668
Fall II	−121	± 0	+786	−668
Fall III	−121	+263	+526	−668
Exp. gefunden	−121	+280	+617	−757

experimentell gefundenen gegenübergestellt. Wie man erkennt, stimmen die experimentell gefundenen Masseänderungen der einzelnen Phasen mit denen des Reaktionsschemas III innerhalb der Fehlergrenzen annähernd überein. Auf Grund der von JAGITSCH und PERLSTRÖM ermittelten Masseänderungen müßte man die Gültigkeit des Reaktionsschemas III annehmen, wenn nicht die Überführungsversuche, die keine Beweglichkeit der P^{5+}-Ionen ausschließen, und das Zeitgesetz der Reaktion (keine Diffusion geschwindigkeitsbestimmend) dazu im Widerspruch ständen. Es bleibt also praktisch nur noch die Möglichkeit der Annahme einer Diffusion von P_2O_5-Molekeln durch Poren und an Korngrenzen entlang übrig. Auffallend ist das Ablösen des $Mg_3(PO_4)_2$-Films mit der MgO-Pastille vom $Mg_2P_2O_7$-Zylinder nach dem Versuch. Dieser Befund läßt vermuten, daß sich durch das Ausbrechen von P_2O_5-Molekülen aus dem Gitterverband des $Mg_2P_2O_7$ eine unregelmäßig verteilte, mit inneren Hohlräumen und Kanälen behaftete $Mg_3(PO_4)_2$-Phase bildet, die nur locker auf dem $Mg_2P_2O_7$-Zylinder sitzt. Eine überwiegende Ionendiffusion durch das Kristallgitter scheidet in solchen Fällen immer aus. Gerade die Magnesiumphosphat-Bildung dürfte zur Warnung dienen, allein aus „Marken"-Versuchen auf einen Reaktionsmechanismus zu schließen, ohne sich an Hand anderer Messungen über die Fragen der Fehlordnungserscheinungen und Platzwechselvorgänge im Gitter des Reaktionsproduktes zu informieren. Auf diesen Sachverhalt hat in neuester Zeit SCHMALZRIED[1] am Beispiel der $CoAl_2O_4$-Bildung besonders hingewiesen. Unter diesem Gesichtspunkt ist auch das von JANDER[2] vor längerer Zeit entworfene Reaktionsbild — des Wanderns ganzer Molekülgruppen — für den einfachen Fall der Spinellbildung abzulehnen, sofern nicht ein Transport an Korngrenzen und durch Poren auftreten kann.

Der Spinellbildung ähnlich ist die von REUTER und Mitarbeitern[3] bei 250 °C im Vakuum untersuchte Reaktion

$$Tl_2S + 2\,Tl_2SO_3 = 3\,Tl_2SO_2\,.$$

Mittels markierter S- und Tl-Ionen (^{35}S und ^{204}Tl) konnte gezeigt werden, daß Tl- und S-Ionen vom Tl_2S durch die Reaktionsproduktschicht zur Tl_2SO_3-Phase diffundieren, während offenbar die im Sulfit gebundenen S- und O-Ionen nicht merklich zur Tl_2S-Phase wandern können. An Hand der ermittelten Diffusionskoeffizienten ($D_{Tl^{2+}} = 2{,}4 \cdot 10^{-10}$ und $D_{S^{2-}} = 2{,}7 \cdot 10^{-11}$ cm²/sec bei 220 °C) kann geschlossen werden, daß die Bildungsgeschwindigkeit von Tl_2SO_2 durch die Geschwindigkeit der Diffusion der Schwefelionen durch die Schicht des Reaktionsprodukts bestimmt wird.

7.52 Einige einfache Silikatreaktionen

Eine der wohl meist untersuchten Silikatreaktionen ist die Vereinigung von CaO mit SiO_2. Nach den bisherigen Versuchsergebnissen von DYCKERHOFF[4], CARLSON[5], EHRENBERG[6], WEYER[7], NAGAI[8], KONARZEWSKI[9] sowie HILD und TRÖMEL[10] und insbesondere JANDER und HOFFMANN[11] ergibt sich — abgesehen von einigen widersprechenden Versuchsergebnissen in den Umwandlungen der verschiedenen Modifikationen des

---

[1] SCHMALZRIED, H.: Ber. Dtsch. Keram. Ges. **42**, 11 (1965). — Siehe auch W. ROGALLA u. H. SCHMALZRIED: Naturwiss. **50**, 593 (1963).

[2] JANDER, W.: Z. angew. Chem. **47**, 235 (1934).

[3] REUTER, B., u. C.-G. BEUTHE: in: Reactivity of Solids, herausgeg. von J. H. DE BOER, S. 207. Amsterdam 1961. — B. REUTER u. H. W. LEVI: Z. anorg. allg. Chem. **291**, 239, 254 (1957).

[4] DYCKERHOFF, W.: Diss., Frankfurt (1925).

[5] CARLSON, E. T.: Rock Prod. **34**, 52 (1931); Bur. Standards J. Res. **7**, 893 (1931).

[6] EHRENBERG, H.: Z. phys. Chem. (B) **14**, 421 (1931); Zbl. Mineral., Geol., Paläont. (A) 129 (1932).

[7] WEYER, J.: Z. anorg. allg. Chem. **209**, 409 (1932).

[8] NAGAI, S.: Z. anorg. allg. Chem. **206**, 177 (1932); **207**, 321 (1932); J. Soc. chem. Ind. Japan (Suppl.) **34**, 378, 418, 471 (1931); **35**, 153, 320 (1932); **36**, 264, 326 (1933).

[9] KONARZEWSKI, J.: Roczniki Chem. **11**, 607 (1931); Przemysl chem. **16**, 165 (1932).

[10] HILD, K., u. G. TRÖMEL: Z. anorg. allg. Chem. **215**, 333 (1933).

[11] JANDER, W., u. E. HOFFMANN: Z. anorg. allg. Chem. **218**, 211 (1934). — W. JANDER: Z. angew. Chem. **47**, 235 (1934); **49**, 879 (1936).

Orthosilikats[1] —, daß sich bei der Vereinigung von CaO mit SiO_2 zwischen 1000 und 1200 °C als Primärprodukt das Calciumorthosilikat α'-Ca_2SiO_4 bildet. WEYER nimmt jedoch zunächst eine um den unveränderten SiO_2-Kern angrenzende „saure" Zone von Wollastonit ($CaSiO_3$) und im unmittelbaren Kontakt hieran eine basische Außenzone aus β-Ca_2SiO_4 an. Nach ergänzenden Hochtemperatur-Röntgenaufnahmen von Calciumsilikaten von TRÖMEL und MÖLLER[1] ist jedoch zwischen 1420 und 700 °C nicht die β-, sondern die rhombische α'-Modifikation beständig.

Entgegen dem Befund von JANDER soll zwischen 1050 und 1250 °C nach WEYER das Monosilikat ($CaSiO_3$) ausschließlich die zuerst entstehende Verbindung sein. JANDER und HOFFMANN konnten jedoch an Hand von quantitativen Versuchsergebnissen den Nachweis erbringen, daß sich im Temperaturintervall von 1100 bis 1200 °C in jedem Mischungsverhältnis der Ausgangsstoffe CaO und SiO_2 als Primärprodukt Calciumorthosilikat bildet. HILD und TRÖMEL erweiterten diese Beobachtung dahingehend, indem sie nachwiesen, daß auch bei Wahl verschiedener Ausgangsstoffe, wie Quarz und gefällte Kieselsäure sowie Calciumcarbonat und Calciumoxid, das Calciumorthosilikat Ca_2SiO_4 als primäres Reaktionsprodukt entstehen kann. Letztere Autoren weisen besonders auf die Bedeutung der verschiedenen Herstellung der Ausgangsmaterialien bezüglich der Bildung des Endproduktes hin. So wurde u.a. beobachtet, daß im Mischungsverhältnis 1:1 die Reaktion bei 1000 °C äußerst rasch abläuft, wobei am Schluß der Umsetzung der gebildete Wollastonit nicht in der bei 1000 °C stabilen α'-Modifikation vorliegt, sondern in der erst oberhalb 1200 °C stabilen α-Form. Nach JANDER und HOFFMANN tritt beim Arbeiten zwischen 1000 und 1200 °C mit einem Überschuß von CaO in einem Mischungsverhältnis CaO : SiO_2 = 3 : 1 oder 4 : 1 das sich anfangs bildende Orthosilikat Ca_2SiO_4 auch als Hauptprodukt auf. Alle anderen Verbindungen, wie $3CaO \cdot SiO_2$, $3CaO \cdot 2SiO_2$ und $CaSiO_3$, treten nur in geringen Mengen oder gar nicht auf. Anders liegen aber die Verhältnisse beim Erhitzen eines Gemenges der Ausgangsstoffe im Verhältnis 1:1 (Abb. 7.31). Hier bildet sich zwar auch im Anfang bevorzugt Orthosilikat, das aber im Laufe der Reaktion zugunsten der Wollastonitbildung abnimmt. Nach einer Reaktionszeit von etwa 16 Stunden ist die noch vorhandene Menge an Orthosilikat gegenüber dem Metasilikat — dem Wollastonit — zu vernachlässigen (< 3%). Den gleichen Reaktionsablauf findet man bei einem SiO_2-Überschuß.

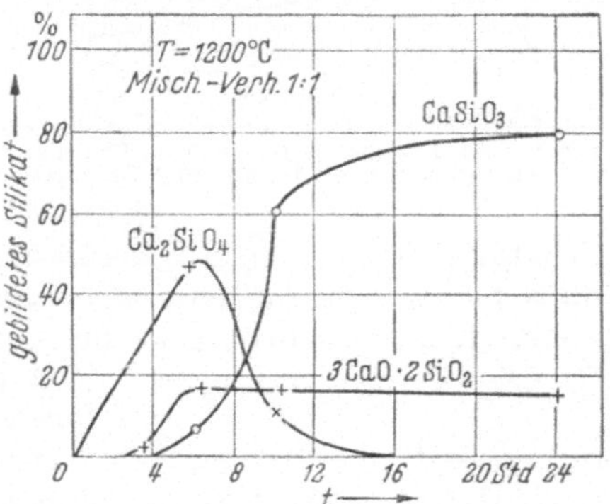

Abb. 7.31. Zeitliche Folge der gebildeten Silikate während der Reaktion CaO + SiO_2 in Luft nach JANDER und HOFFMANN.

[1] TRÖMEL, G., u. H. MÖLLER: Zement-Kalk-Gips 5, H. 8, S. 1 (1952).

Bei Gegenwart von Wasserdampf konnte der Reaktionsablauf wesentlich verändert werden (Abb. 7.32). Das Orthosilikat, das sich wohl immer noch primär bildet, trat in bedeutend niedrigeren Konzentrationen auf. Jedoch war hier nicht mit Sicherheit festzustellen, ob es das einzige Primärprodukt war. Im Gegensatz zum trockenen Reaktionsgemisch machte sich eine verstärkte Bildung von $3CaO \cdot 2SiO_2$ bemerkbar, das erst nach längerer Reaktionszeit (>10 Stunden) zugunsten der Wollastonitbildung allmählich abnahm.

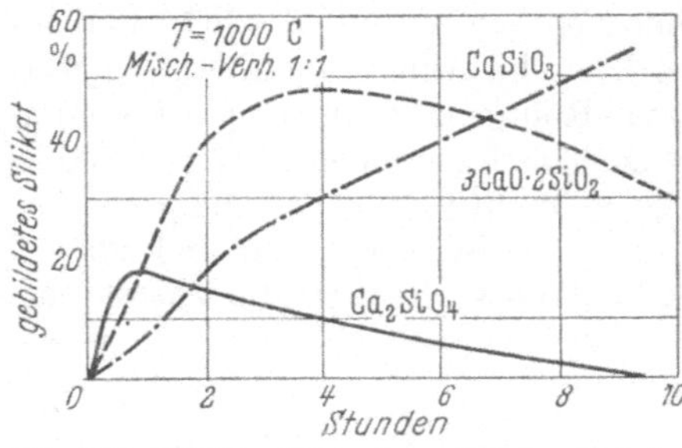

Abb. 7.32. Zeitliche Folge der gebildeten Silikate während der Reaktion $CaO + SiO_2$ in Gegenwart von Wasserdampf nach JANDER und HOFFMANN.

Auf Grund dieser Beobachtungen schlägt JANDER ein neues Reaktionsbild vor. An der Berührungsfläche eines CaO- und SiO_2-Kristalls bildet sich zunächst eine dünne Schicht von Orthosilikat. Der weitere Reaktionsablauf geht nun so vonstatten, daß eine Diffusion von CaO (vermutlich Ca^{2+}-Ionen und O^{2-}-Ionen bzw. Ca^{2+}-Ionen + Elektronen und Sauerstoff über die Gasatmosphäre (s. weiter oben) durch die Reaktionsschicht erfolgt unter Bildung einer weiteren Menge Orthosilikat (Abb. 7.33, *1*). Solange im Anfangsstadium der Reaktion noch ein größerer Überschuß von freiem CaO vorhanden ist, soll nach JANDERS Ansicht diese Diffusion[1] so schnell erfolgen, daß es an der Grenzfläche Ca_2SiO_4/SiO_2 nicht oder nur in geringem Maße zur Bildung einer niedrigen basischen Verbindung kommen kann. Solange die Temperatur nicht 1300 °C übersteigt, soll sich auch kaum an der Grenzfläche CaO/Ca_2SiO_4 die höchstbasische Verbindung $3CaO \cdot SiO_2$ bilden können (Abb. 7.33, *2*).

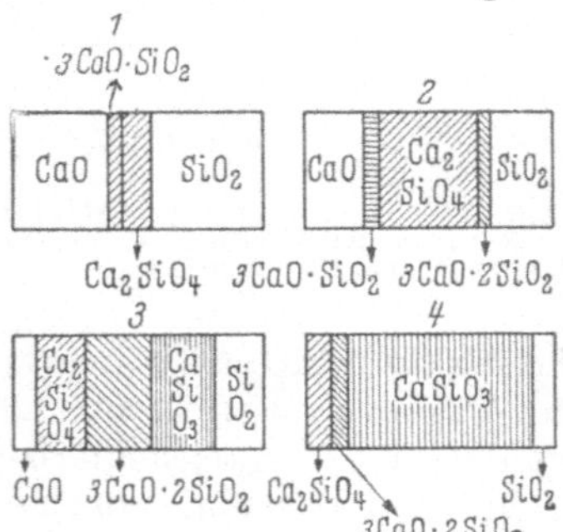

Abb. 7.33. Schematische Darstellung der Schichtenfolge der Reaktionsprodukte während des Reaktionsablaufs bei der Vereinigung von CaO mit SiO_2 im Überschuß nach JANDER.

Ist hingegen die Anlieferung von CaO nicht mehr genügend groß, was bei größeren Ca_2SiO_4-Schichtdicken der Fall ist, dann tritt bald an der Phasengrenze Ca_2SiO_4/SiO_2 eine Verarmung an freiem Kalk auf, und die Bildungsmöglichkeit von $3CaO \cdot 2SiO_2$ und $CaSiO_3$ ist gegeben (Abb. 7.33, *3*). Nach einer gewissen Reaktionszeit — wenn der gesamte freie Kalk verbraucht ist — setzt nun ein Abwandern von CaO aus der Orthosilikatphase in Richtung über die $3CaO \cdot 2SiO_2$- und $CaSiO_3$-Phase zum SiO_2 ein, wobei die Wollastonitphase auf Kosten des Orthosilikats

[1] JANDER, W., nimmt ein Wandern ganzer CaO-Moleküle an, was jedoch nur wahrscheinlich ist, wenn man ein Wandern durch Poren in der Reaktionsschicht annimmt.

zunimmt (Abb. 7.33, *4*). Ist schließlich das gesamte Orthosilikat verbraucht, dann tritt im Falle Vorliegens freier Kieselsäure schließlich auch ein Abwandern von CaO aus der $3CaO \cdot 2SiO_2$-Phase zum SiO_2 hin auf unter Bildung weiteren Wollastonits, bis schließlich im Endergebnis nur noch Wollastonit neben überschüssigem SiO_2 vorliegt.

Neuere Untersuchungen von DEKEYSER[1] bestätigen und ergänzen die Versuchsergebnisse von JANDER. Durch röntgenographische Messungen und thermische Differentialanalyse wurde festgestellt, daß sich während der Reaktion von amorphem SiO_2 mit $Ca(OH)_2$ — im Verhältnis $SiO_2 : CaO = 2 : 1$ — zuerst γ-Ca_2SiO_4 bildet, das sich bei 600 °C in die β-Phase umwandelt, um dann über 800 °C in die α'-Phase überzugehen. Bei höheren Temperaturen bildet sich dann die γ-Phase von neuem. Im Gegensatz zum Reaktionssystem $Ca(OH)_2 + SiO_2$ bildet sich während des Ablaufs der Reaktion $CaCO_3 + SiO_2$ die γ-Form bei tiefen Temperaturen nicht, weil CaO offenbar erst dann erscheint, wenn die γ-Form bereits instabil ist.

Über die Thermodynamik des festen Systems CaO–SiO_2 berichten BENZ und WAGNER[2] unter Berücksichtigung der früheren Literatur. Für 700 °C werden die chemischen Potentiale und die relativen integralen molaren freien Mischungsenergien aus EMK-Messungen an der galvani schen Kette mit CaF_2 als festen Elektrolyten (F^--Ionen über Zwischengitterplätze)

$$Pt, O_2(gas) \mid CaO \mid CaF_2 \mid CaO\text{-}SiO_2 \mid Pt, O_2(gas)$$

ermittelt, wo CaO–SiO_2 die entsprechenden festen 2-Phasengemische Ca_2SiO_4-$Ca_3Si_2O_7$, $Ca_3Si_2O_7$-$CaSiO_3$ oder $CaSiO_3$-SiO_2 kennzeichnet. Die erhaltenen Werte liegen bei -11 bis -12 kcal. Die Reaktionsenthalpie für 25 °C beträgt für die Bildung von Ca_2SiO_4 und $CaSiO_3$ aus CaO und Quarz $-30{,}2 \pm 0{,}2$ und $-21{,}3 \pm 0{,}1$ kcal/Mol SiO_2.[3]

Trotz der recht plausiblen Reaktionsfolgen darf man schließlich nicht vergessen, daß über den Mechanismus selbst noch keine Aussagen möglich sind. In einer späteren Ergänzung weist JANDER[4] auf die verschiedene Gitterstruktur von Ortho- und Metasilikat hin und versucht, die leichtere Bildung der Orthosilikate dadurch zu deuten, daß er den Aufbau langer Ketten, wie er den Metasilikaten eigen ist, für reaktionskinetisch ungünstig hält. Auch THILO und Mitarbeiter[5] haben sich mit der Aufklärung der Struktur und des Bildungsmechanismus der Silikate beschäftigt. JAGITSCH[6] versucht weitere Aufklärung aus Emanationsmessungen an mit Radiothor versetzter gefällter Kieselsäure zu erhalten. Aus den Versuchsergebnissen wird geschlossen, daß die Silikatbildung in zwei Abschnitten erfolgen soll, nämlich in einer Oberflächenreaktion

---

[1] DEKEYSER, W. L.: Bull. chim. Belgique **62**, 235 (1953).
[2] BENZ, R., u. C. WAGNER: J. phys. Chem. **65**, 1308 (1961).
[3] KING, E. G.: J. Amer. chem. Soc. **73**, 656 (1951).
[4] JANDER, W.: Z. angew. Chem. **48**, 879 (1936).
[5] THILO, E.: Naturwiss. **38**, 222 (1951). — E. THILO, H. FUNK u. E. M. WICHMANN: Abh. dtsch. Akad. Wiss., Kl. Math. u. allg. Naturwiss. 1950, Nr. 4.
[6] JAGITSCH, R.: Z. phys. Chem. (B) **36**, 339 (1937).

und in einem Transport von CaO-Molekülen offenbar entlang der Korngrenzen des bereits gebildeten Silikats.

In einer weiteren Arbeit untersuchten JANDER und WUHRER[1] den Reaktionsablauf bei der Bildung von Magnesium-, Strontium- und Bariumsilikaten. Hier war ein Pulvergemisch im Verhältnis $MgO : SiO_2$ wie 2 : 1 bei 1170 °C nach etwa 80 Stunden zu Mg_2SiO_4 durchreagiert. Im Mischungsverhältnis 1 : 1 der Ausgangsstoffe wurde MgO stets wesentlich rascher verbraucht als SiO_2, da sich auch hier zuerst Orthosilikat bildet. In Analogie zum Calciumsilikat entsteht bei einem Überschuß an MgO zunächst bis zu 60 Mol-% Mg_2SiO_4. Erst dann beginnt sich bei längerem Erhitzen das Metasilikat zu bilden. Das Maximum der Mg_2SiO_4-Bildung ist bereits nach 10 Stunden erreicht und bei einem Mischungsverhältnis von 1 MgO : 3 SiO_2 sogar schon nach 5 Stunden. Erhitzt man ein Pulvergemisch von $MgSiO_3$ und MgO bei 1170 °C, so ist bereits nach 3 Stunden die Reaktion fast vollständig zu Mg_2SiO_4 abgelaufen. Zu ähnlichen Ergebnissen kommt man, wenn man an Stelle von Oxiden die entsprechenden Carbonate wählt, wie z. B. $BaCO_3 + SiO_2$ und $SrCO_3 + SiO_2$. An diesen Systemen erhalten wir bei 1010 °C Orthosilikat-Ausbeuten bis zu etwa 80% bei Reaktionszeiten von 2 bis 15 Stunden. (Näheres hierüber siehe später auf S. 872.)

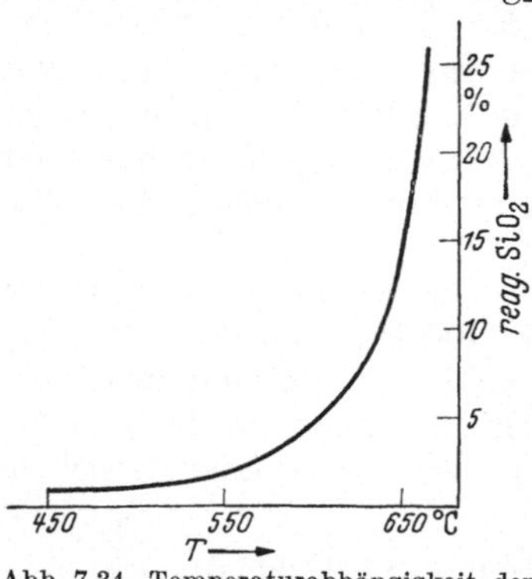

Abb. 7.34. Temperaturabhängigkeit der $PbSiO_3$-Ausbeute bei der Vereinigung von rotem bzw. gelbem PbO mit SiO_2 nach HEDVALL und ELDH.

HEDVALL und ELDH[2] untersuchten die Reaktionsgeschwindigkeit und den Umsetzungsgrad von rotem und gelbem PbO mit SiO_2 im Temperaturgebiet von 450 bis 650 °C

$$PbO + SiO_2 = PbSiO_3. \qquad (7.51\,a)$$

Für beide PbO-Modifikationen wurden die gleichen Umsatzkurven gefunden (Abb. 7.34). Im Anschluß hieran erweiterten JAGITSCH und BENGTSON[3] die Untersuchung durch die folgenden Reaktionen:

$$PbO + PbSiO_3 = Pb_2SiO_4 \qquad (7.51\,b)$$

und

$$2\,PbO + Pb_2SiO_4 = Pb_4SiO_6. \qquad (7.51\,c)$$

Aus thermodynamischen Daten von BENZ und SCHMALZRIED[4] lassen sich die freien Reaktionsenthalpien für Reaktion (7.51a), (7.51b) und (7.51c) zu −5,2, −2,3 und −1,0 kcal für 640 °C berechnen. Auf Grund kinetischer Messungen, die eindeutig eine Gewichtsabnahme der PbO-Pastille und eine entsprechende Zunahme der Silikatpastille ergaben, wird eine

[1] JANDER, W., u. J. WUHRER: Z. anorg. allg. Chem. **226**, 225 (1936).
[2] HEDVALL, J. A., u. A. ELDH: Z. anorg. allg. Chem. **226**, 192 (1936).
[3] JAGITSCH, R., u. B. BENGTSON: Ark. Kem., Mineral. Geol. (A) **22**, Nr. 6 (1946).
[4] BENZ, R., u. H. SCHMALZRIED: Z. phys. Chem. (NF) **29**, 77 (1961).

Wanderung in Form von PbO-Molekülen und nicht in Form von Pb^{2+}-Ionen und Sauerstoffionen angenommen, eine Annahme, die heute nicht mehr aufrechterhalten werden kann. Unter Verwendung von radioaktivem Blei (ThB) wurde von FELDMANN und LINDNER[1] im Temperaturbereich von 290 bis 380 °C die Temperaturabhängigkeit der Reaktionsgeschwindigkeit der Bleisilikatbildung ermittelt (Abb. 7.35). Da der Umsatz in diesem Zeit- und Temperaturintervall linear mit der Zeit zunimmt, können unter diesen Versuchsbedingungen keine Diffusionsvorgänge maßgebend sein. Vielmehr muß der Antransport der Reaktionspartner zur Reaktionsfront durch die porige $PbSiO_3$- bzw. Pb_2SiO_4-Schicht rascher erfolgen, als diese durch die Phasengrenzreaktion verbraucht werden. Dieser Befund erhärtet die Vermutung der wesentlichen Mitwirkung von Porendiffusion und Verdampfungseffekten. Diese störenden Verdampfungseffekte, die sicher häufiger auftreten, als man bisher im allgemeinen angenommen hat, können entsprechend berücksichtigt werden.

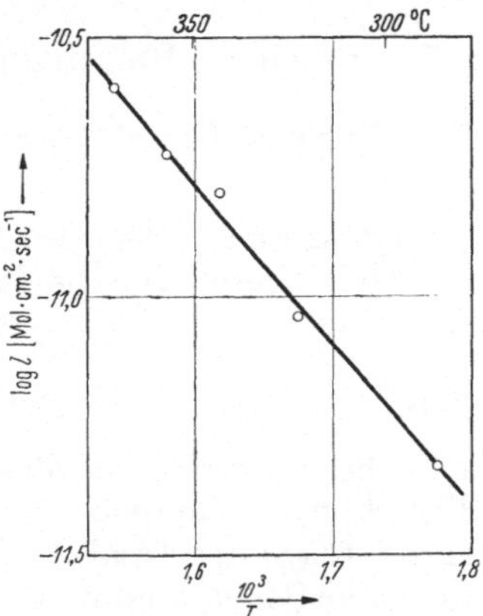

Abb. 7.35. Temperaturabhängigkeit der Reaktionsgeschwindigkeit der Reaktion $2PbO + SiO_2 = Pb_2SiO_4$ nach FELDMANN und LINDNER. Hier ist die Phasengrenzreaktion geschwindigkeitsbestimmend.

Anschließend seien einige Bemerkungen über Reaktionen unter Beteiligung von Einkristallen eingefügt, da, wie schon des öfteren erwähnt wurde, die Verwendung von Einkristallen häufig die Erforschung des Mechanismus erleichtert. Aus Reaktionen mit Einkristallen können wertvolle Aufschlüsse über den Einfluß der kristallographischen Ebenen auf die Keimbildungs- und Wachstumsgeschwindigkeit der Reaktionsprodukt-Schichten erhalten werden. Läßt man nach ROGALLA und SCHMALZRIED[2] polykristallines NiO oder CoO mit α-Al_2O_3-Einkristallen reagieren, so beobachtet man eine Spinellschicht, die zu etwa $\frac{3}{4}$ einkristallin auf Al_2O_3 aufwächst, während der dem NiO bzw. CoO zugewandte Rest der Schicht polykristallin ist. Die entstandene Spinellschicht ist derart auf dem Einkristall aufgewachsen, daß die hexagonale c-Achse [0001] des α-Korunds mit der Würfeldiagonalen [111] des Spinells gleichgerichtet ist, d. h., die hexagonalen Basisebenen mit der dichtesten Sauerstoffionen-Anordnung fallen zusammen. Eine merkliche Umordnung der Sauerstoffionen-Packung, die erhebliche Energie erfordern würde, tritt also hier nicht auf. Lediglich eine Änderung der Stapelfolge von der hexagonalen zur kubischen Packung ist zu berücksichtigen. Es wird ein Versetzungsmechanismus vorgeschlagen.

Als weitere Beispiele können die Reaktionen zwischen polykristallinem Cr_2O_3 und Einkristallen aus MgO und CoO genannt werden. Während

[1] FELDMANN, U., u. R. LINDNER: Proc. intern. Symp. Reactivity of Solids, S. 209. Gothenburg 1954.

[2] ROGALLA, W., u. H. SCHMALZRIED: Naturwiss. 50, 593 (1963).

mit MgO-Einkristallen ähnliche Verhältnisse wie eben beschrieben vorliegen — $MgCr_2O_4$ wächst ebenfalls einkristallin auf MgO auf —, tritt bei Verwendung von CoO-Einkristallen nur eine polykristalline Spinellschicht auf, die allerdings eine Textur aufweist, die mit der Orientierung des CoO-Einkristalls übereinstimmt.[1]

Diese Erscheinungen werden auch an ternären Reaktionsprodukten erwartet, wenn die binären Ausgangssubstanzen schon als Einkristalle vorliegen.

7.6 Doppelte Umsetzungen durch Reaktion im festen Zustand

7.61 Doppelte Umsetzungen zwischen Sulfiden bzw. Seleniden und Halogeniden

Tubandt und Reinhold[2] untersuchten den Mechanismus der Platzwechselvorgänge für die folgenden Reaktionen:

$$Ag_2S + 2\,CuJ = Cu_2S + 2\,AgJ \qquad (7.52\,a)$$

und

$$Ag_2S + Cu_2Se = Cu_2S + Ag_2Se \qquad (7.52\,b)$$

und bestimmten die Massenwirkungskonstanten dieser Reaktionen. Bringt man nämlich zwei Zylinder, bestehend aus Mischkristallen (Ag_2S, Cu_2S) und (AgJ, CuJ), miteinander in Berührung, so findet durch die Grenzfläche hindurch ein Austausch äquivalenter Mengen von Ag^+- und Cu^+-Ionen so lange statt, bis die auf beiden Seiten entstehenden Mischkristalle miteinander im thermodynamischen Gleichgewicht stehen. Auf Grund der Tatsache, daß sich die Pastillen nach abgelaufener Reaktion bzw. Diffusion ohne Verlust voneinander trennen lassen, kann der dem Gleichgewicht entsprechende Stoffumsatz unter Umgehung analytischer Operationen[3] einfach aus den Gewichtsänderungen mit einer Genauigkeit ermittelt werden, die im allgemeinen von der chemischen Analyse kaum übertroffen wird, wie bereits an anderer Stelle dargelegt wurde. Abgesehen von den analytischen Schwierigkeiten bei Pulverreaktionen werden durch die Tubandtsche Pastillen- bzw. Zylindermethode alle Reaktionen auch bei hohen, bis dicht unter den Schmelzpunkt heranreichenden, Temperaturen langsam genug verlaufen, um sie als isotherm ansprechen zu können, was bei Reaktionen in pulverförmigen Gemengen besonders oberhalb der „Verpuffungstemperatur" praktisch niemals der Fall ist.

Die Versuche wurden in der Weise ausgeführt, daß unter hohem Druck gepreßte Pastillen von 2 bis 5 mm Dicke und 1 cm Durchmesser mit plangeschliffenen Flächen in einer kleinen Schraubzwinge fest aufeinandergepreßt und unter reinem Stickstoff bzw. Hochvakuum in kleine Hartglasrohre eingeschmolzen wurden. Nach entsprechenden Reaktions-

[1] Schmalzried, H.: Ber. Dtsch. Keram. Ges. **42**, 11 (1965).

[2] Tubandt, C., u. H. Reinhold: Z. phys. Chem. (A) **140**, 291 (1929).

[3] Bei Untersuchungen mit pulverförmigen Gemengen stellt die Analyse des umgesetzten Anteils oft eine der Hauptschwierigkeiten dar, nicht selten ist sie überhaupt nicht sicher durchführbar.

zeiten konnten die Gleichgewichtskonstanten K_{200} und K_{300} für 200 und 300 °C mit einer befriedigenden Genauigkeit ermittelt werden. In Tab. 7.9 ist eine Versuchsreihe der Reaktion (7.52a) für 300 °C wiedergegeben. Wenn auch die Werte etwas streuen, so sind doch die Massenwirkungskonstanten mit

$$K_{300°} = 8{,}7 \cdot 10^{-6}$$

$$K_{200°} = 8{,}2 \cdot 10^{-7}$$

recht gut vergleichbar mit den aus thermodynamischen Daten errechneten. So wurde beispielsweise mit einer Reaktionswärme von

Tabelle 7.9. *Gleichgewichtskonstanten der Reaktion (7.52a) bei 300 °C und einem Äquivalentverhältnis Jodid : Sulfid = 1 : 1 nach Tubandt und Reinhold*

Ausgangssystem Zusammensetzung in Mol-%				Gleichgewichtskonzentration in Mol-%				$K = \frac{x^2_{CuJ}\, x_{Ag_2S}}{x^2_{AgJ}\, x_{Cu_2S}}$
Jodidzylinder		Sulfidzylinder		Jodid-mischkristalle		Sulfid-mischkristalle		
AgJ	+ CuJ	Ag_2S	+ Cu_2S	AgJ	+ CuJ	Ag_2S	+ Cu_2S	$K \cdot 10^6$
	100	100		97,90	2,10	2,09	97,91	9,82
	100	100		97,99	2,01	2,01	97,99	8,63
	100	100		98,11	1,89	1,87	98,13	7,03
	100	100		97,89	2,11	2,12	97,88	10,16
18,58	81,42	100		99,50	0,50	19,21	80,79	6,00
40,07	59,93	100		99,59	0,41	40,51	59,49	11,54
49,88	50,12	100		99,72	0,28	50,17	49,83	7,94
61,93	38,07	100		99,76	0,24	62,17	37,83	9,51
70,43	29,57	100		99,81	0,19	70,65	29,35	8,19
100		50,32	49,68	99,70	0,30	50,63	49,37	9,28
100		40,16	59,84	99,57	0,43	40,58	59,42	12,73
100		25,11	74,89	99,55	0,45	25,58	74,42	7,03
100		1,42	98,58	98,57	1,43	2,84	97,16	6,14
100			100	98,07	1,93	1,94	98,06	7,67

$\Delta H = -12{,}7$ kcal unter Vernachlässigung der Temperaturabhängigkeit der spez. Wärmen der festen Stoffe $K_{300°}$ zu $8 \cdot 10^{-6}$ ermittelt. Dies ist eine gute Übereinstimmung, wenn man überlegt, daß die größte der beobachteten Abweichungen vom Mittelwert bei 300 °C z. B. durch einen Fehler von nur 0,0003 g in der Cu-Bestimmung hervorgerufen wird.

Bestimmungen der obengenannten Art sind natürlich nur dann durchführbar, wenn die beiden Mischphasen den Gesetzen für ideale Mischungen folgen und wenn außerdem die Massenwirkungskonstante nicht zu stark auf einer Seite liegt, d. h., wenn die Konzentration einer der den Mischkristall aufbauenden Komponenten möglichst nicht unter 1 Mol-% liegt. Diese Forderung ist befriedigend für die Reaktion (7.52b) erfüllt. Hier wurden nach zwei- bis viertägiger Erhitzungsdauer bei 210 bis 427 °C folgende K-Werte erhalten:

$K_{205°} = 2{,}45 \cdot 10^{-3}$, $K_{210°} = 2{,}83 \cdot 10^{-3}$, $K_{212°} = 2{,}97 \cdot 10^{-3}$,

$K_{315°} = 1{,}42 \cdot 10^{-2}$ und $K_{427°} = 4{,}82 \cdot 10^{-2}$.

Suchow und Pond[1] untersuchten die Reaktion $Ag_2S + HgJ_2$ bei 200 °C und studierten die optischen Eigenschaften der Reaktionsprodukte, die phototrope Eigenschaften besitzen. Hierbei konnte eine neue Verbindung der Zusammensetzung $HgS \cdot 2\,AgJ$ gefunden werden. Über den Reaktionsmechanismus selbst ist noch nichts bekannt.

7.62 Doppelte Umsetzungen mit Diffusionsvorgängen in hintereinander- und nebeneinanderliegenden Schichten der Reaktionsprodukte nach Jost und Wagner

Wohl die erste umfassende, allgemeine Übersicht und Systematik der doppelten Umsetzungen von zwei verschiedenen Ionenverbindungen

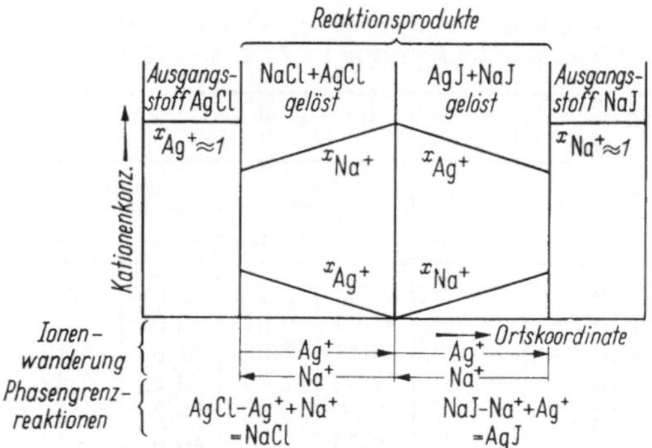

Abb. 7.36. Schematische Darstellung der Schichtenfolge der Reaktion $AgCl + NaJ = AgJ + NaCl$ bei hintereinanderliegenden Schichten der Reaktionsprodukte nach Jost.

unter besonderem Hinweis auf die phasentheoretischen Voraussetzungen hat Jost[2] gegeben. Im Gegensatz zu den eben behandelten Reaktionen sollen hier die Reaktionsprodukte als gesonderte Phasen auftreten und nur eine geringe Löslichkeit für die anderen beteiligten Stoffe zeigen. Ferner sollen hier nur im wesentlichen die Kationen beweglich sein. Als Beispiel wählen wir:

$$AgCl + NaJ = AgJ + NaCl. \qquad (7.53)$$

Da die Anionen praktisch unbeweglich sind, müssen sich jeweils die Kristallarten mit gemeinsamen Anionen berühren. Aus diesem Grunde schlägt Jost folgende Schichtenfolge vor:

$$AgCl \mid NaCl \mid AgJ \mid NaJ.$$

Der Umsatz nach Gl. (7.53) erfolgt also durch Diffusion von Ag^+- und Na^+-Ionen in entgegengesetzten Richtungen mit den in Abb. 7.36 angedeuteten Phasengrenzreaktionen.

Eine weitere Deutungsmöglichkeit für die Umsetzung für AgCl und NaJ ergibt sich nach Wagner[3], wenn man annimmt, daß die Reaktions-

[1] Suchow, L., u. G. R. Pond: J. phys. Chem. **58**, 240 (1954).
[2] Jost, W.: Diffusion und chemische Reaktionen in festen Stoffen S. 180. Dresden 1937.
[3] Wagner, C.: Z. anorg. allg. Chem. **236**, 320 (1938).

produkte AgJ und NaCl in nebeneinanderliegenden Schichten entstehen. Dies kann man sich auf folgende Weise entstanden denken: An der Berührungsfläche der Ausgangskristalle AgCl und NaJ bildet sich z. B. an irgendeiner Stelle der Phasengrenze ein AgJ-Keim. Dadurch entsteht aber in der AgCl-Phase ein Defizit an Silber- bzw. in der NaJ-Phase ein Defizit an J^--Ionen. Damit sind aber nach WAGNER günstige Voraussetzungen geschaffen, daß an irgendeiner anderen Stelle der Phasengrenzfläche AgCl/NaJ ein Keim der zweiten neu zu bildenden Phase NaCl entsteht. Dieser Schritt wird sich nun so oft wiederholen, bis sich schließlich nach VOLMER[1] ein stationärer Gleichgewichtszustand einstellt, der durch das Verhältnis der Keimbildungs- und Keimwachstumsgeschwindigkeit gegeben ist. Es wird also ein wirres Konglomerat von nebeneinanderliegenden Kristallen der Reaktionsprodukte NaCl und AgJ entstehen. Der Reaktionsfortgang wird dadurch gewährleistet, daß eine Wanderung von Ionen gleicher Ladung in verschiedenen Phasen als geschlossener Kreisstrom zustande kommt, wie dies Abb. 7.37 schematisch darstellt. Dieses idealisierte Reaktionsbild können wir uns dadurch entstanden denken, daß man das wirre Konglomerat von nebeneinanderliegenden NaCl- und AgJ-Kristallen zwischen den Ausgangsstoffen AgCl und NaJ in der Weise ordnet, daß man alle NaCl-Kristalle auf die eine Seite (in Abb. 7.37 oben) und alle AgJ-Kristalle auf die andere Seite (in Abb. 7.37 unten) bringt. Die Annahme derartiger Re-

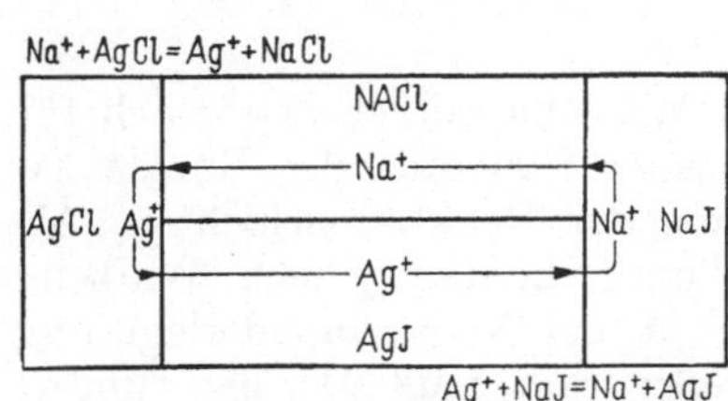

Abb. 7.37. Schematische Darstellung der Schichtenfolge der Reaktion AgCl + NaJ = AgJ + NaCl bei nebeneinanderliegenden Schichten der Reaktionsprodukte nach WAGNER.

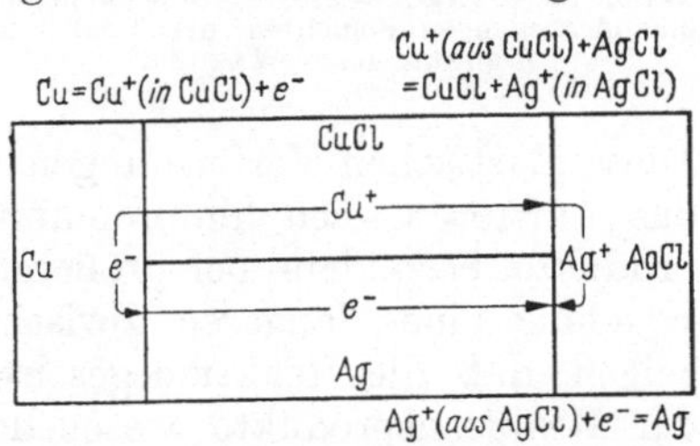

Abb. 7.38. Schematische Darstellung der Reaktion Cu + AgCl = Ag + CuCl bei nebeneinanderliegenden Schichten der Reaktionsprodukte nach WAGNER.

aktionsschemata mit geschlossenen Kreisströmen ermöglicht ganz allgemein die Deutung von doppelten Umsetzungen vom allgemeinen Typus $A + B = C + D$. Die Beschreibung entspricht durchaus der Deutung von Korrosionsvorgängen durch die Tätigkeit von „Lokalelementen" an der Grenzfläche Metall/Lösung.

Das vorstehende Reaktionsschema läßt sich z. B. auch auf die folgenden Reaktionen:

$$\mathrm{Cu + AgCl = Ag + CuCl} \tag{7.54}$$

$$\mathrm{Pb + 2\,AgCl = 2\,Ag + PbCl_2} \tag{7.55}$$

$$\mathrm{Co + Cu_2O = 2\,Cu + CoO} \tag{7.56}$$

[1] VOLMER, M.: Kinetik der Phasenbildung. Dresden 1939.

sinngemäß übertragen. Das jeweilige Reaktionsschema ist aus den Abb. 7.38 bis 7.40 zu entnehmen. Bei den letzten drei Reaktionen tritt im Reaktionsbild nur insofern eine Änderung ein, als in der metallischen Phase die Ionen- durch die Elektronenwanderung zu ersetzen ist.

Selbstverständlich geben alle diese Reaktionsschemata nur ein idealisiertes Bild vom tatsächlichen Reaktionsablauf. In Wirklichkeit wird aber nicht nur ein wirres Konglomerat von nebeneinanderliegenden Kristallen entstehen, sondern infolge Materieanhäufung an einzelnen Stellen und Materieverlust an anderen Stellen werden sich auch starke innere Spannungen ausbilden, die zu starken plastischen Verformungen innerhalb der Reaktionszone und damit auch zur Zerstörung der Kristallitlagen beitragen (eventuell Reaktionen mit KIRKENDALL-Effekt).

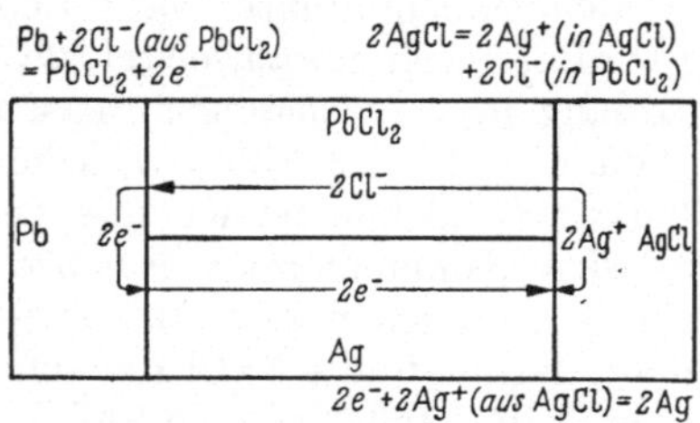

Abb. 7.39. Schematische Darstellung der Reaktion $Pb + 2AgCl = 2Ag + PbCl_2$ bei nebeneinanderliegenden Schichten der Reaktionsprodukte nach WAGNER.

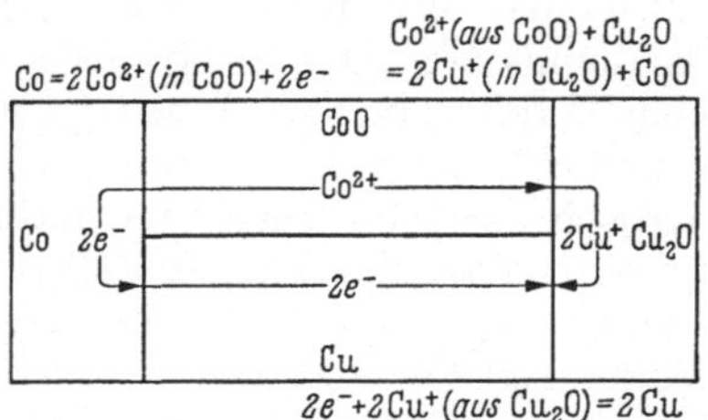

Abb. 7.40. Schematische Darstellung der Reaktion $Co + Cu_2O = CoO + 2Cu$ bei nebeneinanderliegenden Schichten der Reaktionsprodukte nach WAGNER.

Diese plastischen Verformungen macht WAGNER mitverantwortlich für das Auftreten auch hintereinanderliegender Schichten der Reaktionsprodukte, besonders bei größeren Dicken der Reaktionsschichten. Als Ergebnis einer längeren Zwischenrechnung konnte jedoch WAGNER zeigen, daß die Reaktionsgeschwindigkeit bei Nebeneinanderlagerung der Reaktionsprodukte wesentlich größer sein muß als bei Hintereinanderlagerung, da der Umsatz durch Lokalelementströme erheblich größer ist als bei einer Diffusion nach dem JOSTschen Schema mit verhältnismäßig kleinem Konzentrationsgefälle (Abb. 7.36). Auch bei überwiegender Hintereinanderlagerung und nur geringer Nebeneinanderlagerung der Reaktionsprodukte wird der Lokalelement-Stromfluß über diese dünnen Adern von nebeneinanderliegenden Schichtteilen immer noch einen rascheren Reaktionsablauf verursachen als die raum- und flächenmäßig großen Teile hintereinandergelagerter Reaktionsschichten. Diese Überlegungen stehen in gewisser Analogie mit Beobachtungen von Reströmen an elektrochemisch erzeugten Deckschichten, wo die von MÜLLER[1] diskutierten Restströme im wesentlichen durch Poren verursacht sind.

Auf Grund dieser Reaktionsbilder berechnete WAGNER die Umsatzgeschwindigkeiten aus den elektromotorischen Kräften der den Reaktionsbildern entsprechenden galvanischen Ketten und aus elektrischen

[1] MÜLLER, W. J.: Z. Elektrochem. angew. phys. Chem. **42**, 830 (1936); Korros. u. Metallschutz **14**, 49, 63 (1938).

Leitfähigkeitswerten. Unter Annahme der Gültigkeit der Ausbildung solcher Lokalelemente sind Umsatz und Kurzschlußstromstärke i dieses galvanischen Elementes, die innerhalb der Kreisstrombahn wirksam ist, eindeutig miteinander gekoppelt. Bezeichnen wir mit dn/dt den Umsatz in Äquivalenten je Zeiteinheit und mit $\mathfrak{F} = 96500$ Coulomb die FARADAY-Zahl, dann gilt:

$$\frac{dn}{dt} = \frac{1}{\mathfrak{F}} i .$$

Falls geschwindigkeitsbestimmende Phasengrenzreaktionen zu vernachlässigen sind, ist die Kurzschlußstromstärke gleich dem Quotienten aus Gleichgewichtsspannung E und innerem Widerstand W, und wir erhalten

$$\frac{dn}{dt} = \frac{1}{\mathfrak{F}} \frac{E}{W} . \tag{7.57}$$

Tabelle 7.10. *Doppelte Umsetzungen durch Reaktion im festen Zustand mit Angabe der zugehörigen galvanischen Kette nach Wagner*

Nr.	Reaktion	Galvanische Kette (links Pluspol)	EMK (Volt)
1	$Cu + AgCl = Ag + CuCl$ (Abb. 7.38)	Ag | AgCl | CuCl | Cu | Ag	0,15 bis 0,20[1]
2	$Pb + 2AgCl = 2Ag + PbCl_2$ (Abb. 7.39)	Ag | AgCl | $PbCl_2$ | Pb | Ag	0,45 bis 0,50[1-3]
3	$AgCl + NaJ = AgJ + NaCl$ (Abb. 7.37)	Ag | AgJ | AgCl | NaCl | NaJ | AgJ | Ag	0,6[4]
4	$Co + Cu_2O = CoO + 2Cu$ (Abb. 7.40)	Cu | Cu_2O | CoO | Co | Cu	~0[5]

Zwecks Messung der EMK solcher Lokalelemente ist die Bahn des Kurzschlußstromes in geeigneter Weise zu unterbrechen, wie dies in Tab. 7.10 an einzelnen Beispielen gezeigt wird.[6] Bei nichtmetallischen Phasen sind noch geeignete Ableitungselektroden an beiden Enden zu wählen.

Die EMK der Kette 3 in Tab. 7.10 ist bisher noch nicht gemessen worden, ist aber identisch mit den von HABER[7] eingehend untersuchten Ketten, von denen eine wegen ihrer Ähnlichkeit mit Kette 3 erwähnt sei:

$$Ag \mid AgCl \mid Ag_2SO_4 \mid Na_2SO_4 \mid NaCl \mid AgCl \mid Ag .$$

Diese Kette — mit einer EMK von 0,52 V — zeigt bei Stromfluß folgenden Umsatz:

$$Ag_2SO_4 + 2NaCl = 2AgCl + Na_2SO_4 .$$

[1] HABER, F., u. A. TOLLOCZKO: Z. anorg. allg. Chem. **41**, 407 (1904).
[2] Nach Messungen von M. KATAYAMA: Z. phys. Chem. **61**, 566 (1908).
[3] Nach Messungen von H. REINHOLD: Z. anorg. allg. Chem. **171**, 181 (1928).
[4] Von C. WAGNER näherungsweise berechnet.
[5] EMK nahezu 0 wegen überwiegender Elektronenleitung in allen beteiligten Phasen.
[6] Hier liegt ein weiterer Fall vor, wo der bekannte Ansatz von W. NERNST: Reaktionsgeschwindigkeit = chemische Kraft/Widerstand eine unmittelbare quantitative Bedeutung erhält. Vgl. C. WAGNER: Z. anorg. allg. Chem. **236**, 320 (1938).
[7] HABER, F.: Ann. Phys. (4) **26**, 927 (1908).

Auch hier ist selbstverständlich, daß nur dann die EMK einer galvanischen Kette gemäß (7.57) zur Ermittlung des chemischen Umsatzes herangezogen werden kann, wenn die Ladungsträger im wesentlichen Ionen sind und wenn in den einzelnen Phasen praktisch nur diejenigen Ladungsträgersorten beweglich sind, die am chemischen Umsatz beteiligt sind.

Wie bereits WAGNER zeigen konnte, kann im Fall der Beweglichkeit von nur einer Ladungsträgerart in allen beim Reaktionsablauf: $A + B = C + D$ auftretenden Phasen ein Stromübergang zwischen C und D nicht stattfinden, da die beweglichen Ladungsträger in C und D verschieden sind. So ist z.B. ein unmittelbarer Stromfluß von der NaCl-Phase (Abb. 7.37) zur AgJ-Phase — verknüpft mit entsprechenden Umsetzungen — nicht möglich, da hierdurch die Phasengrenzreaktion Na^+ (aus NaCl) + AgJ = NaJ + Ag^+ (in AgJ) auftreten müßte, was die Bildung eines der beiden Ausgangsstoffe zur Folge hätte. Diese Verhältnisse können in Strenge mit Hilfe von Ansätzen der μ-Thermodynamik beschrieben werden.

Zur vollständigen Auswertung der Beziehung (7.57) müssen wir uns noch mit dem elektrischen Widerstand W der Reaktionsprodukte C und D beschäftigen. Bei Gültigkeit der vereinfachenden Annahmen, die zu den schematischen Reaktionsbildern Abb. 7.37 bis 7.40 führen, besteht zwischen den Einzelquerschnitten q_C und q_D der Phasen der beiden Reaktionsprodukte und den entsprechenden Äquivalentvolumina v_C und v_D folgende Verknüpfung:

$$\frac{q_C}{q_D} = \frac{v_C}{v_D}.$$

Bezeichnen wir ferner mit $\varkappa_C$ und $\varkappa_D$ die entsprechenden spezifischen elektrischen Leitfähigkeiten, dann gilt für den Widerstand W der Reaktionsprodukte C und D gemäß dem Verlauf der Kreisstrombahn in den Abb. 7.37 bis 7.40:

$$W = \frac{\Delta\xi}{q_C \varkappa_C} + \frac{\Delta\xi}{q_D \varkappa_D} = \frac{\Delta\xi}{q}\left(\frac{1}{\varkappa_C}\,\frac{v_C + v_D}{v_C} + \frac{1}{\varkappa_D}\,\frac{v_C + v_D}{v_D}\right). \tag{7.58}$$

Setzen wir Gl. (7.58) in (7.57) ein, dann erhalten wir für die Zunahme der Schichtdicke $\Delta\,\xi$ je Zeiteinheit:[1]

$$\frac{d(\Delta\xi)}{dt} = \frac{v_D}{q_D}\,\frac{dn}{dt} = \frac{1}{\Delta\xi}\,\frac{1}{\frac{1}{\varkappa_C v_C} + \frac{1}{\varkappa_D v_D}}\,\frac{E}{\mathfrak{F}}. \tag{7.59}$$

[1] WAGNER weist auf die weitgehende Analogie dieser Formel zu der Formel für die Anlaufgeschwindigkeit (Reaktion von Metall mit Sauerstoff, Schwefel oder Halogen) hin. Diese lautet:

$$\frac{d(\Delta\xi)}{dt} = \frac{1}{\Delta\xi}\,\frac{1}{\frac{1}{\varkappa_{\text{Ion}}} + \frac{1}{\varkappa_{e^-}}}\,\frac{E}{\mathfrak{F}},$$

wo neben den bekannten Größen $\varkappa_{\text{Ion}}$ und $\varkappa_{e^-}$ die mittleren Teilleitfähigkeiten für Ionen und Elektronen bedeuten. Im Gegensatz zu dem oben behandelten Fall liegt hier aber eine einheitliche Phase des Reaktionsproduktes vor. Über das sich hieraus ergebende Ersatzschaltbild nach JOST und die sich hieraus ergebende Kurzschluß-Stromstärke wurde auch von L. E. PRICE: Chem. and Ind. **56**, 769 (1937) diskutiert.

Faßt man alle elektrischen Größen und Äquivalentvolumina zusammen:

$$k' = \frac{E}{\mathfrak{F}} \frac{1}{\frac{1}{\varkappa_C v_C} + \frac{1}{\varkappa_D v_D}}, \tag{7.59a}$$

so erhalten wir für die Zunahme der Schichtdicke $\Delta\,\xi$ der Reaktionszone eine dem TAMMANNschen parabolischen Zeitgesetz identische Formel:

$$\frac{d(\Delta\,\xi)}{dt} = \frac{k'}{\Delta\,\xi}, \tag{7.60}$$

worin k' die Bedeutung einer „Verdickungskonstante" (= Reaktionskonstante) der Reaktionszone hat.

Die vorstehenden Gleichungen können natürlich — worauf auch schon WAGNER hinweist — nicht mit strenger Gültigkeit den Reaktionsablauf beschreiben. Vielmehr wird die nach (7.60) errechnete Reaktionsgeschwindigkeit nur einen oberen Grenzwert darstellen, da fast sämtliche Reaktionen nicht nach dem oben behandelten idealen Reaktionsbild (z. B. Abb. 7.37 oder 7.40) ablaufen werden. So wird z. B. die den oben abgeleiteten Formeln zugrunde liegende Annahme praktisch ungehemmter Phasengrenz-Reaktionen nicht in allen Fällen berechtigt sein. So wurden an den Anlaufsystemen $Ag\,|\,Ag_2S\,|\,S$, $Ag\,|\,Ag_2Se\,|\,Se$ und $Ag\,|\,Ag_2Te\,|\,Te$ große Hemmungen durch Phasengrenzreaktionen beobachtet[1,2], die für den Bruttoreaktionsablauf geschwindigkeitsbestimmend sind. Die Mitwirkung von Phasengrenzreaktionen ließe sich in den WAGNERschen Formeln durch Einführung von Zusatzwiderständen für Phasengrenzreaktionen im Sinne der Ansätze von FISCHBECK[3], SCHOTTKY[4] und JOST[5] berücksichtigen.

Weiterhin können beachtliche Abweichungen des errechneten vom gemessenen Umsatz bei solchen Reaktionen auftreten, deren Ausgangsstoffe oder Reaktionsprodukte eine heterotype Mischphase bilden, wie z. B. bei der Reaktion:

$$PbCl_2 + 2\,AgJ = PbJ_2 + 2\,AgCl,$$

wobei durch einen Zusatz von $PbCl_2$ zu AgCl die elektrische Leitfähigkeit $\varkappa$ um 1 bis 2 Zehnerpotenzen höhere Werte annehmen kann. Da jedoch die Konzentration des sich jeweils lösenden Salzes an den einzelnen Stellen der Reaktionsschicht verschieden ist, muß auch hier mit einem mittleren Leitfähigkeitswert gerechnet werden. Dies würde allerdings gemäß (7.59a) zur Folge haben, daß hier im Gegensatz zu obigen Abweichungen infolge der größeren effektiven $\varkappa$-Werte die Reaktionsgeschwindigkeit zunehmen sollte.

---

[1] TUBANDT, C., H. REINHOLD u. A. NEUMANN: Z. Elektrochem. angew. phys. Chem. **39**, 227 (1933).

[2] RICKERT, H., u. C. WAGNER: Z. phys. Chem. (NF) **31**, 32 (1961). — H. RICKERT u. C. D. O'BRIAN: Z. phys. Chem. **31**, 71 (1961).

[3] FISCHBECK, K.: Z. Elektrochem. angew. phys. Chem. **39**, 316 (1933).

[4] SCHOTTKY, W.: Wiss. Veröff. Siemens-Werke **14**, H. 2, S. 1 (1935).

[5] JOST, W.: Diffusion und chemische Reaktion in festen Stoffen, S. 27ff. Dresden 1937.

Zum experimentellen Beweis seiner Reaktionsmodelle wählte WAGNER die in Abb. 7.41 dargestellte Versuchsanordnung. Ein Metallblock von 5 mm Durchmesser wurde mit einer 2-mm-Bohrung bis zur halben Tiefe versehen und anschließend auf diesen das Halogenid in Form einer Pastille aufgepreßt. In dieser Anordnung wurden folgende Reaktionen untersucht:

$$AgCl + Cu = CuCl + Ag \quad \text{(unter Luftabschluß bei 230 °C)}$$

$$AgBr + Cu = CuBr + Ag \quad \text{(unter Luftabschluß bei 300 °C)}$$

$$2\,AgBr + Pb = PbBr_2 + 2\,Ag \quad \text{(unter Luftabschluß bei 230 °C)}$$

$$2\,AgCl + Pb = PbCl_2 + 2\,Ag \quad \text{(unter Luftabschluß bei 230 °C)}.$$

Nach zweitägigem Erhitzen unter Luftabschluß bei der betreffenden Reaktionstemperatur wird einmal der obere Teil der AgCl- bzw. AgBr-Pastille abgebrochen und zum anderen die betreffende Pastille parallel zur Zylinderachse durchgesägt. In beiden Fällen ergab die mikroskopische Betrachtung einzelne größere Silberdendriten neben zahlreichen kleinen Silberadern. Wenn auch in keinem Fall eine ideale Nebeneinanderschichtung beobachtet wurde und das mikroskopische Bild auch keine unmittelbare Aussage über die Dicke der Reaktionszone zuließ, so konnte doch zwischen Cu und AgCl bzw. AgBr beispielsweise aus der Abnahme der Cu-Masse entsprechend der Vergrößerung des Durchmessers der Bohrung des Cu-Zylinders der tatsächliche Umsatz mit hinreichender Genauigkeit berechnet werden.

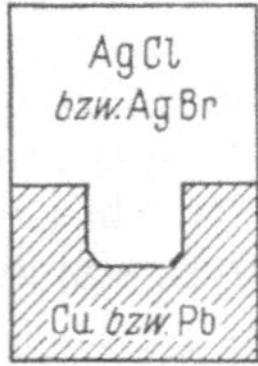

Abb. 7.41. Versuchsanordnung für die Umsetzung von Silberhalogeniden mit Cu bzw. Pb nach WAGNER. Das Silberhalogenid wurde auf den angebohrten Metallblock aufgepreßt.

Die Dicke $\Delta\xi$ der Reaktionszone wurde nach (7.59a) für eine Reaktionszeit von 2 Tagen (= 17288 sec) zu 0,2 cm berechnet in größenordnungsmäßiger Übereinstimmung mit dem experimentellen Befund, wenn mit $E \approx 0{,}18$ V, $\varkappa_{CuCl} \approx 3 \cdot 10^{-4}$ Ohm^{-1} cm^{-1}, $v_{CuCl} = 24$ cm^3 und $k' = 1{,}3 \cdot 10^{-8}$ cm^2 sec^{-1} gerechnet wird. Von gleicher Größenordnung waren die Umsätze der übrigen Reaktionen.

Wie bereits eingangs erwähnt, ist nur dann mit einer Gültigkeit der obigen Überlegungen zu rechnen, wenn die festen Verbindungen eine überwiegende Ionenbeweglichkeit zeigen. Weisen hingegen die Reaktionsprodukte eine überwiegende Elektronenleitung auf, wie dies bei der Reaktion (7.56) der Fall ist, versagen die obigen Ansätze. Auf derartige Reaktionen werden wir noch einmal auf S. 900ff. zurückkommen.

Ohne im einzelnen auf den Reaktionsablauf einzugehen, können wir die Reaktion $Co + Cu_2O$ formal wie einen Oxydationsvorgang $Co + \frac{1}{2} O_2^{(g)} = CoO$ behandeln, wobei der Sauerstoffpartialdruck gleich dem Sauerstoffdissoziationsdruck von Cu_2O bei der betreffenden Reaktionstemperatur anzusetzen ist. Das heißt, wenn keine störenden Phasengrenzreaktionen und keine nennenswerte Mischkristallbildung der Ausgangsstoffe mit den Reaktionsprodukten auftreten, muß die oben definierte Verdickungskonstante k' der Reaktionszone für die Umsetzung

$Co + Cu_2O = CoO + 2Cu$ identisch sein mit der parabolischen Oxydationsgeschwindigkeitskonstanten für die Reaktion $Co + \frac{1}{2}O_2 = CoO$. Auch hier kann aber die Ausbildung einer heterotypen Mischphase (CoO gelöst in Cu_2O bzw. umgekehrt) eine starke Erhöhung bzw. Erniedrigung der Ionenteilleitfähigkeit und dadurch eine Vergrößerung bzw. Erniedrigung der Reaktionsgeschwindigkeit bedingen. Daß eine derartige Nebenreaktion tatsächlich eintritt, konnte von WAGNER größenordnungsmäßig durch folgendes Experiment bestätigt werden:

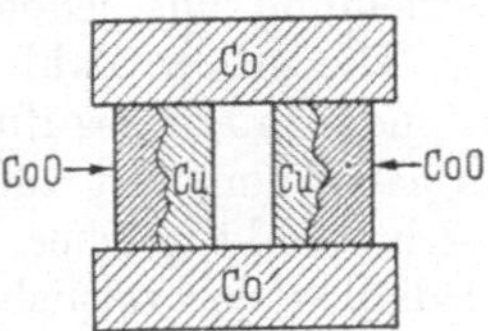

Abb. 7.42. Versuchsanordnung für die Reaktion $Co + Cu_2O = CoO + 2Cu$ nach WAGNER. Der anfänglich zwischen den Kobaltscheiben befindliche Cu_2O-Ring besteht nach der Reaktion aus einem äußeren Mantel aus CoO und einem inneren Kern aus Cu.

Ein 3 mm langes Cu_2O-Rohr wurde zwischen zwei Co-Blöcke eingespannt (Abb. 7.42). Nach 21stündigem Erhitzen bei 800 °C wurde das System parallel zur Achse des Cu_2O-Zylinders durchgesägt. Der mikroskopische Befund ergab, daß die gesamte Cu_2O-Phase praktisch verschwunden war und daß das ehemalige Cu_2O-Rohr im wesentlichen außen aus einer CoO- und im Innern aus einer Cu-Zone bestand. Qualitativ gleiche Ergebnisse wurden für die Umsetzung:

$$Fe + Cu_2O = FeO + 2Cu$$

erhalten. Die Dicke der Reaktionszone betrug gemäß den Versuchsbedingungen (Abb. 7.42) nach 21 Stunden bei 800 °C etwa 0,75 mm.

SOKOLOVA und KURNAKOW[1] untersuchten die gegenseitige Mischbarkeit der Ausgangs- und Reaktionsprodukte der Reaktion $BiCl_3 + 3Ag = 3AgCl + Bi$ mittels thermischer und Mikrostrukturanalyse. Kinetische Daten liegen nicht vor.

7.63 Doppelte Umsetzungen der Erdalkalioxide mit einigen Salzen der Sauerstoffsäuren in Pulvergemischen

Bisher besprachen wir solche Reaktionen, deren Umsatz und Mechanismus modellmäßig durch eine geeignete Versuchsanordnung bestimmt werden konnten. Neben dem unmittelbaren experimentellen Nachweis der Wanderung der an der Reaktion beteiligten Ionen in der Schicht des Reaktionsproduktes durch Anwendung radioaktiver Indikatorionen hat sich in zahlreichen Fällen, wie auf S. 804ff. zu entnehmen ist, die von WAGNER modifizierte TUBANDTsche Pastillenmethode gut bewährt. Während bei einfachen additiven Reaktionen, wie bei der Spinellbildung, wo nur ein Reaktionsprodukt auftritt, die Versuchsanordnung von WAGNER mit zwischen den Ausgangssubstanzen befindlichen Pastillen des Reaktionsproduktes auch den tatsächlichen Verhältnissen beim Umsatz solcher Reaktionen in Pulvergemischen entsprach, treten bei doppelten Umsetzungen wesentlich kompliziertere Verhältnisse auf. Auf Grund der obigen Betrachtungen scheint bei zahlreichen Reaktionen mit zwei oder gar drei Reaktionsprodukten das WAGNERsche Reaktionsbild mit

[1] SOKOLOVA, T.I., u. N.S. KURNAKOW: Ber. Akad. Wiss. UdSSR **21**, 159 (1952).

paralleler Schichtung der Reaktionsprodukte unter Ausbildung von Lokalelement-Kurzschlußströmen den tatsächlichen Verhältnissen beim Reaktionsablauf in Pulvergemischen gerecht zu werden. Zur klaren Entscheidung sind jedoch weitere Untersuchungen erforderlich.

Die größte Zahl derartiger Reaktionen — wobei wir solche Reaktionen mit Gasaufnahme und Gasabgabe während des Reaktionsablaufs zunächst außer acht lassen — ist jedoch nicht unter dem Gesichtspunkt solcher Modellreaktionen untersucht worden. Hier wurde lediglich der zeitliche Umsatz durch chemische Analyse und der ungefähre Reaktionsbeginn durch Erhitzungskurven ermittelt. Schon vor 40 Jahren fanden HEDVALL und Mitarbeiter[1], daß beim Erhitzen der Erdalkalioxide in einem Pulvergemisch mit Salzen der Sauerstoffsäuren bei einer für das betreffende Erdalkalioxid charakteristischen und von der chemischen Natur des Salzes unabhängigen Temperatur ein plötzlich einsetzender Reaktionsablauf sich bemerkbar macht. Bei besonders stark exothermen Reaktionen konnte sogar ein verpuffungsartiger Ablauf festgestellt werden. Wie aus Tab. 7.11 hervorgeht, betragen die aus Erhitzungskurven bestimmten charakteristischen Reaktionstemperaturen für BaO etwa 350 °C und für SrO etwa 455 °C, während diejenige für CaO bei etwa 530 °C liegt. Für MgO, das erste Oxid der Erdalkalireihe, ließ sich keine bestimmte Reaktionstemperatur ermitteln.[2] Dieser experimentelle Befund ist schwer zu verstehen und wurde später von JAGITSCH[3] überprüft. Bei der Erforschung des Einflusses der Ausgangssubstanzen auf die beobachtete Reaktionstemperatur konnte mittels Thoriumemanation als Indikator festgestellt werden, daß für die relativ plötzlich auftretende konstante Reaktionstemperatur eine Dissoziation des CaO und MgO nicht verantwortlich gemacht werden kann. Hingegen wurde gefunden, daß im Temperaturgebiet einer raschen Umsetzung von BaO bzw. SrO mit festen Salzen, wie z. B. Ag_3PO_4, erhebliche Veränderungen auftreten, die auf Schmelzen oder Dissoziation geringer Mengen intermediär entstehenden Hydroxids zurückzuführen sind. Infolge dieser noch undurchsichtigen und unvermeidlichen experimentellen Schwierigkeiten, die im Falle der Verwendung von BaO und SrO auftreten, wurden diese Oxide in der JAGITSCHschen Arbeit nicht untersucht.

Um die Mitwirkung der Erdalkalisalzbildung über die Gasphase und den Einfluß der Keimbildung zu studieren, untersuchte JAGITSCH die CO_2-Aufnahme von CaO und SrO durch die zeitliche Gewichtszunahme mittels einer Quarzfaden-Torsionswaage. Hierbei wurde festgestellt, daß sich bei einer bestimmten Temperatur eine gewisse Menge Salz bildet, die dann bei längerer Versuchsdauer praktisch nicht mehr zunimmt. Beim Einströmenlassen von CO_2 auf eine im Vakuum befindliche Probe wurde der Endwert der Salzbildung ähnlich dem einer Passivschichtbildung bereits im Verlaufe eines Bruchteiles einer Sekunde erreicht.

---

[1] HEDVALL, J. A., u. J. HEUBERGER: Z. anorg. allg. Chem. **122**, 181 (1922); **128**, 1 (1923); **135**, 49 (1924); **140**, 243 (1924). — Vgl. ferner K. FISCHBECK: Z. anorg. allg. Chem. **165**, 46 (1927).

[2] HEDVALL, J. A., u. J. HEUBERGER: Z. anorg. allg. Chem. **128**, 1 (1923).

[3] JAGITSCH, R.: Ark. Kem., Mineral. Geol. (A) **15**, Nr. 17 (1942).

Tabelle 7.11

Zusammenstellung der Versuchsergebnisse der Reaktion von Erdalkalioxiden mit Salzen der Sauerstoffsäuren nach Hedvall und Heuberger

Salze		Reaktionstemperatur mit BaO	Reaktionsprodukte	Reaktionstemperatur mit SrO	Reaktionsprodukte	Reaktionstemperatur mit CaO	Reaktionsprodukte
Karbonate	$SrCO_3$	395 °C	$BaCO_3 + SrO$	—	—	—	—
	$CaCO_3$	345 °C	$BaCO_3 + CaO$	465 °C	$SrCO_3 + CaO$	—	—
	$MgCO_3$	345 °C	$BaCO_3 + MgO$	455 °C	$SrCO_3 + MgO$	525 °C	$CaCO_3 + MgO$
Sulfate	$SrSO_4$	370 °C	$BaSO_4 + SrO$	—	—	—	—
	$CaSO_4$	370 °C	$BaSO_4 + CaO$	450 °C	$SrSO_4 + CaO$	—	—
	$MgSO_4$	370 °C	$BaSO_4 + MgO$	440 °C	$SrSO_4 + MgO$	540 °C	$CaSO_4 + MgO$
	$ZnSO_4$	340 °C	$BaSO_4 + ZnO$	425 °C	$SrSO_4 + ZnO$	520 °C	$CaSO_4 + ZnO$
	$CuSO_4$	345 °C	$BaSO_4 + CuO$	420 °C	$SrSO_4 + CuO$	515 °C	$CaSO_4 + CuO$
Phosphate	$Sr_3(PO_4)_2$	350 °C	$Ba_3(PO_4)_2 + SrO$	—	—	—	—
	$Ca_3(PO_4)_2$	340 °C	$Ba_3(PO_4)_2 + CaO$	450 °C	$Sr_3(PO_4)_2 + CaO$	—	—
	$Pb_3(PO_4)_2$	335 °C	$Ba_3(PO_4)_2 + PbO$	455 °C	$Sr_3(PO_4)_2 + PbO$	525 °C	$Ca_3(PO_4)_3 + PbO$
	$Co_3(PO_4)_2$	355 °C	$Ba_3(PO_4)_2 + CoO$	465 °C	$Sr_3(PO_4)_2 + CoO$	520 °C	$Ca_3(PO_4)_2 + CoO$
	$CrPO_4$	340 °C	$Ba_3(PO_4)_2 + Cr_2O_3$	465 °C	$Sr_3(PO_4)_2 + Cr_2O_3$	515 °C	$Ca_3(PO_4)_2 + Cr_2O_3$
	$Ag_4P_2O_7$	330 °C	$Ba_3(PO_4)_2 + 2\,Ag_2O$	450 °C	$Sr_2(PO_4)_2 + 2\,Ag_2O$	510 °C	$Ca_3(PO_4)_2 + 2\,Ag_2O$
Silikate	$CaSiO_3$ (Wollastonit)	355 °C	$BaSiO_3 + CaO$	455 °C	$SrSiO_3 + CaO$	—	—
	$MgSiO_3$ (Enstatit)	355 °C	$BaSiO_3 + MgO$	455 °C	$SrSiO_3 + MgO$	560 °C	$CaSiO_3 + MgO$
	$MnSiO_3$ (Rhodinit)	355 °C	$BaSiO_3 + MnO$	465 °C	$SrSiO_3 + MnO$	565 °C	$CaSiO_3 + MnO$
	Al_2SiO_5 (Sillimanit)	355 °C	$BaSiO_3 + Al_2O_3$	430 °C	$SrSiO_3 + Al_2O_3$	530 °C	$CaSiO_3 + Al_2O_3$

Wie weiterhin JAGITSCH zeigen konnte, stehen die Schmelztemperaturen der Erdalkalioxide mit den Reaktionstemperaturen der entsprechenden Reaktionssysteme in einem gewissen Zusammenhang (Tab. 7.12).

Tabelle 7.12
Beziehung der Schmelz- und Reaktionstemperatur T_S und T_R der Erdalkalioxide nach Jagitsch

	T_R °C	T_R °K	T_S °K	T_R/T_S
BaO	345	618	2196	0,281
SrO	455	728	2703	0,269
CaO	530	803	2849	0,282

Bedeutet T_R die Reaktionstemperatur und T_S die Schmelztemperatur, dann gilt für das Verhältnis $T_R/T_S \approx 0{,}280$. In Übereinstimmung mit diesem Befund steht ferner der Temperaturverlauf der elektrischen Leitfähigkeit $\varkappa$ der Erdalkalioxide (Abb. 7.43). Die gestrichelte Parallele zur Abszisse gibt die experimentell bestimmten Temperaturen des Reaktionsbeginns wieder. Wenn auch die Beobachtungen sich zunächst noch nicht in einen physikalischen Zusammenhang bringen lassen, so ist doch der Befund ein wertvoller experimenteller Hinweis für die Wahl der geeigneten Reaktionstemperatur eines Oxid-Salz-Paares und auch technisch von Bedeutung, z. B. für die Ermittlung der zulässigen Temperatur eines Reaktionsofens mit Oxidfutter. Diese Gesetzmäßigkeiten gelten jedoch nur so lange, als keine Phasenänderungen während der Erhitzung auftreten. Wie an Hand von Erhitzungskurven nachgewiesen werden konnte[1,2], zeigt sich nämlich im Falle einer Phasenumwandlung des Salzes ein überragender Einfluß des Salzpartners auf die Reaktionsgeschwindigkeit. Häufig liegt in diesen Fällen der Reaktionsbeginn auch bei der niedrigen Umwandlungstemperatur des betreffenden Salzes. Ob jedoch die beobachtete Erniedrigung der Reaktionstemperatur T_R (= Temperatur des meßbaren Reaktionsbeginns) bis zum Umwandlungspunkt auf eine Erhöhung des aktiven Zustandes (= Erhöhung der Fehlordnung) zurückzuführen ist oder ob eine Änderung des Reaktionsmechanismus eintritt, kann erst an Hand weiterer Untersuchungen entschieden werden. Den Einfluß des Umwandlungspunktes des Salzes

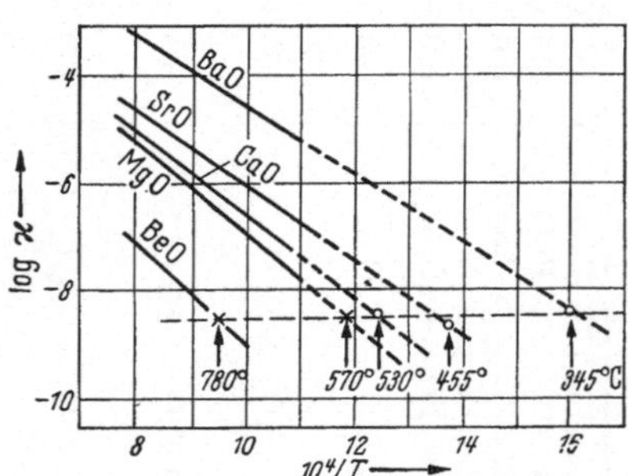

Abb. 7.43. Die Lage der Reaktionstemperaturen der Erdalkalioxide, ermittelt aus dem Temperaturverlauf der elektrischen Leitfähigkeit nach JAGITSCH.

---

[1] HEDVALL, J. A., u. J. HEUBERGER: Z. anorg. allg. Chem. **128**, 1 (1923).
[2] TAMMANN, G., u. B. GARRE: Z. anorg. allg. Chem. **149**, 46 (1925).

auf die Reaktionstemperatur T_R zeigt die folgende Aufstellung:

	T_R mit $AgNO_3$ (Uwp 160 °C)	T_R mit Ag_2SO_4 (Uwp 411 °C)
BaO	170 °C	342 °C
SrO	172 °C	422 °C
CaO	164 °C	422 °C

Eine Herabsetzung der Reaktionstemperatur tritt aber nur dann ein, wenn der Umwandlungspunkt des betreffenden Salzes unterhalb der für das jeweilige Oxid charakteristischen Reaktionstemperatur liegt. Dies geht besonders deutlich am Beispiel des Reaktionssystems $BaO–Ag_2SO_4$ hervor. Hier liegt der Umwandlungspunkt des Ag_2SO_4 mit 411 °C weit höher als die Reaktionstemperatur der BaO-Reaktionen mit etwa 345 °C, so daß hier die Temperatur eines merklichen Umsatzes nicht wie in den anderen aufgeführten Beispielen durch den Umwandlungspunkt des Salzes, sondern durch BaO bestimmt wird.

Diese von HEDVALL zuerst aufgestellte Regel über den Zusammenhang zwischen Reaktionstemperatur und Temperatur der kristallographischen Umwandlung eines der Reaktionsausgangsstoffe muß offenbar mit der bei Umwandlungsvorgängen auftretenden, erhöhten Fehlordnung im Zusammenhang stehen, was für die Keimbildung der Phase eines der Reaktionsprodukte energetisch besonders günstig ist. Über in Umwandlung begriffene Phasen als hochaktive Zwischenstoffe berichten ebenfalls SIMON und Mitarbeiter.[1] Ihre Deutung kann jedoch zunächst nur als Arbeitshypothese gelten, solange andere Deutungsmöglichkeiten nicht ausgeschlossen sind. HAMMEN[2] konnte am Reaktionssystem $HgS + AgNO_3$ die HEDVALLsche Regel nicht bestätigen. Bereits bei 113 °C tritt hier lebhafte Reaktion durch Verpuffung ein, während die Umwandlungstemperatur für $AgNO_3$ mit 160 °C deutlich höher liegt. Das Mischungsverhältnis bestand hier aus 90 Gew.-% $AgNO_3$ und 10 Gew.-% HgS. Für die Beschleunigung dieser Reaktion kann also nicht die Phasenumwandlung verantwortlich gemacht werden.

Auf Grund quantitativer Umsatzmessungen an den Systemen CaO/Ag_3PO_4, $CaO/Co_3(PO_4)_2$, $CaO/CoSO_4$, SrO/Ag_3PO_4, MgO/Ag_3PO_4, $MgO/Co_3(PO_4)_2$, $MgO/CoSO_4$ und BeO/Ag_3PO_4 schließt JAGITSCH[3] auf einen übereinstimmenden Zustand der Erdalkalioxide bei diesen charakteristischen Reaktionstemperaturen, der wiederum auf einen allen diesen Reaktionen gemeinsamen geschwindigkeitsbestimmenden Teilvorgang hinweist.

Ergänzend zu diesen Untersuchungen wurde die Geschwindigkeit der Reaktion

$$MgO + Silbersalz = Mg\text{-}Salz + Ag_2O$$

---

[1] SIMON, A., F. THÜMMLER u. E. KLÜGEL: Proc. intern. Symp. Reactivity of Solids, S. 163. Gothenburg 1952.

[2] HAMMEN, H.: Diplomarbeit, T. H. Darmstadt 1938.

[3] JAGITSCH, R.: Ark. Kem., Mineral. Geol. (A) **15**, Nr. 17 (1942).

mit der Folgereaktion

$$2\,Ag_2O = 4\,Ag + O_2$$

von JAGITSCH und HEDVALL[1] gemessen. Da sich infolge der Bildung einer dem Umsatz äquivalenten Menge Sauerstoff der Druck während der Reaktion laufend ändert, konnte durch eine manometrische Verfolgung der zeitlichen Druckzunahme die Kinetik dieser Festkörperreaktion studiert werden. Als Silbersalze kamen Ag_2SO_4 und Ag_3PO_4 zur Untersuchung.

Entsprechend der Beziehung von JANDER[2] zur Berechnung der Dicke der umgesetzten Schicht eines Pulverkorns

$$\frac{P\,p}{P} = \frac{(R - \Delta\,\xi)^3}{R^3}$$

ergibt sich für die umgesetzte Schicht $\Delta\,\xi$ der Ausdruck:

$$\Delta\,\xi = R\left(1 - \sqrt[3]{\frac{P-p}{p}}\right)$$

und weiter für die Geschwindigkeitskonstante k bei einem zeitlichen Verlauf des Umsatzes $d\,\xi/dt = k$:

$$k = \frac{1}{t}\,R\left(1 - \sqrt[3]{\frac{P-p}{p}}\right).$$

In dieser Gleichung bedeuten P den bei vollständiger Umsetzung des Kornes auftretenden Sauerstoffdruck, p den zur Zeit t festgestellten Druck in der Meßapparatur, R den Radius des Kornes und $\Delta\,\xi$ die Dicke der umgesetzten Schicht ($\Delta\,\xi$ in cm, t in Stunden und P bzw. p in Torr). Der Verlauf einer solchen Reaktion zwischen MgO und Ag_2SO_4 mit MgO-Überschuß und einer Einwaage von Ag_2SO_4 von 0,0069 g, $R = 0{,}0065$ cm und $P = 0{,}840$ Torr bei 600 °C ist aus Abb. 7.44 zu ersehen. Hieraus ergab sich bei 600 °C eine Reaktionsgeschwindigkeitskonstante

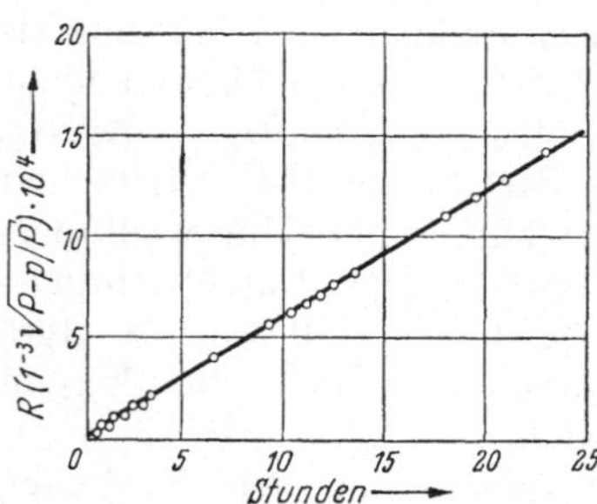

Abb. 7.44. Zeitlicher Verlauf des Umsatzes der Reaktion MgO + Ag_2SO_4 bei 600 °C nach JAGITSCH und HEDVALL. R = mittlerer Kornradius in cm, p = Druck während des Reaktionsablaufs und P = Druck bei vollständigem Umsatz in der Apparatur.

$$k_{600^\circ} = 1{,}64 \cdot 10^{-8}\ \text{cm sec}^{-1}.$$

Die anderen Versuchsergebnisse sind aus Tab. 7.13 zu entnehmen.

Die Auftragung der Logarithmen von k gegen $1/T$ ergibt sowohl für die Reaktion MgO + Ag_2SO_4 wie auch für die Reaktion MgO + Ag_3PO_4 je eine Gerade, die beide innerhalb der Versuchsfehler die gleiche Neigung zeigen. Die sich hieraus ergebende Temperaturabhängigkeit wird durch folgende Beziehung wiedergegeben:

$$k = 2{,}0 \cdot 10^7 \exp\{-61\,000/RT\}.$$

[1] JAGITSCH, R., u. J. A. HEDVALL: Ark. Kem., Mineral. Geol. (A) **19**, Nr. 14 (1944).

[2] JANDER, W.: Z. anorg. allg. Chem. **163**, 1 (1927).

Tabelle 7.13

Geschwindigkeitskonstanten k der Reaktion zwischen MgO mit Ag_2SO_4 und Ag_3PO_4 bei verschiedenen Kornradien und Temperaturen nach Jagitsch und Hedvall

Salz	Kornradius in cm	Temp. °K	k in cm sec^{-1}	log k
Ag_2SO_4	0,0042	835	$2{,}91 \cdot 10^{-9}$	−8,54
	0,0042	845	$4{,}50 \cdot 10^{-9}$	−8,35
	0,0042	869	$1{,}36 \cdot 10^{-8}$	−7,87
	0,0065	873	$1{,}64 \cdot 10^{-8}$	−7,78
	0,0015	875	$1{,}40 \cdot 10^{-8}$	−7,85
	0,0042	885	$2{,}38 \cdot 10^{-8}$	−7,62
	0,0042	893	$3{,}41 \cdot 10^{-8}$	−7,42
Ag_3PO_4	0,0040	929	$1{,}08 \cdot 10^{-7}$	−6,97
	0,0605	931	$1{,}39 \cdot 10^{-7}$	−6,86
	0,0050	941	$1{,}06 \cdot 10^{-7}$	−6,98
	0,0605	962	$2{,}71 \cdot 10^{-7}$	−6,57
	0,0605	986	$7{,}31 \cdot 10^{-7}$	−6,14
	0,0605	999	$9{,}48 \cdot 10^{-7}$	−6,02

Messungen mit einem Überschuß an Ag-Salz und kleinen MgO-Zusätzen mit definiertem Korn ergaben keine reproduzierbaren Zusammenhänge. Größenordnungsmäßig kann jedoch der Verlauf durch den Ausdruck

$$dp/dt \approx \text{const} \frac{1}{t}$$

wiedergegeben werden.

Auch für die Reaktionen mit wasserfreien Halogeniden, wie z. B.

$$BaO + 2CuJ = Cu_2O + BaJ_2$$

$$BaO + PbCl_2 = PbO + BaCl_2$$

$$BaO + NiBr_2 = NiO + BaBr_2$$

$$BaO + 2TlBr = Tl_2O + BaBr_2$$

$$CaO + NiCl_2 = NiO + CaCl_2$$

$$CaO + PbCl_2 = PbO + CaCl_2,$$

fanden Hedvall und Mitarbeiter[1] innerhalb einer für das Reaktionssystem charakteristischen Temperatur ein starkes Ansteigen der Reaktionsgeschwindigkeit. Auch hier lag die charakteristische Temperatur für die Reaktionssysteme mit BaO niedriger als für die mit CaO.

Nach van Klooster[2] verhalten sich die folgenden Reaktionen ähnlich:

$$PbS + CdSO_4 = CdS + PbSO_4$$

$$HgCl_2 + 2KJ = HgJ_2 + 2KCl$$

$$PbCl_2 + 2KJ = PbJ_2 + 2KCl.$$

[1] Hedvall, J. A., E. Garping, N. Linderkrantz u. L. Nelson: Z. anorg. allg. Chem. **197**, 399 (1931). — J. A. Hedvall u. E. Gustafsson: Svensk kem. Tidskr. **39**, 280 (1927); Z. anorg. allg. Chem. **170**, 71 (1928).

[2] Klooster, H. S. van: J. chem. Educat. **17**, 361 (1940).

In diesem Zusammenhang sind ferner noch die von LINK und WOOD[1] ausführlich untersuchten Austauschreaktionen zwischen Alkalihalogeniden, z. B.

$$NaBr + KCl = NaCl + KBr,$$

zu nennen.

Die Bestimmung des Umsetzungsgrades solcher Reaktionen ist analytisch nicht immer ganz einfach.[2] Zur analytischen Bestimmung von wasserfreien Halogeniden in solchen Reaktionsgemischen wurde von HEDVALL und Mitarbeitern mit Erfolg die unterschiedliche Löslichkeit der Halogenide in verschiedenen organischen Lösungsmitteln, wie Pyridin, Chinolin usw., ausgenutzt. Während bei den Reaktionen mit Oxiden und Salzen die Bestimmung des Umsetzungsgrades infolge der Unlöslichkeit der Oxide ohne Schwierigkeiten durchführbar ist, kann bei doppelten Umsetzungen zwischen Salzen eine Trennung dadurch erreicht werden, daß man entweder die Konzentration eines Reaktionsteilnehmers durch eine zusätzliche Reaktion mittels eines spezifischen Agens bestimmt oder ein Lösungsmittel auswählt, das nur eine Metallverbindung bevorzugt löst. Die letzte Gruppe von Reaktionen zeichnet sich durch eine niedrige Reaktionstemperatur aus, die in manchen Fällen sogar unterhalb 100 °C liegt und bei der der zeitliche Umsatz bereits beachtliche Werte annimmt.[3]

Erwähnenswert ist noch die von MONTIGNIE[4] untersuchte Reaktion

$$Sb_2S_3 + 3\,HgO \rightleftharpoons 3\,HgS + Sb_2O_3,$$

die zu einem meßbaren Gleichgewicht führt. Hier ist die Reaktionsgeschwindigkeit von der Modifikation des Reaktionspartners Sb_2S_3 abhängig. So wurde mit rotem, gefälltem Sb_2S_3 gemäß der obigen Umsetzungsgleichung bereits bei 200 °C ein rascher Reaktionsablauf erhalten, während die schwarze kristalline Modifikation des Sb_2S_3 dagegen unter den gleichen Versuchsbedingungen mit HgO keinen meßbaren Umsatz ergab.[5] Ähnliche Verhältnisse wurden bei der Reaktion mit meßbarem Gleichgewicht:

$$Bi_2S_3 + 3\,HgO \rightleftharpoons 3\,HgS + Bi_2O_3$$

beobachtet, wo das Ausmaß der Reaktionsgeschwindigkeit von der Modifikation des Bi_2S_3 abhing. Unter diesen Gesichtspunkten wurden bei 200 °C noch die folgenden Reaktionen untersucht:

$$Sb_2O_3 + HgCl_2 = HgO + 2\,SbOCl$$

und

$$Bi_2O_3 + HgCl_2 = HgO + 2\,BiOCl.$$

---

[1] LINK, H., u. L. WOOD: J. Amer. chem. Soc. **60**, 2320 (1938).

[2] HEDVALL, J. A.: Reaktionsfähigkeit fester Stoffe, S. 95ff. Leipzig 1938. — Vgl. u. a. G. KOHN: Chem. Rev. **42**, 527 (1948).

[3] HEDVALL, J. A., u. J. BERGSTRAND: Z. anorg. allg. Chem. **205**, 251 (1932).

[4] MONTIGNIE, E.: Bull. Soc. chim. France, Mém. (5) **14**, 378 (1947).

[5] Über den Einfluß der Modifikation, z. B. von HgJ_2 und TlJ, auf den Reaktionsablauf vgl. ferner u. a. E. MONTIGNIE: Bull. Soc. chim. France, Mém. (5) **13**, 173 (1946).

Während As_2S_3 und Bi_2S_3 mit $HgCl_2$ bei 200 °C zu einer Chlor-Schwefel-Verbindung abreagieren, tritt mit rotem gefälltem Sb_2S_3 keine Reaktion ein, sondern lediglich eine Umwandlung in die schwarze Modifikation. Über eine interessante Schichtenfolge beim Reaktionsablauf von As_2O_3 mit wasserfreiem $CuSO_4$ bei 200 °C berichtet MONTIGNIE. Neben einer orangefarbenen Zone von As_2S_3, auf der eine gelbe Zone von As_2S_2 aufwuchs, schloß sich eine schwarze CuO-Schicht an. Das während der Reaktion auftretende SO_2 wird auf die Mitwirkung der folgenden Reaktion

$$2\,As_2S_3 + CuSO_4 = 2\,SO_2 + 2\,As_2S_2 + CuS$$

zurückgeführt.[1]

Wenn auch die oben mitgeteilten Reaktionen im wesentlichen nur qualitativer Natur sind, so sind sie doch für weitere quantitative Untersuchungen anregend und für die Deutung der in der Technik auftretenden Schwefelungs- und Entschwefelungs- sowie Arsenierungs- und Entarsenierungsreaktionen aufschlußreich.

JANDER[2] untersuchte eine Reihe von Reaktionen mit doppelter Umsetzung des Typs

$$Me^{I}O + Me^{II}WO_4 = Me^{II}O + Me^{I}WO_4$$

(Me^{I} und Me^{II} = Metalle). Zu diesem Zweck wurden gepreßte Pastillen der Ausgangsstoffe, die vor dem Versuch geglüht und plan geschliffen waren, unter leichtem Druck aufeinandergepreßt. Unter diesen Versuchsbedingungen ergab beispielsweise ein bei 950 °C 3 Tage lang geglühtes Pastillenpaar $CdO/ZnWO_4$ eine Reaktionsschicht von 0,2 mm Dicke, die gemäß der Umsetzungsgleichung:

$$CdO + ZnWO_4 = ZnO + CdWO_4$$

aus ZnO und $CdWO_4$ bestand. In einer gleichen Versuchsanordnung wurden nach dreitägigem Erhitzen eines Pastillenpaars CdO + $ZnMoO_4$ bei 800 °C $CdMoO_4$ und ZnO nachgewiesen. Während an diesen Reaktionssystemen JANDER einen sog. „Säureplatzwechsel" für möglich — wenn auch nicht für einwandfrei bewiesen — hält, glaubt er bei den folgenden Reaktionen mit MgO und Wolframaten bzw. Molybdaten

$$MgO + ZnWO_4 = MgWO_4 + ZnO$$

$$MgO + ZnMoO_4 = MgMoO_4 + ZnO$$

$$MgO + CdWO_4 = MgWO_4 + CdO$$

$$MgO + MnWO_4 = MgWO_4 + MnO$$

diesen Mechanismus als einzig möglichen annehmen zu müssen. Hiernach soll nur das WO_3 beweglich sein, wobei ein „Springen" zum MgO angenommen wird. Dieser Reaktionsablauf kann natürlich, wie bereits oben diskutiert wurde, nur dann möglich sein, wenn Poren und innere Oberflächen, sog. irreversible Lockerstellen nach SMEKAL usw., in der Re-

[1] MONTIGNIE, E.: Bull. Soc. chim. France, Mém. (5) **14**, 378 (1947).
[2] JANDER, W.: Z. anorg. allg. Chem. **199**, 397 (1930).

aktionsschicht vorhanden sind. Zur Aufklärung des wahren Mechanismus sind jedoch weitere, insbesondere quantitative, Messungen erforderlich.

LIPINSKI[1] untersuchte die folgenden doppelten Umsetzungen mit Oxiden und Spinellen:

$$FeAl_2O_4 + MgO = FeO + MgAl_2O_4$$

$$FeCr_2O_4 + MgO = FeO + MgCr_2O_4,$$

die für die keramische Industrie von gewissem Wert sind. Schon lange Jahre vorher konnte HEDVALL[2] zeigen, daß auch Spinelle mit Oxiden in ähnlicher Weise wie Salze von Sauerstoffsäuren reagieren können. In Tab. 7.14 sind die von HEDVALL erhaltenen Reaktionstemperaturen für den Austausch von ZnO, CoO, FeO und CuO in einigen Spinellen durch die Erdalkalioxide zusammengestellt.

Tabelle 7.14
Reaktionstemperaturen einiger Spinelle mit den Erdalkalioxiden nach Hedvall

Oxid	Reaktionstemperatur in °C				
	$ZnAl_2O_4$	$CoAl_2O_4$	$CoCr_2O_4$	$FeCr_2O_4$	$CuAl_2O_4$
CaO	etwa 475	etwa 550	etwa 510	etwa 500	etwa 760
SrO	etwa 425	etwa 435	etwa 405	etwa 405	etwa 420
BaO	etwa 345	etwa 350	etwa 330	etwa 345	etwa 370

BÉNARD und CHAUDRON[3] haben an Hand der Temperaturabhängigkeit des CURIE-Punktes die Möglichkeiten des Austausches von FeO in Fe_3O_4 durch MgO, CuO, MnO, CoO und NiO durch Erhitzen entsprechender Oxidgemische auf 800 °C untersucht. Ein vertieftes Studium dieser Reaktionen unter gleichzeitiger Beachtung einer eventuell auftretenden Disproportionierungs-Reaktion, $Fe_3O_4 \rightleftharpoons FeO + Fe_2O_3$, dürfte für das Verständnis der im Hochofen oberhalb der Reduktionszone auftretenden Festkörperreaktionen förderlich sein. Ferner ist beispielsweise die Gewinnung von Beryllium aus Beryll über BeO nur dadurch möglich, daß man im Beryll BeO durch CaO in einer Reaktion im festen Zustand austauscht gemäß der Umsetzungsgleichung:

$$7\,CaO + BeAl_2O_4 \cdot 6\,SiO_2 = 6\,CaSiO_3 + CaAl_2O_4 + BeO$$

oder bei größerem Kalkzusatz[4]:

$$13\,CaO + BeAl_2O_4 \cdot 6\,SiO_2 = 6\,Ca_2SiO_4 + CaAl_2O_4 + BeO.$$

[1] LIPINSKI, F.: Tonind.-Ztg. **67**, 139 (1943). — Vgl. auch u. a. R. SCHENCK, A. BATHE, H. KEUTH u. S. SÜSS: Z. anorg. allg. Chem. **249**, 88 (1942). — J. BÉNARD: Bull. Soc. chim. France 511 (1946).

[2] HEDVALL, J. A.: Svensk kem. Tidskr. **37**, 172 (1925). — Vgl. auch O. KRAUSE u. W. THIEL: Ber. dtsch. keram. Ges. **15**, 169 (1934).

[3] BÉNARD, J., u. G. CHAUDRON: C. R. Acad. Sci. Paris **204**, 766 (1937). — J. LONGUET u. H. FORESTIER: C. R. Acad. Sci. Paris **216**, 562 (1943).

[4] JÄGER, G.: DRP. 615696.

7.7 Über den Mechanismus von Pulverreaktionen

Des öfteren wurde schon über die Möglichkeit der Erfassung des Reaktionsablaufs von Pulverreaktionen diskutiert. Die Klärung der Einzelvorgänge in Pulverreaktionen ist wegen der Kleinheit der räumlichen Verhältnisse mit besonderen Schwierigkeiten verbunden.

In Erweiterung der Betrachtungen über den Mechanismus der Diffusionsvorgänge in nebeneinanderliegenden Schichten der Reaktionsprodukte bei Reaktionen mit doppeltem Umsatz — gemäß der Reaktion AgCl + NaJ = AgJ + NaCl — schlägt WAGNER[1] für den gleichen Reaktionstyp in Pulvermischungen ebenfalls das Lokalelement-Kurzschlußmodell vor (Abb. 7.45). Mittels dieses Modells kann WAGNER verständlich machen, warum in Pulvermischungen die Umsetzungen häufig schon bei vergleichsweise tiefen Temperaturen beobachtet werden. In einer solchen Anordnung, wie sie das Modell Abb. 7.45 darstellt, ist nicht nur die Ionenbeweglichkeit entsprechend der Fehlordnung im thermodynamischen Gleichgewicht maßgebend, sondern hier kann unter Umständen gerade die Ionenwanderung über Störstellen außerhalb des thermodynamischen Gleichgewichtes im Sinne einer Gitterauflockerung nach SMEKAL für den gesamten Reaktionsablauf bestimmend sein. Weiterhin können wegen der relativ kleinen Diffusionswege in solchen Pulvergemischen häufig nicht mehr die Vorgänge der Ionenwanderung, sondern vielmehr die Vorgänge der Keimbildung und überhaupt allgemein die Phasengrenzreaktionen zeitbestimmend werden. In gleicher Weise kann sich auch hier die durch Randschichterscheinungen infolge Chemisorption von Gasen verursachte Fehlordnung in den oberflächennahen Bezirken der Kristallite auf die Reaktionsgeschwindigkeit auswirken. Die Beobachtungen von FORESTIER und Mitarbeitern[2] über den Einfluß von Gasen auf Festkörperreaktionen sprechen für diese Annahme.

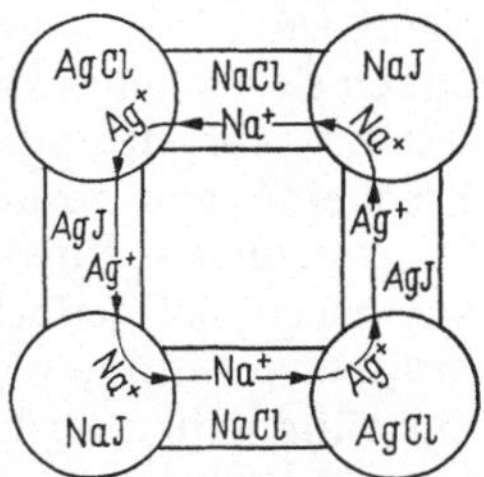

Abb. 7.45. Schematische Darstellung des Kurzschluß-Reaktionsmodells nach WAGNER für die Reaktion AgCl + NaJ = NaCl + AgJ in Pulvermischungen.

Bei einer großen spezifischen Oberfläche der Reaktionspartner ist mit einer wesentlichen Mitwirkung von Oberflächenleitung und -diffusion zu rechnen. An Hand einer Überschlagsrechnung unter Zugrundelegung des WAGNERschen Lokalelement-Kurzschlußmodells wird das Auftreten von erheblichen Umsatzgeschwindigkeiten, wie sie in Pulvergemischen oft beobachtet werden, verständlich. Liegt beispielsweise eine durchschnittliche Korngröße von 10^{-4} cm vor, so befindet sich bereits etwa der tausendste Teil aller Ionen an der Oberfläche. Wenn jedes Oberflächenion eine mittlere Beweglichkeit von $^1/_{1000}$ des Wertes der Salzschmelze aufweist, erfolgt die Oberflächenleitung entsprechend einer spezifischen Leitfähigkeit von 10^{-6} Ohm^{-1} cm^{-1} (d. h. 10^{-6}mal Leitfähigkeit

[1] WAGNER, C.: Z. anorg. allg. Chem. **236**, 320 (1938).
[2] Vgl. u. a. H. FORESTIER: Proc. Intern. Symp. Reactivity of Solids, S. 41. Gothenburg 1952.

einer Salzschmelze). Bei Annahme dieses Leitfähigkeitswertes für alle beteiligten Phasen mit einem Äquivalentvolumen von je 20 cm^3 und mit einer EMK der Kurzschlußkette von $E = 0{,}5$ V berechnet sich nach Gl. (7.59) die Reaktionszeit für vollständigen Umsatz zu etwa 100 Sekunden. Diese auf Grund solcher WAGNERschen Kurzschluß-Reaktionsmodelle geschätzten Reaktionszeiten sind aber im Vergleich zu den effektiv gefundenen Umsatzgeschwindigkeiten an Pulversystemen häufig klein genug, so daß Keimbildung und Phasengrenzreaktion als geschwindigkeitsbestimmende Teilvorgänge angesehen werden können. Keimbildung und Phasengrenzreaktionen wiederum lassen sich aber durch Chemisorptionsvorgänge geeigneter Gase und durch die hierdurch verursachten rigorosen Änderungen der Fehlordnungskonzentration in oberflächennahen Bereichen von 50 bis 1000 Å Dicke erheblich beschleunigen, so daß selbst „verpuffungsartig" verlaufende Reaktionen durch derartige Erscheinungen verursacht sein können.

An solchen Pulversystemen, die genügend große innere Oberflächen aufweisen, ist jedoch auch eine Oberflächendiffusion ganzer Molekülgruppen im Sinne von VOLMER möglich, die im Innern des Kristallgitters aus räumlichen Gründen völlig unbeweglich sind. Unter solchen Reaktionsbedingungen läßt sich der von JANDER[1] und HEDVALL[2] vorgeschlagene Säure-Platzwechselmechanismus verstehen. Dies gilt allerdings im allgemeinen nur für den allerersten Reaktionsbeginn — nämlich so lange, wie die Ausgangsstoffe noch in unmittelbarem Kontakt miteinander stehen. Sobald aber infolge Oberflächendiffusion die Ausgangsstoffe vom Reaktionsprodukt bedeckt sind und die Ausgangsstoffe somit räumlich voneinander getrennt sind, kann ein weiterer Fortgang der Reaktion nur durch Diffusion über Fehlordnungsstellen erfolgen. Eine Entwicklung neuer experimenteller Methoden zur Prüfung des WAGNERschen Reaktionsmodells und des Einflusses der Randschichterscheinungen erscheint wünschenswert.

Ein Teil der bisherigen Untersuchungen von FORESTIER und Mitarbeitern[3] scheint für die oben diskutierten Vermutungen zu sprechen. Für die beschleunigte $NiFe_2O_4$-Bildung aus NiO-Fe_2O_3-Pulvergemischen in Gegenwart von O_2, CO_2 oder H_2O-Dampf hingegen ist sicher der auf S. 821 für die $NiCr_2O_4$-Bildung angegebene Mechanismus maßgebend. Hiernach wird in Gegenwart einer sauerstoffhaltigen Atmosphäre der für die Spinellbildung erforderliche Sauerstoff nicht durch die Spinellschicht, sondern über die Gasphase wandern, so daß der im Vergleich zur Ni-Ionendiffusion langsamere Diffusionsschritt der Sauerstoffionen entfällt. Der von FORESTIER mitgeteilte Einfluß von Edelgasen auf die Reaktionsgeschwindigkeit von Festkörperreaktionen ist unverständlich.

---

[1] JANDER, W.: Z. anorg. allg. Chem. **190**, 397 (1930).

[2] Vgl. u. a. J. A. HEDVALL: Z. anorg. allg. Chem. **135**, 49 (1924); **140**, 243 (1924); **154**, 1 (1926).

[3] FORESTIER, H., u. J. LONGUET: C. R. Acad. Sci. Paris **216**, 562 (1943). — H. FORESTIER u. J. P. KIEHL: C. R. Acad. Sci. Paris **229**, 47 (1949); J. chim. Phys. **47**, 165 (1950). — H. FORESTIER u. J. P. KIEHL: C. R. Acad. Sci. Paris **230**, 2288 (1950).

Neuere Untersuchungen von TRAMBOUZE und SILVENT[1] über den Einfluß von Gasen (Edelgase, O_2, CO, CO_2 und Wasserdampf) auf die Bildungsgeschwindigkeit von $NiMoO_4$ aus NiO-MoO_3-Pulvergemischen ergaben, daß die Reaktion in Gegenwart jeder der genannten Gase, einschließlich der Edelgase Krypton, Neon und Helium, rascher verlief als im Hochvakuum. Im Gegensatz zu FORESTIER konnte jedoch keine Beziehung zwischen der Geschwindigkeit der Molybdatbildung und dem Siedepunkt des anwesenden Gases gefunden werden. In Übereinstimmung mit den obigen Ausführungen glauben die Autoren, daß der reaktionsbeschleunigende Einfluß der Gase — abgesehen von dem der Edelgase — auf die durch Chemisorptionsvorgänge verursachte Änderung der Fehlordnung in den Oxiden zurückgeführt werden kann.

7.8 Reaktion mit Gasabgabe und Gasaufnahme

Wenn auch die Einbeziehung und Abgrenzung der Reaktionen mit festen Stoffen in gewisse Gruppen nicht ganz ohne Zwang geschehen kann, da es sich in den meisten Fällen gegenwärtig nur um eine formale Eingruppierung handelt, so scheint doch hier die getrennte Behandlung von gasaufnehmenden und gasabgebenden Reaktionen insofern gerechtfertigt zu sein, als bei Mitwirkung eines Reaktionsgases während des Reaktionsablaufs die in den vorigen Kapiteln behandelten Gesetzmäßigkeiten auf die folgenden Reaktionen häufig nicht anwendbar sind. Dies gilt insbesondere für Reaktionen mit gleichzeitiger Aufnahme und Abgabe eines gasförmigen Reaktionspartners, wie z.B. in der von NEUNHOEFFER und HAUFFE[2] untersuchten Entarsenierungsreaktion:

$$2\,FeAs + 2\,S_2(gas) = 2\,FeS + As_2S_2(gas)$$

oder bei der „katalytischen" Stannatbildung aus Strontiumoxid und Zinnoxid.[3] Selbst bei scheinbar idealen Festkörperreaktionen wie der Chromspinellbildung aus Chromoxid und Nickeloxid[4] wird durch den schon bei 1100 °C erheblichen Dampfdruck von Chromoxid bzw. durch das Auftreten eines Reaktionspartners — hier des Sauerstoffs — in der Gasphase der Reaktionsablauf nicht mehr allein durch Platzwechselvorgänge in der festen Phase bestimmt.

In vielen Fällen sind in solchen Reaktionen die Platzwechselvorgänge bzw. Diffusionserscheinungen in der festen Phase des Reaktionsproduktes nicht geschwindigkeitsbestimmend. Vielmehr werden häufig der An- und Abtransport des Reaktionsgases zur Reaktionsfront hin und von ihr weg durch Poren und innere Oberflächen gegenüber Phasengrenzreaktionen rasch erfolgen. ZIMENS[5] hat diesen Fall in seiner eingehenden Arbeit

[1] TRAMBOUZE, J. Y., u. A. SILVENT: in: Reactivity of Solids, S. 549, herausgeg. von J. H. DE BOER. Amsterdam 1961.
[2] NEUNHOEFFER, O., u. K. HAUFFE: Z. anorg. allg. Chem. **262**, 300 (1950).
[3] TAMARU, S., u. H. SAKURAI: Z. anorg. allg. Chem. **206**, 49 (1932).
[4] HAUFFE, K., u. K. PSCHERA: Z. anorg. allg. Chem. **262**, 147 (1950). H. SCHMALZRIED: Z. phys. Chem. (NF) **33**, 111 (1962).
[5] ZIMENS, K. E.: Ark. Kem., Mineral. Geol. (A) **20**, Nr. 18 (1945); (A) **21**, Nr. 17 (1946).

über die Kinetik heterogener Austauschreaktionen mit in die Betrachtung einbezogen.

Auf Grund dieser Verhältnisse erscheint es daher wenig reizvoll und auch im Rahmen der vorliegenden Monographie wenig zweckmäßig, eine eingehende Beschreibung solcher Reaktionen hier anzuschließen. Vielmehr werden wir uns mit einer Aufzählung einiger bisher untersuchter Reaktionen begnügen und keinen Wert auf Vollständigkeit der in der Literatur bekannt gewordenen Reaktionssysteme legen.

Über erste ausführliche Untersuchungen über den Mechanismus gasabgebender Reaktionen bei höheren Temperaturen wurde von JANDER[1] berichtet. Für die Deutung des Reaktionsmechanismus bestimmter Reaktionen, wie z. B. für die Umsetzung:

$$BaCO_3 + SiO_2 = BaSiO_3 + CO_2,$$

versuchte JANDER die Gesetzmäßigkeit der TAMMANN-PILLING-BEDWORTHschen Anlaufformel heranzuziehen. Ohne im einzelnen den Reaktionsmechanismus zu kennen, entwickelt JANDER eine kinetische Formel, die zunächst nur formal den zeitlichen Umsatz bei isothermem Verlauf der Reaktionen wiedergibt. Da Pulvergemische zur Reaktion gelangen, die zu Pastillen verpreßt wurden, werden die einzelnen Körner als Kugeln von einheitlicher Größe behandelt, wobei angenommen wird, daß die eine Kugelart von der anderen, die im Überschuß vorhanden ist, vollständig umgeben wird. Folgender Ausdruck wurde zur Auswertung der Versuchsergebnisse angewandt:

$$\Delta \xi = r\left(1 - \sqrt[3]{\frac{100 - x}{100}}\right)$$

bzw.

$$\left(1 - \sqrt[3]{\frac{100 - x}{100}}\right)^2 = \frac{2k}{r^2}\, t = k' t. \qquad (7.61)$$

Hierin bedeutet r den mittleren Kornradius der im Unterschuß vorhandenen Ausgangssubstanz, x den prozentualen Umsatz, $\Delta \xi$ die Dicke der Reaktionsschicht und t die Reaktionszeit.

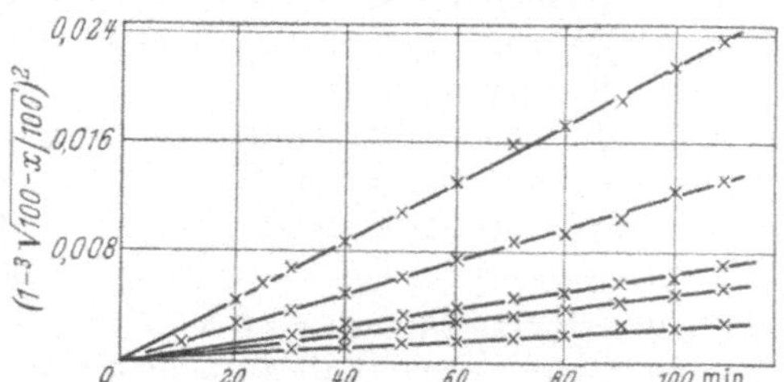

Abb. 7.46. Der zeitliche Umsatz der Reaktion $BaCO_3 + SiO_2 = BaSiO_3 + CO_2$ nach JANDER. (890, 870, 840, 830 und 800 °C.)

In Abb. 7.46 sind die Versuchsergebnisse der obigen Reaktion zwischen 800 und 890 °C im Sinne der Formel (7.61) ausgewertet [t gegen

[1] JANDER, W.: Habilitationsschrift, Würzburg 1927; Z. anorg. allg. Chem. **163**, 1 (1927); **163**, 29 (1929); **166**, 31 (1927); **168**, 113 (1928).

$\left(1 - \sqrt[3]{\frac{100 - x}{100}}\right)^2$ aufgetragen]. Wie man erkennt, liegen die Meßpunkte auf einer Geraden. Hier wurde der Fortgang der Reaktion nicht durch Messung der Zunahme der Reaktionsschicht, sondern manometrisch durch die zeitliche Druckänderung — verursacht durch das frei werdende CO_2 — beobachtet. Durch diese Versuchsanordnung wird also nur indirekt die isotherme Wachstumsgeschwindigkeit der Reaktionsschichten auf den einzelnen Körnern bestimmt. Wie aus Abb. 7.47 hervorgeht, konnte auch die nach Formel (7.61) geforderte Abhängigkeit der Umsetzungsgeschwindigkeit vom Kornradius der im Unterschuß vorhandenen Ausgangssubstanz $BaCO_3$ experimentell bestätigt werden. Eine weitere Auswertung der Abhängigkeit der Reaktionsgeschwindigkeit von der Temperatur unter Verwendung des bekannten Ansatzes zwischen der Reaktionsgeschwindigkeitskonstanten k und dem Energieinkrement ΔU

$$k = A \exp\left(-\frac{\Delta U}{RT}\right) \qquad (7.62)$$

ist insofern wenig zweckmäßig, da der der Beziehung (7.62) zugehörige, maßgebende Teilschritt unbekannt ist. Zur formalen Berechnung der Reaktionsgeschwindigkeit in Abhängigkeit von der Temperatur innerhalb eines gewissen Temperaturbereiches ist jedoch Beziehung (7.62) auch für die folgenden Reaktionen angewandt worden. So fanden z. B. JANDER und HOFFMANN[1] für die Reaktion $BaCO_3 + SiO_2$ im Verhältnis 1:10 gemischt im Temperaturgebiet zwischen 840 und 970 °C $k = 2630 \exp(-20500/T)$ und unter den gleichen Versuchsbedingungen zwischen 625 und 750 °C für die Reaktion $BaCO_3 + Nb_2O_5$ $k = 2{,}5 \cdot 10^7 \exp(-22000/T)$. Die Reaktionsgeschwindigkeiten waren vom äußeren Druck unabhängig. In einer weiteren Arbeit untersuchten JANDER und HOFFMANN[2] die Abhängigkeit der Reaktionsgeschwindigkeit von der Art der Vorbehandlung der Ausgangskomponenten und dem Mischungsverhältnis der Ausgangsstoffe. In diesem Zusammenhang sind die ebenfalls von JANDER und Mitarbeitern untersuchten Reaktionen von $CaCO_3$ mit MoO_3, $BaCO_3$ mit WO_3, Ag_2SO_4 mit PbO[3] erwähnenswert. Als weitere Belegbeispiele für den obigen Reaktionstyp wurden die Systeme $BaCO_3$, $SrCO_3$ und $CaCO_3$ mit Ta_2O_5 und Nb_2O_5 untersucht.[4] Fernerhin sind die unter ähnlichen Fragestel-

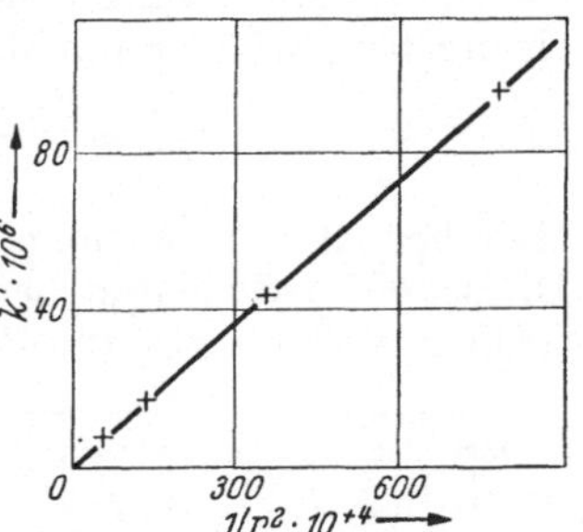

Abb. 7.47. Abhängigkeit der Reaktionsgeschwindigkeitskonstanten k' des Systems $BaCO_3 + SiO_2$ vom Kornradius r des Karbonats nach JANDER.

[1] JANDER, W., u. E. HOFFMANN: Z. anorg. allg. Chem. **200**, 245 (1931).

[2] JANDER, W., u. E. HOFFMANN: Z. anorg. allg. Chem. **202**, 135 (1931).

[3] JANDER, W.: Z. anorg. allg. Chem. **166**, 31 (1927); **174**, 11 (1928). — W. JANDER u. W. STAMM: Z. anorg. allg. Chem. **190**, 65 (1930).

[4] JANDER, W., u. H. FREY: Z. anorg. allg. Chem. **196**, 321 (1931). — W. JANDER u. E. HOFFMANN: Z. anorg. allg. Chem. **200**, 245 (1931). — Vgl. auch G. TAMMANN u. Mitarb.: Z. anorg. allg. Chem. **149**, 21 (1925).

lungen ausgeführten Arbeiten von GARRE[1] über den Umsatz von Mg mit Li_2CO_3 und Al mit Na_2CO_3 zu erwähnen.

Im Anschluß an die Arbeiten von JANDER konnten SERIN und ELLICKSON[2] zeigen, daß die Beziehung (7.61), die auf der Annahme eines linearen Konzentrationsgradienten und eines konstanten Diffusionsquerschnittes beruht, den Reaktionsablauf mit annähernd kugelförmigen Substanzen nicht befriedigend wiedergibt und allenfalls nur als eine grobe Näherungsformel angesehen werden kann. Diese Autoren verwenden eine dem speziellen Problem besser angepaßte Beziehung von WAGNER und DÜNWALD, die dem wahren Reaktionsverlauf mehr Rechnung trägt und berechnen JANDERS Versuchsdaten neu. Ohne auf die Ableitung dieser Beziehung einzugehen, sei hier nur das Endergebnis ihrer Berechnung mitgeteilt:

$$1 - x = \frac{6}{\pi^2} \sum_n \frac{1}{n^2} \exp\{-n^2 \pi^2 Dt/r^2\}. \tag{7.63}$$

Hier bedeutet n die umgesetzte bzw. transportierte Menge und D den Diffusionskoeffizienten der entsprechenden Teilchensorte. Alle anderen Größen sind bereits aus (7.61) bekannt. Abb. 7.48 und 7.49 stellen die

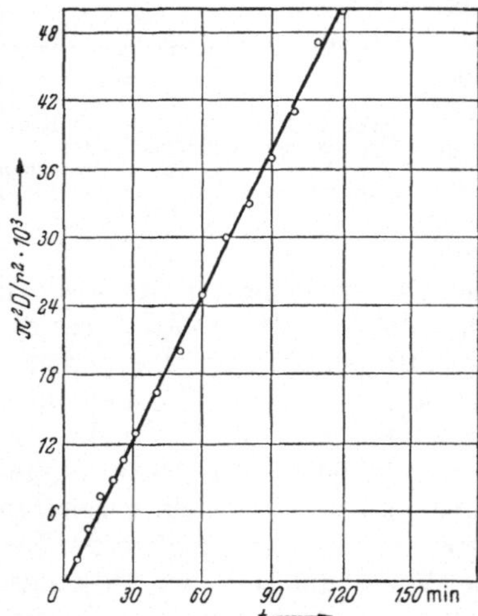

Abb. 7.48. Zeitlicher Verlauf des Umsatzes der Reaktion $BaCO_3 + SiO_2$ bei 830 °C, berechnet aus den Meßergebnissen von JANDER nach der von SERIN und ELLICKSON vorgeschlagenen Formel (7.63).

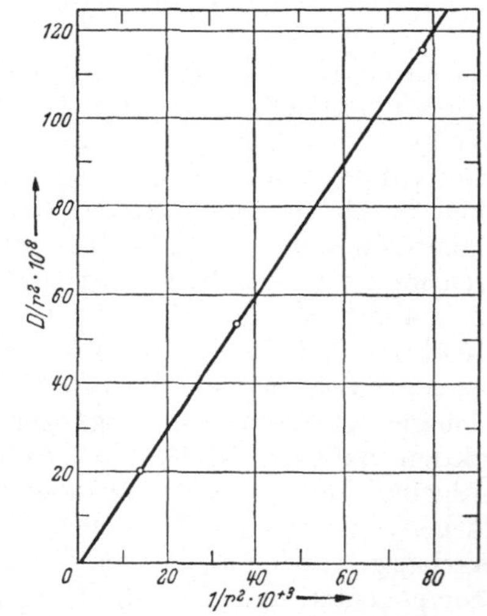

Abb. 7.49. Abhängigkeit der Reaktionsgeschwindigkeit des Systems $BaCO_3 + SiO_2$ vom Kornradius, berechnet von SERIN und ELLICKSON aus den Versuchsdaten von JANDER (s. Abb. 7.47).

Reaktionsgeschwindigkeit und die Abhängigkeit der Reaktionsgeschwindigkeit der Reaktion: $BaCO_3 + SiO_2$ bei 830 °C vom Kornradius des $BaCO_3$ dar.

Daß aber ein so einfacher Reaktionsmechanismus, wie er für die Reaktion von $BaCO_3$ mit SiO_2 angenommen wird, keineswegs immer zutrifft, zeigen die Versuche zur $BaTiO_3$-Bildung aus $BaCO_3$ und TiO_2

[1] GARRE, B.: Z. anorg. allg. Chem. **161**, 108 (1927).
[2] SERIN, B., u. R. T. ELLICKSON: J. chem. Phys. **9**, 742 (1941).

nach PASK und TEMPLETON[1]. An Hand der Analyse und aus Röntgenbeugungsmessungen konnte gezeigt werden, daß der Reaktionsablauf gemäß der Bruttogleichung:

$$BaCO_3 + TiO_2 = BaTiO_3 + CO_2\,(\text{gas}) \qquad (7.64\text{a})$$

über eine Reihe von Teilschritten erfolgt, wie z. B.

$$BaCO_3 + BaTiO_3 = Ba_2TiO_4 + CO_2\,(\text{gas}) \qquad (7.64\text{b})$$

$$BaTiO_3 + 2\,TiO_2 = BaTi_3O_7$$

$$2\,Ba_2TiO_4 + BaTi_3O_7 = 5\,BaTiO_3 \quad \text{usw.}$$

Vor Reaktionsende sind alle diese Reaktionen im Spiel. In Anwesenheit von Luft im Temperaturbereich von 1000 bis 1350 °C wird anfänglich überwiegend Ba_2TiO_4 gebildet. Sobald aber $BaCO_3$ verbraucht ist, wird im Falle einer äquimolaren Menge der Ausgangsstoffe gemäß

$$Ba_2TiO_4 + TiO_2 = 2\,BaTiO_3 \qquad (7.64\text{c})$$

nur noch $BaTiO_3$ gebildet, so daß am Ende der Reaktion nur $BaTiO_3$ vorliegt. Die während des Reaktionsablaufs auftretenden Mengen an $BaTi_3O_7$ und $BaTi_4O_9$ sind allerdings nur gering.

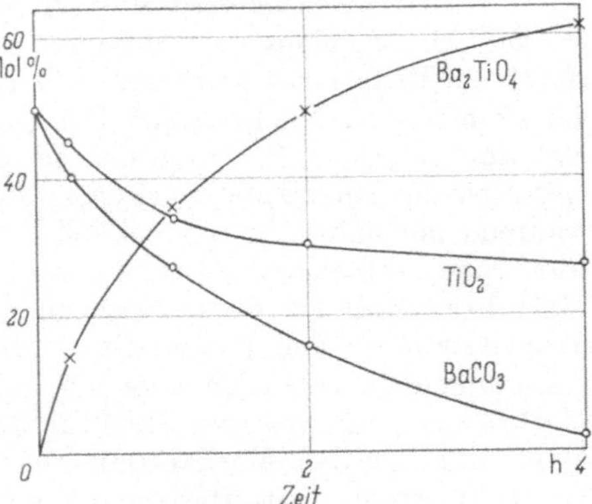

Abb. 7.50. Zeitlicher Verlauf der Reaktion äquimolarer Mischungen aus $BaCO_3$ und TiO_2 in Luft bei 900 °C nach PASK und TEMPLETON.

Verwendet man an Stelle von Luft aber CO_2 von 1 atm, so wird eine Ba_2TiO_4-Bildung bis herauf zu 1100 °C unterbunden in Übereinstimmung mit dem thermodynamischen Gleichgewicht der Reaktion (7.64b). Aus Abb. 7.50 ist die zeitliche Abnahme von TiO_2 und $BaCO_3$ sowie die zeitliche Zunahme der entstehenden Ba_2TiO_4-Menge zu Beginn des Reaktionsablaufs — also für Reaktion (7.64a) und (7.64b) — dargestellt. Die Kinetik der sich anschließenden Bildung von $BaTiO_3$ — also die Bildung des Endproduktes — gemäß Gl. (7.64c) ist aus Abb. 7.51 zu entnehmen. Über die maßgebenden Diffusionsvor-

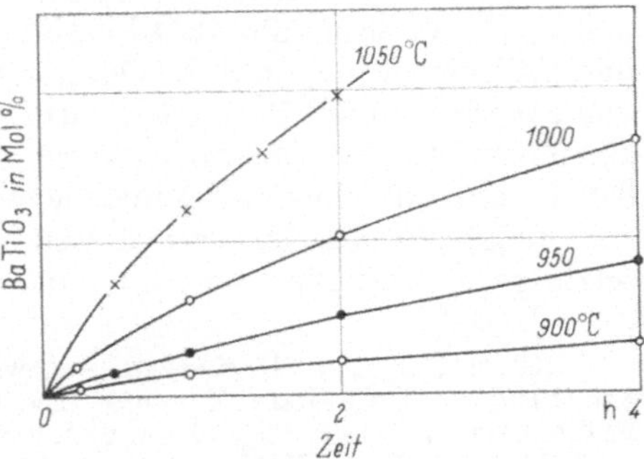

Abb. 7.51. Zeitlicher Verlauf der $BaTiO_3$-Bildung zwischen 900 und 1050 °C aus äquimolaren Mischungen von Ba_2TiO_4 und TiO_2 nach PASK und TEMPLETON.

[1] PASK, J. A., u. L. K. TEMPLETON: in: Kinetics of High-Temperature Processes, S. 255, herausgeg. von W. D. KINGERY. New York 1959.

gänge durch die Reaktionsproduktschicht ist gegenwärtig nichts bekannt.

Diese Versuche mit gleichzeitiger Zersetzung eines Carbonats verlaufen in ihrem Reaktionsmechanismus insofern nicht ganz einfach, da bereits der thermische Zerfall von Carbonaten allein nicht einem einfachen kinetischen Gesetz gehorcht, wie HÜTTIG, KAPPEL und CREMER[1,2] zeigen konnten.

Bereits im Falle der einfachen thermischen Dissoziation von Calcit bzw. $CaCO_3$ und $MgCO_3$ zeigen sich Schwierigkeiten in der Interpretation der Kinetik und damit des Mechanismus. Der Grund liegt darin, daß viele, zum Teil schwer erfaßbare Parameter den Reaktionsablauf beeinflussen, so z. B. die Vorgeschichte der Ausgangssubstanz, die Korngröße, die Gaszusammensetzung im Reaktionsraum und der Temperaturbereich. Es ist das Verdienst von CREMER und Mitarbeitern[3,4], wesentliche Beiträge zur Aufklärung des Mechanismus geleistet zu haben.

Die Abhängigkeit des Umsatzes von der Zeit ließ sich annähernd durch ein Diffusionsgesetz[5] mit einer vom CO_2-Druck abhängigen Diffusionskonstanten beschreiben.[4] Der schnellste Umsatz wurde stets im Vakuum gemessen. So ergab sich beispielsweise bei 523 °C für die Halbwertszeit der Zersetzung von synthetischem $MgCO_3$ im Vakuum 73 min, während der halbe Umsatz bei 700 Torr CO_2 erst nach 330 min erreicht war. Eine Diffusion von CO_2 durch die Schicht des Reaktionsproduktes MgO bzw. CaO ist wenig wahrscheinlich. Vielmehr erfolgt ein CO_2-Transport längs von Korngrenzen. Dies ist auch aus mikroskopischen Aufnahmen zu schließen, wonach sich auf den $MgCO_3$-Körnern eine MgO-Schicht von poriger Struktur aufbaut.[6] Man konnte aber beim Magnesitabbau den Mechanismus, nach dem CO_2 in die Reaktion eingreift, kinetisch nicht erfassen, da es nicht gelang, einheitlich abreagierendes Ausgangsmaterial herzustellen[6].

Im Gegensatz zu $MgCO_3$ ließ sich an Hand von Abbauversuchen an Calcit und synthetischem $CaCO_3$ der CO_2-Einfluß auf die Keimbildung und das Wachstum der CaO-Phase studieren[2]. Wie aus den Abb. 7.52 und 7.53 ersichtlich, unterscheidet sich der Verlauf der Abbaureaktion von natürlichem Calcit von dem aus CaO hergestellten $CaCO_3$ erheblich. Im Gegensatz zur Umsatz-Zeitkurve für die Zersetzung von Calcit bei 850 °C, die mit einer mit zunehmendem CO_2-Druck immer deutlicher ausgeprägten Induktionsperiode verknüpft ist, fehlt diese bei der Zersetzung von synthetischem $CaCO_3$ unter gleichen Reaktionsbedingungen.

---

[1] HÜTTIG, G. F., u. H. KAPPEL: Angew. Chem. **53**, 57 (1940); Kolloid-Z. **91**, 117 (1940). — E. CREMER: Z. anorg. allg. Chem. **258**, 123 (1949). — Vgl. auch F. BISCHOFF: Z. anorg. allg. Chem. **262**, 288 (1950).

[2] CREMER, E., u. W. NITSCH: Z. Elektrochem. Ber. Bunsenges. phys. Chem. **66**, 697 (1962).

[3] CREMER, E.: Proc. Int. Symp. Reactivity of Solids, S. 665. Gothenburg 1952.

[4] CREMER, E., K. ALLGÄUER u. W. ASCHENBRENNER: Radex Rdsch. 494 (1953).

[5] CREMER, E., u. F. GATT: Radex Rdsch. 257 (1949).

[6] CREMER, E., u. L. BACHMANN: Z. Elektrochem. Ber. Bunsenges. phys. Chem. **59**, 407 (1955).

Aus dem Auftreten der Induktionsperiode und dem S-förmigen Kurvenverlauf bei der Zersetzung von Calcit schließen CREMER und Mitarbeiter[1], daß der die Zersetzungsgeschwindigkeit bestimmende CO_2-Druck nicht den thermischen Zerfall selbst, sondern die Bildung des Oxids beeinflußt. Hierbei sollen sich zwei druckabhängige Vorgänge, die Oxidkeimbildung und das Oxidwachstum, überlagern. Das Zeitgesetz der Zersetzung des synthetischen $CaCO_3$ ist bei allen Drucken zwischen 800 und 900 °C von der Ordnung 2/3. Die Calcitzersetzung hingegen folgt keinem einheitlichen Zeitgesetz. Der Grund ist offensichtlich im uneinheitlichen Reaktionsablauf zu suchen.

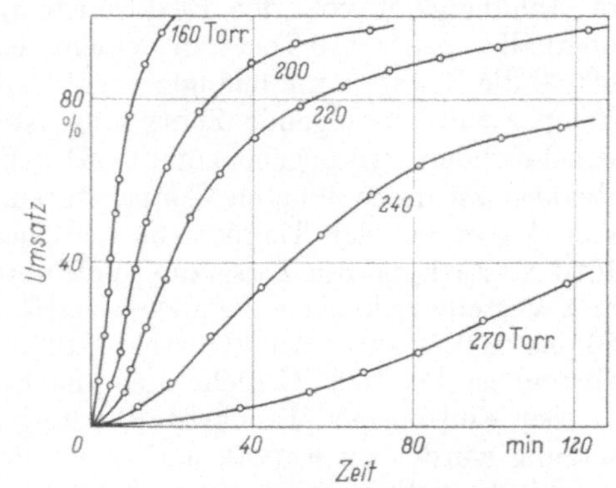

Abb. 7.52. Zeitlicher Verlauf der Zersetzung von Calcit bei 850°C in Abhängigkeit vom CO_2-Druck nach CREMER und NITSCH.

Die Induktionszeiten der Zersetzung von Calcit (Abb. 7.52) zeigen, daß die Keimbildungsgeschwindigkeit mit der 10. Potenz des reziproken CO_2-Druckes zunimmt. Für die Wachstumsgeschwindigkeit v_W des Oxids wurde eine reziproke CO_2-Druckabhängigkeit gefunden. Hier gilt die folgende Beziehung:

$$v_W = k^* \left\{ \frac{1}{p_{CO_2}} - \frac{1}{p_{CO_2}(\text{gl})} \right\},$$

worin $p_{CO_2}(\text{gl})$ den CO_2-Gleichgewichtsdruck bedeutet.

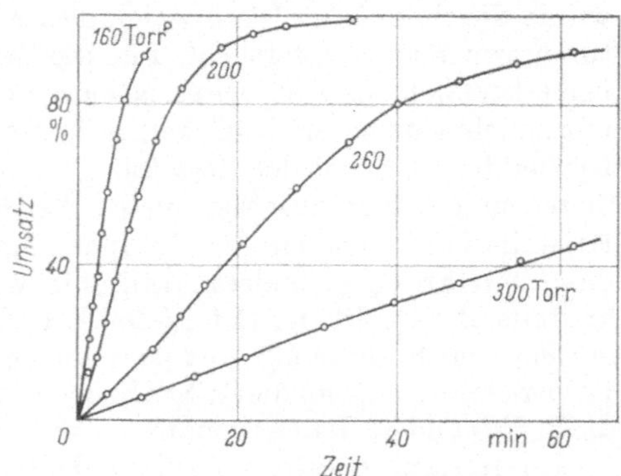

Abb. 7.53. Zeitlicher Verlauf der Zersetzung von synthetischem $CaCO_3$ bei 850°C in Abhängigkeit vom CO_2-Druck nach CREMER und NITSCH.

Über den Mechanismus der thermischen Zersetzung von Dolomitkristallen ($MgCa[CO_3]_2$) liegen aufschlußreiche Versuche vor. Nach HAUL[2] ist die von SCHWOB[3] vertretene Ansicht, daß die Zersetzung des Dolomits in der Weise erfolgt, daß dieser zunächst in die beiden getrennten Carbonate zerfällt und daß die erste endotherme Reaktion dem spontanen Zerfall des unter diesen Bedingungen instabilen $MgCO_3$ entspricht, nach den neuen experimen-

[1] CREMER, E., u. W. NITSCH: Z. Elektrochem. Ber. Bunsenges. phys. Chem. 66, 697 (1962).

[2] HAUL, R. A. W.: Proc. Intern. Symp. Reactivity of Solids, S. 431. Gothenburg 1952.

[3] SCHWOB, Y.: Rev. Materiaux de Constr., Trav. Publ. Ed. C. Nr. 414 (1950).

tellen Befunden auszuschließen. Auf Grund von Austauschversuchen mit $^{13}CO_2$ schließt HAUL, daß das $CaCO_3$ während seiner Bildung durch Gitterumwandlung des Dolomits eine höhere Reaktionsfähigkeit besitzt als $CaCO_3$, welches bereits durch eine vorangegangene Zersetzung — gemäß SCHWOB — entstanden ist. Thermogravimetrische Kurven, die den Zersetzungsgrad bzw. die Zersetzungsgeschwindigkeit von Dolomit in Abhängigkeit von der Reaktionstemperatur angeben, zeigen, daß oberhalb $p_{CO_2} = 10$ Torr in einem engen Temperaturbereich um 680 °C die Reaktion unabhängig vom CO_2-Druck abläuft. Die bei höheren Temperaturen erfolgende Zersetzung ist dagegen druckabhängig. Mit zunehmendem, vorgegebenem CO_2-Druck verschiebt sich diese zweite Reaktionsstufe zu höheren Temperaturen. Durch Adsorptionsmessungen von Argon bei der Temperatur der flüssigen Luft wurden unterhalb 1000 °C stark poröse Zersetzungsprodukte gefunden, deren Porenvolumen-Verteilungskurven ziemlich scharfe Maxima für Poren von etwa 80 bis 100 Å aufweisen. Oberhalb 1000 °C nimmt die Porosität stark ab und ist bei 1200 °C nicht mehr nachweisbar.

Der Einfluß der Mischkristallbildung der Carbonate auf deren Zersetzung wurde von FAIVRE und CHAUDRON[1] untersucht. Wie röntgenographisch nachgewiesen werden konnte, sind $BaCO_3$ und $SrCO_3$ in allen Verhältnissen mischbar und stabil. Außerdem zeigen sie beim Erhitzen keine irreversible Umwandlung analog der des Aragonits in Calcit. Weiter wurde die thermische Dissoziation dieser Mischkristalle bis zu Temperaturen von 800 °C untersucht. Für die Zersetzung der Mischkristalle ist bemerkenswert, daß die Dissoziationsgeschwindigkeit der Mischkristalle mit zunehmendem $SrCO_3$-Gehalt größer wird. Röntgenographisch wurde beobachtet, daß bei der Zersetzung die Sr-Ionen in das Gitter diffundieren und sich an ausgezeichneten Stellen unter Bildung großer $SrCO_3$-Kristalle konzentrieren. Im Zweiphasengebiet dieses Reaktionssystems dissoziiert $SrCO_3$ gesondert. Weiterhin wurde gefunden, daß die Mischkristalle $BaCO_3$-$SrCO_3$, $CaCO_3$-$SrCO_3$ und $CaCO_3$-$BaCO_3$ vom kristallographischen Standpunkt aus eine homogene isomorphe Familie bilden. Ferner ergab sich, daß die Ca-Sr-Carbonate mit mehr als 40 Atom-% Sr und die Sr-Ba- und Ca-Ba-Carbonate mit mehr als 90 Atom-% Ba stabil sind.

Interessante Ergebnisse lieferten Uutersuchungen von JAGITSCH[2] über die Carbonatbildung aus den Oxiden. Hier wurde beobachtet, daß bei einer bestimmten Temperatur nur eine gewisse Menge Carbonat gebildet wird und daß anschließend die Reaktion zum Stillstand kommt, ohne den Gleichgewichtszustand erreicht zu haben. Auch nach erheblich längerer Reaktionszeit wurde kein CO_2 mehr verbraucht. Weiterhin wurde beobachtet, daß beim plötzlichen Einströmen von CO_2 in das evakuierte Reaktionsgefäß die gleiche Menge Carbonat bereits in einigen Sekunden gebildet wird. Dieser experimentelle Befund läßt auf die Ausbildung einer kompakten und porenfreien Karbonatschicht schließen, durch die eine Diffusion von Ionen über Fehlordnungsstellen nur außerordentlich langsam erfolgt.

---

[1] FAIVRE, R., u. G. CHAUDRON: C. R. Acad. Sci. Paris **226**, 249, 903 (1948).
[2] JAGITSCH, R.: Ark. Kem., Mineral. Geol. (A) **15**, Nr. 17 (1942).

Weitere Informationen über den Mechanismus der Carbonatbildung sind aus einer neueren Arbeit von NITSCH[1] zu entnehmem. Während im Temperaturbereich zwischen 800 und 850 °C die CO_2-Aufnahme erst nach einer Induktionsperiode beginnt, die mit abnehmendem CO_2-Druck — ähnlich wie beim Carbonatzerfall — größer wird und ferner die Reaktionsgeschwindigkeit mit steigendem CO_2-Druck zunimmt, konnte im Temperaturbereich zwischen 400 und 550 °C weder eine Induktionsperiode noch eine CO_2-Druckabhängigkeit der Carbonatbildung beobachtet werden. Für die Wachstumsgeschwindigkeit v_W des Carbonats im höheren Temperaturgebiet wurde die folgende Beziehung gefunden:

$$v_W = k(p_{CO_2} - p_{CO_2}(\mathrm{gl}))$$

und ein Mechanismus vorgeschlagen, der dem des thermischen Carbonatzerfalls ähnelt.

Eine in diesem Zusammenhang interessante Untersuchung ist die Zersetzung von Bariumoxalat zu Bariumcarbonat zwischen 200 und 400 °C in einem strömenden System nach der HAHNschen Emaniermethode.[2] Desgleichen ist die thermische Zersetzung von Silberoxalat erwähnenswert:[3]

$$Ag_2C_2O_4 = 2\,Ag + 2\,CO_2,$$

die unter gewissen experimentellen Bedingungen explosionsartig ablaufen kann und damit auf einen erheblich anderen Mechanismus hinweist. In fester Phase explosionsartig verlaufende Reaktionen zeigen gewisse Ähnlichkeit mit den entarteten Gasexplosionen, die SZABÓ[4] nach dem Vierstufen-Mechanismus zu deuten sucht. Während man bei niedrigen Temperaturen (<145 °C) eine durch ein Maximum durchgehende Geschwindigkeitskurve beobachtet, findet mit Erhöhung der Temperatur eine echte Explosion statt. Wie aus Abb. 7.54 zu erkennen ist, hat die anwesende Gasatmosphäre einen entscheidenden Einfluß auf die Zerfallsreaktion. Während Wasserstoff und Argon die Reaktionsgeschwindigkeit erhöhen, tritt in Gegenwart von Sauerstoff eine starke Abbremsung derselben auf. Dies hängt

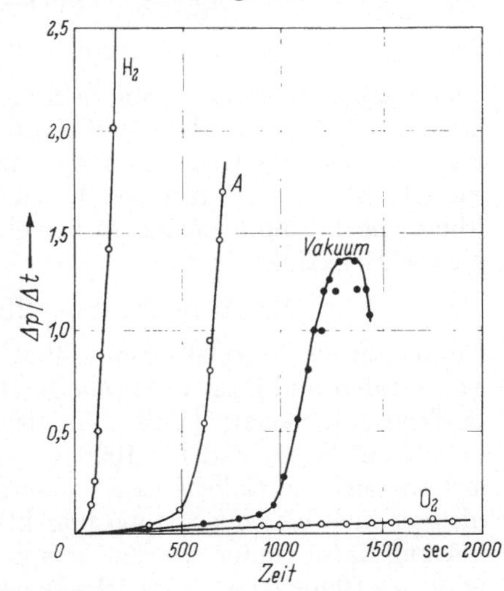

Abb. 7.54. Die Geschwindigkeit der Zersetzung von Silberoxalat bei 137 °C in Abhängigkeit von der Gasatmosphäre nach SZABÓ und BIRÓ-SUGÁR.

[1] NITSCH, W.: Z. Elektrochem. Ber. Bunsenges. phys. Chem. **66**, 703 (1962).
[2] SAGORTCHEW, B.: Ann. Univ. Sofia, Fac. phys.-math. Abt. 2, Chim. **33**, 317 (1937).
[3] MACDONALD, J. Y.: J. chem. Soc. [London] 832 (1936); 273 (1937). — Z. G. SZABÓ u. E. BIRÓ-SUGÁR: Z. Elektrochem. Ber. Bunsenges. phys. Chem. **60**, 869 (1956).
[4] SZABÓ, Z. G.: Z. Elektrochem. Ber. Bunsenges. phys. Chem. **59**, 1038 (1955).

offenbar damit zusammen, daß die zur Beschleunigung führenden Stufen — also die aktiven Zwischenzustände — durch Abreaktion mit Sauerstoff vernichtet werden. Wenn auch eine formale mathematische Analyse des Reaktionsablaufs möglich ist, so sind doch wesentliche Teilschritte desselben noch nicht genügend aufgeklärt.

Es ließe sich noch manche Einzelbeobachtung anführen, die für die oben beschriebenen Carbonatreaktionen mit CO_2-Abgabe wie -Aufnahme von Bedeutung wäre. Jedoch schon aus den wenigen Beispielen dürfte deutlich hervorgehen, daß der Mechanismus der Reaktionen vom Typ

$$BaCO_3 + MoO_3 \rightleftharpoons BaMoO_4 + CO_2 \quad \text{usw.}$$

ziemlich kompliziert zu sein scheint und nur durch weitere Einzeluntersuchungen zu klären ist.

Im folgenden sollen noch einige Reaktionen erwähnt werden, die ebenfalls in diese Reaktionsgruppe gehören und im Reaktionsmechanismus noch weitgehend ungeklärt sind. In einer den obigen Ausführungen ähnlichen Weise wurde die Reaktion

$$Ag_2SO_4 + PbO = Ag_2O + PbSO_4$$
$$Ag_2O = 2\,Ag + \tfrac{1}{2}\,O_2$$

untersucht.[1] Die Umsetzung beginnt bei etwa 410 °C am Umwandlungspunkt von Ag_2SO_4. Bei 550 °C läuft die Reaktion innerhalb von 10 Minuten bis zu 80% Umsatz ab. Gemäß Formel (7.61) wurde k' (für 508 °C) zu $1{,}1 \cdot 10^{-3}$ und k' (für 550 °C) zu $7{,}0 \cdot 10^{-3}$ errechnet. Im Reaktionsablauf noch komplizierter ist beispielsweise die von MONTIGNIE[2] untersuchte Reaktion:

$$2\,As_2S_3 + CuSO_4 \rightarrow 2\,SO_2 + 2\,As_2S_2 + CuS\,.$$

Ferner sei als Beispiel einer weiteren Reaktionsgruppe die Chlorierung von Oxiden und ihrer Gemische in Gegenwart von Kohlenstoff erwähnt. So fand u.a. SPITZIN[3], daß Chlor bzw. Salzsäure bei 600 °C mit BeO, bei 800 °C mit Al_2O_3 und bei 1000 °C mit SiO_2 zu reagieren beginnt, wobei sich wasserfreies Chlorid und Wasserdampf bilden. Jedoch ist der Mechanismus auch hier noch völlig ungeklärt, so daß man zunächst keine Erklärung dafür findet, warum beispielsweise HCl auf Oxid lebhafter einwirkt als Chlor oder auf welche Weise durch Kohlenstoff die Chlorierung sowohl mit HCl wie mit Cl_2 beschleunigt wird. (Die thermodynamische Gleichgewichtsverschiebung durch C-Anwesenheit steht zunächst in keinem unmittelbaren Zusammenhang mit der Kinetik.)

Die wohl interessanten, aber noch wenig verständlichen Beiträge zur Katalyse von Reaktionen zwischen festen Stoffen von TAMARU und Mitarbeitern[4] sind ebenfalls erwähnenswert. So konnte u.a. festgestellt werden, daß bei hohen Temperaturen durch kleine Mengen von C, S_2, H_2, CO eine Stannatbildung aus Strontiumoxid und Zinnoxid stark kataly-

---

[1] JANDER, W.: Z. anorg. allg. Chem. **166**, 31 (1927).
[2] MONTIGNIE, E.: Bull. Soc. chim. France, Mém. (5) **14**, 378 (1947).
[3] SPITZIN, V.: Z. anorg. allg. Chem. **189**, 337 (1930).
[4] TAMARU, S., u. H. SAKURAI: Z. anorg. allg. Chem. **206**, 49 (1932).

siert wurde, ähnlich den Beobachtungen von FORESTIER auf S. 870. Hierbei wird angenommen, daß sich die Reaktion an der Oberfläche des Strontiumoxids abspielt, wobei folgender Reaktionsablauf vorgeschlagen wird, einmal mit H_2 als „Katalysator“:

$$SnO_2 + H_2 = SnO + H_2O$$
$$SrO + SnO = SrSnO_2$$
$$SrSnO_2 + H_2O = SrSnO_3 + H_2$$

und zum anderen mit CO als „Katalysator“:

$$SnO_2 + CO + SrO = SnO + SrCO_3$$
$$SnO + SrO = SrSnO_2$$
$$2\,SrSnO_2 + SrCO_3 + CO_2 = 3\,SrO \cdot 2\,SnO_2 + 2\,CO\,.$$

Über den Aufbau der Reaktionsschicht und den Reaktionsfortgang bei Trennung der Ausgangsstoffe — sei es durch reine Diffusion oder Porendiffusion im Reaktionsprodukt — ist jedoch nichts bekannt. Über die katalytische Wirkung von Kohlenstoff wird in einer Arbeit von SPANDAU und KOHLMEYER[1] berichtet.

7.9 Zur Thermodynamik und Kinetik der Zersetzung einfacher Kristallverbindungen

In diesem Kapitel soll die Zersetzung von Sulfiden, Seleniden und Halogeniden untersucht werden. Die Überlegungen können in sinngemäßer Weise auch auf Oxide angewandt werden, allerdings liegen für diese noch keine experimentellen Untersuchungen vor. Unter Zersetzung sei insbesondere die Abdampfung von Schwefel, Selen oder einem Halogen aus ihren entsprechenden Metallverbindungen verstanden, deren Reaktionsteilschritte in diesem Kapitel behandelt werden. Mit derartigen Vorgängen hat sich RICKERT[2] beschäftigt und die theoretischen Zusammenhänge entwickelt. In diesem Kapitel werden bevorzugt solche Systeme behandelt, bei denen durch entsprechende Transportmechanismen im Volumen der Verbindung Konzentrationsunterschiede praktisch zu vernachlässigen sind. Andernfalls beziehen sich die angegebenen thermodynamischen Größen auf Bereiche genügend nahe an der Oberfläche. Aus diesen Gründen werden Systeme ausgewählt, bei denen die eigentliche Verdampfung der geschwindigkeitsbestimmende Schritt der Zersetzung ist.

Für die Untersuchung der Kinetik der Zersetzung ist die Kenntnis der Thermodynamik des betrachteten Systems eine notwendige Voraussetzung.

Wesentliche Größen sind hier die Gleichgewichtspartialdrucke der einzelnen Komponenten über der Verbindung und die chemischen Potentiale derselben in der Verbindung, die miteinander im Zusammenhang stehen. Der Gleichgewichtspartialdruck der nichtmetallischen Komponente, der uns hier besonders interessiert, über einer Metallverbindung

---

[1] SPANDAU, H., u. E. J. KOHLMEYER: Z. anorg. allg. Chem. **254**, 65 (1947).
[2] RICKERT, H.: Z. Elektrochem. Ber. Bunsenges. phys. Chem. **65**, 463 (1961).

und damit das chemische Potential derselben in der Verbindung ist nur dann eindeutig festgelegt, wenn das genaue Verhältnis von Metall zu Nichtmetall oder das chemische Potential des Metalls in der Verbindung bekannt ist. Allgemein ist der Gleichgewichtspartialdruck und damit das chemische Potential des Nichtmetalls wie auch das des Metalls in beträchtlichen Grenzen variabel, es sei denn, daß diese Größen durch Gleichgewicht mit einer Nachbarphase festgelegt sind. Das ist z. B. der Fall bei der üblichen thermischen Zersetzung, wobei der metallische Anteil als fester Bodenkörper zurückbleibt und auf diese Weise das chemische Potential des Metalls bestimmt. Häufig ist jedoch der eben geschilderte Fall nicht beobachtbar. Das zweite Problem besteht darin, daß die Oxide, Sulfide und Halogenide im wesentlichen Ionenkristalle sind und bei der Verdampfung der nichtmetallischen Komponente sich zunächst Moleküle an der Oberfläche (in der Adsorptionsschicht) bilden müssen, die dann in den Gasraum übergehen können. Beim Schwefel kommen insbesondere die Molekülsorten S, S_2, S_4, S_6 und S_8 vor. Es muß also der Zusammenhang zwischen dem Auftreten der verschiedenen Molekülarten und dem Mechanismus der Verdampfung untersucht werden.

Zur Untersuchung der Thermodynamik der betrachteten Systeme wird eine neue Untersuchungsmethode, die elektrochemische KNUDSEN-Zelle, beschrieben.[1] Als Modellsubstanzen für die Untersuchung eignen sich im Temperaturgebiet von 200 bis 400 °C u.a. α-Ag_2S, α-Ag_2Se und CuJ, worin jedesmal die Beweglichkeit der metallischen Komponente sehr groß ist. Mit einem elektrochemischen Verfahren kann man der Verbindung die bei der Zersetzung zurückbleibende metallische Komponente entziehen, wodurch sich eine Reihe theoretischer und praktischer Möglichkeiten ergeben.

Bei der thermischen Zersetzung wandert das frei werdende Metall zu einzelnen Metallkeimen, die sich in der Verbindung bilden. Auf die Bedeutung dieser Keimbildung für die Kinetik der thermischen Zersetzung haben besonders GARNER[2] sowie JACOBS und TOMPKINS[3] hingewiesen. Bei Fehlen einer Volumendiffusion muß entweder Oberflächendiffusion möglich sein, oder eine Zersetzung kann nur an Dreiphasengrenzen stattfinden.[4,5] Derartige Systeme sollen hier nicht betrachtet werden.

7.91 Zum Gleichgewicht Festkörper/Gasphase. Die Knudsen-Zelle

Die am Beispiel des Silbersulfids[6,7] durchgeführten Überlegungen sind unschwer auf andere Verbindungen zu übertragen.

---

[1] RICKERT, H.: Z. Elektrochem. Ber. Bunsenges. phys. Chem. **65**, 463 (1961).

[2] GARNER, W. E.: Chemistry of the Solid State, S. 213 u. 232, herausgeg. von W. E. GARNER. London: Butterworth 1955.

[3] JACOBS, P. W., u. T. C. TOMPKINS: Chemistry of the Solid State, S. 184, herausgeg. von W. E. GARNER. London: Butterworth 1955.

[4] SCHWAB, G. M., u. E. PIETSCH: Z. Elektrochem. angew. phys. Chem. **35**, 573 (1929).

[5] JAMES, T. H., u. G. KORNFELD: Chem. Rev. **30**, 1 (1944).

[6] BRAUNE, H., S. PETER u. V. NEVELING: Z. Naturforsch. **6**a, 32 (1951).

[7] BIRKS, N., u. H. RICKERT.: Z. Elektrochem. Ber. Bunsenges. phys. Chem. **67**, 97 (1963).

Den Standardwert der freien Bildungsenthalpie von Silbersulfid aus festem Silber und festem oder flüssigem Schwefel wollen wir mit ΔG_1^0 bezeichnen.

$$2\,\mathrm{Ag(fest)} + \mathrm{S(fl)} = \mathrm{Ag_2S}; \quad \Delta G_1^0. \tag{7.65}$$

Entsprechend der Definition der freien Bildungsenthalpie können wir schreiben:

$$\mu_{\mathrm{Ag_2S}}^0 - 2\mu_{\mathrm{Ag}}^0 - \mu_{\mathrm{S}}^0 = \Delta G_1^0. \tag{7.66}$$

Hierbei bedeutet $\mu_{\mathrm{Ag_2S}}^0$ das chemische Potential des Silbersulfids im reinen Zustand, μ_{Ag}^0 und μ_{S}^0 das chemische Potential des reinen Silbers und das des festen oder flüssigen Schwefels. Da die Abweichungen von der Stöchiometrie des Ag_2S nach WAGNER[1] gering sind, gilt:

$$2\mu_{\mathrm{Ag}} + \mu_{\mathrm{S}} = \mu_{\mathrm{Ag_2S}} \cong \mu_{\mathrm{Ag_2S}}^0. \tag{7.67}$$

Hierbei bedeuten μ_{Ag} und μ_{S} das jeweilige chemische Potential des Silbers bzw. Schwefels im Ag_2S. Aus Gl. (7.66) und (7.67) folgt dann:

$$\mu_{\mathrm{S}} - \mu_{\mathrm{S}}^0 = \Delta G_1^0 - 2(\mu_{\mathrm{Ag}} - \mu_{\mathrm{Ag}}^0). \tag{7.68}$$

Nach Gl. (7.68) läßt sich das chemische Potential des Schwefels durch dasjenige des Silbers und die freie Bildungsenthalpie von Silbersulfid ausdrücken.

Entsprechend dem Gleichgewicht der verschiedenen Schwefelmolekülsorten im Schwefeldampf:

$$\nu\,\mathrm{S(g)} = \mathrm{S}_\nu\mathrm{(g)} \tag{7.69}$$

gilt für das chemische Potential der Schwefelatome und dasjenige der Schwefelmolekülsorte S_ν im Gleichgewicht:

$$\nu\,\mu_{\mathrm{S}} = \mu_{\mathrm{S}_\nu} \quad \text{bzw.} \quad \nu\,\mu_{\mathrm{S}}^0 = \mu_{\mathrm{S}_\nu}^0, \tag{7.70}$$

wobei mit dem oberen Index „0" der gewählte Standardzustand im Gleichgewicht mit flüssigem Schwefel gekennzeichnet ist.

Aus Gl. (7.70) folgt:

$$\nu(\mu_{\mathrm{S}} - \mu_{\mathrm{S}}^0) = \mu_{\mathrm{S}_\nu} - \mu_{\mathrm{S}_\nu}^0. \tag{7.71}$$

Nach der Definition des chemischen Potentials können wir für μ_{S_ν} schreiben:

$$\mu_{\mathrm{S}_\nu} = \mu_{\mathrm{S}_\nu}^0 + RT \ln p_{\mathrm{S}_\nu}/p_{\mathrm{S}_\nu}^0. \tag{7.72}$$

Hierbei bedeutet R die Gaskonstante, T die absolute Temperatur, p_{S_ν} den Dampfdruck der Schwefelmoleküle S_ν und $p_{\mathrm{S}_\nu}^0$ denjenigen im Gleichgewicht mit flüssigem Schwefel. In Gl. (7.72) ist für den Schwefeldampf das ideale Gasgesetz zugrunde gelegt, was bei den vorliegenden geringen Dampfdrucken erlaubt ist. Aus Gl. (7.72), (7.71) und (7.68) folgt:

$$\begin{aligned} p_{\mathrm{S}_\nu} &= p_{\mathrm{S}_\nu}^0 \exp[\nu(\mu_{\mathrm{S}} - \mu_{\mathrm{S}}^0)/RT] \\ &= p_{\mathrm{S}_\nu}^0 \exp\{\nu[\Delta G_1^0 - 2(\mu_{\mathrm{Ag}} - \mu_{\mathrm{Ag}}^0)]/RT\}. \end{aligned} \tag{7.73}$$

[1] WAGNER, C.: J. chem. Physics **21**, 1819 (1953).

Nach Gl. (7.73) können wir den Gleichgewichtspartialdruck der Schwefelmoleküle S_ν über Ag_2S ausdrücken durch den entsprechenden Gleichgewichtspartialdruck über flüssigem Schwefel und das chemische Potential des Schwefels μ_S im Silbersulfid bzw. durch das chemische Potential des Silbers μ_{Ag} im Silbersulfid und den Standardwert der freien Bildungsenthalpie von Silbersulfid. Der Gleichgewichtspartialdruck $p^0_{S_\nu}$ für Gleichgewicht mit festem oder flüssigem Schwefel ergibt sich aus dem Standardwert der freien Bildungsenthalpie $\Delta G^0_{2,\nu}$ von $S_\nu(g)$, gegeben durch den Standardwert der Änderung der freien Enthalpie für die Reaktion:

$$\nu\, S(s, l) = S_\nu(g); \qquad \Delta G_2^0 \tag{7.74}$$

$$p^0_{S_\nu} = \exp[-\Delta G_2^0/RT]. \tag{7.75}$$

Unter Umständen ist es sinnvoll, das chemische Potential des Schwefels μ'_S im Silbersulfid für Gleichgewicht mit metallischem Silber als Bezugspunkt einzuführen und ebenfalls p'_{S_ν}, den Partialdruck der Schwefelmoleküle über Silbersulfid, das sich im Gleichgewicht mit metallischem Silber befindet. Dann gilt bei Gleichgewicht der verschiedenen Molekülsorten S_ν entsprechend Gl. (7.69):

$$\nu\, \mu'_S = \mu'_{S_\nu}. \tag{7.76}$$

Aus Gl. (7.76) folgt in entsprechender Weise die zu Gl. (7.73) analoge Beziehung:

$$p_{S_\nu} = p'_{S_\nu} \exp[\nu(\mu_S - \mu'_S)/RT]. \tag{7.77}$$

Hiernach können wir also den Gleichgewichtspartialdruck p_{S_ν} der Schwefelmolekülsorte S_ν über Silbersulfid (mit dem chemischen Potential μ_S des Schwefels) ausdrücken durch den Gleichgewichtspartialdruck p'_{S_ν} über Silbersulfid, das sich im Gleichgewicht mit metallischem Silber befindet, und die Differenz der chemischen Potentiale des Schwefels $\mu_S - \mu'_S$. Die Gleichgewichtspartialdrucke p'_{S_ν} ergeben sich aus dem Standardwert der Änderung der freien Enthalpie ΔG_3^0 der Reaktion:

$$2\,Ag(s) + \frac{1}{\nu} S_\nu(g) = Ag_2S(l); \qquad \Delta G_3^0 \tag{7.78}$$

$$p'_{S_\nu} = \exp[\nu\, \Delta G_3^0/RT]. \tag{7.79}$$

Die Messung des chemischen Potentials des Schwefels bzw. des Silbers im Ag_2S erfolgt mit Hilfe der elektrochemischen Festkörperkette (s. Kap. 3.12)

$$Pt \mid Ag \mid AgJ \mid Ag_2S \mid Pt \tag{I}$$

mit Silberjodid als Elektronensperre. Im stromlosen Zustand ist die EMK E_I dieser Festkörperkette (I) mit dem chemischen Potential μ_{Ag} des Silbers in der Silbersulfidprobe verknüpft durch:

$$\mu_{Ag} - \mu^0_{Ag} = E_I\, \mathfrak{F}. \tag{7.80}$$

Für Silbersulfid im Gleichgewicht mit flüssigem Schwefel hat man den speziellen Wert μ_{Ag}^* und die EMK „E_{I}^*"

$$\mu_{\mathrm{Ag}} - \mu_{\mathrm{Ag}}^0 = -E_{\mathrm{I}}^* \mathfrak{F} = \tfrac{1}{2} \Delta G_1^0, \tag{7.81}$$

aus der sich die Größe des Standardwertes der freien Bildungsenthalpie von Silbersulfid aus den Elementen ergibt. Aus Gl. (7.80), (7.81) und (7.68) folgt für das chemische Potential μ_{S} des Schwefels

$$\mu_{\mathrm{S}} - \mu_{\mathrm{S}}^0 = 2(E_{\mathrm{I}} - E_{\mathrm{I}}^*) \mathfrak{F} \tag{7.82}$$

und schließlich mit

$$\mu_{\mathrm{S}}' - \mu_{\mathrm{S}}^0 = -2 E_{\mathrm{I}}^* \mathfrak{F} \tag{7.83}$$

für den Partialdruck des Schwefels:

$$p_{\mathrm{S}_\nu} = p_{\mathrm{S}_\nu}^0 \exp[\nu\, 2(E_{\mathrm{I}} - E_{\mathrm{I}}^*) \mathfrak{F}/RT] \tag{7.84}$$

bzw.

$$p_{\mathrm{S}_\nu} = p_{\mathrm{S}_\nu}' \exp[\nu\, 2 E_{\mathrm{I}} \mathfrak{F}/RT]. \tag{7.85}$$

Die in Gl. (7.84) auftretenden Schwefelpartialdrucke $p_{\mathrm{S}_\nu}^0$ im Gleichgewicht mit flüssigem Schwefel sind aus einer Arbeit von Braune, Peter und Nevelling[1] bekannt. Die Werte stimmen mit neuen Messungen von Birks und Rickert[2], bei denen eine elektrochemische Knudsen-Zelle[3] angewandt worden ist, gut überein.

Knudsen[4] hat gezeigt, wie man auf dynamischem Wege den Gleichgewichtsdampfdruck über flüssigem Quecksilber im Falle kleiner Drucke messen kann. Quecksilber wird in einen Hohlraum gebracht, der durch ein sehr kleines Loch mit dem Vakuum verbunden ist. Wenn der Lochquerschnitt klein ist gegenüber der Hg-Oberfläche, so stellt sich in dem Hohlraum über dem Quecksilber praktisch der Gleichgewichtsdampfdruck desselben ein. Die Ausströmungsgeschwindigkeit des Quecksilberdampfes aus dem Hohlraum, der sog. Knudsen-Zelle, ist ein Maß für den Gleichgewichtsdruck. Da die Ausströmungsgeschwindigkeit bei gegebener Temperatur konstant ist, mißt man nach genügend langer Zeit (z. B. durch Wägen) den Quecksilberverlust in dem Hohlraum. Diese Knudsen-Zelle wurde seit Knudsen für Dampfdruckmessungen vieler anderer flüssiger und fester Substanzen, insbesondere von Metallen, angewendet. Die Auswertung ist jedoch nur dann eindeutig, wenn die Zusammensetzung des Dampfes bekannt ist, wenn man weiß, ob der Dampf aus Atomen oder Molekülen besteht oder ob ein bestimmtes Gemisch von mehratomigen Molekülen vorliegt. Direkte Aussagen über die Partialdrucke einzelner Molekülsorten waren ohne zusätzliche Information hiermit nicht möglich. Diese Größen sind aber gerade diejenigen, auf die es z. B. bei Schwefel- und Selendampf (ebenfalls bei Joddampf) ankommt; denn in diesen Fällen liegt im Dampf ein Gemisch verschiedener Molekülsorten

[1] Braune, H., S. Peter u. V. Nevelling: Z. Naturforsch. **6a**, 32 (1951).
[2] Birks, N., u. H. Rickert: Z. Elektrochem. Ber. Bunsenges. phys. Chem. **67**, 97 (1963).
[3] Ratchford, R. J., u. H. Rickert: Z. Elektrochem. Ber. Bunsenges. phys. Chem. **66**, 497 (1962).
[4] Knudsen, M.: Ann. Phys. **29**, 179 (1909).

vor. RATCHFORD und RICKERT[1] haben gezeigt, wie durch eine Erweiterung der KNUDSEN-Methode — durch eine elektrochemische KNUDSEN-Zelle — Informationen über die Partialdrucke einzelner Molekülsorten in einem nicht einheitlichen Dampf (z. B. Schwefeldampf) gewonnen werden können. Die allgemeinen Überlegungen seien wieder am Beispiel des Silbersulfids dargelegt.

In der elektrochemischen KNUDSEN-Zelle wird, wie in Abb. 7.55 dargestellt, eine KNUDSEN-Zelle mit der galvanischen Festkörperkette (I) kombiniert. Der in dem Hohlraum der KNUDSEN-Zelle sich befindende Schwefeldampf steht mit der Ag_2S-Tablette im Gleichgewicht, solange die Öffnung genügend klein ist gegenüber der Ag_2S-Oberfläche. Der aus der Öffnung der KNUDSEN-Zelle ausströmende dampfförmige Schwefel, der dem Ag_2S entnommen wird, läßt sich durch den durch die Kette (I), die mit einer äußeren Stromquelle verbunden ist (positiver Pol rechts), fließenden Strom als Maß für die Geschwindigkeit ausdrücken, mit der dem Ag_2S Silber entnommen wird.

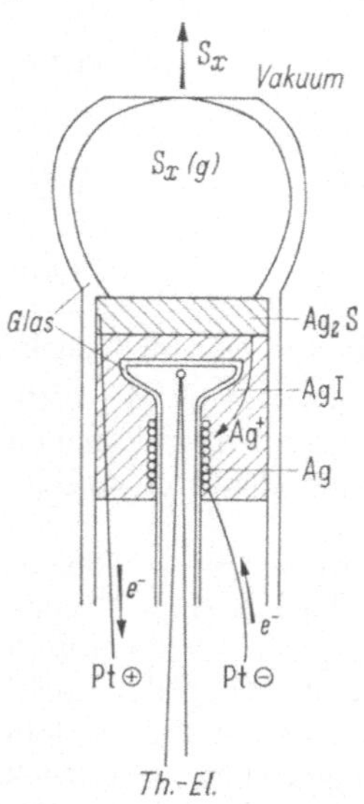

Abb. 7.55. Elektrochemische KNUDSEN-Zelle nach RATCHFORD und RICKERT.

Die EMK E_I der Kette (I) bei kleinen Strömen, solange Polarisationseffekte zu vernachlässigen sind, ist nach Gl. (7.80) ein Maß für das chemische Potential des Silbers im Ag_2S und nach Gl. (7.82) auch für das chemische Potential des Schwefels, das wiederum bei Gleichgewicht mit der Gasphase demjenigen des Schwefeldampfes im Hohlraum der KNUDSEN-Zelle entspricht. Die besondere Bedeutung dieser Kombination einer KNUDSEN-Zelle mit einer elektrochemischen Festkörperkette liegt darin, daß die Messung nicht nur bei einem bestimmten chemischen Potential und damit Dampfdruck des Schwefels ausgeführt werden kann, sondern daß diese Größen durch Veränderung der Ausströmungsgeschwindigkeit infolge Veränderung des durch die Kette (I) fließenden Stromes variiert werden. Dadurch entstehen neue Möglichkeiten zur Bestimmung der Partialdrucke der einzelnen Schwefelmolekülsorten.

Die Ausströmungsgeschwindigkeit j_S einer bestimmten Schwefelmolekülsorte S_ν in Mol je Flächen- und Zeiteinheit ergibt sich in bekannter Weise zu:

$$j_S = \frac{p_{S_\nu}}{(2\pi M_{S_\nu} RT)^{1/2}}, \tag{7.86}$$

worin der Gleichgewichtspartialdruck p_{S_ν} der Moleküle S_ν eine Funktion der absoluten Temperatur T und des chemischen Potentials des Schwefels μ_S in der Sulfidphase ist. M_{S_ν} bedeutet das Molekulargewicht der

[1] RATCHFORD, R. J., u. H. RICKERT: Z. Elektrochem. Ber. Bunsenges. phys. Chem. 66, 497 (1963),

S_ν-Moleküle und R die Gaskonstante. Durch Einsetzen der Gl. (7.73) bzw. (7.84) in (7.86) ergibt sich:

$$j_S = \frac{p^0_{S_\nu}}{(s\pi M_{S_\nu} RT)^{1/2}} \exp[\nu(\mu_S - \mu^0_S)/RT] \tag{7.87}$$

bzw.

$$j_S = \frac{p^0_{S_\nu}}{(2\pi M_{S_\nu} RT)^{1/2}} \exp[\nu\, 2(E_I - E^*_I)\, \mathfrak{F}/RT] \tag{7.88}$$

und speziell für Gleichgewicht mit flüssigem oder festem Schwefel:

$$j^0_S = \frac{p^0_{S_\nu}}{(2\pi M_{S_\nu} RT)^{1/2}}\,. \tag{7.89}$$

Die Ausströmungsgeschwindigkeit der verschiedenen Schwefelmolekülsorten aus der Öffnung der elektrochemischen KNUDSEN-Zelle läßt sich also nach Gl. (7.87) bzw. (7.88) ausdrücken durch die Gleichgewichtspartialdrucke $p^0_{S_\nu}$ über flüssigem Schwefel und das chemische Potential des Schwefels bzw. die EMK E_I der Festkörperkette (I).

Wenn man als Bezugspunkt des chemischen Potentials des Schwefels dasjenige μ'_S im Ag_2S für Gleichgewicht mit Silber wählt, so ergibt sich mit den entsprechenden Gleichgewichtspartialdrucken p'_{S_ν} aus Gl. (7.77) und (7.85):

$$j_S = \frac{p'_{S_\nu}}{(2\pi M_{S_\nu} RT)^{1/2}} \exp[2\nu\, E_I\, \mathfrak{F}/RT] \tag{7.90}$$

und speziell für das Gleichgewicht von Ag_2S mit festem Silber entsprechend $\mu_{Ag} = \mu^0_{Ag}$ und $\mu_S = \mu'_S$:

$$j'_S = \frac{p'_{S_\nu}}{(2\pi M_{S_\nu} RT)^{1/2}}\,. \tag{7.91}$$

Nach Gl. (7.90) läßt sich die Ausströmungsgeschwindigkeit der S_ν Moleküle auch ausdrücken durch den Gleichgewichtspartialdruck p'_{S_ν} der S_ν-Moleküle über Ag_2S im Gleichgewicht mit festem Silber und die Differenz $\mu_S - \mu'_S$ bzw. die EMK E_I der Festkörperkette (I). Die elektrochemische KNUDSEN-Zelle liefert die Ausströmungsgeschwindigkeit in elektrischen Einheiten als elektrische Stromdichten i_S, die auf den Querschnitt der Ausströmungsöffnung bezogen sind:

$$i_S = 2x\, j_S\, \mathfrak{F}. \tag{7.92}$$

Die gesamte Stromdichte ist:

$$i = I/q = \Sigma\, i_S, \tag{7.93}$$

wobei q der Querschnitt der Öffnung in der KNUDSEN-Zelle und I der durch die Kette (I) fließende Strom sind. Da in der Gl. (7.87), (7.88) bzw. (7.90) die Atomzahl ν der S_ν-Moleküle in den Exponenten eingeht, muß das Verhältnis der verschiedenen Molekülsorten in dem ausströmenden Dampf sich stark mit dem chemischen Potential μ_S des Schwefels bzw. der Spannung E der Kette (I) ändern. Darum kann man erwarten, daß in verschiedenen Potentialbereichen verschiedene Molekülsorten überwiegend beteiligt sind und hierdurch die in Frage kommenden Größen $p^0_{S_\nu}$ bzw. p'_{S_ν} getrennt bestimmbar sind.

Bei Überwiegen einer Molekülsorte $S_{\nu'}$ in einem bestimmten Potentialbereich ergibt sich aus Gl. (7.88) und (7.89) bzw. (7.90) und aus (7.92) und (7.93):

$$\ln i \cong \ln 2\nu' \mathfrak{F}\, j^0_{\nu'} + \nu'\, 2(E_{\mathrm{I}} - E^*_{\mathrm{I}})\, \mathfrak{F}/RT \tag{7.94}$$

bzw.

$$\ln i \cong \ln 2\nu' \mathfrak{F}\, j'_{\nu'} + \nu'\, 2E_{\mathrm{I}}\, \mathfrak{F}/RT\,. \tag{7.95}$$

Die Auftragung von $\ln i$ über E_{I} liefert also dann eine Gerade mit der Steigung $\nu' 2\mathfrak{F}/RT$, aus der man die in Frage kommende Molekülsorte erkennen kann. Es sind natürlich Übergangsbereiche zu erwarten, bei denen eine Gerade in eine andere übergeht.

Die obigen Überlegungen zur elektrochemischen KNUDSEN-Zelle gelten nur, solange die Öffnung der Zelle klein ist verglichen mit der Oberfläche der Ag_2S-Tablette. Andernfalls entspricht der Druck in der KNUDSEN-Zelle $p_S(\mathrm{Kn})$ nicht dem Gleichgewichtspartialdruck $p_S(\mathrm{gl})$ über Ag_2S. Allgemein muß man schreiben:

$$j_S\, q_{\mathrm{Loch}} = \frac{p_S(\mathrm{Kn})\, q_{\mathrm{Loch}}}{(2\pi\, M\, RT)^{1/2}} = \frac{\alpha[p_{S_\nu}(\mathrm{gl}) - p_{S_\nu}(\mathrm{Kn})]\, q_{\mathrm{Ag_2S}}}{(2\pi\, M\, RT)^{1/2}}\,. \tag{7.96}$$

Dabei ist q_{Loch} der Querschnitt des Loches in der KNUDSEN-Zelle, $q_{\mathrm{Ag_2S}}$ die freie Oberfläche der Ag_2S-Probe und α der Verdampfungs- bzw. Kondensationskoeffizient für das System Ag_2S/Schwefeldampf.

Aus Gl. (7.96) folgt:

$$p_{S_\nu}(\mathrm{gl}) = p_{S_\nu}(\mathrm{Kn}) \left[1 + \frac{q_{\mathrm{Loch}}}{\alpha\, q_{\mathrm{Ag_2S}}}\right], \tag{7.97}$$

wobei der Ausdruck in der eckigen Klammer in Gl. (7.97) den Korrekturfaktor darstellt.

Frühere Dampfdruckmessungen an gesättigtem und ungesättigtem Selendampf von PREUNER und BROCKMÖLLER[1] zwischen 550 und 900 °C, die im dampfförmigen Selen im wesentlichen nur auf Se_6- und Se_2-Moleküle hinwiesen, sind von ILLARIONOV und LAPINA[2] sowie BRAUNE und PETER[3] wiederholt worden, wonach nun neben Se_2 und Se_6 auch Se_4 und Se_8 als wesentliche Molekülsorten angenommen wurden. Von DODD[4] wurden an gesättigtem Selendampf Dampfdruckmessungen mit einer KNUDSEN-Zelle und von NEUMANN und LICHTENBERG[5] nach einer Drehwaagenmethode ausgeführt. NIWA und SHIBATA[6] haben mit der gleichen Methode eine mittlere Atomzahl von 5,4 ± 0,3 gefunden und daraus unter der Annahme, daß im wesentlichen Se_2- und Se_6-

---

[1] PREUNER, G., u. J. BROCKMÖLLER: Z. phys. Chem. **81**, 129 (1912).
[2] ILLARIONOV, V. V., u. L. M. LAPINA: Dokl. Akad. Nauk **114**, 1021 (1957).
[3] BRAUNE, H., u. S. PETER: private Mitteilung an H. RICKERT.
[4] DODD, L. E.: J. Amer. chem. Soc. **41**, 1579 (1920).
[5] NEUMANN, K., u. E. LICHTENBERG: Z. phys. Chem. A **184**, 89 (1939).
[6] NIWA, K., u. Z. SHIBATA: J. Faculty Sci. Hokkaido Univ. Japan, Ser. III, Vol. III, 53 (1940).

Moleküle vorliegen, das Gleichgewicht $3\,Se_2 \rightleftharpoons Se_6$ berechnet. Neuere Messungen des Sättigungsdampfdruckes von Selen mit Hilfe eines Quarzspiralmanometers stammen von BROOKS[1]. Aus Elektronenbeugungsaufnahmen an Selendampf bei tieferen Temperaturen haben HOWE und LARK-HOROWITZ[2] geschlossen, daß hier das Selen im Dampfzustand im wesentlichen sechsatomig ist. Die wahrscheinlichsten Werte wurden von STULL und SINKE[3] sowie ELLIOTT und GLEISER[4] zusammengestellt.

Für Untersuchungen[5] über die Zersetzung von festen Seleniden bei Temperaturen zwischen 200 und 400 °C sind insbesondere Daten der Dampfdrucke der Se_2-Moleküle bedeutsam, da bei sehr geringen Dampfdichten im Vergleich zum Sättigungsdampf Se_2-Moleküle überwiegen. Die bisherigen Literaturdaten hierüber sind aber entsprechend obiger Übersicht verhältnismäßig unsicher. Darum wurden mit der oben beschriebenen elektrochemischen KNUDSEN-Zelle Messungen ausgeführt.

An Stelle von Ag_2S wurde hier Ag_2Se verwandt:

$$\mathrm{Pt} \mid \mathrm{Ag} \mid \mathrm{AgJ} \mid \mathrm{Ag_2Se} \mid \mathrm{Pt}. \qquad \text{(II)}$$

Die EMK wird mit E_{II} bezeichnet. Im übrigen gelten die gleichen Überlegungen, wie sie am Beispiel des Silbersulfids und Schwefels durchgeführt worden sind.

Die elektrochemische KNUDSEN-Zelle wurde aus Pyrexglas hergestellt. Der Hohlraum hatte einen Durchmesser von etwa 8 mm. Die Öffnung hatte den in Abb. 7.55 dargestellten Querschnitt, so daß kein Strömungswiderstand in der Öffnung selbst entstehen kann. Die Öffnungsquerschnitte lagen zwischen 0,028 und 0,80 mm². Der Hohlraum wurde durch eine gepreßte Ag_2Se-Tablette von 6 mm Durchmesser und etwa 0,5 mm Dicke abgeschlossen, die mit einer Platinleitung in Berührung stand.

Um den Hohlraum über der Ag_2Se-Tablette vakuumdicht abzuschließen, wurde das AgJ kurzzeitig geschmolzen, so daß eine innige Berührung zwischen Glas und AgJ entstand und letzteres auch frei von Poren war. In noch heißem Zustand wurde dann die Zelle in den auf Versuchs-Temperatur befindlichen Ofen gebracht, in dem ein Vakuum von besser als 10^{-5} Torr erzeugt wurde. Etwa 8 cm oberhalb der Öffnung wurde der ausgeströmte Selendampf an einem mit flüssiger Luft gefüllten Kühlfinger ausgefroren. Die Schaltung ist in Abb. 7.56 dargestellt.

Messungen wurden bei 200, 250, 300, 350 und 400 °C ausgeführt und sind in Abb. 7.57 dargestellt. Um den Einfluß von Polarisationseffekten auf die gemessene EMK festzustellen, wurde im stationären Zustand der

---

[1] BROOKS, L. S.: J. Amer. chem. Soc. **74**, 227 (1952).

[2] HOWE, J. D., u. K. LARK-HOROVITZ: Bull. Ann. phys. Soc. **11**, 13 (1936); Phys. Rev. (2) **51**, 380 (1937).

[3] STULL, D. R., u. G. C. SINKE: Thermodynamic Properties of the Elements, No. 18 of the Advances in Chemistry Series American Chemical Society, S. 179—181. Washington, D. C., 1956.

[4] ELLIOTT, G. F., u. M. GLEISER: Thermochemistry of Steelmaking, Vol. 1, S. 90ff. Reading, Mass., U.S.A.: Addison-Wesley 1960.

[5] RATCHFORD, R. J., u. H. RICKERT: Z. Elektrochem. Ber. Bunsenges. phys. Chem. **66**, 505 (1962).

Stromfluß bei der Zeit $t = t_1$ unterbrochen und die EMK als Funktion der Zeit gemessen. Dadurch, daß die Verdampfung weitergeht, sinkt nun das chemische Potential des Selens mit der Zeit ab und damit die Größe E_{II}. Eine Extrapolation von E_{II} auf den Wert für $t = t_1$ ergibt die EMK ohne Polarisationseffekte. Aus solchen Versuchen wurde gefunden, daß die Polarisationsspannung für Ströme $\leqq 100\,\mu A$ weniger als 1 mV betrug. Sie wurde als Korrektur berücksichtigt. Die Einstellung des stationären Zustandes erforderte je nach Stromstärke und Dicke der Tablette etwa eine Minute bis einige Stunden. Nach Gl. (7.97) berechnete Fehler ergeben bei einem Lochquerschnitt von 0,03 mm² und einer Ag_2Se-Oberfläche von 30 mm² einen Wert von 0,3%, bei einem Lochquerschnitt von 0,8 mm² von 8%. Dabei ist als Verdampfungskoeffizient 0,2 bis 0,3 eingesetzt, wie sich aus den späteren kinetischen Messungen ergibt. Wenn man alle anderen Fehlermöglichkeiten hinzunimmt (Schwankung in der Spannungsmessung ± 1 mV, Unsicherheit im Lochquerschnitt 4%, Temperaturschwankung ± 1 °C, nicht ganz ideale Messerschneide an der Lochöffnung), so dürfte der Fehler bei ± 15% liegen.

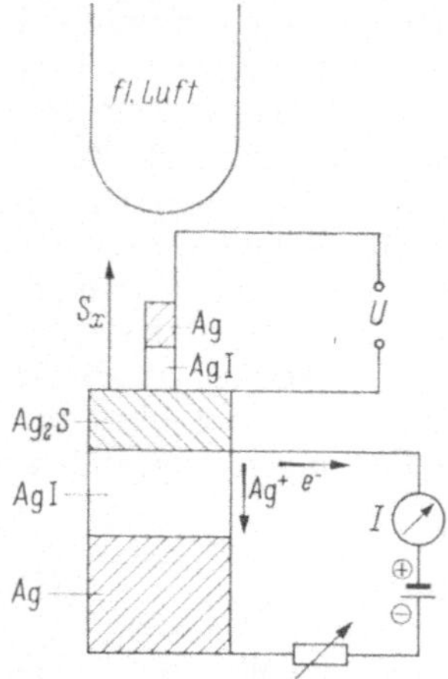

Abb. 7.56. Versuchsanordnung zur Messung der Verdampfungsgeschwindigkeit von Schwefel während der Zersetzung von festem Ag_2S im Vakuum als Funktion des Schwefelpotentials μ_S im Ag_2S nach RICKERT. Die Pfeile deuten den Ag-Ionen- und Elektronenstrom sowie den Schwefeldampfstrom zum Kühlfinger an.

Aus Abb. 7.57 geht hervor, daß bei 400, 350 und 300 °C in einem großen Potentialbereich bis etwa $E_{II} = 250$ mV praktisch nur Se_2-Moleküle vorhanden sind. Die Steigung der Geraden entspricht hier derjenigen für Se_2. Natürlich können und werden bei höheren Spannungen Se_6-Moleküle überwiegen. Bei 200 °C entspricht die

Abb. 7.57. Experimentelle Stromdichten I/q als Maß der Ausströmungsgeschwindigkeit des Selendampfes aus der Öffnung der elektrochemischen KNUDSEN-Zelle ins Vakuum als Funktion der Spannung E_{II} in halblogarithmischer Darstellung nach RICKERT.

Steigung einem überwiegenden Vorhandensein von Se_6 im untersuchten Potentialbereich. Bei 300 und 250 °C sind für Spannungen im Bereich von 260 bis 280 mV die Kurven gekrümmt. Sie lassen sich deuten durch die Annahme von gleichzeitigem Vorhandensein von Se_2- und Se_6-Molekülen in vergleichbarer Menge.

Zu Selen analoge Messungen sind von BIRKS und RICKERT[1] an Schwefeldampf ausgeführt worden. In einer weiteren Arbeit wurde die Anlagerung von Schwefel aus der Dampfphase an festes Ag_2S studiert[2].

7.92 Zur Kinetik der Zersetzung einfacher Metallverbindungen

Für die kinetischen Überlegungen soll ebenfalls in Anlehnung an RICKERT[3] die Zersetzung von Ag_2S als Beispiel betrachtet werden. Unter Zersetzung soll dabei die Abdampfung von Schwefel von einer Sulfidoberfläche verstanden werden.

In Anlehnung an Arbeiten von LANGMUIR[4-7], KNUDSEN[8-12], VOLMER[13-17], KOSSEL[18,19] und STRANSKI[20-22] über die Verdampfung von kondensierten Phasen wird auch für die Zersetzung einfacher Metallverbindungen angenommen, daß die Gesamtreaktion in mehreren hintereinanderliegenden Schritten abläuft. Eine übersichtliche Zusammenfassung der Arbeiten auf dem Gebiet der Verdampfung von kondensierten Phasen findet sich bei KNACKE und STRANSKI[22], wo insbesondere das VOLMERsche[13-17] Konzept der schrittweisen Verdampfung herausgearbeitet ist. Diese Vorstellungen hat RICKERT für die Zersetzung von festen Verbindungen, insbesondere Metallsulfiden, nutzbar gemacht. Für die Verdampfung des Schwefels von einer Ag_2S-Oberfläche

---

1 BIRKS, N., u. H. RICKERT: Z. Elektrochem. Ber. Bunsenges. phys. Chem. **67**, 97 (1963).
2 BIRKS, N., u. H. RICKERT: Z. Elektrochem. Ber. Bunsenges. phys. Chem. **67**, 501 (1963).
3 RICKERT, H., Z. Elektrochem. Ber. Bunsenges. phys. Chem. **65**, 463 (1961).
4 LANGMUIR, J.: J. Amer. chem. Soc. **35**, 105 (1913).
5 LANGMUIR, J.: J. Amer. chem. Soc. **35**, 931 (1913).
6 LANGMUIR, J.: Phys. Rev. **8**, 149 (1916).
7 LANGMUIR, J.: Z. Elektrochem. Ber. Bunsenges. phys. Chem. **26**, 197 (1920).
8 KNUDSEN, M.: Ann. Phys. [Leipzig] **28**, 75 (1908); **35**, 389 (1911).
9 KNUDSEN, M.: Ann. Phys. [Leipzig] **29**, 179 (1909).
10 KNUDSEN, M.: Ann. Phys. [Leipzig] **47**, 697 (1915).
11 KNUDSEN, M.: Ann. Phys. [Leipzig] **50**, 472 (1916).
12 KNUDSEN, M.: Ann. Phys. [Leipzig] **52**, 105 (1917).
13 VOLMER, M., u. J. ESTERMANN: Z. Phys. **7**, 1 (1921).
14 VOLMER, M., u. J. ESTERMANN: Z. Phys. **7**, 13 (1921).
15 VOLMER, M., u. S. ADHIKARI: Z. Phys. **35**, 170 (1931).
16 VOLMER, M., u. W. SCHULTZE: Z. phys. Chem. (A) **156**, 1 (1931).
17 VOLMER, M.: Kinetik der Phasenbildung. Dresden u. Leipzig 1939.
18 KOSSEL, W., in Falkenhagen: Quantentheorie und Chemie, Vortrag. Leipzig 1928.
19 KOSSEL, W.: Naturwiss. **18**, 901 (1930).
20 STRANSKI, I. N.: Z. phys. Chem. **136**, 259 (1928); (B) **11**, 421 (1931).
21 STRANSKI, I. N., u. R. KAISCHEW: Z. Kristallogr. **78**, 373 (1931).
22 KNACKE, O., u. I. N. STRANSKI: in: Progress in Metal Physics, S. 181ff. London u. New York: Pergamon Press 1956.

ins Vakuum ist demnach anzunehmen, daß die Schwefelionen des Ag_2S-Gitters zuerst adsorbierte Schwefelatome S(ads) auf der Ag_2S-Oberfläche bilden, aus denen in einem zweiten Schritt adsorbierte Schwefelmoleküle S_ν(ad) entstehen, während in einem dritten Schritt die adsorbierten Schwefelmoleküle ins Vakuum abdampfen:

$$Ag_2S \rightarrow S(ads) + 2e' + 2Ag^{\cdot} \tag{7.98}$$

$$\nu S(ads) \rightarrow S_\nu(ads) \tag{7.99}$$

$$S_\nu(ads) \rightarrow S_\nu(gas). \tag{7.100}$$

Je nachdem, welcher der drei betrachteten Teilschritte die Verdampfungsgeschwindigkeit bestimmt, können wir die folgenden drei theoretisch und praktisch interessanten Grenzfälle unterscheiden:

Erster Grenzfall

Teilschritt 1 [Gl. (7.98)] ist geschwindigkeitsbestimmend; hierbei können wir folgende Fälle unterscheiden:

a) Das Gleichgewicht der S(ads)-Atome mit dem Ag_2S-Kristall ist noch in der unmittelbaren Umgebung von Halbkristallagen bzw. Kristallstufen eingestellt, und die Diffusion der S(ads)-Atome über die Oberfläche wird für die Verdampfungsgeschwindigkeit wesentlich.

b) Auch in unmittelbarer Umgebung von Kristallstufen bzw. Halbkristallagen ist kein Gleichgewicht für die S(ads)-Atome eingestellt. Die Loslösung von Schwefelatomen bzw. -ionen aus Gitterplätzen ist geschwindigkeitsbestimmend.

Sowohl im Fall a) als auch im Fall b) ist die Zahl der Halbkristallagen je Flächeneinheit eine entscheidende Größe, die grundsätzlich noch nach FRANK[1], CABRERA und VERMILYEA[2] sowie HIRTH und POUND[3] als Funktion der Verdampfungsgeschwindigkeit anzusetzen ist. Außerdem kann die Anzahl der Versetzungen im Kristall eine wesentliche Bedeutung haben.

Zweiter Grenzfall

Teilschritt 2 [Gl. (7.99)] und damit die Bildung von adsorbierten Schwefelmolekülen aus adsorbierten Schwefelatomen ist geschwindigkeitsbestimmend, wobei sich letztere mit dem Ag_2S-Kristall im Gleichgewicht befinden. Im einfachsten Falle, insbesondere bei hinreichend kleiner Konzentration Γ_S der S(ads)-Atome, ist die Geschwindigkeit j_S der Verdampfung von S_ν-Molekülen in Mol je Flächen- und Zeiteinheit proportional der ν-ten Potenz der Konzentration Γ_S der S(ads)-Atome, entsprechend dem üblichen Ansatz für eine Reaktion ν-ter Ordnung:

$$j_\nu = k_\nu (\Gamma_S/\Gamma_S^0)^\nu = k_S \exp[\nu(\mu_S - \mu_S^0)/RT], \tag{7.101}$$

[1] FRANK, F. C.: in: Growth and Perfection of Crystals, S. 411, herausgeg. von DOREMUS, ROBERTS u. TURNBULL. J. Wiley 1958.

[2] CABRERA, N., u. D. VERMILYEA: in: Growth and Perfection of Crystals, S. 393, herausgeg. von DOREMUS, ROBERTS u. TURNBULL. J. Wiley 1958.

[3] HIRTH, J. P., u. G. M. POUND: J. chem. Phys. **26**, 1216 (1957).

wobei k_S die zugeordnete Geschwindigkeitskonstante ist, die zugleich die Geschwindigkeit für $\mu_S = \mu_S^0$ entsprechend $\Gamma_S = \Gamma_S^0$. Γ_S^0 ist die Konzentration der S(ads)-Atome bei Gleichgewicht mit flüssigem Schwefel. In Gl. (7.101) ist angenommen, daß Γ_S im Gleichgewicht proportional dem Partialdruck p_S der S-Atome ist, wodurch sich der das chemische Potential μ_S enthaltende Ausdruck ergibt. Aus Gl. (7.101) folgt für die Verdampfungsgeschwindigkeit aus Gl. (7.82):

$$j_S = k_S \exp[\nu\, 2(E_{\mathrm{I}} - E_{\mathrm{I}}^*)\, \mathfrak{F}/RT]. \qquad (7.102)$$

Dritter Grenzfall

Teilschritt 3 [Gl. (7.100)], d. h., die Verdampfung der Schwefelmoleküle aus der adsorbierten Schicht, ist geschwindigkeitsbestimmend, wobei sich letztere mit dem Ag_2S-Kristall im Gleichgewicht befindet. Die maximale Verdampfungsgeschwindigkeit einer Teilchensorte, die insbesondere bei Grenzfall 3 erreicht werden kann, ergibt sich aus gaskinetischen Überlegungen, die bereits HERTZ[1] für die Verdampfung reiner Metalle angewandt hat. Danach kann die Verdampfungsgeschwindigkeit einer Teilchensorte nicht größer sein als die Anzahl der Teilchen, die bei Gleichgewicht mit der Gasphase aus dem Gasraum je Zeiteinheit auf die Oberflächeneinheit auftreffen. In unserem Fall der Zersetzung einer Verbindung muß man berücksichtigen, daß diese maximale Verdampfungsgeschwindigkeit als Funktion des chemischen Potentials des Schwefels anzusetzen ist. Es ergibt sich für die maximale Verdampfungsgeschwindigkeit j_S = Zahl der Mole S_ν, die je Flächen- und Zeiteinheit verdampfen:

$$j_S = \frac{p_{S_\nu}}{(2\pi M_{S_\nu} RT)^{1/2}}, \qquad (7.103)$$

worin der Gleichgewichtspartialdruck p_{S_ν} der Moleküle S_ν eine Funktion der absoluten Temperatur und des chemischen Potentials des Schwefels μ_S in der Sulfidphase ist. M_{S_ν} bedeutet das Molekulargewicht der S_ν-Moleküle, R die Gaskonstante.

Für Gleichgewicht mit flüssigem Schwefel ($\mu_S = \mu_S^0$) ergibt sich die maximale Verdampfungsgeschwindigkeit zu:

$$j_S^0 = \frac{p_{S_\nu}^0}{(2\pi M_{S_\nu} RT)^{1/2}}. \qquad (7.104)$$

Für die gesamte Schwefelabgabe J in Form von S, S_2, S_4, S_6 und S_8 in g-Äquivalenten je Flächen- und Zeiteinheit erhält man:

$$\begin{aligned} J &= \sum_\nu 2\nu\, j_S = \sum_\nu 2\nu\, j_\nu^0 \exp[\nu(\mu_S - \mu_S^0)/RT] \\ &= \sum_\nu 2\nu\, j_S^0 \exp[\nu(E_{\mathrm{I}} - E_{\mathrm{I}}^*)\, 2\mathfrak{F}/RT]. \end{aligned} \qquad (7.105)$$

Wenn man als Bezugspunkt das chemische Potential des Schwefels μ_S' im Ag_2S bei Gleichgewicht mit Silber und die zugehörigen Gleichgewichts-

---

[1] HERTZ, H.: Ann. Phys. [Leipzig] **17**, 177 (1882).

partialdrucke p'_{S_ν} wählt, so ergibt sich aus Gl. (7.104) und (7.84):

$$j_S = j_S \exp[\nu(\mu_S - \mu'_S)/RT] = j'_S \exp[\nu E_1 \mathfrak{F}/RT], \qquad (7.106)$$

wobei j'_S durch die Gleichung:

$$j'_S = \frac{p'_{S_\nu}}{(2\pi M_{S_\nu} RT)^{1/2}} \qquad (7.107)$$

gegeben ist und zugleich die maximale Verdampfungsgeschwindigkeit des Schwefels aus Ag_2S im Gleichgewicht mit Silber darstellt, also die maximale Verdampfungsgeschwindigkeit im Falle der stationären thermischen Zersetzung, bei der entsprechend der Schwefelverdampfung metallisches Silber im Ag_2S freigesetzt wird.

Grundsätzlich ist auch bei eingestelltem Gleichgewicht in der Adsorptionsschicht eine Abweichung der Verdampfungsgeschwindigkeit von Gl. (7.105) bzw. (7.107) möglich. Bei größeren Abweichungen von Gl. (7.105) bzw. (7.107), jedoch gleicher Potentialabhängigkeit für die Verdampfung von Schwefel aus Ag_2S wird man annehmen müssen, daß die Bildung der adsorbierten Schwefelmoleküle bzw. -atome geschwindigkeitsbestimmend ist.

Entsprechend der Meßanordnung in Abb. 7.56 haben wir einen Stromkreis (untere Hälfte der Abb. 7.56) und einen Spannungskreis (obere Hälfte der Abb. 7.56). Der Stromkreis enthält die Festkörperzelle (I). Wenn der negative Pol der Stromquelle am Silber liegt und der positive Pol am Platindraht, der mit der Ag_2S-Tablette verbunden ist, so wird entsprechend dem fließenden Strom Silber aus dem Ag_2S herausgezogen, indem die Silberionen durch das AgJ und die Elektronen durch den Platindraht abwandern. Das ist in Abb. 7.56 durch Pfeile angedeutet. Der Strom I kann durch einen Vorschaltwiderstand eingestellt und durch ein Ampèremeter gemessen werden. Nun laufen zwei Vorgänge nebeneinander ab:

Erstens wird durch Stromfluß dem Ag_2S Silber entnommen. Dadurch allein würde das Silberpotential im Ag_2S absinken und entsprechend das Schwefelpotential im Ag_2S ansteigen. Zweitens dissoziiert Schwefel von der Ag_2S-Oberfläche ins Vakuum ab und schlägt sich auf dem sich darüber befindlichen Kühlfinger nieder. Hierdurch allein würde das Schwefelpotential absinken und das Silberpotential ansteigen. Der niedergeschlagene Schwefel ist am Kühlfinger als gelbe Schicht direkt sichtbar. Im stationären Zustand verdampft von der Ag_2S-Oberfläche je Zeiteinheit eine Menge Schwefel, die dem Silber äquivalent ist, das durch den fließenden Strom entnommen wird. Der Strom im stationären Zustand ist also ein direktes Maß für die Verdampfungsgeschwindigkeit des Schwefels j_S in Äquivalenten je cm² und sec. Der stationäre Zustand ist daran zu erkennen, daß sich das Silber- bzw. Schwefelpotential im Ag_2S nicht mehr ändert. Diese Potentiale können mit Hilfe der Ag/AgJ-Sonde gemessen werden.

Als besonderes Merkmal der Meßanordnung darf hervorgehoben werden, daß hier die Messungen im stationären Zustand möglich sind, d. h., die Geschwindigkeit der Abdampfung von Schwefel kann bei konstanten

Silber- bzw. Schwefelpotentialen gemessen werden, und zwar bei verschiedenen Potentialen.

Die Meßergebnisse über die Zersetzungsgeschwindigkeit von Ag_2S sind in Abb. 7.58 wiedergegeben. Als Maß der Verdampfungsgeschwindigkeit dient auch die experimentelle Stromdichte i, definiert durch das Verhältnis des im stationären Zustand gemessenen Stromes I zu der freien geometrischen Ag_2S-Oberfläche q, wodurch die Verdampfungsgeschwindigkeit j_S (in Äquivalenten je cm^2 und sec) gegeben ist. Als Maß des Schwefelpotentials im Ag_2S dient die mit der Ag/AgJ-Sonde gemessene Spannung E_I. Die Messungen sind bei den Temperaturen 200, 250, 300, 350 und 400 °C ausgeführt worden.

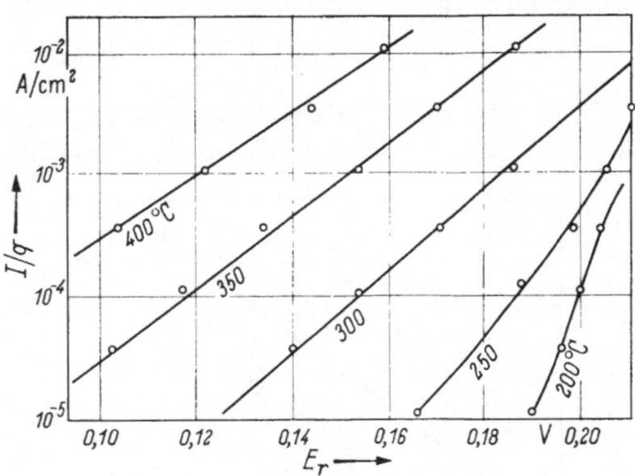

Abb. 7.58. Experimentelle Stromdichten I/q als Maß der Verdampfungsgeschwindigkeit des Schwefels von der Oberfläche des sich zersetzenden Ag_2S ins Vakuum als Funktion der Spannung E_I der Festkörperkette I nach RICKERT.

Die aus den Versuchsergebnissen berechneten Werte sind für 400 °C in Abb. 7.59 eingezeichnet. Der große Unterschied zwischen der gemessenen und der maximalen theoretischen Verdampfungsgeschwindigkeit deutet darauf hin, daß nicht Teilschritt (7.100), sondern Teilschritt (7.99), die Bildung von adsorbierten Schwefelmolekülen [bei 400 °C die Bildung von S_2(ad)] aus adsorbierten Schwefelatomen, geschwindigkeitsbestimmend ist; denn für diesen Grenzfall ist eine absolut kleinere Verdampfungsgeschwindigkeit, aber die gleiche Potentialabhängigkeit für die einzelnen Molekülsorten zu erwarten. Dieser Tatbestand wird noch deutlicher bei 300 °C.

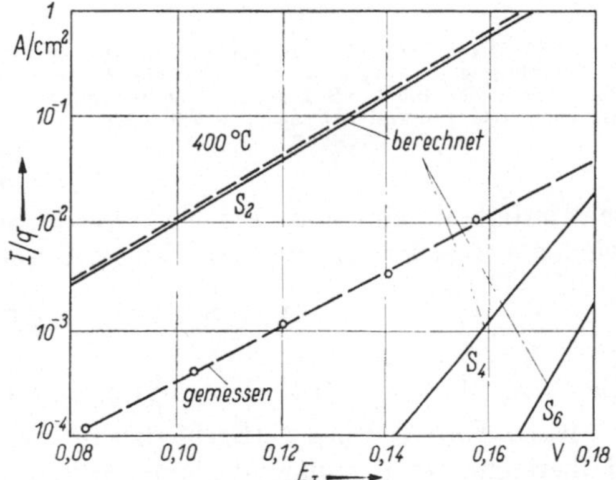

Abb. 7.59. Experimentell gemessene und berechnete Verdampfungsgeschwindigkeiten von Schwefel aus Ag_2S-Oberflächen bei 400°C als Funktion der Spannung E_I nach RICKERT.

Bei der Verdampfung von Selenmolekülen aus einer Ag_2Se-Oberfläche ins Vakuum treten analoge Probleme auf wie bei der Verdampfung von Schwefel aus einer Ag_2S-Oberfläche. Abb. 7.60 enthält die Meßergebnisse, die mit der analogen Versuchsanordnung am Silberselenid zwischen

200 und 400 °C von RATCHFORD und RICKERT[1] erhalten worden sind. Als Maß der Verdampfungsgeschwindigkeit des Selens ist wieder die elektrische Stromdichte I/q gewählt worden. Als Maß des chemischen Potentials des Selens dient die EMK der Kette (II), für die entsprechend Gl. (7.82) gilt:

$$\mu_{\mathrm{Se}} - \mu^0_{\mathrm{Se}} = 2[E_{\mathrm{II}} - E^*_{\mathrm{II}}) \mathfrak{F}.$$

Die gemessene Verdampfungsgeschwindigkeit ist aber um einen Faktor 4 kleiner als die theoretisch maximal mögliche Verdampfungsgeschwindigkeit entsprechend einem Verdampfungskoeffizienten α für die Se_2-Moleküle bei 400 °C von $\alpha \approx 0{,}2$ bis 0,3. Da im Falle des Selens nun die gemessene Verdampfungsgeschwindigkeit nur weniger als eine Größenordnung kleiner ist als die maximale Verdampfungsgeschwindigkeit, kann man nicht mehr sicher entscheiden, ob Teilschritt (7.99) oder (7.100) geschwindigkeitsbestimmend ist, wie das im Falle des Schwefels möglich war. Die Zersetzungsgeschwindigkeit von CuJ bzw. die Verdampfungsgeschwindigkeit von Jod aus CuJ wurde von MROWEC und RICKERT[2] wieder auf elektrochemischem Wege, diesmal mit der Festkörperkette

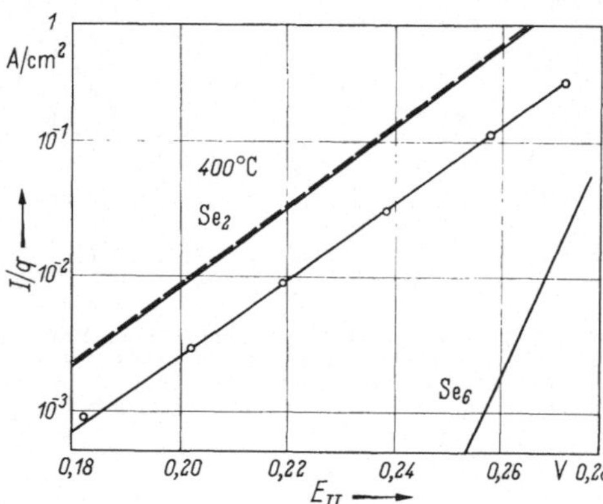

Abb. 7.60. Experimentell gemessene und berechnete Verdampfungsgeschwindigkeit von Selen aus Ag_2Se-Oberflächen bei 400°C als Funktion der Spannung E_{II} der Festkörperkette II nach RATCHFORD und RICKERT.

$$\mathrm{Pt} \mid \mathrm{Cu} \mid \mathrm{CuBr} \mid \mathrm{CuJ} \mid \mathrm{Pt}, \qquad \text{(III)}$$

die CuBr als festen Hilfselektrolyten enthält, gemessen.

Nach Kap. 3.9 hat CuBr in den benutzten Temperatur- und Potentialbereichen eine genügend kleine Elektronenleitung, so daß die für die mitgeteilten Untersuchungen wesentlichen Eigenschaften der Festkörperkette (III) ebenfalls gesichert sind.

Eine weitere notwendige Voraussetzung für das Funktionieren der Kette (III) zur Messung der Verdampfungsgeschwindigkeit des Jods ist noch die, daß in CuJ die Ausgleichsvorgänge schnell und die Potentialabfälle im stationären Zustand gering sind. Dafür ist neben einer genügend hohen Ionenleitfähigkeit auch eine genügend große Elektronenleitung in CuJ erforderlich.

---

[1] RATCHFORD, R. J., u. H. RICKERT: Z. Elektrochem. Ber. Bunsenges. phys. Chem. **66**, 497 (1962).
[2] MROWEC, S., u. H. RICKERT: Ber. Bunsenges. phys. Chem. **66**, 14 (1962).

8 Über Reduktions- und Röstprozesse

Während zahlreiche Reduktions- und Röstprozesse unter den Bedingungen der industriellen Verfahren häufig rasch ablaufen, gibt es Erze, die nur relativ langsam mit den Reaktionsgasen reagieren. Die Ursache des unterschiedlichen Verhaltens, das in zahlreichen Einzelarbeiten beobachtet und beschrieben wurde, ist bis auf wenige Reaktionen auch heute noch ungenügend aufgeklärt. Unter Anwendung der in den vorangehenden Kapiteln behandelten Fehlordnungs- und Platzwechselerscheinungen in Ionen- und Valenzkristallen geht man in jüngster Zeit von neuem an diesen Problemkreis heran, um die geschwindigkeitsbestimmenden Teilvorgänge aufzuklären, die häufig durch Platzwechselvorgänge in festen Stoffen und Transporterscheinungen in oberflächennahen Bezirken dieser Stoffe durch auftretende elektrische Felder und durch Keimbildungsvorgänge verursacht werden.

Wegen der großen industriellen Bedeutung solcher Reaktionen ist in den letzten 30 Jahren in der Literatur eine große Zahl von Einzelbeobachtungen erschienen, die in den weitaus meisten Fällen wohl empirisch die günstigsten Versuchsbedingungen erkennen lassen, aber zur Kenntnis der allgemeingültigen Gesichtspunkte keinen Beitrag liefern. Da aber die vorliegende Monographie überwiegend die grundsätzlich wichtigen Elementarvorgänge in und an festen Stoffen zum Inhalt hat, werden beim gegenwärtigen Stand der Forschung auf diesem Gebiet hier nicht die den Hüttenmann unmittelbar interessierenden, industriell wichtigen Reaktionen behandelt, da aus den Versuchsergebnissen dieser Reaktionen die gewünschten Elementarvorgänge heute noch nicht zu entnehmen sind. Vielmehr soll hier nur der Versuch unternommen werden, einfache Reduktions- und Röstreaktionen vom Standpunkt der allgemeinen Festkörpertheorie aus zu behandeln und zu prüfen, inwieweit diese Betrachtungsweise für einzelne Hüttenprozesse zur Aufklärung dienlich sein könnte.

Um einen größenordnungsmäßigen Überblick über die Reduktionsmöglichkeiten wenigstens der einfachen Metalloxide und -sulfide in verschiedenen Temperaturbereichen zu erhalten, sind in Abb. 8.1 und 8.2 die Standardbildungsarbeiten bzw. die freien Bildungsenthalpien ΔG_0 (angegeben in kcal/Mol Sauerstoff) für eine größere Anzahl von Oxiden und Sulfiden in Abhängigkeit von der Temperatur dargestellt.[1] Während die Thermodynamik auch kompliziert verlaufender Reduktions- und Röstreaktionen im allgemeinen als bekannt vorausgesetzt werden darf bzw., wo dieses nicht der Fall ist, die Aufklärung des thermodynamischen Verhaltens nicht allzu schwierig ist, bereitet die Deutung der Kinetik solcher Reaktionen bzw. die Aufklärung des Reaktionsmechanismus und die Abschätzung der Reaktionsgeschwindigkeit häufig erhebliche Schwierigkeiten. Vom Standpunkt der klassischen Thermodynamik aus behandelt

---

[1] DANNATT, C. W., u. H. J. T. ELLINGHAM: Disc. Faraday Soc. 4, 126 (1948). — M. J. N. POURBAIX u. C. M. RORIVE-BOUTÉ: Disc. Faraday Soc. 4, 139 (1948).

SCHMAHL[1], anschließend an frühere Arbeiten von SCHENCK und GRUBE[2], die Änderung der Reduzierbarkeit von Metallverbindungen durch zugesetzte Metalle oder Metallverbindungen. Es handelt sich hier um

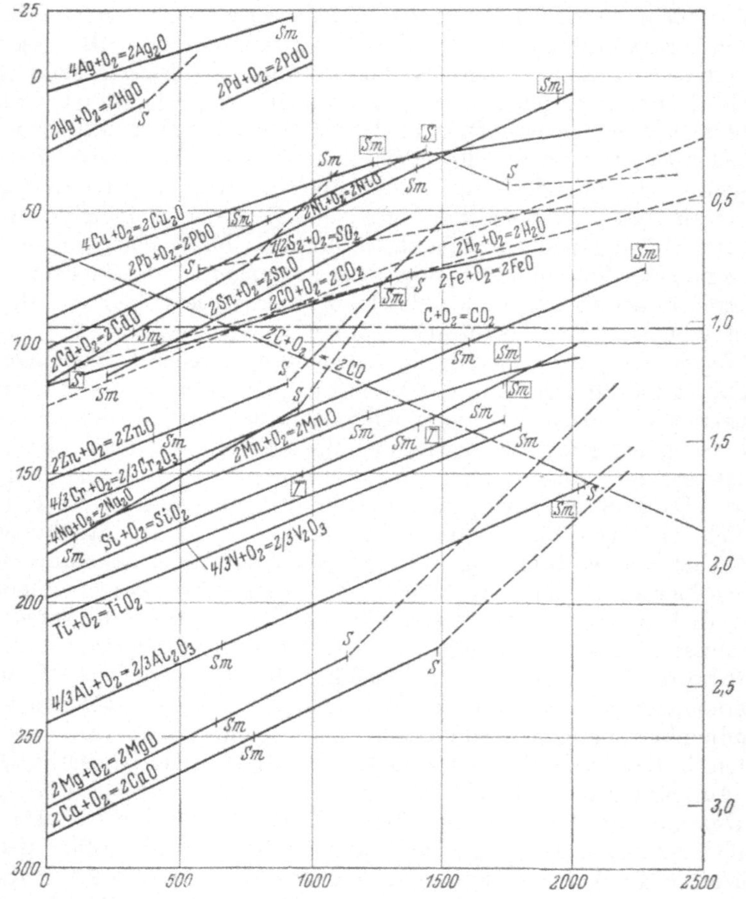

Abb. 8.1. Temperaturabhängigkeit der freien Bildungsenergie ($-\Delta G$ auf der Ordinate in kcal/Mol Sauerstoff und auf der Abszisse T in °K) einiger Oxide, zusammengestellt nach DANNATT und ELLINGHAM. (T = Umwandlungspunkt; Sm = Schmelzpunkt und S = Siedepunkt.)

einfache Gleichgewichtsverschiebungen unter Anwendung des Massenwirkungsgesetzes, was für die Thermodynamik der Reaktionen von Bedeutung ist.

Aus diesem Grunde ist es verständlich, wenn man sich heute besonders mit der Kinetik einfacher Festkörperreaktionen beschäftigt. In diesem

[1] SCHMAHL, N. G.: Angew. Chem. **65**, 447 (1953); Z. anorg. allg. Chem. **266**, 1 (1951).

[2] Vgl. u. a. R. SCHENCK u. H. ROTERS: Z. anorg. allg. Chem. **211**, 5 (1933). — R. SCHENCK: Z. angew. Chem. **49**, 649 (1936). — Vgl. auch G. GRUBE u. M. FLAD: Z. Elektrochem. angew. phys. Chem. **48**, 377 (1942).

Zusammenhang tritt unmittelbar der Wunsch auf, den Reaktionsmechanismus wenigstens so weit zu klären, daß man entscheiden kann, ob Phasengrenzreaktionen oder Diffusionsvorgänge durch den Kristall oder

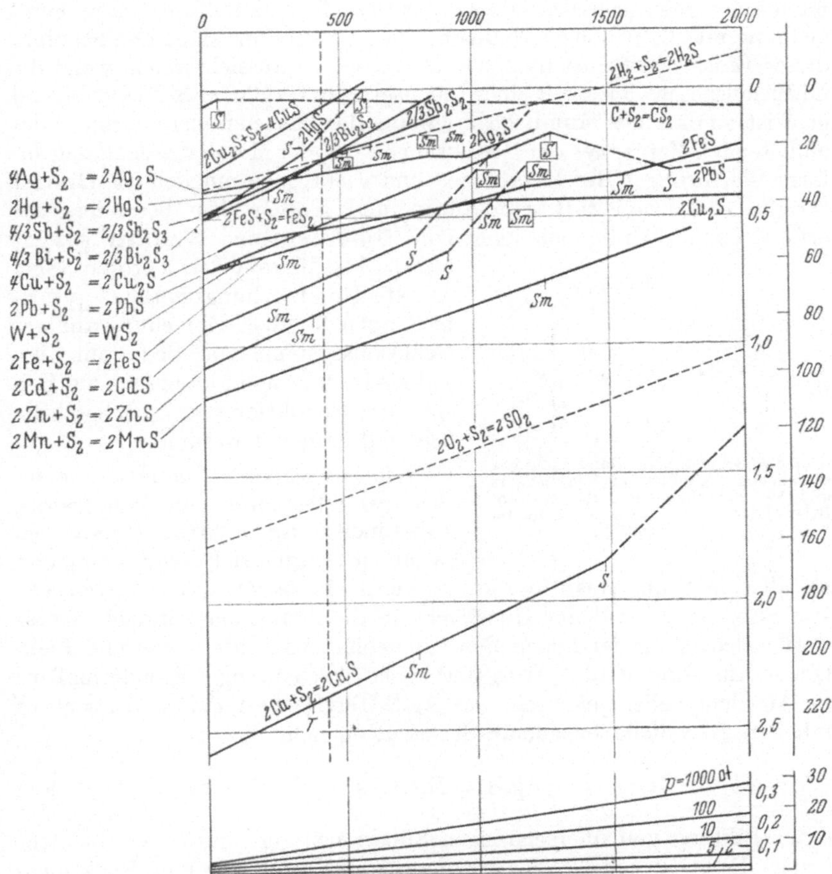

Abb. 8.2. Temperaturabhängigkeit der freien Bildungsenergie ($-\Delta G$ auf der Ordinate in kcal/Mol Schwefel) einiger Sulfide, zusammengestellt nach DANNATT und ELLINGHAM. (Zeichen wie in Abb. 8.1.) Unterer Teil der Abbildung stellt die mittlere Druckkorrektur dar.

längs der Kristallkanten die Geschwindigkeit der Bruttoreaktion bestimmen. Während die Aufhebung des Einflusses der Phasengrenzreaktion auf den Bruttovorgang häufig nicht schwierig ist, erfordern im Falle geschwindigkeitsbestimmender Diffusionsvorgänge diese ein vertieftes Studium der Fehlordnungserscheinungen und Platzwechselvorgänge in den beim Reaktionsablauf auftretenden festen Stoffen. Weiterhin sind in solchen Fällen auch eingehende Untersuchungen über Fragen der Keimbildung und des Kristallwachstums erforderlich.

8.1 Zum Mechanismus der Reduktion von Sulfiden und Oxiden

Zum getrennten Studium der Phasengrenzreaktionen und der Diffusionsvorgänge während der Reduktion mit Wasserstoff oder Kohlenmonoxid eignen sich besonders solche Oxide und Sulfide, deren Fehlordnung und Diffusionsmechanismus bereits bekannt sind. Das Studium dieser Einzelschritte ist immer dann besonders aussichtsreich, wenn die Diffusionsgeschwindigkeit einer Ionensorte im Oxid oder Sulfid genügend groß ist, so daß eine räumliche Trennung der Phasengrenzreaktion — des einleitenden Vorganges der Reduktion — von der Metallausscheidung infolge Wegdiffusion der Metallionen und Elektronen möglich ist. Dies ist für die Reduktion z. B. von Silber- und Kupfersulfid besonders gut erfüllt, wie die Untersuchungen von KOBAYASHI und WAGNER[1] gezeigt haben. Da die von den Autoren angewandte Untersuchungsmethode prinzipiell auch für die Erforschung anderer Reaktionssysteme von Bedeutung ist, soll sie im folgenden besonders am Beispiel der Reduktion von Ag_2S beschrieben und erläutert werden.

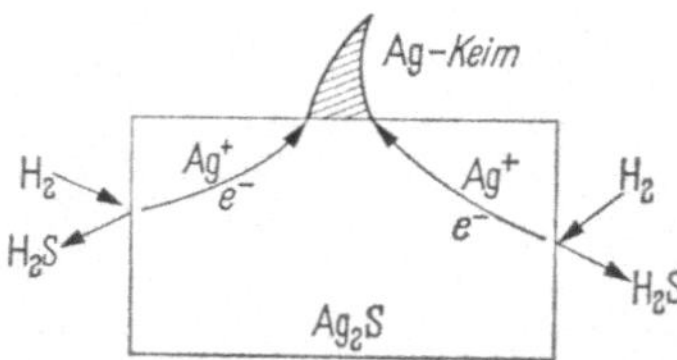

Abb. 8.3. Schematische Darstellung der räumlichen Trennung von Reaktionsort und Metallabscheidung, erläutert am Beispiel der Reduktion von Ag_2S mit H_2 nach WAGNER.

Wie aus früheren Reduktionsversuchen an Silbersulfid mit Wasserstoff, insbesondere von KOHLSCHÜTTER[2], bekannt ist, ergibt sich keine kompakte Metallschicht am Reaktionsort, sondern ein bevorzugtes Aufwachsen von Silbernadeln auf der Oberfläche in die Atmosphäre hinein. Unter Berücksichtigung der hohen Beweglichkeiten von Silberionen und Elektronen im Ag_2S deutet WAGNER[3] diese Erscheinung folgendermaßen:

An einer beliebigen Stelle der Ag_2S-Oberfläche reagiert Wasserstoff mit den Schwefelionen gemäß der Bruttogleichung:

$$H_2\,(\text{gas}) + Ag_2S = H_2S\,(\text{gas}) + 2\,Ag^{\bullet} + 2\,e' \tag{8.1}$$

unter Bildung von überschüssigen Silberionen $Ag^{\bullet}$ und freien Elektronen e', die in einer mehr oder minder großen Entfernung vom Reaktionsort herumvagabundieren, bis sie entweder einen bereits vorhandenen Ag-Keim finden, an dem sie sich anlagern, wie dies in Abb. 8.3 schematisch angedeutet ist, oder nach Erreichen eines genügend hohen chemischen Potentials von Silber an einem günstigen Ort (Versetzung oder andere Gitterstörung) eine Keimbildung auslösen. Auf Grund des bevorzugten „Nadel"-Wachstums scheint die Keimbildung ein relativ seltenes Ereignis zu sein, so daß einmal vorhandene Keime bevorzugt von den überschüssigen Ag-Ionen und Elektronen aufgesucht werden, wodurch der Keim nach außen wächst.

---

[1] KOBAYASHI, H., u. C. WAGNER: J. chem. Phys. **26**, 1609 (1957).
[2] KOHLSCHÜTTER, H. W.: Z. Elektrochem. angew. phys. Chem. **38**, 345 (1932).
[3] WAGNER, C.: Trans. AIME, J. Metals **4**, 214 (1952).

Diese allgemeine Beobachtung war der Anlaß für eine quantitative Erforschung der sich hierbei abspielenden Teilvorgänge.[1] Die Reduktion von Ag_2S kann in die vier folgenden Schritte aufgeteilt werden:

1. Übertritt von Wasserstoff aus der Atmosphäre zur Ag_2S-Oberfläche infolge Gasströmung und Diffusion in der Gasphase und dementsprechend Abdiffusion von an der Oberfläche gebildetem H_2S in die Gasphase.

2. Oberflächenreaktion unter Bildung von H_2S und überschüssigen Ag-Ionen und Elektronen entsprechend der Bruttogleichung (8.1).

3. Wanderung von Silberionen und Elektronen zur Phasengrenze Ag_2S/Ag infolge eines chemischen Potentialgradienten des Silbers.

4. Übertritt von Ag-Ionen und Elektronen aus der Ag_2S-Phase zum Silber:

$$Ag^{\bullet} + e' = Ag(\text{Metall}). \tag{8.2}$$

Unter stationären Reduktionsbedingungen muß die thermodynamische Aktivität des Silbers im Ag_2S größer als 1 sein, um eine treibende Kraft für die Teilschritte 3 und 4 zu haben. Hier genügt jedoch schon eine kleine Übersättigung — entsprechend einer z. B. bei 400 °C gefundenen Aktivität $1 < a_{Ag} < 1{,}005$ —, um den gewünschten Reaktionsablauf zu erhalten, wie Messungen von SCHMALZRIED und WAGNER[2] ergeben haben.

8.11 Reduktion mit geschwindigkeitsbestimmender Reaktion an der Phasengrenze

Zur Messung der Bildungsgeschwindigkeit von H_2S bei 300 °C wurde nach der früher in Kap. 3.12 beschriebenen Methode Ag_2S als Teilglied der folgenden elektrochemischen Kette verwandt:

$$Ag \mid AgJ \mid Ag_2S \mid Pt, \tag{I}$$

die eine empfindliche Bestimmung der Reduktionsgeschwindigkeit mittels Strommessungen gestattet. Unter stationären Bedingungen sollte in einer inerten Gasatmosphäre beim Anlegen einer Spannung von $< 0{,}16$ Volt (Zersetzungsspannung) kein Strom fließen. Wie jedoch die Versuche ergaben, tritt in Argon infolge einer geringen Elektronenleitung in der als Elektronensperre eingebauten AgJ-Pastille unter den genannten Versuchsbedingungen ein kleiner „Leckstrom" i_L auf, den man von dem während der Reduktion fließenden Strom i abzuziehen hat. Durch Anlegen einer definierten Spannung an die Kette I mit dem +-Pol an der Pt-Elektrode wird entsprechend der Beziehung

$$\mu_{Ag} - \mu_{Ag}^0 = -\Delta E\, \mathfrak{F} \tag{8.3}$$

ein definiertes chemisches Potential μ_{Ag} des Silbers entsprechend einem konstanten Verhältnis Ag/S vorgegeben. μ_{Ag}^0 ist das chemische Potential des reinen Silbers. Entsprechend der Entfernung von Schwefel aus der Ag_2S-Oberfläche mittels Wasserstoff gemäß Gl. (8.1) wird ein äqui-

---

[1] KOBAYASHI, H., u. C. WAGNER: J. chem. Phys. **26**, 1609 (1957).
[2] SCHMALZRIED, H., u. C. WAGNER: Trans. AIME **227**, 539 (1963).

valenter Ionen- und Elektronenfluß in der Zelle gemäß Abb. 8.4 stattfinden. Die Geschwindigkeit der H_2S-Bildung $\dot{n}_{H_2S}$ in Mol/sec kann nun durch den Stromfluß

$$\Delta i = i - i_L = \dot{n}_{H_2S}\, 2\, \mathfrak{F} \tag{8.4}$$

direkt ermittelt werden.

Die hierzu erforderliche elektrische Schaltung ist in Abb. 8.5 dargestellt. Da durch die Hochvakuumbehandlung bei 300 °C, die nach dem

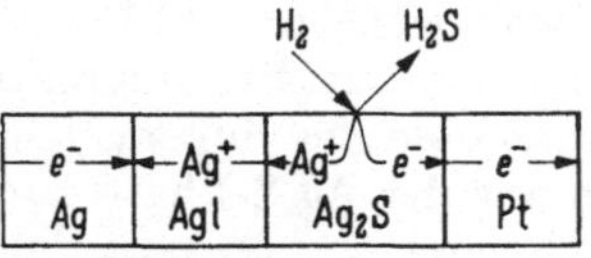

Abb. 8.4. Vorgang der Reduktion von Ag_2S durch Wasserstoff in der elektrochemischen Kette I nach KOBAYASHI und WAGNER.

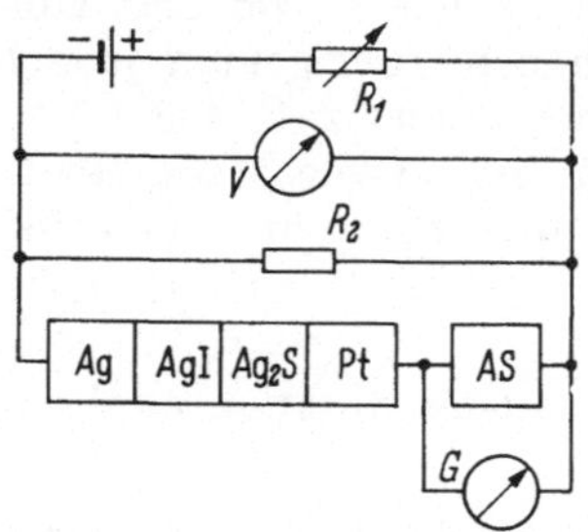

Abb. 8.5. Schaltanordnung zur Strom-Spannungsmessung an der Kette I. V = Voltmeter, G = Galvanometer (Empfindlichkeit 10^{-9} A), AS = AYRTON Shunt, R_1 = variabler Widerstand (0 bis 100 Ohm) und R_2 = konstanter Widerstand (1 Ohm).

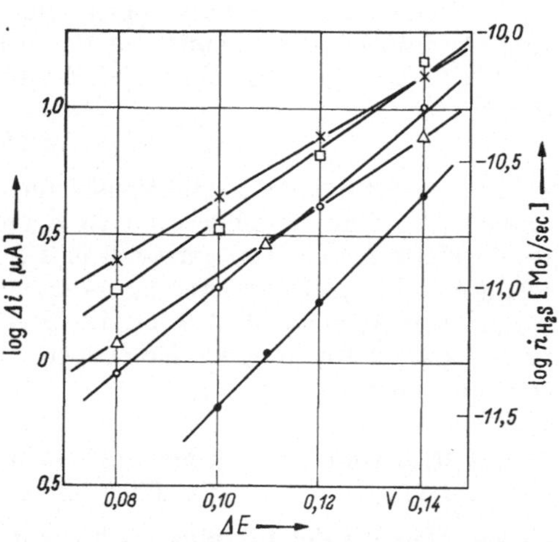

Abb. 8.6. Strom-Spannungsbeziehung der Kette I während der Reduktion verschiedener Ag_2S-Proben mit Wasserstoff von 1 atm bei 300 °C nach KOBAYASHI und WAGNER. Auf der rechten Seite ist der Logarithmus der H_2S-Bildungsgeschwindigkeit in Mol/sec aufgetragen.

Zusammenbau der Kette I erforderlich ist, eine unvermeidbare Verdampfung von Schwefel einsetzt, die zur Ausscheidung von metallischem Silber führen kann, ist vor den Reduktionsversuchen stets die Kette erst mehrere Stunden in Argonatmosphäre unter einer Spannung von 0,05 bis 0,10 Volt zu polarisieren. Hierdurch wird das Silber aus der Ag_2S-Pastille beseitigt. Wie aus Abb. 8.6 zu erkennen, nimmt der Strom und damit die Reduktionsgeschwindigkeit mit steigender angelegter Spannung entsprechend einem abnehmenden chemischen Potential des Silbers bzw. einem zunehmenden chemischen Potential des Schwefels zu. Ferner wurde gefunden, daß die Geschwindigkeit der H_2S-Bildung bei vorgegebener Spannung $\Delta E = 0{,}10$ Volt proportional dem Wasserstoffdruck ist (Abb. 8.7). Die Reduktionsgeschwindigkeit hängt also nicht nur vom Verhältnis Ag/S, sondern auch vom Wasserstoffpartialdruck ab. Zur Deutung der Versuchsergebnisse folgen wir der Darstellung von WAGNER.[1]

[1] WAGNER, C.: Fundamental Considerations on the Reduction of Solid Oxides and Sulfides, in: Proc. John Chipman Conf. on Phys. Chemistry Steelmaking, 1962.

Entsprechend den Ergebnissen von Untersuchungen an Ag_2S zwischen 200 und 400°C nach RICKERT[1], wonach die Verdampfungsgeschwindigkeit des Schwefels durch die Vereinigung der an der Ag_2S-Oberfläche adsorbiert vorliegenden Schwefelatome bzw. -ionen zu S_2-Molekeln bestimmt

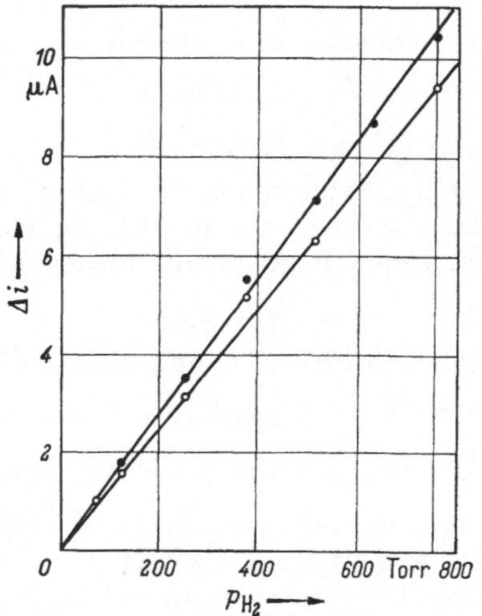

Abb. 8.7. Stromfluß Δi in Kette I als Funktion des Wasserstoffpartialdrucks bei konstant gehaltener Spannung. $\Delta E = 0{,}1$ Volt bei 300 °C nach KOBAYASHI und WAGNER.

wird, muß man mit der Existenz von Schwefelatomen und Ionen, S^- und S^{2-}, im adsorbierten Zustand rechnen. Hiernach sind prinzipiell die folgenden Reaktionsgleichungen anzusetzen:

$$S^{2-}(\text{ads}) + H_2(\text{gas}) = H_2S(\text{gas}) + 2e' \tag{8.5a}$$

$$S^{-}\ (\text{ads}) + H_2(\text{gas}) = H_2S(\text{gas}) + e' \tag{8.5b}$$

$$S^{\times}\ (\text{ads}) + H_2(\text{gas}) = H_2S(\text{gas}). \tag{8.5c}$$

Unter Verwendung der Symbole für die Oberflächenkonzentrationen $\Gamma_{S^\times}$, Γ_{S^-} und $\Gamma_{S^{2-}}$ in Mol/cm² ergibt sich die Geschwindigkeit der Gesamtoberflächenreaktion zu:

$$\dot{n}_{H_2S} = q(k_1\Gamma_{S^{2-}} + k_2\Gamma_{S^-} + k_3\Gamma_{S^\times})\,p_{H_2} - (k_1' a_-^2 + k_2' a_- + k_3')\,p_{H_2S}, \tag{8.6}$$

worin a_- die Aktivität der Elektronen, k_1, k_2 und k_3 die Geschwindigkeitskonstanten der Hinreaktionen und k_1', k_2' und k_3' die entsprechenden Geschwindigkeitskonstanten der Rückreaktionen sind und q den Reaktionsquerschnitt bedeutet.

Unter der Annahme, daß nicht nur das Gleichgewicht zwischen der Oberfläche und der Gasatmosphäre, sondern auch zwischen dem Kristallinneren und derselben eingestellt ist, ergibt sich für kleine Oberflächenkonzentrationen der adsorbierten Schwefelteilchen:

$$\Gamma_{S^\times} = K_1/a_{Ag}^2 \tag{8.7}$$

[1] RICKERT, H.: Z. Elektrochem. Ber. Bunsenges. phys. Chem. **65**, 463 (1961).

und unter Anwendung der Massenwirkungsansätze für die Gleichgewichte

$$S^{\times}(\text{ads}) + e' = S^{-}(\text{ads}) \tag{8.8}$$

$$S^{\times}(\text{ads}) + 2e' = S^{2-}(\text{ads}) \tag{8.9}$$

mit den Gleichgewichtskonstanten K_2 und K_3:

$$\Gamma_{S^-} = \Gamma_{S^\times}\, a_-/K_2 \tag{7.10}$$

$$\Gamma_{S^{2-}} = \Gamma_{S^\times}\, a_-^2/K_3\,. \tag{8.11}$$

Auf Grund der hohen Fehlordnung in Ag_2S oberhalb 180 °C[1] kann die Aktivität a_{Ag} der Ag-Ionen als unabhängig vom Ag/S-Verhältnis angenommen werden. Demzufolge gilt die folgende Beziehung:

$$a_- = K_4\, a_{Ag}\,. \tag{8.12}$$

Einsetzen von Gln. (8.7), (8.10), (8.11) und (8.12) in Gl. (8.6) ergibt:

$$\dot{n}_{H_2S} = q\{(k_1 K_4^2/K_3 + a_{Ag}^{-1} k_2 K_4/K_2 + a_{Ag}^{-2} k_3)\, K_1\, p_{H_2} - \\ - (a_{Ag}^2 k_1' K_4^2 + a_{Ag} k_2' K_4 + k_3')\, p_{H_2S}\}\,. \tag{8.13}$$

Auf Grund des oben mitgeteilten experimentellen Befundes ist bei 300 °C Teilschritt (8.5c) der geschwindigkeitsbestimmende Schritt, d. h. die Abreaktion des Wasserstoffs mit den an der Ag_2S-Oberfläche befindlichen elektrisch neutralen Schwefelatomen.

Gl. (8.13) läßt sich vereinfachen, wenn man die Massenwirkungsgleichung für die Reduktionsreaktion

$$Ag_2S + H_2 = 2\,Ag + H_2S$$

mit der Gleichgewichtskonstanten K_5, also

$$a_{Ag}^2\, p_{H_2S}/p_{H_2} = K_5\,, \tag{8.14}$$

verwendet. Durch Einsetzen von Gl. (8.14) in (8.13) folgt:

$$\dot{n}_{H_2S} = q\, K_1 (k_1 K_4^2/K_3 + a_{Ag}^{-1} k_2 K_4/K_2 + a_{Ag}^{-2} k_3)(p_{H_2} - a_{Ag}^2\, p_{H_2S}/K_5)\,. \tag{8.15}$$

In einer entsprechenden Versuchsdurchführung wurde die Reaktion von Cu_2S mit Wasserstoff bei 385 °C in der folgenden elektrochemischen Kette untersucht:[2]

$$Cu \mid CuJ \mid Cu_2S \mid Pt,\; H_2,\; H_2S\,.$$

Die Geschwindigkeit der H_2S-Bildung wurde auch hier proportional p_{H_2} gefunden, aber unabhängig von a_{Cu} in Cu_2S. Dieser Befund läßt sich unter der Annahme deuten, daß hier Teilschritt (8.5a) geschwindigkeitsbestimmend ist.

In ähnlicher Weise läßt sich auch prinzipiell der Mechanismus der Reduktion von Oxiden untersuchen. Dies wird von WAGNER am Beispiel der CoO-Reduktion erläutert.[3] Durch ähnliche Überlegungen wie

---

[1] RAHLFS, P.: Z. phys. Chem. (B) **31**, 157 (1935).

[2] KOBAYASHI, H., u. C. WAGNER: J. chem. Phys. **26**, 1609 (1957).

[3] WAGNER, C.: Fundamental Considerations on the Reduction of Solid Oxides and Sulfides, in: Proc. John Chipman Conf. on Phys. Chemistry Steelmaking, 1962.

am System Ag_2S–H_2 kommt man hier zu einer zu Gl. (8.15) analogen Beziehung für die Reduktion von CoO mit CO:

$$\dot{n}_{CO_2} = q\, K_6 (a_{Co}^{-1/3}\, k_1\, K_7^2/K_3 + a_{Co}^{-2/3}\, k_2\, K_7/K_2 + a_{Co}^{-1}\, k_3)$$

$$(p_{CO} - a_{Co}\, p_{CO_2}/K_8), \qquad (8.16)$$

wenn man in den vorangehenden Gleichungen H_2 durch CO und S durch O ersetzt. Die Konstanten K_6, K_7 und K_8 sind durch die folgenden Beziehungen in Gl. (8.16) eingeführt worden:

$$\Gamma_0 = K_6/a_{Co} \qquad (8.17)$$

$$a_- = K_7\, a_{Co}^{1/3} \qquad (8.18)$$

und

$$K_8 = a_{Co}\, p_{CO_2}/p_{CO}, \qquad (8.19)$$

die den Gln. (8.7), (8.12) und (8.14) im System Ag_2S–H_2 entsprechen.

Die Reduktionsgeschwindigkeit kann auch wieder durch den in einer geeigneten elektrochemischen Kette fließenden Strom bei vorgegebener Spannung ΔE gemessen werden, die gleichzeitig die Aktivität a_{Co} von Cobalt festlegt entsprechend der Beziehung:

$$a_{Co} = \exp(-2\Delta E\, \mathfrak{F}/RT). \qquad (8.20)$$

Als geeignete elektrochemische Kette wird die folgende vorgeschlagen:

$$\text{Co, CoO} \mid ZrO_2 + CaO \mid \text{Pt, CO, } CO_2, \qquad (II)$$

worin ZrO_2 + CaO (s. S. 171) als Sauerstoffionenleiter und Elektronensperre dient. In diesem Fall wird man ganz besonders den „Leckstrom", verursacht durch die Elektronenleitung in ZrO_2 + CaO, berücksichtigen müssen. Ferner ist hier eine mit fallender Temperatur zunehmende elektrische Potentialdifferenz zwischen Adsorptionsschicht und Kristallinnerem zu berücksichtigen, die bei der Reduktion von Ag_2S, Cu_2S, FeO und Fe_3O_4 infolge der hohen Beweglichkeit der Ionen im Gitter bei nicht zu niedrigen Temperaturen zu vernachlässigen ist.

In solchen Oxiden und Sulfiden, wo die Diffusion der Ionen in der festen Phase schneller ist als die Geschwindigkeit der Oberflächenreaktion, wie z. B. im System FeO–CO–CO_2, bietet sich eine andere elektrische Meßmethode zur Prüfung der Gl. (8.16) bzw. zur Ermittlung des geschwindigkeitsbestimmenden Teilvorganges an. Hier ist es möglich, an geeigneten dünnen Wüstitfolien, die sich durch Oxydation von dünnen Eisenfolien in einem CO_2/CO-Gasgemisch bei 1000 °C herstellen lassen, die elektrische Leitfähigkeit als Funktion der Zeit nach Änderung des CO_2/CO-Verhältnisses in der Gasphase zu ermitteln. Da die Leitfähigkeit des Wüstits proportional der Defektelektronenkonzentration und damit auf Grund der Gleichung:

$$CO_2\,(\text{gas}) = CO\,(\text{gas}) + |Fe|'' + 2\,|e|^{\cdot} + FeO,$$

auch proportional der Konzentration der Fe-Ionenleerstellen ist, erhält man aus solchen Kurven auch die Geschwindigkeitskonstante des langsamen Teilvorganges der Reduktion.

Als weitere Möglichkeit zur Ermittlung der Reduktionsgeschwindigkeit ist der Isotopenaustausch zu nennen, der an der Oberfläche eines Oxids gemessen werden kann. So läßt sich beispielsweise die Reduktionsgeschwindigkeit von CoO in CO durch Messung der Geschwindigkeit des Isotopenaustausches

$$^{14}CO_2 + {}^{12}CO = {}^{14}CO + {}^{12}CO_2$$

studieren, wobei die folgenden Teilschritte zu berücksichtigen sind:

$$|e|^{\bullet} + O^{-}(ads) + {}^{12}CO(gas) = {}^{12}CO_2(gas) \tag{8.21a}$$

$$^{14}CO_2(gas) = {}^{14}CO(gas) + O^{-}(ads) + |e|^{\bullet} \tag{8.21b}$$

bzw.

$$^{12}CO(gas) + 2|e|^{\bullet} + |Co|'' + CoO = {}^{12}CO_2(gas) \tag{8.21c}$$

$$^{14}CO_2(gas) = {}^{14}CO(gas) + 2|e|^{\bullet} + |Co|'' + CoO \quad \text{usw.} \tag{8.21d}$$

In diesem Fall ist die Aktivität von Cobalt durch die Gleichgewichtsbedingung (8.19) bestimmt.

Als weitere Möglichkeit ist noch der geschwindigkeitsbestimmende Schritt an der Phasengrenze Oxid/Metall bzw. Sulfid/Metall zu berücksichtigen. Hier fehlen zur Zeit noch geeignete Experimente und entsprechende Beziehungen. Im Falle eines solchen geschwindigkeitsbestimmenden Schrittes sollte es zu einem merklichen Unterschied in den Aktivitäten des Metalls in der Oxid- und Metallphase kommen. Ein geschwindigkeitsbestimmender Schritt an der Phasengrenze Ag/Ag_2S, allerdings für den Fall der Schwefelung von Silber mit geschwindigkeitsbestimmendem Durchtritt von Silber aus dem Metall in die Sulfidschicht, konnte von Rickert und O'Brian[1] mittels einer geeigneten elektrochemischen Kette (s. S. 707) nachgewiesen werden.

8.12 Reduktion mit geschwindigkeitsbestimmender Diffusion im Oxid bzw. Sulfid

In zahlreichen Reduktionssystemen sind die Phasengrenzreaktionen genügend rasch und die Diffusion der Metall- und/oder Nichtmetallionen langsam. Die Berechnung der Transportgeschwindigkeit kann ähnlich wie bei der Metalloxydation durch die Teilleitfähigkeiten der Ionen und Elektronen und den Gradienten des chemischen Potentials bzw. der Aktivität des Metalls erfolgen. Bei überwiegender Elektronenleitung der Oxide bzw. Sulfide kann auch der Selbstdiffusionskoeffizient D^* dividiert durch den Korrelationsfaktor f als maßgebende Größe angesehen werden.[2] Im Fall einer überwiegenden Metallionen-Diffusion erhalten wir für die Transportgeschwindigkeit j_{Me} (Mol je Querschnitts- und Zeiteinheit):

$$j_{Me} = -c_{Me}(D^*_{Me}/f_{Me}) \operatorname{grad} \ln a_{Me}, \tag{8.22}$$

wobei c_{Me} die Konzentration der Metallionen je cm^3 ist. Im Gegensatz zur Metalloxydation ist die Fläche der Phasengrenze Oxid/Metall nicht zeit-

[1] Rickert, H., u. C. D. O'Brian: Z. phys. Chem. (NF) **31**, 71 (1962).
[2] Lidiard, A. B.: in: Encyclop. Phys. **20**, 246 (1956).

lich konstant. Besonders am Anfang der Reduktion ist die Fläche der Phasengrenze Oxid/Metall wesentlich kleiner als die mit der Gasatmosphäre im Kontakt stehende Oberfläche. Unter der Bedingung, daß der Selbstdiffusionskoeffizient D^*_{Me} unabhängig von a_{Me} ist, erhält das 2. FICKsche Gesetz unter stationären Bedingungen die Form einer LAPLACEschen Differentialgleichung für das elektrische Potential in Medien konstanter elektrischer Leitfähigkeit, für die Lösungen bereits vorliegen.[1] WAGNER verwendet eine solche Lösung für das hier vorliegende Problem und erhält für den Metalltransport $\dot{n}_{Me}$ (Mol/sec) den folgenden Ausdruck:

$$\dot{n}_{Me}(\text{Diffusion}) = \frac{4 q_K c_{Me} D^*_{Me}}{r f_{Me}} \ln \frac{a^{II}_{Me}}{a^{I}_{Me}}. \tag{8.23}$$

Hier bedeutet q_K die gesamte Kontaktfläche zwischen dem Oxid und dem Metall und r den mittleren Radius der individuellen Kontaktflächen. Ferner kennzeichnet der Index I die Phasengrenze Oxid/Metall und der Index II die Phasengrenze Oxid/Gas.

Diese Beziehung ist insofern bemerkenswert, als hiernach auch dann relativ hohe Reduktionsgeschwindigkeiten zu erwarten sind, wenn der Gradient der Metallaktivität klein und das Verhältnis a^{II}_{Me}/a^{I}_{Me} nur wenig größer als 1 ist. Der Radius der einzelnen Kontaktflächen, r, muß nur genügend klein sein. Derartig kleine lokale Differenzen in der Aktivität bei relativ hoher Reduktionsgeschwindigkeit treten in der Tat auch häufig auf.

Eine wesentliche Komplikation kann dadurch auftreten, daß Keimbildungs- und Keimwachstumsprozesse ebenfalls mitwirken und somit zeitweilig den Gesamtablauf der Reduktion mitbestimmen. Bei der Einwirkung eines reduzierenden Gases auf z. B. CoO wird das anfänglich vorhandene Metalldefizit in Form von Co-Ionenleerstellen infolge Ausbau von Sauerstoff und Zubau von Leerstellen gemäß Gl. (8.21 c) so lange abgebaut, bis das chemische Potential des Cobalts so groß geworden ist, was mit einer Übersättigung an Metall verbunden sein *kann* (beim FeO scheint es z. B. nicht der Fall zu sein), daß eine Keimbildung stattfinden kann. Diese ist an Kristallfehlern (Versetzungen, Korngrenzen und Rissen) begünstigt.

Wenn die im Einzugsbereich des Keimes durch Reduktion erzeugten Metallionen und Elektronen an diesem sich abscheiden, kann es zu keiner ausreichenden Übersättigung kommen, um weitere Keimbildung zu verursachen. Unter diesen Bedingungen ist ein quasistationärer Zustand erreicht, der dadurch gekennzeichnet ist, daß die Zahl der Keime nunmehr konstant bleibt und die Übersättigung in ihrer Umgebung nur gering ist, so daß eine konstante virtuelle Cobaltaktivität im gesamten Oxid existiert. Unter diesen Bedingungen kann die ambipolare Diffusion der Metallionen und Elektronen nicht der geschwindigkeitsbestimmende Schritt sein.

---

[1] OLLENDORF, F.: Potentialfelder der Elektrotechnik, S. 281. Berlin: Springer 1932.

Für konstantes a_{Me} ohne Übersättigung erhält man allgemein gemäß Gl. (8.16):

$$\dot{n}_{CO_2} = q\, f(a_{Me}^{II} = 1, p_{CO}, p_{CO_2}) \tag{8.24}$$

oder speziell für die CoO-Reduktion:

$$\dot{n}_{CO_2} = q\, k^*\, p_{CO} \left\{1 - \frac{1}{K_8} \frac{p_{CO_2}}{p_{CO}}\right\}, \tag{8.25}$$

wobei k^* das Produkt aus K_6 und dem ersten Klammerausdruck der Gl. (8.16) für $a_{Co} = 1$ ist. Hieraus folgt, daß die Reduktionsgeschwindigkeit proportional dem CO-Partialdruck ist, wenn das Verhältnis p_{CO_2}/p_{CO} konstant gehalten wird. Entsprechend ist die Reduktionsgeschwindigkeit bei konstantem CO-Partialdruck durch den Klammerausdruck in Gl. (8.25) mit der Geschwindigkeitskonstanten K_8 für die Reaktion

$$CoO + CO\,(gas) = Co + CO_2\,(gas)$$

als einzigen Parameter gegeben. Hierdurch ist dann die Geschwindigkeit durch den Wert der einzigen kinetischen Konstanten k^* bestimmt.

Abschließend sei noch darauf hingewiesen, daß in stark porösen Oxiden und Sulfiden auch die Diffusion des reduzierenden Gases zum Reaktionsort hin und der gasförmigen Reaktionsprodukte vom Reaktionsort weg in die Gasphase geschwindigkeitsbestimmend werden kann.

8.2 Über den Mechanismus der Reduktion von Kupfer(I)-oxid

Angeregt durch Untersuchungen von WAGNER und Mitarbeitern[1] über die Sauerstoffdruckabhängigkeit der elektrischen Leitfähigkeit gewisser Oxide führten GARNER und Mitarbeiter[2] neben kinetischen Messungen der Reduktion von CuO bzw. Cu_2O mittels Wasserstoff und Kohlenoxid auch Leitfähigkeitsmessungen aus. Der zeitliche Verlauf der Reduktion konnte bis zu einem gewissen Grade durch Leitfähigkeitsmessungen am Chemisorbens verfolgt werden.

Bei hohen Wasserstoffdrucken kann die Lieferung von Elektronen infolge einer starken Chemisorption so groß werden, daß nicht nur alle Defektelektronen in einem oberflächennahen Bereich des Cu_2O gemäß

$$\tfrac{1}{2}\,H_2\,(gas) + |e|^{\bullet(R)} \rightleftharpoons H^+\,(ads) \tag{8.26a}$$

vernichtet werden, sondern darüber hinaus eine Elektronenstörstelleninversion auftreten kann, wobei freie Elektronen in der Randschicht (R) des Oxids gebildet werden gemäß:

$$\tfrac{1}{2}\,H_2\,(gas) \rightleftharpoons H^+\,(ads) + e'^{(R)}. \tag{8.26b}$$

Hierdurch treten im Sinne der Ausführungen auf S. 337 ff. starke negative Raumladungen auf, die wiederum hohe elektrische Felder in diesen Randschichten erzeugen, wodurch ein Feldtransport von Cu-Ionen verursacht

---

[1] Vgl. u. a. K. HAUFFE: Fehlordnungserscheinungen und Leitungsvorgänge in ionen- und elektronenleitenden festen Stoffen, in: Ergebn. exakt. Naturwiss. **25**, 193 (1951).

[2] GARNER, W. E., T. J. GRAY u. F. S. STONE: Proc. Roy. Soc. [London] (A) **197**, 294 (1949); Bull. Soc. chim. France 1949, 148.

wird, d. h. ein Abfließen von Cu-Ionen von der Phasengrenze Cu_2O/H^+(ads) ins Innere. Nach Erreichen einer kritischen kleinen Konzentration an Cu-Ionenleerstellen in der Nähe der Phasengrenze Cu_2O/H_2 erreicht das chemische Potential der Cu-Ionen den zur Bildung von Cu-Keimen erforderlichen Wert. Inwieweit auch hier mit einer Ionenfehlordnungsinversion zu rechnen ist, läßt sich zur Zeit noch nicht entscheiden. Der Ablauf der Reduktion kann dann folgendermaßen beschrieben werden:

$$2H^+(\text{ads}) + Cu_2O + 2|Cu|' \rightleftharpoons H_2O(\text{gas}) \quad (8.27)$$

$$2H^+(\text{ads}) + Cu_2O + 2e'^{(R)} \rightleftharpoons H_2O(\text{gas}) + 2\,\text{Cu-Atome} \quad (8.28)$$

$$n\,\text{Cu-Atome} \rightleftharpoons \text{Cu-Keim}. \quad (8.28\text{a})$$

Diese nach (8.26) bis (8.28) an der Oberfläche eines anoxydierten Kupferbleches entstandenen Cu-Keime wachsen im Verlaufe der weiteren Reduktion bevorzugt, während die unter der Cu_2O-Deckschicht befindliche Cu-Phase erst am Ende der Reduktionsperiode, wenn die Cu_2O-Deckschicht genügend dünn geworden ist, Cu^+-Ionen und Elektronen erhält. Aus den oben angeführten kinetischen Gründen (geringe Beweglichkeit der Cu^+-Ionen in der Innenphase) bewirken die an der Oberfläche sich bildenden Cu-Keime ein Dendritenwachstum von der Phasengrenze Cu_2O/H_2 in Richtung zur Cu-Phase, d. h. zur Phasengrenze Cu/Cu_2O. Dies wird durch die Untersuchungen von GARNER und Mitarbeitern von anreduzierten Kupferoxidproben nahegelegt. Bei vollständiger Reduktion bildet sich schließlich eine festhaftende, aber porige Cu-Schicht auf der Kupferunterlage, die erst nach längerem Tempern bei höherer Temperatur „ausheilt" und eine kompakte Cu-Deckschicht ergibt. Diese Beobachtung stimmt mit der bekannten Tatsache überein, daß durch mehrmaliges Oxydieren und Reduzieren mittels Wasserstoff (aber nicht mit CO; s. weiter unten) die Metalloberfläche aufgerauht wird, wie es beispielsweise für Katalysatoroberflächen erwünscht ist. Der zeitliche Verlauf der Reduktion von Kupferoxid in H_2-Atmosphäre bei 200 °C ist in Abb. 8.8 aus dem zeitlichen Verlauf der Leitfähigkeit zu erkennen. Nach einer kurzen Anlaufperiode von etwa 40 Minuten, in der sich die elektrische Leitfähigkeit der Kupferoxidprobe nicht wesentlich ändert, beginnt dann ein rasches Ansteigen des Widerstandes bis zu etwa 100 Megohm, der dann nach Durcheilen eines spitzen Maximums ebenso rasch wieder auf den alten Wert abfällt. Im weiteren Verlauf der Reduktion ist die Widerstandsabnahme weniger steil, und es treten erhebliche Widerstandsschwankungen auf, die wahrscheinlich auf die fortschreitende unregelmäßige Cu-Keim- und Dendritenbildung zurückzuführen sind. Der während der Reduktion auftretende maximale Wert des Widerstandes entspricht dem einer weitgehenden Vernichtung von Defektelektronen in der Randschicht der Cu_2O-Probe (eventuell Eigenhalbleitung in der Randschicht). Bis zu diesem Zeitpunkt wird sich auch noch keine nennenswerte Zahl von Cu-Keimen gebildet haben. Erst im Augenblick des Zusammenbrechens des maximalen Widerstandes wird Elektronenstörstellen-Inversion mit einer sich anschließenden Cu-Keimbildung

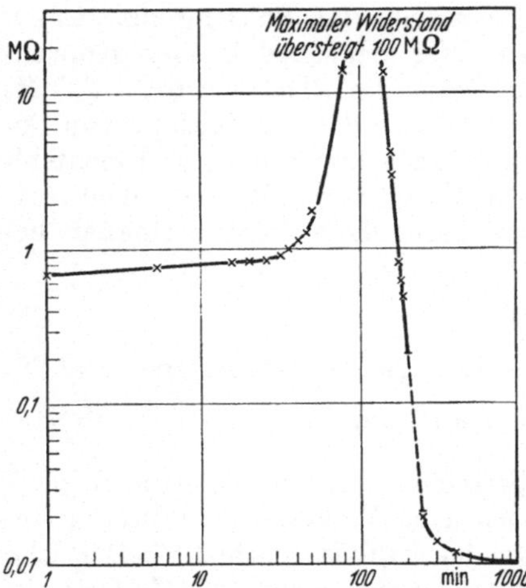

Abb. 8.8. Zeitliche Widerstandsänderung als Maß des zeitlichen Verlaufs der Reduktion von Kupfer(I)-oxid (Cu_2O) in Wasserstoff bei 200 °C nach GARNER, GRAY und STONE. Im Bereich der gestrichelten Kurve treten starke Widerstandsschwankungen zwischen 20 und 250 kΩ auf (Cu-Keimbildungsbereich).

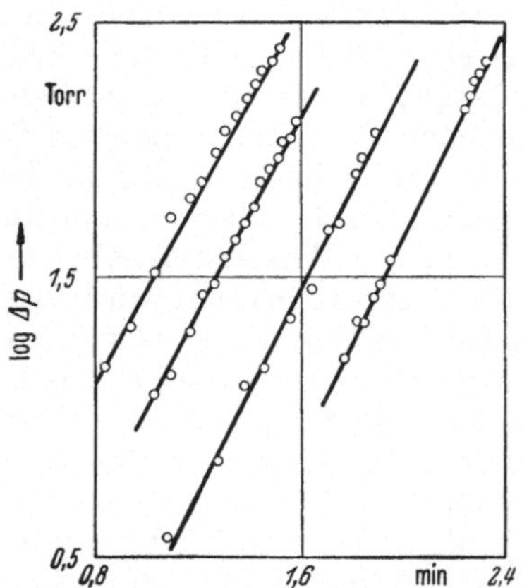

Abb. 8.9. Zeitlicher Verlauf der Druckabnahme während der Reduktion von Cu_2O bei 300 °C nach GARNER, GRAY und STONE.

auftreten. Trägt man den Logarithmus des Wasserstoffdruckes $\log \Delta p$ gegen den der Zeit $\log t$ auf, so ergibt sich eine Gerade mit dem Steigungsmaß 2,0[1] (Abb. 8.9). Dieser Befund könnte unter der Annahme einer konstanten Wachstumsgeschwindigkeit der Keime auf ein „zweidimensionales" Wachstum schließen lassen, wobei allerdings noch die zusätzliche Annahme einer während des Reduktionsvorganges praktisch konstanten Keimzahl erforderlich wäre. Diese Betrachtung steht in Analogie zu der Wachstumsgeschwindigkeit der beim thermischen Zerfall von Bariumacid entstehenden Keime nach WISCHIN[2]. Aus der Temperaturabhängigkeit der Reaktionsgeschwindigkeit zwischen 300 und 350 °C errechnet sich eine Aktivierungsenergie von annähernd 12 kcal/Mol. Die Reduktionsgeschwindigkeit wurde ungefähr proportional dem H_2-Druck gefunden.

Reduziert man Kupferoxid hingegen mit CO, so tritt gleich bei Beginn der Reduktion eine lebhafte Cu-Ausscheidung auf der Cu_2O-Oberfläche auf, so daß innerhalb kürzester Zeit sich ein zusammenhängender Cu-Film auf Cu_2O bildet, der die gesamte Cu_2O-Probe vor einem weiteren Angriff durch CO schützt, d. h., die Reduktion kommt zum Stillstand, da eine merkliche Diffusion

[1] MOTT, N. F.: Proc. Roy. Soc. [London] (A) **172**, 325 (1939), hat sich im Anschluß an Versuche von WISCHIN über den thermischen Zerfall von Bariumacid mit der Theorie des Keimwachstums unter Verwendung der WAGNER-SCHOTTKYschen Theorie der Ionenleitung und der Elektronentheorie der Halbleiter beschäftigt. Hierbei konnte die Wachstumsgeschwindigkeit k der Keime mit dem experimentellen Befund

$$k = \text{const}\, t^x$$

in Einklang gebracht werden. Entsprechend der obigen Darstellung ist x für die Cu_2O-Reduktion zwei.

[2] WISCHIN, A.: Proc. Roy. Soc. [London] (A) **172**, 314 (1939).

von CO durch Cu nicht feststellbar ist. Durch Zufügen einer kleinen Menge Wasserstoff kommt die Reduktion jedoch wieder in Gang. Die Deutung dieser Erscheinung ist an Hand der experimentellen Beobachtungen von RHINES und ANDERSON[1] möglich. Beide Autoren haben u. a. festgestellt, daß das durch innere Oxydation in Cu- und Ag-Legierungen entstandene Oxid durch Wasserstoff wieder in der Legierungsphase reduziert wird, wobei das sich hierbei bildende H_2O unter hohem Druck längs der Korngrenzen entweicht. Diese Deutung erscheint auch für die „aktivierende" Wirkung des Wasserstoffs bei der Reduktion von Cu_2O mit CO plausibel, da Kupfer eine genügende Löslichkeit für Wasserstoff zeigt, so daß der Wasserstoff ungehindert durch die Cu-Schicht zur Reaktionszone diffundieren kann. Bei zu starker H_2O-Bildung kommt es sogar zum Aufreißen der Cu-Schicht.

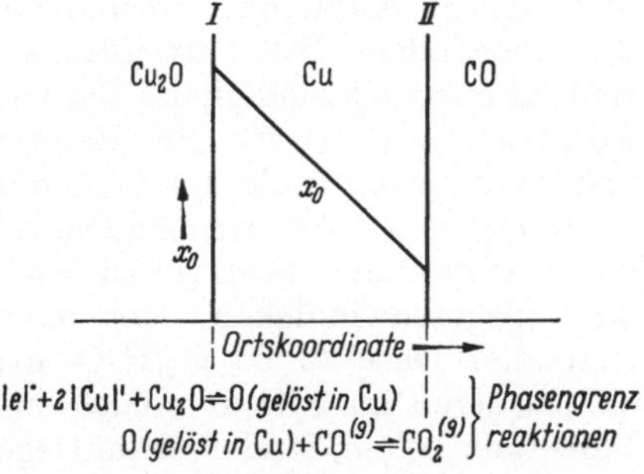

Abb. 8.10. Mögliches Reaktionsschema der Reduktion von Cu_2O mit CO bei Anwesenheit einer trennenden Cu-Schicht. Bei alleiniger Diffusion von Sauerstoff durch die Cu-Schicht stellt sich während der Reduktion ein mit wachsender Schichtdicke fallendes Konzentrationsgefälle von Sauerstoff ein.

Als weitere Möglichkeit zur Klärung des Reduktionsmechanismus des Systems $Cu_2O/Cu/CO$ (gas) wäre an einen Abtransport von Sauerstoff von der Phasengrenze I zur Phasengrenze II zu denken (Abb. 8.10). Infolge des erheblichen Unterschiedes der Sauerstoffpartialdrucke $p_{O_2}^{Cu/Cu_2O} \approx 10^{-30}$ und $p_{O_2}^{CO/CO_2} < 10^{-100}$ atm bei 200 °C müßte eine Reduktion nach dem Schema in Abb. 8.10 im thermodynamischen Sinne möglich sein. Die in Gegenwart von CO nicht meßbare Reduktionsgeschwindigkeit dürfte darauf zurückzuführen sein, daß die Dissoziationsreaktion

$$Cu_2O \rightleftharpoons O\,(\text{gelöst in Cu}) + 2\,Cu$$

oder der Sauerstofftransport durch die Cu-Schicht erheblich gehemmt ist.

An Hand des vorliegenden experimentellen Materials kann man den Ablauf der Reduktion von Kupferoxid in zwei Reaktionsbereiche einteilen. Hierbei läßt sich der erste Reaktionsabschnitt bis zur Ausbildung der Cu-Keime, den wir kurz als „Anreduktion" bzw. Induktionsperiode bezeichnen wollen, mittels der auf S. **764** bis **796** behandelten Transportvorgänge der Leerstellen in durch Chemisorption verursachten Randschichtfeldern beschreiben, während der zweite Reduktionsabschnitt im wesentlichen durch Kristallwachstumserscheinungen und Phasengrenzreaktionen beherrscht wird. Die Induktionsperiode wird also durch die Chemisorption von Wasserstoff gemäß (8.26a) und (8.26b) eingeleitet und mit den Teilvorgängen (8.27) und (8.28) beendet.

---

[1] RHINES, F. N., u. W. A. ANDERSON: Trans. AIME **143**, 312 (1941).

8.3 Über den Mechanismus der Reduktion von Nickeloxid

Von älteren Arbeiten über die Kinetik der NiO-Reduktion ist vor allem die von BENTON und EMMETT[1] zu erwähnen, die ihre Versuche in einem strömenden System an NiO-Pulvern mit H_2 ausführten und dabei zu folgenden Ergebnissen kamen: Die Reduktion ist nach Durchlaufen einer Induktionsperiode „autokatalytisch" und findet an der Phasengrenze Ni/NiO statt. Bei Gegenwart von Wasserdampf wird die Induktionsperiode bedeutend verlängert, die Reduktionsgeschwindigkeit wird aber nur unwesentlich erniedrigt. Die gleichen Ergebnisse wurden erhalten, wenn man statt Wasserdampf dem Wasserstoff eine äquivalente Menge Sauerstoff zufügte. PEASE und TAYLOR[2] beobachteten bei der Reduktion von Kupferoxid ebenfalls eine Zunahme der Induktionsperiode mit steigendem H_2O-Partialdruck ohne nennenswerte Änderung der Reduktionsgeschwindigkeit. Bei Gegenwart von O_2 an Stelle von H_2O wird im Gegensatz zur NiO-Reduktion nur die Reaktionsgeschwindigkeit verlangsamt, während die Induktionsperiode unverändert bleibt.

Von neueren Arbeiten sind sowohl die von PARRAVANO[3] als auch die von HAUFFE und RAHMEL[4] zu erwähnen, die die Abhängigkeit der Reduktionsgeschwindigkeit nicht nur von der Zusammensetzung der reduzierenden Gase (z. B. H_2/H_2O-Gemisch), sondern auch von Fremdoxidzusätzen im NiO untersuchten. PARRAVANO arbeitete ebenfalls an Pulvergemischen, fand aber im Gegensatz zu EMMETT und BENTON, daß der zeitliche Umsatz nach Ablauf der Induktionsperiode und einer kurzzeitigen autokatalytischen Beschleunigung konstant blieb (lineares Zeitgesetz). Ein Zusatz von Fremdionen — ob 1wertig oder höher als 2wertig — (1 Mol-% und größer) bewirkte in fast allen untersuchten Fällen eine Abnahme der Reduktionsgeschwindigkeit (Abb. 8.11). Es wurde ein systematischer Gang der Aktivierungsenergie gefunden, und zwar wird die Aktivierungsenergie bei Zusatz von höherwertigen Kationen (Cr^{3+}, W^{6+}) herabgesetzt, während ein Zusatz von 1wertigen Kationen (Li^+, Ag^+) zu einer Erhöhung führt (s. das folgende Schema Abb. 8.12). PARRAVANO versucht seine Ergebnisse in Anlehnung an die WAGNER-SCHOTTKYsche Fehlordnungstheorie und unter Zuhilfenahme der Änderung der Störstellenkonzentration durch Zusatz von Fremdionen zu deuten, kommt aber zu dem Schluß, daß sich ein einfacher Zusammenhang zwischen Defektelektronen- bzw. Nickelionen-Leerstellenkonzentration und Reduktionsgeschwindigkeit nicht ableiten läßt. Neben der ohne Zweifel zu primitiven Fragestellung hinsichtlich Fehlordnung und Reduktion ist zu berücksichtigen, daß man bei den von PARRAVANO verwandten relativ hohen Fremdoxidzusätzen bereits erheblich die Löslichkeitsgrenzen überschritten hat und daß damit die Gesetzmäßigkeiten der Fehlordnungstheorie oxidischer Mischphasen ihre Gültigkeit verloren haben.

---

[1] BENTON, A. F., u. P. H. EMMETT: J. Amer. chem. Soc. **46**, 2728 (1924).
[2] PEASE, R. N., u. H. S. TAYLOR: J. Amer. chem. Soc. **43**, 2179 (1921).
[3] PARRAVANO, G.: J. Amer. chem. Soc. **74**, 1194 (1952).
[4] HAUFFE, K., u. A. RAHMEL: Z. phys. Chem. (NF) **1**, 104 (1954).

Auf Grund des recht komplizierten Mechanismus der NiO-Reduktion wurde der Versuch unternommen[1], den Teil des Reduktionsverlaufs aufzuklären, der von der Fehlordnung des NiO abhängt. Dieser Teil dürfte in

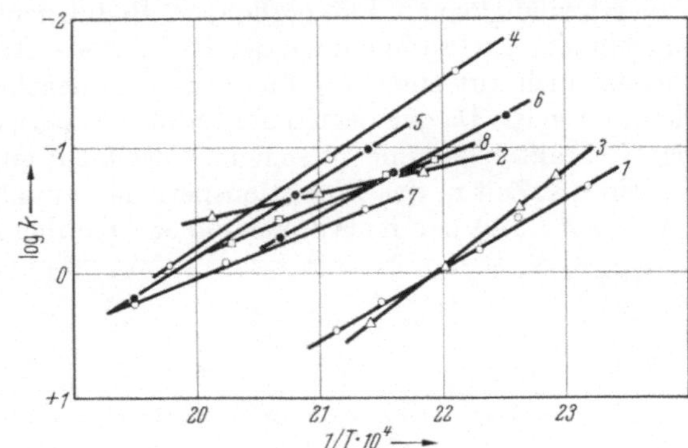

Abb. 8.11. Die Abhängigkeit der Reduktionsgeschwindigkeit von NiO von Fremdoxidzusätzen nach PARRAVANO. (k in g red. NiO je Min.)
1: reines NiO; *2*: NiO + 0,5 Mol-% WO_3; *3*: NiO + 1 Mol-% Ag_2O; *4*: NiO + 5 Mol-% Li_2O; *5*: NiO + 1 Mol-% Li_2O; *6*: NiO + 1 Mol-% MgO; *7*: NiO + 1 Mol-% $NiCl_2$; *8*: NiO + 1 Mol-% Cr_2O_3.

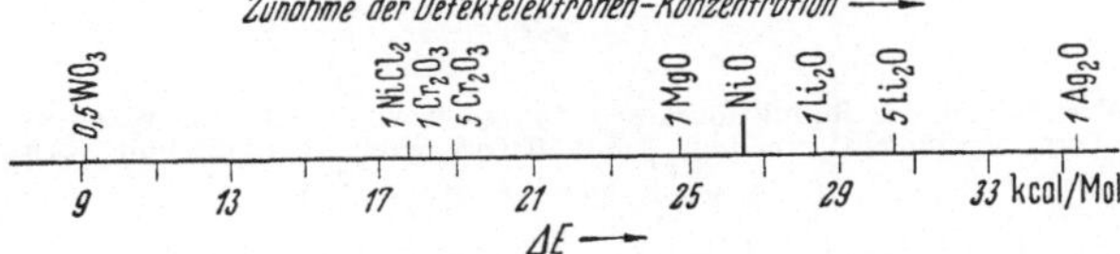

Abb. 8.12. Änderung der Aktivierungsenergie der NiO-Reduktion mit Änderung der Fehlordnungskonzentration durch Einbau anderswertiger Ionen nach PARRAVANO. (Temperaturbereich der Messung ungefähr zwischen 150 und 300 °C.)

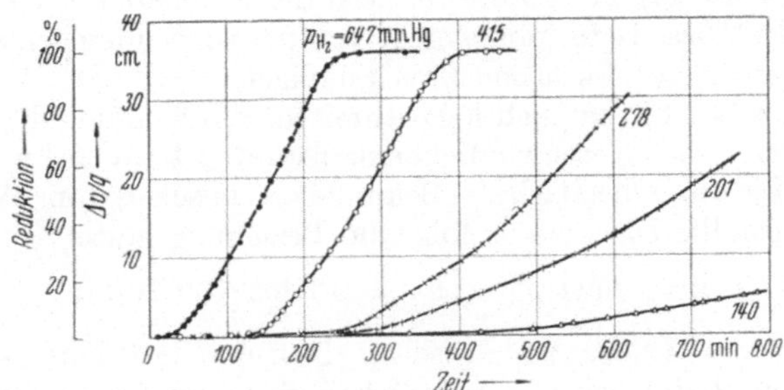

Abb. 8.13. Zeitlicher Verlauf der Reduktion von Nickeloxid in Abhängigkeit vom Wasserstoffpartialdruck bei 300 °C nach HAUFFE und RAHMEL. (p_{H_2O} = 0,50 Torr blieb konstant.)

der Induktionsperiode zu suchen sein. Deshalb wurde zunächst begonnen, den Einfluß des Wasserstoffpartialdruckes auf die Induktionsperiode und die Reduktionsgeschwindigkeit bei konstantem Wasserdampfdruck und konstanter Temperatur aufzuklären. Einige der dabei erhaltenen Umsatzkurven sind in Abb. 8.13 dargestellt. Nach Durchlaufen einer Induktions-

[1] HAUFFE, K., u. A. RAHMEL: Z. phys. Chem. (NF) 1, 104 (1954).

periode, d. h. einem Bereich sehr kleiner Reaktionsgeschwindigkeit, die mit fallendem Wasserstoffdruck länger wird, schließt sich nach einer „autokatalytischen" Periode eine Periode zeitlich konstanter, relativ hoher Umsatzgeschwindigkeit an. Erst bei höheren Reduktionsgraden tritt häufig eine nochmalige leichte Zunahme der Reduktionsgeschwindigkeit auf, die wahrscheinlich auf eine Vergrößerung der tatsächlichen Oberfläche zurückzuführen ist. Da der Begriff der Induktionsperiode hier einen mehr formalen Charakter hat und in seinem Wert nicht eindeutig festlegbar ist, wurde als Zeit τ_i der Induktionsperiode der folgende Wert genommen: Der erste Teil der Kurve, der nahezu parallel zur Abszisse

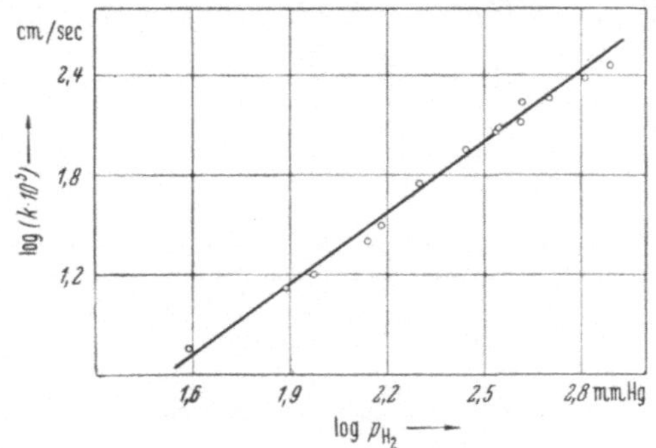

Abb. 8.14. Abhängigkeit der Reduktionsgeschwindigkeit von NiO vom Wasserstoffpartialdruck (in Torr) bei 300 °C und $p_{H_2O} = 0{,}50$ Torr nach HAUFFE und RAHMEL. (Aus der Neigung folgt $k \sim p_{H_2}^{3/2}$).

verläuft, wird geradlinig verlängert und desgleichen der erste geradlinig ansteigende Kurvenast nach unten. Die Projektion des Schnittpunktes auf die Abszisse ergibt unmittelbar die Induktionszeit τ_i des betreffenden Versuchs. Diese Definition weicht von der sonst üblichen ab, ist aber in der gegenwärtigen Situation zweckmäßiger.

In Abb. 8.14 ist in doppelt logarithmischer Auftragung die Abhängigkeit der Reduktions-Geschwindigkeitskonstanten k (in cm³ verbrauchter Wasserstoff je cm² Oberfläche je Sekunde $\equiv$ cm sec⁻¹) vom Wasserstoffdruck dargestellt. Die hieraus folgende Beziehung lautet:

$$k = \text{const}\, p_{H_2}^{3/2} \quad (p_{H_2} = 40 \text{ bis } 760 \text{ Torr}). \tag{8.29}$$

Aus der von PARRAVANO zwischen 200 und 500 Torr Wasserstoff untersuchten Reduktionsgeschwindigkeit folgt im Gegensatz zu (8.29) $k \sim p_{H_2}$. Vielleicht ist dieser abweichende Befund darauf zurückzuführen, daß in dem von PARRAVANO verwandten kleineren Druckbereich eine lineare Abhängigkeit nur vorgetäuscht wird. In Abb. 8.15 ist die Änderung der Induktionsperiode bei variierendem Wasserstoffdruck ebenfalls in doppelt logarithmischer Auftragung dargestellt. Es ergibt sich $\tau_i \sim p_{H_2}^{-3/2}$.

Die Abhängigkeit der Reduktionsgeschwindigkeit bzw. der Induktionsperiode τ_i vom Wasserdampfdruck wurde ebenfalls untersucht. Es ergab sich, daß eine Erhöhung des Wasserdampf-Partialdruckes eine Abnahme der Reduktionsgeschwindigkeit zur Folge hat, und zwar gilt:

$$\log k = B - A \log p_{H_2O}.$$

Hierin sind A und B Konstanten. Für die Induktionsperiode ergibt sich hingegen eine Beziehung:

$$\tau_i = C \log p_{H_2O} + D.$$

Ferner spielt die Vorbehandlung der zu reduzierenden NiO-Probe eine entscheidende Rolle. So findet man beispielsweise nach einer Hochvakuumbehandlung bei 600 °C, daß der Wasserdampf keinen Einfluß mehr auf die Induktionsperiode ausübt.

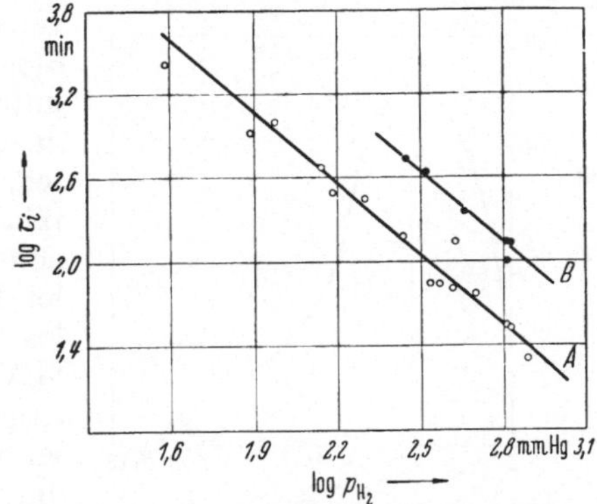

Abb. 8.15. Abhängigkeit der Induktionsperiode bzw. -zeit τ_i vom Wasserstoffpartialdruck (in Torr) bei 300 °C nach HAUFFE und RAHMEL.
Gerade A: p_{H_2O} = 0,50 Torr;
Gerade B: p_{H_2O} = 4,30 Torr.

Ein einstündiges Tempern bei 450 °C im Hochvakuum mit anschließendem Abkühlen auf 300 °C setzte die Induktionszeit sogar bis auf 10 bzw. 20 Minuten herab (Abb. 8.16). Ein längeres Abpumpen bei derselben oder bei noch höheren Temperaturen (bis 600 °C) verursachte keine weitere Abkürzung der Induktionsperiode. Diese Restzeit von 10 bis 20 Minuten scheint bei 300 °C für die Ni-Keimbildung unbedingt erforderlich zu sein.

Wie aus Abb. 8.17 hervorgeht, wurde im Gegensatz zu PARRAVANO von HAUFFE und RAHMEL bei kleinen Zusätzen von Cr_2O_3 eine deutliche Zunahme der Reduktionsgeschwindigkeit beobachtet, die allerdings schon bei einem Zusatz von 0,6 Mol-% Cr_2O_3 wieder auf den alten Wert absank. Bei höheren Zusätzen trat im Einklang mit PARRAVANOS Mes-

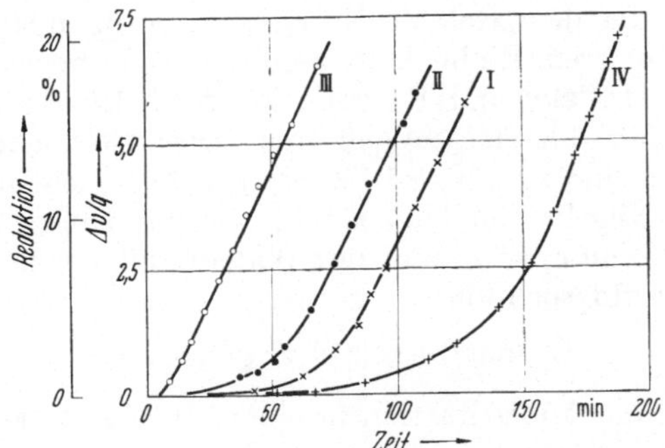

Abb. 8.16. Einfluß einer unterschiedlichen Vorbehandlung der NiO-Proben auf die Induktionsperiode bei gleichen Reduktionsbedingungen nach HAUFFE und RAHMEL.
(p_{H_2} = 30 Torr und p_{H_2O} = 0,50 Torr.)
Probe I: 5 Min. bei 300 °C; Probe II: 5 Std. bei 300 °C; Probe III: 2 Std. bei 450 °C im Hochvakuum getempert; Probe IV: über Nacht (etwa 10 Std.) bei 300 °C in Luft und anschließend 5 Min. im Hochvakuum bei 300 °C getempert.

sungen eine Abnahme der Reduktionsgeschwindigkeit auf. Bemerkenswert ist hierbei, daß der zeitliche Verlauf der Reduktion von NiO-Cr_2O_3-Mischphasen völlig anders ist als der von reinem NiO und daß sich die beobachtete Zunahme der Reaktionsgeschwindigkeit nur auf das erste Reduktionsstadium erstreckt. Der beobachtete zeitliche Verlauf der Reduktion von NiO-Cr_2O_3-Mischoxiden läßt sich weder durch ein parabolisches Zeitgesetz noch durch eine Potenz- oder *e*-Funktion wiedergeben. Offenbar handelt es sich um zeitlich veränderliche, ineinander übergehende lineare Zeitgesetze. Man gewinnt den Eindruck, als wenn durch Chromoxid eine allmähliche Blockierung der Reaktionsoberfläche eintritt. Eine solche Blockierung der Oberfläche wäre auf zweierlei Art möglich. Es ist bekannt, daß sich Chromoxid durch Wasserstoff nicht reduzieren läßt und demzufolge im Laufe der Reduktion mit einer Anreicherung des Chromoxids an der Phasengrenze Ni/Mischoxid zu rechnen ist. Eine derartige Anreicherung wird naturgemäß bei höheren Cr_2O_3-Gehalten frühzeitiger eintreten und so auch eher eine Abnahme der Reduktionsgeschwindigkeit hervorrufen, was ja auch tatsächlich beobachtet wird. Nimmt man hingegen an, daß alles Cr_2O_3 im NiO „gelöst" ist, so hätte man mit einer „selektiven" Reduktion der heterotypen Mischphase zu rechnen. Als weitere Möglichkeit bliebe noch eine Reaktionshemmung durch das Auftreten einer Spinellphase zu erwägen. Bei Zusätzen bis zu 1 Mol-% Cr_2O_3 konnte jedoch von PARRAVANO röntgenographisch keine Spinellphase festgestellt werden. Erst bei Zusätzen von 5 Mol-% waren Linien zu beobachten, die dem Spinell $NiCr_2O_4$ zuzuordnen sind.

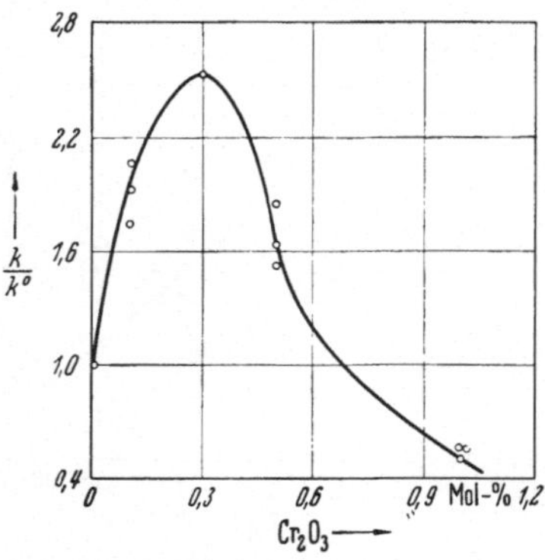

Abb. 8.17. Änderung der Reduktionsgeschwindigkeit von NiO bei Zusatz von Cr_2O_3 nach HAUFFE und RAHMEL. (T = 300 °C; p_{H_2} = 400 Torr und p_{H_2O} = 0,50 Torr.)

Um einen weiteren Einblick in den Reaktionsmechanismus zu erhalten, führten HAUFFE und RAHMEL während des Reduktionsablaufs elektrische Leitfähigkeitsmessungen aus. Die wichtigsten Ergebnisse dieser Messungen sind in Abb. 8.18 wiedergegeben. Geht man von einem Widerstand der NiO-Pastille bei 300 °C in Luft aus und pumpt anschließend auf Hochvakuum, so nimmt der Widerstand zu, da durch die eintretende Sauerstoffdesorption:

$$O^-(\text{ads}) + |e|^{\cdot(R)} \rightleftharpoons \tfrac{1}{2} O_2(\text{gas}) \qquad (8.30\text{a})$$

die Defektelektronenkonzentration in einem 100 bis 1000 Å breiten Bereich (Randschicht) der Kristallite der NiO-Pastille vermindert wird. Nach einigen Stunden wird ein praktisch konstanter Widerstandswert erhalten, der etwa 1 Zehnerpotenz höher liegt als der ursprüngliche Wert in Luft. Beim Einlassen von Wasserstoff durcheilt der Widerstand ein Maximum und nimmt rasch wieder etwas ab, um dann für eine längere

Zeit nahezu konstant zu bleiben. Diese Reaktionsphase ist offenbar durch eine Elektronenstörstellen-Inversion gekennzeichnet. Bis zum Widerstandsmaximum verläuft die Chemisorption von Wasserstoff unter Vernichtung von Defektelektronen in der Randschicht gemäß:

$$\tfrac{1}{2}\,H_2\,(\text{gas}) + {}^{|}e|^{\cdot(R)} \rightleftharpoons H^+\,(\text{ads}), \qquad (8.30\,a)$$

setzt also die durch die Desorption von Sauerstoff (8.30a) eingeleitete Vernichtung von Defektelektronen fort. Die sich nun anschließende Abnahme

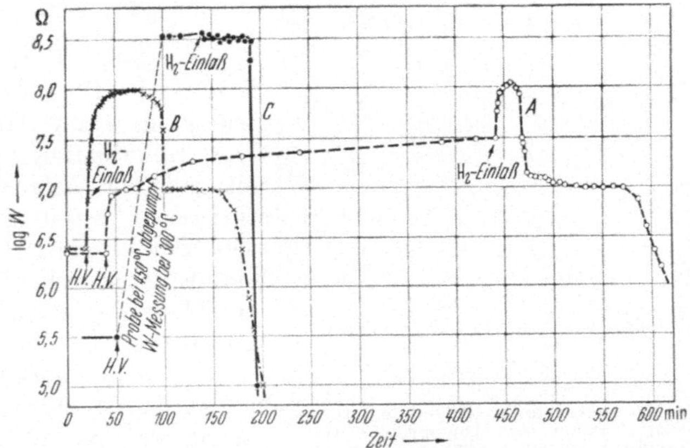

Abb. 8.18. Zeitlicher Verlauf des Widerstandes von NiO-Sinterkörpern bei 300 °C während des Evakuierens und der Einwirkung von Wasserstoff nach unterschiedlicher Vorbehandlung der NiO-Sinterkörper nach HAUFFE und RAHMEL.

des Widerstandes läßt sich nur so verstehen, daß die weitere Chemisorption des Wasserstoffs nunmehr gemäß der Gleichung

$$\tfrac{1}{2}\,H_2\,(\text{gas}) \rightleftharpoons H^+\,(\text{ads}) + e'^{(R)} \qquad (8.30\,c)$$

freie Elektronen $e'^{(R)}$ in der Randschicht erzeugt, die als neu entstandene Ladungsträger die Leitfähigkeit erhöhen. Es kommt also zur Ausbildung eines *p*–*n*-Übergangs von der Randschicht (*n*-leitend) zur NiO-Innenphase (*p*-leitend). Eine solche Elektronenstörstellen-Inversion, die durch weitere geeignete Versuche sichergestellt werden müßte, braucht nun keineswegs mit einer Ionenfehlordnungsstellen-Inversion gekoppelt zu sein, obwohl auch eine solche Erscheinung prinzipiell zu prüfen wäre (s. auch S. 250).

Aus den Leitfähigkeitsmessungen ist ferner zu ersehen, daß die Chemisorption des Wasserstoffs außerordentlich rasch erfolgt und sicher nicht das Auftreten von Induktionsperioden verursachen kann. Die Einstellung eines zeitlich nahezu konstanten Widerstandswertes nach dem Wasserstoffeinlaß (Abb. 8.18) deutet vielmehr darauf hin, daß die Induktionsperiode durch die Geschwindigkeit der Vernichtung von $|Ni|''$-Stellen bedingt ist, wodurch erst die Bildung einer kritischen Ni-Keimzahl an der Oberfläche möglich wird.

Zur Frage der Keimbildung wäre also festzustellen, daß die Vernichtung von Defektelektronen und die Erzeugung von freien Elektronen keinesfalls der geschwindigkeitsbestimmende Teilvorgang sein kann. Nach Gleichgewichtsbetrachtungen muß die Reaktion

$$H_2\,(\mathrm{gas}) + |\mathrm{Ni}|'' + 2\,|\mathrm{e}|^{\cdot} + \mathrm{NiO} \rightleftharpoons H_2O\,(\mathrm{gas})$$

bzw.

$$H_2\,(\mathrm{gas}) + |\mathrm{Ni}|'' + \mathrm{NiO} \rightleftharpoons H_2O\,(\mathrm{gas}) + 2\,\mathrm{e}'$$

so lange unter Vernichtung von Ni-Ionenleerstellen ablaufen, bis das chemische Potential des Nickels in der Randschicht der NiO-Phase, $\mu_{\mathrm{Ni}}^{(\mathrm{R})}$, gleich ist demjenigen des Ni-Keimes, $\mu_{\mathrm{Ni}}^{(\mathrm{K})}$, also

$$\mu_{\mathrm{Ni}}^{(\mathrm{R})} = \mu_{\mathrm{Ni}}^{(\mathrm{K})}.$$

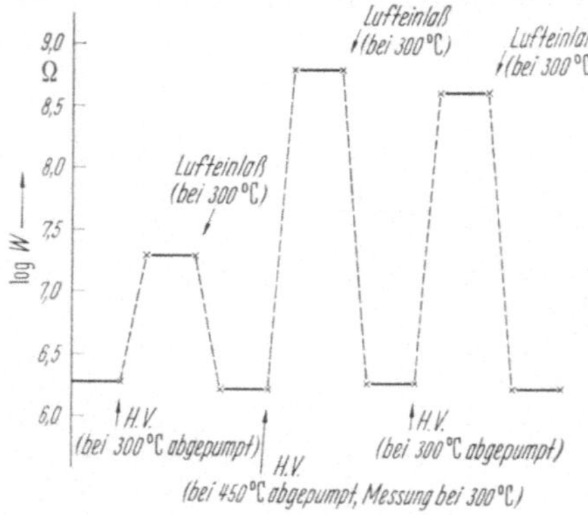

Abb. 8.19. Widerstandswerte eines NiO-Sinterkörpers in Luft und Hochvakuum nach Abpumpen bei verschiedenen Temperaturen nach HAUFFE und RAHMEL. (Messung stets bei 300 °C.)

Erst nach Erreichen dieser Bedingung kann dann spontane Keimbildung auftreten mit auf der NiO-Oberfläche statistisch verteilten Ni-Keimen. Der Vorgang der Keimbildung ist durch einen weiteren Leitfähigkeitsanstieg gekennzeichnet.

Es wäre nun noch die Frage zu diskutieren, ob die Verminderung der Nickel-Ionenleerstellenkonzentration die Länge der Induktionsperiode maßgeblich bestimmen kann. In diesem Falle sollte eine Erhöhung der Ni-Ionenleerstellenkonzentration, die sich durch Einbau von z. B. Cr_2O_3 in NiO gemäß der symbolischen Einbaugleichung:

$$Cr_2O_3 \rightleftharpoons 2\,\mathrm{Cr}\,|\mathrm{Ni}|^{\cdot} + |\mathrm{Ni}|'' + 3\,\mathrm{NiO}$$

erreichen läßt, auch eine Verlängerung der Induktionsperiode bewirken, was auch tatsächlich beobachtet wurde.

Daß die Induktionsperiode — also die Reaktionsperiode, die bis zur Keimbildung abläuft — maßgeblich durch Transportvorgänge der Ni-Ionen in einer sich ausbildenden Randschicht bestimmt ist, ergibt sich auch aus den folgenden elektrischen Widerstandsmessungen bei 300 °C in Luft und im Hochvakuum. Wie man aus Abb. 8.19 entnehmen kann, bewirkt ein Evakuieren bei 450 °C eine Widerstandserhöhung — gemessen bei 300 °C —, die um 2 Zehnerpotenzen höher liegt als eine solche, die durch Vakuumbehandlung bei 300 °C erreicht wurde. Eine bei 450 °C evakuierte Probe ergibt auch beim Einlassen von Wasserstoff bei 300 °C keine weitere Widerstandserhöhung mehr (Abb. 8.18, Kurve *C*). Läßt man nun auf die bei 450 °C evakuierte NiO-Probe bei 300 °C Luft einwirken, so erhält man stets nach einiger Zeit den gleichen Ausgangswert des Widerstandes. Eine nun folgende Vakuumbehandlung bei 300 °C ergibt aber jetzt einen Widerstandswert, der vorher nur durch Abpumpen bei 450 °C erreicht wurde, d. h., die Widerstandsänderung beträgt wieder etwa 3 Zehnerpotenzen. Offenbar sind bei den 450°-Versuchen im

Hochvakuum nicht nur die chemisorbierten Sauerstoffionen in die Atmosphäre desorbiert, sondern auch infolge eines Abtransports von Nickelionen über Nickelionenleerstellen in die Randschicht, unter Vernichtung derselben, Sauerstoffionen aus dem NiO-Gitter entfernt worden.

In Abb. 8.16 fällt auf, daß die Kurven mit größeren Induktionsperioden, also Proben mit höherer Sauerstoff-Belegungsdichte, ein längeres „autokatalytisches" Übergangsgebiet aufweisen als Kurven, die an stark abgepumpten Proben erhalten wurden. Das läßt vermuten, daß die Zahl der je Oberflächeneinheit gebildeten Keime von der Sauerstoffbelegung der Oberfläche abhängt. Trägt man diesen „autokatalytischen" Teil des Kurvenzuges, z. B. den der Kurve IV in Abb. 8.16, doppelt logarithmisch auf, so ergibt sich eine Gerade, die etwa den Anstieg 1,8 hat. Dieser Befund konnte an mehreren Kurven übereinstimmend erhalten werden und läßt sich durch eine Funktion

$$\Delta v/q = \text{const}\, t^{1,8} \qquad (8.31)$$

darstellen ($\Delta v/q$ = H_2-Verbrauch in cm^3 je cm^2 Oberfläche). Nun scheint aber allgemein beim Vorliegen eines Zeitgesetzes der Art

$$k = \text{const}\, t^n$$

Keimbildung oder Kristallwachstum bzw. beides zeitbestimmend zu sein. So wurde z. B. von GARNER und MAGGS[1] und WISCHIN[2] bei der thermischen Zersetzung von Bariumacid ebenfalls ein „autokatalytischer" Reaktionsablauf mit dem Zeitgesetz:

$$k = A\, t^{(6 \to 8)}$$

beobachtet. MOTT[3] konnte diesen experimentellen Befund unter der Annahme einer geschwindigkeitsbestimmenden Keimbildung bzw. Kristallwachstums deuten. GARNER, GRAY und STONE[4] fanden bei der Reduktion des Kupfer(I)-oxid mit Wasserstoff dasselbe quadratische Gesetz (8.31). Im Falle der Reduktion von FeO mit Wasserstoff beobachteten MOREAU, BARDOLLE und BÉNARD[5] nach einer Induktionsperiode ebenfalls einen kurzfristigen „autokatalytischen" Umsatz, für den sie das folgende Zeitgesetz finden:

$$k = \text{const}\, t^3.$$

Dieses Zeitgesetz läßt sich verstehen, wenn man die Fe-Keime in erster Näherung als Kugeln betrachtet, die einen zeitlich konstanten Zuwachs erfahren, d. h. die zeitliche Zunahme des Radius r der Keimkugeln dr/dt = const. Da das Volumen einer Kugel mit der 3. Potenz des Radius wächst, muß folglich die Reduktionsgeschwindigkeit in der „autokatalytischen" Reaktionsperiode proportional der 3. Potenz der Zeit sein. HAUFFE und RAHMEL versuchten für die NiO-Reduktion, das Zeitgesetz

---

[1] GARNER, W. E., u. J. MAGGS: Proc. Roy. Soc. [London] (A) **172**, 299 (1939).
[2] WISCHIN, A.: Proc. Roy. Soc. [London] (A) **172**, 314 [1939).
[3] MOTT, N. F.: Proc. Roy. Soc. [London] (A) **172**, 325 (1939).
[4] GARNER, W. E., T. J. GRAY u. F. S. STONE: Proc. Roy. Soc. [London] (A) **197**, 294 (1949).
[5] MOREAU, J., J. BARDOLLE u. J. BÉNARD: Rev. Métallurgie **48**, 3 (1951).

(8.31) durch Annahme eines zweidimensionalen Wachstums der Keime zu deuten, da der Inhalt eines Kreises mit dem Quadrat des Radius anwächst. Es käme also im Falle der NiO-Reduktion zu einem überwiegenden Kristallwachstum längs der Oberfläche, was durchaus verständlich ist, wenn man bedenkt, daß die Oberfläche eine gewisse „Übersättigung" an Elektronen und Ni-Ionen aufweist und daß die Beweglichkeit der Ni-Ionen im NiO erheblich geringer ist als die Ionenbeweglichkeiten in FeO und Cu_2O.

Eine neue Keimbildung wird dann nur noch in solchen Oberflächenbereichen erfolgen, die nicht unmittelbar im „Einzugsbereich" eines Metallkeims liegen. Abweichungen vom Exponenten 2 ließen sich durch die Annahme deuten, daß dr/dt nicht konstant ist, sondern eine Funktion von r. Ein längeres Abpumpen im Hochvakuum bei höheren Temperaturen hat offenbar zur Folge, daß die Zahl der je Zeit- und Oberflächeneinheit gebildeten Ni-Keime bedeutend größer ist, so daß sich die Oberfläche des NiO außerordentlich rasch mit einer dünnen Metallschicht überzieht. Dies geht auch aus dem steilen Widerstandsabfall der

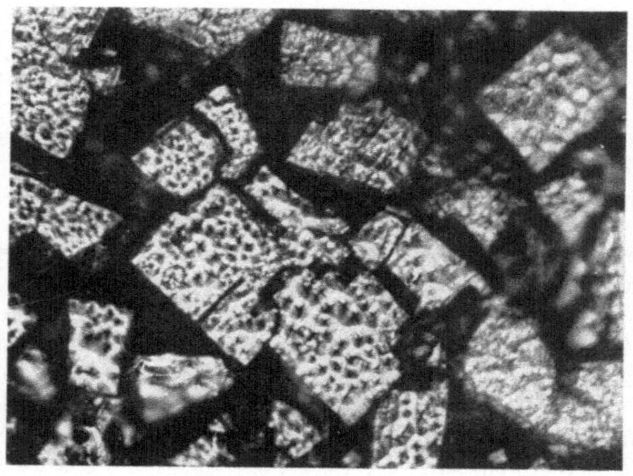

Abb. 8.20. Ungeätzte Oberfläche einer bei 300 °C mit Wasserstoff reduzierten NiO-Probe in 500facher Vergrößerung nach HAUFFE und RAHMEL.

Kurve C in Abb. 8.18 hervor. Nach völliger Bedeckung der Oberfläche mit einem Metallfilm schreitet dann die Reaktionsfront mit konstanter Geschwindigkeit nach innen fort und ergibt so das beobachtete lineare Zeitgesetz.

In ähnlicher Weise wie bei der Reduktion von Cu_2O mit CO kommt es auch im Falle der NiO-Reduktion mit CO praktisch zu einem Stillstand der Reduktion, die erst wieder durch einen Wasserstoffzusatz in Gang gesetzt werden kann. Auch hier wird wie am System Cu_2O/Cu infolge der genügend großen Wasserstofflöslichkeit und -diffusionsfähigkeit der an der Phasengrenze Ni/NiO eintreffende Wasserstoff zu Wasserdampf abreagieren und die Ni-Deckschicht sprengen. Abb. 8.20 zeigt eine durch Wasserstoffangriff aufgesprengte Ni-Deckschicht. Für einen Wasserstoffdruck von 1 atm errechnet sich der durch Reduktion von NiO thermodynamisch mögliche Wasserdampfdruck bei 300 °C zu etwa 235 atm. Dieser Wasserdampfdruck reicht aus, um auch stärkere Nickelschichten zu zerreißen.

8.4 Über den Mechanismus der Reduktion von Eisenoxiden

Auf der Basis ähnlicher modellmäßiger Überlegungen wurde die Reduktion von Eisenerzen untersucht. Geht man hier vom Eisenoxid der höchsten Wertigkeitsstufe aus, so wird der Reduktionsmechanismus durch die Schichtenfolge $Fe_2O_3/Fe_3O_4/FeO$ im Vergleich zur NiO-Reduktion noch komplizierter. Neben der Vielzahl von Arbeiten mit mehr technischer Zielsetzung[1,2] sind auch einige Arbeiten erwähnenswert, die sich mit der Aufklärung des Reaktionsmechanismus befassen. So behandelt WOODS[3] die Reduktion der Eisenoxide vom Standpunkt einer durch Diffusion gesteuerten Reaktion, wo der Diffusion von Ionen durch das Kristallgitter weniger Bedeutung beigemessen wird als der Diffusion durch die gasgefüllten Poren. Hierbei wurde z. B. gefunden, daß die Reduktion von Fe_3O_4 unterhalb 565 °C, wo kein FeO als Zwischenphase während der Reduktion auftritt, wesentlich rascher verläuft als die oberhalb 565 °C, wo mit dem Vorhandensein von FeO zu rechnen ist. RICHARDSON und DANCY[4] untersuchten die Bildung der Wüstitphase auf Fe in einer definierten H_2O/H_2-Atmosphäre und anschließend die Reduktion derselben zu Eisen bei Temperaturen zwischen 570 und 900 °C. Aus dem Temperaturkoeffizienten der Reduktionsgeschwindigkeit wird eine verhältnismäßig niedrige Aktivierungsenergie von etwa 7 kcal gefunden. Als wesentliches Ergebnis kann hervorgehoben werden, daß während des größten Teils der Reduktionsperiode keine Ausscheidung von Eisen auf der Oberfläche beobachtet werden konnte. Erst gegen Ende der Reduktion wird eine größere Eisenausscheidung an der Oberfläche festgestellt. Zwecks Nachweis des an der Oberfläche ausgeschiedenen Eisens wurde die Probe nach dem Anreduzieren in eine verdünnte Kupfersulfatlösung getaucht und unter dem Mikroskop das ausgeschiedene Kupfer bestimmt. Offenbar wandern am Anfang der Reduktion nach Herausbrechen des Sauerstoffs aus dem Oxidgitter mittels Wasserstoff bei genügend hohen Temperaturen alle hierbei frei werdenden Fe-Ionen + Elektronen über Fe-Ionenleerstellen und Elektronendefekstellen zur Phasengrenze Fe/FeO.

GELLNER und RICHARDSON[5] konnten im wesentlichen die obigen Ergebnisse bestätigen. Ein auf Eisen erzeugter FeO-Film wurde durch Wasserstoff bei 900 °C in der Weise reduziert, daß die durch Abreagieren des Sauerstoffs an der äußeren Phasengrenze FeO/Wasserstoff „frei werdenden" Fe-Ionen gemeinsam mit den Elektronen ins Innere

[1] Vgl. u. a. J. BOHM: Jernkontorets Ann. **111**, 145 (1927); **118**, 277 (1934).
[2] TIGERSCHIÖLD, M.: Iron Age **164**, 84 (1949).
[3] WOODS, S. E.: Disc. Faraday Soc. **4**, 184 (1948).
[4] RICHARDSON, F. D., u. E. DANCY: Disc. Faraday Soc. **4**, 229 (1948).
[5] GELLNER, O. H., u. F. D. RICHARDSON: Nature [London] **168**, 23 (1951).

zur Phasengrenze Fe/FeO abwandern und ein Wachsen des Eisens nach außen verursachen. Während bei hohen Temperaturen und dünnen FeO-Schichten auf Eisen der Mechanismus der Reduktion überwiegend im obigen Sinne gültig sein wird, ist jedoch bei niedrigeren Temperaturen und dicken Oxidschichten mit einer erheblichen Eisenausscheidung an der Oberfläche und in der FeO-Phase zu rechnen. Auf diese komplizierten Verhältnisse hat WIBERG[1] hingewiesen.

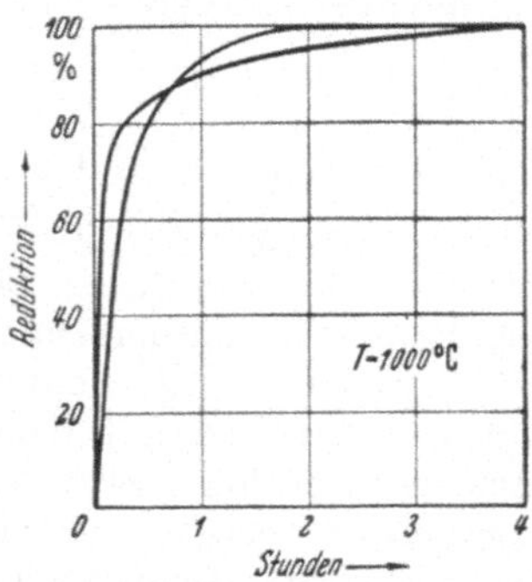

Abb. 8.21. Zeitlicher Verlauf des Reduktionsgrades von Magnetit mit Wasserstoff (linke Kurve) und mit CO bei 1000 °C nach WIBERG.

WIBERG[1] fand, daß bei 1000 °C die Reduktionsgeschwindigkeit von Magnetit mit Wasserstoff anfänglich größer als mit CO ist, während sich im späteren Reaktionsstadium die Verhältnisse gerade umkehren (Abb. 8.21). Trotz des Volumenunterschiedes von Fe_3O_4, FeO und Fe war keine Porosität in der FeO-Schicht festzustellen. Nach STALHANE und MALMBERG[2] verläuft die Reduktion von Fe_3O_4 zu FeO rascher als die von FeO zu Fe. Ferner scheint der hemmende Einfluß von CO_2 bei der FeO-Reduktion mit CO größer zu sein als der von H_2O, wenn man mit Wasserstoff reduziert. CHUFAROV und Mitarbeiter[3] fanden bei Oxydations- und Reduktions-

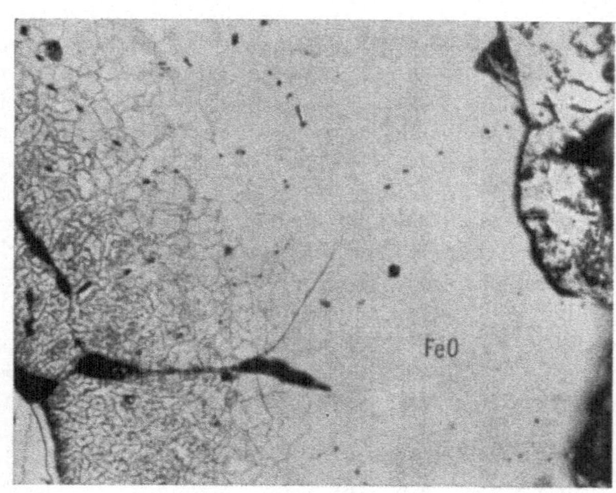

Abb. 8.22. Bei 1000 °C mit CO anreduzierter Magnetit-Kristall nach EDSTRÖM. (Links Magnetit mit deutlichen Korngrenzen, gefolgt von einem großen dichten FeO-Bereich; rechts oben metallisches Eisen.) 45fache Vergr.

[1] WIBERG, M.: Disc. Faraday Soc. **4**, 231 (1948).

[2] STALHANE, B., u. T. MALMBERG: Jernkontorets Ann. **113**, 95 (1929); **114**, 609 (1930).

[3] BUINOV, N., A. KOMAR, M. ZHURAVLEVA u. G. F. CHUFAROV: Acta Physicochim. URSS **21**, 571 (1939).

versuchen von $Fe_3O_4 \rightleftharpoons FeO$ eine kristallographisch reversible Umwandlung. Die Einkristallstruktur wird durch die wiederholten Oxydations- und Reduktionsvorgänge nicht zerstört.

Einen recht interessanten Einblick in den Reduktionsmechanismus der Eisenoxide gibt eine Arbeit von EDSTRÖM[1] aus dem Institut von WIBERG. Durch Reduktionsversuche mit reinem CO bei 1000 °C wurde Fe_3O_4 weitgehend zu FeO (Wüstit) reduziert (Abb. 8.22). Die sich bildende FeO-Phase ist kompakt und praktisch porenfrei. Wie

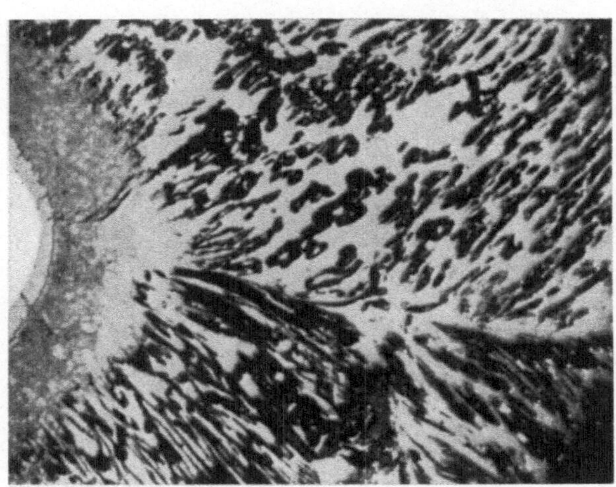

Abb. 8.23. Bei 1000 °C anreduzierte Hämatit-Kristalle (Fe_2O_3) nach EDSTRÖM. (Auf Fe_2O_3 eine schmale kompakte Fe_3O_4-Schicht, gefolgt von einer breiteren, ebenfalls kompakten FeO-Schicht; außen eine breite, porige mit Eiseneinschlüssen versehene FeO-Schicht.)

Abb. 8.23 zeigt, bildet sich auf einer Fe_2O_3-Phase hingegen eine sehr schmale kompakte Fe_3O_4-Schicht aus, auf der eine ebenfalls dichte — jedoch etwas breitere — FeO-Schicht folgt, die außen von einer breiten, porigen und mit Eiseneinschlüssen versehenen FeO-Schicht umgeben ist. Durch diese Poren werden die effektiven Diffusionsstrecken in FeO verkleinert, was die Zunahme der Reduktionsgeschwindigkeit während der Reduktion verständlich macht.

Ferner wurde von EDSTRÖM festgestellt (Abb 8.24), daß die Reduktionsgeschwindigkeit von FeO, hergestellt aus Fe_3O_4 und Fe_2O_3, verschieden ist. Wie Abb. 8.25 zeigt, sind bei 1000 °C die Reduktionsgeschwindigkeiten sowohl von Fe_3O_4 als auch von Fe_2O_3 mit Wasserstoff stets größer als die der Oxide mit CO. Während ein CO-Angriff auf Fe_2O_3 eine dichte und relativ breite Wüstitphase erzeugt, wird durch die Reduktion mit Wasserstoff neben einer glatten Fe_2O_3-Fe_3O_4-Phasengrenze und einem schmalen und dichten Bereich von Fe_3O_4 und FeO eine stark zerklüftete Reaktionsfront zwischen FeO, Fe und Gas gebildet (Abb. 8.23). Diese Beobachtungen bestätigen ältere Ergebnisse von WIBERG[2].

---

[1] EDSTRÖM, J. O.: J. Iron Steel Inst. **175**, 289 (1953).
[2] WIBERG, M.: Disc. Faraday Soc. **4**, 231 (1948).

Nach diesen Versuchsergebnissen kann man folgenden Mechanismus für die Reduktion von Magnetit (Fe_3O_4) vorschlagen:

Beim Angriff von CO bzw. H_2 werden aus der Oberfläche des Fe_3O_4 Sauerstoffionen unter H_2O- bzw. CO_2-Bildung ausgebaut und ein FeO-Film auf der Oberfläche erzeugt. Gleichzeitig wandern Fe-Ionen und Elektronen durch die FeO-Schicht zur Phasengrenze FeO/Fe_3O_4, laden 3wertige Fe-Ionen in 2wertige um und bilden neue FeO-Gruppen unter

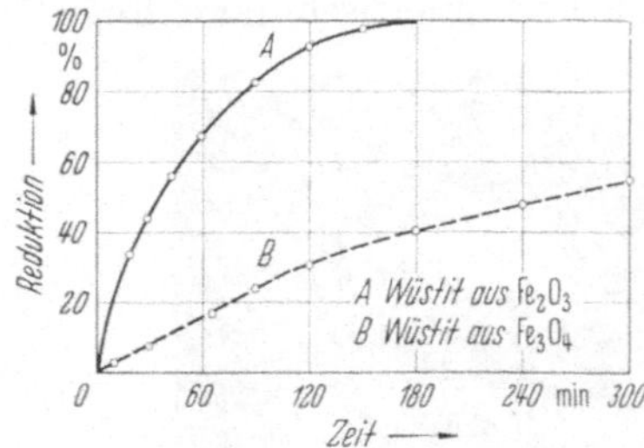

Abb. 8.24. Zeitlicher Verlauf der Reduktion von FeO mit CO bei 1000 °C, hergestellt aus Fe_2O_3 (*A*) und Fe_3O_4 (*B*) (Edström).

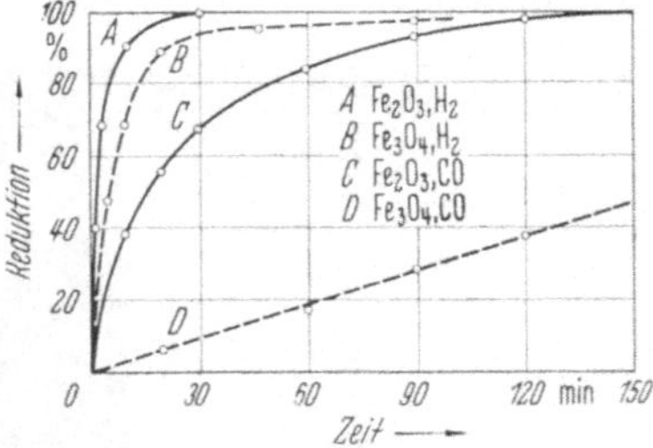

Abb. 8.25. Zeitlicher Verlauf der Reduktion von Fe_3O_4 und Fe_2O_3 mit CO und H_2 bei 1000 °C nach Edström.

Erweiterung des FeO-Gitters nach innen — quasi in die Fe_3O_4-Phase hinein. Hierbei spielen sich die folgenden Phasengrenzreaktionen ab:

$$H_2(\text{gas}) + 2|e|^{\cdot(R)} \rightleftharpoons 2H^+(\text{ads}) \quad (\text{Chemisorption}) \tag{8.32a}$$

$$FeO + 2H^+(\text{ads}) + |Fe|'' \rightleftharpoons H_2O(\text{gas}) \quad (\text{Reaktion}) \tag{8.32b}$$

$$Fe^{2+} + 2e^- \;(\text{Phasengrenze I}) \xrightarrow[\text{über } |Fe|'' \text{ und } |e|^{\cdot}]{\text{diffundieren}} Fe^{2+} + 2e^-$$

$$(\text{Phasengrenze II}) \quad (\text{Diffusion}) \tag{8.32c}$$

$$Fe_3O_4 \rightleftharpoons 4FeO + |Fe|'' + 2|e|^{\cdot} \quad (\text{Reaktion an Phasengrenze II}) \tag{8.32d}$$

Wie man aus dem Reaktionsschema (8.32) erkennt, werden für jede an der Phasengrenze I durch Sauerstoffentzug „zerstörte" FeO-Gruppe an der Phasengrenze II durch Reaktion (8.32d) vier neue FeO-Gruppen erzeugt. Hiernach resultiert eine Wanderung der beiden Phasengrenzen nach links, wobei Phasengrenze II infolge der größeren Produktion an FeO-Gruppen rascher wandert (Abb. 8.26). Mit dem vorliegenden Reaktionsmechanismus wird man bei hohen Temperaturen (= 1000 °C) rechnen dürfen.

Oberhalb 570 °C scheint noch ein weiterer Mechanismus diskutabel, der von Edström vorgeschlagen wurde. Wird das chemische Potential des Eisens an der Phasengrenze Eisenoxid/Wasserstoff gleich dem chemischen Potential des Eisens der Fe-Keime, dann wird sich ähnlich wie bei der oben behandelten Reduktion von NiO ein dünner Eisenfilm auf dem Oxid ausbilden, der nun als semipermeable Membran wirkt, durch die der Sauerstoff — auf Grund des durch die Anwesenheit von Wasserstoff verursachten chemischen Potentialgefälles — nach außen diffundiert und mit dem Wasserstoff zu Wasser abreagiert. Mit einer Wasserstoffdiffusion ist ebenfalls zu rechnen, die besonders im mittleren Temperaturbereich sogar noch wahrscheinlicher ist. In diesem Fall wird an der Phasengrenze FeO/Fe H_2O-Dampf gebildet, der zum Aufreißen des Fe-Filmes führt. Die hierbei zurückbleibenden Fe-Ionen und Elektronen können entweder durch Anbau den Eisenfilm verbreitern oder zur Phasengrenze FeO/Fe_3O_4 abwandern und die Reaktion (8.32d) durch „Auffüllen" der Fehlstellen fördern. Die Dicke des Eisenfilms bzw. die Konkurrenz der beiden Diffusionsvorgänge (O in Fe und Fe-Ionen in FeO) wird von den Diffusionsgeschwindigkeiten abhängen. Wie aus den Versuchsergebnissen der FeO-Reduktion von Bénard und Mitarbeitern[1] hervorgeht, kann die Ausbildung kompakter Eisendeckschichten auf dem Oxid eine starke Abnahme der Reduktionsgeschwindigkeit hervorrufen.

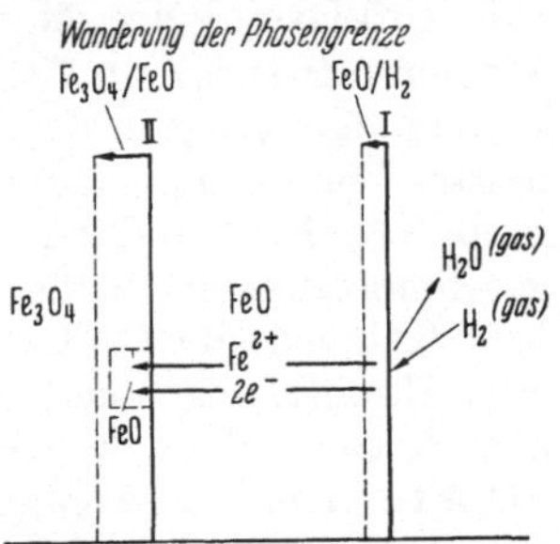

Abb. 8.26. Schematische Darstellung der Reduktion von Magnetit mittels Wasserstoff unter der Voraussetzung einer genügend raschen Abdiffusion der nach (8.32b) des Sauerstoffs verlustig gegangenen Fe-Ionen durch die FeO-Schicht.

Kürzlich berichteten v. Bogdandy, Schulz, Würzner und Stranski[2] über den Mechanismus der Reduktion von porigen Hämatit-Pellets hoher Reinheit mit Wasserstoff und Wasserstoff-Stickstoff-Gemischen bei verschiedenen Drucken und Strömungsgeschwindigkeiten zwischen 600 und 870 °C. Um die Gasdiffusion in den Poren als geschwindigkeitsbestimmenden Teilschritt auszuschließen, wurde die Korngröße zu 3 bis 5 mm gewählt. Bei größeren Oxidkörnern mit längeren Porenkanälen wurde im Temperaturgebiet zwischen 600 und 900 °C gefunden, daß die Reduktionsgeschwindigkeit durch die Diffusion von H_2O in den Poren von der Reaktionsfront ins Freie bestimmt ist.[3] Um eine Überlagerung der ohne Abkühlung nachfolgenden Reduktion von Wüstit zu Eisen durch die Reduktion höherer Oxide auszuschließen, wurden die aus reinem Kiruna-Konzentrat vorliegenden Hämatit-Pellets zuerst in einem Gasgemisch von 60% H_2 und 40% CO_2 zu Wüstit vorreduziert.

Die Reduktionsgeschwindigkeit ist in dem untersuchten Druckbereich von 1 bis 6 atm Wasserstoff nicht nennenswert druckabhängig. Wird hingegen bei gleichbleibendem Gesamtdruck der Wasserstoffpartialdruck durch Stickstoff verringert, so sinkt die Reduktionsgeschwindigkeit proportional mit dem Wasserstoffpartialdruck. In den teilreduzierten Proben erkennt man im Schliffbild eine in erster Näherung statistische Verteilung der Eisenabscheidung. Bei hohen Reduktionsgraden findet man neben vielen durchreduzierten FeO-Körnern auch solche, die noch in ihrer ursprünglichen Form erhalten sind und nur von einer dünnen, offenbar kompakten, Eisenschicht umhüllt sind. Die

[1] Moreau, J., J. Bardolle u. J. Bénard: Rev. Métallurgie 48, 3 (1951).
[2] Bogdandy, L. von, H. P. Schulz, B. Würzner u. I. N. Stranski: Arch. Eisenhüttenwes. 34, 401 (1963).
[3] Bogdandy, L. von, u. W. Janke: Z. Elektrochem. Ber. Bunsenges. phys. Chem. 61, 1146 (1957).

Ursache dieser bemerkenswerten Erscheinung, auf die wir noch einmal zurückkommen, wurde von KOHL und ENGELL[1] aufgeklärt.

Der Gang der Reduktionsgeschwindigkeit mit der Korngröße kann durch die THIELE-WICKEsche Theorie[2] über Reaktion und Diffusion in Poren annähernd beschrieben werden, wie an Hand von Reduktionsversuchen verschieden großer Eisenoxidkörner zwischen 600 und 900 °C in Wasserstoff gezeigt werden konnte.[3]

Kürzlich wurde von KOHL und ENGELL[1] ein weiterführender Beitrag zur Aufklärung des Mechanismus der Reduktion des Wüstits durch Wasserstoff zwischen 700 und 1000 °C geliefert. Der Schwerpunkt dieser Untersuchung lag in der Herstellung eines sehr reinen Wüstits mit definierter Fehlordnungskonzentration und deren Einfluß auf Art und Ausmaß der Eisenbildung. Zu diesem Zwecke wurde entweder zonengeschmolzenes Reinsteisen in Blechstreifen von $10 \times 1 \times 0{,}5\ \mathrm{cm}^3$ bei 1250 °C in einem CO-CO_2-Gasstrom mit 60% CO_2 in Wüstit umgewandelt oder Eisen(II)-carbonat hoher Reinheit im Vakuum langsam auf 800 °C aufgeheizt und nach beendeter CO_2-Abgabe in einem definierten CO-CO_2-Strom bei 1250 °C getempert. Während im ersten Fall Oxidproben von $1 \times 1 \times 0{,}035\ \mathrm{cm}^3$ herausgeschnitten wurden, wurde das nach dem zweiten Verfahren erhaltene Oxidpulver in Pastillen verpreßt. Zwecks Erreichung einer definierten Fehlordnung und einer homogenen Verteilung der unvermeidlich stets vorhandenen Verunreinigungen wurden die Proben vor dem Versuch zumeist bei 1250 °C etwa 15 Stunden in CO-CO_2-Gemischen mit 25, 30, 40, 50, 60 oder 70% CO_2 nachgetempert. Entsprechend der Fehlordnungsgleichung

$$CO_2\,(\mathrm{gas}) = FeO + |Fe|'' + 2\,|e|^{\bullet} + CO\,(\mathrm{gas}) \tag{8.33}$$

stellt sich eine definierte Eisenionenleerstellen-Konzentration ein (Abb. 8.27).

Anschließend wurden die so behandelten Wüstitproben in einem definierten H_2-H_2O-Gemisch (2,6% H_2O-Dampf) zwischen 700 und 1000 °C, insbesondere bei 800 °C, reduziert. Im Gegensatz zu der im Schrifttum häufig beschriebenen Bildung von Eisenschwamm konnte in der vorliegenden Arbeit in den meisten Fällen die Ausbildung einer dichten Eisenschicht beobachtet werden. Ferner wurden die Gründe einer Eisenschwammbildung aufgeklärt, die bei der Reduktion nur auf den Wüstitproben auftritt, die nicht vor der Reduktion getempert wurden, um die geringen Verunreinigungen, die sich bevorzugt auf der Eisenseite ausbilden, homogen im Wüstit zu verteilen. Erst durch die gleichmäßige Verteilung (Si, Mn usw.) sind die für die Ausbildung einer kompakten Fe-Schicht erforderlichen artfremden Keime vorhanden, die die Keimbildung und das Keimwachstum fördern. Die außerordentlich unterschiedliche Dicke der beiden Fe-Schichten einer anreduzierten FeO-Probe (Abb. 8.28) — $5 \cdot 10^{-4}$ mm für die deckende Eisenschicht und

[1] KOHL, H. H., u. H. J. ENGELL: Arch. Eisenhüttenwes. **34**, 411 (1963).
[2] THIELE, E. W.: Ind. Engng. Chem. **31**, 916 (1939). — E. WICKE: Z. Elektrochem. Ber. Bunsenges. phys. Chem. **60**, 774 (1956).
[3] BOGDANDY, L. VON, u. H. G. RIECKE: Arch. Eisenhüttenwes. **29**, 603 (1958).

0,1 mm für den Eisenschwamm – zeigt eindrucksvoll, wie stark die Bildung der deckenden Metallschicht den Ablauf der Reduktion hemmt. Bei Bildung einer porigen Fe-Schicht wird ein lineares Zeitgesetz ge-

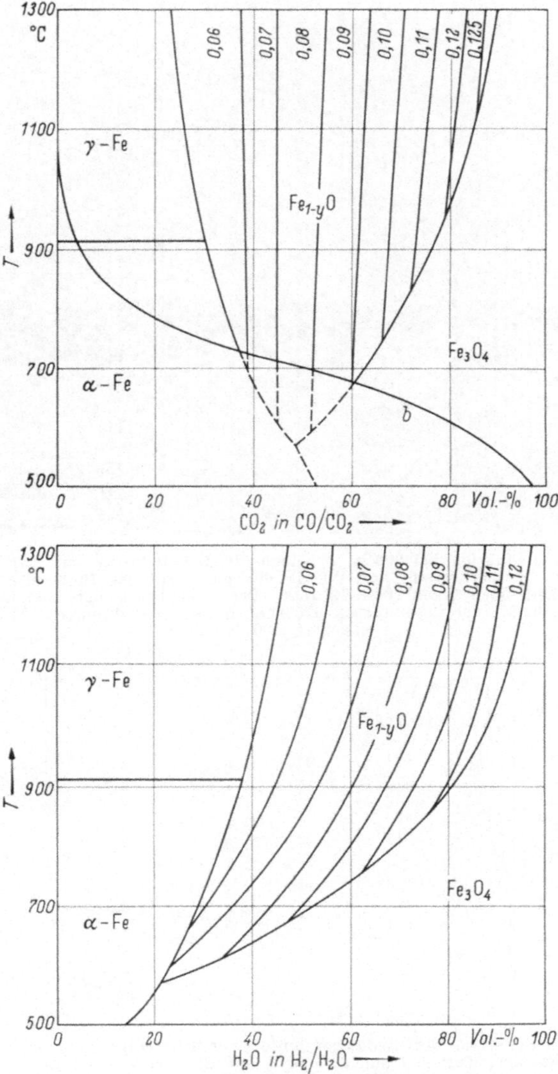

Abb. 8.27. Zustandsschaubilder des Systems Eisen–Kohlenstoff–Sauerstoff und Eisen–Sauerstoff–Wasserstoff bei 1 atm Gesamtdruck, zusammengestellt von KOHL und ENGELL. *b* ist die Kurve für das Gleichgewicht: $CO_2 + C \rightleftharpoons 2CO$. Die Zahlen oben an den Kurven bedeuten den Molenbruch an Fe-Ionenleerstellen.

funden (Abb. 8.29), das bis zu hohen Reduktionsgraden gültig bleibt. Die Ausbildung einer dichten Fe-Schicht hingegen führt zu einem parabolischen Zeitgesetz.

Das bei der Bildung einer deckenden Eisenschicht beobachtete parabolische Zeitgesetz läßt als geschwindigkeitsbestimmenden Schritt einen Diffusionsvorgang durch die wachsende kompakte Eisenschicht ver-

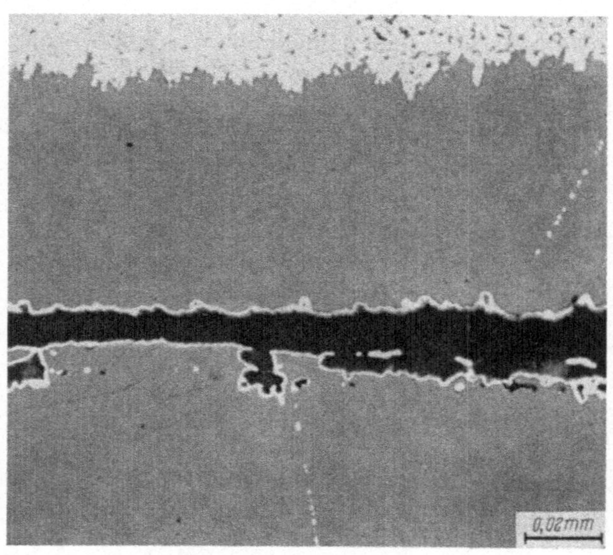

Abb. 8.28. Durch Reduktion bei 800 °C in einem H_2-H_2O-Gemisch mit 2,7% H_2O-Dampf erhaltener poriger Eisenschwamm auf Wüstit mit einer auf der Innenseite vorhandenen dünnen Eisenschicht nach KOHL und ENGELL. Der Molenbruch der Eisenionenleerstellen im Wüstit betrug 0,063, der Gesamtdruck 670 Torr und die Reduktionszeit 33,5 Min. (Probe ungeätzt, 500:1).

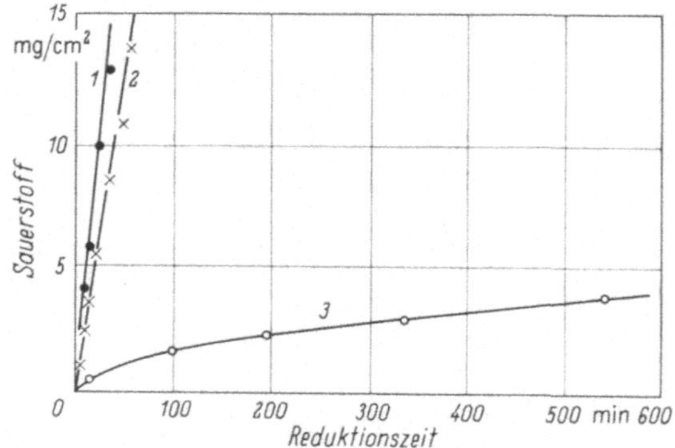

Abb. 8.29. Zeitlicher Verlauf der Reduktion unter Versuchsbedingungen wie in Abb. 8.28 nach KOHL und ENGELL. Kurven *1* und *2*: Wüstit mit Eisenschwamm (linear) und Kurve *3*: Wüstit mit kompakter Eisenschicht (parabolisch).

muten. Ohne Zweifel ist dieser Vorgang die Diffusion des Sauerstoffs. Ein parabolisches Zeitgesetz würde sich bei der Diffusion von Wasserstoff oder Wasserdampf durch Poren in der Metallschicht nur dann ergeben, wenn das Verhältnis von mittlerer Porenlänge zur Summe der mittleren Querschnitte der Poren proportional dem Reduktionsgrad wäre.

Da es sich hier um ein stationäres Diffusionsproblem handelt mit konstant vorgegebenen Konzentrationen an Sauerstoff, $c_O^{(i)}$ und $c_O^{(a)}$, an den Phasengrenzen Fe/FeO (i) und FeO/H_2 (a), folgt für den Strom des Sauerstoffs durch die Schicht:

$$j_O = D_O \frac{c_O^{(i)} - c_O^{(a)}}{\xi} \tag{8.34}$$

wobei ξ die Dicke der Fe-Schicht ist. Hieraus folgt, da $c_O^{(i)} \gg c_O^{(a)}$, für den Transportkoeffizienten T_O des Sauerstoffs:

$$T_O = D_O \, c_O^{(i)} = \frac{\xi^2}{2 V_{Fe} t} \, . \tag{8.35}$$

Hier bedeutet V_{Fe} das Atomvolumen des Eisens und t die Zeit.

Für 800 °C und in einem H_2-H_2O-Gemisch mit 2,6% H_2O-Dampf von 682 Torr Gesamtdruck ergab sich T_O zu $1{,}2 \cdot 10^{-12}$ g cm^{-1} sec^{-1} in

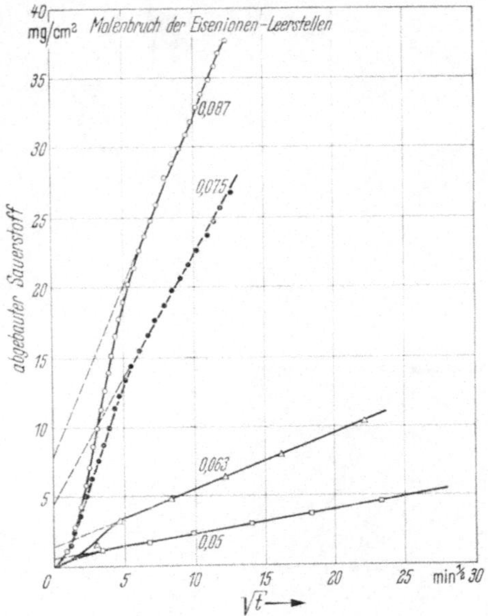

Abb. 8.30. Reduktionsverlauf von gesinterten Wüstitproben mit verschiedenen Leerstellenkonzentrationen nach KOHL und ENGELL. Reduktion bei 800 °C in H_2-H_2O-Gemischen mit 2,5% Wasserdampf. Gesamtdruck 700 Torr.

Übereinstimmung mit dem Wert, der aus Messungen der inneren Oxydation von Eisenlegierungen berechnet wurde.[1]

Bemerkenswert ist der Befund über die Abhängigkeit der Reduktionsgeschwindigkeit vom Molenbruch der Eisenionenleerstellen, wie aus Abb. 8.30 zu ersehen ist. Nach einem anfänglich linearen Verlauf der Reduktion folgt nach etwa 25 Minuten ein Übergang zu einem parabolischen Verlauf. Ferner erkennt man aus Abb. 8.31 eine mit der Leerstellenkonzentration zunehmende Porenbildung. Wüstitproben, die sich

[1] BOHNENKAMP, K., u. H. J. ENGELL: Arch. Eisenhüttenwes. **35**, 1011 (1964).

zu Beginn der Reduktion im Kontakt mit Eisen befinden, zeigen keine Porenbildung. Gleichzeitig folgt an diesen Proben die Reduktion von Versuchsbeginn an einem parabolischen Zeitgesetz.

Der Einfluß der Leerstellenkonzentration im Wüstit auf den Reduktionsablauf läßt sich folgendermaßen deuten. Entsprechend der Reduktionsgleichung:

$$H_2\,(\text{gas}) + \text{FeO} + |\text{Fe}|'' + 2\,|e|^{\bullet} = H_2O\,(\text{gas}) \tag{8.36}$$

werden der Leerstellengehalt und die Defektelektronenkonzentration so lange abgebaut, bis das chemische Potential $\mu_{\text{Fe}}^{\text{K}}$ des Eisens zur Fe-Keimbildung erreicht ist. Hierbei hängt der Zeitpunkt der Eisenausscheidung vom Verhältnis der Geschwindigkeit des Sauerstoffausbaus zur Nachlieferung des Sauerstoffs über Leerstellen aus dem Innern des Oxids

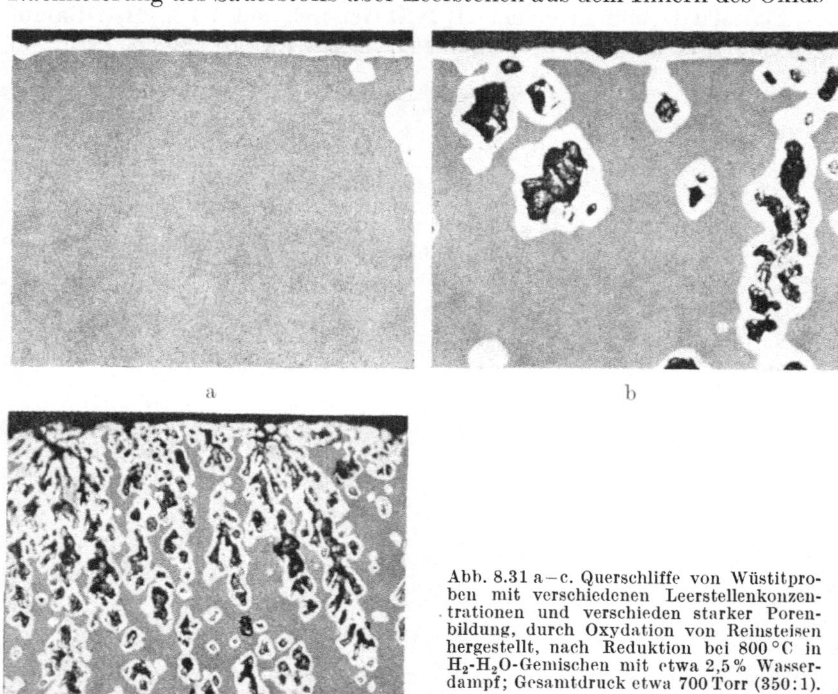

Abb. 8.31 a–c. Querschliffe von Wüstitproben mit verschiedenen Leerstellenkonzentrationen und verschieden starker Porenbildung, durch Oxydation von Reinsteisen hergestellt, nach Reduktion bei 800 °C in H_2-H_2O-Gemischen mit etwa 2,5 % Wasserdampf; Gesamtdruck etwa 700 Torr (350:1).
a) $x_{|\text{Fe}|''} = 0{,}05$; Reduktionszeit 1245 Min.
b) $x_{|\text{Fe}|''} = 0{,}063$; Reduktionszeit 1326 Min.
c) $x_{|\text{Fe}|''} = 0{,}10$; Reduktionszeit 108 Min.

ab (Diffusion). Diese ist wiederum durch den Gradienten der Leerstellen im Oxid festgelegt, der örtlich infolge der unebenen und mit Rissen versehenen Oberfläche recht unterschiedlich sein kann. Dies ist in Abb. 8.32 schematisch an einer mit einer Fe-Schicht bedeckten Wüstitoberfläche mit einer keilförmigen Vertiefung in Anlehnung an Betrachtungen von Wagner[1] erläutert. Wie man erkennt, ist der Gradient der

[1] Wagner, C.: Z. Elektrochem. Ber. Bunsenges. phys. Chem. **63**, 772 (1959).

Leerstellenkonzentration an der Spitze am größten, was zur Folge hat, daß hier die Lücken am schnellsten zur Oberfläche wandern, während die durch Reduktion erzeugten Eisenionen ins Innere abwandern und somit die Kerbe vertiefen. Hierdurch wird aber letztlich die Wüstitoberfläche vergrößert, und zwar um so mehr, je größer die vorgegebene Leerstellenkonzentration im Wüstit ist. Durch den Ablauf dieser Tiefenreduktion wird das Auftreten der in Abb. 8.31 wiedergegebenen Porenbildung verständlich.

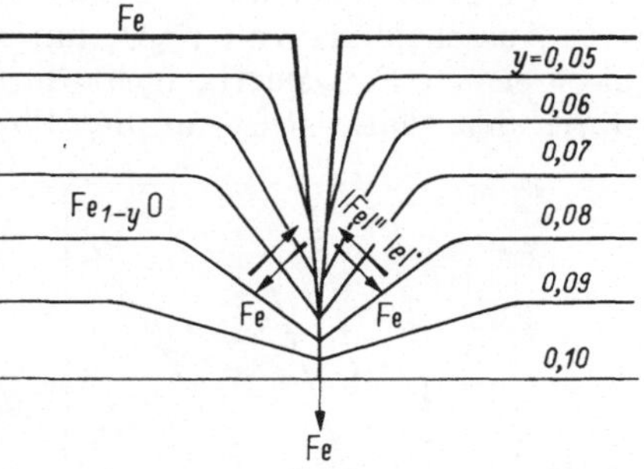

Abb. 8.32. Schema der Porenbildung bei Reduktion von Wüstit mit Niveaukurven der Leerstellenkonzentration nach ENGELL und WAGNER.

In Ergänzung zu den Versuchen der erstgenannten Autoren[1] finden KOHL und ENGELL eine Abhängigkeit der Reduktionsgeschwindigkeit vom Gesamtdruck (200 bis 700 Torr H_2 + 2,5% H_2O) bei 880 °C nur dann, wenn die Fe-Ionenleerstellenkonzentration $>0{,}05$ (Molenbruch) ist. Die bei höheren Leerstellenkonzentrationen im Wüstit gefundene Wasserstoffdruckabhängigkeit der Reduktionsgeschwindigkeit hängt mit der durch Porenbildung im obigen Sinne auftretenden Oberflächenvergrößerung zusammen. Abschließend sei noch die Temperaturabhängigkeit der Reduktionsgeschwindigkeit, ausgedrückt in $\log D_O c_O$ als Funktion von $1/T$, von definiert vorbehandelten Wüstitproben zwischen 700 und 1000 °C mitgeteilt (Abb. 8.33). Beim Überschreiten der α–γ-Umwandlungstempe-

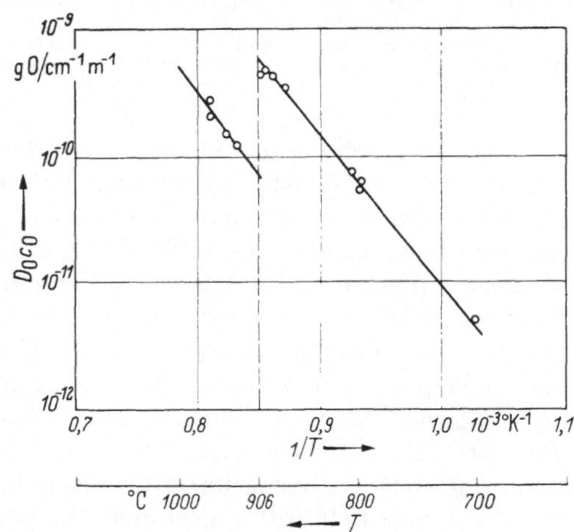

Abb. 8.33. Temperaturabhängigkeit des Transportkoeffizienten $D_O c_O$ von Sauerstoff durch Eisen nach KOHL und ENGELL.

[1] BOGDANDY, L. VON, H. P. SCHULZ, B. WÜRZNER u. I. N. STRANSKI: Arch. Eisenhüttenwes. 34, 401 (1963).

ratur nimmt das Produkt $D_O c_O$ sprunghaft ab, um dann annähernd im gleichen Steigungsmaß wieder zuzunehmen.

Wertvolle Anregungen zum Verständnis der Tieftemperatur-Reduktion (< 550 °C) von FeO erhält man aus einer Arbeit von ILSCHNER und MLITZKE[1] über die Ausscheidungskinetik in Wüstit. Hiernach soll eine Ausscheidung von Fe_3O_4 unter Zurücklassung einer metastabilen, eisenreichen FeO-Matrix nicht durch Diffusion in der Matrix, sondern durch den Platzwechsel an der Phasengrenze FeO/Fe_3O_4 erfolgen.

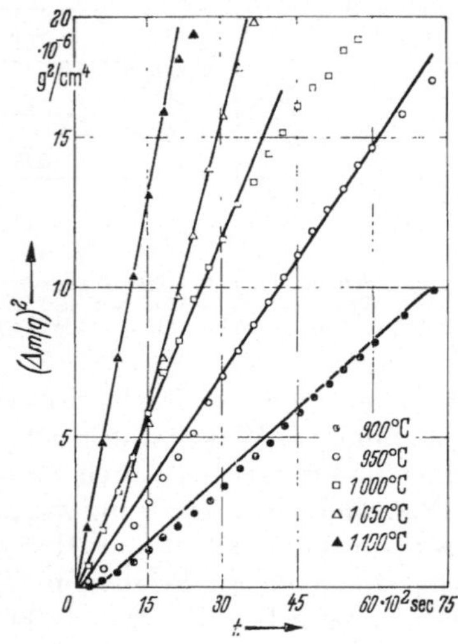

Abb. 8.34. Parabolischer Verlauf der ersten Reaktionsstufe während der Reduktion von Wüstit vom Atomverhältnis O/Fe = 1.125 bis 1.050 in geeigneten CO/CO_2-Gemischen nach LEVIN und WAGNER.

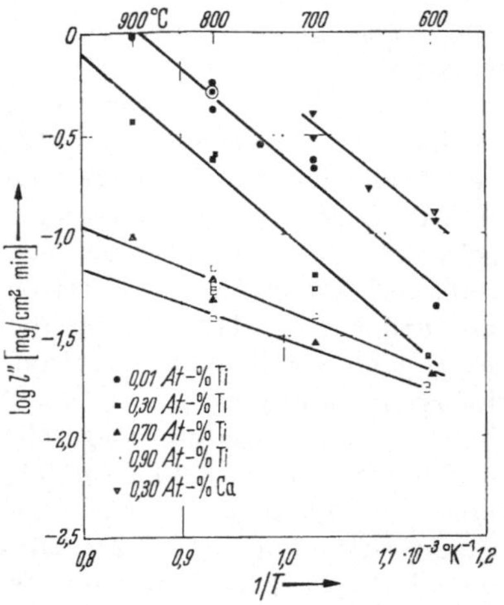

Abb. 8.35. Temperaturabhängigkeit der linearen Geschwindigkeitskonstanten der Reduktion von Fe_2O_3 zu Fe_3O_4 mit Zusätzen von TiO_2 und CaO nach GEIGER und WAGNER. Die Gaszusammensetzung war konstant und betrug CO/CO_2 = 0.16.

Zwecks Ermittlung des geschwindigkeitsbestimmenden Schrittes bei der Reduktion von Wüstit im Existenzgebiet der FeO-Phase wurden kompakte Wüstitproben vom Atomverhältnis O/Fe = 1,125 bis 1,075 oder von 1,125 bis 1,050 zwischen 900 und 1100 °C in geeigneten CO/CO_2-Gemischen anreduziert[2]. Wie aus Abb. 8.34 zu erkennen ist, folgt die Reduktion bis zu etwa 30% des Endwertes einem parabolischen Zeitgesetz, was auf eine geschwindigkeitsbestimmende Diffusion hinweist. Unter diesen Versuchsbedingungen werden also eindeutig geschwindigkeitsbestimmende Vorgänge an der Phasengrenze Oxid/Gas ausgeschlossen. Der Komponenten-Diffusionskoeffizient in FeO war mehr als eine Zehnerpotenz größer als der Selbsdiffusionskoeffizient der Fe-Ionen im FeO verschiedenen Fehlordnungsgrades. So betrug beispielsweise in $Fe_{0,91}O$ bei 1000 °C $D^*_{Fe} = 3{,}6 \cdot 10^{-8}$ und der entsprechende Komponenten-Diffusionskoeffizient $D = 5{,}5 \cdot 10^{-7}$ cm²/sec.

[1] ILSCHNER, B., u. E. MLITZKE: Acta Met. **13**, 855 (1965).
[2] LEVIN, R. L., u. J. B. WAGNER, JR.: Trans. AIME **233**, 159 (1965).

In einer weiteren Arbeit beschäftigen sich GEIGER und WAGNER[1] mit der Reduktion von reinem und mit TiO_2 bzw. CaO dotiertem Hämatit (Fe_2O_3) zu Magnetit im Temperaturbereich von 600 bis 900 °C. Im Gegensatz zur FeO-Anreduktion wird hier ein lineares Zeitgesetz gefunden. Während ein Zusatz von CaO die Reduktionsgeschwindigkeit erhöhte, trat mit steigenden Zusätzen an TiO_2 eine Abnahme auf (Abb. 8.35). Der Befund läßt sich noch nicht mit Sicherheit deuten.

Anknüpfend an Untersuchungen mit reinem FeO haben ENGELL und KOHL[2] sich mit dem Mechanismus der Reduktion von Oxidmischkristallen beschäftigt, da die natürlich vorkommenden oxidischen Erze oder die aus anderen Erzen, z. B. durch Rösten, hergestellten oxidischen Produkte aus Mischphasen oder Gemischen mehrerer Oxide bestehen. Als einfachstes Beispiel wurde die Reduktion des Mischoxids MnO-FeO studiert, das eine lückenlose Mischbarkeit zeigt und sich thermodynamisch annähernd ideal verhält.

Bei der Reduktion von binären Mischkristallen reichert sich die metallische Komponente mit dem geringeren Absolutwert der freien Enthalpie der Oxidbildung in der Metallphase und die andere Komponente in der Oxidphase an. Im stationären Verlauf der Reduktion muß daher ein Materialtransport in der Oxidphase stattfinden in dem Sinne, daß die „unedle" Metallkomponente im Oxid von der Reaktionsfront wegdiffundiert, während die „edle" zu ihr hindiffundiert. Bezeichnet man mit $x_1 = x$ den Molenbruch des Oxids mit der geringeren Sauerstoffaffinität des zugehörigen Metalls, also hier FeO und mit $x_2 = 1 - x$ den Molenbruch von MnO, so folgt für die Aktivitäten a_{Fe} und a_{Mn} von Fe und Mn:

$$a_{Fe} = K\,x\,p_{O_2}^{-1/2} \quad \text{und} \quad a_{Mn} = K'(1 - x)\,p_{O_2}^{-1/2}. \tag{8.37}$$

Bei idealem Verhalten der Legierung gilt im Oxid wie im Metall:

$$a_{Fe} + a_{Mn} = 1.$$

Für das Gleichgewicht zwischen Mischoxid und Metallphase ergibt sich daher aus Gl. (8.37):

$$p_{O_2}^{*1/2} = K\,x + K'(1 - x) = a_O^*. \tag{8.38}$$

Bedenkt man ferner, daß $K \approx 10^5 K'$ ist, dann ergibt sich an Stelle von Gl. (8.38) in hinreichender Näherung:

$$p_{O_2}^{*1/2} = K\,x = a_O^*, \tag{8.39}$$

wo $p_{O_2}^*$ bzw. a_O^* den Gleichgewichts-Sauerstoffdruck bzw. die zugehörige Aktivität des Sauerstoffs im Oxid bedeuten.

Bezeichnet man mit $x_{[\,]Fe''}$ den Molenbruch der Eisenionenleerstellen, dann kann man unter Berücksichtigung von Gl. (8.39) die folgende Beziehung hinschreiben:

$$x_{[\,]Fe''} = K'\,x. \tag{8.40}$$

---

[1] GEIGER, G. H., u. J. B. WAGNER, JR.: Trans. AIME, im Druck.

[2] ENGELL, H. J., u. H. K. KOHL: Z. Elektrochem. Ber. Bunsenges. phys. Chem. **66**, 685 (1962).

Es ergab sich, daß der Ablauf der Reduktion allein durch die Diffusion der Manganionen in der Oxidphase bestimmt wird. Für den Manganionenstrom, der gleich dem Leerstellenstrom $j_{|Fe|''}$ ist, erhält man:

$$j_{Mn^{2+}} = j_{|Fe|''} = D'_{Mn} \frac{K'}{V_{MeO}} \frac{dx}{d\xi}. \tag{8.41}$$

V_{MeO} ist das Molvolumen des Mischoxids und $dx/d\xi$ der Konzentrationsgradient nach dem Ort ξ. Ferner ergibt sich aus der Gleichheit der beiden Ströme $j_{Mn^{2+}}$ und $j_{|Fe|''}$ auch $D'_{Mn} = D_{|Fe|''}$ und $D_{Mn} = x\, D'_{Mn} = x_{|Fe|''}\, D_{|Fe|''}$

Auf Grund der Tatsache, daß bei der Reduktion des Mischoxids FeO-MnO die Wanderung des Mangans gegenüber der des Eisens stark überwiegt, läßt sich das folgende Bild über den Reduktionsvorgang vorschlagen. Durch die Reaktion des CO bzw. H_2 mit dem in der Oberfläche des Oxids vorhandenen Sauerstoff werden gemäß Gl. (8.36) zunächst die Fe-Ionenleerstellen aufgefüllt und schließlich bei weiterer Reduktion gemäß

$$H_2(\text{gas}) + FeO = Fe(\text{Metall}) + H_2O(\text{gas})$$

Eisen-Metall abgeschieden. Auf Grund der Bedingung $K \approx 10^5 K'$ wird eine nennenswerte Ausscheidung von Mangan als Legierungspartner im Eisen nicht stattfinden. Das im Oxid an der Oberfläche angereicherte MnO verursacht einen Manganionenstrom über Leerstellen und Defektelektronen ins Innere des Oxids. Hierdurch fällt die Aktivität des Sauerstoffs im Innern des Oxids unter den durch Gl. (8.38) gegebenen Grenzwert, so daß im Gegensatz zur Metallabscheidung während der Reduktion reiner Oxide hier auch eine Metallausscheidung im Oxidinnern einsetzen muß. Bei der Metallausscheidung, die überwiegend durch Eisen erfolgt, verlassen Eisenionen ihre Gitterplätze, wodurch Kationen-Leerstellen gebildet werden, die von Manganionen aufgefüllt werden, welche von der Oxidoberfläche ins Innere abdiffundieren.

Eine Komplikation wird gelegentlich durch die bei Verwendung von CO als Reduktionsmittel auftretende BOUDOUARD-Reaktion verursacht. Hierauf haben u. a. JULIARD, RAYET und LUDÉ[1] hingewiesen. Das Auftreten von Austenit ist die unmittelbare Folge des sich bei der Reduktion von Fe_3O_4 mit CO einstellenden BOUDOUARDschen Gleichgewichts. Diese Tatsache ist für den Reaktionsablauf der Reduktion von Bedeutung. Das sich um die FeO-Partikel ausbildende Eisen wird zu einem austenitischen Gefüge aufgekohlt. Auf Grund der relativ hohen Diffusionsgeschwindigkeit von Kohlenstoff in Austenit bei genügend hohen Temperaturen gelangt der Kohlenstoff an die Wüstitgrenzfläche und reagiert dort mit den Sauerstoffionen des FeO-Gitters zu $CO + CO_2$. Demzufolge kommt es im Eisen in der Nähe der Phasengrenze Fe/FeO zu einer Verarmung an Kohlenstoff, was sich im Schliffbild durch eine Perlitstruktur bemerkbar macht. Infolge des sich hierbei einstellenden hohen Gasdruckes kann eine Blasenbildung im Fe auftreten, was in der Technik an reduzierten Erzproben, die noch Wüstiteinschlüsse aufweisen, auch oft beobachtet

[1] JULIARD, A., R. RAYET u. A. LUDÉ: Disc. Faraday Soc. 4, 193 (1948).

wird. Der an der Phasengrenze Austenit/Wüstit auftretende Gasdruck scheint häufig groß genug zu sein, um ein Aufplatzen des Eisen-Wüstit-Kontaktes zu bewirken. Durch diese Hohlräume kann dann das reduzierende Gas (CO) unmittelbar an das noch nicht reduzierte Erz gelangen und die Reduktion fortsetzen.[1]

HEISKALA[2] berichtet über die Kinetik der Reduktion von UO_3 zu UO_2 zwischen 575 und 750 °C in reinem Wasserstoff. Die Reaktionsgeschwindigkeit war unabhängig von der Dicke der UO_2-Schicht und wurde durch chemisorbierendes Wasser erniedrigt.

8.5 Über den Reduktionsmechanismus weiterer Reaktionssysteme

In ähnlicher Weise kann man die erste Reduktionsperiode bei der Reduktion eines elektronenüberschußleitenden Oxids, wie beispielsweise ZnO, beschreiben. Der einleitende Teilschritt ist auch hier bei genügend hoher Temperatur die Chemisorption von H_2 an der ZnO-Oberfläche unter Aufspaltung der Moleküle:

$$\tfrac{1}{2}\,H_2(\text{gas}) \rightleftharpoons H^+(\text{ads}) + e'^{(R)}. \qquad (8.42)$$

Hiernach treten freie Elektronen in das ZnO-Gitter ein, die zur Erhöhung der elektrischen Leitfähigkeit beitragen, wie von ANDERSON[3] beobachtet wurde und auch nach dem WAGNERschen Fehlordnungsbild für ZnO zu erwarten ist.[4] Nach längerer Reaktionsdauer und insbesondere bei höherer Temperatur tritt ein merklicher Ausbau von Sauerstoff aus dem ZnO-Gitter, wahrscheinlich unter Bildung von Sauerstoffionenleerstellen $|O|^{\cdot\cdot}$ an der *Oberfläche,* auf:

$$H_2(\text{gas}) \rightleftharpoons H_2O(\text{gas}) + |O|^{\cdot\cdot} + 2e'. \qquad (8.43)$$

Nach Erreichen einer gewissen Fehlordnungskonzentration — verursacht durch Teilschritt (8.43) — ist es nicht mehr sinnvoll, mit Sauerstoffionenleerstellen allein zu rechnen. Infolge der bevorzugten Fehlordnung von Zn-Ionen auf Zwischengitterplätzen $Zn^{\cdot\cdot}$ bzw. $Zn^{\cdot}$ wird bei weiterem Reaktionsablauf die Bildung der Zn-Ionen auf Zwischengitterplätzen die der Sauerstoffionenleerstellen weit übertreffen. Man wird also (8.43) zweckmäßigerweise durch die folgende symbolische Gleichung ersetzen:

$$\left.\begin{array}{ll} & H_2(\text{gas}) + ZnO \rightleftharpoons H_2O(\text{gas}) + Zn^{\cdot\cdot} + 2e' \\ \text{bzw.} & H_2(\text{gas}) + ZnO \rightleftharpoons H_2O(\text{gas}) + Zn^{\cdot} + e'. \end{array}\right\} \qquad (8.44)$$

Durch die Reaktionsfolge (8.42) bis (8.44) werden die hierbei frei werdenden Zn-Ionen und Elektronen so lange als Zn-Ionen auf Zwischengitterplätzen und freie Elektronen in die ZnO-Randschicht infolge Feldtransport, wie oben besprochen, abdiffundieren, bis das chemische Potential des Zinks an der Oberfläche der ZnO-Phase gleich ist demjenigen eines Zn-Keimes. Wenn man von gewissen Übersättigungserscheinungen

[1] KALLING, B., u. J. LILLJEKVIST: Tekn. Tidskr. 1926.
[2] HEISKALA, V. H.: J. phys. Chem. 69, 2012 (1965).
[3] ANDERSON, J. S.: Disc. Faraday Soc. 4, 163 (1948).
[4] BAUMBACH, H. H. VON, u. C. WAGNER: Z. phys. Chem. (B) 22, 199 (1933).

infolge Keimbildungshemmung absieht, tritt jetzt Keimbildung von Zn an der ZnO-Oberfläche auf und damit gelangen wir — ganz ähnlich wie beim Reduktionssystem $Cu/Cu_2O/H_2$ oder $NiO/Ni/H_2$ — in das 2. Reaktionsstadium, wo die maßgebende Rolle der Fehlordnungsstruktur aufhört. Infolge der leichten Verdampfbarkeit des Zinks wird es bei höheren Temperaturen nicht zu einem Wachsen der Zn-Keime kommen, da hier die Geschwindigkeit der Verdampfung von Zink größer ist als die des Kristallwachstums. Dies entspricht durchaus den experimentellen Beobachtungen.[1]

Umfangreiche kinetische Messungen über die Reduktionsgeschwindigkeit von AgCl, Ag_2S, AgCN, Ag_3PO_4 und Ag_2SO_4 zwischen 200 und 375 °C bei verschiedenen Wasserstoffdrucken wurden von TIGGELEN und Mitarbeitern[2] veröffentlicht. Die dort aufgestellten Zeitgesetze wären im Sinne der obigen Darstellung zu verfeinern, was aber erst durch geeignete weitere Messungen möglich ist.

In ähnlicher Weise verläuft die Reaktion

$$Ag_2S + 2\,Cu \rightleftharpoons Cu_2S + 2\,Ag, \tag{8.45}$$

wobei Silber und eine Mischphase aus Ag_2S und Cu_2S entsteht. Auch hier beruht die Startreaktion auf der Bildung von überschüssigen Ag-Ionen und freien Elektronen, die bevorzugt an bereits vorhandenes Silber diffundieren. Die Richtigkeit dieser Überlegungen konnte WAGNER[3] an der in Abb. 8.36 dargestellten Versuchsanordnung zeigen. Ein Ag_2S-Zylinder von 0,6 cm Durchmesser und 0,4 cm Dicke wurde auf der einen Seite mit einem Kupferzylinder und auf der anderen Seite mit einer Silberfolie zusammengepreßt und anschließend 3 bis 7 Stunden bei 400 °C getempert. Es wurde gefunden, daß das während der Reaktion (8.45) entstandene Silber durch den Ag_2S-Zylinder zur Silberfolie gewandert ist, wobei die Dicke der Folie, die vor Versuchsbeginn 0,01 cm betrug, um 0,05 cm zugenommen hatte. Im Innern des Ag_2S-Zylinders konnten nur Spuren von metallischem Silber beobachtet werden. Aus diesem Befund geht klar hervor, daß überschüssige Ag-Ionen und freie Elektronen über Entfernungen von einigen Millimetern wandern können, ehe sie sich zu metallischem Silber vereinigen.

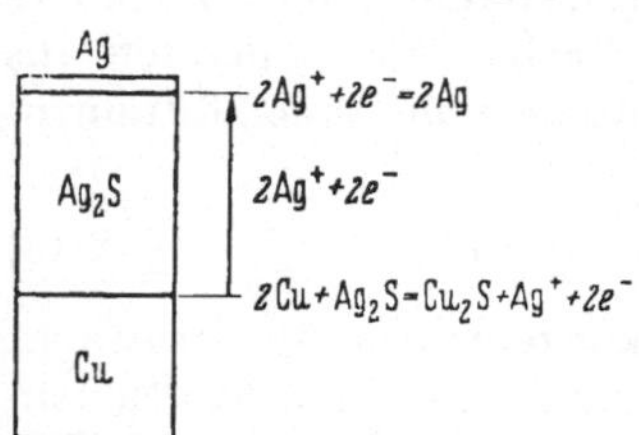

Abb. 8.36. Schematische Darstellung der Versuchsanordnung für die Reaktion: $Ag_2S + 2\,Cu = Cu_2S + 2\,Ag$ nach WAGNER.

In einer völlig identischen Versuchsanordnung gelang es WAGNER ebenfalls, den Reaktionsmechanismus der Reaktion

$$Cu_2S + Fe \rightleftharpoons FeS + 2\,Cu$$

---

[1] Vgl. u. a. M. BODENSTEIN: Z. Elektrochem. angew. phys. Chem. **43**, 461 (1937). — M. J. N. POURBAIX u. C. RORIVE-BOUTÉ: Disc. Faraday Soc. 4, 223 (1948).

[2] TIGGELEN, A. VAN, L. VANREUSEL u. P. NEVEN: Bull. Soc. Chim. Belges **61**, 651 (1952).

[3] WAGNER, C.: Trans. AIME, J. Metals 4, 214 (1952).

aufzuklären. Auch hier wandern Cu-Ionen — hier allerdings nicht als Ionen über Zwischengitterplätze —, sondern über Leerstellen im Verband mit Elektronen über Elektronendefektstellen zur vorgelegten Cu-Phase, die mit fortschreitender Reduktion an Masse gewinnt. Auch in diesem Reaktionssystem sind die Hemmungen der Keimbildung größer als die der Wanderung über Wegstrecken von einigen Millimetern.

Unter Ausnutzung der leichten Verdampfbarkeit von Zn und ZnS untersuchten GROSS und WARRINGTON[1] die Reduktion von ZnS durch γ-Eisen bei 1000 °C unter vermindertem Druck von $\leqq 10$ Torr. Wie die Versuchsergebnisse zeigen, ist unter diesen Bedingungen der Angriff von gesättigten ZnS-Dämpfen auf Eisen beachtlich. Quantitative Messungen wurden nicht ausgeführt. BETHUNE und PIDGEON[2] bestimmten die Gleichgewichtsdrucke des Zinkdampfes zwischen 850 und 1000 °C der folgenden Reaktionen:

$$ZnS^{(s)} + Fe^{(s)} \rightleftharpoons FeS^{(s)} + Zn\,(gas)$$

$$ZnS^{(s)} + 2\,Cu^{(s)} \rightleftharpoons Cu_2S + Zn\,(gas).$$

Bei der zweiten Reaktion treten durch die Messingbildung während des Reaktionsablaufs weitere Komplikationen auf. An Hand der vorliegenden Aktivitätswerte von BIRCHENALL und MEHL[3] von Kupfer in α-Messing ist eine thermodynamische Berechnung der Temperaturabhängigkeit der Gleichgewichtskonstanten möglich. Über kinetische Daten und den Reaktionsmechanismus sind jedoch keine Angaben vorhanden.

Mittels einer Federwaage wurde von SASAKI und UEDA[4] der zeitliche Verlauf der Reduktion von WO_3 mittels Wasserstoff untersucht. Hierbei wurde beobachtet, daß die Reduktion um so rascher verlief, je höher die Reduktionstemperatur und je feiner das Oxidkorn war. Unter 400 °C trat in keinem Fall eine Reduktion auf. Bei einer Korngröße von etwa 0,01 μ war bereits in 3 Stunden eine 100%ige Reduktion zu erreichen. Mit fallender Reduktionstemperatur und Korngröße war das Reaktionsprodukt sauerstoffempfindlich bis pyrophor. Die Deutung des Mechanismus wird durch die Tatsache erschwert, daß WO_2 und W_2O_5 als Zwischenprodukte durchlaufen werden, über deren Fehlordnungsverhältnisse zur Zeit noch nichts bekannt ist. Die erforderlichen thermodynamischen Daten wurden von VENTURINI[5] veröffentlicht. Bemerkenswert ist der mitgeteilte Befund, daß oberhalb 2000 °K eine direkte Reduktion des WO_3 zu Metall ohne Durchlaufen der Zwischenoxidstufen möglich sein soll.

Abschließend sei auf die Reduktion von in Alkalihalogeniden gelösten Silberionen hingewiesen.[6] Die Reduktionsgeschwindigkeit folgt dem

[1] GROSS, P., u. M. WARRINGTON: Disc. Faraday Soc. **4**, 215 (1948).
[2] BETHUNE, A. W., u. L. M. PIDGEON: J. Metals **5**, 804 (1953).
[3] BIRCHENALL, C. E., u. R. F. MEHL: Trans. AIME **171**, 143 (1947).
[4] SASAKI, N., u. R. UEDA: Bull. Inst. Chem. Res. Kyoto Univ. **20**, 49 (1950).
[5] VENTURINI, J.: Congr. matériaux résistants achaud, AERA 1951, 307.
[6] GOMES, W.: Trans. Faraday Soc. **59**, 1684 (1963).

parabolischen Zeitgesetz, wobei Wasserstoff als H_2 durch den Kristall diffundieren soll. Es bleibt jedoch unverständlich, auf welche Weise das gebildete HCl vom Reaktionsort durch den Kristall in die Gasphase gelangen soll. In Abb. 8.37 ist die Wasserstoffdruckabhängigkeit der Geschwindigkeitskonstanten der Reduktion von AgCl bzw. AgBr gelöst in KCl bzw. KBr bei 620 bzw. 680 °C wiedergegeben.

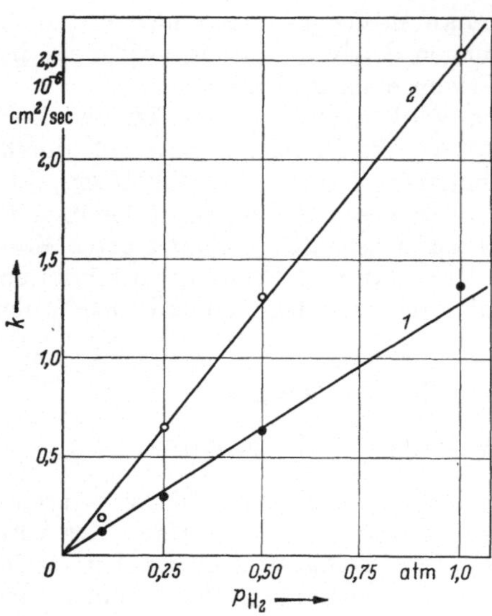

Abb. 8.37. Wasserstoffdruckabhängigkeit der Reduktionsgeschwindigkeit von in KCl bzw. KBr gelösten Silberionen nach GOMES.

1: KCl + 0,05 Mol-% AgCl bei 620 °C; *2*: KBr + 0,05 Mol-% AgBr bei 680 °C.

8.6 Über den Mechanismus der Röstung von Sulfiden

Auch im Falle der industriell so bedeutsamen und interessanten Röstprozesse wird auf eine zusammenfassende Übersicht der in einer großen Zahl vorliegenden Arbeiten und Teilergebnisse verzichtet. Hier werden nur an einigen ausgewählten Röstprozessen Modellreaktionen hingeschrieben, die sich aus der Fehlordnungstheorie der festen Körper als die zur Zeit wahrscheinlichsten annehmen lassen. In gleicher Weise wie bei den Reduktionsvorgängen kann ganz allgemein als Startreaktion für den Röstprozeß die Chemisorption des Sauerstoffs am betreffenden Sulfid angesehen werden, die im Sulfid eine Erhöhung oder Herabsetzung der Elektronenstörstellenkonzentration verursacht, was durch Messung der elektrischen Leitfähigkeit verfolgt werden kann. Als zweiter Teilschritt folgt dann unter gleichzeitigem Einbau von Sauerstoff der Ausbau von Schwefelionen aus dem Sulfidgitter unter Bildung von SO_2, das in die Gasphase entweicht. Während besonders der erste der beiden Teilvorgänge wesentlich vom Fehlordnungszustand des Sulfids abhängt, wird der zweite Teilvorgang häufig von Grenzflächenreaktionen sowie Keimbildungs- und -wachstumsvorgängen bestimmt.

Wie im Kap. 3.15 mitgeteilt, sind alle Sulfide Elektronenleiter. Hier unterscheidet man zwischen Elektronenüberschußleitern, wie z. B. Bi_2S_3 [1],

---

[1] DAVIDENKO, V. A.: Z. phys. Chem. UdSSR **4**, 170 (1941).

Ag_2S[1], NiS[2], und Elektronendefektleitern, wie z. B. SnS[3], FeS[4], Cu_2S[5] und amphoteren Halbleitern, wie z. B. PbS[6], PbSe[7]. Im folgenden wollen wir die von ANDERSON[8] besonders für die erste der beiden Teilreaktionen gut untersuchte Röstreaktion $SnS + O_2$ behandeln. Infolge eines geringen Schwefelüberschusses ist SnS ein p-Typ-Halbleiter mit Defektelektronen und Sn^{2+}-Leerstellen $|Sn|''$. Die elektrische Leitfähigkeit $\varkappa$ beträgt bei 18 °C 0,01 bis 0,1 $Ohm^{-1}\,cm^{-1}$. Durch Wasserstoffbehandlung bei 300 °C oder durch längeres Ausheizen im Hochvakuum sinkt die Leitfähigkeit bei 18 °C um 4 bis 6 Zehnerpotenzen. Ein Elektronenüberschuß- bzw. n-Typ-Halbleiter SnS — mit einem Überschuß an Zinn — kann nur durch leichtes Anreduzieren oder in Gegenwart von metallischem Zinn als Nachbarphase erhalten werden. Bringt man ein auf diese Weise an Defektelektronen verarmtes SnS in eine Sauerstoffatmosphäre, so tritt bereits bei Zimmertemperatur allmählich die alte gute Leitfähigkeit auf, die bei Erhöhung des Sauerstoffdrucks sogar noch zunehmen kann. Wie Abb. 8.38 zeigt, ist die elektrische Leitfähigkeit $\varkappa \sim p_{O_2}^{1/1,8}$. Dieser experimentelle Befund wird verständlich, wenn man berücksichtigt, daß bereits bei niedrigen Temperaturen eine Chemisorption des Sauerstoffs unter Bildung von O_2^-- bzw. O^--Ionen auftritt. Entsprechend der Darstellung auf S. 328ff. formulieren wir den Vorgang der Chemisorption

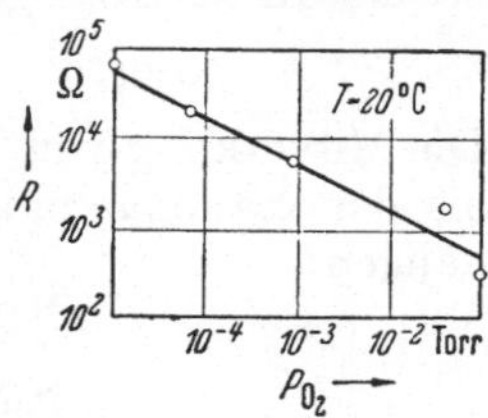

Abb. 8.38. Der elektrische Randschicht-Widerstand von SnS in Abhängigkeit vom Sauerstoffpartialdruck bei 20 °C nach ANDERSON ($\varkappa \sim p_{O_2}^{1/1,8}$).

$$\tfrac{1}{2}\,O_2(\text{gas}) \rightleftharpoons O^-(\text{ads}) + |e|^{\bullet}, \qquad (8.46)$$

wobei die Zahl der Defektelektronen in Oberflächennähe — in der sog. Randschicht — zunimmt. Bei längerer Einwirkung von Sauerstoff wird der chemisorbierte Sauerstoff O^- (ads) infolge des Zusammenwirkens des in der Randschicht sich aufbauenden elektrischen Feldes und der thermischen Energie in das Gitter eingebaut. Entsprechend dem Fehlordnungscharakter des Zinnsulfids kann der Sauerstoff in das Gitter nicht nennenswert eindiffundieren, sondern es werden Sn^{2+}-Ionen über Leerstellen zum chemisorbierten Sauerstoff wandern und dadurch die an der Oberfläche auftretenden negativen Ladungen „neutralisieren" gemäß:

$$O^-(\text{ads}) \rightleftharpoons O|S|^{\times} + |Sn|'' + |e|^{\bullet} + SnS. \qquad (8.47)$$

[1] REINHOLD, H., u. E. SCHMIDT: Z. phys. Chem. (B) **44**, 75 (1939). — F. C. KRACEK: Trans. Amer. geophys. Union **27**, 364 (1946).
[2] HAUFFE, K., u. G. FLINT: Z. phys. Chem. **200**, 199 (1952).
[3] ANDERSON, J. S., u. M. C. MORTON: Trans. Faraday Soc. **43**, 185 (1947).
[4] HARALDSEN, H.: Z. anorg. allg. Chem. **231**, 78 (1937); **246**, 169, 195 (1941). — K. HAUFFE u. A. RAHMEL: Z. phys. Chem. **199**, 152 (1952).
[5] BUERGER, M.: J. chem. Phys. **7**, 1067 (1939); Econ. Geol. **36**, 19 (1941).
[6] EISENMANN, L.: Ann. Phys. (5) **38**, 121 (1940). — H. HINTENBERGER: Z. Phys. **119**, 1 (1942).
[7] BAUER, K.: Ann. Phys. (5) **38**, 84 (1940).
[8] ANDERSON, J. S.: Disc. Faraday Soc. **4**, 163 (1948).

Da das Einbaugleichgewicht (8.47) die Ausbildung einer Mischphase von SnO in SnS voraussetzt, wird beim Überschreiten der Löslichkeit von SnO in SnS nunmehr an der Oberfläche SnO entstehen. Dieser Vorgang ist entweder mit einem weiteren Ausbau von Sn-Ionen und Gitterelektronen aus der SnS-Phase verbunden, entsprechend der symbolischen Gleichung:

$$O^-(\text{ads}) \rightleftharpoons \text{SnO} + [|\text{Sn}|'' + |\text{e}|^{\bullet}]_{\text{in SnS}}, \qquad (8.48)$$

oder durch eine Substitution der Schwefelionen durch Sauerstoffionen unter gleichzeitigem Abreagieren der frei werdenden Schwefelionen mit Sauerstoff zu SO_2, gemäß:

$$3\,|\text{e}|^{\bullet(R)} + 3\,O^-(\text{ads}) + \text{SnS} \rightleftharpoons \text{SnO} + SO_2(\text{gas}). \qquad (8.49)$$

Die Mitwirkung von Teilvorgang (8.48) wird lediglich von dem Verhältnis der maximal möglichen Konzentrationen an $|\text{Sn}|''$ und $O\,|S|^{\times}$ abhängen:

$$x^{\text{Max}}_{O|S|^{\times}} \approx x^{\text{Max}}_{|\text{Sn}|''} \qquad \text{[nur Vorgang (8.47)]}$$

$$x^{\text{Max}}_{O|S|^{\times}} < x^{\text{Max}}_{|\text{Sn}|''} \qquad \text{[Mitbeteiligung von Vorgang (8.48)]}$$

Zur Zeit lassen sich noch keine Voraussagen machen. Auf jeden Fall wird aber im ersten Reaktionsstadium — also nach (8.46) und (8.47) — die Konzentration der Zinnionenleerstellen und der Defektelektronen erhöht, während im zweiten Reaktionsstadium — gekennzeichnet durch die einsetzende SO_2-Entwicklung — die Konzentration der Fehlstellen ($x_{|\text{Sn}''|}$ und x_+) praktisch nicht mehr geändert wird. Im stationären Zustand wird sich daher eine den Versuchsbedingungen (Temperatur und Sauerstoffdruck) entsprechende konstante Fehlordnungskonzentration einstellen.

Sofern der Reaktionsablauf (8.48) nicht vernachlässigt werden darf, muß man noch zusätzlich die Möglichkeit eines Umsatzes von SnO mit SnS berücksichtigen. Die symbolische Umsetzungsgleichung lautet:

$$2\,\text{SnO} + \text{SnS} + 3\,|\text{Sn}|'' + 6\,|\text{e}|^{\bullet} \rightleftharpoons SO_2(\text{gas}). \qquad (8.50)$$

Wenn auch zur Zeit keine konkreten Entscheidungen über die maßgebenden Teilvorgänge getroffen werden können, so steht der hier vorgeschlagene Reaktionsmechanismus nicht im Widerspruch zu dem experimentellen Befund von ANDERSON[1]. Wie aus Abb. 8.39 zu erkennen ist, tritt beim Zusatz einer kleinen Menge O_2 ein unmittelbar einsetzender Anstieg der elektrischen Leitfähigkeit auf, der nach Erreichen eines spitzen Maximums im Leitfähigkeits-Zeit-Diagramm allmählich wieder auf den Ausgangswert der Leitfähigkeit der SnS-Probe vor der Sauerstoffzufuhr abfällt. Während bei niedrigen Temperaturen, z. B. 170 °C, die Dauer des Leitfähigkeitsabfalles etwa 120 Minuten beträgt, ist bei 317 °C nach einem anfänglichen — hier auch kleineren — Leitfähigkeitsanstieg bereits innerhalb 5 Minuten der ursprüngliche Leitfähigkeitswert erreicht. Bei 113 °C war die Leitfähigkeitszunahme noch größer. Hingegen erfolgte der Abfall auf den Ausgangswert der Leitfähigkeit sehr langsam. Geht man zu noch tieferen Temperaturen über, z. B. 21 °C, so erfolgt wohl der Leit-

[1] ANDERSON, J. S.: Disc. Faraday Soc. 4, 163 (1948).

fähigkeitsanstieg praktisch mit der gleichen Geschwindigkeit wie bei höheren Temperaturen, aber ein Abfall der Leitfähigkeit ist nicht mehr feststellbar, d. h., die Defektelektronen vernichtende Reaktion (8.49) bzw. (8.50) läuft praktisch nicht mehr ab.

Wie man aus den Fehlordnungsgleichungen (8.46) bis (8.50) und dem experimentellen Befund von ANDERSON entnehmen kann, wird die Fehlordnungskonzentration während der ersten Röstperiode — der Chemisorption und der Mischkristallbildung (SnS + SnO) — in den Randschichten der SnS-Kristalle erhöht. In der zweiten Röstperiode werden dann die Fehlstellen verringert. Da die Anionen — sowohl S- wie O-Ionen — als praktisch unbeweglich anzusehen sind, wird der Ausbau des Schwefels in Form von SO_2 überwiegend über Kristallkanten und Hohlräume stattfinden, so daß beim Röstprozeß mit fortschreitender Reaktion die Diffusion der Ionen über Fehlordnungsstellen in zunehmendem Maße durch die Korngrenzen- und Porendiffusion überdeckt wird. Versuche zur Aufklärung dieses hier kurz skizzierten Problems erscheinen wünschenswert.

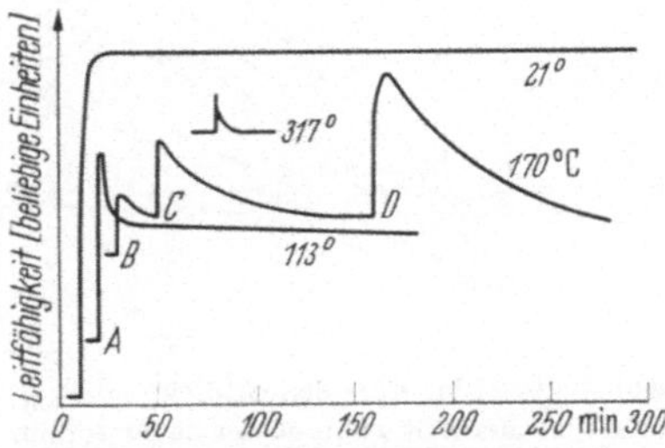

Abb. 8.39. Zeitlicher Verlauf der elektrischen Leitfähigkeit von SnS beim Zusatz von kleinen Mengen Sauerstoff in die Meßapparatur nach ANDERSON. (Während wir bei 21 °C eine reine Chemisorption von Sauerstoff mit Erhöhung der Zahl der Defektelektronen haben, wird bei Temperaturen >100 °C infolge Bildung von SnO die Zahl der Defektelektronen wieder verringert (8.49), daher wieder Abnahme der Leitfähigkeit.)

In einer mehr qualitativen, aber modellmäßig eindrucksvollen Weise untersuchte PERETTI[1] den Mechanismus der Röstung von Kupfer(II)-sulfid CuS. Zu diesem Zweck wurden kleine Preßzylinder von CuS bei 550 °C in Luft erhitzt. Der Reaktionsablauf machte sich durch die um den Versuchskörper auftretende charakteristische Schwefelflamme bemerkbar. Sowohl mikroskopisch als auch röntgenographisch konnte als Reaktionsprodukt — wenn der Versuch mit Erlöschen der Schwefelflamme zunächst abgeschaltet wurde — nur Cu_2S beobachtet werden. Der Bruttoablauf des ersten Teilschrittes der Röstung kann daher durch die folgende Gleichung dargestellt werden:

$$2\,CuS + O_2\,(gas) \rightleftharpoons Cu_2S + SO_2\,(gas).$$

In ähnlicher Weise wie in der SnS-Röstung wird auch hier die Chemisorption von Sauerstoff die Reaktion einleiten. Bei niedrigen Temperaturen wurde auch eine SO_3-Bildung beobachtet. Über die maßgebenden Einzelvorgänge (Cu-Diffusion durch Cu_2S oder Diffusion von O_2 und SO_2 durch Poren) des ersten Teilschrittes kann noch nichts ausgesagt werden.

Die sich hieran anschließende Oxydation des Cu_2S zu Cu_2O bzw. CuO wurde bei Temperaturen zwischen 430 und 965 °C untersucht und der zeitliche Verlauf messend verfolgt. Nach den Versuchsergebnissen in Abb. 8.40

[1] PERETTI, E. A.: Disc. Faraday Soc. 4, 174 (1948).

nimmt die Dicke der CuO-Schicht linear mit der Zeit zu. Offensichtlich wird der Reaktionsablauf wesentlich durch Porendiffusion von Schwefel und Phasengrenzflächenreaktionen bestimmt. Während Abb. 8.41 a den CuS-Preßzylinder im ersten Reaktionsstadium bei der Umwandlung in Cu_2S zeigt, ist in Abb. 8.41 b das Stadium dargestellt, wo der Versuchskörper als Cu_2S vorliegt und bereits am äußersten Rand infolge Weiterreaktion mit einer dünnen Cu_2O-Schicht umgeben ist, die bei weiterer Reaktion jedoch durch eine dickere — mit der Reaktionsdauer wachsende — CuO-Schicht umhüllt wird (Abb. 8.41 c). Diese Schichtenfolge konnte bei allen Temperaturen beobachtet werden. Auffallend ist die von PERETTI gefundene kleine, praktisch konstant bleibende, Schichtdicke von Cu_2O, die sich wohl nur auf Porendiffusion der Reaktionsgase im CuO zurückführen läßt, da bei Auftreten einer kompakten Deckschicht von CuO, wie sich aus Oxydationsversuchen von Cu ergeben hat, gerade eine umgekehrte Schichtendickenfolge (d. h. dicke Cu_2O- und sehr dünne CuO-Schicht; S. 710) zu erwarten wäre.

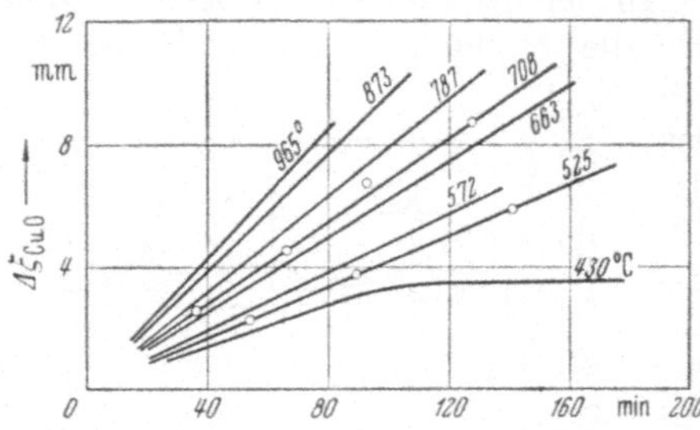

Abb. 8.40. Die CuO-Schichtdicke $\Delta\xi_{CuO}$ wächst linear mit der Zeit während der Sauerstoffeinwirkung auf CuS-Kristalle nach PERETTI.

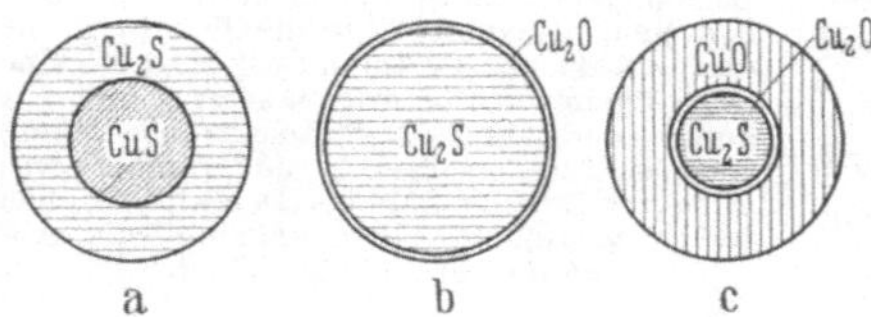

Abb. 8.41. Schematische Darstellung der Reaktionsstadien nach PERETTI.
a) Partielle Röstung von CuS zu Cu_2S.
b) Nach Durchröstung zu Cu_2S bildet sich außen eine dünne Cu_2O-Schicht.
c) Von außen wächst eine lockere CuO-Zone ins Innere des Cu_2S.

Oberhalb 663 °C bestand das feste Reaktionsprodukt, CuO, aus einem dicken äußeren Mantel um den Versuchskörper. Mit fallender Temperatur trat eine immer stärker werdende Sulfatbildung auf. Dies war bereits äußerlich leicht zu erkennen. Während die CuO-Schicht schwarz, porös und von nur geringer mechanischer Festigkeit war, wurde die Schicht bei fallender Temperatur mit steigendem Sulfatgehalt immer dichter, härter und mechanisch fester. Unterhalb 480 °C wurde demzufolge die Reaktionsgeschwindigkeit nach kurzer Zeit sogar unmeßbar klein.

Weitere Untersuchungen über den Mechanismus der Oxydation von CuS zwischen 300 und 800 °C in Sauerstoff, Luft und O_2-N_2-Gemischen wurden von russischen Autoren[1] ausgeführt. Hiernach scheint die Bildung von $CuSO_4$ und eventuell eines instabilen Zwischenproduktes Cu_2SO_4 für den Reaktionsablauf von Bedeutung zu sein. Während der Röstprozeß noch bei 600 °C langsam verläuft, wird er bei

[1] CHIZHIKOV, D. M., G. S. FRENTS u. B. YA. TRATSEVITSKAYA: Isvest. Akad. Nauk SSSR. Otdel. Tekh. Nauk 1953, 523.

800 °C — vermutlich infolge erhöhter poröser Oxidbildung — sehr rasch. Der Mechanismus der Sulfatbildung ist noch ungeklärt. Alle Versuchsergebnisse sowie auch die Reaktionsgeschwindigkeiten der Reaktionen $CuSO_4 + Cu_2S$ und $Cu_2O + Cu_2S$ wurden graphisch dargestellt.

MORAWIETZ[1] untersuchte die Oxydation von Eisensulfid mit Schwefeldioxid zu Fe_3O_4 und elementarem Schwefel. Während bei alleinigem Erhitzen von FeS_2 das Endprodukt aus FeS besteht, tritt jedoch eine weitere Entschwefelung und Fe_3O_4-Bildung in Gegenwart von SO_2 auf. Mittels einer Thermowaage konnte der Reaktionsablauf in definierter SO_2-Atmosphäre zwischen 620 und 920 °C quantitativ ermittelt werden. Als geschwindigkeitsbestimmender Vorgang wurde die Diffusion von SO_2 durch die Poren der Fe_3O_4-Schicht erkannt.

9 Schlußbetrachtungen und Ausschau

Die hier behandelten Festkörperreaktionen bilden nur eine — wenn auch zweckmäßige — Auswahl. Die Zahl und Mannigfaltigkeit der Festkörperreaktionen stellt jedoch den Festkörper-Chemiker und -Physiker vor immer neue Probleme und Aufgaben, deren Lösung nur dann mit Erfolg möglich ist, wenn man kritisch prüfend die Vielzahl der Einzelbeobachtungen aus der Festkörperphysik (über den realen Aufbau der Kristalle, die Thermodynamik und Kinetik der den Kristall aufbauenden Ionen und Elektronen und ihre „physikalisch-chemischen" Eigenschaften) laufend verfolgt.

Ohne Zweifel ließe sich bereits manches Sinnvolle über technisch interessante Reaktionen sagen, wie z. B. über die Sintervorgänge keramischer oder metall-keramischer Körper, wie dies von WEYL und Mitarbeitern[2] versucht wurde. Desgleichen ist man auf Grund optischer und elektrischer Untersuchungen an Silberhalogeniden dem wahren Mechanismus der Entstehung des latenten Bildes erheblich nähergekommen[3], wenn auch hier noch spezielle Fragen des elektrischen Feldtransports von Ionen in örtlich belichteten Bezirken zu klären sind. Ferner wird das Verständnis über die Wirkung der in photographischen Emulsionen vorhandenen Sensibilisatoren durch die Halbleiterphysik gefördert. Die maßgebenden Teilvorgänge bei der Erzreduktion sind häufig den Elemen-

---

[1] MORAWIETZ, W.: Z. Elektrochem. Ber. Bunsenges. phys. Chem. **57**, 539 (1953)

[2] MARSHALL JR., P. A., D. P. ENRIGHT u. W. A. WEYL: Proc. Intern. Symp. Reactivity of Solids, S. 273. Gothenburg 1952.

[3] MOTT, N. F., u. R. W. GURNEY: Electronic Processes in Ionic Crystals, S. 227ff. Oxford 1948. — O. STASIW: Photochemische Prozesse in Ionengittern, in: Halbleiterprobleme Bd. 2, herausgeg. von W. SCHOTTKY. — W. F. BERG: Analytical Notes on Latent-Image Theories, in Sci., Symposium Zürich 1961, Focal Press London 1963, S. 27. — E. KLEIN: ebenda, S. 44ff.

tarvorgängen im Korn der photographischen Platte während der Entwicklung nicht wesensfremd, wovon man sich an den im Kap. 8 behandelten Beispielen leicht überzeugen kann.

Für das Verständnis des Mechanismus heterogen katalysierter Reaktionen dürfte die Randschicht-Theorie der Chemisorption von entscheidender Bedeutung sein. Um auch hier aus der zur Zeit noch qualitativen Betrachtung herauszukommen, muß man die bisherigen Ansätze sowohl theoretisch wie auch experimentell vertiefen.

Insbesondere wird es die nächste Aufgabe sein, den Elektronenaustausch zwischen Katalysator und reagierenden Teilchen durch geeignete Experimente zu studieren. Das Problem der selektiven Katalyse hängt mit der Lösung dieser Aufgabe engstens zusammen. In gleicher Weise ist die „aktivierende“ Wirkung zusätzlicher an der Reaktion nicht unmittelbar teilnehmender Gase mit diesem Fragenkreis verknüpft. Ferner ist die Trägerwirkung halbleitender Katalysatoren aufs engste mit dem elektronischen Mechanismus in Doppelrandschichten von Kristallgleichrichtern verwandt.

Der Mechanismus der Passivitätserscheinung in der Metallkorrosion, der in der vorliegenden Monographie nicht behandelt wurde, ist häufig ebenfalls eine — allerdings bei Zimmertemperatur — ablaufende Festkörperreaktion, die vieles gemeinsam mit der Tieftemperaturoxydation hat. Durch weitere Experimente unter Beachtung der Elementarvorgänge beim Transport von Ionen in dünnen Raumladungs-Randschichten, wie sie auch bei den Formierungsvorgängen in Kristallgleichrichtern maßgebend sind, wird man auch hier weitere Fortschritte buchen können.

Das Verständnis der mechanischen Eigenschaften von Halbleitern bzw. Ionenkristallen hängt ursächlich mit ihren Fehlordnungserscheinungen und der Beweglichkeit der Ionen im fehlgeordneten Kristall zusammen. Die leichte Verformbarkeit der Silberhalogenide gegenüber z. B. den Alkalihalogeniden ist eine Folge der FRENKEL-Fehlordnung. Auch hier ist das Feld für eine sinnvolle Forschung abgesteckt.

Ein für viele Festkörperreaktionen wichtiges Gebiet ist das der Keimbildung und des Kristallwachstums, auf dessen Darstellung hier verzichtet wurde, da bereits von STRANSKI und KNACKE[1] — als maßgebende Sachkenner auf diesem Fachgebiet — eine zusammenfassende Darstellung vorliegt. Das gleiche trifft für die für Festkörperreaktionen wichtige Epitaxie zu, die von NEUHAUS[2] eingehend behandelt wurde.

Es dürfte wohl kaum eine Industrie geben, die nicht direkt oder indirekt mit Festkörperreaktionen zu „kämpfen“ hat, sei es die Korrosion oder Oxydation, seien es keramische Reaktionen in der keramischen, Glas- und Email-Industrie oder heterogen katalysierte Reaktionen in den Synthesewerken der chemischen Industrie. Festkörperforschung auf breiter Basis dürfte der Industrie von hohem Nutzen sein.

---

[1] KNACKE, O., u. I. N. STRANSKI: Die Theorie des Kristallwachstums, in: Ergebn. exakt. Naturwiss. **26**, 383 (1952); Progr. in Metal Physics 8, 150 (1956).

[2] NEUHAUS, A.: Orientierte Substanzabscheidung (Epitaxie), in: Fortschr. Mineralogie **29130**, 136—296 (1950/51).

Namenverzeichnis

Sachverzeichnis

721/14/66 — III/18/293